D1684033

Stefan Weinzierl (Hrsg.)

Handbuch der Audiotechnik

Stefan Weinzierl (Hrsg.)

Handbuch der Audiotechnik

Springer

Professor Dr. Stefan Weinzierl
Technische Universität Berlin
Fachgebiet Audiokommunikation
Einsteinufer 17c
10587 Berlin
stefan.weinzierl@tu-berlin.de

ISBN 978-3-540-34300-4   e-ISBN 978-3-540-34301-1
DOI 10.1007/978-3-540-34301-1

Bibliografische Information der Deutschen Nationalbibliothek
Die Deutsche Nationalbibliothek verzeichnet diese Publikation in der Deutschen Nationalbibliografie;
detaillierte bibliografische Daten sind im Internet über http://dnb.d-nb.de abrufbar.

© 2008 Springer-Verlag Berlin Heidelberg

Dieses Werk ist urheberrechtlich geschützt. Die dadurch begründeten Rechte, insbesondere die der Übersetzung, des Nachdrucks, des Vortrags, der Entnahme von Abbildungen und Tabellen, der Funksendung, der Mikroverfilmung oder der Vervielfältigung auf anderen Wegen und der Speicherung in Datenverarbeitungsanlagen, bleiben, auch bei nur auszugsweiser Verwertung, vorbehalten. Eine Vervielfältigung dieses Werkes oder von Teilen dieses Werkes ist auch im Einzelfall nur in den Grenzen der gesetzlichen Bestimmungen des Urheberrechtsgesetzes der Bundesrepublik Deutschland vom 9. September 1965 in der jeweils geltenden Fassung zulässig. Sie ist grundsätzlich vergütungspflichtig. Zuwiderhandlungen unterliegen den Strafbestimmungen des Urheberrechtsgesetzes.

Die Wiedergabe von Gebrauchsnamen, Handelsnamen, Warenbezeichnungen usw. in diesem Buch berechtigt auch ohne besondere Kennzeichnung nicht zu der Annahme, dass solche Namen im Sinne der Warenzeichen- und Markenschutz-Gesetzgebung als frei zu betrachten wären und daher von jedermann benutzt werden dürften. Sollte in diesem Werk direkt oder indirekt auf Gesetze, Vorschriften oder Richtlinien (z. B. DIN, VDI, VDE) Bezug genommen oder aus ihnen zitiert worden sein, so kann der Verlag keine Gewähr für die Richtigkeit, Vollständigkeit oder Aktualität übernehmen. Es empfiehlt sich, gegebenenfalls für die eigenen Arbeiten die vollständigen Vorschriften oder Richtlinien in der jeweils gültigen Fassung hinzuzuziehen.

Satz: Arnold & Domnick Verlagsproduktion, Leipzig
Herstellung: LE-TEX Jelonek, Schmidt & Vöckler GbR, Leipzig
Einbandgestaltung: WMXDesign, Heidelberg

Gedruckt auf säurefreiem Papier

9 8 7 6 5 4 3 2 1

springer.com

Vorwort

Die Audiotechnik ist ein spezifisches Anwendungsfeld für Techniken, Verfahren und Zusammenhänge, die in verschiedenen Fachdisziplinen wie der Akustik, der Nachrichtentechnik, der Elektronik und der digitalen Signalverarbeitung beheimatet sind. Da sich die Anforderungen an Audio-Systeme in erster Linie aus den Eigenschaften der Klangerzeuger einerseits und der auditiven Wahrnehmung andererseits ableiten, spielen auch Erkenntnisse der Psychologie sowie technisch-künstlerische Konzepte im Bereich der Klangregie und der Musikproduktion eine wichtige Rolle.

Das vorliegende Handbuch soll einen Überblick über die wesentlichen Bestandteile einer Audioübertragungskette geben, die von der Klangerzeugung bis zum Hörer reicht. Es wendet sich an Tonmeister, Toningenieure und Tontechniker, an Entwickler ebenso wie an Anwender im Bereich der audiovisuellen Medientechnik, des Rundfunks und des Films. Anregungen zur Auswahl der behandelten Inhalte ergaben sich aus der langjährigen Tätigkeit des Herausgebers im Bereich der Musikproduktion und in der Lehre für Studierende in den Fächern Tonmeister, Kommunikationswissenschaft und Medienkommunikation an der Universität der Künste und der Technischen Universität Berlin.

Aus der Komplexität einer Audioübertragungskette (Abb. 1.1) ergibt sich zwangsläufig eine große Bandbreite von Themen. Sie reichen von akustischen und systemtheoretischen Grundlagen (Kap. 1) über die Eigenschaften der auditiven Wahrnehmung (Kap. 2 und 3), die Akustik musikalischer Klangerzeuger (Kap. 4), die Raumakustik von großen (Kap. 5) und kleinen (Kap. 6) Aufnahme- und Abhörräumen bis hin zu elektroakustischen Wandlern (Kap. 7 und 8) und den zugehörigen Aufnahme- und Wiedergabeverfahren (Kap. 10 und 11). Der elektroakustischen Beschallung von Live-Darbietungen ist ein eigener Abschnitt gewidmet (Kap. 9), ebenso der großen Vielfalt an Audio-Dateiformaten (Kap. 12), über die sich heute der Bezug von im Prinzip multimedialen Datenspeichern zum Audiobereich definiert. Die Behandlung von Audiobearbeitungsverfahren ist ein Paradefall für die Überschneidung von künstlerischen, technischen und wahrnehmungsspezifischen Aspekten (Kap. 13).

Seit etwa 30 Jahren wird die Audiotechnik immer stärker von der Digitaltechnik beherrscht (Kap. 14), von digitalen Verfahren der Signalverarbeitung (Kap. 15), der Kodierung (Kap. 16), den ständig weiterentwickelten Verfahren der Analog/Digital-Wandlung und der Prozessorarchitektur (Kap. 17). Probleme der Anschlusstechnik (Kap. 18), der drahtlosen Übertragung (Kap. 19), der Leitungsführung (Kap. 20) und der Messtechnik (Kap. 21) betreffen dagegen die analoge und die digitale Domäne gleichermaßen.

Die Integration von Ton, Bild und Schrift sowie die zunehmende Medienkonvergenz kann leicht den Blick verstellen für die Tatsache, dass sich unter der multimedialen Oberfläche hochspezialisierte, „monomediale" Systeme von zunehmender Komplexität verbergen. Hier soll das Handbuch eine Lücke schließen zwischen praxisorientierten Ratgebern auf der einen und der wissenschaftlichen Forschungsliteratur auf der anderen Seite.

Anregungen, Kritik oder Fragen an die Autoren des Handbuchs sind, auch im Hinblick auf zukünftige Überarbeitungen, ausdrücklich erwünscht. Sie können auf der Seite http://www.ak.tu-berlin.de/audiotechnik in einem Forum geäußert und auch kommentiert werden.

Mein Respekt gilt dem Fachwissen und der fruchtbaren Zusammenarbeit mit den 22 Autoren des Handbuchs, die sich neben ihrer beruflichen Tätigkeit der zeitraubenden Aufgabe gewidmet haben, ihre Fachgebiete in umfassender und gleichzeitig komprimierter Form darzustellen. Mein Dank gilt dem Vertrauen, der Geduld und der guten Kooperation mit dem Springer Verlag in Person von Herrn Thomas Lehnert und Frau Sabine Hellwig. Ein besonderer Dank gilt den studentischen Mitarbeitern des Fachgebiets Audiokommunikation Robert Feldbinder, Julia Havenstein, Holger Kirchhoff, Martin Offik und Zora Schärer für die engagierte Mitwirkung bei der Literaturrecherche, der Textkorrektur und der Anfertigung von Abbildungen.

Berlin, im Juli 2007
Stefan Weinzierl

Inhaltsverzeichnis

1 **Grundlagen** 1
  Stefan Weinzierl

2 **Hören – Psychoakustik – Audiologie** 41
  Wolfgang Ellermeier und Jürgen Hellbrück

3 **Räumliches Hören** 87
  Jens Blauert und Jonas Braasch

4 **Musikalische Akustik** 123
  Jürgen Meyer

5 **Raumakustik** 181
  Wolfgang Ahnert und Hanns-Peter Tennhardt

6 **Studioakustik** 267
  Peter Maier

7 **Mikrofone** 313
  Martin Schneider

8 **Lautsprecher** 421
  Anselm Goertz

9 **Beschallungstechnik, Beschallungsplanung und Simulation** 491
  Wolfgang Ahnert und Anselm Goertz

10 **Aufnahmeverfahren** 551
   Stefan Weinzierl

11 **Wiedergabeverfahren** 609
   Karl M. Slavik und Stefan Weinzierl

12 **Dateiformate für Audio** 687
   Karl Petermichl

13	**Audiobearbeitung**	719
	Hans-Joachim Maempel, Stefan Weinzierl, Peter Kaminski	
14	**Digitale Audiotechnik: Grundlagen**	785
	Alexander Lerch und Stefan Weinzierl	
15	**Digitale Signalverarbeitung, Filter und Effekte**	813
	Udo Zölzer	
16	**Bitratenreduktion**	849
	Alexander Lerch	
17	**Wandler, Prozessoren, Systemarchitektur**	885
	Martin Werwein und Matthias Schick	
18	**Anschlusstechnik, Interfaces, Vernetzung**	945
	Karl M. Slavik	
19	**Drahtlose Audioübertragung**	1035
	Wolfgang Niehoff	
20	**Schirmung und Erdung, EMV**	1073
	Günter Rosen	
21	**Messtechnik**	1087
	Swen Müller	

Autorenverzeichnis ... 1171

Anhang: Institutionen, Verbände, Publikationen, Standards ... 1177

Index ... 1185

Kapitel 1
Grundlagen

Stefan Weinzierl

1.1	Audioübertragung		1
1.2	Audiosignale und -systeme		5
	1.2.1	Kontinuierliche und diskrete Signale	5
	1.2.2	Zeitsignale und spektrale Darstellung	6
	1.2.3	Signalformen und Mittelwerte	9
	1.2.4	Systeme und Systemeigenschaften	13
	1.2.5	Impulsantwort	16
	1.2.6	Übertragungsfunktion	16
1.3	Schall und Schallfeldgrößen		18
	1.3.1	Schalldruck und Schallschnelle	20
	1.3.2	Feldimpedanz und Kennimpedanz	21
	1.3.3	Schallgeschwindigkeit	22
	1.3.4	Frequenz und Wellenlänge	23
	1.3.5	Schallenergie	24
	1.3.6	Schallleistung und Wirkungsgrad	25
	1.3.7	Schallintensität	26
1.4	Pegel		28
1.5	Idealisierte Schallfelder		32
	1.5.1	Ebene Welle	33
	1.5.2	Kugelwelle	34
	1.5.3	Nahfeld und Fernfeld	35
Normen und Standards			39
Literatur			39

1.1 Audioübertragung

Jede Form der auditiven Kommunikation durchläuft eine Übertragungskette. Im einfachsten Fall besteht sie aus einer Schallquelle, der Luft als akustischem Medium und einem Hörer. Bereits hier beeinflussen die Eigenschaften der Quelle, des Mediums, des umgebenden Raums und des Empfängers das Verständnis der übermittelten Nachricht auf charakteristische Weise. Jeder Musiker und jeder Schauspieler kann bestätigen, wie stark seine „Botschaft" etwa von den Eigenschaften des Aufführungsraums beeinflusst wird. Selbst in dieser Alltagssituation wird die Kommunikation also durch ein Audiosystem vermittelt und durch dessen Eigenschaften spezifisch geprägt, erst recht natürlich bei der Übertragung durch technische, elektronische Medien.

In der Audiotechnik werden Techniken und Verfahren behandelt, wie sie bei der Aufnahme, Übertragung, Speicherung und Wiedergabe von Audiosignalen eingesetzt werden, d. h. von Signalen mit Frequenzanteilen zwischen etwa 16 Hz und 20 kHz, die am Ende der Übertragungskette ein hörbares Schallereignis produzieren. Die Bandbreite des Audiobereichs ist hierbei nur unscharf abgegrenzt. Während am unteren Ende des Spektrums körperlich empfundene Vibrationen im Bereich zwischen 15 und 20 Hz allmählich in eine Tonhöhenempfindung übergehen (Guttman u. Julesz 1963, Buck 1980), weist die Hörschwelle oberhalb von 15 kHz starke intersubjektive Unterschiede auf, und eine Frequenz von 20 kHz dürfte für die meisten Leser dieses Handbuchs bereits altersbedingt außerhalb des Hörfelds liegen.

Besonders komplex ist die Audioübertragungskette im Bereich der Musikproduktion (Abb. 1.1). Dort umfasst sie die Aufnahme und Bearbeitung von Musiksignalen, deren logische und elektrische Kodierung, die Speicherung auf diversen physischen Tonträgern und Datenformaten, deren mehrfache auditive Kontrolle bei den einzelnen Bearbeitungsschritten Aufnahme, Mischung und Mastering und schließlich die Wiedergabe beim Rezipienten über ein großes Spektrum elektroakustischer Wandlertypen und Wiedergabeverfahren.

Der Aufbau dieser Audioübertragungskette, an dem sich auch die Systematik des vorliegenden Handbuchs orientiert, ist das Ergebnis einer etwa 150-jährigen medientechnischen Entwicklung. Für den Umgang mit dem in dieser Zeit gewachsenen, kulturellen Erbe an Audioproduktionen und historisch gewachsenen Bearbeitungsprozessen, sowie für die Arbeit mit historischen Tonträgern selbst, etwa wenn diese archiviert, wiedergegeben oder restauriert werden sollen, ist zumindest ein grober Überblick über die technologische Evolution hilfreich. An manchen Stellen erschien dem Herausgeber daher auch in einem technischen Handbuch ein kurzer Abriss historischer Techniken und Verfahren sinnvoll. Abb. 1.2 gibt zunächst einen Gesamtüberblick über wesentliche Innovationen in der Geschichte der Audiotechnik.

Die Einführung digitaler Übertragungstechniken, die im Bereich der Audiotechnik seit Ende der 1970er Jahre zu beobachten ist, hat inzwischen alle Bereiche der Übertragungskette erreicht. Lediglich der letzte Schritt, die Schallübertragung zum Hörer, wird wohl für immer „analog" bleiben. Die Digitalisierung, die einen grundlegenden Wandel der technischen, künstlerischen, wirtschaftlichen, rechtlichen und gesellschaftlichen Bedingungen von audiovisuellen Medien ausgelöst hat, hat unter anderem zu einer fortschreitenden Miniaturisierung der Übertragungssysteme geführt. So beinhaltet jedes Mobiltelefon heute eine hochintegrierte Kette aus elektroakustischen Wandlern, Kodierungsverfahren, digitaler Audiosignalverarbeitung und Drahtlostechnik, die nur noch von einem Team aus spezialisierten Entwicklern zu überblicken ist (Abb. 1.3).

Kapitel 1 Grundlagen

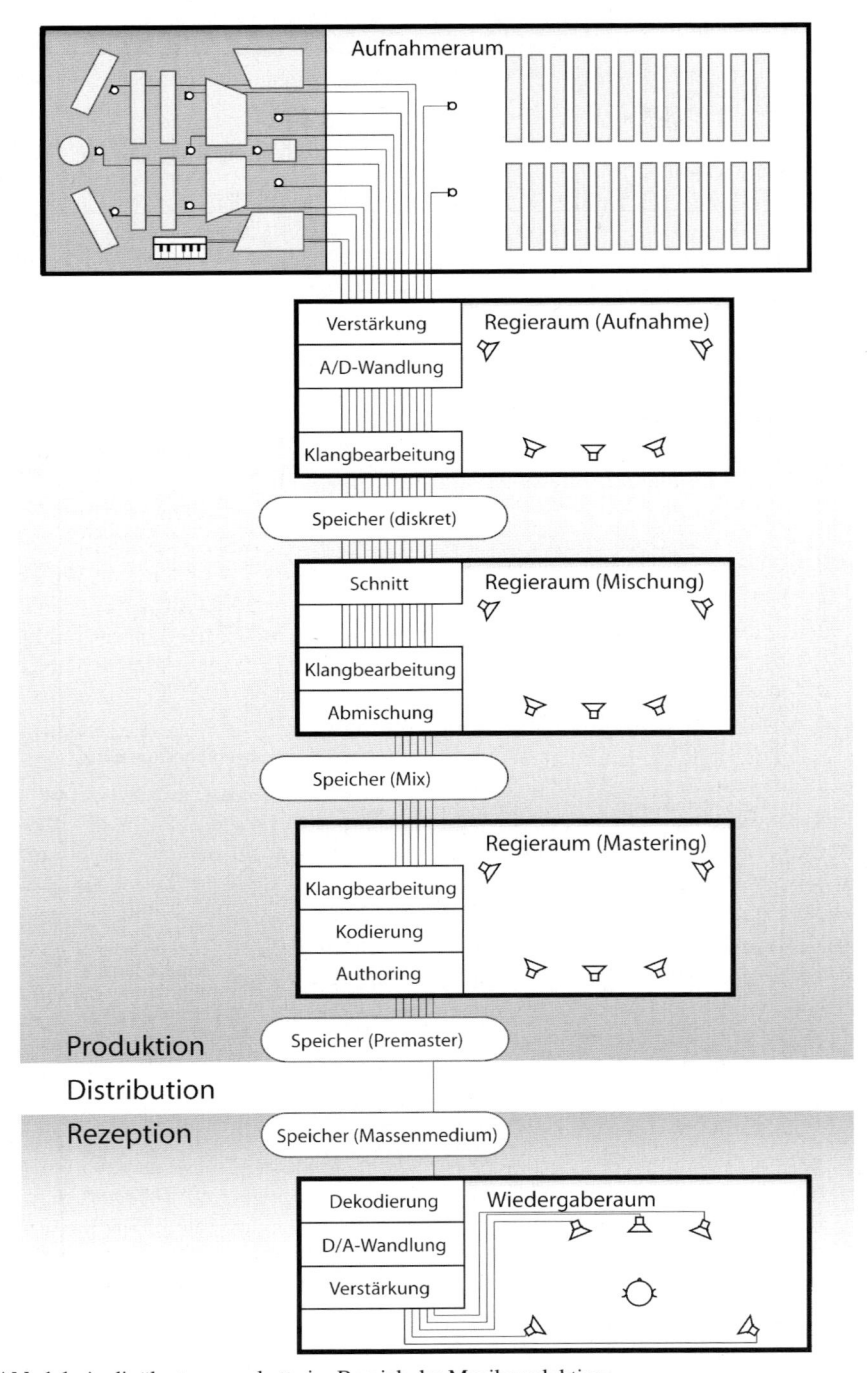

Abb 1.1 Audioübertragungskette im Bereich der Musikproduktion

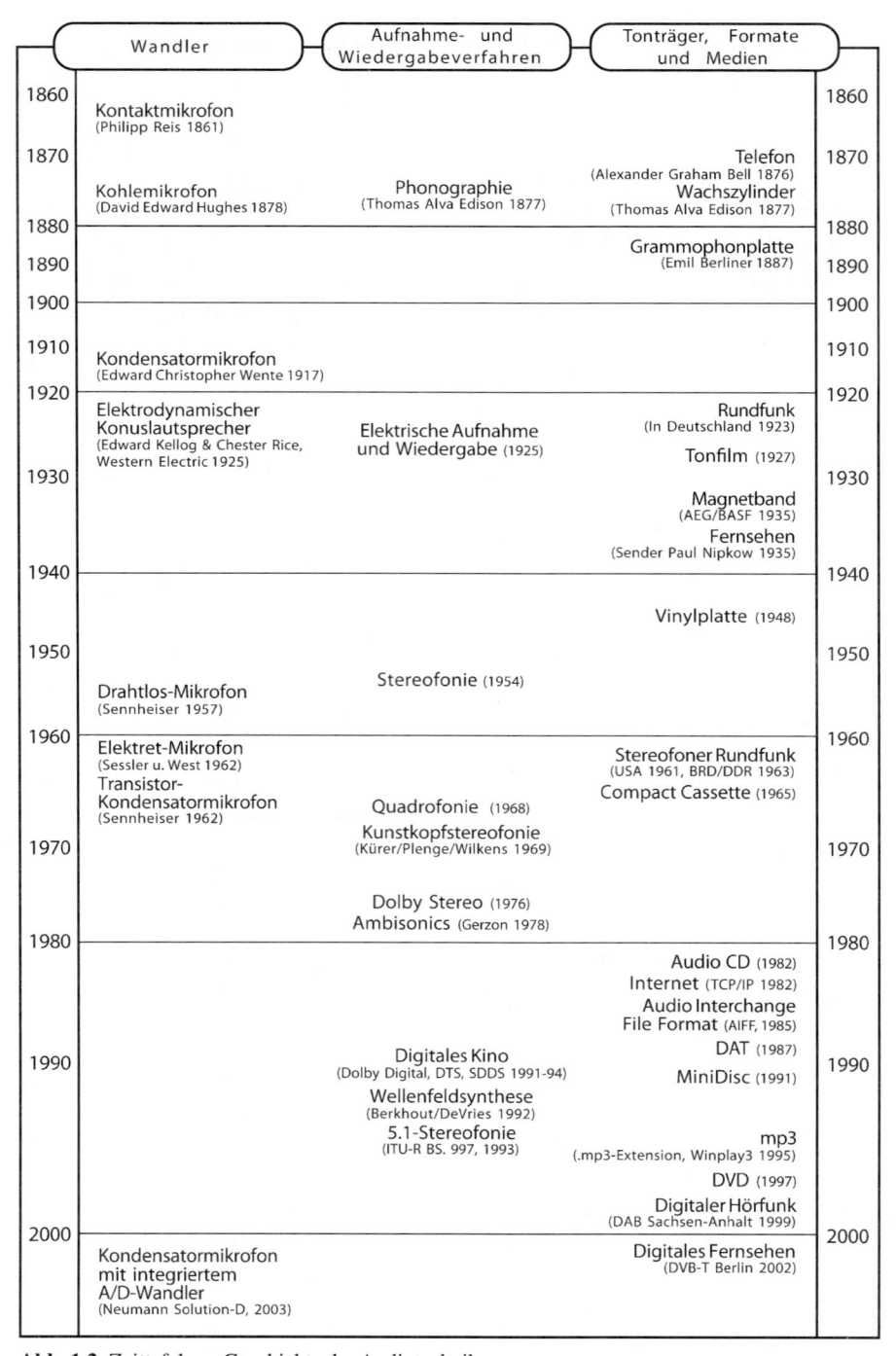

Wandler	Aufnahme- und Wiedergabeverfahren	Tonträger, Formate und Medien
1860		
Kontaktmikrofon (Philipp Reis 1861)		
1870		Telefon (Alexander Graham Bell 1876)
Kohlemikrofon (David Edward Hughes 1878)	Phonographie (Thomas Alva Edison 1877)	Wachszylinder (Thomas Alva Edison 1877)
1880		
1890		Grammophonplatte (Emil Berliner 1887)
1900		
1910		
Kondensatormikrofon (Edward Christopher Wente 1917)		
1920		Rundfunk (In Deutschland 1923)
Elektrodynamischer Konuslautsprecher (Edward Kellog & Chester Rice, Western Electric 1925)	Elektrische Aufnahme und Wiedergabe (1925)	Tonfilm (1927)
1930		Magnetband (AEG/BASF 1935)
		Fernsehen (Sender Paul Nipkow 1935)
1940		
		Vinylplatte (1948)
1950	Stereofonie (1954)	
Drahtlos-Mikrofon (Sennheiser 1957)		
1960		
Elektret-Mikrofon (Sessler u. West 1962)		Stereofoner Rundfunk (USA 1961, BRD/DDR 1963)
Transistor-Kondensatormikrofon (Sennheiser 1962)	Quadrofonie (1968)	Compact Cassette (1965)
	Kunstkopfstereofonie (Kürer/Plenge/Wilkens 1969)	
1970		
	Dolby Stereo (1976)	
	Ambisonics (Gerzon 1978)	
1980		Audio CD (1982)
		Internet (TCP/IP 1982)
		Audio Interchange File Format (AIFF, 1985)
	Digitales Kino (Dolby Digital, DTS, SDDS 1991-94)	DAT (1987)
1990		MiniDisc (1991)
	Wellenfeldsynthese (Berkhout/DeVries 1992)	
	5.1-Stereofonie (ITU-R BS. 997, 1993)	mp3 (.mp3-Extension, Winplay3 1995)
		DVD (1997)
		Digitaler Hörfunk (DAB Sachsen-Anhalt 1999)
2000		Digitales Fernsehen (DVB-T Berlin 2002)
Kondensatormikrofon mit integriertem A/D-Wandler (Neumann Solution-D, 2003)		

Abb. 1.2 Zeittafel zur Geschichte der Audiotechnik

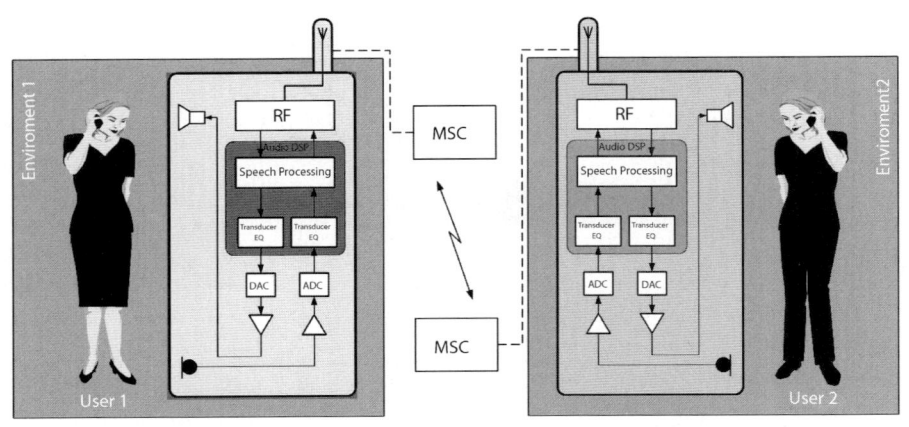

Abb. 1.3 Mobiltelefone als hochintegrierte Realisierungen einer komplexen Audioübertragungskette (Abb.: N. Zacharov/Nokia Corporation)

1.2 Audiosignale und -systeme

1.2.1 Kontinuierliche und diskrete Signale

Signale sind mathematische Funktionen oder Zahlenfolgen, die sich verändernde Größen beschreiben und dadurch Information repräsentieren. Beispiele aus dem Audiobereich sind der Spannungsverlauf eines Mikrofons über der Zeit oder die Zahlenwerte, die ein Analog/Digital-Wandler nach der Abtastung dieses Signals generiert (Abb. 1.4). Bei Audiosignalen steht die horizontal aufgetragene, unabhängige Variable meist für einen Zeitverlauf, während die vertikal aufgetragene, abhängige Variable für einen Schalldruck oder eine elektrische Spannung stehen kann. Wenn beide Variablen beliebig fein abgestufte Werte annehmen können, spricht man von zeitkontinuierlichen bzw. wertekontinuierlichen Signalen, ansonsten von zeitdiskreten bzw. wertediskreten Signalen. Zeit- *und* wertekontinuierliche Signale nennt man *analog*, zeit- *und* wertediskrete Signale *digital*.

In Computern und digitalen Signalprozessoren können nur digitale Signale verarbeitet werden, da eine Darstellung von unendlich fein abgestuften Werten in einem binären System, das intern nur die Zustände 0 und 1 kennt, unendlich viel Speicherplatz und unendlich hohe Rechenleistung benötigen würde. Die Auflösung kann allerdings auch bei digitalen Signalen (wie bei der natürlich ebenfalls computergenerierten Abb. 1.4 links) so hoch sein, dass sie dem Betrachter quasi analog erscheint. Da auch bei analogen Systemen die Anzahl der unterscheidbaren Zustände durch das Auftreten von Störsignalen (Rauschen) beschränkt ist, ist die *verwertbare* Auflösung von digitalen Systemen heute meist höher als bei analogen Systemen.

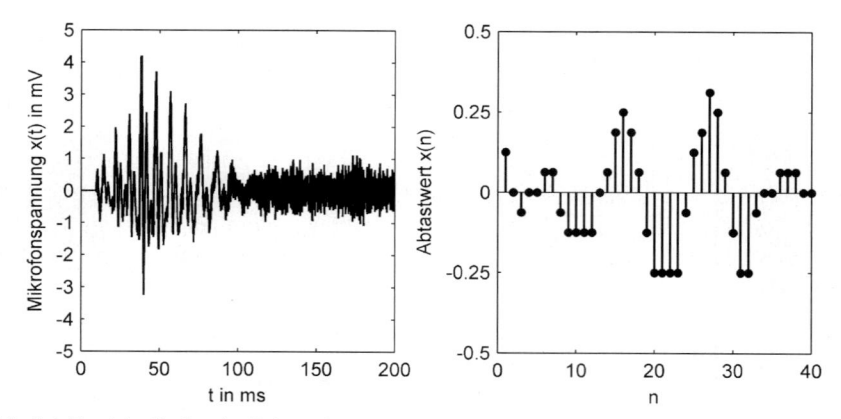

Abb. 1.4 Zwei Audiosignale: Zeit- und wertekontinuierliches Sprachsignal des Wortes „ich" (links), aus der Analog/Digital-Wandlung eines Ausschnitts von 1 ms Dauer hervorgegangenes, zeit- und wertediskretes Signal, dargestellt als Zahlenfolge von Werten $x(n)$ über dem Index n (rechts)

1.2.2 Zeitsignale und spektrale Darstellung

Audiosignale lassen sich im Zeitbereich und im Frequenzbereich beschreiben. Während sich das Signal in der Zeitdarstellung als (diskrete oder kontinuierliche) Aneinanderreihung von Zuständen zu einzelnen Zeitpunkten t ergibt, kann man das Spektrum als Gewichtungsfunktion lesen, mit der harmonische Verläufe, d. h. sinusförmige, reine Töne mit der Frequenz f bzw. ω überlagert werden, um in ihrer Summe wiederum das Zeitsignal zu ergeben. Mathematisch erfolgt die Abbildung eines Zeitsignals $x(t)$ auf das zugehörige Spektrum $X(\omega)$ durch die Fouriertransformation (Analysegleichung)

$$X(\omega) = \int_{-\infty}^{\infty} x(t) e^{-j\omega t} dt \qquad (1.1)$$

Sie verwandelt den Zeitverlauf einer physikalischen Größe $x(t)$ (Schalldruck, elektrische Spannung) in eine spektrale Darstellung $X(\omega)$, die den Anteil von harmonischen Schwingungen mit der Frequenz ω am Gesamtsignal angibt.

Die inverse Fouriertransformation (Synthesegleichung)

$$x(t) = \frac{1}{2\pi} \int_{-\infty}^{\infty} X(\omega) e^{j\omega t} d\omega \qquad (1.2)$$

beschreibt die Abbildung, nach der sich Zeitsignale durch eine Überlagerung von komplexen, mit der Funktion $X(\omega)$ gewichteten Exponentialsignalen, d. h. sinus- und cosinusförmigen Schwingungen, zusammensetzen lassen.

Kapitel 1 Grundlagen

Die Fouriertransformation für zeitdiskrete Signale lautet

$$X(\Omega) = \sum_{n=-\infty}^{\infty} x(n) e^{-j\Omega n} \quad (1.3)$$

Sie verwandelt eine zeitliche Abfolge von Zahlenwerten *x(n)* in eine spektrale Darstellung $X(\Omega)$, aus der sich die Anteile von Periodizitäten mit der Frequenz Ω innerhalb des Signals ablesen lassen. Auch hier lässt sich die Abbildung umkehren und es gilt

$$x(n) = \frac{1}{2\pi} \int_{2\pi} X(\Omega) e^{j\Omega n} \, d\Omega \quad (1.4)$$

Der Vollständigkeit halber sei erwähnt, dass es Signale gibt, für die das Integral in (1.1) nicht lösbar ist bzw. für die die Summe in (1.3) nicht konvergiert, die somit keine Fouriertransformierte besitzen (Unbehauen 2002, Girod et al. 2005). Vor allem bei der Transformation digitaler Abtastwerte hat man es jedoch stets mit in der Zeit und in der Amplitude begrenzten Signalen zu tun, für die diese Einschränkung keine Rolle spielt.

Die Periodizität von Signalen kann entweder durch die Frequenz *f* oder die Kreisfrequenz ω ausgedrückt werden. Die Frequenz *f* steht bei periodischen Signalen für die Anzahl der Schwingungen pro Sekunde, die Kreisfrequenz ω steht für den pro Sekunde zurückgelegten Kreiswinkel Φ im Bogenmaß. Da sich eine sinusförmige Schwingung als ein längs einer Zeitachse projizierter, „abgewickelter" Kreisumlauf darstellen lässt, entspricht ein voller Durchlauf einem Kreiswinkel von 2π.

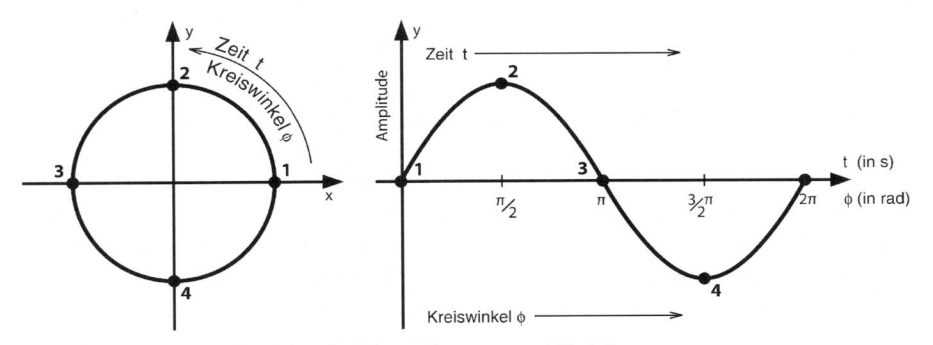

Abb. 1.5 Kreisumlauf und Sinusfunktion – Frequenz und Kreisfrequenz

Somit ist

$$\omega = 2\pi f \quad (1.5)$$

Die Einheit für die Frequenz *f* ist 1 Hertz (Hz) = s^{-1}, die Einheit der Kreisfrequenz ω mit $[\omega] = s^{-1}$ darf, um Verwechslungen vorzubeugen, nicht in Hz angegeben werden.

Solange bei zeitdiskreten Wertefolgen der zeitliche Abstand zwischen zwei Werten nicht bekannt ist, kann auch die Frequenz zunächst nur auf die Abtastfrequenz f_S bezogen werden, die aus dem zeitlichen Abstand zweier Abtastwerte resultiert. Die Frequenz zeitdiskreter Zahlenfolgen wird daher durch die *normierte Kreisfrequenz* Ω charakterisiert. Sie gibt den von Abtastwert zu Abtastwert zurückgelegten Kreiswinkel an. Erst wenn die Abtastfrequenz f_S bekannt ist und damit die Zeitdifferenz $T = 1/f_S$ zwischen zwei Abtastwerten, kann der Index n durch einen Zeitpunkt t und die dimensionslose normierte Kreisfrequenz Ω über den Zusammenhang

$$\Omega = 2\pi \frac{f}{f_S} \tag{1.6}$$

durch eine Frequenz f in Hz ersetzt werden.

Die Fouriertransformation ist eine eineindeutige Abbildung, d. h. zu einem Signal $x(t)$ gehört genau ein Spektrum $X(\omega)$. Beide Darstellungen haben somit den gleichen Informationsgehalt. Die subjektive Klangempfindung, die mit einem Audiosignal verbunden ist, lässt sich jedoch mit einem Spektrum häufig besser beschreiben als mit der Zeitdarstellung. So ließe sich zwar die Tonhöhe, deren Empfindung beim Hörer durch zeitperiodische Signale ausgelöst wird, durch Bestimmung der Periodendauer auch im Zeitsignal erkennen. Die Klangfarbe jedoch, die jeder natürlichen Klangerzeugung zukommt, lässt sich einfacher im Spektrum des Klangs ablesen, wo neben der Grundfrequenz eine Reihe von Harmonischen oder Obertönen bei ganzzahligen Vielfachen der Grundfrequenz auftritt, deren Amplituden relativ zur Grundperiode für den Klang charakteristisch sind. Bei der Zählung der Harmonischen wird der Grundton als 1. Harmonische mitgezählt, bei der Zählung der Obertöne nicht, d. h. der 1. Oberton entspricht der 2. Harmonischen. Geräuschhafte Klänge weisen im Spektrum auch nichtharmonische Signalanteile auf, die zwischen den einzelnen Obertönen liegen.

Die Fouriertransformation nach (1.1) und (1.3) liefert zunächst eine komplexwertige Funktion $X(\omega)$ oder $X(\Omega)$, deren Werte sich in einem zweiten Schritt in einen Betrag und einen Phasenwinkel aufspalten lassen. Das Betragsspektrum (auch Amplitudengang) gibt dabei Auskunft über den Anteil bestimmter Frequenzen im Audiosignal, das Phasenspektrum (Phasengang) zeigt die Phasenlage dieser Komponenten relativ zum (willkürlich gewählten) Zeitnullpunkt (Abb. 1.6). Während man im Zeitverlauf in Abb. 1.6 nicht viel mehr als den periodischen, sinusähnlichen Verlauf erkennt, wird im Spektrum neben dem Grundton eine Folge von Obertönen sichtbar, außerdem rauschhafte Anteile, die hauptsächlich durch das Anblasgeräusch der Flöte bedingt sind. Die im Phasenspektrum sichtbare, chaotische Phasenlage der einzelnen Spektralanteile zueinander ist für den unmittelbaren Klangeindruck weitgehend unerheblich, allerdings kann die Änderung der Phasenlage durch ein Übertragungssystem sehr wohl eine Rolle spielen, da die Überlagerung von Signalen mit unterschiedlicher Phasenlage Klangverfärbungen durch frequenzabhängige Auslöschungen oder Verstärkungen hervorrufen kann.

Wenn sich der Zeitverlauf eines Signals durch eine Funktion $x(t)$ analytisch angeben lässt, kann das Spektrum nach (1.1) tatsächlich analytisch berechnet werden.

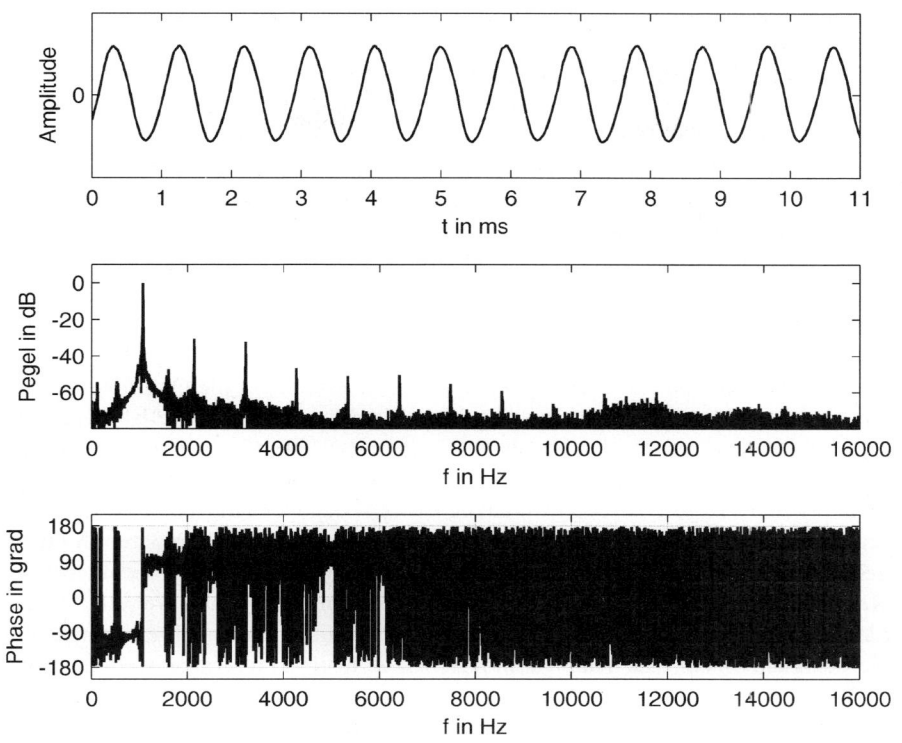

Abb. 1.6 Ton einer Querflöte (c''' entsprechend einem Grundton von etwa 1060 Hz): Zeitverlauf (oben), Betragsspektrum (Mitte) und Phasenspektrum (unten)

Da reale Musik- oder Sprachsignale jedoch keiner mathematischen Funktion folgen, überlässt man dies in der Praxis meist einem Computer, der abgetastete Zeitverläufe mit Hilfe eines FFT-Algorithmus, der nichts anderes als eine effiziente Realisierung von (1.3) darstellt, in spektrale Koeffizienten verwandelt (s. Kap. 15 und messtechnische Grundlagen in Kap. 21).

1.2.3 Signalformen und Mittelwerte

1.2.3.1 Deterministische Signale

Deterministische Signale sind in ihrem Zeitverlauf durch eine mathematische Funktion $x(t)$ gegeben. Beispiele sind *Sinussignale* der Form

$$x(t) = \hat{x} \sin \omega_0 t \tag{1.7}$$

mit dem Scheitelwert $\hat{x}$ und einer singulären spektralen Komponente bei der Frequenz ω_0.

Sägezahnsignale besitzen ein Spektrum, in dem alle harmonischen Vielfachen der Grundfrequenz ω_0 vertreten sind. *Rechtecksignale* enthalten im Spektrum nur ungeradzahlige Vielfache der Grundfrequenz, ebenso wie *Dreiecksignale*. Während die Amplitude der Harmonischen bei Rechteck- und Sägezahnsignalen umgekehrt proportional zur ihrer Ordnung abnimmt (entsprechend 6 dB/Oktave), fällt sie bei Dreiecksignalen umgekehrt proportional zum Quadrat der Ordnung ab (entsprechend 12 dB/Oktave).

Deterministische Signale wie die in Abb. 1.7 gezeigten lassen sich in reiner Form nur durch einen analogen oder digitalen Generator erzeugen. Natürliche Audiosignale weisen jedoch häufig gewisse Ähnlichkeiten mit diesen Zeitsignalen, und damit auch mit ihren spektralen Eigenheiten auf. So produziert die Querflöte in Abb. 1.6 ein weitgehend sinusförmiges Signal, in dem harmonische Vielfache nur mit relativ geringem Anteil von mehr als 30 dB unter der Grundfrequenz vertreten sind. Das von Streichinstrumenten (Violine, Violoncello) oder Doppelrohrblattinstrumenten (Oboe, Fagott) erzeugte Schallsignal weist dagegen aufgrund des sägezahnartigen Schwingungsverlaufs der Saite bzw. des Rohrblatts einen größeren Obertongehalt auf (s. Kap. 4). Die zur Übertragung digitaler Zahlenfolgen eingesetzten elektrischen Signale haben einen weitgehend rechteckförmigen Verlauf, dessen idealtypische Form allerdings nur in einem Kanal mit hoher Bandbreite dargestellt werden kann, in dem auch alle Harmonischen verlustfrei übertragen werden.

Wenn die Amplitude von Wechselgrößen durch einen Einzahlwert beschrieben werden soll, kann entweder der Scheitelwert (Spitzenwert) $\hat{x}$ oder ein Mittelwert angeben werden. Von Bedeutung sind der *arithmetische Mittelwert* $\bar{x}$ mit

$$\bar{x} = \frac{1}{T} \int_{t_0}^{t_0+T} x(t)\mathrm{d}t \ , \tag{1.8}$$

der *Gleichrichtwert* $\overline{|x|}$ als arithmetisches Mittel über den Betrag der Wechselgröße mit

$$|\bar{x}| = \frac{1}{T} \int_{t_0}^{t_0+T} |x(t)|\mathrm{d}t \tag{1.9}$$

und der *Effektivwert* x_{eff} als quadratisches Mittel mit

$$x_{\mathrm{eff}} = \sqrt{\frac{1}{T} \int_{t_0}^{t_0+T} x^2(t)\mathrm{d}t} \tag{1.10}$$

Während der arithmetische Mittelwert für reine Wechselgrößen ohne Gleichanteil gleich Null ist, hat vor allem der Effektivwert eine wichtige Bedeutung, da er ein Maß für die Leistung der Wechselgröße ist. Die Signalleistung von elektrischen und

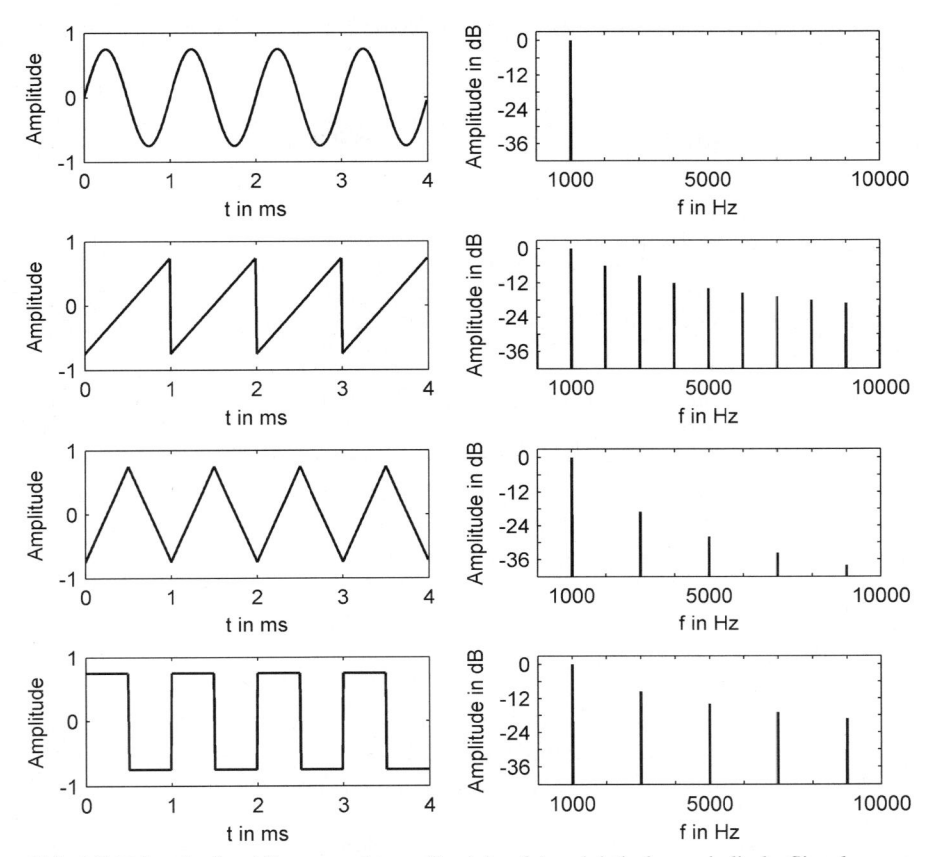

Abb. 1.7 Zeitverlauf und Betragsspektrum für einige deterministische, periodische Signale (Sinus-, Sägezahn-, Dreieck- und Rechtecksignal)

akustischen Größen ist stets proportional zum Quadrat der Feldgrößen (Strom, Spannung, Schalldruck, Schallschnelle). Somit gibt der Effektivwert als quadratischer Mittelwert (root mean square, RMS) den leistungsäquivalenten Gleichwert einer Feldgröße an: Die Gleichspannung U_{eff} transportiert dieselbe elektrische Leistung wie die Wechselspannung $U(t)$.

Das Verhältnis von Scheitelwert zu Effektivwert, der sog. *Scheitelfaktor C (crest factor)*, mit

$$C = \frac{\hat{x}}{x_{eff}} \quad (1.11)$$

sowie der *Formfaktor F (form factor)* als Verhältnis von Effektivwert zu Gleichrichtwert mit

$$F = \frac{x_{\text{eff}}}{|\hat{x}|} \qquad (1.12)$$

charakterisieren die Streuung der Amplitude um ihre Mittelwerte, unabhängig von der absoluten Amplitude des Signals. Insbesondere bei der Anzeige von Audiosignalen durch Aussteuerungsmessgeräte spielt dies eine Rolle, da hier meist ein Effektivwert angezeigt wird, sodass nur bei Kenntnis des Scheitelfaktors auf die tatsächlichen Spitzenwerte des Signals rückgeschlossen werden kann. Die Werte von C und F für die Signale aus Abb. 1.7 enthält Tabelle 1.1

Tabelle 1.1 Scheitelfaktor und Formfaktor für einige deterministische, periodische Signale

Signal	Scheitelfaktor	Formfaktor
Sinus	1,41	1,11
Dreieck	1,73	1,15
Sägezahn	1,73	1,15
Rechteck	1	1

1.2.3.2 Stochastische Signale

Stochastische Signale folgen einem zeitlichen Verlauf, der durch Zufallsprozesse generiert oder maßgeblich beeinflusst wird. Ihr Zeitverlauf lässt sich somit nicht durch eine mathematische Funktion, sondern lediglich durch zeitliche oder spektrale Mittelwerte beschreiben. Beispiele sind Rauschsignale, die häufig durch ihre mittlere spektrale Energieverteilung charakterisiert werden. Dazu gehört *weißes Rauschen* mit einer konstanten Signalleistung pro Frequenzbandbreite. *Rosa Rauschen* weist eine konstante Signalleistung pro Frequenzintervall f_2/f_1 auf, dies korrespondiert mit einer Abnahme der spektralen Energieverteilung $\sim 1/f$ entsprechend einer Abnahme von 3 dB pro Oktave. *Rotes Rauschen* (auch: braunes Rauschen) weist eine Abnahme der spektralen Energieverteilung $\sim 1/f^2$ entsprechend 6 dB pro Oktave auf. Rauschsignale gleicher spektraler Färbung können unterschiedliche Scheitelfaktoren aufweisen, von 1 (für Rechtecksignale mit stochastisch verteilter Periodendauer) bis zu sehr hohen Werten.

Sprache und Musik werden – auch wenn sie abschnittsweise Ähnlichkeit mit deterministischen Signalen haben können (s. Abb. 1.6) – in der Signaltheorie als stochastische Signale betrachtet, da sich ihr Verlauf nicht mathematisch vorhersagen lässt. Wie Rauschsignale können sie dabei sehr unterschiedliche Scheitelfaktoren aufweisen. Sprache besitzt typischerweise Scheitelfaktoren von 4 bis 10, Musik mit großer Dynamik auch höhere Werte.

Rosa Rauschen wird gerne als Referenzsignal, etwa zum Einmessen von Lautsprechersystemen verwendet, da es eine breitbandige Anregung bildet und gleichzeitig den auch bei Sprache und Musik im statistischen Mittel zu beobachtenden

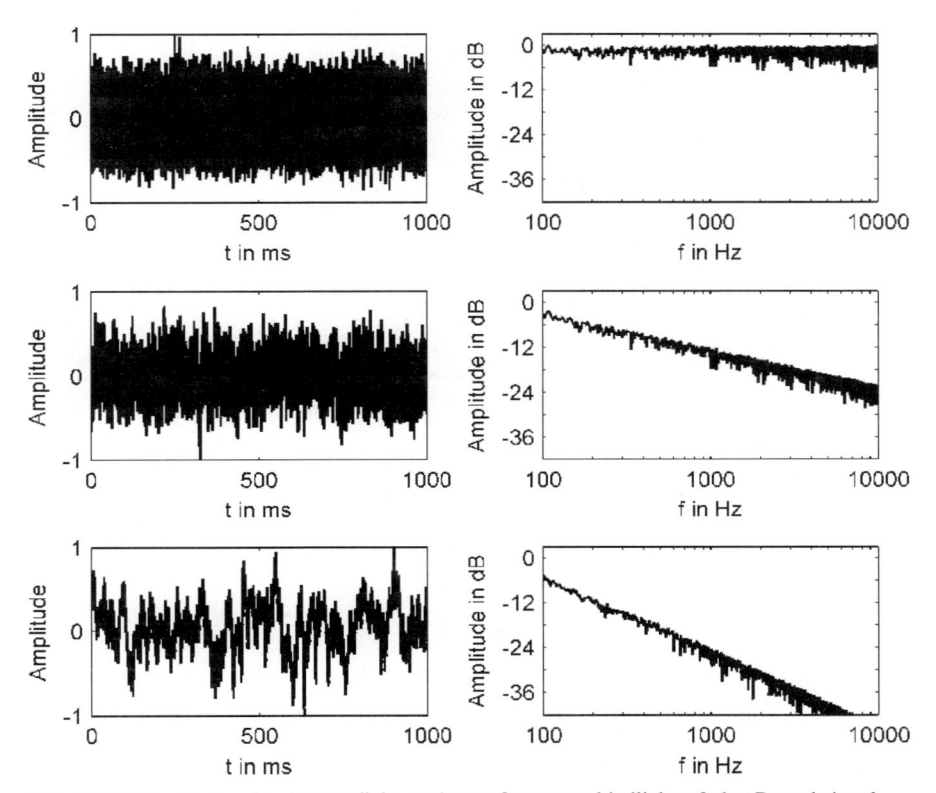

Abb. 1.8 Zeitverlauf und Leistungsdichtespektrum für unterschiedlich gefärbte Rauschsignale: Weißes Rauschen (oben), rosa Rauschen (Mitte) und rotes Rauschen (unten)

Abfall der spektralen Energieverteilung oberhalb von 1 bis 2 kHz nachbildet (Abb. 1.9). Die Verwendung von weißem Rauschen würde das System (hier insbesondere den Hochtöner) mit einer in der Praxis nicht auftretenden, hochfrequenten Signalleistung belasten.

1.2.4 Systeme und Systemeigenschaften

Als *Systeme* bezeichnet man Übertrager, die ein Eingangssignal $x(t)$ auf ein Ausgangssignal $y(t)$ abbilden.

$$y(t) = L\{x(t)\} \tag{1.13}$$

Zwei Beispiele für Systeme aus dem Bereich der Audiotechnik sind in Abb. 1.10 skizziert.

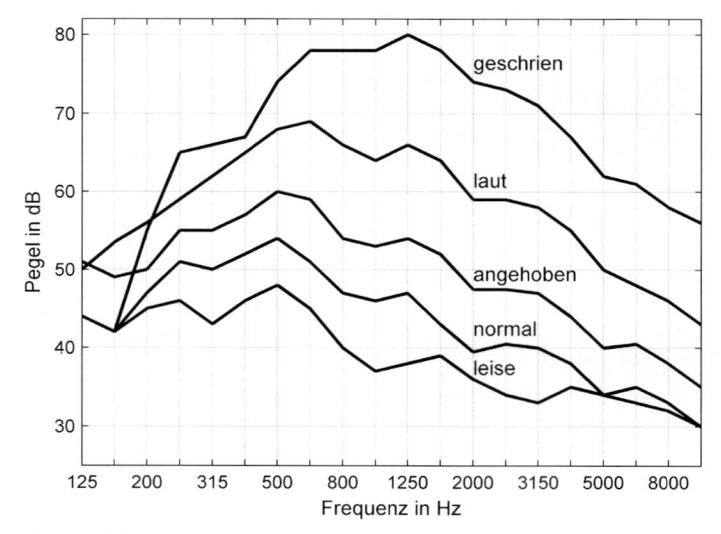

Abb. 1.9 Mittlerer Schalldruckpegel für einen männlichen Sprecher und verschiedene Sprachintensitäten in 1 m Entfernung (nach Fletcher 1961)

Beispiel 1
Als System kann die akustische Übertragungsstrecke eines Raums betrachtet werden, die einen Schalldruckverlauf am Punkt A in einen Schalldruckverlauf am Punkt B verwandelt. Die Wirkung des Systems besteht im Wesentlichen aus einer Zeitverschiebung durch die akustische Laufzeit von A nach B, aus einer frequenzabhängigen Dämpfung des Eingangssignals durch die Absorption beim Durchgang durch das Medium und schließlich aus einer Addition von Schallrückwürfen an den Wänden des Raums und dem daraus resultierenden Nachhall. Diese Wirkungen, die sich exemplarisch an der Impulsantwort im Zeitbereich und an der Übertragungsfunktion im Frequenzbereich ablesen lassen (Abb. 1.11), verändern das Eingangssignal $x(t)$ auf spezifische Weise (vgl. Kap. 5 Raumakustik).

Beispiel 2
Ein Dynamikkompressor ist ebenfalls ein System im Sinne von (1.13), das ein elektrisches Signal an seinem Eingang auf ein elektrisches Signal an seinem Ausgang abbildet. Die Wirkung des Systems besteht aus einer Verstärkung des Eingangssignals, die oberhalb eines Schwellwerts (threshold) am Eingang in eine um die sog. Ratio geringere Verstärkung übergeht. Der Übergang zwischen den beiden Verstärkungsfaktoren geschieht innerhalb von durch Attack und Release gesetzten Zeitfenstern (s. Kap. 13).

Eine für die mathematische Beschreibung ebenso wie für die technische Realisierung wesentliche Eigenschaft ist die *Linearität* und die *Zeitvarianz* von Systemen. Linear sind Systeme dann, wenn eine Skalierung (Verstärkung/Abschwächung) des Eingangs und eine Überlagerung verschiedener Eingangssignale zu einer ebenso skalierten Überlagerung der jeweiligen Ausgangssignale führt, d. h.

Kapitel 1 Grundlagen

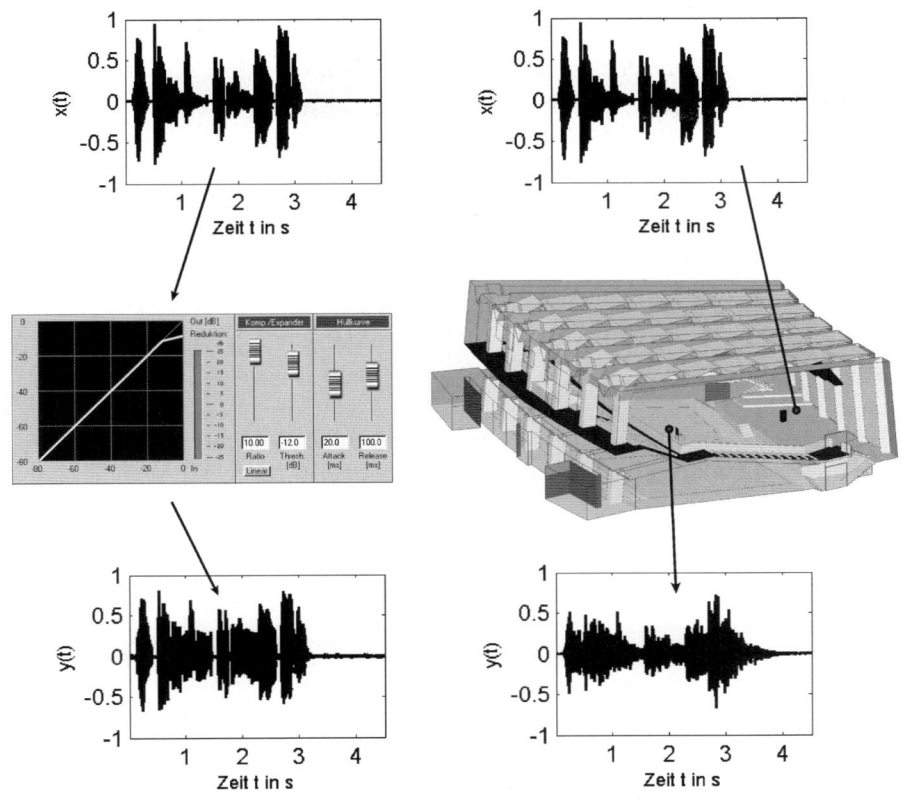

Abb. 1.10 Zwei Beispiele für Systeme in der Audiotechnik. Links: Ein Kompressor als nichtlineare Abbildung eines elektrischen Signals am Eingang auf ein elektrisches Signal am Ausgang. Rechts: Ein raumakustisches System als näherungsweise lineare und zeitinvariante Abbildung eines Schalldruckverlaufs am Ort der Quellen auf einen Schalldruckverlauf am Ort des Empfängers

$$L\{a_1 x_1(t) + a_2 x_2(t)\} = a_1 L\{x_1(t)\} + a_2 L\{x_2(t)\} \quad (1.14)$$

Akustische Systeme sind in der Regel, außer bei sehr hohen Schallamplituden, lineare Systeme. In Beispiel 1 führt ein doppelt so lautes Anregungssignal am Ort A zu einem doppelt so lauten Signal am Ort B. Der Kompressor aus Beispiel 2 dagegen, der oberhalb einer gewissen Signalamplitude mit einer geringeren Verstärkung reagiert, ist ein nichtlineares System.

Zeitinvariant sind Systeme dann, wenn sie zu unterschiedlichen Zeiten gleich reagieren, d. h. wenn eine Zeitverschiebung am Eingang ein zeitverschobenes, ansonsten aber unverändertes Signal am Ausgang produziert:

$$y(t - \tau) = L\{x(t - \tau)\} \quad (1.15)$$

Akustische Systeme sind in erster Näherung meist zeitinvariant, solange man nicht Faktoren wie eine tageszeitabhängige Veränderung der Raumtemperatur und die dadurch bedingte Veränderung der Schallgeschwindigkeit (Abb. 1.13) oder veränderliche Luftströmungen im Raum berücksichtigt.

Linearität und Zeitinvarianz sind deshalb von grundlegender Bedeutung, da sich Systeme mit diesen Eigenschaften vollständig durch ihre Impulsantwort $h(t)$ und durch ihre Übertragungsfunktion $H(\omega)$ beschreiben lassen. Systeme, die entweder nichtlinear oder zeitvariant sind, können nur mit erheblich höherem Aufwand in ihrer Wirkung charakterisiert werden (Unbehauen 1998).

1.2.5 Impulsantwort

Weiß man, wie ein System auf eine Anregung durch einen infinitesimal kurzen Impuls $\delta(t)$ reagiert, d. h. kennt man die Impulsantwort $h(t)$ des Systems mit

$$h(t) = L\{\delta(t)\} \tag{1.16}$$

so lässt sich die Wirkung des Systems als Faltung des Eingangssignals mit der Impulsantwort beschreiben:

$$y(t) = L\{x(t)\} = \int_{-\infty}^{\infty} x(\tau) h(t-\tau) \mathrm{d}\tau \tag{1.17}$$

Das auf der rechten Seite von (1.17) stehende Faltungsintegral war bis zur Einführung der Digitaltechnik eine rein abstrakte Form der Beschreibung von linearen und zeitvarianten Systemen. Inzwischen sind jedoch digitale Algorithmen, die das Ergebnis einer Faltungsoperation praktisch ohne Zeitverzögerung (Latenz) zur Verfügung stellen (Gardner 1995), auf modernen Prozessoren auch in Echtzeit lauffähig. So bieten zahlreiche Audioworkstations heute eingebettete Faltungsprogramme an oder können Faltungsprogramme als Plug-in einbinden. Dabei besteht häufig die Möglichkeit, auf ein breites Angebot von Impulsantworten etwa zur Nachhallerzeugung zuzugreifen (s. Kap. 13.3) oder Impulsantworten von Systemen durch eine geeignete Messtechnik (s. Kap. 21) sogar selbst aufzunehmen, um die Wirkung des Systems anschließend durch Faltung zu simulieren.

1.2.6 Übertragungsfunktion

Transformiert man die Gleichung (1.17) mit Hilfe der Fouriertransformation nach (1.1) in den Frequenzbereich, so erhält man

$$Y(\omega) = H(\omega) \cdot X(\omega) \tag{1.18}$$

Kapitel 1 Grundlagen

Dabei sind *X(ω)* und *Y(ω)* die Fourier-Transformierten, d. h. die Spektren von *x(t)* und *y(t)*. *H(ω)* ist die Fourier-Transformierte der Impulsantwort *h(t)*, d. h.

$$H(\omega) = F\{h(t)\} \tag{1.19}$$

und wird als Übertragungsfunktion bezeichnet. Die Wirkung eines Systems lässt sich somit im Zeitbereich als Faltung des Eingangssignals *x(t)* mit der Impulsantwort des Systems beschreiben oder im Frequenzbereich durch Multiplikation des Eingangsspektrums *X(ω)* mit der Übertragungsfunktion *H(ω)*. Beide Darstellungen sind gleichwertig: So wie jedem Signal *x(t)* eineindeutig ein Spektrum *X(ω)* zugeordnet ist, ist der Impulsantwort *h(t)* eineindeutig eine Übertragungsfunktion *H(ω)* zugeordnet. Ebenso wie *X(ω)* ist auch die Übertragungsfunktion *H(ω)* eine komplexe Funktion mit dem Betrag |*H(ω)*| und dem Phasenwinkel ∠ *H(ω)*, wobei gilt

$$|H(\omega)| = \sqrt{\operatorname{Re}^2\{H(\omega)\} + \operatorname{Im}^2\{H(\omega)\}} \tag{1.20}$$

$$\angle H(\omega) = \arctan\left(\frac{\operatorname{Im}\{H(\omega)\}}{\operatorname{Re}\{H(\omega)\}}\right) \tag{1.21}$$

Die Formel für den Phasenwinkel gilt nur im Intervall [–π; π] und für Re{*H(ω)*} > 0. Letzteres lässt sich aber jederzeit durch Erweitern mit (–1) erreichen.

Während das Betragsspektrum angibt, um welchen Faktor bestimmte Frequenzanteile durch das System verstärkt oder abgeschwächt werden, gibt das Phasenspektrum an, um welchen Phasenwinkel die jeweiligen Frequenzanteile am Ausgang verschoben auftreten.

Aus der Änderung des Phasenwinkels lässt sich die Zeitverschiebung berechnen, die ein Signal beim Durchgang durch das System erfährt. Da eine feste Zeitverschiebung bei doppelter Signalfrequenz auch einer doppelt so großen Phasenverschiebung entspricht, berechnet sich die Laufzeit im System stets als Quotient von Phasenverschiebung zu Signalfrequenz. Man unterscheidet zwischen der sog. *Phasenlaufzeit* $\tau_p(\omega)$ und der *Gruppenlaufzeit* $\tau_g(\omega)$ des Systems. Die Phasenlaufzeit $\tau_p(\omega)$ mit

$$\tau_p(\omega) = -\frac{\angle H(\omega)}{\omega} \tag{1.22}$$

entspricht der Zeit, um die ein sinusförmiges Signal am Ausgang des Systems verzögert erscheint. Die Gruppenlaufzeit $\tau_g(\omega)$ mit

$$\tau_g(\omega) = -\frac{\mathrm{d}\angle H(\omega)}{\mathrm{d}\omega} \tag{1.23}$$

entspricht der Zeit, um die eine Änderung der Hüllkurve eines sinusförmigen Trägersignals am Ausgang des Systems verzögert erscheint. Da die Information des Audiosignals, etwa Beginn und Ende eines Tons oder Modulationen seines Verlaufs, in der Hüllkurve kodiert sind und nicht in der Phasenlage der darunter liegenden Träger-

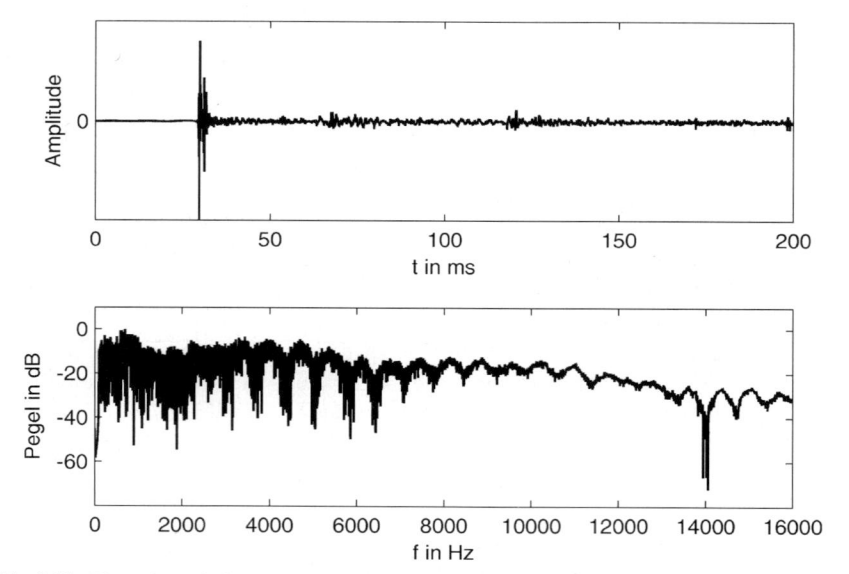

Abb. 1.11 Oben: Ausschnitt aus der Impulsantwort des Raums aus Abb. 1.10. Sichtbar ist die durch das System induzierte Laufzeit von 30 ms entsprechend einem Schallweg von 10 m, eine starke Reflexion nach wenigen ms (Bodenreflexion) sowie eine dichte Folge von Reflexionen von anderen Raumbegrenzungsflächen. Die Messung erfolgte mit einem Sinus-Sweep (s. Kap. 21 Messtechnik). Unten: Zugehörige Übertragungsfunktion (Betragsspektrum). Deutlich zu erkennen ist die Dämpfung hoher Frequenzen, die das Signal bei der akustischen Übertragung von A nach B erfährt.

schwingung, ist für den Höreindruck die Gruppenlaufzeit von größerer Bedeutung. Sie spielt z. B. bei der zeitlichen Überlagerung der Signalanteile von Mehrwege-Lautsprechern eine wichtige Rolle, bei denen die unterschiedlichen Signalwege (Tief-/Mittel-/Hochtöner) durch die Übertragungsfunktionen der Frequenzweiche und der Treiber mit unterschiedlichen Gruppenlaufzeiten behaftet sind und somit beim Hörer zu unterschiedlichen Zeitpunkten eintreffen (vgl. Kap. 8.3.1). Eine für alle Frequenzen konstante Laufzeit des Systems äußert sich in einem linearen Anstieg des Phasenfrequenzgangs. Solche Systeme werden daher als *linearphasig* bezeichnet. In diesem Fall sind Gruppenlaufzeit und Phasenlaufzeit identisch.

1.3 Schall und Schallfeldgrößen

Als Schall bezeichnet man Störungen eines mechanischen Gleichgewichts, welche sich als Schwingungen durch ein physikalisches Medium fortpflanzen. Im Gegensatz zum englischen Begriff *sound*, der auch für die auditive Wahrnehmung von akustischen Phänomenen steht, beschreibt *Schall* in der deutschsprachigen Terminologie zunächst nur den physikalischen Vorgang. Ein Beispiel für die Erzeugung und Ausbreitung eines Schallfelds zeigt Abb. 1.12. Ein bewegter Kolben, der für

Kapitel 1 Grundlagen

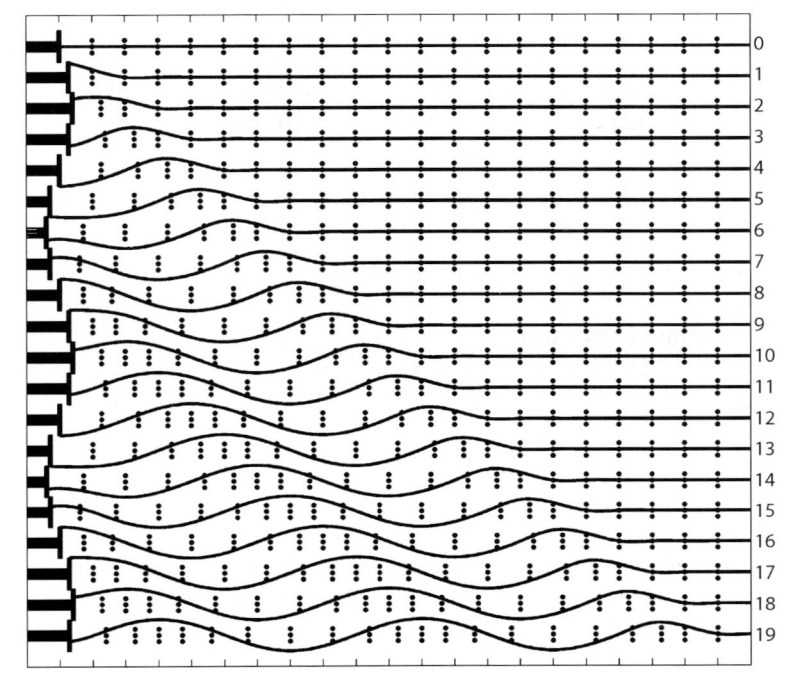

Abb. 1.12 Anregung und Ausbreitung einer ebenen Welle durch eine schwingende Oberfläche (dargestellt links als bewegter Kolben) für 20 aufeinanderfolgende Zeitpunkte. Skizziert ist die horizontale Auslenkung $\xi(t)$ von jeweils drei Molekülen um ihren Ruhepunkt, sowie die dadurch bedingte, lokale Modulation der stationären Dichte ρ_0 und des stationären Luftdrucks p_0 als Kurve entlang der Ausbreitungsrichtung der Schallwelle.

eine Lautsprechermembran oder den schwingenden Resonanzboden eines Musikinstruments stehen kann, löst eine Kettenreaktion von elastischen Stößen jeweils benachbarter Luftmoleküle aus, die sich mit konstanter Geschwindigkeit ausbreitet und schließlich durch die mechanische Erregung unseres Trommelfells am Ende der Übertragungsstrecke und die dadurch ausgelösten Nervenimpulse eine Hörempfindung hervorruft.

Im Gegensatz zu Strömungsphänomenen findet im Schallfeld keine Bewegung des Mediums insgesamt statt, sondern nur eine Schwingung lokaler Volumenelemente um ihren Ruhepunkt. Diese Schwingung breitet sich dann mit einer festen, von den Eigenschaften des Mediums abhängigen Geschwindigkeit c aus. Luftschall ist eine longitudinale *Kompressionswelle*, d. h. das Schallfeld bewirkt eine Verdünnung und Verdichtung des Mediums, die sich entlang der Ausbreitungsrichtung der Schwingung verändert, in Abb. 1.12 erkennbar als ortsabhängige Schwankung von Druck und Dichte um den atmosphärischen Ruhewert. In Festkörpern und Flüssigkeiten sind auch andere Ausbreitungsmechanismen möglich wie die *Torsionswelle* oder *Scherwelle*, bei der das Medium zwar elastisch verformt, aber nicht komprimiert wird, sowie die *Biegewelle* als Kombination von Kompressionswelle und Torsionswelle.

Zur Beschreibung von Schallfeldern wird in der Akustik eine Reihe von physikalischen Größen verwendet, deren Auswahl von den Eigenschaften des Schallfelds abhängt, die damit zum Ausdruck gebracht werden sollen.

1.3.1 Schalldruck und Schallschnelle

Druck und Schnelle sind die üblichen Größen zur Beschreibung der orts- und zeitabhängigen Struktur des Schallfelds. Als *Schalldruck p* bezeichnet man die durch die lokale Verdichtung des Mediums, d. h. durch die Abweichung $\rho_\sim$ von der statischen Dichte ρ_0 bedingte Abweichung p vom statischen Luftdruck p_0. Somit gilt

$$p_{ges} = p_0 + p \tag{1.24}$$

und

$$\rho_{ges} = \rho_0 + \rho_\sim \tag{1.25}$$

Wenn nicht speziell vermerkt, wird als Schalldruck stets der Effektivwert des Wechselschalldrucks bezeichnet (s. 1.10). Für harmonische, d. h. sinus- oder cosinusförmige Verläufe liegt der Effektivwert somit etwa um den Faktor 0,71 niedriger als der Spitzenwert (vgl. Tabelle 1.1). Bei hörbaren Schallvorgängen verändern sich Druck und Dichte im Medium so schnell, dass sich der durch die Verdichtung ausgelöste, lokale Temperaturanstieg nicht durch Wärmeleitung ausgleichen kann. Solche Zustandsänderungen nennt man *adiabatisch*, für sie gilt die adiabatische Zustandsgleichung:

$$\frac{p}{p_0} = \left(\frac{\rho_\sim}{\rho_0}\right)^\kappa \tag{1.26}$$

Für Luft und andere zweiatomige Gase beträgt der Adiabatenexponent $\varkappa = 1{,}4$, für einatomige Gase ist $\varkappa = 1{,}67$. Die Änderung des lokalen Drucks p ist also überproportional zur Änderung der lokalen Dichte $\rho_\sim$. Schalldruck, Schalldichte und Schalltemperatur verändern sich in ihrem orts- und zeitabhängigen Verlauf in einem Medium somit stets in analoger Weise. Der Schalldruck als feldbeschreibende Größe wird benutzt, weil er der Messung durch Mikrofone am leichtesten zugänglich ist. Auch das menschliche Gehör wirkt als Druckempfänger.

Verglichen mit den jeweiligen Ruhegrößen sind die Schallfeldgrößen p und $\rho_\sim$ sehr klein. Selbst am Platz des Dirigenten eines im *fortissimo* spielenden Symphonieorchesters beträgt der Schalldruck selten mehr als 2 Pa, verglichen mit einem statischen Luftdruck auf Meereshöhe von 101.325 Pa, auf den meisten Barometern noch in der veralteten Einheit als 1013 mbar angezeigt. Das menschliche Gehör ist also ein äußerst sensitiver Druckempfänger und die in Abb. 1.12 skizzierte örtliche Auslenkung der Luftmoleküle um ihren Ruhepunkt ist in Wirklichkeit stark überzeichnet.

Kapitel 1 Grundlagen

Als *Schallschnelle* v bezeichnet man die durch den lokalen Schallausschlag $\xi(t)$ bedingte Geschwindigkeit, mit der sich die Moleküle des Mediums um ihre Ruhelage bewegen.

$$\mathbf{v}(\mathbf{x},t) = \frac{\partial}{\partial t} \xi(\mathbf{x},t) \qquad (1.27)$$

Im Gegensatz zum Schalldruck, der eine ungerichtete, skalare Feldgröße ist, ist die Schnelle eine vektorielle, gerichtete Größe. Ebenso wie beim Schalldruck tritt ein hörbares Schallereignis bereits bei sehr geringen Schallschnellen in der Größenordnung von 50 nm·s^{-1} auf. Tabelle 1.2 gibt eine Übersicht über Schalldrücke und Schallschnellen von einigen typischen Alltagsgeräuschen.

Tabelle 1.2 Schalldruck und Schallschnelle von Alltagsgeräuschen

Signal	Schalldruck	Schallschnelle
Formelzeichen	p	v
Einheit	Pa = Nm^{-2}	ms^{-1}
Hörschwelle bei 1 kHz	$2 \cdot 10^{-5}$	$5 \cdot 10^{-8}$
Wald bei wenig Wind	$2 \cdot 10^{-4}$	$5 \cdot 10^{-7}$
Bibliothek	$2 \cdot 10^{-3}$	$5 \cdot 10^{-6}$
Büro	$2 \cdot 10^{-2}$	$5 \cdot 10^{-5}$
dicht befahrene Stadtstraße	$2 \cdot 10^{-1}$	$5 \cdot 10^{-4}$
Presslufthammer, Sirene	2	$5 \cdot 10^{-3}$
Start von Düsenflugzeugen aus 200 m Entfernung	20	$5 \cdot 10^{-2}$
Schmerzgrenze	200	$5 \cdot 10^{-1}$

1.3.2 Feldimpedanz und Kennimpedanz

Der Quotient aus den komplexen Amplituden von Schalldruck p und Schallschnelle v wird als *Feldimpedanz* oder *spezifische Schallimpedanz* Z_S bezeichnet:

$$Z_S = \frac{p}{v} \qquad (1.28)$$

Der Quotient aus den Amplituden von Schalldruck und Schallschnelle in einer ebenen, fortschreitenden Welle wird als *Kennimpedanz* oder *Wellenwiderstand* Z_0 bezeichnet. Während die Feldimpedanz von den Eigenschaften des Mediums ebenso wie von der Geometrie der Schallausbreitung abhängt und für jeden Punkt des Schallfelds unterschiedlich sein kann, hängt die Kennimpedanz nur von den Eigenschaften des Mediums ab (s. Abschn. 1.5.1). Der Begriff Impedanz verweist auf eine elektrische Analogie, indem – analog zur elektrischen Impedanz als Quotient aus Spannung (Ursache) und Strom (Wirkung) – der Schalldruck als Ursache der Teilchenbewegung betrachtet wird und die Feldimpedanz als Widerstand, den das Medium der Bewegung seiner Moleküle entgegensetzt. Diese Analogie sollte allerdings nicht überstrapaziert werden, da man bei bestimmten akustischen Phänomenen, etwa bei der Schallabstrahlung schwingender Oberflächen ebenso die Schnelle als Ursache und den Druck als Wirkung auffassen kann. Die Anlehnung an die elektrischen Zusammenhänge ist allerdings insofern zutreffend, als dass sich Schalldruck und Schallschnelle nicht immer phasengleich verändern müssen, ähnlich wie Strom und Spannung bei kapazitiven und induktiven Widerständen einen Phasenversatz erleiden. Nur bei der ebenen, sich nur in eine Dimension ausbreitenden Welle wie in Abb. 1.12 sind Schalldruck und Schallschnelle in Phase. Bei anderen Schallfeldgeometrien wie der Kugelwelle ist die Feldimpedanz eine komplexe Größe, d. h. die Orte maximalen Drucks fallen nicht mit den Orten maximaler Schnelle zusammen (s. Abschn. 1.5).

1.3.3 Schallgeschwindigkeit

Die *Schallgeschwindigkeit* c in m·s^{-1}, mit der sich eine Schallwelle ausbreitet, ist durch die Materialeigenschaften des Mediums gegeben. Für ideale Gase gilt

$$c = \sqrt{\frac{\kappa RT}{M_{mol}}} \qquad (1.29)$$

mit dem Adiabatenexponent $\varkappa$, der allgemeinen Gaskonstante $R = 8{,}314$ Nm·(mol·K)$^{-1}$, der molaren Masse M_{mol} des Mediums (für Luft ist $M \approx 0{,}029$ kg·mol^{-1}) und der Temperatur T in K (Kelvin).

Luft verhält sich jedoch nur näherungsweise wie ein ideales Gas. Da sie aus einer Mischung von Gasen mit unterschiedlichem Adiabatenexponent $\varkappa$ besteht, hängt die Schallgeschwindigkeit in Luft auch von deren genauer Zusammensetzung ab (Luftfeuchtigkeit, CO_2-Gehalt). Bei normalen atmosphärischen Bedingungen dominiert jedoch der Einfluss der Temperatur. (Abb. 1.13).

In der Nähe der üblichen Raumtemperatur ist die Temperaturabhängigkeit der Schallgeschwindigkeit c annähernd linear und es gilt näherungsweise

$$c \approx 331{,}6 + 0{,}6 \cdot \theta \qquad (1.30)$$

mit der Schallgeschwindigkeit in ms^{-1} und der Temperatur θ in °C, bei einer relativen Luftfeuchtigkeit von 50 %. Die Temperaturabhängigkeit der Schallgeschwindigkeit erklärt eine Reihe akustischer Alltagsphänomene. Dazu gehört der Anstieg der Tonhöhe von Blasinstrumenten oder Orgelpfeifen mit der Temperatur. Da die Schallwellenlänge des schwingenden Luftvolumens hier durch die Geometrie des Körpers vorgegeben ist, steigt die Frequenz der Schwingung, die über (1.31) mit der Wellenlänge

Kapitel 1 Grundlagen

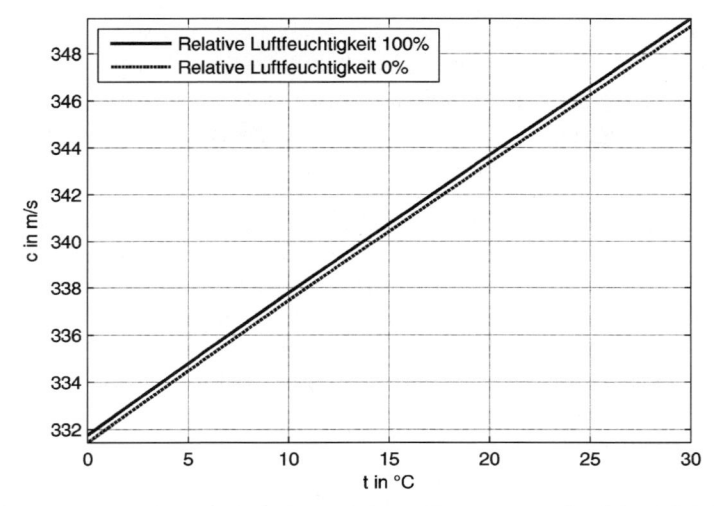

Abb. 1.13. Schallgeschwindigkeit in Abhängigkeit von Temperatur und Luftfeuchtigkeit (berechnet nach Cramer 1993)

verknüpft ist, gemäß (1.30) an, wenn sich das Instrument durch die Atemluft des Spielers oder durch eine veränderte Raumtemperatur erwärmt. Dadurch kann es zu Intonationsproblemen mit anderen Instrumenten kommen (s. Kap. 4.1.2). In Flüssigkeiten und Festkörpern, deren thermodynamische Eigenschaften nicht durch (1.29) beschrieben werden, breitet sich der Schall schneller aus als in Gasen (Tabelle 1.3).

Tabelle 1.3 Einige Schallgeschwindigkeiten in Gasen, Flüssigkeiten und Festkörpern bei $\theta = 20$ °C

Stoff	c in ms^{-1}
Wasserstoff	1309
Sauerstoff	326
Kohlendioxid	266
Luft	344
Wasser (dest.)	1492
Kupfer	3900
Eisen	5100

1.3.4 Frequenz und Wellenlänge

Schallwellen breiten sich mit einer festen, durch die thermodynamischen Bedingungen und die Materialeigenschaften des Mediums gegebenen Geschwindigkeit c aus. Daraus ergibt sich zwangsläufig ein umso kürzerer Abstand zwischen zwei Punkten gleichen Schalldrucks entlang der Ausbreitungsrichtung (Wellenlänge λ), je höher die Frequenz f der Schwingung ist. Es gilt

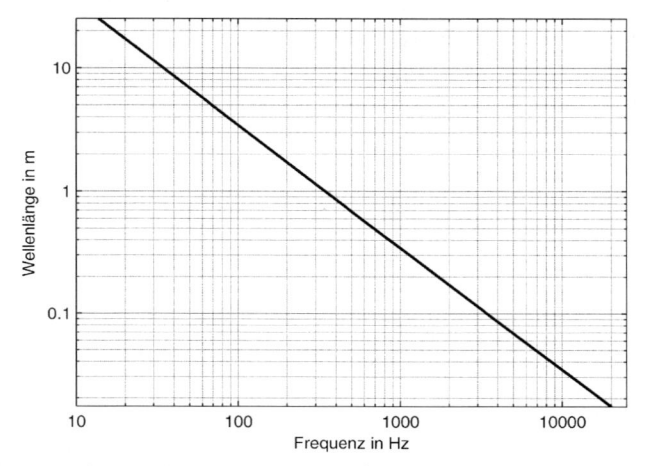

Abb. 1.14 Zusammenhang zwischen Frequenz und Wellenlänge bei einer Schallgeschwindigkeit von 344 ms^{-1}, entsprechend einer Lufttemperatur von 20 °C

$$\lambda = \frac{c}{f} \quad (1.31)$$

Der Bereich hörbaren Schalls mit Frequenzen von 16 bis 16.000 Hz entspricht somit Schallwellenlängen von 21 m bis 2,1 cm. Die Wellenlänge von Schall wird häufig auch durch die *Wellenzahl k* ausgedrückt. Dabei gilt

$$k = \frac{2\pi}{\lambda} \quad (1.32)$$

So wie die Kreisfrequenz ω den pro Sekunde zurückgelegten Phasenwinkel einer harmonischen Schwingung bezeichnet, so steht die Wellenzahl k für den pro Meter in eine bestimmte Beobachtungsrichtung zurückgelegten Phasenwinkel im Bogenmaß. Der räumliche Verlauf von akustischen Phänomenen, die sich aus der Wellennatur des Schalls erklären, lässt sich häufig in allgemeingültiger Form angeben, wenn er nicht auf den Abstand r in m, sondern auf die dimensionslose Größe kr bezogen wird. Ein Wert von $kr = 1$ steht dann für einen in Richtung von r zurückgelegten Phasenwinkel von $1/2\pi = 57{,}3°$, was bei $f = 100$ Hz einer Wegstrecke von 55 cm, bei $f = 10.000$ Hz einer Wegstrecke von 5,5 mm entspricht (vgl. Abb. 1.19).

1.3.5 Schallenergie

Die in einem Schallfeld gespeicherte Schallenergie liegt als potentielle Energie der um den Schallausschlag ξ aus ihrem Gleichgewichtszustand gebrachten Moleküle und als kinetische Energie der mit der Schallschnelle v bewegten Moleküle vor. Da ξ und v von Ort zu Ort unterschiedlich sind, verwendet man auch die Schallenergie

Kapitel 1 Grundlagen

meist als lokale Größe, indem man die Energie auf ein infinitesimal kleines Volumenelement bezieht und eine Schallenergiedichte w in J·m^{-3} berechnet. Jeder Punkt eines Schallfelds wirkt somit als Energiespeicher mit der Energiedichte

$$w = \underbrace{\frac{p^2}{2\rho_0 c^2}}_{\text{potentielle Energie}} + \underbrace{\frac{\rho_0 v^2}{2}}_{\text{kinetische Energie}} \quad (1.33)$$

Als Summe der durch Schalldruck und Schallschnelle bedingten Energiezustände breitet sich die Schallenergie ebenso wellenförmig durch das Medium aus wie die Feldgrößen selbst. Insbesondere wenn Druck und Schnelle in Phase sind, wie im Fall der ebenen Welle, folgt der Verlauf der Energiedichte dem der Feldgrößen p und v. Die gesamte im Schallfeld gespeicherte Energie berechnet sich als Integral der Schallenergiedichte über das vom Schallfeld eingenommene Volumen.

1.3.6 Schallleistung und Wirkungsgrad

Die Schallleistung P in Watt ist die gesamte Energie, die pro Zeit in Form von Schallwellen abgestrahlt, übertragen oder empfangen wird. In der Regel wird die Schallleistung als Maß für die akustische Wirksamkeit einer Schallquelle benutzt. Die empirisch ermittelten Schallleistungen einiger typischer Schallquellen enthält Tabelle 1.4.

Tabelle 1.4 Schallleistung musikalischer Klangquellen

Schallquelle	Schallleistung P in Watt	Quelle
Unterhaltungssprache, Mittelwert	$7 \cdot 10^{-6}$	(Reichardt 1968)
Violine (pp...ff)	$7 \cdot 10^{-7} ... 8 \cdot 10^{-3}$	(Meyer 1993)
Waldhorn (pp...ff)	$3 \cdot 10^{-6} ... 4 \cdot 10^{-1}$	(Meyer 1993)
Große Orgel (tutti)	1	(Ahnert 1984)
Großes Orchester (pp...ff)	0,1...10	(Ahnert 1984)

Als Maß für die Effizienz von Schallwandlern, die elektrische in akustische Energie umsetzen, wird der *Wirkungsgrad η* angegeben mit

$$\eta = \frac{P_{\text{ak}}}{P_{\text{el}}} \quad (1.34)$$

d. h. der Anteil der elektrischen Leistung P_{el}, der in akustische Leistung P_{ak} umgesetzt wird.

Während eine 100 W-Glühbirne immerhin 5 % der zugeführten elektrischen Leistung in Lichtleistung verwandelt (Energiesparlampen bis 25 %), gibt ein ebenfalls typischerweise mit 100 W elektrischer Leistung angetriebener Lautsprecher nur etwa

1 % als Schallleistung ab. Im Vergleich zu Licht- und Wärmequellen ist die von akustischen Quellen erzeugte Schallleistung also relativ gering.

1.3.7 Schallintensität

Während sich die Schallleistung als Maß für die Stärke einer Schallquelle eignet, ist für die Wirkung des Schallfelds an einem bestimmten Punkt im Raum nicht die gesamte von der Quelle produzierte Leistung von Interesse, sondern nur der Anteil, der den Empfängerort erreicht. Bei gerichteten Schallquellen kann ja der überwiegende Anteil der Leistung in eine vom Hörer abgewandte Richtung abgegeben werden. Ein Maß für die beim Empfänger ankommende Schallleistung ist die *Schallintensität I*. Sie gibt die pro Zeit durch eine Fläche *S* hindurchtretende Schallenergie an. Diese Fläche kann die Membran eines Mikrofons oder unser Trommelfell sein, stets ist die Schallwirkung von der gesamten auf die Oberfläche fallenden Schallleistung abhängig.

Die durch die Fläche *S* hindurchtretende Leistung errechnet sich als Integral der Schallintensität über die Fläche *S*

$$P = \int \mathbf{I} d\mathbf{S} \qquad (1.35)$$

Die Schallintensität ist eine gerichtete Größe, ebenso ist d**S** in (1.35) ein senkrecht auf *S* stehendes, vektorielles Flächenelement. Aus (1.35) folgt unmittelbar, wie Abb. 1.15 illustriert, das Abstandsgesetz für die Schallintensität. In einem kugelförmigen Schallfeld breitet sich die Schallleistung auf konzentrischen Kugelschalen der Oberfläche $S = 4\pi r^2$ aus. Da die in einer Kugelschale enthaltene Gesamtleistung konstant ist, „verdünnt" sich die Schallintensität bei konstanter Schallleistung der Quelle umgekehrt proportional zur Zunahme der Oberfläche mit

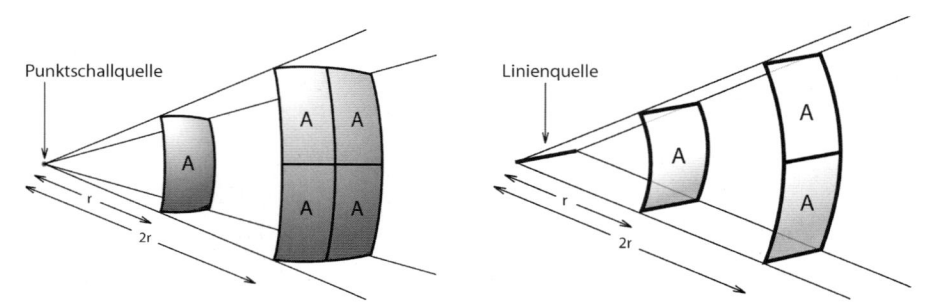

Abb. 1.15 Das Abstandsgesetz für die Schallintensität von Punktquellen (links) und Linienquellen (rechts) ergibt sich aus der Geometrie der Schallausbreitung. Für Punktquellen nehmen Schallintensitätspegel und Schalldruckpegel um 6 dB pro Entfernungsverdopplung ab, für Linienquellen mit 3 dB pro Entfernungsverdopplung.

Kapitel 1 Grundlagen

$$I \sim \frac{1}{r^2} \quad \text{(Punktquelle)} \quad (1.36)$$

Dies entspricht einer Abnahme des Schallpegels für Intensität und Druck um 6 dB pro Entfernungsverdopplung. Für eine linienförmige Quelle breitet sich die Schallleistung auf Zylinderschalen der Oberfläche $S = 2\pi r l$ aus, wobei l für die Länge des Strahlers steht. Bei konstanter Leistung der Quelle verringert sich die Schallintensität daher mit

$$I \sim \frac{1}{r} \quad \text{(Linienquelle)} \quad (1.37)$$

entsprechend einer Abnahme des Schallpegels um 3 dB pro Entfernungsverdopplung (s. Abschn. 1.4).

Für eine ebene Schallwelle wie in Abb. 1.12 dagegen ist die Schallintensität und der Schalldruck unabhängig von der Entfernung, da die Oberfläche S in (1.35) mit der Entfernung von der Quelle konstant bleibt.

Im Hinblick auf die Abstandsregel verhalten sich fast alle natürlichen Schallquellen näherungsweise wie Punktquellen, sobald ihre Abmessungen relativ zur Entfernung vernachlässigbar sind. Linienförmig ausgedehnte Quellen, wie dicht befahrene Straßen, Züge, aber auch Lautsprecherarrays verhalten sich in unmittelbarer Umgebung der Quelle wie ideale Linienquellen, in größerer Entfernung wie Punktquellen. Im Zusammenhang mit ausgedehnten Schallquellen spricht man auch von *Nahfeld und Fernfeld* (s. Abschn. 1.5.3).

Die Schallintensität ist stets proportional zum Produkt aus Schalldruck und Schallschnelle,

$$\mathbf{I} = p \cdot \mathbf{v} \quad (1.38)$$

auch wenn dies nicht per Definition gilt, sondern aus (1.35) und (1.33) über den Energieerhaltungssatz abgeleitet werden kann (vgl. Möser 2005, S. 35f.). Der Vektor der Schallintensität $\mathbf{I}$ zeigt also in die Richtung des Schnellevektors $\mathbf{v}$. Im ebenen Schallfeld (Abschn. 1.5.1) genügt somit eine Messung von Schalldruck oder Schallschnelle, um die Schallintensität zu bestimmen:

$$I = Z_0 \cdot v^2 = \frac{p^2}{Z_0} \quad (1.39)$$

1.4 Pegel

Die in Abschnitt 1.3 eingeführten Schallgrößen p, v, P und I, ebenso wie die daraus erzeugten elektrischen Größen, werden im Bereich der Audiotechnik meist nicht in ihren physikalischen Einheiten Pa, ms^{-1}, Nm oder Jm^{-2} verwendet, sondern als Pegelgrößen in *Dezibel*, abgekürzt dB. Die Umwandlung von der physikalischen Einheit in einen Pegel geschieht bei Leistungsgrößen durch den zehnfachen dekadischen Logarithmus, so z. B. für die Schallleistung P mit

$$L_P = 10 \log \frac{P}{P_0} \, \text{dB} \tag{1.40}$$

Tabelle 1.5 Relativpegel L und zugehörige Verhältnisse für Leistungsgrößen und Feldgrößen

Relativer Pegel L in dB	Verhältnis x_1/x_2 für Leistungsgrößen (P_{ak}, P_{el}, I)	Verhältnis x_1/x_2 für Feldgrößen (p,v,U,I)
0	1	1
1	1,26	1,12
2	1,58	1,26
3	2	1,41
4	2,51	1,58
5	3,16	1,78
6	4	2
10	10	3,16
20	100	10
30	1000	31,6
60	1.000.000	1000
100	10^{10}	10^5

Dabei wird der Logarithmus stets auf das *Verhältnis* zweier physikalischer Größen angewandt. Die Angabe eines Pegels in dB lässt daher zwei Interpretationen zu:

Zum einen kann sie als Relativpegel für ein bestimmtes Verhältnis P_1/P_2 der natürlichen Größen stehen. Bei Leistungsgrößen steht 3 dB für ein Verhältnis von 2:1 und 10 dB für ein Verhältnis von 10:1, ohne dass man dem eine Information über den absoluten Wert von P_1 oder P_2 entnehmen könnte. Aus Tabelle 1.5 kann man die ganzzahligen Pegelwerten entsprechenden, linearen Verhältnisse nach (1.40) ablesen.

Die Pegelangabe kann aber auch für einen absoluten Wert der physikalischen Größe stehen. Dazu muss letztere auf einen Referenzwert bezogen werden, anhand dessen sich aus dem Verhältnismaß in dB auf den Absolutwert zurückrechnen lässt. Der jeweilige Bezugswert kann als Zusatz hinter das dB-Zeichen gesetzt werden, etwa „dB (re 1 mW)", „dB (1 mW)", „dB (mW)" oder „dBm" für den elektrischen Leistungspegel, bezogen auf 1 mW. Hier unterscheidet sich die Nomenklatur nach IEC 27-3, ISO 31-7, DIN 5493-2 und der UIT. Im Bereich der Akustik werden die

Bezugsgrößen meist nicht genannt, weil sie nach DIN 1320 und DIN 45630 festgelegt sind und somit keine Unklarheiten (wie bei elektrischen Spannungspegeln) bestehen.

Tabelle 1.6 und 1.7 geben einen Überblick über die im Bereich der Audiotechnik gebräuchlichen Pegelangaben für akustische und elektrische Größen. Dabei ist zu beachten, dass die Pegeldefinition nach (1.40) per Konvention nur für Größen mit der Dimension einer Leistung gilt, wie die elektrische Leistung, die Schallleistung oder die Schallintensität (als Schallleistung pro Fläche). Für Größen, deren Quadrate sich proportional zu den Leistungsgrößen verhalten, sog. *Feldgrößen* wie Schalldruck, Schallschnelle (mit $I = v^2 Z_0 = p^2 Z_0^{-1}$) oder Strom und Spannung (mit $P_{el} = I^2 R = U^2 R^{-1}$) gilt entsprechend

$$L_p = 20 \log \frac{p}{p_0} \, \text{dB} \tag{1.41}$$

Tabelle 1.6 Schallfeldgrößen und Schallpegel mit Bildungsregel und Referenzwert

Pegelgröße	Definition	Bezugsgröße	Kurzzeichen
Schallleistungspegel	$10 \log \frac{P}{P_0}$ dB	$P_0 = 10^{-12}$ W	dB
Schallintensitätspegel	$10 \log \frac{I}{I_0}$ dB	$I_0 = 10^{-12}$ Wm^{-2}	dB
Schalldruckpegel	$20 \log \frac{p}{p_0}$ dB	$p_0 = 2 \cdot 10^{-5}$ Pa	dBSPL

Diese Konvention gewährleistet, dass eine Reduktion der Schallleistung einer Quelle um 6 dB zu einer Reduktion des Schalldrucks am Empfängerort von ebenfalls 6 dB führt, auch wenn die Schallleistung selbst um den Faktor 0,25, der Schalldruck aber um den Faktor 0,5 abgefallen ist. Gleichzeitig ist der Referenzwert für den Schallintensitätspegel so gewählt, dass sich für den Intensitätspegel der gleiche Wert ergibt wie für den Schalldruckpegel, jedenfalls für das ebene Schallfeld mit einer Kennimpedanz von $Z_0 = \rho_0 c = 400$ Nsm^{-3}. Aus diesem Grund wird häufig einfach von *Schallpegeln* gesprochen und offengelassen, ob ein Schalldruckpegel oder ein Schallintensitätspegel gemeint ist. Da diese Entsprechung jedoch nur für ein spezifisches Z_0 gültig ist, wird im weiteren Verlauf des Handbuchs stets die physikalische Größe genannt, auf die sich der Pegel bezieht.

Tabelle 1.7 Elektrische Größen und Pegel mit Bildungsregel und Referenzwert

Pegelgröße	Definition	Bezugsgröße	Kurzzeichen
Elektrischer Leistungspegel	$10 \log \frac{P}{P_0}$ dB	$P_0 = 1$ W	dBW
Elektrischer Leistungspegel	$10 \log \frac{P}{P_0}$ dB	$P_0 = 1$ mW	dBm
Elektrischer Spannungspegel	$20 \log \frac{U}{U_0}$ dB	$U_0 = 0{,}775$ V	dBu
Elektrischer Spannungspegel	$20 \log \frac{U}{U_0}$ dB	$U_0 = 1$ V	dBV

Aussteuerungsmessgeräte, die einen Spannungspegel in dB anzeigen, sind häufig auf einen institutionell normierten Referenzpegel bezogen. So ist im Rundfunkbereich in Deutschland eine Effektivspannung von 1,55 V = +6 dBu als „Vollaussteuerung" oder „Funkhauspegel" festgelegt, entsprechend zeigen Aussteuerungsmesser (allerdings nur in Deutschland) einen Pegel in dB (re 1,55 V) an.

Die Beliebtheit von Pegelangaben im Bereich der Akustik und der Audiotechnik hat mehrere Gründe: Zum einen macht es die Logarithmierung möglich, große Verhältniswerte durch handliche Pegelangaben zu benennen. So umfasst etwa der Bereich hörbarer Schalldrücke, also von der absoluten Hörschwelle bis zur Schmerzschwelle, Werte von 10^{-5} bis 10^2 Pa, also insgesamt sieben Zehnerpotenzen. Sie reduzieren sich bei Angabe eines Pegels auf einen Bereich von 0 bis 140 dB. Zum anderen sind Pegelwerte enger mit der durch einen Schallreiz ausgelösten Empfindungsstärke korreliert als lineare Größen. So ist zum Beispiel der eben merkliche Unterschied in der Lautheit zweier Schallreize proportional zum Verhältnis der Schalldrücke. Diese nach dem Physiologen E. H. Weber (1795–1878) als *Webersches Gesetz* bezeichnete Regel gilt für die meisten Sinnesqualitäten. Mathematisch ausgedrückt ist das Verhältnis von eben merklichem Unterschied ΔR zur Reizintensität R konstant:

$$\frac{\Delta R}{R} = k \qquad (1.42)$$

Das Verhältnis wird als Webersche Konstante k bezeichnet. Ein Vergleich verschiedener Sinnesmodalitäten zeigt, dass insbesondere die Tonhöhenerkennung zu den empfindlichsten sensorischen Leistungen des Menschen gehört (Tabelle 1.8).

Da der Pegel nichts anderes als eine Verhältnisangabe ist, müsste der eben merkliche Unterschied somit stets der gleichen Pegeldifferenz entsprechen. Dies wurde außer für sehr leise Reize auch durch zahlreiche Untersuchungen bestätigt, etwa mit einem Wert von ca. 0,7 dB für die eben hörbare Schalldruckpegeldifferenz von weißem Rauschen (Gelfand 2004, S. 288ff.).

Kapitel 1 Grundlagen

Tabelle 1.8 Eben merkliche Unterschiede für verschiedene Sinnesqualitäten, ausgedrückt als prozentuale Änderung des Reizes, die für eine zuverlässige Unterscheidung erforderlich ist (nach Atkinson et al. 2001). Die Werte sind nur Anhaltspunkte, da sie von weiteren Faktoren wie Signaltyp (Rauschen, Töne, Sprache), Präsentationsdauer u. ä. abhängen.

Qualität	Eben merklicher Unterschied
Lichtintensität	8 %
Schallintensität	5 %
Schallfrequenz	1 %
Geruchskonzentration	15 %
Salzkonzentration	20 %
Gehobenes Gewicht	2 %
Elektrischer Schlag	1 %

Ein weiterer Bezug zur Empfindungsstärke ergibt sich durch einen ebenfalls nicht nur für das Hören bestätigten Zusammenhang zwischen der absoluten Empfindungsstärke E und der Reizintensität R. Dieser folgt näherungsweise einem nach dem Psychologen S. S. Stevens (1906–1973) als *Stevenssches Potenzgesetz* bezeichneten Verlauf

$$E = k \cdot R^n \tag{1.43}$$

Neben der durch die Maßeinheit definierten Konstante k beschreibt der Exponent n die sensorische Empfindlichkeit für eine Zunahme des Reizes. Für $n > 1$ nimmt die Empfindung überproportional mit dem Reiz zu (z. B. für elektrische Stromimpulse), für $n < 1$ ist die Zunahme unterprotional (z. B. für Helligkeit oder Lautstärke), für $n = 1$ entsprechen sich die Veränderungen von Reiz und Empfindung (z. B. für die Schätzung von Längen). Trägt man sowohl Reiz als auch Empfindungsstärke in einem logarithmischen Maßstab auf, wird das durch (1.43) gegebene Potenzgesetz zu einer Geraden mit der Steigung n. So wurde für den Zusammenhang zwischen Schalldruck und Lautheitsempfindung in zahlreichen Untersuchungen ein Wert von $n = 0{,}6$ ermittelt. Damit entspricht eine Zunahme des Schalldruckpegels um 10 dB einer Verdopplung der Lautheit, auf diesem Wert beruht auch die Sone-Skala als Maßstab für die Verhältnislautheit (s. Abschn. 2.2.4 und Abb. 2.7).

Zusammenfassend lässt sich festhalten, dass sich eine Angabe der Größenverhältnisse von Audiosignalen (Schalldruck, Schallintensität und die entsprechenden elektrischen Größen) als Pegel in dB sowohl im Hinblick auf die Wahrnehmbarkeit von Unterschieden als auch im Hinblick auf die relative Empfindungsstärke aussagekräftig ist. Als Faustregel entspricht ein Pegelunterschied von etwa 1 dB einem gerade wahrnehmbaren Unterschied und ein Pegelunterschied von ungefähr 10 dB einer subjektiven Verdopplung der Lautheit.

1.5 Idealisierte Schallfelder

Schallfelder werden durch mechanische Vorgänge erzeugt, welche die Moleküle des umgebenden Mediums in Schwingungen versetzen. Dies können schwingende Oberflächen sein, etwa der Resonanzboden eines Klaviers oder der Korpus einer Violine. Bei Blasinstrumenten oder Orgelpfeifen sind es schwingende Luftsäulen im Inneren des Instruments, die über eine Öffnung mit der Außenluft verbunden sind. Wie sich das Schallfeld im Raum verteilen wird, kann in der Regel nicht exakt vorhergesagt werden, da die beschriebenen Anregungsvorgänge, wie beispielsweise die Schwingungsmoden eines Violinkorpus, sehr komplex sind, ganz zu schweigen vom Prozess der Abstrahlung beim Übergang in ein anderes Medium (Luft), sowie dem Einfluss des Raums auf das abgestrahlte Wellenfeld.

Nur für sehr einfache Anregungen wie eine kolbenförmige Lautsprechermembran (Abb. 1.12) lässt sich die Schallabstrahlung mathematisch exakt beschreiben, und dies auch nur so lange, wie sich die Schwingung der Membran nicht durch die Ausbildung von Partialschwingungen (s. Kap. 8) in eine Überlagerung von Moden höherer Ordnung entwickelt.

Wie immer, wenn sich physikalische Probleme nicht exakt lösen lassen, behilft man sich mit Näherungslösungen durch Idealisierung der tatsächlichen Verhältnisse. Diese Idealisierungen machen bestimmte Vereinfachungen bezüglich der Symmetrie des abgestrahlten Schallfelds, die sich aus der Geometrie der Anregung ergeben, und erfüllen gleichzeitig die Schallfeldgleichungen.

Die Schallfeldgleichungen in ihrer allgemeinen, dreidimensionalen Form lauten

$$\Delta p = \frac{1}{c^2} \frac{\partial^2}{\partial t^2} p \qquad (1.44)$$

$$\frac{\partial}{\partial t} \mathbf{v} = -\frac{1}{\rho_0} \operatorname{grad} p \qquad (1.45)$$

Sie beschreiben einen Zusammenhang zwischen Schalldruck p und Schallschnelle v in einem gasförmigen Medium der Schallgeschwindigkeit c und der mittleren Dichte ρ_0. Für die Differentialoperatoren grad und $\Delta = \operatorname{div} \operatorname{grad}$ sei der physikalisch interessierte Leser auf Einführungen wie (Großmann 2005) oder akustische Lehrbücher wie (Morse u. Ingard 1987) verwiesen, zum Verständnis des vorliegenden Handbuchs sind sie jedoch nicht erforderlich.

Die Schallfeldgleichungen sind nichts anderes als ein Ausdruck von Masseerhaltung und Impulserhaltung für Gase bei adiabatischen Zustandsänderungen, d.h. Änderungen, die zu schnell erfolgen, als dass sich lokale Temperaturänderungen durch Wärmeleitung ausgleichen könnten. Eine Herleitung der Schallfeldgleichung aus diesen thermodynamischen Grundannahmen findet man etwa bei (Möser 2005). Sie sind also eine Art Mindestanforderung, die physikalisch mögliche Schallfelder erfüllen müssen, ohne dass daraus schon hervorgeht, wie diese Schallfelder tatsächlich

Kapitel 1 Grundlagen

aussehen. Dies ergibt sich erst, wenn man zusätzliche Annahmen über Geometrie und Symmetrie des Schallfelds macht. Zwei Idealisierungen, die in der Praxis dabei besonders häufig Verwendung finden, sind die *ebene Welle* und die *Kugelwelle*.

1.5.1 Ebene Welle

Die ebene Welle ist ein Schallfeld, in dem sich Schalldruck und Schallschnelle nur in einer Dimension verändern, nämlich in Ausbreitungsrichtung des Schallfelds. Als Anregungsgeometrie für die ebene Welle kann man sich eine unendlich ausgedehnte Schallwand vorstellen, die auf ihrer ganzen Fläche eine konphase Schwingung ausführt. Dies ist näherungsweise in unmittelbarer Umgebung von großen schwingenden Oberflächen der Fall, oder in großer Entfernung von Schallquellen, wo die Krümmung von kugelförmigen Wellenfronten bereits vernachlässigbar geworden ist.

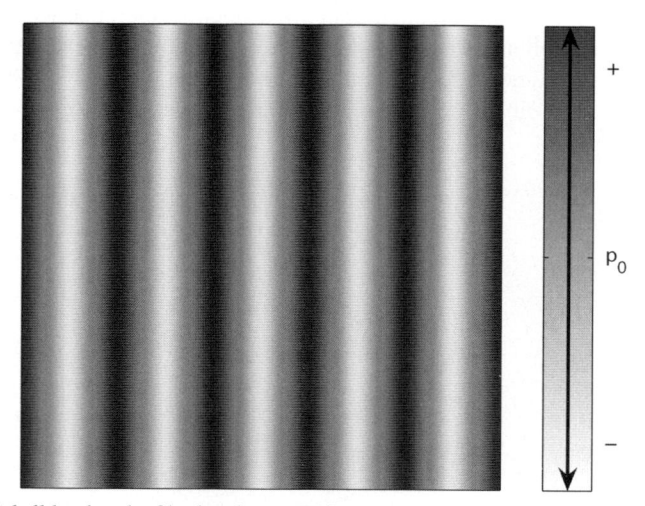

Abb. 1.16. Schalldruckverlauf in der ebenen Welle

Ebene Wellen, die sich in eine Raumdimension ausbreiten, sind somit Funktionen der Gestalt

$$p(x,t) = f(t \pm \frac{x}{c}) \quad (1.46)$$

d.h. orts- und zeitabhängige Schalldruckverläufe, die sich mit der Ausbreitungsgeschwindigkeit c in x-Richtung verschieben, in y- und z-Richtung dagegen konstant sind. Die Funktion (1.46) erfüllt die Schallfeldgleichung (1.44). Mit (1.28) und (1.45) ergibt sich für die Kennimpedanz ein konstanter, reeller Wert von

$$Z_0 = \rho_0 c \qquad (1.47)$$

In der ebenen Welle sind also Schalldruck und Schallschnelle in Phase, d. h. am Ort des maximalen Schalldrucks ist auch die Geschwindigkeit der Teilchenbewegung maximal.

1.5.2 Kugelwelle

Die Kugelwelle ist ein Schallfeld, in dem Schalldruck und Schallschnelle kugelförmige Symmetrie aufweisen, d. h. sich von der Schallquelle aus in konzentrischen Kugelschalen fortpflanzen. Als Anregungsgeometrie für die Kugelwelle kann man sich eine atmende Kugel (auch *Monopol* oder *Strahler nullter Ordnung*) vorstellen, etwa einen rhythmisch aufgeblasenen, kugelförmigen Luftballon, der ein ebenso kugelförmiges Schallfeld auf das umgebende Luftvolumen überträgt. Dies ist näherungsweise für sog. Volumenquellen der Fall, d. h. expandierende Körper, die klein zur abgestrahlten Wellenlänge sind. Dabei spielt es bei tiefen Frequenzen auch keine Rolle, ob die Volumenänderung nur in eine Richtung erfolgt wie bei der Lautsprechermembran in einem geschlossenen Gehäuse, oder allseitig wie bei der idealen, atmenden Kugel.

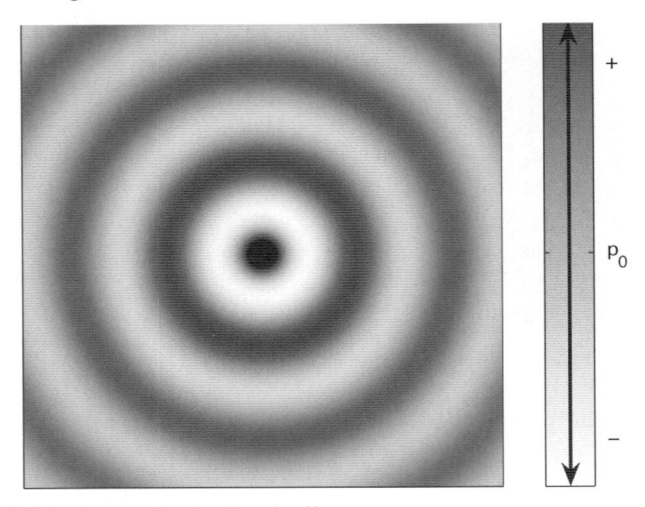

Abb. 1.17 Schalldruckverlauf in der Kugelwelle

Bei tiefen Frequenzen können fast alle natürlichen Schallquellen wie die menschliche Stimme oder Musikinstrumente näherungsweise als Monopole betrachtet werden. Bei Kugelwellen breitet sich die von der Quelle erzeugte Schallleistung P auf konzentrischen Kugelschalen mit dem Radius r in den Raum aus. Für die Schallintensität auf einer solchen Kugelschale gilt somit

Kapitel 1 Grundlagen

$$I = \frac{P}{4\pi r^2} \quad (1.48)$$

Wegen $I \sim p^2$ (1.36) ergibt sich als Ansatz für den Schalldruck einer Kugelwelle

$$p(r,t) = \frac{A}{r} e^{j(\omega t - kr)} \quad (1.49)$$

Die Schallintensität der Kugelwelle nimmt also proportional $1/r^2$ ab, der Schalldruck mit $1/r$. Der Ausdruck $e^{j(\omega t - kr)}$ beschreibt den Phasenverlauf der Kugelwelle, der Faktor A ergibt sich als Konstante aus Überlegungen zur Schallabstrahlung. Setzt man (1.49) in die Schallfeldgleichung (1.45) ein, ergibt sich durch Anwendung der Produktregel bei der Bildung des Gradienten eine Schallschnelle von

$$v(r,t) = \frac{A}{r} \left(\frac{1}{\rho_0 c} + \frac{1}{j\omega \rho_0 r} \right) e^{j(\omega t - kr)} \quad (1.50)$$

mit einer Feldimpedanz von

$$Z_{S\ Kugelwelle} = \frac{1}{\frac{1}{\rho_0 c} + \frac{1}{j\omega \rho_0 r}} \quad (1.51)$$

Im Gegensatz zur ebenen Welle ist die Feldimpedanz hier eine komplexe Größe, die Orte maximalen Schalldrucks fallen nicht mit den Orten maximaler Teilchengeschwindigkeit zusammen. Erst in größerer Entfernung von der Kugelquelle wird der zweite, phasenverschobene Teil der Schnelle in (1.51) vernachlässigbar. Hier nähert sich die Feldimpedanz der Kugelquelle dem Wert $\rho_0 c$ der ebenen Welle. Dieser Bereich wird als Fernfeld (s.u.) bezeichnet, auch anschaulich werden die Wellenfronten einer Kugelquelle in großer Entfernung zunehmend eben.

1.5.3 Nahfeld und Fernfeld

Wichtig für das Verhalten von Schallquellen ist die Unterscheidung zwischen dem Nahfeld und dem Fernfeld einer Quelle. Dies spielt zum Beispiel eine Rolle beim Umgang mit ausgedehnten Schallquellen. So ist die Richtcharakteristik eines Lautsprechers nur im Fernfeld definiert und kann dementsprechend nur im Fernfeld gemessen werden. Andere Effekte wie die quadratische Zunahme der Schallschnelle und der daraus resultierende Nahbesprechungseffekt bei Aufnahmen mit Gradientenempfängern gelten nur im Nahfeld einer Schallquelle. Die Verwendung der Begriffe Nahfeld und Fernfeld in der Akustik ist deshalb teilweise verwirrend, weil sie anhand unterschiedlicher Kriterien definiert werden, welche ihrerseits auf unterschiedliche Grenzabstände für den Übergang zwischen den beiden Regionen führen. So ist die Ausdehnung des für die Richtwirkung einer Schallquelle maßgeblichen Nahfelds proportional zur Schallfrequenz, während die Ausdehnung des durch den Verlauf der Schallschnelle definierten Nahfelds mit der Frequenz abnimmt. Im Einzelfall ist also stets zu spezifizieren, anhand welchen Kriteriums die Begriffe Nahfeld und Fernfeld verwendet werden oder ob für eine bestimmte Anwendung alle Kriterien erfüllt sein müssen.

Das **erste Kriterium** beruht auf der Annahme, dass alle Teilbereiche eines ausgedehnten Strahlers, etwa einer Lautsprechermembran oder eines Lautsprecherarrays, zum Betrachter die gleiche entfernungsbedingte Amplitudenabnahme aufweisen. Dies ist dann erfüllt, wenn der Abstand zwischen Quelle und Betrachter r groß ist gegenüber der Ausdehnung h der Quelle selbst (Abb. 1.18), d. h. für

$$r \gg h \tag{1.52}$$

Unter dieser Fernfeld-Bedingung erscheint die Quelle, geometrisch betrachtet, klein. Alle Bereiche des Strahlers liefern zum Schallfeld beim Betrachter näherungsweise den gleichen Beitrag. Dies gilt allerdings nur für den Betrag des Schalldrucks, nicht für dessen Phasenlage.

Das **zweite Kriterium** beruht auf der Annahme, dass sich die Phasenunterschiede, mit denen sich die Beiträge verschiedener Bereiche des Strahlers beim Betrachter überlagern, als Funktion des Winkels beschreiben lassen, unter dem sich der Betrachter vom Mittelpunkt des Strahlers aus gesehen befindet. Dies ist die Voraussetzung dafür, dass sich die Richtwirkung einer Schallquelle durch die Richtcharakteristik $L(\varphi, \delta)$ als Schalldruckpegel L in Abhängigkeit von einem horizontalen und vertikalen Neigungswinkel beschreiben lässt. Für geringe Entfernungen von der Quelle weicht der für die maximale Phasendifferenz maßgebliche Wegunterschied für die Randpunkte eines ausgedehnten Strahlers r_1-r_2 in Abb. 1.18 jedoch von dem durch den Winkel θ gegebenen Ausdruck

$$r_2 - r_1 = h \cos\theta \tag{1.53}$$

ab.

Lässt man für den Phasenwinkel, der sich aus dieser im Nahfeld auftretenden Abweichung der laufzeitbedingten Interferenz von der durch (1.53) gegebenen Form ergibt, einen Wert von maximal $45° = \pi/4$ zu, so muss ein Abstand von

$$r > \frac{h^2}{\lambda} \tag{1.54}$$

eingehalten werden (Herleitung z. B. Möser 2005, S. 85f.). Innerhalb des durch (1.54) gegebenen Nahfeld-Fernfeld-Übergangs überlagern sich die durch verschiedene Bereiche eines ausgedehnten Strahlers erzeugten Schalldrücke in so komplexer Form, dass sie nicht durch eine winkelabhängige Richtcharakteristik beschrieben

Kapitel 1 Grundlagen 37

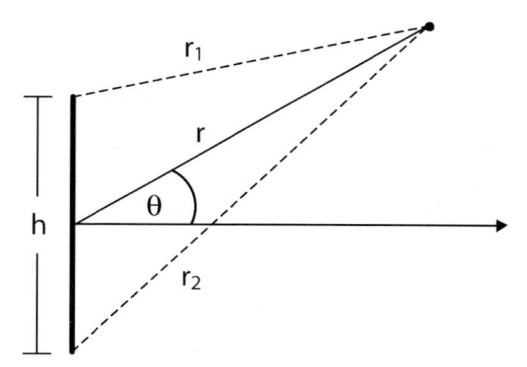

Abb. 1.18 Nahfeld und Fernfeld einer ausgedehnten Schallquelle – geometrische Größen

werden kann. Die Messung der Richtwirkung von Schallquellen muss daher in dem durch (1.54) definierten Fernfeld erfolgen. Goertz empfiehlt für Messungen an Lautsprecherarrays einen Mindestabstand von $r > h^2/2\lambda$ (s. Kap. 8.2.3.2), entsprechend einem maximal zulässigen Phasenwinkel von $\pi/2$, andere Autoren setzen den Nahfeld-Fernfeld-Übergang bei $r > h^2/4\lambda$ an (Fasold u. Sonntag 1993). Innerhalb des durch (1.54) definierten Nahfelds verhält sich der Linienstrahler näherungsweise wie eine ideale Linienquelle, mit einer Abstandsdämpfung von 3 dB pro Entfernungsverdopplung. Im Fernfeld nähert er sich dem Verhalten einer Kugelquelle an, mit einer Abstandsdämpfung von 3 dB pro Entfernungsverdopplung (vgl. Abschn. 1.3.7). Die durch (1.54) definierte Ausdehnung des Nahfelds gilt nicht nur für Linienstrahler, sondern für beliebige ausgedehnte Quellen. In diesem Fall steht h für die größte Ausdehnung der Quelle.

Das **dritte Kriterium** beruht auf der Forderung, dass im Fernfeld die Phasenunterschiede zwischen Schalldruck und Schallschnelle vernachlässigbar sind. Auf diesem Kriterium beruht auch die Definition von *Nahfeld* und *Fernfeld* nach DIN 1320. Ausgehend von dem durch (1.50) gegebenen Verlauf der Schallschnelle einer Punktquelle wird deutlich, dass im Nahfeld der auf dem Gradienten des $1/r$-Abfalls im Schalldruck beruhende Term $1/j\omega\rho_0 r$ in der Feldimpedanz überwiegt, der für einen Phasenversatz von 90° zwischen Druck und Schnelle steht. Für größere Entfernungen überwiegt der auf dem Gradienten des Phasenfaktors des Schalldrucks beruhende Term $1/\rho_0 c$, der für einen gleichphasigen Verlauf von Druck und Schnelle steht. Definiert man als Übergang zwischen Nahfeld und Fernfeld den Abstand, bei dem ein Phasenversatz von 45° vorliegt, so bezeichnet das Nahfeld den Bereich mit

$$\frac{1}{\omega\rho_0 r} > \frac{1}{\rho_0 c} \Leftrightarrow r < \frac{c}{\omega} = \frac{\lambda}{2\pi} \qquad (1.55)$$

d. h. Orte, deren Entfernung von der Quelle r klein ist im Verhältnis zur betrachteten Wellenlänge λ. Das Fernfeld bezeichnet den Bereich mit

$$\frac{1}{\omega\rho_0 r} < \frac{1}{\rho_0 c} \Leftrightarrow r > \frac{c}{\omega} = \frac{\lambda}{2\pi} \qquad (1.56)$$

d. h. Orte, deren Entfernung von der Quelle r groß ist im Verhältnis zur betrachteten Wellenlänge λ. In der Literatur wird der Übergang zwischen Nahfeld und Fernfeld häufig auch bei $r = \lambda$ angesetzt. Der Abstand liegt somit um den Faktor 2π weiter von der Quelle entfernt als durch (1.55) bzw. (1.56) gegeben. An dieser Stelle beträgt der Phasenunterschied zwischen Druck und Schnelle nur noch ca. 9°.

Im Nahfeld ist $Z_S = j\omega\rho_0 r$ und $v \sim 1/r^2$, d. h. Druck und Schnelle sind um 90° phasenverschoben, die Schnelle nimmt quadratisch mit der Entfernung ab. Im Fernfeld ist $Z_0 = \rho_0 c$ und $v \sim 1/r$, d. h. Druck und Schnelle sind in Phase und die Schnelle nimmt, ebenso wie der Schalldruck, proportional zur Entfernung ab. Die überproportionale Abnahme der Schallschnelle im Nahfeld und der Phasenversatz zwischen Schallschnelle und Schalldruck bereiten in der Anschauung häufig Schwierigkeiten. Sie werden verständlich, wenn man bedenkt, dass die durch eine äußere Kraft ausgelöste Bewegung der Luftmoleküle nur dann ohne Phasenversatz in Schalldruck umgesetzt wird, wenn das Medium – so wie dies bei der ebenen Welle gegeben ist – keine „Ausweichmöglichkeit" hat. Bei der Kugelwelle dagegen führt nur ein Teil der Geschwindigkeit, mit der die Teilchen in ein mit der Entfernung zunehmendes Luftvolumen hineingeschoben werden, zu einer Verdichtung des Mediums. Ein anderer Teil ist bewegte, aber unkomprimierte Mediumsmasse und somit für die Schallerzeugung verloren. Erst in größerer Entfernung von der Quelle werden benachbarte Kugelschalen zunehmend volumengleich, die Kugelwelle nähert sich den Verhältnissen der ebenen Welle an. Dies korrespondiert mit dem anschaulichen

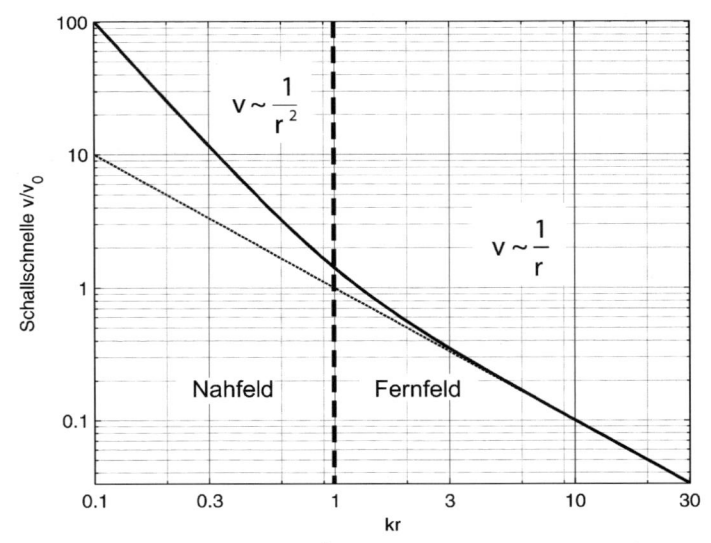

Abb. 1.19 Verlauf der Schallschnelle beim Übergang von Nahfeld zu Fernfeld, bezogen auf die Schallschnelle v_0 bei $kr = 1$

Bild, dass die gekrümmten Wellenfronten der Kugelwelle in großer Entfernung zunehmend eben aussehen.

Für das menschliche Ohr als Druckempfänger oder für Mikrofone, die auf den Schalldruck reagieren, hat die überproportionale Zunahme der Schallschnelle im Nahfeld keine Bedeutung. Bei Mikrofonen, die auf die Schallschnelle oder auf den dazu proportionalen Schalldruckgradienten reagieren, führt der Verlauf der Schallschnelle im Nahfeld zu einer ebensolchen Zunahme der vom Mikrofon abgegebenen Spannung. Da der Übergang zwischen Nah- und Fernfeld frequenzabhängig ist, äußert sich dies in einer Überbetonung tiefer Frequenzen (Nahbesprechungseffekt, Kap. 7.3.2).

Normen und Standards

DEGA-Empfehlung 101:2006   Akustische Wellen und Felder
DIN 1320:1997   Akustik. Begriffe
DIN 5493-2:1994   Logarithmische Größen und Einheiten
DIN 45630 Teil 1   Grundlagen der Schallmessung; Physikalische und subjektive Größen von Schall
ISO 31-7:1992   Quantities and units – Part 7: Acoustics
IEC 27-3:1989   Letters and symbols to be used in electrical technology – Part 3: Logarithmic quantities and units

Literatur

Ahnert W (1984) Sound Energy of Different Sound Sources. 75th AES Convention, Paris, Preprint 2079
Atkinson RL, Atkinson RC, Smith EE, Bem DJ, Nolen-Hoeksema S (2001) Hilgards Einführung in die Psychologie. Spektrum Akademischer Verlag, Heidelberg
Buck M (1980) Perceptual Attributes of Supraliminal Low Frequency Sound and Infrasound. 66th AES Convention, Los Angeles, Preprint 1663
Cramer O (1993) The variation of the specific heat ratio and the speed of sound in air with temperature, pressure, humidity, and CO2 concentration. J Acoust Soc Amer 93(5):2510–2516
Girod B, Rabenstein R, Stenger A (2005) Einführung in die Systemtheorie. Signale und Systeme in der Elektrotechnik und Informationstechnik. 3. Aufl. Teubner, Stuttgart
Fasold W, Sonntag E (1973) Bauphysikalische Entwurfslehre. Band 4: Bauakustik. VEB Verlag für Bauwesen, Berlin
Fletcher H (1961) Speech and Hearing in Communication, New York
Gelfand SA (2004) Hearing. An Introduction to Psychological and Physiological Acoustics. 4. Aufl. Marcel Dekker, New York
Großmann S (2005) Mathematischer Einführungskurs für die Physik. 9. Aufl. Teubner, Stuttgart
Guttman N, Julesz B (1963) Lower Limits of Auditory Periodicity Analysis. J Acoust Soc Amer 35: 610
Meyer J (1993) The Sound of the Orchestra. J Audio Eng Soc 41(4):203–213
Möser M (2005) Technische Akustik. 6. Aufl. Springer, Berlin
Morse PM, Ingard KU (1987) Theoretical Acoustics. B&T
Reichardt W (1968) Grundlagen der technischen Akustik. Geest & Portig, Leipzig
Unbehauen R (2002) Systemtheorie 1. Allgemeine Grundlagen, Signale und lineare Systeme im Zeit- und Frequenzbereich. 8. Aufl. Oldenbourg, München
Unbehauen R (1998) Systemtheorie 2. Mehrdimensionale, adaptive und nichtlineare Systeme. 7. Aufl. Oldenbourg, München

Kapitel 2
Hören – Psychoakustik – Audiologie

Wolfgang Ellermeier und Jürgen Hellbrück

2.1 Anatomie und Physiologie des Gehörs 42
    2.1.1 Aufbau des Hörsystems 42
    2.1.2 Physiologische Funktionen des Hörsystems 46
    2.1.3 Aktive Prozesse im Innenohr 49
    2.1.4 Zentrales auditorisches System 51
2.2 Psychoakustik 52
    2.2.1 Einführung 52
    2.2.2 Grenzen der Hörbarkeit 53
    2.2.3 Schallanalyse durch das Gehör 56
    2.2.4 Lautheit 59
    2.2.5 Tonhöhe und Klangwahrnehmung 65
    2.2.6 Auditive Mustererkennung 67
    2.2.7 Klangattribute der Audio-Wiedergabe 74
2.3 Hörstörungen 76
    2.3.1 Arten und Ursachen der Schwerhörigkeit 76
    2.3.2 Psychoakustik der Schwerhörigkeit 78
    2.3.3 Tinnitus 82
Normen und Standards 82
Literatur 83

2.1 Anatomie und Physiologie des Gehörs

2.1.1 Aufbau des Hörsystems

2.1.1.1 Äußeres Ohr, Mittelohr und Innenohr

Anatomisch ist das Ohr des Menschen in äußeres Ohr, Mittelohr und Innenohr unterteilt. Zum äußeren Ohr gehören Ohrmuschel (Pinna) und äußerer Gehörgang (Meatus acusticus externus). Die Ohrmuschel besteht – mit Ausnahme des Ohrläppchens – aus Knorpeln. Sie enthält auch Muskelgewebe, das beim Menschen nur noch rudimentär ausgebildet ist und nicht mehr wie bei vielen Tieren durch Bewegung der Ohrmuschel der Schallortung dient.

Der äußere Gehörgang hat beim erwachsenen Menschen eine durchschnittliche Länge von 23 mm und einen Durchmesser von 6 bis 8 mm. Er wird durch das Trommelfell zum Mittelohr hin abgeschlossen. Das Trommelfell (Membrana tympanica) hat einen Durchmesser von ca. 10 mm und ist nur 0,074 mm dick.

Das Mittelohr wird auch Paukenhöhle (Cavitas tympani) genannt. Es handelt sich um einen luftgefüllten Raum, der über die eustachische Röhre (Tuba eustachii), auch Ohrtrompete (Tuba auditiva) genannt, mit dem Rachenraum verbunden ist. Im Mittelohr befinden sich die drei Gehörknöchelchen (Ossikel), nämlich Hammer (Malleus), Amboss (Incus) und Steigbügel (Stapes). Der Hammer ist etwa 9 mm lang, der Amboss ca. 7 mm und der Steigbügel 3,5 mm. Die Fußplatte des Steigbügels hat eine Fläche von ca. 3,2 mm^2. Der Steigbügel ist der kleinste Knochen des Skeletts. Hammer, Amboss und Steigbügel sind gelenkartig miteinander verbunden.

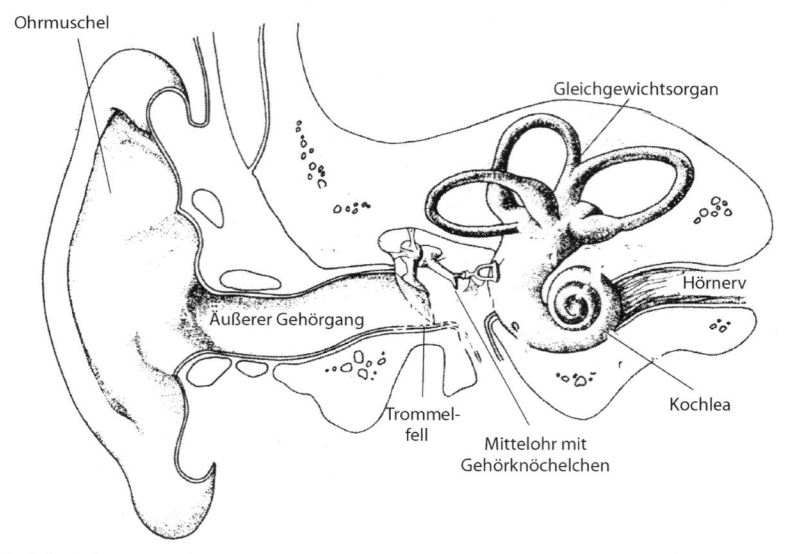

Abb. 2.1 Außenohr, Mittelohr und Innenohr mit der Kochlea und den Bogengängen des Gleichgewichtsorgans (modifiziert nach Lindsay & Norman 1981, S. 96)

Kapitel 2 Hören – Psychoakustik – Audiologie 43

Der Hammergriff ist mit dem Trommelfell verwachsen. Die Fußplatte des Steigbügels ist mit dem ovalen Fenster des Innenohrs verbunden. Durch Schallwellen angeregte Schwingungen des Trommelfells werden auf den Hammer und über Amboss und Steigbügel auf das Innenohr übertragen. Zum Innenohr gehören das Hörorgan, das wegen seines Aussehens auch Schnecke (Kochlea) genannt wird, und das Gleichgewichtsorgan (vgl. Abb. 2.1).

Am Trommelfell setzt ein kleiner Muskel an, der als Trommelfellspanner (Musculus tensor tympani) bezeichnet wird, ein weiterer am Steigbügel (Steigbügelmuskel, Musculus stapedius). Der Trommelfellspanner ist etwa 25 mm lang. Er wird durch den fünften Hirnnerv (Nervus trigeminus) innerviert. Der Stapediusmuskel hat eine Länge von 6,3 mm. Er ist damit der kleinste Skelettmuskel. Die Innervation des Steigbügelmuskels erfolgt durch den siebten Hirnnerv (Nervus facialis).

Die Kochlea des Menschen stellt ein zweieinhalbfach gewundenes Rohr dar, das eine Länge von 32 mm hat. Sie besteht aus drei Schläuchen, der Scala vestibuli, der Scala tympani und der Scala media. Die Scala media – auch Ductus cochlearis (Schneckengang) genannt – wird durch die Reissnersche Membran und die Basilarmembran von den beiden anderen Schläuchen getrennt. Die Scala media ist mit Endolymphe gefüllt, Scala tympani und Scala vestibuli dagegen mit Perilymphe. In der Perilymphe sind überwiegend Natriumionen (Na^+), in der Endolymphe dagegen überwiegend Kaliumionen (K^+) vorhanden (vgl. Abb. 2.2). Aufgrund der unterschiedlichen Elektrolytkonzentration besteht in der Scala media ein Potenzial von

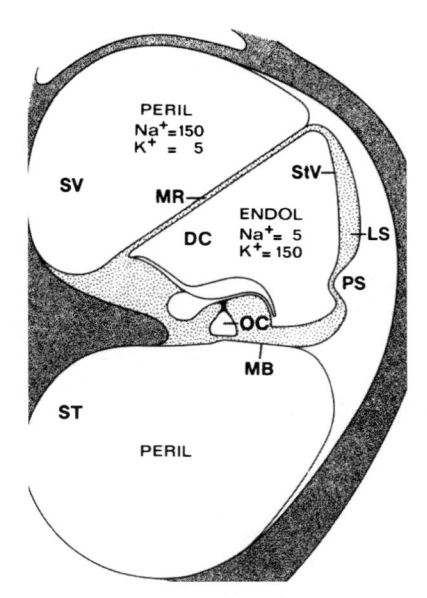

Abb. 2.2 Querschnitt der Kochlea: SV Scala vestibuli, ST Scala tympani, DC Ductus Kochlearis, MR Reissnersche Membran, MB Membrana basilaris, OC Cortisches Organ, StV Stria vascularis, LS Lamina spiralis (seitliche Wand des DC) und PS Prominentia spiralis (Bindegewebewulst); Peril Perilymphe, Endol Endolymphe (aus van het Schip, 1983, S. 25)

+80 mV gegenüber den umgebenden Räumen. Dies entspricht dem Verhältnis zwischen der intra- und extrazellulären Flüssigkeit.

Die Breite der Basilarmembran beträgt an der Schneckenbasis 0,08 mm und an der Schneckenspitze (Helikotrema) 0,05 mm. Auf der Basilarmembran befindet sich das Cortische Organ. Im Cortischen Organ sind die Sinneszellen (Rezeptoren). Man bezeichnet sie als Haarzellen. Es werden innere und äußere Haarzellen unterschieden. Es gibt ca. 3500 innere Haarzellen und 12.000 bis 13.000 äußere Haarzellen. Die inneren Haarzellen sind in einer Reihe, die äußeren in drei Reihen angeordnet. Sie sind von Stützzellen umgeben. Der Zellkörper der inneren Haarzellen ist flaschenartig geformt, die äußeren Haarzellen ähneln eher einer Röhre (vgl. Abb. 2.3). Auf den Rezeptoren befinden sich so genannte Härchen – Stereozilien –, die aus dem Cortischen Organ herausragen und die den Rezeptoren den Namen „Haarzellen" geben. Die Stereozilien der äußeren Haarzellen stehen mit dem äußeren Ende der Tektorialmembran, die das Cortische Organ überdeckt, in fester Verbindung. Die Stereozilien der inneren Haarzellen scheinen gar keinen oder nur losen Kontakt mit der Tektorialmembran zu haben.

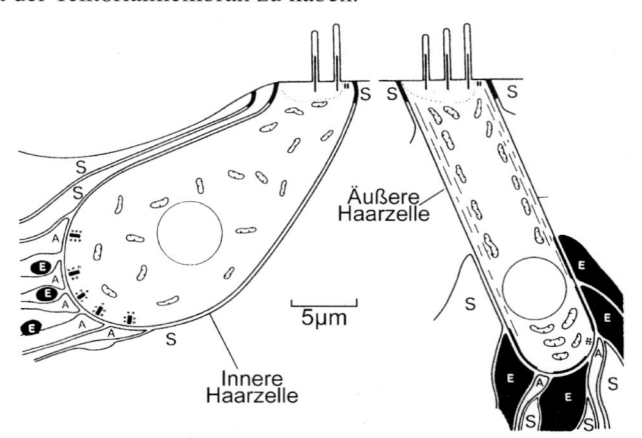

Abb. 2.3. Innere und äußere Haarzelle mit Synapsen afferenter (A) und efferenter (E) Nervenfasern (S=Stützzellen) (modifiziert nach Zwicker u. Fastl 1999, S. 27)

2.1.1.2 Zentrales auditorisches System

Afferente Hörbahn

Die ca. 30.000 Nervenfasern des Nervus cochlearis sind zum überwiegenden Teil afferente Neurone, nur ein sehr kleiner Teil davon sind efferente Neurone, d. h. Nervenfasern, die vom Gehirn kommend in der Kochlea enden. Die afferenten Nervenfasern stehen zu 90 bis 95 % mit dem Zellkörper der inneren Haarzellen in Verbindung und nur zu etwa 5–10 % mit dem Zellkörper der äußeren Haarzellen. Von jeder inneren Haarzelle gehen ca. 20 Nervenfasern aus. Eine Nervenfaser, die mit einer inneren Haarzelle Kontakt hat, innerviert nur diese eine Zelle. Dagegen versorgt eine Nervenfaser, die zu den äußeren Haarzellen geht, bis zu 50 äußere Haarzellen.

Im Folgenden sind die einzelnen Stadien der neuronalen Verarbeitung auf dem Weg von der Kochlea zur Hirnrinde kurz skizziert (vgl. hierzu Abb. 2.4). Anatomisch wird dieser Weg auch als innerer Gehörgang (Meatus acusticus internus) bezeichnet. Er enthält neben dem Nervus vestibulocochlearis auch den Nervus facialis.

Die erste Verarbeitungsstufe stellt das Spiralganglion dar. Hier laufen die mit den Haarzellen verbundenen Neuronen zum Hörnerv (Nervus acusticus; VIII. Hirnnerv) zusammen, der aus der Mitte der Kochlea in den inneren Gehörgang eintritt. Die nächste Station bilden die Hörkerne (Nuclei cochlearis) im Hirnstamm, nämlich der Nucleus cochlearis ventralis und der Nucleus cochlearis dorsalis. Hier teilt sich die Hörbahn. Die Hauptbahn führt zu der Hirnhemisphäre, die dem Ohr, von dem die Erregungen kommen, gegenüberliegt (kontralaterale Seite). Es handelt sich um die seitliche Schleifenbahn (Lemniscus lateralis). Einige Fasern dieser Bahn enden in der Formatio reticularis. Hierbei handelt es sich um eine Zellformation, die sich von der Medulla oblongata, dem Fortsatz des Rückenmarks, bis in Regionen des Mittelhirns erstreckt. In der Formatio reticularis findet eine Regulation des Aktiviertheitszustandes (Wachheit) statt. Die seitliche Schleifenbahn führt über den Colliculus inferior der Vierhügelplatte und den mittleren Kniehöcker (Corpus geniculatum medialis), einem Kerngebiet des Thalamus. Von dort aus wird die primäre Hörrinde

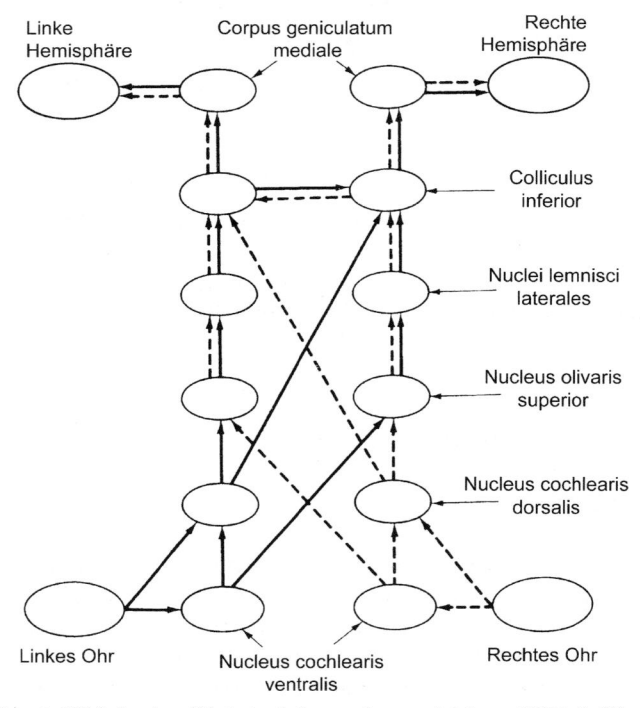

Abb. 2.4 Afferente Hörbahn (modifiziert wiedergegeben nach Moore 2003, S. 50)

(Cortex auditivus) innerviert. Es handelt sich um die Area 41 (entsprechend der Hirnrindenkartierung nach Brodmann) bzw. um die sog. Heschlsche Querwindung des Schläfenlappens.

Zwei weitere Stränge von Nervenfasern führen von den Hörkernen, in diesem Fall vom Nucleus cochlearis ventralis, zu den Olivenkernen, wobei der eine Strang zu dem ipsilateralen, der andere zu dem kontralateralen Olivenkomplex führt. Die Oliva superior medialis erhält Informationen von beiden Ohren. Kontra- und ipsilaterale Hörbahn stehen auf Höhe der Vierhügelplatte miteinander in Verbindung.

Efferente Hörbahn

Die efferente Hörbahn erstreckt sich vom Kortex bis zur Kochlea. Sie wird auch zentrifugale Bahn genannt. Ein wichtiger Teil ist das olivocochleäre Bündel. Die Fasern kommen vom oberen Olivenkomplex und gehen bis zu den Haarzellen in der Kochlea. Ein Teil dieser Nervenfasern verläuft ipsilateral, der andere Teil kommt von der kontralateralen Seite. Den Ersteren bezeichnet man als das ungekreuzte olivocochleäre Bündel (UCOCB; uncrossed olivocochlear bundle), den Letzteren als das gekreuzte olivocochleäre Bündel (COCB; crossed olivocochlear bundle). Die Fasern vereinen sich im IV. Ventrikel des Hirnstamms und verlassen den Hirnstamm über den Vestibularnerv. Dann kreuzen sie in den Hörnerv und gehen in die Kochlea. Der weitaus größte Teil – etwa 95 % – von ihnen hat direkten Kontakt am basalen Ende der Zellkörper der äußeren Haarzellen. Der kleinere Teil bildet Synapsen mit den afferenten Fasern, die an den inneren Haarzellen enden (vgl. Abb. 2.3).

2.1.2 Physiologische Funktionen des Hörsystems

2.1.2.1 Äußeres Ohr und Mittelohr

Eigenschaften des äußeren Ohres und des Mittelohrs tragen entscheidend zur frequenzspezifischen Empfindlichkeit des Ohres bei. Die größte Empfindlichkeit besteht für Frequenzen zwischen 2 und 5 kHz (vgl. Abb. 2.5). Sie wird vor allem durch Resonanzen im äußeren Gehörgang bewirkt. Im freien Schallfeld wird aber auch durch den Kopf und den Körper (Schulter- und Brustbereich) die Schalldrucktransformation zwischen dem Schall im freien Schallfeld und dem Schall am Trommelfell beeinflusst.

Die Gehörknöchelchen im Mittelohr ermöglichen eine Impedanzanpassung zwischen der geringen Dichte der Luft und der hohen Dichte der Flüssigkeit im Innenohr. Würden die Schwingungen der Luft direkt an die Innenohrflüssigkeit weitergegeben, würde der allergrößte Anteil reflektiert werden. Aufgrund der unterschiedlich großen Flächen von Trommelfell und Steigbügel-Fußplatte sowie der Hebelwirkung der Gehörknöchelchen werden die Schwingungen um mehr als das 20-fache verstärkt. Manche Autoren geben auch einen Faktor von 50 an. Das Mittelohr ist darüber hinaus aufgrund von Reibung und Masse ein gedämpftes System. Damit wird ein Nachschwingen verhindert. Ein Nachschwingen auf einen kurzen Schallimpuls würde nämlich die Transduktion nachfolgender Schallreize beeinflussen.

Die Eustachische Röhre im Mittelohr kann sich bei Schluckbewegungen öffnen. Dadurch wird ein Druckausgleich zwischen Mittelohr und atmosphärischen Außendruck hergestellt. Die Mittelohrmuskeln sind in der Lage den Schalldruck abzuschwächen, wobei der Trommelfellspanner bei Kontraktion das Trommelfell anspannt und dadurch den Schallwiderstand erhöht und der Steigbügelmuskel den Steigbügel vom ovalen Fenster wegkippt, sodass der Druck nicht voll auf das Innenohr übertragen wird. Letzteres nennt man Stapediusreflex. Er wird ab Schallpegel von 80 dB über der Hörschwelle ausgelöst und spielt eine wichtige Rolle in der audiologischen Diagnostik (Reflexaudiometrie).

Diese Schallschutzfunktion der Mittelohrmuskeln dürfte jedoch nur bei tieferen Frequenzen bedeutsam sein, da sich die durch sie bewirkte Versteifung der Gehörknöchelchenkette vor allem auf die Dämpfung der tiefen Frequenzanteile auswirkt. Oberhalb von 2000 Hz scheint diese Schutzfunktion praktisch nicht vorhanden zu sein. Damit könnten Schallfrequenzen, für die das Ohr besonders empfindlich ist, ungedämpft auf das Ohr einwirken und es bei entsprechend hoher und anhaltender Belastung schädigen. Allerdings können die Muskeln auch nur dann eine Schutzfunktion ausüben, wenn sich der Schalldruck entsprechend langsam aufbaut, da für eine volle Kontraktion 100 bis 200 ms benötigt werden. Bei einer Explosion oder einem Knall haben diese Muskeln daher praktisch keine Schutzfunktion, da hier das Maximum der Druckwelle in einer viel kürzeren Zeit erreicht wird – bei einem Knall in 1,5 ms.

Evolutionsbiologisch dürfte daher die Funktion der Mittelohrmuskeln vor allem darin bestehen, die Wahrnehmung für wichtige Frequenzen zu steigern, indem sie störende Frequenzen dämpfen. In dem Frequenzbereich zwischen 1000 und 5000 Hz liegen viele der für das Sprachverstehen wichtigen Konsonanten und auch viele Umweltgeräusche, die für das Überleben des prähistorischen Menschen wahrscheinlich bedeutsame Warnsignale gewesen sein dürften, wie z. B. brechende Zweige, Knistern im Gras usw.. Leise hohe Frequenzen können aber aufgrund der asymmetrischen Filter des Gehörs durch laute tiefere Frequenzen verdeckt werden. Daher wäre eine reflektorische Dämpfung von lauten tiefen Frequenzanteilen für die Erhöhung des Signal-Rausch-Abstandes funktional sinnvoll.

2.1.2.2 Innenohr

Frequenzdispersion und Ortstheorie

Druckbewegungen am ovalen Fenster des mit Flüssigkeit gefüllten Innenohrs bewirken Wellen, die entlang der Basilarmembran laufen und die erstmals von Georg von Békésy als Wanderwellen beschrieben wurden.

Aufgrund der Elastizitätsbedingungen der Basilarmembran und der damit verbundenen Dämpfungseigenschaften steilen sich diese Wellen an unterschiedlichen

Orten der Basilarmembran auf, und zwar abhängig von der frequenzabhängigen Wellenlänge. Durch hohe Frequenzen ausgelöste Wanderwellen steilen sich bereits in der Nähe des ovalen Fensters (basal) auf. Die Wellen tieferer Frequenzen laufen weiter in Richtung der Schneckenspitze (apical). Unmittelbar nach der maximalen Amplitude fällt die Welle abrupt ab. Die freiwerdende Energie buchtet die Basilarmembran an dieser Stelle aus. Auf diese Weise werden die unterschiedlichen Schallfrequenzen an unterschiedlichen Orten abgebildet. Diese Frequenzdispersion bezeichnet man als Ortstheorie des Hörens. Für die Bestätigung der Ortstheorie – die bereits von Hermann v. Helmholtz formuliert, aber falsch begründet wurde– mittels der Wanderwellentheorie erhielt Georg von Békésy 1961 den Nobelpreis.

Die Ausbuchtungen der Basilarmembran führen an den jeweiligen Stellen zu Scherbewegungen der Stereozilien der Haarzellen. Diese Abscherung bewirkt eine Öffnung der Ionenkanäle und den Einstrom der positiv geladenen Kaliumionen (K^+). Durch diese Depolarisation entsteht ein Rezeptorpotenzial, das am unteren Ende der Rezeptoren Transmitterquanten (wahrscheinlich Glutamat) in den synaptischen Spalt freisetzt und damit ein Aktionspotenzial in der zugehörigen afferenten Nervenfaser auslöst. Durch die Zurücklenkung der Stereozilien werden einerseits die K^+-Kanäle wieder geschlossen und andererseits das zuvor eingeströmte Kalium lateral aus dem Zellkörper „herausgepumpt". Dieser Prozess der Repolarisation läuft in Sekundenbruchteilen ab und garantiert somit eine sehr kurze „Totzeit" der Zelle und damit ein sehr hohes Zeitauflösungsvermögen, das wesentlich höher als das des Auges ist; d. h. die Haarzelle ist sehr schnell wieder reaktionsbereit.

Mängel der klassischen Wanderwellentheorie

Békésy selbst wies darauf hin, dass die durch die Wanderwelle erzeugte Auslenkung der Basilarmembran allein nicht die in psychoakustischen Versuchen und durch physiologische Messungen am Hörnerv belegte Frequenzauflösung erklären könne. Zwar erreicht die Wanderwelle ihr Maximum je nach Frequenz des Eingangsschalls an unterschiedlichen Orten der Basilarmembran, die dadurch bedingte Ausbuchtung der Basilarmembran ist jedoch nach v. Békésys Experimenten sehr flach und breit und konnte von ihm nur am toten Präparat, bei weit geöffneter Kochlea und auch nur bei Stimulation mit hohen Intensitäten nachgewiesen werden. Sichtbar machte er die Bewegung der Basilarmembran unter stroboskopischer Beleuchtung.

Mit Hilfe der Mößbauer-Technik, bei der die Ablenkung der Strahlung radioaktiver Teilchen gemessen wird, die auf der bewegten Struktur angebracht sind, war es später dagegen möglich, Auslenkungen der Basilarmembran unter besseren physiologischen Bedingungen und bei niedrigen Intensitäten nachzuweisen. Die Schwingungsform der Basilarmembran erwies sich dabei als wesentlich schärfer und spitzer als bei den von v. Békésy gemessenen Wanderwellenbewegungen. Die Amplitude der Auslenkung übertrifft die von v. Békésy gemessene um mehr als das 100-fache. Dies bedeutet, dass die außerordentlich feine Differenzierung zwischen

Tonfrequenzen bereits auf einem sehr frühen Stadium, nämlich auf der Ebene der Basilarmembran nachweisbar ist. Wie ist eine derart feine Abstimmung der Basilarmembran zu erklären?

Eine wichtige Rolle spielen aktive Prozesse in den äußeren Haarzellen. Es konnte gezeigt werden, dass die der Frequenzauflösung zugrunde liegenden physiologischen Prozesse in hohem Maße vulnerabel sind. Sie reagieren sehr empfindlich auf Sauerstoffmangel und gewisse chemische Stoffe. Demnach liegen dem Frequenzauflösungsvermögen des Ohres nicht nur passiv-mechanische, sondern auch biologisch aktive Prozesse zugrunde.

2.1.3 Aktive Prozesse im Innenohr

2.1.3.1 Otoakustische Emissionen und die Motilität der Haarzellen

Einen ersten Hinweis auf aktive Prozesse in der Kochlea lieferten Untersuchungsergebnisse von Kemp in den 1970er Jahren (Kemp 1978). Kemp platzierte im Gehörgang einen Sonden-Lautsprecher und ein Sonden-Mikrofon. Präsentierte man einen Klick, dann konnte mit einer Verzögerung von etwa 5 bis 15 ms eine zweite Schallwelle registriert werden, die weitaus schwächer als die erste, vom Experimentator ausgelöste war. Sie war deutlich unterhalb der Hörschwelle. Diese „Echos" (Kemp echoes bzw. evoked cochlear mechanical responses) beruhen jedoch, wie sich später zeigte, nicht auf Reflexionen des Schalls. Die Bezeichnung „Echo" ist daher irreführend.

Heute spricht man von otoakustischen Emissionen (OAE) und unterscheidet dabei klick-evozierte und spontane otoakustische Emissionen. Otoakustische Emissionen sind postmortal nicht nachzuweisen. Sie sind auch bei Schädigung der äußeren Haarzellen, etwa durch bestimmte ototoxische Medikamente, nicht mehr vorhanden. Auch fehlen sie bei Innenohrschwerhörigen. Voraussetzung für ihr Entstehen sind schnelle Vibrationen der äußeren Haarzellen. Diese Vibrationen übertragen sich retrograd über die Gehörknöchelchenkette auf das Trommelfell und in den äußeren Gehörgang, wo die dadurch ausgelöste Schallwelle gemessen werden kann.

Dass die Haarzellen Motilität aufweisen, wird durch histologische Untersuchungen belegt, in denen der Nachweis von Actin, Myosin, Alpha-Actinin, Fibrin und Kalzium-bindende Proteinen in den Stereozilien sowie in Teilen des Zellkörpers gelang. Solche Proteine sind im Muskelgewebe für Kontraktionen verantwortlich. Dieses muskelähnliche Zellskelett kann einerseits die Steifheit der Stereozilien gewährleisten und andererseits Volumenveränderungen der Haarzellen bewirken.

Man muss schnelle und langsame Bewegungen der äußeren Haarzellen unterscheiden. Durch Stimulation mit elektrischen Wechselfeldern kann man Längsoszillationen der Zellkörper in einer Größenordnung von bis zu 30.000 Hz nachweisen. Löst man Depolarisationen durch Reizung mit Gleichstrom oder durch Kaliumapplikationen aus, sind die Längsoszillationen der Zellkörper wesentlich langsamer (Zenner 1994).

Auf welcher Basis können solch schnelle Bewegungen bewirkt werden? Die Proteine Actin und Myosin sind dazu nicht in der Lage. Vor wenigen Jahren wurde ein Protein entdeckt, das eine besondere Rolle für die Motilität der äußeren Haarzellen spielen könnte. Es wurde Prestin genannt (Zheng et al. 2000). Dieses Molekül reagiert in einem elektrischen Wechselfeld hochempfindlich mit entsprechenden Oszillationen, wobei intrazelluläre Anionen eine wichtige Bedeutung als Spannungssensoren zu haben scheinen (Liberman et al. 2002; vgl. auch Gelfand 2004, S. 166f.).

Die äußeren Haarzellen sind damit in der Lage, sich auf die Vibrationen der Basilarmembran einzustellen und aufgrund ihrer „Motor"-Eigenschaften die Auslenkung der Basilarmembran an der jeweiligen Stelle zu verstärken. Die durch die Wanderwelle bewirkte passive Auslenkung der Basilarmembran kann dadurch wie oben beschrieben um ein Vielfaches verstärkt und auch „verschärft" werden. Damit haben die äußeren Haarzellen in erster Linie eine Verstärkerfunktion im niedrigen Intensitätsbereich. Sie ermöglichen dadurch ferner auch die hohe Frequenzselektivität.

Otoakustische Emissionen sind demnach Epiphänomene des Verstärkermechanismus der äußeren Haarzellen. Ihre Messung ist heute ein etablierter Bestandteil audiologischer Untersuchungen und dient dazu, die Aktivität der äußeren Haarzellen zu überprüfen.

Einen tieferen Einblick in das Phänomen der otoakustischen Emissionen, ihre Messung und ihre klinische Bedeutung findet man bei Janssen (2001).

2.1.3.2 Energieversorgung des Innenohrs

Aufgrund der unterschiedlichen Ionenkonzentration besteht zwischen der Endolymphe in der Scala media und der Perilymphe in der Scala vestibuli bzw. der Scala tympani eine elektrische Spannung. Dieses so genannte Gleichspannungspotenzial kann als Batterie für die elektrischen Vorgänge im Innenohr betrachtet werden.

Die Stria vascularis, jenes gefäßreiche Gewebe im Ductus cochlearis ist zusammen mit den Gefäßen der Basilarmembran der Energielieferant des Innenohrs. Die Stria vascularis sondert Ionen in die Flüssigkeit ab und sorgt somit für die Aufladung der „Batterie". Sie gibt aber auch Sauerstoff und Glukose an die Flüssigkeit ab, die der Versorgung des Cortischen Organs dienen. Die Haarzellen verbrauchen Sauerstoff und Glukose in Abhängigkeit von ihrer Beanspruchung. Der Stoffwechsel ist umso größer, je mehr Reizfolgestrom durch sie hindurchfließt. Man kann zeigen, dass das Bestandspotenzial abhängig ist vom Sauerstoffpartialdruck des arteriellen Blutes. Dabei dürfte der Sauerstoff nicht nur über die Stria vascularis, sondern auch durch die Kapillaren der Basilarmembran zugeführt werden. Man kann davon ausgehen, dass eine lang anhaltende Exposition mit hohen Schallintensitäten das Innenohr in eine Versorgungsnotlage bringt und die Zunahme der dabei entstehenden metabolischen Abfallprodukte eine zusätzliche Belastung für die Haarzellen darstellt (s. auch unten den Abschnitt über „Lärmschwerhörigkeit").

2.1.4 Zentrales auditorisches System

2.1.4.1 Afferente Hörbahn

Charakteristisch ist, dass das Ortsprinzip der Frequenzkodierung – unterschiedliche Schallfrequenzen werden an unterschiedlichen Orten der Basilarmembran abgebildet – bis hin zum auditorischen Kortex beibehalten wird. Man spricht in diesem Zusammenhang von der tonotopen Organisation des zentralen auditorischen Systems. Die höheren Neurone sprechen jedoch auch auf bestimmte Muster des Schalls an. Manche Nervenfasern reagieren beispielsweise auf bestimmte Schallfrequenzen, werden aber bei anderen Frequenzen gehemmt, andere Fasern reagieren nur bei Frequenz- oder bei Amlitudenmodulationen. Diese Spezialisierungen ermöglichen Merkmalsextraktionen und helfen damit Schallmuster zu identifizieren. Je höher, also kortexnäher die Neurone angesiedelt sind desto komplexer sind die Schallmuster, auf die sie spezialisiert sind.

Eine wichtige Leistung des zentralen auditorischen Systems besteht auch in dem Vergleich der von den beiden Ohren ankommenden neuronalen Signalen hinsichtlich möglicher Unterschiede in den Frequenz-, Intensitäts- und Phasenmustern. Auf der Grundlage solcher Vergleiche sind Richtungshören und Schallquellenlokalisation möglich. Voraussetzung dafür ist jedoch normales Hören auf beiden Ohren. Zur räumlichen Ortung von Schallquellen werden minimale Differenzen – etwa Phasenunterschiede von weniger als 30 μs – ausgewertet. Die Redundanz des auditorischen Systems bei der räumlichen Orientierung ist vermutlich sehr gering. Daher können Beeinträchtigungen des Innenohrs – insbesondere des Verstärkungsmechanismus – bei der Transduktion von Frequenz-, Intensitäts- und Phasenmustern nicht kompensiert werden. Die räumliche Ortung von Schallquellen muss als eine Leistung des gesamten Hörsystems angesehen werden.

2.1.4.2 Efferente Kontrolle der Haarzelle

Wie oben bereits erwähnt, stehen die äußeren Haarzellen auch unter Kontrolle des efferenten Systems. Das efferente System scheint bei der Abstimmung der Filterkurven eine wichtige Rolle zu spielen, und zwar vor allem beim selektiven Hören, d. h. vor allem bei der Trennung von Signal und Hintergrundrauschen. Damit könnte es in der Tat eine gehörphysiologische Grundlage für das Lauschen, also das aufmerksame, scharfe Hinhören, darstellen. Es besteht somit die begründete Vermutung, dass willentliche auditive Anspannung die Empfindlichkeit der Rezeptoren selektiv erhöht (Scharf, Magnan u. Chays 1997).

Nach Überlegungen von Zenner (1994, S.55ff. und 103ff.) sind die langsamen Bewegungen der äußeren Haarzellen für die Positionierung der Stereozilien in Richtung Scala vestibuli bzw. Scala tympani verantwortlich, wodurch die Empfindlichkeit des kochleären Verstärkungsmechanismus je nach Situation – Lauschen auf leise Töne bzw. Hören von sehr lauten Geräuschen – eingestellt werden kann. Die

Empfindlichkeit des Verstärkungsmechanismus könnte somit bei leisen Geräuschen, auf die die Aufmerksamkeit fokussiert wird, erhöht werden, bei hohen Lautstärken dagegen zurückgenommen werden.

Zu Theorien und empirischen Befunden über die Rolle des efferenten Systems vergleiche man auch Guinan (1996).

2.2 Psychoakustik

2.2.1 Einführung

Die wissenschaftliche Disziplin der Psychoakustik untersucht, wie akustische Reize wahrgenommen werden. Die Wahrnehmungsseite wird im ersten Teil des zusammengesetzten Hauptworts reflektiert und ist traditionell Gegenstand der Psychologie, insbesondere der Wahrnehmungspsychologie. Die Reizseite schlägt sich im zweiten Teil des Wortes Psychoakustik nieder und ist Gegenstand der Physik. Wegen ihres interdisziplinären Charakters ist die Psychoakustik de facto Teildisziplin einer Reihe von Wissenschaften, u. a. der Psychologie (Auditive Wahrnehmung), der Physik (Psychologische Akustik, Hörakustik) der Biologie (Untersuchung der Hörleistungen verschiedener Arten in „Verhaltensexperimenten"), der Ingenieurswissenschaften (Kommunikationsakustik, Elektroakustik, „Audio Engineering") und der Medizin (Audiologie).

Ziel dieses Kapitels ist es, die wichtigsten der für die Audiotechnik relevanten Hörphänomene im Überblick darzustellen und zu erklären. Die behandelten Hörphänomene lassen sich im Wesentlichen in zwei große Klassen unterteilen: (1) *Schwellen* und (2) *überschwellige Empfindungsgrößen*. Schwellen sind im Wesentlichen Grenzwerte von Empfindungen. So wird z.B. als Hörschwelle derjenige Schalldruckpegel bezeichnet, der eben gerade eine Empfindung auslöst. Wird der Schalldruckpegel über diese Schwelle hinaus gesteigert, entsteht eine Lautheitsempfindung, die – abhängig v.a. vom Schalldruckpegel – mehr oder weniger stark sein kann. Lautheit ist eine überschwellige Empfindungsgröße und als solche im Prinzip (subjektiv) skalierbar, d. h. mit geeigneten Methoden können wir die Stärke bzw. den Ausprägungsgrad der (Lautheits-)Empfindung bestimmen. In der Audiotechnik werden Empfindungsgrößen manchmal auch als (Audio-)Attribute bezeichnet. Attribute der Wiedergabe von Musik über Lautsprechersysteme sind z. B. relativer Bassanteil, Lautheit, Lokalisierbarkeit von Schallquellen und Umhüllung (envelopment). Audio-Attribute sind aus unserer Sicht ebenfalls Empfindungsgrößen, insofern als sie überschwellig und quantifizierbar sind. Die Methoden zur Messung von Schwellen und zur Quantifizierung von Empfindungsgrößen (ausführlich dargestellt in Hellbrück u. Ellermeier 2004, Kap. 6) sind allerdings nicht trivial und konstituieren eine eigene Teildisziplin der Psychologie, die *Psychophysik*.

2.2.2 Grenzen der Hörbarkeit

Da nicht jede Luftschwingung, die auf das Trommelfell trifft, eine Hörempfindung auslöst, ist es zunächst wichtig, die Grenzen der Hörbarkeit zu bestimmen. Das geschieht durch die Messung von Detektionsleistungen und Diskriminationsleistungen. Um etwa die Detektierbarkeit eines 1-kHz-Sinustons in Stille zu bestimmen, muss derjenige Schalldruckpegel ermittelt werden, der genügt, den Ton in 50 % der Darbietungen zu entdecken. Den so ermittelten Schallpegel (bei hörgesunden Probanden im Mittel ca. 6 dB SPL) bezeichnet man auch als *Absolutschwelle,* welche – vereinfacht betrachtet – das Vorhandensein einer Hörempfindung von deren Nichtvorhandensein trennt.

Wenn dagegen Diskriminationsleistungen untersucht werden sollen, werden zwei oder mehrere überschwellige Reize miteinander verglichen. Um etwa die Empfindlichkeit für Unterschiede in der Tonfrequenz zu bestimmen, wird ein 1-kHz-Sinuston von 60 dB SPL abwechselnd mit anderen Tönen gleichen Pegels und geringfügig unterschiedlicher Frequenz dargeboten. Auf diese Weise wird eine *Unterschiedsschwelle* bestimmt. Im dargestellten Fall etwa könnte sich ergeben, dass Probanden zuverlässig 1003 Hz von 1000 Hz unterscheiden können, und somit eine Unterschiedsschwelle von 3 Hz aufweisen.

2.2.2.1 Hörschwelle

Die Absolutschwelle für Sinustöne in Abhängigkeit von deren Frequenz wird schlicht als *Hörschwelle* bezeichnet. Man versteht darunter den Schalldruckpegel, der unter ruhigen Umgebungsbedingungen (daher manchmal auch: *Ruhehörschwelle*) gerade eben nötig ist, um eine Hörempfindung auszulösen.

Grundsätzlich gibt es zwei Methoden, die Ruhehörschwelle zu bestimmen. Sie unterscheiden sich danach, wie der physikalische Reizpegel gemessen wird, der notwendig ist, damit eine Testperson den Schall gerade eben hört. Nach der einen Methode werden Schallreize über Kopfhörer dargeboten und der Schalldruck wird während der Darbietung unmittelbar am Eingang des Gehörgangs oder sogar nahe am Trommelfell mittels eines *Sondenmikrofons* gemessen. Die so erhaltene Hörschwelle bezeichnet man als *kleinsten hörbaren Schalldruck (minimal audible pressure, MAP).*

Diese Art der Messung ist der praktischen Hörschwellenmessung bei Laborversuchen oder in der Klinik (Audiologie) am ähnlichsten: Dafür wird lediglich eine schallisolierte Hörkabine benötigt und die aufwendige Messung im Ohrkanal wird umgangen, indem der Kopfhörer vorher auf einem Kuppler (künstliches Ohr), dessen Volumen in etwa dem eines durchschnittlichen Gehörgangs entspricht, kalibriert wird. Für diese Art der Hörschwellenbestimmung gibt es immer wieder aktualisierte nationale und internationale Normen (z. B. ISO 389-1), die für verschiedene Kopfhörertypen und -marken angeben, welchen Schalldruckpegel hörgesunde Probanden gerade eben wahrnehmen.

Die zweite Methode zur Bestimmung der Ruhehörschwelle besteht darin, die Testschalle über Lautsprecher in einem reflexionsarmen Raum darzubieten (*camera silens, anechoic chamber*). Dabei handelt es sich um einen Raum, der durch spezielle Lagerungsvorrichtungen möglichst gut gegen Körperschall abgeschirmt und innen mit keilförmigen Körpern aus Dämmmaterial ausgekleidet ist, um Reflexionen des Schalls weitgehend zu vermeiden. Damit wird ein sog. *freies Schallfeld* approximiert. Nun wird die Hörschwelle für eine Testperson bestimmt, und anschließend wird, nachdem die Testperson aus dem Schallfeld entfernt wurde, der Schalldruck an dem Ort gemessen, an dem sich der Kopf der Versuchsperson befand. Die so erhaltene Hörschwelle bezeichnet man als *kleinstes hörbares Schallfeld (minimal audible field, MAF)*. Zwischen *MAP* und *MAF* bestehen Unterschiede, weil einerseits Kopf, Oberkörper und Ohrmuschel das Schallfeld in unterschiedlicher Weise für verschiedene Frequenzen beeinflussen (s. Kap. 3, *head-related transfer functions,* HRTFs) und weil andererseits die Messung des MAF in der Regel beidohrig (binaural) erfolgt, während MAPs unter Kopfhörern in der Regel jeweils an einem Ohr (monaural) gemessen werden. Auch das kleinste hörbare Schallfeld ist normiert (ISO 389-7). Abb. 2.5 zeigt als unterste Kurve eine idealisierte Darstellung dieser Hörschwelle (MAF), aus der hervorgeht, dass sie stark von der Tonfrequenz abhängt.

Es gibt Belege dafür, dass auch Schwingungen unterhalb von 20 Hz gehört werden können, allerdings nur bei sehr hohen Schallpegeln (> 100 dB SPL; Pedersen u. Møller 2004). In diesem Bereich des *Infraschalls* ist die auditive Wahrnehmung nur schwer von der Wahrnehmung von Vibrationen zu trennen.

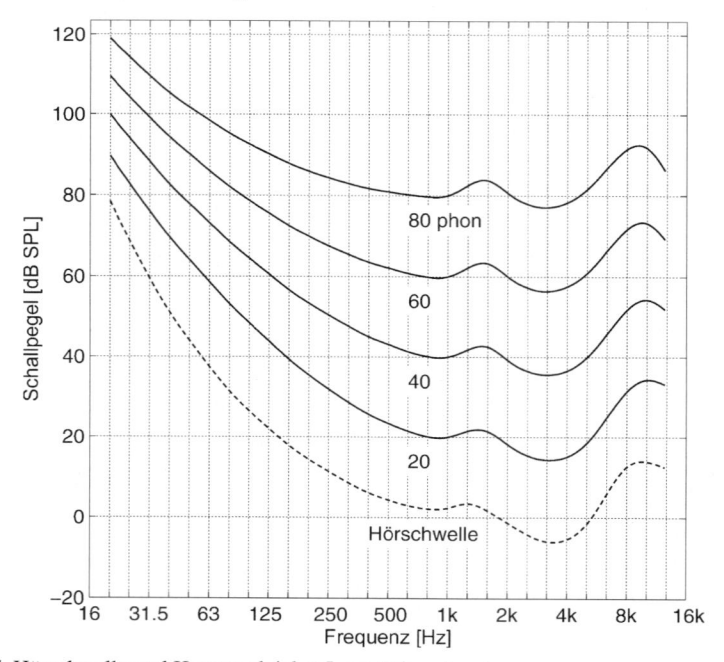

Abb. 2.5 Hörschwelle und Kurven gleicher Lautstärke – Isophone

Oberhalb von 20 kHz, im Bereich des *Ultraschalls,* lässt sich keine auditive Wahrnehmung nachweisen, und bereits jenseits von 16 kHz sind sehr hohe Schallpegel vonnöten. Dennoch gibt es in neuerer Zeit Bemühungen der Audioindustrie, durch Verwendung höherer Abtastraten (96 kHz) bei Aufnahme und Wiedergabe in diesen Bereich vorzudringen. Solche, manchmal als *high-resolution audio* (DVD Audio, Super Audio CD) bezeichneten Formate ermöglichen eine Wiedergabe von Frequenzen bis zu 48 kHz. Zwar gibt es keine Belege dafür, dass Schallanteile über 20 kHz gehört werden, aber es wird argumentiert, dass die Analog-Digital-Wandlung herkömmlicher Systeme Artefakte im hörbaren Bereich produziert (z. B. Abweichungen von einem „flachen" Frequenzgang; Dunn 1998), die durch die hohe Abtastrate reduziert werden können.

2.2.2.2 Hörfeld und Isophone

Neben der Absolutschwelle lässt sich im Prinzip auch eine Obergrenze für die Hörempfindung bestimmen. Diese wird manchmal als Schmerzgrenze oder als Toleranzschwelle bezeichnet. Unangenehme Lautstärkeempfindungen treten ab 100 dB SPL auf, die Schmerzgrenze ist bei 120–140 dB SPL erreicht.

Die Frequenzen zwischen ca. 20 Hz und 20 kHz und die Pegel zwischen Absolutschwelle und Schmerzgrenze spannen also den Bereich der hörbaren Schalle auf. Dieser Bereich wird manchmal auch als *Hörfeld* bezeichnet. Die Vermessung des Hörfelds spielt eine große Rolle in der Audiometrie (s. den Abschnitt über Hörstörungen). Mittels der *Kurven gleicher Lautstärkepegel,* der sog. *Isophone (equal-loudness contours),* kann die innere Struktur des Hörfelds strukturiert werden.

Die Isophone (Fletcher und Munson 1933; Robinson und Dadson 1956) wurden dadurch festgelegt, dass man Testtöne unterschiedlicher Frequenz einem 1-kHz-Ton mit festem Schallpegel, z. B. 60 dB SPL, gleichlaut einstellen ließ. Wenn man dies über den gesamten hörbaren Frequenzbereich von 20 Hz bis 20 kHz durchführt, ergibt sich die Kurve, auf der die Töne liegen, die genauso laut sind wie ein 1-kHz-Ton von 60 dB SPL (Abb. 2.5). Diese Töne haben somit unterschiedliche Schallpegel (von 60 bis über 100 dB SPL, s. Abb. 2.5), jedoch die gleiche Lautstärke. Wiederholt man diese Prozedur für andere Schallpegel, so erhält man die in Abb. 2.5 wiedergegebenen Kurven gleicher Lautstärke oder Isophone. Die Isophone haben eine ähnliche Form wie die Hörschwellenkurve, werden aber mit steigendem Schallpegel zunehmend flacher.

Das hat Konsequenzen für die Schallwiedergabe: Ist der Wiedergabepegel nicht gleich dem Aufnahmepegel, so verändert sich die Klangbalance. Wiedergabe eines breitbandigen Signals mit deutlich niedrigerem Pegel etwa führt dazu, dass Höhen und Tiefen bezüglich der Lautstärke (wegen des steilen Anstiegs der Isophone) in stärkerem Maße abgeschwächt werden als der mittlere Frequenzbereich.

Die Angabe der Lautstärke eines Tons durch den Pegel, den ein 1-kHz-Ton haben muss, um gleichlaut zu erscheinen, wird als *Lautstärkepegel* (engl.: *loudness level*) bezeichnet. Einheit des Lautstärkepegels ist das *Phon.* Jeder Schall, der beispielsweise einen Lautstärkepegel von 80 phon aufweist, ist demnach so laut wie ein 1-kHz-Ton von 80 dB SPL (vgl. Abb. 2.5). Die Isophone wurden in neuester Zeit revidiert und sind in ISO 226 festgehalten.

2.2.2.3 Frequenzbewertungsfilter

Um der in der Hörschwellenkurve und den Isophonen zum Ausdruck kommenden Frequenzabhängigkeit des Gehörs Rechnung zu tragen, benutzt man in der Messpraxis sog. *Bewertungsfilter* (s. Abb. 10.6 in Kap. 10). Diese Filter sind genormt (DIN EN 61672-1). Die Filterkurven stellen gewissermaßen die inversen Kurvenverläufe stark vereinfachter Isophone dar (vgl. Abb. 10.6 mit Abb. 2.5). Drei Filter sind gebräuchlich: Das *A-Filter* entspricht den Phon-Kurven im niedrigen Schallpegelbereich (bis 30 phon), das *B-Filter* dem mittleren Bereich (30-60 phon) und das *C-Filter* dem hohen Schallpegelbereich (über 60 phon). Frequenzgewichtete Schallpegelmessungen werden entsprechend mit den Einheiten dB(A), dB(B) und dB(C) gekennzeichnet. Bei der Messung von Lärm benutzt man vereinbarungsgemäß nur den A-bewerteten Schalldruckpegel. Das A-Filter schwächt bei den tiefen und hohen Frequenzen den Schallpegel etwa entsprechend der 20 phon-Kurve ab. Dies entbehrt – bezogen auf die Wahrnehmung des Lärms – jedoch einer gewissen Logik, da Lärm in der Regel hohe Schallpegel aufweist, bei denen die Frequenzabhängigkeit des Ohres nicht so stark ist wie die, die der A-Bewertung zugrunde liegt. Die A-Bewertung schwächt also tiefe Frequenzen unverhältnismäßig ab. Dies wird üblicherweise damit gerechtfertigt, dass diese für das Gehör weniger *schädlich* seien.

2.2.3 Schallanalyse durch das Gehör

2.2.3.1 Frequenzanalyse

In vielen auditiven Phänomenen zeigt sich die Fähigkeit des Gehörs, *komplexe Schalle* (Klänge, Geräusche) in ihre Frequenzanteile zu zerlegen. Es ist, als sei das auditive System in der Lage, frequenzselektive *Filter* zu verwenden, um die Hörleistung zu verbessern. Das zeigt sich insbesondere darin, dass nicht alle Frequenzanteile eines Störgeräusches zur Verdeckung eines herauszuhörenden Signals beitragen, sondern lediglich die in unmittelbarer Nachbarschaft zur Signalfrequenz liegenden.

Die Existenz auditiver Filter kann z. B. durch einen auf Fletcher (1940) zurückgehenden Maskierungsversuch demonstriert werden, in dem die Detektion eines Sinustones in Rauschen verschiedener Bandbreite *(Bandpassrauschen)* bestimmt wird. Dazu wird die Bandbreite eines auf den zu entdeckenden Ton zentrierten Maskierungsrauschens durch geeignete physikalische Filterung sukzessive erhöht (s. die schematische Darstellung in Abb. 2.6) und der zur Entdeckung des Tones notwendige Schallpegel für jede der Maskiererbandbreiten bestimmt. Es zeigt sich, dass die so bestimmte *Mithörschwelle* (Schwelle unter Maskierung) mit zunehmender Maskiererbandbreite ansteigt (s. Abb. 2.6). Ab einer bestimmten Bandbreite des Störrauschens jedoch (zwischen 200 und 400 Hz in Abb. 2.6) führt eine zunehmende Verbreiterung nicht mehr zu weiterer Verschlechterung; der zur Signalentdeckung notwendige Pegel bleibt konstant. Dieses Ergebnis ist im Einklang mit der Vorstellung, dass das Störrauschen einen auditiven Filter passiert, den das Gehör auf die Frequenz des Sinustons zentriert. Dieser Filter verhindert, dass nichtinformative, weit von der Signalfrequenz entfernt liegende Schallanteile die Signalentdeckung beeinträchtigen. Ist im oben beschriebenen Versuch die (kritische) Bandbreite des auditiven Filters erreicht, so bleibt das Hinzufügen von Störrauschen außerhalb des auditiven Filters unerheblich für die Signalentdeckung.

Der Bereich, den der so vermessene auditive Filter umfasst, wird im Englischen als „critical band" bezeichnet, im Deutschen als „Frequenzgruppe". Wiederholt man den beschriebenen Versuch bei verschiedenen Mittenfrequenzen, so zeigt sich, dass die Breite der Frequenzgruppen mit wachsender Frequenz zunimmt, und zwar näherungsweise als konstanter Prozentanteil (von 10 bis 20 %) der Mittenfrequenz.

Reiht man die Frequenzgruppen nahtlos aneinander, ergibt sich eine Skala von 24 Frequenzgruppeneinheiten. Diese Skala wird *Frequenzgruppenskala* genannt (Zwicker 1961; Zwicker u. Terhardt 1980). Ihre Einheit heißt *Bark*. Die Bark-Skala erlaubt eine gehörgerechte Skalierung der Tonfrequenz (als *Tonheit* z) und spielt eine große Rolle in psychoakustischen Modellen des Gehörs (Zwicker u. Fastl 1999).

Eine andere Möglichkeit, die Messungen der auditiven Filterbreiten zusammenzufassen, besteht darin, die Bandbreite eines (idealisierten) Rechteckfilters anzugeben, der den gleichen Effekt hätte wie der auditive Filter. Diese „equivalent rectangular bandwidth" (*ERB*) wird (für mittlere Pegel und normalhörende Testpersonen) nach Glasberg u. Moore (1990) mit

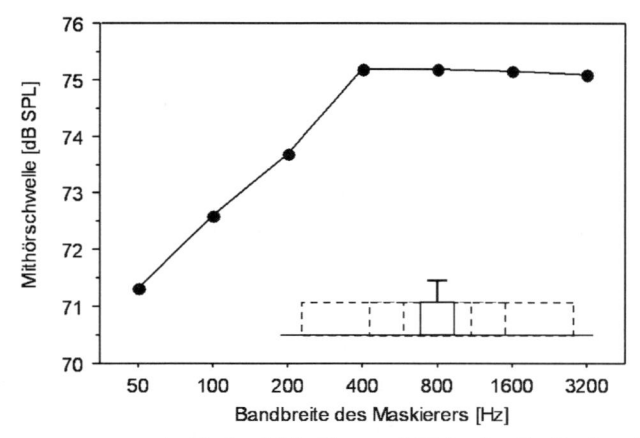

Abb. 2.6 Frequenzgruppennachweis durch Maskierung: Mithörschwelle für einen 2-kHz-Ton in Abhängigkeit von der Bandbreite des Maskierungsrauschens (modifiziert nach Schoeneveldt & Moore 1989)

$$ERB = 24.7(4.37 f + 1) \tag{2.1}$$

angegeben, wobei die Mittenfrequenz f in kHz anzugeben ist.

Damit ergibt sich bei 1 kHz eine *ERB* von ca. 133 Hz, bei 2 kHz ist die äquivalente Bandbreite eines Rechteckfilters 241 Hz, was mit den Daten in Abb. 2.6 (Maskierung) in Einklang steht.

Neben Maskierungsphänomenen lassen sich auch eine ganze Reihe anderer psychoakustischer Phänomene durch die Frequenzgruppenfilterung erklären, z.B. (1) die Fähigkeit, Teiltöne aus einem Klang herauszuhören, (2) die Frequenzabhängigkeit der Mithörschwelle, (3) die Summation der Lautheit über weite Frequenzbereiche (s.u.).

2.2.3.2 Zeitliches Auflösungsvermögen

Die Fähigkeit des Gehörs, zeitliche Veränderungen zu analysieren, ist besonders offensichtlich beim Richtungshören: Hier können Laufzeitdifferenzen in der Größenordnung von 10 bis 20 μs genutzt werden, um kleinste Gradabweichungen einer Schallquelle von der Medianebene des Kopfes festzustellen (s. Kap. 3). Aber auch andere alltägliche Hörleistungen verlangen eine hohe zeitliche Auflösung: So sind insbesondere zur Sprachwahrnehmung schnelle Veränderungen des Amplitudenverlaufs im Bereich weniger Millisekunden zu analysieren.

Eine Möglichkeit, das zeitliche Auflösungsvermögen des Gehörs zu charakterisieren, ist durch sogenannte Lückenentdeckungsexperimente (gap detection). Dabei wird weißes Rauschen von z.B. 500 ms Dauer mit einer kleinen zeitlichen Lücke in der Mitte des Schallereignisses versehen. Die Fähigkeit von Versuchspersonen, eine solche Lücke zu entdecken, kann nun in Abhängigkeit von deren Dauer gemessen werden. Es zeigt sich, dass Lücken von 2-3 ms Dauer – relativ unabhängig vom Darbietungspegel – zuverlässig wahrgenommen werden. Die so gemessene Unterschiedsschwelle (zwischen einem Rauschen mit Lücke und einem lückenlosen Rauschen) ist das am meisten verbreitete Maß des zeitlichen Auflösungsvermögens des Gehörs.

Offensichtlich ist das Gehör ebenso leistungsfähig, wenn es darum geht, zeitliche Unterschiede zwischen den auditiven Filtern (Frequenzgruppen) zu analysieren. Bei harmonischen Tonkomplexen (die aus Sinustönen in ganzzahligem Verhältnis zum Grundton bestehen) konnten Versuchspersonen *Asynchronien* im Einsetzen (onset asynchronies) von weniger als 1 ms entdecken. Die Schwellen zur Entdeckung von Asynchronien im Aussetzen (offset asynchronies) waren wesentlich höher und betrugen zwischen 3 und 30 ms (Zera u. Green 1993).

Ein weiteres Maß des zeitlichen Auflösungsvermögens ist die Fähigkeit, die *Reihenfolge* von Hörereignissen anzugeben. Für eine Folge aus drei gut unterscheidbaren Sinustönen (Divenyi u. Hirsh 1974) etwa reicht eine Komponentendauer von 2–7 ms, um die verschiedenen Reihenfolgen – nach ausgiebigem Training – konsistent zu benennen. Für unverbundene Schallereignisse, die verschiedenen Geräuschquellen zugeordnet werden können, ist die Bestimmung der Reihenfolge sehr viel

Kapitel 2 Hören – Psychoakustik – Audiologie

schwieriger: So brauchten untrainierte Versuchspersonen Ereignisdauern von mindestens 700 ms, um eine lückenlose Folge aus einem Zischen, einem hochfrequenten Ton, einem niederfrequenten Ton und einem Brummen konsistent identifizieren zu können (Warren et al. 1969). Das deutet darauf hin, dass die auditive Zeitwahrnehmung auf verschiedenen Verarbeitungsstufen unterschiedlich funktioniert. Inwiefern kognitive Prozesse der Quellentrennung die Wahrnehmung zeitlicher Reihenfolgen beeinflussen, wird weiter unten im Abschnitt über „auditive Szenenanalyse" diskutiert.

2.2.4 Lautheit

Die subjektive Intensität von Schallen wird mit dem Kunstbegriff *Lautheit* (engl. *loudness*) bezeichnet, dem in der Umgangssprache der Begriff der Lautstärke entspricht. Lautheit ist eine *überschwellige Empfindungsgröße*, welche dem menschlichen Hörempfinden entsprechend skalierbar ist, d.h. sich als Zahlenwert angeben lässt.

2.2.4.1 Lautheitsskalen

Die Messung der Lautheit ist eng mit der Entwicklung von Methoden zur Konstruktion von Empfindungsskalen durch den Psychophysiker S.S. Stevens (z.B. 1975) verknüpft. Eine von Stevens' Methoden heißt *magnitude estimation*, und beruht auf folgender Prozedur: In jedem Versuchsdurchgang wird ein Standardreiz, z.B. ein 1-kHz-Ton von 70 dB SPL vorgegeben, gefolgt von einem Vergleichston wechselnden Pegels, den die Versuchsperson beurteilen soll. Es wird vereinbart, dass die Lautheit des Standardreizes der Zahl „10" entsprechen solle, und dass der Vergleichston jeweils im Verhältnis dazu beurteilt werden soll, also etwa mit „20", wenn er doppelt so laut erscheint. Auf diese Weise wird durch direkte Skalierung (für andere Möglichkeiten s. Hellbrück u. Ellermeier 2004, Kap. 6) eine *Verhältnisskala der Lautheit* gewonnen. Diese Methode ist in der Psychoakustik keineswegs unumstritten (s. Ellermeier u. Faulhammer 2000); dennoch ist ihr immer wieder repliziertes Ergebnis in der Psychophysik als *Stevens' Potenzgesetz* und in der psychoakustischen Messpraxis als *Sone-Skala der Lautheit* etabliert. Die Lautheit (N) lässt sich nach Stevens als Potenzfunktion des Schalldrucks beschreiben:

$$N = k \cdot p^n \qquad (2.2)$$

wobei k eine Konstante ist, und der charakteristische Exponent n den Wert 0,6 annimmt. Damit ergibt sich für jede *Erhöhung des Schallpegels um 10 dB* (ein Faktor von ≈ 3,16 im Schalldruck) eine *Verdoppelung der Lautheit*.

Stevens gab der Einheit der von ihm begründeten Lautheitsskala die Bezeichnung *Sone* und legte die Lautheit eines 1-kHz-Tons von 40 dB SPL auf 1 sone fest. Folglich ist die Lautheit eines 50-dB-Tones 2 sone, die eines 60-dB-Tones 4 sone usw. Die Sone-Skala der Lautheit ist in Abb. 2.7 graphisch dargestellt. Sie wurde in ISO R131 standardisiert und ist wesentlicher Bestandteil gehörgerechter Lautheitsberechnungsverfahren (s.u.).

Neben der Verhältnisskalierung der Lautheit sind auch andere Verfahren entwickelt worden, z. B. aufgrund verbaler Kategorien von ‚nicht hörbar' bis ‚unerträglich laut' (s. Heller 1985; Hellbrück u. Ellermeier 2004). Diese Verfahren haben zwar keine einfache Lautheitsfunktion wie die Sone-Skala hervorgebracht, die Methode ist aber auch Gegenstand der Standardisierung (ISO 16832: Kategoriale Lautheitsskalierung) und spielt eine zunehmende Rolle in Audiologie und Hörgeräteanpassung.

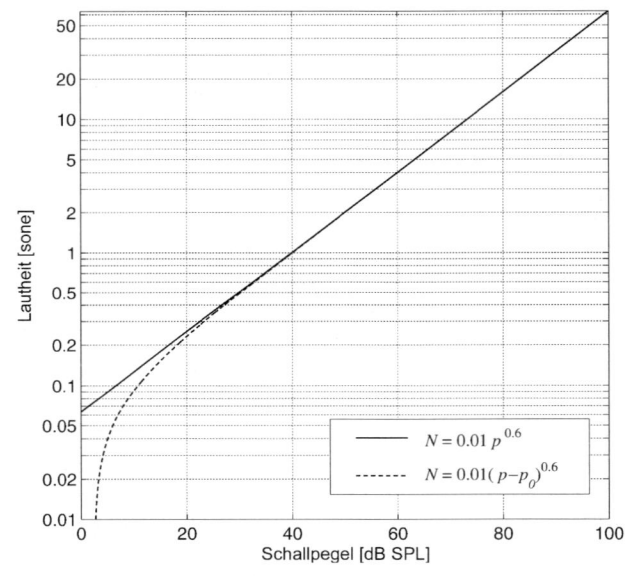

Abb. 2.7 Sone-Skala der Lautheit; gestrichelte Linie: mit einer Korrektur, die die größere Steilheit bei sehr niedrigen Schallpegeln berücksichtigt

2.2.4.2 Determinanten der Lautheit

Dauer

Die Lautstärke eines Sinustones ist primär von dessen Schallpegel abhängig und sekundär von dessen Frequenz. Beide Faktoren schlagen sich in den Kurven gleicher Lautstärkepegel nieder (s. Abb. 2.5), für deren Bestimmung Signale von relativ langer Dauer ($\geq$ 1 s) verwendet wurden. Bei kürzeren Schallen ist aber auch die Dauer der Einwirkung wichtig. In der Regel nimmt die Lautstärke bis zu einer Schalldauer von etwa 200 ms zu, man spricht von *zeitlicher Integration*. In diesem Bereich gilt: Erhöht sich die Dauer des Schalls um den Faktor 10, wächst die Lautstärke entsprechend einer Pegelerhöhung um 10 dB. Jenseits von 200 ms ist die zeitliche Integration abgeschlossen; die Lautheit bleibt – auch bei Verlängerung der Reizdauer – konstant.

Spektrale Lautheitssummation

Betrachtet man breitbandige Signale, also solche, die wie die meisten Alltagsgeräusche mehr als nur eine Frequenzkomponente enthalten, so zeigt sich, dass Lautheit auch von der *Bandbreite* (Abstand zwischen den Geräuschkomponenten mit der höchsten und der niedrigsten Frequenz) abhängig ist.

Vergrößert man z. B. die Bandbreite eines synthetischen Rauschens (s. die breiter werdenden Rechtecke in Abb. 2.8 während der Gesamtpegel konstant gehalten wird – man beachte die gleichbleibende Fläche der Rechtecke –, so bleibt die Lautheit zuerst gleich, bis die Frequenzgruppenbreite erreicht ist (in Abb. 2.8 bei ca. 160 Hz). Wird die Bandbreite des Rauschens weiter vergrößert, so nimmt die Lautheit – außer bei sehr niedrigen Pegeln – zu (s. Abb. 2.8).

Daraus wird geschlossen, dass sich innerhalb der Frequenzgruppenfilter die (physikalischen) Schallintensitäten addieren, über Frequenzgruppen hinweg jedoch die Lautheiten. Die Befunde zur spektralen Lautheitssummation (z. B. Scharf 1978; Zwicker u. Feldtkeller 1967; Verhey u. Kollmeier 2002), zeigen einmal mehr die Bedeutung der Frequenzgruppenanalyse.

Darüber hinaus verdeutlichen sie die Notwendigkeit einer *gehörgerechten* Lärmmessung: Im dargestellten Versuch ändert sich ja die wahrgenommene Lautheit, auch wenn ein Schallpegelmesser (wegen des konstanten Gesamtpegels) stets den gleichen Dezibel-Wert anzeigen würde. Interessanterweise vergrößert die in der Praxis oftmals verwendete A-Bewertung die Diskrepanz zwischen physikalischer Messung und subjektiver Bewertung noch weiter: Wendet man nämlich den in Abb. 10.6 wiedergegebenen A-Bewertungsfilter, der sehr hohe und tiefe Frequenzen abschwächt, auf die genannten Rauschsignale an, so ergeben sich mit zunehmender Bandbreite *sinkende* Messwerte in dB(A). Aufgrund dieser Zusammenhänge ergeben sich oftmals Widersprüche zwischen in dB(A) vorgeschriebenen Grenzwerten und dem tatsächlichen Lautheitseindruck.

Binaurale Lautheitssummation

Das Phänomen der *binauralen Lautheitssummation* kann auf einfache Weise demonstriert werden. Verschließt man in einer Hörsituation mit einem Finger ein Ohr, dann wird es etwas leiser. Das deutet darauf hin, dass beide Ohren zum Lautheitseindruck beitragen. Tatsächlich ist die *binaurale Hörschwelle* um etwa 3 dB niedriger als die monaurale Hörschwelle (z. B. Shaw, Newman u. Hirsh 1947). Im überschwelligen Bereich fällt die Summation größer aus – je nach Untersuchung wurde dort eine *binaurale Verstärkung (binaural gain)* von 6 bis 10 dB gemessen (Hellman u. Zwislocki 1963; Marks 1978; Scharf u. Fishken 1970), d. h. ein monotisch

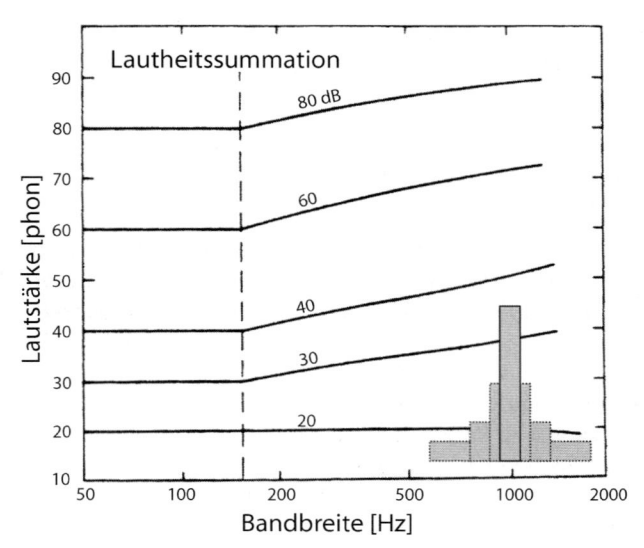

Abb. 2.8 Spektrale Lautheitssummation: Lautheit eines Rauschens – gemessen durch Abgleich mit einem 1-kHz-Ton – in Abhängigkeit von der Bandbreite des Rauschens; Messungen bei verschiedenen Absolutpegeln zwischen 20 und 80 dB SPL (modifiziert nach Zwicker & Fastl 1999, Fig. 8.7)

(z. B. über nur eine Kopfhörermuschel) dargebotener Schall muss im Pegel um diesen Betrag angehoben werden, um gleichlaut zu erscheinen wie bei diotischer (binauraler) Darbietung.

Die zitierten Untersuchungen liefern jedoch – wegen der Darbietung über Kopfhörer und der Verwendung z. T. unnatürlicher binauraler Pegelkombinationen – wenig Aufschluss darüber, wie reale Schallquellen im Raum wahrgenommen werden. Hier sind Laborexperimente einschlägig, in denen die Lautheit – meist im freien Schallfeld eines reflexionsarmen Raums – in Abhängigkeit von der Einfallsrichtung untersucht wurde (z. B. Robinson u. Whittle 1960; Sivonen u. Ellermeier 2006). Abb. 2.9 zeigt typische Ergebnisse für verschiedene Einfallswinkel in der Horizontalebene: Es ist ersichtlich, dass die Lautheit richtungsabhängig selbst bei Mittelung über Versuchspersonen um bis zu 10 dB variiert. Außerdem zeigt sich eine deutliche Frequenzabhängigkeit, mit größeren Effekten bei hohen Frequenzen (hier: 5 kHz).

Die *richtungsabhängige Lautheit* lässt sich als Produkt zweier Prozesse auffassen: (1) der Transformation des akustischen Signals von der Schallquelle zu den Ohren und (2) der eigentlichen binauralen Summation. Der erste Prozess ist rein physikalisch, er umfasst z. B. den Druckaufbau an dem Ohr, das der Schallquelle zugewandt ist und den Effekt des Kopfschattens an dem von der Schallquelle abgewandten Ohr. Er lässt sich vollständig durch die in Kap. 3 beschriebenen kopfbezogenen Übertragungsfunktionen (HRTFs) beschreiben. Der zweite Prozess ist psychophysisch und beschreibt, wie die richtungsabhängig wechselnden am-Ohr-Pegel zu einem einzigen binauralen Lautheitseindruck kombiniert werden.

Kapitel 2 Hören – Psychoakustik – Audiologie

Es zeigt sich (Sivonen u. Ellermeier 2006), dass eine Summationsregel mit einer maximalen binauralen Verstärkung von 3 dB (Leistungssummation)

$$L_{\text{mon}} = 3 \cdot \log_2 (2^{L_{\text{links}}/3} + 2^{L_{\text{rechts}}/3})$$ (2.3)

die mittleren Daten recht gut vorhersagt (wobei L_{mon} der gleichlaute monotische Pegel ist und L_{links} und L_{rechts} die an den jeweiligen Ohren anliegenden Pegel). Die richtungsabhängige Lautheit lässt sich – anders als nach den gegebenen Lautheitsstandards, die bisher nur Situationen vorsehen (freies Schallfeld mit frontaler Quelle oder diffuses Schallfeld), in denen das Langzeitspektrum an beiden Ohren gleich ist – also für beliebige Hörsituationen angeben. Damit ist sie insbesondere geeignet, Vorhersagen aus Messungen mit Kunstköpfen zu machen, bei denen das am-Ohr-Signal vorliegt, die Stimulation der beiden Ohrmikrofone sich aber oftmals dramatisch unterscheidet.

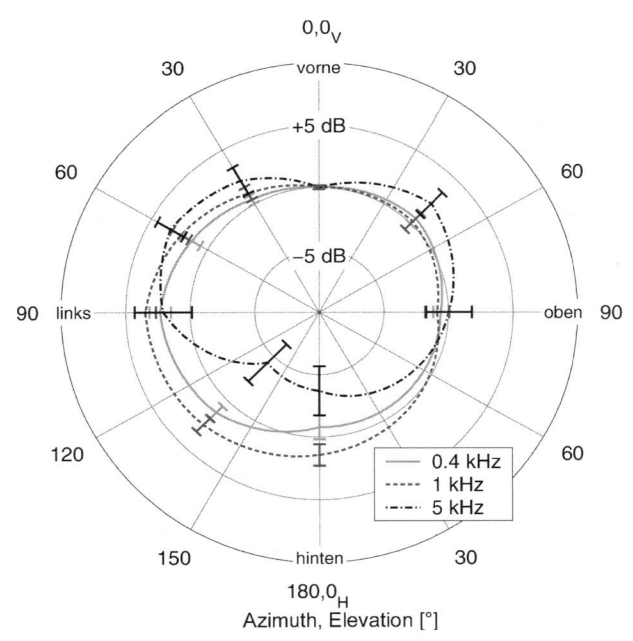

Abb. 2.9 Richtungsabhängigkeit der Lautheit: Lautheitsempfindlichkeit für verschiedene Einfallswinkel links von (linker Halbkreis) und über der Versuchsperson (rechter Halbkreis in der Grafik); negative dB-Werte bedeuten eine Lautheits*minderung* für die entsprechende Richtung, d. h, dass der Pegel um diesen Betrag *angehoben* werden müsste, damit eine Schallquelle in der fraglichen Richtung gleichlaut wahrgenommen würde wie die vorn platzierte Referenzschallquelle; positive dB-Werte bedeuten entsprechend eine Lautheits*zunahme* (nach Sivonen u. Ellermeier, 2006, Abb. 3).

2.2.4.3 Lautheitsmodelle

Um die aufgeführten Befunde zu integrieren, ist ein Lautheitsmodell wünschenswert, das die verschiedenen Stufen der auditiven Informationsverarbeitung beschreibt und die Bildung der Gesamtlautheit adäquat vorhersagt. Die entscheidenden Bausteine dazu sind bereits in den Pionierarbeiten von Zwicker und Koautoren (Zwicker 1958; Zwicker u. Scharf 1965) enthalten und in Abb. 2.10 in Form eines Blockdiagramms aufgeführt.

Stimulus ⇨ Außen-/Mittelohr-Übertragungsfunktion ⇨ Erregungsmuster ⇨ spezifische Lautheit ⇨ Gesamtlautheit

Abb. 2.10. Zwickersches Funktionsmodell der Lautheit (aus Hellbrück u. Ellermeier 2004, S. 143)

Die erste Verarbeitungsstufe wird durch einen festen Filter realisiert, der die Frequenzcharakteristik der Schallübertragung durch Außen- und Mittelohr berücksichtigt. Anschließend wird das *Erregungsmuster* (engl.: *excitation pattern*) des anregenden Schalls berechnet. Es soll die Verteilung neuronaler Erregung entlang der Basilarmembran beschreiben, seine Form ist in Zwickers Theorie allerdings ausschließlich aus psychoakustischen (Maskierungs-)Experimenten abgeleitet. In der nächsten Verarbeitungsstufe werden separat in den einzelnen Frequenzgruppen *Teillautheiten* bestimmt. Dabei handelt es sich um hypothetische Zwischengrößen, die die spezifische Lautheit pro Frequenzgruppe (in Sone/Bark) angeben. Die Abhängigkeit der Empfindungsgröße *Lautheit* vom anregenden Schallpegel wird dabei in der Regel durch eine *Potenzfunktion* beschrieben. Schließlich werden in der letzten Verarbeitungsstufe die Teillautheiten zu einer *Gesamtlautheit* addiert.

Dieses Modell ist zwar physiologisch motiviert, verwendet aber keine genuin physiologischen Begriffe (Neurone, Verschaltungen, Prozesse auf verschiedenen Stufen der Hörbahn). Modelle dieser Art bezeichnet man deshalb auch als *Funktionsmodelle* des Gehörs. Besonders das Zwickersche Funktionsmodell (s. Zwicker u. Fastl 1999) beeindruckt dadurch, dass es verschiedenste psychoakustische Phänomene (z. B. Maskierungsphänomene, Mithörschwellen, die Empfindung der Rauhigkeit, der Tonhöhe und der Lautheit bei normalem und beeinträchtigtem Gehör usw.) in einem einheitlichen theoretischen System erklären kann. Neuere Lautheitsmodelle haben im Wesentlichen die in Abb. 2.10 dargestellte Struktur beibehalten (z. B. Moore, Glasberg u. Baer 1997; ANSI S3.4). Darüber hinaus versuchen sie, die Effekte binauraler Lautheitssummation und die Lautheit nichtstationärer Schalle (Glasberg u. Moore 2002) vorherzusagen.

Kapitel 2 Hören – Psychoakustik – Audiologie

2.2.5 Tonhöhe und Klangwahrnehmung

Die Tonhöhe ist definiert als „die Eigenschaft einer Hörempfindung nach der Schalle auf einer musikalischen Tonleiter geordnet werden können" (ANSI S1.1), mithin auf einem Kontinuum von ‚tief' bis ‚hoch'. Bei Sinustönen ist sie eng mit der Frequenz des Tones verbunden.

2.2.5.1 Tonheit

Analog zur psychophysischen Lautheitsskalierung wurde in den 1930er Jahren der Zusammenhang zwischen Tonfrequenz und Tonhöhe untersucht (Stevens, Volkmann u. Newman 1937). Die Methode bestand darin, zu einer vorgegebenen Frequenz eine zweite Tonfrequenz so einzustellen, dass sie halb so hoch klang wie die erste (Fraktionierung) oder aber gleich erscheinende Tonhöhenintervalle herzustellen (Stevens u. Volkmann 1940).

Das Ergebnis war die *Mel-Skala*, mit der Größenbezeichnung *z*. Ihre Einheit ist das *mel*, abgeleitet von dem Wort „melody". Es ergab sich, dass bei Tönen unterhalb von 500 Hz der halben Tonhöhe auch die halbe Frequenz entspricht. Ein Ton von 250 Hz klingt also halb so hoch wie ein Ton von 500 Hz. Oberhalb von 500 Hz weicht die Mel-Skala jedoch stark von dieser Proportionalität zur Frequenz ab. Wird z. B. die Tonhöhe eines Tones von 1300 Hz verdoppelt, kommt man zu einem Wert von 8000 Hz. Dies ist insofern überraschend, weil man aufgrund der harmonischen Skala, die wir von der Musik gewohnt sind, erwartet, dass einer Verdoppelung der Frequenz immer auch eine Verdoppelung der empfundenen Tonhöhe entsprechen würde. Dies ist nämlich das Prinzip der Oktaven, in die die harmonische Skala eingeteilt ist. Man kann jedoch die Erfahrung machen, dass eine Melodie, die bei einer mittleren Oktave gespielt wird, „weiter" klingt als dieselbe Melodie, gespielt auf der höchsten Oktave. In hohen Frequenzbereichen weicht also das Tonhöhenempfinden von der harmonischen Skala ab.

Die Mel-Skala steht aber in linearem Zusammenhang mit der Bark-Skala (1 Bark = 100 mel), die ein Maß für die Frequenzauflösung des Gehörs darstellt. Um sie von der harmonischen Skala abzugrenzen wird die Mel-Skala im Deutschen auch als Skala der *Tonheit* bezeichnet.

2.2.5.2 Klangwahrnehmung

Die meisten akustischen Ereignisse, bei denen wir eine Tonhöhe wahrnehmen, insbesondere menschliche Stimmen, Tierlaute oder Musik sind jedoch nicht reine (oder Sinus-) Töne, sondern *Klänge*. Diese sind harmonisch aufgebaut und bestehen aus einem *Grundton* und *Obertönen* (die sog. *Harmonischen* bzw. *Partialtöne*). Der Grundton ist die tiefste Frequenz. Die Harmonischen sind ganzzahlige Vielfache dieser Grundfrequenz. Ein Klang aus Grundton und Obertönen wird auch komplexer Ton genannt.

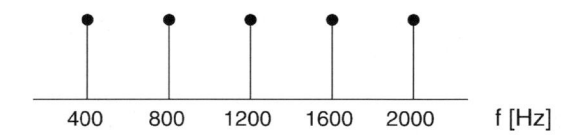

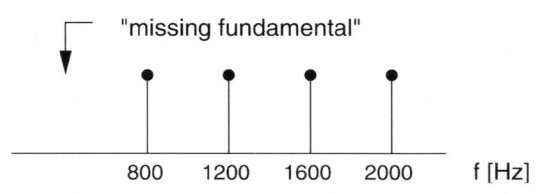

Abb. 2.11 Spektrum eines harmonischen Tonkomplexes vor (oben) und nach (unten) Entfernung des Grundtons (aus Hellbrück u. Ellermeier 2004, S. 123)

Ein Ton mit einer Grundfrequenz von 400 Hz und den Harmonischen 800, 1200, 1600 und 2000 Hz hat eine Tonhöhenempfindung zur Folge, die der eines 400 Hz-Tons (also der Tonhöhe der Grundfrequenz) entspricht (s. Abb. 2.11 oben). Die Obertöne werden in der Regel nicht als eigene Tonhöhen wahrgenommen, sondern „verschmelzen" mit dem Grundton, machen ihn jedoch „fülliger" und „reicher".

Ein interessantes Phänomen zeigt sich, wenn man (etwa durch einen Hochpassfilter) aus einem solchen Klang die Grundfrequenz entfernt (Abb. 2.11 unten). Dann steigt die Tonhöhe nicht an, wie man vermuten könnte, da das Gehör ja nun erst ab 800 Hz gereizt wird. Vielmehr hat man immer noch die Tonhöhenempfindung, die durch einen 400-Hz-Ton ausgelöst würde. D.h. das auditive System „erschließt" den fehlenden Grundton. Das Phänomen des *fehlenden Grundtons (missing fundamental)* nennt man auch *Periodizitätstonhöhe, virtuelle Tonhöhe* oder *Residualton* bzw. *Residuum* (lat. Rest).

Dieses Phänomen erlaubt dem auditiven System, Klänge auch unter Maskierung oder bei schlechten Übertragungsbedingungen wahrzunehmen. So können wir die Musik aus dem Autoradio auch durch das Tiefpassrauschen des Fahrgeräusches erkennen. Beim Telefonieren nehmen wir den Grundton der Sprecherstimme (ca. 140–280 Hz) wahr, obwohl das Telefon nur Frequenzen in einem Bereich von ca. 300–3400 Hz überträgt. In diesen Situationen „erschließt" das Gehör die zu den Partialtönen gehörigen Grundtöne.

Wie das Gehör diese Leistung vollbringt, ist nicht vollständig geklärt. Es lässt sich aber zeigen, dass der fehlende Grundton nicht auf der Kochlea generiert wird, sondern auf höheren Verarbeitungsebenen. Residualtöne entstehen nämlich auch dann, wenn die Partialtöne den beiden Ohren getrennt oder in schneller Abfolge nacheinander präsentiert werden.

Heute wird davon ausgegangen (Meddis u. Hewitt 1991; Moore 2003), dass sowohl die Orts- als auch zeitliche Kodierung (s. den Abschnitt über die Physiologie des Hörens) bei der Wahrnehmung komplexer Töne eine Rolle spielen. Es wird angenommen, dass das Erregungsmuster auf der Basilarmembran zuerst gemäß der

Ortstheorie spektral analysiert wird. Dieser peripheren Filterung schließt sich – separat für die verschiedenen Frequenzbereiche – eine zeitliche Analyse der Feuerungsraten in höheren Zentren der Hörbahn an. Schließlich werden durch einen Mustererkennungsmechanismus über Frequenzbereiche hinweg *übereinstimmende* Intervalle zwischen den Nervenimpulsen gesucht. Das größte Intervall, das bei verschiedenen charakteristischen Frequenzen beobachtbar ist, liefert den Hinweis auf den fehlenden Grundton. In unserem Beispiel (Obertöne von 400 Hz, Abb. 2.11) sollten sich gehäuft Inter-Spike-Intervalle von 2,5 ms (dies ist die Periode der Grundfrequenz) finden. Vereinfacht könnte man sagen: Das auditive System sucht die höchste Grundfrequenz, die das Zustandekommen der beobachteten Obertonreihe erklären könnte. Die angeführten Tonhöhentheorien (ausführliche Darstellung in Moore 2001) erklären eine Reihe der experimentellen Befunde zur Tonhöhenwahrnehmung, etwa, dass der Tonhöheneindruck deutlicher wird, je mehr Obertöne den fehlenden Grundton definieren, oder dass niedrige (auf der Basilarmembran „aufgelöste") Harmonische stärker zum Tonhöheneindruck beitragen als höherfrequente, peripher nicht aufgelöste Komponenten.

Zusammenfassend lässt sich sagen, dass die Mechanismen der Tonhöhenwahrnehmung dazu dienen, Information aus verschiedenen Frequenzbereichen zu einem subjektiven Eindruck zu integrieren und damit unsere akustische Umwelt zu strukturieren. Sie spielen eine wichtige Rolle bei der Wahrnehmung musikalischer Klänge, aber auch in der Sprachwahrnehmung und in der Sprecher- und Geräuschquellentrennung.

2.2.6 Auditive Mustererkennung

Komplementär zur Untersuchung elementarer auditiver Diskriminations- und Detektionsleistungen hat sich v.a. in neuerer Zeit die Untersuchung komplexer auditiver Wahrnehmungsprozesse entwickelt, mit der Fragestellung wie wir unsere auditive Umwelt strukturieren und wie wir Wahrnehmungsobjekte erkennen, also Rückschlüsse auf die Geräuschquelle machen, die einen Klang verursacht. Zwar überlagern sich die Schallwellen, die von verschiedenen Quellen ausgehen, am Trommelfell zu einem einzigen, komplexen Schwingungsmuster, wir hören aber keineswegs ein wirres Konglomerat von Tonhöhen und Lautstärken, sondern wohldefinierte auditive *Objekte*. So können wir Musikinstrumente am Klang erkennen, auch wenn sie die gleiche Note spielen. Wir können Sprecher voneinander trennen und vertraute Stimmen erkennen. Wir können am Motorengeräusch erkennen, ob es sich um einen PKW, einen Lastwagen, oder um ein Motorrad handelt.

Solche Leistungen werden in der Fachliteratur – in Anlehnung an verwandte Begriffe aus der Untersuchung der visuellen Wahrnehmung – unter den Stichworten auditive Mustererkennung, Objektwahrnehmung oder Wahrnehmungsorganisation behandelt (Bregman 1990; Yost 1991; McAdams u. Drake 2002). Ihnen ist gemeinsam, dass sie auf eine Reihe einfacherer Wahrnehmungsleistungen zurückgreifen und in der Regel frequenzübergreifend funktionieren.

2.2.6.1 Wahrnehmung der Klangfarbe

Die Objekte der auditiven Wahrnehmungswelt haben oftmals eine charakteristische Klangfarbe. Nach einer Definition der *American Standards Association* (ASA 1960) ist Klangfarbe (engl. *timbre*) „that attribute of auditory sensation in terms of which a listener can judge that two sounds similarly presented and having the same loudness and pitch are dissimilar". D.h. zwei Musikinstrumente sind nach ihrer Klangfarbe unterscheidbar, auch wenn auf ihnen der gleiche Ton mit der gleichen Lautstärke gespielt wird.

Obertonstruktur

Um die Klangfarbe zu erkennen wertet das Gehör sowohl spektrale als auch zeitliche Muster aus. Die wichtigste physikalische Determinante der Klangfarbe stationärer Schalle ist das Spektrum, oder – bei harmonischen Tonkomplexen – die Obertonstruktur. Abb. 2.12 zeigt (idealisierte) Spektren einiger Musikinstrumente, aus denen ersichtlich ist, dass die relativen Pegel, mit denen die Obertöne vorhanden sind, mithin die spektralen Profile, sich deutlich unterscheiden.

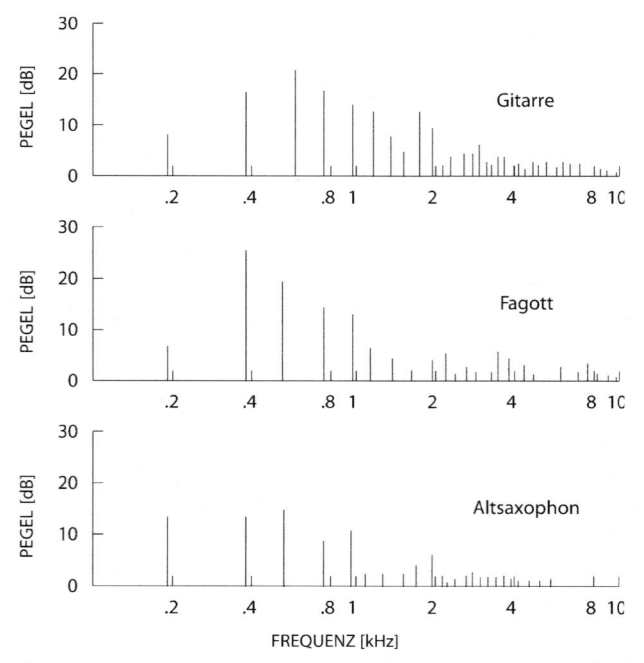

Abb. 2.12 Klangfarbe: Obertonstruktur verschiedener Musikinstrumente (nach Olson 1967, Abb. 6.17, 6.24 und 6.26)

Auditive Profilanalyse

In der psychoakustischen Grundlagenforschung wird die spektrale Formunterscheidung in einem besonderen Versuchsparadigma untersucht, das auch als *auditive Profilanalyse* (z. B. Green 1988; Bernstein u. Green 1987) bezeichnet wird. In einem typischen Experiment werden den Versuchspersonen Tonkomplexe dargeboten, deren (Sinuston-)Komponenten über einen weiten Frequenzbereich, etwa 200 bis 5000 Hz, verteilt sind (s. Abb. 2.13). In Paarvergleichen zwischen einem „flachen" Spektrum und einem, bei dem die mittlere 1-kHz-Komponente geringfügig im Pegel erhöht wurde (s. Abb. 2.13), kann dann die minimale Pegeldifferenz ermittelt werden, die ausreicht, eine spektrale Änderung wahrzunehmen. Es geht also, salopp gesprochen, darum, ein „flaches" Spektrum von einem solchen zu unterscheiden, das einen „Buckel" im Profil aufweist.

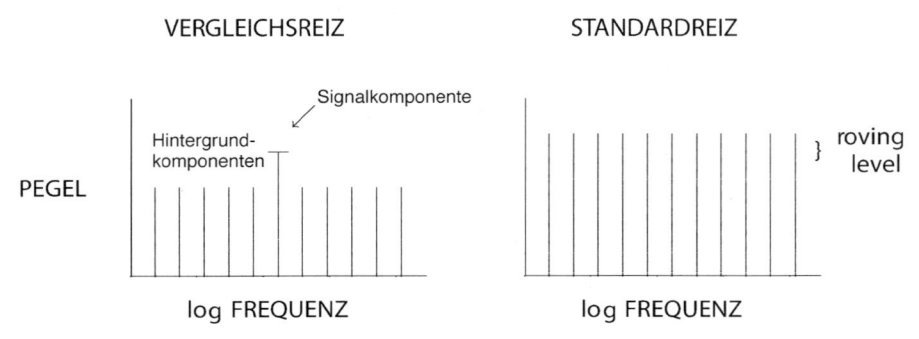

Abb. 2.13 Auditive Profilanalyse: Schematische Darstellung eines typischen Versuchsdurchgangs (aus Hellbrück u. Ellermeier 2004, S. 159)

Um zu verhindern, dass die Versuchsperson die Aufgabe löst, indem sie sich jeweils für den lauteren der beiden Reize entscheidet, wird der Gesamtpegel von Darbietung zu Darbietung über einen großen Bereich, z. B. 20 dB, zufällig variiert *(roving level)*. In dem in Abb. 2.13 dargestellten Versuchsdurchgang hat zufällig der zweite Reiz einen höheren Gesamtpegel (und damit auch die größere Lautheit); die „richtige Antwort" besteht nichtsdestotrotz darin, den ersten Reiz als den zu identifizieren, dessen spektrale Form verändert wurde.

Der Vorteil dieser Aufgabe besteht darin, dass die Unterscheidungsleistung in einer einzigen Zahl zusammengefasst werden kann: dem ebenmerklichen Pegelunterschied in der manipulierten Komponente. Dieser liegt für die typische Profilaufgabe in der Größenordnung von 1 bis 2 dB.

Offensichtlich kann diese Leistung nicht auf (globalen) Lautheitsvergleichen beruhen, die ja durch den *roving level* wertlos gemacht werden. Stattdessen wird angenommen, dass das auditive System *frequenzgruppenübergreifende* Vergleiche zwischen den Pegeln der einzelnen Tonkomponenten vornimmt, um die Profiländerung zu entdecken. Für diese Annahme spricht auch, dass sich die Diskriminationsleistung verbessert, je mehr neue Hintergrundkomponenten in jeweils unabhängigen Frequenzgruppen hinzugefügt werden (Green 1992; Ellermeier 1996). Es scheint als ob die Entdeckung des Zuwachses erleichtert würde, je mehr Vergleiche das auditive System zwischen der (mit dem Inkrement versehenen) Signal- und den Hintergrundkomponenten anstellen kann.

Die Fähigkeit zur spektralen Formunterscheidung wird als grundlegend angesehen, z. B. für die Unterscheidung von Vokalen, deren *Formanten* durch charakteristische Maxima im Frequenzspektrum gekennzeichnet sind, ebenso wie für das Erkennen von Musikinstrumenten sowie von Umweltschallen im Allgemeinen.

Zeitliche Umhüllende

Neben dem spektralen Muster hat aber auch die Zeitstruktur des Signals einen Einfluss auf die Klangfarbe. Das lässt sich leicht demonstrieren, indem man die Aufnahme eines Instrumentenklangs rückwärts abspielt: Der Ton z. B., der beim Anschlagen einer Klaviertaste entsteht, hat einen schnellen Anstieg und klingt langsam ab. Rückwärts abgespielt werden Anstiegs- und Ausklingcharakteristika vertauscht während das Spektrum erhalten bleibt. Das Ergebnis ist dann nicht mehr als Klavierton erkennbar, sondern ähnelt dem Klang eines Akkordeons.

Aus diesen Gründen genügt es zur Synthetisierung eines Musikinstruments nicht, die in Abb. 2.12 dargestellten Spektra zu realisieren. Auch die zeitliche Umhüllende ist charakteristisch für die Klangfarbe, und mitunter müssen die verschiedenen Harmonischen sogar mit unterschiedlichen Zeitverläufen ein- und ausgeblendet werden (Handel 1995, Risset u. Wessel 1999).

2.2.6.2 Comodulation masking release

Ein weiterer Wahrnehmungsmechanismus, der dazu dienen kann, Geräuschquellen zu trennen, oder ein Signal aus einem Hintergrund hervorzuheben, wurde in Maskierungsexperimenten zum sog. *comodulation masking release (CMR)* untersucht. Sie zeigen, dass das auditive System die Signalentdeckung erheblich verbessern kann, wenn es Gelegenheit hat, Ähnlichkeiten in der zeitlichen Verlaufsstruktur des Maskiererpegels in verschiedenen Frequenzbereichen auszuwerten. Zum Verständnis dieses Effektes, den man auf Deutsch als „Störgeräuschunterdrückung durch Auswertung gemeinsamer Amplitudenmodulationen" umschreiben könnte, ist es hilfreich, kurz ein klassisches Experiment zu diesem Phänomen von Hall, Haggard und Fernandes (1984) darzustellen.

Die Autoren verwendeten zwei Maskierungsbedingungen: „random noise" und „komoduliertes" Rauschen. Die „random noise"-Bedingung entspricht im Wesentlichen der Durchführung eines Standardexperiments zur Bestimmung der Frequenzgruppenbreite, d. h. die Mithörschwelle wurde (wie in Abb. 2.6 dargestellt) mit Maskierern unterschiedlicher Bandbreite gemessen. Es ergab sich der in Abb. 2.14 durch die „R"-Symbole markierte Verlauf: Getreu dem Frequenzgruppenkonzept nahmen die Schwellen bis zum Erreichen der Frequenzgruppenbreite (ca. 130 bis 160 Hz bei 1 kHz) zu, um dann bei einem konstanten Wert zu verharren, welcher anzeigt, dass das Hinzufügen von Maskiererenergie außerhalb des postulierten auditiven Filters keinen Einfluss mehr auf die Detektionsleistung hat. Ein ganz anderes Bild ergab sich für die zweite Maskierungsbedingung, in der nun nicht zufällig fluktuierendes Rauschen verwendet wurde, dessen Pegelfluktuationen in verschiedenen Frequenzbereichen voneinander unabhängig sind, sondern (ko-)moduliertes Rauschen, dem zufällig variierende, aber in allen Frequenzbereichen parallel verlaufende Amplitudenmodulationen aufgeprägt wurden. Diese Komodulation ergab keinen Vorteil bei Bandbreiten bis 100 Hz; sobald sich das Rauschen aber über mehrere Frequenzgruppen erstreckte, schnitten die Versuchspersonen in der komodulierten Bedingung („M"-Symbole in Abb. 2.14) um bis zu 10 dB besser ab als bei unabhängig fluktuierendem Rauschen.

Hall et al. (1984) zogen daraus den Schluss, dass das auditive System die Feinstruktur der zeitlichen Umhüllenden in dem Filter, das Signalton und Maskierer enthält, mit dem Zeitverlauf in weit entfernten auditiven Filtern vergleichen kann, die nur den Maskierer registrieren. Je mehr solche Filter für die Analyse verfügbar würden, desto besser ließen sich Signal und Rauschen trennen. Die hier dargestellte Ausgangsuntersuchung hat eine Reihe weiterer Arbeiten nach sich gezogen (vgl. Verhey et al. 2003 für einen Überblick). Was die ökologische Validität des CMR-Mechanismus angeht, so kann man darüber spekulieren, ob das in psychoakustischen Experimenten allgegenwärtige „weiße Rauschen" überhaupt eine alltagsnahe Störgröße darstellt. Hall et al. behaupten, dass viele Geräuschquellen, mit denen wir täglich konfrontiert sind, in ihren Intensitätsschwankungen hoch über verschiedene Frequenzbereiche korreliert sind und nennen explizit Sprache, „cafeteria noise" sowie andere Umweltgeräusche als Beispiele.

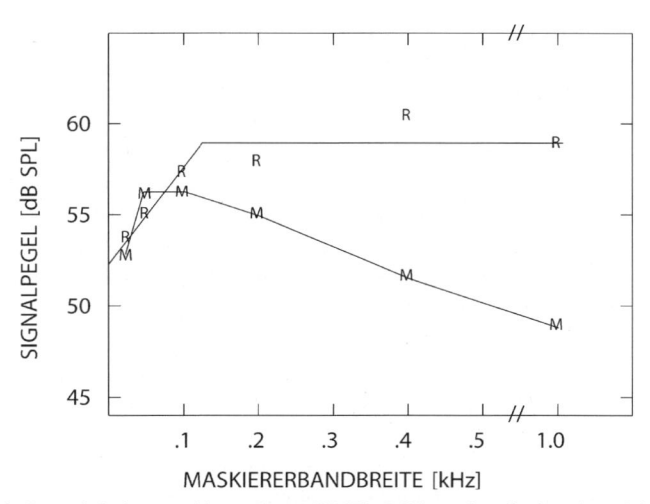

Abb. 2.14 Comodulation masking release (CMR): Mithörschwelle für einen 1-kHz-Ton in Abhängigkeit von der Bandbreite des maskierenden Rauschens: (R) bei Verwendung von „random noise"; (M) bei Verwendung von kohärent moduliertem Rauschen (modifiziert wiedergegeben nach Hall et al. 1984)

2.2.6.3 Auditive Szenenanalyse

Die Frage, auf welche Weise das auditive System die akustische Umwelt in sinnvolle Einheiten analysiert, Geräuschanteile als zu einer Quelle gehörig identifiziert und eventuell konkurrierende Geräuschquellen separiert, wird unter den Stichworten der *Wahrnehmungsorganisation* (engl.: perceptual organization), der *Auditiven Szenenanalyse* (Bregman 1990), als Problem der *Gruppierung* von Hörereignissen (engl.: auditory grouping, Darwin u. Carlyon 1995) oder als *Ökologische Psychoakustik* (Neuhoff 2005) behandelt.

Bregman (1990), der diesen Forschungsansatz begründet hat, unterscheidet dabei zwei Gruppierungsprobleme: (1) Simultane Gruppierung und (2) sequentielle Gruppierung.

Bei der *simultanen Gruppierung (concurrent grouping* oder *concurrent organization)* geht es darum, die Reizparameter zu identifizieren, die das auditive System zur Trennung gleichzeitig vorhandener Geräuschquellen ausnutzen kann: (1) Gemeinsames Ein- und Aussetzen, (2) gemeinsame Grundfrequenz (Harmonizität), (3) gemeinsame räumliche Herkunft, (4) kohärente Amplituden- oder Frequenzmodulationen und (5) spektrale Form (Klangfarbe) werden herangezogen, um Schallanteile einer oder mehreren Geräuschquellen zuzuordnen (s. Yost 1991; McAdams u. Drake 2002).

Das Problem der *sequentiellen Gruppierung (sequential organization)* besteht darin, aufeinanderfolgende Schallereignisse wahrnehmungsmäßig zu verbinden (etwa Töne zu einer Melodie zusammenzufassen) oder aber sie auf verschiedene Geräuschquellen zurückzuführen. Ein zentrales Konzept in diesem Zusammenhang ist der von Bregman und Campbell (1971) eingeführte Begriff der *auditory stream segregation*, manchmal auch kurz *streaming* genannt. Dabei bezeichnen *streams* als kohärent erlebte Folgen von Schallereignissen, und *stream segregation* liegt vor, wenn mehrere getrennte Ereignisfolgen wahrgenommen werden, die in der Regel auch verschiedenen Geräuschquellen zugeordnet werden. Der experimentelle Zugang zum Problem sequentieller Gruppierung lässt sich am besten an einem klassischen Experiment von Bregman und Campbell (1971) illustrieren. In diesem Experiment wurde den Versuchspersonen eine sich wiederholende Sequenz aus sechs Tönen unterschiedlicher Frequenz dargeboten. Jeweils drei der Töne lagen in einem hohen und drei in einem tiefen Frequenzbereich; die Darbietung erfolgte so, dass sich jeweils hohe und tiefe Töne abwechselten (s. Abb. 2.15). War der Frequenzabstand gering (obere Grafik in Abb. 2.15), so hörten die Versuchspersonen die Töne in der richtigen Reihenfolge (ADBECF in Abb. 2.15). Wurde der Frequenzabstand vergrößert (untere Grafik in Abb. 2.15) oder die Darbietungsrate erhöht, so gab es einen Punkt, von dem an die Tonfolge in zwei unverbundene Teilsequenzen aufgespalten wurde: in eine Melodie der hohen (D-E-F) und eine der tiefen Töne (A-B-C, s. die beiden getrennten „Ströme" in der unteren Grafik von Abb. 2.15). Versuchspersonen können in diesem Fall zwar die Reihenfolge der Töne innerhalb eines „streams" angeben, nicht aber die über disparate Frequenzbereiche hinweg. Dieser als *implizite Polyphonie* bekannte Effekt wird oftmals von Komponisten ausgenutzt, um den Eindruck zu erwecken, ein

Kapitel 2 Hören – Psychoakustik – Audiologie

einzelnes einstimmiges Instrument, z. B. eine Flöte, spiele mehrere Stimmen gleichzeitig.

Durch Bregmans programmatische Arbeiten wurden zahllose Experimente zu dieser Klasse von Phänomenen initiiert (eine Übersicht geben Bregman 1990; Handel 1989; McAdams u. Drake 2002; Cusack u. Carlyon 2004), durch die sich die Faktoren identifizieren lassen, welche die sequentielle Organisation der auditiven Wahrnehmung bestimmen. In dem oben referierten Experiment sind dies Frequenzabstand und zeitliche Nähe (Tempo); andere Experimente belegen die Rolle der Klangfarbe, der räumlichen Lokalisation und kognitiver Schemata bei der sequentiellen Gruppierung. Insgesamt weisen die gefundenen Regelmäßigkeiten erstaunliche Parallelen zu den Befunden der Gestaltpsychologie der 1920er Jahre auf, deren Aufmerksamkeit v.a. der visuellen Wahrnehmung galt. Das wird besonders durch einen frühen Aufsatz von Bregman (1981) herausgearbeitet, der die überlieferten Gestaltgesetze (Gruppierung nach Nähe, Ähnlichkeit, „gemeinsamem Schicksal", Figur-Grund-Trennung, etc.) mit auditiven Beispielen illustriert.

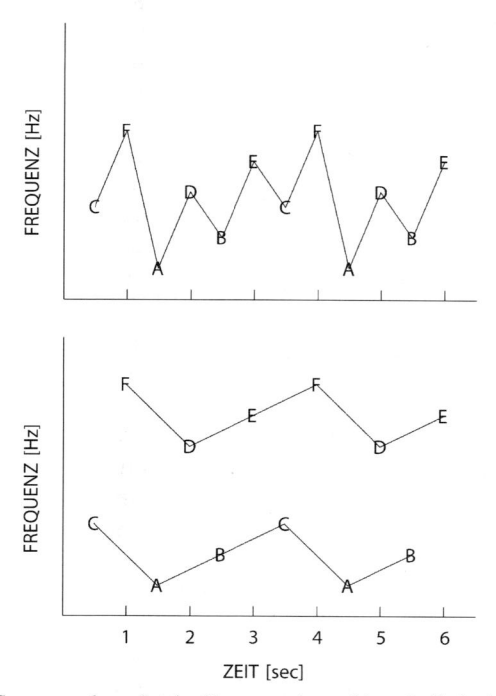

Abb. 2.15 Auditive Szenenanalyse: Ist der Frequenzabstand innerhalb der Tonsequenz gering, so wird eine einzige Melodie wahrgenommen (oberes Bild); bei vergrößertem Frequenzabstand (unteres Bild) wird das Hörereignis in zwei getrennte Stimmen aufgelöst (aus Hellbrück u. Ellermeier 2004, S. 164)

2.2.7 Klangattribute der Audio-Wiedergabe

Eine spezielle – und relativ neue – Anwendung der Psychoakustik ist die Untersuchung der Frage, welche (subjektiven) Klangeigenschaften bei der Wiedergabe von Musik oder Sprache durch verschiedene Lautsprecherkonfigurationen, Kopfhörer oder Mobiltelefone eine Rolle spielen, und wie sie den Gesamteindruck der Audioqualität beeinflussen. Es liegt nahe zu vermuten, dass hier komplexere auditive Wahrnehmungsphänomene eine Rolle spielen, als die bisher behandelten psychoakustischen Dimensionen der Lautheit, Tonhöhe und Klangfarbe.

Umso erstaunlicher ist es, dass eine Reihe von explorativen Untersuchungen der Klangqualität verschiedenster Wiedergabesysteme im Ergebnis relativ ähnliche Listen von Klangattributen generierten. Gabrielsson u. Sjögren (1979) etwa untersuchten in parallelen Experimenten die Wiedergabe durch Lautsprecher, Kopfhörer und Hörgeräte verschiedenster Fabrikate und (z. T. manipulierter) Frequenzcharakteristika. Faktoranalysen der bis zu 55 Adjektive, mit denen die Teilnehmer die Klangeigenschaften beschrieben, ergaben – unabhängig vom untersuchten Wiedergabesystem – eine begrenzte Anzahl zugrunde liegender Wahrnehmungsdimensionen, die in Tabelle 2.1 (linke Spalte) zusammengefasst sind.

Tabelle 2.1 Subjektive Klangeigenschaften von Lautsprechersystemen

(Gabrielsson u. Sjögren 1979)	(Choisel u. Wickelmaier 2006)
Klarheit	Klarheit
Schärfe/Härte vs. Weichheit	Natürlichkeit
Heller/dunkler Klang	Helligkeit
Störgeräusche	Höhe des Klangbildes
Voller/dünner Klang	Umhüllung
Gefühl von Raum	Räumlichkeit
Nähe	Entfernung
Lautheit	Weite des Klangbildes

Neuere Untersuchungen, in denen die Klangeigenschaften nach systematischen Hörvergleichen direkt erfragt wurden, und die aufwändigere Mehrkanal- oder binaurale Wiedergabeverfahren mit einschlossen (Toole 1985; Zacharov u. Koivuniemi 2001; Berg u. Rumsey 2006) ergaben oftmals eine Gruppierung in räumliche und Klangfarben-Attribute.

Eine erst kürzlich fertiggestellte Untersuchung verschiedener Lautsprecher-Wiedergabeformate von Mono bis 5.0 Surround (Choisel u. Wickelmaier 2006) ist deshalb von Interesse, weil hier eine Methode verwandt wurde (Wickelmaier u. Ellermeier, 2007), die es erlaubt, durch die Auswertung von Tripelvergleichen („Haben Schall A und B etwas gemeinsam, das sie von Schall C unterscheidet?" ja/nein) das Vorhandensein von Klangmerkmalen festzustellen, ohne dass die Teilnehmer sie benennen müssen. Eine nachträgliche Etikettierung der gefundenen Merkmale ergab die in Tabelle 1 wiedergegebenen Attribute.

Anschließend wurden die verschiedenen Wiedergabeformate bezüglich jedes einzelnen der gefundenen Klangattribute skaliert (Choisel u. Wickelmaier 2007).

Kapitel 2 Hören – Psychoakustik – Audiologie

Um auch einen Gesamteindruck der wahrgenommenen Audio-Qualität zu erheben, wurden alle Wiedergabeformate zudem paarweise im Hinblick auf die generelle Präferenz („Welches Exzerpt klingt besser: A oder B?") beurteilt. Aus den Paarvergleichen wurden nach einem besonderen Skalierungsmodell (Bradley-Terry-Luce-Modell) Präferenzskalenwerte geschätzt, die für vier verschiedene Musikexzerpte in Abb. 2.16 wiedergegeben sind.

Es ist deutlich, dass sich die verschiedenen Wiedergabeformate deutlich in der Präferenz unterscheiden: So erreichen die Mehrkanal-Formate im Durchschnitt um den Faktor 10 höhere Skalenwerte als die Mono-Formate (mo und ph in Abb. 2.16). Gleichzeitig sind Gemeinsamkeiten innerhalb musikalischer Genres im Hinblick auf die Aufnahmetechniken zu beobachten: Während für die klassischen Musikexzerpte ein größerer Stereowinkel (ws) der Standard-Stereo-Anordnung vorgezogen wird, verhält es sich für die Popmusik-Exzerpte umgekehrt.

Wichtiger ist, dass gezeigt werden konnte, dass sich die Präferenzen mit hoher Genauigkeit (80–90 % aufgeklärte Varianz) aus den Beurteilungen der in Tabelle 2.1 aufgelisteten Klangattribute vorhersagen lassen.

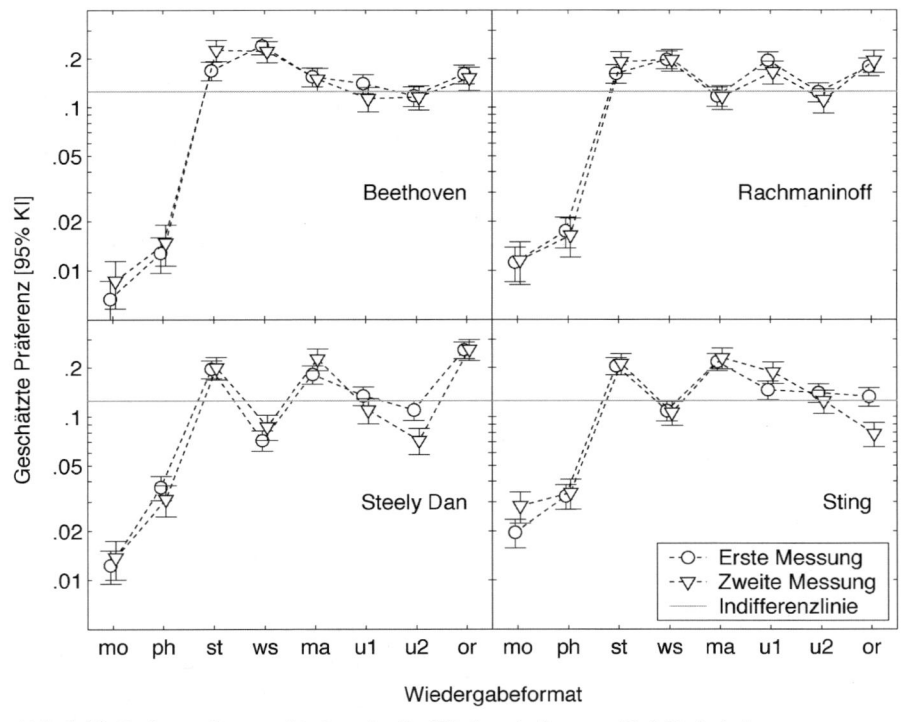

Abb. 2.16 Präferenz für verschiedene Audio-Wiedergabeformate: Verhältnisskalenwerte (y-Achse) zu zwei Messzeitpunkten (dargestellt durch Kreise bzw. Dreiecke) und für vier Musikexzerpte. Wiedergabeformate waren Mono (mo), Stereo (st), Phantom-Mono (ph), Weitwinkel-Stereo (ws), Vier- (ma), und Fünfkanal-Upmixing (u1 und u2) und die originale Fünfkanalaufnahme (nach Choisel u. Wickelmaier 2007, Abb. 2).

Weitere Untersuchungen werden zeigen müssen, inwieweit sich die subjektiven Attribute objektivieren lassen. Insbesondere für Attribute des Raumklangs sind aus der Raumakustik entlehnte Maße (s. Kap. 5) recht gute Prädiktoren etwa der „Umhüllung" (envelopment).

Warnend sei allerdings gesagt, dass die in einer bestimmten Untersuchung gefundenen Klangattribute und deren Zusammenhang mit der Hörerpräferenz immer stark vom gegebenen Reizmaterial (insbes. der verwendeten Aufnahmetechnik) und den gewählten Wiedergabemodalitäten abhängen.

2.3 Hörstörungen

2.3.1 *Arten und Ursachen der Schwerhörigkeit*

2.3.1.1 Schallleitungsschwerhörigkeit und Schallempfindungsschwerhörigkeit

Man unterscheidet Schallleitungsschwerhörigkeit und Schallempfindungsschwerhörigkeit. Letztere bezeichnet man auch als sensorineurale Schwerhörigkeit. Die Ursache von Schallleitungschwerhörigkeit liegt in der Behinderung der Schallweiterleitung vom Außenohr zum Innenohr. Dies kann beispielsweise durch besonders starke Ansammlung von Zerumen (Ohrwachs) im äußeren Gehörgang, bei Belüftungsstörungen der Tuba eustachii (z. B. bei Erkältungskrankheiten), durch Verletzungen des Trommelfells oder durch Knochenwucherung im Bereich des Steigbügels mit dadurch bedingter Fixierung der Steigbügelfußplatte am ovalen Fenster (Otosklerose) bedingt sein. Schallleitungsstörungen können in der Regel durch hörverbessernde Eingriffe und Operationen behoben bzw. verbessert werden.

Bei Schallempfindungsschwerhörigkeit (sensorineurale Schwerhörigkeit) kann man zwischen sensorischer Schwerhörigkeit und neuraler Schwerhörigkeit unterscheiden. Bei ersterer ist die Beeinträchtigung kochleären, bei letzterer retrokochleären Ursprungs, d. h. in der Nervenbahn (innerer Gehörgang) lokalisiert. Eine neurale Schallempfindungsschwerhörigkeit kann durch einen Tumor (Akustikusneurinom) verursacht werden.

Bei der kochleären Schwerhörigkeit können die inneren und/oder die äußeren Haarzellen in ihrer Funktion beeinträchtigt sein. Eine Schädigung der inneren Haarzellen führt zu einer Abnahme der Sensitivität, wobei die Frequenzauflösung weitgehend erhalten bleibt. Dies kann durch eine Verstärkung des Eingangsschalls kompensiert werden. Bei einer Schädigung der äußeren Haarzellen sind die motorischen Eigenschaften beeinträchtigt, die für die Sensitivität im niedrigen Schallpegelbereich verantwortlich sind und die hohe Frequenzauflösung garantieren. Bei einer isolierten Schädigung der äußeren Haarzellen resultiert daher eine Verringerung der Sensitivität im niedrigen Schallpegelbereich. Bei hohen Schallpegeln dagegen würden die (mehr oder weniger intakten) inneren Haarzellen ins Spiel kommen. Dies bedeutet, dass sich bei zunehmendem Schallpegel die Sensitivität wieder dem normalen Hören annähert (Rekruitment; s. unten).

Eine sensorische Schwerhörigkeit kann verschiedene Gründe haben. Sie kann angeboren sein oder durch bestimmte Infektionskrankheiten, wie Röteln oder Mumps, aber auch durch Stoffwechselstörungen entstehen, wie beispielsweise bei Diabetes mellitus. Medikamente mit ototoxischen Nebenwirkungen, wie bestimmte Antibiotika (Aminoglykosidantibiotika, z. B. Gentamycin) oder Diuretika können ebenfalls eine Schallempfindungsstörung zur Folge haben.

Im Folgenden gehen wir auf die Lärmschwerhörigkeit und die Presbyakusis ein.

2.3.1.2 Lärmschwerhörigkeit

Hohe andauernde Schallbelastung kann die Energieversorgung im Innenohr erschöpfen und metabolische Abfallprodukte anreichern. Dies hat wahrscheinlich eine Veränderung des Actinskeletts der Stereozilien zur Folge, die von einer Erschlaffung der Zilien bis hin zu einer Koagulation mit benachbarten Zilien führen kann. Nach einer anhaltend hohen Schallbelastung wie etwa einem mehrstündigen Diskothekbesuch zeigt sich zunächst eine vorübergehende Schwellenabwanderung (engl.: temporary threshold shift, TTS). Diese steht in direktem Zusammenhang mit dem Schallpegel, der Expositionszeit und dem dominanten Frequenzbereich. Auch eine individuelle Disposition kann nicht ausgeschlossen werden. Eine TTS kann sich innerhalb von Minuten bis Stunden wieder zurückbilden, vorausgesetzt das Gehör ist keinem weiteren Lärm ausgesetzt. Man geht hinsichtlich der Ausbildung einer TTS von einem Energie-Äquivalenzprinzip aus. Dies bedeutet, dass bei einer Verdoppelung der Expositionszeit der Schallpegel um 3 dB reduziert werden müsste, um hinsichtlich der einwirkenden Energie äquivalent zu sein.

Die lärmbedingte permanente Schwellenabwanderung nennt man Lärmschwerhörigkeit. Sie entwickelt sich in der Regel über viele Jahre, z. B. bei beruflich bedingter hoher Schallbelastung. Die berufsbedingte Lärmschwerhörigkeit nimmt trotz der Vorschrift, ab Schallpegeln von 90 dB(A) Gehörschutz zu tragen – ab 85 dB(A) muss Gehörschutz bereitgestellt werden – immer noch einen Spitzenplatz bei den Berufskrankheiten ein.

Ein besonderer Fall stellt das Knalltrauma dar. Bei einem Knall erreicht die Druckspitze der Schallwelle ihr Maximum in weniger als 1,5 ms. In diesem Fall kann der Stapediusmuskel, wie oben bereits erwähnt, seine Schutzfunktion nicht entfalten. Bei unvorsichtigem Umgang mit Silvesterböllern oder beim Schießsport, wenn er nicht mit Gehörschutz durchgeführt wird, können somit in ganz kurzer Zeit irreversible Gehörschäden geschehen.

2.3.1.3 Presbyakusis

Unter Presbyakusis versteht man den im Alter gemessenen Hörverlust nach Ausschluss aller anderen Faktoren, die als Ursache des Hörverlusts in Frage kommen könnten. Ein solcher, rein auf Alterungsprozessen beruhender Nachweis eines Hörverlusts ist nicht einfach zu führen, da viele Faktoren, die sich im Verlauf eines Lebens nachteilig auf das Gehör ausgewirkt haben könnten, zum Zeitpunkt der Diagnose nicht mehr bekannt sind. Hörstörungen, die nicht auf Alterungsprozesse zurückgehen, bezeichnet man zusammenfassend als Soziakusis, da sie mit dem technischen und kulturellen Standard einer Gesellschaft zusammenhängen. Hier spielen hoher Lärm am Arbeitsplatz, extensives Hören von sehr lauter Musik, möglicherweise auch Ernährungs- und Lebensweise (z. B. Genussgiftabusus) eine Rolle.

Es werden (nach Schuknecht 1974) folgende Formen der Presbyakusis unterschieden:

1. *Sensory presbycusis* ist die häufigste Form der Presbyakusis. Sie zeichnet sich histologisch durch atrophische Veränderungen am basalen Ende des Cortischen Organs aus.
2. *Neural presbycusis* ist durch einen Verlust kochleärer Neurone gekennzeichnet.
3. *Metabolic presbycusis* wird verursacht durch Atrophie der Stria vascularis.
4. *Cochlear conductive presbycusis* meint eine mit Versteifung der Basilarmembran einhergehende Beeinträchtigung.

Prinzipiell muss berücksichtigt werden, dass mit dem Alter auch andere Funktionen des zentralen Nervensystems (ZNS) verändert sein können, die eventuell neurokognitive Implikationen für die auditive Informationsverarbeitung haben, z. B. langsamere Informationsverarbeitungsprozesse sowie Einschränkungen der Kapazität des Kurzzeitgedächtnisses mit gegebenenfalls Nachteilen für das Sprachverstehen. Alterskorrelierte Veränderungen von Entscheidungskriterien, und zwar in Richtung eines konservativen Entscheidungskriteriums könnten sich darüber hinaus in allen audiometrischen Testverfahren auswirken, die nicht kriteriumsfrei sind, und damit zu einer Fehleinschätzung der auditiven Leistung führen (s. Hellbrück u. Ellermeier, 2004, Kap. 6 und 7).

2.3.2 Psychoakustik der Schwerhörigkeit

2.3.2.1 Intensitätsempfinden

Schallleitungsschwerhörigkeit

Ein audiometrisches Routineverfahren ist die Tonschwellenaudiometrie, bei der Töne zwischen 125 Hz und 8 kHz entweder über Kopfhörer, um die Luftleitung zu prüfen, oder über Knochenhörer (Knochenleitung) präsentiert werden. Gemessen wird der Schallpegel, bei dem der Proband angibt, den jeweiligen Ton gerade eben zu hören. Die Differenz zwischen Luft- und Knochenleitung („Air-Bone-Gap") ist ein wichtiger Indikator für die Art der Schwerhörigkeit. Ist die Knochenleitung besser als die Luftleitung, spricht dies für eine Schallleitungsschwerhörigkeit.

Bei einer Schallleitungsstörung ist die Lautstärkeempfindung allgemein reduziert, so als ob man durch Watte hört. Unter gewissen Umständen ist eine Frequenzabhängigkeit vorhanden. Wenn sich die Schallleitungsschwerhörigkeit operativ nicht ausreichend behandeln lässt, kann der Hörverlust durch ein Hörgerät mit frequenzabhängiger Verstärkung je nach Ausmaß der Schwerhörigkeit kompensiert werden. Es kann auch die Knochenleitung, d. h. die Übertragung von Schallschwingungen über den Schädelknochen auf das Innenohr, genutzt werden. Diese ist in der Regel ja nicht beeinträchtigt. Bei extremer Schallleitungsschwerhörigkeit wird der Schädelknochen mit entsprechenden Hörgeräten, die am Knochen ankoppeln, direkt angeregt.

Schallempfindungsschwerhörigkeit

Komplizierter ist das Problem bei einer Innenohrschwerhörigkeit.

Ein Schwerhöriger, dessen äußere Haarzellen geschädigt sind, weist im niedrigen und mittleren Schallpegelbereich ein vermindertes Lautstärkeempfinden auf, reagiert im höheren Schallpegelbereich jedoch wieder wie ein Normalhöriger. Es ist daher für ihn nicht sonderlich hilfreich, wenn man mit ihm besonders laut spricht. Man bezeichnet dieses Phänomen als *Rekruitment*. Bei einer einseitigen bzw.

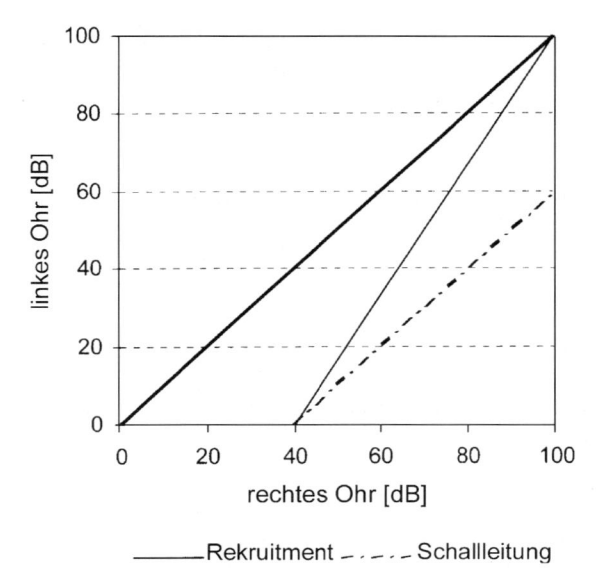

Abb. 2.17 Rekruitment und Schallleitungsschwerhörigkeit. Die Diagonale bedeutet, dass kein Unterschied zwischen den beiden Ohren hinsichtlich des Lautstärkeempfindens besteht. Die dünne durchgezogene Linie zeigt ein Rekruitment an, die gestrichelte eine Schallleitungsschwerhörigkeit (aus Hellbrück u. Ellermeier 2004, S. 198).

seitendifferenten Innenohrschwerhörigkeit kann das Rekruitment mit dem Fowler-Test festgestellt werden. Hierzu wird der Pegel auf dem besseren Ohr in 20-dB-Schritten erhöht. Auf dem schlechteren Ohr muss der Pegel jeweils so eingestellt werden, dass der Proband subjektiv die gleiche Lautstärke empfindet wie auf dem besseren Ohr. Wenn sich mit zunehmendem Pegel der Pegelunterschied zwischen beiden Ohren verringert bzw. bei hohen Pegeln ausgleicht, liegt ein Rekruitment vor. Wenn dagegen der Pegelunterschied auch bei hohen Pegeln erhalten bleibt, spricht dies für eine Schalleitungsschwerhörigkeit (vgl. hierzu Abb. 2.17).

Bei einem symmetrischen Hörverlust lässt sich das Rekruitment gut mit der Hörfeldskalierung messen. Hierbei werden bei verschiedenen Mittenfrequenzen Schmalbandrauschen einzeln präsentiert und der Proband ist aufgefordert, die empfundene Lautstärke in Kategorien (sehr leise, leise, mittellaut, laut, sehr laut) zu beurteilen, wobei die einzelnen Kategorien für die Abstufung innerhalb einer Kategorie noch unterteilt sind (vgl. Hellbrück u. Ellermeier 2004; Kollmeier 1997).

Als objektives Verfahren kann auch die Stapediusreflexschwelle eingesetzt werden. Der Stapediusreflex wird bei lauten Geräuschen ausgelöst. Der Stapediusreflex hat seinen Ausgangspunkt im Nucleus cochlearis ventralis und innerviert über die obere Olive und die motorischen Fazialiskerne den Stapediusmuskel. Wenn im Tonschwellenaudiogramm ein Hörverlust festgestellt wurde, ein Stapediusreflex sich aber auslösen lässt, ist dies ein Hinweis auf ein Rekruitment und damit auf eine kochleär bedingte Schallempfindungsschwerhörigkeit. Durch Ausfall der Verstärkerfunktion der äußeren Haarzellen werden die durch niedrige Eingangspegel passiv ausgelösten Auslenkungen der Basilarmembran nicht verstärkt, sodass sie unterhalb der Reizschwelle liegen.

Es wurde auch spekuliert, dass der steilere Lautheitsanstieg beim Rekruitment eine kleinere Unterschiedsschwelle für Intensitäten reflektiert. Dies konnte aber empirisch nicht bestätigt werden.

2.3.2.2 Frequenz- und Zeitauflösung sowie zentrale auditive Funktionen

Während bei Schalleitungsschwerhörigen keine erwähnenswerten Veränderungen des Frequenz- und Zeitauflösungsvermögens auftreten, sind bei Innenohrschwerhörigen größere Probleme zu erwarten.

Bei einer Schädigung der äußeren Haarzellen lässt die Trennschärfe des Gehörs nach, das Gehör wird im wahrsten Sinn des Wortes stumpf. Ergänzend zu dem oben Gesagten gilt daher, dass bei der Kommunikation mit Schwerhörigen darauf zu achten ist, besonders klar und deutlich zu artikulieren, dagegen weniger, besonders laut zu sprechen.

Die Abnahme der Trennschärfe des Gehörs ist mit einer Verbreiterung der Frequenzgruppen (s. oben) verbunden. Damit geht ein Anstieg der Mithörschwelle einher, d. h. Testtöne in einem Rauschen sind für einen Innenohrschwerhörigen nicht so leicht wahrnehmbar wie für einen Normalhörenden. Dies liegt daran, dass mehr Energie in den Frequenzen um den Testton herum aufgrund der verbreiterten Frequenzgruppen zur Maskierung des Testtons beiträgt. Der Pegel des Testtons muss daher im Vergleich zu Normalhörenden angehoben werden. Der Schwerhörige hat daher im Alltag besondere Probleme, Sprache vor Hintergrundlärm zu verstehen.

Zu diesen Problemen trägt auch bei, dass Schwerhörige ein anderes zeitliches Integrationsverhalten als Normalhörende zeigen. Bei Normalhörenden nimmt die Lautstärke eines Tones mit zunehmender Dauer des Tones zu, und zwar bis zu einer Dauer von maximal 200 ms (s. oben). Diese Energiesummation ist dafür verantwortlich, dass die Hörschwelle eines Testtones in einem Rauschen mit zunehmender Dauer des Tones innerhalb dieser Zeitgrenzen abnimmt. Dies ist bei Innenohrschwerhörigen nicht der Fall. Innenohrschwerhörige benötigen daher einen größeren Signal-Rausch-Abstand, um Signale im Rauschen zu detektieren. Auch das zeitliche Auflösungsverhalten ist bei Innenohrschwerhörigen meist beeinträchtigt. Innenohrschwerhörige weisen längere Vor- und Nachverdeckungszeiten auf und sind weniger gut in der Lage, Pausen in einem Rauschen zu entdecken, d. h. die kleinste erkennbare Pause ist bei ihnen länger als bei Normalhörenden.

Bei einer Schädigung des Innenohrs, insbesondere einer Störung des Verstärkermechanismus der äußeren Haarzellen, kann die genaue Transduktion von Phasen-, Frequenz- und Intensitätsmuster nicht gewährleistet werden. Darunter leiden auch zentrale auditive Funktionen. Dazu zählen Beeinträchtigungen des Richtungshörens sowie Beeinträchtigungen beim Unterdrücken von Störgeräuschen. Letzteres äußert sich in realen Situationen vor allem dann, wenn man in einem Stimmengewirr einer individuellen Stimme zuhören möchte (Cocktailparty-Effekt). Innenohrschwerhörige haben häufig große Probleme, eine Stimme aus dem Hintergrundgeräusch herauszuhören und dem Gespräch zu folgen. Ebenfalls bestehen in der Regel Probleme beim Sprachverstehen in Räumen mit ausgeprägtem Nachhall, z. B. Kirchen, da bei einer Beeinträchtigung des binauralen Hörens auch die Hallunterdrückung verschlechtert ist.

Zusammenfassend lässt sich sagen, dass bei einer Innenohrschwerhörigkeit prinzipiell alle psychoakustisch messbaren Funktionen des Gehörs beeinträchtigt sein können. Dabei gilt, dass Hörverlust und Rekruitment die charakteristischen Merkmale sind. Alle anderen Funktionen wie die Separierung von Stör- und Nutzschall und das Richtungshören sind in der Regel – aber nicht zwangsläufig – ebenfalls infolge der Schädigung des Innenohrs in Mitleidenschaft gezogen. Je größer der Hörverlust ist, desto wahrscheinlicher sind auch die Beeinträchtigungen in anderen auditorischen Funktionen. Es ist jedoch häufig so, dass in Situationen wie dem Hören unter Störschallbedingungen, etwa in einem voll besetzten Wirtshaus oder in Räumen mit langer Nachhallzeit den Betroffenen die Hörprobleme erstmals oder in besonderem Maße subjektiv auffallen.

Bei einer Innenohrschwerhörigkeit mit Rekruitment ergeben sich Veränderungen des Hörens sowohl in der Intensitäts-, der Frequenz- als auch in der Zeitdomäne. Es lässt sich erahnen, dass die Rehabilitation einer Innenohrschwerhörigkeit mit Hilfe von Hörgeräten angesichts dieser Komplexität eine große Herausforderung darstellt (vgl. allgemein: Dillon 2001; Gelfand 2001; Kießling, Kollmeier u. Diller 1997; Moore 1995).

2.3.3 Tinnitus

Abschließend sei noch auf das Phänomen des Tinnitus eingegangen. Unter dem Begriff Tinnitus versteht man auditive Wahrnehmungen, die nicht durch einen äußeren akustischen Reiz ausgelöst werden. Man unterscheidet objektiven und subjektiven Tinnitus. Beim objektiven Tinnitus sind die Geräusche auch außerhalb des Kopfes der betroffenen Person hörbar bzw. objektiv messbar. Objektiver Tinnitus kommt sehr selten vor. Er kann durch vaskuläre oder muskuläre Störungen verursacht werden. In der Regel ist der Tinnitus jedoch nur subjektiv wahrnehmbar. Bei Tinnitus kann es sich um die Empfindung von Tönen, Schmalbandrauschen oder auch breitbandigem Rauschen handeln. Solche Geräusche können auch moduliert sein. Kurzeitiges Auftreten von „Ohrklingeln" haben viele Menschen schon erfahren. Bei manchen wird der Tinnitus jedoch chronisch und kann eine so erhebliche Belastung darstellen, dass ärztliche Hilfe gesucht wird. Tinnitus kann vielfältige Ursachen haben, die auch außerhalb des Gehörsystems liegen können, beispielsweise im Bereich der Halswirbelsäule. Die im Gehörsystem bedingte Tinnitusgenese dürfte ihren Ausgangspunkt häufig in pathologischen, eventuell durch ein Lärmtrauma hervorgerufenen Veränderungen der äußeren Haarzellen haben, die zu einer Hypermotilität führen. Vieles aber, das zurzeit noch über die Ursachen von Tinnitus gesagt werden kann, ist spekulativ. Man geht jedoch heute allgemein davon aus, dass auch kognitive und emotionale Bewertungsprozesse eine Art Selbstverstärkung bewirken können, indem sie die Aufmerksamkeit auf das Geräusch fokussieren und damit eine Habituation verhindern (vgl. allgemein zu Tinnitus: Hesse 2001).

Normen und Standards

ANSI S1.1-1960	Acoustical terminology
ANSI S3.4-2005	Procedure for the computation of loudness of steady sounds
DIN EN 61672-1:2003	Elektroakustik – Schallpegelmesser – Teil 1: Anforderungen
ISO 131:1979	Acoustics – Expression of physical and subjective magnitudes of sound or noise in air
ISO 16832:2006	Acoustics – Loudness scaling by means of categories (Kategoriale Lautheitsskalierung)
ISO 226:2003	Acoustics – Normal equal-loudness-level contours
ISO 389-1:1998	Acoustics – Reference zero for the calibration of audiometric equipment – Part 1: Reference equivalent threshold sound pressure levels for pure tones and supra-aural earphones
ISO 389-7:2005	Acoustics – Reference zero for the calibration of audiometric equipment – Part 7: Reference threshold of hearing under free-field and diffuse-field listening conditions
ISO 532:1975	Acoustics – Method for calculating loudness level

Literatur

Berg J, Rumsey F (2006) Identification of quality attributes of spatial audio by repertory grid technique. J Audio Eng Soc 54:365–379

Bernstein LR, Green DM (1987) The profile analysis bandwidth. J Acoust Soc Amer 81:1888–1891

Bregman AS, Campbell J (1971) Primary auditory stream segregation and perception of order in rapid sequences of tones. Journal of Experimental Psychology 89:244–249

Bregman AS (1981) Asking the „what for" question in auditory perception. In: Kubovy M, Pomerantz, JR (Hrsg) Perceptual organization. Erlbaum, Hillsdale, S 99–118

Bregman AS (1990) Auditory scene analysis. MIT Press, Cambridge

Choisel S, Wickelmaier F (2006) Extraction of auditory features and elicitation of attributes for multichannel reproduced sound. J Audio Eng Soc 54:815–826

Choisel S, Wickelmaier F (2007) Evaluation of multichannel reproduced sound: Scaling auditory attributes underlying listener preference. J Acoust Soc Amer 121:388–400

Cusack R, Carlyon R (2004) Auditory perceptual organization inside and outside the laboratory. In: Neuhoff J (Hrsg) Ecological psychoacoustics. Elsevier, San Diego, S 15–48

Darwin CJ, Carlyon RP (1995) Auditory grouping. In: Moore BCJ (Hrsg) Hearing. Academic Press, San Diego, S 387–424

Dillon H (2001) Hearing aids. Boomerang Press, Sidney

Divenyi PL, Hirsh IJ (1975) Identification of temporal order in three-tone sequences. J Acoust Soc Amer 56:144–151

Dunn J (1998) The benefits of 96 kHz sampling rate formats for those who cannot hear above 20 kHz. 104th AES Convention, Amsterdam, Preprint No. 4734

Ellermeier W, Faulhammer G (2000) Empirical evaluation of axioms fundamental to Stevens's ratio-scaling approach: I. Loudness production. Perception & Psychophysics 62:1505–1511

Ellermeier W (1996) Detectability of increments and decrements in spectral profiles. J Acoust Soc Amer 99:3119–3125

Fletcher H, Munson WA (1933) Loudness, its definition, measurement, and calculation. J Acoust Soc Amer 5:82–108

Fletcher H (1940) Auditory patterns. Review of Modern Physics 12:47–65

Gabrielsson A, Sjögren H (1979) Perceived sound quality of sound-reproducing systems. J Acoust Soc Amer 65(4):1019–1033

Gelfand SA (2001) Essentials of audiology. Thieme, Stuttgart

Gelfand SA (2004) Hearing. An introduction to psychological and physiological acoustics. 4. Aufl. Marcel Dekker, New York

Glasberg BR, Moore BCJ (1990) Derivation of auditory filter shapes from notched-noise data. Hearing Research 47:103–138

Glasberg BR, Moore BCJ (2002) A model of loudness applicable to time-varying sounds. J Audio Eng Soc 50:331–342

Green DM (1988) Profile analysis. Auditory intensity discrimination. Oxford University Press, London

Green DM (1992) On the number of components in profile-analysis tasks. J Acoust Soc Amer 91:1616–1623

Guinan JJ (1996) Efferent physiology. In: Dallos P, Popper AN, Fay RR (Hrsg) The cochlea. Springer, New York, S 435–502

Hall JW, Haggard MP, Fernandes MA (1984) Detection in noise by spectro-temporal pattern analysis. J Acoust Soc Amer 76:50–56

Handel S (1995) Timbre perception and auditory object identification. In: Moore BCJ (Hrsg), Hearing. Academic Press, San Diego, S 425–461

Hellbrück J, Ellermeier W (2004) Hören. Physiologie, Psychologie und Pathologie. 2. Aufl. Hogrefe, Göttingen

Heller O (1985) Hörfeldaudiometrie mit dem Verfahren der Kategorienunterteilung (KU). Psychologische Beiträge 27:478–493

Hellman RP, Zwislocki JJ (1963) Monaural loudness function at 1000 cps and interaural summation. J Acoust Soc Amer 35:856–865
Hesse G (2001) Tinnitus. In: Lehnhardt E, Laszig, R (Hrsg) Praxis der Audiometrie. Stuttgart, Thieme, S 163–171
Janssen T (2001) Otoakustische Emissionen (OAE). In: Lehnhardt E, Laszig R (Hrsg) Praxis der Audiometrie. Thieme, Stuttgart, S 79–107
Kemp DT (1978) Stimulated acoustic emissions from the human auditory system. J Acoust Soc Amer 54:1386–1391
Kießling J, Kollmeier, B, Diller G (1997) Versorgung und Rehabilitation mit Hörgeräten. Thieme, Stuttgart
Kollmeier B (Hrsg) (1997) Hörflächenskalierung – Grundlagen und Anwendung der kategorialen Lautheitsskalierung für Hördiagnostik und Hörgeräteversorgung. Median-Verlag, Heidelberg
Lehnhardt E, Laszig R (Hrsg) Praxis der Audiometrie. 8. Aufl. Thieme, Stuttgart
Liberman MC, Dodds LW (1984) Single neuron labeling and chronic cochlear pathology. III. Stereocilia damage and alterations of threshold tuning curves. Hearing Research 16:55–74
Liberman MC, Gao J, He DZZ, Wu X, Jia S, Zuo, J (2002) Prestin is required for electromotility of the outer hair cell and for the cochlear amplifier. Nature 419:300–304
Marks LE (1978) Binaural summation of the loudness of pure tones. J Acoust Soc Amer 64:107–113
McAdams S, Drake C (2002) Auditory perception and cognition. In: Pashler H (Hrsg) Stevens' handbook of experimental psychology. 3. Aufl. Vol. 1: Sensation and perception, Chap. 10. Wiley, New York, S 397–452
Moore BCJ (1995) Perceptual consequences of cochlear damage. Oxford University Press, Oxford
Moore BCJ (2001) Loudness, pitch, and timbre. In: Goldstein EB (Hrsg) Blackwell Handbook of Perception. Blackwell, Malden, S 408–436
Moore BCJ (2003) An introduction to the psychology of hearing. 5. Aufl. Academic Press, London
Moore BCJ, Glasberg BR, Baer T (1997) A model for the prediction of thresholds, loudness and partial loudness. J Audio Eng Soc 45:224–240
Neuhoff JG (2004) Ecological psychoacoustics. Elsevier, San Diego
Olson H (1967) Music, physics, and engineering. 2. Aufl. Dover, New York
Pedersen CS, Møller H (2004) Hearing at low and infrasonic frequencies. Noise and Health 6:37–57
Risset JC, Wessel DL (1999) Exploration of timbre by analysis and synthesis. In: Deutsch D (Hrsg) The psychology of music. 2. Aufl.. Academic Press, San Diego
Robinson DW, Dadson RS (1956) A re-determination of the equal loudness relations for pure tones. British Journal of Applied Physics 7:166–181
Robinson DW, Whittle LS (1960) The loudness of directional sound fields. Acustica 10:74–80
Scharf B, Fishken D (1970) Binaural summation of loudness: Reconsidered. Journal of Experimental Psychology 86:374–379
Scharf B (1978) Loudness. In: Carterette EC, Friedman MP (Hrsg) Handbook of perception, Vol. IV: Hearing. Academic Press, New York, S 187–242
Scharf B, Magnan J, Chays A (1997) On the role of the olivocochlear bundle in hearing: Sixteen case studies. Hearing Research 103:101–122
Schip, EP van het (1983). Bildatlas "Innenohr". Hannover: Duphar Pharma.
Schooneveldt GP, Moore BCJ (1989) Comodulation masking release (CMR) as a function of masker bandwidth, modulator bandwidth and signal duration. J Acoust Soc Amer 85:273–281
Schuknecht HF (1974) Pathology of the ear. Harvard University Press, Cambridge
Shaw WA, Newman EB, Hirsh IJ (1947) The difference between monaural and binaural thresholds. Journal of Experimental Psychology 37:229–242
Sivonen VP, Ellermeier W (2006) Directional loudness in an anechoic sound field, head-related transfer functions, and binaural summation. J Acoust Soc Amer 119:2965–2980
Stevens SS, Volkmann J (1940) The relation of pitch to frequency: A revised scale. American Journal of Psychology 53:329–353
Stevens SS (1975) *Psychophysics*. Introduction to its perceptual, neural, and social prospects. Wiley, New York

Stevens SS, Volkmann J, Newman EB (1937) A scale for the measurement of the psychological magnitude pitch. J Acoust Soc Amer 8:185–190

Toole FE (1985) Subjective measurements of loudspeaker sound quality and listener performance. J Audio Eng Soc 33:2–32

Verhey J, Kollmeier B (2002) Spectral loudness summation as a function of duration. J Acoust Soc Amer 111:1349–1358

Verhey JL, Pressnitzer D, Winter IM (2003) The psychophysics and physiology of comodulation masking release. Experimental Brain Research 153:405–417

Warren RM, Obusek CJ, Farmer RM, Warren RP (1969) Auditory sequence: Confusion of patterns other than speech or music. Science 164:586–587

Wickelmaier F, Ellermeier W (2007) Deriving auditory features from triadic comparisons. Perception & Psychophysics 69(2):287–297

Yost WA (1991) Auditory image perception and analysis. Hearing Research 56:8–18

Zacharov N, Koivuniemi K (2001) Audio descriptive analysis and mapping of spatial sound displays. Proceedings of the 2001 International Conference on Auditory Displays (ICAD), Espoo, Finland, S 95–104

Zenner H-P (1994) Hören: Physiologie, Biochemie, Zell- und Neurobiologie. Thieme, Stuttgart

Zera J, Green DM (1993) Detecting temporal onset and offset asynchrony in multicomponent complexes. J Acoust Soc Amer 93:1038–1052

Zheng J, Shen W, He DZZ, Long KB, Madison LD & Dallos P (2000) Prestin is the motor protein of cochlear outer hair cells. Nature 405:148–155

Zwicker E, Fastl H (1999) Psychoacoustics. Facts and models. 2. Aufl. Springer, New York

Zwicker E, Feldtkeller R (1967) Das Ohr als Nachrichtenempfänger. Hirzel, Stuttgart

Zwicker E, Scharf B (1965) A model of loudness summation. Psychological Review 72:3–26

Zwicker E, Terhardt E (1980) Analytical expressions for critical band rate and critical bandwidth as a function of frequency. J Acoust Soc Amer 68:1523–1525

Zwicker E (1958) Über psychologische und methodische Grundlagen der Lautheit. Acustica 8:237–258

Zwicker E (1961) Subdivision of the audible frequency range into critical bands (Frequenzgruppen). J Acoust Soc Amer 33:248

Kapitel 3
Räumliches Hören

Jens Blauert und Jonas Braasch

3.1 Physikalische Grundlagen 89
3.2 Räumliches Hören bei einer Schallquelle 93
      3.2.1 Richtungshören bei Schalleinfall aus der Medianebene 94
      3.2.2 Richtungshören bei Schalleinfall aus seitlichen Richtungen 95
      3.2.3 Entfernungshören und Im-Kopf-Lokalisiertheit 98
3.3 Räumliches Hören bei mehreren Schallquellen 99
      3.3.1 Summenlokalisation. 101
      3.3.2 Präzedenzeffekt und Echos 103
      3.3.3 Einfluss der interauralen Kohärenz 105
      3.3.4 Psychoakustik der stereofonen Übertragung 107
3.4 Binaurale Signalerkennung, Nachhallunterdrückung und Klangentfärbung 113
3.5 Modellierung des binauralen Hörens 115
Normen und Standards 119
Literatur. 119

Unsere Hörereignisse (Hörobjekte, Laute) existieren jeweils zu ihrer Zeit an ihrem Ort und sind mit jeweils spezifischen Eigenschaften ausgerüstet. „Räumliches Hören" als wissenschaftliches Fachgebiet erforscht und beschreibt die Beziehungen zwischen den Orten sowie den räumlichen Ausdehnungen der Hörereignisse untereinander und zu den korrelierten Merkmalen anderer Ereignisse – vorwiegend Schallereignisse, aber z. B. auch physiologische Vorgänge, Ereignisse anderer Sinnesgebiete usw. (s. hierzu Blauert 1974 etc., woraus einige der folgenden Bilder entnommen sind). Übersichtsdarstellungen findet man z. B. auch bei (Bloch 1893, Pierce 1901, von Hornbostel 1926, Trimble 1928, Kietz 1953, Woodworth u. Schlosberg 1954, von Békésy 1960, Aschoff 1963, Keidel 1966, Erulkar 1972, Durlach u. Colburn 1978, Gatehouse 1979, Blauert 1983, Yost u. Gourevitch 1987, Wightman u. Kistler 1993, Begault 1994, Gilkey u. Anderson 1996).

Für die Beschreibung der Hörereignisorte und -ausdehnungen wird vorzugsweise das in Abb. 3.1 dargestellte, kopfbezogene Polarkoordinatensystem verwendet. Dessen Ursprung befindet sich auf der interauralen Achse genau zwischen beiden Gehörkanaleingängen. Die interaurale Achse ist durch die Oberkanten der beiden Ohrkanaleingänge definiert. Die Horizontalebene wird durch die interaurale Achse und die Unterkanten der Augenhöhlen aufgespannt. Auch die Frontalebene enthält die interaurale Achse. Sie verläuft orthogonal zur Horizontalebene. Die Medianebene ist orthogonal sowohl zur Horizontalebene als auch zur Frontalebene. Sie trennt den Kopf in zwei Hälften, da auch sie durch den Ursprung des Koordinatensystems verläuft. Die Position der Schallquelle wird in den Polarkoordinaten Azimut φ, Elevation δ, und Entfernung r dargestellt. Im Bereich der Tontechnik wird der Azimut φ oft statt im mathematisch positiven Sinne im Uhrzeigersinn gezählt – im Folgenden als $-\varphi$ notiert.

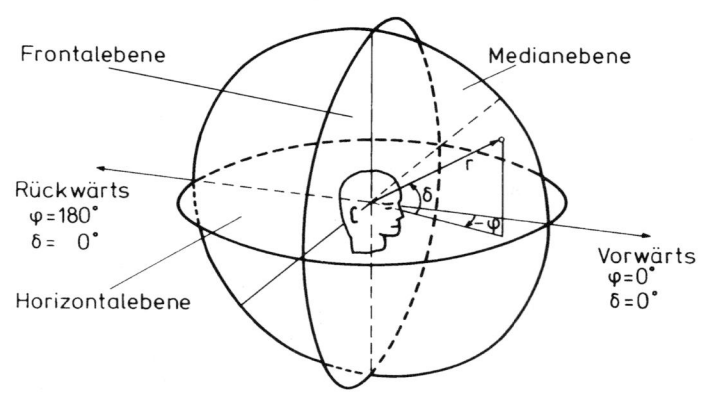

Abb. 3.1 Kopfbezogenes Koordinatensystem

Bei der Bildung der Hörereignisorte und -ausdehnungen werden vom Gehör bestimmte Merkmale der Schallsignale ausgewertet, die die Trommelfelle erreichen.

Man unterscheidet prinzipiell zwei Ohrsignal-Merkmalsklassen, nämlich monaurale Ohrsignalmerkmale (solche, für deren Empfang ein Ohr hinreichend ist) und interaurale Ohrsignalmerkmale (solche, für deren Empfang beide Ohren notwendig sind). Bei Hörversuchen unterscheidet man folgende Beschallungsarten:
- monotisch (einohrig, d. h. nur ein Ohr wird beschallt),
- diotisch (zweiohrig, beide Ohren werden identisch beschallt),
- dichotisch (getrennt-ohrig, beide Ohren werden unterschiedlich beschallt).

Außer über das Gehör gewinnt das zentrale Nervensystem auch über andere Sinne (z. B. Sehsinn, Tastsinn, Lage-Kraft-Richtungssinn) Informationen für die Hörereignisbildung. Besonders wichtig ist die Registrierung der Kopfhaltung und deren Änderungen: Bei Kopfbewegungen relativ zu der bzw. den Schallquellen ändern sich die Ohrsignale in jeweils spezifischer Weise. Das Gehör kann auf diese Art durch „Peilbewegungen" zusätzliche Informationen gewinnen. In Abb. 3.2 sind hierfür einige Beispiele angegeben. Wegen der Trägheiten bei Kopfbewegungen kann nur dann „gepeilt" werden, wenn die Schallereignisse länger als ca. 200 ms andauern.

Die dynamische propriozeptive und auditive Information, die das Gehör bei bewusst durchgeführten Peilbewegungen erhält, dominiert bei der Bildung der Hörereignisorte in der Regel über statisch empfangene. Auch visuelle Information kann

Kapitel 3 Räumliches Hören

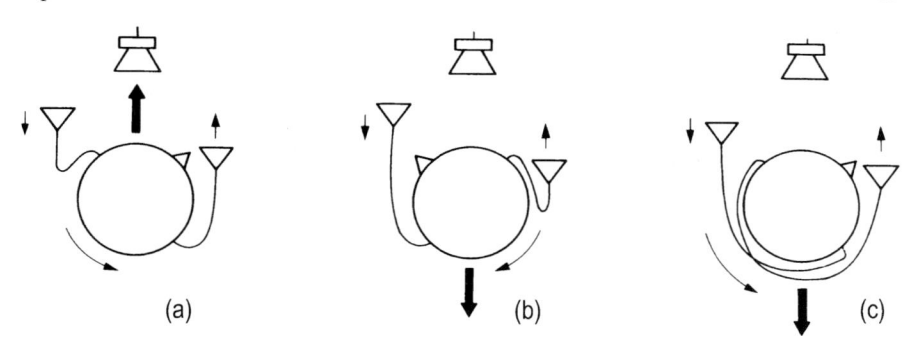

(a) (b) (c)

Abb. 3.2 Demonstration zum Effekt von Peilbewegungen auf die Bildung der Hörereignisrichtung. In den Gehörgängen stecken Gummischläuche, die am anderen Ende durch kleine offene Trichter (Ohrmuschelnachbildungen) abgeschlossen sind. (a) Kopf und Trichter machen eine Linksdrehung: Das Hörereignis entsteht in Vorwärtsrichtung. (b) Kopf und Trichter bewegen sich gegensinnig: Das Hörereignis entsteht rückwärts. (c) Gleichsinnige Bewegung, aber Schläuche über Kreuz: Das Hörereignis entsteht ebenfalls rückwärtig (schematisch nach Jongkees u. van de Veer 1958).

dominieren, man denke z. B. an den Bauchredner-Effekt (Ventriloquismus), der wissenschaftlich u. a. von Thurlow u. Jack (1973) und Thurlow u. Rosenthal (1976) untersucht wurde. Hören ist also im Prinzip ein multimodales Phänomen. Weiterhin spielt die emotionale und kognitive Situation des Hörenden bei der Hörereignisbildung eine Rolle. Dies ist beim Studium dieses Kapitels im Gedächtnis zu behalten, da sich das Kapitel vereinfachend auf die Darstellung der akustisch-auditiven Aspekte des Räumlichen Hörens beschränkt.

3.1 Physikalische Grundlagen

Das auditive System kann als ein biologisches Signalverarbeitungssystem aufgefasst werden, welches über massive Parallelverarbeitung und enorme Speicherkapazität verfügt. Wesentliche Eingangssignale des Systems sind die Schalle, die über die Luft die beiden Trommelfelle erreichen, die sog. Ohrsignale. Es kommt zwar auch Schallübertragung über den Schädelknochen vor, diese ist jedoch bei gesunden, unverschlossenen Ohren gegenüber dem Luftschall praktisch vernachlässigbar, denn die Hörschwelle für durch Luftschall erregten Knochenschall liegt mehr als 40 dB über der Hörschwelle für Luftschall (Hudde 2005). Ein wichtiges Verfahren zum Studium des Räumlichen Hörens ist es deshalb, die Ohrsignale zu bestimmen, sie ggf. aufzuzeichnen und nach Speicherung und/oder Übertragung an den Ohren von Zuhörern wiederzugeben. Die entsprechenden Messverfahren gehen von folgender Grundüberlegung aus.

Unsere beiden Ohren befinden sich in etwa gleicher Höhe links und rechts am Kopf. Der Kopf ist gegenüber dem Rumpf beweglich. Das ganze System (Ohren, Kopf, Rumpf) kann als eine bewegliche Antenne zum Empfang von Schallsignalen betrachtet werden. Diese Antenne hat eine richtungs-, entfernungs- und frequenz-

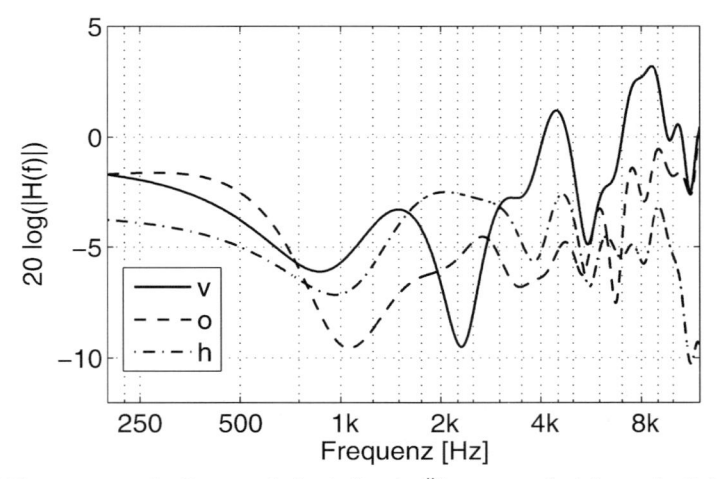

Abb. 3.3 Frequenzgang des Betrages dreier Außenohr-Übertragungsfunktionen des linken Ohres: Schalleinfall von vorne (durchgezogene Linie, 0° Azimut, 0° Elevation), von oben (gestrichelte Linie, 0° Azimut, 90° Elevation), und von hinten (strichpunktierte Linie, 180° Azimut, 0° Elevation)

abhängige Richtcharakteristik. Schallsignale, die von einer Schallquelle auf den Kopf treffen, werden also bezüglich ihres Frequenzspektrums linear verzerrt, d. h. Amplituden- und Phasenverlauf des Spektrums ändern sich. Die Verzerrungen sind jeweils spezifisch für den Ort der Schallquelle relativ zu den Ohren.

Diese spektralen Veränderungen, die ein Schall auf dem Übertragungsweg von seinem Ursprungsort zum Trommelfell erfährt, können u. a. durch sog. Übertragungsfunktionen mathematisch beschrieben und messtechnisch erfasst werden (s. hierzu Blauert 1983, Wightman u. Kistler 1989a/b, Møller 1992, Hammershøi u. Møller 2005). Man nennt die hierzu verwendeten speziellen Übergangsfunktionen Außenohr-Übertragungsfunktionen oder Head-Related Transfer Functions (HRTFs).

HRTFs werden in reflexionsfreier Umgebung ausgemessen. Hierzu wird der Versuchsperson je ein Miniaturmikrofon in die beiden Ohrkanäle eingesetzt. Die Mikrofone sind an eine Messapparatur angeschlossen. Diese sendet z. B. ein breitbandiges Messsignal über einen im Raum platzierten Lautsprecher aus und nimmt den durch die Außenohr-Übertragungsfunktionen transformierten Schall über die Miniaturmikrofone wieder auf. Anschließend berechnet die Messapparatur die Übertragungsfunktionen zwischen dem Lautsprecher und jedem der beiden Mikrofone. Auf diese Weise können die spektralen Veränderungen nach Betrag und Phase bestimmt werden, die ein vom Ort des Messlautsprechers aus abgesendetes Schallsignal auf dem Weg zu den Trommelfellen erfährt. Zu Messverfahren von komplexen Übertragungsfunktionen s. Kap. 21.2.

Für den Fall, dass sowohl der Lautsprecher als auch die beiden Mikrofone vorab so entzerrt wurden, dass beide zu den spektralen Verzerrungen nicht beitragen, erhält man ein binaurales Paar von HRTFs, nämlich $H_1(f,r,\varphi,\delta)$ und $H_r(f,r,\varphi,\delta)$, wobei f die Frequenz des einfallenden Schalls, r die Entfernung der Schallquelle, φ der

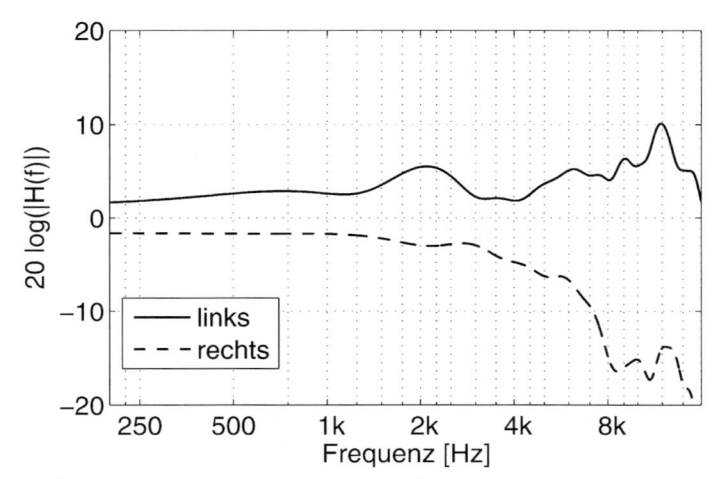

Abb. 3.4 Frequenzgänge des Betrages der Außenohr-Übertragungsfunktionen für Schalleinfall von links (90° Azimut, 0° Elevation), linkes und rechtes Ohr

Azimut, und δ die Elevation der Schalleinfallsrichtung im kopfbezogenen Kugelkoordinatensystem darstellen. Die HRTFs werden oft zur Analyse der Ohrsignalmerkmale herangezogen.

Abb. 3.3 zeigt als Beispiel den Betrag der Außenohr-Übertragungsfunktion in der Pegeldarstellung 20log|$H(f)$| [dB] für drei Einfallsrichtungen der Medianebene. In Abb. 3.4 sind die Frequenzgänge der Beträge des binauralen Paares von Außenohr-Übertragungsfunktionen für von links einfallenden Schall gezeigt.

Die sog. interauralen Außenohr-Übertragungsfunktionen, die für das Räumliche Hören wichtige Unterschiede beider Ohrsignale beschreiben, werden durch Division der entsprechenden HRTFs des linken und rechten Ohres bestimmt, also

$$|H_i(f,r,\varphi,\delta)| = \frac{H_r(f,r,\varphi,\delta)}{H_l(f,r,\varphi,\delta)} \quad (3.1)$$

Für die interauralen Phasen- und Gruppenlaufzeiten gilt folgerichtig (vgl. hierzu die Erläuterungen in Abschn. 3.2.2, Abb. 3.13)

$$\tau_{ph}(f,r,\varphi,\delta) = \frac{b_i(f,r,\varphi,\delta)}{f} \quad (3.2)$$

und

$$\tau_{gr}(f,r,\varphi,\delta) = \frac{db_i(f,r,\varphi,\delta)}{df} \quad (3.3)$$

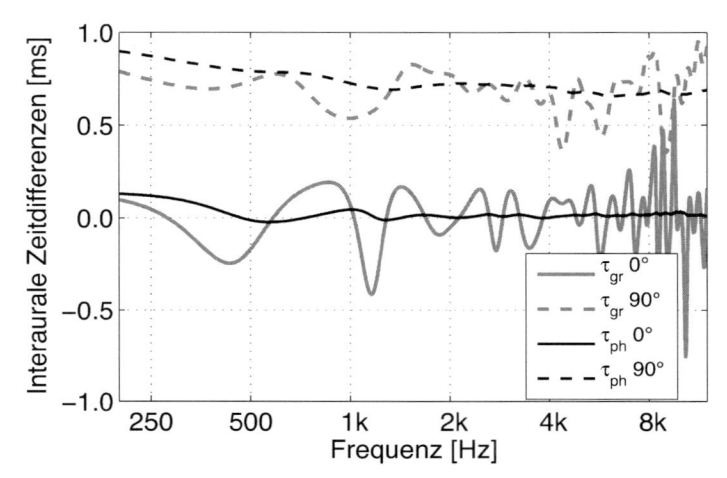

Abb. 3.5 Frequenzgänge der interauralen Phasen- und Gruppenlaufzeitdifferenzen τ_{ph} (schwarz) und τ_{gr} (grau) zweier binauraler Paare von Außenohr-Übertragungsfunktionen. Durchgezogene Linien: 0° Azimut, 0° Elevation; gestrichelte Linien: 90° Azimut, 0° Elevation

Das sog. Phasenmaß b_i entspricht der interauralen Phasendifferenz $\Delta\varphi_i$. Wenn im Folgenden vereinfachend von interauralen Laufzeitdifferenzen τ gesprochen wird, so ist die interaurale Phasenlaufzeit τ_{ph} gemeint. In Abb. 3.5 sind die interauralen Phasen- und Gruppenlaufzeitdifferenzen für die 90°-Azimutrichtung im Vergleich zur 0°-Richtung gezeigt.

Die interauralen Pegeldifferenzen werden aus der interauralen HRTF wie folgt berechnet:

$$\Delta L_i = 20 \log | H_i(f, r, \varphi, \delta) | \qquad (3.4)$$

Abb. 3.6 zeigt den Frequenzgang dieser Pegeldifferenz für die Schalleinfallsrichtungen $\varphi = 90°$ und $0°$, $\delta = 0°$. Durch die Abbildung wird deutlich, dass sich für niedrige Frequenzen keine großen Pegeldifferenzen ausbilden. Für diese Frequenzen ist die Abschattungswirkung des Kopfes vernachlässigbar, da dessen Abmessungen dann klein gegenüber der Wellenlänge sind.

Die HRTFs können auch zur Simulation von Beschallungssituationen verwendet werden. Um z. B. die durch eine Schallquelle erzeugten Ohrsignale zu simulieren, kann man den abgestrahlten Schall in der Nähe der Quelle mit einem Mikrofon aufnehmen und dieses Mikrofonsignal dann durch elektronische Filter schicken, welche die Außenohr-Übertragungsfunktionen simulieren (z. B. Blauert 1974). Gibt man solche Signale z. B. über geeignet entzerrte Stereokopfhörer wieder, so hört ein Zuhörer ein Hörereignis in der gleichen Richtung wie er es in der entsprechenden natürlichen Hörsituation hören würde. Solche (künstliche) Hörbarmachung wird auch *Auralisierung* oder *Auralisation* genannt. Systeme zur Generierung auditiver virtueller Umgebungen enthalten in der Regel Kataloge von HRTFs für eine Vielzahl von Schalleinfallsrichtungen. Damit können dann Ohrsignale simuliert wer-

Kapitel 3 Räumliches Hören

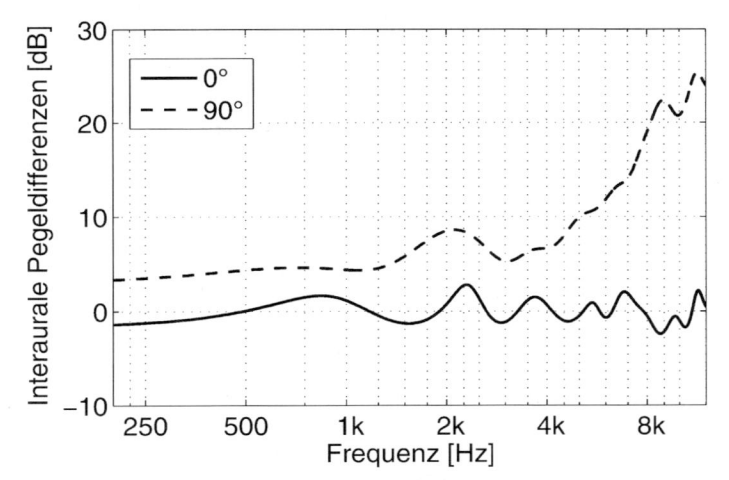

Abb. 3.6 Frequenzgänge der interauralen Pegeldifferenzen zweier binauraler Paare von Außenohr-Übertragungsfunktionen. Durchgezogene Linie: 0° Azimut, 0° Elevation; gestrichelte Linie: 90° Azimut, 0° Elevation

den, wie sie in Mehrschallquellensituationen auftreten, z. B. in geschlossenen Räumen mit reflektierenden Wänden (s. u. a. Lehnert 1992, Begault 1994).

Auf der Physik des Räumlichen Hörens beruhen zwei unterschiedliche Ansätze zur Audioübertragung, die beide versuchen, die Ohrsignale bei der Wiedergabe denen bei der Aufnahme möglichst ähnlich zu machen. Man spricht in diesem Zusammenhang vom physikalisch-motivierten, oder „physikalistischen" Ansatz zur Schallübertragung. Dabei wird zwischen kopfbezogener und raumbezogener Übertragung unterschieden. Im ersteren Falle versucht man, die Schallsignale an den Gehörgängen, im zweiten Falle das gesamte Schallfeld am Wiedergabeort physikalisch korrekt zu übertragen. Psychoakustische Erwägungen spielen dabei zunächst keine Rolle. Das kopfbezogene Verfahren wird auch als Kunstkopfverfahren bezeichnet (vgl. Kap. 10 sowie z. B. Blauert et al. 1978, 1992, 1996, 2005, Begault 1994, Hammershøi u. Møller 2005). Das raumbezogene Verfahren heißt Schallfeldsynthese oder (neuerdings) Wellenfeldsynthese (vgl. Kap. 11 sowie Berkhout 1988, Berkhout et al. 1993, aber auch schon Steinberg u. Snow 1934). Ansätze zur Schallübertragung, die insbesondere psychoakustische Phänomene des Hörens nutzen, werden in Abschn. 3.3.4 behandelt.

3.2 Räumliches Hören bei einer Schallquelle

In den folgenden Abschnitten wird zunächst das Räumliche Hören bei einer Schallquelle mit freiem Schallfeld behandelt. Anschließend wird auf mehrere Schallquellen übergegangen. Freie Schallfelder können im Labor in so genannten reflexionsarmen Räumen dargestellt werden. In der Natur würde man ein solches Feld z. B.

auf dem Gipfel eines verschneiten Berges beobachten können. Der Fall des freien Schallfeldes ist also letztlich ein seltener Spezialfall. Seine Betrachtung hilft uns aber sehr bei der Analyse der Phänomene des Räumlichen Hörens.

3.2.1 Richtungshören bei Schalleinfall aus der Medianebene

Bei Schalleinfall aus der Medianebene sind die beiden Ohrsignale wegen der Symmetrie des Kopfes sehr ähnlich. Es wird also näherungsweise diotisch beschallt. In dieser Situation lassen sich besonders gut die Zuordnungen zwischen monauralen Ohrsignalmerkmalen und der Hörereignisrichtung studieren. Ein typisches, sehr anschauliches Experiment ist das folgende (Blauert 1969/70):

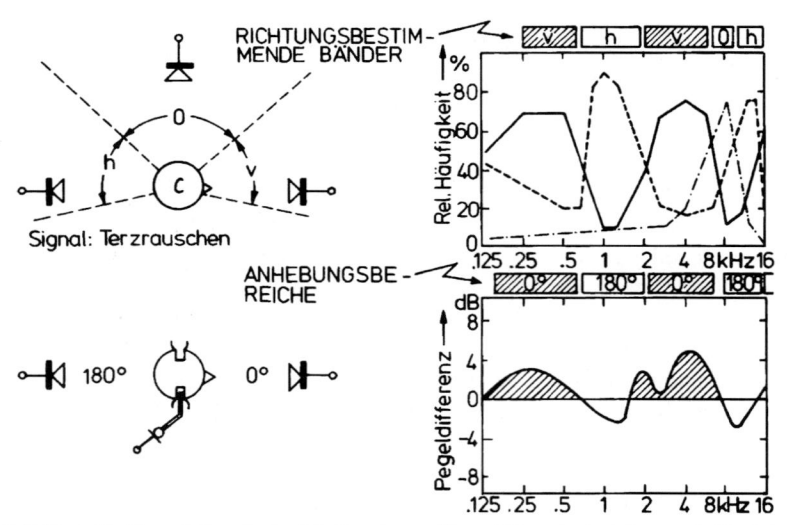

Abb. 3.7 Zum Richtungshören in der Medianebene. Oben: Hörereignisrichtung als Funktion der Mittenfrequenz bei terzbreiten Rauschsignalen (Angegeben ist die relative Häufigkeit der Versuchspersonen, die die Antwort „v", „o" oder „h" für „vorne", „oben" und „hinten" gaben). Unten: Monaurale Pegeldifferenz über der Frequenz bei Beschallung von vorne, bezogen auf Beschallung von hinten

Versuchspersonen werden aus wechselnden Richtungen der Medianebene mit Schmalbandsignalen (z. B. Terzrauschen) beschallt. Sie beschreiben die Hörereignisrichtung an Hand einer Nominalskala „v, o, h" (Abb. 3.7 oben). Nach statistischer Auswertung zeigt sich Folgendes: Die Hörereignisrichtung hängt nicht von der Schalleinfallsrichtung, sondern überwiegend von der Terzmittenfrequenz ab. Man kann sog. Richtungsbestimmende Bänder ermitteln, in denen die Hörereignisse in jeweils einem der Sektoren „v", „h" bzw. „o" auftreten. Die Richtungsbestimmenden Bänder sind individualspezifisch. Abb. 3.7 zeigt die über mehrere Versuchspersonen gemittelten Ergebnisse (Blauert 1974 etc.). Bei Beschallung mit

Breitbandsignalen, z. B. Sprache, Musik, Rauschen, entsteht das Hörereignis hingegen zumeist in der Schalleinfallsrichtung.

Die Erklärung ist wie folgt: Durch die charakteristische, ausgeprägte Filterwirkung der Außenohren werden bei einem Breitbandsignal bestimmte Spektralanteile angehoben, andere abgesenkt. In der Regel stimmen die Anhebungsbereiche mit denjenigen Richtungsbestimmenden Bändern gut überein, deren Hörereignisse in der jeweiligen Schalleinfallsrichtung zugeordnet sind (vgl. das Beispiel in Abb. 3.7, unten). Die Hörereignisrichtung bei Breitbandsignalen wird offenbar durch diejenige Klasse richtungsbestimmender Bänder bestimmt, in der die Ohrsignale die stärksten Anteile aufweisen. Haben die Ohrsignale z. B. starke Anteile um 8 kHz, so erscheint das Hörereignis oben oder zumindest oberhalb der Horizontalebene (sog. Elevationseffekt).

Die „richtige" Zuordnung der Hörereignisrichtung zur Schallquellenrichtung funktioniert sicherer, wenn der Versuchsperson die Signale bekannt sind. Bei breitbandigen Signalen wie rosa Rauschen o. ä. entsteht jedoch auch bei unbekannten Signalen die „richtige" Zuordnung des Hörereignisses zur Schalleinfallsrichtung.

3.2.2 Richtungshören bei Schalleinfall aus seitlichen Richtungen

Bei Schalleinfall aus Richtungen seitlich zur Medianebene ergeben sich Unterschiede zwischen beiden Ohrsignalen. Dem Gehör stehen also neben den monauralen zusätzlich interaurale Ohrsignalmerkmale zur Verfügung. Diese sind für die Präzision der Lokalisation sehr wesentlich: So beträgt z. B. die Lokalisationsunschärfe (localisation blur) – das ist die kleinste Änderung von Schallereignismerkmalen, die zu einer Änderung des Hörereignisortes führt (Blauert 1974) – für seitliche Abweichungen der Schallquelle von der Vorne-Richtung nur ca. ±4° (Preibisch-Effenberger 1966, Haustein u. Schirmer 1970), während sie für Abweichungen auf- bzw. abwärts ca. ±10° beträgt (Damaske u. Wagener 1969).

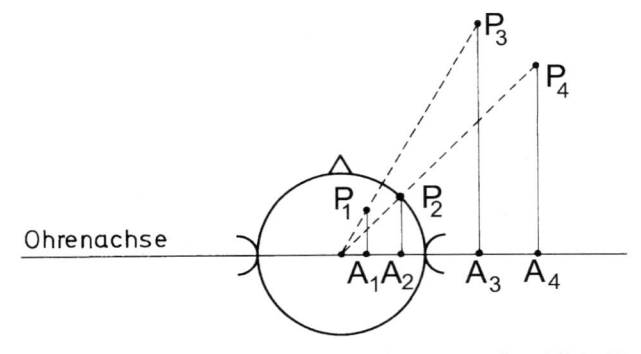

Abb. 3.8 In Lateralisationsversuchen geben die Versuchspersonen die seitliche Hörereignisauslenkung A_n an, z. B. durch Projektion des Hörereignisortes P_n auf die Ohrenachse. Das Beurteilungsergebnis ist also eindimensional.

Interaurale Ohrsignalmerkmale lassen sich im freien Schallfeld nicht isoliert untersuchen, man kann sie jedoch mit dichotischer Kopfhörerbeschallung realisieren. Bei solchen Versuchen lässt man die Versuchsperson in der Regel nicht den Hörereignisort, sondern nur dessen seitliche Auslenkung aus der Medianebene schätzen, d. h. man misst die sog. Lateralisation (Abb. 3.8).

Die interauralen Signalmerkmale ergeben sich aus der interauralen Übertragungsfunktion H_i (vgl. Abschn. 3.1). Aus versuchsmethodischen Gründen unterscheidet man

(a) interaurale Pegeldifferenzen ΔL, d. h. Unterschiede der beiden Ohrsignale bzgl. ihres Schalldruckpegels und
(b) interaurale Zeitdifferenzen $\Delta \tau$, d. h. Unterschiede der beiden Ohrsignale bzgl. des Zeitpunktes ihres Eintreffens.

Bei den Laufzeitdifferenzen werden weiterhin Phasenlaufzeitdifferenzen τ_{ph} und Gruppenlaufzeitdifferenzen τ_{gr} unterschieden, dieses wird im Folgenden noch erläutert.

Interaurale Pegeldifferenzen führen im ganzen Hörfrequenzband zu seitlichen Hörereignisauslenkungen. Ergebnisse für die Lateralisationsunschärfe und typische Lateralisationskurven sind in den Abbn. 3.9 und 3.10 dargestellt. Man beachte insbesondere die erstaunlich lineare Abhängigkeit der seitlichen Hörereignisauslenkung von der interauralen Pegeldifferenz in Abb. 3.10.

Interaurale Zeitdifferenzen von Sinustönen können nur bei Frequenzen unterhalb ca. 1,6 kHz ausgewertet werden. Signalanteile oberhalb 1,6 kHz werden auf Grund von Zeitdifferenzen der Hüllkurven und nicht solchen der Feinstruktur dieser Signale lateralisiert. In den Abbn. 3.11 und 3.12 sind entsprechende Lateralisationsunschärfe- und Lateralisationskurven gezeigt. Die vom Gehör ausgewerteten Signale werden zunächst im Innenohr spektral zerlegt, d. h. in Bandpass-Signale aufgespal-

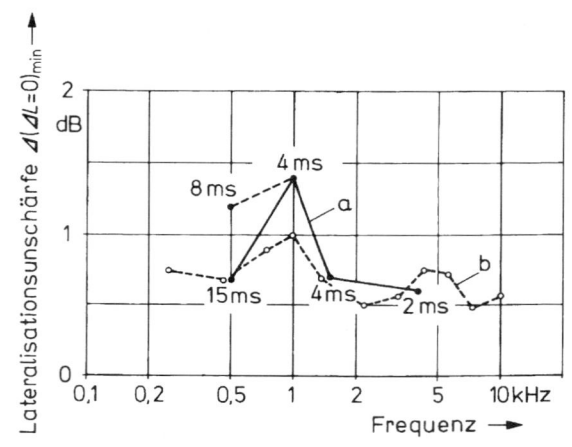

Abb. 3.9 Lateralisationsunschärfe für interaurale Pegeldifferenzen. Gestrichelte Linie (a): Sinusschalle (nach Mills 1960). Durchgezogene Linie (b): Gaußton-Schalle, d. h. Sinusschalle mit glockenförmigen Hüllkurven unterschiedlicher Dauer (nach Boerger 1965)

Kapitel 3 Räumliches Hören

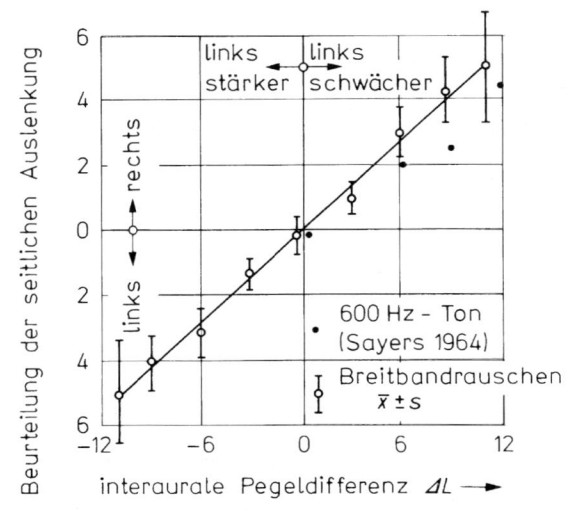

Abb. 3.10 Lateralisationskurven für Töne und Rauschen bei interauralen Pegeldifferenzen (600 Hz: nach Sayers 1964, Breitbandrauschen: Blauert 1974)

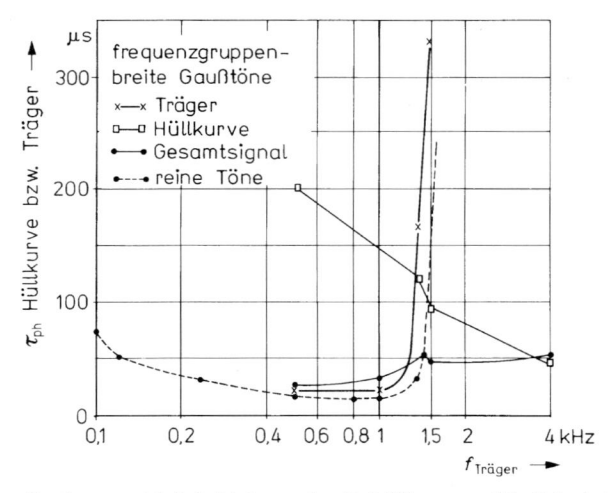

Abb. 3.11 Lateralisationsunschärfe bei interauralen Zeitdifferenzen. Die Feinstruktur (Träger) von Schmalbandsignalen wird oberhalb ca. 1,6 kHz nicht mehr ausgewertet, jedoch die Hüllkurve (nach Daten von Zwislocki u. Feldman 1956, Klumpp u. Eady 1956 und Boerger 1965).

ten. Die interaurale Zeitdifferenz der Feinstruktur solcher Bandpass-Signale kann durch die interaurale Phasenlaufzeit τ_{ph}, diejenige der Hüllkurven durch die interaurale Gruppenlaufzeit τ_{gr} beschrieben werden – vgl. hierzu auch Abb. 3.13.

Das zentrale Nervensystem wertet sowohl interaurale Pegeldifferenzen wie auch Phasen- und Gruppenlaufzeitdifferenzen bei der Bildung der Hörereignisrichtung

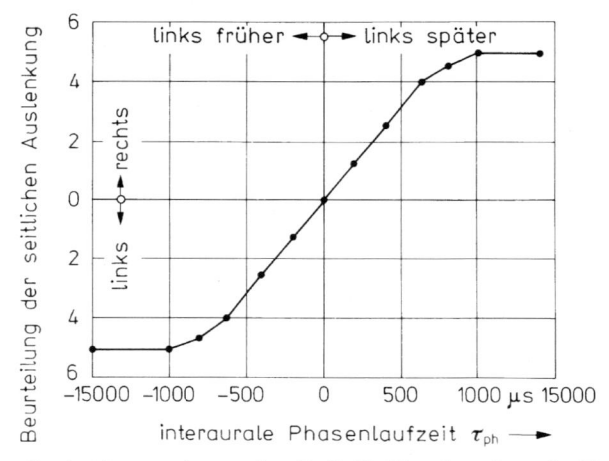

Abb. 3.12 Lateralisationskurve, wie man sie z. B. für Breitbandrauschen oder Knackimpulse erhält (unter Verwendung von Daten von Toole u. Sayers 1965)

aus. Hierbei kann es ggf. zu einer gegenseitigen Kompensation dieser interauralen Merkmale kommen, z. B. keine seitliche Auslenkung des Hörereignisses bei einer Zeitdifferenz und gleichzeitig entgegengesetzt wirkender Pegeldifferenz (sog. Trading). Weiterhin kann es bei widersprüchlichen interauralen Merkmalen zu einem Zerfall des Hörereignisses in mehrere Anteile unterschiedlicher Richtung kommen: die Tiefen erscheinen zum Beispiel in einer, die Höhen in einer anderen Richtung.

3.2.3 Entfernungshören und Im-Kopf-Lokalisiertheit

Welche Ohrsignalmerkmale werden vom Gehör bei der Bildung der Hörereignisentfernung ausgewertet? Man kann nach dem Entfernungsbereich wie folgt unterscheiden:

(a) sehr geringe Schallquellenentfernungen, d. h. $r \leq 25$ cm
Monaurale und interaurale Übertragungsfunktionen ändern sich stark mit der Schallquellenentfernung in spezifischer Weise. Damit ändert sich das Spektrum der Ohrsignale in einer vom Gehör erkennbaren Weise (binaurale Parallaxe). Nähert sich die Schallquelle einem Ohr, so steigt u. a. die interaurale Pegeldifferenz wegen der Schirmwirkung des Kopfes. Weiterhin erhöht sich der Signalpegel mit wachsender Annäherung. Außenohr-Übertragungsfunktionen für geringe Schallquellenentfernungen wurden von Brungart und Rabinowitz (1999) gemessen.

(b) mittlerer Entfernungsbereich, d. h. $r =$ ca. 25 cm bis 15 m
Der Signalpegel ändert sich mit der Entfernung, – bei Kugelstrahlern 0. Ordnung im freien Schallfeld mit $1/r$, entsprechend 6 dB/Abstandsverdopplung (s. Kap. 1.5.2). Dies kann das Gehör bei ihm bekannten Quellen auswerten. Mit steigendem Pegel ändert sich bei Breitband-Signalen ggf. auch der Klang, denn die Linien gleicher Lautstärke (Isophonen) werden mit steigendem Pegel flacher. In diesem Entfer-

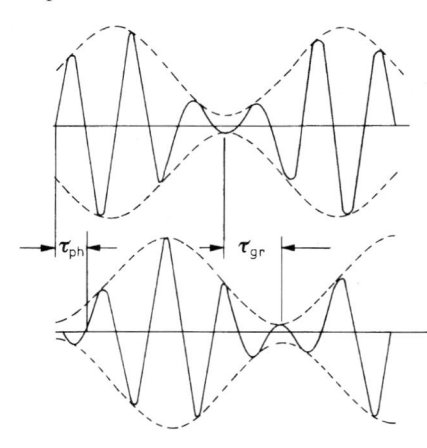

Abb. 3.13 Interaurale Zeitdifferenzen von Bandpass-Signalen:

$$\tau_{ph} = -\frac{b_i(f)}{f} \quad (3.5)$$

$$\tau_{gr} = -\frac{db_i(f)}{df} \quad (3.6)$$

$b_i(f)$: interaurales Phasenmaß bzw. interaurale Phasendifferenz

nungsbereich ist weiterhin das Intensitätsverhältnis von Direktschall zu reflektiertem Schall ein wirksames Merkmal, welches auditiv ausgewertet wird (vgl. Hartmann u. Wittenberg 1996). Dies wird in der Audiotechnik häufig dadurch ausgenutzt, dass man in geeigneter Weise Nachhallsignale hinzumischt. Die Gewichtung zwischen den beiden Hauptmerkmalen (Schallquellenpegel und Intensitätsverhältnis von Direktschall zu reflektiertem Schall) hängt bei der Entfernungsbeurteilung stark von der Schalleinfallsrichtung und anderen Eigenschaften des Schalls ab (Zahorik 2002).

(c) große Entfernungen, d. h. r > 15 m
Auf dem Ausbreitungswege ergibt sich eine frequenzabhängige Zusatzdämpfung, die mit steigender Frequenz ansteigt; fernes Donnergrollen, ferne Musikkapellen klingen dumpf. So kann man auf ferne Schallquellen schließen. Hörereignisentfernung und geschätzte Schallquellenentfernung sind aber keineswegs dasselbe. Unser akustischer Horizont liegt bei etwa 15 m. In dieser Entfernung empfinden wir z. B. das Donnergrollen, können aber aufgrund von Erfahrungswerten und visuellen Eindrücken auf größere Entfernungen schließen. Dies ist bei Versuchen zum Entfernungshören zu beachten.

(d) Grenzfall: Im-Kopf-Lokalisiertheit
Bringt man von zwei Schallquellen, welche gleiche oder sehr ähnliche Signale abstrahlen (z. B. Kopfhörer) je eine sehr nahe an jedes Ohr, so entsteht das Hörereignis in der Regel im Kopf. Diese *Im-Kopf-Lokalisiertheit* (IKL) ist bei elektroakustischen Übertragungen zumeist unerwünscht. Man kann sie jedoch durch geeignete Entzerrfilter vermeiden (Abb. 3.14).

3.3 Räumliches Hören bei mehreren Schallquellen

Nachdem wir bisher den Fall einer einzelnen Schallquelle betrachtet haben, wird nun auf Mehrschallquellensituationen übergegangen. Hierbei wird sich zeigen, dass man zwar die Schallfelder der einzelnen Quellen linear überlagern kann, nicht

Signal: Weißes Rauschen

a) Lautsprecher in 3m
b) Lautsprecher in 25cm
c) Kopfhörer
d) auf a) entzerrte Kopfhörer

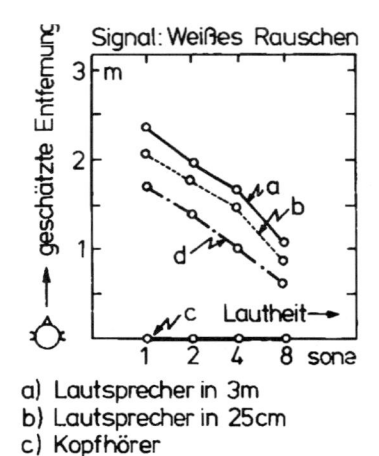

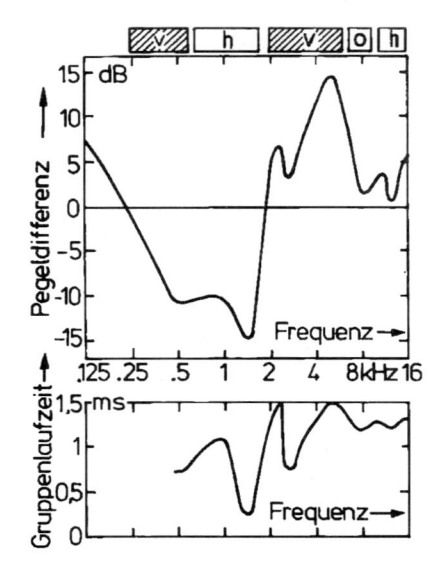

Abb. 3.14 Entfernungshören und Im-Kopf-Lokalisiertheit. Links oben: Geschätzte Hörereignisentfernung bei unterschiedlichen Schallquellenentfernungen. Rechts: Übertragungsfunktion eines Entzerrers, der bei Kopfhörerbenutzung Lautsprecherbeschallung simuliert und somit Im-Kopf-Lokalisiertheit vermeidet (Kopfhörer DT48, Lautsprecher KSB12/8, nach Laws 1972)

jedoch die den einzelnen Quellen zugeordneten Hörereignisse. Bei mehreren Schallquellen kann es sich um mehrere unabhängige Schallquellen handeln. Mehrere Schallquellen in unserem Sinne liegen aber auch dann vor, wenn eine Quelle und Reflexionen (d. h. sog. Spiegelschallquellen) vorhanden sind. Der Fall von einer Quelle im geschlossenen Raum fällt also in der Regel unter die Kategorie „mehrere Schallquellen".

Es wird im Folgenden exemplarisch die Situation betrachtet, dass zwei Schallquellen identische oder sehr ähnliche Signale abstrahlen, wobei die eine Schallquelle das Signal gegenüber der anderen verzögert und/oder mit unterschiedlichem Pegel abstrahlt. Drei Fälle sind prinzipiell unterscheidbar; die Einteilung ist sinngemäß auf mehr als zwei Quellen erweiterbar:

(a) Es entsteht ein Hörereignis, dessen Ort von den Orten und Signalen beider Quellen abhängt – sog. Summenlokalisation.
(b) Es entsteht ein Hörereignis, dessen Ort von der zuerst ertönenden Quelle und deren Signalen abhängt – sog. Präzedenzeffekt.
(c) Es entstehen zwei Hörereignisse – „Primarhörereignis" und „Echo". Der Ort eines jeden hängt von Ort und Signalen je einer der beiden Quellen ab.

Kapitel 3 Räumliches Hören

3.3.1 Summenlokalisation

Zunächst soll die von der Stereofonie her bekannte Summenlokalisation besprochen werden (vgl. z. B. Franssen 1963, Wendt 1963). Abb. 3.15 zeigt zwei Lautsprecher in Stereo-Standardaufstellung. Spielt man über die Lautsprecher genügend breitbandige Signale, z. B. Sprache oder Musik, so erhält man die in Abb. 3.16 gezeigten Abhängigkeiten der Hörereignisrichtung von der Pegel- und Zeitdifferenz der Lautsprechersignale. Die Hörereignisse sind allerdings durchweg weniger scharf lokalisiert als bei Schalldarbietung durch Einzelschallquellen im freien Schallfeld. Bei genauem Hinhören kann man oftmals sogar mehrere Hörereignisanteile in unterschiedlichen Richtungen erkennen.

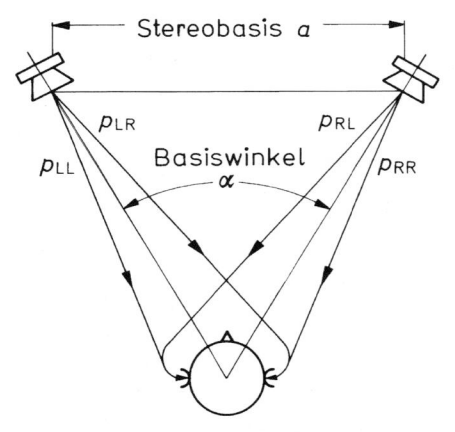

Abb. 3.15 Zwei Lautsprecher in Stereo-Standardaufstellung. Man wählt üblicherweise einen Basiswinkel von $\alpha = 60°$

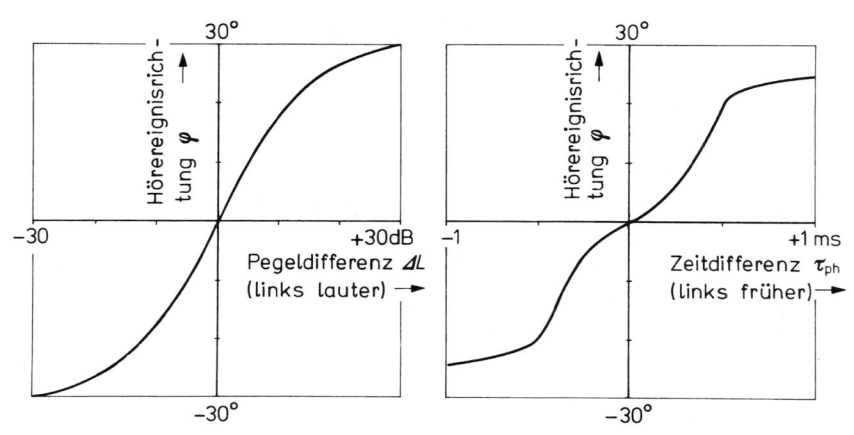

Abb. 3.16 Summenlokalisationskurven für Pegel- bzw. Laufzeitdifferenzen der beiden Lautsprechersignale. Breitbandsignale, Zuhörerkopf fixiert (nach Wendt 1963)

(a) identische Lautsprechersignale

(c) Lautsprechersignale mit kleiner Zeitdifferenz

p_{LL} p_{RL} → t linkes Ohr

p_{LL} p_{RL} → t

p_{RR} p_{LR} → t rechtes Ohr

p_{RR} p_{LR} → t

(b) Lautsprechersignale mit Pegeldifferenz

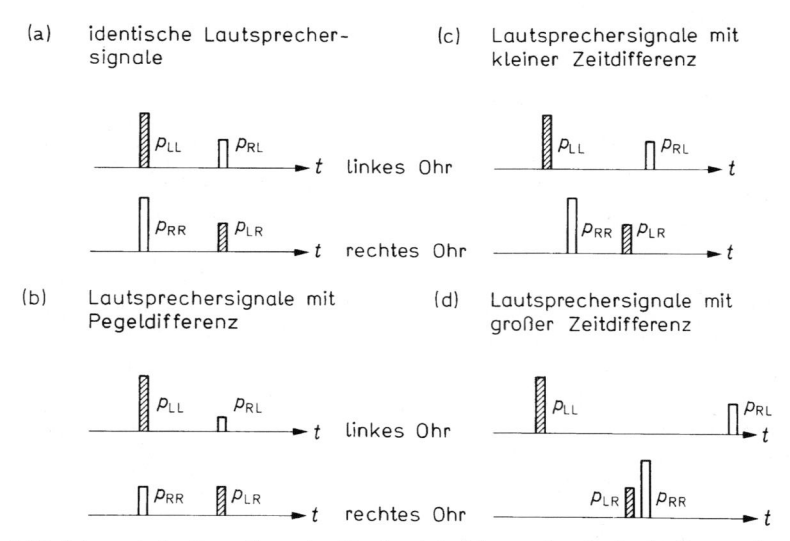

(d) Lautsprechersignale mit großer Zeitdifferenz

p_{LL} p_{RL} → t linkes Ohr

p_{LL} p_{RL} → t

p_{RR} p_{LR} → t rechtes Ohr

p_{LR} p_{RR} → t

Abb. 3.17 Schematische Darstellung der Ohrsignale bei Stereo-Standardaufstellung und impulsförmigen Lautsprechersignalen. Zur Bezeichnung der Signalanteile s. Abb. 3.15

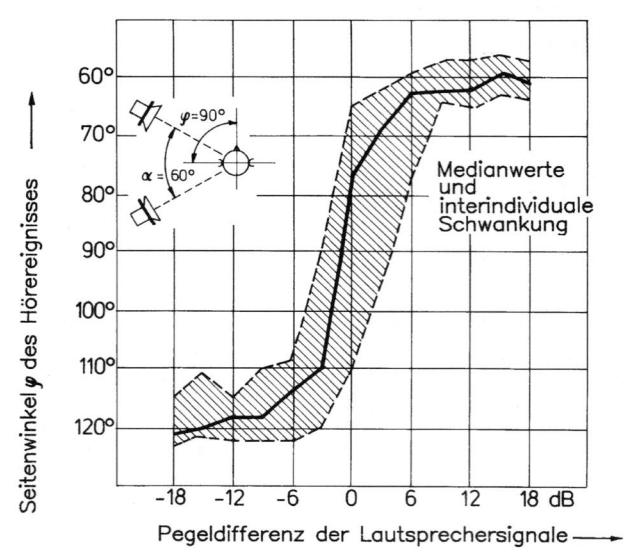

Abb. 3.18 Summenlokalisation bei seitlicher Lautsprecheranordnung (nach Theile u. Plenge 1977)

Jedes der beiden Ohrsignale setzt sich aus zwei Anteilen zusammen, je eines von jeder Schallquelle. In Abb. 3.17 sind die so zusammengesetzten Ohrsignale schematisch für impulsförmige Lautsprechersignale dargestellt. Es ist noch nicht vollständig geklärt, wie und wieso das Gehör aus diesen Signalen im Wesentlichen nur ein Hörereignis bildet. Die Tatsache, dass bei steigenden Zeitdifferenzen der Lautsprechersignale schließlich keine zeitliche Überlappung der Ohrsignalanteile von linken und rechten Lautsprecher mehr stattfindet, wird als Erklärung für die Knicke in der Lateralisationskurve diskutiert (Abb. 3.16, rechts). Bei sehr schmalbandigen Signalen, z. B. Sinustönen, können Zeitdifferenzen der Lautsprechersignale zu Pegeldifferenzen der Ohrsignale führen und umgekehrt. Bei sehr hohen Frequenzen erhält man keine monoton ansteigenden Summenlokalisationskurven mehr, vgl. hierzu auch Abb. 3.30 hinsichtlich eines Frequenzbandes um 5 kHz.

Bei Anordnungen mit seitlichen Lautsprechern ist ebenfalls eine präzise Summenlokalisation nicht möglich (Abb. 3.18). Hieraus ergeben sich Grenzen für die technische Nutzbarkeit der Summenlokalisation in der Audiotechnik, insbesondere bei Surround-Sound-Verfahren wie dem in Abschn. 3.3.4.4 beschriebenen.

3.3.2 Präzedenzeffekt und Echos

In Abb. 3.19 ist dargestellt was geschieht, wenn man in einer Stereo-Standardaufstellung das eine Lautsprechersignal um mehr als etwa 1 ms verzögert. Das Hörereignis entsteht dann in der Richtung der zuerst beim Zuhörer eintreffenden Wellenfront. Die vom zweiten Lautsprecher verzögert eintreffende Wellenfront hat auf die Hörereignisrichtung kaum Einfluss.

Dieser seit langem bekannte *Präzedenzeffekt* (Henry 1849, Wallach et al. 1949), früher auch Gesetz der ersten Wellenfront genannt (z. B. Cremer u. Müller 1978), ist dafür verantwortlich, dass wir in geschlossenen Räumen das Hörereignis in Richtung der Ur-Schallquelle bilden. Zum Beispiel hören wir einen Sprecher, der nicht verstärkt wird, in der Regel in der Richtung, in der wir ihn sehen. Der von den Wänden reflektierte Schall geht bei der Bildung der Hörereignisrichtung also nicht ein. Überschreitet die Verzögerungszeit der weiteren Wellenfront(en) gegenüber der ersten einen signal- und pegelabhängigen Grenzwert, so hört man ein räumlich getrenntes Hörereignis, ein sog. Echo, in Richtung der verzögerten Wellenfront. Der entsprechende Verzögerungsgrenzwert heißt *Echoschwelle*. Bei schmalbandigen Signalen kann es im Bereich der Gültigkeitsgrenzen des Präzedenzeffektes zu interferenzbedingten periodischen Schwankungen der Hörereignisrichtung kommen (Blauert u. Cobben 1968, Braasch et al. 2003, s. Abb. 3.19).

Der Wert der Echoschwelle kann zwischen 1 ms und mehreren 100 ms liegen, wobei kleinere Werte als 5 ms nur bei artifiziellen Signalen wie Breitbandimpulsen auftreten. Bei Sprache mittlerer Sprechgeschwindigkeit kann bei 10 dB Pegelminderung zwischen erster Wellenfront (Primärschall) und verzögerter Wellenfront (Rückwurf) mit 50 ms, für Musik mit 80 ms gerechnet werden. Bei ca. 20 ms Rückwurfverzögerung kann der Rückwurfpegel sogar um ca. 6 bis 10 dB höher sein als

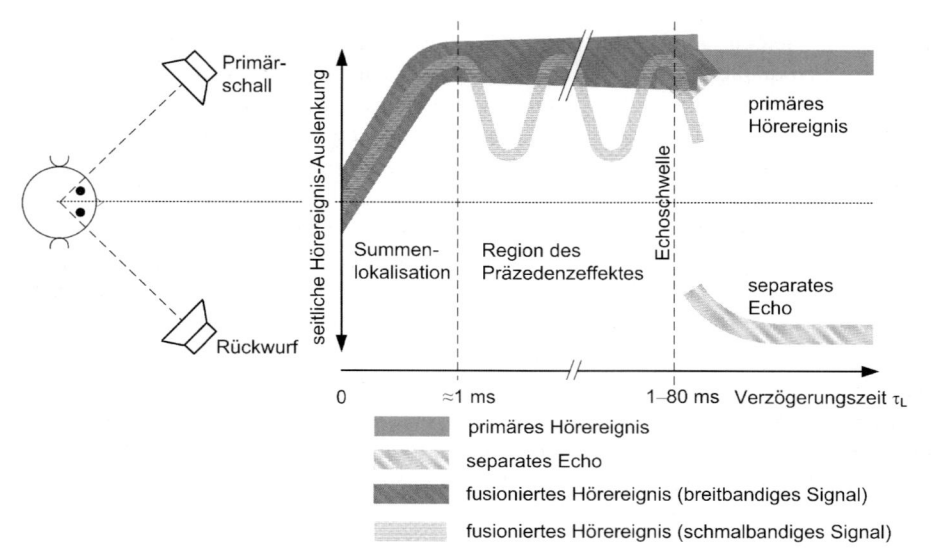

Abb. 3.19 Hörereignisrichtung als Funktion der Verzögerungszeit des Signals τ_L – zur Erläuterung des Präzedenzeffekts und seiner Gültigkeitsgrenzen

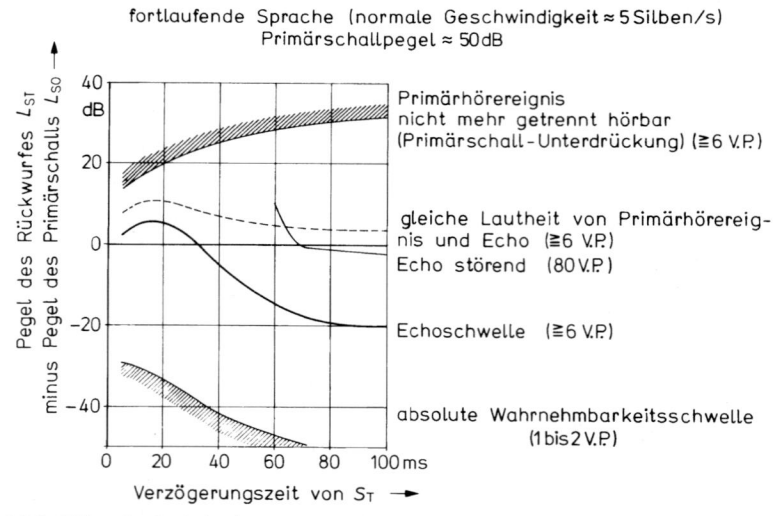

Abb. 3.20 Wahrnehmbarkeit eines Rückwurfes in Abhängigkeit von der Pegeldifferenz von Primärschall und Rückwurf. Verläufe unterschiedlich definierter Schwellen nach Daten von Haas (1951), Meyer u. Schodder (1952), Burgtorf (1961) und Seraphim (1961) (V.P.: Versuchsperson)

Kapitel 3 Räumliches Hören 105

der des Primärschalls, ohne dass ein Echo hörbar wird (sog. Haas-Effekt, Haas 1951). Dieser Effekt wird in der Beschallungstechnik häufig ausgenutzt. Wie der Präzedenzeffekt und der Haas-Effekt psycho- und physioakustisch zu Stande kommen, ist Gegenstand intensiver Forschung (s. u. a. Hartmann 1996, Blauert 1997, Blauert u. Braasch 2005).

In Abb. 3.20 ist die Echoschwelle für normale Sprache als Funktion von Rückwurfverzögerung und -pegel angegeben. Weitere Schwellen sind eingezeichnet: Die absolute Wahrnehmbarkeitsschwelle ist diejenige Schwelle, bei der Versuchspersonen die Anwesenheit des Rückwurfs erstmals feststellen können, z. B. an Hand von Klang-, Lautheits- oder Ausdehnungsänderungen. Bei sehr hohen Rückwurfpegeln kann der Rückwurf den Primärschall sogar verdecken (sog. Primärschallunterdrückung).

3.3.3 Einfluss der interauralen Kohärenz

Für das Räumliche Hören spielt die Ähnlichkeit der beiden Ohrsignale eine wichtige Rolle. Als Ähnlichkeitsmaß wird häufig die normierte Kreuzkorrelationsfunktion der Ohrsignale in der Schreibweise für Leistungssignale (Signale mit endlicher Leistung) verwendet, nämlich

$$R_{\mathrm{norm},x,y}(\tau) = \frac{\lim\limits_{T \to \infty} \dfrac{1}{2T} \int\limits_{-T}^{+T} x(t) \cdot y(t+\tau)\, \mathrm{d}t}{x(t)_{\mathrm{eff}} \cdot y(t)_{\mathrm{eff}}}, \qquad (3.7)$$

mit dem rechten Ohrsignal $x(t)$ und dem linken Ohrsignal $y(t)$. Für Energiesignale (Signale mit endlicher Energie) existiert eine ähnliche Definition. Das Maximum ihres Betrages im physiologischen Bereich von τ, in der Regel also

$$k = {}^{\max}_{\tau}|\, R_{\mathrm{norm},x,y}(\tau)\,|\, , \text{ für } -1\text{ ms} \leq \tau \leq +1\text{ ms} \qquad (3.8)$$

wird in der Psychoakustik oftmals *interauraler Kohärenzgrad* genannt. Er kann Werte zwischen Null und Eins (0: völlige Unähnlichkeit, 1: völlige Ähnlichkeit) annehmen. Man beachte, dass sich bei einer frequenzunabhängigen Pegeldifferenz und/oder verzerrungsfreien Verschiebung eines der beiden Signale im Vergleich zu dem anderen der Kohärenzgrad nicht ändert. Beliebige Kohärenzgrade lassen sich im Labor z. B. mit einer Schaltung nach Abb. 3.21 darstellen.

In Abb. 3.22 ist gezeigt, wie sich das Hörereignis verhält, wenn man Signale unterschiedlichen interauralen Kohärenzgrades über Kopfhörer darbietet. Die Versuchspersonen sollten Hörereignisorte und Ausdehnungen in einen Frontalschnitt ihres Schädels eintragen. Es trat Im-Kopf-Lokalisiertheit auf, deshalb sind die Hörereignisorte innerhalb des Kopfes eingezeichnet. Bei hohem Kohärenzgrad entsteht ein relativ scharf lokalisiertes Hörereignis in Kopfmitte, welches mit sinkendem

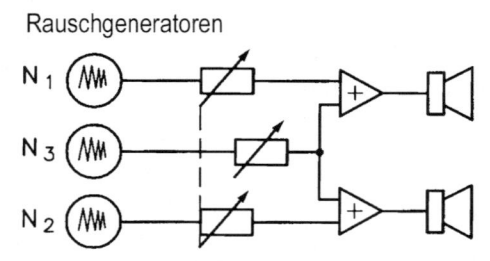

Abb. 3.21 Erzeugung von Testsignalen mit einstellbarem Kohärenzgrad nach der Überlagerungsmethode

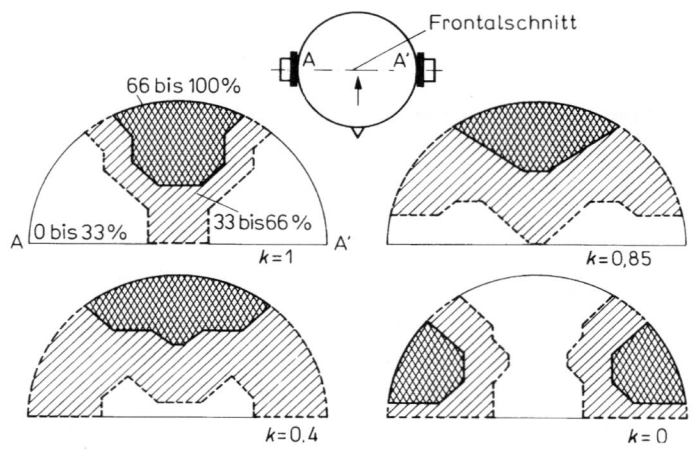

Abb. 3.22 Hörereignislage und -ausdehnung in Abhängigkeit vom Kohärenzgrad bei unentzerrter Kopfhörerdarbietung. Die Prozentzahlen kennzeichnen die relativen Häufigkeiten, mit denen die Hörereignisse in den entsprechenden Bereichen auftraten (nach Cherniak u. Dubrovsky 1968).

Kohärenzgrad räumlich immer ausgedehnter wird. Bei sehr kleinem Kohärenzgrad zerfällt das Hörereignis in zwei getrennte Anteile, jedes einer Schallquelle zugeordnet.

Bei Beschallung im freien Schallfeld sind die Ohrsignale nie völlig inkohärent – schon wegen des Übersprechens zwischen den Ohren. Rückwürfe führen zu einer Dekorrelation der Ohrsignale. Teilkohärente Ohrsignale gehen mit diffus lokalisierten, räumlich ausgedehnten Hörereignissen einher. Zum Beispiel ist im diffusen Schallfeld der ganze Raum vom Hörereignis erfüllt. In Konzertsälen wird eine auditive Verbreiterung des Orchesters und der Eindruck des auditiven Eingehülltseins als sehr positiv bewertet, ist also ein auditives Qualitätsmerkmal.

Das Gehör ist in der Lage, bei teilkohärenten Ohrsignalen ggf. vorhandene stark kohärente Anteile herauszufinden und ihnen jeweils ein scharf lokalisiertes Hörereignis zuzuordnen, z. B. Sprecher in lärmerfüllter Umgebung (s. Abb. 3.31).

Kapitel 3 Räumliches Hören

3.3.4 Psychoakustik der stereofonen Übertragung

Das Ziel, eine akustische Szene räumlich aufzeichnen und wiedergeben zu können, wird bei stereofonen Verfahren mittels des beschriebenen Phänomens der Summenlokalisation erreicht, welches die räumliche Abbildung einer Schallquelle, d. h. die Bildung von Hörereignissen in dem Bereich zwischen zwei Lautsprechern ermöglicht. In der Tat nutzen alle Mehrkanalverfahren mit Ausnahme der in Abschn. 11.7 behandelten „physikalistischen" die Summenlokalisation aus und beruhen somit auf einem Effekt der Psychoakustik. Einige solcher psychoakustisch motivierter Verfahren verwenden zusätzlich den Präzedenzeffekt und die auditiven Wirkungen der Dekorrelation der Ohrsignale. Es gibt in diesem Zusammenhang eine fast unüberschaubare Anzahl von Verfahrensvarianten, die sich insbesondere durch die Art der verwendeten Kodierung der beiden übertragenen Signale unterscheiden. Im Folgenden soll dies anhand von drei verbreiteten Mikrofonierungs-Verfahren (Blumlein, ORTF, AB) exemplarisch gezeigt werden. Für eine systematische Übersicht über Mikrofon-Aufnahmeverfahren s. Kap. 10.

3.3.4.1 Das Blumlein-Verfahren

Das Verfahren nach Blumlein (1931) ist das älteste mikrofonbasierte Verfahren zur Schallübertragung mit räumlicher Information. Bei dem Verfahren werden zwei Mikrofone mit achtförmiger Richtcharakteristik im Winkel von 90° zueinander so aufgestellt, dass sich die Membrane beider Mikrofone faktisch am selben Ort befinden (Abb. 3.23). Das Blumlein-Verfahren gehört damit zu den sog. Koinzidenzverfahren.

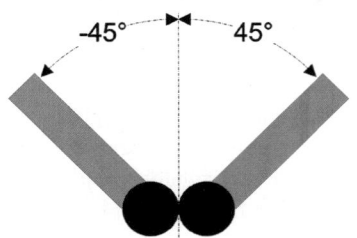

Abb. 3.23 Mikrofonaufstellung beim Blumlein-Verfahren (1931). Die beiden Mikrofone weisen Achtercharakteristiken auf, deren Hauptachsen um 90° zueinander versetzt sind.

Um die psychoakustische Wirkungsweise der räumlichen Kodierung beim Blumlein-Verfahren zu verstehen, muss zunächst die Kodierung zwischen beiden Stereokanälen betrachtet werden. In der Regel geht es beim Blumlein-Verfahren um die räumliche Aufzeichnung einer Bühnendarbietung. Der Winkelbereich, in dem Primärschallquellen akustisch kodiert werden sollen, umfasst die Azimutwinkel – φ von −45° bis +45°. Da das Mikrofon des linken Kanals in Richtung −45° zeigt, ist es, bedingt durch seine Achtercharakteristik, für diese Richtung am empfind-

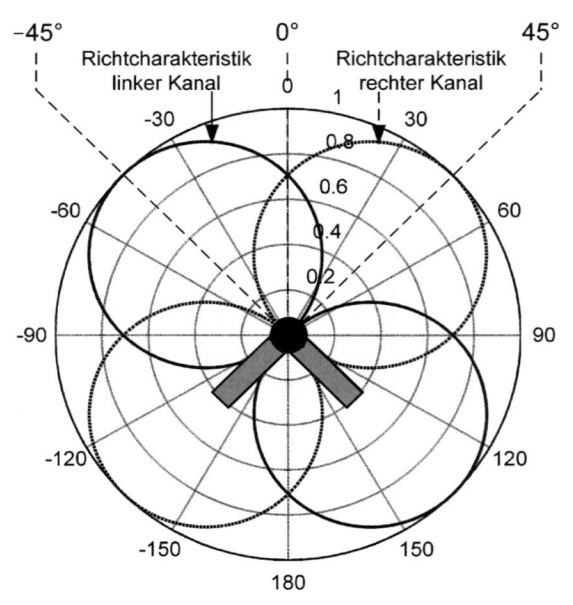

Abb. 3.24 Mikrofon-Richtcharakteristiken in der Horizontalebene beim Blumlein-Verfahren

lichsten, während das rechte Mikrofon für diese Richtung am unempfindlichsten ist. Letzteres nimmt im Idealfall aus dieser Raumrichtung gar keinen Schall auf (Abb. 3.24). Für einen aus +45° einfallenden Schall verhält es sich genau umgekehrt: Das Mikrofon für den rechten Kanal zeigt maximale Empfindlichkeit, während das für den linken Kanal aus dieser Raumrichtung keinen Schall aufzeichnet. Ein Schall, der von vorne ($\varphi = 0°$) auf beide Mikrofone trifft, wird beide Mikrofone aus Symmetriegründen gleichermaßen erregen, wenn auch nicht mit der maximalen Empfindlichkeit. Abb. 3.25 zeigt das Verhältnis beider Mikrofonempfindlichkeiten zueinander. Der Verlauf beider Kurven entspricht in etwa den beiden Kanalverläufen beim Panoramaregler eines Mischpultes, d. h. beim sog. Amplituden-Panning.

Aus den richtungsabhängigen Unterschieden beider Empfindlichkeiten kann die räumliche Kodierung für die Pegeldifferenzen $\rho(-\varphi)$ bestimmt werden, s. die durchgezogene Linie in Abb. 3.25.

Diese Pegeldifferenzen zwischen den beiden Stereokanälen sind nur dann mit den interauralen Pegeldifferenzen identisch, wenn die Aufnahme über Kopfhörer dargeboten wird. Im Fall der Übertragung über Lautsprechern ist der Fall komplizierter, denn der Übertragungsweg zwischen den Lautsprechern und den Ohrsignalen muss mit einbezogen werden (Abb. 3.26). Durch die frequenzabhängige Filterwirkung der Außenohren kommt es zu einer Frequenzabhängigkeit der richtungsabhängigen interauralen Pegeldifferenz. Abb. 3.27 zeigt die richtungsabhängigen interauralen Pegeldifferenzen beim Blumlein-Verfahren (gestrichelte Linie). Sie stimmen im Winkelbereich von −45° bis +45° näherungsweise mit den natürlichen interauralen Pegeldifferenzen überein (durchgezogene Linie). Außerhalb dieses Bereiches weichen beide Kurven voneinander ab.

Kapitel 3 Räumliches Hören

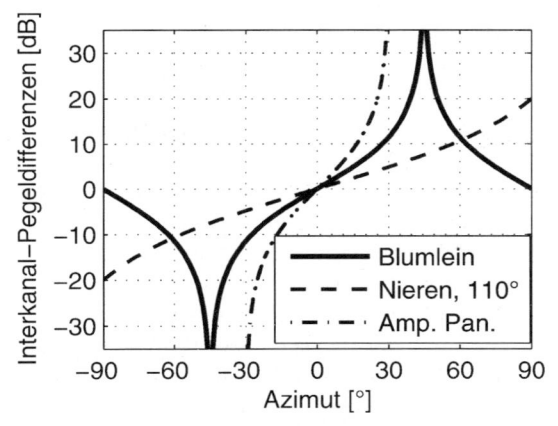

Abb. 3.25 Winkelabhängige Pegeldifferenzen zwischen beiden Stereokanälen für verschiedene Aufnahmeverfahren: Blumlein-Verfahren, Koinzidenzverfahren mit zwei Nierenmikrofonen im 110°-Winkel zueinander, Amplituden-Panning

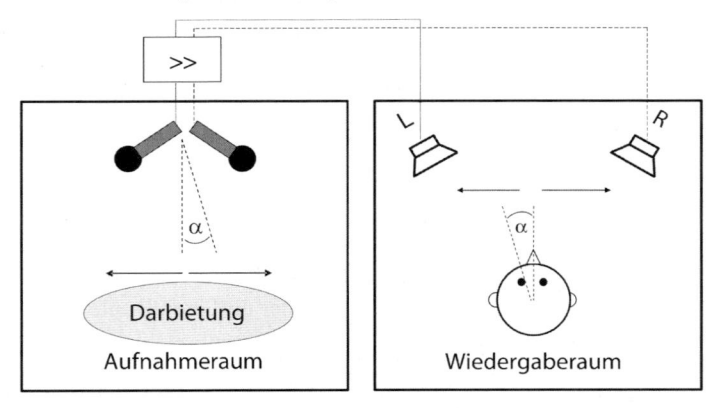

Abb. 3.26 Übertragungsweg von der Aufnahme über die Wiedergabe zum Hörer bei einer Zweikanal-Aufnahme

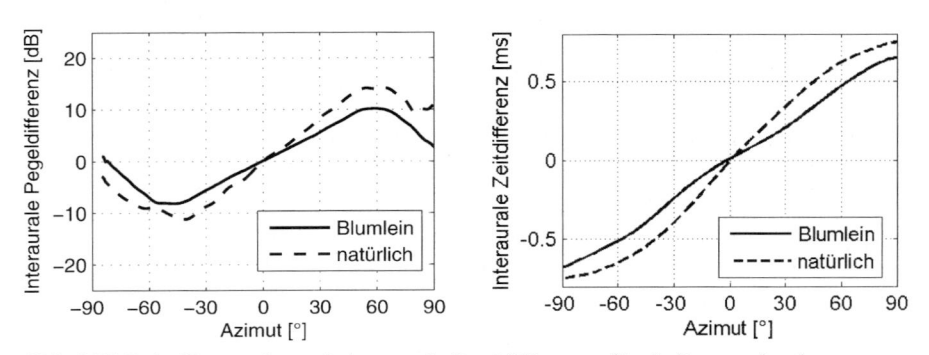

Abb. 3.27 Beim Hörer auftretende interaurale Pegeldifferenzen für ein Frequenzband um 3,5 kHz (links) und interaurale Zeitdifferenzen für ein Frequenzband um 700 Hz (rechts), jeweils als Funktion des Azimuts $-\varphi$ für eine durch Lautsprecher wiedergegebene Aufnahme mit dem Blumlein-Verfahren im Vergleich zur natürlichen Hörsituation

Das ist normalerweise kein Problem, da sich dort bei einer Bühnendarbietung keine Primärschallquellen befinden – mit Ausnahme des Publikumsapplauses. Im Regelfall werden beide Lautsprecher im 60°-Winkel aufgestellt. Dadurch wird der aufgenommene Winkelbereich von −45° bis +45° auf einen Bereich von −30° bis +30° komprimiert wiedergegeben. Dieser Kompromiss wird eingegangen, um zu vermeiden, dass die Summenlokalisation zusammenbricht. Im letzteren Fall würden beide Lautsprechersignale als separate Hörereignisse wahrgenommen, was einem perzeptiven Loch zwischen beiden Lautsprechern gleichkommt.

In der Literatur findet man häufig die Auffassung, dass Koinzidenzverfahren wie dasjenige von Blumlein ein unnatürliches räumliches Abbild der aufgenommenen auditiven Szene erzeugen, da sie nur Pegel- und keine Laufzeiten kodieren. Diese Annahme ist jedoch grundlegend falsch, da die interauralen Laufzeitdifferenzen durch den Übertragungsweg vom Lautsprecher zu beiden Ohrsignalen generiert werden. Diesen Sachverhalt kann man sich einfach an dem Fall seitlich einfallenden Schalls ($-\varphi = -45°$ oder $+45°$) klar machen, bei dem nur einer der beiden Lautsprecher angesteuert wird. In diesem Fall entsprechen die binauralen Ohrsignalmerkmale denen einer einzelnen, am Lautsprecherstandort befindlichen Schallquelle. Durch die Summenlokalisation ist die kontinuierliche Kodierung der interauralen Laufzeitdifferenzen als Funktion von $-\varphi$ gewährleistet (Abb. 3.27, rechts).

3.3.4.2 Das ORTF-Verfahren

Statt der Achter-Mikrofone wie bei Blumlein sind auch Mikrofone mit nierenförmiger Richtcharakteristik im Gebrauch. Wegen der größeren Breite der Richtkeulen eignen diese sich jedoch weniger für die Koinzidenzmethode. Die gestrichelte Linie in Abb. 3.25 zeigt die Verläufe der Pegeldifferenz zwischen den beiden Kanälen, wenn beide Mikrofone koinzident im Winkel von 110° zueinander aufgestellt werden. Im Vergleich zum Blumlein-Verfahren (durchgezogene Linie) ist der Verlauf deutlich komprimiert. Theoretisch könnten beide Nieren-Mikrofone auch im 180°-Winkel aufgestellt werden, um dieses Problem zu lösen. Dann nimmt die Sensitivität des Gesamtsystems allerdings für den Frontalbereich zu stark ab, d. h. seitlich einfallende Wandreflexionen werden in der Aufnahme überbetont.

Eine gängige Lösung für dieses Problem wurde von dem französischen Radiosender Office de Radiodiffusion et de Télévision Française (ORTF) angegeben. Beim sogenannten ORTF-Verfahren werden beide Mikrofonkapseln räumlich getrennt aufgestellt. Der Mikrofonabstand beträgt 17 cm, der Winkel zwischen den Mikrofonachsen ist zumeist 110° (Abb. 3.28).

Die sich ergebende Verengung des Pegeldifferenzbereiches zwischen den Kanälen wird bei diesem – und auch bei anderen, sog. gemischten Verfahren – durch die hinzutretenden Laufzeitdifferenzen ausgeglichen (Abb. 3.29).

Da der Abstand beider Mikrofone in etwa dem Abstand zwischen beiden Trommelfellen entspricht, ergeben sich dem natürlichen Hören ähnliche winkelabhängige Laufzeitdifferenzen, nämlich solche, die im Bereich von −1 ms bis +1 ms liegen.

Kapitel 3 Räumliches Hören

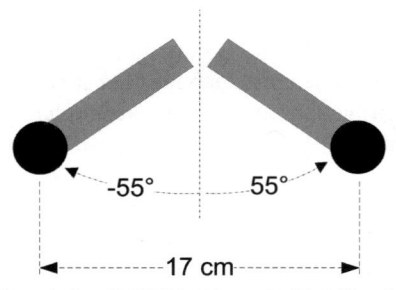

Abb. 3.28 Mikrofonaufstellung beim ORTF-Verfahren. Beide Mikrofone weisen eine Nierencharakteristik auf.

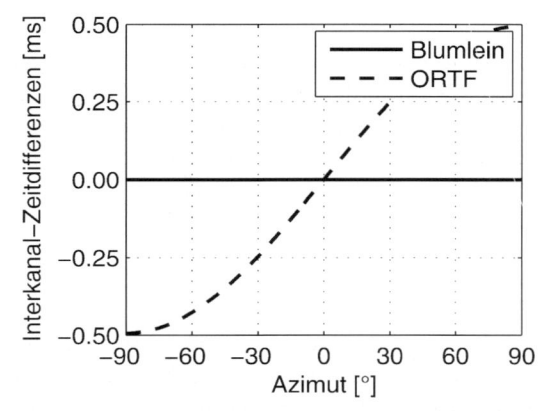

Abb. 3.29 Winkelabhängige Laufzeitdifferenzen zwischen beiden Stereokanälen für das Blumlein- und das ORTF-Verfahren

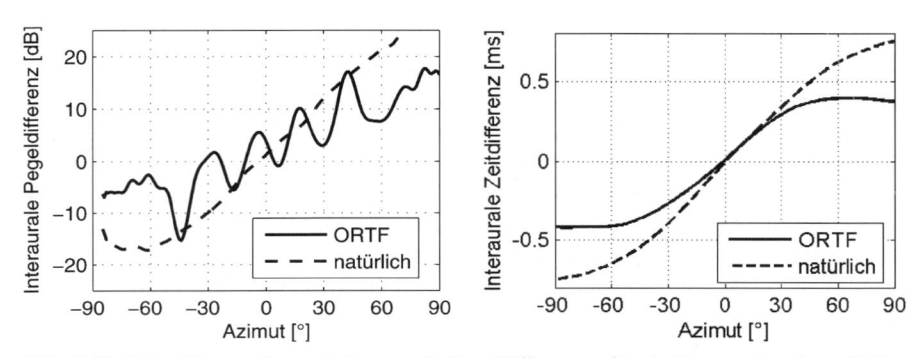

Abb. 3.30 Beim Hörer auftretende interaurale Pegeldifferenzen für ein Frequenzband um 5 kHz (links) und interaurale Zeitdifferenzen für ein Frequenzband um 700 Hz (rechts), jeweils als Funktion des Azimuts $-\varphi$ für eine durch Lautsprecher wiedergegebene ORTF-Aufnahme im Vergleich zur natürlichen Hörsituation

Deshalb klingen über Stereokopfhörer abgehörte ORTF-Aufnahmen oft natürlicher als Aufnahmen, die von einem Koinzidenzverfahren stammen.

Bei Lautsprecherwiedergabe wird auch hier der Sachverhalt wesentlich komplizierter, da die Übertragungswege zwischen Lautsprecher und Ohren die Signale zusätzlich transformieren.

In Analogie zu Abb. 3.27 sind in Abb. 3.30 die winkelabhängigen interauralen Pegeldifferenzen gezeigt die, wie bereits erwähnt, insgesamt komprimiert sind und stark mit der Mittenfrequenz des jeweiligen Frequenzbandes oszillieren. Letzterer Effekt wird in Folge der zusätzlichen Zeitdifferenzen zwischen den Kanälen durch Interferenz verursacht. Die beim ORTF-Verfahren auftretenden interauralen Laufzeitdifferenzen zeigt Abb. 3.30 rechts.

3.3.4.3 Das AB-Verfahren

Beim AB-Verfahren werden meist Mikrofone mit Kugelcharakteristik verwendet, die seitlich zueinander versetzt aufgestellt werden. Bei Verwendung größerer Abstände entstehen Laufzeitdifferenzen, die je nach Schalleinfallsrichtung mehrere Millisekunden betragen können. In diesem Fall kommt neben der Summenlokalisation auch der Präzedenzeffekt zum Tragen. Die omnidirektionale Richtcharakteristik der Mikrofone induziert keine Pegeldifferenzen zwischen den beiden Kanälen. Diese können jedoch durch den Abfall des Schalldrucks, der reziprok zur Entfernung erfolgt, hervorgerufen werden, was allerdings nur im Nahfeld der Schallquelle von Bedeutung ist. Die räumliche Wiedergabe des AB-Verfahrens zeichnet sich durch die relative große Breite des Bereiches auf, in dem die Hörereignisse stabil abgebildet werden. Durch den Präzedenzeffekt bedingt ist der ideale Abhörbereich, d. h. der *sweet spot*, ausgedehnter als bei Koinzidenzverfahren und gemischten Verfahren.

3.3.4.4 Mehrkanalstereofonie

Neben Zweikanal-Stereosystemen finden sogenannte Surround-Sound-Verfahren zunehmende Verbreitung. Neben dem linken und rechten Lautsprecherkanal haben Surround-Systeme z. B. noch einen direkt voraus platzierten Lautsprecher (Dialog-Kanal) sowie zwei seitlich hinten angeordnete Lautsprecher (Surround-Kanäle, s. Abb. 11.13). Letztere sollen nach ITU BS. 775–1 zwischen 110° und 130° liegen. Die Surround-Lautsprecher dienen vorwiegend dazu, den Raumeindruck zu verbessern, was durch die Wiedergabe von frühen seitlichen Rückwürfen und Nachhall erreicht wird. Dadurch gewinnt die auditive Szene an Tiefe und Breite und der Hörer fühlt sich räumlich von Schall umschlossen (vgl. dazu Abschn. 3.4: Effekte der Dekorrelation der Ohrsignale). Zur Psychoakustik von Surround-Sound siehe auch Gerzon (1974).

Wie bereits im Abschn. 3.1 erläutert wurde, ist die Summenlokalisation zwischen den Frontal- und Surround-Lautsprechern nur bedingt möglich, aber in der Regel befinden sich die Primärschallquellen ohnehin im vorderen Bühnenbereich (Musik) oder auf der Leinwand (Film). Bei Musikdarbietungen Elektronischer Musik, bei denen alle Schalleinfallsrichtungen berücksichtigt werden müssen, werden die Lautsprecher vorzugsweise in gleichen Winkelabständen (z. B. $\Delta\varphi = 30°$, $45°$ oder $60°$) aufgestellt. Da das Überblenden zwischen seitlich aufgestellten Lautsprechern trotzdem problematisch bleibt, wird oft mit bewegten Schallquellen oder möglichst kleinen Lautsprecherabständen gearbeitet.

3.4 Binaurale Signalerkennung, Nachhallunterdrückung und Klangentfärbung

Die Tatsache, dass wir normalerweise zweiohrig hören, erhöht die Leistungsfähigkeit unseres Gehörs deutlich – nicht nur beim Räumlichen Hören. Wir besprechen im Folgenden exemplarisch drei wichtige binaurale Effekte, die im engen Zusammenhang mit dem Räumlichen Hören stehen und anwendungstechnische Relevanz haben, nämlich die binaurale Verbesserung der Signalerkennung, die binaurale Nachhallunterdrückung und die binaurale Klangentfärbung.

Allgemein gilt, dass mit zwei funktionierenden Ohren das Gehör Nutzsignale aus Lärm- bzw. weniger interessanten Signalen besser heraushören kann. Zum Beispiel können einohrig Schwerhörige einer Unterhaltung schlechter folgen als Normalhörende, wenn andere Sprecher dazwischen reden. Bei ungestörter Unterhaltung tritt dieser sog. Cocktail-Party-Effekt nicht auf.

Ein aufschlussreiches Experiment zeigt Abb. 3.31. Zusätzlich zu Störrauschen wird Sprache dargeboten. Wenn Sprach- und Rauschhörereignis räumlich getrennt erscheinen, ist die Sprache wesentlich deutlicher zu erkennen. Bei Verschließen eines Ohres geht diese Verbesserung der Verständlichkeit wieder verloren. Allgemein gilt, dass die sog. Mithörschwelle eines Nutzsignals niedriger ist, wenn das Verdeckungssignal mit anderer interauraler Zeitdifferenz oder interauraler Pegeldifferenz als das Nutzsignal dargeboten wird. Eingeschlossene Spezialfälle sind: Nutzsignal einohrig, Störsignal zweiohrig und umgekehrt; sowie Nutzsignal auf ein Ohr, Störsignal auf das andere Ohr.

Man nennt den Betrag der Mithörschwellenabsenkung, der durch geeignete unterschiedliche interaurale Differenzen gegenüber dem Bezugsfall, d. h. beide Signale monotisch oder diotisch, erzielt wird, *binaural masking level difference* (BMLD). Die BMLD für unterschiedlichste Signale und Darbietungsfälle wurde eingehend untersucht (vgl. Durlach 1972). Die Ergebnisse sind u. a. wichtig für die Entwicklung von Modellen des binauralen Hörens (vgl. Abschn. 3.5).

Verschließt man in einem halligen Raum ein Ohr, so hört sich der Raum noch halliger an. Durch das Hören mit zwei Ohren wird also die wahrgenommene Halligkeit vermindert. Dieser Effekt heißt „binaurale Nachhallunterdrückung". Man kann den Effekt wie folgt quantitativ ausmessen (Abb. 3.32). Ein halliger Raum wird mit Rauschen beschallt, welches eine zeitlich schwankende Amplitude aufweist. Durch

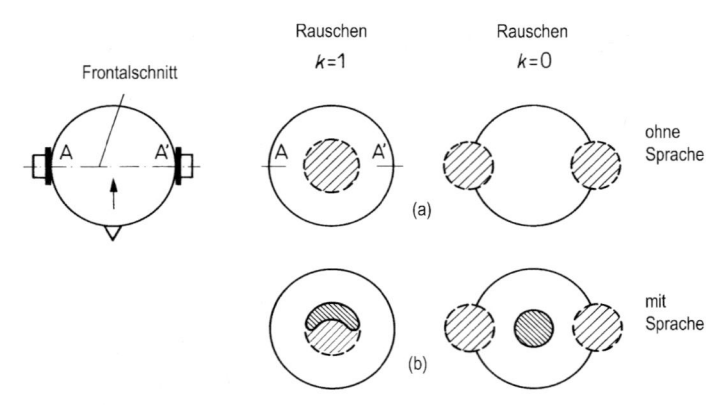

Abb. 3.31 Zur binauralen Signalerkennung: Hörereignisorte, dargestellt durch Projektion in die Horizontalebene. Darbietung über Kopfhörer (nach Licklider 1948)
(a) Links: identisches Rauschen auf beide Ohren, $k = 1$
    Rechts: interaural unkorrelierte Rauschsignale, $k = 0$
(b) Links: wie oben, jedoch zusätzlich identische Sprache auf beide Ohren
    Rechts: wie oben, jedoch zusätzlich identische Sprache auf beide Ohren
Im Falle (b), rechts darf die Sprache bei gleicher Verständlichkeit um mehrere dB schwächer sein als bei (b), links.

den Raum wird die zeitliche Schwankung „verschliffen". Beim Abhören mit zwei Ohren kann man geringere zeitliche Schwankungen wahrnehmen als mit nur einem Ohr. Die Verschleifung ist also wahrnehmungsmäßig geringer, wenn man zweiohrig hört.

Verschließt man bei Schalldarbietungen in einem Raum ein Ohr, so klingen die Hörereignisse oft verfärbt, insbesondere wenn starke frühe Reflexionen anwesend sind. Die Verfärbungen ergeben sich auf Grund von Interferenzen zwischen den Direktschallen und den Rückwürfen, die diese überlagern (s. Brüggen 2001). Interessant ist nun, dass diese Klangverfärbungen bei zwei funktionieren Ohren wesentlich geringer ausfallen (binaurale Klangentfärbung).

Theile (1981) bringt diese Beobachtung in Zusammenhang damit, dass bei Übertragungsverfahren, welche Summenlokalisation ausnutzen, die wahrgenommenen Klangverfärbungen wohl ebenfalls geringer sind, als man auf Grund der Ohrsignalspektren annehmen müsste. Er erklärt dies mit der Hypothese, dass das auditive System zunächst den Hörereignisort bestimmt und erst anschließend die Klangfarbe bildet, wobei es dann nach Festlegung des Hörereignisortes und in Kenntnis der für diesen Ort spezifischen HRTFs eine Entzerrung vornimmt. Diese sog. Assoziationshypothese erklärt eine Reihe von weiteren, verwandten Klangeffekten. Eine weitergehende Evidenz für ihre Gültigkeit steht allerdings noch aus (ausführlich diskutiert von Gernemann-Paulsen et al. 2007).

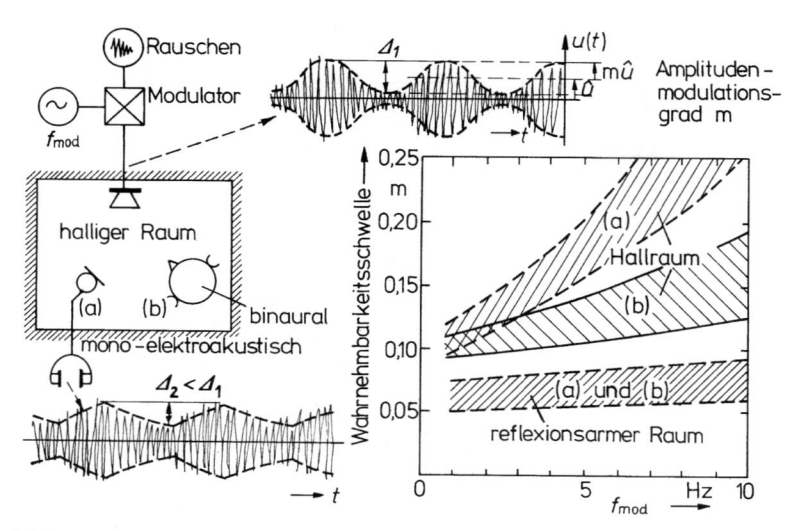

Abb. 3.32 Zur Nachhallunterdrückung beim zweiohrigen Hören (nach Danilenko 1969). Links: Amplitudenmoduliertes Rauschen mit einstellbarem Modulationsgrad wird über einen Lautsprecher in einen halligen Raum gespielt und (a) diotisch, (b) dichotisch abgehört. Rechts: gerade wahrnehmbarer Modulationsgrad in zwei Räumen für (a) und (b)

3.5 Modellierung des binauralen Hörens

Viele Modelle für die psycho- und physioakustischen Abläufe beim zweiohrigen Hören gehen davon aus, dass im Gehör zur Auswertung interauraler Laufzeitdifferenzen und zur Schallquellenidentifizierung eine Art gleitende Kreuzkorrelation der Ohrsignale durchgeführt wird, und dass dann Hörereignismerkmale wie seitliche Auslenkung, Ausdehnung oder richtungsgemäße Trennung mehrerer Hörereignisanteile (auditorische Szenenanalyse) aufgrund dieser gleitenden interauralen Kreuzkorrelationsfunktionen gebildet werden (Blauert 1974, 1997, Colburn u. Durlach 1978, Braasch 2005a). Abb. 3.33 zeigt das Grundschema eines solchen Modells.

Jedes der beiden Ohrsignale wird zunächst im Innenohr spektral zerlegt. Die Ausgangssignale der Innenohrfilter werden gleichgerichtet und tiefpass-gefiltert. Die Grenzfrequenz des Tiefpasses ist so gewählt, dass ab ca. 800 Hz das Ausgangssignal zunehmend der Hüllkurve des Eingangssignals entspricht (sog. AM-Demodulation). Hierdurch wird das Tiefpass-Verhalten der sensorischen Zellen im Innenohr (Haarzellen) simuliert. Die gleitende Kreuzkorrelation wird dann jeweils interaural über die Tiefpass-Ausgangssignale zweier spektral korrespondierender Bandpass-Bereiche durchgeführt.

Die Zuordnung der Hörereignisorte geschieht z. B. aufgrund eines Mustererkennungsprozesses, welcher die Schar von Korrelationsfunktionen auswertet. Ein hoher Gipfel bedeutet z. B. einen scharf lokalisierten Hörereignisanteil, die Lage des Gipfels bezeichnet die seitliche Auslenkung des Hörereignisanteils. Flache Gipfel

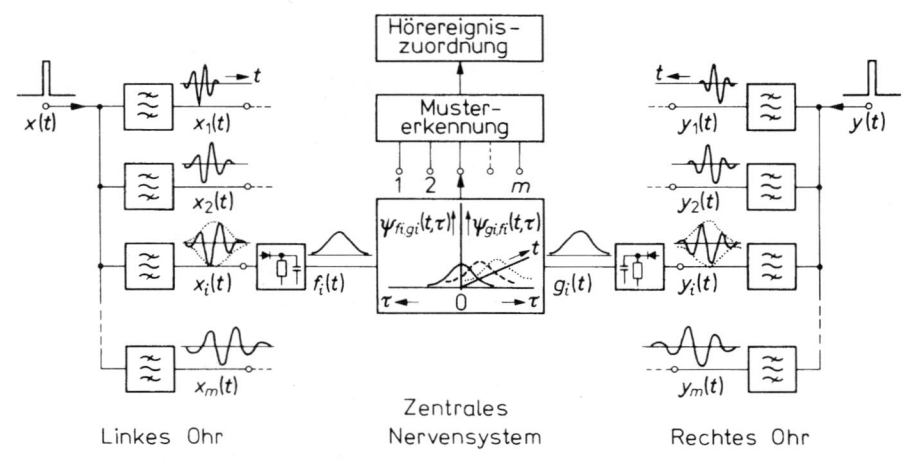

Abb. 3.33 Grundschema für ein Kreuzkorrelationsmodell der binauralen Signalverarbeitung (nach Blauert 1974)

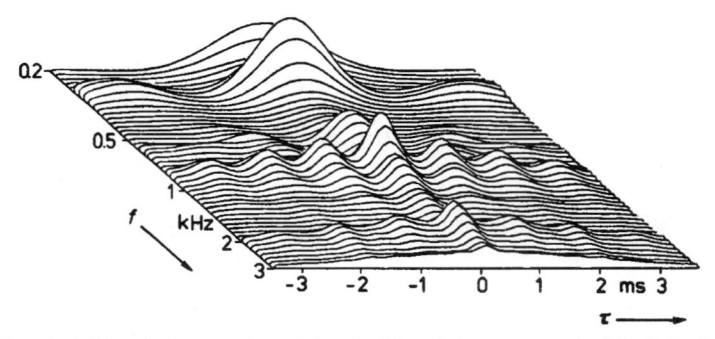

Abb. 3.34 Beispiel für ein interaurales, gleitendes Korrelationsprogramm: Musikalischer Akkord in frontaler Richtung. Zeitfenster: 0 ms bis 5 ms nach Beginn des früheren Ohrsignals

bedeuten räumlich ausgedehnte Hörereignisanteile. Abb. 3.34 lässt ein scharf lokalisiertes Hörereignis in der Medianebene erkennen (τ_{ph} = 0 ms).

Ähnlich wie die Kreuzkorrelationsstufe zur Auswertung interauraler Laufzeitdifferenzen gibt es zumeist eine weitere Modellstufe, welche die jeweiligen interauralen Pegeldifferenzen auswertet. Die Ergebnisse beider Stufen können einzeln oder vereint als „Binaurale Aktivitätskarten" graphisch dargestellt werden. Weiterhin kann ein solches Modell zusätzlich beispielsweise Kontrastverstärkungsalgorithmen und Klassifikatoren enthalten.

Modelle des binauralen Hörens haben vielfältige Anwendungsmöglichkeiten, etwa bei der binauralen Szenenanalyse (maschinelle Schallquellenlokalisation, Signaltrennung und -verbesserung in akustisch ungünstigen, z. B. halligen oder lärmerfüllten Umgebungen, raumakustische Analyse, s. z. B. Bodden 1993, Roman et al. 2006), bei der instrumentellen auditiven Qualitätsbeurteilung (Sprachqualität, Pro-

Kapitel 3 Räumliches Hören   117

dukt-Sound-Qualität, akustische Qualität von Aufführungsstätten, s. z. B. Hess et al 2003, Beutelmann u. Brand 2006) sowie als Elemente binauraler Signalverarbeitungssysteme (z. B. intelligente Mikrofone und Hörgeräte, s. z. B. Nix u. Hohmann 2006).

Im Folgenden stellen wir exemplarisch einige binaurale Aktivitätskarten dar. Das hierzu verwendete Modell wurde in den vergangenen Jahren von den Autoren und ihren Mitarbeitern am Institut für Kommunikationsakustik in Bochum entwickelt (z. B. Blauert 1997, Braasch u. Blauert 2003, Braasch 2005b). Wir zeigen speziell binaurale Analyseergebnisse, die gewonnen wurden, um zu verstehen, wie die von stereofonischen Verfahren dargebotenen Ohrsignale – hier exemplarisch das Blumlein- und das ORTF-Verfahren – vom auditorischen System auswertet werden. Gezeigt wird jeweils, welche Hörereignisrichtung (geschätzte Azimutalrichtung) das Modell aus den auditiv wirksamen Zeit- bzw. Pegeldifferenzen prognostiziert, wenn mit dem jeweils untersuchten Übertragungsverfahren eine Schallquelle in einer vorgegebenen Azimutalrichtung abgebildet werden soll (dargebotene Azimutalrichtung).

Die Abbn. 3.36 bis 3.38 zeigen hierzu die berechneten binauralen Aktivitätskarten für Anregung mit Breitband-Rauschen als Lautsprechersignal. Im Gegensatz zu den Abbn. 3.27 und 3.30 für schmalbandige Signale, analysierte das Modell den Schall über den gesamten Frequenzbereich des Hörens und gewichtete einzelne Frequenzbereiche unter psychoakustischen Gesichtspunkten (Details s. Braasch 2005b). Die hellen Bereiche in jeder Karte zeigen eine hohe binaurale Aktivität. Die jeweils hellste Stelle bezeichnet die vom Modell prognostizierte azimutale Hörereignisrichtung. Die interauralen Pegeldifferenzen (Interaural Level Difference, ILD) wurden dabei mit einem Netzwerk aus Exzitations- und Inhibitionszellen nach Braasch (2003) bestimmt, die interauralen Zeitdifferenzen (Interaural Time Difference, ITD) mittels interauraler Kreuzkorrelationsanalyse.

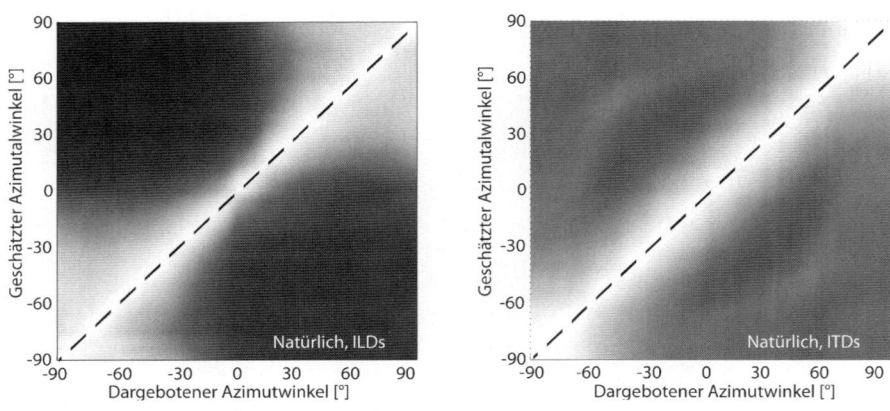

Abb. 3.35 Mittels eines binauralen Modells berechnete Lokalisationskurven, ausgehend von interauralen Pegeldifferenzen (links) und interauralen Zeitdifferenzen (rechts), wie sie beim natürlichen Hören auftreten. Analysiert wurde eine aus verschiedenen Azimutalrichtungen sendende Breitband-Schallquelle im freien Schallfeld. Die gestrichelte Linie zeigt den Fall, bei dem die geschätzten Richtungen mit den dargebotenen übereinstimmen.

Die Modellanalyse zeigt vor allem, dass die prognostizierten Azimutalwinkel für die interauralen Laufzeit- und Pegeldifferenzen beim Blumlein-Verfahren innerhalb des Winkelbereiches von −45° bis +45° sehr gut übereinstimmen (Abb. 3.36). Beim ORTF-Verfahren dagegen entsprechen die Werte der interauralen Laufzeit- und Pegeldifferenzen nicht den in der Natur vorkommenden Kombinationen (Abb. 3.37). Die über die Pegeldifferenzen geschätzten Azimutalwinkel fallen kleiner aus als die gepunktete komprimierte Lokalisationskurve vorgibt, während die Werte für die interauralen Zeitdifferenzen im Winkelbereich von −45° bis +45° größer sind als die komprimierte Lokalisationskurve. Die fehlende Übereinstimmung beider Merkmale führt zu einer perzeptiven Verbreiterung der Hörereignisse, die im Sinne einer besseren auditiven „Räumlichkeit" durchaus erwünscht sein kann.

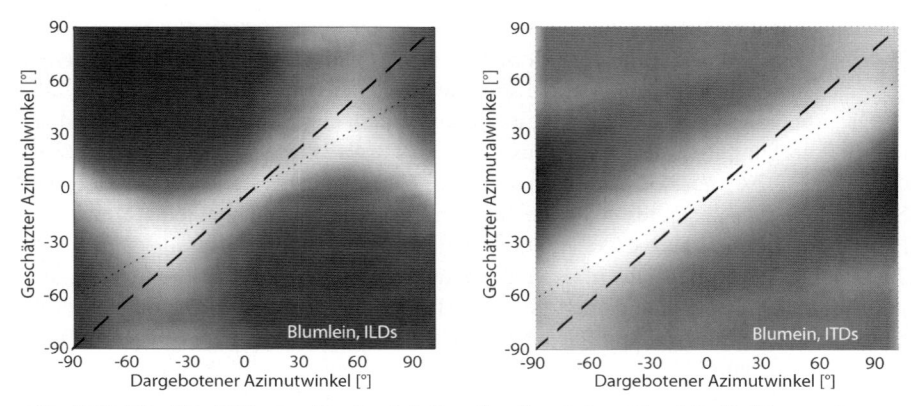

Abb. 3.36 Wie Abb. 3.35, aber für eine Schallquelle, die mit dem Blumlein-Verfahren aufgezeichnet und über zwei Lautsprecher in der 60°-Standardaufstellung wiedergegeben wird. Die gepunktete Linie zeigt die ideale Lokalisationskurve, wie sie vorläge, wenn Schallquellen in einem Aufnahmebereich von ±45° bei der Wiedergabe auf das durch den Lautsprecherwinkel von ±30° gegebene Segment „komprimiert" würden.

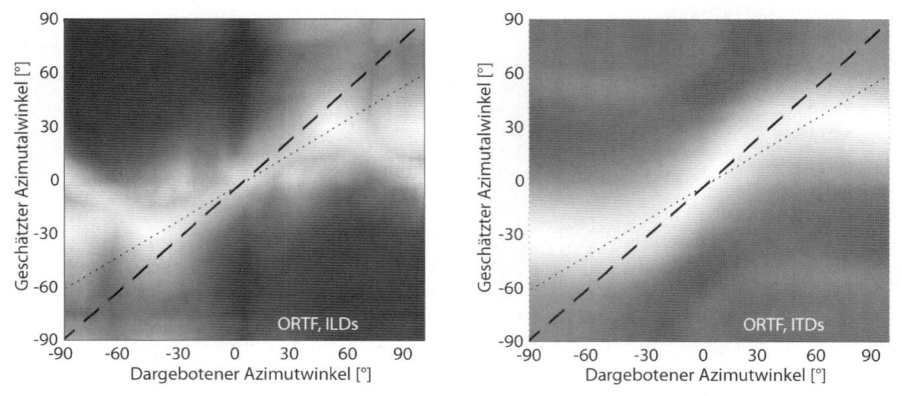

Abb. 3.37 Wie Abbn. 3.35 und 3.36, aber für eine Schallquelle, die mit dem ORTF-Verfahren aufgenommen wurde

Normen und Standards

ITU BS.775-1:1994   Multichannel stereophonic sound system with and without accompanying picture

Literatur

Aschoff V (1963) Über das räumliche Hören. Arbeitsgem Forsch Nordrhein-Westf 138:7–38. Westdeutscher Verlag, Köln
Begault DR (1994) 3-D sound for virtual reality and multimedia. AP Professional, Cambridge
Berkhout AJ (1988) A holographic approach to acoustical control. J Audio Eng Soc 36:979–995
Berkhout AJ, Vogel P, de Vries D (1993) Acoustic control by wave field synthesis. J Acoust Soc Amer 93:2764–2779
Beutelmann R, Brand T (2006) Prediction of speech intelligibility in spatial noise and reverberation for normal-hearing and hearing-impaired listeners. J Acoust Soc Amer 120:331–342
Blauert J (1969/70) Sound localization in the median plane. Acustica 22:205–213
Blauert J (1974 etc.) Räumliches Hören (1974) sowie 1. Nachschrift (1985) und 2. Nachschrift (1997). S Hirzel, Stuttgart
Blauert J (1983) Psychoacoustic binaural phenomena. In: Klinke R, Hartmann R (Hrsg) Hearing – psychological bases and psychophysics. Springer, New York, S 182–199
Blauert J (Hrsg) (1992) Auditory virtual environments and telepresence. J Appl Acoust 36 (Sonderheft)
Blauert J (1996) An introduction to binaural technology. In: Gilkey R, Anderson T (Hrsg) Binaural and spatial hearing. Lawrence Erlbaum, Hilldale, S 593–610
Blauert J (1997) Spatial hearing: the psychophysics of human sound localization. 2. erweiterte Aufl, MIT Press, Cambridge
Blauert J (Hrsg) (2005) Communication Acoustics. Springer, New York
Blauert J, Braasch J (2005) Acoustical communication: the Precedence Effect. Proc. Forum Acusticum Budapest 2005, Opakfi Budapest
Blauert J, Cobben W (1978) Some consideration of binaural cross correlation analysis, Acustica 39:96–104
Blauert J, Mellert V, Platte HJ, Laws P, Hudde, H, Scherer, P, Poulsen T, Gottlob D, Plenge G (1978) Wissenschaftliche Grundlagen der kopfbezogenen Stereophonie. Rundfunktechn Mitt 22:195–218
Bloch E (1893) Das binaurale Hören. Z Ohren-Nasen-Kehlkpf-Heilk 24:25–83
Blumlein AD (1931) Improvements in and relating to sound-transmission, sound-recording and sound-reproducing Systems. British Patents Nr. 394,325
Bodden, M (1993) Modeling human sound-source localization and the Cocktail-Party Effect. Acta Acustica 1:43–55
Boerger G (1965) Über die Trägheit des Gehörs bei der Richtungsempfindung, Proc 5th Int Congr Acoustics, Liège
Braasch J (2003) Localization in the presence of a distracter and reverberation in the frontal horizontal plane. III. The role of interaural level differences. Acustica/Acta Acustica 89:674–692
Braasch J (2005a) Modelling of binaural hearing. In: Blauert J (Hrsg) Communication Acoustics. Springer, New York, S 75–108
Braasch J (2005b) A binaural model to predict position and extension of spatial images created with standard sound recording techniques. Proc 119th AES Convention, New York, Preprint 6610
Braasch J, Blauert J (2003) The Precedence Effect for noise bursts of different bandwidths: II. Model algorithms. Acoust Science u Technol 24:293–303
Braasch J, Blauert J, Djelani T (2003) The Precedence Effect for noise bursts of different bandwidths: I. Psychoacoustical data. Acoust Science u Technol 24:233–241

Brüggen M (2001) Klangverfärbungen durch Rückwürfe und ihre auditive und instrumentelle Kompensation. Doct Diss, Ruhr-Univ Bochum
Brungart DS, Rabinowitz W M (1999) Auditory localization of nearby sources. Head-related transfer functions. J Acoust Soc Amer 106:1465–1479
Burgtorf W (1961) Untersuchungen zur Wahrnehmbarkeit verzögerter Schallsignale. Acustica 11:97–111
Chernyak RI, Dubrovsky NA (1968) Pattern of the noise images and the binaural summation of loudness for the different interaural correlation of noise. Proc 6th Int Congr Acoustics, Tokyo
Colburn HS, Durlach, NI (1978) Models of binaural interaction. In: Carterette EC, Friedman MP (Hrsg) Handbook of perception Bd 4. Academic Press, New York, S 467–518
Cremer L, Müller HA (1978) Die wissenschaftlichen Grundlagen der Raumakustik. Bd 1 Teil 3: Psychologische Raumakustik. S Hirzel, Stuttgart
Damaske P, Wagener B (1969) Richtungshörversuche über einen nachgebildeten Kopf. Acustica 21:30–35
Danilenko L (1969) Binaurales Hören im nichtstationären diffusen Schallfeld. Kybernetik 6:50–57
Durlach NI (1972) Binaural signal detection: equalization and cancellation theory. In: Tobias JV (Hrsg) Handbook of perception. Bd 2. Academic Press, New York, S 369–462
Durlach NI, Colburn HS (1978) Binaural phenomena. In: Carterette EC, Friedman MP (Hrsg) Handbook of perception. Bd 4. Academic Press, New York, S 365–466
Erulkar SD (1972) Comparative aspects of spatial localization of sound. Physiol Rev 52:237–360
Franssen NV (1963) Stereophony. Philips Techn Bibl, Eindhoven
Gatehouse RW (Hrsg) (1979) Localization of sound, theory and application. The Amphora Press, Groton
Gernemann-Paulsen A, Neubarth K, Schmidt L, Seifert U (2007) Zu den Stufen im „Assoziationsmodell". 24. Tonmeistertagung, Leipzig
Gerzon M (1974) Surround-sound psychoacoustics. Wireless World 80:483–486
Gilkey R, Anderson T (1996) Binaural and spatial hearing. Lawrence Erlbaum Hilldale NJ
Haas H (1951) Über den Einfluss eines Einfachechos auf die Hörsamkeit von Sprache. Acustica 1:49–58
Hammershøi D, Møller H (2005) Binaural technique – basic methods for recording, synthesis and reproduction. In: Blauert J (Herausg) Communication Acoustics. Springer, New York, S 223–254
Hartmann WM (1996) Listening in rooms and the precedence effect. In: Gilkey R, Anderson T (Hrsg) Binaural and spatial hearing. Lawrence Erlbaum, Hilldale, S 191–210
Hartmann WM, Wittenberg AT (1996) On the externalization of sound images. J Acoust Soc Amer 99:3678–3688
Haustein BG, Schirmer W (1970) Messeinrichtung zur Untersuchung des Richtungslokalisationsvermögens. Hochfrequenztech u Elektroakustik 79:96–101
Henry J (1849) Presentation before the American Association for the Advancement of Science on the 21st of August. Zitiert in: Scientific writings of Joseph Henry (1851). Teil 2. Smithsonian Institution, Washington DC, S 295–296
Hess W, Braasch J, Blauert J (2003) Evaluierung von Räumen anhand Binauraler Aktivitätsmuster. In: Fortschr Akust DAGA 2003, Deutsche Ges Akust, Aachen, S 658–659
Hudde H (2005) A functional view of the peripheral human hearing organ. In: Blauert J (Hrsg) Communication Acoustics. Springer, New York, S 47–73
Jongkees LBW, van de Veer RA (1958) On directional sound localization in unilateral deafness and its explanation. Acta Oto-laryngol 49:119–131
Keidel WD (1966) Das räumliche Hören. In: Handbuch der Psychologie. Bd 1. Verlag f Psychol Dr C J Hogrefe, Göttingen, S 518–555
Kietz H (1953) Das räumliche Hören. Acustica 3:73–86
Klumpp RG, Eady HR (1956) Some measurements of interaural time difference thresholds. J Acoust Soc Amer 28:859–860
Laws P (1972) Zum Problem des Entfernungshörens und der Im-Kopf-Lokalisiertheit von Hörereignissen. Doct Diss, Techn Hochsch Aachen

Lehnert H (1992) Binaurale Raumsimulation: Ein Computermodell zur Erzeugung virtueller auditiver Umgebungen. Shaker Verlag, Aachen
Licklider JCR (1948) The influence of interaural phase relations upon the masking of speech by white noise. J Acoust Soc Amer 20:150–159
Meyer E, Schodder GR (1952) Über den Einfluss von Schallrückwürfen auf Richtungslokalisation und Lautstärke bei Sprache. Nachr Akad Wiss Göttingen, Math Phys Klasse IIa 6:31–42
Mills AW (1960) Lateralization of high-frequency tones. J Acoust Soc Amer 32:132–134
Møller H (1992) Binaural technology – fundamentals. J Appl Acoust 36:171–218
Nix J, Hohmann V (2006) Sound source localization in real sound fields based on empirical statistics of interaural parameters. J Acoust Soc Amer 119:463–479
Pierce AH (1901) Studies in auditory and visual space perception. Bd 1: The localization of sound. Longmans, Green
Preibisch-Effenberger R (1966) Die Schallokalisationsfähigkeit des Menschen und ihre audiometrische Verwendung zur klinischen Diagnostik. Doct Diss, Techn Univ Dresden
Roman N, Srinivasan S, Wang D (2006) Binaural segregation in multisource reverberant environments. J Acoust Soc Amer 120:4040–4051
Sayers B McA (1964) Acoustic-image lateralization judgement with binaural tones. J Acoust Soc Amer 36:923–926
Seraphim HP (1961) Über die Wahrnehmbarkeit mehrerer Rückwürfe von Sprachschall. Acustica 11:80–91
Steinberg JC, Snow WB (1934) Auditory perspective – physical factors. Electr Engr 1934:12–17
Theile G (1981) Zur Theorie der optimalen Wiedergabe von stereophonen Signalen über Lautsprecher und Kopfhörer. Rundfunktechn Mitt 25:155–169
Theile G, Plenge G (1977) Localization of lateral phantom sources. J Audio Eng Soc 25:196–200
Thurlow WR, Jack CE (1973) Certain determinants of the "ventriloquism" effect. Percept Motor Skills 36:1171–1184
Thurlow WR, Rosenthal TM (1976) Further study of existence regions for the "ventriloquism" effect. J Amer Audiol Soc 1:280–286
Toole FE, Sayers BMcA (1965) Inferences of neural activity associated with binaural acoustic images. J Acoust Soc Amer 37:769–779
Trimble OC (1928) The theory of sound localization – a restatement. Psychol. Rev 35:515–523
Von Békésy G (1960) Experiments in hearing. McGraw-Hill, New York
Von Hornbostel EM (1926) Das räumliche Hören. In: Bethe A et al (Hrsg) Handbuch der normalen und pathologischen Physiology. Bd 2. Springer, New York, S 601–618
Wallach H, Newman EB, Rosenzweig MR (1949) The Precedence Effect in sound localization. Amer J Psychol 57:315–336
Wendt K (1963) Das Richtungshören bei der Überlagerung zweier Schallfelder bei Intensitäts- und Laufzeitstereophonie. Doct Diss, Techn Hochsch Aachen
Wightman FL, Kistler DJ (1989a) Headphone simulation of free-field listening I. Stimulus synthesis. J Acoust Soc Amer 85:858–867
Wightman FL, Kistler DJ (1989b) Headphone simulation of free-field listening II. Psychophysical validation. J Acoust Soc Amer 85:868–878
Wightman FL, Kistler DJ (1993) Sound localization. In: Yost WA, Popper N, Fay RR (Hrsg) Human psychophysics. Springer, New York, S 155–192
Woodworth RS, Schlosberg H (1954) Experimental psychology. Holt, New York
Yost WA, Gourevitch G (Hrsg) (1987) Directional hearing. Springer, New York
Zahorik P (2002) Assessing auditory distance perception using virtual acoustics. J Acoust Soc Amer 111:1832–1846
Zwislocki J, Feldman RS (1956) Just noticeable differences in dichotic phase. J Acoust Soc Amer 28:860–864

Kapitel 4
Musikalische Akustik

Jürgen Meyer

4.1	Einführung	123
	4.1.1 Themenfelder der musikalischen Akustik	123
	4.1.2 Tonfrequenzen	124
4.2	Klangeigenschaften	127
	4.2.1 Spektralstrukturen	127
	4.2.2 Dynamik	142
	4.2.3 Zeitstrukturen	147
4.3	Schallabstrahlung	156
	4.3.1 Richtcharakteristiken	156
	4.3.2 Schallabstrahlung von Ensembles	169
Literatur		180

4.1 Einführung

4.1.1 Themenfelder der musikalischen Akustik

Im weitesten Sinne umfasst die musikalische Akustik alle Themenbereiche, in denen Akustik und Musik in irgendeiner Form miteinander verbunden sind oder zumindest gleichzeitig eine Rolle spielen (Meyer 2004a). Im Mittelpunkt steht dabei die Akustik der Musikinstrumente und Gesangsstimmen, die sich mit der physikalischen Funktionsweise einschließlich der Einflussmöglichkeiten des Spielers auf die Tongestaltung und mit der Schallabstrahlung einschließlich der Klangeigenarten und der Richtungsabhängigkeit befasst (Meyer 2004b, Fletcher u. Rossing 1991). Sobald dabei klangästhetische Gesichtspunkte mit ins Spiel kommen, ist eine Einbeziehung psychoakustischer Aspekte unumgänglich. Erst auf dieser Grundlage ist eine qualitative Bewertung von Instrumenten möglich, die es den Instrumentenbauern erlaubt, anhand objektiver Kriterien bautechnische Veränderungen zur Verbesserung ihrer Instrumente vorzunehmen.

Umfangreiche Wechselbeziehungen bestehen zwischen den akustischen Eigenschaften des umgebenden Raumes und der Schallabstrahlung der Instrumente, da erst der Raum den endgültigen Klangeindruck der Zuhörer erzeugt. Dieser Raumeinfluss verlangt eigentlich auch eine Berücksichtigung durch die ausführenden Musiker, wenngleich dies nicht von allen so gesehen wird. Von grundlegender Bedeutung sind die raumakustischen Eigenschaften für die Konzeption einer – eben nur auf einen bestimmten Raum eingestellten – Orgel. Im engeren Sinne wird die musikalische Akustik bisweilen nur auf die Physik der Musikinstrumente und die Mathematik unterschiedlicher Stimmungssysteme beschränkt, wobei dann vielfach sogar die physikalische Betrachtungsweise ohne jeden Bezug zur Musik bleibt.

Besonders relevant für die Praxis der Tonaufnahmen und der Beschallung in Räumen oder bei Freiluftaufführungen sind die Themenkomplexe der Klangeigenschaften der Instrumente und Gesangsstimmen sowie deren Schallabstrahlungsverhalten, da sie dem Tonmeister teils direkte Einflussmöglichkeiten bieten oder zumindest mit ins Kalkül gezogen werden sollten. Bei den Klangeigenarten spielen eine wichtige Rolle: die Spektralstruktur, die durch Filterung beeinflusst werden kann, der Dynamikbereich, der am Pegelsteller seinen Niederschlag findet, und die Zeitstruktur, die durch künstliche Verhallung und Einzelreflexionen, aber auch durch den Mikrofonabstand beeinflusst werden kann. Bei den Schallabstrahlungseigenschaften sind es insbesondere die Richtcharakteristiken, die für die Mikrofon-Positionierung, aber auch für die räumliche Anordnung von Ensembles bedeutsam sind. Im letzteren Fall kann der Tonmeister allerdings meist nur eine beratende Funktion ausüben, wobei er sich aber insbesondere der Klangwirkung am Platz des Dirigenten bewusst sein sollte.

Nachfolgend sollen deshalb die Themenkomplexe „Klangeigenschaften" und „Schallabstrahlung" mit ihren wichtigsten, wissenschaftlich gesicherten Ergebnissen ausführlich dargestellt werden. Der besseren Lesbarkeit halber beschränken sich die Literaturzitate dabei vorwiegend auf die Arbeiten fremder Autoren, während hinsichtlich der eigenen Forschungsresultate des Verfassers auf die zusammenfassende Literatur (Meyer 2004b) hingewiesen sei, in der auch zu allen hier behandelten Themen noch umfangreichere Details zu finden sind. Bezüglich der Akustik der Orgel sei auf die Literatur (Meyer 2003) verwiesen.

4.1.2 Tonfrequenzen

Eine wichtige Grundlage für musikalisch-akustische Betrachtungen bildet die Zuordnung von Tonhöhenbezeichnungen und Frequenzangaben. Diese beiden Angaben sind in Tabelle 4.1 für eine Oktave im mittleren Tonhöhenbereich zusammengestellt. Bezugsfrequenz ist dabei ein Wert von 440,0 Hz für den Ton a', die anderen Töne sind entsprechend der „gleichmäßig temperierten" Stimmung davon abgeleitet. Bei dieser Stimmung wird die Oktave in zwölf gleiche Halbtonschritte unterteilt. Bei einem Frequenzverhältnis von 2 : 1 für die Oktave ergibt sich deshalb für den Halbtonschritt ein Frequenzverhältnis von $^{12}\sqrt{2}$: 1 und führt damit auf irrationale Zahlenwerte; die Werte in Tabelle 4.1 sind deshalb auf eine Stelle hinter dem Komma abgerundet. Bruchteile eines Halbtonschritts werden in cent angegeben,

Kapitel 4 Musikalische Akustik

wobei 1 cent als 1/100 eines gleichmäßig temperierten Halbtons definiert ist:
1 cent = $^{1200}\sqrt{2}$: 1.

Die Bezeichnung der einzelnen Oktavlagen ist im europäischen und im amerikanischen Sprachgebrauch unterschiedlich. In Tabelle 4.2 sind beide Arten einander gegenüber gestellt und mit der jeweiligen Frequenzlage des Tones a kombiniert; Orgelbauer kennzeichnen die sog. „kleine Oktave" durch eine hochgestellte null, schreiben also c^0 statt nur c. Ergänzend sei erwähnt, dass der Ton C_2, der nur in der Orgel als C eines 32'-Registers vorkommt, eine Frequenz von 16,35 Hz hat.

Tabelle 4.1 Frequenzen (in Hz) der eingestrichenen Oktave bei gleichmäßig temperierter Stimmung

c'	cis'	d'	dis'	e'	f'	fis'	g'	gis'	a'	b'	h'
261,6	277,2	293,7	311,1	329,6	249,2	370,0	392,0	415,3	440,0	466,2	493,9

Tabelle 4.2 Bezeichnung und Frequenz der Oktavlagen

deutsch	A_2	A_1	A	a	a'	a''	a'''	a^4	a^5
amerikanisch	–	A1	A2	A3	A4	A5	A6	A7	A8
Frequenz in Hz	27,5	55	110	220	440	880	1760	3520	7040

Die Bezugsfrequenz von 440 Hz für den Ton a' ist im Normblatt DIN 1317 festgelegt; diese Norm ist jedoch nur eine Empfehlung, keine Vorschrift. Die tatsächliche Stimmung liegt heute in den meisten Orchestern etwas höher, etwa um 442 Hz, bisweilen bis 445 Hz. Das entspricht auch schon der Realität des Jahres 1858, als Lissajou in Paris 24 Stimmgabeln europäischer Orchester untersucht hat. Damals lagen nur vier Stimmgabeln unter 440 Hz, die meisten zwischen 441 und 446 Hz, fünf zwischen 447 und 450 Hz, eine sogar bei 455 Hz. Da die Stimmung in dem davor liegenden Jahrhundert um fast einen Halbton angestiegen war, sollte ein weiterer Anstieg durch eine Festlegung auf 435 Hz (die Frequenz der tiefsten der 24 Stimmgabeln) gebremst werden. Dieser Versuch war jedoch zum Scheitern verurteilt, da eine Norm in der Praxis zwar einen status quo stabilisieren, nicht jedoch eine Entwicklung zurückdrehen kann (Leipp 1976 und persönl. Mitt. an den Verfasser).

Tabelle 4.3 Frequenzverhältnis und Intervallmaß reiner und gleichmäßig temperierter Intervalle

Intervall	Frequenzverhältnis		Intervallmaß in cent	
	rein	temperiert	rein	temperiert
kleine Terz	5:6	1:1,189	316	300
große Terz	4:5	1:1,260	386	400
Quarte	3:4	1:1,335	498	500
Quinte	2:3	1:1,498	702	700
kleine Sexte	5:8	1:1,587	814	800
große Sexte	3:5	1:1,682	884	900
Oktave	1:2	1:2,000	1200	1200

Die Aufteilung der Oktave in zwölf gleiche Halbtonschritte führt naturgemäß zu Diskrepanzen mit den physikalisch „reinen", d. h. auf ganzzahligen Frequenzverhältnissen aufgebauten Intervallen, wie sie sich aus einer harmonischen Obertonreihe ergeben. Diese Unterschiede sind in Tabelle 4.3 für die wichtigsten Intervalle zusammengestellt. Im Prinzip können sich wegen der Überlagerung von Obertönen nur bei physikalisch reinen Intervallen schwebungsfreie Akkorde ausbilden. Deshalb hat es gerade im Orgelbau früherer Jahrhunderte nicht an Versuchen gefehlt, durch eine Aufteilung der Tonskala in reine und unreine Intervalle günstigere Bedingungen für bestimmte Tonarten zu schaffen, was dann jedoch auf Kosten anderer Tonarten ging und im Extremfall das Spiel in diesen Tonarten (mit vielen Vorzeichen) unmöglich machte. Insbesondere bei Instrumenten, bei denen der Spieler die Tonhöhe graduell beeinflussen kann, richtet sich die Intonation allerdings auch heute nicht nach der gleichmäßig temperierten Stimmung, sondern es fließen auch ausdrucksmäßig bedingte „Abweichungen" mit ein, die der Musiker als „rein" betrachtet, zumal Schwebungen vielfach durch die zeitliche Feinstruktur der Klänge verhindert werden (Meyer 1966).

Ein Problem für die Intonation stellt die Umgebungstemperatur dar. Da die Schallgeschwindigkeit in Luft temperaturabhängig ist, ändern sich auch die Resonanzfrequenzen der in den Blasinstrumenten befindlichen Luftsäule mit der Erwärmung. Der Temperaturverlauf in den Instrumenten weist einen deutlichen Abfall vom Einströmen der etwa 37 °C warmen Anblasluft bis zum anderen Ende des Instrumentes auf, er hängt auch vom Wärmeabgang durch die Wandung ab, der seinerseits bei Holzinstrumenten geringer ist als bei Metallinstrumenten. Beachtlich ist auch, insbesondere bei den Blechblasinstrumenten, die Zeitspanne, die vergeht, bis sich ein stabiler Endzustand eingestellt; sie kann durchaus in der Größenordnung von 15 Minuten liegen (Vollmer u. Wogram 2005). Pauschal kann man davon ausgehen, dass bei einem Anstieg der Umgebungstemperatur um 1 °C die Stimmung 3 cent bei den Blechblasinstrumenten, 2 cent bei den Saxophonen und 1 bis 1,5 cent bei den Holzblasinstrumenten ansteigt (Meyer 1966). Da die Instrumente üblicherweise so gebaut sind, dass sie bei 20 °C eine einwandfreie Intonation ermöglichen, ist es wichtig, dass in Konzertsälen, vor allem aber in Aufnahmestudios diese Temperatur eingehalten wird. Es ist deshalb nicht vertretbar, in einem Studio durch beheizte Wände eine „Wohlfühltemperatur" von nur 16 °C einzustellen.

Eine besondere Situation liegt in Kirchen vor, die, wenn überhaupt, auf eine niedrigere Temperatur geheizt werden und auch im Sommer relativ kühl sind. Im Allgemeinen geht man heute von einer Raumtemperatur um 16 °C aus, die im Hinblick auf die Wandfeuchtigkeit und aus anderen konservatorischen Gründen angestrebt wird (Meyer 2003); DIN 1317 (Beiblatt 3) empfiehlt eine Einstimmtemperatur von 15 °C. In Einzelfällen wird auch eine höhere Raumtemperatur zugrunde gelegt, was dem Zusammenspiel mit anderen Blasinstrumenten entgegen kommt. Beispielsweise ist die neue Orgel in der Dresdner Frauenkirche auf 442 Hz bei 18 °C eingestimmt (Wagner 2005). Zur Stabilisierung der Stimmung ist es wichtig, dass die Anblasluft der Orgel die gleiche Temperatur hat wie der umgebende Raum; in diesem Fall steigt die Stimmung der Labialpfeifen mit 3 cent pro °C an. Zungenpfeifen sind temperaturunabhängig; da sie jedoch in der Minderzahl und besser umstimmbar sind, werden sie ggf. den jahreszeitlich bedingten Schwankungen der Labialpfeifen angepasst. Schädlich für die Stimmung einer Orgel sind räumlich bedingte Temperaturunterschiede innerhalb des Instruments, zum Beispiel durch Wärmestau in Gewölben oder Sonneneinstrahlung.

4.2 Klangeigenschaften

4.2.1 Spektralstrukturen

4.2.1.1 Grundlagen

Klangspektren geben Auskunft über die frequenzmäßige Verteilung der abgestrahlten Schallenergie auf einen Grundton und seine Obertöne und bilden damit eine wichtige Grundlage für die Beschreibung von Klangfarben. Sie enthalten zum einen instrumentenspezifische Informationen, die das Erkennen des betreffenden Instrumententyps ermöglichen. Zum anderen vermitteln sie aber auch Informationen über spieltechnische Details und damit über die Intentionen des Spielers.

Maßgeblich für die Entstehung der individuellen Klangspektren ist das Zusammenwirken eines Anregungssystems für die Schwingungen, eines Resonanzsystems und des Abstrahlverhalten des betreffenden Instrumentes. Dabei unterliegt das Anregungssystem stets der Einwirkung des Spielers, während die akustischen Eigenschaften des Resonanzsystems und auch die Art der Schallabstrahlung vom Spieler nicht beeinflusst werden können; der Spieler muss sie jedoch berücksichtigen, wenn er eine bestimmte Klangwirkung erzielen will.

Die Schwingungsanregung kann stetig oder auch nur impulsartig erfolgen. Eine stetige Anregung führt zu periodischen Schwingungen, die als erzwungene Schwingungen ein harmonisches Obertonspektrum aufweisen; d.h. die Frequenzen der Obertöne sind – ungeachtet der Resonanzen des Instrumentes – die ganzzahligen Vielfachen der Frequenz des Grundtones. Dabei ist in den meisten Fällen der Grundton die stärkste Komponente, und die Obertöne fallen mit zunehmender Ordnungszahl stetig in ihrer Intensität ab.

Eine impulsartige Anregung stellt ein Frequenzkontinuum dar, infolgedessen werden alle Resonanzen des Instrumentes zu Schwingungen angestoßen. Da es sich dabei um freie Schwingungen handelt, werden die Frequenzen von Grundton und Obertönen durch die Frequenzlage der einzelnen Instrumentenresonanzen bestimmt und weichen daher meist mehr oder weniger stark von einer harmonischen Lage ab. Die frequenzmäßige Energieverteilung des Anregungsimpulses wird durch seine Länge und seine Form (z. B. scharf oder abgerundet) bestimmt.

Das harmonische Klangspektrum enthält – abgesehen von wenigen Ausnahmen – eine vollständige Teiltonreihe mit Frequenzen aller ganzzahligen Vielfachen der Grundfrequenz. Ausnahmen bilden diejenigen Fälle, in denen entweder die ungeradzahligen Vielfachen eindeutig dominieren (wie z. B. in der tiefen Lage der Klarinette) oder zu höheren Frequenzen hin bestimmte Obertöne zusätzlich verstärkt werden (wie z. B. beim Plenum-Klang der Orgel). Innerhalb der harmonischen Teiltonreihe bilden die Zweier-Potenzen jeweils Oktaven zum Grundton, ein Faktor 3 führt auf eine Quinte (z. B. 3. und 6. Teilton) und ein Faktor 5 auf eine große Terz. Das Gehör kann die unteren Teiltöne bis etwa zum 6. Teilton bei einiger Übung noch analytisch unterscheiden. Die höheren Teiltöne werden entsprechend den *Frequenzgruppen* des Gehörs (d. h. etwa in kleinen Terzen) zusammengefasst wahrgenommen, sofern nicht einzelne Teiltöne besonders hervorgehoben sind. Deshalb genügt zur Beschreibung eines Klangspektrums oft eine sog. Hüllkurve, die unter Verzicht auf die Angabe der einzelnen Teiltonfrequenzen nur die frequenzmäßige Energieverteilung wiedergibt.

Da die Schallabstrahlung der Instrumente meist durch eine deutliche Richtungsabhängigkeit geprägt ist, können die nach unterschiedlichen Richtungen abgestrahlten Klangspektren – insbesondere bei höheren Frequenzen – erhebliche Unterschiede aufweisen. Zur Charakterisierung des instrumententypischen Klanges empfiehlt sich deshalb die Verwendung von Schallleistungsspektren, in denen die Schallabstrahlung nach allen Seiten energetisch zusammengefasst ist.

Zur Beschreibung von Klangspektren und insbesondere zum Vergleich der Spektren von unterschiedlichen Instrumenten ist es vorteilhaft, einige Kriterien zu verwenden, die sich zahlenmäßig oder verbal darstellen lassen. Auf eine allgemeine Angabe des instrumentenspezifischen Frequenzumfanges, wie er in der Literatur vielfach zu finden ist, soll im folgenden verzichtet werden, da sich die Obergrenze des Klangspektrums nicht eindeutig definieren lässt (Welcher Pegelunterschied zum stärksten Teilton sollte zugrunde gelegt werden?) und eine derartige Obergrenze auch von der gespielten Dynamikstufe abhängt. Aussagekräftiger sind in dieser Hinsicht zum einen derjenige Frequenzbereich, in dem der Pegel um nicht mehr als 10 dB gegenüber den stärksten Teiltönen abfällt; dieser Bereich enthält die für die Lautstärke (und die Aussteuerung) wesentlichen Klanganteile. Zum anderen bietet es sich an, den Pegelunterschied zwischen den Klanganteilen um 3000 Hz und den stärksten Teiltönen anzugeben (zu seiner Dynamikabhängigkeit s. Abschn. 4.2.2.2) und durch die Steilheit des Pegelabfalls oberhalb etwa 3000 Hz zu ergänzen, denn oberhalb dieser Grenze fallen alle Spektren praktisch linear ab.

Ein aussagekräftiges Kriterium zur Charakterisierung der Klangspektren von Instrumenten stellen auch die sog. Formanten dar. Es handelt sich dabei um Frequenzbereiche mit besonders starker Intensität, die vielfach deutlich stärker als der Grundton sind. Sie bilden bei Sprache und Gesang die Grundlage für die Vokalfarben und sind dort weitgehend unabhängig von der Grundfrequenz des gesprochenen oder gesungenen Vokals. Bei manchen Instrumenten treten sie – zumindest über einen Teil des spielbaren Tonumfangs – ebenfalls als grundtonunabhängiger Bestandteil der Klangspektren auf und prägen so die Klangfarbe des Instruments. Bei anderen Instrumenten treten derartige Amplitudenmaxima nur bei einzelnen Tönen und mit variierenden Frequenzlagen auf, auch sie können den betreffenden Tönen einen vokalartigen Charakter verleihen. Formanthaltige Klänge werden wegen ihrer Nähe zur Gesangsstimme im Allgemeinen als besonders wohlklingend empfunden.

Die Formanten der Vokale werden streng genommen durch drei bis fünf Maxima im Klangspektrum gebildet, wobei die höheren Nebenformanten insbesondere zur

Kapitel 4 Musikalische Akustik

Charakterisierung des individuellen Stimm-Timbres dienen; dementsprechend können sie einen größeren Variationsbereich aufweisen. Die Formantbereiche für die wichtigsten Vokale der deutschen Sprache (jeweils lang gesprochen) sind in Abb. 4.1 dargestellt: zur Beschreibung von Instrumentalklängen genügt für die dunklen Vokale jeweils ein Maximum, während die hellen Vokale ein Doppelmaximum erfordern, wie dies durch die bei den hellen Vokalen vermerkten Buchstaben vermerkt ist. Die Frequenzangaben sind abgerundet. Eine wichtige Eigenschaft der Formanten besteht darin, dass ihre Frequenzlage vom umgebenden Raum nicht beeinflusst wird, während sich andere Eigenschaften des Klangspektrums – wie beispielsweise die Steilheit des Pegelabfall zu tiefen und zu hohen Frequenzen hin – je nach Frequenzcharakteristik der Nachhallzeit verändern können.

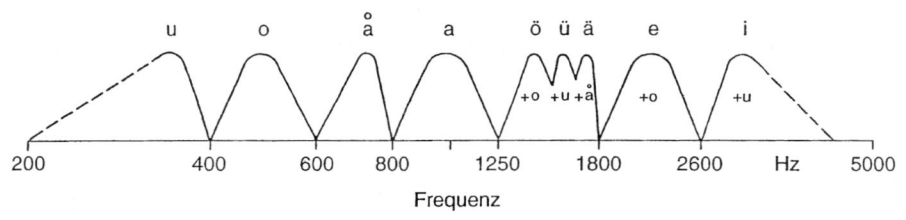

Abb. 4.1 Frequenzbereiche der Vokal-Formanten in der deutschen Sprache

Bei tiefen Tönen, insbesondere bei Grundtönen unterhalb etwa 100 Hz, kann ein sehr obertonreiches Spektrum zu einer gewissen Rauigkeit des Klangeindrucks führen. Maßgeblich sind dafür Pegelschwankungen innerhalb höherer „Frequenzgruppen", wenn dort mehrere etwa gleichstarke Teiltöne zu Schwebungen führen (Terhardt 1974). Diese Frequenzgruppen sind eine psychoakustische Eigenschaft des Gehörs, oberhalb etwa 500 Hz haben sie eine Breite, die zwischen einer kleinen und einer großen Terz liegt (s. Kap. 2.2.2 und 2.2.6). In größeren Räumen gleichen sich jedoch diese Pegelfluktuationen durch die Überlagerung von Einzelreflexionen mit unterschiedlicher Laufzeit und ggf. durch die Nachhallzeit mehr oder weniger stark aus.

4.2.1.2 Blechblasinstrumente

Bei den Blechblasinstrumenten bilden die Lippen das primär schwingende Anregungssystem. Durch die periodische Änderung der Lippenöffnung wird zum einen der in das Instrument fließende Luftstrom und zum anderen die Abschlussimpedanz des Instruments am Mundstück zeitlich moduliert. Dadurch entsteht eine obertonreiche Luftschwingung, deren Grundfrequenz sich so einstellt, dass möglichst viele Teiltöne möglichst gut mit einer Instrumentenresonanz zusammenfallen. Da die Resonanzen des Instruments – abhängig von dessen Zusammensetzung aus konischen und zylindrischen Teilen – im untersten Frequenzbereich etwas gespreizt sind, werden die tiefsten Töne der Blechblasinstrumente durch höhere Obertöne synchronisiert. Dabei fällt der Grundton nicht direkt mit einer Resonanz zusammen und wird nur relativ schwach abgestrahlt; dieser Effekt kann auch noch die nächsten

Obertöne einschließen. Die Folge davon ist eine weitgehend frequenzunabhängige Region der stärksten Teiltöne, die Formantcharakter hat.

Tabelle 4.4 Charakteristische Werte der Klangspektren von Blechblasinstrumenten

Instrument	Hauptformant in Hz	$L_{wmax} - L_{w3000}$ in dB		Steilheit > 3000 Hz in dB/Okt.	
		ff	*pp*	*ff*	*pp*
Horn	350	12	55	8	20
Trompete	1200–1500	12	45	12	40
Posaune	500–600	8	50	5	25
Tuba	230–290	40	65	15	20

Die Klangspektren aller Blechblasinstrumente weisen einen sehr glatten Hüllkurvenverlauf auf, d. h. es gibt keine größeren Pegeldifferenzen zwischen benachbarten Teiltönen. Bei höheren Frequenzen ist der Verlauf jedoch extrem dynamikabhängig. Die Frequenzlage der instrumententypischen Formanten wird im Wesentlichen durch die Trichtergröße und den anschließenden Konusverlauf des Instruments bestimmt. Die typische Frequenzlage des Hauptformanten ist in Tabelle 4.4 für die wichtigsten Blechblasinstrumente zusammengestellt, auf einer Wiedergabe der Nebenformanten wurde dabei verzichtet. Mit Werten von rund 250 Hz für die Tuba, 350 Hz für das Horn, 650 Hz für die Posaune und rund 1300 Hz für die Trompete weisen sie auf eine deutliche Differenzierung der Klangfarben durch die Formantlage hin, auch wenn diese Formanten sehr viel breiter und damit weniger charakteristisch sind als die Formanten gesungener Vokale. Diese Breite zeigt sich auch in Abb. 4.2, in der der Frequenzumfang derjenigen Bereiche zusammengestellt ist, in denen das Klangspektrum um nicht mehr als 10 dB unter seinen Maximalpegel absinkt. Wenn die Grundtöne der gespielten Töne in den Frequenzbereich der Formanten kommen, können sich natürlich keine formantartigen Maxima mehr ausbilden, ausgehend vom Grundton als dem stärksten Teilton weist das Klangspektrum dann einen stetigen Pegelabfall auf.

Unterhalb des Hauptformanten fallen die Spektren von Horn und Tuba mit etwa 12 dB/Oktave steiler ab als diejenigen von Trompete und Posaune mit etwa 6 dB/Oktave. Auch bei hohen Frequenzen ergibt sich eine ähnliche Differenzierung, wie die abgerundeten Werte für den Pegelunterschied zwischen den Maxima und den 3000-Hz-Komponenten in Tabelle 4.4 mit Extremwerten von 40 dB für die Tuba und 8 dB für die Posaune im *ff* oder 65 dB für die Tuba und 45 dB für die Trompete im *pp* zeigen. Weniger ausgeprägt sind die Unterschiede hinsichtlich der Steilheit des Pegelabfalls oberhalb von 3000 Hz, die aber die Dynamikabhängigkeit deutlich erkennen lassen. Hinsichtlich der Klangwirkung sei aber ausdrücklich auf den Einfluss der Richtcharakteristik hingewiesen (s. Abschn. 4.3.1.2), die bei den Blechblasinstrumenten besonders stark ausgebildet ist.

Kapitel 4 Musikalische Akustik 131

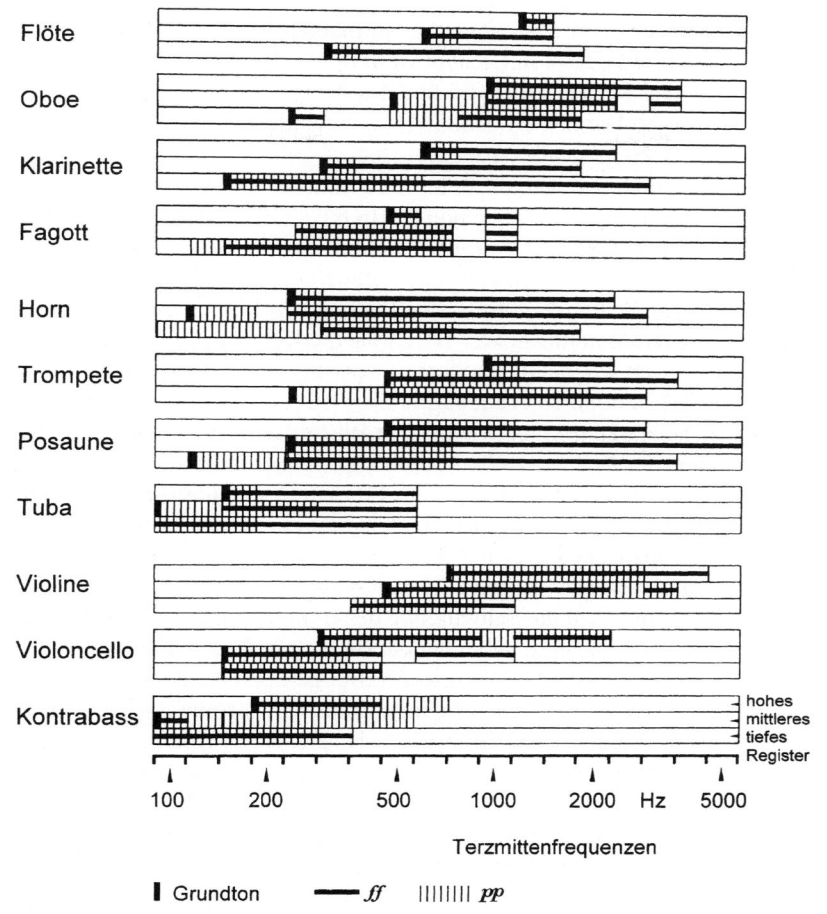

Abb. 4.2 10-dB-Bereiche der Schallleistungsspektren von Orchesterinstrumenten, gemessen in Terzfilter-Bereichen

4.2.1.3 Rohrblattinstrumente

Bei den Instrumenten mit doppeltem Rohrblatt, also Oboe, Fagott und ihren Verwandten wird die Schwingung des Rohrblatts durch die Resonanzen der im Korpus eingeschlossenen Luftsäule gesteuert, da die relativ hohe Eigenresonanz des Rohrblatts durch den Lippendruck des Spielers stark bedämpft wird. Diese Rückwirkung führt zu einer Schwingungsform des Rohrblatts, bei der der Spalt zwischen den beiden Blättern über den größten Teil einer Schwingungsperiode geöffnet und nur kurzzeitig geschlossen ist. Dadurch entsteht eine obertonreiche Anregungsschwingung mit besonders starken Komponenten bei Frequenzen, deren Schwingungsperiode etwa der doppelten Zeit der Verschlussphase des Rohrblatts entspricht.

Als Folge davon bilden sich deutliche Formanten aus, deren Zentrum für die Oboe um 1100 Hz, für das Englischhorn um 1050 Hz sowie für das Fagott um 500 Hz und für das Kontrafagott um 250 Hz liegen. Insbesondere beim Fagott kommt die Breite des Formanten dem Vokal „o" recht nahe, wie ein Vergleich des logarithmischen Dekrements des Formanten bei Fagott (1,4) und Vokal (1,2) zeigt. Zu tiefen Frequenzen hin verringert sich der Teiltonpegel unterhalb des Formantbereichs mit 5 dB/Oktave bei der Oboe und 8 dB/Oktave bei Fagott und Kontrafagott; beim Englischhorn wird dieser Amplitudenabfall für die tiefsten Töne durch die Resonanz der Birne teilweise kompensiert. Dadurch dass bei den tiefsten Tönen des Kontrafagotts die stärksten Teiltöne in den Bereich des 13. und 14. Teiltons fallen, wird die Tonhöhenempfindung erschwert, zumal die Klangspektren keine so glatten Hüllkurven aufweisen wie bei den höheren Doppelrohrblattinstrumenten.

Der Pegelabfall zu höheren Frequenzen hin wird bei den Doppelrohrblattinstrumenten nicht in so starkem Maße wie bei den Blechblasinstrumenten bestimmt. So liegt bei der Oboe der Pegel der 3000 Hz-Komponenten im *ff* um etwa 10 dB und im *pp* um etwa 25 dB unter dem Pegel im Bereich des Hauptformanten. Bedingt durch die tiefere Tonlage sind für das Fagott Werte um 30 dB im *ff* und um 40 dB im *pp* als typisch anzusehen. Der Pegelabfall oberhalb 3000 Hz liegt für beide Instrumente um 20 dB/Oktave im *ff* und 25 dB/Oktave im *pp*.

Bei den Klarinetten wird die Schwingung des Blattes ebenfalls durch die Luftresonanzen des Korpus gesteuert, dabei hat die Bedämpfung durch den Spieler einen wichtigen Einfluss auf die Schwingungsform. Bei geringer Andruckkraft der Lippe bildet sich annähernd eine Rechteckschwingung aus, d. h. Öffnungs- und Verschlussphase des Mundstücks mit Blatt sind gleich lang und der Übergang erfolgt sehr schnell. Die Folge ist ein obertonreiches Anregungsspektrum, bei dem die ungeradzahligen Teiltöne deutlich gegenüber den geradzahligen dominieren. Mit zunehmendem Lippendruck runden sich die Übergänge zwischen der geschlossenen und der offenen Phase der Mundstücksöffnung ab, das Anregungsspektrum wird dadurch weniger obertonreich, die Dominanz der ungeradzahligen Teiltöne bleibt jedoch bestehen.

In den Klangspektren der Klarinette ist fast ausnahmslos der Grundton der stärkste Teilton, typische Formanten treten im weiteren Verlauf der Spektren nicht auf, lediglich im Bereich der Eigenresonanz des Blattes, die je nach dessen Beschaffenheit zwischen 2500 und 4000 Hz liegt, kann es zu einer leichten Pegelerhöhung kommen. Das Charakteristikum des Klarinettenklangs beruht deshalb auf dem Überwiegen der ungeradzahligen Teiltöne, insbesondere in den tiefen Tonlagen. So liegen in der untersten Oktave des Tonumfangs die ersten drei bis vier geradzahligen Teiltöne deutlich unter dem Pegel der ungeradzahligen, der Oktavteilton kann dabei um mehr als 30 dB unter dem Grundton und der Duodezime liegen. Im anschließenden Tonbereich bis etwas über die Überblasgrenze hinaus sind zwar der Grundton und der 3. Teilton noch deutlich stärker als der 2. Teilton, vom 4. Teilton an aufwärts sind die geradzahligen und ungeradzahligen Anteile jedoch gleich stark ausgebildet. Mit zunehmender Tonhöhe verliert auch der Oktavteilton seinen Unterschied zu den benachbarten Teiltönen, so dass die hohe Tonlage durch ein vollständiges Spektrum mit glatter Hüllkurve geprägt wird. Insgesamt liegen die Klanganteile um 3000 Hz um etwa 12 dB im *ff* und 40 bis 50 dB im *pp* unter den stärksten Teiltönen. Der Pegelabfall oberhalb 3000 Hz bewegt sich im *ff* zwischen 12 dB/Oktave in der tiefen und um 20 dB/Oktave in der mittleren und hohen Lage; im *pp* treten oberhalb 3000 Hz keine relevanten Teiltöne mehr auf.

Klarinetten unterschiedlicher Stimmlage unterscheiden sich klanglich in zweierlei Hinsicht. Je tiefer die Stimmung ist, desto stärker ist die Dominanz der ungeradzahligen Teiltöne ausgeprägt. Das betrifft sowohl die Klarinetten in A sowie Bassetthorn und Bassklarinette, bei den Kleinen Klarinetten in D und Es ist der Pegelunterschied zwischen geradzahligen und ungeradzahligen Teiltönen nur etwa halb so groß wie bei der Klarinette in B. Außerdem sind die Klarinetten umso obertonreicher, je höher ihre Stimmlage ist. So ist die B-Klarinette (bei gleicher Grundtonintensität) in der tiefen Tonlage mit ihren Obertönen um 1000 Hz um etwa 5 dB stärker als die A-Klarinette, zwischen 1500 und 4000 Hz beträgt der Unterschied etwa 10 dB. Die Klarinetten in D und Es haben bereits ab etwa 1000 Hz um bis zu 25 dB höhere Teiltonintensitäten als die B-Klarinetten (Meyer 2004c).

4.2.1.4 Flöte

Bei den Querflöten wird die Schwingung durch eine Pendelbewegung des aus der Lippenöffnung des Spielers ausströmenden Luftstrahls angeregt. Die Frequenz dieser Pendelbewegung wird einerseits durch den Abstand zwischen der Lippenöffnung und der Kante des Mundlochs der Flöte sowie durch die Ausströmgeschwindigkeit der Luft und andererseits durch die Eingangsimpedanz des Flötenkorpus, also durch dessen Resonanzen bestimmt. Da diese Resonanzen gegenüber einer streng harmonischen Lage etwas gespreizt sind, führt eine geringfügige Veränderung der Frequenz des angeblasenen Tones zu einer Verschiebung der einzelnen Teiltöne auf den Flanken der Resonanzen und damit zu einer Veränderung der Intensitätsverhältnisse zwischen dem Grundton und den unteren Teiltönen.

Mit Ausnahme der tiefsten Töne der Flöte ist der Grundton über den gesamten Tonumfang der stärkste Teilton des Klangspektrums. Die relative Stärke der Obertöne kann durch die Anblastechnik in gewissen Grenzen variiert werden. So bewirkt eine Erhöhung des Anblasdrucks, dass die ersten Obertöne günstiger auf die zugehörigen Resonanzen fallen und damit an Stärke zunehmen. Eine Vergrößerung des Abstandes zwischen Lippenöffnung und Mundlochkante führt dazu, dass der Luftstrahl an seinen Rändern aufgeweicht wird; dies hat zur Folge, dass vor allem die höheren Obertöne abgeschwächt werden. Außerdem entscheidet der Winkel, unter dem der Luftstrahl auf die Mundlochkante trifft, über das Stärkeverhältnis zwischen den geradzahligen und ungeradzahligen Teiltönen, insbesondere zwischen dem Oktavteilton und der Duodezime. Letztere wird durch einen symmetrisch auf die Mundlochkante gerichteten Luftstrahl begünstigt, während sich bei etwas mehr auswärts oder einwärts gerichtetem Luftstrahl Oktave und Doppeloktave verstärken und die Duodezime zurückgeht (Bork u. Meyer 1988).

Formanten treten im Klang der Flöte nicht auf, die Klangspektren fallen vom Grundton in einer glatten Hüllkurve ohne besondere Welligkeit relativ schnell ab.

So liegen die Teiltöne um 3000 Hz selbst im *ff* in der tiefen und mittleren Tonlage bereits um rund 30 dB, bei hohen Tönen um rund 20 dB unter dem Grundton, im *pp* wächst diese Pegeldifferenz auf 30 bis 40 dB an. Oberhalb 3000 Hz fallen die Klangspektren mit einer Steilheit von etwa 20 dB/Oktave ab.

Bemerkenswert ist bei den Flöten das Anblasgeräusch, das je nach Spieltechnik mehr oder weniger auffällig in Erscheinung treten kann. Es besteht zum einen aus einem breitbandigen Anblasrauschen und zum anderen aus eindeutig tonalen Komponenten. Diese treten bei den überblasenen Tönen auf, sie kommen durch die Rauschanregung der „unbenutzten" Resonanzen zustande. Beispielsweise ist bei den in die Oktave überblasenen Tönen bisweilen die Unteroktave, also die tiefste (der Grifflochabdeckung entsprechende) Resonanz zu hören. Während diese Resonanz und auch die zugehörigen Resonanzen 3. und 5.Ordnung sich noch quasi harmonisch in das Klangspektrum einfügen, können die tonalen Rauschspitzen bei den Gabelgriffen auch unharmonisch liegen.

4.2.1.5 Streichinstrumente

Die Saitenschwingung der Streichinstrumente wird dadurch angeregt, dass die Saite unter den Bogenhaaren haftet, bis die Rückstellkraft der Saite größer ist als die Reibungskraft zwischen Bogen und Saite; dann reißt die Saite vom Bogen ab und schnellt zurück und der Vorgang beginnt von Neuem. Eine Schwingungsperiode der Saite wird deshalb – an der Kontaktstelle zwischen Bogen und Saite – durch eine längere Haftphase und eine kurze Gleitphase geprägt. Dies hat letztlich eine sägezahnartige Kraftübertragung von der Saite auf den Steg zur Folge. Gefiltert durch die Übertragungsfunktion des Steges regt dann diese Sägezahnschwingung die Resonanzen des Korpus an. Diese haben – im Gegensatz zu den Blasinstrumenten – keine Rückwirkung auf die Frequenz der Saitenschwingungen.

Bedingt durch die sägezahnartige Anregung lassen sich die Klangspektren der Streichinstrumente in stark vereinfachter Form durch einen stetigen Amplitudenabfall mit 6 dB/Oktave vom Grundton als stärkster Komponente bis zur Hauptresonanz des Steges und durch einen linearen Abfall mit rund 15 dB/Oktave oberhalb dieser Resonanz beschreiben. Üblicherweise liegt diese Stegresonanz bei Geigen zwischen 2500 und 3000 Hz und bei den anderen Streichinstrumenten entsprechend tiefer. Dieser Grundform des Klangspektrums überlagert sich jedoch die Wirkung der einzelnen Resonanzen des Instrumentes, die zu erheblichen Pegelunterschieden zwischen benachbarten Teiltönen oder ganzen Teiltongruppen führen können. Dadurch erhalten die Klangspektren eine vielfältigere Struktur als bei den Blasinstrumenten. Dies führt zu individuellen Unterschieden sowohl zwischen benachbarten Tönen ein und desselben Instrumentes als auch zwischen gleichen Tönen verschiedener Instrumente.

Dem Spieler stehen drei bogentechnische Parameter zur Beeinflussung des Klanges zur Verfügung. Es sind dies die Bogengeschwindigkeit, die Andruckkraft zwischen Bogenhaaren und Saite (meist kurz „Bogendruck" genannt) sowie die Wahl der Kontaktstelle zwischen Bogen und Saite, also der Abstand zwischen

Bogen und Steg (Meyer 1978). Die Bogengeschwindigkeit wirkt sich überwiegend auf die Schwingungsweite der Saite, jedoch kaum auf das Klangspektrum aus. Der Bogendruck beeinflusst dagegen überwiegend das Klangspektrum, indem ein hoher Druck die Ecken der Sägezahnschwingung „anschärft", ein geringer Druck dagegen die Schwingungsform abrundet, also die hohen Frequenzanteile abschwächt. Je kürzer der Abstand des Bogens zum Steg ist, umso größer ist bei gleicher Bogengeschwindigkeit die Schwingungsweite. Sowohl eine größere Geschwindigkeit des Bogens als auch eine größere Nähe zum Steg erfordern jedoch einen höheren Mindestdruck des Bogendrucks zum Ausgleich der erhöhten Reibungs- und Abstrahlungsverluste, so dass beim Spieler der Eindruck entsteht, dass der Druck die empfundene Lautstärke nicht über nur die Klangfarbe, sondern auch über eine allgemeine Pegelzunahme erhöht.

Die frequenzmäßig tiefste Resonanz ist die Hohlraumresonanz des Korpus. Sie liegt bei den Violinen im Bereich um 270 Hz (etwa Ton cis'), bei den Violen um 220 Hz (a), bei den Violoncelli um 110 Hz (A) und variiert bei den Kontrabässen je nach deren Größe und Bauart zwischen 57 und 79 Hz (B_1 und Cis). Tiefere Frequenzen werden zunehmend schlechter abgestrahlt; beispielsweise verringert sich der Grundtonpegel bei der Violine um 4 dB / Halbton, so dass der Grundton der leeren G-Saite um rund 25 dB schwächer sein kann als der des Tones cis'. Bei den tieferen Streichinstrumenten ist der Unterschied von Ton zu Ton nicht ganz so stark, da die Hohlraumresonanz breiter ist. Dennoch ist der Grundton der tiefsten Note bei der Viola um etwa 25 dB, beim Violoncello nur 12 dB und beim Kontrabass 15 bis 20 dB schwächer als die zugehörigen stärksten Teiltöne, wobei zu bedenken ist, dass der Frequenzabstand zwischen dem tiefsten Ton und der Hohlraumresonanz bei diesen Instrumenten größer ist als bei der Violine. Bemerkenswert ist jedoch, dass der Kontrabass aufgrund der Lage seiner Hohlraumresonanzen – im Gegensatz zu den tiefen Blasinstrumenten – auch unterhalb von 100 Hz noch starke Klanganteile besitzt.

Typische Frequenzlagen für formantartige Einzelklänge kommen bei der Violine vor allem um 400 Hz für Töne der unteren Lage und zwischen 800 und 1000 Hz für mittlere Tonlagen vor; sie geben der Tiefe ein dem „o" ähnliches Timbre, der Mittellage einen kräftigen, nach „a" tendierenden Charakter. Die entsprechenden Formantlagen finden sich bei der Viola um 350 und 750 Hz, bewirken also ein etwas dunkleres Timbre. Für die Violoncelli ist vor allem der Bereich um 300 bis 500 Hz wichtig, da er eine sonore, zum „o" tendierende Klangfarbe erzeugt und zudem in hohen Tonlagen die Grundtöne unterstützt. Im Gegensatz dazu liegen die starken Komponenten des Kontrabasses im Bereich von 70 bis 350 Hz so tief, dass sie keinen vokalartigen Charakter bewirken können; lediglich ein Nebenformantgebiet um 500 Hz kann eine Tendenz zum „o" andeuten.

Für die Stärke der hohen Frequenzanteile ist die Lage des Übergangs vom 6-dB-Abfall des Spektrums zum 15-dB-Abfall (jeweils pro Oktave) maßgeblich. Diese Knickstelle der Hüllkurve des Klangspektrums liegt bei den Violinen um 3000 Hz, den Violen um 2500 Hz und bei den Violoncelli um 2000 Hz und ist weitestgehend von der Dynamik unabhängig. Beim Kontrabass rückt sie jedoch von etwa 1250 Hz bei großer Lautstärke bis auf etwa 500 Hz im *pp* hinab. Als Folge dessen ergibt sich zwischen den Violinen und den Violoncelli für die Klanganteile um 3000 Hz (bei gleicher Stärke der Grundtöne) ein Pegelunterschied in der Größenordnung von 20 dB.

Das Untergrundgeräusch, das der Bogen auf der Saite erzeugt, enthält bei den Streichinstrumenten jeweils alle stärkeren Resonanzen und weist deshalb bei allen Tönen ein und desselben Instruments die gleiche Färbung auf, unterscheidet sich jedoch zwischen den einzelnen Instrumenten (auch des gleichen Typs). Verglichen mit den Blasinstrumenten ist der Rauschpegel der Streichinstrumente – bei gleicher Intensität der harmonischen Klanganteile um etwa 20 bis 30 dB stärker. Besonders auffällig tritt das Bogengeräusch bei hohen Tönen auf, weil seine wesentlichen Pegelspitzen hier nicht durch die harmonischen Teiltöne verdeckt werden. Das Bogengeräusch erzeugt normalerweise keinerlei Tonhöheneindruck.

4.2.1.6 Pauke

Der Klang der Pauken wird durch die unterschiedlichen Schwingungsmoden der Membran bestimmt, die sich einander überlagern. Es sind dies zu einen die Ringmoden, bei denen die Membran ringförmige Knotenlinien aufweist, und zum anderen die Radialmoden, bei denen die Knotenlinien als gerade Linien durch den Mittelpunkt der Membran laufen; bei höheren Frequenzen kommen außerdem noch Moden vor, bei denen ringförmige und radiale Knotenlinien kombiniert sind. Bei einer frei schwingenden Membran liegen sämtliche Teiltöne unharmonisch zueinander. Bei den Pauken beeinflusst jedoch die im Paukenkessel eingeschlossene Luft die einzelnen Membranfrequenzen. Der Paukenkessel ist deshalb so dimensioniert, dass als Folge der zusätzlichen Massebelastung der Membran die unteren drei bis fünf Radialmoden in ein Frequenzverhältnis von etwa 2 : 3 : 4 : 5 : 6 rücken. Diese Moden sind daher für den Tonhöheneindruck maßgeblich, wobei die beiden unteren, der *Hauptton* und die *Quinte* am wichtigsten sind (Fleischer 1991).

Die empfundene Tonhöhe liegt eine Oktave unter dem Hauptton, beispielsweise bei der großen Konzertpauke mit ihrem Tonumfang von F_1 bis D zwischen etwa 44 und 73 Hz. Beim Umstimmen der Pauke bleiben die harmonischen Frequenzverhältnisse der einzelnen Radialmoden erhalten. Im Gegensatz dazu steigt die Frequenz der tiefsten Ringmode, bei der das Fell mit nur einer Knotenlinie am Rand der Membran schwingt, mit zunehmender Fellspannung weniger stark an als die Radialmoden. Während die Frequenz dieses unharmonischen Teiltones bei tiefer Abstimmung noch oberhalb des Haupttones liegt, kommt sie bei hoher Abstimmung des Felles unterhalb des Haupttones zu liegen. Die Folge davon ist, dass die unterste Ringmode bei hoher Abstimmung (als nunmehr tiefster Teilton) den für den Tonhöheneindruck wichtigen Hauptton im Höreindruck zumindest teilweise verdecken kann und damit die Tonhöhenempfindung verunsichert. Da sich diese Ringmode umso stärker ausbildet, je näher die Anschlagstelle zur Mitte des Felles liegt, wird die Pauke üblicherweise „eine Hand breit" vom Rand entfernt angeschlagen. Die höheren unharmonischen Teiltöne beeinträchtigen den Tonhöheneindruck weniger, da sie sehr viel schneller abklingen als die harmonischen Komponenten. Die Stärke der höheren Klanganteile hängt von der Art des Schlegels und von der

Anschlagstelle ab, oberhalb von 1000 Hz sind im Allgemeinen keine nennenswerten Komponenten mehr zu erwarten.

4.2.1.7 Klavier

Beim Flügel und Klavier wird die Spektralstruktur des Klanges durch die zeitliche Form des Anschlagimpulses und durch die Resonanzeigenschaften des Resonanzbodens bestimmt. In der tiefen Tonlage ist der Anschlagimpuls bzw. die Verweildauer des Hammers auf der Saite deutlich kürzer als eine Periode der Grundschwingung der Saite, was zu einer obertonreichen Anregung führt. In der Mittellage hat der Anschlagimpuls eine Länge in der Größenordnung einer halben Grundperiode der Saite, was zu einer bevorzugten Anregung des Grundtones führt. Bei hohen Tönen kommt die Verweildauer des Hammers auf der Saite in die Größenordnung einer ganzen Grundtonperiode und geht bei den höchsten Tönen sogar darüber hinaus. Dadurch wird die Saitenschwingung bereits während der Anregung durch den Hammer bedämpft, was sich besonders auf die Obertöne auswirkt. In allen fällen spielt dabei natürlich auch die Härte des Hammers und die Art des Anschlages eine Rolle.

Der Resonanzboden des Klaviers hat seine stärksten Resonanzen im Frequenzbereich zwischen etwa 200 und 1000 Hz, beim Flügel können sie je nach Größe des Instruments auch bis etwa 100 Hz hinabreichen. Daher überwiegt beim größten Teil des Tonumfangs der Grundton; lediglich in den beiden unteren Oktaven verlagert sich das Maximum der Intensität auf Obertöne zwischen 100 und 250 Hz. Die Stärke der tieferen Teiltöne nimmt dabei mit einer Steilheit von etwa 12 bis 15 dB/Oktave ab, so dass beim tiefen A der Grundton um etwa 25 dB schwächer ist als die stärksten Teiltöne. Oberhalb des Amplitudenmaximums der tiefen Töne bzw. oberhalb des Grundtons im überwiegenden Teil des Tonumfangs nimmt die Intensität der Obertöne bei den meisten Klavieren und Flügeln weitgehend stetig ab; dabei beträgt die Steilheit des Pegelabfalls bis etwa 1500 Hz rund 10 dB/Oktave und oberhalb dieser Grenze 15 bis 20 dB/Oktave. Formantartige Klänge treten nur bei relativ wenigen Klavieren und Flügeln und dann auch nur bei vereinzelten Tönen auf.

Zu den Charakteristika des Klavierklangs gehört die Inharmonizität der Obertöne, die auf der Eigensteifigkeit der Saiten beruht und zur Geltung kommen kann, weil keine harmonische Daueranregung stattfindet, so dass jede Saitenresonanz in ihrer Frequenz schwingen kann. Diese Saitenresonanzen liegen etwas gespreizt, d. h. sie liegen etwas höher als die streng harmonischen Teiltöne liegen würden. Diese Eigenschaft ist bei Klavier und Flügel gleichermaßen vorhanden (Bork 1992). Außerdem können sich unharmonische Longitudinalschwingungen auf der Saite ausbilden, die der tiefsten Tonlage ein eigentümliches Timbre verleihen können. Meist liegt der Longitudinal-Teilton irgendwo im Bereich zwischen dem 12. und 20. Teilton, seine Frequenzlage ist unabhängig von der Saitenspannung, also von der Tonhöhe; er wird wie ein kurzes Pfeifen wahrgenommen (Bork 1989).

4.2.1.8 Orgel

Charakteristisch für den Klang der Orgel ist die große Vielfalt der klanglichen Möglichkeiten, die von der solistischen Einzelstimme über einfache Registerkombinationen und das Plenum der Prinzipalregister bis zum Tutti mit Zungenstimmen reichen. Im Hinblick auf die Kombinationsmöglichkeiten haben die meisten Labialpfeifen ein Klangspektrum, das nur wenige starke Teiltöne enthält und zu höheren Frequenzen stark abfällt; lediglich sehr eng mensurierte Register, die primär als Solostimmen konzipiert sind, haben ein etwas obertonreicheres Spektrum. Besonders obertonarm sind gedackte Register, bei denen im Übrigen die ungeradzahligen Teiltöne überwiegen. Demgegenüber weisen die Zungenregister ein sehr umfangreiches Klangspektrum auf. Eine Besonderheit stellen die sog. gemischten Stimmen dar, die ausschließlich zur Kombination mit anderen Registern bestimmt sind; sie bestehen aus mehreren Pfeifen pro Taste, die in höheren Oktav- und Quintlagen abwechseln (Meyer 2003).

Der klangliche Grundcharakter einer jeden Orgel wird durch ihr *Plenum* bestimmt; man versteht darunter eine Kombination aller Prinzipalartigen Register eines Werkes, also beispielsweise des Hauptwerks. Auch die anderen Werke der Orgel wie Rückpositiv, Brustwerk oder Oberwerk können stets einen Plenumklang bilden, der sich klanglich aber von dem des Hauptwerks unterscheidet. Im Hauptwerk besteht das Plenum üblicherweise aus der Kombination eines 8'-Prinzipals mit den prinzipalartigen höheren Registern (wie 4', 2⅔', 2' usw.) und mit einer Mixtur. Ergänzend können auch noch ein 16'- und ein 5⅓'-Register sowie eine Cimbel dazugenommen werden, wobei Cimbeln einen höheren Frequenzbereich als Mixturen verstärken. Durch diese Registerkombinationen entsteht ein Klangspektrum, das dadurch gekennzeichnet ist, dass im höheren Teiltonbereich nur noch einige ausgewählte Obertöne – eben nur die Oktav- und Quintlagen – verstärkt werden. Dadurch fällt in jede Frequenzgruppe des Gehörs (s. Abschn. 4.2.1.1) nur ein starker Teilton und der psychoakustische Effekt der Rauigkeit wird vermieden; es entsteht also einer heller und klarer Klang. Erst durch die Hinzunahme von Zungenstimmen im Tutti werden diese spektralen Lücken aufgefüllt und der Klang bekommt den etwas harten Charakter.

Die frequenzmäßige Energieverteilung innerhalb des Plenumklanges wird dadurch geprägt, dass zum einen der Prinzipal 8' das stärkste der Einzelregister ist und zum anderen die Mixturen einen Energieschwerpunkt bilden, der bisweilen nicht viel schwächer als der Grundton ist. Infolgedessen bilden sich im Klangspektrum zwei Maxima aus, deren erstes durch Grundton und Oktavteilton des Prinzipal 8' (unterstützt durch den Grundton des 4'-Registers) und deren zweites durch die Grundtöne der Mixturpfeifen (unterstützt durch die entsprechenden Pfeifen der anderen höheren Register) gebildet wird. Dieses Doppelmaximum verleiht dem Klang einen formantartigen Charakter.

Wie unterschiedlich die Spektralstruktur eines Plenumklanges sein kann, zeigen zwei Beispiele, die in Abb. 4.3 wiedergegeben sind; sie beziehen sich auf das Hauptwerk einer typischen Barockorgel und einer romantischen Orgel. Die frequenzmäßige Energieverteilung ist dabei in Oktavbereichen gemessen und als Schalldruck-

Kapitel 4 Musikalische Akustik

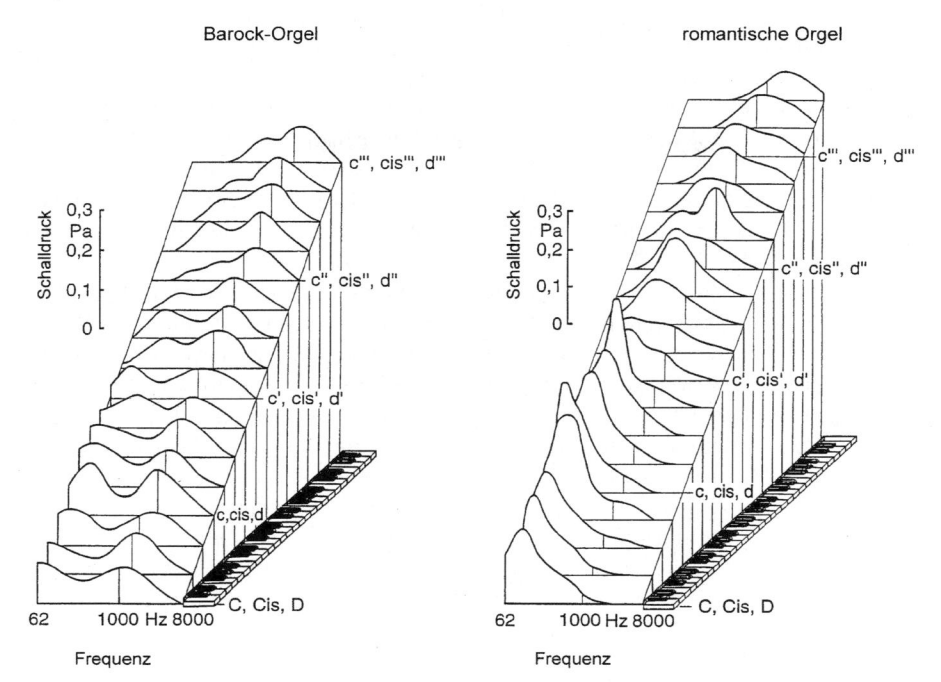

Abb. 4.3 Spektralverteilung des Schalldrucks im Kirchenschiff beim Plenumklang zweier Orgeln, gemessen in Oktavfilter-Bereichen

Mittelwert über jeweils drei benachbarte Tasten dargestellt (letzteres dient dem Ausgleich von stehenden Wellen im Raum). Die Energieverteilung der Barockorgel weist über den gesamten Umfang der Klaviatur deutliche Doppelmaxima auf, deren oberes über einen weiten Tonbereich im Bereich um 1000 Hz liegt und daher eine zum Vokal „a" tendierende Klangfärbung erzeugt. Im Beispiel für eine typische romantische Orgel fällt die starke Hervorhebung der jeweils unteren Teiltöne auf, die die Mixturen vielfach klanglich nicht voll zur Wirkung kommen lassen; allerdings gibt es auch romantische Orgeln mit etwas stärker hervortretenden Mixturen (Lottermoser 1983).

4.2.1.9 Gesangsstimmen

Im Klangspektrum der Gesangsstimmen wird die Lage der stärksten Teiltöne meist durch den jeweils gesungenen Vokal bestimmt. Bei den Männerstimmen kann der erste Formant zwischen etwa 150 und 900 Hz, der zweite Formant zwischen etwa 500 und 3000 Hz variieren, so dass der erste Formant bei sehr tiefer Lage zwar zum Timbre der Stimme, jedoch nicht direkt zur Klangfarbe des Vokales beiträgt. Bei den Frauenstimmen liegen die Untergrenzen für den ersten Formanten entsprechend dem Stimmumfang höher. Infolgedessen lassen sich insbesondere die dunklen Vokale in der Sopranlage nicht mehr richtig ausformen, zumal die einzelnen Teiltöne

– bezogen auf die Frequenzunterschiede zwischen den einzelnen Vokalformanten – relativ weit auseinander liegen. Die Abstimmung des ersten Formanten orientiert sich dann an einer Verstärkung des Grundtons, wie in Abb. 4.4 für die ersten vier Formanten ($F_1 - F_4$) dargestellt ist. Bemerkenswert ist dabei, dass der 2. Formant mit steigender Tonhöhe zwar bei den dunklen Vokalen ebenfalls ansteigt, bei den hellen Vokalen dagegen abfällt. Der 3. Formant verschiebt sich bei allen Vokalen mit steigender Tonhöhe nach unten, der 4. Formant dagegen wiederum nach oben (Sundberg 1991).

Auch bei den Spitzentönen der Tenöre und Altistinnen findet eine derartige Technik der Resonanzabstimmung des Mundes häufig Anwendung. Allerdings verstärken Tenöre insbesondere auch den 2. und 3. Teilton, weil die Stimme sonst einen eher weiblichen Charakter annimmt, wie dies bei den Countertenören der Fall ist. Unterhalb des ersten Formanten kann das Klangspektrum stark abfallen, in der tie-

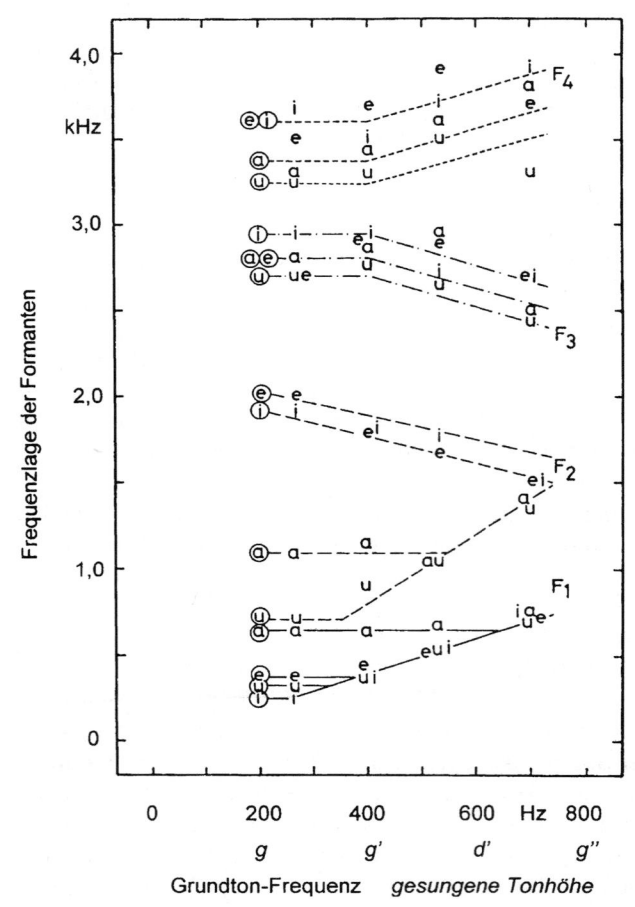

Abb. 4.4 Verschiebung der Formantfrequenzen in Abhängigkeit von der Tonhöhe bei Sopranstimmen

Kapitel 4 Musikalische Akustik

fen Lage der Männerstimmen kann der Grundton bis zu 20 dB schwächer als die stärksten Teiltöne sein.

Eine Besonderheit gut ausgebildeter Gesangsstimmen stellt der sog. *Sängerformant* dar. Es handelt sich dabei um einen zusätzlichen, vom gesungenen Vokal unabhängigen, Formanten im Frequenzgebiet zwischen etwa 2300 und 3000 Hz, der in seiner Intensität bis auf 5 dB an die stärksten Klanganteile heranreichen kann. Da die meisten Orchesterinstrumente in dieser Frequenzlage bereits erheblich schwächere Komponenten aufweisen, kann sich die Gesangsstimme aufgrund des Sängerformanten gegenüber dem Orchester besser durchsetzen, wie dies auch durch die Auswertung einer alten Schallplattenaufnahme in Abb. 4.5 anschaulich belegt wird (Sundberg 1977). In der Realität eines Opernhauses wird dieser Effekt noch einerseits durch die freie Schallabstrahlung der Gesangsstimme – einschließlich der Reflexionen von freien Fußbodenflächen – und andererseits durch die Abschattung des Orchesterklanges aus dem Graben unterstützt.

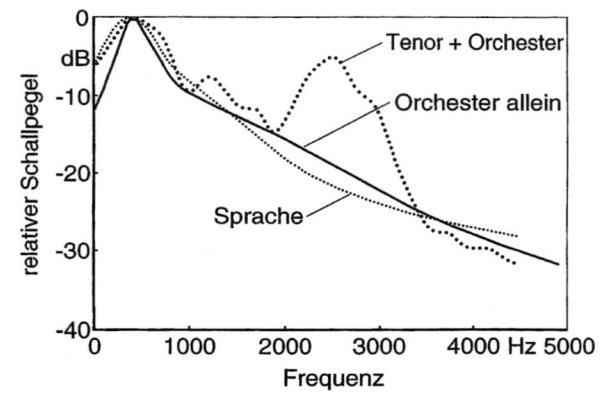

Abb. 4.5 Typischer Hüllkurvenverlauf des Klangspektrums von Sprache, Orchester und einer Gesangsstimme mit ausgeprägtem Sängerformanten (nach Sundberg 1977)

Der Sängerformant verleiht dabei der Stimme nicht nur Tragfähigkeit und Strahlkraft, sondern fördert auch die Lokalisierung des Sängers, was zur Präsenz seiner Stimme beiträgt. Im einzelnen liegen die typischen Frequenzbereiche des Sängerformanten bei Bassstimmen um 2300 bis 2500 Hz, beim Bariton um 2500 bis 2700 Hz und um 2700 bis 2900 Hz bei Tenören, sie tragen also auch zur Stimmcharakteristik bei. Bei den Frauenstimmen variiert die Lage des Sängerformanten zwischen etwa 2900 und 3200 Hz. Oberhalb 3500 Hz fällt das Klangspektrum bei allen Stimmlagen mit etwa 25 dB/Oktave steil ab. Allerdings lässt sich durch starkes Forcieren der Stimme das Spektrum zu deutlich über 4000 Hz ausweiten, was zu einem metallischen Timbre führt, das zwar ästhetisch nicht so sehr befriedigt, aber dem Sänger mehr Durchsetzungskraft gegenüber dem Orchester verleiht.

Bewusst hervorgehoben werden diese hohen Frequenzanteile bei der im Musical gebräuchlichen Technik des *Belting* (Estill et al. 1993), die insbesondere bei Frauenstimmen sehr ausgeprägt ist. Im Gegensatz zur klassischen Opernstimme wird dabei nicht der Grundton, sondern der Oktavteilton durch den untersten Formanten des Mundraumes verstärkt. Der Sängerformant rückt dabei – bedingt durch eine besonders hohe Stellung des Kehlkopfes – in einen Bereich zwischen 3500 Hz und 4000 Hz, bisweilen ergänzt durch einen zweiten Sängerformanten zwischen 5000 Hz und 6000 Hz. Beides führt zu dem klanglichen Eindruck, dass die Sängerin hohe Töne singt, obwohl sie sich in der mittleren Tonlage bewegt. Außerdem heben sich die harmonischen Teiltöne nicht so stark aus dem Geräuschuntergrund der Stimme ab wie beim Operngesang, das betrifft in besonderem Maße den Grundton.

4.2.2 Dynamik

4.2.2.1 Schallleistung

Die musikalische Dynamik wird zwar in erster Linie durch den Lautstärke-Eindruck erzeugt, aber auch durch einige weitere Komponenten mitgeprägt. Dazu gehört die Abhängigkeit des Klangspektrums von der Spielstärke, die teils vom Spieler beeinflussbar, teils aber auch unabhängig vom Spieler durch die physikalische Funktionsweise des Instrumentes bedingt ist; tendenziell wird dabei der Klang zu größerer Lautstärke hin heller und brillanter, zu geringerer Lautstärke hin weicher und dunkler. Dieser Effekt kann noch durch die Art des Tonansatzes – scharf artikuliert oder weich angesetzt – unterstützt werden. Dazu kommt der Einfluss der Raumakustik: Subjektiv wird ein halliger Klang als lauter empfunden als ein trockener Klang gleichen Pegels. Außerdem spielt – insbesondere bei größeren Ensembles – die Räumlichkeit des Klangeindrucks, d.h. die subjektiv empfundene (geometrische) Verbreiterung des Klanges bei zunehmender Lautstärke eine wichtige Rolle. Überdies ist die Bedeutung der dynamischen Vortragsbezeichnungen (wie *piano*, *forte* usw.) auch vom musikalischen Zusammenhang und vom Kompositionsstil abhängig. Aus all dem folgt, dass sich für die in den Noten eingetragenen Dynamikstufen weder allgemeingültige Schalldruckpegelwerte am Zuhörerort angeben lassen noch derartige Werte allein den subjektiven Dynamikeindruck repräsentieren würden.

Dennoch bildet für den Schalldruckpegel – sowohl am Mikrofon als auch am Ohr des Zuhörers – die vom einzelnen Instrument oder einem ganzen Ensemble abgestrahlte Schallleistung die wichtigste Grundlage – bei Aufnahmen spielt nur noch der Mikrofonabstand eine Rolle. Daher ist es am günstigsten, den Dynamikbereich der Instrumente durch Angaben des Schallleistungspegels beschreiben, wobei die Grenzen sowohl vom jeweiligen Instrument als auch von der Spielweise abhängen. Bei Instrumenten mit einer kontinuierlichen Tonanregung wie den Streich- oder Blasinstrumenten und auch der Gesangsstimme lässt sich die Schallleistung für einen stationären Klang relativ einfach bestimmen (Meyer u. Angster 1981), bei Instrumenten mit Impulsanregung ist es nur möglich, aufgrund der zeitlich durchlaufenen Maximalpegel zu ungefähren Angaben des Schallleistungspegels zu gelangen.

Tabelle 4.5 Schallleistungspegel und Dynamikumfang von Streich- und Blasinstrumenten

Instrument	schnelle Tonfolgen in dB		Einzeltöne in dB		praktischer Dynamikumfang in dB
	ff	*pp*	*ff*	*ff*	
Violine	94	74	99	58	30 – 35
Viola	91	73	95	63	25 – 30
Violoncelle	96	74	98	63	25 – 30
Kontrabass	96	79	100	66	25 – 30
Flöte	94	82	101	67	12 – 20
Oboe	95	83	103	70	20 – 30
Klarinette	97	77	106	57	20 – 30
Fagott	96	81	102	72	25 – 30
Horn	107	86	117	65	35 – 40
Trompete	104	89	111	78	25 – 30
Posaune	105	89	113	73	30 – 35
Tuba	108	93	112	77	25 – 30

Für die im Orchester gängigen Streich- und Blasinstrumente sind in Tabelle 4.5 einige charakteristische Werte für den Schallleistungspegel zusammengestellt. Es handelt sich dabei zum einen um die Grenzen der spielbaren Dynamik bei sehr schnellen Tonfolgen, die sich über einen Tonumfang von zwei Oktaven erstrecken. Diese Werte sind als Mittelwerte über den gesamten Tonumfang des betreffenden Instrumentes aufzufassen, sie vernachlässigen also auch die Tonhöhenabhängigkeit der spielbaren Dynamik, die im Allgemeinen die Tendenz hat, dass sich tiefe Töne nicht besonders laut und hohe Töne nicht besonders leise spielen lassen. Zum anderen sind Werte für Einzeltöne angegeben, auf die sich der Spieler besonders konzentrieren kann; aufgeführt sind hier der Minimalpegel des am leisesten zu spielenden Tones und der Maximalpegel des am lautesten zu spielenden Tones – also Extremwerte, die im musikalischen Zusammenhang bisweilen vorkommen können und insbesondere Bedeutung für die Aussteuerung von Aufnahmen besitzen. Ergänzt wird die Tabelle durch repräsentative Mittelwerte für den in der Praxis zu erwartenden Dynamikumfang der einzelnen Instrumente, die sich aus den zuvor genannten Grenzen ableiten lassen; dabei muss man allerdings davon ausgehen, dass sich die mögliche Dynamikspanne in den hohen und höchsten Lagen um etwa 5 dB, in Ausnahmefällen wie der Trompete sogar um 15 dB verengt. Andererseits kann die Dynamikspanne bei besonders günstig ansprechenden Tönen auch um 5 bis 10 dB weiter sein (Meyer 1990).

Die Orgel nimmt unter den Musikinstrumenten insofern eine Sonderstellung ein, als sie auf einen bestimmten Raum abgestimmt ist. In der Literatur finden sich daher zahlreiche Beispiele für den Schalldruckpegel an einem mittleren Zuhörerplatz, die sich auf den Plenumklang beim Anschlagen jeweils einer Taste beziehen. Diese Pegel liegen sowohl bei Barockorgeln als auch bei modernen Instrumenten im Bereich von 75 bis 80 dB, bei romantischen Orgeln – und in sehr kleinen Kirchenräumen – kommen auch durchaus Werte bis 84 dB vor. Alle diese Werte erhöhen sich um 7 bis 8 dB bei vollgriffigem Spiel und um weitere 3 bis 4 dB bei Hinzunahme des Pedals und einer Koppel zwischen zwei Manualen. Damit steigt der charakteristische Schalldruckpegel für den vollen Orgelklang der Barockorgeln auf etwa 88 bis 92 dB, bei romantischen Orgeln bis etwa 96 dB an (Lottermoser 1983).

Der Schallleistungspegel der einzelnen Pfeifen ist bei der Mehrzahl der Register über den ganzen Tonumfang gleichbleibend, Intonationsunterschiede halten sich im Bereich von 1 bis 2 dB. Bei manchen Registern wird allerdings bewusst eine mit steigender Tonhöhe stetig zunehmende oder – häufiger – abnehmende Stärke angestrebt. Typische Werte für den Schallleistungspegel einzelner Register des Hauptwerks (HW) und des Oberwerks (OW) sowie des Pedalwerks sind in Tabelle 4.6 zusammengestellt. Die dort angegebenen Variationsbereiche beziehen sich auf unterschiedliche Instrumente, nicht auf Schwankungen innerhalb des Registers, insbesondere die Werte für das Pedal berücksichtigen auch die Anforderungen in Räumen unterschiedlicher Größe.

Tabelle 4.6 Schallleistungspegel (in dB) von Orgeln (jeweils auf eine Taste bezogen)

Einzelregister		gemischte Stimme und Plena	
Prinzipal 8' (HW)	89–91	Mixtur (HW)	90–94
Gedackt 8'	84–88	Mixtur (OW)	89–92
Salizional 8'	76–77	Cimbel (HW)	88–92
Vox humana	82	Cimbel (OW)	84–91
Spanische Trompete	94	Mixtur (Pedal)	92–96
Prinzipal 16' (Pedal)	93	Plenum (HW)	98–100
Subbass 16'	81	Plenum (OW)	92–96
Posaunenbass 16'	94	Plenum (Pedal)	85–102

Der Plenumklang der Orgel wird in starkem Maße durch die gemischten Stimmen mitbestimmt, da bei diesen Registern pro Taste mehrere Pfeifen (meist drei oder vier, im Pedal auch bis zu sechs) vorhanden sind. Einige typische Werte für den Schallleistungspegel derartiger Register sind ebenfalls wiedergegeben, auch diese Werte gelten für das Anschlagen nur einer Taste. Bemerkenswert ist dabei, dass die Schallleistung der Mixturen vielfach diejenige eines Prinzipal 8' erreicht, während die – frequenzmäßig meist höher liegenden – Cimbeln etwas schwächer sind. Damit ergeben sich Schallleistungspegel um 100 dB für den Plenumklang im Hauptwerk oder Pedal und etwa 5 dB weniger für ein Oberwerk – wiederum bei Anschlagen nur einer Taste. Koppelt man Haupt- und Oberwerk, erreicht der Schallleistungspegel bei vollgriffigem Spiel (einschließlich Pedal) rund 110 dB; der Dynamikumfang zwischen einem einzelnen leisen Register und dem vollen Werk kann daher bei großen Orgeln 30 dB und mehr betragen, bei kleineren Orgeln ist mit 25 dB oder auch noch weniger zu rechnen (Meyer 2003).

Um für einen Konzertflügel einen repräsentativen Dauerpegel für die abgestrahlte Schallleistung zu erhalten, wurde für die Messungen ein zweistimmiges Tonleiterspiel über zwei Oktaven zu Grunde gelegt. Damit ergibt sich für die dynamische Obergrenze ein Schallleistungspegel von rund 104 dB und für die Untergrenze von 88 dB, in der tiefen Tonlage können die Werte um 1 bis 2 dB höher liegen. Diese

Kapitel 4 Musikalische Akustik 145

Werte gelten für geöffneten Flügeldeckel und ohne rechtes Pedal. Das rechte Pedal erhöht den Pegel um 4 dB in der tiefen und 3 dB in der hohen Lage, das Schließen des Deckels senkt ihn um 1 bis 2 dB. Das linke Pedal senkt den Schallleistungspegel nur in der Größenordnung von 1 dB. Im Ganzen lässt sich damit dass *pianissimo* eines einzelnen Tones auf rund 65 dB absenken, so dass sich gegenüber vollgriffigem *fortissimo* ein Dynamikumfang des Flügels von rund 45 dB ergibt.

Bei der Pauke liegt der spielbare Dynamikbereich ebenfalls in der Größenordnung von 45 dB. Dabei sind kurzzeitig Schallleistungspegel bis zu 115 dB möglich, das *pianissimo* lässt sich in den – für das jeweilige Instrument – tiefen Tonlagen auf etwa 67 dB, in den höheren Lagen bis auf rund 70 dB reduzieren. Bei der Harfe steigt die obere Grenze des Schallleistungspegels von 88 dB in der tiefen Lage auf rund 100 dB in der Mittellage an und verringert sich zu der hohen Lage hin auf etwa 80 dB; an der unteren Grenze des Dynamikumfangs ist mit 70 dB in der tiefen Lage und 60 dB in mittleren und hohen Lagen zu rechnen. Demzufolge ist der spielbare Dynamikumfang in der Mittellage am größten, er beträgt hier etwa 40 dB.

Bei den Gesangsstimmen hängt die abgestrahlte Schallleistung in starkem Maße von dem Grad der Stimmschulung ab, in allen Fällen ist jedoch ein deutlicher Anstieg vom tiefen Register zu hohen Lagen hin vorhanden. Zusammenfassend lässt sich sagen, dass sich bei Gesangssolisten der Schallleistungspegel an der oberen Dynamikgrenze zwischen 85 und 95 dB im tiefen Register und zwischen 110 und 125 dB im oberen Tonbereich bewegt. Demgegenüber erreicht das *pianissimo* im unteren Register bei tiefen Männerstimmen etwa 70 dB, bei Heldentenören und bei den Frauenstimmen etwa 60 dB, zu hohen Lagen hin steigen die Werte auf 85 bis 110 dB an. Insgesamt kann man bei Gesangssolisten also mit einem mittleren Dynamikumfang von 25 bis 30 dB, in den günstigsten Lagen bis 40 dB rechnen. Bei professionellen Choristen liegen die Werte aufgrund ihrer Ausbildung in einer ähnlichen Größenordnung, bei qualifizierten Laienchören kann man von einem durchschnittlichen Schallleistungspegel pro Sänger von 97 dB im *fortissimo* und 71 dB im *pianissimo* ausgehen, bei Sängerknaben reicht der Dynamikbereich von etwa 91 dB bis 80 dB (Ternström 1993).

4.2.2.2 Spektraleinflüsse

Neben dem Schallleistungspegel spielt auch die Veränderung des Klangspektrums eine Rolle für den Dynamikeindruck, maßgeblich sind dabei vor allem die dynamischen Vorgänge bei hohen Frequenzen. Da der Gesamtpegel der abgestrahlten Schallleistung im wesentlichen auf den stärksten Komponenten des Klangspektrums beruht, bietet es sich an, die dynamischen Veränderungen bei hohen Frequenzen in Relation zu den dynamischen Veränderungen der stärksten Klanganteile zu setzen. Dies geschieht durch den sog. *dynamischen Klangfarbenfaktor:* Er stellt diejenige Änderung der Klanganteile im Frequenzbereich um 3000 Hz dar, die auftritt, wenn sich die stärksten Klanganteile um 1 dB verändern. Dieser Zahlenwert kann insofern als repräsentativ angesehen werden, als das Klangspektrum fast aller Instrumente in allen Tonlagen oberhalb von 3000 Hz einen linearen Pegelabfall aufweist.

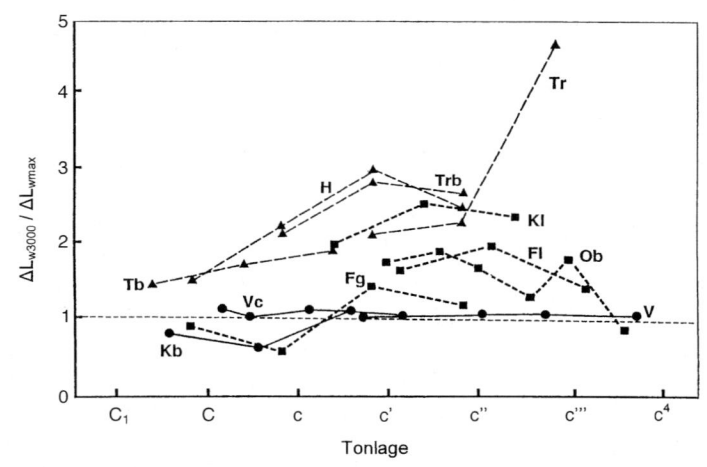

Abb. 4.6 Dynamischer Klangfarbenfaktor $\Delta L_{w3000} / \Delta L_{wmax}$ der Streich- und Blasinstrumente

Für die Streich- und Blasinstrumente ist dieser dynamische Klangfarbenfaktor in Abb. 4.6 über der Tonlage dargestellt. Dabei wird ersichtlich, dass die relative Zunahme der höherfrequenten Klanganteile mit zunehmender Spielstärke nicht als eine generelle Eigenschaft aller Musikinstrumente angesehen darf, wie dies in der Vergangenheit teilweise geschehen ist; vielmehr ist der Grad der Zunahme der höherfrequenten Klanganteile instrumentenspezifisch. Besonders gering ist er bei den Streichinstrumenten, da der Bogen stets eine Sägezahnschwingung der Saite erzeugt, bei der lediglich aufgrund des Bogendrucks die Spitze etwas mehr abgerundet oder etwas schärfer sein kann. Im tiefsten Tonbereich von Kontrabass und Fagott führt die „dezente" Schwingungsanregung sogar zu einem gegenteiligen Effekt, weil sich der Grundton nicht mehr richtig ausbildet.

Beim Konzertflügel liegt der dynamische Klangfarbenfaktor – weitgehend unabhängig von der Tonlage – im Bereich von 2 bis 2,5, sofern der Flügeldeckel geöffnet ist. Beim Schließen des Flügeldeckels werden die höherfrequenten Klanganteile etwa doppelt so stark bedämpft wie die stärksten Teiltöne, so dass der Brillanzsteigernde Effekt praktisch kompensiert wird und die subjektiv empfundene Dynamik damit auch eingeschränkt wird.

Da sich bei den Gesangsstimmen die Stimmbänder in den höheren Dynamikstufen in jeder Schwingungsperiode einmal ganz schließen, bei leiser Stimme jedoch eine Restfläche offen bleibt, nimmt der Obertongehalt des Klangspektrums mit steigender Dynamik zu. Dies ist von besonderer Bedeutung für den Sängerformanten, der im Bereich um 3000 Hz angesiedelt ist: er ändert sich um etwa 1,5 dB, wenn sich die Klanganteile im Bereich der Vokalformanten um 1 dB ändern.

4.2.3 Zeitstrukturen

4.2.3.1 Einschwingvorgänge

Die zeitliche Feinstruktur von Dynamik und Spektralstruktur ist ein wichtiger Informationsträger sowohl für den Charakter des Instrumentalklangs als auch für die spieltechnischen Ausdrucksmöglichkeiten. Während diese Feinstruktur des abgestrahlten Schalls an Mikrofonen im Nahbereich der Instrumente weitgehend unverändert eintrifft, kommen für den Zuhörer im Saal (und auch für entferntere Mikrofone) noch raumakustische Einflüsse dazu, die neben den genannten Aspekten des Instrumentenklangs auch Rückschlüsse auf Größe und Art des umgebenden Raumes zulassen; für den Zuhörer bilden sie einen integralen Anteil des Klangeindrucks.

Die wichtigste Rolle spielt dabei der Tonansatz, der physikalisch durch den Einschwingvorgang beschrieben wird: Wird ein Resonanzsystem plötzlich angeregt, benötigt es – im Fall einer Daueranregung – eine gewisse Zeit, bis es seine endgültige Schwingungsamplitude erreicht. Wird das System dagegen nur durch einen Impuls angeregt, wird die zugeführte Energie relativ schnell über einen Ausschwingvorgang verbraucht. Da ein sprungartiger Einsatz einer Schwingung ein spektrales Frequenzkontinuum enthält, werden in der Anfangsphase der Schwingungsentwicklung alle Resonanzen eines Instrumentes angestoßen. Infolgedessen treten im Einschwingvorgang vielfach unharmonische Komponenten auf, die jedoch nach kurzer Zeit wieder verschwinden; in ihrer frequenzmäßigen Zusammensetzung stellen sie für jede Instrumentengruppe ein Charakteristikum dar, das wesentlich zum Erkennen des Instrumententyps beiträgt.

Das Frequenzspektrum der Schwingungsanregung kann durch die Spielweise beeinflusst werden. Je härter ein Ton angesetzt wird, desto stärker sind die höheren Frequenzanteile im Anregungsspektrum, d.h. desto obertonreicher wird sich der Klang entwickeln und desto stärker werden sich auch die anfänglichen Geräuschkomponenten ausbilden. Als Artikulationsgeräusch können sie – neben der Dauer des Einschwingvorganges – einen wichtigen Beitrag zur Charakterisierung des Tonansatzes leisten.

Die Dauer des Einschwingvorganges wird üblicherweise durch die „Einschwingzeit" beschrieben, die definitionsgemäß die Zeitspanne vom Beginn der Schwingungsanregung bis zum Erreichen eines Schallpegels, der 3 dB unter dem endgültigen stationären Wert liegt, umfasst. Für die Streich- und Blasinstrumente sind typische Werte von Einschwingzeiten in Tabelle 4.7 (nach Melka 1970) zusammengestellt. Da tieffrequente Resonanzen von Natur aus längere Einschwingzeiten benötigen als höherfrequente, sind jeweils Werte für die tiefe und die hohe Lage der entsprechenden Instrumentengruppe angegeben, außerdem ist zwischen scharfem und weichen Toneinsatz differenziert.

Beispielsweise kann man bei den Violinen für einen scharfen Tonansatz von einer Einschwingzeit um 55 ms in der tiefsten Tonlage ausgehen, die sich bis in hohe Lagen auf 30 ms verkürzt; bei weichem Tonansatz lässt sich die Einschwingzeit auf Werte um 200 ms ausdehnen. Ähnliche Werte gelten für die Viola, während sich beim Violoncello und Kontrabass deutlich längere Einschwingzeiten bemerkbar machen. Alle diese Werte beziehen sich auf arco-Spiel, beim pizzicato ergeben sich noch kürzere Zeiten. Sie bewegen sich zwischen 18 ms in der tiefen und 5 ms in der hohen Lage der Violine bis zu 35 ms in der tiefen und 12 ms in der hohen Lage beim Kontrabass. Die Artikulationsgeräusche umfassen bei den Streichinstrumenten den ganzen Frequenzbereich starker Korpusresonanzen und sind in ihrer spektralen Zusammensetzung unabhängig vom gespielten Ton, jedoch unterschiedlich von Instrument zu Instrument; das Geräusch ist nicht mit einem Tonhöheneindruck verbunden. Die Dauer des Artikulationsgeräusches liegt je nach Spieltechnik um 50 bis 60 ms, allerdings setzt es vielfach um 20 bis 30 ms verzögert ein.

Tabelle 4.7 Einschwingzeiten von Orchesterinstrumenten

Instrument	scharfer Tonansatz in ms		weicher Tonansatz in ms	
	tiefe Lage	hohe Lage	tiefe Lage	hohe Lage
Violine / Viola	55	30	270	200
Violoncello	25	30	180	230
Kontrabass	140	45	400	60
Flöte	110	25	180	40
Oboe	35	15	110	35
Klarinette	35	30	60	50
Fagott	30	15	65	60
Horn	75	35	120	90
Trompete	30	18	175	35
Posaune	40	18	70	40
Tuba	70	25	130	60

Bei der Flöte benötigen auch scharf angesetzte Töne in der untersten Lage eine recht lange Einschwingzeit, die mit über 100 ms nur noch vergleichbar mit der tiefen Lage von Violoncello und Kontrabass ist. In der Mittellage und darüber liegen die Einschwingzeiten dagegen im Bereich der Geigen. Umso bedeutsamer ist dagegen für den Flötisten die Möglichkeit, dem Toneinsatz durch ein dezentes Artikulationsgeräusch mehr Präsenz zu verleihen. Dieses Artikulationsgeräusch besteht im tiefen Tonbereich aus Komponenten um 2000 Hz ohne tonalen Charakter, seine Dauer liegt in der Größenordnung von 50 ms. Bei den überblasenen Tönen sprechen auch die „unbenutzten" Resonanzen des Instrumentes an und erzeugen bisweilen ein Geräusch mit eindeutiger Tonhöhenzuordnung – z. B. Unteroktave –, dazu kommen noch weitere Geräuschanteile, die um 5000 Hz und höher liegen.

Bei den übrigen Holz- wie auch Blechblasinstrumenten laufen die scharf angesetzten Toneinsätze sehr schnell ab, extrem ist das Einschwingen von Oboe und Fagott mit nur 15 ms in der hohen Lage. Charakteristische Vorläufertöne treten bei den Rohrblattinstrumenten normalerweise nicht auf, lediglich können schlecht ansprechende Klarinettenblätter zu einem kurzen Pfeifton bei der Blattresonanz führen. Bei den Blechblasinstrumenten wird der scharf angesetzte Toneinsatz bisweilen durch einen Vorläufer-Impuls geprägt, der jedoch nur die gleichen harmonischen Komponenten enthält wie der stationäre Klang. Bei allen Blasinstrumenten lässt

Kapitel 4 Musikalische Akustik

sich der Toneinsatz auf etwa die doppelte Zeit dehnen, um dem Toneinsatz einen weicheren Charakter zu verleihen. Dieser Effekt wird noch dadurch unterstützt, dass bei weichem Toneinsatz die höheren Obertöne erst verzögert ansprechen.

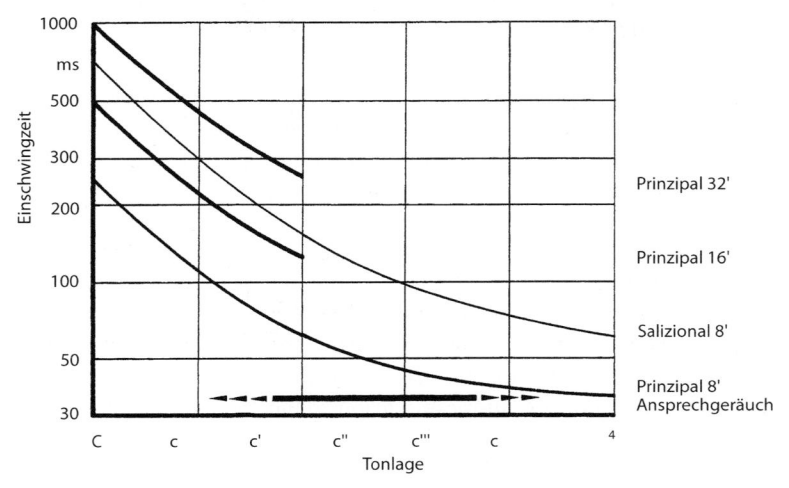

Abb. 4.7 Einschwingzeit von Orgelpfeifen und Dauer des Vorläufergeräuschs im Tonansatz

Die Einschwingzeit von Orgelpfeifen hängt in starkem Maße von der Tonhöhe und von der Bauart der Pfeifen ab. Für einige Register sind in Abb. 4.7 die Einschwingzeiten über der Tastatur dargestellt. Für einen Prinzipal 8' liegt die Einschwingzeit in der Tonlage um c' üblicherweise bei etwa 60 ms. Zu tieferen Tonlagen hin steigt die Einschwingzeit praktisch um einen Faktor 2 pro Oktave an, dies wird auch aus der Verschiebung der Kurven für die 16'- und 32'-Register deutlich. Damit ergeben sich für die tiefen Pfeifen Einschwingzeiten bis zur Größenordnung von einer Sekunde. Diese langen Zeiten bilden einen wichtigen Beitrag zum charakteristischen Gesamtklang der Orgel, insbesondere tragen sie dazu bei, dass im Klangeinsatz der vollen Orgel die höherfrequenten Spektralanteile nicht zu sehr durch die tiefen Komponenten verdeckt werden.

Zu höheren Frequenzen nimmt die Einschwingzeit der Prinzipalpfeifen nur langsam ab und erreicht Werte um 30 ms, bei 2'- und 1'-Registern auch noch darunter; dies ist besonders für den Toneinsatz der Mixturen von Bedeutung. Sehr eng mensurierte Register (z. B. Salizionale) benötigen eine deutlich längere Zeit als die Prinzipale, bis sie voll eingeschwungen sind, da sich bei diesen Pfeifen die ersten Obertöne früher entwickeln als der Grundton. Die Einschwingzeiten derartiger Register sind oft mehr als doppelt so lang wie die der Prinzipale. Zungenregister haben an sich recht kurze Einschwingzeiten, die auch in der tiefen Tonlage im Bereich von 30 bis 40 ms liegen. Allerdings setzt die Schwingung der Zungen erst etwas verzögert ein, da sich zunächst eine hinreichende Luftströmung in der Pfeife aufbauen muss; die Verzögerung liegt in der Größenordnung von 40 bis 50 ms, so dass die Zungenregister nur bedingt zur Prägnanz eines Plenum-Einsatzes beitragen können (Angster et al. 1997). Alle diese Angaben über die Einschwingzeiten setzen eine hinreichend starke Luftversorgung innerhalb der Orgel voraus. Bei langen und engen Windkanälen kann es durchaus vorkommen, dass sich erst nach Ablauf von rund 100 ms ein stabilisierter Luftdruck in den Tonkanzellen einstellt, was den Einschwingvorgang der Pfeifen um wenigstens 50 ms in die Länge ziehen kann (Lottermoser et al. 1965).

Einen wichtigen Beitrag für den Hör-Eindruck des Klangeinsatzes von Labialregistern leisten die sog. Vorläufertöne, die als Artikulationsgeräusch (ohne erkennbare Tonhöhe) das Ansprechen der Pfeifen markieren. Ihre Stärke hängt – zumindest bei Orgeln mit mechanischer Traktur – in Grenzen von der Art des Tastenanschlags ab: Der Spieler kann die Dauer der Tastenbewegung zwischen etwa 30 und 70 ms variieren, je weicher der Anschlag ist, desto schwächer bildet sich der Vorläuferton aus. Unabhängig davon liegt die typische Dauer der Vorläufertöne für Pfeifen aller Tonlagen bei etwa 30 bis 40 ms. Ihre Frequenzlage bewegt sich je nach Tonhöhe der Pfeifen zwischen etwa 1000 und 3500 Hz, am deutlichsten ausgeprägt sind sie im mittleren Tonbereich; unterhalb von c und oberhalb von c''' (bezogen auf 8'-Register) spielen sie kaum noch eine Rolle. Insbesondere in Kirchen mit langer Nachhallzeit können die Vorläufertöne entscheidend zur Deutlichkeit des rhythmischen Ablaufs der Musik beitragen.

Auf Instrumente mit Impulsanregung – also vor allem alle angeschlagenen und angezupften Saiten- und Membraninstrumente – lässt sich die Definition der Einschwingzeit nur bedingt übertragen, üblicherweise wird deshalb die Zeit bis zum Erreichen des Maximalpegels angegeben. In diesem Sinne ergibt sich beispielsweise für die Entwicklung der tiefen Klanganteile der Pauke eine Einschwingzeit um 100 ms. Je nach Härte der Schlegel und des Anschlags kann durch die Verstärkung höherfrequenter Komponenten aber durchaus der Eindruck sehr präziser Toneinsätze hervorgerufen werden, die einer Einschwingzeit von nur 20 ms adäquat sind (Melka 1970).

Beim Klavier bzw. Flügel beträgt die Einschwingzeit sogar in den tiefen Tonlagen nur etwa 30 ms und ist bei einzelnen, durch die Resonanzverhältnisse begünstigten Tönen sogar noch kürzer. Zu den höheren Tonlagen hin verkürzt sich der Einschwingvorgang auf Werte zwischen 10 und 15 ms. Ergänzt wird der Klangeindruck des Toneinsatzes durch das Anschlaggeräusch. Da praktisch alle stärkeren Resonanzen zwischen 600 und 2500 Hz impulsartig angeregt werden, entsteht ein knackartiges Geräusch von etwa 25 bis 40 ms Dauer, das dem Toneinsatz zur Artikulation dient. Je nach Art des Tastenanschlags kann dieses Artikulationsgeräusch kultiviert oder unterdrückt werden. Bei manchen Flügelmodellen werden auch tiefe Resonanzen im Bereich um 100 Hz hörbar angeregt; es bildet sich dabei ein etwa 100 ms langer Klang unbestimmter Tonhöhe aus, der jedem Ton eine instrumentenspezifische Färbung verleiht.

Bei der Gesangsstimme wird der Tonansatz durch die Art des beginnenden Konsonanten bestimmt. Verschlusslaute führen zu Geräuschimpulsen von nur 20 bis 30 ms Dauer, bereits nach 40 bis 60 ms haben die harmonischen Klanganteile ihre volle Stärke erreicht. Zischlaute werden dagegen gern durch eine Ausdehnung über etwa 200 ms prononciert. Ein anlautendes „m" kann nach einem anfänglichen Geräusch von 40 bis 50 ms durch eine bis zu 150 ms andauernde „Brummphase" betont wer-

Kapitel 4 Musikalische Akustik 151

den, wobei sich schon in dieser Phase der Sängerformant ausbilden kann, obwohl der Mund noch geschlossen ist. Ein anlautendes „r" wird durch eine geräuschhafte Impulsfolge geprägt, wobei die Einzelimpulse in Abständen von etwa 40 ms aufeinander folgen. Vokale, die ohne vorangehenden Konsonanten einsetzen, entwickeln sich – bedingt durch den sog. Glottisschlag – fast ebenso schnell wie bei konsonantischem Anlaut; bereits nach etwa einer Periode des Grundtones ist im Bereich des betreffenden Formanten die endgültige Stärke erreicht, das entspricht einer Größenordnung von nur 10 ms.

4.2.3.2 Vibrato

Auch im stationären Teil eines Tones, also nach Abschluss des Einschwingvorganges bis zum Ende der Schwingungsanregung, können zeitliche Strukturen auftreten. So unterliegen praktisch alle Instrumentalklänge statistischen Schwankungen, die sich beispielsweise bei den Streichinstrumenten zwar auf etwa ± 4 cent reduzieren lassen, aber bei starkem Bogendruck in höheren Lagen der unteren Saiten auch auf ±20 cent anwachsen können. Bei den Blasinstrumenten liegen die Werte in der gleichen Größenordnung. Diese statistischen Schwankungen sind jedoch vergleichsweise unwichtig gegenüber der zeitlichen Klangstrukturierung durch das Vibrato.

Bei den einzelnen Orchesterinstrumenten und der Gesangsstimme führt das Vibrato zu unterschiedlichen klanglichen Auswirkungen. Allgemein gilt jedoch eine Vibratofrequenz von 6 bis 8 Hz als optimal, weil im diesem Bereich der Modulationsfrequenz einerseits eine belebende Wirkung spürbar wird, andererseits aber noch immer eine eindeutige Tonhöhenempfindung erhalten bleibt. Wird die Modulationsfrequenz kleiner als 5 Hz, kann das Gehör der zeitlichen Frequenzänderung noch folgen, was die Intonation verunsichert.

Bei den Streichinstrumenten wird durch das Vibrato eine periodische Längenänderung der Saite und damit primär eine Frequenzmodulation erzeugt. Bedingt durch die scharfen Resonanzen des Instrumentenkorpus bewirkt diese Frequenzmodulation zusätzlich eine Amplitudenmodulation des abgestrahlten Klanges; diese Amplitudenmodulation ist für die einzelnen Teiltöne unterschiedlich stark und nicht gleichphasig. Die Weite eines ausgeprägten Vibratos liegt in der Größenordnung von ±35 cent, die damit verbundenen Amplitudenschwankungen liegen bei der Geige um 3 bis 6 dB für Teiltöne unterhalb von 1000 Hz und 6 bis 15 dB für Frequenzen zwischen 1000 und 2500 Hz, in Einzelfällen können sie auch bis 25 dB betragen. Bei den tieferen Streichinstrumenten sind die Frequenzgrenzen entsprechend verschoben. Bewegt sich ein Teilton periodisch über eine scharfe Resonanzspitze oder eine scharfe Resonanzlücke hinweg, wird die Amplitude mit der doppelten Frequenz der Frequenzmodulation moduliert und gibt dem Klang dadurch eine gewisse Rauigkeit (Meyer 1992).

Bei der Gesangsstimme liegt die Weite eines angenehm klingenden Vibratos im Bereich von etwa ±40 bis ±80 cent, dabei bewirkt die Frequenzmodulation wegen der Breite der Resonanzen im Mund- und Rachenraum praktisch keine zeitliche

Veränderung der spektralen Hüllkurve. Im Gegensatz dazu prägt sich bei einem stark forcierten Vibrato mit einer Weite in der Größenordnung von ±200 cent eine deutliche Amplitudenmodulation sehr hoher Klang- und Geräuschanteile aus, die der Stimme eine besondere Auffälligkeit, aber auch Penetranz verleihen kann, was für die Durchsetzungskraft in manchen Opernpassagen durchaus hilfreich sein mag.

Bei der Flöte ist die Weite des Vibratos üblicherweise relativ klein, Frequenzschwankungen von ±10 bis ±15 cent sind schon als ein starkes Vibrato anzusehen. Dabei treten praktisch keine Amplitudenschwankungen bei den unteren Teiltönen des Flötentons auf. Bei den höheren Obertönen, insbesondere oberhalb von etwa 3000 Hz entstehen jedoch gleichphasige Pegelschwankungen in der Größenordnung von 15 dB, die als pulsierende Klangfarbenänderung empfunden werden. Hinzu kommt noch eine mehr oder weniger ausgeprägte Modulation des Anblasgeräusches, die mit Pegeländerungen um 15 dB bis über 10.000 Hz hinausreichen kann. Bei den Rohrblattinstrumenten wird ein klassisches Vibrato – wenn überhaupt – nur sehr eng gespielt, ±10 cent werden selten überschritten; auch ist damit keine gravierende Amplitudenmodulation verbunden. Auch beim Lippenvibrato der Blechbläser hält sich das Vibrato meist in den Grenzen von rund ±10 cent, lediglich das Zugvibrato der Posaune kann eine Weite von ±20 cent erreichen. Verbunden ist damit eine gleichphasige Modulation der höheren Obertöne, die im Bereich oberhalb von 2000 Hz durchaus eine Tiefe von 10 dB erreichen kann, so dass für den Hörer der Eindruck einer Klangfarbenmodulation entsteht.

Die genannten Klangeigenarten des Vibratos bei unterschiedlichen Instrumenten sind in klarer Form nur in der Nähe des Spielers zu hören. Im Raum überlagern sich die zu verschiedenen Zeitpunkten abgestrahlten Frequenzen und führen zu Frequenzbändern. Bei den Streichinstrumenten und Gesangsstimmen mit ihrem relativ weiten Vibrato erhöht diese frequenzmäßige Verbreiterung der Teiltöne den Eindruck des klanglichen „Volumens", dagegen treten die Spektralschwankungen weitgehend zurück. Im Gegensatz dazu überwiegt im Klangeindruck der Flöte und – wenn auch nicht ganz so stark ausgeprägt – der Blechblasinstrumente die Amplitudenmodulation sehr hoher Frequenzanteile. Da diese vom Raum meist relativ stark absorbiert werden, werden sie vor allem durch den Direktschall übertragen und unterstützen somit die Lokalisation der Schallquelle und die Auffälligkeit der musikalischen Stimme im Gesamtklang eines Orchesters.

4.2.3.3 Ausklingvorgänge

Wenn die stationäre Schwingungsanregung bei einem Instrument abbricht, ist noch eine mehr oder weniger große Schwingungsenergie in dessen Resonanzsystem gespeichert. Sie ist naturgemäß bei schwingenden Saiten, Membranen oder Platten deutlich größer als wenn nur eine Luftsäule schwingt. Diese Restenergie wird teils durch Abstrahlung teils durch innere Verluste verbraucht, wobei die einzelnen Resonanzen je nach ihrer Dämpfung langsamer oder schneller ausschwingen; bei einigen Instrumenten lässt sich die Dämpfung durch die Spieltechnik beeinflussen. Da der Energieverbrauch exponentiell erfolgt, ergibt sich für die zeitliche Abnahme des Schalldruckpegels ein geradliniger Verlauf. Dieser legt es nahe, analog zur „Nachhallzeit" der Raumakustik eine „Ausklingzeit" für Instrumentenklänge zu definieren, die der Zeitspanne eines Pegelabfalls über 60 dB entspricht. Bei gekoppelten Resonanzsystemen kann es – ähnlich wie bei gekoppelten Räumen – zu Abweichungen vom linearen Pegelabfall kommen, in derartigen Fällen reicht ein einzelner Zahlenwert nicht aus, um den Ausschwingvorgang zu beschreiben. Im Gegensatz zum Einschwingvorgang werden beim Ausklingen keine neuen Klang- oder Geräuschanteile angeregt.

Tabelle 4.8 Ausklingzeiten (in s) der Streichinstrumente

Instrument	tiefe Lage	hohe Lage	leere Saiten
Violine	1,0	0,25	3–2
Viola	1,3	0,4	4–3
Violoncello	2,0	1,0	10–15
Kontrabass	3,0	1,5	10

Bei den Streichinstrumenten hängt die Ausklingzeit in starkem Maße davon ab, ob der Bogen am Ende des Tones auf der Saite verharrt oder ob er abgehoben wird. Wird der Bogen abgehoben, schwingt der Ton umso länger nach, je länger und je schwerer die Saite ist. Allerdings spielt auch die Frequenzlage der nächstliegenden Korpusresonanz eine Rolle; fällt die Saitenfrequenz direkt auf eine Resonanz, klingt der Ton besonders schnell aus. Generell ergibt sich daher für die Streichinstrumente, dass die Ausklingzeit vorwiegend von der Tonhöhe und kaum vom Instrumententyp abhängt. Ausgehend von Werten um 3 s für die tiefe Lage des Kontrabasses verkürzt sich die Ausklingzeit kontinuierlich bis auf Werte um 0,25 s für die hohe Tonlage der Violine, wie die in Tabelle 4.8 aufgelisteten Beispiele zeigen. Diese Werte beziehen sich jeweils auf den Grundton des betreffenden Streichinstrumentenklangs; bereits die beiden ersten Obertöne klingen etwa doppelt so schnell aus, höhere Komponenten noch schneller. Das bedeutet, dass – bei der üblichen Nachhallzeit eines Konzertsaales von 2 s bei mittleren Frequenzen und einem Anstieg zu tiefen Frequenzen hin – der Raum stets etwas länger nachklingt als die Instrumente selbst, insbesondere in mittleren und hohen Tonlagen. Die Ausklingzeit der leeren Saiten ist etwa viermal so lang wie diejenige von gegriffenen Tönen. Wird die Saite durch das Verbleiben des Bogens bedämpft, verkürzt sich die Ausklingzeit erheblich; dies kann bei Violoncello und Kontrabass auch noch dadurch unterstützt werden, dass man die Saite am Ende des Tones auf einen anderen Ton „umstimmt".

Bei allen Blasinstrumenten sind die Ausklingzeiten erheblich kürzer, sie liegen im mittleren Tonbereich in der Größenordnung von 0,1 s und nehmen zu sehr hohen Tonlagen noch etwas ab. Auch in den jeweils tiefsten Tonlagen von Klarinette und Fagott sowie Horn und Tuba gehen sie kaum über 0,25 s hinaus. Dabei hat der Spieler praktisch keinen Einfluss auf den Ausschwingvorgang. Lediglich bei der Flöte ist es möglich, das Ausklingen etwas zu beeinflussen, indem der Spieler den Ton mit einem „Verhauchen" beendet. So liegt beispielsweise bei einem „normal" abgesetzten Flötenton mittlerer Tonlage die Ausklingzeit des Grundtons um 120 ms und der ersten drei Obertöne um 100 ms, durch ein weichen Absetzen des Tones lassen sich jedoch diese Ausklingzeiten auf etwa 200 ms für den Grundton und 120 ms für die ersten Obertöne ausdehnen. Nicht zu verwechseln ist damit natürlich eine dynamische Gestaltung mit einem *decrescendo* zum Tonende hin. Im Ganzen bedeutet das, dass bei allen Blasinstrumenten für den Höreindruck der Zuhörer nur der Raum das Nachklingen der Töne prägt.

Das Ausklingen der Pauke wird dadurch charakterisiert, dass der Quint- und der Oktavteilton länger nachschwingen als der Hauptton, da für letzteren die Abstrahlungsbedingungen günstiger sind. Die Ausklingzeit dieser harmonischen, und damit für den Tonhöheneindruck maßgeblichen Teiltöne hängt von der Fellspannung, d. h. von der Stimmung der Pauke ab. Sie variiert für Quinte und Oktave zwischen rund 10 s für tiefe und 3 s für hohe Paukenklänge, während sich der zugehörige Grundton zwischen 7 s für tiefe und 1,5 s für hohe Töne bewegt. Die unharmonische tiefste Ringmode klingt wesentlich kürzer aus, da sie als Kugelstrahler den besten Abstrahlgrad besitzt. Wird die Pauke mit der Hand bedämpft, verkürzt sich die Nachhallzeit auf etwa 0,7 s bei tiefer und 0,2 s hoher Abstimmung des Fells (Fleischer 1991). Da die wesentlichen Klanganteile der Pauke deutlich länger nachklingen als der Raum, entsteht für den Zuhörer – im Gegensatz zu den Blasinstrumenten – der Eindruck, dass der Nachklang vom Instrument und nicht aus dem Raum kommt.

Da in der Orgel die Schallenergie nur in der schwingenden Luftsäule der einzelnen Pfeifen – und damit in einer geringen Masse – gespeichert ist, klingt der Ton im Prinzip sehr schnell ab. Allerdings wird der Vorgang des Ausklingens bei Instrumenten mit Tonkanzellen, wie sie heute am meisten anzutreffen sind, etwas dadurch verlängert, dass das Ventil unter der Kanzelle etwa 50 ms bis zum endgültigen Schließen benötigt und dann noch der restliche Spielwind aus der Kanzelle in die Pfeife gelangt – ein Vorgang, der mit dem „Verhauchen" des Flötisten vergleichbar ist. Im Ganzen kann man deshalb für den mittleren und hohen Tonbereich mit einer Ausklingzeit in der Größenordnung von 100 bis 150 ms rechnen, die zu den tiefsten Tonlagen nur unwesentlich zunimmt. Der Klang der Orgel bricht daher ziemlich abrupt ab und ist für eine abgerundete Klangwirkung auf den Nachhall des umgebenden Raumes angewiesen – eine Forderung, die allerdings in vielen kleineren Dorfkirchen, auch solchen mit wertvollen historischen Orgeln, keineswegs erfüllt ist.

Beim Klavier kommt der zeitlichen Feinstruktur des Ausschwingvorganges eine besondere Bedeutung zu, nicht nur, weil er die eigentliche Dauer des Klaviertons bestimmt, sondern auch weil die Pegelabnahme nicht einem einfachen linearen Abfall folgt. Die physikalische Ursache dafür ist darin zu sehen, dass die einzelnen Saiten zunächst in der Richtung schwingen, in der sie angeschlagen werden, d. h. senkrecht zur Ebene des Resonanzbodens. Bedingt durch bautechnische Unsymmetrien fangen die Saiten jedoch nach kurzer Zeit an, mit ihrer Schwingungsebene zu pendeln. Dadurch entsteht auch eine Komponente, die parallel zum Resonanzboden auf den Steg einwirkt. Da die senkrechte Komponente auf eine deutlich geringere Eingangsimpedanz des Resonanzbodens trifft als die parallele, ist die Energieübertragung der ersteren erheblich besser, so dass die Energie dieser Komponente schneller auf den Resonanzboden übertragen wird. Als Folge davon gliedert sich der Ausschwingvorgang beim Klavier in zwei Abschnitte, in deren erstem der Schallpegel von seinem Anfangswert relativ schnell (linear) abklingt. Nach einer kurzen Übergangsphase klingt der Ton dann wesentlich langsamer aus; auch dieser Pegelabfall ist im Wesentlichen linear, seine Steilheit entspricht der höheren Eingangsimpedanz des Resonanzbodens für die parallele Anregung. Durch Pendelbewegungen der Saite kann es in dem zweiten Abschnitt auch zu mehrfachem An- und Abschwellen des Tones kommen, was nicht mit Schwebungen bei ungenau gestimmten Saiten innerhalb eines Chores zu verwechseln ist.

Das Ausklingen kurzer Töne wird nur durch die erste Abklingphase bestimmt. Ihre Dauer bewegt sich zwischen Werten um 2 s für die tiefen Tonlagen und 0,3 s in der dreigestrichenen Oktave, entspricht also langsamen Halben Noten in der unteren und schnellen Achteln in der hohen Tonlage. Die Ausklingzeit für diese Phase lässt sich am besten analog zur Early Decay Time der Raumakustik bestimmen, indem man den Pegelabfall über die ersten 10 dB auf 60 dB umrechnet. Damit ergeben sich für die tiefste Tonlage *Anfangsnachklingzeiten* um 10 s, zu höheren Frequenzen hin fallen die Werte um einen Faktor 1,7 pro Oktave ab und liegen damit oberhalb etwa c''' unter 1 s. Für den Höreindruck im Konzertsaal bedeutet das, dass die Nachklingzeit etwa unterhalb c' länger als die Nachhallzeit des Raumes ist und damit der Nachklang vorwiegend dem Instrument zugeordnet wird, während in den höheren Lagen der Raum wesentlichen Anteil am Nachklingen hat; in Kammermusikräumen mit einer Nachhallzeit von beispielsweise 1,2 s verschiebt sich diese Grenze in die Sopranlage. Bedingt durch die Frequenzlage der Saiten zu den nächsten Resonanzen, kann sich die Anfangsnachklingzeit benachbarter Töne bis zu einem Faktor von etwa 2 unterscheiden, was deutlich hörbar ist; denn die Empfindungsschwelle für die Unterscheidung ist wesentlich kleiner. Zwar sind bei Anfangsnachklingzeiten von mehr als 4 s erst Änderungen von mindestens 25 % erforderlich, bei Nachklingzeiten zwischen 3 und 1,5 s genügen aber bereits 15 % und unterhalb 1 s sogar nur etwa 10 % – Werte die allerdings deutlich höher sind als die Unterschiedsschwellen für die Nachhallzeit von Räumen.

Für längere Noten spielt auch die zweite Ausklingphase eine Rolle. Sie lässt sich durch die – wieder auf 60 dB bezogene – *spätere Nachklingzeit* und ergänzend durch die Pegeldifferenz zwischen dem Spitzenwert und der Knickstelle zwischen den beiden Ausklingphasen beschreiben. Die Werte für die spätere Nachklingzeit sind etwa über die untere Hälfte des Tonumfangs weitgehend konstant und liegen je nach Flügel- oder Klaviermodell zwischen rund 20 und 30 s. Oberhalb von etwa c' sinken sie um einen Faktor 1,9 pro Oktave ab, so dass im höchsten Tonbereich etwa 2 s erreicht werden. Der Einsatzpunkt der späteren Nachklingphase liegt tendenziell bei tiefen Tönen um rund 15 dB unter der Pegelspitze, zur Mittellage hin vergrößert sich der Abstand auf Werte von mehr als 20 dB und steigt dann oberhalb von etwa c''' auf rund 15 dB an. Der individuelle Unterschied zwischen benachbarten Tönen kann durchaus 30 % (bezogen auf die Pegelwerte) betragen. Hörbar sind diese Unterschiede, wenn sie größer als 3 dB sind.

Das bereits erwähnte mehrfache An- und Abschwellen des Tones tritt zwar in den tiefen Tonlage nur selten auf, in der Mittellage sind davon aber je nach Instrument 30 bis 50 % der Töne, in der hohen Lage sogar 70 bis 90 % der Töne betroffen. In der unteren Hälfte des Tonumfangs beträgt der zeitliche Abstand zwischen dem Toneinsatz und dem ersten Maximum dieser Amplitudenschwankung 2 bis 3 s, zu höheren Tönen hin verkürzt sich diese Zeitspanne aber etwa um den Faktor 2 pro Oktave und erreicht damit Werte von weniger als 0,5 s bei den höchsten Tönen. Im Allgemeinen liegt das erste Maximum etwa 10 bis 20 dB unter der Anfangsspitze. Praktisch macht sich dieses „Atmen" des Klaviertons in der tiefen Tonlage nur bei relativ langen Tönen bemerkbar, kommt in den oberen Tonlagen aber schon bei ziemlich schnellen Tonfolgen zur Auswirkung. Es ist eines der Charakteristika des Klaviertons; es stellt deshalb kein Qualitätskriterium dar, bei wie vielen Tönen längs der gesamten Klaviatur diese Amplitudenschwankungen auftreten.

4.3 Schallabstrahlung

4.3.1 Richtcharakteristiken

4.3.1.1 Grundlagen

Musikinstrumente und Gesangsstimmen weisen – wie auch die meisten anderen Schallquellen – eine mehr oder weniger stark ausgeprägte Richtungsabhängigkeit der Schallabstrahlung auf. Der Grund dafür liegt in der Überlagerung der Schallwellen, die von unterschiedlich schwingenden Bereichen des Instruments abgestrahlt werden. Maßgeblich sind dafür die Schwingungsmoden vibrierender Platten oder Membranen, die Phasenfronten beim Schallaustritt aus trichterförmigen Öffnungen oder die Schallabstrahlung aus mehreren kleineren Öffnungen. Dazu kommt in manchen Fällen noch die Abschattung des Schalls durch den Körper des Musikers. Eine allseitig gleichmäßige Schallabstrahlung findet nur statt, wenn die gesamte Oberfläche des Instruments gleichphasig schwingt („atmende Kugel") oder wenn die Schallquelle klein im Verhältnis zur Wellenlänge ist (Punktschallquelle). Daher kommen derartige Kugelstrahler fast nur bei tiefen Frequenzen vor.

Die Richtungsabhängigkeit der Schallabstrahlung wird üblicherweise in Form von Polardiagrammen dargestellt, bei denen für einzelne Ebenen oder auch räumlich die Winkelabhängigkeit des Schalldruckpegels im freien Schallfeld wiedergegeben wird. Derartige „Richtcharakteristiken" werden fast ausschließlich im Fernfeld der Schallquelle gemessen, das Schallfeld im unmittelbaren Nahbereich des Instruments kann davon durchaus etwas abweichen. Eine wichtige Eigenschaft der Richtcharakteristiken ist ihre Frequenzabhängigkeit. Bei den meisten Instrumenten ist diese Frequenzabhängigkeit unabhängig von der gespielten Tonhöhe, beispielsweise gilt eine Richtcharakteristik für Frequenzen um 1000 Hz sowohl für den Grundton von h" als auch für den Oktavteilton von h' oder den dritten Teilton von e'. Ausnahmen, bei denen die Richtcharakteristik vom gespielten Ton abhängt, finden sich bei der Flöte, der Pauke und den offenen Labialpfeifen der Orgel. Außerdem ist die Richtcharakteristik im Prinzip unabhängig von der gespielten Dynamik;

Kapitel 4 Musikalische Akustik

da in den höheren Dynamikstufen jedoch der Anteil höherfrequenter Komponenten im Klangspektrum zunimmt, gewinnen mit steigender Lautstärke die Richtcharakteristiken für hohe Frequenzen eine zunehmende Bedeutung für den klanglichen Eindruck in unterschiedlichen Richtungen.

Da die Richtcharakteristiken mit ihrer Frequenzabhängigkeit meist sehr komplexe Strukturen aufweisen, ist für praktische Anwendungen eine zusammenfassende Vereinfachung meist unumgänglich. Dabei interessieren insbesondere die Richtungen starker Schallabstrahlung, in manchen Fällen ist es aber auch nützlich, die Richtungen extrem schwacher Schallabstrahlung zu kennen. Um Bereiche starker Schallabstrahlung zu definieren, hat es sich bewährt, die Winkelbereiche, in denen der Schalldruckpegel um nicht mehr als 3 dB oder 10 dB unter den Maximalwert absinkt, auszuwerten; den 3-dB-Bereich bezeichnet man auch als Halbwertsbreite. Eine Kugelcharakteristik lässt theoretisch natürlich keine winkelabhängigen Abweichungen des Schalldruckpegels zu. Für die Praxis hat es sich jedoch als sinnvoll erwiesen, Richtcharakteristiken, die keine Abweichungen von mehr als 3 dB aufweisen, als „allseitig gleichmäßig" anzusehen.

Darüber hinaus spielt sowohl für den Mikrofonabstand als auch für raumakustische Überlegungen der statistische Richtfaktor eine wichtige Rolle. Er stellt das Verhältnis des in einer bestimmten Richtung vorhandenen Schalldrucks zu demjenigen Schalldruck dar, den eine Schallquelle gleicher Schallleistung, aber mit Kugelcharakteristik in der gleichen Entfernung hervorrufen würde. Werte des statistischen Richtfaktors, die größer als 1 sind, weisen dementsprechend auf eine überdurchschnittlich starke, Werte unter 1 auf eine relativ schwache Schallabstrahlung hin. An den Grenzen des oben genannten 3-dB-Bereiches sinkt der statistische Richtfaktor auf das 0,7fache, an den 10-dB-Grenzen auf das 0,3fache seines Maximalwertes ab. Für Schallpegelbetrachtungen lässt sich der statistische Richtfaktor in das Richtwirkungsmaß umrechnen; es gibt an, um wie viel dB der Schalldruckpegel in der betreffenden Richtung höher ist, als er es bei einer ungerichteten Schallquelle wäre:

$$D = 20 \log \Gamma_{st} \qquad (4.1)$$

Darin ist D das Richtwirkungsmaß und Γ_{st} der statistische Richtfaktor. Darüber hinaus ist für raumakustische Anwendungen bisweilen das sog. Vor-Rück-Verhältnis von Bedeutung; es wird als Pegeldifferenz zwischen dem nach vorn und dem nach hinten abgestrahlten Schalldruckpegel – jeweils als Mittelwert über einen Winkel von ±10° – angegeben.

4.3.1.2 Blechblasinstrumente

Bei den Blechblasinstrumenten werden die Richtcharakteristiken durch Form und Größe des Schalltrichters sowie den anschließenden Konusverlauf bestimmt. Infolgedessen liegt die Richtung stärkster Schallabstrahlung – mit Ausnahme eines schmalen Frequenzbereichs beim Horn – stets in Richtung der Trichterachse. Im untersten Frequenzbereich strahlen alle Blechblasinstrumente praktisch kugelförmig ab, da der Schalltrichter klein zur Wellenlänge ist. Daran schließt sich ein Frequenzbereich mit komplizierten Phasenfronten im Trichter an, dabei sinkt die Breite des Hauptabstrahlungswinkels innerhalb etwa einer Oktave auf etwa 90° ab. Bei hohen Frequenzen tritt dann eine scharfe Bündelung ein, die für den statistischen Richtfaktor auf Werte über 6 führt.

Bei der Trompete ist eine „runde", d. h. allseitig gleichmäßige Schallabstrahlung nur unterhalb 500 Hz, also für die Grundtöne der tieferen Tonlagen, vorhanden. Bereits um 1000 Hz umfasst der 3-dB-Bereich nur noch ±45° zur Trichterachse, die stärksten Klanganteile der Trompete (im Hauptformanten um 1200 Hz) werden also schon relativ stark gebündelt abgestrahlt. Oberhalb von 3000 Hz engt sich der 3-dB-Bereich auf ±15°, der 10-dB-Bereich auf ±35° ein. Folgerichtig ergeben sich für den statistischen Richtfaktor Werte von 2,3 bei 2000 Hz, 4,4 bei 6000 Hz und 6,6 bei 15.000 Hz, wie auch in der Zusammenstellung der Abb. 4.8 eingetragen ist. Dem entsprechen Werte für das Richtwirkungsmaß von 7,3 dB bei 2000 Hz, 12,8 dB bei 6000 Hz und 16,4 dB bei 15.000 Hz. Rückwandreflexionen spielen deshalb für die Trompeten nur eine untergeordnete Rolle, doch führt ein Anheben des Schalltrich-

Abb. 4.8 Richtung stärkster Schallabstrahlung und zugehöriger statistischer Richtfaktor Γ_{st} für einige Frequenzen bei Streich- und Blasinstrumenten

ters über das Notenpult bei Frequenzen oberhalb 2000 Hz in Blickrichtung zu einer Pegelzunahme von mehr als 10 dB.

Bei der Posaune verschieben sich die typischen Eigenarten der Richtcharakteristiken um etwa 20 % zu tieferen Frequenzen, wohingegen der Tonumfang – ohne Berücksichtigung der Pedaltöne – um eine Oktave tiefer liegt. Die „runde" Abstrahlung reicht bis etwa 400 Hz, umfasst also deutlich mehr Komponenten als bei der Trompete, was die Stärke von Rückwandreflexionen unterstützt. Bei 750 Hz erreicht der 3-dB-Bereich zwar einen Winkel von ±45°, doch bedeutet dies, dass der Hauptformant der Posaune (um 550 Hz) wesentlich breiter abgestrahlt wird als bei der Trompete und infolgedessen Seitenwandreflexionen eine stärkere Rolle spielen als bei der Trompete. Oberhalb 2000 Hz engt sich der 3-dB-Bereich auf etwa ±20°, der 10-dB-Bereich auf rund ±40° ein. Der statistische Richtfaktor erreicht Werte von 2,1 bei 1000 Hz, 4,5 bei 3000 Hz und 6,1 bei 10.000 Hz. Dem entsprechen Werte für das Richtwirkungsmaß von 6,3 dB bei 1000 Hz, 13 dB bei 3000 Hz und 15,6 dB bei 10.000 Hz. Wird der Schalltrichter seitlich des Notenpultes gehalten, nimmt oberhalb 1500 Hz der Pegel in Blickrichtung um etwa 5 dB zu.

Bei der Tuba umfasst die „runde" Abstrahlung nur Frequenzen bis 75 Hz, bereits um 100 Hz erstreckt sich der 3-dB-Bereich nur noch auf die obere Halbkugel. Um 500 Hz liegt die Pegelabschwächung in der Horizontalebene – bezogen auf die Achsrichtung – bei 10 dB und oberhalb von 1000 Hz tritt eine scharfe Bündelung ein: ±15° für den 3-dB-Bereich und ±30° für den 10-dB-Bereich. Der statische Richtfaktor hat Werte von 1,45 bei 125 Hz, 2,0 bei 400 Hz und 6,6 bei 2000 Hz (s. Abb. 4.8). Dem entsprechen Werte für das Richtwirkungsmaß von 3,2 bei 125 Hz, 6,0 bei 400 Hz und 16,4 bei 2000 Hz. Deshalb können Deckenreflexionen höherer Frequenzanteile zu unangenehmen Verfärbungen, im Extremfall sogar zu Fehllokalisationen führen.

Beim Horn wird die Schallabstrahlung auch von der Störung des Schallfeldes im Trichter durch die Hand des Spielers sowie durch die Abschattung durch dessen Körper beeinflusst. Dadurch sind die Richtcharakteristiken nicht mehr so rotationssymmetrisch wie bei den anderen Blechblasinstrumenten. Eine „runde" Abstrahlung ist nur bis 100 Hz vorhanden. Danach bündelt sich die Abstrahlung mehr oder weniger breit um die Achsrichtung des Instrumentes, lediglich um 1000 Hz schwenkt sie etwas nach vorn. Im Bereich der stärksten Schallabstrahlung zwischen 300 und 900 Hz hat der 3-dB-Bereich eine Breite von rund ±50°, bei Frequenzen über 2000 Hz verengt er sich auf ±10°. Damit spielen Reflexionen von der Rückwand und der (vom Spieler gesehen) rechten Seitenwand eine wichtige Rolle für die Klangfärbung des Horns. Der statistische Richtfaktor beträgt – jeweils für die Richtung stärkster Schallabstrahlung – 1,7 bei 500 Hz, 2,4 bei 1000 Hz und 4,8 bei 3000 Hz. Dem entsprechen Werte für das Richtwirkungsmaß von 4,5 dB bei 500 Hz, 7,5 dB bei 1000 Hz und 13,6 dB bei 3000 Hz. Das Vor-Rückverhältnis – bezogen auf die Blickrichtung des Spielers – beträgt −8 dB für die stärksten Klanganteile und rund −15 dB für Frequenzen über 1500 Hz.

4.3.1.3 Rohrblattinstrumente

Bei den Instrumenten mit einfachem oder doppelten Rohrblatt wird der Schall nicht nur aus dem offenen Ende, sondern auch aus den geöffneten Seitenlöchern abgestrahlt: Sie bilden einen Gruppenstrahler, wie er aus der Lautsprechertechnik bekannt ist. Allerdings können an den einzelnen Seitenlöchern sehr unterschiedliche Phasenverhältnisse auftreten, die die Richtcharakteristik prägen. Diese ist zwar nicht völlig unabhängig von der Anzahl der geöffneten Seitenlöcher; doch sind die Unterschiede nicht so gravierend, dass sich nicht eine einheitliche Richtcharakteristik für jeden Instrumententypus ableiten lässt, die nur von der Frequenz, aber nicht vom gespielten Ton abhängig ist. Dabei ergibt sich bei mittleren Frequenzen eine Richtung stärkster Schallabstrahlung etwa senkrecht (!) zur Instrumentenachse, was in Richtung der Instrumentenachse ein Schallpegelminimum zur Folge hat. Zu höheren Frequenzen hin schwenkt die Maximalrichtung dann stetig auf die Instrumentenachse zu, bis sie bei hohen Frequenzen in Achsrichtung verläuft. Dazu kommt noch die Abschattung des Schalls durch den Körper des Spielers, die bei den Rohrblattinstrumenten aufgrund der Haltung eine wichtigere Rolle spielt als bei allen anderen Instrumentengruppen.

Bei der Oboe besteht – unter Berücksichtigung der Abschattung durch den Spieler – eine „runde" Abstrahlung nur für Frequenzen bis etwa 450 Hz, also für die Grundtöne der tiefsten Tonlage. Ab 800 Hz bildet sich in Achsrichtung eine Senke aus, deren Tiefe mit zunehmender Anzahl der geöffneten Seitenlöcher von 6 dB bis auf 25 dB ansteigt, und die stärkste Schallabstrahlung ist senkrecht zur Instrumentenachse ausgebildet. Um 1000 Hz, also im Bereich der stärksten Klangkomponenten, bildet die Maximalrichtung mit der Achse einen Winkel von 60°, ist also im Raum gegenüber der Horizontalen leicht aufwärts geneigt (s. Abb. 4.8); die Breite des 3-dB-Bereiches beträgt dabei etwa ±25°. Um 4500 Hz schließt sich die Senke in Achsrichtung. Dabei erreicht der statistische Richtfaktor für Frequenzen um 1000 Hz – wiederum unter Berücksichtigung des Spielereinflusses – einen Wert von 1,5, bei 10.000 Hz von 3,6. Dem entsprechen Werte für das Richtwirkungsmaß von 3,5 dB bei 1000 Hz und 11 dB bei 10.000 Hz, die Bündelung ist also nicht so scharf ausgeprägt wie bei den Blechblasinstrumenten. Aufgrund der Abschattung durch den Spieler beträgt das Vor-Rück-Verhältnis für die stärksten Klanganteile 17 dB, zur Seite hin beträgt die Pegelabnahme gegenüber der Blickrichtung rund 5 dB. Rückwandreflexionen sind deshalb für die Oboe kaum von Bedeutung, durchaus jedoch Reflexionen von seitlichen Wandflächen und – für hohe Frequenzen – vom Fußboden.

Bei der Klarinette liegen die Verhältnisse kaum anders als bei der Oboe. Wiederum reicht der Frequenzbereich für „runde" Abstrahlung bis etwa 450 Hz, umfasst also die Grundtöne der unteren Tonlage. Die Senke in Achsrichtung beginnt bei etwa 750 Hz, erreicht aber nur eine Tiefe von 15 dB. Um 900 Hz erfolgt die stärkste Abstrahlung unter 90° zur Instrumentenachse mit einer Breite von ±30°, also ebenfalls leicht aufwärts in den Raum. Mit steigender Frequenz schwenkt die Maximalrichtung zur Achsrichtung hin, bei etwa 3500 Hz schließt sich die Mittelsenke. Der statistische Richtfaktor beträgt 2,0 bei 1000 Hz und 4,5 bei 5000 Hz. Dem entspre-

Kapitel 4 Musikalische Akustik

chen Werte für das Richtwirkungsmaß von 6 dB bei 1000 Hz und 13 dB bei 5000 Hz. Das Vor-Rück-Verhältnis für die wichtigsten Klanganteile liegt bei 13 dB, die seitliche Pegelabnahme bei 3 dB. Für nahe Reflexionsflächen gilt das gleiche wie bei der Oboe.

Beim Fagott umfasst die „runde" Abstrahlung Frequenzen bis etwa 250 Hz. Um 350 Hz liegt die Richtung maximaler Abstrahlung bei etwa 90° zur Instrumentenachse (mit einer Breite von ±30°), im Bereich des Hauptformanten um 500 Hz bei etwa 50° mit einer Breite von nur noch ±20°. Die Senke in Achsrichtung schließt sich erst bei etwa 2000 Hz. Der statistische Richtfaktor hat bei 350 Hz einen Wert von 1,4 und erreicht 2,1 bei 2000 Hz sowie 2,5 bei 3500 Hz (s. Abb. 4.8). Dem entsprechen Werte für das Richtwirkungsmaß von 3 dB bei 350 Hz, 6,5 dB bei 2000 Hz und 8 dB bei 3500 Hz. Das Vor-Rückverhältnis beträgt für die wesentlichen Klanganteile etwa 5 dB; daher spielen im Gegensatz zu Oboe und Klarinette Reflexionen von der Rückwand, aber auch von Flächen über dem Spieler eine wichtige Rolle.

4.3.1.4 Flöte

Im Gegensatz zu den Rohrblattinstrumenten sind bei den Flöten nicht alle offenen Grifflöcher an der Schallabstrahlung beteiligt, sondern jeweils nur das erste. Es bildet zusammen mit dem Mundloch einen Dipolstrahler, dessen Richtcharakteristik von der Phasenlage an den Enden der stehenden Welle im Inneren des Instrumentes abhängt. Befindet sich eine ungerade Anzahl von Halbwellen im Instrument, ist der Schalldruck an den Enden – bedingt durch die sog. Mündungskorrektur – gleichphasig, bei einer geraden Anzahl von Halbwellen jedoch gegenphasig. Die Überlagerung der von beiden Quellen ausgehenden Schallwellen führt dann zu der Dipolcharakteristik. Daher ist die Richtcharakteristik für alle nichtüberblasenen Grundtöne gleich, Entsprechendes gilt für deren Oktavteiltöne und die Grundtöne beim Überblasen in die Oktave etc.; erst in den sehr hohen Lagen kommen zusätzlich stehende Wellen im „toten Ende" der Flöte zur Wirkung.

Dementsprechend werden die Grundtöne der nichtüberblasenen Lage am stärksten senkrecht zur Instrumentenachse abgestrahlt, und zwar mit einer Halbwertsbreite von etwa ±35°; in Achsrichtung weisen sie ein Minimum auf. Im Gegensatz dazu haben die überblasenen Grundtöne und die Oktavteiltöne der unteren Tonlage jeweils ein Minimum in Achsrichtung und senkrecht dazu. Ihre Abstrahlung ist am stärksten unter einem Winkel von jeweils 35° links und rechts zur Blickrichtung mit einer Halbwertsbreite von ±20°. Zu höheren Obertönen hin gliedern sich die Richtcharakteristiken in immer mehr Maxima und Minima auf, so dass zusammenfassende Angaben kaum möglich sind. Das günstigste Klangspektrum wird in einem Winkelbereich zwischen jeweils 15° und 35° bezogen auf die Blickrichtung (bzw. die Richtung der Normale zur Instrumentenachse) abgestrahlt. Hier sind insbesondere Grundton und Oktavteilton am ausgewogensten. In Blickrichtung ergibt sich für den nicht überblasenen Tonbereich ein Dominieren der ungeradzahligen Teiltöne.

Der statistische Richtfaktor hat für Grundton und Oktave den gleichen Wert von 1,45, jedoch für unterschiedliche Richtungen, wie in Abb. 4.8 eingetragen ist, dem entspricht ein Richtwirkungsmaß von 3,2 dB. Für den genannten Bereich zwischen 15° und 35° beträgt der statistische Richtfaktor nur 1,3 (entsprechend 2,3 dB) sowohl für den Grundton als auch für die Oktave. Bei sehr hohen Frequenzen erfolgt die stärkste Schallstrahlung in Richtung der Instrumentenachse, dabei erreicht der statistische Richtfaktor um 6000 Hz einen Wert von 2,0, was einem Richtwirkungsmaß von 6 dB entspricht. Bedingt durch die Dipolcharakteristik sind Rückwand und Deckenreflexionen für die Flöte günstig, während Seitenwandreflexionen nur eine untergeordnete, bei hohen Frequenzen sogar eher negative Rolle spielen.

4.3.1.5 Streichinstrumente

Jeweils in ihrem tiefsten Frequenzbereich schwingen die Streichinstrumente wie Kugelstrahler, d. h. Decke und Boden bewegen sich gleichzeitig nach außen und gleichzeitig nach innen. Im tiefsten Frequenzbereich, insbesondere bei der Hohlraumresonanz, wirken auch die *ff*-Löcher an der Schallabstrahlung mit, bei höheren Frequenzen spielen sie keine Rolle mehr. Mit steigender Frequenz teilen sich Decke und Boden in eine wachsende Anzahl von Bereichen auf, die mit unterschiedlicher Amplitude und Phasenlage schwingen. Maßgeblich für die Ausbildung der Schwingungsformen von Decke und Boden sind die Resonanzen des Korpus, die von der Bauweise und von der individuellen Struktur des verwendeten Holzes bestimmt werden. Die Richtcharakteristiken weisen deshalb bei jedem Instrument gewisse individuelle Züge auf. Doch lassen sich durch statistische Auswertung einer größeren Anzahl von Instrumenten gemeinsame Vorzugsrichtungen für die Schallabstrahlung wiederfinden, die es ermöglichen, eine überindividuelle Richtcharakteristik mit den wichtigsten Eigenschaften für die jeweilige Instrumentengruppe abzuleiten. Da die Richtcharakteristiken bei jeder einzelnen Korpusresonanz anders aussehen, ergibt sich eine facettenreiche Frequenzabhängigkeit, die sich von den Blasinstrumenten dadurch unterscheidet, dass sich die Richtung stärkster Schallabstrahlung nicht kontinuierlich, sondern sprunghaft ändert.

Bei der Geige ist eine „runde" Abstrahlung nur bis etwa 400 Hz vorhanden. Im anschließenden Frequenzbereich bis etwa 900 Hz wechseln relativ breite Abstrahlungsgebiete, die von der Decke oder dem Boden ausgehen, in einer Weise ab, dass man die Abstrahlung zur rechten und linken Seite – vom Spieler aus gesehen – als ausgeglichen werten kann. Im Bereich von 1000 bis 1250 Hz tritt die schärfste – und bei den individuellen Instrumenten auch einheitlichste – Schallbündelung auf: Der 3-dB-Bereich konzentriert sich auf einen Kegel mit einer Winkelöffnung von ±70° um eine Achse, die gegenüber der Normale auf der Geigendecke um 30° abwärtsgeneigt ist (s. auch Abb. 4.8), selbst der 10-dB-Bereich umfasst in diesem Frequenzbereich nur etwa ±90°. Nach unterschiedlichen Vorzugsrichtungen zwischen 1500 und 2000 Hz, die teils nach oben, teils gegen den Fußboden rechts vom Spieler orientiert sind, folgt für Frequenzen von 2500 Hz bis über 5000 Hz eine Konzentration auf einen Bereich von ±20° um die Senkrechte auf der Geigendecke. Innerhalb dieses Winkelbereichs schwanken schmalere Abstrahlungsbereiche – sogar bei benachbarten Frequenzen – hinsichtlich ihrer Richtung, was bei Mikrofonen im

Kapitel 4 Musikalische Akustik 163

Nahbereich zu Kammfiltereffekten führen kann, aber dem Geigenklang im Raum besondere Lebendigkeit verleiht. Wie Abb. 4.8 zeigt, erreicht der statistische Richtfaktor im Frequenzgebiet um 1000 Hz seinen höchsten Wert mit 2,1, während er bei tieferen Frequenzen auf 1,25 und bei hohen Frequenzen auf 1,8 absinkt. Dem entspricht ein Richtwirkungsmaß von 6,2 dB bei 1000 Hz, 1,8 dB bei 500 Hz und 5 dB bei 3000 Hz.

Bei der Bratsche sind die Richtcharakteristiken ähnlich wie bei der Geige, jedoch um etwa 20 % zu tieferen Frequenzen verschoben. Allerdings reicht die „runde" Abstrahlung" bis etwa 500 Hz, was damit zusammenhängt, dass die für die Richtcharakteristik der Geige maßgebliche Resonanz um 425 Hz bei den meisten Bratschen nicht stark ausgeprägt ist. Die stärkste Bündelung findet sich im Frequenzbereich zwischen 800 und 1000 Hz, wiederum senkrecht zur Decke des Instruments mit einem Öffnungswinkel von etwa ±60°. Hohe Frequenzen werden vorzugsweise ebenfalls senkrecht zur Instrumentendecke abgestrahlt, jedoch ist die Bündelung nicht so konzentriert wie bei den Geigen. Diese größeren individuellen Unterschiede sind auf die größere Variationsbreite der Korpusabmessungen der Bratschen zurückzuführen. Der statistische Richtfaktor hat für Frequenzen um 1000 Hz einen Wert von 1,9 und für 3000 Hz von 2,6, was einem Richtwirkungsmaß von 5,4 dB bei 1000 Hz und 7,2 dB bei 3000 Hz entspricht.

Beim Violoncello umfasst die „runde" Abstrahlung nur Frequenzen bis 100 Hz. Im anschließenden Frequenzbereich bis 300 Hz wechseln breite Abstrahlungsbereiche mit unterschiedlichen Vorzugsrichtungen nach vorn und hinten ab. Der Bereich schärfster Konzentration liegt beim Violoncello zwischen etwa 350 und 500 Hz, also im Formantbereich eines dunklen „o". Die Maximalrichtung des Abstrahlungskegels verläuft senkrecht zur Decke des Instrumentes, der Öffnungswinkel des 3-dB-Bereichs beträgt ±40°, ist also deutlich enger als bei der Geige (um 1000 Hz). Eine weitere Schallkonzentration findet sich bei Frequenzen um 1000 bis 1250 Hz, sie ist steil aufwärts gerichtet und hat einen Öffnungswinkel von nur ±20°. Oberhalb von 2000 Hz treten zwei getrennte Winkelbereiche bevorzugter Schallabstrahlung auf: sie sind mit einem Öffnungswinkel von jeweils nur ±10° sehr schmal und senkrecht nach oben sowie flach gegen den Fußboden vor dem Spieler gerichtet (s. Abb. 4.8). Der statistische Richtfaktor für die jeweilige Hauptabstrahlungsrichtung beträgt 2,1 bei 250 bis 500 Hz und bei 1000 bis 1250 Hz sowie 3,0 bei 3000 Hz. Dem entsprechen Werte für das Richtwirkungsmaß von 6,5 dB für die mittleren Frequenzen und 9,3 dB für 3000 Hz.

Beim Kontrabass sind die Frequenzbereiche für die typischen Schallkonzentrationen um etwa eine Oktave gegenüber dem Violoncello nach unten verschoben. Dabei spielt es für die Richtcharakteristik keine Rolle, ob das Instrument einen gewölbten oder ebenen Boden hat. Eine „runde" Abstrahlung findet sich zwar bei ganz tiefen Frequenzen sowie noch einmal um 100 Hz, um 65 Hz ist jedoch schon eine deutliche Konzentration auf die vordere Halbkugel zu verzeichnen, gleiches gilt auch für Frequenzen von etwa 150 bis 250 Hz. Oberhalb 300 Hz verschmälern sich die 3-dB-Bereiche auf etwa ±50° mit Achsen, die etwas um die Senkrechte zur Instrumentendecke pendeln. Oberhalb 900 Hz streuen schmalere Vorzugsgebiete in einem Öffnungswinkel von ±60° um die Deckennormale. Der statistische Richtfaktor beträgt 1,5 bei 65 und 160 Hz, 2,1 zwischen 300 und 1000 Hz sowie 2,6 bei 3000 Hz. Dem entsprechen Werte für das Richtwirkungsmaß von 3,5 dB bei tiefen Frequenzen, 6,5 dB bei mittleren und 8,3 dB bei hohen Frequenzen.

4.3.1.6 Pauke

Die Richtcharakteristiken für die einzelnen Teiltöne der Pauke werden durch die zugehörige Schwingungsmode des Felles bestimmt, wobei dem Paukenkessel die Aufgabe zukommt, eine Schallabstrahlung der Membran nach unten abzuschirmen. Daher ergibt sich für die tiefste Ringmode, bei der nur der Rand der Membran eine Knotenlinie bildet, eine kugelförmige Abstrahlung. Für höhere Schwingungsmoden mit ringförmigen Knotenlinien bilden sich unterteilte Richtcharakteristiken aus, die jedoch alle eine starke Schallabstrahlung senkrecht zur Fellebene haben. Alle Ringmoden gehören zu unharmonischen Teiltönen im Klangspektrum. Die harmonischen tonhöhenbestimmenden Teiltöne werden von Radialmoden erzeugt, bei denen ein oder mehrere Knotenlinien das Fell in mehrere gegenphasig schwingende Felder aufteilen. Sie entwickeln ihre größte Intensität in der Horizontalebene und werden nach oben nur schwach abgestrahlt. Allerdings ist die Richtcharakteristik auch in der Horizontalebene (in Verlängerung der Knotenlinien) durch Einschnitte gegliedert, wobei eine Richtung maximaler Abstrahlung stets gegenüber der Anschlagstelle liegt (Fleischer 1992).

Für den Hauptton (1. Radialmode) erfüllt der 3-dB-Bereich einen Öffnungswinkel gegenüber der Membranebene von ±45°, die 10-dB-Grenzen liegen bei etwa ±70°. Für die Quinte, bei der sich zwei radiale Knotenlinien ausbilden, umfasst der 3-dB-Bereich nur etwa ±30°, der 10-dB-Bereich etwa ±55°. Das bedeutet, dass oberhalb eines Winkels von etwa 60° die unharmonischen Komponenten im Klang ein deutliches Übergewicht gegenüber den tonhöhenbestimmenden Teiltönen gewinnen. Der statistische Richtfaktor beträgt für den Hauptton 1,7 und für die Quinte 1,9, dem entspricht ein Richtwirkungsmaß von 4,5 dB bzw. 5,5 dB; diese Werte gelten jeweils für die in der Horizontalebene liegende Richtung maximaler Schallabstrahlung.

4.3.1.7 Konzertflügel

Maßgeblich für die Schallabstrahlung des Flügels sind die Schwingungsmoden des Resonanzbodens. Seine Berippung und Stege sind so ausgelegt, dass sich über einen möglichst breiten Frequenzbereich keine oder nur geringe gegenphasig schwingenden Flächen ausbilden; dies betrifft natürlich vor allem tiefe und bisweilen auch mittlere Frequenzen. Zusätzlich wird die Richtcharakteristik des Instruments insbesondere bei mittleren und hohen Frequenzen durch die reflektierende bzw. abschattende Wirkung des Flügeldeckels beeinflusst, so dass dessen Stellung auch eine gewisse Rolle spielt. Da die Anregung des Resonanzbodens für jede Saite, also für jeden Ton an einer anderen Stelle erfolgt, hängt die Richtcharakteristik auch etwas von der Tonlage ab. Schließlich gibt es auch Unterschiede von Modell zu Modell,

Kapitel 4 Musikalische Akustik 165

doch lassen sich die wichtigsten Eigenarten der Schallabstrahlung – wie bei den Streichinstrumenten – zu einer überindividuellen Richtcharakteristik für Konzertflügel, die auch die stets vorhandenen Fußbodenreflexionen einbezieht, zusammenfassen.

Bei geöffnetem Flügeldeckel ist die Schallabstrahlung in der tiefen Tonlage dadurch geprägt, dass der im Ganzen schwingende Resonanzboden wie ein Dipol wirkt, da er nach oben und unten einen gegenphasigen Schalldruck erzeugt. In der Horizontalebene kommt es daher bei tiefen Frequenzen zu einer deutlichen Abschwächung, wie aus der Darstellung der 3-dB-Bereiche in Abb. 4.9 zu ersehen ist. Das Maximum der Schallabstrahlung liegt bei etwa 40° aufwärts (aus dem geöffneten Deckel heraus,

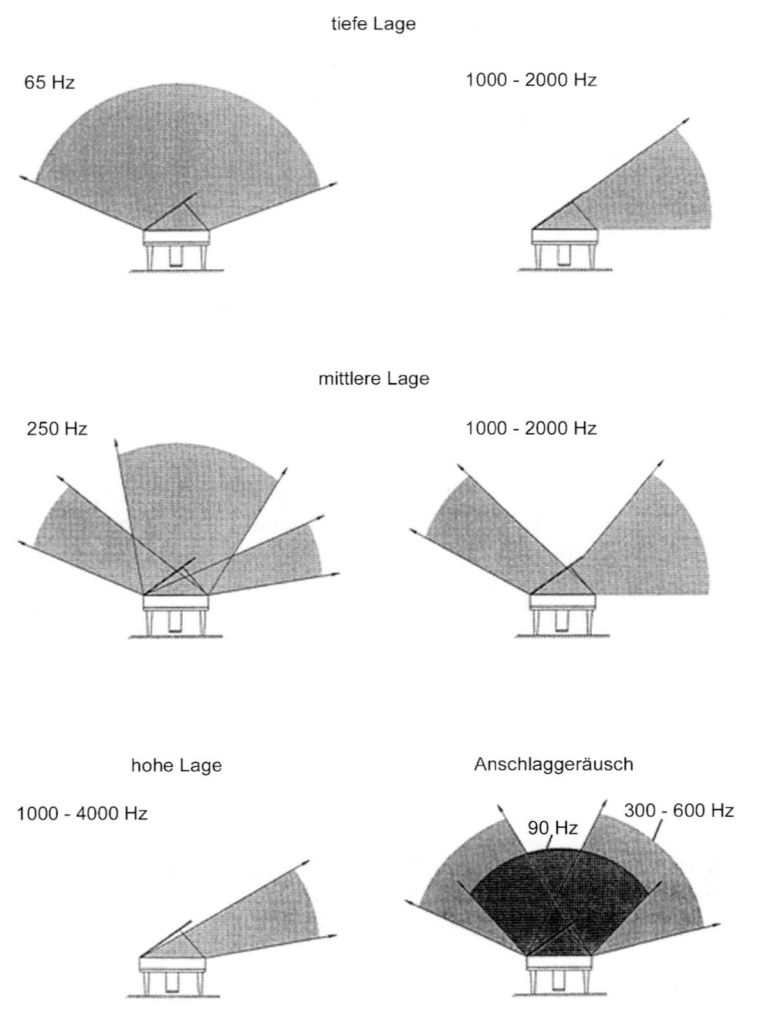

Abb. 4.9 Hauptabstrahlungsbereiche (Maximalpegel bis – 3 dB) des Flügels in verschiedenen Tonlagen

also vom Spieler gesehen nach rechts), allerdings erreicht der statistische Richtfaktor dabei für Frequenzen bis 250 Hz nur einen Wert von 1,2 (entsprechend 1,5 dB). Zu höheren Frequenzen hin gewinnt die Schallreflexion über den Deckel zunehmend an Bedeutung. So umfasst der 3-dB-Bereich einen Winkel bis zu etwa 40° aufwärts und engt sich in der Horizontalebene auf etwa ±30° um eine Achse quer zum Instrument ein. Der statistische Richtfaktor liegt dabei um 1,5 (entsprechend 3,5 dB).

In den mittleren Tonbereichen macht sich die Dipolcharakteristik ebenfalls bis etwa 250 Hz durch eine Abschwächung in der Horizontalebene bemerkbar, für höhere Frequenzen zeigt sich zwar auch eine Schallkonzentration durch den Deckel, doch ist auch die Abstrahlung zur Rückseite des Instrumentes relativ stark. In der hohen Tonlage erfolgt die Schallabstrahlung vorwiegend aus dem geöffneten Deckel heraus, das Maximum liegt bei 25° aufwärts mit einer Halbwertsbreite von ±10°, in der Horizontalebene umfasst sie nur ±5°; der zugehörige statistische Richtfaktor beträgt 2,0 bei 1000 Hz und 3,5 bei 4000 Hz, dem entsprechen Werte für das Richtwirkungsmaß von 6 dB bzw. 11 dB.

Die Geräuschkomponenten im Einschwingvorgang sind in ihrer Schallabstrahlung nicht so stark konzentriert wie die harmonischen Teiltöne des Klavierklangs, doch zeigt sich für die tiefste Resonanzbodenresonanz (um 90 Hz) wiederum eine Dipolcharakteristik mit maximaler Abstrahlung nach oben und einer Abschwächung um etwa 15 dB in der Horizontalen. Das typische Klopfgeräusch zwischen etwa 300 und 600 Hz wird dagegen durch den Flügeldeckel nach oben abgeschattet, reicht dafür mit seinem 3-dB-Bereich aber bis fast an die Horizontale heran (Bork et al. 1995).

Bei „halb geöffnetem" Flügeldeckel (Neigung etwa 10°) bleibt der Bereich bevorzugter Schallabstrahlung zwischen 10° und 60° aufwärts zwar bestehen, jedoch sind die abgestrahlten Pegel – insbesondere bei höheren Frequenzen – deutlich geringer als bei geöffnetem Deckel. Andererseits wird die Abstrahlung des Resonanzbodens nach oben bei tiefen Frequenzen behindert, so dass sich die Dipolcharakteristik nicht so stark ausbilden kann; daraus resultiert ein um etwa 10 dB höherer Schallpegel in der Horizontalen – bezogen auf die Situation bei geöffnetem Flügeldeckel. Insgesamt gesehen ändert sich also kaum die Lautstärke, wohl aber die Klangfarbe in Richtung auf ein undeutlicheres Timbre, wenn der Deckel nur halb geöffnet wird. Bei ganz geschlossenem Flügeldeckel werden die genannten Vorzugsgebiete unterdrückt und es ergibt sich eine verhältnismäßig ausgeglichenen Schalllabstrahlung nach allen Seiten, allerdings mit deutlich geschwächten hohen Frequenzanteilen; in der hohen Tonlage erfolgt die stärkste Schallabstrahlung aus der Öffnung zwischen Notenpult und Flügeldeckel heraus in Richtung auf den Spieler hin.

4.3.1.8 Orgel

Bei der Orgel sind hinsichtlich der Schallabstrahlung drei akustische Situationen zu unterscheiden. Die größte Anzahl der Pfeifen steht im Inneren des Instrumentes und kann den Schall nur durch die Öffnungen zwischen den Prospektpfeifen abgeben. Demgegenüber können die klingenden Prospektpfeifen den Schall frei in den Raum abstrahlen, wobei noch zwischen den aufrecht stehenden Prinzipalpfeifen und den –

bisweilen vorhandenen – horizontal in den Raum ragenden Zungenpfeifen zu differenzieren ist.

Innerhalb des Orgelgehäuses bildet sich ein relativ diffuses Schallfeld aus, dessen Struktur mehr durch stehende Wellen zwischen den reflektierenden Flächen als durch die Richtcharakteristiken der einzelnen Pfeifen bestimmt wird. Da der Öffnungsanteil der Prospektfläche meist deutlich unter 25 %, oft sogar unter 10 % liegt, bildet auch der Orgelprospekt von innen gesehen eine wirkungsvolle Reflexionsfläche, insbesondere für höhere Frequenzen. Bisher liegen allerdings keine wissenschaftlichen Untersuchungen über das Schallfeld, das sich vor dem Orgelprospekt ausbildet, und damit über die Schallabstrahlung der Orgel als Gesamtinstrument vor. Man kann jedoch davon ausgehen, dass die sehr schmalen Schlitze zwischen den Prospektpfeifen sowie die Öffnungen zwischen den Pfeifenfüßen und über den Pfeifen eine Art unregelmäßiges Interferenzgitter bilden, das über einen breiten Winkelbereich zu einer verhältnismäßig gleichmäßigen Schallabstrahlung führt. Als praxisnahen Wert kann man für mittlere und tiefe Frequenzen einen 3-dB-Bereich von jeweils ±60° in der Horizontalen und in der Vertikalen annehmen; zu hohen Frequenzen hin dürfte er sich etwas verengen.

Die klingenden Pfeifen, die im Prospekt stehen, sind fast immer Prinzipale. Als offene Labialpfeifen besitzen sie eine Dipolcharakteristik, die allerdings wegen der weiteren Mensur und der damit verbundenen größeren Mündungskorrektur nicht so stark ausgeprägt ist wie bei den Flöten. Beim Grundton der Pfeife ist der Schalldruck an den beiden Enden gleichphasig, wobei der Schalldruck am Labium höher ist als am oberen Ende. Damit ergibt sich eine Richtung maximaler Schallabstrahlung in der Horizontalen, in Richtung der Längsachse tritt dagegen eine Abschwächung ein. Der 3-dB-Bereich hat einen Öffnungswinkel von ±50° bis ±60°, für enge Mensuren ist er schmaler als für weite. Der zugehörige statistische Richtfaktor für die Horizontalrichtung beträgt 1,3 bis 1,25, dem entsprechen Werte für das Richtwirkungsmaß von 2,3 dB bis 2,0 dB. Beim Oktavteilton ist der Schalldruck an den beiden Enden der Pfeife gegenphasig, der Pegelunterschied ist dabei nicht so groß wie beim Grundton. Daher bilden sich sowohl in der Horizontalen als auch in Längsrichtung der Pfeife Minima der Schallabstrahlung aus, von denen das horizontale eine Tiefe von 20 dB unter dem Maximalwert aufweist. Dazwischen liegen kleeblattartig vier Winkelbereiche starker Schallabstrahlung. Dabei ist jeweils ein Maximum um etwa 35° gegenüber der Horizontalen nach oben und nach unten geneigt. Der 3-dB-Bereich für den Oktavteilton umfasst jeweils etwa ±20° und führt auf einen statistischen Richtfaktor von 1,5, was einem Richtwirkungsmaß von 3,5 dB entspricht. Die Richtcharakteristiken für die höheren Obertöne gliedern sich mit zunehmender Ordnungszahl in immer mehr Maxima und Minima auf und werden damit immer unübersichtlicher, so dass genauere Angaben für die Praxis nicht mehr verwendbar sein würden. Es bleibt jedoch für alle geradzahligen Teiltöne die Tendenz erhalten, dass die Abstrahlung in der Horizontalebene ein deutliches Minimum aufweist.

Deutlich im Raum bemerkbar machen sich die Richtcharakteristiken von Zungenregistern wie beispielsweise den „Spanischen Trompeten", die horizontal aus dem Prospekt der Orgel herausragen. Je länger und weiter der Schalltrichter bei derartigen Registern ist, desto schärfer ist die Bündelung. Da die Trichter von Ton zu Ton angepasst sind, hängt die Richtcharakteristik in erster Linie von der Ordnungszahl der Teiltöne und damit nur indirekt von der Frequenz ab. Bei einer typischen Spanischen Trompete ist die Abstrahlung des Grundtones praktisch „rund", bereits beim 4. Teilton umfasst der 3-dB-Bereich aber nur noch etwa ±30° beiderseits der Trichterachse, der 10-dB-Bereich ±65°. Zu höheren Frequenzen wird die Bündelung dann zunehmend schärfer, der 10-dB-Bereich umfasst beim 10. Teilton etwa ±25° und beim 20. Teilton ±16°, was für den Klang dieser sehr obertonreichen Register eine wichtige Rolle spielt. Für den statistischen Richtfaktor ergibt sich damit ein Wert von 2 für den 4. Teilton, von 4 für den 10. Teilton und von 9 für den 20. Teilton. Dem entspricht ein Richtwirkungsmaß von 6 dB bzw. 12 dB und 19 dB.

4.3.1.9 Gesangsstimmen

Die Richtcharakteristik von Gesangsstimmen wird einerseits durch die Trichterwirkung des Mundes und zum anderen durch die Abschattung bzw. die Beugung des Schalls um den Kopf herum bestimmt. Daher halten sich die individuellen Unterschiede und sogar die Unterschiede zwischen männlichen und weiblichen Stimmen in so engen Grenzen, dass sich eine generelle Richtcharakteristik für Gesangsstimmen angeben lässt; auch spielen Dynamik und gesungene Tonhöhe – mit Ausnahme der Spitzentöne für die jeweilige Stimmlage – nur eine untergeordnete Rolle. Lediglich die durch den gesungenen Vokal bedingte Form und Größe der Mundöffnung haben einen gewissen Einfluss: Beim „o" ist die Abstrahlung etwas breiter als beim „a", beim „e" etwas enger; dabei wird die größte Intensität beim „o" und beim „a" unter einem seitlichen Winkel von jeweils 60° zur Blickrichtung abgestrahlt. Wie der rechte Teil von Abb. 4.10 zeigt, ist die maximale Schallabstrahlung bei tiefen Frequenzen schräg nach oben gerichtet, wobei sich die Angabe für 125 Hz natürlich nur auf Männerstimmen bezieht. Das Maximum bei hohen Frequenzen ist dagegen – bei entspannter Kopfhaltung des Sängers – leicht abwärts geneigt.

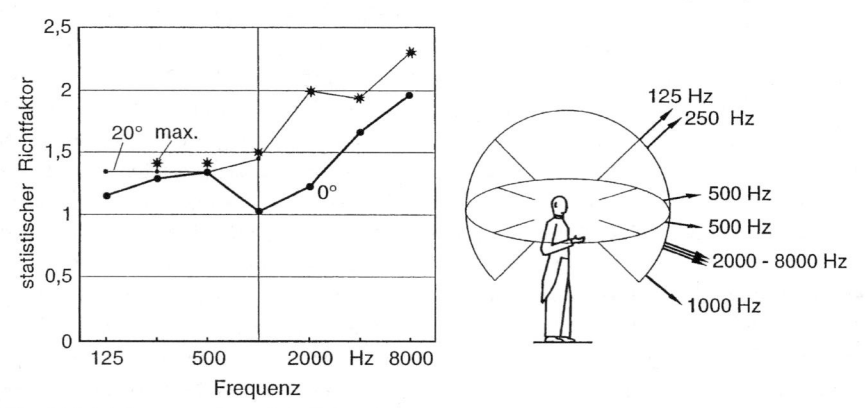

Abb. 4.10 Richtung stärkster Schallabstrahlung und statistischer Richtfaktor Γ_{st} für die Horizontale, für eine um 20° abwärts geneigte Richtung sowie für die Richtung maximaler Abstrahlung bei der Gesangsstimme

Kapitel 4 Musikalische Akustik

Fasst man die Richtcharakteristik jeweils in Oktavbereichen zusammen, ergibt sich für die Horizontalebene ein 3-dB-Bereich, der sich von ±45° bei 125 Hz stetig bis auf das Doppelte bei 1000 Hz erweitert, dann aber wieder verengt. Besonders schmal ist er im Oktavbereich um 4000 Hz mit nur ±35°. Beachtlich ist die Pegelabnahme nach hinten, bereits oberhalb der 1000-Hz-Oktave überschreitet sie die 10-dB-Grenze (bezogen auf die Blickrichtung). Das Vor-Rückverhältnis erreicht um 3000 Hz einen Wert von 15 dB und steigert sich auf über 25 dB um 8000 Hz. In der Vertikalebene umfasst der 3-dB-Bereich bis zur 1000-Hz-Oktave einen Winkel von rund ±75° beiderseits der Horizontalen. Sehr eingeengt ist der 2000-Hz-Bereich mit nur etwa ±15° um die mit 20° abwärts geneigte Maximalrichtung, für höhere Frequenzen erweitert sich der 3-dB-Bereich dann auf etwa ±30° um die Horizontale; diese Konzentration der Schallabstrahlung ist besonders bedeutsam für den Sängerformanten.

Wegen seiner Bedeutung für die klangliche Wirkung im Raum ist der statistische Richtfaktor sowohl für die Blickrichtung als auch für die um 20° abwärts geneigte Richtung in Abb. 4.10 wiedergegeben. Für die Blickrichtung bewegt er sich bei Frequenzen bis zur 2000-Hz-Oktave um einen Wert von 1,2 und steigt über einen Wert von 1,65 für den Sängerformanten bis auf 1,95 bei 8000 Hz an. Dem entsprechen Werte für das Richtwirkungsmaß von 1,6 dB, 4,4 dB bzw. 5,8 dB. Für die etwas abwärts geneigte Richtung stärkster Schallabstrahlung erreicht der statistische Richtfaktor im Frequenzbereich des Sängerformanten sogar einen Wert von etwa 2,0 (entsprechend 6 dB). Die etwas abwärts geneigte Maximalrichtung der Schallabstrahlung macht Reflexionen von Fußbodenflächen vor dem Sänger besonders effektiv.

4.3.2 Schallabstrahlung von Ensembles

4.3.2.1 Orchesterklang

Akustisch gesehen besteht ein Orchester aus einer Vielzahl simultan erklingender Stimmen, die flächig verteilt sind. Dabei sind viele unterschiedliche Instrumente beteiligt, die entweder einzeln eingesetzt oder in Gruppen zusammengefasst werden. So wechseln im klanglichen Geschehen eines Orchesters solistische Funktionen mit dem Klang von Gruppen wie beispielsweise dem Holzbläser- oder Blechbläsersatz und mit dem Tutti der vollen Besetzung ab. Die flächenmäßige Ausdehnung des Orchesters und die Verteilung der Instrumentengruppen sowie der damit verbundene Abstand zwischen den einzelnen Stimmen können einerseits eine stereofone Wirkung hervorrufen, andererseits aber auch einem Verschmelzen zu einem Gesamtklang dienen.

Besondere Bedeutung kommt dem chorischen Effekt der einzelnen Streicherstimmen zu, die jeweils mit einer größeren Anzahl von Spielern besetzt sind. Geringfügige Unterschiede in Intonation und Vibrato – hierbei genügt schon eine Phasenverschiebung zwischen den Vibratobewegungen – führen dazu, dass aus einzelnen diskreten Frequenzen schmale Frequenzbänder werden, die den typischen orchestralen Streicherklang ausmachen und ihn in seinem Charakter von einem

Streichquartett unterscheiden. Es handelt sich also bei den Streichern einer Gruppe – auch bei höchst exakter Spielweise – um inkohärente Schallquellen, was die klangliche Situation grundsätzlich von einer vergleichbaren Anzahl von Lautsprechern, die mit identischem Signal gespeist werden, unterscheidet.

Die flächenmäßige Ausdehnung des Orchesters führt natürlich auch zu Laufzeitunterschieden, die nicht nur den Direktschall zum Zuhörer, sondern auch die ersten Reflexionen von Wänden und Decke des Raumes betreffen. Geht man von einer mittleren Größe eine Symphonie-Orchesters mit 12 ersten Violinen, doppeltem Holz, vier Hörnern und schwerem Blech aus, so ist auf einem Konzertpodium mit einer Breite des Orchesters – jeweils zwischen den hintersten Streicherpulten – von etwa 16 bis 17 m zu rechnen, was einer Laufzeit von rund 50 ms entspricht. Die Tiefe des Orchesters vom Dirigenten bis zur letzten Bläserreihe hat eine Größenordnung von etwa 12 m, entsprechend einer Laufzeit von rund 35 ms. Selbst innerhalb der einzelnen Streichergruppen können Laufzeiten bis zu 20 ms auftreten.

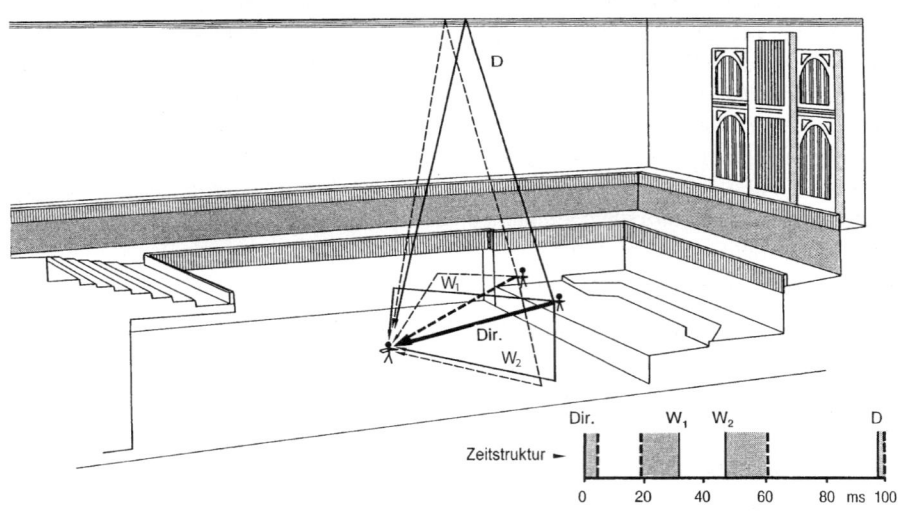

Abb. 4.11 Direktschall und erste Reflexionen vom ersten und letzten Pult der 1. Violinen

Die Auswirkung dieser flächenmäßigen Ausdehnung der Gruppe der 1. Violinen auf den Klangeindruck eines Zuhörers in der Saalmitte ist in Abb. 4.11 schematisch dargestellt. Direktschall sowie die ersten Wand- und Deckenreflexionen sind für das 1. Pult als durchgezeichnete Linien, für das hinterste Pult als gestrichelte Linien eingetragen. Unterhalb der perspektivischen Saalansicht ist die Zeitfolge des Eintreffens von Direktschall und Reflexionen (ohne Berücksichtigung von Pegelunterschieden) wiedergegeben; Bezugspunkt ist dabei das Eintreffen des Direktschalls vom 1. Pult. Offensichtlich unterscheiden sich die Laufzeiten des Direktschalls, aber auch der Deckenreflexion für die verschiedenen Schallquellenpositionen nur wenig. Das bedeutet, dass diese Schallanteile auf dem Weg von den unterschiedlichen Schallquellenpositionen zum Zuhörer alle in gleichem Maße abgeschwächt werden. Anders verhält es sich dagegen bei den Wandreflexionen, die für die Gruppe der 1. Violinen über eine

Zeitspanne von mehr als 10 ms gespreizt werden, was je nach Abstand zwischen Zuhörer und Podium zu Pegelunterschieden von bis zu 2 dB führen kann.

Verallgemeinernd folgt aus dieser Zeitverteilung der Reflexionen, dass die erste Wandreflexion von den Einzelinstrumenten eines gesamten Orchesters einen Laufzeitbereich von 20 bis 60 ms nach dem Direktschall völlig ausfüllt. Dies ist wiederum eine völlig andere Situation, als wenn eine Orchesteraufnahme über eine mehr oder weniger gegliederte Lautsprecheranordnung in einen Saal abgestrahlt wird. Insbesondere wird durch die zeitliche Spreizung der Wandreflexionen der chorische Effekt für die einzelnen Streichergruppen unterstützt, wodurch der Streicherklang mehr „Fülle" erhält.

Eine weiteres Charakteristikum des Orchesterklangs ist die „Räumlichkeit" des Klangeindrucks; man versteht darunter den psychoakustischen Effekt, dass der Klang bei zunehmender Spielstärke nicht nur lauter wird, sondern dass er sich über die reale Breite des Orchesters hinaus verbreitert und schließlich den ganzen Raum zu füllen scheint. Dadurch entsteht der Eindruck, dass der Klang – über die Lautstärkesteigerung hinaus – an „Volumen" gewinnt; die Räumlichkeit leistet deshalb einen entscheidenden Beitrag zur musikalischen Dynamik. Da hierfür die frühen seitlichen Reflexionen mit einer Laufzeit von bis zu 80 ms maßgeblich sind, spielt für den Anteil, den die einzelnen Instrumenten an der Ausbildung der Räumlichkeit haben, auch die Richtcharakteristik der Instrumente, eine Rolle. Generell tragen außer den Trompeten und der Piccoloflöte, die auch im *fortissimo* des ganzen Orchesters noch immer deutlich lokalisierbar bleiben, alle anderen Instrumente – wenn auch in etwas unterschiedlichem Maße – zur Räumlichkeit bei, wobei auch die Hochstufung auf dem Podium und die Sitzordnung von Einfluss sind.

Tabelle 4.9 Mittlerer Schallleistungspegel L_{wf} und zugehöriger Schallleistungsfaktor k_i für Orchesterinstrumente im *forte*

Instrument	L_{wf} in dB	k_i	Instrument	L_{wf} in dB	k_i	Instrument	L_{wf} in dB	k_i
Violine	89	0,8	Flöte	91	1,3	Horn	102	16
Viola	87	0,5	Oboe	93	2,0	Trompete	101	13
Violoncello	90	1,0	Klarinette	93	2,0	Posaune	101	13
Kontrabass	92	1,6	Fagott	93	2,0	Tuba	104	25

Der Dynamikumfang eines Orchesters wird letzten Endes durch die Schallleistung der einzelnen Instrumente bestimmt. Für die Ermittlung eines Gesamtpegels ist diese über alle Instrumente aufzusummieren. Um diesen Vorgang zu erleichtern, sind in Tabelle 4.9 die Schallleistungspegel für ein mittleres *forte* der einzelnen Instrumente zusammengestellt und durch einen „Leistungsfaktor" ergänzt, der die Schallleistung des betreffenden Instrumentes auf einen Bezugswert von 1 mW (entsprechend 90 dB) bezieht. Damit lässt sich der Schallleistungspegel nach der Formel

$$L_{wges} = 90 \text{dB} + 10 \log \sum n_i k_i \, \text{dB} \qquad (4.2)$$

berechnen, worin n_i die Anzahl der Instrumente gleicher Art und k_i der zugehörige Leistungsfaktor ist. Der zahlenmäßige Zusammenhang zwischen dem aufsummierten Leistungsfaktor $\Sigma\, n_i\, k_i$ und dem Schallleistungspegel L_{wges} für das mittlere *forte* des Orchesters lässt sich direkt aus dem Nomogramm Abb. 4.12 ablesen.

Schallleistungsfaktor k bzw. $\Sigma n_j k_j$

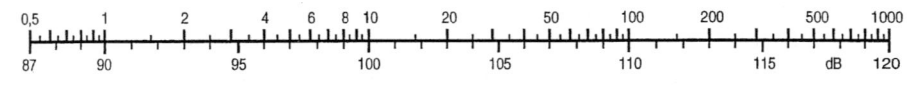

| 0,5 | 1 | 2 | 4 | 6 | 8 | 10 | 20 | 50 | 100 | 200 | 500 | 1000 |

| 87 | 90 | 95 | 100 | 105 | 110 | 115 | dB | 120 |

Schallleistungspegel L_w bzw. L_{wges}

Abb. 4.12 Nomogramm zur Bestimmung des Schallleistungspegels von Ensembles

Damit ergibt sich beispielsweise für eine Orchesterstärke von 8, 8, 6, 5, 4 – 2, 2, 2, 2, – 2, 2, 0, 0 (Anzahl der Spieler pro Instrumentengruppe in der Reihenfolge Streicher – Holz – Blech) ein Schallleistungspegel im *forte* von 110 dB und für eine Besetzung mit 14, 14, 12, 10, 8 – 4, 4, 4, 4 – 4, 3, 3, 1 ein Wert von 114 dB. Im *fortissimo* können die entsprechenden Werte noch um etwa 10 dB steigen, womit in letzterem Fall 124 dB erreicht würden. Bedenkt man, dass andererseits eine solistische Klarinette im *pianissimo* – je nach Tonlage – einen Schallleistungspegel von nur etwa 60 dB erreichen kann, folgt daraus für ein großes Orchester ein Dynamikumfang in der Größenordnung von 60 dB. Einschränkend sei aber noch angemerkt, dass sich die Schallleistung der einzelnen Instrumente um einige dB verringern kann, wenn die akustische Situation auf dem Podium ungünstig für das gegenseitige Hören der Musiker ist.

Bei Choristen kann man von einem Leistungsfaktor $k_i = 1{,}3$ ausgehen; für einen Chor von 20 Sängern folgt daraus ein Schallleistungspegel im *forte* von etwa 104 dB, bei 120 Sängern von etwa 112 dB. Bei einem Knabenchor von 40 Sängern ergeben sich (mit einem $k_i = 0{,}65$) ebenfalls etwa 104 dB im *forte*. Grundsätzlich sollte man aber nicht übersehen, dass bei großen Chören die flächige Ausdehnung und die damit verbundene räumlichkeitsfördernde Wirkung für den dynamischen Gesamteindruck eine wichtige Rolle spielen, die wahrscheinlich sogar wichtiger ist als die Anzahl der Sänger an sich.

4.3.2.2 Einfluss der Orchesteraufstellung

Da die Richtcharakteristiken der Instrumente nicht ohne Einfluss auf die klangliche Wirkung im Raum sind, spielt die Platzierung und Ausrichtung der Musiker auf dem Podium eine wichtige Rolle. Unabhängig von historischen Gesichtspunkten kommt deshalb der Sitzordnung des Orchesters auch aus rein akustischen Gesichtspunkten eine grundlegende Bedeutung zu. Dabei steht natürlich die Auswirkung der Richtcharakteristiken auf den beim Zuhörer eintreffenden Direktschall sowie auf die darauffolgenden Primärreflexionen an erster Stelle, denn diese Schallanteile sind maßgeblich für die Deutlichkeit und die Räumlichkeit des Klangeindrucks. Zu berücksichtigen sind dabei auch die mechanische Abschattung des Schalls durch die

Kapitel 4 Musikalische Akustik

Körper der Spieler und die Notenpulte und nicht zuletzt die psychoakustische Verdeckung einzelner Stimmen durch ähnliche Frequenzanteile anderer Stimmen.

Außerdem kann eine Reflexionsfläche im Nahbereich tiefer Instrumente zu einer Erhöhung der Schallleistung führen, sofern der Abstand weniger als eine Wellenlänge beträgt; dies ist insbesondere für die Kontrabässe relevant, wenn sie direkt vor einer Wand aufgestellt sind.

Im Gegensatz dazu wird bei wird bei fast allen anderen Instrumenten der Lautstärkeeindruck für den Zuhörer vorwiegend durch die Nachhallenergie geprägt, also nur relativ wenig durch die Sitzordnung beeinflusst. Allerdings ist ein oft vernachlässigter Gesichtspunkt die räumliche Klangbalance des Orchesters, d. h. die räumliche Verteilung der hohen und tiefen Stimmen auf dem Podium (Meyer 2004b).

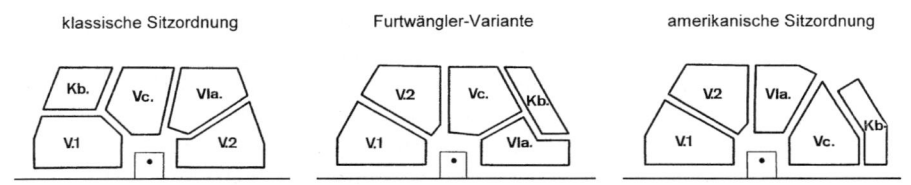

Abb. 4.13 Unterschiedliche Sitzordnungen der Streicher im Orchester

Für die Sitzordnung der Streicher gibt es unterschiedliche Varianten; die drei am häufigsten anzutreffenden sind in Abb. 4.13 schematisch dargestellt. Das linke Beispiel zeigt die sog. deutsche oder europäische Sitzordnung, die bisweilen auch als die „klassische" Sitzordnung bezeichnet wird. Bei ihr sitzen sich die beiden Geigengruppen an der Rampe des Podiums gegenüber, die Violoncelli sind frontal platziert, Kontrabässe und Bratschen schließen sich beiderseits an. Das rechte Beispiel gibt die sog. amerikanische Sitzordnung wieder, bei der die beiden Geigengruppen links vom Dirigenten zusammengefasst sind und sich Bratschen und Violoncelli wie beim Streichquartett anschließen, so dass die Celli und hinter ihnen die Kontrabässe rechts an der Rampe zu sitzen kommen. Eine Mittelstellung nimmt eine Variante der amerikanischen Sitzordnung ein, bei der Bratschen und Violoncelli vertauscht sind, wie dies ebenfalls bei Streichquartetten nicht unüblich ist; die Kontrabässe sind dabei mehr nach hinten gezogen.

Historisch gesehen hat die deutsche Sitzordnung eine lange Tradition: sie wurde um 1777 von Abbé Vogler im Mannheimer Orchester eingeführt und verbreitete sich schnell über ganz Europa, in London wurde sie beispielsweise von Joseph Haydn eingeführt; bis zur Mitte des 20. Jahrhunderts war sie die allgemein übliche Sitzordnung. Die amerikanische Sitzordnung wurde in den 1940er Jahren von Leopold Stokowsky in Philadelphia erprobt und fand bereits um 1950 eine weltweite Verbreitung mit Ausnahme Osteuropas, wo die deutsche Sitzordnung noch längere Zeit gepflegt wurde. Die mittlere Variante der Streicheraufstellung geht auf Wilhelm Furtwängler zurück; insbesondere in Deutschland, aber auch in anderen europäischen Ländern wurde sie in der 2. Hälfte des 20. Jahrhunderts vielfach statt der amerikanischen Aufstellung angewandt. Etwa seit der Jahrhundertwende findet jetzt eine zunehmende Rückkehr zur deutschen Sitzordnung statt. Daneben hat es schon immer Versuche mit Veränderungen der Aufstellung der tiefen Streicher gegeben. So hat Haydn in London die Violoncelli und Kontrabässe symmetrisch auf beide Seiten des Orchesters verteilt, und nicht nur die Wiener Philharmoniker haben ihre Kontrabässe hinter den Bläsern frontal vor der Rückwand aufgestellt.

Berücksichtigt man die zuvor genannten akustischen Auswirkungen der Orchesteraufstellung auf den Klangeindruck von Zuhörern und Musikern, so lassen sich die mehr oder weniger gewichtigen Vor- und Nachteile der unterschiedlichen Sitzordnungen in nachfolgenden Punkten zusammenfassen, wobei man in einigen Fällen die Bewertung auch unterschiedlich interpretieren kann:

Deutsche Sitzordnung

Vorteile
- Deutliche Unterscheidung der beiden Geigengruppen aufgrund von Richtungs- und Klangfarbenunterschieden (die 2. Violinen klingen etwas dunkler, aber nur unwesentlich leiser)
- Volle Klangentwicklung und deutliche Artikulation der Violoncelli
- Erhöhte Brillanz der 1. Violinen aufgrund geringer Verdeckung durch die dahinter sitzenden tiefen Streicher
- Gute Schallabstrahlung der Kontrabässe
- Ausgeglichene räumliche Klangbalance zwischen hohen und tiefen Stimmen
- Verbreitetes unisono der beiden Geigengruppen
- Geschlossener Klang bei unisono oder Oktaven von 1. Violinen und Celli
- Geschlossener Klang bei gemeinsamen Begleitfiguren von 2. Violinen und Bratschen
- Ausgeprägte Räumlichkeit im Klang der Violoncelli und Kontrabässe aufgrund von Reflexionen über beide Seitenwände des Saales
- Weniger dissonanter Zusammenklang bei dissonantem Stimmenverlauf der 1. und 2. Violinen
- Guter Kontakt zwischen Konzertmeister und Solocellist

Nachteile
- Erschwertes Zusammenspiel zwischen 1. und 2. Violinen, wenn bei großen Besetzungen die hinteren Pulte nicht erhöht sitzen
- Etwas abgeschwächte Lautstärke der 2. Violinen, wenn die Reflexionen aus dem Podiumsbereich zu schwach sind
- Springender Klang, wenn Motive gleichmäßig durch alle Streicherstimmen laufen

Amerikanische Sitzordnung

Vorteile
- Räumlich geschlossener Klang von 1. und 2. Violinen
- Annähernd gleiche Lautstärke von 1. und 2. Violinen auch bei ungünstigen Reflexionsverhältnissen

Kapitel 4 Musikalische Akustik 175

	• Geschlossener Klang bei gemeinsamen Begleitfiguren von 2. Violinen und Bratschen
	• Kontinuierliche Bewegung, wenn Motive gleichmäßig durch alle Streicherstimmen laufen
	• Erleichtertes Zusammenspiel zwischen 1. und 2. Violinen
Nachteile	• Fehlende Richtungs- und Klangfarbenunterschiede zwischen 1. und 2. Violinen, dadurch geringere Auffälligkeit der 2. Violinen
	• Ungünstige Schallabstrahlung der Violoncelli, dunkle Klangfärbung und undeutliche Artikulation
	• Gestörte räumliche Klangbalance aufgrund der seitenweisen Aufteilung in hohe und tiefe Stimmen
	• Verminderte Brillanz der 1. Violinen aufgrund der Verdeckung durch die hohen Frequenzanteile der dahinter sitzenden 2. Violinen
	• Verminderte Räumlichkeit für den Klang der Violoncelli und Kontrabässe aufgrund nur schwacher Reflexionen von der rechten Seitenwand
	• Nicht verschmelzender Klang von 1. Violinen und Violoncelli im unisono
	• Schärfere Dissonanzwirkung bei dissonantem Stimmenverlauf der 1. und 2. Violinen

Furtwängler-Variante (nur Unterschiede gegenüber der amerikanischen Sitzordnung)

Vorteile	• Bessere Schallabstrahlung für Violoncelli und Kontrabässe
	• Besserer Kontakt zwischen Konzertmeister und Solocellist
Nachteil	• Erschwertes Zusammenspiel und kritischere dynamische Balance bei gemeinsamen Begleitfiguren von 2. Violinen und Bratschen aufgrund deren breiterer Verteilung auf dem Podium

Wie diese Gegenüberstellung zeigt, ist es durchaus verständlich, dass inzwischen immer mehr Dirigenten von internationalem Rang aus klanglichen Gründen zu der klassischen Sitzordnung zurückgekehrt sind. Denn die amerikanische Aufstellung bietet zwar Vorteile für die Präzision des Zusammenspiels, erweist sich aber sowohl hinsichtlich der klanglichen Gesamtwirkung als auch für den Klang der Violoncelli als die ungünstigste Variante. Diese Nachteile können nur zu einem geringen Teil von der Furtwängler-Aufstellung behoben werden. Somit repräsentiert Abb. 4.13 bezogen auf die Klangwirkung beim Zuhörer eine von links nach rechts abnehmende qualitative Rangfolge, was sich auch durch die Reaktionen des (sowohl europäischen wie auch amerikanischen) Publikums beim direkten Vergleich im Rahmen von Gesprächskonzerten des Verf. mit Wechsel der Streicheraufstellung bestätigt hat.

Die Bläser sitzen im Konzertsaal stets hinter den Streichern, bei kleiner Besetzung (bis etwa 7 Stimmen) in einer Reihe, sonst in zwei bis drei Reihen. Die Holzbläser sind dabei so angeordnet, dass die Flöten und Oboen in der ersten, die Klarinetten und Fagotte in der zweiten Reihe platziert sind; die vier Solobläser sitzen dabei in der Mitte zusammen. Eine Staffelung der Holzbläser auf zwei Stufen – erhöht gegenüber den Streichern – ist dabei sinnvoll, sie kommt insbesondere den Oboen und Klarinetten wegen deren Richtcharakteristik zugute; sie verringert aber auch für alle Bläser die Abschattung des Direktschalls durch die davor sitzenden Streicher und ist deshalb besonders bei flachen Zuhörerreihen wichtig, sie ist zudem für den Kontakt der Bläser zum Konzertmeister notwendig. Da die Fagotte mehr als die anderen Holzbläser von Seitenwandreflexionen profitieren, sollten sie möglichst von anderen Bläsern flankiert werden. Alle diese Aspekte spielen zwar eine Rolle für den Klang im Zuhörerbereich, sind unter aufnahmetechnischen Gesichtspunkten aber weniger relevant.

Die Hörner befinden sich meist neben den Holzbläsern; dabei ist es akustisch nicht von Belang, ob sie rechts oder links sitzen – es sei denn, der Podiumsbereich ist breiter als das Orchester und die Seitenwände laufen trichterförmig auseinander: in diesem Fall dürfen die Hörner nicht links untergebracht werden, weil dort vor allem bei größerer Lautstärke die Gefahr einer Fehllokalisation bestehen würde, da die Wandreflexion deutlich stärker als der (durch die davor sitzenden Musiker abgeschattete) Direktschall ist. Das schwere Blech ist üblicherweise auf einer dritten Stufe untergebracht; ungünstig ist es dabei, wenn die Posaunen direkt hinter den Hörnern sitzen, weil sich die jeweiligen Spieler dann weniger laut hören als die andere Gruppe, was zu Dynamikproblemen führen kann.

Die Situation der Musiker im Orchestergraben eines Opernhauses unterscheidet sich vom Konzertsaal zum einen durch die langgestreckte Form des Grabens und den meist damit verbundenen Platzmangel, zum anderen durch die allseitige Umrandung mit mehr oder weniger stark reflektierenden Wänden. Dadurch kommt es zum Zuschauerraum hin zu einer Abschattung des Direktschalls, zumindest für die Plätze im Parkett. Je nachdem, wie tief der Orchestergraben abgesenkt ist, ergibt sich dabei eine Pegelabschwächung im mittleren Frequenzbereich (gegenüber freier Sicht) von etwa 3 bis 10 dB für bühnennahe Plätze und 10 bis 20 dB für Plätze nahe der Brüstung, bei hohen Frequenzen nimmt diese Pegelabschwächung noch deutlich zu. Dies ist wiederum für den Klang im Zuschauerraum von erheblicher Bedeutung, unter aufnahmetechnischen Gesichtspunkten weniger relevant.

Üblicherweise bilden die Streicher einen Mittelblock, an den sich links die Holzbläser und Hörner, rechts das schwere Blech und die Schlaginstrumente anschließen. Wegen der Abschattung durch die Brüstung zum Zuschauerraum werden bisweilen die 1. Violinen hinter den 2. Violinen platziert, um sie deutlicher hervortreten zu lassen. Für Opern im Stile Mozarts werden die Bläser oft in einer Reihe frontal vor der Bühne platziert, was ihre Präsenz deutlich erhöht. Bis weit ins 19. Jahrhundert hinein war in den Opernorchestern eine Bläser-Streicher-Trennung üblich, bei der meistens alle Streicher links, alle Bläser rechts vom Dirigenten saßen; jedoch kam auch eine umgekehrte Verteilung vor.

Bisweilen wird das Opernorchester bis unter die Vorbühne gezogen, d. h. die Plätze einiger Spieler sind überdacht. Hier kann es zu stehenden Wellen zwischen Boden und Decke kommen, wie in Abb. 4.14 dargestellt ist. Störend sind diese ste-

Kapitel 4 Musikalische Akustik 177

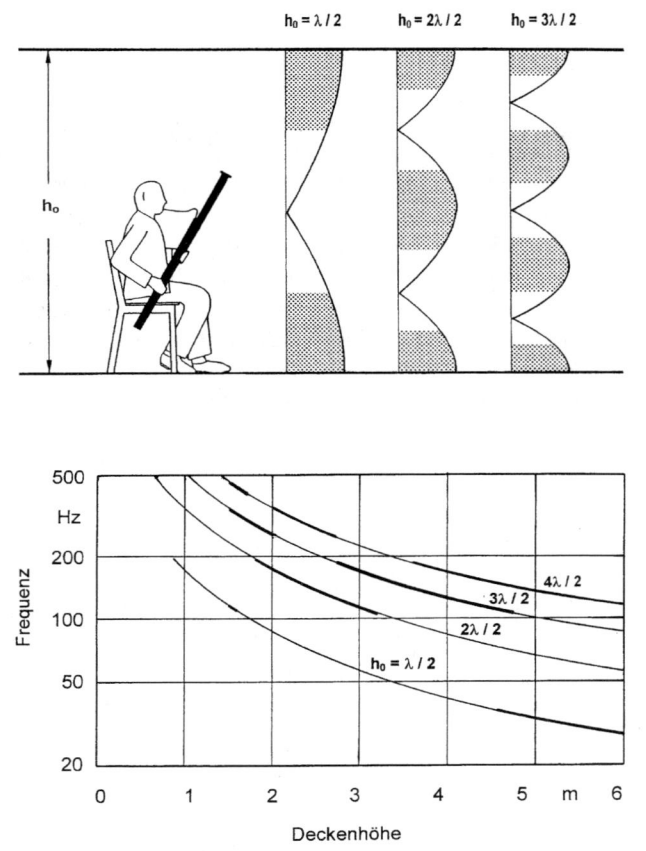

Abb. 4.14 Frequenzlage stehender Wellen bei unterschiedlicher Deckenhöhe. Die dick gezeichneten Teile der Kurven weisen auf Frequenzen hin, bei denen in Ohrhöhe des Musikers hohe Pegel auftreten.

henden Wellen, wenn sie zu hohen Pegelwerten in Ohrhöhe der Musiker führen. Wie aus dem Diagramm für die Frequenzlage der stehenden Wellen hervorgeht, betrifft dies bei einer „Raumhöhe" von 2 m vor allem Frequenzen um etwa 180 Hz und 250 Hz, bei größerer Höhe verlagern sich die krischen Bereiche zu tieferen Frequenzen. Unangenehm können auch stehende Wellen zwischen den Längswänden des Grabens werden. Bei einer Breite des Grabens von 4 bis 6 m treten sie schon bei Frequenzen unter 50 Hz auf, was für die wandnah sitzenden Spieler zu einem „Dröhnen" im Gesamtklang des Orchesters führt und das gegenseitige Hören außerordentlich behindert.

4.3.3.3 Klangbalance am Platz des Dirigenten

Die dynamische Balance zwischen den Stimmen eines Orchesters wird letztendlich vom Dirigenten bestimmt. Der Klangeindruck an seinem Platz verdient deshalb besondere Beachtung, denn er unterscheidet sich deutlich sowohl von dem Klangeindruck an verschiedenen Plätzen im Zuhörerbereich als auch von den Schallpegelverhältnissen an den Mikrofonen. Dabei sei noch einmal daran erinnert, dass der dynamische Eindruck beim Zuhörer nicht nur durch die Schallpegel, sondern auch durch den Grad der Räumlichkeit geprägt wird. Am Platz des Dirigenten spielt die Räumlichkeit nur eine untergeordnete Rolle, da er vorwiegend Direktschall und höchstens kurzverzögerte Reflexionen aus der Orchesterumrandung empfängt. Da am Mikrofon nur der Schallpegel interessiert, ist die Position des Dirigenten zwar ähnlich, doch ergeben sich auch Unterschiede aufgrund anderer Abstandsverhältnisse.

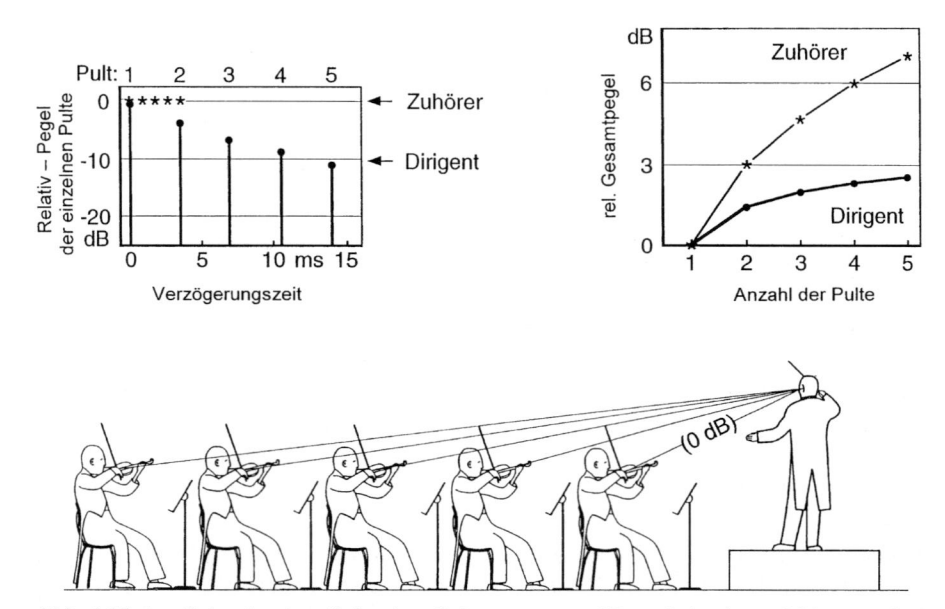

Abb. 4.15 Anteil der einzelnen Pulte einer Geigengruppe am Klangeindruck von Dirigent und Zuhörern. Bezugspegel (0 dB) ist der Pegel vom ersten Pult beim Dirigenten bzw. beim Zuhörer.

Als Beispiel ist in Abb. 4.15 die Situation für den Gruppenklang der 1. Violinen wiedergegeben, dargestellt ist die Wirkung des Direktschalls von fünf Pulten am Platz des Dirigenten sowie im Saal. Bei den Zuhörern kommt der Schall von den einzelnen Pulten – gleichstarkes Spiel vorausgesetzt – gleich stark und kaum gegeneinander verzögert an und kann so zu einem homogenen Klang verschmelzen; auch steigt der Gesamtpegel durch die Mitwirkung des 5. Pultes noch immerhin um 0,5 dB an. Beim Dirigenten ist das synchrone Spiel über eine Zeitspanne von etwa 15 ms gespreizt, was aber die Homogenität des Klanges kaum beeinträchtigt. Da der eintreffende Direktschall jedoch aufgrund des Abstandes von Pult zu Pult schwächer wird, tragen praktisch nur die ersten drei Pulte zum Gesamtpegel bei, während die beiden hinteren Pulte keinen Anteil mehr am Lautstärke-Eindruck des Dirigenten haben; dieser Effekt wird auch durch eine reflektierende Wand hinter den Geigen nur wenig gemildert (Meyer 1994).

Ähnlich sind die Pegelverhältnisse an einem Mikrofon, das über den vorderen Pulten der 1. Violinen platziert ist. Befindet es sich beispielsweise in einer Höhe von 3 m mitten über den beiden vorderen Pulten, ist deren Pegel gleich und führt auf einen Summenpegel von +3 dB (bezogen auf ein Pult). Die anderen Pulte tragen jedoch zunehmend weniger zum Gesamtpegel bei, so erhöht ihn das vierte Pult gerade noch um 0,4 dB, das fünfte um nur 0,2 dB. Befindet sich das Mikrofon in 2 m Höhe genau über dem ersten Pult, nehmen die Pegelunterschiede noch etwas zu: Das vierte Pult ist bereits um 10 dB schwächer als das erste und erhöht den Gesamtpegel nur noch um 0,2 dB. Statt des gleichmäßigen Gruppenklanges, der sich beim Zuhörer einstellt, werden vom Mikrofon vorzugsweise die vorderen Streicher erfasst, was natürlich die Deutlichkeit der Artikulation erhöhen kann (Meyer 1992).

Die dynamische Balance zwischen den unterschiedlichen Instrumentengruppen wird für die Zuhörer im Saal im Wesentlichen durch die Schallleistung der Instrumente geprägt. Am Platz des Dirigenten befinden sich die meisten Instrumente aber innerhalb oder an der Grenze des Hallabstandes, so dass fast ausschließlich der Direktschall für den Lautstärke-Eindruck maßgeblich ist. Bedingt durch die Richtcharakteristik und den unterschiedlichen Abstand zum Dirigenten ergeben sich deshalb andere Pegelrelationen als für die Zuhörer. Entsprechendes gilt auch für Mikrofone. Geht man beispielsweise bei einem mittleren *forte* an der Position des Dirigenten von einem Schalldruckpegel von 78 dB für acht Violinen (im Nahbereich) und von 68 dB für einen Holzbläser (in 6 bis 7 m Entfernung) aus, so erscheinen dem Dirigenten die Violinen um rund 10 dB lauter. Für die Zuhörer ergibt sich aufgrund der abgestrahlten Schallleistungspegel (vgl. Tabelle 4.9) von 98 dB für 8 Violinen und von 93 dB für einen Holzbläser nur ein Dynamikunterschied von 5 dB (Meyer 1994). Erwähnt sei noch, dass die Sitzordnung des Orchesters praktisch keinen Einfluss auf den Lautstärke-Eindruck des Dirigenten hat, da in jedem Fall alle Spieler mit Blickrichtung zum Dirigenten sitzen, die Richtcharakteristiken also keine Rolle spielen; lediglich unterschiedliche Reflexionsverhältnisse im Nahbereich der Spieler können sich geringfügig auswirken.

Noch gravierender ist die Verschiebung der Balance beim Zusammenwirken eines großen Chores mit einem großen Orchester. Legt man die für den Zuhörereindruck maßgebenden Schallleistungspegel einerseits und die Schalldruckpegel am Platz des Dirigenten andererseits zugrunde, so ergibt sich beispielsweise, dass ein hinter dem Orchester platzierter Chor, der für die Zuhörer gleich laut erscheint wie die Streicher und die Holzbläser, für den Dirigenten um rund 10 dB leiser ist. Dirigenten, die ständigen Umgang mit großen Chören und Orchestern haben, sind sich dessen bewusst. Im kirchlichen Bereich trifft man jedoch vielfach auf Chorleiter, die regelmäßig – noch dazu sehr nah – vor ihrem Chor allein, jedoch nur selten vor Chor rund Orchester stehen; sie tendieren häufig dazu, das Orchester zu sehr abzudämpfen, da es ihnen ungewohnt laut in Relation zu ihrem gewohnten Chorklang erscheint (Meyer 2003).

Literatur

Angster J, Angster Jos, Miklós A (1997) Akustische Messungen und Untersuchungen an Orgelpfeifen. Acta organologica 25:151–176
Bork I (1989) Longitudinalschwingungen von Klaviersaiten. Jahresber PTB, S 12
Bork I (1992) Akustische Untersuchungen an Klavieren und Flügeln. Ber 17. Tonmeistertagung Karlsruhe, Verlag K G Saur, München, S 751–764
Bork I, Marshall AH, Meyer J (1995) Zur Abstrahlung des Anschlaggeräusches beim Flügel. Acustica 81:300–308
Bork I, Meyer J (1988) Zum Einfluß der Spieltechnik auf den Klang der Querflöte. Tibia 13:179–190
Estill J, Fujimura O, Erickson D, Zhang T, Beechler K (1993) Vocal tract contributions to voice qualities. Proc Stockholm Music Acoustics Conf, 161–165
Fleischer H (1991) Akustische Untersuchungen an Orchesterpauken. Forschungsbericht 02/91 Uni BW München
Fleischer H (1992) Zur Rolle des Kessels bei Pauken. Forschungsber 01/92 Uni BW München
Fletcher NH, Rossing TD (1991) The Physics of Musical Instruments. Springer, New York
Leipp E (1976) Acoustique et Musique. Masson, Paris
Lottermoser W, Meyer J, Jenkner E (1966) Über den Druckverlauf in Orgelwindladen. Z angew. Physik 20:424–427
Lottermoser W (1983) Orgeln, Kirchen und Akustik. Bochinsky-Verlag, Frankfurt
Melka A (1970) Messungen der Klangeinsatzdauer bei Musikinstrumenten. Acustica 23:108–117
Meyer J (1966) Akustik der Holzblasinstrumente. Bochinsky-Verlag, Frankfurt
Meyer J (1978) Physikalische Aspekte des Geigenspiels. Schmitt, Siegburg
Meyer J (1990) Zur Dynamik und Schalleistung von Orchesterinstrumenten. Acustica 71:277–286
Meyer J (1992) Zur klanglichen Wirkung des Streicher-Vibratos. Acustica 76:283–291
Meyer J (1992) Klangliche Unterschiede zwischen realem Orchester und der Einspielung nachhallfreier Musik in Sälen. Ber 17. Tonmeistertagung Karlsruhe, Verlag K G Saur, S 144–154
Meyer J (1994) Neuere Gesichtspunkte zu Podiumsakustik und Zusammenspiel. Ber 18. Tonmeistertagung Karlsruhe, Verlag K G Saur, München, S 101–112
Meyer J (2003) Kirchenakustik. PPVMEDIEN, Bergkirchen
Meyer J (2004a) Musical Acoustics – Topics and Aims. Proc Joint Congr CFA/DAGA '04, Strasbourg, S 435–439
Meyer J (2004b) Akustik und musikalische Aufführungspraxis. 5. Aufl, PPVMEDIEN, Bergkirchen
Meyer J (2004c) Zur Akustik der Klarinette. In: Restle C, Fricke H (Hrsg) Faszination Klarinette. Prestel, München, S 177–188
Meyer J, Angster J (1981) Zur Schalleistungsmessung bei Violinen. Acustica 49:192–204
Sundberg J (1977) The Acoustics of the Singing Voice. Scient Amer 236:82–89
Sundberg J (1991) The Science of Musical Sounds. Academic Press, Dan Diego
Terhardt E (1974) On the perception of periodic sound fluctuations. Acustica 30:201–218
Ternström S (1993) Long time average spectrum characteristics of different choirs in different rooms. Journ Voice 8:55–77
Vollmer M, Wogram K (2005) Zur Intonation von Blechblasinstrumenten bei sehr niedrigen Umgebungstemperaturen. Instr-Bau Z 59 H3/4:69–74
Wagner J (2005) Die Kernorgel der Frauenkirche zu Dresden. Triangel Das Radio zum Lesen 10 H11:6–15

Kapitel 5
Raumakustik

Wolfgang Ahnert und Hans-Peter Tennhardt

5.1 Schallausbreitung in Räumen 182
    5.1.1 Schallfeldeigenschaften 182
    5.1.2 Schallreflexion und Schallabsorption 184
5.2 Raumakustische Kriterien 185
    5.2.1 Nachhallzeit T 188
    5.2.2 Bassverhältnis BR 191
    5.2.3 Subjektive Silbenverständlichkeit V für Sprache 191
    5.2.4 Deutlichkeitsmaß C_{50} für Sprache 192
    5.2.5 Artikulationsverlust Al_{cons} für Sprache 193
    5.2.6 Speech Transmission Index STI und RASTI 194
    5.2.7 Schwerpunktzeit t_S 197
    5.2.8 Echo-Kriterium EK 197
    5.2.9 Klarheitsmaß C_{80} für Musik 198
    5.2.10 Interauraler Kreuzkorrelationskoeffizient IACC 199
    5.2.11 Stärkemaß G und Schalldruckpegelabnahme ΔL 201
    5.2.12 Raumeindrucksmaß R für Musik 202
    5.2.13 Registerbalancemaß B_R 202
    5.2.14 Hallmaß H 203
    5.2.15 Seitenschallgrade LE, LF und LFC 203
    5.2.16 Gegenseitiges Hören und Raumunterstützung 205
5.3 Grundlagen der raumakustischen Planung 205
    5.3.1 Hörsamkeit und Nutzungsprofil von Auditorien 206
    5.3.2 Primärstruktur 209
    5.3.3 Sekundärstruktur 227
5.4 Simulationsverfahren 242
    5.4.1 Simulation am mathematischen Modell 242
    5.4.2 Simulation am physikalischen Modell 249

5.5 Elektronische Architektur 251
    5.5.1   Schallverzögerungssysteme zur Steigerung der Räumlichkeit . . . 252
    5.5.2   Nachhallsteigerungssysteme der zweiten Generation
            unter Nutzung der Laufzeit 253
    5.5.3   Moderne Verfahren zur Nachhallsteigerung und Erhöhung
            der Räumlichkeit 256
    5.5.4   Schlussfolgerungen und Ausblick 262
Normen und Standards 263
Literatur 263

5.1 Schallausbreitung in Räumen

5.1.1 *Schallfeldeigenschaften*

Das Schallfeld einer Schallquelle breitet sich in alle Raumrichtungen annähernd strahlenförmig aus. Der Anteil des Direktschalls an diesem Schallfeld unter Vernachlässigung von reflektiertem und gebeugtem Schallanteil wird als *freies Schallfeld* bezeichnet. Da die meisten Schallquellen eine schallreflektierende Unterlage benutzen, ist es nach (Fasold et al. 1987) üblich, auch dann von einem freien Schallfeld zu sprechen, wenn die Schallquelle auf einer großen, schallreflektierenden Grundfläche steht. Für Schallquellen in Räumen überwiegt in größerer Entfernung von der Quelle der Anteil von gebeugtem und an den Wänden reflektiertem Schall. In einem Raum mittlerer Größe mit einem Volumen von 800 m³ produziert ein Schallsignal innerhalb von nur einer Sekunde etwa 200.000 Reflexionen an den Wänden, die in den Raum zurückgeworfen werden. Da in diesem Teil des Schallfelds sowohl der örtliche Schallpegel als auch die Ausbreitungsrichtungen statistisch weitgehend gleichverteilt sind, wird es als *diffuses Schallfeld* bezeichnet. Der Schalldruckpegel dieses idealen, diffusen Schallfelds L_{diff} ist somit unabhängig von der Entfernung zur Schallquelle und wird nur durch deren Schallleistungspegel L_P und die äquivalente Schallabsorptionsfläche A als Maß für die Dämpfungseigenschaften des Raumes (s. Abschn. 5.1.2) bestimmt mit

$$L_{\text{diff}} = L_P - 10 \log \frac{A}{4\text{m}^2} \text{dB} \qquad (5.1)$$

Im eingeschwungenen Zustand ist die absorbierte gleich der in den Raum eingespeisten Schallleistung P. Unter dieser Annahme erhält man die *mittlere Schallenergiedichte* w_r im diffusen Schallfeld des Raumes zu

$$w_r = \frac{4P}{cA} \qquad (5.2)$$

Kapitel 5 Raumakustik

Während die Schallenergiedichte w_r im diffusen Schallfeld annähernd konstant ist, nimmt die Direktschallenergie einer allseitig abstrahlenden Kugelquelle und damit auch ihre Dichte w_d nach

$$w_d = \frac{P}{c}\frac{1}{4\pi r^2} \tag{5.3}$$

mit dem Quadrat der Entfernung r von der Quelle ab. Damit ergibt sich für den Schalldruck in diesem Bereich des überwiegenden Direktschalls ein Abfall mit $1/r$. Der Abstand von der Quelle, bei dem Direktschall- und die Diffusschallenergiedichte gleich groß sind ($w_d = w_r$), kann durch Gleichsetzen von (5.2) und (5.3) ermittelt werden. Für eine Schallquelle mit kugelförmiger Richtcharakteristik wird er als *Hallradius* r_H bezeichnet und beträgt

$$r_H = \sqrt{\frac{A}{16\pi}} \approx 0{,}141\sqrt{A} \tag{5.4}$$

r_H in m, A in m², V in m³, T in s.

Unter Berücksichtigung der Formel von Sabine (5.18) und bei Vernachlässigung der Luftabsorption lässt sich der Hallradius auch als Funktion von Raumvolumen und Nachhallzeit angeben mit

$$r_H \approx 0{,}057\sqrt{\frac{V}{T}} \tag{5.5}$$

Im allgemeinen Fall einer gerichteten Schallquelle (Sprecher, Schallwandler) geht in die Berechnung der nach DIN 1320 als *Hallabstand*, nach Meinung der Autoren aber unmissverständlicher als *Richtentfernung* (*critical distance*) zu bezeichnenden Entfernung auch die Richtcharakteristik der Quelle ein mit

$$r_R = \Gamma(\vartheta)\sqrt{\gamma} \cdot r_H \tag{5.6}$$

Dabei bezeichnet $\Gamma(\vartheta)$ den Richtungsfaktor der Schallquelle (Verhältnis des Schalldrucks, der unter dem Winkel ϑ gegen die Bezugsachse abgestrahlt wird, zum Schalldruck, der auf der Bezugsachse im gleichen Abstand erzeugt wird) und γ den Bündelungsgrad der Schallquelle. Bei der Anordnung von Schallquellen auf einer schallreflektierenden großen Raumbegrenzungsfläche und Abstrahlung in den darüberliegenden Halbraum vergrößert sich der Bereich mit überwiegendem Direktschallanteil auf

$$r_\text{g} = \sqrt{\frac{A}{8\pi}} \approx \sqrt{\frac{A}{25}} \approx 0{,}2\sqrt{A} \approx 0{,}08\sqrt{\frac{V}{T}} \tag{5.7}$$

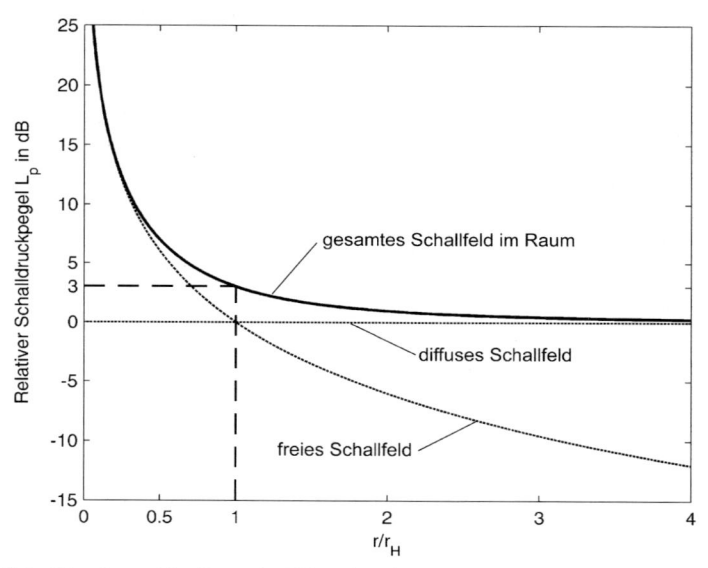

Abb. 5.1 Schalldruckpegel im Raum in Abhängigkeit von der Entfernung r zur Schallquelle, bezogen auf den Hallradius r_H

5.1.2 Schallreflexion und Schallabsorption

Beim Auftreffen einer Schallwelle auf eine Wandfläche wird ein Teil der einfallenden Schallintensität I_ein reflektiert (I_ref), ein weiterer Teil wird durch Reibung in Wärme umgesetzt (I_dis). Der verbleibende Teil tritt durch diese Bauteilfläche in das angrenzende Medium als durchgehende Schallintensität I_trans über (Abb. 5.2).

Die Verhältnisse dieser Schallintensitäten zur einfallenden Gesamtintensität werden als Schallreflexionsgrad ρ, Schalltransmissionsgrad τ und Schalldissipationsgrad δ bezeichnet mit

$$\rho = \frac{I_\text{ref}}{I_\text{ein}} \tag{5.8}$$

$$\tau = \frac{I_\text{trans}}{I_\text{ein}} \tag{5.9}$$

Kapitel 5 Raumakustik 185

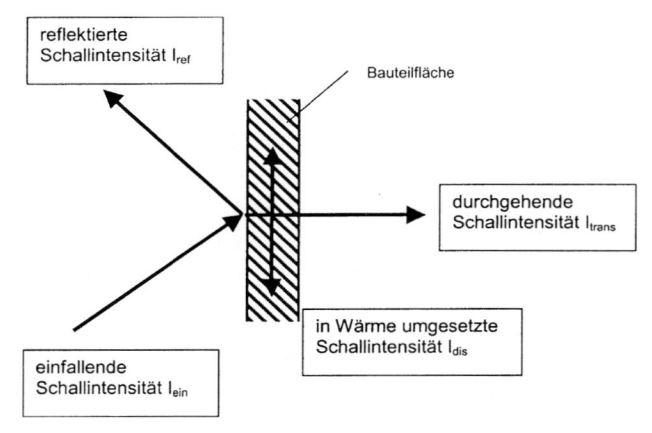

Abb. 5.2 Intensitätsanteile bei Schalleinfall auf eine Bauteilfläche

$$\delta = \frac{I_{dis}}{I_{ein}} \quad (5.10)$$

Der Schallabsorptionsgrad α mit

$$\alpha = \tau + \delta = \frac{I_{trans} + I_{dis}}{I_{ein}} = 1 - \rho = \frac{I_{ein} + I_{ref}}{I_{ein}} \quad (5.11)$$

kennzeichnet im Allgemeinen die Schallabsorptionseigenschaften flächenhafter Baustoffe und -konstruktionen. Wird er mit deren Fläche S multipliziert, so erhält man die *äquivalente Schallabsorptionsfläche A*:

$$A = \alpha \cdot S \quad (5.12)$$

Die äquivalente Schallabsorptionsfläche kann sowohl zur Kennzeichnung der Schallabsorptionswirkung von Flächen, als auch von Einbauten, Gegenständen, Personen und Räumen dienen.

5.2 Raumakustische Kriterien

Überlegungen zur Optimierung raumakustischer Verhältnisse sind seit mehr als 2000 Jahren überliefert. Bereits der römische Architekt Vitruv beschreibt im ersten Jahrhundert v. Chr. akustische Regeln, die bei der Anlage von Amphitheatern zu beachten sind (Vitruv 1996). Während der Bau von Theatern und ersten öffentlichen Konzertsälen im 18. und 19. Jahrhundert noch überwiegend auf dem architektonischen Vorbild akustisch gelungener Säle wie dem ersten Leipziger Gewandhaus (1781) beruhte, etablierte sich erst mit der Definition der Nachhallzeit als physikalischem Maß für die akustischen Eigenschaften eines Raums durch den amerikanischen Physiker W.C. Sabine (1868–1919) die Raumakustik als wissenschaftliche Disziplin (Sabine 1923). Mitte der 1930er Jahre wurden erste Messungen im physikalischen Modell (Maßstab 1:10 bis 1:20) durchgeführt. Nach 1945 und insbesondere nach Einführung der Kunstkopfstereofonie Ende der 1960er Jahre wurden weltweit zahlreiche Untersuchungen zur Korrelation von perzeptiven Qualitäten der Raumempfindung in Konzertsälen (subjektive Kriterien) mit physikalischen Maßen (objektive Kriterien) durchgeführt. Eine Reihe dieser Kriterien hat sich für die Planung und Beurteilung von Räumen zur Wiedergabe von Sprache und Musik weltweit durchgesetzt, andere wurden verworfen. Dieser Prozess ist sicher nicht abgeschlossen, insbesondere ist zunehmend ein Übergang von monauralen zu binauralen Maßen zu beobachten.

Abhängig von der Nutzung des Raums (z.B. für Schauspiel, Oper, klassische Konzerte, Pop/Rock) werden heute bestimmte Werte dieser Kriterien als optimal erachtet. Je breiter das Nutzungsspektrum ist, desto breiter sind die Bereiche der anzustrebenden Referenzwerte. Insbesondere bei Mehrzweckräumen schaffen allerdings häufig nur akustische oder elektronische Maßnahmen zur Anpassung der Akustik eine zufriedenstellende Lösung.

Vorbedingung für ein optimales raumakustisches Design von Auditorien ist eine frühe Koordination zwischen Architektur und Akustik in der Planungsphase. Auf der Basis einer dem Nutzungsprofil entsprechenden Primärstruktur des Raums (Raumform, Volumen, Topographie der Zuschauer- und der Bühnenflächen) wird die Sekundärstruktur mit dem Design der Wand- und Deckenaufbauten und deren akustischer Wirksamkeit ausgearbeitet. Eine Prognose der objektiven und subjektiven raumakustischen Eigenschaften erfolgt heute meist auf der Grundlage von Computersimulationen sowie – nach wie vor – von Messungen an physikalischen Modellen.

Im Folgenden wird eine Auswahl raumakustischer Kriterien vorgestellt, die sich bei der Planung und bei der Beurteilung von Auditorien etabliert hat (Beranek 1996, Kuttruff 2000). Diese untereinander häufig eng korrelierten Kriterien können in Zeit- und Energiekriterien unterteilt werden. Während erstere die Dauer bestimmter Prozesse im Ausklingverhalten des Raums messen (Nachhallzeit, Early Decay Time, Schwerpunktszeit), setzen letztere bestimmte energetische Anteile innerhalb des Nachhalls (Klarheitsmaß) oder für verschiedene Einfallsrichtungen des Nachhalls (Seitenschallgrad) zueinander ins Verhältnis. Fast alle raumakustischen Kriterien werden heute aus der gemessenen oder durch Computersimulation berechneten Impulsantwort abgeleitet. Da ein Raum in guter Näherung als lineares und zeitinvariantes akustisches Übertragungssystem behandelt werden kann, wird er durch seine Impulsantwort $h(t)$ im Zeitbereich vollständig beschrieben. Aus der Raumimpulsantwort $h(t)$, die den Schalldruckverlauf $p(t)$ im Raum nach Anregung durch einen Dirac-förmigen akustischen Impuls beschreibt, können sog. Reflektogramme abgeleitet werden, die bestimmte Eigenschaften des Ausklingverhaltens deutlicher zum Ausdruck bringen als die Impulsantwort selbst (Abb. 5.3). Dazu gehört die Schallenergiedichte $w(t)$ mit

$$w(t) \sim h^2(t) \tag{5.13}$$

und die kumulierte Schallenergie $W(t)$ mit

$$W(t) = \int_0^t h^2(t')dt' \tag{5.13a}$$

Ein visuell leichter zu interpretierender Verlauf entsteht durch die Mittelung über eine definierte Zeitkonstante τ_0. Zur Modellierung der Trägheit des Gehörs werden typischerweise Zeitkonstanten von $\tau_0 = 25$ ms oder $\tau_0 = 35$ ms verwendet. Die ohrträgheitsbewertete Schallintensität wird berechnet nach

$$I_{\tau_0}(t) \sim \int_0^t h^2(t')e^{\left(\frac{t'-t}{\tau_0}\right)}dt' \tag{5.14}$$

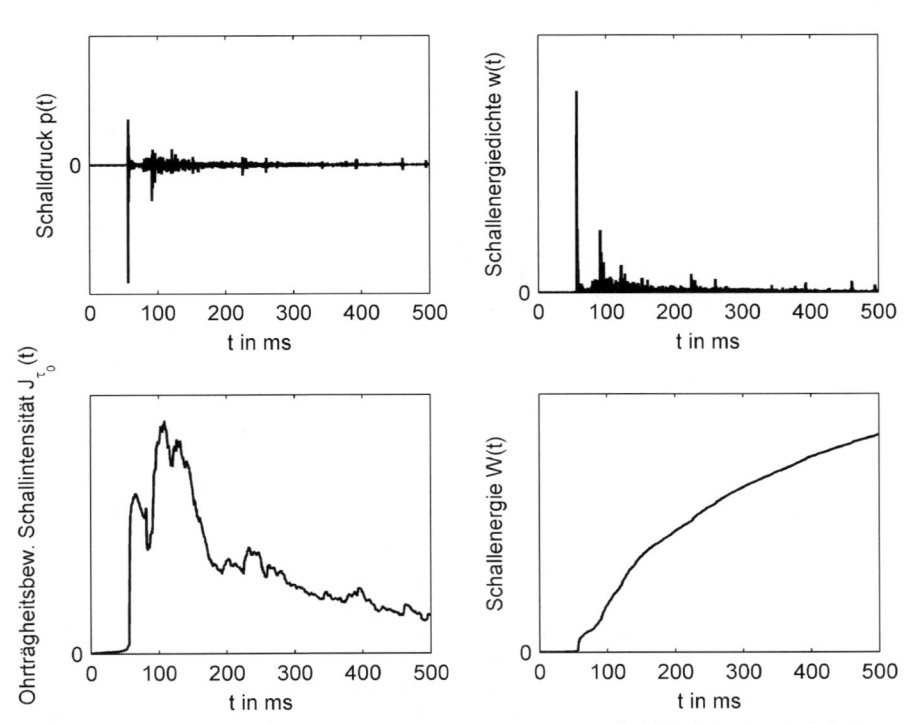

Abb. 5.3 Schallfeldkenngrößen-Zeit-Verläufe (Reflektogramme) für Schalldruck $p(t)$, Schallenergiedichte $w(t)$, ohrträgheitsbewertete Schallintensität $J_{\tau_0}(t)$ und Schallenergie $W(t)$. Die Impulsantwort wurde im Auditorium Maximum der TU Berlin (Abb. 1.10) in 20 m Entfernung von der Schallquelle aufgenommen. Die starken Reflexionen an der Rückwand des Saales treten in der mit einer Zeitkonstante von 25 ms geglätteten, ohrträgheitsbewerteten Kurve deutlicher hervor als in der Impulsantwort selbst.

Zur Berechnung der Schallenergie innerhalb eines definierten Teils der Impulsantwort wird die Energiedichte über das entsprechende Zeitintervall integriert und die Schallenergiekomponente E_t gebildet mit

$$E_t = \int_0^t h^2(t')\,dt'$$ (5.15)

Für die messtechnische Bestimmung aller sprachbezogenen raumakustischen Kriterien wird eine Schallquelle mit der frequenzabhängigen Richtcharakteristik eines menschlichen Sprechers als Anregungsquelle verwendet, für alle anderen Kriterien wird in der Regel eine Quelle mit möglichst omnidirektionaler Richtcharakteristik verwendet. Auch die empfohlenen Sollwerte raumakustischer Kriterien werden durch die Hauptnutzungsart des Saales – in erster Linie Sprache oder Musik – bestimmt. Die überwiegende Zahl raumakustischer Gütekriterien basiert auf der monauralen, richtungsunbewerteten Auswertung der Impulsantwort. Binaurale, kopfbezogene Kriterien wie der IACC nach (Ando 1998) sind noch die Ausnahme.

5.2.1 Nachhallzeit T

Die Nachhallzeit T ist nicht nur die älteste, sondern auch die bekannteste raumakustische Größe. Sie ist die Zeit, die nach Abschalten einer Schallquelle in einem Raum vergeht, bis die mittlere, eingeschwungene Schallenergiedichte $w(t)$ auf 1/1.000.000 des Anfangswertes w_0 oder der Schalldruck auf 1/1.000, d. h. um 60 dB abgeklungen ist. Ein Schalldruckpegelabfall von 60 dB entspricht etwa der Dynamik eines großen Orchesters (Sabine 1923). Der Hörer kann den Abklingvorgang allerdings nur bis zum Erreichen des Störpegels im Raum verfolgen. Diese subjektiv empfundene Nachhalldauer hängt somit neben der Nachhallzeit auch vom Anregungs- und vom Störpegel ab. Bei Messungen der Nachhallzeit ist besonders im tieffrequenten Bereich die geforderte Dynamik von 60 dB schwer zu erreichen, deshalb wird die Nachhallzeit normalerweise durch Messung des Schallpegelabfalls in einem Bereich von –5 dB bis –35 dB bestimmt, diese Zeit verdoppelt und dann als $T30$ bezeichnet.

Die sog. Anfangsnachhallzeit (Early Decay Time, EDT) nach (Jordan 1980), die demgegenüber in einem Bereich zwischen 0 dB und –10 dB bestimmt wird, stimmt insbesondere bei kleinen Lautstärken und bei laufendem Programm mit der subjektiv empfundenen Nachhalldauer meistens besser überein. Dies erklärt auch die Tatsache, dass die subjektiv empfundene Nachhalldauer im Raum variieren kann, während die objektiv nach der klassischen Definition mit einer Dynamik von 60 dB oder 30 dB gemessenen Werte weitgehend platzunabhängig sind.

So wie das Absorptionsverhalten eines Raums ist auch die Nachhallzeit eine frequenzabhängige Größe. Sie wurde früher durch Anregung mit terz- oder oktavbreiten Rauschsignalen ermittelt, bei computergestützten Nachhallzeitmessungen wird sie heute meist aus der Steilheit des Pegelabfalls der terz- oder oktavgefilterten

Kapitel 5 Raumakustik

Raumimpulsantwort berechnet. Letztere wird als Steigung der rückwärtsintegrierten und logarithmierten Raumimpulsantwort (sog. Schroeder-Plot, Schroeder 1965) abgelesen. Nach DIN EN ISO 3382 werden die Nachhallzeiten über die Energiebereiche -5 dB...-15 dB ($\rightarrow T10$), -5 dB...-25 dB ($\rightarrow T20$) bzw. -5 dB...-35 dB ($\rightarrow T30$) ermittelt. Als Einzahlwert für die Nachhallzeit wird in der Regel der Mittelwert der Nachhallzeiten bei 500 Hz und 1000 Hz Oktavmittenfrequenz angegeben. Sollwerte für diese mittlere Nachhallzeit T hängen von der Darbietungsart (Sprache oder Musik) und von der Raumgröße ab (Abb. 5.4).

Nach Eyring (1930) hängt die Nachhallzeit T eines Raumes (in s) im Wesentlichen vom Raumvolumen V (in m^3) und den schallabsorbierenden Eigenschaften des Raums ab:

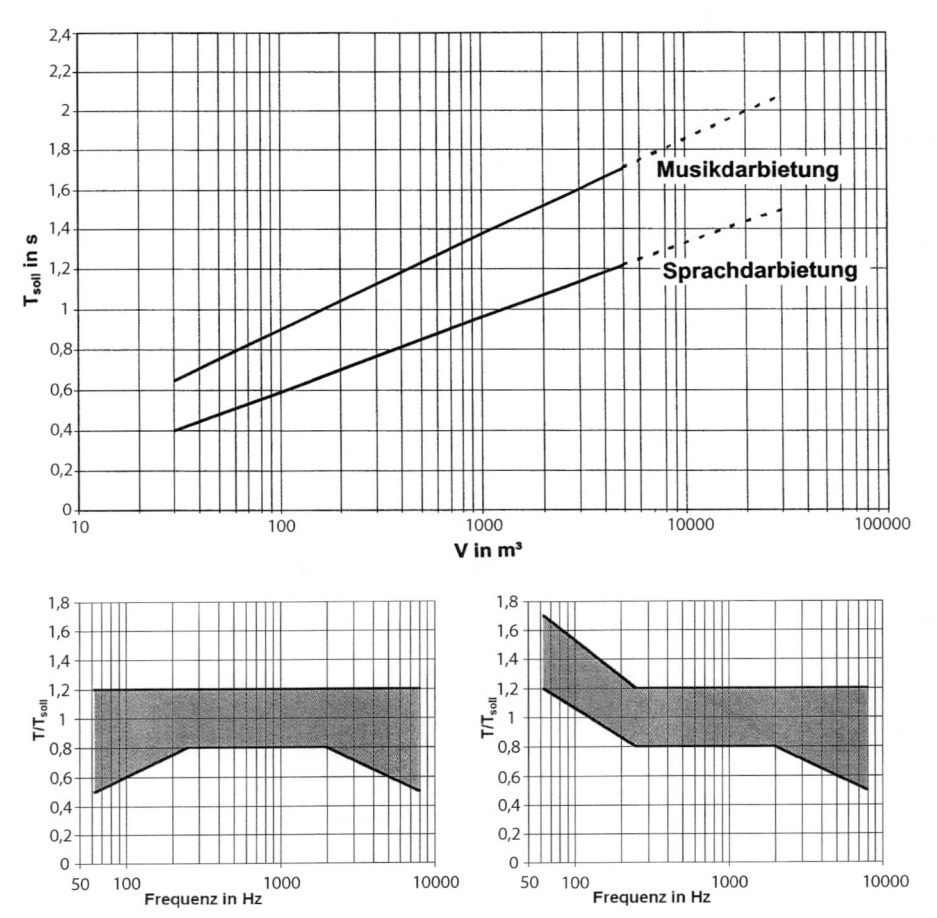

Abb. 5.4 Oben: Sollwert der mittleren Nachhallzeit T_{soll} für Sprach- und Musikdarbietungen in Abhängigkeit vom Raumvolumen V. Unten: Frequenzabhängiger Toleranzbereich der Nachhallzeit T bezogen auf T_{soll} für Sprachdarbietungen (links) und für Musikdarbietungen (rechts)

$$T = 0{,}163 \frac{V}{-\ln(1-\overline{\alpha})S_{\text{ges}} + 4mV} \qquad (5.16)$$

$\overline{\alpha} =$ $A_{\text{ges}}/S_{\text{ges}}$: räumlich gemittelter Absorptionsgrad
A_{ges}: gesamte Absorptionsfläche in m²
S_{ges}: gesamte Raumoberfläche in m²
m: Energiedämpfungskonstante der Luft in m^{-1}

Die gesamte Schallabsorptionsfläche des Raumes A_{ges} setzt sich zusammen aus der flächenhaften Absorption von Teilflächen S_n mit dem frequenzabhängigen Schallabsorptionsgrad α_n und den nicht flächenbildenden Absorptionsflächen, z. B. von Publikum und Einrichtungsgegenständen A_k:

$$A_{\text{ges}} = \sum_n \alpha_n S_n + \sum_k A_k \qquad (5.17)$$

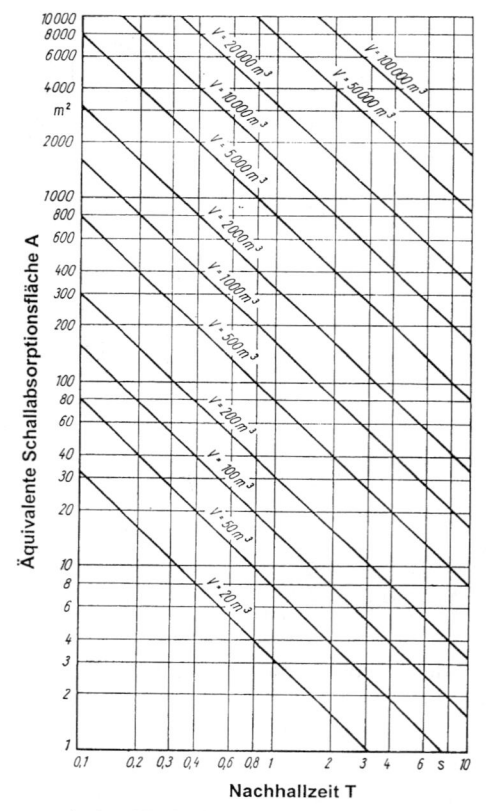

Abb. 5.5 Zusammenhang zwischen Nachhallzeit T, Raumvolumen V und äquivalenter Schallabsorptionsfläche A nach (5.18)

Kapitel 5 Raumakustik

Für kleine Absorptionsgrade ($\bar{\alpha} \leq 0{,}25$) lässt sich der Logarithmus in (5.16) gut durch eine Gerade annähern und es ergibt sich der bereits um 1900 durch Sabine (1923) empirisch bestimmte Zusammenhang:

$$T = 0{,}163 \frac{V}{A_{\text{ges}} + 4mV} \qquad (5.18)$$

Der Zusammenhang zwischen der Nachhallzeit T, dem Raumvolumen V und der äquivalenten Schallabsorptionsfläche A_{ges} (einschließlich der unvermeidbaren Luftdämpfung m) ist in Abb. 5.5 grafisch dargestellt.

Der in (5.16) und (5.17) eingehende, frequenzabhängige Schallabsorptionsgrad wird in der Regel aus Messungen oder Berechnungen für den diffusen, allseitigen Schalleinfall bestimmt. Dazu werden die zu messenden Proben in einen Hallraum mit weitgehend diffusem Schallfeld eingebracht und aus der Differenz der Nachhallzeiten mit und ohne Probe nach (5.17) die Absorptionsfläche A bestimmt.

5.2.2 Bassverhältnis BR

Als Maß für die Klangfarbe des Nachhalls eignet sich eine Analyse des Frequenzgangs der Nachhallzeit, insbesondere das Verhältnis der Nachhallzeit bei tiefen und mittleren Frequenzen. Das Bassverhältnis BR nach (Beranek 1962) errechnet sich als Verhältnis der Nachhallzeiten bei Oktavmittenfrequenzen von 125 Hz und 250 Hz zu Oktavmittenfrequenzen von 500 Hz und 1000 Hz:

$$BR = \frac{T_{125\text{Hz}} + T_{250\text{Hz}}}{T_{500\text{Hz}} + T_{1000\text{Hz}}} \qquad (5.19)$$

Für Musik wird ein Bassverhältnis von $BR = 1{,}0\ldots1{,}3$ angestrebt, für Sprache dagegen sollte das Bassverhältnis höchstens einen Wert von $BR = 0{,}9\ldots1{,}0$ besitzen.

5.2.3 Subjektive Silbenverständlichkeit V für Sprache

Ein Verfahren zur Beurteilung der Sprachverständlichkeit misst die Erkennungsrate deutlich gesprochener Logatome auf der Basis des Häufigkeitswörterbuchs und einer sprachrelevanten Phonemverteilung. Logatome sind einsilbige Konsonant-Vokal-Konsonant-Gruppen, die keinen direkt erkenn- oder ableitbaren Sinn ergeben, so dass eine logische Ergänzung der beim Test nicht richtig verstandenen Logatome nicht möglich ist (Kürer 1973, s. Tabelle 5.1).

Tabelle 5.1 Beispiele für Logatome

mer	heing	got	len	ker
nark	fut	hogt	kril	drauls
fard	zecht	sik	jas	wes
dauch	schink	war	spir	parch
seit	girn	tint	gresch	stenz
nust	dalt	zwem	bech	send
mun	gleib	deuf	zus	weft
wol	schlein	detz	sprig	rod
schritz	lert	klons	bran	gem
bend	blib	frin	duld	trib

Je Test sind 200...1000 Logatome zu verwenden. Der Anteil richtig verstandener Buchstabenfolgen ergibt die *Silbenverständlichkeit V* in Prozent, wobei Werte von über 70 % für eine sehr gute Verständlichkeit stehen, Werte von unter 35 % für eine schlechte Verständlichkeit (Reichhardt 1979).

5.2.4 Deutlichkeitsmaß C_{50} für Sprache

C_{50} ist ein Maß für die Verständlichkeit von Sprache oder Gesang (Ahnert 1975). Es beruht auf der Annahme, dass die Schallenergie innerhalb einer Verzögerungszeit von 50 ms nach Eintreffen des Direktschalls die Deutlichkeit von Sprache unterstützt, während spätere Anteile der Deutlichkeit abträglich sind. Das Deutlichkeitsmaß wird im Allgemeinen in einer Bandbreite aus 4 Oktaven zwischen 500 Hz und 4000 Hz berechnet:

$$C_{50} = 10 \log \frac{E_{50}}{E_{\infty} - E_{50}} \text{ dB} \qquad (5.20)$$

Bei der Messung des Deutlichkeitsmaßes wird ein Schallsender mit einer Sprecher-Richtcharakteristik (Bündelungsgrad $\gamma \approx 3$) verwendet. Ein Wert von $C_{50} = -2$ dB wird als unterer Grenzwert für eine gute Sprach- bzw. Textverständlichkeit angesehen, bei dem die Silbenverständlichkeit nicht unter 80 % und die Satzverständlichkeit (Textverständlichkeit), die wegen des Kontextes höher als die Silbenverständlichkeit ist, nicht unter 95 % sinkt. Die Grenze der Unterschiedswahrnehmung des Deutlichkeitsmaßes liegt nach (Höhne u. Schroth 1995) bei $\Delta C_{50} \approx \pm 2,5$ dB.

Auch das von Thiele (1953) entwickelte raumakustische Kriterium D oder D_{50} als Maß für die Sprachverständlichkeit wurde ursprünglich als „Deutlichkeit" (Definition) bezeichnet, allerdings wurde der Energieanteil innerhalb der ersten 50 ms im Gegensatz zu (5.20) in Prozent angegeben und auf die Gesamtenergie bezogen, nicht auf die spätere Energie. Heute wird als Deutlichkeitsmaß allerdings meist C_{50} angegeben, zumal die beiden Kriterien nach

Kapitel 5 Raumakustik

$$C_{50} = 10 \log \frac{D_{50}}{1-D_{50}} \, \text{dB} \quad (5.21)$$

ineinander umgerechnet werden können. Im Gegensatz zu den STI-Maßen (s. Abschn. 5.2.7) berücksichtigt C_{50} den Einfluss von Störschall nicht.

5.2.5 Artikulationsverlust Al_{cons} für Sprache

Nach Untersuchungen von Peutz (1971) lässt sich der Artikulationsverlust gesprochener Konsonanten Al_{cons} (articulation loss of consonants) als Maß für die Sprachverständlichkeit in Räumen durch eine empirisch ermittelte Formel als Funktion des Raumvolumens, der Nachhallzeit T und des Abstandes zur Schallquelle r_{QH} ausdrücken. Bezieht man die Entfernung auf den Hallradius r_H, so ergibt sich

$$Al_{cons} \approx 0{,}625 \left(\frac{r_{QH}}{r_H}\right)^2 \cdot T \,\% \quad (5.22)$$

Aus der gemessenen Raumimpulsantwort lässt sich Al_{cons} ermitteln, wenn für die Direktschallenergie die Energie bis ca. 35 ms und für die Nachhallenergie die Restenergie nach 35 ms eingesetzt wird:

$$Al_{cons} \approx 0{,}625 \left(\frac{E_\infty - E_{35}}{E_{35}}\right) \cdot T \,\% \quad (5.23)$$

Tabelle 5.2 Subjektive Bewertung der Al_{cons}-Werte

$Al_{cons} \leq 3\,\%$	ideale Verständlichkeit
$Al_{cons} = 3\ldots8\,\%$	sehr gute Verständlichkeit
$Al_{cons} = 8\ldots11\,\%$	gute Verständlichkeit
$Al_{cons} > 11\,\%$	befriedigende Verständlichkeit
$Al_{cons} > 20\,\%$	unbrauchbare Verständlichkeit

Lange Nachhallzeiten führen zur Erhöhung des Artikulationsverlustes, da später Nachhall für die nachfolgenden Nutzsignale wie Störschall wirkt. Al_{cons} wird für die 1000 Hz- oder auch bevorzugt für die 2000 Hz-Oktave angegeben; zielführend und als Vergleich mit den weiter unten beschriebenen RASTI-Werten wird Al_{cons} auch oft über drei Oktaven um 1000 Hz gemittelt errechnet. Frequenzabhängige Darstellungen sind unüblich.

5.2.6 Speech Transmission Index STI und RASTI

Zur Bestimmung des Speech Transmission Index *(STI)* wird die Verringerung der Signalmodulation zwischen dem Ort der Schallquelle und dem Empfangsmessplatz bei Oktavmittenfrequenzen von 125 Hz bis 8000 Hz gemessen. Dazu wurde von (Houtgast u. Steeneken 1985) vorgeschlagen, den auszumessenden Raum mit einem speziellen modulierten Rauschen anzuregen und dann die sich verringernde Modulationstiefe zu messen. Schroeder (1981) konnte nachweisen, dass die *STI*-Werte auch aus der gemessenen Impulsantwort ableitbar sind, was mit modernen computergestützten Messverfahren heutzutage zumeist gemacht wird.

Grundidee des Verfahrens ist die Annahme, dass nicht nur Nachhall und Störgeräusche, sondern allgemein alle fremden Signale bzw. Signalveränderungen, die auf dem Wege zwischen Quelle und Hörer auftreten, die Sprachverständlichkeit herabsetzen. Um diesen Einfluss zu ermitteln, wird die Modulationsübertragungsfunktion MTF (Modulation Transmission Function) für akustische Zwecke eingesetzt. Das vorhandene Nutzsignal *S* (Signal) wird zum herrschenden Störsignal *N* (Noise) ins Verhältnis gesetzt. Der dabei ermittelte Modulationsreduktionsfaktor $m(F)$ ist ein Maß für den Einfluss auf die Sprachverständlichkeit:

$$m(F) = \frac{1}{\sqrt{1+(2\pi F \cdot \frac{T}{13,8})^2}} \cdot \frac{1}{1+10^{-(\frac{S/N}{10dB})}} \qquad (5.24)$$

mit *F* Modulationsfrequenz in Hz, *T* Nachhallzeit in s, *S/N* Signal-Stör-Verhältnis in dB.

Dabei werden 14 Modulationsfrequenzen von 0,63 Hz bis 12,5 Hz in Terzabstand benutzt. Außerdem wird die Modulationsübertragungsfunktion einer Frequenzbewertung unterzogen (WMTF – weighted modulation transmission function), um eine höhere Korrelation mit der Sprachverständlichkeit zu erreichen. Die Modulationsübertragungsfunktion wird dabei in sieben Frequenzbänder aufgeteilt, die jeweils mit der Modulationsfrequenz beaufschlagt werden (Houtgast u. Steeneken 1985). Das ergibt eine Matrix von 7 x 14 = 98 Modulationsreduktionsfaktoren m_i. Das wirksame Signal-Stör-Verhältnis X_i kann aus Modulationsreduktionsfaktoren m_i berechnet werden:

$$X_i = 10\log\frac{m_i}{1-m_i} \, \text{dB} \qquad (5.25)$$

Diese Werte werden gemittelt und in Oktaven getrennt die Modulation Transfer Indizes $MTI = (X_{average} + 15)/30$ ermittelt. Nach einer Frequenzgewichtung in den sieben Bändern (teilweise auch für männliche und weibliche Sprache getrennt) ergibt sich der Sprachübertragungsindex *STI*. Die Schallfeldanregung erfolgt durch einen Schallstrahler mit der Richtcharakteristik eines Sprechers.

Um das relativ aufwändige Verfahren praktikabler zu machen, so dass es schon um 1990 in Echtzeit verwendet werden konnte, wurde in Zusammenarbeit mit der Firma Brüel & Kjaer das *RASTI*-Verfahren (Rapid Speech Transmission Index) entwickelt (Brüel u. Kjær 1988). Hierbei wird die Modulationsübertragungsfunktion nur für zwei, für die Sprachverständlichkeit besonders wichtige Oktavbänder (500 Hz und 2 kHz) und für ausgewählte Modulationsfrequenzen, zusammen also für neun Modulationsreduktionsfaktoren m_i berechnet. Das Maß wird aber zunehmend weniger verwendet.

Ein jüngst entwickeltes Verfahren zur Beurteilung von Beschallungsanlagen (Speech Transmission Index for Public Address Systems, *STI*-PA) verwendet dagegen wieder eine Anregung mit moduliertem Rauschen (Abb. 5.6), so dass der *STI*-PA-Wert nicht aus einer Impulsantwort direkt abgeleitet werden kann.

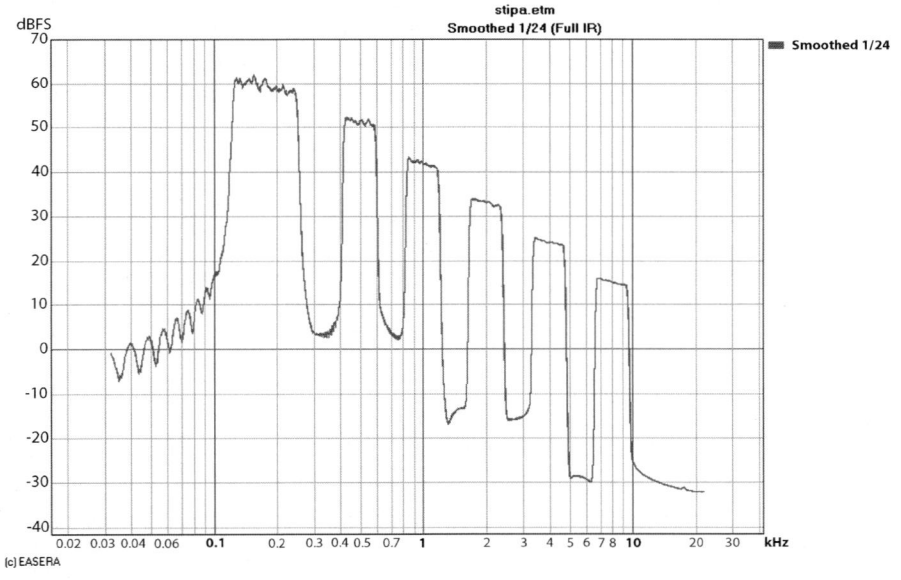

Abb. 5.6 Spektrum des *STI*-PA-Signals

Man erkennt ½-Oktavband-Rauschen, das über die auszumessende Lautsprecheranlage in den zu beurteilenden Raum abgestrahlt wird. Mittels eines einfachen transportablen Empfängerteils ist dann an beliebigen Empfangsplätzen im Raum der *STI*-PA-Wert ablesbar. Die Methode eignet sich auch für den Einsatz durch Nicht-Fachleute, da kein spezielles technisches Wissen vorausgesetzt wird. Es wird u. a. zur Prüfung von Anlagen zur Notrufabstrahlung nach DIN EN 60849 eingesetzt (vgl. Kap. 9.5.5). Die subjektive Bewertung der Sprachverständlichkeit durch messtechnisch ermittelte *STI*- und *RASTI*-Werte nach EN ISO 9921 und EN60268-16 zeigt Tabelle 5.3.

Tabelle 5.3 STI-Bewertung

Silbenverständlichkeit	STI-Wert
schlecht	0…0,3
schwach	0,3…0,45
angemessen	0,45…0,6
gut	0,6…0,75
ausgezeichnet	0,75…1,0

Bei modernen computergestützten Messverfahren erfolgt die Berechnung der *STI*-Werte aus der Impulsantwort (Abb. 5.6). Dabei werden neben den 98 MTF-Werten die gemittelten *MTI* Indizes, sowie *STI*, Al_{cons}, *RASTI* und als Informationswert auch *STI*-PA angegeben. In manchen Messprogrammen werden bei der Berechnung von (Ra)*STI*Male und (Ra)*STI*Female die unterschiedlichen (mittleren) Anregungsspektren von weiblicher und männlicher Sprache berücksichtigt. Ob dies sinnvoll ist, kann bezweifelt werden. Immerhin könnte sich dann bei der raumakustischen Beurteilung z. B. eines Sprechtheaters anhand von (Ra)*STI*Male – und (Ra)*STI*Female-Werten ergeben, dass das Theater besser nur mit weiblichen Schauspielerinnen zu bespielen ist.

Tabelle 5.4 *STI*-Berechnung durch computergestützte Messverfahren

	MTF 125 Hz	MTF 250 Hz	MTF 500 Hz	MTF 1000 Hz	MTF 2000 Hz	MTF 4000 Hz	MTF 8000 Hz
0,63 Hz	0,666	0,732	0,746	0,85	0,877	0,909	0,934
0,8 Hz	0,619	0,659	0,69	0,816	0,842	0,877	0,911
1 Hz	0,558	0,59	0,635	0,783	0,802	0,842	0,883
1,25 Hz	0,492	0,527	0,583	0,745	0,751	0,799	0,844
1,6 Hz	0,431	0,475	0,539	0,694	0,678	0,737	0,781
2 Hz	0,394	0,456	0,505	0,634	0,594	0,673	0,708
2,5 Hz	0,335	0,429	0,476	0,562	0,496	0,605	0,627
3,15 Hz	0,241	0,394	0,397	0,476	0,391	0,545	0,567
4 Hz	0,146	0,416	0,368	0,4	0,348	0,524	0,599
5 Hz	0,029	0,436	0,388	0,352	0,435	0,586	0,721
6,3 Hz	0,235	0,52	0,411	0,351	0,513	0,639	0,808
8 Hz	0,268	0,399	0,286	0,33	0,417	0,545	0,707
10 Hz	0,255	0,266	0,134	0,262	0,287	0,456	0,618
12,4 Hz	0,184	0,373	0,074	0,076	0,219	0,469	0,692
MTI	0,385	0,486	0,456	0,513	0,536	0,609	0,672
STI	0,529						
Al_{cons}	9,687						
STI (Male)	0,539						
STI (Female)	0,554						
RASTI	0,505						
Equiv. *STI*-PA (Male)	0,554						

Kapitel 5 Raumakustik

Equiv. *STI*-PA (Female)	0,566							
STI (Modified)	0,533							
STI (Unweighted)	0,522							
STI (Custom)	0,529							
RASTI (Weighted)	0,509							
STI-PA (Modified)	0,556							
STI-PA (Unweighted)	0,546							

5.2.7 Schwerpunktzeit t_S

Die Schwerpunktzeit t_S (centre time) ist ein Maß für den Raumeindruck und die Durchsichtigkeit von Musik- und Sprachdarbietungen. Sie ist definiert als das erste Moment der quadrierten Impulsantwort (Kürer 1971) und wird somit nach folgender Beziehung bestimmt:

$$t_S = \frac{\sum_i t_i E_i}{E_{ges}} = \frac{\int_0^\infty t \cdot p^2(t) \, dt}{\int_0^\infty p^2(t) \, dt} \qquad (5.26)$$

Je größer die Schwerpunktzeit t_S ist, desto räumlicher ist der akustische Eindruck am Hörerplatz. Nach Hoffmeier (1996) besteht eine gute Korrelation zwischen Schwerpunktzeit und Sprachverständlichkeit bei einer Frequenzbewertung aus vier Oktaven zwischen 500 Hz, 1000 Hz, 2000 Hz und 4000 Hz. Als günstig gilt eine Schwerpunktzeit von t_S = 70 bis 150 ms bei 1000 Hz-Oktave für Musik und t_S = 60 bis 80 ms bei vier Oktaven zwischen 500 Hz bis 4000 Hz für Sprache.

5.2.8 Echo-Kriterium EK

Für die Beurteilung der Hörsamkeit eines Raumes sind neben den bereits genannten Kriterien auch die zeitliche Reihenfolge und die Stärke der Reflexionen an einem Zuhörerplatz von Bedeutung, wie sie durch das Reflektogramm veranschaulicht werden. Bei der Planung eines Saales ist man bemüht, die Oberflächen des Raumes so zu gestalten, dass an allen Plätzen die Reflexionsfolge möglichst gleichmäßig und dicht ist und dass energiereiche Spätreflexionen (Echos) nicht entstehen. Starke Reflexionen, die bei Sprachdarbietungen später als 50 ms nach dem Direktschall eintreffen, und denen keine oder wenige schwächere Reflexionen vorausgehen, werden vom Ohr subjektiv als vom Direktschall getrennte Signale, also als Echo registriert. Von einem Echo wird gesprochen, wenn eine subjektiv „deutlich hörbare

Wiederholung des Direktschallereignisses" auftritt. Eine Möglichkeit zur Erkennung von Echos aus den Reflektogrammen bietet das sog. Echo-Kriterium nach Dietsch u. Kraak (1986). Ausgehend vom Verhältnis

$$t_S(\tau) = \frac{\int_0^\tau |p(t)|^n \, t \cdot dt}{\int_0^\tau |p(t)|^n \cdot dt} \quad (5.27)$$

(für $n = 2$ entspricht dies der Schwerpunktzeit t_s) mit einem Exponent von $n = 2/3$ bei Sprache und $n = 1$ bei Musik wird die Stärke eines Echos anhand des Differenzquotienten

$$EK(\tau) = \frac{\Delta t_S(\tau)}{\Delta \tau} \quad (5.28)$$

bewertet. $\Delta \tau$ trägt dem Charakter des Signals Rechnung, mit empfohlenen Werten von $\Delta \tau = 14$ ms für Musik und $\Delta \tau = 9$ ms für Sprache. Das Echokriterium ist motivabhängig. Bei temporeicher, akzentuierter Sprache oder Musik liegen die Grenzwerte niedriger. Durch zahlreiche Versuche mit synthetischen Schallfeldern und in realen raumakustischen Umgebungen wurden Grenzwerte für die Hörbarkeit von Echos durch 50 % ($EK_{\text{grenz, 50\%}}$) und durch 10 % ($EK_{\text{grenz, 10\%}}$) der Hörer ermittelt. Dabei ergaben sich Werte von $EK_{\text{grenz, 50\%}} = 1{,}0$ und $EK_{\text{grenz, 10\%}} = 0{,}9$ für Sprache und $EK_{\text{grenz, 50\%}} = 1{,}8$ und $EK_{\text{grenz, 10\%}} = 1{,}5$ für Musik.

Wird EK_{grenz} in periodischen Zeitabständen überschritten (Periodizität mindestens 50 ms bei Sprache, 80…100 ms bei Musik), so wird ein Flatterecho hörbar. Bei bandbegrenzter Auswertung der Raumimpulsantworten ist zu beachten, dass vor allem die hochfrequenten Signalanteile Echostörungen hervorrufen. Für Sprache genügen jedoch Testsignale mit einer Bandbreite von einer Oktave und einer Mittenfrequenz $f_M = 1$ kHz, für Musik ein Testsignal mit der Bandbreite von zwei Oktaven mit einer Mittenfrequenz $f_M = 1{,}4$ kHz.

5.2.9 Klarheitsmaß C_{80} für Musik

Das Klarheitsmaß C_{80} bewertet die zeitliche Durchsichtigkeit (Klarheit) von Musikdarbietungen, insbesondere von schnellen musikalischen Passagen, anhand des Verhältnisses der an einem Empfangsmessplatz eintreffenden Schallenergie bis 80 ms nach Eintreffen des Direktschalls zur nachfolgenden Schallenergie (Reichardt et al. 1975):

Kapitel 5 Raumakustik

$$C_{80} = 10\log\frac{E_{80}}{E_\infty - E_{80}} \text{ dB} \qquad (5.29)$$

Für ein ideales, diffuses Schallfeld mit dem Raumvolumen V und der Nachhallzeit T kann in Abhängigkeit der Entfernung r_x zwischen Schallquelle und Hörerplatz ein Erwartungswert $C_{80,E}$ für das Klarheitsmaß C_{80} berechnet werden. Dabei gilt:

$$C_{80,E} = 10\log\frac{\left(\frac{r_H}{r_x}\right)+1-e^{-\frac{13{,}8 \cdot 0{,}08}{T}}}{e^{-\frac{13{,}8 \cdot 0{,}08}{T}}} \text{ dB} \qquad (5.30)$$

r_x: Entfernung Schallquelle-Zuhörerplatz in m
r_H: Hallradius in m
V: Raumvolumen in m^3
T: Nachhallzeit in s

Nach den Arbeiten von Abdel Alim (Reichardt et al. 1975) sollte eine ausreichende musikalische Klarheit gegeben sein für

- $C80 \geq -1{,}6$ dB für klassische Musik (Mozart, Haydn)
- $C80 \geq -4{,}6$ dB für romantische Musik (Brahms, Wagner)

Als annehmbarer Kompromiss gelten Werte von -3 dB $\leq C_{80} \leq +4$ dB. Für sakrale Musik kann sogar $C_{80} \geq -5$ dB angemessen sein. Der eben wahrnehmbare Unterschied für das Klarheitsmaß liegt nach Höhne u. Schroth (1995) bei $\Delta C_{80} \approx \pm 3{,}0$ dB.

5.2.10 Interauraler Kreuzkorrelationskoeffizient IACC

Der *IACC* (Interaural Cross-Correlation) ist ein binaurales, kopfbezogenes Kriterium zur Beschreibung der Gleichheit der beiden Ohrsignale zwischen zwei frei wählbaren Zeitgrenzen t_1 und t_2. Dabei ist die Wahl dieser Zeitgrenzen, die Frequenzbewertung sowie die subjektive Bewertung nicht einheitlich. Häufig wird die Signalidentität für Anfangsreflexionen ($t_1 = 0$ ms, $t_2 = 80$ ms) und für den Nachhallteil ($t_1 \geq$ tst, $t_2 \geq T$) separat untersucht. Für den Beginn des diffusen Nachhalls lassen sich verschiedene Kriterien und dementsprechend verschiedene Zeitgrenzen definieren wie tst = $\sqrt{V}$, wobei V für das Raumvolumen steht (Meesawat u. Hammershøi 2003). Die Frequenzfilterung sollte im Allgemeinen in Oktavbandbreiten zwischen 125 Hz und 4000 Hz erfolgen.

Die Berechnung der interauralen Korrelationsmaße nach ISO 3382 und (Ando 1998) erfolgt anhand der interauralen Kreuzkorrelationsfunktion $IACF(\tau)$ aus den Raumimpulsantworten des rechten und linken Ohrsignals $p_R(t)$ und $p_L(t)$ nach der Gleichung

$$IACF_{t_1,t_2} = \frac{\int_{t_1}^{t_2} p_L(t) \cdot p_R(t+\tau)\mathrm{d}t}{\left[\int_{t_1}^{t_2} p_L(t)\mathrm{d}t \cdot \int_{t_1}^{t_2} p_R(t)\mathrm{d}t\right]^{\frac{1}{2}}} \quad (5.31)$$

Als Integrationszeitgrenzen t_1 und t_2 in ms werden gewählt:

- für $IACC_{E(arly)}$: $t_1 = 0$ ms; $t_2 = 80$ ms
- für $IACC_{L(ate)}$: $t_1 = 80$ ms; $t_2 = 500\ldots2000$ ms
- für $IACC_{A(ll)}$: $t_1 = 0$ ms; $t_2 = 500\ldots2000$ ms

Der gewählte Frequenzbereich wird durch einen zusätzlichen Index markiert, so steht z. B. $IACC_{E3B}$ für $IACC_E$, gemittelt über drei Oktav-Frequenzbereiche 500, 1000 und 2000 Hz mit $t_1 = 0$ ms und $t_2 = 80$ ms. Die interauralen Kreuzkorrelationskoeffizienten $IACC$ werden aus den interauralen Kreuzkorrelationsfunktionen $IACF(\tau)$ berechnet nach

$$IACC_{t_1,t_2} = \max \left| IACF_{t_1,t_2}(\tau) \right| \quad (5.32)$$

für $-1 < \tau < +1$ (τ in ms).

Bei heute durchgeführten Berechnungen der $IACC$-Werte wird in Anlehnung an Beranek (2004) von ISO 3382 meist in folgenden Punkten abgewichen:

- $IACC_L$: $t_1 = 80$ ms; $t_2 = 500$ ms
- $IACC_A$: $t_1 = 0$ ms; $t_2 = 500$ ms

Hinsichtlich des Frequenzbereichs steht der Index „T" für den 2-Oktav-Frequenzbereich „Tief" (88–353 Hz), „M" für den 2-Oktav-Frequenzbereich „Mittel" (353–1414 Hz) und „H" für den 2-Oktav-Frequenzbereich „Hoch" (1414–5656 Hz).

Nach Beranek (2004) korreliert der Wert $\rho = (1 - IACC_E)$ mit der subjektiven Wahrnehmung der Schallquellenbreite (Apparent Source Width, ASW) und der Wert $\varepsilon = (1 - IACC_L)$ korreliert mit der subjektiven Empfindung des „vom Schall eingehüllt sein" (Listener Envelopment, LEV). Darüberhinaus korrelieren die Werte von $IACC_{E3B}$ mit der in Befragungen ermittelten Güteklasse von Konzertsälen (Beranek 2004). So finden sich Werte von

- $IACC_{E;500,1000,2000Hz} = 0{,}28\ldots0{,}38$ in der Kategorie „Excellent to Superior"
- $IACC_{E;500,1000,2000Hz} = 0{,}39\ldots0{,}54$ in der Kategorie „Good to Excellent" und
- $IACC_{E;500,1000,2000Hz} = 0{,}55\ldots0{,}59$ in der Kategorie „Fair to Good"

Die Berechnung des $IACC$ erfolgt aus binauralen, oktav-frequenzgefilterten Impulsantworten.

5.2.11 Stärkemaß G und Schalldruckpegelabnahme ΔL

In allen Studien zur subjektiven Bewertung raumakustischer Verhältnisse spielt die *Lautheit* bzw. die *Stärke* der akustischen Darbietung eine wesentliche Rolle, die auch hoch mit dem Gesamturteil über die akustische Güte korreliert ist. Ein Maß für den Anteil des Raums an dem durch eine Schallquelle am Hörerplatz hervorgerufenen Schallpegel ist das Stärkemaß G. Es setzt den an einem Hörerplatz gemessenen Schallpegel einer kugelförmig abstrahlenden Schallquelle in Bezug zu dem Schallpegel, den die gleiche Quelle im Freifeld in 10 m Entfernung erzeugt (Lehmann 1976, vgl. Fasold u. Veres 1998). Somit ist

$$G = 10\log\frac{\int_0^\infty p^2(x,t)dt}{\int_0^{7\text{ms}} \gamma \cdot p^2(s,t)dt} - 10\log\left(4\pi\frac{s^2}{m^2}\right) \text{dB} \qquad (5.33)$$

s: Bezugsentfernung (10 m)
x: Entfernung des Messplatzes von der Schallquelle in m
γ: Bündelungsgrad der Schallquelle

Nach Beranek (1996) liegen die Stärkemaße im mittleren Frequenzbereich in als „exzellent" bewerteten Konzertsälen in einem Bereich von 4…5,5 dB, d. h. die Lautstärke an einem beliebigen Zuhörerplatz soll etwa doppelt so laut sein wie im Freien bei 10 m Abstand von der Schallquelle. Bei Räumen mit geringem Stärkemaß leidet die „Eindrücklichkeit" von Musik, Räume mit zu hohem Stärkemaß können unangenehm laut wirken. Historische Aufführungsräume für Musik weisen aufgrund ihres kleineren Volumens ein zum Teil erheblich höheres Stärkemaß von bis zu +18 dB auf (Weinzierl 2002).

Ein raumakustisches Qualitätskriterium ist nicht nur eine ausreichende Lautheit an allen Zuhörerplätzen, sondern auch eine gleichmäßige Verteilung der Lautheit über den gesamten Zuhörerbereich. Dies kann messtechnisch durch die Schalldruckpegelabnahme ΔL erfasst werden, welche die Verteilung der Schallenergie an unterschiedlichen Empfangsplätzen im Vergleich zur Schallenergie E_0 an einem Bezugsmessplatz beschreibt. Somit ist

$$\Delta L = 10\log\frac{E_\infty}{E_{\infty,0}}\text{dB} \qquad (5.34)$$

Es ist für einen Raum günstig, wenn ΔL für keinen Empfangsplatz einen Wert von –5 dB unterschreitet.

5.2.12 Raumeindrucksmaß R für Musik

Das Raumeindrucksmaß R nach Kuhl (1978) und Lehmann (1974) setzt sich aus den beiden Komponenten Räumlichkeit und Halligkeit zusammen. Die Räumlichkeit beruht auf der Fähigkeit des Hörers, durch mehr oder weniger definierte Ortung festzustellen, dass der eintreffende Gesamtschall nicht nur als Direktschall von der Schallquelle, sondern auch als reflektierter Schall von den Raumbegrenzungsflächen zu ihm gelangt (Wahrnehmung des „Eingehülltseins" durch Musik). Die Halligkeit entsteht durch den nicht-stationären Charakter der Musik, der ständig Ein- und Ausschwingvorgänge des Raumes hervorruft, wobei für die Raumempfindung vor allem das Ausschwingverhalten als Nachhall wirksam wird. Den Raumeindruck unterstützen Schallreflexionen aus allen Raumrichtungen nach 80 ms, sowie Schallreflexionen zwischen 25 ms und 80 ms, die geometrisch außerhalb eines Kegelfensters von ±40° liegen, dessen Achse zwischen dem Hörerstandort und der Schallquellenmitte gebildet wird. Alle anderen Raumreflexionen vermindern den Raumeindruck. Für das Raumeindrucksmaß R in dB gilt somit:

$$R = 10 \log \frac{(E_\infty - E_{25}) - (E_{80R} - E_{25R})}{E_{25} + (E_{80R} - E_{25R})} \, \text{dB} \tag{5.35}$$

E_R: Schallenergiekomponente, gemessen mit Richtmikrofon (Öffnungswinkel ±40° bei 500 Hz bis 1000 Hz, auf die Schallquelle gerichtet)

Ein günstiger Raumeindruck wird erzielt, wenn das Raumeindrucksmaß R in einem Bereich von etwa $-5 \, \text{dB} \leq R \leq +1 \, \text{dB}$ liegt. Raumeindrucksmaße unter -5 dB bis -10 dB werden als wenig räumlich, solche zwischen $+1$ dB bis $+7$ dB als sehr räumlich bezeichnet.

5.2.13 Registerbalancemaß B_R

Bei Musikdarbietungen ist das Verhältnis der Teillautstärken einzelnen Orchesterinstrumentengruppen zueinander und zu einem Sänger ein wichtiges Gütekriterium für die Registerbalance. Sie wird durch die frequenzabhängige Zeitstruktur des Schallfeldes bestimmt (Reichardt u. Kussev 1973). Das Registerbalancemaß B_R zwischen zwei Instrumentengruppen x und y wird berechnet aus den A-frequenzbewerteten, lautstärkeäquivalenten Schallenergiekomponenten dieser beiden Gruppen, korrigiert durch das Bezugsbalancemaß B_{xy} optimaler Balance (s. Tabelle 5.5):

$$B_{Rxy} = 10 \log(\frac{E_{\infty x}}{E_{\infty y}}) \, \text{dB(A)} + B_{xy} \tag{5.36}$$

Kapitel 5 Raumakustik

Tabelle 5.5 Bezugsbalancemaß B_{xy} in dB(A) für verschiedene Instrumentengruppen. Gruppe A: Streichinstrumente; Gruppe B: Holzblasinstrumente; Gruppe C: Blechblasinstrumente; Gruppe D: Bassinstrumente; Gruppe S: Sänger

		Gruppe x				
		A	B	C	D	S
Gruppe y	A	–	–5,8	1,5	0	–2,8
	B	5,8	–	7,3	5,8	3,0
	C	–1,5	–7,3	–	–1,5	–4,3
	D	0	–5,8	1,5	–	–2,8
	S	2,8	–3,0	4,3	2,8	–

Das Registerbalancemaß B_R sollte als binaurales Kriterium mit einem Kunstkopf gemessen werden. Die Registerbalance gilt als ausgeglichen, wenn B_R für beide Ohrsignale in einem Bereich von -4 dB(A) $< B_R < 4$ dB(A) liegt.

5.2.14 Hallmaß H

Das Hallmaß H beschreibt die Halligkeit (akustische „Lebendigkeit", Liveness) und den Raumeindruck von Musikdarbietungen (Beranek 1962). Es setzt für die Oktave von 1000 Hz die an einem Empfangsmessplatz eintreffende Schallenergie ab 50 ms nach Eintreffen des Direktschalls ins Verhältnis zu der Energiekomponente, die bis 50 ms am Empfangsplatz eintrifft:

$$H = 10\log(\frac{E_\infty - E_{50}}{E_{50}})\text{dB} \qquad (5.37)$$

Im Gegensatz zum Deutlichkeitsmaß C_{50} wird für die Messung des Hallmaßes kein gerichteter Schallstrahler verwendet, so dass, auch wenn beide Maße ähnlich definiert sind, nicht $H = -C_{50}$ gesetzt werden kann. Unter der Voraussetzung, dass das Klarheitsmaß C_{80} im optimalen Bereich liegt, werden für Konzertsäle Werte von 0 dB $\leq H \leq +4$ dB und für Musiktheater mit Konzertnutzung -2 dB $\leq H \leq +4$ dB angestrebt.

5.2.15 Seitenschallgrade LE, LF und LFC

Ein wichtiger Aspekt der Wahrnehmung von Räumlichkeit ist die Empfindung einer scheinbaren Ausdehnung von Schallquellen (Apparent Source Width, ASW), die, anders als im Freifeld, nicht punktförmig wahrgenommen werden. Wesentlich für diesen Eindruck sind frühe Schallreflexionen aus seitlichen Einfallsrichtungen. Alle in der Überschrift genannten Kriterien bewerten daher das Verhältnis der seitlich einfallenden Schallenergiekomponente zur allseitig eintreffenden Schallenergiekomponente.

Für den Seitenschallgrad Lateral Efficiency (*LE*) werden eintreffende Schallreflexionen mit $\cos^2\vartheta$ gewichtet, wobei ϑ der Winkel zwischen Schallquellenrichtung und einfallender Schallwelle ist. Diese winkelabhängige Bewertung wird bei Messungen durch die Verwendung eines Mikrofons mit Achtcharakteristik erzielt:

$$LE = \frac{E_{80Bi} - E_{25Bi}}{E_{80}} = \frac{\text{seitliche Energie (25...80 ms)}}{\text{Gesamtenergie (allseitig, 0...80 ms)}} \qquad (5.38)$$

E_{Bi}: Schallenergiekomponente, gemessen mit Achter-Mikrofon (Gradientenmikrofon)

Anders als für den Seitenschallgrad nach Jordan (1980) werden für den Seitenschallgrad Lateral Fraction (*LF*) nach Barron (2003) seitliche Schallreflexionen in einem Zeitfenster von 5 ms bis 80 ms nach Eintreffen des Direktschalls berücksichtigt. Der Unterschied der beiden Maße liegt somit in der unterschiedlichen Bewertung der Wirkung der seitlichen Reflexionen zwischen 5 ms und 25 ms für die akustisch wahrgenommene Ausdehnung der Musikschallquelle. Somit gilt:

$$LF = \frac{E_{80Bi} - E_{5Bi}}{E_{80}} \qquad (5.39)$$

Beide Seitenschallgrade *LE* und *LF* haben gemeinsam, dass durch die Verwendung eines Gradientenmikrofons der Beitrag seitlicher Schallreflexion mit dem Quadrat des Cosinus des Einfallswinkels gewichtet wird. Demgegenüber definiert Kleiner (1989) in besserer Übereinstimmung mit der subjektiven Beurteilung der Schallquellenbreite, den Lateral Fraction Coefficient (*LFC*), bei dem seitliche Schallreflexionen nur mit dem Cosinus des Winkels gewichtet werden:

$$LFC = \frac{\int_{t5}^{80} |p_{Bi}(t) \cdot p(t)| \, dt}{E_{80}} \qquad (5.40)$$

Je größer der Seitenschallgrad ist, desto akustisch breiter wirkt die Schallquelle. Für die teilweise auch als Pegel angegebenen Seitenschallgrade (*LEM* = 10log*LE* bzw. *LFM* = 10log*LF*) gelten Werte von 0,3 < *LE* < 0,8 bzw. 0,10 < *LF* < 0,25 als günstig.

Nach Barron u. Long (1981) sind die seitlichen Schallreflexionen in einem Frequenzbereich von 125 Hz bis 500 Hz für die Empfindung des „Eingehülltseins" (Envelopment) verantwortlich, während der Seitenschallgrad in einem Frequenzbereich von 500 Hz bis 4000 Hz eher eine Quellenverbreiterung begünstigt.

Kapitel 5 Raumakustik

5.2.16 Gegenseitiges Hören und Raumunterstützung

Als Maß für das gegenseitige Hören der Musiker untereinander gilt der Early Ensemble Level (*EEL*) nach Gade (1989, 1989a):

$$EEL = 10\log\frac{E_{80}}{E_{5(1\,m)}}\,\text{dB} \tag{5.41}$$

Dabei ist E_{80} die am Empfangsmessplatz gemessene Schallenergie bis 80 ms nach dem Direktschall, bezogen auf die Direktschallenergie $E_{5(1m)}$, in 1 m Entfernung von der Schallquelle gemessen. Bei Untersuchungen von Gade (1989b) in elf europäischen Konzertsälen lagen die *EEL*-Werte bei mittleren Frequenzen (500...1000 Hz) in einem Bereich von –15 dB bis –10 dB.

Als Maße für das subjektive Empfinden von Musikern, dass der Raum „antwortet", „trägt" bzw. das Spiel unterstützt, gelten die Energiemaße *ST1* bzw. *ST2* (Support) nach Gade (1989, 1989a). Sie werden berechnet nach

$$ST1(2) = 10\log\frac{E_{100(200)} - E_{20}}{E_{5(1\,m)}}\,\text{dB} \tag{5.42}$$

Dabei ist $E_{100} - E_{20}$ (für *ST2* gilt $E_{200} - E_{20}$) die am Messplatz auf der Bühne gemessene Schallenergie im Zeitbereich 20 ms bis 100 ms (*ST2*: 20...200 ms) nach dem Direktschall, bezogen auf die Direktschallenergie $E_{5(1m)}$, in 1 m Entfernung vom Messplatz gemessen. Typische, auf Konzertpodien in elf europäischen Konzertsälen von Gade (1989b) gemessene *ST1*-Werte liegen im Bereich –15 dB bis –12 dB.

5.3 Grundlagen der raumakustischen Planung

Das Ziel raumakustischer Planung ist die Gewährleistung der akustischen Funktionssicherheit für ein gegebenes Nutzungsprofil sowohl für die Darbietenden als auch die Zuhörer. Dies gilt bei einem Neubau bereits in der Planungsphase und bei vorhandenen Räumen gegebenenfalls bei der Fehlerbeseitigung. Ausgangspunkt ist dabei die Einflussnahme auf die Primärstruktur des Darbietungsraumes. Dazu gehören Raumgröße, Raumform, funktionell-technische Zusammenhänge wie zum Beispiel die Podiums- oder Bühnenanordnung, der Einbau von Rängen oder Galerien, Beleuchtungseinbauten und die Anordnung medientechnischer Ausrüstungen, die Topografie in der Anordnung der Darbietenden und Zuhörer, wie zum Beispiel die Sitzreihenüberhöhung und der Portalbereich vor einer Bühnenöffnung.

Darauf aufbauend muss die Sekundärstruktur des Raumes akustisch bestimmt werden. Dazu zählen im Wesentlichen die Anordnung und Verteilung frequenzabhängiger schallabsorbierender und schallreflektierender Flächen, die Gliederung der Oberflächenstruktur für gerichtete und diffuse Schallreflexionen, die frequenzabhängige Wirkung unebener Oberflächen und die architektonisch-gestalterische Ausformung aller Raumbegrenzungsflächen.

5.3.1 Hörsamkeit und Nutzungsprofil von Auditorien

Die Hörsamkeit, d. h. die Eignung eines Raumes für bestimmte akustische Darbietungen muss von der Nutzung des Raums ausgehen. Dabei wird unterschieden zwischen Räumen zur reinen Sprachnutzung, Räumen zur ausschließlichen Aufführung von Musik und Mehrzweckräumen, die je nach Hauptnutzungsart mehr zu einer der beiden Kategorien tendieren oder in der Nutzung völlig variabel sind.

Hörsäle und Kongresszentren werden überwiegend für Sprache, zumeist mit, aber auch ohne Einsatz einer Beschallungsanlage genutzt. Aufgrund der konzeptionell richtigen, geringeren Nachhallzeit in solchen Räumen (DIN 18041) sollte bei größeren Konzertveranstaltungen in solchen Räumen der Einsatz einer die Raumakustik unterstützenden elektroakustischen Anlage (s. Abschn. 5.5) erfolgen.

Sprechtheater in der klassischen Form dienen ausschließlich der Sprachdarbietung. Hier steht eine hohe Sprachverständlichkeit auf allen Plätzen des Auditoriums einschließlich der Darbietungszone im Vordergrund. Zur Wahrnehmung der dargebotenen szenischen Lautstärkedynamik und zum guten Verstehen auch fremdsprachlicher Texte ist ein geringer Störschalldruckpegel im Raum einzuhalten (DIN 18041). Bis auf den unterstützenden Einsatz von Soloinstrumenten bei einer Musikdarbietung ist die Anwendung der Elektroakustik fast ausschließlich dem Effekteinspiel oder dem Zuspiel vorbehalten.

Mehrspartentheater gewinnen innerhalb der Theaterlandschaft immer größere Bedeutung gegenüber dem reinen Musik- oder Sprechtheater. Hier muss die Darbietung von Sprache und Musik natürlicher Schallquellen ohne Kompromisse möglich sein. Während das klassische Musik- und Sprechtheater mit einer mittleren Nachhallzeit um 1 s auskam, geht der Trend in der Planung moderner Mehrspartentheater zu einer etwas längeren Nachhallzeit bis 1,7 s im Frequenzgebiet um 1000 Hz, allerdings mit einem starken Anteil deutlichkeitserhöhender Anfangsschallenergie und einem geringeren Hallmaß (s. Abschn. 5.2.14). Hier ist auch der Einsatz von Maßnahmen einer variablen Akustik zur Nachhallzeitreduzierung sinnvoll, wenn z. B. elektroakustische Darbietungen (Show, Popkonzerte usw.) durchgeführt werden. Diese Nachhallverringerung sollte dabei mehr in der Reduzierung der Laufwege der nachhallbildenden Schallreflexionen liegen als in schallabsorbierenden Maßnahmen, die die Lautstärke verringern. Die gezielte Abtrennung von Raumvolumina (z. B. obere Rangbereiche, Abkopplung sog. „Hallkammern") kann bei oberflächlicher Dimensionierung zu unerwünschten Klangfärbungen führen. Die Elektroakustik kommt in Mehrspartentheatern vorrangig für Zu- oder Einspielungen zum Einsatz. Konzertveranstaltungen auf der Bühne mit natürlichen Schallquellen bedürfen des zusätzlichen Einbaus eines sog. Konzertzimmers, d. h. eines mit seitlichen und rückwärtigen Begrenzungsflächen ausgestatteten Bühnenraums und Plafondseinbauten.

Opernhäuser besitzen meist einen klassischen großen Theatersaal. Sprach- und Musikdarbietungen natürlicher Schallquellen sollen in ausgezeichneter akustischer Qualität möglich sein und ohne elektroakustische Unterstützung übertragen werden können. Da Sprache überwiegend als Gesang dargeboten wird, wird in der raumakustischen Planung moderner Opernhäuser eine mehr auf die Musikdarbietung ausgerichtete Parameterwahl vorgenommen (längere Nachhallzeit bis 1,8 s, größere Räumlichkeit, räumliche und akustische Integration des Orchestergrabens in den Zuschauerraum). Moderne Inszenierungen machen den Zuschauerraum zur Bühne und umgekehrt, auch Arena-Anordnungen mit der Vorbühnenzone als Spielstätte sind denkbar. Elektroakustische Mittel werden für die Wiedergabe aller Arten von Effektsignalen und für Einspielungen (z. B. Fernchor oder Fernorchester) eingesetzt. Dabei wird die Beschallungsanlage zunehmend zum künstlerischen Hilfsmittel des Regisseurs. Konzertveranstaltungen auf der Bühne mit natürlichen Schallquellen bedürfen auch hier des zusätzlichen Einbaus eines Konzertzimmers, das bezüglich der Durchmischung und Schallabstrahlung eine Einheit mit dem Zuschauerraum bilden muss.

Mehrzweckhallen decken die breiteste Nutzungspalette von der Sportveranstaltung bis zum Konzert ab. Das Planungskonzept einer variablen Akustik auf natürlichem Weg ist hierfür nicht effizient, da der baulich-konstruktive Aufwand im Allgemeinen größer als der Nutzen ist. Bei einer auf den Hauptverwendungszweck abgestimmten raumakustischen Kompromisslösung mit etwas geringerer Nachhallzeit und demzufolge auch hoher Deutlichkeit und Klarheit ist durch zusätzliche Einbauten die erforderliche Klangdurchmischung bei Konzertdarbietungen natürlicher Schallquellen zu realisieren, während durch elektroakustische Mittel der „elektronischen Architektur" (s. Abschn. 5.5) eine Nachhallzeitverlängerung, sowie eine Vergrößerung von Raumeindruck und Lautstärke vorgenommen werden können.

Klassische Konzertsäle dienen in erster Linie der Musikdarbietung vom Solisten- bis zum großen Sinfoniekonzert mit und ohne Chor und besitzen meist eine Pfeifenorgel. Das Erreichen optimaler raumakustischer Parameter steht im Vordergrund. Durch die Primärstruktur des Raumes ist eine gewisse Klangstruktur vorgegeben, die nur durch aufwändige zusätzliche Sekundärstrukturen wieder aufgelöst werden kann. Grundsätzlich kann in einem Rechteckraum eine größere Klangwärme und geringere Klangbrillanz erwartet werden als in Räumen mit polygonaler Ausformung. Die Ursache liegt wahrscheinlich in einer, in der Primärstruktur des Raumes begründeten, unterschiedlichen frequenzabhängigen Schallenergieverteilung (Tennhardt 2004). Elektroakustische Mittel sind für Sprachansagen und als Einspielmöglichkeiten bei speziellen Kompositionen einzusetzen. Ihr Einsatz zur Beeinflussung raumakustischer Parameter wird jedoch häufig noch als störend empfunden.

Allgemeine Konzertsäle sind für eine Vielzahl von musikalischen Darbietungen nutzbar, u. a. auch für Estraden- oder Popkonzerte. Hier steht die Nutzung der elektroakustischen Beschallungsanlage gegenüber den raumakustischen Kenngrößen des Saales im Vordergrund. Entsprechend der Veranstaltungsvielfalt soll die raumakustische Planung überwiegend auf eine möglichst frequenzunabhängige Nachhallzeit in der Größenordnung um 1,2 s und eine hohe Klarheit ausgerichtet sein.

Sporthallen und Arenen sollen akustisch das gemeinsame emotionale Erleben des Geschehens unterstützen. Dazu gehört vor allem die akustisch unterstützende Korrespondenz der Zuschauer untereinander und zu den Akteuren. Im Zuschauerbereich sind wenig schallabsorbierende Materialien anzuordnen und Schallabstrahlmöglichkeiten zur Spielfläche vorzusehen. Die Aktionsfläche sollte stärker bedämpft werden, um sie auch für weitere Veranstaltungen, z. B. musikalischer Art nutzbar zu machen. Hier muss in größeren Einrichtungen eine elektroakustische Beschallungsanlage zum Einsatz kommen. Das gleiche gilt für offene bis völlig überdachte Sportstadien, wobei bei ersteren naturgemäß die Schallabsorption über der Spielfläche bereits vorhanden ist. Die Unterseiten der Stadiendächer sollten zur Sicherstellung einer verständlichen Sprachübertragung zur Hallreduzierung in relevanten Bereichen schallabsorbierend ausgekleidet werden.

In **Revuetheatern** spielt die natürliche Akustik im Allgemeinen eine geringe Rolle. Eine Ausnahme bilden Singspieltheater mit Orchestergraben. Überwiegend erfolgt sonst der Einsatz einer elektroakustischen Beschallungsanlage mit den Aufgaben für das Ein- und Zuspiel, sowie Halb- oder Vollplayback. Die raumakustischen Parameter des Theaterraumes müssen bei dieser Nutzung den elektroakustischen Anforderungen dienen. Deshalb sollte die Nachhallzeit möglichst einen frequenzunabhängigen Wert von 1,4 s nicht überschreiten und das Schallfeld eine hohe Diffusität aufweisen, so dass das elektroakustisch erzeugte Klangbild nicht durch raumakustische Gegebenheiten beeinträchtigt wird.

In **Räumen mit variabler Akustik** zeigen akustische Maßnahmen auf mechanischem Wege nur in einem eng begrenzten Hörbereich gewissen Erfolg, wenn dadurch gleichzeitig auch räumliche Veränderungen sichtbar gemacht werden. Die raumakustischen Parameter müssen stets mit der Hörerwartung übereinstimmen und mit Raumgröße und Raumform korrespondieren. Experimentalräume und Effektrealisierung (z. B. in einem virtuellen Bühnenbild eines Revuetheaters) sind natürlich von dieser Betrachtungsart ausgeschlossen. In Theaterräumen und Mehrzeckhallen sind Nachhallzeitvariationen auf mechanischem Weg in einer Größenordnung bis ca. 0,5 s realisierbar, ohne das Raumeindrucks- oder Klangfärbungsstörungen auftreten. Von kontinuierlich veränderbaren akustischen Parametern sollte Abstand genommen werden, da mögliche Zwischenschritte zu unkontrollierbaren Effekten führen. Undichte Schlitze zwischen dreh- oder verschiebbar angeordneten, unterschiedlichen Wandimpedanzen können hörbar störende markante Klangfärbungsänderungen hervorrufen. Nur definierte und geprüfte Anordnungsvarianten bieten hier eine gewisse Sicherheit. Wegen des hohen Aufwandes und des zunehmenden Einsatzes von „elektronischer Architektur" (s. Abschn. 5.4) wird diese Maßnahme kaum noch angewandt.

Für **Sakralräume** unterscheidet man zwischen klassischen Kirchenräumen und modernen neuzeitlichen Kirchenbauten. Klassische Kirchenbauten aber auch Moscheen bestimmen meist wegen ihres großen Raumvolumens die raumakustischen

Parameter, wie z. B. eine lange Nachhallzeit und extrem große Räumlichkeit. Kurze Nachhallzeiten nach etwaigen Umbau- und Rekonstruktionsarbeiten sind hier unangebracht, da sie im Widerspruch zur Hörerwartung stehen. Die fehlende Sprachverständlichkeit z. B. während der Predigt wurde früher durch Schaffung zusätzlicher Anfangsreflexionen mittels architektonisch gestalteter Reflektoren, heute meist durch eine elektroakustische Beschallungsanlage gesichert. Musikalische Darbietungen müssen auf die lange Ausklingzeit in unterschiedlichen Frequenzgebieten (Meyer 2003) und durch eine angepasste Spielweise Rücksicht nehmen. Elektroakustische Mittel können hier lediglich der Lautstärkebildung dienen. Moderne Kirchenbauten entsprechen aus akustischer Sicht heute zunehmend dem Charakter von Mehrzweckhallen. Durch eine angemessene Akustik (Nachhallzeiten je nach Priorität der Sprache und Musik um 1,5 s) und durch den Einsatz von Beschallungstechnik sind neben Gottesdiensten auch alle Arten von Konzerten aber auch Tagungen in angemessener Qualität möglich.

5.3.2 Primärstruktur

5.3.2.1 Raumvolumen

Zur ersten Abschätzung der nutzungsspezifisch erforderlichen, akustisch wirksamen Raumgröße dient die Volumenkennzahl k. Sie gibt das notwendige Mindestraumvolumen in m³/Platz an. Falls vorhanden, wird das Volumen des Konzertzimmers zum Zuschauerraum addiert, die Platzkapazität des Zuschauerraumes aber nicht um die Anzahl der zusätzlichen Darbietenden (Orchester, Chor) erhöht. Für Theaterdarbietungen bleibt das Volumen des Bühnenhauses hinter dem Portal unberücksichtigt.

Tabelle 5.6 Volumenkennzahlen in Abhängigkeit der Raumnutzung

Nr.	Hauptnutzung	Volumenkennzahl k in m³/Platz	Maximal wirksames Raumvolumen bei natürlicher Akustik in m³
1	Sprachdarbietung, z. B. Sprechtheater, Kongress- und Hörsaal, Vortragsraum, Raum für audiovisuelle Darbietung	3 bis 6	5.000
2	Musik- und Sprechdarbietung, z. B. Musiktheater, Mehrzwecksaal, Stadthalle	5 bis 8	15.000
3	Musikdarbietung, z. B. Konzertsaal	7 bis 12	25.000
4	Räume für Oratorien und Orgelmusik	10 bis 14	30.000
5	Orchesterproberäume	25 bis 30	–

Das erforderliche akustisch wirksame Mindestraumvolumen V in m errechnet sich dann nach:

$$V = k \cdot N \qquad (5.43)$$

k: Volumenkennzahl nach Tabelle 5.6 in m³/Platz
N: Platzkapazität im Zuhörerbereich.

Soll ein vorgegebener Raum im Hinblick auf seine Eignung für akustische Darbietungen beurteilt werden, so kann die Volumenkennzahl eine grobe Abschätzung liefern.

Werden die Richtwerte für die Volumenkennzahl unterschritten, so ist durch natürliche Akustik die angestrebte Nachhallzeit nicht zu erreichen. Weiterhin kann bei sehr kleinen Räumen, insbesondere bei Orchesterproberäumen die Lautstärke im *fortissimo* zu groß werden (in einem Proberaum mit 400 m³ Raumvolumen und 25 Musikern bis 120 dB im Diffusfeld). In Räumen unter 100 m³ ist die Eigenfrequenzdichte bei tiefen Frequenzen zu gering (Fasold et al.1984). Durch die daraus resultierende, sehr unausgeglichene Frequenzübertragungsfunktion des Raumes treten unzulässige Klangfärbungsänderungen besonders bei Musiknutzung auf.

Im Fall der Überschreitung sind zusätzliche schallabsorbierende Maßnahmen im Raum erforderlich, die die Lautstärke besonders bei leisen Schallquellen stark reduzieren können.

Zuhörerzahl und Raumvolumen können aber auch nicht beliebig gesteigert werden, weil durch die Zunahme der äquivalenten Schallabsorptionsfläche einschließlich der unvermeidlichen Luftabsorption die erreichbare Schallenergiedichte und damit die Darbietungslautstärke im Diffusfeld sinkt, s. Gl. (5.1). Weiterhin vergrößern sich hierdurch auch die Entfernungen innerhalb der Darbietungszone und zum Hörer. Aus diesen Gründen kann man eine obere Volumengrenze für Räume ohne elektroakustische Beschallungsanlage (natürliche Akustik) festlegen, die nicht überschritten werden sollte (Tabelle 5.6). Diese Werte hängen natürlich von der maximal möglichen Schallleistung der Schallquelle ab. Wählt man Gl. (5.1) in Pegeldarstellung und verwendet die Nachhallzeitformel (5.18) so ergibt sich der Zusammenhang zwischen dem Schallleistungspegel der Schallquelle L_W in dB und dem Schalldruckpegel L_diff in dB im diffusen Schallfeld in Abhängigkeit von den Raumparametern Raumvolumen V in m³ und Nachhallzeit T in s (Fasold u. Veres 1998):

$$L_\text{diff} = L_W - 10 \log \frac{V}{T} \text{dB} + 14 \text{dB} \qquad (5.44)$$

Zur Bestimmung des erzielbaren Schalldruckpegels im diffusen Schallfeld kann von nachstehenden Schallleistungspegeln L_W ausgegangen werden (Meyer 1990 u. 1995 und Ahnert u. Steffen 2000), vgl. auch Tabelle 4.5:

Tabelle 5.7 Musik (mittlerer Schallleistungspegel im *forte*)

Flügel, offen	$L_W = (77...102)$ dB
Streichinstrumente	$L_W = (77...90)$ dB
Holzblasinstrumente	$L_W = (84...93)$ dB
Blechblasinstrumenten	$L_W = (94...102)$ dB
Kammerorchester aus 8 Violinen	$L_W = 98$ dB
Kleines Orchester mit 31 Streichinstrumenten, 8 Holzblasinstrumenten und 4 Blechblasinstrumenten (ohne Schlagwerk)	$L_W = 110$ dB
Großes Orchester mit 58 Streichinstrumenten, 16 Holzblasinstrumenten und 11 Blechblasinstrumenten (ohne Schlagwerk)	$L_W = 114$ dB
Sänger	$L_W = (80...105)$ dB
Chor	$L_W = 90$ dB

Tabelle 5.8 Sprache (mittlerer Schallleistungspegel bei angehobener bis lauter Sprechweise)

Flüstern	$L_W = (40...45)$ dB
Sprechen	$L_W = (68...75)$ dB
Schreien	$L_W = (92...100)$ dB

Die Wahrnehmung des Dynamikumfanges der Darbietung spielt unabhängig von dem dargebotenen Lautstärkepegel zum Beispiel im *forte* und *piano* bei Musikdarbietungen eine entscheidende Rolle für die Hörerwartung. Eine Klangpassage oder der gesprochene Text, der im umgebenden Störpegel untergeht (Verdeckung), wird akustisch nicht mehr registriert und die Darbietung bemängelt. Bei Soloinstrumenten liegt der mittlere Dynamikumfang bei langsam gespielten Tönen zwischen 25 dB und 30 dB, bei Orchestermusik bei ca. 65 dB und bei Sängern im Chor bei ca. 26 dB (Meyer 1990). Der Dynamikumfang eines Sprechers liegt bei ca. 40 dB, der von solistischen Gesangsstimmen bei ca. 50 dB. Ohne Berücksichtigung der Klangfarbe der Schallquelle sollte der Schalldruckpegelabstand zwischen Nutz- und Störsignal im Allgemeinen bei *pianissimo* oder beim Flüstern mindestens 10 dB betragen.

5.3.2.2 Raumform

Die Raumform lässt eine große Variabilität zu, auch aus akustischer Sicht existiert kein Optimum. Sie hat entsprechend ihrer Nutzungsfunktion akustische Vor- und Nachteile. Grundsätzlich akustisch ungünstig sind solche Raumformen, die keine ungehinderte Direktschallversorgung und keine allseitig einfallenden energiereichen Anfangsschallreflexionen im Rezeptionsbereich gewährleisten, z. B. angekoppelte Nebenräume, tief liegende Zuschauerbereiche unter Rängen oder Galerien geringer Raumhöhe.

Bezüglich der Raumform zeichnen sich durch das frequenzabhängige Reflexionsverhalten bedingte Zusammenhänge mit einer Klangfärbung der Darbietung ab. Räume mit polygonalen Formen oder Räume mit nicht rechteckförmiger Primärstruktur (Trapezräume, Kreisgrundrisse o. ä.) weisen gegenüber Räumen mit rechteckförmigen, senkrecht zueinander stehenden Raumbegrenzungsflächen (sog. Schuhkarton) eine geringere Wärme, aber höhere Brillanz des Klangbildes auf. Bezüglich der frequenzabhängigen Nachhallzeit gelingt es sicher, in unterschiedlichen Raumformen durch entsprechende raumakustische Maßnahmen diesbezüglich eine Übereinstimmung zu erzielen.

Alle akustisch brauchbaren Raumformen haben gemeinsam, dass der Direktschall und energiereiche Anfangsreflexionen ungehindert den Zuhörer erreichen. Abweichungen von dieser Regel treten lediglich im Orchestergraben eines Operntheaters durch Direktschallabschattung auf. Beugungseffekte gleichen diesen Effekt teilweise aus und die Hörerwartung ist auf diesen Klangeindruck abgestimmt. Die Anfangsreflexionen müssen innerhalb einer Laufwegdifferenz zum Direktschall von ca. 17 m bei Sprach- und 27 m bei Musikdarbietungen am Zuhörerplatz eintreffen. Für einen angemessenen Raumeindruck bei Musikdarbietungen sind besonders seitliche Schallreflexionen entscheidend. Je stärker hierdurch die Räumlichkeit unterstützt wird, um so mehr gewinnt nach Meyer (1990) der Orchesterklang an „Volumen" und „Breite". Dadurch wird die beim forte-Spiel wahrnehmbare Zunahme der Klangintensität über den reinen Lautstärkeeffekt hinaus gesteigert und somit die subjektiv empfundene Dynamik vergrößert. Auch eine größere Schallquellenlautstärke erhöht dabei subjektiv die Räumlichkeit.

5.3.2.3 Grundriss

Zur Erzielung lateraler Seitenschallreflexionen eigenen sich Räume mit rechteckigem Grundriss, wenn die Darbietungszone an einer Stirnwand angeordnet ist und die Raumbreite in der Größenordnung von 20 m liegt (Abb. 5.7a). Hierbei handelt es sich um den klassischen „Schuhkarton" (Musikvereinssaal Wien, Boston Symphony Hall, Konzerthaus Berlin).

Rückt die Darbietungszone von einer Stirnwandseite in die Raummitte (Abb. 5.7b), so kann seitlich oder hinter dem Podium Publikum oder ein Chor angeordnet werden. Durch die ausgeprägte frequenzabhängige Richtcharakteristik vieler Schallquellen (Sänger, hohe Streichinstrumente usw.) treten hinter dem Podium verstärkt Balanceprobleme auf, die zur Unverständlichkeit des gesungenen Wortes und zu störenden Klangfärbungen führen können. Auf seitlichen Plätzen neben dem

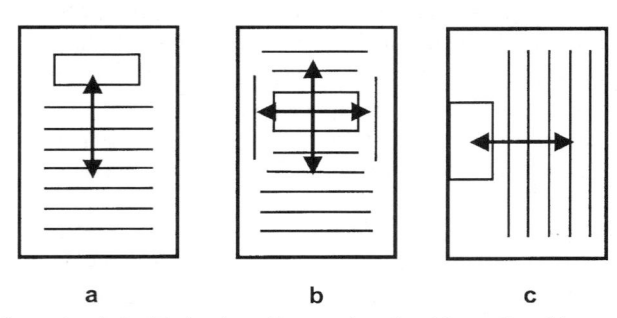

Abb. 5.7 Konfrontationsbeispiele in einem Raum mit rechteckigem Grundriss

Kapitel 5 Raumakustik

Podium kann bei Orchesterdarbietungen die Hörerwartung beeinträchtigt werden, wenn optisch benachteiligte Instrumentengruppen durch Raumreflexionen lauter wahrgenommen werden als naheliegende. Dieser Effekt wird durch seitliche Podiumsbegrenzungsflächen oft noch verstärkt, hingegen unterstützt eine rückseitige zusätzliche Schallreflexionsfläche die Klangdurchmischung. Oftmals werden diese akustischen Nachteile aber in der Gesamtbeurteilung den visuell-erlebnisbehafteten Vorteilen untergeordnet.

Bei Anordnung der Darbietungszone vor einer Längswand (Abb. 5.7c) fehlen besonders bei ausgedehnten Schallquellen (Orchester) seitliche Anfangsreflexionen, das gegenseitige Hören und damit auch die Intonation werden beeinträchtigt. Solistenkonzerte oder Ensembles mit kleiner Besetzung (bis ca. sechs Musiker) können noch befriedigende Hörverhältnisse ermöglichen, wenn die Deckenhöhe und -ausformung akustisch klarheitserhöhende Schallreflexionen liefern. Durch eine schallreflektierende Rückwand in Verbindung mit seitlichen Stellwandelementen, die optisch nicht stören, lassen sich bei nicht zu langen Räumen (bis ca. 20 m) noch gute raumakustische Verhältnisse erzielen. Für Sprachdarbietungen bietet diese Nutzungsrichtung Vorteile durch die geringe Entfernung zum Sprecher, aber Nachteile in der Sprachverständlichkeit durch Klangfärbung. Durch die gewählte Blickrichtung des Sprechers zum Platzbereich in Raummitte sind seitliche Platzbereiche durch die frequenzabhängige Richtcharakteristik in jedem Fall benachteiligt. Nach Meyer (1995) beträgt die Schalldruckpegelminderung seitlich vom Sprecher z. B. bei Artikulation des Vokals „o" 0 dB, „a" 1 dB und „e" 7 dB.

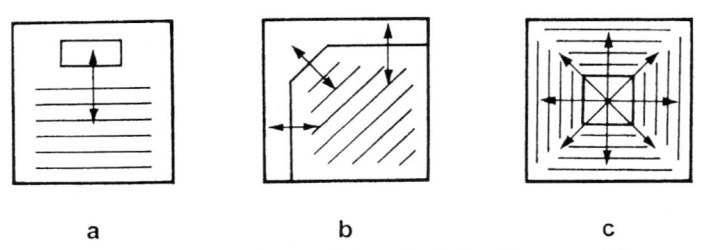

Abb. 5.8 Verschiedene Podiumsanordnungen bei quadratischem Raumgrundriss

Eine Sonderform des rechteckigen Raumgrundrisses ist das Quadrat mit annähernd gleichen Kantenlängen. Hier lassen sich besonders bei Mehrzecknutzung verschiedene Anordnungen realisieren, für die in kleinen Räumen bis ca. 500 Plätzen (Fasold et al. 1987) gute akustische Bedingungen vorhanden sind, wenn einige Grundsätze beachtet werden (Abb. 5.8a bis c).

Die Raumvariante a ist die klassische Variante, die besonders bei gerichteten Schallquellen (Sprecher, Sänger, gerichtete Instrumentengruppen) eine gute Direktschallversorgung der Zuhörer gewährleistet. Variante b bietet für wenig räumlich ausgedehnte Schallquellen (Sprecher, Sänger, Soloinstrumente, Kammermusikgruppen) eine akustisch gute Lösung, da eine gute seitliche Schallabstrahlung in den Raum erfolgt. Allerdings fehlen aufgrund der Primärstruktur seitliche Schallreflexionen zur Unterstützung des gegenseitigen Hörens und damit der Intonation im Bühnenbereich.

Die amphitheaterartige Anordnung der Variante c ist nur für wenige Darbietungsarten geeignet, da neben den optischen Einschränkungen akustische Balanceprobleme auftreten können. Bei stark gerichteten Schallquellen (Sprecher, Sänger) ist wegen des um mindestens 12 dB geschwächten Direktschalls gegenüber der Blickrichtung nach vorn, hinter der Schallquelle die Verständlichkeit beeinträchtigt.

Trapezförmige Grundrisse können als divergierendes Trapez mit von der Schallquelle seitlich nach außen fliehenden Seitenwandflächen und als konvergierendes Trapez mit dem Schallquellenstandort an der breiten Stirnseite realisiert werden (Abb. 5.9), auch wenn letzteres praktisch nie umgesetzt wird.

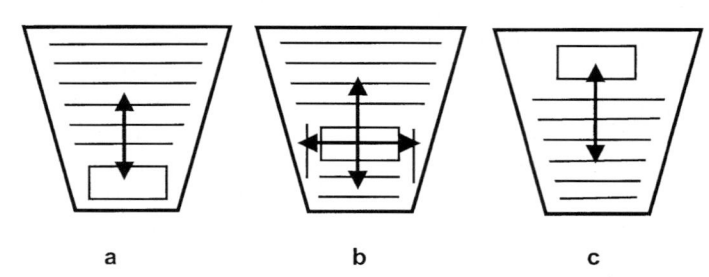

Abb. 5.9 Konfrontationsbeispiele in einem Raum mit trapezförmigem Grundriss

Abwandlungen dieser Raumform mit gekrümmter Rückwand werden als „fächerförmig" oder „Tortenstücke" bezeichnet. Die raumakustische Wirkung der *divergierenden Trapezform* hängt im Wesentlichen von dem Fluchtwinkel der Seitenwandflächen ab. Bei der Raumform wie in Abb. 5.9a ergeben sich ähnlich günstige raumakustische Verhältnisse wie im musikgenutzten Rechteckraum, wenn der Fluchtwinkel gering ist. Bei größeren Winkeln fehlen, durch die Primärstruktur bedingt, energiereiche Anfangsreflexionen besonders von den Seitenwänden im gesamten mittleren Bestuhlungsbereich (Abb. 5.10).

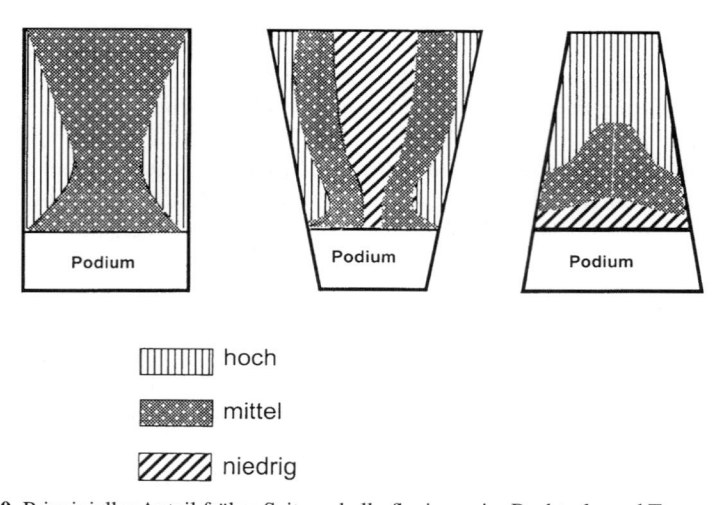

Abb. 5.10 Prinzipieller Anteil früher Seitenschallreflexionen im Rechteck- und Trapezraum

Kapitel 5 Raumakustik

Erwartungsgemäß weist der relativ schmale Grundriss der Rechteckform einen höheren Seitenschallanteil auf als das divergierende Trapez. Für Sprachdarbietungen ist dieser Sachverhalt relativ uninteressant, da in den meisten Fällen ein Ausgleich fehlender Anfangsreflexionen durch frühe Deckenreflexionen möglich ist. Wird die Darbietungszone als amphitheaterartige Lösung in Richtung des Drittelpunktes im Grundriss verlagert (Abb. 5.9b), so ist diese Variante nur für musikalische Nutzungen geeignet. Besonders die hinter der Darbietungszone angeordneten Zuhörer erhalten ein sehr räumliches, seitenschallbetontes Klangbild. Die raumakustisch günstigste Trapezform stellt das *konvergierende Trapez* mit der Position der Darbietungszone an der breiten Stirnseite dar (Abb. 5.9c). Ohne zusätzliche Maßnahmen im seitlichen Podium reduziert sich der Flächenanteil mit niedriger früher Seitenschallenergie auf einen kleinen Bereich vor der Schallquelle, während fast die gesamte Zuhörerfläche einen starken seitlichen Energieanteil erhält (Abb. 5.10). Diese Raumform hat nur in Kombinationen mit dem divergierenden Trapez als Podiumsbereich Aussicht auf architektonische Umsetzung. Eine günstige Kompromisslösung ist die Anordnung von sog. „Weinbergterrassen", bei der zusätzlich Wandelemente in Form eines konvergierenden Trapezes in die Bestuhlungsebene einbezogen werden, deren wirksame Wandflächen energiereiche Anfangsreflexionen in den Rezeptionsbereich lenken, s. Abb. 5.11 nach (Cremer 1989). Ausgeführte Beispiele sind die Konzertsäle im Gewandhaus zu Leipzig und De Doelen in Rotterdam (Tennhardt 1984).

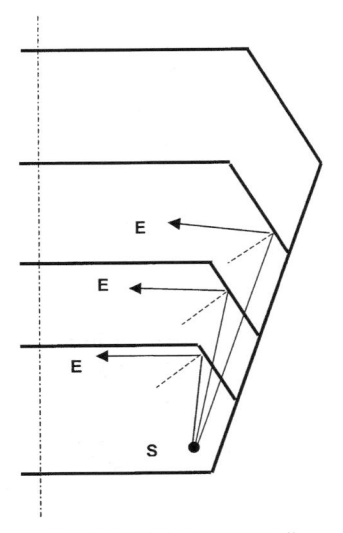

Abb. 5.11 Seitenschallreflexionen durch „Weinbergterrassen"

Diese Kombination lässt sich auch als Sechseck darstellen. Dabei weisen lang gestreckte Sechsecke ähnliche raumakustische Eigenschaften auf wie die Kombination aus divergierendem und konvergierendem Trapez und bei einem geringen Fluchtwinkel wie die des Rechteckraums. Werden die Sechseckkanten gleichseitig gewählt (Abb. 5.12), so fehlen besonders für musikalische Darbietungen die erforderlichen Seitenschallreflexionen.

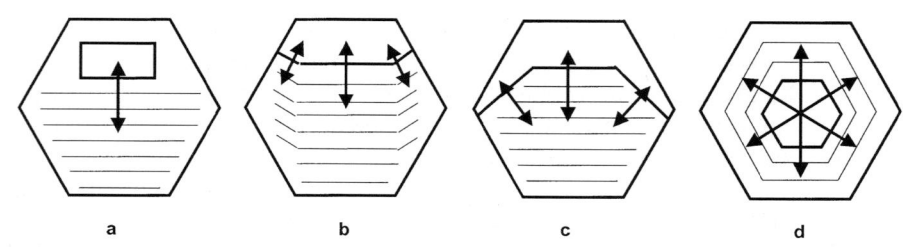

Abb. 5.12 Verschiedene Podiumsanordnungen bei sechseckigem Raumgrundriss

Für Kongress- und Mehrzweckhallen ist diese Form wegen der vielfältigen Nutzungsmöglichkeiten und geringen Abstände zwischen Darbietungs- und Rezeptionszone auch in akustischer Hinsicht günstig. Die amphitheaterartige Anlage (Abb. 5.12d) verhält sich akustisch ähnlich wie die Rechteckvariante nach Abb. 5.7b oder 5.8c. Für Schallquellen mit ausgeprägter Richtcharakteristik entstehen Klangfärbungs- und Klarheitsprobleme für seitliche und hinter der Darbietungszone angeordnete Zuhörer, die auch durch zusätzliche Sekundärstrukturen nicht ausgeglichen werden können.

Grundrisse mit monoton gekrümmten Begrenzungsflächen wie Kreis und Halbkreis (Abb. 5.13a bis d) führen durch die konkave Raumform besonders bei geringer oder fehlender Sitzreihenüberhöhung zu unerwünschten Schallkonzentrationen.

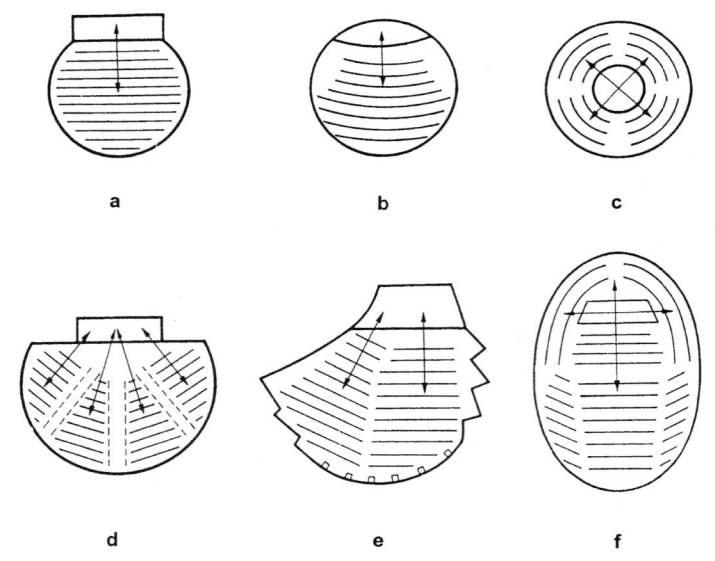

Abb. 5.13 Konfrontationsbeispiele in einem Raum mit gekrümmten Begrenzungsflächen

In Abhängigkeit von der Frequenz, der Laufzeit und dem Kreisdurchmesser entstehen die in Abb. 5.14 dargestellten Wellenfrontverläufe (Cremer u. Müller 1978).

Man erkennt Zeitpunkte wandernder punktförmiger und flächenhafter Schallkonzentration (sog. Kaustik), die selbst nach langen Laufzeiten niemals zu einer gleichmäßigen Schallverteilung führen. Ohne Gliederung in der vertikalen Ebene und ohne breitbandig wirksame Sekundärstrukturen sind Räume mit kreisförmigem Grundriss weder für Sprach- noch für Musikdarbietungen akustisch geeignet. Bei unsymmetrischen Grundrissformen (Abb. 5.13e) besteht bei Musikdarbietungen die Gefahr einer sehr geringen Korrelation zwischen den beiden Ohrsignalen, was zu einer übertriebenen Räumlichkeit führen kann. Die Schallkonzentration an bestimmten Hörerplätzen kann einerseits zu einer mangelhaften Übereinstimmung von visuellem und akustischem Eindruck und andererseits zu Balanceproblemen zwischen einzelnen Instrumentengruppen führen. Beide Effekte können durch energiereiche Anfangsreflexionen ausgeglichen werden. Elliptische Grundrisse (Abb. 5.13f) sind ohne reflexionsunterstützende Maßnahmen prinzipiell nur für örtlich fixierte Schallquellen akustisch geeignet, eine vielseitige Nutzung wird durch die Brennpunktbildung sowohl im Darbietungs- als auch im Zuhörerbereich ausgeschlossen. Hierzu zählen die besonders in jüngster Zeit häufig realisierten Atriumsbauten aus ungegliederten Glasflächen und ebenem Fußboden. Die Nutzung dieser funktionell gestalteten Eingangsfoyers für musikalische Großveranstaltungen kann raumakustisch meist in keiner Weise befriedigen.

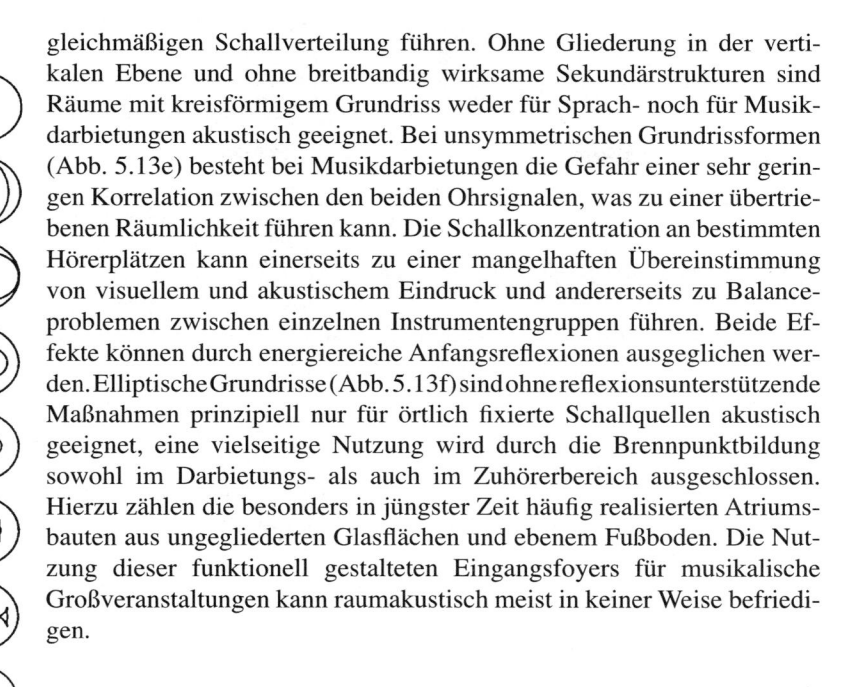

5.3.2.4 Decke

Die Deckenform trägt im Allgemeinen wenig zur Räumlichkeit des Schallfeldes bei, dafür aber umso mehr zur Erzielung der Deutlichkeit bei Sprache, der Klarheit bei Musik, der Lautstärke und zur Schalllenkung nachhallbestimmender Raumreflexionen. Für Sprachdarbietungen sollte die Nachhallzeit kurz sein, deshalb muss die Decke so gestaltet werden, dass möglichst jede erste Schallreflexion in den mittleren und hinteren Zuhörerbereich gelangt (Abb. 5.15).

Für Musikdarbietungen muss die mittlere Deckenhöhe in Verbindung mit dem Raumgrundriss zum einen den Anforderungen an die Volumenkennzahl genügen. Zur Erzielung einer langen Nachhallzeit sollte die Deckenhöhe außerdem dort am höchsten sein, wo auch die Linearabmessungen des Raumes am größten sind. Durch das Pendeln der Schallenergie an den beteiligten Begrenzungsflächen werden lange Laufzeiten realisiert, die erforderliche geringe Abnahme der Schallenergie der Schallreflexionen muss durch eine geringe Schallabsorption dieser Flächen erzielt werden (Winkler 1995). Durch eine geeignet gewählte Geometrie und Größe der an diesem Mechanismus beteiligten Flächen kann die Nachhallzeit im tiefen Frequenzgebiet reduziert werden, ohne dass die Anregungs-Schallenergie durch Schallabsorptionsmaßnahmen dem

Abb. 5.14 Ausbreitung der Wellenfront in einem Kreis

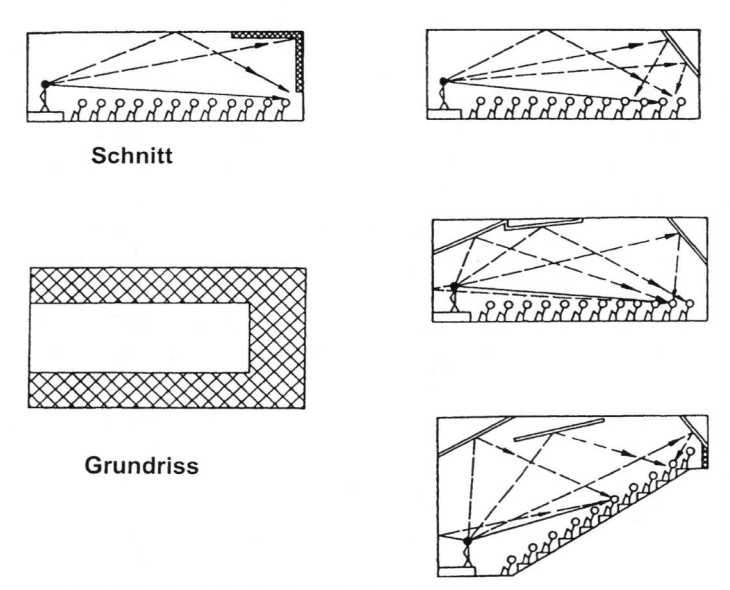

Abb. 5.15 Beispiele für akustisch günstige Deckenausbildungen

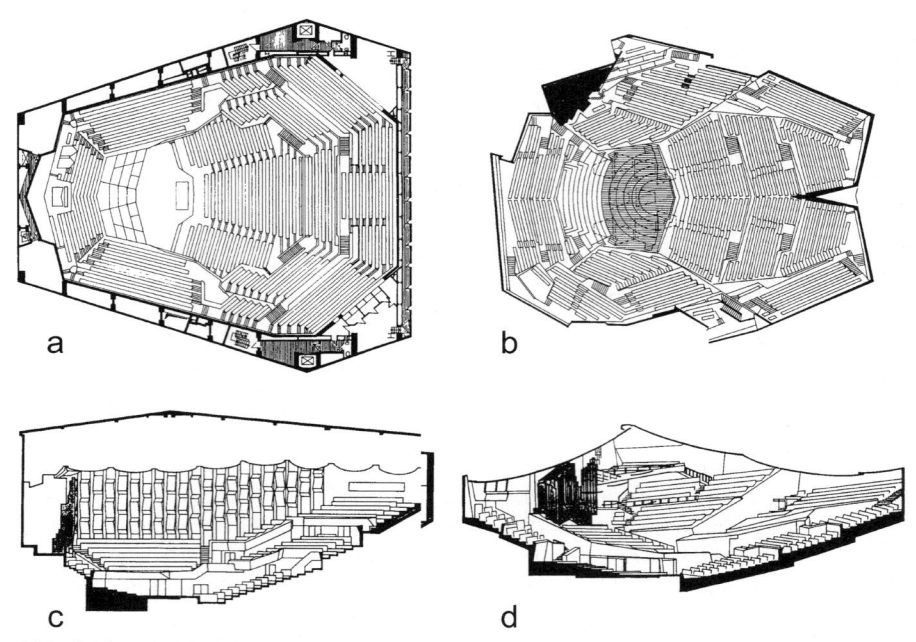

Abb. 5.16 Beispiele für Konzertsäle mit unterschiedlicher Raumform. a: Gewandhaus Leipzig, Grundriss. b: Philharmonie Berlin, Grundriss. c: Gewandhaus Leipzig, Längsschnitt. d: Philharmonie Berlin, Längsschnitt

Kapitel 5 Raumakustik 219

Klangbild verloren geht. Im Konzertsaal des Gewandhauses Leipzig (Tennhardt 1984) befindet sich die größte Saalbreite im hinteren Zuschauerbereich, so dass hier auch – als Ergebnis der durchgeführten Simulationsmessungen am physikalischen Modell (s. Abschn. 5.3.5) – die Deckenhöhe maximal gewählt wurde (Abb. 5.16a und c). Dagegen liegt die maximale Raumbreite in der Berliner Philharmonie (Abb. 5.16b) in der Podiumsebene, so dass hier die größte Raumhöhe über dem Podium liegen muss (Abb. 5.16d), um die optimale Nachhallzeit zu realisieren. Dadurch erklärt sich die notwendige Anordnung raumhöhemindernder Plafonds im Podiumsbereich dieses Konzertsaals.

Um bei Musikern das gegenseitige Hören zu unterstützen, sollte die Decke über der Darbietungszone bei Musik eine gewisse Höhe nicht unter- oder überschreiten. Meyer (1995) empfiehlt eine untere Grenze der Deckenhöhe von 4 m bis 5 m, eine obere Grenze von 12 m. Bei größeren Räumen sollte für Konzertdarbietungen die Deckenausformung klarheitserhöhende Schallreflexionen im mittleren und hinteren Zuhörerbereich gewährleisten und gleichzeitig störende Reflexionen über entfernt liegende Begrenzungsflächen vermeiden. Eine ebene Deckenanordnung (Abb. 5.17a) liefert in dieser Hinsicht nur einen geringen Schallenergieanteil im hinteren Rezeptionsbereich, im direktschallnahen vorderen Bereich aber wird der reflektierte Deckenschall nicht benötigt. Dagegen wird Schallenergie im hinteren Deckenbereich an die Rückwand reflektiert und gelangt bei entsprechend ungünstiger Raumgeometrie als störendes Echo (sog. Theaterecho) zum Sprecher oder zu den ersten Zuhörerreihen zurück. Daher sollte die Deckenform über der Darbietungszone und vor der Rückwand mit der Normalenrichtung möglichst zum mittleren Bestuhlungsbereich zeigen (Abb. 5.17b bis d).

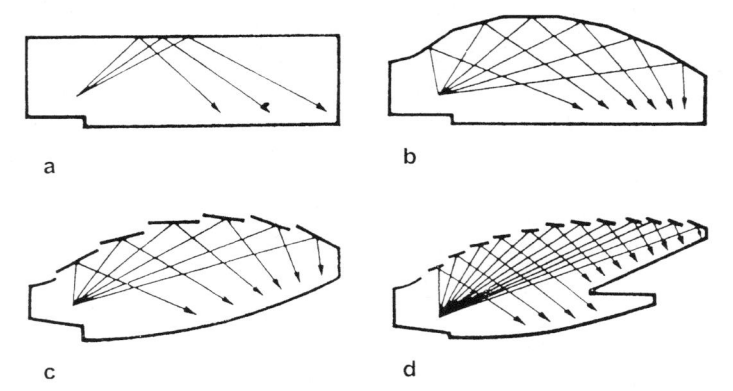

Abb. 5.17 Deckenformen zur Erzielung energiereicher Anfangsreflexionen im mittleren und hinteren Zuhörerbereich

Monoton gekrümmte Raumdecken in Form von Tonnengewölben oder Kuppeldecken weisen Fokussierungseffekte auf, die bei Brennpunktnähe in der Zuhörer- oder Darbietendenebene zu erheblichen Störungen führen können. Der Krümmungsmittelpunkt sollte deshalb über der halben Gesamthöhe h des Raumes oder tiefer als die Raumhöhe unter dem Fußboden liegen (Abb. 5.18), d. h.

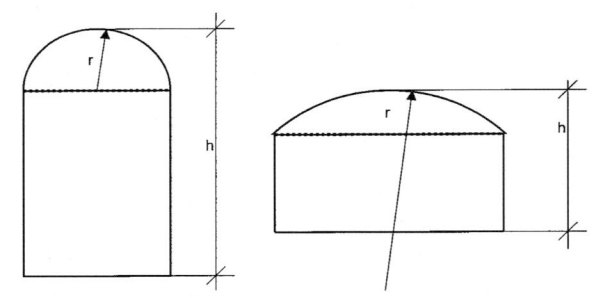

Abb. 5.18 Fokussierung durch gewölbte Decken

$$r \geq 2h \quad (5.45)$$

oder

$$r \leq \frac{h}{2} \quad (5.46)$$

5.3.2.5 Balkone, Galerien, Ränge

Bei richtiger Anordnung und Dimensionierung können sich Balkone und Ränge akustisch günstig auswirken, da sie zur breitbandigen diffusen Schallstreuung beitragen und bei richtiger Dimensionierung durch Anfangsreflexionen sowohl die Klarheit als auch den Raumeindruck unterstützen können. Im Einzelnen muss entschieden werden, ob diese Reflexionen erwünscht sind. In Abb. 5.19 links sind späte Schallreflexionen dargestellt, die zu störenden Echoerscheinungen, den sog. Theaterechos führen können.

Dabei ist in jedem Fall die Raumrückwand in Verbindung mit horizontalen Einbauten (Rang, Galerie, Balkon, Raumdecke) beteiligt. Die Störwirkung dieser Schallreflexionen muss verhindert werden. Auskragende Balkone können durch ihre

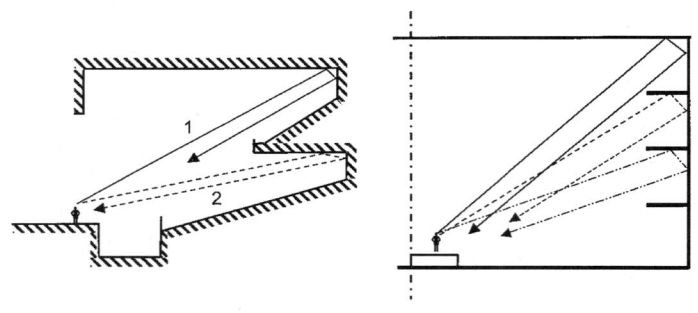

Abb. 5.19 Echoerscheinung durch Winkelspiegel. Links: sog. Theaterecho. Rechts: Winkelspiegel unter Rängen und Galerien

räumliche Tiefe diese sog. Winkelspiegel abschatten und die Schallreflexionen als Nutzschall wirksam werden lassen (Abb.5.19 rechts). Akustisch problematisch ist die Anordnung weit auskragender Ränge bezüglich der Tiefe D (Abstand Brüstung oder darüber liegende Raumkante zur Rückwand) und der lichten Höhe H des Ranges über der Parkettebene oder zwischen übereinanderliegenden Rängen. Der unter der Auskragung liegende Raumbereich ist bei großer Tiefe gegenüber dem Raumschall und klarheitserhöhenden Deckenreflexionen abgeschattet. Er kann ein vom Hauptraum abgekoppeltes eigenständiges Klangbild mit stark reduzierter Lautstärke erhalten. Um dies zu vermeiden sollte nach Abb. 5.20 eine Geometrie von

- $D \leq 2H$ für Opernhäuser und Theater bzw. $D < H$ für Konzertsäle und
- $\theta \geq 25°$ für Opernhäuser und Theater bzw. $\theta \geq 45°$ für Konzertsäle

eingehalten werden (Fasold et al. 1984, Beranek 1996).

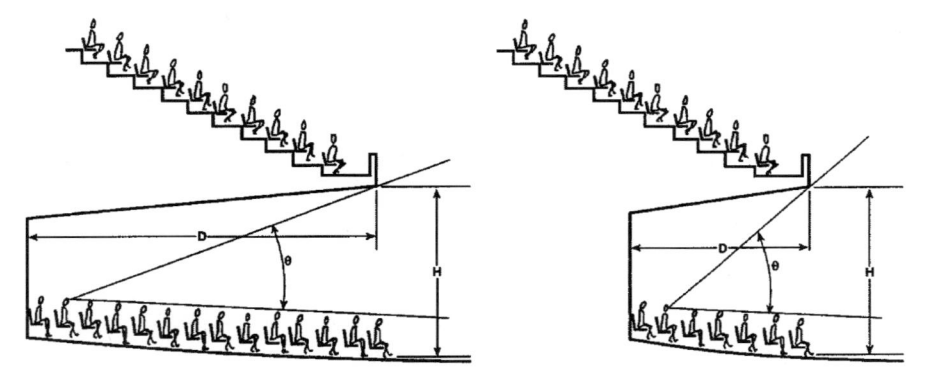

Abb. 5.20 Geometrie der Ranganordnung. Links: in Musik- und Opernhäusern, Mehrspartentheatern. Rechts: in Konzertsälen

5.3.2.6 Sitzreihenüberhöhung

Für alle raumakustischen Parameter zur Beschreibung der Zeit- und Registerdurchsichtigkeit ist der Energieanteil des Direktschalls und der Anfangsreflexionen von großer Bedeutung. Bei streifender Schallausbreitung über ebener Publikumsanordnung tritt eine starke, frequenzabhängige Dämpfung auf (s. Abschn. 5.3.3.8). Auch optisch treten hier erhebliche Nachteile durch die Abschattung in den Sichtbeziehungen zur Darbietungszone auf. Diese störenden Effekte werden durch eine möglichst konstante Sehstrahlüberhöhung vermindert. Nach Abb. 5.21 ist das die Sehstrahlüberhöhung c zwischen der Schalleinfallsrichtung der n-ten und der $n+1$-ten Reihe der Bestuhlungsfläche.

Bei Forderung einer im Auditorium konstanten Sehstrahlüberhöhung wird deutlich, dass Sitzreihenanordnungen mit konstanter Sitzüberhöhung (durchgehende Bestuhlungsschräge in Raumlängsrichtung) hier keine Lösung darstellen. Mathematisch erzeugt die Kurvenform einer logarithmischen Spirale (Cremer u. Müller 1978) eine konstante Sehstrahlüberhöhung mit ansteigender Sitzreihenüberhöhung

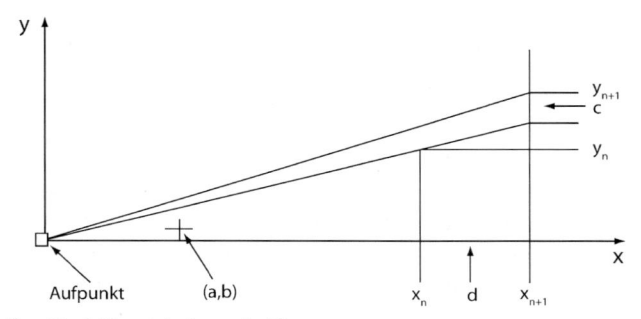

Abb. 5.21 Reihenüberhöhung (schematisch)
(a, b): Koordinaten der 1. Reihe (Augenniveau); (x_n,y_n): Koordinaten der *n*-ten Reihe
(x_{n+1}, y_{n+1}): Koordinaten der *n*+1-ten Reihe; c = const.: Sehstrahlüberhöhung
d: Reihenabstand; *y*: Augenniveau = Stufenhöhe +1,2 m

bei steigender Entfernung zur Schallquelle. Da hierbei aber unterschiedliche Stufenhöhen zu den einzelnen Sitzreihen auftreten, muss ein Kompromiss gefunden werden, der entweder die Stufenhöhen angleicht oder kleinere Flächen gleichbleibender Überhöhung zusammenfasst. Hierzu stellen in Konzertsälen die Flächen der „Weinbergterrassen" eine akustisch und auch optisch befriedigende Lösung dar.

Die Augenhöhe *y*(*x*) über einem frei wählbaren Aufpunktniveau im Podiumsbereich errechnet sich zu

$$y = y_0 + \frac{c \cdot x}{d} \cdot \ln\left(\frac{x}{a}\right) + \frac{x}{a}(b - y_0) \qquad (5.47)$$

Für $y_0 = 0$ ergibt sich

$$y = \frac{c \cdot x}{d} \cdot \ln\left(\frac{x}{a}\right) + \frac{b \cdot x}{a} \qquad (5.48)$$

y(*x*): Sitzreihenüberhöhung (+1,2 m Augenhöhe) im Abstand *x* zum Aufpunkt
x: Abstand zum Aufpunkt, der gesehen werden soll
a: Abstand zum Aufpunkt, bei der die Sitzreihenüberhöhung beginnt
b: Differenz zwischen Augenhöhe der 1. Reihe und gewähltem Aufpunkt (der Aufpunkt ist üblicherweise auf Podiumsniveau oder höher)
c: Sehstrahlüberhöhung
d: Sitzreihenabstand

Die Sehstrahlüberhöhung sollte möglichst 6 cm, besser 12 cm betragen, aber nicht kleiner als 3 cm sein. Im Gegensatz zu den Sichtbeziehungen bringt eine weitere Vergrößerung der Sehstrahlüberhöhung über 12 cm hinaus akustisch Vorteile. Für eine Abschätzung der erforderlichen prinzipiellen Sitzreihenüberhöhung kann man davon ausgehen, dass das Podium oder die Bühne von allen Plätzen des Auditoriums voll eingesehen werden kann. Der zu wählende Aufpunkt sollte deshalb im Bereich der Bühnenvorderkante auf Bühnenniveau oder leicht darüber liegen. In Abhängigkeit von möglichen sinnvollen Podiumshöhen von 0,6 m, 0,8 m und 1 m

Kapitel 5 Raumakustik

ergeben sich damit anzustrebende Sitzreihenüberhöhungen nach Abb. 5.22, die in erster Linie im Zuschauerbereich realisiert werden.

Ein gewisser, wenn auch in der Regel etwas unbefriedigender Ausgleich ist bei ebener Parkettanordnung, wie sie für Konzertsäle mit Bankettnutzung oder bei klassizistischer Architektur (Musikvereinssaal Wien, Konzerthaus Berlin, Boston Symphony Hall, Herkulessaal München, Concertgebouw Amsterdam usw.) auftritt, durch eine entsprechende Höhenstaffelung innerhalb der Darbietungsfläche (besonders bei Konzertdarbietungen) möglich. Bei einer Grundpodiumshöhe von 0,6 m bis 0,8 m lassen sich dafür aus Gl. (5.47) die theoretisch erforderlichen Überhöhungen auf dem Podiumsbereich ableiten: Bei einer bestuhlten Saallänge von ca. 14 m ist eine maximale Höhenstaffelung auf dem Podium bis ca. 3 m, bei 18 m schon bis ca. 4 m anzustreben. Diese Werte sind im Allgemeinen kaum realisierbar, zeigen aber die Notwendigkeit einer großen Höhenstaffelung innerhalb des Klangkörpers auf dem Konzertpodium bei Sälen mit ebener Parkettanordnung. Wird dagegen die optimale Sitzreihenüberhöhung nach (5.47) verwirklicht, so kann man bei Wahl des Aufpunktes ca. 6 m hinter der Vorderkante des Podiums in der Orchester-

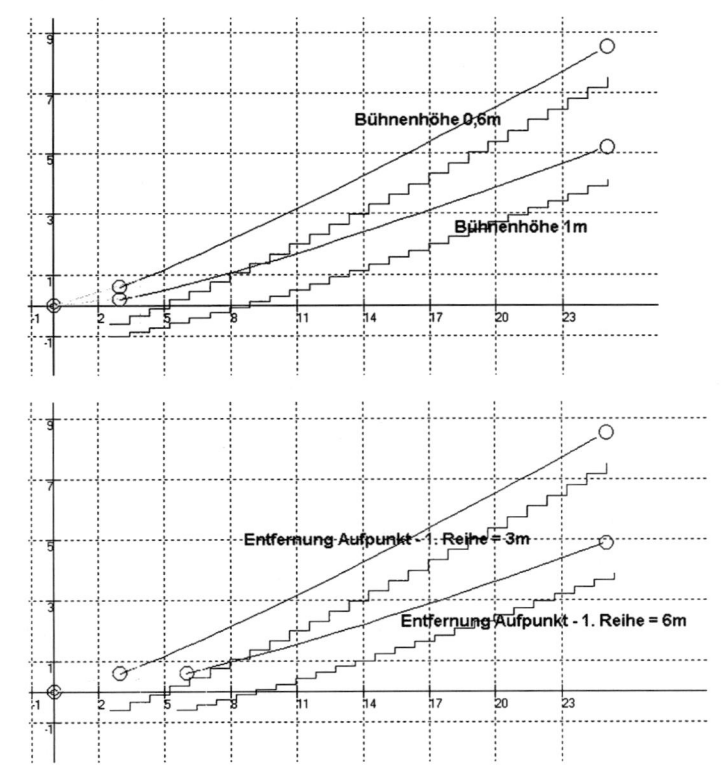

Abb. 5.22: Oben: Reihenüberhöhung für unterschiedliche Bühnenhöhen von 0,6 m und 1 m und konstantem Abstand Aufpunkt/1. Reihe von 3 m. Unten: Reihenüberhöhung für konstante Bühnenhöhe von 0,6 m und unterschiedliche Abstände Aufpunkt/1. Reihe von 3 und 6 m (Stufenverlauf und Augenhöhenkurve)

mitte bereits mit einer Erhöhung von 0,25 m und über die gesamte Tiefe der Orchesteraufstellung von nur ca. 1 m die geforderte Sehstrahlüberhöhung erreichen. Bei Konzertsälen mit ausreichender Sitzreihenüberhöhung im Zuschauerbereich spielt somit für die ungehinderte Direktschallversorgung des Zuhörerbereiches die Höhenstaffelung des Klangkörpers nur noch eine untergeordnete Rolle.

5.3.2.7 Podiumsgestaltung bei Konzertsälen

Bei Konzertveranstaltungen muss das Orchesterpodium raumakustischer Bestandteil des Zuschauerraumes sein. Diese Einheit darf nicht durch Zwischenelemente oder sonstige Einbauten gestört werden. Ein zu kleines Konzertzimmer, das in vielen Opernhäusern zu einer vom Zuschauerraum abweichenden Klangfärbung führt, wirkt als akustischer Fremdkörper und muss vermieden werden. Nach Takaku u. Nakamura (1995) sollte das Volumen eines Konzertzimmers mindestens 1000 m³ betragen. Die Neigungswinkel der seitlichen Begrenzungsflächen sollten in Bezug auf die Saallängsachse relativ flach ausgeführt werden. Ausgehend von einem Neigungsindex K mit

$$K = \frac{1}{D}\left(\sqrt{\frac{WH}{\pi}} - \sqrt{\frac{wh}{\pi}}\right) \quad (5.49)$$

K: Neigungsindex
W: Proszeniumsbreite
H: Proszeniumshöhe
w: Breite der Rückwand
h: Höhe der Rückwand
D: Raumtiefe

werden optimale Bedingungen für das gegenseitige Hören der Musiker mit einem Konzertzimmer in Form eines Pyramidenstumpfes erzielt mit $K \leq 0,3$. Je größer die diffuse Aufgliederung der inneren Flächen des Konzertzimmers ist, desto geringer ist die Abhängigkeit der raumakustischen Parameter vom Neigungsindex K. Wenn die Podiumsbegrenzungen nicht durch akustisch günstige, massive Wand- und Deckenflächen gebildet werden, so sind zusätzliche Elemente anzuordnen. Die flächenbezogene Masse der Beplankung dieser Podiumsbegrenzungsflächen sollte so gewählt werden, dass eine so gering wie mögliche Schallenergieminderung durch Absorption auftritt. Hierfür genügen im Allgemeinen flächenbezogene Massen von ca. 20 kgm^{-2}, im Bereich der Bassinstrumente ca. 40 kgm^{-2}.

Der Einfluss der Schwingfähigkeit des Podiumsbodens auf die Schallabstrahlung ist sehr gering. Bei relativ dünnen Podiumsboden kann durchaus eine Klangverstärkung zwischen 3 dB bis 5 dB im tieffrequenten Bereich auftreten (Meyer u. Bohn 1952), allerdings muss dabei auch die psychologische Rückwirkung eines schwingenden Bodens auf den Spieler berücksichtigt werden (Meyer 1995). Der Podiumsboden sollte im Allgemeinen eine flächenbezogene Masse von 40 kgm^{-2} nicht unterschreiten. Gegenüber einem starren hat ein mitschwingender Podiumsboden beim pizzicato-Spiel (schnelleres Ausklingen bzw. trockener Klang) für die Schallabstrahlung der tiefen Streichinstrumente den Nachteil der Reduzierung der Luftschallenergie, der allerdings beim Bogenspiel technisch ausgeglichen werden kann (Meyer 1995). Deshalb sollte der Podiumsboden möglichst tief abgestimmt werden.

Die Ausformung der Podiumsbegrenzungsflächen muss so erfolgen, dass das gegenseitige Hören der Musiker unterstützt wird, es zu keinen störenden Echoerscheinungen kommt (z. B. durch parallele Wandflächen) und ein gut durchmischtes Klangbild in den Zuschauerbereich abgestrahlt wird. Zur Erzielung einer guten Durchmischung des Klangbildes ist eine möglichst frequenzunabhängige diffuse Aufgliederung der Begrenzungsflächen erforderlich.

Der Platzbedarf je Musiker beträgt ca. 1,4 m^2 für hohe Streichinstrumente und Blechblasinstrumente, 1,7 m^2 für tiefe Streichinstrumente, 1,2 m^2 für Holzblasinstrumente und 2,5 m^2 für Schlagwerk. Daher sollte bei einem Sinfonieorchester unter Berücksichtigung von Solisten (Flügel usw.) die Fläche eines Konzertpodiums (ohne Chor) 200 m^2 nicht wesentlich unterschreiten, wobei die Breite in der Ebene der hohen Streicher bei ca. 18 m und die maximale Tiefe bei ca. 11 m liegen sollten.

In Abhängigkeit von der Sitzreihenüberhöhung im Zuschauerbereich (s. Abschn. 5.3.2.6) ist eine Höhenstaffelung des Klangkörpers besonders dann notwendig, wenn die Zuhörerfläche im Parkett eben oder nur gering ansteigend verläuft. Im Musikvereinssaal Wien beträgt die Höhendifferenz innerhalb des Podiums 1,8 m, bei der im Krieg zerstörten Berliner Philharmonie sogar 2,8 m. In diesem Fall muss bereits innerhalb der Streichinstrumentengruppe eine Höhenstufe realisiert werden (ca. 25 cm), die nachfolgenden Stufen zu und zwischen den beiden Reihen der Holzblasinstrumente sollten jeweils ca. 50 cm betragen. Zu den Blechblasinstrumenten bzw. dem Schlagwerk reicht eine Stufe von ca. 15 cm aus (Askenfeld 1986).

Ein hinter dem Orchester angeordneter Chor kann bezüglich deutlichkeitserhöhender Schallreflexionen nur von den Seitenwandflächen und der Decke des Raumes profitieren, da die Fußbodenfläche abgeschattet ist. Da die Hauptabstrahlrichtung der stärksten Schallanteile der Sänger nach Meyer (1995) um ca. 20° nach unten geneigt ist, sollte die Choraufstellung relativ steil erfolgen, um Klarheit und Deutlichkeit der Artikulation im Chorklang zu gewährleisten. Bei flacher Anordnung wird dagegen nur die Halligkeit vergrößert, was in Räumen mit längerer Nachhallzeit störend empfunden wird, in nachhallarmen Räumen aber durchaus wünschenswert sein kann. Der Optimalwert der Höhenstaffelung innerhalb des Chores liegt bei 45° (Meyer 1995), d. h. die Stufen sollten so breit wie hoch sein, um gleichzeitig eine ungehinderte seitliche Schallabstrahlung auf die Raumbegrenzungsflächen zu ermöglichen.

5.3.2.8 Orchestergraben

Die Anordnung des Orchesters im sog. Graben an der Trennlinie zwischen Bühnen- und Zuschauerraum ist historisch aus der Spielpraxis im 19. Jahrhundert erwachsen. In den meisten Barocktheatern saßen die Musiker entweder auf der gleichen Höhe, wie die vorderen Zuhörerreihen oder nur wenige Stufen tiefer (Meyer 1995, Weinzierl 2002). Die Trennung zum Zuhörerbereich bestand nur aus einer ca. 1 m hohen Brüstung. Der spätere Aufbau eines Orchestergrabens reduzierte den optischen Kontakt zwischen Zuhörer und Bühne bei gleichzeitiger Zunahme der Orchesterstärke. Raumakustische Nachteile liegen dabei in erster Linie im Problem der Balance zwischen Gesang/Sprache auf der Bühne und dem begleitenden Orchester aus dem Graben. Durch die Größe und Ausstattung des Bühnenraumes verändert sich dabei abstandsbedingt zum Orchester die Lautstärke der Sänger, die Balanceprobleme nehmen besonders bei geringeren Gesangslautstärken und in ungünstigen Tonlagen zu.

Ein weiterer Aspekt ist die Register- und Zeitkorrespondenz zwischen Bühne und Graben, von der Intonation und Zusammenspiel abhängen. Schallabsorbierende Wand- oder Deckenverkleidungen oder Stellwandelemente im Orchestergraben mit bevorzugter Wirkung im tiefen und mittleren Frequenzbereich in der Nähe lauter Instrumente reduzieren zwar die Lautstärke, aber nicht die Direktschallabstrahlung in den Zuhörerraum. Dadurch wird die Deutlichkeit des Klangbildes gefördert (Meyer 1995). Bei sehr tief liegenden Orchestergräben entstehen Direktschallanteile in der Parkettebene nur durch Beugung, das Klangbild wird somit sehr tiefenbetont. Brillanz und Zeitdurchsichtigkeit sind nur auf den Plätzen angemessen, die Sichtkontakt zu den Instrumentengruppen besitzen (Ränge).

Akustische Verbesserungen dieser Situation können über die stärkere Öffnung des Orchestergrabens erzielt werden, indem energiereiche Anfangsreflexionen durch die Ausformung des angrenzenden Proszeniumsbereiches realisiert werden (Vorbühnendecke und Seitenwandgestaltung). Durch subjektive Untersuchungen bei variabler Fahrstellung des Orchestergrabens lassen sich hier in Kombination mit der Aufstellung der Instrumente im Graben sehr leicht optimale Lösungen finden. Bei einer Brüstungshöhe von ca. 0,8 m bringt im Allgemeinen die Absenkung der vorderen Platzbereiche im Graben (hohe Streicher) auf ca. 1,4 m gute akustische Bedingungen. Nach hinten sollte die Staffelung tiefer vorgenommen werden.

Ein akzeptabler Weg ist unter der Bedingung einer in der Lautstärke angepassten Spielweise des Orchesters die fast vollständige Öffnung des Orchestergrabens zu den Proszeniumsseitenwänden hin und eine möglichst geringe Überdeckung in Richtung Bühne. Bei einem Verhältnis der offenen Fläche zur Grundfläche von mindestens 80 % gehört der Orchestergraben akustisch zum Zuschauerraum, die Einheit der Schallquelle ist auch bezüglich der Klangfärbung gewährleistet (z. B.: Semperoper Dresden). Die andere Lösung ist der fast vollständig überdeckte Orchestergraben mit einer geringen Ankopplungsfläche zum Zuschauerraum. Hier ist aber bei einer Raumhöhe von mindestens 3 m ein entsprechend großes Grabenvolumen erforderlich (z. B.: Festspielhaus Bayreuth). Die meisten Opernhäuser liegen in der Mitte zwischen diesen beiden Extremen.

Kapitel 5 Raumakustik

5.3.3 Sekundärstruktur

5.3.3.1 Wirkung schallreflektierender Oberflächen

Bei der Reflexion von Schallstrahlen an Begrenzungsflächen kann man prinzipiell drei Arten der Reflexion unterscheiden, deren Auftreten vom Verhältnis der Linearabmessungen b der reflektierenden, lokalen Oberflächen zur Schallwellenlänge λ abhängt (Abb. 5.23):

- geometrische Reflexion an der hinter der lokalen Wandstruktur liegenden Trägerplatte (Abb. 5.23a), für $b < \lambda$
- gerichtete Reflexion an der lokalen, wirksamen Strukturoberfläche (Abb. 5.23b), für $b > \lambda$
- diffuse Reflexion ohne definierte Reflexionsrichtung (Abb. 5.23c), für $b \approx \lambda$

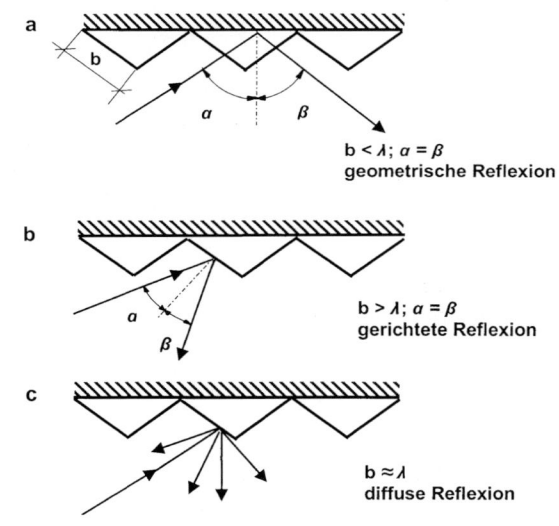

Abb. 5.23 Schallreflexion an ebenen Flächen mit lokaler Oberflächenstruktur

Eine geometrische Schallreflexion erfolgt an einer hinreichend großen Fläche analog dem Reflexionsgesetz der Optik: Einfallswinkel α ist gleich Ausfallswinkel β und liegt mit der Flächennormalen in einer Ebene. Diese Reflexion erfolgt bis zu einer unteren Grenzfrequenz f_u, die um so tiefer liegt, je größer die wirksame Fläche ist, je näher der Reflektor an der Schallquelle und am Hörer angeordnet ist und je kleiner der Schalleinfallswinkel ist (Abb. 5.24). Unterhalb von f_u beträgt der Schalldruckpegelabfall beim Hörer 6 dB/Oktave (Rindel 1994)

$$f_u = \frac{2c}{b^2 \cos^2 \alpha} \cdot \frac{a_1 a_2}{(a_1 + a_2)}; a_1, a_2 > b \qquad (50)$$

c: Schallgeschwindigkeit der Luft

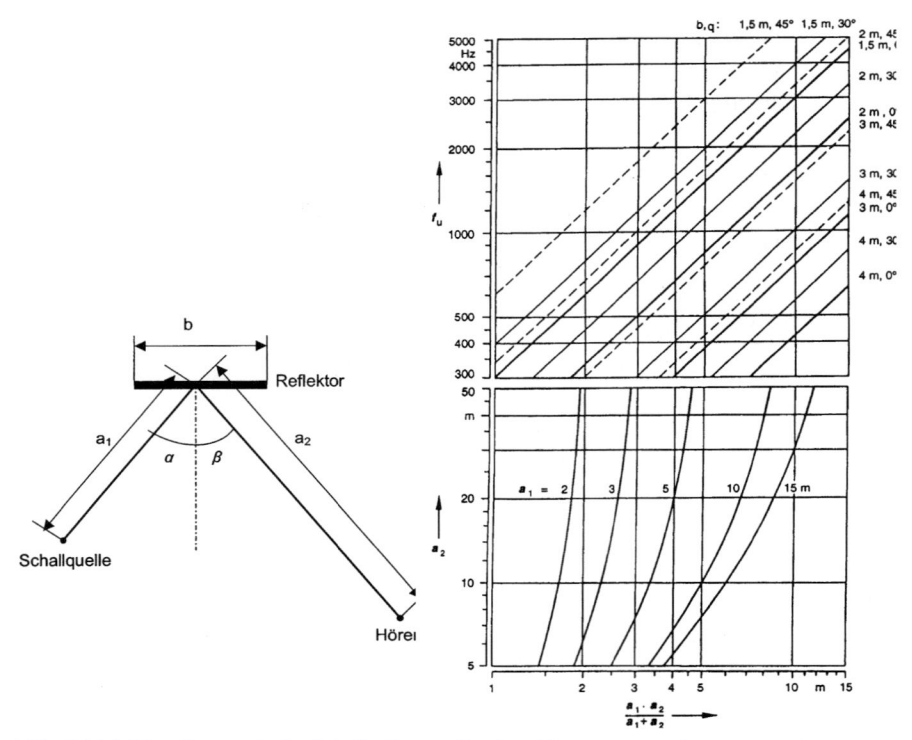

Abb. 5.24 Links: Geometrische Schallreflexion. Rechts: Diagramm zur Bestimmung der unteren Grenzfrequenz eines Schallreflektors nach (Meyer 1999). Von der vorgesehenen Entfernung a_2 am linken Rand geht man waagerecht bis zum Schnittpunkt mit der Kurve für die ebenfalls bekannte Entfernung a_1. Von hier aus geht man senkrecht nach oben und kann aus der Lage des Schnittpunktes mit der Geraden, die den vorgegebenen Werten von b und α entspricht, am linken Rand die untere Grenzfrequenz f_u ablesen.

Neben der Geometrie der Reflektoren muss auch deren flächenbezogene Masse zur Erzielung einer möglichst verlustlosen Reflexion (hoher Schallreflexionsgrad, niedriger Schalltransmissionsgrad, s. Abb. 5.2) bestimmte Grenzwerte einhalten. Erfolgt der Einsatz von Reflektoren im mittleren und hohen Frequenzgebiet für Sprache und Gesang, so genügt eine flächenbezogene Masse von ca. 10 kgm^{-2}. Wird das wirksame Frequenzgebiet auf Bassinstrumente erweitert, so sind ca. 40 kgm^{-2} anzustreben. Bei zusätzlich abgehängten Reflektoren über der Darbietungszone spielt oftmals die statisch zulässige Last eine einschränkende Rolle für die mögliche Masse der Reflektoren. Für Sprachdarbietungen können dann auch flächenbezogene Massen von (5–7) kgm^{-2} noch vertretbare Ergebnisse liefern, hierzu sind oberflächendichte Kunststoffmatten geeignet. Als zusätzliche raumakustische Maßnahme erfolgt die Schallreflexion von Bassinstrumenten durch Wandflächen, so dass hier auf schwere Plafondseinbauten verzichtet werden kann, eine flächenbezogene Masse von 20 kgm^{-2} ist in diesem Fall ausreichend.

Bei Mehrfachreflexion an senkrecht aufeinanderstehenden Flächen ergibt sich eine parallel zur Schalleinfallsrichtung entgegengesetzte Schallreflexion (Winkel-

Kapitel 5 Raumakustik

spiegel, Abb. 5.25). In Ecken erweitert sich dieser Effekt auf den dreidimensionalen Fall, so dass der reflektierte Schall unabhängig vom Einfallswinkel stets zur Schallquelle reflektiert wird. Hier können zum Beispiel bei tiefliegenden Türeinbauten, Beleuchtungsstationen, Rücksprüngen in Wandverkleidungen bei langen Laufwegen sehr störende Schallreflexionen entstehen.

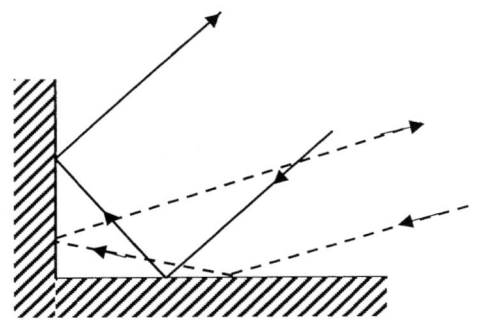

Abb. 5.25 Mehrfachreflexion in Raumkanten

Periodische Strukturen aus Elementen mit regelmäßiger geometrischer Schnittführung (Rechteck, gleichschenkliges Dreieck, Sägezahn, Zylindersegment) können bei entsprechender Dimensionierung eine hohe Schallstreuung aufweisen, wenn nachstehende Abmessungen eingehalten werden, s. auch Abb. 5.26:

Tabelle 5.9 Oberflächenstrukturen mit hoher schallstreuender Wirkung nach (Tennhardt 1993)

Struktur	Strukturperiode g	Strukturbreite b	Strukturhöhe h
Rechteck	$\approx (1...2)\lambda$	$\approx 0{,}2g$	$\approx 0{,}2g$
gleichschenkliges Dreieck	$\approx (1...2)\lambda$	$\approx (0{,}5...0{,}67)g$	$\approx (0{,}25...0{,}33)g$
Sägezahn	$\approx 2\lambda$		$\approx 0{,}33\lambda$
Zylindersegment	$\approx (1...2)\lambda$	$\approx (0{,}17...1{,}0)g$	$\approx (0{,}25...0{,}5)g$

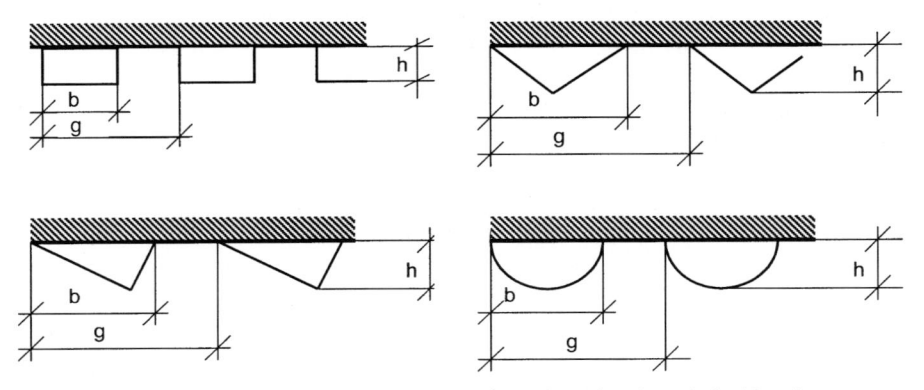

Abb. 5.26 Geometrische Parameter an Strukturen mit rechteckförmiger, dreieckförmiger, sägezahnförmiger und zylindersegmentförmiger Schnittführung

Für diffuse Streuung im Maximum des Sprachfrequenzgebietes liegen die Strukturperioden damit um 0,6 m, die Strukturbreiten zwischen 0,1 m und 0,4 m und die Strukturhöhen maximal bei ca. 0,3 m. Die schallstreuende Wirkung ist relativ schmalbandig bei Rechteckstrukturen auf ca. 1 Oktave, bei Dreieckstrukturen auf maximal zwei Oktaven begrenzt. Für breitbandige Strukturen sind Zylindersegmente oder geometrische Kombinationen günstig einsetzbar. In einem breiten Frequenzgebiet zwischen 500 Hz und 2000 Hz wirkt eine Zylindersegmentstruktur ausreichend diffus, wenn die Strukturbreite mit ca. 1,2 m gleich der Strukturperiode ist, und die Strukturhöhe zwischen 0,15 und 0,20 m liegt. Nach (5.51) lässt sich der erforderliche Krümmungsradius r bei gegebener Strukturhöhe h und Strukturbreite b berechnen aus:

$$r = \frac{\frac{b}{2} + h^2}{2h} \tag{5.51}$$

Eine spezielle Form der diffus reflektierenden Oberfläche lässt sich durch eine Aneinanderreihung unterschiedlich tiefer Grabenstrukturen realisieren. Diese bewirken auf der Basis von angekoppelten $\lambda/2$-Laufzeitgliedern an der Oberfläche eine lokale Verteilung des Schallreflexionsgrads und damit der Schallschnelle, die an der Oberfläche stets einen Wellenknoten aufweist (vgl. Kap. 6.2.2.2). Jede Komponente dieser Schnelleverteilung bewirkt dabei die Schallabstrahlung in eine andere Richtung. Verteilt man nach Schroeder (1992 u. 1997) diese Reflexionsfaktoren nach Maximalfolgen der Zahlentheorie (z. B. Binärer Pseudorauschcode, Barker-Code, Quadratische Restfolgeverteilung), und trennt die Grabenstrukturen durch dünne Wandflächen voneinander ab, so erhält man relativ breitbandig wirkende diffuse Strukturen (um zwei Oktaven Bandbreite), sog. QRD (Quadratic-Residue-Diffusor, Abb. 5.27). Bei senkrechtem Schalleinfall liegt die unterste Frequenzgrenze f_u für das Auftreten zusätzlicher Reflexionsrichtungen bei annähernd:

$$f_u \approx \frac{c}{2d_{max}} \tag{5.52}$$

c: Schallgeschwindigkeit der Luft in ms⁻¹
d_{max}: maximale Strukturtiefe in m

5.3.3.2 Schallreflexion an glatten, gekrümmten Flächen

Sind die Linearabmessungen glatter, gekrümmter Flächen viel größer als die Wellenlänge der wirksamen Schallanteile, so erfolgt die Schallreflexion an diesen Flächen nach den Hohlspiegelgesetzen. Dabei können in zwei oder drei Dimensionen konkav gekrümmte Teilflächen unter bestimmten geometrischen Bedingungen zu Schallkonzentrationen führen, während konvexe Krümmungen immer schallstreu-

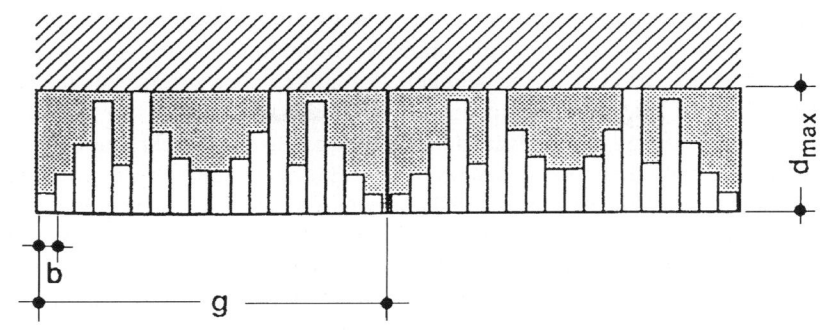

Abb. 5.27 Schroeder-Diffusor mit Grabenstruktur

end wirken. Für achsnahe Reflexionsbereiche (Einfallswinkel unter 45°) lassen sich an einer gekrümmten Fläche folgende Reflexionsvarianten ableiten (Abb. 5.28):

Kreiswirkung: Die Schallquelle befindet sich im Krümmungsmittelpunkt M der reflektierenden Fläche (Abb. 5.28a). Alle von hier ausgehenden Schallstrahlen werden wiederum in M konzentriert, wodurch z. B. ein Sprecher durch seine eigene Sprache stark gestört werden kann.

Ellipsenwirkung: Befindet sich die Schallquelle zwischen dem halben und dem vollen Krümmungsradius vor der reflektierenden Fläche, so entsteht ein zweiter Schallkonzentrationspunkt außerhalb des Krümmungsmittelpunktes (Abb. 5.28b). Liegt dieser zweite Brennpunkt innerhalb der Darbietungszone oder der Zuhörerfläche, so wird das als störend empfunden, da die Verteilung des reflektierten Schalls sehr unausgeglichen ist. Bei ausgedehnten Schallquellen (Orchester) entsteht eine stark registerabhängige Klangbalance.

Parabelwirkung: Bei einer räumlich stark begrenzten Anordnung der Schallquelle im halben Krümmungsmittelpunkt (Abb. 5.28c) wirkt die gekrümmte Fläche

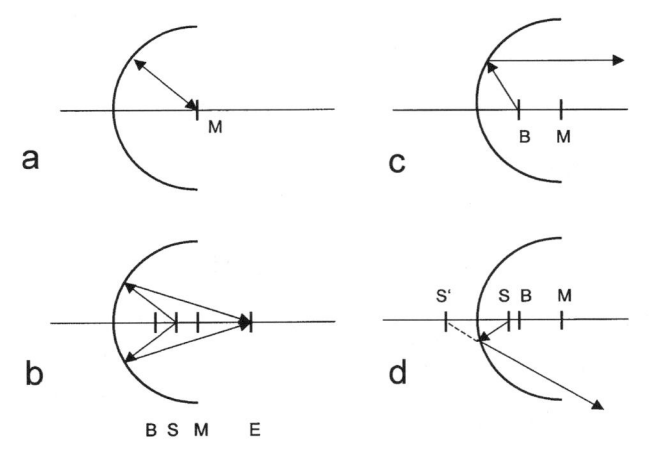

Abb. 5.28: Schallreflexion an glatten, gekrümmten Flächen

wie ein sog. Parabolspiegel, der ein achsparalleles Strahlenbündel entstehen lässt. Hierdurch entsteht zwar eine sehr gleichmäßige Verteilung des reflektierten Schallanteils der Quelle, am Ort der Schallquelle kommt es aber zu einer ungewollten Konzentration von Störschall aus dem Zuhörerbereich.

Hyperbelwirkung: Ist der Abstand der Schallquelle von der gekrümmten Fläche kleiner als der halbe Krümmungsradius (Abb. 5.28d), so verlassen die reflektierten Schallstrahlen diese Fläche divergierend. Allerdings ist die Divergenz geringer und somit die Schallintensität der Reflexionen am Hörerplatz größer als bei Reflexionen an einer ebenen Fläche. Die hier auftretende akustisch günstige Streuwirkung ist vergleichbar mit der einer konvex gekrümmten Fläche, wobei die divergierende Wirkung hier unabhängig von der Entfernung zur gekrümmt reflektierenden Fläche ist.

5.3.3.3 Schallreflexion an unebenen Flächen

Hierzu zählen sowohl strukturierte Flächen mit unterschiedlicher geometrischer Schnittführung in der horizontalen und in der vertikalen Ebene (Rechteck, Dreieck, Sägezahn, Kreissegment, Polygone) als auch räumliche Strukturen geometrischer Form (Kugelsegment, Rotationsparaboloid, Kegel usw.) und freier Form (Relief, Gesims, Voute, Kappen, Ornamente usw.). Durch einen Wechsel von schallreflektierenden mit absorbierenden Flächen lässt sich eine Sekundärstruktur mit diffuser Wirkung realisieren. Zur Kennzeichnung dieser Schallstreuung unterscheidet man zwischen einem *Diffusitätsgrad d* und einem *Streugrad s*. Der frequenzabhängige Diffusitätsgrad *d* (Cox u. D'Antonio 2004) ist ein Maß für die Gleichförmigkeit der gestreuten Schallenergie durch Messung an *n* Empfangspositionen um eine schallstreuende Fläche:

$$d = \frac{\left(\sum_{i=1}^{n} 10^{L_i/10}\right)^2 - \sum_{i=1}^{n} (10^{L_i/10})^2}{(n-1)\sum_{i=1}^{n} (10^{L_i/10})^2} \tag{5.53}$$

Durch Messung von *n* Pegelwerten L_i kann somit ein winkelabhängiger Diffusitätsballon graphisch erzeugt werden. Hohe Diffusitäten werden für Halbzylinder- oder Halbkugelstrukturen erreicht, dann ist der Diffusitätsgrad in (5.53) fast 1. Dennoch ist der Diffusitätsgrad *d* ein eher qualitatives Maß zur Beurteilung der Gleichförmigkeit der Streuung. Als quantitatives Maß zur Beurteilung der gestreuten Energie im Verhältnis zur absorbierten und direkt reflektierten hat sich mittlerweile der frequenzabhängige Streugrad *s* (Scattering coefficient) nach ISO 17497-1 durchgesetzt. Dieser ist ein Kriterium für unebene Oberflächen bezüglich der Streuung der reflektierten gegenüber der geometrischen Schallreflexionsverteilung. Er dient als Grundlage für Simulationsberechnungen am mathematischen Modell (Strahlverfolgungsmethode) und ist definiert als Verhältnis der nicht geo-

Kapitel 5 Raumakustik 233

metrisch, sondern diffus reflektierten zur gesamten reflektierten Schallenergie. Die Bestimmung des Streugrades bei diffusem Schalleinfall erfolgt im Hallraum (Mommertz u. Vorländer 1995, Vorländer u. Mommertz 2000, Gomes et al. 2002). Ausgenutzt wird der Umstand, dass bei Impulsantworten Unterschiede von Amplitude und Phase im Nachhallverlauf auftreten, wenn diese bei unterschiedlichen Orientierungen der unebenen Oberfläche zur Einfallsebene im Hallraum bestimmt werden. Das Verfahren ist sowohl im Original- als auch im Modellhallraum anwendbar, wenn im Modell der Fehler der Schallabsorption des umgebenden Mediums kompensiert wird.

5.3.3.4 Schallabsorberklassifizierung

Als Schallabsorber können Flächen, Einbauten, Einrichtungsgegenstände, Umgebungsbedingungen (Luft) oder nutzungsbedingte Anordnungen (Publikum, Dekorationselemente) wirken. Anhand ihrer Wirkung in einem bestimmten Frequenzgebiet unterscheidet man Tiefenabsorber, Mittenabsorber, Höhenabsorber und Breitbandabsorber. Maßgeblich für die Wirkung eines Schallabsorbers ist sein frequenzabhängiger Schallabsorptionsgrad α bzw. die äquivalente Schallabsorptionsfläche A nach (5.12).

Neben dem frequenzabhängigen Schallabsorptionsgrad sind im Bereich der Lärmminderung folgende Werte zur bequemeren Abschätzung der Wirksamkeit schallabsorbierender Maßnahmen in Räumen definiert:

- Praktischer Schallabsorptionsgrad α_p für jedes Oktavband nach (DIN EN ISO 11654)
- Bewerteter Schallabsorptionsgrad α_w nach (DIN EN ISO 11654)
- NRC (Noise Reduction Coefficient). Mittlerer Schallabsorptionsgrad zwischen 250 Hz bis 2000 Hz

Schallabsorber, die auf der Umwandlung von Schallenergie in Wärme durch Reibungsverluste beruhen, wirken als Höhenabsorber. Dagegen zeigen Schallabsorber, die auf dem Resonanzprinzip beruhen (Helmholtz-Resonatoren, Platten- und Membranabsorber) ein mehr oder weniger ausgeprägtes, frequenzselektives Verhalten.

5.3.3.5 Schallabsorption durch poröse Materialien

Die Schallabsorption poröser Materialien beruht im Wesentlichen auf der Umwandlung von Schall- in Wärmeenergie durch sich in offenen, engen und tiefen Poren bewegende Luftteilchen. Geschlossene Poren, wie sie sich in Schaumstoffen zur Wärmedämmung befinden, sind zur Schallabsorption ungeeignet. Zur Kennzeichnung des Schallabsorptionsvermögens werden neben der Porosität σ und dem Strukturfaktor (Fasold et al. 1984) besonders der Strömungswiderstand R genutzt. Bei gleicher Porosität setzen enge Teilvolumina der Teilchenbewegung einen größeren Widerstand entgegen als weite. Deshalb wird der spezifische Strömungswiderstand R_s definiert als das Verhältnis der Druckdifferenz Δp vor und hinter dem Material zum hindurchtretenden Volumenstrom der durchströmenden Luft q_v:

$$R_s = \frac{\Delta p \cdot A}{q_v} \tag{5.54}$$

R_s: spezifischer Strömungswiderstand in Pasm^{-1}
A: Querschnittfläche der Materialprobe senkrecht zur Durchströmungsrichtung in m^2
Δp: Druckdifferenz beidseitig der Materialprobe gegenüber dem Atmosphärendruck in Pa
q_v: durch das Material hindurchtretender Volumenstrom in m^{3}s^{-1}

Bei der Anordnung eines porösen Schallabsorbers vor einer starren Wand wird der auftreffende Schallanteil bei sehr geringem spezifischen Strömungswiderstand fast ungehindert wieder von der Rückwand reflektiert. Das Gleiche tritt bei sehr großem Strömungswiderstand ein, da durch das gehinderte Eindringen der Schall an der vorderen Materialebene reflektiert wird. Zwischen diesen beiden Extremen liegt die optimale Anpassung der Materialkennwerte poröser Absorber an die Schall-Kennimpedanz der Luft $\rho_0 c$:

$$800 \frac{\text{Pa} \cdot \text{s}}{\text{m}} \leq R_s \frac{\sigma}{\sqrt{s}} \leq 2400 \frac{\text{Pa} \cdot \text{s}}{\text{m}} \tag{5.55}$$

Für einen üblichen Strukturfaktor von $s = 1$ und eine Porosität von $\sigma = 0{,}8$ sollte der optimale spezifische Strömungswiderstand poröser Schallabsorber zwischen

$$1000 \frac{\text{Pa} \cdot \text{s}}{\text{m}} \leq R_s \leq 3000 \frac{\text{Pa} \cdot \text{s}}{\text{m}} \tag{5.56}$$

liegen. In Abb. 5.29 (Lenk 1966) ist der theoretische Verlauf des Schallabsorptionsgrades eines porösen Materials mit starrem Skelett bei diffusem Schalleinfall vor schallharter Wand im Bereich des optimalen spezifischen Strömungswiderstandes R_s in Abhängigkeit vom Produkt aus Frequenz in Hz und Dämmstoffdicke d in m dargestellt.

Daraus wird zum einen ersichtlich, dass bessere Schallabsorptionsgrade bei hohen Frequenzen erzielt werden, wenn die untere Grenze, bei tiefen Frequenzen die obere Grenze des optimalen Bereichs nach (5.56) für den spezifischen Strömungswiderstand ausgenutzt wird. Zum anderen sind zur Erzielung höherer Schallabsorptionsgrade bei tiefen Frequenzen erhebliche Schichtdicken erforderlich, die den Einsatz von porösen Materialien zur Schallabsorption im tieffrequenten Bereich wenig ökonomisch werden lassen. Für einen Schallabsorptionsgrad von $\alpha \geq 0{,}8$ ist bei der Frequenz f nach Abb. 5.29 eine Dämmstoffdicke d (in m) von

$$d = \frac{40}{f} \tag{5.57}$$

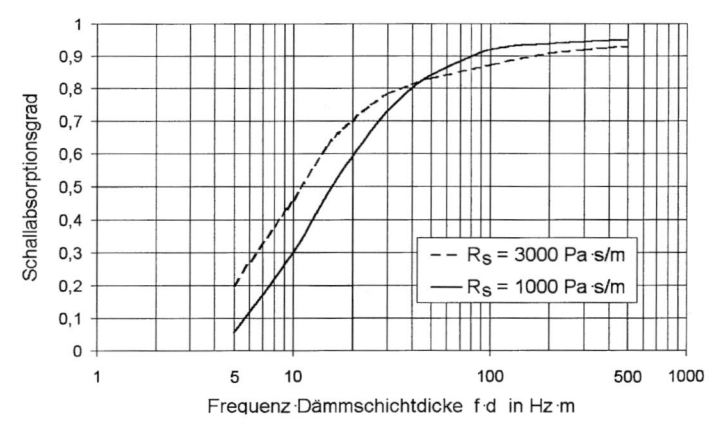

Abb. 5.29 Schallabsorptionsgrad poröser Materialien vor schallharter Wand in Abhängigkeit von Frequenz und Dämmschichtdicke

erforderlich, d.h. bei 100 Hz bereits eine Dämmstoffdicke von 0,4 m. Weiterhin sollte nach Fasold u. Veres (1998), (5.54) und (5.56) zur Erzielung eines maximalen Schallabsorptionsgrades der längenspezifische Strömungswiderstand R des porösen Dämmstoffes umso niedriger sein, je größer die Dämmstoffdicke ist.

5.3.3.6 Schallabsorption durch Platten-Resonatoren

Dünne Platten oder Folien (schwingende Masse), die in einem definierten Abstand vor einer starren Wand angeordnet werden, wirken als Feder-Masse-System und entziehen dem Schallfeld Energie in der Umgebung der Resonanzfrequenz. Die Federwirkung ergibt sich aus der Steife des Luftpolsters und die Biegesteifigkeit der schwingenden Platte. Die Dämpfung hängt im Wesentlichen vom Verlustfaktor des Plattenmaterials und auch von den Reibungsverlusten an den Einspannstellen ab (Kiesewetter 1980). Den Prinzipaufbau zeigt Abb. 5.30, dabei ist d_L die Dicke des Luftpolsters und m' die flächenbezogene Masse der schwingenden Platte.

Die Resonanzfrequenz der schwingenden Platte vor einer starren Wand mit gedämpftem Luftraum und seitlicher Kassettierung errechnet man näherungsweise zu:

$$f_R \approx \frac{60}{\sqrt{m' \cdot d_L}} \qquad (5.58)$$

f_R in Hz, m' in kgm^{-2}, d_L in m

Um bei der Dimensionierung von Plattenabsorbern eine möglichst hohe Effektivität zu erreichen, sollte

- der Verlustfaktor der schwingenden Platte nach (Fasold et al. 1984) möglichst hoch sein.

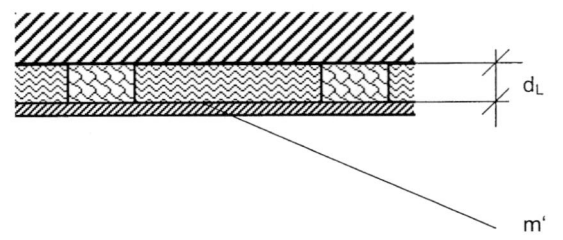

Abb. 5.30 Prinzipaufbau eines Platten-Resonators

- der lichte Abstand der Kassettierung in jeder Richtung kleiner als die halbe Wellenlänge im Resonanzfall sein, aber 0,5 m nicht unterschreiten.
- die Mindestgröße der schwingenden Platte 0,4 m² nicht unterschreiten und
- die Luftraumbedämpfung massivwandseitig befestigt werden, um die schwingende Plattenmasse nicht zu beeinträchtigen.

Der resultierende Schallabsorptionsgrad hängt von der Resonanzgüte ab und liegt mit Hohlraumbedämpfung bei der Resonanzfrequenz zwischen 0,4 bis 0,7, ohne Hohlraumbedämpfung zwischen 0,3 bis 0,4. Im Oktavabstand zur Resonanzfrequenz kann mit der Verminderung des Schallabsorptionsgrades auf die Hälfte gerechnet werden. Eine wirksame Methode zur Erhöhung der akustisch wirksamen Resonanzfrequenz bei Platten-Resonatoren ist die Reduzierung der schwingenden Masse schwerer Platten durch die Anordnung von definierten Lochmustern. Dabei gelten analoge Gesetzmäßigkeiten, wenn die flächenbezogene Masse der Platten m durch die wirksame Lochmasse m'_L ersetzt wird. Für kreisförmige Löcher mit dem Radius r und dem Lochflächenverhältnis ε (Abb 5.31) errechnet man die Lochmasse zu:

$$m'_L = 1{,}2 \frac{l^*}{\varepsilon} \qquad (5.59)$$

Dabei ist m'_L die flächenbezogene Luftmasse kreisförmiger Öffnungen in kgm^{-2} und l^* die wirksame Plattendicke unter Berücksichtigung der Mündungskorrektur kreisförmiger Öffnungen mit dem Radius r in m,

$$l^* = l + \frac{\pi}{2} r \qquad (5.60)$$

und ε das Lochflächenverhältnis kreisförmiger Öffnungen mit

$$\varepsilon = \frac{\pi \cdot r^2}{ab} \qquad (5.61)$$

Bei genügend engen Lochdurchmessern lässt sich die im Luftpolster zwischen Lochplatte und Rückwand angeordnete Dämmstoffeinlage durch die in den Öffnungskanälen auftretenden Reibungsverluste ersetzen. Dadurch sind bei Verwendung von durchsichtigen Materialien (z. B. Glas) optisch durchscheinende Schallabsorber, sogenannte mikroperforierte Schallabsorber herzustellen. Die Lochdurchmesser liegen dabei um 0,5 mm bei einer Plattendicke von 4–6 mm und einem Lochflächenverhältnis um 6 %. Zur Realisierung breitbandiger Schallabsor-

Kapitel 5 Raumakustik

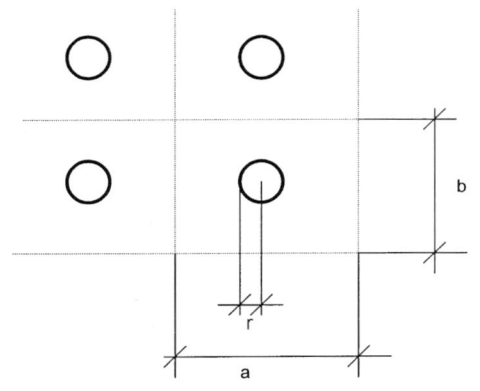

Abb. 5.31 Lochflächenverhältnis perforierter Platten mit kreisrunden Löchern

ber sind unterschiedliche Lochparameter (z. B. Streulochung), unterschiedliche Dicken des Luftpolsters und kombinierte Absorberaufbauten aus mehreren Lochplatten möglich (Fuchs 2004).

5.3.3.7 Helmholtz-Resonatoren

Helmholtz-Resonatoren werden vorwiegend zur Schallabsorption im tieffrequenten Bereich eingesetzt. Die Vorteile gegenüber Platten-Resonatoren (Abschn. 5.3.3.6) bestehen in der nachträglichen Veränderbarkeit der Resonanzfrequenz und des Schallabsorptionsgrades und in der Nutzung vorhandener baulicher Hohlräume, die optisch nicht markant in Erscheinung treten müssen. Ein Helmholtz-Resonator ist ein resonanzfähiges Feder-Masse-System. Es besteht aus einem Resonatorvolumen V, das als akustische Feder wirkt und aus der Masse des Resonatorhalses, den der Öffnungsquerschnitt S mit der Resonatorhalstiefe l bildet. Im Resonanzfall wird dem umgebenden Schallfeld dann viel Energie entzogen, wenn der Wellenwiderstand des Resonators an den der Luft angepasst ist.

Hierzu wird in den Resonatorhals oder auch in das Hohlraumvolumen ein Dämmstoff definierten spezifischen Strömungswiderstandes eingebracht. Die Resonanzfrequenz des Helmholtz-Resonators errechnet man allgemein zu

$$f_R = 2\pi \sqrt{\frac{S}{V(l+2\Delta l)}} \tag{5.62}$$

c: Schallgeschwindigkeit in Luft, ca. 343 ms^{-1}
S: Querschnittsfläche des Resonators
V: Resonatorvolumen in m^3
l: Resonatorhalslänge in m
$2\Delta l$: Mündungskorrektur,
a: Kantenlänge der quadratischen Öffnung

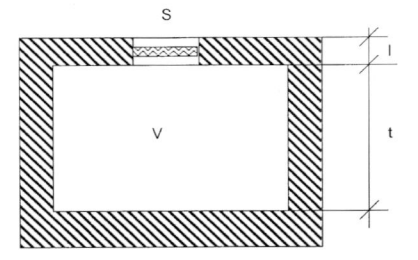

Abb. 5.32: Prinzipaufbau eines Helmholtz-Resonators

Bei quadratischen Öffnungen gilt $2\Delta l \approx 0{,}9a$. Für kreisrunde Öffnungen mit dem Radius r in m berechnet man aus (62) die Resonanzfrequenz f_R in Hz näherungsweise zu

$$f_R \approx \frac{100r}{\sqrt{V(l+1{,}6r)}} \tag{5.63}$$

Ist ein nutzbares Volumen V bereits vorhanden, so kann man den Radius der für eine Resonanzfrequenz f_R notwendigen kreisförmigen Öffnung berechnen nach

$$r \approx Q\left[1+\sqrt{\left(1{,}27\frac{l}{Q}\right)}\right] \tag{5.64}$$

$Q = 8{,}4 \cdot 10^{-5} V f_R^2$

Sind für die Nutzung als Helmholtz-Resonatoren kreisrunde Öffnungen mit dem Radius r vorhanden, so kann man das erforderliche Resonatorvolumen in erster Näherung berechnen aus:

$$V \approx 9400\left(\frac{r}{f_R}\right)^2 \frac{1}{l+1{,}6r} \tag{5.65}$$

Weitere Kenngrößen von Helmholtz-Resonatoren können der Literatur entnommen werden, z. B. (Fasold et al.1987).

5.3.3.8 Schallabsorption durch Publikum

Die Wirksamkeit der Schallabsorption durch Publikum hängt von mehreren Faktoren ab wie Besetzungsdichte, Sitz- und Sitzreihenabstand, Kleidung, Art und Beschaffenheit des Gestühls, Sitzreihenüberhöhung sowie der Anordnung der Per-

Kapitel 5 Raumakustik

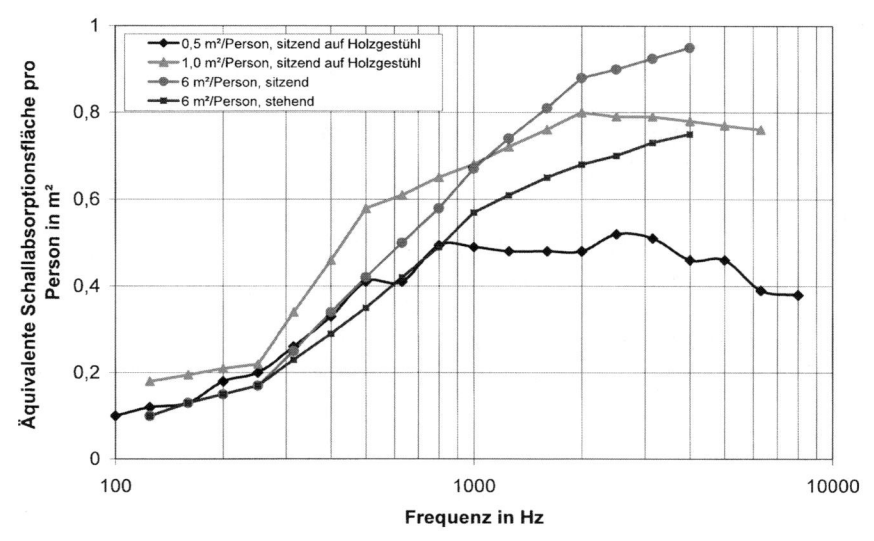

Abb. 5.33 Äquivalente Schallabsorptionsfläche von Publikum in m² pro Person

sonen im Raum. Im diffusen Schallfeld ist dabei die Lage der Schallquelle zur Publikumsfläche von untergeordneter Bedeutung.

Abbildung 5.33 zeigt einen Überblick über die äquivalente Schallabsorptionsfläche pro Person für unterschiedliche Besetzungsdichten im diffusen Schallfeld. Da in vielen Räumen die Nachhallzeit bei mittleren und hohen Frequenzen fast ausschließlich von der Schallabsorption des Publikums bestimmt wird, ist die Unsicherheit bei der Bestimmung der Nachhallzeit erheblich, wenn man den Streubereich der Einflussfaktoren auf das Schallabsorptionsvermögen von Publikum berücksichtigt.

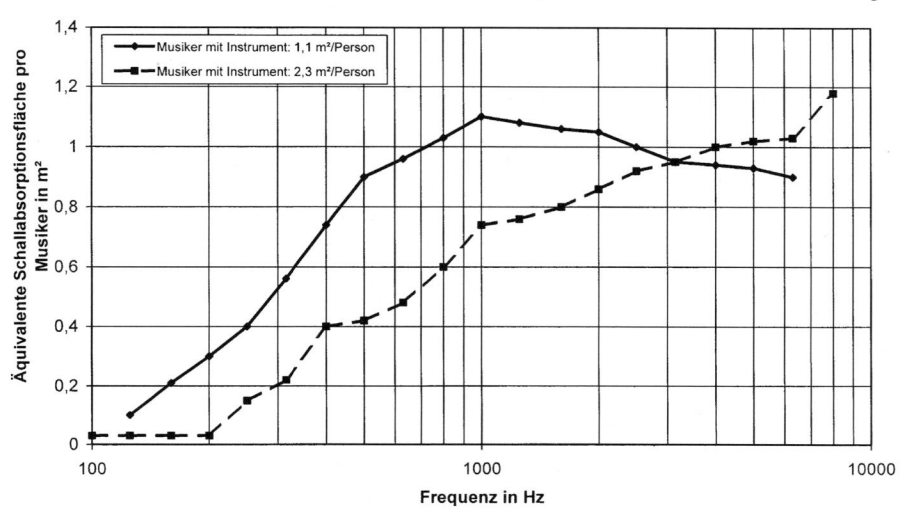

Abb. 5.34 Äquivalente Schallabsorptionsfläche von Musikern mit Instrumenten in m²

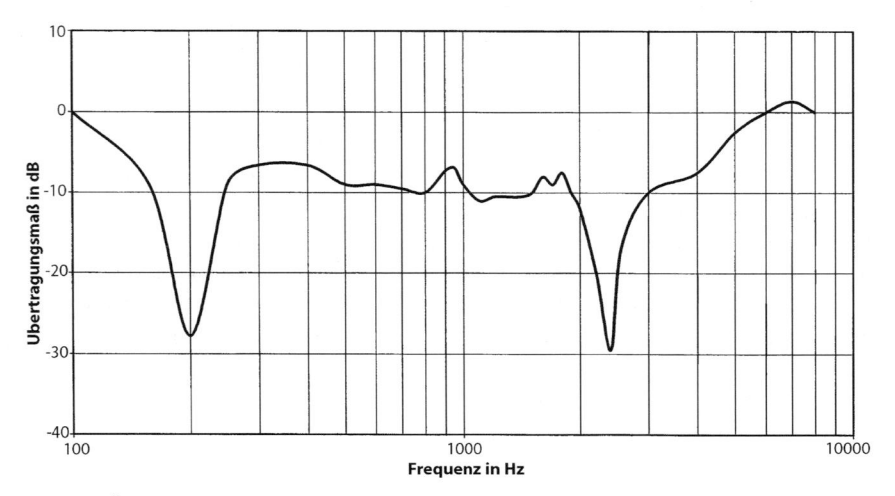

Abb. 5.35 Übertragungsfunktion (Betragsspektrum) für die Schallausbreitung über ebener Publikumsanordnung (Messbedingungen: Ohrhöhe 1,2 m über Oberkante Fußboden; Messort 1,4 m über Oberkante Fußboden, Reihe 10; vertikaler Abstand Ohr-Schulter 0,17 m; Schallquellenhöhe 1,4 m über Oberkante Fußboden; Sitzreihenabstand 0,9 m; Abstand zwischen Schallquelle und 1. Reihe: 4 m)

Eine noch größere Streubreite der Schallabsorptionsfläche tritt bei Musikern einschließlich der Instrumente auf (Abb. 5.34). Durch die meist einseitige Anordnung der Zuhörer- oder Musikerflächen wird die Diffusität des Schallfeldes stark gestört, so dass die in den Abbn. 5.33 und 5.34 gezeigten Werte fehlerbehaftet sein können.

Besonders bei fast ebener Anordnung von Publikums- und Darbietungsfläche tritt für den Direktschall und die Anfangsreflexionen eine frequenzabhängige Zusatzdämpfung durch streifenden Schalleinfall über die Publikumsfläche auf. Da sich die Ohren der Zuhörer in diesem Grenzgebiet befinden, ist der Einfluss dieser Zusatzdämpfung für den Höreindruck besonders relevant. Nach Mommertz (1996) ist diese Zusatzdämpfung durch drei Ursachen bedingt:

1. Die über die periodische Struktur der Sitzanordnung geführte Wellenausbreitung liefert im Frequenzgebiet zwischen 150 Hz und 250 Hz einen frequenzselektiven Pegeleinbruch, der als *Seat-Dip-Effekt* bezeichnet wird.
2. Die Schallstreuung an den Köpfen führt besonders im Frequenzgebiet zwischen 1,5 kHz und 4 kHz zu einer Zusatzdämpfung, die als *Head-Dip-Effekt* bezeichnet wird (Abb. 5.35). Die Größe des Effektes hängt dabei sehr stark von der Sitzanordnung (Kopfhaltung) in Bezug auf die Schallquelle ab.
3. Die Schallstreuung an den Schultern liefert in Verbindung mit dem einfallenden Direktschall eine breitbandige Zusatzdämpfung durch Interferenz. Hierfür kann ein einfacher Zusammenhang zwischen dem sog. Erhebungswinkel ε (s. Abb. 5.36) und der Schalldruckpegelminderung ΔL im mittleren Frequenzbereich in Ohrhöhe einer sitzenden Person angegeben werden:

$$\Delta L = -20\log(0,2 + 0,1\varepsilon) \qquad (5.66)$$

ΔL in dB, ε in Grad, $\varepsilon < 8°$

In Abb. 5.37 ist der Zusammenhang aus (5.66) grafisch dargestellt. Man erkennt, dass für eine ebene Sender-Empfängeranordnung eine Pegelminderung bis ca. 14 dB auftreten kann, hingegen bereits ein Erhebungswinkel von 7° ausreicht, um die Pegelminderung auf weniger als 1 dB zu reduzieren. Die Reflexionsebene (Abb. 5.40) liegt dabei um $h_E = 0,15$ m unter der Ohrhöhe, d. h. in Schulterhöhe einer sitzenden Person (ca. 1,05 m über Oberkante Fußboden). Die Zusatzdämpfung ist nur vom Erhebungswinkel abhängig, egal ob die Sitzreihenüberhöhung im Zuschauer- oder Musikerbereich vorgenommen wird (Mommertz 1996).

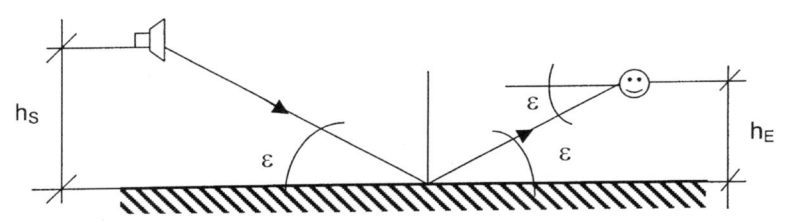

Abb. 5.36 Geometrische Daten zur Bestimmung des Erhebungswinkels ε über einer schallreflektierenden Ebene. h_S: Höhe der Schallquelle über der Reflexionsebene, h_E: Höhe des Empfängers über der Reflexionsebene

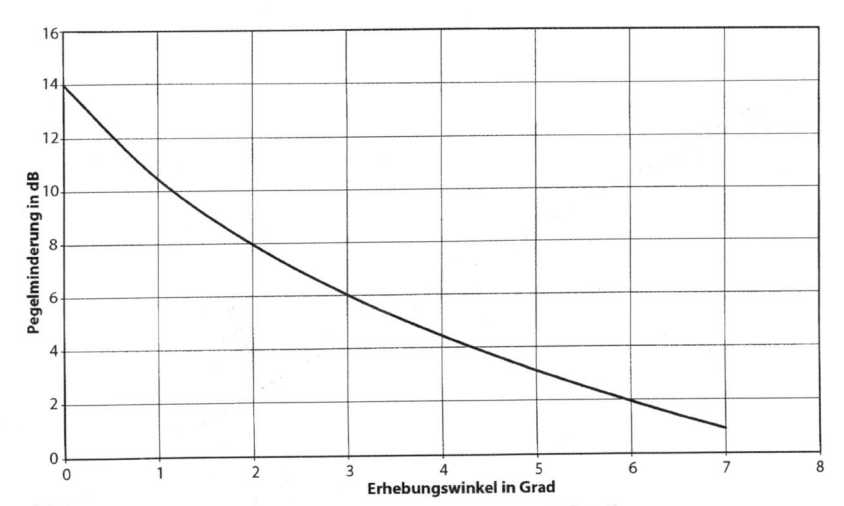

Abb. 5.37 Schalldruckpegelminderung durch Schallstreuung in der Schulterebene sitzender Personen in Abhängigkeit vom Erhebungswinkel

5.4 Simulationsverfahren

Eine für die Prognose raumakustischer Parameter bereits in der Planungsphase erforderliche Raumimpulsantwort kann durch eine Simulation am physikalischen oder immer häufiger am mathematischen Modell (Computermodell) gewonnen werden. Bereits seit den 1930er Jahren wurden u. a. in Dresden, München und Göttingen Untersuchungen an physikalischen Modellen durchgeführt, auf deren Grundlage sich die sogenannte raumakustische Modellmesstechnik mittels Impuls-Schall-Test (IST) zur Optimierung von Hörsamkeitsparametern bereits in der Planungsphase großer Auditorien etablierte.

Seit den 1970er Jahren wurden parallel zum Fortschritt der Computertechnik zahlreiche Simulationsverfahren am mathematischen Modell entwickelt, die ohne ein gegenständliches Innenraummodell auskommen. Da derzeit noch nicht alle physikalischen Phänomene der Schallausbreitung durch die Algorithmen der Simulationsprogramme abgebildet werden, sind die Ergebnisse dieser Verfahren insbesondere bei komplizierten Raumformen nicht immer zuverlässig. Hier ist in erster Linie die Physik der frequenzabhängigen Beugung des Schalls, der Diffusität und Interferenz zu nennen. Erst wenn diese Gesichtspunkte in die Simulationsrechnung integriert werden, ebenso die Darstellung ausgedehnter Schallquellen (z. B. die Instrumentengruppen eines Orchesters), kann die Computersimulation die Modellmesstechnik vollständig ablösen. Bis dahin ist die Simulation am physikalischen Modell noch immer ein unverzichtbares Planungswerkzeug.

Eine sinnvolle Kombination beider Verfahren ist die Simulation am mathematischen Modell für die Untersuchungen zur Primärstruktur eines Raumes (grundlegende Raumform) und Messungen am physikalischen Modell zur Auslegung der Sekundärstruktur (Raumoberflächen, Anordnung der Schallquellen). Hierbei erübrigt sich der aufwändige Modellbau in der ersten Planungsphase mit möglichen grundlegenden Veränderungen der Raumform und wird erst bei Detailuntersuchungen eingesetzt. Untersuchungen am physikalischen Modell werden heute nur bei komplizierten Raumformen und bei Räumen mit hohen akustischen Anforderungen (Konzertsäle, Opernhausneubauten etc.) durchgeführt, bei Neu- und Umbauten mit geringeren akustischen Anforderungen gewährleistet das Computermodell eine ausreichende Planungssicherheit.

5.4.1 Simulation am mathematischen Modell

5.4.1.1 Aufbau des Modellraumes

Raumakustische Simulationsprogramme (wie ODEON, CATT oder EASE) erlauben die Eingabe eines zu untersuchenden Innenraums durch eine Kombinationen von graphischer und numerischer Eingaben der Raumgeometrie. Details der Raumgeometrie unterhalb von 5 bis 10 cm werden in der Regel nicht nachgebildet, da sie

Kapitel 5 Raumakustik

nur für Frequenzbereiche oberhalb von 10 kHz wichtig wären, welche für die Berechnung raumakustischer Kriterien keine Rolle spielen. Somit ergeben sich meist Innenraummodelle mit 500 bis 1500 Flächen. Der Import von DXF- oder DWG-Daten ist dabei häufig problematisch, da

- keine 3D, sondern nur 2D Daten vorliegen (nur Schnitte und Grundrisse)
- das etwaige 3D Modell nicht geschlossen ist, Kanten und Ecken sind nur virtuell als Überschneidung von Flächen vorhanden
- alle Daten in einem Layer angeordnet sind und die Raumdaten nicht von etwaigen Ausstattungsdetails zu trennen sind und
- die Auflösung naturgemäß sehr hoch ist, so dass Details abgebildet sind, die akustisch unwirksam sind, aber die Rechenzeiten und den Speicherbedarf immens erhöhen.

Aus diesem Grund sind vor einem Import z. B. von AutoCAD-Dateien Vereinfachungen nötig, und es ist häufig effektiver, das Modell für die akustischen Untersuchungen mit der erforderlichen reduzierten Auflösung neu zu erstellen. Akustische

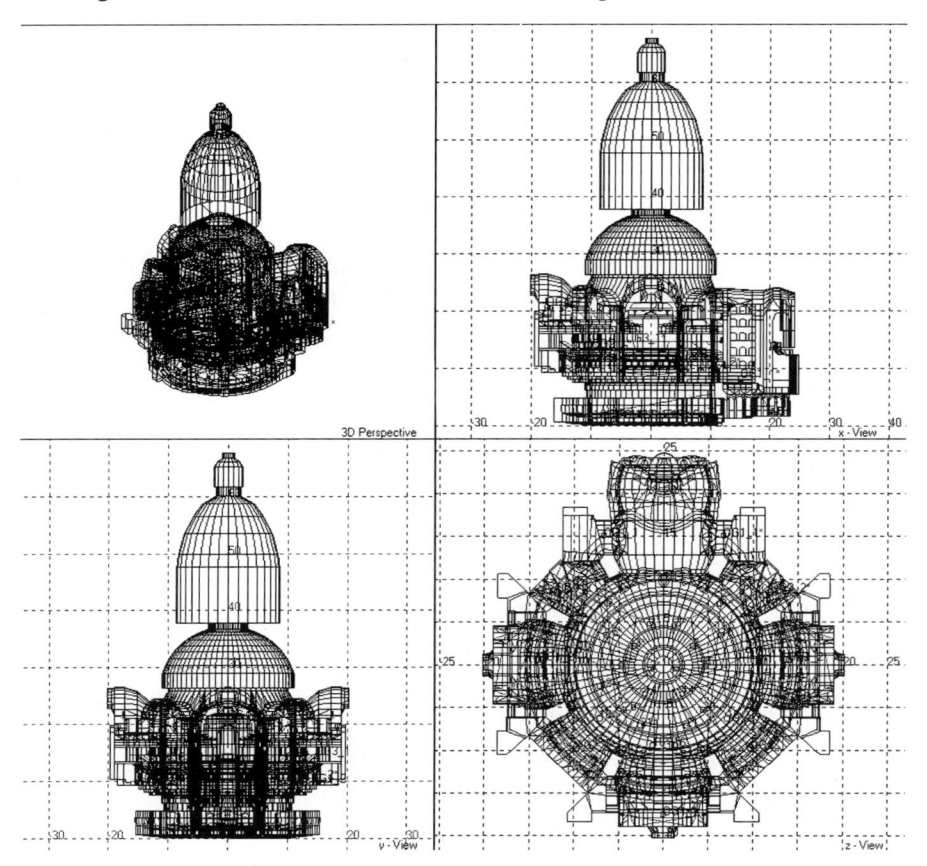

Abb. 5.38 Vereinfachtes Drahtmodell der Frauenkirche Dresden

Simulationsprogramme erlauben meist, einfache Räume anhand von Modulen oder Prototypen schnell einzugeben und zu skalieren, so dass einfache Modelle in wenigen Minuten zu erzeugen sind. In Abb. 5.38 ist ein vereinfachtes Drahtgittermodell dargestellt.

5.4.1.2 Statistische Ergebnisse

Nachhallzeiten sind nach Fertigstellung des Modells und Eingabe der Absorptionswerte der Wände leicht nach Sabine (5.18) oder Eyring (5.16) zu berechnen. Die Eingabe gemessener Nachhallzeitwerte erlaubt den Vergleich von Messdaten bei der Simulation. Dabei ist es üblich, frequenzabhängig vorgegebene Zielwerte dieser Nachhallzeiten mit simulierten Zeiten zu vergleichen. Dadurch wird der Aufwand zum Erreichen des Zielwerts deutlich, auch können später gemessene Werte bei unterschiedlichen Besetzungsgraden mit Publikum deutlich gemacht werden. Länderspezifische und internationale Datenbanken von kommerziell vertriebenen Wandmaterialen werden von allen Simulationsprogrammen verwendet. Dabei sollte neben den Absorptionswerten auch der Streugrad s frei einzugeben sein. Die einfachste Möglichkeit zur Berechnung weiterer akustischer Kriterien führt über die Überlagerung des Direktschalls einer oder mehrerer Quellen mit einem idealen, diffusen Schallfeld, dessen Schallenergie sich aus Volumen und Nachhallzeit im Raum ergibt (s. Kap. 5.2). Da eine statistische Gleichverteilung der akustischen Gegebenheiten des Raumes, z. B. ein vom Ort im Raum unabhängiger Frequenzgang der Nachhallzeit, in der Praxis kaum anzutreffen ist, ist man geneigt, diesen Angaben nur orientierenden Charakter zu verleihen und durch weitere Detailuntersuchungen diese vorläufigen Angaben bestätigen zu lassen.

5.4.1.3 Verarbeitung von Raumimpulsantworten

Grundsätzlich gibt es verschiedene Wege, die Impulsantwort bei simulierter Schallausbreitung zu berechnen. Die bekannteste Methode ist der Spiegelquellen-Algorithmus. Weiter sind die aus der Optik bekannte Strahlverfolgung (Ray tracing) und spezielle Verfahren wie Cone tracing oder Pyramide tracing zu nennen. Häufig werden heute alle diese Verfahren kombiniert als sogenannte Hybrid-Verfahren verwendet (Naylor 1993 und Ballou 2002).

Spiegelquellenmethode (Image Source Model)

Bei der Spiegelquellenmethode wird von einem ausgewählten Sende- und Empfangsort bei der Schallausbreitung ausgegangen. Dann beginnt die Ermittlung aller Spiegelschallquellen erster bis n-ter Ordnung, um so die Impulsantwort zu erhalten (Abb. 5.39). Diese Methode ist zwar sehr anschaulich, aber zeitintensiv. Die Rechenzeit ist dabei proportional zu N^i, d. h. sie nimmt exponentiell zu mit der Anzahl der Wandflä-

Kapitel 5 Raumakustik

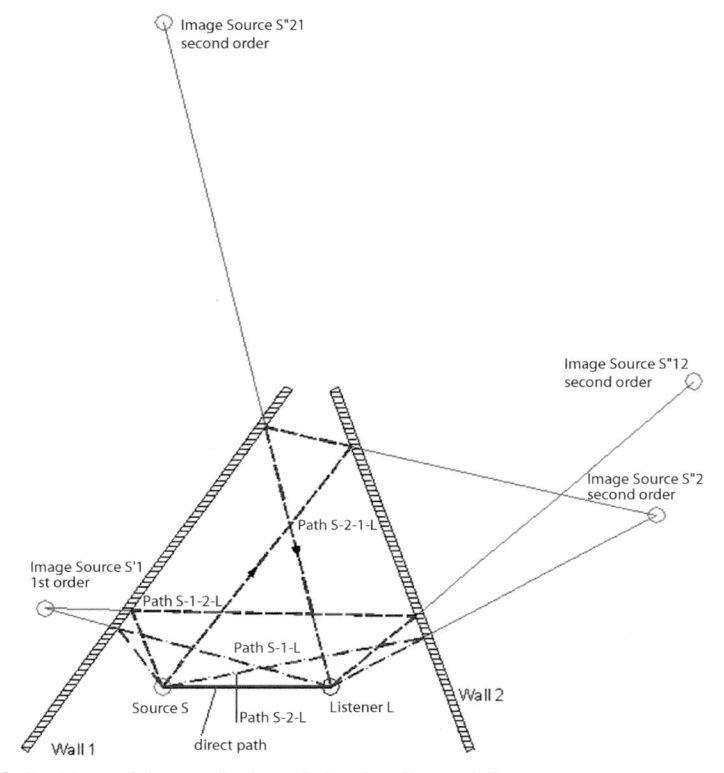

Abb. 5.39 Strahlenverfolgung mit einem Spiegelquellenmodell

chen N des Modells und der Ordnung i der Wandreflexionen. Mit derzeit verfügbaren Rechenleistungen wird diese Methode daher nur für $N < 50$ und $i < 6$ eingesetzt, da die Rechenzeit andernfalls exorbitante Ausmaße erreicht. Für größere Modelle und kompliziertere Rechnungen sind die folgenden Methoden zu empfehlen.

Strahlverfolgung (Ray tracing)

Im Gegensatz zur Spiegelquellenmethode wird hier der Weg einzelner Schallteilchen verfolgt, die unter einer statistisch vorgegebenen Winkelverteilung in den Raum abgestrahlt wurden. Alle Wandoberflächen werden nun geprüft, um Reflexionspunkte (unter Einbeziehung von Absorption und Streuung) zu finden. Der Strahlenverfolgungsvorgang wird beendet, wenn die auf dem Weg erfolgte Energiereduzierung einen bestimmten Pegelwert erreicht hat oder wenn der Strahl eine Zählkugel mit einem bestimmten Durchmesser getroffen hat (Abb. 5.40). Laufzeitphasen können auf diese Weise nicht ermittelt werden, sondern nur dadurch, dass ein Spiegelquellenlauf den gefundenen Strahl auf die Mitte der Zählkugel korrigiert. Diese Methode erlaubt eine schnellere Ermittlung der Impulsantwort, die Rechenzeit ist nur noch proportional zur Anzahl N der Wände.

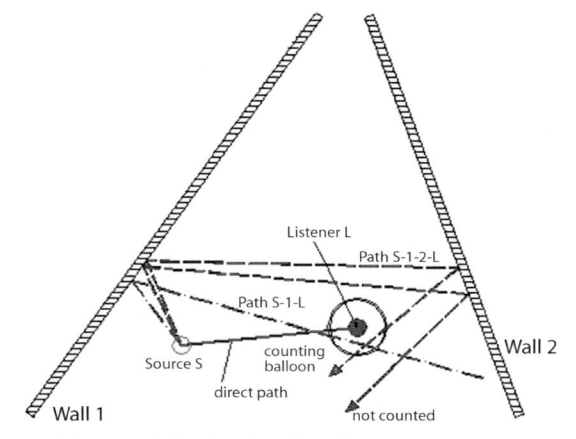

Abb. 5.40 Strahlenverfolgung mit RayTracing-Algorithmus

Cone tracing

Diese Methode wird in verschiedenen CAD (Computer Aided Design) Programmen verwendet. Der Vorteil besteht in der gerichteten Strahlenauswahl über die unterschiedlichen Raumwinkel hinweg (Abb. 5.41 links)

Wegen der „Bindung" an einen Konus (Cone) können sehr schnell Strahlenverfolgungen durchgeführt werden. Als Nachteil erweist sich, dass die Cones die Schallquellen-„Kugel" nicht vollständig bedecken. Dadurch ist es notwendig, dass sich die benachbarten Cones „überlappen". Ein komplizierter Algorithmus muss nun Mehrfachdetektionen verhindern und die berechnete „Energie" so gewichten, dass ein korrekter Schallpegel berechnet wird (Dalenbäck1999).

Pyramid tracing

Diese von Farina (1995) vorgeschlagene Methode arbeitet mit „Schallpyramiden", die im Gegensatz zum Cone Tracing nicht überlappen und auf perfekte Weise eine Schallquellen-„Kugel" nachbilden (Abb. 5.41 rechts).
Ursprünglich erfolgte die Unterteilung der Kugeloberfläche der Quelle in Dreiecke, die wieder in 8 „Oktanten" unterteilt wurden. Dabei sind Pyramiden mit der Anzahl 2^n zu erzeugen, wodurch sich eine nahezu isotropische Schallquelle ergibt.

Ergebnisse

Zur korrekten Ermittlung der Impulsantwort müssen Strahlverfolgungs- oder Spiegelquellenmethoden die Richtwirkung der Quellen ebenso berücksichtigen wie das absorbierende und schallstreuende Verhalten der Wandmaterialien und die mit steigender Frequenz immer wichtiger werdende Luftdissipation. Dabei wird bei den Ab-

Kapitel 5 Raumakustik

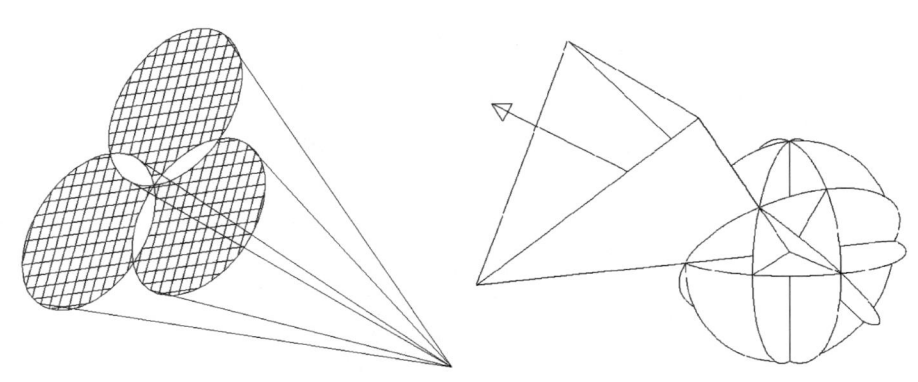

Abb. 5.41 Links: Cone-RayTracing, Rechts: Pyramide-RayTracing

sorptionsgraden auf solche zurückgegriffen, die bei diffusem Schalleinfall ermittelt wurden. Winkelabhängige Daten wären zu bevorzugen, stehen aber in der Praxis nicht zur Verfügung, ebensowenig wie Daten zu den Streueigenschaften (Scattering-Koeffizienten) von Wandmaterialien oder Einbauten, so dass einfache Faustregeln zur Bestimmung helfen müssen. Die Modellierung des Beugungsverhaltens ist noch in der Entwicklung, so dass hier noch einige Zeit vergehen wird, bis dieser Einfluss z. B. über Finite-Elemente-Methoden (FEM) oder Boundary-Element-Methoden (BEM) erfasst werden kann (Bartsch 2003). Zur Modellierung der Schallquelle stehen Datenbanken zu natürlichen Schallquellen wie die menschliche Stimme oder Orchesterinstrumente, vor allem aber zu kommerziellen Lautsprechersystemen zur Verfügung.

Die Ergebnisse von Simulationsrechnungen werden in Form von sog. Mappingdarstellungen als Verteilung akustischer Kriterien über einer Hörerfläche dargestellt. Zusätzlich werden für repräsentative Hörerplätze Impulsantworten berechnet, aus denen alle wichtigen Energiemaße nach Standard ISO 3382 ableitbar sind (Abb. 5.42).

Neben der Berechnung von vielen monauralen Maßen, die aus bestimmten Energieanteilen der Impulsantwort abgeleitet werden, erlauben moderne Simulationsroutinen unter Einbeziehung von kopfbezogenen Außenohrübertragungsfunktionen (HRTFs) auch die Bestimmung binauraler Maße, insbesondere der interauralen Kreuzkorrelation (*IACC*, s. Abschn. 5.2.10).

Auralisation

Dieses seit mehr als 10 Jahren verwendete akustische Werkzeug der „Hörbarmachung" von Raumimpulsantworten durch schnelle Faltung mit einem nachhallfreien Quellsignal erlaubt es dem Akustiker, die komplizierten Simulationsergebnisse auch akustischen Laien wie Bauherren, Architekten und Geldgebern leicht verständlich zu machen. Während es dem Akustiker oft schwerfällt, Mappingdarstellungen (s. o.) für potentielle Auftraggeber zu erläutern, kann jeder Mensch mit zwei gesunden Ohren akustische Qualitäten und Defekte anhand von Klangbeispielen, die dem Höreindruck an einem definierten Empfängerplatz entsprechen, sofort er-

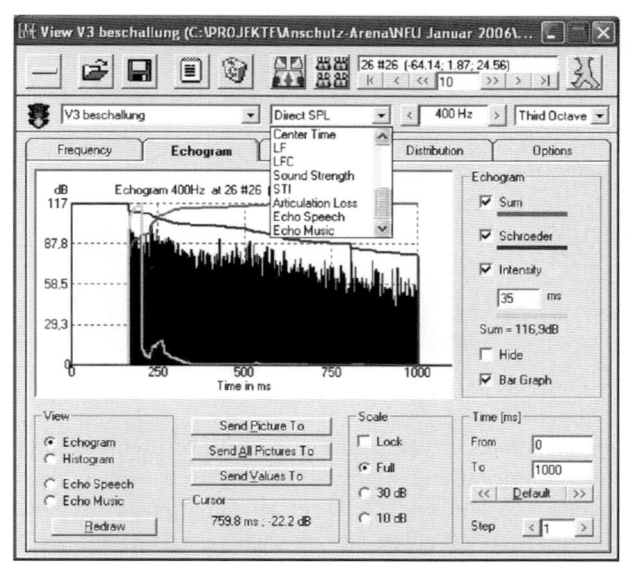

Abb. 5.42 Evaluierungsfenster in EASE4.1

kennen. Hierbei kommen Wiedergabeverfahren über Kopfhörer, über zwei Lautsprecher mit Übersprechkompensation (Cross Talk Cancellation), über 5.1-Anordnungen, aber auch über Wellenfeldsynthese in Betracht. Bei der binauralen Wiedergabe erlaubt insbesondere die über einen Head tracker gesteuerte, dynamische Auralisation sehr realitätsnahe akustische Eindrücke (vgl. Kap. 11.8.4).

Ausblick

Die Einbeziehung wellenakustischer Algorithmen wird es erlauben, den simulierten Frequenzbereich, der derzeit, je nach Volumen des Modellraumes, auf Frequenzen oberhalb von 100 bis 300 Hz beschränkt ist, zu tieferen Frequenzen hin auszudehnen. Dabei werden neben Reflexion und Streuung dann auch Beugungsphänomene mit berücksichtigt werden. Noch zu entwickelnde Mikrofondatenbanken werden es erlauben, die erzielbare Schallverstärkung zu berechnen, die noch ohne akustische Rückkopplung erreicht werden kann. Eine weitere wichtige Anwendung wird die Computersimulation von Systemen der „elektronischen Architektur" sein (s. Abschn. 5.5), die derzeit in ihrer Wirkung noch schwer zu prognostizieren sind, die gleichzeitig aber zu kostenaufwendig sind, um langwierig nur durch „trial and error" zu positiven Wirkungen zu gelangen.

Kapitel 5 Raumakustik

5.4.2 Simulation am physikalischen Modell

5.4.2.1 Grundlagen

Die Raumimpulsantwort wird in einem verkleinerten Modell des Innenraums gewonnen, unter Einhaltung eines konstanten Verhältnisses zwischen den geometrischen Abmessungen des Raumes L und der Schallwellenlänge λ des Raumes im Modell- (M) und Naturmaßstab (N):

$$\frac{L}{\lambda} = \text{const.} = \frac{L_N \cdot f_N}{c_N} = \frac{L_M \cdot f_M}{c_M} \quad (5.67)$$

mit der Schallgeschwindigkeit c und der Frequenz f. Bei Verwendung des gleichen Schallausbreitungsmediums mit $c_N = c_M$ ergibt sich aus (5.67) der Modellmaßstab p:

$$p = \frac{L_N}{L_M} = \frac{f_M}{f_N} \quad (5.68)$$

d. h. die Messungen werden in einem Frequenzgebiet durchgeführt, das um den Faktor p über dem Originalfrequenzgebiet liegt.

Ein günstiger Kompromiss hinsichtlich Modellgröße und Nachbildungsgenauigkeit ist ein Verkleinerungsmaßstab von 1:20, Nachbildungen zwischen 1:8 bis 1:50 sind je nach Modellgröße oder zu untersuchendem Frequenzgebiet möglich. Am Ort der Schallquelle (z. B. Bühne, Podium, Orchestergraben, Lautsprecher) wird ein Schallimpuls abgestrahlt. An Empfangsplätzen (Zuschauerbereich, Podium, Bühne) wird gleichzeitig die akustische Reaktion des Raumes auf das Sendesignal über spezielle Schallwandler (Mikrofon, Kunstkopf mit Ohrnachbildung) aufgenommen. Aus der gewonnenen Raumimpulsantwort wird die Übertragungsfunktion zwischen Sende- und Empfangsort berechnet. Als Schallsender für die Untersuchungen im Verkleinerungsmaßstab 1:20 wird ein sogenannter Funkenknallsender im Luftmedium verwendet. Mit einer Modellimpulsbreite von 80 µs können Wegdifferenzen aufgelöst werden, die 60 cm im Originalraum entsprechen. Die Reproduzierbarkeit des maximalen Schalldrucks liegt unter ± 0,2 dB. Spezielle Modellschallstrahler werden als Simulationen eines Sprechers bzw. Sängers, eines Orchesters, von Orchesterinstrumentengruppen (s. Abschn. 5.4.2.2) und von Lautsprecherzeilen variabler Bündelungseigenschaften eingesetzt.

Die Aufnahme der Raumimpulsantwort sollte zweikanalig durch die Mikrofone des Kunstkopfes an repräsentativen Hörerplätzen erfolgen und liefert dann auch binaurale, kopfbezogene Impulsantworten. Im Modellmaßstab 1:20 muss der Durchmesser dieser Miniatur der Kopfnachbildung ca. 11 mm betragen (Abb. 5.43).

Der untersuchte Frequenzbereich liegt zwischen 5 kHz bis 200 kHz im Modellmaßstab, d. h. 250 Hz bis 10 kHz im Originalbereich. Strukturen im Originalraum unter den Linearabmessungen von ca. 10 cm werden wie im Computermodell nicht nachgebildet. Auch Schallabsorber und Wandeingangsimpedanzen unterhalb des

Abb. 5.43 Modellkunstkopf für Messungen im Maßstab 1:20

interessierenden Frequenzgebietes bleiben bei den Modelluntersuchungen unberücksichtigt. Die Messungen sollten zum besseren Zugriff der Modelle in Luft unter Normaldruck durchgeführt werden. Die zu hohe Dissipation bei dem im Modell verwendeten Frequenzbereich wird dann bei der Umrechnung in den Originalmaßstab mathematisch ausgeglichen. Alle physikalischen Schallvorgänge wie Beugung und Streuung werden allerdings frequenzrichtig berücksichtigt.

Das Verfahren kann die Balance in Musikdarbietungsräumen (s. u.), den Einfluss von elektroakustischen Komponenten auf raumakustische Parameter und die Richtwirkung von Wand- und Deckenstrukturen im Modellmaßstab planungssicher vorhersagen.

5.4.2.2 Balanceuntersuchungen bei Musikdarbietungen

Die Nachbildung eines Orchesters im Modell könnte in erster Näherung als ungerichteter Schallstrahler, angeordnet im Schwerpunkt einer Orchestergruppe, erfolgen. Eine detailliertere Simulation ist aber notwendig, wenn man Aussagen über den Einfluss eines Raumes auf die Balance der einzelnen Instrumente am Zuhörerplatz benötigt. Eine Näherung ist bereits die Nachbildung in Form von Orchesterinstrumentengruppen, bei denen das Spektrum auf der Grundlage der gespielten Häufigkeit in der Musikliteratur und die Richtcharakteristika auf der üblichen Spielhaltung basieren (Reichardt u. Kussev 1973).

Das nachgebildete Orchester kann in vier Instrumentengruppen (Streichinstrumente, Holzblasinstrumente, Blechblasinstrumente, Bassinstrumente) eingeteilt werden, wobei die Schlaginstrumente wegen der hohen Lautstärke und der anpassungsfähigen Spielweise unberücksichtigt bleiben. Hinzu kommt der Modellschallwandler eines Sängers/Sprechers.

Die modelltechnische Nachbildung beinhaltet die Impulsanregung über eine Funkenstrecke, die durch einen Abschattungskörper definierter Schalldämmung der Richtcharakteristik der Instrumentengruppe entspricht (Fasold et al. 1984 und Tennhardt 1984). Abb. 5.44 (links) zeigt ein Beispiel für das verkleinerte Innenraummodell

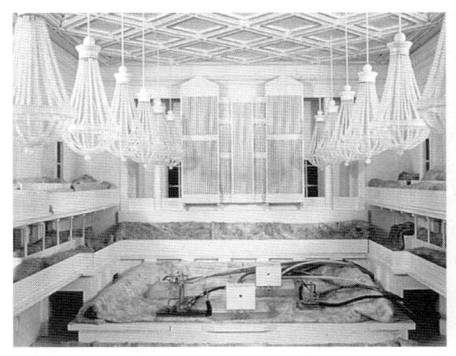

Abb. 5.44 Konzerthaus Berlin. Links: Akustisches Innenraummodell im Maßstab 1:20 mit Orchestergruppensimulationen. Rechts: Ausgeführter Originalraum

eines Konzertsaales mit den Modellschallwandlern und Abb. 5.44 (rechts) den fertigen Konzertsaal des Konzerthauses Berlin.

Aus der Auswertung der gemessenen binauralen Raumimpulsantworten durch das Registerbalancemaß B_R (s. Abschn. 5.2.13) kann man raumakustische Maßnahmen für räumliche Veränderungen der horizontalen und vertikalen Begrenzungsflächen der Darbietungszone ableiten und Fragen der Höhenstaffelung des Orchesters klären. Der zeitliche Verlauf der Schallintensität lässt Rückschlüsse auf den Klangeinsatz der einzelnen Instrumentengruppen sowie auf Verdeckungen im Frequenz- und Zeitbereich zu, aus denen Maßnahmen zur akustischen Gestaltung der räumlichen Sekundärstruktur abgeleitet werden können.

5.5 Elektronische Architektur

Für die Wiedergabe von sinfonischer Musik, Kammermusik und besonders von Chor- und Orgelmusik wird eine gute Durchmischung der einzelnen Stimmen und ein relativ hoher Raumeindruck erwartet, und damit häufig eine längere Nachhallzeit als es der Wiedergaberaum aufgrund seiner raumakustischen Bedingungen zulässt. Einige dieser Bedingungen lassen sich verbessern, indem die Energieanteile des Raumschalls im Verhältnis zu denen des Direktschalls und der Anfangsreflexionen schon bei Abstrahlung durch die Hauptlautsprecher vergrößert werden. Dabei muss, insbesondere zur Erhöhung des Nachhalleindrucks, die Hörbarkeit dieser späten „Reflexionen" verlängert werden. Beide Parameter lassen sich durch elektroakustische Mittel beeinflussen.

Eine weitere Möglichkeit zur Erhöhung der Räumlichkeit, die mit elektroakustischen Anlagen relativ einfach zu realisieren ist, besteht in der Abstrahlung später Energieanteile durch im Raum verteilte Lautsprecher. Damit lässt sich eine „Umhüllung" des Hörers und insbesondere eine Verstärkung der den Hörer lateral erreichenden Energieanteile allerdings nur dann wirksam erreichen, wenn es zu keinen störenden Klangfärbungen der Schallquellen und des Raumschallfeldes kommt.

5.5.1 Schallverzögerungssysteme zur Steigerung der Räumlichkeit

Diese Verfahren beeinflussen verstärkt die Schallenergie der raumschallwirksamen Anfangsreflexionen. Bei dem heute bereits veralteten Verfahren der **Ambiofonie** wurden zeitverzögernde Einrichtungen genutzt, die sowohl diskrete Anfangsreflexionen als auch den späten Nachhall nachbilden. Dabei sind die Reflexionsfolgen so zu wählen, dass bei impulsartigen Musikmotiven keine Kammfiltereffekte oder Flatterechos auftreten können. Eine einfache Ambiofonieanlage fügt dem von der Originalschallquelle unmittelbar in den Raum eingestrahlten Direktschall über eine Signalverzögerungseinrichtung (in der Anfangszeit z. B. mittels einer Magnettonanlage) verzögerte Signale hinzu, die im Raum wie entsprechend verzögerte Reflexionen von den Wänden oder der Decke abgestrahlt werden (Abb. 5.45).

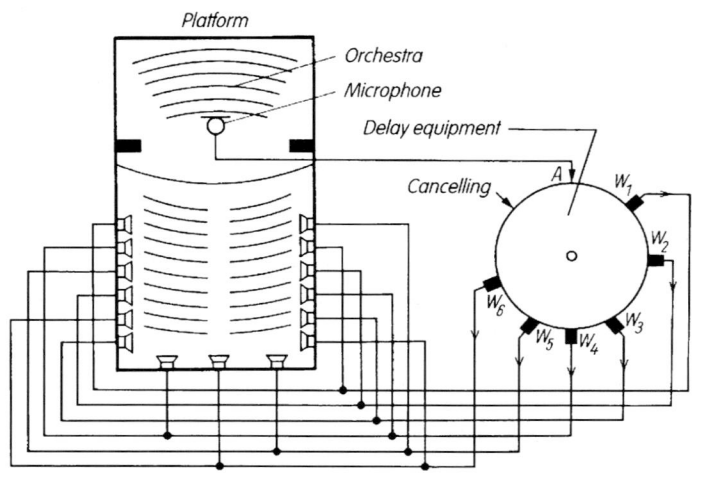

Abb. 5.45 Ambiofoniesystem

Dazu sind im Raum verteilte Lautsprecher erforderlich, die den Schall möglichst diffus abstrahlen. Zur Verlängerung des Nachhalls kann zusätzlich eine weitere Rückführung vom letzten Ausgang der Verzögerungskette auf den Eingang erfolgen. Eine solche Anlage wurde erstmals von Kleis (1958) vorgeschlagen und ist früher in einer Reihe von großen Sälen realisiert worden (Meyer u. Kuttruff 1964, Kaczorowski1973).

Bei dem von dem amerikanischen Akustiker J.C. Jaffe entwickelten **Electronic Reflected-Energy System (ERES)** handelt es sich um eine Simulation von frühen Reflexionen, die sogenannte raumschallwirksame Anfangsreflexionen darstellen (McGregor 1988, Abb. 5.46).

Durch Einbau der Lautsprecher in den Wänden des bühnennahen Saalbereiches werden durch Änderung von Zeitverzögerung, Filterung und Pegelregelung der ihnen zugeführten Signale Reflexionen aus seitlichen Einfallsrichtungen generiert. Dadurch kann der Raumeindruck stark beeinflusst werden, indem bei längerer Ver-

Kapitel 5 Raumakustik 253

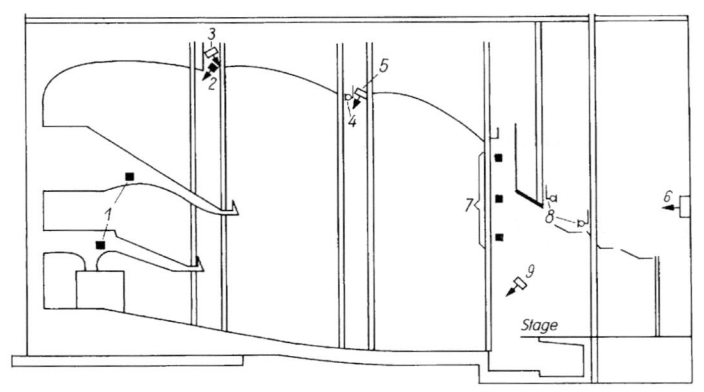

Abb. 5.46 ERES/AR-System in der Sivia Hall im Eugene Performing Arts Center, Oregon/USA. 1: eines der 14 Paare der AR (assisted resonance)/ERES Lautsprecher unter dem Rang, 2: einer der 90 AR-Lautsprecher, 3: einer der vier ERES-Lautsprecher im dritten Deckensprung, 4: eines der 90 AR-Mikrofone, 5: einer der vier ERES-Lautsprecher im zweiten Deckensprung, 6: ERES-Bühnenturm-Lautsprecher, 7: drei der sechs AR-Proszeniumslautsprecher, 8: ERES-Mikrofone, 9: einer der zwei ERES-Proszeniumslautsprecher

zögerung ein akustisch breiteres Portal bzw. bei geringerer Verzögerung ein schmaleres vorgetäuscht wird. Aufgrund dieser Adaptation an akustische Aufgaben, der Simulation verschiedener Saalgrößen und der Beeinflussung von Deutlichkeit und Klarheit wurde von Jaffe und Mitarbeitern der Begriff *elektronische Architektur* eingeführt. Richtig dabei ist sicher, dass dieses gezielte Einspiel von Reflexionen durchaus raumakustisch fehlende Eigenschaften des jeweiligen Raumes vortäuschen und somit Mängel in der räumlich-akustischen Strukturierung ausgleichen kann. Nach der ersten Anlage im Eugene Performing Arts Center in Oregon (Eugene Performing Arts Center 1982) hat die Fa. Jaffe-Acoustics in einer Vielzahl von Sälen in den USA, Kanada und anderen Ländern weitere Anlagen installiert.

Die elektronische Verzögerungstechnik in Beschallungsanlagen hat sich mittlerweile weltweit durchgesetzt und ist zum Einspiel verzögerter Signale (z. B. zur Simulierung später Reflexionen) üblich. Insofern wird überall dort elektronische Architektur betrieben, wo diese Reflexionen bewusst oder unbewusst genutzt werden.

5.5.2 Nachhallsteigerungssysteme der zweiten Generation unter Nutzung der Laufzeit

Bei diesen Verfahren geht es vorrangig um die Erhöhung der späten Raumschallenergie einschließlich der Verlängerung der Nachhallzeit. Zur Optimierung der Nachhallzeit in der 1951 erbauten Royal Festival Hall in London wurde von Parkin u. Morgan (1965, Royal Festival Hall 1964) ein als **Assisted Resonance** bezeichnetes Verfahren vorgeschlagen, das es gestattet, die Nachhallzeit besonders bei tiefen Frequenzen zu vergrößern (Abb. 5.47).

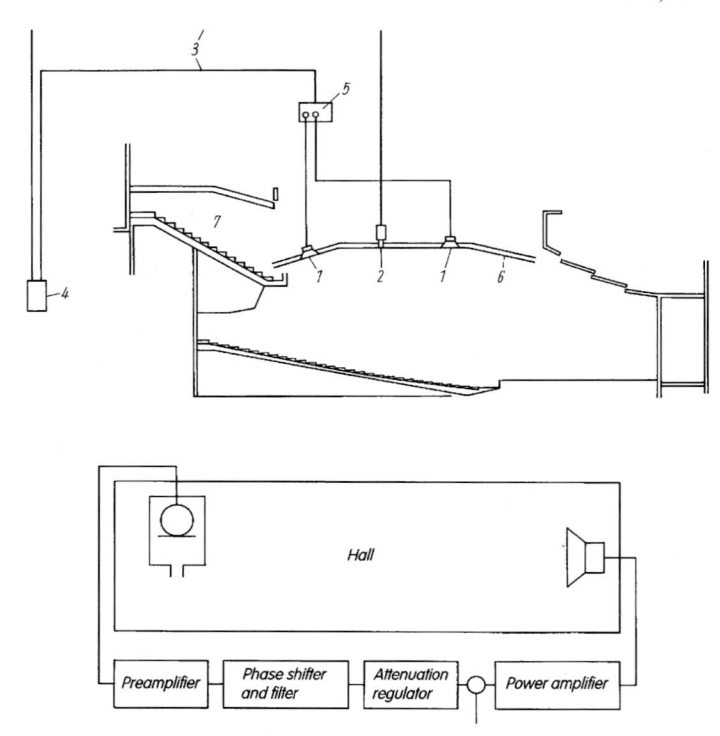

Abb. 5.47 Assisted Resonance System. Komponenten eines AR-Kanals (Mikrofon in Resonanzkammer): 1: jeweils 60 Lautsprecherboxen im Decken- und oberen Wandbereich, 2: 120 Mikrofone in Helmholtzresonatorboxen, 3: 120 Mikrofon- bzw. Lautsprecherkabel, 4: Fernsteuerung, Phasenverschieber, Verstärker für die 120 Kanäle, 5: Verteiler für Lautsprecherboxen, 6: bewegliche Decke für unterschiedliche Raumvolumina, 7: Rang, Unten: Elektrische Signalverarbeitung

Parkin und Morgan gingen davon aus, dass in einem Raum eine Vielzahl von Eigenfrequenzen vorhanden ist, bei denen sich stehende Wellen ausbilden, die entsprechend der Absorptionsfläche exponentiell abklingen. Dieser Abklingvorgang ist charakteristisch für die frequenzabhängige Nachhallzeit des Raumes. Jede stehende Welle hat nun eine andere räumliche Anordnung. An dem Ort, an dem sich für eine bestimmte Frequenz ein Maximum des Schalldrucks (Druckbauch) befindet, wird ein Mikrofon aufgestellt. Über einen Verstärker und einen Lautsprecher, der sich in einem entfernten Druckbauch derselben stehenden Welle befindet, wird Energie zugeführt, so dass die Energie kompensiert wird, die durch Absorption verloren geht. Damit kann die Energie bei dieser Frequenz länger erhalten bleiben (assisted resonance). Durch Vergrößerung der Verstärkung kann die Nachhallzeit für diese Frequenzen erheblich gesteigert werden (bis zur einsetzenden Rückkopplung). Aufgrund der räumlichen Verteilung der abstrahlenden Lautsprecher gilt das auch entsprechend für den Raumeindruck.

Diese Betrachtungen gelten für alle Eigenfrequenzen des Raumes. Allerdings kann die Unterbringung der Mikrofone und Lautsprecher an den durch die Druckbäuche bestimmter Eigenfrequenzen festgelegten Stellen auf Schwierigkeiten

Kapitel 5 Raumakustik

stoßen, weshalb sie an weniger kritischen Stellen eingebaut, dafür aber über Phasenschieber betrieben werden. In den Übertragungsweg sind außerdem Filter (Helmholtz-Resonator, Bandbreite etwa 3 Hz) eingeschaltet, die ein Ansprechen des Übertragungskanals nur bei der jeweiligen Eigenfrequenz zulassen. Es ist zu beachten, dass die abstrahlenden Lautsprecher nicht weiter von der Aktionsfläche angeordnet werden als die zugehörigen Mikrofone, da sonst infolge des vorzeitigen Eintreffens des Raumsignals Fehllokalisationen der Quelle auftreten können.

Das mittlerweile veraltete Verfahren wurde in einer Vielzahl von Sälen eingesetzt. Trotz seines hohen technischen Aufwandes und der Tatsache, dass die installierte Anlage ausschließlich für dieses Verfahren verwendet werden kann, gehörte es lange Zeit zu den sichersten Lösungen, um besonders bei tiefen Frequenzen die Nachhallzeit ohne Klangbeeinflussung zu erhöhen.

Die Verwendung einer großen Anzahl breitbandiger Übertragungskanäle, deren Verstärkung je Kanal so gering ist, dass keine Klangfärbung infolge einsetzender Mitkopplung eintritt, wurde erstmals von Franssen (1968) vorgeschlagen. Während der einzelne Kanal unterhalb der Mitkopplungsschwelle nur eine geringe Verstärkung bietet, ergibt die Vielzahl der Kanäle eine Energiedichte, die in der Lage ist, den Raumeindruck und die Nachhallzeit merklich zu erhöhen. Die Erhöhung der Nachhallzeit T_0 auf den Wert T_m ergibt sich aus

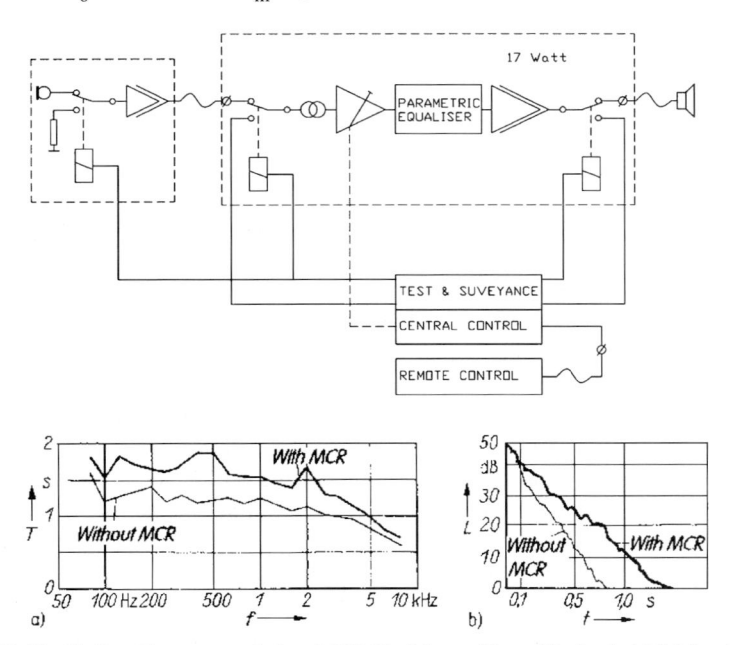

Abb. 5.48 Nachhallverlängerung mit dem MCR-Verfahren. Oben: Blockschaltbild der Anlage (POC-Theater in Eindhoven/Holland). Unten: Frequenzgang der Nachhallzeit mit (a) und ohne (b) MCR und Nachhallverlauf bei 400 Hz. Technische Daten der Anlage: Saal 3100 m³, Bühne 900 m³, 90 Kanäle (Vorverstärker, Filter, Leistungsverstärker), 90 Mikrofone an der Decke, 110 Lautsprecher in den Seitenwänden, in der Orchesterdecke und unter dem Balkon, Fernsteuerung des Nachhalls in zehn Stufen

$$\frac{T_m}{T_0} = 1 + \frac{n}{50} \qquad (5.69)$$

Soll die Nachhallzeit auf den doppelten Wert erhöht werden (d. h. Verdopplung der Energiedichte), so sind dazu $n = 50$ getrennte Verstärkungsketten notwendig. Ohsmann (1990) hat sich in einer umfangreichen Arbeit mit dem Wirkungsprinzip dieser Lautsprecheranlagen befasst und gezeigt, dass die von Franssen prognostizierten Ergebnisse bezüglich der Verlängerung der Nachhallzeit in der Praxis nicht erreicht werden können. Auch er gibt die Tatsache, dass bei Franssen die Kreuzkopplungen zwischen den Kanälen nicht ausreichend berücksichtigt wurden, als mögliche Ursache der Abweichungen zur Theorie an (vgl. Ahnert u. Reichardt 1981).

Von der Firma Philips wird unter dem Namen **Multi-Channel Amplification of Reverberation System (MCR)** ein nach diesem Verfahren technologisch umgesetztes Anlagensystem zur Nachhall- und Räumlichkeitsverstärkung angeboten (Koning 1985). Nach Herstellerunterlagen wird bei 90 Kanälen eine Verlängerung der mittleren Nachhallzeit von ca. 1,2 s auf 1,7 s erreicht; es sollen auch noch größere Nachhallverlängerungen möglich sein. Es gibt eine Fülle von Realisierungen in mittleren und auch großen Sälen (erstmalig im POC Theater in Eindhoven, Abb. 5.48).

5.5.3 Moderne Verfahren zur Nachhallsteigerung und Erhöhung der Räumlichkeit

Das **Acoustic Control System (ACS)** wurde von Berkhout und de Vries an der Universität Delft entwickelt (Berkhout 1988). Basierend auf wellenfeldsynthetischen Ansätzen (WFS) sprechen die Autoren von einem „holografischen" Versuch, den Nachhall in Räumen zu verlängern. Im Grundsatz ist es jedoch das Ergebnis einer Faltung von mit in in-line angeordneten Mikrofonen aufgenommenen Signalen (wie bei WFS) mit durch einen Prozessor vorgegebenen Raumeigenschaften, die dann eine neue Raumcharakteristik mit neuem Nachhallzeitverlauf entstehen lässt (Abb. 5.49)

Aus Abb. 5.49 (oben) geht das Prinzip der ACS-Schaltung für ein Lautsprecher-Mikrofon-Paar hervor. Man sieht, dass der Akustiker z. B. in einem Computermodell die Eigenschaften eines gewünschten Raumes formuliert, diese Eigenschaften mittels geeigneter Parameter einem Reflexionssimulator aufprägt und diese Reflexionsmuster mit den realen akustischen Eigenschaften eines Saales zur Faltung bringt. Abb. 5.49 (unten) zeigt das komplette Blockschaltbild einer ACS-Anlage. ACS arbeitet im Gegensatz zu den anderen Systemen ohne Rückkopplungsschleifen, so dass auch keine Klangfärbungen aufgrund von Selbsterregungserscheinungen zu erwarten sind. Es wird in einer Reihe von Sälen z. B. in den Niederlanden, in Großbritannien und den USA angewendet.

Das **Reverberation on Demand System (RODS)** ist ein System, bei dem ein nahe der Quelle aufgenommenes Mikrofonsignal ein logisches Schaltgatter pas-

Kapitel 5 Raumakustik

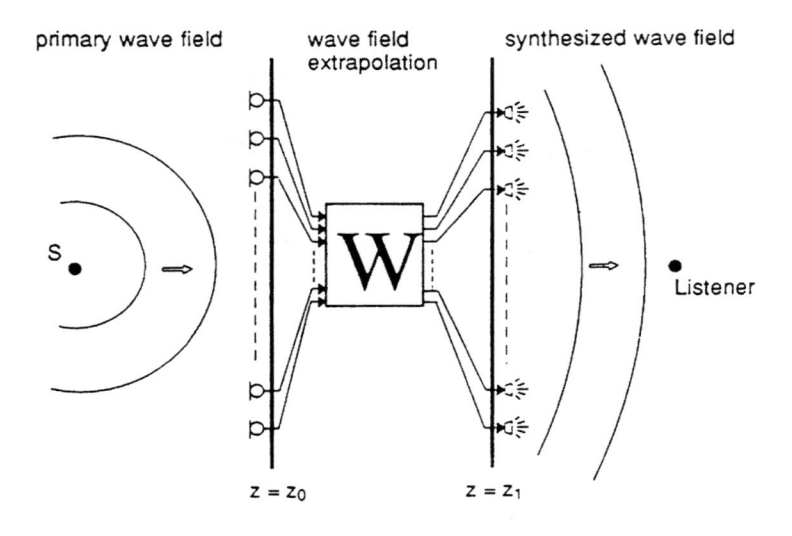

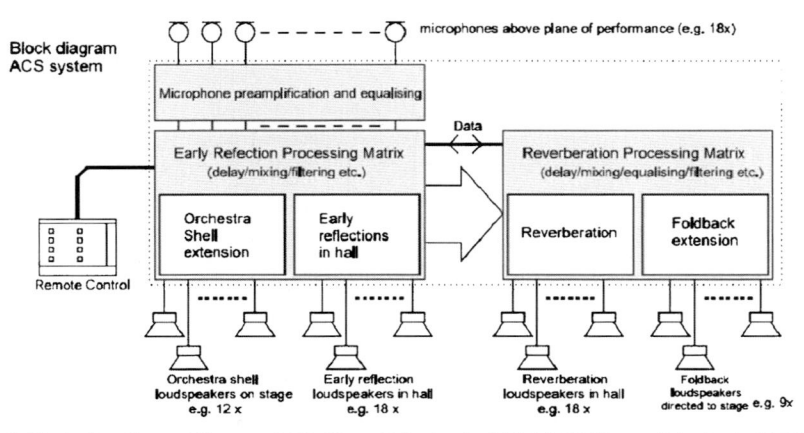

Abb. 5.49 Active Control System ACS. Oben: Prinzipschaltbild ACS. Unten: Blockschaltbild der Anlage

siert, bevor es eine Verzögerungslinie mit abgezweigten Gliedern erreicht. Dieser Ausgang passiert ein ähnliches Gatter. Eine Steuerlogik öffnet das Eingangsgatter und schließt das Ausgangsgatter, wenn das Mikrofonsignal konstant ist oder steigt. Sie schließt das Eingangsgatter und öffnet das Ausgangsgatter, wenn der Pegel sinkt (Barnett 1988, Abb. 5.50). Dadurch ist eine akustische Rückkopplung ausgeschlossen, allerdings wird bei diesem System die seitliche Energie bei kontinuierlicher Musik nicht erhöht, wodurch das System für Musikdarbietungen wenig geeignet scheint.

Das System **LARES (Lexicon Acoustic Reinforcement and Enhancement System)** der Firma Lexicon verwendet Module des Raumprozessors 480L, der mithilfe einer speziellen Software gewünschte Abklingkurven zu simulieren gestattet

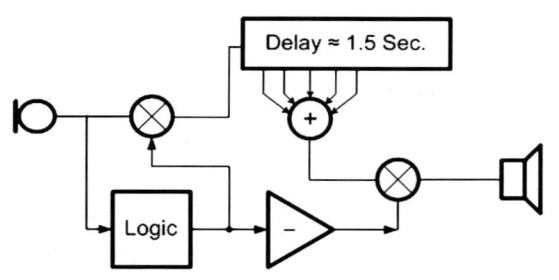

Abb. 5.50 Reverberation on Demand System RODS

(Abb. 5.51). Nötig sind auch hier eine Fülle von Lautsprechern im Wand- und Deckenbereich, die Eingangssignale werden über eine geringe Anzahl von Mikrofonen im quellennahen Bereich abgegriffen (Griesinger 1990 und 1992). Wegen der zeitvarianten Signalverarbeitung durch eine große Anzahl von unabhängigen, zeitvarianten Hallgeräten ist die Einstellung von Nachhallzeiten nicht genau nachvollziehbar, übliche computergesteuerte Messprogramme können somit keine reproduzierbaren Abklingkurven messen. Neben dem ACS-System sind LARES-Installationen in Europa und den USA sehr verbreitet. Bekannte Installationen befinden sich in der Staatsoper Berlin, im Staatsschauspiel Dresden und auf der Seebühne in Mörbisch/Österreich.

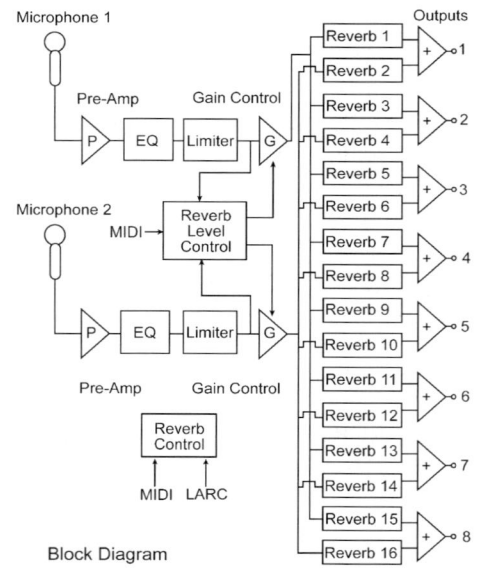

Abb. 5.51 Blockschaltbild LARES

Das Grundprinzip des **System for improved acoustic performance (SIAP)** besteht darin, den Klang einer Schallquelle mit einer relativ geringen Anzahl von Mikrofonen aufzunehmen, das Signal in geeigneter Weise nachzubearbeiten (mit Prozessoren, die die akustischen Parameter eines Raumes mit Zielparametern „fal-

Kapitel 5 Raumakustik 259

ten", d. h. elektronisch überlagern) und dann das Signal über entsprechend viele Lautsprecher zurück in den Saal einzuspeisen (Abb. 5.52). Um eine räumliche Diffusität zu erzeugen, ist eine hohe Anzahl von unterschiedlichen Ausgangskanälen nötig. Weiterhin bestimmt die Anzahl der unkorrelierten Wege die maximal erzielbare akustische Verstärkung. Ein System mit vier Ein- und 25 Ausgängen besitzt z. B. bei Vergleich mit einem einfachen Rückkopplungskanal 20 dB mehr akustische Verstärkung bevor Rückkopplung einsetzt. Das gilt natürlich nur unter der Annahme, dass die Ein- und Ausgangswege untereinander ausreichend entkoppelt sind. Jeder Hörerplatz erhält den Klang von mehreren Lautsprechern, die alle etwas unterschiedlich bearbeitete (!) Signale abstrahlen (Prinssen u. Kok 1994).

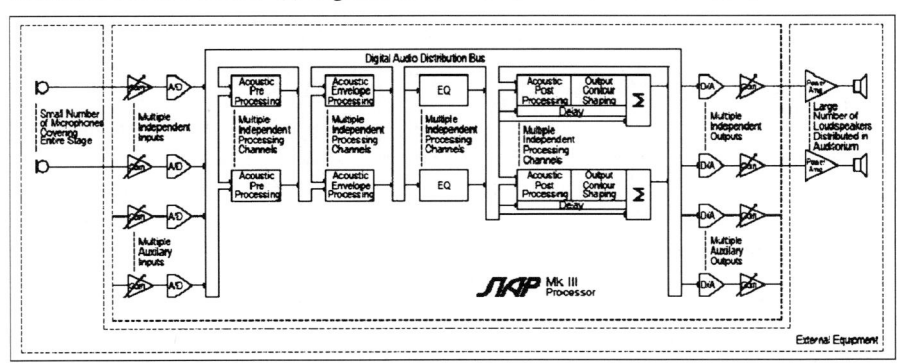

Abb. 5.52 Blockschaltbild SIAP

Das **Active Field Control (AFC)** System von Yamaha (Miyazaki et al. 2003) nutzt aktiv die akustische Rückkopplung aus, um so die Schallenergiedichte und damit verbunden die Nachhallzeit zu erhöhen. Zur Vermeidung von Klangfärbungen und zur Sicherung der Stabilität des Systems wird eine sog. Time Varying Control (TVC) Schaltung eingesetzt, die zwei als Electronic Microphone Rotator (EMR) und Fluctuating FIR (fluc-FIR) bezeichnete Komponenten aufweist.

Die EMR Einheit tastet die verwendeten Grenzflächenmikrofone in Zyklen ab, die FIR-Filter verhindern Rückkopplungserscheinungen. Zur Verlängerung des Nachhalls werden die Mikrofone im Diffusschallfeld aber noch nahe im Quellbereich (helle Punkte im Abb. 5.53, rechts) angeordnet. Die Lautsprecher sind im Wand- und Deckenbereich des Raumes angeordnet. Zur Erzeugung früher Reflexionen werden vier bis acht Mikrofone im Deckenbereich nahe bei den Quellen angeordnet. Deren Signale werden über FIR-Filter geführt und als laterale Reflexionen über Lautsprecher wiedergegeben, die in den Seitenwänden angeordnet sind. Die Lautsprecher sind so angeordnet, dass sie nicht lokalisiert werden können, ihre Signale sollen als natürliche Reflexionen empfunden werden. Weiterhin erlaubt das AFC-System, Signale z. B. im Mittenbereich eines Zuschauerraumes aufzunehmen und über Deckenlautsprecher in Unterrangbereichen des gleichen Raumes zur Erhöhung der Räumlichkeit einzuspielen.

Das **Virtual Room Acoustic System (VRAS)** ist ein mehrkanaliges, regeneratives System zur Nachhallverlängerung. Seine Entwicklung basiert auf Überle-

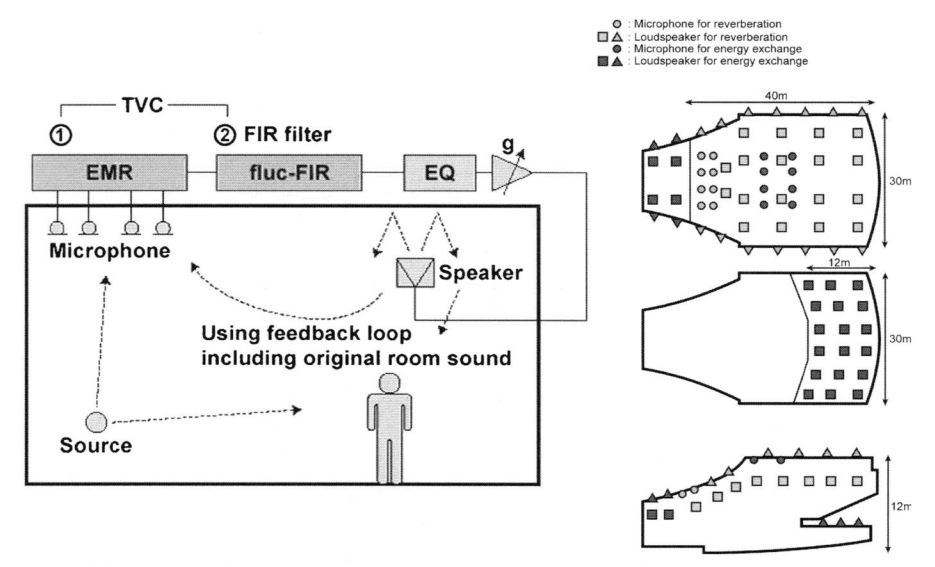

Abb. 5.53 Active Field Control von Yamaha. Links: Prinzipschaltbild AFC. Rechts: Strahler-Layout der Anlage

gungen, wie sie bereits von Franssen (1968) in den 1960er Jahren zur Entwicklung des MCR-Verfahrens angestellt wurden (Poletti 1993). Gegenüber der bereits von Ahnert (1975) beschriebenen Variante wird heute bei VRAS anstelle des zweiten Hallraumes ein elektronischer Hallprozessor verwendet, der hier natürlich leichter einzupassen ist. Durch moderne Elektronik und DSPs sind Schaltungen möglich geworden, die eine Klangfärbung weitgehend ausschließen. Dies ist möglich durch die Kopplung eines Primärraumes A (der Theatersaal oder der Konzertraum) mit einem Sekundärraum B, dem „Hallraumprozessor". Gleichzeitig wird die Anzahl der Wiedergabekanäle und die Verfärbung der Klangereignisse reduziert, während eine Verstärkung der frühen Reflexionen erreicht wird (Abb. 5.54). VRAS verwendet im Gegensatz zu anderen Systemen eine vergleichbare Anzahl von Mikrofonen und Lautsprechern in einem Raum. Die Mikrofone werden dabei im Hall- oder Diffusfeld aller Schallquellen innerhalb des Raumes platziert und über Vorverstärker mit einem digitalen Prozessor verbunden. Die Ausgänge des Prozessors werden anschließend mit Leistungsverstärkern und Lautsprechern verbunden, um das bearbeitete Signal wiederzugeben.

Im Raum werden bei VRAS eine Vielzahl von typischerweise 40 bis 50 kleinen Lautsprechern L1 bis LN verteilt, die auch zu Panorama- und Effektzwecken eingesetzt werden können. 10 bis 15 sorgfältig angebrachte und visuell nicht auffallende Mikrofone im Raum m_1 bis m_M nehmen den Schall auf und führen ihn zu dem Effektprozessor $X(\omega)$, wo die gewünschte Verhallung stattfindet. Die dabei entstehenden Ausgangssignale werden wieder in den Raum zurückgeführt. Vorteil dieser Lösung ist die präzise Einstellmöglichkeit des Hallprozessors und die damit sehr gut reproduzierbaren und somit auch messbaren Ergebnisse.

Kapitel 5 Raumakustik 261

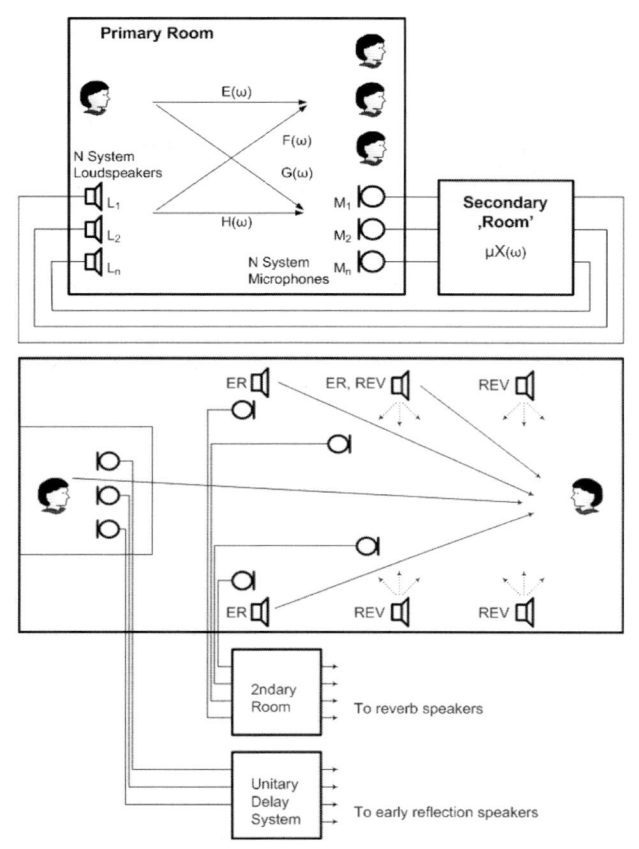

Abb. 5.54 Blockschaltbilder des VRAS Systems. Oben: Prinzipschaltbild VRAS. Unten: Strahler-Layout bei VRAS für Enhancement von frühen (ER) und späten (REV) Reflexionen

Dem System **CARMEN** liegt das Prinzip einer aktiven Wand zugrunde, deren Reflexionseigenschaften elektronisch verändert werden kann (Vian u. Meynal 1998). Die Bezeichnung ist abgeleitet von der französischen Abkürzung für „Aktive Nachhallregelung durch natürliche Wirkung virtueller Wände". Sogenannte aktive Zellen sind auf der Wand angeordnet und bilden so eine neue, eine virtuelle Wand. Die Zellen bestehen aus einem Mikrofon, einer Filterelektronik und einem Lautsprecher, über den das aufgenommene Signal abgestrahlt wird (Abb. 5.55). Die Mikrofone sind typischerweise 1 m vom jeweiligen Lautsprecher der Zelle entfernt, d. h. also ungefähr 1/5 des Hallradius in typischen Sälen. Man spricht deshalb auch von einem „lokal wirkenden System".

Jede Zelle bewirkt ein gewünschtes Decay der künstlichen Reflexionen, vorausgesetzt, dass die Zellenverstärkung nicht zu groß gewählt wird und somit Rückkopplung auftreten würde. Um die Rückkopplung zu verhindern, wird sowohl eine entsprechende Mikrofonrichtcharakteristik verwendet wie interne Echoauslöschungsalgorithmen. Zusätzlich kann das Mikrofonsignal elektronisch verzögert

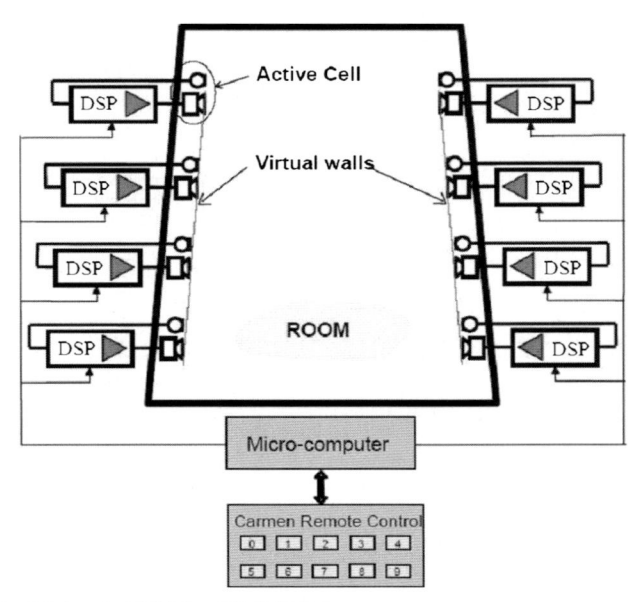

Abb. 5.55 Überblicksschaltbild des CARMEN-Systems

werden, wodurch die Position der Zelle virtuell verschoben werden kann, was eine scheinbare Vergrößerung des Raumvolumens bewirkt.

CARMEN ist seit 1998 in mehr als zehn symphonischen Konzertsälen installiert und getestet worden. Es erweist sich als besonders wirkungsvoll in Theatern, in denen Konzerte aufgeführt werden sollen. Hier verbessert es besonders deutlich die akustischen Verhältnisse in tiefen Unterbalkonbereichen. Im Theater MOGADOR in Paris wurden die akustischen Gegebenheiten durch den Einbau von CARMEN-Zellen in Seitenwänden und in der Rangdecke erheblich verbessert. Mit 24 Zellen konnte die Nachhallzeit von 1,2 s auf 2,1 s bei 500 Hz gesteigert werden. Erzielt wurden unterschiedliche räumliche Wirkungen wie die „Verbreiterung der Schallquelle" oder die bessere Einhüllung mit lateralen Reflexionen, was besonders für große Orchester aber auch Solisten oft nötig ist.

5.5.4 Schlussfolgerungen und Ausblick

Die Gegenüberstellung zeigt, dass in der raumakustischen Planung eine Vielzahl von Verfahren zur Nachhallsteigerung und Erhöhung der Räumlichkeit existieren. Mit zunehmender Qualität der elektronischen Übertragung werden Vorurteile bei der Anwendung von „elektronischer Architektur" insbesondere bei den Musikern schwinden, so dass zunehmend auch Konzertsäle etwa den akustischen Anforderungen unterschiedlicher Zeitperioden und Instrumentalbesetzungen angepasst werden können, auch wenn weiterhin Anwendungen in Mehrzwecksälen dominieren werden. Sobald Musiker und Besucher die akustischen Gegebenheiten bei Einsatz der „elektronischen Architektur" als natürlich wahrnehmen, wird nur noch die einfache Konfigurierbarkeit oder die Störsicherheit gegenüber akustischer Rückkopplung und Klangverfärbung über die Wahl des jeweiligen Systems entscheiden. Die moderne Computersimulation wird dazu beitragen, insbesondere die Rückkopplungsgefahr zu bannen. Teuere Maßnahmen der baulich umgesetzten „variablen Akustik" werden auch wegen ihrer begrenzten Wirkung zunehmend entfallen.

Normen und Standards

DIN 1320:1997	Akustik. Begriffe
DIN EN ISO 3382:2000	Messung der Nachhallzeit von Räumen mit Hinweisen auf andere akustische Parameter
DIN 18041:2004	Hörsamkeit in kleinen bis mittelgroßen Räumen
DIN EN ISO 11654:1997	Akustik – Schallabsorber für die Anwendung in Gebäuden – Bewertung der Schallabsorption
ISO 17497-1:2004	Acoustics – Sound-scattering properties of surfaces

Literatur

Ahnert W (1975) Einsatz elektroakustischer Hilfsmittel zur Räumlichkeitssteigerung, Schallverstärkung und Vermeidung der akustischen Rückkopplung. Diss Techn Univ Dresden
Ahnert W, Reichardt W (1981) Grundlagen der Beschallungstechnik. Verl Technik, Berlin
Ahnert W, Steffen F (2000) Sound Reinforcement Engineering, Fundamentals and Practice. E&FN Spon, London
Ando Y (1998) Architectural Acoustics. Springer, New York
Askenfeld A (1986) Stage floors and risers – supporting resonant bodies or sound traps? In: Ternström S (Hrsg) Acoustics for choirs and orchestra. Royal Swedish Academy of Music, Stockholm
Ballou GM (2002) Handbook for Sound Engineers, Chapter 35. Focal Press, Boston
Bartsch G (2003) Effiziente Methoden für die niederfrequente Schallfeldsimulation. Verl Dr H H DRIESEN GmbH, Taunusstein
Barron M, Long M (1981) Spatial impression due to early lateral reflections in concert halls: The derivation of a physical measure. J Sound Vib 77(2):211–231
Barnett PW (1987) A review of reverberation enhancement systems. AMS Acoustics Ltd, London (US Patent 4.649.564, March 10th, 1987)
Barron M (2003) Auditorium Acoustics. 2. Aufl, Spon Press, London
Beranek L (1962) Music, acoustics and architecture. Wiley, New York
Beranek L (1996) Concert and Opera Halls, How they sound. Acoust Soc Amer
Beranek L (2004) Concert and Opera Halls, Music, Acoustics and Architecture. Springer, New York
Berkhout AJ (1988) A holographic approach to acoustic control. J Audio Eng Soc 36:977–995
Cox T, D'Antonio P (2004) Acoustic Diffusers and Absorbers: Theory, Design and Application. T&F Group, SPON, London
Cremer L, Müller HA (1978) Die wissenschaftlichen Grundlagen der Raumakustik. Bd I, S Hirzel, Stuttgart
Cremer L (1989) Early lateral reflections in some modern concert halls. J Acoust Soc Amer 85:1213–1225
Dalenbäck BI (1999) Verification of predictionBased on randomized Tail-corrected Cone-Tracing and Array Modelling. 137th ASA/2nd EAA meeting, Berlin

Dietsch L, Kraak W (1986) Ein objektives Kriterium zur Erfassung von Echostörungen bei Musik- und Sprachdarbietungen. Acustica 60:205–216

McGregor C (1988) Electronic architecture: The musical realities of its application. 6. Int Conf Sound Reinforcement, Nashville

Eyring CF (1930) Reverberation time in „dead" rooms. J Acoust Soc Amer 1:217–241

Farina F (1995) RAMSETE – A new Pyramid Tracer for Medium and Large Scale Halls. Proceedings of EURO-NOISE 95 Conference, Lyon

Fasold W, Kraak W, Schirmer W (Hrsg) (1984) Taschenbuch der Akustik. Verl Technik, Berlin

Fasold W, Sonntag E, Winkler H (1987) Bauphysikalische Entwurfslehre: Bau- und Raumakustik. Verl für Bauwesen, Berlin

Fasold W, Veres E (1998) Schallschutz + Raumakustik in der Praxis. Verl für Bauwesen, Berlin

Franssen NV (1968) Sur l'amplification des champs acoustiques. Acustica 20:315–323

Fuchs HV (2004) Schallabsorber und Schalldämpfer. Springer, New York

Gade AC (1989) Investigations of musicians room acoustic conditions in concert halls. Part I: Methods and laboratory experiments, Acustica 69:193–203

Gade AC (1989a) Investigations of musicians room acoustic conditions in concert halls. Part II: Field experiments and synthesis of results, Acustica 69:249–262

Gade AC (1989b) Acoustical survey of eleven european concert halls. The Acoustics Laboratory, Technical University of Denmark, Lyngby

Gomes MH, Vorländer M, Gerges SN (2002) Anforderungen an die Probeflächengeometrie bei der Messung des Streugrades im Diffusfeld. Fortschritte der Akustik, DAGA 2002, Bochum, S 584–585.

McGregor C (1988) Electronic architecture: the musical realities of its application. 6. Int Conf Sound Reinforcement, Nashville

Griesinger D (1990) Improving room acoustics through time-variant synthetic reverberation. AES Convention, Paris, Reprint 3014

Griesinger D (1992) US Patent 5.109.419: April 28th

Höhne R, Schroth G (1995) Zur Wahrnehmbarkeit von Deutlichkeits- und Durchsichtigkeitsunterschieden in Zuhörersälen. Acustica 81:309–319

Hoffmeier J (1996) Untersuchungen zum Einfluß von Raumklangfärbungen auf die Deutlichkeit von Sprache. Diplomarbeit Techn Univ Dresden

Houtgast T, Steeneken HJM. (1985) A review of the MTF concept in room acoustics and its use for estimating speech intelligibility in auditoria. J Acoust Soc Amer 77:1060–1077

Jordan LV (1980) Acoustical design of concert halls and theatres. Appl Sci Publ London

Kaczorowski W (1973) Urzadzenia elektroakustyczne i naglosnia w Wojewodzkiej Hali Widowiskowo-Sportowej w Katowicach (Elektroakustische Einrichtung in der Wojewodschafts-Sporthalle Katowice). Technika Radia i Telewizji 4, S 1–16

Kiesewetter N (1980) Schallabsorption durch Platten-Resonatoren. Gesundheits-Ingenieur 101:57–62

Kleis D (1958/1959) Moderne Beschallungstechnik. Philips tech Rundschau 20:272ff und 21:78ff

Klein W (1971) Articulation loss of consonants as a basis for the design and judgement of sound reinforcement systems. J Audio Eng Soc 19:920–922

Kleiner M (1989) A New Way of Measuring Lateral Energy Fractions. Appl Acoustics 27:321–327

Koning SH de (1985) Konzertsäle mit variablem Nachhall. Funkschau 57:33–38

Kuhl W (1978) Räumlichkeit als Komponente des Raumeindrucks. Acustica 40:167–181

Kürer R (1971) A simple measuring procedure for determining the „center time" of room acoustical impulse responses. 7th Int Congress on Acoustics, Budapest

Kürer R (1973) Studies on parameters – determining the intelligibility of speech in auditoria. Lecture Symp Speech intelligibility, Liege

Kuttruff H (2000) Roomacoustics. Spon Press, London

Lehmann U (1974) Untersuchungen zur Bestimmung des Raumeindrucks bei Musikdarbietungen und Grundlagen der Optimierung. Diss Techn Univ Dresden

Lehmann P (1976) Über die Ermittlung raumakustischer Kriterien und deren Zusammenhang mit subjektiven Beurteilungen der Hörsamkeit. Diss Techn Univ Berlin

Lenk A (1966) Schallausbreitung in absorbierenden Kanälen. Habilitationsschrift Techn Univ Dresden

Meesawat K, Hammershøi D (2003) The time when the reverberation tail in a binaural room impulse response begins. 115th AES Convention, Preprint 5859
Meyer E, Bohn L (1952) Schallreflexion an Flächen mit periodischer Struktur. Acustica 2:195–207
Meyer E, Kuttruff H (1964) Zur Raumakustik einer großen Festhalle. Acustica 14:138–147
Meyer J (1990) Zur Dynamik und Schalleistung von Orchesterinstrumenten. Acustica 71:277–286.
Meyer J (1999) Akustik und musikalische Aufführungspraxis. 4. Aufl, Verl Erwin Bochinsky, Frankfurt am Main
Meyer J (2003) Kirchenakustik. Verl Erwin Bochinsky, Frankfurt am Main
Miyazaki H, Watanabe T, Kishinaga S, Kawakami F (2003) Yamaha Corporation, Advanced System Development Center, Active Field Control (AFC), Reverberation Enhancement System Using Acoustical Feedback Control. 115th AES Convention, New York
Mommertz E, Vorländer M (1995) Measurement of scattering coefficients of surfaces in the reverberation chamber and in the free field. Proc 15th ICA, Trondheim, S 577–580
Mommertz E (1996) Untersuchungen akustischer Wandeigenschaften und Modellierung der Schallrückwürfe in der binauralen Raumsimulation. Part 1: Measurement of the random-incidence scattering coefficient in a reverberation room. Shaker, Aachen
Naylor GM (1993) ODEON- Another hybrid room acoustic model. Appl Acoustics 38:131–143
Ohsmann M (1990) Analyse von Mehrkanalanlagen. Acustica 70: 233–246
Parkin PH, Morgan K (1965) „Assisted resonance" in the Royal Festival Hall London. J Sound Vib 2(1):74–85
Peutz VMA (1971) Articulation loss of consonants as a criterion for speech transmission in a room. J Audio Eng Soc 19:915–919
Prinssen W, Kok B (1994) Technical innovations in the field of electronic modification of acoustic spaces. Proceedings of the IOA, Vol 16, Part 4
Poletti MA (1993) On controlling the apparent absorption and volume in assisted reverberation systems. Acustica 78:61–73
Brüel & Kjær Datenblatt (1988) RASTI-Sprachübertragungsmesser. Typ 3361
Reichardt W, Kussev A (1973) Ein- und Ausschwingvorgänge von Musikinstrumenten. Zeitschrift für elektrische Informations- und Energietechnik 3:73–88
Reichardt W, Abdel Alim O, Schmidt W (1975) Definitionen und Meßgrundlage eines objektiven Maßes zur Ermittlung der Grenze zwischen brauchbarer und unbrauchbarer Durchsichtigkeit bei Musikdarbietungen. Acustica 32:126–137
Reichardt W, Abdel Alim O, Schmidt W (1975a) Zusammenhang zwischen Klarheitsmaß C und anderen objektiven raumakustischen Kriterien. Zeitschrift für elektrische Informations- und Energietechnik 5:144–155
Reichhardt W (1979) Gute Akustik – aber wie? VEB Verl Technik, Berlin
Rindel JH (1994) Acoustic design of reflectors in auditoria. Proc Inst of Acoustics. 14:119–128
Sabine WC (1923) Collected papers on acoustics. Harvard Univ Press, Cambridge
Schmidt W (1979) Raumakustische Gütekriterien und ihre objektive Bestimmung durch analoge oder digitale Auswertung von Impulsschalltestmessungen. Diss Techn Univ Dresden
Schroeder MR (1965) New method of measuring reverberation time, J Acoust Soc Amer 37:409–412
Schroeder MR (1981) Modulation Transfer Functions: Definition and Measurement. Acustica, Vol. 49:179–182
Schroeder MR (1997) Number Theory in Science and Communication. 3. Aufl, Springer, New York
Schroeder MR (1992) Binaural dissimilarity and optimum ceilings for concert halls: More lateral sound diffusion. J Acoust Soc Amer 65:958–963
Takaku K, Nakamura S (1995) A report on the relationship between orchestra shell design and musicians' acoustical impression. 15th Int Congress on Acoustics, Trondheim, S 525–528
Tennhardt HP (1984) Modellmessverfahren für Balanceuntersuchungen bei Musikdarbietungen am Beispiel der Projektierung des Großen Saales im Neuen Gewandhaus Leipzig. Acustica 56:126–135
Tennhardt HP (1993) Akustische Dimensionierung von Faltungsstrukturen mit dreieckförmiger Schnittführung. Zeitschrift für Wärmeschutz-Kälteschutz-Schallschutz-Brandschutz – wksb – Neue Folge Oktober 1993, S 26–37
Tennhardt HP (2004) Raumform und Klangform. Fortschritte der Akustik, DAGA 2004, Straßburg

Thiele R (1953) Richtungsverteilung und Zeitfolge der Schallrückwürfe in Räumen. Acustica 3:291–302

Vian JP, Meynal X (1998) How reverberation enhancement systems based on the virtual wall principle can improve the acoustic qualities of concert halls from the point of view of the musicians, Experiences with the Carmen system. Symposium on „Authentic Music Performance and Variable Acoustics", University of Ghent

Vitruv (1996) Zehn Bücher über Architektur. Übersetzung aus dem Lateinischen (15 v. u. Zeit). Primus-Verlag, Darmstadt

Vorländer M, Mommertz E (2000) Definition and measurement of random-incidence scattering coefficients. Appl Acoustics, 60(2):187–200

Weinzierl S (2002) Beethovens Konzerträume. Raumakustik und symphonische Aufführungspraxis an der Schwelle zum modernen Konzertwesen. Edition Bochinsky, Fankfurt a. M.

Winkler H, Stephenson U (1990) Einfluß geneigter Seitenwände auf die Nachhallzeit. Fortschritte der Akustik, DAGA 1990, S 867–874

Winkler H (1995) Das Nachhallreservoir, Bedeutung und Beeinflussung. Fortschritte der Akustik, DAGA 1995, S 315–318.

Kapitel 6
Studioakustik

Peter Maier

6.1 Schallschutz und Bauakustik 268
    6.1.1 Vorbemerkung 268
    6.1.2 Grundlagen und Anforderungen. 269
    6.1.3 Konstruktive Umsetzung 275
6.2 Raumakustik 280
    6.2.1 Vorbemerkung 280
    6.2.2 Modelle und Beschreibungsformen 281
    6.2.3 Tonaufnahmeräume 291
    6.2.4 Tonregie- und Hörräume 295
    6.2.5 Elektroakustische Optimierung der Wiedergabe
          und Einmessung der Abhörlautsprecher. 305
Normen und Standards 309
Literatur. 310

Tonstudios zählen zu den Gebäuden und Räumen mit den höchsten Ansprüchen an die akustische Gestaltung. Die Akustik, die bei Gebäuden für Wohn- oder Büronutzung häufig eher nebensächlich behandelt wird, wird im Studiobau zu einem zentralen Bestandteil der Funktion. Daher spielen in der Planung von Studios einerseits Schallschutz und Bauakustik, also die Schallübertragung zwischen Räumen innerhalb eines Gebäudes, die Schallabstrahlung durch ein Gebäude und die Schalleinwirkung von außen, vor allem aber die Raumakustik, also die Schallübertragung innerhalb eines Raumes eine wichtige Rolle.

Bei bauakustischen Aufgabenstellungen unterscheidet sich die Vorgehensweise im Studiobau grundsätzlich nur wenig von der im Bereich „ziviler" Bauten, wenngleich die Anforderungen bei weitem höher liegen, die Konstruktionen aufwändiger sind, und die Qualität der Ausführung von erheblich größerer Bedeutung ist. In der Raumakustik dagegen weichen die Zielsetzungen im Studiobau so weit von denen beim Bau von Wohn-, Büro- und Konferenzräumen und selbst Theater- und Konzertsälen ab, dass bei der Planung völlig andere Sichtweisen und Beschreibungsformen auftreten und bei deren Umsetzung Konstruktionen notwendig werden, wie man sie kaum in anderen Bauten wiederfinden wird.

6.1 Schallschutz und Bauakustik

6.1.1 Vorbemerkung

Schallschutz und Bauakustik sollen im Studiobau sicherstellen, einerseits in den Aufnahme- und Regieräumen ohne Beeinträchtigungen von außen, aus benachbarten Räumen oder aus gebäudetechnischen Anlagen arbeiten zu können und andererseits diese Räume mit hohen Schalldruckpegeln nutzen zu können, ohne Beeinträchtigungen außerhalb hervorzurufen.

Im weitesten Sinne betrachtet dabei die Bauakustik, die häufig auch als baulicher Schallschutz bezeichnet wird, die Schallausbreitung und deren Bekämpfung innerhalb von Gebäuden. Nun ist es eines der Grundprinzipien der „zivilen" Bauakustik, laute Räume von schutzbedürftigen Räumen zu trennen. Dieses Prinzip lässt sich ohne Einschränkung auf den Studiobau übertragen. Daraus ergibt sich das einfache Grundprinzip, die lautesten Räume möglichst weit entfernt von empfindlichen Räumen des eigenen Studios, aber auch von empfindlichen Räumen angrenzender Wohnungen oder Gebäude anzuordnen. Vor der Festlegung von Wand- und Deckenaufbauten und Entkopplungsmaßnahmen steht folglich die Grundrissplanung als erster Teil des bauakustischen Entwurfsprozesses, in dem die Anordnung der einzelnen Räume innerhalb eines Gebäudes festgelegt wird.

Die Forderung nach einer guten bauakustischen Trennung verlangt zunächst natürlich ein trennendes Bauteil mit hohem Schalldämmmaß zwischen den Räumen. Daneben ist es notwendig, alle Einbauten und Bauteile, also Türen, Fenster, klimatechnische Einbauten, Kabelkanäle und alle sonstigen Durchbrüche mit einzubeziehen, da sie zu einer erheblichen Schwächung des gesamten Bauteils führen können. Und schließlich ist auch die Übertragung über die angrenzenden, längs verlaufenden Wand- und Deckenbauteile, die sogenannten flankierenden Bauteile mit in die Betrachtung einzubeziehen, da diese einen nicht unerheblichen Beitrag zur Schallübertragung leisten können.

Die Schallentstehung und die Einleitung des Schalls in die betrachteten Bauteile kann in Form von Luftschall oder in Form von Körperschall erfolgen. Im Fall der Anregung durch Luftschall bedeutet dies, dass das betreffende Bauteil durch auftreffende Schallwellen z. B. eines Instruments oder eines Lautsprechers zu Schwingungen angeregt wird. Im Fall der Körperschallanregung erfolgt die Anregung durch direkten mechanischen Kontakt des Bauteils zu einer schwingungserregenden Quelle, z. B. einem Lautsprecher, einer Maschine oder im Fall des Trittschalls einer gehenden Person. In beiden Fällen erfolgt aufgrund der Schwingungen des Bauteils eine Abstrahlung von Schallwellen in den angrenzenden Raum. In vielen Fällen kommt es auch zu einer vor allem im Studiobau nicht unerheblichen Ausbreitung der Schwingungen über die Bauteile des Gebäudes und dadurch zu einer Abstrahlung von Schall in weiter entfernten Räumen.

Ein weiterer Aspekt des Schallschutzes, der im Studiobau häufig zu Problemen führt, ist die störende Schallabstrahlung von gebäudetechnischen Einrichtungen, also vor allem von Lüftungs- und Klimaanlagen. Die Problematik besteht in den

Kapitel 6 Studioakustik

gegenläufigen Anforderungen, einerseits strengste Ruhegeräuschanforderungen einzuhalten und andererseits vor allem in Regieräumen – verglichen mit üblichen Anwendungen – erheblich höhere Wärmeleistungen abführen zu müssen.

Die physikalischen Grundlagen und die Bekämpfung der Schallübertragung innerhalb von Gebäuden sollen hier nur am Rande betrachtet werden. Der Schwerpunkt der Betrachtungen liegt in den speziell im Studiobau auftretenden Aufgabenstellungen. Für darüber hinaus interessierte Leser ist die Lektüre von (Gösele et al. 1997) und (Fasold u. Veres 1998) zu empfehlen.

6.1.2 Grundlagen und Anforderungen

6.1.2.1 Ruhegeräusch

Um die immer größeren Signal-/Störpegelabstände moderner Aufzeichnungsmedien sowohl bei der Aufnahme nutzen als auch bei der Beurteilung der Aufnahme im Regieraum überwachen zu können, muss der in den Räumen auftretende Ruhegeräuschpegel auf ein erforderliches Maß begrenzt werden. Dies betrifft sowohl stationäre als auch instationäre Immissionen. Speziell bei Schallquellen mit niedriger Schallleistung wie Sprache oder leisen Geräuschen ist in vielen Fällen der Schalldruckpegel bei der Wiedergabe höher als bei der Aufnahme, wodurch im Aufnahmeraum nicht wahrnehmbare Geräusche bei der Wiedergabe hörbar werden. Aber auch die einwandfreie Beurteilung eines aufgenommenen Signals erfordert ein hohes Maß an Schutz gegenüber Störungen von außen und gegenüber Störungen aus haus- und studiotechnischen Geräten. Zudem kann ein erhöhter Ruhegeräuschpegel in Räumen für Tonwiedergabe zu hohen Abhörlautstärken führen.

Die Beurteilung des Ruhegeräuschpegels anhand von Einzahlwerten, etwa durch Betrachtung des A-bewerteten Schalldruckpegels, ist im Studiobereich meist unzureichend, da die spektralen Eigenschaften des Geräusches nicht ausreichend in die Betrachtung einbezogen werden. Daher hat sich die Verwendung von Grenzkurven

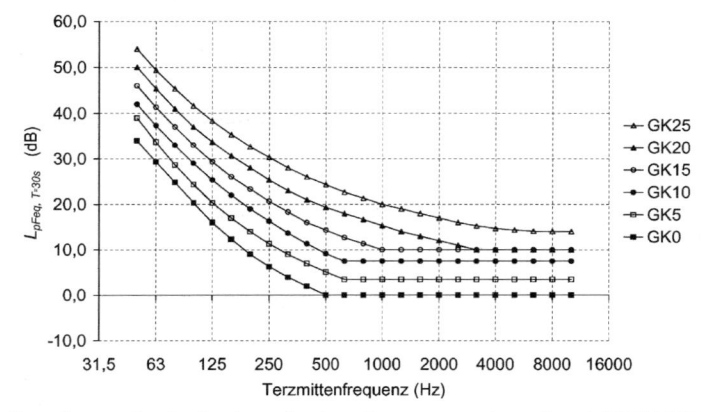

Abb. 6.1 Grenzkurven für den höchst zulässigen Dauergeräuschpegel nach DIN 15996

durchgesetzt. Dabei wird das Ruhegeräuschspektrum mit einer nutzungsabhängigen Grenzkurve verglichen, die in keinem der zu beurteilenden Frequenzbänder überschritten werden darf.

Eine Empfehlung für Schalldruckpegel von Dauergeräuschen in Studioräumen wird in IRT Akustische Informationen 1.11-1/1995 gegeben und ist in DIN 15996 weitgehend übernommen. Der maximal zulässige Dauergeräuschpegel wird entsprechend der Nutzung eines Raumes in Form der in Abb. 6.1 dargestellten Grenzkurven (GK) festgelegt. Der mit einer Mittelungsdauer von 30 s in Terzbandbreite gemessene energieäquivalente Dauergeräuschpegel $L_{p\text{Feq}, T=30s}$ nach DIN 45641 für die Terzmittenfrequenzen von 50 Hz bis 10 kHz darf die festgelegte Grenzkurve in keinem Terzband überschreiten. Die in DIN 15996 angegebenen Grenzkurven sind aus den international üblichen Noise-Rating-Kurven (NR) nach ISO 1996 abgeleitet.

Auf Basis dieser Grenzkurven sind in DIN 15996 Empfehlungen für Studioräume angegeben, die auch als Richtwerte für Räume mit vergleichbaren Nutzungen dienen können (Tabelle 6.1)

Tabelle 6.1: Empfehlungen zum zulässigen Dauergeräuschpegel für Produktionsstudios in Film-, Video- und Rundfunkbetrieben nach DIN 15996

Produktionsumgebung	Zulässiger Dauergeräuschpegel nach DIN 15996
Hörspiel	GK 0
Ernste Musik (Kammermusik)	GK 0
Ernste Musik (Sinfonische Musik)	GK 5
Unterhaltungsmusik	GK 15
Räume, in denen vorwiegend Sprache aufgenommen wird	GK 5 bis GK 10
Räume, in denen vorwiegend die Tonqualität beurteilt wird und/oder eine Tonbearbeitung stattfindet	GK 5 bis GK 15
Produktionsstudios des Fernsehens und Bearbeitungsräume in Fernsehen und Hörfunk	GK 10 bis GK 20
Bearbeitungsräume mit büroähnlichem Charakter	GK 20 bis GK 25

Speziell für Referenz-Hörräume und Tonregieräume sind Empfehlungen in SSF-01 bzw. EBU Tech. 3276 angegeben. In SSF-01 sind die Grenzkurven gemäß DIN 15996 übernommen. Die in EBU Tech. 3276 und ITU-R BS.1116-1 angegebenen Werte beziehen sich direkt auf Noise-Rating-Kurven (NR) nach ISO 1996 (Tabelle 6.2).

Tabelle 6.2 Empfehlung für höchstzulässige Schalldruckpegel in Referenz-Hörräumen und Tonregieräumen

Empfehlung / Standard	Zulässiger Dauergeräuschpegel
SSF-01	GK 10 (in Ausnahmefällen GK 15)
EBU Tech. 3276 bzw. ITU-R BS.1116-1	NR 10 (in Ausnahmefällen NR 15)

Die Messung des Schalldruckpegels erfolgt in Regie- und Hörräumen in der Regel im Abhörbereich in einer Höhe von 1,20 m über dem Boden. In Aufnahmeräumen ist der gesamte Tonaufnahmebereich in die Beurteilung einzubeziehen.

Die für den Kinobereich gültigen Vorgaben nach Dolby und THX beziehen sich in Übereinstimmung mit SMPTE RP141 auf die vor allem im US-amerikanischen Bereich üblichen Noise-Criterion-Kurven (NC) für Oktav-Schalldruckpegel. Dabei sollen in Kinos die Werte NC 25 bis NC 30 nicht überschritten werden. Von THX wird zusätzlich empfohlen, NC 25 nicht erheblich zu unterschreiten, damit instationäre Schallimmissionen aus benachbarten Kinosälen durch stationäre Immissionen aus den haustechnischen Anlagen verdeckt werden. Bei der Planung von Mischkinos wird in der Regel gegenüber den Vorgaben von Dolby und THX eine weitere Reduktion des Ruhegeräuschpegels gemäß den Empfehlungen für Tonregieräume angestrebt. Störende Immissionen aus benachbarten Räumen müssen dann durch geeignete bauakustische Maßnahmen vermieden werden.

6.1.2.2 Anforderungen an die Luft-, Tritt- und Körperschalldämmung

Die erforderliche bauakustische Trennung zwischen zwei Räumen ergibt sich aus dem maximal zu erwartenden Betriebsschallpegel im schallemittierenden Raum und dem höchst zulässigen Ruhegeräuschpegel im zu schützenden Raum. Für Außenbauteile ergibt sie sich entsprechend aus dem zu erwartenden Außenlärmpegel und dem höchst zulässigen Ruhegeräuschpegel bzw. aus den zu erwartenden Betriebsschallpegeln und den maximal zulässigen Immissionspegeln in der Umgebung.

In DIN 4109 sind Mindestwerte für die bauakustischen Eigenschaften von Gebäuden zum Schutz von Aufenthaltsräumen gegen Geräusche aus fremden Räumen, aus haustechnischen Anlagen, aus Gewerbe- und Industriebetrieben und gegen Außenlärm festgelegt. Da im Studiobau aufgrund der hohen Ruhegeräuschanforderungen und der hohen zu erwartenden Betriebsschalldruckpegel erheblich höhere Anforderungen als im Wohnungs- und Bürobau gelten, sind die in DIN 4109 geforderten Werte im Studiobau nur begrenzt anwendbar.

Die tatsächlich erforderlichen bauakustischen Werte ergeben sich je nach Nutzung aus den maximalen Sende- und Empfangsschalldruckpegeln der einzelnen Räume. Betrachtet man die Immissionen in Studioräume aus benachbarten Räumen oder von außerhalb, sind als zulässige Empfangsschalldruckpegel die in Abschn. 6.1.2.1 beschriebenen höchst zulässigen Ruhegeräuschpegel heranzuziehen, während als Sendeschalldruckpegel die außerhalb maximal zu erwartenden Schalldruckpegel einzusetzen sind. Im umgekehrten Fall, also bei der Betrachtung von Emissionen aus Studioräumen, sind als Sendeschalldruckpegel die maximalen Betriebsschallpegel heranzuziehen. Für die Immissionspegel in den betrachteten benachbarten Räumen gelten je nach rechtlicher Situation die Immissionsrichtwerte für Gewerbelärm, die in der Technischen Anleitung zum Schutz gegen Lärm (TA-Lärm) festgelegt sind, oder regional gültige Vorschriften für privaten Nachbarschaftslärm. Schallimmissionen, die durch Tritt- oder Körperschallanregung entstehen, sind gemäß den in 6.1.2.1 beschriebenen Ruhegeräuschanforderungen in den jeweiligen Studioräumen zu beurteilen.

6.1.2.3 Parameter zur Beschreibung der Luft- und Trittschalldämmung

Die Luftschalldämmung zwischen zwei Räumen wird zunächst durch das Schalldämmmaß des trennenden Bauteils bestimmt. Das Schalldämmmaß R ist definiert als Verhältnis der auf das Bauteil treffenden Schallleistung P_1 zu der vom Bauteil in den benachbarten Raum abgestrahlten Schallleistung P_2:

$$R = 10 \log \frac{P_1}{P_2} \, \text{dB} \tag{6.1}$$

Drückt man in (6.1) die Schallleistung P_1 der auf die Wand auftreffenden Schallwelle durch den Schalldruckpegel L_1 im Senderaum und die Schallleistung P_2 der von der Wand abgestrahlten Schallwelle durch den im Empfangsraum hervorgerufenen Schalldruckpegel L_2 aus, so zeigt sich der Einfluss der Größe der Trennfläche S und der äquivalenten Schallabsorptionsoberfläche A des Empfangsraumes:

$$R = L_1 - L_2 + 10 \log \frac{S}{A} \, \text{dB} \tag{6.2}$$

In der Regel ist allerdings, sofern es sich nicht um Messungen in Prüfständen mit unterdrückter Nebenwegübertragung handelt, nicht davon auszugehen, dass die Schallübertragung über das trennende Bauteil alleine erfolgt, sondern zu einem nicht unerheblichen Teil über Nebenwege und flankierende Bauteile. Zur Kennzeichnung dafür, dass die Schallübertragung wie in realen Gebäuden üblich nicht ausschließlich über das trennende Bauteil erfolgt, wird das Bau-Schalldämmmaß R' verwendet, das analog zu (6.2) ermittelt wird:

$$R' = L_1 - L_2 + 10 \log \frac{S}{A} \, \text{dB} \tag{6.3}$$

In vielen Fällen ist es nicht sinnvoll, das Schalldämmmaß zu betrachten, da z. B. die betroffenen Räume gar nicht aneinander angrenzen und somit eine Trennfläche gar nicht zu definieren ist. Dann wird zur Kennzeichnung der Schallübertragung die Normschallpegeldifferenz D_n herangezogen:

$$D_n = L_1 - L_2 + 10 \log \frac{A_0}{A} \, \text{dB} \tag{6.4}$$

Sofern nichts anderes festgelegt ist, wird die Bezugs-Absorptionsoberfläche $A_0 = 10$ m² gesetzt. Im Studiobau ist außerdem die Schallpegeldifferenz von beson-

Kapitel 6 Studioakustik

derer Bedeutung, da sie die tatsächliche Situation bei der gegebenen Geometrie und den tatsächlichen Nachhallzeiten in direkter Form beschreibt:

$$D = L_1 - L_2 \tag{6.5}$$

Die Schallpegeldifferenz D ergibt sich für aneinander grenzende Räume aus dem Schalldämmmaß R unter Einbeziehung der Trennfläche S und der äquivalenten Schallabsorptionsoberfläche A des Empfangsraumes:

$$D = R - 10\log\frac{S}{A}\,\text{dB} \tag{6.6}$$

Bei nicht zu vernachlässigender Schallübertragung über flankierende Bauteile muss in (6.6) an Stelle des Schalldämmmaßes R das Bau-Schalldämmmaß R' verwendet werden:

$$D = R' - 10\log\frac{S}{A}\,\text{dB} \tag{6.7}$$

Die Bestimmung von Schalldämmmaß, Normschallpegeldifferenz und Schallpegeldifferenz erfolgt spektral durch Anregung des Senderaumes durch eine breitbandig kugelförmig abstrahlende Schallquelle, räumliche Mittelung der Schalldruckpegel L_1 im Senderaum und L_2 im Empfangsraum und gegebenenfalls Ermittlung der für die Korrektur nach (6.2), (6.3) und (6.4) erforderlichen Nachhallzeit des Empfangsraumes und der Trennfläche der beiden Räume. Einzelheiten der Messungen sind in DIN EN ISO 140-4 dargestellt. Die Bildung der Einzahlwerte R_w, R'_w bzw. $D_{n,w}$ und D_w erfolgt durch Vergleich mit einer Bezugskurve gemäß DIN EN ISO 717-1. Dabei wird lediglich der Frequenzbereich von 100 Hz bis 3,15 kHz bewertet. Für bauakustische Betrachtungen im Studiobereich ist ein Frequenzbereich bis zu einer unteren Grenzfrequenz von 100 Hz nicht ausreichend. Daher werden praktisch alle bauakustischen Berechnungen im Studiobereich spektral in einem zumindest bis 50 Hz erweiterten Frequenzbereich durchgeführt.

Anders als bei der Definition der Beschreibung der Luftschalldämmung ist es für die Trittschalldämmung nicht möglich, eine Beschreibung an Hand von Differenzen der Pegel im Sende- und Empfangsraum vorzunehmen. Messungen zur Bestimmung des Trittschallpegels werden gemäß DIN EN ISO 140-7 unter Verwendung eines Norm-Hammerwerks durchgeführt. Aus dem im Empfangsraum gemessenen Schalldruckpegel, der als Trittschallpegel L'_T bezeichnet wird, ergibt sich durch Korrektur der äquivalenten Schallabsorptionsoberfläche A des Empfangsraumes der Norm-Trittschallpegel L'_n:

$$L'_n = L'_T + 10\log\frac{A}{A_0}\,\text{dB} \tag{6.8}$$

Die Bestimmung des Trittschallpegels dient für Deckenbauteile auch zur Charakterisierung des Verhaltens bei anderen Arten von punktförmiger Körperschallanregung. Die Bildung des Einzahlwertes $L'_{n,w}$ erfolgt wiederum durch Vergleich mit einer Bezugskurve gemäß DIN EN ISO 717-2.

6.1.2.4 Typische Werte und Empfehlungen für Schallpegeldifferenzen und Trittschallpegel

Allgemein gültige Empfehlungen bzw. Anforderungen für Schalldämmmaße R bzw. R' und Norm-Trittschallpegel L'_n sind im Studiobau nicht zweckmäßig, da die resultierenden Schallimmissionen von der Geometrie und der Nachhallzeit der Räume abhängen würden. Nutzungsabhängige Empfehlungen sind daher sinnvoller in Bezug auf die Schallpegeldifferenz D und den Trittschallpegel L'_T zu formulieren, die die gesamten baulichen Gegebenheiten in die Betrachtung einbeziehen.

Wegen der spektralen Schwankungen von Schallpegeldifferenzen und Trittschallpegeln und der eingeschränkten Frequenzbereiche der Einzahlwertbildungsverfahren ist es zweckmäßig, Anforderungen in Form von Sollkurven zu definieren, die in keinem der betrachteten Frequenzbänder unter- bzw. überschritten werden dürfen. Eine Formulierung von Anforderungen anhand von Einzahlwerten im Sinne von DIN EN ISO 717-1 und -2 ist nicht ausreichend, um eine Einhaltung der gestellten Ruhegeräuschanforderungen vor allem im tieffrequenten Bereich sicherzustellen. Empfehlungen für Schallpegeldifferenzen und Trittschallpegel sind z. B. in RFZ 591 02 zu finden. Die angegebenen Richtwerte sind nutzungsabhängig durch Sollkurven definiert. Eine eindeutige Überführung der Empfehlungen in Einzahlwerte gemäß DIN EN ISO 717-1 und -2 ist nicht möglich.

Typische Werte für Schallpegeldifferenzen D_w zwischen Regie- und Aufnahmeräumen liegen im Bereich zwischen 60 dB und 75 dB. Anordnungen von sehr lauten Räumen in direkter Nachbarschaft von sehr empfindlichen Räumen vor allem in getrennten Nutzungseinheiten können Schallpegeldifferenzen im Bereich von 90 dB und mehr notwendig machen.

Übliche Werte für Trittschallpegel L'_T liegen unter der Voraussetzung einer ruhigen Umgebung in Regieräumen im Bereich von 40 dB bis 45 dB, in Aufnahmeräumen im Bereich von 35 dB bis 40 dB.

Da für Körperschallquellen und für die genaue Form der Körperschalleinleitung eine einheitliche Erfassung nicht sinnvoll ist, sind die für eine ausreichende Reduktion von Körperschallimmissionen notwendigen Maßnahmen im Studiobau immer im Einzelfall gemäß den in 6.1.2.1 beschriebenen Ruhegeräuschanforderungen zu beurteilen.

Können in einem Raum Immissionen von Luft- und Körperschallquellen aus unterschiedlichen Bereichen auftreten, ist die Summierung der einzelnen Anteile zu berücksichtigen.

6.1.3 Konstruktive Umsetzung

6.1.3.1 Einschalige und mehrschalige Bauteile, Entkopplung, elastische Lagerung

Grundsätzlich besteht die Möglichkeit, Wand- und Deckenbauteile ein- oder mehrschalig zu erstellen. Einschalige Bauteile sind Decken und Wände, die nur aus einer massiven Schicht ohne elastische Zwischenschichten bestehen, also im Allgemeinen Stahlbetondecken und -wände, Mauerwerkswände usw. Ein einschaliges Bauteil verhält sich, vereinfacht betrachtet, wie eine Masse, die durch einfallende Schallwellen zu Schwingungen angeregt wird und dadurch auf der gegenüberliegenden Seite Schallwellen abstrahlt. Aufgrund der Trägheit dieser Masse nimmt das Schalldämmmaß des Bauteils um 6 dB/Oktave mit der Frequenz zu. Eine Verdopplung der Masse des Bauteils bewirkt bei dieser vereinfachten Betrachtung eine Erhöhung des Schalldämmmaßes um 6 dB. Um eine gute Schalldämmung zu erreichen ist somit eine hohe flächenbezogene Masse notwendig. In Abb. 6.2 ist der Verlauf des Schalldämmmaßes eines einschaligen Bauteils dargestellt.

Der tatsächliche Verlauf des Schalldämmmaßes wird durch eine Reihe von weiteren, durchaus nicht unerheblichen Effekten beeinflusst, die eine Einbeziehung weiterer Materialparameter erfordern. Der für die praktische Anwendung relevanteste Mechanismus ist der Koinzidenzeffekt oder Spuranpassungseffekt. Dabei kommt es durch die Übereinstimmung der Projektion der Wellenlänge der einfallenden Schallwelle auf das Bauteil und der freien Biegewelle auf dem Bauteil selbst zu einer resonanzartigen Verringerung des Schalldämmmaßes. Die Frequenz des Einbruchs ist abhängig vom Einfallswinkel der eintreffenden Schallwelle und erreicht ihren niedrigsten Wert für streifenden Schalleinfall in der Nähe des tiefsten

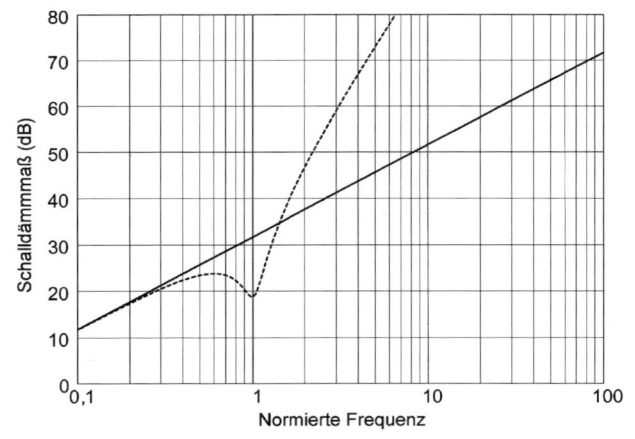

Abb. 6.2 Exemplarischer Verlauf des Schalldämmmaßes eines einschaligen (durchgezogene Linie) und eines gleich schweren zweischaligen (gestrichelte Linie) Bauteils. Die dargestellten Kurven basieren auf einer vernachlässigbaren Biegesteifigkeit der Bauteile. Die Frequenz ist auf die Resonanzfrequenz des zweischaligen Bauteils normiert.

resultierenden Einbruchs des Schalldämmmaßes bei der Koinzidenzgrenzfrequenz. Bestimmend für die Lage des Koinzidenzeinbruchs im Frequenzbereich und die durch den Effekt auftretende Verschlechterung des Schalldämmmaßes sind vor allem Masse, Biegesteifigkeit und Dämpfung der Platte. Das bauakustische Verhalten von homogenen Platten ist ausführlich bei (Heckl 1960) und (Cremer 1942) dargestellt.

Zweischalige Bauteile lassen sich für eine einfache Beschreibung ihrer bauakustischen Funktion durch Masse-Feder-Masse-Systeme darstellen. Das bedeutet, es tritt eine Resonanzfrequenz auf, bei der es zu einem Einbruch im Schalldämmmaß kommt.

Deutlich unterhalb der Resonanzfrequenz kommt es beim zweischaligen Bauteil gegenüber dem einschaligen Bauteil gleicher Gesamtmasse zu keiner erheblichen Veränderung des Schalldämmmaßes. Die Funktion des Bauteils ist alleine durch seine Gesamtmasse bestimmt. Im Frequenzbereich oberhalb der Resonanzfrequenz kommt es zu einer deutlichen Erhöhung der frequenzabhängigen Steigung des Schalldämmmaßes, die in einen Anstieg von theoretisch 18 dB/Oktave übergeht (Abb. 6.2). Um also einen Vorteil durch die Mehrschaligkeit der Wand zu erzielen, muss die Resonanzfrequenz ausreichend tief liegen. Die Resonanzfrequenz ist um so niedriger, je schwerer die Schalen sind und je größer der Abstand zwischen den Schalen ist bzw. je weicher das Dämmmaterial zwischen den Schalen ist.

Diese vereinfachten Modelle ein- und mehrschaliger Bauteile sind zur Erfassung eines Großteils der relevanten Zusammenhänge ausreichend. Für eine umfassende Darstellung der Vorgänge sei auf (Gösele et al. 1997) und (Fasold et al. 1984) verwiesen.

Das Schalldämmmaß eines Bauteils kann also entweder durch eine größere Masse des Bauteils oder durch das Vorsetzen von akustisch entkoppelten Schalen erhöht werden. Die reine Erhöhung der Masse eines massiven einschaligen Bauteils bewirkt wie oben beschrieben bei relativ großem, in vielen Fällen aus statischen

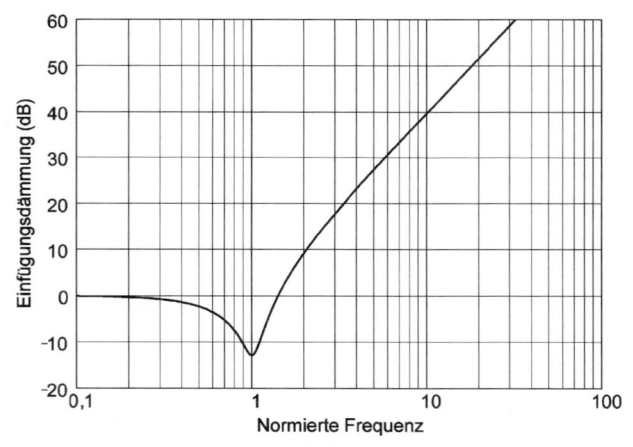

Abb. 6.3 Exemplarischer Verlauf der Einfügungsdämmung einer elastischen Lagerung. Die Frequenz ist auf die Resonanzfrequenz der Lagerung normiert.

Kapitel 6 Studioakustik 277

Gründen gar nicht praktikablem Aufwand relativ geringe Verbesserungen des Schalldämmmaßes. Dagegen liegen die durch den Einsatz entkoppelter Schalen erreichbaren Schalldämmmaße zumindest im mittel- und hochfrequenten Bereich bei weitaus höheren Werten.

Der Vorteil schwerer massiver Konstruktionen liegt in der hohen Schalldämmung im tieffrequenten Bereich. Durch leichte Vorsatzschalenkonstruktionen erfährt nicht nur die Schalldämmung des Bauteils im tieffrequenten Bereich keine Verbesserung, es kann bei ungünstiger Dimensionierung sogar durch Resonanzeffekte zu einer Verringerung des Schalldämmmaßes kommen. Dennoch überwiegen in vielen Fällen die Vorteile von Trockenbaukonstruktionen. Häufig wird die optimale Konstruktion durch eine Kombination aus massiven Wänden und Trockenbauvorsatzschalen erreicht. Im Studiobau sind drei- oder mehrschalige Konstruktionen nicht unüblich, wobei mehrschalige Wände grundsätzlich nur sinnvolle Ergebnisse liefern, wenn auch die Anschlüsse der Bauteile an flankierende Wände bzw. Decken entsprechend ausgeführt sind und auf die Vermeidung von Körperschallbrücken geachtet wird.

Die Entkopplung eines Bauteils, eines Gerätes oder eines ganzen Raumes gegenüber dem Untergrund kann durch elastische Lagerung, also durch das Einbringen einer elastischen Zwischenschicht erfolgen. Eine elastische Lagerung wirkt als Feder-Masse-System. Folglich ergibt sich für die Einfügungsdämmung einer elastischen Lagerung unter der vereinfachenden Annahme eines starren Untergrundes der in Abb. 6.3 dargestellte Verlauf.

Die Resonanzfrequenz f_0 der Lagerung ergibt sich aus der gelagerten Masse m und der Steifigkeit s der Feder:

$$f_0 = \frac{1}{2\pi}\sqrt{\frac{s}{m}} \qquad (6.9)$$

Eine Erhöhung der gelagerten Masse führt zu einer Reduktion der Resonanzfrequenz und damit zu einer Erhöhung der Einfügungsdämmung der Lagerung nahezu im gesamten Frequenzbereich. Allerdings ist einer Erhöhung der Masse in den meisten Fällen durch die statischen Gegebenheiten des Gebäudes eine bauliche Grenze gesetzt. Daneben kann eine Senkung der Resonanzfrequenz auch durch eine Verringerung der Federsteifigkeit der elastischen Zwischenschicht erreicht werden. Das bedeutet, dass bei gleicher gelagerter Masse mit weicheren Materialien eine Verschiebung des Frequenzverlaufes der Einfügungsdämmung zu tieferen Frequenzen und damit eine Erhöhung der Effektivität der Lagerung erreicht werden kann. Natürlich muss dabei vermieden werden, bei bekanntem Erregerspektrum eine Lagerung so zu dimensionieren, dass die Resonanzfrequenz in der Nähe der größten Schwingungspegel der Anregung liegt.

Neben der Lage der Resonanzfrequenz ist auch die Ausprägung des Resonanzeinbruches von Bedeutung für die Effektivität der Lagerung. Elastische Materialien mit hoher innerer Dämpfung, wie z.B. Mineralfasermatten oder Elastomere, führen zu weit weniger ausgeprägten Resonanzeinbrüchen und damit zu einer höheren Effektivität der Lagerung, als Materialien mit geringer innerer Dämpfung, wie z.B. Stahl-

Abb. 6.4 Elastische Lagerung der Bodenplatte des ARRI Film & TV Mischkinos Stage 1. Die flächigen Elastomerlager sind jeweils links und rechts zwischen den Stahlbetonkonsolen und dem darauf aufliegenden Unterzug der Bodenplatte des Raumes erkennbar.

federn. Bei der Verwendung von Stahlfedern zur Lagerung von Räumen sind in der Regel Zusatzmaßnahmen zur Bedämpfung des Systems notwendig. Grundsätzlich führt die Lagerung auf Stahlfedern in den meisten Fällen zu erheblichem baulichem Mehraufwand, weshalb sich die Lagerung auf Elastomeren, die bei geeigneter Dimensionierung vergleichbare Wirksamkeit zeigt, in weiten Bereichen durchgesetzt hat. In Abb. 6.4 sind zwei Elastomerlager unter den Stahlbetonunterzügen der Bodenplatte eines Mischkinos dargestellt. Die Grundlagen der Ausbreitung und der Entkopplung von Körperschall sind umfassend in (Cremer u. Heckl 1996) dargestellt.

6.1.3.2 Raum-In-Raum-Konstruktion

Die Schallpegeldifferenz zwischen zwei Räumen kann durch Maßnahmen am trennenden Bauteil selbst nicht beliebig erhöht werden. Erhöht man durch Vorsatzschalen oder andere konstruktive Maßnahmen an einem trennenden Bauteil dessen Schalldämmmaß, wird irgendwann ein Punkt erreicht, an dem eine Erhöhung des Schalldämmmaßes durch weitere Maßnahmen am Bauteil selbst nicht mehr möglich ist. Das Schalldämmmaß steigt nicht mehr weiter an, da die Übertragung über die flankierenden Bauteile, also über die angrenzenden, längs verlaufenden Bauteile überwiegt. Erst durch Maßnahmen wie z. B. biegeweiche Vorsatzschalen an diesen flankierenden Bauteilen, ist eine weitere Steigerung des Schalldämmmaßes möglich. Gleiches gilt für alle Wände, sowie für Decke und Boden als trennende Bauteile. Dies führt bei der im Studiobau üblichen Forderung nach hohen Schalldämmmaßen zwangsläufig zur Entkopplung aller Bauteile eines Raumes und folglich zur Raum-In-Raum-Konstruktion.

Die Raum-In-Raum-Konstruktion kann nun tatsächlich aus einem Raum bestehen, der frei und von allen Teilen des Baukörpers auf einer elastischen Lagerung entkoppelt in einem Raum steht, sie kann aber auch entstehen durch das unmittelbare Vorsetzen von Bauteilen wie schwimmenden Estrichen, Vorsatzschalen und abgehängten Decken vor den Decken- und Wandbauteilen eines Raumes. Die mit

Kapitel 6 Studioakustik

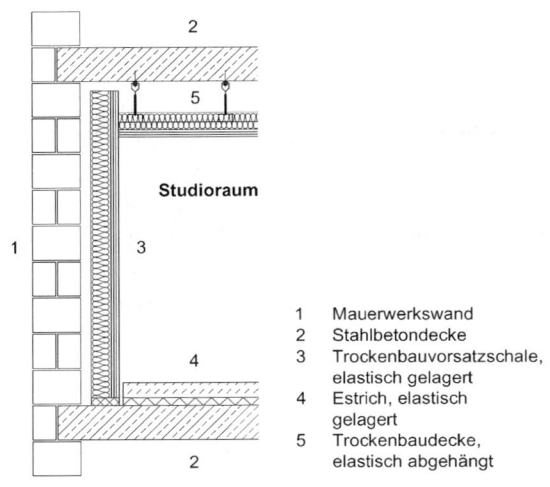

Abb. 6.5 Schnitt durch eine Trockenbau-Raum-In-Raum-Konstruktion

1 Mauerwerkswand
2 Stahlbetondecke
3 Trockenbauvorsatzschale, elastisch gelagert
4 Estrich, elastisch gelagert
5 Trockenbaudecke, elastisch abgehängt

Trockenbau-Raum-In-Raum-Konstruktionen (Abb. 6.5) erreichbare Erhöhung des Schalldämmmaßes liegt erfahrungsgemäß je nach Dimensionierung der Schichten und Ausführung der Detailpunkte im Bereich zwischen 15 und 30 dB.

6.1.3.3 Schallschutz an haustechnischen Anlagen

Die Planung haustechnischer Anlagen im Studiobau ist von zwei gegenläufigen Anforderungen geprägt. Einerseits bestehen strengste Anforderungen an das Ruhegeräusch und damit an die Emissionen haustechnischer Anlagen und die Schallübertragung zwischen Räumen über die Anlagenteile, die sogenannte Telefonie. Andererseits treten vor allem in Regieräumen aufgrund der großen Menge an technischen Einbauten erheblich höhere Wärmeleistungen auf als etwa in Räumen mit Büronutzung bei vergleichbarem Raumvolumen.

Zunächst ist auch hier die Grundrissplanung von Bedeutung. Anlagenteile, die nicht direkt der Anbindung der Studioräume dienen, sollten von diesen räumlich getrennt angeordnet werden, d. h. sie sollten gegebenenfalls außerhalb des Studiobereiches positioniert bzw. um den Studiobereich herum geführt werden. Um die entstehenden Strömungsgeräusche niedrig zu halten, sind geringe Strömungsgeschwindigkeiten erforderlich, wobei hier vor allem auch die Gestaltung der Luftauslässe und deren räumliche Anordnung von Bedeutung ist. Da aufgrund von maximal möglichen Temperaturgradienten die notwendigen Volumenströme vorgegeben sind, ergeben sich aus der Forderung nach geringen Strömungsgeschwindigkeiten große Kanalquerschnitte. Für die luftführenden Kanäle sind geeignete Schalldämpferanordnungen erforderlich, um die Einhaltung der gestellten Ruhegeräuschanforderungen bezüglich Immissionen von lüftungstechnischen Geräten, Strömungsgeräuschen und Telefonie sicherzustellen. Dabei ist zu berücksichtigen, dass

Strömungsgeräusche in erheblichem Maße auch im Bereich hinter den Schalldämpfern und an den Luftauslässen entstehen.

Durch hybride Konzepte mit separaten Kühlgeräten in den Studioräumen können die notwendigen Luftmengen reduziert und damit die Kanalquerschnitte verringert werden. Beim Einsatz von Kühlgeräten im Raum ist allerdings zu beachten, dass entsprechende Maßnahmen vorzusehen sind, um die Schallabstrahlung der Kühlgeräte in den Raum in ausreichendem Maße zu reduzieren.

Um eine Schwächung der bauakustischen Konstruktionen zu vermeiden, müssen alle Einbauten der haustechnischen Anlagen, die die Hüllen eines Raumes durchdringen, mit entsprechenden Schalldämpfern und Entkopplungsmaßnahmen versehen werden. Bei der Auslegung der Telefonie-Schalldämpfer ist die geforderte Schallpegeldifferenz zwischen den betreffenden Räumen zu Grunde zu legen, wobei die Summierung der Schallübertragung auf unterschiedlichen Wegen zu berücksichtigen ist. Bei Durchdringung mehrschaliger Wandelemente sind zur Entkopplung flexible Zwischenstücke am Übergang zwischen getrennten Schalen notwendig.

Bei der Installation haustechnischer Anlagen muss darauf geachtet werden, dass die Einleitung von Körperschall in das Gebäude beim Betrieb der Anlage in ausreichendem Maße reduziert wird. Zur Befestigung von Kanälen und Leitungen sollten körperschallisolierende Elemente verwendet werden. Um ein Mitschwingen der Luftvolumina innerhalb der Kanäle und einen unerwünschten Einfluss auf das Nachschwingen des Schallfeldes in den Studioräumen zu vermeiden, müssen Volumina mit direkter Verbindung zum Raumvolumen bis zum ersten Schalldämpfer bedämpft, also schallabsorbierend ausgekleidet werden. Die Bleche der Kanalstücke, die sich im Raum befinden, müssen entdröhnt werden. Bei der Dimensionierung der Anlagen sollten auch Regelungsmöglichkeiten vorgesehen werden, um die Volumenströme und damit die Störschallpegel an unterschiedliche Nutzungsarten mit unterschiedlichen Ruhegeräuschanforderungen anzupassen.

6.2 Raumakustik

6.2.1 Vorbemerkung

Aus physikalischer Sicht beschreibt die Raumakustik die Übertragung eines von einer Schallquelle abgestrahlten Signals zu einem Empfänger innerhalb eines Raumes. Beeinflusst wird diese Übertragung durch 3 Faktoren:
1. die Raumform (Primärstruktur)
2. die Gestaltung der Oberflächen des Raumes (Sekundärstruktur, geometrische und diffuse Reflexion, Absorption) und
3. die Positionierung von Schallquellen (also Instrumente, Sänger, Sprecher oder Lautsprecher) und Schallempfängern (also Mikrofone oder Ohren) innerhalb des Raumes.

Kapitel 6 Studioakustik

Anders als bei der akustischen Gestaltung von Industriehallen und Büroräumen, in denen die vorrangige Zielsetzung raumakustischer Maßnahmen zumeist darin besteht, durch möglichst großflächige und möglichst effektive Absorption die Nachhallzeit zu senken und damit den Diffusfeldpegel zu reduzieren, besteht die planerische Anforderung in der Raumakustik im Studiobau darin, ein gezieltes Reflexionsverhalten, eine ausgeglichene Übertragungsfunktion und ein homogenes Nachschwingen des Raumes zu erzielen, ohne dabei die Nachhallzeit des Raumes zu weit absinken zu lassen.

Ein Großteil der raumakustischen Parameter lässt sich aus der Impulsantwort des Raumes durch geeignete Transformationen ermitteln. Dazu gehören insbesondere raumakustische Parameter zum Reflexionsverhalten und zur Nachhallzeit. Für weitere Parameter bestehen gesonderte Messverfahren (s. Kap. 21 – Messtechnik).

Die wichtigsten Modelle und Beschreibungsformen für das akustische Verhalten von Studioräumen werden in Abschn. 6.2.2 beschrieben. Die grundlegenden Funktionsweisen und Kenndaten von Absorbern und Diffusoren sind in Kap. 5.1.2 dargestellt. Die Abschn. 6.2.3 und 6.2.4 zeigen Zielsetzungen, Anforderungen und Konzepte für Räume zur Tonaufnahme und Tonwiedergabe.

6.2.2 Modelle und Beschreibungsformen

Zur raumakustischen Planung von Räumen werden heute verschiedene Simulationsmodelle eingesetzt, die zum größten Teil auf energetischen bzw. geometrischen Methoden aufbauen. In großen Räumen, wie Theater- und Konzertsälen, Versammlungsräumen und Mehrzweckhallen liefern diese Verfahren durchaus zufriedenstellende Vorhersagen der meisten raumakustischen Parameter. In kleinen Räumen dagegen ist es aufgrund des großen Bereiches, den die Relation zwischen geometrischen Abmessungen und betrachteten Wellenlängen überschreitet, nicht mehr möglich, den gesamten Frequenzbereich mit Hilfe einer einheitlichen Betrachtung zu erfassen. Im Allgemeinen geht man davon aus, dass mit Ausnahme von lokalen Effekten die Vorgänge im Bereich oberhalb der Schroeder-Frequenz

$$f = 2000 \cdot \sqrt{\frac{T}{V}} \quad \text{in Hz} \qquad (6.10)$$

mit geometrischen bzw. energetischen Verfahren wie in Kap. 5 zu beschreiben sind. Dabei ist V das Volumen des Raumes in m^3 und T die Nachhallzeit des Raumes in s.

Im tieffrequenten Bereich wird es vor allem aufgrund der geringen Eigenfrequenzdichte notwendig, eine Beschreibungsform zu wählen, die den Wellencharakter der Schallausbreitung berücksichtigt, um typische Welleneffekte wie Beugung, Interferenz und die Ausbildung von Eigenmoden des Raumes, die in diesem Frequenzbereich das akustische Verhalten des Raumes dominieren, zu erfassen.

6.2.2.1 Geometrische Raumakustik

Die in der Raumakustik am weitesten verbreiteten Verfahren zur Beschreibung des Verhaltens von Räumen, die über die reine Bestimmung der Nachhallzeit hinausgehen, beruhen auf geometrischen Betrachtungen. Die algorithmische Umsetzung zur Simulation nutzt in der Regel strahlengeometrische Verfahren (Ray Tracing) bzw. Spiegelquellenverfahren. Die Prinzipien der geometrischen Raumakustik werden in Kap. 5 ausführlich diskutiert. Grundvoraussetzung für die Anwendung geometrischer Verfahren ist, dass die Abmessungen der von der Schallwelle getroffenen Bauteile groß sind gegen die Wellenlänge der betrachteten Schallwelle. In der Studioakustik ist die Anwendung geometrischer Verfahren daher aufgrund der üblichen Raumdimensionen auf den hochfrequenten und – je nach Raumgröße bzw. je nach Größe der betrachteten Bauteile – mittelfrequenten Bereich begrenzt. Im Bereich tieferer Frequenzen und damit größerer Wellenlängen treten Welleneffekte auf, die mit geometrischen Verfahren nicht zu beschreiben sind.

6.2.2.2 Wellentheoretische Raumakustik

Wellentheoretische Effekte treten dann in Erscheinung, wenn die betrachteten Wellenlängen in die Größenordnung der geometrischen Dimensionen der beteiligten Räume und Gegenstände kommen oder bei Vorgängen, die im Abstand von wenigen Wellenlängen zu Bauteilen auftreten. Im Bereich der Studioakustik spielen in diesem Zusammenhang vor allem zwei Phänomene eine wichtige Rolle, nämlich Kammfiltereffekte durch die Interferenz von Schallwellen und die Ausbildung von stehenden Wellen für Wellenlängen, die in einem bestimmten Verhältnis zu den Abmessungen des Raums stehen.

Kammfilterartige Verformungen der Übertragungsfunktion treten auf, wenn sich an einem Punkt im Raum zwei hinreichend ähnliche, aber um eine bestimmte Wegdifferenz verzögerte Schallwellen überlagern, zum Beispiel das Direktsignal und eine reflektierte Schallwelle. Aufgrund der Linearität der Wellengleichung summieren sich die Schalldrücke und es tritt in Abhängigkeit von der relativen Phasenlage der beiden Wellen konstruktive oder destruktive Interferenz auf. Da die Phasenlage der beiden Wellen zueinander frequenzabhängig ist, ergibt sich in der Übertragungsfunktion ein charakteristischer Verlauf. Bei einer Frequenz, bei der die Wellen im betrachteten Punkt um 180° in der Phase verschoben sind, kommt es zu einer gegenseitigen Auslöschung der Wellen, also zu einem Einbruch in der Übertragungsfunktion. Ist d die Differenz der von den beiden Wellen zurückgelegten Strecken und c_0 die Schallgeschwindigkeit, so liegt der erste Einbruch der Übertragungsfunktion bei

$$f = \frac{c_0}{2 \cdot d} \qquad (6.11)$$

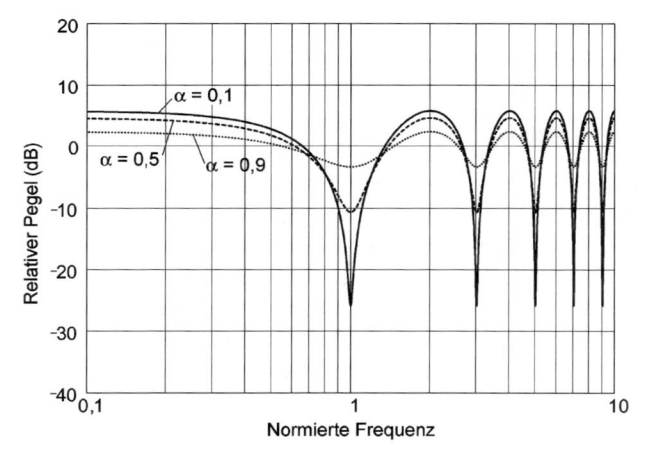

Abb. 6.6 Kammfilter für drei unterschiedliche Absorptionsgrade der reflektierenden Fläche für den Fall der ebenen Wellenausbreitung. Die Frequenz ist auf die Frequenz der ersten Auslöschung normiert.

Bei der doppelten Frequenz entspricht die Streckendifferenz genau der Wellenlänge; die beiden Wellen besitzen die gleiche Phasenlage, es kommt zu einer konstruktiven Interferenz der beiden Wellen, also zu einer Überhöhung in der Übertragungsfunktion bei

$$f = \frac{c_0}{d} \qquad (6.12)$$

Die Frequenzen weiterer Auslöschungen liegen bei den ungeradzahligen Vielfachen der Frequenz des ersten Einbruchs, die Frequenzen der Überhöhungen bei den geradzahligen Vielfachen. Daraus ergibt sich ein charakteristischer Verlauf der Übertragungsfunktion, der aufgrund seiner Form als Kammfilter bezeichnet wird (Abb. 6.6). Kammfilterartige Verformungen der Übertragungsfunktion können bereits dann hörbar sein, wenn der Schalldruck der verzögerten Welle um etwa 20 dB unter dem der vorauseilenden Welle liegt. Besonders kritisch sind Verzögerungen in der Größenordnung von 1 ms entsprechend etwa 30 cm Wegdifferenz (Brunner et al. 2007). Auch das Auftreten von **stehenden Wellen** lässt sich als Interferenzerscheinung von hinlaufenden und an den Wänden reflektierten Wellen erklären. Hier entsteht an der Wand stets ein Schalldruckmaximum aufgrund der Überlagerung der hin- und rücklaufenden Wellen, die unmittelbar vor der Wand nahezu gleichphasig sind. Entfernt man sich von der Wand, dann erreicht man im Abstand einer viertel Wellenlänge zur Wand ein Schalldruckminimum, da hier die Wegdifferenz zwischen hin- und rücklaufender Welle einer halben Wellenlänge entsprechend 180° Phasendifferenz beträgt und folglich eine Auslöschung stattfindet. Entfernt man sich weiter von der Wand, findet man im Abstand einer halben Wellenlänge zur Wand wiederum ein Schalldruckmaximum usw.

Im Gegensatz zum Schalldruck ist die Schallschnelle eine gerichtete, vektorielle Größe, die stets in Richtung der Ausbreitungsrichtung der Schallwelle orientiert ist. Da die Schallschnelle bei der Wandreflexion somit eine Phasenverschiebung um 180° erfährt, ergibt sich gegenüber dem Schalldruck eine Umkehr der Verhältnisse. Im Schalldruckmaximum entsteht ein Schnelleminimum und im Schalldruckminimum ein Schnellemaximum. Das erste Schnellemaximum tritt also im Abstand von einer viertel Wellenlänge vor der Wand auf, was bei der Betrachtung der Wirkungsweise von porösen Absorbern von besonderer Bedeutung ist (vgl. Kap. 5.3.3.5). Besonders ausgeprägt treten diese räumlichen Druck- und Schnelleverteilungen dann auf, wenn in passendem geometrischem Verhältnis an einer gegenüberliegenden Wand wiederum eine Reflexion auftritt. Die rücklaufende Schallwelle fällt dann nach erneuter Reflexion an der gegenüberliegenden Wand wieder gleichphasig in die ursprüngliche hinlaufende Welle zurück, was zu einer Verstärkung des Effekts führt. Man spricht dann von stehenden Wellen oder Raummoden. Sie treten nur bei bestimmten Frequenzen auf, die man als Eigenfrequenzen eines Raumes bezeichnet.

Die Raummode erster Ordnung tritt bei einer Frequenz auf, deren halbe Wellenlänge dem Abstand zwischen den beiden Wänden entspricht. Diese Mode besitzt jeweils ein Schalldruckmaximum unmittelbar vor den beiden Wänden und ein Schalldruckminimum bzw. Schallschnellemaximum in der Mitte zwischen den beiden Wänden. Die Eigenfrequenzen f_n des vom betrachteten Wandpaar eingeschlossenen eindimensionalen Raumes berechnen sich aus

$$f_n = \frac{c_0 \cdot n}{2 \cdot d} \qquad (6.13)$$

Dabei ist c_0 die Schallgeschwindigkeit, d der Abstand zwischen den beiden Wänden und n die Ordnung der Raummode, die auch gleichzeitig der Anzahl der Schalldruckminima bzw. der Schallschnellemaxima entspricht.

Die an zwei parallelen Wänden angestellten Überlegungen lassen sich auf dreidimensionale, quaderförmige Räume übertragen. Dabei treten zusätzlich zu den beschriebenen, als axial bezeichneten Moden zwischen zwei gegenüberliegenden Wandpaaren auch Moden auf, deren Pfade sich in zwei und drei Dimensionen des Raumes bewegen. Man bezeichnet diese im zweidimensionalen Fall als tangentiale und im dreidimensionalen Fall als oblique Moden. Die Berechnung aller Eigenfrequenzen $f_{n_x/n_y/n_z}$ eines quaderförmigen Raumes kann mit der bereits 1896 von Lord Rayleigh beschriebenen Formel erfolgen:

$$f_{n_x/n_y/n_z} = \frac{c_0}{2} \cdot \sqrt{\left(\frac{n_x}{l_x}\right)^2 + \left(\frac{n_y}{l_y}\right)^2 + \left(\frac{n_z}{l_z}\right)^2} \qquad (6.14)$$

Dabei ist wiederum c_0 die Schallgeschwindigkeit, l_x, l_y und l_z sind die Abmessungen des Raumes, also Länge, Breite und Höhe und n_x, n_y, und n_z bezeichnen die Ordnungen der Moden in den jeweiligen Richtungen.

Die aus (6.14) errechneten Eigenfrequenzen eines exemplarischen Raumes typischer Proportionen mit einem Volumen von 56 m³ sind in Abb. 6.8 dargestellt. Darin zeigt sich deutlich die Zunahme der Dichte der Eigenfrequenzen mit ansteigender Frequenz.

Aus der Überlagerung aller Moden eines Raumes setzt sich die räumliche Schalldruck-Schallschnelleverteilung und damit das dreidimensionale Feld komplexer Schallfeldimpedanzen zusammen. Raummoden sind resonanzfähige Systeme. Der Beitrag einer Raummode zur Übertragungsfunktion lässt sich durch eine Resonanzkurve darstellen. Wie jedes resonanzfähige System sind auch Raummoden nicht unendlich scharf begrenzt, sondern besitzen eine endliche Bandbreite. Bezieht man die Bandbreite der Mode auf ihre –3 dB-Punkte, so ergibt sich

$$B = f_2 - f_1 = \frac{k_n}{\pi} \qquad (6.15)$$

wobei B die Bandbreite der Mode in Hz und f_1 und f_2 die Frequenzen des unteren und des oberen –3 dB-Punktes kennzeichnen (Bonello 1981). k_n stellt den Dämpfungsfaktor dar, der die im Raum vorhandene Absorption im betreffenden Frequenzbereich charakterisiert. Wird k_n durch die Nachschwingzeit T der betrachteten Mode ausgedrückt, ergibt sich für die Bandbreite

$$B = \frac{6,91}{\pi T} = \frac{2,2}{T} \qquad (6.16)$$

Jede Mode leistet einen Beitrag zur Übertragungsfunktion eines Raumes. Allerdings hängt die Übertragungsfunktion von einer Schallquelle zum Empfänger nicht nur vom Raum selbst und dessen Eigenfrequenzverteilung, sondern auch von der Positionierung von Quelle und Empfänger innerhalb der Druck-Schnelleverteilung des Raums ab. Folglich ist die Position von Sender und Empfänger bei der Ermittlung des Beitrages der einzelnen Moden zu berücksichtigen. Die Herleitung der Übertragungsfunktion ist in (Cremer u. Müller 1978) dargestellt.

Die Anregung des Schallfeldes ist abhängig von der Abstrahlcharakteristik der Schallquelle. Monopolquellen, also z. B. konventionelle Lautsprecher mit geschlossenem Gehäuse besitzen im tieffrequenten Bereich ein kugelförmiges Abstrahlverhalten. Das bedeutet, sie strahlen in allen Richtungen eine Schallwelle gleicher Amplitude und Phase ab. Sie erzwingen im Schallfeld in ihrer Umgebung eine Druckkomponente, sind also Druckwandler und erzielen eine maximale Anregung des Schallfeldes in den Druckmaxima der Raummoden und eine minimale Anregung in ihren Druckminima. Dipolquellen, z. B. offene elektrostatische Wandler sind dagegen Schnellewandler. Ihre Abstrahlcharakteristik entspricht einer Acht.

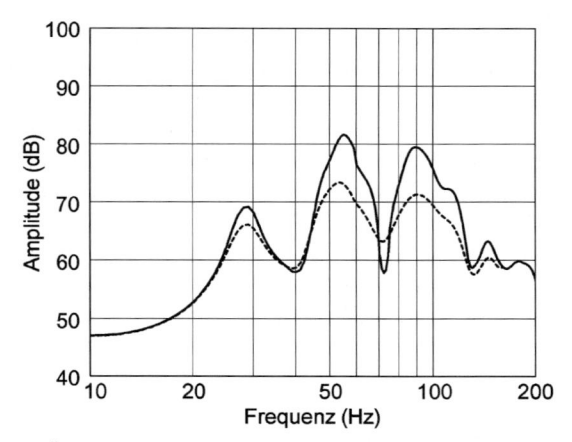

Abb. 6.7 Berechnete Übertragungsfunktion (geglättet) eines typischen quaderförmigen Raumes vor (durchgezogene Linie) und nach (gestrichelte Linie) der Erhöhung der Bedämpfung durch zwei jeweils 2 m² große Resonanzabsorberelemente mit einer Resonanzfrequenz von 80 Hz – Die zugehörige Eigenfrequenzverteilung und Eigenfrequenzdichte ist in Abb. 6.8, die entsprechenden messtechnisch ermittelten Übertragungsfunktionen sind in Abb. 6.9 und Abb. 6.10 dargestellt.

Die an der Vorder- und Rückseite des Lautsprechers abgestrahlten Schallwellen sind gegenphasig. Die maximale Anregung im Raum erfolgt im Schnellemaximum, die Anregung im Schnelleminimum verschwindet. Bei Unipolquellen, die als Überlagerung von Monopol- und Dipolquellen anzusehen sind, entsteht eine nierenförmige Abstrahlcharakteristik. Unipolquellen verfügen über Druck- und Schnellewandlerkomponenten und erzielen daher eine ausgeglichenere Anregung des Schallfeldes. Hinzu kommt, dass Dipol- und Unipolquellen aufgrund ihrer vektoriellen Komponente einen weiteren Freiheitsgrad durch Ihre Orientierung in Relation zur Ausbreitungsrichtung der Moden bieten, sofern eine Veränderung der Orientierung aus praktischen Gründen möglich ist.

In Abb. 6.7 ist der Betrag der analytischen Berechnung einer Übertragungsfunktion im oben bereits betrachteten quaderförmigen Raum für eine Monopolquelle bei einer für einen Regieraum typischen Anordnung von Hauptlautsprechern und Abhörpunkt dargestellt. Deutlich erkennbar ist der Zusammenhang zwischen Eigenfrequenzverteilung (Abb. 6.8) und Übertragungsfunktion. Im Bereich geringer Eigenfrequenzdichte ist die Übertragungsfunktion sehr unausgeglichen. Zwischen einzelnen, dicht benachbarten Moden kann es zu Schwebungen kommen, die zu deutlichen zeitlichen Schwankungen im Nachhallverlauf des Raumes führen. Um durch eine bewusste Gestaltung der Raumgeometrie eine ausgeglichene Übertragungsfunktion zu erreichen, ist folglich eine möglichst gleichmäßige Eigenfrequenzverteilung zu schaffen. Dabei ist die Wahl der Raumgeometrie von grundlegender Bedeutung. Betrachtet man zunächst wieder den häufig auftretenden Sonderfall des quaderförmigen Raumes, erkennt man deutlich, dass es ungünstig ist, Seitenverhältnisse in ganzzahligen Vielfachen zu wählen. Im Extremfall des Würfels liegen alle drei axialen Moden erster Ordnung bei ein und derselben Fre-

Kapitel 6 Studioakustik

quenz. Das gleiche gilt für die tangentialen Moden erster Ordnung und die axialen Moden zweiter Ordnung usw. Somit treten einzelne Eigenfrequenzen sehr dominant auf, dazwischen entstehen weite Frequenzbereiche, in denen überhaupt keine Eigenfrequenzen liegen. Zur Schaffung einer ausgeglichenen Übertragungsfunktion durch eine geeignete Wahl der Raumabmessungen bei quaderförmigen Räumen hat sich im Laufe der Zeit eine Vielzahl unterschiedlicher Kriterien entwickelt. Beispiele für günstige Seitenverhältnisse nach (Sepmeyer 1965) und (Louden 1971) sind

- 1,00 : 1,14 : 1,39
- 1,00 : 1,28 : 1,54
- 1,00 : 1,60 : 2,33
- 1,00 : 1,40 : 1,90
- 1,00 : 1,30 : 1,90
- 1,00 : 1,50 : 2,50

Eine ausführliche Diskussion günstiger Raumproportionen ist z. B. bei (Walker 1996) oder (Beranek 1954) zu finden.

Mit zunehmender Größe des Raumes nimmt die Eigenfrequenzdichte bei einer gegebenen Frequenz zu. Mit der Zunahme der Eigenfrequenzdichte wird auch die Übertragungsfunktion ausgeglichener. Kleine Räume sind daher aufgrund ihrer geringen Eigenfrequenzdichte im tieffrequenten Bereich raumakustisch ungünstiger als größere. Dieser Zusammenhang gilt für Räume beliebiger Geometrie. Eine analytische Bestimmung der Eigenfrequenzen und damit der Übertragungsfunktion ist allerdings nur bei relativ einfachen Geometrien, wie z. B. quaderförmigen Räumen möglich.

Die Anzahl N_E der Eigenfrequenzen unterhalb einer Frequenz f lässt sich für quaderförmige Räume statistisch erfassen:

$$N_E \approx \frac{4\pi f^3}{3c^3}V + \frac{\pi f^2}{4c^2}S + \frac{f}{8c}L \qquad (6.17)$$

Dabei ist $V = l_x l_y l_z$ das Volumen, $S = 2(l_x l_y + l_x l_z + l_y l_z)$ die Gesamtoberfläche und $L = 4(l_x + l_y + l_z)$ die Summe aller Kantenlängen. Durch Ableitung ergibt sich die Anzahl ΔN_E der Eigenfrequenzen innerhalb eines Frequenzintervalls Δf:

$$\Delta N_E \approx \left(\frac{4\pi f^2}{c^3} \cdot V + \frac{\pi f}{2c^2} \cdot S + \frac{1}{8c} \cdot L \right) \cdot \Delta f \qquad (6.18)$$

Mit zunehmender Frequenz nimmt die Bedeutung des volumenabhängigen kubischen Terms gegenüber den beiden anderen Termen zu, bis der quadratische und der lineare Term demgegenüber vernachlässigbar sind. Durch einen Vergleich mit Räumen unterschiedlicher Geometrien lässt sich zeigen, dass sich (6.17) in Bereichen nicht zu geringer Eigenfrequenzdichte in guter Näherung auf Räume (nahezu) beliebiger Geometrie übertragen lässt:

$$N_E \approx \frac{4\pi f^3}{3c^3} V \qquad (6.19)$$

Durch Ableitung ergibt sich wiederum die Anzahl ΔN_E der Eigenfrequenzen innerhalb eines Frequenzintervalls Δf:

$$\Delta N_E \approx \frac{4\pi f^2}{c^3} \cdot V \cdot \Delta f \qquad (6.20)$$

Die Dichte der Eigenfrequenzen steigt also bei konstanter Bandbreite der betrachteten Frequenzintervalle quadratisch, bei logarithmischen Frequenzbändern kubisch mit der Frequenz an. In Abb. 6.8 (oben) ist die Verteilung der Eigenfrequenzen für den oben betrachteten Raum dargestellt. Abb. 6.8 (unten) zeigt die Eigenfrequenzdichte auf Terzbänder bezogen als Ergebnis der analytischen Berechnung gemäß (6.14) (Balken) und der statistischen Berechnung gemäß (6.18) (Linie).

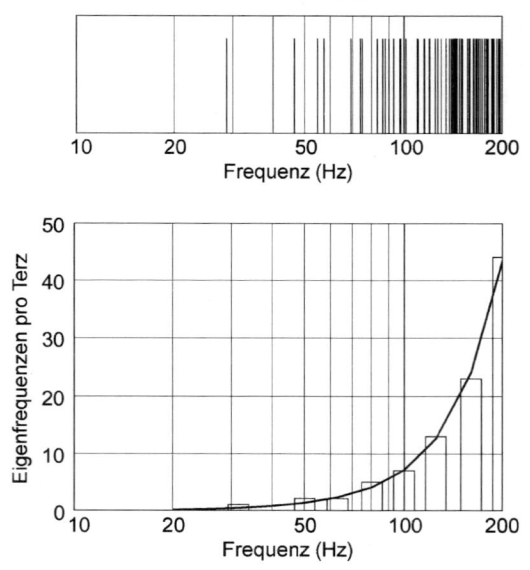

Abb. 6.8 Oben: Eigenfrequenzverteilung. Unten: Eigenfrequenzdichte aus analytischer (Balken) und statistischer (Linie) Berechnung

Mit der Dichte der Eigenfrequenzen nimmt auch die Überlagerung benachbarter Moden zu. Ab einer bestimmten Frequenz ist die Überlappung der Moden so hoch, dass die Schalldruckänderungen bei einer Veränderung der Frequenz bzw. der Position von Schallquelle oder Empfänger als quasi-stochastisch anzusehen sind. Diese Frequenz kennzeichnet die Obergrenze des tieffrequenten Bereichs eines Raumes. Eine allgemein anerkannte Bedingung für eine ausreichende Überlappung benachbarter Raummoden ist dann erfüllt, wenn mindestens drei Eigenfrequenzen in die

Kapitel 6 Studioakustik

Bandbreite einer Mode fallen (Schroeder 1962). Unter Einbeziehung von (6.16) ergibt sich aus dieser Bedingung die bereits in (6.10) angegebene Schroeder-Frequenz. Eine ausführliche Behandlung der Eigenfrequenzstatistik ist bei (Morse 1936) und (Kuttruff 2000) zu finden.

Die Verteilung der Eigenfrequenzen in Räumen beliebiger Geometrie ist in (6.19) und (6.20) statistisch erfasst. Eine exakte Berechnung der Eigenfrequenzen komplexer Raumformen bzw. komplexer Verteilungen der Wandimpedanzen ist jedoch nur noch mit numerischen Verfahren möglich. Eine numerische Lösung ist beispielsweise durch eine Simulation auf der Basis der Finite-Elemente-Methode (FEM) möglich. Allerdings ist der dabei auftretende rechnerische Aufwand erheblich und für die meisten praktischen Anwendungen heute noch unpraktikabel hoch. Außerdem ist die Anwendung noch problematisch, da für die Beschreibung der Oberflächen nicht mehr deren Absorptionsgrad, sondern die Impedanz der Flächen erforderlich ist, die wiederum zunächst analytisch z. B. durch Schichtmodelle, numerisch oder durch Messung bestimmt werden muss. Datenbanken über Wandimpedanzen existieren noch nicht. Der erforderliche Detaillierungsgrad für die

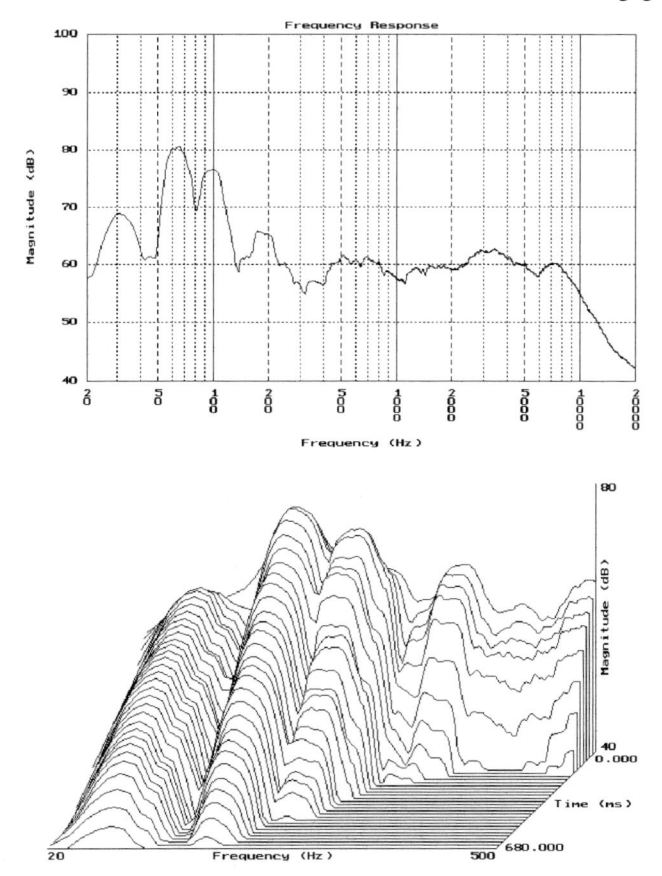

Abb. 6.9 Übertragungsfunktion (oben) und Zerfallsspektrum (unten) mit ausgeprägten Raummoden

Strukturen und Impedanzen der Oberflächen des Raumes ist noch weitestgehend unbekannt. Die Anwendung der numerischen Verfahren, eine mögliche Kombination der Ergebnisse mit den mit Hilfe geometrischer Verfahren gewonnenen Ergebnissen für den mittel- und hochfrequenten Bereich zu einer breitbandigen Impulsantwort und damit auch zur anschließenden im gesamten Frequenzbereich gültigen Auralisation befindet sich noch in der Erprobung.

Die Bandbreite einer Mode und damit auch ihre Nachschwingzeit hängt nach (6.15) von den Absorptionseigenschaften der beteiligten Oberflächen ab. Schwach bedämpfte Raummoden schwingen lange nach und führen im Höreindruck zum „Dröhnen" des Raumes. In Abb. 6.9 sind die Übertragungsfunktion und das Zerfallsspektrum des tieffrequenten Bereiches des oben betrachteten Raumes mit ausgeprägten Moden dargestellt.

Je größer die Absorption der Oberflächen im betreffenden Frequenzbereich, desto größer ist auch die Bandbreite und desto kürzer die Nachschwingzeit der betrach-

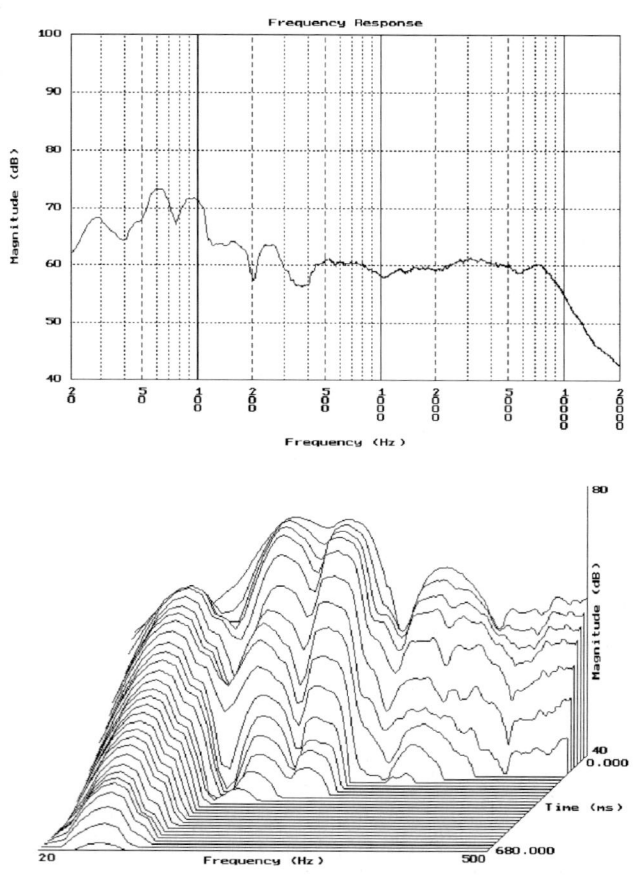

Abb. 6.10 Übertragungsfunktion und Zerfallsspektrum nach der Installation von zwei Folienabsorberelementen mit einer Resonanzfrequenz von 80 Hz und einer Fläche von jeweils 2 m^2

Kapitel 6 Studioakustik

teten Mode. Bei gegebener Geometrie und damit gegebener Eigenfrequenzverteilung ist eine Beeinflussung der Übertragungsfunktion folglich nur durch eine Bedämpfung der Raummoden möglich. Sie bewirkt eine Glättung der Übertragungsfunktion, eine Senkung der räumlichen Schalldruckpegelschwankungen und gleichzeitig eine Kürzung der Nachschwingzeit im jeweiligen Frequenzbereich. Allerdings müssen geeignete Maßnahmen auch eine Absorption im betrachteten Frequenzbereich sicherstellen.

Die Funktionsweise von Schallabsorbern ist in Kap. 5.1.2 dargestellt. Für die Absorption tiefer Frequenzen mit porösen Absorbern wären Materialschichten großer Dicke notwendig. Daher werden für die Bedämpfung von Raummoden im Studiobau überwiegend Resonanzabsorber eingesetzt. Im Gegensatz zu porösen Absorbern erreichen Resonanzabsorber ihre höchste Effektivität in den Schalldruckmaxima eines Raumes. Abb. 6.10 zeigt die Übertragungsfunktion und das Zerfallsspektrum des oben betrachteten Raumes nach der Installation von zwei Folienabsorberelementen in den hinteren Raumecken. Deutlich zu erkennen ist die Verkürzung des Nachschwingvorgangs der Raummoden im Arbeitsbereich der Resonanzabsorber zwischen 60 Hz und 120 Hz und die damit verbundene Glättung der Übertragungsfunktion entsprechend den in Abb. 6.7 dargestellten, rechnerisch ermittelten Ergebnissen. Die Raummode am unteren Rand des dargestellten Frequenzbereiches liegt außerhalb des Arbeitsbereiches der Absorber und bleibt daher nahezu unverändert. Um eine Bedämpfung dieser Mode zu erzielen, wäre eine tieffrequentere Abstimmung der eingesetzten Resonanzabsorber erforderlich.

6.2.2.3 Statistische Raumakustik

Die Grundlagen der Anwendung statistischer Verfahren zur Berechnung von Nachhallzeiten sind in Kap. 5.2.1 dargestellt. Sie können unverändert auf die Studioakustik angewandt werden. Allerdings ist dabei zu beachten, dass aufgrund der im tieffrequenten Bereich in kleinen Räumen geringen Eigenfrequenzdichte und der mangelnden Diffusität des Schallfeldes der Einsatz statistischer Verfahren nur noch bedingt sinnvoll ist.

6.2.3 Tonaufnahmeräume

Wie im Regieraum Raum und Lautsprecher immer gemeinsam als Einheit zu betrachten sind und ihre Wechselbeziehungen in allen raumakustischen Betrachtungen zu berücksichtigen sind, so ist es im Aufnahmeraum erforderlich, bestimmte Eigenschaften und Anforderungen der aufzuzeichnenden Schallquellen, sowie der für bestimmte Anwendungsbereiche üblichen Mikrofonierungstechniken in die Überlegungen zur raumakustischen Gestaltung mit einzubeziehen. Allerdings ist natürlich die Mikrofonierung in weit höherem Maße als die Positionierung der Lautsprecher Gegenstand der künstlerischen Gestaltung des Tonmeisters. Daher muss im

Aufnahmeraum, noch mehr als im Regieraum, eine universelle akustische Gestaltung des Raumes erreicht werden.

Die Forderung nach der universellen Eignung von Aufnahmeräumen für unterschiedlichste Anwendungen nimmt immer weiter zu. Dadurch ist es in vielen Fällen nicht mehr möglich, von einem Sprecheraufnahmeraum oder einem für bestimmte instrumentale Anwendungen konzipierten Raum zu sprechen – für einen Großteil der Räume soll heute eine Raumakustik für eine Vielzahl von Anwendungsfällen geschaffen werden. In vielen Fällen wird dies durch eine Zonierung des Raumes, also die Schaffung von Raumbereichen mit unterschiedlichen raumakustischen Eigenschaften, durch den Einsatz einer variablen Raumakustik oder einfach durch die Verwendung von mobilen Stellwandelementen zur Veränderung des Reflexionsverhaltens erreicht.

Die grundlegende Zielsetzung der raumakustischen Gestaltung von Aufnahmeräumen besteht in der Schaffung eines optimalen Reflexions- und Nachschwingverhaltens unter Beseitigung von störenden Reflexionen und Flatterechos bei möglichst hoher räumlicher und zeitlicher Diffusität. Das ideale Reflexionsverhaltens und die ideale Nachhallzeit hängen dabei von der Nutzung des Raumes, also von der Art der zu erstellenden Aufnahmen ab. Detaillierte Empfehlungen für Aufnahmeräume unterschiedlichster Nutzung und Größe finden sich z. B. in der OIRT Empfehlung Nr. 31/1.

Die Anforderungen an Säle für Musikaufnahmen weichen von denen an Säle für musikalische Darbietungen für Zuhörer durchaus erheblich ab. In großen Aufnahmesälen tritt im Gegensatz zu Konzertsälen die gleichmäßige Versorgung der gesamten Saalfläche gegenüber der Optimierung der Übertragung aus dem Bereich der Schallquellen zu möglichen Mikrofonpositionen bis hin zu einer gezielten Zonierung zur Schaffung von Mikrofonpositionen mit unterschiedlichem Klangeindruck in den Hintergrund. Dabei wird die Bedeutung der Rückwirkung der raumakustischen Umgebung auf die Musiker häufig unterschätzt. Um die Hörbarkeit der Musiker untereinander zu stützen, aber auch um das Verhältnis von reflektiertem zu diffusem Schall zu steuern, können in Räumen mit sehr großer Raumhöhe Maßnahmen wie z. B. das Anbringen reflektierender Deckensegel über dem Orchesterbereich getroffen werden. Allerdings ist die damit verbundene Beeinträchtigung der Nachhalleigenschaften und die Verringerung des Räumlichkeitseindrucks zu berücksichtigen. Bei einer ausreichenden Versorgung der Musiker mit Reflexionen aus dem Bereich der umgebenden Wände ist daher eine diffus reflektierende Gestaltung der Deckenfläche tendenziell vorzuziehen. Bei zu geringen Raumhöhen kommt es bei ausgeprägten Deckenreflexionen zur Verdeckung von Einschwingvorgängen einzelner Musikinstrumente. Um ein ideales Reflexionsverhalten und eine ausreichende Diffusität des Schallfeldes zu erzielen, ist die Wahl einer geeigneten Raumform von größter Bedeutung. Durch die Gestaltung der Oberflächen ist es nicht bzw. in vielen Fällen nur mit sehr hohem Aufwand möglich, grundsätzliche Mängel in der Raumform zu korrigieren. Ausgeprägte Asymmetrien in der Verteilung der Absorptionsoberflächen auf die einzelnen Achsen des Raumes sollten vermieden werden. Bei den absorbierenden bzw. diffus reflektierenden Oberflächen ist auf die breitbandige Wirkungsweise der Bauteile zu achten, sofern nicht durch einen frequenzabhängigen Verlauf der Nachhallzeit des Raumes

Kapitel 6 Studioakustik 293

gezielt Einfluss auf die Klangfarbe der Aufnahme genommen werden soll. Die mittleren Nachhallzeiten großer Aufnahmesäle für Sinfonieorchester und große Chöre liegen in der Größenordnung von 2 Sekunden. Aufnahmeräume für Kammerorchester, Chor, Big Band etc. verfügen in der Regel über Nachhallzeiten zwischen 0,8 und 1,6 Sekunden. Vor allem für Aufnahmen klassischer Musik wird häufig ein S-förmiger Verlauf der Nachhallzeit bevorzugt, wie in Abb. 6.11a am Beispiel des Aufnahmesaales 1 im ehemaligen Funkhaus Berlin Ost dargestellt (Messung ohne Personen, relative Luftfeuchtigkeit 68%, nach Steinke 2006). Eine Darstellung der Zusammenhänge ist bei (Burkowitz 2006) zu finden. In Abb. 6.11b ist der in seiner Frequenzabhängigkeit ausgeglichenere Verlauf der Nachhallzeit des Saales der Teldex Studios in Berlin dargestellt (Messung ohne Personen, relative Luftfeuchtigkeit 60%). In öffentlichen Sendesälen und Aufnahmesälen mit Publikum ist die Absorption der Publikumsfläche in die raumakustische Planung mit einzubeziehen. Die raumakustische Gestaltung orientiert sich dann zumeist an der für Konzertsäle.

In kleinen und mittelgroßen Musikaufnahmeräumen wird in der Regel ein möglichst frequenzunabhängiger Nachhallzeitverlauf angestrebt. Sinnvolle Nachhallzeiten liegen in Abhängigkeit von Raumvolumen und Nutzung im Bereich zwischen 0,1 Sekunden für sehr kleine Räume für die Aufnahme von einzelnen Instrumenten und Sängern und etwa 0,8 Sekunden für mittelgroße Aufnahmeräume. Zur variablen Gestaltung können verschiebbare oder klappbare Wandelemente oder mobile einseitig absorbierende Stellwände eingesetzt werden. Dabei ist zu berücksichtigen, dass für eine relevante Beeinflussung der Nachhallzeit eine Veränderung des Absorptionsverhaltens für einen erheblichen Anteil der Raumoberfläche notwendig ist. Durch kleinere Flächen kann aber durchaus eine deutliche Veränderung des Reflexionsverhaltens erzielt werden, was in vielen Fällen den Wünschen der Tonmeister entspricht. Aufgrund der geringeren Raumabmessungen und der damit verbundenen geringen Eigenfrequenzdichte im unteren Frequenzbereich nimmt für kleinere Aufnahmeräume neben den geometrischen und statistischen Betrachtungen die Bedeutung wellentheoretischer Überlegungen bezüglich der Raumgeometrie zu.

Abb. 6.11c zeigt den Aufnahmeraum 2 der Teldex Studios in Berlin. Im Nachhallzeitdiagramm ist die Veränderung der Nachhallzeit durch den Wechsel der Orientierung von zwei jeweils 2 m^2 großen Stellwandelementen dargestellt (Messung mit 1 Person, relative Luftfeuchtigkeit 62%). Abb. 6.11d zeigt den Aufnahmeraum der mermaid music studios in München und die Nachhallzeit des Raumes mit zwei Stellwandelementen (Messung mit 1 Person, relative Luftfeuchtigkeit 60%).

In Hörspiel- bzw. Sprecher- und Geräuschemacheraufnahmeräumen werden häufig Vorhänge oder Stellwandelemente zur Abtrennung von Teilbereichen des Raumes und zur Gestaltung von Bereichen unterschiedlicher raumakustischer Bedingungen genutzt. Die Nachhallzeiten liegen in Abhängigkeit vom Raumvolumen zwischen 0,1 Sekunden für sehr stark bedämpfte Räume und etwa 0,8 Sekunden für große Hörspielstudios. Abb. 6.1e zeigt den Synchron-/Geräuschemacheraufnahmeraum von Studio 4 der Elektrofilm Studios in Berlin und den Nachhallzeitverlauf des Raumes (Messung mit 1 Person, relative Luftfeuchtigkeit 55%).

Bei der Planung von Sprecherstudios, wie z. B. Nachrichten- oder Diskussionsstudios, Fernsehproduktionsstudios und Filmstudios sind die akustischen Eigen-

294 P. Maier

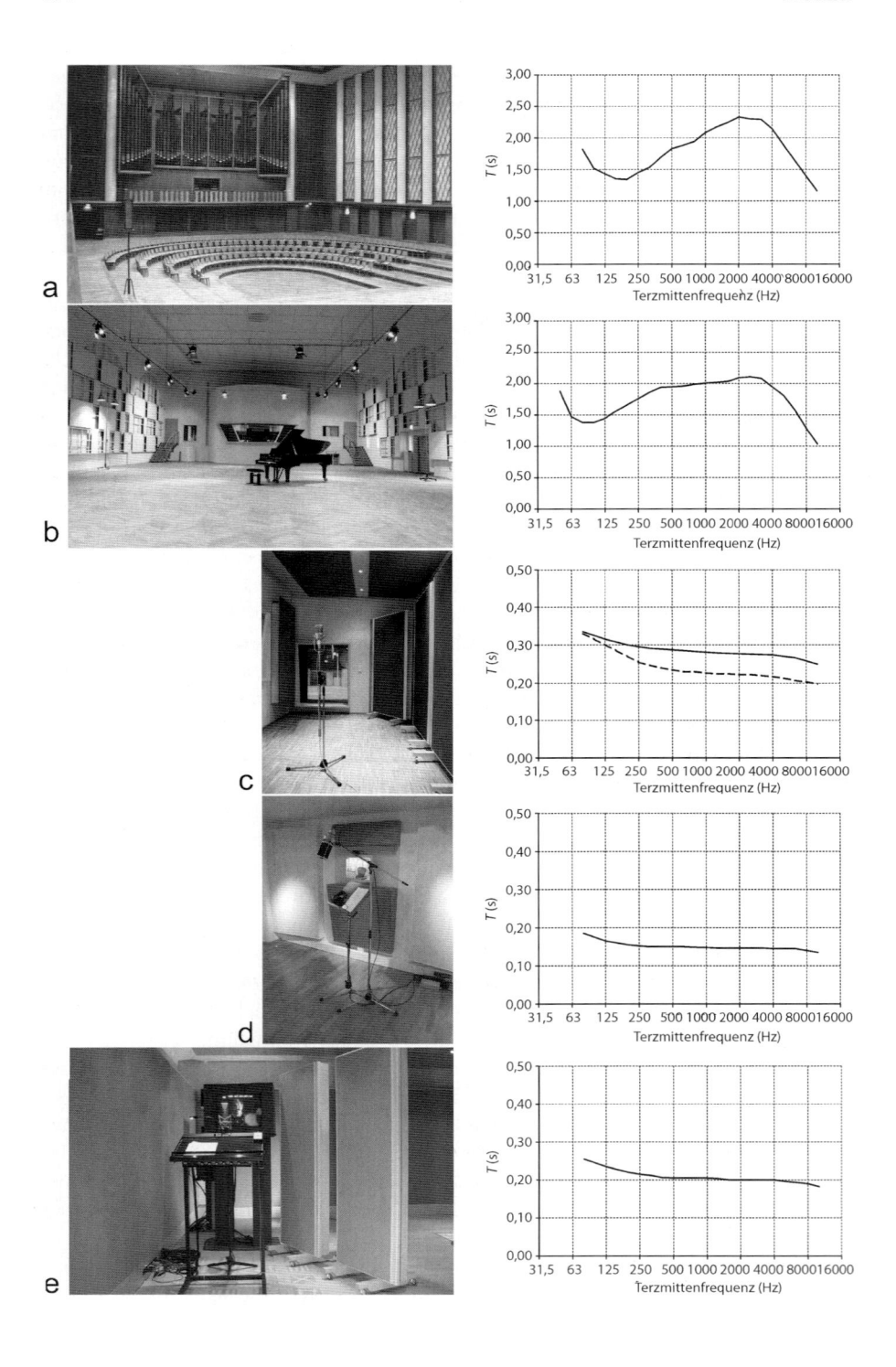

Kapitel 6 Studioakustik 295

schaften von Kulissen, Dekoration und technischen Einbauten zu berücksichtigen. Bei veränderlichen Kulissen sollte angestrebt werden, die für die primäre akustische Gestaltung des Raumes notwendigen Einbauten an den Wänden und der Decke vorzusehen und bei der Planung der Kulissen durch akustisch transparente oder absorbierende Materialien die Entstehung von störenden Reflexionen zu vermeiden. Sinnvolle Nachhallzeiten liegen aufgrund der unterschiedlichen Raumgrößen in einem weiten Bereich von 0,2 s bis zu 1 s.

6.2.4 Tonregie- und Hörräume

Tonregieräume und Hörräume müssen eine neutrale, kritische und zuverlässige Beurteilung des wiedergegebenen Signals ermöglichen. Von großer Bedeutung ist in diesem Zusammenhang eine Standardisierung der Hörbedingungen, um eine einheitliche Qualität der Wiedergabebedingungen zu schaffen und eine vergleichbare Wiedergabe an unterschiedlichen Orten zu ermöglichen, auch im Hinblick auf einen einwandfreien Programmaustausch. In ITU-R BS.1116-1, EBU Tech. 3276 und SSF-01.1 sind Anforderungen an die Hörbedingungen in Abhörräumen und speziell in Mehrkanal-Abhörräumen umfassend dargestellt. Zu den Hörbedingungen gehören die bau- und raumakustischen Voraussetzungen ebenso wie die eingesetzten Lautsprecher. Raum- und elektroakustische Betrachtungen sind in Regieräumen immer untrennbar miteinander verbunden. Parameter und Anforderungen für Studiolautsprecher sind in SSF-01.1 in Form von Grenzwerten für Amplituden-Frequenzgang, Bündelungsmaß, Klirrdämpfung usw. dokumentiert.

Die Anforderungen an das Schallfeld können anhand der Impulsantwort und der Übertragungsfunktion beschrieben werden und betreffen

- das Direktsignal,
- frühe Reflexionen,
- den diffusen Nachhall und
- die Frequenzabhängigkeit des stationären Schallfeldes.

Als Direktsignal wird die Schallwelle betrachtet, die auf direktem Weg nach der Abstrahlung durch den Lautsprecher ohne Einfluss des Raumes am Abhörpunkt

Abb. 6.11 (a): Der Aufnahmesaal 1 im ehemaligen Funkhaus Berlin Ost (Grundfläche 910 m^2, Volumen 12.300 m^3) und die Nachhallzeit des Saales (Quelle: Steinke). (b): Der Saal der Teldex Studios in Berlin (Grundfläche 455 m^2, Volumen 3400 m^3) und die Nachhallzeit des Saales. (c): Der Aufnahmeraum 2 der Teldex Studios in Berlin (Grundfläche 22 m^2, Volumen 62 m^3) und die Nachhallzeit des Raumes mit vier mobilen Stellwandelementen, davon zwei Elemente mit der reflektiven und zwei Elemente mit der absorptiven Seite zum Raum gedreht (durchgezogene Linie) bzw. alle vier Elemente mit der absorptiven Seite zum Raum gedreht (gestrichelte Linie). (d): Der Aufnahmeraum der mermaid music studios in München (Grundfläche 12,3 m^2, Volumen 28,5 m^3) und die Nachhallzeit des Raumes mit zwei mobilen Stellwandelementen, beide mit der absorptiven Seite zum Raum gedreht. (e): Der Aufnahmeraum von Studio 4 der Elektrofilm Studios in Berlin (Grundfläche 44 m^2, Volumen 120 m^3) und die Nachhallzeit des Raumes.

eintrifft. Die Eigenschaften des Direktsignals werden weitestgehend bestimmt durch die Eigenschaften des Lautsprechers.

Die Reflexionen von Oberflächen und Gegenständen im Raum, die am Abhörpunkt innerhalb der ersten 15 ms nach dem Direktsignal eintreffen, werden als frühe Reflexionen bezeichnet. Diese Reflexionen sollten im Frequenzbereich von 1 kHz bis 8 kHz um mindestens 10 dB unterhalb des Direktsignals liegen. Die Beurteilung muss in einer geeigneten, frequenzabhängigen Darstellung, also z. B. im Zerfallsspektrum erfolgen. Eine breitbandige, frequenzunabhängige Betrachtung ist nicht ausreichend. Dabei ist zu berücksichtigen, dass die Oberfläche des Mischpults im Regieraum eine potentielle Quelle für frühe Reflexionen darstellt, die zwar durch eine Optimierung der Höhe der Frontlautsprecher zu reduzieren, aber in der Regel nicht ganz zu vermeiden ist.

Der diffuse Nachhall sollte einen geradlinigen Abklingverlauf aufweisen und frei von einzelnen Reflexionen, Flatterechos und Schwebungen sein. Der arithmetische Mittelwert T_m der Nachhallzeiten in den Terzbändern von 200 Hz bis 4 kHz sollte gemäß EBU Tech. 3276 und SSF-01.1 in Abhängigkeit vom Volumen des Raumes zwischen 0,2 s und 0,4 s liegen:

$$T_m = 0,25 \cdot (V/V_0)^{1/3} \text{ s} \tag{6.21}$$

Dabei ist V das Raumvolumen und V_0 das Referenz-Raumvolumen von 100 m³.

In Abb. 6.12 sind die Toleranzgrenzen für die Nachhallzeit relativ zum Mittelwert T_m gemäß EBU Tech. 3276 und SSF-01.1 dargestellt. Dabei werden ein Abfall der Nachhallzeit zu hohen Frequenzen oberhalb von 4 kHz und ein Anstieg zu tiefen Frequenzen unterhalb von 200 Hz zugelassen. Ein in seiner Frequenzabhängigkeit gleichmäßiger Verlauf der Nachhallzeit wird vorausgesetzt. Die Abweichung der Nachhallzeiten in benachbarten Terzbändern sollte 0,05 s zwischen 200 Hz und 8 kHz und 25 % des längeren Wertes unterhalb 200 Hz nicht überschreiten. Die Messung der Nachhallzeit erfolgt mit den im Regieraum eingesetzten Lautsprechern.

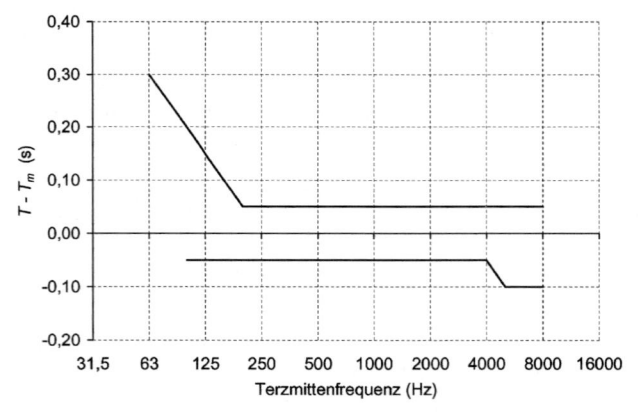

Abb. 6.12 Toleranzgrenzen für die Nachhallzeit von Regie- und Hörräumen gemäß EBU Tech. 3276 und SSF-01.1

Kapitel 6 Studioakustik

Ein Maß für die gleichmäßige Übertragung aller Frequenzen ist die Betriebsschallpegelkurve als vereinheitlichte Form des Betrages der Übertragungsfunktion des stationären Schallfeldes. Die Betriebsschallpegelkurve kann am Bezugs-Abhörpunkt messtechnisch ermittelt werden durch geeignete Filterung der Übertragungsfunktion oder durch direkte Messung des Schalldruckpegelspektrums bei Anregung mit Rosa Rauschen. Das Toleranzfeld für die Betriebsschallpegelkurve gemäß EBU Tech. 3276 und SSF-01.1 ist in Abb. 6.13 dargestellt. Die Messung wird für jeden Kanal einzeln durchgeführt. Die Toleranzen müssen für jeden einzelnen Kanal eingehalten werden. Vor allem für die Frontkanäle ist eine hohe Übereinstimmung der Betriebsschallpegelkurven der Kanäle unter einander von großer Bedeutung.

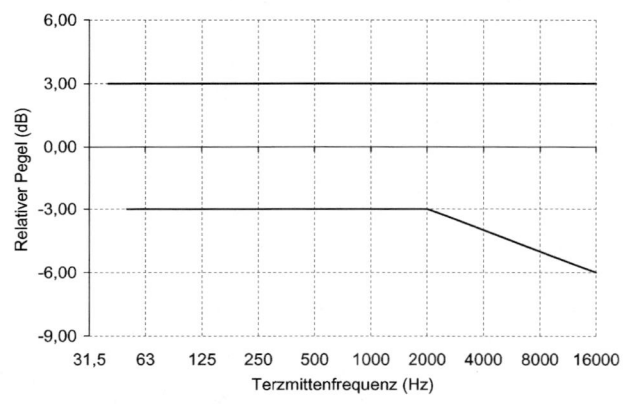

Abb. 6.13 Toleranzgrenzen für die Betriebsschallpegelkurve gemäß EBU Tech. 3276 und SSF-01.1

Die raumakustische Gestaltung eines Regie- oder Hörraumes erfordert eine Auseinandersetzung mit der geplanten Nutzung des Raumes in Abstimmung mit der ergonomischen und architektonischen Planung des Raumes. Im Folgenden sind die wichtigsten Schritte des Prozesses dargestellt, die jeweils durch entsprechende Berechnungen, Simulationen und begleitende Messungen unterstützt werden können:

1. Der Entwurf einer geeigneten Raumform basiert neben ergonomischen Gesichtspunkten auf wellentheoretischen und strahlengeometrischen Grundlagen. Im Vordergrund steht dabei die Optimierung der Eigenfrequenzverteilung, der daraus resultierenden Übertragungsfunktionen und des Reflexionsverhaltens. Zum geometrischen Entwurf gehört auch die geeignete Positionierung der Abhöranordnung, die aber Spielraum für eine Optimierung der Position von Lautsprechern und Abhörpunkt nach der Fertigstellung des Raumes lassen sollte. Durch die nicht-parallele Anordnung von Wänden besteht die Möglichkeit, ungünstige Effekte wie Flatterechos zwischen einander gegenüberliegenden Wänden zu vermeiden. Von größter Bedeutung ist dabei eine symmetrische Geometrie des Raumes und der Abhöranordnung. Eine Asymmetrie hat in der Regel Abweichungen zwischen den Kanälen zur Folge, die durch die akustische Gestaltung der Raumoberflächen zwar reduziert, aber meist nicht vollständig ausgeglichen werden können.

Bei quaderförmigen Räumen bestehen die Freiheitsgrade in den zu wählenden Raumproportionen, wobei die in Abschn. 6.2.2.2 dargestellten Überlegungen zur Eigenfrequenzverteilung zu berücksichtigen sind. Bei bestehenden Räumen ist es in vielen Fällen sinnvoll, Messungen des Bestandes durchzuführen, um eine gesicherte Entscheidungsgrundlage für die Einschätzung der Eignung einer bestehenden Raumform und für die Planung der weiteren Maßnahmen und die Positionierung der Abhöranordnung zu erhalten.

2. Die Gestaltung der Oberflächen wird durch geometrische, wellentheoretische und statistische Überlegungen bestimmt. Die Vermeidung von störenden Reflexionen kann durch gezielte Lenkung, durch Streuung oder durch Absorption erfolgen. Dabei ist darauf zu achten, dass die getroffenen Maßnahmen auch tatsächlich den gesamten relevanten Frequenzbereich gegebenenfalls auch unter den auftretenden Einfallswinkeln erfassen. Durch die Verwendung von Teppichböden und anderen breitbandig absorbierenden Materialien mit geringen Schichtdicken ist es zwar möglich, Flatterechos und einzelne als Echo wahrnehmbare Reflexionen zu reduzieren oder zu beseitigen. Da diese Materialien aber aufgrund ihrer geringen Materialstärke nur im hochfrequenten Bereich absorbieren, können mit ihnen weder störende Kammfiltereffekte beseitigt noch Raummoden bedämpft werden. Dafür sind Breitbandabsorber mit entsprechend großen Schichtdicken oder Resonanzabsorber erforderlich.

Auch die Oberflächen sollten soweit wie möglich symmetrisch gestaltet sein. Bei der Auswahl der Materialien ist auf eine in ihrer Frequenzabhängigkeit ausgeglichene Nachhallzeit zu achten. Poröse Absorber mit geringen Schichtdicken wie z. B. Teppiche, leichte Vorhänge und Schaumstoffmatten sind nicht zu großflächig einzusetzen, da sie eine Überdämpfung des Raumes im hochfrequenten Bereich und somit einen zu dumpfen Klangeindruck bewirken können. Regieräume mit geringen Deckenhöhen sind bei Belegung der Bodenfläche mit Teppich häufig bereits durch die Absorption des Teppichs im hochfrequenten Bereich überdämpft.

3. Durch die Positionierung von Möblierung und technischen Einbauten darf es weder zu einer Abschattung des Direktsignals noch zur Entstehung störender Reflexionen kommen. Eine Abschattung des Direktsignals tritt häufig bei der Platzierung von Bildschirmen oder Nahfeldmonitoren auf. Gegebenfalls muss die Höhe und die Neigung der Lautsprecher entsprechend angepasst werden. Die Entstehung von störenden Reflexionen durch Einrichtungsgegenstände kann entweder durch geeignete Anordnung oder durch die absorptive Gestaltung von Oberflächen, z. B. von Seitenflächen von Geräteschränken vermieden werden. Hierbei kann insbesondere das Mischpult bzw. der Regietisch einen erheblichen Einfluss auf die akustische Situation besitzen.

4. Die Positionierung der Abhöranordnung sollte wenn möglich nach der Fertigstellung des Raumes durch Messung und durch Beurteilung des Höreindrucks optimiert werden. Unter bestimmten Voraussetzungen ist eine elektroakustische Entzerrung der Übertragungsfunktionen sinnvoll (Abschn. 6.2.5.3). Die Referenzabhörpegel werden gemäß den für die geplante Nutzung geltenden Richtlinien eingemessen (Abschn. 6.2.5.4).

Kapitel 6 Studioakustik

6.2.4.1 Regie- und Hörräume für Zweikanal-Stereo-Wiedergabe

Die Lautsprecheranordnung und der typische Hörbereich für eine Zweikanal-Stereo-Wiedergabeanordnung ist in Abb. 11.1 dargestellt. Im Laufe der letzten Jahrzehnte haben sich Regieraumkonzepte mit untereinander teilweise durchaus gegensätzlichen Ansätzen entwickelt, die für Zweikanal-Stereo-Wiedergabe gute Ergebnisse erzielen lassen.

Betrachtet man exemplarisch als die beiden gängigsten Konzepte das in den 1970er-Jahren entstandene Live-End-Dead-End-Konzept (Davis u. Davis 1980) und das in den 1980er-Jahren folgende nahezu entgegengesetzte Non-Environment-Konzept (Hidley et al. 1994), erkennt man, dass bei beiden Konzepten der Raum vor allem bezüglich der Verteilung der Absorptionsoberflächen über klar gerichtete akustische Verhältnisse verfügt.

Im Fall des **Live-End-Dead-End-Konzepts** ist der gesamte vordere Raumbereich absorptiv gestaltet. Der Lautsprecher ist in eine absorptive Wand eingesetzt. Die hintere Hälfte des Raumes ist diffus reflektierend gestaltet. Dadurch wird eine Zone um den Abhörpunkt geschaffen, die frei von frühen Reflexionen ist, und dennoch einen quasi-diffusen Anteil im Schallfeld zulässt, der eine natürliche akustische Umgebung erzeugt, ohne die Wahrnehmung der von vorne kommenden Schallanteile erheblich zu beeinflussen.

Im **Non-Environment-Konzept** sind die Lautsprecher in eine schallharte Wand eingesetzt. Durch die geometrische Gestaltung der Lautsprecherfront werden alle direkten Reflexionen am Abhörpunkt vorbei geleitet. Außer der Lautsprecherfront und dem Boden des Raumes sind alle Flächen maximal absorptiv gestaltet. In der klassischen Konzeption werden vor allem für die Rückwandabsorber sehr große Bautiefen vorgesehen, um einen ungünstigen Einfluss der reflektierten Anteile auch im tieffrequenten Bereich zu unterdrücken.

Der Einbau des Lautsprechers in beiden Konzepten bringt Vorteile vor allem für die Wiedergabe im tieffrequenten Bereich, da zum einen die Abstrahlung von tieffrequenten Schallanteilen nach hinten verhindert wird und zumindest beim Einbau in die reflektive Wand nicht die Gefahr besteht, dass der Lautsprecher in einem Schnellemaximum positioniert ist, in dem er als Monopolquelle das Schallfeld bei bestimmten Frequenzen nicht anregen kann.

Die Zahl der Räume, in denen diese Konzepte in letzter Konsequenz umgesetzt wurden, ist vor allem bedingt durch den großen Volumenbedarf der raumakustischen Maßnahmen und die geringe Flexibilität der Räume in den letzten Jahren stark zurückgegangen. Im Laufe der Zeit hat sich eine Vielzahl von Varianten der Konzepte entwickelt, die durch kleinere konzeptionelle Veränderungen sowie durch Anpassungen an die praktischen Erfordernisse geprägt sind.

Abb. 6.14 zeigt die Stereo-Regie der mermaid music studios in München. Die akustische Konzeption des Raumes basiert letztlich auf dem Non-Environment-Konzept als Grundlage für alle Räume mit Lautsprechern, die in reflektive „unendliche" Schallwände eingesetzt sind, und absorptiver Gestaltung des hinteren Raumbereiches. Die Lautsprecher sind in eine schallharte Wand eingesetzt, die hier allerdings im seitlichen Bereich in keilförmige Breitbandabsorberfelder mit einer

Bautiefe von bis zu 100 cm übergehen. An diese Felder schließen wiederum nach hinten geneigte Reflektoren an, um im Bereich des Arbeitsplatzes eine möglichst große Zone zu schaffen, in der ausschließlich niederpegelige Reflexionen auftreten. Der hintere Raumbereich ist nicht vollständig, sondern durch einzelne Absorberfelder nur teilweise absorptiv gestaltet, um begrenzt niederpegelige Reflexionen zuzulassen und einen natürlichen Raumeindruck zu erhalten. Die Bautiefe der Absorberfelder im hinteren Raumbereich ist zugunsten des verbleibenden Raumvolumens gegenüber der klassischen Konzeption erheblich reduziert auf 18 cm. Die tieffrequente Bedämpfung des Raumes wird durch die in der Lautsprecherfront sitzenden Breitbandabsorber, durch Folienabsorber mit gestaffelten Resonanzfrequenzen und durch die in den hinteren Raumecken sitzenden Helmholtzresonatoren erreicht. Letztere sind nach Messungen im weitestgehend fertiggestellten Raum auf die tiefsten Eigenfrequenzen des Raumes abgestimmt. Der Boden des Raumes ist mit Parkett belegt. Die Decke ist teilweise breitbandig absorptiv, teilweise diffus gestaltet.

Abb. 6.14 Die Regie der mermaid music studios in München

Bei einer Freifeld-Aufstellung der Lautsprecher ist in der Regel größerer Aufwand zur tieffrequenten Bedämpfung vor allem des Bereiches hinter den Lautsprechern erforderlich, um die geforderte Linearität der Übertragungsfunktion zu erreichen. Allerdings kann bei einer freien Aufstellung die Position der Lautsprecher als Freiheitsgrad bei der raumakustischen Gestaltung eingesetzt werden. Darüberhinaus können Lautsprechersysteme eingesetzt werden, die durch eine rückwärtige Abstrahlung über spezielle Laufzeitglieder auch im tieffrequenten Bereich noch eine etwa nierenförmige Richtwirkung erzeugen (Unipolquellen, s. Abschn. 6.2.2.2).

Abb. 6.15 zeigt die Stereo-Regie der Deck 9 Studios in München. Die Lautsprecher stehen frei im Raum. In den Raumkanten hinter den Lautsprechern sind Breitbandabsorber mit großen Bautiefen und Resonanzabsorber angeordnet, die auch hier nach Messungen im fertig gestellten Raum auf die tiefsten Eigenfrequenzen des Raumes abgestimmt wurden. Die Bodenfläche ist mit Parkett belegt. Die hinter dem Abhörpunkt liegende Dachschräge, sowie die seitlichen Wandflächen und die Deckenfläche sind großflächig mit Breitbandabsorbern, Resonanzabsorbern und diffus reflektierenden Bauteilen versehen.

Kapitel 6 Studioakustik

Abb. 6.15 Die Regie der Deck 9 Studios in München

6.2.4.2 Erweiterung der Anforderungen für Mehrkanal-Wiedergabe

Für Mehrkanal-Wiedergabe hat sich in den letzten Jahren eine Vielzahl von Abhörformaten gebildet, die sich in der Anzahl und Anordnung der Lautsprecher teilweise erheblich unterscheiden (s. Kap. 11). Am meisten verbreitet ist heute die 3/2- oder 5.0-Anordnung gemäß ITU-R BS.775-1 und die um einen separaten Tiefton-Effekt-Kanal erweiterte 5.1-Anordnung (s. Abb. 11.13). Der aus dem Kino-Bereich übernommene, separate Tiefton-Effekt-Kanal LFE (Low Frequency Effects, nicht zu verwechseln mit dem im Bass-Management in Abschn. 6.2.5.1 beschriebenen Subwoofer, der den Tieftonanteil der Hauptkanäle wiedergibt), der mit einem eigenen Effektsignal im Frequenzbereich von 20 Hz bis maximal 120 Hz gespeist wird, ist zunächst im ITU-Format nicht vorgesehen.

Die Spezifikation sieht fünf bezüglich Reflexionsverhalten und Übertragungsfunktion identische Kanäle in gleicher Entfernung zum Abhörpunkt vor. Die Betriebsschallpegelkurven sollen dem Verlauf gemäß EBU Tech. 3276 bzw. SSF-01.1 (Abb. 6.13) entsprechen. Die grundsätzliche Forderung nach fünf identischen Kanälen erfordert eine in nahezu allen Richtungen akustisch symmetrische Gestaltung des Raumes. Bei den in Abschn. 6.2.4.1 genannten Konzepten für Stereoregieräume verfügt der Raum mit Ausnahme der Variante mit frei stehenden Lautsprechern über

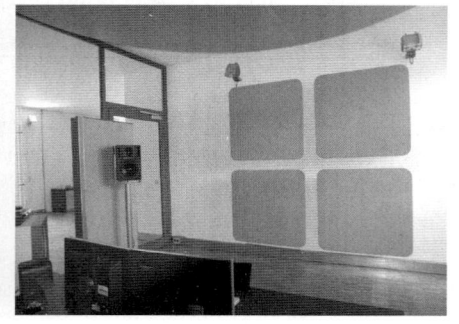

Abb. 6.16 Die Regie der Rocket Studios in Berlin

klar gerichtete akustische Bedingungen. Somit unterscheiden sich zwangsläufig das Reflexionsverhalten und die Übertragungsfunktion eines Lautsprechers im hinteren Raumbereich von denen eines Lautsprechers im vorderen Raumbereich. Die Umrüstung von Tonregieräumen mit gerichteter Raumakustik in Mehrkanaltonregieräume ist daher ohne gezielte akustische Modifikationen meist nicht möglich. Eine identische Wiedergabe aller fünf Kanäle ist nur in einem akustisch ungerichteten Raum möglich. Durch die Erhöhung der Anzahl der Lautsprecherpositionen ergibt sich als Zielsetzung für die raumakustische Planung eine wesentlich weiträumigere Optimierung des Schallfeldes unter Vermeidung von störenden Reflexionen durch geeignete Diffusion und Absorption bzw. durch gezielte Lenkung störender Reflexionen von notwendigen reflektiven Oberflächen wie z. B. Fenstern, sowie eine in ihrer Frequenzabhängigkeit ausgeglichene Bedämpfung des Raumes durch eine homogene Verteilung von absorbierenden Maßnahmen.

In Abb. 6.16 ist der 5.1-Regieraum der Rocket Studios in Berlin dargestellt. Die Lautsprecher stehen frei, die Raumakustik an den Seitenwänden besteht aus gezielt positionierten, frei stehenden Absorberwänden, da die verglasten Wandflächen für eine absorptive oder diffus reflektierende Gestaltung nicht zur Verfügung stehen. An der Rückwand des Raumes sind vier Resonanzabsorberelemente zur zusätzlichen tieffrequenten Bedämpfung des Raumes erkennbar.

Auch in Räumen, die keine gerichteten akustischen Verhältnisse aufweisen, wird jedoch die unterschiedliche Positionierung der einzelnen Kanäle im Schallfeld im Raum bzw. zu schallreflektierenden Flächen innerhalb des Raumes zu Abweichungen im Übertragungsverhalten führen. Bereits die für die hinteren Kanäle fehlende Mischpultoberfläche und die dafür stärker wirksame Bodenfläche verursachen erhebliche Abweichungen zwischen den vorderen und den hinteren Kanälen, die durch geeignete Maßnahmen ausgeglichen werden müssen.

Abb. 6.17 zeigt den großen 5.1-Regieraum der Teldex Studios in Berlin. Für eine optimale Wiedergabe im tieffrequenten Bereich wurden die vorderen Laut-

Abb. 6.17 Die Regie 1 der Teldex Studios in Berlin

Kapitel 6 Studioakustik   303

sprecher in eine schallharte Lautsprecherfront eingebaut. Eine ausreichend symmetrische Wiedergabe wird hier durch große Absorberfelder in der reflektiven Lautsprecherfront und durch eine gezielte Neigung der hinteren Lautsprecher gewährleistet.

6.2.4.3 Mischkinos / Filmmischateliers

Mischkinos und Filmmischateliers, in denen die Verbreitung des Mehrkanaltons lange vor allen anderen Anwendungen stattfand, sind hinsichtlich der raumakustischen Gestaltung wesentlich stärker standardisiert als Regieräume für DVD- und Mehrkanal-Musikproduktion. Sie sind meist wesentlich größer als Regieräume für Musik- und Fernsehproduktion. Aufgrund der höheren Eigenfrequenzdichte sind die Übertragungsfunktionen der einzelnen Kanäle in diesen Räumen im tieffrequenten Bereich weniger durch die modalen Eigenschaften der Räume bestimmt. Da die hinteren Kanäle zudem bandbegrenzt sind, besteht hier die Problematik der Unterschiede in der Übertragungsfunktion der einzelnen Kanäle aufgrund von unterschiedlich angeregten Wellenfeldern nicht.

Abb. 6.18 zeigt das große Mischkino und das digitale Kino der ARRI Film & TV Studios in München. Die raumakustische Zielsetzung im Kino ist der in Regieräumen bezüglich Reflexionsverhalten und Übertragungsfunktion prinzipiell sehr ähn-

Abb. 6.18 Das Mischkino Stage 1 (oben) und das Digitale Kino (unten) der ARRI Film & TV Studios in München

lich. Allerdings nimmt der Hörerbereich, für den das Schallfeld zu optimieren ist, eine deutlich größere Fläche ein. Die Reflexionen von Wand- und Deckenflächen werden stärker bedämpft, hier vor allem die Rückwandreflexionen, die aufgrund der größeren Raumabmessungen sehr spät beim Zuhörer eintreffen würden. Die Nachhallzeiten von Kinos sind im Verhältnis zum Raumvolumen deutlich niedriger als in anderen Tonregieräumen. Geometrische Parameter, sowie Grenzwerte und Toleranzfelder für die Nachhallzeiten und die Übertragungsfunktionen der einzelnen Kanäle sind in den Anforderungskatalogen von Dolby und THX dokumentiert.

Falls in einem Raum Kino- *und* Fernsehmischungen beurteilt werden sollen, ist aufgrund der unterschiedlichen Wiedergabeeigenschaften der zu verwendenden Lautsprecher und der unterschiedlichen Positionierung der Quellen die Installation getrennter Lautsprechersysteme erforderlich. Da es aufgrund der optischen Abschattung der Leinwand nicht möglich ist, die Lautsprecher für Fernsehmischungen während der Kinomischung an ihrer Position zu belassen, ist es meist erforderlich, die Lautsprecher für die Fernsehbeschallung mobil zu gestalten. Wichtig dabei ist die exakte Reproduzierbarkeit der Lautsprecherpositionen und ein möglichst geringer Zeitbedarf für die Umrüstung des Raumes. In dem in Abb. 6.19 dargestellten Mischkino der Blackbird Music Studios in Berlin wurden zusätzlich zu der für Kinomischungen erforderlichen, in eine bedämpfte Schallwand eingesetzten Beschallung drei weitere Frontlautsprecher für eine 5.1-Abhöranordnung installiert, die an Stahlseilen von der Decke heruntergefahren werden. Um keinen Schatten auf der Leinwand zu erhalten und dennoch eine optimale Positionierung der Frontkanäle zu erreichen, wurde eine zweite Leinwand installiert, die gemeinsam mit den Lautspre-

Abb. 6.19 Das Mischkino der Blackbird Music Studios in Berlin, mit Beschallung und Leinwand für Filmproduktion, mit den heruntergefahrenen Lautsprechern für TV-Produktion und der zusätzlichen Leinwand für TV-Produktion

Kapitel 6 Studioakustik 305

chern von der Decke gefahren wird. Die Lautsprecher für die hinteren Kanäle der 5.1-Anordnung sind in die raumakustischen Einbauten an den Seitenwänden integriert.

6.2.4.4 Übertragungswagen

Tonregieräume in Übertragungswagen sind fast immer sehr kleine und mit Technik überfrachtete Räume. Aus der Größe des Raumes ergibt sich eine sehr geringe Eigenfrequenzdichte im tieffrequenten Bereich. Allerdings resultiert aus der hohen Transmission der Begrenzungsflächen im tieffrequenten Bereich meist eine hohe Bedämpfung des Schallfeldes und daher eine Übertragungsfunktion, die nicht so unausgeglichen ist, wie man es von einem Raum dieser Größe erwarten würde. Die Hauptproblematik besteht in Übertragungswagen im geringen zur Verfügung stehenden Raum für akustische Maßnahmen. Dennoch sollte Wert darauf gelegt werden, durch eine ausgeglichene Bedämpfung und eine gezielte Orientierung von reflektierenden Oberflächen ein einwandfreies Übertragungsverhalten zu erzielen. Von großer Bedeutung ist auch hier trotz der räumlich beengten Verhältnisse eine optimale Positionierung der Lautsprecher.

6.2.5 Elektroakustische Optimierung der Wiedergabe und Einmessung der Abhörlautsprecher

6.2.5.1 Bass-Management und Bass-Redirection

Eine Möglichkeit, um die erforderlichen Volumina der Hauptlautsprecher zu reduzieren und gleichzeitig im tieffrequenten Bereich dem Problem des unterschiedlichen Übertragungsverhaltens der einzelnen Kanäle aufgrund ihrer unterschiedlichen Positionierung im Raum entgegenzuwirken, besteht in der Abkopplung des tieffrequenten Bereiches von den Hauptlautsprechern und dessen Wiedergabe über einen oder mehrere separate Subwoofer, dem sogenannten Bass-Management. Dabei wird der Subwoofer zu einem entscheidenden Faktor in der akustischen Gestaltung des Raumes, da seine Positionierung im Gegensatz zu den Hauptlautsprechern wesentlich geringeren Einschränkungen unterworfen ist und die ideale Positionierung durch eine messtechnische Optimierung ermittelt werden kann. Dabei ist insbesondere die Phasenbeziehung zu den einzelnen Hauptlautsprechern zu berücksichtigen und entsprechend anzupassen.

Die Wahl der optimalen Übernahmefrequenz wird, sofern sie nicht ohnehin durch das verwendete Bass-Managementsystem vorgegeben ist, durch die eingesetzten Lautsprecher, deren Positionierung und die akustische Gestaltung des Raumes bestimmt. Übernahmefrequenzen im Bereich von 80 Hz bis 160 Hz sind üblich. Allerdings führen Übernahmefrequenzen oberhalb von 100 Hz häufig zur

Ortbarkeit des Subwoofers. Die besten Ergebnisse werden in der Regel mit Übernahmefrequenzen im Bereich von 80 Hz erzielt. Vor allem, wenn die Subwoofer in größerer Entfernung zu den Hauptlautsprechern positioniert werden, ist es sinnvoll, die Übernahmefrequenzen möglichst tief zu wählen. Es ist darauf zu achten, dass keine Fehler in der Ortung vor allem durch nichtlineare Verzerrungen des Subwoofers auftreten. Generell ist der Einsatz eines Bass-Managements eher für kleinere Räume sinnvoll. Das LFE-Signal der 5.1-Anordnung kann zum Subwoofer-Signal addiert und damit über den gleichen Lautsprecher wiedergegeben werden.

Da die Bandbegrenzung des LFE-Signals aufnahmeseitig vorgesehen ist, kann es unter bestimmten Voraussetzungen zweckmäßig sein, eine sogenannte Bass-Redirection einzuführen, also eventuell vorhandene höherfrequente Anteile im LFE-Signal, die der Subwoofer nicht einwandfrei wiedergeben könnte, wiederum auf die Hauptlautsprecher zu addieren, um dadurch eine Beurteilung des Signals zu ermöglichen und sicherzustellen, dass keine unerwünschten höherfrequenten Anteile im LFE-Signal enthalten sind. Da aber die Wiedergabeanordnung im Regelfall die Wiedergabe höherfrequenter Anteile im LFE-Signal ausschließt, muss dabei berücksichtigt werden, dass die betrachteten Signalanteile nicht programmrelevant sein dürfen. Folglich sollte zu Kontrollzwecken die Bass-Redirection grundsätzlich nur zuschaltbar ausgeführt werden.

6.2.5.2 Aktive Beeinflussung des Schallfeldes

Neben der üblichen Vorgehensweise, störende Schallanteile durch passive Maßnahmen wie Breitbandabsorber oder Resonanzabsorber zu beseitigen, besteht die Möglichkeit, Schallwellen durch aktive Maßnahmen, also durch gegenphasige Schallwellen zu überlagern und dadurch zu kompensieren. Während der konstruktive Aufwand von passiven Maßnahmen mit zunehmender Wellenlänge, also mit abnehmender Frequenz zunimmt, liegt der Arbeitsbereich von Maßnahmen zur Kompensation durch Gegenschall dagegen, bedingt durch ihre physikalische Wirkungsweise, im tieffrequenten Bereich.

Eine einfache Form eines Systems zur aktiven Kompensation besteht in einer Erweiterung eines Bass-Management-Systems um einen Kompensations-Subwoofer an der Rückwand des Raumes. Der Kompensations-Subwoofer strahlt ein gegenüber dem Subwoofer des Bass-Management-Systems um die entsprechende Laufzeit verzögertes und in der Phase gedrehtes Signal ab. Durch die Gegenphasigkeit des Direktsignals und des Kompensationssignals kommt es zur gegenseitigen Auslöschung der beiden Schallwellen. Dadurch werden von der Rückwand reflektierte Schallwellen, die durch störende Interferenzen ein unausgeglichenes Verhalten im tieffrequenten Bereich hervorrufen würden, „absorbiert". Modifizierte Ansätze basieren auf der Faltung des Kompensationssignals mit der Raumimpulsantwort zur Anpassung an das durch die Ausbreitung im Raum veränderte Signal. Die Grundlagen der, bisher vor allem im Schallschutz eingesetzten (Lueg 1933), aktiven Kompensation von Schallfeldern werden in (Nelson u. Elliott 1994) ausführlich diskutiert.

Systeme zur aktiven Kompensation in Regieräumen befinden sich im Hinblick auf den Höreindruck und die Akzeptanz beim Nutzer derzeit noch in der Erprobung. Durch aktive Maßnahmen ist es jedoch grundsätzlich möglich, passive Maßnahmen, also die akustische Gestaltung durch Geometrie, Absorber und Diffusoren zu unterstützen und so die raumakustische Gestaltung in einen Frequenzbereich zu erweitern, in dem passive Maßnahmen einen erheblich größeren Aufwand erfordern.

6.2.5.3 Entzerrung der Übertragungsfunktion

In vielen Fällen ist es vor allem in kleinen Räumen nicht möglich, durch raumakustische Maßnahmen und geeignete Positionierung der Lautsprecher die geforderte Linearität von Übertragungsfunktion und Betriebsschallpegelkurve mit vertretbarem Aufwand zu erreichen. Dadurch kann es sinnvoll oder sogar notwendig werden, elektrische Korrekturen der Übertragungsfunktion durch Anpassungen in den Weichensystemen der Lautsprecher oder mit Hilfe von Equalizern vorzunehmen.

Ein gewisser Anteil der Verformung der Übertragungsfunktion wird durch die frequenzabhängige Nachhallzeit des Raumes hervorgerufen, da die Diffusfeldenergie des Raumes in die Messung der Übertragungsfunktion eingeht. Starke Überhöhungen oder Einbrüche in der Nachhallzeit können einen erheblichen Einfluss auf die Übertragungsfunktion haben. Die Nachhallzeit sollte, wie in Abschn. 6.2.4 dargelegt, zumindest im mittleren Frequenzbereich frequenzunabhängig sein. Im hochfrequenten Bereich kommt es durch den natürlichen Abfall der Nachhallzeit in Verbindung mit der zunehmenden Richtwirkung des Lautsprechers daher auch zu einem natürlichen Abfall der Übertragungsfunktion und der Betriebsschallpegelkurve. Im tieffrequenten Bereich ist aufgrund des häufig vorhandenen Anstiegs der Nachhallzeit der gegenläufige Effekt zu beobachten. Diese Effekte zu entzerren, ist in den meisten Fällen nicht zweckmäßig. Dennoch kann es bei sehr ausgeprägten Problemen sinnvoll sein, die vom Lautsprecher abgestrahlte Schallleistung im tieffrequenten Bereich zu verringern, um die Anregung von störenden Raummoden zu reduzieren. Grundsätzlich ist zu beachten, dass sich durch die Entzerrung nicht nur die Schallenergie des Direktsignales und der frühen Reflexionen, sondern auch die Energie des diffusen Nachhalls verändert.

Eine Vielzahl von raumakustischen Effekten, die zu Verformungen der Übertragungsfunktion führen, ist ortsabhängig. Am deutlichsten ist dieser Effekt bei Kammfiltern zu erkennen. Die Position der Einbrüche und Überhöhungen im Frequenzbereich ist abhängig von der Verzögerung der Reflexion gegenüber dem Direktsignal und damit von der Position im Raum. Wird ein unmittelbar am Abhörpunkt durch einen Kammfilter hervorgerufener Einbruch in der Übertragungsfunktion durch ein elektrisches Filter ausgeglichen, kann dies zu einer unkontrollierten und in der Regel ungünstigen Veränderung der Übertragungsfunktion im restlichen Raum führen. Die Entzerrung erfordert daher eine detaillierte Auseinandersetzung mit den jeweiligen akustischen Effekten, die zu den beobachteten Verformungen der Übertragungsfunktion führen. Eine Vorgehensweise, die das beschriebene Problem zumindest deutlich reduziert, ist die räumliche Mittelung bei der Messung der Übertragungsfunktion, wie sie in (Goertz et al. 2002) beschrieben wird (s. a. Abschn. 9.5.2.3).

Alle analogen, sowie alle herkömmlichen digitalen Equalizer, die auf IIR-Filtern basieren, sind minimalphasige Systeme und bewirken bei einer Beeinflussung der Amplitude der Übertragungsfunktion zwangsläufig auch eine Veränderung der Phase der Übertragungsfunktion und damit der Gruppenlaufzeit. Eine Verbesserung des Verlaufes der Gruppenlaufzeit der gesamten Wiedergabeanordnung durch den Einfluss der minimalphasigen Filter ist nicht zu erwarten, da die Impulsantwort des Raumes nur wenige minimalphasige Komponenten enthält. Eine Entzerrung der Betriebsschallpegelkurve ist folglich nicht möglich ohne eine gleichzeitige, in der Regel ungünstige Beeinflussung des zeitlichen Verhaltens. Neuere digitale Equalizer basieren teilweise auf FIR-Filtern, die eine getrennte Beeinflussung von Amplitude und Phase zulassen. Damit ist es möglich, eine gezielte Beeinflussung der Betriebsschallpegelkurve vorzunehmen, ohne das zeitliche Verhalten, also die Gruppenlaufzeit, negativ zu beeinflussen. Allerdings ist dies mit einer Gesamtverzögerung innerhalb der Wiedergabeanordnung verbunden.

Grundsätzlich sollten alle Eingriffe, sofern keine zu großen raumbedingten Asymmetrien in den Übertragungsfunktionen vorliegen, gleichermaßen für alle Kanäle erfolgen. Die Entzerrung sollte wenn möglich auf den tieffrequenten Bereich beschränkt bleiben.

Die Entzerrung der Übertragungsfunktionen in Regieräumen mit Hilfe von Equalizern ist in bestimmten Fällen eine Möglichkeit, eine Verbesserung der Wiedergabe zu erzielen, die mit raumakustischen Maßnahmen nur schwer oder nur mit erheblich höherem Aufwand zu erreichen gewesen wäre. Allerdings erfordert die Entzerrung eines Regieraumes eine detaillierte Betrachtung der raumakustischen Vorgänge und des durch die vorgenommenen Veränderungen beeinflussten Höreindrucks. Eine rein messtechnische Entzerrung ohne weitere raumakustische Betrachtungen, also ein „Geradebiegen des Frequenzganges" führt in den wenigsten Fällen zu einem akzeptablen Ergebnis. Die Entzerrung kann keinen Ersatz für raumakustische Maßnahmen bieten, aber in vielen Fällen grundsätzlich als Ergänzung zu den vorgenommenen Maßnahmen gesehen werden, der in jedem Fall eine Optimierung des Raumes und der Lautsprecherpositionen voraus gehen sollte.

6.2.5.4 Einmessung der Referenzpegel

Der Referenzabhörpegel der Haupt-Wiedergabekanäle für 3/2- bzw. 5.0- und 5.1-Abhöranlagen wird durch Messung des A-bewerteten Schalldruckpegels am Abhörpunkt eingestellt. Dazu wird die Empfindlichkeit jedes einzelnen der Wiedergabekanäle so angepasst, dass für rosa Rauschen (*) mit einem Digitalpegel von −18 dBFS(RMS) ein Schalldruckpegel von

$$L_{\text{LISTref}} = 85 - 10\log(n) \quad \text{dB(A)} \quad (6.22)$$

am Abhörpunkt erreicht wird. Dabei ist n die Anzahl der Haupt-Wiedergabekanäle.

Daraus ergibt sich für Stereo-Wiedergabe am Abhörpunkt pro Kanal ein Schalldruckpegel von 82 dB(A), bei fünf Haupt-Wiedergabekanälen, also für 3/2, 5.0 bzw. 5.1 für jeden einzelnen Kanal ein Schalldruckpegel von 78 dB(A). Besonders ist darauf zu achten, dass die Abweichung zwischen zwei Kanälen 0,5 dB nicht überschreitet.

Der LFE-Kanal wird mit Hilfe einer Messung des Schalldruckpegelspektrums so eingestellt, dass er in seinem Frequenzbereich gegenüber einem einzelnen Haupt-Wiedergabekanal eine um 10 dB höhere Empfindlichkeit besitzt.

Weitere Hinweise zur Einmessung von Regie- und Hörräumen sind SSF-02.1 zu entnehmen.

(*) Es ist möglich, die Messungen mit bandbegrenzten Signalen durchzuführen, um den Einfluss starker raumakustisch bedingter Schwankung im tieffrequenten Bereich zu minimieren. Allerdings ist zu berücksichtigen, dass durch die eingesetzte A-Bewertung ohnehin eine erhebliche Absenkung des tieffrequenten Bereiches erfolgt und die unerwünschten Einflüsse daher bereits durch die Bewertung des Signals nahezu ausgeschlossen sind. Bei Verwendung von bandbegrenzten Signalen ist unbedingt durch eine entsprechende Anpassung des Digitalpegels darauf zu achten, dass die Kompatibilität zu anderen Standards gewährleistet bleibt.

Normen und Standards

DIN 1320:1997	Akustik – Begriffe
DIN 4109:1989	Schallschutz im Hochbau – Anforderungen und Nachweise
DIN 15996:2006	Bild- und Tonbearbeitung in Film-, Video- und Rundfunkbetrieben – Grundsätze und Festlegungen für den Arbeitsplatz
DIN 18041:2004	Hörsamkeit in kleinen bis mittelgroßen Räumen
DIN 45641:1990	Mittelung von Schallpegeln
DIN EN 12354:2000-2004	Bauakustik – Berechnung der akustischen Eigenschaften von Gebäuden aus den Bauteileigenschaften
DIN EN ISO 140-4:1998	Akustik – Messung der Schalldämmung in Gebäuden und von Bauteilen, Teil 4: Messung der Luftschalldämmung zwischen Räumen in Gebäuden
DIN EN ISO 140-7:1998	Akustik – Messung der Schalldämmung in Gebäuden und von Bauteilen, Teil 7: Messung der Trittschalldämmung von Decken in Gebäuden
DIN EN ISO 717-1:1997	Akustik – Bewertung der Schalldämmung in Gebäuden und von Bauteilen, Teil 1: Luftschalldämmung
DIN EN ISO 717-2:1997	Akustik – Bewertung der Schalldämmung in Gebäuden und von Bauteilen, Teil 2: Trittschalldämmung
ISO 1996:2003	Acoustics – Description, measurement and assessment of environmental noise
ISO 9568:1993	Cinematography – Background Acoustic Noise Levels in Theatres, Review Rooms and Dubbing Rooms
VDI 2081:2001	Geräuscherzeugung und Lärmminderung in raumlufttechnischen Anlagen
VDI 2571:1976	Schallabstrahlung von Industriebauten
VDI 4100:1994	Schallschutz von Wohnungen – Kriterien für die Planung und Beurteilung

AES Technical Council, Document AES TD 1001.1.01-10:2002 Multichannel Surround Sound Systems and Operations

DOLBY Laboratories, Inc. Technical Guidelines for Dolby Stereo Theatres, Rev 1.33 – November 1994

DOLBY Laboratories, Inc. Studio Approval Requirements for Mixing Theatrical Commercials and Trailers in Dolby Formats, Issue 9

DOLBY Laboratories, Inc. Studio Approval Requirements for Mixing All Dolby Theatrical Formats, Issue 16
EBU Technical Recommendation R22–1999 Listening Conditions for the Assessment of Sound Programme Material
EBU Technical Recommendation R90-2000 The Subjective Evaluation of the Quality of Sound Programme Material
EBU Tech 3276-E-1998 Listening Conditions for the Assessment of Sound Programme Material: Monophonic and Two-channel Stereophonic, 2. Ausg
EBU Tech 3276-E-2004 S1 Listening Conditions for the Assessment of Sound Programme Material – Supplement 1, Multichannel Sound, 2. Aufl
EBU Tech 3286-E-1997 Assessment Methods for the Subjective Evaluation of the Quality of Sound Programme Material – Music
EBU Tech 3286-E-2000 S1 Assessment Methods for the Subjective Evaluation of the Quality of Sound Programme Material – Supplement 1, Multichannel
Rec ITU-R BS.1116-1 Methods for the Subjective Assessment of Small Impairments in Audio Systems including Multichannel Sound Systems, 1997
Rec ITU-R BS.775-1 Multichannel Stereophonic Sound System with and without Accompanying Picture, 1994
IRT Akustische Informationen 1.11-1/1995 Höchstzulässige Schalldruckpegel von Dauergeräuschen in Studios und Bearbeitungsräumen bei Hörfunk und Fernsehen, August 1995
OIRT Empfehlung 31/1 Raumakustische und geometrische Parameter von Ton-Aufnahmestudios bei Rundfunk und Fernsehen, 3. Entwurf, November 1998
OIRT Empfehlung 51/1 Zulässige Störschallpegel in Aufnahmestudios und studiotechnischen Räumen des Hör- und Fernsehrundfunks, August 1988
OIRT Empfehlung 86/3 Technische Parameter von OIRT-Bezugs-Abhörräumen, März 1990
RFZ 591 02 – 5 Rundfunk- und Fernsehtechnik, Hörrundfunk, Aufnahmestudios und Betriebsräume der Tonstudiotechnik, Bauakustische Forderungen, Rundfunk- und Fernsehtechnisches Zentralamt der DDR, Juni 1972
SSF-01.1/2002 Hörbedingungen und Wiedergabeanordnungen für Mehrkanal-Stereofonie
SSF-02.1/2002 Mehrkanalton-Aufzeichnungen im 3/2-Format – Parameter für Programmaustausch und Archivierung, Einstellung von Wiedergabeanlagen
SSF-04.1-2002 Mehrkanal-Surround-Sound: Systeme und Betriebsanwendungen
SMPTE RP 141-1995 Background Acoustic Noise Levels in Theaters and Review Rooms
TALärm, Technische Anleitung zum Schutz gegen Lärm, August 1998
THX Group, Lucasfilm, Ltd: THX Sound System Program: A Reference Manual for Architects and Engineers, Januar 1990

Literatur

Beranek LL (1954) Acoustics. McGraw-Hill, New York
Bolt RH (1942) Perturbation of Sound Waves in Irregular Rooms. J Acoust Soc Amer 13:S 65–73
Bolt RH (1946) Note on Normal Frequency Statistics for Rectangular Rooms. J Acoust Soc Amer 18:130–133
Ballou GM (2005) Handbook for Sound Engineers. 3. Aufl, Focal Press, Amsterdam
Bonello OJ (1981) A New Criterion for the Distribution of Normal Room Modes. J Audio Eng Soc 29/9:597–606
Brunner S, Maempel HJ, Weinzierl S (2007) On the audibility of comb-filter distortions. 122th AES Convention, Vienna, Preprint 7047
Burkowitz PK (2006) Psychoakustische Verformungen der Wahrnehmung von aufgenommenem Schall, VDT Magazin 2006/1

Cremer L (1942) Theorie der Schalldämmung dünner Wände bei schrägem Einfall. Akustische Zeitschrift 1942:81–104

Cremer L, Heckl M (1996) Körperschall: Physikalische Grundlagen und technische Anwendungen. 2. Aufl, Springer, New York

Cremer L, Müller HA (1978) Die wissenschaftlichen Grundlagen der Raumakustik. Bd 1 und 2, 2. Aufl, Hirzel Verlag, Stuttgart

Davis D, Davis C (1980) The LEDE™ Concept for the Control of Acoustic and Psychoacoustic Parameters in Recording Control Rooms. J Audio Eng Soc 28/9:585–595

Davis D, Davis C (1997) Sound System Engineering. 2. Aufl, Focal Press, Oxford

D'Antonio P, Konnert JH (1984) The RFZ/RPG Approach To Control Room Monitoring. 76th AES Convention, New York

Everest, FA (1994) The Master Handbook of Acoustics. 3. Aufl, McGraw-Hill, New York

Fasold W, Veres E (1998) Schallschutz und Raumakustik in der Praxis. Verlag für Bauwesen, Berlin

Fasold W, Kraak W, Schirmer W (1984) Taschenbuch Akustik, Bd 1 und 2. VEB Verlag für Bauwesen, Berlin

Fasold W, Sonntag E, Winkler H (1987) Bauphysikalische Entwurfslehre: Bau- und Raumakustik. VEB Verlag für Bauwesen, Berlin

Goertz A, Wolff M, Naumann L (2002) Optimierung der Wiedergabe von Surround Lautsprecheranordnungen in Tonstudios und Abhörräumen. Tonmeistertagung 2002, Hannover

Gösele K, Schüle W, Künzel G (1997) Schall, Wärme, Feuchte: Grundlagen, neue Erkenntnisse und Ausführungshinweise für den Hochbau. 10. Aufl, Bauverlag, Wiesbaden, Berlin

Heckl M, (1960) Die Schalldämmung von homogenen Einfachwänden endlicher Größe. Acustica 10:98–108

Hidley T, Holland KR, Newell PR (1994) Control Room Reverberation is Unwanted Noise. Proceedings of the Institute of Acoustics 16(4):365–373

Hoeg W, Christensen L, Walker R (1997) Subjective Assessment of Audio Quality – the Means and Methods within the EBU. Technical Review of the European Broadcasting Union, Genf

Holman T (2000) 5.1 Surround Sound – Up and Running. Focal Press, London

Huhn K, Lau W (1987) Anforderungen an Bezugsabhörräume – der neue Bezugsabhörraum des Rundfunks der DDR. Technische Mitteilungen des RFZ, 31(2):38–44

Kuhl W (1964) Zulässige Geräuschpegel in Studios, Konzertsälen und Theatern. Acustica 14:355–359

Kuttruff H (2000) Room Acoustics. 4. Aufl, Spon Press, London

Louden MM (1971) Dimension Ratios of Rectangular Rooms with Good Distribution of Eigentones, Acustica 24:101–104

Lueg P (1933) Verfahren zur Dämpfung von Schallschwingungen. Deutsches Reichspatent Nr. 655 508, Anmeldung: 27. Januar 1933, Erteilt: 30. Dezember 1937

Mechel FP (1998) Schallabsorber, Bd 1–3. Hirzel Verlag, Stuttgart

Morse PM (1936) Vibration and Sound. McGraw-Hill, New York

Müller G, Möser M (2004) Taschenbuch der Technischen Akustik. 3. Aufl, Springer, New York

Nelson PA, Elliott SJ (1994) Active Control of Sound. 2. Aufl, Academic Press, London

Newell P (2003) Recording Studio Design. Focal Press, Oxford

Sabine WC (1922) Collected Papers on Acoustics. Harvard University Press, Cambridge

Schroeder MR (1962) Frequency – Correlation Functions of Frequency Responses in Rooms. J Acoust Soc Amer 34:1819–1822

Sepmeyer LW (1965) Computed Frequency and Angular Distribution of the Normal Modes of Vibration in Rectangular Rooms. J Acoust Soc Amer 37:413–423

Steinke G (1988) Minimum Requirements for Reference Listening Rooms. 84th AES Convention Paris

Steinke G (2002) Room Acoustical and Technological Aspects for Multichannel Recordings of Classic Music. 112th AES Convention München

Steinke G (2005) High-Definition Surround Sound With Accompanying Picture, International Tonmeister Symposium, Hohenkammer

Steinke G, Herzog G (2006) Seit 50 Jahren – Musik aus Block B. Raumakustische Eigenschaften und aufnahmetechnologische Bedingungen der Studios im Produktionskomplex B des ehemaligen Funkhauses Berlin-Ost, in Vorbereitung

Walker R (1996) Optimum Dimension Ratios for Small Rooms. 100th AES Convention, Kopenhagen

Kapitel 7
Mikrofone

Martin Schneider

7.1 Geschichte der Mikrofonentwicklung............................. 315
7.2 Wandlerprinzipien.. 316
    7.2.1 Kontaktmikrofone.. 318
    7.2.2 Piezoelektrische Mikrofone............................... 319
    7.2.3 Elektrodynamische Mikrofone............................. 320
    7.2.4 Elektrostatische Mikrofone............................... 323
    7.2.5 Weitere Wandlerprinzipien............................... 328
7.3 Mikrofontyp und Richtcharakteristik............................. 330
    7.3.1 Druckempfänger... 332
    7.3.2 Druckgradientenempfänger............................... 333
    7.3.3 Umschaltbare Richtcharakteristik......................... 336
    7.3.4 Druckgradientenempfänger höherer Ordnung............... 339
    7.3.5 Interferenzempfänger.................................... 340
7.4 Bauformen.. 343
    7.4.1 Messmikrofone.. 344
    7.4.2 Ansteckmikrofone....................................... 345
    7.4.3 Nahbesprechungs-Mikrofone............................. 346
    7.4.4 Grenzflächenmikrofone.................................. 349
    7.4.5 Rohrmikrofone.. 351
    7.4.6 Parabolspiegel-Mikrofone................................ 353
    7.4.7 Mehrwegemikrofone.................................... 353
    7.4.8 Mikrofon-Arrays.. 354
    7.4.9 Tonabnehmer... 355
    7.4.10 Stereo- und Mehrkanalmikrofone........................ 356
    7.4.11 Mikrofon- Modellierung................................ 360
7.5 Speisung.. 360
    7.5.1 Phantomspeisung.. 361
    7.5.2 Tonaderspeisung.. 363
    7.5.3 Röhrenspeisung... 363
    7.5.4 Batteriespeisung... 364
    7.5.5 Andere Speisungsarten................................... 364
7.6 Schaltungs- und Anschlusstechnik............................... 365
    7.6.1 Kabelmaterial... 365
    7.6.2 Steckverbinder und Steckerbelegungen.................... 367

7.6.3 Verstärkerschaltungen und Symmetrie..................... 369
7.6.4 Vorverstärker und Impedanzanpassung.................... 376
7.6.5 Signaldämpfung.. 379
7.6.6 Matrizierung... 381
7.7 Betrieb, Störungen & Zubehör................................... 382
    7.7.1 Wind & Regen... 382
    7.7.2 Pop... 387
    7.7.3 Körperschall und Halterungen........................... 389
    7.7.4 Klima... 392
    7.7.5 Erdung & Speisung..................................... 394
    7.7.6 Magnetische Störungen................................. 396
    7.7.7 Elektromagnetische Störungen........................... 396
    7.7.8 Alterung und Verschmutzung............................ 397
7.8 Parameter & Messtechnik....................................... 398
    7.8.1 Übertragungskoeffizienten und Übertragungsfunktion.......... 398
    7.8.2 Richtwirkung.. 399
    7.8.3 Amplituden-Nichtlinearität............................... 400
    7.8.4 Eigenstörspannung und Rauschquellen.................... 401
    7.8.5 Dynamikumfang....................................... 404
    7.8.6 Umgebungsbedingungen und äußere Einflüsse............... 404
    7.8.7 Messtechnik... 406
Danksagung... 411
Normen und Standards... 411
Literatur.. 413

Ein Mikrofon (gr. *mikros*: klein und *phone*: Schall) ist ein elektroakustischer Wandler, der Schall in elektrische Signale umwandelt. Als erstes Glied in der Übertragungskette ist es maßgebend für die Qualität einer Aufnahme. Für diverse Anwendungen wurde eine Vielzahl von Wandlertypen und Ausführungsformen mit speziellen Eigenschaften entwickelt. Während bei Messmikrofonen technische Kriterien maßgeblich sind, können bei Musikaufnahmen, wo das Mikrofon als klangbildendes Element eingesetzt wird, auch ästhetische Kriterien im Vordergrund stehen. Mikrofone führen im Allgemeinen eine zweifache Wandlung durch: die akustisch-mechanische Wandlung des Schalls in die Bewegung eines festen Körpers, meist einer Membran, sowie die mechanisch-elektrische Wandlung der Membranbewegung in ein elektrisches Signal. Während der Begriff Mikrofon das vollständige System aus Wandler, Mikrofongehäuse und einer ggf. notwendigen elektrischen Schaltung beinhaltet, wird der akustisch-mechanische Wandler häufig als Kapsel bezeichnet.

Mikrofone lassen sich nach diversen Kriterien klassifizieren (Abb. 7.1): als passive und aktive Wandler, nach IEC 60050-801 definiert als autarke, allein durch die Schallenergie gespeiste Wandler (passiv) oder mit zumindest teilweise extern zugeführter Energie (aktiv, Abschn. 7.5); nach dem mechanisch-elektrischen Wandler-

Kapitel 7 Mikrofone

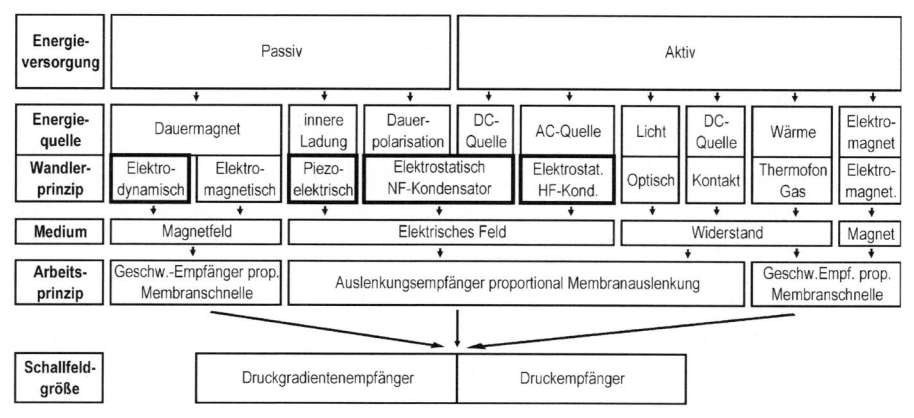

Energie-versorgung	Passiv				Aktiv				
Energie-quelle	Dauermagnet		innere Ladung	Dauer-polarisation	DC-Quelle	AC-Quelle	Licht	DC-Quelle	Wärme	Elektro-magnet
Wandler-prinzip	Elektro-dynamisch	Elektro-magnetisch	Piezo-elektrisch	Elektrostatisch NF-Kondensator		Elektrostat. HF-Kond.	Optisch	Kontakt	Thermofon Gas	Elektro-magnet.
Medium	Magnetfeld			Elektrisches Feld				Widerstand		Magnet
Arbeits-prinzip	Geschw.-Empfänger prop. Membranschnelle			Auslenkungsempfänger proportional Membranauslenkung						Geschw.Empf. prop. Membranschnelle
Schallfeld-größe	Druckgradientenempfänger				Druckempfänger					

Abb. 7.1 Klassifizierung der Wandlertypen

prinzip; nach dem akustisch-mechanischen Arbeitsprinzip (Abschn. 7.2); nach der Schallfeldgröße, die den akustisch-mechanischen Wandler antreibt oder nach der resultierenden Richtcharakteristik (Abschn. 7.3).

7.1 Geschichte der Mikrofonentwicklung

Die Geschichte des Mikrofons beginnt 1861 mit dem ersten Kontaktmikrofon von Philipp Reis. Mit der Erfindung des Telefons setzte ein erster Entwicklungsschub ein: Bell verwendete 1876 dazu ein elektromagnetisches Mikrofon, Edison 1877 das Kohlemikrofon. W. v. Siemens patentierte 1878 das elektrodynamische Mikrofon. Weitere Prinzipien wurden vorgeschlagen, es gab aber noch keine geeigneten Verstärker für sehr kleine Signalspannungen. Stattdessen wurden z. B. Trichter verwendet, um den Schall zu bündeln und damit zu verstärken. Mit der Verstärkerröhre von de Forest (1907) konnten dann auch andere Wandler realisiert werden. Das Aufkommen des Tonfilms und des Rundfunks in den 1920er Jahren sorgte für weitere Forschungsanstrengungen im Bereich der Elektroakustik.

Wente (Western Electric) realisierte 1916 für Messzwecke den elektrostatischen Wandler mit NF-Schaltung, Riegger (Siemens) 1923 die HF-Schaltung. Gerlach und Schottky (Siemens) beschrieben 1924 den Bändchenwandler, den Olson (RCA) später als Mikrofon realisierte. Reisz entwickelte 1925 ein verbessertes, rauscharmes Kohlemikrofon. 1931 beschrieben Sawyer und Tower den piezoelektrischen Wandler, Wente und Thuras das Tauchspulenmikrofon.

Damit standen schon in den frühen 1930er Jahren die heute eingesetzten Wandlertypen zur Verfügung. Im deutschen Rundfunk wurden in den frühen 1920er Jahren zunächst Bändchenmikrofone eingesetzt, die durch das Reisz-Kohlemikrofon abgelöst wurden (Reisz 1925, Weichart 1926), bis sich in den 1930er Jahren das Kondensatormikrofon durchsetzte (Braunmühl 1938) und später durch Tauchspulenmikrofone ergänzt wurde. In den USA und Großbritannien verlief die Entwicklung gegenläufig, indem zuerst Kondensatormikrofone, später überwiegend Bändchen- und Tauchspulenmikrofone eingesetzt wurden. Nach 1945 hat sich das Kondensatormikrofon weltweit für Studioanwendungen durchgesetzt.

Bei der Entwicklung von gerichteten Mikrofonen erzielten Weinberger et al. 1933 eine Nierencharakteristik aus der Kombination zweier Bändchenmikrofone. Braunmühl und Weber (Reichsrundfunkgesellschaft) patentierten 1935 ein gerichtetes Kondensatormikrofon, Marshall und Harry (Western Electric), erzeugten 1937 schaltbare Nierencharakteristiken aus der Kombination von Bändchen- und Tauchspulenmikrofon. Bauer (Shure) meldete 1938 ein Patent auf gerichtete Mikrofone mit Laufzeit- und Dämpfungsgliedern an. Großkopf (NWDR) beschrieb 1950 fernumschaltbare Kondensatormikrofone. Um eine höhere Richtwirkung über den Druckgradientenempfänger erster Ordnung hinaus zu erzielen, entwickelten 1939 Mason und Marshall Linienmikrofone mit mehreren Röhren vor dem Wandlerelement. Die heutigen Richtrohrmikrofone basieren auf den Untersuchungen von Tamm und Kurtze 1954.

Die koinzidente Stereotechnik wurde schon 1931 in einem Patent von Blumlein beschrieben, Kunstkopfversuche wurden u. a. 1933 von Fletcher durchgeführt. Für die aufkommende Stereo-Schallplattentechnik wurden 1957 Stereomikrofone der Fa. Neumann eingeführt. Das Aufkommen des Fernsehens in den 1950er Jahren erforderte die Miniaturisierung der Mikrofone, erst durch Miniatur-Röhren, ab den 1960ern dann durch Transistorschaltungen. Damit einher ging die Einführung von Tonader- (1963) und Phantomspeisung (1966) für Kondensatormikrofone. Vorpolarisierte Elektret-Mikrofone von Sessler und West (Bell) reduzierten 1962 den Schaltungsaufwand weiterhin, insbesondere auch für Lavalier-Mikrofone (Electro-Voice, 1950er), später auch für Sendemikrofone. Weitere Fortschritte der Schaltungstechnik waren in den 1960er Jahren transformatorlose Schaltungen sowie in den 1990er Jahren Kondensatormikrofone mit integriertem Analog-Digital-Wandler.

Übersichten zur technischen Entwicklung bei Mikrofonen in Europa und den USA finden sich bei Rayleigh (1894), Weichart (1926), Braunmühl (1938), Großkopf (1953), Beranek (1954), Bauer (1962), Olson (1976), AES (1979), Groves (1982), Weiss (1992), Woolf (2001).

7.2 Wandlerprinzipien

Die Übertragungseigenschaften eines Mikrofons resultieren aus dem komplexen Verhalten der akustisch-mechanisch-elektrischen Wandlung. Das mechanische Schwingungssystem wird dabei häufig mittels vereinfachter elektrischer Äquivalenzen modelliert (Bauer 1954, Gabrielson 1991). Die exakte Analyse führt aber schon bei vergleichsweise einfachen Systemen wie elektrostatischen Wandlern zu aufwändigen Berechnungen (Zuckerwar 1995). Die grundlegenden Frequenzabhängigkeiten ergeben sich jedoch bereits aus der Kombination der Einflüsse der umgesetzten Schallfeldgröße, des mechanisch-elektrischen Arbeitsprinzips und der Abstimmung und Dämpfung des mechanischen Systems (Abb. 7.2).

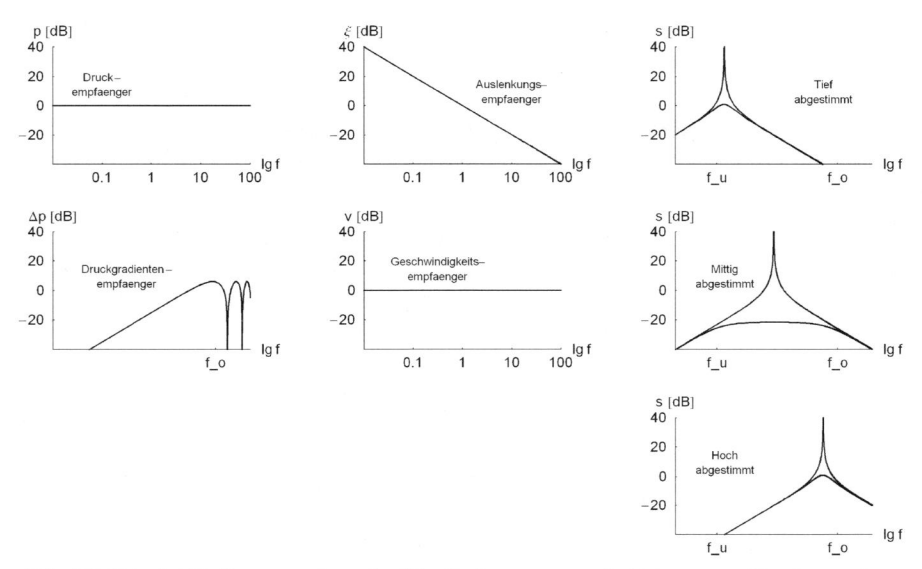

Abb. 7.2 Prinzipielle Frequenzgänge der Wandlerkomponenten bei konstantem Druck p an der Wandlervorderseite. Links: Verlauf von Druck p und Druckdifferenz Δp. Mitte: Verlauf der Schallauslenkung ξ und Schallschnelle v im ebenen Schallfeld. Rechts: Abstimmung von Resonanzfrequenz und Dämpfung des mechanischen Wandlersystems

Für konstanten Schalldruck ist die Schallschnelle v einer ebenen Welle frequenzunabhängig (s. Kapitel 1.5.1). Der Schallausschlag ξ nimmt bei periodischen Schallvorgängen mit $v = j\omega\xi$ mit steigender Frequenz ab. Für Körperschallaufnehmer werden auch Beschleunigungsempfänger mit $a = j\omega v$ eingesetzt.

Wandler, bei denen nur eine Seite dem Schall ausgesetzt ist, reagieren nur auf den Schalldruck (s. Abschn. 7.3.1). Trifft der Schall auf beide Seiten des Wandlerelements, bestimmt die Druckdifferenz zwischen Vorder- und Rückseite die Membranbewegung. Die Druckdifferenz steigt, bis zu einer Grenzfrequenz, mit der Frequenz an (Gl. 7.11 und 7.12). Für kleine Abmessungen des Wandlers nähert sie sich dem Druckgradienten an, weshalb meist von Druckgradientenempfängern gesprochen wird (s. Abschn. 7.3.2).

Einfache schwingende Systeme zeigen als bedämpfte Feder-Masse-Systeme einen Anstieg der Schwingungsamplitude bis zur Resonanzfrequenz, darüber einen Abfall. Überhöhung und Lage der Resonanzfrequenz werden durch die Dämpfung und die Steifigkeit des Systems bestimmt. Durch hohe, mittige oder tiefe Abstimmung der Resonanzfrequenz lässt sich in Kombination mit den beiden anderen Charakteristika der gewünschte Frequenzgang einstellen (Crandall 1917, Tabelle 7.1). Einige Fälle, bei denen weitere akustische oder elektrische Maßnahmen den Frequenzgang beeinflussen, sind in Abschn. 7.2.3.2, 7.2.4.2 und 7.4.1 erwähnt.

Tabelle 7.1 Abstimmung der Resonanzfrequenz eines Wandlers für linearen Frequenzgang

	Auslenkungsempfänger	Geschwindigkeitsempfänger
Druckempfänger	Hoch	Mittig
Druckgradientenempfänger	Mittig	Tief

Viele der im Folgenden angesprochenen Wandlerprinzipien sind umkehrbar, so dass auch entsprechende Lautsprecher konstruiert werden können: elektrostatisch (nur NF-Kondensator), elektrodynamisch, elektromagnetisch, piezoelektrisch. Das Kohlemikrofon sowie das HF-Kondensator-Prinzip sind hingegen nicht umkehrbar.

7.2.1 Kontaktmikrofone

Die erste Realisierung eines Mikrofons war ein Kontaktmikrofon (Reis 1861). Eine Membran wird durch das Schallfeld bewegt und betätigt einen Kontakt. Die Schallwelle wird also in ein rechteckförmiges Ausgangssignal gewandelt (Cremer 1985), entsprechend einer einfachen 1-bit A/D-Wandlung. Die Signalqualität ist dementsprechend gering.

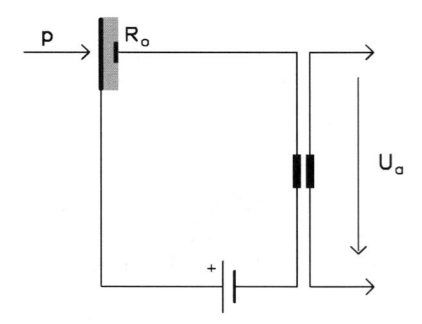

Abb. 7.3 Kohlemikrofon. Der Schall p komprimiert das Kohlegranulat, dessen Widerstandsänderung moduliert den anliegenden Gleichstrom, der Wechselstromanteil wird z. B. über einen Übertrager ausgekoppelt.

Kohlemikrofone arbeiten nach dem Prinzip des „mehrfachen Schaltkontakts" (Abb. 7.3). Ein schlecht leitendes Granulat, z. B. Kohlekörner (Ø = 0,1–0,5mm) oder Kohlepulver, wird von Gleichstrom durchflossen. Das Material wird durch den auftreffenden Schall komprimiert, die Kontaktwiderstände zwischen den einzelnen Kohlepartikeln verändern sich. Der Gleichstrom wird somit durch das Schallsignal moduliert, der Wechselstromanteil wird über einen Kondensator oder Übertrager ausgekoppelt. Kohlemikrofone eignen sich nicht für hochwertige Übertragungen, da aufgrund des Wandlerprinzips das Signal eine Quantelung aufweist und Eigenrauschen und Klirrfaktor relativ groß sind. Eine spezielle Ausführungsform ist das Reisz-Mikrofon, bei dem eine Gummimembran eine Kohleschicht zusammenpresst, die in Längsrichtung von Gleichstrom durchflossen wird (Weichart 1926, Weiss 1993). Das Reisz-Mikrofon hatte eine geringere Empfindlichkeit, aber einen bis oberhalb von 6 kHz linearen Frequenzgang. Es stellte in den 1920er Jahren den deutschen Rundfunkstandard dar. Danach wurden Kohlemikrofone aufgrund ihrer einfachen Konstruktion und hoher Übertragungsfaktoren (bis 1V·Pa^{-1}, Fasold et al. 1984) vornehmlich in der Telekommunikation eingesetzt, wo der geforderte Frequenzbereich nur 300 bis 3400 Hz beträgt.

7.2.2 Piezoelektrische Mikrofone

Das Wirkprinzip piezoelektrischer Mikrofone (gr. *piezein*: drücken), auch keramische oder Kristallmikrofone genannt, basiert auf der Ladungsverschiebung in gewissen Keramiken und Kristallen bei mechanischer Deformation (Reichardt 1952). In typischen Ausführungsformen werden längliche Kristallstäbe zusammengeklebt, die beidseitig mit leitender Folie versehen sind. Eine Membran überträgt den Schall auf den Kristall, der dabei auf Biegung beansprucht wird (Hansen 1969, Fasold et al. 1984, Cremer 1985). Bei Biegung des Kristalls führt die Ladungsverschiebung zu einer Spannungsänderung an einem Folgeverstärker (Abb. 7.4).

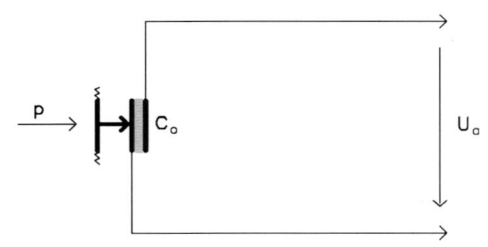

Abb. 7.4 Piezoelektrisches Mikrofon. Der Schall p bewegt eine Membran, die mechanisch an einen Piezokristall gekoppelt ist; dessen Verformung führt zu Ladungsverschiebung und damit einer Wechselspannung U_a.

Ähnlich dem NF-Kondensatormikrofon ist der Wandler somit ein Auslenkungsempfänger und stellt eine kapazitive, hochohmige Quelle dar, die einen Impedanzwandler oder hochohmigen Folgeverstärker benötigt. Piezoelektrische Mikrofone haben typische Übertragungsfaktoren im Bereich von 2–20 mV·Pa^{-1}. Bei Konstruktion als Druckempfänger ist der Wandler hoch abgestimmt und die Ausgangsspannung U_a dem Druck p proportional (Reichardt 1952)

$$U_a = \delta_p S p / C_0 \tag{7.1}$$

δ_p: Piezomodul, C_0: Ruhekapazität (ca. 1–30 nF), S: Fläche

Die praktische Umsetzung des piezoelektrischen Effekts für Mikrofone und Tonabnehmer gelang Sawyer 1931 mit Seignette-Salz. Diese Wandler waren allerdings feuchte- und temperaturanfällig, weshalb das Material durch Quarz SiO_2, Keramik aus Barium-Titanat $BaTiO_3$ (Gray 1946) oder Blei-Zirkonat-Titanat $Pb(Zr_x,Ti_{1-x})O_3$

(Jaffe 1955), später auch durch Polymere wie PVDF (Tamura et al. 1975) oder polymere Schäume (Wegener u. Bauer 2005) ersetzt wurde. Piezoelektrische Wandler werden in Kraft-, Druck- und Beschleunigungssensoren verwendet, z. B. in der Unterwasserakustik als Hydrophone (B&K 1980) und in der Schwingungsmesstechnik. Als Körperschallmikrofone werden sie z. B. als Tonabnehmer (s. Abschn. 7.4.9) bei Nachhallplatten, Musikinstrumenten und Schallplatten genutzt.

7.2.3 Elektrodynamische Mikrofone

Bei den (elektro)dynamischen Mikrofonen wird ein Leiter in dem Magnetfeld eines Permanentmagneten positioniert (Abb. 7.5). Bewegung des Leiters durch auftreffenden Schall induziert in einem Leiter der Länge l eine Spannung.

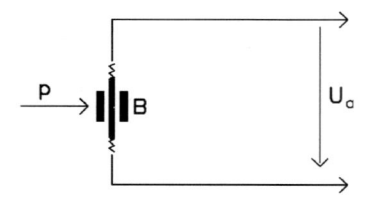

Abb. 7.5 Elektrodynamisches Mikrofon. Der Schall p bewegt einen Leiter in einem Magnetfeld und induziert einen Wechselstrom im Leiter.

$$U_a = Blv \tag{7.2}$$

Die Ausgangsspannung U_a ist proportional der magnetischen Flussdichte B und der Geschwindigkeit v der Membranbewegung. Es handelt sich also um Geschwindigkeitsempfänger. Druckempfänger werden dementsprechend mittig abgestimmt, Gradientenempfänger tief abgestimmt (Abb. 7.2, Tabelle 7.1). Der Übertragungsfaktor ist mit $M_0 \sim 1\,\text{mV·Pa}^{-1}$ vergleichsweise gering. Das Eigenrauschen dynamischer Mikrofone ergibt sich aus dem Widerstandsrauschen des resistiven Anteils R_i der Ausgangsimpedanz (Abschn. 7.8.1.12). Es ist meist geringer als das Rauschen folgender Mikrofonverstärker, folglich wird selten ein Ersatzgeräuschpegel angegeben. Zwei Bauformen haben sich durchgesetzt: Bändchenmikrofone und Tauchspulenmikrofone.

7.2.3.1 Bändchenmikrofone

Der elektrische Leiter besteht bei den Bändchenmikrofonen aus nur einer Windung, dem „Bändchen" (Gerlach 1924, Schottky 1924), das hier selbst als Membran fungiert (Abb. 7.6). Dadurch ist die induzierte Spannung nach (7.2) sehr gering. Die Impedanz des Leiters ist klein ($R_i \sim 0{,}1\,\Omega$), so dass ein Transformator zur Impedanzanpassung im Mikrofon eingebaut sein muss (s.a. Abschn. 7.5.1 und 7.6.4).

Das Bändchen ist nicht mechanisch vorgespannt und somit tief abgestimmt. Es wird durch Materialauswahl (Dur-Aluminium, Al-Ni-Co) und Faltung (flächig oder nur an der Einspannung) leicht und flexibel gestaltet, um eine möglichst große Induktionsspannung zu erhalten. Mit Doppelbändchen-Konstruktionen mit Längsprägung und Neodym-Magneten wird die Baugröße stark reduziert und die Stabilität des Bändchens erhöht (Rosen 1994).

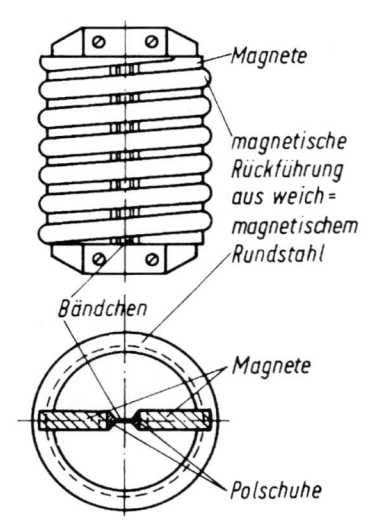

Abb. 7.6 Bändchenmikrofon, aus (Boré u. Peus 1999)

Die bewegte Masse des Bändchens ist sehr klein, entsprechend kurz ist auch die Impulsantwort des Bändchenmikrofons. Es kann, ohne Einsatz zusätzlicher Resonatoren zur Formung des Frequenzgangs, bis zu einer Grenzfrequenz von ca. 10–15 kHz linear übertragen und wird deshalb, trotz seines geringen Übertragungsfaktors, auch für Studiozwecke eingesetzt. Prinzipiell ist ein Bändchenmikrofon ein reiner Druckgradientenempfänger mit Achter-Charakteristik. Durch spezielle Konstruktionen hinter dem Bändchen lassen sich aber auch andere Richtcharakteristiken realisieren (s. Abschn. 7.3 und Rosen 1994).

Da starke Auslenkungen zu einer Überdehnung des Bändchens führen können, müssen die meisten Bändchenmikrofone vor extremen Schalldrücken (Bass-Trommel, Pop-Laute, zuschlagende Türen) oder Wind geschützt werden, z.B. durch einen eingebauten Schutz im Mikrofonkorb. Ebenso dürfen diese Mikrofone (und ihre Kabel) nicht mit Ohmmetern geprüft oder an Tonaderspeisung angeschlossen werden, da der Übertrager den Strom hochtransformiert und das Bändchen überdehnt wird (Sank 1985).

7.2.3.2 Tauchspulenmikrofone

Wird der Leiter in Form einer Spule gewickelt, die sich in dem Magnetfeld eines topfförmigen Permanentmagneten bewegt (Tauchspule), vergrößert sich die effektive Leiterlänge und damit nach (7.2) die induzierte Spannung. Die Spule wird auf eine Membran geklebt, die dem Schallfeld ausgesetzt ist. Mit seiner höheren Impedanz (typisch 200–800 Ω) benötigt das Tauchspulenmikrofon somit keinen zusätzlichen Übertrager, um das Mikrofon an die Signalleitung anzupassen. Der Übertragungsfaktor ist mit etwa 0,5–2,0 mV·Pa^{-1} dennoch vergleichsweise gering. Um die bewegte Masse gering zu halten, wird die Spule als Luftspule ausgebildet, d. h. die Windungen werden ohne weiteren Träger selbsttragend miteinander verklebt. Die Membran selbst wurde früher aus Aluminium, heute aus Kunststoffen wie Polyethylenterephthalat (PET) gefertigt. Sie wird meist durch Prägung geformt, mit einem kreisrunden starren Zentralbereich (Kalotte) und einem spiral-/strahlenförmigen Außenbereich, der einerseits in axialer Richtung möglichst flexibel sein soll, um große Auslenkungen zu ermöglichen, andererseits aber die Tauchspule in dem schmalen Luftspalt taumelfrei führen soll (Bauer 1962).

Abb. 7.7 Schnittbild eines hochwertigen Tauchspulenmikrofons mit mehrfachen Resonatoren und schaltbarem elektrischen Filter (© Sennheiser)

Tauchspulenmikrofone werden überwiegend als mittenabgestimmte Druckgradientenempfänger realisiert. Die Resonanzfrequenz (ca. 200–500 Hz) wird mehr durch die Masse der Tauchspule als die der eigentlichen Membran bestimmt. Würde die Resonanz vollständig bedämpft, um einen linearen Frequenzgang zu erhalten, wäre der resultierende Übertragungsfaktor zu gering. Deshalb wird die Resonanz meist nicht vollständig bedämpft. Um den Frequenzbereich zu erweitern und zu glätten werden Resonatoren eingebaut, indem z. B. Volumen (Wente u. Thuras 1931) oder frequenzabhängige Dämpfungsglieder angekoppelt werden (Abb. 7.7). Zur Linearisierung des Frequenzgangs und zur Verringerung des Nahbesprechungseffekts wurden außerdem Mehrweg-Systeme realisiert (Abschn. 7.4.7). Die nichtlinearen Verzerrungen von Tauchspulenmikrofonen werden im Allgemeinen als gering angenommen und selten veröffentlicht. Bei großen Membranauslenkungen kann die Tauchspule allerdings das konstante Magnetfeld verlassen, ebenso können große Signale den Ausgangsübertrager oder Induktivitäten eines eventuellen elektrischen Filters in die Sättigung treiben.

Prinzipbedingt reagieren dynamische Mikrofone empfindlich auf externe magnetische Wechselfelder. Zur Störreduktion wird daher eine gegenläufig gewickelte Kompensationsspule in Reihe zur Tauchspule geschaltet. Wegen ihrer vergleichsweise hohen Membranmasse und der Tiefabstimmung des mechanischen Systems (bei Gradientenempfängern) zeigen dynamische Mikrofone meist eine erhöhte Körperschallempfindlichkeit (Abschn 7.7.3).

7.2.4 Elektrostatische Mikrofone

Das elektrostatische Mikrofon (Kondensatormikrofon) ist neben dem Tauchspulenmikrofon der am meisten verbreitete Wandlertyp. Als Messwandler entwickelt (Wente 1917, Riegger 1924), wurde es aufgrund seiner bis heute unübertroffenen Eigenschaften in Deutschland bald der bevorzugte Wandler für hochwertige Rundfunkübertragungen und Musikaufnahmen (Neumann 1929). Die Anwendungen wurden durch gerichtete (Braunmühl u. Weber 1935) und umschaltbare Wandler erweitert (Großkopf 1950). In den 1960er Jahren ersetzten Transistorschaltungen mit geringerem Platzbedarf die Röhrentechnik, zuerst in HF-Technik (Griese 1965, Lafaurie 1965), dann auch in NF-Technik (Boré 1967). Tonaderspeisung (Griese 1963) und Phantomspeisung (Boré 1967) vereinfachten die Anschluss- und Speisetechnik. Miniaturisierung und vereinfachte Schaltungstechnik, insbesondere für Ansteck- und Sendemikrofone, wurde durch Nutzung des Elektret-Effekts (Sessler u. West 1964) ermöglicht. Transformatorlose Schaltungen (Lafaurie 1968) erweiterten den nutzbaren Dynamikbereich und machten auch Anwendungen bei sehr hohen Schallpegeln möglich (Peus u. Kern 1983). Fertigungstechnische Verbesserungen und erhöhte Stabilität führen zunehmend zum Einsatz in fast allen Anwendungsbereichen, u. a. auch als Bühnenmikrofon. Die Integration von Analog/Digital-Wandlern in das Gehäuse ergibt Mikrofone mit digitalem Ausgangssignal (Peus u. Kern 2001).

Alle Kondensatormikrofone benötigen eine Spannungsversorgung, sei es zur Polarisation des Wandlers (NF-Kondensator), zur Impedanzwandlung des Wandlersignals (NF-Kondensator & Elektret), oder zum Betrieb der Hochfrequenzschaltung (HF-Kondensator).

Kondensatormikrofone arbeiten mit geringer Membranmasse und können mit sehr breitbandigem, linearem Frequenzgang gestaltet werden. Ihre Impulsantwort ist entsprechend kurz, so dass auch hochfrequente transiente Signale übertragen werden können. Sie stellen den Wandlertyp mit der größten Dynamik (ca. 130 dB) dar, mit hohem Grenzschalldruck und geringster Geräuschspannung. Ihr Übertragungsfaktor ist mit typischerweise $M_0 > 10$ mV·Pa^{-1} vergleichsweise hoch.

7.2.4.1 NF-Kondensatormikrofone

Bei dieser Schaltungsvariante wird die niederfrequente (NF) Spannungsänderung ausgenutzt, die sich ergibt, wenn sich der Abstand zwischen den Platten eines geladenen Kondensators ändert. Die beiden Kondensatorelektroden werden meist durch eine elektrisch leitende Membran und, in geringem Abstand dazu, eine starre metallische Gegenelektrode realisiert (Abbn. 7.8 und 7.9). Die Ladung wird entweder durch Anlegen einer externen Polarisationsspannung U_0 oder durch Verwendung dauerpolarisierter Materialien (Elektrete) aufgebracht. Der Kondensator trägt die Ladung $Q = CU$, bzw. bei Bewegung der Membran und Zerlegung in Gleich- und Wechselanteile

$$Q_0 + Q_\sim = (C_0 - C_\sim)(U_0 + U_\sim) \tag{7.3}$$

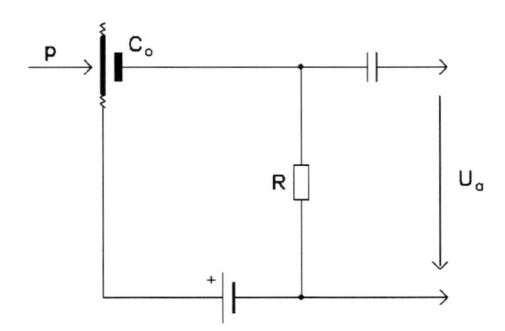

Abb. 7.8 Elektrostatisches Mikrofon: Schaltungsprinzip des NF-Kondensatormikrofons. Der Schall p bewegt eine Membran als Teil eines geladenen Kondensators C_0, die Kapazitätsänderung führt zu einer Spannungsänderung am hochohmigen Widerstand R. Die Wechselspannung U_a wird z. B. über einen Kondensator ausgekoppelt.

Abb. 7.9 Schnittansicht der symmetrischen Doppelmembran-Kapsel eines NF-Kondensatormikrofons, Ø = 34 mm, Membranabstand 40 μm (© Neumann)

Unter Vernachlässigung nichtlinearer Terme ($C_\sim \ll C_0$, $U_\sim \ll U_0$) ergibt sich die Spannungsänderung $U_\sim$ am Widerstand R zu

$$U_\sim = U_0 \frac{C_\sim}{C_0} \frac{1}{(1 - 1/j\omega R C_0)} \tag{7.4}$$

Dies stellt einen Hochpass erster Ordnung dar, mit einer Grenzfrequenz $f_u = 1/2\pi R C_0$. Mit einer geforderten Grenzfrequenz von $f_u \leq 20$ Hz und einer typischen Kapazität von $C_0 = 40$ pF ergibt sich ein hoher Widerstandswert von $R \geq 200$ MΩ (heute meist $R \geq 1$ GΩ). Die Ruhekapazität C_0 eines Kondensators mit Fläche S, Ruheabstand d_0 und Dielektrizitätskonstante $\varepsilon_0 \varepsilon_r$ ist,

$$C_0 = \varepsilon_0 \varepsilon_r S / d_0 \tag{7.5}$$

Kapitel 7 Mikrofone

Der eintreffende Schall führt zu einer Membranauslenkung ξ. Unter der Annahme, dass die Membran sich als Ganzes kolbenförmig bewegt, ändert sich die Kapazität C entsprechend

$$C = \frac{C_0}{1+\xi/d_0} \qquad (7.6)$$

Für kleine Auslenkungen $\xi \ll d_0$ gilt näherungsweise

$$C = (C_0 - C_\sim) \approx C_0(1-\xi/d_0) \qquad (7.7)$$

und damit für Frequenzen oberhalb f_u

$$U_\sim \approx U_0 \frac{\xi}{d_0} \qquad (7.8)$$

Die Ausgangsspannung ist demnach proportional der Membranbewegung (Auslenkungsempfänger). In Wirklichkeit ist die Auslenkung der Membran natürlich nicht kolbenförmig. Detailliertere Betrachtungen zur komplexen Bewegung von gespannten Membranen finden sich in (Morse 1981, Zuckerwar 1995, Corinth 1997, Pastillé 1999, Grinnip 2004).

Ohne die obigen Näherungen erkennt man, dass die elektrischen Nichtlinearitäten der elektrischen Wandlung hauptsächlich quadratischer Art sind (Klirrfaktor k_2) und erstens mit der relativen Auslenkung ξ/d_0 zunehmen, zweitens für Frequenzen unterhalb der Grenzfrequenz f_u zunehmen sowie drittens mit größerem Widerstand R abnehmen, weshalb der Folgeverstärker (Impedanzwandler) den Widerstand R nicht relevant verringern darf (Abschn. 7.6.3). Auch zusätzliche kapazitive Belastung (Shunt-Kapazität) durch Leitungen, Gehäuse oder Folgeschaltung führen zu Signalverlust und einer Erhöhung der Nichtlinearität (Abschn. 7.6.5).

Auch auf der mechanischen Seite der Wandlung können auslenkungsabhängige Nichtlinearitäten auftreten, insbesondere bei stark gedämpften Wandlern durch die Unsymmetrie der Dämpfung im kleinen Luftspalt zwischen Membran und Elektrode. Um diese und auch die elektrischen Verzerrungen zu reduzieren, können symmetrische Wandler konstruiert werden, mit einer Membran zwischen zwei Gegenelektroden, die im Gegentakt arbeiten (push-pull-Prinzip). Dabei heben sich die quadratischen Anteile der Verzerrungen der beiden Wandlerhälften auf (Hibbing u. Griese 1981). Der Wandler muss allerdings zum Schallfeld und damit auch zur Umgebung hin sehr offen konstruiert sein. Für Betriebssicherheit auch bei hoher relativer Feuchte bieten sich daher eher niederohmige Wandler für das Gegentaktprinzip an (Abschn. 7.2.1, 7.2.4.2, Hibbing 1994).

Für NF-Kondensatormikrofone gelten somit folgende Anforderungen im Hinblick auf eine möglichst große Linearität:

- Membranauslenkungen klein gegenüber Membranabstand
- sehr hochohmiger Widerstand (auch der Folgeschaltung)
- geringe Parallelkapazitäten
- symmetrischer Wandleraufbau

Um den Übertragungsfaktor des Wandlers zu erhöhen, legt (7.8) eine hohe Polarisationsspannung U_0 nahe. Dies ist aber nur bis zu einer bestimmten Grenze möglich, da die anliegende Polarisationsspannung zu einer annähernd parabelförmigen Anziehung der Membran führt (Wente 1917). Bei zu hoher Polarisationsspannung, oder für sehr große Auslenkungen durch extreme Schalldrücke, kann der Membranabstand unter den kritischen Wert von $d \sim 2/3\, d_0$ absinken. Die Membran wird zur Gegenelektrode herübergezogen und bleibt „angeklatscht", bis das elektrische Feld durch Unterbrechen der Polarisationsspannung aufgehoben wird. Übliche Werte der Polarisationsspannung liegen bei 40–120 V.

Als Membranmaterial mit 1–10 μm Dicke werden korrosionsfreie Metallfolien (Aluminium, Nickel, Edelstahl, Titan) oder metallbedampfte Kunststofffolien (früher: PVC, heute: PET) verwendet. Typische Membranabstände zur Gegenelektrode betragen 10–80 μm. Bei Metallmembranen sollten Membran oder Gegenelektrode isolierend beschichtet sein, um Kurzschlüsse und Funkenüberschläge bei extrem hohen Schalldrücken zu vermeiden.

Die Geräuschspannung bei Kondensatormikrofonen setzt sich aus akustischem und elektrischem Rauschen zusammen (s. Abschn. 7.8.1.12). Bis in die 1990er Jahre war das Schaltungsrauschen dominant, der Ersatzgeräuschpegel lag bei 12–20 dB (A). Bei den rauschärmsten Kondensatormikrofonen sind mittlerweile akustisches und elektrisches Rauschen in der gleichen Größenordnung, die erreichten Ersatzgeräuschpegel liegen bei 7–12 dB (A) (s. a. Abschn. 7.6.3 und 7.6.4) und sind damit weitaus kleiner als die Anforderungen an Studioaufnahmeräume (Cohen u. Fielder 1992, DIN 15996, Peus 1997, Schneider 1998/2). Die mittlere Membranauslenkung liegt dabei mit einigen Pikometern (10^{-12} m) im subatomaren Bereich.

Dauerpolarisierte Elektret-Mikrofone

Als Elektret wird ein Material bezeichnet, das dauerhaft elektrisch polarisiert ist. Es ist das elektrische Äquivalent zum Permanentmagneten (Wintle 1973). Die Verwendung einer dauerpolarisierten Elektret-Folie vereinfacht somit den Schaltungsaufwand in Kondensatormikrofonen, da keine externe Polarisationsspannung erzeugt und zugeführt werden muss; eine Impedanzwandlung muss aber dennoch stattfinden. Typischerweise wird die Ladung durch Elektronen-Beschuss auf eine erhitzte PTFE-(Teflon-)Folie gebracht und bleibt dort nach Abkühlung „eingefroren". Die Teflon-Folie, direkt als Membran verwendet, besäße eine relativ große Masse. Bei typischen Realisierungen ist deshalb nicht die Membran, sondern die Gegenelektrode mit einer polarisierten Teflonbedampfung oder -folie versehen (Back-Elektret). Die Teflonschicht vergrößert den Abstand zwischen den elektrisch aktiven Teilen des Wandlers und reduziert damit geringfügig den Übertragungsfaktor. Die Polarisationsspannung erreicht typische Werte $U_P \geq 100$ V. Zur Beständigkeit der Polarisation s. Abschn. 7.7.4. Die Mehrzahl kostengünstiger Kondensatormikrofone wird mit Elektret-Technik hergestellt, insbesondere für Anwendungen in der Telekommunikation.

7.2.4.2 HF-Kondensatormikrofone

Der Wandler bei HF-Kondensatormikrofonen ist ähnlich wie bei NF-Schaltungen aufgebaut. Hier ist jedoch der Kondensator Teil eines hochfrequenten (z. B. 8 MHz) Schwingkreises. Je nach Ausführung der Schaltung führt eine Änderung der Kapazität zu einer Modulation der Frequenz (Riegger 1924), Amplitude oder Phase (Lafaurie 1965). In einer zweiten Stufe wird das Signal demoduliert und das niederfrequente Audiosignal auf den Ausgang des Mikrofons gegeben. Die Entwicklung und Schaltungstechnik des HF-Kondensatormikrofons wird in (Hibbing 1994) beschrieben. Der aktuelle Stand der Technik wird durch Schaltungen repräsentiert, die symmetrische Wandler mit Amplitudenmodulation in einer Gegentaktschaltung verwenden (s. Abb. 7.10).

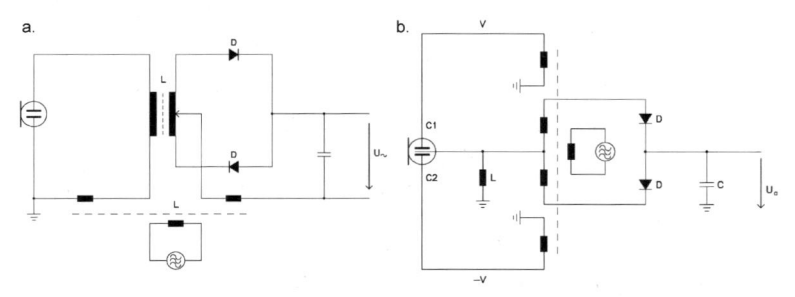

Abb. 7.10 Elektrostatisches Mikrofon: Schaltungsprinzipien des HF-Kondensatormikrofons. a: Mit Phasenmodulation. b: Mit Brückenschaltung und Gegentaktwandler. Der Schall p bewegt eine Membran als Teil eines Kondensators, der in einem Schwingkreis angebracht ist; die Wechselspannung U_a wird über Dioden ausgekoppelt.

Durch die hochfrequente Modulation stellt der Wandler nur eine Impedanz im Bereich von einigen hundert Ohm dar. Es ist dementsprechend keine Impedanzwandlung nötig. Dennoch muss sichergestellt werden, dass die Eigenschaften des Modulations- und Demodulations-Schwingkreises unter allen Umweltbedingungen konstant bleiben (Griese 1965).

Vor Erfindung des Feldeffekttransistors konnten mit niederohmigen Transistoren nur Schaltungen nach dem HF-Kondensatorprinzip aufgebaut werden (Griese 1965). Danach wurde diese Technik nur von wenigen Herstellern weiter verfolgt. Um lineare und nichtlineare Verzerrungen zu minimieren, wurden Kleinmikrofone mit weitgehend entdämpfter Membran, d.h. mit einer Resonanzüberhöhung konstruiert, die im Gegentakt-Verfahren mit zwei Elektroden betrieben werden. Dadurch erhält man vergleichsweise hohe Übertragungsfaktoren und entsprechend geringe Geräuschspannungspegel von 10–12 dB(A). Das Gegentakt-Verfahren ermöglicht eine sehr geringe Nichtlinearität des Wandlers (s. Abschn. 7.2.4.1). Der entdämpfte Frequenzgang des Wandlers wird dann durch elektrische Filter linearisiert (Hibbing 1985). Die HF-Technik erlaubt im Prinzip auch die Übertragung von statischen Signalen, d. h. Druckänderungen mit $f \sim 0$ Hz, was für messtechnische Anwendungen interessant sein kann.

7.2.5 Weitere Wandlerprinzipien

Einige weitere Wandlerprinzipien haben nur noch historische Bedeutung oder fanden bisher keine größere Verbreitung in der Audiotechnik.

7.2.5.1 Elektromagnetische Mikrofone

Wie elektrodynamische arbeiten auch elektromagnetische Mikrofone (Bell 1876) nach dem Induktionsgesetz. Eine ferromagnetische Membran befindet sich vor einem Hufeisenmagneten, der als Dauermagnet oder Elektromagnet ausgeführt sein kann und mit einer Spule umwickelt ist. Die Schwingungen der Membran verändern den magnetischen Fluss und induzieren in den Leiterwicklungen eine proportionale Wechselspannung. Damit ist die Ausgangsspannung proportional der Membrangeschwindigkeit (Cremer 1985). Das elektromagnetische Prinzip ist nicht für hochwertige Wandler geeignet, da die Membranbewegung in Richtung der magnetischen Quelle erfolgt und die Nichtlinearität des Magnetfelds bei größeren Schalldrücken ansteigt. Es wird insbesondere für Tonabnehmer in elektrischen Saiteninstrumenten eingesetzt (Abschn. 7.4.9).

7.2.5.2 Thermofon

Bei diesem Mikrofontyp, auch Hitzdrahtmikrofon genannt, wird ein extrem dünner Draht stromdurchflossen. Sein elektrischer Widerstand hängt von der Temperatur und damit von der Wärmeableitung ab. Die Schnelle des eintreffenden Schalls bestimmt die Wärmeableitung, so dass das Thermofon als echter Schnelleempfänger arbeitet. Damit können Thermofone in der Strömungsakustik und zu Schallintensitätsmessungen (gleichzeitige Messung von Druck und Schnelle) eingesetzt werden (Heckl u. Müller 2001, Bree 2003).

7.2.5.3 Gas-Mikrofone

Zwischen zwei Elektroden wird durch hohe Spannung ein Ionenstrom erzeugt. Der Schalldruck moduliert die Stärke des Ionenstroms. Bei diesem Wandlertyp ist somit kein mechanisches Schwingungssystem vorhanden. Die überlagerte Wechselspan-

Kapitel 7 Mikrofone   329

nung wird über einen Kondensator ausgekoppelt (Weiss 1993). Auch das Gas-Mikrofon ist ein Schnelleempfänger. Gas-Mikrofone (Kathodophone) wurden in der Frühzeit des Tonfilms eingesetzt.

7.2.5.4 Optische Mikrofone

Die optische Wandlung des Schalls ist eine mögliche Alternative z. B. in Umgebungen, in denen elektrische Wandler aufgrund starker elektromagnetischer Felder gestört werden. Die mechanisch-elektrische Wandlung wird dabei durch eine mechanisch-optische, gefolgt von einer optisch-elektrischen Stufe, ersetzt. Es werden gebündelte, kohärente Lichtquellen verwendet, üblicherweise durch Laser oder hocheffiziente LEDs erzeugt. Verschiedene Verfahren sind untersucht worden (Garthe 1991, Keating 1994, Paritsky et al. 1999, Schreiber 2004), von denen aufgrund des vergleichsweise hohen äquivalenten Rauschpegels nur wenige für die Audiotechnik in Betracht kommen. Bestimmende Faktoren sind das Rauschen der Lichtquelle, besonders bei Lasern, und das Schrotrauschen des opto-elektrischen Empfängers (Garthe 1991).

Bei optischen Mikrofonen wird ein Lichtstrahl durch den Schall z. B. in der Phase oder der Intensität moduliert. Bei der Phasenmodulation wird der Lichtstrahl aufgeteilt. Ein Teil wird an der bewegten Membran reflektiert und damit in seiner Laufzeit variiert, der andere direkt auf den optischen Empfänger geleitet. Die Phasendifferenz zwischen den beiden Lichtstrahlen wird mit einem Interferometer ausgewertet. Bei der Phasenmodulation sind der konstruktive Aufwand und die Anforderungen an mechanische Genauigkeit generell sehr hoch. Bei der Intensitätsmodulation wird die Lichtstärke z. B. durch Verformung oder Ablenkung eines Lichtleiters oder bei der Reflexion an einer Membran variiert.

7.2.5.5 Digitale Mikrofone

Die Begriffsbestimmung „digitales Mikrofon" ist nicht eindeutig. Als digitale Mikrofone kann man solche Wandler verstehen,

- deren Wandlungsprinzip selbst eine Quantisierung enthält,
- die aus einzelnen, gestuften Wandlern zusammengesetzt sind, die einzeln für sich analog arbeiten,
- die einen integrierten A/D-Wandler enthalten.

Die erste Kategorie beschreibt die „rein digitalen" Wandler. Als 1-bit-Wandler gehört das erste Kontaktmikrofon von Reis (Abschn. 7.2.1) dazu. Weitere rein digitale Prinzipien sind nicht bekannt. Zur zweiten Kategorie gehört z. B. ein optisches Mikrofon, bei dem die ortsabhängige Auslenkung verschiedener Membranbereiche mit mehreren Lichtstrahlen abgetastet wird. Die unterschiedlichen Lichtstrahlen treffen auf zugeordnete Sensoren, deren Ausgangssignale kombiniert werden (Keating 1994).

Bei anderen elektrostatischen Versuchsaufbauten wird die Membran als Teil des A/D-Wandlers eingesetzt, z. B. als Glied zur elektrischen oder akustischen Summierung in der Rückkopplungsschleife in einem Sigma-Delta-Wandler (Yasuno u. Riko 1999). Der zu übertragende Dynamikbereich allgemein verwendbarer Mikrofone sollte 120 dB ≈ 1.000.000:1 umfassen. Derartige Verfahren müssten also über sechs Zehnerpotenzen skalierbar sein und scheitern deshalb meist schon aufgrund extremer mechanischer Genauigkeitsanforderungen.

Mikrofone mit integriertem A/D-Wandler sind eher als Varianten einer Ausgangsschaltung zu betrachten und werden in Abschn. 7.6.3.3 behandelt.

7.3 Mikrofontyp und Richtcharakteristik

Der richtungsabhängige Übertragungsfaktor von Mikrofonen (Richtcharakteristik) ist eng mit der physikalischen Arbeitsweise verknüpft. Mikrofone, die nur auf den (ungerichteten) Schalldruck reagieren, werden als Druckempfänger oder Druckgradientenempfänger nullter Ordnung bezeichnet. Sie besitzen nach allen Richtungen die gleiche Empfindlichkeit. Reine Druckgradientenempfaenger 1. Ordnung reagieren auf die Druckdifferenz und besitzen eine 8-förmige Richtcharakteristik. Zu Empfängern höherer Ordnung s. Abschn. 7.3.4. Kombinationen aus Druckempfänger und reinem Druckgradientenempfänger ergeben die gebräuchlichsten, rotationssymmetrischen Richtcharakteristiken erster Ordnung mit

$$s(\varphi) = A + (1 - A)\cos\varphi \quad (7.9)$$

und normiert auf s(0) = 1.

Um Bereiche mit invertierter Polarität ($s(\varphi) < 0$) besser darstellen zu können, wird üblicherweise der Betrag $|s(\varphi)|$ abgebildet (Abb. 7.11). Einige Richtcharakteristiken sind mit Namen versehen und eindeutig definiert, für andere ist der Sprachgebrauch nicht eindeutig und es gelten nur Definitionsbereiche.

Während die *Kugel* (A = 1) ungerichtet ist und die Breite Niere üblicherweise im Bereich A = 0,75...0,66 angesiedelt ist, weist die Niere (cardioid = herzförmig) mit A = 0,5 als einzige Charakteristik keine Empfindlichkeit für rückwärtigen Schalleinfall auf. Die „ideale" Superniere ist mit A = ($\sqrt{3}$ − 1)/2 = 0,366 definiert als Charakteristik mit dem größten Empfindlichkeitsverhältnis zwischen vorderem und hinterem Halbraum (Glover 1940). Übliche Supernieren liegen im Bereich A = 0,4...0,3. Die „ideale" Hyperniere (Glover 1940) ist mit A = 0,25 definiert als Charakteristik mit dem größten Verhältnis zwischen Freifeld- und Diffusfeld-Übertragungsfaktor. Übliche Hypernieren liegen im Bereich A = 0,33...0,25. Die Acht (A = 0) steht für den reinen Druckgradientenempfänger, der von vorne (0°) und hinten (180°) den gleichen Übertragungsfaktor mit einer Phasendifferenz von 180° aufweist und für seitlichen Schalleinfall unempfindlich ist.

Eine Liste der Kenndaten zu Richtcharakteristiken gibt Tabelle 7.2 (zur Ableitung der Werte s. Abschn. 7.8.1.8):

Kapitel 7 Mikrofone

Tabelle 7.2 Typische Werte von Richtcharakteristiken erster Ordnung, nach Sengpiel (1992)

Charakteristik	Kugel	Breite Niere (typ.)	Niere	Superniere	Hyperniere	Acht
Bild $\|s(\varphi)\|$						
A, bei $s(\varphi)=A+(1-A)\cos\varphi$	1	0,71	0,5	0,37	0,25	0
φ (−3 dB) „acceptance angle"	−	90°	65°	57°	52°	45°
φ (−6 dB)	−	132°	90°	78°	70°	60°
φ (max. Auslöschung)	−	180°	180°	126°	110°	90°
Rel. Empf. $s(90°)$ [dB]	0	−3	−6	−8.6	−12	−∞
Rel. Empf. $s(180°)$ [dB]	0	−8	−∞	−11,7	−6	0
Vor-Rück-Verhältnis $s(0°)/s(180°)$	1	2,4	∞	3,8	2	1
Bündelungsgrad DF = γ	1	1,89	3	3,73	4	3
Bündelungsmaß DI = Γ [dB]	0	2,5	4,8	5,7	6	4,8
Abstandsfaktor DSF = $\sqrt{\gamma}$	1	1,38	1,73	1,93	2	1,73
REE = $1/\gamma$	1	0,52	0,33	0,27	0,25	0,33
REF:Frontanteil	0,5	0,37	0,29	0,25	0,22	0,17
REB:Rückanteil	0,5	0,16	0,04	0,02	0,03	0,17
UDI = REF/REB	1	2,29	7	13,9	7	1
FTR = REF/REE	0,5	0,70	0,87	0,93	0,87	0,5

Der Mono-Aufnahmewinkel $\varphi(-3$ dB$)$ ist der Winkel, bei dem der Übertragungsfaktor um 3 dB gegenüber der 0°-Richtung abgefallen ist. Der Mono-Aufnahmebereich ist der doppelte Mono-Aufnahmewinkel. Der *Bündelungsgrad* γ (directivity factor, DF) steht für das Verhältnis aus Freifeld- und Diffusfeldübertragungsfaktor, kennzeichnet die Richtwirkung, das *Bündelungsmaß* (directivity index, DI) $\Gamma = 10\log\gamma$ ist der logarithmierte Bündelungsgrad in dB. Als (relativer) *Abstandsfaktor* (distance factor, DSF) = $\sqrt{\gamma}$ wird der Faktor bezeichnet, um den der Abstand des Mikrofons zur Signalquelle vergrößert werden kann, um das gleiche Verhältnis von Direkt- zu Diffusschall zu erhalten wie bei einem Kugelmikrofon. Um den gleichen Faktor vergrößert sich somit auch der effektive, am Mikrofon wirksame Hallabstand von Schallquellen. Die *Random Energy Efficiency* (REE), auch *Directional Efficiency* als Kehrwert des Bündelungsgrads $1/\gamma$ vergleicht die von einem Mikrofon aufgenommene Schallenergie mit der, die ein Kugelmikrofon aufnehmen würde. *Random Energy – Front* (REF) ist die nur über den vorderen Halbraum integrierte REE. Nach (7.9) gilt REF = $1/6\,(1 + A + A^2)$. *Random Energy – Back* (REB) ist die nur über den hinteren Halbraum integrierte REE. Nach (7.9) gilt REFB = $1/6$

$(1 - 5A + 7A^2)$. Der *Unidirectional Index* UDI ist der Quotient REF/REB der Energien aus vorderem und hinterem Halbraum, *Front-to-Random* FTR der Quotient REF/REE der Energien aus vorderem Halbraum und gesamtem Raum.

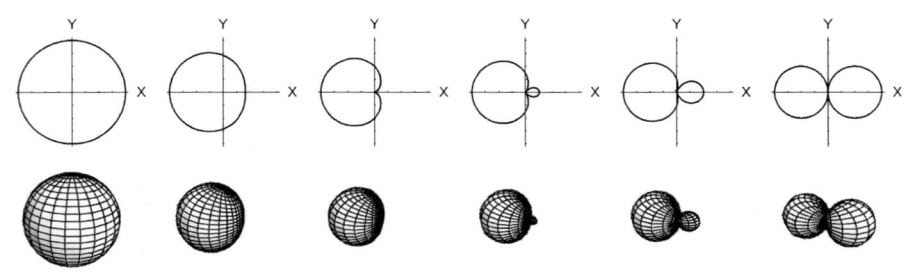

Abb. 7.11 Typische Richtcharakteristiken erster Ordnung: Kugel, breite Niere, Niere, Superniere, Hyperniere und Acht in zweidimensionaler und dreidimensionaler Darstellung

7.3.1 Druckempfänger

Beim idealen Druckempfänger wird die Membran als punktförmig angenommen. Da der Druck eine ungerichtete (skalare) Größe ist, erhält man damit einen richtungsunabhängigen Übertragungsfaktor $s(\varphi) = 1$.

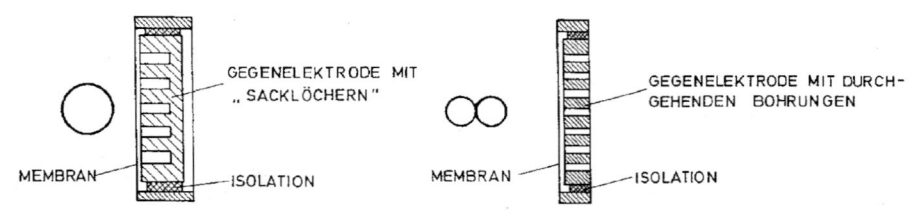

Abb. 7.12 Konstruktionsprinzip elektrostatischer Wandler als Druckempfänger (Schalleinfall einseitig, links) und Druckgradientenempfänger (Schalleinfall beidseitig, rechts) (©Neumann)

Bei hohen Frequenzen liegen aber die Abmessungen üblicher Mikrofone im Bereich der Wellenlängen, das Mikrofon stört das Schallfeld. Es ergibt sich zunehmende Richtwirkung durch Interferenz, Beugung und Reflexion (Abschn. 7.3.5).

Je nach Anwendungsbereich werden Druckempfänger auf einen linearen Verlauf der jeweiligen Übertragungsfaktoren (s. Abschn. 7.8.1.6) optimiert. Man unterscheidet dementsprechend diffusfeldentzerrte, druckentzerrte und freifeldentzerrte Druckempfänger (Abb. 7.13). Der Frequenzgang wird dabei durch ein akustisches Netzwerk aus Sack- und Durchgangslöchern und angekoppelten Kammern mit unterschiedlicher Resonanzfrequenz und Dämpfung eingestellt. Er kann aber auch durch entsprechende elektrische Filterung von einer Entzerrung in die andere überführt werden (Wuttke 1994). Die geschlossene Konstruktion eines Druckempfängers besitzt eine kleine Druckausgleichsöffnung zur Anpassung an Änderungen des

Kapitel 7 Mikrofone

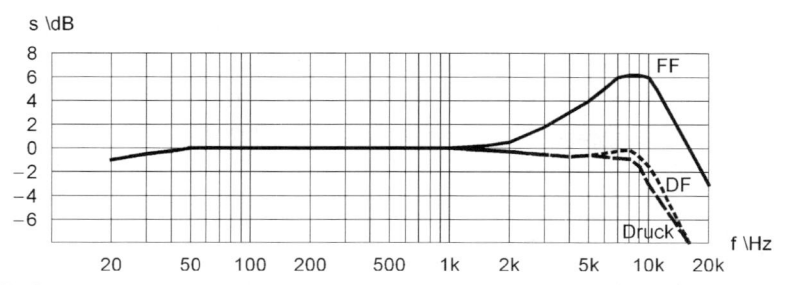

Abb. 7.13 Frequenzgang eines Druckempfängers im Freifeld (FF, Schalleinfall senkrecht zur Membran), im Diffusfeld (DF) und im Druckfeld (Druck), mit angedeutetem Tiefenabfall durch die Druckausgleichsöffnung

statischen Luftdrucks. Diese Öffnung beeinflusst den Frequenzgang des Wandlers nur bei Frequenzen unterhalb des Audiobereichs (Abschn. 7.7.4.1).

7.3.2 Druckgradientenempfänger

Beim Druckgradientenempfaenger erster Ordnung erfolgt der Antrieb durch eine Druckdifferenz vor und hinter einer Membran, die sich für kleinen Membranabmessungen in Relation zur Wellenlänge dem Druckgradienten annähert, weshalb generell von Gradientenempfängern gesprochen wird. Da sich der Druckgradient proportional zur Schallschnelle verhält, wird häufig von Schnelleempfängern gesprochen. Schnelleempfänger im engeren Sinne, die direkt auf die Schallschnelle reagieren, sind allerdings nur spezielle Typen wie die membranlosen Thermofone und Gasmikrofone.

Beim reinen Druckgradientenempfänger ist die Membran beidseitig in gleichem Maß dem Schall ausgesetzt (Abb. 7.12, rechts). Durch den Schallumweg um den Wandler ergibt sich abhängig vom Einfallswinkel eine Laufzeitdifferenz zwischen Vorder- und Rückseite, die zu einer Druckdifferenz führt. Der Schalldruck p in einer Kugelwelle im Abstand r von der Schallquelle ist nach (1.47) gegeben als

$$p(r,t) \sim \frac{1}{r} e^{-j(\omega t - \frac{2\pi}{\lambda} r)} \qquad (7.10)$$

Die aus dem Phasenunterschied innerhalb der Druckwelle resultierende Druckdifferenz, die sich aus dem Wegunterschied Δr ergibt, ist somit eine frequenzabhängige Größe. Bei einem Schalleinfallswinkel φ beträgt sie

$$\Delta p \sim \sqrt{(\frac{\Delta r}{r + \Delta r})^2 + \frac{4r}{r + \Delta r} \sin^2(\frac{\pi \Delta r}{\lambda})} \cos \varphi \qquad (7.11)$$

Mit der Annahme eines kleinen Umwegs $\Delta r \ll r$ und großem Abstand zur Schallquelle $\lambda \ll r$ (Fernfeld, angenäherte ebene Welle) folgt

$$\Delta p \sim 2\sin(\frac{\pi \Delta r}{\lambda})\cos\varphi \qquad (7.12)$$

Damit ergibt sich ein bis zur Frequenz $f_g = c / 2\Delta r$ ansteigender Frequenzgang der Druckdifferenz (Abb. 7.14) mit darauffolgenden Auslöschungen. Bei tiefen Frequenzen ist die Druckdifferenz und damit die Membranantriebskraft sehr klein. Für einen ebenen Frequenzgang ist nur der Frequenzbereich bis f_g nutzbar.

Der Anstieg der Druckdifferenz mit der Frequenz kann z. B. durch den zu hohen Frequenzen abfallenden Frequenzgang eines Auslenkungsempfänger oder durch Tief-Abstimmung des mechanischen Schwingsystems (s. Abschn. 7.2) kompensiert werden, so dass sich annähernd konstante Frequenzgänge ergeben. Daraus folgt aber auch eine erhöhte Empfindlichkeit bei tieffrequenten Störungen (s. Abschn. 7.7).

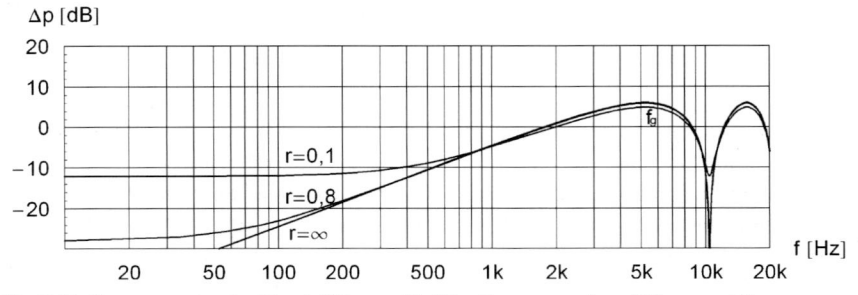

Abb. 7.14 Frequenzgang der Druckdifferenz für Wandlerumweg Δr = 3,3 cm und Besprechungsabstände r = 0,1 m und 0,8 m in der Kugelwelle, sowie im ebenen Schallfeld bei $r \sim \infty$. In der Praxis wird der Frequenzbereich bis f_g, unterhalb der Auslöschungen, genutzt.

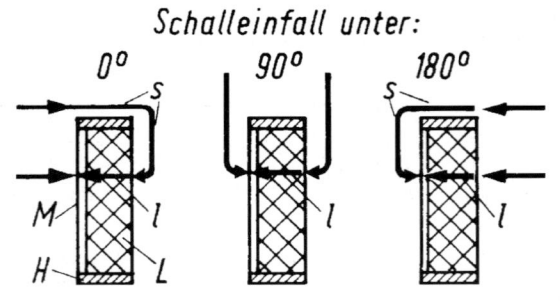

Abb. 7.15 Laufzeitglied zur Erzeugung einer Nierencharakteristik. M: Membran, H: Halterung, L: Laufzeitglied, l: interne Wegstrecke, s: externe Wegstrecke. Für Schalleinfall aus 180° ergibt sich bei $l=s$ eine Druckdifferenz $\Delta p=0$. Die Membran wird nicht bewegt. (Boré u. Peus 1999)

Die Winkelabhängigkeit der Druckdifferenz mit $\cos\varphi$ ergibt eine frequenzunabhängige, achterförmige Charakteristik (Abb. 7.11). Der reine Druckgradientenempfänger ist damit für Schalleinfall unter 90° unempfindlich. Für Schalleinfall von vorne

Kapitel 7 Mikrofone

und hinten ist das Ausgangssignal betragsmäßig identisch, bei Schalleinfall von hinten allerdings mit invertierter Polarität.

Weitere typische Richtcharakteristiken erster Ordnung (Abb. 7.11) können als Kombination von Druck- und Druckgradientenempfänger erreicht werden (s. Abschn. 7.3.3), oder indem der Schalleinlass zur Vorder- und Rückseite unsymmetrisch gestaltet wird. Durch Einbringen von frequenzabhängigen Laufzeit- und Dämpfungsgliedern (Bauer 1941, Großkopf 1950) wird die Wegstrecke zur hinteren Membranseite so modifiziert, dass sich für einen beliebigen Winkel φ zwischen 90° und 180° und über einen möglichst großen Frequenzbereich maximale Auslöschung einstellt. Die Verhältnisse für Nierencharakteristik sind in Abb. 7.15 dargestellt. Bei Richtcharakteristiken zwischen Niere und Acht führt rückwärtiger Schalleinfall zu einem Ausgangssignal mit invertierter Polarität.

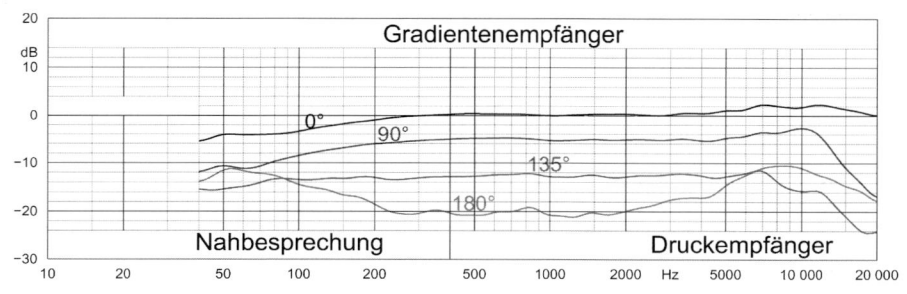

Abb. 7.16 Frequenzgänge eines Mikrofons (Gehäuse-Ø 2 cm) mit Nierencharakteristik. Übergang zum Druckempfänger bei hohen Frequenzen, Tiefanstieg unterhalb 200 Hz bei Schalleinfall aus 0° und 180° durch Nahbesprechungseffekt; Messabstand $r = 1$ m

Annähernd ideale Richtcharakteristiken nach (7.9) können bei Gradientenempfängern, die mit Phasenunterschieden arbeiten, nur über einen beschränkten Wellenlängen- bzw. Frequenzbereich realisiert werden. Der nutzbare Frequenzbereich eines Druckgradientenempfängers wird dadurch erweitert, dass der Wandler oberhalb der Grenzfrequenz f_g als Interferenz- bzw. als Druckempfänger weiterarbeitet (s. Abschn.7.3.5, Abb. 7.16). Dazu wird z.B. der hintere Schalleinlass als akustischer Tiefpass ausgelegt (Boré u. Peus 1999).

Die in (7.12) zugrundeliegende Näherung mit $\Delta r \ll r$ und $\lambda \ll r$ gilt nur im Fernfeld einer Schallquelle. Im Nahfeld einer omnidirektional abstrahlenden Quelle (Kugelwelle) kann der erste Term in der Wurzel in (7.11) nicht mehr vernachlässigt werden. Er ist frequenzunabhängig und verursacht bei tiefen Frequenzen eine konstante Druckdifferenz (Abb. 7.14). Setzt man die Druckdifferenzen im Nah- und Fernfeld ins Verhältnis, erkennt man zu tiefen Frequenzen im Nahfeld einen relativen Anstieg der Druckdifferenz mit 6 dB/Oktave. Mit der Annahme eines kleinen Wandlerelements $\Delta r \ll r$ folgt (Boré u. Peus 1999, Abb. 7.17)

$$\frac{s_8}{s_O} = \sqrt{1 + (\frac{\lambda}{2\pi r})^2} \qquad (7.13)$$

Für die Nierencharakteristik mit $s_N = ½ + ½ \cos\varphi$ ergibt sich ein um bis zu 6 dB geringerer Anstieg, der zudem eine Oktave tiefer einsetzt

$$\frac{s_N}{s_O} = \sqrt{1 + (\frac{\lambda}{4\pi r})^2} \qquad (7.14)$$

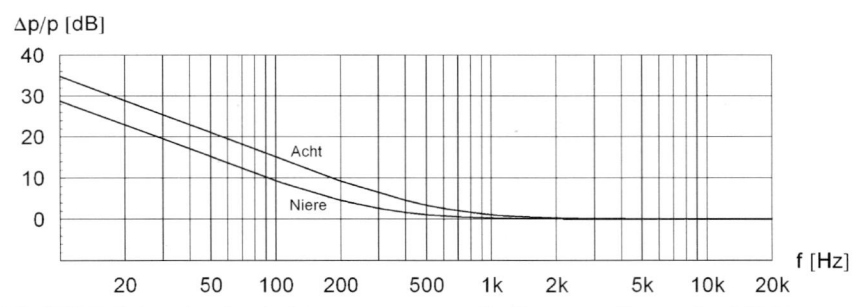

Abb. 7.17 Relativer Anstieg des Frequenzgangs von Gradientenempfängern durch Nahbesprechungseffekt; Abstand $r = 0{,}1$ m

Ist der Frequenzgang eines Wandlers im Fernfeld konstant, steigt somit der Übertragungsfaktor im Nahfeld zu tiefen Frequenzen hin an. Dieser Effekt wird als *Nahbesprechungseffekt* (proximity effect) bezeichnet. Seine Wirkung ist im Detail relativ komplex, da er nicht nur von der Frequenz und dem Abstand zur Schallquelle abhängt, sondern auch vom Wandlerdurchmesser und dem Laufzeitglied sowie der Art des Schallfelds (Boré 1978, Torio u. Segota 2000). Hinzu kommt eine Winkelabhängigkeit, da der Nahbesprechungseffekt selbst eine Achter-Charakteristik hat und nur den Druckgradientenanteil eines Wandlers beeinflusst, nicht aber den Druckempfängeranteil. Dementsprechend tritt für Schalleinfall unter 90° kein Nahbesprechungseffekt auf (Abb. 7.18). Reine Druckgradientenempfänger (Achtermikrofone) zeigen den stärksten Nahbesprechungseffekt. Der Nahbesprechungseffekt ist insbesondere auch bei Frequenzgangmessungen zu berücksichtigen, da er bei Messungen im Nahfeld z. B. bei Nierencharakteristiken zu einer scheinbar geringeren rückseitigen Auslöschung (180°) führt (Abb. 7.16 und 7.18). Druckempfänger weisen keinen Nahbesprechungseffekt auf.

7.3.3 Umschaltbare Richtcharakteristik

Die Richtcharakteristik eines Wandlers kann mechanisch, durch Veränderung der Schalleinlässe, oder elektrisch, durch Kombination zweier oder mehrerer Wandler variiert werden.

Ein Druckgradientenempfänger lässt sich durch einseitiges Verschließen der Schalleinlässe prinzipiell in einen Druckempfänger verändern. Durch partielles

Kapitel 7 Mikrofone

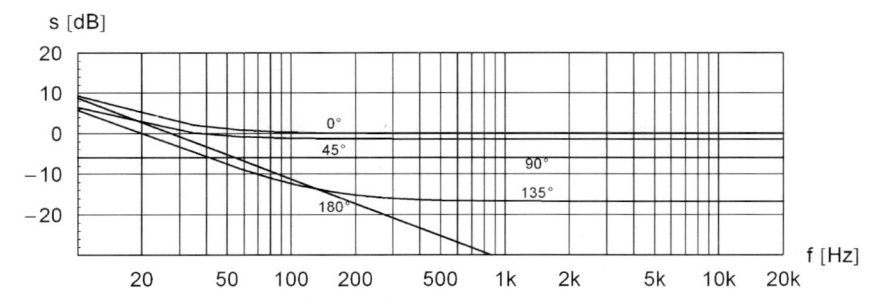

Abb. 7.18 Winkelabhängige Auswirkung des Nahbesprechungseffekts auf ein Nierenmikrofon mit konstantem 0°-Frequenzgang im ebenen Schallfeld, Abstand $r = 1$ m. Nur bei Schalleinfall aus 90° ergibt sich kein Tiefenanstieg.

Verschließen und ggf. Einführen von Laufzeiten lassen sich auch nierenförmige Charakteristiken realisieren (Bauer 1941/2, Schoeps 1961, Lafaurie 1968). Problematisch sind dabei die mechanisch aufwändige Konstruktion sowie die Schwierigkeit, eine dauerhaft stabile Konstruktion zu erreichen. Zudem erfordern Druck- und Druckgradientenempfänger häufig unterschiedliche Abstimmungen der mechanischen Membranspannung. Kleinere Änderungen der Charakteristik, z. B. von Hyperniere zu Niere, durch partielles Verschließen der hinteren Schalleinlässe oder zusätzliche Laufzeitglieder (Weingartner 1970) sind einfacher zu realisieren.

Einen geringeren konstruktiven Aufwand erfordert die gewichtete elektrische Kombination zweier unterschiedlicher oder unterschiedlich ausgerichteter Wandler. Die Subtraktion zweier Druckempfänger nach $s_1(t)-s_2(t-\Delta t)$ stellt die einfachste Möglichkeit dar, einen Druckgradientenempfänger zu erzeugen (s. Abschn. 7.3.2). Die Kombination eines Druck- und eines Druckgradientenempfängers zu einer Nierencharakteristik wurde erstmals mit Bändchenmikrofonen realisiert (Weinberger 1933). Dabei wurde ein Teil des Bändchens frei dem Schallfeld ausgesetzt (Druckgradient), ein anderer Teil einseitig abgeschirmt (Druck). Die Kombination eines Bändchen- (Druckgradient) und eines Tauchspulenmikrofons (Druck) war die erste Realisierung mit Zwischenstellungen in Niere, Superniere und Hyperniere (Mar-

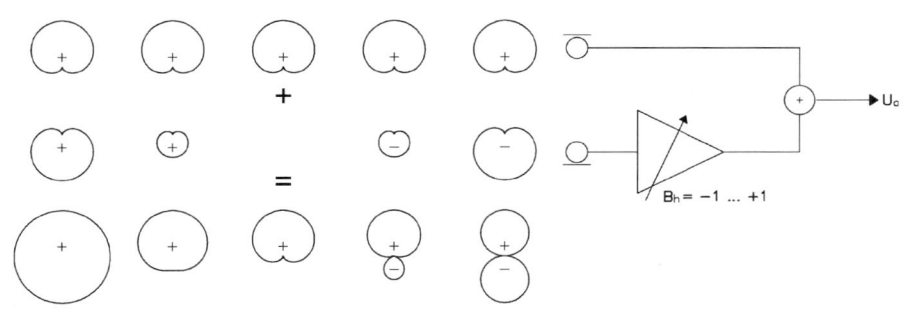

Abb. 7.19 Links: Richtcharakteristiken erster Ordnung als gewichtete Summe zweier Nierencharakteristiken. Rechts: Blockschaltbild der Summenbildung

shall u. Harry 1941). Die Breite Niere als Kombination aus Kugel und Niere wurde in den 1970er Jahren durch Volker Straus verbreitet („Straus-Paket").

Richtmikrofone nach dem Kondensatorprinzip wurden erstmals durch (Braunmühl u. Weber 1935) vorgestellt, wobei Teile der Elektrode durchlässig gestaltet (Gradientenempfängeranteil), andere rückseitig geschlossen waren (Druckempfängeranteil) (Abb. 7.20). Die prinzipiell symmetrische Konstruktion dieser Doppelmembran-Kapsel führte dazu, dass auch die hintere Membran als eigenständiger Wandler genutzt werden kann (Reichardt 1941, Großkopf 1950). Anhand dieser Kapsel lässt sich die Erzeugung unterschiedlicher Richtcharakteristiken aus zwei quasi-koinzidenten Gradientenempfängern veranschaulichen (Abb. 7.19). Sie stellt das Vorbild für die Mehrzahl aller heutigen umschaltbaren Mikrofone dar.

Zwei an gleicher Stelle positionierte, zueinander entgegengesetzt ausgerichtete Nierencharakteristiken s_v und s_h haben die Form

$$s_v(\varphi) = \tfrac{1}{2} + \tfrac{1}{2} \cos(\varphi)$$
$$s_h(\varphi) = \tfrac{1}{2} + \tfrac{1}{2} \cos(\varphi - 180°) = \tfrac{1}{2} - \tfrac{1}{2} \cos(\varphi). \tag{7.15}$$

Mit den Gewichtungsfaktoren $B_v = 1$ und $B_h \in [1;-1]$ ergibt sich die Summe s_g

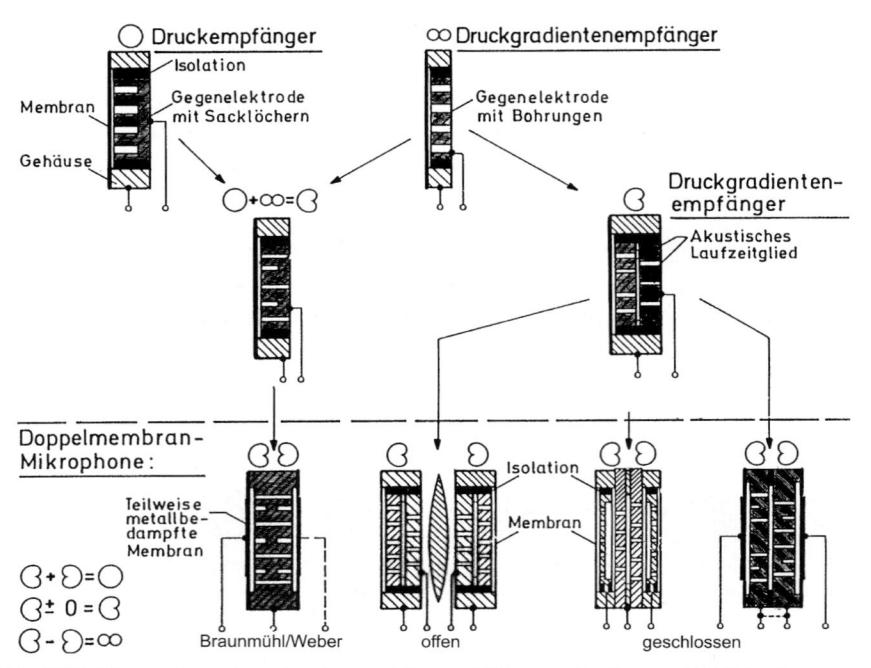

Abb. 7.20 Diverse Doppelmembrankonstruktionen (©Neumann). „Braunmühl/Weber": erste Realisierung eines gerichteten und umschaltbaren Kondensatormikrofons. „offen"/„geschlossen": mit/ohne Schalleinlass zwischen den Wandlerelementen

$$s_g(\varphi) = s_v(\varphi) + B_h s_h(\varphi) = \tfrac{1}{2}[(1+B_h)+(1-B_h)\cos(\varphi)] \quad (7.16)$$

Mit $B_h = 2A_g - 1$ erhält man den Gradientenempfänger erster Ordnung aus (7.9):

$$s_g(\varphi) = A_g + (1 - A_g)\cos(\varphi) \quad \text{mit } A_g \in [0;1] \quad (7.17)$$

Bei NF-Kondensatormikrofonen lässt sich der Gewichtungsfaktor B_h einfach durch die Variation der Polarisationsspannung $U_h \in [U_v;-U_v]$ der hinteren Kapsel realisieren. Diese Umschaltung erfolgt meist am Mikrofon selbst. Wird die Polarisationsspannung von einem externen Speisegerät zugeführt oder extern gesteuert (s. Abschn. 7.5.1, Peus u. Kern 1993), kann die Charakteristik auch fernumgeschaltet werden. Allerdings übertragen nur wenige Mikrofone beide Wandlersignale separat über ein Zweikanal-Kabel und ermöglichen die nachträgliche Wahl der Richtcharakteristik am Mischpult oder nach der Aufnahme. Kombinationen von mehr als zwei koinzidenten gerichteten Wandlern ermöglichen auch die frei wählbare Ausrichtung in allen drei Raumrichtungen (s. Abschn. 7.4.7).

Bei der Addition zweier Wandler bleiben Bündelungseffekte durch die Größe des Wandlers etc. bestehen, so weisen z. B aus zwei Nieren zusammengesetzte Kugelcharakteristiken durch die Richtwirkung bei hohen Frequenzen eher eine zweiseitig gerichtete „Propeller"-Charakteristik auf. Für geschlossene Doppelmembrankonstruktionen (Abb. 7.20), d. h. mit abgeschlossenem Luftvolumen zwischen den Membranen, verringert sich außerdem der Druckgradientenanteil zu tiefen Frequenzen, mit einer Tendenz zur Kugelcharakteristik. Auch der Nahbesprechungseffekt ist bei Doppelmembrankonstruktionen weniger ausgeprägt.

7.3.4 Druckgradientenempfänger höherer Ordnung

Um stärkere Richtwirkungen zu erzielen als mit Gradientenempfängern erster Ordnung werden hauptsächlich drei Verfahren angewendet (Bauer 1962):

- Parabolspiegel (Abschn. 7.4.6),
- Rohrmikrofone (Abschn 7.3.5 & 7.4.5),
- Druckgradientenempfänger höherer Ordnung (Abschn. 7.4.8).

Schon in den 1940er Jahren wurden Mikrofone mit größerer Richtwirkung konstruiert, indem die Ausgangssignale zweier gerichteter Wandler erster Ordnung, in einem Abstand zueinander montiert und ggf. mit zusätzlichen Laufzeitgliedern versehen, subtrahiert wurden (Olson 1946). Die Kombination von beliebigen Druckgradientenempfängern n-ter Ordnung, die aufgrund von Laufzeitdifferenzen eine „Differenz der Druckdifferenz" aufnehmen, ermöglicht die Konstruktion von Druckgradientenempfängern $n+1$-ter Ordnung (Abb. 7.21). Die Richtcharakteristik von Druckgradientenempfängern n-ter Ordnung folgt der Gleichung (Elko 2000)

$$s_n(\varphi) = \sum_{m=0}^{n} A_m \cos^m(\varphi) \tag{7.18}$$

Die Richtcharakteristiken werden allerdings stark frequenzabhängig und der Freifeld-Übertragungsfaktor fällt zu tiefen Frequenzen mit $n \cdot 6$ dB/Oktave übermäßig ab. Für Anwendungen im Fernfeld muss eine entsprechende elektrische Tiefenanhebung vorgesehen werden. Der Nahbesprechungseffekt im Nahfeld ($r < n\lambda$) wirkt hingegen mit einem Anstieg zu den Tiefen mit $n \cdot 6$ dB/Oktave. Obwohl Druckgradientenempfänger höherer Ordnung damit als Nahbesprechungsmikrofone (s. Abschn. 7.4.3) geeignet erscheinen, ist der Frequenzgang zu sehr vom Abstand zur Schallquelle abhängig. In der Praxis werden sie selten eingesetzt (s. Abschn. 7.4.8).

Abb. 7.21 Gradientenempfänger höherer Ordnung: $s(\varphi) = \cos \varphi$; $s(\varphi) = \cos^2 \varphi$; $s(\varphi) = \cos^4 \varphi$; $s(\varphi) = \cos^6 \varphi$ (v.l.n.r.)

Der Bündelungsgrad im Fernfeld ($r > n\lambda$) ergibt sich allgemein zu (Elko 2000)

$$\gamma_n = 1 \bigg/ \sum_{i=0}^{n} \sum_{j=0}^{n} \frac{A_i A_j}{1+i+j} \quad \text{für } i+j \text{ gerade.} \tag{7.19}$$

Für reine Druckgradientenempfänger n-ter Ordnung mit $s(\varphi) = \cos^n\varphi$ vereinfacht sich dies zu $\gamma_n = 2n+1$. Für einen Empfänger zweiter Ordnung beträgt damit der Abstandsfaktor DSF = 2,2, im Vergleich zu 1,7 bei erster Ordnung.

7.3.5 Interferenzempfänger

Liegen die Abmessungen des Wandlerelements in der Größenordnung der Wellenlänge des Schalls, beeinflussen zusätzlich Interferenzerscheinungen auf der Membran die Richtcharakteristik des Wandlers und führen zu stärkerer Bündelung (Großkopf 1952). Bei streifendem Schalleinfall ($\varphi=90°$) und einer Frequenz $f = c/\lambda = c/D$ entspricht z. B. eine Wellenlänge dem Membrandurchmesser D. Die lokalen Druckmaxima und -minima führen zu lokalen Gegenbewegungen der Membran und zu theoretisch vollständiger Auslöschung (Abb. 7.22b).

Interferenzen werden bei Richtrohrmikrofonen auch im positiven Sinn genutzt. Dazu werden Schallanteile bewusst laufzeit- und damit phasenversetzt auf den Wandler geführt. Die resultierenden Interferenzen führen zu einer höheren Richtwirkung (Abschn. 7.4.5).

Bei kleinen Wellenlängen tritt zunehmend eine Abschattung am Mikrofonkörper bei seitlichem Schalleinfall auf sowie ein Druckstau, der sich durch Reflexion vor

Kapitel 7 Mikrofone

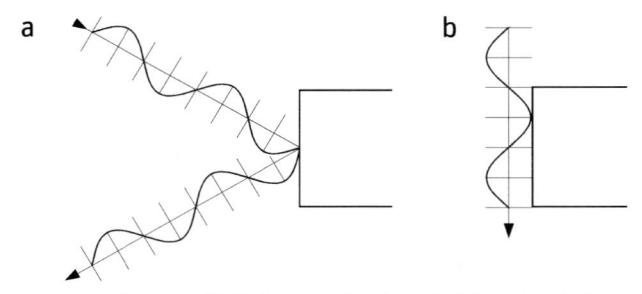

Abb. 7.22 Interferenzempfänger. a: Reflexion und Druckstau bei frontalem/schrägem Schalleinfall. b: Auslöschung bei seitlichem Schalleinfall durch gegenphasige Schalldruckanteile an der Membran

der Membran aufbaut (Abb. 7.22a). Beide Effekte werden mit zunehmendem Durchmesser der Membran größer. Andererseits steigt auch der Übertragungsfaktor mit der Größe des Wandlers. Entsprechend verringert sich das äquivalente Eigenrauschen. Für einen Wandler, der das Schallfeld nicht stören soll, ist die Dimensionierung also immer ein Kompromiss zwischen möglichst großer Dynamik und kleinem Durchmesser.

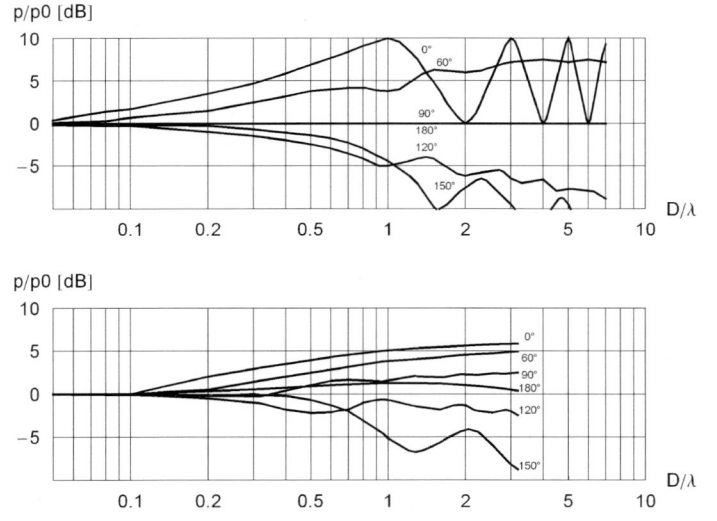

Abb. 7.23 Relativer Druckanstieg durch Druckstau an der Stirnseite eines Zylinders (oben) und an einer Kugel (unten) mit Durchmesser D (Schwarz 1943, Olson 1957)

Der Einfluss des Mikrofonkörpers im Schallfeld wird auch gestalterisch genutzt. Der Druckstau an der Frontseite verschiedener geometrischer Körper mit Durchmesser D (Abb. 7.23) setzt schon ab einem Verhältnis $D/\lambda \geq 0{,}05$ ein. An der Stirnseite von Zylindern (Stäbchen-Mikrofone) steigt der Druck um bis zu 10 dB an und zeigt oberhalb eines Maximums weitere Welligkeiten auf. Ein kleiner Konus (Abb. 7.54a) vor der Membran erzeugt nur einen geringen Druckstau von +3 dB und geringe Welligkeiten. Er wird als Zubehör („Nasenkonus") für Messmikrofone angeboten, wenn das Schallfeld möglichst gering gestört und die Membran vor Wind geschützt werden soll (s. Abschn. 7.7.1.1). Die Kugel hingegen zeigt einen flachen, glatten Anstieg auf maximal +6 dB, ohne jegliche Welligkeit (Ballantine 1932). Die Richtcharakteristik weist eine zu hohen Frequenzen gleichmäßig ansteigende Bündelung nach vorne auf. Diese Eigenschaften werden genutzt, um auch Druckempfänger mit ihrem idealen Tiefenfrequenzgang mit einer Richtwirkung in den Höhen zu versehen (Großkopf 1951, s. Abschn. 7.4.10.4) und einen konstanten Diffusfeld-Frequenzgang zu erreichen. Aus diesem Grund wurden etwa bei Aufnahmen mit dem Decca-Tree (s. Abschn. 10.3.2) in eine Schallbeugungskugel von ca. 40 mm eingebaute Druckempfänger mit kleinem Membrandurchmesser (Neumann M50 und Nachfolger, Abb. 7.24) als besonders günstig empfunden (Schneider 2001).

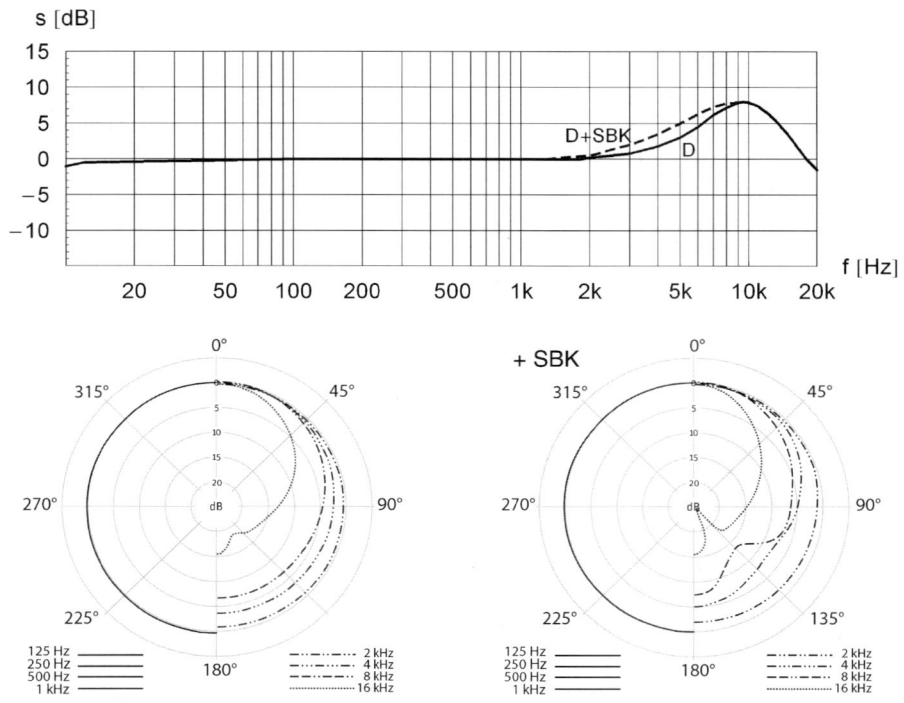

Abb. 7.24 Frequenzgang (oben) und Richtcharakteristik (unten) eines zylindrischen Druckempfängers (D, Ø = 22 mm) mit und ohne Schallbeugungskugel (SBK, Ø = 40 mm)

Die Kurven in Abb. 7.23 gelten für das ansonsten ungestörte Schallfeld, mit einem unendlich kleinen, flach mit dem Körper abschließenden Wandler. Jegliche andere Form beeinflusst die Kurven, wie z. B. der Hohlraum, der sich durch einen Haltering vor einer Membran ergibt (Ballantine 1932) oder das Gehäuse des Mikrofons (Woszczyk 1989). In der Praxis ist das Polardiagramm die entscheidende Informationsquelle zur Beurteilung der akustischen Einflüsse der Bauform (Schneider 1996).

Mikrofone für den Ultraschallbereich mit $f > 20$ kHz müssen aus den genannten Gründen sehr kleine Abmessungen haben, wie z. B. ¼"- und ½"-Messmikrofone.

Kapitel 7 Mikrofone

Daraus folgt aber ein für Audioanwendungen zu hohes Eigenrauschen. Einige Mikrofone für höchstfrequenten Schall, die als Folge der erhöhten Abtastraten in der digitalen Aufnahmetechnik konstruiert wurden („50-kHz-Mikrofone"), nutzen Wandler üblicher Abmessungen (Ø ~ 18mm). Oberhalb 20 kHz wird der akustische Frequenzgang entweder elektrisch kompensiert (Hibbing 2001, Schoeps 2003) oder ein zusätzlicher, sehr kleiner Wandler hinzugefügt (Hara u. Sasaki 1998, Kanno 2001). Eine Konstruktion, die nur Druckstau und Resonanzüberhöhung ausnutzt, ist in (Ono et al. 2006) beschrieben.

7.4 Bauformen

Einige Begriffe, die nicht eigentlich spezielle Bau- oder Ausführungsformen bezeichnen, haben sich im Sprachgebrauch eingebürgert: *Großmembranmikrofone* sind Kondensatormikrofone mit einem Kapseldurchmesser von ca. 25–34mm. Sie sind häufig als Doppelmembransystem konstruiert, mit zwei Wandlern mit Nierencharakteristik, die um 180° versetzt zueinander positioniert sind. Die größere Kapsel stört das Schallfeld mehr als kleinere Mikrofone, so dass sich weniger lineare Frequenzgänge einstellen. Das Klangbild der verschiedenen Realisierungen macht sie für spezielle Anwendungen, insbesondere Sprache und Gesang, zum bevorzugten Mikrofontyp. Da die Kapsel von einem größeren Korb umgeben ist, reduziert sich die Wind- und Pop-Empfindlichkeit (s. Abschn. 7.7.). *Kleinmikrofone* sind Kondensatormikrofone mit einem Außendurchmesser von 19–22 mm. Die Membran liegt relativ ungeschützt am Kopfende des zylinderförmigen Gehäuses („Stäbchen-Mikrofon"). Ihr Membrandurchmesser ist ein Kompromiss aus möglichst großem Übertragungsfaktor, kleinem Ersatzgeräuschpegel und ebenen Frequenzgängen. Miniatur-Bauelemente führen zu einer weiteren Verkleinerung der Bauform (*Kompakt-Mikrofon*). Zu modularen Systemen mit Aufteilung in Wandler- und Verstärkergehäuse s. Abschn. 7.6.3. *(Sub-)Miniaturmikrofone* besitzen kleinstmögliche Abmessungen, typischerweise <7 mm. Sie sind meist als Elektret-Kondensatormikrofon in NF-Schaltung realisiert, mit einer minimierten Impedanzwandlerstufe (Feldeffekttransistor und Hochohmwiderstand) im Gehäuse. Für die meisten oben erwähnten Wandlertypen wurden auch Verfahren untersucht, extrem miniaturisierte Wandler (~1 mm^2) mit mikromechanischen Verfahren (MEMS: micro-engineered mechanical systems) z. B. in Siliziumtechnik zu realisieren (Sessler 1996), u. a. auch mit direkter Steuerung eines Halbleiters („Transistor-Mikrofon") durch einen akustisch-mechanischen Wandler (Gayford 1994). Bisher haben diese Verfahren, zumeist wegen hohen Rauschens und des eingeschränkten Dynamikumfangs, zu keiner Verbreitung in der Audiotechnik geführt.

7.4.1 Messmikrofone

Schon das erste Kondensatormikrofon war als Messwandler entworfen worden (Wente 1917). Auch heute noch erfüllt der Druckempfänger nach dem Kondensatorprinzip die höchsten Anforderungen hinsichtlich Linearität des Frequenzgangs und Verzerrungsfreiheit, so dass Messmikrofone für Luftschall generell nach diesem Prinzip aufgebaut sind. Mit der erhöhten Zeit- und Klimastabilität moderner Elektret-Folien haben sich diese neben den extern polarisierten NF-Kondensatorwandlern etabliert (Fredericksen et al. 1979). Spezielle Anforderungen bestehen hinsichtlich der Konstanz der technischen Parameter und insbesondere hinsichtlich Typprüfung und Zertifizierung seitens einer staatlichen Prüfstelle. Die Konstruktion erfolgt meist mit Metallmembranen (Nickel, Edelstahl) und hohen Polarisationsspannungen (200 V), die sich aus der Zeit der Röhrenschaltungen erhalten haben.

Messmikrofone haben mit den Reihen IEC 61094 & 61672 bzw. ANSI S1.12 & S1.4 eigene Normen und werden von nationalen Prüfstellen wie der Physikalisch-Technischen Bundesanstalt (PTB) in Braunschweig typgeprüft. Sie besitzen die vollständigste Dokumentation etwa von Langzeitstabilität und Klimaabhängigkeiten (B&K 1996) und werden nach ihrem Durchmesser und damit ihrem Frequenzbereich (Tabelle 7.3), der Entzerrungscharakteristik und der zugelassenen Toleranz des Frequenzgangs klassifiziert (Nielsen 1995, B&K 1996).

Tabelle 7.3 Messmikrofone, typische Frequenz- und Pegelbereiche

Durchmesser	Frequenzbereich	Pegelbereich [dB SPL]
1"	2 Hz–≥20 kHz	10–150
½"	2 Hz–≥40 kHz	20–150
¼"	2 Hz–≥100 kHz	40–170
⅛"	4 Hz–200 kHz	70–180

Der Höhenfrequenzgang ist je nach Anwendung im Freifeld, Druckfeld oder Diffusfeld auf einen linearen Frequenzgang entzerrt. Professionelle Hersteller publizieren dazu Umrechnungskurven. Besonders empfindliche Mikrofone mit einem äquivalenten Geräuschpegel von −4 dB(A) arbeiten mit mechanisch ungedämpfter Membran und anschließender elektrischer Entzerrung (Frederiksen 1984). Sondenmikrofone (probe microphone, Abb. 7.25) ermöglichen Messungen an schwer zugänglichen Orten, z. B. in Instrumenten. Dabei leitet ein Schlauch oder Rohr mit kleinem Durchmesser den Schall zur Membran hin (Olson 1957, Gayford 1970). Für Körperschall- und Beschleunigungsmessungen werden piezoelektrische Wandler verwendet (Abschn. 7.2.2).

Abb. 7.25 Sondenaufsatz für Messmikrofone (©Microtech Gefell)

7.4.2 Ansteckmikrofone

Bei Sprachanwendungen wird das Mikrofon häufig am Körper des Sprechers befestigt, um Bewegungsfreiheit und konstanten Besprechungsabstand zu ermöglichen. Die frequenz- und richtungsabhängige Abstrahlcharakteristik des Mundes (Abb. 7.26) muss bei dieser Anwendung berücksichtigt werden (Meyer u. Marshall 1984, Chu u. Warnock 2002).

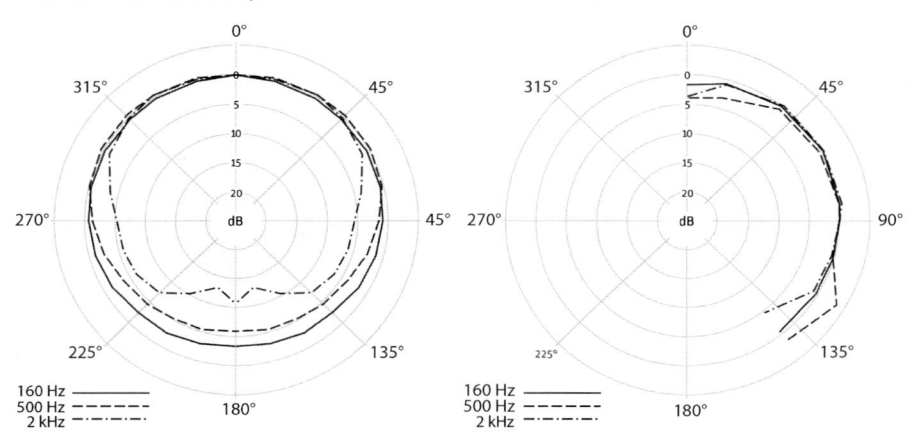

Abb. 7.26 Richtcharakteristik des Kopfs bei 160, 500 und 2000 Hz. Links: In der Horizontalen (0°: vorne). Rechts: In der Medianebene (0°: oben, 90°: vorne), nach (Chu u. Warnock 2002)

Als *Lavalier-Mikrofone* (frz. *lavalier*: Juwel, das vor der Brust getragen wird) werden meist nur solche Bauarten bezeichnet, die zur Sprachaufnahme direkt vor der Brust getragen werden. Dabei werden Druckempfänger bevorzugt. Da die Abstrahlcharakteristik des Mundes zu hohen Frequenzen stark gerichtet ist, werden sie meist mit einer ausgeprägten Höhenanhebung versehen. Hinzu kommt die Schallabstrahlung durch den Brustkorb, im Bereich von 700–800 Hz, die gelegentlich direkt im Mikrofon elektrisch entzerrt wird (Plantz 1965, Brixen 1996, Abb. 7.27).

Ansteckmikrofone werden meist an der Krawatte, am Jackettaufschlag etc. befestigt. Der Frequenzgang wird häufig mit einer ähnlichen Höhenanhebung wie bei Lavalier-Mikrofonen gestaltet. Die Positionierung ist ein Kompromiss. Je näher es sich am Mund befindet, desto geringer wird, aufgrund des stärkeren Signals, die Rückkopplungsgefahr. Andererseits variiert dann auch das Signal stärker mit den Kopfbewegungen des Sprechers. Über Kleidung und Kabel werden auch Reibegeräusche erzeugt und anderer Körperschall aufgenommen, die Konstruktion sollte deshalb eine mechanische Entkopplung aufweisen.

Wird ein als Druckempfänger geschaltetes Doppelmembransystem eingesetzt, addiert sich der Nutzschall gleichphasig, während Körperschallanteile, die senkrecht zu den Membranen gerichtet sind, zu gegenphasigen Auslenkungen der Membranen führen, die sich kompensieren (Takano 2001). Lavalier- und Ansteckmikrofone werden meist mit Kondensatorwandlern realisiert, gelegentlich auch mit Tauchspulen-

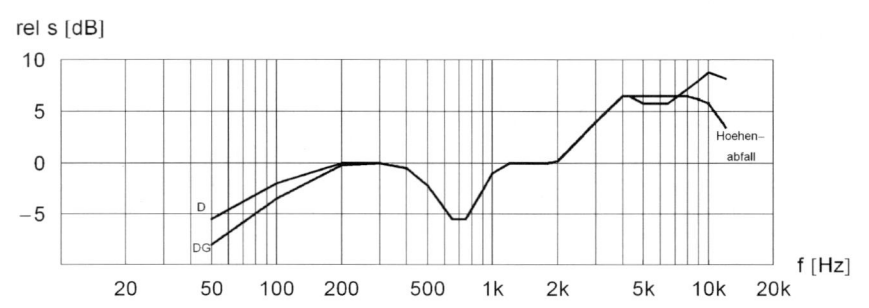

Abb. 7.27 Empfohlene Entzerrungskurve für Lavalier-Mikrofone: Absenkung bei 700 Hz zur Kompensation der Brustresonanz; Anhebung der hohen Frequenzen wegen Abstrahlcharakteristik des Mundes; zusätzliche Absenkung der Tiefen bei Gradientenempfängern (DG) wegen Nahbesprechungseffekt

oder Piezowandlern. Bei Kondensatorsystemen wird der Impedanzwandler (Feldeffekttransistor und Hochohmwiderstand) im Gehäuse untergebracht. Die Weiterleitung des Signals erfolgt häufig über Drahtlosstrecken (s. Kap. 19).

Um das Mikrofon näher an den Mund zu bringen, werden Miniatur-Elektret-Mikrofone als *Kopfmikrofone* direkt am Kopf angebracht, entweder mittels eines Bügels oder mit Klebung direkt auf der Wange, am Ohr oder im Haaransatz. Wie bei Nahbesprechungs-Mikrofonen kommen Druck- und Druckgradientenempfänger zum Einsatz. Es ist meist eine positionsabhängige Höhenanhebung im Wandler oder im Mischpult nötig. Eine Positionierung im Haaransatz ergibt den geringsten spektralen Einfluss, an der Wange erhält man ein gegenüber anderen Positionen um ca. 10 dB größeres Signal (Brixen 1996). Hautfarbene Gehäuse erlauben unauffällige Anwendung dieser Mikrofone.

7.4.3 Nahbesprechungs-Mikrofone

Häufig werden Mikrofone in kürzestem Abstand zur Schallquelle eingesetzt, um ein möglichst großes Verhältnis zwischen Nutzschall und Störschall aus der Umgebung zu erzielen. Typische Anwendungsfälle sind Gesang auf der Bühne und Interviews. Zum Einsatz kommen Tauchspulen- und hoch aussteuerbare Kondensatormikrofone. Eine mögliche Wahl ist ein Druckempfänger. Seine Kugelcharakteristik nimmt zwar den Störschall gleichermaßen aus allen Richtungen auf, er ist aber vergleichsweise unempfindlich gegen Wind und Atemgeräusche (Abschn. 7.7.1) und zeigt keinen Nahbesprechungseffekt (Abschn. 7.3.2). Er kann dementsprechend sehr nah am Mund positioniert werden und man erhält einen hohen Nutzsignalpegel.

Für Beschallungsanwendungen hingegen genügt die Störschallunterdrückung eines Druckempfängers oft nicht, um genügend Verstärkung zu ermöglichen, bevor Rückkopplung über die Beschallungslautsprecher einsetzt. Es werden also Druckgradientenempfänger mit Richtcharakteristiken zwischen Niere und Hyperniere eingesetzt (Schulein 1976), mit großem Bündelungsmaß bzw. Vor-Rück-Verhältnis

UDI (Tabelle 7.2). Um die starke Tiefenanhebung durch den Nahbesprechungseffekt zu kompensieren, wird der Bass-Frequenzgang abgesenkt. Dies kann mechanisch durch eine straffer gespannte Membran erfolgen oder durch einen elektrischen Hochpass, der bei gespeisten Mikrofonen auch als aktives Filter ausgeführt werden kann. Unterhalb des zu übertragenden Frequenzbereichs kann zudem ein Filter höherer Ordnung den Frequenzgang steil beschneiden (Trittschallfilter zur Reduzierung von Körperschall).

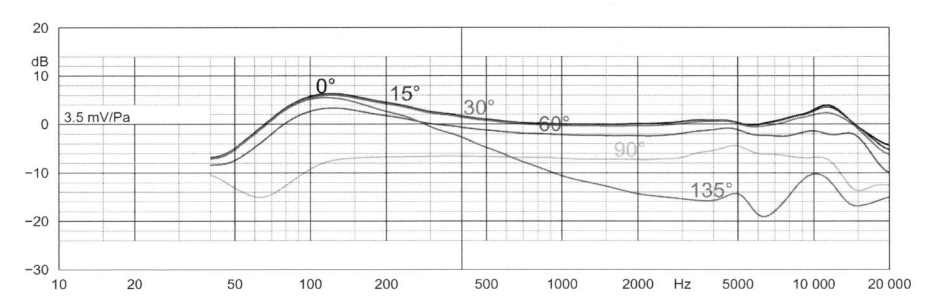

Abb. 7.28 Gemessene Frequenzgänge eines Nahbesprechungsmikrofons (Superniere) in $r = 0,1$ m Entfernung von einem künstlichen Mund

Nahbesprechungsmikrofone haben einen im Nahfeld einer Punktschallquelle annähernd geraden Frequenzgang (Abb. 7.28). Im Fernfeld hingegen fällt der Tiefenfrequenzgang entsprechend steil ab (Abb. 7.29). Störschall aus größerer Entfernung wird nur in geringem Maße übertragen. Nahbesprechungs-Mikrofone werden deshalb gelegentlich auch als *geräuschkompensiert* oder *noise cancelling* bezeichnet. Eine zusätzliche Anhebung im Frequenzgang im Bereich von 1 kHz bis 5 kHz erhöht die Sprachverständlichkeit.

Eine historische Ausführungsform des geräuschkompensierten Mikrofons besteht darin, zwei Druckempfänger in geringem Abstand zueinander zu kombinieren, von denen einer in der Polarität gedreht ist. Für entfernten Schall ergibt sich gute Auslöschung. Nur ein Mikrofon wird direkt besprochen; der Schallpegel am zweiten, entfernteren Mikrofon ist deutlich geringer und man erhält annähernd den Frequenzgang des ersten Mikrofons (Eargle 2004). Eine weitere Bauform verwendet nur ein Wandlerelement, dem aber über zwei auseinanderliegende Einlässe Schall auf Vorder- und Rückseite zugeführt wird. Dies sind Varianten von Druckgradientenempfängern erster Ordnung.

Beim Einsatz von Nahbesprechungs-Mikrofonen muss beachtet werden, dass entsprechend (7.11) schon eine geringfügige Vergrößerung des Besprechungsabstands zu merklich kleinerem Signalpegel und, durch den Nahbesprechungseffekt, zu Tiefenabfall führt. Auch Windschutze erzwingen einen größeren Besprechungsabstand (Goossens 2005). Geübte Anwender setzen abstandsabhängige Klangänderungen aber auch bewusst als Mittel zur Klanggestaltung ein. Einige Mikrofone arbeiten auch mit mehreren Schalleinlässen, um den Nahbesprechungseffekt zu reduzieren (Abschn. 7.4.7).

Die Messung des Frequenzgangs erfolgt sinnvollerweise mehrfach (Schneider 2006). Für den Nutzschall maßgeblich ist der Nahbesprechungs-Übertragungsfaktor (Abschn. 7.8.1.6), für die Unterdrückung des Störschalls ist es der Freifeld- oder Diffusfeld-Übertragungsfaktor, gemessen mit ungestörtem und durch Schallquelle (z. B. Kopf) gestörtem Schallfeld.

Gesangsmikrofone für die Bühne als bekannteste Anwendung eines Nahbesprechungs-Mikrofons müssen zusätzlich zu den o.g. Anmerkungen eine große mechanische Stabilität und geringe Empfindlichkeit hinsichtlich Wind- und Pop-Störungen sowie Körperschall aufweisen. Sie enthalten dementsprechend Windschutzmaßnahmen oder erfordern einen zusätzlichen externen Windschutz (Abschn. 7.7.1). Der überwiegend tieffrequente Körperschall wird durch einen eingebauten, teils auch schaltbaren Hochpass abgesenkt; zusätzlich werden aber weitere Maßnahmen nötig sein, um die Körperschallübertragung zu verringern (Abschn. 7.7.3). Die Richtcharakteristik sollte zumindest über den frontalen Bereich, typischerweise ±45°, gleichförmig sein. Die Achtercharakteristik des Nahbesprechungseffekts erzeugt bei seitlicher Einsprache einen unvermeidlichen Tiefenverlust.

Der akustische Einfluss von Stativen und Halterungen ist für Bühnenanwendungen vernachlässigbar. Bei ungeübten Anwendern besteht aber die Gefahr, dass mit der Hand die hinteren Schalleinlässe des Wandlerelements abgeschlossen werden. Dadurch geht der Druckgradientenempfänger in einen Druckempfänger mit Kugelcharakteristik über und die Rückkopplungsgrenze sinkt. Ein häufig nicht berücksichtigter Effekt ist die Störung des Schallfelds durch den Kopf des Sprechers oder Sängers (Schulein 1970). Beugung und Reflexion am Kopf verformen schon

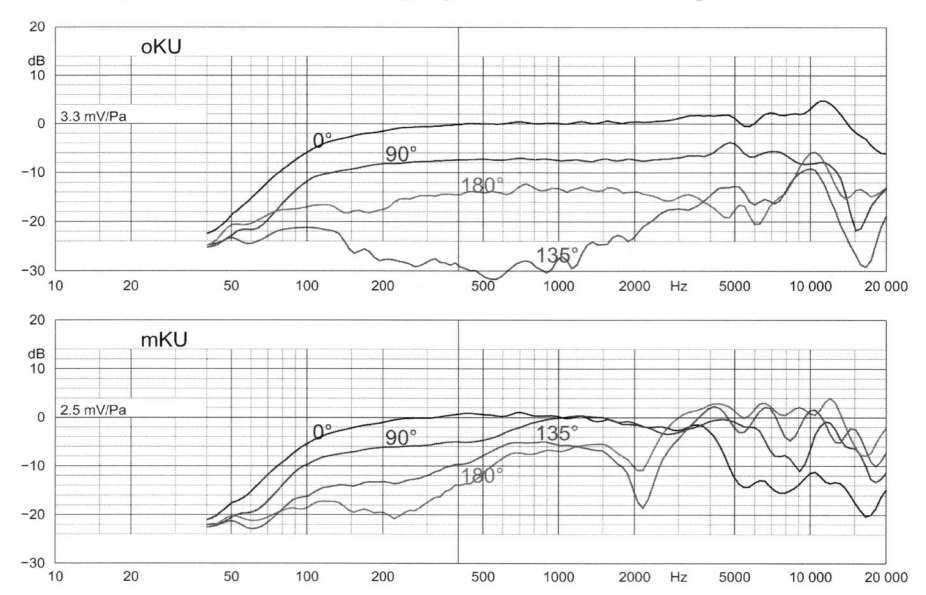

Abb. 7.29 Abschattung durch den Kopf: Frequenzgänge eines Nahbesprechungsmikrofons (Superniere) im ungestörten Schallfeld (oben) und mit künstlichem Kopf vor dem Mikrofon (unten); Messabstand $r = 1$ m

Kapitel 7 Mikrofone 349

ab Frequenzen unter 500 Hz die Richtcharakteristik des Mikrofons (Abb. 7.29). Generell wird die Richtwirkung dabei verringert, d. h. eine Hyperniere wird in Richtung Niere verändert, eine Niere in Richtung Breite Niere (Schneider 2006).

Im Hinblick auf die frequenzabhängige Abstrahlcharakteristik des Mundes (Abb. 7.26 und Meyer u. Marshall 1984) ist es sinnvoll, ein Gesangsmikrofon leicht seitlich, ober- oder unterhalb des Mundes zu positionieren.

Headset-Mikrofone werden direkt mit einer Halterung am Kopf angebracht (Goossens 1998). Die Halterung kann als Kopf- oder Nackenbügel ausgebildet sein. Üblich ist auch die Verbindung mit einem Kopfhörer, für Telefon- oder für Interkom-Anwendungen in der Luftfahrt. Hierbei ist der Wandler in einem nur geringfügig verstellbaren Verhältnis zum Mund angebracht. Wie generell bei Nahbesprechungsmikrofonen können Druck- oder Druckgradientenempfänger mit den oben beschriebenen Vor- und Nachteilen eingesetzt werden. Die Körperschallentkopplung ist hierbei besonders wichtig, da der Wandler an einer Stange oder einem Schwanenhals angebracht ist, der ein schwingfähiges System darstellt. Häufig werden wegen ihres geringen Gewichts Miniatur-Elektret-Wandler, aber auch dynamische Wandler, eingesetzt, die mit einem aufsteckbaren Schaumstoff-Windschutz versehen werden. Bei stark seitlicher Anbringung ist der Nahbesprechungseffekt nicht mehr so ausgeprägt, so dass hier ein Übergang zu den Kopfmikrofonen aus 7.4.2 gegeben ist.

7.4.4 Grenzflächenmikrofone

Wird ein Druckempfänger bündig in eine große ebene Fläche („unendliche Schallwand") eingebaut, erhält man über den gesamten Frequenzbereich eine Verdopplung des Schalldrucks (pressure zone microphone, PZM) und damit des Ausgangssignals (s. Abschn. 7.3.5). Zudem entfallen Kammfiltereffekte am Mikrofon, die durch Überlagerung des Direktschalls und des an dieser Fläche reflektierten Schalls entstehen können (s. Abschn. 6.2.2.2). Durch die unendliche Schallwand ergibt sich als Richtcharakteristik eine Halbkugel. Um Interferenzerscheinungen bei streifendem Schalleinfall zu vermeiden, muss das Wandlerelement möglichst klein sein ($\emptyset = 5-12$ mm). Freifeld- und Diffusfeldfrequenzgang können damit fast gleich gestaltet werden. Einen größeren Wandler mit einer Einsprache mit sehr kleiner Öffnung zu versehen empfiehlt sich nicht: Es ergibt sich eine Überhöhung im höherfrequenten Bereich, dann ein starker Abfall bei höchsten Frequenzen (Müller 1990). Gelegentlich wird fälschlicherweise angegeben, der Wandler müsse, statt bündig eingebaut, in geringem Abstand *vor* der Fläche angebracht sein, um aus der Addition von einfallender und reflektierter Schallwelle die Signalverdopplung zu erhalten (Long 1980).

Der Wandler wird meist in einer rechteckigen oder runden Grundplatte montiert. Mit der endlichen Höhe dieser Grundplatte treten an den Kanten Beugung und Reflexionen auf, die Interferenzen und damit Welligkeiten im Frequenzgang erzeugen. Optimierte Grundplatten in z. B. Dreiecks- oder Spiralform besitzen keine

Symmetrien, und zeigen damit auch im höherfrequenten Bereich nur geringe Welligkeiten im Frequenzgang (Müller 1990).

Grenzflächenmikrofone müssen, um lineare Frequenzgänge aufzuweisen, zwangsläufig an großen Flächen angebracht werden, d. h. Böden, Wänden, großen Tischplatten oder auch dem Deckel eines Flügels. Als Näherung gilt $\emptyset_{min} \geq \lambda/2$, bzw. $f_u \geq c/2\emptyset_{min}$. Unterhalb dieser Frequenz entfällt der Druckstau und der Übertragungsfaktor fällt um 6 dB ab.

Häufig wählt man einen größeren Besprechungsabstand und eine Positionierung außerhalb der Hauptabstrahlrichtung der meisten Instrumente. Um Höhenverluste durch Positionierung und Dissipation in der Luft auszugleichen, werden Grenzflächenmikrofone mit einer Höhenanhebung versehen (Abb. 7.30).

Soweit es die Aufnahmesituation erlaubt, können Übertragungsfaktor und Direktanteil des Signals weiter erhöht werden: in einer Raumkante um weitere 6 dB, in einer Raumecke um 12 dB. Die Geräuschspannung des Mikrofons bleibt dabei konstant, der äquivalente Rauschpegel reduziert sich also entsprechend. Der aufgenommene Anteil des Diffusfelds reduziert sich dabei um jeweils 3 dB, so dass auch das Verhältnis Direkt- zu Diffusschall sich um jeweils 3 dB vergrößert (Lipshitz u. Vanderkooy 1981).

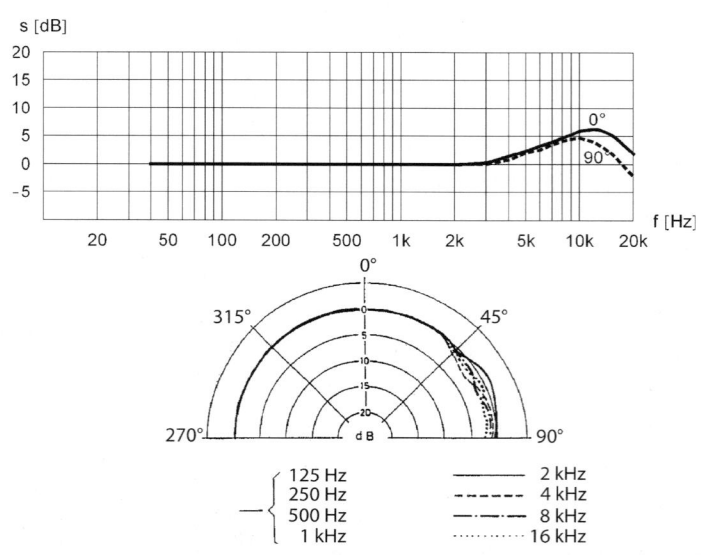

Abb. 7.30 Frequenzgang und Richtcharakteristik eines Grenzflächenmikrofons mit Höhenanhebung zur Entfernungskompensation (Müller 1990)

Das Grenzflächenprinzip kann auf Druckgradientenempfänger ausgedehnt werden, indem ein gerichteter Wandler liegend auf einer ebenen Fläche angebracht wird, d. h. mit der Einspracherichtung parallel zur Fläche (Bullock u. Woodard 1984). Sind die Abmessungen des Wandlers genügend klein um Interferenzerscheinungen auszuschließen, erhält man dadurch z. B. eine „halbe Niere". Ebenso können auch kleine, „normale" Druckempfänger, liegend angebracht, eine brauchbare Näherung an ein Grenzflächenmikrofon ergeben.

7.4.5 Rohrmikrofone

Bei diesen Mikrofonen werden vor das Wandlerelement ein oder mehrere Rohre angebracht, um durch Interferenz (s. Abschn. 7.3.5) und Auslöschung einzelner Schallanteile die Richtwirkung zu erhöhen.

Das *Richtrohrmikrofon* verfügt über ein seitlich geschlitztes Rohr vor der Membran (Abb. 7.31). Frontaler Schall erreicht die Membran annähernd unbeeinflusst. Schall aus anderen Richtungen erreicht die einzelnen seitlichen Öffnungen des Rohrs zeit- und damit phasenversetzt und wird durch das Rohr zur Membranvorderseite geführt. Die einzelnen Schallanteile interferieren und löschen sich partiell oder vollständig aus. Ist das Rohr an der Vorderseite offen, bildet sich zudem bis zu relativ tiefen Frequenzen ein Druckstau vor der Membran aus, wodurch sich der Übertragungsfaktor um bis zu 6 dB vergrößert (Boré u. Peus 1999). Der Interferenzeffekt ist von der Länge des Rohrs, der Frequenz und dem Schalleinfallswinkel abhängig. Erst bei Rohrlängen größer als die Wellenlänge erhält man ein erhöhtes Bündelungsmaß (typisch $\Gamma = 10-12$dB) mit keulenförmiger (engl.: *lobe*) Richtcharakteristik; bei tiefen Frequenzen erreicht man maximal das Bündelungsmaß des zugrundeliegenden Wandlers, der meist als Druckgradientenempfänger erster Ordnung ausgebildet ist.

Um frequenzunabhängige Richtcharakteristiken zu erreichen, muss die wirksame Rohrlänge zu hohen Frequenzen kleiner werden (Tamm u. Kurtze 1954). Der schlitzförmige Schalleinlass im Rohr wird mit Dämpfungsgaze belegt. Der Strömungswiderstand nimmt zu hohen Frequenzen dadurch zu und Rohrresonanzen werden bedämpft. Der Frequenzgang wird gegebenenfalls elektrisch angepasst. Dennoch sind die resultierenden Richtcharakteristiken frequenzabhängig, so dass seitlicher Schalleinfall Klangverfärbungen aufweist.

Richtrohrmikrofone werden in zwei typischen Längen hergestellt, mit ca. 30 cm und 15 cm effektiver Rohrlänge, und zeigen ein ab 1 kHz bzw. 2 kHz ansteigendes Bündelungsmaß. In der Konferenztechnik werden auch Miniatur-Richtrohre <10 cm verwendet. Der Nahbesprechungseffekt ist aufgrund der höheren Bündelung zwar stärker ausgeprägt, allein die Länge des Rohres sorgt aber schon für einen Mindestabstand zur Schallquelle, so dass dies im Gebrauch keine Bedeutung hat. Der Einsatz in einer Stereoaufstellung mit angewinkelten Mikrofonen ist aufgrund der seitlichen Klangverfärbungen nicht zu empfehlen, ebensowenig der Einsatz in kleinen Räumen, da dort ein weitgehend diffuses Schallfeld mit vielen seitlichen Reflexionsanteilen vorliegt. Als Mittenmikrofon in MS-Technik hat das Richtrohrmikrofon, mit zusätzlichem oder integriertem (Peus 1988) Achter-Mikrofon als Seitensignal, besonders im Fernseh- und Filmbereich breite Anwendung gefunden. Während frühe Ausführungen mit dynamischen Wandlern realisiert wurden (Tamm u. Kurtze 1954), werden heute fast ausschließlich Kondensator-Wandler verwendet.

Beim *Linienmikrofon* (rifle microphone) stellen mehrere Rohre unterschiedlicher Länge den vorderen Schalleinlass dar. Der Schall durch die einzelnen Rohre addiert sich vor der Membran, ähnlich wie beim Richtrohr. Durch Biegung der Rohre

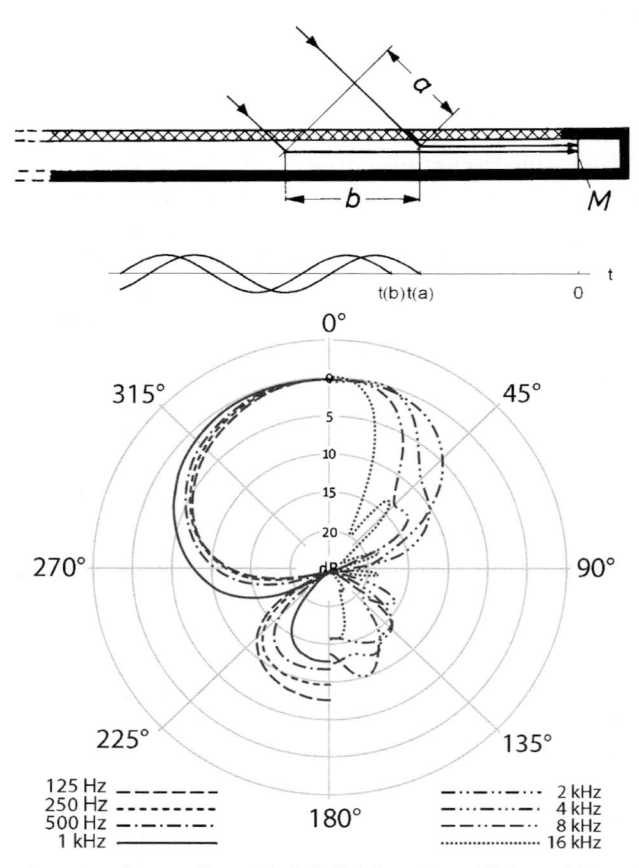

Abb. 7.31 Interferenzempfänger. Oben: Die Schalleinlässe im seitlich geschlitzten Rohr erzeugen einen Phasenversatz der Schallanteile und damit eine partielle Auslöschung bei seitlichem Schalleinfall. Unten: Typische keulenförmige Richtcharakteristik eines Interferenzempfängers, nach (Boré u. Peus 1999)

können zusätzliche Laufzeiten eingebracht werden, ohne dass die Gesamtlänge des Mikrofons zunimmt. Durch Anbindung auch der Membranrückseite an die Rohre wird eine zusätzliche Gradientenbildung realisiert. Mit einer Kombination aus mehreren solcher Systeme abgestufter Größe wird die Frequenzabhängigkeit verringert (Olson 1957). Linienmikrofone sind entsprechend mechanisch aufwändig und haben nur noch historische Bedeutung.

Kapitel 7 Mikrofone

7.4.6 Parabolspiegel-Mikrofone

Zu den Konstruktionen, die den Schalleinfall durch Bündelung über eine größere Fläche effektiv verstärken, gehören akustische Linsen und Parabolspiegel (Olson 1957, Wahlström 1985), in deren Brennpunkt ein Mikrofon positioniert ist. Damit der Parabolspiegel wirksam wird, muss sein Durchmesser groß im Verhältnis zur Wellenlänge sein. Man erhält mit der Frequenz ansteigende Übertragungsfaktoren und Bündelungsmaße. Die Überbetonung der Höhen kann dadurch abgeschwächt werden, dass das Mikrofon leicht außerhalb des Brennpunkts angebracht wird. Aufgrund der frequenzabhängigen Bündelung und der großen Abmessungen werden Parabolspiegel nur bei Aufnahmen über sehr große Entfernungen verwendet, z. B. bei Tieraufnahmen und bei Sportaufnahmen vom Spielfeldrand aus.

7.4.7 Mehrwegemikrofone

Neben der Kombination koinzidenter Druckgradientenempfänger für Mikrofone mit umschaltbarer Richtcharakteristik (Abschn. 7.3) gibt es eine Reihe weiterer Mehrwege-Konstruktionen. Zu ihnen gehören Mikrofone mit mehrfachen Schalleinlässen durch frequenzabhängige Laufzeitglieder zur Rückseite des Wandlers. Insbesondere für im Allgemeinen mittenabgestimmte Tauchspulmikrofone mit eingeschränktem Frequenzbereich kann dadurch der Laufzeitunterschied für tiefe Frequenzen, und damit der Membranantrieb, vergrößert werden (*variable distance*, *variable-D*; Wiggins 1954). Gleichzeitig nimmt aufgrund der größeren Wegstrecke der Nahbesprechungseffekt bei tiefen Frequenzen ab. Wie bei Gesangsmikrofonen dürfen im Betrieb die hinteren Schalleinlässe nicht durch eine Halterung oder die Hand verschlossen werden (Schulein 1970).

Ähnlich wie bei Lautsprechern können auch zwei oder mehrere bandbegrenzte Systeme zu einem breitbandigen Mikrofon vereint werden. Ein kleinerer Hochton-Wandler wird mit einem größeren Tiefton-Wandler über eine Frequenzweiche phasenrichtig kombiniert. Man erhält über einen größeren Frequenzbereich lineare Frequenzgänge und gleichförmigere Richtcharakteristiken. Durch größere Laufzeitunterschiede beim Tiefton-System ergibt sich zudem ein geringerer Nahbesprechungseffekt. Zwei- oder Mehrwegemikrofone sind mit Tauchspulenwandlern (Weingartner 1966, Görike 1967) und mit NF-Kondensatormikrofonen, auch für die Übertragung bis 100 kHz (Hara u. Sasaki 1998), realisiert worden.

Nur wenige Mikrofontypen zeigen über fast den gesamten Frequenzbereich ideale Richtcharakteristiken auf: Dazu gehören der reine Druckgradientenempfänger mit Achter-Charakteristik und der seitlich beschallte Druckempfänger, mit idealer Kugel-Charakteristik in der Membranebene. Zwei solche Systeme, koinzident positioniert, ergeben breitbandig annähernd ideale Richtcharakteristiken erster Ordnung in der horizontalen Ebene. Ist die Kombination frequenzabhängig einstellbar, können beliebige, frequenzabhängige Richtverhalten gewählt werden, auch solche die mit einem einzelnen Wandler physikalisch nicht realisierbar wären (Polarflex-System, Langen 1998).

Die Kombination mehrerer Druckgradientenempfänger, mit Ausrichtung in alle drei Raumrichtungen, erlaubt die Erzeugung beliebig ausgerichteter Richtcharakteristiken (Gerzon 1975). Ideal wäre die koinzidente Kombination eines Druckempfängers mit drei reinen Druckgradientenempfängern in den drei Raumrichtungen (Hensel et al. 1992). Praktisch werden vier Druckgradientenempfänger mit Charakteristik Breite Niere in einem Tetraeder positioniert (Soundfield-Mikrofon, Kap. 10.4.1.1). Die Kombination bzw. Matrizierung der Wandlersignale erfolgt in einem externen Zusatzgerät. Aus den Ausgangssignalen können auch koinzidente Stereo- oder Mehrkanal-Signale abgeleitet werden. Dieses Prinzip lässt sich auch auf Druckgradientenempfänger höherer Ordnung (s. Abschn. 7.3.4) übertragen. Aufgrund des größeren Bündelungsmaßes ergibt sich bessere Kanaltrennung zwischen einzelnen Aufnahmerichtungen. Druckgradientenempfänger höherer Ordnung zeigen allerdings eine starke Frequenzabhängigkeit auf, so dass auf die aufwändige Kombination mehrerer Arrays zurückgegriffen werden müsste.

7.4.8 Mikrofon-Arrays

Die Verwendung mehrerer Wandler zur Erzeugung von Druckgradientenempfängern höherer Ordnung wird als *Array* bezeichnet. Je nach geometrischer Anordnung spricht man von Zeilen-, Flächen- oder Kugelarrays. Mit steigender Ordnung wird der Frequenzgang nichtlinearer und die Richtwirkung nimmt zu, so dass elektrische Filter eingesetzt werden müssen, um konstante Frequenzgänge zu erhalten. Um diese Frequenzabhängigkeit zu reduzieren, werden ein- bis dreidimensionale Mikrofonarrays eingesetzt, bei denen die einzelnen Wandler mit frequenzabhängigen Gewichtungsfaktoren versehen werden (Abb. 7.32, Brandstein u. Ward 2001). Dadurch kann die Größe des Arrays, bzw. der wirksame Abstand zwischen den Mikrofonen auf den jeweiligen Frequenzbereich angepasst skaliert werden (Großkopf 1952).

Ein- bis dreidimensionale Arrays ermöglichen dementsprechend Charakteristiken höherer Ordnung in ein bis drei Richtungen. Arrays werden z. B. in geräuschbehafteten Umgebungen, als Aufnahmesysteme mit adaptiver Richtwirkung, aber auch für Mehrkanal-Wiedergabeverfahren bis hin zur Wellenfeldsynthese einge-

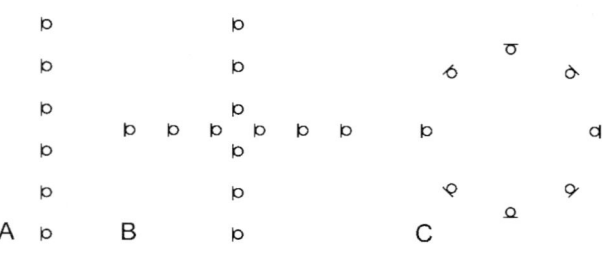

Abb. 7.32 Äquidistante Arraygeometrien. A: Zeilen-Array, B: Kreuz-Array, C: Kreis-Array

setzt. Es werden meist NF-Kondensatorwandler verwendet, die auf gleichen Frequenz- und Phasengang selektiert sind.

Ähnlich wie eine Lautsprecherzeile ist das *Ebenen-Mikrofon* eine spezielle Ausführungsform eines vertikalen Zeilenarrays. Die einzelnen Wandler besitzen z. B. eine Kugel- (Sank 1985) oder Nieren-Charakteristik (Goossens u. Wollherr 1997). In der Vertikalen erhält man durch die Kombination von mehreren Wandlern eine starke, weitgehend frequenzunabhängige Bündelung höherer Ordnung, in der Horizontalen bleibt die grundlegende Richtcharakteristik erhalten (Abb. 7.33). Die resultierende dreidimensionale Charakteristik ist somit eine horizontale Scheibe oder Toroid, geeignet zur Abnahme von Schallereignissen die in einer Ebene stattfinden, z. B. Sprecheranwendungen oder auf Bühnen.

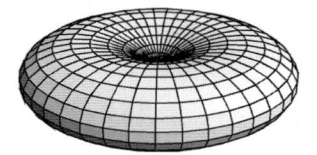

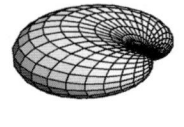

Abb. 7.33 Ebenen-Mikrofon. Toroidale Richtcharakteristiken für Zeilen-Arrays aus Wandlern mit Kugelcharakteristik (links) und Nierencharakteristik (rechts)

Eine spezielle Variante axialer Arrays stellen *Zoom-Mikrofone* dar, die entsprechend ihrer Namensgebung häufig in bildbezogenem Kontext eingesetzt werden. Zwei oder mehrere Wandler 0. oder 1. Ordnung, die in einer Linie in Einsprechrichtung ausgerichtet sind, werden in wählbaren Anteilen miteinander kombiniert (Ishigaki et al. 1980). Zoom-Mikrofone sind damit nichts anderes als Druckgradientenempfänger mit regelbarer Richtcharakteristik.

7.4.9 Tonabnehmer

Tonabnehmer für Instrumente arbeiten entweder als Körperschallmikrofone nach dem piezoelektrischen oder elektrostatischen Prinzip, oder bei der Abnahme metallischer Saiten nach dem elektromagnetischen Prinzip (Fasold 1984, Lemme 2003). Piezoelektrische Tonabnehmer werden z. B. an Saiteninstrumenten zwischen Saiten und Steg, in den Steg selbst oder zwischen Steg und Korpus geklemmt. Wenn Klebung (Wachs, doppelseitiges Klebeband), magnetische Haftung, Klemmung oder Verschraubung eine gute Kopplung ermöglichen, ist ebenso eine Platzierung auf anderen schwingenden Flächen möglich, z. B. auf der Korpusdecke. Die obere Grenzfrequenz wird dabei durch eine weniger stabile Kopplung reduziert (B&K 1980). Wegen ihrer vergleichsweise geringen Rückkopplungsempfindlichkeit werden Tonabnehmer bevorzugt bei leisen Schallquellen wie akustischer Gitarre und Kontrabass eingesetzt. Das Klangbild der aufgenommenen Schwingung entspricht nicht dem des abgestrahlten Schalls, so dass im Allgemeinen eine elektrische Filterung des Frequenzgangs nötig wird.

Elektromagnetische Tonabnehmer erfordern, dass die abzunehmenden Instrumententeile ferromagnetisch sind und in den Spulen, die um Permanentmagnete gewickelt sind, einen Strom induzieren. Elektrische Gitarren werden deshalb mit Stahlsaiten ausgestattet. Da die Klangerzeugung gezupfter Saiten bereits erhebliche Nichtlinearitäten enthält, fallen die Verzerrungen elektromagnetischer Tonabnehmer hier nicht ins Gewicht (Rint 1957), bzw. werden bewusst zur Klangerzeugung eingesetzt. Nach dem gleichen Prinzip waren die Saiten, Klangzungen oder -stäbe früher elektrischer Pianos (Fender Rhodes, Hohner Clavinet, Wurlitzer) einzeln oder gruppenweise Teil elektromagnetischer Tonabnehmer. Wie bei dynamischen Mikrofonen werden zur Brummunterdrückung auch gegenläufig gewickelte Kompensationsspulen eingesetzt (Humbucker-Prinzip). Aufgrund der fehlenden Schirmung und hochohmiger Quellimpedanz reagieren Tonabnehmer empfindlich auf Einstreuungen und größere Kabellängen. Es sollte, wie bei NF-Kondensatormikrofonen, eine Impedanzwandlung möglichst nahe am Wandler durchgeführt werden.

7.4.10 Stereo- und Mehrkanalmikrofone

Für einige stereofone Aufnahmeverfahren (s. Kap. 10) werden spezielle zwei- oder mehrkanalige Mikrofontypen angeboten. Ansonsten werden generell Kombinationen aus Einzelmikrofonen verwendet (Abb. 7.34).

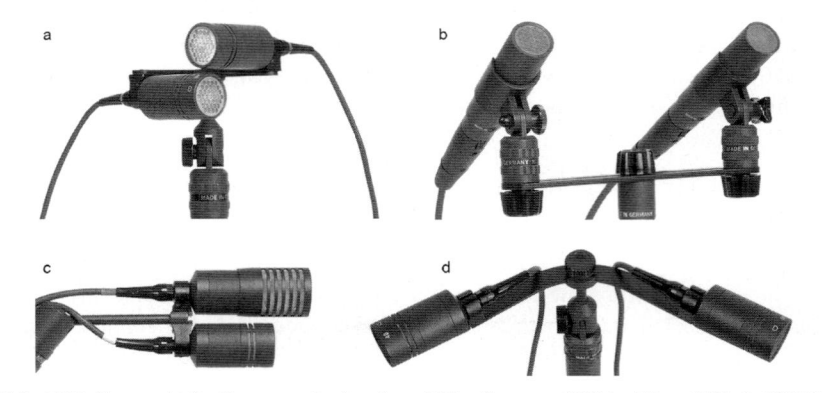

Abb. 7.34 Stereo-Aufstellungen mit einzelnen Mikrofonen. a: XY, b: AB, c: MS, d: ORTF

7.4.10.1 Koinzidenzmikrofone

Die ersten Stereomikrofone wurden in den 1950er Jahren mit der Einführung der Stereofonie in der Schallplattentechnik realisiert (Boré 1956, Bertram 1965). Sie sind als Kondensator-Doppelmikrofone konstruiert, bei denen die Kapseln nächstmöglich übereinander positioniert sind und eine Kapsel bis 180° rotiert werden kann, um verschiedene Hauptachsenwinkel einzustellen. Beide Kapseln werden als

Kapitel 7 Mikrofone 357

Doppelmembransystem ausgeführt und sind damit in der Richtcharakteristik umschaltbar. Da diese Mikrofone häufig in Festinstallationen z. B. von der Decke abgehängt werden, kann die Richtcharakteristik meist vom Netzteil aus fernumgeschaltet werden. Mit einem Stereomikrofon können alle koinzidenten Aufnahmeverfahren realisiert werden (Abb. 7.35, links).

Abb. 7.35 Stereo-Mikrofone: Links: Koinzidentes Stereomikrofon mit übereinander angeordneten, verdrehbaren Kapseln und schaltbaren Richtcharakteristiken. Mitte: Stereo-Richtrohrmikrofon (MS-Technik, mit kurzem Richtrohr und querliegender Achtercharakteristik) in elastischer Aufhängung, mit mechanischer Kabelunterbrechung durch Anschluss-Kästchen. Rechts: Kunstkopf mit Außenohrnachbildung (©Neumann)

Weitere Realisierungen sind:

- XY-Mikrofone (Niere, Hyperniere) mit festeingestelltem oder variablem Hauptachsenwinkel,
- MS-Mikrofone mit voreingestellten Pegelverhältnissen,
- XY/MS-Mikrofone mit mechanisch variabler 3-Nieren-Kombination mit Matrizierung,
- MS-Kombination aus Richtrohr und Achtersystem mit Matrizierung (Peus 1988, Abb. 7.35, Mitte),
- Soundfield-Mikrofon mit vier Druckgradientenempfängern in Tetraeder-Anordnung,
- Quadrofonie-Mikrofon mit vier Nierencharakteristiken und jeweils 90° Versatzwinkel (Bauer et al. 1978).

Bei Über-Kopf-Betrieb eines Stereomikrofons, z. B. an der Mikrofonangel, wird die Links/Rechts-Zuordnung vertauscht. Bei MS-Mikrofonen wird dies einfach durch Invertierung des S-Kanals ausgeglichen. Einige Geräte besitzen dazu einen Schalter im Mikrofon oder einem Matrix-Gerät (Schneider 1996).

Die meisten Koinzidenz-Stereomikrofone werden mit Kondensatorwandlern ausgeführt. In einigen Fällen, insbesondere für den Rundfunk, sind die beiden

Mikrofonsysteme vollständig unabhängig voneinander, so dass auch bei Ausfall eines Systems ein Havariebetrieb mit dem zweiten System möglich ist (Doppel-Mikrofon). Werden koinzidente Aufstellungen mit Standardmikrofontypen realisiert, sorgen kleine Bauformen und spezielles Zubehör für möglichst kleine Laufzeitunterschiede.

7.4.10.2 Mikrofone für Laufzeitstereofonie und Äquivalenzstereofonie

Für Aufnahmen in Laufzeitstereofonie (AB-Verfahren), Verfahren mit gleichsinnigen Laufzeit- und Pegelunterschieden (Äquivalenz-Stereofonie, gemischte Stereofonie) und vielen Techniken für Surround-Aufnahmen werden Mikrofone gleicher Richtcharakteristik, ggf. mit speziellem mechanischem Zubehör (Abb. 7.34), in definierten Abständen zueinander montiert.

7.4.10.3 Mikrofone mit Trennkörpern

Bei einer Reihe von Stereo-Aufnahmeverfahren wird zwischen den Wandlerelementen ein absorbierender oder reflektierender Festkörper eingebracht (Shorter 1961, Gernemann 2002), wodurch die Kanaltrennung insbesondere bei hohen Frequenzen vergrößert wird.

Bei einigen Varianten werden Druckempfänger bündig in einen Trennkörper eingebaut, andere Bauformen platzieren die Wandler in einem Abstand zu einem Körper aus reflektierendem oder auch absorbierendem Material wie z. B. bei OSS (Optimales Stereo System) mit der sog. Jecklin-Scheibe. Die Einflüsse auf Frequenzgang und Richtcharakteristik durch Beugung und Reflexion am Trennkörper sind meist gravierend. Die Verbreitung dieser Verfahren (Übersicht in: Wuttke 1992) ist generell gering, da der häufig feste Aufbau die Flexibilität einschränkt. Einige dieser Verfahren erhalten für Surround-Aufnahmen als mögliche Haupt- oder Atmo-Aufstellungen größere Aufmerksamkeit.

Beim *Kugelflächenmikrofon* sind in einer Kugel mit ca. 20 cm Durchmesser an gegenüberliegenden Punkten zwei kleine Druckempfänger bündig eingebaut (Theile 1986). Der Einbau in eine Kugel bewirkt eine zu hohen Frequenzen hin zunehmende Richtwirkung und einen linearen Diffusfeld-Frequenzgang. Eine Erweiterung des Kugelflächenprinzips ist das *Holophone* mit zusätzlichen Druckempfängerkapseln (5–7 Stk.) in einem Ellipsoid von ca. 20 cm maximaler Ausdehnung (Holophone 2006) als kompakter Aufbau zur Aufnahme von Surround-Signalen. Die Kanaltrennung ist, aufgrund der kleinen Abstände zwischen den Wandlern, gering.

Beim *SASS* (Stereo Ambient Sampling System) werden zwei Druckempfänger in einem gebogenem Grenzflächenkörper durch Schaumstoff getrennt. Oberhalb von ca. 1 kHz erhält man eine leichte Richtwirkung ca. 20°–30° außerhalb der Hauptachse. Der Diffusfeld-Frequenzgang bei Stereo-Aufstellung soll bis ca. 12 kHz annähernd linear sein (Bartlett u. Billingsley 1989).

7.4.10.4 Mikrofone für kopfbezogene Stereofonie

Bei kopfbezogener Stereofonie wird der menschliche Kopf oder eine Nachbildung desselben als Trennkörper verwendet (Abb. 7.35, rechts), mit zwei Druckempfängern in Ohrnachbildungen. Dem einfallenden Schall wird dadurch eine Entzerrung in Form von kopfbezogenen Außenohr-Übertragungsfunktionen (Head related transfer functions, HRTF, Abb. 7.36) aufgeprägt.

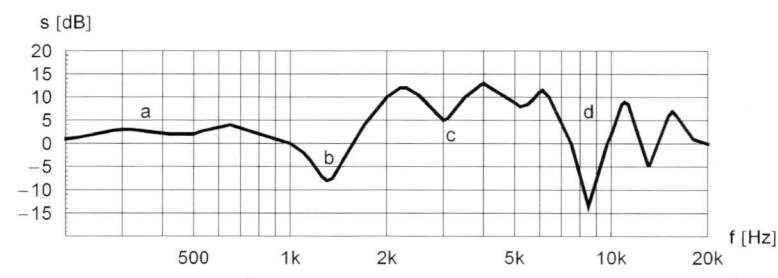

Abb. 7.36 Typische Außenohr-Übertragungsfunktion bei frontaler Beschallung. a: tieffrequenter Bereich, b: Schulterreflexion, c: $\lambda/4$-Resonanz des Ohrkanals, d: Einfluss der Ohrmuschel, nach (Daniel et al. 2007)

Beim *Kunstkopf-Mikrofon* werden die Ohren originalgetreu nachgebildet. Der Ohrkanal wird meist nur partiell nachgeformt. Für Anwendungen im Nahfeld einer Quelle, z. B. bei Kopfhörermessungen, muss allerdings die Impedanz des Ohrkanals („$\lambda/4$-Resonanz") nachgebildet werden. Wie bei Druckempfängern besteht die Möglichkeit der Freifeldentzerrung oder der Diffusfeldentzerrung. Ersteres bedeutet hier, dass der Kunstkopf bei frontaler Beschallung den gleichen Frequenzgang aufweist wie ein freifeldentzerrtes Messmikrofon. Für Signale aus anderen Richtungen ergeben sich deutliche klangliche Verfärbungen. Da Kunstköpfe meist in überwiegend diffusem Schallfeld verwendet werden, werden bevorzugt diffusfeldentzerrte Kunstköpfe eingesetzt. Als weitere Variante existiert auch eine Entzerrung, die nur die richtungsunabhängigen Anteile (Resonanzen) der Außenohrübertragungsfunktion kompensiert (Daniel et al. 2007). Einige Realisierungen besitzen eine fest eingestellte Entzerrung, andere eine schaltbare Entzerrung außerhalb des Kunstkopfs.

Eine einfachere Realisierung der kopfbezogenen Stereofonie, bereits 1933 von Fletcher vorgeschlagen (Fasold et al. 1984), ist die Verwendung von sogenannten *Kopfmikrofonen*, heute meist Elektret-Kondensatorwandlern, die in den eigenen Ohrkanal eingebracht oder in einen künstlichen Kopf eingesetzt werden. Der Vorteil liegt in der vergleichsweise einfachen Realisierung und in der Verwendung der eigenen Ohren, die naturgemäß für den Abhörenden die beste Wahl darstellen. Nachteile sind z. B. das meist erhöhte Rauschen der kleinen Wandler, die Nicht-Kompatibilität zu Ohren anderer Hörer mit gänzlich anderen Außenohr-Übertragungsfunktionen, die Aufnahme von Störgeräuschen über Körperschall, sowie die Verschiebung des Aufnahmepanoramas bei Kopfbewegungen. Von Aufnahme zu Aufnahme kann außerdem die Positionierung im Ohreingang unterschiedlich sein.

7.4.11 Mikrofon- Modellierung

Angesichts der Vielfalt der existierenden Ausführungen von Mikrofonen mit jeweils eigenem „Klang" benötigen Aufnahmestudios häufig eine große Auswahl an Mikrofonen. Das Ziel eines Mikrofon-Simulators ist es, durch digitale Signalverarbeitung den Klang eines vorhandenen „Quellmikrofons" in den eines anderen „Zielmikrofons" zu überführen.

Es wird angenommen, dass ein Mikrofon in guter Näherung ein lineares zeitinvariantes System ist, das durch seinen Amplituden- und Phasenfrequenzgang bzw. durch seine Impulsantwort vollständig bestimmt ist (s. Kap. 1.2). Das Ausgangssignal des Quellmikrofons wird somit durch inverse Faltung mit seiner Impulsantwort neutralisiert und anschließend durch Faltung mit der Impulsantwort des Zielmikrofons transformiert. Einschränkungen in der Realisierung ergeben sich u. a. aus den hohen Anforderungen an die Rechengenauigkeit und an die präzise Bestimmung der Impulsantwort der Mikrofone.

An den Grenzen des Dynamikbereichs, bei denen Rauschen und nichtlineare Verzerrungen anwachsen, verhält sich das Mikrofon nur näherungsweise linear. Vor allem aber ist die Impulsantwort abstands- und richtungsabhängig. Der beschriebene Algorithmus kann daher nur für Schall, aus *einem* Abstand und *einer* Richtung richtige Resultate liefern, d. h. für annähernd reflexionsfrei aufgenommene Signale.

Mikrofonsimulationen beinhalten deshalb gelegentlich einstellbare Tiefenfilter, um den entfernungsabhängigen Nahbesprechungseffekt zu simulieren, sowie nichtlineare Algorithmen um das Verzerrungsverhalten anzunähern. Dennoch wandelt jedes Mikrofon entsprechend seiner Richtcharakteristik den aus drei Dimensionen einfallenden Schall in ein eindimensionales Ausgangssignal, das keine Richtungsinformation mehr enthält. Der Simulationsalgorithmus ist daher grundsätzlich nicht in der Lage, Mikrofone mit unterschiedlichen Richtcharakteristiken, in der Praxis fast alle Mikrofone, ineinander zu überführen.

7.5 Speisung

Aktive Wandler wie das HF-Kondensatormikrofon und das Kohlemikrofon benötigen eine elektrische Leistungszufuhr zur Funktion des eigentlichen Wandlers. Aber auch einige passive Wandler enthalten eine elektronische Schaltung: NF-Kondensatormikrofone zur Erzeugung der Polarisationsspannung und Impedanzwandlung; in seltenen Fällen enthalten auch dynamische Mikrofone eine aktive Impedanzanpassung für längere Kabelstrecken. Bei professionellen Mikrofonen wird meist symmetrische Leitungsführung eingesetzt. In speziellen Fällen, z. B. Miniaturmikrofonen aber auch semiprofessionellen Geräten, findet man auch unsymmetrische Leitungsführung (s. Abschn. 7.6.3.2).

Kapitel 7 Mikrofone

7.5.1 Phantomspeisung

Die Phantomspeisung als vorherrschende Speisungsart wurde in den 1960er Jahren erstmals für Mikrofone verwendet (Lafaurie 1965, Boré 1967). Von den nach IEC 61938 zugelassenen Spannungswerten P12, P24 und P48 hat sich letztere als Regelfall im Studiobereich durchgesetzt. 48 V wurde als maximale Spannung gewählt, da für höhere Werte teils besondere Sicherheitsbestimmungen gelten. Der Strom ist über Speisewiderstände begrenzt und damit ungefährlich. Der Speisestrom fließt je zur Hälfte über die beiden Tonadern, die Rückführung erfolgt über den Kabelschirm mit Massebezug. Seltener wird die Einspeisung über eine Mittenanzapfung des Übertragers gewählt (Abb. 7.37). Die Abblockung der Phantomspeisung im Mikrofon erfolgt durch einen Ausgangsübertrager oder durch Kondensatoren (Abb. 7.38). Die in IEC 61938 vorgegebenen Widerstandswerte sind in Tabelle 7.4 aufgelistet.

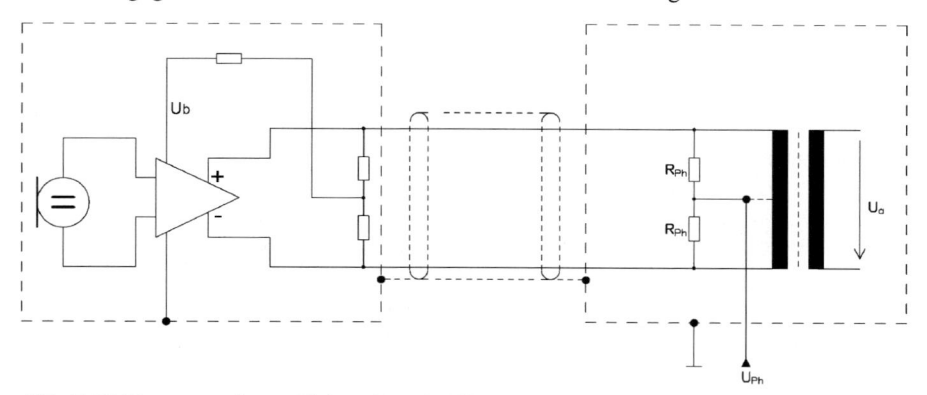

Abb. 7.37 Phantomspeisung. Einkopplung der Phantomspannung U_{Ph} auf beide Adern über paarig selektierte Widerstände R_{Ph} oder Mittenanzapfung am Eingangsübertrager; Auskopplung über paarig selektierte Widerstände; Rückführung über den Kabelschirm

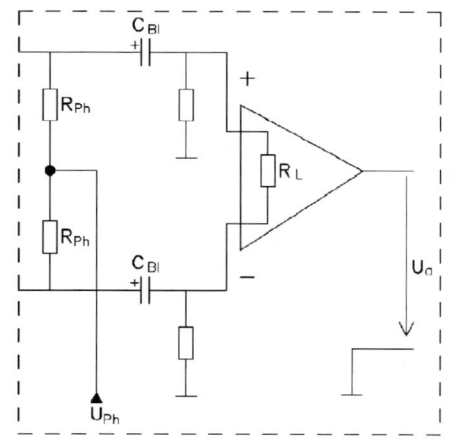

Abb. 7.38 Phantomspeisung. Elektronisch symmetrierter Eingang mit Abblockkondensatoren C_{Bl}

Tabelle 7.4 Phantomspeisung

	P12	P24	P48
Spannung U_{Ph} [V]	12 ± 1	24 ± 4	48 ± 4
Max. Strom I_{Ph} [mA]	15	10	10
Einspeisewiderstände R_{Ph} [Ω]	680	1200	6800

Die Grenze für überlagerte Störspannungen (Brummen, HF- Anteile aus Schaltnetzteilen) ist nicht definiert. Im Mikrofon ist deshalb eine Siebung vorzusehen (Boré 1967). Bei P48 wird bei einem Strom von 7 mA dem Mikrofon die maximale Leistung zugeführt. Höhere Stromaufnahmen deuten auf ineffiziente Mikrofonschaltungen hin. Bis 1979 war für P48 der maximale Strom als 2 mA definiert. Einige Mehrbereichsmikrofone, die z. B. mit Phantomspeisung von 9–52 V arbeiten, weisen bei niedrigen Spannungswerten eingeschränkte technische Daten (z. B. Grenzschalldruck) auf. Als Sonderfall verwendete der ORTF/Frankreich auch Speisungen mit −9 V.

Bei der Phantomspeisung liegen beide Tonadern auf dem gleichen Potential. Damit können auch andere symmetrische erdfreie Mikrofone, z. B. dynamische Mikrofone oder Röhrenmikrofone mit Ausgangsübertrager, ohne Störung oder Beschädigung an phantomgespeisten Eingängen betrieben werden. Auch beim versetzten Aufstecken eines Mikrofons, wenn kurzzeitig nur durch eine Ader Strom fließt, wird dieser Strom durch die relativ hochohmigen Speisewiderstände begrenzt (Boré 1967). Bei Bändchenmikrofonen mit ihrer sehr kleinen Impedanz sollte die Phantomspeisung hingegen ausgeschaltet werden, da der Ausgangsübertrager Stromimpulse hochtransformiert und damit das Bändchen beschädigt wird.

Transformatorbestückte Mischpulteingänge werden durch externe Phantomspeisungen nicht beeinträchtigt. Bei elektronisch symmetrierten Eingängen müssen z. B. Abblockkondensatoren (C_{Bl} in Abb. 7.38) verhindern, dass die externe Phantomspeisung zur Beschädigung des Eingangs führt. Die Speisewiderstände R_{Ph} liegen parallel zur Eingangsimpedanz R_L des Mischpults und müssen bei der Impedanzanpassung einberechnet werden (s. Abschn. 7.6.4). Zu den Auswirkungen nicht normgerechter Speisungen s. Abschn. 7.7.5.

Zur Fernsteuerung der Richtcharakteristik kann der absolute Betrag der Phantomspeisung vom Mikrofon ausgewertet werden (Peus u. Kern 1993). Mit speziellen Speisegeräten wird die Richtcharakteristik ohne zusätzliche Signalleitungen umgeschaltet; es werden übliche XLR3-Kabel verwendet. Die Phantomspeisung wird auch zur Speisung aktiver Trennverstärker verwendet, sogenannter DI-Boxen (Direct Injection). Bei der Speisung digitaler Mikrofone nach AES42 ist aufgrund des höheren Leistungsbedarfs der integrierten A/D-Wandler eine Phantomspeisung nach IEC 61938 nicht ausreichend. Es wird aber das Prinzip der Phantomspeisung eingesetzt, allerdings mit 10 V Speisespannung und max. 250 mA Stromaufnahme. Für die Fernsteuerung der Mikrofonparameter wird die Phantomspeisung mit niederfrequenten Rechteckpulsen von 2 V und 750 Bit·s^{-1} moduliert.

Kapitel 7 Mikrofone

7.5.2 Tonaderspeisung

Die ersten Kondensatormikrofone mit Transistorschaltung wurden mit Tonaderspeisung realisiert (Griese 1963). Nach IEC 61938 tragen dabei die beiden Tonadern die positive bzw. negative Speisespannung (Abb. 7.39). Der Schirm wird zur Speisung nicht benötigt.

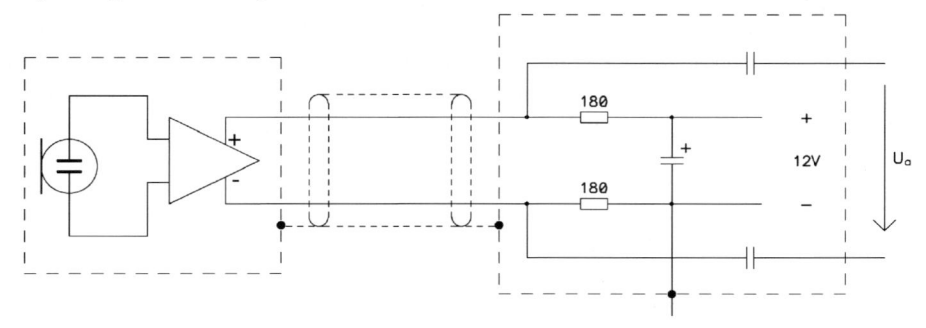

Abb. 7.39 Tonaderspeisung: Zuführung und Rückführung der Speisung über die beiden Adern; Auskopplung des Audiosignals U_a über Kondensatoren

Diese Speisungstechnik wird gelegentlich noch aus historischen Gründen eingesetzt, bevorzugt im Filmtonbereich. Nachteil ist die Möglichkeit der Beschädigung dynamischer und anderer Mikrofone mit Ausgangsübertrager durch die Gleichspannung, die durch den Übertrager bzw. die Schwingspule fließen würde (s. Abschn. 7.2.3.1). Für einige Mikrofontypen müssen nicht nur die Speisespannung, sondern auch die Einspeisewiderstände (2 x 180 Ω) abgeschaltet werden, da sie eine unzulässig hohe Lastimpedanz darstellen. Die Speisespannung darf nur minimale Wechselspannungsanteile enthalten, z. B. $U_{Rest,\sim} \leq 0{,}3\ \mu V$, um keine Störungen hervorzurufen (Boré 1967). Auch eine Verpolung der Signaladern ist nicht erlaubt. In NF-Kondensatormikrofonen muss ein Gleichspannungswandler eingesetzt werden, um höhere Polarisationsspannungen zu erzeugen. Bei einigen Geräten der Firma Nagra war die Spannung an den beiden Adern invertiert.

7.5.3 Röhrenspeisung

Bei röhrenbestückten Kondensatormikrofonen übersteigt der Leistungsbedarf der Röhre, bis auf wenige Spezialtypen, die Leistungsreserven der Phantom- oder Tonaderspeisung. Es muss jeweils ein eigenes Speisegerät verwendet werden. Zusätzlich zu den symmetrischen Signaladern werden weitere Adern eingesetzt, um Anoden- und Heizspannung zuzuführen. In den 1950er und 1960er Jahren war zwecks Kompatibilität in den westdeutschen Rundfunkanstalten der Röhrentyp Telefunken AC701 (Ratheiser 1995) als Standardtyp vorgeschrieben, mit 120 V Anodenspannung und 4,2 V Heizspannung. Speisegeräte konnten an unterschiedliche Mikrofontypen angeschlossen werden. Typische Steckerbelegungen sind in Abschn. 7.6.2 aufgeführt. Im osteuropäischen Raum war die EC92 der bevorzugte Röhrentyp, mit 120 oder 200 V Anodenspannung und 6,3 V Heizspannung.

Bei Kondensatormikrofonen mit Doppelmembrankapseln kann eine Ader dazu verwendet werden, die Polarisationsspannung der hinteren Kapselhälfte über das Speisegerät zu steuern (Großkopf 1950). Damit kann die Richtcharakteristik des Mikrofons ferngesteuert werden (s. Abschn. 7.3.3).

Andere, insbesondere moderne Röhrenmikrofone verwenden mangels Standardisierung unterschiedlichste Versorgungsspannungen und Steckerbelegungen. Die Speisegeräte können somit nicht ausgetauscht werden. Wegen der hohen Betriebsspannungen sollten insbesondere ältere Röhrenmikrofone aus Sicherheitsgründen stets erst angeschlossen, dann eingeschaltet werden.

7.5.4 Batteriespeisung

Insbesondere für portable und semiprofessionelle Anwendungen werden Mikrofone mit interner Batteriespeisung hergestellt. Die Realisierungsformen sind zu vielfältig, um vollständig aufgelistet zu werden. Neben Elektret-Kondensatormikrofone, die aufgrund ihres geringen Stromverbrauchs ausschließlich mit Batterie betrieben werden, existieren Mikrofone, die mit interner Batterie oder extern phantomgespeist werden können und Mikrofone mit internen Akkumulatoren, die bei Betrieb an Phantomspeisung aufgeladen werden. Im Detail muss beim einzelnen Mikrofontyp darauf geachtet werden, welche Speisungsformen zulässig sind und welche zu Beschädigungen führen können. Insbesondere bei interner Speisung muss überprüft werden, ob die im Mikrofon erzeugte Spannung auch ausgangsseitig anliegt, da dies zu Schäden an Mischpult oder Aufnahmegerät führen kann.

7.5.5 Andere Speisungsarten

Im semiprofessionellen Bereich, aber auch bei Ansteckmikrofonen, werden häufig unsymmetrische Signalführung und damit auch andere Speisungsarten eingesetzt. Bei Elektret-Kondensatormikrofonen, wird die Schaltung mit typisch 1,5–9 V gespeist. In einigen Fällen trägt eine Ader das Mikrofonsignal, eine weitere die Speisespannung, während der Schirm als gemeinsame Rückleitung eingesetzt wird. In anderen Fällen wird auf die Speiseader auch das Audiosignal über Kondensatoren ein- und ausgekoppelt. Auch hier sind die Realisierungen herstellerspezifisch, so dass der Anwender die einzelnen Gerätespezifikationen auf Inkompatibilitäten überprüfen muss. Für Mikrofone, die keine Speisung benötigen, muss evtl. die Speisespannung kapazitiv abgeblockt werden.

7.6 Schaltungs- und Anschlusstechnik

Mikrofone geben einen vergleichsweise geringen Signalpegel ab. Für störungsfreie Übertragung muss eine auf mikrofonspezifische Eigenheiten abgestimmte Verbindungs- und Verstärkertechnik verwendet werden, die spezielle Anforderungen in Bezug auf Erdung und Schirmung erfüllt.

7.6.1 Kabelmaterial

In den meisten Realisierungen bilden Mikrofone eine Signalquelle mit geringer Ausgangsimpedanz R_i und kleinem Spannungspegel. Ein Kabel stellt eine komplexe Impedanz zwischen Mikrofon und Empfänger dar. Die komplexe Impedanz eines Kabelabschnitts setzt sich zusammen aus den resistiven und induktiven Anteilen der Adern und des Schirms, sowie den Kapazitäten zwischen den einzelnen Adern und dem Schirm. In der vereinfachten Abb. 7.40 sind die Anteile der einzelnen Kabelabschnitte in den Impedanzen R_K, C_K, L_K zusammengefasst. Durch die übliche Spannungsanpassung der Impedanzen von Mikrofon und Empfänger können resistive Verluste auf der Leitung generell vernachlässigt werden, sowohl in Bezug auf die Signalübertragung als auch auf eine eventuelle Speisespannung. Bei längeren Kabelstrecken ist der kapazitive Anteil C_K der Kabelimpedanz dagegen nicht mehr vernachlässigbar, es ergibt sich ein Höhenabfall (Abb. 7.40 unten, b). Berücksichtigt man nur die kapazitive Last C_{rel} in [F·m^{-1}], ergibt sich für eine zu übertragende Grenzfrequenz f_g (–3 dB) die maximal zulässige Kabellänge zu

$$l_{max} = 1/2\pi R_i C_{rel} f_g \tag{7.20}$$

Somit sind niederohmige Quellen unempfindlicher gegen kapazitive Belastungen. Für typische Werte von R_i = 200 Ω, f_g = 20 kHz und C_{rel} = 100 pF·m^{-1} folgt l_{max} = 400 m.

In Kabelspezifikationen werden meist nur die „reine" Kapazität Ader1/Ader2 (in Abwesenheit des Schirms) bzw. Ader1/Schirm (in Abwesenheit der zweiten Ader) angegeben. Bei der Bestimmung der Gesamtlast C_{rel} müssen, abhängig von der Kabelbeschaltung, die einzelnen Anteile aufsummiert werden (*Betriebskapazität* nach VDE 0472 Teil 504).

Der induktive Anteil L_K kann in Verbindung mit Kapazitäten zu Resonanzüberhöhungen führen, deren Frequenz aber meist außerhalb des Audiobereichs liegt (Abb. 7.40 unten, c). Um die Induktivität gering zu halten, sollten Kabel nicht in aufgerolltem Zustand betrieben werden.

Externe elektromagnetische Felder können Signalstörungen in den Signalweg einkoppeln. Bei symmetrischer Verbindungstechnik (s. Abschn. 7.6.3.2) und symmetrisch aufgebauten Kabeln werden gleichwertig in beide Signaladern eingestreute

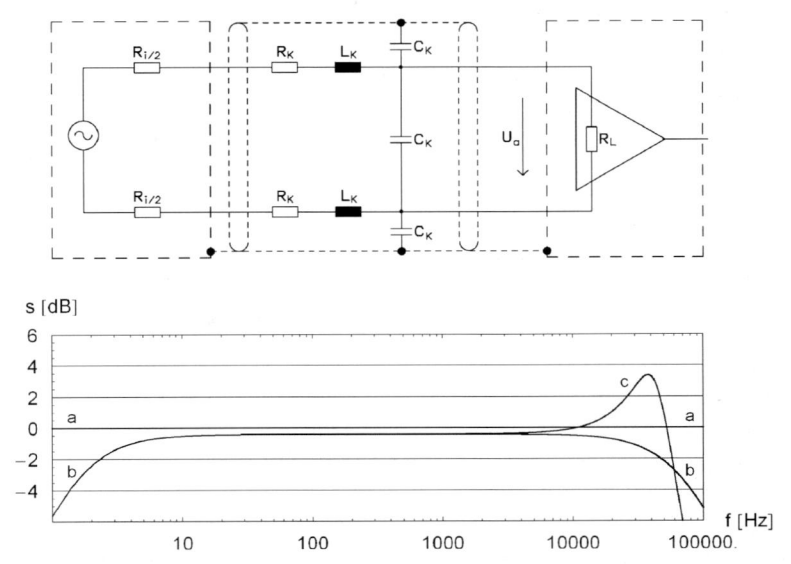

Abb. 7.40 Oben: Vereinfachtes Schaltbild mit Ausgangsimpedanz R_i, Kabelimpedanzen R_K, L_K, C_K und Lastimpedanz R_L. Unten: Elektr. Frequenzgang des Audiosignals U_a bei Ausgangsimpedanz $R_i = 50\ \Omega$ und Serienkapazität $C_i = 100\ \mu F$. a: unbelastet, Last: $R_L = 100\ k\Omega$, Kabel: $C_{K,summe} = 1\ nF$. b: kapazitive Last, Last: $R_L = 1\ k\Omega$, Kabel: $C_{K,summe} = 47\ nF$. c: kapazitive und induktive Last, Last: $R_L = 1\ k\Omega$, Kabel: $C_{K,summe} = 47\ nF$, $L_K = 100\ \mu H$

Störungen im Mikrofon wie auch im Empfänger mit deren Gleichtaktunterdrückung (CMRR = common mode rejection ratio) reduziert.

Bei magnetischen Störungen hat der Kabelschirm nur eine vernachlässigbare Schutzfunktion. Die Auswirkungen magnetischer Felder (von Starkstromleitungen, Lichtinstallationen, Bildschirmen etc.) werden durch Verdrillung der Signaladern reduziert. Dadurch wird die wirksame Fläche der Induktionsschleife zwischen den Signaladern minimiert. Um die Symmetrie und damit die Unterdrückung der Einstreuungen zu erhöhen, kann 4-adriges „Star-Quad"-Kabel verwendet werden, bei dem jeweils zwei Adern paarig verdrillt sind. Ein solches Kabel weist allerdings erhöhte Kapazitäten auf.

Um eine kapazitive Einkopplung elektromagnetischer Felder wirksam zu unterdrücken, muss die Kapazität zwischen Schirm und Signaladern möglichst klein gewählt werden und der Schirm einen möglichst hohen Bedeckungsgrad besitzen. Abhängig von den Anforderungen der jeweiligen Anwendung in Bezug z. B. auf mechanische Flexibilität und Stabilität werden Folienschirme, Geflechtschirme oder drallumsponnene Schirme (Reusenschirme) eingesetzt. Doppelt gegenläufig drallumsponnene Schirme weisen hierbei eine besonders gute HF-Dichtigkeit bei hohem Bedeckungsgrad auf (Schiesser 1962). Auch Störfelder, die nicht in die Signaladern selbst einstreuen, führen zu Ausgleichsströmen auf dem Kabelschirm. Damit diese nicht im Mikrofon oder im Empfänger demoduliert werden, muss eine geeignete niederohmige Erdungstopologie gewählt werden (s. Kap. 20). Typische

Kapitel 7 Mikrofone 367

Werte zweiadriger Mikrofonkabel mit HF-Abschirmung aus (IRT 1993) sind in Tabelle 7.5 angegeben.

Als Aufbau wird u. a. gefordert: Zwei miteinander verseilte Leiter, kürzestmöglicher Schlag, gleiche Länge wegen Symmetrie, getrennte Doppelschirmung, z. B. doppellagige, gegenläufig gewickelte Reusenschirmung für gute HF-Abschirmung.

Tabelle 7.5 Parameter von Mikrofonkabeln

Leiterwiderstand	≤ 90 m$\Omega \cdot$m^{-1}
Kapazität Ader/Ader	≤ 80 pF$\cdot$m^{-1}
Kapazität Ader/Schirm	≤ 80 pF$\cdot$m^{-1}
Scheinwiderstandsunsymmetrie	≥ 60 dB
Spannungsfestigkeit Ader/Ader	250 V
Spannungsfestigkeit Ader/Schirm	1000 V
Isolationswiderstand (l = 1 km)	>1 GΩ
Kopplungswiderstandsbelag $f = 0 \ldots 100$ kHz	≤ 10 m$\Omega \cdot$m^{-1}
Kopplungswiderstandsbelag $f = 1$ GHz	≤ 100 m$\Omega \cdot$m^{-1}
Temperaturbereich	$-30/+70$ °C

Neben den statischen Eigenschaften der Kabel sind im Betrieb weitere Effekte relevant: Bei Kabeln, die im Betrieb bewegt werden, darf die Isolierung sich nicht elektrostatisch aufladen oder piezoelektrische Eigenschaften besitzen, mit denen das Kabel selbst mikrofonisch würde („Rascheln"). Das bewegte Kabel leitet zudem Körperschall zum Mikrofon. Der Kabelmantel muss daher aus weichem, flexiblem Material gefertigt sein. Die Kabelkonstruktion selbst soll vielmaliges Zusammenrollen erlauben und dabei drallfrei bleiben. Der Schirm muss bei häufig oder eng gebogenen Kabeln stabil sein; dazu empfiehlt sich Geflechtschirm. Für Anwendungen an Mikrofonangeln oder an Winden reduziert textilumsponnenes Kabel die Reibungsgeräusche. Der Mantel sollte weichmacherfrei sein, um keine bleibenden Beeinträchtigungen von hochwertigen Oberflächen zu verursachen.

7.6.2 Steckverbinder und Steckerbelegungen

Als Steckertypen für den Anschluss von Mikrofonen werden heute überwiegend die Typen XLR im professionellen und Klinke (engl. TRS = tip-ring-sleeve, 6,3 mm = ¼" oder 3,5 mm) im semiprofessionellen Bereich verwendet. Anschlussbelegungen sind in DIN EN 60268-12 bzw. AES 14 normiert (s. Tabelle 7.6 und Abb. 7.41).

Hochwertige Stecker sind mit Metallgehäuse ausgeführt, um auch im Bereich des Steckers ausreichende Abschirmung gegen HF-Störungen zu gewährleisten. Für eine durchgängige Schirmung muss das Steckergehäuse niederohmig an den Schirm (GND = ground) angeschlossen sein (AES48). Die Polarität der Signaladern (DIN EN 60268-12 bzw. AES14) muss beachtet werden, da ansonsten bei Mischung mehrerer Signale Auslöschungen, bei Vertauschung eines Stereo-Kanals künstlich erweiterte Basisbreiten auftreten können. Zu Störungen durch Brummschleifen oder hochfrequente Interferenzen s. Abschn. 7.7. und Kap. 20.

Tabelle 7.6 Mono- und Stereo-Stecker: XLR und Klinke, DIN 3pol und 5pol, Tuchel 3pol & 5pol, symmetrische und unsymmetrische Beschaltung; 0 = GND = Ground, positives Signal = (+), negatives Signal = (−)

Ader	XLR3 symmetr.	XLR3 unsymmetr.	XLR5 symmetr.	XLR5 unsymmetr.	Klinke 2pol unsymmetr.	Klinke 3pol unsymmetr.	Klinke 3pol symmetr.	DIN3 (Mono) DIN41524	DIN5 (Stereo) DIN41524	Tuchel3 (T3081) DIN41624	Tuchel 5pol (T3085)
1	0	0,(−)	0	0,(−)	(+)	L(+)	(+)	(+)	L(+)	(+)	L(+)
2	(+)	(+)	L(+)	L(+)	0,(−)	0,(−)	0	0	0	(−)	L(−)
3	(−)	−	L(−)	−	−	R(+)	(−)	(−)	L(−)	0	0
4	−	−	R(+)	R(+)	−	−	−	−	R(+)	−	R(+)
5	−	−	R(−)	−	−	−	−	−	R(−)	−	R(−)

Aufgrund der Langlebigkeit von Mikrofonen sind auch ältere Steckertypen noch im Einsatz, meist die Typen „DIN" (auch: „Klein-Tuchel"), „Tuchel" (Dewald 1942, Schiesser 1962) und „Groß-Tuchel" (Abb. 7.41). In Tabelle 7.7 sind nur die professionellen, symmetrischen Steckerbelegungen aufgelistet, die aber nicht immer einheitlich gehandhabt wurden. Für Röhren- und Stereomikrofone wurden DIN 6-pol, Tuchel 7-pol und 12-pol eingesetzt, sowie die sogenannten „Groß-Tuchel" mit Bajonett-Verschluss, 6-pol und 8-pol (Tabelle 7.7). Hierbei war die Polarität nicht immer eindeutig definiert. Die osteuropäischen Steckervarianten waren den „Tuchel"-Steckern ähnlich, aber mit anderen Gewinden und Stiftdurchmessern.

Die Steckerbelegung heutiger Röhrenmikrofone ist nicht normiert und damit typabhängig. Auch bei Ansteckmikrofonen an Sendestrecken kommen unterschiedliche, firmenspezifische Miniatur-Stecker wie LEMO, Mini-XLR, früher auch: DIN etc. zum Einsatz.

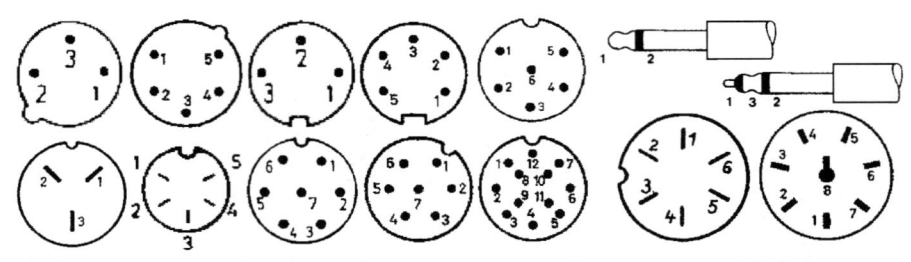

Abb. 7.41 Steckertypen (Ansicht auf die Steckerstifte). Obere Reihe: XLR3, XLR5, DIN3, DIN5, DIN6, Mono-Klinke und Stereo-Klinke. Untere Reihe: TU3, TU5, TU7, TU7-spec., TU12, Groß-Tuchel 6-pol, Groß-Tuchel 8-pol

Kapitel 7 Mikrofone

Tabelle 7.7 Ältere Steckertypen: Tuchel 7-pol und 12-pol, „Groß-Tuchel" 6-pol und 8-pol, U_H: Heizspannung, U_A: Anodenspannung, U_R: Regelspannung, U_{Mess} Messeingang

Ader	DIN5/6 (T3402)	TU7 (NT3468)	TU7 (NT3470-10 spec)	TU12 (NT3617)	Gross-TU6 (NT3039)	Gross-TU8 (T3052)
1	(+)	(+)	(+)	L (+), (P48)	(+)	(+)
2	U_H	(–)	(–)	L (–), (P48)	(–)	(–)
3	0	(U_{Mess}) / Schirm	0	$U_A L$	0	0
4	U_A	U_H	U_H	0	0	U_H
5	(–)	U_A	U_A	$U_H L$	U_H	U_A
6	(U_{Mess})	U_R	(U_{Mess})	R (+)	0	U_R
7	–	0	0	R (–)	–	0
8	–	–	–	$U_H R$	–	(U_{Mess})
9	–	–	–	$U_R L$	–	–
10	–	–	–	$U_A R$	–	–
11	–	–	–	$U_R R$	–	–
12	—	–	–	0	–	–

7.6.3 Verstärkerschaltungen und Symmetrie

Mikrofonschaltungen setzen sich aus einem oder mehreren Schaltungsbestandteilen zusammen (Abb. 7.42), von denen jedes auch Rauschanteile erzeugt, die den Ersatzstörpegels beeinflussen.

Der **Impedanzwandler** dient der Anpassung hochohmiger Signalquellen (z. B. NF-Kondensator, piezoelektrischer Wandler) an niederohmige Folgeschaltungen oder Leitungen, im Allgemeinen ohne oder mit geringer Verstärkung ($v \leq 10$ dB). Als aktives Bauelement werden rauscharme Feldeffekttransistoren (FET) oder selektierte, klingarme Röhren (Ratheiser 1995) verwendet (Abb. 7.43). Beide Bauelemente besitzen eine hohe Eingangsimpedanz und erlauben damit den Anschluss von hochohmigen, kapazitiven Quellen. Operationsverstärker zeigen meist größeres Rauschen und werden nur in Anwendungen mit geringeren Anforderungen eingesetzt. Der Gitter- bzw. Gate-Ableitwiderstand R_G bestimmt die Eingangsimpedanz des Impedanzwandlers. Das Ausgangssignal wird am Source- (bzw. Anoden-) oder Drain- bzw. Kathodenwiderstand abgegriffen (U_{a1} bzw. U_{a2}). Die Verzerrungseigenschaften sind schaltungsabhängig. Sowohl Röhre als auch FET können bis zur Übersteuerungsgrenze sehr lineare Verstärkung aufweisen. Sie können aber auch bewusst mit graduell ansteigender Verzerrung versehen werden. Dies ist eine Charakteristik von Röhrenmikrofonen (Schneider 1998/2) mit dominanten Verzerrungsanteilen zweiter Ordnung, führt aber zu starken Verzerrungen bei sehr hohen Schalldrücken (Abb. 7.44).

Das Rauschen eines Mikrofons wird häufig maßgeblich durch Widerstandsrauschen sowie durch Schaltungsrauschen der Impedanzwandlerstufe bestimmt. Für

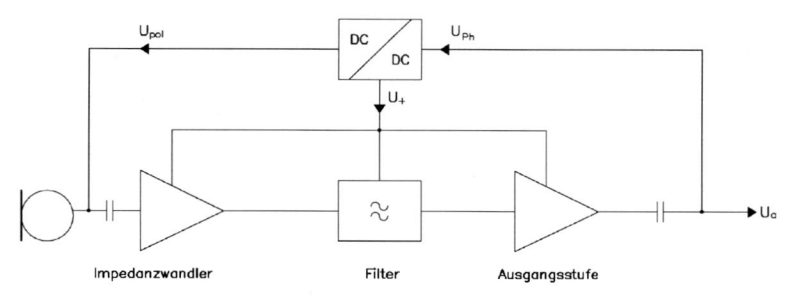

Abb. 7.42 Mikrofonverstärker. Blockschaltbild eines NF-Kondensatormikrofons

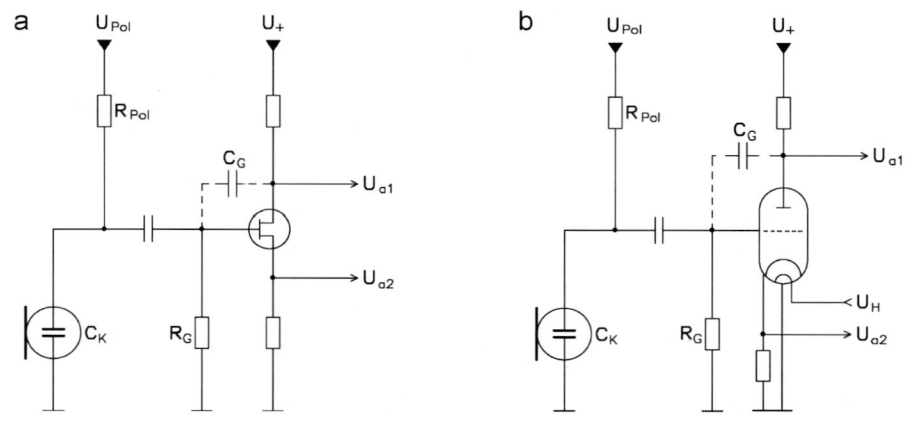

Abb. 7.43 Impedanzwandlerschaltungen eines NF-Kondensatormikrofons mit Gate- bzw. Gitterwiderstand R_G, kapazitiver Gegenkopplung C_G, Polarisationsspannung U_{Pol} und Signalabgriff an U_{a1} oder U_{a2}. a: mit Feldeffekttransistor, b: mit Röhre

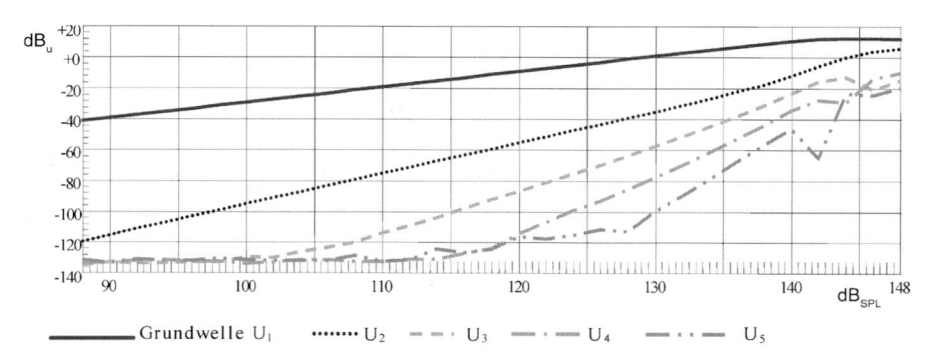

Abb. 7.44 Anstieg der harmonischen Verzerrungsanteile U_n einer Röhrenschaltung in Abhängigkeit vom Schalldruckpegel

kapazitive Wandler (Abb. 7.43) wird das Rauschen des Gitter- bzw. Gate-Widerstands R_G sowie des Polarisationsspannungs-Widerstand R_{Pol} durch die Wandlerkapazität C_K zu hohen Frequenzen kurzgeschlossen. Das Rauschen des kapazitiven Wandlers besitzt dadurch eine Tiefpasscharakteristik. Mit (7.33) wird das Eingangsrauschen dann (Neumann 1937)

$$U_R = \sqrt{\frac{4kT}{2\pi C_K}(\arctan RC_K\omega_o - \arctan RC_K\omega_u)} \quad (7.20a)$$

bzw. für $R \to \infty$ und $\omega_u \to 0$

$$U_R \to \sqrt{\frac{kT}{C_K}} \quad (7.20b)$$

R_G und R_{Pol} werden dennoch nur so groß wie nötig gewählt: R_G stabilisiert den Arbeitspunkt, ein sehr großer Widerstand R_{Pol} führt zu langen Ladezeiten beim Anschluss des Mikrofons. Die Rauschanteile des FET setzen sich aus weißem Kanalrauschen U_G (channel noise), Leckströmen (shot noise) und Funkeleffekt (flicker noise) U_F zusammen (B&K 1996). Im hochfrequenten Bereich dominiert das Kanalrauschen, im tieffrequenten das Funkelrauschen, wobei das Widerstandsrauschen am Eingang meist überwiegt. Bei der Röhre treten entsprechend Gitterstromrauschen U_G und in geringerem Maße, bei ungleichmäßiger Emission der Kathode, Schrotrauschen und Funkeleffekt auf (Ratheiser 1942, Großkopf 1953). Der Funkeleffekt steigt zu tiefen Frequenzen hin an. Der Rauschanteil U_G steigt mit kapazitiver Gegenkopplung C_G (Abb. 7.43) an (B&K 1996). Zur spektralen Verteilung der Rauschanteile s. Abb. 7.66, zu klimatischen Einflüssen s.a. Abschn. 7.7.4.

Eine ggf. schaltbare **Filterstufe** dient

- als Hochpass, zur Unterdrückung von Körperschall und Störgeräuschen (12...18 dB/Okt.), oder zur Kompensation des Nahbesprechungseffekts (6 dB/Okt),
- als Höhenfilter, z.B. zur Höhenanhebung, um Dissipationsverluste in der Luft auszugleichen, oder zur Umschaltung von Freifeld- und Diffusfeldentzerrung sowie
- zur klanglichen Gestaltung oder zum Ausgleich eines ungleichmäßigen Wandlerfrequenzgangs.

Eine **Ausgangsstufe** hat die Aufgabe, sowohl die Ausgangsimpedanz als auch den Spannungspegel auf den gewünschten Wert einzustellen. Es werden Ausgangsstufen mit und ohne Übertrager hergestellt.
Übertrager besitzen dabei folgende Vorteile:

- galvanische Trennung der Schaltungsbestandteile,
- erdfreier Anschluss der Signaladern,

- hohe Symmetrie der Impedanz,
- Pegel- und Impedanzanpassung über das Wicklungsverhältnis wählbar,
- einfacher Anschluss nicht-gespeister Mikrofone an unsymmetrische Eingänge,
- einfache Ein- und Auskopplung einer Phantomspannung über Widerstände oder eine Mittenanzapfung (Abb. 7.37).

Als Nachteile gelten
- die hohen Kosten hochwertiger Übertrager,
- hohe induktive, frequenzabhängige Anteile der Ausgangsimpedanz,
- Resonanzüberhöhungen, abhängig von kapazitiven Lastanteilen,
- Rückwirkung der Lastimpedanz auf die Schaltung,
- zu tiefen Frequenzen hin zunehmende kubische Verzerrungen (k_3) (Baxandall 1994),
- Baugröße und Gewicht von Übertragern für hohe Signalpegel.

Zur Erzielung eines linearen Frequenzgangs muss eine geeignete Impedanzanpassung an Quelle und Last erfolgen, Streuinduktivität und Wicklungskapazität müssen klein gehalten werden. Für Mikrofonübertrager müssen hochpermeable Eisenlegierungen verwendet werden (Neumann 1937). Zur Unterdrückung hochfrequenter Störungen sollten hochwertige Übertrager zudem mit Schirmwicklungen versehen und zur Erhöhung der Symmetrie ggf. bifilar, d. h. mit parallelen Wicklungsdrähten, gewickelt sein. Störungen durch externe Magnetfelder werden mit vollständigen gekapselten Übertragern reduziert.

Mikrofone ohne Übertrager werden auch als „transformatorlos" bezeichnet. Die transformatorlose Schaltungstechnik erlaubt höhere Spannungspegel und geringere Verzerrungen. Sie kann diskret oder mit geeigneten Operationsverstärkern aufgebaut sein. Die Ausgangsimpedanz wird im Audiobereich vorwiegend resistiv und sehr klein (typisch 50 Ω) gestaltet, so dass die Impedanz von langen Kabeln und Vorverstärkern geringen Einfluss hat. Mikrofone mit der größten Dynamik sind in transformatorloser Technik aufgebaut (Peus u. Kern 1983). Zum Anschluss an den Vorverstärker werden verschiedene Schaltungstopologien verwendet (Abschn. 7.6.3.2)

Gleichspannungswandler werden in Mikrofonen eingesetzt, um die benötigten internen Spannungen (z. B. Polarisationsspannung bei NF-Kondensatormikrofonen, Versorgung des Impedanzwandlers) aus der Speisespannung zu erzeugen. Die Phantomspeisung P48 genügt zwar für die direkte Nutzung als Polarisationsspannung. Ein Gleichspannungswandler erlaubt aber die freie Wahl der Polarisationsspannung und macht den Übertragungsfaktor unabhängig von der Speisespannung (Lafaurie 1968). Effektive Gleichspannungswandler optimieren zudem die Leistungsbilanz und damit die Aussteuerbarkeit des Mikrofons, indem sie statt der relativ hohen Speiseimpedanz der Phantomspeisung eine leistungsfähige niederohmige Stromquelle für die Ausgangsstufe darstellen (Peus u. Kern 1983). Zum Einsatz kommen z. B. Schwingkreise oder Oszillatoren mit Schwingfrequenz im Ultraschallbereich und anschließender Gleichrichtung und Siebung der Spannung, sowie Spannungsverdopplerschaltungen zur Erzeugung höherer Spannungen (Tietze u. Schenk 2002).

Dämpfungsglieder werden in Abschn. 7.6.5 behandelt.

7.6.3.1 Modulare Systeme

Bereits vor der Einführung von Mikrofonen mit umschaltbarer Richtcharakteristik wurden wechselbare Kapselköpfe auf einem Standardverstärker eingesetzt. Ohne Impedanzwandlung kann die eigentliche Kapsel über Schwanenhälse oder starre Stangen, höchstens 1 m von der Röhrenschaltung abgesetzt werden, da die Kapazität des Kabels das hochohmige Signal zu stark bedämpft. Außerdem führt eine Bewegung des Kabels zu Kapazitätsänderungen und damit zu Störsignalen (Reichardt 1941).

Mit Transistorschaltungen kann die Impedanzwandlung partiell oder vollständig im Kapselgehäuse integriert werden (aktive Kapsel), so dass die Verbindung zur Ausgangsschaltung niederohmig und störunanfällig wird. Alternativ wird die Impedanzwandlung mit aktivem Zubehör (Kabel mit Adapter, Schwanenhals, etc.) durchgeführt, das kapselseitig die benötigte Schaltung enthält (Wuttke 1975).

7.6.3.2 Symmetrische und unsymmetrische Anschlusstechnik

Die Signalführung kann symmetrisch, mit zwei signalführenden Adern unterschiedlicher Polarität, oder unsymmetrisch, mit einer signalführenden Ader und einer zweiten Ader zur Signalrückführung erfolgen. Die Symmetrie der Signalführung kann kapazitives und induktives Übersprechen reduzieren, sie bestimmt aber *nicht* die Störunterdrückung des Gesamtsystems (DIN EN 60268-3, Whitlock 1995). Diese hängt maßgeblich davon ab, ob die Ausgangs- und Eingangsimpedanzen auf beiden Adern symmetrisch (gleiche Impedanz) oder unsymmetrisch (z. B. zweite Ader auf Massebezug) sind. Zudem kann eine Ausgangs- oder Eingangsstufe mit oder ohne Massebezug („erdfrei") realisiert werden. Schließlich können Ein- und Ausgänge mit oder ohne Gleichspannungskopplung arbeiten. Professionelle Mikrofone arbeiten meist erdfrei mit symmetrischer Ausgangsimpedanz, die Signalführung kann aber symmetrisch oder unsymmetrisch sein. Semiprofessionelle Aufzeichnungsgeräte besitzen häufig unsymmetrische, mittel- bis hochohmige Eingänge. Mikrofontypen, die keine Speisung benötigen, lassen sich meist direkt mit einem geeigneten Adapterkabel anschließen. Die gesamte Verbindung wird damit allerdings unsymmetrisch und störanfällig: Der unsymmetrische Eingang besitzt keine Gleichtaktunterdrückung, d.h. die Störung kann nicht schaltungstechnisch beseitigt werden.

Zum Anschluss an unsymmetrische Eingänge kann bei den meisten Mikrofonen, z. B. mit Ausgangsübertrager oder anderer erdfreier Schaltung, die Signalader mit negativer Polarität ohne Signalverlust auf Masse gelegt werden. Manche Ausgänge mit Massebezug schließen dies allerdings explizit aus, da die Schaltungstopologie einen einseitigen Masseschluss nicht erlaubt. Bei vielen symmetrischen Ausgangsschaltungen mit Massebezug ergibt sich 6 dB Pegelverlust, bei anderen reduziert sich die Aussteuerbarkeit um 6 dB. Bei Mikrofonen mit unsymmetrischer Signalführung darf nur die „kalte" Signalader mit Masse verbunden werden.

Soll ein phantomgespeistes Mikrofon an einen unsymmetrischen Eingang oder an einen Eingang ohne Speisung angeschlossen werden, muss ein separates Speisegerät verwendet werden. Dessen Ausgang muss gleichspannungsfrei sein ($C = 100 \ \mu F$ in

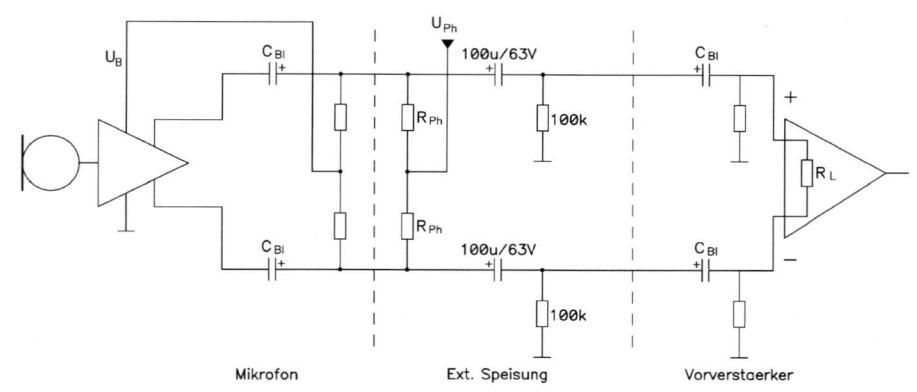

Abb. 7.45 Phantomspeisung. Eingefügte externe Speisung mit ausgangsseitigen Abblockkondensatoren $C = 100\mu F$, sowie kapazitiver Eingangs-Abblockung über C_{Bl}

Abb. 7.45), um einen Eingang, der keine Abblockkondensatoren C_{Bl} enthält, zu schützen. Außerdem würde am unsymmetrischen Eingang, mit einer Signalader gegen Masse, die Speisung einseitig kurzgeschlossen (s. Abschn. 7.7.5).

7.6.3.3 Digitale Mikrofone

Um ein Mikrofon mit digitalem Ausgangssignal zu erhalten, wird die Schaltung mit einem Analog/Digital-Wandler ergänzt (Paul et al. 1991). Der Leistungsbedarf übersteigt damit die Möglichkeiten der Phantomspeisung nach IEC 61938. Einige Realisierungen verwenden dazu mehradrige Kabel mit separater Speisung (Konrath 1995, Almeflo u. Johansson 2001). In AES42 wurde eine modifizierte Phantomspeisung über zweiadriges Kabel (XLR3-Steckverbinder) sowie das Protokoll zur Übertragung von Signal- und Steuerdaten normiert (Abb. 7.46). Als Datenformat wurde AES3 (AES/EBU) gewählt (s. Kap. 18), mit Abtastraten bis 192 kHz und 24 bit Wortbreite, um den gesamten Dynamikbereich analoger Wandler zu übertragen.

Mit der Integration von Signalprozessoren können zusätzliche Funktionen (s. Abb. 7.47) wie Filter, Phasenumkehr (Polarität), Kompressor/Limiter oder Verstärkung auf der digitalen Ebene im Mikrofon realisiert werden (Peus u. Kern 2001, AES42). Die Mikrofone können synchron zu einem externen Master betrieben werden. Die Dynamik von akustischem Wandler und A/D-Wandler kann ideal aufeinander abgestimmt werden, so dass das Einpegeln zur Dynamik- und Rauschoptimierung (s. Abschn. 7.6.4) entfallen kann. Mit einem hochwertigen A/D-Wandler, z. B. nach dem Gain-Ranging-Verfahren (s. Kap. 17), wird das analoge Signal mit möglichst großer Dynamik und Auflösung digitalisiert. Fragen der analogen Impedanzanpassung und Störungen der analogen Kabelstrecke entfallen.

Realisierungen mit PC-Schnittstellen wie USB für Speisung und einkanalige Datenübertragung (Hau 2004, Funke 2007) erreichen aber bisher, u. a. wegen der verwendeten A/D-Wandler, aufgrund von Fehlanpassungen, beschränkter digitaler

Kapitel 7 Mikrofone

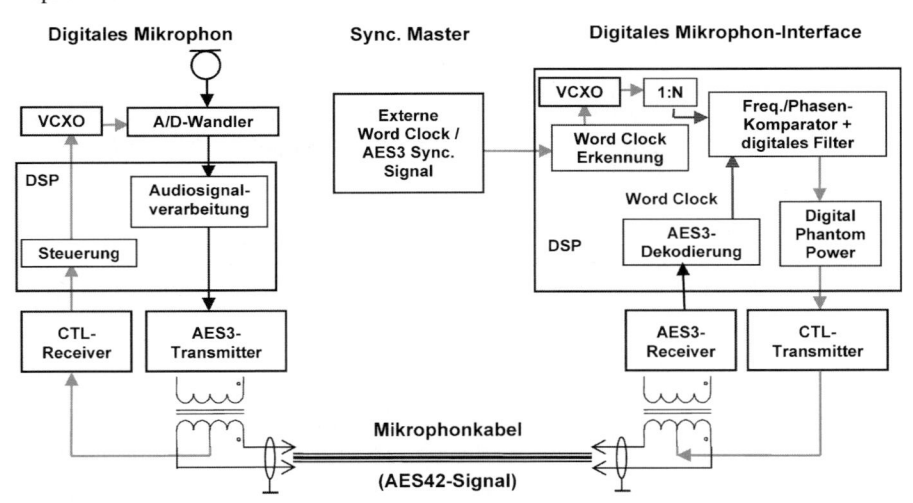

Abb. 7.46 Blockschaltbild: Digitales Mikrofon und Interface zur Fernsteuerung und Speisung. VCXO: voltage controlled crystal oscillator, DSP: digitaler Signalprozessor, CTL: Steuersignal (©Neumann)

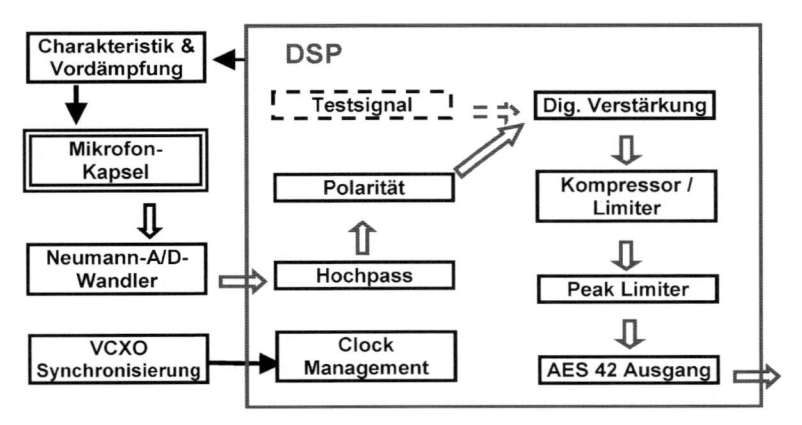

Abb. 7.47 Digitales Mikrofon: interner Signal- und Steuerfluss (©Neumann)

Wortbreite oder geringer Leistungsfähigkeit der Speisungen, nur eingeschränkte Dynamikwerte.

7.6.3.4 Drahtlose Mikrofone

Neben speziellen drahtlosen Mikrofonen mit eingebautem Sender kann prinzipiell jedes Mikrofon an eine Sendestrecke (Taschensender, Aufstecksender) angeschlossen werden. In der Praxis werden dazu meist dynamische und NF-Kondensatorwandler verwendet, letztere bevorzugt in der Elektretvariante. Die Sendestrecke schränkt generell den verfügbaren Dynamikbereich professioneller Mikrofone ein. Der Stromverbrauch der Kondensatormikrofone fällt gegenüber der Sendestrecke nicht ins Gewicht. Für die Anpassung gelten die Anforderungen aus Abschn. 7.5 und 7.6.4. Das Mikrofon und auch die Steckverbindung müssen speziell gegen die Hochfrequenz der Sendestrecke abgeschirmt sein.

7.6.4 Vorverstärker und Impedanzanpassung

Mikrofonvorverstärker führen neben der Verstärkung eine Impedanzwandlung von mittel- bis hochohmigem Eingang zu niederohmigem Ausgang durch. Dabei werden Mikrofone generell mit Spannungsanpassung betrieben, d. h. eine niederohmige Quelle treibt einen hochohmigen Empfänger, der eine Mindest-Lastimpedanz besitzt. Damit wird die größtmögliche Spannung, aber nicht die größtmögliche Leistung übertragen. Allgemein gilt ein Impedanzverhältnis zwischen Quelle und Empfänger von 1:5 als ausreichend (DIN EN 60268-4).

Leistungsanpassung, mit gleichen Impedanzen von Quelle und Empfänger, wurde bei Mikrofonen früher in den USA verwendet (Griese 1963). Lastimpedanzen von teils nur 50 Ω stellten eine unzulässige Last für (europäische) Mikrofone dar, die für Spannungsanpassung konzipiert waren, weshalb sich in älteren Mikrofonen häufig die Möglichkeit findet, die Ausgangsimpedanz des Übertragers von 200 Ω auf 50 Ω zu reduzieren. Dabei wird der Übertragungsfaktor um 6 dB reduziert: ein erwünschter Nebeneffekt, da US-amerikanische Mikrofonverstärker nur für die geringeren Pegel von dynamischen Mikrofonen konzipiert waren.

Die Lastimpedanz setzt sich zusammen aus der Eingangsimpedanz R_L des Mikrofonvorverstärkers, den eventuell vorhandenen Phantomspeisewiderständen R_{Ph} (Abb. 7.37) und der komplexen Impedanz Z_K des Kabels (Abb. 7.40), wobei niederohmige Quellen generell unempfindlicher gegen kapazitive Belastungen sind.

Die Ausgangsspannungen und Impedanzen nach IEC 61938 können als grobe Richtwerte verwendet werden, auch wenn sie kaum die Vielfalt vorhandener Mikrofontypen abbilden. Danach gilt für professionelle Mikrofone

- eine Nennausgangsimpedanz von 200 Ω
- eine Nennlastimpedanz von 1 kΩ
- ein Nennübertragungsfaktor von 1 mV·Pa^{-1} für dynamische Mikrofone und 5 mV·Pa^{-1} für Kondensatormikrofone und
- eine maximale Ausgangsspannung (bei 134 dB Schalldruckpegel und 6 dB höherem Übertragungsfaktor) von 0,2 V für dynamische Mikrofone und 1 V für Kondensatormikrofone.

Professionelle Mikrofone besitzen meist eine Ausgangsimpedanz $R_i < 200$ Ω und sind somit für Lastimpedanzen $R_L \geq 1$ kΩ konzipiert. Der Spannungsteiler $R_L / (R_i + R_L)$ (Abb. 7.40, oben) führt zu einem vernachlässigbaren Pegelverlust $\Delta L \leq 1{,}6$ dB. Dynamische und einige semiprofessionelle Kondensatormikrofone haben Nennimpedanzen im Bereich 200–800 Ω. Bei dynamischen Mikrofonen nimmt die Impedanz

Kapitel 7 Mikrofone

zu tiefen Frequenzen (Resonanzfrequenz des Wandlers) zu. Über den Spannungsteiler $R_L / (R_i+R_L)$ tritt dann eine Klangveränderung, insbesondere durch Tiefenabfall, auf (Werner 1955, Griese 1963, Boré 1967, Schneider 2005).

Bei Mikrofonen mit aktiver Ausgangsschaltung ist der Einfluss zu geringer Lastimpedanz schaltungsabhängig. Häufig wird die Ausgangsstufe durch eine zu geringe Lastimpedanz übermäßig belastet, die nichtlinearen Verzerrungen steigen an und somit reduzieren sich der maximale Ausgangspegel und der Grenzschalldruck, den das Mikrofon verzerrungsfrei übertragen kann (Abb. 7.48). Dies kann auch frequenzabhängig auftreten, z. B. durch die mit der Frequenz steigende, kapazitive Last langer Kabel.

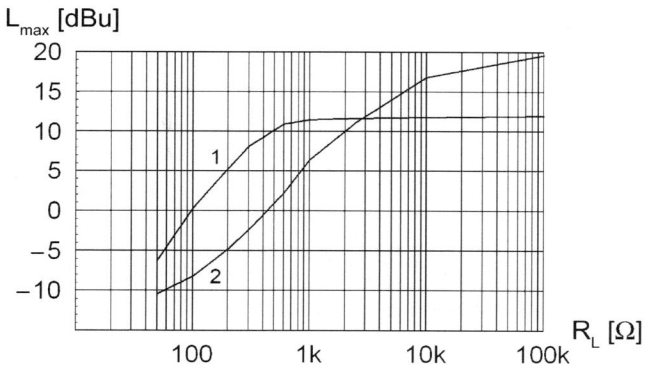

Abb. 7.48 Maximaler Ausgangspegel L_{max} in Abhängigkeit von der Lastimpedanz R_L.
1: Schaltung mit definiertem konstanten L_{max} für $R_L \geq 1$ kΩ. 2: Schaltung mit „weichem", lastabhängigem Verlauf von L_{max}

Kondensatoren im Signalweg (z. B. zur Abblockung der Phantomspeisung) stellen eine zu tiefen Frequenzen ansteigende Impedanz dar (s.a. Abb. 7.45). Um die Ausgangsimpedanz eines Mikrofons klein zu halten, müssen solche Längs-Kondensatoren entsprechend hohe Kapazitätswerte besitzen.

Das Eingangsrauschen des Mikrofonvorverstärkers steigt mit seiner Eingangsimpedanz. Dies führt zu besonders starkem Rauschen, wenn kein Mikrofon als Abschluss angeschlossen ist. Die physikalische Grenze des auf den Eingang bezogenen Rauschens $L_{R,E} = L_{R,A} - v$ eines idealen Verstärkers ergibt sich aus dem thermischen Rauschen des Quellwiderstands (s. Abschn. 7.8.1.12) und liegt für $R_i = 200$ Ω bei $L_{R,E} = -129$ dBu bzw. bewertet bei $L_{R,E,CCIR} = -118$ dBu (Tabelle 7.12). Reale Vorverstärker, die das Signal um bis zu $v = 60-80$ dB verstärken (Gerber 1985), erreichen diese physikalische Grenze näherungsweise bei großen Verstärkungswerten v. Bei Werten $v \leq 30$ dB steigt das Rauschen an. In Abb. 7.49 sind typische Werte für einen Vorverstärker mittlerer Qualität und ein hochwertiges Kondensatormikrofon eingetragen. Bei hoher Verstärkung v dominiert die (unvermeidliche) Geräuschspannung des Mikrofons, bei geringen Verstärkungen das Rauschen des Vorverstärkers. Dementsprechend sollte bei analogen Vorverstärkern die Verstärkung v möglichst groß gewählt werden, ohne die Schaltung zu übersteuern.

Das Rauschen dynamischer Mikrofone wird weitgehend durch die physikalische Grenze des thermischen Rauschens dargestellt, hier für $R = 200\ \Omega$.

Bei Mikrofonen mit internem A/D-Wandler kann das Einpegeln entfallen, falls der interne Analog-Digital-Wandler ideal auf den Dynamikbereich der Kapsel abgestimmt ist. Eine Verstärkung in der digitalen Ebene verschiebt Signal und Rauschen parallel, beeinflusst aber den Signal-Rausch-Abstand nicht. Somit entfällt der Rauschanteil, der durch die Rauschkurve des Vorverstärkers gegeben ist, vollständig (Abb. 7.49).

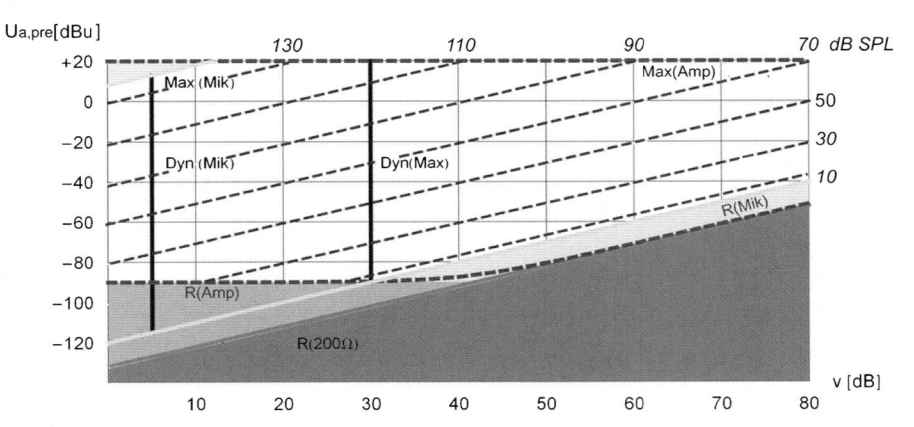

Abb. 7.49 Maximale Arbeitsdynamik der Kombination Mikrofon/Vorverstärker. Ausgangspegel $U_{a,pre}$ in Abhängigkeit von Verstärkung v. R(200 Ω): −132 dBA thermisches Eingangsrauschen als physikalische Grenze, R(Amp): Vorverstärker-Rauschen (A-bew.), Max(Amp): max. Ausgangssignal des Vorverstärkers, hier +20 dBu, R(Mik): Mikrofon-Rauschen (A-bew.), hier ca. −120 dB (A), Max(Mik): max. Ausgangssignal des Mikrofons, hier ca. +6 dBu, Dyn(Mik): max. Dynamik des Mikrofons, Dyn(Max): max. resultierende Arbeitsdynamik; obere/rechte Achse: äquivalente Schallpegel [dB SPL] für ein Mikrofon mit $M_0 = \sim 12\ mV\cdot Pa^{-1}$

Vorverstärkereingänge werden, wie aktive Mikrofonschaltungen, mit oder ohne Übertrager aufgebaut. Mit Übertrager liegen meist Eingangsimpedanzen von 1–2 kΩ vor. Übertragerlose Eingänge können auch hochohmiger realisiert werden. Eingänge sollten, wie Mikrofonausgänge, HF-Filter zum Schutz gegen elektromagnetische Einstreuungen und entsprechende Erdungskonzepte aufweisen (s. AES48).

Sollen Mikrofonsignale auf mehrere Wege verteilt werden, z. B. Monitor-Mischpult, Beschallungsmischpult und Übertragungswagen, sind die Möglichkeiten, mit aufsteigender Zuverlässigkeit und wachsenden Kosten (s.a. Normenprojekt X147 der AES):

- „mechanisch", durch z. B. Y-Kabel
- passiv, durch z. B. Übertrager
- aktiv, durch aktive Schaltungen (Trennverteiler-Verstärker)

Das mechanische Verteilen von Signalen sollte nur in Ausnahmefällen praktiziert werden. Die parallel geschalteten Lastimpedanzen können das Mikrofon unzulässig

Kapitel 7 Mikrofone   379

belasten. Bei Eingängen mit Phantomspeisung ist die Kenntnis der Speiseschaltungen notwendig, um korrekte Speisung gewährleisten zu können. Eine Galvanische Trennung zur Vermeidung von Brummschleifen ist nicht gegeben.

Bei passiven Verteilern wie Trennübertragern oder DI-Boxen (direct injection) liegen die Lastimpedanzen ebenfalls parallel am Mikrofon an, über das Übertragerverhältnis transformiert. Zwei-Kanal-Übertrager mit Windungsverhältnis 1:$\sqrt{2}$ belasten das Mikrofon nicht zusätzlich. Gelegentlich leitet ein Zweig die Phantomspeisung durch. Bis auf diesen Weg liegt galvanische Trennung vor.

Aktive Trennverteiler bieten die hochwertigste Lösung und sind im Prinzip Vorverstärker mit mehrfachen Ausgängen und den selben Anforderungen an Lastimpedanz, integrierte Phantomspeisung, Symmetrie etc. Je nach Schaltung ist auch eine galvanische Trennung und eine einstellbare Signalverstärkung gegeben.

7.6.5 Signaldämpfung

Eine Dämpfung des Mikrofonsignals bei hohen Schalldrücken kann bei Übersteuerung der Mikrofonschaltung und bei Übersteuerung des folgenden Mikrofonvorverstärkers erforderlich sein. Die Anwendung von Dämpfungsgliedern ist praktisch nur bei Kondensatormikrofonen, aufgrund ihres hohen Übertragungsfaktors, von Belang. Dabei werden vier Varianten eingesetzt (Abb. 7.50):

Eine parallel zur Kapsel eines Kondensatormikrofons zugeschaltete Kapazität (Shunt-Kapazität) wirkt als **kapazitiver Spannungsteiler**. Der folgende Impedanzwandler erhält ein verringertes Eingangssignal, der Grenzschalldruck wird entsprechend höher. Das Kapselsignal wird reduziert, das Schaltungsrauschen bleibt aber weitgehend konstant, es wird nur durch die höhere Kapazität etwas verringert. Damit verschiebt sich auch das äquivalente Eigenrauschen des Mikrofons annähernd parallel zu größeren Werten. Der Dynamikbereich wird also zu höheren Schalldruckwerten verschoben und leicht vergrößert. Die höhere kapazitive Belastung des Impedanzwandlers kann zu erhöhten elektrischen Nichtlinearitäten führen, wenn der Impedanzwandler nicht ausreichend hochohmig gestaltet ist (Ernsthausen 1937). Eine Shunt-Kapazität zwischen Kapsel und Verstärker ist somit nicht generell empfehlenswert (Pastillé 2002). Andererseits überwiegen bei sehr hohen Schalldrücken akustische Nichtlinearitäten und erhöhte Obertonspektren der aufzunehmenden Instrumente. Die praktische Relevanz der Shunt-Verzerrungen ist nicht abschließend geklärt.

Kapazitive Gegenkopplung des Impedanzwandlers führt ebenfalls zu höherer Aussteuerbarkeit. Das Rauschen wird schaltungsabhängig etwas geringer. Der Dynamikbereich wird somit leicht vergrößert und zu höheren Schalldrücken verschoben.

Eine **Verringerung der Polarisationsspannung** bedeutet einen reduzierten Übertragungsfaktor der Kondensatorkapsel. Das Schaltungsrauschen bleibt absolut konstant. Ist das Schaltungsrauschen dominant, wird der Dynamikbereich somit exakt parallel zu höheren Schalldrücken verschoben. Der Vorteil dieser Technik ist, dass der Schalter im niederohmigen Schaltungsteil angebracht werden kann.

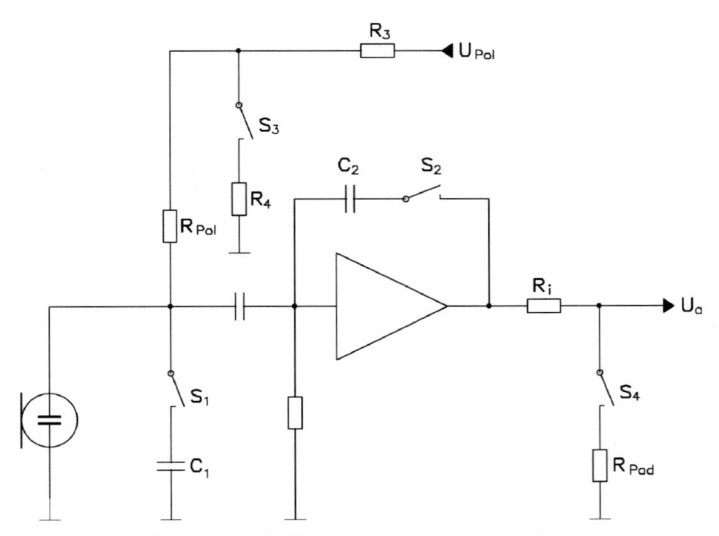

Abb. 7.50 Schaltungsvarianten für schaltbare Vordämpfungen. S1: kapazitiver Spannungsteiler Kapsel+C_1, S2: Gegenkopplung C_2, S3: Verringerung der Polarisationsspannung über Spannungsteiler R_3+R_4, S4: resistiver Ausgangsspannungsteiler R_i+R_{Pad}

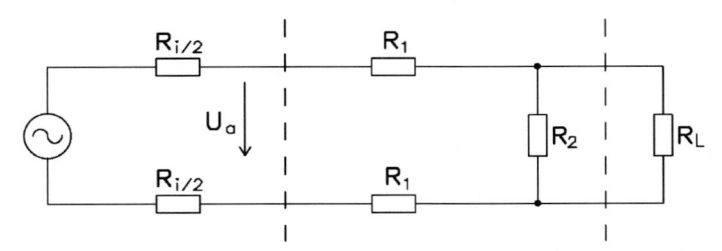

Abb. 7.51 Externer resistiver Spannungsteiler („Pad") für symmetrische Signalführung

Ein **resistiver Spannungsteiler** wird nach der Impedanzwandlung eingesetzt, um das Ausgangssignal zu reduzieren (Schneider 1998/2). Er schützt den Impedanzwandler nicht vor Übersteuerung und beeinflusst nicht den Dynamikbereich des Mikrofons, bewahrt aber einen nachfolgenden Verstärker vor Übersteuerung. Ein Spannungsteiler kann auch extern realisiert werden, z. B. auf der Vorverstärkerseite in das Kabel eingebaut (Abb. 7.51). In Tabelle 7.8 sind Widerstandswerte R_1, R_2 für verschiedene Dämpfungen v angegeben.

Tabelle 7.8 Dimensionierung eines passiven Spannungsteilers

R_1 [Ω]	R_2 [Ω]	v [dB]
470	470	−10...−13
470	220	−15...−17
470	110	−20...−22
470	37	−29...−30

Kapitel 7 Mikrofone

Mit diesen Dimensionierungen wird bei typischen Ausgangsimpedanzen von $R_i = 50\text{–}200\ \Omega$ und Lastimpedanzen von $R_L \geq 1\ k\Omega$ die zulässige minimale Lastimpedanz des Mikrofons nicht unterschritten und die Quellimpedanz nicht relevant erhöht. Um die Symmetrie nicht zu beeinträchtigen, werden die R_I paarig selektiert. Der Spannungsabfall $U_{Ph,diff}$ einer Phantomspeisung ist von der Stromaufnahme I_B des Mikrofons abhängig, aber bei $U_{Ph} = 48$ V auch für $I_{B,max} = 10$ mA mit $U_{Ph,diff} = 2{,}35$ V meist vernachlässigbar.

7.6.6 Matrizierung

Signale von koinzidenten *MS*- und *XY*- Mikrofonaufstellungen können reversibel durch einfache Signaladdition und –subtraktion ineinander überführt werden.

$$X = \frac{1}{\sqrt{2}}(M+S) \qquad Y = \frac{1}{\sqrt{2}}(M-S)$$
$$M = \frac{1}{\sqrt{2}}(X+Y) \qquad S = \frac{1}{\sqrt{2}}(X-Y) \tag{7.21}$$

Der Faktor $1/\sqrt{2} = -3$ dB dient der Symmetrie der Gleichungspaare. Durch Gewichtung des S-Anteils können damit auch nach erfolgter Aufnahme Richtcharakteristik und Hauptachsenwinkel der Stereoaufstellung verändert werden. Diese Technik wird insbesondere im Filmton angewendet, bei dem häufig der Monoanteil der Sprache ausschlaggebend ist und der Stereoanteil nach Bedarf und Verwendbarkeit zugemischt wird. Filmtongeräte enthalten dementsprechend häufig eine eingebaute Matrizierung. Die Matrizierung kann z. B. mit Übertragern, Brückenumsetzern oder mit drei Mischpultkanälen durchgeführt werden.

Verteil-Übertrager stellen die einfachste Form dar. Zwei identische Sekundärwindungen verteilen das Signal, die Subtraktion wird durch Polaritätsumkehr im zweiten Signalweg realisiert (Abb. 7.52). Bei einem Windungsverhältnis $1/\sqrt{2}$ bleiben die Im-

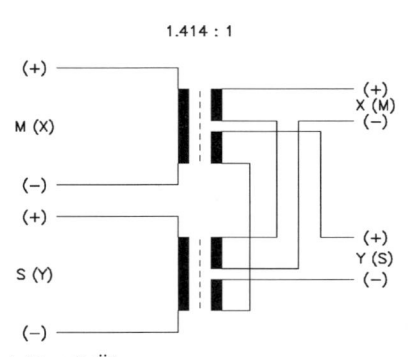

Abb. 7.52 Matrizierung mit Verteil-Übertragern

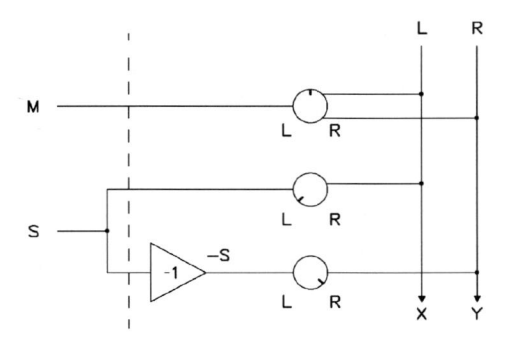

Abb. 7.53 Matrizierung mit drei Mischpultkanälen

pedanzverhältnisse erhalten (Abschn. 7.6.4). Aufwändigere Brückenumsetzer bieten zugleich die Möglichkeit, Panorama und Stereobreite zu steuern (Bertram 1961).

Die Matrizierung am Mischpult benötigt drei Kanalzüge für M, S und –S (Abb. 7.53) Das Seitensignal wird auf zwei Eingänge verteilt, die im Stereo-Bus nach links und rechts gelegt werden. Der rechte S-Signalanteil wird in der Polarität gedreht („Phasenumkehr", –S), das Mittensignal in die Mitte gelegt.

Durch die Matrizierung ergeben sich aus dem MS-Signal neue Richtcharakteristiken $s_X(\varphi)$ und $s_Y(\varphi)$. Sie lassen sich rechnerisch (Julstrom 1991) oder graphisch ermitteln (s. Abb. 10.21).

7.7 Betrieb, Störungen & Zubehör

Die Qualität einer Aufzeichnung hängt nicht nur von den akustischen Eigenschaften des Mikrofons ab, sondern auch von dessen Störempfindlichkeit. Störungen können z. B. aus dem Klima, der Umgebung, der Aufnahmekette oder der Signalquelle selbst resultieren.

7.7.1 Wind & Regen

Insbesondere bei Außenaufnahmen benötigen Mikrofone zusätzlichen Schutz gegen Windstörungen. Aber auch Klimaanlagen oder einfach offene Türen können kaum wahrnehmbare Luftströmungen erzeugen, die, durch das Mikrofon verstärkt, das Signal beeinträchtigen. Einige Musikinstrumente erzeugen selbst Luftbewegungen. Dazu gehören Blasinstrumente aber auch am Schalloch einer akustischen Gitarre tritt bei ihrer Korpusresonanz eine größere Luftströmung auf. Die Stimme enthält in ihren frikativen (z. B. f, h, w, k, ch, sch) und plosiven (z. B. p, t, k, b, d, g) Phonemen (s. Abschn. 7.7.2) starke Windanteile. Schließlich werden Mikrofone selbst bewegt, z. B. an der Mikrofonangel oder an einem Fahrzeug.

Im Gegensatz zur Schallausbreitung, bei der die Luftmoleküle mit geringer Amplitude um ihre Ruhelage schwingen, bewegt sich bei Wind das Übertragungsmedium relativ zum Mikrofon. Die Geschwindigkeit der Luftmoleküle kann dabei um einige Zehnerpotenzen größer sein als die Partikelgeschwindigkeit bei Schallausbreitung. „Natürlicher" Wind enthält Druckschwankungen sowie laminare und turbulente Bestandteile (Wuttke 1986). Mikrofongehäuse oder Zubehör verursachen zusätzliche Turbulenzen (Brüel 1960) oder auch diskrete Pfeiftöne. Diese Turbulenzen können bei gerichtetem Wind, z. B. im Windkanal, durch stromlinienförmige Gestaltung minimiert werden (Brock 1986). Durch größeres Zubehör wird der Entstehungsort der zusätzlichen Turbulenzen vom eigentlichen Wandler entfernt, und der Störschall damit reduziert (Skøde 1966).

Ein Mikrofon unterscheidet nicht, ob Druckänderungen durch Wind oder durch Schall verursacht werden. Druckempfänger sind dabei prinzipiell weniger windempfindlich als gerichtete Mikrofone, da sie nur Druckänderungen auf der Membranvorderseite registrieren. Zudem ist die Membran höher abgestimmt und damit die Rückstellkraft entsprechend hoch. Gradientenempfänger hingegen reagieren auf die Druckdifferenz zwischen Vorder- und Rückseite der Membran, wobei bei tiefen Frequenzen schon sehr geringe Differenzen ausgewertet werden. Aufgrund seiner turbulenten Anteile erreicht Wind die beiden Seiten der Membran nicht gleichmäßig. Die hohen Partikelgeschwindigkeiten führen zu einer entsprechend hohen Druckdifferenz und damit zu tieffrequenten Störanteilen im Ausgangssignal. Geschwindigkeitsempfänger (s. Abschn. 7.2), z. B. dynamische Mikrofone, wandeln nur Druck*änderungen* in elektrische Signale um, während Elongationsempfänger prinzipiell auch sehr niederfrequente, quasi-statische Druckänderungen wandeln können.

Störungen, die durch Regen hervorgerufen werden, sind meist akustischer Art, d. h. das Geräusch, das der Aufprall der Tropfen erzeugt; der Körperschall, den Tropfen beim Aufprall auf ein Mikrofon verursachen, hat geringe Relevanz. Beide Störanteile können durch geeignetes Windzubehör unterdrückt werden.

7.7.1.1 Zubehör

Durch zwei übliche Vorgehensweisen lassen sich Windstörungen unterdrücken, ohne die Mikrofoneigenschaften deutlich zu beeinträchtigen: Die Umhüllung des Wandlers mit einem akustisch offenen Material, z. B. Schaumstoff, oder mit einem abgeschlossenen Volumen, z. B. einem Windschutzkorb. Die strömungstechnische Optimierung des Mikrofonkörpers durch einen Aufsatz (Nasenkonus, Brock 1986, Abb. 7.54a) ist nur sinnvoll bei Wind aus einer definierten Richtung senkrecht zur Membranebene. Da dies bei wenigen Anwendungen der Fall ist, wird ein Nasenkonus nur gelegentlich bei Messmikrofonen eingesetzt.

Offenporige Schaumstoffe (Abb. 7.54b) bedämpfen die Windgeschwindigkeit in den engen Poren des Materials durch Reibung, die Schallausbreitung mit ihrer kleinen Partikelauslenkung wird aber nur gering beeinträchtigt.

Windschutzkörbe (Abb. 7.54c) bestehen meist aus mit Textilien bespannten, grobmaschigen, stabilen Gitterstrukturen. Strömungsgeräusche an der Gitterstruktur

Abb. 7.54 Windschutzvorrichtungen. a: Nasenkonus (©Microtech Gefell), b: Schaumstoffwindschutz, c: Windschutzkorb, d: Windjammer (©Neumann)

werden verringert, wenn die Textilbespannung auf der Außenseite angebracht ist. Die Textilbespannung besitzt für den Wind eine große, für das akustische Signal allerdings nur eine relativ geringe Impedanz (Skøde 1966). Das Volumen, das den Wandler umgibt, stellt für tieffrequente Windanteile eine Druckkammer dar (Wuttke 1986), in der sich turbulente Anteile ausgleichen. Druckdifferenzen an Vorder- und Rückseite des Wandlers werden damit reduziert. Auch größere Mikrofone, bei denen das Wandlerelement von einem Gehäusekorb umgeben ist, zeigen eine dementsprechend geringere Windempfindlichkeit. Eine weitere Verringerung der Strömungsgeräusche und erhöhte Winddämpfung erhält man durch synthetische Fellüberzüge („Windjammer", Abb. 7.54d) über dem Windschutzkorb (Rycote 2002).

Windstörungen sind überwiegend tieffrequent. Ein elektrischer Hochpass mit Grenzfrequenz am unteren Ende des gewünschten Signalspektrums reduziert die Störungen ohne Signalbeeinträchtigung. Er schützt allerdings nicht den eigentlichen Wandler vor Übersteuerung und ist damit nur bei geringen Windstärken ausreichend oder zum Schutz nachfolgender Geräte vor Übersteuerung. Dennoch sollte bei Wind

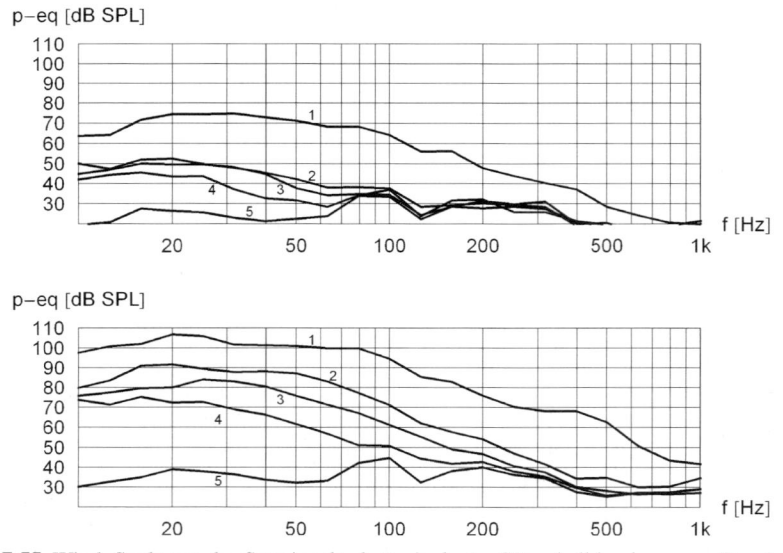

Abb. 7.55 Wind: Spektrum des Störsignals als äquivalenter Störschalldruck p_{eq} von Druck- (oben) und Gradientenempfängern (unten) mit freiliegender Membran. 1: Mikrofon ohne Schutz, 2: mit kleinem Schaumstoff (Ø 4 cm), 3: mit Hohlschaumstoff (Ø 4 cm), 4: mit großem Schaumstoff (Ø 9 cm), 5: Messgrenze

Kapitel 7 Mikrofone

ein elektrischer Hochpass eingesetzt werden, da eine Tiefenabsenkung reversibel ist und nach erfolgter Aufnahme gegebenenfalls durch Anhebung kompensiert werden kann. Akustische Messstationen im Dauerbetrieb erfordern spezielles Zubehör mit Regenschutz, Trockenadapter und Mikrofonheizung (B&K 1980, Gefell 2006).

7.7.1.2 Störungsreduktion

Die Wahl des Zubehörs hängt davon ab, ob Druck- oder Gradientenempfänger verwendet werden. Da Druckempfänger prinzipiell weniger windempfindlich sind, genügen hier einfache Schaumstoff-Windschutze. Die Effizienz solcher Windschutze steigt mit ihren Abmessungen (Abb. 7.55 und Tabelle 7.9).

Druckgradientenempfänger sollten von einem freien Volumen umgeben sein, damit verbleibende Druckänderungen an Vorder- und Rückseite der Membran sich ausgleichen können. Ein ausgehöhlter Schaumstoff-Windschutz erhöht die Effizienz bei gleicher Baugröße. Auch hier steigt die Effizienz mit der Größe des Windschutzes an, ebenso wie bei Windschutzkörben, die bei größeren Windstärken besonders im Außeneinsatz verwendet werden. Ein Durchmesser von 100 mm ist ein üblicher Kompromiss zwischen Effizienz und Größe. Ist der Windschutzkorb nicht ausreichend, wird zusätzlich ein Windjammer notwendig. Langfellige Varianten reduzieren die Windstörungen besser als kurzfellige und stellen die z. Zt. effektivste Lösung dar.

Tabelle 7.9 Äquivalenter Schalldruck bei Wind (A-bewertet) und Tiefen-/Höhenverluste bei Kondensator-Kleinmembran-Mikrofonen (Schneider 2004)

Wind (m·s^{-1})	Windschutz	Druckempfänger			Gradientenempfänger		
		Äquiv. Schalldruck [dB(A)]	Dämpfung bei 50 Hz [dB]	Dämpfung bei 15 kHz [dB]	Äquiv. Schalldruck [dB(A)]	Dämpfung bei 50 Hz [dB]	Dämpfung bei 15 kHz [dB]
–	–	64	0	0	87	0	0
1	Schaum 4 cm	(<< 42)	0	2,5	67	1,5	2,5
	Hohl-Schaum 4 cm	(<< 42)	0	1,3	56	0	1,3
	Schaum 9 cm	(<< 42)	0	5	(<45)	2	5
5,5	Ohne	96	0	0	>113	0	0
	Schaum 9 cm	56	0	5	78	2	5
	Schaum mit kurzem Fell	60	0	5	67	6	5
	Schaum mit langem Fell	55	0	4	66	3,5	4,5
	Kl.Aufsteck-Korb	61	0	2	65	3	2
	Kl.Aufsteck-Korb + Fell	(<51)	0	4,5	(<50)	5	6
	Korb	57	–	–	65	–	–
	Korb + Fell	(<49)	–	–	(<50)	–	–

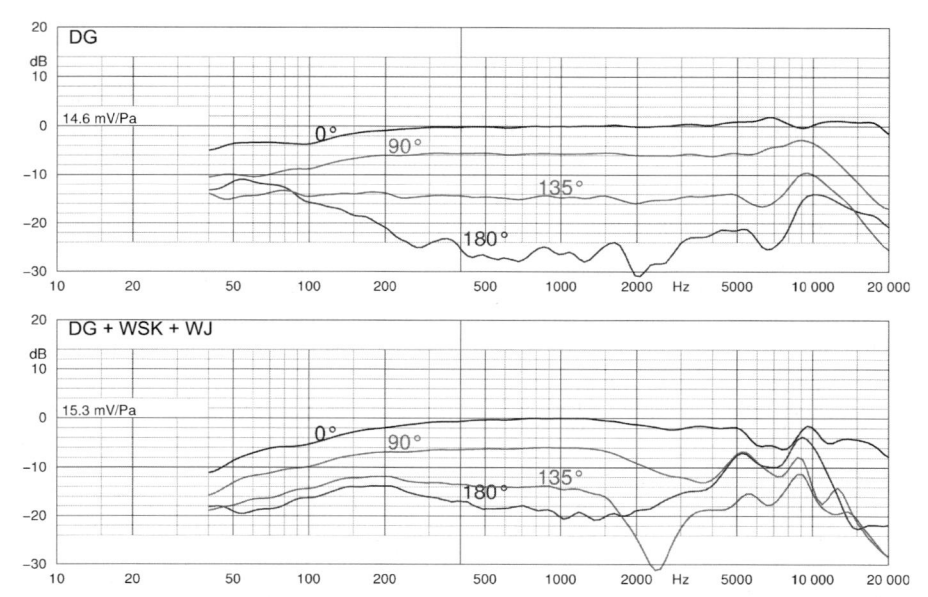

Abb. 7.56 Frequenzgang eines Gradientenempfängers ohne (oben) und mit (unten) Windschutzkorb und Windjammer

7.7.1.3 Akustische Einflüsse

Alle Windschutze stellen einen akustischen Tiefpass dar, d. h. der Höhenfrequenzgang der Mikrofone wird abhängig von Materialdichte und -stärke bedämpft. Hohl-Schaumstoffe besitzen eine geringere Materialstärke als solche aus Vollmaterial und zeigen nur einen sehr geringen akustischen Einfluss. Windschutzkörbe, kurzfellige und langfellige Windjammer beeinträchtigen in dieser Reihenfolge zunehmend den Höhenfrequenzgang (Abb. 7.56). Das Fell eines Windjammers sollte zudem immer gebürstet sein, um akustische Verluste zu minimieren (Woolf 2005). Die Gitterkonstruktion eines Windschutzkorbes sowie seine Textilbespannung reflektieren insbesondere hochfrequenten Schall und haben kammfilterähnliche Auswirkungen auf den Frequenzgang.

Schließlich verändern Windschutzvorrichtungen die Laufzeiten des Schalls zum Wandler und damit die Richtcharakteristik von Gradientenempfängern. Generell wird bei Gradientenempfängern die Richtwirkung leicht reduziert. Der Einfluss verstärkt sich mit Dichte und Dicke des Materials, so dass auch hier Windschutze aus Hohl-Schaumstoff den geringsten Einfluss zeigen (Abb. 7.57).

Ein weiterer Effekt wird bei Nahbesprechung von Mikrofonen häufig übersehen: Windschutze vergrößern die Distanz zwischen Mund und Mikrofon. Mit entsprechend kleinerem Nutzsignal und geringerem Nahbesprechungseffekt verringert sich damit auch der Signal-Geräusch-Abstand (Goossens 2005).

Alle Windschutzmaterialien nehmen potentiell Feuchtigkeit auf. Das Material wird dadurch akustisch undurchlässiger, im Extremfall wird der Wandler in einem

Kapitel 7 Mikrofone

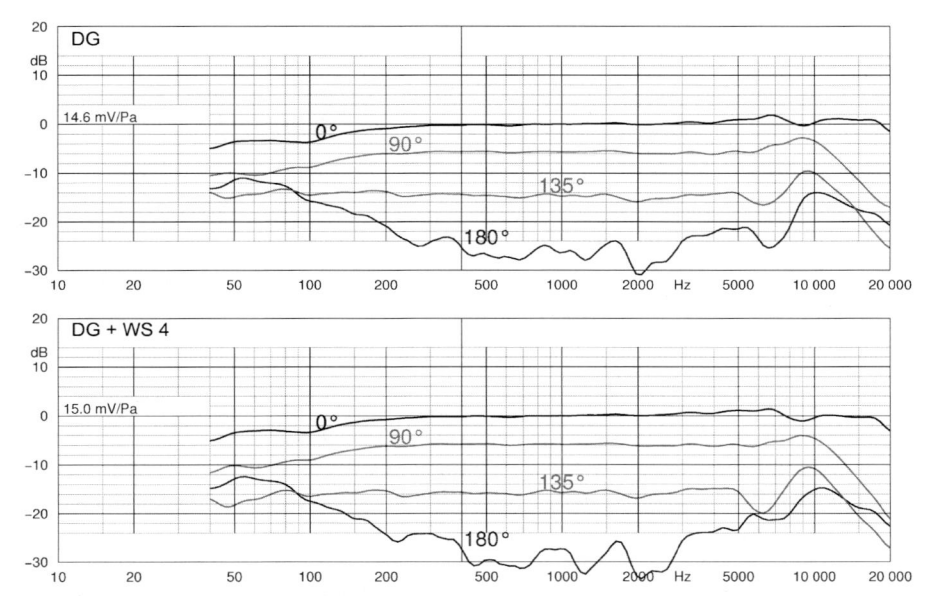

Abb. 7.57 Frequenzgang eines Gradientenempfängers ohne (oben) und mit (unten) Hohl-Schaumstoff (Ø 4 cm)

fast abgeschlossenen, elastischen Volumen betrieben und die Auswirkungen auf Frequenzgang und Richtcharakteristik können sich extrem verstärken (Schneider 2004, Woolf 2002, Abb. 7.58). Straff gespannte Gummi- oder Kunststofffolien eignen sich nicht als Regenschutz, da sie besonders bei Gradientenempfängern Frequenzgang und Richtcharakteristik stark verformen (Kaye 1975).

7.7.2 Pop

Plosive Sprachanteile (z. B. p, t, k, b, d, g) erzeugen impulsartige Luftbewegungen, die zudem aus geringem Abstand meist direkt auf das Mikrofon gerichtet sind. Besonders bei Druckgradientenempfängern mit mitten- oder tiefabgestimmter Resonanzfrequenz führt dies zu großen Auslenkungen des Wandlerelements, die die Größenordnung des Grenzschalldrucks (z. B. 140 dB SPL) erreichen und damit die Mikrofonschaltung oder den Vorverstärker übersteuern können. Für Sprachaufnahmen im Nahbereich muss ein Popschutz verwendet werden oder das Mikrofon außerhalb der Hauptabstrahlrichtung des plosiven Windstoßes positioniert werden. Das „p" ist vornehmlich horizontal gerichtet, „t"-Laute haben leicht unterhalb des Mundes ihr Maximum (Schulein 1970).

Bei einigen Bändchenmikrofonen können zudem plosive Laute ein ungeschütztes Wandlerelement überdehnen und beschädigen. Bei Kondensatormikrofonen mit nicht isolierter Metallmembran können Funkenüberschläge oder Kurzschlüsse zur Gegenelektrode zur dauerhaften Beschädigung des Mikrofons führen.

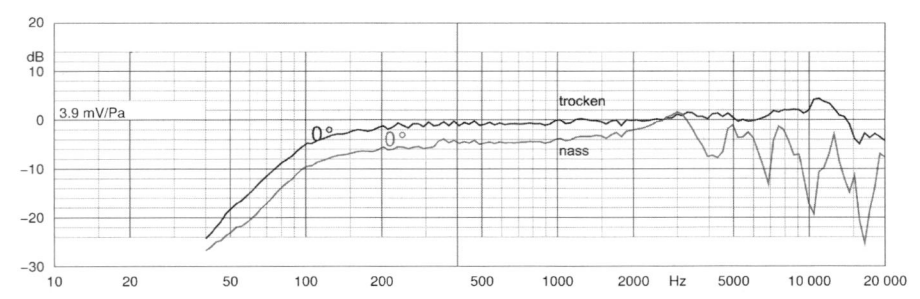

Abb. 7.58 Frequenzgang eines Gesangsmikrofons, trocken bzw. mit vollständig durchfeuchtetem Windschutz

Da Pop-Laute dem Wind verwandt sind, kann Windschutzzubehör prinzipiell auch als Popschutz verwendet werden, auch wenn Windschutzkörbe und Fellüberzüge aufgrund ihrer klanglichen Effekte (s. o.) nicht in Betracht kommen.

Schaumstoffwindschutze und sog. Popschutze sind effektive und gleichzeitig akustisch neutrale Lösungen zur Störungsreduktion (Tabelle 7.10). Es handelt sich um Konstruktionen aus leichten Textil- oder Metallgazen, die in kleinem Abstand zueinander montiert sind. Ähnlich wie bei Windschutzkörben werden die impulsartigen Luftbewegungen durch die Gaze bedämpft; im freien Raum zwischen Popschutz und Mikrofon beruhigen sich die Turbulenzen weiter, so dass nur ein geringer Teil den Wandler erreicht. Bei Schaumstoffen steigt die Effizienz mit deren Durchmesser an. Bei Popschutzen sollte für größte Effizienz ein Mindestabstand von einigen Zentimetern zwischen Mund und Popschutz, sowie zwischen Popschutz und Mikrofon eingehalten werden (Schneider 1998, Abb. 7.59).

Bühnenmikrofone, wie auch einige spezielle Sprechermikrofone, besitzen meist einen internen Schaumstoffwindschutz oder eine mehrstufige Gazekonstruktion (Peus 1991); zudem ist ihr Bass-Frequenzgang zur Kompensation des Nahbesprechungseffekts meist abgesenkt, so dass selten zusätzliches Zubehör notwendig wird. Eine solche elektrische Filterung schützt allerdings nur die folgenden Glieder der Signalkette vor Übersteuerung (Wuttke 1986).

Tabelle 7.10 Äquivalenter Pop-Schalldruck eines Gradientenempfängers, mit diversen Pop- und Windschutzen.

Pop- / Windschutz	Äquivalenter Schalldruck [dB(A)]	Äquivalenter Schalldruck, 20 Hz–20 kHz [dB]
Ohne	92	126
Schaumstoff, Ø=4 cm	71	104
Schaumstoff, Ø=9 cm	62	93
Windkorb, Ø=10 cm	48	74
Popschutz, Ø=10 cm	45	78
Popschutz, Ø=20 cm	44	72

Popschutze können bei hoher Effizienz akustisch transparent gestaltet werden (Abb. 7.60).

Kapitel 7 Mikrofone

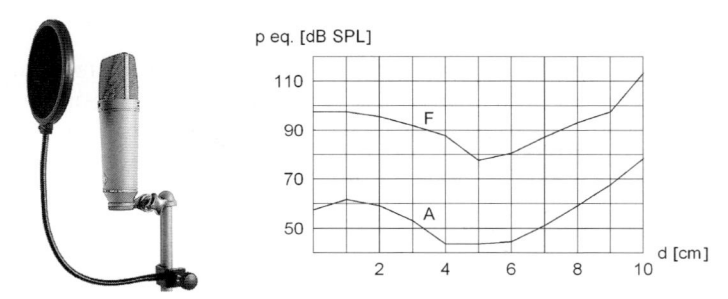

Abb. 7.59 Popschutz in typischem Abstand vor einem Mikrofon. Äquivalenter Schallpegel der Pop-Störung (F: 20 Hz–20 kHz, A: A-bewertet) in Abhängigkeit vom Abstand d (Mund-Popschutz), bei konstantem Abstand Mund-Mikrofon von 10 cm

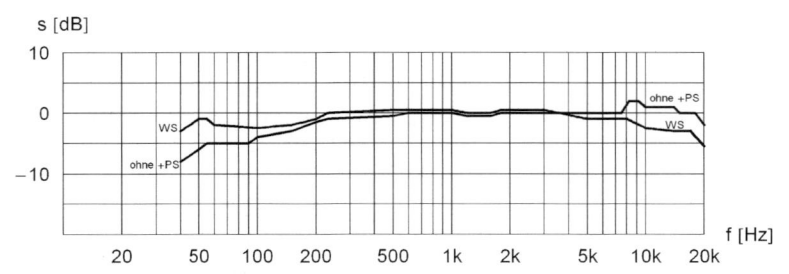

Abb. 7.60 Gemessener Frequenzgang eines Gradientenempfängers mit Popschutz (PS) und Schaumstoff-Windschutz (WS)

7.7.3 Körperschall und Halterungen

Körperschall wird über Stative, Halterungen, aber auch über das Mikrofonkabel von Fußboden, Wand oder Tischplatte zum Mikrofon übertragen. Ursachen des Körperschalls können strukturelle Vibrationen durch Verkehr, Bühnenkonstruktion sein ebenso wie Trittschall, Stöße gegen das Stativ, Schläge auf eine Sprechertischplatte, Griffgeräusche, Ablegen des Mikrofons auf einem Tisch oder in seiner Halterung. Die Richtung größter Körperschallempfindlichkeit liegt meist senkrecht zur Membranebene. Aufgrund der tieferen Abstimmung sind, wie bei Wind, Gradientenempfänger generell anfälliger für Körperschall als Druckempfänger. Geringes Gewicht der Membran und höhere Abstimmung der Resonanzfrequenz hingegen reduzieren die Störempfindlichkeit. Eine Besonderheit stellen Doppelmembransysteme aus zwei entgegengesetzt gerichteten Druckempfängern dar. Bei ihnen addiert sich der Nutzschall gleichphasig, Relativbewegungen senkrecht zur Membran führen aber zu gegenphasiger Auslenkung der Membranen, die sich somit partiell kompensieren (Takano 2001).

Um Störungen zu minimieren, werden Mikrofone an stabilen Böden, Wänden, Tischplatten oder Stativen befestigt. Die Halterung des Mikrofons wird durch Abstimmung von Dimension und Massen so gestaltet, dass die Resonanzfrequenzen stark bedämpft oder in einen weniger störenden Bereich verschoben werden, z. B. in den Infraschallbereich. Die Überhöhung bei der Resonanzfrequenz wird durch Übergänge auf dämpfende Materialien (z. B. Kunststoffe, Gummi) beeinflusst. Aufgrund der beschränkten Mikrofongröße können derartige Maßnahmen nur partiell im Mikrofon realisiert werden. Die Vielzahl von Mikrofontypen und Anwendungen bedingt eine entsprechende Vielzahl an körperschalldämpfendem Zubehör. Obwohl DIN EN 60268-4 ein Messverfahren für Körperschallempfindlichkeit von Mikrofonen angibt, werden selten Daten veröffentlicht. Im Einzelfall sollten eigene pragmatische Vergleichsmessungen durchgeführt werden.

7.7.3.1 Zubehör

Puffer aus Gummi oder ähnlich absorbierenden Materialien stellen die einfachste Variante dar. Sie können als Zwischenelement, aus Vollmaterial oder strukturiert, in eine Halterung oder an Stativfüßen eingebaut sein (Abb. 7.61a). Hohlgummi-Muffen bringen zusätzliche Elastizität ein (Plice 1971).

Elastische Aufhängungen („Spinnen", Abb. 7.61b) bieten die bestmögliche Entkopplung des Mikrofons in allen drei Dimensionen, haben aber auch den größten Platzbedarf. Üblicherweise wird das Mikrofon über Gummischnüre oder -ringe an einer äußeren Struktur („Außenkorb") befestigt. Zusätzlich zur Absorption der Gummischnüre kann dabei die Resonanzfrequenz in den Infraschallbereich verschoben werden, so dass Störungen nicht mehr vom Mikrofon übertragen werden. Dazu muss die Aufhängung möglichst weich realisiert werden, ohne dass aber das Mikrofon zu große Auslenkungen erfährt, die zu Windgeräuschen oder Anschlagen des Gehäuses führen.

Bei Abhängung von einer stabilen Decke an Seilen oder am eigenen Kabel werden Mikrofone sehr effizient entkoppelt. Spezielle Neigevorrichtungen erlauben die Ausrichtung des Mikrofons (Abb. 7.61c).

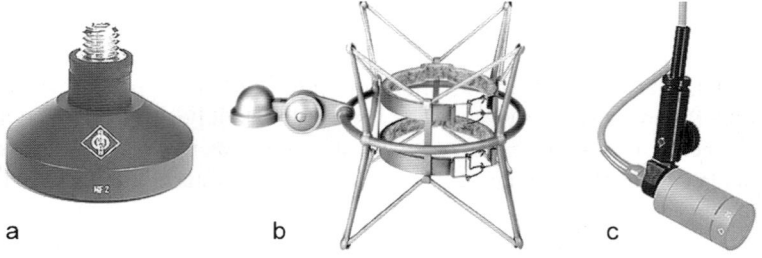

Abb. 7.61 Mechanisches Zubehör zur Körperschallentkopplung. a: Mikrofonfuß mit Schwingmetall auf Gummimatte, b: elastische Aufhängung, c: Mikrofonabhängung

Kapitel 7 Mikrofone

7.7.3.2 Störungsreduktion

Zur Körperschalldämpfung liegen nur wenige veröffentlichte Daten vor (Abb. 7.62). Typische Beschleunigungswerte beim Betrieb an Mikrofonangeln liegen bei 0,01 m·s^{-2} (Plice 1971). Die Vibrationsempfindlichkeit von Messmikrofonen beträgt z. B. 64 dB äquivalenter Schalldruck für Beschleunigungen von 1 m·s^{-2} RMS, senkrecht zur Membran (B&K 1995). Zur Schwingungserzeugung können z. B. Schwingtische verwendet werden. Häufig ist aber die impulshafte Anregung durch einzelne Stöße praxisgerechter.

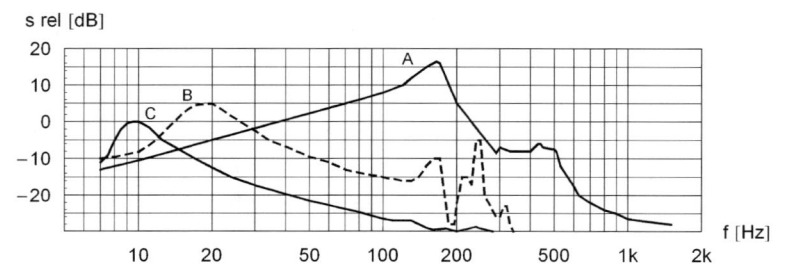

Abb. 7.62 Körperschallempfindlichkeit mit verschiedenen Halterungen. A: starre Halterung, B: einfache elastische Aufhängung, C: Gummimuffe, nach (Plice 1971)

In der Praxis müssen die Wege bestimmt werden, die der Körperschall nehmen kann. Straff gespannte Mikrofonkabel bieten für Körperschall einen weiteren Übertragungsweg zum Mikrofon und müssen vermieden werden. Der Kabelmantel sollte aus weichem Material sein, das Kabel selbst flexibel und in einer möglichst weit geführten Schlaufe parallel zur Halterung geführt werden (Abb. 7.35, Mitte). Zur Vermeidung von Körperschall über das Mikrofonkabel ist es sinnvoll, das Kabelmaterial mechanisch durch ein „Anschluss-Kästchen" zu unterbrechen („Conn-Box", Rycote 2002).

7.7.3.3 Akustische Einflüsse

Größere, massive Strukturen in der Nähe des Mikrofons sind zu vermeiden, da an ihnen Beugung und Reflexion auftreten kann (Beranek 1988). Störungen durch übliche Stative und Halterungen liegen in der Größenordnung ±1 dB (Zollner 1982), während filigranere Strukturen, z. B. elastische Aufhängungen, zu kaum messbaren Störungen des Schallfelds führen (Woolf 2002).

7.7.4 Klima

7.7.4.1 Luftdruck

Druckempfänger und andere geschlossene Wandlerkonstruktionen besitzen zur Anpassung an Luftdruckänderungen ein Druckausgleichsloch. Die Dimensionierung und Positionierung dieses Lochs, sowie die Steifigkeit der eingeschlossenen Luft bestimmen den Tiefenabfall des Frequenzgangs (B&K 1996). Der Einfluss sehr großer Luftdruckänderungen ist in Abb. 7.63 dargestellt. Für normale atmosphärische Bedingungen ist dieser Effekt vernachlässigbar.

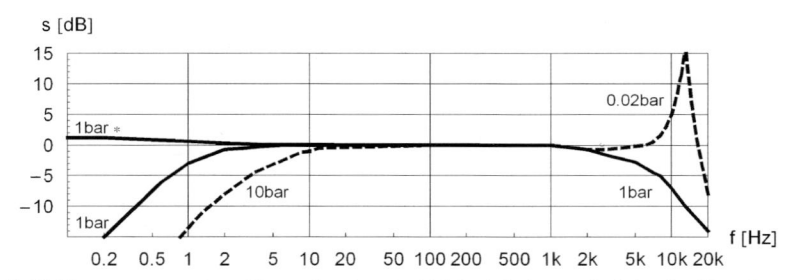

Abb. 7.63 Frequenzgang eines Messmikrofons in Abhängigkeit vom Luftdruck. *Druckausgleichsloch außerhalb des Schallfelds, nach (B&K 1996)

Etwas größeren Einfluss hat der Luftdruck auf die Resonanz des Wandlers, z. B. in Höhenlagen. Die Masse des Luftpolsters hinter der Membran bestimmt zusammen mit der Masse der Membran den Verlauf der Resonanz. Für kleinere Massen reduziert sich die Dämpfung des Systems und die Resonanzfrequenz tritt stärker in Erscheinung (Abb. 7.63, Rasmussen 1960).

7.7.4.2 Temperatur

Alle Materialien besitzen einen temperaturabhängigen Ausdehnungskoeffizienten. Änderungen der Temperatur können dementsprechend reversible Änderungen z. B. der mechanischen Membranspannung oder des Membranabstands verursachen. Mit geeigneter Konstruktion eines Wandlers und Wahl der Materialien werden diese Einflüsse minimiert (Kurve b in Abb. 7.64).

Das thermische Rauschen (s. Abschn. 7.8.1.12) der Luft, des akustisch-mechanisch-elektrischen Wandlers und seiner elektrischen Schaltung nehmen mit steigender Temperatur zu (Gabrielson 1991). Die Temperaturabhängigkeit der Schaltung kann gering gehalten werden, z. B. + 1–1,8 dB bei 65°C (Boré 1967). Auch das reine Widerstandsrauschen (s. Gl. 7.33) ändert sich im Bereich von 0 °C bis 70 °C nur um ca. 1 dB.

Wird der zugelassene Temperaturbereich eines Mikrofons überschritten, können nicht-reversible Schäden auftreten. Bei Temperaturen über 125° C treten plastische Deformationen von typischen Kunststoffmembranen auf. Bei hohen Temperaturen

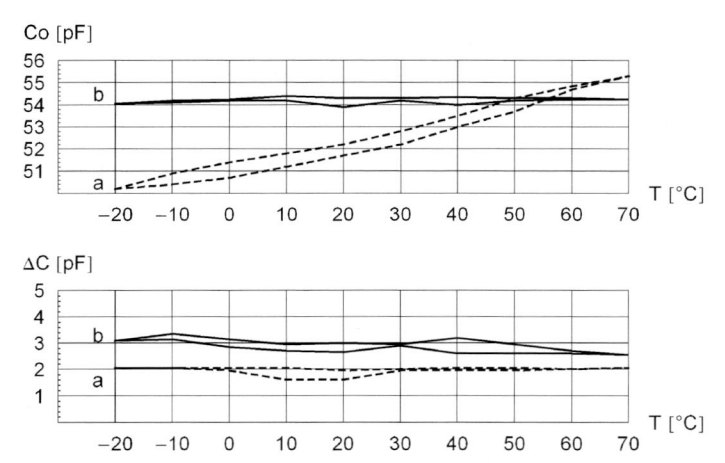

Abb. 7.64 Temperaturabhängigkeit charakteristischer Parameter eines elektrostatischen Wandlers bei ungünstiger (a) und günstiger (b) Materialauswahl. Ruhekapazität C_0 (Membranabstand) und Kapazitätsänderung ΔC (Membransteife) bei Anlegen der Polarisationsspannung

reduziert sich die Stabilität typischer Elektret-Beschichtungen und führt zu graduellem Verlust der Empfindlichkeit in der Größenordnung von z. B. 0,1 dB/h bei 125 °C (B&K 1995). Hohe Temperaturen treten insbesondere in der Nähe von Scheinwerfern auf.

7.7.4.3 Feuchte

Nichtmetallische Materialien nehmen in begrenztem Umfang Feuchtigkeit auf, die die mechanischen Parameter des Wandlers beeinflussen kann. Die Auswirkungen sind vergleichbar denjenigen von Temperaturänderungen. Insbesondere bei Mikrofonen mit hochohmiger Schaltungstechnik (Kondensator-, Piezoelektrische Mikrofone) ermöglicht Feuchtigkeit auf Isolationsstrecken Kriechströme, die als erhöhtes Rauschen oder Prasseln das Nutzsignal stören. Verschmutzte Oberflächen begünstigen die Feuchtigkeitsaufnahme und verstärken das Problem bis zum vollständigen Signalausfall durch Zusammenbruch der Polarisationsspannung (s. Kap 7.7.8). Ungünstige Bedingungen ergeben sich bei Kondensation, wenn z. B. kühl gelagerte Mikrofone in warme Räume mit hoher Luftfeuchtigkeit gebracht werden. Das Mikrofon sollte Raumtemperatur erreichen, um störungsfreie Funktion zu garantieren. Mikrofone mit Röhrenschaltung sind hierbei im Vorteil, da die Röhrenheizung für eine Erwärmung des Mikrofons sorgt.

Erhöhte Feuchteresistenz ist für Gesangsmikrofone erforderlich, die dauerhaft mit feuchtem Atem konfrontiert werden, sowie Mikrofone für Außenaufnahmen.

Druckempfänger mit ihrer abgeschlossenen Konstruktion erschweren das Eindringen von Feuchtigkeit. Bei dauerhafter Lagerung in feuchtem Klima ist es aber entsprechend aufwendig, einmal eingedrungene Feuchtigkeit aus dem Wandlergehäuse zu beseitigen (Rasmussen 1960).

Generell ist Lagerung bei Raumtemperatur und geringer bis mittlerer Luftfeuchte für alle Wandlertypen zu empfehlen. Zum Ausdunsten der Feuchtigkeit nach Gebrauch sollte das Mikrofon belüftet gelagert werden. Bei extrem feuchten Umgebungen kann Lagerung in abgeschlossenen Behältern, zusammen mit hygroskopischem Silika-Gel, sinnvoll sein. Dieses muss aber regelmäßig z. B. im Ofen getrocknet werden, um seine hygroskopische Funktion zu erhalten.

7.7.5 Erdung & Speisung

7.7.5.1 Erdung

Um ein Mikrofon vor elektromagnetischen Störungen zu schützen, wird das Gehäuse bevorzugt aus Metall gefertigt und mit dem Schirm des Kabels an Erdpotential verbunden. Tritt ein weiterer Massebezug über das Stativ, metallische Halterungen oder Steckverbindergehäuse auf, können Ausgleichsströme zwischen den unterschiedlichen Erdpotentialen fließen (Abb. 7.65). Über die entstehende Leiterschleife können induktiv Störungen eingekoppelt werden. Eine solche Leiterschleife kann mittels galvanischer Trennung (Übertrager) oder gegebenenfalls Auftrennen einer Erdverbindung aufgehoben werden. Bei phantomgespeisten Mikrofonen darf allerdings *nicht* die Masseader aufgetrennt werden, die für die Speisung benötigt wird. Steckverbindergehäuse von Verlängerungskabeln sollten keinen Kontakt zu leitenden Teilen haben.

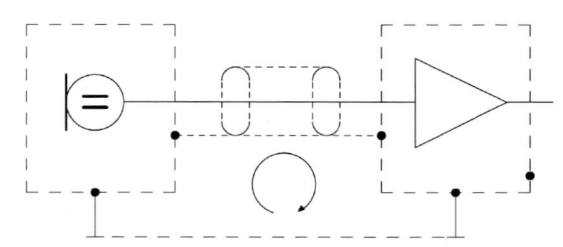

Abb. 7.65 Erdungsschleife durch mehrfache Erdung an Mikrofon und Vorverstärker

7.7.5.2 Speisung

Gespeiste Mikrofone benötigen zum störungsfreien Betrieb eine Spannungsversorgung entsprechend ihren technischen Spezifikationen. Überspannung kann zu Beschädigung des Mikrofons führen. Viele Mikrofonschaltungen besitzen eine Spannungsschwelle, z. B. zum Anschwingen eines internen Gleichspannungswandlers, um überhaupt ein Signal abzugeben. Störungen, die durch Unterspannung oder Strombegrenzung entstehen, sind am schwierigsten zu diagnostizieren. Typisch kann eine Einschränkung des Grenzschalldrucks auftreten, d. h. erhöhte Verzerrungen bei lauten Signalen, wie auch bei tieffrequenten Wind- und Pop-Geräuschen. In solchen Fällen muss die Speisung durch Kurzschluss- und Lastmessungen überprüft werden. Bei Röhrengeräten treten Spannungen im Bereich 120–380 V auf. Entsprechende Sicherheitsvorkehrungen sind zu treffen.

Weitere Speisungsprobleme sind (Boré 1967, Bartlett 1988, Wuttke 1998):

- Überlastung der Speisung durch eine Vielzahl von Mikrofonen oder Kurzschluss auf einem Anschluss. Wird ein geringerer Wert gemessen, ist die Speisung nicht in der Lage, den benötigten Strom zu liefern. Der maximale Speisestrom ist in Spezifikationen von Mischpulten und Vorverstärkern nur selten angegeben.
- Der Kurzschluss einer Signalader gegen Masse kann zu Stromfluss und damit Magnetisierung des Übertragers führen, mit erhöhten nichtlinearen Verzerrungen.
- Phantomspeisungen entsprechend der älteren Norm DIN 45596 waren für $I_B \leq 2$ mA ausgelegt und sind für viele moderne, hoch aussteuerbare Mikrofone nicht ausreichend.
- Einige Mikrofone benötigen einen erhöhten Einschaltstrom.
- Nicht entsprechend Norm auf 0,4 % relative Toleranz gepaarte Phantomspeisewiderstände reduzieren die Gleichtaktunterdrückung und erhöhen damit die Gefahr elektromagnetischer Störungen.
- Bei separaten Speisegeräten, z. B. für Phantomspeisung, muss überprüft werden, ob die Speisespannung auch ausgangsseitig anliegt. In diesem Fall können geeignete Trennübertrager oder Abblock-Kondensatoren (s. Abb. 7.45) eingesetzt werden. Bei Anschluss an unsymmetrische Eingänge muss die Phantomspeisung abgeblockt werden, da sie sonst einseitig kurzgeschlossen wird (s. Abschn. 7.6.3.2).
- Mikrofone und Speisegeräte müssen eine ausreichende Siebung der Speisespannung vorsehen.

Bei Phantomspeisung ist der zur Verfügung stehende Strom prinzipiell durch die Einspeisewiderstände begrenzt, so dass beim Aufstecken eines Mikrofons oder Einschalten der Phantomspeisung keine schädlichen Stromspitzen auftreten. Insbesondere transformatorlose Schaltungen nutzen allerdings zum internen Abblocken der Phantomspeisung größere Kondensatoren, die beim Aufstecken niederohmige Stromquellen darstellen können. Sowohl Mikrofon als auch Mikrofonvorverstärker müssen gegen derartige Stromspitzen geschützt sein (Hebert u. Thomas 2001). Im Zweifelsfall sollte die Speisung erst *nach* Aufstecken des Mikrofons eingeschaltet werden. Gleiches gilt aus Sicherheitsgründen insbesondere für Röhrenmikrofone, bei denen weitaus höhere Speisespannungen verwendet werden.

Schaltungstechnisch existieren viele Möglichkeiten, eine Speisung zu implementieren und die Auskopplung im Mikrofon durchzuführen. Im Falle der Phantomspeisung hat es sich bewährt, die einfachste Form mit Spannungsquelle und Speisewiderständen entsprechend Abb. 7.37 zu realisieren (Jahne 2005).

7.7.6 Magnetische Störungen

Störungen durch starke Magnetfelder treten z. B. in der Nähe von Starkstromleitungen, Lichtinstallationen und Bildschirmen auf. Mikrofongehäuse und Kabelschirm haben dabei nur geringe Schirmwirkung. Um magnetische Störungen zu reduzieren, wird die effektive Fläche zwischen den Signaladern und damit eine potentielle induktive Leiterschleife möglichst klein gehalten. Im Kabel, möglichst auch innerhalb der Stecker, werden dazu die Signaladern verdrillt. Weitere Verbesserung, bei allerdings gleichzeitiger Erhöhung der Kabelkapazität (s. Abschn. 7.6.1), erhält man durch vieradriges, paarweise verdrilltes Kabel („Star-Quad", DIN Sitzungsprotokoll 1968).

Im Mikrofon selbst sollten Leiterschleifen entsprechend klein gehalten oder geschirmt werden, Ausgangstransformatoren einen symmetrischen Aufbau mit Schirmwicklung besitzen. Bei dynamischen Mikrofonen wird parallel zur Schwingspule meist eine Kompensationsspule eingesetzt („Humbucker"-Prinzip). Bei der Installation sollten Mikrofonkabel möglichst entfernt von Starkstrom- und Lichtkabeln geführt werden, bei Kreuzungen möglichst senkrecht dazu liegen. Kabelführungen oder Schirmplatten aus ferromagnetischem Material sorgen für eine kostspielige aber effektive Abschirmung.

7.7.7 Elektromagnetische Störungen

Für generelle Prinzipien des Schutzes gegen elektromagnetische Interferenzen s. Kap. 20 und (IRT 1989). Störsignale können in das Kabel (s. Abschn. 7.6.1) eindringen, seltener in das Mikrofongehäuse. Sie werden im Mikrofon oder im Mikrofonvorverstärker demoduliert und erzeugen damit Störsignale im Audiofrequenzbereich. Die Demodulation findet an nichtlinearen Bauelementen statt, z. B. an Dioden, Transistoren, ICs, Röhren. Betroffen sind dementsprechend besonders Mikrofone mit aktiver Schaltung. Zur Störunterdrückung darf der Schirm an keiner Stelle unterbrochen sein, auch die Stecker müssen HF-dicht (Schiesser 1962) sein, d. h. das Metallgehäuse muss ebenfalls an den Schirm angeschlossen werden (AES48). Koaxiale, symmetrische Stecker geben den besten Schutz. Bei XLR-Steckern sind Varianten mit ringförmiger Gehäusekontaktierung am besten geeignet (Neutrik 2005, Schneider 2005).

Das Mikrofongehäuse selbst sollte auf Schirmpotential liegen, die Kontaktierung möglichst direkt am Stecker oder Kabeleinlass erfolgen. Abhängig vom inneren Aufbau kann Sternpunkt- oder Mehrfacherdung effektiver sein (s. Kap. 20). Öffnungen für Schalter oder Batterien müssen klein gehalten oder separat geschirmt werden. Der Mikrofonkorb um das Wandlerelement muss zwar akustisch transparent sein, gleichzeitig aber durch geringe Maschenweite auch in diesem Bereich (als faradayscher Käfig) wirksamen EMV-Schutz zu bieten. Bei starken elektromagnetischen Feldern, insbesondere bei Sendemikrofonen, wird eine interne, metallische Kapselung von Schaltungsteilen notwendig.

Störungen durch elektrostatische Entladungen (ESD) werden durch ähnliche Maßnahmen minimiert. Essentiell ist eine geeignete Erdungstopologie des Gehäuses, um dauerhafte Beschädigung elektrischer Bauelemente zu vermeiden.

7.7.8 Alterung und Verschmutzung

Mikrofone gehören bei geeigneter Pflege und Wartung zu den langlebigsten Geräten der Audiotechnik. Verschleißerscheinungen treten z. B. an Kontakten, Oberflächen, bewegten Teilen und elektrischen Bauelementen auf. Professionelle Steckkontakte sollten hartvergoldet sein. Oxidation kann durch selbstreinigende Kontakte reduziert werden (Dewald 1942). Störgeräusche durch oxidierte, bewegte Kontakte treten bei gespeisten Mikrofonen auf, bei denen Gleichstrom durch die Signaladern fließt. Bei alterndem Kabelmaterial führen piezoelektrische und kapazitive Effekte zu Störgeräuschen bei Bewegung des Kabels.

Alterungseffekte an Kunststoffmembranen betreffen früher verwendete Materialien wie PVC. Dies trocknet im Laufe von Jahrzehnten aus und kann brüchig werden. Bei Kondensatormikrofonen kann dadurch die metallische Beschichtung aufbrechen, die kapazitiven Kapselparameter ändern sich. Das heute zumeist verwendete PET zeigt keine Alterungserscheinungen und ist stabil gegen Spucke, ultraviolettes Licht, Ozon, Temperatur ($-40°…+80$ °C) und Feuchte, ohne Veränderung seiner Elastizität (Schulein 1970). Metallmembranen werden leichter mechanisch beschädigt, da sie weniger plastisch deformierbar und formstabil sind.

Um mögliche Alterungsprozesse vorwegzunehmen, z. B. den möglichen Verlust der mechanischen Membranspannung, ist es sinnvoll, bestimmte Baugruppen künstlich zu „altern". Durch Lagerung in erhöhter Temperatur, z. B. 150 °C, oder Durchfahren von Temperaturzyklen werden Entspannungsprozesse vorweggenommen und dadurch Wandler realisiert, die ihre mechanische Spannung über Jahrzehnte nicht relevant verändern (Frederiksen 1969).

Elektrische Bauelemente unterliegen keiner großen Belastung und altern dadurch wenig. Elektrolyt-Kondensatoren können über Jahrzehnte austrocknen und müssen dann ausgetauscht werden. Röhren unterliegen einer natürlichen Ausfallrate z. B. durch Verschleiß der Kathode oder Verlust des Vakuums. Sie zeigen dann erhöhtes unregelmäßiges Rauschen („Rumpeln", „Spratzen"). Zur Stabilität der Ladung in Elektret-Kondensatormikrofonen s. Kap 7.7.4.2.

Die weitaus häufigsten Ausfälle entstehen durch mechanische Beschädigung oder Verschmutzung, bei Gebrauch oder Lagerung. Bei dynamischen Mikrofonen können kleinste Partikel in den Luftspalt eindringen, die Bewegung der Membran hemmen und damit Klang, Übertragungsfaktor und Klirrfaktor verändern. Insbesondere magnetische Materialien werden durch den Permanentmagneten angezogen und können auch die Membran selbst durchstoßen oder beschädigen. Dagegen hilft ein nicht-magnetisierbarer Schutz, z. B. Schaumstoff, vor der Membran. Bei extrem hochohmigen Wandlern, z. B. NF-Kondensatormikrofonen, führt Verschmutzung der Isolationsstrecken durch Staub, Spucke, Getränke, Nikotin, etc. zu erhöhter Anfälligkeit bei Feuchte. Die Verschmutzung bindet Feuchte und verlangsamt das natürliche Verdunsten. Die vergleichsweise niederohmigen Verschmutzungen führen zu Kriechströmen und damit zu erhöhtem Grundrauschen bis zu temporärem Zusammenbruch der Polarisationsspannung. Regelmäßige Pflege und Reinigung verlängern die Lebenszeit (Neumann 2006). Geeignetes Zubehör, z. B. Pop-Schutz und Windschutz, reduziert Verschmutzungen (s. Abschn. 7.7.1-2).

7.8 Parameter & Messtechnik

DIN EN 60268-4 kennt allein 48 Parameter zur Beschreibung eines Mikrofons. Man unterscheidet allgemein zwischen *Leerlaufgrößen*, die mit möglichst großer Lastimpedanz gemessen werden, und *Betriebsgrößen* mit vom Hersteller angegebenem Nennabschlusswiderstand.

7.8.1 Übertragungskoeffizienten und Übertragungsfunktion

Die Übertragungskoeffizienten M (auch: Übertragungsfaktoren) sind als Verhältnis zwischen Ausgangsspannung und Schalldruck ein Maß für die Empfindlichkeit des Mikrofons. Alternativ wird auch das logarithmische Übertragungsmaß $L_m = 20 \log_{10} M / M_r$, mit $M_r = 1$ V·Pa^{-1}, verwendet. Typisch werden diese Werte bei einer Bezugsfrequenz $f = 1$ kHz gemessen. Große Übertragungsfaktoren sind kein Qualitätskriterium an sich, sie erhalten nur in Relation zu Grenzschalldruck, Eigenstörspannung und den Eigenschaften von Signalquelle und Verstärker Bedeutung. Zur Durchführung akustischer Messungen s. Abschn. 7.8.7.

Der **Freifeld-Übertragungsfaktor** M_0 wird gemessen im Freifeld mit ebenen Wellen. Diese Messung entspricht der typischen Aufnahmesituation mit Schalleinfall aus einer Richtung bzw. innerhalb des Hallradius der Schallquelle.

Der **Diffusfeld-Übertragungsfaktor** M_{Diff}, gemessen im diffusen Schallfeld, kann auch aus dem Freifeld-Übertragungsfaktor M_0 und dem Bündelungsgrad γ (Abschn. 7.8.1.8) ermittelt werden nach

$$M_{\text{Diff}} = M_0 / \sqrt{\gamma} \tag{7.23}$$

M_{Diff} beschreibt die Aufnahmesituation außerhalb des Hallradius der Schallquelle, d. h. mit Schalleinfall aus allen Richtungen.

Der **Druck-Übertragungsfaktor** M_{Druck} wird in einer Druckkammer gemessen, z. B. einem Pistonphon, bei Kondensatormikrofonen näherungsweise auch mit Eichgitter-Anregung (B&K 1996, Frederiksen 1995). Dabei entfallen Einflüsse des Mikrofonkörpers auf das Schallfeld, z. B. der Druckstau an der Membran (Abschn. 7.3.5). M_{Druck} wird nur bei Messmikrofonen (Druckempfänger) verwendet und beschreibt den Fall, dass auf der gesamten Membranfläche gleicher Schalldruck anliegt. Er beschreibt keine typische Aufnahmesituation.

Der **Nahbesprechungs-Übertragungsfaktor** M_{Nah} wird im Nahfeld, vorzugsweise mit einem künstlichen Mund entsprechend ITU-T P.51 gemessen, in 25 mm Entfernung vom Bezugspunkt des Mikrofons. M_{Nah} beschreibt die Aufnahmesituation im Nahfeld einer Punktschallquelle. Er wird für Nahbesprechungs-Mikrofone und in der Telekommunikation verwendet.

Als **Nenn-Übertragungsfaktor** wird der (Freifeld)-Übertragungsfaktor M_0 bei 1 kHz bezeichnet, als **Sprach-Übertragungsfaktor** der über den Sprachfrequenzbereich (z. B. 250–2000 Hz) gemittelte Übertragungsfaktor.

Bei einigen Mikrofontypen, z. B. Kondensatormikrofonen, kann der Übertragungsfaktor durch Schalter verändert werden (Abschn. 7.6.5), wobei sich zumeist auch Grenzschalldruck und Eigenstörspannung ändern.

Als **Übertragungsfunktion** wird der (Betrags)**Frequenzgang** als relativer Übertragungsfaktor in Abhängigkeit von der Frequenz angegeben, normiert auf einen Bezugswert, meist den Nenn-Übertragungsfaktor bei 1 kHz. Er veranschaulicht die linearen Verzerrungen des Mikrofons. Meist wird der Freifeld-Übertragungsfaktor M_0 dargestellt.

Phasengang der Übertragungsfunktion ist als absolute Phase mangels einfacher Kalibrierung nur aufwändig zu ermitteln (Wong u. Embleton 1995) und wird meist als relative Messung realisiert, zur Selektion für Anwendungen mit mehreren Mikrofonen. Der Phasengang wird wie der Übertragungsfaktor unter Freifeldbedingungen mit Komparations- oder Substitutionsmethode gemessen. Die Positionierung muss insbesondere für hohe Frequenzen sehr genau eingehalten werden (Sander-Röttcher u. Tams 1994).

7.8.2 Richtwirkung

Die **Richtcharakteristik** eines Mikrofons wird üblicherweise als Polardiagramm dargestellt. Dabei werden der Richtungsfaktor $s(\varphi) = M_0(\varphi) / M_0(0°)$ oder das Richtungsmaß $\tau(\varphi) = 20 \log s(\varphi)$ bei definierten Frequenzen oder Frequenzbändern (vorzugsweise in Terz- oder Oktavschritten von 125–16.000 Hz) in Abhängigkeit vom Schalleinfallswinkel abgebildet (Abb. 7.11). Die Kurven sind auf den Wert in Richtung der Bezugsachse (0°) normiert. Der Pegelbereich soll 25 dB umfassen. Symmetrische Charakteristiken werden häufig nur einseitig (0°–180°) dargestellt. Bei nicht rotationssymmetrisch aufgebauten Mikrofonen muss bedacht werden, dass die Richtcharakteristik in den verschiedenen Raumrichtungen, z. B. durch Beugung am Mikrofonkörper, unterschiedlich ausfallen kann. Alternativ wird auch eine Schar von Frequenzgängen bei unterschiedlichen Schalleinfallswinkeln gemessen.

Der **Bündelungsgrad** ist das quadrierte Verhältnis zwischen Freifeld-Übertragungsfaktor M_0 und Diffusfeld-Übertragungsfaktor M_{Diff}

$$\gamma = (M_0 / M_{Diff})^2 \tag{7.24}$$

Das **Bündelungsmaß** ergibt sich dann zu

$$\Gamma = 10\log \gamma = 20\log(M_0 / M_{\text{Diff}}) \qquad (7.25)$$

Die Frequenz oder der Frequenzbereich müssen angegeben werden. Der Bündelungsgrad kann auch aus den Richtungsfaktoren $s(\varphi,\vartheta)$ bestimmt werden (Beranek 1988, Olson 1957):

$$\gamma = \frac{4\pi}{\int_{\varphi=0}^{2\pi}\int_{\vartheta=0}^{\pi} s^2(\varphi,\vartheta)\sin\varphi\, d\vartheta\, d\varphi} \qquad (7.26)$$

Bei rotationssymmetrischen Mikrofonen vereinfacht sich dies zu

$$\gamma = \frac{2}{\int_0^\pi s^2(\varphi)\sin\varphi\, d\varphi} \qquad (7.27)$$

Für Druckgradientenempfänger erster Ordnung mit $s(\varphi) = A + (1-A)\cos\varphi$ (Abschn. 7.3) ergibt sich der Bündelungsgrad zu

$$\gamma = 1 \Big/ [A^2 + \frac{1}{3}(1-A)^2] = \frac{3}{(1-2A+4A^2)} \qquad (7.28)$$

Das **Vor-Rück-Übertragungsmaß** ist das logarithmierte Verhältnis $20\log(M_0 / M_{180})$ zwischen den Freifeld-Übertragungsfaktoren M_0 und M_{180} aus 0° bzw. 180° Schalleinfallsrichtung, die **Störschallunterdrückung** ist das logarithmierte Verhältnis $20\log_{10}(M_{\text{Nah}} / M_{\text{Diff}})$ aus Nahbesprechungs-Übertragungsfaktor und Diffusfeld-Übertragungsfaktor. Beide Werte werden selten angegeben.

7.8.3 Amplituden-Nichtlinearität

Der **(Gesamt-)Klirrfaktor** bezeichnet das Verhältnis der Spannungen U_n aller erzeugten Oberwellen (Harmonische der Frequenz $f_n = n \cdot f_1$) zur Gesamtausgangsspannung U_{Ges}

$$k_{\text{Ges}} = \sqrt{\sum_{n=2}^{\infty} U_n^2} \Big/ U_{\text{Ges}} \qquad (7.29)$$

Die **Klirrfaktoren n-ter Ordnung** bezeichnen das Verhältnis der einzelnen Oberwellen U_n zur Gesamtausgangsspannung U_{Ges}

$$k_n = U_n / U_{\text{Ges}} \qquad (7.30)$$

Als **Differenzton-Verzerrung zweiter Ordnung** wird das Verhältnis des Differenztons bei 80 Hz zur Gesamtausgangsspannung, bei Beschallung mit zwei separaten Signalen f_1, f_2 im Abstand $\Delta f = 80$ Hz über getrennte Lautsprecher gemessen. Diese Methode erfordert einigen Kalibrieraufwand, umgeht aber die (harmonischen) Nichtlinearitäten von Lautsprechern bei hohen Schalldrucken (Hibbing 1981). Zur Filterung des Differenzsignals genügt ein fest eingestellter schmalbandiger Bandpass bei $f = 80$ Hz.

Häufig werden keine detaillierten Angaben über die Nichtlinearität der Wandler gemacht. Dies liegt u. a. darin begründet, dass es bei hoch aussteuerbaren Wandlern sehr aufwändig ist, über einen größeren Frequenzbereich ein Schallfeld zu erzeugen, dessen nichtlineare Anteile geringer sind als diejenigen des Mikrofons (Oberst 1940, Pastillé 1998). Nichtlinearitäten sind zudem pegel- und frequenzabhängig, gegebenenfalls auch signalabhängig, so dass eine vollständige Beschreibung bisher nicht möglich ist. Hilfsweise werden z. B. bei Kondensatormikrofonen auch rein elektrische Messungen ohne den eigentlichen Wandler durchgeführt, unter der Annahme, dass die elektrischen Nichtlinearitäten überwiegen (DIN45591-1963). Einige Mikrofone ermöglichen dazu Einspeisung eines Signals über einen Einspeisepunkt oder das Netzteil (Neumann 1959, B&K 1996).

Eine weitere Möglichkeit, nichtlineare Verzerrungen zu bestimmen, ist der **Intermodulationsfaktor**. Da die Verzerrungen als Seitenbänder in der Nähe der Anregefrequenzen liegen, ist die Bandpassfilterung aufwändiger als bei der Differenztonmessung (Rieländer 1982). Auch bei der Intermodulationsmessung müssen zwei Lautsprechersysteme verwendet werden, damit deren Verzerrungen nicht die des Mikrofons verdecken. Zur Messung von Lichtlinearitäten s.a. Kap. 21.3.

Zur Beschreibung des Begrenzungsverhaltens von Mikrofonen wird der **Spitzen-Nennschalldruck(pegel)** angegeben, als maximaler erlaubter Schalldruck(pegel), der noch nicht zu einer Beschädigung des Mikrofons führt. Der **Grenzschalldruck(pegel)** bezeichnet den maximalen Schalldruck p_{Grenz} bzw. Schalldruckpegel L_{Grenz}, bei dem die nichtlinearen Anteile der Ausgangsspannung U_{Grenz} eine bestimmte anzugebende Grenze nicht überschreiten. Typischerweise wird ein Gesamtklirrfaktor von 0,5 % oder 1 % als Bezugsgröße gewählt.

$$p_{\text{Grenz}} = \frac{U_{\text{Grenz}}}{M_0} \quad \text{bzw.} \quad L_{\text{Grenz}} = \frac{20 \log p_{\text{Grenz}}}{p_0} \tag{7.31}$$

Bei einigen Mikrofontypen, z. B. Kondensatormikrofonen, kann durch Umschaltung der Grenzschalldruck verändert werden (Abschn. 7.6.5).

7.8.4 Eigenstörspannung und Rauschquellen

Zur Messung der auch ohne externen Schall anliegenden Rauschspannung werden Mikrofone in einen sehr ruhigen reflexionsarmen Raum oder in eine Rauschmessröhre nach DIN EN 60268-4 platziert. Der **äquivalente Nennschalldruckpegel der**

Eigenstörspannung (Ersatzschalldruck, früher auch: Ersatzlautstärke) bezeichnet dann das Verhältnis aus bewerteter Ausgangsspannung (Geräuschspannung) U_{Ger} und Nenn-Übertragungsfaktor M_0. Der Ersatzschalldruckpegel ist das logarithmierte Verhältnis von Ersatzschalldruck zum Referenzschalldruck von $p_0 = 20~\mu\text{Pa}$.

$$L_{Ersatz} = 20\log\frac{U_{Ger}}{M_0 p_0} \tag{7.32}$$

Zur gehörrichtigen Bewertung (AA 1938, Baerwald 1940) werden verschiedene Bewertungsfilter als Teil des Psophometers (Geräuschmessers) verwendet:

- A-Kurve nach IEC 61672-1, Effektivwert,
- CCIR-Kurve nach DIN IEC 60268-1 und ITU-R BS.468-4, Quasi-Spitzenwert

Der häufiger angegebene A-bewertete Pegel ergibt um typisch 10...13 dB kleinere und damit besser erscheinende Werte als die für Mikrofone gehörrichtigere CCIR-Bewertung. Die A-Kurve basiert auf der invertierten 30-Phon-Kurve der Hörfläche nach Fletcher u. Munson, die CCIR-Kurve ist im Rahmen internationaler psychoakustischer Tests bestimmt worden (Wilms 1970).

Die derzeitige DIN EN 60268-4 (2004) sieht A-Bewertung mit Quasi-Spitzenwert vor; diese unübliche Messmethode wird sich aber wohl nicht durchsetzen. Die ältere Bewertung nach DIN 45405 (1967, in „Phon") ergibt um ca. 4,4 dB geringere Werte (für weißes Rauschen) als die CCIR-Bewertung (Hertz 1977). Anschaulich erzeugt ein Mikrofon mit einem Ersatzgeräuschpegel von L_{Ersatz} dB(A) denselben Ausgangspegel wie ein ideal rauschfreies Mikrofon, das mit ebendiesem Schalldruck beschallt wird. Das **Rauschspektrum** als frequenzabhängige Darstellung des Mikrofonrauschens (z.B. in Terzschritten) ist hilfreich beim Vergleich mit dem in Aufnahmenräumen zugelassenen Umgebungsgeräusch (Cohen u. Fielder 1992, DIN 15996).

Rauschen entsteht in den akustischen, mechanischen und elektrischen Teilen eines Mikrofons. Im akustisch-mechanischen Wandler sind die Molekularbewegung der Luft und der mechanischen Strukturen sowie die Dissipation durch Dämpfungsglieder die bestimmenden Elemente. Dämpfung kann, abhängig vom Wandlerprinzip, z.B. durch mechanische Dämpfung in bewegten Teilen, Luftreibung oder magnetische Rückwirkung erfolgen. Als elektrisches Rauschen tritt generell Widerstandsrauschen auf, bei Mikrofonen mit integriertem Verstärker auch Schaltungsrauschen der aktiven Komponenten (Abschn. 7.6.3).

Dämpfungs- und Widerstandsrauschen sind allgemein spektral gleichverteilt (weiß) und folgen der thermischen Abhängigkeit (Gabrielson 1991)

$$U_R = \sqrt{4kTR_i\Delta f} \tag{7.33}$$

wobei $k = 1{,}38 \cdot 10^{-23}$ J/K (Boltzmann-Konstante) und Δf die betrachtete Frequenzbandbreite sind. Der unbewertete Rauschpegel ergibt sich für $R_i = 1~\Omega$, $\Delta f = 1$ Hz und $T = 296$ K zu $U_R = -195{,}6$ dBu. Für beliebige R_i beträgt er damit

Kapitel 7 Mikrofone

$$U_R\,[\text{dBu}] = 10\log \Delta f + 10\log R_i - 195{,}6 \tag{7.34}$$

Für weißes Rauschen von 20 Hz – 23 kHz ergibt A-Bewertung mit Effektivwert um −2,7 dB geringere Werte, die CCIR-Bewertung mit Quasi-Spitzenwert-Gewichtung um +10,6 dB größere Werte (Hertz 1977). Typische Werte sind in Tabelle 7.11 angegeben.

Tabelle 7.11 Unbewertetes und bewertetes Widerstandsrauschen mit Bandbreite Δf = 23 kHz

R_i [Ω]	$U_{R,\text{eff}}$ [dBu]	$U_{R,\text{A-bew,eff}}$ [dBu]	$U_{R,\text{CCIR,qp}}$ [dBu]
50	−135,0	−137,7	−124,4
150	−130,2	−132,9	−119,6
200	−129,0	−131,7	−118,4

Kondensatormikrofone können für geringste Ersatzschalldruckpegel konstruiert werden und übertreffen damit die Empfindlichkeit des menschlichen Gehörorgans (Frederiksen 1984, Schneider 1998/2). Dabei dominiert bei tiefen Frequenzen teils das Schaltungsrauschen, im mittelfrequenten Bereich das akustisch-mechanische Rauschen der Kapsel. Zu hohen Frequenzen hin kommt das thermische Widerstandsrauschen als relevanter Faktor hinzu (Abb. 7.66) (Becker et al. 2006). Den Wandler durch einen äquivalenten Kondensator zu ersetzen, um Umgebungsgeräusche auszuschließen, führt also zu verfälschten Messergebnissen (Abb. 7.66b). Bei Umschaltung des Übertragungsfaktors (Vordämpfung) ändert sich i. Allg. auch die Eigenstörspannung (Abschn. 7.6.5). Bei dynamischen Mikrofonen wird selten der Ersatzgeräuschpegel angegeben. Aufgrund des geringen Übertragungsfaktors dominiert dabei das elektrische Rauschen der Ausgangsimpedanz und des Vorverstärkers (Abb. 7.66d & e).

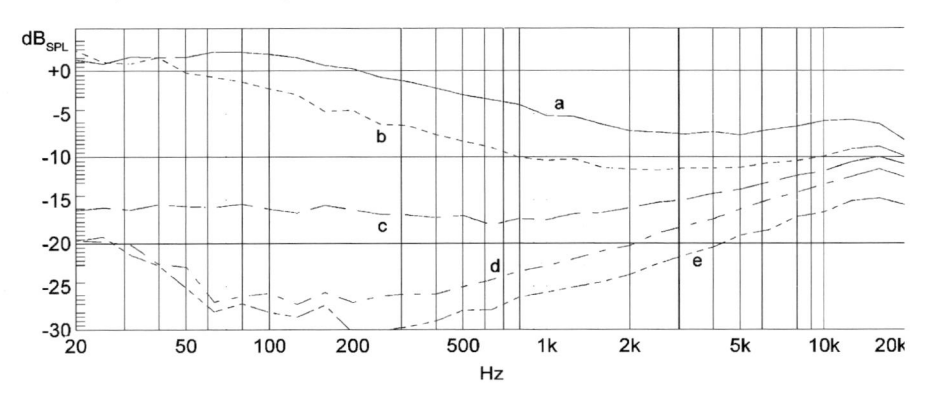

Abb. 7.66 In Terzschritten gemessenes Rauschen eines rauscharmen NF-Kondensatormikrofons. a: Mikrofon vollständig, b: mit Kapsel-Ersatzkapazität, c: mit kapazitivem Kurzschluss am Impedanzwandler, d: Messgrenze: thermisches Widerstandsrauschen R_i = 200 Ω, e. Messgrenze: thermisches Widerstandsrauschen R_i = 50 Ω

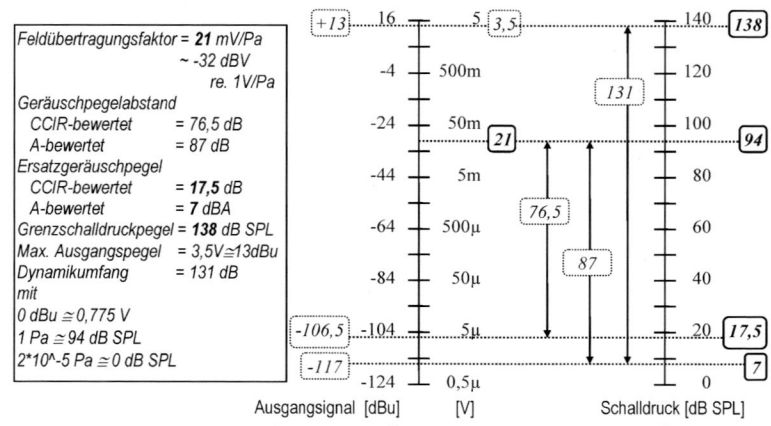

```
Feldübertragungsfaktor = 21 mV/Pa
                      ~ -32 dBV
                        re. 1V/Pa
Geräuschpegelabstand
  CCIR-bewertet   = 76,5 dB
  A-bewertet      = 87 dB
Ersatzgeräuschpegel
  CCIR-bewertet   = 17,5 dB
  A-bewertet      = 7 dBA
Grenzschalldruckpegel = 138 dB SPL
Max. Ausgangspegel = 3,5V≙13dBu
Dynamikumfang     = 131 dB
mit
0 dBu ≙ 0,775 V
1 Pa ≙ 94 dB SPL
2*10^-5 Pa ≙ 0 dB SPL
```

Abb. 7.67 Zusammenhänge technischer Daten. Übertragungsfaktor, Ersatzgeräuschpegel und Grenzschalldruckpegel genügen, um die weiteren Angaben zu Pegeln und Dynamik herzuleiten.

7.8.5 Dynamikumfang

Auch wenn es für den Dynamikumfang eines Mikrofons keine standardisierte Definition gibt, wird meist die Differenz aus Grenzschalldruckpegel und einem bewerteten Ersatzschalldruckpegel dafür herangezogen. Als elektrisches Pendant kann die bewertete Störspannung und die maximale Ausgangsspannung, die bei Beschallung mit dem Grenzschalldruck erzeugt wird, verwendet werden. Der Übertragungsfaktor setzt die Skalen für Schalldruck und Ausgangsspannung in Beziehung.

Der in Anlehnung an den in anderen Bereichen verbreiteten Signal-to-Noise Ratio (SNR) definierte *Geräuschspannungsabstand* als Pegeldifferenz zwischen der Ausgangsspannung beim Referenz-Signal (1 kHz, 1 Pa) und dem Geräuschspannungspegel ist dagegen kein Maß für die verfügbare Gesamtdynamik.

Generell sind der Übertragungsfaktor sowie je eine Angabe zum maximalen Pegel und zum Ersatzgeräusch ausreichend, um alle übrigen Parameter zu bestimmen. Die Zusammenhänge zwischen den Parametern sind in Abb. 7.67 dargestellt (Schneider 1998/2).

7.8.6 Umgebungsbedingungen und äußere Einflüsse

Die drei Umgebungsparameter **Luftdruck**, **Temperatur** und **relative Luftfeuchte** definieren den Wertebereich, in dem die Mikrofondaten um nicht mehr als ±2 dB von ihren Sollwerten abweichen sollen

Störungen durch äußere Einwirkungen werden gelegentlich durch die folgenden sechs Parameter beschrieben. Anzugeben ist der Äquivalentschalldruck(pegel) als

Kapitel 7 Mikrofone

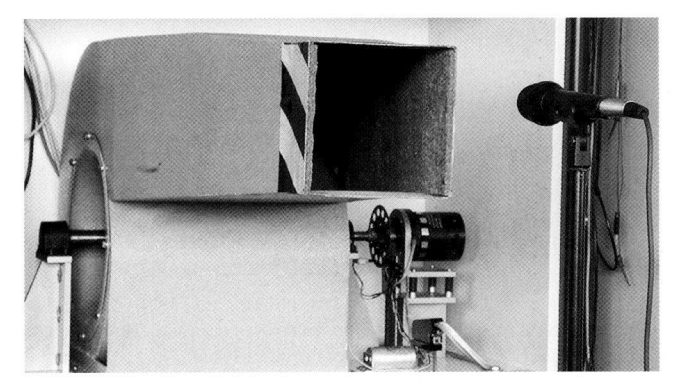

Abb. 7.68 Windmaschine nach IEC 60268-4 zur Messung der Windempfindlichkeit

(logarithmierter) Quotient aus durch die Störung hervorgerufenen Spannung und dem Freifeld-Übertragungsfaktor im jeweiligen Frequenzbereich oder bei einer anzugebenden Bezugsfrequenz, z. B. 1 kHz.

Äußere Magnetfelder
Der Äquivalentschalldruck, den ein definiertes magnetisches Wechselfeld bei Netzfrequenz (50 oder 60 Hz), 1 kHz und 16 kHz im Mikrofon erzeugt.

Mechanische Schwingungen
Für die Körperschallempfindlichkeit ist der Äquivalentschalldruck anzugeben, in Richtung maximaler Störempfindlichkeit, im Frequenzbereich bis 250 Hz, und bei definierter Beschleunigung, z. B. 1 m·s^{-2} Effektivwert (Abschn. 7.7.3).

Wind
Der gemessene Störpegel wird als Äquivalentschalldruckpegel angegeben, als Einzahlwert mit A-Bewertung, oder spektral mit Terz- oder Oktav-Filterung (Abschn. 7.7.1). Nach DIN EN 60268-4 wird das Mikrofon in 25 cm Abstand vor einer definierten Windmaschine (Abb. 7.68) bei einer Windgeschwindigkeit von 10 m·s^{-1} = 36 km/h positioniert. Häufiger werden für Windschutzzubehör relative Winddämpfungswerte angegeben.

Pop-Effekt
DIN EN 60268-4 enthält zwei Vorschläge für eine standardisierte Messmethode der Störungen durch „Pop"-Laute der Sprache. Bei der ersten Methode erzeugt ein Lautsprecher durch Entladung eines großen Kondensators eine einmalige Stoßwelle. Diese Methode ergibt schwer reproduzierbare, lautsprecherabhängige Ergebnisse (Werner 1990). Bei der alternativen Methode (Wollherr u. Ball 1991) erzeugt ein Lautsprecher in einem abgeschlossenen Volumen bei einer Frequenz von 5 Hz einen Schalldruck von 140 dB (Abb. 7.69). Durch neun kleine Öffnungen kann der Druck entweichen und erzeugt in 10 cm Abstand einen annähernd periodischen, turbulenten Luftstrom, der den plosiven Lauten der Sprache ähnlich ist. Die

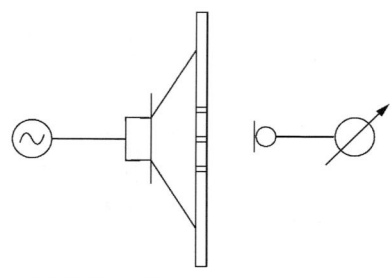

Abb. 7.69 Pop-Messplatz nach DIN EN 60268-4. Simulation einer Popstörung durch Schall mit $f = 5$ Hz und $p = 140$ dB SPL im abgeschlossenen Volumen vor einem Lautsprecher; der Schall entweicht durch neun (3x3) Löcher; typischer Messabstand 10 cm

Störspannung wird A- oder terzbewertet. Obwohl das Verfahren reproduzierbare Werte ergibt (Tams 1992, Schneider 1998), wurden bisher kaum Daten veröffentlicht (Abschn. 7.7.2).

Elektromagnetische Störungen (EMV)
Messung entsprechend der EMV-Norm IEC 61000-4-3, bei einer Feldstärke von 10 m^{-1}, mit Amplitudenmodulation bei 1 kHz und 30 % Modulationsgrad, außerdem mit Frequenzmodulation bei 1 kHz und 22,5 kHz (Abschn. 7.7.7).

Elektrostatische Entladung (ESD)
Die Immunität gegen elektrostatische Entladung ist entsprechend EMV-Norm IEC 61000-4-2 zu messen (typisch 8 kV) (Abschn. 7.7.7).

7.8.7 Messtechnik

Viele Messungen werden rein elektrisch durchgeführt. Zur Messtechnik hierzu siehe z. B. Kap. 21 oder (Cabot 1999). Einige elektroakustische Parameter, z. B. Übertragungsfaktor, Frequenzgang, Richtungseigenschaften, sind hingegen nicht einfach zu messen. Eine Hauptschwierigkeit liegt darin, ein definiertes Schallfeld für den gesamten Frequenzbereich zu erzeugen. DIN EN 60268-4 beschreibt die folgenden Messmethoden (Abb. 7.70)

- Freifeld: Kugelwellen, Ebene Wellen (Kap. 1.5)
- Diffusfeld im Hallraum (Diffusfeld-Übertragungsfaktor)
- Messung mit Koppler (Druck-Übertragungsfaktor)
- Kugelfeld: Messung mit künstlichem Mund (Nahbesprechungs-Übertragungsfaktor)

Auch wenn diese Schallfelder nur selten typischen Aufnahmesituationen entsprechen, sind zur Vergleichbarkeit unterschiedlicher Messungen eindeutig definierte Schallfelder erforderlich. Auch zwischen Kalibrierstellen und Messlaboren sind ge-

Kapitel 7 Mikrofone

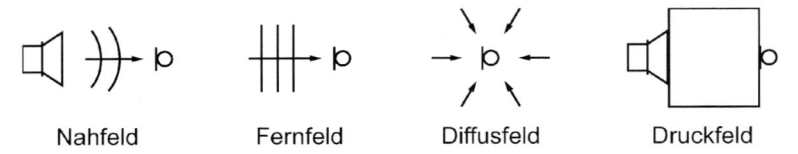

| Nahfeld | Fernfeld | Diffusfeld | Druckfeld |

Abb. 7.70 Schallfelder für Messungen. Kugelwelle im Nahbereich, ebene Welle im Fernbereich, Diffusfeld im Hallraum und Druckfeld in kleiner Druckkammer (v.l.n.r.)

legentliche Reihen-Vergleichsmessungen notwendig, um Differenzen in den Messaufbauten auszuräumen (Wong u. Embleton 1995).

Zur Bestimmung des Übertragungsfaktors und zur Kalibrierung können für Druckempfänger direkte Verfahren verwendet werden wie die Reziprozitätsmethode (Olson 1941, Brüel 1964–65, Wong u. Embleton 1995). Serienmessungen werden dann relativ zu einem kalibrierten Messmikrofon durchgeführt. Bei den Vergleichsmessungen werden Substitutions- und Komparationsmethode (Abb. 7.71) angewendet. Übertragungsfaktor und Frequenzgang des Referenzmikrofons müssen dazu bekannt sein. Aus dem Verhältnis der beiden Ausgangsspannungen (und etwaiger Korrekturen der linearen Verzerrungen des Frequenzgangs des Vergleichsmikrofons) werden die Parameter des Prüflings bestimmt.

Bei der **Substitutionsmethode** werden Prüfling und Vergleichsmikrofon nacheinander im selben Schallfeld und am selben Ort gemessen. Diese Methode ergibt hohe Genauigkeit. Die beiden Messungen müssen bei identischem Schalldruck stattfinden, da ansonsten Pegel-Nichtlinearitäten des Messlautsprechers, z. B. durch Spulenerwärmung (Sander-Röttcher u. Tams 1994), das Ergebnis verfälschen können. Zudem dürfen sich die Lautsprechereigenschaften nicht durch Temperatur, Feuchte und Luftdruckänderungen verändert haben.

Bei der **Komparationsmethode** werden Prüfling und Vergleichsmikrofon gleichzeitig beschallt, nebeneinander oder hintereinander positioniert. Das Schallfeld wird durch die Anwesenheit beider Mikrofonkörper gestört (Zollner 1982). Die gegenseitige Beeinflussung soll ≤ 1 dB gehalten werden.

Bei Druckempfängern stimmen die Übertragungsfaktoren M_0, M_{Diff}, M_{Druck}, und M_{Nah} für tiefe Frequenzen überein; erst, wenn die Mikrofonabmessungen nicht mehr klein gegen die Wellenlänge sind, treten Unterschiede auf. Bei Druckgradientenempfängern sind die Übertragungsfaktoren über den gesamten Frequenzbereich von der Art des Schallfelds abhängig.

7.8.7.1 Freifeld

Die meisten Messungen finden unter Freifeldbedingungen statt. Dies kann erreicht werden

- im Freien,
- in einem Messrohr,
- im reflexionsarmen Raum.

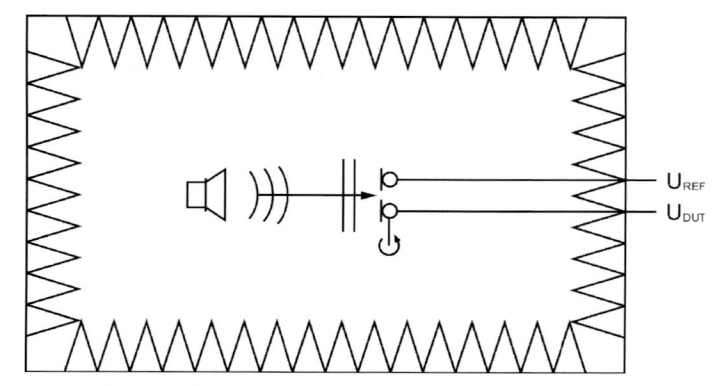

Abb. 7.71 Messaufbau im reflexionsarmen Raum. Messung mit annähernd ebener Welle, Messobjekt (DUT) auf Drehtisch; bei Komparationsmethode mit Vergleichsmikrofon (REF) in der Nähe des Messobjekts, bei Substitutionsmethode mit zeitlich aufeinanderfolgenden Messungen am identischen Ort

Im Freien können reflexionsfreie Bedingungen angenähert werden, z. B. durch einen in die Erdoberfläche eingelassenen Lautsprecher und einem senkrecht darüber positioniertem Mikrofon. Störungen durch z. B. Umgebungsgeräusche, Wind, Vibrationen und die Messapparatur selbst müssen mindestens 10 dB unter dem Nutzsignal liegen, damit die Abweichungen kleiner 1 dB bleiben. Dies gilt insbesondere bei Messungen im Winkelbereich maximaler Auslöschung, sowie bei Messungen an Mikrofonen geringer Empfindlichkeit.

Tieffrequente Messungen werden in reflexionsfrei abgeschlossenen Rohren durchgeführt (Boré 1978). Deren obere Grenzfrequenz ist erreicht, wenn die halbe Wellenlänge dem Durchmesser des Rohrs entspricht. Für Messungen bis 20 Hz beträgt die Länge des Rohrs ca. 16 m. Alternativ wird ein aktiv gedämpftes Rohr in kürzerer Bauform eingesetzt (Sander-Röttcher u. Tams 1994).

In reflexionsarmen Räumen muss die Dicke des absorbierenden Materials mindestens ein Viertel der längsten zu messenden Wellenlänge betragen. Damit können in realen Räumen Messungen nur bis zu einer unteren Grenzfrequenz durchgeführt werden. Bei tieferen Frequenzen werden die Messwerte durch Reflexionen und stehende Wellen sowie durch zusätzliche Krümmung der Wellenfront durch den Kanaleffekt (Boré 1978) verfälscht.

Für Druckgradientenempfänger muss die Art des Schallfelds am Messort bekannt sein. Bevorzugt soll mit ebenen Wellen gemessen werden, näherungsweise in einer Entfernung $s > \lambda/2$ von der Schallquelle. Bei kleineren Entfernungen führt der Nahbesprechungseffekt (Abschn. 7.3.2) zu einer Überbetonung der tiefen Frequenzen. Aufgrund der Achtercharakteristik dieses Effekts führt dies besonders zu Verfälschungen unter 0° und 180°. Bei Messkurven von Druckgradientenempfängern, die nicht im ideal ebenen Schallfeld ermittelt wurden, sollten deshalb für annähernde Vergleichbarkeit zumindest die Art des Schallfelds und der Messabstand angegeben werden. Ergebnisse aus drei verschiedenen Messungen (Abb. 7.72) zeigen die ideale Messung im Tiefton-Messrohr sowie den Einfluss des Nahbesprechungseffekts auch in reflexionsarmen Räumen.

Kapitel 7 Mikrofone 409

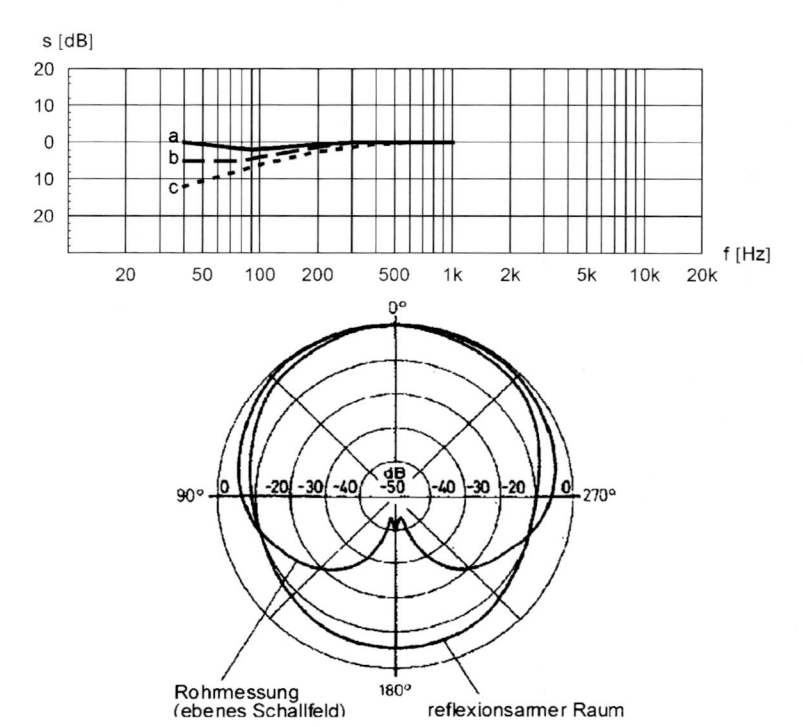

Abb. 7.72 Einfluss der Messmethode auf tieffrequente Messungen durch Nahbesprechung. Druckgradientenempfänger im kleinen reflexionsarmen Raum (a), mittleren reflexionsarmen Raum (b), echte Freifeld-Messung im Tiefton-Messrohr (c), nach (Boré 1978)

Freifeldmessungen finden vorzugsweise mit diskreten Sinustönen statt. Zur Reduzierung des Einflusses stehender Wellen, z. B. bei Diffusfeldmessungen, werden Terzrauschen oder ein Sinus mit gleitender Frequenz (Sweep, Wobble) eingesetzt. Diese Signale bewirken allerdings eine Glättung des Frequenzgangs.

Die Bestimmung der Richtcharakteristik wird ebenfalls im freien Schallfeld, mit ebenen Wellen, durchgeführt. Eine Kalibrierung ist hierbei nicht notwendig, da Lautsprechereigenschaften nicht in die Messung eingehen. Das Messobjekt wird bevorzugt auf einem steuerbaren Drehtisch befestigt und um eine senkrecht zur Schalleinfallsrichtung stehenden Achse gedreht. Bei nicht rotationssymmetrischen Mikrofonen sind Messungen in verschiedenen Ebenen notwendig.

Bei Messungen von Druckgradientenmikrofonen im Bereich des maximalen Auslöschungswinkels (Tabelle 7.2) können schon geringe Störungen des Schallfelds – z. B. durch das Mikrofongehäuse, Stative und Halterungen (Zollner 1982) oder auch Reflexionen im Messraum – Welligkeiten oder singuläre Störungen im Kurvenverlauf verursachen. Hier kann es gerechtfertigt sein, mit Terzmittelung oder Terzrauschen zu arbeiten.

7.8.7.2 Diffusfeld

Diffusfeldmessungen können in Hallräumen mit einem Volumen V bis zu einer unteren Grenzfrequenz

$$f_u = 125 \sqrt[3]{180/V} \qquad (7.35)$$

durchgeführt werden. Mittelung über mehrere Messorte sowie Verwendung von Terzrauschen verringern den Einfluss eines nicht-idealen Messraums. Die Messorte müssen dabei, abhängig von Nachhallzeit T und Raumvolumen V, mindestens um den Hallradius r_H nach (5.5) von der Schallquelle und den Wänden entfernt sein.

Der Diffusfeld-Übertragungsfaktor M_{Diff} bzw. der Bündelungsgrad γ werden näherungsweise auch aus der Mittelung einer großen Anzahl Freifeldmessungen aus allen Richtungen berechnet (Brinkmann u. Goydke 1995). Alternativ wird ein diffuses Schallfeld durch eine größere Anzahl unkorrelierter Rauschquellen in einem reflexionsarmen Raum simuliert (Sander-Röttcher u. Tams 1994).

7.8.7.3 Druckfeld

Der Druck-Übertragungsfaktor wird nur bei Messmikrofonen bestimmt. Er wird nach der Reziprozitätsmethode (IEC 61094-2), in Druckkammern, mit Pistonphonen, für Kondensatormikrofone auch näherungsweise mit Eichgittern, gemessen (B&K 1996, Frederiksen 1995).

7.8.7.4 Nahfeld

Der Nahbesprechungs-Übertragungsfaktor wird in der angenäherten Kugelwelle in z. B. 25 mm vor einem künstlichen Mund nach ITU-T P.51 bestimmt. Die Vorgehensweise entspricht ansonsten der Messung im Freifeld. Um die Verhältnisse einer idealen Kugelwelle zu erhalten, muss der Messabstand s größer sein als der Durchmesser d der Quelle sowie $s > d^2/\lambda$ gelten (Fasold et al. 1984, vgl. Kap. 1.5.3).

7.8.7.5 Alternative Messverfahren

Frequenzgangmessungen können auch mit Zeit-Frequenz-Analyseverfahren durchgeführt werden. Bei Verfahren wie Time-Delay-Spectrometry mit gleitendem Sinus, deterministischem Pseudo-Rauschen wie Maximum-Length-Sequences (MLS) und Impulsmessungen werden Raumreflexionen durch zeitselektive Filter ausgeblendet, um Freifeldbedingungen zu schaffen. Diese Verfahren führen allerdings prinzipiell zu einer Glättung des Frequenzgangs. Zudem haben rauschartige Signale ein größeres Verhältnis von Spitzenwert zu Effektivwert (*crest factor*, Kap. 1.2.3) als sinusförmige Signale. Um Übersteuerung zu vermeiden, werden Rauschsignale mit geringerem Effektivpegel verwendet. Bei Verfahren mit deterministischen Signalen wird durch Mittelung über mehrere Messungen der Signal-Geräusch-Abstand vergrößert. Zur Beschreibung dieser Verfahren und weiterführender Literatur s. Kap. 21.

7.8.7.6 Impulsmessung

Zur Bestimmung des Übertragungsverhaltens eines Mikrofons im Zeitbereich existiert als weiteres nicht-standardisiertes Verfahren die Anregung mit impulsartigen Signalen, erzeugt durch einen Funkenknall (Peus 1976). Diese Impulsantwort beinhaltet Informationen zu Frequenz- und Phasengang und zeigt damit auch Unterschiede zwischen Mikrofonen mit ähnlichen Frequenzgängen auf. Die zeitliche Darstellung ermöglicht ebenso die einfache Ermittlung von z. B. Reflexionen an Strukturen von Mikrofongehäusen oder Halterungen.

Da der Impuls sehr kurz und damit breitbandig ist, ist das Verfahren auch für Messungen oberhalb 20 kHz geeignet, auch wenn jeder akustische Impuls nur eine Annäherung an den infinitesimal kurzen Dirac-Impuls im Sinne von Kap. 1.2.5 ist, die zudem nicht exakt reproduzierbar ist.

Danksagung

An Jürgen Breitlow, Wolfgang Dressler, Margit Eberlein, Thomas Görne, Oliver Lindner, Stephan Peus, Michaela Rossteuscher und Stefan Weinzierl für Diskussionen, Korrekturen und Gestaltungshinweise; an Sybille Rohde für die Schaltbilder; an Caren Glodek für Abbildungen.

Normen und Standards

DIN EN 60268-4 ist die grundlegende Mikrofonnorm der IEC 60268 Normenfamilie „Sound System Equipment" (früher IEC 268). Sie legt u. a. fest, welche Daten in der technischen Dokumentation enthalten bzw. auf dem Mikrofon selbst angebracht sein sollten. Deutsche Übersetzungen liegen als DIN EN 60268 vor. Da viele Normen im Laufe der Zeit umbenannt, zurückgezogen oder modifiziert wurden, kann der Vergleich von Messwerten nach unterschiedlichen Normen aufwändig sein (Wilms 1970, Woodgate 1994, Bohn 2000, Werner 2004).

AES3	Recommended practice for digital audio engineering – serial transmission format for two-channel linearly represented digital audio data
AES3id	Information document for digital audio engineering – transmission of AES3 formatted data by unbalanced coaxial cable

AES5	Recommended practice for professional digital audio – preferred sampling frequencies for applications employing pulse-code modulation
AES14	Standard for professional audio equipment – application of connectors, part1, XLR-type polarity and gender
AES17	Standard method for digital audio engineering – measurement of digital audio equipment
AES42	Standard for acoustics – Digital interface for microphones
AES48	Standard on interconnections – Grounding and EMC practices – Shields of connectors in audio equipment containing active circuitry
IEC 60050-801	International Electrotechnical Vocabulary – Chapter 801: Acoustics and electroacoustics
IEC 60050-806	International Electrotechnical Vocabulary – Chapter 806: Recording and reproduction of video and audio
DIN 15996:2006	Bild- und Tonbearbeitung in Film-, Video- und Rundfunkbetrieben – Grundsätze und Festlegungen für den Arbeitsplatz
DIN IEC 60268-1	Elektroakustische Geräte; Allgemeines
DIN IEC 60268-2	Elektroakustische Geräte – Teil 2: Allgemeine Begriffe und Berechnungsverfahren
DIN EN 60268-3	Elektroakustische Geräte – Teil 3: Verstärker
DIN EN 60268-4	Elektroakustische Geräte – Teil 4: Mikrofone
DIN IEC 60268-11	Elektroakustische Geräte – Teil 11: Anwendung von Steckverbindern für die Verbindung von Teilen elektroakustischer Anlagen
DIN EN 60268-12	Elektroakustische Geräte – Teil 12: Anwendung von Steckverbindern für Rundfunk-Studiobetrieb und ähnliche Zwecke
DIN EN 61094 –1	Messmikrofone – Teil 1: Anforderungen an Laboratoriums-Normalmikrofone
DIN EN 61094-4	Messmikrofone – Teil 4: Anforderungen an Gebrauchs-Normalmikrofone
DIN EN 61672-1	Elektroakustik – Schallpegelmesser – Teil 1: Anforderungen
DIN EN 61842	Mikrofone und Kopfhörer für Sprachkommunikation
DIN EN 61938	Audio-, Video- und audiovisuelle Anlagen – Zusammenschaltungen und Anpassungswerte – Empfohlene Anpassungswerte für analoge Signale
ITU-R BS.468-4	Measurement of audio frequency noise voltage level in sound broadcasting (früher: CCIR 468-3, DIN 45404-1983)
ITU-T P.51: 1996	Artificial mouth
ITU-T P.58: 1996	Head and torso simulator for telephonometry

Literatur

AA (1938) Mitteilung des Akustischen Ausschusses vom 27.10.1938, zitiert in (Großkopf 1953)
Abbagnaro LA (1979) (Hrsg) Microphones – an anthology of articles on microphones. Audio Engineering Society, New York
AES-X085 (1998) Projektgruppe: Detailed professional microphone specifications. www.aes.org
Almeflo PO, Johansson M (2001) Suppression of switch mode power supply noise in digital microphones. 110th AES Conv, Amsterdam, Preprint 5341
Anon. (1881) The Telephone at the Paris opera. Sci Am Dec. 3 (1881), auch in: (1981) J Audio Eng Soc 29:369–372
Baer W (1943) Ein neues dynamisches Mikrophon. Akust Z 8:127–135
Baerwald HG (1940) The absolute noise level of microphones. J Acoust Soc Amer 12:131–139
Ballantine S (1932) Technique of microphone calibration. J Acoust Soc Amer 3:319–360, auch in: (Miller 1982)
Ballou G (2002) (Hrsg) Handbook for sound engineers. Focal Press, Boston
Bartlett B (1988) Phantom-powering precautions, Recording Engineer/Producer. 1988, 36–41
Bartlett B, Billingsley M (1989) An Improved Stereo Microphone Array Using Boundary Technology: Theoretical Aspects. 86th AES Conv, Hamburg, Preprint 2788
Bauer BB (1941), Uniphase unidirectional microphones. J Acoust Soc Amer 13:41–45, auch in: (Groves 1981)
Bauer BB (1941/2) Conversion of wave motion into electrical energy. Patent US2305598
Bauer BB (1954) Equivalent circuit analysis of mechano-acoustic structures. Transactions of the IRE vol AU-2, 112–120, auch in: (1976) J Audio Eng Soc 24:162–171
Bauer BB (1962) A century of microphones. Proc of the IRE 50:719–729, auch in: (1987) J Audio Eng Soc 35:246–258
Bauer BB et al. (1978) The Ghent microphone system for SQ quadraphonic recording and broadcasting. J Audio Eng Soc, Jan/Feb 1978
Baxandall P (1994) Microphone amplifiers and transformers. In: Gayford ML (Hrsg) Microphone engineering handbook. Focal Press, Oxford
Becker V et al. (2006) Acoustic noise in condenser microphones. Acta Acustica 92:127–134
Bell AG (1876) Researches in telephony. Am Acad Arts Sci Proc 12:1–10, auch in: Groves ID (1982)
Beranek LL (1954) Loudspeakers and microphones. J Acoust Soc Amer 26:618–629
Beranek LL (1988) Acoustical Measurements. American Institute of Physics for: Acoustical Society of America
Bertram K (1961) Die Richtungsmischung in der stereophonischen Aufnahmetechnik. Telefunken-Zeitung 34:139–147
Bertram K (1965) Über den Umgang mit Stereo-Koinzidenz-Mikrophonen. Telefunken-Zeitung 38:338–347
Bishop S (2004/1) Gadgets and gizmos. Line Up June/July 2004
Bishop S (2004/2) Gadgets and gizmos. Line Up Nov/Dec 2004, sowie: Robjohns H, in Line Up, Sept/Oct 2005
B&K (1980) Master catalogue – Electronic instruments. Firmenschrift Brüel& Kjær, Nærum
B&K (1995) Microphone handbook – For the Falcon range of microphone products. Firmenschrift Brüel& Kjær, Nærum
B&K (1996) Microphone handbook. Bd 1, Firmenschrift Brüel& Kjær, Nærum
Blumlein AD (1931) Improvements in and relating to sound-transmission, sound-recording and sound-reproducing systems. British Patent 394,325, auch in: (1958) J Audio Eng Soc 6:91ff
de Boer K (1940) Plastische Klangwiedergabe. Philips tech Rdsch 5/4:108–115
Bohn DA (2000) The bewildering wilderness – navigating the complicated and frustrating world of audio standards. S&VC, September 2000:56–64
Boré G (1956) Grundlagen und Probleme der stereophonen Aufnahmetechnik. Firmenschrift, Georg Neumann GmbH, Berlin, auf: www.neumann.com

Boré G (1967) Transistorbestückte Kondensatormikrofone in Niederfrequenz-Schaltung. radio-mentor-electronic 7:528–532
Boré G (1978) Das Übertragungsmaß der Mikrophone bei tiefen Frequenzen und seine Messung. FKT 32:101–103
Boré G, Peus S (1999) Mikrophone – Arbeitsweise und Ausführungsbeispiele. Firmenschrift Georg Neumann GmbH, Berlin
Brandstein M, Ward D (2001) (Hrsg) Microphone arrays. Springer, Berlin
Braunmühl, Weber (1935), Kapazitive Richtmikrophone. Z f Hochfrequenz u. Elektroakustik 46:187–192
Bree HE de (2003) An overview of microflown technologies. Acta Acustica 89:163–172
Brinkmann K, Goydke H (1995) Random-incidence and diffuse-field calibration. In: Wong GSK, Embleton TFW (Hrsg) AIP Handbook of condenser microphones. Theory, calibration and measurements. American Institute of Physics, New York
Brixen EB (1996) Spectral degradation of speech captured by miniature microphones mounted on persons' head and chest. Preprint 4284, 100th AES Conv, Copenhagen
Brock M (1986) Wind and turbulence noise of turbulence screens, nose cone and sound intensity probe with windscreens, Tech. Rev., Brüel & Kjær, Kopenhagen, no 4 (1986), 32–39
Bronstein IN, Semendjajev KA (1993) Taschenbuch der Mathematik. Verlag Harri Deutsch, Thun, Frankfurt
Brüel PV (1960) Aerodynamically induced noise of microphones and windscreens. Tech Rev, Brüel & Kjær, Kopenhagen, no 2
Brüel PV (1964–65) The accuracy of condenser microphone calibration methods. Tech Rev, Brüel & Kjær, Kopenhagen, no 4 (1964) & no 1 (1965)
Bullock JD, Woodard AP (1984) Performance characteristic of unidirectional transducers near reflective surfaces. 76th AES Conv, New York, Preprint 2122
Cabot RC (1999) Fundamentals of modern audio measurement. J Audio Eng Soc 47
Chu WT, Warnock ACC (2002) Detailed directivity of sound fields around human talkers. National Research Council Canada
Cohen EA, Fielder LD (1992) Determining noise criteria for recording environments. J Audio Eng Soc 40:384–401
Corinth G (1997) Experimentelle Untersuchungen der Membran-Schwingungsformen bei verschiedenen Kondensator-Mikrofonkapseln. Fortschr Akustik (DAGA), Kiel, S 521–522
Crandall IB (1917) Acoustic Apparatus. US-Patent 1456538
Cremer L, Hubert M (1985) Vorlesungen über Technische Akustik. Springer, Berlin
Daniel P et al. (2007) Kunstkopftechnik – Eine Bestandsaufnahme. Nuntius Acusticus in: Acta Acustica/Acustica 93:1
Dewald H (1942) Der Tuchel-Kontakt. Zeitschrift für Fernmeldetechnik, Werk- und Gerätebau 23:55–59
Eargle J (2004) The microphone handbook. Focal Press, Burlington
Elko GW (2000) Superdirectional microphone arrays. In: Gay SL, Benesty J (2000) (Hrsg.) Acoustic signal processing for telecommunications, Kluwer Academic Publ
Ernsthausen W (1937) Über die Verzerrungen des Niederfrequenz-Kondensatormikrophons. Archiv Elektrotechnik 31–7:487–494
Fasold W et al. (1984) Taschenbuch Akustik. VEB Verlag Technik, Berlin
Frederiksen E (1969) Long term stability of condenser microphones. Tech Rev, Brüel & Kjær, Kopenhagen, no 2
Frederiksen E (1979) Prepolarized condenser microphones for measurement purposes. Tech Rev, Brüel & Kjær, Kopenhagen, no 4, (1979)
Frederiksen E (1984) Microphone system for extremely low sound levels. Tech Rev, Brüel & Kjær, Kopenhagen, no 3
Frederiksen E (1995) Electrostatic actuator. In: Wong GSK, Embleton TFW (Hrsg) AIP Handbook of condenser microphones. Theory, calibration and measurements. American Institute of Physics, New York
Funke R (2007) Untersuchungen an Mikrofonen mit digitaler Schnittstelle auf ihre Einsatztauglichkeit in Rundfunkproduktionen. Dipl Arbeit, Fachhochschule Deggendorf, in Arbeit

Gabrielson TB (1991) Mechanical-thermal noise in micromachined acoustic and vibration sensors. IEEE Trans Electron Devices 43:903–909
Garthe D (1991) Ein rein optisches Mikrofon. Acustica 73:72–89
Gayford ML (1970) Electroacoustics – Microphones, Earphones and Loudspeakers. Newnes-Butterworths, London
Gayford ML (1994) (Hrsg) Microphone engineering handbook. Focal Press, Oxford
Gefell (2006) Dokumentation auf: www.microtechgefell.de (Stand 04/2006)
Gerber W (1985) Zur Frage des Störpegels von analogen Tonstudiomischpulten für anspruchsvolle Produktionen. RTM 29:117–122
Gerlach E (1924) Vorführung eines neuen Lautsprechers II. Phys Z 25:656–676, auch in: Groves ID (1982)
Gernemann A (2002) „Decca-Tree" – gestern und heute. 22. Tonmeistertagung, Hannover
Gerzon MA, Craven PG (1975) Sound field microphone. UK Patent 1512514
Glover RP (1940) A review of cardioid type unidirectional microphones. J Acoust Soc Amer 11:296–302
Görike P (1967) Das Tauchspulen-Mikrophon nach dem Zweiweg-Prinzip und seine Entwicklung. Funktechnik H.15:551–553
Goossens S (1998) Headset-Mikrofone – Welche Eigenschaften beeinflussen die Audioqualität? 20. Tonmeistertagung, Karlsruhe
Goossens S, Wollherr H (1997) KEM – das ganz andere Mikrophon. FKT 51:186–191
Goossens S (2005) Der neue ARD-Mikrophon-Windschutz. FKT 4:175–179
Griese HJ (1963) Anschluß und Speisung transistorisierter Mikrophone. HiFi Stereo Praxis Heft 5
Griese HJ (1965) Circuits of transistorized rf condenser microphones. J Audio Eng Soc 13:17–22
Griese HJ (1966) Self-calibrating condenser microphone with integral rf circuitry for acoustical measurements. J Audio Eng Soc July 1966
Grinnip RS III (2004) Advanced simulation of a condenser microphone capsule. 117th AES Conv, San Francisco, Preprint 6254
Großkopf H (1950) Gerichtete Mikrofone mit phasendrehenden Gliedern. FTZ 3:248–253
Großkopf H (1951) Neue Kondensatormikrophone für Rundfunk-Studios. FTZ 4:398–402
Großkopf H (1951/2) Ein neues Klein-Mikrophon für Reportagezwecke. NWDR Techn Hausmitt 12:209
Großkopf H (1952) Über Methoden zur Erzielung eines gerichteten Schallempfangs. NWDR Techn Hausmitt 4:209–218
Großkopf H (1953) Die Grenzen der Empfindlichkeit für das Kondensatormikrophon in der Niederfrequenzschaltung. Acustica 3:279–290
Groves ID Jr. (1982) (Hrsg) Acoustic transducers (Benchmark papers in acoustics). Hutchinson Ross, Stroudsburg
Hansen KS (1969) Details in the construction of a piezo-electric microphone. Tech Rev, Brüel & Kjær, Kopenhagen, no 1 (1969)
Hara T, Sasaki T (1998) Development of a wide frequency range and low noise microphone system. 104th AES Conv, Amsterdam, Preprint 4681
Hau A (2004) Flachmann. Cut 8/9:50–51
Hebert GK, Thomas FW (2001) The 48 volt phantom menace. 110th AES Conv, Amsterdam, Preprint 5335
Heckl M, Müller HA (2001) (Hrsg.) Taschenbuch der technischen Akustik. Springer, Heidelberg
Hensel J, Krause M, Schaller W (1992) Orthophonie – ein neues Aufnahme- und Wiedergabeverfahren zur Abbildung räumlicher Schallfelder. Fernseh-und Kinotechnik 46:165–170
Hertz B (1977) Noise measurement on audio equipment. 56th AES Conv, Preprint 1194
Hibbing M (1985) Design of a low noise studio condenser microphone. 77th AES Conv, Hamburg, Preprint 2215
Hibbing M (2001) Design of studio microphones with extended high-frequency response. 111th AES Conv, New York, Preprint 5465
Hibbing M, Griese H (1981) New investigations on linearity problems of capacitive transducers. 68th AES Conv, Hamburg, Preprint 1752

Hirsch (1966) Kondensatormikrophone in Hochfrequenzschaltung. Funkschau H.17:547–548
Holophone (2006) Datenblatt: www.holophone.com (Stand 02/2006)
IRT (1964) Report on electroacoustic requirements of a Lavalier microphone. Institut für Rundfunktechnik, Hamburg
IRT (1989) Richtlinie R2 – Richtlinien zur Erzielung der elektromagnetischen Verträglichkeit von Geräten und Anlagen in Rundfunkbetrieben
IRT (1993) Pflichtenheft 3/3 – Audiokabel und -leitungen. Inst f Rundfunktechnik, München
Jahne H (2005) Mitteilung an AES Standard Committee SC04–04 (Mikrofone)
Jecklin J (1981) A different way to record classical music. J Audio Eng Soc 29:329–332
Julstrom S (1991) An intuitive view of coincident stereo microphones. J Audio Eng Soc 39:632–649
Kanno Y (2001) High-resolution omnidirectional microphone. 10th Regional AES Conv, Japan
Kaye DH (1975) Sound attenuation by commonly available membranes used for moisture protection of microphones. J Acoust Soc Amer 58:1328–1329
Kennerknecht M (2007) Poppen und Ploppen, tools4music. PnP-Verlag, Neumarkt
Konrath K (1995) Konzeption und Entwicklung eines Prototyps des „digitalisierten Mikrophons". Diplom Arbeit, FH Düsseldorf, Fachbereich Medien
Lafaurie R (1965) Nouvelles contributions à la technique des microphones électrostatiques transistorisés. Revue du son 146:238–241
Lafaurie R (1968) Une nouvelle série de microphones électrostatiques Schoeps. Revue du son No.180
Langen C (1998) Mikrofon mit frequenzabhängig einstellbarem Bündelungsmaß. 20. Tonmeistertagung, Karlsruhe
Lemme H (2003) Elektrogitarren – Technik und Sound. Elektor-Verlag, Aachen
Lipschitz SP, Vanderkooy J (1981) The acoustical behaviour of pressure-responding microphones positioned on rigid boundaries – a review and critique. 69th AES Conv, Los Angeles, Preprint 1796
Long EM (1980) The pressure recording process. db 14:31–33
Marshall RN, Harry WR (1941) A new microphone providing uniform directivity over an extended frequency range. J Acoust Soc Amer 12:481–495, 497, auch in: Groves ID (1982)
Mason WP, Marshall RN (1939) A tubular directional microphone. J Acoust Soc Amer 10:206ff
Meyer J, Marshall AH (1984) Schallabstrahlung und Gehöreindruck beim Sänger. 13. Tonmeistertagung, München
Miller HB (1982) (Hrsg) Acoustical measurements – methods and instrumentation (Benchmark papers in acoustics). Hutchinson Ross, Stroudsburg
Morita A et al. (1997) Development of "ice-zone microphone" for skating sound pick-up. 103rd AES Conv, New York, Preprint 4514
Morse PM (1981) Vibration and sound, American Institute of Physics for: Acoustical Society of America
Müller B (1990) A new type of boundary-layer microphone. 88th AES Conv, Montreux, Preprint 2885
Neumann G (1929) Elektrostatisches Mikrophon, Deutsches Reichspatent 574428.
Neumann (1937) Elektroakustisches Taschenbuch, Firmenschrift, Georg Neumann & Co, Berlin, auch in: Heyda H (1947) Elektroakustisches Taschenbuch. 5. Aufl, Jakob-Schneider-Verlag, Berlin
Neumann (1959) Bedienungsanleitung M49b/M50b. Georg Neumann GmbH, Berlin, auf: www.neumann.com
Neumann (2006) Hinweise zu Pflege und Reinigung von Mikrophonen. Georg Neumann GmbH, Berlin, auf: www.neumann.com
Neutrik (2005) Produktinformation zu XCC-Steckverbindern, auf: www.neutrik.com
Nielsen TG (1995) Microphone selection and use. In: Wong GSK, Embleton TFW (Hrsg) AIP Handbook of condenser microphones. Theory, calibration and measurements. American Institute of Physics, New York
Oberst H (1940) Eine Methode zur Erzeugung extrem starker stehender Schallwellen in Luft. Akust Z 5:27–38
Olson HF (1931) Mass controlled electrodynamic microphones: the ribbon microphone. J Acoust Soc Amer 3:56–68, auch in: Groves ID (1982)

Olson HF (1941) Calibration of microphones by the principles of similarity and reciprocity. RCA Review 6:36–42, auch in: Abbagnaro LA (1979)
Olson HF (1946) Gradient microphones: J Acoust Soc Amer 17:192–198
Olson HF (1957) Acoustical Engineering. D van Nostrand, Princeton NY
Olson HF (1976) A history of high-quality studio microphones. J Audio Eng Soc Dec 1976
Ono K et al. (2006) Development of a super-wide range microphone. 120th AES Conv, Paris, Preprint 6637
Paritsky A et al. (1999) Optical microphone's breakthrough. 107th AES Conv, New York, Preprint 4989
Pastillé H (1998) Lineare Schalldruckerzeugung in gekoppelten Röhren. Fortschr Akustik (DAGA), Zürich, S 426–428
Pastillé H (1999) Proc FORUM ACUSTICUM Berlin. Acta Acustica, Supplement 85:433ff
Pastillé H (2002) About the 10dB switch of a condenser microphone in audio frequency circuits. J Audio Eng Soc 50:695–702
Paul JD et al. (1991) Digital output transducer. Patent US 5051799
Peus S (1976) Impuls-Verhalten von Mikrophonen, radio-mentor-electronic. 10. Tonmeistertagung, Köln
Peus S (1988) Die MS-Aufnahmetechnik für den stereophonen Filmton. 3rd Regional AES Conv, Melbourne, www.neumann.com
Peus S (1991) On the development of a new vocalist microphone. Meeting der AES Italien, www.neumann.com
Peus S (1997) Measurements on studio microphones. 103rd AES Conv, New York, Preprint 4617
Peus S, Kern O (1983) Transformerless studio condenser microphone. 73rd AES Conv, Eindhoven, Preprint 1986
Peus S, Kern O (1993) A method of remote-controlling the polar pattern of a condenser microphone with standard phantom powering. 94th AES Conv, Berlin, Preprint 3592
Peus S, Kern O (2001) The digitally interfaced microphone – the last step to a purely digital audio signal transmission and processing chain. 110th AES Conv, Amsterdam, Preprint 3592, www.neumann.com
Plantz R (1965) Elektroakustische Anforderungen an Lavalier-Mikrophone. Rundfunktechnische Mitt 9/3:166–169
Plice GW (1971) Microphone accessory shock mount for stand or boom use. J Audio Eng Soc 19:133–137
Rasmussen G (1960) Pressure equalization of condenser microphones and performance at varying altitudes. Tech Rev, Brüel & Kjær, Kopenhagen, no 1:33–53
Ratheiser L (1942) Rundfunkröhren – Eigenschaften und Anwendung. Union Deutsche Verlagsges, Berlin
Ratheiser L (1995) Das große Röhren-Handbuch. Franzis, München
Rayleigh JWS (1894) The theory of sound, Macmillan. Nachdruck bei Dover Publications, New York
Reichardt W (1941) Der Einsatz verschiedenartiger Mikrophone im Deutschen Rundfunk. Hochfreq u Elektroak 58:136–139
Reichardt W (1952) Grundlagen der Elektroakustik. Akad Verlagsges Geest & Portig, Leipzig
Reis JP (1861) Über Telephon durch den galvanischen Strom. Jahresber d Physikal Vereins zu Frankfurt am Main (1860–1861):57–64
Reisz (1925) Diaphragmless microphone. Patent US1634210
Riegger H (1924) Zur Theorie des Lautsprechers. Wiss Veröff Siemens-Werken 3/2:67
Rieländer M (1982) Reallexikon der Akustik. Verlag Erwin Bochinsky, Franfurt/Main
Rint C (1957) Handbuch für Hochfrequenz- und Elektro-Techniker. Verlag für Radio- Foto- Kinotechnik, Berlin
Rosen G (1994) Ribbon Microphones. In: Gayford ML (1994) (Hrsg) Microphone engineering handbook. Focal Press, Oxford
Rycote (2002) Rycote for microphones. Firmenschrift: www.rycote.com
Sander-Röttcher H, Tams K (1994) Microphone testing. In: Gayford ML (1994) (Hrsg) Microphone engineering handbook. Focal Press, Oxford
Sank JR (1985) Microphones. J Audio Eng Soc 33:514–547

Schiesser H (1962) Hochfrequenzdichte Installationen für Tonfrequenzstromkreise. RTM 6:42–46
Schneider M (1996) MS-Stereophonie – Praktische Erfahrungen und Anregungen. 19. Tonmeistertagung, Karlsruhe
Schneider M (1998) Pop measurement, low-frequency response and microphone construction. 104th AES Conv, Amsterdam, Preprint 4675
Schneider M (1998/2) Eigenrauschen und Dynamikumfang von Mikrophon und Aufnahmekette. 20. Tonmeistertagung, Karlsruhe
Schneider M (2001) Omnis and Spheres – Revisited. 100th AES Convention, Amsterdam, Preprint 5338
Schneider M (2004) Wind & Weather. 116th AES Conv, Berlin, Preprint 6150
Schneider M (2005) Electromagnetic interference, microphones & cables. 118th AES Conv, Barcelona, Preprint 6339
Schneider M (2006) The effect of the singer's head on vocalist microphones. 120th AES Conv, Paris
Schoeps K, Küsters W (1961) Kondensatormikrophon mit mehreren wahlweise einstellbaren Richtcharakteristiken. Patent DE1171960
Schoeps (2003) Datenblatt: www.schoeps.de/PDFs/CMCxt.pdf (Stand 02/2006)
Schreiber et al. (2004) Fiber-coupled optical microphone. 116th AES Conv, Berlin, Preprint 6132
Schulein RB (1970) Development of a versatile professional unidirectional microphone. J Audio Eng Soc 18:44–50
Schulein RB (1976) Microphone considerations in feedback prone environments. J Audio Eng Soc 24:434–445
Schottky W (1924) Vorführung eines neuen Lautsprechers II. Phys Z 25:672–675, auch in: Groves ID (1982)
Schwarz L (1943) Zur Theorie der Beugung einer ebenen Schallwelle an der Kugel. Akust Z 8:91–117
Sengpiel E (1992) Mikrophondämpfungswerte. HdK Berlin, Vorlesungsunterlagen
Sessler GM, West JE (1964) Condenser microphones with electret foil. J Audio Eng Soc, April 1964
Sessler GM, West JE (1973) Electret transducers: a review. J Acoust Soc Amer 53:1589–1600
Sessler GM (1996) Silicon microphones. J Audio Eng Soc 44:16–22
Skøde F (1966) Windscreening of outdoor microphones. Tech Rev, Brüel & Kjær, Kopenhagen, no 1 (1966)
Takano H (2001) Development of a microphone for the HDTV news studio – very small-sized double-capsule microphone and boundary microphone. 10th AES Regional Conv, Japan
Tamm K, Kurtze G (1954) Ein neuartiges Mikrophon großer Richtungsselektivität. Acustica Beiheft 1 4:469–470
Tams K (1992) New aspects of pop measurement. 92nd AES Conv, Wien, Preprint 3235
Tamura et al. (1975) Electroacoustic transducers with piezoelectric high polymer film. J Audio Eng Soc, Jan/Feb 1975
Theile G (1981) Zur Theorie der optimalen Widergabe von stereofonen Signalen über Lautsprecher und Kopfhörer. Rundfunktech Mitt 25/4:155–170
Theile G (1986) Das Kugelflächenmikrofon. 14. Tonmeistertagung, München, Bildungswerk des Verbands deutscher Tonmeister, S 277–293
Tietze U, Schenk C (2002) Halbleiter-Schaltungstechnik. Springer, Berlin
Torio G, Segota J (2000) Unique directional properties of dual-diaphragm microphones. 109nd AES Conv, Los Angeles, Preprint 5179
Wahlström S (1985) The parabolic reflector as an acoustical amplifier. J Audio Eng Soc 33:418–429
Wegener M, Bauer S (2005) Microstorms in cellular polymers: a route to soft piezoelectric transducer materials with engineered macroscopic dipoles. ChemPhysChem 6:1014–1025
Weichart F (1926) Zusammenfassender Bericht. Aufnahme-Mikrophone für den Rundfunk. H u E 28:120–128
Weinberger J, Olson HF, Massa F (1933), A uni-directional ribbon microphone. J Acoust Soc Amer 5:139–147, auch in: Groves ID (1982)
Weingartner B (1966), Two way cardioid microphone. J Audio Eng Soc 14:244–251
Weingartner B (1970), Microphone having a variable unidirectional characteristic. U.S. Patent 3,536,862

Weiss E (1993) Audio technology in Berlin to 1943: microphones. 94nd AES Conv, Berlin, Preprint 3482
Wente EC (1917) A condenser transmitter as a uniformly sensitive instrument for the absolute measurement of sound intensity. Phys Rev 10:39–63, auch in Miller HB (1982)
Wente EC, Thuras AL (1931) Moving coil telephone receivers and microphones. J Acoust Soc Amer 3:44–45, auch in: Groves ID (1982)
Werner E (1971) Ein neues dynamisches Richtmikrophon. Fernseh- und Kinotechnik 4:127–129
Werner E (1990) Dependence of microphone pop data on loudspeaker properties. J Audio Eng Soc 38:469–476
Werner E (2004) Technische Daten – eine unendliche Geschichte. 23. Tonmeistertagung, Leipzig
Werner R (1955) On electrical loading of microphones. J Audio Eng Soc 3:194–197
Whitlock B (1995) Balanced lines in audio – fact, fiction and transformers. J Audio Eng Soc 43:454–464
Wiggins AM (1954) Unidirectional microphone utilizing a variable distance between the front and back of the diaphragm. J Acoust Soc Amer 26:687–692
Williams M (2001) The stereophonic zoom. Auf: www.rycote.com, bzw. soundsscot@aol.com
Wilms HAO (1970) Subjective or psophometric audio noise measurement: a review of standards. J Audio Eng Soc 18:651–656
Wintle HJ (1973) Introduction to electrets. J Acoust Soc Amer 53:1578–1588
Wollherr H, Ball H (1991) Meßtechnische Bestimmung der Pop-Empfindlichkeit von Mikrofonen. Fortschritte der Akustik (DAGA)
Wong GSK, Embleton TFW (1995) (Hrsg) AIP Handbook of condenser microphones. Theory, calibration and measurements. American Institute of Physics, New York
Woodgate J International, regional and national standard. In: Gayford ML (1994) (Hrsg) Microphone engineering handbook. Focal Press, Oxford
Woolf C (2001) Microphone Data Book. Human-Computer Interface Ltd
Woolf C (2002) Painting by numbers. Line Up Oct/Nov 2002, S 20–24
Woolf C (2005) Blasted microphones. Line Up, Sept/Oct 2005, S 18–19
Woszczyk WR (1989) Diffraction effects in high quality studio microphones. 86th AES Conv, Hamburg, Preprint 2792
Wuttke J (1975) Baukastenprinzip bei Kondensatormikrophonen. 10. Tonmeistertagung, Köln
Wuttke J (1986) Betriebsverhältnisse von Mikrofonen bei Wind und Pop. 14. Tonmeistertagung, München, auch als: Microphones and Wind. J Audio Eng Soc (1992) 40:809–817
Wuttke J (1992) Zwei Jahre Kugelflächenmikrofon. 17. Tonmeistertagung, Karlsruhe
Wuttke J (1994) Kleines Kompendium. 18. Tonmeistertagung, Karlsruhe
Wuttke J (1998) Die 48-V Phantomspeisung und ihre Geister. Studio Magazin
Yasuno Y, Riko Y (1999) A basic concept of direct converting digital microphone. J Acoust Soc Amer 106:3335–3339
Zollner M (1982) Einfluß von Stativen und Halterungen auf den Mikrofonfrequenzgang. Acustica, 51:268–272
Zuckerwar AJ (1995) Principles of operation of condenser microphones. In: Wong GSK, Embleton TFW (Hrsg) AIP Handbook of condenser microphones. Theory, calibration and measurements. American Institute of Physics, New York

Kapitel 8
Lautsprecher

Anselm Goertz

8.1 Wandlerprinzipien... 423
    8.1.1 Elektrodynamische Wandler............................... 424
    8.1.2 Elektromagnetische planare Wandler....................... 425
    8.1.3 Elektrostatische Wandler................................. 428
    8.1.4 Weitere Sonderformen................................... 429
8.2 Bauformen.. 431
    8.2.1 Tieftonlautsprecher und deren Gehäusekonzepte............. 431
    8.2.2 Hornlautsprecher....................................... 435
    8.2.3 Lautsprecher-Arrays.................................... 441
8.3 Elektronik.. 456
    8.3.1 Frequenzweichen...................................... 456
    8.3.2 Schutzschaltungen..................................... 463
    8.3.3 100 V-Technik... 465
8.4 Kenndaten und Messwerte..................................... 469
    8.4.1 Elektrische Impedanz................................... 469
    8.4.2 Frequenzgang und Sensitivity............................ 472
    8.4.3 Phasengang und Laufzeitverhalten........................ 473
    8.4.4 Impulsantwort und Sprungantwort....................... 475
    8.4.5 Zerfallsspektrum....................................... 477
    8.4.6 Verzerrungswerte...................................... 479
    8.4.7 Maximaler Schalldruckpegel............................. 481
    8.4.8 Richtcharakteristik..................................... 483
Normen und Standards... 489
Literatur... 490

Auch wenn unter Technikern, Tonmeistern, Künstlern und interessierten Laien immer wieder sehr engagierte Diskussionen über die Qualität von Lautsprechern geführt werden, ist die Frage der Qualität angesichts der vielfältigen Anwendungsgebiete von Lautsprechern und der sich daran orientierenden Modellbandbreite der Hersteller kaum pauschal zu beantworten. Vermeintlich schlechte Lautsprecher sind häufig nur unpassende Lautsprecher. Dabei lassen sich im Hinblick auf die Einsatzgebiete und die daraus abgeleiteten Anforderungen im Wesentlichen fünf Lautsprechertypen unterscheiden.

Studiomonitore dürften die Lautsprecher mit den über alles betrachtet höchsten technischen und klanglichen Anforderungen sein. Dazu gehört ein weit ausgedehnter und linearer Frequenzgang ebenso wie niedrige Verzerrungswerte für den gewünschten Abhörpegel. Da nicht nur der Lautsprecher allein, sondern auch das akustische Umfeld den Klang beeinflusst, sollte ein Studiomonitor ein möglichst gleichmäßiges Richtverhalten aufweisen, bei welchem der Raum in allen Frequenzbereichen in gleichem Maße mit angeregt wird. Im Hinblick auf die Bewegungsfreiheit am Arbeitsplatz ist meist ein horizontal breites Abstrahlverhalten wünschenswert, während in der Vertikalen eine etwas ausgeprägtere Bündelung zur Vermeidung von störenden Reflexionen an der Pultoberfläche oder Meterbridge bevorzugt wird.

Bei Lautsprechern für **Elektroakustische Anlagen (ELA,** s. Abschn. 8.3.3) steht eine hohe Sensitivity im sprachrelevanten Frequenzbereich im Vordergrund. Da die Verkabelung meist über große Entfernungen in 100 V-Technik erfolgt, ist Verstärkerleistung nicht in dem Umfang vorhanden, wie es etwa bei PA-System heute der Fall ist. Weitere wichtige Aspekte sind hier eine dem Einsatzbereich entsprechende Witterungsfestigkeit, sowie eine hinreichende Schutzklasse gegen Wasser und Staub. Für Anwendungen in akustisch schwierigen Umgebungen (Kirchen, Straßentunnel, etc.) wird häufig ein ausgeprägtes Richtverhalten gefordert, das in der Regel nur mit großen Hörnern oder langen Zeilen erreicht werden kann.

In **Beschallungsanlagen (Public Address, PA)** eingesetzte Lautsprechertypen haben ein weites Spektrum von kleinen 8"-Boxen bis zu großen Line-Arrays oder Hornsystemen. In früheren Jahren war auch hier primäre eine hohe Sensitivity erforderlich, da Verstärkerleistung nicht in entsprechendem Umfang verfügbar war und zudem hohe Kosten verursachte. Dank moderner Schaltungstechniken ist dieser Aspekt heute in den Hintergrund getreten. Bei neu entwickelten PA-Systemen liegt der Schwerpunkt daher auf einem für die jeweilige Anwendung optimierten Abstrahlverhalten, z. B. durch die Bildung von Arrays und Linienquellen, so dass die betreffenden Lautsprecher mit flexibel konfigurierbarer Richtcharakteristik eingesetzt werden können. Gleichzeitig sind die Anforderung an die Linearität des Frequenzgangs auch bei PA-Lautsprechern für große und „teure" Veranstaltungen in den letzten beiden Jahrzehnten erheblich angestiegen und erreichen stellenweise das Niveau von Studiomonitoren. Ein wichtiger Aspekt bei PA-Systemen ist die Betriebssicherheit und Servicefreundlichkeit, da viele dieser Lautsprecher über Vermietfirmen im ständig wechselnden Alltagseinsatz sind und jeder Ausfall mit Zusatzkosten einhergeht. Ebenso sind schnelle, zuverlässige und flexible Möglichkeiten der Aufhängung, Aufstellung oder Montage erforderlich.

Seit der Einführung von Surround-Verfahren und digitalem Kinoton haben die qualitativen und quantitativen Anforderungen an **Kinolautsprecher** zugenommen, zumal auch die Kinobesucher als Besitzer teilweise aufwändiger Home-Cinema Anlagen im Kino eine vergleichbare oder bessere Qualität erwarten. Analog zu großen PA-Systemen sind auch Kinolautsprecher meist mit großen Hornsystemen und voluminösen Subwoofern bestückt. Letztere haben für den Filmton eine besondere Bedeutung, da sie bestimmte Szenen mit extremen Tiefbässen klanglich effektvoll unterlegen können. Weniger kritisch sind die Anforderungen an Gehäuse und Montagemöglichkeiten, da meist ausreichend Platz hinter der Leinwand zur Verfügung steht und die Lautsprecher für das Publikum nicht sichtbar sind. Die für den Center-Kanal eingesetzten Systeme sollen über einen breiten horizontalen Abstrahlwinkel verfügen, um auch für die vorne in den Außenbereichen sitzenden Zuschauer noch einen ausreichenden Bezug zur Bildmitte herstellen zu können. Da die Abstrahlung der Lautsprecher durch die Leinwand erfolgt, ist eine entsprechende Hochtonanhebung erforderlich, die von den Lautsprechern möglichst ohne zusätzliche Verzerrungen verkraftet werden sollte. Für die auf den Surround-Kanälen rund um das Publikum angeordneten Lautsprecher gibt es verschiedene Konzepte mit besonders breit strahlenden Hörnern oder Dipolanordnungen, die einen räumlichen Eindruck erzeugen, ohne dabei selbst als Quelle in Erscheinung zu treten.

Lautsprecher für Consumer-Anlagen reichen von winzigen PC-Lautsprecher-Sets bis hin zu HiFi-Systemen im Gegenwert ganzer Einfamilienhäuser. Hier ist bei kleinen Anlagen der Preis häufig das einzige Kriterium. Im mittleren und gehobenen Segment der HiFi-Lautsprecher haben Home-Cinema-Anlagen in 5.1-Anordnung das klassische Stereo-Set nahezu völlig verdrängt. Im Hinblick auf die eingesetzte Elektronik werden in dieser Kategorie heute sehr leistungsfähige Geräte zu günstigen Konditionen angeboten, während bei den Lautsprechern selbst Design und Marketing häufig gegenüber der akustischen Qualität des Wandlers in den Vordergrund treten. Dies gilt insbesondere für den sog. High-End-Bereich, der in den letzten Jahren eine nicht unerhebliche Anhängerschaft gefunden hat. Hier wird bei bestimmten konstruktiven Details häufig ein ungeheurer Aufwand getrieben, während andere Aspekte wie das Abstrahlverhalten kaum beachtet werden. Dabei findet gerade bei Lautsprechern im normalen Wohnumfeld eine ausgeprägte Interaktion mit der akustisch nicht optimierten Umgebung statt, was bei einer breiten und frequenzabhängig stark schwankenden Richtwirkung zu nahezu willkürlichen Ergebnissen führen kann. Erstaunlicherweise werden in diesem Sektor bis auf wenige Ausnahmen nahezu ausschließlich passive Systeme angeboten, obwohl die technischen Ziele mit aktiven Lösungen besser und oft auch kostengünstiger zu erreichen wären. Ein Großteil der Entwicklungs- und Fertigungskosten verbirgt sich im Gehäuse-Design und dessen handwerklicher Ausführung, sodass ein fließender Übergang zu beobachten ist zwischen akustisch optimierten Wandlern und handwerklich-ästhetisch gestalteten Kunstwerken, die sich einer objektiven technischen Bewertung entziehen. Hochwertige Heimlautsprecher sind jedoch in jeder Hinsicht mit Studiomonitoren vergleichbar.

8.1 Wandlerprinzipien

Zur Wandlung von elektrischer Leistung in eine mechanische Bewegung zum Antrieb einer schwingenden Membran existieren verschiedene Verfahren. Am weitesten verbreitet ist das Prinzip des stromdurchflossenen Leiters in einem Magnetfeld, der elektrodynamische Wandler. Hierzu gehören alle Konus- und Kalottenlautsprecher, bei denen sich eine Schwingspule zum Antrieb der Membran in einem Magnetfeld bewegt. Ebenfalls nach diesem Prinzip arbeiten elektromagnetische planare Wandler (Bändchenlautsprecher), bei denen sich der mit Strom durchflossene Leiter direkt auf der Membran befindet und nicht auf einer Schwingspule. Während der piezoelektrische Wandler im Lautsprecherbau nur selten für Hochtonsysteme verwendet wird und seine Domäne bei den hier nicht behandelten Ultraschallwandlern hat, wird der elektrostatische Wandler oder Kondensatorwandler auch bei hochwertigen HiFi-Lautsprechern und manchmal auch bei Studiomonitoren eingesetzt. Im Folgenden sollen diejenigen Wandlerprinzipien kurz eingeführt werden, die heute im Lautsprecherbau verbreitet sind.

8.1.1 Elektrodynamische Wandler

Der klassische elektrodynamische Wandler bezieht seine Antriebskraft zur Bewegung der Membran aus der Lorentz-Kraft, die auf stromdurchflossene Leiter in einem Magnetfeld wirkt. Die Richtungen der Kraft, des Magnetfeldes und des Stromflusses stehen dabei senkrecht zueinander. Das Magnetfeld wird durch einen Permanentmagneten erzeugt, der in früheren Zeiten des Lautsprecherbaus meist aus einer Aluminium-Nickel-Cobalt (AlNiCo)-Verbindung bestand und später aus Kostengründen durch Ferrit-Materialien ersetzt wurde. Heute werden viele Lautsprecher mit Neodym-Magneten ausgestattet, die bei erheblich geringerem Gewicht vergleichbar starke Magnetfelder erzeugen.

Bei typischen Konuslautsprechern wird die auf einem Träger gewickelte Schwingspule im möglichst eng gehaltenen Luftspalt durch die Zentrierspinne geführt. Bei großen Lautsprechern werden auch zwei hintereinander liegende

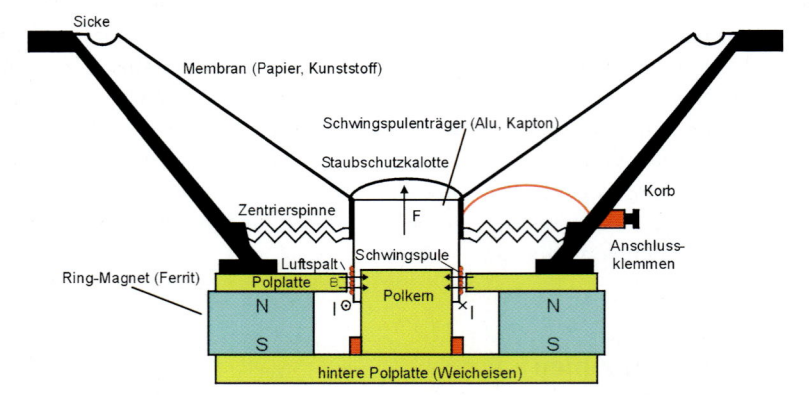

Abb. 8.1 Schnittbild durch einen dynamischen Lautsprecher mit Konusmembran und Ferritmagnet. Eingezeichnet sind die Richtung des magnetischen Feldes B im Luftspalt, die Stromflussrichtung I im Draht der Schwingspule und die daraus resultierende Antriebskraft F (Quelle: Behler 1999)

Kapitel 8 Lautsprecher

Zentrierspinnen eingesetzt, um Taumelbewegungen der Spule zu verhindern (Abb. 8.1).

Die Bezeichnung *Konuslautsprecher* bezieht sich auf die Form der Membran, die aus Papier, Aluminium, Kunststoff, Keramik oder aus speziellen Verbundmaterialien gefertigt wird. Bei *Kalottenlautsprechern* wird die Konusmembran durch eine Kalottenmembran ersetzt, sodass kein Korb erforderlich ist. Die Kalottenmembran entspricht vom Durchmesser meist der Schwingspule und wird je nach Größe und Ausführung aus Kunststoff, Aluminium, Gewebe, Titan, Keramik oder in seltenen Fällen auch aus Beryllium gefertigt. Konus- und Kalottenmembranen neigen beide zur Ausbildung von Partialschwingungen (Eigenschwingungen der Membran), bei denen die Membran der von der Schwingspule vorgegebenen Bewegung nicht mehr als starrer Kolben folgt, sondern in sich zu schwingen beginnt. Dieser Effekt tritt umso stärker auf, je größer die Membran und je höher die Frequenz ist. Besonders kritisch verhalten sich hier die 3" oder 4" großen Membranen von Hochton-Kompressionstreibern ab Frequenzen von 8–10 kHz. Für eine lineare Übertragung des Frequenzbereichs bis 20 kHz ohne Resonanzen im Frequenzgang und Unstetigkeiten im Abstrahlverhalten eignen sich unter den Lautsprechern mit herkömmlichem Schwingspulenantrieb kleine Kalotten und Lautsprecher mit innen und außen fixierten Ringmembranen am besten.

8.1.2 Elektromagnetische planare Wandler

Bei elektromagnetisch planaren Wandlern (Bändchenlautsprecher) werden auf die als hauchdünne Folie ausgebildete Membran feine Leiterbahnen aufgebracht, durch die Strom fließt und im äußeren Magnetfeld eine Antriebskraft auf die Membran ausübt. Abb. 8.2 zeigt den grundsätzlichen Aufbau mit einer einseitigen, auf der Rückseite der Membran gelegenen Magnetanordnung. Moderne Bändchenlautsprecher mit kleinen Neodym-Magneten lassen sich auch mit doppelten Magnetanordnungen vor und hinter der Membran realisieren.

Das Antriebsprinzip entspricht dem eines konventionellen Lautsprechers, bei dem sich die Schwingspule im Luftspalt bewegt und ihre Antriebskraft auf die Membran überträgt. Bei einem Bändchenlautsprecher befindet sich die Schwingspule quasi in

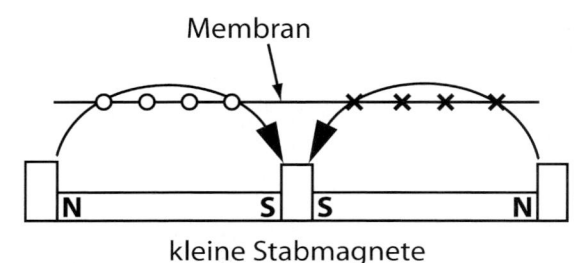

Abb. 8.2 Prinzipieller Aufbau eines elektromagnetischen planar aufgebauten Lautsprechers. Die vom Strom durchflossenen Leiter befinden sich direkt auf der Membran.

abgewickelter Form auf der Membranfläche. Dementsprechend greifen auch die Antriebskräfte gleichmäßig auf der gesamten Membranfläche an, wodurch Partialschwingungen merklich reduziert werden oder außerhalb des hörbaren Frequenzbereiches liegen. Durch die sehr geringe Masse der dünnen Folie im Vergleich zu einer herkömmlichen Hochtonmembran mit Schwingspule und Spulenträger ergibt sich als weiterer Vorzug ein sehr gutes Impulsverhalten von Bändchenlautsprechern.

Die Membran eines Bändchenlautsprechers schwingt als ein langer schmaler Streifen und strahlt somit eine Zylinderwelle in Höhe der Membranlänge ab. In der horizontalen Ebene kommt es aufgrund der Breite der Membran erst bei höheren Frequenzen zu einer erkennbaren Bündelung.

Eine andere Bauform des Bändchenlautsprechers zeigt Abb. 8.3, bei der sich die Membran direkt zwischen den Polen der Magnete befindet. Die Membran als Ganzes kann als stromdurchflossener Leiter ausgelegt werden oder mit parallel laufenden Leiterbahnen belegt sein. Die Stromflussrichtung muss im Gegensatz zum Konzept nach Abb. 8.2 für alle Leiterbahnen gleich sein, da auch das Magnetfeld überall die gleiche Ausrichtung hat. Meist wird für diesen vom Prinzip sehr nie-

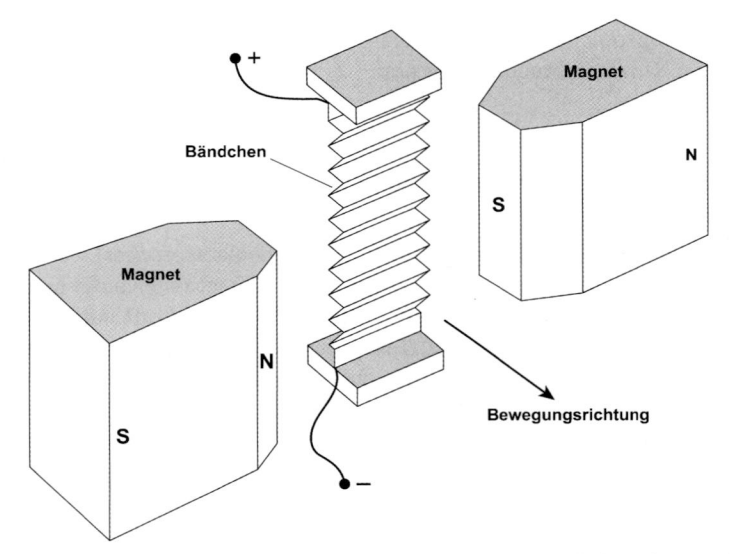

Abb. 8.3 Der Bändchenlautsprecher als Sonderform des elektromagnetischen planar aufgebauten Lautsprechers

rohmigen Lautsprechertyp ein Übertrager zur Impedanzanpassung eingesetzt.
Ein weiteres Schallwandlerkonzept dieser Art ist der sog. Air-Motion-Transformer, auch als Accelerated Ribbon Technology bezeichnet.

Das Antriebsprinzip entspricht dem eines herkömmlichen Bändchens. Die Membran selbst ist jedoch in Lamellenform gefaltet (Abb. 8.4, links), auf der die Leiterbahnen so geführt sind, dass die benachbarten Lamellen jeweils in entgegengesetzter Richtung vom Strom durchflossen werden (Heil 1972). Abhängig vom Signalfluss bewegen sich die Lamellen dann aufeinander zu oder voneinander weg und pressen

Kapitel 8 Lautsprecher 427

Frontplatte mit Schallaustrittsöffnungen

1. Montagerahmen mit vier Neodymmagneten

2. Montagerahmen mit der gefalteten Membran

3. Montagerahmen mit vier Neodymmagneten

Gehäuseabdeckung

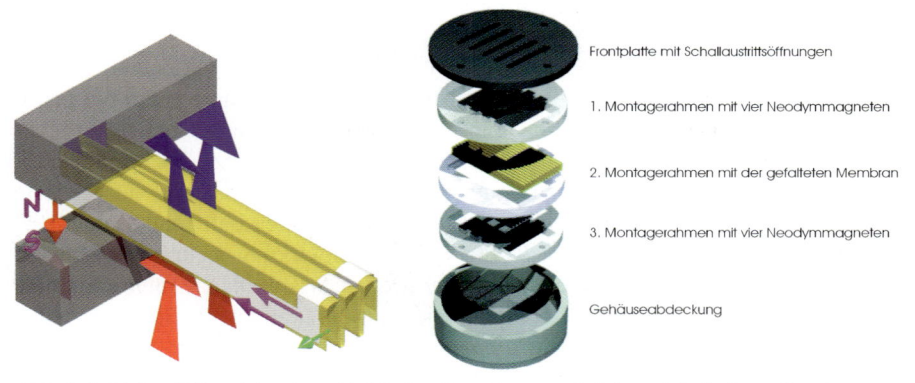

Abb. 8.4: Links Teilansicht eines Air-Motion-Transformers, bei dem sich die Lamellen der gefalteten Membran abhängig vom Signalstrom zusammenziehen oder auseinanderbewegen. Rechts: Mechanischer Aufbau eines Air-Motion-Transformers. Die Neodym-Magnete befinden sich als Stege in den von oben gesehenen 1. und 3. Montagerahmen. Der 2. Montagerahmen trägt die Membran (Quelle: ADAM Professional Audio)

die Luft aus ihrem Zwischenraum heraus oder saugen sie hinein. Dadurch, dass die Lamellen deutlich tiefer sind als die vorder- bzw. rückseitigen Öffnungsschlitze, kommt es zu einer Schnelletransformation der bewegten Luft im Verhältnis der Lamellenseitenflächen zur Öffnungsfläche eines Lamellenspaltes. Vergleichbar der Kompression in einem herkömmlichen Horntreiber verbessert sich durch die damit einhergehende Erhöhung des Strahlungswiderstandes für die Membran der Wirkungsgrad. Durch dieses Verfahren kann bei kleiner akustischer Strahlerfläche eine deutlich größere Membranfläche wirksam werden. Neben dem erhöhten Wirkungsgrad macht sich dies speziell für einen Hochtöner auch im Abstrahlverhalten durch eine erst bei höheren Frequenzen einsetzende Richtwirkung bemerkbar. Trotz der großen Membranfläche wird die gesamte Fläche gleichmäßig angetrieben.

Abb. 8.4 (rechts) zeigt den mechanischen Aufbau, der neben der Frontplatte und der hinteren Gehäuseabdeckung aus drei Montagerahmen besteht, über die sich der magnetische Fluss schließt. Im mittleren Rahmen ist die Membran befestigt, und der obere und untere Rahmen trägt jeweils vier Neodym-Magnete, die ein sehr starkes Magnetfeld aufbauen.

Erst das Material Neodym machte es möglich, auch vor den Lamellen als der Schallaustrittsöffnung noch Magnete anzubringen, die so schmal ausfallen, dass das Schallfeld auch bei hohen Frequenzen nicht merklich gestört wird. Die Membran selbst besteht aus einem sehr leichten Capton-Aluminium-Laminat, das Temperaturen bis zu 400 °C widersteht. Dieser Aspekt ist hier besonders wichtig, da die Membran quasi über keine Masse und Wärmekapazität verfügt, um bei Leistungsspitzen die Verlustwärme aufzunehmen. Der auf der Rückseite der Membran abgestrahlte Schall wird in einem bedämpften rückwärtigen Volumen absorbiert.

8.1.3 Elektrostatische Wandler

Elektrostatische Wandler sind als Flächenstrahler aufgebaut und werden bei geringen Abmessungen als Hochtöner oder in sehr großen Konstellationen mit Membranflächen von 1–2 m² auch als Vollbereichslautsprecher eingesetzt. Die große strahlende Fläche bewirkt ein weit ausgedehntes Nahfeld und eine stark ausgeprägte Richtwirkung, die man sich insbesondere unter schwierigen raumakustischen Verhältnissen zunutze machen kann. Ist die starke Richtwirkung nicht gewünscht, so besteht auch die Möglichkeit, anstelle einer großen Strahlerfläche mehrere kleine zusammenzusetzen, wobei im Hochtonbereich nur ein Element arbeitet und zu den tiefen Frequenzen hin immer mehr Elemente aktiv werden.

Das Antriebsprinzip (Jordan 1963, Baxandall 1988) basiert auf einem Aufbau mit zwei außen liegenden und feststehenden Elektroden, die für eine ausreichende Schalldurchlässigkeit möglichst stark perforiert ausgeführt sind. Mittig zwischen den feststehenden Elektroden liegt die Membran in Form einer dünnen, stramm gespannten Folie.

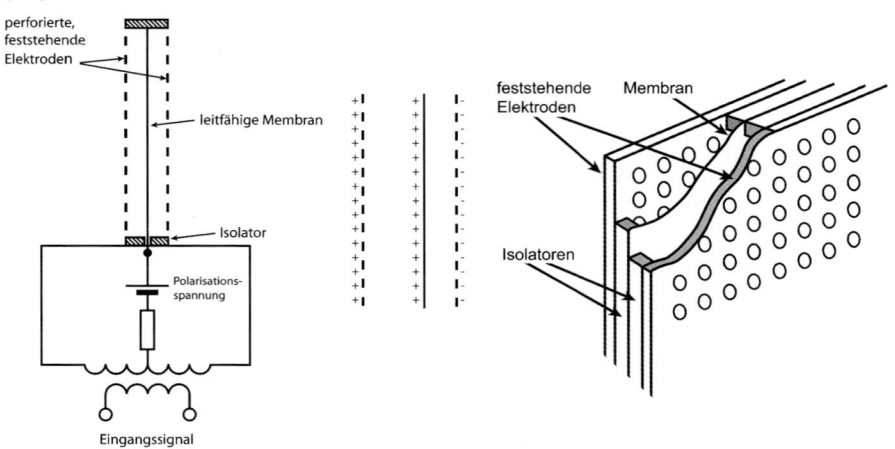

Abb. 8.5 Links: Prinzipieller Aufbau eines elektrostatischen Lautsprechers. Die Signalspannung wird der sehr viel höheren Polarisationsspannung überlagert. Mitte: Durch die überlagerte Signalspannung wird bei konstanter Ladung Q eine Änderung der Kapazität C erzwungen, die sich in einer Verschiebung der mittleren Elektrode äußert. Rechts: Aufbau eines elektrostatischen Lautsprechers mit zwei akustisch möglichst transparenten, außenliegenden festen Elektroden und der zwischen Isolatoren am Rand fixierten Membran (nach Eargle 2003)

Die Membran wird gegenüber den äußeren Elektroden mit einer hohen Polarisationsgleichspannung in einer Größenordnung von 1–3 kV beaufschlagt. Die in Relation dazu kleine Audiosignalspannung (max. 10 % der Polarisation) wird der Gleichspannung überlagert und an die Außenelektroden angelegt. So lange diese Spannung gleich Null ist, befindet sich die Membran mittig zwischen den beiden fest stehenden Elektroden. Der mit der Polarisationsspannung in Reihe liegende Widerstand wird so hochohmig ausgelegt, dass die Ladung Q auf der Anordnung immer nahezu konstant ist. Es gilt also:

$$Q = C \cdot U = \text{const.} \tag{8.1}$$

Die Spannung U setzt sich aus der konstanten Polarisationsspannung und dem überlagerten Audiosignal zusammen. Bei konstanter Ladung bewirkt eine Änderung der Spannung U auch eine Änderung der Kapazität C, die zu einer Auslenkung der Membran zwischen den Elektroden in die eine oder andere Richtung führt. Das Audiosignal resultiert somit direkt in einer Verschiebung der Membran (Abb. 8.5, mitte).

Für tiefe Frequenzen bedarf es sehr großer Membranflächen, da die Auslenkung – bedingt durch die Konstruktion – stark limitiert ist. Bei hohen Frequenzen entstehen auf der Membranfläche zahlreiche Eigenschwingungen, da die dünne Folie am Rand fest eingespannt ist und in der Mitte frei beweglich agieren kann, woraus sich unterschiedliche mechanische Impedanzen für die Teilflächen ergeben. Die Eigenschwingungen werden jedoch durch den hohen Strömungswiderstand der Perforation der Außenelektroden gut bedämpft. Nicht zu vernachlässigen ist bei Elektrostaten die große bewegte Masse, die sich aus der relativ geringen Membranmasse selbst und der etwa fünffach größeren mitbewegten Mediumsmasse zusammensetzt (Jordan 1963). Die hohe bewegte Masse ebenso wie die Eigenschwingungen der Membran beeinträchtigen tendenziell das Impulsverhalten des Elektrostaten.

8.1.4 Weitere Sonderformen

Neben den bereits aufgeführten Wandlertypen gibt es noch eine Reihe eher exotischer Varianten mit geringer Verbreitung im Lautsprecherbau. Primär für den Hochtonbereich eingesetzt werden **piezoelektrische Wandler** (Tamura 1975), deren Funktion auf der Eigenschaft bestimmter keramischer Materialien beruht, die sich proportional zu einer angelegten Spannung verformen und so eine angekoppelte Membran antreiben. In Kombination mit einem Horn können mit piezoelektrischen Wandlern preiswerte Hochtonsysteme realisiert werden, die im Frequenzbereich von 2 kHz aufwärts beachtliche Schalldruckwerte liefern.

Ebenfalls primär für den Hochtonbereich einsetzbar sind **Ionen-Lautsprecher** (Klein 1952). Die Schallwandlung erfolgt durch pulsierende ionisierte Luft und damit völlig ohne Massenträgheit. Die sonst bei Hochtönern auftretenden Probleme durch Massenträgheit oder sich ausbildende Partialschwingungen auf der Membran entstehen hier nicht. Ionen-Hochtöner kommen trotz ihrer außergewöhnlich guten Übertragungsqualitäten nur selten zum Einsatz, da sie aufgrund ihres konstruktiven Aufwands sehr teuer sind.

Für die breitbandige Wiedergabe eignen sich die verschiedenen Typen von Biegewellenschwingern, deren prominentester Vertreter der **Manger-Wandler** ist (Manger 1999). Er beruht auf dem Ansatz, eine Fläche nicht als Ganzes schwingen zu lassen und damit einem idealen Kolbenstrahler anzunähern, sondern eine Platte so anzuregen, dass sich Biegewellen auf ihr ausbreiten und den Schall abstrahlen.

Die Platte wird bei den neuesten Modellen aus einem biegeweichen Material in drei Schichten hergestellt, das mit einer herkömmlich konstruierten Schwingspuleneinheit mittig angeregt wird. Von hier ausgehend breitet sich nun eine Biegewelle auf der Platte aus. Je tiefer die Frequenz der Anregung ist, um so weiter breitet sich die Biegewelle nach außen auf der Platte aus. Hochfrequente Anteile sind nur in der Nähe der Anregung zu beobachten und können sich durch die hohe innere Dämpfung des Plattenmaterials nicht weiter nach außen fortsetzen. Diese Art der Schallabstrahlung gewährleistet zum einen eine zeitgleiche Abstrahlung aller Frequenzanteile im Gegensatz zu klassischen Mehrwege-Systemen, zum anderen wird die effektive Strahlerfläche zu hohen Frequenzen immer kleiner, wodurch eine zu starke Bündelung bei der Abstrahlung hoher Frequenzen vermieden wird. Mit Hilfe moderner Antriebseinheiten mit Neodym-Magneten konnte die Empfindlichkeit der Manger-Wandler auf 91 dB 1W/1m gesteigert werden. Der Frequenzgang reicht je nach Einsatzbereich bereits für Vollbereichsanwendungen und kann bei Bedarf durch einen tief angekoppelten Subwoofer ergänzt werden. Als größter Vorzug des Manger-Wandlers wird meist die besonders kurze und nicht in die Bestandteile der einzelnen Wege zerfallende Sprungantwort des Lautsprechers herausgestellt.

Ebenfalls mit Biegewellenschwingungen arbeiten **Distributed Mode Lautsprecher (DML)** (Bank u. Harris 1998). Äußerlich fallen sie durch eine flache Bauform ähnlich einem Stück dickeren Pappkartons auf, die sich fast in beliebigen Größen, beginnend bei A4-Format, herstellen lassen. Auch hier schwingt die Fläche nicht wie bei einem herkömmlichen Lautsprecher als Ganzes, sondern es breiten sich vielfältige Schwingungsverteilungen auf der Fläche aus. Die schallabstrahlende Platte wird durch Exciter als Antriebseinheiten zu Schwingungen angeregt. Ein Gehäuse, wie man es aus dem klassischen Lautsprecherbau kennt, ist nicht erforderlich. Die dünne und ebene Platte weist eine hohe Steifigkeit auf. Eine geeignete Verteilung der Moden bzw. Eigenfrequenzen der Platte wird erreicht, wenn sich möglichst viele Biegewellen auf ihr ausbreiten. Für eine gleichmäßige Abstrahlung des angestrebten Frequenzbereiches sollte die Dichte der Eigenfrequenzen möglichst gleichmäßig und hoch sein. Dies lässt sich durch die Größe und Form des Panels, die Position der Exciter und über die Steifigkeit, Dichte und Dämpfung des Materials beeinflussen mit dem Ziel, dass jeder Bereich des Panels unabhängig von seiner Umgebung zur Abstrahlung beiträgt. Die dispersive Eigenschaft von Biegewellen kommt dieser Forderung noch unterstützend nach. Insgesamt führen diese quasi zufälligen Schwingungsmuster des DML-Panels zu einer breitbandigen akustischen Abstrahlung.

Speziell für den Tiefbassbereich sind noch mit Elektromotoren angetriebene Lautsprecher zu erwähnen, bei denen die großflächigen Membranen über Getriebe und Gestänge von Motoren angesteuert werden. **Motorbässe** werden primär als Subwoofer in großen PA-Systemen oder als Effektlautsprecher in Kinos oder speziellen Installationen eingesetzt und müssen mit einer tiefen Übergangsfrequenz unterhalb von 100 Hz betrieben werden.

8.2 Bauformen

Das Spektrum an Bauformen für Lautsprecher reicht von einfachen Breitbandsystemen bis hin zu komplexen Arrays für spezialisierte Aufgaben. Angesichts der kaum überschaubaren Vielfalt von Systemen soll hier nur auf Anordnungen eingegangen werden, die heute in der professionellen Audiotechnik weiter verbreitet sind. Umfassendere Übersichten zu diesem Thema finden sich bei (Eargle 2003), (Ballou 2005) oder (Eargle u. Foreman 2002).

8.2.1 Tieftonlautsprecher und deren Gehäusekonzepte

Für die Tieftonwiedergabe kommen folgende grundsätzliche Lautsprecherprinzipien in Frage:

- Geschlossene Gehäuse
- Bassreflex-Gehäuse
- Bandpass-Gehäuse
- Transmission-Line-Gehäuse
- Hornlautsprecher
- Offene Dipolstrahler

In der Beschallungstechnik sind das Bassreflex- und das Bandpassgehäuse zusammen mit einem herkömmlichen elektrodynamischen Wandler das am weitesten verbreitete Prinzip zur Wiedergabe tieffrequenter Signale. Andere Wandlertypen sind für die Tieftonwiedergabe kaum geeignet, da für einen ausreichenden Schalldruck immer eine große Membranfläche und eine hohe Auslenkung der Membran erforderlich ist. Hornsysteme für tiefe Frequenzen wären bei optimaler Auslegung extrem groß und praktisch kaum einsetzbar. Viele Basshörner sind daher so aufgebaut, dass man ein verkürztes Horn verwendet und sich dessen „Restfunktion" zur Erhöhung des Strahlungswiderstandes für den Treiber zu Nutze macht. In der Studiotechnik und bei hochwertigen Consumer-Systemen hat auch das geschlossene Gehäuse noch eine gewisse Relevanz.

Im Grundsatz unterscheiden sich die verschiedenen Gehäusetypen dadurch, dass das geschlossene Gehäuse nur über die Membran des Lautsprechers Schall abstrahlt, das Bandgehäuse nur über die Öffnungen der Resonatoren und das Bassreflexgehäuse über beide Flächen (Abb. 8.6). Die Resonatoren basieren auf dem Masse-Feder-Prinzip des Helmholtz-Resonators, bei dem die Federwirkung durch die im Gehäuse eingeschlossene Luft und die Masse durch die im Tunnel befindliche Luftmenge gegeben ist (vgl. Kap. 5.3.3.7). Über die Dimensionierung von Gehäuse und Tunnel lässt sich die Resonanzfrequenz in einem weiten Bereich abstimmen.

Geschlossene Gehäuse benötigen bei vergleichbarer Empfindlichkeit und unterer Eckfrequenz das größte Gehäusevolumen und erfordern vom Treiber für hohe Schalldrücke eine große Membranauslenkung. Vorteile sind eine geringe Phasen-

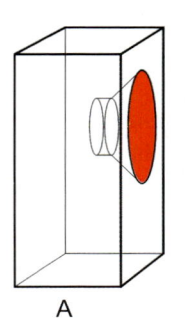

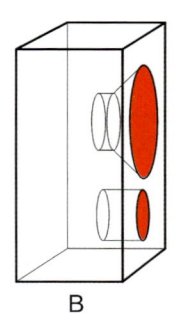

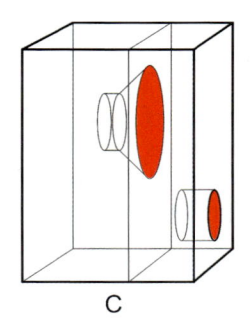

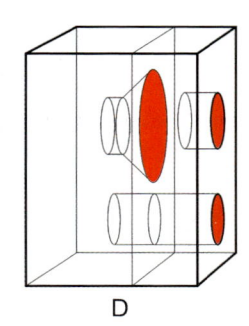

Abb. 8.6 Gehäusekonzepte für Tieftonlautsprecher. A: Geschlossenes Gehäuse. Das Gehäuse hinter der Membran wirkt als zusätzliche Feder und erhöht die Resonanzfrequenz des eingebauten Wandlers. B: Bassreflex-Gehäuse, bei dem die Luftfeder des Gehäusevolumens zusammen mit der Luftmasse des Tunnels einen Resonator ausbildet, der den Lautsprecher partiell in der Schallabstrahlung unterstützt. C: Bandpassgehäuse Typ 1, bei dem der eigentliche Lautsprecher sich in einem geschlossenen Gehäuse befindet und mit der Membranvorderseite einen Resonator antreibt, der den Schall abstrahlt. D: Bandpassgehäuse Typ 2, bei dem der Lautsprecher mit der Membranvorderseite und Rückseite je einen Resonator antreibt, die beide den Schall abstrahlen (Quelle: Behler 1999)

drehung des Tieftonbereichs gegenüber den mit zusätzlichen Resonatoren bestückten Gehäusen und ein gewisser Selbstschutz vor extremen Membranauslenkungen bei sehr tieffrequenten Signalen durch die Federsteifigkeit der Luft im geschlossenen Gehäuse.

Bassreflex-Gehäuse unterstützen den Treiber im Arbeitsbereich des Resonators und erlauben dadurch geringere Membranauslenkungen. Durch den zusätzlichen Resonator steigt die Empfindlichkeit und die Gehäusegröße kann verringert werden. Unterhalb der Abstimmfrequenz des Resonators fällt der Pegel jedoch sehr schnell ab und der Treiber muss ohne zusätzliche Schutzmaßnahmen erhebliche Auslenkungen ausführen. Zu klein dimensionierte Tunnel können zu störenden Strömungsgeräuschen und einer erheblichen sog. *Port Compression* führen, d. h. zu Nichtlinearitäten durch Turbulenzen des Luftstroms im Tunnel, daraus resultierenden Verzerrungen und einem nicht mehr linearen Anstieg des Schalldrucks bei hoher Anregungsleistung. Dadurch können die Vorteile der Gehäusekonstruktion wieder relativiert werden.

Bandpass-Gehäuse arbeiten mit zwei oder mehr aufeinander abgestimmten Resonatoren. Die Vorzüge liegen in der Entlastung des Treibers, der nicht mehr direkt strahlt, sondern nur noch die Resonatoren antreibt und damit weniger Auslenkung erzeugen muss. Die Empfindlichkeit erreicht allerdings kaum den Wert eines vergleichbaren Aufbaus mit Bassreflex-Gehäuse, und die bereits prinzipbedingte Tiefpassfunktion kann durch parasitäre Effekte wie Gehäusemoden gestört werden. Ein in der Praxis nicht zu unterschätzender Vorzug ist allerdings der geschützte Einbau des Treibers im Innern des Gehäuses.

Neben den Aspekten der Gehäusegröße, der erforderlichen Membranauslenkung und möglicher parasitärer Effekte spielt insbesondere für den klanglichen Eindruck die mit dem Hochpassverhalten der Lautsprecher im Tieftonbereich einhergehende

Kapitel 8 Lautsprecher

Phasendrehung eine Rolle. Starke Phasendrehungen bedingen einen entsprechenden Anstieg der Gruppenlaufzeit in den betroffenen Frequenzbereichen und somit eine zeitlich „verschleppte" Wiedergabe. Der Anstieg der Gruppenlaufzeit kann je nach Gehäusetyp und Abstimmung in Größenordnungen von 5–50 ms liegen. Hohe Laufzeiten bei tiefen Frequenzen machen sich im Höreindruck als unpräziser Bass bemerkbar. Musiker bemängeln hier gerne, dass der Lautsprecher dem Instrument nicht mehr folgt.

Systemtheoretisch betrachtet verhält sich ein geschlossenes Gehäuse als Hochpassfilter 2. Ordnung, ein Bassreflex-Gehäuse als Hochpass 4. Ordnung und ein Bandpass je nach Bauart als Kombination aus Hoch- und Tiefpässen 2. und 4. Ordnung. Alle Gehäusetypen können mit passend abgestimmten elektrischen Vorfiltern (ebenfalls Hochpassfilter) in eine Gesamtfunktion noch höherer Ordnung (typischerweise 6. bis 8. Ordnung) übergehen (Abb. 8.7). Durch das elektrische Hochpassfilter wird zum einen ein besonders kompaktes Gehäuse möglich und der Lautsprecher wird zusätzlich vor tieffrequenten Signalanteilen geschützt. Bei Resonatorgehäusen sind die zusätzlichen elektrischen Hochpassfilter im Signalweg schon deshalb

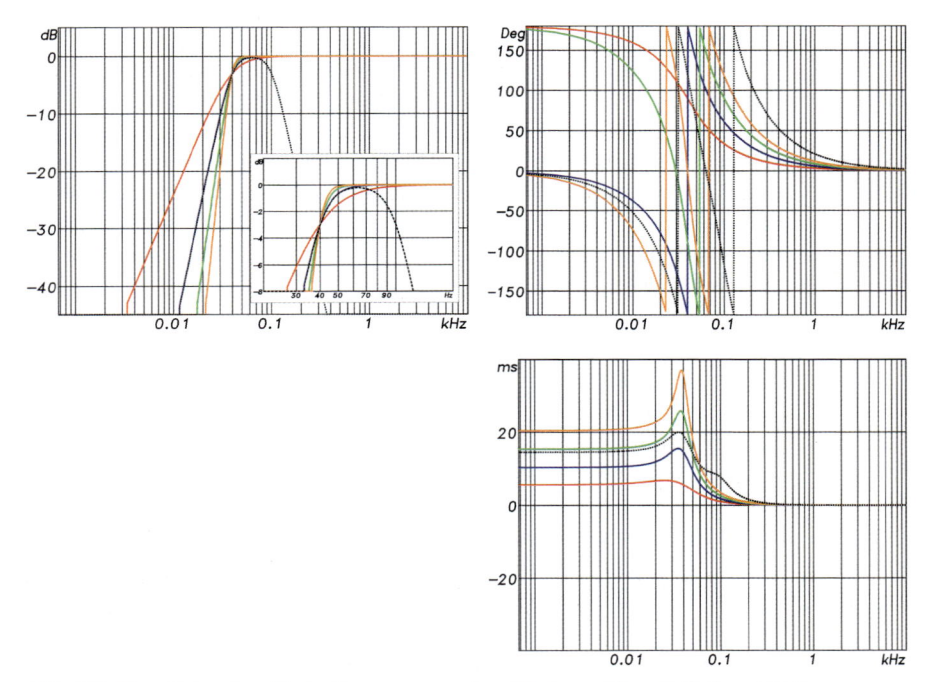

Abb. 8.7 Oben links: Amplitudenfrequenzgang eines Hochpassfilters 2. Ordnung (rot), 4. Ordnung (blau), 6. Ordnung (grün) und 8. Ordnung (orange) sowie eines Bandpasses Typ 2 (s/w gestrichelt). Das kleine Bild zeigt eine Ausschnittvergrößerung. Oben rechts: Phasenfrequenzgang eines Hochpassfilters 2. Ordnung (rot), 4. Ordnung (blau), 6. Ordnung (grün) und 8. Ordnung (orange) sowie eines Bandpasses Typ 2 (s/w gestrichelt). Unten: Amplitudenfrequenzgang (A, mit Ausschnittvergrößerung), Phasenfrequenzgang (B) und Gruppenlaufzeit (C) eines Hochpassfilters 2. Ordnung (rot), 4. Ordnung (blau), 6. Ordnung (grün) und 8. Ordnung (orange) sowie eines Bandpasses Typ 2 (s/w gestrichelt)

fast unvermeidlich, weil der Lautsprecher bei starken Signalanteilen unterhalb der Abstimmfrequenz des Resonators sonst zu unmäßigen Membranauslenkungen mit entsprechenden Verzerrungen bis hin zur Zerstörung des Treibers neigen würde.

Je höher die Filterordnung ist, desto steiler fällt die Kurve unterhalb der Eckfrequenz (−3 dB-Punkt) ab und desto gleichmäßiger verläuft die Kurve oberhalb der Eckfrequenz. Deutlich wird dieser Zusammenhang für das Hochpassfilter 2. Ordnung (rote Kurve in Abb. 8.7, oben links) im Vergleich zu den Hochpassfiltern höherer Ordnung. Für die Wiedergabe extrem tiefer Frequenzen ist unter bestimmten Randbedingungen das geschlossene Gehäuse die beste Wahl, da sich hier durch eine elektrische Vorfilterung der Verlauf durch gemäßigte Pegelanhebungen am weitesten ausdehnen lässt. Resonatorgehäuse aller Art erlauben deutlich unterhalb ihrer Abstimmfrequenz keine Frequenzgangsentzerrung mehr.

Betrachtet man neben dem Amplitudenverlauf auch die Phasengänge der unterschiedlichen Filtertypen (Abb. 8.7, oben rechts), dann lassen sich auch hier erhebliche Unterschiede erkennen. Jeder Ordnungsgrad eines Filters im Signalweg bewirkt eine Phasendrehung von 90°. Daraus folgen für den Hochpass 2. Ordnung respektive das geschlossene Gehäuse in der Summe 180° und für das Bassreflex-Gehäuse ohne Vorfilter 360°.

Aus dem Phasengang ist als negative Ableitung nach der Frequenz die Gruppenlaufzeit zu ermitteln (Abb. 8.7, unten). Alle Laufzeitkurven erreichen hier ihre Maxima im Bereich der Eckfrequenz. Abhängig von der Filterordnung fallen diese jedoch mit Zeiten von 6,8 ms (geschlossenes Gehäuse) bis 36,8 ms (Bassreflex-Gehäuse mit zusätzlichem elektrischem Hochpassfilter 4. Ordnung) sehr unterschiedlich aus. Dieses Verhalten könnte eine Erklärung für die in Hörversuchen ermittelten, relativ deutlichen Unterschiede im Höreindruck der verschiedenen Gehäusetypen sein (Leckschat 1992, Müller 1999).

Der aufgrund der Hochpassfilterfunktion unvermeidliche, je nach Gehäusetyp, Abstimmung und Vorfilterung jedoch sehr unterschiedliche Laufzeitanstieg zu tiefen Frequenzen muss vor allem bei der Auswahl von hochwertigen Abhörlautsprechern berücksichtigt werden. Der einzige Weg zu einer frequenzunabhängig konstanten Gruppenlaufzeit (linearphasiges System) führt über eine digitale Vorfilterung mit FIR-Filtern (Müller 1999), die dann allerdings eine Grundlatenz mindestens in Höhe des Maximums der Laufzeit des zu entzerrenden Systems bewirkt. Anschaulich wird die durch den Lautsprecher entstehende Verzögerung tieffrequenter Signalanteile auf die größte vorkommende Laufzeit in der Übertragungsfunktion verzögert, um so eine über alle Frequenzen konstante Gruppenlaufzeit zu erzielen (s. Abschn. 8.4.3).

Kapitel 8 Lautsprecher

8.2.2 Hornlautsprecher

8.2.2.1 Grundprinzip

Aus akustischer Sicht betrachtet handelt es sich bei einem Horn um eine Leitung mit stetiger Querschnittsänderung. Die schallverstärkende Wirkung eines Horns wurde bereits in der Antike bei ausgehöhlten Tierhörnern als Signalhörnern ausgenutzt und viele Musikinstrumente arbeiten mit Trichtern zur Schallabstrahlung. In der Frühzeit der Beschallungstechnik war der Hornlautsprecher die einzige Möglichkeit, hohe Schalldrücke mit geringen elektrischen Leistungen zu erreichen.

Das Grundprinzip eines Hornlautsprechers (Zollner u. Zwicker 1993) basiert auf der Erhöhung des Strahlungswiderstandes für die Lautsprechermembran. Eine Kolbenmembran in einer als unendlich ausgedehnt angenommenen Schallwand überträgt ihre Geschwindigkeit als Schnelle auf die angrenzenden Luftmoleküle. Die abgestrahlte akustische Leistung ist dabei proportional zum Realteil des Strahlungswiderstandes, vergleichbar der in einem Widerstand umgesetzten elektrischen Leistung.

Für eine Kolbenmembran, deren Umfang in Relation zur Wellenlänge klein ist, ist der Realteil des Strahlungswiderstandes gering (vgl. Kap. 1.5.2) und somit auch die abgestrahlte akustische Leistung. Der Horntrichter bewirkt, vergleichbar einem

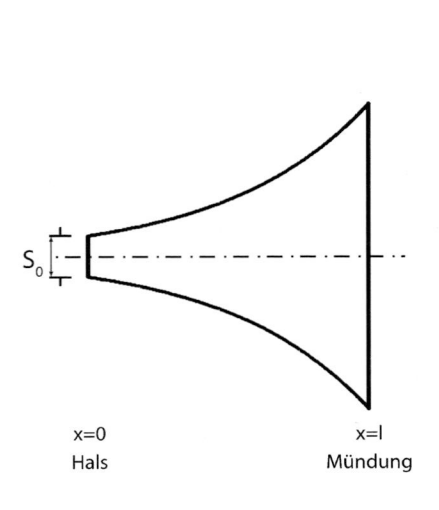

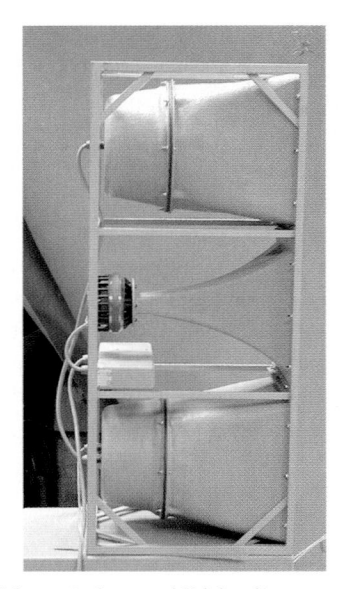

Abb. 8.8 Links: Exponentialtrichter mit Trichterhals, Trichtermündung und Trichterlänge. Rechts: Typischer Hornlautsprecher als Rohrrahmenkonstruktion für Großbeschallungsaufgaben mit zwei Mitteltieftonhörnern und einem Hochtonhorn. Die Trennfrequenz liegt bei ca. 650 Hz (Quelle: Föön Audiotecture)

elektrischen Übertrager, eine Impedanztransformation, wodurch der Realteil des Strahlungswiderstandes und somit auch die abgestrahlte akustische Leistung ansteigt. Als eine Grundform des Horntrichters gilt der Exponentialtrichter, dessen Querschnittserweiterung exponentiell zunimmt.

8.2.2.2 Berechnung

Betrachtet man exemplarisch für alle Hornformen den Exponentialtrichter, dann gilt für die Hornfläche an der Stelle x:

$$S(x) = S_0 e^{2\varepsilon x} \tag{8.2}$$

Dabei ist S_0 die Fläche am Trichterhals. Die Trichterkonstante ε wird auch als Öffnungsmaß bezeichnet. Der für den Treiber resultierende Realteil des Strahlungswiderstandes am Trichterhals Z_{TH} berechnet sich zu:

$$\mathrm{Re}(Z_{TH}) = S_0 \rho_0 c \sqrt{1 - \left(\frac{f_g}{f}\right)^2} \tag{8.3}$$

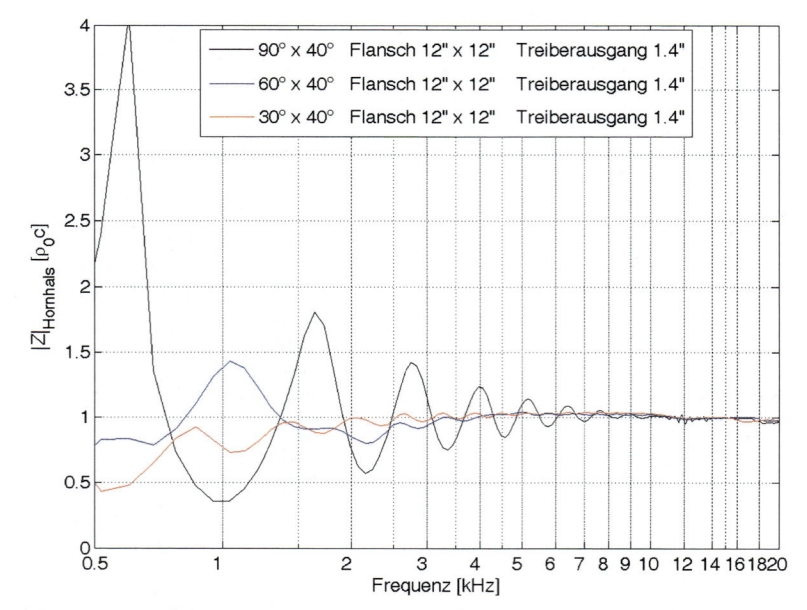

Abb. 8.9 Verlauf der Strahlungsimpedanz am Hornhals für verschiedene Hornvarianten. Für hohe Frequenzen hinreichend weit oberhalb der unteren Eckfrequenz konvergiert die Strahlungsimpedanz für alle Hörner unabhängig vom Öffnungswinkel gegen $S_0\rho_0 c$ (Quelle: Makarski 2006)

Der Strahlungswiderstand entspricht für Frequenzen $f \gg f_g$ in etwa dem Wert einer Quelle in einem schallharten Rohr vom Querschnitt S_0 und ist damit wesentlich höher als für die Kolbenmembran im freien Schallfeld. Nähert man sich der unteren Grenzfrequenz f_g, dann bricht der Strahlungswiderstand zusammen und unterhalb von f_g ist generell keine Schallausbreitung mehr möglich. Die untere Grenzfrequenz f_g berechnet sich zu:

$$f_g = \frac{\varepsilon\, c}{2\pi} \tag{8.4}$$

Diese Betrachtungen gelten für den unendlich langen Trichter und näherungsweise auch für endlich lange Trichter, wo auch unterhalb der Grenzfrequenz noch eine Schallausbreitung festzustellen ist.

In der Praxis werden die Abmessungen der Trichter meist durch äußere Vorgaben wie eine maximale Länge bestimmt, so dass der Trichter in seinem Verlauf frühzeitig abgeschnitten werden muss. Der Entwickler muss somit einen optimalen Kompromiss zwischen Trichtergröße und akustischen Eigenschaften finden. In der Regel ist eine tiefe Eckfrequenz gewünscht, das dazu erforderliche kleine Öffnungsmaß bewirkt aber, dass am Trichtermund der Öffnungswinkel noch klein ist und somit eine Strahlungsimpedanz mit nicht mehr zu vernachlässigendem Imaginärteil entsteht. Ein Teil der Schallenergie wird an der Übergangsstelle zwischen Trichtermund und freiem Schallfeld in den Trichter zurück reflektiert und führt zu Kammfiltereffekten (s. schwarze Kurve in Abb. 8.9).

Um die äußere Baulänge eines Trichters zu verkürzen, kann das Horn gefaltet werden. Gefaltete Hörner werden gerne im Tieftonbereich eingesetzt, wo sie wegen der großen erforderlichen Längen des Trichters meist die einzige praktikable Lösung sind. Vereinzelt sind auch gefaltete Trichter bei kompakten Mittelton-Hörnern für Sprachwiedergabe anzutreffen. Allgemein scheiden gefaltete Verläufe jedoch im Mittel-Hochtonbereich immer dann aus, wenn hohe Ansprüche an die Wiedergabe gestellt werden, da interne Resonanzen und andere Artefakte nicht mehr vernach-

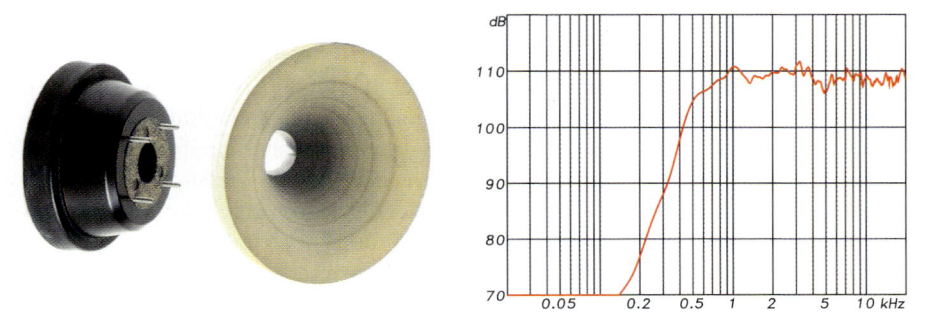

Abb. 8.10 Links: Kompressionstreiber mit Kugelwellenhorn für die Mittelhochtonwiedergabe mit einer unteren Eckfrequenz von ca. 600 Hz. Rechts: Frequenzgang eines 2"+1" Koaxial-Kompressionstreibers zusammen mit dem Kugelwellenhorn der linken Abbildung (Quelle: Makarski 2006)

lässigbar sind. Insbesondere die Sprungstellen im Verlauf der Hornfunktion führen zu internen Reflexionen und damit einhergehenden Interferenzen.

Bei den Berechnungen des Exponentialtrichters wurde von einer ebenen Wellenfront im Trichter ausgegangen, was in der Realität nicht zutrifft. Richtiger wäre es, von einer Wellenform als Ausschnitt aus einer Kugeloberfläche auszugehen. Dem trägt das Kugelwellenhorn (Abb. 8.10, links) Rechnung, bei dem sich nicht die Querschnittsfläche des Trichters exponentiell erweitert, sondern die Oberfläche einer kalottenförmigen Welle innerhalb des Trichters.

Schon diese einfachen Beispiele lassen erkennen, dass die Berechnung eines Horns vielfältige Varianten der Optimierung bietet. Dazu gehört auch, dass Hornlautsprecher nicht nur mit Rücksicht auf eine für den jeweiligen Einsatzbereich ausreichend tiefe untere Eckfrequenz und einen möglichst gleichmäßigen Frequenzgang optimiert werden müssen, sondern auch auf ein bestimmtes Abstrahlverhalten. Je nach Anwendung kann es wünschenswert sein, einen über einen weiten Frequenzbereich möglichst konstanten Abstrahlwinkel oder auch eine zu hohen Frequenzen hin leicht zunehmende Bündelung zu erhalten. Des Weiteren wird nicht immer ein identischer Öffnungswinkel für die horizontale und die vertikale Ebene erwartet. Für diese Anforderungen einen vertretbaren Kompromiss zu finden, erforderte in der Regel langwierige Entwicklungsphasen mit vielen Musteraufbauten und Messreihen. Numerische Simulationsverfahren wie die BEM-Methode und Prozessoren mit ausreichender Rechenleistung haben hier in jüngster Zeit zu einer deutlichen Beschleunigung und Verbesserung bei der Entwicklung von Hornlautsprechern geführt.

8.2.2.3 Numerische Simulation

Die Boundary Element Methode (BEM) ist ein numerisches Verfahren, um über die Betrachtung von segmentierten Grenzflächen die Ausbreitung von Wellenfronten zu bestimmen. Diese Methode lässt sich auch auf Hornlautsprecher anwenden, um deren Verhalten per Simulation vorherzusagen. Man legt dafür ein so genanntes *Mesh* über die Hornfläche (Abb. 8.11) und kann dann für eine am Hornhals eintretende Wellenfront deren weitere Ausbreitung im Horn berechnen, bis sie aus dem Hornmund wieder austritt. Basis für diese Rechenmethode ist die konsequente Trennung von Treiber und Horn respektive zwischen Schallquelle und Schallführung an einer gemeinsamen Schnittstelle. Allgemein erfolgt die Systembeschreibung durch ein modales Mehrtor, wobei der Horntreiber durch ein spezielles messtechnisches Verfahren charakterisiert ist und die modalen Daten des Horns durch numerische Verfahren gewonnen werden. Für die eintretende Welle lässt sich daher entweder eine idealisierte Form annehmen, oder besser noch die vorher gescannte reale Wellenfront eines Treibers verwenden. Zur Messung der Wellenfront wird der Treiber auf einem XY-Tisch befestigt und seine Schallaustrittsöffnung mit einem kleinem Mikrofon (1/8" Kapsel) in einem feinem Rasternetz abgefahren, wobei an jeder Position eine Impulsantwort aufgenommen wird.

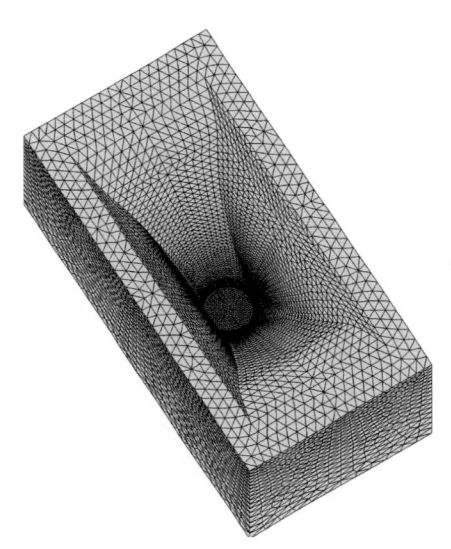

Abb. 8.11 Mesh für die BEM-Berechnung eines Horns mit 60°x40° Abstrahlwinkel (Quelle: Makarski 2006)

Ohne den sonst üblichen langwierigen und kostspieligen Musterbau kann man so binnen kürzester Zeit eine Form für ein Horn anhand einiger vorgegebener Randbedingungen entwickeln. Solche Eckwerte können z. B. die Größe der Mundfläche und die Länge des Horns sein. Die Entwicklungszeit und die Entwicklungskosten verringern sich durch diese Technik erheblich bei gleichzeitig deutlich besser prognostizierbaren Endergebnissen. Hinzu kommt, dass man schon im Vorfeld des ersten Probeaufbaus die Treiber-Horn-Interaktion beurteilen kann (Makarski 2006).

8.2.2.4 Kompressionstreiber

Um den Strahlungswiderstand für eine Lautsprechermembran noch weiter zu erhöhen, als es mit einem Horn möglich ist, kann der Lautsprecher in eine Druckkammer eingebaut werden. Die Membran arbeitet dann nicht mehr direkt auf das Horn, sondern zunächst auf das Volumen der Druckkammer, dessen Austrittsöffnung den Schall in das Horn abstrahlt (Abb. 8.12). Wichtig ist dabei, dass die Austrittsöffnung der Kammer kleiner ist als die Membranfläche. Dann erhöht sich der für die Membran wirksame Strahlungswiderstand entsprechend dem Flächenverhältnis von Membranfläche zur Fläche der Austrittsöffnung.

Das einfach klingende Verfahren birgt jedoch eine Menge Problemstellen in sich. Innerhalb der Kammer können sich bei höheren Frequenzen stehende Wellen und somit störende Resonanzen ausbilden. Eine stehende Welle bildet sich immer dann aus, wenn eine halbe Wellenlänge oder ein ganzzahliges Vielfaches davon zwischen zwei schallharte Wände passt. Abhängig von der Größe einer Kammer gibt es daher eine untere Grenzfrequenzen, unterhalb der sich keine stehenden Wellen mehr aus-

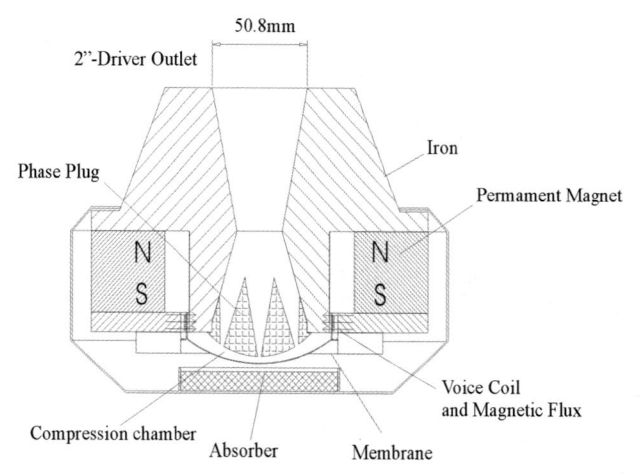

Abb. 8.12 Schnittzeichnung eines Kompressionstreibers (Quelle: Makarski 2006)

bilden können. Die Kammern müssen daher möglichst klein ausgelegt werden. Zusätzlich werden sie mit sog. Phase-Plugs bestückt. Die durch die Phase-Plugs entstehenden Umwege von der Membran zur Austrittsöffnung sind so berechnet, dass am Ausgang der Kanäle eine möglichst ebene Wellenfront austritt, d. h. die Schallanteile von allen Punkten der Membran die gleiche Laufzeit bzw. Wegstrecke zurückgelegt haben.

Durch die hohe Kompression entstehen große Schallschnellen, die breitbandige Strömungsgeräusche nach sich ziehen können. Hinzu kommt bei Schalldrücken innerhalb der Treiberkammer jenseits der 160 dB die Nichtlinearität der Luft zwischen Druck und Schnelle, was zu nichtlinearen Verzerrungen führt. Beide Effekte sind bei der Konstruktion von Kompressionstreibern nicht gänzlich zu vermeiden. Diese Problematik setzt sich in den Hörnern fort, wo bei geringen Anfangsquerschnitten ebenfalls schon so hohe Schalldrücke auftreten, dass die Nichtlinearitäten der Luft bei hohen Pegeln zu einer Verzerrung der Wellenform führen. Verzerrungswerte von −20 dB (10 %) und mehr sind bei Treiber-Hornkombination nicht ungewöhnlich.

Ein hohes Kompressionsverhältnis wird erreicht, wenn die Membran deutlich größer als die Treiberaustrittsöffnung ist. Für einen 2"-Treiber (Durchmesser der Austrittsöffnung) werden meist 4" große Membranen verwendet, die auch von einer 4" großen Schwingspule angetrieben werden. Auf diesen großen Membranflächen bauen sich schon weit unterhalb von 20 kHz Partialschwingungen auf, die nicht nur Amplituden- und Phasenverzerrungen verursachen, sondern auch bewirken, dass die aus der Treiberöffnung austretende Wellenfront nicht mehr eben ist. Manche Hersteller weichen dieser Problematik durch große, längliche Hornhalsöffnungen aus, die dann direkt von einem Bändchenlautsprecher ohne Kompressionskammer angetrieben werden. Ein anderer Lösungsansatz sieht die Kombination von einem 2"- und 1"-Treiber in einem Gehäuse vor, die durch geschickt verschachtelte Kanäle auf eine Austrittsöffnung arbeiten. Die Entwicklung von Hornlautsprechern mit Kompressionstreibern erfordert somit eine Reihe von Kompromissen, woraus sich sowohl klangliche Unterschiede als auch bestimmte nicht unerhebliche Defizite dieser Lautsprechertypen erklären dürften.

Die wichtigsten Anforderungen an einen Hornlautsprecher für die professionelle Beschallungstechnik, die Studiotechnik und für Kinosysteme sind somit:

1. hohe Empfindlichkeit
2. gleichmäßiger Frequenzgang
3. geringe Verzerrungen
4. wenig Partialschwingungen und Resonanzen bei hohen Frequenzen
5. ausreichend tiefe untere Eckfrequenz
6. gleichmäßiges Abstrahlverhalten über einen weiten Frequenzbereich
7. kompakte Bauform

Während 1. bis 4. allgemeine Grundsätze des Lautsprecherbaus sind, ist 5. in Abhängigkeit vom Einsatz des Hornlautsprechers in Kombination mit anderen Systemen zu bewerten. 6. hat eine besondere Bedeutung für Beschallungslautsprecher, wo die präzise abgegrenzte Abstrahlung für eine exakte Ausrichtung auf den zu beschallenden Bereich wichtig ist. Insbesondere bei der Bildung von Clustern ist ein gleichmäßiges und genau definiertes Abstrahlverhalten der einzelnen Lautsprecher erforderlich. 7. dürfte ebenfalls primär für Beschallungslautsprecher relevant sein und hier insbesondere für mobile Systeme. Die kompakte Bauform ist im Hinblick auf alle anderen Anforderungen jedoch stets mit Kompromissen verbunden.

8.2.3 Lautsprecher-Arrays

Lautsprecher-Arrays oder Cluster bestehen aus mehreren Einzelsystemen gleichen oder unterschiedlichen Typs mit dem Ziel, ein möglichst definiertes räumliches Abstrahlverhalten zu erhalten. Idealerweise würde man diesem Anspruch mit einem einzelnen Lautsprecher mit passendem Abstrahlwinkel nachkommen. Der Abstrahlwinkel von einzelnen Lautsprechern kann je nach Bauform von extrem engen 10° bis zu 360° bei speziellen, rundum strahlenden Systemen reichen. Je größer der von einem einzelnen Lautsprecher abgedeckte Raumwinkel ist, desto geringer ist allerdings der dort zu erzielende Schalldruck, da sich die vorhandene Schallleistung auf den gesamten Raumwinkel verteilt. Ein Hochtontreiber könnte z. B. mit einem Horn von 30° x 30° oder 120° x 90° Abstrahlwinkel bestückt werden. Der Unterschied des damit abgedeckten Raumwinkels beläuft sich auf den Faktor zwölf. Würde man von der gleichen abgegebenen Schallleistung ausgehen, ohne die Änderung des Strahlungswiderstandes durch die unterschiedlichen Hörner zu berücksichtigen, so wäre der Pegelunterschied 10,8 dB. Sobald hohe Schalldruckwerte gefordert sind, muss also auf entsprechend eng abstrahlende Systeme zurückgegriffen werden, welche die vom Treiber zur Verfügung gestellte Schallleistung auf einen kleinen Raumwinkel konzentrieren. Aus diesem eng abstrahlenden Einzelsystem können dann passend zur Anwendung Arrays gebildet werden, um größere Raumbereiche abzudecken. Die Anordnung wird dabei in der Regel so erfolgen, dass sich die Teil-

Abb. 8.13 Lautsprecher-Array mit 30°-Systemen für die Beschallung einer großen Sporthalle

flächen dort überschneiden, wo der Pegel des Einzelsystems um 6 dB gegenüber der Mittelachse abgefallen ist. Interferenzeffekte innerhalb der Überlappungsbereichs können durch eine geschickte Konstruktion und Anordnung auf ein erträgliches Maß reduziert werden. Abb. 8.14 zeigt die Isobarenkurven eines einzelnen 40°-Systems sowie einer Kombination aus zwei Lautsprechern zu einem 80°-Array. Die Kombination gelingt in diesem Fall vorbildlich und wird nur unwesentlich durch Interferenzeffekte gestört.

Eine Alternative zu herkömmlichen Arrays aus Hornsystemen sind Line-Arrays, bei denen die einzelnen Lautsprecher so angeordnet sind, dass sie möglichst immer eine kohärente Wellenfront abstrahlen und damit vergleichbar einem Einzelsystem agieren.

8.2.3.1 Quellenformen

Die Grundüberlegungen zum akustischen Verhalten von Line-Arrays basieren auf idealisierten Annahmen zum Verhalten von Schallquellen und der durch sie abgestrahlten Geometrie des Schallfelds (vgl. Kap. 1.5). Eine solche Idealisierung ist die Punktquelle, die gleichmäßig in alle Richtungen abstrahlt und ein Schallfeld in Form von Kugelwellen erzeugt. Die insgesamt abgestrahlte Leistung verteilt sich pro Entfernungsverdopplung auf eine vierfach größere Fläche, wodurch sich die Schallintensität auf ein Viertel und der Schalldruck auf die Hälfte verringert (jeweils –6 dB). Ein idealisierter Linienstrahler strahlt dagegen eine Zylinderwelle ab, die abgegebene Leistung verteilt sich pro Entfernungsverdopplung auf eine zweifach größere Fläche, wodurch sich die Schallintensität auf die Hälfte und der Schalldruck um den Faktor 0,707 (jeweils –3 dB) reduziert. Als dritte Idealisierung wäre

Kapitel 8 Lautsprecher

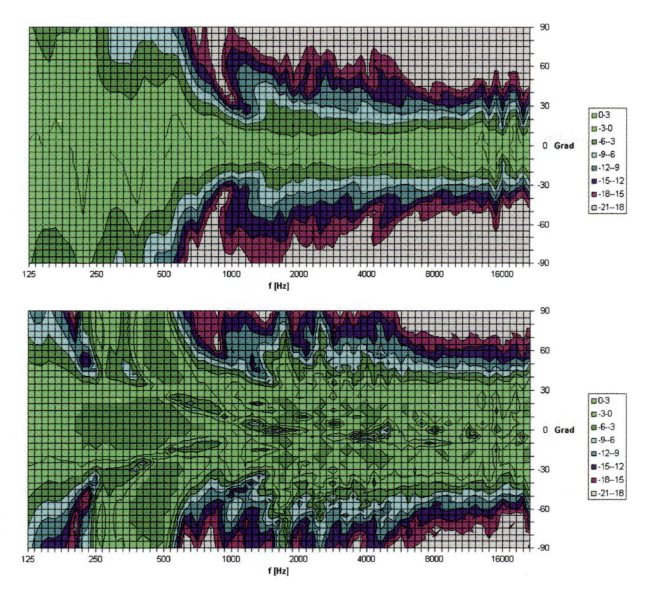

Abb. 8.14 Oben: Isobaren eines einzelnen 40°-Hornsystems. Unten: Isobaren eines Arrays aus zwei Systemen für insgesamt 80° Abstrahlwinkel. Die Isobarenkurven zeigen Bereiche gleichen Schalldrucks als gleiche Farbwerte und werden messtechnisch als Pegelabfall in Abhängigkeit von der Frequenz gegenüber dem Wert auf der Hauptachse (typischerweise die 0°-Achse) ermittelt.

eine unendlich ausgedehnte und homogen schwingende Fläche zu betrachten, die eine ebene Welle abstrahlt. Der Schalldruck ist im gesamten Halbraum vor der schwingenden Fläche konstant, es kommt demnach zu keinem entfernungsabhängigen Pegelabfall.

In der Lautsprecherentwicklung sind diese Idealisierungen immer nur Annäherungen an die Realität. So beginnt eine Lautsprechermembran bei hohen Frequenzen Partialschwingungen auszubilden, bei denen die Membran in vielen einzelnen Teilflächen agiert, die auch gegenphasig schwingen können. Eine reale Strahlerzeile in Anlehnung an die Linienquelle wird häufig aus einzelnen übereinander angeordneten Lautsprechern aufgebaut, deren Membrane keine durchgehende Fläche ergeben. Ebenso gibt es weder den unendlich kleinen Strahler noch einen Strahler mit einer unendlichen Ausdehnung in eine oder mehrere Richtungen. Wann ein Strahler die Eigenschaften der idealisierten Quellen annimmt, hängt in erster Linie von seiner Größe, von der Wellenlänge und vom Abstand des Betrachtungspunktes zur Quelle ab.

Der Übergang vom idealen zum nichtidealen Verhalten findet an der Grenze zwischen Nahfeld und Fernfeld statt (vgl. Kap. 1.5.3). Für einen Linienstrahler lässt sich dieser Übergang in Abhängigkeit von der Frequenz f und der Länge l der Linie ansetzen bei

$$r = \frac{l^2 \cdot f}{2c} \tag{8.5}$$

mit der Frequenz f in Hz, der Länge l in m und der Schallgeschwindigkeit c in ms^{-1}. Im Nahfeld verhält sich die Quelle näherungsweise wie das idealisierte Modell eines Linienstrahler mit unendlicher Ausdehnung. Jenseits des durch (8.5) definierten Nahfeld-Fernfeld-Übergangs geht die Zylinderwelle in eine sphärische Wellenfront über und öffnet sich auch in der vertikalen Ebene. Der –6 dB-Öffnungswinkel BW (Beamwidth, Strahlbreite) beträgt:

$$BW_{-6dB} \approx 2 \cdot \sin^{-1}\left(\frac{1,9}{\pi} \cdot \frac{\lambda}{l}\right) \tag{8.6}$$

mit der Wellenlänge λ und Länge l in m (Heil u. Urban 1992, Urban et al. 2003).

Auch das Schallfeld des ausgedehnten Flächenstrahlers kann nur im Nahfeld als ebene Welle betrachtet werden. Nach dem Übergang ins Fernfeld geht die ebene Wellenfront in eine sphärische Wellenfront über. Der Öffnungswinkel hängt dabei von der Ausdehnung des Flächenstrahlers in der betreffenden Ebene in Relation zur Wellenlänge ab. Eine Punktquelle (Ausdehnung sehr klein, $l \to 0$) verfügt hinsichtlich der Richtwirkung des Schallfelds über kein Nahfeld, der Betrachter befindet sich unabhängig von der Entfernung immer im Fernfeld. Eine unendlich ausgedehnte Strahlerfläche hätte dementsprechend ausschließlich ein Nahfeld mit unendlich großer Ausdehnung.

8.2.3.2 Lautsprecherzeilen

Grundsätzlich kann eine Linienquelle entweder aus einer einzelnen Membran bestehen, z. B. bei einem Bändchenlautsprecher, oder aus vielen einzelnen Quellen zusammengesetzt werden. Letzteres geht mit der Einschränkung einher, dass es eine durch den Abstand der Quellen definierte obere Grenzfrequenz gibt, oberhalb der in der Richtcharakteristik neue seitliche Hauptmaxima entstehen. Somit muss man einerseits sehr kleine Lautsprecher verwenden, um auch bei hohen Frequenzen keine unerwünschten seitlichen Maxima im Abstrahlverhalten zu erhalten, andererseits erreichen nur größere Systeme eine hinreichende Abstrahlung von tiefen Frequenzen. Die Line-Array-Komponenten aller größeren PA-Systeme sind aus diesem Grund als 2- oder 3-Wege-Systeme aufgebaut, die auf ihren jeweiligen Frequenzbereich optimiert sind. Mit Einzelchassis wird daher in der Regel nur bis zur einer Frequenz von maximal 1,5 kHz gearbeitet. Für den darüber liegenden Frequenzbereich kommen Hochtontreiber mit speziellen Wellenformern (*waveformer*) zum Einsatz, die so konstruiert sind, dass sie eine möglichst ebene Wellenfront an ihrer Austrittsöffnung erzeugen. Die damit konstruierte Linienquelle erzeugt auch bei hohen Frequenzen keine seitlichen Hauptmaxima

Kapitel 8 Lautsprecher   445

mehr, sondern lediglich kleine Nebenmaxima entsprechend einer räumlichen Rechteckfensterung.

Ein echtes Fullrange Line-Array ausschließlich mit Breitbandtreibern aufzubauen erfordert daher gewisse Kompromisse und stellt besondere Anforderungen an die verwendeten Chassis. Ein Beispiel mit einem typischen Lautsprecher in dieser Bauform soll die Zusammenhänge erläutern. Die insgesamt 12 Chassis mit 2,5" Durchmesser sind so dicht wie möglich aufgereiht, so dass ein Abstand von 7 cm zwischen den Mittelpunkten zweier Membranen bleibt. Das Abstrahlverhalten einer solchen Anordnung lässt sich betrachten als Überlagerung der Abstrahlcharakteristik einer einzelnen Membran mit der einer Anordnung aus aufgereihten Punktquellen in entsprechendem Abstand (Abb. 8.15).

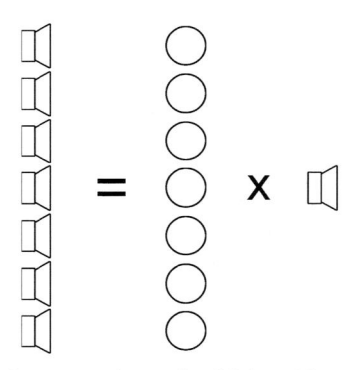

Abb. 8.15 Das Abstrahlverhalten von mehreren in gleichem Abstand zueinander aufgereihten Treibern lässt sich darstellen als Überlagerung einer entsprechenden Anordnung mit Punktquellen und dem Verhalten eines einzelnen Treibers. Das berechnete Richtverhalten der Punktquellenanordnung wird dazu mit dem Richtverhalten eines einzelnen Treiber multipliziert.
(Quelle: JBL)

Eine Simulation der Richtcharakteristik von zwölf Punktquellen (Abb. 8.16) als Polardiagramme für ausgewählte Frequenzen zeigt die frequenzabhängige Ausbildung von Auslöschungen, Nebenmaxima und neuen Hauptmaxima.

Für ein Line-Array aus gleichphasig und mit gleichem Pegel arbeitenden diskreten Quellen lässt sich ableiten, dass der Abstand zwischen den Quellen nicht größer als eine Wellenlänge sein darf, wenn keine neuen seitlichen Hauptmaxima im Richtdiagramm erscheinen sollen. Steckt man den Anspruch noch ein wenig höher, so dass alle Nebenmaxima zu den Rändern hin abfallen sollen, dann darf der Abstand eine halbe Wellenlänge nicht überschreiten.

In der Praxis kommt der Umstand zur Hilfe, dass man es nicht mit idealen Punktquellen zu tun hat, sondern mit Strahlern, die bereits eine gewisse Richtcharakteristik besitzen (Abb. 8.15). Diese Richtcharakteristik eines einzelnen Strahlers überlagert sich mit der der Punktquellenanordnung und dämpft somit die unerwünschten seitlichen Haupt- und Nebenmaxima.

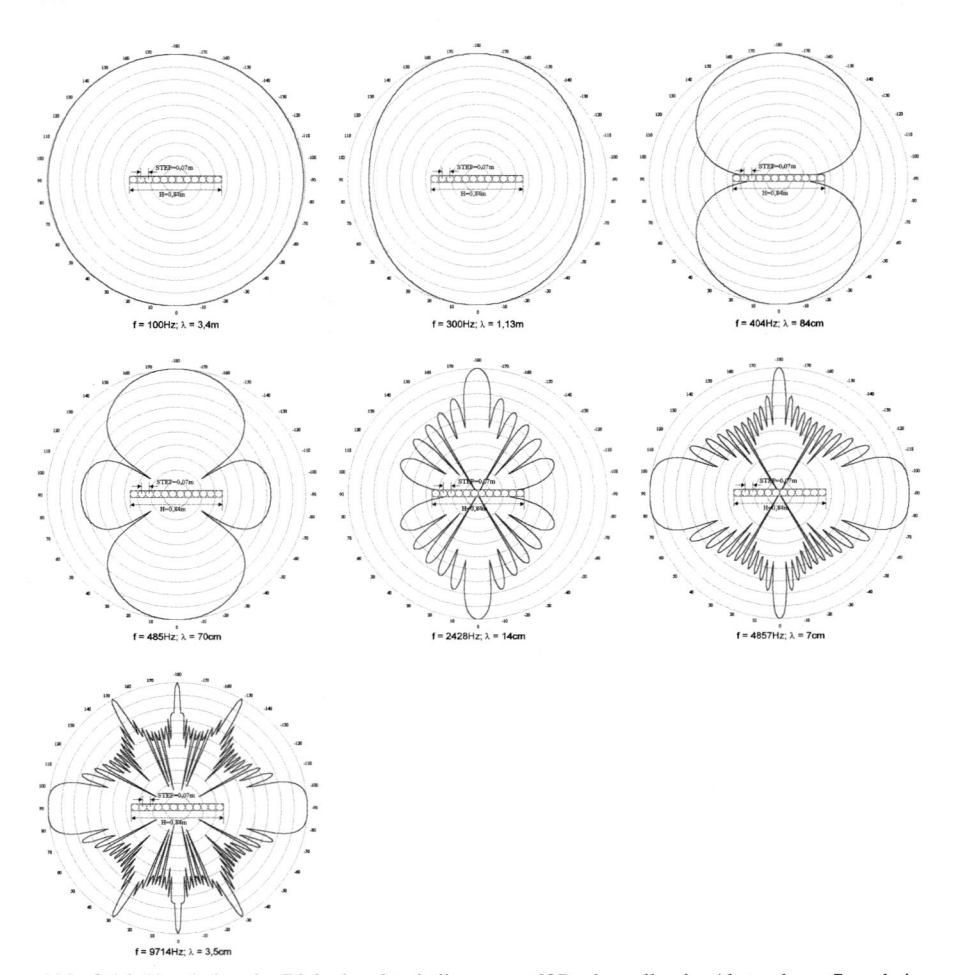

Abb. 8.16 Simulation der Richtcharakteristik von zwölf Punktquellen im Abstand von 7 cm bei verschiedenen Frequenzen als Polardiagramm mit einer Rasterbreite von 6 dB. Bei sehr tiefen Frequenzen mit einer Wellenlänge deutlich größer als die Gesamtausdehnung der zwölf Punktquellen wirken alle Punktquellen als ein Strahler mit kugelförmiger Abstrahlcharakteristik. Mit zunehmender Frequenz schnürt sich das Abstrahlverhalten vergleichbar einer einzelnen Quelle mit den Abmessungen der Gesamtanordnung ein. Bei der Frequenz, bei der die Wellenlänge der Gesamtausdehnung der Anordnung entspricht ($\lambda = 84$ cm, $f = 404$ Hz), tritt das erste Minimum bei ±90° auf. Steigt die Frequenz weiter an, so entstehen die ersten Nebenmaxima bei ±90° und wandern anschließend zur 0°-Achse hin. Bis zu der Frequenz, bei der der Abstand der Punktquellen zueinander der halben Wellenlänge entspricht ($\lambda = 14$ cm, $f = 2428$ Hz), werden alle seitlichen Nebenmaxima mit zunehmendem Winkel von der Mittelachse kleiner. Für weiter zunehmende Frequenzen nehmen die neu entstehenden Nebenmaxima im Pegel wieder zu. Mit dem Überschreiten der kritischen Frequenz, bei der die Wellenlänge kleiner als der Abstand zwischen den Punktquellen wird ($\lambda = 7$ cm, $f = 4857$ Hz), entstehen dann auch neue Hauptmaxima. Bei noch höheren Frequenzen entstehen weitere Hauptmaxima, die bereits existierenden wandern auf die 0°-Achse zu.

Kapitel 8 Lautsprecher

8.2.3.3 DSP-gesteuerte Zeilen

Wegen ihrer ausgeprägten Richtwirkung bedarf es bei Schallzeilen einer exakten Ausrichtung auf die anvisierte Publikumsfläche. Ohne weitere Aufbereitung der Signale nimmt die Richtwirkung mit steigender Frequenz kontinuierlich zu, so dass höhere Frequenzen stärker gebündelt abgestrahlt werden als tiefere und ab einer bestimmten Frequenz weitere Nebenmaxima auftreten (s. Abb. 8.16). Um dies auszugleichen, wurde bereits vor der Einführung digitaler Signalverarbeitung durch diverse elektrische und akustische Filtertechniken die Abstrahlung der Zeile dahingehend beeinflusst, dass bei tiefen Frequenzen alle Lautsprecher arbeiteten und für höhere Frequenzen über Tiefpassfilter die außen liegenden Systeme schrittweise ausgeblendet wurden (Klepper u. Steele 1963, Eargle 2003). Somit agiert die Strahleranordnung bei tiefen Frequenzen als ausgedehnte lange Quelle, die mit zunehmender Frequenz immer kürzer wird. Dementsprechend kann das Bündelungsverhalten über einen weiten Frequenzbereich annähernd konstant bleiben.

In dem Anfang der 1990er Jahre bei der Fa. Duran Audio entwickelten DDC (Digital Directivity Control) Verfahren (de Vries u. van Beuningen 1997, Start u. van Beuningen 2000) wird statt passiver elektrischer oder akustischer Filter jeder Lautsprecher mit einer eigenen Endstufe versehen und über ein DSP-System angesteuert, mit dem präzise und flexibel konfigurierbare Filtereinstellungen möglich sind. Neben der einfachen Tiefpassfilterung zur Anpassung der effektiven Zeilenlänge ergeben sich durch den schnellen Zugriff auf alle Filterparameter noch eine Reihe weiterer Optionen wie ein programmierbarer Öffnungswinkel oder eine einstellbare Neigung der Richtkeule (Abb. 8.17, oben). Selbst spezielle Lösungen mit zwei getrennten Richtkeulen sind softwareseitig einstellbar, ohne die Lautsprecheranordnung oder die Positionierung der Zeile verändern zu müssen.

Tabelle 8.1 Eckfrequenzen f_g der Tiefpassfilter, resultierende effektive Zeilenlänge L_{eff} sowie deren Verhältnis zur Wellenlänge L/λ bei der Eckfrequenz für das Lautsprecher-Array in Abb. 8.17

LS-Nr.	1–12	1–10	1–8	1–6	1–4	1–3	1–2	1
f_g (kHz)	1,58	1,86	2,31	3,01	5,57	7,47	11,6	–
L_{eff} (m)	1,26	1,05	0,84	0,63	0,42	0,315	0,21	0,105
L/λ	5,86	5,74	5,71	5,58	6,88	6,92	7,16	6,18

Eine limitierende Größe bleibt auch hier der Abstand der Treiber, d. h. der Einzelquellen, zueinander, aus dem hervorgeht, wann die ersten Nebenmaxima im Richtverhalten entstehen. Für einen Abstand von 105 mm errechnet sich eine Frequenz von 3,2 kHz (Abb. 8.17, oben). Vermeiden ließen sich die Nebenmaxima nur dann, wenn bereits bei dieser Frequenz nur noch ein Lautsprecher arbeiten würde. Dann wäre es aber nicht mehr möglich, die Richtkeule durch die Filter zu beeinflussen. Also muss es einen gewissen Kompromiss geben, bei dem seitliche Nebenmaxima in Grenzen zugelassen werden.

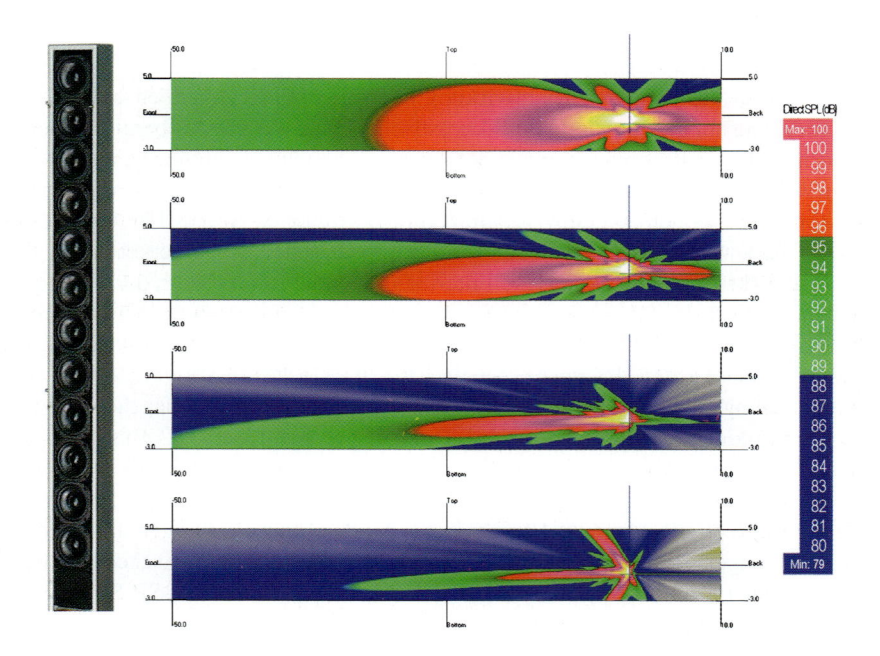

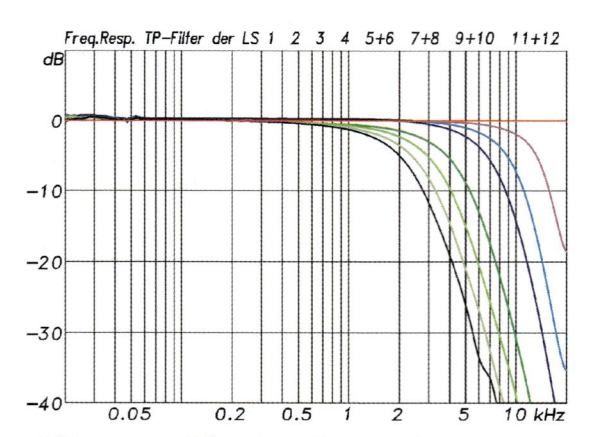

Abb. 8.17 Oben: DSP-gesteuerte Zeile mit zwölf Breitbandsystemen und das simulierte Abstrahlverhalten für die Oktavbänder von 500 Hz, 1 kHz, 2 kHz und 4 kHz (v.o.n.u.). Ab 4 kHz treten wegen des zu großen Quellabstandes erste Nebenmaxima auf. Die Richtkeule wurde um 5° elektronisch nach unten geneigt. Rechts: Tiefpassfilter in einer DSP gesteuerten Zeile mit zwölf Lautsprechern in äquidistantem Abstand von 105 mm, die über acht DSP-Kanäle angesteuert werden. Die Lautsprecher 1–4 werden einzeln angesteuert, die Lautsprecher 5–12 jeweils paarweise. Nur Lautsprecher Nr. 1 (der unterste in einer Zeile) läuft ungefiltert über den vollen Frequenzbereich (rote Kurve). Alle anderen werden so tiefpassgefiltert, dass das Verhältnis von effektiver Länge der Strahlerzeile zur Wellenlänge weitgehend konstant bleibt. In der Simulation des Abstrahlverhaltens für Oktavbänder bei 500 Hz, 1 kHz, 2 kHz und 4 kHz (v.o.n.u.) treten ab 4 kHz wegen des zu großen Quellabstandes erste Nebenmaxima auf. Die Richtkeule wurde um 5° elektronisch nach unten geneigt. (Quelle: Duran Audio)

Kapitel 8 Lautsprecher

8.2.3.4 Line-Arrays

Line-Arrays haben in der modernen Beschallungstechnik seit einigen Jahren eine kontinuierlich zunehmende Bedeutung erhalten. Detaillierte Analysen zum Abstrahlverhalten von Line-Arrays finden sich bereits bei (Beranek 1954) und (Olson 1957). Grundlage für die Entwicklung der modernen Line-Arrays waren jedoch die erstmals 1992 veröffentlichten Forschungsarbeiten zur sog. *Wave Front Sculpture Technology* (WST, Heil u. Urban 1992, Urban et al. 2003). Die Autoren benutzten aus der Optik bekannte Zusammenhänge zur Erläuterung der Interferenzphänomene beim Einsatz von Line-Arrays. In beiden Fällen handelt es sich um Phänomene der Wellenausbreitung, die Unterschiede liegen lediglich in der Ausbreitungsgeschwindigkeit und der Wellenlänge.

Die Zielsetzung bei der Line-Array Technologie ist es, auch in akustisch schwieriger Umgebung gezielt bestimmte Raumbereiche zu beschallen bzw. auszublenden, indem die Eigenschaften einer Zylinderwelle mit einem scharf begrenzten Abstrahlbereich und einem nur mit 3 dB pro Entfernungsverdopplung abnehmenden Pegel ausgenützt werden. Letzteres ist vor allem bei großen Entfernungen von Bedeutung, wo die Luftdämpfung ein zusätzlicher Verlustfaktor ist. Hier kann bei günstiger Dimensionierung das mit der Frequenz immer weiter ausgedehnte Nahfeld eines Line-Arrays die ebenfalls mit der Frequenz zunehmende Luftdämpfung ansatzweise kompensieren. Voraussetzung für eine Zylinderwelle ist zunächst die Bildung einer über die gesamte Länge möglichst ebenen Wellenfront für den hörbaren Frequenzbereich bis 20 kHz. Mit Einzelquellen ist das streng betrachtet nur dann möglich, wenn der Abstand der Quellen zueinander kleiner als die halbe Wellenlänge ist (Abb. 8.16) und alle Nebenmaxima im Abstrahlverhalten der linienförmigen Strahleranordnung zu den Seiten hin kontinuierlich abnehmen. Setzt man als weniger strenges Kriterium an, dass keine neuen Hauptmaxima in den seitlichen Bereichen entstehen dürfen (Tabelle 8.1), dann darf der Abstand der Einzelquellen zueinander maximal eine Wellenlänge betragen. Diese Anforderungen sind bei Beschallungslautsprechern mit hohen Schalldruckwerten nur mit 2- oder 3-Wege-An-

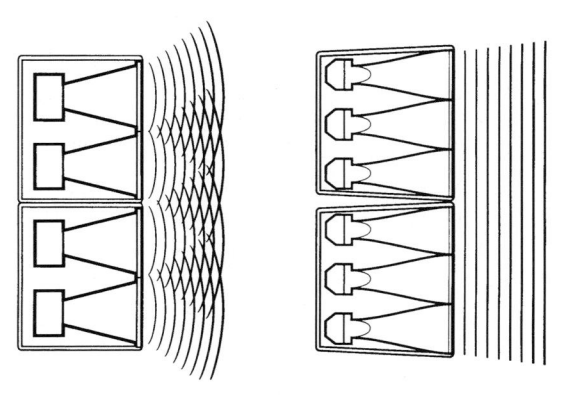

Abb. 8.18 Bildung eines Line-Arrays aus konventionellen Hornsystemen (links) und mit speziellen Waveformern (rechts) zur Erzeugung einer ebenen Wellenfront (Quelle: JBL)

ordnungen zu erfüllen. Eine Ausnahme stellen Bändchenlautsprecher mit 1–2 m Membranhöhe dar, die bei reduzierten Anforderungen hinsichtlich des Maximalpegels den Frequenzbereich von 100 Hz bis 20 kHz komplett mit einem System abdecken können und dabei als nahezu perfekte Linienquelle agieren.

Je nach Größe der eingesetzten Einzellautsprecher ist es somit möglich, für den entsprechenden Frequenzbereich die gewünschte kohärente Wellenfront zu erzeugen. Typische Anordnungen bestehen aus 8"-Konuslautsprechern, die bis knapp unter 1 kHz arbeiten, oder 5"-Konuslautsprecher, die häufig bis 2 kHz eingesetzt werden.

Die eigentliche Problematik liegt im darüberliegenden Frequenzbereich, wo es zum einen schwierig wird, die Anforderungen der Kohärenz zu erfüllen, wo es gleichzeitig aber besonders wichtig ist. Hier gibt es verschiedene Ansätze zur Erzeugung einer ebenen Wellenfront. Am weitesten verbreitet ist die Verwendung herkömmlicher Hochtontreiber, die mit einem Waveformer bestückt werden, der durch eine entsprechende Schallführung aus der sphärischen Wellenfront eine ebene Welle erzeugt. Mehrere dieser mit einer spaltförmigen Austrittsöffnung versehenen Einheiten, die dicht übereinander angeordnet werden, können so eine Linienquelle mit mehr oder weniger kohärenter Wellenfront bilden (Abb. 8.18).

Ein weiterer Ansatz ist die Verwendung von Bändchenlautsprechern als Hochtöner in einem Line-Array, die prinzipbedingt eine ebene Wellenfront erzeugen. Gleichzeitig vermeidet diese Methode auch Verzerrungen durch die Druckkammer und den Waveformer und die nicht unerheblichen Probleme mit Partialschwingungen der Membranen großer Hochtontreiber bei höheren Frequenzen.

Eine dritte Methode ist die Aufreihung sehr kleiner Hochtöner in dichtest möglichem Abstand. Dank moderner Neodym-Magnete im Antrieb innerhalb der Schwingspule ist ein so kompakter Aufbau möglich, dass typische 25 mm-Kalotten in Abständen von ca. 30 mm aufgereiht werden können. Mit einer solchen Anordnung kann eine kohärente Wellenfront in Bereichen bis zu 10 kHz erzeugt werden. Auch hier verbinden sich die Vorzüge der nicht vorhandenen Druckkammer und Waveformer mit der geringeren Anfälligkeit für Partialschwingungen der vergleichsweise kleinen Membranen.

Alle drei Varianten werden meist noch mit einem Hornansatz für eine kontrollierte Abstrahlung in der horizontalen Ebenen ausgestattet. Wie sich die Unterschiede am realen Lautsprecher bemerkbar machen, zeigen drei Beispiele in Abb. 8.19.

Da eine komplette Linie immer aus mehreren Waveformern, Ribbon-Tweetern oder Einzellautsprechern zusammengesetzt werden muss, ist es wichtig zu wissen, wie stark sich Unterbrechungen bzw. Lücken innerhalb einer Linienquelle auf das Abstrahlverhalten auswirken. Unterbrechungen innerhalb einer Linie erzeugen im Abstrahlverhalten mehr oder weniger kräftige Seitenkeulen. Bei Line-Array-Elementen entstehen solche Lücken durch Gehäusekanten oder durch den Öffnungswinkel der Gehäuse an der Frontseite beim Curving. Welchen Anteil die dadurch entstehenden Lücken an der Oberfläche der Linie haben, lässt sich durch den Abdeckungsgrad (Active Radiating Factor, *ARF*) beschreiben. Für die Unterdrückung der Seitenkeulen um einen Wert von *ATTEN*, ist dabei ein *ARF* von

Kapitel 8 Lautsprecher

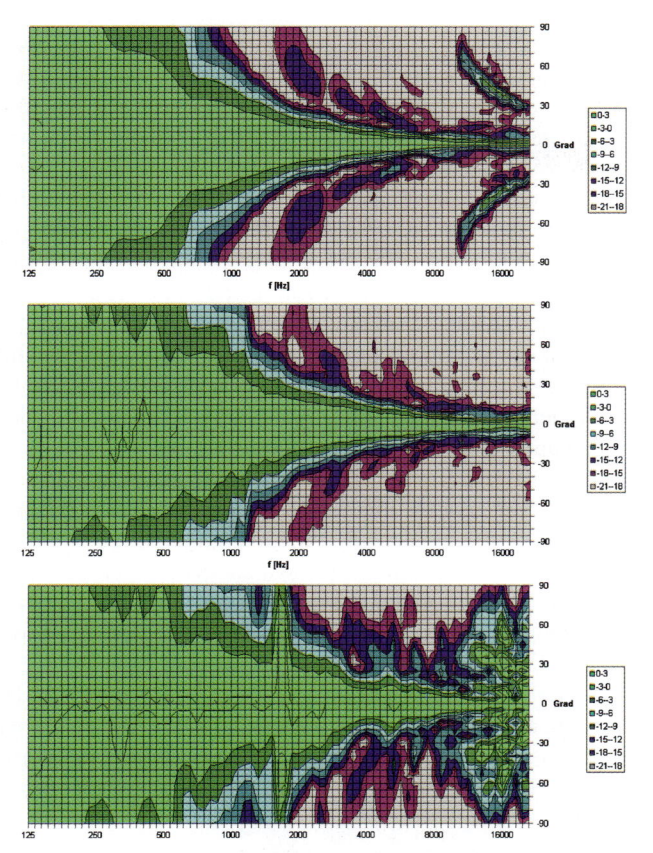

Abb. 8.19 Isobarendarstellung des vertikalen Abstrahlverhaltens einer kurzen Linienquelleneinheit von ca. 20 cm Länge, die für den Hochtonbereich mit kleinen Hochtonkalotten mit 30 mm Abstand (oben), mit einem Bändchenlautsprecher (Ribbon-Tweeter, Mitte) und mit einem offensichtlich nur mäßig funktionierenden Waveformer (unten) ausgestattet ist

$$ARF = \frac{1}{1+10^{\frac{-ATTEN}{20}}} \tag{8.7}$$

erforderlich. Für eine ideale Linie ohne Unterbrechungen liegen die größten Seitenkeulen 13,5 dB unterhalb des Pegels für die Hauptabstrahlrichtung auf der Mittelachse. Die Verhältnisse entsprechen hier einer räumlichen Rechteckfensterung. Daraus ergibt sich mit

$$0{,}825 = \frac{1}{1+10^{\frac{-13{,}5}{20}}} \tag{8.8}$$

eine Abdeckung von 82,5 %, wenn sich die Unterdrückung der Seitenkeulen durch Unterbrechungen nicht verschlechtern soll (Urban et al. 2003). In der Praxis der

Beschallungstechnik ist eine völlig gerade Linienquelle nur selten günstig. Für die typische Frontalbeschallung einer Publikumsfläche ist eine gebogene Liniequelle wünschenswert, die zudem noch die Eigenschaft hat, im oberen Bereich für die weiter hinten liegenden Publikumsbereiche mit höherer Intensität zu strahlen als für die näher liegenden vorderen Zonen. Dieses Verhalten kann mit Line-Arrays erreicht werden, die sich aus einzelnen kleinen Array Elementen zusammensetzen lassen. Bis zur einer gewissen Grenze können diese auch zueinander gewinkelt, als gebogene („gecurvte") Linienquellen angeordnet werden (Abb. 8.20), wobei der Öffnungswinkel zwischen den einzelnen Elementen eines Line-Arrays im umgekehrten Verhältnis zur gewünschten Reichweite steht (Urban et al. 2003). Große Reichweiten sind daher mit gerade hängenden Line-Arrays zu erreichen, bei kurzen Entfernung ist die Linie entsprechend stark zu curven. Ist α der Winkel zwischen den einzelnen Elementen und d die Entfernung zum Publikum für diesen Bereich des Line-Arrays, dann sollte der Faktor $\alpha \cdot d$ konstant bleiben.

Je kleiner der Winkel α ist, desto kleiner ist der abzudeckende Raumwinkel und desto größer ist die dort erzielte Intensität und Reichweite. Wird umgekehrt der Raumwinkel durch eine starke Biegung der Linienquelle aufgeweitet, so reduziert sich die Intensität und der Schalldruck sinkt. Mit diesem auch als „Intensity Shading" bezeichneten Verfahren kann in gewissen Grenzen bei einer festen Anzahl von Lautsprechern durch das Curving die abgedeckte Fläche und die Reichweite bzw. der erreichbare Schalldruck eingestellt werden.

Wie stark eine Line überhaupt gecurvt werden kann, hängt von der vertikalen Ausdehnung der einzelnen Elemente ab. Für einen Wert *STEP* als Abstand der Elemente zueinander in m ergibt sich für ausreichend große Hörentfernungen nach (Heil u. Urban 1992) ein Winkel von

Abb. 8.20 Line-Array bestehend aus sechs Einheiten mit Curving (Quelle: JBL)

Kapitel 8 Lautsprecher

$$\alpha_{max} = \frac{3°}{STEP} \tag{8.9}$$

Für ein Line-Array ohne Spalte auf der Frontseite können Gehäuse mit einer Höhe von 30 cm somit um höchstens 10° zueinander angewinkelt werden.

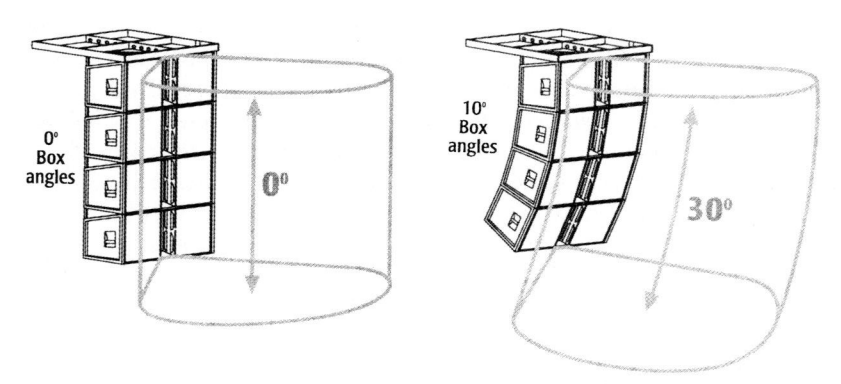

Abb. 8.21 Links: Line-Array bestehend aus vier Elementen ohne Curving mit einem Öffnungswinkel von 0°. Rechts: Line-Array bestehend aus vier Elementen mit Curving für einen Öffnungswinkel von 30° (Quelle: JBL)

8.2.3.5 Bass-Arrays

Da Schallquellen nur dann eine merkliche Richtwirkung erzielen können, wenn ihre Abmessungen groß im Verhältnis zur Wellenlänge sind, müssten sowohl Hornsysteme als auch Line-Arrays für eine relevante Wirkung im Bassbereich sehr groß werden. Basshörner, wie sie in den 1970er Jahren von den amerikanischen Lautsprecherentwicklern John Meyer und Bruce Howze konstruiert wurden, fanden nur für wenige spezielle Aufgaben Anwendung. Meist stand hier auch weniger das Richtverhalten als der Wunsch nach einer hohen Sensitivity im Vordergrund des kreativen Schaffens. Trotzdem besteht bei vielen Beschallungsaufgaben der Wunsch, auch für den Bassbereich eine signifikante Richtwirkung in der Schallabstrahlung zu erzielen. Der für das Publikum angestrebte Basspegel hat in den letzten Jahrzehnten erheblich zugenommen. Eine ähnliche Entwicklung ist bei Kinofilmen oder auch bei Werbeeinspielung zu beobachten. Ohne eine entsprechende Bündelung in der Abstrahlung kann es dann bei hohen Basspegeln zu unschönen Begleiterscheinungen kommen: In großen Hallen beginnt es durch den langen Nachhall bei tiefen Frequenzen zu dröhnen, auf der Bühne steigt der Basspegel auf ein unerträgliches Niveau und es entstehen Feedbacks bei tiefen Frequenzen.

Eine praktikable Lösung besteht bei großen Bühnen darin, die Subwoofer in kleinen Einheiten von 2–4 Systemen mit Abständen von 2 m zueinander quer vor der gesamten Bühne zu platzieren. Damit entsteht für Frequenzen bis ca. 150 Hz eine einzige lang gestreckte Linienquelle, die eine recht scharf begrenzte Richtkeule entsprechend ihrer Breite abstrahlt. Nachteile dieses Verfahrens sind die nicht immer gewünschte Ausblendung der Randbereiche, vor allem bei Open-Air-Veranstaltungen mit einem weit verstreuten Publikum, und ein gewisser Pegelverlust gegenüber größeren Bass-Clustern, bei denen die akustische Kopplung zu einem zusätzlichen Pegelgewinn führt.

Die Vorzüge der Bass-Linie liegen in einer gleichmäßigeren Pegelverteilung von vorne nach hinten auf der Publikumsfläche, so dass übermäßiger Bassdruck in den vorderen Reihen vermieden wird und weiter hinten trotzdem noch ausreichend Pegel zu erreichen ist. Ein ähnlicher Effekt lässt sich mit langen, höher angebrachten („geflogenen") Bass-Linien erzielen, wo neben dem Line-Array Effekt noch die hohe Position der Quelle zu einer ausgeglicheneren Verteilung führt.

Alle aufgeführten Varianten sind jedoch eher für große Aufbauten geeignet und berücksichtigen zudem nicht die Abstrahlung in den rückwärtigen Bereich. Hier soll die Abstrahlung eher verhindert als unterstützt werden, da hohe Basspegel auf der Bühne meist unerwünscht sind. Je nach Art der Veranstaltung kommt der Aspekt des Lärmschutzes hinzu, der sich durch ein Wegdrehen der Bühne von den sensiblen Bereichen verbessern lässt, wenn man im gesamten Frequenzbereich eine ausreichende Richtwirkung erzielt.

Für eine besonders ausgeprägte Richtwirkung auch bei tiefen Frequenzen und mit kleineren Aufbauten kann man zu einer Methode greifen, die mit Hilfe von gezielten Interferenzen räumliche Teilbereiche auslöscht. Mit passendem räumlichem Versatz aufgestellte Quellen, die zusätzlich über Filter und Delays angesteuert werden und zueinander verpolt sind, können sog. Cardioid Subwoofer bilden. Das Cardioid-Prinzip basiert auf zwei in einem definierten Abstand hintereinander angeordneten Quellen, von denen die hintere verpolt und mit einem Delay belegt ist. Die Delayzeit entspricht dabei der Laufzeit für den Abstand zwischen den beiden Quellen. Für ungerichtete Quellen würde daraus eine Auslöschung der Wellenfronten resultieren. Ein realer Lautsprecher weist jedoch immer ein frequenzabhängiges Richtverhalten auf, das umso früher einsetzt, je größer die Strahlerfläche ist. Verstärkt wird dieser Effekt noch durch die Bildung einer Schallwand, wenn mehrere Lautsprecher zu einem Array zusammengesetzt werden.

Abb. 8.22 Modular aufgebautes Bassarray mit vier nach vorne und einem nach hinten strahlenden System

Kapitel 8 Lautsprecher

Optimal wäre es daher, wenn die nach hinten arbeitenden Lautsprecher den gleichen Schalldruck erzeugen, wie der nach hinten abgestrahlte Anteil der vorderen Lautsprecher, weshalb es für die rückwärtigen Systeme nicht der gleichen Anzahl Lautsprecher bedarf wie für die vorderen (Abb. 8.22). Messungen an einem Bass-Array mit vier nach vorne und einem nach hinten abstrahlenden System (Abb. 8.23) lassen bei 100 Hz bereits eine Rückwärtsdämpfung von 10 dB erkennen.

Zur Kompensation des nach hinten abgestrahlten Schalls wurde hier nur ein weiterer Lautsprecher in gedrehter Position ergänzt, so dass ein 4-1-Array entstand. Ein Vergleich der Messung des einfachen nur nach vorne arbeitenden Vierer-Arrays mit dem 4-1 Cardioid-Bass zeigt für die Abstrahlung nach vorne einen leichten Pegelgewinn von ca. 1 dB bis 100 Hz, während der Cardioid-Bass eine bei 50 Hz um 3 dB, bei 100 Hz bereits eine um 10 dB erhöhte Rückwärtsdämpfung aufweist. Betrachtet man die Kurve im Detail, so fällt zunächst der nur geringe Gewinn an Rückwärtsdämpfung bei sehr tiefen Frequenz auf. Der vordere Vierer-Block strahlt hier noch sehr viel Energie nach hinten ab (nur ca. 2 dB weniger als nach vorne), so dass die einzelne nach hinten arbeitende Box nicht in der Lage ist, diese vollständig zu kompensieren. Mit zunehmender Frequenz sinkt jedoch der nach hinten abgestrahlte Pegel der vier vorderen Lautsprecher, und die zunehmend bessere Kompensation

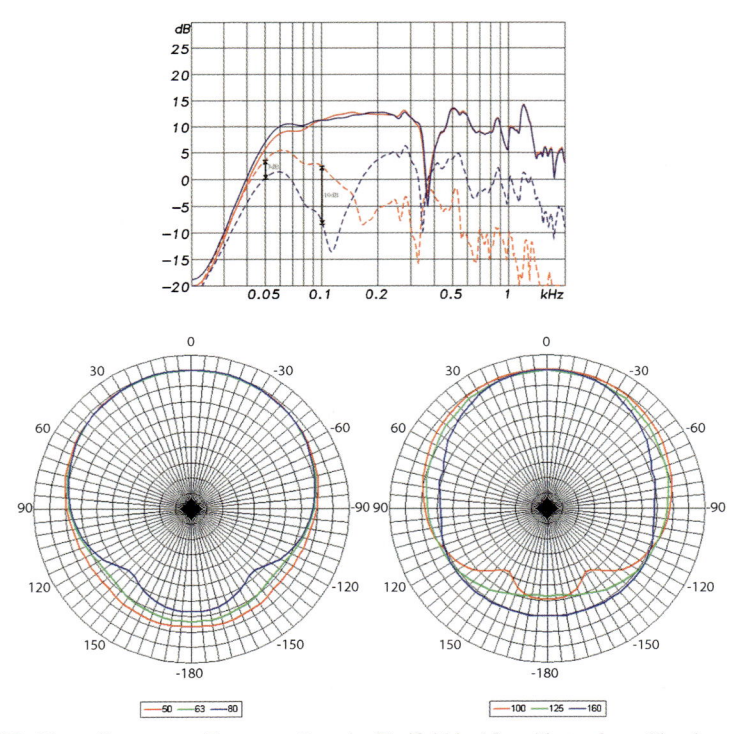

Abb. 8.23 Oben: Gemessene Frequenzgänge im Freifeld in 10 m Abstand vor (durchgezogene Linien) und hinter (gestrichelte Linien) einem Bass-Array mit vier ausschließlich nach vorne strahlenden Systemen (rot) und einem zusätzlich nach hinten strahlenden System (blau). Unten: Zugehörige Polardiagramme für die Terzbänder von 50 Hz bis 160 Hz (Pegelskala: 6 dB/div)

erreicht ein Maximum bei 110 Hz mit fast 25 dB Rückwärtsdämpfung. Danach steigt die Kurve wieder an und die Rückwärtsdämpfung verschlechtert sich, da die vorderen Lautsprecher hier nur noch sehr wenig nach hinten abstrahlen und der hintere Lautsprecher jetzt zu laut ist. Typischerweise wird eine solche Anordnung jedoch nur bis ca. 150 Hz betrieben, ansonsten würde auch eine Bandbegrenzung der hinteren Box Abhilfe leisten.

Eine höhere Rückwärtsdämpfung bei tieferen Frequenzen ist nicht einfach zu erreichen. Der einzelne hintere Lautsprecher müsste dazu im Pegel in Relation zu den vorderen Systemen um einige dB angehoben werden, womit er früher an seine Grenzen stoßen würde. Im Grenzlastbereich würde dann die einzelne hintere Box frühzeitig limitieren. Das Resultat wäre eine pegelabhängige Rückwärtsdämpfung, die gerade bei hohen Pegeln schlagartig nachlassen würde.

Neben den Cardiod Subwoofern gibt es noch eine Reihe anderer Anordnungen von Tieftonlautsprechern zur Verbesserung des Richtverhaltens bei tiefen Frequenzen. Für die sog. Beam Steering-Technologie werden Arrays mit Tieftönern über passende Delays angesteuert, um den Bass gezielt in eine Richtung abzustrahlen. Auch dieses Verfahren beruht – ähnlich wie die Cardioid Subwoofer – auf konstruktiven und destruktiven Interferenzen mehrerer Quellen. Von diversen Herstellern werden Komplettsysteme mit angeboten, bei denen die Lautsprecher und die zugehörige Signalverarbeitung fest integriert sind. Prinzipiell können sowohl Cardioid Subwoofer wie auch Beam Steering Arrays aus Einzelsystemen individuell zusammengesetzt und über frei konfigurierbare Digitalcontroller angesteuert werden. Der Vorteil dieser Lösung liegt in der größeren Flexibilität. Sie erfordert jedoch entsprechende Kenntnisse des betreibenden Toningenieurs, wenn es nicht zu gegenteiligen Effekten und falschen Ausrichtungen der Bassabstrahlung kommen soll.

8.3 Elektronik

Zur Elektronik eines Lautsprechers gehören in erster Linie Frequenzweichen und Entzerrungsfilter, sowie im weiteren Sinn auch Leistungsverstärker und Schutzschaltungen gegen Überlastung und zur Funktionskontrolle des Lautsprechers. Eine Besonderheit im Zusammenspiel von Lautsprechern und Verstärkern ist die 100 V-Technik mit ihrer weiten Verbreitung bei Elektroakustischen Lautsprecheranlagen (ELA).

8.3.1 Frequenzweichen

Die Frequenzweiche soll mit Hilfe von elektrischen Filtern das Audiosignal für Mehrwegesysteme (Tief-, Mittel-, Hochton etc.) in passende Frequenzbänder aufteilen. Meist gilt es gleichzeitig auch noch die einzelnen Wege in ihrer Empfindlichkeit zueinander anzupassen und Korrekturen im Frequenzgang vorzunehmen, so dass ein ausgewogenes Gesamtbild entsteht. Man unterscheidet zwischen passiven und aktiven bzw. digitalen Weichen. Passive Weichen bestehen ausschließlich aus passiven Bauelementen und befinden sich im Signalweg zwischen Leistungsverstärker und Lautsprecher. Aktive Weichen, analoger und digitaler Art, befinden sich im Signalweg immer vor dem Leistungsverstärker, so dass jeder Weg über eine eigene Endstufe versorgt wird und die Aufteilung bereits vorher im leistungsfreien Signalbereich erfolgt.

8.3.1.1 Passive Filternetzwerke

Bei passiven Filternetzwerken wird die gewünschte Filterfunktion durch Spulen, Kondensatoren und Widerstände angenähert. Der Filterentwurf ist aufwendig, da auf der Ausgangsseite mit dem Lautsprecher eine komplexe Last mit stark frequenzabhängigem Impedanzverlauf vorliegt, die in die Berechnung einbezogen werden muss. In der Praxis wird in der Regel zunächst der Impedanzverlauf des Lautsprechers mit Hilfe parallel geschalteter Resonanzkreise und LR-Kombinationen linearisiert, so dass für den Filterausgang günstigere Bedingungen mit einer weitgehend frequenzunabhängigen Impedanz vorliegen.

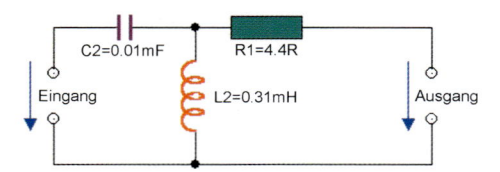

Abb. 8.24 Einfaches passives Filternetzwerk für ein Hochpassfilter 2. Ordnung mit Pegelanpassung über einen Vorwiderstand zum Lautsprecher

Am Beispiel eines 3-Wege-Lautsprechers mit passiver Weiche sind die durch Treiberresonanzen und den Impedanzanstieg zu hohen Frequenzen bedingten Auswirkungen der Impedanzrückwirkung auf den Filterfrequenzgang zu erkennen (Abb. 8.25).

Bei passiven Weichen kann es zu hohen Verlustleistungen und großen Innenwiderständen in den Weichen kommen. Ein Tiefpassfilter 3. Ordnung erfordert bereits zwei Spulen im Signalweg des Tieftöners, die mit ihrem nicht zu vernachlässigenden Gleichstromwiderstand in einer Größenordnung von mehreren hundert $m\Omega$ die elektrische Dämpfung durch den Verstärker mit Innenwiderständen im $m\Omega$-Bereich erheblich reduzieren können. Auswege wären über hohe Drahtstärken der Spulen oder über Kernspulen zu finden. Niederohmige Luftspulen sind jedoch voluminös und teuer, Kernspulen zeigen bei hohen Strömen ein Sättigungsverhalten und erzeugen damit Verzerrungen. Ebenso ist es nur mit erheblichem Bauteileaufwand möglich, Phasenanpassungen über Allpassfilter vorzunehmen. Lautsprecher, die mit passiven Weichen ausgestattet werden sollen, sollten daher bereits in ihrem akustischen Verhalten so konstruiert sein, dass die Weichen möglichst wenig korrigierend eingreifen müssen. Da sich größere Flankensteilheiten nur schwer realisieren lassen, ist bei passiven Weichen auch mit Interferenzeffekten zwischen den ein-

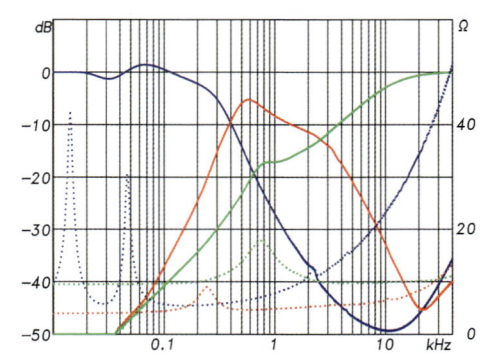

Abb. 8.25 Filterfrequenzgänge einer passiven Weiche für einen 3-Wege-Lautsprecher mit Tieftöner (blau), Mitteltöner (rot) und Hochtöner (grün). Vor allem bei Tief- und Hochtöner ist die Impedanzrückwirkung (die gepunkteten Kurven zeigen den Impedanzverlauf des jeweiligen Weges) zu erkennen, die zu Abweichungen vom idealen Filterverlauf führt. Hier machen sich vor allem die Treiberresonanzen bemerkbar.

zelnen Wegen in den Übernahmebereichen zu rechnen. Aufgrund dieser Problemstellen werden passive Weichen in professionellen Studiomonitoren eher selten und bei PA-Lautsprecher meist nur in kleineren Systemen oder in den Topteilen eingesetzt.

8.3.1.2 Aktive Filter und Controller

Aktive Filter zur Systementzerrung und als Frequenzweiche bei Lautsprechern können mit erheblich geringerem Materialaufwand aufgebaut werden, sie verursachen erheblich geringere Verlustleistungen, es gibt keine Impedanzrückwirkung, und jeder Lautsprecher kann mit einer passenden Endstufe optimal angetrieben werden.

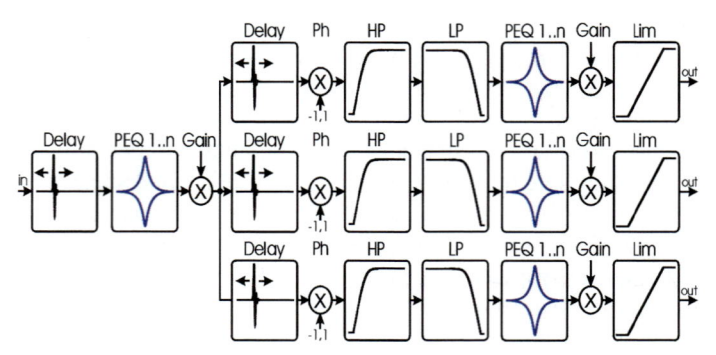

Abb. 8.26 Blockschaltbild eines Lautsprecher-Controllers für ein 3-Wege-System mit Pegel- und Delay-Einstellungen, parametrischen Filtern sowie Hoch- und Tiefpässen. An den Ausgängen befinden sich noch die Limiter.

Kapitel 8 Lautsprecher 459

Abb. 8.26 zeigt ein Blockschaltbild für einen 3-Wege-Lautsprecher mit allen Funktionsmodulen, wie sie in einer aktiven Weiche bzw. in einem Controller vorkommen können. Der Begriff *Controller* beschreibt ein Gerät mit gegenüber einer reinen Frequenzweiche erweiterter Funktionalität in Form von Pegeleinstellungen, Phasenabgleich und Limiterfunktionen. All diese Funktionen können mit analoger Schaltungstechnik oder auf digitaler Ebene in einem DSP-System realisiert werden. Die im Blockschaltbild ebenfalls eingezeichneten Delays sind nur mit digitalen Geräten realisierbar.

Für Beschallungslautsprecher und auch für Studiomonitore wurden in den vergangenen Jahren vollständig digital arbeitende Controller entwickelt, die durch schnell veränderbare und speicherbare Setups eine hohe Flexibilität bieten. Die analogen Ein- und Ausgänge der Geräte sind mit A/D- bzw. D/A-Umsetzern bestückt, im Zusammenspiel mit digitalen Mischpulten oder anderen digitalen Signalquellen kann häufig eine durchgängig digitale Signalkette aufgebaut werden. Grundsätzlich bieten die digitalen Geräte alle Funktionen, die von den analogen Modellen bekannt sind. Darüber hinaus sind Delays, vorausschauende Limiter und einige besondere Filtertypen möglich (Müller 1999).

IIR-Filter

Mit IIR-Filtern (Infinite Impulse Response, s. Kap. 15.2.2) lassen sich alle aus der analogen Schaltungstechnik bekannten Filter nachahmen, sieht man einmal von der Bandbegrenzung durch die Nyquist-Frequenz des Digitalfilters ab. Ein IIR-Filter mit rekursiver Struktur und nur vier Koeffizienten für ein Filter 2. Ordnung erfor-

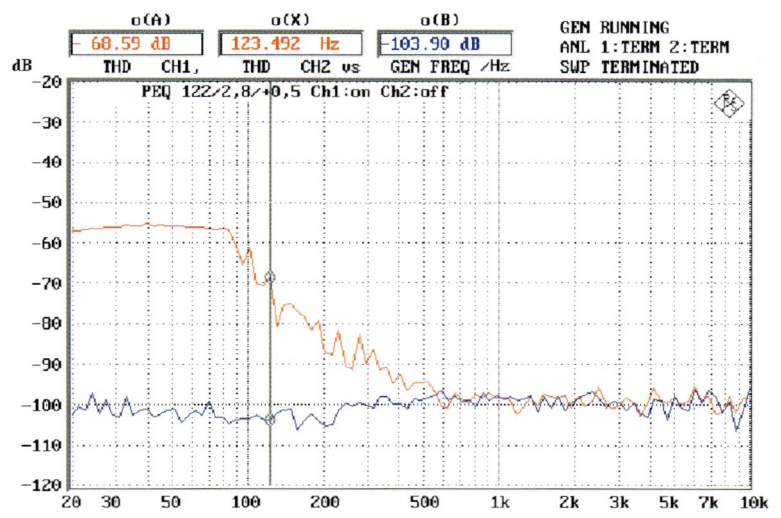

Abb. 8.27 Verzerrungen über der Frequenz aufgetragen bei einem digitalen Controller ohne Filter (blau) und mit einem Filter bei 122 Hz mit einer Güte von 2,8 und einem Gain von +0,5 dB (rot). Durch Rundungsfehler in der Berechnung steigen die Verzerrungen dramatisch an.

dert wenig Rechenleistung, so dass leistungsstarke DSPs auch bei hohen Abtastraten von 96 oder 192 kHz eine ausreichende Menge an Filtern für einen kompletten Controller zur Verfügung stellen können. Ein besonderes Augenmerk erfordert hierbei der Filterfrequenzgang im Hochtonbereich sowie mögliche Verzerrungen, die bei Festkommaprozessoren durch Rundungsfehler bei der Koeffizientenquantisierung und bei der Berechnung der Zwischenergebnisse innerhalb eines Filters entstehen können (s. Kap. 17.3.4.4).

Besonders stark betroffen sind Filter hoher Güte bei tiefen Frequenzen, wo die Verzerrungswerte schlagartig ansteigen können (Abb. 8.27). Abhilfe ist durch Gleitkommaprozessoren oder bei Festkommaarithmetik durch eine Berechnung mit doppelter Auflösung und/oder Fehlerrückführung möglich. Insbesondere die Controller der ersten Generationen verfügten dabei häufig nicht über ausreichende Rechenleistung um diese Verzerrungen zu vermeiden.

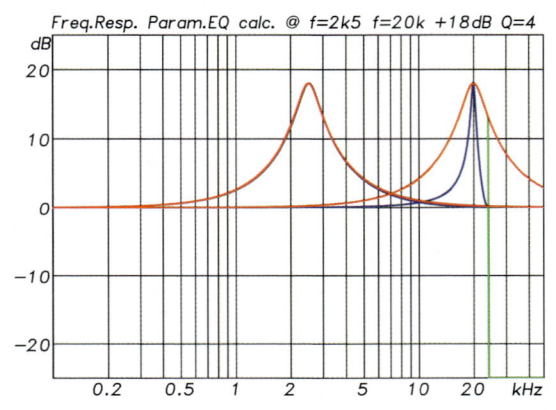

Abb. 8.28 Filterfrequenzgänge eines nicht kompensierten Digitalfilters mit 48 kHz Abtastrate (blau) im Vergleich zur analogen Filterkurve mit gleichen Parametern (rot). Für das erste Filter bei 2,5 kHz sind kaum Abweichungen zu erkennen. Das zweite Filter bei 20 kHz und damit nahe der halben Abtastrate (grün) ist dagegen im Kurvenverlauf stark verzerrt.

Auch die Ungenauigkeiten in der Filterkurve bei hohen Frequenzen sind prinzipiell beherrschbar. Beim Filterentwurf über die bilineare Transformation (Oppenheim u. Schafer 1989) wird der gesamte analoge Frequenzbereich auf den digitalen Bereich von 0 bis zur halben Abtastrate abgebildet. Durch diese Stauchung der Frequenzachse kommt es zu Verzerrungen im Kurvenverlauf, die jedoch über eine entsprechende Kompensation zur Korrektur der Filtergüte in Abhängigkeit von der Frequenz bis zur halben Abtastrate ausgeglichen werden können. Ein korrekt kompensiertes Digitalfilter verhält sich daher bis zur halben Abtastrate sehr ähnlich dem analogen Filter und fällt erst dann im Verlauf steil ab. Wird auf diese Kompensation verzichtet, kann die Verzerrung des Frequenzgangs allerdings einen vom analogen Filter nicht unerheblich abweichenden Höreindruck produzieren, was in der Vergangenheit häufig Anlass zur Kritik an digitalen Controllern gab.

Kapitel 8 Lautsprecher

FIR-Filter

FIR-Filter mit nicht-rekursiver Struktur (s. Kap. 15.2.1) haben den Vorteil der Unabhängigkeit von Amplitudengang und Phasenverlauf, wodurch linearphasige Filtertypen möglich werden. Dieser Filtertyp wird in diversen Digitalcontrollern für linearphasige Frequenzweichen und zur komplexen Entzerrung von Lautsprechern eingesetzt. Der Nachteil gegenüber IIR-Filtern liegt in der hohen erforderlichen Rechenleistung und der abhängig von der Filterfunktion unvermeidlichen Latenz, die je nach Anwendung zwischen 1 und 50 ms liegen kann. Für Beschallungsanwendungen wird man bevorzugt Latenzen bis maximal 10 ms einsetzen, mit denen linearphasige Systeme ab ca. 200 Hz aufwärts realisiert werden können. Für Studiomonitore im Zusammenhang mit Bildverarbeitung sind höhere Zeiten zulässig, da meist schon 1–2 Frames (40–80 ms) Delay zur Anpassung an das Bild erforderlich sind, die sich dann sehr gut für die FIR-Filter nutzen lassen, so dass komplett linearphasige Systeme erstellt werden können.

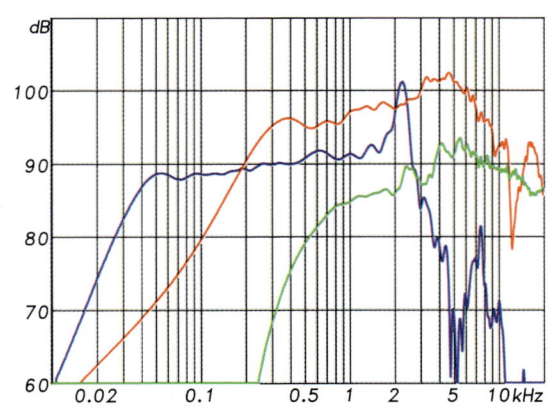

Abb. 8.29 Beispiel für die Übertragungsfunktionen des Tief-(blau), Mittel-(rot) und Hochtonweges (grün) eines 3-Wege-Lautsprechers ohne Weiche oder sonstige Filter gemessen

Am Beispiel eines 3-Wege-Lautsprechers (Abb. 8.29) lassen sich die Möglichkeiten verschiedener Filtertypen (klassisches passives Filter, wie vom Hersteller eingebaut, aktives analoges bzw. digitales IIR-Filter und digitales FIR-Filter) zeigen (Abb. 8.30).

Im Amplitudenverlauf ermöglichen aktive bzw. digitale Filter eine präzisere Systementzerrung, durch eine leichte Pegelanhebung im Bassbereich kann zudem der Frequenzgang nach unten ausgedehnt werden. Der Phasenverlauf des Lautsprechers mit passiver Filterung unterscheidet sich nur unwesentlich von der aktiven Variante. Für den Tieftöner erkennt man die obligatorischen 360° der Bassreflexbox als Hochpass 4. Ordnung und im weiteren Verlauf noch zwei Phasendrehungen von je 360° durch die Frequenzweichenfilter 4. Ordnung in der aktiven analogen Variante bzw. durch die Frequenzweichenfilter in Kombination mit Laufzeitversätzen zwischen den einzelnen Wegen bei den passiven Filtern. Das FIR-Filter ermöglicht ein

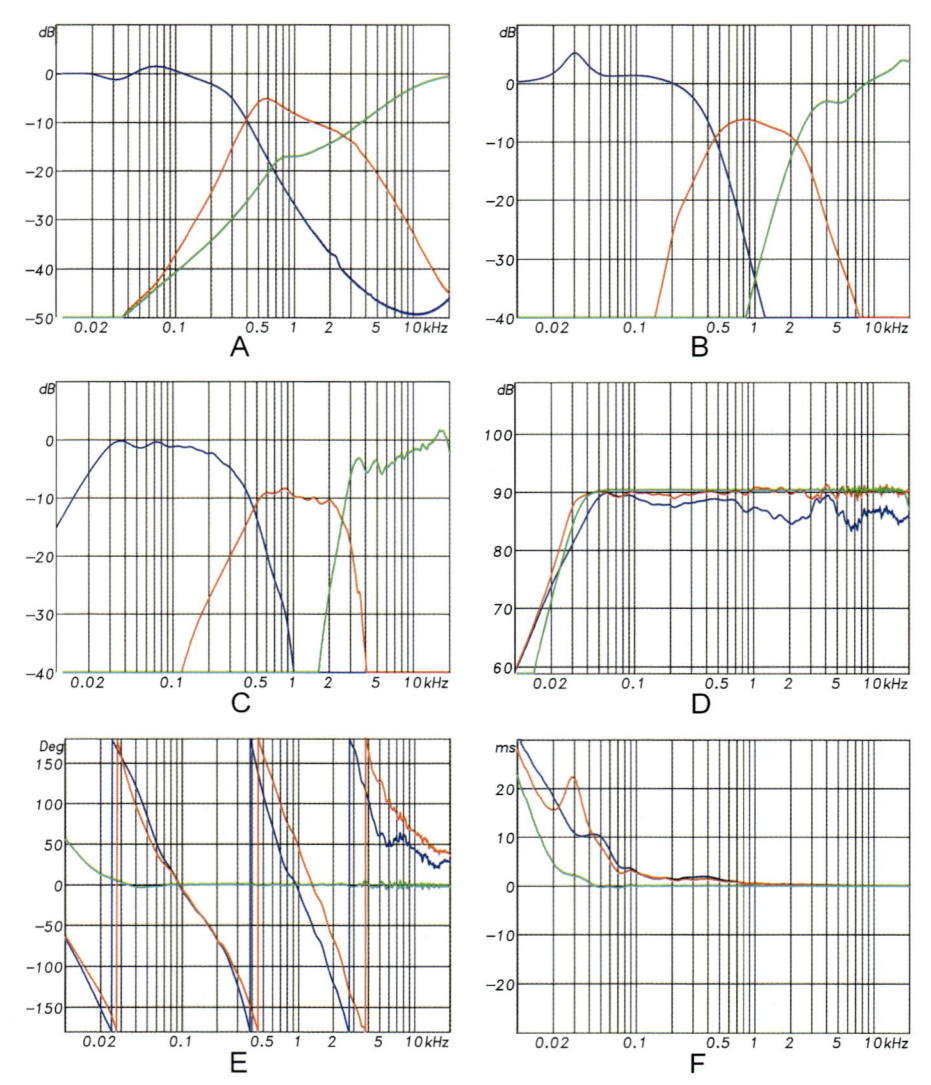

Abb. 8.30 Entzerrung eines 3-Wege-Lautsprechers (Abb. 8.29) durch verschiedene Filtertypen. A: Amplitudenfrequenzgang der passiven Frequenzweiche, wie vom Hersteller eingebaut. B: Amplitudenfrequenzgang eines aktiven analogen oder digitalen IIR-Filters. Alle Frequenzweichenfilter sind Filter 4. Ordnung mit 24 dB/Oktave Flankensteilheit. C: Amplitudenfrequenzgang eines digitalen FIR-Filters, das neben der Frequenzweichenfunktion auch eine hoch aufgelöste Systementzerrung für den Amplituden- und Phasengang liefert. D: Resultierender Amplitudenfrequenzgang des Lautsprechers mit passivem (blau), aktivem bzw. digitalem IIR-Filter (rot) sowie digitalem FIR-Filter (grün). E: Resultierender Phasenfrequenzgang des Lautsprechers mit passivem (blau), aktivem bzw. digitalem IIR-Filter Filter (rot) sowie digitalem FIR-Filter (grün). F: Gruppenlaufzeit des Lautsprechers mit passivem (blau), aktivem bzw. digitalem IIR-Filter Filter (rot) sowie digitalem FIR-Filter (grün)

vollständig linearphasiges Gesamtsystem mit Entzerrung und Laufzeitkorrektur. Mit FIR-Filtern gibt es pro Weg nur noch ein einziges Filter, das alle Funktionen in sich vereint. Die Berechnung erfordert allerdings eine genaue Kenntnis des Amplituden- und Phasenganges des zugehörigen Lautsprechers.

8.3.2 Schutzschaltungen

8.3.2.1 Gefahren der Überlastung von Lautsprechern

Lautsprecher im professionellen Einsatz werden häufig in ihren Grenzbereichen betrieben und sind daher stark gefährdet, durch thermische und mechanische Überlastung zerstört zu werden. Eine thermische Überlastung wird durch die elektrische Verlustleistung an der Schwingspule verursacht. Nahezu die gesamte zugeführte Verstärkerleistung wird hier in Wärme umgesetzt und bewirkt zunächst mit einer kurzen Zeitkonstante in der Größenordnung von Sekunden eine Erwärmung der Schwingspule und des Spulenträgers. Die Wärmekapazität der bewusst leicht gebauten Schwingspule ist sehr gering. Von dort gibt es mit zunehmender Temperatur einen immer stärker werdenden Abfluss von Wärmeenergie auf den Magneten, die Polplatten und letztendlich auf den Korb. Deren Wärmekapazität ist aufgrund der hohen Masse erheblich größer, so dass hier nur ein sehr langsamer Prozess der Erwärmung mit einer Zeitkonstanten von mehreren Stunden einsetzt. Je wärmer die schweren Metallteile werden, desto geringer wird der Temperaturgradient von der Spule zum Metall und der Abfluss der Wärmeenergie lässt nach, so dass sich die Spule bei unvermindert zugeführter Leistung weiter aufheizen kann, was dann zwangsläufig zur Zerstörung führt. Dieser Prozess würde durch eine lange Zeit andauernde thermische Überlastung einsetzen. Gegenmaßnahmen sind Kühlprofile auf den Magneten und für Tieftöner eine gezielt geleitete Luftströmung durch den Luftspalt bei entsprechender Membranauslenkung.

Gefährlicher, insbesondere für kleine Schwingspulen von Mittel- und Hochtönern, sind kurzzeitige thermische Überlastungen, bei denen sich die Schwingspule in wenigen Sekunden auf kritische Werte aufheizt und die Wärmeableitung durch den Luftspalt auf den Magneten zu schwach ist. Das größte Hindernis für den Wärmestrom ist die dünne Luftschicht zwischen Spule und Magnet. Manche Hersteller füllen daher den Luftspalt mit einem Ferrofluid, einer eisenhaltigen Flüssigkeit, die einen guten thermischen Kontakt zwischen der Spule und dem Magneten herstellt. Gleichzeitig wird auch die Treiberresonanz bedämpft. Die Langzeitstabilität des Ferrofluids ist jedoch umstritten, ebenso die klanglichen Auswirkungen, insbesondere bei Hochtönern.

Für die Einstellung von Schutzschaltungen und Limitern folgt daraus, dass es zwei Schwellwerte mit sehr unterschiedlichen Zeitkonstanten geben muss: Der relativ niedrige Leistungswert für die thermische Langzeitbelastbarkeit mit einer sehr langen Zeitkonstante und ein merklich höherer Wert kurzer Zeitkonstante für die Erwärmung der Schwingspule. Als Anhaltswerte für die thermische Dauerbelastbarkeit können für einen Tieftöner mit 4"-Spule Werte von 300–400 W angenommen werden, für einen Kompressionstreiber mit 3"-Spule 50–75 W und für eine 25 mm-Kalotte 5–10 W.

Neben einer thermischen Überforderung können Lautsprecher auch durch mechanische Überlastung zerstört werden, die sich durch gerissene Membranen und Aufhängungen oder durch abgerissene Schwingspulen äußern kann. Ursache können kurzzeitig extreme Signalspitzen sein, wo der Schaden dann durch zu große Kräfte auftritt. Speziell bei Tieftönern ist jedoch häufiger ein unsachgemäßer Betrieb die Ursache, wenn z. B. ein hoch abgestimmtes Bassreflexsystem ohne zusätzliche Hochpassfilterung im Signalweg betrieben wird und die Membran völlig ungedämpft große Hübe vollzieht. Ähnliche Gefahren bestehen auch für Mittel- und Hochtöner, die nicht hinreichend durch die Weiche geschützt werden.

8.3.2.2 Limiter und Endverstärker

Zum Schutz der Lautsprecher vor Überlastungen werden in den Ausgangswegen der Controller Limiter eingesetzt. Neben den Grenzwerten der Lautsprecher sollten die Limiter auch die Möglichkeiten der Endverstärker berücksichtigen und in jedem Fall ein hartes Clippen des Signals durch einen übersteuerten Verstärker verhindern.

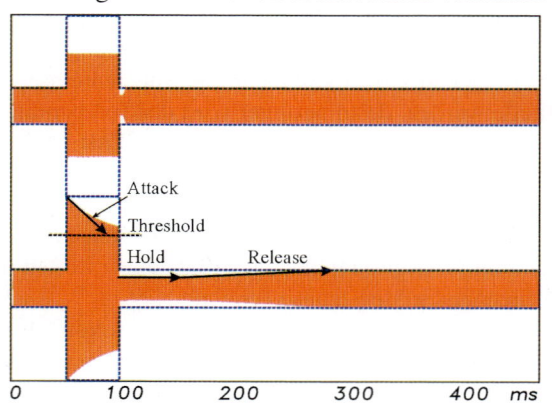

Abb. 8.31 Zeitverhalten eines Limiters mit kurzen (oben) und langen (unten) Attack- und Release-Zeiten. Der blaue Rahmen zeigt die Hüllkurve des Eingangssignals.

Abb. 8.31 zeigt die Reaktion eines Limiters mit unterschiedlichen Zeitkonstanten auf einen Sinusburst von 50 ms Länge. Ein schneller Limiter kann z. B. als Clip-Limiter für eine Endstufe eingesetzt werden, während ein langsamer eingreifenden Limiter mit einer typischen Attack-Zeitkonstanten von 30 ms für eine Endstufe als RMS (Effektivwert)-Limiter benutzt werden kann. Die jeweiligen Schwellwerte berechnen sich aus der Peak- und aus der Dauerleistung der Endstufe und hängen von deren Schaltungskonzept und von der Lastimpedanz ab. Abb. 8.32 zeigt exemplarisch für eine weit verbreitete Class-H-Endstufe mit gestufter Versorgungsspannung und herkömmlichem Trafonetzteil die Reaktion auf einen Sinusburst, aus der sich

Kapitel 8 Lautsprecher

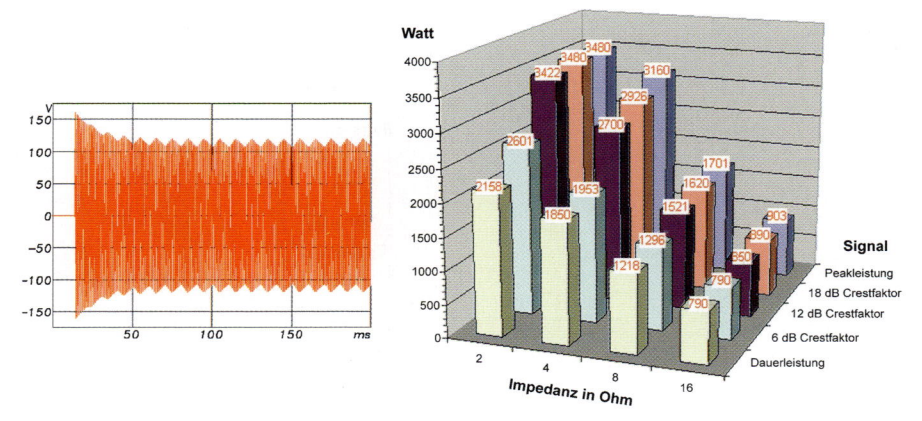

Abb. 8.32 Links: Reaktion einer Endstufe auf einen Sinusburst, der die Endstufe bis zur Clip-Grenze aussteuert. Zu Beginn liefert die Endstufe die Peakleistung, um dann mit einer relativ kurzen Zeitkonstante auf die Dauerleistung abzusinken. Die Welligkeit entsteht aus den 100 Hz-Ladezyklen des Netzteils. Rechts: Typisches Leistungsdiagramm einer Endstufe für verschiedene Lastimpedanzen von 2, 4, 8 und 16 Ω und Signale mit unterschiedlichen Crest-Faktoren (Verhältnis zwischen Peak- und RMS-Wert eines Signals)

die Leistungswerte und Zeitkonstanten ableiten lassen, sowie eine Übersicht der Leistungswerte in Abhängigkeit von Lastimpedanz und Signalform.

8.3.3 100 V-Technik

Lautsprecher mit 100 V-Technik sind Standard für Lautsprecher mit geringer Leistung (<100W), wie sie bei meist fest installierten, Elektroakustischen Anlagen (ELA) eingesetzt werden. Kern dieses Verfahrens sind Übertrager in den Endverstärkern und in allen Lautsprechern, die eine Leistungsanpassung vornehmen. Nachteilen der 100 V-Technik, wie Übertrager mit erhöhten Verzerrungen, Sättigungseffekten und mangelndem Dämpfungsfaktor, stehen dabei auch spezifische Vorzüge gegenüber. Dies soll an einem Beispiel erläutert werden: Für die Beschallung einer kleinen Bühne mit Empore und Garderobe steht eine Endstufe mit 100 W Leistung an 4 Ω zur Verfügung, die insgesamt fünf Lautsprecher versorgen soll (Abb. 8.33). Soll diese Leistung nun auf mehrere Lautsprecher aufgeteilt werden, so bleibt nur die Möglichkeit, diese parallel am Ausgang der Endstufe anzuschließen. Vier Lautsprecher mit je 16 Ω Nennimpedanz könnten so z.B. zu gleichen Teilen mit je 25 W versorgt werden. Für Lautsprecher mit 8 oder 4 Ω Nennimpedanz wäre der Verstärker bereits mit einer Last von 2 oder 1 Ω belastet bzw. überlastet. Gleichzeitig benötigen manche Lautsprecher, z.B. für die Bühne links und rechts, mehr Leistung als andere, die nur die Garderobe oder das Foyer versorgen sollen. Eine Lösung wäre mit getrennten Verstärkern für jeden Lautsprecher zu finden, so dass auch jeder Weg für sich im Pegel eingestellt werden könnte. Die Kosten für eine

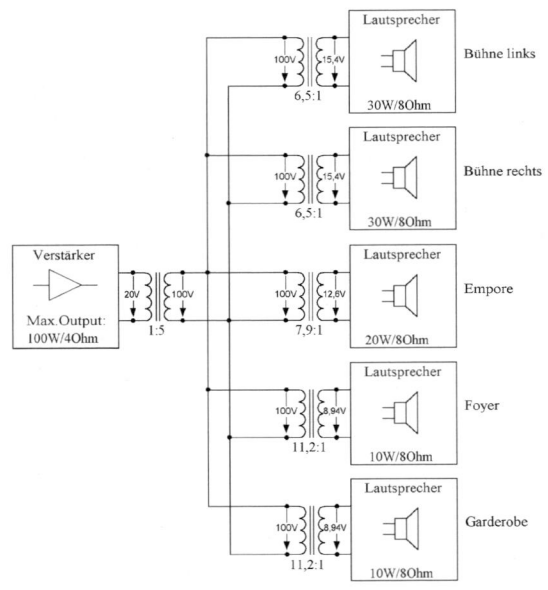

Abb. 8.33 Beispiel für ein 100 V-System mit einem 100 W-Verstärker und Lautsprechern unterschiedlicher Leistung

solche Lösung sind allerdings erheblich höher, auch dann, wenn die einzelnen Verstärker in ihrer Leistung kleiner dimensioniert werden könnten.

Das Konzept von 100 V-Systemen ist es, mit Hilfe von Übertragern oder Transformatoren alle Quellen (hier die Verstärker) und alle Empfänger (hier die Lautsprecher) so anzupassen, dass sie bei einer Spannung von genau 100 V ihre Nennleistung abgeben bzw. aufnehmen. Im Beispiel aus Abb. 8.32 soll der Verstärker seine maximale Ausgangsleistung liefern, wenn am Ausgang des Übertragers 100 V anliegen. Ohne Übertrager würde der Verstärker mit 100 W an 4 Ω seine maximale Leistung bei einer Ausgangsspannung von

$$U = \sqrt{P_N \cdot R} = \sqrt{100\,\text{W} \cdot 4\Omega} = 20\,\text{V} \tag{8.10}$$

liefern. Der Übertrager muss demnach ein Übersetzungsverhältnis von 1:5 haben. Lautsprecherseitig erfolgt die Anpassung in umgekehrter Richtung. Ein 30 W-Lautsprecher mit einer nominellen Impedanz von 8 Ω wird bei einer Spannung von 15,49 V mit seiner Nennleistung angesteuert. Hier wäre demnach ein Übertrager mit dem Übersetzungsverhältnis 6,45:1 erforderlich. Die unterschiedlichen Lautsprecher werden daher mit Hilfe von Übertragern so zueinander angepasst, dass jeder Lautsprecher seine Nennleistung bei 100 V Spannung am Übertragereingang erhält (Abb. 8.32). Dabei spielt es keine Rolle, ob der Lautsprecher 10 oder 30 W Nennleistung hat. Auf der Lautsprecherseite verfügen die Übertrager in der Regel über mehrere Anzapfungen, so dass man auswählen kann, ob der Lautsprecher mit

Kapitel 8 Lautsprecher

100 %, 50 % oder 25 % Nennleistung betrieben wird. Die Auslastung des Verstärkers ist bei 100 V-System sehr einfach zu berechnen, indem die Nennleistungen aller Verbraucher aufaddiert werden. Die einzelnen Impedanzen sind dabei nicht von Bedeutung, da alle Lautsprecher über ihre Übertrager auf Nennleistung bei gleicher Spannung von 100 V angepasst sind. Der Verstärker darf im 100 V-Netz so lange belastet werden, bis die Summe der Nennleistungen der Verbraucher die Nennleistung des Verstärkers erreicht. In unserem Beispiel liegt mit zwei 30 W-, einem 20 W- und zwei 10 W-Lautsprechern Vollauslastung vor.

Da bei Festinstallationen häufig große Kabellängen zwischen Endverstärkern und Lautsprechern erforderlich sind, bietet die 100 V-Technik noch einen weiteren Vorzug. Durch die hochtransformierte Spannung wirken sich Verluste durch den Leitungswiderstand im Vergleich zu einem direkten Anschluss des Lautsprechers an der Endstufe deutlich geringer aus. In Abb. 8.34 ist die Kombination eines Verstärkers mit einem Lautsprecher mit je 100 W Leistung, einmal mit und einmal ohne Übertrager, gezeigt. Im Idealfall, d. h. ohne jegliche Kabelverluste, würde der Verstärker bei maximaler Ausgangsspannung von 20 V exakt 100 W an den Lautsprecher mit 4 Ω Impedanz abgegeben. In der Realität sind jedoch Übergangswiderstände und Kabelwiderstände zwischen Verstärker und Lautsprecher unvermeidlich.

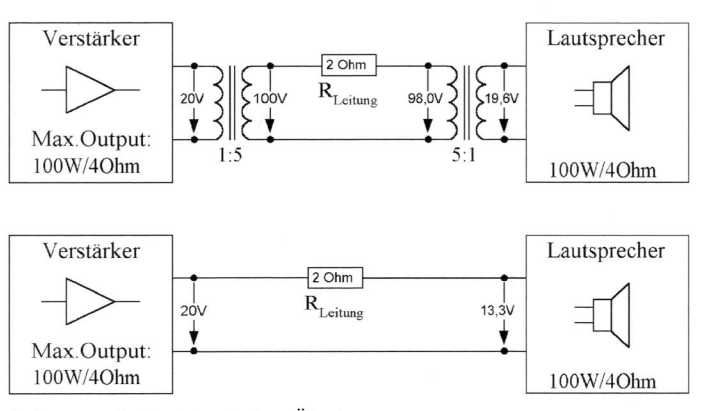

Abb. 8.34 Leitungsverluste mit und ohne Übertrager

In der Vergleichsrechnung mit und ohne Übertrager hat in beiden Fällen das Verbindungskabel einen Widerstand von 2 Ω. Ein solcher Wert entsteht z. B. bei einem 0,75 mm²-Kabel bei ca. 90 m Länge. Ohne Übertrager liegen am Lautsprecher bei maximaler Ausgangsspannung des Verstärkers von 20 V durch den Spannungsteiler aus 4 Ω Lautsprecher und 2 Ω Kabelwiderstand noch 13,33 V an. Von 100 W theoretisch möglicher Leistung kommen jetzt noch

$$U_{LS} = 20\,\text{V}\,\frac{4\Omega}{2\Omega + 4\Omega} = 13,3\,\text{V} \quad \rightarrow \quad P_{LS} = \frac{(13,3\,\text{V})^2}{4\Omega} = 44,4\,\text{W} \qquad (8.11)$$

an, wobei U_{LS} für die Klemmenspannung am Lautsprecher und P_{LS} für die vom Lautsprecher elektrisch aufgenommene Leistung steht. Mit 100 V-Übertragern dagegen erreichen den Lautsprecher

$$U_{LS} = 20\,\text{V}\left(\frac{5}{1}\right)\frac{4\Omega\left(\frac{5}{1}\right)^2}{2\Omega + 4\Omega\left(\frac{5}{1}\right)^2} = 98\,\text{V} \quad \rightarrow \quad P_{LS} = \frac{\left(98\,\text{V}\cdot\left(\frac{1}{5}\right)\right)^2}{4\Omega} = 96\,\text{W} \quad (8.12)$$

Das Verhältnis (5/1) bzw. (1/5) in Klammern entspricht jeweils dem Übersetzungsverhältnis der Übertrager am Verstärker bzw. Lautsprecher. Durch die 100 V-Technik werden somit Leitungsverluste reduziert, die Verstärkerleistung erreicht nahezu ungemindert den Lautsprecher.

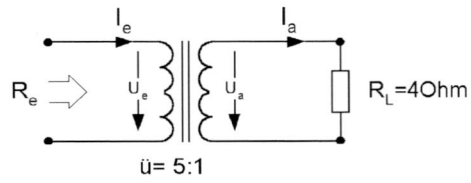

Abb. 8.35 Übersetzungsverhältnisse an einem Übertrager. Dabei gilt:

$$U_a = U_e \cdot \frac{1}{\text{ü}} \qquad I_a = I_e \cdot \text{ü} \qquad R_e = R_L \cdot \text{ü}^2 \qquad P_e = P_L$$

Ein weiterer Vorzug von 100 V-Systemen liegt in der erdfreien Signalführung, da die Signalleitungen durch den Übertrager galvanisch von der Endstufe und Gerätemasse bzw. Erde getrennt sind. Ein Kurzschluss gegen eine masseführende Leitung oder ein Gehäuse führt hier nicht zu einem Stromfluss. In jedem Fall ist bei solchen Installationen jedoch die erhöhte Gefahr eines Stromschlages zu beachten, da die Spannungen in für Menschen gefährliche Größenordnungen kommen. Auch unter diesem Aspekt bietet die galvanische Trennung durch den Übertrager einen gewissen Schutz, da hier nur dann Gefahr besteht, wenn beide Leitungen gleichzeitig berührt werden. Neben 100 V-Systemen sind im amerikanischen Raum auch 70 V-Systeme üblich. Für spezielle Anwendung, z. B. bei extremen Kabellängen in Stadien etc., werden auch 200 V-Systeme eingesetzt. Viele Lautsprecher sind schon vom Hersteller mit Übertragern ausgerüstet, die für 70 und 100 V-Systeme konfiguriert werden können.

Die Vorzüge der 100 V-Technik kommen vor allem dann zum Tragen, wenn viele kleine Lautsprecher von einer zentralen Stelle aus über große Entfernungen versorgt werden müssen. Wie schwer sich die Nachteile der Übertrager im Signalweg auswirken, hängt stark von deren Dimensionierung und Auslegung ab. Die Auswirkungen des Übertragers auf den Frequenzgang oder die Verzerrungswerte sind in vielen Fällen so gering, dass sie gegenüber den Einflüssen des Lautsprechers selbst vernachlässigt werden können, zumindest für kleinere Lautsprecher mit Übertragern in der

Kapitel 8 Lautsprecher 469

Leistungsklasse bis 50 W. Bei Lautsprechern mit höheren Leistungen ist der Einsatz von Übertragern kritischer, da hier sehr große Trafos mit schweren Eisenkernen erforderlich werden, um die hohen Leistungen auch bei tiefen Frequenzen ohne Verzerrungen übertragen zu können, ohne dass der Übertrager in die Sättigung gerät.

8.4 Kenndaten und Messwerte

Welche messtechnischen Verfahren und Eckwerte einen Rückschluss auf die klanglichen Eigenschaften eines Lautsprechers zulassen, ist ein beliebter Streitpunkt unter Anwendern und Entwicklern, bis hin zu der Auffassung, dass die Qualitäten eines Lautsprechers ausschließlich über den Höreindruck zu bestimmen sind. Auch wenn die Bedeutung einzelner Messergebnisse für den Höreindruck unklar sein kann, erscheint dem Autor bei einer *umfassenden* Betrachtung aller gängigen Messwerte eines Lautsprechers immer ein Rückschluss auf die klanglichen Qualitäten möglich. Die Betonung liegt dabei auf „umfassend", da ein Lautsprecher nur dann eine gute Wiedergabe liefern kann, wenn alle Parameter diesem Anspruch genügen.

Zu den wichtigsten messtechnischen Eckwerten auf der akustischen Seite gehören der Frequenzgang, das räumliche Abstrahlverhalten und die Verzerrungswerte. Alle Messungen sollten dabei möglichst immer über den gesamten für den jeweiligen Lautsprecher in Betracht gezogenen Frequenzbereich erfolgen und auch so dargestellt werden. Einzahlwerte sind dagegen weniger aussagekräftig und bedürfen auf jeden Fall einer genauen Erläuterung ihrer Grundlage.

8.4.1 Elektrische Impedanz

Die Impedanz beschreibt das elektrische Verhalten eines Lautsprechers aus Sicht des antreibenden Verstärkers. Würde man davon ausgehen, dass Leistungsverstärker immer eine ideale Spannungsquelle darstellen, dann bedürfte die Impedanz keinerlei kritischen Betrachtung. In der Realität wird dagegen jeder Verstärker durch die Eckwerte der maximalen Ausgangsspannung und des maximalen Ausgangsstromes begrenzt. Hinzu kommt ein mehr oder weniger großer Innenwiderstand der Quelle, der sich aus Sicht des Lautsprechers noch durch Kabelwiderstände und Übergangswiderstände an Steckverbindern etc. erhöht. Zwei Aspekte sind daher primär zu beachten. Die über die Frequenz betrachtete Impedanz des Lautsprechers sollte weder insgesamt noch lokal dem Verstärker zu hohe Ströme abverlangen. Im Zusammenhang mit dem Innenwiderstand der Quelle führt eine frequenzabhängige Impedanz zu Schwankungen im Frequenzgang.

Die Impedanz eines Lautsprechers bestimmt sich bei einzelnen Treibern aus deren Verlauf und in Mehrwegekombinationen mit passiven Weichen aus der komplexen Summe der einzelnen Treiber zusammen mit deren Filternetzwerken. Für das typische Beispiel eines passiven 2-Wege-Lautsprechers mit Bassreflex-Gehäuse

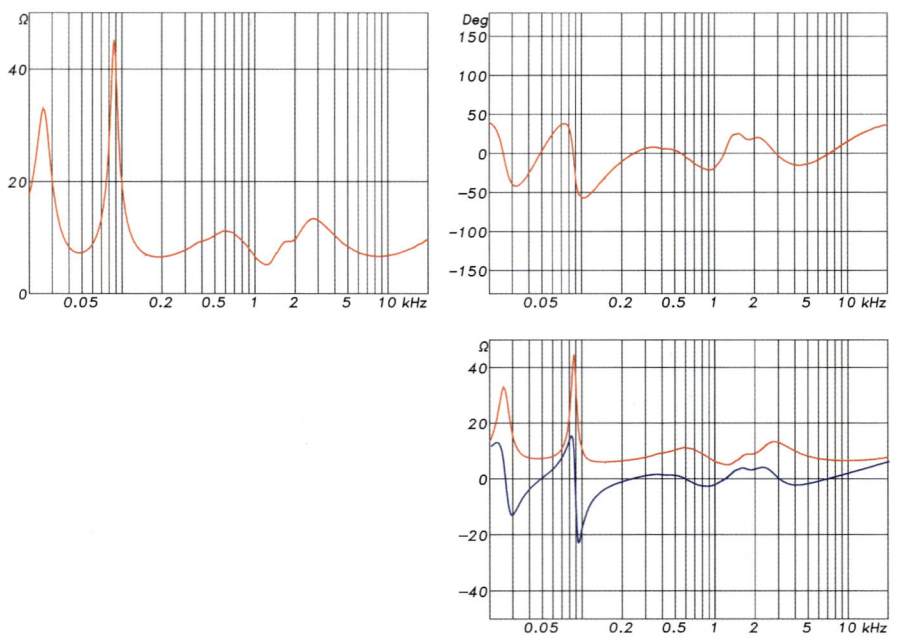

Abb. 8.36 Oben links: Amplitudenfrequenzgang der Impedanz eines Lautsprechers mit 8 Ω Nennimpedanz, mit den für eine Bassreflexbox typischen zwei Überhöhungen. Dazwischen befindet sich ein lokales Minimum, das die Abstimmfrequenz des Gehäuseresonators kennzeichnet. Oben rechts: Phasenfrequenzgang der Impedanz eines Lautsprechers. Eine positive Phasenlage entspricht einem induktiven Anteil, eine negative einem kapazitiven. Unten: Impedanzverlauf in der Darstellung aus Real- (rot) und Imaginärteil (blau). Ein positiver Imaginärteil entspricht einem induktiven Anteil, ein negativer einem kapazitiven.

(Abb. 8.36) weisen Amplituden- und Phasengang der Impedanz in Abhängigkeit von der Frequenz starke Schwankungen auf, die im gezeigten Fall von 5 Ω bis 45 Ω reichen. Die *Nennimpedanz* nach EN 60268-5 darf dabei an keiner Stelle um mehr als 20 % unterschritten werden. Für einen 8 Ω-Lautsprecher soll daher ein Wert von 6,4 Ω an keiner Stelle unterschritten werden. In Anbetracht moderner Verstärkertechnologien wird dieser Wert heute nicht mehr so streng gehandhabt, so dass viele Hersteller den Nennwert partiell um mehr als 20 % unterschreiten.

Mit Ausnahme einiger Bändchenlautsprecher hat die Impedanz eines Lautsprechers immer auch erheblich kapazitive und induktive Anteile, deren Anteil aus dem Phasenfrequenzgang der Impedanz (Abb. 8.36, oben rechts) oder aus einer getrennten Darstellung von Real- und Imaginärteil (Abb. 8.36, unten) abzulesen ist.

Große imaginäre Anteile in der Lautsprecherimpedanz stellen durch große Blindströme auf den Zuleitungen eine besondere Belastung für die antreibenden Leistungsverstärker dar und sollten daher vermieden werden. Besonders kritisch reagieren hier Verstärker mit Ausgangsübertragern, die in der Röhrentechnik immer und bei Transistorgeräten in einigen Fällen wie der zuvor beschriebenen 100 V-Technik eingesetzt werden. Gewissenhafte Lautsprecherentwickler setzen daher in den Lautsprechern an kritischen Stellen Impedanzkorrekturnetzwerke ein.

Wie kritisch sich der Impedanzverlauf auf den Frequenzgang eines Lautsprechers auswirken kann, hängt ausschließlich vom Innenwiderstand der Quelle ab. Endstufen mit einem geringen Innenwiderstand (< 0,1 Ω) bzw. einem hohen Dämpfungsfaktor verhalten sich hier unkritischer als Geräte mit Ausgangsübertragern, deren Innenwiderstand in Größenordnungen bis zu 1 Ω liegen kann. Für eine solche Betrachtung ist gleichwohl immer der komplette Innenwiderstand aus Sicht des Lautsprechers zu sehen, einschließlich aller Übergangs- und Kabelwiderstände. Auch bei Endstufen mit sehr niedrigen Innenwiderständen kommt es dann zu Werten, die bereits spürbaren Einfluss auf den Frequenzgang haben können. Grundsätzlich sind daher möglichst kurze Kabelwege und wenige Übergangsstellen durch Adapter etc. anzustreben. Eine Optimierung bietet das Mitführen einer Senseleitung von der treibenden Endstufe bis in die Lautsprecherbox an die Klemmen des Chassis oder bei passiven Systemen zum Eingang der Weiche. Über die Senseleitung können das Anschlusskabel und alle Steckverbinder mit in die Gegenkopplungsschleife der Endstufe einbezogen und kompensiert werden, so dass der Lautsprecher bzw. die Weiche eine nahezu ideale Quelle mit vernachlässigbar niedrigem Innenwiderstand sieht. Lediglich die Leistungsverluste auf der Zuleitung können nicht kompensiert werden, die bei großen Kabellängen in Größenordnungen von 50 % liegen können.

Für den Lautsprecher selbst ist der niedrige Innenwiderstand der Quelle unter zwei Aspekten von Bedeutung. Zur optimalen elektrischen Bedämpfung des Ausschwingverhaltens bedarf es einer möglichst idealen Quelle. Passive Weichen in Lautsprechern erwarten ebenfalls eine ideale Quelle zur Speisung. Hinzu kommt bei Mehrwegsystemen mit passiven Filtern die Problematik des Übersprechens innerhalb der Weiche, wenn der Eingang nicht von einer idealen Spannungsquelle angesteuert wird.

Da nur wenige Verstärker die Möglichkeit des Anschlusses einer Sense-Leitungen bieten, hat sich insbesondere für Studiomonitore und HiFi-Lautsprecher das Verfahren des Bi-Wiring etabliert, bei dem trotz passiver Weiche einzelne Wege über eigene Zuleitungen zur Endstufe verfügen. Wird nur ein Kabel zwischen Endstufe und Lautsprecher für alle Wege verwendet, so können von den Lautsprechern in der Ausschwingphase induzierte Spannungen nicht zu 100 % durch den sehr niedrigen Innenwiderstand der Endstufe kurzgeschlossen werden. Als direkte Folge fließen parasitäre Ströme durch die übrigen Wege der Box und erzeugen hier Verzerrungen.

Im Falle einer passiven 2-Wege-Box, deren Basslautsprecher mit einem Impuls angeregt wurde, wird durch das Weiterschwingen in der Schwingspule eine Spannung induziert, die im Idealfall, d. h. bei kurzgeschlossenen Klemmen, einen Bremsstrom erzeugt, der dem Nachschwingen entgegenwirkt. Dieser Kurzschluss muss von der angeschlossenen Endstufe erzeugt werden, die als nahezu ideale Spannungsquelle einen vernachlässigbaren Innenwiderstand aufweist. Zwischen Endstufe und Lautsprecher befindet sich jedoch der Kabelwiderstand und parallel zum Tieftöner mit dem zugehörigen Tiefpassfilter noch das Hochpassfilter mit dem nachfolgenden Hochtöner. Der Bremsstrom des Basslautsprechers teilt sich somit auf und fließt sowohl durch das Kabel und die Endstufe als auch über das Filternetzwerk und den Hochtöner. Nur wenn der Kabelwiderstand gleich Null wäre, würde der Strom komplett in die Endstufe fließen und den Hochtöner unbehelligt lassen. Abhilfe wäre hier durch getrennte Endstufen zu erzielen, weniger aufwändig sind zwei getrennte Kabel bis zur Endstufe, so dass sich der Tiefton- und Hochtonzweig erst an der Endstufe begegnen. So kann die Endstufe ohne störende Kabelwiderstände im Weg den Übergang unerwünschter Ströme von einem Weg zum anderen durch ihren geringen Innenwiderstand wirkungsvoll vermeiden.

8.4.2 Frequenzgang und Sensitivity

Der Frequenzgang (Abb. 8.37) ist die am häufigsten gezeigte Messkurve eines Lautsprechers. Er wird in der 0°-Achse des Lautsprechers aufgezeichnet und gibt den auch als *Sensitivity* bezeichneten Schalldruck an, der in einer Entfernung von 1 m gemessen wird, für eine Klemmenspannung, die an der nominellen Impedanz der Box eine Leistung von 1 W umsetzt. Die eigentliche Messung kann in einer anderen Entfernung und auch mit einer anderen Klemmenspannung erfolgen, anschließend werden die SPL-Werte dann auf 1W/1m umgerechnet. Insbesondere bei großen Lautsprechern ist auf eine ausreichende Messentfernung zu achten, so dass man sich auf jeden Fall im Fernfeld des Lautsprechers befindet. Typische Werte liegen bei 2 m für kleine Studiomonitore bis zu 10 m für große Beschallungslautsprecher.

Die obere und untere Grenzfrequenz des Lautsprechers und der Grad der Abweichung von einem gewünschten meist linearen Verlauf lassen erste Aussagen über den klanglichen Charakter und die tonale Abstimmung eines Lautsprechers zu. Als Randwerte sollten Angaben über die Messbedingungen, z. B. über eine zeitliche Fensterung der Impulsantwort zur Vermeidung von Interferenzen durch Reflexio-

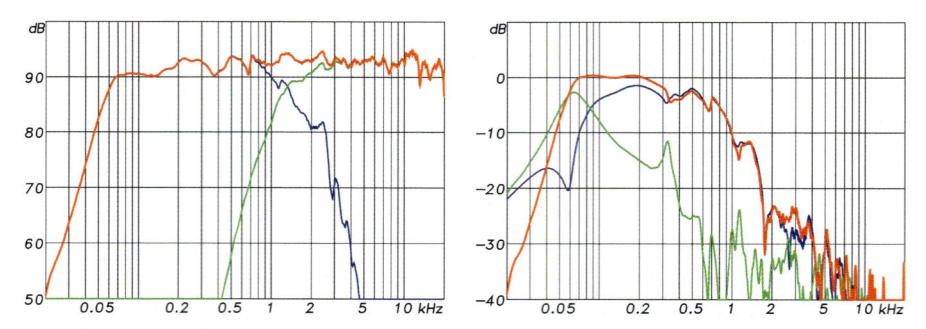

Abb. 8.37 Links: Frequenzgang eines 2-Wege-Lautsprechers mit Angabe der Sensitivity bezogen auf eine Klemmenspannung, die einer Leistung von 1 W an der Nennimpedanz des Lautsprechers entspricht. Die Pegelangabe bezieht sich auf eine rechnerische Entfernung von 1 m, woher auch die Bezeichnung 1 W / 1 m stammt. In blau der Tieftöner, in grün der Hochtöner und in rot die Summenfunktion. Rechts: Frequenzgänge der Nahfeldmessungen an einer Bassreflexbox vor der Membran (blau) und vor dem Tunnel (grün), sowie die komplexe Summenfunktion (rot)

nen oder auch über einer mögliche Glättung der Kurve gemacht werden. Zur Glättung der Kurve hat sich ein Wert von 1/6 Oktave als praxistauglich und gehörrichtig bewährt.

Ein zentrales Problem bei Lautsprechermessungen ist die Ausschaltung von Einflüssen des akustischen Umfelds. Freifeld-Bedingungen sind in reflexionsarmen Räumen nur bis zu einer unteren Grenzfrequenz gegeben, bis zu der die Wandverkleidungen ausreichend absorbieren. In großen Hallen oder im Freien besteht die Beschränkung meist aus den nächstliegenden reflektierenden Gegenständen wie Hallenwände oder Decken. Freifeldbedingungen liegen daher nur bis zum Eintreffen der ersten Reflexionen an der Messposition vor. Der Boden kann bei entsprechender Beschaffenheit als Grenzfläche für den Lautsprecher und das Messmikrophon genutzt werden. Voraussetzung ist ein nahezu vollständig schallhartes Verhalten für den betrachteten Frequenzbereich und die anschließende Korrektur der Messung mit dem Grenzflächenfaktor 0,5 (−6 dB). Besonders geeignet sind hier fugenfreie Granit- oder Marmorböden. Späte Reflexionen in der Messung können durch eine entsprechende Fensterung eliminiert werden, wobei dies allerdings die Auflösung der Messung im Bassbereich beeinträchtigt. Meist ist man daher auf eine zusätzliche Messmethode für den tieffrequenten Bereich, die so genannte Nahfeldmessung, angewiesen. Bei der Nahfeldmessung wird das Mikrophon direkt vor den einzelnen Strahlerflächen platziert und der Frequenzgang gemessen. Für eine Bassreflexbox bedeutet das zwei Messungen, einmal vor der Membran und einmal vor dem Bassreflextunnel. Anschließend sind die Messung entsprechend der Wurzel aus den Flächenverhältnissen zu gewichten und komplex aufzuaddieren (Abb. 8.36, unten). Da es bei Nahfeldmessungen keine Möglichkeit eines absoluten Pegel- und Phasenbezugs zum Fernfeld gibt, muss die Nahfeldmessung mit einer Fernfeldmessung kombiniert werden, wobei die Fernfeldmessung den Bezug der Amplitude, Phase und Laufzeit vorgibt. Der schwierigste Aspekt bei einer Nahfeldmessung ist die anschließende Kombination mit einer Fernfeldmessung. Abhängig von der Übergangsfrequenz, die nicht höher als 150 Hz liegen sollte, kann es zu Fehlern für die Pegeldarstellung im Frequenzbereich der Nahfeldmessung kommen. Ein standardisiertes Vorgehen bei der Auswahl einer geeigneten Übergangsfrequenz gibt es nicht.

8.4.3 Phasengang und Laufzeitverhalten

Zum komplexen Frequenzgang gehört neben dem Betragsspektrum auch der Phasenverlauf. Ein einzelnes Lautsprecherchassis kann dabei weitgehend als minimalphasiges System aufgefasst werden, was für Mehrwegesystem nicht mehr uneingeschränkt gilt. Ein minimalphasiges System besitzt die zu einem Amplitudenverlauf kleinstmögliche Phasendrehung ohne Allpassanteile.

Der in Abb. 8.38 gezeigte Phasenverlauf eines 2-Wege-Lautsprechers weist über den gesamten Frequenzbereich eine Phasendrehung von 2 x 360° auf, die im unteren Frequenzbereich weitgehend dem minimalphasigen Anteil eines korrespondierenden Hochpassfilters 4. Ordnung für das Bassreflexsystem entspricht. Der Hochtonweg stellt für sich betrachtet einen Hochpass 2. Ordnung dar, mit einer Phasendrehung von 180°. Zusammen mit der Frequenzweiche aus einem HP-Filter 2. Ordnung und einem TP-Filter 4. Ordnung entstehen so weitere 360° Phasendrehung. Die grüne Kurve entspricht den beiden idealisierten Hochpassfiltern 4. und 2. Ordnung für Tief- und Hochtöner zusammen mit den elektrischen Filtern der Weiche. Dieses Beispiel eignet sich sehr gut, um die Problematik der Phasenlage von Mehrwegesystemen etwas näher zu betrachten.

Um den gesamten hörbaren Frequenzbereich abdecken zu können, werden Lautsprecher meist aus mehreren für bestimmte Frequenzbereiche optimierten Einzelsystemen zusammengesetzt. Die Folge ist, dass der Schall dann nicht mehr von einer, sondern von mehreren Quellen abgestrahlt wird. Es gibt kein gemeinsames akustisches Zentrum mehr. Man wird daher versuchen, die einzelnen akustischen Zentren möglichst gut wieder zusammenzuführen. Das kann zum einen durch den mechanischen Aufbau eines Mehrwegesystems erfolgen (z. B. mit einem Koaxial-Chassis) oder durch eine elektrische Verschiebung mit Laufzeitgliedern in der Signalkette. Für eine 2-Wege-Box mit einem direkt strahlenden Tieftöner und einem Hochtonhorn müsste der Tieftöner elektronisch soweit verzögert werden, dass sein akustisches Zentrum bis auf die Ebene des weiter hinten liegenden Hochtontreibers wandert. Für ein normales 2-Wege-System wäre damit zumindest für eine Ebene mittig zwischen den beiden Wegen der Anspruch der Zeitgleichheit erfüllt und für eine koaxiale Anordnung sogar in perfekter Form. Mit Hilfe digitaler Signalverarbeitung lässt sich eine solche Maßnahme leicht realisieren, bei analoger Schaltungstechnik sind sog. Allpassfilter zur Laufzeitanpassung erforderlich.

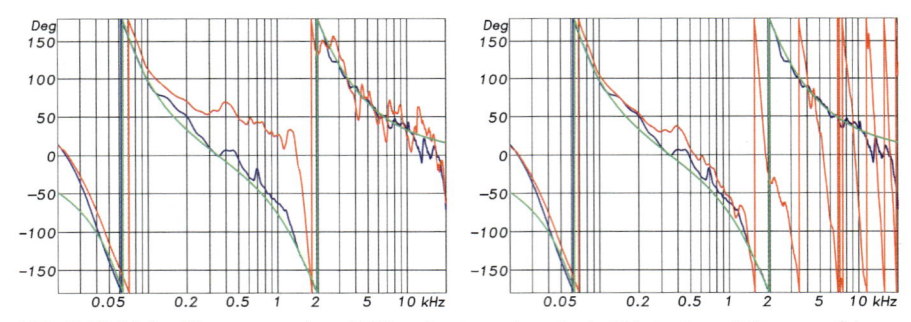

Abb. 8.38 Links: Phasengang eines 2-Wege-Lautsprechers in drei Varianten mit Bezug auf das akustische Zentrum des Hochtöners. Berechneter idealer Verlauf (grün), gemessener Verlauf mit Laufzeitanpassung zwischen Hoch- und Tieftöner (blau) und gemessener Verlauf ohne Laufzeitanpassung (rot). Rechts: Phasengang eines 2-Wege-Lautsprechers in drei Varianten mit Bezug auf das akustische Zentrum des Tieftöners. Berechneter idealer Verlauf (grün), gemessener Verlauf mit Laufzeitanpassung zwischen Hoch- und Tieftöner (blau) und gemessener Verlauf ohne Laufzeitanpassung (rot)

In Abb. 8.38 ist der Phasenverlauf des zeitlich nicht angepassten 2-Wege-Systems (rot) und mit Laufzeitanpassung (blau) dargestellt. Die zugehörigen Impulsantworten finden sich in den entsprechenden Farben in Abb. 8.40 (links). Die Laufzeitdif-

Kapitel 8 Lautsprecher

ferenzen der beiden Wege zueinander machen sich je nach Auswahl des zeitlichen Bezugspunktes für die Phasendarstellung unterschiedlich bemerkbar. Wird als Bezugspunkt der später einsetzende Hochtöner gewählt, dann entstehen Abweichungen vom minimalphasigen Anteil und ein stärkeres Gefälle im Phasenverlauf im Bereich der Trennfrequenz, so wie es die rote Kurve in Abb. 8.38 (links) zeigt. Wählt man dagegen den Tieftöner als Bezugspunkt, dann äußert sich der Laufzeitversatz des Hochtöners durch eine mit der Frequenz ständig zunehmende kräftige Phasendrehung. Der Unterschied der Darstellung ist darin begründet, dass der kleine Laufzeitversatz von 0,25 ms (= 8,5 cm) bei tiefen Frequenzen nur einen unwesentlichen Phasenversatz (9° bei 100 Hz) im Vergleich zum Hochtonbereich (90° bei 1 kHz und 900° bei 10 kHz) bewirkt.

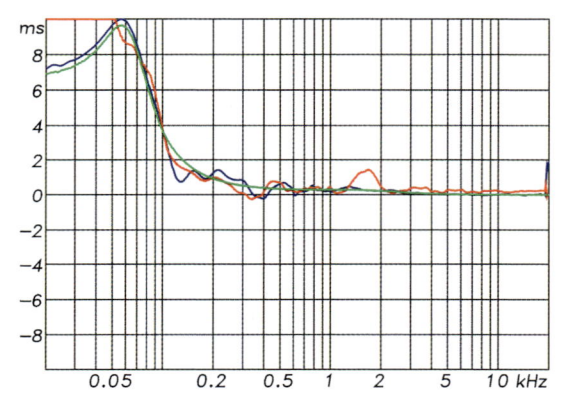

Abb. 8.39 Laufzeitverhalten eines 2-Wege-Lautsprechers in drei Varianten mit Bezug auf das akustische Zentrum des Hochtöners. Berechneter idealer Verlauf (grün), gemessener Verlauf mit Laufzeitanpassung zwischen Hoch- und Tieftöner (blau) und gemessener Verlauf ohne Laufzeitanpassung (rot)

Als dritte Größe in der Frequenzebene kann die Gruppenlaufzeit als negative Ableitung der Phase über der Frequenz dargestellt werden (Abb. 8.39). Hier führt die im Übergangsbereich zwischen 1 und 2 kHz durch die Fehlanpassung steil fallende Phase zu einem lokalen Maximum in der Laufzeitkurve. Oberhalb von 2 kHz liegt die Laufzeitkurve um den konstanten Betrag von 0,25 ms entsprechend des Lautzeitversatzes weiter oben. Zu den tiefen Frequenzen hin steigt die Laufzeitkurve durch die in Relation zur Breite des Frequenzbereiches sich stark ändernde Phase steil an. Dieser Laufzeitanstieg entsteht zwangsläufig durch jedes Hochpassfilter (vgl. Abschn. 8.2.1).

8.4.4 Impulsantwort und Sprungantwort

Während Amplituden- und Phasengang das frequenzabhängige Verhalten eines Lautsprechers charakterisieren, sind Impuls- und Sprungantwort eine Illustration seines Zeitverhaltens. Die Sprungantwort zeigt die Reaktion des Lautsprechers auf einen

Spannungssprung (Abb. 8.40, rechts), die Impulsantwort zeigt die Reaktion auf einen sehr kurzen Spannungsimpuls (Abb. 8.40, links). Der komplexe Frequenzgang, die Impulsantwort und die Sprungantwort lassen sich ohne Verluste ineinander überführen und beinhalten die gleiche Information über das zu beschreibende System. Die Impulsantwort kann über eine inverse Fouriertransformation aus dem komplexen Frequenzgang und die Sprungantwort über eine zeitliche Integration aus der Impulsantwort gebildet werden. Umgekehrt ist die Impulsantwort durch Differenzieren aus der Sprungantwort zu berechnen und der komplexe Frequenzgang über eine Fouriertransformation aus der Impulsantwort (vgl. Kap. 1.2).

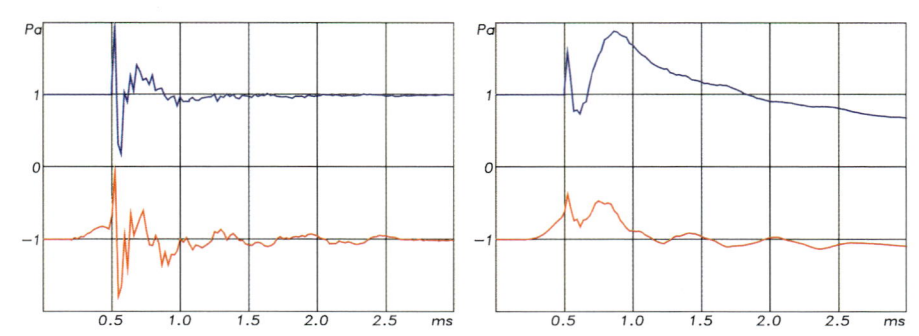

Abb. 8.40 Links: Impulsantworten eines 2-Wege-Lautsprechers mit (blau) und ohne (rot) Laufzeitkorrektur, wo deutlich das zu frühe Einsetzen des Tieftöners zu erkennen ist. Rechts: Sprungantworten eines 2-Wege-Lautsprechers mit (blau) und ohne (rot) Laufzeitkorrektur, berechnet über eine zeitliche Integration der Impulsantworten

Mit computergestützten Messsystemen erübrigt sich jegliche Diskussion darüber, welche Messung nun am besten für die Beurteilung eines Lautsprechers geeignet ist, da alle Ergebnisse in der Frequenz- und Zeitebene binnen einiger Sekunden ineinander überführt werden können.

Ideale, einem Diracimpuls angenäherte Impulsantworten von Lautsprechern lassen sich mit Hilfe digitaler FIR-Filter erzeugen, die das Laufzeitverhalten des Lautsprechers vollständig kompensieren. Je nach zulässiger Latenz ist es so möglich, oberhalb einer bestimmten Frequenz ein perfekt linearphasiges Verhalten mit konstanter Laufzeit zu erreichen. Sobald es sich allerdings um eine Mehrwege-Anordnung mit räumlich versetzt angeordneten Lautsprechern handelt, gilt dieses nur für ausreichend weit entfernte Hörpositionen auf der Mittelachse der Anordnung, da jede andere Position außerhalb dieser Achse zu anderen Laufzeitdifferenzen zwischen den Quellen führt, die dann nicht mehr exakt kompensiert werden. Lediglich die koaxiale Anordnung von Mehrwege-Lautsprechern, wie sie heute von diversen Herstellen als 2-, 3- und 4-Wege-Kombinationen angeboten werden, können in Kombination mit FIR-Filtern unabhängig von Betrachtungswinkel und Hörentfernung in der Laufzeit kompensiert werden.

Kapitel 8 Lautsprecher

8.4.5 Zerfallsspektrum

Die Ursachen von Welligkeiten im Frequenzgang eines Lautsprechers lassen sich häufig in einem Zerfallsspektrum, auch Wasserfalldiagramm genannt (Abb. 8.42, unten), oder im Spektrogramm (Abb. 8.42, oben) ermitteln. Das Ausschwingverhalten eines Lautsprechers lässt Rückschlüsse auf resonierende Gehäuse oder Partialschwingungen von Membranen zu. Für die Berechnung eines Zerfallsspektrums wird ein Zeitfenster mit einer bestimmten Schrittweite über die Impulsantwort geschoben und für jede Positionen eine Fouriertransformation berechnet. In einer zwei- oder dreidimensionalen Darstellung werden die so ermittelten Frequenzgänge anschließend entlang einer Zeitachse aufgetragen. Lange nachschwingende Frequenzbereiche treten dann als Ausläufer im Ausschwingverhalten hervor.

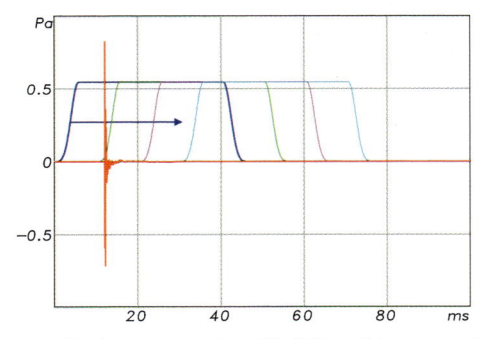

Abb. 8.41 Entstehung eines Spektrogramms bzw. Zerfallsspektrums durch ein bewegtes Zeitfenster, das schrittweise über die Impulsantwort läuft und in den Frequenzbereich transformiert wird

Auf den ersten Blick kaum auffällige Einbrüche im Frequenzgang (Abb. 8.37) stellen sich dabei häufig als lang nachschwingende oder verspätet einschwingende mechanische oder akustische Resonanzen heraus, deren klangliche Auswirkungen schwerwiegender sein können, als es die Abweichungen im Frequenzgang vermuten lassen. Besondere Vorsicht ist geboten, wenn der Frequenzgang offensichtlich durch elektrische Vorfilter korrigiert werden soll und sogar noch eine Pegelanhebung an Resonanzstellen erfolgt, was in der Regel zu klanglichen Verschlechterungen führt. Das in Abb. 8.42 dargestellte Beispiel zeigt eine solche Resonanzstelle bei 673 Hz, die im Frequenzgang als schmaler Einbruch und im Zerfallsspektrum als kräftige Resonanz auftritt. Ursachen sind in diesem Frequenzbereich meist Eigenfrequenzen des Gehäusevolumens, deren Auswirkungen mehr oder weniger stark durch die Bassreflextunnel nach außen dringen. Geschlossene Gehäuse bieten demgegenüber einige Vorzüge, da sie vollständig mit Dämmmaterial gefüllt werden können und weniger Austrittsmöglichkeiten für die Resonanzen bieten. Ebenfalls häufig in diesem Frequenzbereich angesiedelt sind Tunnelresonanzen von Bassreflex- oder Bandpass-Gehäusen. Oberhalb von 1 kHz treten dagegen meist nur noch Partialschwingungen von Membranen und Resonanzen innerhalb von Hörnern auf.

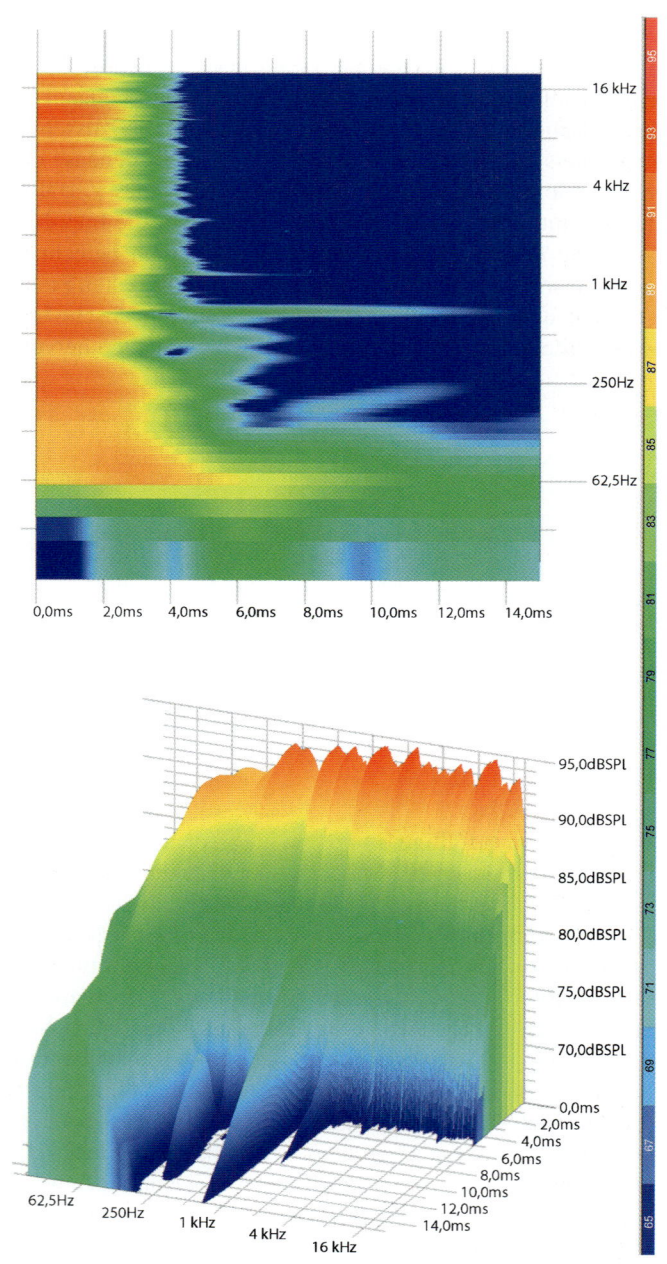

Abb. 8.42 Oben: Spektrogramm eines Lautsprechers als zweidimensionale Darstellung eines Zerfallsspektrums mit einer deutlich erkennbaren Resonanz bei 673 Hz. Unten: Zerfallsspektrum des Lautsprechers in der dreidimensionalen Darstellung

8.4.6 Verzerrungswerte

Nichtlineare Verzerrungen sind bei Lautsprechern in der Regel stärker ausgeprägt als bei anderen Elementen der Audioübertragungskette. Die primären Ursachen liegen in Nichtlinearitäten des Antriebs und der Membranaufhängung sowie bei Kompressionstreibern und Hörnern im schon ansatzweise nichtlinearen Verhalten des Mediums Luft (Klippel 1992, Klippel 1995). Intermodulationsverzerrungen und harmonische Verzerrungen prägen daher das Verhalten von Lautsprechern teilweise erheblich. Wie relevant das Verzerrungsverhalten im Einzelfall ist, hängt von der Nutzung des Lautsprechers ab. Ein ständig an seinem Limit betriebener Beschallungslautsprecher wird höhere Verzerrungen produzieren als ein HiFi-Lautsprecher, der nur selten oder nie ausgelastet wird.

Herstellerangaben zum Verzerrungsverhalten beschränken sich meist auf die wenig aussagekräftige Angabe eines Maximalpegels, der zudem keinerlei Bezug zu einem Frequenzbereich hat. Die Messung erfolgt meist mit rosa Rauschen bei voller Auslastung des Lautsprechers bis zur Zerstörungsgrenze ohne Rücksicht auf die dabei entstehenden Verzerrungen, bei dem über einen bestimmten Zeitraum der Pegel gemessen und der höchste Peakwert bestimmt wird. In manchen Fällen wird auch nur der rechnerisch aus der Sensitivity und der Peak-Belastbarkeit abgeleitete Wert angegeben, der weder Verzerrungen noch Power Compression berücksichtigt.

Aussagekräftiger ist eine Kurve über den gesamten für den betreffenden Lautsprecher relevanten Frequenzbereich, die entweder den Klirrfaktor bei konstanter Eingangsspannung anzeigt oder den maximal erreichbaren Pegel bei einem vorgegebenen Klirrfaktorgrenzwert. Beide Diagramme können mit PC-gestützten Messsystemen leicht ermittelt werden. Als Messsignal können Sinusbursts oder logarithmische Sweeps (Müller u. Massarani 2001, s. Kap. 21.1.2) verwendet werden, die nach der Übertragung über den Lautsprecher mit einer FFT-Analyse auf ihre Klirranteile hin untersucht werden.

Abb. 8.43 zeigt eine Messreihe an einem kleinen passiven Abhörlautsprecher für eine konstante Eingangsspannung entsprechend einer Leistung von 100 W, bezogen auf die Nennimpedanz des Lautsprechers, bei der in 1/12 Oktav-Schritten die Verzerrungswerte mit Hilfe 185 ms langer Sinusburst ermittelt wurden. Die Kurven stellen den THD-Wert (Summe aller harmonischen Verzerrungen) und die einzelnen harmonischen Komponenten von k_2 bis k_5 dar. Besonders wichtig für den Höreindruck ist die Zusammensetzung der Verzerrungskomponenten, die bei Lautsprechern meist von k_2-und k_3-Anteilen dominiert werden. Geradzahlige harmonische Verzerrungen werden meist als weniger störend empfunden, während ungeradzahlige Anteile als unsauberer und verzerrter Klang in Erscheinung treten. Für den Beispiellautsprecher lässt sich aus der Messung erkennen, dass die Gesamtverzerrung fast durchgängig von der k_2-Komponente (blau) dominiert wird und es nur einen kleinen Bereich knapp unter 2 kHz gibt, bei dem der k_3-Anteil (grün) in den Vordergrund tritt. Auch an dieser Messkurve wird deutlich, dass die Verzerrungswerte bei Lautsprechern in Relation zu anderen Audiogeräten relativ hoch liegen.

Im Tieftonbereich sind Werte von −20 dB (10 %) nicht unüblich, im Mittel- und Hochtonbereich, wenn es sich nicht Kompressionstreiber handelt, liegen die Verzerrungsanteile meist bei ca. −40 dB (1 %).

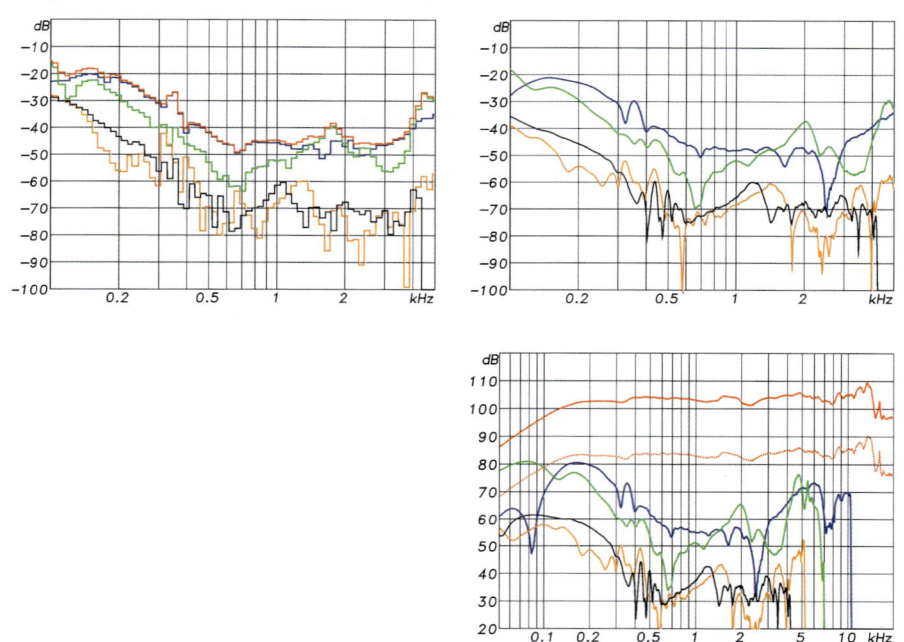

Abb. 8.43 Oben links: Verzerrungskurven in 1/12-Oktavschritten über der Frequenz aufgetragen für eine konstante Spannung an den Lautsprecherklemmen. Summe aller Verzerrungskomponenten (rot), k2 (blau), k3 (grün), k4 (orange) und k5 (schwarz). Oben rechts: Verzerrungskurven mit einem kontinuierlichen Verlauf über der Frequenz aufgetragen für eine konstante Spannung an den Lautsprecherklemmen. k2 (blau), k3 (grün), k4 (orange) und k5 (schwarz). Die Verzerrungen sind in dieser Form relativ zum Gesamtpegel dargestellt. Unten: Vergleichbare Messung zu der aus Abb. 8.37 mit einer Darstellung der Verzerrung als absolute Werte zusammen mit der Kurve des Gesamtpegels (rot). Die Sensitivity-Kurve für 1 W / 1 m ist in rot gestrichelt eingezeichnet. Die Messung erfolgte mit 100 W Leistung (+20 dB). Gegenüber Abb. 8.37 ist der Frequenzbereich der Grafik vergrößert.

Für eine kontinuierliche Darstellung der Verzerrungskurven kann auf die Sweep-Messmethode zurückgegriffen werden, bei der ein logarithmischer Sweep konstanten Pegels mit der gewünschten Spannung über den Lautsprecher übertragen wird. Die Auswertung der Verzerrungsanteile kann anschließend über eine selektive Fensterung des Sweeps und mehrere Fourier-Transformationen erfolgen, aus denen dann für jede Verzerrungskomponente eine kontinuierliche Kurve hervorgeht. Die Verzerrungskurven können anschließend entweder relativ zum Gesamtpegel (Abb. 8.43, oben rechts) oder absolut skaliert (Abb. 8.43, unten) dargestellt werden.

Die relative Skalierung bietet den Vorzug, die Höhe der Verzerrungen direkt in dB oder % ablesen zu können, wohingegen die absolut skalierte Darstellung nur die

Kapitel 8 Lautsprecher   481

Differenz zum Pegel der Grundwelle zeigt. Zusammen mit einer Sensitivity-Kurve und einer Angabe über die zur Messung angelegte Spannung bietet die absolut skalierte Messung noch die Möglichkeit den Wert der Power Compression abzulesen, der sich als Differenz aus dem rechnerischen Pegel für diese Klemmenspannung und dem gemessenen Pegelwert ergibt. Im Beispiel aus Abb. 8.43 wurde mit einer konstanten Spannung von 28,3 V gemessen, entsprechend einer Leistung von 100 W bezogen auf die Nennimpedanz, so dass rechnerisch der Pegel gegenüber der 1 W / 1 m Kurve um genau 20 dB ansteigen müsste. Bis auf den Frequenzbereich unterhalb von 200 Hz wird dieser Wert hier auch erreicht. Bei den tiefen Frequenzen entsteht für die kleinen Tieftöner der hier gezeigten Box die Power compression schon alleine durch die Nichtlinearitäten des Antriebs bei großen Membranauslenkungen, wo die Antriebskraft schon merklich nachlässt.

Für Studiolautsprecher hat sich die Darstellung des Klirrfaktors bei konstanter Eingangsspannung (Abb. 8.43) als geeignetes Kriterium erwiesen. Je nach angestrebter Abhörentfernung und gewünschtem Pegel kann die Messung mit der entsprechenden Spannung vorgenommen werden und es ist gut zu erkennen, welchen Klirrfaktor der Lautsprecher erzeugt und wie sich die Werte aus einzelnen harmonischen Verzerrungen zusammensetzen.

8.4.7 Maximaler Schalldruckpegel

Für Beschallungssysteme eignet sich eine andere Form der Messung, bei der ein Grenzwert für den Klirrfaktor vorgegeben und der erreichbare Maximalpegel gemessen wird. Als Grenzwerte sind 1 %, 3 % und 10 % THD üblich. Die 1 %-Kurve wird in der Praxis zwar regelmäßig überschritten werden, lässt aber schnell mögliche Schwachstellen erkennen. Die 10 %-Kurve gibt dagegen recht gut den praktischen Nutzpegel wieder, den ein Lautsprecher zu erzeugen in der Lage ist. In beiden Fällen sollte ein möglichst ausgeglichener Verlauf ohne herausragende Bereiche in die eine oder andere Richtung angestrebt werden.

In der Praxis gestaltet sich die Messung so, dass von der Messroutine die Ausgangsspannung zum Lautsprecher in einer definierten Schrittweite so lange erhöht wird, bis entweder der angesetzte Klirrfaktor-Grenzwert oder aber die eingestellte maximale Verstärkerleistung erreicht ist. Diese Messung wird für einen vordefinierten Frequenzbereich in festen logarithmischen Frequenzschritten durchgeführt. Zum Vergleich bietet es sich noch an, aus der Sensitivity-Kurve zusammen mit der maximal zulässigen Verstärkerleistung bei der Messung den daraus rechnerisch ermittelten Maximalpegel zu zeigen.

Größere Einbrüche deuten auf Schwachstellen in der Konstruktion hin, die zu hörbaren Verzerrungen führen können. Abhängig vom wiederzugebenden Programmmaterial können breitbandige Überhöhungen in der Maximalpegelkurve in gewissen Frequenzbereichen sinnvoll sein. Neben den teilweise hohen Anforderungen im Bassbereich sollte vor allem der Grundtonbereich der menschlichen Stimme Beachtung finden. Pegelreserven an dieser Stelle erlauben es, Stimmen

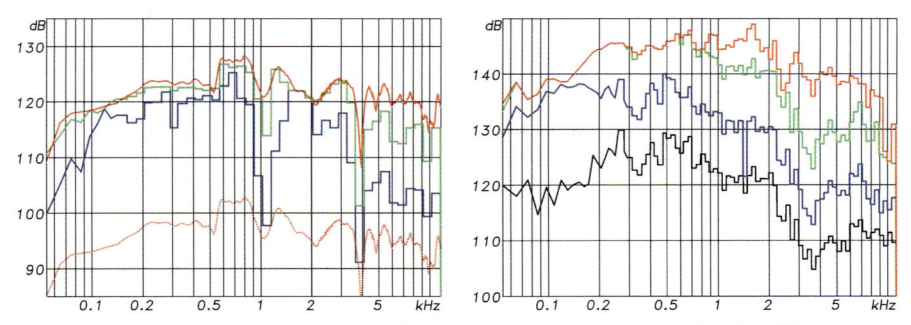

Abb. 8.44 Links: Maximalpegelmessung für höchstens 3 % Verzerrungen (blau) und höchstens 10 % Verzerrungen (grün). Die rote Kurve zeigt den rechnerischen Maximalwert für die bei der Messung höchstens zugelassene Leistung von 350 W. In rot gestrichelt die Sensitivity-Kurve mit dem 1 W / 1 m-Wert. Rechts: Maximalpegelmessung für höchstens 1 % (schwarz), 3 % (blau) und höchstens 10 % (grün) Verzerrungen. Die rote Kurve zeigt den Pegel beim Erreichen der Limiterschwelle des zugehörigen Controllers.

oder einzelne Instrumente bei einem hohen Gesamtpegel ohne Limitierung noch hervorzuheben. Viele Beschallungslautsprecher weisen genau hier einen Schwachpunkt auf. Die häufig anzutreffenden Kombinationen aus direkt strahlenden Basslautsprechern und horngeladenen Low-Mid-Systemen in Kombination mit einer tiefen Trennfrequenz von 100–150 Hz führt nicht selten zur einer Überforderung der häufig zu klein gestalteten Hörner. Der Verlust an Empfindlichkeit in diesem Bereich erzwingt kräftige Kompensationen durch die Controller, die dann zwar zu einem ausgeglichenen Frequenzgang führen, aber keine adäquaten Schalldrücke mehr zulassen, ohne die Treiber zu überfordern.

Abb. 8.44 (rechts) zeigt für ein großes Beschallungssystem, bestehend aus vier Line-Array-Komponenten, Messwerte für den erreichbaren Schalldruckpegel bei Grenzwerten von 1 %, 3 % und 10 % Klirrfaktor, jeweils umgerechnet auf 1 m Entfernung. Als vierte Kurve wurde noch der unabhängig vom Verzerrungswert erreichbare Schalldruck gemessen, wobei als einziger limitierender Faktor hier noch der Clip-Limiter in den Endstufen auftrat.

Der Kurvenverlauf entspricht den durchschnittlichen Anforderungen für Musikmaterial im Live-Bereich und kann bei Bedarf im Bassbereich durch zusätzliche Subwoofer angehoben werden. Die Kurven zeigen, dass jede Verdreifachung des zulässigen Verzerrungswertes eine Pegelerhöhung von ca. 10 dB nach sich zieht. Wenn der Signalpegel um 10 dB ansteigt, steigen die Verzerrungen um 20 dB und der THD-Wert damit um 10 dB. Ein Beispiel verdeutlich den Zusammenhang: Bei 1 kHz werden bei 3 % THD (entsprechend −30 dB) 133 dB erzielt. Steigt der Signalpegel auf 143 dB, also um 10 dB, dann steigen die Verzerrungen um 20 dB an und der relative THD-Wert liegt jetzt bei −20 dB und somit bei 10 %. Da nur die k_2-Anteile bei den Verzerrungen dieses Verhalten zeigen, lässt der Abstand der THD-Kurven für 1 %, 3 % und 10 % (= −40 dB, −30 dB und −20 dB) den Rückschluss zu, dass die Verzerrungen hier vom gutmütigen k_2 dominiert werden.

8.4.8 Richtcharakteristik

Die Richtcharakteristik (Directivity) beschreibt das räumliche Abstrahlverhalten eines Lautsprechers. Je nach Einsatzgebiet wird in der Regel ein bestimmtes Richtverhalten gewünscht, mit dem ein bestimmter Raumbereich abgedeckt werden soll. Zu unterscheiden ist dann noch zwischen dem horizontalen und dem vertikalen Abstrahlwinkel, der mit Bedacht oder auch konstruktiv bedingt sehr unterschiedlich ausfallen kann.

Insbesondere bei Lautsprechern für Beschallungsaufgaben gibt es nicht nur die Anforderung eines ausgeglichenen Verhaltens in der Hauptabstrahlrichtung, sondern auch den Anspruch eines möglichst klar abgegrenzten Öffnungs- oder Abstrahlwinkels. Anhand dieser Angabe kann abgeschätzt werden, welchen Publikumsbereich ein Lautsprecher abzudecken in der Lage ist, und wie mögliche Arrays für größere Flächen zusammenzusetzen sind. Viele Hersteller geben als Eckwerte einen horizontalen und einen vertikalen Öffnungswinkel an und dazu manchmal noch einen Frequenzbereich, für den dieser Winkel erreicht wird. Dabei handelt es sich um den Winkel, bei dem der Schalldruck gegenüber der Mittelachse um 6 dB abgefallen ist. Darüber hinaus sind auch Angaben zur Frequenzabhängigkeit des Abstrahlverhaltens und zur Ausbildung von Interferenzen im Übergangsbereich für den Anwender von Bedeutung. Auch die Auswirkungen von Kanteneffekten der Lautsprechergehäuse oder der für die höchsten Frequenzbänder noch effektiv nutzbare Abstrahlwinkel kann aus der Directivity abgeleitet werden.

Während es bei Beschallungslautsprechern primär um den abgedeckten räumlichen Winkelbereich geht, gibt die Richtcharakteristik bei Studiomonitoren mit klar definiertem Hörerplatz einen Hinweis darauf, wie stark der umgebende Raum und das akustische Umfeld des Lautsprechers mit einbezogen werden. So kann es z. B. sehr wünschenswert sein, über ein enges vertikales Abstrahlverhalten unerwünschte Reflexionen an der Oberfläche des Mischpults zu unterdrücken.

8.4.8.1 Polardiagramme

Das räumliche Abstrahlverhalten von Lautsprechern kann in verschiedenen Formen dargestellt werden. Die traditionelle Darstellung nutzt Polardiagramme, die für bestimmte Frequenzbereiche (Terzen oder Oktaven) das Richtverhalten eines Lautsprechers in einer Ebene darstellen. Bei einer Auflösungen in Terzen erfordert diese Form der Darstellung für nur eine Ebene allerdings schon ca. 30 einzelne Kurven, so dass gerne auch zu Isobarenflächen oder dreidimensionalen Bildern gegriffen wird, die das Richtverhalten in einer Ebene für den gesamten Frequenzbereich in einer Grafik zeigen. Polardiagramme wurden bis vor ca. 10 Jahren mit Pegelschreibern erstellt, die für die Aufzeichnung mit einem kreisrunden Papier mit Polarkoordinaten bestückt und mit einem Drehteller synchronisiert werden konnten. Diese Darstellung wurde auch im Zeitalter moderner PC-Messsysteme weiterhin verwendet (Abb. 8.45).

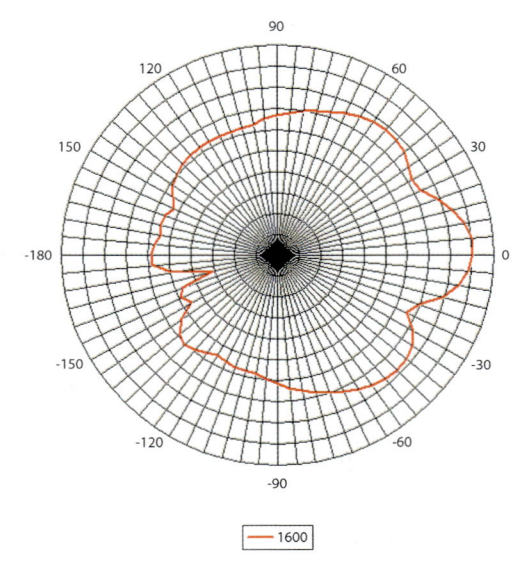

Abb. 8.45 Beispiel für ein einfaches Polardiagramm mit einer gemittelten Messung für einen terzbreiten Frequenzbereich bei 1600 Hz. Das Diagramm zeigt die vertikale Ebene der Box. Die Pegeldarstellung ist auf die 0°-Achse normiert und mit 6 dB/div skaliert.

8.4.8.2 Isobarenkurven

Mit den grafischen Möglichkeiten computergestützter Messsysteme lässt sich das Richtverhalten von Lautsprechern anschaulich in Form von sog. Isobarenkurven darstellen, die durch ihre Farbe anzeigen, wie weit der Pegel gegenüber der Mittelachse abgefallen ist. Über der Frequenz (x-Achse) wird auf der y-Achse ein Winkel angezeigt. Der als Abstrahlwinkel angegebene Wert bezieht sich nach DIN EN 60268-5 auf einen gegenüber der Mittelachse um 10 dB reduzierten Schalldruckpegel. In der Praxis wird herstellerseitig meist der um 6 dB reduzierte Wert angegeben, der auch in Abb. 8.46 als farblicher Übergang zu erkennen ist. Das typische Isobarenbild eines herkömmlichen Lautsprechers zeigt bei tiefen Frequenzen eine sehr breite Abstrahlung, eine zunehmende Einschnürung mit ansteigender Frequenz, bis die Isobaren ab einer bestimmten Frequenzen in einen mehr oder weniger geraden Verlauf übergehen. Für den zuletzt genannten Bereich liest man den mittleren Abstrahlwinkel ab und gibt diesen als nominellen Öffnungswinkel für die horizontale und die vertikale Ebene an. Unabhängig vom Grad der Richtwirkung, die nur hinsichtlich einer bestimmten Anwendung als günstig bewertet werden kann, ist die Gleichmäßigkeit, mit der ein angegebener Abstrahlwinkel über den ganzen Frequenzbereich eingehalten wird, ein wichtiges Kriterium. Starke Schwankungen führen zu einem ungleichmäßigen Klangbild, je nachdem, wo man sich vor einer Box befindet. Ein ungleichmäßiges Abstrahlverhalten führt auch dazu, dass der umgebende Raum frequenzabhängig mehr oder weniger stark angeregt wird.

Kapitel 8 Lautsprecher

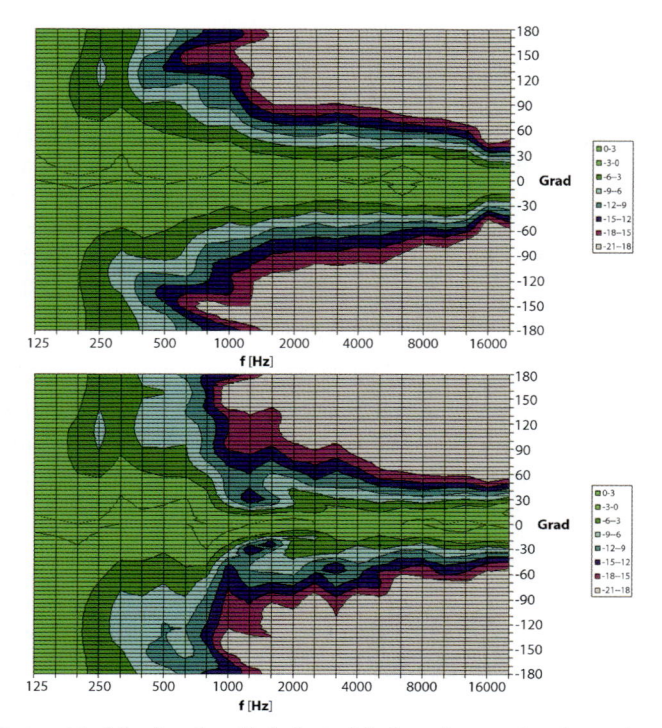

Abb. 8.46 Horizontale (oben) und vertikale (unten) Isobarenkurven eines kompakten Beschallungslautsprechers mit einem Abstrahlwinkel von 80 x 60°. Als Abstrahlwinkel ist der Winkelbereich zwischen den –6 dB-Isobaren (Übergang von dunkelgrün nach hellblau) definiert. In den vertikalen Isobarenkurven sind zwischen 1 und 2 kHz deutliche Interferenzeffekte zu erkennen.

Bei Beschallungslautsprechern ist unter dem Aspekt der Rückkopplungsproblematik besonders auf seitliche Nebenmaxima zu achten. Häufig bilden sich Nebenmaxima durch Interferenzeffekte im Übergangsbereich zwischen zwei Wegen in der vertikalen Ebene eines Lautsprechers aus. Wird ein solches System dann z. B. als Zentrallautsprecher über einer Bühne und damit über den Mikrofonen angebracht, so tritt unvermeidlich ein verstärktes Rückkopplungsproblem in diesem Frequenzbereich auf.

8.4.8.3 Balloon-Daten

Mit Polardiagrammen und Isobaren wird die Richtcharakteristik eines Lautsprechers nur für jeweils eine Ebene betrachtet. Für einige wenige Lautsprecher, wie z. B. Breitbänder oder Koaxial-Systeme mit kreissymmetrischem Aufbau, sind in dieser zweidimensionalen Darstellung bereits alle Informationen enthalten. Für die meisten handelsüblichen Lautsprecher bedarf es jedoch zur vollständigen Darstellung des räumlichen Abstrahlverhaltens einer dreidimensionalen Form. Diese findet sich in den sog. Balloon-Daten, die auf einem Kugelrasternetz mit einer bestimmten

Winkelauflösung um den Lautsprecher herum gemessen werden (Abb. 8.47, oben). Der Lautsprecher wird dazu mit zwei Drehachsen bewegt und um seinen geometrischen Mittelpunkt geschwenkt, wo sich beide Drehachsen schneiden. Alle Mikrofonbahnen verlaufen als Großkreise durch die Nullachse des Lautsprechers. Die Festlegung des Nullpunktes im geometrischen Mittelpunkt des quaderförmigen Umrisses des Gehäuses hat dabei eine gewisse Willkür. Besser wäre die Drehung um das akustische Zentrum des Lautsprechers, was jedoch zumindest bei Mehrwege-Systemen frequenzabhängig wandert und nicht eindeutig zu definieren ist. Um den dadurch entstehenden Fehler möglichst gering zu halten, sollte die Messentfernung ausreichend groß in Relation zu den Abmessungen des Lautsprechers sein.

Balloon-Daten dienen auch als Datenbasis für Simulationsprogramme zur Berechnung von Schallfeldverteilungen und Richtcharakteristik von Arrays. Übliche Formate sind nach heutigem Stand Winkelauflösungen von 1° bis 10° und eine Auf-

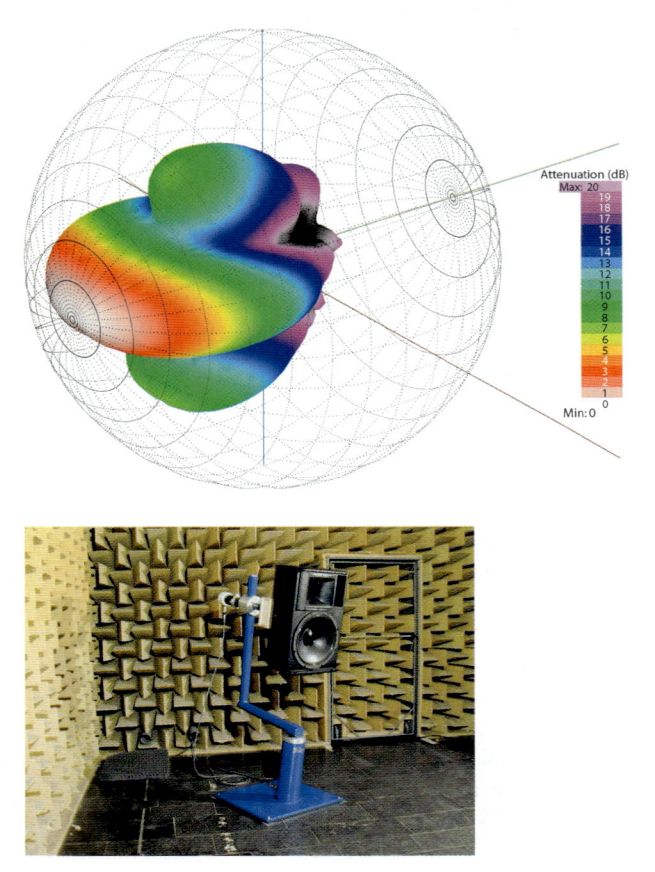

Abb. 8.47 Oben: Balloon zur Darstellung des räumlichen Abstrahlverhaltens eines Lautsprechers in einem Terzband. Unten: Mit Schrittmotoren bewegte Messeinrichtung zur Erfassung von Balloon-Daten

lösung im Frequenzbereich von 1/36 Oktave bis eine Oktave. Zusätzlich etablieren sich zur Zeit Formate, bei denen für jede Messposition eine vollständige komplexe Spektrumsdatei oder eine Impulsantwort abgespeichert wird, aus denen dann spektral sehr hoch aufgelöste Amplituden- und Phasendaten gewonnen werden können. Letztere sind vor allem bei der Berechnung von Lautsprecher-Arrays mit Lautsprechern unterschiedlichen Typs von Bedeutung.

Ebenso wie bei Polardiagrammen ist auch bei Balloon-Daten immer nur ein Frequenzband darstellbar, sodass schon für eine Auflösung in Terzbändern ca. 30 Diagramme erforderlich werden.

8.4.8.4 Bündelungsgrad und Bündelungsmaß

Als Einzahlwerte für die dreidimensionale Richtwirkung eines Lautsprechers können der Bündelungsgrad oder das Bündelungsmaß verwendet werden. Der Bündelungsgrad gibt den Schalldruck des Lautsprechers auf der Hauptachse im Verhältnis zum Schalldruck einer idealen Kugelquelle an, die eine identische akustische Gesamtleistung in den Raum abstrahlt. Sobald eine Richtwirkung in Richtung Hauptachse vorhanden ist, ist die gerichtete Quelle in dieser Richtung immer lauter als die Kugelquelle mit gleicher akustischer Gesamtleistung und damit der Bündelungsgrad größer 1.

Der Richtungsfaktor Γ ergibt sich aus dem gemessenen Schalldruck $p(\varphi,\delta)$ des Lautsprechers unter einem beliebigen Raumwinkel bezogen auf den Wert des Schalldruckpegels auf der Hauptachse $p(0,0)$ bei der Frequenz f. Beschrieben wird der Raumwinkel durch die Winkel φ und δ, φ stellt die Drehung in der horizontalen Ebene und δ die Rotation um die Mittelachse des Lautsprechers dar.

$$\Gamma(\varphi,\delta,f) = \frac{p(\varphi,\delta,f)}{p(0,0,f)} \quad (8.13)$$

Für eine Kugelquelle ist der Richtungsfaktor $\Gamma = 1$ und damit das Integral über die Kugeloberfläche:

$$\oint_S \Gamma^2(\varphi,\delta,f)\,\mathrm{d}S = 4\pi \quad (8.14)$$

woraus sich der Bündelungsgrad $\gamma(f)$ berechnet durch

$$\gamma(f) = \frac{4\pi}{\oint_S \Gamma^2(\varphi,\delta,f)\,\mathrm{d}S} \quad \text{mit } \varphi = 0...\pi \text{ und } \delta = -\pi\,...+\pi \quad (8.15)$$

In logarithmischer Darstellung ergibt sich daraus das Bündelungsmaß $d(f)$.

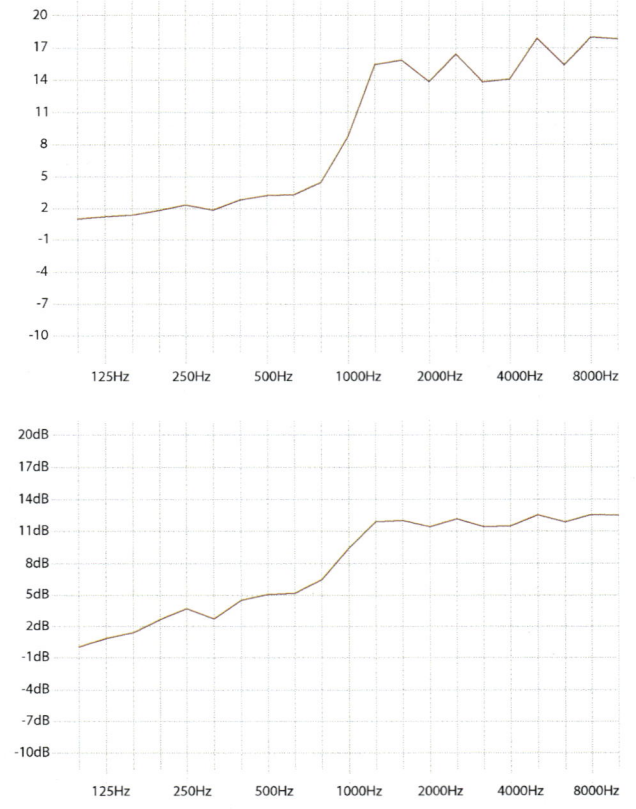

Abb. 8.48 Bündelungsgrad (oben) und Bündelungsmaß in dB (unten), ermittelt aus den Balloon-Daten eines Lautsprechers

$$d(f) = 10 \log \gamma(f) \, \text{dB} \tag{8.16}$$

Betrachtet man als Beispiel die Abstrahlung in einen Halbraum, dann berechnet sich $\gamma(f)$ zu 2 und $d(f)$ entsprechend zu +3 dB, was sich auch anschaulich damit erklärt, dass die gleiche Leistung einmal in einen Halbraum und einmal in einen Vollraum abgestrahlt wird.

Die Messung kann auch ohne komplizierte Drehvorrichtung mit einer Freifeldmessung auf der Hauptachse des Lautsprechers und einer zweiten Messung des Lautsprechers im Hallraum erfolgen. Der Hallraum agiert als akustischer Integrator und erfasst sämtliche vom Lautsprecher rundum abgestrahlte Schallleistung. Liegen die Balloon-Daten eines Lautsprechers vor, dann kann durch Integration über alle Messpunkte ebenfalls der Bündelungsgrad bestimmt werden. Abb. 8.48 zeigt Beispiele für Kurven in Abhängigkeit von der Frequenz des Bündelungsgrads und des Bündelungsmaßes des vorab schon beschriebenen kompakten 2-Wege-Beschallungslautsprechers mit einem Abstrahlwinkel von 80 x 60°.

Kapitel 8 Lautsprecher

Normen und Standards

Die Messung von Lautsprechern sowohl als Chassis wie auch als komplette Systeme wird in verschiedenen Normen bzw. Empfehlungen beschrieben. Von besonderer Bedeutung sind

EN 60268-5:2003	Elektroakustische Geräte Teil 5: Lautsprecher
AES2-1984 (r2003)	AES Recommended Practice: Specification of loudspeaker components used in professional audio and sound reinforcement
AES-5id-1997 (r2003)	AES information document for Room acoustics and sound reinforcement systems – Loudspeaker modeling and measurement – Frequency and angular resolution for measuring, presenting and predicting loudspeaker polar data

EN60268 gibt Auskunft über die äußeren Bedingungen zur Messung von Lautsprechern, die dabei erforderliche Vorgehensweise sowie die Einbaubedingungen für einzelne Chassis. Des Weiteren werden die Messverfahren für die Impedanzkurve, den Schalldruck, die Übertragungsfunktion, die Richtdiagramme und das Verzerrungsverhalten erläutert sowie die Bestimmung der daraus abzuleitenden Kennwerte.

Die beiden AES-Spezifikationen befassen sich detailliert mit den Messbedingungen und der Darstellung der Ergebnisse. Für hoch aufgelöste Frequenz- und Phasengangsmessungen wird eine Auflösung von 1/96 Oktave empfohlen. Für einen Frequenzbereich von 20 Hz bis 40 kHz folgt daraus für FFT-basierte Messverfahren mit 96 kHz Abtastrate eine Mindestlänge des Messsignals (Sweep, MLS, o. ä.) von 2^{20} Werten (entsprechend einer Länge von 11 s), was für moderne PC-basierte Messsysteme leicht zu handhaben ist. Für die Messung des Abstrahlverhaltens und deren Darstellung in Polardiagrammen oder Balloons wird eine Winkelauflösung von 1° vorgeschlagen. Auch dies ist mit modernen, über Schrittmotoren gesteuerten Maschinen zur Messung des Abstrahlverhaltens von Lautsprechern gut zu erreichen, wobei die Messdauer für einen kompletten Balloon ohne Symmetrien dann schon in die Größenordnung einiger Tage kommt. Speziell für sehr eng abstrahlende Komponenten ist die 1°-Auflösung sinnvoll. Für herkömmliche Lautsprecher erscheint dieser Wert jedoch zu hoch gegriffen.

Für Mehrwegesysteme wird von (Feistel et al. 2005) eine ebenso elegante wie flexible Methode vorgestellt, bei der jeder Weg bzw. jede Quelle eines Lautsprechers einzeln als Daten-Balloon erfasst und in seiner Position zum zentralen Drehpunkt definiert wird. Zusätzliche Datensätze beschreiben die Filterfunktionen der Frequenzweiche und ermöglichen so eine genaue und flexible Berechnung des Gesamtverhaltens des Lautsprechers (Feistel u. Ahnert 2005). In der Praxis hat sich bei dieser Methode eine Winkelauflösung von 5° als hinreichend herausgestellt.

Literatur

Ballou GM (Hrsg) (2005) Handbook for Sound Engineers. 3. Aufl, Focal Press, Elsevier
Bank G, Harris N (1998) The Distributed Mode Loudspeaker – Theory and Practice. AES UK Conference "The Ins and Outs of Audio"
Baxandall P (1988) Electrostatic Loudspeakers. In: Borwick J (Hrsg) Loudspeaker and Headphone Handbook. Butterworths, London
Behler G (1999) Handbuch zur Software Bassyst V2.1
Beranek LL (1954) Acoustics. American Institute of Physics, New York
Eargle J (2003) Loudspeaker Handbook. 2. Aufl, Kluwer Academic Publishers
Eargle J, Foreman C (2002) Audio Engineering for Sound Reinforcement. Hal Leonard Cooperation
Feistel S, Ahnert W, Bock S (2005) New Data Format to Describe Complex Sound Sources. 119th AES Convention, New York, Preprint 6631
Feistel S, Ahnert W (2005) The Significance of Phase Data for the Acoustic Prediction of Combinations of Sound Sources. 119th AES Convention, New York, Preprint 6632
Heil O (1972) Acoustical transducer with a diaphragm forming a plurality of adjacent narrow air spaces. US Patent 3.636.278
Heil C, Urban M (1992) Sound Fields Radiated by Multiple Sound Sources Arrays. 92nd AES Convention, Vienna, Preprint 3269
Jordan E (1963) Loudspeakers. Focal Press, London
Klein S (1952) L'ionophone. L'onde Electrique 32:314–320
Klepper D, Steele D (1963) Constant Directional Characteristic from a Line Source Array. J Audio Eng Soc 11/3:198–202
Klippel W (1992) Nonlinear Large-Signal Behavior of Electrodynamic Loudspeakers at Low Frequencies. J Audio Eng Soc 40/6:483–496
Klippel W (1995) Nonlinear Wave Propagation in Horns and Ducts. J Acoust Soc Amer 98/1:431
Leckschat D (1992) Verbesserung der Wiedergabequalität von Lautsprechern mit Hilfe von Digitalfiltern. Dissertation RWTH Aachen
Makarski M (2006) Tools for the Professional Development of Horn Loudspeakers. Dissertation RWTH Aachen
Manger D (1999) A sound transducer with a flat, flexible diaphragm working with bending waves. J Acoust Soc Amer 105/2:934
Müller S (1999) Digitale Signalverarbeitung für Lautsprecher. Dissertation an der RWTH Aachen
Müller S, Massarani P (2001) Transfer Function Measurement with Sweeps. J Audio Eng Soc 49/6:443–471
Olson H (1957) Acoustical Engineering. D van Nostrand, New York
Oppenhein AV, Schafer RW (1989) Discrete-Time Signal Processing. Prentice-Hall International
Start E, van Beuningen G (2000) Optimizing directivity properties of DSP-controlled loudspeaker arrays. Proc of the Institute of Acoustics (Reproduced sound) Volume 22 part 6
Tamura M, Yamaguchi T, Oyaba T, Yoshimi T (1975) Electrostatic Transducers with Piezoelectric High Polymer Films. J Audio Eng Soc 23/1:21–26
Urban M, Heil C, Bauman P (2003) Wavefront Sculpture Technology. J Audio Eng Soc 51/10:912–932
de Vries G, van Beuningen G (1997) Concepts and applications of directivity controlled loudspeaker arrays. Acoustical Society of America Conference 1997
Zollner M, Zwicker E (1993) Elektroakustik. 3. Auflage, Springer, New York

Kapitel 9
Beschallungstechnik, Beschallungsplanung und Simulationen

Wolfgang Ahnert und Anselm Goertz

9.1 Anforderungen, Nutzungsprofile und Klassifizierung 492
    9.1.1 Komponenten einer Beschallungsanlage 494
    9.1.2 Nutzungsprofile und Anforderungen 496
    9.1.3 Planungsziele 498
9.2 Das akustische Umfeld: Analyse, Bewertung und Gestaltung 500
    9.2.1 Raumakustische Gegebenheiten............................ 500
    9.2.2 Raumakustische Kriterien 501
    9.2.3 Auswirkungen auf die Beschallung 502
9.3 Die akustische Rückkopplung..................................... 504
    9.3.1 Schleifenbildung... 504
    9.3.2 Maßnahmen zur Unterdrückung von Rückkopplungen 509
9.4 Zielsetzungen und Planungswerkzeuge für Beschallungsanlagen 516
    9.4.1 Modelle und Simulationen................................ 516
    9.4.2 Berechnungsverfahren 520
    9.4.3 Auralisation 521
9.5 Messungen an Beschallungsanlagen............................... 522
    9.5.1 Funktionsprüfung.. 522
    9.5.2 Pegel-, Delay- und Filtereinstellungen...................... 524
    9.5.3 Messung der Nutzsignalpegel 533
    9.5.4 Messung der Störpegel................................... 534
    9.5.5 Messung der Sprachverständlichkeit 536
    9.5.6 Messung der Schleifenverstärkung 547
Normen und Standards 548
Literatur 548

9.1 Anforderungen, Nutzungsprofile und Klassifizierung

Die primäre Aufgabe einer Lautsprecheranlage ist es, Musik, Sprache oder auch Signaltöne und Geräusche wiederzugeben. Diese können von einem Tonträger kommen (CD, Sprachspeicher), von einem anderen Ort übertragen (Zuspielung über Radio, TV, Telefon) oder vor Ort erzeugt werden. Letzteres umfasst Konzerte, Ansprachen, Durchsagen oder künstlerische Darbietungen, bei denen es meist darum geht, eine bereits vorhandene Quelle einer größeren oder weiter verteilten Anzahl von Personen zugänglich zu machen.

Eine Beschallungsanlage wird häufig von den Zuhörern als besonders gut empfunden, wenn sie kaum auffällt oder gar nicht bemerkt wird, d.h. wenn das übertragene Signal natürlich klingt und im Pegel angemessen ist. Für einen Sprecher etwa wird ein Wiedergabepegel von 65 dB als natürlich empfunden. Voraussetzung dafür ist allerdings eine ruhige Umgebung. Beschallungen müssen somit nicht nur einen der Quelle angemessenen Schalldruckpegel erzeugen, sondern einen, der das Signal über mögliche Störpegel deutlich hervorhebt. In einer gestörten Umgebung sollte z.B. für Sprache der Nutzsignalpegel um mindesten 6–10 dB über dem Störpegel liegen, insbesondere dann, wenn die Sprache oder die Signaltöne sicherheitsrelevante Informationen übertragen sollen. Um zu vermeiden, dass eine Lautsprecheranlage unnötig laut ist, wenn keine oder weniger Störsignale vorliegen, kann eine automatische oder von Bedienpersonal geführte Pegeleinstellung eingesetzt werden, wie es z.B. auf Bahnhöfen üblich ist. Neben den rein akustischen Anforderungen gibt es speziell für Anlagen zur Sprachübertragung oftmals eine Reihe peripherer Aspekte wie Wetterfestigkeit, Vandalismussicherheit, Fernüberwachung etc., die hier zwar nicht weiter diskutiert werden sollen, aber von großer Bedeutung sind, wenn es um eine störungsfreie Funktion der Lautsprecheranlage geht.

Bei Musikwiedergabe sind die Anforderungen je nach Art der Darbietung sehr unterschiedlich. Für ein klassisches Konzert, bei dem das Publikum meist sehr ru-

Abb. 9.1 Links: Waldbühne in Berlin mit einer Beschallungsanlage für ein klassisches Konzert. Links und rechts neben der Bühne die Hauptlautsprecher und zwischen den Publikumsblöcken die Stützlautsprecher für die oberen Reihen. Rechts: Ausschnittvergrößerung eines Towers mit Hauptlautsprechern auf einer Seite der Bühne

Kapitel 9 Beschallungstechnik, Beschallungsplanung und Simulation 493

hig ist, wird erwartet, dass die Lautsprecheranlage, falls sie überhaupt erforderlich ist, einen Pegel erzeugt, der dem Pegel in einer der Darbietung adäquaten Umgebung entspricht. Für ein großes Orchester auf einer Open-Air Bühne vor 20.000 Zuschauern führt daher kaum ein Weg an einer qualitativ hochwertigen unterstützenden Lautsprecheranlage vorbei.

Der erzielte Pegel im Publikum sollte dann ungefähr dem entsprechen, der bei einer vergleichbaren Orchestergröße in einem Konzertsaal erwartet werden könnte. Geht man im Konzertsaal von 1000 Zuhörern aus und der zusätzlichen Unterstützung des Orchesters durch die Raumakustik, dann lässt es sich ohne weiteres nachvollziehen, dass für die zwanzigfache Menge an Zuhörern ohne den umgebenden Raum eine ganz erhebliche elektroakustische Unterstützung erforderlich ist.

Bei elektronischer Musik wäre weniger von einer natürlichen als von einer angemessenen Lautstärke zu sprechen. Sie kann von Jazz Konzerten mit Pegeln in der Größenordnung von $L_{eq} = 80-85$ dB(A) bis hin zu $100-105$ dB(A) bei modernen Techno-Tanzveranstaltungen reichen. Bei Rockkonzerten aus der Hardrock- und Punk-Szene wurden selbst in großen Hallen mit 15.000 Zuschauern schon 114 dB(A) gemessen, die kaum noch als angemessen oder vom Publikum gewünscht bezeichnet werden können. Es entsteht häufig die absurd anmutende Situation, dass immer größere Lautsprecheranlagen aufgebaut werden, mit der Folge, dass sich die Zuhörer nahezu alle mit Gehörschützern ins Konzert begeben, um sich vor dieser Lärmexposition zu schützen.

Falls die Erwartungen der Zuhörer hinsichtlich des Pegels weit auseinander liegen, kann dies schon im Vorfeld durch eine Beschallung mit lauten und weniger lauten Zonen bedacht werden. So können um 10–15 dB höhere Pegel in der Arena

Abb. 9.2 Beschallungsanlage für ein Rockkonzert, das trotz der großen Lautsprecheranlage mit gut verträglichen Pegeln stattfand. Mittig das zentrale Basscluster und seitlich die Hauptsysteme für die Saal- und Rangbeschallung. Alle Lautsprecher sind DSP-gesteuerte Line-Arrays, deren Richtwirkung über die Filterkonfiguration in den DSPs eingestellt werden kann.

einer Halle für das Publikum im Kern des Geschehens durchaus angemessen sein, wenn parallel dazu ein ruhigerer Rückzugsbereich auf den Rängen besteht. Hier wäre die sonst angestrebte Gleichverteilung der Pegel auf allen Flächen nicht optimal.

Gänzlich andere Anforderungen gelten für Lautsprecheranlagen, die Geräuschkulissen zur Verbesserung des akustischen Wohlbefindens oder zur Maskierung anderer Schallereignisse erzeugen. Geldinstitute mit modernen, offen gestalteten Schalterhallen etwa wollen durch unauffällig eingespielte Maskierungsgeräusche vermeiden, dass Gespräche der Kunden mit den Mitarbeitern der Bank vom Nachbarplatz mitgehört werden können. In diesem Fall ist es umgekehrt zur normalen Beschallungssituation, da von der Lautsprecheranlage jetzt das Störgeräusch eingespielt wird und nicht das Nutzsignal.

Auch bei künstlerisch gestalteten akustischen Umfeldern wie Klanginstallationen oder Soundscapes sind die Anforderungen an eine Lautsprecheranlage in punkto Schalldruck eher gering, dafür aber bei der Übertragungsqualität oftmals hoch. Hinzu kommt fast immer der Wunsch nach „Unsichtbarkeit" der Lautsprecher und der flexiblen Unterbringung innerhalb der Installation.

Anhand dieser Beispiele wird deutlich, wie weit die Nutzungsprofile für Lautsprecheranlagen auseinander liegen können. Gemeinsam haben alle Anlagen jedoch eine Reihe von Basiskomponenten, aus denen sie dann je nach Anforderung zusammengesetzt werden.

9.1.1 Komponenten einer Beschallungsanlage

Die Komponenten einer Beschallungsanlage (Abb. 9.3) lassen sich grob in folgende Gruppen unterteilen:

- Signalquellen
- Signalbearbeitung
- Signalübertragung
- Leistungsverstärker
- Lautsprecher
- Peripherie

Zu den **Signalquellen** gehören aus Sicht der Beschallungsanlage Mikrofone, Tonabnehmer an Instrumenten, elektronische Instrumente, Tonträger wie CD-Spieler, Bandgeräte (analoge und digitale), digitale Sprachspeicher und klassische Plattenspieler für Vinyl-Platten. Ausgangsspannungen reichen von einigen mV bei dynamischen Mikrofonen bis in die Größenordnung von 1 V bei Großmembran-Kondensatormikrofonen und lauten Schallquellen. Durch eine elektrische Verstärkerstufe mit Verstärkungswerten von 0 bis 60 dB werden Mikrofonsignale zusammen mit den bereits auf Line-Level vorliegenden Quellsignalen auf ein ungefähr einheitliches Pegelniveau von einigen Volt gebracht, womit die weitere Verarbeitung vereinfacht wird. In einer mit digitaler Signalverarbeitung arbeitenden Anlage erfolgt eine A/D-Wandlung, soweit die Quellen das Signal nicht bereits in digitaler Form zur Verfügung stellen.

Zur **Signalbearbeitung** gibt es eine kaum unüberschaubare Anzahl von Geräten, die in allen nur erdenklichen Kombinationen verfügbar sind. Die gebräuchlichsten Funktionen sind Pegelsteller, Filter (Hoch- und Tiefpässe, grafische und parametrische EQs), Dynamikkompressoren und Limiter sowie diverse Mischer-Funktionen.

Die **Signalübertragung** umfasst die Verbindung von den Quellen zu den verarbeitenden Geräten sowie zu den Verstärkern und Lautsprechern. Im Idealfall wird das Signal bereits an der Quelle, also unmittelbar hinter dem Mikrofon-Vorverstärker, A/D-gewandelt und bleibt so lange wie möglich in der digitalen Domäne, wird also beim heutigen Stand der Technik durch einen Leistungs-D/A-Wandler, z. B. durch eine PWM-Endstufe, die durch ein pulsbreitenmoduliertes (pulse width modulation), digitales Signal angesteuert wird, erst unmittelbar vor dem Lautsprecher wieder D/A-gewandelt. Insbesondere bei weiten Übertragungsstrecken, einer großen Anzahl von Kanälen oder auch in einer stark gestörten Umgebung kann die digitale Übertragung mit Glasfaserkabeln ihre Vorzüge ausspielen, da sie Kapazität für Hunderte von Audiokanälen und gleichzeitig noch Übertragungswege für Videosignale und Steuerdaten bereitstellen kann.

Leistungsverstärker und **Lautsprecher** können zumindest teilweise als eine Einheit betrachtet werden, da immer mehr professionelle Beschallungslautsprecher heute über integrierte Leistungsverstärker verfügen. Mit Verstärkungswerten von 20 bis 40 dB wird das Line-Level Signal von einigen Volt in eine für Lautsprecher erforderliche Größenordnung von 10 bis 100 V gebracht. Am Ausgang der Leistungsverstärker liegt das elektrische Signal zudem erstmals in einer Form vor, die bei für Lautsprecher typischen niedrigen Impedanzen von 2 bis 16 Ohm auch große Ströme von bis zu 50 A liefern kann. Mit Hilfe moderner Schaltnetzteile und PWM-Technik konnte das Leistungs-/Gewicht-Verhältnis von einstmals 30 W/kg heute auf etwa 1000 W/kg gesteigert werden, so dass die Verstärker für den Lautsprecher nicht mehr zur untragbaren Last werden. Bei den Lautsprechern ist zwischen herkömmlichen Systemen mit integrierten passiven Weichen und aktiven Systemen mit aktiven analogen oder digitalen Frequenzweichen und einem eigenen Leistungsverstärker pro Weg, sowie Systemen mit integriertem Verstärker, die sowohl eine passive wie auch eine aktive Weiche haben können, zu unterscheiden. Aktive Lautsprecher arbeiten mit einer Endstufe pro Lautsprecher-Weg, die sich entweder in der Box (self powered) oder zusammen mit der aktiven Weiche und häufig auch mit Zusatzfunktionen wie Limiter und Equalizern außerhalb der Box befindet.

Zur **Peripherie** einer Beschallungsanlage zählt im entfernten Sinne alles, was nicht direkt mit dem Audiosignal in Kontakt steht. Das sind diverse Kontroll- und Steuerfunktionen sowie Automationen aller Art. Hierzu gehört das W-LAN Netz zur Fernbedienung eines in der Regie befindlichen Mischpultes via Tablet-PC ebenso wie die automatische Funktionsüberwachung und Protokollierung einer Notfalldurchsageanlage in einem Einkaufszentrum.

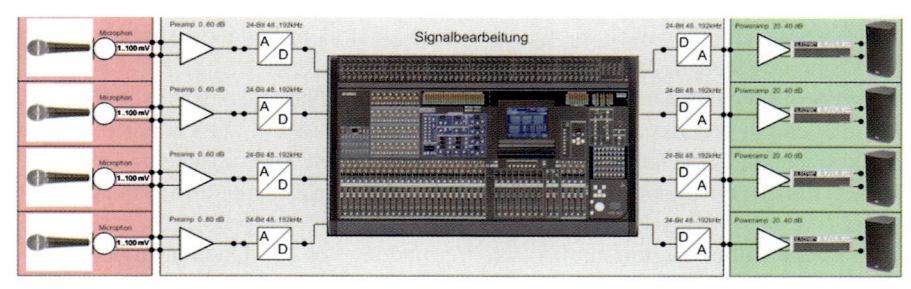

Abb. 9.3 Blockschaltbild mit Signalführung einer einfachen Beschallungsanlage mit vier Mikrofonen (rot), einem digitalen Mischpult (grau) und vier Lautsprecherwegen (grün)

9.1.2 Nutzungsprofile und Anforderungen

Tabelle 9.1 gibt eine Übersicht über das weite Spektrum an Nutzungsprofilen für Beschallungsanlagen, aus denen sich jeweils unterschiedliche Anforderungen ergeben, die anhand messtechnischer Kriterien spezifiziert werden können. Für die Übertragung von Alarmtönen wird so z. B. in der Regel nur ein sehr schmaler Frequenzbereich benötigt, und nichtlineare Verzerrungen spielen eine untergeordnete Rolle. Dagegen ist ein hoher Schalldruck wichtig, da Alarmtonanlagen bevorzugt in einer Umgebung mit hohem Störpegel eingesetzt werden.

Die Anforderungen an den **Frequenzgang** bedürfen der Festlegung eines abzudeckenden Frequenzbereiches, der Angabe der maximal zulässigen Schwankungen in diesem Bereich und der bei der Messung bzw. Darstellung zu verwendenden Glättung. Für Messungen unter nicht reflexionsfreien Bedingungen ist zudem abzustimmen, wie viel der im Raum vorhandenen frühen Reflexionen und des Diffusfeldes mit berücksichtigt werden. So kann die Auswertung z. B. auf den Direktschall und die daran anschließenden 50 ms der Impulsantwort beschränkt werden.

Der erreichbare **Schalldruck** hängt von dem verwendeten Nutzsignal und dem betrachteten Frequenzbereich ab. Das Testsignal sollte hinsichtlich der spektralen Verteilung und des Crestfaktors der geplanten Anwendung nahe kommen. Auch hier ist zu unterscheiden zwischen dem Direktschallpegel mit frühen Reflexionen (0–50 ms) und dem Gesamtschallpegel, der auch den kompletten Diffusfeldanteil beinhaltet. Ein wichtiger Aspekt ist auch die Gleichmäßigkeit der Schalldruckverteilung über der Publikumsfläche.

Die dominante Quelle für **Verzerrungen** in einer Beschallungsanlage ist der Lautsprecher. Während bei Mikrofonen und der Elektronik die Verzerrungswerte bei ordnungsgemäßem Gebrauch in einem Bereich deutlich unterhalb von 1 % liegen, sind für Lautsprecher Werte von 3–10 % bei Nennleistung normal. Eine sinnvolle Messung ist nur unter reflexionsfreien Bedingungen möglich. Typischerweise wird der maximal erreichbare Schalldruck bei einem vorgegebenen Grenzwert für die Verzerrungen gemessen oder die Verzerrungswerte bei einer festen Eingangsspannung. Aus diesen Messwerten ist dann der innerhalb einer Installation auf den Publikumsflächen zu erreichende Schalldruck zu berechnen.

Die **Sprachverständlichkeit** wird heute üblicherweise über *STI*-Werte bestimmt (s. Abschn. 9.5.5), in deren Messung und Berechnung die Auswirkungen der Raumakustik, des Störpegels und des Nutzsignalpegels mit eingehen. Für Notfallwarnsysteme wird ein Wert von 0,5 nach einer bestimmten Berechnungsmethode gefordert. Anspruchsvolle Beschallungen für Konferenz-, Hör- oder Sitzungssäle sollten bei 0,6 oder besser liegen. In großen Hallen oder Stadien hängt der Wert stark vom Besetzungsgrad der Publikumsränge ab und ist daher für den besetzten Zustand schwieriger zu ermitteln.

Tabelle 9.1 Anforderungsprofile von Beschallungsanlagen

Signale	Anwendung	Frequenzgang (± X dB)	Schalldruck* (0..50 ms)	Verzerrungen	Sprachverständlichkeit (STI)
Alarmtöne	Fabrikhallen, Tunnel, Schiffe, Rettungsfahrzeuge etc.	schmalbandig (je nach Signalform)	100 dB und mehr	relativ unwichtig	–
Sprache (einfach)	Bahnhöfe, Tunnel, kleine Sportstätten, etc.	300 Hz bis 3 kHz	75 bis 105 dB	unter 10 %	0,45 oder besser
Sprache (hoher Anspruch)	Stadien, Kongresshallen, etc..	100 Hz bis 10 kHz	75 bis 105 dB	unter 10 %	0,5...0,7
Musik (einfach)	Hintergrundbeschallung	100 Hz bis 10 kHz	60 bis 80 dB	unter 10 %	–
Musik (hoher Anspruch)	Konzertbeschallung, Filmton, Stadien, etc.	20 Hz bis max. 20 kHz	85 bis 105 dB	unter 10 %	–
Geräusche	Klanginstallationen	–**	–**	–**	–**

* Schalldruck in dB bei den Hörern
** je nach Anwendung sehr unterschiedlich

Insbesondere eine den Anforderungen entsprechend hinreichend gute Sprachübertragung und eine anspruchsvolle Konzertbeschallung stellt Planer und Ausführende oft vor schwierige, in manchen Fällen unlösbare Aufgaben. Einige Beispiele sollen dieses verdeutlichen:

- Eine Stadionbeschallung soll bei 95 dB(A) Störpegel möglichst flächendeckend eine Sprachverständlichkeit mit *STI*-Werten von 0,5 oder besser erreichen. Die mittlere Nachhallzeit liegt bei 4 s. Für einen hinreichenden Störabstand werden für das Nutzsignal Pegelwerte von 105 dB(A) und mehr gefordert. Bedingt durch den hohen Pegel des Sprachsignals und den Effekt der Selbstmaskierung von Sprache (laute tieffrequente Anteile verdecken die wichtigen hochfrequenteren Laute) könnte selbst unter ansonsten optimalen Bedingung nur noch ein *STI* Wert von bestenfalls 0,72 erreicht werden. Kommen dann noch die problematischen raumakustischen Verhältnisse dazu, besteht ohne aufwändige elektro- und raumakustische Maßnahmen kaum noch eine Chance, die Forderungen nach einem *STI*-Wert von 0,5 zu erfüllen.
- In einem Straßentunnel sollen Notfalldurchsagen ermöglicht werden. Die Nachhallzeit liegt bei 30 s und der Störpegel bei 90 dB(A). Unter diesen Umständen

besteht keine realistische Chance, eine hinreichende Beschallung zeitgleich und flächendeckend zu realisieren. Eine Lösung ist nur über eine sequentielle Beschallung oder über sequentielle Beschallung oder über eine dezentrale Übertragung per Verkehrsfunk oder über Lichtzeichen und Texttafeln möglich.

- Ein großer Saal wird akustisch als Konzertsaal mit Orgel und entsprechend langer Nachhallzeit geplant und soll mit Unterstützung einer Beschallungsanlage auch für Konzerte der Pop- und Rockmusik sowie für Jazz-Darbietungen genutzt werden. Diesem Anspruch ist nur dann nachzukommen, wenn es gelingt mit den Lautsprechern im Publikum einen sehr hohen Direktschallanteil zu erzeugen, ohne dabei den Nachhall des Raumes zu sehr anzuregen. Eine Alternative besteht in einer teilweise kostspieligen variablen Raumakustik.

Unabhängig von diesen Extremfällen kann als Anhaltspunkt gelten, dass bei Störpegeln über 85 dB(A) und/oder Nachhallzeiten von mehr als 3 s mit Schwierigkeiten zu rechnen ist, sowohl eine gute Sprachverständlichkeit zu erreichen, wie auch eine anspruchsvolle Konzertbeschallung für Popularmusik zu ermöglichen.

9.1.3 Planungsziele

Für die Planung von Beschallungsanlagen gilt der Grundsatz, so viel wie möglich der insgesamt abgestrahlten Schallleistung auf die Zuhörerfläche zu bringen und so wenig wie möglich in alle anderen Bereiche. In Räumen wird damit die meist unerwünschte Anregung des Nachhalls im Raum oder von Echos vermieden und bei Veranstaltungen im Freien werden so die Störungen des benachbarten Umfeldes reduziert. Grundvoraussetzung dafür ist ein kontrolliertes Richtverhalten der Lautsprecher und ein adäquates Beschallungskonzept. Das kann je nach Anwendung eine Zentralbeschallung, ein dezentrales System oder eine Mischung aus beiden sein, mit einer Zentralbeschallung für den Kernbereich der Zuhörer und eigene Lautsprecher für die Randbereiche, wo sie entweder nur unterstützend wirken oder die komplette Versorgung übernehmen. Um ein weit ausgedehntes und präzises Richtverhalten über einen weiten Frequenzbereich bei den Hauptlautsprechern zu erhalten, werden häufig größere Systeme eingesetzt, als es nur für den Schalldruck erforderlich wäre. Nicht immer kommt man jedoch mit einer rein elektroakustischen Planung ans Ziel. Für akustisch schwierige Räume sollte daher immer auch eine Anpassung der raumakustischen Verhältnisse an die Nutzung des Raumes oder der Halle mit in Erwägung gezogen werden.

Ein Beispiel verdeutlicht die typische Vorgehensweise bei der Planung einer Beschallungsanlage: Für eine Veranstaltungshalle, ehemals die Turbinenhalle eines städtischen Kraftwerkes, wird ein Zentralcluster, bestehend aus zwei großen Hornlautsprechern (Abb. 9.4), für die Beschallung geplant (Goertz 2003).

Mit Hilfe einer Simulation gelingt es, die zu erwartende Problematik bereits im Vorfeld der Umbauarbeiten zu verdeutlichen. Die Direktschallverteilung auf den Raumbegrenzungsflächen (Abb. 9.5) lässt erkennen, wie trotz der Größe der Hörner bei den tieferen Frequenzen erhebliche Schallanteile auf die Seitenwände treffen und nach hin-

Kapitel 9 Beschallungstechnik, Beschallungsplanung und Simulation

Abb. 9.4 Zentralcluster bestehend aus zwei großen Hornsystemen

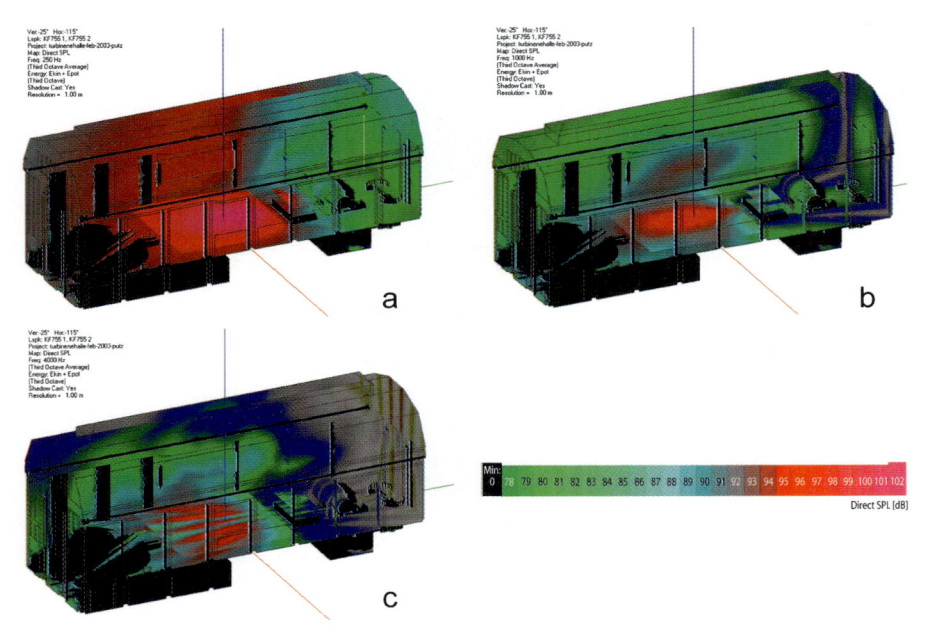

Abb. 9.5 Direktschallverteilung auf den Raumbegrenzungsflächen der Halle, berechnet für die Oktavbänder 250 Hz (a), 1 kHz (b) und 4 kHz (c)

ten abgestrahlt werden. Erst bei 1 kHz und 4 kHz ist das Richtverhalten ausreichend, um ein vertretbares Verhältnis zwischen Direktschallanteil und Diffusfeld zu erwarten.

Noch größere Hornsysteme oder entsprechende Line-Arrays einzusetzen, war aus optischen und technischen Gründen nicht möglich und hätte zudem keine signifikanten Verbesserungen erwarten lassen. Es war daher abzusehen, dass sich nur eine unbefriedigende Sprach- und Musikwiedergabe realisieren lassen würde. Als Konsequenz wurden raumakustische Maßnahmen in Form von großflächigen Absorbern geplant, die beidseitig an den Wänden der Halle angebracht wurden (Abb. 9.6), und deren Wirkung sich an der deutlich gesunkenen Nachhallzeit (Abb. 9.7, links) direkt nachvollziehen ließ.

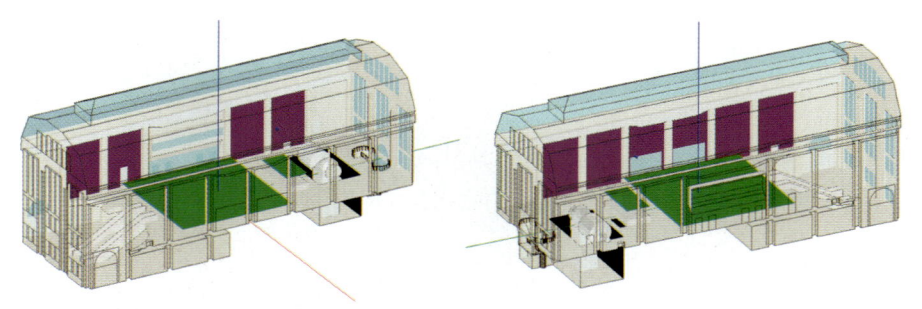

Abb. 9.6 Hörerflächen (grün) und Absorberflächen (lila) auf beiden Seiten der Halle

Eine Messung der Lautsprecheranlage ergab entsprechend gute Werte der Sprachverständlichkeit und der Deutlichkeit. Gemittelt über 25 Messpositionen über der Hörerfläche stellte sich ein Verhältnis des Direktschallpegels (0–50 ms) zum Gesamtschallpegel in Abhängigkeit von der Frequenz ein (Abb. 9.7, rechts), dessen Verlauf sich durch mehrere frequenzabhängige Parameter ergibt: die Nachhallzeit, das Richtverhalten der Lautsprecher, die Luftdämpfung und die Ausprägung der frühen Reflexionen.

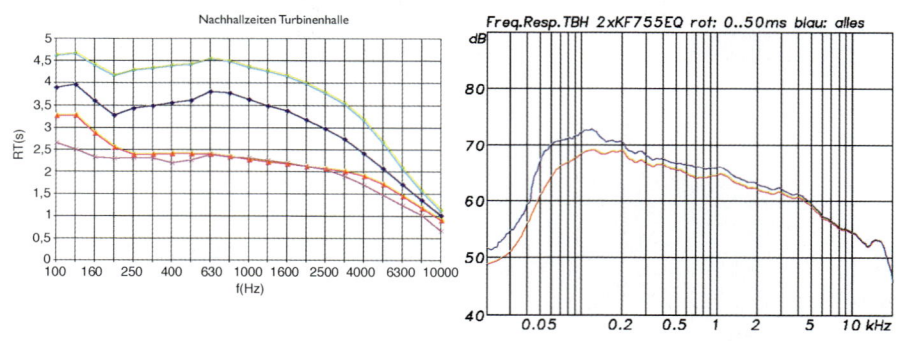

Abb. 9.7 Links: Nachhallzeiten in Terzschritten für die Halle aus Abb. 9.5 und 9.6. Simulierte Halle ohne Absorber (grün), Messwerte während der Bauphase (blau), simulierte Halle mit Absorbern (rot), Messwerte mit Absorbern (lila). Rechts: Energetisch gemittelte Frequenzgänge für den Gesamtschallpegel (blau) und den Direktschallpegel (0–50 ms, rot) über je 25 Messpositionen gemittelt und mit 1/3-Oktav-Bandbreite geglättet

9.2 Das akustische Umfeld: Analyse, Bewertung und Gestaltung

9.2.1 Raumakustische Gegebenheiten

Der Besucher eines Konzertes oder der Teilnehmer eines Kongresses gibt oft ein Urteil ab über die akustische Wiedergabequalität eines Signals, das von einer natürlichen Schallquelle oder über die installierte Beschallungsanlage abgestrahlt wird.

In eine Beurteilung wie „sehr gute Akustik" oder „schlechte Verständlichkeit" gehen sowohl objektiv vorhandene Ursachen als auch Erfahrungen ein, die subjektiv durch Hören von CDs, DVDs aber auch von Rundfunk- und Fernsehsendungen erworben wurden.

Für Sprache wird zumeist eine gute Verständlichkeit bei Wahrung der der jeweiligen Schallquelle entsprechenden Klangfarbe erwartet. Weitaus differenzierter ist das Urteil bei der Einschätzung der Wiedergabe von Musik. Hier werden unter „guter Akustik" je nach Genre eine ausreichende Lautstärke, eine gute Durchsichtigkeit des Klanges und ein dem Musikstück angemessener Raumeindruck verstanden. Außerdem sollte bei der Wahrnehmung nur die „natürliche" Klangfärbung wirksam werden, soweit es sich um die Wiedergabe traditioneller Musik handelt. Dazu gehört beispielsweise, dass bei der Wiedergabe in Sälen hohe Frequenzanteile in größerer Entfernung von der Darbietungsstätte weniger als in geringerer Entfernung wirksam werden.

Die akustischen Gegebenheiten eines Raumes müssen bei der Einrichtung einer Beschallungsanlage berücksichtigt werden. Nur der Gesamteindruck zählt, der Besucher wird die raum- und elektroakustischen Eindrücke nicht getrennt beurteilen. Somit muss der Planer einer Beschallungsanlage die im Saal oder auf einer Freifläche herrschenden raumakustischen Gegebenheiten kennen, wenn die Planung erfolgreich sein soll. Die Anwendung von Simulationssoftware bei der Planung berücksichtigt die Interaktion von Elektroakustik und Raumakustik meist von vornherein.

9.2.2 Raumakustische Kriterien

Die Beurteilungskriterien für raumakustische Sachverhalte, wie sie in zahlreichen nationalen und internationalen Standards festgelegt sind (vgl. Kap. 5), sind für die Verständigung des Elektroakustikers mit dem Raumakustiker ebenso von Bedeutung wie für die Einschätzung der elektroakustischen Wiedergabe selbst, zumal auch der Besucher einer Veranstaltung immer die Raum- und Elektroakustik als Ganzes beurteilen wird. Zu den wichtigsten raumakustischen Kriterien, die bei der Dimensionierung einer Beschallungsanlage zu beachten sind, gehört der *Nachhall*. Dabei hängt die subjektiv empfundene Nachhalldauer sowohl von der objektiven Nachhallzeit (Eigenschaft des Raumes) ab, als auch vom Ausgangspegel (Schallsignal), dem Störpegel bzw. der Hörschwelle und dem Verhältnis von Direkt- und Raumsignal. Sie ist eine frequenzabhängige Größe. Die *Durchsichtigkeit* als zeitliche und klangliche Differenzierbarkeit der einzelnen Teilschallquellen innerhalb eines komplexen Hörereignisses spielt ebenso eine Rolle wie der *Raumeindruck* als Empfindung des Zusammenwirkens von Schallquellen (Klangkörper) mit ihrer räumlichen Umgebung einschließlich der Einbeziehung des Hörers darin. Der Raumeindruck lässt sich in mehrere Urteilsdimensionen differenzieren. Hierzu gehört die Empfindung der Raumgröße, die Räumlichkeit als Empfindung der akustischen Vergrößerung einer Quelle gegenüber der optischen Wahrnehmung derselben, die Halligkeit als Empfindung, dass außer dem direkten Schall reflektierter

Schall vorhanden ist, der nicht als Wiederholung des Signals empfunden wird und die Gleichverteilung des Raumschalls über alle Einfallsrichtungen.

Ein *Echo* entsteht, wenn reflektierter Schall mit solcher Intensität und Laufzeitdifferenz nach dem Direktschall eintrifft, dass er als dessen Wiederholung erkennbar ist. Eine periodische Folge von Echos wird als *Flatterecho* bezeichnet. Die *örtliche und zeitliche Diffusität* beschreibt die Gleichmäßigkeit der Schallfeldverteilung in Hinblick auf Intensität, Einfallsrichtung und zeitliche Verteilung eines Schallfeldes.

9.2.3 Auswirkungen auf die Beschallung

Jede Schallquelle strahlt eine bestimmte Energie mit einer bestimmten spektralen Verteilung und einer bestimmten räumlichen Richtcharakteristik in den Raum ab. Von dieser Energie trifft ein Teil den Hörer (oder das Mikrofon), während sich die übrige Energie ringsum je nach Richtcharakteristik ausbreitet und auf absorbierende oder reflektierende Flächen trifft. Nach zahlreichen Reflexionen baut sich im Raum das diffuse Schallfeld auf, wobei einzelne Reflexionen den Hörer treffen, der sie als Kurzzeitreflexionen wahrnimmt. Der spektrale Aufbau des diffusen Feldes und damit der Klangeindruck beim Hörer außerhalb des Hallabstands wird also überwiegend durch die Frequenzabhängigkeit der abgestrahlten und absorbierten Schallleistung und nicht durch den Schalldruck des Direktschalls bestimmt. Die Bündelung jeder Schallquelle, ob menschliche Stimme, Instrument oder Lautsprecher, ist meist stark frequenzabhängig (Meyer 1995). Da sie mit dem Verhältnis von schallabstrahlender Fläche zur Wellenlänge des abgestrahlten Schalls anwächst, ergibt sich auch ein mit der Frequenz ansteigender Bündelungsgrad und damit eine Erhöhung des Hallabstands, d.h. eine Vergrößerung des Bereichs mit überwiegendem Direktschallanteil in der Vorzugsrichtung der Schallquelle (vgl. Kap. 5.1.1).

Für die Differenz zwischen dem Schalldruckpegel für den Direktfeld-Anteil L_{dir} und für den Diffusfeldanteil L_{diff} gilt mit (5.1) und (5.2):

$$L_{dir} - L_{diff} = 10\log(\gamma \cdot A(f))\,\text{dB} + 20\log\Gamma(\vartheta, f) - 20\log\frac{r}{1\text{m}}\,\text{dB} - 17\,\text{dB} \qquad (9.1)$$

$A(f)$: äquivalente Schallabsorptionsfläche des angeregten Raumes
γ: Bündelungsgrad der Schallquelle als Funktion der Frequenz
r: Abstand zwischen Quelle und Hörer
$\Gamma(\vartheta,f)$: Richtcharakteristik in Abhängigkeit vom Winkel und von der Frequenz

In Räumen mit sehr langer Nachhallzeit wird die äquivalente Schallabsorptionsfläche im Wesentlichen durch die Luftabsorption bestimmt, die stark mit der Frequenz ansteigt. Die Klangfarbe im diffusen Feld weist daher eine starke Höhendämpfung auf (vgl. Abb. 10.14). Da die Frequenzabhängigkeit des Bündelungsgrades der verschiedenen Instrumente und Stimmen und damit das frequenzabhängige Direkt-Diffus-Verhältnis durch einen einzelnen Lautsprecher nicht nachzubilden ist, können direkt aufgenommene Stimmen im diffusen Feld nicht ohne Klangfärbung wiedergegeben werden. Ein besonderes Problem besteht in Mehrzwecksälen, in denen zwischen Sprachbeschallung und Musikverstärkung variiert werden muss. Beide Nutzungsarten stellen unterschiedliche Anforderungen, denen sowohl die elektroakustische Anlage als auch die Raumakustik entsprechen muss. Hier gelten folgende Erfahrungswerte:

- Es ist eine Nachhallzeit $T = 1{,}3-1{,}5$ s anzustreben. Wenn dies aus bestimmten Gründen nicht möglich ist, sollte für die äquivalente Schallabsorptionsfläche A ein Wert von $A = (0{,}1-0{,}2)V$ (A in m^2, V in m^3) nicht unterschritten werden. Die kleineren Werte sind für größere Räume ($V \geq 1000$ m^3), die größeren für kleinere Räume ($V < 1000$ m^3) anzusetzen.
- Die Schallabsorptionsflächen sind etwa gleichmäßig auf sämtliche Raumdimensionen zu verteilen. Dabei ist anzustreben, dass sie als Streuflächen wirken.
- Enthält der Raum ein Bühnenhaus, so ist darauf zu achten, dass dessen Nachhallzeit kleiner als die des angekoppelten Saales ist. Auf diese Weise wird vermieden, dass bei starkem Bühnenzuspiel die Nachhallzeit im Zuschauerraum verlängert wird.

Auch wenn die akustischen Bedingungen im Wesentlichen durch raumakustische Mittel erreicht werden, ist bei der Auslegung der Beschallungsanlage darauf zu achten, dass der von den Lautsprechern abgestrahlte Schall nicht als geschlossene oder gar fokussierte Wellenfront zum Quellenort (dem Ort, an dem das Originalsignal erklingt) reflektiert wird. Das gilt besonders dann, wenn mit einem Verzögerungssystem gearbeitet wird, d. h. wenn die Schallenergie im Bereich der Reflexionsfläche höher ist als in der Nähe der Quelle.

Die Beschallungsanlage soll also in Mehrzweckräumen den weichen Klangeinsatz für gute Musikdarbietung in einen harten Klangeinsatz bei Sprachbeschallung und den großen Raumeindruck in eine bestmögliche Verständlichkeit überführen. In einem Konzertsaal sind da Grenzen gesetzt. Hier ist es nur mit höchstem technischem Aufwand möglich, neben klassischen Konzerten und auch Jazzveranstaltungen, Estradenkonzerte, Revuen und Veranstaltungen von Popularmusik unter ausschließlichem Einsatz der Beschallungsanlage durchzuführen. Das akustische Eigenleben des Konzertsaales erweist sich für das Gesamtklangbild als prägend und engt den Spielraum des mit der elektroakustischen Anlage erzielbaren Klangbildes ein. Aus diesem Grunde sollte man die Nutzungsvariante „Konzert in höchster Klangqualität" für einen Mehrzwecksaal nicht anstreben. Besser ist in diesem Fall die Orientierung auf einen Saal, in dem „sinfonische Konzerte mit guter Qualität" aufführbar sind, um so auch die anderen Nutzungen mit ausreichender Qualität zu gewährleisten. Durch Verfahren der „Elektronischen Architektur" (Abschn. 5.5) wird allerdings immer häufiger versucht, eine Anpassung an sich widersprechende Nutzungsprofile zu erreichen.

9.3 Die akustische Rückkopplung

9.3.1 Schleifenbildung

Jeder elektrische Kanal, der aktive Elemente enthält, kann infolge der Rückwirkung des Ausgangs auf den Eingang in Selbsterregung geraten. Dabei können ungedämpfte Schwingungen entstehen, deren Amplituden im Idealfall bin ins Unendliche anwachsen. In der Realität begrenzen jedoch die Nichtlinearität der aktiven und passiven Elemente und die endliche Leistung der Spannungsquelle die Amplituden der Schwingungen auf einen festen Wert. Die erregte Schwingung hat im allgemeinen Sinuscharakter. Im folgenden wird der bewährte Ausdruck „Rückkopplung" verwendet. Da sie nur auftritt, wenn sich die Rückwirkung des Ausgangs und der Eingang phasenrichtig überlagern, wird diese Erscheinung auch als „Mitkopplung" bezeichnet.

Bei der akustischen Rückkopplung gibt es Besonderheiten:

- Die Schleife der Rückkopplung des elektroakustischen Verstärkerkanals besteht nicht nur aus einem elektrischen, sondern auch aus einem akustischen Teil.
- Es ist praktisch unmöglich, den Rückkopplungsweg im Raum in einzelne Teile (z. B. elektroakustische Anlage, Weg im Raum) aufzutrennen.
- Die Rückkopplung findet oft auf vielen Schleifen und Wegen statt, der Charakter der Rückkopplung ist schwieriger zu analysieren als in rein elektrischen Netzwerken.

9.3.1.1 Grundlagen

Es sei eine Originalschallquelle vorhanden, die am Mikrofon ein Schallsignal mit dem Spektrum $A(\omega)$ erzeugt (Abb. 9.8). Dieses Signal $A(\omega)$ gelangt direkt zum Hörer durch den Raum (Schallübertragungskoeffizient β_0). Außerdem gelangt das Signal $A(\omega)$ zum Mikrofon (Schallübertragungskoeffizient β_1), wird dort verstärkt und vom Lautsprecher wiedergegeben. Von dort gelangt es entweder direkt zum Hörer (Schallübertragungskoeffizient β_2) oder zum Mikrofon zurück (Schallübertragungskoeffizient β_R).

Das Schallsignal am Hörerplatz mit dem Spektrum $B(\omega)$ beträgt dabei (Ahnert u. Reichardt 1981):

$$B(\omega) = \frac{\underline{\beta}_0 - \underline{\mu}\underline{\beta}_0\underline{\beta}_R + \underline{\mu}\underline{\beta}_1\underline{\beta}_2}{1 - \underline{\mu}\underline{\beta}_R} A(\omega)$$

oder

$$B(\omega) = \left(\underline{\beta}_0 - \underline{\mu}\underline{\beta}_0\underline{\beta}_R + \underline{\mu}\underline{\beta}_1\underline{\beta}_2\right) A(\omega) \cdot \sum_{i=0}^{\infty} \left(\underline{\mu}\underline{\beta}_R\right)^i \qquad (9.2)$$

Kapitel 9 Beschallungstechnik, Beschallungsplanung und Simulation

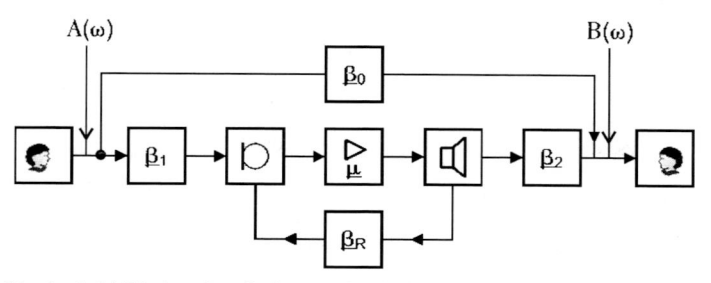

Abb. 9.8 Blockschaltbild einer Beschallungsanlage mit Rückkopplungsschleife. Die mit der Übertragungsfunktion $\underline{\mu}$ bezeichnete Verstärkerstufe enthält die Übertragungsfunktionen des Mikrofons, des Lautsprechers, der Vor- und Endverstärker sowie der dazwischen liegenden Signalverarbeitung.

Der Faktor μ enthält neben der elektrischen Verstärkung auch die Wandlerkonstanten. Ob das Rückkopplungssystem stabil bleibt oder instabil wird, hängt von verschiedenen Faktoren ab. Das System bleibt stabil, solange $|\mu\beta_R| < 1$ ist. Da $\mu\beta_R$ frequenzabhängig ist, gilt die Bedingung für alle Frequenzen und nicht für Mittelwerte der sogenannten offenen Schleifenverstärkung. Mit wachsendem $|\mu\beta_R|$ wird $B(\omega)$ sehr groß. Dann erscheint das Signal am Hörerplatz als verfärbt, wenn impulsartige Geräusche und Motive als Originalschall dienen, kann ein Flatterecho auftreten.

Untersuchungen über die Stabilität solcher Rückkopplungssysteme können auch in der Zeitebene und nicht nur in der Frequenzebene durchgeführt werden. Insbesondere für Systeme mit stochastischen Elementen sind die Untersuchung in der Zeitebene und die Anregung des Raumes mit Impulsen vorteilhaft. Wegen des komplexen Charakters von $\underline{\beta}_R$ und $\underline{\mu}$ kann man auch setzen (Waterhouse 1965):

$$\underline{\beta}_R \underline{\mu} = G e^{j\varphi} \tag{9.3}$$

Dabei können G und φ als Verstärkung und Phasenlage des Signals in der geschlossenen Schleife angesehen werden. G und φ variieren im Allgemeinen mit der Frequenz. Das Rückkopplungssystem ist immer dann stabil, wenn folgende zwei, bereits von Nyquist (1932) für elektrische Systeme gefundene Bedingungen erfüllt sind:

$$\text{Im}\{\underline{\mu}\underline{\beta}_R\} \neq 0 \tag{9.4}$$

$$\text{Re}\{\underline{\mu}\underline{\beta}_R\} < 1 \tag{9.5}$$

Ist nur (9.4) erfüllt, so kann das Rückkopplungssystem *bedingt stabil* arbeiten. (9.4) und (9.5) lassen sich auch in folgender Form ausdrücken:

$$\varphi \neq 2n\pi \quad \text{mit } n = 0,1,2,\ldots \tag{9.6}$$

$$G < 1 \tag{9.7}$$

Es müssen also beide Gleichungen (9.6) und (9.7) verletzt sein, damit Mitkopplung eintritt. Bei $G > 1$ erfolgt nicht unbedingt Mitkopplung, wenn nur $\varphi \neq 2n\pi$ gehalten wird.

Erste Untersuchungen über die akustische Rückwirkung einer einfachen Übertragungsanlage im freien Schallfeld wurden bereits 1938 durchgeführt. Bürck (1938) setzte bei seinen Untersuchungen voraus, dass der Abstand Mikrofon-Lautsprecher groß gegenüber den Abmessungen der Wandler ist, und dass auch die Wellenlängen größer als der Durchmesser der Mikrofonmembran sind (Frequenzen < 10 kHz). Dann kann die Entfernung d (Lautsprecher-Mikrofon) ausgedrückt werden durch

$$d = \lambda \left(n + \frac{\varphi}{2\pi} \right) \qquad (9.8)$$

λ: Wellenlänge des Tones in Luft,
n: beliebige positive ganze Zahl,
φ: Phasenwinkel

Gleichphasigkeit am Mikrofon tritt somit ein (bei vernachlässigten Laufzeit- bzw. Phasendrehungen im elektrischen Teil der Anlage), wenn $\varphi = 0$ wird. Dann ergibt sich aus (9.8) $\lambda = d/n$ und mit $c = \lambda \cdot f$ erhält man:

$$f_n = n\frac{c}{d} \quad \text{mit } n = 1,2,3,\ldots \qquad (9.9)$$

Bei diesen Frequenzen f_n tritt also akustische Mitkopplung auf. Da c immer und d für eine bestimmte Anordnung konstant ist, stellt f_1 die Grundfrequenz dar, bei der zuerst Mitkopplung einsetzt. Bei allen Vielfachen dieser Grundfrequenz tritt dann ebenfalls Mitkopplung auf. Das bedeutet, dass ein vormals geradliniger Frequenzgang einer Anlage durch die Rückkopplung kammfilterartig verzerrt wird.

Bei Einsatz von Beschallungsanlagen in Räumen tritt die akustische Rückkopplung infolge der mehr oder weniger starken Rückwürfe an den Wänden noch stärker auf als im Freien. Abb. 9.9 illustriert die Verhältnisse. In Übereinstimmung mit Abb. 9.8 sind die β_i und die Verstärkung μ eingetragen. Das Schallsignal am Hörerplatz H mit dem Spektrum $B(\omega)$ berechnet sich, wieder nach (9.2), wenn am Sprecherplatz ein Signal mit dem Spektrum $A(\omega)$ abgestrahlt wird. Für die Rückkopplung ist nur der Koeffizient β_R maßgebend (μ sei frequenzunabhängig). Es ist zu berücksichtigen, dass die β_i in ihrer Lage nur schematisch angedeutet sind; zum frequenzabhängigen Charakter der β_i trägt der ganze Raum (viele Reflexionen, viele Wege) bei.

Während im freien Schallfeld die Schallübertragung vom Lautsprecher zum Mikrofon durch einen kammfilterartigen Frequenzgang gekennzeichnet ist, wirken im Raum durch das Vorhandensein der Raumbegrenzungsflächen (Reflexionen) viele derartige Kammfilterkurven (eine Summe unendlich vieler Kurven). Dies gilt nicht nur für den Koeffizienten β_R, sondern für alle β_i im Raum. Über die Frequenzabhängigkeit dieser Transmissionskurven (frequenzabhängige Schall-

Kapitel 9 Beschallungstechnik, Beschallungsplanung und Simulation

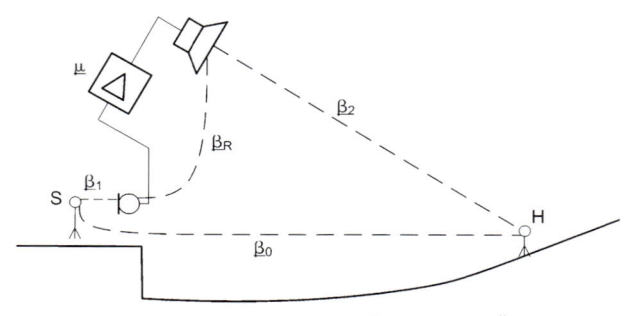

Abb. 9.9 Signalwege in einer Beschallungssituation. β_0 = direkte RÜF* vom Sprecher zum Zuhörer, β_1 = RÜF vom Sprecher zum Mikrofon, β_2 = RÜF vom Lautsprecher zum Zuhörer, β_R = RÜF vom Lautsprecher zum Mikrofon. *RÜF = Raumübertragungsfunktion

übertragungskurven des Raumes, in Abb. 9.9 durch die Koeffizienten β_i gekennzeichnet) sind umfangreiche Untersuchungen durchgeführt worden. Schroeder (1954), Kuttruff und Schroeder (1962) und Kuttruff und Thiele (1954) zeigten, dass die statistischen Parameter der Frequenzkurven unterschiedlicher Räume mit dem Raumvolumen V oberhalb einer Grenzfrequenz f_g gleich sind und nur von der Nachhallzeit T abhängen:

$$f_g = 2000 \sqrt{\frac{T}{V}} \qquad (9.10)$$

Für ein Volumen von 22.000 m³ und eine Nachhallzeit von 2 s ergibt sich eine Grenzfrequenz von f_g = 20 Hz. Abb. 9.10 zeigt einen Ausschnitt einer solchen Frequenzkurve, in der bei 1025 Hz ein Maximum vorliegt, d. h. hier muss die Verstärkung β des Verstärkers so gewählt werden, dass die Schleifenverstärkung $|\mu \beta_R| = |v_S|$ den Wert 1 (entspricht 0 dB) nicht erreicht bzw. übersteigt.

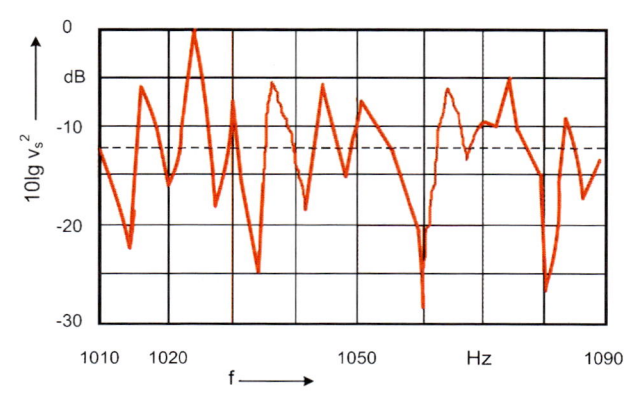

Abb. 9.10 Transmissionskurve im Raum (Ausschnitt)

9.3.1.2 Schlussfolgerungen für die Praxis

Von den genannten Autoren wurde festgestellt, dass die mittleren Abstände benachbarter Maxima und Minima einer solchen Frequenzkurve den Wert $\Delta f = 4/T$ aufweisen. Für das Auftreten der akustischen Mitkopplung von entscheidender Bedeutung ist die Frage, um wie viel dB der Spitzenwert einer Frequenzkurve den Mittelwert überschreitet. Dabei wurde in den Arbeiten von Kuttruff und Schroeder (1962) und Ahnert (1973) gezeigt, dass in Abhängigkeit von Nachhallzeit T und Bandbreite B des zu übertragenden Signals der Spitzenwert den Mittelwert um einen bestimmten Betrag ΔL überschreitet (Ahnert u. Reichardt 1981):

$$\Delta L = 10 \log y_{max} \, dB = 10 \log(\ln(0,1 \cdot B \cdot T)) \, dB \tag{9.11}$$

Für die in der Praxis relevanten Werte für $B \cdot T$ wird mit einer Wahrscheinlichkeit von 99,5 % ($s = 0,005$) ein Wert von $\Delta L \approx 11\ldots12$ dB nicht überschritten. Wird also mit einer Rückkopplungsreserve von 3 dB gearbeitet, um lineare Verzerrungen, Klangfärbungen usw. zu vermeiden, so muss bei Betrieb von n elektroakustischen Verstärkerkanälen ($n \geq 1$) der Mittelwert der Schallübertragungskurve immer 15 dB unter dem Spitzenwert liegen.

Für die maximal erzielbare Verstärkung, für die Nachhallverlängerung usw. ist aber nicht der Abstand des Mittelwertes vom Spitzenwert der Frequenzkurve, sondern der Abstand des Mittelwertes der Frequenzkurve (der Schallübertragungskurve) von der Mitkopplungsschwelle maßgebend. Dieser Abstand X ist mit der sog. Schleifenverstärkung v_S identisch. Es ergibt sich

$$X = -20 \log v_S \, dB \tag{9.12}$$

Es muss nur immer gesichert sein, dass X den Wert $\Delta L = 10 \log y_{max}$ dB ≈ 12 dB nicht unterschreitet. Erfahrungsgemäß kann für Sprachübertragungen mit einer Rückkopplungsreserve von 3 dB gearbeitet werden. Dann ergibt sich $X = 15$ dB. Kuttruff empfiehlt für Sprache eine Rückkopplungsreserve von etwa 5 dB, für Musik 12 dB (Kuttruff u. Hesselmann 1976). Dann ergibt sich X zu 17 dB bzw. 24 dB. Der für akustische Berechnungen und Simulationen wichtige *Rückkopplungsfaktor* ergibt sich zu:

$$R(X) = \frac{v_S^2}{1 - v_S^2} = \frac{10^{-\frac{X}{10 dB}}}{1 - 10^{-\frac{X}{10 dB}}} \tag{9.13}$$

Es ist leicht zu ermitteln, dass für die in der Praxis wichtigen Werte von $X = 15-20$ dB $R(X)$ zwischen 0,01 und 0,03 liegt. Diese Größenordnung sollte für praktische Berechnungen herangezogen werden.

Während im freien Schallfeld die Frequenzen bekannt sind, bei denen bei Einsatz einer elektroakustischen Anlage Mitkopplung auftritt, wird bei Anlagen in Räumen bei einer unbekannten Frequenz, bei der die Frequenzkurve ein Maximum aufweist, bei Erhöhung der Verstärkung μ Mitkopplung einsetzen. Verändert man die Lage von Lautsprecher oder Mikrofon im Raum, so wird sich die Mitkopplung höchstwahrscheinlich zu einer anderen Frequenz verschieben, weil für diese geometrische Anordnung das Maximum der Frequenzkurve bei einer anderen Frequenz auftritt.

9.3.2 Maßnahmen zur Unterdrückung von Rückkopplungen

Es gibt eine Fülle von Maßnahmen, das Auftreten der akustischen Rückkopplung zu verhindern. Dazu zählt der Einsatz gerichteter Schallwandler, aber auch der Einsatz elektronischer Schaltungen, die den Einsatzzeitpunkt der Mitkopplung zu höheren Werten der Schleifenverstärkung verschieben.

9.3.2.1 Grundregeln zur Vermeidung der akustischen Rückkopplung

Bei Einsatz von Beschallungsanlagen soll einerseits ein bestimmter Schallpegel erreicht werden, andererseits ist eine akustische Mitkopplung und deren Begleiterscheinungen (Klangfärbungen, Halleindruck, Störgeräusche) unbedingt zu vermeiden. Alle Regeln zur Verhinderung dieser Erscheinung zielen auf die Unterbrechung des Rückkopplungsweges oder zumindest auf die Reduzierung der Schleifenverstärkung ab. Dazu gehören folgende Maßnahmen:

Abstand Lautsprecher – Mikrofon

Im Direktfeld des Lautsprechers folgt die Schalldruckabnahme dem $1/r$-Gesetz. Wenn das Mikrofon um den doppelten Abstand r entfernt wird, so wird die aufgenommene Energie um den Faktor $1/r^2$ reduziert. Um somit die zurückgeführte Energie zum Mikrofon möglichst stark zu reduzieren, sollte ein Mikrofon so weit wie im praktischen Einsatz möglich vom Lautsprecher entfernt aufgestellt werden.

Auswahl der Wandler

Die einzelnen Mikrofone und Lautsprecher haben unterschiedliche Frequenzgänge mit jeweils unterschiedlichen Präsenzen oder Absenkungen und das mit unterschiedlichen Empfindlichkeiten in den einzelnen Frequenzbändern.

Das kann Einfluss auf die Wahl des Mikrofons haben, somit muss entschieden werden, ob ein Kugelmikrofon (fällt sicher unter diesem Gesichtspunkt aus), ein

Cardioid-, ein Hypercardioid- oder ein Supercardioidmikrofon zum Einsatz kommt. Die sorgfältige Auswahl der Mikrofone kann das Auftreten der akustischen Rückkopplung verhindern. Auch ist es oft nötig, bei Instrumenten anstelle der Mikrofone mechanische Schwingungsaufnehmer zur Tonaufnahme zu verwenden. Diese neigen im Allgemeinen weniger zu Rückkopplungserscheinungen, sind aber oft in der Übertragungsqualität schlechter. Wird nur Sprache übertragen, so kann der Frequenzgang der Übertragungskurve von vornherein eingeschränkt werden. Da eine besonders hohe Rückkopplungsneigung bei tiefen Frequenzen auftritt (ungerichtete Ausbreitung), diese aber bei der Sprachübertragung unwichtig sind, können sie durch ein Hochpassfilter ausgeblendet werden. Eine Absenkung von 6 dB/Oktave unterhalb von 250 Hz ist hier in jedem Fall zu empfehlen, u.U. sind auch noch stärkere Absenkungen denkbar.

Mikrofon- und Strahleranordnung

Die Anordnung gerichteter Mikrofone und Lautsprecher sollte so erfolgen, dass sie sich gegenseitig am wenigsten beeinflussen. Beschallungslautsprecher sind meist oberhalb oder vor den Mikrofonen angeordnet, was weniger problematisch ist als nahe bei den Mikrofonen angeordnete Zuspiel- und Monitorstrahler. Hier ist eine erhöhte Rückkopplungsneigung vorhanden. Auch reflektierende Flächen sollten den Lautsprecherschall nicht direkt zum Mikrofon zurücklenken.

In der in Abb. 9.11 skizzierten, einfachen Schallverstärkungsanlage, bestehend aus Mikrofon, Verstärker und Lautsprecher, treffen am Hörerplatz H der Direktschall der Originalschallquelle längs des Weges r_{SH} und der Lautsprecherdirektschall längs r_{LH} ein. Soll eine effektive Schallverstärkung stattfinden, so muss der Lautsprecherschall beim Hörer lauter als der Originalschall sein. Gleichzeitig gelangt längs des Weges r_{LM} der verstärkte über den Lautsprecher abgestrahlte Schall auf kürzestem Weg zum Mikrofon zurück und kann zur Mitkopplung führen (Ahnert 2000).

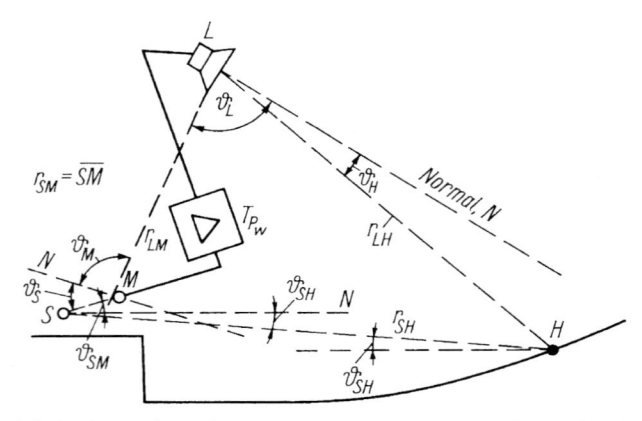

Abb. 9.11 Praktische Anwendung eines Verstärkungskanals mit Quelle S, Mikrofon M, Lautsprecher L und Hörer H

Kapitel 9 Beschallungstechnik, Beschallungsplanung und Simulation

Die von der Quelle S herrührende Schallenergiedichte am Hörerplatz H beträgt

$$w_{HO} = \frac{4P_S}{cA} \cdot Q_{SH} \qquad (9.14)$$

mit dem Energieübertragungsfaktor

$$Q_{SH} = g_S(\vartheta_{SH}) \cdot \left(\frac{r_H}{r_{SH}}\right)^2 \cdot 10^{\frac{-D_{SH}}{10dB}} + 1 \qquad (9.15)$$

und dem Hallrichtwert der Quelle S in Richtung Hörerplatz H

$$g_s(\vartheta_{SH}) = \gamma_S \, \Gamma_S^2(\vartheta_{SH}) \qquad (9.16)$$

γ_S: Bündelungsgrad der Quelle S
P_S: Schalleistung der Quelle S
Γ_S: Richtungsfaktor der Quelle S
r_{SH}: Abstand Quelle-Hörer
r_H: Hallradius $r_H = \sqrt{(A/16\pi)}$, s. (5.5)
c: Schallgeschwindigkeit
ϑ_{SH}: Winkelabweichung zwischen Hauptabstrahlrichtung und Linie Quelle und Hörerort
A: äquivalente Schallabsorptionsfläche des Raumes
D_{SH}: zusätzlich zu berücksichtigende Luftausbreitungsdämpfung im Direktfeld der Quelle (Abb. 9.12)

Ist die Signalquelle nicht die Originalschallquelle, sondern ein Lautsprecher L, so erhält man analog

$$w_{HL} = \frac{4P_L}{cA} \cdot Q_{LH} \qquad (9.17)$$

P_L: Schalleistung des Lautsprechers
Q_{LH}: Energieübertragungsfaktor Lautsprecher – Hörer.

Daraus ergibt sich für die Schallverstärkung am Hörerplatz H:

$$v_L = \frac{w_{HL}}{w_{HO}} = \frac{P_L}{P_S} \cdot \frac{Q_{LH}}{Q_{SH}} \qquad (9.18)$$

Die abgestrahlte Schallleistung P_L errechnet sich aus der am Mikrofonort vorhandenen, fiktiven Schallenergiedichte w_M, multipliziert mit dem Übertragungskoeffizienten T_{P_w} des Verstärkungskanals (Abb. 9.11). Da sich diese Schallenergiedichte aus Anteilen von der Originalschallquelle und vom Lautsprecher zusammensetzt, ergibt sich

$$P_L = T_{P_w}(w_{MS} + w_{ML}) = T_{P_w} w_M \qquad (9.19)$$

Der zweite Summand ist für die Mitkopplungsneigung des Systems verantwortlich. Wenn die Schleifenverstärkung des Systems $v_S^2 = w_{ML}/w_M$ gegen 1 geht, wird der Verstärkungskanal instabil; es entstehen ungedämpfte Schwingungen, die sich als Pfeifen und Heulen und im Ansatz als Klangfärbung bzw. Vergrößerung der Halligkeit bemerkbar machen. Am Mikrofonort dominiert dann der Lautsprecherschall, während der der Originalschallquelle zu vernachlässigen ist.

Nach einigen Umformungen und unter Verwendung von (9.13) ergibt sich die maximale Schallverstärkung zu:

$$v_L = R(x) \cdot \frac{Q_{SM} \cdot Q_{LH}}{Q_{LM} \cdot Q_{SH}} \qquad (9.20)$$

Dabei erhält man folgende Übertragungsfaktoren:

- zwischen Quelle S und Mikrofon M

$$Q_{SM} = G_{SM}(\vartheta_{SM}, \vartheta_S)(\frac{r_H}{r_{SM}})^2 \cdot 10^{\frac{-D_{SM}}{10 dB}} + 1 \qquad (9.21)$$

- zwischen Lautsprecher L und Hörer H

$$Q_{LH} = g_L(\vartheta_H)(\frac{r_H}{r_{LH}})^2 \cdot 10^{\frac{-D_{LH}}{10 dB}} + 1 \qquad (9.22)$$

- zwischen Lautsprecher L und Mikrofon M

$$Q_{LM} = G_{LM}(\vartheta_L, \vartheta_M)(\frac{r_H}{r_{LM}})^2 \cdot 10^{\frac{-D_{LM}}{10 dB}} + 1 \qquad (9.23)$$

(Entfernungen und Winkel s. Abb. 9.11)
Die jeweiligen Richt- und Bündelungseigenschaften sind in den Hall- und Kopplungsrichtwerten zusammengefasst. Für die Rückkopplung ist die Energieübertragung vom Lautsprecher zum Mikrofon, also der Term Q_{LM} zuständig.

Er sollte möglichst klein sein. Somit muss der Abstand Lautsprecher-Mikrofon r_{LM} möglichst groß und der Kopplungsrichtwert $G_{LM}(\vartheta_L, \vartheta_M)$ klein sein:

$$G_{LM}(\vartheta_L, \vartheta_M) = g_L(\vartheta_L) \cdot g_M(\vartheta_M) \qquad (9.24)$$

mit

$$g_L(\vartheta_L) = \gamma_L \cdot \Gamma_L^2(\vartheta_L) \qquad (9.25)$$

und

$$g_M(\vartheta_M) = \gamma_M \cdot \Gamma_M^2(\vartheta_M) \qquad (9.26)$$

Kapitel 9 Beschallungstechnik, Beschallungsplanung und Simulation

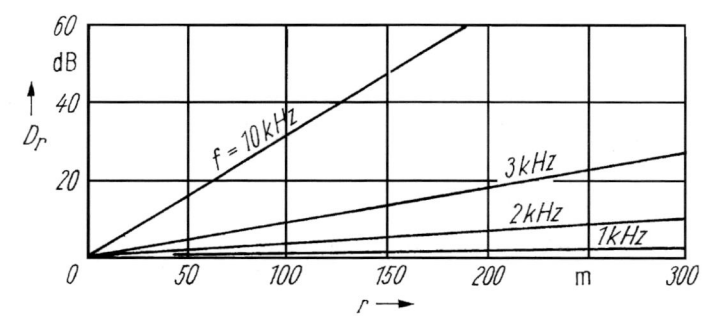

Abb. 9.12 Luftausbreitungsdämpfung D_r in dB als Funktion der Frequenz und der Entfernung von der Quelle

Da die Bündelungsgrade γ_L und γ_M zur Erzielung einer hohen Schallverstärkung nicht minimiert werden können, werden kleine Hallrichtwerte g nur dadurch erreicht, dass die entsprechenden Richtungsfaktoren Γ_L und Γ_M bei der gewählten Winkelkonstellation sehr klein sind. Bei Vergleich mit Abb. 9.11 heißt das, dass das Mikrofon im Interferenzminimum des Lautsprechers und der Lautsprecher umgekehrt im Interferenzminimum des Mikrofons anzuordnen ist. Nur auf diese Weise wird Q_{LM} sehr klein und es kann eine hohe Schallverstärkung nach (9.20) erreicht werden, bevor Rückkopplung eintritt.

In Pegelschreibweise erhält man aus (9.20) das Schallverstärkungsmaß:

$$V_E = 10 \log v_L \, \text{dB}$$

mit

$$V_E = L_R + L_{SM} + L_{LH} - L_{LM} - L_{SH} \tag{9.27}$$

und das Rückkopplungsmaß $L_R = 10 \log R$ dB. Die Pegelmaße L_{SM} und L_{LH} sind so zu gestalten, dass hohe Schallverstärkung vor Rückkopplung (gain before feedback) eintritt, L_{LM} ist durch die Wahl der Installationsorte der gerichteten Strahler zu minimieren und L_{SH} dient als kleiner Wert nur als Vergleichswert für den Fall der natürlichen Schallübertragung ohne Beschallungsanlage.

In der Praxis kann insbesondere die oft unnötig hohe Lautstärke der Monitorstrahler Probleme erzeugen, vor allem wenn Sänger mit einem drahtlosen Mikrofon in unmittelbarer Nähe zu ihnen stehen. Eine weitere Möglichkeit, auch in akustisch ungünstigen Umgebungen wie Rundbauten oder Konzertmuscheln die Rückkopplungsneigung zu senken, sind elektronische Hilfsmittel wie Filter, Frequenz- und Phasenschieber sowie Feedback Suppressoren.

9.3.2.2 Einsatz von Schmalbandfiltern

Die Transmissionskurve eines Raumes weist statistische Unregelmäßigkeiten mit Tälern und Bergen auf (Abb. 9.10). Untersuchungen in mehr als 50 Räumen haben ergeben, dass solche Frequenzkurven maximal 70 Eigenschwingungen mit gut feststellbaren Spitzen aufweisen. Dabei wurde vorausgesetzt, dass der Frequenzgang der elektroakustischen Anlage einen linearen Verlauf hat, d. h. dass durch die Anlage keine zusätzlichen Resonanzen auftreten. Es wurde weiterhin ermittelt, dass die Anzahl der Schwingungen, die sehr leicht zur Mitkopplung führen können, je nach Raum zwischen 3 und 40 liegt. Als Mittelwert werden 12 bis 25 Schwingungen je Raum angenommen (Boner u. Boner 1965).

Somit ist es bis heute üblich, geeignete Schmalbandfilter, die speziell auf die „gefährlichen" Frequenzen zugeschnitten sind, in den Übertragungsweg der Schallverstärkungsanlage einzuschleifen. Damit wird ein Aufschaukeln dieser Frequenzen verhindert, und die Spitzenwerte werden (bezogen auf den Mittelwert der Frequenzkurve) geglättet. So ist es möglich, die Gesamtverstärkung der elektroakustischen Anlage um den Betrag zu erhöhen, um den die Differenz von Spitzen- zu Mittelwert verringert wird.

Die Bandbreite der Filter sollte etwa 5 Hz betragen, ihre Dämpfung beträgt je nach Frequenz üblicherweise 3–30 dB. Die Entwicklung derartiger Schmalbandfilter hat zum Aufbau so genannter graphischer Equalizer geführt, die in der Praxis zur Mitkopplungsunterdrückung oder zur so genannten Raumkorrektur angewendet werden. Wenn die Gesamtverstärkung eines Beschallungssystems erhöht wird, wird bei der Frequenz die Rückkopplung auftreten, bei der Übertragungskurve ein Maximum hat. Nach anfänglicher Klangfärbung setzt dann ein Rückkopplungspfeifen ein.

Mit Hilfe graphischer Entzerrer kann man diese erste Spitze dämpfen und dann die Verstärkung so lange weiter anheben bis bei einer anderen Frequenz Rückkopplung einsetzt. Ein anderes EQ Band glättet nun wieder und die Systemverstärkung kann weiter vergrößert werden. Nach einer solchen sukzessiven Glättung hat man die Systemverstärkung vor Rückkopplung insgesamt um 6–10 dB erhöht (Ahnert 2000, Davis u. Jones 1990).

Neben graphischen kommen auch parametrische Equalizer zum Einsatz, mit deren Hilfe ganz gezielt die vorhandenen Spitzen einer Transmissionskurve zwischen Lautsprecher und Mikrofon geglättet werden können. Für den Einsatz dieser parametrischen Filter sind heute Geräte verfügbar, die den ganzen Prozess der Glättung der Frequenzkurve automatisieren. Ein solcher Feedback Suppressor wird das Auftreten von Rückkopplungen schon beim Anklingen feststellen und Gegenmaßnahmen zur Beseitigung der Rückkopplung treffen. Er wird dabei Sprache von Musik unterscheiden, um das richtige Filter bei der jeweiligen Frequenz mit erforderlicher Güte und Dämpfung zu platzieren. Dies dauert nur Bruchteile von Sekunden und geschieht automatisch.

Ein qualitativ hochwertiger Rückkopplungsunterdrücker kann bis zu 5–8 dB zusätzliche Schleifenverstärkung bereitstellen, so dass die Lautstärke der Beschallungsanlage um diesen Betrag angehoben werden kann, ohne dass Rückkopplung einsetzt (gain before feedback). Automatische Rückkopplungsunterdrücker sind heute standardmäßig in Beschallungsanlagen aller Größenordnungen in der ganzen Welt im Einsatz. Kennzeichen eines gut funktionierenden „Echo-Killers" ist die Genauigkeit und die Schnelligkeit der Resonanzfindung und natürlich das leichte Handling des Gerätes, wenn nicht alles automatisch erfolgt.

9.3.2.3 Frequenzverschieber

Eine Schallübertragungskurve im Raum (Transmissionskurve) weist starke Unregelmäßigkeiten auf, die für Frequenzen oberhalb einer vom jeweiligen Raum abhängigen Grenzfrequenz statistischen Charakter haben (s. Abschn. 9.3.1.1). Dabei entsprechen die mittleren Frequenzabstände benachbarter „Täler" und „Berge" etwa dem 4-fachen Wert der reziproken Nachhallzeit T. Mit Hilfe eines Frequenzverschiebers ist man also theoretisch in der Lage, diese Täler und Berge in Deckung zu bringen. Somit kann man den Pegel der Schallverstärkung um den Wert vergrößern, der dem Abstand zwischen dem Mittelwert der Transmissionskurve und dem Spitzenwert entspricht (d. h. etwa 10–12 dB).

Zur Erzeugung der Frequenzverschiebung (um z. B. 5 Hz) schlug Schroeder (1961) einen Aufbau nach Abb. 9.13 vor. Das Einseitenbandfilter hinter dem Modulator lässt nur das obere Seitenband durch, das dann im Demodulator mit einem um 5 Hz versetzten Träger wieder demoduliert wird, so dass am Lautsprecher das ursprüngliche Signal um 5 Hz versetzt vorliegt. Nach diesem patentierten Vorschlag wurde ein erster Frequenzverschieber gebaut und erprobt (Prestigiacomo 1962).

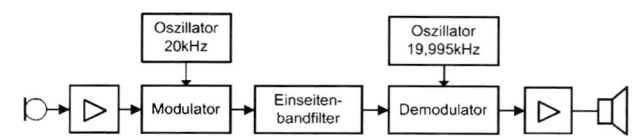

Abb. 9.13 Frequenzverschieber, schematische Darstellung

Während sich der Frequenzverschieber für Sprache in begrenzten Hörerzonen mit einem Verstärkungsgewinn von etwa 6–8 dB einsetzen lässt, ist die Anwendung bei Musik eingeschränkter, da hier hörbare Schwebungen und Klangfarbenabweichungen auftreten können. Hier müssen vor allem langsame, getragene musikalische Passagen als Orientierung dienen, bei denen der durchschnittliche Konzertbesucher Schwebungs- und Klangfarbenänderungen am deutlichsten hört. Bei der Übertragung von klassischen Konzerten oder Operndarbietungen muss daher der Pegelunterschied zwischen unverschobenem und verschobenem Signal immer >12 dB sein, während bei Popularmusik (Tanzmusik, Pop) eventuell auch kleinere Pegeldifferenzen (<10 dB) ohne Beeinträchtigung der Klangqualität möglich sind (Ahnert 1975).

9.4 Zielsetzungen und Planungswerkzeuge für Beschallungsanlagen

Eine Beschallungsanlage muss immer im Hinblick auf ihren spezifischen Anwendungsfall hin geplant werden. Daher ist nicht nur ein adäquates elektroakustisches Equipment erforderlich, wie es von Technikanbietern zur Verfügung gestellt werden kann, sondern eine dezidierte technische Planung. Diese sollte das Nutzungsprofil der Anlage berücksichtigen (von Sprach- und Kommandodurchsagen bis zu aufwändiger Musikbeschallung), aber auch die raumakustischen Gegebenheiten. Wenn letztere nicht bereits im Vorfeld bekannt sind, müssen sie im Rahmen einer akustischen Messung selbst untersucht oder – bei noch in der Planungsphase befindlichen Objekten – durch eine Computersimulation prognostiziert werden. Eine solche Voruntersuchung kann im Extremfall eine erfolgreiche Umsetzung des geplanten Nutzungsprofils als nicht empfehlenswert erscheinen lassen. In diesem Fall kann der Auftraggeber im Hinblick auf raumakustische Maßnahmen beraten werden, deren Erfolg nach dem heutigen Stand der Technik ebenfalls durch eine Computersimulation meist hinreichend genau vorhergesagt werden kann. Da auch bei Objekten, die sich noch in der Planungsphase befinden, die Bauzeichnungen immer häufiger in digitaler Form vorliegen, kann bereits baubegleitend mit der Planung der Beschallungsanlage mittels Computersimulation begonnen werden. So werden frühzeitig Probleme deutlich, die mit den Anbringungsorten und den Größen der Strahler zusammenhängen oder mit der Abstrahlung der Schallsignale nach außen. Hier haben sich moderne Simulationsprogramme mit einer Integration von elektroakustischen und raumakustischen Tools als besonders zielführendes Planungswerkzeug erwiesen.

9.4.1 Modelle und Simulationen

Die Computersimulation zur Ermittlung der Wirkung von Beschallungsanlagen verwendet Innenraummodelle, die eine geometrische Auflösung aufweisen, wie sie auch für akustische Berechnungen erforderlich ist (vgl. Kap. 5.3.2.1). Dabei kann das Modell durch die Eingabe von x,y,z-Werten entstehen oder aus Zeichenprogrammen wie AutoCad in das akustische Designprogramm importiert werden.

9.4.1.1 Materialdaten

Alle Wände und Decken im Modell sind durch Materialangaben zu ergänzen. Diese Materialien reflektieren einen Teil der Schallenergie (wie in der Optik gilt hier Einfallswinkel gleich Ausgangswinkel), ein anderer Teil wird je nach Strukturierung der Wand in mehr oder weniger alle Richtungen gestreut. Werden, wie heute noch weitgehend üblich, Beugungseffekte vernachlässigt, so genügt es, das im Computer

Kapitel 9 Beschallungstechnik, Beschallungsplanung und Simulation 517

gewählte Wandmaterial durch einen im diffusen Schallfeld gemessenen Absorptionsgrad und das zugeordnete Streuungsverhalten zu charakterisieren. Diese Absorptionsgrade findet man in Tabellen der Materialhersteller, bei den Streugraden sind oft einfache Abschätzungen notwendig. Auch winkelabhängige Absorptionsgrade liegen kaum vor. Zunehmend sind aber bei Einsatz von Tieftönern Frequenzbereiche weit unter 200 Hz interessant. Je nach Raumgröße kommen hier Rechenmethoden der Wellenakustik zum Einsatz, die auf Angaben zum komplexen Impedanzverhalten der Wände zurückgreifen. Näherungsverfahren erlauben hier vereinfachte Berechnungen des komplexen Reflexionsfaktors, zumeist helfen aber nur Messungen (Mommertz 1996).

9.4.1.2 Sender und Empfänger

Bei der Beschallungssimulation kommen als Schallquellen naturgemäß Lautsprecher zum Einsatz. Während noch vor 10 Jahren hauptsächlich Punktstrahler verwendet wurden, unterscheidet man heute:

- Einfache Punktstrahler
- Komplex zusammengesetzter Punktstrahler
- Line Arrays
- Zusammengesetzte Lautsprecheranordnungen

In der Anfangszeit wurden *einfache Punktstrahler* nur durch Amplitudeninformationen gekennzeichnet, heute jedoch werden zunehmend komplexe Informationen in Betrag und Phase mitgeführt (moderne Impulsantwortmessungen liefern solche Angaben ohnehin), mit denen sich Interferenzerscheinungen zwischen den Schallfeldern verschiedener Quellen berechnen lassen (Abb. 9.14). Diese Angaben setzten jedoch voraus, dass bekannt ist, um welchen Punkt bei der Messung der Richtcharakteristika gedreht wurde (s. Abb. 9.14). Die absolute Lage des Punktes ist dabei gleichgültig (meistens wird der Schwerpunkt der Box gewählt), sie muss nur bekannt sein, damit in Simulationsprogrammen der Lautsprecher mit korrektem räumlichen Bezug eingefügt werden kann.

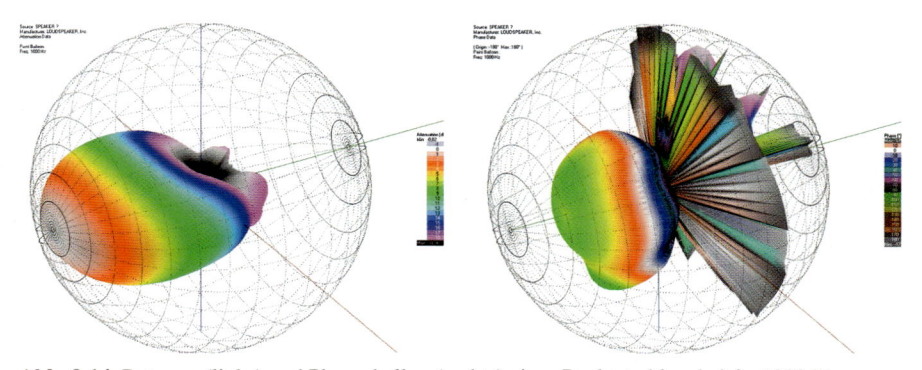

Abb. 9.14 Betrags- (links) und Phasenballon (rechts) eines Punktstrahlers bei f = 1000 Hz

Bereits vor 10 Jahren wurde damit begonnen, *komplex zusammengesetzte Punktstrahler* zu berechnen, um so zumindest für das Fernfeld das Interferenzverhalten eines Lautsprechers abzuschätzen. Dabei wurde zunächst nur die Laufzeitphase verwendet, die Phaseninformationen der Einzelsysteme aber weggelassen. Ein Beispiel für solche Clusterballondarstellungen zeigt Abb. 9.15.

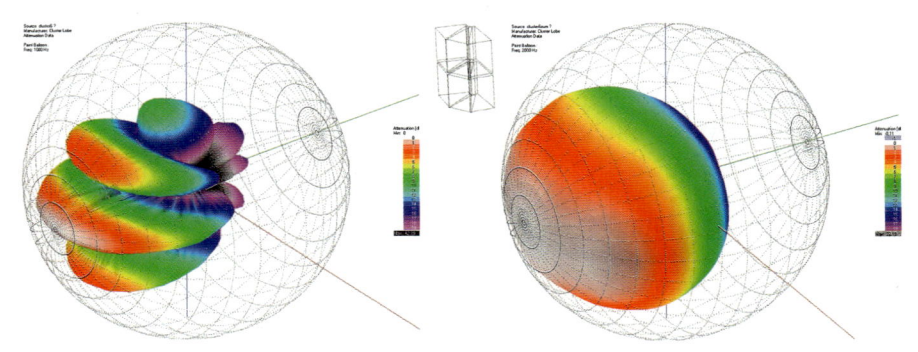

Abb. 9.15: Betragsballon eines Clusters, berechnet mit (links) und ohne (rechts) Berücksichtigung der Laufzeitphase bei $f = 1000$ Hz

In letzter Zeit sind *Line Arrays* sehr modern geworden, die durch Modulbauweise und digitale Ansteuerung der einzelnen Module bzw. Arraykomponenten unterschiedliche Richtwirkungen erreichen, die durch die Softwareansteuerung auch im Nahfeld des Arrays die gewünschten Abstrahlbedingungen sicherstellen. Hier bieten auch bei der Computersimulation einige Softwarepakete sogenannte Dynamic Link Libraries, mit denen die gewünschten Ansteuerungen und somit auch die notwendigen Richtwirkungen im Computermodell nachstellbar sind. Dies geht soweit, dass der Planer bestimmte Pegel auf der Hörerfläche als Zielvorgaben verwendet und die Software entsprechende Richtwirkungen simuliert. Dabei sind Randbedingungen wie Strahlermodellauswahl, -größe und Einsatzbedingungen zu beachten, damit die gewünschte Wirkung eintritt.

Bei erfolgreicher Simulation können die Ansteuerdaten in die Software der realen Arrayanordnung importiert und somit wird die Wirkung der Simulation umgesetzt werden.

Abb. 9.16 zeigt erzielte Richtwirkungen mit einer digitalen Schallzeile für unterschiedliche Entfernungen. Die Konfiguration des Arrays ist auf eine Entfernung von 30 m von der Zeile ausgelegt. Für die simulierte Frequenz von 2 kHz kann die Grenze zwischen Fernfeld und Nahfeld für die 280 cm lange Zeile nach (8.5) bei $r = l^2/(2\lambda) \approx 4$ m angesetzt werden. Während sich also die Richtwirkungen bei 30 m und 8 m nur im Pegel unterscheiden, geht im Nahbereich (1 m) die Zeilenwirkung verloren, da die unterschiedlichen Laufzeiten nicht mehr gleichphasig in der Hauptabstrahlrichtung eintreffen.

Moderne Software-Tools erlauben es, beliebig *zusammengesetzte Lautsprecheranordnungen* wie Mehrfachsysteme oder spezielle Line Array Anordnungen einschließlich ihrer Filtersettings und auch unter Einbeziehung der Riggingdaten wie

Kapitel 9 Beschallungstechnik, Beschallungsplanung und Simulation

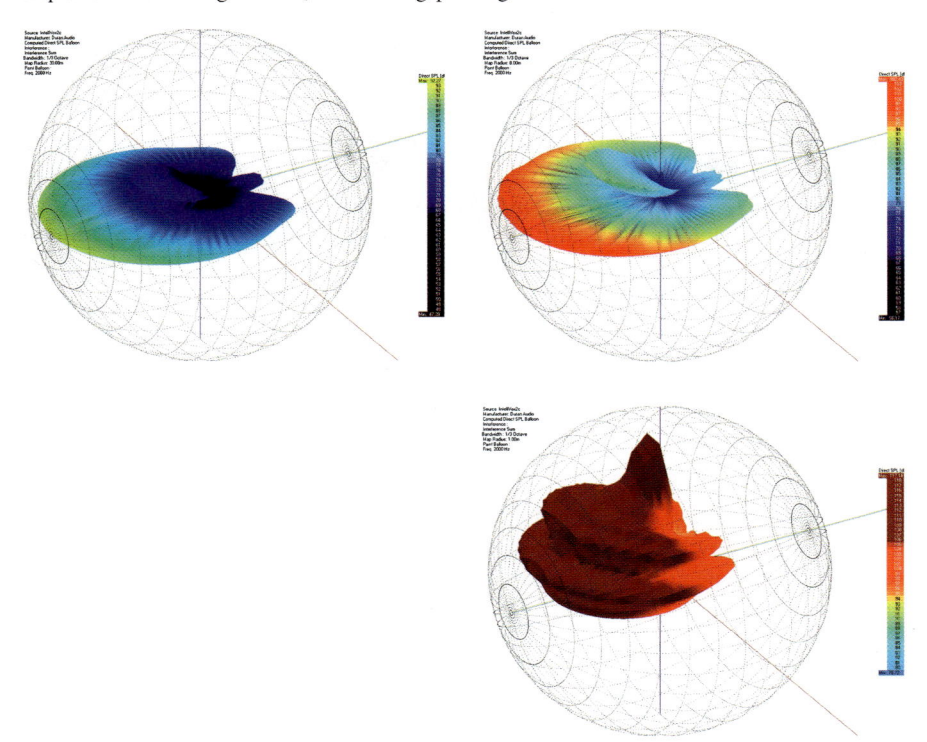

Abb. 9.16 Betragsballon einer digitalen Schallzeile (Duran Audio DC280) bei $f = 2000$ Hz in verschiedenen Entfernungen von 30 m (oben links), 8 m (oben rechts) und 1 m (unten)

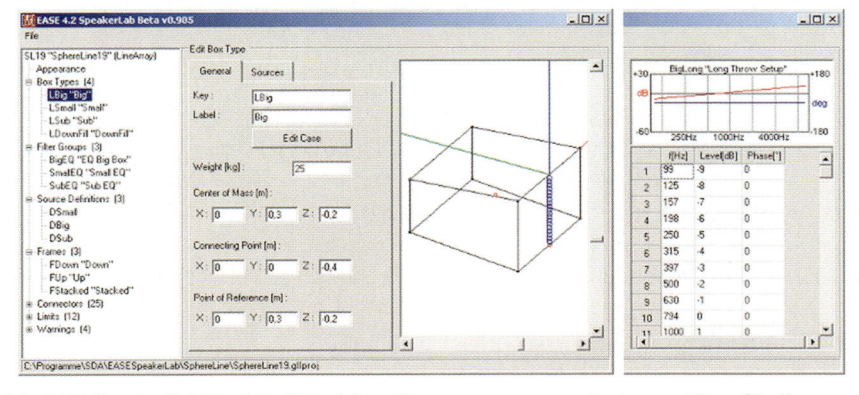

Abb. 9.17 SpeakerLab Tool als Beispiel zur Erzeugung angepasster Arraysettings für die Computersimulation

in einem Laboratorium zu manipulieren und die Richtwirkung als Ergebnis des komplexen Zusammenwirkens aller Komponenten zu simulieren (Abb. 9.17).

Neben der Lautsprechersimulation kann in einigen Simulationsprogrammen auch der Empfänger nachgebildet werden. Hier kann ein ungerichteter Empfänger verwendet werden, dann entspricht das erzeugte Signal etwa dem eines von einem Kugelmikrofon am Empfängerort aufgenommenen Signals. Wenn es um die Hörbarmachung von zu erwartenden Beschallungsqualitäten geht, können die für den ungerichteten Empfänger berechneten Simulationsdaten für jede Einfallrichtung mit gemessenen sogenannten Außenohrübertragungsfunktionen gewichtet werden, um so einen natürlichen Höreindruck zu erzeugen (s. Abschn. 9.4.4).

9.4.2 Berechnungsverfahren

Neben klassischen, auf Energieverlustalgorithmen beruhenden Berechnungsverfahren werden in Simulationsprogrammen zunehmend vollständige Impulsantworten berechnet, aus denen dann im Postprocessing verschiedene akustische Maße abgeleitet werden können. Die Berechnung der Nachhallzeit erfolgt klassisch meist nach Eyring oder Sabine (s. Abschn. 5.2.1) bzw. wird nach (Schroeder 1965) aus der rückwärts integrierten Impulsantwort abgeleitet. Die Berechnung der vollständigen Impulsantwort, sowohl monaural als auch binaural, kann mit den in Abschn. 5.4.1 beschriebenen Verfahren erfolgen.

Das Ergebnis der Berechnungen kann als Einzahlwert, als Mapping-Darstellung und als vollständig berechnete Impulsantwort mit entsprechendem Postprocessing zur Vorbereitung der Auralisation vorliegen. Einzahlwerte können Angaben zu Pegeln, zu Nachhallzeiten oder auch zu Verständlichkeitswerten sein. Kriterien zur

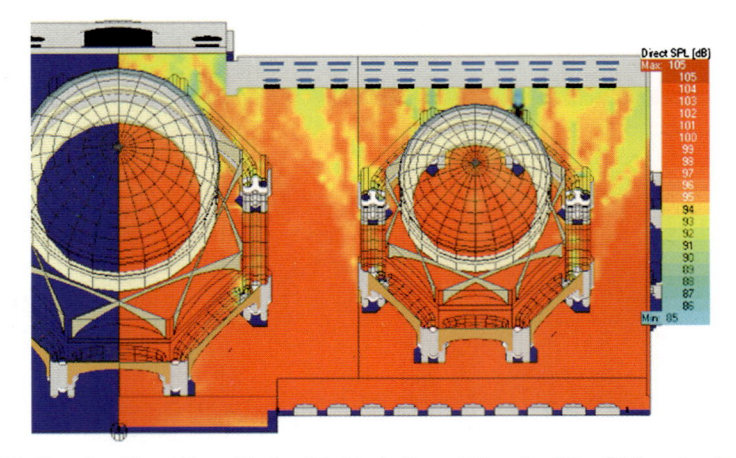

Abb. 9.18 Mapping-Darstellung für den Direktschallpegel über der Hörerfläche, visualisiert als Farbverlauf auf einem Ausschnitt des Grundrisses einer Moschee. Überlagert eine 3D-Ansicht von zwei der drei Kuppeln des Raummodells

Sprachverständlichkeit (*STI*, *Al*$_{cons}$, s. Kap. 5.2.3 bis 5.2.6 und Abschn. 9.5.5) etwa können aus Mapping Darstellungen abgeleitet werden (Abb. 9.18), genauer ist jedoch die Ableitung aus einer vollständig berechneten Impulsantwort (Abb. 9.19). Zur Berechnung des *STI* vgl. Abschn. 9.5.5 und Kap. 5.2.6.

9.4.3 Auralisation

Die Auralisation erlaubt die Hörbarmachung von Schallereignissen in Räumen, die bis dato noch nicht existieren. Dadurch wird es möglich, auch dem Nichtfachmann zu verdeutlichen, wie die Beschallungsanlage einmal klingen wird. Um einen akustischen Eindruck zu erhalten, muss eine monaural berechnete Raumübertragungsfunktion, in der noch die Einfallsrichtungen aller Einzelreflexionen enthalten sind, mit Außenohr-Übertragungsfunktionen (HRTFs) für jede Einfallsrichtung multipliziert werden. Die so erhaltene binaurale Übertragungsfunktion kann als Impulsantwort in den Zeitbereich rücktransformiert und nun mit nachhallfrei aufgenommener Musik oder Sprache gefaltet werden. Das Ergebnis kann dann über Kopfhörer dargeboten werden (Abb. 9.20), wobei Klangeindrücke wie Halligkeit, Echoerscheinungen u.v.m. deutlich wahrzunehmen sind.
In folgenden Zusammenhängen hat sich eine Auralisation als vorteilhaft erwiesen:

- Vergleich akustischer Gegebenheiten im Zustand vor und nach raumakustischen Maßnahmen
- Vergleich von Messdaten mit Simulationsergebnissen
- Überzeugung eines Auftraggebers oder Architekten vom Nutzen aber auch vom Aufwand von Maßnahmen

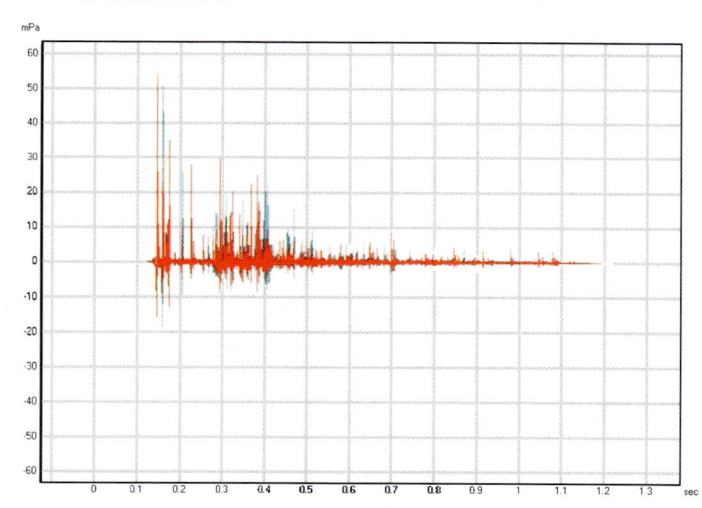

Abb. 9.19 Simulation einer binauralen Raumimpulsantwort mit linkem (rot) und rechtem (grün) Ohrsignal

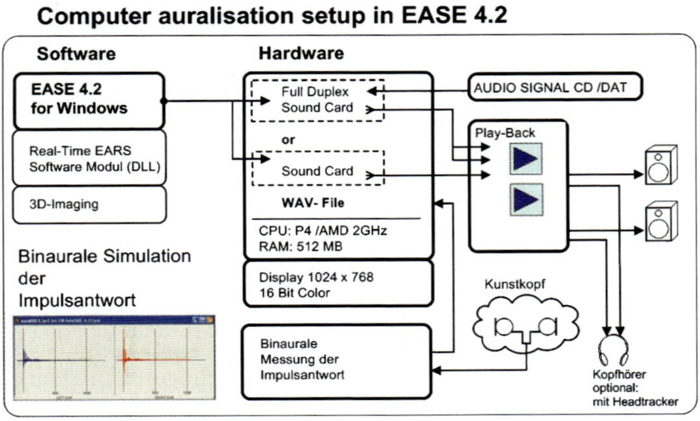

Abb. 9.20 Prinzipschaltbild einer Auralisationsroutine

- Verdeutlichung von akustischen Effekten
- Hörbarmachung der Wirkung einer Beschallungsanlage oder einer natürlichen Schallquelle
- Vergleich einer alten installierten mit einer neu zu planenden Anlage
- Abschätzung der Qualität der Schallübertragung
- Hörbarmachung von Schallereignissen in Räumen, die nicht mehr oder noch nicht existieren
- Hörbarmachung zu Forschungszwecken
- Setzen von Qualitätsstandards

Allerdings weist die Computersimulation immer noch bestimmte Defizite auf wie eine nur näherungsweise korrekte Berücksichtigung des Streuungsverhaltens der Wände, keine Simulation der Beugung in komplexen Modellen und nur näherungsweise bekannte Strahlerdaten insbesondere für natürliche, d. h. nicht elektroakustische Quellen wie Sprecher oder Musikinstrumente. Auch die richtigen Absorptionskoeffizienten der Wandmaterialien sind teilweise nicht oder nur annähernd bekannt. Daher sollte eine Entscheidung zwischen im Wettbewerb befindlichen Projektlösungen oder das Sounddesign einer Beschallung momentan noch nicht allein auf der Grundlage einer Auralisation erfolgen.

9.5 Messungen an Beschallungsanlagen

9.5.1 Funktionsprüfung

Die komplette Messung einer Beschallungsanlage kann je nach deren Umfang ein kosten- und zeitintensives Unterfangen sein. Große Installationen in Kongresszentren, Stadien oder großen Hallen verfügen über eine Vielzahl von Lautsprechern, Verstärkern, DSP-Systemen, Netzwerkkomponenten und weiteren Geräten mit je-

Kapitel 9 Beschallungstechnik, Beschallungsplanung und Simulation 523

weils spezifischen Konfigurationen. Ausfälle, Fehler, und falsche Konfigurationen sollten daher bereits vor der messtechnischen Optimierung einer Lautsprecheranlage ausgeschlossen werden, um aufwändige Messreihen im Zweifelsfall nicht wiederholen zu müssen. Zu Beginn der Messungen sollten zunächst alle zu konfigurierenden Filter, Delays, Pegelsteller etc. in eine neutrale und leicht reproduzierbare Position gebracht werden. Bei digitalen Systemen bietet es sich an, eine solche Konfiguration als Mess-Setup abzulegen. Für eine spätere Pegelanpassung ist es zudem nützlich, das Messsignal über alle Ausspielwege zu den Lautsprechern mit gleicher Verstärkung (z. B. 0 dB) wiederzugeben.

Im nächsten Schritt sollten die Lautsprecher in ihren Einstellung und Positionierungen geprüft werden. Für komplett integrierte Systeme mit fest zugehörigen Endstufen und integriertem Controller ist meist nur eine Prüfung der Controller-Einstellungen erforderlich. Frei konfigurierbare Lautsprechersysteme, bei denen die Filter- und Limiter-Parameter auf beliebigen Controller-Endstufen eingestellt werden können, bergen dagegen mehr Fehlermöglichkeiten in sich. Während die Einstellung der Filter mit modernen Digitalcontrollern und entsprechender Software noch überschaubar ist, ist insbesondere die Limiter-Einstellung kritisch, da eine Fehleinstellung hier zur Zerstörung der Lautsprecher führen kann. Wichtige Eckwerte hierfür sind die Verstärkungs- und Leistungswerte aller verwendeten Endstufen und eine Kenntnis der Auswirkungen der Limitereinstellungen am Controller. Die meisten Controller bieten heute die Möglichkeit der Einstellung von Peaklimitern und RMS-Limitern mit variablen Zeitkonstanten an. Der Peaklimiter soll zum einen das Clippen der Endstufen verhindern und zum anderen eine mechanische Überlastung der Lautsprecher durch kurze Signalspitzen vermeiden. Der kleinere der beiden Werte bestimmt die Limitereinstellung. Für einen Lautsprecher mit 2 kW Peak-Belastbarkeit, der mit einer Endstufe betrieben wird, die 1 kW Dauerleistung und 1,5 kW Spitzenleistung liefert, wären 1,5 kW der maßgebliche Wert. Für einen Lautsprecher mit 8 Ω Nennimpedanz entspricht das einer Ausgangsspannung von 43 dBu. Für eine exemplarisch angenommene Verstärkung der Endstufe von 32 dB wäre dann der Limiter am Controller auf 11 dBu Ausgangsspannung einzustellen. Ein solcher Wert kann entweder direkt oder relativ zur maximalen Ausgangsspannung eingestellt werden. Letzteres würde bei einer typischen maximalen Ausgangsspannung des Controllers von +21 dBu eine Einstellung auf −10 dBFS bedeuten. Der RMS-Limiter kann je nach Einstellbereich der Zeitkonstanten auf die Dauerleistung der Endstufen, die Programmbelastbarkeit der Lautsprecher oder auf die thermische Belastbarkeit der Lautsprecher abgestimmt werden. Für einen gut funktionierenden Thermolimiter sind allerdings Zeitkonstanten von einigen Sekunden bis zu mehreren Minuten erforderlich, die nur wenige Controller bieten. Wird der RMS-Limiter auf die Dauerleistung der Endstufe eingestellt, dann empfehlen sich je nach Endstufentyp Zeitkonstanten von 10–30 ms.

Als letzter Punkt der Vorabprüfung einer Beschallungsanlage vor den eigentlichen Messungen ist noch die Position und Ausrichtung der einzelnen Lautsprecher zu klären. Ausgedehnte Aufbauten, z. B. auf Flughäfen oder Bahnsteigen, erfordern zur Kontrolle präzise und weit reichende Lasermessvorrichtungen. Kleinere Aufbauten können auch nach Augenmaß oder mit einem Maßband geprüft werden. Die

Ausrichtung der Lautsprecher wird als horizontaler und vertikaler Neigungswinkel oder anhand von Auftreffpunkten der Mittelachse des Lautsprechers angegeben.

9.5.2 Pegel-, Delay- und Filtereinstellungen

Pegel-, Delay- und Filtereinstellungen können mit verschiedenen Messverfahren vorgenommen werden. In der Vergangenheit wurden dazu gerne Rauschgeneratoren und Terzanalyzer eingesetzt, mit deren Hilfe der Frequenzgang und die Pegelverhältnisse ermittelt werden konnten. Delays lassen sich aus der gemessenen Entfernung berechnen oder mit angeschlossenem Impulsgenerator per Gehör einstellen.

9.5.2.1 Messverfahren

Einfacher, umfassender und meist auch schneller gelingen solche Messungen jedoch mit PC-gestützten Messsystemen.
Abb. 9.21 zeigt die prinzipielle Funktionsweise eines solchen Systems, bei dem das Messsignal per Software generiert und parametrisiert wird, um anschließend über einen D/A-Wandler dem Messobjekt zugeführt zu werden. Die nach dem D/A-Wandler folgende Verstärkerstufe sorgt für die notwendige Pegelanpassung auf Linelevel, ein optionaler Leistungsverstärker wird mit in die Signalkette genommen, wenn ein passiver Lautsprecher direkt angesteuert werden soll. Für akustische Messung erfolgt die Aufnahme des Messsignals über ein Mikrofon, gefolgt von einem Vorverstärker, dessen Ausgangssignal über einen A/D-Wandler in den PC gelangt. Da sowohl das Aussenden wie auch das Empfangen des Messsignals zeitlich synchron erfolgen, können auch zeitliche Bezüge exakt erfasst werden.

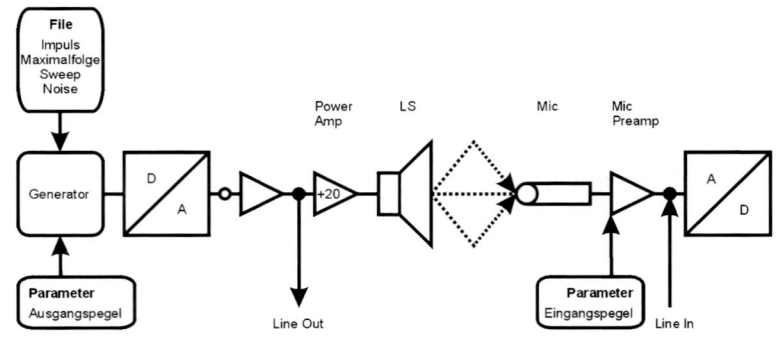

Abb. 9.21 Allgemeingültiges Blockschaltbild für PC-gestützte Messverfahren mit Software-Generator, D/A-Umsetzer, analoger Eingangs- und Ausgangsstufe sowie A/D-Umsetzer (Quelle: C. Bangert)

Kapitel 9 Beschallungstechnik, Beschallungsplanung und Simulation 525

Abb. 9.22 zeigt exemplarisch die Bearbeitung des empfangenen Messsignals und dessen Auswertung bei Verwendung von Impulsen, Maximalfolgen oder Sweeps als Anregungssignal (vgl. Kap. 21). Impulse als Anregungssignal empfehlen sich vor allem dann, wenn keine Lautsprecher als Quelle eingesetzt werden sollen, z. B. bei der Messung von Nachhallzeiten oder anderen raumakustischen Parametern. Als Impulsquelle kann dann in einfacher Weise eine Schreckschusspistole oder ein platzender Ballon verwendet werden. Für Messung über Lautsprecher eignen sich Impulse nicht, da bei der kurzen Impulsdauer und der beschränkten Auslenkung der Membran nur wenig Energie eingebracht werden kann und daraus meist ein schlechter Störabstand resultiert.

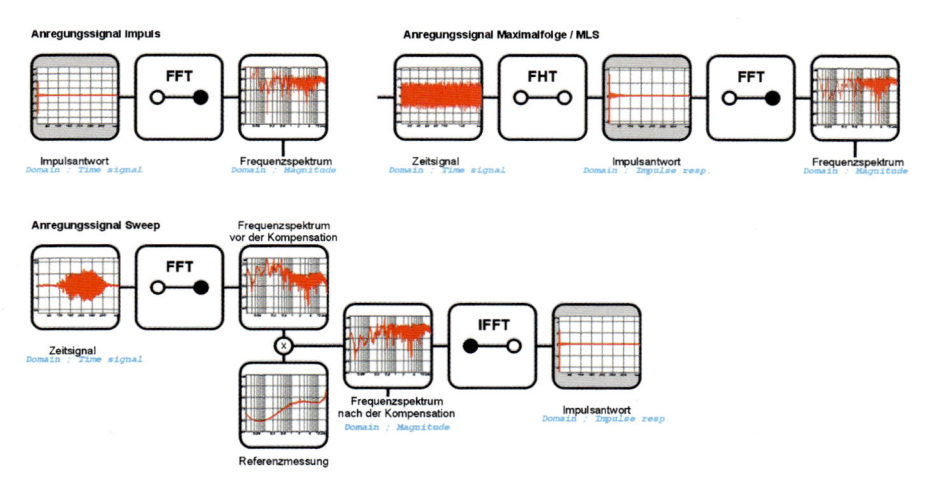

Abb. 9.22 Messung nach Abb. 9.21. Mit Impulsen als Anregungssignal; vom Messsystem wird direkt die Impulsantwort des Messobjektes erfasst und daraus über eine FFT die Übertragungsfunktion im Frequenzbereich bestimmt. Mit Maximalfolgen als Anregungssignal; zur Bestimmung der Impulsantwort bedarf es eines Zwischenschrittes der FHT (Fast Hadamard Transformation). Mit Sweeps als Anregungssignal; zur Berechnung der Übertragungsfunktion des Messobjektes bedarf es zunächst einer Entfaltung mit der Referenzmessung (Quelle: C. Bangert)

Günstiger sind die Verhältnisse bei der Verwendung von Maximalfolgen oder Sweep-Signalen, die über ihre Zeitdauer einen wesentlichen höheren Energieeintrag ermöglichen. Zur Berechnung der Impulsantwort oder der Übertragungsfunktion des Messobjektes ist für beide Signalformen zwar noch eine Nachbearbeitung erforderlich, die jedoch bei der Rechenleistung heutiger PCs keine Bedeutung mehr haben.

Tabelle 9.2 Übersicht zu den verschiedenen Messverfahren mit Vor- und Nachteilen sowie typischem Einsatzbereich

Messverfahren	Impuls	MLS	Sweep
Vorteile	einfach zu generieren	einfach zu generieren	konstanter Signalpegel
	wenig Postprocessing	wenig Postprocessing	niedriger Crestfaktor
			wenig anfällig gegen Zeitvarianzen
			Verzerrungen lassen sich ausblenden oder auch einzeln auswerten
Nachteile	wenig Signalenergie hoher Crestfaktor	anfällig gegen Zeitvarianzen	relativ komplexes Postprocessing (heute kaum noch relevant)
	keine Frequenzgewichtung	keine Frequenzgewichtung	
Typische Einsatzbereiche	raumakustische Messungen mit Knallquellen	Raumakustik und Lautsprechermessungen	Raumakustik und Lautsprechermessungen

Bei einer Abwägung der Vor- und Nachteile verschiedener Messverfahren (Tabelle 9.2) erweist sich die Sweep-Methode für raum- und elektroakustische Messung als am besten geeignet, vor allem aufgrund der Unempfindlichkeit gegen Zeitvarianzen und nichtlineare Verzerrungen. Auch für eine schnelle Einstellung von Delay-Zeiten empfiehlt sich der Sweep als Messsignal. Durch den guten Störabstand kann der Signalpegel relativ gering gehalten werden und die Messergebnisse sind weitgehend störungsfrei und gut reproduzierbar. Die Messdauer liegt je nach Länge der Impulsantwort zwischen einigen 100 ms und einigen Sekunden.

9.5.2.2 Polaritätsanpassung und Delayabgleich

Grundvoraussetzung für das erfolgreiche Zusammenspiel von mehreren Lautsprechern ist deren zeitliche Anpassung und gleiche Polarität. Zeitdifferenzen von mehr als 30 ms zwischen verschiedenen Quellen können hörbare Echos produzieren, ungleiche Polaritäten führen zu gegenseitiger Auslöschung. Beides ist messtechnisch in der Impulsantwort erkennbar.

Abb. 9.23 zeigt die Impulsantworten von zwei verschiedenen Lautsprechermodellen. Im einen Fall sind Hoch- und Tieftöner zeitlich gut zueinander angepasst, im anderen Fall eilt der Tieftöner dem mechanisch nach hinten versetzten Hochtöner um ca. 0,3 ms voraus. Für die Einstellung von Delayzeiten würde man sich in beiden Fällen am scharfen Impuls des Hochtöners orientieren, da die hochfrequenten Signalanteile primär für die Ortung der Quelle verantwortlich sind. Während in einer typischen Beschallungssituation ein Fehler in der Delay-Anpassung von 0,3 ms kaum bemerkt werden würde, ist eine korrekte Delay-Anpassung bei Surround

Kapitel 9 Beschallungstechnik, Beschallungsplanung und Simulation

Sound Abhöreinrichtungen in Studios wesentlich kritischer, wo alle Lautsprecher exakt die gleiche Laufzeit zum Hörplatz aufweisen sollten.

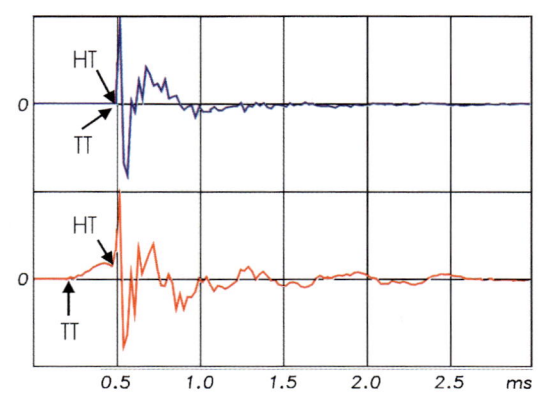

Abb. 9.23 Impulsantworten von zwei verschiedenen Lautsprechermodellen. In beiden Fällen handelt es sich um 2-Wege-Systeme. Bei der oberen Impulsantwort (blau) sind der Hoch- und der Tieftöner zeitlich zueinander angepasst. In der unteren Impulsantwort (rot) eilt der Tieftöner um ca. 0,3 ms voraus.

Für den Polaritätsabgleich sind vor allem die tieffrequenten Bereiche zu betrachten. Hier sollten die Tieftöner aller beteiligten Lautsprecher mit gleicher Polarität arbeiten. Für die mittleren und hohen Frequenzen fällt ein Abgleich bei unterschiedlichen Lautsprechern dagegen meist schwerer, da es je nach Anzahl der Wege und der verwendeten Weiche im weiteren Verlauf zu mehreren Polaritätswechseln kommen kann. Eine exaktere Aussage ist über die Messung des Phasenganges möglich, bei dem zunächst die Grundlaufzeit bezogen auf eine Quelle abzuziehen ist und dann die zweite Quelle über Delays oder Allpassfilter angepasst wird.

Das Beispiel aus Abb. 9.24 (links) zeigt die Impulsantworten von zwei verschiedenen Lautsprechermodellen, die in Kombination als Hauptbeschallung (blaue Kurve) und Delaysystem (rote Kurve) eingesetzt werden sollen. Durch Umpolen eines der beiden Lautsprecher wird ein gleichphasiger Einsatz der Tieftöner erzielt und ebenso für den scharfen Peak der Hochtöner. Die zugehörigen Phasengänge (Abb. 9.24, rechts) zeigen, dass die Phasenlage im Tieftonbereich (50–300 Hz) und in den Höhen (2 kHz aufwärts) zwar jetzt weitgehend identisch ist, es im Mittenbereich aber trotzdem noch zu großen Abweichungen kommt. Die Ursache liegt in den unterschiedlichen Konstruktionen der Lautsprecher, einmal als 2-Wege-System (blaue Kurven) und einmal als 3-Wege-System (rote Kurven), wodurch zusätzlich Phasenunterschiede entstehen.

Unabhängig davon gestaltet sich eine aussagekräftige Messung der Phasengänge von Lautsprechern in einer nicht reflexionsfreien Umgebung schwierig. Nur durch geschickt platzierte Zeitfenster und eine Kombination aus verschiedenen Fensterlängen für bestimmte Frequenzbereiche entstehen verwertbare Ergebnisse. Die Messungen aus Abb. 9.24 (rechts) entstanden mit drei verschiedenen Zeitfenstern mit einer Länge von 10 ms für den Frequenzbereich oberhalb von 500 Hz, mit einer

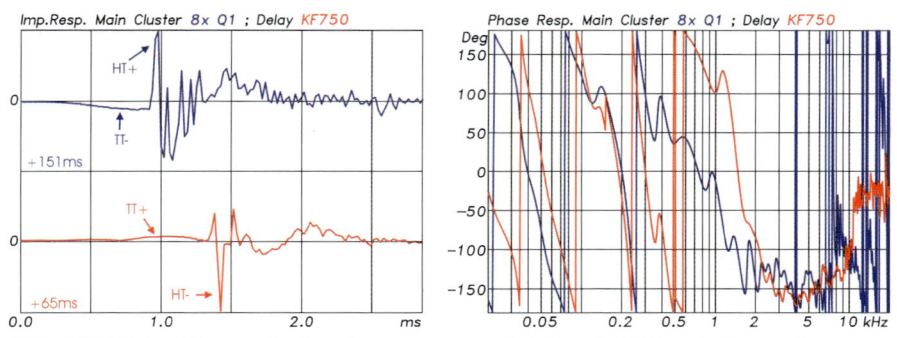

Abb. 9.24 Links: Messung der Impulsantworten zum Polaritätsabgleich zwischen zwei verschiedenen Lautsprechersystemen, die zusammen eingesetzt werden sollen. Wichtig ist das Gleichverhalten insbesondere für den Tieftonbereich. In diesem Beispiel wird eine der beiden Boxen aufgrund des Messergebnisses umgepolt. Rechts: Messung der Phasengänge zum Abgleich zwischen den beiden Lautsprechersystemen, nachdem die blaue Box umgepolt und die Laufzeiten angepasst wurden.

Länge von 30 ms für den Bereich von 150 bis 500 Hz und einem 100 ms Fenster für Frequenzen unterhalb von 150 Hz. Für eine schnelle Prüfung und Anpassung bietet sich daher die Auswertung der Impulsantworten in einem entsprechend stark vergrößerten Zeitfenster an, in dem nur der Direktschall sichtbar ist (Abb. 9.24, links).

In einer typischen Beschallungssituation mit einem oder zwei Hauptlautsprechern mittig oder seitlich der Bühne müssen dezentral platzierte Stützlautsprechern elektronisch soweit verzögert werden, dass ihr Schallanteil auf den zugehörigen Publikumsplätzen zeitgleich mit dem der Hauptlautsprecher eintrifft, so dass keine Echos entstehen. Hier bietet es sich an, Hörerplätze in der Hauptachse der Lautsprecher als Orientierungspunkt zu verwenden. Das elektronische Delay kann darüber hinaus noch um einige ms verlängert werden (typisch: 10–20 ms), so dass die für die Ortung der Schallquelle relevante erste Wellenfront von den Hauptlautsprechern an der Bühne kommt und der Quellenbezug erhalten bleibt (Präzedenzeffekt, s. Kap. 3.3.2). Der Pegel aus den Stützlautsprechern kann trotzdem um bis zu 10 dB

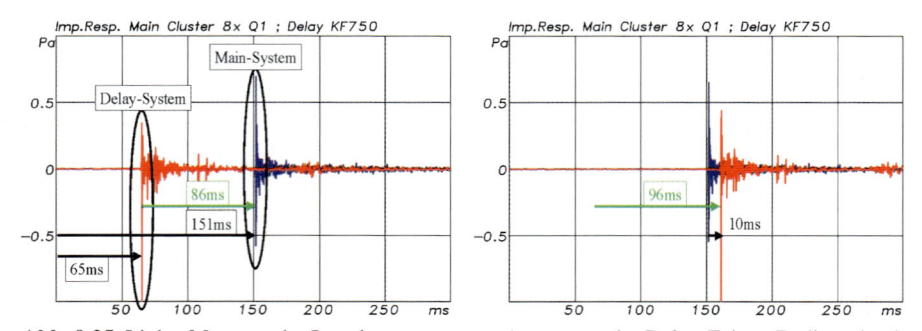

Abb. 9.25 Links: Messung der Impulsantworten zur Anpassung der Delay-Zeiten. Bedingt durch die räumliche Entfernung trifft das Signal des noch unverzögerten Delay-Systems (rot) 86 ms vor dem der Hauptlautsprecher (blau) ein. Rechts: Die Verzögerung wird so eingestellt, dass das Signal des Delay-Systems erst 10 ms nach dem der Hauptlautsprecher eintrifft. Nach dem Gesetz der ersten Wellenfront orientiert man sich am Hauptsystem und damit in Bühnenrichtung.

über dem der Hauptlautsprecher liegen. Die eigentliche Beschallung erfolgt damit aus den Stützlautsprechern, die Hauptlautsprecher erzeugen nur den Richtungsreiz. Typische Anwendungen sind Rangbeschallungen, Publikumsbereiche unter den Balkonen oder andere weit abgelegene oder verdeckte Zonen. Eine spezielle Situation ergibt sich für die ersten Zuhörerreihen direkt vor der Bühne, bei denen es durch weit oberhalb der Bühne angebrachte Hauptlautsprecher zu einer unschönen Fehlorientierung kommen kann, wo dann z. B. ein Sprecher wenige Meter vor den Zuhörern steht, aber trotzdem von oben gehört wird. Für diese Fälle werden kleine Stützlautsprecher in der Bühnenkante oder auch im Rednerpult angebracht, die unverzögert mit geringem Pegel laufen und so den Richtungsreiz für die ersten Reihen in Richtung des Sprechers erzeugen. Bei Musikdarbietung reicht meist schon der Direktschallanteil der Instrumente oder Instrumentalverstärker von der Bühne um den notwendigen Richtungsreiz auszulösen.

9.5.2.3 Filter- und Pegeleinstellung

Durch Filter- und Pegeleinstellungen soll eine klangfarblich neutrale Wiedergabe und eine gleichmäßige Pegelverteilung auf der gesamten Publikumsfläche erreicht werden. Die Vorgehensweise soll im Folgenden an der bereits in Abschn. 9.1.3 als Beispiel herangezogenen Turbinenhalle erläutert werden.

Im Vorfeld der Installation waren die aktiven 3-Wege-Lautsprecher über ihren Controller bereits so eingestellt, dass eine einzelne Box unter Freifeldbedingungen auf Achse gemessen einen linearen Frequenzgang hatte. Durch die Kombination der zwei Lautsprecher in direkter Nähe zueinander kommt es bei den mittleren und tiefen Frequenzen zur akustischen Kopplung mit einem Pegelgewinn von 6 dB gegenüber einer einzelnen Box. Im hochfrequenten Bereich jenseits von 1 kHz separieren sich die beiden Lautsprecher über ihr scharf definiertes Abstrahlverhalten (35° Öffnungswinkel). Durch die Kombination von zwei Systemen in einem entsprechenden Winkel zueinander kommt es in diesem Frequenzbereich daher nicht zu einer Pegelerhöhung, sondern zu einer Vergrößerung des Abstrahlwinkels. Nur durch die Kombination von zwei Lautsprechern entsteht so ohne weitere Einflüsse des Raumes schon eine Pegelüberhöhung von 6 dB bei tiefen Frequenzen. Im Raum kommen dann noch die frühen Reflexionen und der Nachhall des Raumes hinzu, die bei tiefen Frequenzen durch die ansteigende Nachhallzeit und die breiter abstrahlenden Lautsprecher zu einer weiteren Pegelerhöhung führen, die sich vor allem dann bemerkbar macht, wenn bei der Messung die gesamte Länge der gemessenen Impulsantwort ausgewertet wird (blaue Kurve in Abb. 9.7, rechts) und nicht nur die ersten 50 ms (rote Kurve in Abb. 9.7, rechts). Bei den höchsten Frequenzen ist der für größere Entfernungen relevante Effekt der Luftdämpfung zu berücksichtigen.

Der im Freifeld weitgehend lineare Frequenzgang des Lautsprechers wird durch seine Position innerhalb der Halle stark strukturiert und von Interferenzmustern gezeichnet (Abb. 9.26). Die bei tieferen Frequenzen in kleineren Räumen zu beobachtenden Einflüsse einzelner Raummoden gibt es wegen der Größe der Halle (ca. 28.000 m^3) hier nicht. Die Feinstruktur der Interferenzen ändert sich allerdings von

Punkt zu Punkt. Durch die unterschiedlichen Laufzeiten an den verschiedenen Messpositionen verschieben sich die scharfen Minima und Maxima für jeden Messpunkt. Eine Entzerrung auf eine so fein und heftig strukturierte Kurve einzustellen, selbst wenn dieses technisch möglich wäre, macht offensichtlich keinen Sinn.

Man wird daher im bevorzugten Hörbereich, d. h. auf der Publikumsfläche oder im Studio um den Arbeitsplatz am Mischpult, eine Vielzahl von Messungen der Übertragungsfunktion durchführen. Um auch feine Strukturen erfassen zu können, sollte ein FFT-basiertes Verfahren mindestens mit einer Auflösung von 1 Hz und mehr arbeiten. Eine solche Messreihe ist für jeden Bereich des Publikums (Arena, Ränge, Randbereiche, etc.) nur mit den jeweils zuständigen Lautsprechern auszuführen. Mit modernen computergestützten Messsystemen sind selbst 100 Messpunkte binnen einer Stunde abzuarbeiten. Bei sehr vielen Messpunkten können je nach Anwendung auch die Außenbereiche mit einbezogen werden, wobei allerdings die Dichte der Messpunkte im Haupt-Hörbereich größer sein sollte.

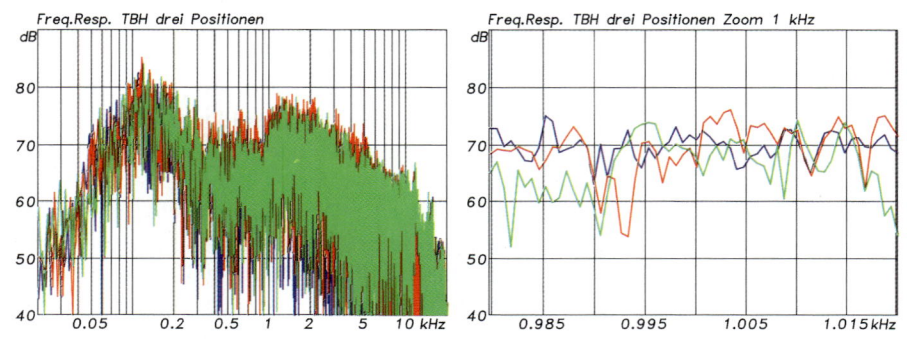

Abb. 9.26 Lautsprecher-Frequenzgang für drei jeweils ca. 5 m auseinander liegenden Positionen auf der Publikumsfläche mit ausgeprägten Interferenzeffekten. Links: Komplette Darstellung. Rechts: In der Ausschnittvergrößerung ist die Struktur der Minima und Maxima an den verschiedenen Position zu erkennen..

Anschließend werden die Kurven aller Messpunkte eines Lautsprechers energetisch aufaddiert. Werden die Kurven zuvor in einem für die Nutzung relevanten Frequenzbereich auf gleichen Pegel normiert, entspricht dies einer gleichen Gewichtung aller Messplätze. Ohne diese Normierung werden Messplätze näher am Lautsprecher stärker gewichtet. In jedem Fall muss über die Beträge der Übertragungsfunktion gemittelt werden, da sich bei Berücksichtigung der Phasenlage die schmalen Überhöhungen und Einbrüche der Übertragungsfunktion unkontrolliert verstärken oder auslöschen könnten, wogegen sie sich durch eine rein betragsmäßige Addition mit einer zunehmenden Anzahl von Messpunkten wegmitteln. Deutlich wird dieser Effekt in der vergrößerten Darstellung der drei Messkurven (Abb. 9.26, rechts), wo Maxima und Minima in allen Kurven nie auf die gleiche Frequenz fallen. Erst bei tieferen Frequenzen und in kleinen Räumen mit niedriger Eigenfrequenzdichte decken sich die Strukturen, da die Messpunkte für diesen Frequenzbereich in Relation zur Wellenlänge nicht mehr weit auseinander liegen.

Kapitel 9 Beschallungstechnik, Beschallungsplanung und Simulation 531

Der über 25 Messpunkte gemittelte Frequenzgang des Lautsprechers in der Turbinenhalle (grüne Kurve in Abb. 9.27, rechts) weicht aus mehreren Gründen von dem im Freifeld linearen Verhalten (Abb. 9.27, links) ab. Unterhalb von 200 Hz bewirkt die akustische Kopplung der beiden Lautsprecher einen Pegelanstieg von 6 dB. Hinzu kommt die in diesem Frequenzbereich ansteigende Nachhallzeit der Halle. Mit einer Trennfrequenz von 250 Hz zwischen den Tieftönern und dem Mitteltonhorn wirkt sich für den Mittel-Tieftonbereich die tendenziell schon zu starke Bündelung durch die Kopplung der beiden großen Mitteltonhörner (s. Abb. 9.4) aus, so dass hier über die gesamte Publikumsfläche gemittelt ein Pegelabfall zu erkennen ist. Abb. 9.29 zeigt die Einschnürung der Isobaren zwischen 250 Hz und 600 Hz und abgeschwächt auch noch bis 1 kHz gegenüber dem angestrebten Öffnungswinkel von 70°, der oberhalb von 1 kHz sehr gut erreicht wird.

Während es im Hochtonbereich durch das scharf abgegrenzte Abstrahlverhalten der Hörner zu einer Segmentierung des Abstrahlverhaltens kommt, führt die Kombination der beiden Mitteltonhörner zu einer verstärkten Bündelung, da beide Hörner zusammen als ein großes stärker richtendes Horn wirken. Oberhalb von 4 kHz

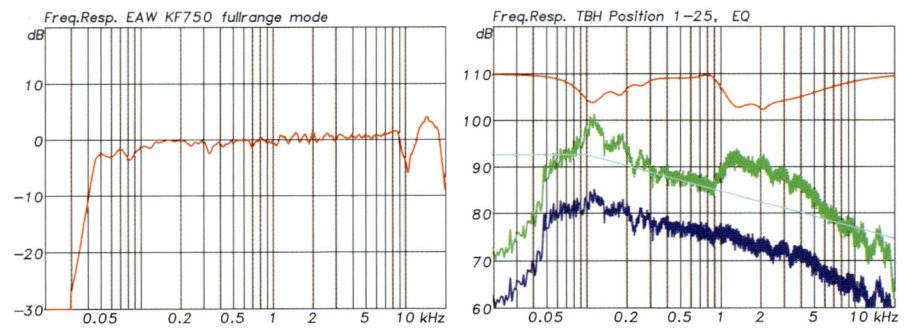

Abb. 9.27 Links: Frequenzgang einer einzelnen Box im Freifeld auf Achse gemessen. Rechts: Energetisch gemittelter Verlauf über alle Messpositionen für einen Bereich (grün) mit Zielfunktion (hellblau) und der daraus ermittelten Filtereinstellung (rot). In dunkelblau die Messkurve mit Filtern

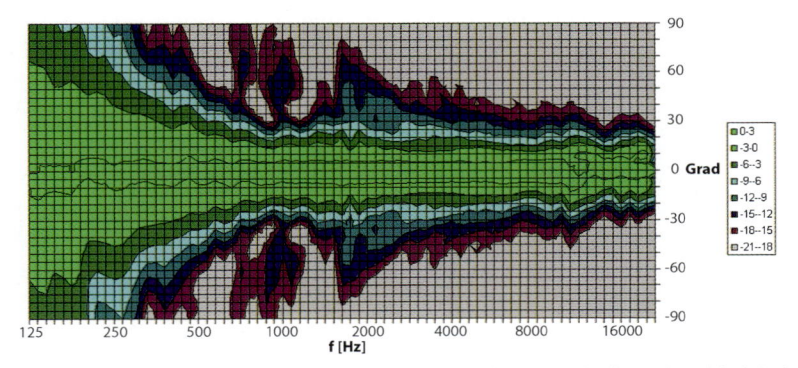

Abb. 9.28 Horizontale Isobaren einer einzelnen Box mit einem nominellen Abstrahlwinkel von 35° x 35°

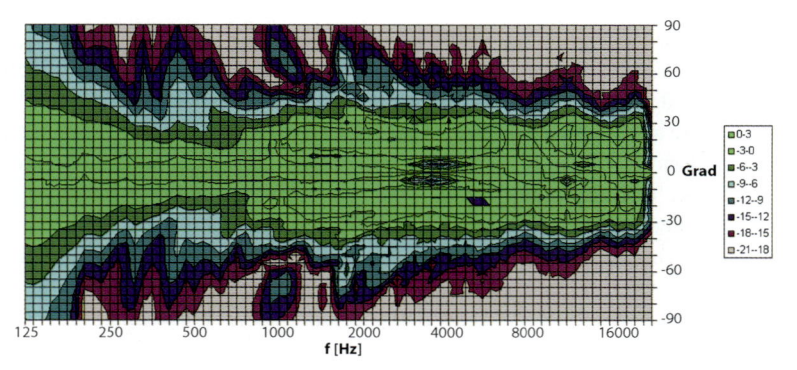

Abb. 9.29 Horizontale Isobaren des kleinen Clusters aus zwei Lautsprechern. Die Anordnung entspricht der auf dem Foto aus Abb. 9.4 und hat einen rechnerischen Abstrahlwinkel von 70°, der oberhalb von 1 kHz sehr gut eingehalten wird. Unterhalb von 1 kHz bündelt die Anordnung ein wenig zu stark.

beginnt die Kurve zunehmend abzufallen, wo der Diffusfeldanteil aus der Halle weiter abnimmt und das Richtverhalten der Lautsprecher durch den Wegfall seitlicher Nebenmaxima immer mehr dem angestrebten Öffnungswinkel entspricht. Zusätzlich ist noch der Effekt der bei hohen Frequenzen zunehmenden Luftdämpfung zu berücksichtigen.

Auf Grundlage der gemittelten Frequenzgangkurve erfolgt im nächsten Arbeitsschritt die Einstellung der Equalizer. Vollparametrische Equalizer, wie sie heute in fast allen digitalen Geräten zu finden sind, sind genauer zu konfigurieren als grafische Equalizer mit Terzbandfiltern. Anhaltspunkt für die Filtereinstellung kann eine mehr oder weniger stark fallende Gerade sein (exemplarisch als hellblaue Kurve in Abb. 9.27, rechts), welche die Höhendämpfung im diffusen Schallfeld nachempfindet (vgl. auch Abb. 1.10). In nachhallfreier Umgebung wäre der Verlauf der Gerade völlig eben, mit wachsendem Diffusanteil erhält sie zunehmend mehr Gefälle. Abb. 9.27 (rechts) zeigt die für diesen Fall optimierte Filterkurve (rot) und das resultierende Ergebnis aus den über die Publikumsfläche gemittelten Messungen mit diesen Filtern (dunkelblau). Eine nach dieser Methode gewonnene Filtereinstellung kann für einen abschließenden Feinabgleich per Hörprobe als Grundeinstellung genommen werden. Das Vorgehen für die Filtereinstellung ist für jeden Teilbereich einer Beschallungsanlage einzeln auszuführen. Anschließend können anhand der bereits entzerrten Übertragungsfunktionen noch die Pegel angeglichen werden.

Abb. 9.30 zeigt ein Beispiel für eine auf gute Sprachverständlichkeit optimierte Beschallungsanlage. Die Beschallungsbereiche unterteilen sich in linke und rechte Hauptlautsprecher für die vordere Arena, ein Delay-System für die hintere Arena, eine Vielzahl von Stützlautsprechern für den 1. Rang und diverse kleiner Lautsprecher für die Versorgung der Plätze unter den Rängen und in anderen Randzonen. Bei den kleinen Lautsprechern unterhalb der Balkone wurde ein zusätzliches Hochpassfilter bei 150 Hz zum Schutz der Lautsprecher eingesetzt. Die tieffrequenten Signalanteile werden hier auch für die Randbereich ausreichend kräftig von den Haupt-

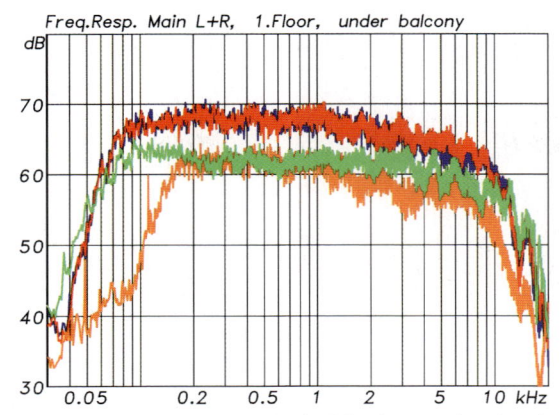

Abb. 9.30 Über verschiedene Hörerplätze gemittelte Messkurven einer bereits entzerrten und auf Sprachverständlichkeit optimierten Beschallungsanlage mit linken und rechten Hauptlautsprechern (rot und blau), Ranglautsprechern (grün) sowie Stützlautsprechern unter den Rängen (orange). Für die kleinen Stützlautsprecher wurde ein Hochpassfilter eingesetzt. (Ort: Frankfurter Festhalle)

lautsprechern abgestrahlt, auch der Sprachverständlichkeit ist es häufig zuträglich, den Bereich unterhalb von 150 Hz zu beschneiden. Für eine optimale Pegelanpassung für Sprachsignale können die mittleren Übertragungsfunktionen der einzelnen Zonen noch mit einem Sprachspektrum beaufschlagt und dann der A-bewertete Summenpegel berechnet werden.

9.5.3 Messung der Nutzsignalpegel

Abhängig von der Nutzung einer Lautsprecheranlage und dem zu erwartenden Störpegel wird bei der Planung der Anlage ein Nutzsignalpegel festgelegt werden, den die Anlage auf der Publikumsfläche erreichen soll. Eine sinnvolle Definition für diesen Wert wäre der äquivalente Dauerschallpegel, der für ein bestimmtes Anregungssignal über einen definierten Zeitraum zu erreichen ist. Das Anregungssignal wird dabei über seine spektrale Verteilung und seinen Crestfaktor charakterisiert. Von besonderer Bedeutung sind diese Werte bei der Messung und Berechnung der Sprachverständlichkeit, wo das Verhältnis von Nutzsignal zu Störsignal ein wichtiger Faktor in der Berechnung ist (s.a. Abb. 9.39).

Abb. 9.31 (links) zeigt zwei einminütige Ausschnitte aus Sprachsignalen einer Bahnhofsansage für eine weibliche Sprecherin und einen männlichen Sprecher. Die Signale sind zur besseren Ausnutzung der Lautsprecheranlage leicht komprimiert und haben einen Crestfaktor (Scheitelwert, s. Kap. 1.2.3) von 12–14 dB. Für durchschnittliche Spektren von männlicher und weiblicher Sprache gibt DIN EN 60268-16 einen Anhaltspunkt in Form von Oktavbandwerten (Abb. 9.31, rechts).

Die Messung des maximalen Nutzsignalpegels ist im Entwurf zu DIN VDE 0833-4 so definiert, dass ein Sprachersatzsignal (z. B. Rauschen) zu verwenden ist,

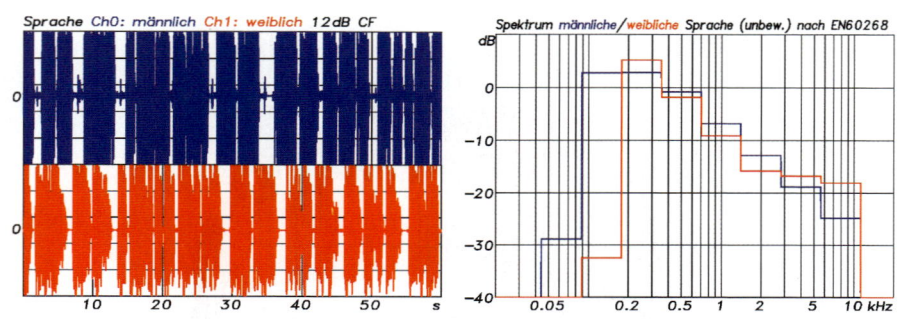

Abb. 9.31 Links: Zeitlicher Verlauf von Sprachsignalen aus einer Bahnhofsansage mit leichter Signalkompression (Crestfaktor: 12–14 dB); männlicher Sprecher (oben) und weibliche Sprecherin (unten). Rechts: Durchschnittliche linear bewertete Spektren der männlichen (oben) und weiblichen (unten) Sprache in Oktavbändern dargestellt nach DIN EN 60268-16. Der A-bewertete Summenpegel liegt bei 0 dB.

das im Frequenzspektrum einem Sprachsignal entspricht und einen Crestfaktor von etwa 14 dB haben sollte. Die Messdauer sollte mindesten 16 s pro Position betragen und die unbewerteten Oktavbandpegel sowie den A-bewerteten Summenpegel als äquivalenter Dauerschallpegel L_{eq} für diese Zeitspanne liefern. Wird ein echtes Sprachsignal für die Messung eingesetzt, dann wird durch die Sprachpausen der äquivalente Dauerschallpegel verfälscht. Für diesen Fall ist der Perzentilpegel L_{10} zu bestimmen, der nur die Signalphasen berücksichtigt, in denen der Pegel oberhalb eines Grenzwertes liegt, der in mindestens 10 % der Gesamtsignaldauer überschritten wird. Sprachpausen werden so in der Messung nicht erfasst. Für die Anpassung des Pegels eines Rauschsignals an ein echtes Sprachsignal ist der L_{Aeq} des Rauschens an den L_{A10} des Sprachsignals anzupassen.

9.5.4 Messung der Störpegel

Die Planung einer Beschallungsanlage erfordert immer eine Betrachtung von möglichen Störpegeln in der Umgebung. Diese können sich an vergleichbaren Projekten orientieren, an Normen zum zulässigen Störpegel, oder über eine Messung vor Ort ermittelt werden. In bestimmten Fällen kann von vorgegebenen Störpegeln ausgegangen werden. Für Bahnanlagen liegt dieser Wert bei 85 dB(A) und für Sportstadien bei 95 dB(A). Bevor diese Werte allerdings in eine Planung eingehen, sollte deren Plausibilität für den speziellen Fall geprüft werden. Handelt es sich etwa um ein Sportstadion mit vollständig geschlossenem Dach, dann ist von höheren Störpegeln auszugehen als bei Stadionbauten, wo nur die Ränge überdacht sind und sich das Spielfeld unter freiem Himmel und damit unter einer aus raumakustischer Sicht zu 100 % absorbierenden Fläche befindet.

Bei der Messung von Störgeräuschen sind für geeignete Zeitspannen linear bewertete L_{eq} Oktavbandwerte und der L_{Aeq} Summenpegel zu bestimmen. Dies ist

Kapitel 9 Beschallungstechnik, Beschallungsplanung und Simulation

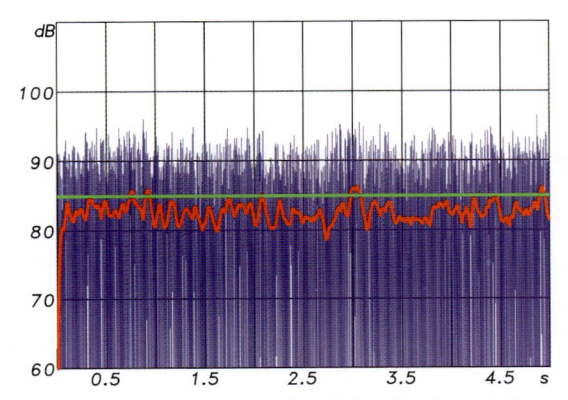

Abb. 9.32 Linear bewertete Störpegelmessung einer Industrieanlage mit konstant laufenden Turbinen und Pumpen. Spitzenpegel: 97 dB, Äquivalenter Dauerschallpegel L_{eq} (grün): 85 dB, Pegelverlauf ohne Zeitbewertung (blau) und mit einer Zeitkonstanten von 125 ms (rot)

dann unproblematisch, wenn das Störgeräusch weitgehend kontinuierlich ist (Abb. 9.32). Ist das Störgeräusch dagegen eher fluktuierend (z. B. ein- und ausfahrende Züge in Bahnhöfen), dann empfiehlt sich eine Messung über den Zeitraum vom Beginn der Störung bis zum Abklingen. Kurzzeitige Pegelspitzen (Torschrei im Fußballstadion) sollten dabei nicht übergewichtet werden, da ein zu hoher Störpegel einen unrealistisch hohen Nutzsignalpegel erfordern würde. So kann von einer Stadionbeschallung nicht erwartet werden, dass bei Pegelspitzen durch das Publikum von 110 dB(A) ein Nutzsignalpegel aus der Lautsprecheranlage von 120 dB(A) möglich ist.

Die aus einer Störpegelmessung gewonnenen äquivalenten Störpegel für einzelne Oktavbänder können direkt in die Berechnung der Sprachverständlichkeit eingehen. Abb. 9.33 zeigt das Ergebnis einer solchen Messung zusammen mit dem Nutzsignalspektrum für einen männlichen Sprecher. Für jedes Oktavband lässt sich so direkt der Störabstand ablesen.

Als Einzahlwerte können die Summenpegel (linear und A-bewertet) für das Nutzsignal und das Störsignal angegeben werden. Für die Bestimmung des Störabstandes (S/N) ist sowohl eine linear wie eine A-bewertete Messung der äquivalenten Dauerschallpegel möglich, da nur der Differenzwert für die weitere Auswertung benötigt wird. Die Berechnung des Maskierungseffektes erfordert allerdings linear bewertete, absolute Oktavbandpegel für das Sprachsignal, so dass grundsätzlich für beide Messungen (Nutz- und Störpegel) eine linear bewertete Messung empfohlen wird. Eine Umrechnung in A-bewertete Oktavbandpegel ist bei Bedarf ohne größeren Aufwand möglich.

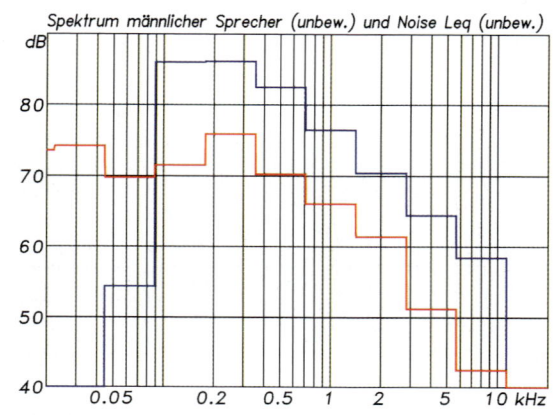

Abb. 9.33 Störsignalspektrum (rot) und Nutzsignalspektrum (blau) für einen männlichen Sprecher, gemessen in einer Industrieanlage. Der linear bewertete Summenpegel liegt bei 85 bzw. 95 dB.

9.5.5 Messung der Sprachverständlichkeit

Die Sprachverständlichkeit ist eine der wichtigsten Größen in der Beschallungstechnik, da die Verstärkung von Sprachsignalen zu den häufigsten Funktionen einer Lautsprecheranlage gehört. Eine direkte Ermittlung der Sprachverständlichkeit kann mit Hilfe subjektiver Tests erfolgen, bei denen Hörer angeben, wieviel Prozent einer Folge von Sätzen, Wortfolgen oder Silben verstanden wurden (s. Kap. 5.2.3). In der Beschallungstechnik ebenso wie in der Raumakustik hat sich jedoch der Speech Transmission Index (*STI*, Houtgast u. Steeneken 2002) als messtechnisch ermittelbares Kriterium etabliert (s. Kap. 5.2.5). Mit einer einfachen Messmethode berücksichtigt er die wichtigsten Einflussgrößen auf die Sprachverständlichkeit. Dazu gehören äußere Einflüsse wie Störgeräusche aller Art, raumakustische Faktoren wie Nachhall und Echos, die Lautsprecheranlage selbst mit ihren Eigenschaften wie Bandbreite, Verzerrungen, Dynamikkompression etc. sowie einige psychoakustische Aspekte wie die Hörschwelle und den Verdeckungseffekt. All diese Faktoren gehen in die Messung und Berechnung des *STI*-Wertes ein. Testsignal ist Oktavbandrauschen mit den für Sprache relevanten sieben Frequenzbändern von 125 Hz bis 8 kHz und einer für Sprache typischen Modulation von 0,63 Hz bis 12,5 Hz. Dieses Signal wird über die zu beurteilende Übertragungsstrecke geschickt und anschließend der Modulationsverlust ausgewertet.

Anschaulich ist dieses Vorgehen an der Hüllkurve eines Sprachsignals zu erkennen. Abb. 9.34 zeigt die Hüllkurven von zwei kurzen Sprachsequenzen, wie sie in einer störungs- und nachhallfreien Umgebung aufgenommen wurden. Die hier vorhandene Modulationstiefe wird zu 100 % definiert.

Kapitel 9 Beschallungstechnik, Beschallungsplanung und Simulation

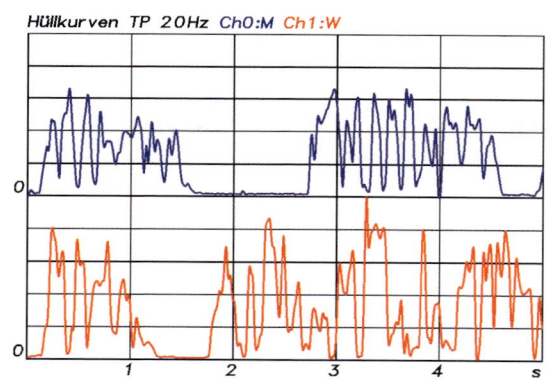

Abb. 9.34 Hüllkurven der Sprachsignale aus Abb. 9.31 gemessen mit einer Zeitkonstante von 50 ms

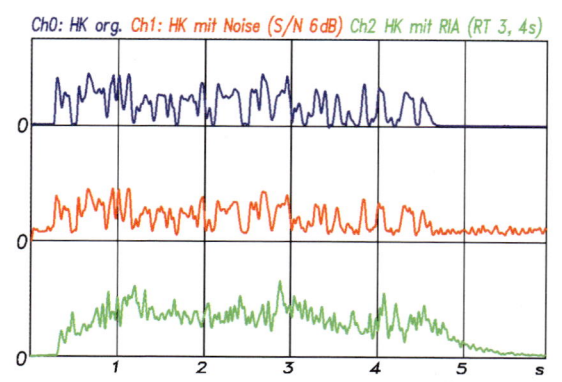

Abb. 9.35 Hüllkurven von Sprachsignalen. Oben: Originalsignal, Mitte: Mit Störsignal bei 6 dB S/N, unten: In einem Raum mit 3,4 s Nachhallzeit

Wird dieses Sprachsignal in einem Raum mit Nachhall und Störgeräuschen wiedergegeben und wieder aufgezeichnet, dann verringert sich die Modulationstiefe der Hüllkurve (Abb. 9.35). Dafür kann sowohl ein Störsignal verantwortlich sein, dessen Grundpegel leise Anteile im Sprachsignal verdeckt, als auch der Nachhall des Raumes, durch den laute Passagen in der Sprache (Vokale) die nachfolgenden leiseren Anteile (Zischlaute) verdecken und somit die Verständlichkeit herabsetzen.

Für eine vollständige *STI* Messung werden für 14 Modulationsfrequenzen zwischen 0,63 und 12,5 Hz die Modulationsverluste jeweils für die sieben Oktavbänder von 125 Hz bis 8 kHz bestimmt. Daraus entsteht eine Matrix mit 7 mal 14 sog. Modulationsindizes $m_{k,f}$ für das Oktavband k und die Modulationsfrequenz f, mit Werten zwischen 0 und 1. Die insgesamt 98 Indizes werden mit unterschiedlicher Gewichtung in einen *STI*-Wert übergeführt. Vereinfachte Verfahren wie die *RASTI* oder *STI*-PA Berechnung arbeiten nur mit 9 bzw. 14 Indizes, die die wichtigsten Frequenzbänder und Modulationsfrequenzen abdecken.

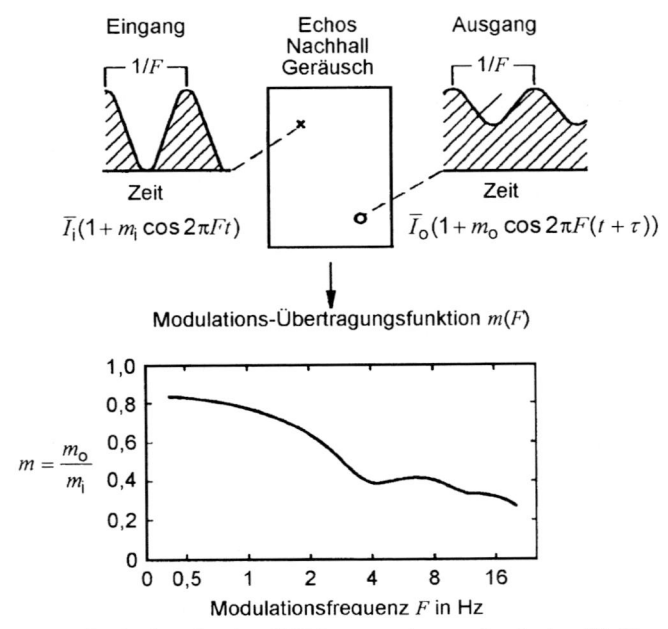

Abb. 9.36 Prinzipieller Aufbau für eine *STI* Messung mit raumakustischen Einflüssen und Störsignalen nach DIN EN 60268-16

Zur Messung des *STI* war ursprünglich für jedes Oktavband und jede Modulationsfrequenz eine Einzelmessung mit entsprechend moduliertem Rauschen vorzunehmen und der Modulationsverlust anhand der Hüllkurve des Signals auszuwerten. Der zeitliche Aufwand für die insgesamt 98 Einzelmessungen ist jedoch erheblich. Moderne *STI*-PA Messgeräte erzeugen die Signale so ineinander verschachtelt, dass alle 14 für den *STI*-PA notwendigen Indizes aus einer Messung gewonnen werden können.

Erheblich schneller ist die Berechnung der kompletten 98 Indizes aus der Impulsantwort der Übertragungsstrecke nach (Schroeder 1981). Voraussetzung ist eine Erfassung der Impulsantwort hinreichender Länge in Relation zur Nachhallzeit des gemessenen Raumes und eine ausreichende Bandbreite. Bei PC-gestützten Messsystemen wird eine Länge der Impulsantwort größer oder gleich der Nachhallzeit gewählt, eine typische Abtastrate von 48 kHz ist zur Auswertungen von Sprachsignalen mehr als ausreichend. Die Modulationsübertragungsfunktion (MTF) $m(f)$ wird nach

$$m(f) = \frac{\int_0^\infty h^2(t) e^{-j2\pi ft} dt}{\int_0^\infty h^2(t) dt} \qquad (9.28)$$

Kapitel 9 Beschallungstechnik, Beschallungsplanung und Simulation

aus der Impulsantwort $h(t)$ berechnet. Das Ergebnis kann in Form von sieben Kurven zum Verlauf der MTF für jedes Oktavband (Abb. 9.37) oder als Matrix mit 7 x 14 Indizes (Abb. 9.38) dargestellt werden.

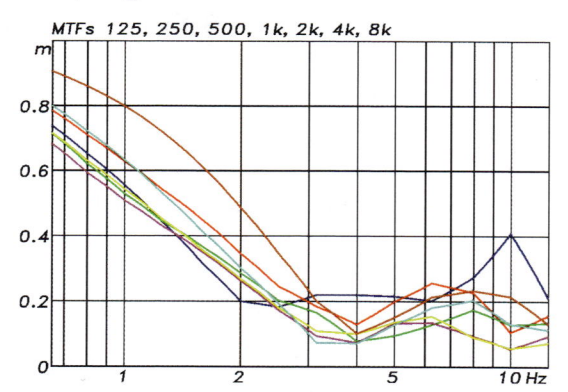

Abb. 9.37 Modulationsübertragungsfunktionen für die Oktavbänder von 125 Hz bis 8 kHz, Darstellungsbereich: 0,63 bis 12,5 Hz

Für die Messung der Impulsantworten wird vorzugsweise ein einzelner langer Sweep als Anregungssignal eingesetzt. Auf mehrere Mittelungen sollte aufgrund möglicher Zeitvarianzen verzichtet werden. Wird die Messdauer ausreichend lang gewählt, besteht zudem die Möglichkeit, Verzerrungen der Messstrecke am hinteren Ende der Impulsantwort auszublenden, was insbesondere bei typischen Raumakustikmessungen mit leistungsschwachen Dodekaeder-Lautsprechern günstig sein kann. Als grober Anhaltspunkt kann gelten, dass die Länge der erfassten Impulsantwort etwa die doppelte Länge der Nachhallzeit aufweisen sollte.

Octave band	125 Hz	250 Hz	500 Hz	1 kHz	2 kHz	4 kHz	8 kHz
m-correction	1.00	1.00	1.00	1.00	1.00	1.00	1.00
630 mHz	0.74	0.79	0.71	0.68	0.72	0.80	0.91
800 mHz	0.65	0.71	0.62	0.59	0.63	0.72	0.86
1 Hz	0.56	0.63	0.53	0.51	0.54	0.63	0.80
1.25 Hz	0.44	0.54	0.45	0.43	0.45	0.53	0.72
1.6 Hz	0.31	0.45	0.37	0.35	0.35	0.41	0.61
2 Hz	0.20	0.35	0.29	0.26	0.27	0.30	0.49
2.5 Hz	0.18	0.25	0.20	0.17	0.18	0.19	0.35
3.15 Hz	0.22	0.18	0.17	0.09	0.11	0.07	0.20
4 Hz	0.22	0.13	0.08	0.07	0.10	0.07	0.10
5 Hz	0.22	0.20	0.10	0.13	0.14	0.13	0.15
6.25 Hz	0.20	0.26	0.13	0.13	0.15	0.18	0.21
8 Hz	0.27	0.23	0.17	0.09	0.09	0.20	0.23
10 Hz	0.41	0.11	0.13	0.05	0.06	0.13	0.21
12.5 Hz	0.21	0.16	0.13	0.09	0.07	0.11	0.13
MTI	0.40	0.40	0.34	0.31	0.32	0.36	0.45

Abb. 9.38 Matrix der 7x14 Koeffizienten zur Berechnung der *STI* Werte

Bevor der *STI*-Wert aus den 98 Indizes berechnet werden kann, müssen noch der Störabstand und die pegelabhängigen Effekte der Maskierung und der absoluten Hörschwelle eingebracht werden. Nur dann, wenn die Indizes direkt mit einem modulierten Rauschen gemessen werden, das Störsignal tatsächlich während der Messung vorlag und auch der Nutzsignalpegel dem normalen Betriebszustand entspricht, kann auf eine getrennte Messung des Störabstandes für die Berechnung des *STI* verzichtet werden. Letzteres ist allerdings generell nicht zu empfehlen, da getrennte Messungen immer eine höhere Sicherheit und bessere Möglichkeiten der Ursachenforschung bieten.

Der Störabstand liegt als Pegeldifferenz von Nutz- und Störsignal in Oktavbändern vor und wird für alle 14 Indizes eines Oktavbandes bei der Berechnung des korrigierten Index m' nach (9.29) eingerechnet. Für hohe Signal-Störabstände (S/N > 15 dB) ist m' etwa gleich m, das Störsignal und wirkt sich auf den STI nicht aus. Für kleinere Signal-Störabstände (S/N < 15 dB) reduziert das Störsignal die Modulationstiefe und die Indizes der Modulationstiefe verringern sich entsprechend. Für einen Wert von +6 dB liegt der unter ansonsten optimalen Bedingungen noch zu erreichende *STI* Wert bei 0,7 (Abb. 9.39).

$$m'_{k,f} = m_{k,f} \frac{1}{1+10^{-S_k/N_k/10}} \tag{9.29}$$

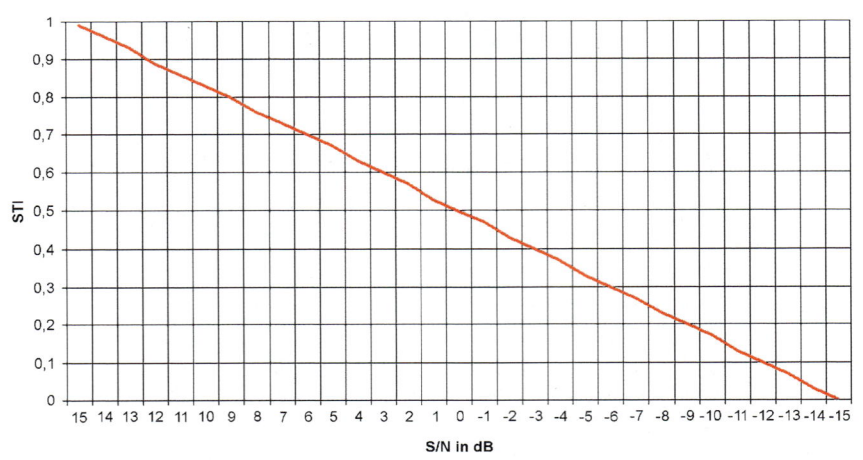

Abb. 9.39 Einfluss des Störabstandes auf den bestenfalls noch zu erreichenden *STI* Wert. Nutzsignal: Sprecher mit 65 dBA Pegel, Störsignal: Noise mit Sprachspektrum

Als zweiter Oktavbandfaktor wird ein kombinierter Wert für die Hörschwelle und die Maskierung in die Indizes eingerechnet. Berücksichtigt wird hier der Oktavbandpegel des Sprachsignals I_k in Relation zur Hörschwelle $I_{rs,k}$ und zum Pegel des für die mögliche Verdeckung relevanten, darunterliegenden Oktavbandes I_{k-1}. Ab-

Kapitel 9 Beschallungstechnik, Beschallungsplanung und Simulation 541

hängig vom Pegel im nächsttieferen Oktavband fällt der Verdeckungspegel mehr oder weniger stark ab (s. Tabelle 9.5).

$$m'_{k,f} = m_{k,f} \frac{I_k}{I_k + I_{k-1} \cdot \text{amf} + I_{\text{rs},k}} \tag{9.30}$$

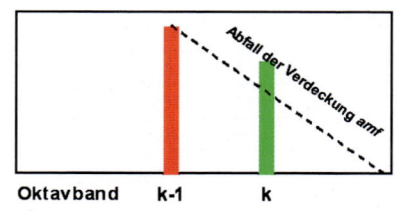

Abb. 9.40 Auswirkung der Verdeckung von einem Frequenzband auf das nächsthöhere. Der Abfall der Verdeckung (amf) ist abhängig vom Pegel im Frequenzband $k–1$.

Für den Hörschwellen- und Maskierungsfaktor lässt sich ähnlich wie für den Störabstand eine Kurve bestimmen, die anzeigt, welcher *STI*-Wert in Abhängigkeit vom Sprachsignalpegel unter ansonsten optimalen Bedingungen bestenfalls noch erreicht werden kann (Abb. 9.41).

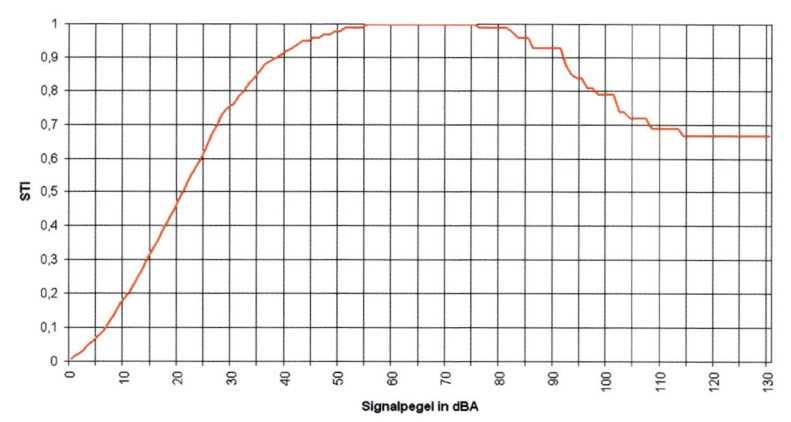

Abb. 9.41 Bestenfalls noch zu erreichende *STI*-Werte für einen männlichen Sprecher durch die Effekte der Selbstverdeckung und der Hörschwelle als ausschließliche Kriterien. Ohne Störsignal wird zwischen 55 und 75 dBA Sprachsignalpegel ein optimaler Wert erreicht.

Für kleine Sprachsignalpegel unter 50 dB(A) beginnen die ersten Oktavbänder unter die Hörschwelle zu fallen und damit zur Verschlechterung des *STI* beizutragen. Zwischen 50 und 80 dB(A) werden optimale Werte nahe 1 erreicht. Für Signalpegel oberhalb von 80 dB beginnt die Kurve wieder abzufallen. Hier kommt es bei lautem Sprachsignal zu einer Selbstmaskierung. So zieht immer dann, wenn wegen hoher Störpegel (z. B. in Sportstadien) entsprechend hohe Signalpegel erforderlich werden, eine Verbesserung des *STI* durch mehr Signalpegel zwangsläufig auch wieder eine Verschlechterung durch die Selbstmaskierung nach sich. Zwischen diesen beiden gegenläufigen Effekten muss dann ein optimaler Kompromiss gefunden werden.

Tabelle 9.3 Tabelle der Oktavbandpegel bezogen auf den A-bewerteten Langzeit Sprachpegel (Summe der A-bew. Oktavbänder = 0 dB)

Basis Daten	Einheit								
Oktavband Nr.	–	k	1	2	3	4	5	6	7
Oktavband Mittenfrequenz	Hz		125	250	500	1000	2000	4000	8000
A-Bewertung	dB		–16,1	–8,6	–3,2	0	1,2	1	–1,1
Männlicher Sprecher unbew.	dB		2,9	2,9	–0,8	–6,8	–12,8	–18,8	–24,8
Männlicher Sprecher A-bew.	dBA		–13,2	–5,7	–4	–6,8	–11,6	–17,8	–25,9
Weibliche Sprecherin unbew.	dB		–	5,3	–1,9	–9,1	–15,8	–16,7	–18
Weibliche Sprecherin A-bew.	dBA		–	–3,3	–5,1	–9,1	–14,6	–15,7	–19,1

Nachdem Störabstand und Maskierung in die Indizes eingerechnet wurden, werden diese nach (9.18) in einen Signal-Rauschabstand SNR in dB umgerechnet und anschließend nach (9.19) in den Übertragungsindex *TI* überführt. Die *TI*-Werte sind auf einen Wertebereich von 0 bis +1 limitiert, entsprechend SNR-Werten von –15 bis +15 dB.

Tabelle 9.4 Tabelle mit den männlichen und weiblichen Bewertungsfaktoren für die einzelnen Oktavbänder sowie dem Hörschwellenfaktor $I_{rs,k}$

Oktavband Nr.	–	k	1	2	3	4	5	6	7
Oktavband Mittenfrequenz	Hz		125	250	500	1000	2000	4000	8000
Oktav-Bewertungsfaktor männlich		α	0,085	0,127	0,23	0,233	0,309	0,224	0,173
Redundanzkorrektur männlich		β	0,085	0,078	0,065	0,011	0,047	0,095	0
Oktav-Bewertungsfaktor weiblich		α	0	0,117	0,223	0,216	0,328	0,25	0,194
Redundanzkorrektur weiblich		β	0	0,099	0,066	0,062	0,025	0,076	0
Hörschwelle	dB		46	27	12	6,5	7,5	8	12

Tabelle 9.5 Tabelle mit Werten des Verdeckungsabfalls von einem Oktavband auf das nächst höhere

Oktavband Pegelwert	dB		46 – 55	56 – 65	66 – 75	76 – 85	86 – 95	über 95
Abfall der Verdeckung	dB/Okt.	amf	–40	–35	–25	–20	–15	–10

Kapitel 9 Beschallungstechnik, Beschallungsplanung und Simulation

$$\text{SNR}_{k,r} = 10\log\frac{m'_{k,f}}{1-m'_{k,f}}\,\text{dB} \quad (9.31)$$

$$TI_{k,f} = \frac{\text{SNR}_{k,r} + \text{shift}}{\text{range}} \quad (9.32)$$

mit den Werten: shift = 15 dB und range = 30 dB
Aus den Übertragungsindizes $T_{ik,f}$ werden nach (9.33) für die sieben Oktavbänder die Modulations-Übertragungsindizes MTI_k berechnet:

$$MTI_k = \frac{1}{14}\sum_{f=1}^{14} TI_{k,f} \quad (9.33)$$

Diese werden abschließend für männliche oder weibliche Sprache gewichtet und mit einer Redundanzkorrektur (zweiter Summand in (9.34)) belegt, woraus nach (9.34) der *STI*-Wert gebildet wird:

$$STI = \sum_{n=1}^{7} \alpha_n \cdot MTI_n - \sum_{n=1}^{6} \beta_n \sqrt{MTI_n \cdot MTI_{n+1}} \quad (9.34)$$

Der *STI*-Wert kann nach

$$CIS = 1 + \log(STI) \quad (9.35)$$

in einen *CIS*-Wert (Allgemeine Verständlichkeitsskala) oder mit Hilfe der Farrell-Becker-Gleichung

$$Al_{\text{cons}} = 10^{\frac{1-STI}{0,45}} \quad \text{Farrell-Becker-Gleichung} \quad (9.36)$$

in einen Al_{cons}-Wert umgerechnet werden. Zur Bewertung des *STI* nach DIN EN 60268-16 s. Tabelle 9.6.

Tabelle 9.6 Zusammenhang zwischen verschiedenen Verständlichkeitsskalen (*STI*, *CIS*, Al_{cons}) und den Verständlichkeiten für Silben, Wortfolgen und Sätzen.

STI-Wert	*CIS*-Wert	Al_{cons} in %	Einstufung DIN EN 60268-16	Silbenverständ-lichkeit in %	Wortverständ-lichkeit in %	Satzverständ-lichkeit in %
0…0,3	0…0,48	100…36	schlecht	0…32	0…37	0…75
0,3…0,45	0,48…0,65	36…17	schwach	32…61	37…68	75…93
0,45…0,6	0,65…0,78	17…8	angemessen	61…85	68…88	93…98
0,6…0,75	0,78…0,87	8…3,6	gut	85…98	88…98	98…100
0,75…1	0,87…1	3,6…1	ausgezeichnet	98…100	98…100	100

Die Einstufung nach DIN EN 60268-16 ist nur ein grober Anhaltspunkt, da solche Wertungen immer nur in Zusammenhang mit der Örtlichkeit zu sehen sind. Eine Stadionbeschallung mit einem STI von 0,55 wäre bereits als „gut" einzustufen, während ein Hörsaal mit 0,55 nicht als „angemessen" bezeichnet werden kann. Für eine umfassende Bewertung der mit einer Beschallungsanlage erzielten Sprachverständlichkeit genügt es nicht, nur einige Messpositionen zu testen. Im Entwurf der VDE 0833-4 wird ein Messpunkt-Raster von 6 m x 6 m vorgeschlagen, das je nach Raumgröße angepasst werden kann. Ein Open-Air Gelände wird man eher mit einem 25 m x 25 m Raster bearbeiten, da sonst der Arbeitsaufwand zu hoch wäre. Die Mikrofonposition sollte sich bei *STI*-Messungen in Ohrhöhe befinden (stehendes Publikum: 1,7 m, sitzendes Publikum: 1,2 m) und das Messsignal sollte unter realen Bedingungen eingespeist werden: Über eine Direkteinspeisung für den Fall, dass die Anlage im Normalfall aus einem Sprachspeicher, von CD oder ähnlichem versorgt wird, über einen künstlichen Mund oder einen adäquaten Lautsprecher

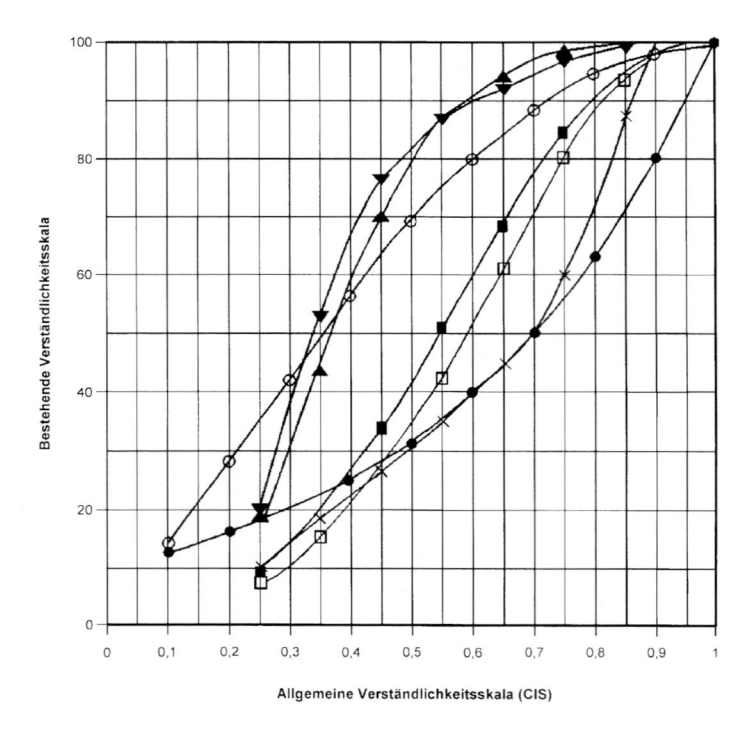

▼ Phonetisch ausgeglichene Wortfolge (256 Wörter)
▲ Kurze Sätze
○ Artikulationsverlust in Prozent für Konsonanten (100 − (% Al_{cons}))
■ Phonetisch ausgeglichene Wortfolgen (1 000 Wörter)
□ 1 000 Silben
× Artikulationsindex (AI)
● Sprachübertragungsindex (STI × 100)

Abb. 9.42 Zusammenhänge zwischen verschiedenen Verständlichkeitsskalen und Verständlichkeiten für Silben, Wortfolgen und Sätze nach VDE 0833-4

Kapitel 9 Beschallungstechnik, Beschallungsplanung und Simulation

(Breitbänder mit 10 cm Durchmesser) an einer Sprechstelle, falls diese für den zu prüfenden Betriebsfall benutzt wird.

Bei Einspeisung über ein Mikrofon ist eine mögliche Verschlechterung durch das akustische Umfeld an der Sprechstelle und durch Rückkopplungen über die Lautsprecheranlage zu bedenken. Die Wiedergabelautstärke der Sprechernachbildung ist auf 65 dB(A) in 0,5 m Entfernung einzustellen. Der Abstand zum Mikrofon sollte realitätsnah sein, d. h. in der Praxis würde man für eine Feuerwehrsprechstelle einen Abstand von 10 bis 20 cm wählen, für ein Rednerpult in einem Kongresssaal dagegen eher 0,5 bis 0,8 m.

Nach Erfassung aller n Messwerte a_i wird der arithmetische Mittelwert

$$I_{av} = \frac{1}{n}(a_1 + a_2 + ... + a_n) \tag{9.37}$$

sowie die Standardabweichung

$$\sigma = \sqrt{\frac{n \cdot \sum_1^n a_n^2 - \left(\sum_1^n a_n\right)^2}{n(n-1)}} \tag{9.38}$$

berechnet. DIN EN 60268-16 fordert für den Mittelwert I_{av} abzüglich der Standardabweichung σ einen Wert von größer gleich 0,5, d. h.

$$I_{av} - \sigma \geq 0,5 \tag{9.39}$$

Für besondere Anwendungen können auch höhere oder niedrigere Grenzwerte festgesetzt werden. Ausgehend von einer Normalverteilung (Gaußverteilung) der Messwerte bedeutet diese Forderung, dass 84 % der Messwerte oberhalb des Grenzwertes von 0,5 liegen. Für Bahnhöfe und ähnliche Anlagen werden in der Praxis Werte um 0,45 erreicht, für Sportstadien 0,45 bis 0,5 und für Konferenzräume, Hörsäle etc. Werte um 0,6. An diesem recht kleinen Wertebereich zeichnet sich die Problematik des *STI* in der Praxis ab. Geringe Schwankungen können einerseits darüber entscheiden, ob eine Beschallungsanlage eine Norm erfüllt oder nicht, andererseits gibt es gut funktionierende und verständlich klingende Anlagen mit *STI* Werten von 0,45 und sehr mäßige Anlagen mit Werten von 0,6. Ein so komplexer Sachverhalt wie die Sprachverständlichkeit kann offensichtlich nur ungenügend auf einen einfachen Einzahlwert wie den *STI* abgebildet werden, sodass im Zweifelsfall nur die Einschätzung eines Sachverständigen entscheiden kann, ob die erforderliche Sprachverständlichkeit (z. B. für Notfalldurchsagen) vor Ort tatsächlich erreicht wird.

Weitere Standards zur Messung der Sprachverständlichkeit finden sich in DIN EN 60268-16 (Objektive Bewertung der Sprachverständlichkeit durch den Sprachübertragungsindex), DIN VDE 0833-4 (Messverfahren zur Bestimmung des Sprachübertragungsindex *STI*) und DIN EN 60489 (Elektroakustische Notfallwarnsysteme).

Ein kritischer Punkt bei Messung des *STI* ist die Berücksichtigung des Publikums. In der Praxis wird meist in leeren Hallen, Stadien etc. gemessen. Gegenüber dem besetzten Zustand

- bewirkt das nicht vorhandene Publikum eine erhebliche Verlängerung der Nachhallzeit und verschlechtert damit die Sprachverständlichkeit deutlich. Dieser Effekt tritt in Kombination mit Beschallungsanlagen besonders stark auf, da die Lautsprecher nur den Publikumsbereich beschallen, wo der Schall im besetzten Zustand sehr gut absorbiert wird. Ohne Publikum trifft der Schall auf reflektierende und diffus streuende Stufen und Bestuhlungen, wodurch ein ausgeprägter und langer Nachhall entsteht, der die Sprachverständlichkeit ungünstig beeinflusst. Ausnahmen sind Theater u. ä. Spielstätten mit speziellem Gestühl, das bei hochgeklapptem Sitz das Absorptionsvermögen der Zuhörer simuliert.
- gibt es keine Störgeräusche, die sonst vom Publikum erzeugt werden. Das Störgeräusch kann jedoch nachträglich als relativer Signal/Noise Wert in die Berechnung des *STI* mit einbezogen werden (s. o.).

Wie stark sich das nicht vorhandene Publikum (respektive die Nachhallzeitverlängerung) auf den *STI*-Wert auswirkt, kann mit Hilfe von (9.40) abgeschätzt werden, welche den Einfluss von Nachhallzeit T und Signal-Störabstand S/N auf die Modulations-Übertragungsfunktion (MTF) berücksichtigt (Houtgast u. Steeneken 1980). Danach ist

$$m(F) = \frac{1}{\sqrt{1+(2\pi F \cdot \frac{T}{13,8})^2}} \cdot \frac{1}{1+10^{-(\frac{S/N}{10dB})}} \qquad (9.40)$$

F: Modulationsfrequenz

Wie stark sich die Nachhallzeit durch das Publikum verkürzt, lässt sich nach Sabine oder Eyring berechnen (vgl. Kap. 5.2.1). Da in der Theorie der Modulations-Übertragungsfunktion (MTF) von einer kugelförmig abstrahlenden Quelle ausgegangen wird, unterschätzt allerdings eine nach (9.40) berechnete Erhöhung des *STI* durch das Publikum die in der Praxis auftretende Zunahme, bei der die auf das Publikum gerichtete Abstrahlung der Lautsprecher stärker absorbiert wird. Genauere Werte liefert daher eine Computersimulation, in der das Modell zunächst an die vorhandene Messung der leeren Halle angepasst, die Publikumsflächen dann entsprechend in ihrer Absorption verändert und die Berechnung erneut durchgeführt wird. Eine weitere Möglichkeit für die Messung der Übertragungsfunktion im besetzten Zustand ist die Aufzeichnung des normalen Nutzsignals der Anlage (Sprache und Musik) am Eingang der Anlage und mit einem Messmikrofon im Publikum. Je nach Störgeräusch und Messdauer gelingt es, aus diesen beiden Signalen durch Division der komplexen Spektren die Übertragungsfunktion zu bestimmen und damit den *STI* für den besetzten Zustand zu ermitteln. Aufgrund des niedrigen Signal-Rauschabstands ist hierfür jedoch eine hohe Anzahl an Mittelungen notwendig, wodurch die Messmethode anfällig für Zeitvarianzen des Übertragungssystems wird, wie sie im Freien durch Wind, in geschlossenen Räumen durch Luftströmungen aufgrund von Temperaturunterschieden, Klimaanlagen, Lüftungen etc. gegeben sind.

9.5.6 Messung der Schleifenverstärkung

Beschallungsanlagen, bei denen sich Mikrofone und Lautsprecher in einem Raum befinden, bilden eine Rückkopplungsschleife, die zum Nachschwingen oder Pfeifen der Anlage in bestimmten Frequenzbereichen führen kann. Entscheidend dafür ist die Schleifenverstärkung, die, sobald sie sich dem Wert 1 nähert, zum Nachschwingen führt und bei Überschreitung des Wertes 1 eine Rückkopplung entstehen lässt. Wo hierbei die kritischen Frequenzen liegen bzw. welche Reserven eine Anlage bis zur Rückkopplung aufweist, lässt sich anhand einer Messung der offenen Schleifenverstärkung beurteilen. Zur Schleife gehören Mikrofone, Verstärker, Lautsprecher und die Raumübertragungsfunktion β_R vom Lautsprecher zum Mikrofon (Abb. 9.8 und Abb. 9.9).

Die Schleifenübertragungsfunktion $\mu\beta_R$ in (9.41) führt immer dann zu einem instabilen Zustand, wenn sich ihr Wert der 1 bzw. 0 dB nähert und gleichzeitig Ein- und Ausgang in Phase liegen. Zur Messung der offenen Schleifenübertragungsfunktion wird die Schleife zwischen Vor- und Endverstärker aufgetrennt, z. B. am Insert des Mikrofoneinganges am Mischpult, und mit einem Messsystem verbunden.

$$B(\omega) = A(\omega)\beta_0 + A(\omega)\beta_1\beta_2 \frac{\mu}{1-\mu\beta_R} \tag{9.41}$$

Die Messung sollte eine möglichst hohe Auflösung im Frequenzbereich bieten, um auch einzelne feine Maxima sicher zu erfassen. Abb. 9.43 (links) zeigt ein Beispiel einer solchen Messung, bei der sich die Anlage knapp vor dem Einsetzen einer Rückkopplung befand. Das Maximum der Schleifenübertragungsfunktion liegt bei 340 Hz mit einem Wert von −0,6 dB. Im normalen Betrieb führt ein solcher Wert bereits zu einem starken, nicht mehr akzeptablen Nachschwingen. Als Anhaltspunkt kann gelten, dass bei Sprache das Maximum der Schleifenverstärkung nicht über −5 dB und bei Musik nicht über −12 dB liegen sollte, bevor erste klangliche Verfärbungen durch Nachschwingen zu erkennen sind (Kuttruff u. Hesselmann 1976).

Basierend auf einer Messung der Schleifenübertragungsfunktion können Filter zur Optimierung eingestellt werden. Die Zielsetzung ist es, möglichst alle Maxima zu reduzieren und den Verlauf einzuebnen. Verschiedene Verfahren dazu sind in Abschn. 9.3.2 beschrieben.

In der durch Filtern unterschiedlicher Bandbreite bzw. Güte eingeebneten Übertragungsfunktion aus Abb. 9.43 (rechts) liegt das Maximum jetzt bei unkritischen −5,74 dB. Bei der Auswahl der Filter ist zu bedenken, dass diese Filter auch im Signalweg liegen und sich entsprechend auf das Nutzsignal auswirken. Um die Auswir-

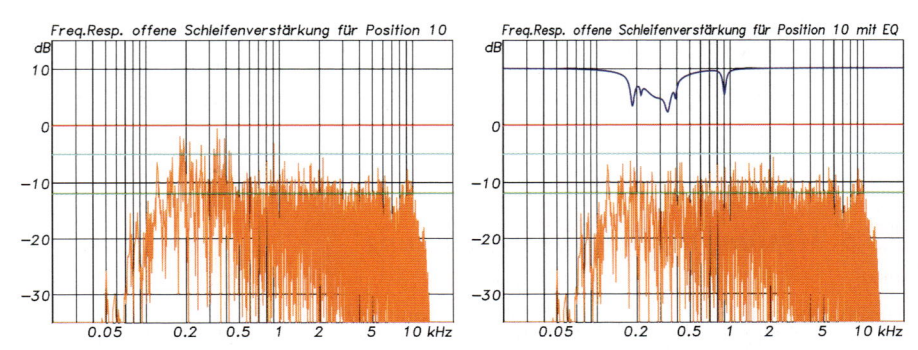

Abb. 9.43 Links: Gemessene Schleifenübertragungsfunktion einer Konferenzanlage mit einem Maximum von -0,6 dB. Rot: 0 dB-Linie als absolute Feedbackgrenze, hellblau: −5 dB-Linie als Grenzwert für Sprache, grün: −12 dB-Linie als Grenzwert für Musik. Rechts: Schleifenübertragungsfunktion mit EQ und einem Maximum von jetzt −5,74 dB. Dunkelblau: EQ-Funktion. Der Pegelverlust durch den EQ beträgt für ein A-bew. Sprachsignal 1,7 dB. Demgegenüber steht ein Gewinn an Schleifenstabilität von 5,1 dB.

kung möglichst gering zu halten, sind für einzelne Spitzen Notchfilter hoher Güte einzusetzen. Für breitbandige Überhöhungen (wie im Beispiel zwischen 150 und 450 Hz) können auch Filter größerer Bandbreite eingesetzt werden. Gut geeignet sind parametrische Equalizer mit vier oder mehr Filtern, die in der Güte, Frequenz und im Gain frei eingestellt werden können. Die häufig benutzten grafischen Terzband-Equalizer sind dagegen weniger geeignet, da ihre Filter meist zu breitbandig und zudem in der Frequenz festgelegt sind.

Unabhängig vom Filtertyp kann mit einer einfachen Berechnung der Erfolg des Filters abgeschätzt werden. In Abb. 9.43 (rechts) wird mit Hilfe des Filters ein Gewinn in der Stabilität der Schleife von 5,1 dB erzielt. Beaufschlagt man ein A-bewertetes Sprachspektrum mit dieser Filterfunktion, reduziert sich der Summenpegel um 1,7 dB. Somit bleibt in der Summe immer noch ein Gewinn von 3,4 dB.

Normen und Standards

DIN EN 60268-16 Objektive Bewertung der Sprachverständlichkeit durch den Sprachübertragungsindex
DIN VDE 0833-4 Messverfahren zur Bestimmung des Sprachübertragungsindex STI
DIN EN 60489 Elektroakustische Notfallwarnsysteme

Literatur

Ahnert W (1973) Über die Bedeutung des absoluten Maximums der Frequenzkurve für die akustische Rückkopplung, in russischer Sprache (übersetzt in Soviet Physics), Akust Zhurnal 19/1:1–8
Ahnert W (1975) Einsatz elektroakustischer Hilfsmittel zur Räumlichkeitssteigerung, Schallverstärkung und Vermeidung der akustischen Rückkopplung. Diss Techn Univ Dresden

Ahnert W, Reichardt W (1981) Grundlagen der Beschallungstechnik. Verlag Technik, Berlin
Ahnert W, Steffen F (2000) Sound Reinforcement Engineering, Fundamentals and Practice. E&FN Spon Press, London
Boner CP, Boner CR (1965) Minimizing feedback in sound systems and room ring modes with passive networks, J Acoust Soc Amer 37:131ff.
Bürck W (1938) Akustische Rückkopplung und Rückwirkung. Konrad Triltsch Verlag, Würzburg
Davis GD, Jones R (1990) The Sound Reinforcement Handbook. 2. Aufl, Hal Leonard Publishing Corporation
Goertz A (2003) Simulation und Auralisation angewandt in der alltäglichen Praxis zur Planung der Raumakustik und von Beschallungsanlagen. Fortschritte der Akustik, DAGA Aachen
Houtgast T, Steeneken HJM (1980) A physical method for measuring speech transmission quality. J Acoust Soc Amer 67/31:318–326
Houtgast T, Steeneken HJM (2002) Past, present and future of the Speech Transmission Index. TNO Human Factors
Kuttruff H, Hesselmann H (1976) Zur Klangfärbung durch akustische Rückkopplung bei Lautsprecheranlagen. Acustica 36/3:105–112
Kuttruff H, Schroeder MR (1962) On frequency response curves in rooms. J Acoust Soc Amer 34:76ff.
Kuttruff H, Thiele R (1954) Über die Frequenzabhängigkeit des Schalldruckes in Räumen. Akust Beihefte 4:614–617
Meyer J (1995) Akustik und musikalische Aufführungspraxis. Verlag Erwin Bochinsky, Frankfurt am Main
Mommertz E (1996) Untersuchungen akustischer Wandeigenschaften und Modellierung der Schallrückwürfe in der binauralen Raumsimulation. Part 1: Measurement of the random-incidence scattering coefficient in a reverberation room. Shaker, Aachen
Nyquist H (1932) Regeneration theory. Bell System Techn Journal 11:126–147
Prestigiacomo AJ, MacLean DJ (1962) A frequency shifter for improving feedback stability, J Audio Eng Soc 10:110–113
Schroeder MR (1954) Die akustischen Parameter der Frequenzkurven von großen Räumen. Akust Beihefte 4:594–600
Schroeder MR (1961) Improvement of acoustic feedback stability in P.A. systems. Proceedings of the 3rd ICA Congress, Amsterdam, S 771
Schroeder MR (1965) New method of measuring reverberation time, J Acoust Soc Amer 37:409–412
Schroeder MR (1981) Modulation Transfer functions: Definition and Measurement. Acustica 49:179–182
Waterhouse, RH (1965) Theory of howlback in reverberant rooms. J Acoust Soc Amer 37:921–923

Kapitel 10
Aufnahmeverfahren

Stefan Weinzierl

10.1 Signaleigenschaften und Kontrollinstrumente 552
    10.1.1 Aussteuerung und Pegel................................. 552
    10.1.2 Korrelation und Polarität 565
10.2 Monofone Aufnahme 569
    10.2.1 Mikrofonabstand 569
    10.2.2 Ausrichtung 570
10.3 Zweikanalstereofone Aufnahmen 571
    10.3.1 Intensitätsstereofonie 574
    10.3.2 Laufzeitstereofonie.................................... 578
    10.3.3 Äquivalenzstereofonie 582
    10.3.4 Trennkörperstereofonie 584
    10.3.5 Binaurale Aufnahme................................... 586
10.4 Mehrkanalstereofone Aufnahmen............................. 589
    10.4.1 Koinzidenzverfahren 591
    10.4.2 Laufzeitverfahren..................................... 594
    10.4.3 Gemischte Verfahren 595
10.5 Mikrofonierung und Klanggestaltung........................... 599
    10.5.1 Hauptmikrofon versus Einzelmikrofone 600
    10.5.2 Klangliche Eigenschaften von Hauptmikrofonverfahren......... 601
    10.5.3 Hauptmikrofone und Stützmikrofone....................... 603
Normen und Standards 605
Literatur.. 605

Die *Aufnahme* ist der Teil einer Audioübertragung, bei dem akustische Signale (Luftschall, Körperschall) mit Hilfe elektroakustischer Wandler in elektrische Signale umgewandelt werden. Bei stereofoner Übertragung werden die Signale bereits bei der Aufnahme mehrkanalig so kodiert, dass bei der Wiedergabe eine bestimmte klangliche und räumliche Abbildung erzielt werden kann. Die Wahl eines Aufnahmeverfahrens berührt also stets

- technische Aspekte, (Wandlung und Kodierung des Audiosignals),
- psychoakustische Aspekte (Verhältnis zwischen Signaleigenschaften und Wahrnehmung) und
- ästhetische Aspekte (Einsatz von Aufnahmeverfahren mit dem Ziel einer spezifischen Klanggestaltung).

Die Eigenschaften und Unterschiede verschiedener Aufnahmeverfahren können akustisch bzw. psychoakustisch ohne Weiteres erklärt werden. Als Erklärung für die große Vielfalt an eingesetzten Wandlertypen und Aufnahmeverfahren vor allem im Bereich der Musikproduktion kommt also nur die offensichtlich große Bandbreite klanggestalterischer Intentionen bei der Abbildung von Schallquellen in Frage. Das Kapitel gibt einen systematischen Überblick über elektroakustische Aufnahmeverfahren, ohne dass es eine Anleitung für das praktische Vorgehen bei der Aufnahme bestimmter Klangquellen geben will.

10.1 Signaleigenschaften und Kontrollinstrumente

Für die Überwachung und Beurteilung von Audiosignalen steht ein breites Spektrum von Kontrollinstrumenten zur Verfügung. Es soll einerseits den Signalverlauf in technischer Hinsicht und für die Anforderungen eines bestimmten Wiedergabeverfahrens optimieren und andererseits die letztendlich maßgebliche auditive Kontrolle durch visualisierte Messwerte bestätigen bzw. ergonomisch entlasten. Neue Übertragungssysteme, Aufnahme- und Wiedergabeverfahren mit erweitertem Dynamikbereich, höherer Kanalzahl, breiterem Frequenzspektrum und anderem Störverhalten erfordern eine ständige Anpassung der Kontrollinstrumente. Dabei geraten neue Anforderungen häufig in Konflikt mit eingespielten Verfahrensweisen bei Aufnahme, Bearbeitung und Wiedergabe. Einen Überblick über Audio-Kontrollinstrumente und deren Einsatz geben (Brixen 2001) und (Friesecke 2003).

10.1.1 Aussteuerung und Pegel

Als *Aussteuerung* bezeichnet man in der Audiotechnik eine im Hinblick auf den Übertragungskanal optimierte Einstellung des Signalpegels. Angestrebt wird dabei

- eine optimale Ausnutzung der Systemdynamik und
- eine Anpassung der Lautheit des Programminhalts, insbesondere in der Balance zu anderen Programminhalten.

Die technische Systemdynamik der Übertragungskette ist nach oben durch die Übersteuerungsgrenze und nach unten durch das Eigenrauschen des Systems begrenzt. Eine optimale Ausnutzung der Systemdynamik wird bei *Vollaussteuerung* erreicht, d. h. wenn die Obergrenze des Aussteuerungsbereichs gerade erreicht wird. Ein Überschreiten dieser Grenze wird als *Übersteuerung* bezeichnet.

Die Vollaussteuerung digitaler Systeme ist nach AES17 bei einer Signalamplitude von 0 dBFS (dB bezogen auf *Full Scale*) erreicht, die dem Maximum des darstellbaren Zahlenbereichs zugeordnet ist. Oberhalb dieser Eingangsamplitude wird der Signalverlauf abgeschnitten, dieses sog. *Clipping* induziert einen steilen Anstieg nichtlinearer Verzerrungen (Abb. 10.1). Weniger eindeutig ist die Vollaussteuerung analoger Systeme (Übertrager, Verstärker, elektroakustische Wandler, analoge Bandaufzeichnung) definiert. Analoge Systeme weisen oberhalb eines bestimmten Signalpegels meist einen allmählichen Anstieg nichtlinearer Verzerrungen auf, bedingt durch eine zunehmende Nichtlinearität der Übertragungskennlinie in diesem Bereich. Die Aussteuerungsgrenze des Systems wird dann durch die zulässigen nichtlinearen Verzerrungen definiert, wobei die Grenzwerte nicht einheitlich definiert sind. Bei Mikrofonen wird der Schalldruck, bei dem das Signal mit einem Klirrfaktor von 0,5 % (seltener: 1 %) verzerrt wird, als *Grenzschalldruck* definiert (DIN EN 60268-4). Bei magnetischer Bandaufzeichnung ist als Vollaussteuerung ein Signalpegel definiert, der am Ausgang einen Klirrfaktor von (in der Regel) 1 % entsprechend 40 dB Klirrdämpfung hervorruft (DIN 45510, Abb. 10.1). Bei Verstärkern beziehen sich die Angaben zur Aussteuerungsgrenze je nach Hersteller auf Klirrfaktoren von 0,1 bis 1 %, DIN EN 60268-3 sieht hierfür einen sog. *Nenn-Klirrfaktor* von 0,2 bis 0,25 % vor. Auch bei Lautsprechern ist die Grenze nicht einheitlich definiert. Während die Maximalbelastung von Studiomonitoren in der Praxis bei 1 bis 3 % Klirrfaktor angesetzt wird, gelten für Beschallungssysteme typische Grenzwerte von 3 % bis 10 % (vgl. Kap. 8.4.7). Wie steil nichtlineare Verzerrungen oberhalb dieser Grenze ansteigen, hängt von den eingesetzten elektrischen Schaltungen ab. So verhalten sich Röhrenverstärker „gutmütiger" als Transistoren und Operationsverstärker, die in ihrem Übersteuerungsverhalten dem Clipping digitaler Systeme ähneln. Die mit dem Sättigungsverhalten analoger Systeme wie Röhrenverstärker und analoger Bandmaschinen verbundene Kompression und ein Anstieg nichtlinearer Verzerrungen kann dabei auch als Mittel der Klanggestaltung eingesetzt werden.

Bei Rundfunkaufnahmen spricht man von Vollaussteuerung, wenn das Programm einen festgelegten Signalpegel (Rundfunknormpegel, in Deutschland 1,55 V = +6 dBu), angezeigt auf einem Spitzenspannungs-Aussteuerungsmesser mit definierten Eigenschaften nach DIN IEC 60268-10 erreicht und nur unwesentlich und selten überschreitet.

Beim Übergang vom analogen in den digitalen Bereich muss ein analoger Übernahmepegel definiert werden, der 0 dBFS auf digitaler Ebene entspricht. Da bei A/D- und D/A-Wandlern selbst hierfür kein Standard existiert (s. Kap. 17.1.3.4), wird der Übernahmepegel mit einem vorgeschalteten Analogverstärker hergestellt, mit dem professionelle Wandlersysteme im Audiobereich ausgestattet sind. Wichtig ist ein identischer Übernahmepegel bei A/D- und D/A-Wandlung, da sonst – etwa beim Abhören vor und hinter dem Wandler – unerwünschte Pegelsprünge entstehen. Dieser Übernahmepegel wird in der Praxis unterschiedlich eingestellt. Lediglich bei den Rundfunkanstalten besteht wegen des Austauschs von Programmmaterial auch über die Landesgrenzen hinweg die Notwendigkeit von einheitlichen Richtlinien. Dabei gilt in Europa für den Übernahmepegel eine Empfehlung von +18 dBu (EBU R68), in den USA +24 dBu (SMPTE RP155).

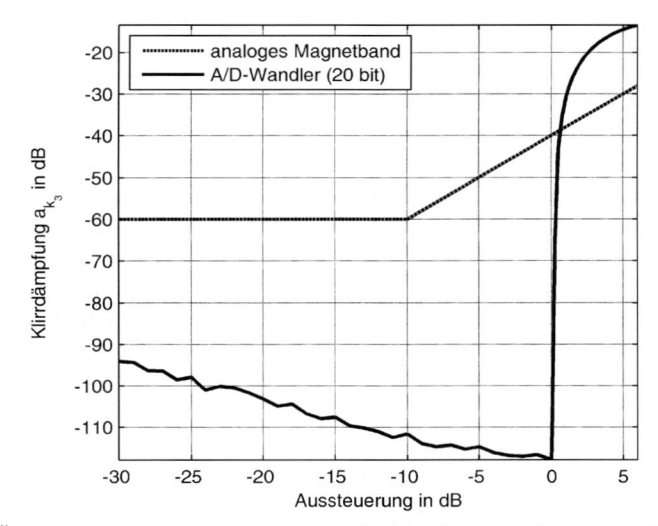

Abb. 10.1 Übersteuerungsverhalten analoger und digitaler Systeme: Abnahme der Klirrdämpfung a_{k3} für analoge, magnetische Bandaufzeichnung (schematisch) und für einen 20-bit-A/D-Wandler (Messwerte). Bereits bei einer Übersteuerung von +1 dBFS sind die Verzerrungen des digitalen Systems größer als die des analogen Systems, dessen Aussteuerungsgrenze hier bei 40 dB Klirrdämpfung entsprechend 1 % Klirrfaktor angesetzt wird.

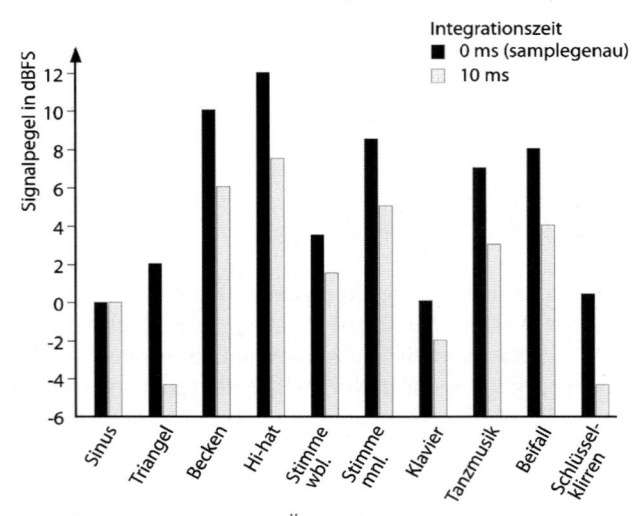

Abb. 10.2 Hörbarkeitsschwelle für digitale Übersteuerungen bei unterschiedlichen Programminhalten, angezeigt durch einen Aussteuerungsmesser mit 0 ms Integrationszeit (samplegenaue Anzeige) und 10 ms Integrationszeit, nach (Jakubowski 1984)

Kapitel 10 Aufnahmeverfahren

10.1.1.1 Eigenschaften von Aussteuerungsmessern

Aus den oben genannten Kriterien für eine gute Aussteuerung ergeben sich unterschiedliche Anforderungen an die eingesetzten Aussteuerungsmesser und ihr dynamisches Verhalten. Für eine optimale Einstellung des *Signalpegels* ist eine Anzeige mit kurzer Mittelungszeit (definiert als Integrationszeit oder Einschwingzeit, s. Tabelle 10.1) erforderlich, die auch kurzzeitige Pegelspitzen sichtbar macht, die insbesondere bei digitalen Systemen zu hörbaren Verzerrungen führen können (Abb. 10.1 und 10.2). Für eine optimale Einstellung der *Lautheit* ist eine Anzeige mit längerer Mittelungszeit geeigneter, da kurzzeitige, nicht übersteuernde Pegelspitzen für den Lautheitseindruck weitgehend irrelevant sind. Da sich die Verwendung von separaten Pegel- und Lautheitsanzeigen in der Praxis (noch) nicht durchgesetzt hat, folgen die meisten marktgängigen Aussteuerungsmesser einem Kompromiss hinsichtlich der Mittelungszeit. Sowohl der Betrag, um den der Spitzenpegel durch die Mittelung bei der Anzeige verfehlt wird, als auch die Hörbarkeit von eventuellen Übersteuerungen, ist vom Programminhalt abhängig. Für ein breites Spektrum an Programminhalten (Musik, Sprache) ergeben sich Differenzen zwischen 2 und 7 dB zwischen samplegenauer Anzeige und einer Anzeige mit 10 ms Integrationszeit, wie sie bei Spitzenspannungs-Aussteuerungsmessern (PPM) üblich ist. Gleichzeitig kann bei breitbandigen und impulshaften Signalen mit hohem Verdeckungspotential (Hi-hat, Becken, Cembalo, Applaus) ein digitales Clipping erst bei Übersteuerungen von 8–12 dB hörbar werden, während bei Klaviermusik schon geringfügige Übersteuerungen zu hörbaren Artefakten führen (Abb. 10.2).

Das Verhalten von Aussteuerungsmessern wird nach DIN IEC 60268-10, DIN IEC 60268-17 und IEC 60268-18 durch folgende Eigenschaften definiert:

Tabelle 10.1 Spezifizierte Eigenschaften von Aussteuerungsmessern

Eigenschaft	Bedeutung / Messverfahren	Standard
Bezugsanzeige	Jedes Instrument hat einen Referenzpunkt auf seiner Anzeige. Dieser Referenzpunkt ist per se keinem bestimmten Signalpegel zugeordnet, soll jedoch so gewählt sein, dass er vom Programmpegel nur selten überschritten wird.	DIN IEC 60268-10 DIN IEC 60268-17 ITU-T J.27
Bezugs-Eingangsspannung (Bezugspegel)	Effektivwert eines stationären Sinussignals von 1000 Hz, der die Bezugsanzeige ergibt.	DIN IEC 60268-10 DIN IEC 60268-17
Integrationszeit	Dauer eines Tonimpulses eines 5 kHz-Sinussignals bei Bezugspegel, die eine Anzeige 2 dB unter Bezugsanzeige ergibt.	DIN IEC 60268-10
Einschwingzeit	Zeit, in der der Zeiger bei Anlegen des Bezugspegels 99 % der Bezugsanzeige erreicht.	DIN IEC 60268-17
Rücklaufzeit	Zeit, in der die Anzeige nach dem Abschalten eines stationären Eingangssignals von der Bezugsanzeige auf einen definierten Punkt der Skala abfällt.	DIN IEC 60268-10 DIN IEC 60268-17

10.1.1.2 Peak programme level meter (PPM)

Ein Spitzenspannungs-Aussteuerungsmessgerät nach DIN IEC 60268-10 besteht aus einem Verstärker, einem Gleichrichter in Brückenschaltung (Doppelweggleichrichter), einer Integrationsschaltung und einer Anzeige. Diese kann als Drehspulmessgerät, als gestufte Anzeige mit Leuchtdioden (LEDs) oder als segmentiertes Plasma-Display ausgelegt sein (Abb. 10.3). Die Schaltung wird auch als „Quasispitzenspannungsmesser" (QPPM) bezeichnet, da zwar eine Spitzenspannung gemessen, aber nur der 0,71-fache Wert angezeigt wird. Für sinusförmige Signale entspricht dies dem Effektivwert, nicht aber bei stochastischen Signalen wie Sprache oder Musik. Um den unterschiedlichen Traditionen und Standards der europäischen Rundfunkanstalten Rechnung zu tragen, wurden in DIN IEC 60268-10 drei Typen des PPM spezifiziert mit jeweils unterschiedlichen Anzeigeskalen und unterschiedlichen Bezugspunkten, sowie leicht unterschiedlichem dynamischen Verhalten. Alle PPM-Instrumente weisen im Vergleich zu VU-Anzeigen eine kurze Integrationszeit auf. Die Rücklaufzeit muss hoch sein, damit auch kurzzeitige Spitzenpegel abgelesen werden können und das Bewegungsbild insgesamt nicht zu unruhig wird.

DIN IEC 60268-10 Typ I („DIN Skala") entspricht dem bis zum Jahr 2000 in DIN 45406 spezifizierten deutschen Aussteuerungsmesser. Bezugsanzeige ist der „0 dB"-Punkt, entsprechend einer Eingangsspannung von 1,55 V (+6 dBu). Die Skala muss mindestens einen Bereich von −40 dB bis +3 dB umfassen. Die in den skandinavischen Rundfunkanstalten übliche „NORDIC Skala" ist weitgehend mit Typ I konform, allerdings entspricht der „0 dB"-Punkt hier einer Eingangsspannung von 0,775 V (0 dBu). Typ IIa („BBC Skala") ist Standard bei Rundfunkanstalten in Großbritannien, sie hat Skalenmarkierungen von „1" bis „7" mit Abständen von 4 dB zwischen den Skalenstrichen. Der Bezugswert ist „6" und entspricht einer Eingangsspannung von 1,94 V (8 dBu). Typ IIb ist eine Variante mit zwölfteiliger Skala und Markierungen im Abstand von 2 dB mit einem Referenzpunkt von „+9 dB" entsprechend 2,18 V (ca. 9 dBu).

Bei PPM-Aussteuerungsmessern für digitale Signale kann die Integrationszeit der Anzeige meist zwischen samplegenauer Anzeige und den bei analogen Geräten üblichen 5 oder 10 ms umgeschaltet werden. Es gibt sie mit einer auf 0 dBFS bezogenen Skala mit „0 dB" als oberem Skalenende und in einer auf die Gewohnheiten der Rundfunkanstalten zugeschnittenen Version mit „+ 9dB" als oberem Ende. Diese Variante korrespondiert mit der analogen Aussteuerungspraxis, bei der „0 dB" nicht den höchstmöglichen Signalpegel markiert, sondern den angestrebten Vollaussteuerungspegel des Programms (Permitted Maximum Level, PML). Für die europäischen Rundfunkanstalten gilt hier nach EBU R68 eine Empfehlung von −9 dBFS. Da in Deutschland der analoge Vollaussteuerungspegel beim Rundfunk traditionell bei 1,55 V (+6 dBu) liegt, ergibt sich daraus ein analog/digitaler Übernahmepegel von +15 dBu für 0 dBFS. Um die Verwirrung perfekt zu machen, wird der digitale PPM-Aussteuerungsmesser auch noch mit einer dem analogen DIN-Aussteuerungsmesser entsprechenden Skala mit „+5 dB" am oberen Ende angeboten (Abb. 10.3). Hier liegt ein digital voll ausgesteuertes Signal dann bereits außerhalb der Skala.

Kapitel 10 Aufnahmeverfahren 557

Bei samplegenauer Anzeige kann meist eingestellt werden, ab welcher Anzahl aufeinander folgender Samples mit 0 dBFS eine OVER-Anzeige ausgelöst wird. Üblich sind hier Werte zwischen 1 und 10. Auch bei maximaler Empfindlichkeit (ein Sample) ist jedoch zu berücksichtigen, dass die Anzeige zwar den Spitzenwert des digitalen Signals, nicht zwangsläufig jedoch den Spitzenwert des zugehörigen analogen Signalverlaufs anzeigt, der ja zwischen zwei Abtastzeitpunkten liegen kann. Insbesondere nach einer Umtastung (sample rate conversion, SRC) kann daher auch ein zunächst mit 0 dBFS angezeigtes Signal übersteuert sein. Dies könnte mit einer „True Peak"-Anzeige nach ITU-R BS.1770 vermieden werden, die auf einer internen Überabtastung des Signals basiert. Sie hat jedoch noch keine Verbreitung gefunden.

Spitzenspannungs-Aussteuerungsmesser sind häufig mit folgenden Funktionen ausgestattet: Die *Fast*-Option verringert die Integrationszeit auf 0,1 ms, die *Peak hold* oder *Memo*-Option hält den Maximalpegel für eine einstellbare Zeit (hold) oder bis zum Zurücksetzen der Anzeige (reset), und zur Kontrolle niedrig ausge-

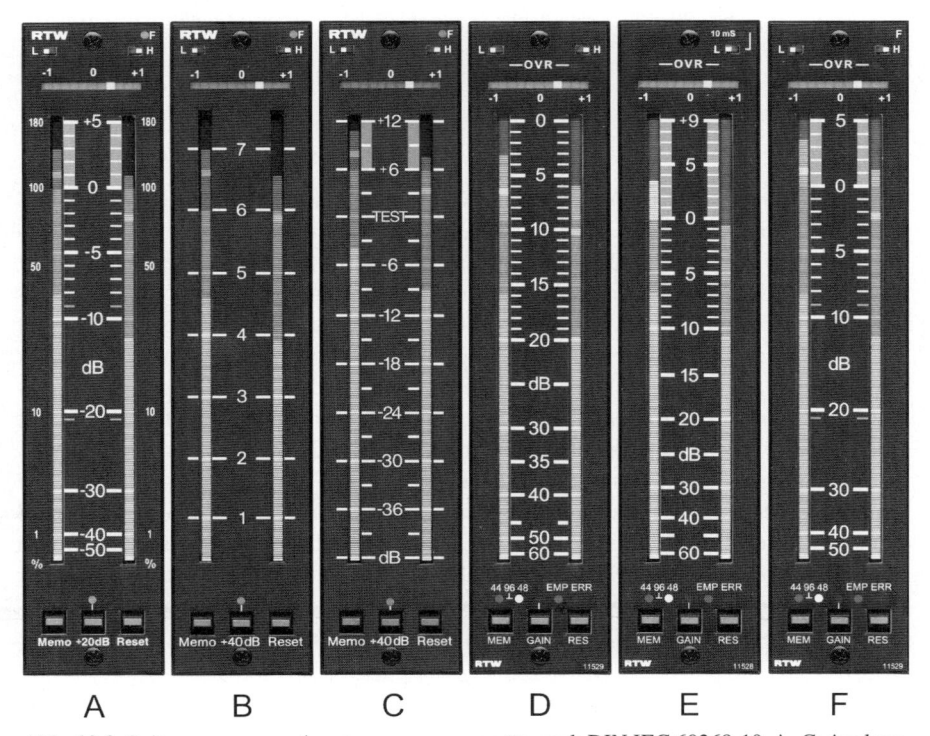

A B C D E F

Abb. 10.3 Spitzenspannungs-Aussteuerungsmessgeräte nach DIN IEC 60268-10. A–C: Analoge Aussteuerungsmesser (DIN Skala, British Skala, Nordic Skala), D: Digitaler Aussteuerungsmesser bezogen auf 0 dBFS, E–F: Digitale Aussteuerungsmesser bezogen auf 0 dB = –9 dBFS nach EBU R68. Zusätzlich zur Spitzenwertanzeige mit 10 ms (A–C) bzw. 0 ms (samplegenau, D–F) Integrationszeit wird als helligkeitsüberlagerter Balken ein Lautheitswert nach (RTW 2005) angezeigt (s. Abschn. 10.1.1.4), bei digitalen Anzeigen (D–F) wahlweise ein Lautheitswert oder ein Spitzenwert mit auf 10 ms verlängerter Integrationszeit (© RTW Köln).

steuerter Programmteile lässt sich eine Verstärkung der Anzeige um +20 oder +40 dB zuschalten (Abb. 10.3).

Tabelle 10.2 Eigenschaften von Spitzenspannungs-Aussteuerungsmessgeräten (PPM)

	DIN Skala	NORDIC Skala	British Skala	EBU Skala	Digital Peakmeter
Standard	DIN IEC 60268-10 Typ I		DIN IEC 60268-10 Typ IIa	DIN IEC 60268-10 Typ IIb	IEC 60268-18
Bezugsanzeige	„0 dB"	„0 dB"	„6"	„+9 dB"	„0dB"
Bezugsspannung	1,55 V	0,775 V	1,94 V	2,18 V	0 dBFS (Varianten s. Text)
Integrationszeit	5 ms	5 ms	10 ms	10 ms	0 ms / 10 ms (umschaltbar)
Rücklaufzeit	1,7 s (0 dB bis −20 dB)	1,7 s (0 dB bis −20 dB)	2,8 s („7" bis „1")	2,8 s („+12 dB" bis „−12 dB")	1,7 s (0 dB bis −20 dB)

10.1.1.3 VU-Meter

Das vor allem in den USA verbreitete VU (*volume unit*) Meter (die in DIN IEC 60268-17 vorgesehene Kleinschreibung „vu" hat sich in der Praxis nicht durchgesetzt) besteht – wie das PPM – aus einem Messgerät mit Doppelweggleichrichter und einem Abschwächer mit einstellbarer Dämpfung. Abhängig von der eingesetzten Gleichrichterschaltung, für die es in den Standards keine Vorgaben gibt, misst das VU-Meter einen Wert zwischen dem Gleichrichtwert und dem Effektivwert (Wilms 1977, s. Kap. 1.2.3). Die Anzeige ist jedoch so kalibriert, dass für Sinussignale (und nur für diese) der Effektivwert angezeigt wird. Das VU-Meter weist mit 300 ms eine wesentlich höhere Einschwingzeit auf als der in Europa weiter verbreitete Spitzenspannungsmesser. Die Skala umfasst einen Bereich von −20 bis +3 VU mit einer zusätzlichen Prozentskala, bezogen auf die Eingangsspannung von 1,228 V (+4 dBu), die der Bezugsanzeige von „0 VU" ohne Dämpfung entspricht. Durch die Effektivwert-Charakteristik des Gleichrichters und die lange Einschwingzeit der Anzeige kann der Spitzenpegel des angelegten Signals, abhängig von der Impulshaftigkeit des Programms, allerdings bis zu 20 dB höher liegen als der angezeigte Wert.

Würde man dies berücksichtigen, um Übersteuerungen nachfolgender (insbesondere digitaler) Übertragungsglieder zu verhindern, müsste sich die Anzeige bei der Aussteuerung von impulshaften Programminhalten stets am unteren Ende der Skala bewegen. Um dies zu vermeiden, sind manche VU-Meter mit einer einstellbaren Verstärkung (*lead*) von üblicherweise zwischen +4 und +14 dB ausgestattet, um die Anzeige wieder in die Mitte der Skala „zurückzuholen". Allerdings sind einfache VU-Meter in Mischpulten und analogen Bandmaschinen selten mit diesem

Kapitel 10 Aufnahmeverfahren 559

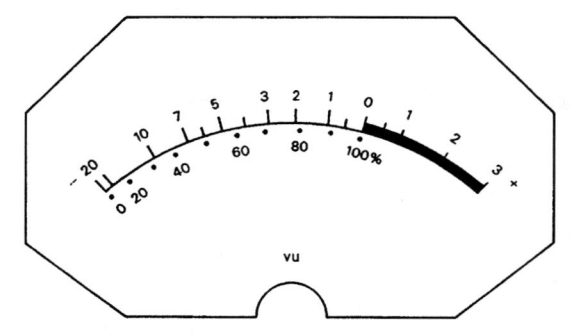

Abb. 10.4 Standard VU Display als Zeigerinstrument

Zusatz ausgestattet. Da das VU-Meter für die Aussteuerung digitaler Übertragungsstrecken wenig geeignet ist, hat es in jüngerer Zeit an Bedeutung und an Verbreitung verloren. Details zu Geschichte und Schaltungstechnik findet man bei (Ballou 2002).

10.1.1.4 Aussteuerung und Lautheit

Immer wenn durch Aussteuerung unterschiedliche Programminhalte in ein ausgeglichenes Lautheitsverhältnis gebracht werden sollen, stellt sich das Problem, dass Audiomaterial mit gleichem Spitzenpegel einen sehr unterschiedlichen Lautheitseindruck hervorrufen kann. In Abb. 10.5 ist diese Tatsache für drei kommerzielle Audioproduktionen (Sinfonische Musik, Sprache, Popmusik) mit gleichem Spitzenpegel illustriert, bei denen sich die energieäquivalenten Mittelwerte des Signalpegels nach (1.10) als ein mögliches Maß für die Lautheit des Programms um mehr als 7 dB unterscheiden. Um Lautheitssprüngen beim Wechsel von Programminhalten vorzubeugen, gelten insbesondere beim Rundfunk Aussteuerungsrichtlinien, nach denen Sprache mit einem PPM-Aussteuerungsmesser 6 dB leiser als klassische Musik, und Popularmusik 6 dB leiser als Sprache ausgesteuert werden soll (Dickreiter 1997). Da diese Werte angesichts der Vielfalt von Programminhalten nur grobe Anhaltspunkte darstellen können, und da insbesondere die häufig weitgehend automatisierten Sendeabläufe von Rundfunkstationen keine auditive Kontrolle mehr vorsehen, ist eine technische Lautheitsmessung und bei Bedarf auch Lautheitsanpassung von zunehmender Bedeutung. Die von zahlreichen kommerziellen Aussteuerungsmessgeräten angebotenen Lautheitsanzeigen basieren allerdings auf unterschiedlichen Lautheitsmodellen und liefern daher zum Teil stark abweichende Anzeigen. Einen ausführlichen Überblick über diese Varianten geben (Skovenborg u. Nielsen 2004).

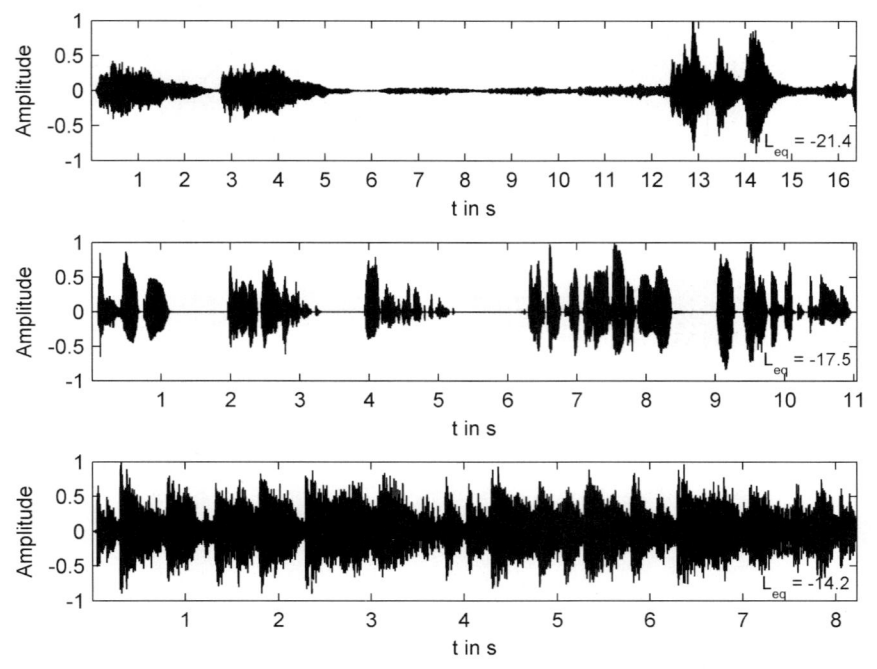

Abb. 10.5 Signalamplitude und energieäquivalenter Mittelwert L_{eq}, bezogen auf 0 dBFS, für Aufnahmen mit gleichem Spitzenpegel
Oben: Sinfonische Musik (L. v. Beethoven, *Fünfte Symphonie*, Anfang)
Mitte: Sprache (Gerd Wameling liest Fontane)
Unten: Popmusik (Prince, *Thunder*)

L_{eq}-Messungen

Ein häufig verwendeter Indikator für die Lautheit von Schallsignalen ebenso wie von breitbandigem Audiomaterial ist der über eine vorgegebene Zeitspanne T gemittelte energieäquivalente Mittelwert des Pegels L_{eq} für ein Audiosignal $x(t)$:

$$L_{eq} = 10 \log \frac{1}{T} \int_0^T \frac{x^2(t)}{x_{ref}^2(t)} \, dt \qquad (10.1)$$

Der Mittelungspegel L_{eq} kann dabei auf eine vorgegebene Signalamplitude x_{ref} bezogen werden. Unabhängig von der zeitlichen Mittelung können zur Berücksichtigung der frequenzabhängigen Empfindlichkeit des Gehörs verschiedene Bewertungsfilter zum Einsatz kommen (Abb. 10.6): Dazu gehört die bei akustischen Geräuschmessungen meist verwendete A-Kurve und die für höhere Schallpegel vorgesehenen B- und C-Kurven nach DIN EN 61672 sowie die für Störspannungsmessungen in der Tontechnik ursprünglich in CCIR 468-3 spezifizierte und in DIN

Kapitel 10 Aufnahmeverfahren 561

45405 übernommene „CCIR-Kurve", die in modifizierter Form von der Fa. Dolby unter der Bezeichnung L_{eq}(M) auch für Lautheitsbestimmungen im Kinoton genutzt wird (M für *movie*, vgl. Abschn. 21.3.2). Dazu kommt eine in Zusammenhang mit ITU-R BS.1770 spezifizierte sog. RLB-Kurve (Soulodre u. Norcross 2003, s. Abb. 10.8) als Kompromiss zwischen der B- und C-Kurve.

Bei L_{eq}-Messungen muss stets ein Zeitfenster vorgegeben werden, für das die Berechnung nach (10.1) dann einen Einzahlwert als Maß für die Lautheit des Segments liefert.

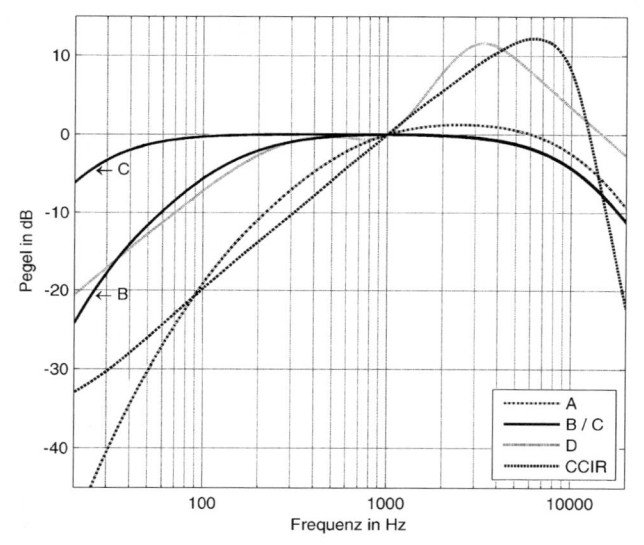

Abb. 10.6 Frequenz-Bewertungsfilter zur Lautheitsbestimmung von Audiosignalen

PPM- oder VU-Messungen

Auch das Ausgangssignal eines Spitzenspannungs-Aussteuerungsmessers (PPM) kann mit einer Frequenzbewertungskurve gewichtet werden. So verwendet die Lautheitsanzeige der Fa. RTW (in Abb. 10.3 angezeigt durch den hellbeleuchteten Teil des Aussteuerungsbalkens) ein PPM mit gegenüber den üblichen 10 ms verlängerter Integrationszeit und einer eigenen Frequenzbewertungskurve, die ausgehend von der 80 dB-Isophone nach ISO/R26 durch Hörversuche optimiert wurde (RTW 2005). Das Loudness Meter der Fa. Dorrough entspricht einer VU-Anzeige mit einer auf etwa das Doppelte verlängerten Mittelungszeit ohne Frequenzbewertung. Um aus den so gewonnenen Zeitsignalen einen Mittelwert für vollständige Programmsegmente zu gewinnen, kann eine Häufigkeitsanalyse der Pegelwerte durchgeführt werden.

Hierbei fanden Spikofski u. Klar (2004) eine optimale Korrelation von im Hörversuch ermittelten Lautheitsangaben mit dem Pegelperzentil L50, d. h. dem mit einem Spitzenspannungs-Aussteuerungsmessgerät (PPM) ermittelten Pegel, der während 50 % der Analysedauer überschritten wurde (Abb. 10.7). Hierfür war eine

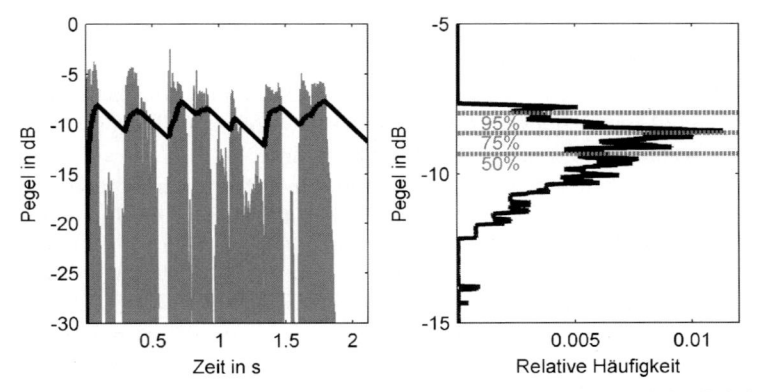

Abb. 10.7 Lautheitsbestimmung auf Grundlage von PPM-Pegelperzentilen. Links: Zeitsignal (grau) und PPM-Signalverlauf mit 10 ms Integrationszeit (schwarz) für ein Sprachsignal. Rechts: Relative Häufigkeit der PPM-Werte und Pegelperzentile L50, L75 und L95

Analysedauer von mindestens 3 s erforderlich. Dieses am Institut für Rundfunktechnik (IRT) entwickelte und als „IRT Lautheit" bezeichnete Verfahren ist in einigen Aussteuerungsmessern (Pinguin Audio Meter Software) implementiert, konnte sich im Rahmen der internationalen Standardisierung durch die ITU (s.u.) aber nicht durchsetzen.

Zwicker-Modelle

Einige inzwischen auch als Echtzeit-Implementierungen vorliegende Verfahren (Hansen 1996) beruhen auf dem Zwickerschen Lautheitsmodell (Kap. 2.2.4.3) und summieren die in einzelnen Frequenzgruppen bestimmten Teillautheiten zu einer Gesamtlautheit, die Maskierungseffekte zwischen den Frequenzbändern berücksichtigt. Während das Zwicker-Verfahren ursprünglich nur für stationäre Signale vorgesehen war, berücksichtigen neuere Algorithmen, die zum Teil FFT-basiert, zum Teil Filterbank-basiert arbeiten, auch Vor- und Nachverdeckungseffekte (Skovenborg u. Nielsen 2004), wie sie bei impulshaftem Audiomaterial von Bedeutung sind.

Lautheitsmessung bei mehrkanaligem Audiomaterial nach ITU-R BS.1770

Insbesondere beim Rundfunk (Hörfunk und Fernsehen) ist die Lautheitsanpassung ein vordringliches Problem, da Lautheitssprünge zwischen verschiedenen Sendern, aber auch innerhalb eines Senders zwischen verschiedenem Programmmaterial (Wort/Musik), oder bei eingeschobenen, durch starke Kompression bereits lautheitsmaximierten Werbeblöcken, von den Hörern als besonders störend empfunden werden. Eine von der International Telecommunication Union (ITU) im Jahr 2002 eingesetzte Arbeitsgruppe führte daher eine Reihe von Hörversuchen zur Korrela-

Kapitel 10 Aufnahmeverfahren

tion von empfundener Lautheit mit einer Auswahl verschiedener technischer Lautheitsmaße durch, wobei typisches Programmmaterial im Rundfunk (Sprache, Musik) als Teststimulus diente (Soulodre 2004). Hierbei ergab sich eine maximale Übereinstimmung zwischen perzeptiv und technisch bestimmter Lautheit für eine L_{eq}-Messung mit einer Frequenzbewertung anhand einer sog. RLB-Kurve (für *revised low-frequency B-curve*, Abb. 10.8). Überraschenderweise lieferten die in der Berechnung weitaus komplexeren Zwicker-Modelle hier die schlechteste Übereinstimmung. In der 2006 veröffentlichten Empfehlung ITU-R BS.1770 kommt daher eine L_{eq}(RLB)-Messung zu Einsatz. Bei der Lautheitsberechnung mehrkanaliger Signale werden die Kanalsignale mit einem Vorfilter beaufschlagt, das eine am Frequenzgang des Schalldrucks auf der Oberfläche einer schallharten Kugel (als Modell für den Kopf des Hörers) orientierte Frequenzbewertung des einfallenden Schalls vornimmt (Abb. 10.8, vgl. Abb. 7.23).

Für die durch beide Filterkurven bewerteten Kanalsignale y_i wird analog zu (10.1) ein quadratischer Mittelwert z_i gebildet mit

$$z_i = \frac{1}{T}\int_0^T y_i^2 \, dt \qquad (10.2)$$

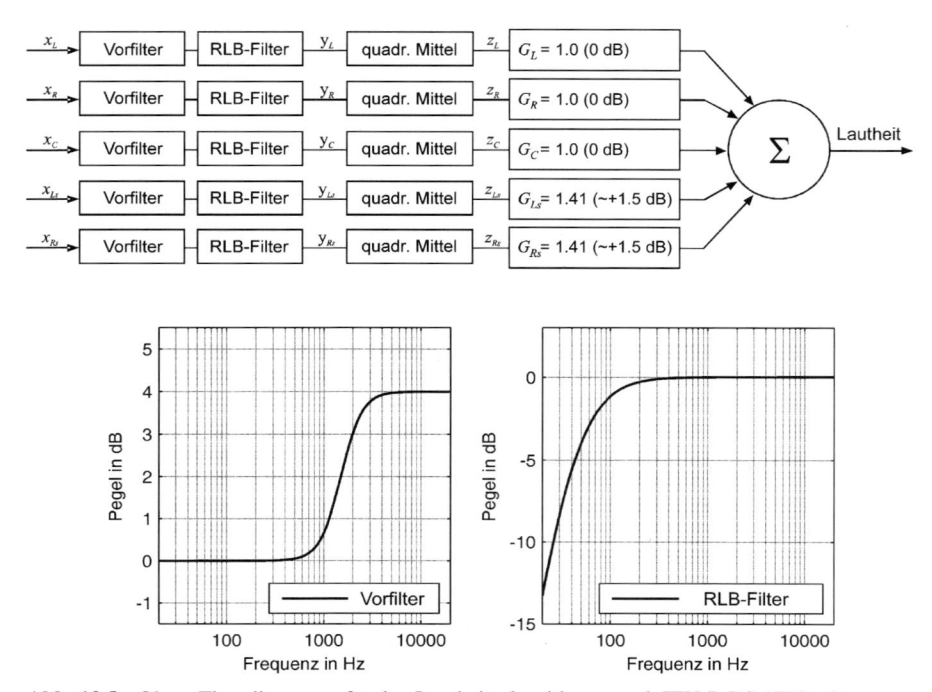

Abb. 10.8: Oben: Flussdiagramm für den Lautheitsalgorithmus nach ITU-R BS.1770 mit unterschiedlichen Gewichtungsfaktoren G_i für die Frontkanäle (L, R, C) und die Surroundkanäle (LS, RS). Unten: Frequenzbewertung durch das Vorfilter und das RLB-Filter

Die Gesamtlautheit wird als Leistungssumme der Einzelkanäle berechnet, wobei die Surround-Kanäle um den Faktor 1,41 (+1,5 dB) höher bewertet werden, da rückwärtig einfallender Schall, vor allem im für Sprache wichtigen mittleren Frequenzbereich, im Mittel lauter wahrgenommen wird als frontal einfallender Schall (vgl. Abb. 1.8 und Abb. 2.9). Die Gesamtlautheit ergibt sich somit durch

$$\text{Lautheit} = -0,691 + 10\log_{10} \sum_{i=1}^{N} G_i \cdot z_i \qquad (10.3)$$

Die Konstante von −0,691 dB wurde so gewählt, dass ein 1 kHz-Sinussignal auf einem der drei Frontkanäle zu einer Lautheit von −3 dB führt. Auch wenn die so berechneten Lautheitswerte insgesamt sehr hoch mit den von Versuchspersonen angegebenen Lautheiten korrelieren, können für bestimmte Programminhalte immer noch Abweichungen von bis zu 5 dB auftreten (Abb. 10.9). Es bleibt daher abzuwarten, inwieweit dieses, durch ein digitales IIR-Filter 2. Ordnung für die Frequenzbewertung leicht zu implementierende Verfahren in Hörfunk und Fernsehen in Zukunft zu einer ausgeglicheneren Lautheit beitragen kann.

Auch in der Tonträgerproduktion wird bei Kompilationen von unterschiedlichem Material meist auf ausgeglichene Lautheit geachtet: Das Medium (die CD, DVD) insgesamt wird zwar vollausgesteuert, nicht aber jeder einzelne Titel. Allerdings ist die Firmenphilosophie hier nicht einheitlich und man findet bei Programmmaterial mit hoher Lautheit (Cembalo) vereinzelt auch ganze Tonträger unter Vollaussteuerung.

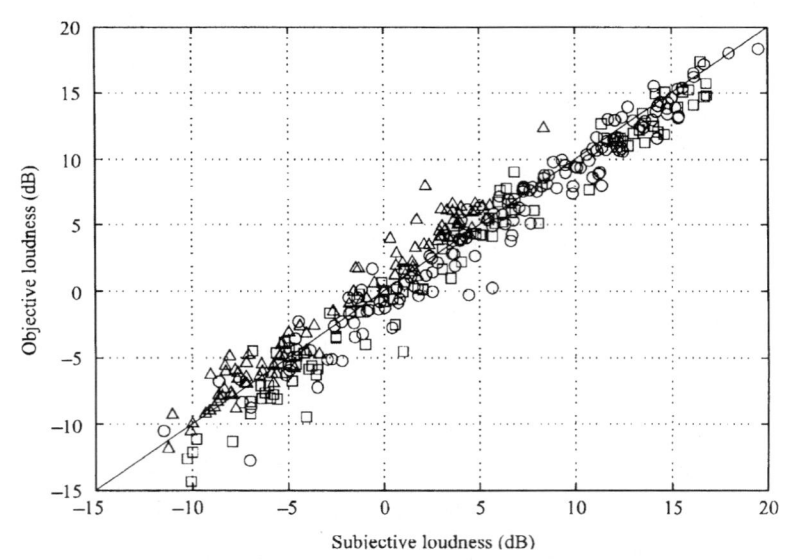

Abb. 10.9 Korrelation von im Hörversuch bestimmter Lautheit mit technisch ermittelter Lautheit nach dem L_{eq}(RLB)-Verfahren für verschiedene Datensätze (verschiedene Symbole) mit monofonem, stereofonem und mehrkanaligem Audiomaterial und typischen Rundfunk-Programminhalten, nach (Soulodre 2004)

Kapitel 10 Aufnahmeverfahren

10.1.2 Korrelation und Polarität

10.1.2.1 Korrelationsgradmesser

Die *Korrelation* wird in der Statistik ebenso wie bei der Beschreibung von statistischen Signalen als Maß für die Ähnlichkeit zweier Signale benutzt (Girod et al. 2003). In der Audiotechnik ist allerdings häufig nicht eindeutig definiert, was gemeint ist, wenn von *korrelierten* oder *unkorrelierten* (auch: *dekorrelierten*) Signalen die Rede ist. Die Anzeige des als Kontrollinstrument verbreiteten Korrelationsgradmessers lässt sich als normierte Kurzzeit-Kreuzkorrelation zwischen linkem und rechtem Kanal eines Stereosignals interpretieren. Dabei gilt

$$r = \frac{\int_0^T x_L x_R \, dt}{\sqrt{\int_0^T x_L^2 \, dt \int_0^T x_R^2 \, dt}} \quad (10.4)$$

x_L: Signal linker Kanal
x_R: Signal rechter Kanal

Die Werte für den Korrelationsgrad r liegen somit zwischen -1 und $+1$. Für identische Signale x_L und x_R ist $r = 1$, für identische Signale mit vertauschter Polarität (gegenphasige Signale) ist $r = -1$. Die schaltungstechnische Realisierung des Korrelationsgradmessers hat sich seit seiner Einführung in der Frühzeit stereofoner Übertragung kaum verändert (Ribbeck u. Schwarze 1965). Ein Prinzipschaltbild zeigt Abb. 10.10. Um eine vom Signalpegel unabhängige Anzeige zu erhalten, werden beide Kanäle stark limitiert, sodass Pegelschwankungen zwischen -30 dB und $+10$ dB ohne Einfluss auf die Anzeige bleiben. Ein Ringmodulator multipliziert die vom Begrenzer gelieferten Rechtecksignale.

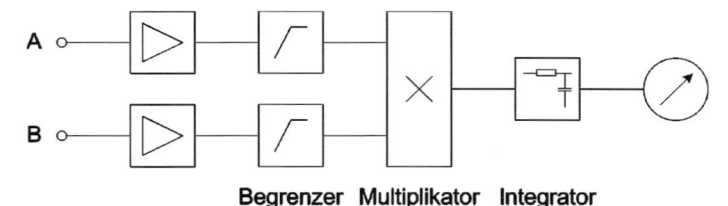

Abb. 10.10 Korrelationsgradmesser: Prinzipschaltbild (oben) und Anzeige (unten, © RTW Köln)

Für stark limiterte und damit annähernd rechteckförmige Signale ist der Korrelationsgrad somit nichts anderes als ein Maß für die mittlere Polaritätsbeziehung der Signale, d. h.

$$r = \frac{T_1 - T_2}{T_1 + T_2} \qquad (10.5)$$

T_1: Zeit, in der x_L und x_R gleiches Vorzeichen haben
T_2: Zeit, in der x_L und x_R ungleiches Vorzeichen haben

Wenn x_L und x_R stets gleiche Polarität aufweisen, ist $r = 1$, für stets ungleiche Polarität ist $r = -1$. Für unkorrelierte Signale mit zufälliger Polaritätsbeziehung ist $r = 0$. Die Integrationszeit T wird schaltungstechnisch auf Werte zwischen 0,5 und 1 s eingestellt, um ein ruhiges Bewegungsbild des Korrelationsgradmessers zu erreichen. Digitale Korrelationsgradmesser simulieren durch einen geeigneten Algorithmus das Verhalten der analogen Schaltung, um eine konsistente Anzeige zu gewährleisten.

Für sinusförmige Signale, allerdings nur für diese, gibt r den Cosinus der Phasendifferenz φ zwischen linkem und rechtem Kanal an, d. h.

$$r = \cos\varphi \qquad (10.6)$$

Hier entspricht $r = 1$ einer Phasendifferenz von 0°, $r = 0$ einer Phasendifferenz von 90° und $r = -1$ einer Phasendifferenz von 180°. Für Audiosignale mit statistischem Charakter hat die aus (10.6) abgeleitete, stationäre Phasendifferenz allerdings keine Bedeutung.

In der Frühzeit der Stereofonie und in der Schallplattenfertigung war eine Anzeige der Polarität unverzichtbar, da tieffrequente gegenphasige Signale auf einer LP einen unzulässig tiefen Rillenschnitt erzeugt hätten. Beim Rundfunk wurde aus Gründen der Mono-Kompatibilität überwiegend mit koinzidenten Aufnahmeverfahren gearbeitet. Hier ergibt sich für Einzelschallquellen stets ein Korrelationsgrad von $r = 1$, da die Pegelunterschiede zwischen den Kanälen durch den Begrenzer ausgeglichen werden, und das Signal phasengleich auf beiden Kanälen vorliegt. Zwei Schallquellen, von denen eine überwiegend auf dem linken, die andere überwiegend auf dem rechten Kanal repräsentiert ist, liefern ein weitgehend unkorreliertes Signal mit $r = 0...1$. Ein Wert von $r < 0$ war somit stets ein Warnsignal, da es entweder eine elektrische Verpolung eines Kanals angezeigt hat oder eine Schallquelle, die sich im gegenphasigen Bereich eines Mikrofons (etwa im rückwärtigen Teil eines Achter-Mikrofons) befindet. Stereosignale mit stark gegenphasigen Anteilen sind nur eingeschränkt monokompatibel, da bei der Addition beider Kanäle, die zur Bildung eines Monosignals notwendig ist, frequenzabhängige Auslöschungen auftreten, die als kammfilterartige Verzerrungen vor allem im tieffrequenten Bereich deutlich hörbar sein können. Im Bereich von Rundfunk und Fernsehen, wo mit einer großen Zahl monofoner Wiedergabegeräte gerechnet werden

Kapitel 10 Aufnahmeverfahren 567

muss, wird auch heute noch darauf geachtet, dass der Korrelationsgrad nicht über längere Passagen im negativen Bereich liegt. In der Tonträgerproduktion hat die Anzeige an Bedeutung verloren.

10.1.2.2 Vektorskop

Eine Anzeige der Polaritätsbeziehung von Stereosignalen gewinnt man auch durch das *Vektorskop* (auch *Stereosichtgerät* oder *Goniometer*). Dabei handelt es sich um ein um 45° gedrehtes Oszilloskop, bei der ein Signal mit positiver Polarität im linken Kanal eine Auslenkung nach links oben, ein Signal mit positiver Polarität im rechten Kanal eine Auslenkung nach rechts oben bewirkt. Die Position des Leuchtpunkts ergibt sich somit als Vektoraddition der beiden Kanalsignale. Aufgrund der Nachleuchtzeit der Anzeige (bei älteren Geräten ein Kathodenstrahlschirm, bei neueren Geräten ein TFT-Display) werden Wechselspannungen als geschlossene Linien um oder durch den Ursprung abgebildet. Stereosignale mit überwiegend gleicher

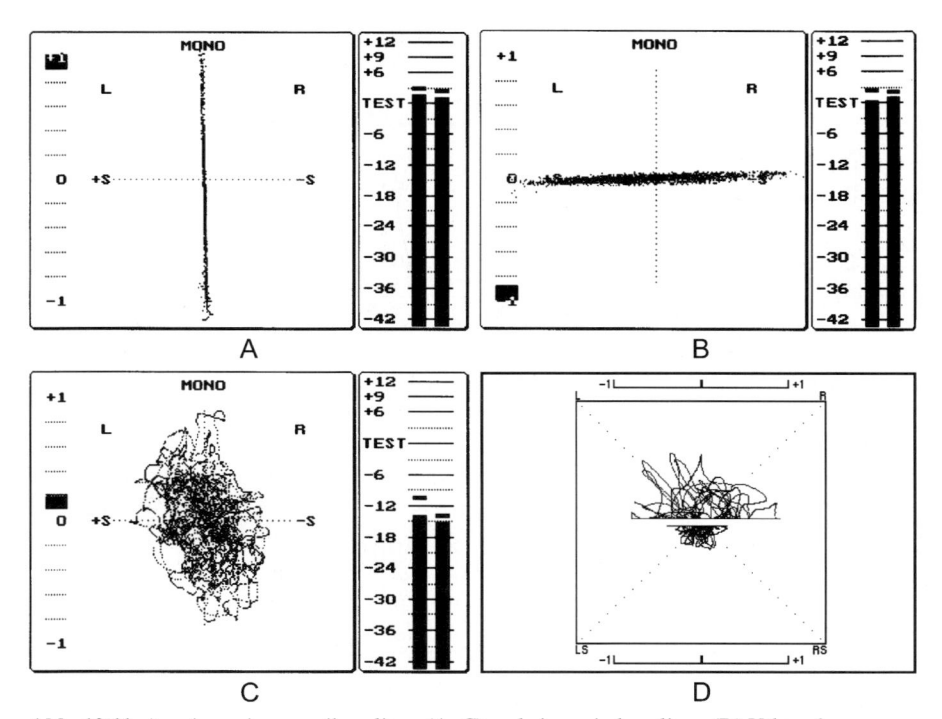

Abb. 10.11 Anzeigen eines zweikanaligen (A–C) und eines vierkanaligen (D) Vektorskops
A: Zwei identische Signale (Mono)
B: Zwei identische Signale mit ungleicher Polarität
C: Stereosignal mit überwiegend gleichphasigen Anteilen (monokompatibel)
D: Vierkanaliges Vektorskop mit geteilter Anzeige für Front- und Surroundkanäle
(© DK-Audio A/S, RTW Köln)

Polarität erscheinen zur vertikalen Mittelachse hin zentriert, Stereosignale mit überwiegend gegensätzlicher Polarität erscheinen zur Horizontalachse zentriert. Zur Anzeige der Polaritätsbeziehung vierkanaliger Signale kann jeweils eine Hälfte der Anzeige abgeschnitten werden, da die meisten Audiosignale symmetrische Wellenformen besitzen und somit jeweils eine Hälfte der Anzeige redundant ist (Abb. 10.11).

10.1.2.3 Surround-Sichtgeräte

Eine kombinierte Darstellung von Signalpegel und Korrelationen für mehrkanalige Signale liefert ein Surround-Sound-Analyzer (Abb. 10.12). Aus der Form eines Vielecks, an dessen Ecken die Wiedergabekanäle liegen, kann man die Pegel der einzelnen Kanäle und die Korrelationen zwischen benachbarten Kanälen ablesen. Der Abstand der Eckpunkte vom Ursprung gibt den Signalpegel des Kanals an. Die Form der Verbindungslinie zwischen den Kanälen zeigt den Korrelationsgrad an: Eine gerade Linie steht für eine Korrelation von 0, eine nach außen geknickte Linie für eine positive und eine nach innen geknickte Linie für eine negative Korrelation.

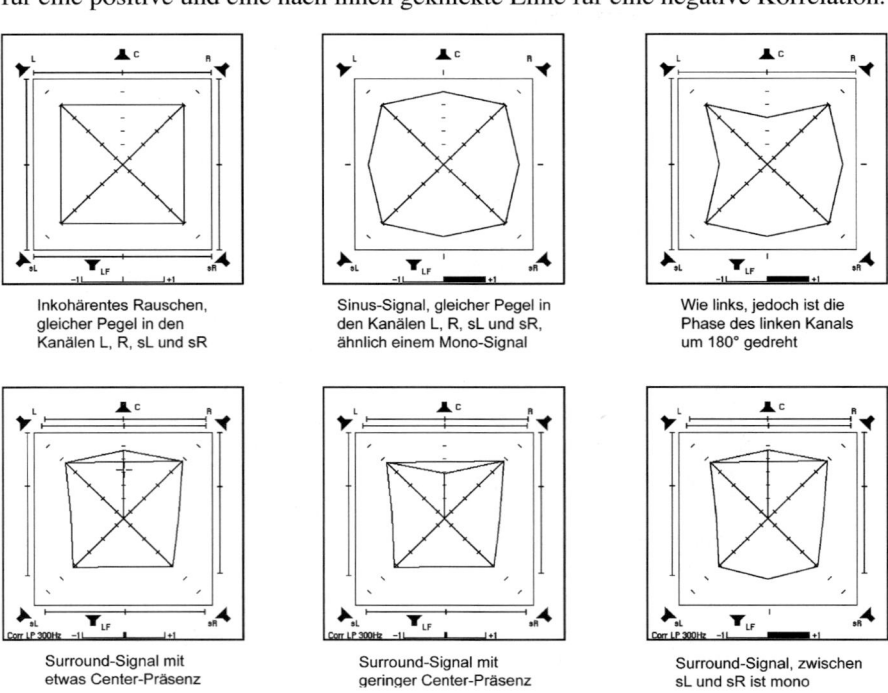

Abb. 10.12 Darstellung verschiedener Signalbeziehungen (Pegel, Korrelation) für vierkanalige (oben) und fünfkanalige (unten) Signale mit einem Surround-Sound-Analyzer (© RTW Köln)

10.2 Monofone Aufnahme

Der Begriff *monofone Aufnahme* steht für die einkanalige Kodierung von Schallquellen, d. h. für eine Aufnahme, bei der Schallquellen ausschließlich oder ganz überwiegend einkanalig (d. h. in der Regel: mit einem Mikrofon) aufgenommen werden. Dies sagt noch nichts über das nachgeordnete Wiedergabeverfahren aus. Eine monofone Aufnahme kann stereofon wiedergegeben werden, etwa durch Zuordnung zu mehreren Wiedergabekanälen mit dem Panorama-Potentiometer, ebenso kann eine stereofone Aufnahme monofon wiedergegeben werden. Bei stereofonen Aufnahmen werden die Laufzeit- und Pegeldifferenzen zwischen mehreren Mikrofonen bzw. mehreren Kanälen bewusst zur Kodierung der räumlichen Eigenschaften der Schallquelle eingesetzt. Bei monofonen Aufnahmen dagegen ist jeder Schallquelle zunächst ein Mikrofon bzw. ein Übertragungskanal zugeordnet; die Klangbalance und die räumliche Abbildung erfolgt bei der Mischung. Als Freiheitsgrade bei der Aufnahme stehen somit neben der Auswahl des Mikrofon-Typs mit dem ihm eigenen richtungsabhängigen Frequenzgang nur sein Abstand und seine Ausrichtung relativ zur Schallquelle zur Verfügung. Bei überwiegend jeweils monofoner Aufnahme von mehreren Schallquellen spricht man auch von *Einzelmikrofonie* oder *Polymikrofonie*.

10.2.1 Mikrofonabstand

Der Abstand zwischen Schallquelle und Mikrofon ist ein wichtiges Element der Klanggestaltung bei der Aufnahme. Bei Schallquellen mit allseitiger Abstrahlung – die meisten natürlichen, akustischen Quellen wie Musikinstrumente oder Sprecher können näherungsweise so behandelt werden – nimmt der Freifeldanteil im Schallfeld (Direktschall) mit 6 dB pro Entfernungsverdopplung ab. Mit zunehmender Entfernung von einer Schallquelle im Raum liefert somit der im idealisierten Schallfeld eines Raums überall gleiche Diffusfeldpegel einen zunehmenden und jenseits des Hallabstands einen dominierenden Beitrag zum Schallfeld der Quelle (Abb. 5.1). Damit ändert sich nicht nur die Räumlichkeit des vom Mikrofon aufgenommenen Klangbilds sondern auch die Klangfarbe. Der Frequenzgang einer im Diffusfeld aufgenommenen Schallquelle weist aus drei Gründen eine Höhendämpfung auf. Zum einen führt die Luftabsorption, die bei Frequenzen oberhalb von 8 kHz eine Dämpfung von etwa 10 dB für einen Laufweg von 100 m bewirkt (ISO 9613-1), zu einer Höhendämpfung der mehrfach reflektierten, diffusen Schallanteile im Raum. Zum anderen bewirkt auch die bei Reflexionen wirksame Absorption der Wände meist eine mehr oder weniger stark ausgeprägte Höhendämpfung. Und schließlich erreichen diffuse Schallanteile das aufnehmende Mikrofon aus Einfallsrichtungen, für die es aufgrund seines richtungsabhängigen Frequenzgangs eine empfangsseitige Dämpfung hoher Frequenzanteile aufweist. Alle Faktoren gemeinsam bewirken in der Regel eine mit dem Abstand von der Schallquelle zunehmende

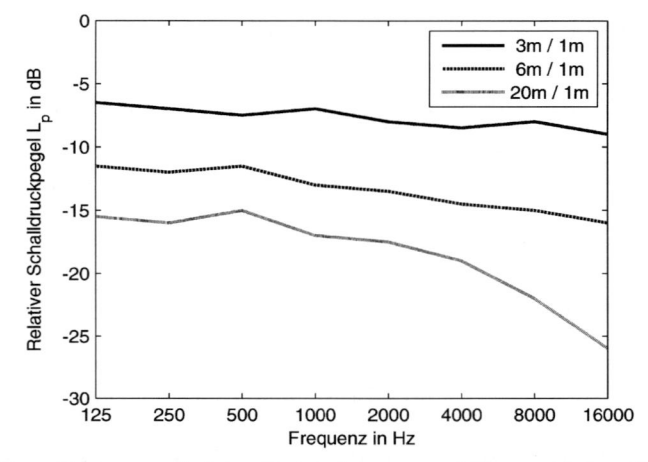

Abb. 10.13 Raumübertragungsfunktion (Betragsfrequenzgang) für verschiedene Abstände (3 m, 6 m, 20 m) zwischen Quelle (Lautsprecher) und Empfänger (Mikrofon), jeweils bezogen auf den Verlauf in 1 m Entfernung und in Oktavbändern gemittelt. Gemessen im Audimax der TU Berlin ($V = 8700$ m^3, $T_{mid} = 2$ s, Hallabstand für die verwendete Quelle: $r_H \approx 6$ m, Raummodell s. Abb. 1.9)

Höhendämpfung für den am Mikrofon wirksamen Frequenzgang einer Schallquelle im Raum (Abb. 10.13).

Dieser Höhendämpfung für diffuse Schallanteile kann durch die Verwendung von diffusfeldentzerrten Druckempfängern mit einer typischen Anhebung von 6–8 dB im Bereich von 8–10 kHz entgegengewirkt werden, oder durch eine elektrische Entzerrung des Signals, die den Höhenabfall kompensiert.

Eine weitere spektrale Besonderheit tritt in unmittelbarer Nähe von Schallquellen auf, allerdings nur bei Mikrofonen, die als Gradienten- oder Schnelleempfänger wirken. Hier führt die überproportionale Zunahme des Druckgradienten bzw. der Schallschnelle im Nahfeld von Schallquellen mit allseitiger Abstrahlung zu einer Anhebung tiefer Frequenzen (vgl. Abb. 1.18 und Abb. 7.21). Die durch diesen sog. Nahbesprechungseffekt bedingte Betonung tiefer Frequenzanteile wird vor allem in der Popularmusik häufig bewusst eingesetzt, um das klangfarbliche „Volumen" und die sonoren Klanganteile insbesondere bei weiblichen Gesangsstimmen zu betonen. Soll diese Überbetonung tiefer Frequenzanteile vermieden werden, muss bei geringen Mikrofonabständen mit einer elektrischen Bassabsenkung entzerrt werden.

10.2.2 Ausrichtung

Nicht nur der Abstand, auch die Ausrichtung eines Mikrofons relativ zur Schallquelle hat Einfluss auf die spektrale Verteilung des aufgenommenen Signals. Unabhängig vom Empfängertyp weisen alle Mikrofone eine mehr oder weniger stark zunehmende Richtwirkung zu hohen Frequenzen auf. Dies ist gleichbedeutend mit der Tatsache,

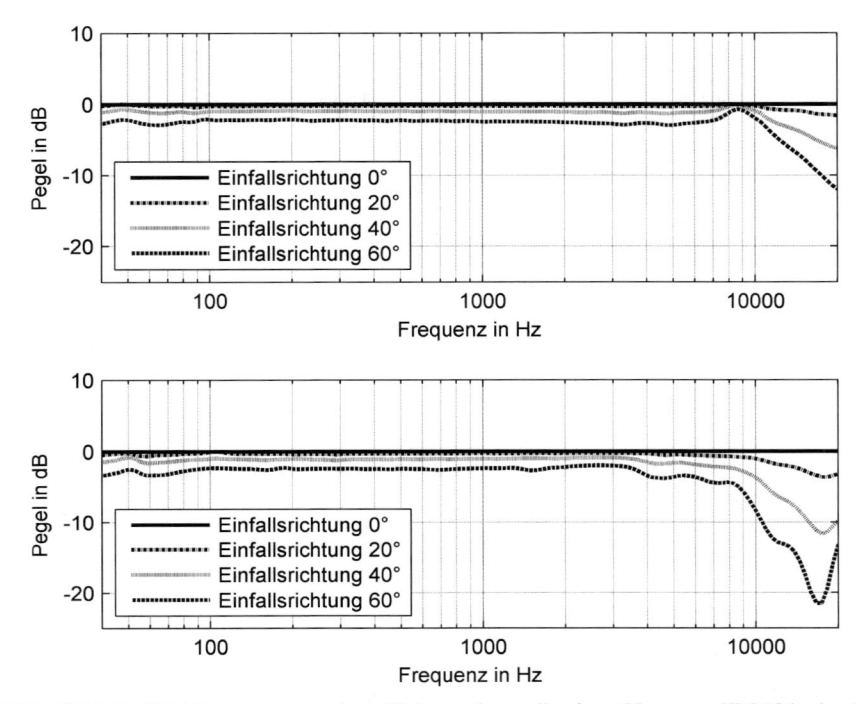

Abb. 10.14 Freifeld-Frequenzgang eines Kleinmembranmikrofons (Neumann KM 184, oben) und eines Großmembranmikrofons (Neumann TLM 103, unten) für unterschiedliche Schalleinfallsrichtungen, bezogen auf das Übertragungsmaß in der 0°-Achse

dass der Frequenzgang eines Mikrofons bei nicht frontalem Schalleinfall einen Höhenabfall aufweist, der umso stärker ist, je mehr die Schalleinfallsrichtung von der Mikrofonhauptachse (0°-Richtung) abweicht. Der Höhenabfall ist umso ausgeprägter und setzt umso früher ein, je größer die Mikrofon-Membran ist (Abb. 10.14).

Einerseits erschwert dieser richtungsabhängige Verlauf des Frequenzgangs die klangfarblich ausgewogene Abbildung ausgedehnter Klangkörper, andererseits kann er auch zur Ausbalancierung der klangfarblichen Präsenz einzelner Klangquellen durch die Ausrichtung des Mikrofons eingesetzt werden. Allgemein produzieren Großmembranmikrofone stärkere Verfärbungen im diffusen Schallfeld (s. Abb. 10.14) und werden daher überwiegend zur Direktabnahme von einzelnen Schallquellen eingesetzt.

10.3 Zweikanalstereofone Aufnahmen

Schallquellen werden stereofon aufgenommen, um ausgedehnte Klangkörper bei der Wiedergabe nicht punktförmig, sondern mit einer gewissen Abbildungsbreite erscheinen zu lassen. Dies wird erreicht, indem die Quelle in Abhängigkeit von

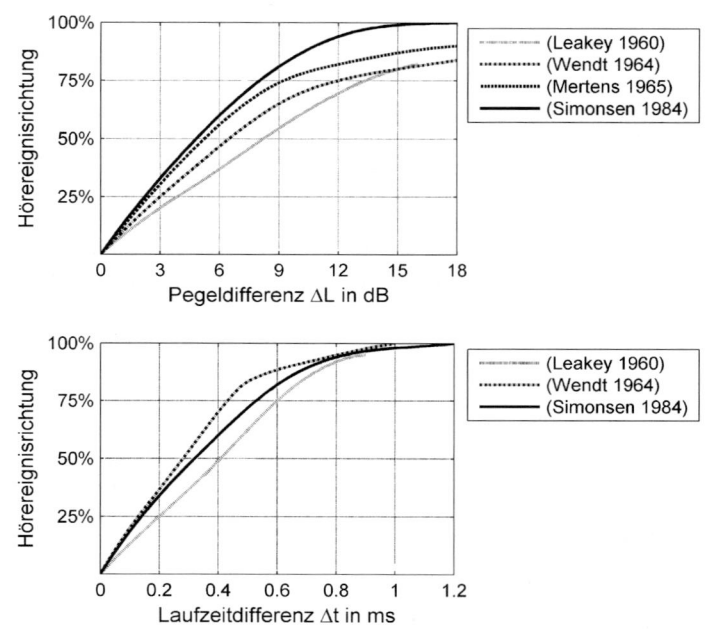

Abb. 10.15 Lokalisation von Phantomschallquellen auf der Lautsprecherbasis (s. Abb. 13.5) in Abhängigkeit von Pegel- und Laufzeitdifferenzen stereofoner Signale auf der Grundlage von Hörversuchen mit verschiedenen Teststimuli: Sprache (Leakey 1960, Simonson 1984), rechteckförmig geschaltete Knacke (Wendt 1964) sowie Gaußpulse und Terzbandrauschen (Mertens 1965)

ihrer Position zum stereofonen Mikrofonsystem mit Laufzeit und/oder Pegelunterschieden in den beiden Kanälen kodiert wird, die sie bei der Wiedergabe als Phantomschallquelle zwischen den Lautsprechern erscheinen lassen. Je nach der Art dieser Kodierung unterscheidet man *Intensitätsstereofonie* (nur Pegeldifferenzen), *Laufzeitstereofonie* (nur Laufzeitdifferenzen) und *Äquivalenzstereofonie* bzw. *gemischte Verfahren* (Laufzeit- und Pegeldifferenzen). Ein Sonderfall ist die *Trennkörperstereofonie*, bei der durch einen Trennkörper zwischen den Mikrofonen frequenzabhängige Pegeldifferenzen erzeugt werden. Das Gleiche trifft für binaurale Aufnahmen zu (*Kunstkopfstereofonie*), deren Signale allerdings nicht für Lautsprecher- sondern für Kopfhörerwiedergabe optimiert sind.

Die Position stereofon aufgenommener Schallquellen bei der Wiedergabe ergibt sich aus den Lokalisationskurven für Phantomschallquellen in Abhängigkeit von der stereofonen Pegel- bzw. Laufzeitdifferenz. Der Verlauf dieser zum ersten Mal von de Boer (1940) durch Hörversuche empirisch bestimmten Kurven hängt stark von den im Versuch benutzten Quellsignalen (Rauschen, Sinustöne, Sprache, Musik) ab, außerdem von der Tatsache, ob die Versuche mit fixiertem Kopf oder mit frei beweglichem Kopf durchgeführt werden. Eine Zusammenstellung verschiedener Daten zeigt Abb. 10.15. Bis zu einer seitlichen Auslenkung der Phantomschallquelle von 75 % auf der Lautsprecherbasis ist der Zusammenhang zwischen Pegel- und Laufzeitdifferenz und Auslenkung weitgehend linear (s.a. Wittek u.

Theile 2002), zu größeren Auslenkungen flacht er zunehmend ab. Als Näherungswerte aus Abb. 10.15 für verschiedene Quellsignale und Versuchsreihen können die Werte in Tabelle 10.3 benutzt werden.

Tabelle 10.3 Faustregel für die Konfiguration stereofoner Aufnahmesysteme. Angegeben ist die Hörereignisrichtung auf der Lautsprecherbasis zwischen Mitte (0 %) und dem Ort des Lautsprechers (100 %) in Abhängigkeit von Pegel und Laufzeitunterschieden (vgl. Daten in Abb. 10.15)

Hörereignisrichtung	0 %	25 %	50 %	75 %	100 %
ΔL [dB]	0	3	6.5	10	16
Δt [ms]	0	0.2	0.4	0.6	1.2

Aus diesen Werten ergeben sich die Abbildungseigenschaften stereofoner Mikrofonanordnungen in Abhängigkeit von ihrer Geometrie, d. h. von Abstand, Ausrichtung und Richtcharakteristik der Mikrofone. Am Beispiel einer ORTF-Anordnung von zwei Mikrofonen mit Nierencharakteristik soll die dabei verwendete Terminologie nach DIN EN 60268-4 erläutert werden.

Als *Hauptachsenwinkel* wird der Winkel zwischen den Bezugsachsen (0°-Achsen) der beiden Mikrofone bezeichnet. Als *Akzeptanzwinkel* wird der Winkel zwischen den Richtungen der größten Pegeldifferenz zwischen linkem und rechtem Mikrofonsignal bezeichnet. In der Regel ist dies der Winkel zwischen den Richtungen minimaler Empfindlichkeit für eines der beiden Mikrofone, im obigen Beispiel der Auslöschwinkel der beiden Nieren. Jenseits des Akzeptanzwinkels nimmt die Pegeldifferenz, mit der die Quelle kodiert wird, wieder ab, wodurch sie bei der Wiedergabe in die Mitte rückt. Als *Aufnahmewinkel* wird der Winkel zwischen den Schalleinfallsrichtungen bezeichnet, die eine Lokalisation der Quelle ganz links bzw. ganz rechts ermöglichen. Nach den Werten in Tabelle 10.3 wären dies die Einfallsrichtungen, in denen ein Pegelunterschied von etwa 16 dB oder ein Laufzeitunterschied von etwa 1,2 ms entsteht. Der Aufnahmewinkel ist stets kleiner als der Akzeptanzwinkel. Hauptachsenwinkel und Aufnahmewinkel verhalten sich gegenläufig, d. h. eine Vergrößerung des Hauptachsenwinkels bewirkt eine Verkleinerung des Aufnahmewinkels.

Der Aufnahmewinkel hat insofern praktische Bedeutung, als bei der Aufnahme nur Schallquellen oder Gruppen von Quellen, die den ganzen Aufnahmewinkel ausfüllen, bei der Wiedergabe das ganze Stereopanorama zwischen den Lautsprechern ausfüllen. Nimmt der Klangkörper nur einen Teil des Aufnahmewinkels ein, wird er bei der Wiedergabe entsprechend schmaler abgebildet. Alle Schallquellen, die sich jenseits des durch den Aufnahmewinkel eingegrenzten Bereichs befinden, werden bei der Wiedergabe – räumlich komprimiert – am Ort des rechten bzw. linken Lautsprechers abgebildet. Einen systematischen Überblick über die Eigenschaften zweikanalstereofoner Aufnahmeverfahren findet man bei (Williams 1987).

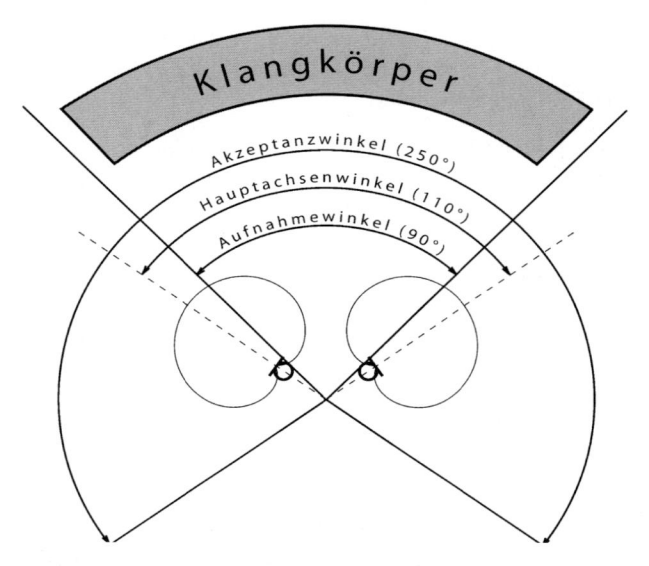

Abb. 10.16 Geometrie und Abbildungseigenschaften stereofoner Mikrofonanordnungen: Hauptachsenwinkel, Akzeptanzwinkel und Aufnahmewinkel

10.3.1 Intensitätsstereofonie

Als Intensitätsstereofonie werden alle Aufnahmeverfahren bezeichnet, bei denen sich linker und rechter Kanal nur im Pegel, nicht aber in Laufzeit bzw. Phasenlage der Signale unterscheiden. Eine Quelle, die auf dem rechten Kanal lauter als auf dem linken ist, wird auf der Stereobasis rechts lokalisiert. Intensitätsstereofone Aufnahmen können mit einer *XY-Anordnung* oder einer *MS-Anordnung* hergestellt werden. Beide Anordnungen werden auch als *Koinzidenzverfahren* bezeichnet, da Schallwellen beliebiger Einfallsrichtung (annähernd) zeit- und phasengleich auf dem rechten und linken Kanal aufgenommen werden.

10.3.1.1 XY-Verfahren

XY-Anordnungen bestehen aus zwei gerichteten Kapseln mit gleicher Richtcharakteristik, die idealerweise am selben Ort angeordnet und um den Hauptachsenwinkel α gegeneinander angewinkelt sind (Abb. 10.17). In der Praxis werden sie unmittelbar übereinander montiert, um zumindest für Schallquellen in der Horizontalebene Koinzidenz herzustellen. Für Aufnahmen in XY-Technik werden entweder spezielle Stereomikrofone verwendet, bei denen zwei Kapseln in einem Gehäuse übereinander montiert sind oder separate Mikrofone, die auf einer Schiene angewinkelt montiert werden. (Abb. 10.18).

Kapitel 10 Aufnahmeverfahren

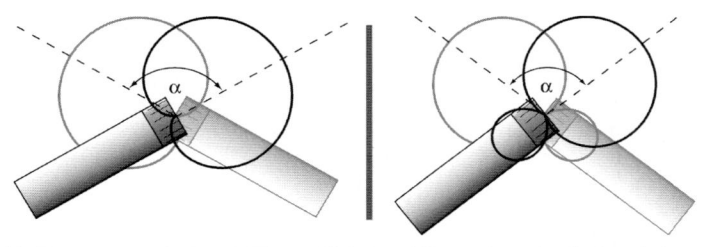

Abb. 10.17 XY-Stereofonie mit Nieren (links) und Supernieren (rechts) und einem Hauptachsenwinkel α

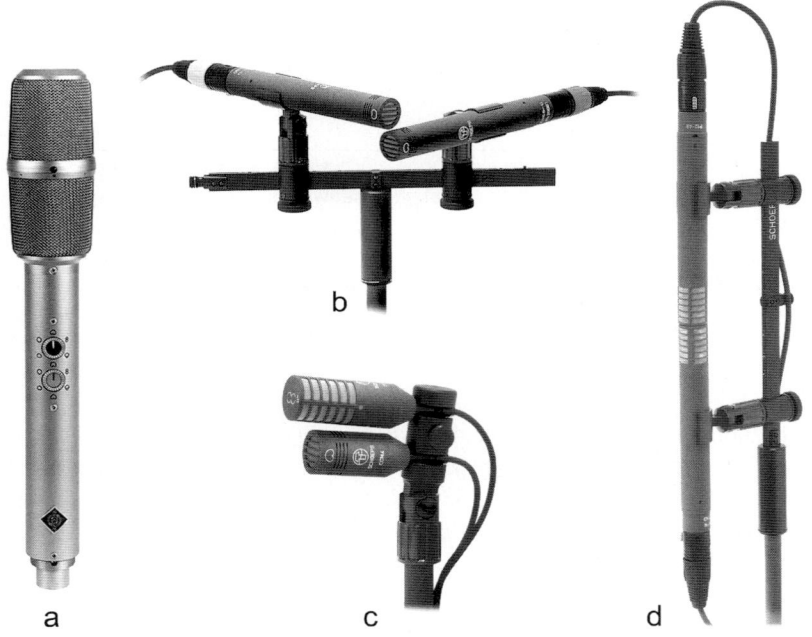

Abb. 10.18 Varianten der Intensitätsstereofonie: a: Koinzidenzmikrofon aus zwei drehbaren Kapseln mit einstellbarer Richtcharakteristik, b: XY mit gekreuzten Nierenmikrofonen, c: MS-Anordnung mit Niere und Acht, d: Blumlein-Verfahren mit gekreuzten Achtermikrofonen (Fotos: Fa. Schoeps Mikrofone, Georg Neumann GmbH)

Legt man die Lokalisationswerte aus Tabelle 10.3 zugrunde, so ergeben sich für verschiedene Richtcharakteristiken und Hauptachsenwinkel die in Abb. 10.19 berechneten Aufnahmewinkel.

In Abhängigkeit von Richtcharakteristik und Hauptachsenwinkel ergibt sich auch die Balance, mit der frontale und seitliche Schallquellen übertragen werden. Nur für eine Dämpfung von frontal, d.h. aus der Symmetrieachse der Anordnung einfallenden Quellen um 3 dB auf beiden Kanälen erscheinen diese bei stereofoner Wiedergabe gleich laut wie Quellen in der Hauptachse der Einzelmikrofone.

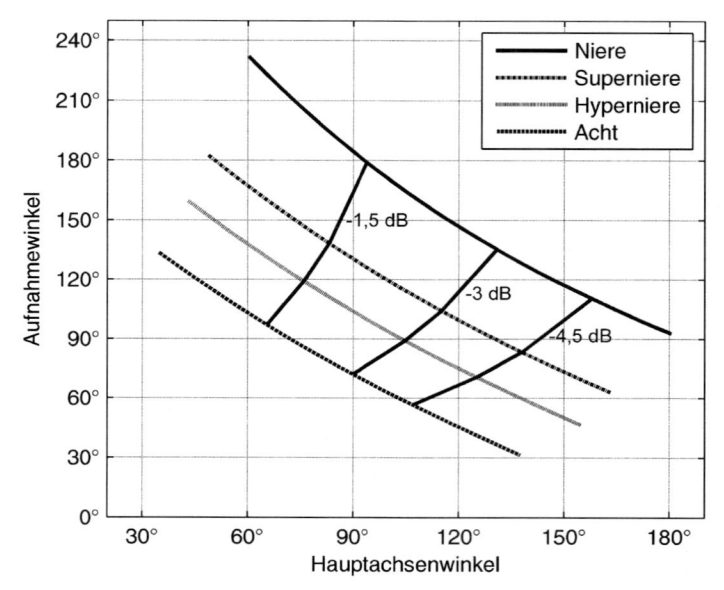

Abb. 10.19 XY-Verfahren. Aufnahmewinkel für verschiedene Hauptachsenwinkel und Richtcharakteristiken. Entlang der –3 dB-Linie werden frontale Schallquellen von beiden Mikrofonen um 3 dB gedämpft aufgenommen und erscheinen somit in der Summe der Lautsprechersignale mit gleicher Intensität wie seitliche Schallquellen. Zu kleineren Hauptachsenwinkeln hin erscheinen frontale Schallquellen überbetont (–1,5 dB-Linie), zu größeren Hauptachsenwinkeln unterbetont (–4,5 dB-Linie).

Ein Spezialfall der XY-Stereofonie, zwei gekreuzte Achten mit einem Achsenwinkel von 90°, wird als *Blumlein-Verfahren* bezeichnet, benannt nach dem Ingenieur Alan Blumlein, der bereits in den 1930er Jahren mit stereofoner Aufzeichnung experimentierte und dieses Verfahren patentieren ließ (Blumlein 1931, Alexander 1999, Burns 2000, s. Kap. 3.3.4.1).

10.3.1.2 MS-Verfahren

Bei *MS-Verfahren* werden im Gegensatz zu XY-Systemen zwei Mikrofone mit verschiedenen Richtcharakteristiken senkrecht übereinander montiert: Ein seitlich ausgerichtetes Achtermikrofon zur Erzeugung eines Seitensignals (S) und ein nach vorne zeigendes Mikrofon für das Mittensignal (M) (Abb. 10.20). Das M-Mikrofon kann im Prinzip beliebige Richtcharakteristik haben.

Vor der Wiedergabe wird das MS-Signal durch Summen- und Differenzbildung in ein XY-Signal umgewandelt. Wenn man das XY- und MS-Signalpaar auf gleiche Signalleistung normiert, gilt:

$$X = \frac{1}{\sqrt{2}}(M+S) \qquad (10.7)$$

Kapitel 10 Aufnahmeverfahren 577

$$Y = \frac{1}{\sqrt{2}}(M-S) \qquad (10.8)$$

Die Summen- und Differenzbildung kann durch eine passive Differentialübertrager-Schaltung oder eine aktive Summen-/Differenzverstärkerschaltung erfolgen (Kap. 7.6.6. und Görne 2004:108f.), die häufig als Teil eines *MS-Richtungsmischers* in Mischpulten integriert sind. Sie kann jedoch auch „von Hand" durch Phasenumkehr und Addition im Mischpult erfolgen. Durch die Summen- und Differenzbildung der Signale entsteht eine effektive Richtcharakteristik, wie sie auch durch ein XY-System erzielt werden könnte (Abb. 10.21).

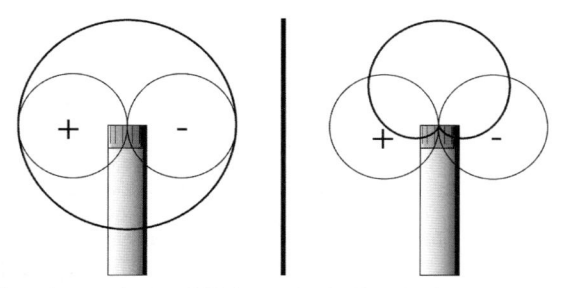

Abb. 10.20 MS-Anordnung mit Kugel (links) und mit Niere (rechts) als Mittensignal

Abb. 10.21 Äquivalente XY-Anordnung für ein MS-Paar mit Kugel und Acht (links) und Niere und Acht (rechts) mit jeweils gleichem Signalpegel

In Abhängigkeit von der für das M-Signal verwendeten Richtcharakteristik und dem Mischungsverhältnis zwischen M und S ergeben sich Stereo-Aufnahmewinkel nach Abb. 10.22.

Für Aufnahmen in MS-Anordnung können wie bei XY integrierte Koinzidenzmikrofone oder zwei übereinander montierte Einzelmikrofone verwendet werden. Obwohl die Summen- und Differenzbildung nach (10.7) und (10.8) mathematisch auf eine idealisierte Richtcharakteristik führt, wie sie auch mit XY-Mikrofonen erreichbar wäre, gibt es einige Unterschiede zwischen MS- und XY-Systemen. Zum einen verändert sich die Richtwirkung von Achter-Mikrofonen zu höheren Frequenzen weniger stark als die von Kugel- und Nierenmikrofonen. MS-Systeme weisen also eine insgesamt stabilere Richtwirkung auf, somit bleibt auch der Aufnahmewinkel über den ganzen Frequenzbereich weitgehend konstant. Zum anderen besteht die Möglichkeit, den Richtungsmischer erst bei der Mischung zu verwenden

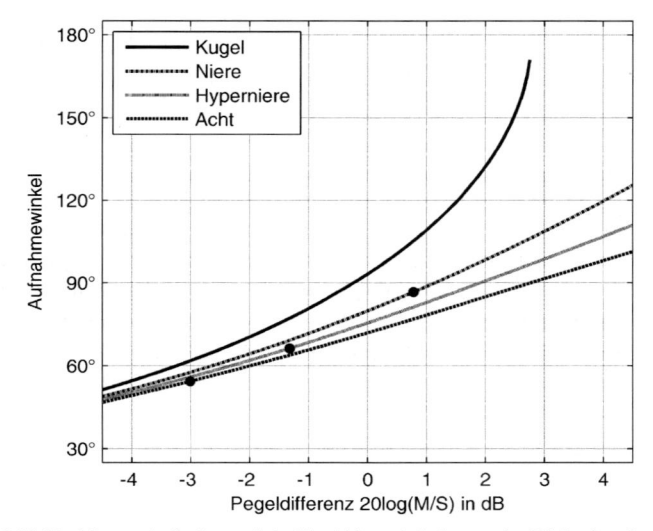

Abb. 10.22 MS-Verfahren. Aufnahmewinkel in Abhängigkeit von der Richtcharakteristik für das M-Signal (Kugel, Niere, Hyperniere, Acht) und der Pegeldifferenz zwischen M und S. Punkte markieren die Pegeldifferenz, bei der frontale Schallquellen um 3 dB gedämpft und somit in der Leistungssumme der Lautsprechersignale mit gleicher Intensität wie seitliche Quellen abgebildet werden. Mit einer Kombination aus Kugel und Acht ist eine volle Ausnutzung der Stereobasis bei gleicher Intensität frontaler und seitlicher Schallquellen nicht erreichbar.

und zunächst das MS-Signal selbst aufzuzeichnen. Dadurch kann bei der Mischung noch Einfluss auf den Aufnahmewinkel genommen werden, z. B. wenn bei der Aufnahme keine ausreichende Abhörkontrolle möglich war. Weiterhin kann durch Verwendung einer Kugel als Mittenmikrofon der im Bassbereich überlegene Frequenzgang von Druckempfängern ausgenutzt werden. Und schließlich liefert das M-Mikrofon ein Mono-Signal, das nicht erst durch Summierung der beiden Stereokanäle mit möglichen Phasenauslöschungen erzeugt werden muss. Das M-Signal kann also auch parallel aufgezeichnet werden, wenn – vor allem beim Fernsehen – ein gutes Monosignal erforderlich ist.

Als MS-Anordnung in drei Raumdimensionen kann das sog. *Soundfield-Mikrofon* angesehen werden. Im Gegensatz zu MS werden allerdings vier koinzidente Signale erzeugt. Obwohl diese auch für eine zweikanalige Stereowiedergabe dekodiert werden können, soll die Anordnung daher bei den mehrkanalstereofonen Verfahren behandelt werden (Abschn. 10.4.1.1).

10.3.2 Laufzeitstereofonie

Als Laufzeitstereofonie werden alle Aufnahmeverfahren bezeichnet, bei denen sich linker und rechter Kanal nur in der Laufzeit, nicht aber (oder nur geringfügig) im Pegel unterscheiden. Ein Signal, das am rechten Mikrofon früher eintrifft als am linken Mikrofon, wird bei der Wiedergabe auf der Stereobasis rechts lokalisiert.

Kapitel 10 Aufnahmeverfahren

Laufzeitstereofone Aufnahmen können mit einer *AB-Anordnung* aus zwei Mikrofonen realisiert werden oder mit Anordnungen mehrerer Mikrofone, zwischen denen sich je nach Schalleinfallsrichtung unterschiedliche Laufzeiten ausbilden.

10.3.2.1 AB-Verfahren

Ein AB-System besteht aus zwei Kapseln mit gleicher Richtcharakteristik, die in einem Basisabstand a nebeneinander montiert sind. Meist werden Druckempfänger mit Kugelcharakteristik verwendet, es sind jedoch auch andere Richtcharakterisvttiken möglich, wenn etwa der Anteil rückwärtig aufgenommenen Schalls unterdrückt werden soll. Maßgeblich für die Lokalisation ist die effektive Wegdifferenz Δs von der Schallquelle zu den beiden Mikrofonen. Sie beträgt für Quellen, deren Abstand zu den Mikrofonen groß gegenüber dem Basisabstand a ist (Abb. 10.23):

$$\Delta s = a \sin \theta \qquad (10.9)$$

Bei Aufnahmen in Laufzeitstereofonie besteht – stärker als bei intensitätsstereofonen Aufnahmen – das Problem der Nichtlinearität zwischen Laufzeitdifferenz und Lokalisierung auf der Lautsprecherbasis (Abb. 10.15). Als Konsequenz kann bei der Wiedergabe ein „Loch in der Mitte" auftreten: Wenn die Mikrofonbasis so dimensioniert wird, dass seitliche Quellen bei der Wiedergabe 100% seitlich abgebildet werden, erscheinen auch Quellen, die mit der halben Laufzeitdifferenz bei den Mikrofonen eintreffen, bereits 75% (statt 50%) seitlich ausgelenkt (s. Tabelle 10.3). Betrachtet man eine Laufzeitdifferenz von etwa 1,2 ms als ausreichend für eine 100% seitliche Abbildung, so ergeben sich in Abhängigkeit vom Basisabstand der Mikrofone Aufnahmewinkel nach Abb. 10.24.

Die häufig als *Klein-AB* bezeichnete Aufstellung von zwei parallel ausgerichteten Mikrofonen ungefähr im Ohrabstand von 17 cm erzeugt Laufzeitunterschiede von etwa 0,5 ms für laterale Schallquellen, so dass die Lautsprecherbasis bei der

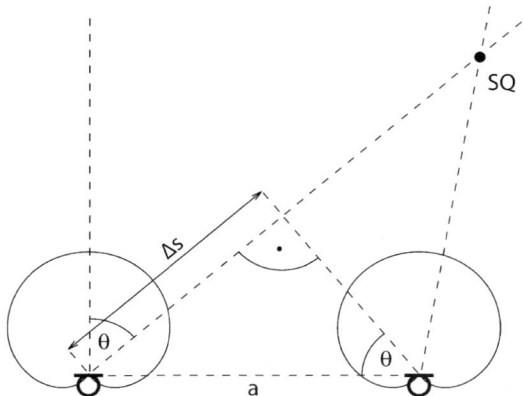

Abb. 10.23 AB-Stereofonie. Die Laufzeitunterschiede zwischen L und R ergeben sich als Funktion des Schalleinfallswinkels θ und des Basisabstands a.

Wiedergabe nur zu etwa 50% ausgenutzt wird. Die durch das natürliche Hören suggerierte Orientierung am Ohrabstand kann hier irreführend sein, da die interaurale Laufzeitdifferenz beim natürlichen Hören zu anderen Lokalisationswinkeln führt als Laufzeitunterschiede im überlagerten Schallfeld zweier Stereo-Lautsprecher (vgl. Abb. 3.12 und Abb. 10.15). Insbesondere führt die durch den Kopf bedingte Abschattung beim natürlichen Hören zu Pegeldifferenzen zwischen den Ohrsignalen, die bei AB-Stereofonie fehlen.

Bei AB-Anordnungen achtet man meist auf eine parallele Ausrichtung der Mikrofone. Bei angewinkelten Mikrofonen entstehen durch die mit höherer Frequenz zunehmende Richtwirkung von Kugelmikrofonen zusätzliche Pegelunterschiede. Sie können zu einer frequenzabhängigen und damit insgesamt unscharfen Lokalisierung führen. Die Ausrichtung von Kugelmikrofonen auf bestimmte Schallquellen eines größeren Ensembles ist jedoch auch ein Mittel der Klanggestaltung und zur Einstellung der Klangbalance, weshalb man in der Praxis häufig auch eine nichtparallele Ausrichtung von Kugelmikrofonen vorfindet.

Eine parallele Ausrichtung von zwei Bändchenmikrofonen in Achtcharakteristik im Abstand von 20 cm wird auch als *Faulkner-Anordnung* bezeichnet (Streicher u. Dooley 1984).

10.3.2.2 Laufzeitstereofonie mit mehr als zwei Mikrofonen

Bei einer Aufnahme breiter Klangkörper (Symphonieorchester, Chöre) werden durch AB-Mikrofonierungen mit schmaler Basis die zentralen Instrumente in der Nähe der Mikrofone bevorzugt abgebildet. Erhöht man den Mikrofonabstand, um eine gleichmäßigere Abbildung zu erzielen, verkleinert sich der Aufnahmewinkel (Abb. 10.24), sodass ein Großteil der Quellen an den Rändern der Lautsprecherbasis abgebildet wird. Um dies zu vermeiden, wird die Anordnung häufig durch ein drittes Mikrofon in der Mitte zu einer *ABC-Anordnung* erweitert. Das mittlere Mikrofon wird im Panaroma mittig eingeordnet, d. h. gleichmäßig auf rechten und linken Kanal verteilt. Die ohne das Mittenmikrofon weit außen abgebildeten Schallquellen werden durch das zusätzliche Signal, das ohne Laufzeitdifferenz zu beiden Kanälen addiert wird, in die Mitte gezogen. Diese Addition von ähnlichen, aber laufzeitbehafteten Signalen auf beiden Stereokanälen (Mitte/Links und Mitte/Rechts) kann allerdings zu kammfilterartigen Verzerrungen führen, deren Hörbarkeit durch probeweises Abschalten des Mittenmikrofons überprüft werden kann.

Spezialfall einer ABC-Anordnung ist der sog. *Decca-Tree*, ein von Ingenieuren des englischen Decca-Labels in den 1960er Jahren eingeführtes und später auch bei Aufnahmen des deutschen Teldec-Labels häufig benutztes Verfahren für Aufnahmen mit großen Klangkörpern (Gernemann 2002). Drei Druckempfänger sind in einem etwa gleichseitigen Dreieck von 1 bis 2,5 m Kantenlänge angeordnet. Die Vorzüge des eingerückten, mittleren Mikrofons liegen in einer gleichmäßigeren Abbildung von Klangkörpern, die nicht auf einer Linie, sondern halbkreisförmig angeordnet sind. Dies betrifft z. B. die bessere Abbildung der mittleren Streicher bei Orchesteraufnahmen, wenn der Decca-Tree etwa über dem Kopf

Kapitel 10 Aufnahmeverfahren

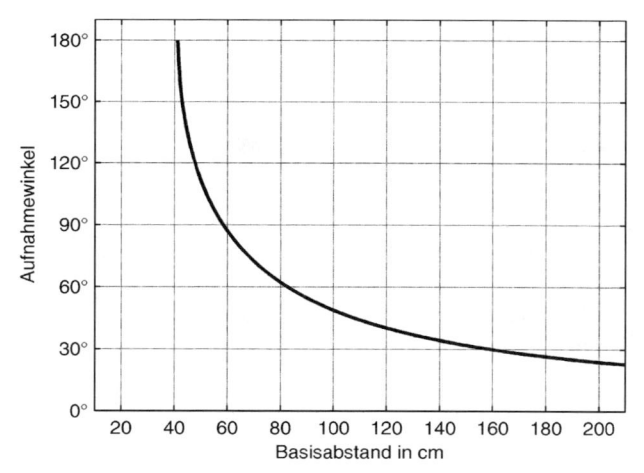

Abb. 10.24 AB-Stereofonie. Aufnahmewinkel für verschiedene Basisabstände a

des Dirigenten angebracht ist. Durch den relativ zur Gesamtabmessung des Systems maximalen Abstand der Mikrofone untereinander (im gleichseitigen Dreieck) und die nichtparallele Ausrichtung der Mikrofone (Abb. 10.25) werden die Einzelsignale „unterschiedlicher", wodurch kammfilterartige Verfärbungen minimiert werden.

Verfahren zur Aufnahme sehr breiter Klangkörper mit vier oder fünf Kugelmikrofonen werden als *ABCD-*, *ABCDE-Verfahren* oder als *Kugelvorhang* bezeichnet. Die Addition einer großen Anzahl von Signalen mit unterschiedlichen Laufzeiten bedingt eine insgesamt unscharfe Richtungsabbildung, da jede Schallquelle durch mehrere Phantomschallquellen abgebildet wird, die sich zwischen denjenigen Mikrofonpaaren bilden, die bei der Wiedergabe dem rechten und linken Summenkanal zugeordnet sind. Bereits bei drei Mikrofonen entstehen für jede Schallquelle drei Phantomschallquellen für die Mikrofonpaare A/B, A/C und B/C. Die mangelnde Lokalisationsschärfe von Einzelquellen wird jedoch häufig auch als „dichtes", „volles" Klangbild wahrgenommen. Wie bei ABC ist eine Kontrolle auf Verfärbungen durch kammfilterartige Verzerrungen notwendig.

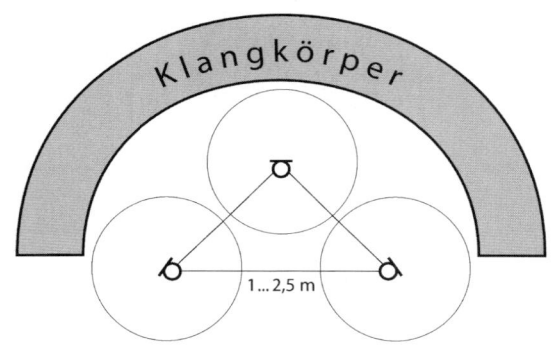

Abb. 10.25 Drei Druckempfänger (ABC) in einer Anordnung als Decca-Tree

10.3.3 Äquivalenzstereofonie

Alle Aufnahmeverfahren, die sowohl Pegel- als auch Laufzeitunterschiede zur Abbildung benutzen, werden als *gemischte Verfahren* oder *Äquivalenzstereofonie* bezeichnet. Die Berechnung ihres Aufnahmewinkels beruht auf der Annahme, dass sich die Wirkung von Pegel- und Laufzeitunterschieden auf die Lokalisation der Phantomschallquelle annähernd linear überlagert. In Hörversuchen zur Wirkung von gleichsinnigen Pegel- und Laufzeitunterschieden wurde eine Äquivalenz von 1 dB Pegeldifferenz und 60 µs Laufzeitdifferenz ermittelt, ebenso in Versuchen mit äquivalenzstereofonen Mikrofonsystemen (Theile 1984, Abb. 10.26).

Die Wirkung von *gegensinnigen* Pegel- und Laufzeitunterschieden („links früher" und „rechts lauter") wird durch die sog. *Tradingkurve* beschrieben (Franssen 1962). Sie weist eine höhere Steigung von etwa 250 µs Laufzeitdifferenz entsprechend 1 dB Pegeldifferenz auf als die Äquivalenzkurve. Bei Mikrofonaufnahmen wird die Erzeugung gegensinniger Pegel- und Laufzeitunterschiede allerdings generell vermieden, weil sie zu unscharfen bzw. mehrdeutigen Abbildungen führt.

Beispiele für gemischte Verfahren sind die von Toningenieuren des französischen Rundfunks vorgeschlagene *ORTF-Anordnung* (**O**ffice de **R**adiodiffusion-**T**élévision **F**rançaise, bis 1974 die öffentlich-rechtliche Rundfunkanstalt Frankreichs), sowie die vom niederländischen Rundfunk eingeführte *NOS-Anordnung* (für **N**ederlandsche **O**mroep **S**tichting, eine Rundfunkanstalt innerhalb des öffentlich-rechtlichen Rundfunks der Niederlande).

Abb. 10.28 zeigt die aus der Äquivalenzkurve (Abb. 10.26) und der Lokalisationskurve für Pegeldifferenzen (Abb. 10.15) abgeleiteten Aufnahmewinkel für gemischte Systeme in Abhängigkeit vom Basisabstand *a* für verschiedene Hauptachsenwinkel α. Wie bei XY-Systemen werden frontale Schallquellen nur bei einem

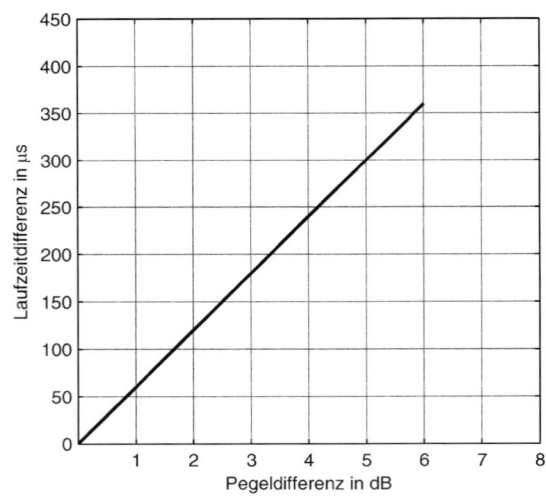

Abb. 10.26 Äquivalenz von Pegel- und Laufzeitunterschieden bei der Lokalisation von Phantomschallquellen

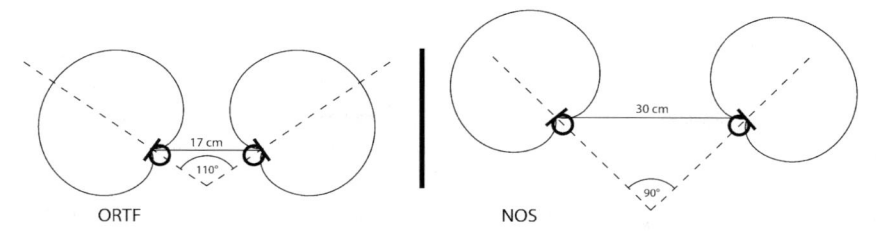

Abb. 10.27 Varianten der Äquivalenzstereofonie (gemischte Verfahren): ORTF und NOS

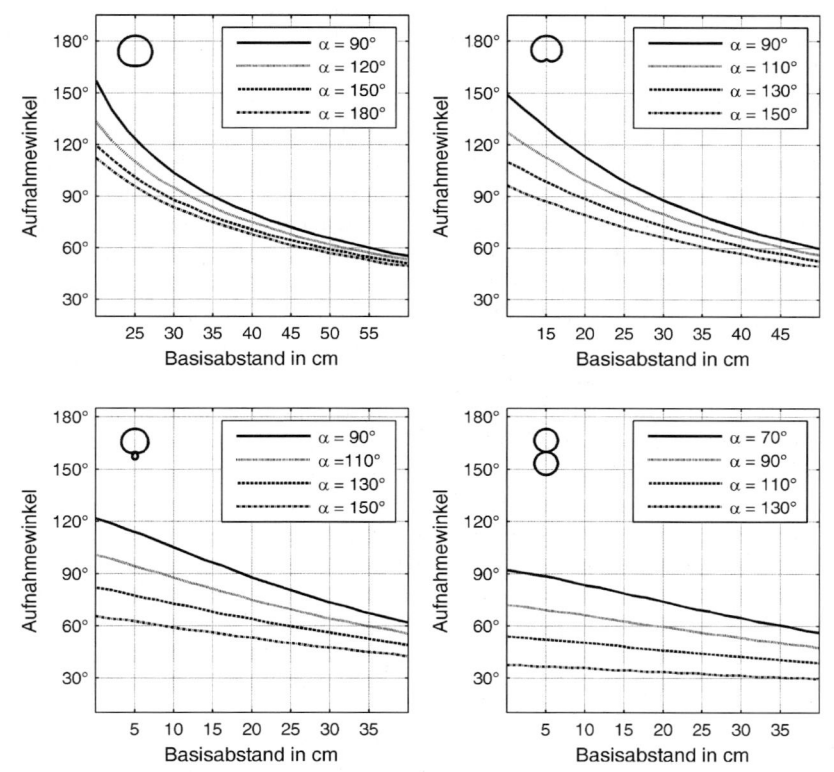

Abb. 10.28 Aufnahmewinkel für gemischte Aufnahmeverfahren in Abhängigkeit vom Basisabstand a für die Richtcharakteristiken Breite Niere, Niere, Superniere und Acht und verschiedene Hauptachsenwinkel α

Hauptachsenwinkel, bei dem sie in beiden Mikrofonen um 3 dB gedämpft erscheinen, in der Leistungssumme der Lautsprechersignale mit gleicher Intensität wie seitliche Quellen abgebildet. Hierfür müssen die Mikrofone in einem Hauptachsenwinkel von 180° (Breite Nieren), 130° (Nieren), 114° (Supernieren), 104° (Hypernieren) bzw. 90° (Achten) montiert werden (vgl. Tabelle 7.2).

10.3.4 Trennkörperstereofonie

Ein Spezialfall der gemischten Stereofonie ist die *Trennkörperstereofonie*, bei der die Pegelunterschiede zwischen linkem und rechtem Kanal nicht durch die Richtcharakteristik der Mikrofone, sondern durch einen Trennkörper zwischen zwei Druckempfängern mit Kugelcharakteristik erzeugt werden. Der Trennkörper erfüllt konzeptionell die Funktion des Kopfes beim natürlichen Hören und erzeugt aufgrund seines Beugungsverhaltens frequenzabhängige Schalldruckpegelunterschiede an den Mikrofonen, die zu beiden Seiten der Konstruktion angebracht sind. Der Abstand der Mikrofone entspricht meist in etwa dem Ohrabstand.

Bei dem vom Schweizer Toningenieur Jürg Jecklin entwickelten *OSS-Mikrofon* (für **O**ptimales **S**tereo-**S**ignal) sind zwei Druckempfänger im Abstand von 20 cm zu beiden Seiten einer Scheibe (*Jecklin-Scheibe*) von 30 cm Durchmesser montiert. Die Scheibe hat eine bei hohen Frequenzen absorbierende Schaumstoffoberfläche, um kammfilterartige Verzerrungen durch den an der Scheibe reflektierten Schall zu unterdrücken (Jecklin 1981). Eine kugelförmige Verdickung der absorbierenden Beschichtung bei der von der Fa. MBHO vertriebenen Variante der Scheibe (*Schneider-Scheibe*) bewirkt eine bessere Unterdrückung von Reflexionen, höhere stereofone Pegeldifferenzen und damit eine größere stereofone Abbildungsbreite bereits bei Frequenzen oberhalb von 200 Hz.

Bei der Konstruktion *Clara* sind zwei Druckempfängerkapseln bündig in die Oberfläche einer parabelförmigen Acrylscheibe eingelassen (Breh 1986). Auch hier entspricht die Größe des Acrylkörpers etwa den Kopfabmessungen. Durch die bündige Montage der Kapsel werden Klangverfärbungen durch Schallreflexionen an der Oberfläche des Trennkörpers vermieden.

Den gleichen Vorzug weist das vom Münchener Institut für Rundfunktechnik (IRT) entwickelte *Kugelflächenmikrofon* auf, das seit 1990 von der Fa. Schoeps hergestellt und vertrieben wird. Zwei diffusfeldentzerrte Druckempfänger-Kapseln sind bündig in eine schallharte Kugel von 20 cm Durchmesser eingelassen. Durch die Entzerrung der Kapseln und durch die Kapselpositionen bei ±100° relativ zur stereofonen Hauptachse der Kugel überlagern sich Abschattungs- und Druckstau-

Abb. 10.29 Verschiedene Varianten der Trennkörperstereofonie: SASS, Kugelflächenmikrofon, Jecklin-Scheibe, Clara (Fotos: Fa. Schoeps Mikrofone, Fa. Crown)

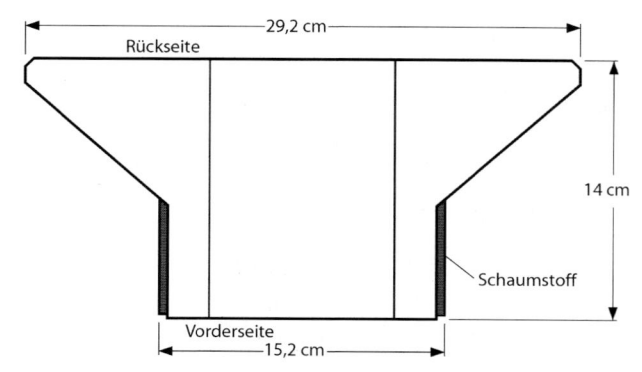

Abb. 10.30 SASS Mikrofon – Querschnitt

effekt so, dass sich ein annähernd linearer Frequenzgang im Freifeld ebenso wie im Diffusfeld ergibt, und, damit gleichbedeutend, ein frequenzunabhängiges Bündelungsmaß (Theile 1986, Geyersberger 1990). Das Kugelflächenmikrofon der Fa. Schoeps (KFM 6) hat einen stereofonen Aufnahmewinkel von 90° (Wuttke 1992).

Das *SASS Mikrofon* der Fa. Crown (für **S**tereo **A**mbient **S**ampling **S**ystem™) verwendet zwei Grenzflächenmikrofone, die im Abstand von 17 cm in einen Trennkörper eingelassen sind, der sich nach hinten keilförmig verbreitert. Durch den Einsatz von Grenzflächenmikrofonen wird, ebenso wie beim Kugelflächenmikrofon, das Problem von Reflexionen am Trennkörper vermieden. Die schaumstoffverkleidete Trennscheibe mindert das Übersprechen bei hohen Frequenzen, während für Frequenzen unterhalb von 500 Hz praktisch keine Pegeldifferenzen entstehen. Der Aufnahmewinkel des Systems liegt bei etwa 90°, für Einfallswinkel von >125° zu beiden Seiten der stereofonen Hauptachse tritt aufgrund der Form des Trennkörpers eine starke Abschattung auf (Bartlett u. Billingsley 1990a, Bartlett u. Billingsley 1990b).

Auch ein von Defossez (1986) vorgeschlagener *Grenzflächen-Keil* nutzt für ein Trennkörperverfahren Grenzflächenmikrofone, die in einen nach vorne spitz zulaufenden Keil eingesetzt sind. Der Winkel zwischen den Keilflächen ist hier allerdings variabel zwischen 60° und 90° einstellbar.

Trennkörperstereofone Systeme zeichnen sich bei Hörversuchen, ebenso wie gemischte Verfahren im Allgemeinen, durch eine gute Lokalisierbarkeit der aufgenommenen Schallquellen aus. Die mit der Verwendung von absorbierenden Trennkörpern wie bei OSS einhergehende Höhendämpfung für die jeweils abgewandte Mikrofonkapsel wird in Hörvergleichen allerdings häufig als „verfärbt" bewertet (Wöhr u. Nellessen 1986). Ein in der Praxis auftretendes Problem aller Trennkörperverfahren ist der durch die Konstruktion fest vorgegebene Aufnahmewinkel. So lässt sich die Abbildungsbreite des aufgenommenen Klangkörpers nur verändern, indem die Schallquellen relativ zum Mikrofon neu positioniert werden.

10.3.5 Binaurale Aufnahme

Binaurale Aufnahmen wandeln den Schalldruck, wie er beim natürlichen Hören vor den Trommelfellen der beiden Ohren vorliegt. Es werden daher zwei Druckempfänger-Kapseln verwendet, die im Gehörgang des eigenen Ohres oder eines dem menschlichen Kopf nachgebildeten Kunstkopfes angebracht sind. Auf diese Weise wird das einfallende Schallsignal durch die Außenohrübertragungsfunktion gefiltert, welche für jede Schalleinfallsrichtung die Wirkung unserer Kopfanatomie auf den einfallenden Schall beschreibt (s. Kap. 3.1.1). Bei der Wiedergabe binauraler Signale über Kopfhörer wird somit im Idealfall das Schallfeld am Aufnahmeort originalgetreu reproduziert.

Die Außenohrübertragungsfunktion (AOÜF, auch HRTF für *head-related transfer function*) ist das Ergebnis von akustischer Abschattung, Beugung, Verzögerung, Resonanzen und Reflexionen durch Torso, Schulter, Kopf, Ohrmuscheln (pinnae), den Eingang in den Ohrkanal (cavum conchae) und den Ohrkanal selbst. Den größten Einfluss auf den Verlauf der HRTF haben Kopf und Ohrmuscheln, während die Schulter bei bestimmten Frequenzen einen Einfluss von etwa ±5 dB und der Torso von etwa ±3 dB auf den Frequenzgang der HRTF hat (Gierlich 1992, s.a. Abb. 7.36).

Obwohl die Bedeutung von Schulterbereich und Torso für die Plausibilität von binauralen Aufnahmen durch Hörversuche belegt ist (Minnaar et al. 2001), werden sie im Gegensatz zu Kopf und Ohrmuscheln nicht von allen Kunstkopfsystemen nachgebildet (Abb. 10.33). Von großer Bedeutung für den Verlauf der HRTF oberhalb von 1 kHz ist der Aufnahmeort innerhalb des Ohrkanals (Abb. 10.32). Allerdings hat sich dieser Einfluss in zahlreichen Untersuchungen als unabhängig von der Schalleinfallsrichtung erwiesen. Er kann daher durch eine konventionelle, richtungsunabhängige Entzerrung ausgeglichen werden, ohne die räumliche Zuordnung der Hörereignisse zu beeinträchtigen.

Da die interindividuellen Unterschiede von HRTFs bei einer Messung am geblockten Ohrkanal am geringsten sind, wird bei Kunstkopfsystemen meist ein Minia-

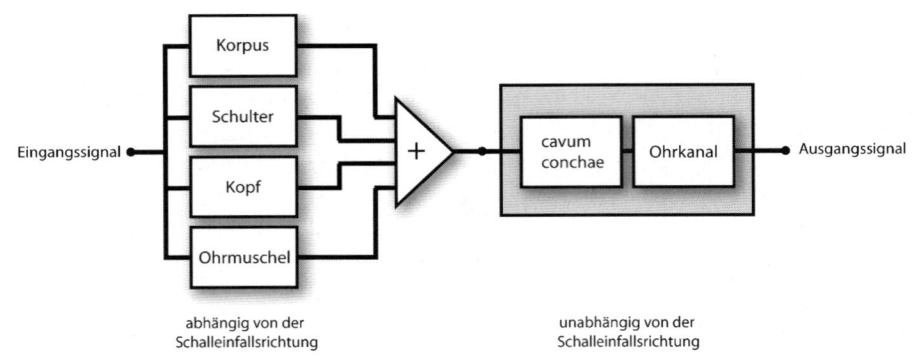

Abb. 10.31 Richtungsabhängige und richtungsunabhängige Komponenten der Außenohrübertragungsfunktion. Die richtungsabhängigen Einflüsse von Korpus, Schulter, Kopf und Ohrmuschel sind das Ergebnis von Schallbeugung und -reflexion. Die richtungsunabhängigen Einflüsse sind das Ergebnis von Resonanzen im Ohrkanal.

Kapitel 10 Aufnahmeverfahren

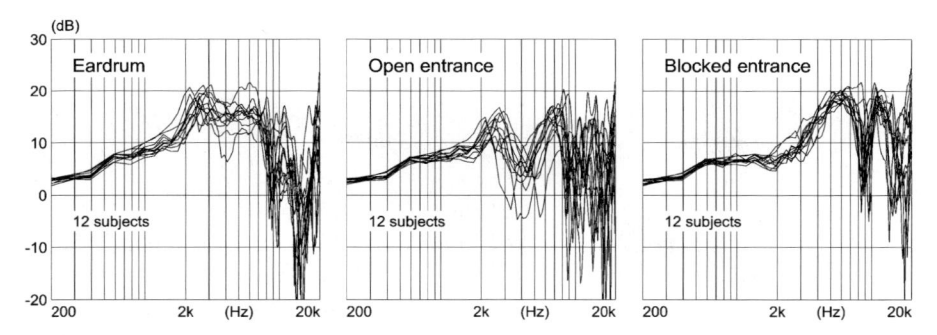

Abb. 10.32 Außenohrübertragungsfunktionen von zwölf Personen, gemessen an verschiedenen Positionen: Vor dem Trommelfell (links), am offenen Eingang zum Ohrkanal (Mitte) und am geblockten Eingang zum Ohrkanal (rechts), nach (Hammershøi u. Møller 2002)

turmikrofon bündig einige Millimeter innerhalb des Ohrkanals eingesetzt. Da aber auch hier oberhalb von 2 kHz erhebliche Unterschiede zwischen den HRTFs verschiedener Personen bestehen, ist es nicht erstaunlich, dass die räumliche Zuordnung von binaural aufgenommenen und wiedergegebenen Signalen mit dem eigenen Kopf in der Regel besser als über einen „fremden" Kunstkopf gelingt. Hierbei ist allerdings ein gewisser Lerneffekt zu beobachten, also die Fähigkeit, sich auf die Eigenschaften des fremden Kopfes einzustellen (Minnaar et al. 2001). Die meisten Kunstkopfsysteme sind „Durchschnittsköpfe", die sich an Mittelwerten aus anthropometrischen Datenbanken orientieren (DIN V 45608, IEC TR 60959, ANSI S3.36, ITU-T P.58).

Auf dem Markt ist eine Vielzahl von Kunstkopfsystemen für verschiedene Anwendungen verfügbar. Der Kunstkopf KU100 der Fa. Neumann wird überwiegend für Musik- und Sprachaufnahmen eingesetzt. Als Nachfolger der Systeme KU80 (1973–81) und KU81 (1982–93) ist er bereits die dritte Gerätegeneration. Er verwendet zwei Druckempfänger vom Typ KM83 (ø = 21 mm) am Ende einer 4 mm langen Nachbildung des Ohrkanals. Während der Kunstkopf KU80 zunächst über einen freifeldentzerrten Frequenzgang verfügte, sind die Typen KU81 und KU100 auf einen linearen Frequenzgang im Diffusfeld entzerrt, um Klangfarbenfehler bei der Wiedergabe über Lautsprecher zu minimieren (Theile 1981). Andere Systeme werden überwiegend in der akustischen Messtechnik eingesetzt, etwa bei der Messung binauraler raumakustischer Kriterien, im Bereich *Sound Quality* oder beim akustischen Produktdesign. Die Form von Kopf und Torso geht von stilisierten (Brüel & Kjær HATS 4100) bzw. durch mathematische Funktionen definierten Modellen (Head Acoustics HMS III) bis zu weitgehend detailgetreuen Nachbildungen (KEMAR 45BA, Cortex Electronic MK1). Zur Anpassung an die akustischen Verhältnisse bei Aufnahme und Wiedergabe sind häufig verschiedene Entzerrungsarten wählbar. Dazu gehört eine Freifeldentzerrung, eine Diffusfeldentzerrung oder eine benutzerspezifische bzw. auf bestimmte Kopfhörermodelle zugeschnittene Entzerrung (s. Kap. 11.8.4.3). Einige Modelle (KEMAR) werden mit verschiedenen Aussenohrtypen angeboten, die typisch für weibliche, männliche, amerikanisch/europäische und asiatische Hörer sind. Für Anwendungen in der Telekommunikation, etwa bei der messtechnischen und

A B C

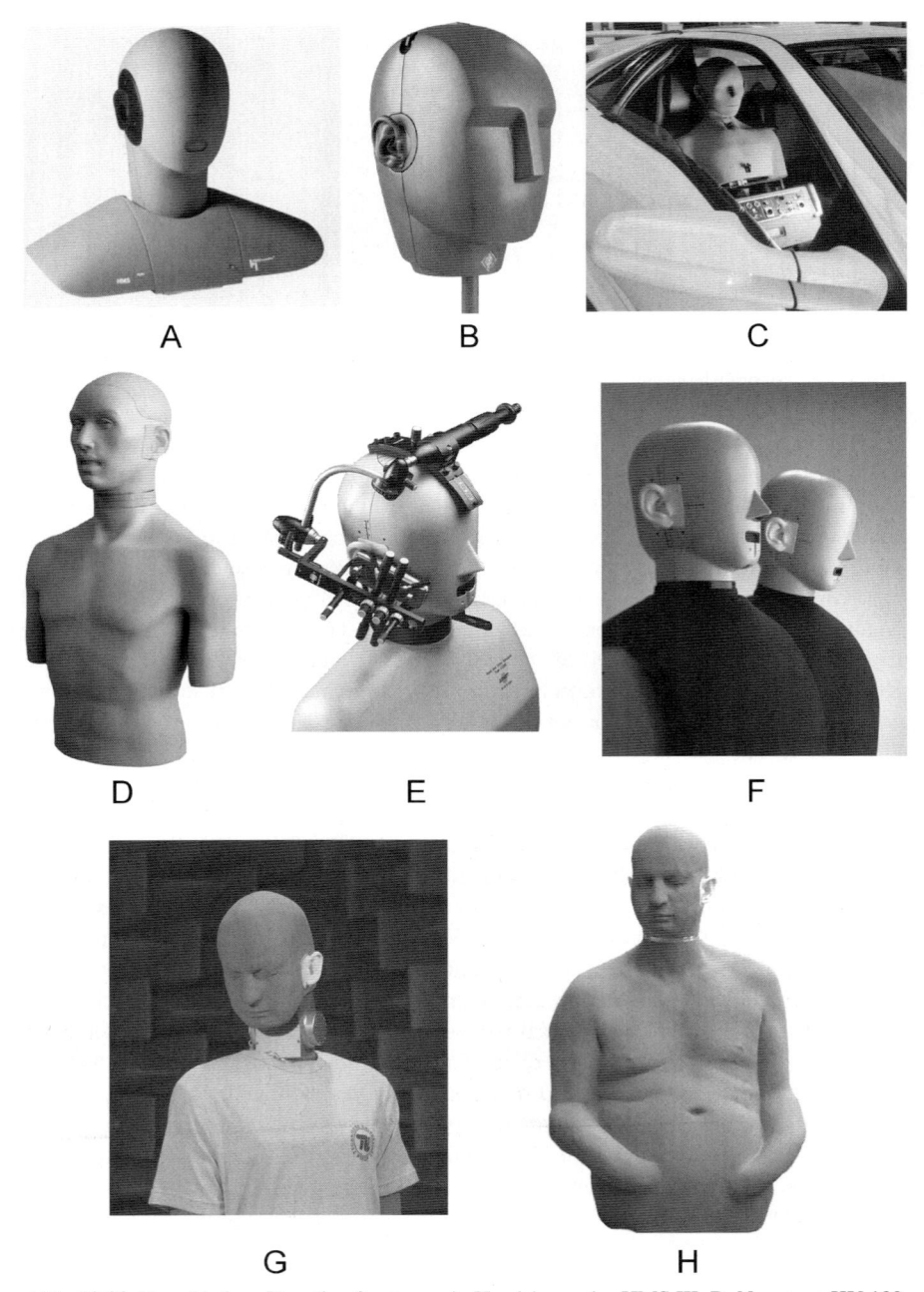

D E F

G H

Abb. 10.33 Verschiedene Kunstkopfsysteme: A: Head Acoustics HMS III, B: Neumann KU 100, C: Cortex MK1, D: KEMAR KB 4004, E: Brüel & Kjær HATS 4128, F: Brüel & Kjær HATS 4100; G: FABIAN; H: Moldrzyk (Fotos: Fa. Head Acoustics, Georg Neumann GmbH, 01dB GmbH, G.R.A.S. Sound & Vibration, Brüel & Kjaer GmbH, TU Berlin, C. Moldrzyk/Fa. Visaural)

perzeptiven Evaluation von Mobiltelefonen gibt es Modelle mit vollständiger Ohrkanal- und Trommelfellimpedanzsimulation, Sprachsimulator und zusätzlich erhältlichen Handapparatehaltern und -positionierern (Brüel & Kjæer 4128).

Einige neuere Systeme verfügen über Schrittmotoren oder Servomotoren, mit denen der Kopf in der Horizontalebene (Moldrzyk et al. 2004, Christensen et al. 2005) oder in mehreren Freiheitsgraden (FABIAN, Lindau u. Weinzierl 2007) softwaregesteuert bewegt werden kann. Auf diese Weise können ohne manuellen Eingriff komplette Datensätze von binauralen Raumimpulsantworten für ein definiertes Raster von Kopforientierungen gemessen werden, wie sie in der Binauraltechnik für die Simulation virtueller akustischer Umgebungen verwendet werden (s. Kap. 11.8.4).

Die ersten Kunstkopfsysteme wurden bereits Ende der 1960er Jahre entwickelt (Kürer et al. 1969, Damaske u. Wagener 1969) und zunächst für Untersuchungen zur subjektiven, vergleichenden Beurteilung der Hörsamkeit in Konzertsälen eingesetzt (Wilkens 1972, Lehmann & Wilkens 1980). Nachdem die ersten Rundfunksendungen binaural aufgenommener Hörspiele (*Demolition*, 1973) mit Euphorie aufgenommen wurden, haben sich insbesondere im Bereich der Musikaufnahme die unvermeidlichen Klangverfärbungen bei der Lautsprecherwiedergabe von binaural aufgenommenen Signalen als problematisch erwiesen, ebenso die fehlende Gestaltungsmöglichkeit bei der Klangregie, da mit dem Einsatz zusätzlicher Mikrofone zur Einstellung der Klangbalance die Vorzüge der Kunstkopfstereofonie, insbesondere die Außer-Kopf-Lokalisation und die gute Lokalisierbarkeit von Schallquellen im Raum auch bei Kopfhörerwiedergabe verloren gehen. Ein weiteres Manko von Kunstkopfaufnahmen ist das Phänomen, dass frontale und rückwärtige Schalleinfallsrichtungen, welche die gleiche interaurale Laufzeitdifferenz hervorrufen, kaum unterschieden werden können (*cones of confusion*, Kap. 11.8.4.4). Die für diese Unterscheidung notwendigen Peilbewegungen des Kopfes bleiben bei der Wiedergabe von konventionellen Kunstkopfaufnahmen ohne Wirkung auf das binaurale Signal, anders als in der binauralen Simulation, wo Kopfbewegungen von einem Positionssensor abgetastet werden und die Auralisation entsprechend nachgeführt wird.

Im Bereich der Musikproduktion hat der Kunstkopf als Aufnahmeverfahren daher nie nennenswerte Verbreitung gefunden. Im Bereich der akustischen Messtechnik, im akustischen Produktdesign (Telefonie, Fahrzeugentwicklung), in der Psychoakustik, im Bereich Lärmschutz und Lärmwirkungsforschung und in der Musikrezeptionsforschung ist er heute jedoch ein unverzichtbares Werkzeug für Forschung und Entwicklung.

10.4 Mehrkanalstereofone Aufnahmen

Bei mehrkanalstereofonen Aufnahmen werden Schallquellen durch Laufzeit- und/oder Pegelunterschiede zwischen mehr als zwei Kanälen kodiert, um bei der Wiedergabe über mehrkanalige Wiedergabesysteme eine räumliche Abbildung durch die Ausbildung von Phantomschallquellen zwischen den Lautsprechern zu erzielen. Im

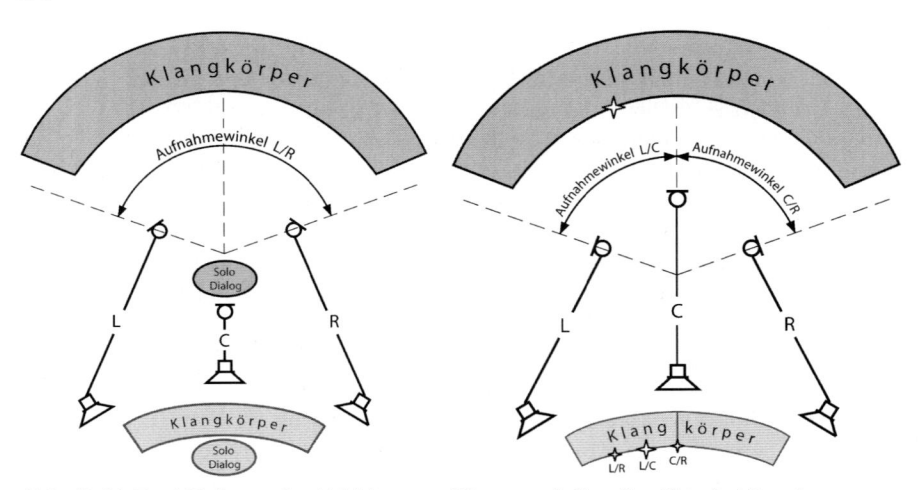

Abb. 10.34 Zwei Varianten der Abbildung von Phantomschallquellen über drei Frontlautsprecher: Links: Phantomschallquelle nur zwischen L und R, C als wird als reale Schallquelle für monofone Signale eingesetzt. Rechts: Phantomschallquellen zwischen L und C sowie C und R. Die unerwünschte Phantomschallquelle zwischen LR und CR (für eine linksseitige Quelle) kann durch Reduktion des Übersprechens zwischen L und R durch geeignete Richtcharakteristiken unterdrückt werden.

Gegensatz zu einzelmikrofonierten Aufnahmen dürfen die Laufzeit- und Pegeldifferenzen, mit der eine Schallquelle auf verschiedene Kanälen aufgezeichnet wird, hier nicht zu groß sein, damit bei der Wiedergabe eine Phantomschallquelle zwischen den Lautsprechern entstehen kann. Für die Nutzung der drei Frontkanäle, wie sie für die Wiedergabe von Tonträgern nach ITU-R BS 775-1 (Abb. 11.13) und für alle gängigen Kinoformate vorgesehen sind, gibt es im Wesentlichen zwei Varianten.

Bei Variante 1 („Stereo plus Center") werden Phantomschallquellen nur zwischen den Kanälen L und R abgebildet, während der Center-Kanal für monofon aufgenommene Quellen (Abb. 10.34 links) genutzt wird. Dieses Verfahren ist üblich im Bereich des Filmtons, wo stereofone Signale (v. a. Filmmusik und Atmo) überwiegend über L und R wiedergegeben werden, während der Centerkanal für den Dialog benutzt wird. Auch bei mehrkanaligen Musikproduktionen wird der Centerkanal häufig für monofon mikrofonierte Solisten genutzt, während ausgedehnte Quellen (Orchester, Instrumentalgruppen) stereofon über L und R aufgenommen und wiedergeben werden. Für Aufnahmen dieser Art können somit, trotz mehrkanaliger Wiedergabe, traditionelle monofone und zweikanalstereofone Aufnahmeverfahren zum Einsatz kommen.

Bei Variante 2 (segmentiertes Schallfeld) werden Phantomschallquellen zwischen den Kanälen L und C sowie C und R abgebildet (Abb. 10.34 rechts). Um eine kontinuierliche und eindeutige Abbildung ausgedehnter Klangkörper auf der Lautsprecherbasis LCR zu erreichen, müssen die Aufnahmewinkel der Mikrofonpaare LC und CR daher lückenlos und ohne Überlappung aneinander anschließen. Der Aufnahmewinkel der beiden Mikrofonpaare ergibt sich aus Abstand, Position und Ausrichtung der Mikrofone, eine zusätzliche Drehung der stereofonen Hauptachsen kann durch Laufzeit- oder Pegeldifferenzen zwischen den Mikrofonpaaren auf elektronischem oder akustischem Weg erreicht werden. Eine systematische Diskussion dieser Varianten findet man bei (Williams u. Le Dû 1999). Unerwünschte, aber unvermeidliche Doppelabbildungen durch Phantomschallquellen, die sich zwischen L und R und, wie in Abb. 10.34 exemplarisch für eine halblinks positionierte Schallquelle gezeigt, C und R bilden, können nur durch Reduktion des Übersprechens zwischen L und R durch eine geeignete Richtcharakteristik und Ausrichtung der äußeren Mikrofone unterdrückt werden.

Die meisten dieser mehrkanalstereofonen Aufnahmeverfahren nehmen eine Segmentierung des Schallfelds durch die Aufnahmewinkel zweier stereofoner Mikrofonpaare mit einem gemeinsamen Mittenmikrofon vor. Wie bei Zweikanalsystemen unterscheidet man auch hier intensitätsstereofone, laufzeitstereofone, gemischte und trennkörperstereofone Verfahren.

10.4.1 Koinzidenzverfahren

10.4.1.1 Soundfield-Mikrofon

Das Soundfield-Mikrofon basiert auf einer mathematischen Theorie der Schallfeldabtastung auf einer kugelsymmetrischen Oberfläche (Gerzon 1975). Es liefert Mikrofonsignale, die für eine Wiedergabe im Ambisonics-Verfahren geeignet sind (s. Kap. 11.8.2) und ist seit Mitte der 1970er Jahre als integriertes Mikrofonsystem erhältlich. Das Aufnahmeverfahren lässt sich als Erweiterung des MS-Verfahrens auf drei Raumdimensionen verstehen (Abb. 10.35).

Tabelle 10.4 Schallfeldanteile und Koordinaten im B-Format

Koordinate (B-Format)	Schallfeldkomponente	Mikrofon-Richtcharakteristik
W	Schalldruck	Kugel
X	Druckgradient	Acht (vorne-hinten)
Y	Druckgradient	Acht (links-rechts)
Z	Druckgradient	Acht (oben-unten)

Während beim MS-Verfahren ein Druckanteil (M-Signal) und ein Gradientenanteil in Richtung der Ohrachse (S-Signal) aufgenommen wird, liefert das Soundfield-Mikrofon einen Druckanteil (W-Signal) und drei Gradientenanteile in X-Richtung (vorne-hinten), Y-Richtung (links-rechts) und Z-Richtung (oben-unten). In der Ambisonics-Terminologie wird die Kombination dieser vier Signale als *B-Format* bezeichnet. Im Gegensatz zu einem MS-Mikrofon werden die Mitten- und Seitensignale beim Soundfield-Mikrofon jedoch nicht direkt durch die Richtcharakteristiken Kugel und Acht erzeugt, da es sich im Hinblick auf ein symmetrisches Mikrofondesign als günstiger erwiesen hat, vier Kapseln mit der Richtcharakteristik Breite Niere in Form eines Tetraeders anzuordnen (Abb. 10.36). Durch elektronische Kompensation der Kapselabstände werden die Signale auf den Mittelpunkt des Tetraeders

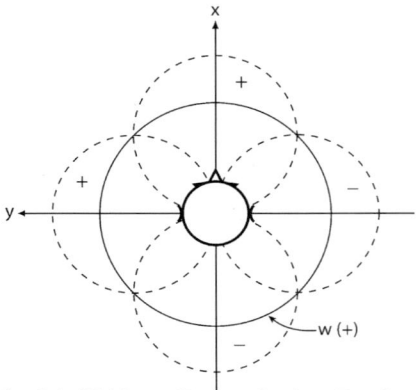

Abb. 10.35 Zerlegung des Schallfelds am Hörerort in einen Druckanteil (w) und Gradientenanteile in x- und y-Richtung (z-Richtung nicht sichtbar)

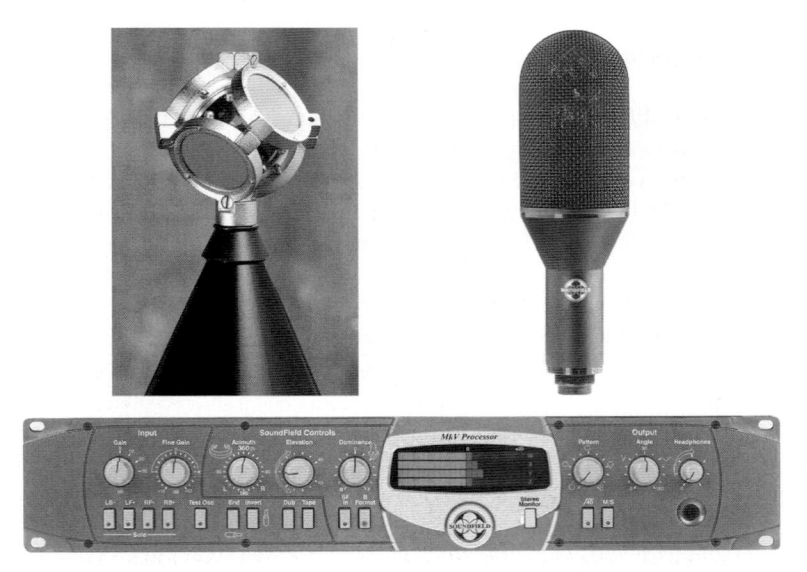

Abb. 10.36 Soundfield-Mikrofonsystem. Oben: Anordnung der vier Mikrofonkapseln zur Aufnahme im A-Format (Left Front LF, Right Front RF, Left Back LB und Right Back RB) und geschlossenes Mikrofongehäuse. Unten: Controller zum Processing der A-Format-Signale (Fotos: Soundfield Ltd.)

interpoliert, sodass sich eine messtechnisch verifizierbare Koinzidenz bis zu einer Frequenz von etwa 10 kHz erreichen lässt.

Die Ausgangssignale des Tetraeder-Mikrofons (LF, RF, LB, RB) werden als *A-Format* bezeichnet. Durch Summen- und Differenzenbildung in einem nachgeschalteten Controller werden die Signale in entsprechende B-Format-Signale umgewandelt. Dabei gilt

$$W = LF + LB + RF + RB$$
$$X = LF - LB + RF - RB$$
$$Y = LF + LB - RF - RB$$
$$Z = LF - LB - RF + RB$$

(10.10)

Neben dieser Matrizierung erlaubt der Controller durch unterschiedliche Gewichtung und Phasenlage der einzelnen Mikrofonsignale auch die Bildung eines zweikanaligen, koinzidenten Signals. Die ebenfalls durch Summen- und Differenzenbildung erzeugte, scheinbare Richtcharakteristik dieses Stereo-Systems kann durch eine Einstellung von *Azimuth* und *Elevation* horizontal und vertikal gedreht und in seiner Richtwirkung stärker oder schwächer fokussiert werden (*Dominance*). Bei vierkanaliger Aufzeichnung im B-Format können diese Einstellungen auch in der Nachbearbeitung vorgenommen werden, was das Soundfield-Mikrofon zu einem sehr flexiblen Aufnahmeinstrument macht. Im Bereich der Musikproduktion hat das Ambisonics-Verfahren allerdings keine breite Akzeptanz gefunden.

Zu den theoretischen Grundlagen des Soundfield-Mikrofons s. (Gerzon 1975), zur praktischen Ausführung s. (Farrar 1979a) und (Farrar 1979b).

10.4.1.2 Doppel-MS

Eine Kombination von zwei separaten MS-Systemen an unterschiedlichen Mikrofonpositionen zur Aufnahme direkter und räumlicher Schallanteile wurde aufgrund der guten Monokompatibilität koinzidenter Systeme bereits für zweikanalstereofone Aufnahmen vorgeschlagen (Pizzi 1984). Um ein mehrkanalstereofones Hauptmikrofonsystem zu erhalten, lässt sich je ein nach vorne und nach hinten ausgerichtetes Nierenmikrofon mit einem gemeinsamen S-Signal für Front- *und* Surroundkanäle kombinieren, wodurch die Anordnung auf drei Mikrofone reduziert wird. Bei der Wiedergabe stehen somit zwei MS-Systeme für Front- und Surroundkanäle zur Verfügung, der Center-Kanal kann aus dem vorderen M-Signal gespeist werden (Wuttke 2001).

Abb. 10.37 Doppel-MS Anordnung mit zwei Nieren und Acht (links), sowie mit einem Richtrohrmikrofon als frontales Mittenmikrofon und einer Niere als rückwärtiges Mittenmikrofon (rechts) (Fotos: Fa. Schoeps Mikrofone)

10.4.2 Laufzeitverfahren

10.4.2.1 Decca-Tree Multichannel

Eine laufzeitstereofone Anordnung ergibt sich, wenn die drei Mikrofone eines Decca-Trees (s. Abschn. 10.3.2) auf die drei Frontkanäle einer Surround-Wiedergabe geroutet werden. Das Problem multipler Phantomschallquellen zwischen LR, LC und CR besteht im Grundsatz auch hier, allerdings kann durch ausreichenden Mikrofonabstand und entgegengesetzte Ausrichtung der Mikrofone das Übersprechen zwischen L und R verringert werden.

Vernachlässigt man die Phantomschallquelle zwischen den äußeren Mikrofonen, so können die Druckempfänger L, C und R so angeordnet werden, dass das Schallfeld bei der Aufnahme durch die Aufnahmewinkel der Mikrofonpaare LC und CR lückenlos und ohne Überlappung abgetastet wird. Bei fünfkanaliger Wiedergabe nach ITU-R BS 775-1 werden alle Schallquellen als Phantomschallquellen zwischen den frontalen Lautsprechern LC und CR abgebildet. Um einen bestimmten Gesamt-Aufnahmewinkel zu erreichen, sind Mikrofonabstände nach Tabelle 10.5 erforderlich (Herrmann et al. 1998). Zur Anordnung s. Abb. 10.38, allerdings werden für den Decca-Tree Druckempfänger mit Kugelcharakteristik eingesetzt.

Tabelle 10.5 Gesamtaufnahmewinkel und Mikrofonabstände für eine Anordnung mit drei Druckempfängern entsprechend Abb. 10.38

Gesamtaufnahmewinkel	Mikrofonabstand a in cm	Mikrofonabstand b in cm
100	87,5	158,5
120	74	128
140	64,5	105,5
160	57,5	88

Kapitel 10 Aufnahmeverfahren

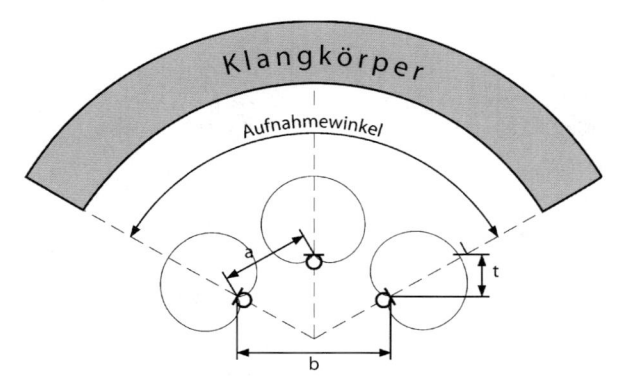

Abb. 10.38 Ideale Nieren-Anordnung INA 3

10.4.3 Gemischte Verfahren

10.4.3.1 INA 3 und INA 5

Für das Verfahren INA 3 (für „Ideale Nieren-Anordnung") werden drei Nierenmikrofone L, C und R so angeordnet, dass die Aufnahmewinkel der Mikrofonpaare LC und CR aneinander angrenzen, ohne sich zu überlappen. Dadurch soll ein ausgedehnter Klangkörper vor dem Mikrofon bei der Wiedergabe über drei Front-Lautsprecher lückenlos abgebildet werden, ohne dass Mehrfachabbildungen von einzelnen Schallquellen entstehen (Herrmann et al. 1998). Die erforderlichen Mikrofonabstände und Hauptachsenwinkel wurden von den Autoren nach (Williams 1987) bestimmt (Tabelle 10.6). Aufgrund der hohen Laufzeit- und Pegeldifferenz wird angenommen, dass sich zwischen L und R keine Phantomschallquelle ausbildet, die sich mit den Phantomschallquellen zwischen LC und CR überlagert.

Tabelle 10.6 Aufnahmewinkel und Mikrofonabstände für die Anordnung INA 3

Aufnahmewinkel	Mikrofonabstand a in cm	Mikrofonabstand b in cm	Systemtiefe t in cm
100°	69	126	29
120°	53	92	27
140°	42	68	24
160	32	49	21

Bei der Variante INA 5 wird das System um zwei zusätzliche Nierenmikrofone für die Surroundwiedergabe zu einer fünfkanaligen Anordnung erweitert, bei der die gesamte horizontale Hörfläche durch die Aufnahmewinkel der benachbarten Mikrofone in fünf nichtüberlappende Segmente geteilt wird (Abb. 10.39). Unter dem Namen „Atmos 5.1" wird die Anordnung mit einem externen Controller für Vorverstärkung und Panorama als integriertes System für Surroundaufnahmen und insbesondere für die

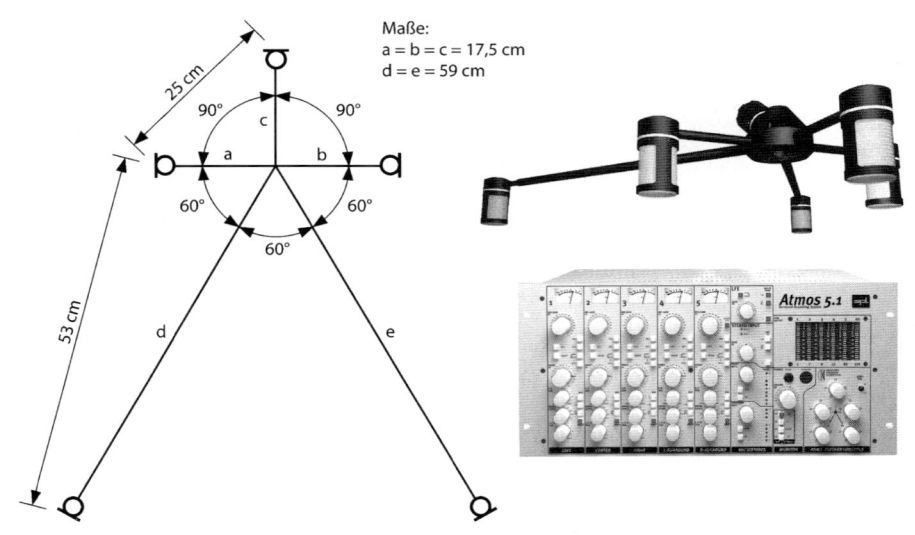

Abb. 10.39 Links: Aufnahmewinkel und Mikrofonanordnung nach INA 5. Rechts: Atmos 5.1 Mikrofonsystem mit Controller (Fotos: SPL electronics GmbH)

Atmo-Aufnahme bei Film- und Fernsehproduktionen eingesetzt. In dieser Variante sind die Richtcharakteristiken und die Ausrichtungen der Mikrofone einstellbar.

10.4.3.2 OCT

Auch die vom Münchener Institut für Rundfunktechnik vorgeschlagene OCT-Anordnung (Optimized Cardioid Triangle) für drei Frontkanäle nimmt eine Segmentierung des frontalen Schallfelds durch zwei Mikrofonpaare LC und CR vor. Durch den Einsatz von Mikrofonen mit Supernierencharakteristik für L und R wird das Übersprechen zwischen den äußeren Mikrofonen und damit die Ausbildung unerwünschter Phantomschallquellen zwischen L und R bei der Wiedergabe reduziert.

Der Aufnahmewinkel des Gesamtsystems ergibt sich aus der Mikrofonbasis zwischen L und R. Die Tiefenwiedergabe wird optional durch zwei zusätzliche, tiefpassgefilterte Druckempfänger mit Kugelcharakteristik an den Positionen von L und R verbessert. Die Anordnung kann durch zwei rückwärtig ausgerichtete Nierenmikrofone zu einem fünfkanaligen Aufnahmesystem (*OCT Surround*) ergänzt werden (Theile 2001, Abb. 10.40).

10.4.3.3 Fukada Tree

Ein ähnliches Konzept wie OCT Surround wird mit einem bei der japanischen Rundfunkgesellschaft NHK unter der Bezeichnung *Fukada Tree* praktizierten Aufnahmeverfahren mit fünf Nierenmikrofonen für die Kanäle L, R, S, LS und RS,

Kapitel 10 Aufnahmeverfahren

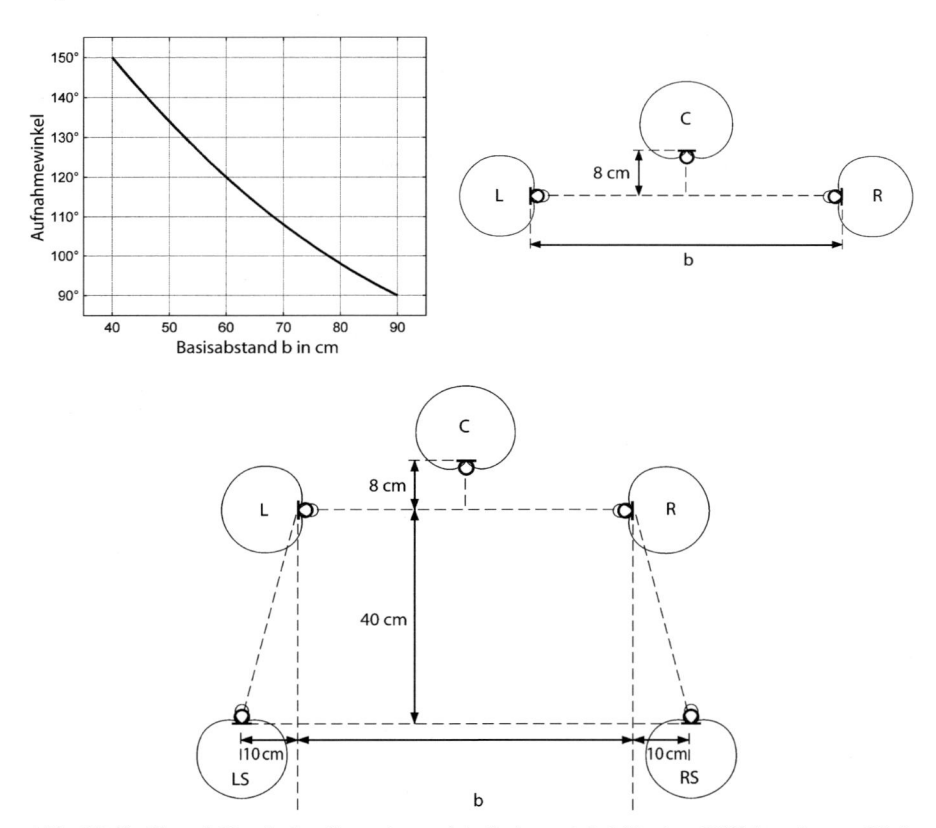

Abb. 10.40 Oben: Mikrofonkonfiguration und Aufnahmewinkel für eine OCT-Anordnung. Für L und R kommen Mikrofone mit Supernierencharakteristik zum Einsatz, für C eine Nierencharakteristik. Unten: OCT Surround mit zusätzlichen Nierenmikrofonen für LS und RS

sowie zwei zusätzlichen, weiter außen positionierten Druckempfängern verfolgt (Abb. 10.41, nach Fukada 2001).

10.4.3.4 Kugelflächenmikrofon mit Achten

Das Kugelflächenmikrofon KFM 360 ist eine Erweiterung der zweikanaligen Variante KFM 6 (s. Abschn. 10.3.4) durch zwei zusätzliche, nach vorne ausgerichtete Gradientenempfänger mit Achtcharakteristik, die neben den in die Kugeloberfläche integrierten Druckempfängern aufgesetzt sind (Bruck 1996). Durch MS-Matrizierung von Kugel und Acht auf beiden Seiten der Kugel entstehen zwei äquivalente Nierencharakteristiken. Diese zeigen nach vorne (M+S) und nach hinten (M–S) und können den Wiedergabekanälen L und LS bzw. R und RS zugeordnet werden. Ein zusätzliches Center-Signal kann aus den Stereokanälen durch eine Gerzon-Matrix gewonnen werden (Gerzon 1992).

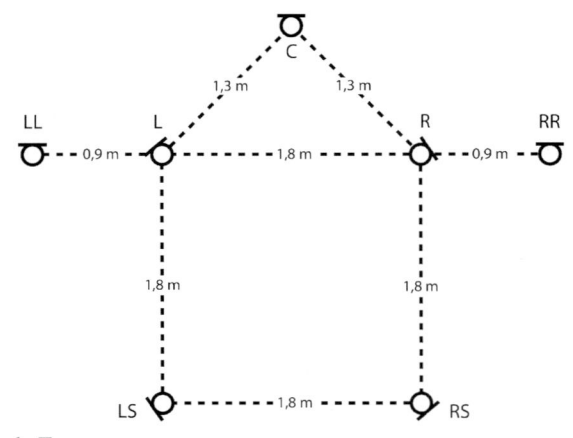

Abb. 10.41 Fukada-Tree

Abb. 10.42 Kugelflächenmikrofon KFM 360 mit aufgesetzten Gradientenempfängern in Achtcharakteristik und Steuereinheit zur Matrizierung und Entzerrung der Mikrofonsignale (Fotos: Fa. Schoeps Mikrofone)

10.4.3.5 Quadrofones Mikrofonkreuz

Eine Anordnung von vier Nierenmikrofonen an den Ecken eines Quadrates mit 20–25 cm Seitenlänge (Abb. 10.43) wurde bereits in den 1970er Jahren zur Aufzeichnung von Signalen für die quadrofone Wiedergabe verwendet. Unter der Bezeichnung *Atmo-Kreuz* oder *IRT-Kreuz* wird es vor allem für die Aufzeichnung von

Kapitel 10 Aufnahmeverfahren

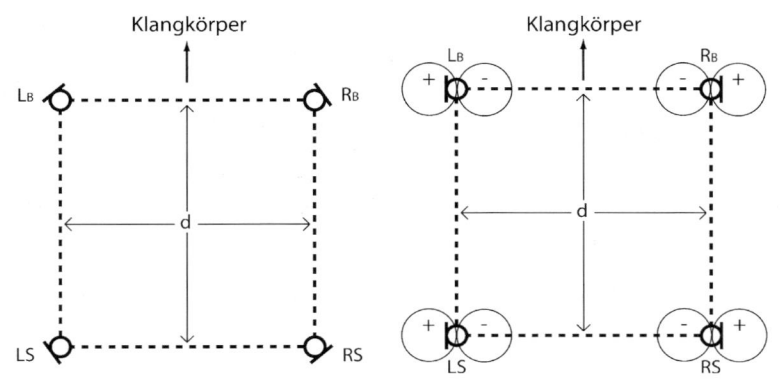

Abb. 10.43 IRT Mikrofonkreuz (links) und Hamasaki Square (rechts)

Atmo-Signalen (Publikum, Geräuschatmosphären) oder als Raummikrofon für die Aufnahme diffuser Schallanteile eingesetzt. Bei fünfkanaliger Wiedergabe werden die rückwärtigen Mikrofone den Surroundkanälen LS und RS, die nach vorne gerichteten Mikrofone den Frontkanälen L und R zugeordnet.

Eine alternative quadrofone Anordnung (*Hamasaki Square*) verwendet Achtermikrofone in einem größeren Abstand von 1 bis 3 m (Abb. 10.43). Durch die Ausrichtung der Achtmikrofone zu den Seiten wird eine maximale Unterdrückung von frontalem Direktschall erreicht, die vorteilhaft ist, wenn das System als Raummikrofon zur Aufzeichnung der Surround-Signale eingesetzt werden soll (Hamasaki et al. 2001).

10.5 Mikrofonierung und Klanggestaltung

In der technischen Akustik lassen sich weitgehend objektive Kriterien für die Auswahl elektroakustischer Wandler formulieren. So werden in der physikalischen Messtechnik überwiegend monofone Messmikrofone mit linearem Frequenzgang an definierten Punkten im Schallfeld eingesetzt. In der Psychoakustik, wo es um eine physikalisch exakte und reproduzierbare Übertragung von Ohrsignalen für Versuchspersonen in einer Laborsituation geht, etwa im Bereich der Produktentwicklung, der Lärmwirkungsforschung oder der perzeptiven Validierung raumakustischer Parameter, hat sich die binaurale Aufnahme mit einem Kunstkopfsystem als Standard etabliert.

Im Bereich der Musikproduktion existiert allerdings ein großes Spektrum an Verfahren zur Aufnahme komplexer Klangkörper wie Orchester, Chöre oder Kammermusikensembles. Diese Vielfalt lässt sich bereits äußerlich an der unterschiedlichen Anzahl der eingesetzten Mikrofone ablesen. Während die Fa. Denon für die Gesamteinspielung der Symphonien Gustav Mahlers Ende der 1980er Jahre ganz überwiegend nur zwei Mikrofone einsetzte (sog. *one-point recordings*, z. B. Denon

Co-72589-604), waren die Aufnahmen der gleichen Werke durch den Produzenten Volker Straus für das Philips-Label legendär für den Einsatz von häufig weit über 50 Mikrofonen (z. B. Philips 470 871-2). In gleicher Weise variieren die Auswahl von eingesetzten Mikrofontypen, Mikrofonpositionen und der Einsatz verschiedener stereofoner Aufnahmeverfahren. Allein diese Vielfalt an Aufnahmeverfahren, die sich auch über 50 Jahre nach Einführung der Stereofonie noch eher zu erweitern als zu reduzieren scheint, ist ein Indiz, dass offensichtlich nicht eine physikalisch exakte Schallfeldreproduktion im Vordergrund steht. Nicht erst die nachfolgende Einstellung der Klangbalance am Mischpult, sondern bereits die Wahl des Aufnahmeverfahrens ist hier eine künstlerischen Entscheidung nach ästhetischen Kriterien.

10.5.1 Hauptmikrofon versus Einzelmikrofone

Als Aufnahmeverfahren für komplexe Klangkörper stehen sich zwei gegensätzliche Ansätze gegenüber: Eine Aufnahme mit Einzelmikrofonen (*Polymikrofonie*) ordnet jeder Klangquelle ein eigenes monofones oder stereofones System zu, das hinsichtlich Mikrofontyp und Aufnahmeposition für diese Quelle optimiert ist. Das Übersprechen anderer Quellen in dieses Mikrofon wird durch die Verwendung gerichteter Mikrofone, geringe Mikrofonabstände und durch zusätzliche Maßnahmen zur akustischen Trennung im Aufnahmeraum (Trennwände, geschlossene Aufnahmekabine) weitgehend unterdrückt. Durch das bei Pop- und Rockproduktionen übliche Overdub-Verfahren, bei dem die einzelnen Stimmen sukzessive zu einer bereits vorhandenen Mischung eingespielt werden, ist das akustische Übersprechen von vornherein ausgeschaltet. Intensität, Klangcharakter und eine räumliche Abbildung werden der Schallquelle erst durch die Bearbeitung des aufgenommenen Signals, die Panoramaeinordnung und den Signalpegel bei der Mischung zugeordnet. In der Regel ist auch eine räumliche Bearbeitung durch künstlichen Nachhall erforderlich, da das Mikrofonsignal aufgrund der direkten Abnahme wenig Diffusanteil enthält. Das Verfahren erlaubt jedoch bei der Klangregie einen maximalen Gestaltungsspielraum, da jede Klangquelle eines Ensembles separat und unabhängig voneinander bearbeitet werden kann.

Die Aufnahme mit einem *Hauptmikrofon* dagegen ordnet dem gesamten Klangkörper ein zwei- oder mehrkanaliges, stereofones Aufnahmesystem zu und verzichtet im Extremfall auf die Mikrofonierung der einzelnen Quellen. Intensität, Klangcharakter und Abbildungsrichtung werden bereits bei der Aufnahme durch die Position der einzelnen Quellen relativ zum Hauptmikrofon festgelegt und entziehen sich weitgehend einer nachfolgenden Bearbeitung. Auch eine räumliche Bearbeitung durch künstlichen Nachhall ist häufig nicht erforderlich, da die einzelnen Quellen, insbesondere wenn in akustisch geeigneten Räumen aufgenommen wird, bereits mit ausreichendem Diffusanteil aufgezeichnet sind. Das Verfahren erfordert eine minimale Anzahl an Mikrofonsignalen, auch eine separate Abmischung ist nicht erforderlich. Grundgedanke ist die möglichst „unmanipulierte" Übertragung einer im Aufführungsraum bestehenden Klangbalance.

Aufnahmen von Popularmusik oder Filmton (außer Atmo-Aufnahmen) werden fast ausschließlich in Einzelmikrofonie durchgeführt. Lediglich in der klassischen Musikproduktion werden beide Varianten praktiziert, begleitet von einer fortdauernden Diskussion über Vorzüge und Nachteile der beiden Ansätze. In der Praxis sind die Übergänge allerdings fließend, da auch Aufnahmen mit einem Hauptmikrofon selten ohne zusätzliche *Stützmikrofone* durchgeführt werden (s. Abschn. 10.5.3). In solchen Fällen ist es letztlich eine Frage des Mischungsverhältnisses, welche Teile des Klangkörpers überwiegend über das Hauptmikrofon oder über Einzelmikrofone abgebildet werden.

10.5.2 Klangliche Eigenschaften von Hauptmikrofonverfahren

Um zu ermitteln, in welcher Weise sich die Wahl des Aufnahmeverfahrens auf die Eigenschaften des reproduzierten Klangbilds auswirkt, wurde eine Vielzahl von Hörversuchen durchgeführt, von denen in Tabelle 10.7 nur eine Auswahl aufgeführt ist.

Dabei wurden verschiedene *Hauptmikrofonverfahren* verglichen, da eine Aufnahme mit Einzelmikrofonen überwiegend durch die Art der Abmischung bestimmt wird und sich kaum als *ein* Verfahren untersuchen lässt. Auch ein Vergleich von Hauptmikrofon-Verfahren wirft jedoch eine Reihe methodischer Probleme auf. Zum einen lässt sich das Mikrofonverfahren nur schwer unabhängig von anderen für die Abbildung wesentlichen Faktoren variieren. Auch bei Versuchen, bei denen sich die zu vergleichenden Mikrofonsysteme an der gleichen Position im Schallfeld befinden (Wöhr u. Nellessen 1986, Jacques et al. 2002), ist schwer zu entscheiden, ob die wahrgenommenen Unterschiede auf das Aufnahmeverfahren selbst oder die unterschiedlichen Direkt-Diffusverhältnisse und Aufnahmewinkel bedingt sind, die sich für unterschiedliche Systeme am gleichen Ort ergeben. Bei anderen Tests wurde jedes Verfahren von einer Expertengruppe separat klanglich optimiert (Camerer u. Sodl 2001), hier können zusätzlich unterschiedliche klanggestalterische Intentionen eine Rolle spielen. Ein weiteres methodisches Problem ist die Vorgabe von Attributen wie *Räumlichkeit* oder *Lokalisationsschärfe*, anhand derer die verschiedenen Verfahren meist bewertet werden. Diese Vorgabe unterliegt nicht nur einer gewissen Willkür, vor allem aber ist es unklar, welche Bedeutung diese Kriterien für den „Kunden" haben, d. h. wie relevant sie für den Gesamteindruck einer Aufnahme bei Laienhörern sind.

Aufgrund der unterschiedlichen methodischen Vorgehensweise lassen sich aus den durchgeführten Versuchen kaum generalisierbare Eigenschaften einzelner Mikrofonverfahren ableiten. Auffällig ist allerdings, dass sowohl bei Vergleichen zweikanaliger Hauptmikrofone (Wöhr u. Nellessen 1986) als auch bei fünfkanaligen Hauptmikrofonen (Herrmann u. Henkels 1998, Camerer u. Sodl 2001, Jacques et al. 2002) Laufzeitverfahren gegenüber reinen Intensitätsverfahren perzeptiv besser bewertet wurden. Dies gilt für den Gesamteindruck der Aufnahme und die subjektive Präferenz, insbesondere aber für Attribute wie *Raumeindruck* (Herrmann u. Henkels 1998), *Realismus des Raums, räumliche Tiefe, Klangfarbe* und *Natürlich-*

keit (Berg 2002). Die höhere klangfarbliche Bewertung wird üblicherweise damit erklärt, dass bei Laufzeitverfahren Druckempfänger zum Einsatz kommen, die zu tiefen Frequenzen einen annähernd linearen Frequenzgang aufweisen, im Gegensatz zu den bei Intensitätsstereofonie verwendeten Gradientenempfängern. Die Bedeutung von Laufzeitunterschieden als Erklärung für die Bewertung räumlicher Attribute ist dagegen umstritten. Einerseits erzeugen hinsichtlich der interauralen Korrelation, die auch in der Raumakustik als wesentliches Kriterium für die empfundene Räumlichkeit gilt (s. Kap. 5.2.10), auch koinzident aufgezeichnete und damit hoch korrelierte *Kanalsignale* eine dem natürlichen Hören entsprechende, *interaurale* Korrelation bei der Wiedergabe über Lautsprecher (s. Kap. 3.3.4.1). Andererseits belegen die oben genannten Hörversuche, dass durch Laufzeitverfah-

Tabelle 10.7 Einige Hörversuche zur Ermittlung subjektiver Eigenschaften von zwei- und mehrkanalstereofonen Hauptmikrofonverfahren

Quelle	Aufnahmeverfahren	Aufnahme- und Wiedergabekanäle	Versuchsmethode	Subjektive Kriterien
Wöhr u. Nellessen 1986	AB, XY, MS, ORTF, OSS, Kunstkopf, KFM	2	Paarvergleich mit bipolarer, siebenstufiger Ratingskala	Gesamtpräferenz, Räumlichkeit, Lokalisation
Braun u. Hudelmayer 1996	OSS, KFM, Kunstkopf, KaeT	2	Paarvergleich mit bipolarer, fünfstufiger Ratingskala	Klangfarbe, Ortbarkeit
Herrmann et al. 1998	ABC, INA, KFM 360, MST (3-Kanal-Ambisonics), IRT Kreuz	3/5	Paarvergleich mit bipolarer, fünfstufiger Ratingskala	Raumeindruck, Lokalisation, Klang
Camerer u. Sodl 2001	Decca-Tree, OCT, Stereo + C, INA 5, KFM 360, Soundfield Microphone, Hamasaki Square	5	Paarvergleich mit bipolarer, fünfstufiger Ratingskala	Räumliche Abbildung Orchester, Klangfarbe, Räumlichkeit (insg. 9 Merkmale)
Jacques et al. 2002	OCT Surround, Williams MMA, Soundfield Microphone, Fukada-Tree, Hamsaki-Square	5	bipolare, fünfstufige Ratingskala	Raumgröße, Lokalisierungsschärfe, Tiefe und Breite des Ensembles, Realismus des Raumes, Gesamtpräferenz
Berg u. Rumsey 2002	Fukada Tree, Hamasaki Square, Decca-Tree, 3-Kanal-Koinzidenzmikrofon,	5	Repertory Grid Technique	15 im Versuch ermittelte Attribute
Berg u. Rumsey 2002	Fukada Tree, Hamasaki Square, Decca-Tree, 3-Kanal-Koinzidenzmikrofon,	5	Repertory Grid Technique	15 im Versuch ermittelte Attribute

ren aufgezeichnete Kanalsignale mit ihren von (Griesinger 2001) als *Dekorrelation*, von (Lipshitz 1985) als *Phasigkeit* bezeichneten, zusätzlichen Laufzeit- und Phasenunterschieden beim Hörer offensichtlich eine gesteigerte Empfindung von Räumlichkeit auslösen. Auch wenn diese im physikalischen Sinne nicht natürlich ist, sondern auf einer durch das Signal induzierten *Illusion* von Räumlichkeit beruht, kann sie im Ergebnis offensichtlich als *natürlicher* wahrgenommen werden.

10.5.3 Hauptmikrofone und Stützmikrofone

Bei komplexen Klangkörpern gelingt es häufig nicht, mit einem einzigen stereofonen Hauptmikrofon eine befriedigende Klangbalance zu erreichen. In diesem Fall ist der Einsatz von *Stützmikrofonen* üblich: Einzelne Instrumente werden durch ein meist in einem Abstand von 1–2 m angebrachtes Einzelmikrofon zusätzlich aufgenommen und dem Hauptmikrofon zugemischt. Die Funktion des Stützmikrofons kann sein,

(1) die mikrofonierte Quelle in der Mischung lauter erscheinen zu lassen,
(2) den wahrgenommenen Entfernungseindruck zur mikrofonierten Quelle zu verringern, indem dem Hauptmikrofon durch das Stützmikrofon ein (aufgrund des geringeren Mikrofonabstands) vorauseilendes Signal hinzugefügt wird,
(3) durch das vorauseilende Signal einen aufgrund des Präzedenzeffekts dominierenden Lokalisationsreiz zu erzeugen (s. Kap. 3.4.2), der erfahrungsgemäß auch die Lokalisationsschärfe der Abbildung erhöht, und
(4) der Klangfarbe der Quelle durch das dicht abgenommene Mikrofonsignal einen höhenbetonten Klanganteil hinzuzufügen, dadurch insbesondere hochfrequente Geräuschanteile (Anblas- bzw. Anstrichgeräusche, Atmen) hörbar zu machen und bei Gesangsstimmen und Sprechern die Textverständlichkeit zu erhöhen.

Wenn nur die Lautheit einer Quelle erhöht werden soll (1), ohne Entfernungseindruck und Lokalisation zu beeinflussen (2,3), kann es sinnvoll sein, das Signal des Stützmikrofons zeitlich zu verzögern, so dass es in der Mischung nach dem Hauptmikrofon erscheint. Die Verzögerung sollte dann so eingestellt werden, dass das Stützmikrofon *nach* den ersten Raumreflexionen erscheint, damit das räumliche Gesamtbild des Hauptmikrofons nicht beeinträchtigt wird (*Raumbezogene Stütztechnik*, Theile 1984). In der Praxis stehen jedoch häufig die Intentionen (2), (3) und (4) im Vordergrund. Hier wird ein unverzögertes Stützmikrofon bereits bei niedrigerem Signalpegel wirksam, da ein nacheilendes Mikrofonsignal tendenziell durch die in der Lautstärke dominierenden Anteile des Hauptmikrofons verdeckt wird. Abb. 10.44 zeigt eine typische Mikrofonierung für komplexe Klangkörper mit Haupt- und Stützmikrofonen.

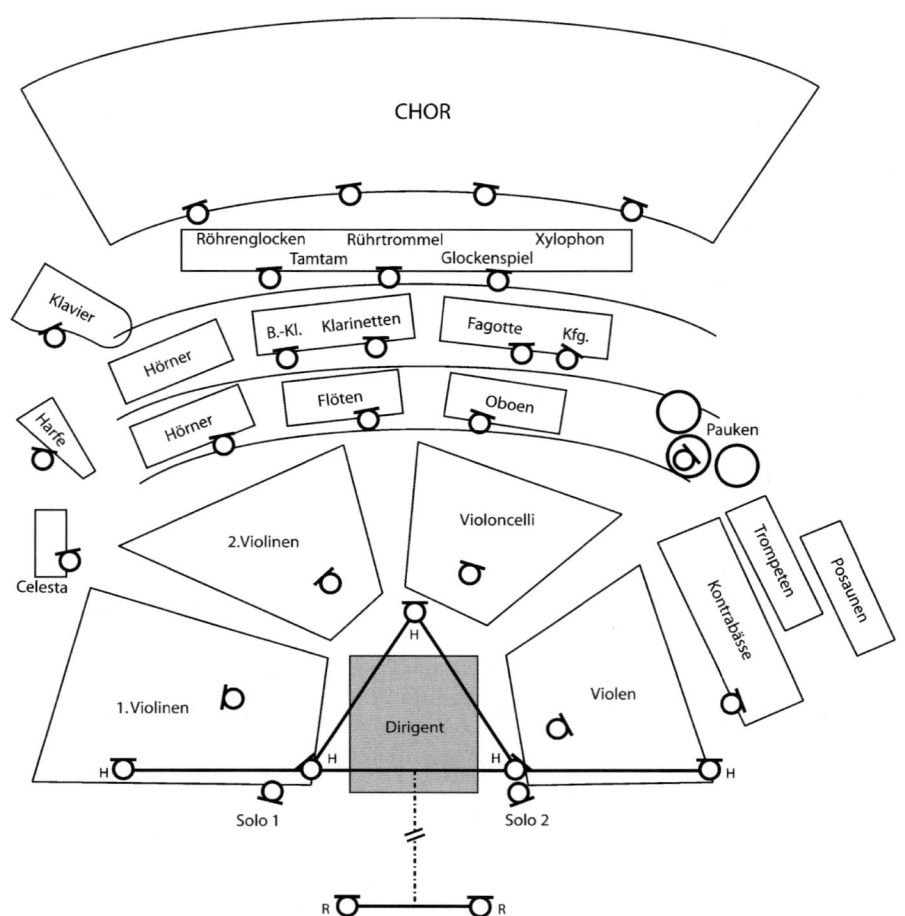

Abb. 10.44 Mikrofonierung mit Haupt- und Stützmikrofonen. Ein Decca-Tree und zwei zusätzliche Druckempfänger als Hauptmikrofon (H), dazu zwei Raummikrofone (R) und Stützmikrofone für die Solisten und alle Instrumentengruppen des Orchesters, in der Mischung 5–15 dB unter dem Pegel des Hauptmikrofons. Für die Surround-Kanäle wurden zwei Druckempfänger in 10 m Entfernung vom Orchester platziert (nicht eingezeichnet). (A. Schönberg, *Die Jakobsleiter*, DSO Berlin/Kent Nagano, veröffentlicht als SACD bei harmonia mundi HMC801821, Aufnahme teldex Studio Berlin, m. f. G. von T. Lehmann)

Normen und Standards

AES17-1998 (r2004)	AES standard method for digital audio engineering – Measurement of digital audio equipment
ANSI S3.36 (R1996)	American National Standard for a Manikin for Simulated in-situ Airborne Acoustic Measurements
DIN 45405	Störspannungsmessung in der Tontechnik
DIN 45406:1966	Aussteuerungsmesser für elektroakustische Breitbandübertragung (zurückgezogen 2000)
DIN 45510	Magnettontechnik. Begriffe
DIN V 45608	Vorläufiger Kopf- und Rumpfsimulator für akustische Messungen an Luftleitungs-Hörgeräten (identisch mit IEC 60959)
DIN EN 60268-3:2000	Elektroakustische Geräte – Teil 3: Verstärker
DIN EN 60268-4:2004	Elektroakustische Geräte – Teil 4: Mikrofone
DIN IEC 60268-10	Spitzenspannungs-Aussteuerungsmeßgerät
DIN IEC 60268-17	Standard-vu-Meter
DIN EN 61672	Elektroakustik – Schallpegelmesser – Teil 1: Anforderungen
IEC 60268-18	Spitzenspannungs-Aussteuerungsmeßgeräte – Spitzenspannungsmeßgerät für digitalen Ton
IEC TR 60959:2000	Provisonal head and torso simulator for acoustic measurements on air conduction hearing aids
DIN EN 61260	Bandfilter für Oktaven und Bruchteile von Oktaven
EBU R68	EBU Technical Recommendation R68-2000. Alignment level in digital audio production equipment and in digital audio recorders
ISO 9613-1:1993	Acoustics – Attenuation of sound during propagation outdoors. Part 1: Calculation of the absorption of sound by the atmosphere
ITU-R BS.775-1:1994	Multichannel stereophonic sound system with and without accompanying picture
ITU-R BS.1770	Algorithms to measure audio programme loudness and true-peak audio level
ITU-T J.27	Signals for the Alignment of International Sound-Programme Connections
ITU-T P.58	Head and torso simulator for telephonometry
SMPTE RP155-2004	SMPTE Recommended Practices for Motion Pictures and Television — Reference Level for Digital Audio Systems

Literatur

Alexander RC (1999) The Inventor of Stereo: The Life and Works of Alan Dower Blumlein. Focal Press, Boston
Ballou GM (2002) Handbook for Sound Engineers. 3. Aufl, Focal Press, Boston
Bartlett B, Billingsley M (1990a) An Improved Stereo Microphone Array Using Boundary Technology: Theoretical Aspects. J Audio Eng Soc 38/7/8:543–552
Bartlett B, Billingsley M (1990b) Practical Field Recording Applications: An Improved Stereo Microphone Array Using Boundary Technology. J Audio Eng Soc 38/7/8:553–565
Berg J (2002) Evaluation of perceived spatial quality of 5-channel microphone techniques by using selected spatial attributes. 22. Tonmeistertagung, Hannover
Berg J, Rumsey F (2002) Validity of selected spatial attributes in the evaluation of 5-channel microphone techniques, 112th AES Convention, Munich, Preprint 5793
Blumlein AD (1931) British Patent 394325 (1933 June 14). Reprinted in J Audio Eng Soc 6 (1958):91–98
de Boer K (1940) Plastische Klangwiedergabe. Philips Technische Rundschau 5/4:108–115
Brixen EB (2001) Audio Metering. Broadcast Publishing & DK Audio A/S, Denmark

Bruck J (1996) Die Lösung des "Surround"-Dilemmas. In: 19. Tonmeistertagung, Karlsruhe 1996, Bericht, S 117–124
Burns RW (2000). The Life and Times of A. D. Blumlein. IEE History of Technology series.
Breh K (1986) Alles Clara. Test eines neuen Aufnahmesystems. Stereoplay 4:46–48
Camerer F, Sodl C (2001) Classical Music in Radio and TV – a multichannel challenge. http://www.hauptmikrofon.de
Christensen F, Martin G, Minnaar P, Song WK, Pedersen B, Lydolf M (2005) A Listening Test System for Automotive Audio – Part 1: System Description. 118th AES Convention, Barcelona, Preprint 6358
Damaske P, Wagner B (1969) Richtungshörversuche über einen nachgebildeten Kopf. Acustica 21:30–35
Defossez A (1986) Stereophonic Pickup System Using Baffled Pressure Microphones. 80th AES Convention, Preprint 2352
Dickreiter M (1997) Handbuch der Tonstudiotechnik. Bd 1, 6. Aufl, Saur Verlag, München
Dickreiter M (2003) Mikrofon-Aufnahmetechnik, 3. Aufl, Hirzel Verlag, Stuttgart
Farrar K (1979a) Soundfield Microphone. Design and development of microphone and control unit. Wireless World 85:48–50
Farrar K (1979b) Soundfield Microphone – 2. Detailed functioning of control unit. Wireless World 85:99–103
Franssen NV (1963) Stereofonie. Philips Technische Bibliothek, Eindhoven
Friesecke A (2003) Metering. Studio-Anzeigen lesen und verstehen, PPVMedien, Bergkirchen
Fukada A (2001) A challenge in multichannel music recording. 19th AES International Conference, Paper 1881
Gernemann A (2002) „DECCA-Tree" – gestern und heute. In: 22. Tonmeistertagung, Hannover. Bericht, o S
Gerzon MA (1975) The Design of Precisely Coincident Microphone Arrays for Stereo and Surround Sound. 50th AES Convention, London, Preprint L20
Gerzon MA (1992) Optimum Reproduction Matrices for Multispeaker Stereo, J Audio Eng Soc 40/7:571–589
Geyersberger S (1990) Das Kugelflächenmikrofon – ein neues Stereo-Hauptmikrofon. In: 16. Tonmeistertagung. Karlsruhe, Bericht, S 684–689
Gierlich HW (1992) The Application of Binaural Technology. Applied Acoustics 36:219–243.
Girod B, Rabenstein R, Stenger A (2003) Einführung in die Systemtheorie. 2. Aufl, Teubner Verlag, Wiesbaden
Görne T (2004) Mikrofone in Theorie und Praxis. 7.Aufl, Elektor Verlag
Griesinger D (2001) The Psychoacoustics of Listening Area, Depth, and Envelopment in Surround Recordings, and their relationship to Microphone Technique. AES 19th International Conference, Paper 1913
Hamasaki K, Shinmura T, Akita S, Hiyama K (2001) Approach and Mixing Technique for Natural Sound Recording of Multichannel Audio. AES 19th International Conference, Paper 1878
Hammershøi D, Møller H (2002) Methods for Binaural Recording and Reproduction. Acta Acustica United with Acustica 88:303–311
Hansen K (1996) Objective Reading of Loudness of a Sound Programme. 100th AES Convention, Kopenhagen, Preprint 4165
Herrmann U, Henkels V, Braun D (1998) Vergleich von 5 Surround-Mikrofonverfahren. In: 20. Tonmeistertagung. Karlsruhe, Bericht, S 508–517
Braun D, Hudelmayer C (1996) Vier verschiedene Verfahren der Trennkörperstereophonie. 19. Tonmeistertagung, Karlsruhe, Bericht, S 424–434
Jacques R, Fleischer M, Fuhrmann S, Steglich B, Reiter U, Kutschbach H (2002) Empirischer Vergleich von Mikrofonierungsverfahren für 5.0 Surround. 22. Tonmeistertagung. Hannover. Bericht
Jakubowski H (1984) Aussteuerungsmessung in der digitalen Tonstudiotechnik. Rundfunktechnische Mitteilungen 28/5:213–219
Jecklin J (1981) A Different Way to Record Classical Music. J Audio Eng Soc 29:329–332
Kürer R, Plenge G, Wilkens H (1969) Correct Spatial Sound Perception Rendered by a Special 2-Channel Recording Method. 37th AES Convention, Preprint 666
Leakey DM (1960) Further thoughts on stereophonic sound systems. Wireless World 66:154–160

Lehmann P, Wilkens H (1980) Zusammenhang subjektiver Beurteilungen von Konzertsälen mit raumakustichen Kriterien. Acustica 45:256–68

Lindau A, Weinzierl S (2007) FABIAN – Schnelle Erfassung binauraler Raumimpulsantworten in mehreren Freiheitsgraden. Fortschritte der Akustik, DAGA Stuttgart

Lipshitz SP (1985) Stereo Microphone Techniques : Are The Purists Wrong? 78th AES Convention, Anaheim, Preprint 2261

Mertens H (1965) Directional hearing in stereophony – Theory and experimental verification. E.B.U . Review – Part A – Technical 92:146–158

Minnaar P, Olesen SK, Christensen F, Møller H (2001) Localization with Binaural Recordings from Artificial and Human Heads. J Audio Eng Soc 49:323–336

Moldrzyk C, Ahnert W, Feistel S, Lentz T, Weinzierl S (2004) Head-Tracked Auralization of Acoustical Simulation, 117th AES Convention Paper, San Francisco, Preprint 6275

Pawera N (2004) Mikrofonpraxis. Tipps und Tricks für Bühne und Studio; Technik, Akustik und Aufnahmepraxis für Instrumente und Gesang. 5. Aufl, PPV Medien, Bergkirchen

Pizzi S (1984) Stereo Microphone Techniques for Broadcast. 76th AES Convention, Preprint 2146

Ribbeck B, Schwarze D (1965) Korrelation von Stereo-Signalen und ihre Anzeige. Internationale Elektronische Rundschau 19/6:317–320

RTW (2005) Die Lautheitsanzeige im RTW Aussteuerungsmesser. Application Note 10/2005

Simonsen G (1984) Masterarbeit, Lyngby, Dänemark, zit. nach Williams M (1987) Unified theory of microphone systems for stereophonic sound recording. 82nd AES Convention, Preprint 2466

Skovenborg E, Nielsen SH (2004) Evaluation of Different Loudness Models with Music and Speech Material. 117th AES Convention, San Francisco, Preprint 6234

Souldore GA, Norcross SG (2003) Objective Measures of Loudness. 115th AES Convention, New York, Paper 5896

Souldore GA (2004) Evaluation of Objective Loudness Meters. 116th AES Convention, Berlin, Preprint 6161

Spikofski G, Klar S (2004) Levelling and Loudness – in radio and television broadcasting. EBU Technical Review

Streicher R, Dooley W (1984) Basic Stereo Microphone Perspectives. A Review. 2nd AES International Conference, Anaheim, Preprint C1001

Theile G (1981) Zur Kompatibilität von Kunstkopfsignalen im intensitätsstereofonen Signalen bei Lautsprecherwiedergabe: Die Klangfarbe. Rundfunktechn Mitteilungen 25/4:146–154

Theile G (1984) Hauptmikrofon und Stützmikrofone – neue Gesichtspunkte für ein bewährtes Aufnahmeverfahren. In: 13. Tonmeistertagung, München, Bericht, S 170–184

Theile G (1986) Das Kugelflächenmikrofon. In: 14. Tonmeistertagung. München, Bericht, S 277–293

Theile G (2001) Natural 5.1 Music Recording Based on Psychoacoustic Principles. 19th AES International Conference, Paper 1904

Wendt K (1964) Das Richtungshören bei Zweikanal-Stereophonie. Rundfunktechnische Mitteilungen 8/3:171–179

Wilkens H (1972) Kopfbezügliche Stereofonie – ein Hilfsmittel für Vergleich und Beurteilung verschiedener Raumeindrücke. Acustica 26:213–221

Williams M (1987) Unified theory of microphone systems for stereophonic sound recording. 82nd AES Convention, Preprint 2466

Williams M, Le Dû G (1999) Microphone Array Analysis for Multichannel Sound Recording. 107th AES Convention, New York, Preprint 4997

Wilms HAO (1977) VU- vs. PPM-Indicators: The End of a Continuing Misunderstanding. 56th AES Convention, Preprint 1221

Wittek H, Theile G (2002) The recording angle – based on localisation curves. 112th AES Convention, München, Paper 5568

Wöhr M, Nellessen B (1986) Untersuchungen zur Wahl eines Hauptmikrofonverfahrens. In: 14. Tonmeistertagung München, Bericht, S 106–120

Wuttke J (1992) Zwei Jahre Kugelflächenmikrofon. In: 17. Tonmeistertagung, Karlsruhe, Bericht, S 832–41

Wuttke J (2001) General Considerations on Audio Multi-Channel Recording. 19th AES International Conference, Paper 1892

Kapitel 11
Wiedergabeverfahren

Karl M. Slavik und Stefan Weinzierl

11.1 Zweikanalstereofonie 610
    11.1.1 Vorgeschichte.. 610
    11.1.2 Abhörbedingungen.................................... 611
11.2 Quadrofonie 612
11.3 Mehrkanalstereofonie 615
    11.3.1 Entwicklung... 615
    11.3.2 Nomenklatur 616
    11.3.3 Spuren- und Kanalbelegung, Signalüberwachung............ 618
11.4 Matrizierte Mehrkanal-Kodierverfahren........................... 620
    11.4.1 Dolby Stereo und Dolby Stereo SR 620
    11.4.2 Dolby ProLogic II und Dolby ProLogic IIx 624
    11.4.3 Lexicon Logic 7...................................... 625
    11.4.4 SRS Circle Surround und CS II......................... 626
11.5 Digitale und diskrete Mehrkanal-Kodierverfahren................... 626
    11.5.1 CDS 626
    11.5.2 Dolby E, Dolby Digital, Dolby Digital Plus, Dolby True HD.... 627
    11.5.3 Dolby Metadaten 632
    11.5.4 DTS 634
    11.5.5 MPEG-basierte Mehrkanalverfahren...................... 636
    11.5.6 SDDS 639
    11.5.7 Worldnet Skylink..................................... 640
11.6 Wiedergabeanordnungen im Studio- und Heimbereich 641
    11.6.1 Wiedergabe von 3.0 und 4.0 641
    11.6.2 Wiedergabe von 5.1 und mehr Kanälen................... 642
    11.6.3 LFE 644
    11.6.4 Bass-Management 645
    11.6.5 Einmessung 645
    11.6.6 Mehrkanalfähige Medien im Heimbereich 647

11.7 Mehrkanalton im Kino 648
    11.7.1 Lichtton 649
    11.7.2 Magnetton 650
    11.7.3 Tonabtastung und Aufbereitung (A-Chain) 651
    11.7.4 Wiedergabe im Kino und in der Filmtonregie (B-Chain) 652
    11.7.5 Wiedergabe von 4.0, 5.1 und 6.1 im Kino 654
    11.7.6 D-Cinema 655
11.8 3D Audio... 657
    11.8.1 Vector Base Amplitude Panning 657
    11.8.2 Ambisonics 659
    11.8.3 Wellenfeldsynthese 664
    11.8.4 Binauraltechnik 671
Normen und Standards 682
Literatur.. 682

11.1 Zweikanalstereofonie

11.1.1 Vorgeschichte

Bereits 1881 erhielt der französische Ingenieur Clément Ader ein Patent für die zweikanalige Übertragung von Audiosignalen über – zu diesem Zeitpunkt noch verstärkerlose – Telefonleitungen. Das System wurde noch im gleichen Jahr eingesetzt, um Aufführungen aus der Pariser Oper in einen Ausstellungsraum der Ersten Internationalen Elektrotechnischen Ausstellung in Paris stereofon zu übertragen (Eichhorst 1959). In der Anfangszeit des Rundfunks Mitte der 1920er Jahre wurden versuchsweise stereofone Übertragungen über zwei unabhängige Sendefrequenzen durchgeführt (Kapeller 1925). 1933 wurde dem Ingenieur Alan Dower Blumlein das Patent für die Aufzeichnung zweikanaliger Signale in einer Schallplattenrille in Form einer Zweikomponentenschrift (Flankenschrift) zugesprochen (Blumlein 1931), im gleichen Jahr wurden bei EMI in Hayes/England versuchsweise erste Schallplatten nach diesem Verfahren hergestellt.

In den Jahren 1943 und 1944 entstanden bei der Reichs-Rundfunk-Gesellschaft (RRG) in Berlin erste Versuchsaufnahmen auf zweikanaligem Magnetband (Audio Engineering Society 1993). Für den Heimgebrauch veröffentlichte die Fa. RCA im Jahr 1954 erste zweikanalige Aufnahmen als vorbespielte Tonbänder, im Jahr 1958 erschienen erste stereofone Vinylplatten, u.a. von der Britischen Decca. 1963 schließlich wurde das in den USA bereits seit 1961 gebräuchliche Verfahren zur stereofonen Rundfunkübertragung (Pilottonverfahren) auch in Deutschland übernommen. Am 30. August 1963 übertrug der Sender Freies Berlin (SFB) Deutschlands erstes Rundfunkkonzert in Stereo.

11.1.2 Abhörbedingungen

Bei zweikanalstereofoner Wiedergabe werden Lautsprecher als seitliche Begrenzungen eines Bereichs von Hörereignisrichtungen eingesetzt, die sich in Form von Phantomschallquellen zwischen den Lautsprechern ausbilden. Diese Phantomschallquellen entstehen bei der Wiedergabe von stereofon kodierten Aufnahmen oder bei der Wiedergabe von monofon aufgenommenen Signalen, die auf mehrere Lautsprecher verteilt werden. Die Zusammenhänge zwischen den stereofonen Merkmalen Laufzeit- und Pegeldifferenz und der Lokalisation der Phantomschallquelle sind in Kap. 10.3 behandelt. Die Breite der Lautsprecherbasis bzw. der Öffnungswinkel, unter dem ein Hörer die Lautsprecher sieht (s. Abb. 11.1), ist ein Kompromiss: Ein zu kleiner Winkel schränkt die Ausdehnung des bei der Wiedergabe sich ausbildenden Stereopanoramas unnötig ein. Ein zu großer Öffnungswinkel führt zu einer zunehmenden Instabilität der Hörereignisorte, die Wiedergabe wird empfindlicher gegenüber Kopfbewegungen des Hörers, und es tritt eine unerwünschte vertikale Elevation der Phantomschallquellen auf. In den 1960er Jahren etablierte sich ein Öffnungswinkel von 60° als Standard, d. h. eine Anordnung mit den Lautsprechern und dem Hörer an den Eckpunkten eines gleichseitigen Dreiecks. Bezieht man die Lokalisation auf die prozentuale Ausweichung auf der Lautsprecherbasis und nicht auf den horizontalen Lokalisationswinkel, so ist die

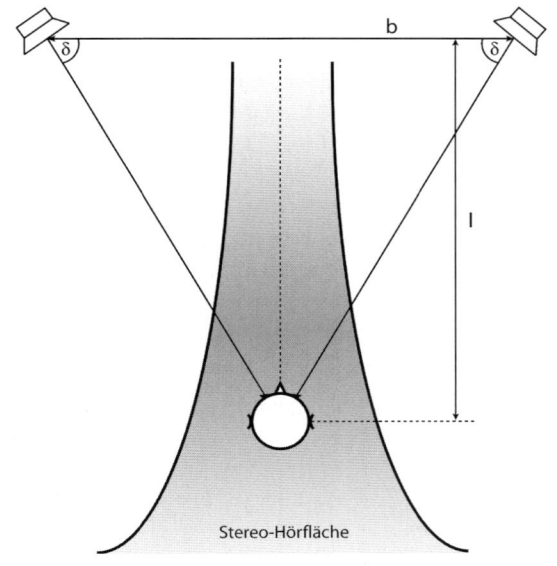

Abb. 11.1 Zweikanalstereofone Wiedergabeanordnung nach DIN 15996 mit einer Lautsprecherbasis von $b = 3$ m bis 4,5 m, einem Hörabstand von $l = (0,9 \pm 0,3) \times b$ in m und einem resultierenden Basiswinkel von $\delta = 60° \pm 15°$. Der Toleranzbereich (Stereo-Hörfläche) für eine seitliche Verschiebung der Hörposition bei einer zulässigen Fehl-Lokalisation von mittigen Phantomschallquellen um ±50 cm bei einer Lautsprecherbasis von $b = 3$ m beträgt in einem Hörabstand von $l = 3$ m nur 21 cm.

stereofone Lokalisationskurve weitgehend unempfindlich gegenüber gerinfügigen Abweichungen des Lautsprecher-Öffnungswinkels bzw., damit gleichbedeutend, gegenüber dem Abstand des Hörers von der Lautsprecherbasis. Nach DIN 15996 ist ein Toleranzbereich von 45° bis 80° für die zweikanalige Wiedergabe bei der Tonbearbeitung zulässig.

Gravierender wirkt sich eine geringfügige seitliche Verschiebung der Hörposition auf die Lokalisation von Phantomschallquellen aus. Lässt man eine geringfügige Fehl-Lokalisation einer mittigen Phantomschallquelle durch eine Verschiebung des Hörers zu, ergibt sich nur eine schmale, nach hinten etwas breiter werdende *Stereo-Hörfläche* (Abb. 11.1). Die Mitglieder eines Aufnahmeteams (z. B. Aufnahmeleiter und Toningenieur) müssen daher hintereinander, nicht nebeneinander sitzen.

11.2 Quadrofonie

Die frühesten Experimente mit mehrkanaligen Wiedergabeanordnungen finden sich im Bereich des Filmtons sowie in der Elektroakustischen Musik, einem Genre, das überwiegend oder ausschließlich Lautsprecher als Klangquellen für musikalische Aufführungen verwendet (Supper 1997, Ungeheuer 2002). In der französischen *Musique concrète* kamen bereits 1950 vierkanalige Systeme mit Lautsprechern links und rechts vor, hinter und über dem Publikum zum Einsatz (*Symphonie pour un Homme Seul*, Pierre Schaeffer/Pierre Henry). Im Umkreis der amerikanischen *Tape Music* entstanden um die gleiche Zeit Tonbandkompositionen für acht kreisförmig um das Publikum angeordnete Lautsprecher. Dazu gehören Stücke wie *Williams Mix* (John Cage, 1952), *Octet I und Octet II* (Earl Brown, 1952/53) oder *Intersection* (Morton Feldman, 1953). Während diese Stücke unsynchronisierte, monofone oder stereofone Bänder benutzten, entstanden im Elektronischen Studio des WDR in Köln mit Gottfried Michael Koenigs *Klangfiguren II* (1956) sowie Karl-Heinz Stockhausens *Gesang der Jünglinge* (1956) und *Kontakte* (1960) erste Kompositionen für die zu dieser Zeit entwickelten, vierkanaligen Magnetbandformate und quadrofone Wiedergabe mit den Lautsprechern an den Ecken eines Qua-

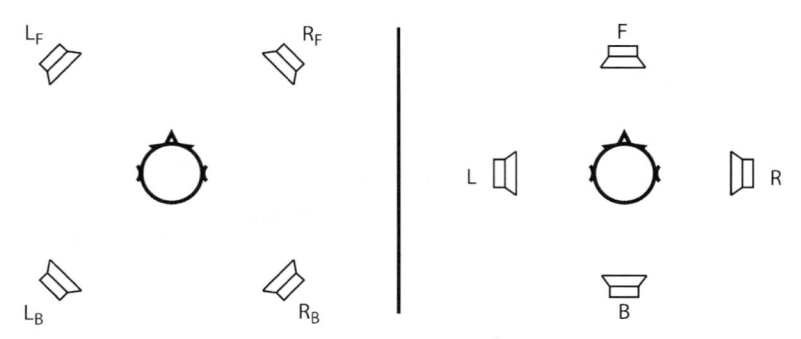

Abb. 11.2 Quadrofone Lautsprecheranordnungen: Standard Konfiguration (Scheiber array, links) und Dynaquad array (rechts)

Kapitel 11 Wiedergabeverfahren

drats um das Publikum. Quadrofone Lautsprecheranordnungen sind in der Elektroakustischen Musik auch heute noch verbreitet, überwiegend als sog. Scheiber Array, seltener als sog. Dynaquad Array (Abb. 11.2).

Der Versuch, die Langspielplatte als zweikanaligen Tonträger für die Übertragung von vier Signalen zu nutzen, führte zur Entwicklung von **4-2-4-Matrixverfahren**. Dabei werden bei der Enkodierung aus vier Quellsignalen (L_F, R_F, L_B, R_B) durch additive bzw. subtraktive Überlagerung und Phasenverschiebung zwei Übertragungskanäle gebildet (L_t, R_t), aus denen bei der Dekodierung vier Wiedergabesignale (L'_F, R'_F, L'_B, R'_B) zurückgewonnen werden. In Matrixschreibweise gilt für die Enkodierung

$$\begin{bmatrix} L_t \\ R_t \end{bmatrix} = \begin{bmatrix} a_{11} & a_{12} & a_{13} & a_{14} \\ a_{21} & a_{22} & a_{23} & a_{24} \end{bmatrix} \begin{bmatrix} L_F \\ R_F \\ L_B \\ R_B \end{bmatrix} \tag{11.1}$$

für die Dekodierung

$$\begin{bmatrix} L'_F \\ R'_F \\ L'_B \\ R'_B \end{bmatrix} = \begin{bmatrix} b_{11} & b_{12} \\ b_{21} & b_{22} \\ b_{31} & b_{32} \\ b_{41} & b_{42} \end{bmatrix} \begin{bmatrix} L_t \\ R_t \end{bmatrix} \tag{11.2}$$

Ein Vergleich der Ausgangssignale (L_F, R_F, L_B, R_B) mit dem nach der Dekodierung rekonstruierten Signal (L'_F, R'_F, L'_B, R'_B) für einige der in den 1970er Jahren verbreiteten Matrizierungen (Tabelle 11.1) zeigt, dass die Wiedergewinnung eines vierkanaligen Ausgangssignals nur um den Preis eines erheblichen Übersprechens benachbarter Kanäle möglich war. Die erste, bereits Ende der 1960er Jahre von Peter Scheiber vorgeschlagene Scheiber-Matrix (Scheiber 1971) wurde nie kommerziell realisiert, da sie nur eine Kanaltrennung von 3 dB bei den Frontkanälen und eine gegenphasige Übertragung der rückwärtigen Kanäle erlaubte. Das von CBS/Sony propagierte und am weitesten verbreitete SQ-Verfahren garantierte, ebenso wie die konkurrierenden Verfahren QS (Sansui), QM (Toshiba), QX-4 (Denon), AFD (Matsushita), QR (Kenwood) und UD-4 (Denon), eine höhere frontale Kanaltrennung und eine Verteilung des Phasenversatzes auf alle Lautsprecherpaare (außer dem frontalen) durch Verwendung von Allpassfiltern mit einer relativen Phasendifferenz von 90°. Mit Schaltungen zur Unterdrückung von Nachbarkanälen durch einen vom jeweils dominierenden Kanal gesteuerten Expander (*gain riding*) konnte in bestimmten Situationen, d.h. wenn nicht alle Kanäle gleich ausgesteuert waren, das Übersprechen weiter verringert werden.

Tabelle 11.1 Kodierung für einige quadrofone 4-2-4-Matrixverfahren. Bei Verwendung komplexer Zahlen steht der imaginäre Faktor j für eine relative Phasenverschiebung um 90°.

Verfahren	Label	Enkoder	Dekoder
Scheiber	–	$\begin{bmatrix} 0{,}924 & 0{,}383 & 0{,}924 & -0{,}383 \\ 0{,}383 & 0{,}924 & -0{,}383 & 0{,}924 \end{bmatrix}$	$\begin{bmatrix} 0{,}924 & 0{,}383 \\ 0{,}383 & 0{,}924 \\ 0{,}924 & -0{,}383 \\ -0{,}383 & 0{,}924 \end{bmatrix}$
SQ	CBS/Sony	$\begin{bmatrix} 1 & 0 & -j0{,}707 & 0{,}707 \\ 0 & 1 & -0{,}707 & j0{,}707 \end{bmatrix}$	$\begin{bmatrix} 1 & 0 \\ 0 & 1 \\ j0{,}707 & -0{,}707 \\ 0{,}707 & -j0{,}707 \end{bmatrix}$
QS	Sansui	$\begin{bmatrix} 0{,}924 & 0{,}383 & j0{,}924 & j0{,}383 \\ 0{,}383 & 0{,}924 & -j0{,}383 & -j0{,}924 \end{bmatrix}$	$\begin{bmatrix} 0{,}924 & 0{,}383 \\ 0{,}383 & 0{,}924 \\ -j0{,}924 & j0{,}383 \\ -j0{,}383 & j0{,}924 \end{bmatrix}$

Mit dem von JVC, einer Tochtergesellschaft von RCA, entwickelten **CD-4-Verfahren** (Compatible Discrete Four Channel) gelang eine Übertragung von vier diskreten Signalen über zwei Tonkanäle, indem zwei Summensignale im konventionellen Frequenzband und zwei Differenzsignale über ein frequenzmoduliertes 30 kHz-Trägersignal übertragen wurden (Abb. 11.3).

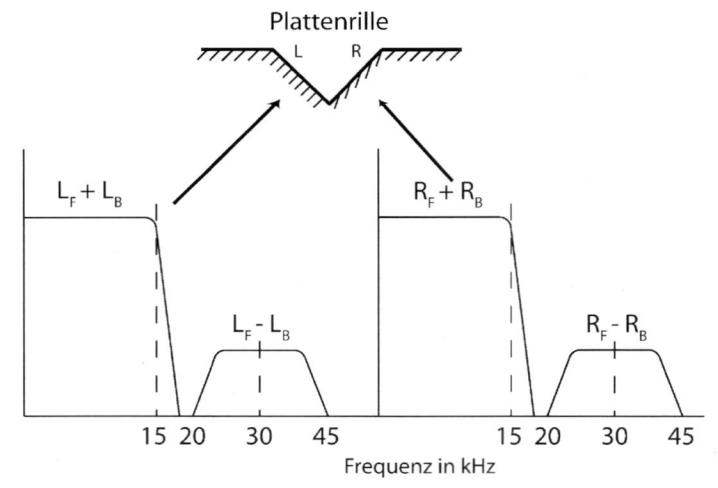

Abb. 11.3 Quadrofone Kanalzuordnung beim CD-4-Verfahren: Die linke Flanke der Stereo-Rille trägt das Signal $L_F + L_B$ im Basisband und $L_F - L_B$ als Modulation eines 30 kHz-Trägersignals, die rechte Flanke entsprechend die Kanäle R_F und R_B.

Das Verfahren erforderte somit eine Abtastsystem mit linearem Frequenzgang bis 45 kHz. Für die Abtastung der den hohen Frequenzen entsprechenden, kleinen Krümmungsradien der Vinylrille wurde eine spezielle Abtastnadel entwickelt (Shibata-Nadel), sowie eine neue, homogene Pressmasse zur Abformung der hochfrequenten Rillenflanken (CD-4-Vinyl).

Zwischen 1971 und 1978 veröffentlichten die meisten größeren Schallplatten-Labels Teile ihres Repertoires auf quadrofonen Schallplatten. Im Heimbereich konnte sich das Verfahren gegen die Zweikanalstereofonie allerdings nicht durchsetzen. Die Gründe sind in den technischen Limitierungen der Matrixverfahren und in der fehlenden Kompatibilität zwischen den konkurrierenden Systemen ebenso zu suchen, wie in einer allgemeinen Zurückhaltung bei der Anschaffung neuer Wiedergabegeräte wenige Jahre nach Einführung der Zweikanalstereofonie. Im Film- und Kinoton fanden auf den quadrofonen Verfahren basierende, matrizierte Verfahren wie Dolby Stereo, Dolby Surround und Dolby ProLogic jedoch weite Verbreitung (s. Abschn. 11.4). Einen Überblick über quadrofone Verfahren der 1970er Jahre mit ausführlichem Literaturverzeichnis findet man bei Woodward (1977).

11.3 Mehrkanalstereofonie

Die Mehrkanalstereofonie versucht, die Beschränkungen auf ein zweikanaliges Stereopanorama zu umgehen und den Hörer mit einem allseitigen Klangfeld zu umgeben (to surround). Herkömmliche Surroundsysteme nutzen die Horizontalebene für die Aufstellung der Lautsprecher. Für 3D-Hören (s. Abschn. 11.8) ist eine Einbeziehung der Median- und Frontalebene erforderlich, die zur Zeit nur mit binauralen Systemen, Ambisonics-Formaten oder ansatzweise mit einer erweiterten Mehrkanalstereofonie erreicht wird, bei der zusätzliche diskrete Kanäle zur Ansteuerung von Lautsprechern an der Decke, am Boden oder an anderen Raumpunkten verwendet werden.

Mehr Wiedergabekanäle bedeuten zwar einerseits mehr gestalterische Möglichkeiten, andererseits jedoch auch größere technische Herausforderungen. So erzeugen sechs Lautsprecher mehr akustische Interaktionen mit dem Raum und anderen Lautsprechern (Raummoden, Interferenzen) als zweikanalige Wiedergabesysteme. Hör- und Regieräume für 5.1-Wiedergabe nach ITU-R 775-1 (TV, DVD), ISO 2969 oder ANSI/SMPTE 202M (Kino, Film) sind daher schwieriger zu realisieren als für zweikanalige Wiedergabe (vgl. Kap. 6).

11.3.1 Entwicklung

Eine erste Pionierleistung beim Einsatz von mehrkanaliger Tonwiedergabe war Disneys 1940 uraufgeführter Zeichentrickfilm *Fantasia*, für den ein dreikanaliges Audiosignal auf 35 mm-Lichtton aufgezeichnet und, je nach vorhandener Ausstattung der Kinos, über 30 bis 80 Lautsprecher wiedergegeben wurde. Die Zuordnung der Kanäle zum Wiedergabesystem erfolgt zunächst durch manuelles Überblenden, später durch aufgezeichnete Steuersignale (Torick 1998, Klapholz 1991). So wie sich das dafür erforderliche *Fantasound*-System selbst zur Hochblüte des Kinos in den Vereinigten Staaten nur zwei Kinobetreiber leisten konnten, blieben auch spätere, auf Magnetaufzeichnung basierende Verfahren wie Cinerama (1952) und Todd-AO (1955) mit jeweils 6 Tonspuren (Dolby 1999) auf wenige Vorzeige-Installationen beschränkt. Die Wende hin zur breiten Akzeptanz von Mehrkanalton im Kino brachte Dolby Stereo Optical, heute Dolby Stereo genannt. Als erster Film in diesem Format wurde 1976 *A Star Is Born* gezeigt. Die Umrüstungskosten für die Kinos waren hier gering, da die zusätzlichen Kanäle (Center und Mono-Surround) mittels Phasenmatrizierung im normalen Stereo-Lichtton enthalten waren. Lediglich ein Dekoder, zwei zusätzliche Verstärker und mehrere Lautsprecher waren erforderlich, um ein ungleich eindrucksvolleres Klangerlebnis im Kino zu realisieren. Ein weiterer Mehrwert war die integrierte Rauschunterdrückung durch ein Kompandersystem nach Dolby A, welche die Dynamik des stark störbehafteten Lichttons deutlich verbesserte und auf das Niveau von Magnetton brachte (s. Abschn. 11.7). Im Jahre 1973, der Hochblüte der Quadrofonie, kostete ein Vierkanal-Receiver TRX3000 der Marke Telefunken einschließlich Lautsprecherboxen immer noch etwa 5.000 Euro. Neun Jahre später hielt Dolby Surround mit drei Kanälen (L, R und Surround) und deutlich günstigeren Geräten Einzug in heimische Wohnzimmer und wurde 1987 von Dolby ProLogic mit vier Kanälen abgelöst. Dennoch dauerte es bis 1996, bis die Einführung von DVD-Video mit digitalem Mehrkanalton (Dolby Digital, DTS und MPEG) für eine hohe Marktakzeptanz sorgte. 2006 verfügten bereits etwa 35 Prozent aller Haushalte in Deutschland, Österreich und der Schweiz über ein mehrkanalfähiges Wiedergabesystem (Home-Cinema).

11.3.2 Nomenklatur

Mehrkanalige Wiedergabeverfahren verwenden unterschiedliche Kanalkonfigurationen, die von 3.0 über 4.0 bis hin zu 5.1, 7.1 oder noch weiter reichen. Die Zahl vor dem Punkt definiert dabei die Anzahl der Breitband-Kanäle (Fullrange Channels), die Zahl nach dem Punkt gibt die Anzahl der bandbegrenzten Tiefbass-Effektkanäle an. Das Kürzel 5.1 bedeutet daher: Fünf Breitband-Wiedergabekanäle sowie ein bandbegrenzter Tiefbass-Effektkanal. Die Abkürzung LFE steht hier für Low Frequency Effects und beschreibt einen Wiedergabekanal, der – laut geltenden Standards und Empfehlungen – nur für tieffrequente Effekte bei Kinofilmen verwendet werden sollte. Die Bezeichnung und empfohlene Farbkodierung der einzelnen Kanäle ist Tabelle 11.2 zu entnehmen.

Tabelle 11.2 Übliche Bezeichnung, Abkürzung und Farbkodierung von Audiokanälen

	Kanal-bezeichnung	Übliche Abkürzung	Farbe [1]	Bemerkung
Stereo	Left	L	Weiss (Gelb) [2]	Links
	Right	R	Rot	Rechts
Stereo mit 4:2:4- oder 5:2:5- Matrizierung	Left Total	L_t	Weiss (Gelb) [2]	Trägt matriziertes 4.0, 5.0 oder 5.1 Surround-Signal
	Right Total	R_t	Rot	
Stereo Downmix	Left Only	L_o	Violett	Stereo-Downmix aus diskretem 5.1 (oder mehr Kanälen)
	Right Only	R_o	Braun	
Mehrkanal	Left	L	Gelb	Links
	Right	R	Rot	Rechts
	Center	C	Orange	Mitte
	LFE	LFE	Grau	Tiefbass-Effektkanal
	Surround Left	LS (SL)	Blau	Surround Links
	Surround Right	RS (SR)	Grün	Surround Rechts
	Back Surround Left	BSL (BL)	–	Surround Hinten Links
	Back Surround Center	BSC (BS)	–	Surround Hinten Mitte
	Back Surround Right	BSR (BR)	–	Surround Hinten

[1] Farbcode gemäß Empfehlung des deutschen Surround Sound Forums (SSF)
[2] Weiß im Heimbereich, gelb bei professionellen Anwendungen gemäß DIN-Empfehlung, s. a. (Rumsey 2005).

Das Zahlenkürzel (5.1, 7.1) alleine beschreibt nicht, welches Kodierverfahren eingesetzt wird und auch nicht, welche Lautsprecheranordnung zum Einsatz kommt. So bedeutet 7.1 im Kino meist fünf Frontkanäle, zwei Surroundkanäle und einen LFE-Kanal, im Heimbereich jedoch drei Frontkanäle, vier Surroundkanäle und einen LFE-Kanal. In Abschn. 11.6 und 11.7 werden die Unterschiede der Lautsprecheranordnungen für Kino- und Heimwiedergabe und damit für die entsprechenden Regieräume beschrieben.

Die Audiosignale zur jeweiligen Kanalkonfiguration können entweder linear auf einzelnen Spuren eines Mediums oder mit Hilfe von verschiedenen Kodierverfahren übertragen werden. Digitale Kodierverfahren wie Dolby Digital, DTS oder

Windows Media unterstützen 1.0 (Mono) ebenso wie 2.0 (Stereo) und Mehrkanalton in 5.0, 5.1, 6.1 oder mehr, wobei die erforderliche Datenrate an die gewünschte Audiobandbreite und Kanalzahl angepasst wird. Die einzelnen Kanäle werden zwar durch psychoakustische Kodierung in ihrer Datenrate reduziert, aber diskret, d. h. voneinander getrennt, aufgezeichnet. Matrizierte Kodierverfahren wie Dolby Pro-Logic IIx, Lexicon Logic 7 und SRS Circle Surround unterstützen neben „altem" 4.0 (L, C, R, S) auch höhere Kanalzahlen wie 5.1 oder 7.1. Hier werden die Eingangskanäle jedoch digital phasenmatriziert auf zwei Kanälen eines Stereopaars übertragen, wodurch die Kanaltrennung deutlich schlechter ist als bei diskreten Verfahren (s. Abschn. 11.4. und 11.5).

11.3.3 Spuren- und Kanalbelegung, Signalüberwachung

Für den Austausch mehrkanaliger Signale zwischen Studios und Sendeanstalten aber auch innerhalb einer Infrastruktur hat sich eine Spuren- und Kanalbelegung nach Tabelle 11.3 etabliert. Sie folgt den Kanalpaaren digitaler Schnittstellen nach AES3 und wird international beachtet.

Zur Überwachung mehrkanaliger Signale stehen neben dem passenden Abhörsystem auch Kontrollgeräte wie ein Mehrkanal-Goniometer und ein Mehrkanal-Pegelmesser zur Verfügung (Abb. 11.4), die für die normgerechte Produktion von Kinotrailern und Filmen oder für die Ermittlung des Dialogue-Levels der Dolby Metadaten (s. Abschn. 11.5.3.2) mit einem passenden Lautheitsmesser ergänzt werden können. Meist wird für Kinomischungen das Dolby 737 Soundtrack Loudness Meter verwendet, das nach $L_{eq}(M)$ misst und auch für andere Kino-Kodierformate

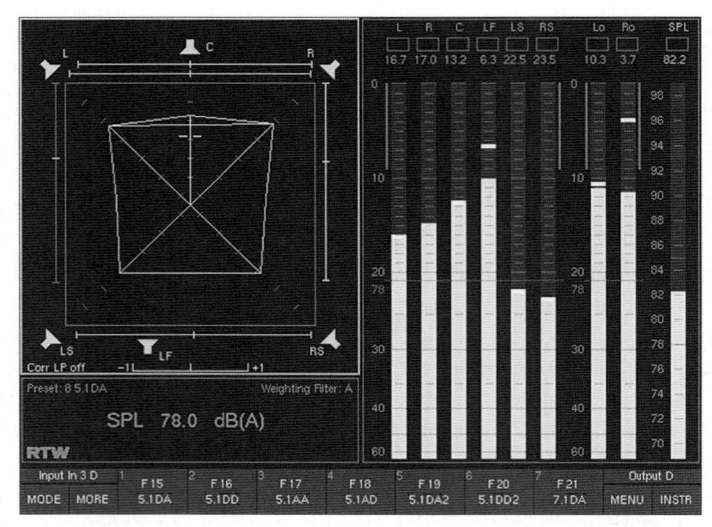

Abb. 11.4 Achtkanaliger Surround-Monitoring Controller RTW 30900 mit Mehrkanal-Goniometer, Pegelmesser, Korrelationsgradmesser und Analyzer

als Dolby verwendet werden kann. Für Dolby Digital, Dolby E und verwandte Formate kommt das Broadcast Loudness Meter LM100 zum Einsatz, das die Lautheit nach $L_{eq}(A)$ bewertet (s. Kap. 10.1.1.4).

Tabelle 11.3 Spuren- und Kanalbelegung für mehrkanaligen Programm- und Signalaustausch

Auf vier- oder mehrkanaligem Medium (z. B. digitales Videoband, Server, Satellitenstrecke) [1]

Programmbezeichnung	Spur	Zuordnung zu AES3-Interface	Bemerkung
Stereo PGM (L/R, L_t/R_t oder L_o/R_o)	1	1/1	Linker Kanal
	2	1/2	Rechter Kanal
Dolby E (oder anderer Transport-Stream)	3	2/1	Zwingend bittransparent
	4	2/2	

Auf achtkanaligem Medium (z. B. digitales Mehrspurband, Audio-Workstation, Mischpult) [1]

Kanalbezeichnung [2]	Spur / Kanal [2]	Zuordnung zu AES3-Interface	Bemerkung
Left	1	1/1	Die paarweise Zuordnung erleichtert die Signalführung (Routing) zusammengehörender Kanäle (z. B. L/R) über zweikanalige Digital-Schnittstellen.
Right	2	1/2	
Center	3	2/1	
LFE	4	2/2	
Surround Left	5	3/1	
Surround Right	6	3/2	
Left Only (L_o)	7	4/1	Stereo-Downmix aus diskretem 5.1 (oder mehr Kanälen)
Right Only (R_o)	8	4/2	

[1] Gemäß Empfehlung ITU-R BS.775-1, ITU-R BS.1384 und allgemeiner Betriebspraxis
[2] Vor allem in Film-Tonstudios wird entgegen dieser Empfehlung nach wie vor die Reihenfolge L – C – R – LS – RS – LFE angewandt.

11.4 Matrizierte Mehrkanal-Kodierverfahren

Heute übliche, matrizierte Kodierverfahren arbeiten nach ähnlichen Prinzipien wie die quadrofonen Verfahren der 1970er Jahre. Allerdings werden an Stelle von zwei Frontkanälen und zwei rückwärtigen Kanälen in der Regel drei Frontkanäle (L, C, R) und ein Surroundkanal (S) kodiert. Die Übertragung und Speicherung erfolgt als zweikanaliges Stereosignal (L_L, R_L). Verbesserte Verfahren wie Dolby ProLogic II und IIx, Lexicon Logic 7 und SRS Circle Surround bieten neben 4:2:4 auch 5:2:5 und 7:2:7-Matrizierung und damit (eingeschränktes) 5.1 oder 7.1 über zwei Übertragungskanäle. Voraussetzung dafür ist eine genaue und daher meist digital implementierte Phasenmatrizierung und Dematrizierung sowie sehr phasenstabile Übertragungswege. Selbst geringe Phasenverschiebungen von wenigen Grad zwischen den beiden Kanälen, wie sie z. B. durch Azimutfehler in analogen Aufzeichnungssystemen oder Laufzeitunterschiede bei drahtloser Übertragung (UKW, TV) entstehen, können zu einer hörbaren Störung führen. Die Fehler reichen dabei von einer leichten Verschiebung der C- und S-Kanäle im Surroundpanorama bis hin zur Kanalvertauschung von Center und Surround.

Digitale Übertragungswege eignen sich daher besser zur Übertragung matrizierter Surroundsignale. Lediglich bei stark datenreduzierten Verbindungen mit weniger als 192 kbit·s^{-1} kann es durch die systemimmanenten Störungen des Datenreduktionsalgorithmus zu Phasenfehlern kommen, etwa durch die *Joint Stereo* Option bei ISO-MPEG-1 Layer II oder III und anderen Verfahren (Kap. 16.3.1.4). Auch bestimmte Geräte zum senderseitigen Soundprocessing, wie übertrieben eingesetzte Multiband-Kompressoren und Effektprozessoren, können erhebliche Phasenfehler verursachen, die sich in einer Störung der Surroundkodierung äußern.

11.4.1 Dolby Stereo und Dolby Stereo SR

Dolby Stereo (eingeführt 1976) und Dolby Stereo SR (eingeführt 1986) sind 4:2:4 Matrixverfahren zur Filmtonwiedergabe im Kino. Beide Verfahren verwenden die Stereo-Lichttonspur des Films, um vier Audiokanäle zu transportieren (L, C, R, S). Dolby Stereo und Dolby Stereo SR (Spectral Recording) unterscheiden sich primär im eingesetzten Rauschunterdrückungsverfahren (Dolby A, Dolby SR), dem damit erreichbaren Signal-Störabstand, in der Kanaltrennung und im Frequenzgang. Darüber hinaus hat Dolby im Zuge der Einführung von Dolby Stereo wesentliche Verbesserungen der B-Chain, also der Kinotonsysteme und der Raumakustik durchgesetzt, die mittlerweile nach ISO 2969 und ANSI/SMPTE 202M als weltweiter Wiedergabestandard für Kinos über 150 m^3 und für Filmtonregieräume genormt sind. Ausführliche Informationen zu Technik und Produktion von Dolby Stereo und anderen Dolby-Formaten finden sich im Dolby Surround Mixing Manual (Dolby 2005).

11.4.1.1 Matrizierung

Aufnahmeseitig erfolgt die Matrizierung der vier Audiokanäle L, C, R und S in einem Surround-Enkoder (Abb. 11.5). Die vier Summenkanäle des Regietisches L, C, R und S werden zum Surround-Enkoder geführt und über einen passenden Dekoder (für Kinomischungen meist die Dolby Kinoprozessoren CP65 oder CP650) abgehört. So kann der Tonmeister bereits während der Mischung auf systemimmanente Eigenschaften der Kette Enkoder-Dekoder reagieren. Wie bei allen Dolby-Kinotonverfahren erfolgt die Endmischung und Kodierung im Beisein eines Dolby Cinema Consultants, der meist auch die erforderlichen Geräte bereitstellt.

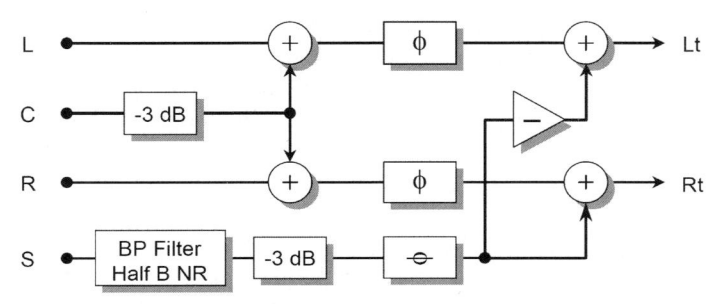

Abb. 11.5 Prinzipschaltbild eines Dolby Surround-Enkoders für 4:2:4-Matrizierung

Der Surroundkanal (S) wird im Enkoder zunächst um 3 dB gedämpft, dann auf 150–7000 Hz bandbegrenzt, durch einen Dolby B Enkoder geschickt und in Folge um −90° und +90° phasengedreht. Das um −90° gedrehte Signal wird auf den rechten Kanal, das um +90 Grad verschobene Signal auf den linken Kanal geführt. Der Centerkanal wird ebenfalls um 3 dB gedämpft und ohne weitere Bearbeitung gleichphasig auf den linken und rechten Kanal gelegt. Die Ausgangssignale des Enkoders, L_t und R_t (Left Total, Right Total), werden abschließend durch den Enkoder eines Rauschunterdrückungssystems (früher Dolby A, heute Dolby SR) geschickt.

11.4.1.2 Rauschunterdrückung

Dolby Stereo setzt zur Rauschunterdrückung das Kompandersystem Dolby A ein. Das Audiospektrum wird dabei in vier feste Teilbänder unterteilt, in denen das Audiosignal aufnahmeseitig nach einer bestimmten Kennlinie komprimiert und im Frequenzgang verändert wird. Wiedergabeseitig wird das Signal expandiert und entzerrt, was eine genaue Einmessung und Übereinstimmung der Dolby A Enkoder und Dekoder voraussetzt (Dolby Reference Level). Der Gewinn an Signal-Rauschabstand liegt bei etwa 10–15 dB, was eine Gesamtdynamik über Lichtton von rund 65 dB ermöglicht.

Bei **Dolby Stereo SR** wird das verbesserte Dolby SR (Spectral Recording) Rauschunterdrückungssystem eingesetzt. Es unterteilt das Signalspektrum zunächst in drei Pegelbereiche. Innerhalb der High Level und Mid Level Stages wird das Spektrum in zwei feste Teilbänder unterteilt, innerhalb der Low Level Stage in ein Teilband. In diesen Teilbändern befinden sich wiederum variable Sliding Band Filter zur adaptiven Steuerung der Kompression bzw. Expansion. Der SR-Prozessor passt sich damit automatisch an das spektrale Verhalten des Eingangssignals an und berücksichtigt dabei Verdeckungseffekte durch dominante Signale. Der Gewinn an Signal-Rauschabstand beträgt etwa 24 dB, was einer nutzbaren Gesamtdynamik von etwa 78 dB bei Lichtton und mehr als 90 dB bei Magnetton (Viertelzoll, Stereo, 38 cm·s^{-1}) entspricht (Allen 1997). Auch Verzerrungsprodukte, die auf dem Übertragungsweg entstehen, werden wirkungsvoll unterdrückt.

Im Gegensatz zu Dolby A reagiert Dolby SR unkritischer auf Pegelabweichungen zwischen Encoder und Decoder. Die Decoder für die Rauschunterdrückung nach Dolby A und Dolby SR sind üblicherweise im Dolby Cinema Processor (CP65, CP650) integriert, der auch die Dematrizierung des 4:2:4-Signals vornimmt (Dolby 1987).

11.4.1.3 Dematrizierung

Die Dekodierung des Surroundkanals S erfolgt durch gegenphasige Summierung des L_t/R_t-Signals, wodurch sich ein Differenzsignal (S) bildet. Der Centerkanal C entsteht durch gleichphasige Summierung aus L_t und R_t. Im Gegensatz zum ersten Dolby Surround Verfahren (3.0) für den Heimbereich, das eine passive Dekodermatrix nach oben beschriebenem Vorbild verwandte, kommt bei der Kino-Dematrizierung seit jeher eine aktive, adaptive Matrix zum Einsatz. Sie enthält Steuerungsmechanismen (Steering) zur Erkennung dominanter Signale in den einzelnen Kanälen und zur Dämpfung aller anderen Kanäle, die dieses Signal nicht enthalten. Um unerwünschte Matrix-Effekte zu vermeiden, durchläuft das S-Signal nach der adaptiven Matrix zunächst ein Anti-Aliasing-Filter, dann ein einstellbares Delay, einen 7 kHz-Tiefpass und dann den Dekoder eines Dolby B Rauschunterdrückungssystems (Abb. 11.6). Das Delay hat die Aufgabe, den Surroundkanal je nach Raumgröße und Abstand des Hörers zu den Surroundlautsprechern um etwa 20–30 ms zu verzögern. Durch den Präzedenzeffekt (s. Kap. 3.3.2) orientiert sich der Zuhörer an

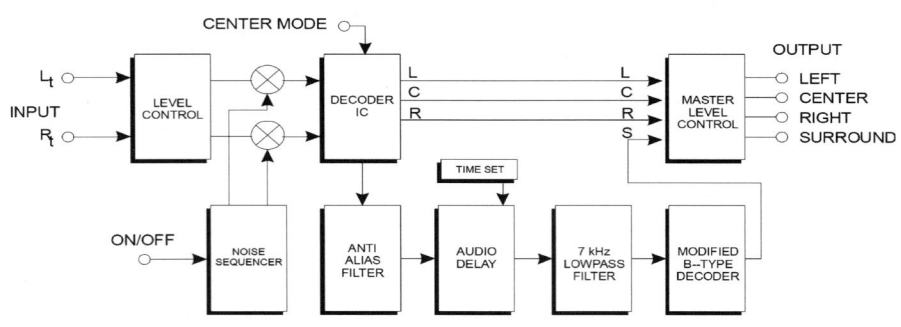

Abb. 11.6 Prinzipschaltbild eines Surround-Dekoders (Dolby ProLogic, Dolby Stereo) mit aktiver, adaptiver Matrix

Kapitel 11 Wiedergabeverfahren

der ersten Wellenfront (in diesem Fall aus L, C, R), wodurch Übersprechen im Surroundkanal psychoakustisch bedingt weniger in Erscheinung tritt. Auch die Bandbegrenzung der Surroundkanäle auf 150–7000 Hz und die Störsignalunterdrückung mit Dolby B verbessern die Kanaltrennung weiter.

Auch in Zeiten digitalen Kinotons ist Dolby Stereo SR ein wesentlicher Bestandteil jeder Filmkopie. Fällt eine der digitalen Tonspuren (Dolby Digital, DTS oder SDDS) aus, schaltet der im Kino installierte Cinema Processor automatisch auf die Dolby SR kodierte Lichttonspur um (Automatic Fallback).

11.4.1.4 Dolby Surround und Dolby ProLogic

Dolby Surround wurde 1982 eingeführt und ist – nach den quadrofonen Verfahren – das älteste 4:2:4 Verfahren für den Heimbereich. Mit Ausnahme der Dolby A oder Dolby SR Rauschunterdrückung entspricht die Enkodierung von Dolby Surround dem Vorbild aus dem Kino (s. o.). Auch die Bandbegrenzung des Surroundkanals auf 7 kHz und die Rauschunterdrückung mittels Dolby B ist bereits implementiert. Die Dekodierung von Dolby Surround ist einfacher ausgeführt und verwendet eine passive Matrix (Abb. 11.7). Preis dieser Vereinfachung sind eine deutlich schlechtere Kanaltrennung und unerwünschte Matrixeffekte. Während die Kanaltrennung zwischen L und R sowie zwischen C und S meist noch relativ hoch ist, kommt es zu merklichem Übersprechen zwischen Center und L/R sowie zwischen Surround und L/R. Die Kanaltrennung beträgt hier meist nicht mehr als 3 bis 6 dB. Nicht zuletzt deswegen boten die ersten Dolby Surround Geräte meist lediglich 3.0 (L, R, S) anstatt 4.0 (L, C, R, S). Der Centerkanal wurde als Phantommitte über L und R wiedergegeben.

Dolby Pro Logic wurde 1987 auf den Markt gebracht. Basierend auf den Erfahrungen aus dem Kinobereich kommt hier eine aktive, adaptive Matrix zum Einsatz, die gegenüber Dolby Surround eine höhere Kanaltrennung und ein stabileres Surroundpanorama ermöglicht (s. Abschn. 11.4.1.3 und Abb. 11.6).

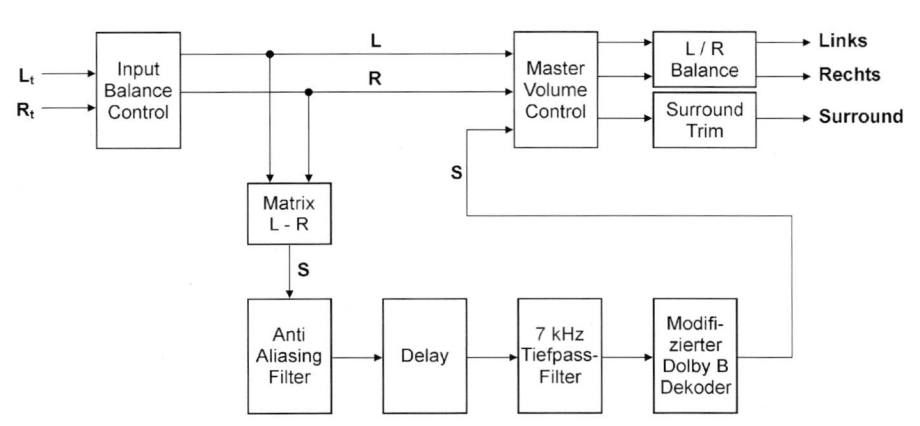

Abb. 11.7 Prinzipschaltbild eines Surround-Dekoders mit passiver Matrix (Dolby Surround)

Dolby Surround und Dolby ProLogic eignen sich nur bedingt für Musikproduktionen und werden seitens Dolby auch nicht dafür empfohlen. Wie bereits bei Dolby Stereo und Dolby Stereo SR muss jede Mischung idealerweise über die Enkoder-Dekoder-Kette abgehört werden, um zufriedenstellende Ergebnisse zu garantieren. Zur Enkodierung von Dolby Surround und Dolby ProLogic kommen die Enkoder Dolby SEU4 (analog) oder DP-563 (Digital, auch für ProLogic II und IIx) zum Einsatz, auch verschiedene Software-Plug-ins für Workstations werden von Drittanbietern angeboten. Zur Referenz-Dekodierung stehen die Dekoder SDU4 (analog) oder DP-564 (digital, einschließlich ProLogic II, IIx, Dolby Digital und Dolby Headphone) zur Verfügung.

Da jede 4:2:4-Kodierung auf der Auswertung von Phasenunterschieden beruht, ist es mit Hilfe eines Surrounddekoders möglich, auch rein stereofonen Quellen Raumanteile zu entlocken (*Magic Surround*). Diese Signale beruhen auf gegenphasigen Anteilen im Stereosignal, wie sie z. B. durch verschiedene Hauptmikrofonverfahren, aber auch durch Effektgeräte und elektronische Musikinstrumente entstehen. Da das Verhalten solcher Signale allerdings wenig vorhersagbar ist, sollte vermieden werden, sie zu dekodieren und in Folge als 4.0-Quellmaterial für eine neuerliche Kodierung zu verwenden. Ausführliche Informationen über Technik und Produktion finden sich im Dolby Surround Mixing Manual (Dolby 2005).

11.4.2 Dolby ProLogic II und Dolby ProLogic IIx

Dolby ProLogic II erlaubt gegenüber seinem Vorgänger nicht nur eine präzisere Dekodierung von 4:2:4-Signalen, sondern auch die Übertragung von 5.0 oder 5.1 in Form einer 5:2:5- oder 6:2:6-Matrizierung. Voraussetzung dafür ist die Verwendung des Enkoders Dolby DP-563, der eingangsseitig verschiedene Kanalkonfigurationen (4.0, 5.0, 5.1) unterstützt und mittels digital implementierter Matrizierung wahlweise als 4:2:4, 5:2:5 oder 6:2:6 kodiert. Im Gegensatz zu früheren Varianten von Dolby Surround und ProLogic stehen zwei Surroundkanäle (LS, RS) zur Verfügung, die überdies deutlich weniger bandbegrenzt sind (100–20.000 Hz, obere Grenzfrequenz abhängig von der Samplingfrequenz des Enkoders). Aufgrund der besseren Phasenstabilität und Kanaltrennung (etwa 40 dB zwischen benachbarten Kanälen) eignet sich das Verfahren auch für Musikproduktionen. Die verbesserten Eigenschaften beruhen einerseits auf einer modifizierten Dekoder-Matrix (Abb.11.8), die spannungsgesteuerte Verstärker (VCA) als Gegenkopplungselemente einsetzt, andererseits auf der präziseren Kodierung und den heute verfügbaren, wesentlich phasenstabileren Aufzeichnungs- und Übertragungsmedien.

Neben der Dekodierung von 4:2:4, 5:2:5 und 6:2:6 erlaubt Dolby ProLogic II auch die Schaffung von virtuellem 5.1 Surround aus rein stereofonen oder lediglich 4.0 kodierten Quellen. Einstellungen für *Dimension Control*, *Center Width Control* und *Panorama Mode* und eigene Decoding-Modi für Film und Musik erlauben die individuelle Anpassung an die Hörgewohnheiten und das Wiedergabesystem des Anwenders.

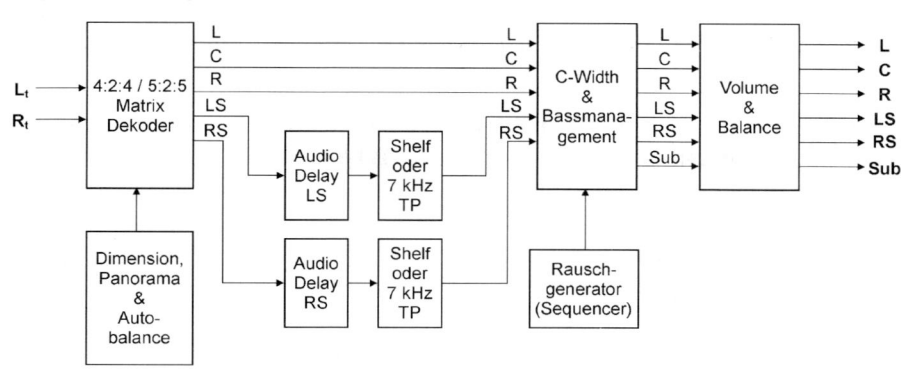

Abb. 11.8 Prinzipschaltbild der Dekoder-Matrix von Dolby ProLogic II für 4:2:4-und 5:2:5-Dekodierung

ProLogic IIx unterscheidet sich von ProLogic II durch zwei zusätzliche Kanäle und erlaubt so die Schaffung von virtuellem 7.1 aus stereofonen sowie 4:2:4- und 5:2:5-kodierten Quellen. Um diese Eigenschaften auch tatsächlich nutzen zu können, muss die Übertragung und Speicherung von ProLogic II und IIx kodiertem Material möglichst phasenstabil erfolgen. Dafür eignen sich VHS-Videorecorder mit FM-moduliertem Hifi-Ton ebenso wie digitale Medien (CD, DVD) sowie Hörfunk- und Fernsehübertragungen. Wie bei allen matrizierten Kodierverfahren sollten auch Mischungen für ProLogic II immer über die Enkoder-Dekoder-Kette abgehört werden (Enkoder Dolby DP563 und Dekoder Dolby DP564).

11.4.3 Lexicon Logic 7

Logic 7 ist ein matrizierendes 5:2:5-Verfahren des US-amerikanischen Herstellers Lexicon. Es ist wiedergabeseitig kompatibel zu Dolby Surround, Dolby Prologic und Dolby ProLogic II. Im Gegensatz zu Dolby ProLogic II ist es nicht nur auf matrizierte Signale, sondern auch auf diskret kodiertes 5.1 anwendbar, um diese Kanalkonfiguration von 5.1 auf virtuelles 7.1 zu erweitern. Eigene Betriebsarten für Film (Logic 7C, Cinema) und Musik (Logic 7M, Music) erlauben die Anpassung an das jeweilige Medium. Um Verwechslungen mit einem Stereosignal oder anderen Enkoder-Ausgangssignalen zu vermeiden, werden die Ausgangssignale des Logic 7 Enkoders nicht als L / R oder L_t / R_t sondern als A und B bezeichnet. Lexicon bietet derzeit keinen eigenen Enkoder für das Format an, lizenziert jedoch die Dekoderschaltung für zahlreiche Hersteller (Griesinger 2001).

11.4.4 SRS Circle Surround und CS II

Circle Surround ist ein matrizierendes Verfahren und wiedergabeseitig zu Dolby Surround, Dolby ProLogic und Dolby ProLogic II kompatibel. Ähnlich wie Dolby ProLogic II kann es ein 5.1 Eingangssignal mittels 5:2:5-Matrizierung über zwei Stereokanäle übertragen oder aus einem stereophonen Eingangssignal künstliches 5.1 generieren. In der Variante Circle Surround II (CS II) unterstützt es, im Gegensatz zu Dolby, die Kodierung von bis zu 6.1 Kanälen in Form einer 7:2:7 Matrizierung. Aus reinen Stereoquellen oder matrizierten anderen Signalen kann Circle Surround II virtuelles 7.1 generieren. Um die Schwächen kleinerer Wiedergabesysteme oder mangelhafter Mischungen auszugleichen, verfügt Circle Surround über Algorithmen zur Verbesserungen des subjektiven Klangeindrucks. Dialog Clarity verbessert die Sprachverständlichkeit von Dialogen im Centerkanal, seit der Variante CS II ist auch ein Verfahren namens TruBass integriert, das auf psychoakustischem Weg die Wahrnehmbarkeit tiefer Frequenzen verbessert.

Die Kanaltrennung ist traditionell ein Schwachpunkt aller matrixbasierten Systeme. Hier scheint SRS im Vergleich zu Mitbewerbern bessere Werte zu erreichen – mit 60 dB Kanaltrennung zwischen Center und Links/Rechts, 24 dB zwischen den Surroundkanälen und dem Center sowie 35 dB zwischen den Surroundkanälen selbst. SRS bietet sowohl analoge als auch digitale Enkoder und Dekoder an: Enkoder CSE-07D und Dekoder CSD-07D (digital), Enkoder CSE-07A und Dekoder CSD-07A (analog) und den tragbaren digitalen Enkoder CSE-06P SRS Circle Surround Portable (Kraemer 2003).

11.5 Digitale und diskrete Mehrkanal-Kodierverfahren

11.5.1 CDS

Cinemal Digital Sound war das erste digitale Kinotonverfahren. Es wurde 1990 von Eastman Kodak in Zusammenarbeit mit der Optical Radiation Corporation (ORC) entwickelt und bot – so wie 18 Monate später Dolby – sechs diskrete Audiokanäle, die an Stelle der Lichttonspur digital auf dem Film aufgezeichnet wurden. CDS verwendete Delta Modulation für eine Datenreduktion im Verhältnis 4:1 und wurde für 35 mm und 70 mm Filme verwendet. *Days of Thunder* war 1990 der erste, *Universal Soldier* 1992 der letzte von insgesamt 10 Filmen in CDS. Mehrere Gründe verhinderten den Erfolg des Verfahrens: CDS-kodierte Filme konnten nur in Kinos mit CDS-Anlage gezeigt werden, da im Gegensatz zu Dolby, DTS und SDDS kein normaler Stereo-Lichtton auf dem Film vorhanden war. Fiel durch einen Defekt der digitale Ton aus, gab es keine Möglichkeit, auf den analogen Lichtton umzuschalten – im Kino herrschte Totenstille. Die Kinos mussten daher mit einer extra Lichttonkopie beliefert werden, was zu deutlich höheren Kosten führte. Da etwa zur gleichen Zeit Dolby Digital angekündigt wurde, warteten viele Kinobetreiber ab, bevor sie in CDS investierten.

11.5.2 Dolby E, Dolby Digital, Dolby Digital Plus, Dolby True HD

Seit den frühen 1990er Jahren entwickelt Dolby digitale Tonverfahren für den Einsatz im professionellen Bereich sowie zur Übertragung zum Endkunden. Dolby E, Dolby Digital und das neue Dolby Digital Plus sind Übertragungsverfahren mit psychoakustischer Datenreduktion für diskreten Mehrkanalton. Das im Zuge der Blu-ray Disc und HD DVD eingeführte Dolby True HD ist im Gegensatz dazu ein verlustlos datenkomprimierendes Verfahren. Alle Verfahren unterstützen eine Vielzahl unterschiedlicher Kanalkonfigurationen und Bitraten sowie umfangreiche Metadaten zur Beschreibung des Mehrkanal-Datenstroms und zur Steuerung von Enkodern und Dekodern entlang des Übertragungsweges. Dolby Digital, Dolby Digital Plus und Dolby True HD sind Consumer- oder Transmission-Bitstreams, die für die Übertragung oder im fertigen Produkt für den Kunden Verwendung finden. Im Gegensatz dazu ist Dolby E ein sogenannter Production oder Distribution Bitstream, der innerhalb professioneller Infrastrukturen (Studio, Broadcast) zur Produktion und Verteilung eingesetzt wird.

11.5.2.1 Dolby Digital

Dolby Digital ist ein skalierbarer Transmission- oder Consumer-Bitstream zur Übertragung des fertig produzierten Stereo- oder Mehrkanaltons zum Konsumenten. Dolby Digital findet auf DVD, Blu-ray Disc und HD DVD ebenso Anwendung wie im Kino, beim digitalen Fernsehen (DVB-C, DVB-S, DVB-T) und in Spielkonsolen. Aufgrund seiner Bedeutung ist Dolby Digital in verschiedensten Normen und Empfehlungen enthalten, so z. B. im Standard ATSC A/52 des amerikanischen Advanced Television Systems Committee (ATSC), in ETSI TR 101 154 (DVB ETR 154) des europäischen Digital Video Broadcast (DVB) Konsortiums und im DVD-Standard.

Als Kodierverfahren kommt AC-3 (Adaptive Transform Coder No. 3) zum Einsatz. Dabei handelt es sich um eine psychoakustische Kodierung (Perceptual Coding), die über hohe Kodiereffizienz und Skalierbarkeit verfügt (vgl. Abschn. 16.3.3.4). Dolby Digital verarbeitet eingangs- und ausgangsseitig bis zu 24 Bit bei wahlweise 32, 44,1 oder 48 kHz Samplingfrequenz, der Signal-Rauschabstand des Verfahrens (Kette Enkoder zu Dekoder) beträgt nominal 110 dB. Umfangreiche Informationen finden sich bei Todd (1994).

Dolby Digital unterstützt die Kanalkonfigurationen Mono (1.0), Stereo (2.0) sowie Mehrkanalton mit und ohne separaten LFE-Kanal (5.0, 5.1). In der Variante **Dolby Digital EX** kann ein zusätzlicher Kanal (Back Surround, BS) übertragen werden, um Systeme für 6.1-Wiedergabe zu realisieren. Die Kodierung des Back-Surround-Kanals erfolgt mittels Phasenmatrizierung zwischen Surround L (LS) und Surround R (RS). Alle Kanäle zusammen werden in der Dolby-Fachsprache als *Program* bezeichnet. Die Audiobandbreite des Verfahrens beträgt für alle Fullrange-Kanäle 20-20.300 Hz, wird jedoch bei kleinen Datenraten auf 18,1 kHz begrenzt. Der LFE-Kanal wird ab 120 Hz steilflankig bandbegrenzt.

Die Kanalkonfiguration bestimmt gemeinsam mit der gewünschten Audioqualität (Bandbreite) die Datenrate des Verfahrens (s. Tabelle 11.4), die üblicher Weise zwischen 64 kbit·s^{-1} (Mono, 1.0) und 448 kbit·s^{-1} (5.1, 6.1). liegt. Damit eignet sich Dolby Digital zur Übertragung von Mehrkanalton in Systemen mit eingeschränkter Datenrate, wie etwa digitalem Fernsehen (DVB), auf DVDs oder direkt auf einem 35 mm-Filmstreifen. Trotz der vergleichsweise geringen Datenrate (etwa ein Zehntel bis ein Fünfzehntel der Originaldatenrate) ist die Klangqualität sehr hoch und erlaubt bis zu drei Coding-Decoding-Zyklen, bevor hörbare Artefakte entstehen (Slavik 2006, basierend auf Dolby Werksliteratur).

Tabelle 11.4 Übliche Datenraten und Kanalkonfigurationen mit Dolby Digital

Kanalkonfiguration (Channel Mode)	Übliche Datenrate	Frequenzgang
1/0 (Mono, 1.0)	96 kbit·s^{-1}	20 Hz – 20.3 kHz
2/0 (Stereo, 2.0)	192 oder 256 kbit·s^{-1}	20 Hz – 20.3 kHz
3/2L (Surround 5.1)	384 kbit·s^{-1}	20 Hz – 18.1 kHz
3/2L (Surround 5.1)	448 kbit·s^{-1}	20 Hz – 20.3 kHz

Die möglichen Datenraten bei Dolby Digital liegen zwischen 32 und 640 kbit·s–1 Von der Datenrate abhängig sind die mögliche Kanalzahl und der Frequenzgang.

Die softwarebasierte Kodierung von Dolby Digital und Dolby Digital EX erfolgt entweder mit dem Dolby Media Producer oder mit einem Software-Plug-in eines Drittanbieters in einer Workstation (Dateiendung .ac3). Für die Kodierung in Echtzeit, wie z. B. für die Ausstrahlung von Mehrkanalton bei Hörfunk und Fernsehen, kommt der Enkoder Dolby DP-569 zum Einsatz. Soll zusätzlich ein Back-Surround-Kanal generiert werden, muss der Enkoder EX-EU4 vorgeschaltet werden. Alle Hardware- und Softwarelösungen erfordern die Erstellung oder Editierung von Dolby Metadaten (s. Abschn. 11.5.3). Kodiertes Dolby Digital kann auf jedem bittransparenten Medium aufgezeichnet werden, z. B. auf DAT, auf den PCM-Spuren digitaler Videomaschinen oder als WAV- oder AIFF-File in einem Computer. Die Übertragung erfolgt über jede bittransparente, digitale Audioverbindung (AES/EBU, AES-3id, S/PDIF, TOSLink etc.), wie in Abschn. 18.10.9 beschrieben. Sollte eine Übertragung fehlerhaft sein, erfolgt die Fehlererkennung im Datenstrom (Dolby Bitstream) durch CRC-Checks und die Auswertung des Sync Headers. Die Fehlerkorrektur erfolgt innerhalb des Übertragungswegs im jeweiligen Endgerät. Die Implementierung von Mehrkanalton in digitale Audio-Interfaces ist unter anderem in IEC 61937 und SMPTE 340M beschrieben.

11.5.2.2 Dolby Digital im Kino

Die Bezeichnung für Dolby Digital im Kino wurde von Dolby mehrfach verändert. Hieß das Verfahren anfangs Dolby Stereo Digital, wurde es später in Dolby SR-D und schließlich in Dolby Digital umbenannt. In jedem Fall handelt es sich um das gleiche Verfahren mit Kanalkonfigurationen für 5.1 (Dolby Digital) und später 6.1 (Dolby Digital EX).

Wie bereits bei Dolby Stereo SR erfolgt die Endmischung oder zumindest das Mastering des Filmtons im Beisein eines Dolby Cinema Consultants, der auch die erforderlichen Geräte bereitstellt (Encoder Dolby DS10 mit magneto-optischem Laufwerk). Im Gegensatz zu den Matrix-Verfahren ist der Tonmeister bei der Mischung wesentlich freier, da es bei Dolby Digital kaum systembezogene Artefakte oder Einschränkungen gibt. Bei der Überspielung des digitalen Tons im Kopierwerk werden die Audioinformationen zwischen der Perforation des Films links neben der Lichttonspur aufbelichtet (Abb. 11.17). Jeder Dolby-Datenblock besteht aus einem Raster von 76 x 76 Pixel. Vier Blöcke pro Bild und 24 Bilder pro Sekunde ergeben eine maximale Datenrate von 76 x 76 x 4 x 24 = 554,5 kbit·s^{-1} (brutto). Die Netto-Datenrate für 5.1 oder 6.1 beträgt immer 320 kbit·s^{-1}, die Differenz wird für Fehlerkorrektur und Steuerdaten verwendet.

Das Auslesen des Tons erfolgt heute meist mit dem Dolby Digital Soundhead Cat. No. 702, der an praktisch allen 35 mm-Projektoren montiert werden kann. Als Lichtquelle zur Durchleuchtung der Datenfelder dient eine LED-Einheit, die Abtastung erfolgt mit einem CCD-Wandler (Charge Coupled Device). Der Ausgang des Abtasters ist mit dem Dolby Cinema Processor (CP65 oder CP650) verbunden, der den digitalen Mehrkanalton dekodiert und an die B-Chain (Verstärker und Lautsprecher des Kinotonsystems) weitergibt (s. Abschn. 11.7.3).

11.5.2.3 Dolby Digital im Heimbereich

Für Anwendungen im Heimbereich kommen andere Datenraten als im Kino zum Einsatz (s. Tabelle 11.3), auch die Dolby Metadaten werden deutlich umfangreicher eingesetzt (s. Abschn. 11.5.3). Basierend auf dem Adaptive Transform Coder No. 3 (AC-3) stehen zusätzlich zu 5.1 und 6.1 auch Kanalkonfigurationen für 1.0, 2.0 und 5.0 (3/2) zur Verfügung.

Wie alle digitalen Codecs verursacht auch Dolby Digital eine erhebliche Latenzzeit. Enkoderseitig hängt die Verzögerung von der gewählten Datenrate, der Taktfrequenz und der Kanalkonfiguration ab und kann zwischen 179 ms und 450 ms eingestellt werden. Dekoderseitig bestimmt die Taktfrequenz die Latenz, die zwischen 32 und 48 ms liegt und damit die Größenordnung eines PAL Videoframes erreicht (40 ms). Diese Latenzzeiten verursachen einen Ton-Bild-Versatz, der produktions- bzw. sendeseitig, aber auch empfangsseitig berücksichtigt werden muss. Während im Kino die systemimmanente Latenz und die Position des Abtasters durch einen bewussten Versatz des Tons zum Bild ausgeglichen werden, können Heimgeräte (und hier vor allem Satellitenempfänger) unvorhersehbare Latenzen erzeugen. Ein Verfahren zum automatischen Latenzausgleich im professionellen Bereich ist im Standard SMPTE 340M beschrieben. Auch das HDMI-Interface (s. Abschn. 18.5.4) bietet über Plug & Play (zumindest theoretisch) ähnliche Möglichkeiten.

11.5.2.4 Dolby Digital Plus und Dolby True HD

Mobile Endgeräte oder internetbasierte Verfahren wie IPTV (Internet Protocol Television) erfordern neue, bandbreitensparende Übertragungsverfahren für Mehrkanalton. Andererseits steigen mit der Einführung neuer, hochauflösender Bildmedien wie Blu-ray Disc und HD DVD auch die Ansprüche an die Qualität der Tonwiedergabe. Dolby Digital Plus und Dolby True HD stellen eine Erweiterung von Dolby Digital in beide Richtungen dar.

Dolby Digital Plus verwendet einen neuen, äußerst vielseitigen Codec, der zu Dolby Digital abwärtskompatibel ist. Er erlaubt die Übertragung von Mono, Stereo oder 5.1 bei jeweils etwa der halben Datenrate von Dolby Digital, stellt aber auch Möglichkeiten für deutlich höhere Datenraten und mehr Audiokanäle bereit. Dolby Digital Plus unterstützt derzeit Kanalkonfigurationen bis zu 13.1 (diskret), wobei die Datenrate skalierbar zwischen 30 kbit$\cdot$s^{-1} (Mono, 1.0) und 6 Mbit$\cdot$s^{-1} (Surround mit 13.1) liegen kann. Die Verbindung zu entsprechenden Endgeräten erfolgt über HDMI (High Definition Multimedia Interface), für ältere Geräte steht ein konvertiertes Dolby Digital Signal auf S/PDIF oder TOSLink zur Verfügung.

Dolby True HD basiert auf Meridian Lossless Packing (MLP) zur verlustlosen Kodierung des Audiomaterials. Die Reduktion des Datenvolumens beträgt dabei abhängig vom kodierten Inhalt etwa 30 bis 50 Prozent. MLP wurde bereits im Zuge der DVD-Audio eingeführt, dort jedoch aufgrund der hohen Lizenzkosten nur selten verwendet. Dolby True HD erlaubt Datenraten bis zu 18 Mbit$\cdot$s^{-1}, was entsprechend schnelle Medien wie Blu-ray Disc und HD DVD voraussetzt. Beide Medien erlauben Datenraten bis zu 36 Mbit$\cdot$s^{-1}. Die weitgehende Skalierbarkeit von Dolby True HD ermöglicht momentan bis zu 20 Wiedergabekanäle, ist jedoch bei Blu-Ray-Disc und HD DVD derzeit standardbedingt auf acht Kanäle (7.1) mit bis zu 24 bit und 96 kHz beschränkt.

11.5.2.5 Dolby E

Mit der Einführung des Mehrkanaltons in Studios und bei Rundfunk- und Fernsehanstalten wurde rasch klar, dass die Infrastruktur der meisten Unternehmen nicht auf die Speicherung und Übertragung mehrkanaliger Produktionen ausgelegt ist. Die meisten digitalen Videomaschinen und Serversysteme bieten gerade einmal vier Spuren, viele Übertragungseinrichtungen erlauben nur zweikanalige Verbindungen. **Dolby E** ist ein skalierbarer Distributions- oder Produktions-Bitstream zur Verteilung von bis zu acht Programmen (Programs) in professionellen Infrastrukturen. Maximal acht diskrete Audiokanäle werden dabei so kodiert, dass sie über eine digitale zweikanalige Audioschnittstelle (z. B. AES3, s. Abschn. 18.10.9) übertragen und auf zweikanaligen Medien aufgezeichnet werden können. Die acht möglichen Audiokanäle können voneinander unabhängig belegt werden oder zusammengehörige *Programs* übertragen. So ist es z. B. möglich, über Dolby E acht unabhängige Mono-Kanäle (8 x 1) ebenso zu verteilen wie zwei 4.0-Mischungen (2 x 4), vier Stereoprogramme (4 x 2) oder einen 5.1-Mix mit dazugehöriger Stereomischung (5.1 + 2.0). Jedem der maximal acht Programme können eigene Metadaten zugeordnet sein. Diese Metadaten sind aufgrund des größeren Datenvorrats (Extended Bitstream Information) deutlich umfangreicher als bei Dolby Digital. Bei der Ausstrahlung oder beim Authoring einer DVD werden die (dann angepassten) Metadaten von Dolby E zu Dolby Digital (Dolby Digital Plus, Dolby True HD) weitergegeben.

Die Datenrate von Dolby E ist so gewählt, dass sie genau der Netto-Datenrate einer digitalen Audioschnittstelle nach AES3 mit 48 kHz Taktfrequenz und 16, 20 oder 24 bit Auflösung entspricht. Bei der Übertragung oder Aufzeichnung von Dolby E mittels herkömmlicher digitaler Medien werden die PCM-Daten durch Dolby E ersetzt (Abb. 11.9). Je nach Auflösung des Mediums (16, 20 oder 24 bit) können unterschiedlich viele Kanäle übertragen oder aufgezeichnet werden (s. Tabelle 11.5). Nicht zuletzt deswegen stellt Dolby E heute einen De-Facto-Standard für den Austausch und die Übertragung mehrkanaliger Produktionen über zweikanalige Medien dar.

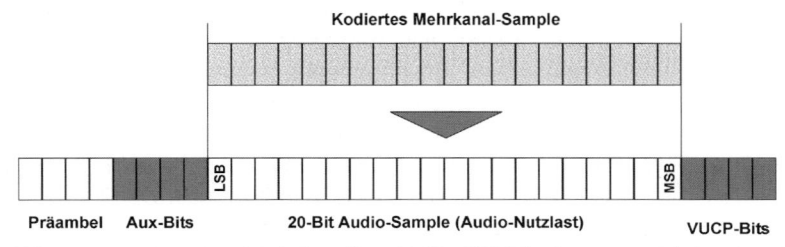

Abb. 11.9 Zweikanalige Digital-Schnittstellen (AES3, S/PDIF) übertragen Mehrkanalton. Die kodierte Information wird in den Subframes an Stelle der üblichen Audio-Nutzlast eingefügt, über Präambel- und VUCP-Bits erfolgt die Kennzeichnung als Non-PCM-Audio.

Dolby E verwendet eine robuste Kodierung, die mindestens 10 bis 15 Coding-Decoding-Zyklen ohne hörbare Artefakte übersteht (Slavik 2006, s.a. Dolby 2002). Ein weiterer Vorteil für professionelle Anwendungen sind die exakt definierten Latenzzeiten von Koder und Dekoder. Bei Verwendung in Videoumgebungen nach NTSC-Standard (29,97 Hz Bildwechselfrequenz) beträgt die Latenz 33,37 ms, bei PAL-Systemen (25 Hz Bildwechselfrequenz) genau 40 ms. Dadurch kann ein eventueller Bild-vor-Ton-Versatz leicht mit Video-Framestores ausgeglichen werden. Im Gegensatz zu allen anderen Kodierverfahren verwendet Dolby E Audio-Wortlängen (Audioframes), die exakt der Dauer eines Einzelbildes entsprechen (bei PAL 40 ms). Damit können Videobänder oder Videodateien, die Dolby E-kodiertes Audio enthalten, direkt ohne vorherige Dekodierung geschnitten werden. Die Audioframes in Dolby E enthalten an ihren Grenzen so genannte Guardbands, die eventuelle Ungenauigkeiten im Timing zwischen Bild und Ton ausgleichen und eine Beschädigung des Dolby-E-Frames beim Schnitt verhindern. Um Störgeräusche durch eventuelle Pegelsprünge an den Schnittpunkten zu vermeiden, wird im Dolby E-Dekoder ein Crossfade von etwa 5 ms durchgeführt. Dies ist möglich, da jeder Dolby E-Frame mehr Audioinformationen trägt, als für seine Dauer von 40 ms benötigt wird. Ob ein Schnitt (oder eine Umschaltung) erfolgt ist, erkennt der Dekoder aus der Veränderung der numerischen Reihenfolge der Frames. Nur dann wird ein Crossfade durchgeführt.

Voraussetzung für den Betrieb von Dolby E ist die Bittransparenz aller Aufzeichnungs- und Übertragungsmedien sowie das Vorhandensein eines lokalen Videotakts. Der Videotakt wird vom Dolby E-Enkoder DP571 und vom Dolby E-Dekoder DP 572 benötigt, um die Dolby-E-Frames an das Timing des Videosignals anzupassen. Eine gute Einführung in die Funktionen und die Konfiguration von Dolby E bietet (Dolby 2002).

11.5.3 Dolby Metadaten

Metadaten sind beschreibende Daten, die zusätzlich zur eigentlichen Audioinformation übertragen werden. Alle digitalen Dolby-Formate unterstützen bzw. erfordern das Vorhandensein korrekt editierter Metadaten. Damit wird es möglich, das Audiosignal im jeweiligen Endgerät und direkt beim Kunden an die Bedingungen der Abhörsituation anzupassen und die Wiedergabe zu optimieren. Für die Produktion bedeutet dies, dass nicht verschiedene Mischungen und Bearbeitungen für unterschiedliche Zielmedien und Wiedergabebedingungen hergestellt werden müssen, sondern mit einem Bitstream alle Kunden bedient werden können (Abb. 11.10). Egal ob die Wiedergabe in 5.1, Stereo oder Mono erfolgt, über DVD, Blu-ray Disc oder DVB: Solange ein Dolby Digital Bitstream übertragen wird, passen die Metadaten das Audiomaterial an das jeweilige Endgerät an; vorausgesetzt sie wurden korrekt editiert.

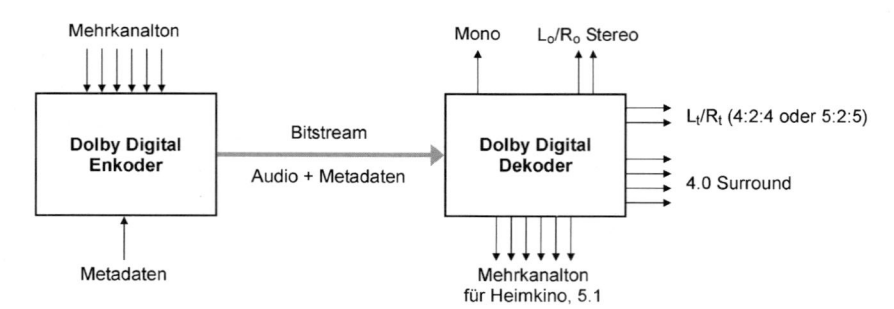

Abb. 11.10 Ein Datenstrom für unterschiedliche Endgeräte. Die Metadaten im Dolby Digital und Dolby E Bitstream erlauben bei richtiger Metadaten-Editierung die automatische Anpassung an die jeweiligen Wiedergabebedingungen.

Kapitel 11 Wiedergabeverfahren

11.5.3.1 Descriptive Metadata

Descriptive Metadata beschreiben den Datenstrom, beeinflussen ihn aber nicht. Dazu zählen Informationen zur Kanalkonfiguration (wie etwa 1.0 und 5.1 bei Dolby Digital oder 8 x 1 und 5.1 + 2.0 bei Dolby E), die Namen von *Programs* (z. B. bei Dolby E), die Datenrate und andere Informationen.

11.5.3.2 Control Metadata

Control Metadata stellen den größten Teil der Metadaten dar. Sie steuern Enkoder, Dekoder sowie andere Metadaten-kompatible Geräte entlang des Übertragungswegs, beeinflussen aber nicht den Audio-Datenstrom an sich. Zu den wesentlichsten Control Metadata zählen die Parameter für Dialogue Normalisation (DialNorm), der Dialogue Level, Dynamic Range Control (DRC) und die Downmix Coefficients.

Wird der Dialogue Level (also die durchschnittliche Lautheit der Sprache oder ähnlicher Komponenten eines Programms) richtig ermittelt und die Parameter für die Dialogue Normalisation (Dialog-Normalisierung) richtig gesetzt, sorgen die Metadaten für eine weitgehend gleichbleibende Lautheit beim Empfänger zu Hause. Extreme Pegelsprünge zwischen unterschiedlichen Programmsegmenten eines Senders können damit wirkungsvoll vermieden werden. Das richtige Setzen der Parameter der Dynamic Range Control bewirkt im Empfänger, dass die Dynamik an die Möglichkeiten des Wiedergabegerätes angepasst wird. Die Downmix-Koeffizienten bestimmen, wie sich die beiden Surroundkanäle und der Centerkanal einer 5.1-Mischung bei Wiedergabe in 4.0, Stereo oder Mono verhalten. Je nach Programminhalt kann z. B. der Centerkanal beim Downmix auf Stereo angehoben und die Surrounds etwas leiser auf L und R gemischt werden, um etwa die Sprachverständlichkeit zu verbessern.

11.5.3.3 Metadaten-Editierung

Die Editierung der Metadaten kann entweder direkt an den Enkodern erfolgen oder, etwas komfortabler, mittels Software. Das Multichannel Audio Tool DP570 von Dolby erlaubt nicht nur den Anschluss eines Rechners mit Dolby Remote Software, sondern darüber hinaus auch die akustische Emulation der Metadaten. Der Tonmeister im Ü-Wagen oder im Studio hat damit die Möglichkeit, die Auswirkungen seiner Metadaten-Einstellungen in Echtzeit abzuhören, und zwar unter allen möglichen Wiedergabebedingungen. Die Auswirkungen der Einstellungen auf einen Mono- oder Stereo- oder 4.0-Downmix können ebenso hörbar gemacht werden wie die Einstellungen der Dynamic Range Control (DRC), die Dialog-Normalisierung und vieles mehr.

Der Metadatenvorrat von Dolby E ist deutlich größer als der von Dolby Digital, da acht einzelne *Programs* mit individuellen Metadaten übertragen werden können.

Zusätzlich werden bei Dolby E auch Informationen zu Timecode, Bildwiederholfrequenz und mehr übertragen. Die Metadaten werden entweder gemeinsam mit dem Audiosignal direkt im Bitstream übertragen oder extern über Interfaces nach RS-485 mit 115 kbit $\cdot$ s^{-1}.

11.5.4 DTS

Das digitale Kodierverfahren DTS der kalifornischen Firma Digital Theater Systems ist seit der Premiere mit dem Film *Jurassic Park* (1993) im Kino wie auch im Heimbereich der wichtigste Konkurrent von Dolby. Im Gegensatz zu Dolby werden unterschiedliche Codecs zur Datenreduktion und Mehrkanalkodierung eingesetzt, die jedoch alle (außer DTS-AAC) mit höheren Datenraten als Dolby Digital arbeiten. Erst Dolby Digital Plus und Dolby True HD bieten ähnliche oder größere Datenraten, die allerdings derzeit noch nicht im Kino zum Einsatz kommen. Zur Enkodierung von DTS wird entweder ein Hardware-Enkoder oder die Software DTS-HD Master Audio Suite eingesetzt. Wie bei Dolby Digital gibt es auch für DTS mehrere Software-Plug-ins, die direkt aus Audio- oder DVD-Programmen heraus die Erstellung von Mehrkanal-Bitstreams ermöglichen.

11.5.4.1 DTS im Kino

Im Gegensatz zu allen anderen digitalen Filmtonverfahren befindet sich der Ton bei DTS (korrekte Bezeichnung DTS-6) nicht direkt auf dem Film, sondern auf zwei oder drei zum Projektor synchronisierten CD-ROM-Laufwerken (bzw. auf einem DVD-Laufwerk). Das erlaubt einerseits eine deutlich höhere Datenrate von 1,44 Mbit$\cdot$s^{-1} (Dolby Digital: 320 kbit$\cdot$s^{-1}), erhöht jedoch die Kosten für die Filmkopien und das Filmhandling. Die CD-ROM-Laufwerke werden mit einem speziellen Timecode, der sich zwischen Bild und Lichttonspur auf dem Film befindet, synchronisiert (Abb. 11.17). Bei Beschädigung und Ausfall der Timecodespur laufen die CD-ROM-Laufwerke zunächst für einige Sekunden selbstsynchronisiert weiter, in Folge schaltet der DTS Cinema Decoder auf den Lichtton mit Dolby Stereo SR oder – je nach Konfiguration – auch auf Dolby Digital oder SDDS um. Sobald die Timecodespur wieder lesbar ist, synchronisieren sich die Laufwerke neu und es wird auf DTS zurückgeschaltet. Die im Timecode enthaltenen Informationen verhindern auch eine Verwechslung der CD-ROMs.

Als Kodierverfahren kommt APTX-100 mit ADPCM zum Einsatz, das eine Datenreduktion von etwa 1:4 durchführt. Mit DTS-6 können sechs Audiokanäle (5.1) übertragen werden, die Erweiterung auf **DTS-ES** brachte einen zusätzlichen Back Surround Kanal (BS), der in matrizierter Form in LS und RS kodiert wird. Zur Dekodierung wird ein zusätzlicher Dekoder benötigt (DTS-ES Extended Surround Decoder). Aus Platzgründen (um die Spielzeit der Discs zu verlängern) wird der

LFE-Kanal nicht diskret aufgezeichnet, sondern in den Kanälen von LS und RS und mit einer Frequenzweiche bei 80 Hz von den Surrounds getrennt. Zur Dekodierung im Kino kommt heute der Cinema Audio Processor DTS XD10P zum Einsatz. Neue Systeme unterstützen auch die Filmtonwiedergabe direkt von Harddisk und DVD. DTS ist das einzige digitale Filmtonverfahren, das auch bei 70 mm-Filmen eingesetzt wird. Zur Wiedergabe muss lediglich ein Abtaster für 70 mm-Film montiert und mit dem DTS Cinema Decoder verbunden werden. Zukünftige Erntwicklungen sehen eine Erweiterung des DTS Kinostandards auf beliebig viele Wiedergabekanäle vor, auch die automatische Untertitelung von Filmen wird, ähnlich wie bei Dolby, bereits angeboten (Cinema Subtitling System, CSS). Eine interessante Entwicklung ist auch der DTS-Effektkanal. Damit können, durch den Timecode synchronisiert, z. B. Nebelmaschinen und Lichtsysteme angesteuert werden. Für den zukünftigen Einsatz im volldigitalen Kino gibt es Varianten von DTS-HD, wobei vorerst bis zu 20 Kanäle unterstützt werden sollen (s. Abschn. 11.5.4.3).

11.5.4.2 DTS im Heimbereich

DTS wird im Heimbereich sowohl für CD und DVD, als auch für die hochauflösenden Medien Blu-ray Disc und HD DVD verwendet. Vor allem bei Musik-DVDs erfreut sich DTS großer Beliebtheit, konnte sich jedoch aufgrund der hohen Datenraten nicht für den Einsatz im Hörfunk- und Fernsehbereich (DVB) qualifizieren (s. Abschn. 11.5.4.4). Als Codec kommt DTS Coherent Acoustics zum Einsatz. Das in hohem Maße skalierbare Verfahren unterstützt derzeit die Kodierung von bis zu acht Kanälen, wobei ein- und ausgangsseitig 24 bit verarbeitet werden. Die resultierende Datenrate liegt zwischen 32 kbit$\cdot$s^{-1} für Mono und 4 Mbit$\cdot$s^{-1} für acht Kanäle. In der Praxis beträgt die Datenrate für 5.1 entweder 754,5 kbit$\cdot$s^{-1} oder 1509 kbit$\cdot$s^{-1}, je nach Platzangebot der DVD und Intention des Authoring Engineers. Die Breitband-Kanäle erlauben eine Bandbreite von 20–22.000 Hz (bei einer Samplingfrequenz von 48 kHz), der LFE-Kanal überträgt, abhängig von der Implementierung der Enkoder und Dekoder, bis 80 Hz oder 120 Hz (s. Abschn. 11.6.3). Im Gegensatz zu Dolby Digital und Dolby E werden nur wenige Parameter in Form von Metadaten mitübertragen. Dazu zählen Daten zur Beschreibung des Bitstreams (Stereo, 5.0, 5.1) und – gleich skaliert wie bei Dolby – der Dialogue Normalization Value (DialNorm).

Neben DTS für 5.1 haben sich auch zwei Verfahren für 6.1 etabliert. **DTS-ES 6.1 Discrete** bietet insgesamt sieben diskret kodierte Kanäle. **DTS-ES 6.1 Matrix** arbeitet ähnlich wie Dolby Digital EX. Der Back Surround Kanal wird mittels Phasenmatrizierung in Left Surround (LS) und Right Surround (RS) einkodiert. Bei produktionsseitig fehlendem Back Surround kann der Kanal jedoch auch während der Wiedergabe virtuell aus LS und RS mittels „Upmix" gewonnen werden. Die Datenrate ist bei beiden Verfahren identisch mit DTS zu 5.1. **DTS 24/96** bietet bei gleicher Datenrate die Möglichkeit zur Kodierung von höher auflösendem Audiomaterial. **DTS NEO:6 Surround** ist, ähnlich wie Dolby Pro Logic II, Lexicon Logic 7 oder SRS Circle Surround, ein Verfahren zur Dekodierung von matrizierten

Signalen und zur Dekodierung von matrizierten Signalen und zur Generierung eines virtuellen 5.1 Surroundsignals aus einem analogen oder digitalen Stereosignal.

11.5.4.3 DTS-HD

Auch DTS unterstützt die hochauflösenden Formate Blu-ray und HD DVD. DTS-HD Master Audio arbeitet mit verlustloser Kodierung, skalierbaren Datenraten und Kanalzahlen. Auf Blu-ray Discs arbeitet DTS-HD Master Audio mit bis zu 24,5 Mbit·s^{-1}, auf HD DVD mit 18,0 Mbit·s^{-1}. Damit können acht Audiokanäle mit 96 kHz Abtastrate und 24 bit Auflösung übertragen werden. DTS-HD High Resolution Audio arbeitet mit kleineren Datenraten: 6,0 Mbit·s^{-1} bei Blu-ray Discs und 3,0 Mbit·s^{-1} bei HD DVD. Mittels Datenreduktion werden derzeit zu acht (7.1) Audiokanäle mit 24 bit und 96 kHz übertragen, theoretisch sind beliebig viele Kanäle möglich.

11.5.4.4 DTS-AAC

Obwohl gemäß ETSI (European Telecommunications Standards Institute) auch DTS als Tonverfahren bei DVB (Digital Video Broadcasting) verwendet werden kann, wird es aufgrund des enormen Bandbreitenbedarfs und der damit hohen Transponderkosten nicht direkt eingesetzt. DTS-AAC verwendet zur Übertragung von Mehrkanalton das von Coding Technologies entwickelte aacPlus (Advanced Audio Coding Plus). Dabei kommt neben AAC auch Spectral Band Replication (SBR) und Parametric Stereo (PS) zum Einsatz. Übertragen wird somit nicht DTS (Coherent Acoustics) direkt, sondern ein stark datenreduziertes Mono- oder Stereosignal mit parametrischer Beschreibung der restlichen Kanäle, wie in Abschn. 11.5.5.2 beschrieben. Erst im DVB-Empfänger wird das Signal von aacPlus nach DTS umgewandelt und über TOSLink oder S/PDIF ausgegeben, um von der Mehrheit der üblichen Heimkinoverstärker als DTS-Signal dekodiert werden zu können. Ein Vorteil von DTS-AAC ist seine hohe Skalierbarkeit und Kodiereffizienz (z. B. etwa 64 kbit·s^{-1} für Stereo, 96 oder 128 kbit·s^{-1} für 5.1) sowie die Möglichkeit, im Containerformat MPEG-4 transportiert zu werden. Einem direkten, kritischen Hörvergleich mit Dolby Digital oder „echtem" DTS hält DTS-AAC jedoch nicht stand.

11.5.5 MPEG-basierte Mehrkanalverfahren

Auch die MPEG-Familie bietet eine Reihe diskreter und quasi-diskreter Verfahren zur Kodierung von Mehrkanalton, die im folgenden kurz und auszugsweise behandelt werden sollen. Eine genaue Erläuterung der zu Grunde liegenden Kodier- und Datenreduktionsalgorithmen findet sich in Kap. 16.

11.5.5.1 MPEG-2 Multichannel (MPEG-2 5.1, MPEG-2 BC)

Im Zuge der Einführung der DVD wurde für den europäischen Markt MPEG-2 Multichannel als primäres Mehrkanal-Kodierverfahren definiert. Es stellt eine abwärtskompatible Erweiterung von MPEG-1 dar und wird daher auch als MPEG-2 BC (Backwards Compatible) bezeichnet. Auch der Name MPEG-2 5.1 wird manchmal verwendet. Während MPEG-1 nur Mono- oder Stereo-Kodierung mit bis zu 384 kbit·s^{-1} unterstützt, erweitert MPEG-2 Multichannel die Kodierung auf 5.1 oder 7.1. Die Gesamtdatenrate beträgt dabei bis zu 912 kbit·s^{-1} (typisch auf DVD: 640 kbit·s^{-1}). Die Audiokodierung basiert auf dem Datenreduktionsalgorithmus von MPEG-1 Layer II, wie er vor allem beim Hörfunk, bei digitalem Fernsehen (DVB) und beim HDV-Videoformat zum Einsatz kommt (theoretisch könnte auch MPEG-1 Layer III angewandt werden). Auch die Super Video CD (SVCD) kann, sowohl bei PAL als auch bei NTSC, MPEG-2 mit Stereo- oder 5.1 Surroundton verwenden. MPEG-2 Multichannel konnte sich jedoch als als Kodierung für die DVD-Video nicht durchsetzen. Hierbei spielte nicht nur das Marketing eine Rolle, sondern auch der Wunsch der Entwickler, zu MPEG-1 kompatibel zu bleiben. Während Dolby Digital und DTS immer diskret übertragen und den Downmix auf Stereo über Parameter in den begleitenden Metadaten steuern, ging man bei MPEG-2 Multichannel den umgekehrten Weg. Um rückwärtskompatibel zu MPEG-1 zu bleiben, wird in den Frontkanälen des Surroundsignals (L, R) ein Stereo-Downmix (L$_O$, R$_O$) des gesamten Mehrkanalsignals in einer zu MPEG-1 kompatiblen Frame-Struktur übertragen. Die weiteren Kanäle (C, LS, RS, LFE) werden diskret und als „Multichannel Extension" im MPEG-2 Frame übertragen (Rumsey 2005, vgl. Ely 1998 und MPEG 1996). Im Falle rein stereofoner Wiedergabe funktioniert dieses Prinzip sowohl bei MPEG-1 als auch MPEG-2 kompatiblen Dekodern sehr gut. Bei mehrkanaliger Wiedergabe müssen jedoch die im Stereo-Downmix (L$_O$, R$_O$) enthaltenen Informationen der anderen Kanäle erst mit einer Matrix entfernt werden, um ein korrektes Klangbild zu ergeben. Daraus resultieren drei entscheidende Nachteile: 1. Nachdem der Downmix bereits im Enkoder erfolgt, kann dekoderseitig nichts mehr daran verändert werden (z. B. Downmix auf 4.0 statt 2.0). 2. Die Datenrate ist deutlich höher als bei anderen Verfahren, ohne jedoch entsprechende klangliche Vorteile zu bieten und 3. Bei der Wiedergabe entstehen matrix-bedingte, systemimmanente Veränderungen des Surround-Klangbilds (Rumsey 2005). Im Hinblick auf die Matrizierung dürfte MPEG-2 Multichannel eigentlich nicht als rein diskretes Verfahren bezeichnet werden.

Obwohl auch heute noch alle in Europa verkauften DVD-Player MPEG-2 Multichannel unterstützen (müssen) und das Kodierverfahren sogar für das Nachfolgeformat HD DVD standardisiert wurde, findet es de facto keine Anwendung. Auch ein Versuch von Philips, mit der Einführung einer 7.1-Variante MPEG-2 Multichannel attraktiv zu machen, scheiterte. Ein Grund war, daß man anstelle zweier Back-Surround-Kanäle (BSL, BSR) zwei weitere Frontkanäle (LC, RC) anbot. Zusätzliche Frontkanale erweisen sich jedoch nur bei sehr großem Abstand zwischen Links, Center und Rechts als sinnvoll (z. B. im Kino), jedoch nicht unter den Bedingungen eines Heimkinos.

11.5.5.2 MPEG-2 AAC

AAC (Advanced Audio Coding) unterstützt unterschiedliche Kanalzahlen (Mono, Stereo, Surround) und ist in hohem Maße skalierbar, sowohl hinsichtlich der Datenrate als auch der verfahrensbedingten Latenzzeit (s. Kap. 16). Im Gegensatz zu MPEG-2 Multichannel erzeugt MPEG-2 AAC einen Bitstream, in dem alle Surroundkanäle diskret kodiert sind. Die Rückwärtskompatibilität zu MPEG-1 geht damit verloren, weswegen das Verfahren auch als NBC (Non-Backward-Compatible) bezeichnet wird. Im Gegenzug steigen jedoch die Effizienz der Kodierung und die Qualität bei vergleichbarer Datenrate. Hier ist MPEG-2 AAC mit Dolby Digital und Dolby Digital Plus vergleichbar, auch wenn es zur Zeit nur eine geringe Verbreitung im professionellen Umfeld und bei Heimanwendern hat.

11.5.5.3 MPEG-4 Audio Lossless Coding

MPEG-4 ALS (Audio Lossless Coding), ist eine Erweiterung des MPEG-4-Audio-Standards und erlaubt verlustfreie Audiodatenkompression. Das Verfahren wurde 2005 innerhalb der Moving Pictures Expert Group (MPEG) standardisiert. Ein interessanter Aspekt ist die Möglichkeit, auch mehrkanalig kodieren zu können; theoretisch wären bis zu 2^{16}, also 65.536 Kanäle möglich. Im Gegensatz zu allen anderen Formaten unterstützt es Abtastwerte bis zu 32 bit Auflösung (auch in Fließkomma-Darstellung) und beliebige Abtastfrequenzen. Diese Eigenschaften ermöglichen eine hohe Skalierbarkeit und unterschiedlichste Datenraten. Bei Verpackung in MPEG-4-Containern ist auch ein Streaming über Netzwerkverbindungen möglich.

11.5.5.4 MPEG Surround, Spatial Audio Coding

MPEG Surround unterscheidet sich grundsätzlich von MPEG-2 Multichannel sowie von allen anderen Mehrkanal-Kodierverfahren und ist mittlerweile nach ISO/IEC 23003-1 genormt. Es basiert auf dem Prinzip des Spatial Audio Coding (SAC) und ist ein digitales, jedoch kein diskretes Kodierverfahren. Im SAC-Enkoder wird aus einem mehrkanaligen Eingangssignal zunächst ein Mono- oder Stereo-Downmix erzeugt, der meist nach MPEG-1 Layer II übertragen wird (auch MP3 ist möglich). Aus dem 5.1-Eingangssignal gewinnt der SAC-Enkoder zusätzlich Informationen über die Pegel- und Intensitätsunterschiede sowie über die Korrelation und Kohärenz der sechs Eingangssignale. Diese *Spatial Cues* (Rauminformationen) ergeben ein Set von Parametern, die parallel zum Mono- oder Stereosignal übertragen werden und es wiedergabeseitig erlauben, aus dem Mono- oder Stereosignal als Downmix des ursprünglichen Mehrkanalsignals zusätzliche Audiokanäle für die 5.1-Wiedergabe zu synthetisieren (Abb. 11.11, Breebaart et al. 2005).

Die parametrische Beschreibung von Audioinformation anstelle ihrer echten Übertragung spart ein Höchstmaß an Kanalkapazität und wird in ähnlicher Form auch bei SBR (Spectral Band Replication) eingesetzt, wie es unter anderem bei

Kapitel 11 Wiedergabeverfahren

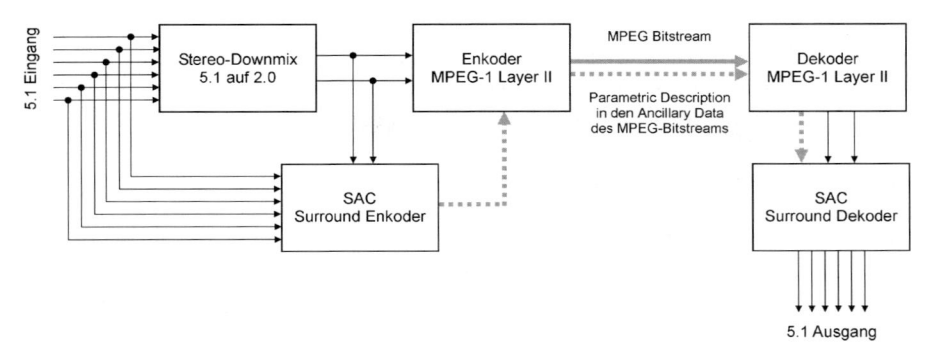

Abb. 11.11 Funktionsprinzip von MPEG Surround (Spatial Audio Coding). Das Verfahren ist bei ISO-MPEG 1 Layer II ebenso anwendbar wie bei MP3.

MPEG-4 AAC Plus zum Einsatz kommt. Bereits bei einer Gesamtdatenrate von 64 oder 96 kbit·s^{-1} für 5.1 lassen sich überraschend gute Ergebnisse erzielen, auch wenn sie einem kritischen Vergleich mit Dolby Digital oder DTS nicht standhalten. Erste Versuche mit MPEG Surround zur Übertragung von 5.1 bei DAB (Digital Audio Broadcasting) zeigten ebenfalls zufriedenstellende Ergebnisse. Hier werden die für 5.1 erforderlichen Zusatzdaten im Bereich der Hilfsdaten (Ancillary Data) des MPEG Bitstreams untergebracht. Normale DAB-Empfänger dekodieren nur den Stereo-Bitstream (den Downmix), Surround-Empfänger mit MPEG Surround-Dekoder auch die zusätzlichen Informationen.

11.5.6 SDDS

Das von Sony entwickelte SDDS (Sony Dynamic Digital Sound) wurde fast zeitgleich mit DTS eingeführt. *Last Action Hero* (1993) war der erste in SDDS gezeigte Film. SDDS arbeitet nach dem ATRAC Datenreduktionsverfahren, wie es in ähnlicher Form bei der MiniDisc zum Einsatz kommt. Die Abtastrate beträgt 44,1 kHz, die Dynamik mindestens 90 dB, der Frequenzgang 20–20.000 Hz. Übertragen werden insgesamt acht Audiokanäle (7.1), davon fünf Frontkanäle, zwei Surround-Kanäle und ein LFE-Kanal. Die Kanäle werden als Left (L), Left Center (LC), Center (C), Right Center (RC), Right (R), Surround Left (SL), Surround Right (SR) und Subwoofer (SW) bezeichnet, letzterer entspricht dem LFE-Kanal bei anderen Verfahren. Aufgrund der Konfiguration der Frontkanäle eignet sich SDDS vor allem für Kinos mit sehr breiten Leinwänden. Durch entsprechende Panoramisierung bei der Mischung können frontale Schallquellen auch für nahe an der Leinwand sitzende Zuschauer mit gleichmäßiger Intensität abgebildet werden.

Der SDDS-Ton wird als optische Information auf beiden Rändern des Filmstreifens aufgezeichnet. Der P-Track enthält alle links liegenden Kanäle plus Center, der S-Track alle rechts liegenden Kanäle plus Subwoofer (Abb. 11.17). Um bei Beschädigung einer optischen Spur keinen Systemausfall zu provozieren, werden zusätzlich zu den obigen Audiokanälen Gesamtmischungen der linken Seite (Lmix) im S-Track und der rechten Seite (Rmix) im P-Track übertragen. Bei einem Totalausfall kann überdies auf den Dolby Stereo SR Lichtton umgeschaltet werden.Die Abtastung erfolgt mit dem sogenannten SDDS Reader, der an oberster Stelle eines Projektors nach der Abwickelrolle montiert wird. Die links und rechts am Film aufgezeichneten optischen Spuren werden mit rotem LED-Licht durchleuchtet und mit einer CCD-Kamera abgetastet. Der darauf folgende SDDS Cinema Processor dekodiert die Signale und gibt sie an die B-Chain des Kinos weiter. Obwohl nach wie vor Filme im SDDS-Format veröffentlicht werden, hat Sony die Fertigung neuer Geräte bereits 2005 eingestellt. Obwohl SDDS theoretisch auch bei DVDs als optionaler Bitsream (in Europa also zusätzlich zu PCM, MPEG oder Dolby Digital) verwendbar wäre, wurde es nie für dieses Medium angewandt (Ely 1996).

11.5.7 Worldnet Skylink

Die meisten digitalen Mehrkanalverfahren eignen sich nur zur Übertragung über direkte Audioverbindungen (Point-to-Point). Viele Studios und Broadcaster verwenden jedoch zunehmend Netzwerkverbindungen auf Basis von ATM oder TCP/IP, wie sie auch in der Telekommunikation eingesetzt werden. Obwohl es möglich ist, jeden beliebigen Audio-Bitstream zu verpacken und über ATM oder TCP/IP zu übertragen, eignen sich bestimmte Kodierverfahren aufgrund des eingesetzten Algorithmus besonders für diese Übertragungsart.

Worldnet Skylink des irischen Unternehmens APT (Audio Processing Technology) ist ein netzwerkbasiertes Übertragungsverfahren, das bis zu acht Audiokanäle (z. B. 5.1 + 2.0) über eine Netzwerkschnittstelle transportiert. Es wurde ursprünglich entwickelt, um Filmstudios und Postproduction-Studios untereinander und mit den Wohnsitzen bekannter Regisseure zu verbinden. Erster Kunde war George Lucas, bei der Namensgebung stand die Skywalker-Ranch Pate. Als Datenreduktions- und Kodieralgorithmus kommt apt-XTM zum Einsatz, ein auf ADPCM basierendes Verfahren. Die Datenreduktion liegt im Bereich von etwa 4:1. Eingänge nach AES3 erlauben den Anschluss von digitalem Audio mit 16, 20 oder 24 bit Auflösung, die Samplingfrequenz kann zwischen 32 und 52 kHz liegen. SMPTE Timecode (Longitudinal Timecode, LTC) mit 24 bis 30 Bildern pro Sekunde kann ebenso übertragen werden wie Aux-Daten über RS-232 und RS-485, was die Übertragung z. B. von Dolby Metadaten erlaubt.

Worldnet Skylink verwendet zur Übertragung das TCP/IP Protokoll und eine Ethernet Verbindung nach 10/100-BaseT mit Steckverbindung nach RJ-45 (s. Abschn. 18.14). Damit ist es möglich, jedes beliebige Netwerk mit ausreichender Bandbreite zur Übertragung von Mehrkanalton zu verwenden. Zur Übertragung sind zwei gegengleiche Geräte (Skylink Enkoder und Dekoder) erforderlich. Sie verfügen über eingebaute Rechner auf Basis von Windows XP Embedded, Harddisks oder ORB-Laufwerke zur Speicherung oder Ausspielung des Audiomaterials und die Möglichkeit, neben direkter Übertragung auch auf FTP-Servern oder auf den eingebauten Harddisks zu speichern. Vor allem Hörfunkanstalten setzen vermehrt auf diese Technologie, da sie auf einfache Weise Außenübertragungen mit Mehrkanalton erlaubt. Netzwerkbasierte Verfahren zur Audio- und Videoübertragung puffern oft Zeiträume von mehreren Sekunden, um sich gegen Netzwerkengpässe zu wappnen. Obwohl die Latenzzeit des Systems im Vergleich zu anderen netzwerkbasierten Verfahren relativ kurz ist (nur 6 ms für den Kodierprozess plus Latenz des Netzwerks), wird eine außergewöhnlich hohe Langzeitstabilität gegen Übertragungsfehler erreicht.

11.6 Wiedergabeanordnungen im Studio- und Heimbereich

Die heute üblichste Wiedergabeanordnung für Mehrkanalton ist ohne Zweifel der Abhörkreis nach ITU-R BS. 775-1, der die Aufstellung von Lautsprechern für 3/2-Wiedergabe regelt. Basierend darauf haben sich mehrere Interpretationen für 5.1, 6.1 und 7.1 entwickelt, die ebenfalls kreisförmiger Aufstellung folgen. Dennoch darf nicht vergessen werden, dass praktisch alle Kinofilme, die auf DVD erscheinen, für die gänzlich anderen Wiedergabebedingungen eines Kinosaales nach ANSI/SMPTE 202M oder ISO 2969 mit rechteckiger Anordnung der Lautsprecher gemischt wurden und oft nicht für ITU-R BS. 775-1 adaptiert werden.

Bereits Heimgeräte mittlerer Preisklasse bieten heute automatische Einmessalgorithmen zur Optimierung der Wiedergabe im Wohnzimmer. Doch selbst damit können die häufig falschen Lautsprecheraufstellungen in einem Gutteil der heimischen Hörräume nicht kompensiert werden. Für eine befriedigende Mehrkanalwiedergabe wäre es jedoch unumgänglich, dass bei Produktion und Wiedergabe zumindest annähernd ähnliche Bedingungen herrschen.

11.6.1 Wiedergabe von 3.0 und 4.0

Ältere Surroundsysteme verwenden zur Wiedergabe drei (L,R,S) oder vier (L,C,R,S) Wiedergabekanäle. Bei 3.0 wird auf einen eigenen Centerlautsprecher verzichtet, die Wiedergabe des Centerkanals erfolgt über die Bildung einer Phantommitte zwischen Links und Rechts. Um das zu ermöglichen, sollte der Winkel der Frontlautsprecher bezogen auf den Hörplatz nicht mehr als etwa ±30° betragen. Alle Lautsprecher eines 3.0 und 4.0 Systems sollten nach Möglichkeit vom Hörplatz gleich weit entfernt sein.

Die Surroundkanäle aller 4:2:4-matrizierten Systeme sind auf einen Frequenzgang von 150–7.000 Hz begrenzt. In Systemen, die ausschließlich für 4:2:4-Wiedergabe verwendet werden, müssen daher lediglich die Frontlautsprecher Fullrange-Systeme sein, die Surroundlautsprecher können auch von kleinerer Bauart sein. Der Gesamt-Abhörpegel für 4:2:4 Filmtonmischungen sollte gemäß Empfehlungen (z. B. SMPTE 202M und Dolby) 85 dB(C) betragen, für alle anderen Aufgaben

(Fernsehton, DVD, etc.) 79 dB(C). Gemessen wird an der Abhörposition und mit langsamer Ansprechcharakteristik (slow) des Schallpegelmessers, als Messsignal dient Rosa Rauschen mit einem Nennpegel von –20 dBFS. Mischungen für Dolby Surround und Dolby ProLogic (4:2:4) arbeiten fast immer mit sehr diffusem Surroundanteil. Meist werden über den Surroundkanal nur Atmosphären, Raumanteile (Nachhall) oder ähnliche Signale wiedergegeben. Direkt abstrahlende Surroundlautsprecher eines 3.0 oder 4.0 Systems sollten zur Unterstützung dieses Prinzips nicht direkt auf den Sweetspot gerichtet sein, sondern deutlich daran vorbeizielen (Abb. 11.12). Sie befinden sich idealerweise seitlich hinter dem Hörplatz, in etwa bei ±100–120° bezogen auf den Centerkanal. Anstelle direkt abstrahlender Lautsprecher können auch Dipol-Systeme verwendet werden, die – bezogen auf ihre Hauptachse – um 90° verdreht und zweiseitig abstrahlen. Für größere Regie- oder Hörräume ist die Installation zusätzlicher Surroundlautsprecher vorgesehen (Dolby 2005).

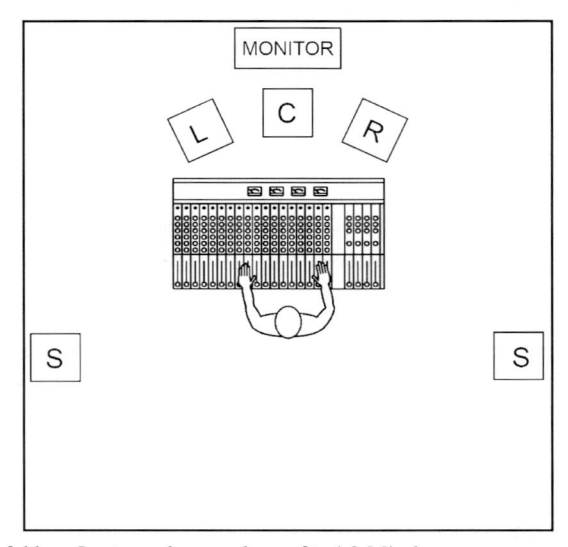

Abb. 11.12: Empfohlene Lautsprecheranordnung für 4.0-Mischungen

11.6.2 Wiedergabe von 5.1 und mehr Kanälen

Das heute meistverbreitete System zur Wiedergabe von diskretem Mehrkanalton beruht unter anderem auf den Arbeiten von Tomlinson Holman (THX), Gerhard Steinke (VDT) und Günther Theile (IRT) (Steinke 2005, s.a. Steinke 2004). Es wurde ursprünglich als *3/2-Format* bezeichnet, was drei Frontkanäle und zwei Surroundkanäle definiert. Ein zusätzlicher Kanal für tieffrequente Effekte (LFE) war in der ursprünglichen 3/2-Empfehlung nicht vorgesehen. Bereits 1994 wurde das Verfahren von der International Telecommunications Union als ITU-R BS. 775-1 standardisiert. Der sogenannte ITU-Abhörkreis dient heute als Bezugssystem für fast alle mehrkanaligen Wiedergabesysteme (Abb. 11.13).

Kapitel 11 Wiedergabeverfahren

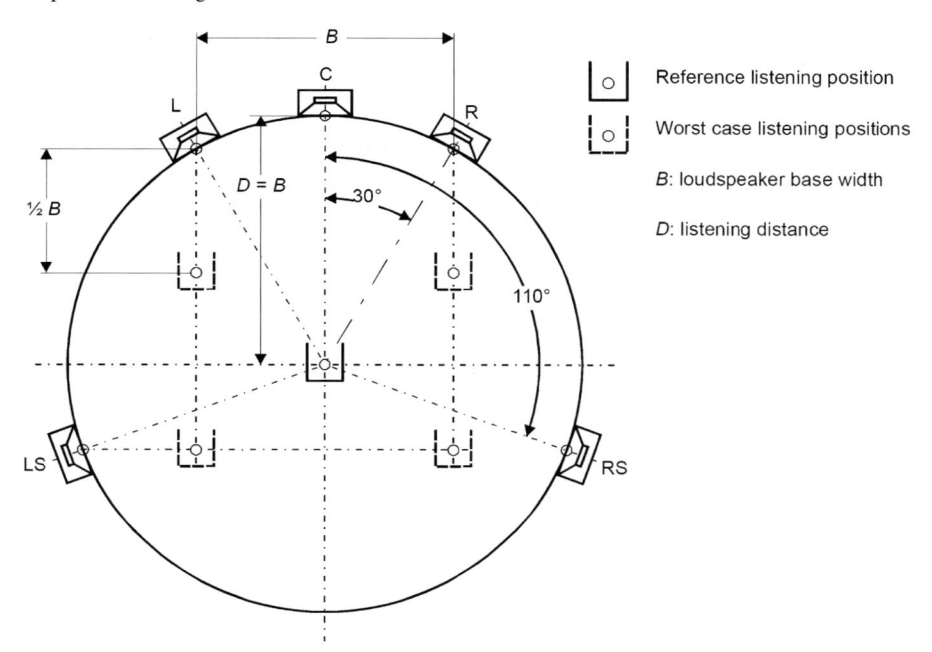

Abb. 11.13 Lautsprecheranordnung für 5.1 nach ITU-R BS.775-1, erweiterbar mit zusätzlichen Lautsprechern für 6.1- und 7.1-Konfigurationen

Nach ITU-R BS. 775-1 sind alle Lautsprecher eines 5.1-Systems entlang eines Kreisumfangs und mit gleichem Abstand zum Hörplatz angeordnet. Die Lautsprecher für linken und rechten Kanal sind um ±30° vom Center-Lautsprecher versetzt, die Surroundlautsprecher um ±110°, wobei Abweichungen von etwa 5–10° zulässig sind. Letztere sind, im Gegensatz zu 3.0 oder 4.0, direkt auf den Sweetspot gerichtet. Nachdem diskrete Mehrkanalverfahren für alle Kanäle (außer LFE) den gleichen Frequenzgang bereitstellen, müssen alle fünf Lautsprecher in der Lage sein, einen Frequenzgang von 20–20.000 möglichst linear zu reproduzieren. Der Subwoofer zur Wiedergabe des LFE-Kanals wird meist zwischen C und R angeordnet. Um auch im tiefen Frequenzbereich einen linearen Wiedergabefrequenzgang zu erreichen, müssen auch die modalen Eigenschaften des Abhörraums berücksichtigt werden (s. Abschn. 6.2.5).

Für Systeme mit mehr als 5 Wiedergabekanälen werden die zusätzlichen Lautsprecher ebenfalls entlang des Abhörkreises aufgestellt. Bei 6.1 wird der zusätzliche Lautsprecher für den Back Surround (BS) oder Rear Center Channel genau zwischen LS und RS angeordnet. Bei 7.1 gibt es zwei zusätzliche Wiedergabekanäle: Back Surround Left (BSL) und Back Surround Right (BSR). Sie werden meist spiegelbildlich zu L und R aufgestellt, die Lautsprecher für LS und RS rücken ein wenig in Richtung von L und R (Abb. 11.14).

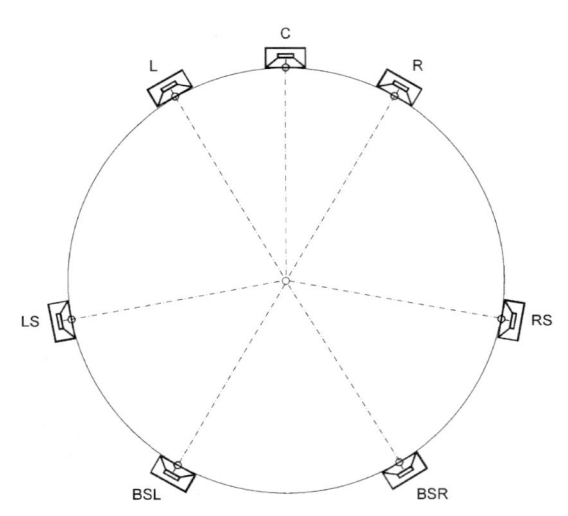

Abb. 11.14 Empfehlung zur Lautsprecheranordnung bei 7.1. Die Anordnung basiert auf ITU-R BS.775-1, BSL und BSR sind spiegelbildlich zu L und R angeordnet, LS und RS liegen bei etwa 100° bezogen auf C.

11.6.3 LFE

Der LFE-Kanal wird bei Kinofilmen ausschließlich zur Wiedergabe tieffrequenter Effekte verwendet, daher der Name Low Frequency Effects oder Boom Channel. Um Kino-Soundtracks ohne grundlegende Neuabmischung auch im Heimbereich einsetzen zu können, enthalten alle digitalen Mehrkanalkodierformate einen bandbegrenzten LFE-Kanal. Seine Bandbreite ist bei Dolby Digital mit einem Brickwall-Filter auf 120 Hz begrenzt, aufnahmeseitig wird ein vorgeschalteter Tiefpass mit 80 Hz Grenzfrequenz (−3 dB-Punkt) empfohlen (Dolby 2000, Abb. 11.15). DTS setzt einen etwas flacheren Filter ein, je nach Implementierung der Enkoder und Dekoder sind jedoch Grenzfrequenzen von 80 Hz oder 150 Hz üblich (Smyth 1999). Die Verwendung des LFE-Kanals für Musikproduktionen ist umstritten, da es sehr leicht zu Inkompatibilitäten zwischen Aufnahme und Wiedergabe kommen kann. Bei Filmmischungen und Musikproduktionen wird der LFE-Kanal im Abhörweg um 10 dB angehoben (In-Band-Gain, s. Abschn. 11.6.5) und muss daher bei der Mischung um den gleichen Betrag abgesenkt werden. In der Praxis wird jedoch bei vielen Musikproduktionen – entgegen der Empfehlung – mit linearem, nicht abgesenktem LFE gearbeitet. Bei der Wiedergabe im Heimbereich hebt der Mehrkanal-Dekoder den LFE-Kanal meist automatisch um 10 dB an (In-Band-Gain), was zu übertriebener Tiefbasswiedergabe führt. Auch das Verhalten beim automatischen Downmix von 5.1 auf 2.0 ist problematisch. Dabei wird der LFE-Kanal (je nach Verfahren, z. B. bei Dolby Digital) meist gänzlich weggelassen, um stereofone Wiedergabesysteme nicht zu überlasten und Phasenauslöschungen zwischen LFE und

Kapitel 11 Wiedergabeverfahren

Tiefbass in anderen Kanälen zu vermeiden. Wenn bestimmte Instrumente, wie z. B. ein E-Bass, ihr Tiefton-Fundament nur über den LFE-Kanal erhalten, verschwindet dieser Anteil beim Downmix. Ausführliche Hinweise finden sich in den Dolby 5.1-Channel Music Production Guidelines (Dolby 2005).

11.6.4 Bass-Management

Ein Großteil aller Wiedergabesysteme verwendet Lautsprecher, die nicht als Fullrange-Systeme zu bezeichnen sind. Um diese meist kleineren Lautsprecher dennoch in einem 5.1-System verwenden zu können, übernimmt im Rahmen eines Bass-Managements der Subwoofer, der ursprünglich nur zur Wiedergabe des LFE-Kanals gedacht ist, die Unterstützung der anderen Lautsprecher im tiefen Frequenzbereich. Eine aktive Mehrkanal-Frequenzweiche trennt dabei tiefe Frequenzen, die von den Lautsprechern nicht reproduziert werden können, ab und führt sie gemeinsam mit dem LFE-Signal dem Subwoofer (bzw. seiner Endstufe) zu (Abb. 11.15, vgl. Abschn. 6.2.5.1).

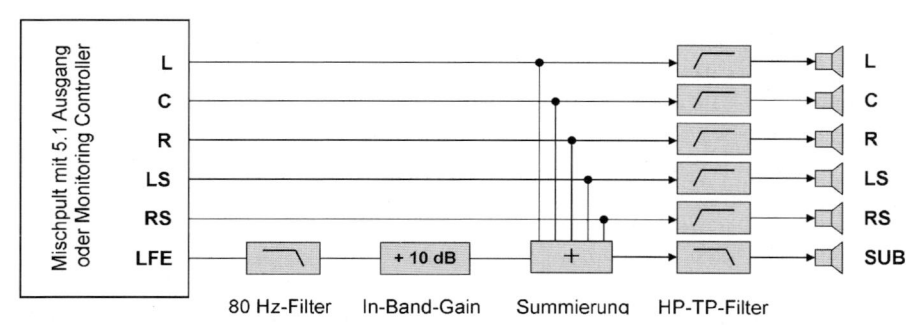

Abb. 11.15 Bass-Management zur korrekten Ansteuerung des Subwoofers mit dem LFE-Signal und den summierten Tieftonanteilen der anderen Lautsprecher. Das vorgeschaltete 80 Hz-Filter (–3 dB) entspricht den Empfehlungen von Dolby.

11.6.5 Einmessung

Entscheidendes Kriterium für eine gute, mehrkanalige Wiedergabe ist ein möglichst gleicher Wiedergabepegel aller Lautsprecher zwischen etwa 150 und 10.000 Hz (Erfahrungswert des Autors, s. a. Rumsey 2005). Dies kann mit einer Test-DVD oder einem Signalgenerator und bandbegrenztem Rauschen überprüft werden, indem z. B. der Mittenkanal (C) sequentiell mit allen anderen Kanälen verglichen wird. Für die genaue Einmessung wird zunächst die Entfernung der einzelnen Lautsprecher zum Hörpunkt geprüft. Sie sollte für alle Lautsprecher gleich sein. Ist dies nicht der Fall, kann mit einem Audiodelay ein Laufzeitausgleich geschaffen werden. Die Höhe der Front- und Surroundlautsprecher sollte in etwa auf oder – als Zugeständnis an die Praxis – ein wenig über Ohrhöhe liegen, wobei für die Surroundkanäle größere vertikale Abweichungen zulässig sind. Alle Lautsprecher sollen vertikal und horizontal auf den Hörpunkt gerichtet und von gleicher Bauart sein. Ist dies nicht möglich, sollten zumindest die Hoch- und Mitteltontreiber der Lautsprecher identisch sein (Dolby 2000).

Mehrkanalmischungen für Fernsehen (DVB), Hörfunk und Veröffentlichung auf DVD oder anderen digitalen Medien sollten mit etwa 6 dB weniger Schalldruckpegel als Filmtonmischungen abgehört werden, um der eingeschränkten Dynamik und den geringeren Abhörpegeln im Heimbereich Rechnung zu tragen (Dolby 2005). Dazu werden die Front- und Surroundlautsprecher so justiert, dass sich bei einem Referenzpegel (Rosa Rauschen) von –20 dBFS ein Gesamtschalldruckpegel von 79 dB(C) ergibt, bei Vollaussteuerung des Systems (0 dBFS) steigt der Gesamtschalldruckpegel auf maximal 99 dB(C). Nach der Beziehung

$$L_{\text{LISTref}} = 79 - 10 \cdot \log n \qquad (11.3)$$

ergibt sich ein Einstellpegel L_{LISTref} von 72 dB(C) für jeden einzelnen Fullrange-Lautsprecher, wobei n die Gesamtzahl dieser Lautsprecher darstellt. In sehr kleinen Hörräumen, wie etwa in Übertragungswagen, können die Surroundkanäle um etwa 2 dB gegenüber den anderen Kanälen abgesenkt werden (Dolby Surround Mixing Manual 2005). Die oben genannten Werte unterscheiden sich geringfügig von den Empfehlungen der ITU, EBU und des Surround Sound Forums (SSF-02), entsprechen jedoch den Empfehlungen und Bezugspegeln der Gerätehersteller (Dolby, DTS) sowie der Arbeitspraxis.

An Stelle von *insgesamt* 79 dB(C) empfehlen andere Quellen (Dolby Music Mixing Manual, 2005) diesen Pegel als Einstellwert für jeden *einzelnen* Lautsprecher, was nach (11.3) einen Gesamtpegel von knapp 86 dB(C) bei –20 dBFS und 106 dB(C) bei Vollaussteuerung ergibt. Dieser Wert muss für DVD-, Hörfunk und TV-Mischungen als deutlich zu hoch angesehen werden, da er den üblichen Abhörbedingungen in Wohnräumen nicht annähernd gerecht wird. Wichtiger als eventuelle Unterschiede beim Gesamtabhörpegel sind jedoch gleiche Pegel der einzelnen Lautsprecher, die im Idealfall um nicht mehr als ±0,25 dB voneinander abweichen sollen (Dolby 2005), auch wenn in der Praxis Abweichungen von etwa ±1 dB noch als akzeptabel gelten.

Der LFE-Kanal wird nicht mit Hilfe eines Schalldruckmessers kalibriert, sondern mit einem Real Time Analyzer (RTA) mit Terzbandauflösung. Bei eingespieltem Rosa Rauschen sollte die Anzeige in den Terzbändern zwischen 20 Hz und 120 Hz um 10 dB größer sein als im gleichen Frequenzbereich der Fullrange-Lautsprecher (Abb. 11.16). Durch diesen *In-Band-Gain* ist der LFE-Kanal in der Lage, in etwa die gleiche akustische Energie abzugeben wie die Fullrange-Lautsprecher zusammen (Dolby 2000).

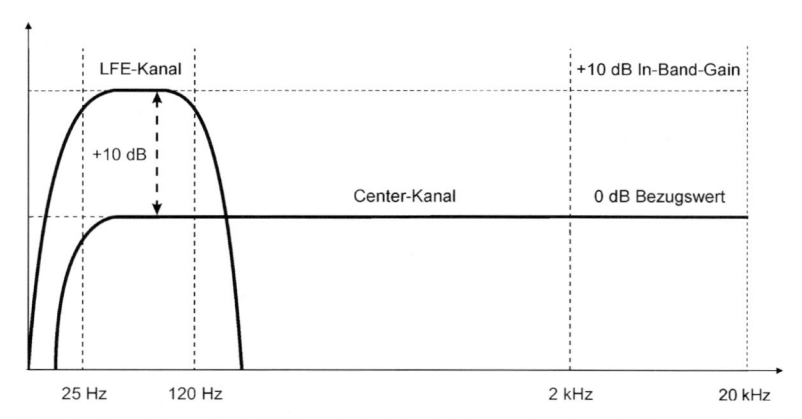

Abb. 11.16 In-Band-Gain des LFE-Kanals im Vergleich zum Pegel der Fullrange-Kanäle (hier Center)

11.6.6 Mehrkanalfähige Medien im Heimbereich

Heute stehen zahlreiche Medien für mehrkanalige Übertragung und Wiedergabe zur Verfügung. Analoge Kodierverfahren wie Dolby ProLogic II, Lexicon Logic 7 oder SRS Circle Surround eignen sich aufgrund Ihrer 4:2:4- oder 5:2:5-Kodierung für zweikanalige, analoge wie digitale Übertragungswege. Nicht zuletzt deswegen verwenden viele Autoradiohersteller diese Verfahren zur Schaffung virtueller, mehrkanaliger Wiedergabe im Auto. Auch im Bereich analogen Hörfunks und Fernsehens sowie für analoge Videokassetten kommt nach wie vor oft Dolby Digital ProLogic II zum Einsatz. Für digitalen Hörfunk und digitales Fernsehen via DVB oder ATSC wird Dolby Digital eingesetzt. Für DAB-Hörfunk steht die Erweiterung des derzeitigen Kodierverfahrens ISO-MPEG Layer II mittels Spatial Audio Coding zu MPEG Surround zur Verfügung. Im Bereich diskbasierter, digitaler Wiedergabe (CD, DVD, Blu-Ray-Disk, HD DVD) gibt es das mit Abstand größte Angebot an digitalen Mehrkanal-Kodierverfahren (Tabelle 11.5).

Tabelle 11.5 Disk-Medien für Stereo- und Mehrkanalton

Medium	Kapazität in GB	Nominale Gesamtdatenrate in Mbit·s^{-1}	Audio-Coding	Anzahl möglicher Audiokanäle	Video-Coding
CD	0,640 (0,900)	1,411	PCM (DTS-CD & Dolby Digital-CD)	2 (4.0 bei Matrizierung) (5.1, 6.1 bei DTS-/DD-CD)	–
VCD	0,640 (0,900)	1,411	MPEG-1 Layer II	2	MPEG-1

Medium	Kapazität in GB	Nominale Gesamtdatenrate in Mbit·s⁻¹	Audio-Coding	Anzahl möglicher Audiokanäle	Video-Coding
SVCD	0,640 (0,900)	2,576	MPEG-1 Layer II MPEG-2 Multichannel	2 5.1, 7.1	MPEG-2
DVD-Video	4,7 (17,1)	9,8	Linear PCM MPEG-1 Layer II MPEG-2 Multichannel Dolby Digital DTS	1.0 – 6.1 (7.1 nur mit MPEG-2)	MPEG-2
DVD-Audio	4,7 (17,1)	9,8	Linear PCM und MLP MPEG-1 Layer II MPEG-2 Multichannel Dolby Digital DTS	1.0 – 7.1 (7.1 nur mit MPEG-2)	MPEG-2
SACD	–	9,8	PCM (für Stereo) DSD via DST (Stereo und Mehrkanal)	1.0 – 6.0	MPEG-2
HD DVD	15 (30)	36	Linear PCM MPEG-1 Layer II MPEG-2 Multichannel (BC) Dolby True HD & MLP DTS & DTS HD Dolby Digital Dolby Digital Plus	1.0 – 7.1	MPEG-2 MPEG-4/AVC H.264 SMPTE VC-1
Blu-Ray Disk	25 (50)	36	Linear PCM Dolby True HD & MLP DTS & DTS HD Dolby Digital Dolby Digital Plus	1.0 – 7.1	MPEG-2 MPEG-4/AVC H.264 SMPTE VC-1

Werte für „Kapazität in GB" in Klammern beziehen sich auf die maximal verfügbare Speicherkapazität.

11.7 Mehrkanalton im Kino

Erste öffentliche Vorführungen von synchronisiertem Tonfilm fanden auf der Pariser Weltausstellung des Jahres 1900 statt. Während in der Frühzeit des Tonfilms überwiegend Nadelton als Trägermedium für die Tonspur eingesetzt wurde, ebenso wie beim ersten Welterfolg eines Tonfilms (*The Jazz Singer*, 1927), hat sich in der Folgezeit der Lichtton als Tonträger durchgesetzt, für analoge ebenso wie später für digitale Verfahren (Jossé 1984). Nachdem nicht alle Kinosäle mit der gleichen Technik ausgestattet sind, tragen große Kinofilme heute bis zu vier verschiedene Soundtracks gleichzeitig (Abb. 11.17).

Kapitel 11 Wiedergabeverfahren 649

Abb. 11.17 Lage der verschiedenen Tonverfahren auf 35 mm-Film. Von links nach rechts: SDDS (S-Track), Dolby Digital (Datenblöcke), Stereo-Lichtton (Wellenform) und DTS (Timecode). Die zweite Spur von SDDS (P-Track) befindet sich rechts auf dem Filmstreifen.

Kinofilme waren die ersten Medien, die Mehrkanalton transportieren konnten. Auch heute noch ist gut gemischter und korrekt wiedergegebener Filmton eine der besten Gelegenheiten, eindrucksvollen Mehrkanalton zu erleben. Das liegt zu einem guten Teil daran, dass Filmtonmischung und Wiedergabe unter kontrollierten und weitgehend genormten Bedingungen stattfinden (u. a. ANSI/SMPTE 202M und ISO 2969). Die Tonanlage eines Kinos umfasst zwei wesentliche Teilbereiche: Die A-Chain enthält alle Geräte zur Abtastung, Dekodierung und Verarbeitung des Tons vom Film. Die B-Chain besteht aus der raumbezogenen Signalaufbereitung (EQ, Laufzeitausgleich), aus den Frequenzweichen, Endstufen, Lautsprechern und nicht zuletzt aus der definierten Akustik des Raumes.

11.7.1 Lichtton

Bei allen Lichttonverfahren (analog wie digital) wird die Audioinformation fotografisch auf einem Filmstreifen aufgezeichnet. Für analogen Lichtton auf 35 mm-Film wird heute die Doppelzacken-Schrift nach DIN 15503 und ISO 7343 verwendet (Weber 1989). Durch Verwendung zweier Spuren kann Stereoton aufgezeichnet werden, auch als Grundlage für matrizierten Surroundton (s. Abschn. 11.4). Zur Belichtung des Films wird eine Lichttonkamera (Optical Sound Recorder) verwendet, mit der das sog. Lichtton-Negativ hergestellt wird. Je nach Verfahren wird dazu entweder ein eng fokussierter Lichtstrahl (weißes Licht) oder ein Laserstrahl mit einer Strahlbreite von etwa 5 bis 7 μm verwendet. Der Lichtstrahl wird durch elektromotorisch betriebene Spiegel (Deflektoren oder opto-akustische Modulatoren) im Rhythmus des Audiosignals abgelenkt. Auf dem Schwarz-Weiß-Negativ wird der Ton in Form einer Zackenschrift aufgezeichnet. Diese optisch abgebildete Tonspur entspricht in ihrem Aussehen der Wellenform des Audiosignals und ähnelt den Auslenkungen in der Rille einer Schallplatte; Dynamik und Pegel sind auch mit bloßem

Auge gut zu erkennen (Abb. 11.17). Lichttonsysteme mit Dolby Stereo SR erreichen im Bestfall einen Frequenzgang von etwa 20–16.000 Hz und eine Dynamik von etwa 75 dB.

Moderne Lichttonkameras zeichnen in einem Arbeitsgang alle Tonformate auf: Stereo-Lichtton mit oder ohne Dolby SR, Dolby Digital, DTS und SDDS. Nach der Entwicklung wird das Tonnegativ zusammen mit dem Bildnegativ im gleichen Arbeitsgang kopiert. Ein Vorteil aller optischen Filmtonverfahren (analog und digital) ist, dass mit jeder Filmkopie auch alle Audioinformationen ohne Umwege mitkopiert werden. Eine Ausnahme bildet lediglich DTS (s. Abschn. 11.5.4). Nachdem sich auf dem Film nur eine Steuerspur befindet und die Audioinformationen auf CD-ROMs gespeichert sind, müssen die Tonträger hier zusätzlich kopiert werden.

Abb. 11.18 Multiformat-Lichttonkamera MWA Nova LLK-4 zur Aufzeichnung aller digitalen und analogen Lichttonverfahren

11.7.2 Magnetton

Beim Film wird das Magnetband mit den Tonspuren erst nach der Entwicklung auf die fertige Bildkopie aufgeklebt. Wie bei allen Magnetbandverfahren ist auch die Vervielfältigung von Tonfilm mit Magnetspur aufwändig, da mehrere Arbeitsschritte erforderlich sind. Vorteil ist die gegenüber unkodiertem Lichtton (ohne Dolby A oder SR) deutlich bessere Wiedergabequalität (Tabelle 11.6).

Tabelle 11.6 Übertragungseigenschaften verschiedener Filmton-Verfahren

Verfahren	Signal-Rauschabstand (in dB)	Frequenzgang (in Hz)	Kanalkonfiguration
Lichtton „Academy Mono"	52	Früher ~ 100–8000	1.0
Lichtton Stereo	52	Heute 40–12.000	2.0
Magnetton	60	40–15.000	1.0–6.0 (5.1)
Dolby Stereo (mit Dolby A)	65	40–14.000	2.0, 4.0
Dolby Stereo SR (mit Dolby SR)	78	20–16.000	2.0, 4.0
Dolby Digital, Dolby Digital EX	> 95 (typisch 105)	20–20.000	5.1, 6.1
DTS-6, DTS-6 ES	> 95	20–20.000	5.1, 6.1
SDDS	> 95	20–20.000	7.1

Nach (Allen 1997), (Kruse 1995) und (Webers 1989). Die Werte für SNR und Frequenzgang der analogen Verfahren sind Näherungswerte und beziehen sich auf die bestmögliche Situation (Laseraufzeichnung und -abtastung, korrekte Entzerrung). Sie können in der Praxis – abhängig vom Aufnahme- und Wiedergabesystem – erheblich nach unten abweichen. Der Signal-Rauschabstand der digitalen Verfahren ist – wegen der angewandten Datenreduktion – lediglich als Richtwert zu sehen.

Aus diesem Grund verwendeten die Breitwand-Filmformate der 1950er Jahre ausnahmslos Magnetton mit vier (Cinemascope, 1953) bzw. sechs Kanälen (Cinerama, 1952 / Todd AO, 1955 / Super Panavision, 1959). Bei der Produktion von Filmton, vereinzelt auch bei der Wiedergabe im Kino, wurden sogenannte Perfo-Bandmaschinen (Magnetfilmlaufwerke) verwendet. Diese Maschinen verwenden ein- oder zweiseitig perforiertes Magnetband mit 16, 17,5 oder 35 mm Breite, wodurch sie zu 16 bzw. 35 mm-Filmen kompatibel sind. Die Perforation ermöglicht die einfache und genaue Synchronisation mehrerer Perfo-Maschinen untereinander (z. B. mehrere Player und ein Recorder) sowie zum Projektor. Perfo-Maschinen wurden in Mono-, Stereo- sowie Vier- und Sechskanal-Versionen eingesetzt (Abb. 11.19). Bis in die 1900er Jahre waren sie in fast allen Filmton- und Synchronstudios im Einsatz, bevor sie durch digitale Audioworkstations verdrängt wurden, die eine ähnlich einfache Verschiebung einzelner Spuren zueinander erlauben.

11.7.3 Tonabtastung und Aufbereitung (A-Chain)

Wie in Abschn. 11.4. und 11.5 näher beschrieben, kommen im Kino sowohl Stereolichtton mit 4:2.4 Matrizierung (Dolby Stereo SR) als auch digitale, diskrete Verfahren (Dolby Digital, DTS, SDDS) zur Anwendung. Nach der Abtastung der einzelnen analogen und/oder digitalen Tonspuren werden die Signale zu systemeigenen Prozessoren (Cinema Processor) geleitet, die die Dekodierung und Signalaufbereitung des jeweiligen Formats übernehmen. Aufgrund der relativ hohen Kosten dieser Prozessoren bieten viele Kinosäle meist nur Dolby Stereo SR und *eines* der digi-

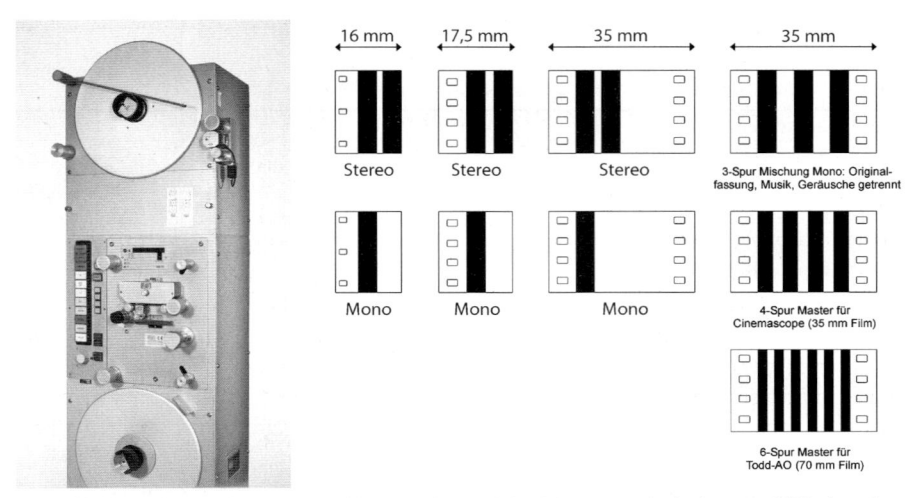

Abb. 11.19 Links: Perfo-Bandmaschine MB51 von WMA Nova zur Aufnahme und Wiedergabe von 16-, 17,5- und 35 mm-Magnetfilm. Unterschiedliche Kopfträger erlauben verschiedene Spurlagen (Mono, Stereo, Mehrkanal), ein optionaler Abtaster ermöglicht die Wiedergabe von Lichtton und Dolby Digital (SR-D). Rechts: Mögliche Spurlagen auf Magnetfilm (Perfo-Band) mit 16, 17,5 und 35 mm

talen Verfahren an. Neben der Signalverarbeitung der A-Chain bieten die meisten digitalen Kinoprozessoren auch eine Signalaufbereitung für die B-Chain an. Dazu gehört die (automatisierte) Einmessung des elektroakustischen Systems mit parametrischer oder terzbandbasierter Entzerrung des Wiedergabefrequenzgangs sowie eine genaue Laufzeitentzerrung aller Lautsprecher.

11.7.4 Wiedergabe im Kino und in der Filmtonregie (B-Chain)

Kinofilme werden meist gemäß ANSI/SMPTE 202M bzw. ISO 2969 für größere Räume (> 150 m³) mit besonderen akustischen Eigenschaften gemischt. Um die empfohlenen Wiedergabepegel überwachen zu können, kommt im Mischstudio das Dolby 737 Soundtrack Loudness Meter als Lautheitsmesser nach $L_{eq}(M)$ zum Einsatz.

Die Lautsprecheranordnung folgt nicht ITU-R BS. 775-1, sondern dem üblichen „Shoebox Design" mit Anordnung der Lautsprecher entlang der Begrenzungsflächen des Raumes. Die Surroundlautsprecher sind bandbegrenzt, auf diffuse Abstrahlung optimiert und im Wiedergabepegel um 3 dB abgesenkt (da in der Kinomischung um 3 dB lauter). Übereinstimmung gibt es beim LFE-Kanal: Sowohl bei der Wiedergabe im Kino als auch über Heim-Anlagen wird der LFE-Kanal um 10 dB angehoben (In-Band-Gain, s. Abschn. 11.6.5).

Die Frontlautsprecher befinden sich im Kino hinter der Leinwand, die perforiert und damit akustisch weitgehend transparent ist. Dennoch entsteht im Kinosaal eine

Kapitel 11 Wiedergabeverfahren

merkliche Höhendämpfung, die vor allem durch die Leinwand, die Raumgröße und die starke Bedämpfung des Raumes verursacht wird. Um einen Frequenzgang zu erhalten, der von Kino zu Kino möglichst gleich ist, werden Kinosysteme nach der sogenannten *X-Curve* (ANSI/SMPTE 202M) eingestellt. Sie beschreibt einen Frequenzgang, der zwischen 63 Hz und 2 kHz linear verläuft, jedoch darüber und darunter um 3 dB pro Oktave abfällt (Abb. 11.20). Für Räume unter 150 m^3 gilt ein modifizierter Kurvenverlauf: Die Dämpfung oberhalb des linearen Bereichs beträgt dann lediglich 1,5 dB/Oktave, im tieffrequenten Bereich bleibt die Kurve wahlweise linear oder wird um 1,5 dB/Oktave gesenkt (Dolby 2000 und 2005). Um diesem nichtlinearen, jedoch genau definierten Wiedergabefrequenzgang während der Produktion gerecht zu werden, wird auch das Monitoring im Studio nach der X-Curve kalibriert. Der Tonmeister hört während der Mischung über diese „verbogene" Kurve ab und passt damit die einzelnen Elemente der Mischung intuitiv an die Kinoakustik an – was zu einer merklichen Höhenanhebung bei linearer Wiedergabe führt. Während im Kino diese Anhebung durch die X-Curve rückgängig gemacht wird, müssen Soundtracks, die auf DVD erscheinen sollen, mittels Re-Equalisation linearisiert oder vollständig neu gemischt werden.

Nachdem im Kinosaal und in der Filmtonregie (zumindest annähernd) die gleichen akustischen Bedingungen herrschen, was sogar die Verwendung der gleichen Lautsprechersysteme mit einschließt, wird im Idealfall eine hohe Konvergenz des Klangeindrucks erreicht. Das Unternehmen THX hat sich auf die Qualitätskontrolle von Regieräumen und Kinosälen spezialisiert und entsprechend strenge Standards ausgearbeitet. Für eine THX-Zertifizierung muss ein Kino oder ein Regieraum diese Standards einhalten und alle Audiokomponenten von THX-geprüften Herstellern beziehen. THX ist allerdings kein Kodierstandard und auch kein Wiedergabeverfahren.

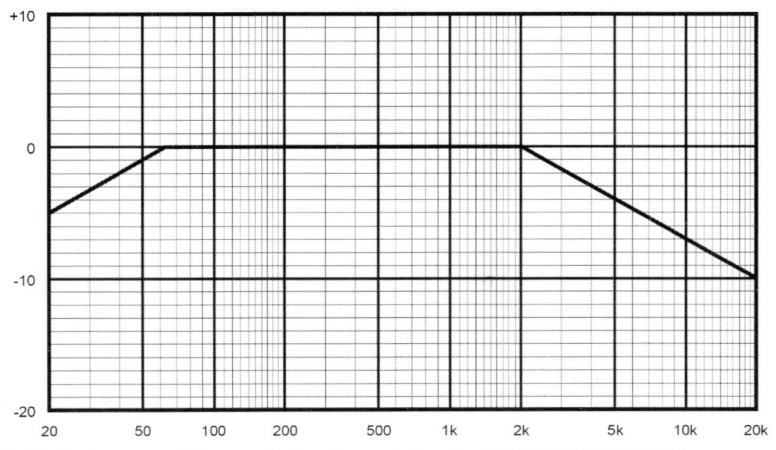

Abb. 11.20 X-Curve zur Filmtonwiedergabe nach Standard ANSI/SMPTE 202M

11.7.5 Wiedergabe von 4.0, 5.1 und 6.1 im Kino

Die Lautsprecher eines Kinotonsystems befinden sich hinter der Leinwand und entlang der Begrenzungsflächen des Saales (Abb. 11.21). Je nach Filmmaterial wird vom eingesetzten Kinoprozessor (z. B. Dolby CP650) der entsprechende Eingang angewählt, das Signal dekodiert und auf die erforderlichen Lautsprecher geroutet. Bei der Wiedergabe von Filmen mit Mono-Lichtton (1.0) wird nur der Dialog-Kanal angesprochen (C). Die Wiedergabe stereofoner Filme (2.0, Lichton mit oder ohne Dolby Stereo SR) erfolgt über die Lautsprecher L und R hinter der Leinwand, bei der Wiedergabe von matrizierten Filmen (4.0, Dolby Stereo SR) werden sowohl die Frontkanäle (L,C,R) als auch die Surround-Lautsprecher S aktiviert. Letztere werden mit einem gemeinsamen Monosignal versorgt.

Erst bei der Wiedergabe von 5.1 kommen alle installierten Lautsprecher zum Einsatz. Die Surroundkanäle werden dazu in Stereo betrieben (Left Surround, Right Surround). Die Lautsprecher für S bzw. LS und RS sollen, bezogen auf die Gesamtlänge des Kinosaals, erst nach etwa dem ersten Drittel beginnen. Für Systeme mit mehr Wiedergabekanälen werden die zusätzlichen Lautsprecher ebenfalls entlang der Begrenzungsflächen positioniert. Bei 6.1 werden zusätzliche Lautsprecher für den Back Surround (BS) oder Rear Center Channel an der Rückwand des Kinos angebracht.

Der normierte Abhörpegel für Kinoton wurde von Dolby und SMPTE mit 85 dB(C) höher als im Heimbereich angesetzt. Ausgehend vom Bezugspegel von −20 dBFS ist damit ein maximaler Schalldruckpegel von 105 dB(C) möglich (Allen

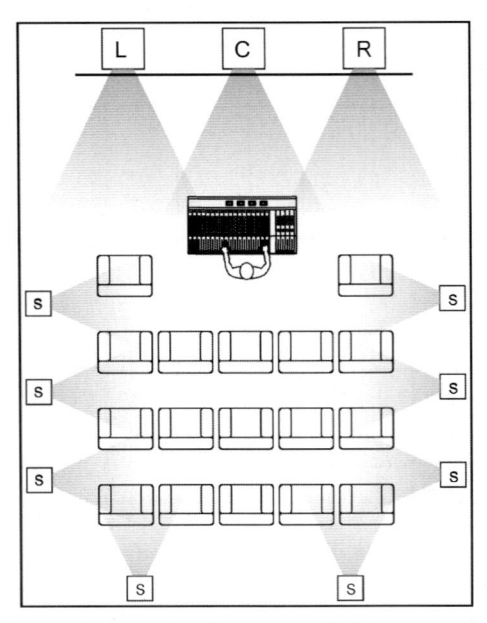

Abb. 11.21 Lautsprecheranordnung in der Filmtonregie für Mischungen in 4.0, 5.1 und 6.1 sowie zur Wiedergabe im Kinosaal

1997). In der Praxis wird der Wiedergabepegel nicht mit einem einzelnen Schallpegelmesser ermittelt sondern mit mehreren im Saal verteilten Mikrofonen auf Ohrhöhe, die über einen Multiplexer mit einem Akustikmesssystem verbunden sind. Auch im Kino wird der LFE-Kanal nicht mit Hilfe eines Schalldruckmessers kalibriert, sondern mit einem Real Time Analyzer (RTA) in Terzbandauflösung. Bei eingespieltem rosa Rauschen (Dolby Testfilm, Tongenerator) sollte die Anzeige in den Terzbändern zwischen 20 Hz und 120 Hz um 10 dB größer sein als im gleichen Frequenzbereich der Fullrange-Lautsprecher (Abb. 11.16). Durch diesen *In-Band-Gain* ist der LFE-Kanal in der Lage, in etwa die gleiche akustische Energie abzugeben wie die Frontlautsprecher (Dolby 2000). Die Bandbreite des LFE ist bei Dolby Digital mit einem Brickwall-Filter auf 120 Hz begrenzt, DTS kodiert den LFE in den beiden Surroundkanälen und trennt ihn mit einer Frequenzweiche bei 80 Hz ab.

11.7.6 D-Cinema

Obwohl 35 mm-Film nach wie vor das am weitesten verbreitete Medium für Kinowiedergabe ist, rüsten immer Kinos auf digitale Projektion um. Der neue D-Cinema Standard nach SMPTE 428-3 definiert insgesamt 20 Wiedergabekanäle, deren Konfiguration zu heutigen Standards von Mono bis 6.1 kompatibel ist. Enthalten sind Lautsprecher für Höheninformation (Top Center Surround, TS), für Informationen links und rechts außerhalb der Leinwand (Left Wide, LW und Right Wide, RW) sowie am oberen Bildrand (Vertical Height Left, VHL sowie Vertical Height Center, VHC und Vertical Height Right, VHR). Für ausführliche Informationen s. SMPTE 428-3 und Dressler (2005).

11.7.6.1 Sonderformate für Mehrkanal-Beschallung

In den Erlebniskinos großer Themenparks, aber auch bei Beschallungssystemen im Bereich Musiktheater, kommen Kanalkonfigurationen mit z. T. erheblich höherer Kanalzahl zum Einsatz. Die Konzepte dieser Mehrkanalsysteme sind ebenso unterschiedlich wie ihre Aufgabe. Bei **Erlebniskinos** steht vor allem die Wiedergabe diskreter Effekte im Vordergrund, die von möglichst vielen, einzeln wahrnehmbaren Seiten dreidimensional auf den Zuschauer einwirken sollen. Die Bildwiedergabe ist dazu mit einem mehrkanaligen Audio-Playback-System (meist auf Harddisk) gekoppelt. Die Anzahl der Kanäle ist im Prinzip beliebig und wird im Studio speziell für die Anwendung gemischt und aufbereitet, Kanalkonfigurationen wie 46.2 sind dabei nicht ungewöhnlich.

Im Bereich der **Musik- und Theaterbeschallung** geht es vor allem darum, unter akustisch ungünstigen Voraussetzungen wie z. B. im Freien oder in akustisch trockenen Räumen einen möglichst natürlichen Raumeindruck zu schaffen (Raumsimulation). Hier wird eine Anzahl von Lautsprechern rund um den Publikumsbereich installiert und mit einer entsprechend aufbereiteten, künstlichen Raumantwort (Nachhall) bespielt. Die Surroundsignale werden meist mit üblichen, mehrkanaligen Effektprozessoren erzeugt und über eine Pegelmatrix zu den einzelnen Lautsprechern verteilt. Als Quelle dienen meist die Signale, die über das Mischpult der Hauptbeschallung (Front Of House, FOH) zur Verfügung stehen. Je nach Raumgröße und Aufgabe kommen meist 8 bis 32 Surroundkanäle zum Einsatz, die auch für die Einspielung diskreter Surroundeffekte (Donner, einzelne Instrumente, Vox Dei) verwendet werden können. Spezielle Prozessoren, wie etwa das Opera Surround System von AGM Digital Arts, basieren auf einer Mischung aus vielkanaligem Ambisonics-Dekoder, Matrix-Mischer und Effektgerät zur Generierung von Raumsimulationen.

Eine Sonderstellung nehmen Systeme ein, deren räumliche Darstellung möglichst jedem Besucher eines großen Auditoriums einen realistischen Eindruck des Geschehens auf der Bühne und vor allem eine korrekte Lokalisation aller Schallquellen vermitteln soll. Übliche Beschallungssysteme mit zwei (L, R) oder drei (L, C, R) Frontkanälen erzeugen, so wie jedes zweikanalstereofone System, einen relativ kleinen Sweetspot (Punkt des besten Hörens). Systeme wie die **Delta-Stereophonie** verwenden zahlreiche Hauptlautsprecher auf der Bühne (Richtungsgebiete) sowie Stützlautsprecher im oder hinter dem Publikumsbereich. Die Quellensignale von der Bühne werden verstärkt und zu einem speziellen Richtungsmischer weitergegeben, der die Signale im Bühnenraum innerhalb der Richtungsgebiete positioniert. Über aufwändige Panning- und Delay-Systeme, die im Delta Stereophony System (DSS) zusammengefasst sind, werden die Signale verarbeitet und zu den Lautsprechern verteilt. Dadurch wird in einem weitaus größeren Bereich des Auditoriums stabiles Richtungshören möglich (Ahnert 1987).

Erste praktische Implementierungen der **Wellenfeldsynthese** lassen erkennen, dass damit genaues Richtungshören in einem noch größeren Bereich möglich wird. Allerdings ist der erforderliche Aufwand an Signalverarbeitung und Beschallungstechnik enorm. So kommen etwa bei Opernaufführungen auf der Seebühne in Bregenz auf der Bühne 80 bis 100 Lautsprechersysteme in 15 Richtungsgebieten zum Einsatz, die durch einen Lautsprecherarray zur Wellenfeldsynthese aus 832 Zwei-

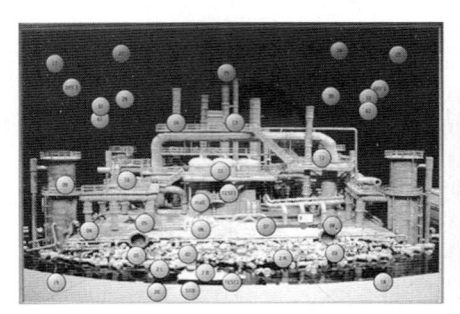

Abb. 11.22 Open-Air-Beschallung auf der Seebühne Bregenz (Bregenz Open Acoustics). Links: Richtungsmischer zur Positionierung von Schallquellen auf der Bühne. Rechts: Lautsprecherarray seitlich und hinter dem Publikum zur Raumsimulation durch Wellenfeldsynthese (Slavik 2006)

weg-Koaxial-Lautsprechern seitlich und hinter dem Zuschauerbereich unterstützt werden. Jeder dieser Lautsprecher wird einzeln (!) mit einem eigens berechneten Signal angesteuert. Ein Richtungsmischer erlaubt die automationsunterstützte Positionierung von Schallquellen auf der Bühne, ebenso wie die Einspielung diskreter Surroundeffekte und die Raumsimulation (Abb. 11.22).

11.8 3D Audio

Neben der klassischen Mehrkanalstereofonie, wie sie im Bereich des Filmtons und der audiovisuellen Medien eingesezt wird, existieren eine Reihe von Verfahren zur dreidimensionalen Wiedergabe von Schallquellen. Vector Base Amplitude Panning (VBAP) kann als Erweiterung des traditionellen Panorama Potentiometers auf drei Dimensionen angesehen werden. Das in seinen Grundlagen bereits Anfang der 1970er Jahre formulierte Ambisonics und die Wellenfeldsynthese (WFS) verfolgen zwei unterschiedliche Ansätze zu einer physikalisch exakten Synthese eines virtuellen oder reproduzierten Schallfelds. Sie sind seit Beginn der 1990er Jahre Gegenstand intensiver akustischer Forschung und Entwicklung und es existieren einige prototypischen Installationen im Bereich der Kinowiedergabe und der akustischen Medienkunst. Alle Strategien für 3D-Audiowiedergabe profitieren von der zunehmenden Rechenleistung von Computersystemen, da die hohe Anzahl an benötigten Kanalsignalen in der Regel nicht auf einem Medium gespeichert, sondern in Echtzeit berechnet wird. Da auch die Anzahl der für die Wiedergabe benötigten Lautsprecher insbesondere im Bereich der Wellenfeldsynthese sehr hoch werden kann, werden die genannten Verfahren häufig nur für die zweidimensionale Wiedergabe von Schallquellen mit Lautsprechern in der Horizontalebene eingesetzt, was jedoch nur dem technischen Aufwand und nicht den zugrundeliegenden akustischen Prinzipien geschuldet ist.

11.8.1 Vector Base Amplitude Panning

Das von Pulkki (1997) unter der Bezeichnung Vector Base Amplitude Panning (VBAP) eingeführte Verfahren ist eine mathematische Formalisierung des traditionellen stereofonen Panorama Potentiometers (Pan Pot). Es berechnet die Signalpegel für jeweils benachbarte Lautsprecherpaare, im dreidimensionalen Fall für Lautsprechertripel, in Abhängigkeit von der gewünschten Abbildungsrichtung der Schallquelle für beliebige zwei- bzw. dreidimensional angeordnete Lautsprecherkonfigurationen. Im Gegensatz zu Ambisonics oder Wellenfeldsynthese wird also keine physikalische Synthese von realen oder virtuellen Schallfeldern angestrebt, sondern eine auf dem Phänomen der Summenlokalisation beruhende Erzeugung von Phantomschallquellen. Psychoakustische Grundlage ist das bereits von Leakey

(1959) vorgeschlagene und von Bennet (1985) aus einem akustischen Modell für die Schallausbreitung am Kopf abgeleitete „tangent law":

$$\frac{\tan\theta}{\tan\theta_0} = \frac{g_1 - g_2}{g_1 + g_2} \qquad (11.4)$$

Es sagt den Hörereignisort der Phantomschallquelle (panning angle θ) aus den Verstärkungsfaktoren g_1 und g_2 der benachbarten Lautsprecher und dem Winkel θ_0 der Lautsprecherbasis voraus (Abb. 11.23).

Da aus (11.4) für jede Hörereignisrichtung θ nur ein Verhältnis der Verstärkungsfaktoren g_1 und g_2 hervorgeht, kann eine zusätzliche Normierung gewählt werden, welche die Lautheit der zwischen den Lautsprechern bewegten Phantomschallquelle konstant hält. Mit

$$g_1^2 + g_2^2 = 1 \qquad (11.5)$$

wird die Leistungssumme der Lautsprechersignale konstant gehalten, wodurch in der weitgehend diffusen Umgebung normaler Abhörräume (keine reflexionsarmen Räume) eine konstante Summenlautheit erzeugt wird. (11.4) und (11.5) bilden somit ein Gleichungssystem zur Berechnung der Verstärkungsfaktoren g_1 und g_2 aus dem gewünschten Lokalisationswinkel θ, das für $\theta_0 \neq 0°$ und $\theta_0 \neq 90°$ eindeutig gelöst werden kann.

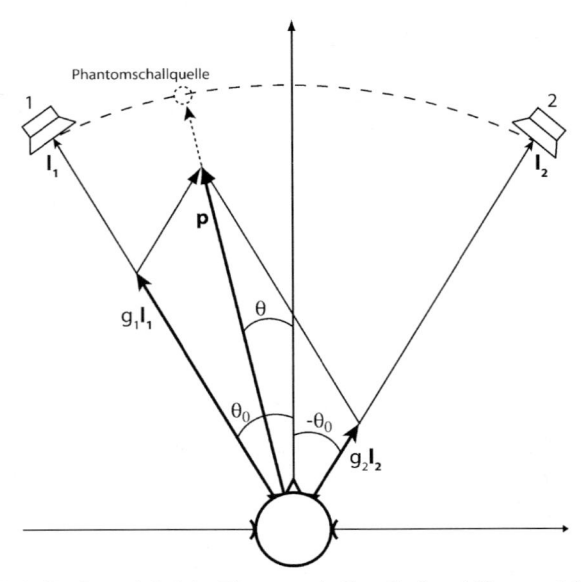

Abb. 11.23 Lokalisationswinkel der Phantomschallquelle θ und Versatzwinkel θ_0 der Lautsprecher. Typischerweise ist $\theta_0 = 30°$ und $|\theta| \leq \theta 0$.

Betrachtet man die in Richtung der benachbarten Lautsprecher weisenden Einheitsvektoren $\mathbf{l}_1 = [l_{11}\ l_{12}]$ und $\mathbf{l}_2 = [l_{21}\ l_{22}]$ alsVektorbasis, so lässt sich der zur gewünschten Phantomschallquelle zeigende Vektor $\mathbf{p}$ als Linearkombination der Lautsprechervektoren konstruieren:

$$\mathbf{p} = g_1\mathbf{l}_1 + g_2\mathbf{l}_2 = \mathbf{g}\mathbf{L}_{12} \quad (11.6)$$

mit $\mathbf{g} = [g_1\ g_2]$ und $\mathbf{L}_{12} = \begin{bmatrix} l_{11} & l_{12} \\ l_{21} & l_{22} \end{bmatrix}$

Diese Gleichung lässt sich nach g auflösen mit

$$\mathbf{g} = \mathbf{p}\mathbf{L}_{12}^{-1} \quad (11.7)$$

wobei sich die inverse Matrix $\mathbf{L}_{12}^{-1}$ außer für $\theta_0 = 0°$ und $\theta_0 = 90°$ (in diesem Fall bilden $\mathbf{l}_1$ und $\mathbf{l}_2$ keinen zweidimensionalen Vektorraum) eindeutig aus $\mathbf{L}_{12}$ berechnen lässt. Durch Betrachtung der Geometrie der Vektoren in Abb. 11.23 lässt sich zeigen, dass der durch die in (11.6) zunächst nur als Gewichtungsfaktoren eingeführten Koeffizienten g_1 und g_2 definierte Vektor genau dann in Richtung der durch (11.4) gegebenen Phantomschallquelle zeigt, wenn g_1 und g_2 unmittelbar als Verstärkungsfaktoren für die Lautsprechersignale verwendet werden (Pulkki 1997). Der durch (11.7) gegebene Formalismus ergibt sich somit als Umformulierung des „tangent law". Er lässt sich auf drei Dimensionen erweitern, wenn man als Vektorbasis ein Triplet aus drei benachbarten Lautsprechern $\mathbf{l}_1$, $\mathbf{l}_2$ und $\mathbf{l}_3$ und in (11.6) und (11.7) dreidimensionale Vektoren und die zugehörige 3 x 3-Matrix $\mathbf{L}_{123}$ verwendet (Abb. 11.24).

In Hörversuchen zeigte sich allerdings, dass der wahrgenommene Hörereignisort im lateralen Bereich, wo sich die Lokalisationskurve nicht durch das „tangent law" beschreiben lässt (vgl. Abb. 3.18), durch die so berechneten Vektoren nur ungenau approximiert wird. Auch innerhalb der Medianebene führt das reine Amplituden-Panning hier nur zu unscharfen Richtungsinformationen (Pulkki u. Karjalainen 2001, Pulkki 2001).

11.8.2 Ambisonics

Ambisonics ist ein Verfahren, bei dem mit theoretisch beliebiger Genauigkeit dreidimensionale Schallfelder übertragen bzw. virtuelle Klangquellen synthetisiert werden können. Die Genauigkeit wächst mit der Anzahl der verwendeten Übertragungskanäle bei der Aufnahme und mit der Anzahl der Lautsprecher bei der Wiedergabe. Die theoretischen Grundlagen von Ambisonics wurden Anfang der 1970er Jahre größtenteils von dem britischen Mathematiker Michael Gerzon (1945–1996) gelegt (Gerzon 1973). In den 1970er und 1980er Jahren wurde es zunächst als konzeptionelle Alternative zu quadrofonen Verfahren, später auch zu Surround-Ver-

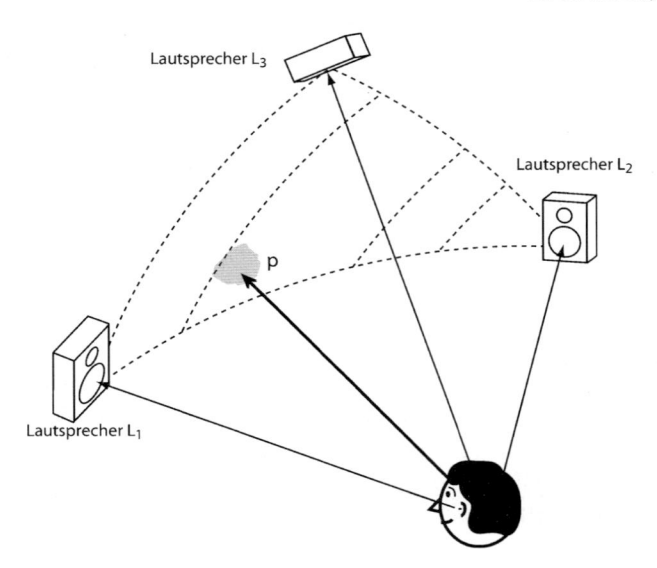

Abb. 11.24 Dreidimensionales Amplituden-Panning mit Hilfe eines Triplets von Vektoren zu benachbarten Lautsprechern $\mathbf{l}_1$, $\mathbf{l}_2$ und $\mathbf{l}_3$ zur Erzeugung einer Phantomschallquelle am Ort **p**

fahren (Gerzon 1985) diskutiert und sowohl als diskrete, vierkanalige Variante praktiziert (B-Format), als auch in zweikanalig matrizierter Form (UHJ-Format). Es konnte sich auf dem Tonträgermarkt jedoch nicht durchsetzen. Seit Ende der 1990er Jahre ist eine gewisse Renaissance zu beobachten durch Studien zu Ambisonics höherer Ordnung (Higher Order Ambisonics – HOA, Nicol u. Emerit 1999, Malham 1999), wodurch eine physikalische Synthese beliebiger realer oder virtueller Schallfelder mit einer hohen Zahl von Lautsprechersignalen möglich wird. Hier erweist sich Ambisonics als Alternative zur Wellenfeldsynthese, mit spezifischen Vor- und Nachteilen (Daniel et al. 2003). Im Folgenden wird dieser Zugang zur Einführung des Konzepts gewählt, bei dem sich die historischen, vierkanaligen Formate als Sonderfall ergeben.

11.8.2.1 Grundlagen

Beliebige dreidimensionale Schallfeldverteilungen lassen sich in eine sog. Fourier-Bessel-Reihe entwickeln, bei der einer zentralen, hörerorientierten Perspektive durch die Verwendung von Kugelkoordinaten (Radius r, Azimuth φ, Elevation δ, s. Abb. 3.1) Rechnung getragen wird. Dabei gilt

$$p(r) = \sum_{m=0}^{\infty} i^m j_m(kr) \sum_{0 \leq n \leq m, \sigma = \pm 1} B_{mn}^{\sigma} Y_{mn}^{\sigma}(\varphi, \delta) \tag{11.8}$$

In dieser Reihe ergibt sich das Schallfeld $p(r)$ als Überlagerung von mit Faktoren B_{mn}^{σ} (Komponenten) gewichteten Funktionen Y_{mn}^{σ}, die als *sphärische Harmo-*

nische bezeichnet werden. Diese Klasse von winkelabhängigen Funktionen bildet ein orthogonales Basissystem in der Weise, dass sich jedes Schallfeld als Überlagerung von sphärischen Harmonischen der Ordnung *m*, jeweils radial gewichtet mit sphärischen Besselfunktionen $j_m(kr)$ und einem Phasenfaktor i^m darstellen lässt – vergleichbar einem periodischen Signal, das sich als Überlagerung von Sinusfunktionen verschiedener Amplitude und Phasenlage darstellen lässt. Die winkelabhängige Amplitude der sphärischen Harmonischen Y_{mn}^σ zeigt Abb. 11.25, zur mathematischen Darstellung der Funktionen sei auf Einführungen in die theoretische Akustik wie (Morse 1968) oder (Ingard 1990) verwiesen. Eine Betrachtung der sphärischen Besselfunktionen, die mit zunehmender Ordnung ihr Maximum bei größeren radialen Abständen *kr* erreichen, zeigt: Der Schalldruck im Ursprung (*kr* = 0) ist bereits durch die Harmonische 0. Ordnung B_{00}^1 vollständig gegeben, durch die Harmonischen höherer Ordnung wird das Schallfeld in zunehmendem Abstand vom Ursprung korrekt synthetisiert.

Bei einer Schallfeldreproduktion durch das Ambisonics-Verfahren werden die Komponenten B_{mn}^σ der Fourier-Bessel-Reihe übertragen. Je mehr Komponenten übertragen werden, d. h. je später die Reihe (11.8) abgebrochen wird, desto genauer ist die (Re)Synthese des Schallfelds. Die ersten Komponenten der Reihe sind leicht zu interpretieren: B_{00}^1 ist der Schalldruck im Ursprung, B_{11}^1, B_{11}^{-1} und B_{10}^1 sind die Druckgradienten bzw. die Schnellekomponenten in die drei Raumrichtungen. Sie

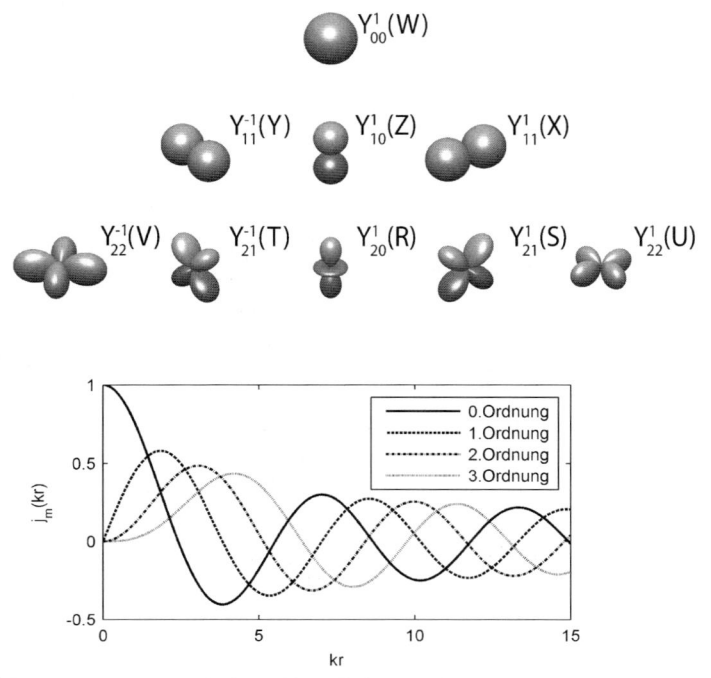

Abb. 11.25 Sphärische Harmonische 0. bis 2. Ordnung mit den in der Fourier-Bessel-Reihe (11.8) verwendeten Indizes (oben) und Verlauf der sphärischen Bessel-Funktionen 0. bis 3. Ordnung (unten)

werden in der Ambisonics-Terminologie als W, X, Y, Z bezeichnet und bilden das vierkanalige, sog. B-Format. Durch eine Aufnahme mit dem Soundfield-Mikrofon können sie direkt erfasst werden (s. Kap. 10.4.1.1).

Die Entwicklung nach sphärischen Harmonischen in (11.8) vereinfacht sich, wenn nur die horizontalen Anteile des Schallfelds übertragen und synthetisiert werden sollen. Für diesen Fall ist $\delta = 0$, die Kugelkoordinaten (r,φ,δ) reduzieren sich auf Zylinderkoordinaten (r,φ) und die Fourier-Bessel-Reihe vereinfacht sich zu

$$p(r,\varphi) = B_{00}^{1(2D)} J_0(kr) + \sum_{m=1}^{\infty} J_m(kr)(B_{mm}^{1(2D)} \underbrace{\sqrt{2}\cos m\varphi}_{Y_{mm}^{1(2D)}(\varphi,0)} + B_{mm}^{-1(2D)} \underbrace{\sqrt{2}\sin m\varphi}_{Y_{mm}^{-1(2D)}(\varphi,0)}) \quad (11.9)$$

Hier bilden die *zirkulären Harmonischen* $Y_{mm}^{\sigma(2D)}$ ein orthogonales Basissystem von Winkelfunktionen, das aus sinus- und cosinusförmigen Anteilen besteht. Gleichzeitig treten pro Ordnung $m \geq 1$ nur noch zwei Terme auf, nicht mehr ($2m + 1$), wie im dreidimensionalen Fall. Für eine (Re)Synthese des Schallfelds durch Ambiconics m-ter Ordnung sind somit insgesamt

- $(m + 1)^2$ Übertragungskanäle (Komponenten) für eine 3D-Synthese erforderlich, d. h. 1, 4, 9, 16,... Kanäle und
- $(2m + 1)$ Übertragungskanäle (Komponenten) für eine 2D-Synthese, d. h. 1, 3, 5, 7, ... Kanäle.

11.8.2.2 Kodierung

Ambisonics strebt eine Gewinnung der Komponenten B_{mn}^{σ} an, durch die das Schallfeld nach (11.8) vollständig definiert ist. Dieser Schritt bildet die Enkodierung des Schallfelds und geschieht entweder für reale Schallfelder durch ein geeignetes Mikrofon oder für virtuelle Schallfelder auf der Grundlage eines Schallfeld-Modells. Das Soundfield-Mikrofon (Kap. 10.4.4.1) liefert eine Aufnahme der vier Komponenten 0. und 1. Ordnung, Ambisonics-Mikrofone höherer Ordnung mit Druckempfängern auf der Oberfläche einer Kugel sind Gegenstand jüngerer Forschung (Moreau u. Daniel 2004). Bei der Dekodierung werden diese Komponenten durch eine Überlagerung von Lautsprechersignalen für einen zentralen Hörerpunkt resynthetisiert. Je höher die Anzahl der übertragenen Komponenten, desto größer der korrekt resynthetisierte Bereich: Der *sweet spot* wird zu einer *sweet area*.
Die Kodierung setzt voraus, dass

- das aufgenommene Schallfeld eine ebene Welle ist und
- die Lautsprecher bei der Wiedergabe ebene Wellen abstrahlen.

In diesem Fall ergeben sich für eine ebene Welle S_{Ref} (Referenzwelle) mit der Wellenzahl k und dem Einfallswinkel (θ_R, δ_R) die Ambisonics-Komponenten in (11.8) zu

Kapitel 11 Wiedergabeverfahren

$$B_{mn}{}^{\sigma} = S_{\text{Ref}} \cdot Y_{mn}{}^{\sigma}(\varphi_R, \delta_R) = \hat{S}e^{jkr} \cdot Y_{mn}{}^{\sigma}(\varphi_R, \delta_R) \qquad (11.10)$$

Eine ebene Welle, wie sie näherungsweise von Schallquellen im Fernfeld produziert wird, wird somit durch relle Gewichtungsfaktoren $Y_{mn}{}^{\sigma}(\phi_R,\delta_R)$ enkodiert, die sich aus ihrer Einfallsrichtung ergeben. Die Ambisonics-Komponenten $B_{mn}{}^{\sigma}$ bilden die Übertragungskanäle, die für eine konkrete Lautsprecherkonfiguration bei der Wiedergabe dekodiert werden müssen.

Hier werden die ebenfalls als ebene Wellen angenommenen Signale S_i der Lautsprecher wie die Referenzwelle durch ihre Ambisonics-Komponenten $B_{mn}{}^{\sigma}$ kodiert. Für das überlagerte Schallfeld S_{Amb} der insgesamt N Lautsprecher mit

$$S_{\text{Amb}} = \sum_{i=1}^{N} S_i \qquad (11.11)$$

gilt dann

$$\begin{pmatrix} B_{00}{}^{1} \\ B_{11}{}^{1} \\ B_{11}{}^{-1} \\ \vdots \end{pmatrix} = \begin{pmatrix} Y_{00}{}^{1}(\theta_1,\delta_1) & Y_{00}{}^{1}(\theta_2,\delta_2) & Y_{00}{}^{1}(\theta_3,\delta_3) & \cdots \\ Y_{11}{}^{1}(\theta_1,\delta_1) & Y_{11}{}^{1}(\theta_2,\delta_2) & Y_{11}{}^{1}(\theta_3,\delta_3) & \cdots \\ Y_{11}{}^{-1}(\theta_1,\delta_1) & Y_{11}{}^{-1}(\theta_2,\delta_2) & Y_{11}{}^{-1}(\theta_3,\delta_3) & \cdots \\ \vdots & \vdots & \vdots & \end{pmatrix} \cdot \begin{pmatrix} S_1 \\ S_2 \\ S_3 \\ \vdots \end{pmatrix} \qquad (11.12)$$

oder in Matrixschreibweise kürzer

$$\mathbf{B} = \mathbf{C} \cdot \mathbf{S} \qquad (11.13)$$

Dabei enthält der Vektor **B** die Ambisonics-Komponenten, der Vektor **S** die Lautsprechersignale, die Einträge $Y_{mn}{}^{\sigma}(\theta_i,\delta_i)$ der Matrix **C** sind durch die Orte der Wiedergabelautsprecher definiert.

Die beiden Schallfelder S_{Ref} und S_{Amb} stimmen überein, wenn die zugehörigen Komponenten $B_{mn}{}^{\sigma}$ übereinstimmen. Da die $B_{mn}{}^{\sigma}$ bereits bei der Enkodierung bestimmt wurden und **C** durch die Konfiguration des Wiedergabesystems vorgegeben ist, lassen sich die Lautsprechersignale S_i aus (11.12) ableiten, falls mindestens so viele Lautsprecher wie Ambisonics-Komponenten vorhanden sind, da ansonsten mehr Gleichungen als Unbekannte auftreten und somit keine korrekte Lösung garantiert ist. Die Auflösung des Gleichungssystems (11.13) nach den Lautsprechersignalen S_i lässt sich mathematisch elegant durch Invertierung der Matrix **C** erreichen, d.h.

$$\mathbf{S} = \mathbf{C}^{-1} \cdot \mathbf{B} \qquad (11.14)$$

Für nichtquadratische Matrizen (Lautsprecheranzahl ≠ Komponentenanzahl) wird stattdessen die sog. pseudoinverse Matrix pinv(**C**) gebildet, da eine reguläre, exakte Invertierung nur für quadratische Matrizen definiert ist. Die pseudoinverse Matrix liefert die beste Näherung für ein nicht exakt lösbares Gleichungssystem. Für symmetrische Lautsprecheranordnungen entlang einer Kreislinie (2D) bzw. auf einer Kugeloberfläche vereinfacht sich (11.14) zu

$$\mathbf{S} = \frac{1}{N}\mathbf{C}^T \cdot \mathbf{B} ,\qquad(11.15)$$

wobei $\mathbf{C}^T$ für die transponierte Matrix steht, bei der gegenüber $\mathbf{C}$ lediglich Spalten und Zeilen vertauscht sind. Für eine korrekte Synthese der Ambisonics-Komponenten bis zur Ordnung M sind somit mindestens so viele Lautsprecher wie Komponenten erforderlich, d. h.

$$N_{3D} \geq (M+1)^2 \qquad(11.16)$$

für eine Resynthese in drei Raumdimensionen und

$$N_{2D} \geq (2M+1) \qquad(11.17)$$

für eine Resynthese in der Horizontalebene.

Für eine Schallfeldsynthese in der Horizontalebene vereinfacht sich Matrix $\mathbf{C}$ durch die mathematisch einfachere Form der zirkulären Harmonischen $Y_{mm}^{\sigma(2D)}$ in (9) und es gilt

$$\begin{pmatrix} B_{00}^{1} \\ B_{11}^{1} \\ B_{11}^{-1} \\ \vdots \\ B_{MM}^{-1} \end{pmatrix} = \begin{pmatrix} 1 & 1 & 1 & \cdots & 1 \\ \cos(\theta_1) & \cos(\theta_2) & \cos(\theta_3) & \cdots & \cos(\theta_N) \\ \sin(\theta_1) & \sin(\theta_2) & \sin(\theta_3) & \cdots & \sin(\theta_N) \\ \vdots & \vdots & \vdots & \vdots & \vdots \\ \sin(M\theta_1) & \sin(M\theta_2) & \sin(M\theta_3) & \cdots & \sin(M\theta_N) \end{pmatrix} \cdot \begin{pmatrix} S_1 \\ S_2 \\ S_3 \\ \vdots \\ S_N \end{pmatrix} \qquad(11.18)$$

Für die Bestimmung der Lautsprechersignale gilt entsprechend (11.14) bzw. (11.15).

11.8.3 Wellenfeldsynthese

Auch die Wellenfeldsynthese strebt keine Abbildung von Schallquellen als Phantomschallquellen zwischen benachbarten Lautsprechern an, sondern – ähnlich wie Ambisonics höherer Ordnung – eine physikalisch reale Resynthese eines räumlich ausgedehnten Schallfelds durch die Interferenz von zahlreichen, dicht zueinander positionierten Lautsprechersignalen.

Abb. 11.26 Durch Ambisonics kontrollierte Lautsprecherkonfiguration als Aufführungsraum für elektroakustische Medienkunst am Institut für elektronische Musik und Akustik der Kunstuniversität Graz

11.8.3.1 Physikalische Grundlagen

Ein qualitatives Verständnis für das Prinzip der Wellenfeldsynthese liefert das nach den Physikern Christiaan Huygens (1629–1695) und Augustin-Jean Fresnel (1788–1827) benannte *Huygens-Fresnel-Prinzip*. Es erklärt einige grundlegende Phänomene der Wellenausbreitung, wie Reflexion, Beugung und Brechung, und ist auf akustische Probleme ebenso anwendbar wie auf optische Phänomene. Danach kann jeder Punkt einer Wellenfront als Ausgangspunkt einer neuen, sich kugelförmig ausbreitenden *Elementarwelle* oder *Sekundärwelle* betrachtet werden. Die weitere Ausbreitung der Wellenfront ergibt sich dann als äußere Einhüllende dieser sich überlagernden Elementarwellen. Eine anschauliche Illustration hierzu liefert ein

Abb. 11.27 Links: Reales Schallfeld einer punktförmigen Quelle für ein sinusförmiges Quellsignal. Mitte: Überlagertes Schallfeld zweier stereofoner Lautsprecher (2 m Abstand) zur Erzeugung einer mittigen Phantomschallquelle. Rechts: Durch Wellenfeldsynthese mit einem Arrray aus 20 Lautsprechern im Abstand von 30 cm synthetisiertes Schallfeld für eine mittige, virtuelle Punktquelle. Während die stereofone Wiedergabe nur in einem schmalen Bereich um die Symmetrieachse der Lautsprecher eine korrekte Lokalisation der Wellenfronten erlaubt (*sweet spot*), erzeugt die Wellenfeldsynthese, außer im Nahfeld der Lautsprecher und an den seitlichen Rändern des Arrays, ein korrekt synthetisiertes Schallfeld auf der gesamten Hörfläche. (Schallfeldsimulation von Wellenfronten für eine Frequenz von $f = 250$ Hz)

Java-Applet unter *http://www.walter-fendt.de/ph11d/huygens.htm*. Das Huygens-Prinzip erklärt nicht nur das Brechungsgesetz beim Übergang in ein Medium mit abweichender Ausbreitungsgeschwindigkeit, sondern auch das Reflexionsgesetz mit Einfallswinkel gleich Ausfallswinkel und das Beugungsmuster von Hindernissen mit spalt- oder gitterförmigen Durchlässen. In der Wellenfeldsynthese können die Lautsprechersignale als physikalische Realisierung dieser Huygensschen Sekundärwellen angesehen werden, deren Superposition das Schallfeld einer virtuellen, d. h. real nicht vorhandenen Primärquelle synthetisiert.

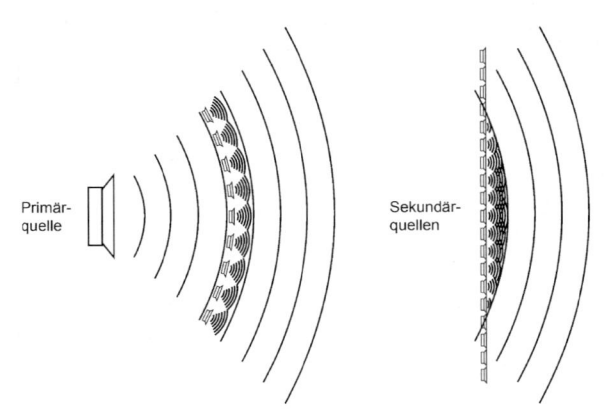

Abb. 11.28 Links: Das Huygens-Fresnel-Prinzip. Die Ausbreitung einer kugelförmigen Welle ergibt sich aus der Überlagerung von kugelförmigen Elementarwellen auf einer Wellenfront. Rechts: Lautsprecherarray zur Wellenfeldsynthese als Realisierung der Huygensschen Elementarwellen zur Synthese einer virtuellen Punktquelle hinter dem Array

Eine quantitative, mathematische Formulierung für die zur Schallfeldsynthese einer gegebenen Primärquelle erforderlichen Signale der Sekundärquellen (Lautsprecher) liefert das Kirchhoff-Helmholtz-Integral. Es ergibt sich als Anwendung des gaußschen Integralsatzes auf die akustische Wellengleichung und gibt einen Zusammenhang an zwischen dem Schallfeld in einem Raumvolumen V einerseits und dem Schalldruck und der Schallschnelle auf einer das Volumen V umschließenden Fläche S andererseits (Abb. 11.29).

Die physikalisch keineswegs triviale Aussage des Kirchhoff-Helmholtz-Integrals ist, dass ein Wellenfeld, das der akustischen Wellengleichung genügt, im Inneren eines Raumvolumens eindeutig durch die Bedingungen auf dem Rand definiert ist:

$$p_A = \frac{1}{4\pi} \int_S \left[(p\frac{1+jkr}{r}\cos\varphi \underbrace{\frac{e^{-jkr}}{r}}_{\text{Dipol}}) + (j\omega\rho_0 v_n \underbrace{\frac{e^{-jkr}}{r}}_{\text{Monopol}}) \right] dS \quad (11.19)$$

Betrachtet man (11.19) als Anleitung für eine Schallfeldsynthese, so ergibt sich der Schalldruck $p_A(r)$ am Hörerplatz r_A als Summe von Schallsignalen auf der Oberflä-

Kapitel 11 Wiedergabeverfahren

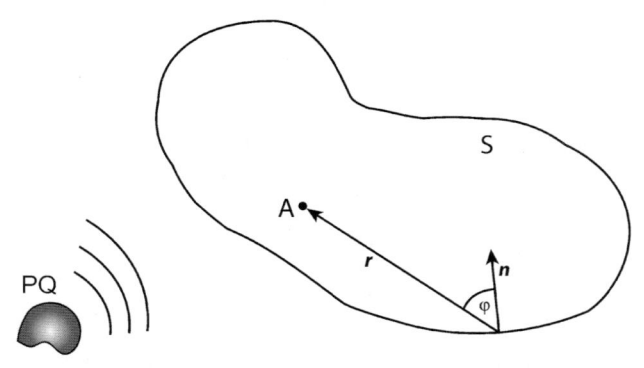

Abb. 11.29 An einem beliebigen Punkt A (Hörerplatz) in einem Raumvolumen V ist der Schalldruck einer externen Primärquelle (PQ) nach (11.19) eindeutig durch Schalldruck und Schallschnelle auf der das Volumen umschließenden Oberfläche S gegeben (Kirchhoff-Helmholtz-Integral). In der Wellenfeldsynthese wird die Oberfläche S durch das Lautsprecherarray gebildet. Schalldruck und -schnelle der abzubildenden Quelle lassen sich für reale Quellen durch Mikrofone messen (Druck- bzw. Gradientenempfänger) oder für virtuelle Quellen berechnen.

che S, die sich – durch den Schalldruck der Primärquelle an dieser Stelle angetrieben – dipolförmig von jedem Punkt auf S zum Hörer ausbreiten, und Schallsignalen, die – angetrieben durch die Schallschnelle der Primärquelle an dieser Stelle – monopol- bzw. kugelförmig zum Hörer propagieren. Zur Synthese einer realen oder virtuellen Schallquelle müssen also Schalldruck und -schnelle dieser Quelle auf der Oberfläche S ermittelt werden. Dies kann für die Übertragung realer Schallfelder durch eine Messung mit Mikrofonen geschehen, d. h. durch Druck- und Gradientenempfänger. Für die Synthese virtueller Schallfelder wird auf ein Modell der virtuellen Quelle zurückgegriffen, das die Berechnung von Schalldruck und Schallschnelle am Ort der bei der Wiedergabe wirksamen Sekundärquellen (Lautsprecher) erlaubt. Hier werden typischerweise Punktquellen oder ebene Wellen als besonders einfache Modelle der Wellenausbreitung angenomen (s. Kap. 1.5).

11.8.3.2 Praktische Realisierung

Eine unmittelbare Umsetzung des Kirchhoff-Helmholtz-Integrals als Strategie für eine Schallfeld(re)synthese würde eine unendlich große, auf einer geschlossenen Fläche um den Hörer unendlich dicht angeordnete Anzahl von monopol- und dipolförmig abstrahlenden Lautsprechern erfordern. Das Konzept der Wellenfeldsynthese wurde Ende der 1980er Jahre zunächst von Berkhout (1988) formuliert und später v. a. von De Vries und Kollegen an der TU Delft weiterentwickelt (Berkhout et al. 1993). Gegenüber der mathematisch exakten Lösung beinhaltet es

- einen Verzicht auf die Anordnung von Schallquellen auf einer geschlossenen Oberfläche zugungsten eines nur in einer Ebene angeordneten Arrays von Lautsprechern,

- einen Verzicht auf die Verwendung monopol- *und* dipolförmiger Quellen zugunsten einer meist näherungsweise monopolförmigen Charakteristik realer Lautsprecher und
- einen durch die Abmessungen realer Lautsprechersysteme bedingten Verzicht auf die unendlich dichte Anordnung der Quellen zugunsten eines Arrays mit diskreten Lautsprecherabständen.

Die Theorie der Wellenfeldsynthese leistet vor allem eine Analyse der durch diese Vereinfachungen entstehenden Artefakte, Strategien zur deren Beherrschung und eine perzeptive Bewertung auf der Grundlage von Hörversuchen.

Zunächst lässt sich zeigen, dass unter gewissen Einschränkungen eine Schallfeldsynthese mit Monopol- *oder* Dipolquellen möglich ist und somit auch nur Schalldruck *oder* Schallschnelle der Primärquelle bekannt sein müssen (*Rayleigh-Integrale*, Vogel 1993, Verheijen 1998). Weiterhin lässt sich bei einer Reduktion der Oberfläche S auf eine Linie durch Verwendung eines eindimensionalen Lautsprecherarrays der Beitrag der „fehlenden Quellen" außerhalb dieser Linie zumindest für einen vorgegebenen Abstand des Hörers vom Array (Referenzabstand) in der Amplitude kompensieren, auch wenn damit natürlich ein Verzicht auf die Darstellung von Quellen außerhalb der Horizontalebene verbunden ist. Diese Reduktion des Kirchhoff-Helmholtz-Integrals bzw. der Rayleigh-Integrale auf eine linienförmige Anordnung von Sekundärquellen (Lautsprechern) liefert den von Sekundärquellen mit kugelförmiger Schallausbreitung (Monopolquellen) synthetisierten Schalldruck p_{synth} durch das Integral

$$p_{\text{synth}} = \int_{-\infty}^{\infty} Q_{\text{m}}(x,\omega) \frac{e^{-jk\Delta r}}{\Delta r} dx \qquad (11.20)$$

Dabei gilt für das die Sekundärquellen (Lautsprecher) antreibende Signal Q_{m}:

$$Q_{\text{m}}(x,\omega) = S_{\text{PQ}}(\omega)\sqrt{\frac{jk}{2\pi}}\sqrt{\frac{\Delta z_0}{z_0 + \Delta z_0}} \cos\varphi \frac{e^{-jkr}}{\sqrt{r}} \qquad (11.21)$$

In diesem Ausdruck steht S_{PQ} für das Signal der Primärquelle, r für deren Abstand von der Sekundärquelle (Lautsprecher) und φ für deren Winkel gegenüber dem Normalenvektor des Lautsprecher-Arrays in der Horizontalebene. Die Schallfeldsynthese ist nach (11.21) korrekt für ein bestimmtes Verhältnis der Abstände Primärquelle-Sekundärquelle (z_0) und Sekundärquelle-Hörer (Δz_0), d.h. für eine parallel zum Lautsprecher-Array verlaufende Referenzlinie, deren Abstand vom Lautsprecher-Array einmal festgelegt werden muss. Für einen Hörer zwischen Lautsprecher und Referenzlinie ist der synthetisierte Schalldruck dann geringfügig zu hoch, für einen Hörer jenseits der Referenzlinie zu niedrig. Diese von einem Flächenintegral (11.19) auf ein Linienintegral reduzierte Darstellung wird auch als *2.5D-Operator* bezeichnet, da sie einen Kompromiss zwischen zwei- und dreidimensionaler Berechnung darstellt. Sys-

Kapitel 11 Wiedergabeverfahren

teme zur Wellenfeldsynthese implementieren den 2.5D-Operator nach (11.21) meist als digitales Filter, das für jeden Lautsprecher des Systems das aus dem Quellsignal S_{PQ} und der Position der Primärquelle resultierende Lautsprechersignal berechnet. In Anbetracht der hohen Anzahl an Kanälen (s. Abb. 11.31) ist für dieses Rendering in der Regel ein entsprechend dimensioniertes Rechnercluster erforderlich. Abweichungen der Richtcharakteristik der Lautsprecher von der idealen Monopol- oder Dipolcharakteristik beeinträchtigen die Schallfeldsynthese nicht grundlegend. Sie beeinflussen lediglich die Darstellung der virtuellen Quelle, da die Richtcharakteristik von Primär- und Sekundärquellen austauschbar sind: Die Synthese einer gerichteten Primärquelle durch ungerichtete Lautsprecher entspricht der Darstellung einer ungerichteten Quelle durch gerichtete Lautsprecher (de Vries 1996).

Ein Grundproblem ist der notwendigerweise diskrete Abstand von realen Lautsprechern, durch den ein *Spatial Aliasing* entsteht. Ähnlich wie durch eine Abtastung im Zeitbereich nur zeitliche Verläufe mit begrenzter Feinstruktur aufgelöst werden können (Abtasttheorem, s. Kap. 14.2), können durch die Interferenz von Lautsprechersignalen in endlichem Abstand nur Wellenformen mit begrenzter räumlicher Feinstruktur korrekt synthetisiert werden. Oberhalb einer Grenzfrequenz f_g entstehen neben dem korrekten Wellenbild Artefakte in Form von falsch orientierten Wellenfronten (Abb. 11.30). Diese Grenzfrequenz ist abhängig vom Lautsprecherabstand Δx und lässt sich durch

$$f_g = \frac{c}{2\Delta x} \quad (11.22)$$

abschätzen. Ihre genaue Lage hängt allerdings auch von Form und Ausbreitungsrichtung der synthetisierten Welle und von der Position des Hörers ab (Spors u. Rabenstein 2006, Leckschat u. Baumgartner 2005). So tritt ein Spatial Aliasing für ebene Wellen, die sich senkrecht zu einem geraden Lautsprecherarray ausbreiten (Abb. 11.30), erst oberhalb von $f_g = c/\Delta x$ auf. Um Wellenfronten oberhalb einer Wellenlänge λ_g korrekt zu synthetisieren, ist daher ein Lautsprecherabstand von

$$\Delta x < \frac{\lambda_g}{2} \quad (11.23)$$

erforderlich. In der Praxis haben sich Lautsprecherabstände in der Größenordnung von 10 bis 30 cm für Signale mit üblicher spektraler Zusammensetzung (Sprache, Musik) als ausreichend für eine Schallfeldsynthese ohne gravierende Beeinträchtigung der Lokalisation von Schallquellen erwiesen (Start 1997).

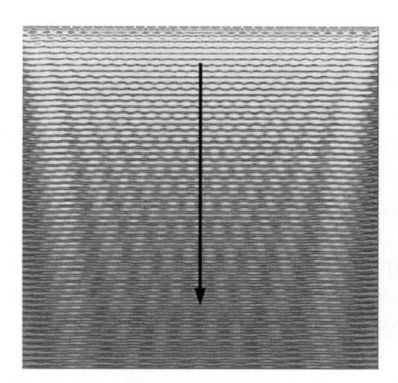

Abb. 11.30 Aliasing-Artefakte für ein lineares Lautsprecherarray mit Lautsprecherabständen von $\Delta x = 30$ cm. Eine ebene Welle mit f = 1000 Hz ($\lambda = 34$ cm) wird fehlerfrei synthetisiert (links), während bei f = 1600 Hz ($\lambda = 21$ cm) bereits Artefakte in Form von Alias-Wellen entstehen, die sich schräg zur Originalwelle ausbreiten (rechts).

11.8.3.3 Anwendungen

Aufgrund des hohen technischen Aufwands ist die Anzahl von WFS-Installationen für größere Auditorien noch überschaubar. Dazu gehören einige permanente Kino-Installationen wie in den *Lindenlichtspielen* in Ilmenau, in der *Cinémathèque française* in Paris und für ein Erlebniskino in der Bavaria Filmstadt bei München. Ein hybrides System mit konventioneller Frontbeschallung und Raumsimulation über WFS wurde unter der Bezeichnung Bregenz Open Acoustics (BOA) für Opernaufführungen auf der Seebühne in Bregenz entwickelt (s. Abschn. 11.7.6.1). Einige Universitäten wie die Fachhochschule Düsseldorf (Leckschat u. Baumgartner 2005) und die TU Berlin (Goertz et al. 2007, Abb. 11.31) setzen die Wellenfeldsynthese im Rahmen von Forschung, Lehre und für öffentliche Veranstaltungen ein.

Abb. 11.31 Beschallungssystem zur Wellenfeldsynthese mit einem geschlossenen Lautsprecherarray aus 832 Kanälen in einem Hörsaal der Technischen Universität Berlin. Die Lautsprechermodule verfügen über einen Tieftonweg und einen DSP-gesteuerten Mittel/Hochtonweg aus je drei Einzelsystemen, so dass insgesamt über 2700 Lautsprecher zum Einsatz kommen.

Im Bereich der Psychoakustik wurden Labor-Systeme zur Schallimmissionsforschung (Maillard et al. 2004) und in der Fahrzeugakustik eingesetzt (Kuhn et al. 2006, Prasetyo u. Linhard 2006).

11.8.4 Binauraltechnik

Im Gegensatz zu Verfahren wie Ambisonics oder Wellenfeldsynthese, die auf eine Synthese von Schallfeldern in einem gegebenen Raumvolumen abzielen, ist die Binauraltechnik ein hörerzentrierter Ansatz, der auf einer korrekten Synthese der Ohrsignale beruht. Er nutzt die Tatsache, dass im Schalldruckverlauf vor den Trommelfellen alle für die Wahrnehmung unserer auditiven Umgebung erforderlichen Information enthalten sind. Dazu gehört nicht nur die Empfindung von Intensität und spektraler Zusammensetzung von Klang, sondern auch Informationen über die Lage von auditiven Objekten im Raum und die räumliche Signatur der Umgebung. Da die Trommelfelle, abgesehen von einem relativ unbedeutenden Beitrag von Köperschall und Knochenleitung, unserer einziges Tor zur auditiven Welt sind, leistet eine Synthese des Schallfeldes vor dem Trommelfell im Idealfall eine komplette Rekonstruktion unserer akustischen Umgebung.

11.8.4.1 Grundlagen

Binaurale Signale, d. h. zweikanalige, den Ohrsignalen entsprechende Signale, lassen sich durch Mikrofone im Gehörgang eines Menschen bestimmen, seien es im Consumer-Bereich verbreitete Ohrmikrofone oder in der akustischen Messtechnik verwendete Miniatur- oder Sondenmikrofone (Kap. 7.3.6). Häufiger ist allerdings der Einsatz eines Kunstkopfsystems, bei dem Mikrofone in eine Nachbildung von Kopf und Außenohr eingesetzt sind (Kap. 10.3.5). Hier ergeben sich reproduzierbarere Messungen, die nicht durch die medizinisch heikle Positionierung eines Mikrofons im „lebenden Objekt" und dessen unwillkürliche Bewegungen beeinträchtigt sind. Kunstkopfaufnahmen werden bereits seit Anfang der 1970er Jahre im Rundfunkbereich praktiziert, das erste so produzierte Hörspiel mit dem Titel *Demolition* wurde auf der Berliner Funkausstellung 1973 vorgestellt. Von *Binauraltechnik* im engeren Sinne spricht man allerdings erst dann, wenn Ohrsignale nicht direkt aufgenommen, sondern durch digitale Signalverarbeitung synthetisiert werden.

Diese Synthese basiert auf der Tatsache, dass die Schallübertragung von einem Punkt im Raum bis vor das menschliche Trommelfell ein weitgehend lineares, zeitinvariantes System ist und somit im Zeitbereich durch eine Impulsantwort bzw. im Frequenzbereich durch eine Übertragungsfunktion beschrieben werden kann (vgl. Kap. 1.2.4 bis 1.2.6). Das binaurale Signalpaar lässt sich somit durch Faltung des am Senderort abgegeben Signals mit den beiden kopfbezogenen Raumimpulsantworten (binaural room impulse responses, BRIRs) erzeugen. Dieses dann unmittelbar in den Ohrkanal, d. h. in der Regel über Kopfhörer, eingespeiste Signal sollte somit alle durch das Übertragungssystem induzierten auditiven Merkmale enthalten. Die Realisierung dieses im Grundsatz bestechend einfachen Prinzips ist in der Praxis mit einigen Herausforderungen verbunden. Sie liegen darin, dass

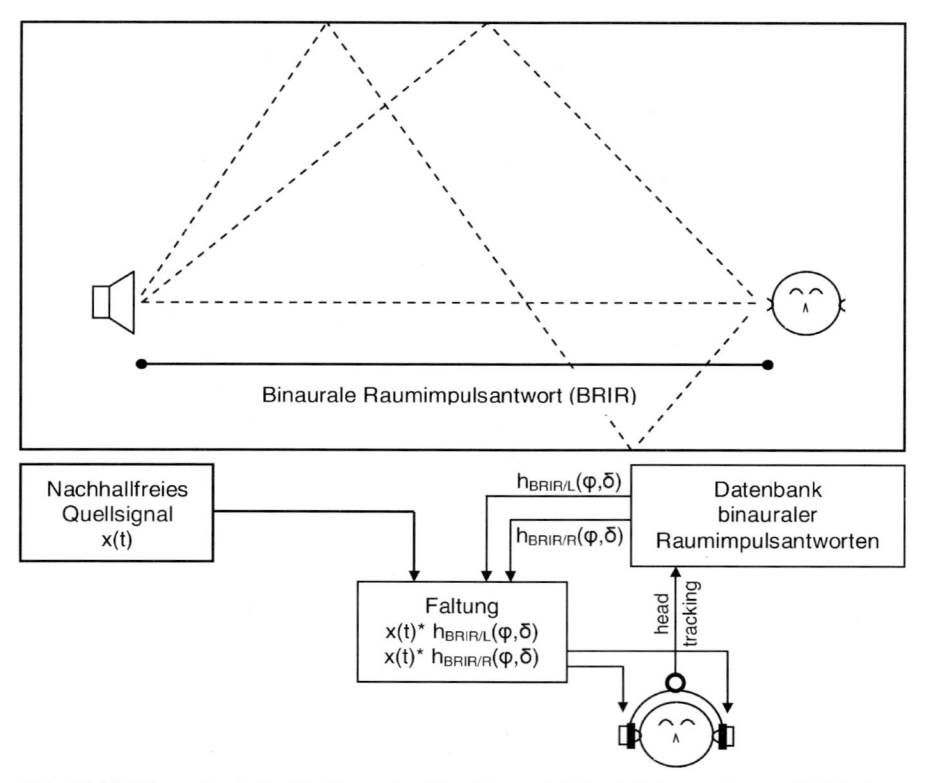

Abb. 11.32 Binauraltechnik. Ein binaurales Signalpaar wird durch Faltung eines nachhallfreien Quellsignals mit zwei zuvor gemessenen oder simulierten binauralen Raumimpulsantworten synthetisiert, die durch einen Headtracker entsprechend der Kopforientierung des Hörers aus einem Datensatz ausgewählt und dynamisch nachgeführt werden.

- kopfbezogene Impulsantworten von der individuellen Geometrie von Kopf und Außenohr abhängen und somit für verschiedene Personen unterschiedlich sind
- sich mit einer Änderung der Kopforientierung auch die zugehörige kopfbezogene Impulsantwort verändert. Somit müssen die Kopfbewegungen des Hörers durch einen Positionssensor abgetastet und in eine möglichst verzögerungsfreie Änderung der wirksamen Impulsantwort überführt werden
- die kopfbezogenen Impulsantworten von allen unerwünschten Einflüssen etwa durch das Messmikrofon, vor allem aber durch den Wiedergabekopfhörer bereinigt werden müssen
- der für die Wiedergabe erforderliche Prozess der diskreten Faltung in Echtzeit und möglichst latenzfrei ablaufen muss
- die Wiedergabe kopfbezogener Signale über Lautsprecher erhebliche Schwierigkeiten bereitet und
- die auditive Wahrnehmung auch von visuellen und anderen nicht-auditiven sensorischen Informationen beeinflusst wird.

Während der letzte Punkt auf die prinzipiellen Grenzen unimodaler technischer Medien verweist, beschreiben die anderen Gesichtspunkte zwar anspruchsvolle, mit modernen Verfahren der digitalen Signalverarbeitung jedoch durchaus lösbare Probleme, auch wenn die Ermittlung der für eine perzeptiv plausible Wiedergabe erforderlichen physikalischen Genauigkeit Gegenstand laufender Forschung ist.

11.8.4.2 Messung kopfbezogener Impulsantworten

Im reflexionsarmen Raum aufgenommene Impulsantworten, die nur die akustische Wirkung von Außenohr, Kopf und Torso charakterisieren, werden als Außenohr-Impulsantwort bzw. Außenohr-Übertragungsfunktion bezeichnet (head-related impulse responses / HRIRs bzw. head-related transfer functions / HRTFs, vgl. Kap. 3.1). In akustisch wirksamen Räumen gemessene Impulsantworten, die neben dem Freifeldanteil auch für die jeweilige Quell- und Empfängerposition spezifische Reflexionsmuster des Raums enthalten, werden als binaurale Raumimpulsantworten (BRIRs) bezeichnet. Während HRIRs typische Längen von wenigen Millisekunden aufweisen und ohne gravierende perzeptive Beeinträchtigung durch 72 Samples bei 48 kHz repräsentiert werden können entsprechend einer Länge von 1,5 ms (Sandvad u. Hammershøi 1994), haben BRIRs mindestens die Länge der Nachhallzeit des Raums. Dadurch steigt der Rechenaufwand des zur Auralisation eingesetzten Faltungsalgorithmus um mehrere Größenordnungen.

Der Verlauf der HRTF weist nicht nur starke interindividuelle Unterschiede auf; er hängt auch vom gewählten Messpunkt innerhalb des Ohrkanals ab. Hier hat sich eine Messung am Eingang des durch eine Einfassung des Messmikrofons geblockten Ohrkanals als günstig erwiesen. An dieser Stelle sind zum einen die individuellen Unterschiede am geringsten (s. Abb. 10.32), zum anderen sind hier offensichtlich bereits alle richtungsabhängigen Merkmale in der HRTF kodiert. Die Übertragungsfunktion des Ohrkanals induziert somit nur noch eine von der Schalleinfallsrichtung unabhängige spektrale Veränderung und kann durch eine konventionelle, richtungsunabhängige Entzerrung ausgeglichen werden. Der unterschiedliche Verlauf von HRTFs verschiedener Personen v. a. oberhalb von 2 kHz liefert auch eine Erklärung für die Tatsache, dass die Lokalisationsgenauigkeit bei binauralen Simulationen mit den HRTFs von Kunstkopfsystemen im statistischen Mittel stets geringfügig schlechter ist als beim natürlichen Hören bzw. bei Simulationen mit den eigenen HRTFs. Dieser in zahlreichen Hörversuchen festgestellte Unterschied ist jedoch meist nur bei einer bestimmten Personengruppe signifikant – offensichtlich diejenigen, deren HRTF am wenigsten „kompatibel" mit der des Kunstkopfs ist. Gleichzeitig lässt sich ein gewisser Lerneffekt beobachten, also die Fähigkeit, sich auf die Eigenschaften des fremden Kopfes einzustellen (Minaar 2001).

11.8.4.3 Entzerrung

Kritisch ist die Bereinigung der binauralen Raumimpulsantwort von allen Einflüssen, die nicht Teil der durch die BRIR repräsentierten Übertragungsstrecke sind. Hier wäre zunächst der Frequenzgang des Lautsprechers zu nennen, mit dem das Signal zur Messung der Impulsantwort generiert wird. Unter Freifeldbedingungen, d. h. für eine Messung der HRTF, kann mit dem invertierten 0°/0°-Frequenzgang des Lautsprechers entzerrt werden, auch wenn eine perzeptiv befriedigende Inversion nicht trivial ist, wie unten in Zusammenhang mit der Inversion der Kopfhörer-Übertragungsfunktion erläutert wird. Unter Nicht-Freifeldbedingungen ist die frequenzabhängige Richtcharakteristik des Lautsprechers praktisch untrennbar in die Raumimpulsantwort „einkodiert", da in der gemessenen BRIR keine Information über die Einfallsrichtung der einzelnen Raumreflexionen mehr enthalten ist. Hier kann der Fehler nachträglich nur ansatzweise kompensiert werden, etwa durch eine Entzerrung mit dem Diffusfeldfrequenzgang (Leistungsfrequenzgang) des Lautsprechers, wie er durch eine Messung im Hallraum bestimmt werden kann. Günstiger ist die Verwendung eines Lautsprechers mit ähnlicher frequenzabhängiger Richtcharakteristik wie das Objekt, das später (anstelle des Lautsprechers) simuliert werden soll. Abgesehen von verschiedenen Realisierungen eines künstlichen Munds nach ITU-T P.51 (vgl. Abb. 10.33) für Sprecher-Simulationen, ist die Entwicklung von Lautsprechern mit steuerbarer Richtcharakteristik zur Simulation spezifischer Quellen noch im Anfangsstadium (Behler 2007). Zur Bestimmung raumakustischer Parameter werden Raumimpulsantworten üblicherweise mit einem weitgehend omnidirektionalen Dodekaeder-Lautsprecher mit Toleranzen nach DIN EN ISO 3382 gemessen.

Zur Entzerrung des Einflusses von Wiedergabekopfhörer und Messmikrofon wird die Übertragungsfunktion bei aufgesetztem Kopfhörer gemessen und aus diesen Messwerten durch spektrale Inversion ein geeignetes Kompensationsfilter konstruiert (Mourjopoulos 1982, Kirkeby 1999). Die Anfang der 1980er Jahre vor allem von Theile (1986) als Standardisierung vorgeschlagene Diffusfeldentzerrung von Kopfhörern, bei der der Frequenzgang des Kopfhörers die über alle Einfallsrichtungen gemittelte Außenohr-Übertragungsfunktion kompensiert und somit eine weitgehend klangfarbentreue Wiedergabe unter Diffusfeldbedingungen leistet, hat sich auf Herstellerseite nicht durchgesetzt: Kopfhörer weisen hochgradig individuelle Frequenzgänge auf, weshalb eine indiviuelle Entzerrung für die Wiedergabe binauraler Signale unverzichtbar ist (Møller 1995, s. Abb. 11.33).

11.8.4.4 Kopfbewegungen

Bei konventionellen, über Kopfhörer wiedergegebenen Kunstkopfaufnahmen stellt sich zwar meist ein gutes Gefühl der Externalisierung ein, d. h. Schallquellen werden nicht im Kopf lokalisiert (vgl. Abschn. 3.2.3); gleichzeitig fällt es jedoch schwer zu unterscheiden, ob sich die Schallquelle vor oder hinter dem Hörer befindet: Zu

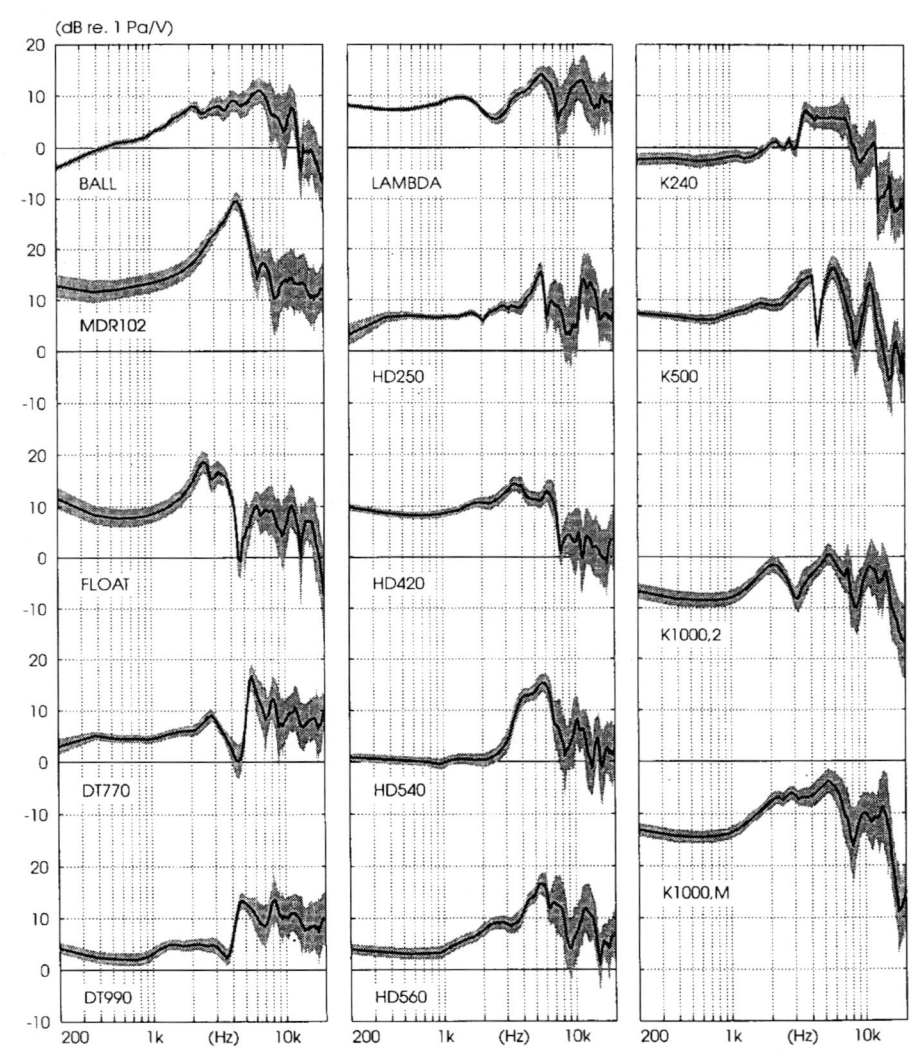

Abb. 11.33 Frequenzgänge (bezogen auf 1 Pa/V) von 14 Kopfhörern, gemessen am geblockten Ohrkanal. Dargestellt sind Mittelwert (schwarze Linie) und Standardabweichung (grauer Bereich) über Messungen an 40 Personen. Die vermessenen Systeme weisen unterschiedliche Empfindlichkeiten und Frequenzgänge auf. Die unterschiedlichen Messergebnisse an verschiedenen Personen mit dem selben Kopfhörer resultieren aus der unterschiedlichen Form der Außenohren und – dadurch bedingt – unterschiedlichen Kopfhörerpositionen (Møller et al. 1995)

jeder Schallquelle gibt es andere Schalleinfallsrichtungen, welche die gleiche interaurale Laufzeit- und Pegeldifferenz erzeugen. Die Tatsache, dass somit die beiden für das räumliche Hören wichtigsten *Cues* mehrdeutig sind, äußert sich in Hörversuchen in Vorne-Hinten-Vertauschungen entlang eines *Cone of confusion*, auf dem die Einfallsrichtungen mit gleicher interauraler Laufzeit- und Pegeldifferenz

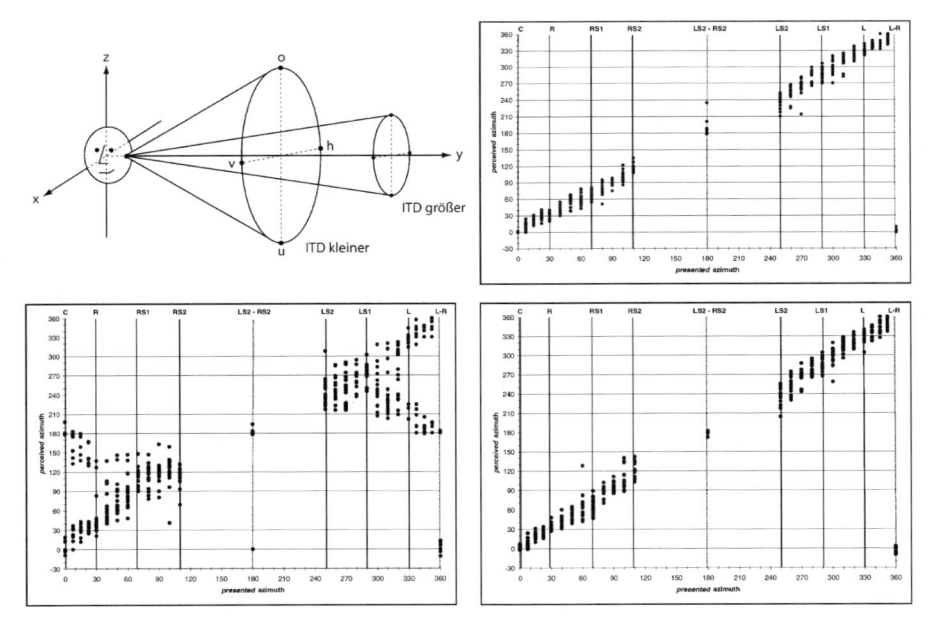

Abb. 11.34 Eliminierung von Vorne-Hinten-Vertauschungen entlang eines Cone of confusion (links oben) durch dynamische Binauralsynthese. Der Cone of confusion verbindet Schalleinfallsrichtungen, die auf eine gleiche interaurale Laufzeitdifferenz (interaural time difference, ITD) führen. Dargestellt ist die von den Versuchspersonen angegebene Schalleinfallsrichtung (perceived azimuth) über der tatsächlichen Schalleinfallsrichtung (presented azimuth) für eine natürliche Hörsituation (rechts oben), das Hören über einen statischen Kunstkopf (links unten) und über einen mit der Kopfbewegung des Hörers dynamisch nachgeführten Kunstkopf (rechts unten). Ein Azimut von 0° liegt vor dem Hörer, 180° hinter dem Hörer. Als Schallquellen wurden im vorliegenden Versuch sieben Lautsprecher (L,C,R,LS1,LS2,RS1,RS2) verwendet, sowie Phantomschallquellen zwischen den Lautsprechern. Beim Hören über einen statischen Kunstkopf zeigen sich typische Vorne-Hinten-Vertauschungen, die durch den dynamisch nachgeführten Kunstkopf fast vollständig eliminiert werden. Dort ist die Lokalisation praktisch ebenso zuverlässig wie beim natürlichen Hören. (Abbildungen aus Karamustafaoglu 1999)

liegen (Abb. 11.34, links oben). Der für die Lokalisation ebenfalls bedeutsame spektrale *Cue* durch die Filterwirkung der Außenohr-Übertragungsfunktion (HRTF) ist offensichtlich nicht stark genug, um eine eindeutige Lokalisation zu erreichen, zumal wenn keine visuelle Information vorliegt.

Dass solche Vorne-Hinten-Vertauschungen nicht beim natürlichen Hören auftreten (auch wenn kein visueller Anker-Reiz vorhanden ist), ist vor allem der Wirkung von Peilbewegungen des Kopfes zuzuschreiben, durch die sich die Lokalisation der Schallquelle relativ zum Hörer in charakteristischer Weise verändert – für Schallquellen vor und hinter dem Hörer in jeweils gegensätzlicher Richtung. Bei direkten Kunstkopfaufnahmen fehlt dieser *Cue*, da der Hörer auf die statische Orientierung des Kunstkopfs bei der Aufnahme festgelegt ist. Bei binaural synthetisierten Signalen lässt sich die Wirkung von Peilbewegungen übertragen, indem die Kopfposition des Hörers durch einen Positionssensor (head tracker) abgetastet wird und das

Kapitel 11 Wiedergabeverfahren

Quellsignal jeweils mit der der jeweiligen Kopforientierung zugeordneten binauralen Raumimpulsantwort gefaltet wird. In zahlreichen Hörversuchen konnte gezeigt werden, dass bei einer solchen dynamischen Binauralsynthese fast keine Vorne-Hinten-Vertauschungen mehr auftreten (s. Abb. 11.34, Wenzel 1996, Karamustafaoglu et al. 1999, Begault et al. 2000).

Als Positionssensor werden meist am Kopfhörer montierte, mit magnetischen oder mit Ultraschall-Signalen arbeitende Sender und Empfänger verwendet, die eine Bestimmung der Kopfposition durch Triangulation erlauben. Entscheidend für eine plausible Binauralsynthese ist hierbei eine hinreichend verzögerungsfreie Nachführung der Impulsantwort auf die Kopfbewegung des Hörers. In Versuchen von Sandvad (1996) und Karamustafaoglu et al. (1999) führte eine Latenz von bis zu 60 ms zu keiner spürbaren Beeinträchtigung von Lokalisation und Plausibilität des Hörereignisses. Gleichzeitig wurde gezeigt, dass nur der frühe Anteil einer binauralen Raumimpulsantwort, d. h. der Direktschall und frühe Reflexionen, dynamisch nachgeführt werden muss, da der späte, diffuse Nachhall offensichtlich keine für die Lokalisation relevanten Merkmale mehr enthält. Die Grenze zwischen richtungsabhängigem und diffusem Anteil der binauralen Raumimpulsantwort verschiebt sich mit dem Raumvolumen nach hinten. Für kleine Räume erwies sich eine Beschränkung des dynamisch nachgeführten Anteils auf die ersten 40–80 ms als unkritisch (Meesawat u. Hammershøi 2003), während für größere, Konzertsaal-ähnliche Räume eine Grenze von 130 ms ermittelt wurde (Lindau u. Weinzierl 2007).

11.8.4.5 Transaurale Wiedergabe

Bei der Wiedergabe von binauralen Signalen über Lautsprecher, häufig als *transaurale* Wiedergabe bezeichnet, treten zwei Schwierigkeiten auf:

- Die bereits mit allen binauralen Merkmalen ausgestatteten Signale durchlaufen eine weitere binaurale Übertragungsstrecke, die sowohl die Raumimpulsantwort des Abhörraums als auch die HRTF für die Einfallsrichtung der beiden Lautsprechersignale enthält.
- Das für das rechte bzw. linke Ohr bestimmte Signal wird bei Lautsprecherwiedergabe mit dem jeweils anderen Signal überlagert, d. h. es gibt ein Übersprechen vom linken Lautsprecher auf das rechte Ohr und umgekehrt.

Beide Effekte führen zu einer Verfärbung des Klangbilds und zu einem Verlust der räumlichen Perspektive: Aus dem bei binauraler Wiedergabe noch vorhandenen, dreidimensionalen Klangbild wird eine herkömmliche stereofone Abbildung, bei der aufgrund der Pegel- und Laufzeitunterschiede zwischen den Kanälen – diese sind ja auch in den binauralen Signalen enthalten – Schallquellen auf der Stereobasis zwischen den Lautsprechern lokalisiert werden.

Für die Minimierung der spektralen Verzerrung gibt es eine eine Reihe von Strategien, die zum Teil auf unterschiedlichen Theorien der räumlichen und klangfarblichen Wahrnehmung beruhen (Griesinger 1989, Theile 1991). Das für das dreidimensionale Hören gravierendere Problem des Übersprechens (interaural crosstalk) bleibt jedoch auch hier bestehen. Es lässt sich nur durch eine Vor-Berechnung der Kanalsignale ausschalten, bei der durch ein Crosstalk Cancellation (CTC) Filter die unerwünschten Übertragungswege (H_{LR} und H_{RL} in Abb. 11.35) durch ein gegenphasiges Signal des jeweils gegenüberliegenden Lautsprechers eliminiert werden. Diese bereits in der Frühzeit der Stereofonie durch analoge Schaltungen (Bauer 1961), heute durch digitale Signalverarbeitung realisierten Filter haben eine komplexe Struktur, da sie nicht nur die Außenohr-Übertragungsfunktionen (HRTFs) für die jeweilige Einfallsrichtung der Lautsprechersignale berücksichtigen müssen, sondern dies auch über mehrfache Iteration, da das gegenphasige Signal zur Eliminierung des linken Kanals am rechten Ohr seinerseits ein Signal am linken Ohr erzeugt, das durch den Filter CTC_{LL} eliminiert werden muss.

Bei statischen Systemen mit festen Filtersätzen funktioniert die Auslöschung des Übersprechens nur in einem sehr kleinen *sweet spot*. Die Filtersätze sind für einen optimalen Abhörpunkt berechnet, verlässt man diesen Punkt durch eine seitliche Bewegung oder Drehung des Kopfes, bricht das dreidimensionale Klangbild zusammen und wirkt stark verfärbt.

Untersuchungen von Takeuchi et al. (2001) zu Art und Intensität von Artefakten bei Abweichungen von der idealen Hörposition zeigen, dass ein kleinerer Öffnungswinkel der Lautsprecher die Robustheit der Übersprechdämpfung gegenüber Bewegungen des Hörers erhöht und damit den sweet spot vergrößert. Auf dieser Erkenntnis beruht der sog. Stereo Dipol, eine Anordnung von zwei Lautsprechern zur

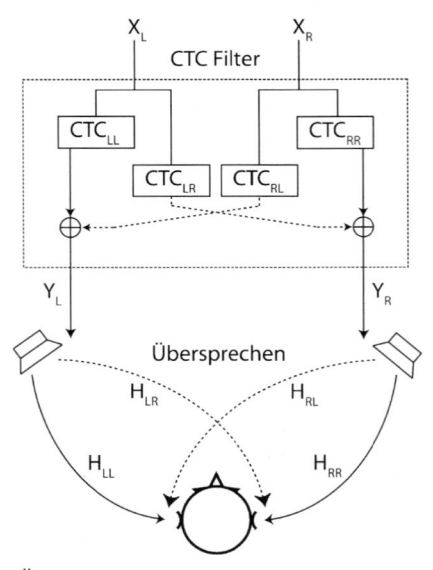

Abb. 11.35 Prinzip der Übersprechdämpfung (Crosstalk Cancellation, CTC) für die Lautsprecherwiedergabe von binauralen Signalen durch vier Filtersätze (CTC_{LL}, CTC_{LR}, CTC_{RR}, CTC_{RL},)

transauralen Wiedergabe von binauralen Signalen in einem Öffnungswinkel von 10° (Kirkeby et al. 1998). Er kommt, wie alle Systeme zur interauralen Übersprechdämpfung, vor allem bei Bildschirmanwendungen wie 3D-Computerspielen zum Einsatz, wo die Position des Hörers von Natur aus relativ fixiert ist.

Aufwändigere Systeme, wie sie in Virtual Reality (VR) Systemen zum Einsatz kommen, verwenden dynamisch angepasste Filtersätze, die durch einen Positionssensor am Kopf des Hörers gesteuert werden. Die Verwendung von vier Lautsprechern in quadrophoner Aufstellung erlaubt dem Hörer dabei eine beliebige Kopforientierung über 360° (Lentz 2006). Ein ebenfalls dynamisch nachgeführtes System ist der *Binaural Sky*, bei dem ein virtueller Kopfhörer über zwei akustische Punktquellen erzeugt wird, die durch einen kreisförmigen Lautsprecherrray zur Wellenfeldsynthese über dem Hörer angebracht sind und eine fokussierte WFS-Quelle unmittelbar vor den Ohren des Hörers entstehen lässt. Das zusätzlich eingesetzte CTC Filter zur Übersprechdämpfung bleibt in diesem Fall konstant, lediglich die Punktquelle muss mit dem Hörer nachgeführt werden. Allerdings leidet das System bei hohen Frequenzen unter dem bei der Wellenfeldsynthese unvermeidlichen *Spatial Sampling* (vgl. Abschn. 11.8.3).

11.8.4.6 Binaurale Simulation virtueller Räume

Die für eine binaurale Synthese erforderlichen binauralen Raumimpulsantworten können nicht nur durch eine Kunstkopfaufnahme gewonnen werden, sondern auch aus einer raumakustischen Computersimulation, in der die Schallausbreitung durch ein Strahlenmodell simuliert wird (vgl. Abschnitt 5.4.2, Simulationsverfahren am mathematischen Modell). Damit eröffnet sich die Möglichkeit einer Auralisation, d. h. des „Hineinhörens" in virtuelle Räume, die nur als Computermodell existieren. Hierzu muss jeder mit einem raumakustischen Algorithmus (Spiegelschallquellen, Ray Tracing) berechnete und an einem definierten Hörerplatz eintreffende Schallstrahl mit der zur jeweiligen Einfallsrichtung gehörenden Außenohr-Übertragungsfunktion gewichtet werden. Die Summe aller derart gewichteten, am Hörerplatz eintreffenden Schallteilchen ergibt dann die gesuchte binaurale Raumimpulsantwort (BRIR). Interessant ist eine Evaluierung der damit synthetisierten, binauralen Signale im Hörversuch, da sie einen Rückschluss auf die Validität der eingesetzten raumakustischen Computersimulation zulässt. Während raumakustische Kriterien wie Nachhallzeit, Klarheit, Seitenschallgrad u. a. aus Computersimulationen heute im Vergleich zu Messungen im realen Raum weitgehend zuverlässig berechnet werden können (Bork 2005), zeigt die direkte Gegenüberstellung im Hörversuch, dass der auf Computermodellen beruhende, binaural synthetisierte Höreindruck (noch) nicht den gleichen Grad an Plausibilität aufweist wie die Synthese mit im Raum selbst aufgenommenen, binauralen Raumimpulsantworten. Letztere ist auch für geübte Hörer kaum vom realen Höreindruck im Raum zu unterscheiden (Moldrzyk et al. 2005). Dies legt den Rückschluss nahe, dass sich die nach wie vor vorhandenen Vereinfachungen raumakustischer Algorithmen bezüg-

Abb. 11.36 Binaural Sky zur Erzeugung von binauralen, übersprechkompensierten Signalen vor den Ohren des Hörers durch Wellenfeldsynthese

lich des tieffrequenten, modalen Verhaltens in Räumen und von Schallbeugung und -streuung als perzeptiv relevante Defizite in der berechneten Raumimpulsantwort niederschlagen. Dennoch ist das mögliche „Vorhören" in nur im Computermodell existierende, virtuelle Räume eine besonders attraktive Option bei der raumakustischen Planung, bei der Planung von Beschallungsanlagen, bis hin zur akustischen Rekonstruktion historischer Klangereignisse (Weinzierl 2002, Lombardo et al. 2005).

11.8.4.7 Anwendungen

Die Binauraltechnik hat sich heute ein breites Feld von Anwendungen erschlossen, da sie die Möglichkeit eröffnet, sowohl reale akustische Umgebungen zu resynthetisieren als auch virtuelle, d. h. nur im Computermodell existierende akustische Situationen zu auralisieren, d. h. hörbar zu machen.

Eine verbreitete Anwendung ist die Lautsprechersimulation, bei der die binauralen Raumimpulsantworten von Lautsprechern an einer definierten Sender- und Empfängerposition gemessen werden, um den Klangeindruck anschließend für beliebige Quellsignale binaural zu auralisieren. Bei Hörtests zur subjektiven Bewertung verschiedener Lautsprechermodelle lassen sich auf diese Weise Unterschiede vermeiden, die durch raumakustische Einflüsse des Abhörraums, verschiedene Lautsprecherpositionen und verschiedene Abhörpunkte entstehen, und die vor allem im tieffrequenten Bereich ein erheblicher Störfaktor für vergleichende Hörtests sein können (Makarski u. Goertz 2006). Der am Institut für Rundfunktechnik entwickelte, zunächst DSP-basierte, später als VST-Plug-in vertriebene BRS-Prozessor (Binaural Room Scanning) erlaubt die Simulation verschiedener mehrkanaliger Lautsprecheranordnungen an für die Aufstellung einer Surround-Wiedergabe ungeeigneten Abhörumgebungen wie kleinen Übertragungswagen (Karamustafaoglu et al. 1999).

Über die Simulation spezifischer akustischer Umgebungen hinaus können binaural synthetisierte Signale Teil einer Audio-Augmented Reality (AAR) sein, in der sich reale, virtuelle und künstlerisch gestaltete Inhalte vermischen. Dies wurde erstmals durch die Anwendung LISTEN demonstriert, bei der Besuchern eines Museums über drahtlose Kopfhörer eine auf ihre jeweilige Position bezogene, akustische Szene zugespielt wurde, in der sich räumlich zugeordnete Sprachinformation und eine abstrakte musikalische Klangszene überlagern (Zimmermann u. Terrenghi 2004, Eckel 2006). Einen Überblick über künstlerische Anwendungen der virtuellen Akustik geben Weinzierl u. Tazelaar (2006).

In der Psychoakustik werden virtuelle akustische Szenarien zur Untersuchung eines breiten Spektrums von Wahrnehmungsphänomenen eingesetzt (Braasch 2003, Djelani u. Blauert 2001).

Normen und Standards

DIN EN ISO 3382:2000	Akustik - Messung der Nachhallzeit von Räumen mit Hinweis auf andere akustische Parameter
DIN 15996:2006-02	Bild- und Tonbearbeitung in Film-, Video- und Rundfunkbetrieben – Grundsätze und Festlegungen für den Arbeitsplatz
(ANSI) SMPTE 202M-1998	Motion-Pictures – Dubbing Theaters, Review Rooms and Indoor Theaters – B-Chain Electroacoustic Response
ATSC A/52B (2005-06)	Digital Audio Compression (AC-3) (E-AC-3) Standard, Rev. B
DIN 15503:1985-01	Film 35 mm; Lichttonaufzeichnung; Spurlagen und Spaltbild
EBU Tech 3276-E:2004	Listening conditions for the assessment of sound programme material, Supplement 1
ETSI 102 114 v1.2.1:2002-12	DTS Coherent Acoustics. Core and Extensions
ETSI TR 101 154:2000-07	Digital Video Broadcasting (DVB); Implementation guidelines for the use of MPEG-2 Systems, Video and Audio in satellite, cable and terrestrial broadcasting applications. s.a. DVB ETR 154
IEC 61937-5:2006-01	Interface for non-linear PCM encoded audio bitstreams applying IEC 60958
ISO 2969:1987	Cinematography – B-chain electro-acoustic response of motion-picture control rooms and indoor theatres – Specifications and measurements.
ISO 7343:1993-05	Kinematographie; Zweispurige Lichttonaufzeichnung auf Filmkopien 35 mm
ISO/IEC 23003-1:2007-01-29	Information technology – MPEG audio technologies – Part 1: MPEG Surround
ITU-R BS.775-1:1994	Multichannel stereophonic sound system with and without accompanying picture.
SMPTE 340M-2000	Television – Format for Non-PCM Audio and Data in AES3 – ATSC A/52 (AC-3) Data Type
SMPTE 428-3-2006	D-Cinema Distribution Master (DCDM) – Audio Channel Mapping and Channel Labeling

Literatur

Ahnert W (1987) Complex Simulation of Acoustical Sound Fields by the Delta Stereophony System (DSS). J Audio Eng Soc 35/9: 643–652

Allen I (1997) Are Movies Too Loud? SMPTE Film Conference (March 1997), Dolby Laboratories Inc. Audio Engineering Society (1993) 50 Jahre Stereo-Magnetbandtechnik. Die Entwicklung der Audio Technologie in Berlin und den USA von den Anfängen bis 1943

Bauer BB (1961) Stereophonic Earphones and Binaural Loudspeakers. J Audio Eng Soc 9/2:148–151

Begault DR, Wenzel EM, Lee AS, Anderson MR (1996) Direct Comparison of the Impact of Head Tracking, Reverberation, and Individualized Head-Related Transfer Functions on the Spatial Perception of a Virtual Speech Source. 108th AES Convention, Paris, Preprint 5134

Behler G (2007) Dodekaeder-Lautsprecher mit variabler Richtcharakteristik. Fortschritte der Akustik, DAGA Stuttgart

Bennett JC, Barker K, Edeko FO (1985) A New Approach to the Assessment of Stereophonic Sound System Performance. J Audio Eng Soc 33:314–321

Berkhout AJ (1988) A Holographic Approach to Acoustic Control. J Audio Eng Soc 36/12:977–995

Berkhout AJ, de Vries D, Vogel P (1993) Acoustic Control by Wave Field Synthesis. J Acoust Soc Am 93: 2764–2778

de Boer K (1940) Plastische Klangwiedergabe. Philips' Technische Rundschau 5:108–115

Blumlein AD (1931) Improvements in and relating to Sound-transmission, Sound-recording and Sound-reproducing Systems. British Patent Nr. 394325

Breebaart J, Herre J, Faller C, Rödén J, Myburg F, Disch S, Purnhagen H, Hotho G, Neusinger M, Kjörling K, Oomen W (2005) MPEG Spatial Audio Coding / MPEG Surround: Overview and Current Status. 119th AES Convention, Preprint 6599

Bork I (2005) Report on the 3rd Round Robin on Room Acoustical Computer Simulation – Part I: Measurements und Part II: Calculations. Acta Acustica/Acustica 91:740–763

Braasch J (2003) Localization in the presence of a distracter and reverberation in the frontal horizontal plane. III. The role of interaural level differences. Acustica/Acta Acustica 89:674–692

de Vries D (1996) Sound Reinforcement by Wavefield Synthesis : Adaption of the Synthesis Operator to the Loudspeaker Directivity Characteristics. J Audio Eng Soc 44/12:1120–1131

Djelani T, Blauert J (2001) Inverstigations into the Built-Up and Breakdown of the Precedence Effect. Acustica/Acta Acustica 87:253–261

Dolby Laboratories Inc (1999) Surround Sound – Past, Present, and Future (S99/11496/12508). Dolby Laboratories Inc

Dolby Laboratories Inc (2000) Dolby Digital Professional Encoding Guidelines, Issue 1 (S00/12972). Dolby Laboratories Inc

Dolby Laboratories Inc (2000) Dolby 5.1-Channel Production Guidelines, Issue 1 (S00/12957). Dolby Laboratories Inc

Dolby Laboratories Inc (2002) Standards and Practices for Authoring Dolby® Digital and Dolby E Bitstreams, Issue 3. Dolby Laboratories Inc

Dolby Laboratories Inc. (2005) 5.1-Channel Music Production Guidelines (S05/14926/15996). Dolby Laboratories Inc

Dolby Laboratories Inc (2005) Dolby Surround Mixing Manual, Issue 2. Dolby Laboratories Inc

Dolby R (1987) The Spectral Recording Process. J Audio Eng Soc 35/3

Dressler R, Eggers C (2005) Dolby Audio Coding for Future Entertainment Formats. Dolby Laboratories Inc

Durbin HM (1972) Playback Effects from Matrix Recordings. J Audio Eng Soc 20/9:729–733

Eargle JM (1971) Multichannel Stereo Matrix Systems: An Overview. J Audio Eng Soc 19/7:352–359

Eargle JM (1972) 4-2-4 Matrix Systems: Standards, Practice, and Interchangeability. J Audio Eng Soc 20/7:809–815

Eckel G (2006) Audio-augmented reality, ein neues Medium für die Klangkunst. In: de la Motte-Haber H, Osterwold M, Weckwerth G (Hrsg) sonambiente 2006. klang kunst sound art. Kehrer, Heidelberg, S 348–349

Eichhorst O (1959) Zur Frühgeschichte der stereophonischen Übertragung. Frequenz 13/9:273–277

Ely M, Block D (1998) Publishing in the Age of DVD. Sonic Solutions

Griesinger D (1989) Equalization and Spatial Equalization of Dummy-Head Recordings for Loudspeaker Reproduction. J Audio Eng Soc 37:20–29

Griesinger D (2001) Progress in 5-2-5 Matrix Systems. Lexicon

Jossé H (1984) Die Entstehung des Tonfilms. Beitrag zu einer faktenorientierten Mediengeschichtsschreibung. Freiburg (Breisgau): Verlag Karl Alber

Kapeller L (1925) Der stereophonische Rundfunk. Funk 27:317–319

Karamustafaoglu A, Horbach U, Pellegrini R, Mackensen P, Theile G (1999) Design and Applications of a Data-based Auralisation System for Surround Sound. 106th AES Convention, Munich, Preprint 4976

Kirkeby O, Nelson PA, Hamada H (1998) The "Stereo Dipole" – A Virtual Source Imaging System Using Two Closely Spaced Loudspeakers. J Audio Eng Soc 46/5:387–395

Kirkeby O, Nelson PA (1999) Digital Filter Design for Inversion Problems in Sound Reproduction. J Audio Eng Soc 47/7/8:583–595

Klapholz J (1991) Fantasia: Innovations in Sound. J Audio Eng Soc 39/1/2:66–70

Kraemer A (2003) Circle Surround Principles of Operation. SRS Labs Inc

Kramer L (2005) DTS: Brief History and Technical Overview. DTS Inc

Kruse F (1995) Darstellung der tontechnischen Anlagen in Kinos am Beispiel ausgewählter Berliner Lichtspieltheater. Diplomarbeit HFF Potsdam

Kuhn C, Seitz G, Pellegrini RS, Rosenthal M (2006) Simulation und Untersuchung subjektiver Fahreindrücke mit Hilfe von Wellenfeldsynthese. Fortschritte der Akustik, DAGA Braunschweig

Leakey DM (1959) Some Measurements on the Effect of Interchannel Intensity and Time Difference in Two Channel Sound Systems. J Acoust Soc Am 31:977–986

Leckschat D, Baumgartner M (2005) Wellenfeldsynthese: Untersuchungen zu Alias-Artefakten im Ortsfrequenzbereich und Realisierung eines praxistauglichen WFS-Systems. Fortschritte der Akustik, DAGA München

Lentz T (2006) Dynamic Crosstalk Cancellation for Binaural Synthesis in Virtual Reality Environments. J Audio Eng Soc 54/4:283–294

Lindau A, Weinzierl S (2007) FABIAN – Schnelle Erfassung binauraler Raumimpulsantworten in mehreren Freiheitsgraden. Fortschritte der Akustik, DAGA Stuttgart

Lombardo V, Fitch J, Weinzierl S, Starosolski R et al. (2005) The Virtual Electronic Poem (VEP) Project, ICMC Proceedings, Barcelona

Maillard J, Martin J, Lambert J (2004) Perceptive evaluation of road traffic noise inside buildings using a combined image and wave field synthesis system. Proceedings of the Joint Congress CFA/DAGA, Strasbourg, France, S 1047–1048

Makarski M, Goertz A (2006) Können binaurale Messungen den Klangunterschied zwischen Studiomonitoren quantitativ erfassen? 24. Tonmeistertagung, Leipzig

Meesawat K, Hammershøi D (2003) The Time When the Reverberation Tail in a Binaural Room Impuls Response Begins. 115th AES Convention, New York, Preprint 5859

Menzel D, Wittek H, Fastl H, Theile G (2001) Binaurale Raumsynthese mittels Wellenfeldsynthese – Realisierung und Evaluierung. Fortschritte der Akustik, DAGA Braunschweig

Minaar P, Olesen SK, Christensen F, Møller H (2001) Localization with Binaural Recordings from Artificial and Human Heads, J Audio Eng Soc 49/5:323–336

Moldrzyk C, Lentz T, Weinzierl S (2005) Perzeptive Evaluation binauraler Auralisationen. Fortschritte der Akustik, DAGA München

Møller H, Hammershøi D, Jensen CB, Sørensen MF (1995) Transfer Characteristics of Headphones Measured on Human Ears J Audio Eng Soc 43/4:203–217

Moreau S, Daniel J (2004) Study of Higher Order Ambisonic Microphone. Fortschritte der Akustik, DAGA Straßburg

Mourjopoulos J, Clarkson PM, Hammond JK (1982) A comparative study of least-squares and homomorphic techniques for the inversion of mixed phase signals. Proc. of the 1982 IEEE International Conference on ICASSP (Acoustics, Speech, and Signal Processing), Paris

MPEG (1996) DVD Technical Notes. http://www.mpeg.org/MPEG/DVD/

Prasetyo F, Linhard K (2006) In-Car Background Noise Simulation. Fortschritte der Akustik, DAGA Braunschweig

Pulkki V (1997) Virtual Sound Source Positioning Using Vector Base Amplitude Panning. J Audio Eng Soc 45/6:456–466

Pulkki V (2001) Localization of Amplitude-Panned Virtual Sources II: Two- and Three-Dimensional Panning. J Audio Eng Soc 49/9:753–767

Pulkki V, Karjalainen M (2001) Localization of Amplitude-Panned Virtual Sources I: Stereophonic Panning. J Audio Eng Soc 49/9:739–752

Rumsey F (2005) Spatial Audio. Focal Press, Boston

Sandvad J (1996) Dynamic Aspects of Auditory Virtual Environments. 100th AES Convention, Copenhagen, Preprint 4226

Scheiber P (1971) Four Channels and Compatibility. J Audio Eng Soc 19/4:267–279

Slavik KM (2005) BOA – Bregenz Open Acoustics. Media Biz 2005/10, Bergmayer & Partner Producer OEG

Slavik KM (2006) Dolby E und Dolby Digital. Skriptum für Seminar MKT03. ARD.ZDF-Medienakademie, Nürnberg

Smyth M (1999) An Overview of the Coherent Acoustics Coding System (White Paper). DTS Inc.

Sony (1999) Operation Manual DFR-C3000 and DFR-E3000, 1st Edition (3-868-317-02(1)). Sony Corporation Broadcasting & Professional Systems Company

Spors S, Rabenstein R (2006) Spatial Aliasing Artifacts Produced by Linear and Circular Loudspeaker Arrays used for Wave Field Synthesis. 120th AES Convention, Paris, France, Preprint 6711

SRS Labs Inc. (2006) SRS Circle Surround Performance Characteristics. SRS Labs, Inc.

Steinke G (2004) Surround Sound: Relations of Listening and Viewing Configurations. 116th AES Convention, Preprint 6019

Steinke G (2005) High Definition Surround Sound with Accompanying HD Picture. International Tonmeister Symposium. Tutorial Paper

Start EW (1997) Direct Sound Enhancement by Wave Field Synthesis, Dissertation TU Delft, Volltext unter http://www.library.tudelft.nl/ws/search/publications/dissertations/index.htm

Supper M (1997) Elektroakustische Musik und Computermusik. Wolke Verlag

Takeuchi T, Nelson PA, Hamada H (2001) Robustness to head misalignment of virtual sound imaging systems. J Acoust Soc Am 109/3:958-971

Theile G (1986) On the Standardization of the Frequency Response of High-Quality Studio Headphones, J Audio Eng Soc 34/12:956–969

Theile G (1991) On the naturalness of two-channel stereo sound. J Audio Eng Soc 39/10:761–767

Todd CC, Davidson GA, Davis MF, Fielder LD, Link BD, Vernon S (1994) AC-3: Flexible Perceptual Coding for Audio Transmission and Storage. 96th AES Convention, Preprint 3796

Torick E (1998) Highlights in the History of Multichannel Sound. J Audio Eng Soc 46/1/2:27–31

Torick E (1998) Highlichts in the Historiy of Mulitchannel Sound. J Audio Eng Soc 46/1/2:27–31

Ungeheuer E (2002) Elektroakustische Musik. Handbuch der Musik im 20. Jahrhundert, Bd 5

Verheijen E (1997) Sound Reproduction by Wave Field Synthesis. Dissertation TU Delft, Volltext unter http://www.library.tudelft.nl/ws/search/publications/dissertations/index.htm

Vogel P (1993) Application of wave field synthesis in room acoustics. Dissertation TU Delft, Volltext unter http://www.library.tudelft.nl/ws/search/publications/dissertations/index.htm

Weinzierl S (2002) Beethovens Konzerträume. Raumakustik und symphonische Aufführungspraxis an der Schwelle zum bürgerlichen Zeitalter. Frankfurt am Main: Erwin Bochinsky Verlag

Weinzierl S, Tazelaar K (2006) Raumsimulation und Klangkunst. Vom künstlichen Nachhall zur virtuellen Akustik. In: de la Motte-Haber H, Osterwold M, Weckwerth G (Hrsg) sonambiente 2006. klang kunst sound art. Kehrer, Heidelberg, S 350–365

Webers J (1989) Tonstudiotechnik. Handbuch der Schallaufnahme und -wiedergabe bei Rundfunk, Fernsehen, Film und Schallplatte. Franzis-Verlag GmbH

Wenzel EM (1996) What Perception Implies About Implementation of Interactive Virtual Acoustic Environments. 101st AES Convention, Los Angeles, Preprint 4353

Woodward JG (1977) Quadraphony – a review. J Audio Eng Soc 25/10/11:843–854

Zimmermann A, Terrenghi L (2004) Designing Audio-Augmented Environments. In: Mostéfaoui SK (Hrsg) IWUC 2004. Proceedings of the 1st International Workshop on Ubiquitous Computing : in conjunction with ICEIS 2004, Porto, Portugal. Setubal: INSTICC Press, S 113–118

Kapitel 12
Dateiformate für Audio

Karl Petermichl

12.1 Wertedarstellung	688
12.2 Architektur von Audio-Dateiformaten	690
12.2.1 Historische Entwicklung	690
12.2.2 Formatfamilien	691
12.2.3 Audio-Kodierungen	693
12.2.4 Metadaten	694
12.3 IFF-basierte Formate	695
12.3.1 WAVE	696
12.3.2 BWF	697
12.3.3 RF64	699
12.3.4 AVI	699
12.3.5 AIFF	700
12.4 Stream-orientierte Formate	700
12.4.1 MPEG-1	701
12.4.2 MPEG-1 Layer 3	702
12.4.3 MPEG-2, MPEG-2.5	703
12.4.4 MPEG-2 AAC ADTS/ADIF	703
12.4.5 AC-3	704
12.4.6 DTS	704
12.5 Container-Formate	705
12.5.1 Quicktime	705
12.5.2 MPEG-4	706
12.5.3 MPEG-4 Audio	706
12.5.4 OMFI	707
12.5.5 AAF, MXF	708
12.5.6 AES-31	708
12.5.7 WMA, ASF	709
12.5.8 Real Media	709
12.5.9 OGG	710
12.5.10 FLAC	710
12.5.11 Matroska	710

12.5.12 OpenMG 710
12.5.13 Sound Description Interchange Format (SDIF).............. 711
12.6 Formate für Musikanwendungen 711
    12.6.1 SMF.. 711
    12.6.2 SDS 712
    12.6.3 DLS 712
    12.6.4 RMID.. 712
    12.6.5 XMF... 713
    12.6.6 MODS 713
12.7 Historische Formate und Sonderformate 713
    12.7.1 Sound Designer 1..................................... 713
    12.7.2 Sound Designer 2..................................... 714
    12.7.3 CD-Audio.. 714
    12.7.4 Formate für Hörbücher und Diktiergeräte 715
    12.7.5 Weitere historische Formate........................... 715
Normen und Standards 717
Literatur... 718

Ein Dateiformat definiert die Anordnung und die Bedeutung von Werten innerhalb einer Datei. Dies reicht von inhaltsbeschreibenden Parametern bis zum Adressbereich der eigentlichen Audiodaten. Bedingt durch historische Entwicklungen und anwendungsspezifische Erfordernisse kommt in der Audiotechnik eine große Vielfalt von Formaten und Datenstrukturen zum Einsatz. In der Regel handelt es sich um Binärdateien; Textdateien können aufgrund des eingeschränkten Wertebereiches nur für sehr kleine Datensätze verwendet werden.

Wesentlich ist die Unterscheidung zwischen dem *Dateiformat* und der *Kodierung* der im File enthaltenen Audiosignale. Je nach Intention der Entwickler wird schon bei der Entwicklung eines Dateiformats festgelegt, ob es nur zur Speicherung einer bestimmten Kodierung genutzt werden kann, oder ob die Option besteht, unterschiedliche Audioformate im gleichen Dateiformat abzuspeichern. Damit wird in vielen Fällen auch eine Einteilung in „lineare" und „datenreduzierte" Dateiformate unmöglich, vielmehr muss eine Datei auf ihre Möglichkeiten und den tatsächlichen Inhalt überprüft werden, bevor eine Aussage zulässig ist.

12.1 Wertedarstellung

Unabhängig von den Parametern der enthaltenen Audiodaten weisen Dateiformate Basiseigenschaften auf, die meist direkt auf die avisierte Plattform, d. h. die zum Filezugriff benutzte CPU oder das ursprünglich verwendete Betriebssystem zurückgehen. Dazu gehören:

Kapitel 12 Dateiformate für Audio

- Byte-Reihenfolge (*Little Endian* versus *Big Endian*)
- Zahlendarstellung (*Fixed-Point* oder *Floating-Point*)
- Ausrichtung und adressierbare Größe von Datenblöcken (*Alignment*, *Padding*)
- Mehrkanal-Speicherung mit *Interleaved*-Struktur oder in separaten Files

Die **Byte-Reihenfolge** ergibt sich weitgehend aus dem historischen Kontext. Ausgehend von den ersten Anwendungen für Audio-Speicherung auf Großrechnern bei der Synthese elektronischer Musik war zunächst die Reihenfolge *Big Endian* üblich. Dabei wird das höchstwertige Byte einer längeren Zahl an der untersten Adresse abgelegt, davon aufsteigend dann die niederwertigeren Bytes, dies entspricht auch der gewohnten Leseweise von Dezimalzahlen von links nach rechts. Diese Methode wurde auch von der Firma Apple für die ersten im Studiobereich üblichen Dateiformate eingesetzt, da die Motorola Prozessoren der 68000-er Serie mit Big Endian arbeiteten. Im Gegensatz dazu basiert die Architektur der Intel x86-Prozessoren-Familie auf *Little Endian*. Dabei wird das niederwertigste Byte einer längeren Binärzahl an die unterste Adresse gelegt, die aufsteigenden Adressen speichern dann aufsteigende Wertigkeiten. Sollte also ein Audiofile von der verwendeten Applikation nicht geöffnet werden können, kann man damit manuell die richtige Einstellung treffen: Kommt das File von einem Apple-Rechner, ist es meist Big Endian, von einem PC kommend meist Little Endian.

Die **Zahlendarstellung** wirkt sich auf die Rechengeschwindigkeit und die maximale Auflösung der speicherbaren Werte aus. Einfache Mono-Sounds niedriger Qualität werden häufig mit 8 Bit ohne Vorzeichen (unsigned integer) gespeichert. Bei Auflösung in Studioqualität mit 16 Bit wird ein einzelnes Audio-Datenwort dann mit 2 Bytes dargestellt, gängige Dateiformate sehen dafür die Darstellung durch vorzeichenbehaftete Zahlen im *Zweier-Komplement* (2's-complement signed integer) vor. Für höhere Rechengenauigkeiten können auch Fließkommazahlen nach IEEE 754 zur Anwendung kommen (s. Kap. 14.7.1), möglich ist dies aber nur bei Kodierungen, welche pro Sample einen diskreten Wert abspeichern, wie die lineare Pulscode-Modulation (LPCM).

Die **Ausrichtung** an geraden Speicheradressen leitet sich von den Maschinenbefehlen der verwendeten Prozessoren ab. Daraus ergeben sich Füll-Bits, die je nach aktueller Adresslage dann vorhanden sind oder nicht. Die *Padding-Bytes* von MPEG-Frames dagegen kompensieren bei Bedarf die Disharmonie zwischen Enkoder-Samplingrate und Ziel-Bitrate.

Eine Beschränkung der **maximalen Größe** des Audio-Datenbereichs ergibt sich einerseits durch das Betriebssystem, andererseits durch die in der Formatdefinition vorgesehene Byte-Anzahl zur Längenangabe des Audiodatenbereichs. Diese implizite Größenangabe wird üblicherweise mit 32 Bit ohne Vorzeichen (unsigned) dargestellt, eine solche Binärzahl kann einen Wertebereich bis FFFFFFFF Hexadezimal bzw. 4.294.967.295 Dezimal darstellen. Manche Applikationen verwenden dafür allerdings signed integer, damit wird das höchstwertige Bit als Vorzeichen interpretiert. Dies führt je nach Applikation zu einer Obergrenze von entweder 2 GB oder 4 GB, entsprechend rund 3 bzw. 6,2 Stunden Stereoaufnahme bei 48kHz und 16 Bit. Diese Dateigrößen waren zum Zeitpunkt der Definition der meisten Formate noch sehr unüblich, sind bei aktuellen Samplingraten und Kanalzahlen aber schnell erreicht. Moderne Dateiformate wie RF64 brechen diese Limitierung aber auf.

Für **Mehrkanal-Speicherung** kann ein einziges File erzeugt werden, in welchem abwechselnd die entsprechenden Datenworte der einzelnen Kanäle ineinander verschachtelt sind (*Interleaving*). Manche Formate und Applikationen erfordern aber auch die Speicherung in getrennten Files, die dann nur durch den gleichen Dateinamen und ein Kanal-Suffix als zueinander gehörig erkennbar sind. Bei Zweikanalstereofonie nutzt man meist das Interleaved-Verfahren, bei mehrkanaligen Aufnahmen kann die Auftrennung in Einzeldateien helfen, die Dateigrößen unter 4 GB zu halten.

12.2 Architektur von Audio-Dateiformaten

12.2.1 Historische Entwicklung

Die Entwicklung der ersten Audio-Datenformate ist eng mit den Pionierarbeiten zur elektroakustischen und elektronischen Musik verknüpft. Für diese wurden bereits die ersten Mainframe-Computer zur Synthetisierung von Klängen, und in weiterer Folge auch für die Aufnahme und Wiedergabe von Tonsignalen verwendet. Dazu gehören die ab 1957 in den Bell Labs von Max Mathews entwickelten Applikationen MUSIC I bis MUSIC V, das von Barry Vercoe um 1973 in Princeton programmierte Music360, das in der Folge über MUSIC 11 zum bekannten Programmpaket Csound weiterentwickelt wurde, sowie die von Miller Puckette Mitte der 1980er Jahre am Pariser Institut de Recherche et Coordination Acoustique/Musique (IRCAM) entwickelte Applikation MAX (eine Referenz an Max Mathews), aus der leistungsfähige Audio-Manipulations- und Kompositionswerkzeuge wie MAX/MSP und Pure Data (Pd) hervorgegangen sind. Prinzipien von MUSIC-N und Csound sind im aktuellen MPEG-4 Standard in der Beschreibungssprache SAOL immer noch zu finden.

Grundprobleme der Audiospeicherung auf Computern waren zunächst die hohe erforderliche Durchsatzrate, die Filegrößen und der direkte Zugriff auf beliebige Teile innerhalb von Sounddateien. Informationen wie Abtastrate, Wortlänge oder Marker im File müssen für die einwandfreie Rekonstruktion im D/A-Wandler mit den Audiodaten mitgespeichert werden, und Änderungen an diesen Zusatzdaten sollten ohne gänzliche Neuschreibung des Files möglich sein. Bei den frühen Computeranlagen (wie PDP-11 unter RSX11-M) wurden die vom A/D-Konverter gelieferten Daten noch direkt auf Speicherbänder geschrieben, erst auf DEC VAX 11/780-Maschinen unter UNIX v7 erfolgte eine getrennte Speicherung von Beschreibungs- und Inhaltsdateien auf Festplatten. Der verbesserte Datendurchsatz späterer SUN, SGI, und NeXT-Rechner erlaubte es, alle Informationen in einer einzigen Datei abzulegen. Aktuelle Formate wie WAVE, AIFF und MPEG legen die technischen und inhaltlichen Parameter im Audiofile selbst ab, durch das Anwachsen der Zusatzdaten wird gegenwärtig jedoch teilweise wieder auf die an sich schon

Kapitel 12 Dateiformate für Audio

überwunden geglaubte Methode der separaten Speicherung von Audio und Beschreibung übergegangen (s. Abschn. über *Metadaten* und *Containerformate*).

Eines der ersten speziell für Audiodaten entwickelten Dateiformate geht auf die 1982 von Gareth Loy festgelegten Spezifikationen für das csound-Filesystem zurück. In Folge entwickelte sich csound zu BICSF (Berkley/IRCAM/CARL Sound File) weiter. Die Fa. Electronic Arts entwickelte 1985 das Austauschformat IFF, 1991 entsteht daraus die Multimediaspezifikation RIFF (IBM/Microsoft), Grundstein für das vielseitigste und meistbenutzte Audioformat WAVE. Ebenfalls 1991 wird der Multimedia-Container Quicktime von Apple eingeführt.

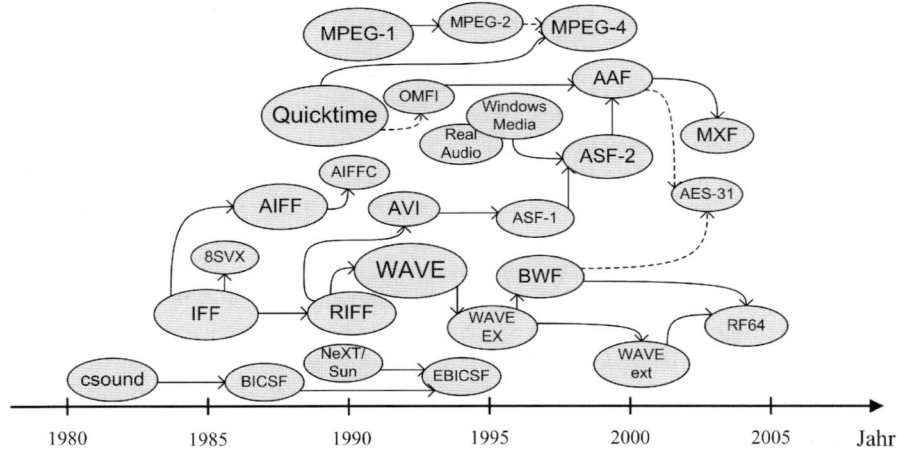

Abb. 12.1 Evolution der Dateiformate für Audio. Die Jahresleiste gibt den Zeitraum der Einführung an, Symbol- und Schriftgrößen sind ein Indikator für den Beitrag des Formats zur technologischen Weiterentwicklung.

12.2.2 Formatfamilien

Als Formatfamilien für digitale Audiosignale können unterschieden werden:

- Rohe Audiodateien ohne implizite Beschreibung
- Selbstbeschreibende Formate mit einem Header und durchgehendem Datenbereich
- Streaming-Formate mit Audiodaten in Paketeinheiten für den Broadcast-Bereich
- Containerformate für Audio, andere Medientypen und Zusatzdaten
- Applikationsspezifische Formate zur Speicherung der Produktions-Situation

Deutlich erkennbar ist für den Benutzer meist die Dateierweiterung. Diese wird aber nur vom Betriebssystem benutzt, um die mit dieser Endung verknüpfte Software aufzurufen. Die Audio-Applikation nutzt dann nicht die Dateierweiterung zur

Erkennung des Inhalts, sondern liest den Beginn des Files ein, um typische Parameter auszuwerten. Dieser *Header* ist in modernen Audiosystemen unverzichtbar, da eine Vielzahl von variablen Parametern zur korrekten Dekodierung nötig ist. *Headerless* Formate wurden nur in der Frühzeit der Computertechnik verwendet (s. Abschn. 12.7).

Im einfachsten Fall gibt der Header nur die Art der Kodierung der Audiodaten sowie essentielle Parameter wie Samplingrate, Wortbreite, Kanalzahl und Bitrate an. In weiterer Folge wurden Formate mit echten *Metadaten* (Inhaltsbeschreibungen) im Header definiert, in denen beispielsweise auch Titel, Autor und Aufnahmedatum Platz finden. Bei applikationsspezifischen Formaten können noch Markierungen, Regionen, Loops sowie die graphische Darstellung der Audiodaten (Hüllkurve) mitgespeichert werden. Manche Header sind so gestaltet, dass die Änderung von Zusatzinformationen ohne Neuschreiben der gesamten Audiodaten möglich ist. Dafür muss der Header allerdings eine feste Größe aufweisen, dies führt zu unflexiblen Datenstrukturen (z. B. „Titel" auf 30 Zeichen beschränkt).

Die Abgrenzung spezieller *Streaming-Formate* wie WMA, Real Audio oder mp3-Streaming kann kaum auf der Ebene der Dateiformate erfolgen. Jedes der drei genannten Formate kann lokal, als Download, oder als Internet-Stream angeboten werden, die Mechanismen dazu liegen in der Art der Verlinkung auf der Webseite sowie den verwendeten Protokollen zwischen Media-Client und Media-Server. Lediglich durch die Optimierung der gleichnamigen Audiokodierungen für niedrige, und damit über das Internet mit gutem Quality-of-Service übertragbare Bitraten sind diese Formate für das Audio-Streaming prädestiniert, nicht durch das Dateiformat selbst. Eine einfache Textdatei wie .m3u ermöglicht beispielsweise das Streaming von mp3-Files ohne kompletten Download, diese Fähigkeit ist nicht im Audiofile selbst begründet. Sehr wohl kann aber das Dateiformat dazu beitragen, ob das „Einklinken" in einen fließenden Datenstrom jederzeit problemlos möglich ist. Die Gruppe der MPEG-Formate etwa teilt den gesamten Datenblock in Untereinheiten wie Frames und Subframes mit jeweils eigener Synchronkennung und Parameterangabe, also Headern nicht nur am Beginn, sondern über die Datei verteilt. Dies prädestiniert die Formate für Broadcast-Anwendungen wie etwa TV- und Radioübertragung über digitalen Satellit oder auch als Inhalte für DVD-Medien.

Neben der Identifikation von Audiofiles anhand von Dateierweiterung und Header kommt – insbesondere bei Audiofiles in Netzwerken – auch dem MIME-Typ eine immer größere Bedeutung zu. Diese Multipart Internet Mail Extensions (MIME) dienten anfangs zur Typendefinition bei Emails mit unterschiedlichen Anhängen, durch die breite Akzeptanz und den offenen Registrierungsprozess sind jedoch rund 100 Audioformate auch anhand ihres MIME-Typs und -Subtyps für den Internet-Browser (zum Aufruf von Player oder Plug-in) oder die abspielende Applikation direkt erkennbar. MIME-Haupttyp ist dabei *audio*, der Subtyp gibt dann das Format an (z. B. x-wav für WAVE). Details über Formatstrukturen, Protokolle und Bezüge finden sich auch in den RFCs (Request for Comments), die von Firmen, Arbeitsgruppen und der IETF (Internet Engineering Task Force) verfasst und öffentlich bereitgestellt werden. So definiert RFC 4337 etwa die MIME-Typen für MPEG-4 Medienfiles. In RFC 4288 wird der Übergang von MIME- zu MEDIA-Typen beschrieben, ein Prozess, der die Relevanz dieser Typen auch über den historischen Email-Kontext hinaus sichert.

Im Folgenden nicht einzeln beschrieben werden applikationsspezifische Formate von Audio-Bearbeitungsprogrammen, deren Aufbau meist proprietär und nicht dokumentiert ist. Zudem speichern diese meist nur die jeweilige *Session*, also etwa den Verweis auf verwendete Audiofiles, Schnitte, internes Routing und Automationsdaten, nicht jedoch die eigentlichen Audiodaten. Containerformate wie AAF verfolgen den Ansatz, komplexe Szenarien unabhängig von der eingesetzten Bearbeitungs-Software abzubilden, und damit den Projektaustausch auch zwischen den Herstellern zu ermöglichen.

12.2.3 Audio-Kodierungen

Nur wenige Dateiformate sind für eine spezifische Kodierung spezifiziert. Die überwiegende Anzahl kann verschiedene Kodierungen mit unterschiedlichen Bitraten, Abtastraten und Wortbreiten enthalten (s. Kap. 16).

In der Frühzeit der Audiospeicherung am Computer wurde meist nur in Mono, mit Abtastraten von 8 kHz und datenreduzierende Kodierungen wie µLaw oder ADPCM gespeichert, historische Formate beziehen sich deshalb oft auf diese Kodierungen. Später war die Speicherung der linearen PCM Datenworte – direkt vom A/D-Wandler kommend – vorherrschend, viele im Studiobereich verwendete Formate verfahren nach dieser Methode. Wegen des großen Speicherbedarfs bei der linearen Beschreibung von Audio wurden in weiterer Folge verlustbehaftete, psychoakustische Kodierungen eingeführt wie MPEG-1 mit den Layern 1 und 2 sowie dem im Consumerbereich gebräuchlichen Layer 3 (kurz „mp3") oder MPEG AAC. Das Dateiformat mp3 ist allerdings eines der wenigen, die nur für die Speicherung einer spezifischen Kodierung verwendet werden, wogegen für das Format WAVE rund 150 unterschiedliche Kodierungen zulässig sind, auch MPEG-1 Layer 3 könnte in einer WAVE-Datei gekapselt werden.

Nicht jede Audiosoftware unterstützt alle Optionen eines Dateiformats. So kann es vorkommen, dass zwar anhand der Erweiterung eine Datei als lesbar eingestuft wird, im Header aber eine Inhaltsbeschreibung auftritt, die in der betreffenden Applikation nicht verarbeitbar ist, da beispielsweise kein Dekoder dafür installiert wurde. Anhand der Kodierung könnte man auch eine Einteilung in Dateiformate für den Endkunden (ohne weitergehende Bearbeitung) und Formate für den Studiogebrauch und die Kontribution unterscheiden. So werden mp3 und AAC überwiegend für den letzten Punkt in der Signalkette verwendbar, wogegen BWF (mit LPCM-Kodierung), AIFF, oder auch MXF für den Austausch zwischen Studios im Gebrauch sind.

Neben der Weiterentwicklung psychoakustischer Kodierungen wurden auch verlustfreie Kompressionsmethoden für den Programmaustausch und die Archivierung entwickelt, wie etwa FLAC, Apple Lossless, Windows Media Audio Lossless oder MPEG4-ALS. Diese werden meist alternativ zu den verlustbehafteten

Kodierungen in den entsprechenden Containerformaten abgelegt, es sind aber auch Dateiformate speziell zur Speicherung von verlustfrei datenreduziertem Audio in Verwendung.

12.2.4 Metadaten

Ähnlich wie bei der Kodierung gibt es auch bei den im File gespeicherten Zusatzdaten (Metadaten sind „Daten über Daten") verschiedene Konstellationen. Das Dateiformat BWF (Broadcast Wave Format) etwa wurde von der EBU (European Broadcasting Union) ausdrücklich für den Zweck spezifiziert, um im Austausch zwischen Rundfunkanstalten und Studios relevante Textinformationen direkt im Audiofile mit zu übergeben. Hierzu muss die speichernde Applikation diese Wertefelder nicht nur beschreiben können, die öffnende Software muss sie auch auslesen können. Wie bei Kodierungen garantiert also die Lesbarkeit eines Formats noch nicht die vollständige Erkennung des gesamten Inhalts. Leistungsfähige Audio-Applikationen unterstützen allerdings den gesamten Befehlsvorrat eines Dateiformats oder geben bei Inkompatibilitäten zumindest entsprechende Hinweise.

Die Vereinheitlichung der Metadaten im Broadcast Wave Format stellt einen großen Schritt in Richtung einer Angleichung von Datenauszeichnungen dar. Besonders die Konvergenz mit dem in Bibliotheken und Archiven gerne angewandten *Dublin Core* Metadaten-Satz von 15 Basisfeldern ergibt praktisch verwertbare Resultate bei der Archivierung von Audiofiles: Datenbankabfragen können leichter gruppiert werden, die Bedeutung der Datenfelder ist international harmonisiert.

Universell verwendet wird ein besonderer Metadatensatz, der *ID3-Block*, eine informell standardisierte Inhaltsbeschreibung für Audiodaten. Sie könnte prinzipiell jedem MPEG-File beigefügt werden, findet meist aber nur bei mp3-Files Verwendung. Bei ID3-Version 1 ist dies ein 128 Byte langer, als *Tag* (Etikett, Kennzeichnung) bezeichneter Datenbereich am Ende der Datei, in welchem mit jeweils fester Zeichenlänge Textbeschreibungen für Titel, Interpret, Album, Erscheinungsjahr und Kommentare eingetragen werden können. Da der Zeichensatz dafür nicht standardisiert ist und oft einfach ASCII angenommen wird, können Umlaute meist nicht korrekt interpretiert werden. Die Nachteile der fixen Blocklänge („Titel" darf nur 30 Zeichen aufweisen) und die vorgesehene Position am Ende des Files, die bei Streaming-Anwendungen erst am Schluss eingelesen werden kann, gaben Anlass zur Festlegung des ID3-Tag in Version 2. ID3v2 steht meist am Anfang des Files und kann 78 unterschiedliche Informationsfelder mit variabler Länge aufnehmen. Aus Kompatibilitätsgründen werden mp3-Dateien oft auch mit ID3v1 am File-Ende und ID3v2 am File-Beginn versehen, entsprechende Tag-Editoren können also beide Varianten unabhängig voneinander verändern. Da die meisten mobilen Audioplayer wie auch die gebräuchlichsten Musikapplikationen im Consumerbereich dieses ID3v1/v2-Tag anstatt des Dateinamens anzeigen sowie danach sortieren, ist bei der

Erstellung von mp3-Files für die Endauslieferung (Hörbücher etc.) auch im professionellen Studiobetrieb auf das korrekte Ausfüllen dieser Metadatenfelder zu achten.

Im Bereich der Online-Distribution kommen auch bloße Textfiles ohne Tonmaterial zur Anwendung. Diese verweisen dann auf den Pfad zur Audiodatei (wie die .ram-Files des Real-Audio-Formats) oder geben eine Abspielliste mit Reihenfolge, Titel und absoluter oder relativer Position der Audiofiles an (wie die .m3u-Playlisten für mp3-Dateien).

Die stetig anwachsende Fülle an Metadaten über die Möglichkeiten von BWF oder ID3v2 hinaus bringt drei wesentliche Entwicklungen mit sich:

- Komplexe *Containerformate* (wie Quicktime, MPEG-4 oder AAF), die immer mehr unterschiedliche Informationstypen einschließlich der Metadaten innerhalb einer Datei kapseln.
- Abstrakte *Metadaten-Files* (wie AES31-3 oder MPEG-21) die ausschließlich Metadaten, Typologien und Links zu den Audiodaten speichern (häufig in XML).
- Das Vorhalten eines Großteils der Metadaten in *SQL-Datenbanken* vor allem im Broadcast-Bereich, von wo sie oft nur auf Umwegen als Textfile aus der Datenbank exportierbar sind.

Somit ist im professionellen Produktions-Umfeld stets zu prüfen, wo die erforderlichen Metadaten aufzufinden sind: Direkt im Audiofile, im umgebenden Datencontainer, in einem separaten Text- oder XML-File, oder innerhalb einer Datenbanktabelle.

12.3 IFF-basierte Formate

Das im Jahr 1985 von der Fa. Electronic Arts eingeführte Interchange File Format (IFF) war einer der ersten Versuche, eine plattformübergreifende und applikationsunabhängige Vorschrift zur Weitergabe von Datenbeständen zu konstruieren. Wichtigste Vereinbarung von IFF ist Datenbeschreibung in *Chunks*. Diese bestehen immer aus einer 4-Byte-Identifikation (Four Character Code) über die Art des Chunks, gefolgt von der Länge des Chunks und den eigentlichen Daten. Wesentlich ist auch die Übereinkunft, dass Programme einzelne ihnen unbekannte Chunks überspringen können, jedenfalls aber beim Abspeichern blind mitkopieren. Dadurch kann der Standard erweitert werden, bleibt aber rückwärtskompatibel. Auf das IFF-Format haben sich IBM und Microsoft bei der Definition des RIFF-Formats (Resource Interchange File Format) im Jahr 1991 gestützt. IFF und RIFF sind in sich jedoch noch keine praktisch verwendbaren Dateiformate, sondern bilden ein Grundgerüst, anhand dessen dann spezielle Formate für Text, Audio, Video, Bilder oder MIDI konstruiert werden können. Das bekannte Textformat RTF (Rich Text Format) stellt eine konkrete Implementationen des RIFF-Formats dar.

Tabelle 12.1 IFF-basierte Dateiformate

Dateiformat	Extension	Little Endian (L)/ Big Endian (B)	Kodierung	Einsatz
WAVE	.wav	L	meist LPCM	Studio, Consumer
BWF (Broadcast Wave Format)	.wav	L	LPCM / MPEG plus Metadaten	Studio, Rundfunk
RF64	.wav	L	meist LPCM plus Metadaten	Studio, Rundfunk
AVI (Audio Video Interleaved)	.avi	L	Audio/Video in diversen Kodierungen	Consumer, Video-Studios
AIFF (Audio Interchange File Format)	.aiff	B	LPCM	Studio

12.3.1 WAVE

Das WAVE-Format war eines der ersten vollständig definierten Audio-Dateiformate. Entsprechend dem Gerüst der RIFF-Vorgabe beginnt ein WAVE-File immer mit dem 4-Byte Zeichencode RIFF als eindeutiger Gruppen-Identifikation der Art des Chunks, danach folgen die Länge des Files, der Name des RIFF-Typs WAVE und der Name des ersten Sub-Chunks *fmt* (Format). Die folgenden 4 Bytes geben die Länge dieses Sub-Chunks an, dahinter folgen definierte 2- und 4-Byte Codes für die Art der Audiokodierung, die Kanalanzahl, die originale Abtastrate, die Anzahl der Average Bytes per Second (gleich Kanalzahl mal Abtastrate mal Bytes pro Sample), die Blockgröße (gleich Kanalzahl mal Bytes pro Sample) sowie die Anzahl der Bits pro Abtastwort (nur bei PCM-Kodierung vorhanden). Der zweite Sub-Chunk beginnt mit der 4-Byte-Identifikation *data*, gefolgt von 4 Bytes mit der Datenbereichs-Länge und dann den eigentlichen Audio-Daten. Diese einfachste Anordnung einer WAVE-Struktur wird auch als *canonical form* bezeichnet.

Neben den beiden obligatorischen Chunk-Typen *fmt* und *data* sind einige weitere definiert, darunter *cue*, *plst*, *inst* und *smpl*. Deren optionaler Charakter bietet

Code	„RIFF"	Größe	„WAVE"	„fmt"	Größe	Audio Format	Kanal Anzahl	Abtast Rate	Average Bytes per Second	Block Größe	Bits per Sample	„data"	Größe	Audio Daten
Start Byte	0	4	8	12	16	20	22	24	28	32	34	36	40	44
Byte Länge	4	4	4	4	4	2	2	4	4	2	2	4	4	n...

RIFF – Gruppen - Chunk | Format – Sub - Chunk | Data – Sub - Chunk

Abb. 12.2 Byte-Struktur einer WAVE-Datei mit Gruppen-Chunk, Format-Chunk und Data-Chunk. Der hier eingetragene Bereich „Bits per Sample" ist nur bei linearer PCM-Codierung vorhanden.

Kapitel 12 Dateiformate für Audio 697

aber keine Gewissheit, dass ein Programm, dem die Datei übergeben wird, diese Chunks auch verarbeiten kann, somit sind sie nur bedingt nutzbar. Im Format-Chunk sind zahlreiche Verfahren zur Kodierung der Audiodaten definiert. Zur näheren Beschreibung der Parameter dieser Verfahren wurde 1994 im WaveformatEX der fmt-Chunk erweitert und der Sub-Chunk *fact* eingeführt, der bei allen Kodierungen außer linearer PCM erforderlich ist.

Mit dem Aufkommen von Mehrkanal-Audio hat Microsoft im Jahr 2001 das nochmals erweiterte *Waveformat-Extensible* spezifiziert. Statt im fmt-Chunk direkt die Kodierung anzugeben, wird auf ein 16 Byte langes *Subformat* hingewiesen, in diesem können nun Hersteller mittels ihres eigenen GUID (Globally Unique Identifier) Hinweise auf das besondere Audioformat mitspeichern. Weitere wichtige Erweiterungen sind die *Channel Mask* für die Zuordnung von Audiokanälen zu physikalischen Lautsprecher-Positionen, sowie die Vereinheitlichung der bis dahin widersprüchlich gehandhabten Format-Felder *BitsPerSample* und *SamplesPerBlock*. Microsoft versucht auch in den eigenen Produkten, dieses erweiterte Format zu etablieren, so kann der Windows Media Player Audiomaterial mit 24 Bit Wortbreite nur dann abspielen, wenn in der WAVE-Datei dieses Waveformat-Extensible eingetragen wurde, obwohl bereits im originalen WAVE-Standard 24-Bit Audio zulässig war. Durch die weiterhin bestehende Begrenzung auf maximal 4 GB Audio-Datenblock-Größe ist aber auch bei Nutzung dieser Erweiterung eine einzige WAVE-Datei oft nicht zur Speicherung von Mehrkanal-Audio geeignet, es werden für 5.1-Audio meist 6 einzelne WAVE-Files mit identischem Dateinamen und einer passenden Erweiterung (z. B. name.L.wav, name.R.wav, name.C.wav, name.Lf.wav, name.Ls.wav, name.Rs.wav) eingesetzt. Erst das Format RF64 schafft hier Abhilfe.

12.3.2 BWF

Für den Austausch von Audiomaterial zwischen Rundfunkanstalten und Studios sind häufig ausführliche Beschreibungsdaten zur eindeutigen Kennzeichnung der Produktion, zur Qualitätssicherung und zur Dokumentation der Nutzungsrechte erforderlich. Diese wurden bei analogen Medien auf einem Bandpass vermerkt und waren dadurch eindeutig mit dem Tonträger verbunden. Beim Übergang auf Computerfiles waren diese Daten dann in Form von Email, Datenbankeinträgen oder Word-Dokumenten oft nicht mehr unmittelbar dem Audiofile zugeordnet. Die European Broadcasting Union (EBU) als gemeinsames Gremium europäischer Rundfunkanstalten hat daher 1997 den Standard N22 und die Technical Specification 3285 zur Vereinheitlichung der Metadaten und der verwendbaren Audiokodierungen vorgelegt. Dieses Broadcast Wave Format (BWF) hat jedoch weiterhin die Dateierweiterung .wav und folgt im Wesentlichen dem WaveformatEX von 1994, kennt also noch nicht die Erweiterungen des Waveformat-Extensible und ist auch nicht für Dateien größer als 4 GB geeignet. Als Audiokodierung wird in der Technical Recommendation R85 LPCM mit 48kHz und mindestens 16 Bit empfohlen.

Das BWF legt mit der *Broadcast Audio Extension* einen neuen Chunk mit der ID *bext* fest. Nach dieser ID und der Chunk-Größe folgen Datenfelder für eine ausführliche Beschreibung des Materials, dem Namen des Erzeugers, eine Referenznummer, Erstellungsdatum und Zeit, eine Samplereferenz („seit Mitternacht") und seit der BWF-Version 1.0 aus dem Jahr 2001 auch ein Feld für einen SMPTE-konformen UMID (Unique Material Identifier). Das letzte Datenfeld im bext-Chunk wird zukünftig immer wichtiger werden, die *Coding History*. Darin sollte, von der ersten Digitalisierung beginnend, jede weitere Umkodierung mit ihren jeweiligen Parametern festgehalten werden. Somit könnte man auch nach mehreren Generationen erkennen, dass ein hochwertiges 96kHz/24Bit-File zwischenzeitlich als MPEG-Layer 2 abgespeichert worden war.

Code	„RIFF"	Größe	„WAVE"	„bext"	Größe	Beschreibung	Erzeuger	Ref.-Nr.	Datum	Zeit	Tageszeit Hi+Low	Version	UMID	Future Use	Coding History
Start Byte	0	4	8	12	16	20	276	308	340	350	358	366	368	432	622
Byte Länge	4	4	4	4	4	256	32	32	10	8	8	2	64	190	n

Broadcast Wave Extension – Sub - Chunk

RIFF – Gruppen - Chunk

Abb. 12.3 Byte-Struktur der Broadcast Audio Extension im Header einer BWF-Datei. Das Feld „Beschreibung" muss nicht unbedingt 256 Bytes aufweisen, doch wird es meist auf diese Anzahl aufgefüllt.

Auch die BWF-Spezifikation hat bereits mehrere Erweiterungen erfahren. Im Supplement 1 wird ein MPEG-Audio-Extension Chunk mit der ID *mext* definiert, der nähere Parameter im Falle von mit MPEG Layer 2 kodiertem Material bereitstellt, besonders die Frame-Länge und weitere Zusatzdaten, auch werden lineare PCM und MPEG-1 Layer 2 als einzige für BWF zu verwendende Audiokodierungen festgelegt. Supplement 2 legt die Struktur eines *Quality Chunk* mit der ID *qlty* fest, im praktischen Einsatz ist dieser bei Workstations für Digitalisierung und Archivierung zu finden. Supplement 3 bietet einen *Peak Envelope Chunk* mit ID *levl* zur schnellen Anzeige der grafischen Wellenform an. Supplement 4 versucht, mit einem *Link Chunk* (ID *link*) die 2/4GB-Grenze der RIFF- und damit auch der BWF-Struktur zu umgehen. In einer XML-strukturierten Liste können weitere Audiodateien angegeben werden, womit ein nahtloser Abspielvorgang über viele Stunden möglich wird. Supplement 5 definiert einen Chunk für XML-Daten mit der ID *axml*. AES 46-2002 schließlich beschreibt einen Chunk mit der ID *cart*, in dem Metadaten für die Sende-Ausspielung von Audiofiles enthalten sind. Einige oder alle dieser Erweiterungen werden von Software-Herstellern für eine optimale Verarbeitung von Audiodateien im Rundfunkbetrieb verwendet.

12.3.3 RF64

Auch wenn Microsoft mit dem Waveformat-Extensible bereits ein Format für Mehrkanal-Ton vorgestellt hat, ist dies mit zwei schwerwiegenden Einschränkungen behaftet. Die Audiostreams beziehen sich durchweg auf *einen* Musikmix, z. B. ist 5.1 plus ein unabhängiger Stereo-Mix nicht vorgesehen, und die Dateigröße ist auf 4 GB begrenzt. Diese beiden Probleme löst das 2004 von der Fa. DAVID entwickelte und in EBU Tech-3306 auch von der EBU standardisierte Format RF64. Es definiert innerhalb der von Microsoft festgelegten Tabelle für die Zuordnung zwischen Audiostream und Lautsprecherkanal neue Relationen, die auch unabhängige Mischungen des gleichen Materials zulassen, zudem wird durch einen komplett neuen RIFF-Header ein neues Format festgelegt, in welchem die 32-Bit Adressierungsbereiche durch 64-Bit Felder ersetzt werden. Hierfür musste ein neuer Haupt-Chunk als Ersatz für RIFF definiert werden. Alle anderen Eigenschaften des auf RIFF/WAV gestützten Formates bleiben erhalten. Ist ein bext-Chunk vorhanden, wird von MBWF (Multichannel BWF) gesprochen.

Um für Dateien kleiner als 4 GB die Rückwärtskompatibilität mit bestehenden Applikationen zu erhalten, verändert eine RF64-kompatible Software den RIFF-Header „fliegend" während der Aufnahme. Zu Beginn der Speicherung wird ein normales BWF-File erzeugt, für die größeren Adressbereiche wird ein *Junk-Chunk* vorgesehen, erst wenn die Filegröße 4 GB übersteigt wird die ID *RIFF* durch die ID *RF64* ersetzt, und der *Junk-Chunk* in den durch RF64 definierten *ds64-Chunk* umgewandelt. Da zu erwarten ist, dass der überwiegende Teil der Audiodateien unter einer Größe von 4 GB bleibt, bietet diese Technik das größtmögliche Maß an Rückwärtskompatibilität. Darüber hinaus können innerhalb von RF64 auch stream-orientierte Kodierungen wie dts und Dolby Digital gespeichert werden. Es ist zu erwarten, dass dieses Format von Herstellern professioneller Audiosoftware auf breiter Basis implementiert werden wird.

Von der Fa. Sony wurde bereits vor RF64 das Format Wave64 TM (auch Sony Pictures Digital Wave 64) mit der Datei-Endung .w64 vorgeschlagen, das auch von einigen Herstellern (VCS, Steinberg, Sadie) eingesetzt wird. Es ist nicht kompatibel zu RF64 und verfolgt einen etwas anderen Ansatz, vor allem durch die Verwendung von GUIDs statt der 4-Byte IDs zur Kennzeichnung von Chunks. Wave64 TM ist auf 64 Bit-Adressierung aufgebaut, wodurch keine 4 GB-Beschränkung vorliegt.

12.3.4 AVI

Audio Video Interleaved (AVI) ist ein konkrete Umsetzung des RIFF-Standards. Die ID am File-Beginn ist *AVI*, es folgen die Header-Parameter, Stream-Header und die eigentlichen Audio/Video-Daten. AVI wird selten für Audio ohne Video benutzt, lässt wie WAVE aber eine Vielzahl von Kodierungen zu. Im Jahr 1992 von Microsoft vorgestellt, bildet es eine Brücke zwischen den einfachen RIFF-Einzelformaten und später entwickelten komplexen Containerformaten wie ASF, AAF und MXF.

12.3.5 AIFF

Bereits 1988 hat die Fa. Apple das Audio Interchange File Format (AIFF) vorgelegt, das besonders in Verbindung mit Apple-Computern immer noch häufig verwendet wird. Als eines von wenigen Dateiformaten lässt AIFF ausschließlich eine Kodierung als lineares PCM-Audio zu. AIFF nimmt keinen Bezug auf RIFF, sondern ist ein direktes IFF-Format, daher ist die ID für den Group-Chunk auch *FORM*, so wie in IFF gefordert, der erste Sub-Chunk hat die ID *AIFF*. Es sind verschiedene weitere Chunks wie Marker, MIDI-Instrumentendaten, Loop-Punkte und Kommentar definiert, diese wurden von den ersten Audio-Applikationen auf Apple-Basis wie Sound Designer oder Toast auch gerne verwendet. Im Gegensatz zum ebenfalls gebräuchlichen Format Sound Designer speichert AIFF seine Daten nur in der *Data-Fork* einer originalen Apple-Datei. Die *Resource-Fork* wird nicht genutzt, deshalb ist AIFF auch leichter unter Windows zu nutzen als das proprietäre Sound Designer-Format.

Das erweiterte Format AIFF-C hat ab 1991 die Möglichkeit zur Speicherung datenreduzierter Kodierungen eröffnet, allerdings nur für wenig gebräuchliche Algorithmen wie IIGS-ACE. Da in der AIFF-Spezifikation kein *Versions-Chunk* vorgesehen war, musste extra dafür der neue IFF-Form-Typ *AIFC* definiert werden. AIFF-C (mit der Datei-Endung .aifc unter Mac oder .afc unter Windows) hat allerdings keine große Verbreitung gefunden.

12.4 Stream-orientierte Formate

Die Audiodaten der Formate im voranstehenden Kapitel können ohne Kenntnis des Headers am Dateibeginn nicht korrekt interpretiert werden. Für die Ausstrahlung von Ton- und Bildsignalen über digitale Strecken ist aber wesentlich, dass sich der Dekoder jederzeit in die Übertragung einklinken kann, auch müssen in der Bearbeitungsphase Schnitte im Material ohne komplettes Neuanlegen der gesamten Information durchgeführt werden können. Diesem Zweck dienen Stream-orientierte Formate. Hier werden die Parameter für den Dekoder in häufiger Abfolge wiederholt und das Audiomaterial wird nicht durchgehend, sondern in *Frames* unterteilt angeordnet. Für die Speicherung solcher Datenströme wird oft kein spezielles Dateiformat definiert, sondern die Information wird so, wie sie vom Enkoder eintrifft, gespeichert, bei dieser Art von Files können beliebig viele Bytes vom Dateibeginn weggelöscht werden, der Rest bleibt immer noch dekodierbar. Wesentlich dabei ist ein typisches *Frame-Sync* Bitmuster mit nachfolgender Typologie der Audioframes, der Dekoder wartet den ersten Frame-Sync ab, liest die Parameter, und dekodiert nunmehr fortlaufend.

Kapitel 12 Dateiformate für Audio

Tabelle 12.2 Stream-orientierte Formate. In MPEG-Files liegen oft auch Videodaten im Multiplex mit den Audiodaten vor.

Streamformat	Extension	Little Endian (L) / Big Endian (B)	Kodierung	Einsatz
MPEG-1	.mpeg .mpg	L	MPEG1-Layer 1–3	Rundfunk, Consumer
MPEG-1 Layer 3	.mp3	L	MPEG1-Layer 3	Consumer
MPEG-2 / MPEG-1	.mp2	L	MPEG2-BC	Rundfunk, Consumer
MPEG-2 ADTS/ADIF	.aac .adif	B	AAC	Consumer
AC3 (Dolby Digital)	.ac3	L	ATSC/52	Consumer
DTS (Digital Theater Systems)	.dts	L	dts	Consumer

12.4.1 MPEG-1

Die Moving Picture Coding Experts Group (MPEG), eine Arbeitsgruppe des technischen Komitees der ISO/IEC, hatte 1988 begonnen, neue Standards zur Audio/Video-Übertragung und -Speicherung auszuarbeiten. Wesentlich war dabei die Blickrichtung auf verlustbehaftete Datenreduktion, um eine effiziente Distribution und Mediennutzung zu ermöglichen. 1992 wurde der MPEG-1 Audiostandard im Rahmen von ISO/IEC 11172-3 fertig gestellt, mit drei verschiedenen *Layern* der Audiokodierung, die aufsteigende Komplexität in der psychoakustisch motivierten Signalverarbeitung und damit auch jeweils längere Delayzeiten für diesen Vorgang aufweisen. Layer I wurde wenig genutzt, Layer II dagegen ist die Basis für Audiospeicherung im Rundfunkbereich, für Übertragung im digitalen Rundfunk (DAB), und das meistgenutzte Audioformat für Digital Video Broadcasting (DVB). Layer 3 wurde durch die gute Klangqualität bei geringen Bitraten für Popmusik sehr populär und wird allgemein als *mp3* bezeichnet.

In ISO/IEC 13818-1 werden auf Basis der Paketdefinitionen aus ISO/IEC 11172-1 Methoden für Übertragung und Speicherung synchronisierter Audio- und Videoinhalte in Form von *Transport Streams* oder *Program Streams* beschrieben. Erstere dienen zur Übertragung über breitbandige, eventuell mit Störungen behaftete Strecken, letztere überwiegend zur Speicherung. Bei MPEG 1-Layer II werden 1152 Audiosamples zu einem Frame zusammengefasst, bei einer Abtastrate von 48kHz ergibt das 24ms pro Frame. Wird mit konstanter Bitrate in Layer II enkodiert, so steht jeder Frame für sich allein, es kann beliebig im Material geschnitten werden. Bei Layer III und bei *Variable Bitrate Encoding* (VBR) dagegen beruhen manche Frames auf den Daten der vorangegangenen Frames, Schnitte sind daher nur in größeren Blöcken möglich. Die äußerst effiziente Nutzung der einzelnen Bits innerhalb des nur 32 Bit langen Sync-Headers wird in den folgenden Grafiken verdeutlicht:

Tabelle 12.3 32 Bit Header eines MPEG-Frames

Bit Nummer	0	1	2	3	4	5	6	7	8	9	10
Bedeutung	Synchronisations-Muster										
Interpretation	Dient dem Dekoder als markantes Bitmuster für den Start des Frame-Headers										

Bit Nummer	11	12	13	14	15	16	17	18	19	20	21
Bedeutung	MPEG Version-ID		MPEG Audio Layer		Fehler Korrektur	Bitrate Enkodiert				Sampling Rate	
Interpretation	00=MPEG Version 2.5 (inoffiziell) 10=MPEG Version 2 ISO/IEC 13818-3 11=MPEG Version 1 ISO/IEC 11172-3		01=Layer III 10=Layer II 11=Layer I		0=16bit CRC vorhanden 1= 16bit CRC nicht vorh. –	Unterschiedliche Bedeutungen je nach Version und Layer, z. B.: **0111**=224kb/s@V1L1 =112kb/s@V1L2 =96kb/s@V1L3 =64kb/s@V2L2&L3				Bedeutung je nach MPEG-Version, z. B: **01**=48.000Hz@V1 =24.000Hz@V2 =12.000Hz@V2.5	

Bit Nummer	23	24	25	26	27	28	29	30	31
Bedeutung	frei gehalten	Kanal Modus		Modus Erweiterung		Copyright	Original	Emphasis	
Interpretation	Für privaten Gebrauch verwendbar	00=Stereo 01=Joint St. 10=Dual Ch. 11=Mono		Nur bei Kanalmodus „Joint Stereo" in Verwendung		0=Aus 1=Ein	0=Kopie 1=Original	00=keine 01=50/15ms 10=reserved 11=CCIT J.17	

12.4.2 MPEG-1 Layer 3

Aufgrund der besonderen Popularität von MPEG-1 Layer 3 hat sich eine eigene Datei-Endung dafür etabliert. Bei PC-Nutzern meist nur als *mp3* bezeichnet, bietet dieses Dateiformat neben der schon beschriebenen MPEG-Struktur noch Metadaten in Form der ID3v1 und/oder ID3v2 (s. Abschn. 12.2.4). Aktuelle Erweiterungen von MPEG-1 Layer 3 bieten verbesserte Auflösung bei höheren Frequenzen (mp3Pro) und die Kodierung von Mehrkanal-Ton (mp3 Surround) durch ein *Spatial Audio Coding* genanntes Verfahren. Beide Formate erfordern keine Neudefinition des Audiodatenstroms, sondern setzen dem als Audio vorhandenen Stereo-Mix Meta-Informationen mit sehr niederer Bitrate zu, mit denen in kompatiblen Dekodern verbesserte mp3-Qualität oder Mehrkanal-Audio rekonstruiert werden kann. Das Dateiformat mp3 unterscheidet sich in der Struktur nicht von anderen MPEG-1 Files, bei Layer 3 kann aber durch die Verteilung des Bit-Reservoirs über mehrere Frames nicht mehr beliebig in den Audio-Stream oder das File geschnitten werden.

12.4.3 MPEG-2, MPEG-2.5

Im Bereich der Videokodierung gab es erhebliche Verbesserungen von MPEG-1 zu MPEG-2. Für die Audiokodierung der Layer 1 bis 3 wurden im zum MPEG-1 rückwärtskompatiblen Teil (BC) von MPEG-2 im Jahre 1994 aber nur zwei Änderungen standardisiert, *Low Sampling Frequency* und *Multichannel* (ISO/IEC 13818-3). Obwohl die Multichannel-Variante auch für den Audioteil der DVD-Video zulässig ist, konnte sie sich am Markt gegenüber Dolby Digital und DTS nicht durchsetzen (vgl. Kap. 11.5.5). MPEG-2-BC-Audio besitzt kein spezielles Dateiformat, die Frames werden wie bei MPEG-1 in Frames gespeichert, in den ersten zwei Bits nach der Header-Synchronisation wird die Versionsnummer angegeben (1, 2 oder 2.5). Ein bekanntes Dateiformat auf der Basis von MPEG-2 im Videobereich ist VOB für Audio, Video und Untertiteln auf DVD-Video-Medien. MPEG-2.5 ist nicht von der ISO standardisiert, sondern nur informell für niedrigere Samplingraten im Rahmen der MPEG-1 Layer 3 Kodierung definiert, es fand aber keine größere Verbreitung.

12.4.4 MPEG-2 AAC ADTS/ADIF

Wesentliche Neuerung im Audioteil von MPEG-2 war 1997 mit ISO/IEC 13818-7 die Einführung einer nicht rückwärtskompatiblen Audiokodierung, dem *Advanced Audio Coding* (AAC). Hierfür wurde auch die Bitstream Syntax schon in Hinblick auf die parallel laufende Standardisierung von MPEG-4 neu entworfen, die drei MPEG-2 Basisprofile von AAC (*Main*, *Low Complexity*, *Scaleable Sampling Rate*) wurden später auch in das MPEG-4 Audiosystem integriert und dort um neue Profile erweitert. Aus diesem Grund findet sich AAC-Audio sowohl in den einfacheren, unter MPEG-2 definierten Formaten ADTS und ADIF, als auch in den komplexen Containern von MPEG-4 (s. Abschn. 12.5.3) wieder.

ADTS (Audio Data Transport Stream) dient zum Transport über stark gestörte Strecken und zeigt Ähnlichkeiten zu MPEG-1. Blöcke von 1024 Samples werden von einem festen Header (mit 12 Sync-Bits auf Logisch 1 und diversen Statusbits) sowie einem variablen Header als ein Frame übertragen. Möglich ist dabei eine Differenzierung in *Single Channel Elements* (SIC), *Channel Pair Elements* (CPE) und *LFE Channel Elements* (LFE), ein Hinweis auf die Mehrkanalfähigkeit dieser Syntax.

ADIF (Audio Data Interchange Format) eignet sich eher für lokales Streaming, es zeigt nur einen einzigen Header am Dateibeginn (mit den Buchstaben ADIF als Kennung), darauf folgt der durchgehende Audio-Datenblock. Die Typendefinition gleicht der von ADTS, durch den Wegfall der Frame-Header von ADTS und den reduzierten Beschreibungsmöglichkeiten im Vergleich zu MPEG-4 stellt ADIF das effizienteste Dateiformat zur Speicherung von AAC-Audio dar. Die File-Extension lässt dabei keinen eindeutigen Schluss auf die verwendete Syntax zu, der Dekoder muss anhand der enthaltenen Header die passende Variante erkennen. ADTS findet sich oft in .aac-Files, ADIF wird eher selten eingesetzt, da die leistungsfähigeren MPEG-4 Container umfangreichere Möglichkeiten zum Anfügen von Metadaten wie Information-Tags, Marker und auch ein Bild zur Verfügung stellen.

12.4.5 AC-3

Die Bezeichnung AC-3 steht für einen Kodieralgorithmus, der im Jahre 1994 als ATSC A/52 vom Advanced Television Systems Committee, das in den USA Standards für digitales Fernsehen herausgibt, spezifiziert wurde und seither von der Firma Dolby als *Dolby Digital* im Consumer-Markt eingesetzt wird. Obwohl auch Mono- und Stereosignale im Format Dolby Digital enkodiert sein können, wird dieser Begriff oft mit Mehrkanalton im Kino, auf DVD-Video und beim digitalen Satellitenfernsehen identifiziert. Dieser Kodieralgorithmus ist in unterschiedlichen Dateiformaten als zulässiger Codec spezifiziert, trotzdem hat sich insbesondere für das Authoring von DVDs ein eigenes Dateiformat dafür herausgebildet, die meisten AC3-Enkoder liefern als Produkt ein ac3-File. Dieses enthält im Prinzip nur das Streaming-Format, das für die Broadcast-Belange im Rahmen von MPEG-1 festgelegt worden war. Neben den Audiodaten abgelegte Meta-Informationen können allerdings direkt auf das Dekodierverhalten und die Lautstärkeregelung beim Konsumenten einwirken (s. Kap. 11.5.3).

12.4.6 DTS

Ähnlich wie AC-3 steht DTS vor allem für einen Kodieralgorithmus zur verlustbehafteten, mehrkanaligen Audiokodierung, der als Audiostream in Frames aufgeteilt ist. Für die DVD-Produktion erzeugen DTS-Enkoder spezielle dts-Dateien, die wieder ein Abbild des DTS-Streamformats darstellen. Die Fa. Digital Theater Systems steht in direkter Konkurrenz zur Fa. Dolby bei der Weiterentwicklung von Kodierungen für den Transport zum Consumer.

12.5 Container-Formate

Die bisher behandelten Dateiformate sind datentechnisch gesehen zwar auch schon „Behälter" für unterschiedliche Audiokodierungen, Parameter und Metadaten, doch transportieren sie im Wesentlichen nur einen relevanten Audio-Stream, eventuell verkoppelt mit einem Videostream. Auch bei Mehrkanal-Audio mit separatem Downmix wie in RF64 wird eine Entität beschrieben, alle Kanäle beziehen sich auf die Speicherung der gleichen Präsentation. Im Gegensatz dazu können echte *Container-Formate* unterschiedliche Medientypen, synchronisierte oder selbständige Inhalte, Timecode, Texte, Markierungen und Strukturbeschreibungen enthalten. Obwohl durch die Definitionsvielfalt für die bloße Speicherung von Tonsignalen mitunter ein großer Overhead an Daten entsteht, werden diese Formate für die Produktion multimedialer Inhalte und für deren Auslieferung zum Konsumenten immer wichtiger.

Eine recht klare Unterscheidung kann dabei zwischen den Containern für die Auslieferung zum Endkunden (wie Quicktime und MPEG-4) und jenen für den plattformneutralen Projektaustausch zwischen Applikationen, Studios und Rundfunkanstalten (wie OMF, AAF und AES-31) getroffen werden.

Tabelle 12.4 Container-Formate

Containerformat	Extension	Objekte	Einsatz
Quicktime	.mov, .qt	Multimedia	Consumer
MPEG-4	.mp4	Multimedia	Consumer
MPEG-4 Audio	.m4a, .m4b, .m4p	AAC Audio	Consumer
OMFI	.omf	Video, Audio, Projektdaten	Studio
AAF, MXF	.aaf, .mxf	Multimedia	Studio
AES 31	Fat32-Dateien	Audio, Projektdaten	Studio
WMA, ASF	.wma, .asf	Multimedia	Consumer
Real Media	.ra, .rm	Multimedia	Consumer
OGG	.ogg, .ogm	Audio, Video, Text	Consumer
FLAC	.flac	Lossless-Audio	Consumer, Studio
Matroska	.mka, .mkv	Audio, Video, Text	Consumer
OpenMG	.oma, .omg	ATRAC Audio, DRM	Consumer

12.5.1 Quicktime

Quicktime beschreibt die Format-Familie für Multimediainhalte der Fa. Apple, bestehend aus Dateiformat, Wiedergabe-Applikation, Encoding- und Authoring-Paket, sowie Streaming-Server. Das in diesem Zusammenhang relevante Quicktime-Dateiformat wurde 1991 vorgestellt und war die erste umfangreiche Beschreibung von Medientypen und deren vielfältigen Verbindungen (linearer Timecode, Sprungmarken, Querverweise auf externe Medienfiles). Quicktime teilt die Datenbereiche in *Atome* ein, jedes Atom besteht aus Größenangabe, Atom-Type und dem Dateninhalt dieses Containers. Atome sind wieder Container für weitere Atome, dabei gibt es Hierarchien in Form einer Baumstruktur, mit beliebigen Verschachtelungen.

Eine Quicktime-Datei ist eine Sammlung von Atomen ohne speziellen Quicktime-Header, die Typen der Atome sind aber festgeschrieben, ähnlich wie bei IFF mit 4-Zeichen-Codes, jedoch steht bei Quicktime die Atom-Größe vor dem Typ. Aufgrund der Eignung auch für Video-Dateien sind alle Adressbereiche über 4 GB hinaus erweiterbar. Als Kodierformate sind in Quicktime 7 (2005) zahlreiche Algorithmen spezifiziert, neben linearer PCM auch MPEG-1 Layer 3, AAC, ADPCM und Apple Lossless. Beim Import von mp3-Dateien werden auch die Meta-Informationen des ID3-Tags in Quicktime-konforme Datencontainer übernommen.

12.5.2 MPEG-4

Die Struktur von MPEG-4 Dateien nach ISO/IEC 14496-14 basiert auf ISO/IEC 14496-12; dieses wurde wiederum aus dem Quicktime-Format entwickelt. Die Definitionstypen werden dabei in *Boxen* abgelegt, mit jeweils festgelegten 4-Buchstaben-Codes, dies entspricht den Atomen bei Quicktime. Das MPEG-4 System beschreibt ein aufwändiges, objektorientiertes Konstrukt aus unabhängigen oder synchronisierten Medienströmen, Text- Bild- und Hyperlink-Daten, Synthesevorschriften und Inhaltsanalysen. Über das Delivery Multimedia Integration Framework (DMIF) wird die Transport-Schicht von der Applikation ferngehalten, dadurch eignet sich MPEG-4 sowohl zur lokalen Speicherung, zur Ausstrahlung über MPEG-2 Sendestrecken, oder zum Streaming über IP-Netzwerke.

Als Audiocodecs sind neben AAC, linearer PCM und verlustfreier Codierung auch alle drei MPEG-1 Layer integrierbar, sogar für das ID3v2-Tag existiert eine Box-Definition. Als ISO/IEC 14496-3:2001/PDAM3 existiert ein kompletter *MP3onMP4*-Standard, welcher den Layer 3-Bitstrom in MPEG-4-Pakete umarrangiert, die ID3-Metadaten nach MPEG-7-Konvention ablegt, und auch Bilder und Playlisten gemeinsam mit mehreren Audio-Tracks speichern kann.

12.5.3 MPEG-4 Audio

Die AAC-Kodierung wurde zwar bereits mit MPEG-2 eingeführt (Abschn. 12.4.4), bei MPEG-4 allerdings um neue Profile erweitert. MPEG-4-AAC-Dekoder können daher MPEG-2-AAC-Audio abspielen, meist aber nicht umgekehrt. Die im Jahr 2000 eingeführte MPEG-4-AAC Version 2 verfügt zusätzlich über eine bessere Fehlerkorrektur, parametrische Enkodierung sowie die für Rundfunkzwecke interessante Variante *Low Delay*. 2003 wurde die weiter verbesserte Variante HE-AACv2 hinzugefügt. Dabei werden hochfrequente Signalanteile (Spectral Band

Replication) und Differenzen zwischen den Kanälen (Parametric Stereo) separat analysiert und nicht als Audio- sondern als kompakte Werte-Information übermittelt, der Dekoder synthetisiert diese Werte wieder zu Audio. Unabhängig von dieser Vielzahl an Varianten für die Kodierung von „natürlichen" Audiosignalen gibt es im MPEG-4 Standard auch synthetische Audioobjekte in der Definition für „Strukturiertes Audio". Dazu gehört eine Orchestrierungs-Programmsprache (Structured Audio Orchestra Language, SAOL), eine Wavetable-Synthese (Structured Audio Sample Bank Format, SASBF) und ein Text-to-Speech-Algorithmus (TTS). Diese Datenströme können gemeinsam mit den realen Tonaufnahmen zu *Szenen* zusammengefasst werden, damit könnte beispielsweise die gesamte Tonmischung zu einem Film auf sehr kompakte, im Dekoder beim Konsumenten aber immer noch auftrennbare und interaktiv manipulierbare Art transportiert werden. Durch die vielfältigen Möglichkeiten ist allerdings gerade hier die Kompatibilität zwischen Applikationen und Abspielgeräten nicht durchgängig gegeben. Erst die Nutzung von AAC in den iPod-Geräten der Fa. Apple und im iTunes-Store hat den Weg zur allgemeinen praktischen Anwendung geebnet, dabei hat sich das schon in MPEG2- definierte Profil *AAC-Low Complexity* als Standard für mobile Abspielgeräte bewährt.

AAC-Audio findet sich kaum mehr in MPEG-2 Dateiformaten, meist ist es in „echten" MPEG-4 Containern eingebettet. Folgende Filetypen sind praktisch im Gebrauch:

- .m4a: dies ist die für MPEG-4-Audio meistgenutzte Form für nicht geschützte Inhalte
- .m4b: diese Form bietet weitere Metadaten z. B. für Kapitelmarkierungen
- .m4p: dies ist die kopiergeschützte Form für den iTunes-Store
- .mp4: dies zeigt oft einen MPEG-4 Container an, in dem neben Audio auch andere Objekte (Video, Untertitel etc.) enthalten sind

In der Studio-Praxis sollten MPEG-4-AAC-Audiofiles im Format .m4a ausgeliefert werden, da die Erweiterung .aac nur von wenigen Abspielgeräten erkannt wird. Wie bei ID3-Tags ist auch hier auf die sorgfältige Editierung der Metadaten zu achten, oft wird beispielsweise ein .png-Bild als „Cover-Art" zu den Audiodaten im .m4a-Container hinzugefügt.

12.5.4 OMFI

Das Format Open Media Framework Interchange (oft auch kurz OMF) nimmt eine Sonderstellung in der Evolution der Containerformate ein. Ursprünglich wurde es 1992 von der Firma AVID zum Austausch von Videoprojekten zwischen unterschiedlichen Editoren aus der Apple-Containerstruktur Bento heraus entwickelt. 1998 war dann ein entscheidendes Jahr für die weitere Entwicklung der Containerformate: Apple stellt Quicktime 3 vor und erzielt damit große Resonanz bei Software-Entwicklern, gleichzeitig stellt Microsoft AAF als Nachfolger von AVI vor. In der Folge einigen sich AVID und Microsoft darauf, OMFI aus Bento herauszulösen und stattdessen auf die proprietäre Plattform-Technologie COM (Component Object Model) von Microsoft aufzusetzen. Aus OMFI entwickeln sich AAF und MXF in der finalen Form. Quicktime wird zwar Basis von MPEG-4, doch der große Durchbruch als multimediales Universalformat war durch den gemeinsamen Vorstoß von AVID und Microsoft blockiert. OMF(I) ist als Austauschformat im Video-Post-Production-Bereich von Bedeutung, durch die Verschmelzung von AVID und Digidesign damit auch für die weit verbreitete Software Pro Tools.

12.5.5 AAF, MXF

Auf den Entwicklungen von OMFI und ASF aufbauend, bietet das Advanced Authoring Format (AAF) noch weitergehende Kapselungsmethoden von plattformunabhängigen Projektdaten. Der besondere Fokus liegt dabei auf der Speicherung und Weitergabe von beschreibenden Daten zur Postproduktion, den *Edit Decision Lists*. Da AAF aufgrund seiner Komplexität nicht mehr direkt zum Abspielen von Mediendateien dienen soll, wurde mit dem Material Exchange Format (MXF) eine Teilmenge von AAF für den einfachen Austausch, die Distribution und Ausspielung von audiovisuellen Daten vorgelegt.

MXF definiert sich als *Framework* für Essenzen, Metadaten und deren Bezügen zueinander, dabei ist das Format agnostisch gegenüber Kodierverfahren. Um die Komplexität für einfachere Anwendungen in Grenzen zu halten, sind verschiedene *Operational Patterns* mit gestaffelter Parametervielfalt definiert. Für Film und Video ist eine breite Verwendung von MXF und auch AAF abzusehen; abzuwarten bleibt, inwiefern sich diese Formate auch für den Austausch von bloßen Audioprojekten durchzusetzen vermögen.

12.5.6 AES-31

Als plattformneutrale Beschreibung für den Austausch von Projekten im Produktionsstadium ermöglicht AES-31-3 statische Angaben wie Spurnamen, sowie timecodebezogene *Events* wie Schnitte, Blendungen und Steuersignale zur Maschinensteuerung. Diese werden als Textangaben formuliert, und bilden damit eine *Audio Decision List* in Anlehnung an die Edit Decision Lists der NLE-Videosysteme (Non Linear Editor) ab. Wie MXF bietet auch AES31-3 die aus tontechnischer Sicht wesentliche Erweiterung auf samplegenaue (anstatt wie sonst üblich nur framegenaue) Bezüge sowie die Mehrkanal-Fähigkeit. Als Audio-Dateiformat wurde in AES31-2 das bestehende Broadcast Wave Format mit dem neuen Titel BWFF (Broadcast Wave Format File) übernommen. Der Standard AES31-1 definiert dazu noch ein Low-Level Diskformat, das im Wesentlichen FAT-32 von Microsoft entspricht.

Kapitel 12 Dateiformate für Audio

Noch in Ausarbeitung befindet sich der Standard AES31-4 für weitergehende Beschreibungen wie Mischautomation, Filtereinstellungen und Effektparameter. Um Akzeptanz bei den Herstellern finden zu können, wird hierfür sehr wahrscheinlich auf eine Untermenge des Advanced Authoring Format zurückgegriffen, um die Isolation einer speziellen Audio-Definition vom allgemeinen Video-, Film- und Multimedia-Workflow zu vermeiden.

12.5.7 WMA, ASF

Windows Media Audio bezeichnet sowohl eine Familie von Audiokodierungen, wie auch ein Dateiformat im aktuellen Kontext des Advanced Systems Format (ASF). Die erste Version dieses Formats trug noch den Namen Active Streaming Format und wurde 1998 von Microsoft eingeführt. Diese Version 1.0 von ASF ist nicht öffentlich dokumentiert, wird aber oftmals noch für im Internet auffindbare WMA-Dateien verwendet, ihre Struktur ist recht ähnlich zu RIFF/AVI. Die nun aktuelle, wesentlich erweiterte Version 2.0 von ASF wurde 2004 finalisiert. ASF organisiert einzelne Medien-Objekte anhand eines Object-GUID (Global Unique Identifier, 16 Byte), der Objektgröße (8 Byte) und der eigentlichen Objektdaten. Vorangestellt ist ein *Header*-Objekt für File Properties, Stream Properties, Content Description oder auch Marker Objects, die dritte Hauptgruppe sind *Index*-Objekte mit Media Object Index Objects oder auch Timecode Index Objects.

ASF-Konstrukte die nur Audio enthalten, werden mit der Datei-Endung .wma versehen, Dateien mit den Endungen .asx oder .wax sind XML-Meta-Dateien mit dem Querverweis auf eine Mediendatei oder auch mit komplexen Abspiel-Listen.

12.5.8 Real Media

Als Meilenstein in der Entwicklung von Internet-Audio erwies sich das 1995 von der Fa. Progressive Networks mit dem Produkt *Real Audio* eingeführte Paket aus Algorithmus, Dateiformat, Streaming-Server und Media-Client. In der Folge konnte sich dieses Format für einige Jahre als Standard für Streaming Audio etablieren, bis es nach 2000 zunehmend von Windows Media verdrängt wurde. Das Real Media Dateiformat zeigt eine klassische *Tagged*-Struktur mit *Chunks* und *Subchunks*; der erste Wert im Header war bei den ersten Versionen .ra, aktuell sind dies die vier ASCII-Zeichen .RMF.

Mit Real Audio wurden auch Meta-Textdateien mit dem Pfad zu den eigentlichen Essenzen eingeführt, Files mit den Endungen .ram und .rpm verweisen in einfacher Form auf Real-Audio Dateien. Komplexe multimediale Präsentationen können durch die von der inzwischen in Real Networks umbenannten Firma mitentwickelte, aber vom World Wide Web Consortium W3C standardisierte Beschreibungssprache SMIL (Synchronized Multimedia Integration Language) ausgedrückt werden.

12.5.9 OGG

OGG definiert sich vor allem über seine explizite Patent- und Lizenzfreiheit als *Open Source*-Alternative zu anderen Containerformaten. Standardisiert in RFC 3533, kann dieses Format Audio-, Video- und auch Textessenzen kapseln, organisiert in sequentiellen oder parallelen *Bitstreams* mit *Packets* und *Frames*. Damit kann OGG in der Tradition der MPEG-Standards gesehen werden und eignet sich besonders für das Streaming. Die Stiftung Xiph.org pflegt dieses Format, sowie freie Audio- und Videokodieralgorithmen wie VORBIS, deshalb wird OGG auch oft mit VORBIS in Verbindung gebracht und gemeinsam genannt. Datei-Endungen sind .ogg und .ogm.

12.5.10 FLAC

Ebenfalls von Xiph.org unterstützt, konnte sich der Free Lossless Audio Codec (FLAC) in den letzten Jahren im professionellen Audiosegment etablieren und wird auch im Programmaustausch zwischen öffentlich-rechtlichen Rundfunkanstalten genutzt. Zum Transport von FLAC-enkodiertem Audio kann der OGG-Container oder der spezielle FLAC-Bitstream genutzt werden. Dieser beginnt immer mit dem Zeichencode „fLaC", einem darauf folgenden Metadatenblock (Streaminfo) sowie den Audiodaten, organisiert in Frames und Subframes. Die Datei-Endung ist .flac oder .fla.

12.5.11 Matroska

Ebenfalls als freies und offenes Format eignet sich Matroska für die Speicherung von Video-, Audio und Untertitelessenzen und grenzt sich in dieser Hinsicht auch von OGG ab, das besonders für Streaming konzipiert wurde. Matroska kann viele Audiokodierungen kapseln (LPCM, MPEG, ac-3, dts, aac, VORBIS, Real, FLAC u. a.). Datei-Endungen sind .mka für Audio und .mkv für Video.

12.5.12 OpenMG

Das von der Fa. Sony eingeführte OpenMG Format kapselt ATRAC- oder mp3-kodierte Audiodaten mit dem Open Media Gate DRM System sowie beschreibenden Metadaten nach ID3v2. Zum Zwecke des Rechtemanagements (Digital Rights Management, DRM) sind die Audiodaten in diesen Files verschlüsselt abgelegt und können nur mit Applikationen wie etwa Sonic Stage von Sony konvertiert werden. Die Datei-Endung ist .oma oder .omg

Kapitel 12 Dateiformate für Audio

12.5.13 *Sound Description Interchange Format (SDIF)*

SDIF ist ein Format für die Speicherung und den Austausch von Audiorepräsentationen (Wright et al. 1999, Schwarz u. Wright 2000, Virolle et al. 2006). Dies können Audiosignale in Form von sinusoidalen Partialwellen, FFT Frames oder Samples sein, aber auch Audioanalysedaten, d. h. Deskriptoren wie Fundamentalfrequenz, Energie, Koeffizienten der Spektralhüllkurve, Markern, etc. bis hin zu Parametern für Synthesealgorithmen. SDIF wurde Ende der 1990er Jahre am Institut de Recherche et Coordination Acoustique/Musique in Paris (IRCAM) in Zusammenarbeit mit dem Center for New Music and Audio Technologies in Berkeley (CNMAT) und der Universität Pompeu Fabra in Barcelona entwickelt, um einen Austausch von Audiomodelldaten für den Einsatz in der Forschung (Akustik, Signalverarbeitung) und in der musikalischen Komposition und Produktion zu ermöglichen.

SDIF ist ein binäres Frame- und Matrix-basiertes Meta-Format. Matrizen können als Elementformat Text sowie Festkomma- und Fließkommazahlen verschiedener Länge haben. Mehrere Matrizen sind in einem Frame gruppiert, der einen Time-Tag im 64-Bit Fließkommaformat besitzt. Frames sind immer mit aufsteigender Zeit gespeichert und können einzelnen Streams zugeordnet werden. In speziellen Header-Frames können beliebige Metadaten in einer sog. Name–Value Table gespeichert werden. Informationen, die für die Interpretation von Daten wichtig sind (z. B. die Abtastfrequenz), werden ebenfalls als Matrizen repräsentiert, so dass SDIF auch Streaming-fähig ist.

Die Frame- und Matrixtypen sind durch 4-Byte-Signaturen, lose an IFF orientiert, gekennzeichnet. Es gibt eine Reihe von vordefinierten Standardtypen, die um zusätzliche Daten (Matrizen oder Spalten) erweitert werden können. Neue experimentelle Typen können lokal definiert werden. Solche Definitionen werden mit in den Dateikopf geschrieben. Leseprogramme können immer unbekannte Typen ignorieren, so dass Rückwärtskompatibilität gewährleistet ist. PCM-kodierte Audiodaten werden in SDIF in Blöcken beliebiger Länge in einem Frame mit einer Matrix mit einer Spalte pro Audiokanal gespeichert und können so mit Analysedaten zusammen in einer Datei abgelegt werden, wobei die Synchronität dank der präzisen Time-Tags der Frames immer gewährleistet ist.

12.6 Formate für Musikanwendungen

12.6.1 SMF

Die 1983 von der MIDI Manufacturers Association festgelegte MIDI-Spezifikation beschreibt musikalische Darbietungen in Form von Steuerdaten wie Notenevents, Controllerdaten und Klangfarbentypen, ohne das eigentliche Audiosignal zur übertragen. Kompositionen können damit in abstrakter Form ohne wirkliche Signalrepräsentation, dafür aber mit flexibler Wiedergabegestaltung gespeichert und transportiert werden. MIDI-Sequenzdaten werden in SMF-Dateien (Standard MIDI File) abgelegt. Der Aufbau ist ähnlich wie IFF in Chunks, die Datei-Endung ist .mid oder .midi. Files mit der Endung .kar sind für die Speicherung von Karaoke-Beschreibungsdaten in Verwendung.

12.6.2 SDS

Um neben den Notendaten auch Audiodaten zwischen dem Computer und einem Sampler (ein Musikinstrument, das Audio digital aufnimmt und tastengesteuert abspielen kann) austauschen zu können, wird der Sample Dump Standard (SDS) mittels *systemexklusiver Nachrichten* innerhalb der MIDI-Konvention genutzt. Es können nur monofone Audiosamples in linearer Kodierung übertragen werden; als wichtiger Parameter für Sampling kann auch der *Loop-Punkt* des Samples angegeben werden. SDS stellt kein wirkliches Dateiformat bereit, die Daten werden genau so, wie sie über MIDI geschickt werden, in ein File mit der Endung .sds gespeichert.

12.6.3 DLS

Zur Ergänzung von SMF werden in DownLoadable Sounds (DLS)-Dateien echte Audiodaten angeboten, kodiert in LPCM mit 8 oder 16 Bit. Zu den Soundsamples können auch Artikulationsinformationen mitgespeichert werden, die sich auf MIDI-Controllerdaten beziehen, auch Hüllkurveninformationen können dem Audiosignal aufgeprägt werden. Das Dateiformat ist RIFF-Basiert und weist Ähnlichkeiten zum Emu-Soundfont Format auf.

In der aktuellen Version DLS-2 werden weitreichende Methoden zur dynamischen Bearbeitung des Soundsamples während der Abspielung – unabhängig vom Endgerät – angeboten. Die Datei-Endung ist .dls.

12.6.4 RMID

Auf der Suche nach leistungsfähigeren Dateiformaten für musikalische Anwendungen wurde im Jahr 2000 mit RMID ein vollwertiges RIFF-Format vorgelegt, welches SMF- und DLS-Daten in einer Datei gemeinsam ablegen kann. Das RMID-Format wurde jedoch bereits weitgehend vom XMF-Format abgelöst.

12.6.5 XMF

Ohne einen Bezug zu XML aufzuweisen, ist das eXtensible Music Format (XMF) ein Container für SMF- und DLS-Daten. Die Anwendung soll sich mit Mobile XMF zukünftig auch auf Klingeltöne für Mobiltelefone erstrecken. Die Datei-Endung ist .xmf.

12.6.6 MODS

Modules speichern in einer kompakten Datei mehrere Audiosamples zusammen mit Anweisungen zur Wiedergabe ab. Von der 1987 veröffentlichten Musiksoftware Soundtracker auf AMIGA-Computern ausgehend, nehmen diese Moduldateien in der elektronischen *Tracker*-Musikszene eine Art Kultstatus ein. Die Audiosamples werden in einem mehrspurigen Raster angelegt und können mit vielfältigen Abspielparametern modifiziert werden, Taktgruppen werden zu *Patterns* kombiniert, diese dann zu Sequenzen. Die Files für AMIGA setzten die Dateierweiterung *vor* den Dateinamen, daher kann man auch Files mit der Benennung mod.name finden. Datei-Endung ist .mod beim Originalformat auf DOS-Ebene, andere Varianten zeigen .s3m, .xm, .669, .oct oder auch .it.

12.7 Historische Formate und Sonderformate

12.7.1 Sound Designer 1

Datei-Typ: SFIL　　　　　　　　Byte-Reihenfolge: Big Endian
Einsatz: Macintosh-Software　　Daten: Mono 16 Bit linear plus Metadaten

Sound Designer war das erste professionelle Audio-Bearbeitungsprogramm für den Apple Macintosh der Fa. Digidesign. In der Version 1 war das Format einfach aufgebaut, ein relativ großer Header für die Zusatzinformation der Software stand einem nur für lineare Mono-Files nutzbarem Datenbereich gegenüber. Die Resource-Fork des Macintosh-Dateisystems wird nicht benutzt.

12.7.2 Sound Designer 2

Datei-Typ: Sd2f (MAC), .sd2 (PC)   Byte-Reihenfolge: Big Endian
Einsatz: Macintosh-Software   Daten: lineare PCM plus Metadaten

Dieses Format unterscheidet sich wesentlich von der Version 1, da alle Zusatzdaten in der *Resource-Fork* des Dateisystems gespeichert werden, die Audiodaten aber in der *Data-Fork*. Großer Vorteil ist dabei die völlig unabhängig vom Audioteil beschreibbare Zusatzdatenstruktur, ein Nachteil ist die Inkompatibilität mit Windows-Dateisystemen. Für diesen Übergang muss das SDII-File in eine „flattened"-Version überführt werden, Teile der Resource-Fork werden in die Data-Fork integriert, andere Teile müssen verworfen werden. Im großen Metadatenbereich der Resource-Fork hat Digidesign aber zahlreiche *Region*-Parameter ihrer Softwareprodukte, Sound Designer, Masterlist und später auch Pro Tools untergebracht, daher wird dieses Format von manchen Nutzern immer noch gerne verwendet. Die Speicherung und Übergabe von Markern, Regionen und Loops inklusive deren Namen wird unterstützt, sodass SDII ein geeignetes Format zur Übergabe eines CD-Premasters zwischen Pro Tools und diversen Brennprogrammen darstellt. Da SDII aber proprietär von der Fa. Digidesign verwaltet wird und keinerlei Bezug zu IFF, RIFF oder anderen Containerformaten vorhanden ist, wird die Anwendung auf längere Sicht wohl zurückgehen. Meist werden bei SDII nur Mono-Files gespeichert, obwohl Interleaving möglich wäre. Pro Tools speichert ein Stereosignal in zwei SDII-Files als Split-Anordnung mit identischen Filenamen und den Erweiterungen name.L und name.R.

12.7.3 CD-Audio

Auf einer Audio CD sind keine direkt von einem Computer einlesbaren Binärdaten gespeichert. Strukturell wird auf einer Audio CD ein Table of Content (TOC) angelegt, in dem auf mögliche Einsprungpunkte innerhalb des Audio-Datenstroms verwiesen wird. Die Audio-Daten selbst müssen in LPCM/44,1kHz/16 Bit/Stereo vorliegen, und werden dann in Sektoren aus 2352 Bytes und Frames aus je 2 Sektoren organisiert. Der diesen Vorgaben zugrunde liegende *Red Book Standard* definiert überdies die physikalischen Eigenschaften von Disk, Abtastlaser, Modulations-System und Fehlerkorrektur. Computer-Betriebssysteme zeigen anhand des TOC zwar die *Tracks* auf einer Audio CD an, diese können aber nicht direkt als Files kopiert werden, die Daten müssen in Form des gesamten Bit-Stroms zunächst von der CD ausgelesen werden (*Ripping*), und können erst dann in einem der zahlreichen Dateiformate auf Festplatte gespeichert werden.

12.7.4 Formate für Hörbücher und Diktiergeräte

Das Format **Digital Talking Book (DTB)** nach ANSI/NISO Z39.86-2002 bündelt mehrere zusammengehörige Filetypen zur Repräsentation von Buchtexten, vor allem für blinde Personen. Es kann Textfiles (in XML), Audiofiles (in LPCM, mp3 oder aac kodiert), Synchronisationsfiles (in SMIL), Navigationsfiles (in XML) und Lesezeichenfiles (in XML) miteinander verknüpfen. Hörbücher im Format DTB in der Version von 2002 werden in Europa auch unter dem Namen DAISY-3 angeboten. Die Datei-Endung ist .opf

Schon seit 1997, und damit lange vor iPod und iTunes bietet die Fa. Audible kostenpflichtige Hörbücher zum Download an. Das verwendete Dateiformat ist streng vertraulich, da auch das Rechtemanagement über das Audiofile abgewickelt wird. Vier Kodiermethoden stehen zur Auswahl, darunter ein kompakter ACELP-Sprachcodec und auch MPEG 1-Layer 3. Die Datei-Endung ist .aa oder auch .m4b für Audible-Dateien im Apple iTunes-Store.

Der **Digital Speech Standard (DSS)** ist ein von mehreren Diktiergeräte-Herstellern gemeinsam festgelegtes Dateiformat zur kompakten Speicherung von Sprache und Zusatzdaten. Der verwendete Kodieralgorithmus ist nicht offen gelegt, eine direkte Konversion der .dss-Files in andere Audioformate wird dadurch verhindert.

MSV und **DVF** sind proprietäre Dateiformate von Sony-Diktiergeräten, auch diese können nur mit spezieller Software in andere Formate konvertiert werden. Die Kürzel .msv und .dvf sind gleichzeitig auch die Datei-Endungen.

12.7.5 Weitere historische Formate

MUSICAM war zunächst der Name des Kodierverfahrens, das als Basis für MPEG-1 Layer II diente. Danach hat eine deutsche Softwarefirma ein Dateiformat für Rundfunknutzung mit der Extension .mus so benannt. Der Begriff wurde aber in Folge markenrechtlich geschützt und darf seither nur noch von einer Firma in den USA genutzt werden, die Audio-Codecs herstellt. Im aktuellen Rundfunk-Betrieb wird MPEG-1 Layer II in einem BWF-File abgespeichert.

NIST SPHERE (SPeach HEader REsources) wird für Sounddateien zur Sprachanalyse verwendet. Der Fileheader mit 1024-Byte ASCII Datenstruktur beginnt mit den Zeichen „NIST_1A", danach können unter anderem auch Angaben zum Mikrofontyp, Aufnahmeort, zur Aufnahmeumgebung sowie vielfältige Kompressionsschemata eingeschrieben werden. Die Datei-Endung ist irreführenderweise oft .wav, diese Files können von Standard-Audioapplikationen aber nicht gelesen werden. Andere verwendete Datei-Endungen lauten .sph oder .nist.

Mit den erfolgreichen Soundkarten Sound Blaster für IBM-PCs wurde 1989 mit **Creative VOC** auch ein spezielles Dateiformat mit Chunk-Aufbau vorgestellt. Als Zeichenfolge am Filebeginn diente Creative Voice File, die Audiokodierungen ADPCM sowie LPCM mit 8 und 16 Bits sowie Marker, Text und eine Abspielschleife konnten definiert werden. Die Datei-Erweiterung ist .voc

Vornehmlich für Sprache konzipiert, kann das Dateiformat **Dialogic VOX** nur ADPCM-kodierte Daten mit meist 8kHz Abtastrate speichern. Dies ist eines der wenigen Headerless-Formate, die Audiosamples liegen ohne jegliche Beschreibung vor, bei der Abspielung muss man daher die richtige Abtastrate experimentell ermitteln. Die Datei-Endung ist .vox

In strenger IFF-Auslegung mit der Datei-Endung .iff und dem Form-Chunk am Filebeginn, wurden ab 1985 im **Amiga IFF/8SVX**-Format Audiodaten mit 8-Bit Abtastbreite in Mono gespeichert.

Das Format **AVR** war bei ATARI-ST Computern und auch auf Apple Macintosh-Modellen in Verwendung. Ein 128-bit langer Header mit den ASCII-Zeichen „2BIT" am Beginn erlaubte zwar nur lineare PCM mit 8 oder 16 Bit Wortbreite, dafür aber konnte eine MIDI-Notennummer und eine Abspielschleife mitdefiniert werden. Die Datei-Endung ist .avr

Als eines der ersten professionell verwendbaren Audio-Dateiformate konnte das **NEXT/Sun** Dateiformat bereits 1991 eine große Anzahl unterschiedlicher Kodierungen und Wertedarstellungen speichern. Von A-Law und G.722 bis hin zu LPCM in 64-Bit IEEE Floating Point Darstellung reicht das Spektrum der Samplewerte, dazu kommen Abtastraten bis 48 kHz und Mehrkanal-Fähigkeit auch über Stereo hinaus. Der Header hat variable Länge, am Filebeginn stehen die Zeichen .snd, es folgen Datenblocklänge und Formatangaben. NEXT-Computer waren zwischen 1992 und 2000 eine verbreitete Hardware-Plattform für Komposition und Aufführung von zeitgenössischer elektroakustischer Musik. Die Datei-Erweiterung ist je nach Computertype .snd oder .au, frühe Varianten wurden auch ohne Header mit fixiertem Audioformat (meist 8 kHz, Mono, 8-bit, mit µ-LAW enkodiert) angelegt.

Das **Berkley-IRCAM-Carl Sound Format (BICSF)** entwickelte sich im universitären Forschungsumfeld zur elektronischen Musik in den maßgeblichen elektronischen Studios in Paris, San Diego und Berkley. 1988 vom Pariser Institut de Recherche et Coordination Acoustique/Musique (IRCAM) herausgegeben, führte es die bis dahin getrennt gespeicherten Audio- und Metadaten in einem einzigen File zusammen. Dieses Format wurde auf VAX, SUN, SGI und NEXT Computern verwendet und weist deshalb sieben unterschiedliche Varianten schon alleine bezüglich der Datenanordnung (Endianness) auf. Acht mögliche Audiokodierungen sind festgelegt, von 8 bis 64 Bit Wortbreite, der Header zeigt variable Länge. Die Datei-Endung ist .sf.

Für die Musiksysteme CMix und MODE wurde das BICSF-Format 1993 mit dem NEXT/Sun-Format zu **EBICSF** zusammengeführt, es bietet weitergehende Möglichkeiten für Zusatzdaten und die Verlinkung mehrerer Audiodateien.

CSOUND wurde im Jahr 1982 von Gareth Loy als erstes speziell für Audiospeicherung optimiertes Filesystem beschrieben. Nicht zu verwechseln mit der Musik-Beschreibungs-Sprache Csound, wurde bei csound die Beschreibung der Sounddaten im normalen UNIX-Filesystem als Text abgelegt, die Audiodaten selbst lagen auf einer rohen Festplattenpartition für direkten, ungepufferten Schreib/Lesezugriff. Die Textfiles erhielten die Bezeichnung SDF.

Kapitel 12 Dateiformate für Audio

Normen und Standards

AAF Association:2004	Advanced Authoring Format (AAF) Stored Format Specification v.1.0.1
AES46:2002	Radio traffic audio delivery extension to the broadcast-wave-file format
AES31-1:2001	AES standard for network and file transfer of audio – Audio-file transfer and exchange – Part 1: Disk Format
AES 31-2:2006	AES standard for network and file transfer of audio – Audio-file transfer and exchange – Part 2: File format for transferring digital audio data between systems of different type and manufacturer
AES31-3:1999	AES standard for network and file transfer of audio – Audio-file transfer and exchange – Part 3: Simple project interchange
ANSI/NISO Z39.86:2002	Specifications for the digital talking book
Apple Computer:1989	Audio Interchange File Format: AIFF
Apple Computer:1990	Audio Interchange File Format: AIFF-C
Apple Computer:2001	QuickTime File Format Specification, 2001-03-01
ATSC A/52B:2005	Digital Audio Compression Standard (AC-3, E-AC-3), Revision B
EA IFF 85:1985	Electronic Arts, Inc., Standard for Interchange Format
EBU Tech 3285:2001	BWF – a format for audio data files in broadcasting.
EBU Tech 3293:2001	EBU Core Metadata Set for Radio Archives.
EBU Tech 3295: 2005	The EBU Metadata Exchange Scheme
EBU Tech 3306: 2006	RF64: An extended File Format for Audio
EBU Tech Rec R98:1999	Format for CodingHistory field in Broadcast Wave Format files
EBU Tech Rec R99:1999	Unique' Source Identifier (USID) for use in the OriginatorReferencefield of BWF
EBU Tech Rec R111:2004	Multichannel use of the BWF audio file format (MBWF)
ETSI TS 102 114:2002	Technical Specification: DTS Coherent Acoustics; Core and Extensions
ISO/IEC 11172-1:1993	Coding of moving pictures and associated audio for digital storage media at up to 1,5 Mbit/s –Part 1: Systems (Anm.: MPEG1)
ISO/IEC 11172-3:1993	Coding of moving pictures and associated audio for digital storage media at up to 1.5 Mbit/s – Part 3, Audio – (Anm.: MPEG1 Audio Layer 1-3)
ISO/IEC 13818-1:1994	Generic coding of moving pictures and associated audio information – Part 1: Systems (Anm.: MPEG2)
ISO/IEC 13818-3:1994	Generic coding of moving pictures and associated audio information – Part 3: Audio – (Anm.: MPEG2 Audio Erweiterungen zu MPEG1 Layer 1–3)
ISO/IEC 13818-7:2003	Generic coding of moving pictures and associated audio information – Part 7: Advanced Audio Coding (AAC) – (Anm.: MPEG2 AAC)
ISO/IEC 14496-1:1997	Coding of audio-visual objects – Part 1: Systems (Anm.: MPEG4)
ISO/IEC 14496-3:1998	Coding of audio-visual objects – Part 3: Audio – (Anm.: MPEG4 Audio)
ISO/IEC 14496-12:2005	Coding of audio-visual objects – Part 12: ISO Base Media File Format
ISO/IEC 14496-14:2003	Coding of audio-visual objects – Part 14: MP4 File Format
Microsoft Corp.:1992	Multimedia Programming Interface and Data Specification v1.0 (Anm.: RIFF, WAVE)
Microsoft Corp.:1994	New Multimedia Data Types and Data Techniques (Anm.: AVI)
Microsoft Corp.:1994	MSDN Library: WAVEFORMATEX
Microsoft Corp.:1994	MSDN Library: WAVEFORMATEXTENSIBLE
Microsoft Corp.:2003	Advanced Systems Format (ASF) Specification, revision 01.20.01e (September 2003)
MMA Tech Note:2006	Downloadable Sounds Level 2 Amendment 2 (DLS 2.2)
RealNetworks:2005	Helix Architecture Appendix E: RealMedia File Format (RMFF) Reference
SMPTE 377M:2003	The MXF File Format Specification
Sonic Foundry:2002	Wave64 Format (Anm.: TM Sony Digital Pictures)
XIPH Foundation:2003	RFC 3533: The OGG Encapsulation Format

Literatur

Bagwell C (1998) Audio File Formats FAQ. http://www.cnpbagwell.com/audio.html, Zugriff am 12.07.07

Gross R (1982) The CCSS Cylinder-Contiguous Sound File System. Eastman School of Music, Rochester

Jaffe D, Boynton L (1989) An Overview of The Sound and Music Kits for the NeXT Computer. Computer Music Journal 13/2:48–55

Loy G (1982) A Sound File System for UNIX. International Computer Music Conference (ICMC), Venice, Italy, S 162–171

Loy G (2006) Musimathics Volume 1. MIT Press, Cambridge

Loy G (2007) Musimathics Volume 2. MIT Press, Cambridge

Mathews M (1969) *Technology of Computer Music*. MIT Press, Cambridge

Pope ST, van Rossum G (1995) Machine Tongues VIII: A Child's Garden of Sound File Formats. Computer Music Journal 19:1

Pope ST (1990) (Hrsg) The Well-Tempered Object: Musical Applications of Object- Oriented Software Technology. MIT Press, Cambridge

Schwarz D, Wright M (2000) Extensions and Applications of the SDIF Sound Description Interchange Format. Proceedings of the International Computer Music Conference (ICMC), Berlin

Wright M, Chaudhary A, Freed A, Khoury S, Wessel D (1999) Audio Applications of the Sound Description Interchange Format Standard. 107th AES Convention, Preprint 5032

Virolle D, Wright M, Rodet X, Schwarz D (2006) SDIF Format Specification. Revision 1.3. http://www.ircam.fr/sdif/standard/sdif-standard.html, Zugriff 1.7.2007

Kapitel 13
Audiobearbeitung

Hans-Joachim Maempel, Stefan Weinzierl und Peter Kaminski

13.1 Editierung und Montage 721
    13.1.1   Historische Entwicklung 721
    13.1.2   Praxis und Funktion 723
13.2 Klanggestaltung 725
    13.2.1   Fader und Mute 725
    13.2.2   Panoramaregler 726
    13.2.3   Stereo-Matrix 729
    13.2.4   Kompressor 730
    13.2.5   Expander 739
    13.2.6   Kombinierte Regelverstärker 743
    13.2.7   Filter 744
    13.2.8   Verzerrer 747
    13.2.9   Enhancer 748
    13.2.10 Delayeffekte 748
    13.2.11 Nachhall 751
    13.2.12 Pitch Shifting 755
    13.2.13 Time Stretching 756
    13.2.14 Phaser 756
    13.2.15 Ringmodulator 757
    13.2.16 Tremolo und Vibrato 758
    13.2.17 Leslie-Kabinett (rotary speaker) 758
    13.2.18 Wah-Wah 759
    13.2.19 Vocoder 760
    13.2.20 Mehrfach-Bearbeitung und komplexe Algorithmen 762
13.3 Klangrestauration 763
    13.3.1   Bearbeitungswerkzeuge 763
    13.3.2   Klassifizierung von Störungen 764
    13.3.3   Rauschen 764
    13.3.4   Scratches, Clicks und Crackles 766
    13.3.5   Frequenzgangsbeschneidung 768
    13.3.6   Pop-Geräusche 769
    13.3.7   Übersteuerungen und Verzerrungen 769
    13.3.8   Netz-Störungen 770

13.3.9   Azimuthfehler 771
13.3.10 Drop-Outs 772
13.3.11 Digitale Störungen 772
13.3.12 Störgeräusche 773
13.3.13 Praxis 774
13.4 Funktionen und ästhetische Ziele 775
    13.4.1   Physik und Psychologie 776
    13.4.2   Gestalten und Interpretation 778
    13.4.3   Klangästhetische Maximen 779
    13.4.4   Aktivierung 780
    13.4.5   Assoziation 780
    13.4.6   Robustheit und Lautheit 781
Literatur 781

Audioinhalte werden bei der Aufnahme, Übertragung und Wiedergabe in der Regel auch bearbeitet, da sowohl künstlich erzeugte als auch in der Natur aufgenommene Klänge zunächst oft nur unzureichend für die mediale Verbreitung geeignet sind. Im wesentlichen gibt es dabei vier Zielsetzungen, die je nach Inhalten und Medien unterschiedlich stark gewichtet sind und ineinander greifen:

- Die Produktion einer vorlagengetreuen und idealisierten akustischen Darbietung oder Szene (z. B. die Eliminierung von Störungen oder Spielfehlern)
- Die Interpretation der aufgenommenen Inhalte durch technische Mittel (z. B. die Gewichtung oder Effektbearbeitung von Musikinstrumenten)
- Die Anpassung an die technischen Erfordernisse der Übertragungskette (z. B. korrekte Aussteuerung)
- Die Anpassung an die Rezeptionssituationen, -gewohnheiten und -erwartungen der Zielgruppe (z. B. die Einhaltung einer sinnvollen Programmdynamik)

Entsprechend umfangreich wird Audiobearbeitung heute eingesetzt: in allen elektronischen Medien, während nahezu aller Produktionsschritte und bei allen Audioinhalten. Bis in die 1970er Jahre hinein funktionierten Audiobearbeitungsmittel ausschließlich auf der Basis analoger Signalverarbeitung. Als Ergebnis der technologischen Entwicklung überwiegt heute die digitale Realisation, entweder als Stand-Alone-Gerät (Hardware), als Software-Anwendung, als sogenanntes Plug-in oder als Hardware-Plug-in-Kombination. Plug-ins sind spezialisierte Software-Komponenten, die über standardisierte Schnittstellen (z. B. AU, VST) in integrierte Audioproduktionsumgebungen (digital audioworkstations, DAWs) eingebunden werden können. Sie bestehen aus einem Algorithmus zur Berechnung der Audiodaten und einer grafischen Benutzeroberfläche. Einfache Bearbeitungsmittel wie Equalizer und Regelverstärker sowie zunehmend auch Effekte wie Delays oder Nachhall sind häufig in die Kanalzüge professioneller Mischpulte integriert. Durch digitale Signalverarbeitung wurden bestehende Audiobearbeitungsmittel auf höherem qualitativem Niveau realisierbar (insbesondere künstlicher Nachhall) sowie neue Effekte ermöglicht, z. B. Pitch Shifting und Time Stretching mit Formantkorrektur. Gegenüber traditionellen Verfahren der Signalbearbeitung durch Filter mit signalunabhängig festgelegten Parametern hat die digitale Audiosignalverarbeitung in jüngerer Zeit neue Verfahren erschlossen durch den Einsatz von Faltungsoperationen in Echtzeit und anderer Frequenzbereichsverfahren, sowie durch die dynamische Parametrisierung von Bearbeitungsoperationen auf der Basis von Merkmalsanalysen (feature extraction).

13.1 Editierung und Montage

Professionelle Audioproduktionen (Soundtracks zum Film, Hörspiele, Musikaufnahmen) sind in der Regel das Ergebnis einer Montage von einzelnen Aufnahmen, deren Einspielung sich nicht notwendigerweise an der zeitlichen Struktur des Endprodukts orientiert. Im Bereich der Popularmusik (außer Jazz) wird überwiegend im sog. Overdubbing-Verfahren produziert. Einzelne Stimmen eines Arrangements werden nacheinander auf unterschiedliche Spuren aufgenommen, Korrekturen erfolgen durch destruktives oder nichtdestruktives Überschreiben von kurzen Sequenzen auf dem mehrspurigen Audiomaterial (punch in – punch out). Im Bereich der klassischen Musik ebenso wie bei Sprachaufnahmen werden dagegen, ähnlich wie beim Film, zunächst mehrere Versionen (Takes) eines Stücks oder einzelner Passagen eines Stücks aufgenommen. In einem anschließenden Editierungsprozess wird das aufgenommene Tonmaterial zu einem organischen Ablauf montiert. So entsteht die Illusion einer musikalischen Aufführung, die in dieser Form nie stattgefunden hat und vielleicht nie stattfinden könnte.

13.1.1 Historische Entwicklung

Während der Schnitt beim Film, der ja nichts anderes ist als eine Aneinanderreihung von Fotografien, keine speziellen Anforderungen an den Bildträger stellt und daher schon immer Teil des Produktionsprozesses war, waren beim Ton zunächst nur bestimmte Aufzeichnungsmedien geeignet, eine Aufzeichnung neu zu montieren und dabei unhörbare Übergänge zu schaffen. Während Nadeltonträger (Zylinder, Wachs- und Schellackplatte) für eine solche Montage ungeeignet sind, wurde bereits Ende der 1920er Jahre das neu entwickelte Lichtton-Verfahren erstmals für Hörspiel-Montagen eingesetzt. Für *Weekend*, eine akustische Montage von Alltagsgeräuschen einer Großstadt am Wochenende, übertrug der Komponist Walter Ruttmann, der auch die Filmmusik zu *Berlin – Sinfonie einer Großstadt* (1927) komponiert hatte, das Collage-Prinzip auf den Ton. 2000 m Filmton wurden am Schneidetisch auf 250 m gekürzt, um ein 11'20" langes Stück aus 240 Einzelsegmenten zu erhalten, das 1930 in der Sendung *Hörspiele auf Tonfilm* zum ersten Mal im Rundfunk gesendet wurde (Vowinckel 1995).

Das Magnetband wurde in Deutschland seit Einführung der HF-Vormagnetisierung im Jahr 1940 für Musikproduktionen, Mitschnitte und für den Sendebetrieb eingesetzt. Außerhalb Deutschlands hielt es erst nach 1945 Einzug. In den USA wurden seit 1948 beim Rundfunksender ABC und beim Decca-Label Magnetbandgeräte eingesetzt (Gooch 1999), seit 1949 wurde in England bei Decca (Culshaw 1981), ab 1950 auch bei E.M.I. auf Magnetband aufgezeichnet (Martland 1997). Das Magnetband konnte und musste, da es zunächst sehr rissanfällig war, geklebt werden. Dabei wurde zunächst „nass" geklebt, d. h. bei beiden mit einer unmagnetischen Schere geschnittenen Enden des Bandes wurde die Trägerschicht durch ein Lösungsmittel leicht angelöst, das Band einige mm überlappt und durch anpressen verklebt. Seit Anfang der 1950er Jahre waren Klebelehren auf dem Markt, mit denen der Schnittwinkel der Bandenden exakt eingestellt werden konnte, sowie Klebestreifen zum Hinterkleben des Bandmaterials. Bei Interpreten stieß die von den Musikproduzenten in den 1960er Jahren bereits intensiv genutzte Möglichkeit der Montage, wie das immer größere Repertoire an Audiobearbeitungsverfahren im Allgemeinen, auf ambivalente Reaktionen. Während Interpreten wie der kanadische Pianist Glenn Gould (1932–1982) die Montage als Erweiterung der interpretatorischen Gestaltungsmöglichkeiten verstand und sich zugunsten der Studioproduktion zunehmend aus dem Konzertleben zurückzog (Gould 1966), erlaubte der rumänische Dirigent Sergiu Celebidache (1912–1996) nur noch Live-Übertragungen seiner Konzerte, wodurch die zeitliche Struktur unangetastet blieb (Celebidache 1985).

Schnitt- und Klebelehren für analoges Magnetband erlaubten einen wenige Millimeter langen Schrägschnitt, entsprechend einer Überblenddauer (crossfade) von etwa 10 ms bei einer Bandgeschwindigkeit von 38 cm/s. Vereinzelt arbeitete man in den 1970er Jahren mit bis zu 20 cm langen Schnitten, entsprechend einer Überblendzeit von über 500 ms, wobei das Band häufig in „Schwalbenschwanz"-Form geschnitten wurde, um die beim Schrägschnitt aufgrund der Spurlage auftretenden, bei kurzen Schnitten aber in der Regel unhörbaren Störungen des Stereo-Panoramas zu vermeiden. Bei Mehrspuraufnahmen wäre der Zeitversatz zwischen den Spuren bei solch flachen Schnittwinkeln allerdings zu groß gewesen, weshalb man bereits bei 8-Spuraufnahmen mit „Zickzackbrettern" arbeitete, die parallele Schrägschnitte in das Band stanzten.

Bereits das erste im kommerziellen Einsatz befindliche digitale Aufzeichnungssystem (Soundstream, 1976), das mit Festplatten und Bandsystemen als Aufzeichnungsmedium arbeitete, übertrug die Editiermöglichkeiten des analogen Tonbandes auf die Digitaltechnik, wodurch Funktionen wie Wellenformdarstellung, Crossfades und Cut, Copy und Paste eingeführt wurden. Zunächst setzten sich in der Musikproduktion bandgestützte Systeme durch, die mit einem Umkopierschnitt arbeiteten. Hier wurden zwei Zuspieler so zueinander synchronisiert, dass an einem definierten Schnittpunkt von einem zum anderen übergeblendet und das Ergebnis auf einem dritten Gerät im Aufnahmemodus aufgezeichnet werden konnte. Ein kleiner Bereich um die Schnittstelle konnte durch Editoren wie das 1980 eingeführte Modell DAE 1100 der Fa. Sony im RAM vorgehört werden. Als Tonträger konnten verschiedene, timecode-fähige Bandformate eingesetzt werden. Im Zweispur-Bereich waren dies zunächst die Pseudo-Video-Aufzeichnung auf U-matic und später DAT-Zuspieler und -Recorder, im Mehrspur-Bereich

Kapitel 13 Audiobearbeitung

DASH-Formate. Ende der 1980er Jahre kamen erste ausschließlich festplattenbasierte Schnittsysteme (Sonic Solutions, 1988) auf den Markt, seither gehören Schnitte und Überblendungen von beliebiger Dauer zu den Grundfunktionen digitaler Audioworkstations.

13.1.2 Praxis und Funktion

Beim analogen Schnitt auf Magnetband musste durch Hin- und Herbewegen des Bandes am Tonkopf (scrubbing) zunächst eine identifizierbare Stelle auf dem Band lokalisiert werden. Schnitte wurden daher überwiegend in oder kurz vor einem klar definierten Toneinsatz durchgeführt.

Digitale Schnittsysteme erlauben eine kontrolliertere Schnittbearbeitung durch die Möglichkeit, Dauer und Hüllkurve der Überblendung frei zu wählen und den Schnitt lediglich als Sprungbefehl beim Abspielen der Audiodaten zu definieren, ohne also das originale Audiomaterial zu verändern (non-destructive editing). Die Hüllkurve der Überblendung kann dabei so gewählt werden, dass der bei einem linearen crossfade (wie bei analogen Bandschnitten) unvermeidliche Pegeleinbruch in der Mitte der Überblendung vermieden werden kann.

Bei einer linearen Ein- und Ausblendung der Amplitude fallen in der Mitte eines symmetrischen crossfades die –6 dB-Punkte der beiden Segmentenden zusammen

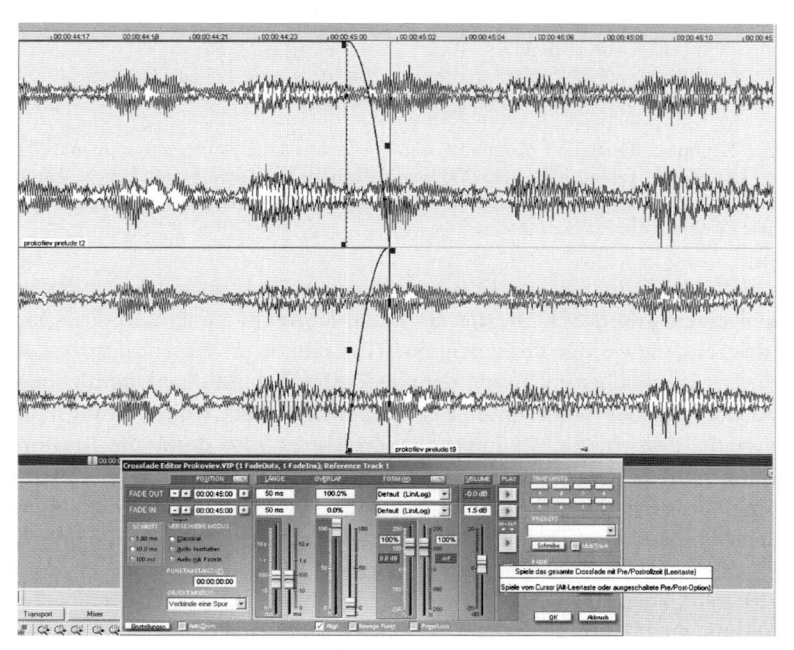

Abb. 13.1 Fenster zur Schnittbearbeitung mit einer Darstellung von Quell- und Zielspur (source/destination track) und einer Überblendung mit beliebiger Dauer und Hüllkurve

und addieren sich aufgrund der nicht-kohärenten Signalbeziehung zu einem Summenpegel von −3 dB. Digitale Audioworkstations bieten daher unter anderem eine Hüllkurve an, welche die Signalenergie während der Überblendung konstant hält. Seit der Einführung digitaler Audioworkstations kann auch die visuelle Darstellung der Wellenform als Orientierung für die Montage verwendet werden (Abb. 13.1). Als Konsequenz hat die Häufigkeit von Schnitten mit Einführung der Digitaltechnik im Mittel etwa um einen Faktor 2 bis 3 zugenommen (Weinzierl u. Franke 2002) und mittlere Segmentlängen von 10 bis 20 s zwischen zwei Schnitten dürften bei klassischen Musikproduktionen heute die Regel sein.

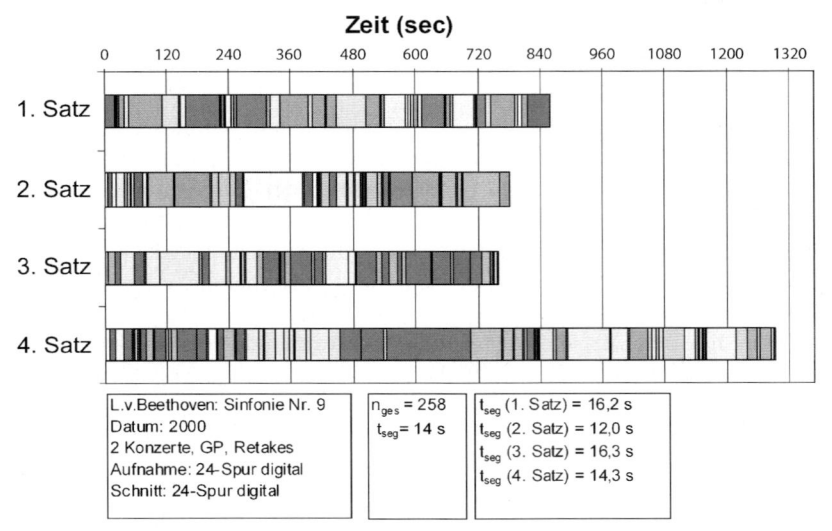

Abb. 13.2 Schnittsegmente und -zeitpunkte einer Produktion der Neunten Symphonie (Sätze 1–4) von L. v. Beethoven aus dem Jahr 2000, veröffentlicht bei einem Major-Label. Aufnahme und Schnitt erfolgten auf digitalem 24-Spur-Magnetband. Insgesamt wurden 267 Schnitte ausgeführt (Weinzierl u. Franke 2002).

Hinsichtlich der Funktion von Editierungsvorgängen kann unterschieden werden zwischen einem Insert-Schnitt, der als kurze Korrektur innerhalb eines längeren Takes das zeitliche Gefüge des korrigierten Abschnitts im Wesentlichen unangetastet lässt. Demgegenüber entspricht dem Assemble-Schnitt eine Überblendung von einer Aufführung des Werks in eine andere Aufführung, wobei zwangsläufig die ursprüngliche Zeitstruktur der Interpretation ersetzt wird durch die Illusion eines (im besten Fall) organischen, musikalischen Ablaufs. Die Begriffe stammen ursprünglich aus dem Umkopierschnitt, wo beim Insert-Schnitt das durch einen auf dem Band vorhandenen Timecode vorgegebene Zeitraster nicht verändert werden konnte, während beim Assemble-Schnitt auch der Timecode geschnitten wurde. Sie beschreiben im übertragenen Sinn auch die moderne Praxis, auch wenn bei festplattenbasierten, nicht-linearen Schnittsystemen keine Timecode- und Steuerspuren mehr geschnitten werden. Einen dritten Typus bilden zeitmanipulative Schnitte, bei denen – ohne in einen anderen Take zu wechseln – die Zeitstruktur der Aufnahme

Kapitel 13 Audiobearbeitung

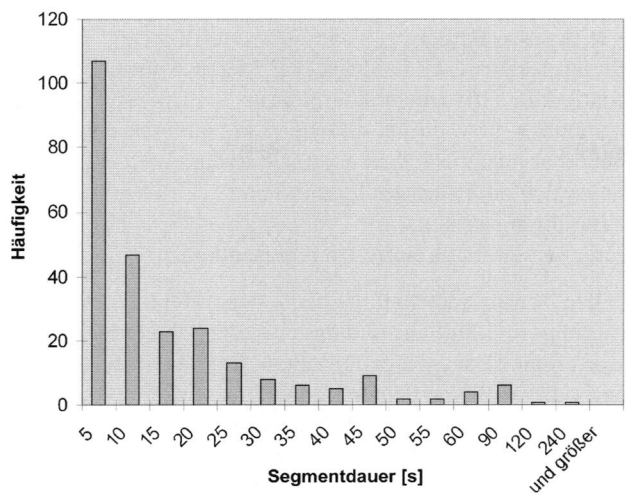

Abb. 13.3 Verteilung (Histogramm) der Segmentdauern aus Abb. 13.2.

verändert wird, etwa beim „Geradeschneiden", wo der Einschwingvorgang bei mehrstimmigen Einsätzen soweit verkürzt wird, bis ursprünglich vorhandene Unsynchronitäten beim Akkordeinsatz nicht mehr hörbar sind. Zeitmanipulativ ist auch das Verkürzen oder Verlängern von Tonabständen und Pausen, wodurch die Zeitgestaltung der aufgezeichneten Aufführung direkt bearbeitet wird. Bei Algorithmen zur Time Compression oder zum Time Stretching geschieht dies auf Grundlage einer vorangehenden Signalanalyse automatisch (Abschn. 13.2.13 und Kap. 15.3.5).

13.2 Klanggestaltung

13.2.1 Fader und Mute

Mit dem Fader (Pegelsteller) wird die Amplitude des Audiosignals frequenzneutral verändert. Die Signalamplitude bestimmt in erster Linie die Lautstärke des Klangs, beeinflusst aber auch die wahrgenommene Entfernung und Größe der Schallquelle sowie – wegen der Kurven gleicher Lautstärke (Abb. 2.5) und aufgrund von Verdeckungseffekten bei der Mischung – ihre Klangfarbe. Der Fader wird sowohl im Hinblick auf eine korrekte Aussteuerung (Kap. 10.1.1) als auch mit dem Ziel einer künstlerisch-technischen Klangregie eingesetzt. Unter einer Vielzahl von technischen Ausführungen lassen sich folgende Realisierungsformen unterscheiden:

- Dreh- oder Schieberegler (sowie weitere, v. a. historische Bauformen),
- kontinuierlich oder stufenweise veränderbar,

- linear oder logarithmisch skaliert,
- Analoge Schaltungsdesigns T, H, L oder π (vgl. hierzu Webers 1999, 299–302),
- passiv (dämpfend) oder aktiv (nicht dämpfend),
- direkte oder spannungs- bzw. digital gesteuerte Signalverarbeitung,
- nur manuell steuerbar oder zusätzlich automatisierbar,
- nur manuell beweglich oder zusätzlich motorisiert,
- ohne oder mit Berührungssensor,
- physisch oder nur visuell durch Software repräsentiert.

In der professionellen Tonstudiotechnik ist heute der stufenlos veränderbare, automatisierbare, berührungsempfindliche und motorisierte Schieberegler Standard, der Steuerdaten für eine zumeist ausgelagerte digitale Signalverarbeitung liefert. Fragen der Skalierung oder analoger Schaltungsdesigns verlieren damit ihre Bedeutung. Nach wie vor wichtig bleiben jedoch ergonomische und funktionale Aspekte, denn bei dem Pegelsteller handelt es sich um das am häufigsten verwendete Audiobearbeitungsmittel.

Mutes (Stummschaltungen) stellen einen einfachen aber wirksamen Eingriff im Rahmen einer Audioproduktion dar: Signale werden unhörbar gemacht, indem ihr Pegel auf $L = -\infty$ reduziert wird. Zur Vermeidung von Knackgeräuschen geschieht dies entweder als Regelvorgang in einem kurzen Zeitintervall in der Größenordnung von 10 ms (meist bei zeitlinearen Produktionsweisen, etwa am Mischpult) oder als abrupter, jedoch auf den nächstliegenden Nulldurchgang des Audiosignals verschobener Schaltvorgang (meist bei nicht-zeitlinearen Produktionsweisen, z. B. in einem Harddisc-Recording-System). Je nach Möglichkeit und Zielsetzung wird das Mute per Hand zeitlich frei, durch Synchronisation zeitbezogen oder durch Marker präzise signalverlaufsbezogen ausgelöst. Das Mute kann nicht nur zur Entfernung von Störgeräuschen eingesetzt werden, es kann auch musikalisch-dramaturgischen Zwecken dienen: Durch das Stummschalten beliebig groß- oder kleinteiliger musikalischer Einheiten können Bestandteile eines Musikstücks entfernt werden, die das kompositorische Gefüge maßgeblich konstituieren, was im allgemeinen eine gravierende Änderung der musikalischen Wirkung zur Folge hat. Schließlich kann es auch zur Klanggestaltung eingesetzt werden: In einem Signalabschnitt, der als zusammenhängender Klang wahrgenommen wird, verursachen kurzzeitige Mutes als Hüllkurve der Signalamplitude einen ‚zerhackten' Klangverlauf, was z. B. bei der Produktion von Popularmusik als Effekt gewünscht sein kann.

13.2.2 Panoramaregler

Der Panoramaregler (auch Panoramapotentiometer oder kurz Panpot) im Kanalzug von Mischpulten dient der Festlegung der Lokalisation eines Klangs in dem von den Lautsprechern aufgespannten Stereo-Panorama (Abb. 13.4). Er leitet das Signal mit einer durch seine Stellung definierten Pegeldifferenz auf die Ausgangswege des Mischpults, wodurch eine Phantomschallquelle zwischen den Wiedergabelautspre-

Kapitel 13 Audiobearbeitung 727

chern entsteht (Kap. 3.3.1). Der Zusammenhang zwischen (zweikanal-stereofoner) Pegeldifferenz und Hörereignisrichtung auf der Lautsprecherbasis wurde als Lokalisationskurve durch eine Reihe von Hörversuchen ermittelt (Abb. 10.15 oben).

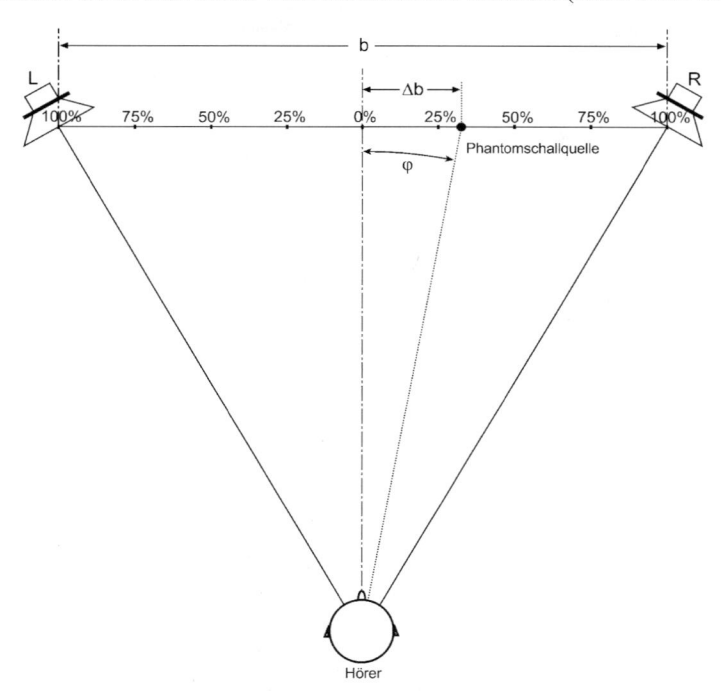

Abb. 13.4 Hörereignisrichtung in der Standard-Stereoaufstellung (Kap. 11.1)

Da die stereofone Lokalisation nicht nur durch Pegel-, sondern u. a. auch durch Laufzeitdifferenzen beeinflusst werden kann, könnten beim Panoramaregler im Prinzip beide Gesetze genutzt werden. Der Einsatz von Laufzeitdifferenzen verringert jedoch die Monokompatibilität zweikanaliger Signale aufgrund von Kammfiltereffekten (Abschn. 13.2.10); daher ist die Erzeugung von Pegeldifferenzen das übliche Panorama-Konzept. Sie wird in analogen Systemen durch Aufmischung des Nutzsignals auf die Sammelschienen über gegensinnig variable Mischwiderstände realisiert oder digital durch eine Multiplikation der Amplitudenwerte des zweikanalig vervielfältigten Nutzsignals mit gegensinnig dimensionierten Faktoren.

Der Zusammenhang zwischen Reglerstellung und Kanaldämpfung variiert zwischen Mischpulten verschiedener Modelle und Hersteller (Abb. 13.5, Maempel 2001, S 173, 237). Unter der Voraussetzung, dass sich aufgrund der im weitgehend diffusen Schallfeld von Regieräumen unkorrelierten Ohrsignale beim Hörer die Leistungen und nicht die Schalldrücke der Lautsprecher addieren, müsste die Mittendämpfung des Panoramareglers 3 dB betragen. Dies ist bei den meisten Geräten der Fall, bestimmte Hersteller implementieren eine Mittendämpfung von 4,5 dB (Abb. 13.5).

Bei Audioproduktionen für Mehrkanal-Abhörformate (z. B. 5.x-Surround) sind mehrere Lautsprecherbasen vorhanden, allerdings ist die Lokalisation von Phan-

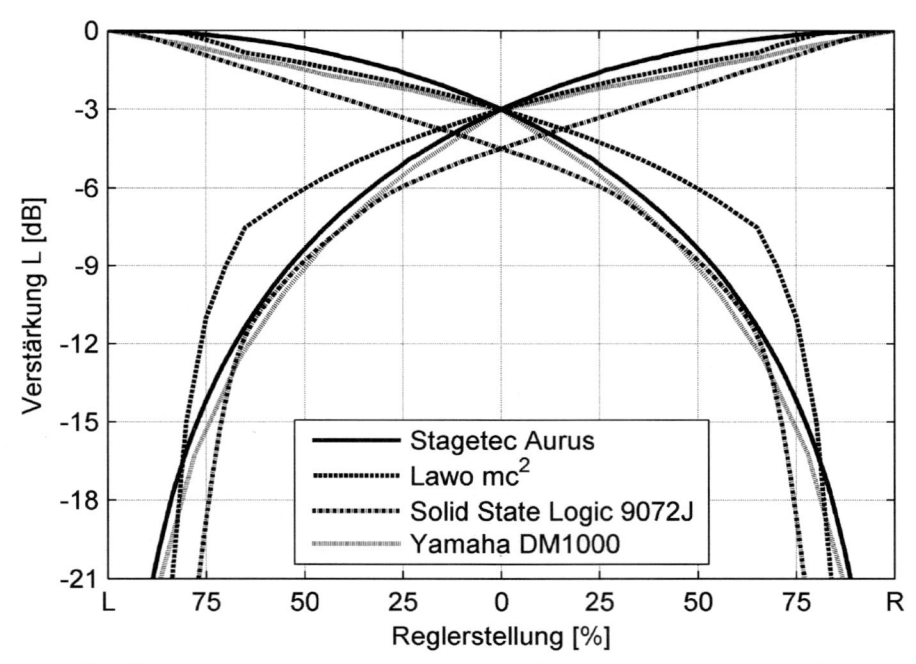

Abb. 13.5 Charakteristiken von Panoramareglern verschiedener Mischpulte (Stagetec, Lawo: Herstellerangaben; SSL, Yamaha: Messungen, z. T. geglättet)

tomschallquellen im hinteren und insbesondere im seitlichen Bereich wesentlich ungenauer und instabiler als im vorderen Bereich (Kap. 3.3.1).

Bei 5.x-Surround-Sound bestimmt der Panoramaregler für die Links-Rechts-Lokalisation im Vergleich zur Zweikanal-Stereofonie auch den Signalanteil für den Center-Kanal. Inwieweit mittig zu lokalisierende Signale tatsächlich durch den Mittenlautsprecher als Realschallquelle oder nach wie vor durch die Seitenlautsprecher als Phantomschallquelle dargestellt werden, kann mit dem zusätzlichen Parameter Divergenz geregelt werden. Ergänzend ist ggf. die grundsätzliche Mittendämpfung des Center-Kanals wählbar. Ferner ist ein weiterer Panoramaregler für die Lokalisationsrichtungen vorne/hinten vorhanden. Häufig besteht die Möglichkeit, die Pegelverhältnisse nicht nur über Drehregler, sondern auch über einen Joystick zu kontrollieren.

Neben Panoramakonzepten, die auf der Erzeugung reiner Pegeldifferenzen beruhen, implementieren manche Hersteller weitere Verfahren zur Panorama-Einordnung aufnahmeseitig monofon kodierter Signale: Zeitdifferenzen, Pegel-Zeit-Differenz-Kombinationen, Spektraldifferenzen oder Crosstalk-Cancelling-Algorithmen. Ein als Virtual Surround Panning bezeichnetes Panoramakonzept für Surround bezieht neben Laufzeitdifferenzen auch frühe Reflexionen ein, die je nach gewählter Lokalisation mittels Delays oder der Verrechnung mit Raumimpulsantworten generiert werden (Ledergerber 2002).

Speziell für Kopfhörerwiedergabe stehen Plug-ins zur Verfügung, die eine dreidimensionale Panoramaregelung weitgehend reflexionsfreier Audiosignale ermöglichen. Die binauralen Lokalisationscues werden dabei durch Verrechnung des Nutzsignals mit HRTFs (head-related transfer function) wählbarer Kunstköpfe erzeugt. Zusätzlich können frühe Reflexionen und Hall sowie ein Dopplereffekt bei Positionsänderungen generiert werden (Wave Arts 2005).

Surround-Panoramakonzepte werden häufig in Form einer punktförmig dargestellten Schallquelle auf der durch die Lautsprecher umstellten Fläche visualisiert. Dabei ist allerdings zu berücksichtigen, dass die Panning Laws (Gerzon 1992) 1. nur für den Sweet Spot (die mittige Abhörposition) gelten, 2. keine stabile seitliche Phantomschallquelle entstehen kann und 3. Lokalisationspositionen innerhalb der umstellten Fläche im Sinne einer Holophonie nicht realisierbar sind. Zur Weiterentwicklung von Panorama-Konzepten vgl. Neoran (2000) und Craven (2003).

Aufnahmeseitig bereits zweikanal-stereofon kodierte Audiosignale müssen bei einer Positionierung auch zweikanalig verarbeitet werden. Dies geschieht einerseits mit einem Balance-Regler, der die Pegel beider Kanäle gegensinnig variiert und dadurch die Lokalisation des Gesamtklangbilds verschiebt, andererseits mit einem Stereobreitenregler (width), der eine Einengung der Stereobreite durch die Zumischung der vertauschten Kanäle bewirkt oder eine Verbreiterung der Stereobreite durch die Zumischung der phaseninvertierten vertauschten Kanäle. In beiden Fällen wird eigentlich nur das Verhältnis von positiv bzw. negativ korrelierten und unkorrelierten Signalanteilen verändert, so dass es neben der gewünschten Wirkung zumeist auch zu Gewichtungsverschiebungen im Gesamtklangbild kommt (s. Abschn. 13.2.3).

Grundsätzlich orientiert sich bei klassischer Musik und bei bildbezogenen Audioinhalten die Einordnung der Schallquellen weitgehend an den tatsächlichen bzw. gesehenen Schallquellenpositionen. Bei der Produktion von Popmusik hingegen werden Instrumente und Gesangsstimme häufig nach dem Kontrastprinzip gegenübergestellt: wichtige Monosignale mittig, sonstige Signale außen (vgl. Maempel 2001, 174–179) oder gelegentlich sogar hinten. Den größten Freiraum bei der Positionierung von Klangquellen bieten Hörspiel, Klangkunst und elektroakustische Musik. Grundsätzlich sollten jedoch ganz oder anteilig laufzeitstereofon kodierte Signale außen positioniert werden, da eine Einengung mittels Panorama- oder Stereobreitenregler (Mischung) ungewünschte Kammfiltereffekte (vgl. 13.2.10) verursachen kann.

13.2.3 Stereo-Matrix

Die Stereo-Matrix (auch Richtungsmischer oder Summen-Differenzübertrager) dient der Umkodierung eines MS-Signals, das z. B. durch ein entsprechendes Mikrofonierungsverfahren erzeugt wird (Kap. 10.3.1.2), in ein zweikanal-stereofon kodiertes Signal (XY). Dabei wird ein Ausgangssignal durch Summenbildung und ein Ausgangssignal durch Differenzbildung der Eingangssignale gewonnen, ggf. mit anschließender Dämpfung von 3 dB. Diese sog. Stereoumsetzung zwischen XY und MS ist nach dem gleichen Prinzip reversibel. Reine Stereo-Matrizen sind gemäß dieser Anwendung am häufigsten als Komponenten von Mischpulten anzutreffen. Einstellbare Parameter sind Abbildungsrichtung und Abbildungsbreite. Heute weiter verbreitet ist ihr zweistufiger Einsatz als allgemeiner Stereobreiten- oder Width-Regler für zweikanal-stereofone Signale in Mischung und Pre-Mastering: Durch die MS-Kodierung eines solchen Signals, die Verschiebung des Amplitudenverhältnisses von M- und S-Signal und die anschließende Rückkodierung kann das Verhältnis von gleich- und gegenphasigen Anteilen in einem Stereosignal verändert werden. Diese Form der Bearbeitung wird vor allem zur Korrelationskorrektur von Signalen aus elektronischen Klangerzeugern, Effektgeräten oder fertigen Abmischungen eingesetzt. Mit der Korrelation hängt die Empfindung der Abbildungsbreite zusammen, auf die die Werte des Parameters Width Bezug nehmen (Abb. 13.4): Unter der Voraussetzung eines die Lautsprecherbasis ausfüllenden Klangbilds, das wenigstens partiell dekorreliert ist, führt danach ein Wert von 0 % (nur M-Signal) zu einem monofonen und mittigen Höreindruck, ein Wert von 100 % (gleiches Verhältnis von M- und S-Signal) zu einer unverändert vollständigen Klangbildausdehnung auf der Lautsprecherbasis und ein Wert von 200 % (nur S-Signal) zu einem Eindruck von Überbreite und fehlender Mitte, meist unter Verlust eindeutiger Lokalisation. Bei der Bearbeitung von Abmischungen geht mit der Korrelationsänderung eine Änderung des Mischungsverhältnisses zwischen mittig positionierten Monosignalen und gering korrelierenden außen positionierten Signalen einher. Da sich dadurch die Klangbildbalance und der Raumeindruck verändern, werden Korrelationskorrekturen einer gesamten Abmischung, wenn überhaupt, nur geringfügig vorgenommen. Eine insbesondere im Pre-Mastering genutzte Variante ist die MS-Kodierung der Abmischung, die unterschiedliche Filterung oder Dynamikbearbeitung des M- und des S-Kanals und die anschließende Rückwandlung in ein XY-Signal, wodurch korrelationsbezogene Bearbeitungen möglich werden.

13.2.4 Kompressor

Allgemein bezeichnet man Verstärker, die in Abhängigkeit von der Spannung des Eingangssignals ihren Verstärkungsfaktor ändern, als Regelverstärker. Die Änderung kann gegensinnig erfolgen (Kompressor) oder gleichsinnig (Expander). Einstellbar sind neben der Ansprechschwelle und dem Verhältnis der Dynamikeinengung die Reaktionszeit und die Abklingzeit (sowie selten die Haltezeit). Bei der Wahl extremer Einstellungen werden der Kompressor als Limiter (Begrenzer) und der Expander als Noise Gate (Tor) bezeichnet. Kompressoren dienen der Verringerung, Expander der Vergrößerung der technischen Dynamik (vgl. terminologisch Jakubowski 1985), welche nicht mit der musikalischen Dynamik bzw. Spieldynamik zu verwechseln ist. Die Dynamikänderung wurde im analogen Zeitalter kombiniert in Kompander-Systemen mit dem Ziel der Rauschunterdrückung auf Übertragungsstrecken oder Speichermedien eingesetzt (vgl. Webers 1989, S 323ff). Heute dient sie vor allem der Anpassung der Dynamik an die Erfordernisse von Übertragungswegen und der Klanggestaltung. Regelverstärker sind als Peripheriegeräte ausgelegt, als Bestandteil von Kanalzügen professioneller Mischpulte oder als Plugins für Audioworkstations.

Kapitel 13 Audiobearbeitung

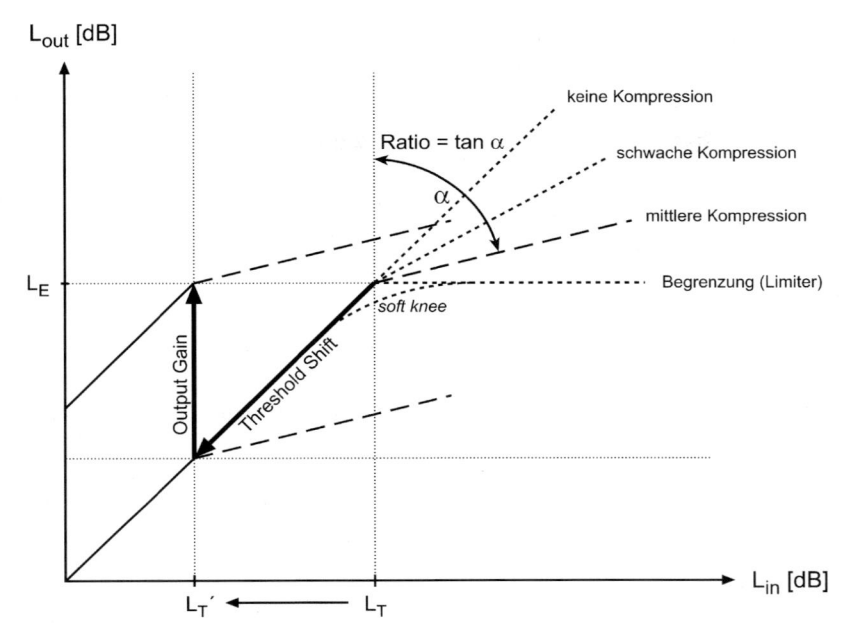

Abb. 13.6 Kennlinien des Kompressors

Ein Kompressor ist ein Verstärker, dessen Verstärkungsfaktor sich bei über einer definierbaren Schwelle (threshold) liegenden Eingangssignalen in einem vorbestimmt festen oder variablen Verhältnis (ratio) verringert. Dazu wird bei analoger Bauweise ein VCA (voltage controlled amplifier) von einem Regelkreis (side chain) gesteuert, der sich meist aus dem gleichgerichteten und integrierten Nutzsignal speist, wobei verschiedene Schaltungskonzepte möglich sind, z. B. die Verwendung des ungeregelten Nutzsignals als Steuersignal (Vorwärtsregelung) oder des geregelten (Rückwärtsregelung). Digital wird die Kompression durch eine Multiplikation der Amplitudenwerte mit einem signalabhängigen Faktor realisiert. Mit der Option RMS/Peak kann bei vielen Geräten ausgewählt werden, ob der Kompressor auf den Effektivwert oder den Spitzenwert des Signals reagiert. Generell lässt sich zwischen dem statischen und dem dynamischen Verhalten unterscheiden.

13.2.4.1 Statisches Verhalten

Als statisches Verhalten bezeichnet man die Arbeitsweise des Kompressors in Abhängigkeit vom Pegel. In der Regel sind hierfür drei Parameter einstellbar, die aber in der Praxis nicht einheitlich benannt werden:

- Threshold = – Input Level = – Input Gain
- Ratio
- Output Gain = Output Level = Make Up Gain = Compression Gain = Hub

Die nichtlineare Kennlinie eines Kompressors setzt sich aus zwei Abschnitten zusammen, einem neutralen und einem flacheren, deren Übergang bei aktivierter Option Soft Knee geglättet ist (Abb. 13.6). Die Abflachung der in der Regel logarithmisch in dB dargestellten Kennlinie oberhalb der Ansprechschwelle hat zur Folge, dass eine Pegelerhöhung des Eingangssignals nicht mehr dieselbe, sondern nur eine geringere Pegelerhöhung des Ausgangssignals bewirkt. Sie wird durch den Parameter Ratio bestimmt, der als Verhältnis von Eingangspegeldifferenz ΔL_{in} und Ausgangspegeldifferenz ΔL_{out} oberhalb des Schwellwerts definiert ist:

$$R = \frac{\Delta L_{in}}{\Delta L_{out}} \quad (13.1)$$

R wird meist nicht als Zahlenwert, sondern als Verhältnis angegeben, z. B. $R = 6:1$, und kann mit

$$R = \tan \alpha \quad (13.2)$$

auch aus dem Abflachungswinkel α des oberen Kennlinienteils berechnet werden (Abb. 13.6).

Der Schwellwert L_T (also die Eingangsspannung, oberhalb derer die abgeflachte Kennlinie wirkt) wird mit dem Parameter Threshold bestimmt. Bei Annahme eines bestehenden Aussteuerungsziels am Kompressoreinsatzpunkt L_E gewinnt man durch das Absenken der Schwelle (Pfeil nach links unten und verschobene langgestrichelte Kennlinie) den Kompressionshub. Diesen sozusagen vergrößerten Headroom kann man nutzen, indem man das komprimierte Ausgangssignal mit dem Parameter Output Gain im Pegel anhebt (Pfeil nach oben und verschobene langgestrichelte Kennlinie). Dadurch wird bei gleichem Maximalpegel, also bei Einhaltung des Aussteuerungsziels, das Signal energiehaltiger, denn auch die unterhalb der Schwelle liegenden Signalabschnitte haben auf diese Weise einen höheren Ausgangspegel (verschobene durchgezogene Linie). Abb. 13.7 zeigt als Ergebnis einer solchen Audiobearbeitung eine Zunahme des mittleren Pegels bzw. der akustischen Leistung und infolgedessen der Lautheit.

13.2.4.2 Dynamisches Verhalten

Als dynamisches Verhalten bezeichnet man die zeitabhängige Arbeitsweise des Kompressors. Sie ist bedingt durch das Verstreichen einer Reaktionszeit nach Über- und Unterschreitung des Schwellwerts. In diesem Zusammenhang sind folgende Parameter einstellbar, sie werden ebenfalls nicht immer einheitlich benannt:

- Attack
- Release = Recovery = Decay
- Hold (selten)

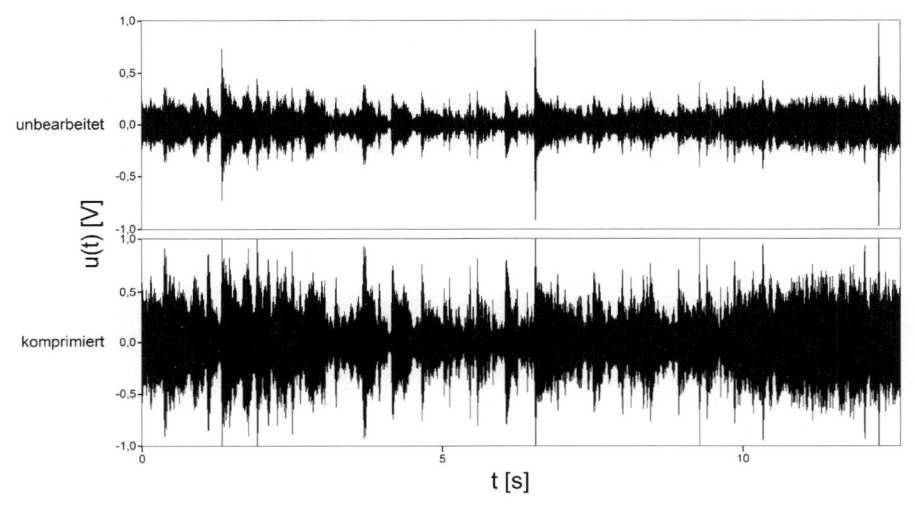

Abb. 13.7 Zwei Wellenformdarstellungen desselben Musikausschnitts. Das komprimierte Signal (unten) besitzt bei gleichem Maximalpegel eine höhere akustische Leistung und klingt lauter.

Die Zeitkonstante Attack ist ein Maß für die Zeitspanne, die der Kompressor für die Reduktion des Verstärkungsfaktors benötigt, nachdem das Eingangssignal den Schwellwert überschritten hat (Ansprechzeit). Release ist ein Maß für die Zeitspanne, die der Kompressor für die Rückführung der Verstärkung auf den Faktor 1 nach dem Sinken des Eingangssignals unter den Schwellwert benötigt (Rückstellzeit). Als Attack-Zeit Δt_{att} ist diejenige Zeitspanne definiert, die nach plötzlicher Überschreitung des Schwellwerts um 10 dB vergeht, bis 63 % (= 1-1/e) der Differenz zwischen der neuen Eingangsspannung L_{in} und der neuen ratioabhängigen Ausgangsspannung $L_{out}(t_2)$ ausgeregelt wurden (Abb. 13.8). Die Release-Zeit Δt_{rel} ist demgegenüber die Zeit, die nach einem plötzlichen Eingangssignalabfall von 10 dB oberhalb der Threshold-Spannung auf die Threshold-Spannung L_T bis zu dem Zeitpunkt vergeht, an dem etwa 63 % der Differenz zwischen der noch ratioabhängigen Ausgangsspannung $L_{out}(t_1)$ und der neuen Ausgangsspannung $L_{out}(t_2)$ ausgeregelt wurden (Abb. 13.9).

Es ist leicht ersichtlich, dass ein Kompressor aufgrund des exponentiellen Verlaufs des Regelvorgangs in jedem Falle länger für das tatsächliche Ausregeln benötigt, als mit den Zeitkonstanten Attack und Release eingestellt wurde. Attack-Zeiten bewegen sich meistens im Bereich zwischen 50 µs und 50 ms, Release-Zeiten zwischen 10 ms und 3 s.

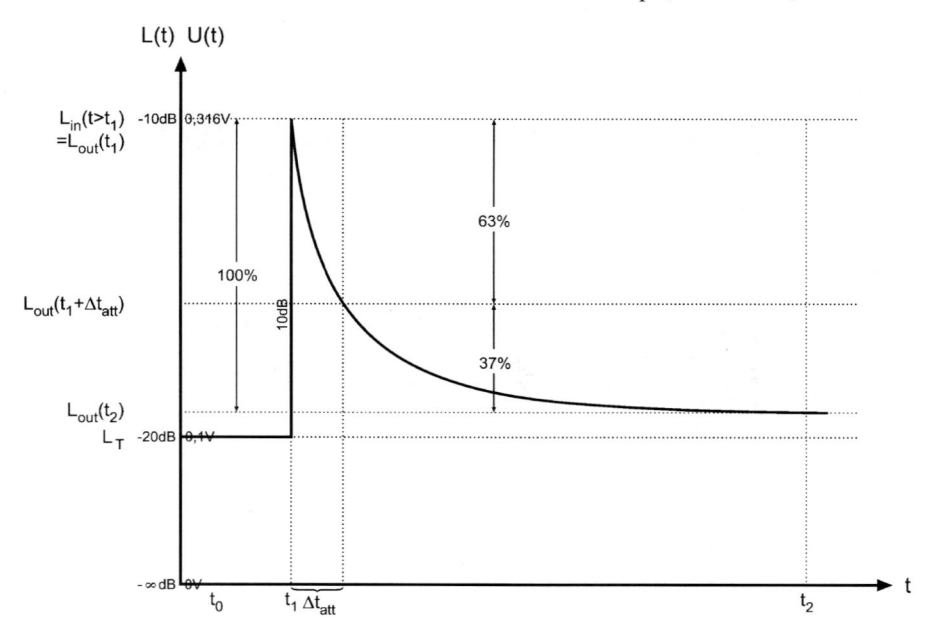

Abb. 13.8 Dynamisches Verhalten des Kompressors: Attack-Vorgang

13.2.4.3 Physikalische Signalveränderung

Die Auswirkungen verschiedener Ansprechzeiten auf hoch- und tieffrequente Signale zeigt Abb. 13.10. Dargestellt sind jeweils ein sinusförmiges Signal, dessen zunächst geringe Amplitude plötzlich über den Schwellwert (gepunktete Linie) steigt und durch den so verursachten Verstärkungsrückgang (gestrichelte Hüllkurve) komprimiert wird, sowie zum Vergleich das unkomprimierte Signal (Strichpunkt). Demnach gilt für das Ansprechen eines Kompressors: Ist ein langes Attack gewählt, bleiben Transienten erhalten (oben links), und es sind kurzzeitige Übersteuerungen der nachfolgenden Übertragungskette möglich, sofern kein Headroom mehr vorhanden ist. Ist ein kurzes Attack gewählt, werden Transienten wirksamer abgefangen (oben rechts), es erfolgt aber eine starke Deformation des Nutzsignals im tieffrequenten Bereich (unten rechts). Durch diese nichtlinearen Verzerrungen erhöht sich der Klirrfaktor. Beide Einstellungen haben also bestimmte Nachteile. Für den Rücklauf des Kompressors gilt: Ist ein langes Release gewählt, regeln kurze Spitzen für längere Zeit das nachfolgende Signal und bestimmen damit stark den mittleren Pegel. Die Wahl eines kurzen Release führt hingegen zu häufigen Regelvorgängen (Tabelle 13.1).

Kapitel 13 Audiobearbeitung 735

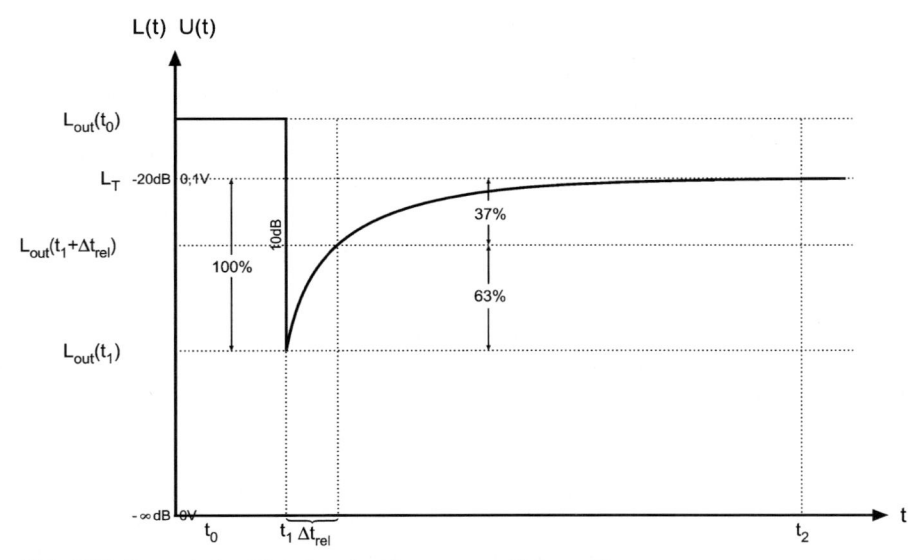

Abb. 13.9 Dynamisches Verhalten des Kompressors: Release-Vorgang

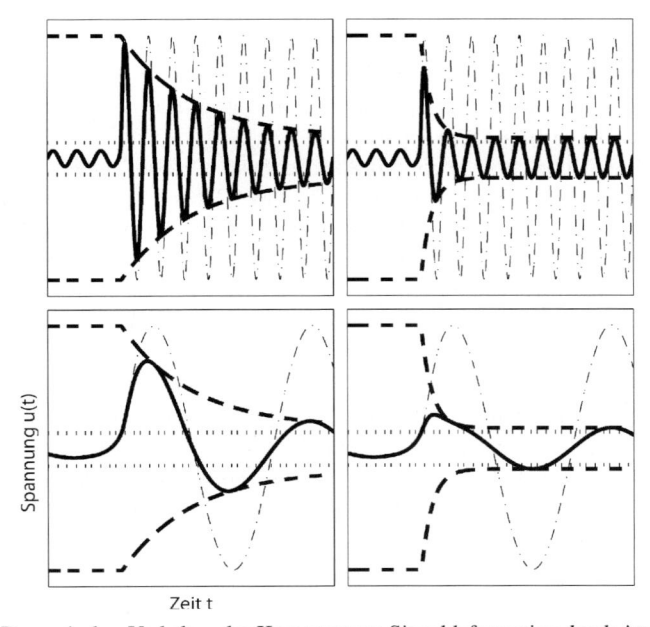

Abb. 13.10 Dynamisches Verhalten des Kompressors: Signaldeformation durch Attack-Vorgang

13.2.4.4 Perzeptive Wirkung

Im Hinblick auf die Wahrnehmung der durch den Kompressor bewirkten Amplitudenänderungen und nichtlinearen Verzerrungen ist das statische Verhalten für die Nutz- und das dynamische Verhalten überwiegend für die Störeffekte verantwortlich (Tabelle 13.1). Generell führen kleine Zeitkonstanten zu einer wahrnehmbaren Klangverdichtung, die gestalterisch beabsichtigt sein kann (z. B. in der Popmusikproduktion), jedoch auch die Lästigkeit des Gehörten erhöhen kann (vgl. Wagner 1997). Sofern nicht maximale Lautheit gefordert ist, lässt sich in der Praxis das Dilemma der Stör- und Nutzeffekte zufriedenstellend verringern, indem man zwei Kompressoren hintereinander einsetzt: Für jedes zu bearbeitende Einzelsignal einen Kompressor mit geringer Schwelle, kleiner Ratio und mittleren oder großen Zeitkonstanten für eine unauffällige aber effektive Dynamikreduzierung; und einen nur selten ansprechenden Kompressor mit hoher Schwelle, großer Ratio und geringen Zeitkonstanten bei gemischten Signalen für den rein technischen Übersteuerungsschutz, etwa an Summenausgängen. Eine Perfektionierung dieses Ansatzes bietet die signalabhängige Dynamisierung von Parametern (Abschn. 13.2.4.5). Zur klanglich optimalen Wahl von Kompressionsparametern bei verschiedenen Abhörbedingungen vgl. Wagenaars, Houtsma & van Lieshout (1986), zum Einsatz in der Hörgeräteakustik vgl. Neumann (1998).

13.2.4.5 Varianten

Verschiedene schaltungstechnische Abwandlungen des reinen Kompressors können effektivere, artefaktreichere, artefaktärmere, kreativere oder zuverlässigere Dynamikbearbeitungen ermöglichen.

Stereo- und Mehrkanalverkopplung: Die Side Chains zweier Kompressoren können elektrisch verbunden werden (stereo link). Dies führt dazu, dass Regelvorgänge, gleich durch welches Nutzsignal ausgelöst, von beiden Kompressoren ausgeführt werden, die in der Regel identisch eingestellt sind. Eine Verkopplung ist für die Kompression von aufnahmeseitig stereofon bzw. mehrkanalig kodierten Signalen erforderlich, wenn sich die Lautstärkebalance und Lokalisation im Klangbild nicht durch einkanalige Regelvorgänge verschieben soll.

Kompression verzögerter Signale: Das oben beschriebene Dilemma bei der Wahl geeigneter Zeitkonstanten, das sich entweder in hörbaren Artefakten oder dem nur unzuverlässigen Abfangen von Signalspitzen äußert, kann umgangen werden, wenn man das Nutzsignal gegenüber dem Steuersignal geringfügig verzögert. Ist die Verzögerung so groß wie die Attack-Zeit des Kompressors, weist das komprimierte Signal keine Transienten und kaum reaktionszeitbedingte Artefakte mehr auf. Dieses Prinzip findet sich bei sog. Transienten-Limitern sowie optional bei Mastering-Prozessoren. Laufzeitglieder sind digital leicht zu realisieren, und in digitalen Kompressoren ist die Funktion (predict, look ahead) häufig vorgesehen.

Kapitel 13 Audiobearbeitung

Tabelle 13.1 Physikalische und perzeptive Wirkungen des Dynamikkompressors

	Physikalische Wirkungen*	Perzeptive Wirkungen*	Nutzeffekt (+) Störeffekt (–)
Attack lang ($\Delta t_{att} \geq 3$ ms)	Langsames Ausregeln.	Unauffällige Dynamikverminderung; Lautheitserhöhung bei Nutzung des Kompressionshubs nicht maximal möglich.	+
	Kurze Spitzen werden nicht abgeregelt.	Verzerrungen durch Übersteuerung der nachfolgenden Übertragungskette möglich.	–
Attack kurz ($\Delta t_{att} < 3$ ms)	Schnelles Ausregeln.	Auffällige Dynamikverminderung; Signalspitzen bestimmen die Lautstärke; Klangverdichtung; Lautheitserhöhung bei Nutzung des Kompressionshubs maximal möglich.	– +(Gestaltungsmittel)
	Kurze Spitzen werden abgeregelt; geringere Impulshaftigkeit.	Unter Umständen größeres Empfinden von Weichheit (z. B. bei perkussiven Klängen).	+
	Signaldeformation im tieffrequenten Bereich; nichtlineare Verzerrung; erhöhter Klirrfaktor.	Verzerrungen bis hin zu knackähnlichen Störungen.	–
Release lang ($\Delta t_{rel} \geq 1$ s)	Seltenes Regeln.	Unauffällige Dynamikverminderung; Lautheitserhöhung bei Nutzung des Kompressionshubs nicht maximal möglich.	+
	Geringer mittlerer Pegel; bei kurzem Attack regeln kurze Signalspitzen nachhaltig den Pegel.	Geringe mittlere Lautstärke; bei kurzem Attack sind plötzliche nachhaltige Lautstärkeeinbrüche möglich.	–
Release kurz ($\Delta t_{rel} < 1$ s)	Durch häufiges Regeln Modulation von langsam veränderlichen Signalanteilen.	Erhöhung von Rauhigkeit oder Pumpen; Klangverdichtung; Lautheitserhöhung bei Nutzung des Kompressionshubs maximal möglich.	– +(Gestaltungsmittel)

* Stärke und Häufigkeit der Wirkungen hängen außerdem von den Eigenschaften des Nutzsignals und dem gewählten Threshold-Wert ab.

Frequenzabhängige Kompression: Das Steuersignal kann gefiltert werden, entweder durch ein im Kompressor vorhandenes Filter oder das Einschleifen eines externen Filters. Am häufigsten wird diese Möglichkeit angewendet, indem mittels Equalizer, Hochpassfilter oder Bandpass hochfrequente Signalanteile relativ zu den restlichen verstärkt werden. Diese Signalanteile, die z. B. bei Sprache Artikulations- und Zischlaute sind, bestimmen so hauptsächlich den Regelvorgang des Kompressors, der sich auf das gesamte Nutzsignal auswirkt. Da bei Sprache diese Laute kaum gleichzeitig mit anderen auftreten, werden vor allem erstere vermindert, ohne dass das vorangehende oder nachfolgende Signal komprimiert würde. Auf diese Funktion spezialisierte Geräte, die z. B. zur Unterdrückung von S-Lauten eingesetzt werden, heißen De-Esser. Sie verfügen meist über einen Bandpass mit einer variablen Eckfrequenz von 0,8 bis 8 kHz. Man kann einen solchen Vorgang so stark einstellen, dass die bearbeitete Stimme regelrecht lispelt.

Fremdansteuerung: Durch Speisung des Side Chains mit einem völlig anderen (meist kürzeren, repetitiven) Signal kann der im Pop- und Dance-Musik-Bereich beliebte Ducking-Effekt erzeugt werden: Z. B. wird ein stehender Klang im Rhythmus des Schlagzeugs im Pegel vermindert, so dass ein gezieltes Pumpen entsteht.

Multibandkompression: Das Nutzsignal wird in (meist drei bis fünf) Bänder zerlegt. Die Bänder werden zeitgleich in verschiedenen Kompressoreinheiten komprimiert und schließlich wieder zusammengemischt. Für verschiedene Frequenzbereiche lassen sich so unterschiedliche Kompressionsparameter einstellen, was in der Praxis meist mit dem Ziel der Leistungs- und damit auch Lautheitsmaximierung eingesetzt wird. Dies spielt insbesondere im Bereich des Rundfunks eine große Rolle, wo in der Regel von einem Zusammenhang zwischen Lautheit und Senderpräferenz ausgegangen wird, auch wenn es hierfür bislang keine empirischen Belege gibt. Man kann jedoch vermuten, dass diese besonders effektive Art der Klangverdichtung zumindes mittelfristig zu einer höheren Lästigkeit des Gehörten führt (Wagner 1997). Zurückhaltend eingesetzt kann ein Multibandkompressor hingegen einer Produktion den letzten Schliff verleihen.

Programmabhängige Parametersteuerung: Die Kompressionsparameter können unter Berücksichtigung psychoakustischer Zusammenhänge dynamisch an die Signaleigenschaften angepasst werden (Hartwich et al. 1995). Speziell für Playout-Wege stehen hochwertige Dynamikprozessoren zur Verfügung, die Spitzenwert- und Effektivwertmessung, eine Analyse des Signalverlaufs mit dynamischer Anpassung der statischen und dynamischen Parameter, eine Verzögerung des Nutzsignals und seriell geschaltete Regelstufen (Multi-Loop-Architektur) funktionell verbinden. Dadurch wird eine korrekte und zuverlässige Aussteuerung bei gleichzeitiger perzeptiver Unauffälligkeit der Regelvorgänge und hoher klangfarblicher Treue möglich. Diese Methode ist weniger für die Lautheitsmaximierung als vielmehr für eine normengerechte und klangqualitätserhaltende Modulationsaufbereitung von Sendesummensignalen geeignet.

13.2.4.6 Einsatzgebiete

Dynamikkompressoren können in allen Produktionsschritten eingesetzt werden:

- Bei der Aufnahme soll ein Kompressor die Dynamik hochdynamischer Signale (z. B. Pop- und Rockgesang oder Big-Band-Blechbläser) reduzieren, um sie zuverlässiger und höher aussteuerbar zu machen. De-Esser sollen hochfrequente Signalanteile gezielt reduzieren, um eine hohe Aussteuerbarkeit des aufzunehmenden Signals auf analogen Magnetbändern bei geringen Artefakten zu ermöglichen.
- In der Abmischung werden einzelne Spuren mit dem Ziel der Dynamikanpassung, der Klangverdichtung und dem „Hüllkurvendesign" (z. B. bei perkussiven Signalen wie Trommeln), also aus gestalterisch-ästhetischen Gründen, kompri-

Kapitel 13 Audiobearbeitung

miert. Auch lässt sich mit dem Mittel der Fremdansteuerung kreativ oder experimentell arbeiten.
- Der Gesamtmix (das Summensignal) wird teilweise schon während der Abmischung komprimiert, mit dem Ziel der Klangverdichtung, eines ducking-ähnlichen Effekts oder der Lautheitserhöhung.
- Beim Pre-Mastering kommt v. a. Multibandkompression zum Einsatz, hauptsächlich mit dem Ziel der Lautheitserhöhung.
- Im Rundfunkstudio ist die Multibandkompression fester Bestandteil des wellentypischen Soundprocessings, das ein konstantes, wiedererkennbares Klangprofil erzeugen soll.
- Ausspiel- bzw. Sendewege werden durch Kompressoren vor technischen Übersteuerungen geschützt, sei es durch einen Begrenzer vor dem Plattenschneidstichel, durch einen Transientenlimiter vor Sende-Leistungsverstärkern (z. B. Senderöhren) oder Uplink-Satelliten.
- Selbst in Consumer-Geräten können Kompressoren enthalten sein, die optional für eine situationsgerechte geringe Programmdynamik sorgen sollen, z. B. beim Autofahren.

Die Auflistung zeigt, dass elektronische Medien heute fast ausschließlich komprimierte Tonsignale übertragen. Lediglich digitale Tonträger mit klassischer Musik werden nicht oder – bei Programminhalten mit sehr hoher Dynamik (spätromantische Orchestermusik, Orgelmusik) – nur geringfügig komprimiert.

13.2.5 Expander

Ein Expander ist ein Verstärker, dessen Verstärkungsfaktor sich bei einem unter einer definierbaren Schwelle (Threshold) liegenden Bereich von Eingangssignalen in einem vorbestimmt festen oder variablen Verhältnis (Ratio) vergrößert. Das Prinzip der technischen Realisation entspricht dem eines umgekehrten Dynamikkompressors. Demnach wird zwischen zu bearbeitendem Signal und Steuersignal unterschieden. Der Steuereingang wird hier auch Key Input genannt. Auch beim Expander kann zwischen statischem und dynamischem Verhalten unterschieden werden.

13.2.5.1 Statisches Verhalten

Als statisches Verhalten bezeichnet man die Arbeitsweise des Expanders in Abhängigkeit vom Pegel. Meistens sind hierfür drei Parameter einstellbar, die in der Praxis nicht einheitlich benannt werden:

- Threshold = – Input Level = – Input Gain
- Ratio (entfällt bei einigen Modellen)
- Range

Die Kennlinie des Expanders setzt sich aus drei Abschnitten zusammen, zwei neutralen und einem dazwischenliegenden steileren (Abb. 13.11). Die höhere Steigung der Kennlinie unterhalb der Ansprechschwelle L_T hat zur Folge, dass eine Pegelverminderung des Eingangssignals ΔL_{in} nicht mehr dieselbe, sondern eine stärkere Pegelverminderung des Ausgangssignals ΔL_{out} bewirkt. Die Steigung dieses Kennlinienabschnitts wird durch den Parameter Ratio bestimmt. Analog zum Kompressor ist die Ratio R definiert als das Verhältnis von Eingangs- und Ausgangspegeldifferenz (Formel 13.1) und kann über den Abflachungswinkel α berechnet werden (Formel 13.2, Abb. 13.11).

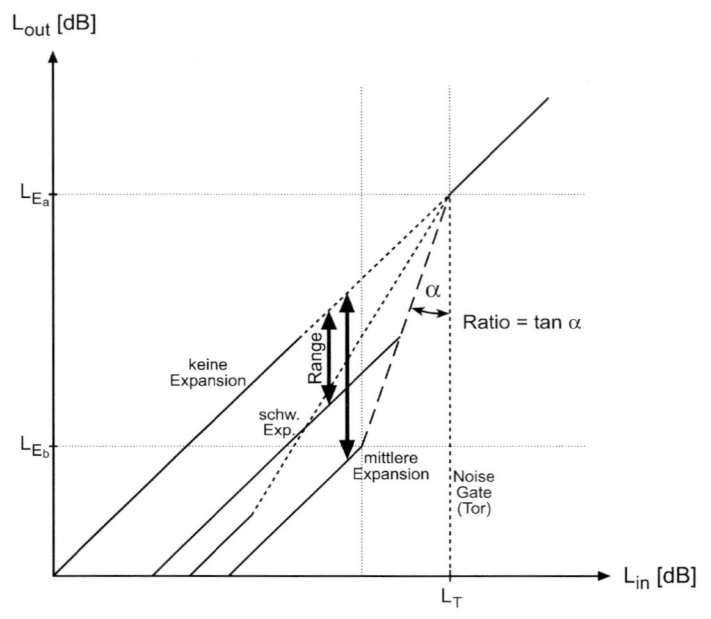

Abb. 13.11 Kennlinien des Expanders

Der Schwellwert oder Expandereinsatzpunkt (also die Eingangsspannung, unterhalb derer der steile Kennlinienabschnitt wirkt) wird mit dem Parameter Threshold bestimmt. Die Dämpfung von Signalen, deren Pegel in den unteren Kennlinienbereich fallen, wird mit dem Parameter Range in dB angegeben. Geht man davon aus, dass leise Signale Störsignale sind (z. B. Übersprechen bei Mikrofonaufnahmen, Hintergrundgeräusche), so kann mit ihm der Abstand des Nutzsignals zu diesem Störsignal dosiert vergrößert werden – eine Nichtüberschneidung beider Dynamikbereiche vorausgesetzt. Bei der Einstellung des Expanders als Noise Gate besteht die Kennlinie nur aus zwei Abschnitten, dem oberen neutralen und dem senkrecht verlaufenden mit der Ratio 0. In diesem Falle werden keine Signale unterhalb des Schwellwerts übertragen.

Kapitel 13 Audiobearbeitung

31.2.5.2 Dynamisches Verhalten

Wie beim Kompressor bezeichnet man auch beim Expander die zeitabhängige Arbeitsweise als dynamisches Verhalten. Sie ist bedingt durch das Verstreichen einer Reaktionszeit nach Über- und Unterschreitung des Schwellwerts. In diesem Zusammenhang sind folgende, nicht immer einheitlich benannte Parameter einstellbar:

- Attack
- Release = Recovery = Decay
- Hold

Die Zeitkonstante Attack ist ein Maß für die Zeitspanne, die der Expander für das Erreichen der neutralen Verstärkung benötigt, nachdem das Eingangssignal den Schwellwert überschritten hat (Ansprechzeit). Release ist ein Maß für die Zeitspanne, die der Expander für die Dämpfung des Signals benötigt, nachdem es unter den Schwellwert gesunken ist (Rückstellzeit). Häufig kann an Expandern der Release-Vorgang verzögert werden, um ein ungedämpftes Ausklingen des Nutzsignals zu gewährleisten. Diese Verzögerung oder Mindesthaltezeit wird mit dem Parameter Hold bestimmt. Das Zeitverhalten eines Expanders weist wie das eines Kompressors einen exponentiellen Verlauf auf, so dass die eigentlichen Regelvorgänge länger dauern, als durch die Maße Attack und Release angegeben. Attack-Zeiten bewegen sich meistens im Bereich zwischen 10 μs und 20 ms, Hold-Werte zwischen 0 und 10 s, Release-Zeiten zwischen 50 ms und 10 s.

13.2.5.3 Physikalische Signalveränderung

Die Regelvorgänge des Expanders erstrecken sich über einen weiten Dynamikbereich. Insoweit kann es bei kurzen Attack-Zeiten zu starken Signaldeformationen kommen.

13.2.5.4 Perzeptive Wirkung

Im Gegensatz zum Kompressor ist die Zielsetzung beim Einsatz eines Expanders meistens, das Signal einer akustischen Quelle von Signalen anderer akustischen Quellen zu trennen, so dass nicht nur die Dynamik und Lautstärke des Klangs beeinflusst werden, sondern auch der Ein- und Ausklingvorgang. Neben dem zumeist großen Regelbereich macht diese Nähe der Regelvorgänge zu den wahrnehmungspsychologisch wichtigen Onset- und Offset-Cues eine perzeptiv unauffällige Einstellung der Expander-Parameter schwierig. Typische Artefakte sind Knackgeräusche oder An- und Abschnitte des Nutzsignals bzw. des Störsignals. Angemessen justiert kann ein Expander den empfundenen Störgeräuschabstand vergrößern. In den Übertragungswegen verschiedener Schallquellen eingesetzt, kann so die Durchhörbarkeit eines Klangbilds und die Prägnanz der einzelnen Schallquellen vergrößert werden. Typische Beispiele sind Diskussionsrunden und Schlagzeugaufnahmen.

13.2.5.5 Varianten

Die möglichen oder gebräuchlichen Abwandlungen des Einsatzes von Expandern sind im Grunde dieselben wie bei Kompressoren. Zur Bearbeitung von aufnahmeseitig zweikanal-stereofon oder mehrkanalig kodierten Signalen muss der Expander verkoppelt betrieben werden, indem die Steuereingänge zusammengeschaltet werden. Zur Vermeidung von Anschnitten des Nutzsignals durch die Attackzeit ist dessen Verzögerung gegenüber dem Steuersignal sinnvoll. In Live-Situationen ist dies nicht praktikabel, so dass nach Möglichkeit ein voreilendes Signal als Steuersignal verwendet wird, z. B. von Kontaktmikrofonen bei der Übertragung von Trommeln. Prinzipiell ist natürlich auch eine frequenzabhängige Ansteuerung eines Expanders möglich, wenngleich selten sinnvoll. Häufig angewandt wird eine Fremdansteuerung durch andere, insbesondere impulshafte Signale. So lässt sich etwa ein durchgängiger Klang durch den Einsatz eines fremdgesteuerten Noise Gates im Rhythmus eines perkussiven Sounds zerhacken (Gater-Effekt).

13.2.5.6 Einsatzgebiete

Expander werden in den Produktionsschritten Aufnahme, Abmischung, Pre-Mastering und Programmausspielung eingesetzt und dienen je nachdem der Störgeräuschverminderung oder der Klanggestaltung. In Dynamikprozessoren für Sendewege oder Masteringsysteme können die Parameter von Expandern auch programmabhängig steuerbar sein mit dem Ziel einer möglichst effektiven, artefaktfreien und zuverlässigen Störgeräuschverminderung.

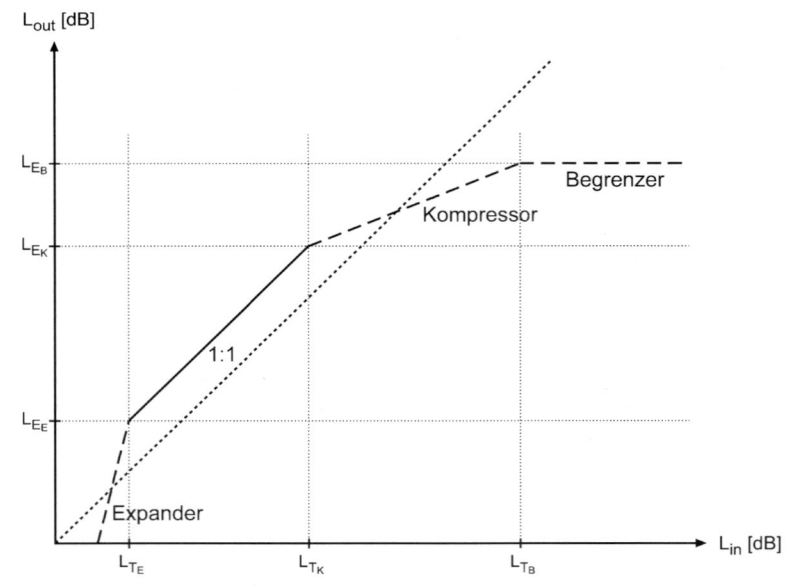

Abb. 13.12 Kennlinie eines kombinierten Regelverstärkers

Kapitel 13 Audiobearbeitung

13.2.6 Kombinierte Regelverstärker

Kompressoren und Expander können auch in Serie zu einem kombinierten Regelverstärker verschaltet werden, um die Handhabung der Dynamik zu vereinfachen. Dementsprechend werden kombinierte Regelverstärker z. B. in weitgehend automatischen Übertragungs- oder Beschallungssystemen eingesetzt. In der gängigsten Kombination ergeben sich vier Kennlinienabschnitte und drei Schwellwerte für den Einsatz von Expander, Kompressor und Begrenzer (Abb. 13.12).

Kombinierte Regelverstärker sind Bestandteil moderner Dynamikprozessoren. Sie werden eingesetzt, um die Dynamik von Audioprogrammen an menschliche Dynamiktoleranzen anzupassen. Nach Lund (2006) lässt sich der tolerierbare Dynamikbereich durch drei Werte beschreiben. Einen Schwerpunkt: den der bevorzugten oder definierten Programmlautheit äquivalenten mittleren Abhörschalldruckpegel; eine Obergrenze: den präferierten oder systemtechnisch gegebenen maximalen Schalldruckpegel (Spitzenwert); und eine Untergrenze: den der Lautheit der Störgeräusche äquivalenten mittleren Schalldruckpegel. Die so für verschiedene Wiedergabesysteme bzw. -situationen ermittelten Ober- und Untergrenzen und die sich daraus ergebenden tolerierbaren Dynamikbereiche zeigt Abb. 13.13.

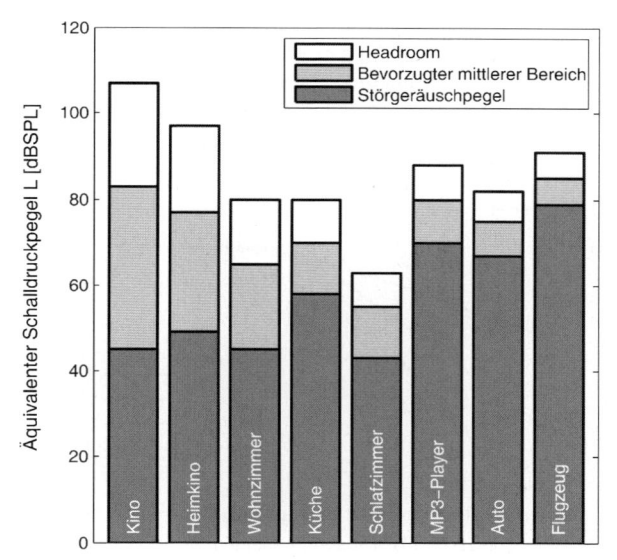

Abb. 13.13 Ober- und Untergrenzen tolerierbarer Dynamikbereiche von Audio-Konsumenten in verschiedenen Hörsituationen, dargestellt als Differenz zu den jeweils definierten oder empirisch präferierten lautheitsäquivalenten Wiedergabeschalldruckpegeln (z. B. Kino: 83 dB SPL), nach (Lund 2006)

13.2.7 Filter

Nach etablierter Audio-Terminologie dienen Filter der klangfarblichen Kontrolle von Audiosignalen durch Veränderung des Frequenzspektrums von Signalen. Für die klangfarbliche Wirkung ist dabei v. a. der Amplitudengang von Bedeutung, der Phasengang hingegen ist in bestimmten Grenzen vernachlässigbar. Technisch sind Filter analog als passive oder aktive RC-Schaltungen konzipiert, in letzterem Falle z. B. als Operationsverstärker mit frequenzabhängiger Gegenkopplung. In der digitalen Signalverarbeitung werden generell Algorithmen zur Addition und Multiplikation von Abtastwerten als Filter bezeichnet, selbst wenn der Amplitudengang dabei nicht verändert wird (Kap. 15.3.1). Filter sind als Mischpult-Komponenten, Stand-alone-Hardware oder Plug-ins verfügbar.

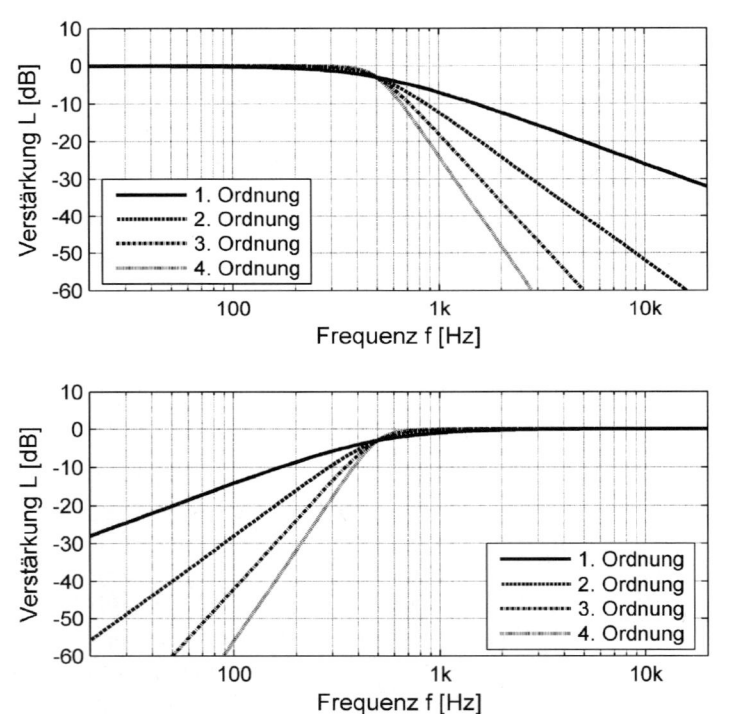

Abb. 13.14 Tiefpassfilter (oben) und Hochpassfilter (unten) verschiedener Ordnung mit einer Grenzfrequenz von f_1=500 Hz

Im einfachsten Fall besitzt ein Filter eine feste Flankensteilheit, die üblicherweise in dB/Oktave oder dB/Dekade angegeben wird. Technisch werden Filter verschiedener Ordnung unterschieden. Je höher die Ordnungszahl n, desto höher die Flankensteilheit, die sich zu $n·20$dB/Dekade bzw. $n·6$dB/Oktave ergibt. Je nachdem, ob die Dämpfung mit steigender oder sinkender Frequenz zunimmt, handelt es sich um ein Tiefpass- oder ein Hochpassfilter (Abb. 13.14). Die Frequenz, an der die Dämpfung 3 dB beträgt, wird als Grenzfrequenz bezeichnet. Sie ist üblicherweise der einzige justierbare Parameter eines einfachen Filters.

Schaltet man beide Filtertypen hintereinander, ergibt sich in Abhängigkeit der Reihenfolge ihrer Grenzfrequenzen ein Bandpass oder eine Bandsperre (Abb. 13.15 mit entsprechenden Filtern 5. Ordnung). Zur Eliminierung einzelner Störfrequenzen (z. B. Netzbrummen) werden spezielle, schmale Bandsperren mit hoher Flankensteilheit eingesetzt, die als Notch-Filter bezeichnet werden.

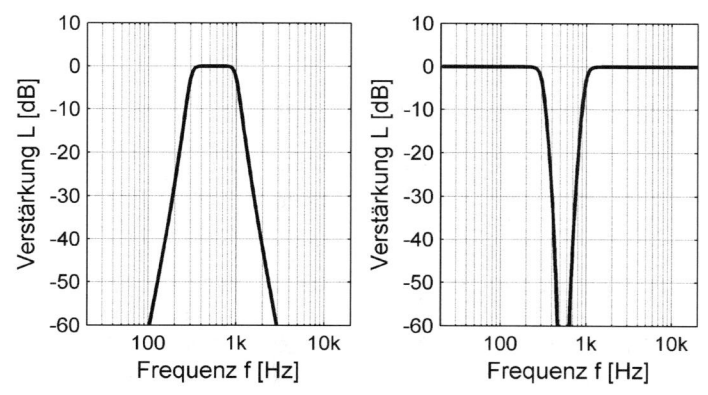

Abb. 13.15 Bandpass (links) und Bandsperre (rechts) 5. Ordnung

13.2.7.1 Equalizer

Eine in der Audiotechnik spezielle und häufig eingesetzte Art von Filtern sind Equalizer (Entzerrer). Moderne Equalizer besitzen einen Amplitudengang, der sich nach einem Abschnitt frequenzabhängiger Verstärkung bzw. Dämpfung asymptotisch einem einstellbaren Zielpegel annähert, also einen Bereich weitgehend frequenzunabhängig definierbarer Verstärkung aufweist. Im Unterschied zum einfachen Filter kann neben der Grenzfrequenz daher auch der Verstärkungspegel im entsprechenden Frequenzbereich als Parameter verändert werden (halbparametrischer Equalizer). Liegt dieser Bereich zwischen zwei definierten Grenzfrequenzen f_1 und f_2, also inmitten des Frequenzbereichs des Nutzsignals, so spricht man in Anlehnung an die Form des Amplitudengangs von einem Glockenfilter $f_0 = \sqrt{f_1 \cdot f_2}$ (bell) oder Peakfilter, das durch eine Bandbreite $B = f_2 - f_1$, eine Mittenfrequenz und einen Verstärkungspegel L beschrieben werden kann (Abb. 13.16). Ist der Bereich nach einer Seite offen, liegt er also am linken oder rechten Rand des Übertragungsbereichs, so wird der Equalizer als Shelf-Filter bezeichnet. Vollparametrische Equalizer ermöglichen neben der Einstellung der Mittenfrequenz auch die Einstellung des Gütefaktors Q (Abb. 13.16), wobei $Q = f_0/B$. Manche Equalizer kompensieren die bei $L \neq 0$ dB mit einer Änderung von Q einhergehende Änderung der akustischen Leistung (und damit Lautstärke) des bearbeiteten Signals. Filter mit festen Mittenfrequenzen und fester Güte, meistens zu Batterien mit 10 oder 30 Bändern gruppiert, werden als grafische Equalizer bezeichnet.

Da die Ausprägung des Helligkeitseindrucks, aber auch der Eindruck von klangfarblicher Inhomogenität (dröhnend, hohl), wie sie z. B. durch Resonanzeffekte hervorgerufen werden kann (Abgeschlossenheits-Dimension nach Nitsche 1978, S 27, Abb. 13.32), stark vom Betragsspektrum bestimmt wird, kann sie mit Filtern verändert werden (zu Klangfarbentheorien im Überblick vgl. Muzzulini 2006). Einfache Filter werden hauptsächlich zur Verminderung von Nebengeräuschen (z. B. Trittschall) oder unerwünschten Nutzsignalanteilen in den spektralen Außenbereichen eingesetzt und nur bedingt im kreativ-gestalterischen Sinne. Im letzteren Falle wird auf die klangfarbliche Dimension der Helligkeit Einfluss genommen. Mit parametrischen Equalizern läßt sich das Frequenzspektrum effektiv und zugleich differen-

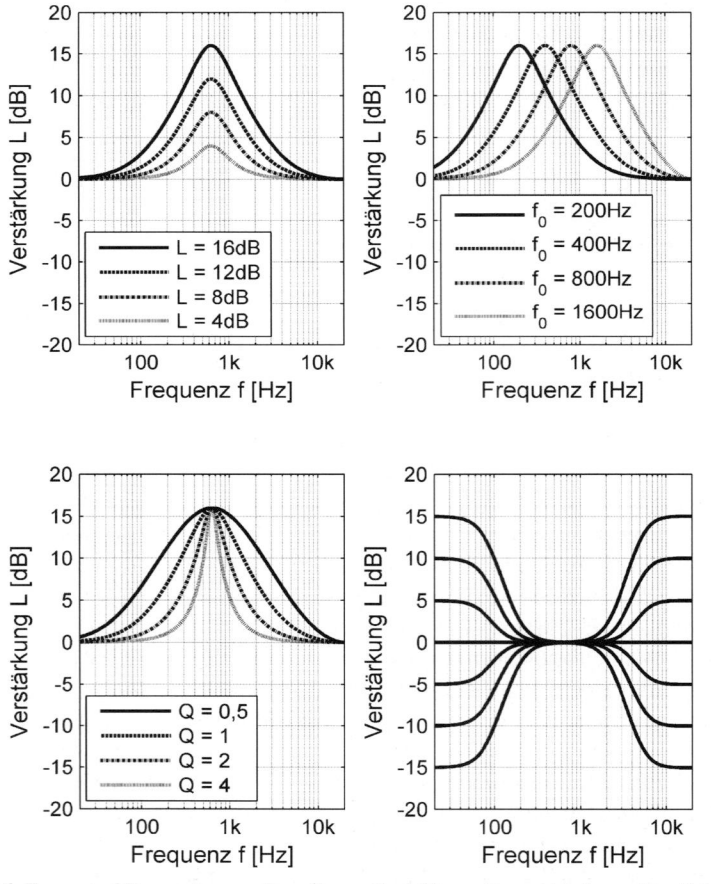

Abb. 13.16 Typen und Parameter von Equalizern: Peakfilter mit verschiedenen Verstärkungspegeln (oben links), Mittenfrequenzen (oben rechts) und Güten (unten links) sowie tiefen- und höhenwirksame Shelf-Filter mit verschiedenen Verstärkungspegeln (unten rechts)

ziert beeinflussen, entsprechend umfassend auch der Klangfarbeneindruck. In der Praxis stellen die Abhörbedingungen einen Störfaktor bei der Equalisierung dar: In einem Experiment von Börja (1978) wiesen die Differenzspektren von in verschiedenen Regieräumen angefertigten Musikmischungen Ähnlichkeiten mit der inversen kombinierten Übertragungsfunktion von Lautsprecher und Wiedergaberaum auf. Das Ergebnis einer Klangeinstellung wird außerdem durch das ursprüngliche Spektrum des zu bearbeitenden Signals beeinflusst, das wie ein Ankerreiz wirkt (Letowski 1992). Eine getrennte Einflussnahme auf Einschwingvorgänge und quasistationäre Abschnitte, bzw. generell auf Klangfarben*verläufe* ist mit herkömmlichen Filtern bzw. Equalizern nicht möglich, dies kann jedoch durch digital realisierte dynamische Filter geschehen.

Einsatzgebiete des Equalizers reichen von der Entfernung bestimmter Störsignale über die Kompensation störender Formanten, das in der populären Musik verbreitete Aufhellen von Klängen und die partielle Beeinflussung der Tiefenlokalisation bis zu starken Verfremdungseffekten, etwa dem kontinuierlichen Durchstimmen schmaler Equalizer-Bänder über einen größeren Frequenzbereich (Filter-Sweep). Grafische Equalizer werden häufig für eine Frequenzganganpassung von Beschallungsanlagen an spezifische räumliche Gegebenheiten eingesetzt.

13.2.8 Verzerrer

Als Verzerrer kann man alle Audiobearbeitungsmittel bezeichnen, die nichtlineare Verzerrungen verursachen mit dem Ziel, deutlich wahrnehmbare Artefakte zu produzieren. Es existieren vielfältige Bezeichnungen bzw. Typen wie Distortion, Over Drive, Crunch, Fuzz etc. Die nichtlinearen Verzerrungen werden in Vorverstärkern, Endstufen oder Effektgeräten durch die Übersteuerung von Verstärkerstufen verursacht, indem Röhren oder Halbleiter im nichtlinearen Bereich ihrer Kennlinie betrieben werden. Je nach Ansteuerungspegel, der mit einem meist als Gain, Boost oder Drive bezeichneten Regler einstellbar ist, wird das Signal mehr oder weniger stark deformiert bzw. abgeschnitten (clipping), was einer Pegelbegrenzung und der Addition zusätzlicher Partialtöne gleichkommt (Kap. 21.4). Bei musikalischen Tönen (mehrere Partialtöne) verursacht eine nichtlineare Verzerrung infolge von Summen- und Differenzfrequenzen Signalanteile, die gemeinsam als rau und geräuschhaft empfunden werden. Die verschiedenen Geräte oder Programme unterscheiden sich hauptsächlich in der Form der genutzten Kennlinie. Sie ist für die Härte des pegelabhängigen Effekteinsatzes und – infolge unterschiedlich starker Ausprägungen verschiedener Obertonklassen, z. B. gerad- oder ungeradzahliger Obertöne – die Klangfarbe des Effekts verantwortlich, die häufig zusätzlich mit Filtern verändert werden kann. Der hohe Obertongehalt und die hohe akustische Leistung infolge der Begrenzungswirkung machen mit Verzerrern bearbeitete Signale im Klangbild auffällig und durchsetzungsstark. Entsprechende Effekte werden vor allem zur Gestaltung vielfältiger E-Gitarren-Sounds eingesetzt. Neben der heute üblichen digitalen Realisierung von ursprünglich analog erzeugten Verzerrungen etablieren sich auch typische Artefakte der digitalen Audioübertragung als Effekte. So bewirkt z. B. der Bitcrusher durch die Verringerung der Wortbreite gezielt eine Vergrößerung des Quantisierungsfehlers und damit eine klirrende, störgeräuschbehaftete Verzerrung.

13.2.9 Enhancer

Auch Enhancer dienen der Obertonerzeugung, im Gegensatz zum Verzerrer soll die Klangbearbeitung aber nicht als deutliches Artefakt, sondern vielmehr als dezente klangfarbliche Anreicherung wahrgenommen werden. Dazu werden Obertöne aus hoch- oder bandpassgefilterten Teilen des Ausgangssignals erzeugt. Die Grenzfrequenzen der jeweiligen Filter sind mit einem meist als Tune bezeichneten Parameter wählbar, die Stärke der Obertonerzeugung mit dem Parameter Drive. Das unter Umständen stark obertonhaltige Signal wird dem Ausgangssignal nun in äußerst geringer Dosierung zugemischt (Parameter mix). Einige Prozessoren nehmen zusätzlich eine Bearbeitung auch der tiefen Frequenzen durch Kompression und/oder Verzögerung vor. Enhancer werden sowohl auf Einzelklänge als auch auf komplette Mischungen angewendet und sollen die Helligkeit und Lebhaftigkeit des Audioinhalts sowie ggf. die Sprachverständlichkeit erhöhen. Ein ähnliches Prinzip kommt in Plug-ins zur Röhren- bzw. Bandsättigungs-Simulation zur Anwendung, wobei geradzahlige bzw. ungeradzahlige Partialtöne erzeugt werden.

13.2.10 Delayeffekte

Die Verzögerung von Signalen ist digital einfach zu realisieren und Grundlage verschiedener Effektgeräte bzw. perzeptiver Wirkungen. Je nach Kombination verschiedener Verzögerungszeiten, verschiedener Pegeldifferenzen, ein- und mehrmaliger Signalwiederholung, zeitlich regelmäßiger oder unregelmäßiger Signalwiederholung sowie räumlich identischer oder getrennter Wiedergabe von Original- und verzögerten Signalen kommen verschiedene psychoakustische Effekte wie Klangverfärbung, Raumeindruck, Echowahrnehmung und Lokalisationswirkungen (Summenlokalisation, Präzedenzeffekt oder Haas-Effekt) zum Tragen. Zu Lokalisationseffekten s. Kap. 3, für durch komplexe Reflexionsmuster verursachte Raumeindrücke s. Abschn. 13.2.11.

Werden ein Signal und dasselbe um Δt verzögerte Signal summiert, resultiert eine als Kammfiltereffekt bezeichnete lineare Verzerrung, die bei den Frequenzen $f_{\text{peak}_n}=n/\Delta t$ jeweils eine Überhöhung und bei $f_{\text{dip}_n}=(2n-1)/2\Delta t$ jeweils eine Absenkung aufweist. Die relativen Pegel dieser Peaks und Dips hängen von der Pegeldifferenz zwischen Bezugssignal und verzögertem Signal ab (Abb. 13.17).

Auf perzeptiver Ebene werden mit steigender Verzögerungszeit nacheinander die Wahrnehmungsqualitäten Klangfarbe, Räumlichkeit und Echo angesprochen

Kapitel 13 Audiobearbeitung

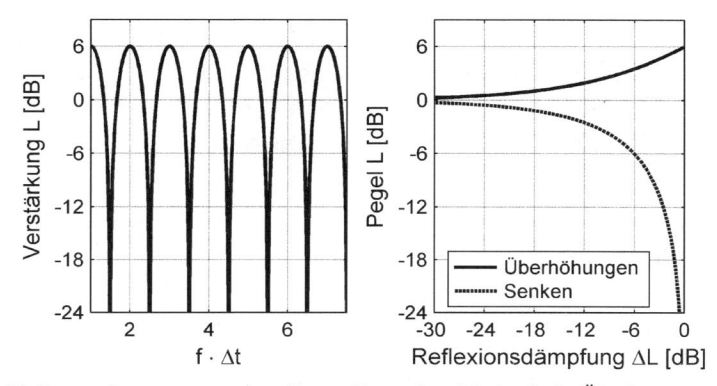

Abb. 13.17 Betragsfrequenzgang eines Kammfilters, das sich durch die Überlagerung zweier identischer zeitversetzter Signale ergibt (links), und Pegel der Überhöhungen (peaks) und Senken (dips) der Kammfilterfunktion in Abhängigkeit von der Dämpfung des verzögerten Signals (rechts)

bzw. in ihren Ausprägungen verändert. Bei breitbandigen Audioinhalten mit geringer Tonhaltigkeit kann es aufgrund der partialtonähnlichen regelmäßigen Lage der Peaks und Dips im Frequenzbereich neben dem Eindruck klangfarblicher Veränderung auch zur Tonhöhenempfindung kommen. Man unterscheidet dabei einkanalige und meist einohrige Darbietung der zeitversetzten Signale (monaural repetition pitch) und beidohrige Darbietung der interaural zeitversetzten Signale (dichotic repetition pitch); vgl. Hartmann (2005). Die genauen Verzögerungszeiten, die die Übergänge der Wahrnehmungsqualitäten markieren, und die Größe der Überlappungsbereiche hängen von vielen Faktoren ab, insbesondere von Signaleigenschaften wie Impulshaftigkeit, Tonhaltigkeit und Spektrum, der Pegeldifferenz zwischen Bezugssignal und verzögertem Signal und der Schulung des Gehörs (vgl. Kap. 3.3.2).

Kammfiltereffekte können auch bei Mikrofonaufnahmen durch Überlagerung des Direktsignals mit akustischen Reflexionen, z. B. durch ein Sprecherpult, verursacht sein. Brunner et al. (2007) zeigten, dass Expertenhörer bei Kammfiltereffekten durchschnittlich noch Pegeldifferenzen von 18 dB zuverlässig entdecken können, im Einzelfall sogar Pegeldifferenzen von 27 dB. Die Versuchspersonen reagierten bei Verzögerungszeiten zwischen 0,5 und 3 ms am empfindlichsten. Dies entspricht einer Schallweglänge von 0,17 bis 1 m, die bei der Mischung von Mikrofonsignalen vermieden werden sollte.

Verzögerungsgeräte realisieren den als Parameter Delay Time wählbaren Zeitversatz heute durch eine digitale Zwischenspeicherung des Signals. Die Verzögerungszeit kann um ihren justierten Wert herum variiert werden (modulation), was technisch einer geänderten Auslesegeschwindigkeit und perzeptiv einer Tonhöhenänderung gleichkommt. Die Modulation kann entweder periodisch durch einen Tieffrequenzoszillator (Parameter speed), signalverlaufsabhängig durch einen Hüllkurvengenerator (envelope) oder zufällig (random) gesteuert werden. Die Modulationstiefe ist mit dem Parameter Depth einstellbar. Das verzögerte und ggf. frequenzmodulierte Signal kann nun dem Originalsignal dosiert zugemischt werden (mix) und zugleich zum Eingang der Verzögerungsstufe rückgekoppelt werden (feedback). Aufwändige Geräte beinhalten mehrere parallele Verzögerungsstufen oder ermöglichen zusätzlich Dynamik-, Filter- und Panorama-Modulationen.

Tabelle 13.2 Typische Delayeffekte

Effekt / Artefakt	delay time	modulation	feedback
Verzögerung single delay	> 40 ms	nein	nein
Verdopplung double tracking	20–40 ms	nein	nein
Echo	> 100 ms	nein	ja
multitap delay	mehrere diskret justierbare Verzögerungszeiten	beliebig	beliebig
Chorus	15–30 ms	ja	nein
Flanger	1–10 ms	ja	ja

Durch die Wahl bestimmter Kombinationen von Parametern lassen sich verschiedene klassische Delay- oder Modulationseffekte erzeugen (Tabelle 13.2). Eine einfache Verzögerung (single delay) mit einer Delayzeit bis zu einigen Sekunden vermittelt den Eindruck eines Rückwurfs, wie er ähnlich in der Natur an großen und mehr oder weniger weit entfernten reflektierenden Flächen auftritt (Stadion, Waldrand, Felswand); Zeiten im Bereich der Echoschwelle werden häufig zur Verdopplung von Gesangsstimmen gewählt (double tracking). Delayzeiten zwischen 100 ms und einigen Sekunden ergeben in Verbindung mit leichtem oder starkem Feedback den klassischen Echo-Effekt. Mehrere unabhängig voneinander in Delay time und Mix einstellbare Verzögerungseinheiten ermöglichen die Generierung auch nichtperiodischer Wiederholungsmuster bzw. Rhythmen (multitap delay). Chorus- und Flanger-Effekt basieren auf der Mischung von Original- und verzögertem Signal, wobei die Verzögerungszeit periodisch variiert wird, was auf eine waagerechte Streckung und Stauchung der Kammfilterkurve in Abb. 13.17 hinausläuft. Die beiden Effekte unterscheiden sich in der Wahl der Delayzeit und im Feedback-Einsatz. Beim Flanger-Effekt dominiert perzeptiv die veränderliche komplexe Klangverfärbung mit Tonhöhencharakter, der Chorus hingegen schafft neben einer dunkleren, weniger auffälligen Klangfärbung einen Eindruck von Räumlichkeit und verleiht dem bearbeiteten Signal so mehr Klangfülle. Die Effektsignale müssen nicht mit dem Originalsignal gemischt, sondern können auch auf anderen Kanälen ausgespielt werden, um stereofon eingesetzt werden zu können, was z. B. typisch für das Double Tracking ist. Delayeffekte werden hauptsächlich in der Produktion von Popularmusik eingesetzt und sind häufig musikstrukturell abgestimmt. Die Delayzeit, die einem bestimmten Notenwert bei einem bestimmten Tempo entspricht, berechnet sich einfach durch $T=k \cdot 60/b$ [s] aus dem Tempo b in bpm (beats per minute) und der Notenwert-Konstante k in Bruchteilen des Grundschlag-Wertes, meist der Viertelnote (z. B. ♪ = 0,25 bzw. ♩ = 2). Bei der Übertragung klassischer Musik werden Delays auch für die Verzögerung der Signale von Stützmikrofonen eingesetzt (Kap. 10.5.3).

13.2.11 Nachhall

Geräte zur Erzeugung von künstlichem Nachhall erfüllen eine Vielzahl von Funktionen. Bei der Produktion klasssischer Musik werden sie in der Regel zur Verlängerung der Nachhalldauer eingesetzt, wenn die Aufnahme in einer akustisch nicht vollständig befriedigenden Umgebung stattfindet. In der Popularmusik, wo meist mit dicht mikrofonierten Signalen mit geringem räumlichen Anteil gearbeitet wird, entsteht die räumliche Perspektive (Entfernung, Raumgröße, Halligkeit) erst durch die Mischung des aufgenommenen Signals mit künstlichem Nachhall, häufig in Kombination mit einzelnen Reflexionen, wie sie durch separate Delayeffekte (Abschn. 13.2.10) oder durch den Nachhallalgorithmus selbst generiert werden. Auch wenn künstlicher Nachhall heute praktisch ausschließlich durch digitale Effektgeräte erzeugt wird, ist ein kurzer Rückgriff auf die Vorgeschichte analoger Verfahren allein deshalb interessant, weil einige dieser Verfahren (wie die Hallplatte) mit der ihnen eigenen Klangcharakteristik auch von digitalen Algorithmen simuliert und eingesetzt werden.

Das älteste Werkzeug zur Erzeugung von zusätzlichem Nachhall waren Hallräume, wie sie unmittelbar nach Ablösung des mechanisch-akustischen Aufnahmeverfahrens durch eine elektroakustische Übertragungskette um 1925 eingerichtet wurden. Die Möglichkeit der elektrischen Mischung von an verschiedenen Orten aufgenommenen, mikrofonierten Klängen wurde genutzt, um Signale über Lautsprecher in einen Raum mit stark reflektierenden Wänden einzuspielen, über Mikrofone zurückzuführen und dem Quellsignal als räumlichen Anteil zuzumischen. In den 1930er Jahren war dies gängige Praxis in den Aufnahmestudios bei Rundfunk und Schallplatte, ebenso wie beim Film (Rettinger 1945).

Nach Einführung der magnetischen Aufzeichnungstechnik wurden in den 1950er Jahren eine Reihe von Nachhallerzeugern entwickelt, die mit magnetisch beschichteten Rädern arbeiteten, deren Oberfläche mit einer Reihe von Aufnahme- und Wiedergabeköpfen bespielt und ausgelesen wurde und so eine abklingende Folge verzögerter Reflexionen produzierte, deren zeitliche Struktur durch die Position der Tonköpfe vorgegeben war. Solche Apparate kamen sowohl im Studiobetrieb zum Einsatz (Axon et al. 1957) als auch zur Nachhallverlängerung von Konzertsälen (Kap. 5.5, Abb. 5.46).

Universelle Verbreitung fand die 1957 von der deutschen Firma EMT eingeführte Hallplatte. Eine rechteckige, an ihren Eckpunkten eingespannte Stahlplatte von 1x2 m Kantenlänge wurde durch einen elektrodynamischen Wandler zu Biegeschwingungen angeregt, die sich entlang der Plattenoberfläche ausbreiteten und an den Kanten reflektiert wurden. Dieses Reflexionsmuster wurde an einer anderen

Stelle der Platte piezoelektrisch abgenommen und in ein elektrisches Signal zurückgewandelt. Durch eine an die Hallplatte angenäherte Dämmplatte konnte die Nachhallzeit zwischen 1 und 5 s eingestellt werden (Kuhl 1958). Die Hallplatte EMT 140 lieferte zunächst nur ein monofones Signal, seit 1961 war sie mit einem stereofonen, seit 1973 auch mit einem quadrofonen Abnehmer erhältlich (EMT 1983). Das gleiche Prinzip der Nachhallerzeugung kam auch beim Nachfolgemodell, der 1971 eingeführten Hallfolie EMT 240 zu Einsatz. Dabei wurde eine nur noch 27x29 cm große Folie aus einer Gold-Legierung piezoelektrisch zu Schwingungen angeregt und deren Reflexionsmuster durch einen dynamischen Wandler abgetastet. Der Vorteil gegenüber der Hallplatte lag neben der Kompaktheit des Systems vor allem in der höheren, einem natürlichen Raum ähnlicheren Eigenfrequenzdichte der Folie. Die geringe Eigenfrequenzdichte ist hauptverantwortlich für den metallischen und tendenziell kleinräumigen Klang der Hallplatte.

Algorithmen zur Erzeugung von Nachall durch digitale Signalverarbeitung wurden bereits Anfang der 1960er Jahre vorgeschlagen (Schroeder 1961). Der sog. Schroeder-Algorithmus (Schroeder 1962, Abb. 13.18) verwendete vier parallel geschaltete Rückkopplungsschleifen (IIR-Filter, Kap. 15.2.2), die aufgrund ihres Frequenzgangs auch als Kammfilter (comb filter) bezeichnet werden. Durch geschickte Wahl der Verzögerungen m_1 bis m_4 kann das Filter so entworfen werden, dass sich die Berge und Täler des Frequenzgangs gegenseitig in etwa kompensieren. Durch zwei nachgeschaltete Allpass-Filter mit linearem Frequenzgang (Kap. 15.2.2, Abb. 15.18) wird die Anzahl der Reflexionen jeweils noch einmal verdreifacht.

Anfang der 1960er Jahre stand noch keine Rechnerarchitektur zur Verfügung, um Algorithmen dieses Typs in Echtzeit auszuführen. In der Computermusik, für die nicht notwendigerweise in Echtzeit realisierte *Berechnung* von Kompositionen, fanden rekursive Nachhallalgorithmen jedoch sehr früh Eingang, etwa in das Mitte

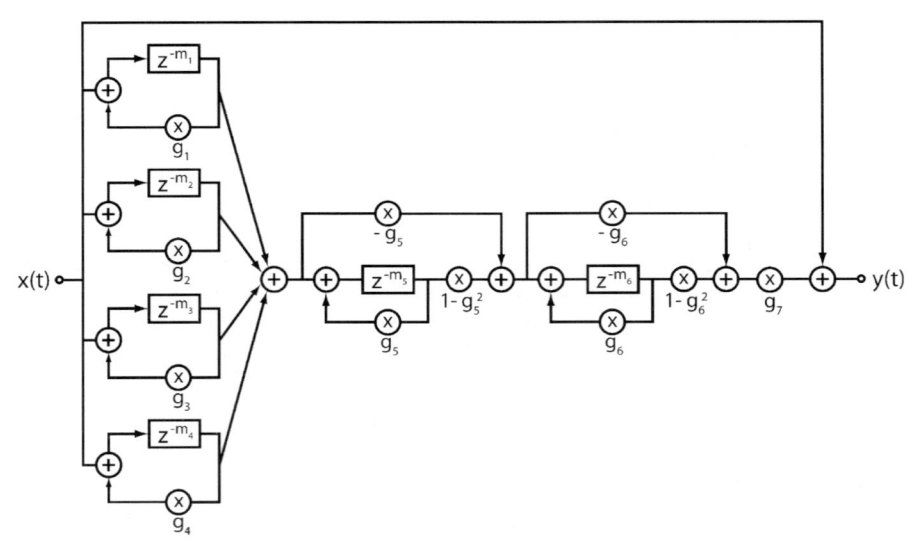

Abb. 13.18 Schroeder-Algorithmus zur Nachhallsynthese

der 1960er Jahre am Computer Center for Research in Music and Acoustics (CCRMA) in Stanford von John Chowning entwickelte Programm zur räumlichen Steuerung von Schallquellen (Chowning 1971), das zum ersten Mal bei der Komposition *Turenas* (1972) zum Einsatz kam. Mitte der 1970er Jahre wurde die Erzeugung von digitalem Nachhall in Echtzeit auf einem industriellen Großrechner demonstriert (Baeder u. Blesser 1975), bevor wiederum der Firma EMT mit dem 1976 vorgestellten digitalen Nachhallgerät EMT 250 die erste Implementierung eines rekursiven Nachhallalgorithmus auf einem tonstudiotauglichen Digitalrechner gelang. Es erlaubte einen viel weitergehenden Zugriff auf einzelne Parameter und Klangeigenschaften des Nachhalls als dies bei analogen Geräten möglich war. In der Folgezeit stieg mit der Rechenleistung von Mikroprozessoren sowohl die Übertragungsqualität der Nachhallerzeuger (das EMT 250 arbeitete mit 24 kHz Abtastfrequenz und 12 bit Wortbreite) als auch die Komplexität der implementierten Algorithmen. So erweiterte (Moorer 1979) den Schroeder-Algorithmus um zwei weitere, parallel geschaltete Comb-Filter und einen Tiefpass erster Ordnung in jedem Rückkoppelungszweig zur Bedämpfung hoher Frequenzen, wie sie in der Realität durch die Luftabsorption und das Absorptionsverhalten der Wände gegeben ist. Außerdem werden Flatterechos, wie sie bei kurzen transienten Signale hörbar werden können, in ihrer Wirkung abgemildert.

Das von Jot u. Chaigne (1991) analysierte General Feedback Delay Network kann als Verallgemeinerung der Algorithmen von Schroeder und Moorer verstanden werden. Es erreicht eine maximale Dichte und eine maximale Komplexität in der zeitlichen Struktur der Reflexionsfolge, indem die Ausgänge parallel geschalteter Delaylines auf alle Eingänge rückgekoppelt und gemischt werden. Die Gewichte der Rekursion werden durch eine Feedback Matrix kontrolliert. Durch eine geeignete Wahl der Koeffizienten für das Feedback, für ein in jeder Rückkopplungsschleife befindliches Absorptionsfilter und für ein am Ausgang liegendes Korrekturfilter kann, im Gegensatz zum Schroeder-Algorithmus, das zeitliche und spektrale Verhalten des Nachhalls unabhängig voneinander konfiguriert werden.

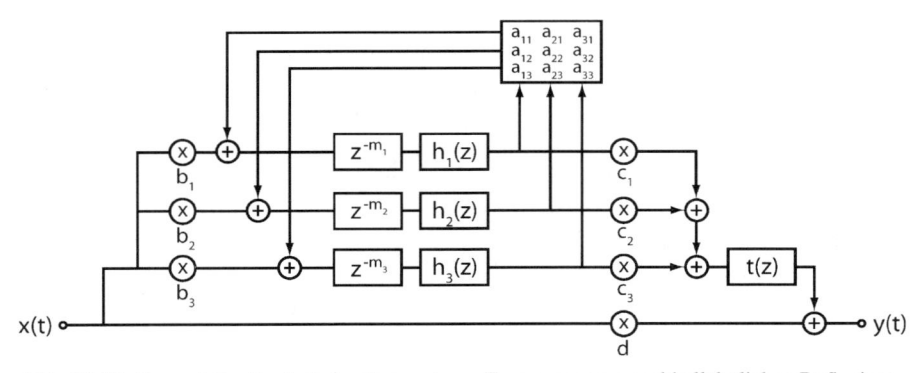

Abb. 13.19 General Feedback Delay Network zur Erzeugung von nachhallähnlichen Reflexionsmustern mit einer durch die Feedback Matrix A = (a_{ij}) gewichteten Parallelschaltung von Rückkopplungsschleifen, Absorptionsfiltern $h_i(z)$ zur Simulation der Absorption von Luft und Wänden und einem Korrekturfilter $t(z)$, nach Jot u. Chaigne (1991)

Auch wenn das genaue Design moderner Nachhallalgorithmen bei allen Herstellern ein mehr oder weniger streng gehütetes Firmengeheimnis ist, darf man davon ausgehen, dass sie im Prinzip auf einem in Abb. 13.19 skizzierten Algorithmus beruhen. Komplexe Implementierungen wie die Programme der Fa. Lexicon, die sich seit Ende der 1970er Jahre mit den Modellen 224L (1978), 480L (1986) und 960L (2000) als Marktführer etabliert hat, verwenden auch zeitvariante Elemente wie eine zufallsgesteuerte zeitliche und spektrale Modulation früher Reflexionen, wie sie in realen Räumen durch eine Bewegung der Schallquelle oder des Hörers und durch die frequenzabhängige Richtwirkung der Quellen entstehen.

Geräte zur Nachhallsynthese durch IIR-Filter bieten dem Benutzer eine große Palette an Parametern zur Konfiguration des erzeugten Reflexionsmusters. Dazu gehört zunächst eine Auswahl verschiedener Raumtypen (church, hall, chamber, room), durch die Grundparameter des Nachhallprogramms wie Nachhallzeit, die Struktur früher Reflexionen sowie Reflexionsdichte und Eigenfrequenzdichte voreingestellt werden. Auch eine Simulation des Verhaltens der Nachhallplatte (plate) gehört zum Repertoire fast aller Nachhallprogramme. Jedes dieser Programme bietet einen Parameter für die Raumgröße (size), der häufig als Master-Regler eine in sich konsistente Einstellung anderer Parameter bewirkt, für die Nachhallzeit (reverb time), einen Faktor für die Änderung der Nachhallzeit bei tiefen Frequenzen (bass multiply), eine Grenzfrequenz für die Dämpfung hoher Frequenzen (rolloff) und die Abnahme der Nachhallzeit zu hohen Frequenzen (treble decay), Parameter zur Steuerung der Hüllkurve im Ein- und Ausschwingvorgang (shape, spread), eine Zeitverzögerung des Nachhalls gegenüber dem Eingangssignal (predelay) und Parameter zur Erzeugung einzelner früher Reflexionen mit definierter Zeitverzögerung und definiertem Pegel.

Seit Ende der 1990er Jahre ist die Rechenleistung von Prozessoren hoch genug, um künstlichen Nachhall nicht nur durch rekursive Algorithmen zu erzeugen, sondern auch sog. Faltungsalgorithmen in Echtzeit auszuführen. Faltungsalgorithmen sind FIR-Filter, deren Filterkoeffizienten durch die Abtastwerte der Impulsantwort von realen Räumen gebildet werden. Durch diesen Prozess, der um ein Vielfaches höhere Anforderungen an die Rechenleistung stellt als rekursive Algorithmen (bei einer Nachhallzeit von 2 s und 48 kHz Abtastfrequenz sind bereits 96.000 Filterkoeffizienten erforderlich), kann jedem Eingangssignal ein Nachhallverlauf aufgeprägt werden, der sich zeitlich und spektral nicht von einem im realen Raum aufgenommenen Nachhall unterscheidet. Seit der Einführung einer algorithmischen Lösung, die gleichzeitig den Aufwand und die Latenz der Berechnung minimiert, d. h. das Ergebnis der Faltung am Ausgang des Prozessors praktisch verzögerungsfrei zur Verfügung stellt (Gardner 1995), wurde auch dieses Verfahren zunächst auf externen DSP-Architekturen realisiert (Sony DRE-777, Yamaha SREV1). Seit einigen Jahren ist es als Funktion digitaler Audioworkstations oder in Form von Plug-ins auch auf Host-Prozessoren lauffähig und wird meist mit einer Bibliothek von Impulsantworten ausgeliefert, die ein breites Spektrum raumakustischer Umgebungen abdecken.

Im Gegensatz zu rekursiven Nachhallalgorithmen bietet ein Faltungshall allerdings nur begrenzten Zugriff auf die Struktur des Nachhalls. In der Regel ist nur ein Predelay verfügbar, um den Nachhall gegenüber dem Direktsignal zu verzögern, sowie ein Parameter zur Modifikation der Nachhallzeit, der das Ausklingen der Impulsantwort verkürzt oder verlängert.

Im Hinblick auf eine Simulation des Reflexionsverhaltens natürlicher Räume kann die Nachhallsynthese mit Einführung dieser Faltungsalgorithmen im Grundsatz als gelöst angesehen werden, auch wenn zeitvariante Elemente, wie sie etwa durch die Bewegung von Quelle und Hörer entstehen, durch eine Impulsantwort, die nur eine Momentaufnahme des Übertragungssystems darstellt, nicht abgebildet werden. Weil zudem häufig nicht die Simulation eines natürlichen Raums im Vordergrund steht, sondern das Hinzufügen spezifischer räumlicher Anteile zu einem bereits raumbehafteten Signal, sind auch rekursive Nachhallalgorithmen nach wie vor ein unverzichtbares Werkzeug der Klanggestaltung, da sie bei der räumlichen Effektbearbeitung einer größeren Gestaltungsspielraum ermöglichen.

13.2.12 Pitch Shifting

Die Funktion von Pitch-Shifting-Effekten besteht gemäß ihrer Bezeichnung in der Verschiebung der Tonhöhe von Audiosignalen. Die entsprechende Signalverarbeitung beruht auf dem Prinzip des Phase-Vocoders, eines FFT-basierten Ansatzes (Bernsee 2005), oder der Granularsynthese, die mit kleinen Abschnitten des digitalen Audiomaterials (grains) im Zeitbereich operiert (Roads 2001). Man unterscheidet zwischen einfachen Pitch Shiftern, bei denen Tonhöhenverschiebungen fest bzw. für verschiedene Zeitabschnitte voreinstellbar sind, Harmonizern®, die durch Rückkopplung Mehrklänge aus geschichteten identischen Intervallen erzeugen können, und Geräten zur automatischen Tonhöhenkorrektur, die durch eine dynamische Steuerung der Parameter in Abhängigkeit von den Ergebnissen einer Tonhöhenbestimmung geschieht (vgl. z. B. Antares Audio Technologies 2006). Zu den justierbaren Parametern gehören die Tonhöhendifferenz (pitch, detune) bzw. die Stärke einer automatischen Korrektur (amount), die Korrekturgeschwindigkeit (attack, retune speed), die Tonhöhenunterschiedsschwelle, unter der eine Korrektur stattfindet (window), sowie Typ und Stimmung der Bezugstonart bzw. -skala (scale). Darüber hinaus bieten heutige Geräte ausführliche Analysefunktionen und -darstellungen, erweiterte Tonhöhenfunktionen (z. B. Vibratogestaltung) und integrierte Dynamikfunktionen (z. B. De-Esser). Werden Tonhöhenverschiebungen von wenigen Cents gewählt, ergibt sich durch Mischung mit dem unbearbeiteten Signal aufgrund der entstehenden Schwebung ein chorus-ähnlicher Effekt. Durch Tonhöhenverschiebungen in der Größenordnung musikalischer Intervalle wird die entsprechende Stimme transponiert und so in das musikalisch-strukturelle Gefüge eingegriffen. Durch mehrfache simultane Tonhöhenverschiebung können aus einer Stimme Mehrklänge gebildet werden. Speziell auf die Generierung von Ober- und/oder Unteroktaven ausgelegte Geräte werden als Octaver bezeichnet. Viele Geräte ermöglichen statt einer intervallstarren Transposition die Berücksichtigung von Tonarten oder in Einzeltönen vorgegebenen Skalen (intelligent pitch shift). Ein perzeptiv meist unerwünschter Nebeneffekt deutlicher Tonhöhenveränderungen ist die gleichzeitige Verschiebung von Formanten, was z. B. den bekannten Mickey-Mouse-Effekt bewirkt. Moderne Algorithmen ermöglichen durch die Anwendung von Frequenzbereichsverfahren (vgl. 15.3.5) die unabhängige Verschiebung von Tonhöhe und Formanten bzw. die Vermeidung von Formantverschiebungen (vgl. etwa Hoenig und Neubäcker 2006). Auch ein solches Processing produziert noch hörbare Artefakte (insbesondere bei automatisch korrigierten gebundenen Tonhöhenwechseln). Mittlerweile sind diese allerdings klangästhetisch etabliert und können als eigene Kategorie von Effekten angesehen werden („Cher sound").

13.2.13 Time Stretching

Time-Stretching-Algorithmen ermöglichen die Veränderung der Länge eines Audiosignals bzw. seines Abspieltempos ohne Tonhöhenänderung und basieren auf denselben Signalverarbeitungsprinzipien wie das Pitch Shifting (Abschn. 13.2.12, Kap. 15.3.5). Time-Stretching-Algorithmen sind sowohl als eigenständige Anwendungen verfügbar als auch Bestandteil der gängigen integrierten Audiobearbeitungssysteme. Wählbar sind der Zeitskalierungsfaktor und ggf. für verschiedene Audioinhalte optimierte Analysemodi zur Minimierung von Artefakten. Erst der kombinierte Einsatz von Time Stretching, Pitch Shifting und Schnitt erweitert die Möglichkeiten des Samplings bzw. der nonlinearen Audioproduktionsweise beträchtlich: Audiomaterial kann so nicht nur klangfarblich und dynamisch in Medienproduktionen eingepasst werden, sondern auch hinsichtlich Zeitpunkt, Wiedergabeausschnitt, Spieldauer und Tonhöhe.

13.2.14 Phaser

Der Phaser ist ein Modulationseffekt, der im klanglichen Ergebnis dem Flanger ähnelt, da er ebenfalls auf der Überlagerung von Original- und zeitverschobenem Signal beruht. Allerdings wird beim Phaser nicht der Zeitversatz, sondern die Phasenlage der Frequenzkomponenten moduliert, was auf ein nicht mehr gleichabständiges Auftreten der Peaks und Dips der Kammfilterfunktion hinausläuft (vgl. Abb. 15.30 rechts). Technisch wird der Phaser durch eine Serie von Allpass-Filtern realisiert (Hartmann 1978, Abschn. 15.3.3). Neben der stets einstellbaren Modulationsgeschwindigkeit (rate, speed) sind je nach Bauart auch die Parameter Modulationstiefe (depth, intensity, amount), Modulationsmittelpunkt (manual, sweep) und Rückkopplung (feedback, regen, resonance) justierbar, sowie ggf. eine Phaseninvertierung des verschobenen Signals (phase, mode, colour) und die Anzahl der Filterstufen (stage) schaltbar. Für eine Veranschaulichung wesentlicher Parameter vgl. z. B. Moog Music (2003a). Der in den 1960er und 70er Jahren beliebte Effekt wird häufig für die Bearbeitung von Gitarren- und Synthesizersounds eingesetzt und ist daher oft in Bodeneffektgeräten anzutreffen.

13.2.15 Ringmodulator

Ein Ringmodulator multipliziert zwei Wechselspannungen und erzeugt auf diese Weise deren Differenz- und Summenfrequenz (Zweiseitenbandmodulation mit unterdrücktem Träger). Der Name Ringmodulator geht auf seine analoge Konstruktion durch vier gleichsinnig im Ring angeordnete Dioden zurück. Eine vereinfachte, zur Verarbeitung von Rechtecksignalen geeignete digitale Realisation läuft auf eine logische Exklusiv-Oder-Verknüpfung der Signale hinaus. Nachdem ein als Audio-Effektgerät ausgelegter Ringmodulator in der Regel nur ein Signal verarbeiten soll, enthält er meistens einen lokalen Oszillator zur Erzeugung des Trägersignals (vgl. z. B. Moog Music 2003b). Dessen mittlere Frequenz ist in einem weiten Bereich (z. B. 0,1 Hz bis 5 kHz) einstellbar (frequency) und oft zusätzlich durch einen Tieffrequenz-Oszillator (LFO) modulierbar, der ggf. verschiedene Wellenformen erzeugen kann (waveform). Die LFO-Parameter sind Rate oder Speed für die Modulationsfrequenz und Amount, Intensity oder Depth für die Modulationstiefe der Trägerfrequenz. Die Stärke der eigentlichen Ringmodulation durch das eingespeiste Audiosignal wird mit dem Parameter Drive oder Level und die Mischung von ringmoduliertem und originalem Signal mit dem Parameter Mix eingestellt. Manche Geräte beinhalten zusätzlich Filter zur Klangfarbenbeeinflussung. Durch die produ-

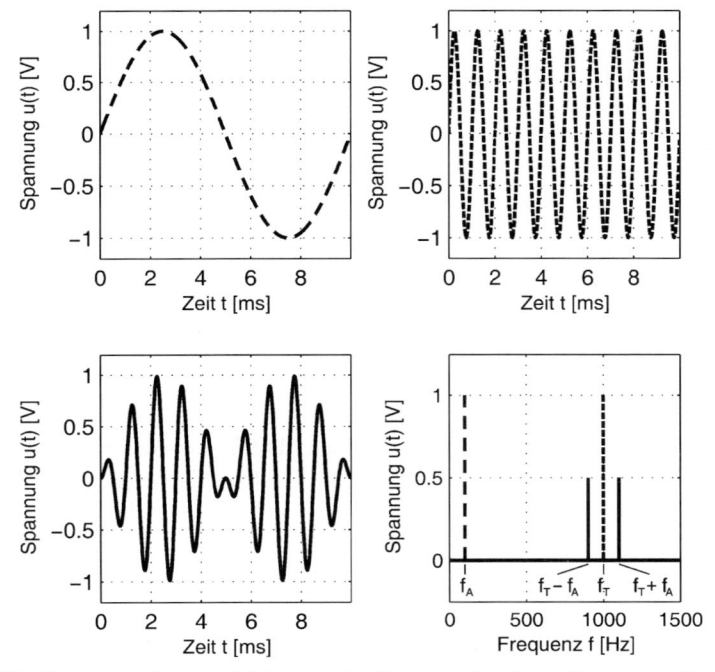

Abb. 13.20 Wirkung der Ringmodulation zweier Sinussignale mit den Frequenzen $f_A = 100$ Hz (oben links) und $f_T = 1000$ Hz (oben rechts) im Zeitbereich (unten links) und Frequenzbereich (unten rechts). Die Eingangsfrequenzen (gestrichelt) sind im modulierten Signal nicht mehr enthalten.

zierten Summen- und Differenztöne führt eine kontinuierliche Frequenzveränderung des Eingangs- oder Trägersignals zu einem Klangeffekt, wie er ähnlich beim Durchstimmen eines Kurzwellenempfängers auftritt. Bei statischen Eingangsfrequenzen ähneln die durch die Ringmodulation erzeugten nichtharmonischen Frequenzspektren (vgl. Abb. 13.20) perzeptiv denen von Idiophonen. Je nach Einstellung lässt sich insoweit eine breite Palette von Klangverfremdungen erzeugen, die von dezenten Vibrato- und Verstimmungseffekten über glockenähnliche Klänge bis zur stark geräuschhaften, völligen Zerstörung der ursprünglichen Klangstruktur reichen. Da periodische bzw. tonhaltige Signale, wie sie Oszillatoren erzeugen, einem solchen destruktiven Effekt der Ringmodulation weniger schnell unterliegen als geräuschhafte, werden Ringmodulatoren vorzugsweise für die Bearbeitung von Synthesizer-Sounds eingesetzt.

13.2.16 Tremolo und Vibrato

Der Tremolo- und der Vibrato-Effekt sind eine modellhafte Nachbildung der gleichnamigen Vorgänge beim Instrumentalspiel bzw Gesang. Der Begriff Tremolo bezeichnet spieltechnisch eine periodische Tonrepetition (z. B. bei der Gitarre) oder Lautstärkeänderung (z. B. beim Akkordeon), der Begriff Vibrato eine periodische Tonhöhenänderung (z. B. bei Streichinstrumenten oder Gesang), die sich auch klangfarblich auswirkt (Meyer 1991). Spieltechnisch sind beide Vorgänge in der Regel nicht völlig getrennt voneinander umsetzbar. In der Audiobearbeitung wird ein Tremolo erzeugt, indem das Audiosignal durch einen Tieffrequenzoszillator (LFO) mit sinus- oder dreieckförmiger Wellenform amplitudenmoduliert wird (typischerweise mit einer Frequenz von 3-10 Hz), was analog durch einen spannungsgesteuerten Verstärker (VCA) und digital durch eine Multiplikation der Amplitudenwerte von Audio- und Modulationssignal erreicht wird (Abschn. 15.3.2). Zur Erzeugung eines Vibratos wird statt der Amplitude die Frequenz des Audiosignals moduliert, im Falle analoger Tonerzeugung durch die Verwendung eines spannungsgesteuerten Oszillators (VCO), im Falle beliebiger Audiosignale digital durch die Änderung der Auslesegeschwindigkeit der Audiodaten, wie es bei einigen Delayeffekten geschieht (Abschn. 13.2.10 und 15.3.2). Für beide Effekte lassen sich die Modulationsfrequenz (rate oder speed) und die Modulationstiefe (depth oder intensity) einstellen.

13.2.17 Leslie-Kabinett (rotary speaker)

Die von Donald James Leslie entwickelten und seit den 1940er Jahren eingesetzten Zwei-Wege-Lautsprecher mit rotierenden Schalltrichtern (Abb. 13.21) verursachen durch die periodisch variierende Entfernung der Schallquelle zum Hörer und zu den reflektierenden Flächen des Wiedergaberaums zugleich Änderungen der Tonhöhe

Kapitel 13 Audiobearbeitung 759

(aufgrund von Dopplereffekten), der Lautstärke, der Klangfarbe, des Raumeindrucks und geringfügig der Lokalisation. Durch diese Variation vieler wesentlicher Klangmerkmale gewinnt das übertragene Signal an Komplexität. Vor allem statische Klänge lassen sich so bereichern, weswegen Leslie-Kabinette vor allem für elektrische Orgeln (typisch: Hammond-Orgel) eingesetzt werden.

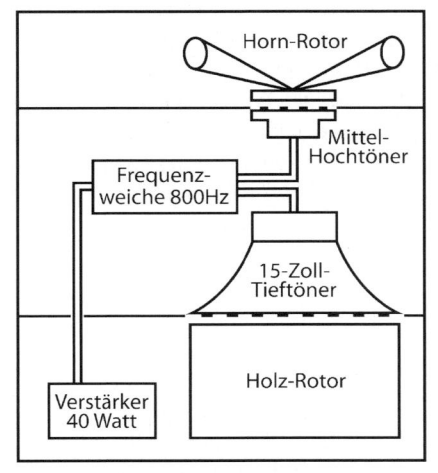

Abb. 13.21 Prinzipschaltbild des Leslie-Modells 122 mit Verstärkereinheit, Frequenzweiche, Lautsprechern und Rotoren

Es existieren zahlreiche Modelle (vgl. die Dokumentation von Mikael 2005). Schalter bzw. Regler ermöglichen die Zuschaltung des Geräts, die Lautstärkeeinstellung, die Einschaltung der Rotation der Schalltrichter (die mit verschiedenen Geschwindigkeiten erfolgt) sowie bei vielen Modellen die Wahl der Rotationsgeschwindigkeit in zwei Stufen (chorale/tremolo). Elektronische Nachbildungen des Leslie-Kabinetts nutzen v.a. den Doppler- und den Tremolo-Effekt aus. Sie bieten im Hinblick auf Größe und Gewicht eines originalen Geräts Vorteile, allerdings geht die hier besonders wichtige Wirkung allseitiger Schallabstrahlung verloren, die nur in der Live-Darbietung zur Geltung kommen kann. Eine dem Leslie-Kabinett verwandte, auf die Übertragung von Gitarrenklängen ausgerichtete und mit nur einem Rotor arbeitende Konstruktion ist das Fender Vibratone.

13.2.18 Wah-Wah

Das Wah-Wah ist ein Bandpassfilter hoher Güte (Resonanzfilter) mit variabler Mittenfrequenz. Damit diese während des Instrumentalspiels verändert werden kann, ist sie zumeist durch ein Fußpedal steuerbar, das mechanisch an ein Potentiometer, einen Spulenkern oder eine Blende vor einem Fotowiderstand gekoppelt ist. Der Bereich der Mittenfrequenz umfasst etwa 250 Hz bis 2 kHz. Je nach Gerätetyp ist die Einstellung des Regelbereichs, der Filtergüte und des Mischungsverhältnisses zwischen Original- und Effektsignal möglich. Während der Ruhestellung des Pedals wird das Eingangssignal durchgeschliffen (bypass). Verschiebt man die Mittenfrequenz nach oben und unten, ergibt sich bei breitbandigen Signalen ein Klangeffekt, der durch die englische Aussprache des Wortes Wah-Wah anschaulich beschrieben ist. Die klangliche Verwandtschaft mit der menschlichen Stimme erklärt sich aus dem ähnlichen Frequenzbereich von Effekt-Mittenfrequenzen und ersten Formanten der Vokale. Einige Geräte ermöglichen eine Steuerung der Mittenfrequenz durch die Zeithüllkurve des zu bearbeitenden Audiosignals (Auto-Wah) oder eines anderen Steuersignals, was z. B. eine genaue Rhythmisierung des Effekts ermöglicht. Das Wah-Wah ist zwar seit den 1960er Jahren ein typischer Gitarreneffekt, geht aber auf eine im Jazz praktizierte Spieltechnik für Blechblasinstrumente zurück, bei der ein spezieller Wah-Wah-Dämpfer während des Spiels mit der Hand auf- und abgedeckt wird (vgl. Bertsch 1994) und die schon in den 1930er Jahren populär wurde.

13.2.19 Vocoder

Unter dem Einfluss des Berliner Akustikers Karl Willy Wagner wurde in den 1930er Jahren an den amerikanischen Bell Telephone Laboratories der Vocoder entwickelt und 1939 von Homer Dudley vorgestellt. Er diente ursprünglich dazu, Sprache kodiert zu übertragen, wurde aber schon in den 1940er Jahren für die Erzeugung von Klangeffekten in Hörspielen und im Theater eingesetzt (vgl. Ungeheuer und Supper 1995). Am Quelle-Filter-Modell für Sprache orientiert, nimmt ein Vocoder nacheinander eine Spektralanalyse und eine Spektralsynthese vor (Abb. 13.22).

Im Analyseteil wird das eingespeiste Nutzsignal (program input, analysis input, speech input), typischerweise Sprache, nach optionaler Dynamikkompression durch eine Filterbank in (meist 8 bis 32) Frequenzbänder aufgeteilt. Aus den gefilterten Audiosignalen werden durch Envelope-Follower, bestehend aus Gleichrichter und Tiefpass, Zeithüllkurvensignale erzeugt – Steuerspannungen, die ursprünglich für die Übertragung bestimmt waren. Zusätzlich wird die Sprachgrundfrequenz ermittelt sowie in einem Voiced-Unvoiced-Detector (VUD) bestimmt, ob ein stimmhafter oder ein stimmloser Sprachlaut vorliegt. Einige Modelle enthalten zusätzlich eine Sprachpausenerkennung (speech detector, nicht abgebildet). Die Analyseergebnisse werden ebenfalls als Steuerspannungen übertragen. Die Detektion der Stimmhaftigkeit erfolgt meist durch einen Pegelvergleich zweier Frequenzbänder ($f_1 > 5$ kHz, $f_2 < 1$ kHz), für die Grundfrequenzbestimmung werden unterschiedliche Verfahren angewandt.

Im Syntheseteil wird zunächst ein Ersatzsignal generiert. Zur Nachahmung stimmhafter Laute wird hierfür von einem Tongenerator (VCO) ein Rechteck- oder zumeist Sägezahnsignal erzeugt, dessen Frequenz der übertragenen Steuerspannung folgt oder alternativ über ein Keyboard spielbar ist; zur Erzeugung der stimmlosen, rein geräuschhaften Anteile wird auf einen Rauschgenerator umgeschaltet. Für die Anwendung des Vocoders als Audioeffekt ist jedoch die Einspeisung eines beliebigen externen Audiosignals (carrier input, synthesis input, replacement signal) typisch, das alternativ als tonhaltige Komponente des Ersatzsignals fungiert. Bei einigen Geräten folgt der Pegel des Rauschgenerators dem des externen tonhaltigen Signals, oder es besteht zusätzlich die Möglichkeit der alternativen Einspeisung eines geräuschhaften Signals (nicht abgebildet). Das Ersatzsignal wird durch Filter in spektrale Komponenten zerlegt. Jede dieser Komponenten wird mithilfe eines spannungsgesteuerten Verstärkers (VCA) von einem über die Matrix zugeordneten Zeithüllkurvensignal der Analysestufe amplitudenmoduliert. Die Summation der modulierten Komponenten ergibt das spektral modulierte Ersatzsignal (vocoder output), dem als Perzept die zeitlichen Klangfarbenverläufe des Nutzsignals aufgeprägt sind. Da hierbei auch der Charakter des Ersatzsignals noch durchgängig erkennbar sein soll, dürfen die beim Sprechen häufig auftretenden Pausen nicht zur Unhörbarkeit des Ersatzsignals führen. In einigen Geräten sorgt daher eine automatische Pausenauffüllung (silence bridging) durch eine Erhöhung der Steuerspan-

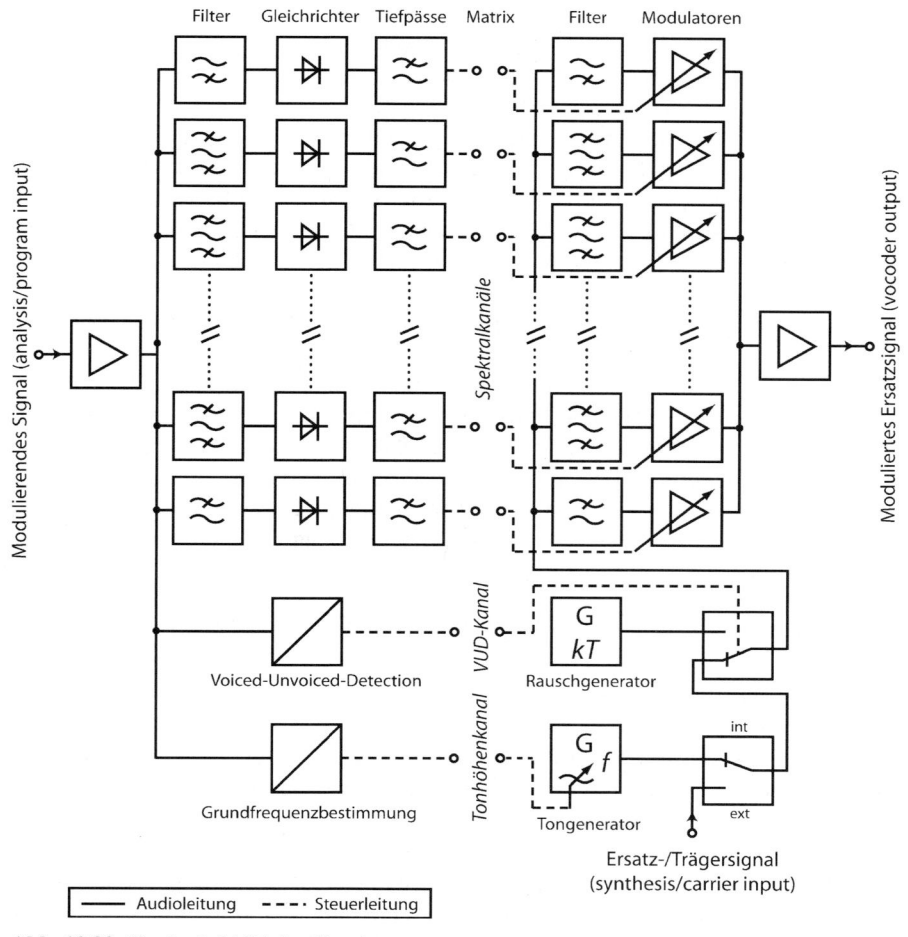

Abb. 13.22 Blockschaltbild des Vocoders

nungen dafür, dass das Ersatzsignal auch bei Sprechpausen den Syntheseteil des Vocoders passieren kann (nicht abgebildet).

Aufgrund der Vielfalt an Vocoder-Bauformen sind sowohl die Bedienungsmöglichkeiten als auch deren Bezeichnungen uneinheitlich. Es können aber folgende Parameter-Gruppen unterschieden werden (mit ggf. abweichenden Bezeichnungen): Eingangspegelsteller je für Sprach- und Ersatzsignal (input level) sowie ggf. Verhältnis von stimmlosem und stimmhaftem Ersatzsignal (input signal balance); Schwellwertregler für VUD (VUD threshold, sibilance level) und Sprache-Pause-Erkennung (speech detector threshold); Regler für Frequenz, Frequenzbereich, Wellenform und ggf. Modulation des VCO (tune, pitch, octave range, waveform, vibrato speed, vibrato depth); Ausgangspegel der einzelnen Spektralkanäle (channel level); Pegel des Pausenfüllsignals, ggf. getrennt für einzelne Spektralkanalgruppen (silence bridging adjust, pausefilling); die Matrix für die Zuordnung der Spektralkanäle (filter bank patch, channel envelope); Ausgangs-Mischfeld für die verarbeiteten bzw. anfallenden Signaltypen: Sprachsignal (microphone/analysis signal level), ggf. analysegefiltertes Sprachsignal spektralkanalweise regelbar (speech addition, multifilter), Ersatzsignal (external / synthesis / replacement signal level), Vocodersignal (vocoder level); ggf. Regler für Filter und nachgeschaltete Effekte (z. B. Chorus).

Die Wirkung der Klangfarbenaufprägung ermöglicht es, v.a. gleichmäßige Klänge wie z. B. Streicherakkorde, Synthesizertöne oder Windgeräusche zum Sprechen (oder bei Tonhöhenänderung zum Singen) zu bringen. Der klassische Vocoder-Effekt ist die Roboterstimme. Durch die zahlreichen Einstellmöglichkeiten, die Wahl der eingespeisten Audioinhalte und die Zuordnung der Steuerspannungen ergeben sich vielfältige Möglichkeiten, Klänge bis zur Unkenntlichkeit zu verfremden. Für einen Überblick über Technik und Einsatzgebiete des Vocoders vgl. Buder (1978a, 1978b). Moderne softwarebasierte Realisationen von Vocodern bieten zusätzlich Visualisierungen, erweiterte Einstellmöglichkeiten und Funktionen (z. B. spektrale Modulation, Morphing, synthetische Klangerzeugung) sowie spektrale Auflösungen von bis zu 1024 Frequenzbändern (vgl. z. B. Haas und Sippel 2004). Eine weiteres Gerät, das eine Aufprägung von sprachlichen Spektralverläufen auf beliebiges Tonmaterial ermöglicht, ist die elektroakustisch arbeitende Talkbox.

13.2.20 Mehrfach-Bearbeitung und komplexe Algorithmen

Moderne Stand-alone-Geräte vereinen häufig verschiedene Audiobearbeitungsmittel im Hinblick auf bestimmte Anwendungsfälle oder bestimmte Klangquellen. Typische Beispiele sind im Aufnahmeweg einsetzbare Kanalzüge (channel strips), die in der Regel Vorverstärker, Filter, Equalizer, Regelverstärker und AD-Wandler beinhalten, für Raumeffekte ausgelegte Multieffektgeräte mit Dynamik-, Delay- und Hallprogrammen oder Voice-Prozessoren, die umfangreiche Dynamik-, Tonhöhen- und Klangfarbenbearbeitungen sowie Delay- und Halleffekte ermöglichen. Innovative Verfahren ergeben sich nicht nur durch die Kombination traditioneller Audiobearbeitungsmittel, sondern auch durch neue Effekte. So lassen sich in einem sog.

Multiple Resonance Filter Array acht schmalbandige Filter über Hüllkurvengeneratoren von einem Patterngenerator steuern, wodurch eine komplexe klangfarbliche Rhythmisierung möglich wird.

In integrierten Audioproduktionsumgebungen können beliebige Plug-ins kombiniert eingesetzt werden, die sich allerdings die vorhandene Rechenkapazität teilen müssen. Daher sind in diesem Bereich eher klanglich spezialisierte Effekte zu finden. Insbesondere die Anwendung von Frequenzbereichsverfahren ermöglicht die Kreation innovativer Klangbearbeitungsmittel, etwa des Spektral Delay, das frequenzselektive Verzögerungseffekte ermöglicht (vgl. Haas, Clelland & Mandell 2004). Die integrierte Analyse psychoakustisch relevanter Signalmerkmale, wie sie z. B. die Tonhöhenbestimmung für die automatische Tonhöhenkorrektur darstellt, wird künftig weitere Gestaltungsmöglichkeiten eröffnen, etwa die getrennte Bearbeitung von tonhaltigen und geräuschhaften Signalanteilen. Mit einem solchen „intelligenten" Filter lässt sich z. B. bei einer Flöte das Verhältnis von Anblasgeräusch und Ton regeln. Schließlich gibt es eigenständige Software-Anwendungen, die verschiedene Funktionalitäten (z. B. Synthesizer, Sampler, Effektgerät und Sequenzer) integrieren, sowie Tools für spezielle Anwendungsbereiche (z. B. Sound Design).

13.3 Klangrestauration

Als Restauration bezeichnet man die Entfernung oder Minderung von mit Störungen behaftetem Audiomaterial. Hierbei kann es sich sowohl um historische Aufnahmen als auch um aktuelles Tonmaterial handeln. Bei historischem Material sind die Ursachen für Störungen häufig beschädigte Medien oder Probleme durch die bei der Aufzeichnung verwendeten Aufnahmetechnologien. Die Restauration von alten Aufnahmen ist ein sehr kleines Betätigungsfeld für Spezialisten, aber auch im Studioalltag hat man es oft mit Störungen zu tun, die mit Standardwerkzeugen entfernt werden können.

13.3.1 Bearbeitungswerkzeuge

Zur Bearbeitung kommen entweder externe, DSP-basierte Verfahren zum Einsatz, immer häufiger aber Software-Lösungen für Audio Workstations. Die Algorithmen der meisten Restaurationswerkzeuge bestehen aus einem Funktionsblock, mit dem die Störung detektiert wird, und einem Block, der die detektierte Störung unterdrückt. Es gibt auch Werkzeuge, bei denen die Lokalisation der Störung manuell erfolgen muss. Restaurationswerkzeuge benötigen auf Grund der komplexen Algorithmen sehr viel Prozessorleistung. Häufig verfügen sie über eine Audition-Funktion, über die man den entfernten Störanteil abhören kann. So lässt sich beurteilen, in welchem Umfang auch schon Teile des Nutzsignals entfernt wurden. Es gibt aber auch Störungen, für die bis heute keine Restaurationsalgorithmen entwickelt wurden. Entweder sind die Störungen zu komplex oder es gibt noch keine theoretischen Ansatz für eine Restaurierung. Beispiele sind Artefakte durch Mehrfachkodierung oder die Kompensation von Gleichlaufschwankungen bei Bandgeräten.

13.3.2 Klassifizierung von Störungen

Um das richtige Werkzeug für eine Störunterdrückung auszuwählen, muss zunächst der Typ der Störung analysiert werden. Ein Unterscheidungskriterium ist die Frequenz des Störsignals. Es gibt tonale Störungen und Störungen, die sich über ein breites Spektrum verteilen. Ein weiteres Kriterium ist die Störadauer. Hier lassen sich kurze Impulsstörungen von Störungen mit kontinuierlichem Charakter unterscheiden. Sogenannte Bursts oder Cluster sind dabei impulshafte Störungen, die in sehr kurzen Zeitabständen auftreten. Ein weiteres Kriterium ist die Unterscheidung zwischen Störungen, die in der analogen oder in der digitalen Ebene auftreten. Und schließlich kann man unterscheiden zwischen Störungen, die technisch bedingt sind oder Störungen durch andere äußere Einflüsse, wie z. B. Handyklingeln während einer Konzertaufnahme.

13.3.3 Rauschen

Eine der am häufigsten auftretenden Störungen ist das Rauschen. Rauschen ist ein spektral breitbandiges Störsignal mit stochastischem Zeitverlauf (Kap. 1.2.3). Es entsteht bereits im Mikrofon, z. B. durch thermische Bewegung der Luftmoleküle. In der Praxis hat man es jedoch in der Regel mit Rauschen zu tun, das durch elektronische Schaltungen oder analoge Aufzeichnungsmedien verursacht wird.

Bei analogen Systemen, etwa bei analogen Magnetbandgeräten, setzte man dynamische Multiband-Kompressor-Expander-Kombinationen, sog. Kompander zur Rauschunterdrückung ein (Abschn. 13.2.6 und Dickreiter 1990:36ff.). Im Gegensatz dazu arbeiten moderne De-Noiser oder De-Hisser nach der Methode der spektralen Subtraktion. Dabei wird das Spektrum in mehrere Hundert Bänder zerlegt und der Betrag des geschätzten Rauschspektrums vom Gesamtspektrum abgezogen (Boll 1979). Ein prinzipbedingtes Problem der spektralen Subtraktion sind „Musical Tones", die als Artefakte der eingesetzten Filter kurzzeitige tonale Anteile, eine Art „Klingeln" erzeugen können. Es existieren verschiedene Lösungsansätze, um diese Artefakte zu unterdrücken (Vary u. Martin 2006). Bei extremen Einstellungen werden diese Musical Tones jedoch hörbar.

In der Praxis ist die Frequenzverteilung des Rauschens nie gleichmäßig. Um das Rauschen aus dem Signal zu entfernen ist daher eine individuelle Ermittlung der spektralen Verteilung des sogenannten Rauschteppichs oder Rauschbodens erforderlich. Dies erfolgt entweder automatisch oder durch einen „Fingerabdruck", wenn im gestörtem Audiomaterial eine Stelle verfügbar ist, in der ausschließlich das Rau-

Kapitel 13 Audiobearbeitung

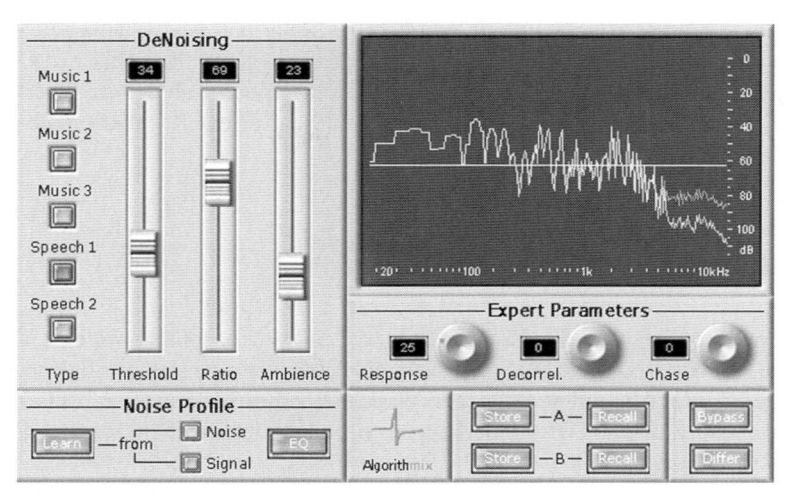

Abb. 13.23 Typischer De-Noiser mit Darstellung der Frequenzverteilung des Nutzsignals und des Rauschbodens

schen vorkommt. Wenn die vom Algorithmus erwartete Länge des zu analysierenden Bereichs nicht ausreicht, setzt man in der Praxis eine Schleife um die Stelle mit dem Rauschstörsignal. Die Analyse eines Fingerabdrucks liefert im Regelfall bessere Ergebnisse als eine automatische Abschätzung des Rauschbodens. Dies gilt insbesondere für Material mit großer Dynamik. Für moduliertes Rauschen, wie es bei alten Magnetbandaufzeichnungen vorkommt, sind spezielle Werkzeuge verfügbar und auch notwendig.

Die Ausführung der De-Noiser fällt immer sehr ähnlich aus. Über den Parameter Threshold setzt man die Schwelle für den Rauschpegel, ab der das Restaurationswerkzeug eingreift. Die Stärke der Rauschunterdrückung lässt sich mit dem Parameter Reduction, Depth, manchmal auch als Ratio bezeichnet, einstellen. Professionelle De-Noiser gestatten häufig auch noch die manuelle Korrektur des ermittelten Rauschbodens über einen Equalizer. Durch die Rauschunterdrückung wird in mehr oder weniger großem Umfang immer auch das Nutzsignal beeinträchtigt, insbesondere im Hinblick auf den wahrgenommenen Raumanteil oder die Helligkeit des Tonmaterials. Um den Raumanteil von der Bearbeitung auszuschließen, gibt es meistens einen Ambience-Parameter, mit dem man bestimmen kann, wie groß dieser Anteil sein soll. Auch die Brillianz bei Sprache kann durch den Entrauschprozess gemindert werden. Einige De-Noiser bieten auch hier Parameter, um diese Sprachkomponenten von der Bearbeitung mehr oder weniger auszuschließen.

Ein typisches Problem bei historischem Material ist der scheinbare Verlust an hochfrequenten Anteilen nach der Rauschunterdrückung im Vergleich zum Originalmaterial. Auch wenn das Originalmaterial in den hohen Frequenzbereichen meist kaum oder gar kein Nutzsignal enthält, ist offensichtlich in der Empfindung eine klare Trennung zwischen Nutz- und Störsignal kaum möglich, so dass eine Entfernung des Rauschen im oberen Frequenzbereich als Frequenzbeschneidung wahrgenommen wird. Da der Einsatz eines Filters lediglich das Rauschen wieder anheben würde, bietet sich der Einsatz eines Werkzeugs zur Generierung von harmonischen Obertönen an (Enhancer, vgl. Abschn. 13.2.9). Die Grenzfrequenz, ab der die Oberwellen erzeugt werden, ist vom Material abhängig und liegt in der Regel oberhalb von 3 kHz.

13.3.4 Sratches, Clicks und Crackles

Bei Impulsstörungen ist eine Klassifikation der Störung besonders wichtig, um das richtige Restaurationswerkzeug auszuwählen. Auch wenn sie sich analoge und digitale Störungen häufig mit den gleichen Werkzeugen bearbeiten lassen, weisen digitale Artefakte bestimmte Besonderheiten auf und sollen daher in Abschn. 13.3.11 separat behandelt werden.

Mechanische Beschädigungen oder Staubeinschlüsse bei Aufzeichnungs- und Wiedergabemedien wie Walzen, Schellack-Platten oder Vinyl-Platten sind in der Regel die Ursache für Impulsstörungen in der analogen Ebene. Bei Schallplatten lassen sich durch das Nassabspielen Probleme durch Staubeinschlüsse in den Rillen wirkungsvoll mindern. Hierbei wird über einen mit Flüssigkeit (Alkohol und destilliertes Wasser) getränkten Schwamm ein Flüssigkeitsfilm auf die Schallplatte aufgetragen. Häufig sind historische Medien aber bereits überspielt, die Originale zu stark beschädigt, oder die Medien sind nicht mehr verfügbar, so dass Restaurationswerkzeuge eingesetzt werden müssen.

Impulsstörungen in der analogen Ebene lassen sich nach Häufigkeit, Dauer und Pegel klassifizieren, die Bezeichnungen für die unterschiedlichen Störungen sind nicht einheitlich. Lange Impulsstörungen von einigen Millisekunden mit hohen Amplituden nennt man Scratches. Mit Clicks bezeichnet man dagegen Störungen mittleren Pegels und mittlerer Dauer. Kurze Störungen mit geringen Pegeln und einer sehr hohen Häufigkeit von mehr als einigen Tausend Ereignissen pro Sekunde bezeichnet man als Crackles. Die Anzahl der Störereignisse ist hier so hoch, dass zum Teil keine Einzelstörungen mehr wahrgenommen werden, sondern die Störung einen tonalen Charakter bekommt. Bei Schallplatten entstehen Scratches und Clicks durch Kratzer auf der Oberfläche. Crackles dagegen rühren im Wesentlichen von den bereits erwähnten Staubeinschlüssen her. Es gibt Restaurationswerkzeuge, die alle drei Störtypen abdecken, aber auch Werkzeuge, die für einen der Störtypen optimiert sind.

Entsprechend des Störtyps werden die Werkzeuge in der Regel als De-Scratcher, De-Clicker oder De-Crackler bezeichnet. Die Restaurationswerkzeuge entfernen die Impulsstörung, die entstehende Lücke wird über eine Interpolation aufgefüllt. Bei Clicks und Scratches kann nach der Bearbeitung eine tieffrequente Störung als Artefakt auftreten. Viele Werkzeuge verfügen daher über eine Funktion, die diesen „Plop" mindert. Neben dem Einsatzschwellwert (Threshold) und der Höhe der Störungsminderung (Reduction) verfügen die Werkzeuge über weitere Optionen, wie spezielle Betriebsarten für bestimmte Störcharakteristika (z. B. für Schellack-Plat-

Kapitel 13 Audiobearbeitung

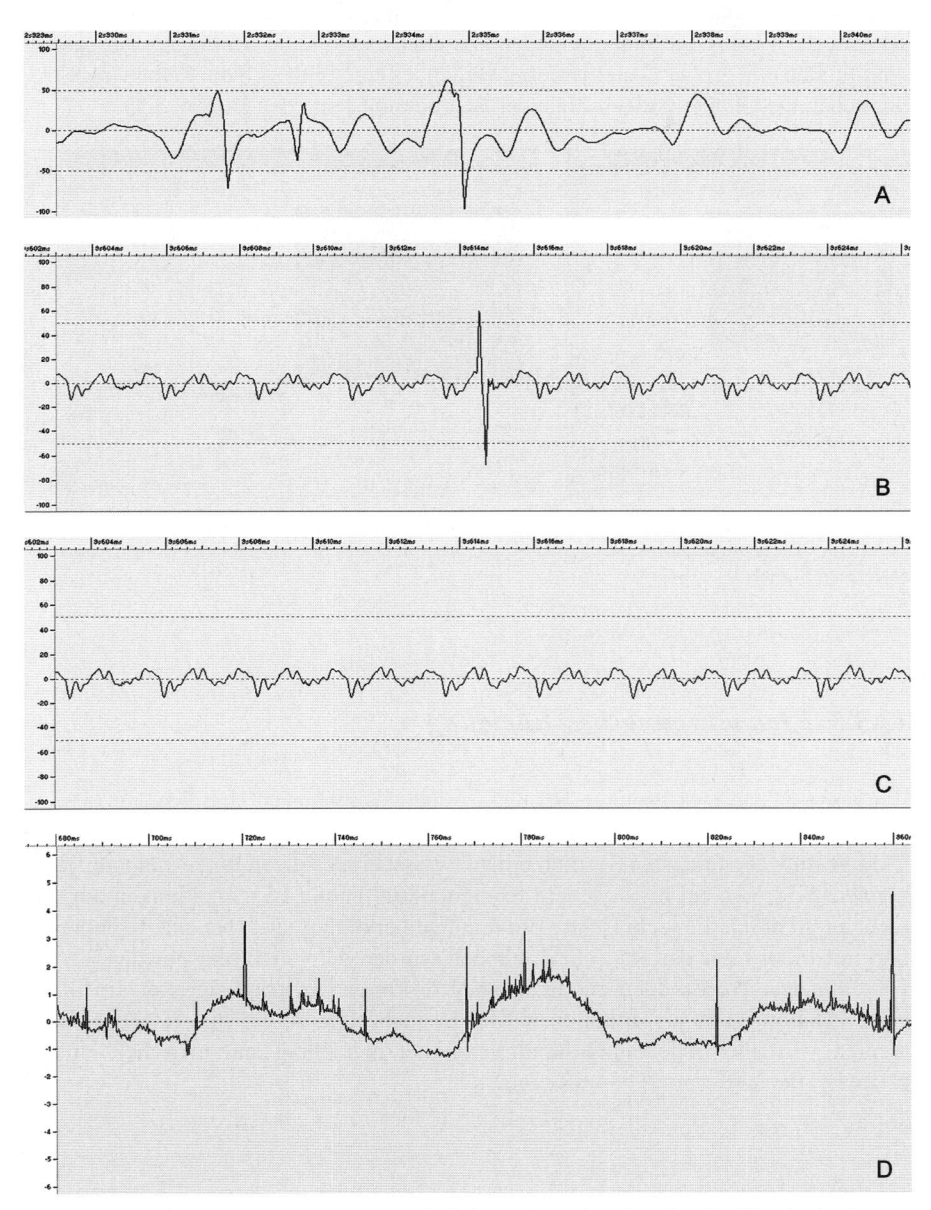

Abb. 13.24 A: Tonsignal von einer Vinylschallplatte mit starken Sratches. B: Signal mit einem deutlich wahrnehmbaren Click. C: Signal nach der Bearbeitung durch den De-Clicker. D: Crackles zusammen mit einigen Clicks

ten). Manche De-Scratcher bieten zudem auch die Möglichkeit einen Fingerabdruck der Störung zu nehmen.

Bei Schallplatten treten in der Regel Crackles, Clicks und Scratches gemeinsam auf. Es müssen also entweder mehrere Bearbeitungsdurchgänge erfolgen oder man schaltet die Werkzeuge hintereinander. Als erstes sollten die Störungen mit großen Amplituden und großer Dauer entfernt werden; es empfiehlt sich die Reihenfolge De-Scratcher, De-Clicker und am Ende der Bearbeitungskette den De-Crackler.

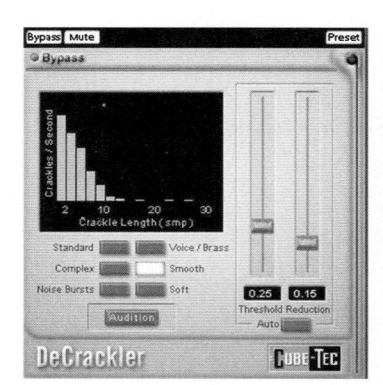

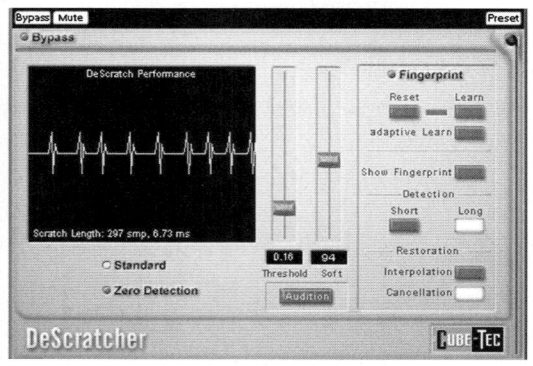

Abb. 13.25 Links: De-Crackler mit einer Anzeige der statistischen Verteilung der Störlängen in Form eines Balkendiagramms. Rechts: De-Scratcher mit grafischer Ausgabe der Zeitfunktion des entfernten Signals

13.3.5 Frequenzgangsbeschneidung

Ein weiteres häufiges Problem bei historischem Tonmaterial sind Frequenzgangsbeschneidungen, die einerseits durch technische Grenzen der Aufzeichnungsmedien bedingt sind, aber auch als Resultat einer bewusst eingesetzten Entzerrung auftreten können. So treten bei historischem Klangmaterial häufig Beschneidungen auf, die nicht allein durch die technischen Bedingungen erklärbar sind. Da eine Kompensation mit Filtern nur das Rauschen anheben würde, wäre auch hier nur der Einsatz von Enhancer-Werkzeugen zur Erzeugung diskreter Obertöne sinnvoll. Im Sinne einer Erhaltung des ursprünglichen Klangs, insbesondere bei historischen Dokumenten, wird allerdings häufig darauf verzichtet, den Klang „aufzufrischen" und es bleibt bei der Entfernung von Störungen.

13.3.6 Pop-Geräusche

Pop-Geräusche sind tieffrequente Störungen, die meistens durch Impulslaute beim Sprechen oder beim Gesang bei kurzen Mikrofonabständen verursacht werden. Wenn Maßnahmen zum Popschutz (Kap. 7.7.2) nicht eingesetzt wurden, können sie nachträglich durch ein Hochpassfilter unterdrückt werden. Es wird bevorzugt mit dynamischer Kontrolle eingesetzt, um nur die Passagen mit entsprechend hoher Amplitude zu bearbeiten. Da bei dem De-Click-Prozess ähnliche Störungen entstehen können, gibt es auch De-Clicker, die über Hochpassfilter zur Entfernung von Pop-Geräuschen verfügen. Ein weiteres Pop-Geräusch tritt in Form von tieffrequenten Rauschimpulsen bei der Abtastung von Lichttonfilm auf. Auch hier wird ein spezielles, als De-Pop bezeichnetes Werkzeug angeboten.

13.3.7 Übersteuerungen und Verzerrungen

Übersteuerungen (engl.: Clips) können eine vollständige Mischung betreffen (Abb. 13.26), oder aber, insbesondere bei Mehrspuraufnahmen, bereits vor der Mischung in einem der Eingangskanäle aufgetreten sein. Im ersten Fall können sie wirkungsvoll beseitigt werden, indem der Pegel abgesenkt und der durch die Übersteuerung beeinträchtigte Bereich durch eine Interpolation restauriert wird. Ein De-Clipper kann solche Passagen im Signal leicht detektieren und korrigieren. Für eine Übersteuerung von einzelnen Instrumenten in einer Mischung kann ein übersteuertes Mikrofon, ein übersteuertes Aufnahmegerät oder Probleme beim Übertragungsweg

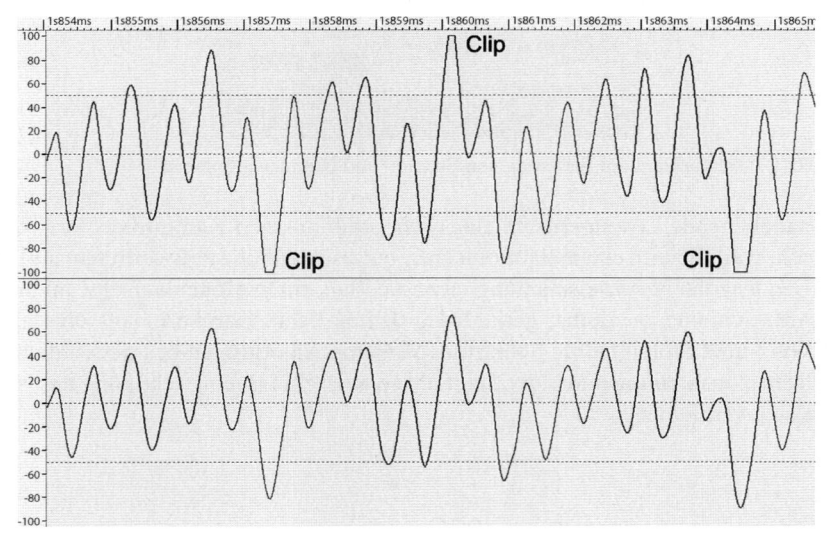

Abb. 13.26 Signal mit Clips auf der oberen Spur. Unten das durch Interpolation restaurierte Signal

(z. B. Drahtlosstrecke) verantwortlich sein. In solchen Fällen bleibt ein De-Clipper weitgehend wirkungslos, eine Minderung der Störung kann allerdings durch Hintereinanderschaltung von zwei oder drei De-Cracklern erzielt werden, die in ihren Schwellwerten und Störreduzierungen gestuft eingestellt werden.

13.3.8 Netz-Störungen

Die Wechselstromversorgung kann zwei unterschiedliche Störtypen hervorrufen. Dies ist zum Einen ein Brummen, z. B. verursacht durch Masseschleifen oder fehlerhafte Schirmung, sowie ein Buzz, eine periodische, obertonreiche Impulsstörung, wie sie durch Dimmer (Phasenanschnittsteuerungen) oder Lichtmischer verursacht wird. Die Grundwelle der Störung, die je nach Wechselspannungsversorgung bei 50 oder 60 Hz liegt, ist häufig schwächer als die Oberwellen.

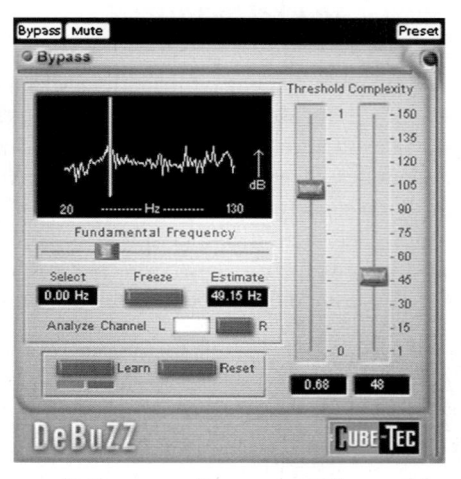

Abb. 13.27 De-Buzzer zum Entfernen von Brumm- und Dimmer-Störungen

Der naheliegende Lösungsansatz eines sehr steilflankigen Kammfilters ist problematisch, weil die einzelnen Harmonischen unterschiedlich stark vertreten sind und die Frequenz der Wechselspannung, etwa bedingt durch Gleichlaufschwankungen des Aufzeichnungsmediums, geringfügig driften kann. Darüberhinaus überlagern sich Nutz- und Störsignal im Spektrum. Moderne Algorithmen bearbeiten die Harmonischen unabhängig und individuell um so auch eine Beeinträchtigung des Nutzsignals zu vermeiden.

13.3.9 Azimuthfehler

Azimuthfehler bei Bandaufnahmen können durch unterschiedlich justierte Tonköpfe bei der Aufnahme und der Wiedergabe entstehen. Es handelt sich um eine kleine zeitliche Verschiebung, meist nur von wenigen Samples zwischen den Audiokanälen, begleitet von einem Höhenverlust. Ähnliche Laufzeit- bzw. Phasenverschiebungen können auch durch andere Mechanismen in der analogen Ebene entstehen. Durch die Phasenverschiebung wird das Stereobild hörbar beeinträchtigt und es kann bei der Addition der Kanäle zu Kammfiltereffekten kommen.

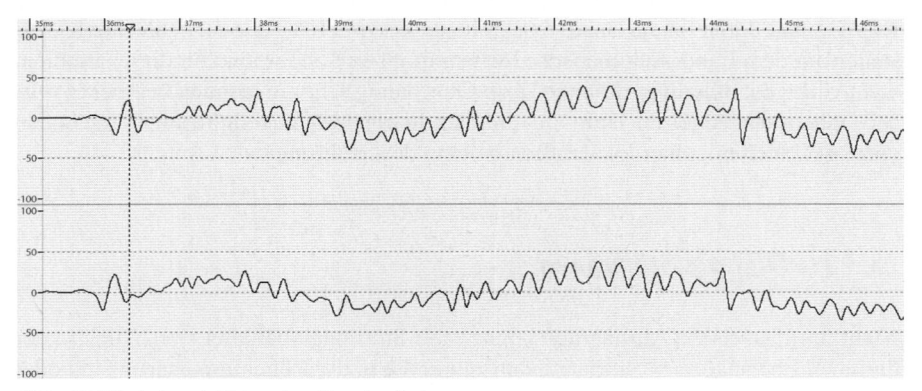

Abb. 13.28 Azimuthfehler einer Bandaufnahme

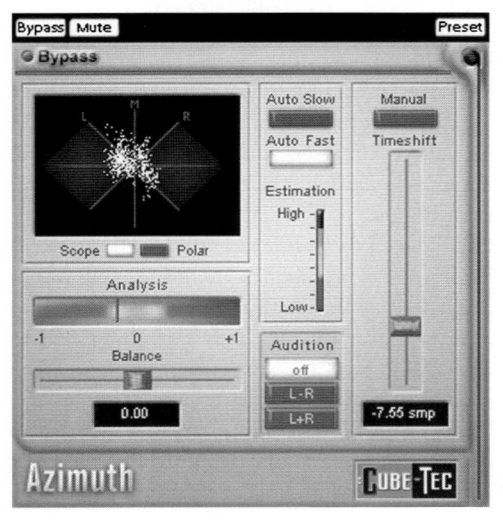

Abb. 13.29 De-Azimuth Restaurationswerkzeug

Mit einem De-Azimuth-Werkzeug kann die Laufzeit- bzw. Phasenverschiebung erkannt und kompensiert werden. Die Kompensation kann entweder automatisch oder manuell erfolgen. Moderne Restaurationsverfahren sind in der Lage, Phasenverschiebungen bis zu einem hundertstel Sample zu erkennen und durch internes Oversampling auszugleichen.

13.3.10 Drop-Outs

Als Drop-Outs werden kurzzeitige Pegeleinbrüche bezeichnet, die häufig von einem mehr oder weniger starken Höhenverlust begleitet werden. Ursache kann eine lokale Ablösung der Magnetschicht bei älteren Magnetbändern sein, ein schlechter Band/Kopfkontakt durch lokale Bandverschmutzung, sowie Knicke oder schlechte Klebestellen auf dem Band. Automatische Restaurationswerkzeuge sind für dieses Problem nicht verfügbar, allerdings können Drop-Outs häufig sehr gut manuell bearbeitet werden, indem der Pegel im Drop-Out-Bereich in einem Audioeditor lokal angehoben wird, ggf. auch mit einer lokalen Bearbeitung des hochfrequenten Anteils.

13.3.11 Digitale Störungen

Nicht nur historische Aufnahmen können mit Störungen behaftet sein. Auch in der digitalen Ebene können Störungen auftreten, die in der Regel impulsartig sind oder gebündelt in sog. Clustern auftreten. Einer der häufigsten Ursachen sind Wordclock-, bzw. Synchron-Störungen, die als sporadische Clicks auftreten und sich mit einem Standard-De-Clicker meist gut unterdrücken lassen. Bursts oder Cluster-Störungen treten u. a. bei Problemen mit den digitalen Audio-Schnittstellen auf, und können durch Fehlanpassung, ungeeignete Kabel, Jitter oder falsche Signalamplituden bedingt sein (Kap. 18). Aufgrund ihrer langen Stördauer lassen sie sich meist nur abmildern. Als Werkzeuge kommen je nach Störamplitude Restaurationswerkzeuge für Impulsstörungen wie De-Clicker zum Einsatz, aber auch Werkzeuge, die in der spektralen Ebene arbeiten.

Störungen können auch durch die Editierung des Audiomaterials verursacht werden, so z. B. bei Audioschnitten, die nicht im Nulldurchgang durchgeführt wurden oder bei denen auf ein Crossfade gänzlich verzichtet wurde. Hier treten ebenfalls mehr oder weniger starke Clicks auf, die sich mit einem De-Clicker reduzieren lassen. In professionellen Audioeditoren sind häufig auch manuelle De-Clicker integriert, bei denen ein Bereich um die Störung von Hand selektiert werden muss. Der selektierte Bereich muss hier groß genug gewählt werden, um eine effektive Interpolation zu ermöglichen. Gerade im digitalen Bereich gibt es jedoch eine ganze Reihe von selten auftretenden Störungen wie Block-Wiederholungen, Interpolationen durch Fehlerkorrekturen oder Artefakte durch Audio-Codecs, für die es keine Detektions- und Bearbeitungslösungen gibt.

Kapitel 13 Audiobearbeitung

13.3.12 Störgeräusche

Neben diesen elektronischen Störungen gibt es auch akustische Störungen, die ungewollt in eine Aufnahme geraten, wie Husten, Räuspern, Handyklingeln, Geräusche durch Umblättern der Partitur, Knarren des Bühnenholzbodens und vieles andere. Hierfür bieten einige Hersteller Bearbeitungswerkzeuge an, die in der Lage sind, Störungen durch Bearbeitung im Spektrum zu entfernen. Die Stördetektion erfolgt manuell in einem Spektrogramm. Das Spektrogramm (in der Phonetik auch als Sonagramm bezeichnet), ist eine gleitende Kurzzeit-FFT, die mit Blockgrößen in der Größenordnung von 1024 Samples über die Dauer des zu analysierenden Audiosignals durchgeführt wird. Das Ergebnis wird meist mit vertikaler Frequenzachse und horizontaler Zeitachse dargestellt, die Amplitude der jeweiligen Frequenz wird durch verschiedene Farben oder verschiedene Helligkeitswerte dargestellt. Durch Veränderung der Blockgröße lässt sich entweder die Frequenzauflösung auf Kosten der Zeitauflösung oder die Zeitauflösung auf Kosten der Frequenzauflösung verändern, wodurch Störkomponenten optisch deutlicher sichtbar gemacht werden können. In einem solchen Diagramm lässt sich mit einiger Übung eine Störung leicht erkennen. Tonale Störungen zeichnen sich als horizontale Linien ab, Breitbandstörungen nehmen einen größeren vertikalen Bereich ein.

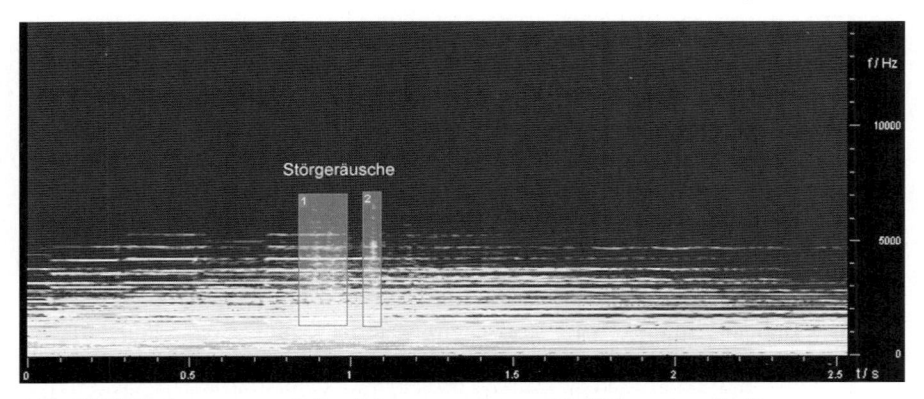

Abb. 13.30 Spektrogramm mit Rascheln, verursacht vom Umblättern einer Partitur

Die Störbereiche im Spektrum werden mit der Maus markiert, mit Hilfe des Spektrums um die entfernten Bereiche herum erfolgt eine Interpolation des Spektrums im Störbereich. Häufig sind mehrere Bearbeitungsvorgänge nötig. Als Bearbeitungsartefakt können „Löcher" (ähnlich wie Drop-Outs) oder tonale Komponente hörbar werden. In diesem Fall hilft eine geringere Störunterdrückung oder die Bearbeitung eines kleineren spektralen Bereichs.

Für bestimmte technische Geräusche gibt es spezielle Restaurationswerkzeuge, z. B. für dass Unterdrücken von Kamera-Transport- und Zoom-Geräuschen. Sie arbeiten ähnlich wie ein De-Noiser, allerdings mit einer an den veränderlichen Störpegel angepassten, dynamischen Unterdrückung.

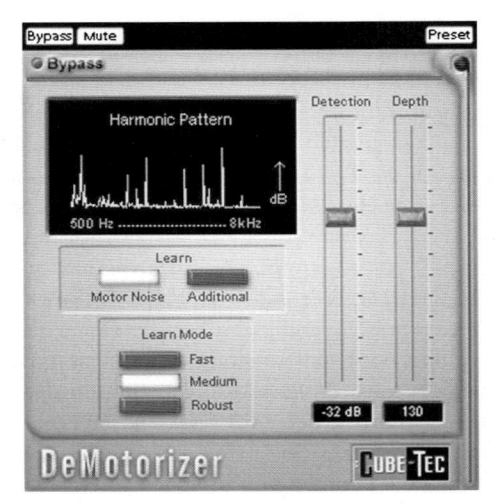

Abb. 13.31 De-Motorizer – ein spezielles Werkzeug zum Entfernen von typischen Film- und Video-Kamerageräuschen

13.3.13 Praxis

Die Restauration von Audiomaterial ist immer eine Suche nach dem bestem Kompromiss, denn die Bearbeitung ist fast immer von Artefakten, also von ungewollten Nebenerscheinungen begleitet. Diese Artefakte können sich sowohl als neue Störungen bemerkbar machen oder als Beeinträchtigung des Originalmaterials, etwa durch Frequenzgangsbeschneidung. Aus diesem Grund müssen Restaurationswerkzeuge so eingesetzt werden dass Störungen ausreichend unterdrückt werden und Artefakte dabei möglichst unhörbar bleiben.

Ein wichtiges Anliegen bei historischem Material kann es sein, den Klangcharakter der Zeit, in der das Audiomaterial aufgezeichnet wurde, und damit den Eindruck von Authentizität nicht zu beeinträchtigen. Bei Audiomaterial aus dem letzten Drittel des 20. Jahrhundert überwiegt dagegen der Wunsch nach einem Klang nach heutigen Maßstäben. Diese Adaption des Klangcharakters bezeichnet man im allgemeinen als Re-Mastering.

Die Algorithmen in Restaurations-Werkzeugen sind von Hersteller zu Hersteller unterschiedlich, auch wenn Funktionalität und Bedienung auf den ersten Blick häufig ähnlich erscheinen. Somit können verschiedene Algorithmen bei der gleichen Störung sehr unterschiedliche Wirkungen erzielen. Restaurations-Experten verfügen daher über eine große Auswahl an Werkzeugen, die alternativ ausprobiert werden können. Gelegentlich lassen sich auch durch eine Hintereinanderschaltung von Werkzeugen die Resultate verbessern.

13.4 Funktionen und ästhetische Ziele

Werden akustische Darbietungen, insbesondere Musik, technisch bzw. medial übertragen, werden sie in mehrfacher Weise transformiert:

- akustisch (Original- und reproduziertes Schallfeld sind nicht identisch)
- klanglich (das auditive Perzept ist ein anderes)
- interpretatorisch (in die elektroakustische Übertragung fließen künstlerische, ästhetische und technische Entscheidungen Dritter ein)
- räumlich (die Wiedergabe erfolgt in einem anderen Raum)
- zeitlich (meist werden Aufzeichnungen gehört)
- kontextuell (akustische, optische, motivationale, emotionale, kognitive und soziale Bedingungen der Rezeption sind verändert)

Dass die mediale Transformation das Erleben von Musik beeinflusst, zeigte schon Reinecke (1978). Die Audiobearbeitung ist dabei insoweit eine wesentliche Einflussgröße, als sie sich – im Gegensatz zu anderen Transformationsfaktoren – auf den technisch manifesten Audioinhalt auswirkt und daher für seine weitere Übertragung weitgehend Bestand hat, während hingegen Übertragungs- und Rezeptionsdingungen variieren können.

Die Wirkung bestimmter klanggestalterischer Maßnahmen oder Prozesse ist erst seit einigen Jahren Gegenstand wissenschaftlicher Untersuchungen. Dass sich Produktions- und Audiobearbeitungsmaßnahmen, die sprachinhaltliche, musikalisch-strukturelle oder aufführungs-interpretatorische Eigenschaften verändern (z. B. Aufnahmeleitung oder Tonmontage) auf die Wahrnehmung ebendieser Eigenschaften auswirken, mag selbstverständlich sein. Irrtümer der Musikkritik – eine aufgezeichnete Aufführung wird nach einem Remastering für eine andere gehalten (vgl. Stolla 2004: 11) – und experimentelle Untersuchungen zeigen jedoch, dass die Einschätzung substanzieller Eigenschaften (wenigstens bei Musikinhalten) allein durch klangliche Bearbeitungsmaßnahmen beeinflusst werden kann. So beurteilten Musikprofessoren und -studenten in einem Experiment von Boss (1995) zwei verschieden mikrofonierte und nachbearbeitete Aufnahmen derselben kammermusikalischen Darbietung hinsichtlich interpretatorischer Merkmale wie Tempo, Artikulation, Agogik oder Phrasierung deutlich unterschiedlich, was sich auch in der Präferenz der Versionen niederschlug. Verschiedene Abmischungen und klangliche Nachbearbeitungen eines unbekannten Popmusik-Titels beeinflussten ebenfalls nicht nur klangbeschreibende, sondern auch ästhetische, emotionale und strukturbeschreibende Beurteilungsmerkmale sowie die Kaufpräferenz in musikwirtschaftlich relevanter Größenordnung (Maempel 2001). Unter wirkungsästhetischen Gesichtspunkten stellt die Klanggestaltung durch Audiobearbeitungsmittel also einen bedeutsamen Aspekt der Medienproduktion dar, die auch auf die Beurteilung der Künstler zurückwirken kann. Wiedergabeseitige klanggestalterische Eingriffe durch den Rezipienten zeigten ebenfalls Wirkungen, die weit über die Klangwahrnehmung hinausgehen. So beeinflussten im Auto-Fahrsimulator Lautstärke und Equalisierung des gehörten Musikprogramms Reaktionszeit und Geschwindigkeitswahl des Fahrers (Haack 1990).

13.4.1 Physik und Psychologie

Für ein eingehendes Verständnis der Möglichkeiten und Grenzen der Audiobearbeitung ist phänomenologisch grundsätzlich zwischen physikalischer und psychologischer Ebene zu unterscheiden. Durch die Audiobearbeitungsvorgänge werden zunächst nur physikalische Maße des Audiosignals zuverlässig verändert: Amplituden- und Zeitwerte oder andere hieraus konstruierte Signalmaße wie Frequenz und Phasenlage, und zwar zumeist in Abhängigkeit voneinander. Der Klang und die strukturelle Erkennung eines Audiosignals hingegen sind als reiner Wahrnehmungsinhalt (Perzept) ausschließlich psychologisch repräsentiert, und zwar in den grundlegenden (jedoch nicht unabhängigen) Merkmalen Lautstärke, Klangfarbe, Tonhöhe, räumliche Position, Raumeindruck und zeitliche Lage (Abb. 13.32). In mittleren und höheren psychischen Verarbeitungsstufen ergeben sich zahlreiche weitere Inhalte, Merkmale oder Vorgänge: von Aufmerksamkeit über Gestalt- und Objekterkennung bis hin zu Bedeutung, Bewertung, Erinnerung, Gefühl und Handlungsmotivation. Obwohl physikalische und psychologische Merkmale also unterschiedliche Phänomene beschreiben und strukturell inkongruent sind, ist die Vorstellung einer weitgehend unvermittelten Abbildbarkeit der einen Merkmalsstruktur auf die andere weit verbreitet. Schon 1978 versuchte Nitsche, physikalische Maße von Audiosignalen zu konstruieren, die zuverlässig mit Klangfarbeneindrücken korrelieren, was jedoch kaum gelang. Furmann, Hojan, Niewiarowicz & Perz (1990) fanden, dass nur eines von fünf erhobenen perzeptiven Merkmalen (Schärfe) signifikant mit phy-

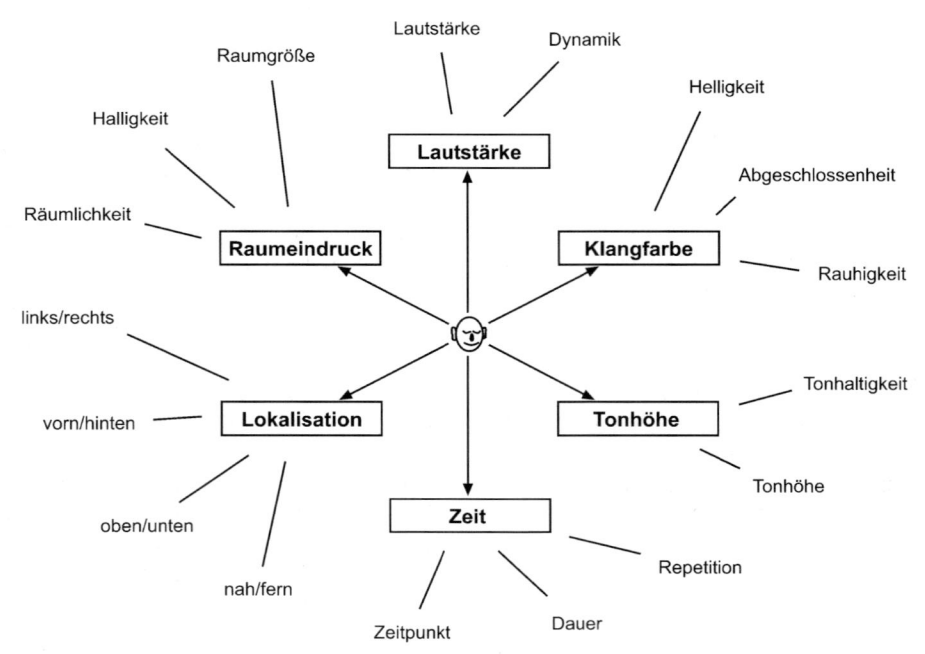

Abb. 13.32 Grundlegende Merkmale der Klangwahrnehmung

sikalischen Merkmalen getesteter Lautsprecher korrelierte. Eine bessere Vorhersagbarkeit einfacher perzeptiver Beurteilungen durch z. T. ex post konstruierte physikalische Maße fanden Lehmann & Wilkens (1980) in einer Untersuchung zur Akustik von Konzertsälen, jedoch auch eine starke Beeinflussung durch die verwendeten Musikstücke und den persönlichen Geschmack.

Im wesentlichen erschweren bzw. verhindern zwei Gründe die Integration der physikalischen und der psychologischen Ebene: Zum einen sind die Beziehungen zwischen den jeweiligen Merkmalen komplex. So kann die Veränderung eines technischen Parameters (z. B. Frequenzspektrum) die Veränderung der Ausprägung mehrerer Klangmerkmale zur Folge haben (z. B. Klangfarbe, Lautheit, Entfernungseindruck), oder zur Veränderung der Ausprägung eines Klangmerkmals (z. B. Entfernungseindruck) müssen mehrere technische Parameter verändert werden (Pegel, Frequenzspektrum, Verhältnis von Direkt- und Diffusschall). Zum anderen ist der Mensch das einzige gültige Messinstrument zur Bestimmung von Wahrnehmungsinhalten, er liefert aber inter- wie intraindividuell nicht so zuverlässige Daten wie eine physikalische Messung, was durch individuelle Konstruktionsvorgänge als Teil des Wahrnehmungsprozesses bedingt ist. Physikalische und perzeptive Messverfahren unterscheiden sich vor allem hinsichtlich der Erfüllung der klassischen Testgütekriterien Validität (Gültigkeit im Sinne von Eignung der verwendeten Variablen für die interessierenden Merkmale sowie von eindeutiger Interpretierbarkeit und Generalisierbarkeit der Messung) und Reliabilität (Zuverlässigkeit im Sinne von Genauigkeit und Reproduzierbarkeit der Messergebnisse). Die Erzielung einer hohen Objektivität (Nachprüfbarkeit und Vermeidung von Versuchsleiter-Subjektivität) hingegen ist, sofern mit standardisierten Instrumenten und transparent gearbeitet wird, bei beiden Ansätzen weitgehend unproblematisch, weswegen der Begriff *subjektiv* für die Beschreibung von Mehr-Probanden-Hörversuchen irreführend ist und deren wissenschaftliche Qualität unnötig negativ attribuiert. Aufgrund der genannten Umstände können prinzipiell keine deterministischen, sondern ausschließlich probabilistische Zusammenhänge zwischen physikalischer und psychologischer Ebene ermittelt werden. Weitgehend eindeutige Beziehungen können nur für wenige grundlegende Merkmale hergestellt werden (Zwicker u. Feldtkeller 1967:1, Fastl 1997). Zudem wurden diese zumeist unter Laborbedingungen (z. B. unbeweglicher Kopf) und für künstliche Audio-Inhalte (z. B. Sinustöne) empirisch ermittelt. Mit der Herstellung solcher – gemessen an der Leistungsfähigkeit des Hörsinns und der auditiven Verarbeitung einfachen – Zusammenhänge befasst sich die klassische Psychoakustik. Produkte höherer psychischer Verarbeitungsstufen wie komplexe Klangmerkmale (z. B. Transparenz), ästhetische Eindrücke oder Sinnerkennung hingegen können bislang überhaupt nicht allgemeingültig auf spezifische physikalische Eigenschaften des akustischen Reizes zurückgeführt werden. Gerade die Beeinflussung dieser höheren menschlichen Wahrnehmungsinhalte ist aber überwiegend das Ziel der Audiobearbeitung. Der Audio-Produzent kann sich hierbei also kaum auf wissenschaftlich belegte Zusammenhänge stützen, sondern nur auf individuelle Konzepte, Versuch und Irrtum, die eigene Wahrnehmung, Erfahrung und künstlerisch-ästhetische Entscheidung. Doch auch hierfür lassen sich einige allgemeine Wirkungsprinzipien, Ziele und Funktionen formulieren, denn für grundlegende Wahrnehmungsvorgänge wie Empfindungs-, Aufmerksamkeits- und Erkennungsprozesse können typische, interindividuell ähnliche Funktionsweisen vorausgesetzt werden. Hierzu zählen

- psychoakustische Mechanismen, insbesondere Maskierung und Lokalisation,
- Gestaltgesetze, z. B. Gesetze der Nähe, der Ähnlichkeit, der Einfachheit, (vgl. Goldstein 2002:190–204) sowie
- Zusammenhänge im Sinne der neuen experimentellen Ästhetik (Berlyne 1971, 1974) zwischen reizbezogenen kollativen Variablen (z. B. Neuartigkeit, Komplexität) und Reaktionsdimensionen (z. B. Aufmerksamkeit, Bewertung).

Viele in der Produktionspraxis berücksichtigte funktionale und ästhetische Gesichtspunkte insbesondere der Klanggestaltung lassen sich auf die genannten Zusammenhänge zurückführen. Sie treten allerdings zumeist mit inhaltlichen Bedeutungen in Wechselwirkung. Dies gilt insbesondere für Musik, sofern man die Erkennung musikalischer Struktur als eine Voraussetzung für das Entstehen musikalischer Bedeutung ansieht. Der Wahrnehmung musikalischer Struktureinheiten liegen Prinzipien der Gestalterkennung zugrunde (Motte-Haber 2005), und der Bottom-up-Prozess (reizgeleitete Informationsverarbeitung) als Teil der Gestalterkennung hängt von klanglichen Eigenschaften ab: Grundsätzlich erhöhen ähnliche physikalische und perzeptive Eigenschaften (cues) von Schall- bzw. Hörereignissen die Wahrscheinlichkeit ihrer Fusion zu einem Auditory Stream (Bregman 1990). Zur Konturierung musikalischer Gestalten tragen auch Spektraldifferenzen bei (Terhardt 1986). So fördert z. B. Klangfarbenhomogenität die Wahrnehmbarkeit einer geschlossenen Melodielinie (Wessel 1979). Nachdem Klang der musikalischen Struktur insoweit inhärent ist (Maempel 2001:21–24), beeinflusst eine selektive Klangbearbeitung immer auch die Wahrnehmung musikalischer Bedeutung.

13.4.2 Gestalten und Interpretation

Eine sinnvolle, d. h. an inhaltlicher Bedeutung orientierte Audiobearbeitung sorgt für die Erkennbarkeit, Schärfung, Trennung, Zusammenfassung und Gewichtung musikalischer Gestalten oder anderer inhaltlicher Einheiten. Hierzu kann auf alle auditiven Merkmale (vgl. Abb. 13.32) Einfluss genommen werden. Sowohl die Ermittlung der musikalischen bzw. inhaltlichen Intention als auch die konkrete Festlegung von Klangeigenschaften – dasselbe Ziel kann mit verschiedenen Mitteln erreicht werden – ist jeweils ein klarer interpretatorischer Vorgang (neben der Aufführungs-Interpretation die so genannte zweite Interpretation). Audiobearbeitung ist im Rahmen der Musikübertragung daher nicht nur ein technischer, sondern auch und gerade ein musikalischer Prozess (Schlemm 1997, Maempel 2001). Gleichwohl lassen sich nach Dickreiter (1997:336) räumliche Ausgewogenheit („Symmetrie") des Klangbilds und Klarheit als übergeordnet gültige klangästhetische Prinzipien ausmachen.

13.4.3 Klangästhetische Maximen

Der Musikübertragung können grundsätzlich drei divergierende Zielsetzungen zugrunde liegen (Terminologie nach Stolla 2004):

- die Reproduktion des physikalischen Schallfelds des Aufführungsorts durch möglichst unverfälschte Signalübertragung (positivistisches Klangideal),
- die Erzeugung eines der Aufführung ähnlichen Musikerlebnisses durch klangliche Beeinflussungen, die eine entsprechende Illusion fördern (illusionistisches Klangideal),
- die interpretatorisch freie Realisation der Partitur ohne zwingenden Aufführungsbezug (medial-autonomes Klangideal).

Diese fundamentale Einteilung ist auf die Übertragung aller auditiven Inhalte anwendbar.

13.4.3.1 Kunstmusik

Nach Stolla (2004) folgen Übertragungen von konzertanter Kunstmusik seit den 1970er Jahren einer illusionistischen Ästhetik: Aufnahmen orientieren sich klanglich am Aufführungsoriginal und zielen auf Natürlichkeit ab, die es jedoch wegen des komplexen Transformationsprozesses medial nicht geben kann (vgl. hierzu auch Bickel 1992 und Schlemm 1997), zumal sie durch die gleichzeitige Forderung nach spieltechnischer Perfektion untergraben wird. Audiobearbeitung wird im Rahmen des illusionistischen Konzepts mit Blick auf die Ebene des psychischen Erlebens nicht gemäß dem puristischen Ansatz minimiert, sondern gezielt und ggf. deutlich zur Überhöhung klanglicher Eigenschaften eingesetzt. Durch die so verbesserte Plastizität auditiver musikalischer Gestalten und Bedeutungen sollen transformationsbedingt fehlende (z. B. visuelle) Merkmale der Aufführung kompensiert werden.

13.4.3.2 Populäre Musik

Popularmusikalische Genres, Radiokunst und in der Regel Hörspiel folgen hingegen einem medial-autonomen Klangideal. Ein kreativer und innovativer Einsatz von Audiobearbeitungsmitteln ist hier nicht nur zulässig, sondern geradezu erforderlich. So nimmt populäre Musik zumeist nicht auf vorbestehende oder klanglich klar definierbare Aufführungssituationen Bezug. Sie entsteht nicht vor, sondern in dem technischen Medium, das hier neben der vermittelnden auch eine Produktionsfunktion besitzt. Ungeachtet der Frage, was unter diesen Umständen als Original bezeichnet werden kann, erlaubt die Freiheit, nicht einem Ideal aufführungsbezogener Natürlichkeit genügen zu müssen, eine besonders wirksame Unterstützung der Wahrnehmung musikalischer Strukturen. So wird in der Regel mit starken klanglichen Kontrasten gearbeitet, um den (häufig strukturell stereotypen) musikalischen Gestalten hohe Prägnanz zu verleihen (Maempel 2001).

13.4.4 Aktivierung

Da Audioinhalte häufig werbende oder selbstwerbende Funktionen erfüllen sollen (z. B. Werbespots, Kennmelodien oder Popularmusik), wird in der Regel versucht, ein Mindestmaß aktivierender Eigenschaften sicherzustellen mit dem Ziel, beim Hörer Aufmerksamkeit und Hinwendung zu erzeugen. Die Aktivierung des Hörers kann auf klanglicher Ebene durch eine Erhöhung der Reizenergie (z. B. durch Helligkeit und Lautheit) oder eine Erhöhung der Reizkomplexität (z. B. durch den Einsatz von Effekten und unbekannten Sounds sowie durch schnelle Wechsel von Klangeigenschaften) gefördert werden. In Verbindung mit einem ästhetisch hochkomplexen Bewegtbild (z. B. Videoclip) werden in der Tendenz vornehmlich energiehaltige, ohne Bild hingegen eher komplexe klangliche Gestaltungen bevorzugt (Maempel 2001). Grundsätzlich trägt auch ein geeignetes Verhältnis von Neuem und Vertrautem bei der Soundauswahl und -bearbeitung zu einer positiven Hinwendung des Hörers bei. Das Prinzip ist unter dem Kürzel MAYA (most advanced yet acceptable) bekannt. Ob das aus der Werbepsychologie entlehnte Aktivierungskonzept im heutigen Umfeld der Reizüberflutung uneingeschränkt aufgeht, ist allerdings fraglich: Insbesondere die energetischen Merkmale scheinen weitgehend ausgereizt zu sein. Sie sind zudem in den meisten Fällen durch den Rezipienten beeinflussbar (z. B. Lautstärkewahl), also nicht nachhaltig wirksam. Mit dem Ziel, den Bewegungsdrang des Hörers anzusprechen und ihn damit umfassender zu aktivieren, wird auch auf eine feine mikrorhythmische Gestaltung Wert gelegt. Durch fein abgestimmte Pegel- und spektrale Verhältnisse und den Einsatz von Delayeffekten wenigstens innerhalb der Rhythmus-Sektion kann ein schon strukturell angelegter Groove eines Musikstücks befördert werden.

13.4.5 Assoziation

Audiobearbeitungsmaßnahmen können wie Audioinhalte auch klare eigene Bedeutungen tragen, also selbst Inhalt sein, oder wenigstens ein bestimmtes Assoziationspotenzial besitzen. So lassen sich durch Filterung und Verzerrung Telefon- und Megafonstimmen nachahmen, der Charakter einer Großveranstaltung, eine Clubatmosphäre oder eine sakrale Stimmung können durch den Einsatz entsprechender Halleffekte hergestellt oder verstärkt werden, und die Verwendung oder Simulation historischer Audiotechnik (z. B. Unterlegen von Schellack- oder Vinylplatten-Geräuschen, Filterung) verweist auf eine vergangene Epoche, einen bestimmten Zeitgeist oder ein bestimmtes Lebensgefühl.

13.4.6 Robustheit und Lautheit

Für viele massenmediale Inhalte gewinnt ein weiteres Kriterium zunehmend an Bedeutung. Das Klangbild sollte mögliche Unzulänglichkeiten der medialen Übertragungskette in dem Sinne Rechnung tragen, dass das inhaltlich oder musikalisch Wesentliche deutlich erkennbar übertragen wird. Vor dem Hintergrund der zunehmenden Diversifikation und Portabilität von Wiedergabegeräten (z. B. Autoradio, Laptop, Handy, MP3-Player), muss heute nicht nur von einer Verletzung der optimalen Abhörbedingungen (z. B. Standard-Stereoaufstellung, vgl. Abb. 13.4), sondern auch grundsätzlich von zunehmend ungünstigen Abhörbedingungen (z. B. schmalbandiger Frequenzgang, hoher Klirrfaktor, laute Umgebung) und Hörgewohnheiten (z. B. Nebenbeihören) ausgegangen werden. Diesen Umständen wird oft durch eine stärkere Monokompatibilität, vereinfachte Lokalisationsverteilung, geringere Dynamik bzw. höhere Lautheit, klangfarbliche Aggressivität und Vermeidung der Nutzung der Außenoktaven für musikalisch wesentliche Information begegnet. Sowohl diese *Robustheit des Klangbilds* als auch der Lautheitswettlauf sind Beispiele für die Einengung potenzieller klangästhetischer Vielfalt auf medial funktionale Varianten (Maempel 2007).

Die klangästhetischen Überlegungen legen oft gegensinnige Bearbeitungsmaßnahmen nahe, so dass hier Prioritäten gesetzt und Kompromisse eingegangen werden müssen. Dies ist auch bei der klangästhetischen Beurteilung zu berücksichtigen, die daher nicht qualitativ punktuell erfolgen, sondern stets die Gesamtheit der potenziell relevanten Aspekte im Blick haben sollte.

Literatur

Antares Audio Technologies (Hrsg) (2006) Auto-Tune 5 Pitch Correcting Plug-in Owner's Manual. Scotts Valley / CA http://www.pair.com/anttech/downloads/AT5_manual.pdf. Zugriff 16.2.2007
Axon PE, Gilford CLS, Shorter DEL (1957) Artificial Reverberation. J Audio Eng Soc 5/4:218–237
Baeder KO, Blesser BA (1975) Klangumformung durch Computer. 10. Tonmeistertagung, Köln, S 24–29
Berlyne DE (1971) Aesthetics and Psychobiology. Appleton-Century-Crofts, New York
Berlyne DE (Hg) (1974). Studies in the New Experimental Aesthetics. Steps toward an Objective Psychology of Aesthetic Appreciation. Hemisphere, Washington
Bernsee SM (2005) Time Stretching And Pitch Shifting of Audio Signals – An Overview. http://www.dspdimension.com/index.html?timepitch.html. Zugriff 27.3.2007.
Bertsch M (1994) Der Trompetendämpfer. Einfluß des Dämpfers auf das akustische Verhalten und die Klangfarbe der Trompete. In: Bildungswerk des Verbands Deutscher Tonmeister (Hrsg) Bericht zur 18. Tonmeistertagung in Karlsruhe, Saur, München, S 95–100.
Blauert, Jens (1974) Räumliches Hören. (Monographien der Nachrichtentechnik). Hirzel, Stuttgart
Boer K de (1940) Plastische Klangwiedergabe. Philips' technische Rundschau 5:107–115.
Boll S (1979) Suppression of Acoustic Noise in Speech using Spectral Substraction. IEEE Trans on ASSP 27:113-120
Bregman AS (1990) Auditory Scene Analysis: The Perceptual Organization of Sound. MIT Press, Cambridge/MA

Brunner S, Maempel H-J, Weinzierl S (2007) On the Audibility of Comb Filter Distortions. 122nd AES Convention, Vienna, Austria, Preprint 7047

Buder D (1978a) Vocoder für Sprachverfremdung und Klangeffekte, Teil 1. Funkschau 7:293-297

Buder D (1978b) Vocoder für Sprachverfremdung und Klangeffekte, Teil 2. Funkschau 8:337-341

Celibidache S (1985) Musik verschwindet: Interview der Autoren mit Sergiu Celibidache 1985. In: Fischer M, Holland D, Rzehulka B (1986) (Hrsg) Gehörgänge: Zur Ästhetik der musikalischen Aufführung und ihrer technischen Reproduktion. Peter Kirchheim Verlag, München, S 115–130

Chowning JM (1971) The Simulation of Moving Sound Sources. J Audio Eng Soc 19/1:2-6

Craven PG (2003) Continuous surround panning for 5-speaker reproduction. 24th AES Conference Banff, Canada

Culshaw J (1981) Putting the Record Straight. Secker & Warburg, London

Dickreiter M (1997) Handbuch der Tonstudiotechnik. Bd.1, 6. Aufl, Saur, München

EMT (1983) Ein Vierteljahrhundert Hall in der Hand des Tonmeisters. EMT Kurier, Mai 1983

Eventide Inc. (Hrsg) (2006) H8000FW Operating manual (for software version 5.0). Little Ferry / NJ http://www.eventide.com/pdfs/h8000fw_um.pdf. Zugriff 16.2.2007

Fastl H (1997) „The Psychoacoustics of Sound-Quality Evaluation". Acustica 83/5:754-764

Flanagan JL (1972) Speech analysis, synthesis, and perception. 2. Aufl, Springer, Berlin

Furmann A, Hojan E, Niewiarowicz M, Perz P(1990) On the Correlation between the Subjective Evaluation of Sound and the Objective Evaluation of Acoustic Parameters for a Selected Source. J Audio Eng Soc 38/11:837-844.

Gardner WG (1995) Efficient convolution without input-output delay. J Audio Eng Soc 43/3

Gernemann-Paulsen A, Neubarth K, Schmidt L, Seifert U (2007). Zu den Sufen im Assoziationsmodell. Bericht der 24. Tonmeistertagung, Leipzig, S 378–407

Gerzon MA (1992). Panpot laws for multispeaker stereo. 92nd AES Convention, Wien, Preprint 3309

Goldstein EB (2002) Wahrnehmung. Heidelberg, 2. Aufl, Spektrum, Berlin

Gooch, BR (1999) Building on the Magnetophon. In: Daniel ED, Mee CD, Clark MH (Hrsg) Magnetic Recording. The First 100 Years. IEEE press, New York, S 87f

Gould G (1966) Die Zukunftsaussichten der Tonaufzeichnung. In: Fischer M, Holland D, Rzehulka B (1986) (Hrsg) Gehörgänge: Zur Ästhetik der musikalischen Aufführung und ihrer technischen Reproduktion. Peter Kirchheim Verlag, München

Haack S (1990) Wirkungen übertragungstechnischer Faktoren. In: Motte-Haber H, Günther Rötter (Hrsg) Musikhören beim Autofahren: 8 Forschungsberichte. Lang, Frankfurt am Main, S 94–125

Haas J, Sippel S (2004) VOKATOR Benutzerhandbuch. Native Instruments Software Synthesis GmbH

Haas J, Clelland K, Mandell J (2004) NI-Spektral Delay Benutzerhandbuch. Native Instruments Software Synthesis GmbH

Hartmann WM (1978) Flanging and Phasers. J Audio Eng Soc 26/6:439-443.

Hartmann WM (2005) Signals, Sound, and Sensation. Corr 5th printing (Modern acoustics and Signal Processing). Springer, New York

Hartwich J, Spikowski G, Theile G (1995) Ein Dynamic-Kompressor mit gehörangepaßten statischen und dynamischen Kennlinien. Bericht der 18. Tonmeistertagung, Karlsruhe, S 72–84.

Hoeg W, Steinke G (1972) Stereofonie-Grundlagen. Verl Technik, Berlin

Hoenig UG, Neubäcker P (2006) melodyne 3 studio & cre8 handbuch version 3.0. http://www-celemony.com/cms/uploads/media/Manual.MelodyneCre8Studio.3.0.German_03.pdf. Zugriff 16.2.2007

Jakubowski H (1985) Dynamik – Versuch einer Begriffsbestimmung. In: Bericht der 13. Tonmeistertagung, München, S 296–304

Jot JM, Chaigne A (1991) Digital delay networks for designing artificial reverberators. 90th AES Convention, Paris, Preprint 3030

Kuhl W (1958) Über die akustischen und technischen Eigenschaften der Nachhallplatte. Rundfunktechnische Mitteilungen 2:111-116

Ledergerber S (2002) Application: How to surround. http://www.vista7.com/e/surround/index.aspx. Zugriff 10.7.2007

Lehmann P, Wilkens H (1980) Zusammenhang subjektiver Beurteilung von Konzertsälen mit raumakustischen Kriterien. Acustica 45:256-268

Lund T (2006) Control of Loudness in Digital TV. NAB BEC Proceedings, S 57–65.
Maempel H-J (2001) Klanggestaltung und Popmusik. Synchron, Heidelberg
Maempel H-J (2007) Technologie und Transformation. Aspekte des Umgangs mit Musikproduktions- und -übertragungstechnik. In: Motte-Haber H, Hans Neuhoff (Hrsg) Musiksoziologie (Handbuch der systematischen Musikwissenschaft; 4). Laaber, Laaber, S 160–180.
Martland P (1997) EMI. The first 100 years. Amadeus Press, London
Meyer J (1991) Zur zeitlichen Feinstruktur von Vibrato-Klängen. Bericht der 16. Tonmeistertagung, Karlsruhe, S 338–350
Mikael L (2005) Hammond & Leslie page. http://captain-foldback.com/main_page.htm. Zugriff 30.3.2007
Moog Music Inc. (Hrsg) (2003a) Understanding and using your moogerfooger® MF-103 Twelve Stage Phaser. Ashville / NC, http://www.moogmusic.com/manuals/mf-103.pdf. Zugriff 28.3.2007
Moog Music Inc. (Hg) (2003b) Understanding and using your moogerfooger® MF-103 Twelve Stage Phaser. Ashville / NC, http://www.moogmusic.com/manuals/mf-102.pdf. Zugriff 28.3.2007
Moorer JA (1979) About this reverberation business. Computer Music Journal 3/2:13–28
Muzzulini D (2006) Genealogie der Klangfarbe. Bern et al.: Lang. (Varia musicologica; 5). Zugl. Diss. (2004), Zürich: Univ.
Motte-Haber H (2005) Modelle der musikalischen Wahrnehmung. Psychophysik – Gestalt – Invarianten – Mustererkennen –
Neuronale Netze – Sprachmetapher. In: Motte-Haber H, Günther Rötter (Hrsg) Musikpsychologie (Handbuch der systematischen Musikwissenschaft; 3). Laaber, Laaber, S 55–73
Neoran IM (2000) Surround Sound Mixing using Rotation, Stereo Width, and Distane Pan Pots. 109th AES Convention, Los Angeles, Preprint 5242
Neumann AC (1998) The Effect of Compression Ratio and Release Time on the Categorical Rating of Sound Quality. J Acoust Soc Amer 103/5:2273-2281
Nitsche P (1978) Klangfarbe und Schwingungsform (Berliner musikwissenschaftliche Arbeiten; 13). Katzbichler, München, zugl Diss (1974) Techn Univ, Berlin
Ranum J, Rishøj K (1986) TC 2290 Dynamic Digital Delay + Effects Control Processor Owner's Manual. http://www.tcelectronic.com/media/d86b1147172e4c87a0fc6a6d3d1dd51c.pdf. Zugriff 16.2.2007
Reinecke H-P (1978) Musik im Original und als Reproduktion. In: Roads C (2001) Microsound. Kommunikationstechnik 77. MIT Press, Cambridge / MA, S 140–151
Rettinger M (1945) Reverberation Chambers for Re-Recording. Journal of the Society of Motion Picture Engineers 46:350-357
Sandmann T (2003) Effekte & dynamics: Das Salz in der Suppe jeder Musik-Mischung: Technik und Praxis der Effekt- und Dynamikbearbeitung. 3. Aufl, PPV, Bergkirchen
Schlemm W (1997) Musikproduktion. In: Ludwig Finscher (Hrsg) Die Musik in Geschichte und Gegenwart, Bd 6, 2. Ausg, Bärenreiter, Kassel, Sp.1534-1551
Schroeder MR (1962) Natural sounding artificial reverberation. J Audio Eng Soc 10/3:219–223
Schroeder MR (1975) Diffuse sound reflection by maximum-length sequences. J Acoust Soc Amer 57
Schroeder MR, Logan BF (1961) 'Colorless' Artificial Reverberation. J Audio Eng Soc9/3: 852-853
TC electronic (Hrsg) Intonator Vocal Intonation Processor Bedienungsanleitung. http://www.tcelectronic.com/media/Intonator_%20Man_DE.pdf. Zugriff 16.2.2007
Terhardt E (1986) Gestalt Principles and Music Perception. In: Perception of Complex Auditory Stimuli. Erlbaum, Hillsdale/NJ, S 157–166.
Theile G (1980) Über die Lokalisation im überlagerten Schallfeld. Diss TU Berlin
Raffaseder H (2002) Audiodesign. Fachbuchverl Leipzig im Hanser Verl, München
Ungeheuer E, Supper M (1995) Elektroakustische Musik. In: Ludwig Finscher (Hrsg) Die Musik in Geschichte und Gegenwart, Bd 6, 2. Ausg, Bärenreiter, Kassel, Sp 1717-1765
Vary P, Martin R (2006) Digital Speech Transmission - Enhancement, Coding & Error Concealment. Chichester: John Wiley and Sons
Vowinckel A (1995) Collagen im Hörspiel. Die Entwicklung einer radiophonen Kunst. Königshausen & Neumann, Würzburg
Wagenaars WM, Houtsma AJM, van Lieshout RAJM (1986) „Subjective Evaluation of Dynamic Compression in Music". J Audio Eng Soc 34(1/2):10-18

Wagner K (1997) Zur Lautheit von Rundfunkprogrammen. Radio, Fernsehen, Elektronik: die Zeitschrift der Unterhaltungselektronik 46(3):42-46.
Wave Arts Inc. (Hrsg) (2005) Panorama User Manual. Arlington/MA. http://www.wavearts.com/pdfs/PanoramaManual.pdf. Zugriff 19.7.2007

Kapitel 14
Digitale Audiotechnik: Grundlagen

Alexander Lerch und Stefan Weinzierl

14.1 Abtastung 787
14.2 Quantisierung 790
14.3 Dither 796
14.4 Überabtastung.. 802
14.5 Noise-Shaping.. 803
14.6 Delta-Sigma-Modulation 805
14.7 Zahlendarstellung und Zahlenformat 807
    14.7.1   Festkomma-Format 808
    14.7.2   Fließkomma-Format 808
    14.7.3   Anwendungsbereiche.................................... 810
Normen und Standards 811
Literatur... 811

Seit Ende der 1970er Jahre findet im Audiobereich ein grundlegender Systemwandel mit der Ablösung analoger Systeme durch digitale Technologien statt. Wesentliche Gründe für diesen Wandel sind

- die überwiegend überlegenen technischen Übertragungseigenschaften digitaler Systeme (Frequenzgang, Verzerrungen, Signal-Rauschabstand, Gleichlauf)
- die Möglichkeit verlustlosen Kopierens und Archivierens digitaler Inhalte
- umfangreichere Möglichkeiten der Signalbearbeitung und Editierung
- der Preisverfall digitaler Hard- und Software im Vergleich zu hochwertiger analoger Schaltungstechnik
- die Konvergenz digitaler Medien auf Seiten der Audioindustrie (technologische Konvergenz) wie auf Seiten der Rezipienten (Konvergenz der Mediennutzung)

Der Einzug digitaler Übertragungssysteme fand etwa gleichzeitig im Bereich der Klangerzeuger (Synthesizer, Sampler, Drumcomputer, MIDI), der Effektgeräte (Delay, Nachhall) und der Speichermedien statt (Tabelle 14.1). 1983 wurde mit MIDI (Musical Instrument Digital Interface) ein Format für den Austausch von Steuerdaten zwischen Computern, Synthesizern und Samplern etabliert, das den Produktionsvorgang v.a. in der Popmusik, aber auch in der Elektronischen Musik und der Computermusik nachhaltig veränderte, da es keine Übertragung von Audiosignalen, sondern eine digital gesteuerte Gestaltung des musikalischen Verlaufs selbst ermöglichte.

Tabelle 14.1 Einzug digitaler Signalverarbeitung im Tonstudiobereich

Hardware	Markteinführung
Klangerzeuger	
NED Synclavier Synthesizer/Sampler	1979
Fairlight CMI Synthesizer/Sampler	1979
Linn LM-1 Drumcomputer/Sampler	1980
E-MU Emulator I Sampling Keyboard	1981
Yamaha DX-7 Synthesizer	1983
Audiobearbeitung / Effekte	
Lexicon Delta-T 101 Digital Delay	1971
EMT 250 Digitaler Nachhall	1976
Lexicon L224 Digitaler Nachhall	1978
Tonträger / Editoren	
PCM-1600 (U-matic)	1978
Digitale Mehrspurrekorder (3M, Sony PCM 3324)	1978
Sony DAE-1100 Umkopierschnittplatz	1980
Compact Disc (CD)	1982
Sony DAE-3000 Umkopierschnittplatz	1987
Digital Audio Tape (DAT)	1987
Sonic Solutions Hard-Disk Recording	1988
MIDI Standard	**1983**

In den 1990er Jahren wurde eine Vielzahl neuer Speichermedien, Protokolle, Formate und Bearbeitungsalgorithmen für digitale Audiosignale eingeführt. Durch die Entwicklung immer höher integrierter Schaltungen erhöhte sich die Leistungsfähigkeit, durch das Zusammenwachsen verschiedener Medien (Bild, Ton, Schrift) erhöhte sich die produzierte Stückzahl digitaler Hardware. Beides bewirkte einen Preisverfall digitaler Hard- und Software und damit eine technische Annäherung von professionellem und Consumer-Bereich. Im Bereich der Speichermedien wird immer mehr auf einheitliche Datenträger für multimediale Inhalte wie Harddisk oder optische Medien zurückgegriffen, für die Übertragung werden zunehmend Computernetzwerke genutzt und der „normale PC" wird immer mehr zum zentralen Werkzeug auch für die professionelle Audiotechnik.

Aktuelle Entwicklungen im Bereich der digitalen Audiotechnik sind

- die Verlängerung der digitalen Übertragungskette durch die Entwicklung von Mikrofonen mit digitalen Ausgangssignalen und Lautsprechern mit integrierten Endstufen, die digitale Eingangssignale verarbeiten
- die Weiterentwicklung von Wandler-, Kodierungs- und Speichertechnologie hin zu höheren Wortbreiten und Abtastraten einerseits und effizienterer Datenreduktion durch psychoakustische Kodierung andererseits

- die Entwicklung neuer Verfahren zur Analyse, Bearbeitung und Synthese von Musik und Sprache durch digitale Signalverarbeitung
- die Erschließung neuer Übertragungs- und Vertriebskanäle durch digitalen Rundfunk, digitales Fernsehen, lokale Netzwerke und das Internet.

Im Folgenden sollen einige zum Verständnis digitaler Audiotechnik erforderliche Begriffe und Zusammenhänge erläutert werden.

14.1 Abtastung

Der Verlauf analoger Signale, wie der von einer Schallquelle erzeugte Schalldruck oder die von einem Mikrofon abgegebene Spannung, ist zeitkontinuierlich. Um solche Signale digital verarbeiten zu können, muss der Zeitverlauf diskretisiert, d. h. zu bestimmten Zeitpunkten abgetastet werden, anschließend werden dann nur noch diskrete Amplitudenwerte zum Abtastzeitpunkt verarbeitet. Die Frequenz dieser Abtastung wird Abtastrate oder Samplingfrequenz f_S genannt. Abb. 14.1 zeigt einen Ausschnitt eines kontinuierlichen (analogen) Signals und die (bei einer Abtastrate von 700 Hz) resultierende Abtastfolge.

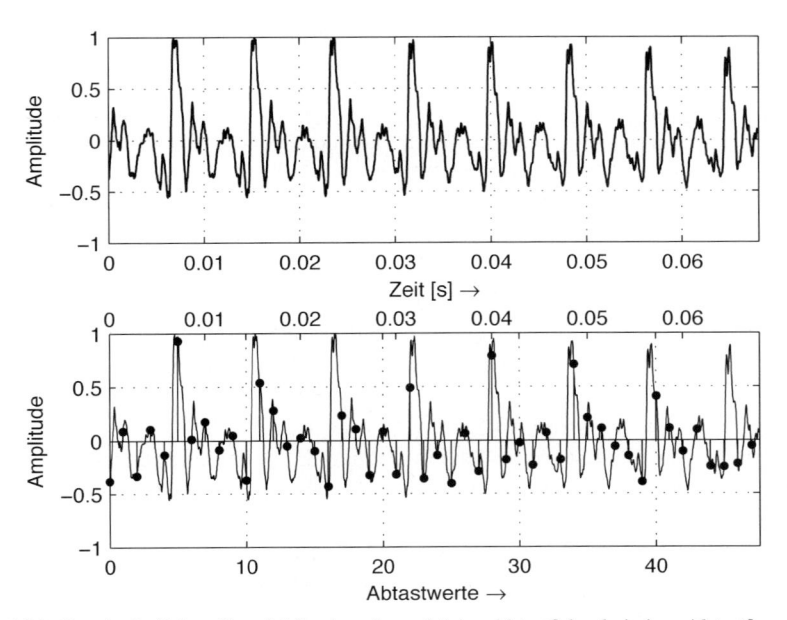

Abb. 14.1 Kontinuierliches Signal (oben) und zugehörige Abtastfolge bei einer Abtastfrequenz von $f_S = 700$ Hz (unten)

Die Frequenzzuordnung eines abgetasteten Signals ist nicht eindeutig; so können kontinuierliche Sinusschwingungen der Frequenzen 1 kHz, 5 kHz und 7 kHz bei einer Abtastfrequenz von 6 kHz zu gleichen Abtastwerten führen (Abb. 14.2).

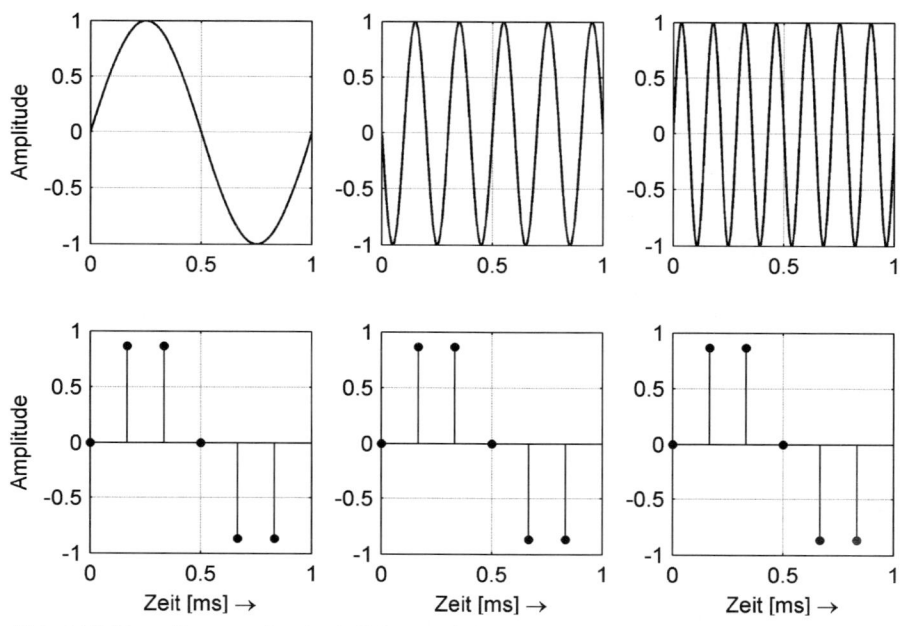

Abb. 14.2 Darstellung von kontinuierlichem und abgetastetem Zeitverlauf von Sinusschwingungen der Frequenzen 1 kHz, 5 kHz und 7 kHz, die Abtastfrequenz ist 6 kHz. Oben: Kontinuierlicher Zeitverlauf. Unten: Abgetasteter Zeitverlauf

Diese Mehrdeutigkeit äußert sich im Spektrum des abgetasteten Signals durch eine mit der Abtastfrequenz periodische Wiederholung des Originalsignals. Wie in Abb. 14.2 für die als Seitenbänder 1. Ordnung bezeichneten Frequenzen gezeigt, weist eine mit f_S = 6 kHz erzeugte Abtastfolge einer kontinuierlichen, harmonischen Schwingung der Frequenz 1 kHz somit auch spektrale Anteile bei 5 kHz, 7 kHz, 11 kHz, 13 kHz u.s.w. auf (Abb. 14.3).

Aus dieser Periodizität ergibt sich unmittelbar das auf Überlegungen von Nyquist (1929) zurückgehende und von Shannon (1949) formulierte sogenannte Abtasttheorem:

Ein abgetastetes Signal lässt sich ohne Informationsverlust rekonstruieren, wenn die Abtastfrequenz f_S mehr als doppelt so hoch ist wie die höchste im Signal vorkommende Frequenz f_{max}.

Wird das Abtasttheorem verletzt, überlappen sich die periodisch fortgesetzten Spektren und man spricht von Unterabtastung. Es entstehen innerhalb der Bandbreite des Originalsignals Spiegelfrequenzen, die sich im Nachhinein nicht mehr

Kapitel 14 Digitale Audiotechnik: Grundlagen

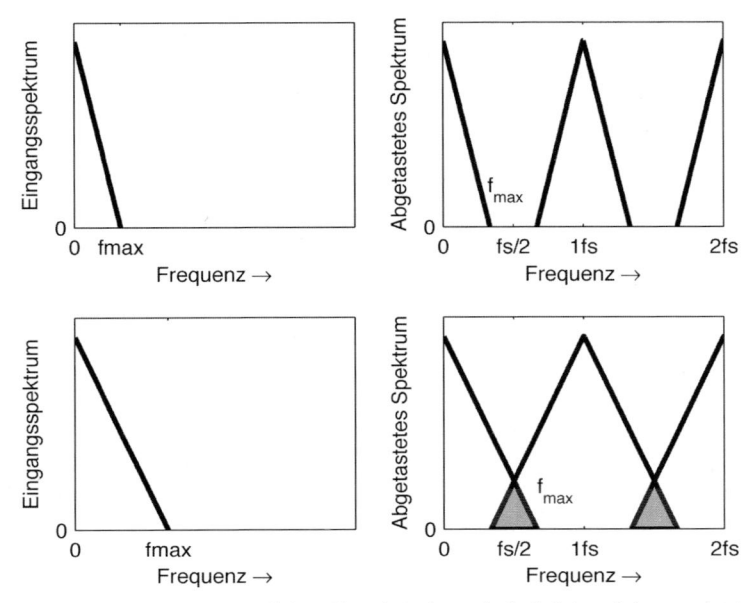

Abb. 14.3 Spektrum des kontinuierlichen Signals (schematisch, links) und der zugehörigen Abtastfolge (rechts) mit Seitenbändern bei Vielfachen der Abtastfrequenz f_S; oben bei Einhaltung und unten bei Verletzung des Abtasttheorems

entfernen lassen. Dieser Effekt wird als Aliasing bezeichnet. Zur Vermeidung solcher Aliasing-Artefakte muss das Eingangssignal vor der Abtastung so bandbegrenzt werden, dass das Abtasttheorem erfüllt ist. Daher befindet sich vor jedem A/D-Wandler ein analoges Tiefpassfilter, das alle Frequenzanteile oberhalb der halben Abtastfrequenz abschneidet bzw. möglichst stark dämpft. Die Eigenschaften dieses Antialiasing-Filters beeinflussen die Qualität des A/D-Wandlers.

Ein anschauliches Beispiel einer Unterabtastung im Visuellen findet man in vielen Westernfilmen. Die Speichenräder einer Kutsche drehen sich mit der korrekten Geschwindigkeit und Richtung, solange die Kutsche langsam fährt. Übersteigt die Speichengeschwindigkeit allerdings die halbe Abtastfrequenz der Kamera, so nimmt die wahrgenommene Geschwindigkeit des Rades wieder ab. Die unterabgetastete Drehung produziert eine Aliasingkomponente, die mit zunehmender Drehfrequenz abnimmt. Sobald die Drehfrequenz die Abtastfrequenz erreicht, scheint das Rad stillzustehen.

Zur Rekonstruktion des analogen Signals aus dem digitalen Signal ist aufgrund der Periodizität des Spektrums ebenfalls ein Tiefpassfilter (Rekonstruktionsfilter) erforderlich, das nur Signalfrequenzen unterhalb der halben Abtastfrequenz passieren lässt.

Bei Einhaltung des Abtasttheorems lässt sich ein abgetastetes Signal mit der in Abb. 14.4 skizzierten Vorgehensweise fehlerfrei rekonstruieren, vorausgesetzt, dass

```
         ↓ Kontinuierliches Eingangssignal
  ┌─────────────────┐
  │ Antialiasing-Filter │
  └─────────────────┘
         ↓ Tiefpaßgefiltertes Eingangssignal
  ┌─────────────────┐
  │    Abtastung    │
  └─────────────────┘
         ↓ Zeitdiskretes Eingangssignal
  ┌─────────────────┐
  │ Rekonstruktionsfilter │
  └─────────────────┘
         ↓ Rekonstruiertes Ausgangssignal
```

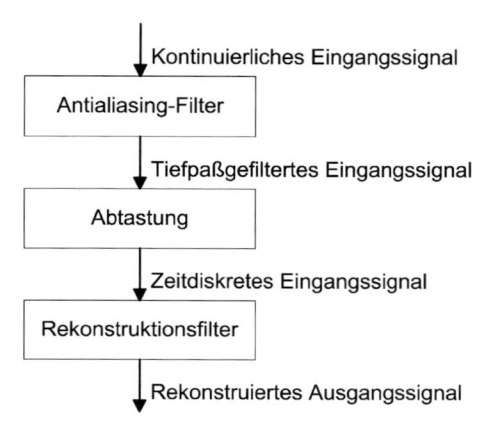

Abb. 14.4 Notwendige Verarbeitungsschritte vor und nach der Abtastung eines Signals

Filter und Abtastung (A/D-Umsetzung) ein ideales Verhalten aufweisen. Die in der Audiotechnik eingesetzten Verfahren zur A/D-Umsetzung sind in Kap. 17.1 beschrieben.

14.2 Quantisierung

Ebenso wie ein digitales Signal keinen kontinuierlichen Zeitverlauf haben kann, kann es auch keinen kontinuierlichen Amplitudenverlauf besitzen, da mit einem endlichen Zahlen- und Speichervorrat nur diskrete Werte abgespeichert werden können. Die für die Digitalisierung notwendige Amplitudendiskretisierung (Quantisierung) wird durch die Quantisierungskennlinie beschrieben. Sie entspricht einer Treppenfunktion mit der Schrittweite bzw. dem Quantisierungsintervall Δ.

Bei der Darstellung des Amplitudenwerts durch einen binären Zahlenwert bestimmt die Wortbreite, d.h. die Zahl der Bits pro Zahlenwert, die Anzahl der Quantisierungsstufen und damit die Auflösung des Quantisierers. Bei einer Wortbreite von 16 Bit sind somit $2^{16} = 65536$ Quantisierungsstufen möglich. Bei einem Aussteuerungsbereich von −2 V bis 2 V entspricht in diesem Fall ein Quantisierungsintervall Δ einer Spannung von $2 \cdot 2\,V/_{65536} = 61\,\mu V$. Der Wertebereich des Quantisierungsfehlers beträgt $[-\Delta/2; \Delta/2]$ (vgl. Abb. 14.5).

Im Audiobereich wird üblicherweise eine sogenannte „mid-tread" Kennlinie verwendet, die auch dem Amplitudenwert 0 eine Quantisierungsstufe zuordnet und aus diesem Grund nicht symmetrisch ist, sondern im negativen Amplitudenbereich eine Quantisierungsstufe mehr besitzt (bei 16 Bit Wortbreite könnten dann Werte von −32768 bis 32767 dargestellt werden). Bei den im Audiobereich typischen Wortbreiten ist diese Asymmetrie im Normalfall vernachlässigbar.

Während sich die bei der Abtastung eines Signals verlorenen Signalanteile unter den genannten Voraussetzungen zumindest theoretisch wieder vollständig

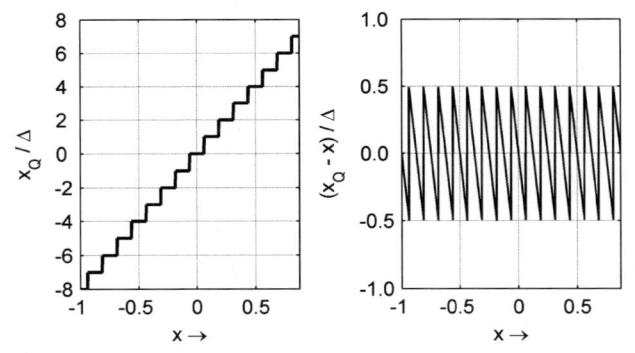

Abb. 14.5 Links: Kennlinie eines 4-Bit-Quantisierers mit 16 Quantisierungsstufen als Darstellung des quantisierten Ausgangswerts x_Q (bezogen auf ein Quantisierungsintervall Δ) über der Amplitude des Eingangssignals x, normiert auf einen Bereich von $[-1;1]$. Rechts: Quantisierungsfehler in Abhängigkeit von der Eingangsamplitude

rekonstruieren lassen, ist dies im Falle der Quantisierung nicht möglich. Bei jeder Quantisierung wird unvermeidlich ein Fehler gemacht, der Quantisierungsfehler $q(n)$. Er ist die Differenz zwischen quantisiertem Signal $x_Q(n)$ und Originalsignal $x(n)$ zu einem beliebigen Abtastzeitpunkt n. Die Quantisierung lässt sich somit als Addition eines Fehlersignals $q(n)$ zum Eingangssignal $x(n)$ beschreiben (Abb. 14.6).

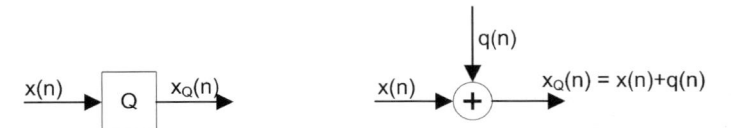

Abb. 14.6 Quantisierungsvorgang mit Eingangsfolge $x(n)$, Quantisierungsfehler $q(n)$ und Ausgangsfolge $x_Q(n)$

Abb. 14.7 zeigt den Quantisierungsfehler eines mit vier Bits quantisierten, optimal ausgesteuerten Sinussignals.

Das Ausmaß des durch die Quantisierung induzierten Fehlers wird üblicherweise durch den Signal-Rauschabstand (Signal-to-Noise-Ratio SNR) beschrieben, der als Pegelverhältnis von Signalleistung W_S zu Fehlerleistung W_Q berechnet wird:

$$SNR = 10 \log \left(\frac{W_S}{W_Q} \right) \quad (14.1)$$

Bei deterministischen Signalen, kann die Leistung über den Mittelwert der Quadrate aller Amplitudenwerte berechnet werden. Der Quantisierungsfehler entzieht sich jedoch einer solchen Beschreibung, da die Fehleramplituden, zumindest bei komplexen Eingangssignalen und einem gut ausgesteuerten Quantisierer hoher Wortbreite, eine regellose Verteilung aufweisen, die weder durch eine mathema-

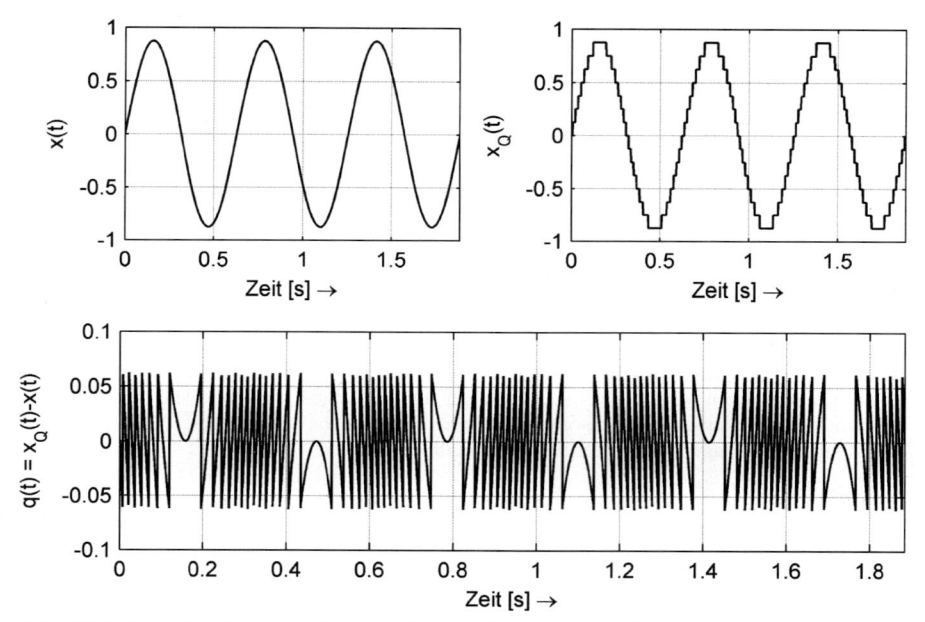

Abb. 14.7 Oben: Das kontinuierliche Originalsignal $x(t)$ (links) und das mit einer Auflösung von 4 Bit quantisierte Signal $x_Q(t)$ (rechts). Unten: Der dabei entstandene Quantisierungsfehler $q(t)$

tische Funktion angegeben noch gemessen werden kann. Die Leistung solcher Zufallssignale (stochastische Signale) lässt sich durch eine Modellannahme über ihre sog. Amplitudendichteverteilung (ADV) berechnen. Mit der Amplitudendichteverteilung $p_Q(q)$ des Quantisierungsfehlers $q(t)$ lässt sich die Wahrscheinlichkeit, dass $q(t)$ im Intervall [q1;q2] liegt, als Integral über das entsprechende Amplitudenintervall berechnen, d. h. Die Wahrscheinlichkeit, dass *irgendeine* Amplitude auftritt, muss den Wert 1 ergeben; somit ist die ADV stets so normiert, dass das Integral über die Funktion, d. h. die Fläche unter der Kurve, gleich 1 ist.

Bei einem gut ausgesteuerten Eingangssignal kann angenommen werden, dass alle möglichen Amplitudenwerte des Quantisierungsfehlers mit gleicher Wahrscheinlichkeit auftreten. Für eine genauere Analyse des Zusammenhangs zwischen der Verteilungsdichte von Eingangssignal und Quantisierungsfehler s. (Widrow 1961) und (Zölzer 2005). Da die Verteilungsdichte des Quantisierungsfehlers im

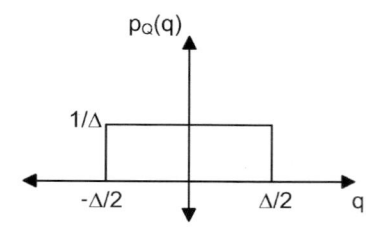

Abb. 14.8 Rechteckförmige Amplitudendichteverteilung $p_Q(q)$ des Quantisierungsfehlers

Kapitel 14 Digitale Audiotechnik: Grundlagen

Intervall $-\Delta/2$ bis $\Delta/2$ konstant ist und die Fläche unter der Funktion aufgrund der Normierung gleich 1 ist, nimmt die Amplitudendichte überall den Wert $1/\Delta$ an. Die Leistung von Zufallssignalen ergibt sich dann als Erwartungswert der Amplitudenquadrate, eine auch als *Varianz* bezeichnete Größe (Girod et al. 2003). Für den Quantisierungsfehler q mit der ADV $p_Q(q)$ ist der Erwartungswert der Fehlerleistung dann

$$W_Q = \int_{-\infty}^{\infty} q^2 p_Q(q) dq = \frac{1}{\Delta} \int_{-\Delta/2}^{\Delta/2} q^2 dq = \frac{\Delta^2}{12} \quad (14.2)$$

Bei Berechnung des Signal-Rauschabstands wird üblicherweise ein vollausgesteuertes, sinusförmiges Nutzsignal zugrunde gelegt. Bei einer Wertedarstellung mit w Bits ergeben sich 2^w Quantisierungsstufen, von denen die Hälfte, also 2^{w-1} in den positiven Amplitudenbereich fallen. Für ein sinusförmiges Signal ergibt sich somit eine Leistung von

$$W_S = \frac{(\Delta \cdot 2^{w-1})^2}{2} \quad (14.3)$$

und für den Signal-Rauschabstand (SNR) ein Wert von

$$\begin{aligned} \text{SNR} &= 10 \log \left(\frac{W_S}{W_Q} \right) \\ &= 10 \log \left(\frac{\Delta^2 \cdot 2^{2w-2}}{2} \cdot \frac{12}{\Delta^2} \right) \\ &= 10 \log \left(\frac{3}{2} \cdot 2^{2w} \right) \\ &= 6.02 \cdot w + 1.76 \; [\text{dB}] \end{aligned} \quad (14.4)$$

Damit ergibt sich aufgrund des Quantisierungsfehlers ein theoretischer SNR von etwa 98 dB (16 bit), 122 dB (20 bit) bzw. 146 dB (24 bit). Ein vollausgesteuertes Sinussignal wird auch als Testsignal zur Messung des SNR von realen Wandlern benutzt. Abweichungen des Messwerts (der auch bei 24-Bit-Wandlern real selten höher als 105 dB liegt) von den nach Gl. (14.4) berechneten Werten weisen dann auf Fehler des Wandlers (Nichtlinearitäten, Jitter, s. Kap. 17.1) hin.

Bezieht man den Quantisierungsfehler nicht auf ein sinusförmiges Testsignal, sondern auf die Amplitudenverteilung eines Musiksignals, die typischerweise eine annähernd gauß- oder laplaceverteilte ADV aufweist (Abb. 14.9), liegt auch der theoretische SNR um etwa 10 dB unter dem nach (14.4) berechneten Wert.

Der in (14.4) hergeleitete SNR bezieht sich auf ein vollausgesteuertes, sinusförmiges Nutzsignal. Abb. 14.10 zeigt den bei einer Wortbreite von 16 Bit theoretisch

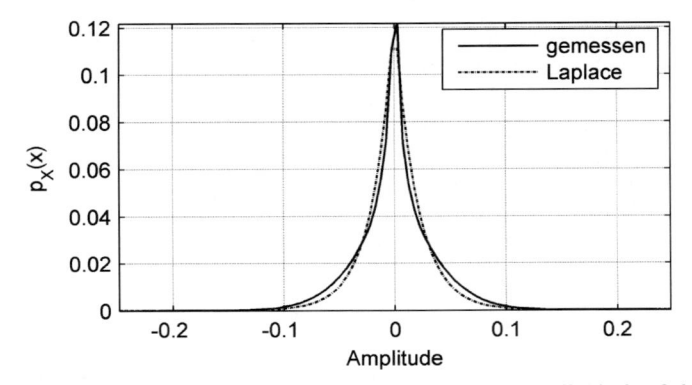

Abb. 14.9 Laplace-Verteilung $p_X(x)$ als Modell für die gemessene Amplitudenhäufigkeit eines Musiksignals

erreichbaren SNR in Abhängigkeit der Amplitude eines sinusförmigen Eingangssignals.

Bei der Quantisierung eines gut ausgesteuerten Signals ist der Quantisierungsfehler nicht nur in der Amplitude, sondern auch im Spektrum gleichverteilt. Jede Frequenz ist im Fehlersignal gleichstark vertreten, der Quantisierungsfehler hat die Charakteristik eines weißen Rauschens. Übersteigt der Maximalwert des Eingangssignals allerdings den Aussteuerungsbereich des Quantisierers, so tritt eine Übersteuerung (Clipping) auf. Das Signal wird am oberen und unteren Ende abgeschnitten, was zu einer drastischen Verschlechterung des SNR und zu nichtlinearen Verzerrungen führt (vgl. Abb. 14.11 und Abb. 10.1). Diese Verzerrungen sind sehr störend und können schon bei geringen Übersteuerungen wahrnehmbar werden (s. Abb. 10.2).

Durch Entwicklungsfehler kann bei einer Übersteuerung auch ein sogenannter Wrap-Around vorkommen. In diesem Fall werden Amplitudenwerte außerhalb des Wertebereichs nicht wie beim Clipping abgeschnitten, sondern durch die Verwendung eines vorzeichenbehafteten Zahlenformats (Zweier-Komplement, s. Ab-

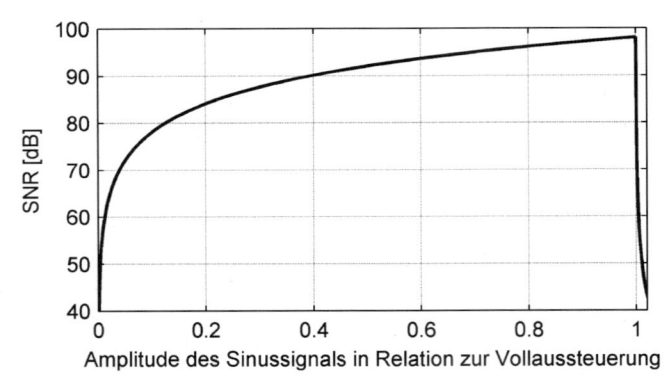

Abb. 14.10 Theoretisch erreichbarer Signal-Rauschabstand eines Quantisierers mit der Wortbreite 16 Bit in Abhängigkeit von der Aussteuerung eines sinusförmigen Eingangssignals

Kapitel 14 Digitale Audiotechnik: Grundlagen

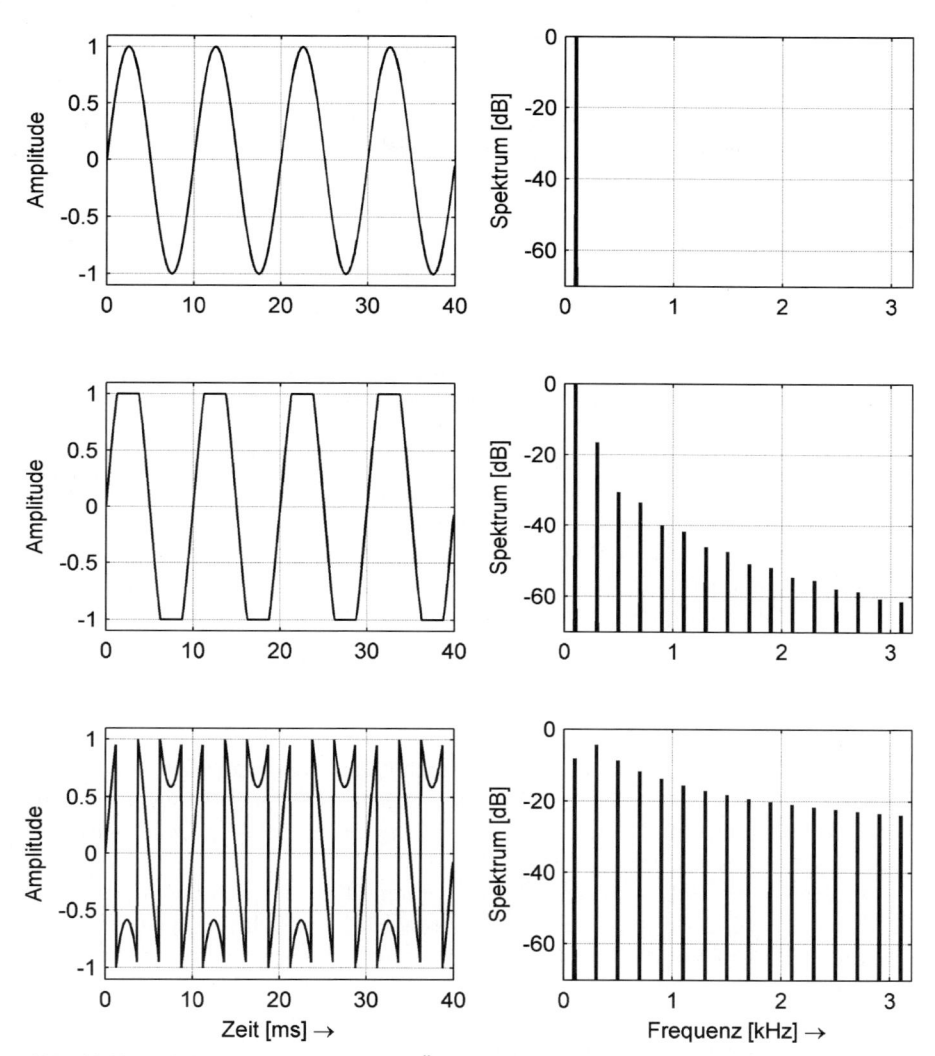

Abb. 14.11 Nichtlineare Verzerrungen bei Übersteuerung eines Quantisierers. Oben: Voll ausgesteuertes Sinussignal und dazugehöriges Spektrum. Mitte: übersteuertes Sinussignal (ursprüngliche Amplitude 1.4) und dazugehöriges Spektrum. Unten: Übersteuertes Sinussignal mit Wrap-Around und dazugehöriges Spektrum

schn. 14.7.1) am entgegengesetzten Ende des Wertebereichs eingefügt. Der Wrap-Around führt zu starken Verzerrungen (s. Abb. 14.11 unten), tritt allerdings nur selten auf.

14.3 Dither

Eine niedrige Aussteuerung des Eingangssignals führt nicht nur zu einem geringeren Signal-Rauschabstand, sondern kann einen weiteren unerwünschten Effekt haben: Das Quantisierungsrauschen ist nicht mehr weiß wie bei guter Aussteuerung, sondern ist korreliert mit dem Eingangssignal. Insbesondere bei niedriger Aussteuerung und tiefen Eingangssignalfrequenzen sind die Voraussetzungen für eine gleichförmig verteilte Amplitudendichte des Quantisierungsfehlers nicht mehr gegeben.

Abb. 14.12 illustriert dies für ein mit 3 bit Wortbreite quantisiertes Signal. Der Quantisierungsfehler ist in diesem Fall kein Rauschen, sondern ein periodisches Signal, das wie eine Verzerrung des Eingangssignals klingt. Auch bei mittleren Wortbreiten kann dieser Effekt hörbar werden, z. B beim leisen Ausklang eines Musiksignals.

Die Korrelation zwischen Signal und Quantisierungsfehler kann aufgehoben werden, indem vor dem Quantisierungsprozess ein Zufallssignal, z. B weißes Rauschen addiert wird. Dieses Rauschen wird Dither genannt. Zunächst naheliegend scheint die Annahme, dieses Rauschen müsste so stark sein, dass es die o. g. Verzerrungen akustisch verdeckt; das muss aber nicht der Fall sein. Vielmehr genügt ein schwaches Rauschen, das die deterministische Abfolge der angesprochenen Quantisierungsstufen in eine zufällige überführt. So würde für eine Gleichspannung von 1,3 mV am Eingang des Quantisierers, die in 1 mV-Schritten quantisiert wird, das Ausgangssignal bei ungedithertem Eingang konstant bei 1 mV liegen. Wird das Eingangssignal hingegen ausreichend gedithert, so wird es manchmal bei 2 mV, häufiger bei 1 mV und sehr selten bei anderen Quantisierungswerten liegen. Tatsächlich wird aber der Mittelwert des Ausgangssignals 1,3 mV betragen; im zeitlichen Mittel ist also die gedicherte Quantisierung genauer als das Quantisierungsraster selbst.

Dithering wird auch im Bildbereich eingesetzt. Hier lässt sich die Wirkung anhand eines visuellen Beispiels veranschaulichen. Hält man sich eine Hand mit leicht geöffneten Fingern vor die Augen, so wird ein Großteil des Gesichtsfeldes von den Fingern abgedeckt, und nur durch die Zwischenräume lässt sich etwas erkennen. Bewegt man diese Hand allerdings sehr schnell, so lassen sich – wenn auch etwas undeutlich – auch die Bereiche erkennen, die zuvor von den Fingern verdeckt waren.

Die durch die Nichtlinearität der Quantisierungskennlinie hervorgerufenen Verzerrungen treten sowohl bei der Analog-Digital-Wandlung auf als auch bei der Requantisierung digitaler Signale, wie sie bei Formatwandlung, Speicherung oder bei Signalverarbeitungsprozessen vorkommt. Bei der A/D-Wandlung kann auf einen Dither in der Regel verzichtet werden, da das Eingangssignal durch analoge Rauschquellen bereits stärker verrauscht ist, als es für eine Linearisierung der Quantisierungskennlinie erforderlich wäre. Auf digitaler Ebene dagegen wird Dithering durch die Addition einer Zufallsfolge $d(n)$ zum Eingangssignal $x(n)$ vor der Requantisierung vorgenommen (Abb. 14.13). Die Amplitude des Dithers wird dabei meist in Einheiten des Quantisierungsintervalls *nach* der Requantisierung angegeben (vgl.

Kapitel 14 Digitale Audiotechnik: Grundlagen

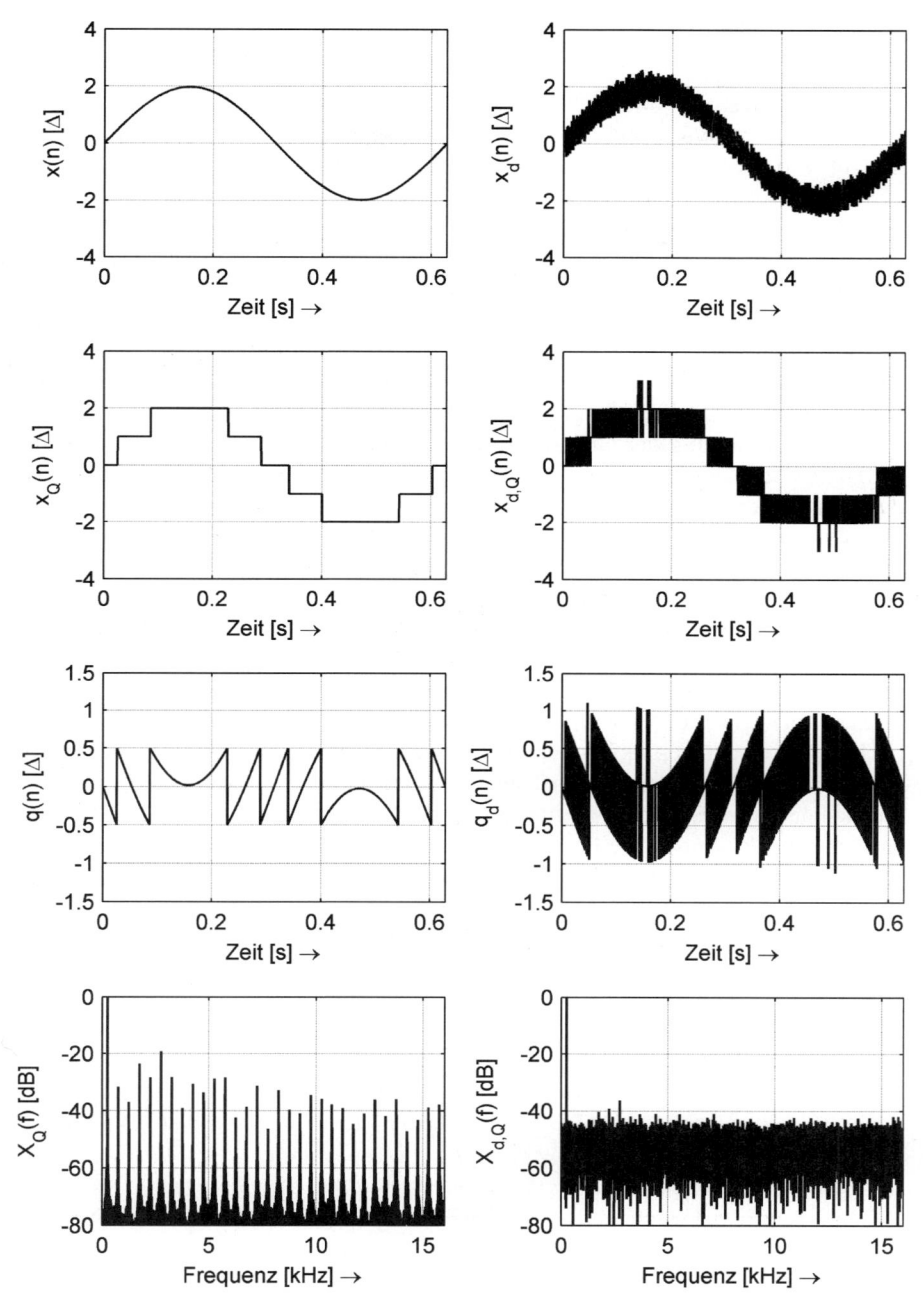

Abb. 14.12 Von oben nach unten: Eingangssignal, mit 3 bit Wortbreite quantisiertes Eingangssignal, Quantisierungsfehler, Spektrum des quantisierten Signals. Links: Ohne Dither. Rechts: Mit Dither

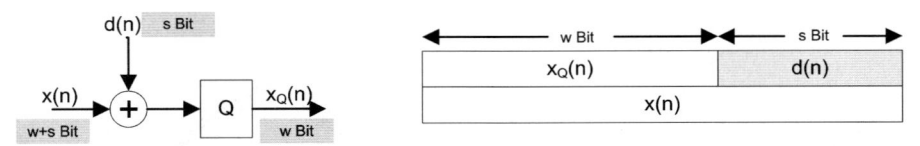

Abb. 14.13 Requantisierung mit Dithering durch eine Zufallsfolge $d(n)$

Abb. 14.14 und 14.17). Dies entspricht dem vom letzten Bit (Least Significant Bit, LSB) geschalteten Amplitudenintervall und wird daher auch in Einheiten von LSB angegeben.

Die ADV des verwendeten Ditherrauschens (s. Abb. 14.14) ist von grundlegender Bedeutung. So lassen sich durch ein Rauschen mit rechteckförmiger ADV zwar bei der Quantisierung auftretende Nichtlinearitäten beseitigen, allerdings tritt hierbei der unerwünschte Effekt einer sog. Rauschmodulation auf.

Die Linearisierung der Quantisierungskennlinie und die dabei auftretende Abhängigkeit der Rauschleistung von der Amplitude des Eingangssignals (Rauschmodulation) lassen sich am einfachsten anhand einer digitalen Requantisierung veranschaulichen. Abb. 14.15 zeigt die mittlere Ausgangsamplitude $g_m(V)$ und die mittlere Rauschamplitude $d_R(V)$ für ein von 20 bit- auf 16 bit Wortbreite konvertiertes (requantisiertes) Signal in Abhängigkeit von der Eingangsamplitude V. Der Dither bewirkt eine Linearisierung der Kennlinie: Die treppenförmige Kennlinie mit der Stufenhöhe Δ wird durch eine feinere Abstufung für den mittleren Ausgangswert $g_m(V)$ ersetzt. Links der Verlauf für ein mit 20 bit Wortbreite erzeugtes, rechteckförmig verteiltes Dithersignal, dessen Maximalamplitude der Hälfte des nach der Requantisierung erreichten Quantisierungsintervalls Q entspricht (vgl. Abb. 14.15). Als bipolares Rauschsignal mit positiven und negativen Amplituden hat es eine Spitze-Spitze-Amplitude von 1 LSB. Rechts der entsprechende Verlauf für ein dreieckförmig verteiltes Dithersignal mit 2 LSB Spitze-Spitze-Amplitude. Der Dither sorgt in beiden Fällen dafür, dass die mittlere Ausgangsamplitude $g_m(V)$ die ursprüngliche Auflösung von 20 bit (angezeigt durch eine Treppenkurve mit 16 Stufen innerhalb des neuen Quantisierungsintervalls Q) erhält. Obwohl das requan-

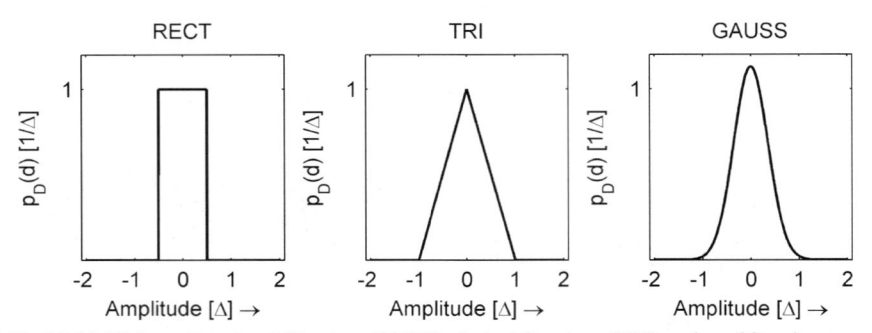

Abb. 14.14 Dither mit rechteckförmiger (RECT), dreieckförmiger (TRI) und gaußförmiger Amplitudendichteverteilung. Die beiden ersteren Verteilungsdichten lassen sich leicht durch digitale Zufallsfolgen erzeugen, analoge Rauschquellen erzeugen typischerweise eine gaußförmige Verteilung.

Kapitel 14 Digitale Audiotechnik: Grundlagen

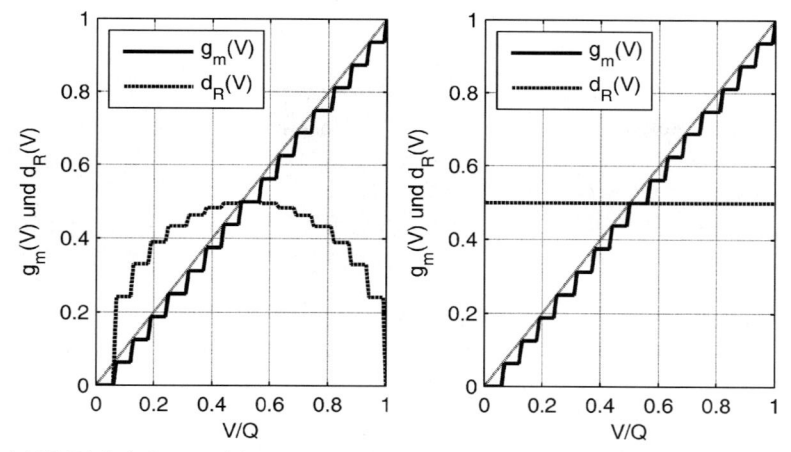

Abb. 14.15 Digitale Requantisierung mit bipolarem RECT Dither (links) und TRI Dither (rechts). Dargestellt ist der Verlauf des Erwartungswerts des requantisierten Signals (mittlerer Ausgangswert) $g_m(V)$ und die mittlere quadratische Abweichung (Varianz) von diesem Wert $d_R(V)$, jeweils über der Eingangsamplitude V innerhalb eines Quantisierungsintervalls Q.

tisierte Signal, bezogen auf ein Quantisierungsintervall Q nur noch die Werte 0 und 1 enthalten kann, entsprechen im zeitlichen bzw. statistischen Mittel die gedit herten und quantisierten Werte den ursprünglichen, höher aufgelösten Werten.

Der Unterschied der beiden Dither-Typen zeigt sich bei einer Betrachtung des nach der Requantisierung durch den Dither induzierten Rauschens. Es kann, wie bereits zu Beginn eingeführt, als Differenz von quantisiertem und unquantisiertem Signal behandelt werden. Für ein genau auf die Ecken der Quantisierungskennlinie fallendes Eingangssignal (in Abb. 14.15 bei $V = 0$ und $V = 1$) bewirkt ein rechteckförmig verteiltes Dithersignal im Bereich [–0,5 LSB;+0,5 LSB] keine zusätzlichen Quantisierungsübergänge, das gedit herte Signal wird immer auf den ursprünglichen Wert „zurückgerundet". Für Eingangsamplituden an den Rändern des Quantisierungsintervalls wird die durch den Dither eingeführte Rauschleistung durch die Requantisierung eliminiert und es tritt keinerlei Rauschen auf. Die Rauschleistung steigt bis zur Mitte des Quantisierungsintervalls an, wo bereits geringe Ditheramplituden zusätzliche Quantisierungsübergänge und damit zusätzliches Rauschen bewirken.

Diese Abhängigkeit der Rauschleistung am Ausgang des Quantisierers von der Amplitude des Eingangssignals wird als Rauschmodulation bezeichnet. Insbesondere bei geringen Signalamplituden, wo das Quantisierungsrauschen nicht generell durch das Nutzsignal maskiert wird, kann sie sich als „Pumpen" bemerkbar machen, wie eine vom Eingangssignal abwechselnd ein- und ausgeschaltete Rauschquelle. Geschieht dies schnell, wird dem Signal eine störende „Körnigkeit" oder „Granularität" hinzugefügt.

Der Effekt der Rauschmodulation lässt sich durch ein dreieckförmig verteiltes Dithersignal mit Amplituden im Bereich [–1 LSB; +1 LSB] vermeiden. Hier werden, unabhängig von der Amplitude des Eingangssignals, stets zusätzliche Quantisierungsübergänge erzeugt, die dreieckförmige Verteilung des Dithers garantiert

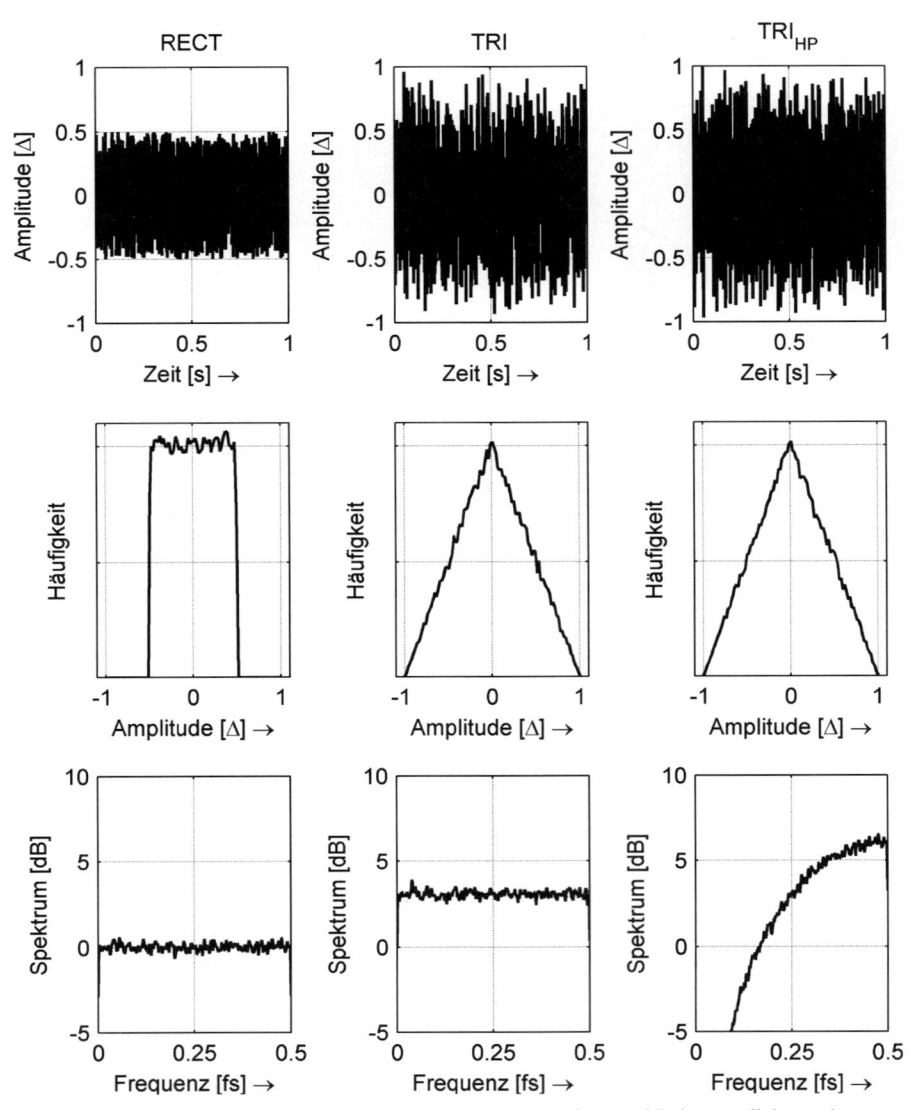

Abb. 14.16 Zeitverläufe (oben), Amplitudenverteilungen (Mitte) und Leistungsdichtespektren (unten, bezogen auf die Leistungsdichte des Quantisierungsfehlers) von gleichverteiltem Rauschen (links), dreieckförmig verteiltem Rauschen (Mitte) sowie hochpassgefiltertem dreieckförmig verteiltem Rauschen (rechts)

einen über die Amplitude konstanten Erwartungswert der durch den Dither induzierten Rauschleistung. Für eine mathematische Analyse s. (Zölzer 2005).

Das Dithersignal lässt sich auf digitaler Ebene durch einen Zufallszahlengenerator erzeugen. Durch Zufallszahlen mit gleichverteilter Amplitudenhäufigkeit $d(n)$ ergibt sich ein Signal mit rechteckförmiger Amplitudendichteverteilung d_{Rect} (Rectangular Dither). Durch Addition zweier unabhängiger, gleichverteilter Zahlenfolgen ergibt sich ein Signal mit dreieckförmiger ADV d_{Tri} (Triangular Dither). Bei einer Subtraktion aufeinanderfolgender Abtastwerte des erzeugten Rauschens erhält man ein hochpassgefiltertes Rauschsignal gleicher ADV, was in den meisten Fällen zu einer subjektiven Qualitätsverbesserung führt, da die Rauschleistung in einen Frequenzbereich verschoben wird, für den wir weniger empfindlich sind.

$$d_{\text{Rect}}(n) = d(n) \tag{14.5}$$

$$d_{\text{Tri}}(n) = d_1(n) + d_2(n) \tag{14.6}$$

$$d_{\text{HP}}(n) = d(n) - d(n-1) \tag{14.7}$$

Abb. 14.16 zeigt Zeitverläufe, Amplitudendichteverteilungen und Spektren von gleich- und dreieckförmig verteiltem Rauschen sowie dreieckförmig verteiltem hochpassgefiltertem Rauschen.

Die Verwendung unterschiedlicher Ditherformen führt zu unterschiedlichem Pegel des in das Signal eingefügten Rauschens. Der Rauschpegel von gleichförmig verteiltem RECT-Dither hat eine ADV, die dem Quantisierungsfehler selbst entspricht und dementsprechend eine Leistung von $\Delta^2/12$. Bei dreieckförmigem TRI-Dither addiert sich die Leistung zweier gleichverteilter Rauschsignale zu einer Gesamtleistung von $\Delta^2/6$. Entsprechend verringern sich die Signal-Rauschabstände für ein sinusförmiges Eingangssignal bei der (Re-)Quantisierung gegenüber (14.4) auf

$$\text{SNR}_{\text{Rect}} = 6.02 \cdot w + 1.76 - 3.0 \quad [\text{dB}] \tag{14.8}$$

$$\text{SNR}_{\text{Tri}} = 6.02 \cdot w + 1.76 - 4.76 \quad [\text{dB}] \tag{14.9}$$

Im Hinblick auf die Linearität der Quantisierungskennlinie bei gleichzeitig minimaler und vom Eingangspegel unabhängiger Rauschleistung (keine Rauschmodulation) erweist sich dreieckverteilter Dither mit einer Spitze-Spitze-Amplitude von 2 LSB (bezogen auf das neue Quantisierungsintervall) als optimal (Vanderkooy u. Lipshitz 1989, Lipshitz et al. 1992). Der Preis ist in diesem Fall ein um 4,76 dB reduzierter Signal-Rauschabstand gegenüber der Quantisierung ohne Dither.

Digitale Audioworkstations, die intern mit hoher Amplitudenauflösung wie 32-Bit-Fließkommadarstellung arbeiten, bieten meist die Möglichkeit, die Requantisierung auf ein Ausgabeformat von 16-Bit- oder 24-Bit-Festkomma-Darstellung mit verschiedenen Dither-Intensitäten und -Formen oder wahlweise mit einem Noise-Shaping-Algorithmus durchzuführen (Abb. 14.17, zu Noise-Shaping s. Abschn. 14.6).

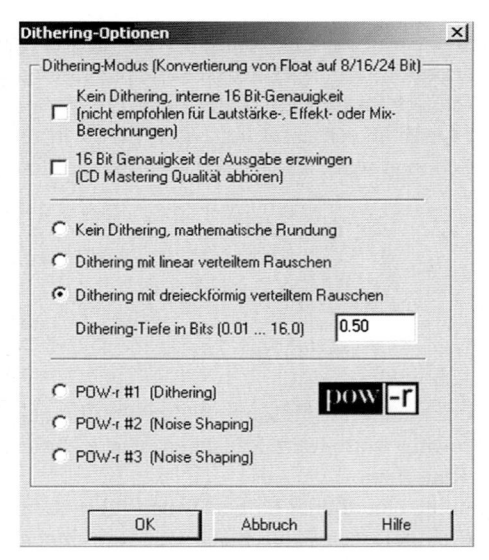

Abb. 14.17 Typische Dithering-Einstellung in einer digitalen Audioworkstation für die Requantisierung von interner 32-Bit-Fließkommadarstellung auf Festkommadarstellung mit reduzierter Auflösung von 8, 16 oder 24 Bit

14.4 Überabtastung

Um die Qualität einer Digitalisierung zu verbessern, wird oftmals mit sog. Überabtastung (Oversampling) gearbeitet. Überabtastung bedeutet, dass das Audiosignal zunächst mit einer höheren Frequenz abgetastet wird als nach dem Abtasttheorem erforderlich und anschließend auf die am Ausgang des Wandlers geforderte Abtastfrequenz konvertiert wird.

Es existieren zwei Gründe für diese Verfahrensweise. Der erste Grund ist die effiziente technische Realisierung: Um maximale Audiobandbreite bis nah an die halbe Abtastfrequenz ohne aufwändiges (weil steilflankiges) Antialiasingfilter realisieren zu können, wird die Abtastrate so hochgesetzt, dass ein einfaches Antialiasingfilter mit moderater Flankensteilheit ausreicht, um das Abtasttheorem zu erfüllen. Anschließend wird das Signal im digitalen Bereich tiefpassgefiltert, so dass es die Anforderungen des Abtasttheorems für die ursprünglich gewünschte Abtastfrequenz erfüllt.

Dieses Vorgehen hat einen erwünschten Nebeneffekt: der Signal-Rauschabstand kann verbessert werden. Das ist zunächst überraschend, da die Abtastrate im Grunde lediglich die Bandbreite des digitalisierten Signals beeinflusst, nicht den SNR. Zwei wichtige Eigenschaften des Quantisierungsrauschens helfen jedoch bei einer Erklärung:

- Die Gesamtleistung des Quantisierungsrauschens ist unabhängig von der Abtastfrequenz.

Kapitel 14 Digitale Audiotechnik: Grundlagen

- Das Quantisierungsrauschen ist näherungsweise weißes Rauschen, dessen Leistung über die gesamte Bandbreite des Signals gleichmäßig verteilt ist.

Wenn also die Gesamtleistung des Quantisierungsfehlers gleich bleibt, obwohl die Abtastfrequenz erhöht wird, dann wird bei Erhöhung der Abtastfrequenz die durchschnittliche Leistung des Fehlers in einem festen Frequenzbereich sinken, da die Gesamtleistung des Quantisierungsrauschens sich über einen größeren Frequenzbereich erstrecken kann. Wendet man anschließend das oben genannte digitale Antialiasingfilter an, so wird der Anteil des Quantisierungsrauschens über der endgültigen halben Abtastfrequenz „herausgefiltert", und der SNR steigt. Man gewinnt mit solchen Oversamplingverfahren pro Frequenzverdopplung ca. 3 dB Signal-Rauschabstand. Abb. 14.18 zeigt die Leistung des Quantisierungsfehlers im Normalfall und bei einem Oversamplingfaktor L, der sich aus dem Verhältnis von erhöhter zu gewünschter Abtastfrequenz bestimmt.

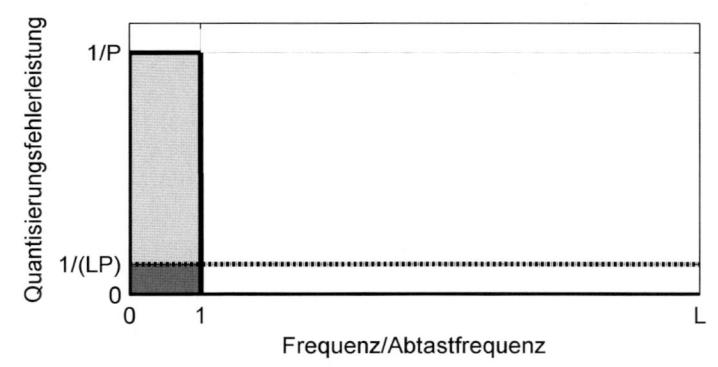

Abb. 14.18 Quantisierungsfehlerleistung ohne Oversampling (hellgrau) und nach L-fachem Oversampling (weiß) und Tiefpassfilterung (dunkelgrau)

Überabtastung kann auch im Zusammenhang mit nicht-linearen digitalen Effekten (wie beispielsweise Verzerrer oder Röhrenverstärkersimulationen) zur Vermeidung von Aliasingartefakten eingesetzt werden. Dabei wird das bandbegrenzte Eingangssignal auf eine höhere Abtastrate konvertiert, der nicht-lineare Effekt berechnet und anschließend das bearbeitete Signal nach einer Tiefpassfilterung zur Unterdrückung der entstandenen hohen Frequenzanteile zur ursprünglichen Abtastrate zurückkonvertiert.

14.5 Noise-Shaping

Noise-Shaping ist wie das Dithering eine Methode, um die Qualität eines Wandlers oder einer Wortbreitenreduzierung zu erhöhen. Der Quantisierungsfehler, der bei normaler Quantisierung näherungsweise ein weißes Spektrum hat, wird dabei spektral geformt. Idealerweise wird die Rauschleistung von Frequenzbereichen hoher

Gehörempfindlichkeit (2–4 kHz) in Bereiche geringerer Empfindlichkeit verschoben (zumeist hohe Frequenzbereiche). Diese Frequenzverschiebung wird durch eine Rückkopplung (und Filterung) des Quantisierungsfehlers erreicht. Je nachdem, wie viele Koeffizienten das Filter für diese Rückkopplung hat, spricht man von Noise-Shaping verschiedener Ordnungen.

Im Fall von Noise-Shaping 1. Ordnung (Abb. 14.19) wird der Quantisierungsfehler festgestellt und vom darauffolgenden Sample subtrahiert, es handelt sich also um eine einfache Rückkopplung ohne spezielle Filterung des Quantisierungsfehlers. Durch die Rückkopplung entsteht eine Verschiebung des Quantisierungsfehlers hin zu höheren Frequenzen.

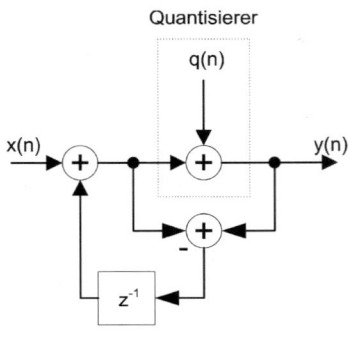

Abb. 14.19 Noise-Shaping 1. Ordnung

Diese Spektralformung kann durch analoge Schaltung ebenso wie durch ein digitales Filter erreicht werden. Im zeitdiskreten Fall ist jeder Ausgangswert $y(n)$ die quantisierte Differenz von aktuellem Eingangswert $x(n)$ und vorhergehendem Quantisierungsfehler $q(n)$. Dadurch ergibt sich ein Filter mit der Differenzengleichung

$$\begin{aligned} y(n) &= \left[x(n) - q(n-1) \right]_Q \\ &= x(n) - q(n-1) + q(n) \end{aligned} \quad (14.10)$$

Die Übertragungsfunktion lässt sich aus der Differenzengleichung mit Hilfe der sog. z-Transformation bestimmen. Mit dieser ergibt sich im z-Bereich die Gleichung

$$\begin{aligned} Y(z) &= X(z) - z^{-1} \cdot Q(z) + Q(z) \\ &= X(z) + (1 - z^{-1}) \cdot Q(z) \end{aligned} \quad (14.11)$$

Das Ausgangssignal $Y(z)$ entspricht also dem unveränderten Eingangssignal $X(z)$ und einem mit dem Faktor $(1-z^{-1})$ gewichteten Quantisierungsrauschen $Q(z)$. Der Faktor $1-z^{-1}$ wird daher als Rauschübertragungsfunktion $H_Q(z)$ bezeichnet. Der Betragsfrequenzgang dieser Übertragungsfunktion besitzt einen sinusförmigen Verlauf und bewirkt eine spektrale Formung des Quantisierungsrauschens, die Anteile unterhalb von $f_S/6$ dämpft und Anteile oberhalb von $f_S/6$ verstärkt (Abb. 14.20).

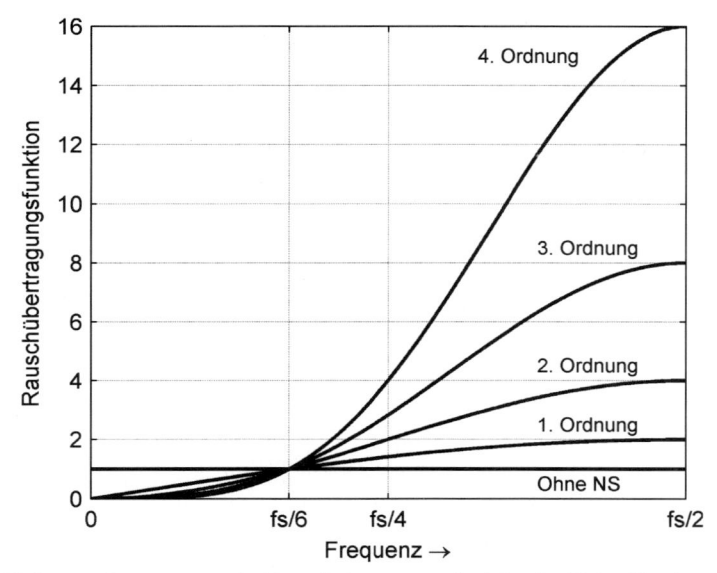

Abb. 14.20 Betragsfrequenzgang der Rauschübertragungsfunktion für Noise-Shaping verschiedener Ordnungen

Wird das einzelne Verzögerungsglied im Rückkopplungszweig durch eine kompliziertere Funktion ersetzt, so erhält man Noise-Shaping höherer Ordnungen. Im einfachsten Fall handelt es sich bei höherer Ordnung ebenfalls um ein Hochpassfilter, dessen Steilheit mit der Ordnung zunimmt. Abb. 14.20 zeigt für diesen Fall die Betragsfrequenzgänge der Rauschübertragungsfunktion für Noise-Shaping erster bis vierter Ordnung.

Bei höheren Ordnungen lassen sich auch andere Rauschübertragungsfunktionen bilden, die komplexere spektrale Verschiebungen des Quantisierungsfehlers ermöglichen; auf diese Weise ist die unterschiedliche Gewichtung verschiedener Frequenzbereiche denkbar. Manche Systeme formen beispielsweise die Rauschübertragungsfunktion so, dass sie die frequenzabhängige Empfindlichkeit des menschlichen Gehörs nachbildet (Gerzon u. Craven 1989, Wannamaker 1992).

Noise-Shaping wird meistens in Zusammenhang mit Dither verwendet (vgl. Abb. 14.17), um den Quantisierungsfehler spektral zu formen und um insbesondere bei überabgetasteten Systemen einen höheren Signal-Rauschabstand zu erreichen (s. Abschn. 14.6).

14.6 Delta-Sigma-Modulation

Bei der Delta-Sigma-Modulation wird der entstehende Quantisierungsfehler wie beim Noise-Shaping spektral geformt. Dies geschieht durch Integrierung der Differenz zwischen Eingangssignal und quantisiertem Signal. Das Modell eines Delta-Sigma-Modulators 1. Ordnung ist in Abb. 14.21 dargestellt.

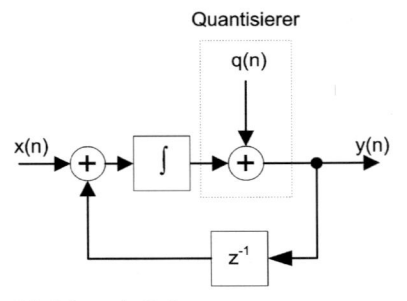

Abb. 14.21 Delta-Sigma Modulator 1. Ordnung

Die Übertragungsfunktion lässt sich in Abhängigkeit von der Übertragungsfunktion des Integrierers $H(z)$ wie folgt bestimmen:

$$Y(z) = \left(X(z) - z^{-1} \cdot Y(z)\right) \cdot H(z) + Q(z)$$

$$= \underbrace{\frac{H(z)}{1 + z^{-1} \cdot H(z)}}_{\text{Signal-Übertragungsfunktion}} \cdot X(z) + \underbrace{\frac{1}{1 + z^{-1} \cdot H(z)}}_{\text{Rausch-Übertragungsfunktion}} \cdot Q(z) \qquad (14.12)$$

Für einen Integrierer mit der Übertragungsfunktion:

$$H(z) = \frac{1}{1 - z^{-1}} \qquad (14.13)$$

ergibt sich für die Signalübertragungsfunktion $H_X(z) = 1$ und für die auf das Quantisierungsrauschen wirkende Rauschübertragungsfunktion $H_Q(z) = 1 - z^{-1}$. Diese Rauschübertragungsfunktion entspricht einem Noise-Shaping 1. Ordnung (vgl. Abb. 14.20).

Die Güte eines Delta-Sigma-Modulators lässt sich direkt durch den Oversamplingfaktor und die Art bzw. Ordnung des Noise-Shaping beeinflussen. Je größer der Oversamplingfaktor ist, desto mehr Signal-Rauschabstand kann erzielt werden, da mehr Anteile des Quantisierungsfehlers in nicht verwendete Frequenzbereiche verschoben werden. Da der Quantisierungsfehler spektral geformt ist, beträgt der SNR-Gewinn schon im Falle des Delta-Sigma-Modulators 1. Ordnung nicht nur wie beim „einfachen" Oversampling 3 dB (vgl. Abschn. 14.5), sondern 9 dB pro Verdopplung des Oversamplingfaktors.

Delta-Sigma-Modulatoren höherer Ordnung zeichnen sich durch stärkere Filterung des Quantisierungsrauschens aus. Die Rauschübertragungsfunktion eines einfachen Delta-Sigma-Modulators der Ordnung n ist $H_Q(z) = (1-z^{-1})^n$ (vgl. Abb. 14.20).

Durch die veränderte Übertragungsfunktion in Abhängigkeit der Ordnung n ändert sich auch der Einfluss des Oversampling auf den Signal-Rauschabstand:

$$\text{SNR} = 6.02 \cdot w + (2n+1) \cdot 10\log(L) + \text{const}(n) \quad [\text{dB}] \tag{14.14}$$

Abb. 14.22 veranschaulicht den SNR-Gewinn in Abhängigkeit vom Oversamplingfaktor L.

Wie beim Noise-Shaping, verwenden Delta-Sigma-Modulatoren höherer Ordnung oftmals nicht eine einfache hochpassartige Rauschübertragungsfunktion, sondern formen die Quantisierungsfehlerleistung zum Beispiel mit einer hörschwellenähnlich verlaufenden Übertragungsfunktion.

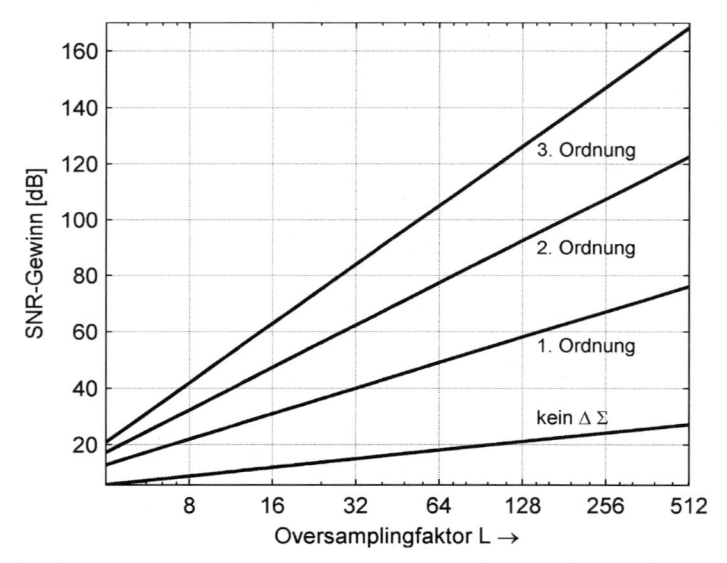

Abb. 14.22 SNR-Gewinn durch verschiedene Oversamplingfaktoren für Delta-Sigma-Modulatoren der 0. bis 3. Ordnung

14.7 Zahlendarstellung und Zahlenformat

Zur Speicherung und Verarbeitung von digitalen Werten gibt es zwei grundsätzliche Formate, das Festkomma- und das Fließkomma-Format. Beim Festkomma-Format ist der Abstand einer Zahl zur nächsthöheren gleichbleibend, während er beim Fließkomma-Format mit dem Zahlenwert zunimmt. Bei der Speicherung und Übertragung von Audiosignalen wird überwiegend das Festkomma-Format eingesetzt, bei der Bearbeitung setzt sich das Fließkomma-Format immer stärker durch.

14.7.1 Festkomma-Format

Im Audiobereich erfolgt die Darstellung von Festkomma-Zahlen in der Regel in der sogenannten Zweier-Komplement-Darstellung. Normiert man die darzustellende Zahlenmenge auf den Bereich [−1,1], so stellt die erste Hälfte der Binärwerte bei einer Wortbreite w den Zahlenbereich 0 bis $1-2^{-(w-1)}$ dar, die folgenden Binärwerte den Zahlenbereich −1 bis $-2^{-(w-1)}$. Abb. 14.23 zeigt die Zuordnung der quantisierten Amplitudenwerte zu Binärwerten der Zweier-Komplement-Darstellung im Fall einer Wortbreite w von 4 bit. Das links notierte Bit b_{w-1} ist das Vorzeichenbit und somit das wichtigste, *Most Significant Bit* (MSB). Veränderungen im rechts notierten Bit b_0 beeinflussen den Wert am geringsten, daher handelt es sich hier um das *Least Significant Bit* (LSB).

Als Alternative zur Zweier-Komplement-Darstellung wird in seltenen Fällen auch eine vorzeichenlose Darstellung gewählt. Tabelle 14.2 zeigt beide Darstellungen im Vergleich. Statt der Normierung des Zahlenbereichs auf −1 bis 1 ist manchmal auch die Darstellung 0 bis $2^{w-1}-1$ und von -2^{w-1} bis −1 (vorzeichenbehaftet) respektive von 0 bis 2^w-1 (ohne Vorzeichen) üblich.

Tabelle 14.2 Festkomma-Darstellung mit Bitzuweisung und Wertebereich

Format	Bitzuweisung	Wertebereich
Zweier-Komplement	$x_Q = -b_{w-1} + \sum_{i=0}^{w-2} b_i 2^{-(w-i-1)}$	$-1 \leq x_Q \leq 1-2^{-(w-1)}$
Dualzahl ohne Vorzeichen	$x_Q = \sum_{i=0}^{w-1} b_i 2^{-(w-1)}$	$0 \leq x_Q \leq 1-2^{-w}$

14.7.2 Fließkomma-Format

Werte im Fließkomma-Format haben die Form

$$x_Q = M_G \cdot 2^{E_G} \qquad (14.15)$$

Dabei ist

- M_G: Normalisierte Mantisse mit $0.5 \leq M_G < 1$
- E_G: Exponent

Durch die Normalisierung der Mantisse wird eine Mehrdeutigkeit vermieden, die sich daraus ergibt, dass etwa 2^4 und 4^2 auf denselben Zahlenwert führen. Das genormte Standardformat *32 Bit Single Precision* nach IEEE 754 benutzt folgende Aufteilung:

Kapitel 14 Digitale Audiotechnik: Grundlagen

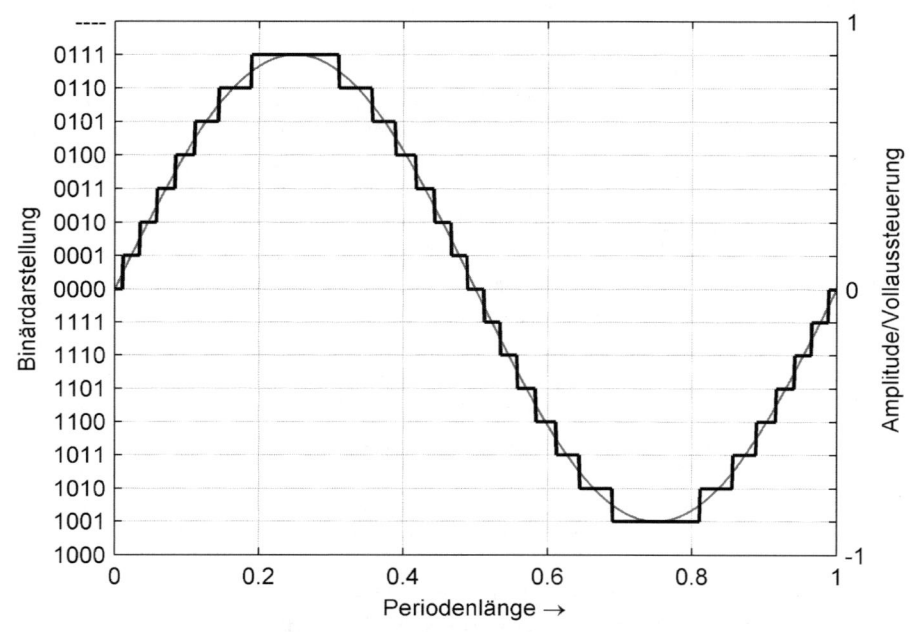

Abb. 14.23 Zuweisung von Amplitudenwerten zur Zweier-Komplement-Darstellung für eine 4-Bit-Quantisierung

Tabelle 14.3 Bitzuweisung in der Fließkomma-Darstellung

Vorzeichen (Bit 31)	Exponent E_G (Bits 30–23)	Mantisse M_G (Bits 22–0)
s	$e_7...e_0$	$m_{22}...m_0$

Der Exponent E_G wird mit 8 Bit dargestellt und ist eine ganze Zahl zwischen −126 und +127. Die Mantisse M_G wird mit einer Wortbreite von 23 Bit dargestellt und bildet eine fraktionale Darstellung im Festkomma-Format. Das Fließkommaformat hat die Eigenschaft, dass ein großer Exponent auch zu größeren Quantisierungsschritten führt. Somit werden die Quantisierungsstufen mit abnehmenden Exponenten kleiner. Im IEEE-Format gelten folgende Sonderfälle:

Tabelle 14.4 Sonderfälle bei der Fließkomma-Darstellung

Typ	Exponent	Mantisse	Zahlenwert
normal	$1 \leq E_G \leq 254$	beliebig	$(-1)^s (0.m) 2^{E_G - 127}$
NAN (not a number)	255	$\neq 0$	–
Infinity	255	0	∞
Zero	0	0	0

14.7.3 Anwendungsbereiche

Im Audiobereich lässt sich weder eine grundsätzliche Bevorzugung des Fest- noch des Fließkommazahlenformats feststellen. Qualitative Unterschiede lassen sich in fast allen Fällen eher auf die verwendeten Bearbeitungsalgorithmen zurückführen als auf das verwendete Zahlenformat.

Das Festkommaformat erfordert tendenziell einen höheren Entwicklungsaufwand, bietet allerdings im DSP-Bereich (Digitale Signalprozessoren) den Vorteil günstigerer Preise und oftmals einer geringeren Leistungsaufnahme. Dies führt dazu, dass Hardwaregeräte wie Audioeffekte oder portable Devices wie MP3-Player häufig auf Festkommaprozessoren basieren. Bei der Musikbearbeitung im Festkommaformat werden zumeist Wortbreiten von 32 bit oder 48 bit verwendet.

Zur nativen Audiobearbeitung auf dem Computer oder der Workstation wird nahezu ausschließlich das Fließkommaformat verwendet, lediglich für die Speicherung in Dateien wird meistens noch das Festkommaformat verwendet. Der Grund hierfür sind die leistungsfähigen Fließkommaeinheiten moderner Prozessoren, aber auch der in vielen Fällen schnellere Entwicklungszyklus. In den letzten Jahren erscheinen vermehrt Applikationen auf dem Markt, die intern mit Fließkommazahlen einer Auflösung von 64 bit oder 80 bit arbeiten. Insbesondere im Bereich des Mischbusses kann eine solche Erhöhung der Auflösung in bestimmten Fällen eine Verbesserung des erzielten SNR zur Folge haben, z. B bei der Addition von Fließkommazahlen sehr unterschiedlicher Aussteuerung.

Normen und Standards

IEEE 754:1985   Standard for Binary Floating-Point Arithmetic for microprocessor systems

Literatur

Gerzon MA, Craven PG (1989) Optimal Noise Shaping and Dither of Digital Signals. 87th AES Convention, New York, Preprint 2822

Lipshitz SP, Wannamaker RA, Vanderkooy J (1992) Quantization and Dither: A Theoretical Survey. J Audio Eng Soc 40/5:355–375

Nyquist H (1929) Certain Topics in Telegraph Transmission Theory.Trans Amer Inst Elect Eng 47:617–644, Nachdruck in: Proc IEEE 90/2 (Feb. 2002)

Shannon CE (1949) Communication in the Presence of Noise. Proc IRE 37/1, Nachdruck in: Proc IEEE 86/2 (Feb. 1998)

Vanderkooy J, Lipshitz SP (1989) Digital Dither: Signal Processing with Resolution Far below the Least Significant Bit. AES Int Conference on Audio in Digital Times, S 87–96

Wannamaker RA (1992) Psychoacoustically Optimal Noise Shaping. J Audio Eng Soc 40/7/8:611–620

Widrow B (1961) Statistical Analysis of Amplitude-Quantized Sampled-Data Systems. Trans AIEE II 79:555–568

Zölzer U (2005) Digitale Audiosignalverarbeitung. 3. Aufl, Teubner, Stuttgart

Kapitel 15
Signalverarbeitung, Filter und Effekte

Udo Zölzer

15.1 Grundlagen der digitalen Signalverarbeitung 814
    15.1.1 Abtastung und Rekonstruktion 814
    15.1.2 Grundlegende Rechenoperationen 815
    15.1.3 Digitales System, Impulsantwort und
            zeitdiskrete Faltungssumme............................. 817
    15.1.4 Spektrum eines digitalen Signals........................ 819
    15.1.5 Frequenzgang eines digitalen Systems 820
    15.1.6 Schnelle Fourier-Transformation
            (Fast Fourier Transformation, FFT)....................... 822
    15.1.7 Übertragungsverhalten eines Systems
            im Zeit- und Frequenzbereich 822
15.2 Digitale Filter 823
    15.2.1 FIR-Filter.. 824
    15.2.2 IIR-Filter 827
    15.2.3 Anwendungen 829
15.3 Audio-Effekte 830
    15.3.1 Filter und Laufzeitverzögerungen 831
    15.3.2 Tremolo und Vibrato 839
    15.3.3 Chorus, Flanger und Phaser............................. 840
    15.3.4 Dynamiksteuerung..................................... 842
    15.3.5 Tonhöhenverschiebung und Zeitskalierung................ 843
    15.3.6 Raumsimulation....................................... 846
Literatur.. 848

In diesem Kapitel werden die Grundlagen der digitalen Signalverarbeitung, eine Einführung in digitale Filter und daran anschließend digitale Audio-Effekte vorgestellt. Hierzu wird eine einfache mathematische Formulierung eingeführt, die auf Algorithmen im Zeitbereich beruht. Die äquivalente Betrachtung dieser Algorithmen im Frequenzbereich wird durch Nutzung der zeitdiskreten Fourier-Transformation möglich.

15.1 Grundlagen der digitalen Signalverarbeitung

Zunächst werden die Grundlagen für die Abtastung eines Signals, die digitale Signalverarbeitung und die Rekonstruktion des verarbeiteten Signals kurz eingeführt. Wichtige erläuterte Begriffe sind hierbei das analoge Signal $x(t)$, das digitale Signal $x(n)$, das digitale System und dessen Impulsantwort $h(n)$, die zeitdiskrete Faltungssumme, das Spektrum eines digitalen Signals, der Betragsfrequenzgang und der Phasengang eines digitalen Systems.

15.1.1 Abtastung und Rekonstruktion

In Abb. 15.1 ist die Abtastung, die digitale Signalverarbeitung (DSV) und die Rekonstruktion eines Audiosignals dargestellt. Ein Analog/Digital-Umsetzer (A/D-Converter) tastet das Audiosignal $x(t)$ ab und quantisiert die Abtastwerte in ein digitales Signal $x(n)$. Die Abtastfrequenz f_A muss hierbei mindestens der doppelten Bandbreite des Audiosignals (B = 20 kHz, also f_A > 40 kHz) entsprechen. Bei einer w-bit-Quantisierung der Abtastwerte $x(n)$ können insgesamt 2^w Amplitudenwerte dargestellt werden (für w = 16 bit folgt $2^{16} = 2 \cdot 2^{15} = 2 \cdot 32768$ mögliche Amplitudenstufen). Ein Bit der w-bit-Darstellung wird zur Kodierung des positiven oder negativen Vorzeichens des Amplitudenwertes genutzt, so dass $2^{(w-1)}$ Zahlenwerte für die positiven oder negativen Amplitudenwerte zur Verfügung stehen. Die Darstellung der Amplitude durch eine endliche w-bit Zahl liegt somit im Intervall $-2^{(w-1)} \leq x(n) \leq 2^{(w-1)} - 1$. Für eine 16-Bit-Zahl liegt der Abtastwert also im Inter-

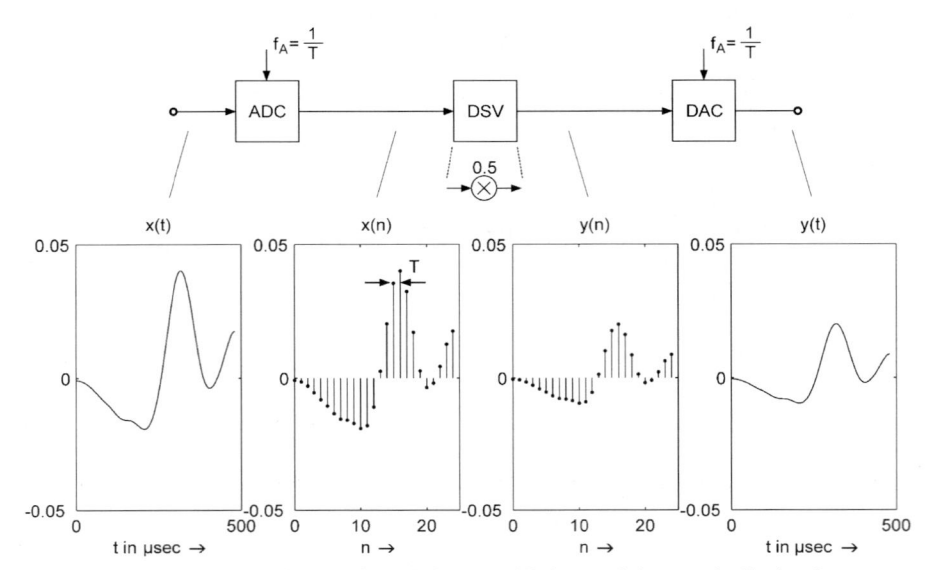

Abb. 15.1 Abtastung, digitale Signalverarbeitung und Rekonstruktion von Audiosignalen

vall $-32768 \leq x(n) \leq 32767$. Durch eine Normierung der Abtastwerte $x[n]$ auf die Zahl $2^{(w-1)}$ ergeben sich Abtastwerte $x(n)$ im Wertebereich $-1 \leq x(n) \leq 1-2^{(1-w)}$. Das digitale Signal $x(n)$ mit der diskreten Zeitvariablen n repräsentiert das analoge Audiosignal $x(t)$ durch Abtastwerte zu ganzzahligen Zeitpunkten, die im Abstand des Abtastintervalls $T = 1/f_A$ abgetastet und quantisiert werden. Die digitale Signalverarbeitung nutzt nun grundlegende Rechenoperationen mit dem Eingangssignal $x(n)$ und liefert somit das Ausgangssignal $y(n)$ (s. Abb. 15.1: $y(n) = 0,5 \cdot x(n)$). Die Rekonstruktion eines analogen Ausgangssignals $y(t)$ aus dem digitalen Signal $y(n)$ wird mit einem Digital/Analog-Umsetzer (D/A-Converter) mit der Abtastfrequenz f_A durchgeführt (Abb. 15.1).

15.1.2 Grundlegende Rechenoperationen

Die **digitale Signalverarbeitung** der Abtastwerte des Eingangssignals $x(n)$ im Zeitbereich besteht aus drei Grundoperationen:

1. Die **Gewichtung eines Signals** mit einem Faktor a liefert das Ausgangssignal $y(n) = a \cdot x(n)$. Jeder Abtastwert des Signals $x(n)$ wird mit dem Faktor a multipliziert. Wenn nur ein Abtastwert mit der Amplitude 1 zum Zeitpunkt $n = 0$ vorhanden ist, also $x(0) = 1$, gibt es auch nur zum Zeitpunkt $n = 0$ für $y(0) = a \cdot x(0)$ einen Ausgangswert des Ausgangssignals (s. Beispiel in Abb. 15.2).

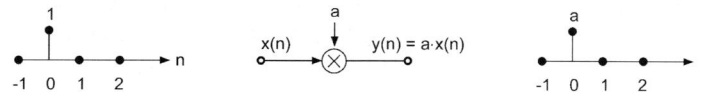

Abb. 15.2 Gewichtung eines zeitdiskreten Signals $x(n)$ mit dem Faktor a

2. Die **Summation von gewichteten Signalen** (s. Abb. 15.3) liefert das Ausgangssignal $y(n) = a_1 \cdot x_1(n) + a_2 \cdot x_2(n)$. Die Signale $x_1(n)$ und $x_2(n)$ bestehen bei dem gegebenen Beispiel nur aus zwei aufeinanderfolgenden Abtastwerten zu den Zeitpunkten $n = 0$ und $n = 1$. Die Summation wird zu jedem Zeitpunkt n ausgeführt und ergibt somit zu jedem Zeitpunkt die Addition des Abtastwertes des einen Signals zu dem Abtastwert des anderen Signals zu diesem Zeitpunkt.

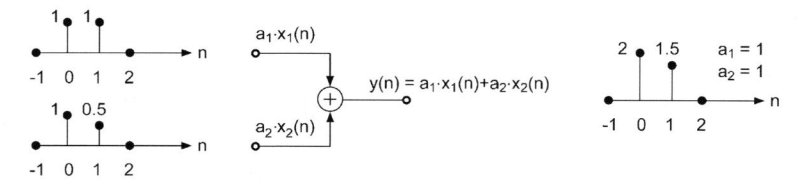

Abb. 15.3 Summation von gewichteten Signalen

3. Die **Verzögerung eines Signals um M ganzzahlige Abtasttakte** (s. Abb. 15.4) liefert das Ausgangssignal $y(n) = x(n - M)$. Hierzu werden M Abtastwerte des Eingangssignals in einer sequentiellen Speicherkette mit M Speicherstellen abgelegt und bei einem neuen Eingangsabtastwert werden alle Speicherinhalte einmal nach rechts um einen Abtasttakt weiter verschoben. Der Abgriff der M-ten Speicherstelle entspricht dem um M Abtastwerte verschobenen Signal $y(n) = x(n - M)$. Die Verschiebung um einen Abtasttakt bedeutet die Verschiebung des Signals um $T = 1/f_A$. Eine Verschiebung um M Takte sorgt somit für eine Verzögerung um $M \cdot T$.

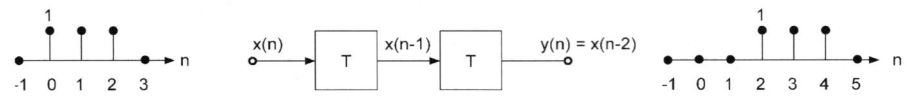

Abb. 15.4 Verzögerung des Signals $x(n)$

Diese drei Grundoperationen lassen sich zu komplexeren Algorithmen (Rechenvorschriften) verknüpfen. Die Kombination von Verzögerungen und gewichteten Summationen von Abtastwerten des Eingangssignals $x(n)$ wird als **Filteroperation** bezeichnet. Abb. 15.5 zeigt eine solche Filteroperation oder Filterung in Form einer einfachen Mittelwertbildung von drei Abtastwerten, dem aktuellen Abtastwert $x(n)$ und den beiden vorhergehenden Abtastwerten $x(n - 1)$ und $x(n - 2)$. Wenn das Eingangssignal wieder nur aus einem einzigen Abtastwert zum Zeitpunkt $n = 0$ besteht, wird dieser Abtastwert mit jedem neuen Takt durch die Verzögerungskette geschoben und liefert das in Abb. 15.5 dargestellte Ausgangssignal $y(n)$. Eine grafische Darstellung eines Algorithmus, wie z. B. $y(n) = 1/3 \cdot x(n) + 1/3 \cdot x(n - 1) + 1/3 \cdot x(n - 2)$ in Abb. 15.5, wird als Signalflussgraph oder als Blockschaltbild bezeichnet.

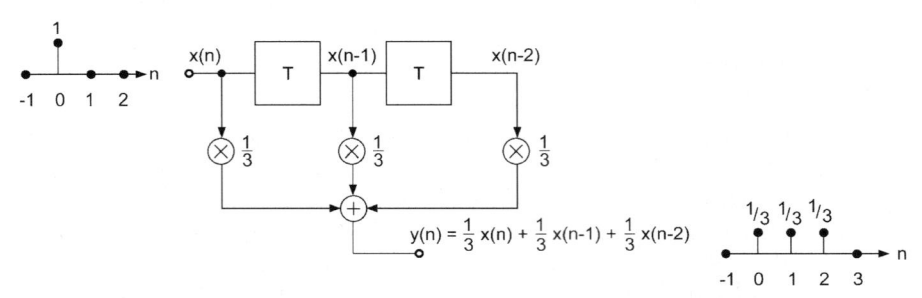

Abb. 15.5 Einfache Mittelwertbildung von drei Abtastwerten des Eingangssignals

Kapitel 15 Signalverarbeitung, Filter und Effekte

15.1.3 Digitales System, Impulsantwort und zeitdiskrete Faltungssumme

Erweitert man die Verzögerungskette aus Abb. 15.5 auf N Speicher, so lässt sich das Ausgangssignal mit

$$y(n) = \sum_{k=0}^{N-1} h(k)x(n-k) \tag{15.1}$$

berechnen und als Blockschaltbild in Abb. 15.6 beschreiben, wobei $h_k = h(k)$ ist. Hierbei werden die Abtastwerte des Eingangssignals $x(n)$, $x(n-1)$, $x(n-2)$, ..., $x(n-N+1)$ mit den zugehörigen Gewichtungsfaktoren $h(0), h(1), h(2), ..., h(N-1)$ multipliziert und alle Produktterme aufsummiert.

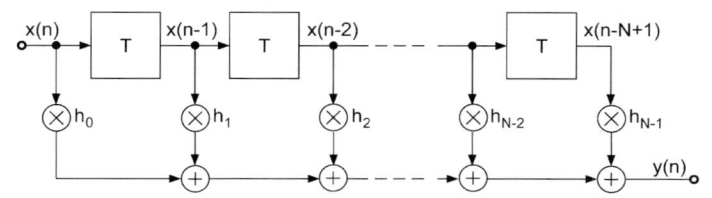

Abb. 15.6 Filterung eines Signals durch Verzögerung und gewichtete Summation

Die Abbildung eines Eingangssignals $x(n)$ in ein Ausgangssignal $y(n)$ mit Hilfe eines Rechenalgorithmus, der das Ausgangssignal $y(n)$ aus dem Eingangssignal $x(n)$ mit Hilfe der oben genannten Grundoperationen berechnet, wird als **digitales System** bezeichnet. Ein digitales System (der Rechenalgorithmus) lässt sich mit Hilfe der Gewichtungsfaktoren $h(n)$, $n = 0,1,...N-1$ exakt beschreiben. Diese Gewichtungsfaktoren werden auch als Koeffizienten $h(n)$ bezeichnet und stellen die Impulsantwort des Systems dar. Zur Messung der Impulsantwort eines Systems wird der sog. Einheitsimpuls $x(n) = \delta(n)$, der nur für $n = 0$ den Wert 1 hat und für alle anderen $n \neq 0$ gleich Null ist (s. Abb. 15.7), auf das System gegeben. Das Ausgangssignal $y(n)$ ist dann gleich der Impulsantwort des Systems $h(n)$. Die Impulsantwort des Systems entspricht also der Antwort des Systems auf den Einheitsimpuls am Eingang des Systems.

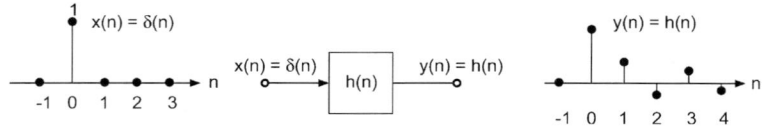

Abb. 15.7 Impulsantwort eines Systems $h(n)$ ist die Antwort des Systems auf die Erregung des Systems mit einem Einheitsimpuls $\delta(n)$

Mit Hilfe geeigneter Messtechnik lassen sich die Impulsantworten von realen akustischen Systemen (Lautsprecher, Mikrofon, akustische Räume) und elektrischen Systemen (Verstärker- oder Equalizer-Schaltungen) erfassen und in Form von digitalen Abtastwerten der Impulsantworten abspeichern (s. Abb. 15.8). Die Länge der Impulsantwort hängt vom Ein- und Ausschwingverhalten des Systems bei einer Erregung mit einem Einheitsimpuls ab. Systeme mit kurzen Impulsantworten sind Mikrofone, Lautsprecher, Verstärker- und Equalizer-Schaltungen, während Impulsantworten von realen Räumen entsprechend der Geometrie und dem Absorbtionsverhalten sehr lang sein können.

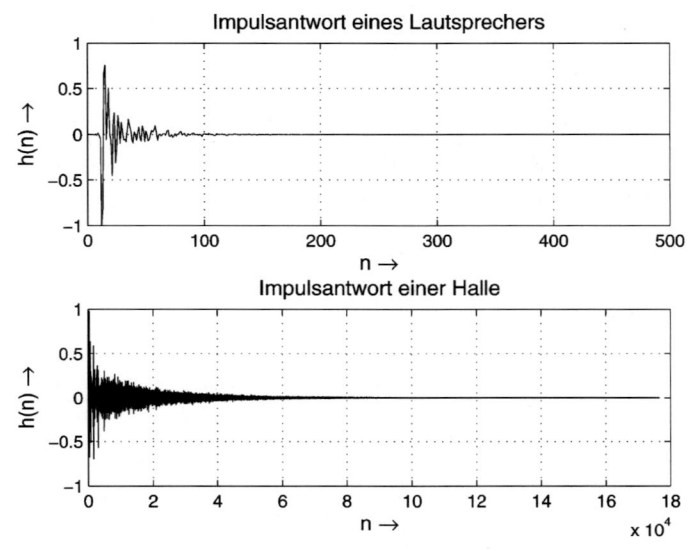

Abb. 15.8 Impulsantworten eines Lautsprechers (max. 200 relevante Abtastwerte der Impulsantwort, Zeitdauer $200 \cdot T = 4$ ms) und einer Halle (Zeitdauer ca $160.000 \cdot T = 4$ s)

Der Zusammenhang zwischen Ausgangssignal $y(n)$ und Eingangssignal $x(n)$ lässt sich bei Kenntnis der Impulsantwort $h(n)$ des Systems (N ist die Anzahl der Abtastwerte der Impulsantwort = Länge der Impulsantwort) durch die zeitdiskrete Faltungssumme

$$y(n) = x(n) * h(n) = \sum_{k=0}^{N-1} h(k)x(n-k) \tag{15.2}$$

beschreiben, welche die Abtastwerte der Impulsantwort $h(0), h(1),..., h(N-1)$ des digitalen Systems und die Abtastwerte des Eingangssignals $x(n), x(n-1),..., x(n-N+1)$ enthält. Der Begriff *Faltung* hängt mit der Rückwärtszählung der Abtastwerte des Eingangssignals zusammen, welches einer Spiegelung bzw. Faltung dieser Abtastwerte in die Verzögerungsspeicher darstellt (s. Abb. 15.6). Als abkürzende Schreibweise für die zeitdiskrete Faltungssumme wird die Form $y(n) = x(n) * h(n)$ genutzt, die in Kurzform die Filterung des Eingangssignals $x(n)$ durch das System mit der Impulsantwort $h(n)$ beschreibt. Wenn die Länge N der Impulsantwort $h(n)$ einen endlichen Wert (z. B. $N = 1024$) hat, bezeichnet man das System als FIR-System (Finite Impulse Response), also ein System mit endlicher Impulsantwort. Wenn die Länge N der Impulsantwort $h(n)$ gegen Unendlich ($N \to \infty$) geht, bezeichnet man das System als IIR-System (Infinite Impulse Response) – ein System mit unendlich langer Impulsantwort.

15.1.4 Spektrum eines digitalen Signals

Neben der Betrachtung der Signale im Zeitbereich in Form des Eingangssignals $x(n)$, des Ausgangssignals $y(n)$ und der Impulsantwort $h(n)$ eines Systems (des Algorithmus) können die Spektren der Signale $x(n)$ und $y(n)$ und der sog. *Amplitudengang* und *Phasengang* der Impulsantwort $h(n)$ des digitalen Systems äquivalent betrachtet werden. Zur Berechnung des Spektrums $X(f)$ eines digitalen Signals $x(n)$ wird die zeitdiskrete Fourier-Transformation

$$X(f) = \sum_{n=0}^{N-1} x(n) \mathrm{e}^{-\mathrm{j}2\pi n f / f_\mathrm{A}} = X_\mathrm{R}(f) + \mathrm{j}X_\mathrm{I}(f) \tag{15.3}$$

berechnet. Aufgrund der komplexwertigen Exponentialfunktion $\mathrm{e}^{-\mathrm{j}2\pi nf/f_\mathrm{A}} = \cos(2\pi nf/f_\mathrm{A}) - \mathrm{j}\sin(2\pi nf/f_\mathrm{A})$ hat das Spektrum einen Realteil $X_\mathrm{R}(f)$, und einen Imaginärteil $X_\mathrm{I}(f)$, woraus das Betragsspektrum

$$|X(f)| = \sqrt{X_\mathrm{R}^2(f) + X_\mathrm{I}^2(f)} \tag{15.4}$$

und das Phasenspektrum

$$\varphi(f) = \arctan(X_\mathrm{I}(f) / X_\mathrm{R}(f)) \tag{15.5}$$

über der Frequenz $f \leq f_\mathrm{A}/2$ berechnet werden kann. Der Algorithmus der zeitdiskreten Fourier-Transformation berechnet also aus N Abtastwerten des Signals $x(n)$ das Spektrum $X(f)$ an den Frequenzen f in Betrag und Phase. Beispielhaft sind in Abb. 15.9 ein Signalausschnitt $x(n)$, eine sog. Fensterfunktion $w(n)$ und das Produkt $x(n) \cdot w(n)$, welches man als gefenstertes Signal bezeichnet, dargestellt. Die Nutzung einer Fensterfunktion, welche die Ränder des Signalausschnittes geringer gewichtet, reduziert Fehler, die aufgrund des begrenzten Signalausschnitts entstehen (s. Abschn. 21.4.1.2). Die Anwendung der zeitdiskreten Fourier-Transformation auf dieses gefensterte Signal liefert das Spektrum $X(f)$, welches dann in Form des Betrags- und Phasenspektrums dargestellt werden kann (s. Abb. 15.9). Das Betragsspektrum wird mit $|X(f)|_\mathrm{dB} = 20\log(|X(f)|)$ in dB in logarithmischer Amplitudendarstellung und das Phasenspektrum im Folgenden in Bogenmaß (Radiant, Einheit rad) angegeben. Hierbei entspricht der Phasenwert $\pi \approx 3{,}14$ in rad der Phase von 180°. Die Umrechnung von rad in Grad erfolgt über die Multiplikation des rad-Wertes mit 180°/π.

Die Berechnung des Spektrums von kurzen Signalausschnitten von jeweils N Abtastwerten kann mit einem gleitenden Fenster über das gesamte Signal hinweg

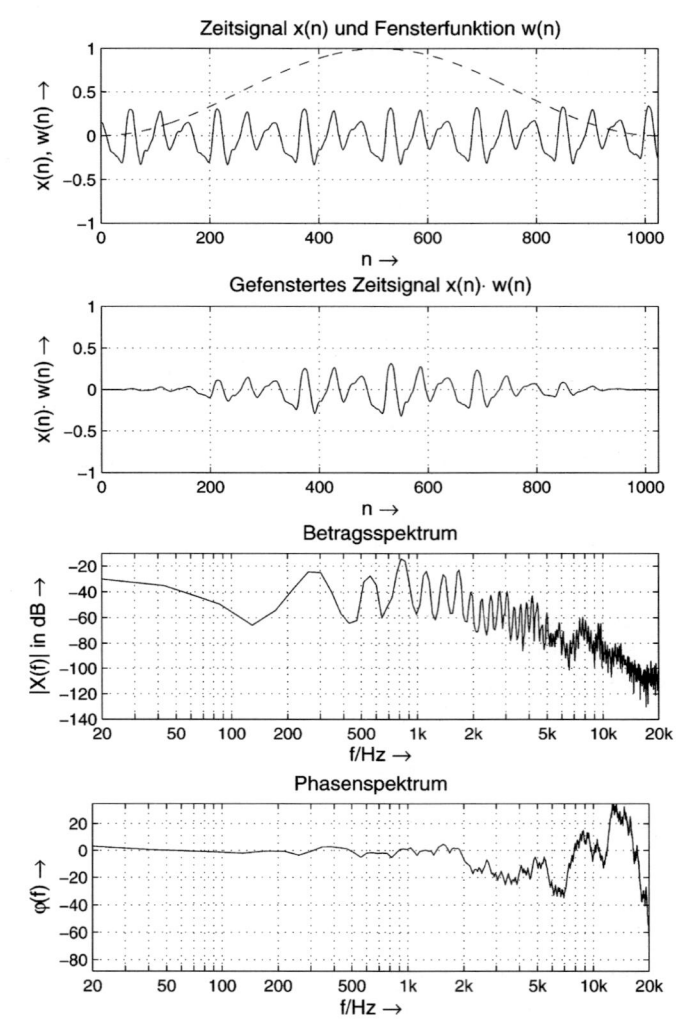

Abb. 15.9 Audiosignal $x(n)$ im Zeitbereich, Fensterfunktion $w(n)$ (gestrichelt), gefensterter Signalausschnitt, Betrags- und Phasenspektrum

durchgeführt werden und liefert dann sog. Kurzzeit-Spektren. Bei einer Fensterlänge von N kann z. B. alle $N/2$ Abtastwerte ein Kurzzeit-Spektrum berechnet werden, was einer halbüberlappenden gleitenden Kurzzeit-Spektralanalyse entspricht.

15.1.5 Frequenzgang eines digitalen Systems

Der Frequenzgang eines Systems $H(f)$ beschreibt die Verstärkung und Phasenverschiebung des Systems über der Frequenz und wird über die zeitdiskrete Fourier-Transformation der Impulsantwort $h(n)$ des Systems gemäß

Kapitel 15 Signalverarbeitung, Filter und Effekte

$$H(f) = \sum_{n=0}^{N-1} h(n) e^{-j2\pi n f / f_A} = H_R(f) + jH_I(f) \qquad (15.6)$$

berechnet. Hieraus wird der Betragsfrequenzgang

$$|H(f)| = \sqrt{H_R^2(f) + H_I^2(f)} \qquad (15.7)$$

und der Phasengang

$$\varphi(f) = \arctan(H_I(f) / H_R(f)) \qquad (15.8)$$

des Systems berechnet. Abb. 15.10 zeigt die Impulsantwort eines Lautsprechers und den daraus berechneten Betragsfrequenzgang und den Phasengang.

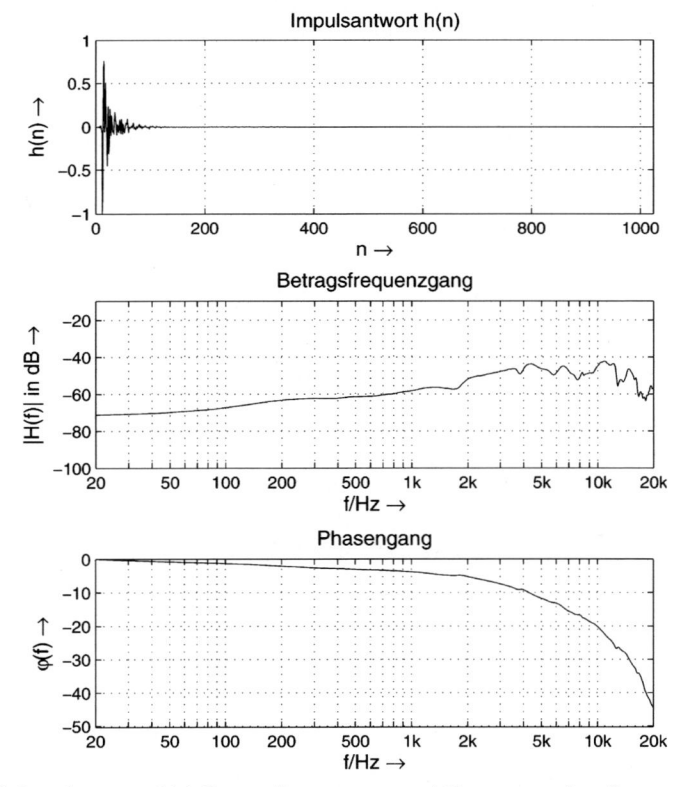

Abb. 15.10 Impulsantwort $h(n)$, Betragsfrequenzgang und Phasengang eines Lautsprechers

15.1.6 Schnelle Fourier-Transformation (Fast Fourier Transformation, FFT)

Die diskrete Fourier-Transformation (DFT) berechnet aus N Abtastwerten des Signals $x(n)$ das Spektrum gemäß

$$X(f_k) = \sum_{n=0}^{N-1} x(n) \mathrm{e}^{-\mathrm{j}2\pi n f_k / f_\mathrm{A}}, k = 0, ..., N-1 \qquad (15.9)$$

nur an N diskreten Frequenzstützpunkten $f_k = k \cdot f_\mathrm{A}/N$. Die kleinste Frequenz f_1 ergibt sich damit aus der Abtastfrequenz dividiert durch die Anzahl der Frequenzstützpunkte N und gibt die Frequenzauflösung der N-Punkte DFT an, also den Frequenzabstand zwischen zwei benachbarten Spektralwerten. Eine schnelle Ausführung des angegebenen Algorithmus bezeichnet man als schnelle Fourier-Transformation mit der Abkürzung FFT. Auch bei Nutzung der DFT/FFT zur Berechnung des Spektrums kann der Signalausschnitt vorher mit einer Fensterfunktion gewichtet werden.

Aus den diskreten Spektralwerten $X(f_k)$ kann mit der inversen DFT (IDFT)

$$x(n) = \frac{1}{N} \sum_{k=0}^{N-1} X(f_k) \mathrm{e}^{\mathrm{j}2\pi n f_k / f_\mathrm{A}}, n = 0, ..., N-1 \qquad (15.10)$$

bzw. deren schneller Ausführung als IFFT das Signal $x(n)$ der Länge N wieder zurückgewonnen werden.

15.1.7 Übertragungsverhalten eines Systems im Zeit- und Frequenzbereich

Die digitale Signalverarbeitung des Eingangssignals $x(n)$ liefert das Ausgangssignal $y(n) = x(n) * h(n)$ mit Hilfe der zeitdiskreten Faltungssumme und der Impulsantwort $h(n)$ des Systems. Diese Berechnung erfolgt im Zeitbereich. Neben den Zeitsignalen $x(n)$ und $h(n)$ lassen sich deren zeitdiskrete Fourier-Transformierte $X(f)$ und $H(f)$ berechnen und damit eine Darstellung des Eingangssignals und der Impulsantwort des Systems im Frequenzbereich erhalten. Mit Hilfe dieser Fourier-Transformierten kann die Fourier-Transformierte des Ausgangssignals durch

$$Y(f) = X(f) \cdot H(f) = |X(f)| \mathrm{e}^{\mathrm{j}\varphi_X(f)} \cdot |H(f)| \mathrm{e}^{\mathrm{j}\varphi_H(f)} = |X(f)| \cdot |H(f)| \mathrm{e}^{\mathrm{j}(\varphi_X(f) + \varphi_H(f))}$$

berechnet werden. Hieraus folgt

$$Y(f) = |Y(f)| \mathrm{e}^{\mathrm{j}\varphi_Y(f)} = |X(f)| \cdot |H(f)| \mathrm{e}^{\mathrm{j}(\varphi_X(f) + \varphi_H(f))} \qquad (15.11)$$

Kapitel 15 Signalverarbeitung, Filter und Effekte

Das Betragsspektrum des Ausgangssignals ergibt sich somit als Produkt aus Betragsspektrum des Eingangssignals und dem Betragsfrequenzgang des Systems. Das Phasenspektrum des Ausgangssignals berechnet sich aus der Summe des Eingangs-Phasenspektrums und des Phasengangs des Systems. Das System führt also zu einer additiven Phasenverschiebung und einer multiplikativen Bewertung des Betragsspektrums des Eingangssignals. In logarithmierter Darstellung ergibt sich für das Betragsspektrum des Ausgangssignals

$$|Y(f)|_{dB} = |X(f)|_{dB} + |H(f)|_{dB} \tag{15.12}$$

eine Addition der logarithmierten Spektren des Eingangssignals und der Impulsantwort. Diese Zusammenhänge zur Beschreibung des Übertragungsverhaltens eines Systems im Zeit- und Frequenzbereich sind in Abb. 15.11 zusammengefasst.

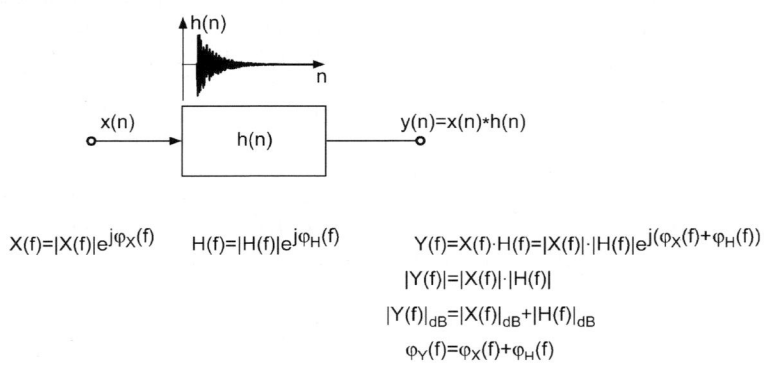

Abb. 15.11 Zusammenhänge zwischen Eingangs- und Ausgangssignal eines Systems im Zeit- und Frequenzbereich

15.2 Digitale Filter

Nach den Grundlagen der digitalen Signalverarbeitung sollen nun spezielle digitale Systeme, die man als digitale Filter bezeichnet, eingeführt werden. Unter dem Begriff Filter versteht man ein System, welches nur bestimmte Frequenzkomponenten des Eingangssignals zum Ausgang des Systems durchlässt und die restlichen Frequenzkomponenten unterdrückt. Der Betragsfrequenzgang $|H(f)|$ eines digitalen Filters wird hierzu unterteilt in einen Durchlass- und einen Sperrbereich (DB bzw. SB). Abb. 15.12 zeigt Betragsfrequenzgänge von wichtigen Filtertypen, wie Tief- und Hochpass mit der Grenzfrequenz f_g, Bandpass und Bandsperre mit der Mittenfrequenz f_m und der Bandbreite f_B und Allpass, dessen Betragsfrequenzgang konstant 1 ist.

Die dargestellten Filtertypen mit ihren Betragsfrequenzgängen lassen sich mit nichtrekursiven oder rekursiven Filtern (Filteralgorithmen) realisieren. Man unterteilt die digitalen Filter in FIR-Filter (Finite Impulse Response) und IIR-Filter (In-

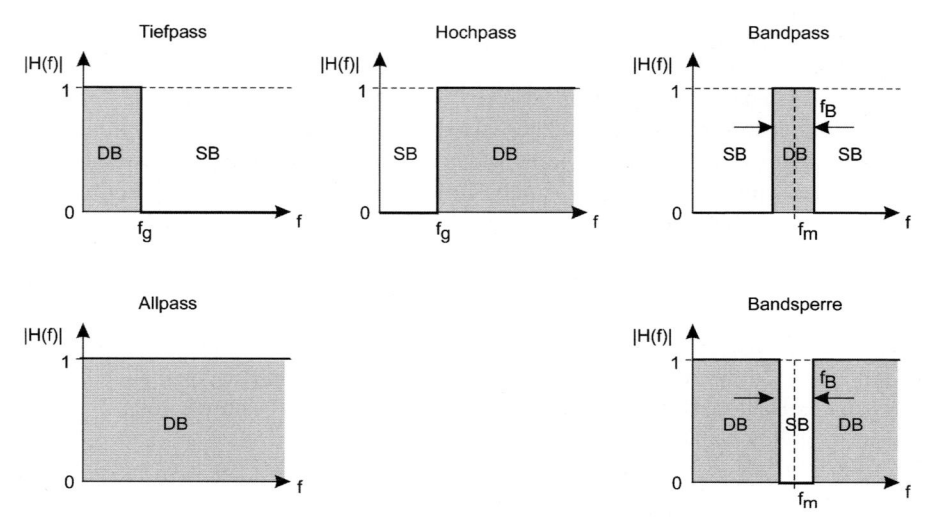

Abb. 15.12 Filtertypen – Tiefpass/Hochpass (Grenzfrequenz), Bandpass/Bandsperre (Mittenfrequenz und Bandbreite) und Allpass

finite Impulse Response). FIR-Filter haben eine endliche Impulsantwort und lassen sich mit nichtrekursiven Algorithmen berechnen. IIR-Filter besitzen demgegenüber eine unendliche Impulsantwort und werden mit rekursiven Algorithmen berechnet.

15.2.1 FIR-Filter

Ein FIR-Filter mit der endlichen Impulsantwort $h(n) = b(n)$ der Länge N wird über die zeitdiskrete Faltungssumme

$$y(n) = \sum_{k=0}^{N-1} b(k) x(n-k) \tag{15.13}$$

mit den Abtastwerten des Eingangssignals $x(n)$, $x(n-1)$,..., $x(n-N+1)$ und den Abtastwerten der Impulsantwort $b(0)$, $b(1)$, $b(2)$..., $b(N-1)$ berechnet. Abb. 15.13 zeigt ein Blockschaltbild für die zeitdiskrete Faltungssumme und macht deutlich,

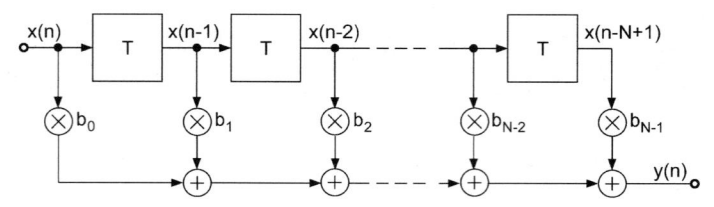

Abb. 15.13 Blockschaltbild eines FIR-Filters der Länge N

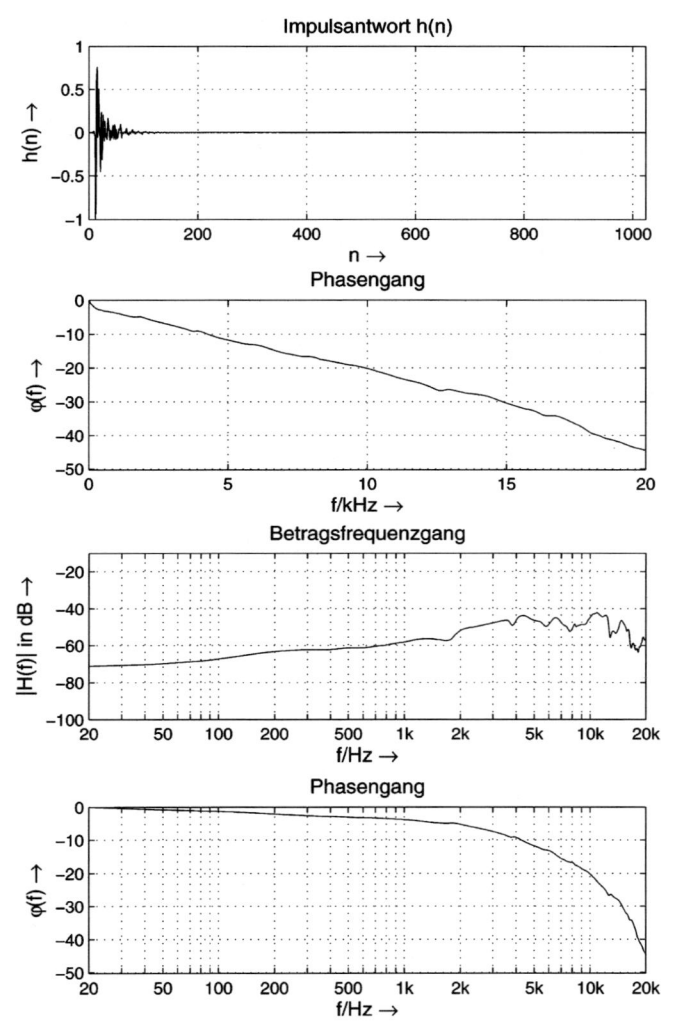

Kapitel 15 Digitale Audiotechnik: Signalverarbeitung, Filter und Effekte

Abb. 15.14 Impulsantwort $h(n) = b(n)$ eines FIR-Filters der Länge $N = 1024$, Phasengang über linearer Frequenz sowie Betragsfrequenzgang und Phasengang über logarithmischer Frequenz

dass das Ausgangssignal nur aus Abtastwerten des Eingangssignals berechnet wird. Man bezeichnet dies als nichtrekursives FIR-Filter, da nur vorwärts gerichtete Operationen auftreten.

Durch entsprechende Filter-Entwurfsverfahren (Kammeyer u. Kroschel 2002) lassen sich für die aufgeführten Tiefpass-, Hochpass-, Bandpass- und Bandsperr-Filter die Koeffizienten $h(n)=b(n)$ der Impulsantwort berechnen. Der Frequenzgang eines FIR-Filters wird mit

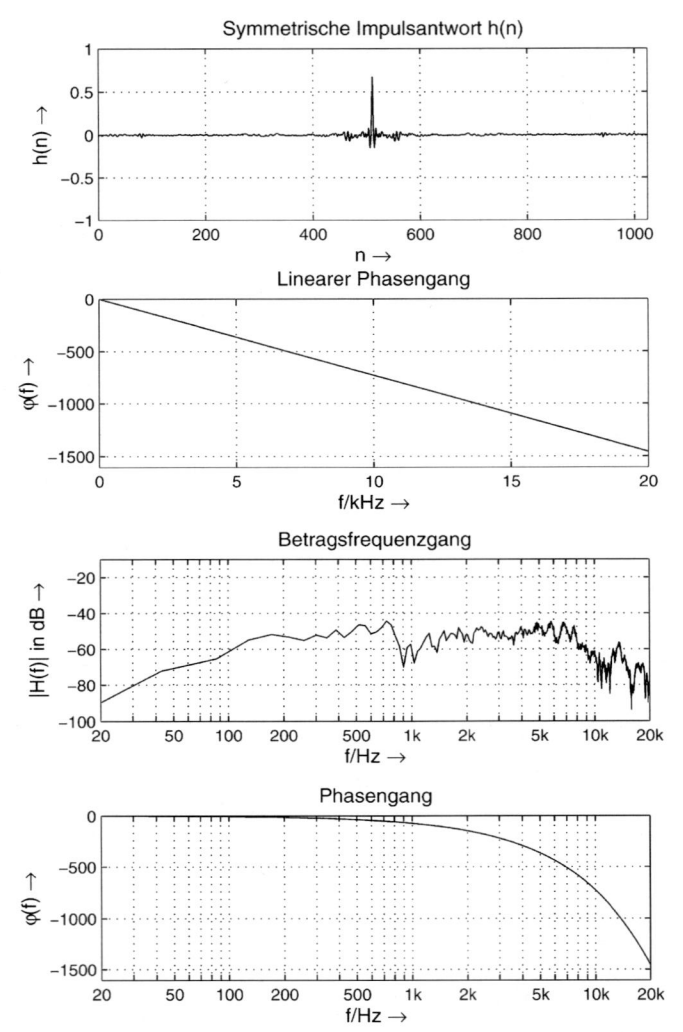

Abb. 15.15 Symmetrische Impulsantwort $h(n) = b(n)$ eines linearphasigen FIR-Filters der Länge $N = 1024$, Phasengang über linearer Frequenz sowie Betragsfrequenzgang und Phasengang über logarithmischer Frequenz

$$H(f) = \sum_{n=0}^{N-1} b(n) e^{-j2\pi n f / f_A} = H_R(f) + jH_I(f) \quad (15.14)$$

berechnet, in dem die Koeffizienten $b(0)$, $b(1)$, $b(2)$..., $b(N-1)$ der Impulsantwort auftreten.

Abb. 15.14 zeigt die Impulsantwort $h(n) = b(n)$ eines FIR-Filters der Länge N und deren Betragsfrequenzgang und Phasengang. Die Impulsantwort hat zu Beginn

Kapitel 15 Signalverarbeitung, Filter und Effekte

einige signifikante Koeffizienten und klingt dann sehr schnell ab. Es handelt sich um die Impulsantwort eines Lautsprechers. Der Phasengang ist sowohl über der linearen als auch logarithmierten Frequenz dargestellt.

Mit Hilfe spezieller Entwurfsverfahren (Kammeyer u. Kroschel 2002, Zölzer 2005) lassen sich symmetrische Impulsantworten ableiten, deren Phasengang zu einem linearen Phasenverlauf führt. Solche Filter bewirken nach (1.23) eine konstante Gruppenlaufzeit, d. h. eine frequenzunabhängige Verzögerung des Eingangssignals um $(N-1) \cdot T / 2$. Eine symmetrische Impulsantwort der Länge N ist in Abb. 15.15 dargestellt. Man erkennt die um $n = 512$ herum symmetrischen Abtastwerte der Impulsantwort. Unter der symmetrischen Impulsantwort ist der lineare Phasengang über der linearen Frequenz wiedergegeben. Ebenfalls dargestellt sind der Betragsfrequenzgang und der Phasengang über der logarithmierten Frequenz.

15.2.2 IIR-Filter

IIR-Filter besitzen eine unendliche lange Impulsantwort. Das Ausgangssignal eines IIR-Filters wird über die sog. Differenzengleichung

$$y(n) = \sum_{k=0}^{\infty} h(k)x(n-k) = \sum_{k=0}^{N-1} b(k)x(n-k) - \sum_{k=1}^{M} a(k)y(n-k) \quad (15.15)$$

berechnet. Man erkennt, dass die unendliche zeitdiskrete Faltungssumme durch die gewichtete Summe der Abtastwerte des Eingangs- und Ausgangssignals berechnet wird. Das Blockschaltbild in Abb. 15.16 macht die Differenzengleichung des IIR-Filters deutlich. Das Eingangssignal $x(n)$ wird mit dem ersten Term aus (15.15) durch ein vorwärtsgerichtetes FIR-Filter berücksichtigt, und der zweite Term aus (15.15) koppelt das Ausgangssignal über ein FIR-Filter zurück. Die Kombination eines vorwärts- und rückwärtsgerichteten FIR-Filters bezeichnet man als rekursives Filter, welches auf Grund der Rückkopplung eine unendlich lange Impulsantwort

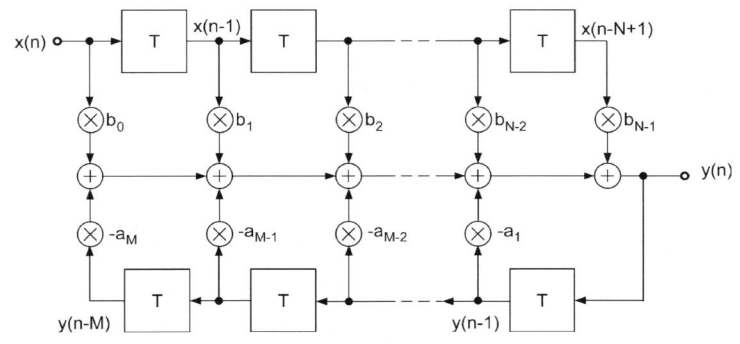

Abb. 15.16 Blockschaltbild eines IIR-Filters der Ordnung $M > N-1$

besitzt. Die Anzahl $M > N - 1$ der verzögerten Abtastwerte des Ausgangssignals gibt die sog. Ordnung des IIR-Filters an.

Es ist üblich, dass man IIR-Filter höherer Ordnung durch eine Serienschaltung von IIR-Filtern 1. und 2. Ordnung realisiert. Ein IIR-Filter 2. Ordnung ist als Blockschaltbild in Abb. 15.17 dargestellt und liefert das Ausgangssignal

$$y(n) = b_0 \cdot x(n) + b_1 \cdot x(n-1) + b_2 \cdot x(n-2) - a_1 \cdot y(n-1) - a_2 \cdot y(n-2) \quad (15.16)$$

Entsprechend gilt für ein IIR-Filter 1. Ordnung das Blockschaltbild in Abb. 15.18 mit der Differenzengleichung

$$y(n) = b_0 \cdot x(n) + b_1 \cdot x(n-1) - a_1 \cdot y(n-1) \quad (15.17)$$

Durch geeignete Wahl der Koeffizienten kann man aus den IIR-Filtern 1. und 2. Ordnung Allpass-Filter realisieren, die einen konstanten Betragsfrequenzgang besitzen und einen speziellen Phasengang aufweisen (s. Abbn. 15.17 und 15.18). Entwurfsverfahren für digitale IIR-Filter werden in (Kammeyer u. Kroschel 2002) und für Audio-Filter 1. und 2. Ordnung in (Zölzer 2005) beschrieben.

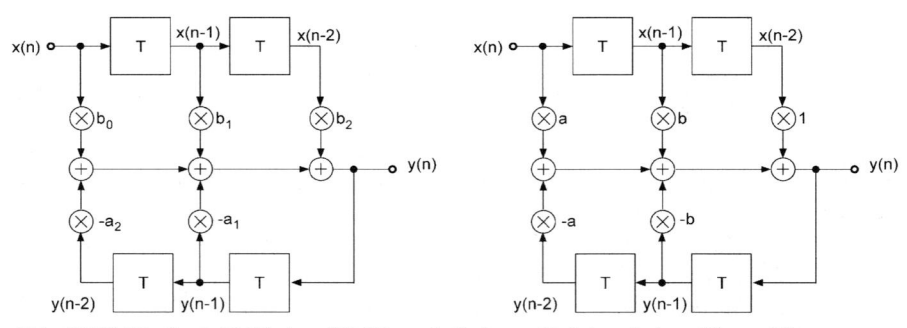

Abb. 15.17 Blockschaltbild eines IIR-Filters 2. Ordnung (links) und eines Allpass-Filters 2. Ordnung (rechts)

Der Frequenzgang eines IIR-Filters kann mit

$$H(f) = \frac{\sum_{n=0}^{N-1} b(n) e^{-j2\pi n f / f_A}}{1 + \sum_{n=1}^{M} a(n) e^{-j2\pi n f / f_A}} \quad (15.18)$$

berechnet werden. Man erkennt im Zählerpolynom des Frequenzganges die Koeffizienten des vorwärtsgerichteten FIR-Filters und im Nennerpolynom die Koeffizienten des rückwärtsgerichteten FIR-Filters.

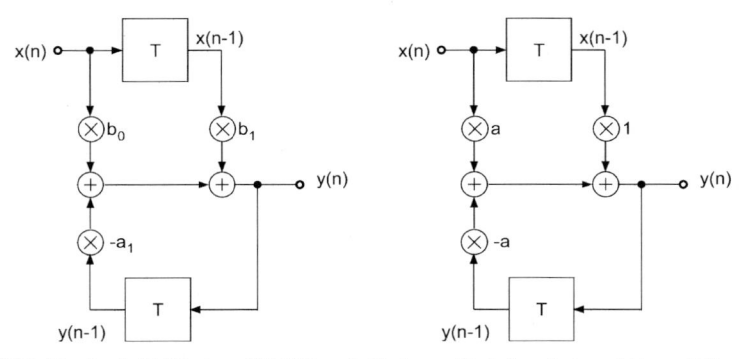

Abb. 15.18 Blockschaltbild eines IIR-Filters 1. Ordnung (links) und eines Allpass-Filters 1. Ordnung (rechts)

15.2.3 Anwendungen

Anwendungsbereiche von IIR-Filtern sind sämtliche Bewertungsfilter und Equalizer, Terz- und Oktav-Equalizer, Mittelungsfilter für Pegel-, Effektivwert- und Spitzenwertmessungen, Frequenzweichen für Lautsprechersysteme und viele Audio-Effekte (s. Abschn. 15.3). Für viele Anwendungen reichen IIR-Filter 1. und 2. Ordnung aus. Für höhere Filterordnungen werden Filter 1./2. Ordnung in Serie geschaltet. Der Betragsfrequenzgang eines IIR-Filters lässt sich beim Filterentwurf beliebig vorgeben, wohingegen der Phasengang abhängig vom Betragsfrequenzgang ist. Die Laufzeit durch IIR-Filter und der Rechenaufwand sind wesentlich geringer als bei FIR-Filtern.

Einsatzbereiche von FIR-Filtern sind Terz-/Oktav-Equalizer mit beliebigem Betragsfrequenzgang und linearem Phasengang, wie sie in verschiedenen Plug-ins von Audio-Software-Systemen im Einsatz sind. Der große Vorteil der FIR-Filter ist darüber hinaus die unabhängige Vorgabe von Betragsfrequenzgang und Phasengang. Die Laufzeit (Latenz) des Eingangssignals durch das FIR-Filter (N Anzahl der Abtastwerte der symmetrischen Impulsantwort) ist allerdings höher als bei IIR-Filtern und beträgt $(1/2)(N-1)T$. Der Rechenaufwand des Prozessors ist direkt proportional zur Filterlänge N. Mit Hilfe der Schnellen Faltung reduziert sich die benötigte Rechenleistung. Linearphasige Frequenzweichen für Mehrwege-Lautsprechersysteme erlauben den Betrieb der Einzelchassis in einem begrenzten Frequenzband mit einer beliebigen Steuerung des Überlappungsbereiches (s. Kap. 8.3). Systeme zur Raumsimulation nutzen gemessene oder approximierte Raumimpulsantworten endlicher Länge N (für eine Sekunde sind entsprechend der Abtastrate 44 100, 48 000 oder 96 000 Abtastwerte notwendig) und werden mit der Schnellen Faltung realisiert. Auch viele Verfahren zur Audiokodierung und die Audio-Effekte im Spektralbereich (s. Abschn. 15.3) nutzen zur Aufspaltung des Audiosignals in Teilbänder linearphasige FIR-Filter (Analyse-Filterbank). Nach der Modifikation der Teilbandsignale wird mit linearphasigen FIR-Filtern (Synthese-Filterbank) aus den Teilbandsignalen wieder ein breitbandiges Audiosignal rekonstruiert.

15.3 Audio-Effekte

Audio-Effekte werden genutzt, um ein Audiosignal in seinem Klang interessanter zu gestalten und zur Veränderung und Erweiterung der ursprünglichen Klangcharakteristik oder Spielweise eines Instrumentes. Alle Audio-Effekte simulieren die physikalische Klangerzeugung und die Ausbreitung in Form einer akustischen Welle, entweder mit akustischen, mechanischen oder elektronischen Mitteln. Die menschliche Wahrnehmung dieser Audio-Effekte erfolgt im Zeit- und Frequenzbereich und kann in die folgenden Kategorien eingeteilt werden:

- Modifikation der spektralen Einhüllenden des Signals durch Filterung
- Modifikation der zeitlichen Einhüllenden durch Dynamiksteuerung und Amplitudenmodulation
- Tonhöhenverschiebung durch Phasenmodulation
- Zeitskalierung (Zeitdehnung) im Zeit- oder Frequenzbereich
- Simulation von akustischen Raumeigenschaften

Im Folgenden werden die wichtigsten Audio-Effekte eingeführt:

- **Filter und Laufzeitverzögerungen** – wie Tief-, Hoch- und Bandpass-Filter, Shelving- und Peak-Filter und Kamm-Filter in Vorwärts- und Rückwärtsanordnung.
- **Tremolo und Vibrato** – zur Lautheits- und Tonhöhen-Modifikation.
- **Chorus, Flanger und Phaser** – zur Doppelung und Simulation bewegter Quellen.
- **Dynamiksteuerung** – Limiter, Kompressor, Expander, Noisegate.
- **Tonhöhenverschiebung und Zeitskalierung.**
- **Raumsimulation.**

Die Effekte werden zunächst auf Grund ihrer musikalischen Anwendung oder physikalischen Entstehung beschrieben. Anschließend werden die Algorithmen – die Rechenvorschriften – im Zeit- oder Frequenzbereich behandelt und soweit notwendig sowohl im Zeit- als auch im Frequenzbereich diskutiert. Hierbei wird $x(n)$ das Eingangssignal mit der Fourier-Transformierten $X(f)$ bezeichnen und $y(n)$ das Ausgangssignal mit der Fourier-Transformierten $Y(f)$.

Kapitel 15 Signalverarbeitung, Filter und Effekte

15.3.1 Filter und Laufzeitverzögerungen

Filter werden zur Beeinflussung des Spektrums des Audiosignals eingesetzt, um eine Klangmodifikation zu erzielen. Neben diesen sog. Klangbewertungsfiltern werden spezielle Frequenzbewertungsfilter zur Messtechnik (CCIR/A-Bewertungsfilter) von Audiosignalen eingesetzt (Zölzer 2005).

Die wichtigen einfachen Filter sind das Tiefpass- und Hochpass-Filter 1. Ordnung (Betragsfrequenzgang und Phasengang in Abb. 15.19) mit der Grenzfrequenz f_g, bei dem der Betragsfrequenzgang auf 0.707 oder um −3 dB abgefallen ist. Ab der Grenzfrequenz f_g fällt der Betragsfrequenzgang mit −6 dB pro Oktave ab. Für Tiefpass- und Hochpass-Filter 2. Ordnung beträgt der Abfall −12 dB pro Oktave (Entwurf und Betragsfrequenzgänge in (Zölzer 2005)). Die zugehörigen Phasengänge von Tiefpass und Hochpass 1. Ordnung zeigen, dass die Phasenverschiebung im Durchlassbereich nahezu Null ist und im Sperrbereich $-\pi/2(-90°)$ für den Tiefpass oder $+\pi/2(+90°)$ für den Hochpass.

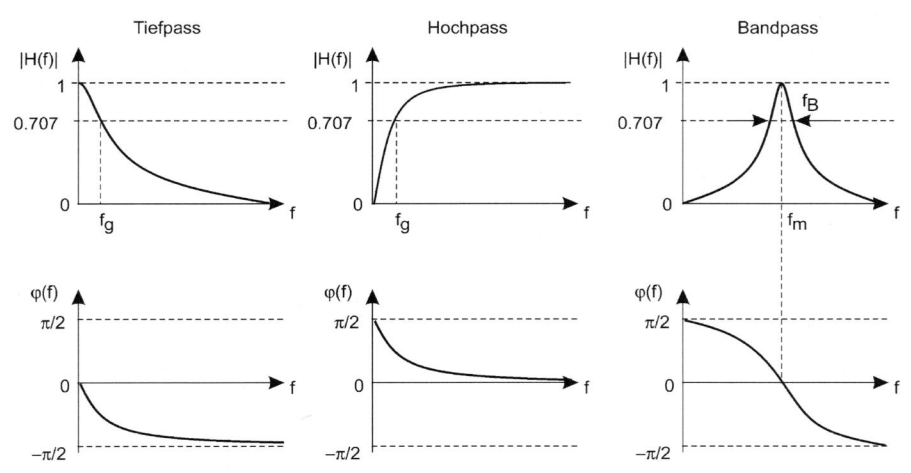

Abb. 15.19 Betragsfrequenzgänge und Phasengänge eines Tiefpass- und eines Hochpass-Filters 1. Ordnung und eines Bandpass-Filters 2. Ordnung

Neben dem Tiefpass- und Hochpass-Filter für den unteren und oberen Frequenzbereich kommt für den mittleren Frequenzbereich das Bandpass-Filter 2. Ordnung mit der Mittenfrequenz f_m und der −3 dB-Bandbreite f_B zum Einsatz (Betragsfrequenzgang und Phasengang in Abb. 15.19). Der Abfall des Betragsfrequenzganges zu tiefen und hohen Frequenzen beträgt jeweils −6 dB pro Oktave. Mit Hilfe der Bandbreite f_B und der Mittenfrequenz f_m des Bandpass wird ein sog. Gütefaktor $Q = f_m/f_B$ definiert, der in vielen Anwendungsfällen als Steuerparameter benutzt wird. Ein Bandpass-Filter mit konstantem Gütefaktor bedeutet, dass sich bei ansteigender Mittenfrequenz die Bandbreite ebenfalls erhöht. Der Phasengang des Bandpass-Filters 2. Ordnung in Abb. 15.19 zeigt, dass die Phasenverschiebung im Durchlassbereich bei der Mittenfrequenz exakt 0 ist. Bei tiefen Frequenzen verläuft die Phase äquivalent zu dem Hochpass-Filter und bei hohen Frequenzen zu dem Tiefpass-Filter.

Die Differenzengleichungen (Filteralgorithmen) für die drei Grundfilter lauten:

- Tiefpass-Filter 1. Ordnung

$$y(n) = x(n) * h_{TP}(n) = b_0 \cdot x(n) + b_1 \cdot x(n-1) - a_1 \cdot y(n-1) \tag{15.19}$$

- Hochpass-Filter 1. Ordnung

$$y(n) = x(n) * h_{HP}(n) = b_0 \cdot x(n) + b_1 \cdot x(n-1) - a_1 \cdot y(n-1) \tag{15.20}$$

- Bandpass-Filter 2. Ordnung

$$y(n) = x(n) * h_{BP}(n)$$
$$= b_0 \cdot x(n) + b_1 \cdot x(n-1) + b_2 \cdot x(n-2) - a_1 \cdot y(n-1) - a_2 \cdot y(n-2) \tag{15.21}$$

Die drei Differenzengleichungen lassen sich mit der Kurzschreibweise $y(n) = x(n) * h_{TP/HP/BP}(n)$ darstellen. Die Blockschaltbilder in den Abbn. 15.17 und 15.18 verdeutlichen die Realisierung. Zur Berechung der Filterkoeffizienten s. (Zölzer 2002, Zölzer 2005).

Neben diesen Filtern (TP, HP und BP) mit Durchlass- und Sperrbereich werden für viele Audio-Anwendungen Allpass-Filter 1. und 2. Ordnung benutzt, deren Betragsfrequenzgänge und Phasengänge in Abb. 15.20 dargestellt sind. Diese Allpässe spielen eine wichtige Rolle bei parametrischen Equalizern, beim Phaser und bei der Raumsimulation. Man erkennt für beide Allpässe einen konstanten Betrags-

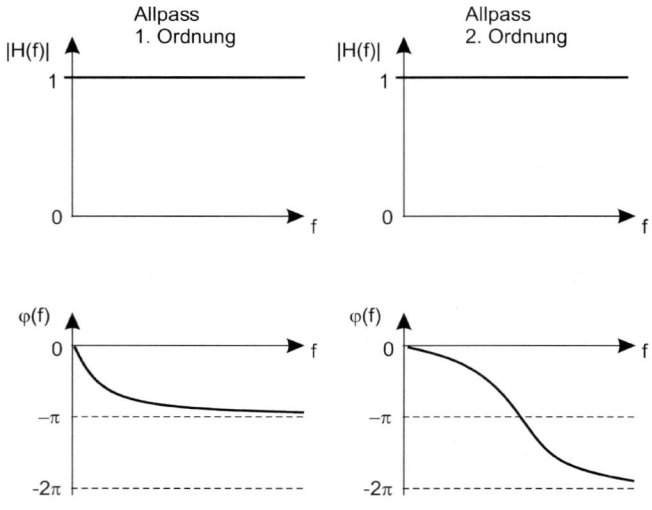

Abb. 15.20 Betragsfrequenzgänge und Phasengänge von Allpass-Filtern 1. Ordnung und 2. Ordnung

frequenzgang, was den Namen Allpass erklärt. Die Phasengänge zeigen aber eine frequenzabhängige Phasenverschiebung, die von 0 (0°) bis $-\pi$ ($-180°$) für den Allpass 1. Ordnung und von 0 (0°) bis -2π ($-360°$) für den Allpass 2. Ordnung erfolgt. Wählt man als Eingangssignal für einen Allpass 1. Ordnung ein hochfrequentes sinusförmiges Signal, so erfährt dieses Signal eine Phasenverschiebung von $-\pi$ ($-180°$), was gleichbedeutend mit einer Vorzeichenumkehr des sinusförmigen Signals ist. Diese Vorzeichenumkehr des Eingangssignals wird beim Allpass 2. Ordnung im mittleren Frequenzbereich bei einer Mittenfrequenz erreicht. Im unteren Frequenzbereich erfolgt eine geringe Phasenverschiebung und im oberen Frequenzbereich erfolgt eine Phasenverschiebung um eine nahezu komplette Periode.

Die Differenzengleichungen für die Allpass-Filter lauten:

- Allpass-Filter 1. Ordnung

$$y(n) = x(n) * h_{AP1}(n) = a \cdot x(n) + x(n-1) - a \cdot y(n-1) \tag{15.22}$$

- Allpass-Filter 2. Ordnung

$$y(n) = x(n) * h_{AP2}(n) \tag{15.23}$$
$$= a \cdot x(n) + b \cdot x(n-1) + x(n-2) - b \cdot y(n-1) - a \cdot y(n-2)$$

Die Blockschaltbilder in den Abbn. 15.17 und 15.18 verdeutlichen die Realisierung dieser Filter, die sich durch besonders wenige Koeffizienten auszeichnen (Zölzer 2005). Der Allpass 1. Ordnung lässt sich mit dem Koeffizienten a steuern und der Allpass 2. Ordnung mit den beiden Koeffizienten a und b.

Mit Hilfe dieser Allpass-Filter 1. und 2. Ordnung lassen sich nun die Tiefpass- und Hochpass-Filter 1. Ordnung und das Bandpass-Filter 2. Ordnung realisieren. Abb. 15.21 zeigt eine Addition (Überlagerung) des in der Phase verschobenen Ausgangssignals eines Allpass 1. Ordnung zu dem Eingangssignal und führt auf ein

- Tiefpass-Filter 1. Ordnung

$$y(n) = 0,5 \cdot [x(n) + x(n) * h_{AP1}(n)] \rightarrow H_{TP}(f) = 0,5 \cdot [1 + H_{AP1}(f)] \tag{15.24}$$

Bei tiefen Frequenzen sind Eingangs- und Ausgangssignal eines Allpass 1. Ordnung nahezu in Phase und addieren sich konstruktiv, während bei steigender Frequenz das Ausgangssignal langsam in der Phase verschoben wird, so dass eine destruktive Überlagerung erfolgt. Der Faktor 0,5 skaliert die maximale Ausgangsamplitude auf Eins.

In gleicher Weise kann durch Subtraktion des Ausgangssignals vom Eingangssignal eines Allpass 1. Ordnung (s. Abb. 15.21) ein

- Hochpass-Filter 1. Ordnung

$$y(n) = 0,5 \cdot [x(n) - x(n) * h_{AP1}(n)] \rightarrow H_{HP}(f) = 0,5 \cdot [1 - H_{AP1}(f)] \tag{15.25}$$

realisiert werden. Für tiefe Frequenzen sind beide Signale gleichphasig, so dass eine Subtraktion zur Auslöschung führt. Mit steigender Frequenz nimmt diese Auslöschung ab, da das Ausgangssignal in der Phase um $-\pi$ ($-180°$) verschoben wird und durch Subtraktion diese Phasenverschiebung wieder aufgehoben wird. Es erfolgt dann eine konstruktive Überlagerung.

Mit Hilfe eines Allpass-Filters 2. Ordnung (s. Abb. 15.21) kann durch Subtraktion des Ausgangssignals vom Eingangssignal ein

- Bandpass-Filter 2. Ordnung

$$y(n) = 0{,}5 \cdot [x(n) - x(n) * h_{AP2}(n)] \rightarrow H_{HP}(f) = 0{,}5 \cdot [1 - H_{AP2}(f)] \quad (15.26)$$

realisiert werden. Für tiefe und hohe Frequenzen erfolgt eine Auslöschung, weil beide Signale nahezu in Phase sind. Nur im mittleren Frequenzbereich erfolgt auf Grund der Phasenverschiebung um $-\pi$ ($-180°$) und der Subtraktion eine konstruktive Überlagerung und damit ein Durchlassbereich.

Zur Verdeutlichung der Tiefpass-, Hochpass- und Bandpass-Filter mit Allpässen 1. und 2. Ordnung sei noch einmal zusammenfassend auf die Blockschaltbilder in Abb. 15.21 verwiesen. Die eigentliche TP-/HP-/BP-Filterung des Eingangssignals beruht auf der Überlagerung mit dem phasenverschobenen Ausgangssignal des Allpass 1. oder 2. Ordnung. Die resultierenden Betragsfrequenzgänge sind in Abb. 15.19 dargestellt. Diese Tiefpass-, Hochpass- und Bandpass-Filter können sehr einfach durch Variation des Koeffizienten eines Allpass-Filters 1. Ordnung (Parameter: Grenzfrequenz f_g) oder im Fall des Bandpass-Filters 2. Ordnung durch Variation der Koeffizienten eines Allpass 2. Ordnung (Parameter: Mittenfrequenz f_m und Bandbreite f_B) eingestellt werden.

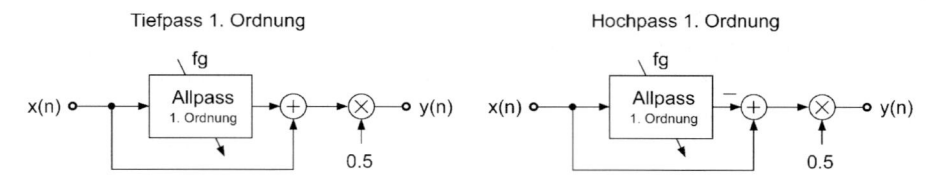

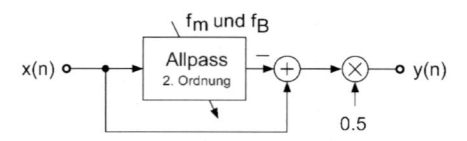

Abb. 15.21 Blockschaltbild eines Tiefpass-, Hochpass- und Bandpass-Filters mit Allpass-Filtern

Mit Hilfe von Tiefpass-, Hochpass- und Bandpass-Filtern können durch weitere Zusammenschaltungen dieser Basisfilter spezielle Bewertungsfilter realisiert werden, die in Audio-Equalizern zum Einsatz kommen. Der Begriff **Equalizer** beruht auf der Filterung des Audiosignals mit einem vorgebbaren Betragsfrequenzgang. Es erfolgt eine Angleichung des Eingangsspektrums (Spektrum des Audiosignals) an

Kapitel 15 Signalverarbeitung, Filter und Effekte

den eingestellten Betragsfrequenzgang des Equalizers. Man unterscheidet hierbei zwischen grafischen und parametrischen Equalizern. **Grafische Equalizer** bestehen aus mehreren Shelving- und Peak-Filtern, die im Folgenden eingeführt werden. Diese Filter haben eine variable Anhebung/Absenkung bei einer festen Mittenfrequenz und Bandbreite. Sie werden als Oktav- oder Terz-Equalizer mit einer entsprechenden Anzahl an Frequenzbändern ausgeführt (8 Oktav-Frequenzbänder und 31 Terz-Frequenzbänder). Durch die Einstellung mit Fadern auf der Bedienfront erhält man einen „grafischen Eindruck" vom eingestellten Betragsfrequenzgang des Equalizers. **Parametrische Equalizer** besitzen demgegenüber neben der variablen Anhebung/Absenkung eine variable Mittenfrequenz und eine variable Bandbreite bzw. einen variablen Gütefaktor. Durch Serienschaltung mehrerer parametrischer Filter lässt sich ebenso ein Mehrband-System aufbauen. Grundlage der grafischen und parametrischen Equalizer sind das Shelving- und das Peak-Filter, welche als Blockschaltbild in Abb. 15.22 dargestellt sind.

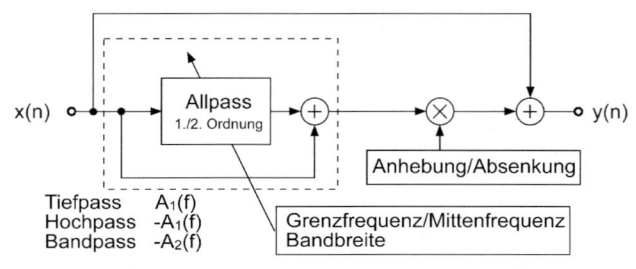

Abb. 15.22 Blockschaltbild eines Equalizers für Tiefen- / Höhen-Shelving-Filter und Peak-Filter

Das **Shelving-Filter** besteht aus der Parallelschaltung eines Direktpfades (oberer Pfeil im Blockschaltbild von Abb. 15.22) und eines Tiefpass- oder Hochpass-Filters, dessen Ausgangssignal mit einem Anhebungs- bzw. Absenkungsfaktor auf das Eingangssignal aufaddiert wird. Hiermit erreicht man eine Anhebung bzw. Absenkung von tiefen oder hohen Frequenzen und dem Parameter der Grenzfrequenz des Tiefpass- oder Hochpass-Filters.

Man unterscheidet das Shelving-Filter also in Tiefen- und Höhen-Shelving-Filter. Die Betragsfrequenzgänge und Phasengänge für Shelving-Filter 1. und 2. Ordnung sind in Abb. 15.23 dargestellt (Übergangsflanke 6 dB bzw. 12 dB). Die Phasengänge zeigen eine sehr geringe Phasenverschiebung.

Das **Peak-Filter** wird für die mittleren Frequenzbereiche eingesetzt und besteht aus der Parallelschaltung eines Direktpfades (oberer Pfeil im Blockschaltbild von Abb. 15.22) und eines Bandpass-Filters, dessen Ausgangssignal mit einem Anhebungs- bzw. Absenkungsfaktor auf das Eingangssignal aufaddiert wird. Die Mittenfrequenz und die Bandbreite werden am Bandpass-Filter eingestellt. Betragsfrequenzgänge und Phasengänge des Peak-Filters sind in Abb. 15.24 dargestellt. Mit Shelving- und Peak-Filtern höherer Ordnung erreicht man einen steileren Übergang vom angehobenen bzw. abgesenkten Frequenzbereich in den normalen Durchlassbereich des Filters (Orfanidis 1996, Zölzer 2005, Fontana u. Karjalainen 2003, Keiler u. Zölzer 2004, Holters u. Zölzer 2006).

Laufzeitverzögerungen (Delays) treten bei der akustischen Wellenausbreitung auf und führen zu einem Filtereffekt. Sie können mit einem einfachen Verzögerungsspeicher der Länge M realisiert werden. Für das Ausgangssignal $y(n)$ folgt der einfache Zusammenhang

$$y(n) = x(n-M) \rightarrow H(f) = 1 \cdot \exp(-j2\pi Mf/f_A) \tag{15.27}$$

und für die Fourier-Transformierte des Ausgangssignals ergibt sich die Veränderung der Phase des Eingangssignals durch eine Addition der linearen Phase des Verzögerungssystems. In einer Vielzahl von Anwendungen wird die Überlagerung von mehreren verzögerten Versionen des Eingangssignals $x(n)$ genutzt. Wenn ein sog. Direkt-

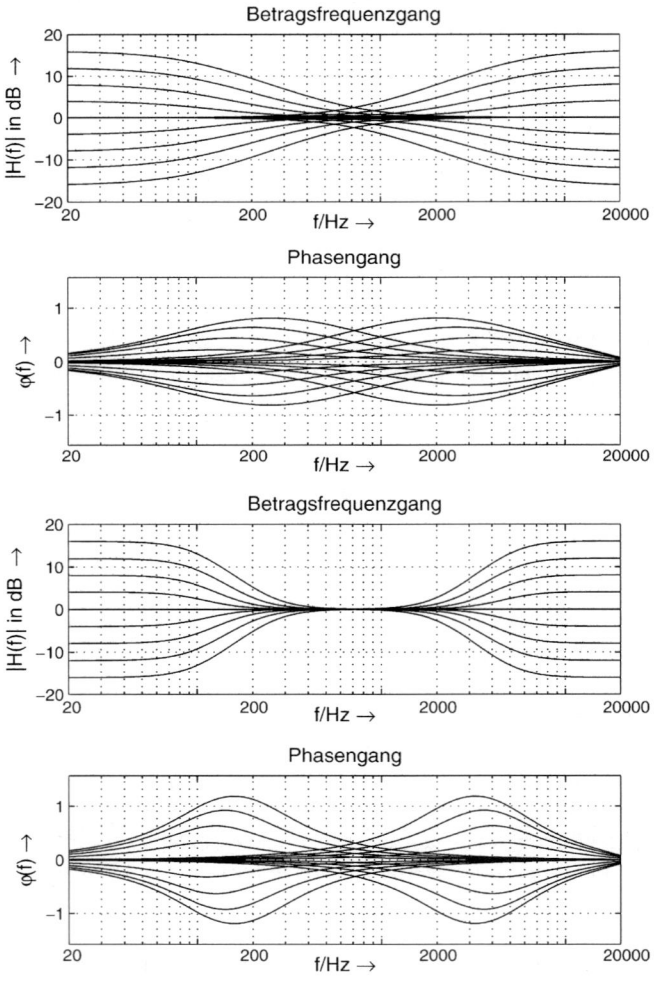

Abb. 15.23 Betragsfrequenzgänge und Phasengänge von Shelving-Filtern 1. Ordnung (oben) und 2. Ordnung (unten).

Kapitel 15 Signalverarbeitung, Filter und Effekte

signal $x(n)$ und ein verzögertes Signal $x(n-M)$ überlagert werden, entsteht ein nichtrekursives Kamm-Filter mit der Differenzengleichung und dem Frequenzgang

$$y(n) = x(n) + b \cdot x(n-M) \rightarrow H(f) = 1 + b \cdot \exp(-\mathrm{j}2\pi M f / f_\mathrm{A}) \qquad (15.28)$$

Der Frequenzgang des nichtrekursiven Kamm-Filters ist in Abb. 15.25 (links, unten) dargestellt und zeigt einen kammförmigen Verlauf, der im Abstand $f = 1/M \cdot T$ zu wiederholter Dämpfung führt, die über den Parameter b eingestellt werden kann.

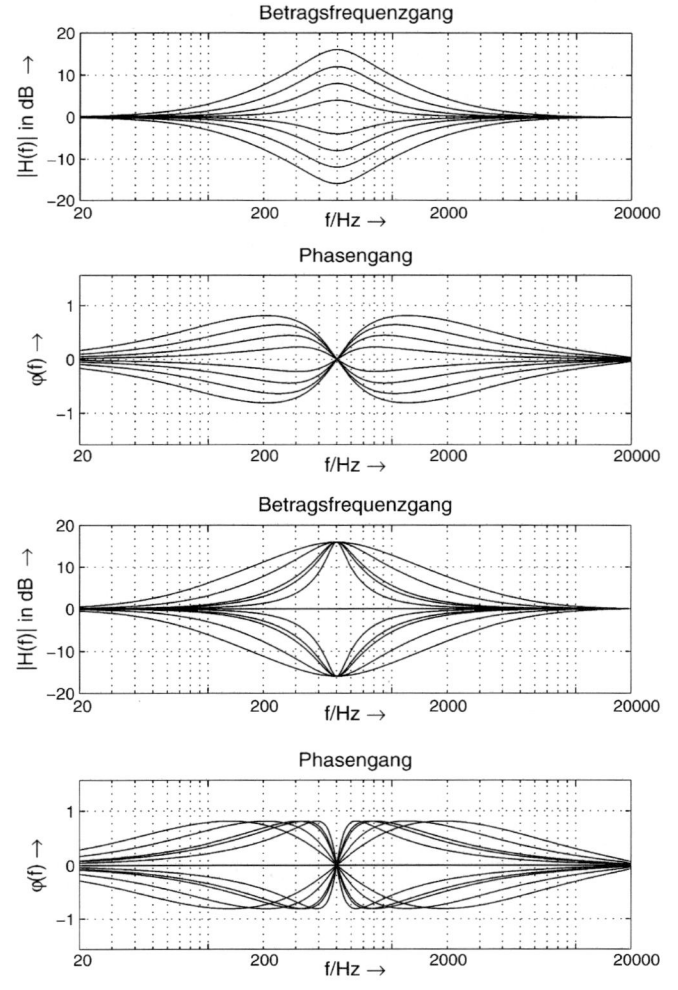

Abb. 15.24 Betragsfrequenzgänge und Phasengänge von Peak-Filtern 2. Ordnung (oben: Parameter Anhebung/Absenkung bei der Mittenfrequenz von 500 Hz, unten: Parameter Bandbreite bei der Mittenfrequenz von 500 Hz)

Bei der Frequenz $f = 1/M \cdot T$ hat ein sinusförmiges Ausgangssignal des Verzögerungssystems sich in der Phase um 180° verschoben, so dass die Amplitude genau das inverse Vorzeichen zur Amplitude des Eingangssignals hat und somit die Überlagerung beider Signale zu 0 führt. Es kommt also zur Auslöschung dieses Frequenzanteils.

Wenn das Ausgangssignal $y(n)$ über einen Verzögerungsspeicher der Länge M zurückgekoppelt wird, ergeben sich die Differenzengleichung und der Frequenzgang

$$y(n) = x(n) - a \cdot y(n-M) \rightarrow H(f) = 1/(1 + a \cdot \exp(-j2\pi Mf / f_A)) \quad (15.29)$$

des rekursiven Kamm-Filters. Der Betragsfrequenzgang in Abb. 15.25 (rechts unten) zeigt hier an Stelle der Dämpfung an wiederholenden Frequenzstellen eine Erhöhung bei den betreffenden Frequenzen, die über den Parameter a eingestellt werden kann.

Die Kombination eines verzögerten Eingangs- und Ausgangssignals um jeweils M Abtastwerte in Abb. 15.26 ergibt ein Allpass-Filter mit der Differenzengleichung und dem Frequenzgang:

$$\begin{aligned} y(n) &= a \cdot x(n) + x(n-M) - a \cdot y(n-M) \\ &\rightarrow H(f) = [a + \exp(-j2\pi Mf / f_A)] / [1 + a \cdot \exp(-j2\pi Mf / f_A)] \end{aligned} \quad (15.30)$$

Dieses sog. Allpass-Kamm-Filter hat einen konstanten Betragsfrequenzgang. Alle drei Kamm-Filtertypen finden sich in einer Vielzahl von Kombinationsvarianten in digitalen Hallgeräten zur Erzeugung von künstlichem Nachhall (Logan u. Schroeder 1961, Schroeder 1962, Moorer 1978, Zölzer 2005).

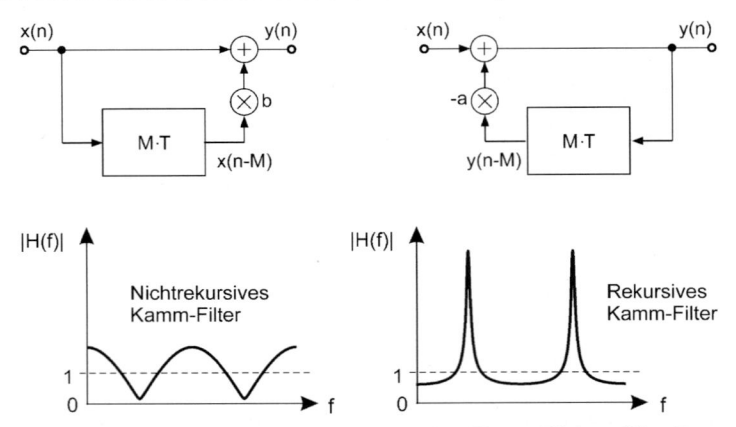

Abb. 15.25 Nichtrekursives (links) und rekursives (rechts) Kamm-Filter und ihre Betragsfrequenzgänge

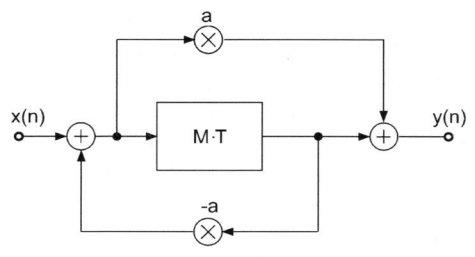

Kapitel 15 Signalverarbeitung, Filter und Effekte

Abb. 15.26 Rekursives M-fach Allpass-Filter zur Raumsimulation

15.3.2 Tremolo und Vibrato

In der technischen Terminologie ist der **Tremolo-Effekt** eine sich schnell wiederholende Erhöhung und Reduktion der Lautstärke eines Audiosignals. Der Effekt verändert die zeitliche Einhüllende des Eingangssignals durch einfache Multiplikation (s. Abb. 15.27) des Eingangssignals $x(n)$ mit dem modulierenden Signal $m(n) = 1+a\cdot\sin(2\pi f_0 n/f_A)$ und liefert das Ausgangssignal

$$y(n) = m(n) \cdot x(n) \rightarrow Y(f) = M(f) * X(f) \tag{15.31}$$

Es entsteht eine sog. Amplitudenmodulation des Audiosignals. Die Wiederholungsrate wird mit der Frequenz f_0 eingestellt. Die sog. Tiefe des Effektes wird mit dem Amplitudenparameter der Sinusschwingung $a \leq 1$ eingestellt. Da die Wiederholungsrate des Effektes relativ gering ist, ist die spektrale Verschiebung des Eingangsspektrums, die sich durch die Faltung der beiden Spektren $X(f)$ mit $M(f)$ ergibt, auch gering. Eine an den „Beat" angepasste Wiederholungsrate oder eine adaptive Wiederholungsrate erhöhen die akustische Wirkung des Effektes entscheidend.

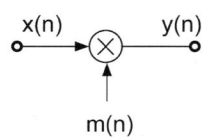

Abb. 15.27 Tremolo-Effekt durch Amplitudenmodulation

Der **Vibrato-Effekt** ist eine sich schnelle wiederholende Variation der Tonhöhe während des Haltens eines Tones (wie z. B. bei Streichinstrumenten, Gitarren, Singstimmen oder beim Jodeln). Die technische Realisierung dieses Effektes der Tonhöhenverschiebung kann durch periodische Veränderung der Laufzeit eines Verzögerungssystems (s. Abb. 15.28) erfolgen:

$$y(n) = x(n - m(n)) = x(n) * \delta(n - m(n)) \rightarrow Y(f) = X(f)\exp(-j2\pi m(n)f / f_A) \tag{15.32}$$

Die zeitvariante Verzögerungszeit $m(n) = M_1 + a \cdot \sin(2\pi f_0 n/f_A)$ wird um eine konstante Laufzeit M_1 herum mit einem sinusförmigen Ausdruck der Frequenz f_0 eingestellt. Die Breite der Variation der Verzögerungszeit wird über den Parameter a kontrolliert. Die zugehörige Fourier-Transformierte des Ausgangssignals $Y(f)$ zeigt, dass das Eingangssignal in seiner Phase verändert wird. Eine sog. Phasenmodulation führt somit auf eine Tonhöhenänderung. Diese Tonhöhenverschiebung durch Variation einer Laufzeitverzögerung bildet den physikalischen Doppler-Effekt (zufahrendes und wegfahrendes Auto mit Sirene) nach, in dem bei einer Verkürzung der Laufzeit durch das Verzögerungssystem die Tonhöhe ansteigt, während bei einer Verlängerung der Laufzeit die Tonhöhe absinkt. Verschiedene Methoden zur Variation von Laufzeitsystemen finden sich in (Laakso et al. 1996, Dattorro 1997b, Zölzer 2002).

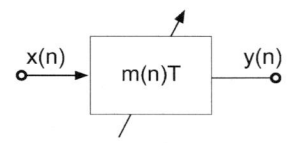

Abb. 15.28 Vibrato-Effekt durch Phasenmodulation (zeitvariante Verzögerungszeit)

Der akustische Effekt von **rotierenden Lautsprechern** („Leslie"-Effekt) äußert sich in einer periodischen Tonhöhenverschiebung verbunden mit einer periodischen Lautstärkeschwankung und lässt sich durch die Kombination eines Doppler-Effektes und einer Amplitudenmodulation beschreiben (Disch u. Zölzer 1999, Smith et al. 2002, Dattorro 2002, Zölzer 2002).

15.3.3 Chorus, Flanger und Phaser

Der **Chorus-Effekt** simuliert das gleichzeitige und gemeinsame Spielen (Singen im Chor, Spielen im Ensemble) von Musikern (Chor, Violinen, etc.) mit leicht unterschiedlicher Tonhöhe und Lautstärke der sonst identischen Instrumente. Der Chorus-Effekt sorgt für eine subjektive Erhöhung der Lautheit. Diese Amplituden- und Tonhöhenschwankungen können durch additive Überlagerung von mehreren amplituden- und phasenmodulierten Versionen eines Signals gemäß

$$y(n) = x(n) + \sum_i x(n - m_i(n)) \qquad (15.33)$$

simuliert werden, wobei die individuellen zeitvarianten Verzögerungen $m_i(n)=M_i+r_i(n)*h_{LP}(n)$ aus verschiedenen festen Verzögerungen M_i und einem tiefpassgefilterten Rauschsignal $r_i(n)$ bestehen.

Der sog. **Flanger-Effekt** simuliert einen speziellen, zeitvarianten Filtereffekt. Ein Direktsignal wird hierbei durch eine Reflektion überlagert (z.B. Start eines Flugzeuges mit Direktschall und Bodenreflektion). Die Laufzeit dieser Reflektion wird hierbei langsam verändert (s. Abb. 15.29). Dieser Effekt wurde zuerst durch

Kapitel 15 Signalverarbeitung, Filter und Effekte

das Abspielen von zwei Kopien eines Audiosignals auf zwei Tonbandmaschinen und additiver Überlagerung der beiden Ausgangssignale der Tonbandmaschinen erzielt. Das Abspieltempo der einen Tonbandmaschine wurde verlangsamt, in dem der Daumen einer Hand auf das rotierende Tonband aufgelegt wurde. Durch das langsamere Abspielen reduziert sich die Tonhöhe des Ausgangssignals und führt zusammen mit der Überlagerung mit dem zweiten Signal zu dem Flanger-Effekt. Der Flanger-Effekt wird durch die Differenzengleichung

$$y(n) = 0{,}5 \cdot x(n) + 0{,}5 \cdot x(n - m_1(n)) \qquad (15.34)$$

beschrieben, wobei die zeitvariante Verzögerung durch $m_1(n) = M_1 + a \cdot \sin(2\pi f_0 n / f_A)$ gegeben ist. Die Zeitverzögerung $M_1 T$ bestimmt die Frequenz $f_1 = 1/(M_1 T)$, welche die Abstände der Dämpfungsstellen im Betragsfrequenzgang des Flangers kennzeichnen.

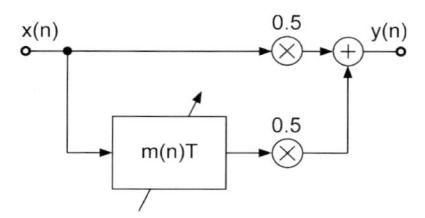

Abb. 15.29 Flanger-Effekt durch Phasenmodulation (zeitvariante Verzögerungszeit)

Bei der Frequenz $f_1 = 1/(M_1 T)$ hat ein sinusförmiges Ausgangssignal des Verzögerungssystems sich in der Phase um 180° verschoben, so dass die Amplitude genau das inverse Vorzeichen zur Amplitude des Eingangssignals hat und somit die Überlagerung beider Signale zu 0 führt. Es kommt also zur Auslöschung oder kompletten Dämpfung dieses Frequenzanteils.

Der Flanger-Effekt produziert gleichmäßig über die Frequenz verteilte Dämpfungsstellen (nichtrekursives Kamm-Filter) im Betragsfrequenzgang, wobei diese Dämpfungsstellen gesteuert durch die zeitvariable Verzögerung $m_1(n)$ langsam die Frequenzachse herunter und herauf verschoben werden (s. Abb. 15.30).

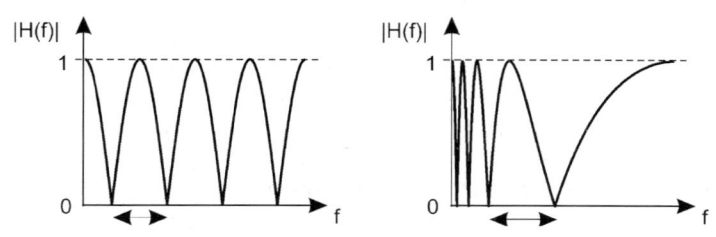

Abb. 15.30 Betragsfrequenzgang Flanger (links) und Phaser (rechts)

Ein **Phaser** produziert einen ähnlichen Effekt wie ein Flanger. Die zeitvariable Verzögerung der Reflektion beim Phaser wird mit Allpass-Filtern realisiert. Hierzu wird das verzögerte Signal durch eine Serienschaltung von Allpass-Filtern gebildet (s. Abb. 15.31) und dem Direktsignal überlagert:

$$y(n) = 0,5 \cdot x(n) + 0,5 \cdot x(n) * [h_{AP1}(n) * h_{AP2}(n) * ... * h_{APN}(n)] \quad (15.35)$$

Alle Allpass-Filter $h_{APi}(n)$ können Allpässe 1. Ordnung sein, wobei die einzelnen Phasengänge von 0° bis −180° verlaufen und der Phasengang der Serienschaltung der Allpässe von 0° bis −$N \cdot 180°$ verläuft. Der Phasengang des Allpass-Systems kreuzt also Vielfache von −180°, so dass an diesen Frequenzstellen Dämpfungsstellen des Betragsfrequenzganges auftreten. Aufgrund des nichtlinearen Phasenganges der einzelnen Phasengänge können die Dämpfungsstellen nichtlinear über der Frequenzachse verteilt werden (Abb. 15.30), wobei die zeitvariante Steuerung der Allpass-Filter diese Dämpfungsstellen langsam auf der Frequenzachse von unten nach oben wandern lässt. Weitere Informationen zu Chorus, Flanger und Phaser findet man in (Hartmann 1978, Smith 1984, Hartmann 1997, Dattorrro 1997b, Dattorro 2002, Zölzer 2002).

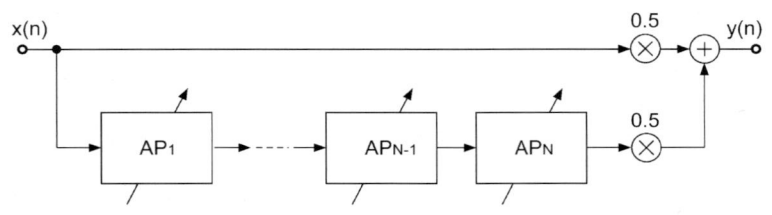

Abb. 15.31 Phaser-Effekt durch Phasenmodulation (zeitvariante Allpass-Filter in Serienschaltung)

15.3.4 Dynamiksteuerung

Die Dynamiksteuerung von Audiosignalen ist notwendig um die zeitliche Einhüllende des Signals in ihrer Dynamik (Amplitude) zu reduzieren, zu komprimieren, zu begrenzen oder zu expandieren. Sie wird bei der Aufnahme und bei der Übertragung zur Anpassung der Signalamplituden an die weiteren Verarbeitungssysteme eingesetzt. Die Dynamiksteuerung (Abb. 15.32) beeinflusst das Audiosignal $x(n)$ in Form einer Amplitudenmodulation gegeben durch (15.31).

Die zeitvariable Verstärkungsfunktion $m(n) = f\{x(n)\}$ wird aus dem Eingangssignal abgeleitet und beruht auf den Messgrößen wie Effektiv- und Spitzenwert des Eingangssignals mit einem entsprechenden Ein- und Ausschwingverhalten. Aus diesen beiden Messgrößen wird durch Kompressionsvorschriften für einen Limiter, einen Kompressor, Expander und Noisegates (McNally 1984, Zölzer 2005) der entsprechende Verstärkungsfaktor $m(n)=f\{x(n)\}$ abgeleitet. Die hiermit durchgeführte Amplitudenmodulation im Zeitbereich entspricht einer Faltung der zugehörigen Fourier-Transformierten. Um die dabei entstehende Spreizung des Ausgangsspek-

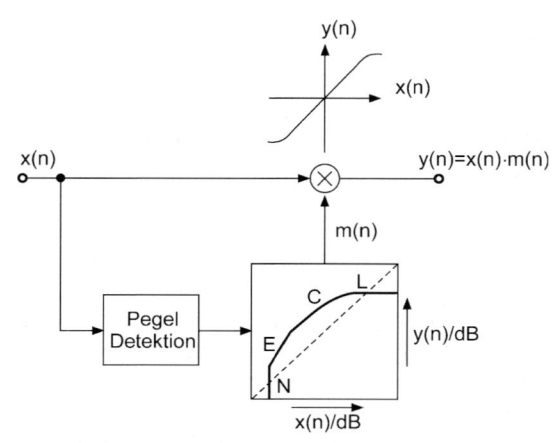

Kapitel 15 Signalverarbeitung, Filter und Effekte

Abb. 15.32 Dynamiksteuerung mit Pegeldetektion und Kompressionskennline

trums nicht zu Verzerrungen führen zu lassen, muss die Verstärkungsfunktion $m(n)$ = f$\{x(n)\}$ mit einem Tiefpass gefiltert werden. Dies kann durch entsprechende Einstellung der Ansprech- und Rücklaufzeit dieser Dynamik-Algorithmen erreicht werden. In zahlreichen Anwendungen ist aber gerade ein nichtlineares Verhalten von speziellem Interesse, insbesondere bei der Simulation nichtlinearer Röhrenverstärker oder Röhren-Equalizer. Diese Systeme werden zur speziellen Klangformung gerade aufgrund ihrer nichtlinearen Eigenschaften eingesetzt und können bei der Berücksichtigung der Spreizung des Spektrums ohne weiteres durch digitale Simulationen realisiert werden (Zölzer 2002).

15.3.5 Tonhöhenverschiebung und Zeitskalierung

Eine **Tonhöhenverschiebung** eines Audiosignals kann man erreichen, indem man ein aufgezeichnetes Signal schneller abspielt und somit die Tonhöhe anhebt oder durch langsameres Abspielen die Tonhöhe absenkt. Das Zeitskalierungstheorem der zeitdiskreten Fourier-Transformation DFT$\{x(an)\} = X(f/a)/|a|$ macht deutlich, dass eine Skalierung der Zeitachse (Streckung mit $a > 1$, Stauchung mit $a < 1$) zu einer Skalierung der Frequenzachse (Reduktion der Tonhöhe $a > 1$, Erhöhung der Tonhöhe $a < 1$) führt. Dieses Prinzip wurde in Form einer Tonbandmaschine mit variabler Abspielgeschwindigkeit und einer rotierenden 4-fach Tonkopftrommel zur Zeitskalierung und Tonhöhenverschiebung schon Ende der dreißiger Jahre des letzten Jahrhunderts zur chiffrierten Nachrichtenübertragung genutzt. Eine Tonhöhenverschiebung lässt sich elektronisch durch zwei parallele in ihrer Länge modulierte Verzögerungssysteme realisieren (s. Abb. 15.33), wobei die Ausgangssignale beider Systeme mit einer Überblendfunktion $a_1(n)$ addiert werden:

$$y(n) = a_1(n) \cdot x(n - m_1(n)) + [1 - a_1(n)] \cdot x(n - m_2(n)) \tag{15.36}$$

Die zeitvariablen Verzögerungszeiten werden über die Ausdrücke $m_1(n) = t_0 + (n/t_1 \bmod t_1)$ und $m_2(n) = m_1(n - t_1/2)$ eingestellt. Ein sägezahnförmiger Verlauf mit der Steigung $1/t_1$ steuert die Erzeugung des Doppler-Effektes zur Tonhöhenverschiebung. Die Überblendfunktion lautet

$$a_1(n) = 0,5 \cdot [1 + \sin(2\pi f_1 n / f_A)], f_1 = 1/t_1 \qquad (15.37)$$

und sorgt dafür, dass immer nur ein Verzögerungssystem ein Ausgangssignal liefert, während der Auslesevorgang des anderen Systems zu einer neuen Speicherstelle zurückspringt (Zölzer 2002). Dieses Verfahren zur Tonhöhenverschiebung im Zeitbereich mit modulierten Verzögerungssystemen hat eine Skalierung der spektralen Einhüllenden des Spektrums zur Folge. Dies äußert sich akustisch im sog. Mickey-Mouse-Effekt. Die Einhüllende des Spektrums entspricht einem geglätteten Spektrum und wird entsprechend dem Skalierungstheorem gestaucht oder gestreckt, was neben der Tonhöhenverschiebung zu einem veränderten Betragsfrequenzgang des Gesamtsystems führt.

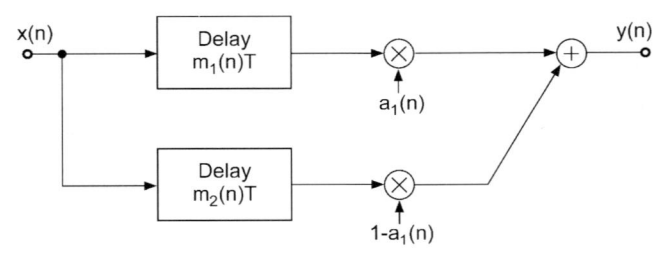

Abb. 15.33 Tonhöhenverschiebung durch modulierte Verzögerungssysteme

Zur Vermeidung dieses Nebeneffektes werden Verfahren im Frequenzbereich genutzt, die eine Tonhöhenverschiebung durchführen, dabei aber die spektrale Einhüllende des Eingangssignals beibehalten. Grundlage dieser Verfahren ist die Segmentierung des Eingangssignals, die im Folgenden eingeführt werden.

Eine **Zeitskalierung** eines Audiosignals kann durch Segmentierung des Audiosignals $x(n)$ in überlappende Blöcke von Abtastwerten mit einer Analysesprungweite S_a erfolgen (Analyse, s. Abb. 15.34 oben). Durch Nutzung der nicht-modifizierten Eingangsblöcke $x_i(n)$ und einer überlappenden Addition mit der Synthesesprungweite $S_s = \alpha S_a$ wird das Ausgangssignal $y(n)$ rekonstruiert (Synthese, s. Abb. 15.34 unten). Der Parameter α steuert die Erhöhung ($\alpha > 1$) oder Reduktion ($\alpha < 1$) der Zeitskalierung des Audiosignals. In den Überlappungsbereichen wird eine entsprechende Fensterfunktion zur Überblendung zwischen überlappenden Blöcken eingesetzt (Zölzer 2002).

Das gleiche Analyse- und Syntheseverfahren, welches komplett im Zeitbereich durchgeführt wird, kann auch zur Bearbeitung der einzelnen überlappenden Eingangsblöcke im Frequenzbereich genutzt werden (s. Abb. 15.35). Hierbei wird jeder einzelne Eingangsblock $x_i(n)$ mit einer FFT in den Frequenzbereich transformiert, eine Modifikation des Betrags und der Phase entsprechend $Y_i(f) = f\{X_i(f)\}$ vorge-

Kapitel 15 Signalverarbeitung, Filter und Effekte 845

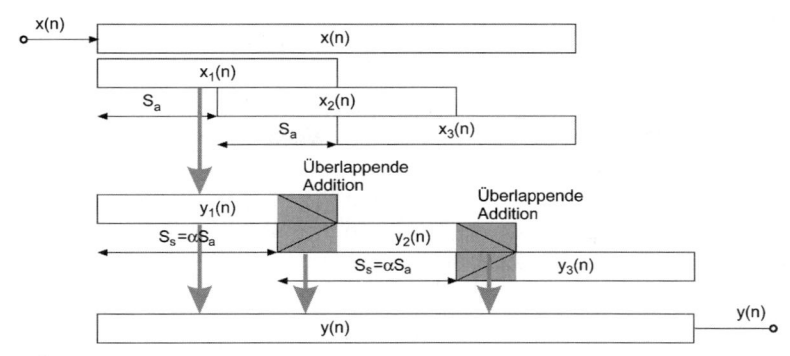

Abb. 15.34 Zeitskalierung durch Segmentierung des Eingangssignals und modifizierter überlappender Addition

nommen und anschließend mit einer inversen FFT wieder in einen modifizierten Zeitbereichsblock $y_i(n)$ zurücktransformiert. Die gewichtete (gefensterte) überlappende Addition rekonstruiert dann ein modifiziertes Ausgangssignal $y(n)$.

Dieses Frequenzbereichsverfahren erlaubt eine Vielzahl von Audio-Effekten (Entrauschung, Trennung sinusartiger und transienter Signalanteile, Roboterstimme, Flüstern, Quellentrennung, etc.) und ermöglicht auch eine Tonhöhenverschiebung bei Beibehaltung der spektralen Einhüllenden des Eingangssignals (Laroche 1998, Laroche u. Dolson 1999a, Laroche u. Dolson 1999b, Arfib et al. 2002).

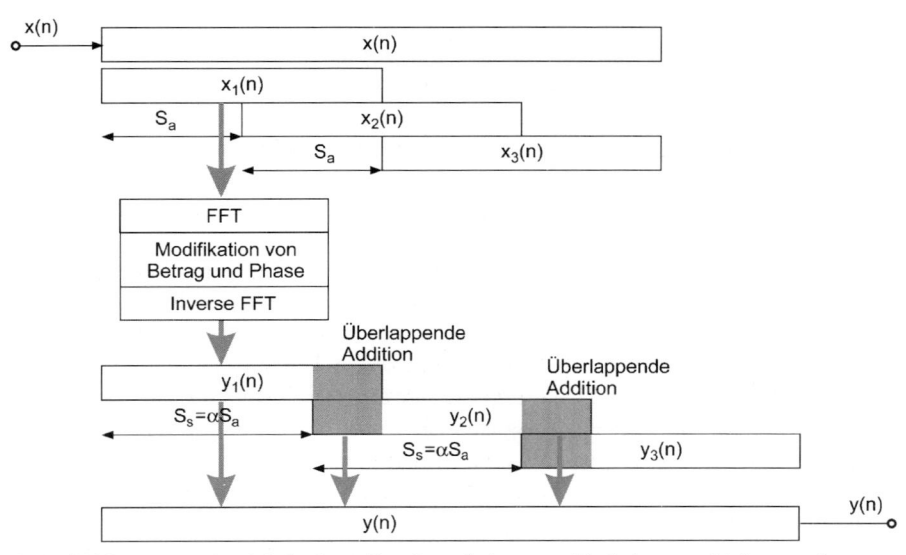

Abb. 15.35 Frequenzbereichsbasierte Signalverarbeitung zur Tonhöhenverschiebung und Zeitskalierung

15.3.6 Raumsimulation

Die Raumsimulation dient zur Platzierung eines im Nahbereich mit einem Mikrofon aufgenommenen Musikers oder Sprechers in einen entsprechenden akustischen Raum. Die Erzeugung von künstlichem Nachhall lässt sich durch eine Vielzahl an Algorithmen erreichen (Logan u. Schroeder 1961, Schroeder 1962, Moorer 1978, Chaigne u. Jot 1991, Dattorro 1997a, Rochesso u. Smith 1997, Zölzer 2005, Gardner 1998, Blesser 2001, Rochesso 2002) und ist exakt durch die zeitdiskrete Faltungssumme eines Audiosignals mit der Impulsantwort eines künstlichen Raumes oder eines realen Raumes realisierbar. Viele bisherige Raumsimulatoren basieren auf der Nachbildung oder Approximation einer Raumimpulsantwort. Die in der Vergangenheit vorhandene Rechnerleistung hat die Berechnung der zeitdiskreten Faltungssumme bei Impulsantworten der Länge von einigen Sekunden nicht ermöglicht. Aus diesem Grunde wurden einfache Systeme, wie vorwärts- und rückwärtsgekoppelte Kamm-Filter und Allpass-Filter, in vielfältigen unterschiedlichen Konfigurationen und Verkoppelungen genutzt, um eine Verhallung eines Signals vorzunehmen. Darüber hinaus sind die Koeffizienten dieser gekoppelten Kamm-/Allpass-Filtersysteme mit Zufallsgeneratoren leicht verändert worden, um insbesondere für eine Stereo-Raumsimulation zwei unkorrelierte Impulsantworten für den rechten und linken Stereo-Kanal zu approximieren. Ziel dieser Raumsimulatoren ist die Realisierung von künstlichen Raumimpulsantworten mit möglichst einfachen und recheneffizienten Filteralgorithmen, die weit weniger aufwendig sind als die direkte Berechnung der zeitdiskreten Faltungssumme mit Hilfe einer gemessenen Raumimpulsantwort.

Wenn allerdings die Rechenleistung vorhanden ist und eine Raumimpulsantwort $h(n)$ (s. Abb. 15.36) durch eine Messung (Zufallsfolgen- oder Sinusweep-Messung, s. Kap. 21) eines realen Raumes oder durch eine modellbasierte Berechnung (Ray-Tracing- oder Spiegelquellen-Methode) zur Verfügung steht, kann die Raumsimulation durch die zeitdiskrete Faltungssumme

$$y(n) = x(n) * h(n) \rightarrow Y(f) = X(f) \cdot H(f) \tag{15.38}$$

realisiert werden. Äquivalent zur Berechnung der zeitdiskreten Faltungssumme im Zeitbereich kann die FFT benutzt werden, um sowohl das Eingangssignal als auch die Impulsantwort in den Frequenzbereich zu transformieren, um dann die beiden Spektren zu multiplizieren. Das Produktspektrum $Y(f) = X(f) \cdot H(f)$ wird dann durch eine inverse FFT wieder in das Ausgangssignal $y(n)$ zurücktransformiert. Wenn das Eingangssignal und die Impulsantwort sehr lang sind, kann eine Segmentierung des Eingangssignals und der Impulsantwort vorgenommen werden, so dass eine parametrische Faltungsoperation gemäß

$$y(n) = x(n) * [a_1 \cdot h_1(n) + a_2 \cdot h_2(n) + a_3 \cdot h_3(n) + a_4 \cdot h_4(n)] \tag{15.39}$$

durchgeführt werden kann. Die dabei notwendigen Teilfaltungen können hierbei sehr effizient im Frequenzbereich (Oppenheim u. Schafer 1975, Gardner 1995) rea-

Kapitel 15 Signalverarbeitung, Filter und Effekte 847

lisiert werden. Die recheneffiziente Durchführung der zeitdiskreten Faltungssumme durch Segmentierung von Eingangssignal und Impulsantwort und äquivalente Multiplikationsoperationen im Frequenzbereich wird als sog. **Schnelle Faltung** bezeichnet (s. Abb. 15.36).

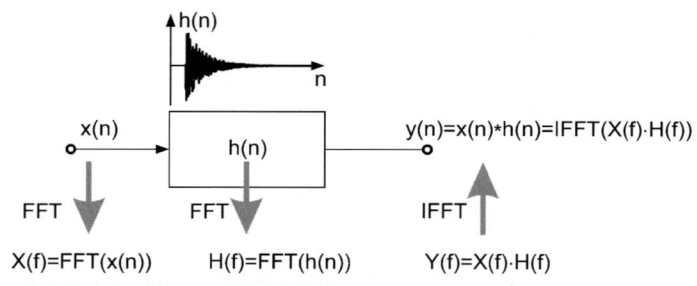

Abb. 15.36 Raumsimulation mit der Schnellen Faltung

Literatur

Arfib D, Keiler F, Zölzer U (2002) Time-frequency Processing. In: Zölzer U (Hrsg), DAFX – Digital Audio Effects. Wiley & Sons, Chichester, S 237–297

Arfib D, Keiler F, Zölzer U (2002) Source-filter Processing. In: Zölzer U (Hrsg), DAFX – Digital Audio Effects. Wiley & Sons, Chichester, S 299–372

Blesser B (2001) An Interdisciplinary Synthesis of Reverberation Viewpoints. J Audio Eng Soc 49/10:867–903

Chaigne A, Jot JM (1991) Digital Delay Networks for Designing Artificial Reverberators. 94th AES Convention, Preprint No. 3030

Dattorro J (1997a) Effect Design: Part 1 Reverberator and Other Filters. J Audio Eng Soc 45/ 9:660–684

Dattorro J (1997b) Effect Design: Part 2 Delay-Line Modulation and Chorus. J Audio Eng Soc 45/10:764–788

Dattorro J (2002) Effect Design, Part 3 Oscillators: Sinusoidal and Pseudonoise. J Audio Eng Soc 50/3:115

Disch S, Zölzer U (1999) Modulation and Delay Line Based Digital Audio Effects. Proc DAFx-99 Workshop on Digital Audio Effects, Trondheim, S 5–8

Fontana F, Karjalainen M (2003) A Digital Bandpass/Bandstop Complementary Equalization Filter with Independent Tuning Characteristics. IEEE Signal Processing Letters 10/4:119–122

Gardner WG (1995) Efficient Convolution without Input-output Delay. J Audio Eng Soc 43/ 3:127–136

Gardner WG (1998) Reverberation Algorithms. In: Brandenburg K, Kahrs M (Hrsg), Applications of Digital Signal Processing to Audio and Acoustics. Kluwer, Boston, S 85–131

Hartmann WM (1978) Flanging and Phasers. J Audio Eng Soc 26/ 6:439–443

Hartmann WM (1997) Signals, Sound, and Sensation. AIP Press, New York

Holters M, Zölzer U (2006) Parametric Recursive Higher-Order Shelving-Filters. 120th AES Convention, Paris

Kammeyer, KD, Kroschel K (2002) Digitale Signalverarbeitung. 5. Aufl, BG Teubner, Stuttgart

Karjalainen M, Laakso TI, Laine UK, Välimäki V (1996) Splitting the Unit Delay—Tools for Fractional Delay Filter Design. IEEE Signal Processing Magazine 13/1:30–60

Keiler F, Zölzer U (2004) Parametric Second- and Fourth-Order Shelving Filters for Audio Applications. Proc of IEEE 6th Workshop on Multimedia Signal Processing, Siena

Laroche J (1998) Time and Pitch Scale Modifcations, In: Brandenburg K, Kahrs M (Hrsg), Applications of Digital Signal Processing to Audio and Acoustics. Kluwer, Boston

Laroche J, Dolson M (1999a) Improved Phase Vocoder Time-Scale Modification of Audio. IEEE Trans on Speech and Audio Processing 7/ 3:323–332

Laroche J, Dolson M (1999b) New Phase-Vocoder Techniques for Pitch Shifting, Chorusing, Harmonizing, and Other Exotic Audio Modifications. J Audio Eng Soc 47/11:928–936

Logan BF, Schroeder MR (1961) Colorless Artificial Reverberation. J Audio Eng Soc 9/3:192–197

McNally G (1984) Dynamic Range Control of Digital Audio Signals. J Audio Eng Soc 32/5:316–327

Moorer JA (1978) About this Reverberation Business. Computer Music Journal 3/2:13–28

Oppenheim AV, Schafer RW (1975), Digital Signal Processing. Prentice-Hall, Englewood Cliffs

Orfanidis SJ (1996) Introduction to Signal Processing. Prentice-Hall, Englewood Cliffs, NJ

Rocchesso D (2002) Spatial Effects. In: Zölzer U (Hrsg), DAFX – Digital Audio Effects, Wiley & Sons, Chichester, S 137–200

Rocchesso D, Smith JO (1997) Circulant and Elliptic Feedback Delay Networks for Artificial Reverberation. IEEE Transactions on Speech and Audio Processing 5/1:51–63

Schroeder MR (1962) Natural Sounding Artificial Reverberation. J Audio Eng Soc 10/3: 219–223

Smith JO (1984) An Allpass Approach to Digital Phasing and Flanging. Proc of the 1984 International Computer Music Conference, S 103–108

Smith JO, Serafin S, Abel J, Berners D (2002) Doppler Simulation and the Leslie. Proc DAFx-02, Hamburg

Zölzer U (Hrsg) (2002) DAFX – Digital Audio Effects, Wiley & Sons, Chichester

Zölzer U (2005) Digitale Audiosignalverarbeitung. 3. Aufl, BG Teubner, Stuttgart

Kapitel 16
Bitratenreduktion

Alexander Lerch

16.1 Einleitung 849
16.2 Verlustlose Kodierung 850
    16.2.1 Allgemeiner Aufbau 851
    16.2.2 Verbreitete Verfahren 855
16.3 Verlustbehaftete Kodierung 857
    16.3.1 Allgemeiner Aufbau 858
    16.3.2 Qualität 864
    16.3.3 Verbreitete Verfahren 869
    16.3.4 Vergleichende Hörtestergebnisse 879
16.4 Zusammenfassung 881
Normen und Standards 882
Literatur 883

16.1 Einleitung

Zur Bitratenreduktion eingesetzte Kodierungsverfahren haben die Aufgabe, die Datenmenge zur Übertragung oder Speicherung von digitalen Signalen mit möglichst geringem Qualitätsverlust zu verkleinern. Sie werden entweder aus ökonomischen Gründen wie der Kostenersparnis durch geringere erforderliche Übertragungskapazitäten, oder aus technischen Gründen wie einem in der Größe beschränkten Speicherplatz oder eingeschränkten Übertragungskapazitäten eingesetzt. Kodierungsverfahren finden Anwendung in den unterschiedlichsten Bereichen wie Filmtheatern, Rundfunk und Telekommunikation, auf Datenträgern wie der DVD, im Internet bei der Distribution, beim Live-Streaming, in Tauschbörsen sowie auf portablen Mediaplayern wie MiniDisc- und MP3-Playern.

    Die Datenrate eines unkodierten Audiosignals hängt vom Quellmedium und Einsatzzweck ab. So besitzt ein Stereosignal in CD-Qualität eine Datenrate von 1411,2 kbit$\cdot$s^{-1}, ein fünfkanaliges Signal mit einer Wortbreite von 24 Bit und einer Abtastrate von 192 kHz besitzt eine Bitrate von 23040 kbit$\cdot$s^{-1}. Zur Verminderung der

Bitrate verfolgen moderne Kodierungsverfahren zwei grundsätzlich unterschiedliche Ansätze:

- die Beseitigung unnötiger, da redundanter Information *(Redundanzkodierung)*
- die Beseitigung unbedeutender, da vom menschlichen Gehör nicht wahrnehmbarer Information *(Irrelevanzkodierung)*

Redundanzkodierungen entfernen in einem informationstheoretischen Sinn *redundante* Anteile eines Signals. Sie erlauben die fehlerfreie Rekonstruktion des Eingangssignals aus dem kodierten Signal und werden daher auch als *verlustlose Kodierung* bezeichnet. Die bei der Irrelevanzkodierung als unnötig erachteten Signalanteile sind im Gegensatz dazu nicht wiederherstellbar; daher wird in diesem Fall von *verlustbehafteter Kodierung* gesprochen.

Gemeinsam haben alle Ansätze, dass sie jeweils Blöcke von Audiodaten analysieren, d. h. Gruppen von mehreren aufeinander folgenden Abtastwerten bilden, um das Signal effizienter zu kodieren. Im Folgenden soll die prinzipielle Struktur sowie typische Eigenschaften dieser Ansätze erläutert werden. Anschließend werden einige verbreitete Verfahren näher beschrieben, ohne dass diese Auswahl vollständig sein kann.

16.2 Verlustlose Kodierung

Verlustlose Verfahren ermöglichen die bitgenaue Rekonstruktion des Eingangssignals aus dem kodierten Bitstrom. Daher kann ein Audiosignal auch mehrmals enkodiert und wieder dekodiert werden, ohne dass dabei ein Qualitätsverlust auftritt. Im Vergleich zu verlustbehafteten Verfahren ist der Kodierungsgewinn allerdings relativ gering; die erreichbare Kompressionsrate, das Verhältnis von Eingangsbitrate zur Bitrate des kodierten Bitstroms, liegt im Bereich von 1,5:1 bis 3:1. Da die erzielbare Kompressionsrate von der Redundanz des Eingangssignals abhängig ist, variiert sie je nach den Eigenschaften des Signals über der Zeit und kann nicht konstant gehalten werden.

Verlustlose Verfahren werden z. B. in der Archivierung oder bei hohen Anforderungen an die Qualität bei gleichzeitiger Einschränkung des verfügbaren Speicherplatzes oder der verfügbaren Übertragungskapazität eingesetzt. Ein Beispiel ist die DVD-A, wo im Falle eines sechskanaligen Audiosignals mit 24 Bit Wortbreite und 96 kHz Abtastrate die mögliche Auslesegeschwindigkeit der DVD überschritten würde; Abhilfe schafft das Speichern und Auslesen der Audiodaten in dem verlustlosen Format MLP (s. Abschn. 16.2.2.3).

16.2.1 Allgemeiner Aufbau

Abb. 16.1 veranschaulicht den prinzipiellen Ablauf eines typischen verlustlosen Kodierungsverfahrens. Die Kanalmatrizierung ist eine Linearkombination bzw. Zusammenfassung der Eingangskanäle und versucht auf diese Weise, Redundanzen zwischen den Eingangskanälen auszunutzen. Anschließend wird eine lineare Prädiktion durchgeführt, bei der zukünftige Abtastwerte aufgrund der vorhergehenden geschätzt werden. Das Ziel ist dabei, die Leistung des Prädiktionsfehlers zwischen vorhergesagtem und tatsächlichem Abtastwert zu minimieren, damit die nachfolgende Entropiekodierung die Bitrate bestmöglich reduzieren kann. Um die Prädiktion an das Eingangsignal anzupassen, werden ihre sog. Koeffizienten für jeden Block an Audiodaten neu bestimmt. Die zu übertragende Information liegt hauptsächlich in den Prädiktorkoeffizienten und dem Prädiktionsfehler, der auch Residuum oder Restfehler genannt wird.

Die einzelnen Bearbeitungsschritte werden im Folgenden näher beschrieben.

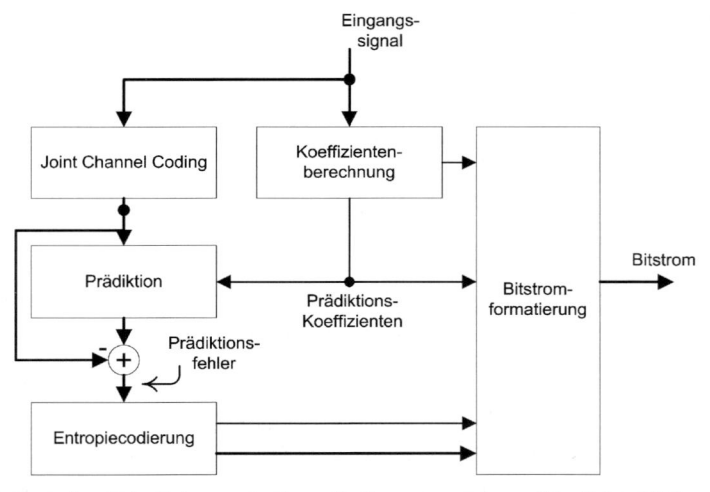

Abb. 16.1 Typischer Ablauf eines verlustlosen Kodierungsverfahrens. Die dicken Pfeile markieren den Fluss der Audioinformationen, die dünnen den Fluss der Kontrolldaten und Zusatzinformationen.

16.2.1.1 Joint Channel Coding

In diesem Verarbeitungsschritt geht es darum, zwei oder mehrere Kanäle so zu kombinieren, dass das Signal möglichst gut kodiert werden kann. Im einfachsten und häufig auftretenden Fall ist das eine einfache Mitte/Seite-Matrizierung (MS); in diesem Fall wird die Summe und die Differenz zweier Kanäle eines Kanalpaares kodiert. M/S-Matrizierung funktioniert sehr gut, wenn auf beiden Kanälen das gleiche oder ein sehr ähnliches Signal ist, da in diesem Fall das Differenzsignal fast 0 ist und somit sehr effizient kodiert werden kann.

Im verallgemeinerten Fall kann eine solche Kanalmatrizierung eine beliebige Linearkombination mehrerer Kanäle sein, die zudem auch an den aktuell bearbeiteten Block angepasst werden kann.

16.2.1.2 Lineare Prädiktion

Die lineare Prädiktion versucht die Vorhersage bzw. das Schätzen der zukünftigen Abtastwerte aus den vorhergehenden. Hierbei wird die Tatsache ausgenutzt, dass aufeinander folgende Abtastwerte sich ähnlicher sind bzw. voneinander stärker statistisch abhängig sind als weiter auseinander liegende. Die Differenz zwischen Eingangssignal und prädiziertem Signal ist der Prädiktionsfehler, dessen Leistung minimiert werden soll. Im Idealfall ist dieser Fehler konstant 0, so dass er mit minimalem Bitaufwand in den Bitstrom kodiert werden kann.

Die Prädiktion der Abtastwerte geschieht zumeist mittels eines FIR-Filters, dessen Koeffizienten für jeden neuen Block von Abtastwerten neu berechnet werden. In diesem Fall spricht man von adaptiver linearer Prädiktion. Je höher die Ordnung des Filters ist, desto mehr in der Vergangenheit liegende Werte werden bei der Prädiktion berücksichtigt und desto besser kann das Signal theoretisch geschätzt werden. In der Praxis stagniert der Gewinn (abhängig vom Eingangssignal) bei Hinzufügen eines weiteren Koeffizienten allerdings hin zu großen Zahlen von Koeffizienten. Die Koeffizientenberechnung kann zudem sehr rechenaufwendig sein, so dass im Allgemeinen eine möglichst kleine Zahl von Prädiktionskoeffizienten gewünscht ist.

Die Effizienz eines Prädiktors hängt von den statistischen Abhängigkeiten der Abtastwerte des Eingangssignals ab. Stationäre, tonale Signale können sehr gut vorhergesagt werden und führen zu einem kleinen Prädiktionsfehler, während rauschhafte Signale nicht oder nur schlecht prädiziert werden können, da (weißes) Rauschen keine statistische Bindung zwischen einzelnen Abtastwerten aufweist.

Die Koeffizienten zur adaptiven linearen Prädiktion lassen sich vorwärtsgesteuert oder rückwärtsgesteuert berechnen. Im vorwärtsgesteuerten Fall werden die Koeffizienten direkt mit dem Eingangssignal bestimmt und als Seiteninformation in den Bitstrom geschrieben, da sie beim anschließenden Dekodierungsvorgang zur Rekonstruktion benötigt werden. Da die Koeffizienten nicht in beliebig hoher Auflösung übertragen werden können, müssen sie quantisiert werden, und die Prädiktion muss mit den quantisierten Koeffizienten geschehen.

Im rückwärtsgesteuerten Fall werden die Koeffizienten hingegen aus dem Prädiktionsfehler bestimmt. Somit muss keine Seiteninformation zum Decoder übertragen werden, da dieser die Koeffizientenberechnung selbst durchführen kann. Dadurch erhöht sich allerdings die erforderliche Komplexität des Decoders deutlich. Zudem ist das Bitstromsignal bei der rückwärtsgesteuerten Prädiktion anfälliger für Übertragungsfehler.

16.2.1.3 Entropiekodierung

Die Entropiekodierung nutzt ebenso wie die lineare Prädiktion statistische Eigenschaften des Signals aus. Während allerdings die lineare Prädiktion statistische Abhängigkeiten in der zeitlichen Abfolge betrachtet, beruht die Entropiekodierung auf der Auftretenswahrscheinlichkeit von *Symbolen*. Im Falle eines Audiosignals kann ein Symbol z. B. ein bestimmter Amplitudenwert oder auch eine Folge von Amplitudenwerten sein.

Jedem Symbol S_i kann in Abhängigkeit von der Wahrscheinlichkeit seines Auftretens p_i ein Informationsgehalt I_i zugeordnet werden:

$$I_i = \log_2\left(\frac{1}{p_i}\right) \quad (16.1)$$

Das bedeutet, dass der Informationsgehalt eines häufig auftretenden Symbols gering ist, während der Informationsgehalt eines selten auftretenden Symbols hoch ist. Der Informationsgehalt des Symbols gibt an, wie viele Bits im optimalen Fall für die Kodierung des Symbols benötigt werden.

Die Amplituden von Audiosignalen weisen typischerweise eine annähernd gauß- bzw. laplaceverteilte Häufigkeit auf (s. Abb. 14.9). Werden hier die Amplitudenwerte als Symbole betrachtet, so wird deutlich, dass hohe Amplitudenwerte aufgrund ihres seltenen Auftretens einen höheren Informationsgehalt besitzen.

Die Entropie H eines Signals mit N Symbolen ist nach Shannon (1948) gegeben durch:

$$H = \sum_{i=1}^{N} p_i \cdot I_i \quad (16.2)$$

Die Entropie ist somit der Mittelwert des Informationsgehalts aller auftretenden Symbole und gibt das theoretisch erreichbare Minimum der für die Enkodierung benötigten Bits an. Ist die Auftretenswahrscheinlichkeit eines Symbols gleich 1 (und somit die Auftretenswahrscheinlichkeit aller anderen möglichen Symbole 0), so hat es keinen Informationsgehalt und die Entropie eines entsprechenden Signals ist 0. Ist das Auftreten aller Symbole gleichwahrscheinlich, so nimmt die Entropie ihren Maximalwert, nämlich die Zahl der Bits pro Symbol an. Somit besitzt ein konstantes Signal (Gleichanteil) keinerlei Informationsgehalt, während Rauschen mit gleichverteilter Amplitudenwahrscheinlichkeit einen maximalen Informationsgehalt besitzt und somit bei der Kodierung keinerlei Bits gewonnen werden können.

Die Huffman-Kodierung ist eine typische Entropie-Kodierung (Huffman 1952), bei der Symbolen mit sehr hoher Auftretenswahrscheinlichkeit kürzere Worte für die Übertragung zugeordnet werden als Symbolen, die selten auftreten. Ein simples Beispiel ist die Kodierung einer aus insgesamt drei Symbolen A, B und C bestehenden Folge mit den jeweiligen Wahrscheinlichkeiten $p_A = 0{,}5$, $p_B = 0{,}25$, $p_C = 0{,}25$. Die Entropie eines solchen Signals nach (16.2) ist 1,5, d. h. im Falle einer optimalen

Kodierung werden im Schnitt 1,5 Bits pro Symbol verwendet. Eine mögliche Huffman-Kodierung ist in Tabelle 16.1 aufgezeigt.

Tabelle 16.1 Mögliche Huffman-Kodierung eines Signals mit drei Symbolen A, B, C mit den Auftretenswahrscheinlichkeiten $p_A = 0{,}5$, $p_B = 0{,}25$, $p_C = 0{,}25$

Symbol	Bitfolge
A	0
B	10
C	11

Ein Signal der Symbolfolge ABCA wird also mit dem theoretischen Minimum

$$\frac{\text{Zahl der Bits}}{\text{Zahl der Symbole}} = \frac{6 Bit}{4 Symbole} = 1{,}5 \frac{Bit}{Symbol} \tag{16.3}$$

kodiert. Die kodierte Bitfolge lautet *010110*.

Ändert man die Auftretenswahrscheinlichkeiten der drei Symbole zu $p_A = 0{,}7$, $p_B = 0{,}2$, $p_C = 0{,}1$, so erhält man für jedes der Symbole die gleiche Bitfolge, aber die Entropie $H \approx 1{,}11$. Bei der Kodierung eines Signals mit diesen Auftretenshäufigkeiten erhält man allerdings das Ergebnis, dass ca. 1,3 Bits pro Symbol verwendet wurden, so dass das theoretische Minimum nicht erreicht werden konnte. Tatsächlich kann ein Huffman-Code nur dann optimal funktionieren, wenn die Auftretenswahrscheinlichkeiten inverse Zweierpotenzen sind. Andere Ansätze wie z. B. die arithmetische Kodierung, s. beispielsweise (McKay 2003), bieten Möglichkeiten, diese Einschränkung zu umgehen.

Bei der Kodierung realer Signale ist die Übereinstimmung der angenommenen Wahrscheinlichkeitsverteilung mit der des tatsächlichen Signals von großer Bedeutung, denn das optimale Kodierungsergebnis wird nur bei übereinstimmenden Wahrscheinlichkeitsverteilungen erreicht. Oftmals verfügen Huffman-Kodierer aus diesem Grund über verschiedene Code-Bücher, basierend auf unterschiedlichen Wahrscheinlichkeitsverteilungen, und wählen dann das geeignete Code-Buch aus. In diesem Fall muss allerdings dem Decoder mitgeteilt werden, welches Code-Buch verwendet wurde.

Alternativ kann man auch eine typische Verteilung der Auftretenswahrscheinlichkeiten des zu kodierenden Signals annehmen und die Tabelle, unter Umständen abhängig von einem blockabhängigen Parameter, „selbst" erstellen. Ein Beispiel hierfür ist der Golomb-Code, der von einer symmetrischen Wahrscheinlichkeitsverteilung in der Form der Laplace-Verteilung (Abb. 14.9) ausgeht, deren Breite sich mittels eines einzelnen Parameters beeinflussen lässt. Golomb-Rice oder Rice-Codes stellen Spezialfälle von Golomb-Codes dar, die nur bestimmte Werte (Zweierpotenzen) zur Parametrisierung zulassen und aus diesem Grund wenig Rechenleistung erfordern.

16.2.2 Verbreitete Verfahren

Tabelle 16.2 zeigt eine Übersicht über die wichtigsten Merkmale der hier vorgestellten Verfahren.

Tabelle 16.2 Unterstützte Eingangs- und Ausgangsformate von verbreiteten Kodierungsverfahren

Verfahren	Abtastfrequenzen/kHz	Kanalanzahl	Wortbreite/bit
Shorten	alle	2	8,16
FLAC	1–1048	8	4–32
Meridian MLP	44.1–192	63	1–24
MPEG-4 ALS	alle	65536	1–32(int), 32(float)

16.2.2.1 Shorten

Shorten (Robinson 1994), ursprünglich für die Kodierung von Sprachsignalen gedacht, kann als Vorläufer der heute geläufigen verlustlosen Audiokodierungsverfahren betrachtet werden.

Zur linearen Prädiktion verwendet Shorten entweder – zur Verminderung der Rechenlast – einen von vier einfachen Prädiktoren mit vorgegebenen Koeffizienten, oder alternativ eine adaptive lineare Prädiktion, deren Ordnung mittels eines Algorithmus automatisch eingestellt wird. Die Blockgröße und die maximale Prädiktorordnung werden dabei vom Anwender konstant eingestellt.

Das Differenzsignal wird anschließend Huffman-kodiert. Die Amplitudenverteilung des Differenzsignals wird für die Entropiekodierung als laplaceverteilt angenommen. Redundanzen zwischen Audiokanälen werden nicht ausgenutzt. Neben der verlustfreien Kodierung bietet Shorten zwei Modi zur verlustbehafteten Kodierung: entweder mit gleich bleibendem SNR pro Block oder mit gleich bleibender Bitrate pro Block. Der Prädiktionsfehler wird in diesem Fall vor der Huffman-Kodierung quantisiert.

Shorten ist vor allem aufgrund seiner historischen Bedeutung und seines Bekanntheitsgrades interessant. Es handelt sich um ein Verfahren mit geringer Komplexität, dessen Kompressionsrate die von moderneren und aufwändigeren Verfahren allerdings oft nicht erreicht.

16.2.2.2 FLAC

FLAC (*Free Lossless Audio Codec*, Coalson 2006) ist ein frei verfügbares Verfahren zur verlustlosen Kodierung von Audiodateien. Es wird hauptsächlich für Musikarchive auf PCs verwendet. Die Blockgröße des Prädiktors ist einstellbar, die empfohlene Blockgröße für Audio in CD-Qualität beträgt 4608 Abtastwerte. Es stehen wahlweise Prädiktoren mit festen Koeffizienten oder ein adaptiver Prädiktor mit bis zu 32 Koeffizienten zur Verfügung.

Die anschließende Entropiekodierung des Prädiktionsfehlers geschieht mit Rice-Codes. Dabei kann der zu enkodierende Block im Falle eines zeitlich stark variierenden Signals auch in mehrere Blöcke mit unterschiedlichem Rice-Parameter unterteilt werden.

FLAC erlaubt die Ausnutzung von Redundanzen zwischen Stereokanälen, indem die besser zu komprimierende Variante zwischen Links/Rechts und Mitte/Seite automatisch gewählt wird. Das Setzen von so genannten Seek-Points im Bitstrom erlaubt dem Hörer das Springen zu anderen Abspielzeiten, ohne alle dazwischenliegenden Daten dekodieren zu müssen.

16.2.2.3 MLP

MLP (*M*eridian *L*ossless *P*acking, Gerzon et al. 1999) ist ein Format der Firma Meridian Audio Ltd. Es wird auf der DVD-Audio eingesetzt, wenn die maximale Auslesegeschwindigkeit der DVD geringer ist als die vom Audioformat geforderte Datenrate. Dies ist beispielsweise der Fall bei einem sechskanaligen Audiosignal mit 24 Bit Wortbreite und 96 kHz. Darüberhinaus gewährleistet das Verfahren eine längere Spielzeit des Datenträgers.

MLP bietet eine Kanalmatrizierung, bei der die Eingangskanäle zur Ausnutzung etwaiger Redundanzen beliebig kombiniert werden können. Mit Hilfe dieser Linearkombination ist es überdies möglich, mit überschaubaren Verlusten bei der Kompressionsrate einen dezidierten Downmix in dem Bitstrom zu übertragen, ohne dass zusätzliche Kanäle enkodiert und übertragen werden müssen. Dies hat den Vorteil, dass ein Stereodecoder tatsächlich nur zwei Kanäle dekodieren muss, statt alle Kanäle zu dekodieren und anschließend den Downmix zu berechnen.

Eine technische Besonderheit des MLP-Verfahrens ist der Einsatz von IIR-Filtern neben den bekannten FIR-Filtern zur Prädiktion. Durch die Anpassung an die speziellen Anforderungen der DVD-A besitzt MLP einige besondere Eigenschaften. So werden beispielsweise unerwünschte, aber prinzipbedingt auftretende Schwankungen in der Bitrate durch eine Zwischenspeicherung abgefangen, um eine relativ konstante Übertragungsrate zu erreichen.

16.2.2.4 MPEG-4 ALS

MPEG-4 ALS (Audio Lossless, Liebchen 2005) ist das erste von der MPEG-Kommission standardisierte *verlustlose* Kodierungsverfahren. Aufgrund des recht neuen Standards (ISO/IEC 14496-3/AMD2) ist das Verfahren noch nicht sehr verbreitet; die durch die internationale Standardisierung erreichbare Kompatibilität zwischen verschiedenen Anwendungen sowie technische Eigenschaften wie die mögliche Kodierung von Daten im 32-Bit-Fließkommaformat lässt langfristig allerdings eine hohe Verbreitung erwarten.

ALS erlaubt die Adaption der Prädiktorordnung an den aktuellen Block von Eingangsdaten, wobei die maximale Prädiktorordnung 1023 Koeffizienten beträgt. Optional kann auch ein rückwärtsgesteuerter Prädiktor verwendet werden. Der Prädiktionsfehler wird anschließend mit einem Rice-Code entropiekodiert. Optional kann der Prädiktionsfehler zur Erhöhung der Kodierungseffizienz auch arithmetisch mit den so genannten BGMC (Block Gilbert-Moore Codes, Gilbert et al. 1959) kodiert werden.

Um die Abhängigkeiten zwischen weit auseinander liegenden Abtastwerten auszunutzen, kann eine Langzeitprädiktion auf dem Ausgangssignal des Prädiktors durchgeführt werden. Diese Langzeitprädiktion kann den Prädiktionsfehler insbesondere im Falle von stark periodischen Signalen minimieren.

Die Eingangsblocklänge kann abhängig von der Abtastrate gewählt werden, z. B. mit 2048 Abtastwerten für eine Abtastrate von 48 kHz. Diese Blocklänge ist zwar über das komplette zu enkodierende Signal konstant, kann aber im Falle eines sich stark innerhalb eines Blocks verändernden Signals in bis zu 32 Subblöcke unterteilt werden, die dann mit unterschiedlichen Einstellungen bearbeitet werden.

Zur Ausnutzung der Abhängigkeiten zwischen mehreren Kanälen bietet ALS einerseits eine einfache Differenzkodierung des Eingangssignals, anderseits die gewichtete Linearkombination mehrerer Kanäle im Anschluss an die Prädiktion.

ALS erlaubt das Einfügen von so genannten Random-Access-Points, so dass der Hörer zu anderen Abspielzeiten springen kann, ohne die vorhergehenden Daten dekodieren zu müssen.

Da einige Bearbeitungsschritte des Encoders optional eingesetzt werden können, lassen sich verschiedene Encoderimplementierungen oder -versionen flexibel im Hinblick auf Komplexität und Rechenleistung an bestimmte Anwendungsfälle anpassen.

16.3 Verlustbehaftete Kodierung

Im Gegensatz zu verlustlosen Kodierungsverfahren kann die Bitrate bei der Verwendung von verlustbehafteten Verfahren je nach Encoder und geforderter Qualität um einen Faktor 10–50 reduziert werden. Dies erklärt ihre Beliebtheit in allen Bereichen, in denen Speicherkapazität und Übertragungsrate beschränkt sind.

Verlustbehaftete Verfahren beruhen immer auf einer Neuquantisierung des Audiosignals. Frühe Systeme verwendeten relativ einfache Ansätze, die Bitrate mit möglichst geringem Qualitätsverlust zu reduzieren. Ein Beispiel hierfür ist die Verwendung von nicht-gleichförmigen Quantisierungskennlinien, die häufiger auftretende kleine Amplitudenwerte feiner quantisieren als große (Jayant und Noll 1984), wie dies zum Beispiel bei der μ-Law Kodierung der Fall ist. Der Quantisierungsfehler wird somit bei hohen Amplituden größer, wird aber teilweise durch die hohen Amplitudenwerte verdeckt, während die in Sprache und Musik häufig auftretenden kleineren Signalwerte fein quantisiert werden. Ein weiteres Beispiel sind auf adaptiver linearer Prädiktion beruhende Systeme (Abschn. 16.2.1.2), bei denen der Prädiktionsfehler quantisiert wird. Solche Verfahren werden ADPCM-Verfahren (*A*daptive *D*ifferential *P*ulse-*C*ode *M*odulation) genannt.

Aktuelle Verfahren zur Audiokodierung, die die Bitrate auf einen Bruchteil der ursprünglichen Datenrate reduzieren können, verwenden zur Erkennung der irrelevanten Signalanteile Modelle der menschlichen Wahrnehmung und werden aus diesem Grund auch als wahrnehmungsangepasste oder psychoakustische Kodierung bezeichnet. Die größte Bedeutung haben hierbei die aus der Psychoakustik bekannten Verdeckungseffekte, aufgrund derer leise Signalanteile ganz oder teilweise von lauteren Signalanteilen maskiert werden können. Die Neuquantisierung des Audiosignals findet dann üblicherweise in mehreren Frequenzbändern statt, um das bei der Quantisierung entstehende Rauschen spektral formen zu können.

Die meisten wahrnehmungsangepassten Verfahren haben gemeinsam, dass die erzielte Qualität ausschließlich vom Encoder abhängt, während der Decoder lediglich die vorgegebene Aufgabe bitgenau nach Spezifikation zu erfüllen hat. Dies hat den Vorteil, dass Encoder im Laufe der Versionen ihre Qualität fortlaufend verbessern können, ohne dass die Decoder inkompatibel werden. Für Encoder sind aus diesem Grund normalerweise lediglich die für Kompatibilität erforderlichen Teile standardisiert, während das Verhalten des Decoders komplett standardisiert ist. Dieses Vorgehen hat allerdings den Nachteil, dass verschiedene Encoderimplementierungen des gleichen Verfahrens (z. B. von verschiedenen Anbietern) zu unterschiedlicher Qualität führen können.

Die erzielbare Bitrate steigt mit der Abtastfrequenz des zu kodierenden Signals, da mehr Abtastwerte pro Zeiteinheit kodiert werden müssen. Die Wortbreite des Eingangssignals ist jedoch im Allgemeinen bedeutungslos für die Qualität, da das Signal in jedem Fall neu quantisiert wird. Die Ausgangswortbreite des Decoders hängt aus diesem Grund ausschließlich von der Wahl des Decoderanbieters ab.

Neben den höheren Kompressionsfaktoren bieten verlustbehaftete Verfahren gegenüber verlustlosen Verfahren auch den Vorteil, dass ihre Bitrate, wenn gewünscht, über der Zeit konstant gehalten werden kann. Auf diese Weise kann beispielsweise die Übertragungskapazität eines Kanals maximal ausgeschöpft werden.

16.3.1 Allgemeiner Aufbau

Abb. 16.2 zeigt den prinzipiellen Aufbau eines typischen wahrnehmungsangepassten Kodierungsverfahrens. Da das Kodierungsverfahren versucht, wichtige Signalanteile von irrelevanten zu unterscheiden, ist eine umfassende Analyse des Eingangssignals nötig. Diese geschieht im so genannten psychoakustischen Modell. Die Analyse sowie die spätere Kodierung werden im Frequenzbereich durchgeführt, wobei die Transformation mittels einer Filterbank oder Frequenztransformation durchgeführt wird. Dabei (oder auch in den folgenden Schritten) werden oft wichtige Eigenschaften des Gehörs wie dessen nichtlineare Frequenzauflösung berücksichtigt. Das psychoakustische Modell teilt dann den anderen Komponenten des Encoders mit, welche Frequenzbänder bzw. -komponenten besonders wichtig sind, und welche vernachlässigbar sind. Vor der eigentlichen Quantisierung des Signals kommen – abhängig vom jeweils betrachteten Kodierungsverfahren – noch einige Bearbei-

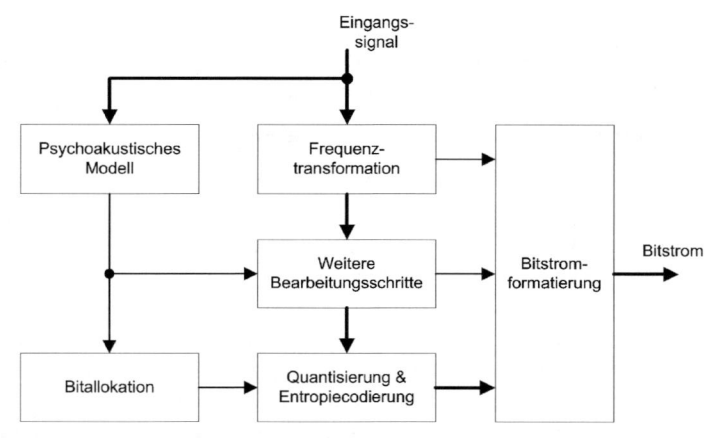

Abb. 16.2 Typischer Ablauf eines wahrnehmungsangepassten Kodierungsverfahrens. Die dicken Pfeile markieren den Fluss der Audioinformationen, die dünnen den Fluss der Kontrolldaten und Zusatzinformationen.

tungsschritte wie z. B. die Ausnutzung von Abhängigkeiten zwischen mehreren Eingangskanälen zum Einsatz, welche die Kodierungseffizienz weiter erhöhen.

Einer der wichtigsten Bearbeitungsschritte ist die Quantisierung. Basierend auf der Analyse des psychoakustischen Modells versucht der Quantisierer, wichtige Spektralanteile hochauflösend zu quantisieren und unwichtigere nur grob zu quantisieren. Die Quantisierung im Zusammenhang mit der nachgeschalteten Entropiekodierung der quantisierten Werte resultiert dann in dem Kodierungsgewinn.

16.3.1.1 Frequenztransformation

Das Eingangssignal wird in fast allen Fällen zunächst in Frequenzbänder gleicher Breite unterteilt. Diese Unterteilung geschieht entweder mit einer Filterbank (Subbandkodierung), mit einer Transformation (Transformationskodierung) oder mit einer Kombination aus Filterbank und anschließender Transformation (Hybridansatz). Die Unterscheidung zwischen Subband- und Transformationskodierung ist allerdings eher historisch als technisch bedingt und wird im Folgenden nicht berücksichtigt.

Das Design der verwendeten Filter oder der Transformation ist von großer Bedeutung für die resultierende Audioqualität (Brandenburg 1998). Voraussetzungen sind vor allem die perfekte oder nahezu perfekte Rekonstruktion des Signals sowie die gute Trennung der einzelnen Subbänder (Painter und Spanias 2000). Die meisten aktuellen Verfahren verwenden die MDCT (Modified Discrete Cosine Transform), die eine effiziente Berechnung der Subbandkoeffizienten erlaubt. Die MDCT wird normalerweise auf gefensterten Blöcken des Audiosignals durchgeführt, die sich um 50 Prozent überlappen. Die Zahl der resultierenden MDCT-Subbandkoeffizienten entspricht der halben Eingangsblocklänge.

Die Zahl der Bänder ist abhängig vom verwendeten Verfahren. Sie variiert von vier bis hin zu mehreren tausend Bändern beziehungsweise Subbandkoeffizienten.

Da jedes einzelne Band kritisch abgetastet wird, bestimmt die Zahl der Bänder zwangsläufig die Eingangsblockgröße und damit die zeitliche Auflösung des Verfahrens. Verfahren mit hoher Frequenzauflösung besitzen nur eine geringe zeitliche Auflösung und umgekehrt.

Zur effizienten Kodierung von zeitlich sich wenig verändernden Signalen ist eine hohe Frequenzauflösung und nur eine geringe zeitliche Auflösung erforderlich, während andererseits im Falle von Transienten, also sich stark innerhalb kurzer Zeit verändernden Signalen, eine hohe zeitliche Auflösung bei nicht sonderlich hoher Frequenzauflösung angestrebt werden muss.

Viele Verfahren erlauben daher ein Block-Switching, das den Einsatz kürzerer Blöcke (mit entsprechend geringerer Frequenzauflösung) an bestimmten Stellen, etwa bei transienten Signalverläufen ermöglicht. In Abb. 16.3 sind die Fensterfunktionen für das Block-Switching des Verfahrens MPEG-4 AAC (Abschn. 16.3.3.1) dargestellt. Die normale Blocklänge ist hier 2048 Abtastwerte, und die Fenster überlappen sich um 50 Prozent. AAC bietet die Möglichkeit, acht kurze Blöcke der Länge von 256 Abtastwerten statt eines langen Blocks zu verwenden. Um die größere Steigung der kurzen Fenster zu kompensieren, muss jede Sequenz von kurzen Blöcken mit speziell geformten Fenstern eingeleitet und beendet werden.

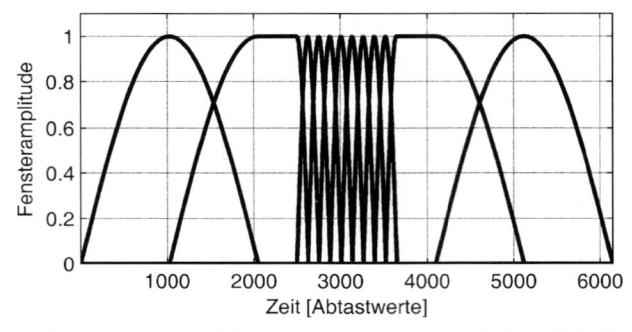

Abb. 16.3 Fensterfunktionen von aufeinander folgenden Blöcken bei der Enkodierung des mittleren Blocks mit acht kurzen Blöcken

16.3.1.2 Psychoakustisches Modell

Die wesentliche Aufgabe des psychoakustischen Modells ist die Bestimmung der so genannten Signal-To-Mask-Ratio (SMR), die das Verhältnis der Signalenergie zur berechneten Maskierungsschwelle pro Frequenzband angibt. Dieses Verhältnis wird dann von der Bitallokation zur Bestimmung der Quantisiererauflösung pro Frequenzband verwendet.

Da das psychoakustische Modell für die meisten Verfahren nicht vorgegeben ist, hat der hier beschriebene Ablauf lediglich exemplarischen Charakter.

Die Analyse wird entweder auf den Subbandkoeffizienten der Filterbank oder mittels einer parallel berechneten Fourier-Transformation (FFT) der entsprechenden Länge ausgeführt. In den meisten Fällen werden die Koeffizienten dann in Fre-

Kapitel 16 Bitratenreduktion

quenzbänder gruppiert, deren Breite nichtlinear mit der Frequenz zunimmt. Dies ist psychoakustisch motiviert und geschieht unter Berufung auf die so genannten kritischen Bänder (s. Kap. 2.2.3.1). Diese bei der Frequenzanalyse komplexer Schallereignisse wirksamen auditiven Filter geben den Frequenzbereich an, innerhalb dessen Maskierungseffekte deutlich ausgeprägt sind. Die Bandbreite dieser in zahlreichen Hörversuchen nachgewiesenen Frequenzbänder nimmt mit der Frequenz zu. Reiht man sie nicht-überlappend auf der Frequenzskala auf, so erhält man etwa 24 Bänder. Die so entstehende Tonheitsskala kann linear von 0 bis 24 in die Pseudoeinheit Bark unterteilt werden. Abb. 16.4 veranschaulicht die nichtlineare Zuordnung der Barkwerte zu Frequenzen.

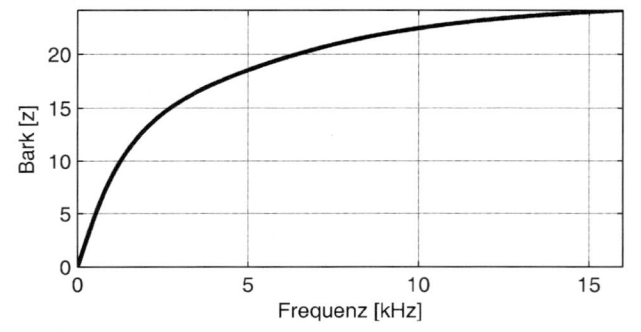

Abb. 16.4 Bark-Werte nach Zwicker in Abhängigkeit der Frequenz

Dieses Barkspektrum dient als Grundlage zur Berechnung der Verdeckungsschwelle. Ergebnisse von Hörversuchen belegen, dass einzelne Sinustöne oder schmalbandiges Rauschen nahe liegende Signalteile maskieren können. Dieser Effekt wird Simultanverdeckung genannt (vgl. Abschn. 2.2.3). Abb. 16.5 zeigt eine Verdeckungsschwelle für einen sinusförmigen Maskierer bei unterschiedlichen Maskiererpegeln.

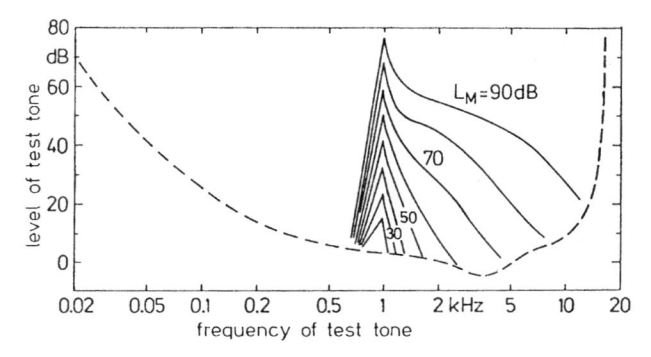

Abb. 16.5 Pegel eines Sinustons, der von einem 1 kHz-Sinuston unterschiedlichen Pegels L_M maskiert wird. Die gestrichelte Linie stellt die Ruhehörschwelle dar. Nach (Zwicker und Fastl 1999)

Die Verdeckungsschwelle, deren Höhe auch davon abhängt, ob es sich um einen tonalen oder rauschhaften Maskierer handelt, wird im psychoakustischen Modell meistens anhand einer Prototypfunktion berechnet, die den Verlauf für einen einzelnen Ton approximiert. Abb. 16.6 zeigt den Verlauf dieses Prototypen für das psychoakustische Modell II des MPEG-4-Standards. Die Maskierungsschwelle wird durch Faltung des Prototypen mit dem Barkspektrum und anschließender Absenkung des Ergebnisses je nach Rauschhaftigkeit des Maskierers berechnet.

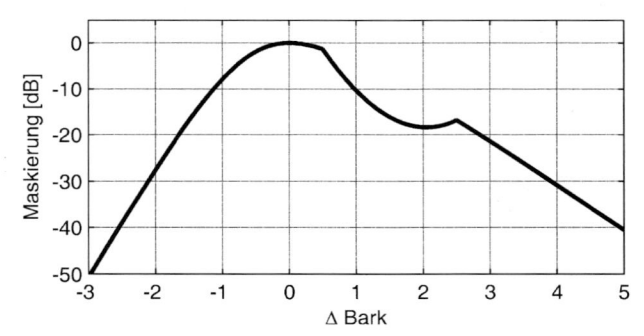

Abb. 16.6 Prototyp der Verdeckungsschwelle aus dem psychoakustischen Modell II (ISO/IEC 1999). Der Maskierer befindet sich an der Position 0.

Neben der Simultanverdeckung können auch der Verlauf der Ruhehörschwelle und die Berücksichtigung von zeitlichen Effekten wie Nachverdeckung und Vorverdeckung die Bestimmung der Verdeckungsschwelle beeinflussen. So werden Signalanteile, die kurz nach und in begrenztem Maße auch kurz vor einem lauten Maskierer auftreten, ebenfalls verdeckt.

Abbildung 16.7 zeigt das Betragsspektrum, das Barkspektrum mit berechneter Maskierungsschwelle sowie die resultierende SMR. Als Verhältnis von Barkspektrum des Signals zur Maskierungsschwelle ist sie ein Maß für die Anzahl der zur Quantisierung der einzelnen Frequenzbänder erforderlichen Quantisierungsstufen.

16.3.1.3 Bitallokation, Quantisierung und Entropiekodierung

Die Aufgabe der Bitallokation ist die Auswertung der vom psychoakustischen Modell übergebenen Daten zur Steuerung des Quantisierers. Dabei muss ein Kompromiss zwischen zwei Vorgaben erzielt werden: einerseits, das vom Quantisierer eingefügte Rauschen in jedem Frequenzband möglichst unter oder nahe der vom psychoakustischen Modell vorgegebenen Maskierungsschwelle zu halten und andererseits die vorgegebene Zielbitrate zu erreichen.

Um die Bitrate weiter zu minimieren, wird oft eine anschließende Entropiekodierung der quantisierten Subbandkoeffizienten durchgeführt. Da der Gewinn dieser Kodierung a priori nur schwer abzuschätzen ist, kann die tatsächliche Bitrate deutlich unter oder über der geforderten Bitrate liegen. In diesem Fall können in einem iterativen Verfahren die Vorgaben der Bitallokation modifiziert und die Quantisie-

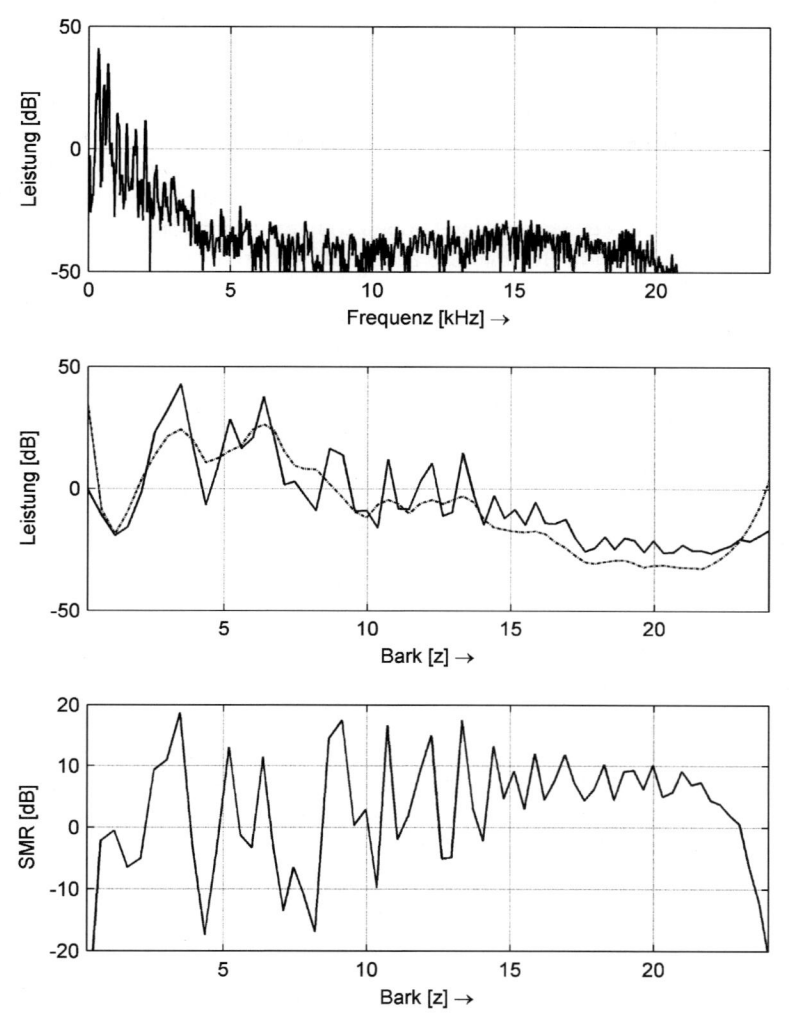

Abb. 16.7 Oben: Betragsspektrum eines einzelnen Audioblocks. Mitte: Korrespondierendes Barkspektrum und berechnete Maskierungsschwelle (gestrichelt). Unten: Resultierende Signal-To-Mask-Ratio (SMR)

rung und Entropiekodierung erneut durchgeführt werden. Der Schritt der Entropiekodierung wird in diesem Zusammenhang auch als *Noiseless Coding* bezeichnet.

16.3.1.4 Joint Channel Coding

Neben der Ausnutzung von Abhängigkeiten zwischen den Eingangskanälen wie im Fall der verlustlosen Kodierungsverfahren mittels Kanalmatrizierung (vgl. Abschn. 16.2.1.1), können verlustbehaftete Verfahren zusätzlich von Eigenschaften des räumlichen Hörens profitieren. Psychoakustische Versuche indizieren, dass die Genauigkeit der Lokalisierung von Schallquellen bei hohen Frequenzen abnimmt (Blauert 1996) und die Ortungsinformation dann hauptsächlich auf der Auswertung von interauralen Pegeldifferenzen beruht. Bei niedrigen Bitraten wird daher die sog. *Intensitätskodierung* (auch *IS*: *Intensity Stereo* oder *Channel Coupling*) eingesetzt, bei der hohe Frequenzbänder nicht mehr einzeln, sondern kombiniert kodiert werden. In den Seiteninformationen können zusätzliche Parameter wie zum Beispiel die Pegeldifferenz zwischen den beiden Kanälen übertragen werden. Im Gegensatz zu Kanalmatrizierungen liegt der Schwerpunkt bei der Intensitätskodierung nicht auf der Redundanzreduktion, sondern auf der Irrelevanzreduktion.

16.3.2 Qualität

Die von verlustbehafteten Verfahren zur Bitratenreduktion eingesetzten psychoakustischen Erkenntnisse sind nur Modelle der menschlichen Wahrnehmung. Sowohl aufgrund von Modellungenauigkeiten als auch abhängig vom Verfahren und der angestrebten Bitrate können wahrnehmbare Qualitätsverluste auftreten, deren Deutlichkeit überdies von den Eigenschaften des verwendeten Eingangssignals abhängt. Die Kenntnis der typischerweise auftretenden Artefakte, deren Messbarkeit, sowie die Möglichkeiten des Anwenders, Einfluss auf die erzielte Qualität zu nehmen, sind daher von großer Bedeutung. Die Tandemkodierung, d. h. die mehrmalige En- und Dekodierung des gleichen Signals, erhöht die Deutlichkeit der Artefakte. Aus diesem Grund sollte verlustbehaftete Kodierung idealerweise nur einmal am Ende der Produktionskette eingesetzt werden.

16.3.2.1 Kodierungsartefakte

Die typischen Qualitätsverluste, die auch Kodierungsartefakte genannt werden, ähneln sich bei den unterschiedlichen Verfahren. Die wichtigsten auftretenden Artefakte sind:

Vorecho und Verschmierungen

Diese Artefakte sind auf die Bearbeitung der Abtastwerte in Blöcken zurückzuführen und treten insbesondere bei transienten Signalen wie z. B. bei Aufnahmen von Schlaginstrumenten auf. Die Störung wird deutlicher, je länger die Blöcke von Abtastwerten werden.

Verschmierungen äußern sich darin, dass Transienten nicht mehr so scharf wahrgenommen werden, sondern weicher und zeitlich nicht mehr so klar definiert sind. Die Ursache hierfür ist, dass die nur kurzzeitig an der zeitlichen Position des transienten Signals auftretenden hohen Frequenzanteile vom Encoder als zu unwichtig angesehen werden und zu grob quantisiert werden.

Insbesondere bei einem starken Transienten nach einer stillen Passage kann es zu einem *Vorecho* (engl. Pre-Echo) kommen: Da sich das vom Quantisierer eingefügte Quantisierungsrauschen zeitlich gleichmäßig über den gesamten Audioblock verteilt und somit auch in der Stille vor dem transienten Signal vorhanden ist, kann dieses Rauschen vom Hörer als vor dem eigentlichen Signal auftretendes Echo wahrgenommen werden. Abb. 16.8 zeigt diesen Effekt für ein Signal mit sehr kurzem Einschwingvorgang. Bei kurzen Blocklängen ist ein Vorecho aufgrund des Vorverdeckungseffekts normalerweise nicht hörbar.

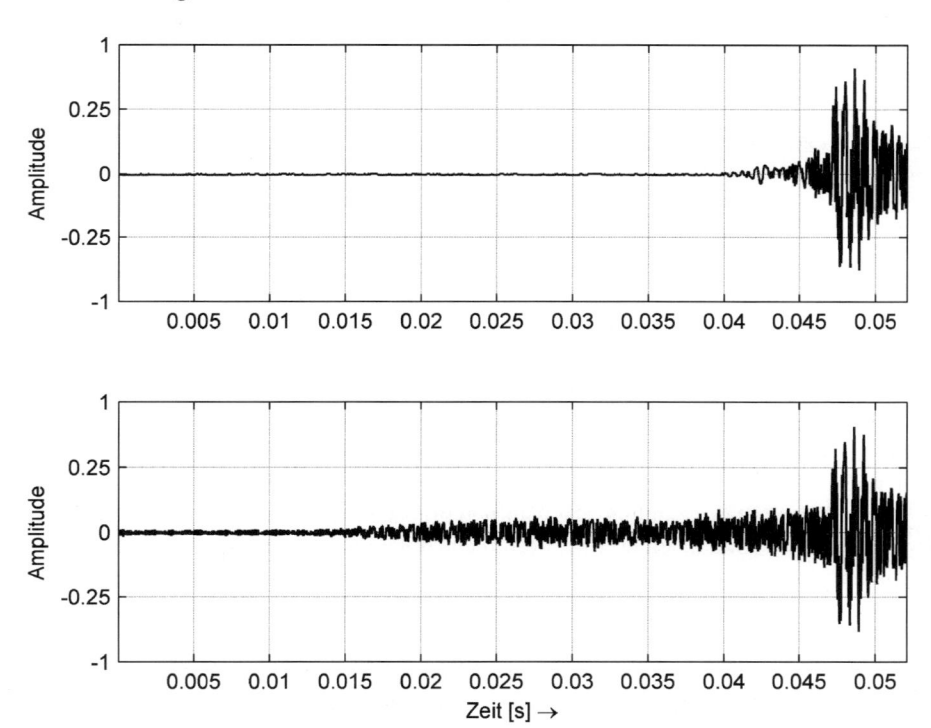

Abb. 16.8 Oben: Originalsignal. Unten: Quantisiertes Signal mit Vorecho

Bandbegrenzung und Zwitschern

Um die geforderte Bitrate zu erreichen, wird das Audiosignal oft vor der eigentlichen Kodierung tiefpassgefiltert. Somit stehen die meisten Bits für die psychoakustisch wichtigeren tieferen Frequenzen zur Verfügung. Abhängig vom Verlauf des Spektrums des Signals und der gewählten Grenzfrequenz wird eine solche Bandbegrenzung manchmal als störend wahrgenommen. Bei einer zu hoch gewählten Grenzfrequenz kann es jedoch zu störenden Artefakten kommen, die sich als

Zwitschern oder Blubbern bemerkbar machen. Dieses tritt auf, wenn hohe Frequenzbänder häufig zu- und ausgeschaltet werden. Die Ursache hierfür ist im Allgemeinen bei der Bitallokation zu suchen: Sind noch ausreichend Bits vorhanden, können die als unwichtigere Anteile gesehenen hohen Frequenzen mitkodiert werden, anderenfalls nicht.

Schwankungen und Verzerrungen des Stereobilds bzw. der Räumlichkeit

Die spezielle Behandlung von Stereo- oder Mehrkanalinformationen kann zu zeitlichen Variationen des Stereobilds und der wahrnehmbaren Räumlichkeit eines Audiosignals führen.

Rauigkeit und Quantisierungsrauschen

Durch ein von Block zu Block stark veränderliches Quantisierungsrauschen kann der subjektive Höreindruck der Rauheit entstehen.

16.3.2.2 Qualitätsmessung

Die Qualität von verlustbehafteten Kodierungsverfahren ist durch die Wahrnehmbarkeit der Degradierung der Signalqualität im Vergleich zum Originalsignal bedingt. Ist kein Unterschied zwischen dekodiertem Signal und Originalsignal wahrnehmbar, so nennt man die Kodierung *transparent*.

Die Messung der Qualität von wahrnehmungsangepassten Verfahren ist kompliziert, da die Qualität eines Encoders nicht nur vom Kodierungsverfahren selbst, sondern auch von der Implementierung insbesondere des psychoakustischen Modells und der Bitallokation abhängt sowie von der Beschaffenheit des Eingangssignals, die sich zudem zeitlich verändern kann.

Da bei wahrnehmungsangepassten Verfahren die perzeptive Qualität ausschlaggebend ist, haben physikalische Kriterien wie Bandbreite, SNR, Klirrfaktor oder Dynamikumfang keine oder nur begrenzte Aussagekraft.

Zur Bestimmung der Qualität sind daher Hörtests unter kontrollierten und reproduzierbaren Bedingungen erforderlich. Für Kodierungsverfahren mit geringen Qualitätsverlusten hat sich ein Vorgehen nach ITU-R BS.1116-1 etabliert, bei der die Qualität des kodierten Signals auf einer fünfstufigen Skala (Abb. 16.9) nach ITU-R BS.562-3 bzw. ITU-R BS.1284-1 bewertet wird.

ITU-R BS.1116-1 empfiehlt einen so genannten Doppel-Blind, Dreifach-Stimulus-Test mit versteckter Referenz. Bei diesem Test werden dem Hörer drei Stimuli präsentiert, von denen einer dem Hörer als unkodierte Version (Referenz) bekannt ist. Die verbleibenden Stimuli sind einerseits das zu bewertende kodierte Signal, andererseits erneut die Referenz. Die Reihenfolge dieser beiden Stimuli wird ohne Wissen des Hörers zufällig variiert. Der Hörer hat nun die Aufgabe, die beiden Sig-

5.0 — imperceptible (nicht wahrnehmbar)

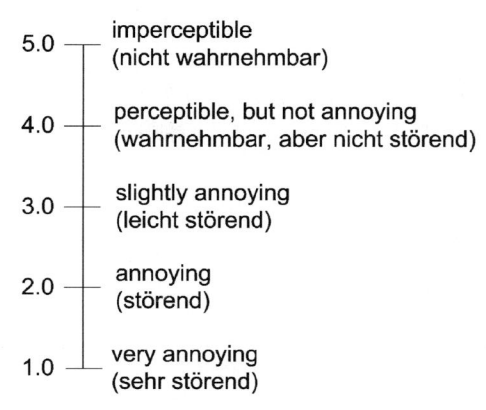

4.0 — perceptible, but not annoying (wahrnehmbar, aber nicht störend)

3.0 — slightly annoying (leicht störend)

2.0 — annoying (störend)

1.0 — very annoying (sehr störend)

Abb. 16.9 Fünfstufige Bewertungsskala nach ITU-R BS.1284-1

nale im Vergleich zur bekannten Referenz bewerten. Einige Benutzeroberflächen ermöglichen den Versuchspersonen einen beliebigen Vergleich mehrerer gleichzeitig angebotener Stimuli (ABCHR-Test). Neben der Testmethodik spezifiziert ITU-R BS.1116-1 auch Zahl, Auswahl und Training der Hörer, die verwendeten Testsequenzen, die elektroakustischen Eigenschaften der Lautsprecher, sowie Raumakustik und Abhörbedingungen.

Die individuellen und gemittelten Messwerte werden zumeist als Differenz der Bewertung des Testsignals und der Bewertung des Referenzsignals angegeben (sog. Differenzgrade, DG, *Subjective Difference Grades*, SDG oder kurz *diffgrades*). Im Normalfall bewertet der Testhörer die versteckte Referenz mit dem Maximalwert 5 und das Testsignal mit einem niedrigeren Wert, woraus sich ein Wertebereich des DG von −4.0 bis 0.0 ergibt. In ITU-R BS.1115-1 etwa wird als Qualitätsanforderung an verlustbehaftet kodiertes Sendematerial im Rundfunk eine Bewertung mit Skalenstufe 4 oder höher gefordert, entsprechend einem Differenzgrad größer −1.0. Wird die Qualität der versteckten Referenz niedriger als die des Testsignals bewertet, können auch positive Werte auftauchen, die auf eine transparente oder gar subjektiv klangverbessernde Kodierung hinweisen.

Zur Bewertung von Kodierungsverfahren mit deutlich wahrnehmbaren Qualitätsverlusten, wie z.B. bei niedrigen Bitraten, hat sich das *MUSHRA*-Verfahren (*MUL*ti *S*timulus test with *H*idden *R*eference and *A*nchor) nach ITU-R BS.1534 etabliert. Hierbei handelt es sich um einen Doppelblindtest mit mehreren Stimuli, einer versteckten Referenz und einem versteckten Anker. Der Hörer hat wie beim ABCHR-Verfahren den direkten Vergleich zwischen allen zu evaluierenden Signalen. Neben der versteckten Referenz befindet sich unter den Test-Stimuli ein sog. Anker, der eine ab 3,5 kHz tiefpassgefilterte oder auf andere geeignete Weise verschlechterte Version der Referenz ist. Der Zweck des Ankers ist die Erstellung eines Bezugspunkts mit einem leicht verständlichen und reproduzierbaren Qualitätsstand. Die Qualität wird auf einer Skala von 0 bis 100 gemessen, die in die fünf Kategorien *bad* (0−20), *poor* (20−40), *fair* (40−60), *good* (60−80) und *excellent* (80−100) unterteilt ist (Abb.16.10).

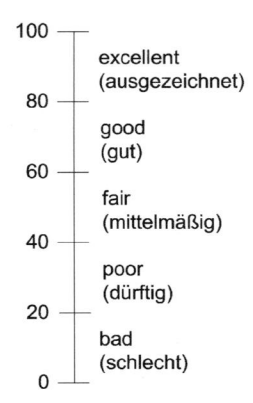

```
100 ─┬─
     │   excellent
 80  ─┤   (ausgezeichnet)
     │   good
 60  ─┤   (gut)
     │   fair
 40  ─┤   (mittelmäßig)
     │   poor
 20  ─┤   (dürftig)
     │   bad
  0  ─┴─  (schlecht)
```

Abb. 16.10 Bewertungsskala für den MUSHRA-Test nach ITU-R BS.1534

Eine zusammenfassende Darstellung der Ergebnisse beinhaltet arithmetische Mittelwerte über die Bewertungen der Versuchspersonen sowie je nach Fragestellung Perzentile, Standardabweichungen, Standardfehler und/oder Konfidenzintervalle.

Es existieren auch Verfahren wie PEAQ (Perceptual Evaluation of Audio Quality, ITU-R BS.1387-1), die versuchen, die Qualität von Kodierungsverfahren anhand von psychoakustischen und kognitiven Modellen objektiv und ohne Hörtest zu messen. Die Zuverlässigkeit der Ergebnisse solcher Verfahren ist allerdings umstritten. Zur Problematik der Abbildung von physikalischen und perzeptiven Größen s. a. Kap. 13.4.1. Abschn. 16.3.4 gibt eine Übersicht von Hörtestergebnissen der hier vorgestellten Verfahren.

16.3.2.3 Qualitätsoptimierung durch Feineinstellung der Enkodieroptionen

Viele Encoder bieten dem Anwender die Möglichkeit, mit verschiedenen Einstellungen Einfluss auf die resultierende Enkodierqualität zu nehmen. Mit einer Feinanpassung der Enkodieroptionen lässt sich die Qualität oftmals deutlich im Hinblick auf das verwendete Eingangssignal und die angestrebte Ausgangsbitrate optimieren. Die Verfügbarkeit solcher Optionen ist hersteller- und encoderabhängig.

Die nahe liegenden und am häufigsten benutzten Enkodieroptionen sind *Bitrate* und/oder *Qualitätsstufe*. Je höher die Bitrate, desto höher ist i.A. die Qualität des Signals, so dass sich diese beiden Parameter gegenseitig beeinflussen. Viele Encoder unterscheiden zwischen dem *CBR*-Modus (konstante Bitrate) und dem *VBR*-Modus (variable Bitrate), für den lediglich noch die gewünschte Qualität selektiert wird und kein direkter Einfluss mehr auf die Ausgangsbitrate genommen werden kann. Die erzielte Qualität hängt dann hauptsächlich von der Qualität des psychoakustischen Modells und des Bitallokationsmoduls ab.

Über die einstellbare Grenzfrequenz des *Tiefpassfilters* lässt sich eine dem Enkodiervorgang vorangestellte Tiefpassfilterung durchführen. Dies erlaubt dem Encoder, die verfügbaren Bits auf die tieferen Frequenzanteile zu konzentrieren und vermeidet unter Umständen Zwitscherartefakte.

Die Qualität eines Encoders verschlechtert sich bei Unterschreitung des typischen Bitratenbereichs mit sinkender Bitrate rapide. Durch eine *Abtastratenkonvertierung* des Eingangssignals hin zu niedrigen Abtastraten verschafft man dem Encoder durch die niedrigere Eingangsdatenrate wieder etwas Spielraum, so dass die empfundene Qualität in vielen Fällen steigt, obwohl mit der Abwärtstastung (downsampling) zwangsläufig auch eine Tiefpassfilterung verbunden ist. Bei sehr niedrigen Bitraten kann der Verzicht auf Stereo- oder Mehrkanal-Informationen hilfreich sein. Auch hiermit entlastet man den Encoder durch Reduzierung der Eingangsdatenrate.

16.3.3 Verbreitete Verfahren

Tabelle 16.3 zeigt eine Übersicht über die wichtigsten Merkmale der hier vorgestellten Verfahren.

Tabelle 16.3 Übersicht über die Eingangs- und Ausgangsformate der vorgestellten Verfahren

Verfahren	Abtastfrequenzen (kHz)	Kanäle	Mögl. Bitraten pro Kanal
MPEG-1/2 Layer 2	MPEG-1: 32-48 MPEG-2: 16-48	MPEG-1: 1-2 MPEG-2: 1-5.1	MPEG-1: 32-192 MPEG-2: 8-160
MPEG-1/2 Layer 3	MPEG-1: 32-48 MPEG-2: 16-48	MPEG-1: 1-2 MPEG-2: 1-5.1	MPEG-1: 32-320 MPEG-2: 8-160
MPEG-2/4 AAC	8-96	1-48.16	8-320
Sony ATRAC1	44.1	2	146
Sony ATRAC3	44.1	2	66 (LP2), 33 (LP4)
Sony SDDS	44.1	7.1	146
Dolby AC-3	32-48	1-5.1	32-640
Dolby E-AC-3	32-48	1-13.1	32-6144
DTS (Filmtheater)	44.1	5.1 DTS-ES: 6.1	192
DTS Coherent Acoustics	32-96	2-8	8-512

Tabelle 16.4 zeigt eine Übersicht über die Zahl der Abtastwerte, die von den Verfahren in einem Block zusammengefasst werden (und somit über die Frequenzauflösung dieser Verfahren) sowie die Art der verwendeten Frequenztransformation.

Tabelle 16.4 Übersicht über die Blocklängen und die Realisierung der Frequenztransformation verlustbehafteter Verfahren

Verfahren	Blocklänge lang/kurz (Abtastwerte)	Subbandberechnung (resultierende Bänder)
MPEG-1/2 Layer 2	1152	Filterbank (32)
MPEG-1/2 Layer 3	1152/384	Filterbank (32) + MDCT (36)
MPEG-2/4 AAC	2048/256	MDCT
Sony ATRAC1	512/128 (64)	Filterbank (3) + MDCT (128+128+256)
Sony ATRAC3	1024	Filterbank (4) + MDCT (256)
Dolby AC-3	512/256	MDCT
Dolby E-AC-3	1536/512	MDCT (512) + DCT (6)

16.3.3.1 MPEG-Verfahren

MPEG (Motion Picture Experts Group) ist eine Arbeitsgruppe der ISO/IEC (International Organization for Standardization/International Electrotechnical Commission), die sich mit der Definition und Verabschiedung von Standards für einen weiten Bereich von Multimediaapplikationen beschäftigt. An dieser Stelle sollen lediglich die für den Kontext der Audiokodierung relevanten Teile genannt werden.

Im ersten Standard MPEG-1 (ISO/IEC 11172-3) werden zur Kodierung von breitbandigen zweikanaligen Audiosignalen drei alternative Verfahren spezifiziert, *Layer 1*, *2* und *3*. Der Layer steht hierbei für steigende Komplexität. Layer 1 findet nur selten praktischen Einsatz, Layer 2 ist in einigen Systemen z. B. im Rundfunkbereich verbreitet, während MPEG-1 Layer 3 unter dem Namenskürzel mp3 sicherlich den höchsten Bekanntheitsgrad hat.

MPEG-2 (ISO/IEC 13818-3) erweitert die Spezifikation der bekannten Layer 1–3 sowohl durch niedrigere Abtastraten zur Erzielung geringerer Bitraten als auch durch eine MPEG-1-kompatible Erweiterung auf bis zu 5.1 Kanäle. Neben den in MPEG-2 zusätzlich zugelassenen niedrigen Abtastfrequenzen ab 16 kHz können nach einer inoffiziellen Erweiterung der Fraunhofer-Gesellschaft (MPEG-2.5) auch Abtastraten ab 8 kHz zugelassen werden.

Nachträglich wurde mit AAC (Advanced Audio Coding) ein neues Verfahren in den MPEG-2-Standard aufgenommen, das als Nachfolger von Layer 3 bezeichnet wird (ISO/IEC 13818-7).

Mit MPEG-4 (ISO/IEC 14496-3) wird der Anwendungsbereich der vorhergehenden Standards wesentlich ausgeweitet. Neben einer Erweiterung der AAC-Spezifikation werden mehrere weitere Sprach- und Audiokodierungsverfahren für unterschiedliche Applikationen und Bitraten, sowie die Möglichkeit zur Anordnung natürlicher und synthetischer sog. Audioobjekte in audiovisuellen Szenen in den Standard aufgenommen. Zudem wird der Standard kontinuierlich erweitert, wie z. B. die nachträgliche Spezifikation von MPEG-4 ALS (s. Abschn. 16.2.2.4) zeigt.

Kapitel 16 Bitratenreduktion

Der MPEG-7-Standard (ISO/IEC 15938-4) beschäftigt sich nicht mehr mit der Kodierung von Multimediadaten, sondern spezifiziert hauptsächlich eine Metadaten-Beschreibungssprache für diese Daten und deren Inhalt.

MPEG Surround (ISO/IEC 23003-1) ist eine Erweiterung der bestehenden MPEG-Verfahren zur Übertragung mehrkanaliger Audiodatenströme bei niedrigen Bitraten. Es ist also kein eigenständiges Kodierungsverfahren, sondern arbeitet als Erweiterung eines Basisverfahrens wie Layer 2 oder AAC.

MPEG-1/2 Layer 2

Layer 2 (auch MP2) ist heutzutage nur noch in bestimmten Bereichen verbreitet. Aufgrund seiner relativ geringen Komplexität und leichten Bearbeitbarkeit findet es vor allem im Rundfunkbereich Anwendung und ist sowohl Teil der DVB-Spezifikation (Digital Video Broadcasting) (ETSI TS 101 154) als auch der DAB-Spezifikation (Digital Audio Broadcasting) (ETSI EN 300 401). MPEG-2 Layer 2 wurde als Mehrkanal-Tonformat für die DVD-Video in Ländern mit PAL-System spezifiziert, konnte sich hier aber gegen die Konkurrenzverfahren nicht durchsetzen.

Das Audiosignal wird mittels einer Polyphasenfilterbank in 32 Subbänder gleicher Breite transformiert. Pro Subband werden jeweils 36 Abtastwerte zusammengefasst und mit einer von der Bitallokation vorgegebenen Wortbreite mit gleichförmiger Kennlinie quantisiert. Dies ergibt eine Audioblocklänge von insgesamt 1152 Abtastwerten (36 mal 32). Die Aussteuerung des Quantisierers wird durch einen in 2 dB-Schritten quantisierten Scalefactor festgelegt, der mindestens einmal pro Block, maximal aber 3-mal pro Block angepasst werden kann. Zur Optimierung der Qualität bei niedrigen Bitraten nutzt Layer 2 die Intensitätskodierung. Der typische Bitratenbereich für ein Stereosignal liegt zwischen 192 kbit·s^{-1} und 256 kbit·s^{-1}.

MPEG-1/2 Layer 3

Layer 3, für das sich auch mp3 als Bezeichnung etabliert hat, ist eines der bekanntesten Kodierungsverfahren und wird v. a. in computerbasierten Multimediaanwendungen, im Internet zur Musikdistribution und zum Echtzeit-Streaming, sowie auf portablen Geräten eingesetzt.

Im Vergleich zu Layer 2 besitzt Layer 3 eine deutlich höhere Komplexität mit dem Ziel einer Verringerung der Bitrate bei gleicher Qualität. Zur Frequenztransformation wird eine hybride Filterbank verwendet, wobei das Signal zunächst mit der gleichen Filterbank wie in Layer 2 in 32 Subbänder transformiert wird. Anschließend werden die einzelnen Subbandkoeffizienten mittels einer überlappenden MDCT mit der Fensterlänge von 36 Subbandkoeffizienten transformiert, um eine höhere Frequenzauflösung zu erzielen. Zur Vermeidung von Vorechoartefakten bietet Layer 3 die Möglichkeit, statt eines langen Blocks drei kurze Blöcke mit einer

Länge von zwölf Koeffizienten zu verwenden. Somit ergibt sich eine zeitliche Auflösung von entweder 1152 oder 384 Abtastwerten.

Das resultierende Spektrum wird in Bänder zunehmender Breite unterteilt, deren Koeffizienten jeweils mit einer einheitlichen Einstellung quantisiert werden. Aussteuerung und Quantisiererauflösung werden mittels eines globalen Faktors für alle Bänder und einem Skalierungsfaktor pro Band iterativ von der Bitallokation eingestellt. Zur Quantisierung wird eine nichtlineare Kennlinie verwendet, die kleinere Werte mit höherer Auflösung quantisiert. Die quantisierten Koeffizienten werden anschließend zur zusätzlichen Minimierung der Bitrate mit Hilfe mehrerer Huffman-Code-Bücher kodiert.

Da die aus der Entropiekodierung resultierende Bitrate nicht vorhersagbar ist, verwendet das Verfahren ein so genanntes Bitreservoir. Die grundlegende Idee des Reservoirs im Falle von konstanten Bitraten ist, dass Blöcke, die ihr vorgeschriebenes Quantum an Bits nicht ausschöpfen, die restlichen Bits anderen Blöcken mit hohen Bitanforderungen zur Verfügung stellen können. Ist die Bitrate variabel, so spielt das Bitreservoir keine Rolle.

Layer 3 kann bei Kanalpaaren sowohl Intensitätskodierung als auch Mitte-/Seiten-Kodierung einsetzen. Der typische Bitratenbereich für ein Stereosignal liegt zwischen 128 kbit$\cdot$s^{-1} und 192 kbit$\cdot$s^{-1}.

MP3Pro ist eine moderne Variante von Layer 3 mit Spectral Band Replication (SBR), ein Verfahren, das im Zusammenhang mit HE-AAC (s.u.) erläutert wird.

MPEG-2/4 AAC

Advanced Audio Coding (AAC) gilt als Nachfolger von Layer 3 und firmiert teilweise auch unter der irreführenden Bezeichnung MP4 oder M4A, obwohl für die Erstellung eines MPEG-4-konformen Bitstroms mit einer solchen Dateiendung die unterschiedlichsten Audio- und Videokodierungsverfahren eingesetzt werden können.

Zurzeit ist abzusehen, dass AAC sich in den gleichen Anwendungsbereichen wie Layer 3 durchsetzt: im Internet bei Musikdistribution und Streaming, in computerbasierten Multimediaanwendungen, und auf portablen Geräten zum Abspielen von Musikdateien. Darüber hinaus wird AAC beispielsweise im japanischen Rundfunk und beim amerikanischen Satellitenradio XM-Radio eingesetzt und wurde in die Spezifikation von Digital-Radio-Mondiale (ETSI ES 201 980) als auch von DVB (ETSI TS 101 154) aufgenommen. Zukünftig werden wahrscheinlich auch Audiodaten in den Datentracks der DVD-A AAC-kodiert werden.

Der grundsätzliche Ablauf gleicht dem vom Layer 3; AAC verwendet zur Frequenztransformation allerdings eine MDCT der Länge 2048, die zur Vermeidung von Vorecho-Artefakten durch acht kurze Blöcke ersetzt werden kann (vgl. Abb.16.3).

Ebenso wie bei Layer 3 wird das Spektrum in Bänder zunehmender Breite gruppiert, deren Quantisierung und anschließende Entropiekodierung ähnlich dem Layer 3-Vorgehen stattfindet. Auch AAC verfügt über ein Bitreservoir, um eine konstante Bitrate bei möglichst guter Qualität erreichen zu können.

Die Spezifikation von AAC verfolgt ein modulares Konzept, das die Erweiterung des oben genannten Grundkonzeptes durch so genannte Tools vorsieht. Diese können je nach Bedarf zur Optimierung der Kodierungsqualität eingesetzt werden. Folgende Tools wurden bisher in den Rahmen der Spezifikation aufgenommen:

- **MS** und **IS**: Eine Beschreibung der *Mitte/Seiten-* und *Intensitätskodierung* (IS) findet sich in Abschn. 16.2.1.1 und Abschn. 16.3.1.4. Anders als bei anderen Verfahren kann die Entscheidung der gemeinsamen Kodierung für jedes einzelne Frequenzband getroffen werden.
- **PNS**: *Perceptual Noise Substitution* geht von der Voraussetzung aus, dass der Hörer unterschiedliche rauschhafte Signale mit ähnlichen Eigenschaften nicht voneinander unterscheiden kann. Daher wird der Ansatz verfolgt, statt der tatsächlichen rauschhaften Frequenzbänder nur deren Eigenschaften zu übertragen und decoderseitig ein ähnliches Signal zu konstruieren. Dies kann bei niedrigen Bitraten, insbesondere bei Signalen mit vielen rauschhaften Anteilen, zu hörbaren Qualitätsverbesserungen führen.
- **TNS**: *Temporal Noise Shaping* wird zur Verbesserung der Kodierungseigenschaften bei sich innerhalb von kurzen Zeitspannen stark verändernden Signalen eingesetzt. Dabei wird – durch geeignete Vorquantisierung des Spektrums – die Leistung des Quantisierungsfehlers zeitlich so verformt, dass sie an Stellen mit geringer Signalleistung gering ist, während sie an Stellen mit hoher Signalleistung hoch ist. TNS eignet sich sehr gut, um Vorecho-Artefakte zu unterdrücken.
- **FDP**: *Frequency Domain Prediction* sagt mittels adaptiver linearer Prädiktion jeden einzelnen Subbandkoeffizienten vorher. Anschließend wird lediglich der resultierende Prädiktionsfehler kodiert. FDP eignet sich gut zur Kodierung von tonalen Signalen.
- **LTP**: Um auch Abhängigkeiten zwischen weit auseinander liegenden Abtastwerten ausnutzen zu können, versucht die *Long Term Prediction* die Periodizität des Signals zu finden und zu prädizieren. Wie bei der FDP wird nur der resultierende Prädiktionsfehler kodiert. LTP eignet sich zur Kodierung von stark periodischen, tonalen Signalen, wird aber nur selten unterstützt.
- **PS**: *Parametric Stereo* kann als Nachfolger der Intensitätskodierung (IS) verstanden werden. Die Idee hierbei ist, lediglich die Audioinformation eines Kanals zu kodieren und Parameter zur Erstellung des Stereosignals als zusätzliche Kontrollinformationen zu übertragen. PS ist zur Stereokodierung bei niedrigen Bitraten sehr gut geeignet.
- **SBR**: *Spectral Band Replication* kodiert lediglich das deutlich bandbegrenzte Audiosignal und übermittelt zusätzliche Kontrollinformationen zur Rekonstruktion des Gesamtspektrums, insbesondere der spektralen Hüllkurve. Der Decoder konstruiert dann aus dem kodierten Signal und der zusätzlichen Information eine Approximation an das ursprüngliche Audiosignal. SBR ist für den Einsatz bei niedrigen Bitraten sehr gut geeignet.

Damit nicht jeder AAC-Encoder und -Decoder alle diese Tools unterstützen muss, nennt MPEG-4 sog. *Object Types*, die Kombinationen von Tools für unterschiedliche Anwendungsfälle definieren. Die heutzutage wichtigsten Object Types sind AAC-LC (Low Complexity) und HE-AAC (High-Efficiency, auch aacPlus) bzw. HE-AAC v2. Andere Object Types wie z. B. AAC-Main, AAC-LTP (Long Term Prediction) und AAC-LD (Low Delay) sind nicht sehr verbreitet. Tabelle 16.5 zeigt die für verschiedene Object Types zugelassenen Kombinationen von Tools.

Tabelle 16.5 Übersicht von MPEG-4 AAC-Object Types und zugehörigen Tools

Tool\Object Type	MPEG-2 LC	LC	LD	LTP	Main	HE	HEv2
FDP	–	–	–	–	X	–	–
IS	X	X	X	X	X	X	X
LTP	–	–	X	X	–	–	–
MS	X	X	X	X	X	X	X
PNS	–	X	X	X	X	X	X
PS	–	–	–	–	–	–	X
SBR	–	–	–	–	–	X	X
TNS	X	X	X	X	X	X	X

Der Standardisierungsprozess von AAC zeichnet sich durch kontinuierliche Erweiterung des Standards aus. Während MPEG-2 AAC (ISO/IEC 13818-7) schon die Tools IS, MS, TNS und FDP bot, fügte der ursprüngliche MPEG-4-Standard (ISO/IEC 14496-3) noch PNS und LTP hinzu. In einer ersten Erweiterung (ISO/IEC 14496-3/AMD1) wurde SBR gemeinsam mit dem Object Type HE-AAC eingeführt, und die neueste Erweiterung (ISO/IEC 14496-3/AMD2) spezifizierte die Kodierung mit Parametric Stereo (HE-AAC v2). Im Gegensatz zu anderen Object Types ist HE-AAC/HE-AAC v2 kompatibel zu AAC-LC-Decodern, so dass diese Decoder HE-Bitströme mit niedriger Qualität abspielen können.

Der typische Bitratenbereich von AAC-LC für ein Stereosignal liegt zwischen 96 kbit·s^{-1} und 160 kbit·s^{-1}. Die neuen Object Types HE-AAC und HE-AAC v2 ermöglichen niedrigere Bitraten.

MPEG Surround

MPEG Surround (ISO/IEC 23003-1) oder auch *Spatial Audio Coding* stellt eine abwärtskompatible Erweiterung von schon existierenden Verfahren wie MPEG-1 Layer 2/3 oder (HE-)AAC zur effizienten Übertragung von Mehrkanalsignalen dar. Dabei werden nicht die diskreten Kanäle enkodiert, sondern ein Parameterset generiert, mit dessen Hilfe aus einem Downmix-Signal das mehrkanalige Signal vom Decoder synthetisiert werden kann.

Technologisch kann dieses Verfahren als Weiterentwicklung oder Verallgemeinerung des Parametric Stereo Coding (PS) für Mehrkanalsignale aufgefasst werden (Breebart et al. 2005, 2007).

Zur Kodierung der parametrischen Seiteninformationen wird (unter Umständen in mehreren Stufen) ein Downmix berechnet; dabei werden die Seitenparameter zur decoderseitigen Synthetisierung der restlichen Kanäle aufgrund der (frequenzbandabhängigen) Korrelation, spektraler und zeitlicher Hüllkurven sowie Intensitätsunterschieden bestimmt.

MPEG Surround bietet optional Kompatibilität des Downmixes zu matrizierten Surroundsystemen, so dass auch auf diese Weise ein Surroundsignal synthetisiert werden kann. Zudem besteht die theoretische Möglichkeit, auch aus einem einkanaligen Downmix-Signal ein mehrkanaliges Signal zu erzeugen. Durch die Anpassung von Zahl und Quantisierung der übertragenen Parameter sowie durch die optionale zusätzliche Übertragung eines bandbegrenzten Residualsignals ist das Verfahren sehr skalierbar hinsichtlich Bitrate beziehungsweise Qualität. Somit kann mit MPEG Surround ein breiter Bitraten- oder Qualitätsbereich abgedeckt werden, der sich z. B. im Falle eines 5.1-Signals zwischen 48 kbit·s^{-1} und 320 kbit·s^{-1} bewegen kann. Die typischen Bitraten bewegen sich allerdings eher im unteren Drittel dieses Bereichs.

16.3.3.2 Sony ATRAC und SDDS

Die Firma Sony führte Anfang der neunziger Jahre das proprietäre ATRAC-Verfahren (*Adaptive TRansform Acoustic Coding*) (Tsutsui et al. 1992) ein, das im Mini-Disc-Player und anderen portablen Audiogeräten von Sony Anwendung findet.

Die Frequenztransformation des ATRAC-Encoders geschieht durch die Aufteilung des Signals in drei Frequenzbänder (0–5,5 kHz, 5,5–11,0 kHz, 11,0–22,1 kHz) mit anschließender MDCT. Die Gesamtblocklänge beträgt damit 512 Abtastwerte. Zur besseren Kodierung transienter Signalanteile wird das Umschalten der Blockgröße auf 128 Abtastwerte erlaubt. Die MDCT-Koeffizienten werden anschließend in Bänder aufgeteilt, deren Bandbreite wie bei anderen Verfahren mit der Frequenz zunimmt. Die Analyse weist dann jedem dieser Bänder einen Skalierungsfaktor und eine Wortbreite zu, womit Aussteuerung und Auflösung des Quantisierers festgelegt werden.

Mit den Nachfolgesystemen ATRAC2 und ATRAC3 hat Sony einige Veränderungen im Enkodiervorgang eingeführt (Tsutsui 1998). So wird das Eingangssignal in vier Bänder gleicher Breite aufgeteilt, und die anschließende MDCT verdoppelt die Blocklänge im Vergleich zu ATRAC auf 1024, um die Frequenzauflösung zu erhöhen. Wichtige tonale Komponenten können bei ATRAC3 getrennt von den restlichen Koeffizienten quantisiert und übertragen werden, da diese besondere Bedeutung für die wahrgenommene Qualität haben. Die quantisierten Signale werden anschließend Huffman-kodiert. Auch Abhängigkeiten zwischen Stereokanälen werden ausgenutzt.

Zur Vermeidung von Vorecho-Artefakten hebt der Encoder Passagen vor Transienten im Pegel an, um eine feinere Quantisierung zu gewährleisten; der Decoder hat dann entsprechend die Aufgabe der Pegelabsenkung dieser Passagen.

Über ATRAC3plus, das neueste Verfahren der Sonyfamilie, sind keine technischen Details bekannt.

SDDS (Sony Dynamic Digital Sound) (Yamauchi et al. 1998) ist ein achtkanaliges Soundsystem für den Einsatz in Filmtheatern, dessen Audiokodierung auf dem ATRAC-Verfahren basiert. Die 7.1 Kanäle sind festgelegt als Links, Mitte Links, Mitte, Mitte Rechts, Rechts, Surround Links, Surround Rechts und Effektkanal.

Der Bitrate von ATRAC für ein Stereosignal liegt bei 292 kbit·s^{-1}. ATRAC3 reduziert die erforderliche Bitrate mit den so genannten Longplay-Modi LP2 (132 kbit·s^{-1}) und LP4 (66 kbit·s^{-1}). Laut Angabe von Sony liegt der typische Bitratenbereich des Nachfolgesystems ATRAC3plus etwa bei der Hälfte von Layer 3.

16.3.3.3 Digital Theater Systems DTS

DTS (Digital Theater Systems) ist einerseits ein Firmenname, bezeichnet andererseits aber auch zwei miteinander verwandte Kodierungsverfahren dieser Firma. Eines davon wird ausschließlich in Filmtheatern eingesetzt, während das andere, auch als *DTS Coherent Acoustics System* bezeichnet, vor allem zur Kodierung von Mehrkanaldaten auf CDs und DVD-Vs Verwendung findet, aber auch als Tonformat bei DVB (ETSI TS 101 154) eingesetzt werden kann.

Beide Verfahren haben in dieser Auflistung verschiedener Algorithmen eine Sonderstellung, da sie sich nicht oder zumindest nur teilweise in die Klasse der transformationsbasierten Verfahren einreihen lassen. Vielmehr basieren sie auf dem Prinzip der ADPCM bzw. der linearen Prädiktion (s. Abschn. 16.2.1.2) mit Quantisierung des Prädiktionsfehlers.

Das im Kino eingesetzte Verfahren basiert auf dem Kodierungsverfahren apt-X der Firma Audio Processing Technology Ltd. Zur Enkodierung wird das Signal in vier Bänder gleicher Bandbreite unterteilt. Pro Band wird eine rückwärtsgesteuerte adaptive lineare Prädiktion durchgeführt, so dass die Übertragung von Seiteninformationen wie z. B. Prädiktorkoeffizienten nicht erforderlich ist. Der Prädiktionsfehler wird anschließend nichtlinear quantisiert, so dass kleinere Werte mit einer höheren Auflösung quantisiert werden als größere. Die Aussteuerung des Quantisierers wird ebenso wie seine Auflösung dem Signal angepasst. Im Gegensatz zu anderen Verfahren sind die Audiodatenblöcke sehr kurz; zudem ist die Bitrate konstant ein Viertel der Eingangsbitrate.

Das *DTS Coherent Acoustics System* (Smyth 1999) teilt das Signal in 32 Frequenzbänder gleicher Breite auf, die genaue Anzahl der Bänder kann allerdings abhängig von der Abtastrate variieren. Für jedes dieser Subbänder wird eine adaptive lineare Prädiktion durchgeführt. Parallel dazu bestimmt das psychoakustische Modell, wie viel Quantisierungsrauschen in den einzelnen Bändern eingefügt werden darf. Diese Information wird dann vom Bitallokationsmodul zur Steuerung der pro Band zu verwendenden Quantisierungsstufen verwendet. Die Aussteuerung der Subband-Quantisierer wird über Skalierungsfaktoren pro Band reguliert. Im Falle von transienten Signalen können auch zwei Skalierungsfaktoren pro Block pro Band verwendet werden, so dass niedrig ausgesteuerte Signale vor dem Auftreten des Transienten nicht zu grob quantisiert werden und somit Vorecho-Artefakte vermieden werden. Der Startpunkt des zweiten Skalierungsfaktors respektive des Transienten kann dabei mit der zeitlichen Genauigkeit eines Viertelblocks angegeben werden.

Sowohl das quantisierte Differenzsignal als auch die Seiteninformationen wie die Prädiktorkoeffizienten der Subbänder können entropiekodiert übertragen werden. Werden mehrere Kanäle kodiert, so können hohe Frequenzbänder zweier oder mehrerer Kanäle zusammengefasst werden, um mehr Bits für die niedrigeren Frequenzen zur Verfügung zu haben (Intensitätskodierung).

In Filmtheatern findet neben dem DTS-System mit 5.1 Kanälen auch das DTS-ES-System Anwendung, welches einen Surround Mitte-Kanal durch Matrizierung auf die beiden anderen Surround-Kanäle bietet.

Das DTS Coherent Acoustics Kodierungsverfahren existiert in folgenden Produktvarianten:

- *DTS Digital Surround* kodiert 5.1 bei 44.1 oder 48 kHz (abhängig vom Zielmedium).
- *DTS-ES 6.1 Discrete* ist die Erweiterung dieses Formats durch einen diskreten Surround-Mitte-Kanal. Eine matrizierte Version dieses Kanals ist zudem aus Kompatibilitätsgründen zusätzlich vorhanden. Falls kein diskreter Surround-Mitte-Kanal vorliegt, dieser aber matriziert übertragen wird, spricht man von DTS-ES 5.1
- *DTS 96/24* erlaubt die Kodierung von 96 kHz-Signalen in 5.1

Die Bitrate des DTS-Kinosystems liegt für 5.1 Kanäle bei 1152 kbit·s^{-1}, die typische Bitrate des DTS Coherent Acoustics System für 5.1 Kanäle zwischen 768 kbit·s^{-1} und 1536 kbit·s^{-1}.

16.3.3.4 Dolby AC-3

Das AC-3-Verfahren (Todd et al. 1994) der Firma Dolby wird hauptsächlich in Filmtheatern und auf DVD-Vs eingesetzt, findet allerdings beispielsweise auch im amerikanischen digitalen Fernsehen Einsatz, wofür das Verfahren von der ATSC (Advanced Television Systems Committee) standardisiert wurde (ATSC A/52B). Auch bei DVB (ETSI TS 101 154) können AC-3 oder das Nachfolgesystem E-AC-3 eingesetzt werden. Mit AC-3 kodierte Daten sind unter den Bezeichnungen Dolby Digital, DD 5.1 und SR-D zu finden. Der Begriff AC-3 wird zumeist für das Kodierungsverfahren selbst verwendet, während die anderen Bezeichnungen für den kodierten Bitstrom inklusive Metadaten verwendet werden.

AC-3 unterscheidet sich von den anderen hier vorgestellten Verfahren insbesondere dadurch, dass der Decoder ebenfalls ein einfaches psychoakustisches Modell integriert. Auf diese Weise kann die Übertragung der Seiteninformation zur Bitallokation minimiert werden. AC-3 arbeitet mit überlappenden Blöcken mit 512 Abtastwerten, die auch durch zwei Blöcke der Länge 256 ersetzt werden können. Zur Kodierung wird zunächst eine spektrale Hüllkurve des Eingangssignalspektrums bestimmt, die in 6 dB-Schritten quantisiert wird. Dabei werden die Subbandkoeffizienten in der Annahme, dass sich benachbarte Koeffizienten um maximal 12 dB unterscheiden, als Differenzwert zum vorhergehenden Koeffizienten kodiert. Es gibt für jeden Koeffizienten fünf Stufen der möglichen Abweichung vom vorhergehenden Koeffizienten: keine Abweichung, 6 dB Abweichung (plus/minus), 12 dB Abweichung (plus/minus). Ändert sich die Hüllkurve über mehrere Blöcke nicht, so kann sie im besten Fall nur in jedem sechsten Block übertragen werden.

Sowohl Encoder als auch Decoder führen nun auf Basis dieser Hüllkurve eine psychoakustische Analyse durch, um die Maskierungsschwelle und letztendlich die Bitallokation pro Subbandkoeffizienten, die auch bei AC-3 zur Quantisierung in Bänder mit zunehmender Bandbreite aufgeteilt werden, festlegen zu können. Da sowohl Encoder als auch Decoder diese Berechnungen basierend auf der quantisierten Hüllkurve durchführen, müssen nur wenige Seiteninformationen übertragen werden. Aus Kostengründen muss das im Decoder integrierte psychoakustische Modell allerdings möglichst einfach gehalten werden; aus diesem Grund hat der Encoder die Möglichkeit, die Parametrisierung dieses Modells durch Seiteninformationen im Bitstrom anzupassen. Weiterhin erlaubt der Bitstrom auch die zusätzliche Übertragung von Korrekturwerten zur Bitallokation, um die Qualität des Encoders in zukünftigen Versionen erhöhen zu können. Reicht die verfügbare Bitrate zur Kodierung nicht aus, so werden hohe Subbänder mit Intensitätskodierung zusammengefasst.

Durch die Ausrichtung des Verfahrens auf den DVD- und Broadcastbereich bietet der Dolby-Digital-Bitstrom durch die Übertragung von zusätzlichen Metadaten einige Besonderheiten im Vergleich zu anderen Verfahren (Davidson 1998). So kann zur Anpassung der Lautstärke von unterschiedlichen Programmbeiträgen wie beispielsweise von Film und Werbung ein *Dialogue Level* (auch *Dialogue Normalization* oder *DialNorm*) festgelegt werden. Dieser gibt einen Bezugswert z. B. für den Pegel der Sprache an, so dass die resultierende Abhörlautstärke dieses Bezugspunktes selbst bei unterschiedlich ausgesteuerten Beiträgen konstant gehalten werden kann.

Darüber hinaus beinhaltet der Bitstrom Kontrollworte zur dynamischen Lautstärkeanpassung, um den Dynamikumfang des Decoderausgangs, z. B. im Falle von lauten Umgebungsgeräuschen beim Hörer, reduzieren zu können. Auch Parameter zur Erstellung eines Downmixes werden im Bitstrom übertragen. Die typische Bitrate von AC-3 für ein Signal mit 5.1 Kanälen liegt zwischen 384 kbit·s^{-1} und 448 kbit·s^{-1}.

Dolby Digital Plus (Fielder et al. 2004), auch E-AC-3, ist das Nachfolgesystem von AC-3. E-AC-3 verwendet die gleiche Frequenztransformation wie AC-3, erhöht allerdings die Frequenzauflösung durch eine nachfolgende DCT um Faktor sechs. Im Falle von transienten Signalen kann diese nachfolgende Transformation auch abgeschaltet werden. Bitallokation und Quantisierung werden durch Vektorquantisierung, bei der mehrere Werte zusammengefasst werden, und durch adaptive Aussteuerung des Quantisierers verfeinert. Ein Spectral-Extension-Modul teilt das Spektrum in einen Basisbandbereich und einen Bereich für die höheren Frequenzen. Diese werden nicht mehr quantisiert und übertragen, sondern das Spektrum wird beim Decoder aus dem Basisbandspektrum sowie Zusatzinformationen über Energie und Rauschhaftigkeit der oberen Frequenzbänder konstruiert. Diese Vorgehensweise ist verwandt zu dem in MP3Pro und HE-AAC verwendeten SBR (s. Abschn. 16.3.3.1).

Kapitel 16 Bitratenreduktion

Die Intensitätskodierung bei höheren Frequenzen wird bei E-AC-3 durch zusätzliche Verarbeitungsschritte optimiert. Insbesondere kann hierbei die Phaseninformation der Frequenzbänder der einzelnen Kanäle wieder hergestellt werden, so dass es möglich ist, die Intensitätskodierung auch für niedrigere Frequenzbänder anzuwenden, als dies vorher möglich war.

Zur besseren Unterdrückung des Vorechos kann das ab dem Blockanfang auftretende Rauschen bei E-AC-3 ersetzt werden. Dafür wird das Ende des vorhergehenden Blockes mit Hilfe von Time-Stretching bis unmittelbar vor Beginn der Transienten ausgedehnt.

Das Datenformat von E-AC-3 erlaubt als Erweiterung von AC-3 bis zu 13.1 Kanäle, deutlich feiner einstellbare Bitraten und eine höhere maximale Bitrate von bis zu 6144 kbit·s^{-1}. Es ist abwärtskompatibel zu AC-3, d.h. E-AC-3-enkodierte Daten können mit einem AC-3-Decoder dekodiert werden. Der AC-3 Decoder ist dabei allerdings nicht in der Lage, die zur Qualitätsverbesserung eingesetzten E-AC3-Erweiterungen zu verarbeiten.

16.3.4 Vergleichende Hörtestergebnisse

Vergleichende Hörtests zu verlustbehafteten Kodierungsverfahren sind aufgrund unterschiedlicher Testsignale, verschiedener Bitraten und unterschiedlicher Encoder nur bedingt miteinander vergleichbar. Bei allen Ergebnissen ist zudem die fortschreitende Encoderentwicklung in Richtung niedrigerer Bitraten und höherer Qualität zu berücksichtigen. Insgesamt können die im Folgenden genannten Ergebnisse im besten Fall Tendenzen aufzeigen.

Ein Mitte der neunziger Jahre durchgeführter Hörtest verglich die MPEG-2 Mehrkanalkodierungsverfahren Layer 2 und 3 (Steffen et al. 1996). Dabei wurden fünfkanalige Testsequenzen mit Layer 2 bei 896 kbit·s^{-1} sowie 640 kbit·s^{-1} und mit Layer 3 bei 512 kbit·s^{-1} evaluiert. Die Ergebnisse zeigen keine signifikanten Qualitätsunterschiede bei den Layer 2-Kodierungen, die im Mittel einen SDG (vgl. Abschn. 16.3.2.2) um −0,5 aufweisen. Layer 3 schneidet mit der niedrigen Bitrate beim Mehrkanaltest tendenziell etwas schlechter ab, bei einem Vergleich der MPEG-1-kompatiblen Stereosignale ist die Qualität allerdings nicht mehr unterscheidbar.

Bei einem Hörtest mit ebenfalls mehrkanaligen Testsequenzen für die Verfahren MPEG-2 Layer 2 und Dolby AC-3 wurden mehrere Bitraten zwischen 384 kbit·s^{-1} und 640 kbit·s^{-1} untersucht (Wüstenhagen et al. 1998). Die Ergebnisse lassen keine generelle Überlegenheit eines bestimmten Verfahrens erkennen; die Qualitätsunterschiede waren bei beiden Verfahren überwiegend von den verwendeten Testsignalen abhängig.

In einem ebenfalls 1998 veröffentlichten umfangreichen Hörtest wurden die Verfahren MPEG-1 Layer 2 und Layer 3, MPEG-2 AAC, Dolby AC-3 und PAC, ein an dieser Stelle nicht vorgestelltes Verfahren der Firma Lucent Technologies, bei den Bitraten 64 kbit·s^{-1} bis 192 kbit·s^{-1} für Stereosignale evaluiert (Souloudre et al. 1998). Die Autoren gruppieren die Kodierungsverfahren aufgrund ihrer Ergebnisse in die in Tabelle 16.6 aufgeführten unterscheidbaren Qualitätsgruppen. Die Testergebnisse veranschaulichen auch die Unterschiede zwischen verschiedenen Encoderimplementierungen, da der so genannte ITIS-Encoder ebenfalls ein Layer 2-Encoder ist, der im Gegensatz zu dem anderen verwendeten Layer 2-Encoder allerdings in Hardware realisiert ist.

Tabelle 16.6 Gruppierte Ergebnisse des Hörtests nach (Souloudre et al. 1998)

Verfahren/Bitrate	Mittlere Bewertung (SDG)
AAC/128, AC-3/192	ca. −0,5
PAC/160	ca. −0,8
PAC/128, AC-3/160, AAC/96, Layer 2/192	ca. −1,2 bis −1,0
ITIS/192	ca. −1,4
Layer 3/128, Layer 2/160, PAC/96, ITIS/160	ca. −1,8 bis −1,7
AC-3/128, Layer 2/128, ITIS/128	ca. −2,2 bis −2,1
PAC/64	ca. −3,1
ITIS/96	ca. −3,3

Bei einem von der European Broadcasting Union (EBU) initiierten Hörtest zur Kodierungsqualität bei niedrigen Bitraten (EBU 2003) wurden die Verfahren Microsoft Windows Media 8, MPEG-2 AAC, MPEG-4 HE-AAC, MP3Pro, RealNetworks RealAudio 8, MPEG-1 Layer 3, RealNetworks G2 sowie AMR Wideband überprüft. Die Tests wurden nach dem MUSHRA-Verfahren (Abschn. 16.3.2.2) durchgeführt. Es wurden Stereosignale bei den Bitraten 16 kbit·s^{-1} bis 64 kbit·s^{-1} getestet. HE-AAC konnte allerdings aus technischen Gründen lediglich am Test mit 48 kbit·s^{-1}, MP3Pro nur an den Tests mit 48 kbit·s^{-1} und 64 kbit·s^{-1} teilnehmen.

Bei den niedrigsten Bitraten 16 kbit·s^{-1} und 20 kbit·s^{-1} bewegten sich die Ergebnisse aller Verfahren in den MUSHRA-Bereichen *bad* und *poor* und wurden bis auf das RealAudio-Verfahren schlechter als der bei 3,5 kHz tiefpassgefilterte Anker bewertet. Bei 32 kbit·s^{-1} nähern sich die Ergebnisse für AAC und RealAudio einem zweiten, bei 7 kHz tiefpassgefilterten Anker, während die restlichen Verfahren im gleichen Qualitätsbereich wie der erste Anker liegen. Im 48 kbit·s^{-1}-Test, an dem HE-AAC und MP3Pro teilnehmen konnten, erreicht HE-AAC mit einer Bewertung zwischen *good* und *excellent* die eindeutig beste Bewertung, gefolgt von guten Ergebnissen bei MP3Pro und AAC. Ergebnisse im Qualitätsbereich des zweiten Ankers konnten Windows Media, Layer 3, und G2 aufweisen (Tabelle 16.7).

Tabelle 16.7 Ergebnisse des EBU-Hörtests (EBU 2003) bei 48 kbit·s^{-1}

Testsignal	mittlere MUSHRA-Bewertung
versteckte Referenz	excellent
HE-AAC/aacPlus	good − excellent
AAC, MP3Pro	good
RealAudio 8	fair
Windows Media 8, RealNetworks G2, Anker (@7kHz)	poor − fair
Anker (@3,5kHz)	bad − poor

In den Ergebnissen des 64 kbit·s^{-1}-Tests, an dem HE-AAC nicht teilgenommen hat, wurde MP3Pro mit Werten zwischen *good* und *excellent* am besten bewertet. Die restlichen Kodierungsverfahren bis auf Layer 3 wurden zwischen *fair* und *good* bewertet, Layer 3 selbst erreicht eine *fair*-Bewertung. Alle Verfahren liegen über der Bewertung des zweiten Ankers. In dem Zeitraum seit der Testdurchführung hat sich allerdings gerade im Bereich der Kodierung bei niedrigen Bitraten sehr viel verändert, so dass die Ergebnisse nicht unbedingt auf heute verfügbare Encoder zu übertragen sind.

16.4 Zusammenfassung

Es existieren für verschiedene Anwendungsfälle unterschiedliche Kodierungsverfahren. Die einfachste Kategorisierung ist die in verlustlose und verlustbehaftete Verfahren. Verlustlose Verfahren können die Datenrate nicht so stark reduzieren und bieten nur eine variable, über der Zeit schwankende Bitrate. Verlustbehaftete Verfahren bieten hingegen oftmals sowohl die Auswahl zwischen einer konstanten oder variablen Bitrate als auch ein vom Anwender beeinflussbares Verhältnis von Qualität und resultierender Bitrate. Allerdings ist Qualität nicht das einzige Kriterium, das die Entscheidung für oder gegen ein Verfahren in einem bestimmten Fall beeinflussen kann. Je nach Anwendungsfall werden beispielsweise die Verbreitung in dem verwendeten Bereich, die Komplexität des Encoders und Decoders, die Zukunftssicherheit des Verfahrens sowie die mögliche Störanfälligkeit des Bitstroms im Falle von Übertragungsfehlern bei der Entscheidung eine Rolle spielen.

Normen und Standards

ATSC A/52B:2005	Revision B Digital Audio Compression Standard (AC–3, E-AC–3).
ETSI EN 300 401:2001 V1.3.3	Radio Broadcasting Systems; Digital Audio Broadcasting (DAB) to mobile, portable and fixed receivers.
ETSI ES 201 980:2005 V2.2.1	Digital Radio Mondiale; System Specification.
ETSI TS 101 154:2005 V1.7.1	Digital Video Broadcasting (DVB); Implementation guidelines for the use of Video and Audio Coding in Broadcasting Applications based on the MPEG-2 Transport Stream.
ISO/IEC-JTC1/SC29 11172-3:1993	Information technology – Coding of moving pictures and associated audio for digital storage media up to about 1.5 MBIT/s – Part 3: Audio.
ISO/IEC-JTC1/SC29 13818-3:1995	Information technology – Generic coding of moving pictures and associated audio information – Part 3: Audio.
ISO/IEC-JTC1/SC29 13818-7:1997	Information technology – Generic coding of moving pictures and associated audio information – Part 7: Advanced Audio Coding.
ISO/IEC-JTC1/SC29 14496-3:1999	Information technology – Coding of audio-visual objects – Part 3: Audio.
ISO/IEC-JTC1/SC29 15938-4:2002	Information technology – Multimedia content description interface – Part 4: Audio.
ISO/IEC-JTC1/SC29 14496-3/AMD1:2003	Information technology – Coding of audio-visual objects – Part 3: Audio, AMD1: Bandwidth Extension.
ISO/IEC-JTC1/SC29 14496-3/AMD2:2004	Information technology – Coding of audio-visual objects – Part 3: Audio, AMD2: Parametric coding for high quality audio.
ISO/IEC-JTC1/SC29 14496-3/AMD2:2006	Information technology – Coding of audio-visual objects – Part 3: Audio, AMD2: Audio Lossless Coding (ALS), new audio profiles and BSAC extensions.
ISO/IEC-JTC1/SC29 23003-1:2007	Information technology – MPEG audio technologies – Part 1: MPEG Surround.
ITU-R BS.562-3:1990	Subjective Assessment of Sound Quality.
ITU-R BS.1116-1:1997	Methods for the subjective assessment of small impairments in audio systems including multichannel sound systems.
ITU-R BS.1387-1:2001	Method for objective measurements of perceived audio quality.
ITU-R BS.1284-1:2003	General methods for the subjective assessment of sound quality.
ITU-R BS.1534:2003	Method for the Subjective Assessment of intermediate quality level of coding systems.
ITU-R BS.1115-1:2005	Low bit-rate audio coding

Literatur

Blauert J (1996) Spatial Hearing. MIT Press, Cambridge

Brandenburg KH (1998) Perceptual Coding of High Quality Digital Audio. In: Kahrs M, Brandenburg, KH (Hrsg) Applications of Digital Signal Processing to Audio and Acoustics. Kluwer Academic Publishers, Boston, S 39–83

Breebart J, Herre J, Faller C, Rödén J, Myburg F, Disch S, Purnhagen H, Hotho G, Neusinger M, Kjörling K, Oomen W (2005) MPEG Spatial Audio Coding / MPEG Surround: Overview and Current Status. Preprint 6599, 119th AES Convention, New York

Breebart J, Hotho G, Koppens J, Schuijers E, Oomen W, Van der Par S (2007) Background, Concept, and Architecture for the Recent MPEG Surround Standard on Multichannel Audio Compression. J Audio Eng Soc 55(5):331–351

Coalson J (2006) FLAC – Free Lossless Audio Codec. Online-Ressource, http://flac.sf.net, letzter Abruf: 01.03.2006

Davidson GA (1998) Digital Audio Coding: AC-3. In: Madisetti VK, Williams DB (Hrsg) The Digital Signal Processing Handbook. CRC Press, Boca Raton, S 41-1–41-21

EBU European Broadcasting Union (2003) EBU Subjective Listening Tests on Low-Bitrate Audio Codecs. EBU Tech Series t3296

Fielder LD, Andersen RL, Crocket BG, Davidson GA, Davis MF, Turner SC, Vinton MS, Williams PA (2004) Introduction to Dolby Digital Plus, an Enhancement to the Dolby Digital Coding System. 117th AES Convention, San Francisco, Preprint 6196

Gerzon MA, Craven PG, Law MJ, Wilson RJ (1999) The MLP Lossless Compression System. 17th AES International Conference on High Quality Audio Coding, Florenz

Gilbert EN, Moore EF (1959) Variable-length binary encodings. Systems Technical Journal, 38:933–967

Huffman DA (1952) A Method for the Construction of Minimum-Redundancy Codes. Proceedings of the I.R.E. 40(9):1098–1101

Jayant NS, Noll P (1984) Digital Coding of Waveforms, Prentice-Hall, New Jersey

Liebchen T, Moriya T, Harada N, Kamamoto Y, Reznik AY (2005) The MPEG-4 Audio Lossless Coding (ALS) Standard – Technology and Applications. 119th AES Convention, New York, Preprint 6589

McKay DJC (2003) Information Theory, Inference, and Learning Algorithms. Cambridge University Press, Cambridge, Version 7.2

Painter T, Spanias A (2000) Perceptual Coding of Digital Audio, In: Proceedings of the IEEE 88(4):451–515

Robinson T (1994) SHORTEN: Simple lossless and near-lossless waveform compression. Forschungsbericht CUED/F-INFENG/TR.156, Cambridge University Engineering Department, Cambridge

Shannon CE (1948) A mathematical theory of communication. Bell System Technical Journal 27:379–423 und 623–656

Smyth M (1999) An Overview of the Coherent Acoustics Coding System / dts. White Paper, Meridian Audio Ltd

Souloudre GA, Grusec T, Lavoie M, Thibault L (1998) Subjective Evaluation of State-of-the-Art Two-Channel Audio Codecs. J Audio Eng Soc 46:164–177

Steffen E, Feige F, Wüstenhagen U, Kirby D, Merkel A, Schmidt WH (1996) Neue subjective Hörtests an MPEG-2 Audio Codecs. 19. Tonmeistertagung. Verein deutscher Tonmeister, Karlsruhe

Todd CG, Davidson GA, Davis MF, Fielder LD, Link BD, Vernon S (1994) AC-3: Flexible Perceptual Audio Coding for Audio Transmission and Storage. 96th AES Convention, San Francisco Preprint 3796

Tsutsui K (1998) ATRAC (Adaptive Transform Acoustic Coding) and ATRAC2. In: Madisetti VK, Williams DB (Hrsg) The Digital Signal Processing Handbook. CRC Press, Boca Raton, S 43-16–43-20

Tsutsui K, Suzuki H, Shimoyoshi O, Sonohara M, Akagiri K, Heddle RM (1992) ATRAC: Adaptive Transform Acoustic Coding for MiniDisc. 93rd AES Convention, San Francisco, Preprint 3456

Wüstenhagen U, Feiten B, Hoeg W (1998) Internationaler Hörtest der Mehrkanal-Systeme MPEG-2 Layer 2 and Dolby AC-3. 20. Tonmeistertagung. Verein deutscher Tonmeister, Karlsruhe

Yamauchi H, Saito E, Kohut M (1998) The SDDS System for Digitizing Film Sound. In: Madisetti VK, Williams DB (Hrsg) The Digital Signal Processing Handbook. CRC Press, Boca Raton, S 43–6–43–12

Zwicker E, Feldtkeller R (1967) Das Ohr als Nachrichtenempfänger. Hirzel, Stuttgart

Zwicker E, Fastl H (1999) Psychoacoustics – Facts and Models. 2. Aufl, Springer, Berlin

Kapitel 17
Wandler, Prozessoren, Systemarchitektur

Martin Werwein und Mattias Schick

17.1 A/D- und D/A-Wandler. 885
    17.1.1 Grundlagen. 886
    17.1.2 R-2R-Wandler 890
    17.1.3 Delta/Sigma-Wandler. 894
    17.1.4 Techniken zur Qualitätsverbesserung 901
17.2 Abtastratenwandler. 908
    17.2.1 Synchrone Abtastratenwandler 909
    17.2.2 Asynchrone Abtastratenwandler 910
17.3 Prozessoren und Zahlenformate 913
    17.3.1 Signalprozessoren 916
    17.3.2 Mikroprozessoren 926
    17.3.3 Gegenüberstellung Prozessoren. 930
    17.3.4 Zahlenformate – Rauschabstand und Dynamik. 931
17.4 Systemarchitektur. 936
    17.4.1 Multiprocessing. 937
    17.4.2 Summationsstrukturen, Zuverlässigkeit und Redundanz. 939
Normen und Standards 943
Literatur. 943

17.1 A/D- und D/A-Wandler

Die Audioübertragung über elektronische Medien findet heute überwiegend in der digitalen Ebene statt. Da natürliche Klangquellen am Anfang und der Hörer am Ende der Übertragungskette aber nach wie vor analoge Systeme sind, muss an geeigneter Stelle eine Umwandlung zwischen analogen und digitalen Signalformen stattfinden. Diese Aufgabe erfüllen Analog/Digital-Wandler (A/D-Wandler) und Digital/Analog-Wandler (D/A-Wandler). Für diese Wandlung kommen zunächst viele verschiedene Verfahren in Betracht (Tietze u. Schenk 1999, Zölzer 1997, Skritek 1988). Allerdings beschränkt sich die Auswahl in der Audiotechnik auf einige wenige, da nicht von allen Verfahren die nötige Wandlungsgeschwindigkeit und

Genauigkeit erreicht wird. So wird heute für die A/D-Wandlung ausschließlich das Delta/Sigma-Verfahren angewendet, bei der D/A-Wandlung daneben gelegentlich auch noch das *R*-2*R*-Verfahren. Grundlage des *R*-2*R*-Verfahrens und Bestandteil des Delta/Sigma-Verfahrens ist das sog. Parallelverfahren. Im Folgenden sollen deshalb zunächst die Grundlagen jeder Analog/Digital-Umsetzung und die Funktionsweise des Parallelverfahrens eingeführt werden, bevor die beiden in der Audiotechnik dominierenden Wandlerverfahren näher betrachtet werden.

17.1.1 Grundlagen

17.1.1.1 A/D-Wandlung

Die A/D-Wandlung wandelt ein zeitkontinuierliches Signal in eine diskrete Folge von Abtastwerten (samples). Nur wenn das abgetastete Signal keine Frequenzen oberhalb der halben Abtastrate enthält, lässt es sich bei der Rückwandlung fehlerfrei rekonstruieren (Abtasttheorem, Kap. 14.1). Bei einer Abtastfrequenz von f_s = 48 kHz können somit nur Frequenzen bis 24 kHz korrekt gewandelt werden. Diese Frequenz wird auch Nyquistfrequenz f_N genannt. Liegen am A/D-Wandler höhere Frequenzen an, kommt es zu Aliasing-Fehlern (Abb. 17.1, links). Sie können *nach* der Wandlung nicht mehr erkannt und entfernt werden und müssen daher durch eine Tiefpassfilterung *vor* der Wandlung unterdrückt werden (Abb. 17.1, rechts).

Bei einer Abtastrate f_s, die nur unwesentlich über dem doppelten der höchsten Frequenz des Übertragungsbereichs f_b liegt (z. B. f_b = 20 kHz, f_N = 22.05 kHz bei f_s = 44.1 kHz), müsste das Tiefpassfilter sehr steil ausgeführt werden. Es soll schließlich idealerweise den Frequenzbereich bis 20 kHz unbeeinflusst lassen, und

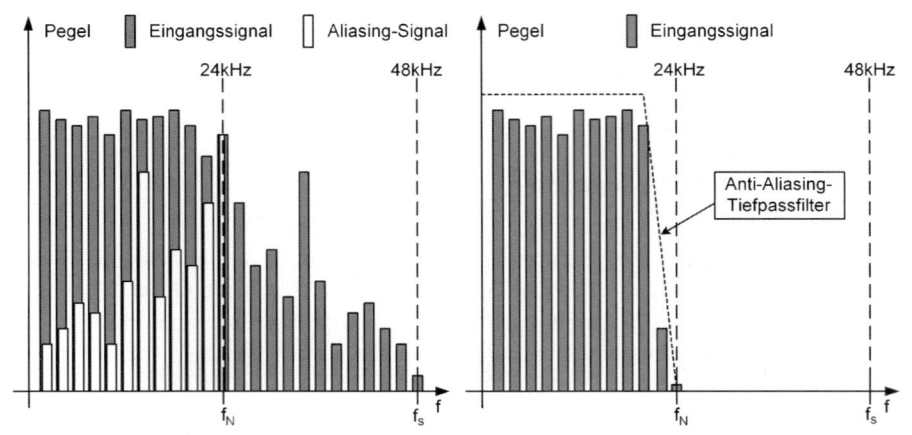

Abb. 17.1 Links: Beispielhaftes Audiospektrum mit fehlender Bandbegrenzung und dadurch hervorgerufenem Aliasspektrum unterhalb der Nyquistfrequenz. Rechts: Gleiche Situation mit Bandbegrenzung

den Frequenzbereich ab f_N schon sehr stark unterdrücken. Den Einsatz eines solchen, in der Praxis kaum realisierbaren Filters kann man durch Überabtastung und Dezimation vermeiden (s. Kap. 14.4). Mit zunehmendem Grad dieser Überabtastung kann dann das analoge Tiefpassfilter einfacher ausgeführt werden, da das analoge Eingangssignal nun eine größere Bandbreite besitzen darf, bevor es zu Aliasingeffekten kommt. So müsste bei einer Überabtastung um den Faktor 64 das analoge Tiefpassfilter erst ab einer Frequenz von $64 f_s - f_N$ eine gute Unterdrückung aufweisen. Dies wäre bei $f_s = 48$ kHz also der Bereich ab 3.048 MHz, so dass sich das Tiefpassfilter als einfaches *RC*-Glied aus Widerstand und Kondensator aufbauen lässt. Die anschließend notwendige digitale Dezimation erfolgt mittels einer Abwärtstastung. Damit durch dieses Weglassen von Samples keine Aliasing-Effekte auftreten, muss der Abwärtstastung ein digitales Anti-Aliasing-Tiefpassfilter vorgeschaltet werden (vgl. Abb. 17.28).

17.1.1.2 D/A-Wandlung

Jeder D/A-Wandler erzeugt eine analoge Spannungsfolge entsprechend der am Wandler anliegenden digitalen Wertefolge. Diese Spannungsänderungen verlaufen zunächst stufig, als Folge tritt eine Wiederholung des Nutzsignal-Spektrums zwischen 0 Hz und der Nyquistfrequenz f_N zu beiden Seiten der Abtastfrequenz f_s und bei allen Vielfachen von f_s auf (Abb. 17.2, links). Obwohl dieser Frequenzbereich bei Abtastraten von 44.1 kHz und höher nicht mehr hörbar ist, muss er doch unterdrückt, die Stufen also geglättet werden. Andernfalls würden diese hohen Frequenzanteile aufgrund der immer vorhandenen Nichtlinearitäten nachfolgender Halbleiterschaltungen (z. B. Endverstärker) durch Intermodulation (s. Kap. 21.4.2) in den Übertragungsfrequenzbereich zurückspiegeln und wären als nichtlineare Verzerrungen hörbar. Deshalb muss jedem D/A-Wandler ein analoges Tiefpassfilter folgen, welches das Ausgangssignal von den hohen Frequenzanteilen weitgehend befreit (Abb. 17.2, rechts).

Wie bei A/D-Wandlern müsste auch dieses Tiefpassfilter sehr steil ausgeführt werden, falls die Abtastrate f_s nur unwesentlich über dem doppelten der höchsten Übertragungsfrequenz liegt. Um dies zu vermeiden, findet auch hier ein Teil der Glättung des Signals bereits in der digitalen Ebene statt. Dies geschieht durch Über-

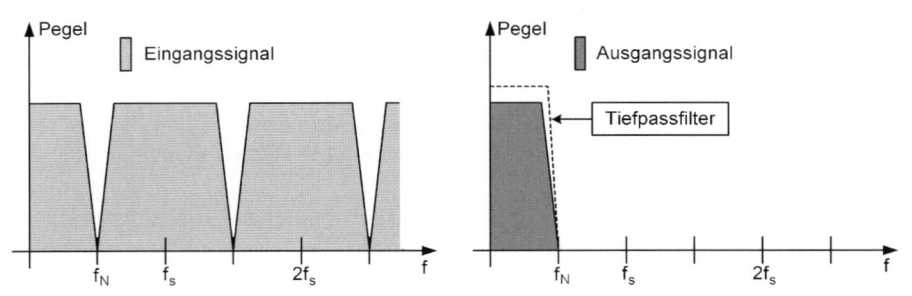

Abb. 17.2 Links: Übertragungsfrequenzbereich und dessen Vielfache unmittelbar nach der D/A-Wandlung. Rechts: Gleiches Signal nach der abschließenden analogen Tiefpassfilterung

abtastung, wodurch sich die nach der Wandlung verbleibenden Stufen im Signalverlauf verkleinern und dann durch ein einfaches analoges Tiefpassfilter geglättet werden können. Die Erhöhung der Abtastrate erfolgt zunächst durch eine Aufwärtstastung, wobei zwischen die vorhandenen Werte zusätzliche Zwischenwerte (zunächst mit dem Betrag Null) eingefügt werden. Anschließend entfernen digitale Tiefpassfilter sog. Images, d. h. Frequenzanteile im Bereich zwischen der alten und neuen (höheren) Abtastfrequenz, wodurch die eingefügten Samples im Zeitbereich zwischen die vorhandenen Stützpunkte interpoliert werden. Diese Filter heißen deshalb Anti-Imagingfilter oder Interpolationsfilter (Abb. 17.3 links und Abb. 17.29). Bei einer Überabtastung um den Faktor zwei unterdrückt das digitale Anti-Imagingfilter den Frequenzbereich von f_N bis $f_s + f_N$, bei $f_s = 48$ kHz also den Bereich von 24 kHz bis 72 kHz. Das nachfolgende Analogfilter müsste nun erst ab 72 kHz eine gute Dämpfung aufweisen (Abb. 17.3 rechts).

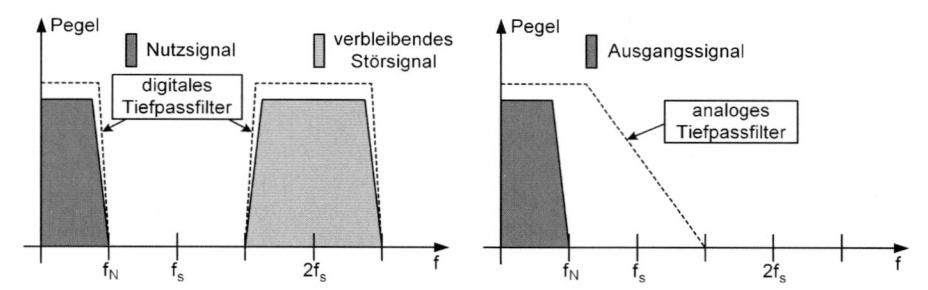

Abb. 17.3 Links: Frequenzspektrum unmittelbar nach der D/A-Wandlung bei einer Überabtastung von 2 und digitalem Anti-Imagingfilter. Rechts: Gleiches Signal nach der abschließenden analogen Tiefpassfilterung

In der Praxis liegen die Überabtastungsraten aber deutlich höher. Je nach Wandlertechnologie wird mit 8-facher bis 128-facher Überabtastung gearbeitet.

17.1.1.3 Parallelverfahren

Dem Parallelverfahren liegt ein einfaches Schaltungsprinzip zugrunde. Da für die Wandlung nur ein Taktzyklus erforderlich ist, kann man mit diesem Verfahren sehr hohe Abtastraten erzielen. Allerdings ist die erreichbare Auflösung begrenzt, sodass es in direkter Form in der Audiotechnik keine Anwendung findet. Mit geeigneter Nachbearbeitung durch eine Delta-Sigma-Modulation (Abschn. 17.1.3) lässt sich allerdings sowohl eine hohe Geschwindigkeit als auch eine hohe Genauigkeit erreichen.

Bei der A/D-Wandlung wird in einem Parallelwandler die Eingangsspannung mit 2^N Referenzspannungen verglichen, um festzustellen zwischen welchen beiden Referenzspannungen die Eingangsspannung liegt. Dies erfolgt mit 2^N Komparatoren, die über einen Widerstands-Spannungsteiler ihre jeweilige Referenzspannung erhalten (Abb. 17.4, oben links). Die Ausgänge der Komparatoren münden in einen

Kapitel 17 Wandler, Prozessoren, Systemarchitektur

mit der Abtastfrequenz getakteten Zwischenspeicher (Latch), gefolgt von einem Dekoder, der die Speicherzustände in eine Digitalzahl umwandelt.

Umgekehrt arbeitet ein D/A-Parallelwandler. Jedem möglichen Wert des Digitalsignals ist ein eigener Schalter zugeordnet. Über einen Spannungsteiler werden alle durch den Wandler darstellbaren Spannungen bereitgestellt und durch einen vom Digitalsignal angesteuerten Schalter auf den Analogausgang geschaltet (Abb. 17.4, oben Mitte). Alternativ kann jedem Schalter eine Stromquelle mit der Wertigkeit eines LSBs zugeordnet werden, die über Schalter gesteuert und summiert den Gesamt-Ausgangsstrom ergeben. Mit einem Strom/Spannungswandler kann dieser Gesamtstrom dann wieder in eine Spannung gewandelt werden (Abb. 17.4, unten). Eine dritte, weit verbreitete Möglichkeit ist das Schalten von Kondensatoren, deren Ladungen bei geschlossenem Schalter auf eine „Sammelkapazität" am Ausgang umgeladen werden (Abb. 17.4, oben rechts).

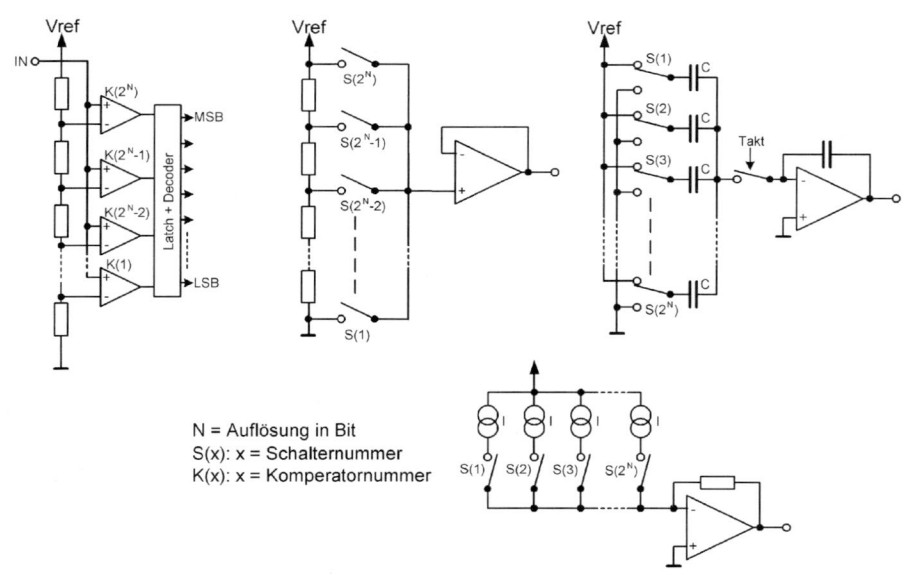

Abb. 17.4 Parallelverfahren. Oben links: A/D-Wandler. Oben Mitte: D/A-Wandler mit Spannungsteiler. Oben rechts: D/A-Wandler mit Kondensatoren. Unten: D/A-Wandler mit Stromquellen.

Wenn man bedenkt, dass schon ein 16-Bit-Signal 65.536 unterschiedliche Spannungen darstellen muss, wird allerdings der notwendige Aufwand deutlich. Für jede dieser Spannungen wäre bei der A/D-Wandlung je eine Referenzspannung plus Komparator erforderlich. Bei der D/A-Wandlung würden für jede darstellbare Spannung je ein Schalter plus ein Spannungsabgriff am Spannungsteiler bzw. eine Stromquelle oder ein Kondensator benötigt. Dabei ergäben sich große Schwierigkeiten bei der erreichbaren Linearität, da die hohe Anzahl der notwendigen Spannungen oder Ströme kaum in ausreichender Genauigkeit realisiert werden können. In direkter Form sind mit Parallelwandlern daher nur Wortbreiten bis zu 10 Bit erreichbar.

17.1.2 R-2R-Wandler

17.1.2.1 Funktionsweise

Vereinfachen lässt sich ein Parallelwandler, indem nur noch jedem Bit ein Schalter zugeordnet wird, bei 16 Bit also 16 Schalter. Über entsprechend gewichtete Widerstände zusammen mit einer Spannungsreferenz kann dann die Ausgangsspannung aufsummiert werden. Alternativ können entsprechend gewichtete Stromquellen zum Einsatz kommen (Abb. 17.5).

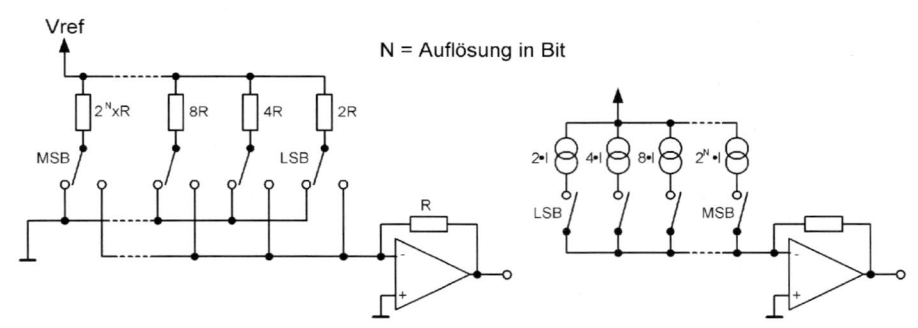

Abb. 17.5 Links: Wandler mit gewichteten Widerständen. Rechts: Wandler mit gewichteten Stromquellen

Die Widerstands- bzw. Stromwerte wachsen dabei mit jeder weiteren Schalterposition auf das Doppelte. Da sich diese stark unterschiedlichen Werte allerdings kaum mit ausreichender Genauigkeit realisieren lassen, nutzt man bei einem *R*-2*R*-Wandler ein Leiternetzwerk wie es Abb. 17.6 zeigt:

Hier kommen nur noch Widerstände R und $2R$ vor. Ersetzt man nun alle Widerstände $2R$ durch zwei in Reihe geschaltete Widerstände R, lässt sich diese Anordnung aufgrund lauter gleicher Widerstände sehr gut monolithisch integrieren.

Reale *R*-2*R*-Wandler werden mit Oversampling betrieben und enthalten somit zusätzlich einen digitalen Interpolator (Aufwärtstastung plus Anti-Imagingfilter)

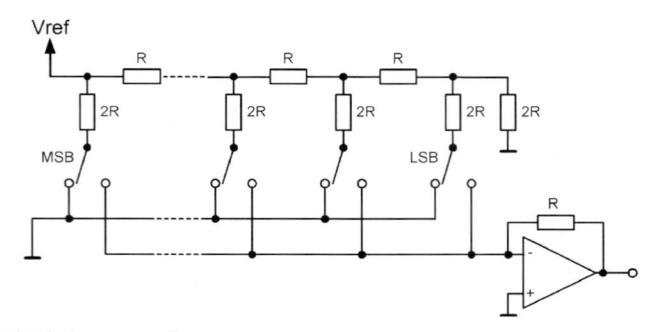

Abb. 17.6 *R*-2*R*-Leiternetzwerk

Kapitel 17 Wandler, Prozessoren, Systemarchitektur 891

und ein analoges Tiefpassfilter. Heute noch eingesetzte R-$2R$-Wandler arbeiten gewöhnlich mit 8-facher Überabtastung.

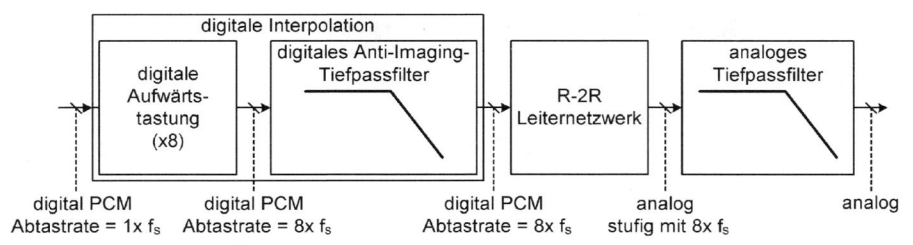

Abb. 17.7 Bestandteile eines R-$2R$-Wandlers

17.1.2.2 Qualität

Dynamik

R-$2R$-Wandler erreichen hervorragende Signalrauschabstände und waren deshalb in der Anfangszeit der Digitalisierung die dominierende Technologie bei D/A-Wandlern. Bei einer Auflösung von 16 Bit (CD-Auflösung) wurden sie allerdings zunehmend von billigeren Technologien wie Delta/Sigma-Wandlern ersetzt. Im Bereich höherer Auflösungen von 20 Bit oder 24 Bit dominierten die R-$2R$-Wandler noch bis vor wenigen Jahren, da die hier notwendigen hohen Signalrauschabstände mit keiner anderen Technologie erreichbar waren.

Linearitätsfehler

Ein R-$2R$-Wandler besteht aus einer Widerstandskaskade aus gleichen Widerständen. In der Realität sind diese Widerstände aber nie völlig identisch. Trotz teurer Lasertrimmung verbleiben gewisse Ungenauigkeiten, die Linearitätsfehler zur Folge haben (Abb. 17.8, links). Idealerweise ändert sich der Analogpegel mit jeder Quantisierungsstufe um den gleichen Betrag. Im dargestellten Beispiel beträgt der

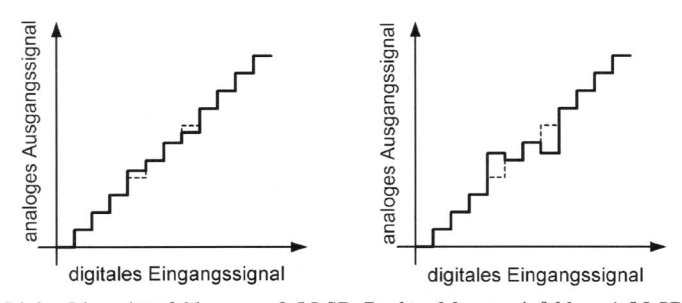

Abb. 17.8 Links: Linearitätsfehler von ±0,5 LSB. Rechts: Monotoniefehler ±1,5 LSB

Linearitätsfehler ±0,5 LSB. Wird der Linearitätsfehler größer als ein LSB spricht man von einem Monotonie-Fehler. (Abb. 17.8, rechts). Treten bei einem Wandler Monotonie-Fehler auf, kann dessen nominelle Auflösung nicht ausgenutzt werden. Tatsächlich ist dessen Auflösung also geringer, da der Fehler größer ist als die Spannungsänderung durch das LSB.

Besonders kritisch ist dies in der Bereichsmitte um die Null herum. Dort wechseln aufgrund der Zahlendarstellung im 2er-Komplement (Kap. 14.7.1, Abb. 14.23) alle Schalter gleichzeitig den Zustand, wodurch sich sämtliche durch Widerstandsungenauigkeiten hervorgerufene Linearitätsfehler an dieser Stelle addieren.

Verzerrungen

Die Folge von Linearitätsfehlern sind nichtlineare Verzerrungen. Da jeder R-$2R$-Wandler eine eigene Verteilung der Widerstandsfehler aufweist, hat auch jeder dieser Wandler sein ganz charakteristisches Klirrspektrum (Abb. 17.9).

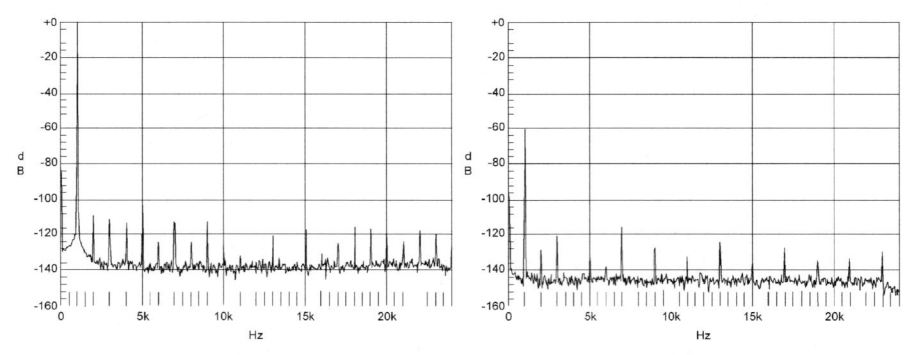

Abb. 17.9 Typisches Klirrspektrum eines sehr guten R-$2R$-Wandlers bei Vollaussteuerung (links) und bei −60dBFS (rechts)

Selbst bei einem Signalpegel von −60 dBFS sind hier noch deutliche Klirrkomponenten sichtbar. Hinzu kommen neben den statischen Linearitätsfehlern auch dynamische Fehler. Dies liegt an der Zeitspanne, die das Ausgangssignal benötigt, um den gewünschten stationären Wert zu erreichen. Ursache ist hier die begrenzte Geschwindigkeit von Schaltern und analogen Schaltungskomponenten wie Ausgangsverstärker.

Störimpulse (Glitches)

Die nach unten begrenzte Reaktionszeit der Schalter im D/A-Wandler führt, solange alle verzögert aber gleichzeitig schalten, zu Verzerrungen (s. o.). Sobald die Verzögerungszeiten aber unterschiedlich sind, kann es zu Störimpulsen (Glitches) kommen (Abb. 17.10). Diese sind wiederum in der Bereichsmitte am stärksten ausge-

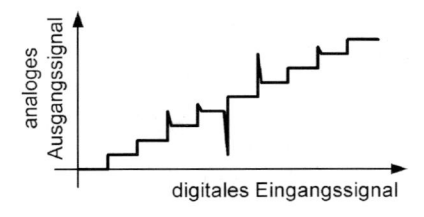

Kapitel 17 Wandler, Prozessoren, Systemarchitektur

Abb. 17.10 Glitches

prägt. Schaltet das MSB gegenüber den übrigen Schaltern etwas zu früh oder zu spät, kommt es zu einem kurzzeitigen positiven oder negativen Vollausschlag.

Es gibt unterschiedliche Ansätze, Glitches zu vermeiden oder deren Auswirkungen zu unterdrücken. Zunächst verkleinert der dem Wandler folgende Tiefpass die Glitches. Weiterhin können R-$2R$-Wandler in den höherwertigen, besonders kritischen Bits mit Parallelwandlern kombiniert werden, die prinzipiell glitchfrei sind.

Jitterempfindlichkeit

Zu weiteren, zeitlich bedingten Verzerrungen kommt es durch Jitter. Dabei handelt es sich um eine zeitliche Varianz der Flanken des Abtasttaktes gegenüber der Sollposition, auch als Phasenrauschen bekannt. Es gibt verschiedene Arten von Jitter und vielerlei Ursachen (vgl. Abschn. 17.1.3 und 17.1.4). Bei der A/D- und D/A-Wandlung ist der Jitter des Abtasttaktes maßgeblich. Variiert der zeitliche Abstand der abgetasteten Werte während der A/D-Wandlung gegenüber der folgenden D/A-Wandlung, kommt es zu Verzerrungen (Abb. 17.11).

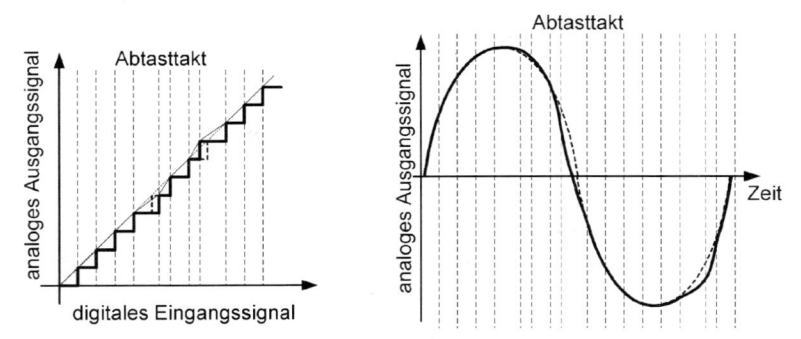

Abb. 17.11 Amplitudenfehler durch Jitter. Links: Wandlerkennlinie. Rechts: Sinussignal

Die Verzerrungen durch Jitter sind umso stärker, je größer die Spannungsdifferenz zwischen der analogen Soll- und Istspannung ist. Dadurch verstärken sich die Verzerrungen mit zunehmender Audiosignalfrequenz, da hier die analoge Spannungsänderung zwischen zwei Abtastungen größer wird und damit auch die Spannungsdifferenz vom „falschen" zum „richtigen" Abtastzeitpunkt größer ist.

Grundsätzlich steigt die Jitterempfindlichkeit mit der Höhe der Spannungsstufen des quantisierten Audiosignals. Daraus folgt, dass eine größere Auflösung auch immer die Jitterempfindlichkeit reduziert, da so die Stufen im quantisierten Signal verkleinert werden und somit auch der mögliche jitterbedingte Pegelfehler kleiner wird. Bei Jitter mit einer zufälligen Verteilung sind die entstehenden Verzerrungen ebenfalls zufällig verteilt und treten so in Form eines zusätzlichen Rauschens in Erscheinung.

Preis

R-2*R*-Wandler sind aufgrund des unvermeidlichen Laserabgleichs der Wandlerwiderstände sehr teuer. Deshalb und aufgrund von Fortschritten der Delta/Sigma-Technologie (s.u.) sind *R*-2*R*-Wandler heute kaum noch konkurrenzfähig und werden nur noch selten eingesetzt.

17.1.3 Delta/Sigma-Wandler

17.1.3.1 Funktionsweise

Die heute alles beherrschende Wandlertechnologie im Audiobereich ist das Delta/Sigma-Prinzip. Es unterscheidet sich von anderen Verfahren grundlegend, wobei die Funktionsweise bei D/A- und A/D-Wandler prinzipiell gleich ist, lediglich die Realisierung der Funktionskomponenten in Digital- oder Analogtechnik ist verschieden.

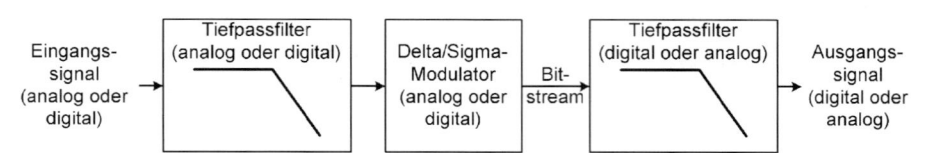

Abb. 17.12 Komponenten der Delta/Sigma-Wandlung

Ein Delta/Sigma-Wandler besteht immer aus einem Tiefpassfilter, einem Modulator und aus einem weiteren Tiefpassfilter. Der erste Tiefpassfilter begrenzt die Signalbandbreite, der Modulator erzeugt einen sog. Bitstream, mit dem der folgende Tiefpassfilter gespeist wird. Bei einem A/D-Wandler wird der Eingangstiefpassfilter und der Modulator analog realisiert, der Ausgangstiefpassfilter digital. Bei einem D/A-Wandler ist es umgekehrt; hier ist der Eingangstiefpassfilter und der Modulator digital aufgebaut und der Ausgangstiefpass analog.

Der Bitstream ist im einfachsten Fall ein serielles 1-Bit-Signal, dessen Mittelwert dem analogen Signal entspricht. Überwiegen im 1-Bit-Signal die Einsen gegenüber den Nullen, so stellt dies einen positiven Analogpegel dar. Überwiegen die Nullen, handelt es sich um negative Analogpegel. Das Verhältnis von „1" und „0" bestimmt

Kapitel 17 Wandler, Prozessoren, Systemarchitektur

nun den exakten Betrag (Abb. 17.13). Voraussetzung dafür ist allerdings eine erheblich schnellere Folge der Wechsel zwischen „1" und „0" als dies bei normaler Abtastrate der Fall wäre. Deshalb benötigen Delta/Sigma-Wandler eine sehr hohe Überabtastung (Oversampling) um die hohe Taktrate für den Bitstream zu erreichen.

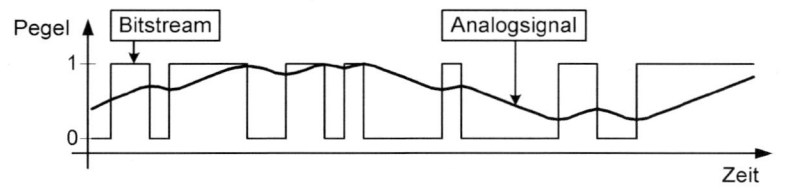

Abb. 17.13 Bitstream und daraus gefiltertes Analogsignal (hier dargestellt mit nur sehr geringer Überabtastung)

Bei D/A-Wandlern folgt dem Bitstream lediglich eine Glättung mittels eines analogen Tiefpassfilters, d. h. es werden die hohen Frequenzanteile entfernt. Das Ergebnis ist der Mittelwert des Bitstreams – ein analoges Signal (Abb. 17.13). Bei A/D-Wandlern wird mittels eines digitalen Tiefpassfilters die hohe Taktrate des Bitstreams auf die nominelle Abtastfrequenz reduziert (Dezimation, Downsampling) und dabei in ein normales PCM-Signal verwandelt.

Erzeugt wird der Bitstream durch einen Delta/Sigma-Modulator (Abb. 17.14, vgl. Abb. 14.22). Es handelt sich um eine rückgekoppelte Struktur, bei der das Ausgangssignal (der Bitstream) zurückgewandelt und vom Eingangssignal abgezogen wird. Dies hat zur Folge, dass sich der Mittelwert des Ausgangssignals stets dem Eingangssignal annähert.

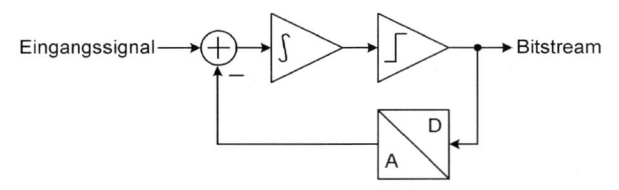

Abb. 17.14 Analoger Delta/Sigma-Modulator

Das Eingangssignal durchläuft nach dem Subtrahierer einen Integrator, gefolgt von einem Komparator. Der Integrator glättet das Signal, mit dem Komparator wird geprüft, ob es einen bestimmten Schwellwert über- oder unterschritten hat. Das Ausgangssignal ist der Bitstream, der für die Rückkopplung wieder in das Format des Eingangssignals gewandelt werden muss. Ein A/D-Delta/Sigma-Wandler enthält innerhalb des Modulators somit auch immer einen D/A-Wandler, und die Qualität der A/D-Wandlung wird dabei maßgeblich von diesem D/A-Wandler bestimmt, da nur bei exakter Rückführung des Ausgangssignals auf den Eingang eine gute A/D-Wandlung möglich ist.

Für sich genommen, wirkt der Komparator als 1-Bit-Wandler mit einem Signalrauschabstand von 6 dB. Der Delta/Sigma-Wandler aber erreicht die notwendige Auflösung statt im Amplitudenbereich im Zeitbereich. Durch die sehr hohe Taktrate des Komparators in Verbindung mit der Übertragungsfunktion des Delta/Sigma-Modulators wird der Quantisierungsfehler in den Bereich oberhalb der Nyquistfrequenz verschoben (s. Kap. 14.6), wo es durch das folgende Tiefpassfilter entfernt werden kann. Durch dieses (Outband-) Noise-Shaping lässt sich der Rauschabstand im Nutzbereich ausreichend erweitern.

17.1.3.2 Praktische Umsetzung bei A/D-Wandlern

Delta/Sigma-A/D-Wandler arbeiten heute in der Regel mit dem 64-fachen oder 128-fachen der nominellen Abtastrate f_s. Der durch Noiseshaping erzielte Dynamikgewinn ist umso größer, je höher man die Ordnung des Modulators wählt (vgl. Abb. 14.20). Bei analogen Modulatoren kann allerdings die Ordnung nicht beliebig erhöht werden, da es hier durch die Phasendrehung der Integratoren leicht zu Instabilitäten kommt. Modulatoren bis 5. Ordnung sind hier dennoch üblich. Der stark überabgetastete Bitstream wird mittels eines Dezimationsfilters auf die nominelle Abtastrate gewandelt. Hierzu werden zunächst durch ein digitales Tiefpassfilter alle Frequenzanteile oberhalb der nominellen Nyquistfrequenz entfernt und anschließend durch Weglassen der überabgetasteten Samples die nominelle Abtastfrequenz hergestellt (vgl. Abb. 17.3). Nur wenn die Unterdrückung (die sog. Stoppbanddämpfung) des digitalen Tiefpassfilters größer ist als die zu erwartenden sonstigen Störkomponenten, bleiben in den Nutzfrequenzbereich gespiegelte Aliasing-Anteile unhörbar. Gleichzeitig ist dieses Tiefpassfilter aber auch für die Latenz (Signaldurchlaufzeit) des Wandlers verantwortlich. Je stärker die Unterdrückung und je steiler das Filter im Bereich der Nyquistfrequenz gestaltet wird, desto länger wird die Durchlaufzeit. Dies liegt an den hier gewöhnlich eingesetzten FIR-Filtern mit linearem Phasenverlauf. Hier gilt es in laufzeitkritischen Anwendungen einen Kompromiss zu finden (s. Abschn. 17.1.4.5).

Für das Tiefpassfilter am Eingang genügt ein einfaches Filter aus Widerstand und Kondensator (*RC*-Filter), da eine gute Dämpfung erst im MHz-Bereich erreicht werden muss. Die Funktionsgruppen des Delta/Sigma-A/D-Wandlers zeigt Abb. 17.15.

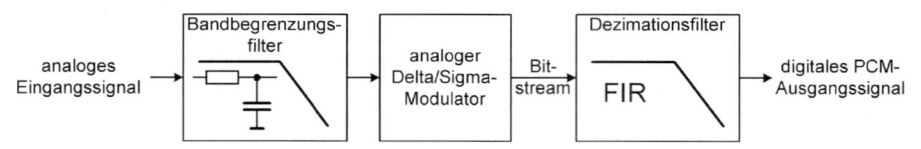

Abb. 17.15 Komponenten eines Delta/Sigma-A/D-Wandlers

17.1.3.3 Praktische Umsetzung bei D/A-Wandlern

Im Gegensatz zu analogen Delta/Sigma-Modulatoren in A/D-Wandlern arbeiten diese in D/A-Wandlern digital, und es lassen sich höhere Ordnungen realisieren, ohne dass Probleme mit der Stabilität auftreten. Somit sind auch höhere Signalrauschabstände erzielbar bzw. die gleichen Werte mit geringerem Aufwand, was D/A-Wandler vergleichsweise günstig macht. Allerdings erzeugen Delta/Sigma-Modulatoren hoher Ordnung sehr viel Rauschen oberhalb des Hörfrequenzbereichs, das vom ausgangsseitigen Rekonstruktions-Tiefpassfilter unterdrückt werden muss. Da der Anstieg der Rauschspannung schon wenig oberhalb der Nyquistfrequenz beginnt, sollte das Tiefpassfilter frühzeitig eine gute Dämpfung erzielen. Ein einfaches *RC*-Filter reicht hier nicht aus. Meist erfolgt daher eine zweistufige Tiefpassfilterung, bestehend aus einem Filter mit geschalteten Kapazitäten (switched capacitor filter, SC) (Tietze u. Schenk 1999, Noetzel 1987) und nachgeschaltetem *RC*-Filter (Gong 2000).

Um den Modulator mit entsprechend hoch getakteten Signalen zu versorgen, wird ein Interpolator vorgeschaltet. Dieser fügt dem ursprünglichen Signal zusätzliche Abtastwerte hinzu. Das für die Interpolation der zunächst als Nullen eingefügten Abtastwerte erforderliche digitale Anti-Imagingfilter kommt, verglichen mit digitalen Anti-Aliasingfiltern bei A/D-Wandlern, mit einer geringeren Stoppbanddämpfung aus. So verringert sich neben den Kosten auch die Latenz, da diese auch hier maßgeblich von der Laufzeit des digitalen FIR-Filters bestimmt wird. Die Funktionsgruppen des Delta/Sigma-D/A-Wandlers zeigt Abb. 17.16.

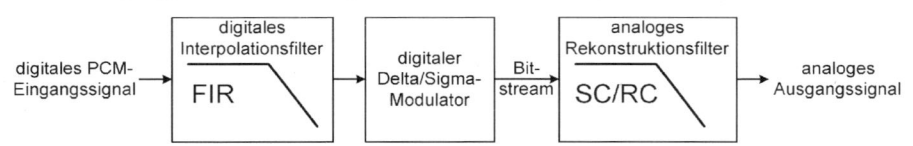

Abb. 17.16 Komponenten eines Delta/Sigma-D/A-Wandlers

17.1.3.4 Qualität

Dynamik

Der durch den Delta/Sigma-Modulator theoretisch erreichbare Signalrauschabstand (Abb. 14.22) wird in der Praxis nicht erreicht, da weitere Störkomponenten hinzukommen. Hier sind in erster Linie die Rauschanteile der analogen Schaltungskomponenten zu nennen, die selbst bei sehr hochwertigen Wandlern in der Regel den Hauptanteil des Gesamtrauschens ausmachen. Dies liegt auch an der geringen Betriebsspannung, mit der Wandlerchips heute betrieben werden, da Analogverstärker häufig nur mit hohen Betriebsspannungen einen großen Dynamikbereich bieten. Zusätzlich muss bei D/A-Wandlern die geringe Ausgangsspannung des Wandlers (üblich sind 0 dBu bis +10 dBu) auf übliche Ausgangsspannungen von beispielsweise +24 dBu angehoben werden, was auch das Rauschen dieses Verstärkers entsprechend erhöht. Bei A/D-Wandlern dagegen wirkt das Analograuschen wie ein Dithering des Eingangssignals und kann zu einer Linearisierung der Wandlerkennlinie beitragen (s. Kap. 14.3).

Klassische 1-Bit-Wandler erreichen eine Dynamik von ca. 100 dB, zusammen mit weiteren Maßnahmen zur Dynamiksteigerung (s. Abschn. 17.1.4) werden heute Werte von 120 dB und mehr erzielt. Damit übertreffen sie mittlerweile sogar die mit *R-2R*-Wandlern erreichbare Dynamik. Da jedoch auch ein Wandler mit 120 dB Dynamik und einer nominellen Auflösung von 24 Bit noch weit von den theoretisch möglichen 141 dB (inkl. Dithering) entfernt ist, kann ein explizites Dithering entfallen.

Verzerrungen und Linearität

Nichtlineare Verzerrungen liegen bei Delta/Sigma-Wandlern auf extrem niedrigem Niveau. Aufgrund des 1-Bit-Prinzips müssen im D/A-Wandler (auch innerhalb eines A/D-Modulators) nicht viele verschiedene Spannungen erzeugt werden und jegliche Trimmung entfällt. 1-Bit-Wandler zeigen daher prinzipbedingt eine nahezu perfekte Linearität (Abb. 17.17).

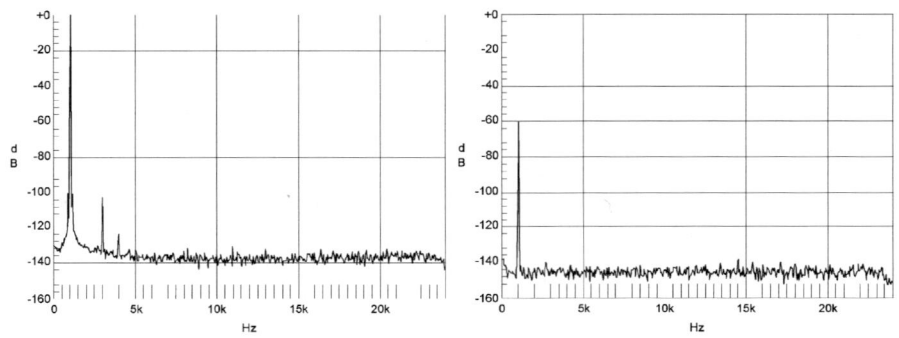

Abb. 17.17 Typisches Klirrspektrum eines Delta/Sigma-D/A-Wandlers bei Vollaussteuerung (links) und bei −60dBFS (rechts) (vgl. dazu Abb. 17.9)

Aliasing-Fehler und Latenz

Aliasing-Fehler lassen sich durch geeignete Bandbegrenzung des Signals vor der A/D-Wandlung bzw. der Dezimation verhindern. Die Dezimation erfolgt mittels digitaler FIR-Filter, deren Stoppbanddämpfung auf die sonstige Wandlerqualität abgestimmt sein muss. Hier sind Dämpfungen von 80 dB bis 120 dB üblich. Bei der tatsächlichen Auslegung kommt es darauf an, ob der Wandlerhersteller mehr Wert auf absolut hohe Qualität unter allen Bedingungen legt, oder ob er einen Kompromiss zugunsten einer kürzeren Durchlaufzeit (Latenz) anstrebt. Letzteres lässt sich ohne Qualitätseinbußen erreichen, wenn man voraussetzt, dass in Frequenzbereichen jenseits der halben Abtastrate keine Pegel nahe der Vollaussteuerung auftreten. Sind hier in der Realität nur geringe Pegel zu erwarten, braucht auch das Tiefpassfilter nur eine entsprechend geringere Stoppbanddämpfung bereitzustellen, um diese Signale unter die wahrnehmbare Schwelle zu bedämpfen (Abb. 17.18, Mitte).

Ein weiterer Aspekt ist die Auslegung des Filters im Bereich der Nyquistfrequenz. Ideal wäre die volle Dämpfung bereits ab dieser Frequenz (Abb. 17.18,

Kapitel 17 Wandler, Prozessoren, Systemarchitektur 899

links). Allerdings lässt sich bei linearphasigen FIR-Filtern der Rechenaufwand halbieren, wenn der Übergangsbereich des Filters (Frequenzbereich von Beginn der Dämpfung bis zur max. Dämpfung) symmetrisch zur Nyquistfrequenz liegt (Abb. 17.18, rechts). Solche Filter nennt man Halbbandfilter. Dabei kommt es allerdings immer zu geringen Aliasing-Fehlern etwas unterhalb der Nyquistfrequenz (Abb. 17.19).

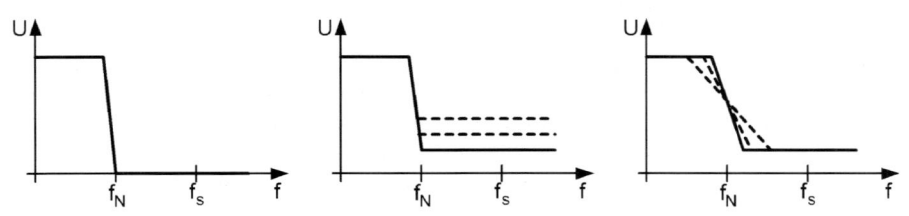

Abb. 17.18 Links: Ideales Anti-Aliasingfilter. Mitte: Anti-Aliasingfilter mit reduzierter Stoppbanddämpfung. Rechts: Anti-Aliasingfilter als Halbbandfilter mit verschiedenen Steilheiten

In nahezu allen heute gebräuchlichen Wandlern werden solche Halbbandfilter eingesetzt, lediglich die von Hersteller zu Hersteller gewählte Breite des Übergangsbereichs unterscheidet sich (und damit auch die Latenz). Dabei ist allerdings auch die verwendete Abtastrate zu berücksichtigen. Je höher diese ist, desto höher liegt der problematische Frequenzbereich und desto weniger problematisch sind Aliasing-Fehler. Wandler, die hauptsächlich mit 44.1 kHz betrieben werden, stellen hier höhere Anforderungen als solche mit einer Abtastrate von 48 kHz oder gar 96 kHz oder 192 kHz. Somit kann bei hochwertigeren Anwendungen, wo oft auch höhere Abtastraten eingesetzt werden, der Filterübergangsbereich zugunsten einer niedrigeren Durchlaufzeit etwas breiter ausfallen, ohne die Qualität nennenswert zu beeinträchtigen.

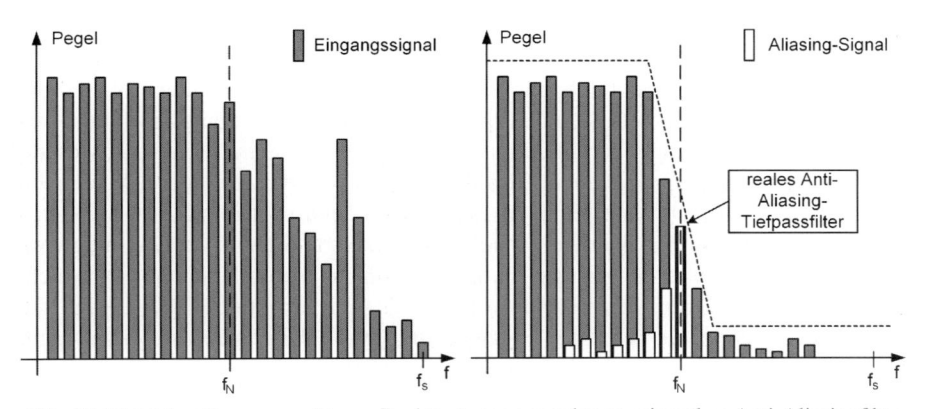

Abb. 17.19 Links: Eingangsspektrum. Rechts: Ausgangsspektrum mit realem Anti-Aliasingfilter als Halbbandfilter und resultierendem Aliasingspektrum unterhalb der Nyquistfrequenz (vgl. Abb. 17.1)

Jitterempfindlichkeit

Wie bereits im Zusammenhang mit R-$2R$-Wandlern erwähnt, verringert sich die Jitterempfindlichkeit mit der Verkleinerung der Quantisierungsstufen. Umgekehrt bedeutet das aber für einfache Delta/Sigma-Wandler mit 1-Bit-Modulatoren eine sehr hohe Empfindlichkeit gegenüber Jitter. Abhängig von der spektralen Zusammensetzung des Jitters äußert sich der dadurch bedingte Qualitätsverlust durch diskrete Seitenkomponenten um die Nutzfrequenzkomponente herum oder durch zusätzliches Rauschen.

Die negativen Auswirkungen des Sampling Jitters entstehen am Übergang zwischen analogem und digitalem, also zwischen dem zeitkontinuierlichen und dem zeitdiskreten Bereich. An dieser Stelle müssen auch die hohen Rauschanteile oberhalb des Übertragungsbereiches eines Delta/Sigma-D/A-Wandlers mit einem Tiefpassfilter entfernt werden. Arbeitet dieser Tiefpassfilter ausschließlich zeitkontinuierlich, bewirkt der Jitter eine Rückfaltung der am Übergang von zeitdiskretem Signal zu zeitkontinuierlichem Signal noch nicht reduzierten, hochfrequenten Rauschanteile in den Übertragungsbereich, was den Signalrauschabstand verringert (Zölzer 1997).

Um diesen Effekt zu vermeiden, wird eine zweistufige Tiefpassfilterung vorgenommen: Ein zeitdiskretes Tiefpassfilter mit höherer Wortbreite am Ausgang nimmt eine Vorfilterung vor, ein anschließendes zeitkontinuierliches Tiefpassfilter beseitigt die nun wesentlich kleineren Stufen am Übergang von zeitdiskret nach zeitkontinuierlich und weist somit eine geringere Empfindlichkeit gegenüber Jitter auf. Realisiert werden die erforderlichen zeitdiskreten (Vor-) Tiefpassfilter als getaktete SC-Filter (switched capacitor).

Das gleiche Problem stellt sich bei der A/D-Wandlung innerhalb des analogen Delta/Sigma-Modulators. Hier lässt sich ebenfalls die Jitterempfindlichkeit stark reduzieren, wenn der Übergang von zeitkontinuierlich auf zeitdiskret in Richtung analoges Eingangssignal verschoben wird. Beim klassischen Modulator durchläuft das Eingangssignal einen Subtrahierer, dann einen analogen Integrator und trifft schließlich auf den getakteten Komparator, dem eigentlichen Wandler von zeitkontinuierlichen in zeitdiskrete Signale (vgl. Abb. 17.14). Am Ausgang des Integrators entstehen nun mit steigender Überabtastung zunehmend steilere Flanken, wesentlich steiler als im ursprünglichen Eingangssignal. Dies führt zu einer erhöhten Jitterempfindlichkeit. Deshalb realisiert man den Integrator ebenfalls als getakteten SC-Filter, verlegt so den Wandlungspunkt in zeitdiskrete Signale vor den Integrator, wo die Flankensteilheiten geringer sind, und reduziert damit die Jitterempfindlichkeit mit zunehmender Überabtastung (Geerts u. Steyaert 2000). Das Design der Wandler (mit deren spezifizierten Eigenschaften) wird dabei meist auf einen gaußförmig verteilten Jitter mit max. 200 ps RMS ausgelegt.

Kapitel 17 Wandler, Prozessoren, Systemarchitektur

Tatsächliche Auflösung

Im Bereich hoher Wortbreiten von 20 oder 24 Bit erreichen auch Delta/Sigma-Wandlern bei weitem nicht die theoretisch erzielbare Dynamik. Trotz eines theoretisch möglichen Dynamikumfangs inkl. Dithering von ca. 141 dB bieten marktgängige Wandler häufig Werte von weniger als 100 dB. Trotzdem kann man selbst bei solchen Wandlern nicht behaupten, sie hätten nur eine Auflösung von 17 Bit. Häufig wird das sehr niedrige Quantisierungsrauschen entsprechend der hohen nominellen Auflösung lediglich durch andere Rauschquellen überlagert. Da auch Frequenzkomponenten mit einem Pegel unterhalb des Rauschteppichs hörbar sind, können selbst solche Wandler in geringem Maße von einer etwas höheren Auflösung profitieren. Allerdings bietet ein Wandler mit 100 dB Dynamik und 24-Bit-Auflösung gegenüber einem Wandler gleicher Dynamik aber nur 20-Bit-Auflösung keine physikalischen sondern allenfalls Marketing-Vorteile.

Preis

Durch die recht einfach realisierbaren Delta/Sigma-Modulatoren sind diese Wandler preiswert. Zusätzlich kommen diesen Wandlern die zunehmend günstiger produzierbaren digitalen Filter zugute. Selbst im hochqualitativen Bereich, wo der Aufwand deutlich steigt, lassen sich diese Wandler mittlerweile vergleichsweise günstig herstellen.

17.1.4 Techniken zur Qualitätsverbesserung

17.1.4.1 Multibit-Modulatoren

Delta/Sigma-Wandler mit 1-Bit-Modulatoren erreichen in der Praxis nur eine Dynamik von etwa 100 dB. Um höhere Werte zu erzielen, kann man das Delta/Sigma-Prinzip mit Parallelwandlern mit einer Auflösung von 2 bis 5 Bit kombinieren. Sie treten an die Stelle des einfachen Komparators, ebenso bei der Rückwandlung im Rückkoppelpfad (Abb. 17.20, vgl. Abb. 17.14).

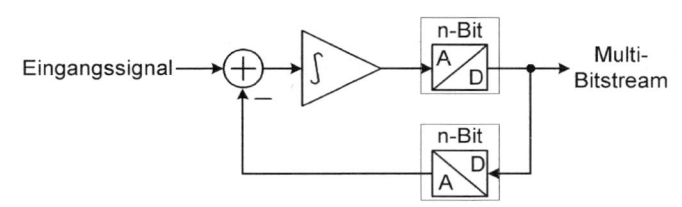

Abb. 17.20 Analoger Multibit-Modulator mit internem Parallel-A/D- und Parallel-D/A-Wandler mit n Bit Auflösung (n = 2 bis 5 Bit)

Neben dem dadurch erweiterten Dynamikumfang reduziert die höhere Auflösung auch die Empfindlichkeit des Wandlers gegenüber Taktjitter (vgl. Abschn. 17.1.3.4).

Bei Multibit-Delta/Sigma-D/A-Wandlern kann der n-Bitstream allerdings nicht mehr einfach mit einem Tiefpassfilter zu einem Analogsignal geglättet werden. Jetzt ist ausgangsseitig, ebenso wie beim A/D-Wandler innerhalb des Modulators, ein Parallel-D/A-Wandler notwendig, der aus dem n-Bitstream ein analoges Signal erzeugt, das dann mittels eines Tiefpassfilters geglättet werden kann (Abb. 17.23).

Die Gesamtgenauigkeit eines Delta/Sigma-A/D-Wandlers bestimmt sich hier maßgeblich durch den rückführenden D/A-Wandler. Fehler des internen n-Bit-Parallel-A/D-Wandlers hingegen werden durch die Rückkopplung kompensiert. Tritt dort ein Fehler auf, erscheint dieser am eingangsseitigen Subtrahierer und wird vom Eingangssignal abgezogen. Dies bewirkt ein dem ursprünglichen Fehler entgegenwirkendes Signal am Modulatorausgang und der Gesamtfehler verschwindet. Nichtlinearitäten des rückführenden Parallel-D/A-Wandlers dagegen lassen sich nicht kompensieren.

Mit Multibit-Modulatoren lassen sich Wandler mit sehr großem Dynamikumfang und extrem niedriger Jitterempfindlichkeit realisieren, auch wenn man sich zunächst die Linearitätsprobleme gewöhnlicher Parallelwandler „zurückholt" (Fujimori et al. 2000, Geerts et al. 2000, Geerts u. Steyaert 2000, Schreier 1997).

17.1.4.2 DEM

DEM steht für *Dynamic Element Matching* und beschreibt eine Technologie, um toleranzbedingte Nichtlinearitäten von Parallelwandlern zu beseitigen. Die Grundidee ist, die unvermeidlichen Verzerrungen in Rauschen umzuwandeln. Dazu betrachten wir einen D/A-Parallelwandler, aufgebaut aus mehreren Stromquellen (*Elements*, Abb. 17.21, oben).

Jede Stromquelle liefert im Idealfall den gleichen Strom entsprechend einem LSB. Tatsächlich sind die Ströme aber nicht exakt gleich, sondern weisen einen spezifischen Wandlungsfehler auf, den Linearitätsfehler. Würde man nun die Stromquellen zufällig gegeneinander tauschen (*Dynamic*), so wären auch die Fehler zufällig verteilt. Anstelle eines konstanten Linearitätsfehlers würde die ständig wechselnde Anordnung der Stromquellen ein gleichverteiltes Rauschen produzieren.

Um dies zu erreichen, werden bei DEM die Ströme aller Stromquellen vor der Addition durch einen digitalen Encoder/Scrambler angesteuert (Abb. 17.21, unten). Bei den innerhalb von Delta/Sigma-Wandlern eingesetzten Parallelwandlern von bis zu fünf Bit Auflösung (also max. 32 Stromquellen) lässt sich dieses Verfahren gut anwenden (Bach 1999, Bruce 2000, Bruce u. Stubberud 2000, Geerts u. Steyaert 1999, Gong 2000, Hossack et al. 2001, Jensen 1998, Schreier 1997).

Den Aufbau des Multibit-Modulators eines Delta/Sigma-A/D-Wandlers inkl. DEM zeigt Abb. 17.22, die Gesamtstruktur eines mit diesem Verfahren arbeitenden Delta/Sigma-D/A-Wandlers zeigt Abb. 17.23.

Die Multibit-Technik ermöglicht heute Delta/Sigma-Wandler mit bis zu 125 dB Dynamik, die dabei dank DEM genauso verzerrungsarm sind wie 1-Bit-Wandler.

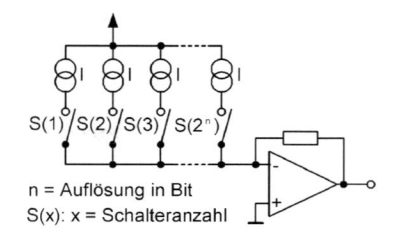

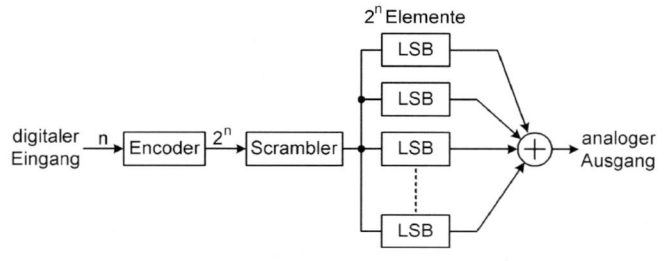

Kapitel 17 Wandler, Prozessoren, Systemarchitektur 903

Abb. 17.21 Oben: D/A-Parallelwandler aus lauter gleichen Stromquellen mit der Wertigkeit von je einem LSB. Unten: Prinzip eines D/A-Wandlers mit DEM-Einheit (Encoder + Scrambler)

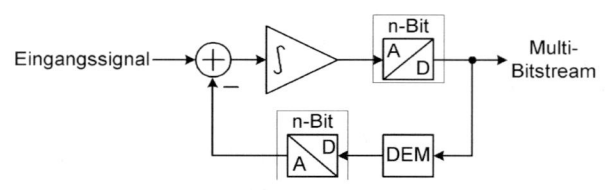

Abb. 17.22 Analoger Multibit-Delta/Sigma-Modulator mit integriertem DEM-D/A-Wandler

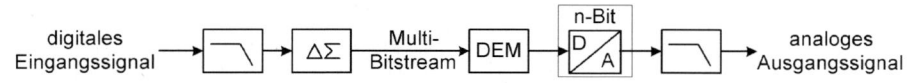

Abb. 17.23 Struktur eines Multibit-Delta/Sigma-D/A-Wandlers

17.1.4.3 Gainranging

Bei diesen Verfahren handelt es sich nicht um eine Qualitätssteigerung des Wandlers an sich, vielmehr wird eine gegebene Wandlerqualität möglichst gut an den momentan anliegenden Signalpegel angepasst. Es soll somit auch bei geringen Pegeln ein möglichst großer Aussteuerbereich des Wandlers genutzt werden (Blesser 1978).

Eine Möglichkeit besteht darin, das Eingangssignal zu komprimieren und nach der Wandlung wieder exakt gegensinnig zu expandieren. Oder es wird der Pegelbereich in mehrere Abschnitte eingeteilt: Wird ein bestimmter Pegelwert unterschritten, erhöht man vor der Wandlung die Verstärkung und reduziert sie nach der Wandlung wieder um den gleichen Betrag. Dabei reduziert sich dann auch das Rauschen des Wandlers entsprechend (Abb. 17.24).

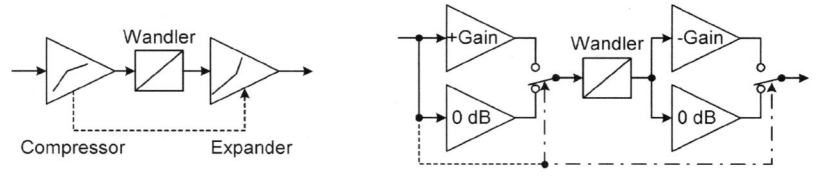

Abb. 17.24 Prinzipien von Gainranging-Wandlern

Auf diese Art kann über den Wandler ein erheblich größerer Dynamikbereich übertragen werden als sie der Wandlerchip an sich zur Verfügung stellt. Allerdings treten hier eine Reihe von Schwierigkeiten auf. Das Prinzip funktioniert nur dann ausreichend gut, wenn sich die Pegelmanipulationen vor und nach der Wandlung tatsächlich genau kompensieren. Ein manueller Abgleich alleine wäre nicht exakt und stabil genug. Deshalb muss ein Korrekturglied zu jeder Zeit eine Information über die aktuelle Pegelmanipulation erhalten, um eine entsprechend gut angepasste Kompensation durchführen zu können.

Bei A/D-Wandlern kann dieser Informationskanal mittels eines zweiten A/D-Wandlers realisiert werden. Dieser „Infowandler" überträgt das Eingangssignal völlig unverändert, der „Hauptwandler" überträgt ein im Pegel manipuliertes Signal. Nun kann in der digitalen Ebene ein Signalprozessor anhand der Information aus dem „Infowandler" die Pegelmanipulation des „Hauptwandlers" errechnen und exakt kompensieren (Abb. 17.25). Allerdings bedarf es in der Realität weiterer Maßnahmen, um das Rauschen des „Infowandlers" vom Ausgang fernzuhalten (s.u.).

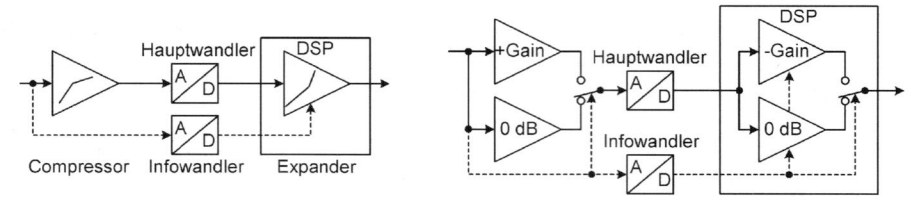

Abb. 17.25 Gainranging-A/D-Wandler mit Infokanal

Bei D/A-Wandlern müsste die Kompensation auf der analogen Seite erfolgen, wo sich die notwendigen komplexen Rechenoperationen kaum durchführen lassen. Gainranging-Wandler werden daher praktisch ausschließlich für die A/D-Wandlung eingesetzt. Hier ist ihr Einsatz auch besonders sinnvoll, da die Dynamik des analogen Eingangssignals oft nicht genau bekannt ist, entsprechende Reserven vorgehalten werden müssen (Headroom) und der A/D-Wandler auch abzüglich dieses Headrooms noch über ausreichend Dynamik verfügen sollte. Bei der D/A-Wandlung hingegen ist die Dynamik des digitalen Eingangssignals genau bekannt und die Wandlerdynamik kann, bei korrekter Anpassung an die folgende Analogstufe, voll genutzt werden.

Realisierung

Bei der digitalen Kompensation muss u. a. gewährleistet werden, dass das Rauschen des „Infowandlers" nicht am Ausgang erscheint. Um die Signale des „Hauptwandlers" und des „Infowandlers" miteinander zu verrechnen, wird durch einen digitalen Signalprozessor (DSP) zu jedem Zeitpunkt die Differenz beider Wandler bestimmt und der Hauptwandler auf den Wert des Infowandlers korrigiert. Somit würde aber auch das Rauschen des Hauptwandlers auf das Niveau des Infowandlers „korrigiert". Das Ergebnis wäre eine Dynamik entsprechend der des Infowandlers. Um dies zu vermeiden, muss die Pegelmanipulation vor dem Hauptwandler ab einem bestimmten Eingangspegel zu niedrigeren Pegeln hin aufhören. Für den in diesem Bereich völlig linear arbeitenden Hauptwandler ist auch auf digitaler Seite keine Kompensation mehr notwendig, und der Infowandler kann vom Ausgang weggeschaltet werden. Damit verschwindet auch dessen Rauschen im Ausgangssignal.

Eine Vereinfachung des Gainranging-Wandlers zeigt Abb. 17.26. Hier arbeiten zwei A/D-Wandler, wovon einer (der Hauptwandler) eine zusätzliche analoge Vorverstärkung erhält. Solange der Eingangspegel diesen Wandler noch nicht voll aussteuert, wird das Ausgangssignal ausschließlich vom Hauptwandler gebildet. Der DSP berechnet dessen zusätzliche analoge Vorverstärkung aus der Differenz von Hauptwandler zu Infowandler und reduziert das Signal (und das Rauschen) des Hauptwandlers entsprechend. Sobald das Eingangssignal den Hauptwandler zu übersteuern droht, wird auf den Hochpegel-/Infowandler umgeschaltet und ausschließlich dessen Signal benutzt. So spart man sich eine (problematische) Umschaltung des analogen Vorverstärkers.

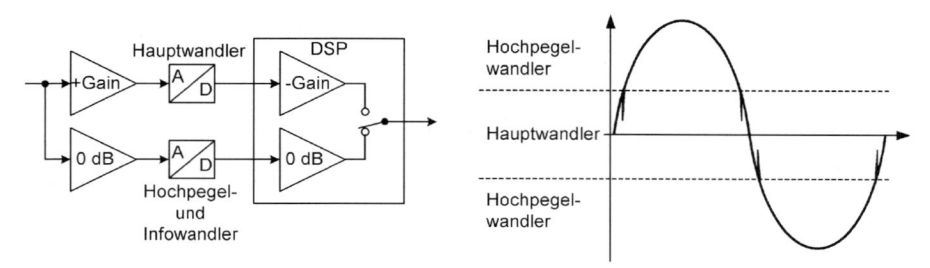

Abb. 17.26 Zweistufiger Gainranging-A/D-Wandler

Auch die Umschaltvorgänge im DSP können allerdings zu kleinen Störungen führen, falls die Anpassung der beiden Wandlerpfade nicht ganz perfekt gelingt (Abb. 17.26, rechts). Nur durch aufwändige Rechenoperationen lassen sich diese Störsignale vermeiden (Blesser 1978, Macarthur 1994). Abb. 17.27 (links) zeigt die typische THD&N-Kurve eines solchen Gainranging-Wandlers in Abhängigkeit von der Aussteuerung.

Anstatt hart zwischen Haupt- zum Infowandler hin und her zu schalten ist auch ein allmählicher Übergang möglich (Abb. 17.27, rechts). Dabei werden evtl. noch vorhandene hochfrequente Glitches (s. Abb. 17.26, rechts) in tieffrequentere, weni-

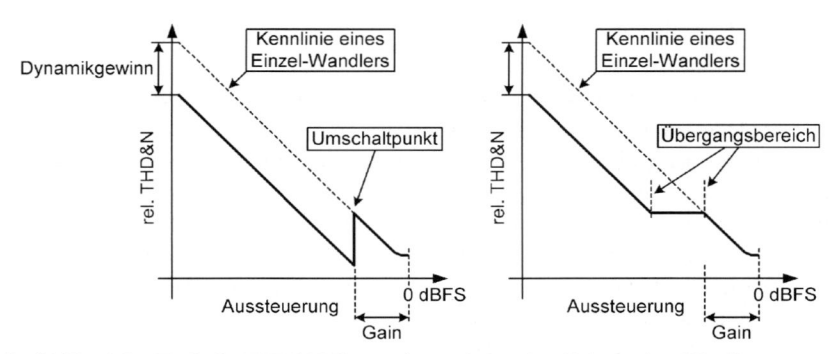

Abb. 17.27 Links: Typische THD&N-Kurve eines schaltenden Gainranging-Wandlers. Rechts: Typische THD&N-Kurve eines Gainranging-Wandlers mit Übergangsbereich

ger hörbare Störungen verwandelt. Auch wenn dies auf Kosten der Qualität im Übergangsbereich geht, vermeidet man einen plötzlichen Rauschanstieg am Umschaltpunkt, der u.U. hörbar sein kann (Fiedler 1985). Dies gilt auch für alle Arten von mit Kompression arbeitenden Gainranging-Verfahren, da auch dort der Infowandler bei niedrigen Pegeln abgeschaltet werden muss und damit ein Rauschsprung auftritt.

Natürlich können auch mehr als zwei Wandler einen Gainranging-Wandler bilden. Mit dem Infowandler können theoretisch beliebig viele Hauptwandler kombiniert werden, jeder mit einer anderen analogen Vorverstärkung. Dies erhöht natürlich den Realisierungsaufwand und damit die Kosten erheblich. In der Audiotechnik bestehen Gainranging-Wandler gewöhnlich aus zwei, in seltenen Fällen auch aus vier Wandlern.

Tatsächliche Auflösung

Bei allen Arten von Gainranging-Wandlern wird die Auflösung gegenüber den eingesetzten Einzelwandlern nur bei niedrigen Pegeln erhöht. Ein Gainranging-Wandler, bestehend aus zwei 20-Bit-Wandlern, mit einer Vorverstärkung des Hauptwandlers von 16 (entsprechend 4 Bit), hat nur bei niedrigen Signalamplituden eine Auflösung von 24 Bit. Bei Amplituden bis zu 1/8 der Vollaussteuerung entspricht die Auflösung von 20 Bit der eines in diesem Bereich arbeitenden 24-Bit-Wandlers. Zu höheren Pegeln hingegen wird auf den zweiten Wandler mit einer Auflösung von 20 Bit umgeschaltet. Bei hohen Pegeln findet somit eine Reduzierung der Auflösung statt. Das Gleiche gilt für Gaingranging-Wandler mit komprimierenden Strukturen, wo bei hohen Pegeln die höherwertigen Bits zunächst komprimiert und nach der Wandlung wieder expandiert werden. Die Gesamtauflösung erhöht sich dadurch nicht, die Quantisierungsstufen werden lediglich nichtlinear über den Aussteuerbereich verteilt. In der Praxis hat dies allerdings kaum Bedeutung, da bei großen Pegeln der durch die Auflösungsreduktion bedingte Anstieg des Rauschteppichs durch das Signal verdeckt wird. Gainranging-Wandler werden deshalb auch als Floating-

Point-Wandler bezeichnet, denn sie besitzen, wie eine Fließkommazahl, eine Mantisse (im Beispiel 20 Bit) und einen Exponenten (im Beispiel 0 Bit oder 4 Bit). Die Gesamtauflösung entspricht zu jedem Zeitpunkt nur der Auflösung der Mantisse, mit dem Exponent wird diese Auflösung allerdings an den jeweils aktuellen Pegel angepasst. Erst bei der abschließenden Umwandlung in eine Festkommazahl wird eine höhere Auflösung notwendig (im Beispiel 24 Bit), damit der volle Dynamikbereich als Festkommawert dargestellt werden kann. Obwohl sich also die Gesamtauflösung gegenüber einem einfachen Wandler nicht erhöht, kann der Dynamikumfang der Wandlung beträchtlich gesteigert werden. Auf diese Weise können heute Werte von 115 dB bis 150 dB erreicht werden.

17.1.4.4 Jitterminimierung

Trotz vielfältiger Maßnahmen zur Reduktion der Empfindlichkeit gegenüber Taktjitter kann es bei größeren Jitteramplituden zu deutlichen Qualitätseinbußen kommen. Grundsätzlich gibt es für die Taktung zwei Möglichkeiten: die interne oder externe Taktung. Wird der Takt innerhalb der Wandlereinheit erzeugt, stammt der Takt gewöhnlich von einem Quarzoszillator. Diese sind extrem jitterarm, weshalb diese Betriebsart grundsätzlich vorzuziehen ist. Soll der Wandler aber mit anderem Digitalequipment zusammen an einem gemeinsamen Takt betrieben werden, muss die Taktzuführung von außen erfolgen. Dies geschieht entweder direkt über einen sog. Wordclock oder über ein digitales Eingangssignal wie AES3 oder S/PDIF, aus dem der Wordclock gewonnen wird. Den für moderne Wandler notwendigen höheren Takt erzeugt dann eine integrierte PLL (Phase Locked Loop), die als Taktvervielfacher arbeitet und in hohem Maße die Wandlerqualität bestimmt. Einfache Implementierungen bewirken ein großes Phasenrauschen, d.h. selbst bei jitterfreiem Eingangstakt beaufschlagt eine solche PLL den zugeführten Takt mit Jitter. Gleichzeitig ist die PLL nicht in der Lage, von außen beaufschlagten Jitter (z.B. hervorgerufen durch lange Kabel) ausreichend zu bedämpfen. Hochwertige PLL-Schaltungen arbeiten mit Quarz-VCOs (Voltage Controlled Oscillators), die der Jitterarmut von Quarzoszillatoren mit Festfrequenz kaum nachstehen und auch eine große Jitterdämpfung erzielen. Allerdings sind Quarz-VCOs teuer und werden nur in sehr hochwertigem Equipment eingesetzt (Tietze u. Schenk 1999).

17.1.4.5 Höhere Abtastraten

Durch die Erhöhung der Abtastrate ergeben sich einige Vorteile. Da die Nyquistfrequenz nicht mehr so nahe an der oberen Grenzfrequenz des Übertragungsbereiches liegt, können Anti-Aliasingfilter und Anti-Imagingfilter mit weniger steilen Flanken ausgeführt werden. Dabei reduziert sich der Rechenaufwand erheblich, so dass nicht mehr zwingend Halbbandfilter eingesetzt werden müssen und so Aliasingverzerrung gänzlich ausgeschlossen werden können. Zusätzlich erweitert sich der nutzbare Übertragungsbereich.

In der Praxis werden allerdings auch bei höheren Abtastraten meist steile Halbbandfilter eingesetzt. Damit wird die höhere Abtastrate nicht zur Unterdrückung von Alaising-bedingten Verzerrungen genutzt, die so nur zu höheren Frequenzen verschoben werden. In jedem Fall verkürzt sich allerdings die Durchlaufzeit (Latenz); bei jeder Verdopplung der Abtastrate auf die Hälfte oder auch etwas weniger (je nach Filterdesign). Typische Latenzen liegen zwischen 28 und 45 Abtastperioden. Laufzeitoptimierte Konstruktionen kommen mit 12 Perioden oder weniger aus, allerdings mit Kompromissen in der Filterwirkung (s. Kapitel 17.1.3.4).

17.2 Abtastratenwandler

Aufgrund der Vielzahl von üblichen Abtastraten in modernen digitalen Audioumgebungen sind Abtastratenwandler heute allgegenwärtig. Da es in einem Produktionsprozess oder einer Übertragungsstrecke auch zu mehrfachen Abtastratenwandlungen kommen kann, sollte diese mit möglichst geringem Qualitätsverlust möglich sein.

Grundsätzlich unterscheidet man dabei zwischen synchroner und asynchroner Abtastratenwandlung. Bei der synchronen Wandlung müssen Quell- und Zielabtastrate in einem festen, bekannten Verhältnis zueinander stehen und zueinander synchron sein, d. h. beide Takte müssen aus einer gemeinsamen Quelle generiert werden. Bei der asynchronen Abtastratenwandlung ist das Verhältnis aus Quell- und Zielabtastrate beliebig, beide Takte können aus unabhängigen Quellen stammen.

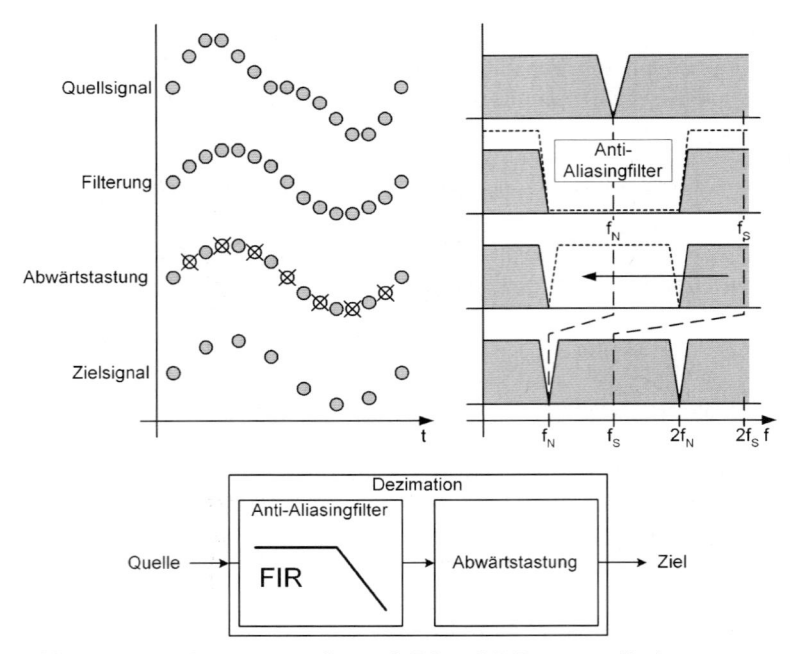

Abb. 17.28 Synchrone Abtastratenwandlung mit Faktor 0,5 (Downsampling)

17.2.1 Synchrone Abtastratenwandler

Der starken Einschränkungen wegen hat die synchrone Abtastratenwandlung keine sehr hohe Verbreitung. Allerdings lässt sie sich sehr einfach und mit hoher Qualität durchführen, falls Quell- und Zielabtastrate in einem Verhältnis von exakt 2:1 oder 4:1 zueinander stehen. Dies kommt häufig vor, wenn beispielsweise Quellen mit $f_S = 48$ kHz in einem Produktionsprozess mit $f_S = 96$ kHz weiterverarbeitet, oder eine Quelle mit $f_S = 96$ kHz auf ein Medium mit 48 kHz Abtastrate gebracht werden soll.

Hier kann bei der Abwärtswandlung (Downsampling) jeder zweite Abtastwert bzw. drei von vier Abtastwerten weggelassen werden. Wie bereits im Zusammenhang mit der Dezimation bei Delta/Sigma-Wandlern erläutert, muss allerdings vor der Abwärtstastung mit einem digitalen Tiefpassfilter eine Bandbegrenzung auf die Maximalbandbreite der Zielabtastrate stattfinden, um Aliasing zu verhindern (Abb. 17.28).

Bei der Aufwärtswandlung (Upsampling) kann es nicht zu Aliasingfehlern kommen, da das Quellsignal eine geringere Bandbreite besitzt als mit der Zielabtastrate darstellbar ist. Dennoch müssen in dem zunächst mit Nullen ergänzten Signal durch ein Tiefpassfilter die sog. Images entfernt werden, wodurch die eingefügten Werte zwischen die bereits vorhandenen Abtastwerte interpoliert werden (Abb. 17.29).

Häufig werden die Funktionsgruppen Abwärtstastung und Anti-Aliasingfilter zu einem Dezimationsfilter zusammengefasst, ebenso wie die Funktionsgruppen Aufwärtstastung und Anti-Imagingfilter zu einem Interpolationsfilter. Somit besteht ein synchroner Abtastratenwandler lediglich aus einem Dezimations- oder einem Interpolationsfilter. Diese Filter werden gewöhnlich als linearphasige FIR-Filter reali-

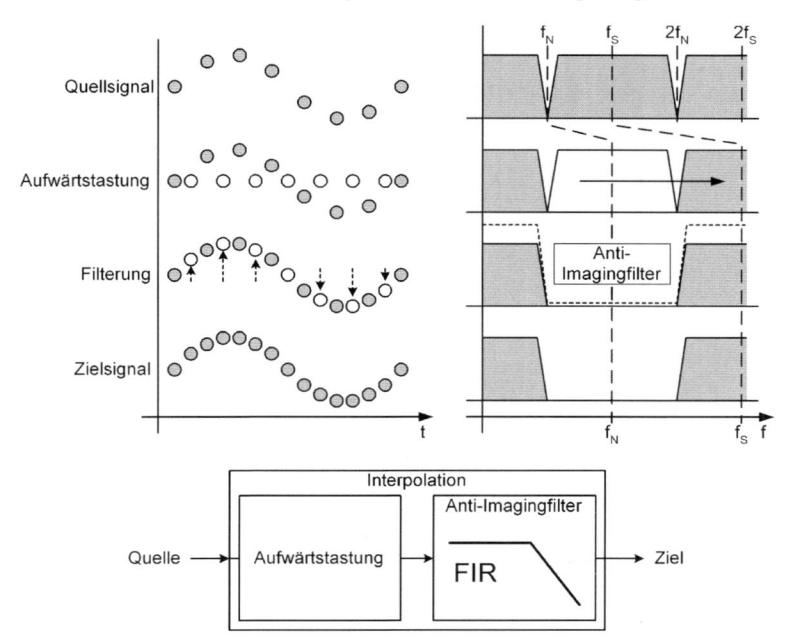

Abb. 17.29 Synchrone Abtastratenwandlung mit Faktor 2 (Upsampling)

siert und liefern bei entsprechender Auslegung eine ganz hervorragende Qualität der Abtastratenwandlung, auch wenn es u. U. zu gewissen Aliasingfehlern durch den Einsatz von Halbbandfiltern (vgl. Kapitel 17.1) im Bereich der Nyquistfrequenz kommen kann (Fliege 1993). Bei Wandlungen von Abtastraten, die nicht im Verhältnis von Zweierpotenzen zueinander stehen wie von f_s = 44.1 kHz auf f_s = 48 kHz sind synchrone Abtastratenwandler nicht mehr effektiv, da nicht in einem Schritt auf die neue Abtastrate interpoliert bzw. dezimiert werden kann. Außerdem liegen solche Abtastraten selten zueinander synchron vor.

17.2.2 Asynchrone Abtastratenwandler

Um Signale mit zueinander in einem ungeraden oder unbekannten Verhältnis stehenden Abtastraten zu wandeln, setzt man asynchrone Abtastratenwandler ein, die sehr viel komplexer als synchrone Typen aufgebaut sind. Wegen ihrer universellen Einsetzbarkeit werden sie überall dort verwendet, wo wechselnde Abtastratenverhältnisse gewandelt werden müssen (z. B. an einem AES3 oder S/PDIF-Eingang, vgl. Kap. 18.9), wogegen die synchrone Wandlung nur innerhalb von Applikationen mit einer festen Wandlungsrate vorkommt (z. B. in digitalen Lautsprechercontrollern oder Workstations).

Grundaufgabe jeder Abtastratenwandlung ist es, aus den Abtastwerten des Quellsignals die entsprechend passenden Abtastwerte des Zielsignals zu berechnen. Hierzu könnte man theoretisch das Quellsignal so hoch interpolieren, bis alle möglichen

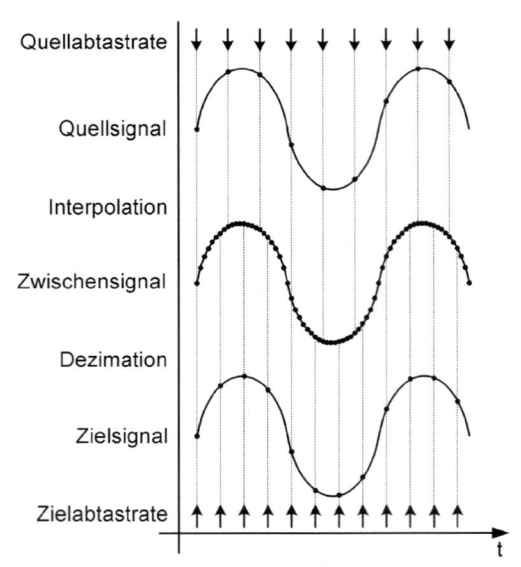

Abb. 17.30 Quellsignal, daraus interpoliertes Zwischensignal, daraus dezimiertes Zielsignal (Darstellung stark vereinfacht, statt unendlicher nur 8-fache Interpolation)

Abtastwerte für jede beliebige Zielabtastrate zur Verfügung stehen und mit dem Takt der Zielabtastrate die passenden Abtastwerte auswählen (Abb. 17.30).

Eine solche unendlich hohe Interpolation entspräche einer Analogwandlung, und so stellt eine Serienschaltung eines D/A- mit einem A/D-Wandler auch die einfachste Realisierungsmöglichkeit eines asynchronen Abtastratenwandlers dar. Um den Umweg über eine Analogwandlung zu vermeiden, kann der gesuchte Abtastwert jedoch auch mit Hilfe eines Interpolationsfilters berechnet werden. Dabei bestimmt die gewünschte Wandlungsqualität die notwendige Interpolationsrate. Um eine hochwertige Wandlung zu erzielen, sind Überabtastfaktoren von 2^{16} bis 2^{24} notwendig, entsprechend einer Auflösung von 16 Bit bis 24 Bit. In einfacher Form sind solch hohe Überabtastraten aufgrund des enormen Rechenaufwands allerdings nicht wirtschaftlich umsetzbar. Auch die dabei auftretenden Abtastfrequenzen im Gigahertz-Bereich wären nicht mehr praktikabel. Man muss aber gar nicht alle z. B. 2^{24} Samples pro Quellabtastperiode berechnen, da davon bei der folgenden Abtastung mit der Zielabtastrate nur wenige oder gar nur ein einziges benötigt wird. Also berechnet man nur die Abtastwerte während der Interpolation, die tatsächlich gebraucht werden. Hierfür stehen verschiedene Verfahren wie Polynom-, Langrange- oder Spline-Interpolation zur Verfügung (Zölzer 2005). Bei allen Verfahren müssen zunächst die Zeitpunkte der Zielabtastwerte innerhalb der Quellabtastperiode bestimmt werden. (Abb. 17.31).

Im asynchronen Fall ändert sich der Zeitpunkt der Interpolation innerhalb der Quellabtastperiode mit jedem Sample und muss deshalb für jeden Zielabtastwert neu berechnet werden. Dazu kommt ein möglicher Jitter der beiden Takte gegeneinander. Um den korrekten Zeitpunkt für die Interpolation zu finden, wird daher kontinuierlich das Verhältnis beider Abtastraten bestimmt. Da dies innerhalb einer

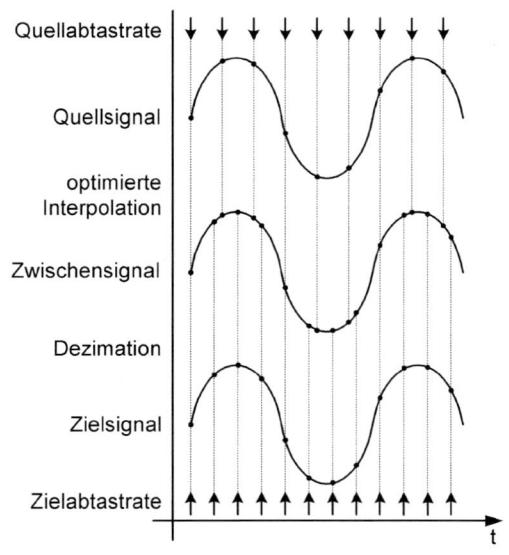

Abb. 17.31 Quellsignal, daraus bedarfsgerecht optimiert-interpoliertes Zwischensignal, daraus dezimiertes Zielsignal (Darstellung stark vereinfacht, Interpolation statt mit 2^{24} nur 2^3)

Taktperiode nicht möglich ist, mittelt man über mehrere Perioden, wodurch jitterbedingte Varianzen automatisch unterdrückt werden. Je mehr Perioden für diese Mittelung herangezogen werden, desto unempfindlicher reagiert der Abtastratenwandler auf Jitter. Allerdings bedingt dies auch eine längere Zeitspanne für die Bestimmung des neuen Übersetzungsverhältnisses, in der Zwischenzeit wird mit dem alten (falschen) Verhältnis weiter gewandelt. Deshalb liegen in dieser Zeit mehr oder weniger Abtastwerte an, als aufgrund des noch angenommen Abtastratenverhältnisses zu erwarten wären. Dieses Missverhältnis muss durch einen Zwischenspeicher solange ausgeglichen werden, bis das neue Übersetzungsverhältnis zur Verfügung steht. Dazu dient eine FIFO (First In First Out), ein Speicher, aus dem in der gleichen Reihenfolge gelesen wird, wie vorher geschrieben wurde (Tietze u. Schenk 1999). Je länger nun die Bestimmung des neuen Abtastratenverhältnisses dauert, desto größer muss der FIFO-Speicher sein.

Sollte sich das Abtastratenverhältnis über einen längeren Zeitraum in eine Richtung verändern, könnte die Größe der FIFO u.U. nicht ausreichen, sie könnte über- oder leerlaufen. Um dies zu vermeiden, beinhaltet die Verhältnisbestimmung der Abtastrate eine Regelung, die den FIFO-Füllstand mit einbezieht. Ist dieser zu niedrig, wird die Wandlungsrate kurzfristig erhöht, ist er zu hoch, wird die Wandlungsrate reduziert bis der FIFO-Sollfüllstand erreicht ist. Die Schnelligkeit dieser Regelung beeinflusst die Qualität der Abtastratenwandlung. Wird sie sehr langsam ausgelegt, ist eine große FIFO nötig, jitterbedingte Fehler werden gut unterdrückt, die Durchlaufzeit (Latenz) ist aber hoch. Wird sie schnell ausgelegt, genügt eine sehr kleine FIFO, man muss mit Qualitätseinbußen bei mit Jitter beaufschlagten Takten rechnen, profitiert allerdings von einer geringeren Latenz.

Einen größeren Beitrag zur Gesamtlaufzeit als die FIFO leisten allerdings die unvermeidlichen Laufzeiten der FIR-Dezimations- und FIR-Interpolationsfilter, de-

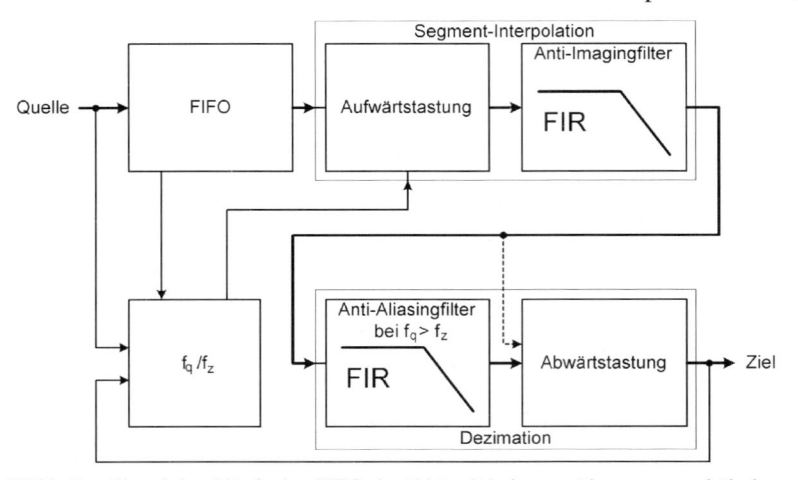

Abb. 17.32 Das Signal durchläuft eine FIFO, in Abhängigkeit vom Abtastratenverhältnis (Quelle: f_q, Ziel: f_z) und des FIFO-Füllstands einen Interpolator und schließlich einen Dezimator. Im Falle $f_q < f_z$ kann das Anti-Aliasingfilter entfallen, da das Signal bereits ausreichend bandbegrenzt ist.

ren absolute Laufzeit in direkter Beziehung zum Übersetzungsverhältnis steht. Als Filtertypen kommen auch hier häufig Halbbandfilter zum Einsatz, wodurch es zu gewissen (gewöhnlich aber vernachlässigbaren) Aliasingfehlern im Bereich der Nyquistfrequenz kommen kann. Die Gesamtstruktur eines asynchronen Abtastratenwandlers zeigt Abb. 17.32. Moderne Konstruktionen erreichen heute nahezu echte 24-Bit-Qualität und lassen sich somit ohne nennenswerten Qualitätsverlust einsetzen. Dadurch ist eine Überbrückung (Bypass) solcher Abtastratenwandler selbst im Fall einer synchronen 1:1-Übertragung nicht mehr unbedingt erforderlich. Lediglich die erhöhte Signaldurchlaufzeit kann ein Argument für einen Bypass darstellen. (Adams et al. 1993, Harris et al. 1999, Zölzer 1997)

17.3 Prozessoren und Zahlenformate

Zur Verarbeitung digitaler Audiosignale können sowohl *Mikroprozessoren* zum Einsatz kommen, wie sie als zentrale Recheneinheit (Central Processing Unit, CPU) in handelsüblichen PCs verwendet werden, als auch *Signalprozessoren* (Digital Signal Processors, DSPs). Die Unterschiede zwischen beiden Prozessortypen liegen in ihrem prinzipiellen Aufbau (Architektur), in der Organisation des internen Datenflusses, in der Art der Ein- und Ausgabeschnittstellen und im Umfang des für die Programmierung zur Verfügung stehenden Befehlssatzes.

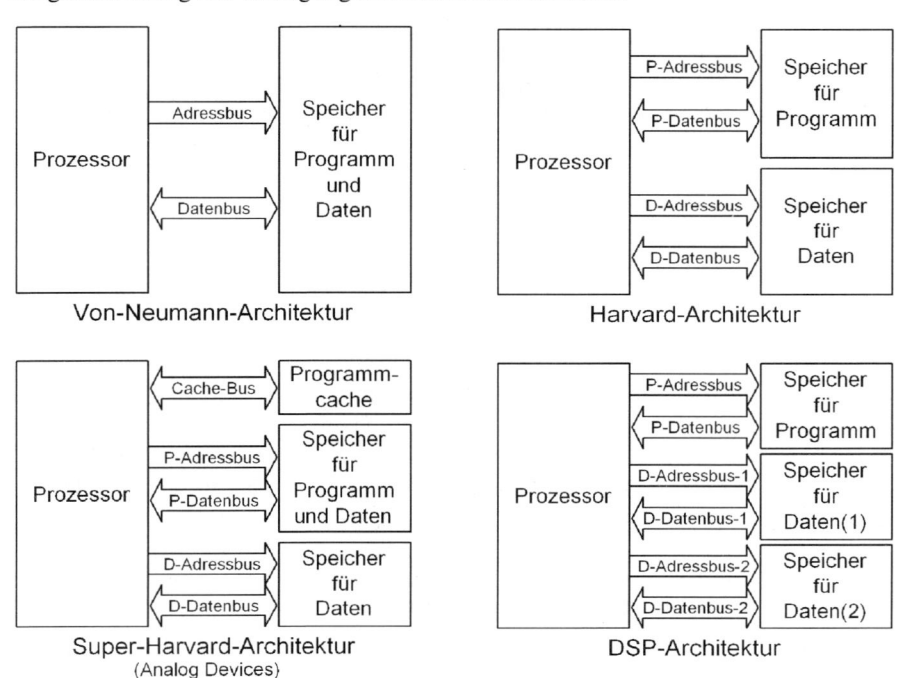

Abb. 17.33 Von-Neumann-, (Super-)Harvard- und DSP-Architektur von Prozessoren

Mikroprozessoren sind in der Regel nach einer sog. von-Neumann-Architektur aufgebaut und weisen einen gemeinsamen Bus und einen gemeinsamen Speicher für Programmcode und Daten auf. Signalprozessoren dagegen verfügen über getrennte Busse und getrennte Speicher für Programme und Daten. Dieses Grundprinzip findet sich auch bei modernen Prozessoren mit zunehmend komplexer Architektur wieder (Abb. 17.33).

Digitale Filteroperationen als typische Anwendung der digitalen Signalverarbeitung (s. Kap. 15.1.2) bestehen im innersten Kern aus der Multiplikation eines Signalabtastwertes mit einem Koeffizienten, der Aufsummierung dieser Produkte sowie der Beschaffung der nächsten Signalwerte und Koeffizienten. Während diese Operationen auf Mikroprozessoren sequenziell ausgeführt werden müssen, können sie auf Signalprozessoren parallel und meist in einem Taktzyklus ausgeführt werden. Damit sind Signalprozessoren insbesondere für die Echtzeitverarbeitung großer Datenmengen prädestiniert, wie sie in zeitkritischen Anwendungsfeldern wie der Audio- und Bildverarbeitung sowie in der Regelungs-, Übertragungs- und Medizintechnik anfallen. Zu der Zeit, als Mikroprozessoren mit nur wenigen MHz getaktet waren, verfügten nur die um 1980 eingeführten Signalprozessoren über eine ausreichende Rechenleistung zur Echtzeitverarbeitung digitaler Audiosignale. Heutige Mikroprozessoren haben allerdings mit Taktfrequenzen von über 3 GHz Signalprozessoren mit Taktfrequenzen von unter 1 GHz überholt. Somit können auch auf den Prozessoren moderner PCs heute große Datenraten in Echtzeit verarbeitet werden, während Signalprozessoren mit ihrem eingeschränkten Befehlssatz (insbesondere deren reduzierten Adressierungsarten) überwiegend in spezialisierter Hardware wie Mischpulten, Effektgeräten, DSP-basierten Audioworkstations oder Digitalcontrollern für Lautsprecher eingesetzt werden. Hier weisen DSP-basierte Systeme meist auch eine geringere Latenz der Ein- und Ausgabe auf, auch wenn dies weniger ein Problem des Prozessors selbst, als der durch das Betriebssystem von PCs bedingten, blockbasierten Ein- und Ausgabe der Audiodaten ist.

Neben der taktfrequenzbezogenen Rechenleistung ist auch die Transferleistung in und aus einem Prozessor von Bedeutung, damit dessen Hochgeschwindigkeits-Parallelrechenwerke vollständig genutzt werden können. Signalprozessoren besitzen hier meistens spezielle Hochgeschwindigkeitsschnittstellen (z. B. Link-Ports), die Mikroprozessoren in der Regel fehlen.

Im engen Zusammenhang mit der Entwicklung von Signalprozessoren wurde bei diesen das *Fraktional*-Zahlenformat eingeführt, mit dem Signale in einem Zahlenbereich zwischen −1 und +1 dargestellt und geschwindigkeitsoptimiert verarbeitet werden können. Insbesondere die multiplizierende Akkumulation als Standardoperation digitaler Filter lässt sich auf Festkommaprozessoren als einschrittige Operation ausführen, während bei Fließkommaprozessoren Multiplikation und Addition als zwei separate aber ggf. parallele Befehle ausgeführt werden. Für viele Anwendungen wird die Festkomma-Verarbeitung aufgrund ihrer Preisvorteile nach wie vor eingesetzt, allerdings arbeiten aktuelle High-End-Signalprozessoren genauso wie High-End-Mikroprozessoren mit Fließkommaarithmetik (s. Kap. 14.7).

Als Leistungsmaße für die Geschwindigkeit von Prozessoren wird die Anzahl der pro Sekunde ausführbaren Operationen angegeben, bei Fraktionalformat und multiplizierender Akkumulation in MMACS (Million Multiply Accumulate Cycles per Second, „Megamacs"), bei Fließkomma und separater Multiplikation und Addition in MFLOPS (Million FLoating-point Operations Per Second, „Megaflops"). Da bei Fließkommaprozessoren Multiplikation und Addition in der Regel separat erfolgen, zählt das Rechenleistungsmaß MFLOPS diese Operationen einzeln. Auf die multiplizierende Akkumulation bezogen entsprechen 2 MFLOPS also 1 MMACS.

Um bei Fließkommaarithmetik hohe Rechenleistungen zu erreichen, werden die inneren Unterschritte einer Operation innerhalb der Hardware des Rechenwerkes parallelisiert.

So kann z. B. die Addition in die Unterschritte

- Exponentenangleichung mit Mantissenverschiebung (erst dann können die Mantissen addiert werden).
- Addition der Mantissen.
- Normalisierung des Resultats und Überlauftest/-abfang.

zerlegt werden (Abb. 17.34).

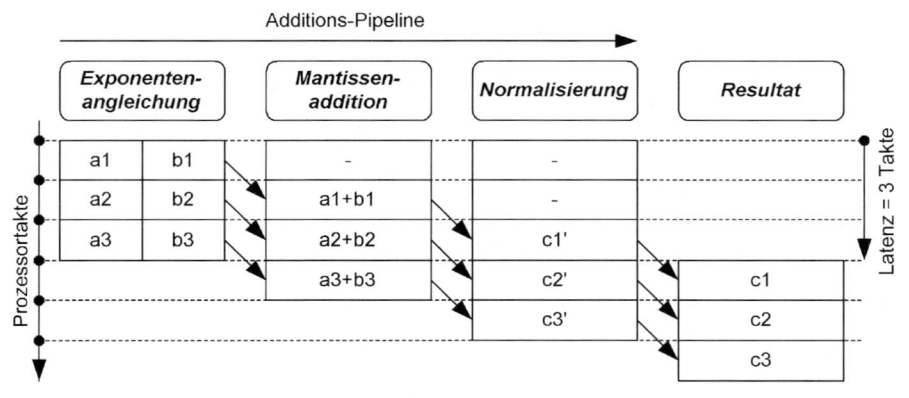

Abb. 17.34 Unterschritte einer Fließkommaaddition (Pipelining)

Dabei wird im ersten Takt auf dem Operandenpaar (a1,b1) die Exponentenangleichung durchgeführt. Im zweiten Takt erfolgt in der zweiten Stufe die eigentliche Addition, womit die erste Stufe (Exponentenangleichung) bereits das nächste Operandenpaar verarbeiten kann und so fort. Die Daten fließen also durch die Rechenwerksstufen wie Öl durch eine Pipeline. Nach drei Takten ist das Ergebnis berechnet und kann gespeichert oder direkt weiterverwendet werden. Die Durchlaufzeit in Takten wird als *Latenz* bezeichnet (hier 3 Takte), die Anzahl Takte, in deren Abstand eine Operation gestartet werden kann, als *Durchsatz* (hier eine Addition pro Takt bzw. ein Takt pro Addition). Für eine Gegenüberstellung der im Folgenden beschriebenen Prozessoren im Hinblick auf Rechenleistung, Latenz und Durchsatz s. Kap. 17.3.3.

17.3.1 Signalprozessoren

Der erste Signalprozessor wurde 1979 von der Fa. Intel vorgestellt (Intel-2929). Ausgestattet mit 25-Bit-Festkommaarithmetik, konnte er innerhalb eines Befehlszyklus multiplizieren und summieren. Mit einer Taktfrequenz von 2,5 MHz erreichte er eine Rechenleistung von 2,5 MIPS (Million Instructions Per Second) bzw. 2,5 MMACS. Später wurden auch schnellere Festkommaprozessoren (Motorola DSP56000, 20 MMACS) sowie Fließkommaprozessoren entwickelt (Lucent Technologies DSP32/C, Texas Instruments TMS320C40, Motorola DSP96002, alle um 40 MFLOPS).

Im Folgenden werden heute aktuelle DSPs näher beschrieben.

17.3.1.1 Freescale (Motorola) DSP56000-Familie

Der 1986 von der Fa. Motorola entwickelte DSP56000 als klassischer Vertreter der Festkomma-Signalprozessoren trägt diesen Namen aufgrund seiner 56 Bit langen Akkumulatorregister (Motorola 1986). Die wesentlichen Unterschiede zu Mikroprozessoren aus dieser Zeit sind das Operandenformat (vier 24 Bit Datenregister, zwei 56 Bit Akkumulatoren), die Drei-Bus/Speicher-Architektur (Programm und 2×Daten) sowie ein Befehlssatz, der speziell die multiplizierende Akkumulation (MAC) zusammen mit zwei Datentransporten in einem Befehlszyklus ausführt. Mit dieser Struktur ist es möglich, ein FIR-Filter mit *einem* Befehl pro Filterordnung zu berechnen. Der typische Vertreter der DSP56000-Familie war der mit 40 MHz getaktete DSP56002, welcher pro Befehl zwei Taktzyklen benötigte, was eine Rechenleistung von 20 MMACS ergibt. Hiermit sind bei 48 kHz ca. sieben vierbandige Equalizer (à 60 Befehlszyklen) möglich.

Aus der Ausgliederung des Halbleiterbereichs von Motorola entstand im Oktober 2003 der Halbleiterhersteller Freescale Semiconductor, der die DSP56000-Familie weiterpflegt und -entwickelt. Heutige Derivate wie DSP563xx werden mit bis zu 180 MHz getaktet (DSP56371). Bei *einem* Taktzyklus pro Befehl und 180 MMACS können bei einer Abtastfrequenz von 48 kHz somit etwa 62 vierbandige Equalizer realisiert werden.

Der Prozessor beinhaltet folgende Komponenten:

- drei Speicherblöcke (einen für Programm, zwei für Daten)
- zwei Adress-Generierungseinheiten (Adressregister und Modulo-Adress-Arithmetik)
- vier 24-Bit-Datenregister
- einen $24 \times 24 \rightarrow 48$-Bit-Multiplizierer
- eine 56-Bit-Akkumulations-, Rundungs- und Logikeinheit
- zwei 56-Bit-Akkumulator-Register (8 Überlaufbits)
- eine Shift- und Sättigungslogik (Clipping beim Rückschreiben in den Speicher)

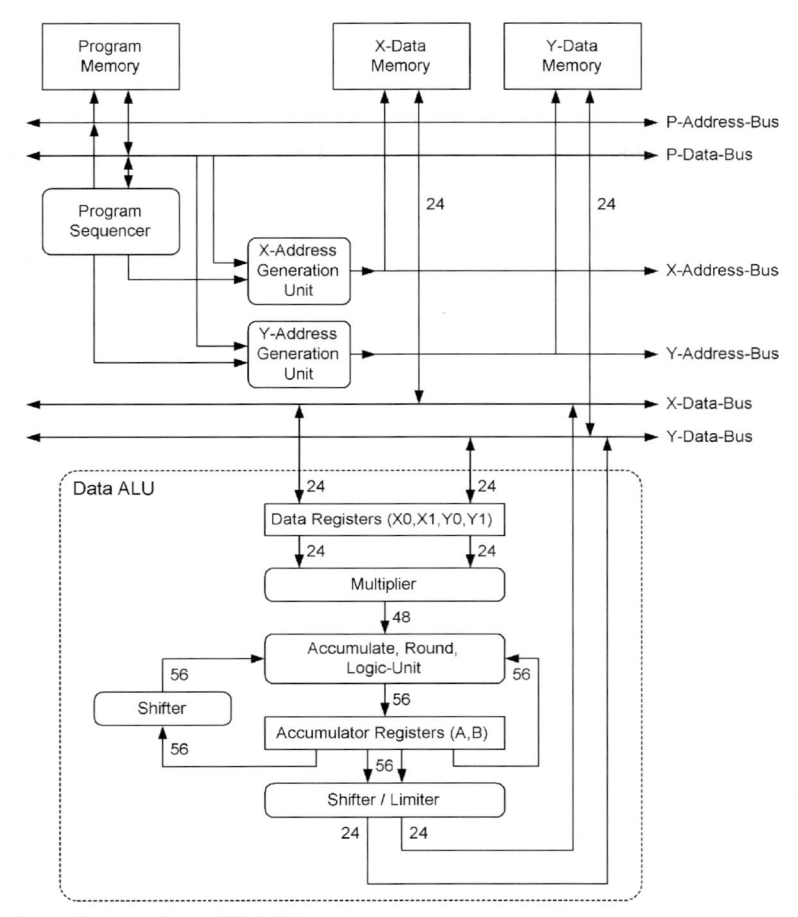

Abb. 17.35 Blockstruktur DSP56000

Speziell bei digitalen Filtern liegt in einem Speicherblock die Delayline der Audio-Samples (FIR-Filter) bzw. die Filter-Zustandsspeicher (IIR-Filter), im anderen die Filterkoeffizienten. Durch die acht Überlaufbits der Akkumulator-Register können $2^8 = 256$ Produkte summiert werden, ohne dass es zu Überläufen kommt. Diese Eigenschaft könnte auch als Headroom von 48 dB betrachtet werden. Als Beispiel für die Programmierung eines Signalprozessors soll ein 24-Bit-Audiosample (in Datenregister X0) mit einem 24-Bit-Koeffizienten (in Datenregister Y0) multipliziert und das Produkt zu Akkumulatorregister A addiert werden.

Der Schleifenkern eines FIR-Filters (s. Kap. 15.2.1) lautet dann:

$$\text{MAC X0,Y0,A} \quad \text{X:(R0)+,X0} \quad \text{Y:(R4)+,Y0} \tag{17.1}$$

Parallel zur MAC-Operation werden hier gleichzeitig ein weiteres Audio-Sample sowie ein weiterer Koeffizient aus den zwei Speichern (X:, Y:) in die Register geladen.

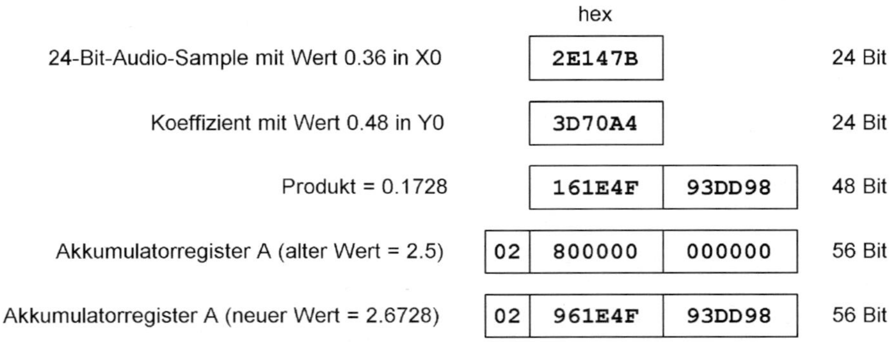

		hex		
24-Bit-Audio-Sample mit Wert 0.36 in X0		2E147B		24 Bit
Koeffizient mit Wert 0.48 in Y0		3D70A4		24 Bit
Produkt = 0.1728		161E4F	93DD98	48 Bit
Akkumulatorregister A (alter Wert = 2.5)	02	800000	000000	56 Bit
Akkumulatorregister A (neuer Wert = 2.6728)	02	961E4F	93DD98	56 Bit

Abb. 17.36 Rechenbeispiel in Fraktional-Darstellung

17.3.1.2 Analog Devices ADSP-2106x (SHARC)

Die SHARC-Familie basiert auf dem Anfang der 1990er Jahre entwickelten Fließkomma-Signalprozessor *ADSP-21020*, die Bezeichnung SHARC steht für *Super Harvard Architecture Computer*. Der Zusatz *Super* bezieht sich auf die Erweiterung der klassischen Harvard-Architektur um einen Instruktions-Cache (dt.: geheimes Lager), d. h. eines kleinen zusätzlichen Speichers, der es ermöglicht, während der Befehlsausführung aus ebendiesem gleichzeitig zwei Operanden (über Programmspeicher- und Datenspeicher-Datenbus) zwischen den zwei Speichern und den Registern zu übertragen.

Die Nachfolgemodelle ADSP-2106x wurden um zwei interne Speicherblöcke erweitert, sowie um einen sog. I/O-Prozessor, der per DMA (direct memory access) Zugriff auf diese Speicherblöcke besitzt und serielle Ports, Link-Ports sowie den herausgeführten Parallelbus bedient. Damit Core- und I/O-Prozessor im selben Taktzyklus auf die Speicherblöcke zugreifen können, sind diese als *dual-ported-SRAM,* also mit doppeltem Adress- und Datenbus ausgestattet (ADI 2000–2005).

Der Prozessor beinhaltet folgende Komponenten:

- zwei Speicherblöcke, in der Regel einer für Programm und Daten sowie einer für Daten
- zwei Adress-Generierungseinheiten (Adressregister und Modulo-Adress-Arithmetik)
- 16 40-Bit-Datenregister, zwei spezielle Multiplier-Result-Register (f. Fixpunkt-MAC)
- einen 32-Bit-Integer/Fraktional/40-Bit-Fließkomma-Multiplizierer
- einen 32-Bit-Barrel-Shifter/Rotator (Mehrbitverschiebung in einem Taktzyklus)
- eine 32/40-Bit-Arithmetik- und Logikeinheit (Addition, Add/Sub (Summe und Differenz), Bit-Logik, Fixpunkt/Fließkomma-Konvertierung, Min/Max, Clipping ...),

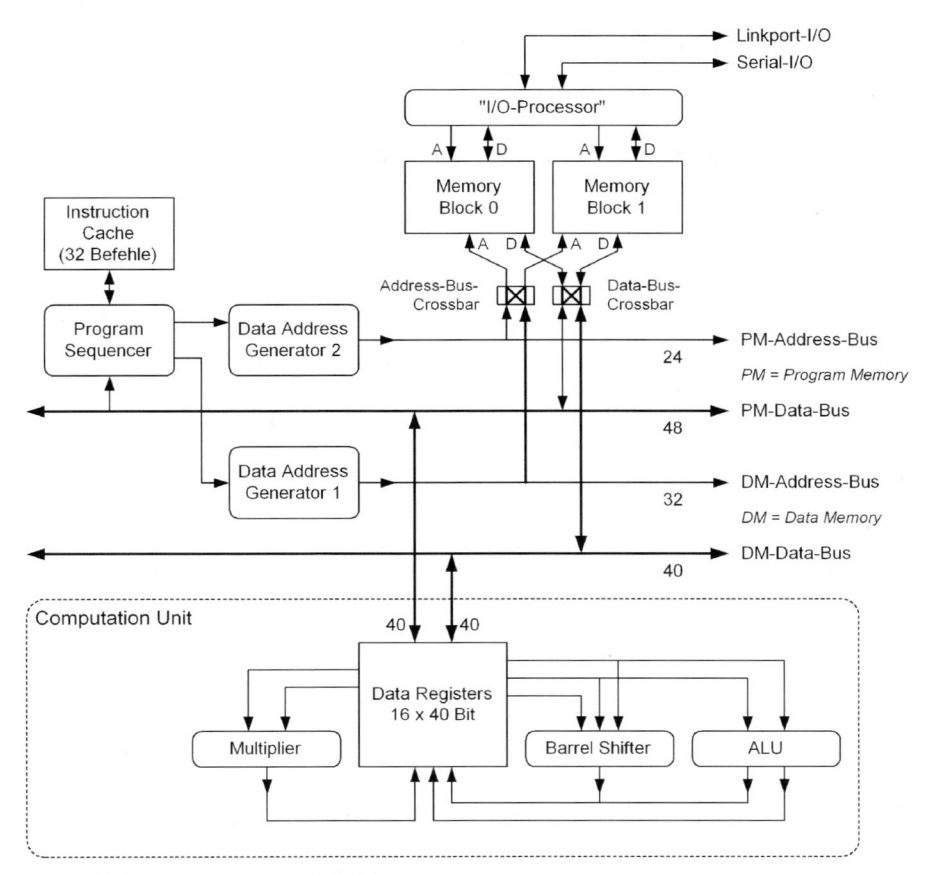

Kapitel 17 Wandler, Prozessoren, Systemarchitektur

Abb. 17.37 Blockstruktur ADSP-2106x

- einen Instruktions-Cache, aus dem bis zu 32 Befehle ausgeführt werden, wenn der Program-Memory-Bus (PM) für Datenzugriffe benötigt wird, z. B. Filterkoeffizienten oder-zustandswerte,
- einen I/O-„Prozessor", der per DMA (direct memory access) Zugriff auf die Speicherblöcke hat und serielle Ports, Link-Ports und den Parallel-Port (herausgeführter Prozessorbus) bedient.

In den Instruktions-Cache werden diejenigen Befehle kopiert, die beim Laden aus dem Speicher mit Programmbus-Datenzugriffen kollidieren. Beim ersten Auftreten dieses Falls wird ein extra Taktzyklus benötigt, beim zweiten Mal wird der Befehl aus dem Cache geladen. Im Fall eines FIR-Filters wird der Befehl im Schleifenkern aus dem Cache ausgeführt, die beiden Operanden (Audio-Signal und Koeffizient) werden über den Program-Memory-Bus sowie den Data-Memory-Bus in die Register geladen. Der Schleifenkern eines FIR-Filters lautet hier z. B.:

$$F12=F0*F4, \ F8=F8+F12, \ F0=DM(I0,M0), \ F4=PM(I8,M8) \qquad (17.2)$$

SHARC-Prozessoren verfügen über folgende Zahlenformate:

- 32-Bit-Integer (signed/unsigned)
- 32-Bit-Fraktional (signed/unsigned)
- 32-Bit-Fließkomma
- 40-Bit-Fließkomma (extended precision, d. h. 32-Bit-Fließkomma mit 8 zusätzlichen Mantissenbits)

Das letztgenannte Format ermöglicht es, auch mit einfachen Filterstrukturen ausreichende Rauschabstände zu erzielen, da jedes zusätzliche Mantissenbit den Rauschabstand um 6,021 dB verbessert.

Eine weitere Eigenschaft der ADSP-2106x-Familie ist ihre Multiprozessorfähigkeit: Ohne weitere Logik-Hardware lassen sich bis zu sechs Prozessoren (065: zwei) mit ihrem Parallelbus zusammenschalten; die sog. Busarbitrierung erfolgt durch eine in jedem Prozessor integrierte Logik, die extern verschaltet wird. Zusätzlich kann ein Host-Prozessor hinzukommen.

Tabelle 17.1 Taktfrequenzen und interner Speicher – ADSP-2106x

Prozessor	Taktfrequenz / MHz	Speicher gesamt / MBit
ADSP-21060	40	4
ADSP-21062	40	2
ADSP-21061	44 / 50 *	1
ADSP-21065	50 / 66 *	0,5

* Ausführungsvarianten. (1 MBit = 32 KWords à 32 Bit)

Alle ADSP-2106x Prozessoren können pro Taktzyklus eine Fließkomma-Multiplikation sowie eine Addition/Subtraktion durchführen (Summe und Differenz zweier Register werden dabei gleichzeitig berechnet – diese Operation wird bei der Berechnung einer FFT benötigt). Als *Peak Performance* ergeben sich so drei Fließkomma-Operationen pro Takt – bei z. B. 40 MHz Taktfrequenz also 120 MFLOPS (Tabelle 17.1). Da bei Filtern allerdings nur Multiplikationen und Additionen vorkommen, also zwei Operationen pro Takt, wird die realistischere Angabe *Continuous Performance* gewählt, hier also 80 MFLOPS.

17.3.1.3 Analog Devices ADSP-2116x (Hammerhead-SHARC)

Die wesentliche Erweiterung der ADSP-2116x-Familie (Hammerhead SHARC) ist die Verdopplung der *Computation Unit* und die Verbreiterung der Datenbusse auf 64 Bit (ADI 2000–2005). Ein Befehl kann dadurch auf zwei Rechenwerken zur Ausführung gelangen, bei gleichzeitigem Transfer von zwei bzw. vier Operanden zwischen Speicher und Registern. Diese Architektur wird als SIMD (Single Instruction Multiple Data) bezeichnet und geht auf eine bereits 1966 von Michael J. Flynn vorgeschlagene Klassifikation zurück, die Rechner nach der Anzahl der parallelen Befehlsströme (Single/Multiple Instruction) und der Datenströme (Single/Multiple

Data) unterscheidet, woraus sich die vier Klassen SISD, SIMD, MISD und MIMD ergeben. Zur Klasse SIMD gehörende Rechner werden auch als Vektorrechner bezeichnet, die Klasse MISD ist leer.

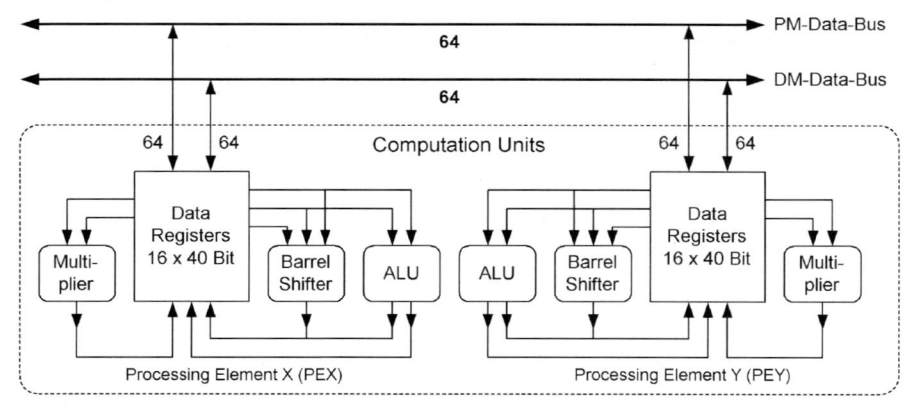

Abb. 17.38 Doppelrechenwerk ADSP-2116x

Eine naheliegende Anwendung dieses Doppelrechenwerkes ist die Verarbeitung von Stereosignalen, wobei z. B. ein Stereo-Equalizer in seinen beiden Signalpfaden unterschiedliche Filterkoeffizienten und damit unterschiedliche Frequenzgänge besitzen kann.

Die von den Rechenwerken unterstützten Zahlenformate sind identisch zu denjenigen der ADSP-2106x-Prozessoren, allerdings lassen sich nicht gleichzeitig *zwei* 40-Bit-Operanden über den PM- bzw. DM-Datenbus zwischen Speicher und Registern übertragen, da die Busse nur eine Breite von 64 Bit besitzen.

Tabelle 17.2 Taktfrequenzen und interner Speicher – ADSP-2116x

Prozessor	Taktfrequenz / MHz	Speicher gesamt / MBit
ADSP-21160	80 / 100 *	4
ADSP-21161	100	1

* Ausführungsvarianten

Die als SHARCs der „Generation 3" bezeichneten DSPs (ADSP-2126x und ADSP-213xx) basieren auf den Strukturen des ADSP-2116x, besitzen jedoch höhere Taktfrequenzen (150 MHz bis 400 MHz) sowie spezielle Erweiterungen wie z. B. vier bis acht serielle Audio-Interfaces, Abtastratenwandler und On-Chip ROM für Surround-Decoder wie Dolby Digital, DTS oder AAC, zielen also auf den Markt der Consumer-Endgeräte.

17.3.1.4 Analog Devices ADSP-TS101 (TigerSHARC)

Prozessoren der TigerSHARC-Familie verfügen wieder über die vom Motorola DSP-56000 bekannte Drei-Bus/Speicher-Architektur, die gerade bei dem typischen Speicherzugriffs-Tripel (Instruktion, Signal, Koeffizient) große Performance-Vorteile hat. Hierdurch wird auch der Instruktions-Cache überflüssig (ADI 2000–2005).

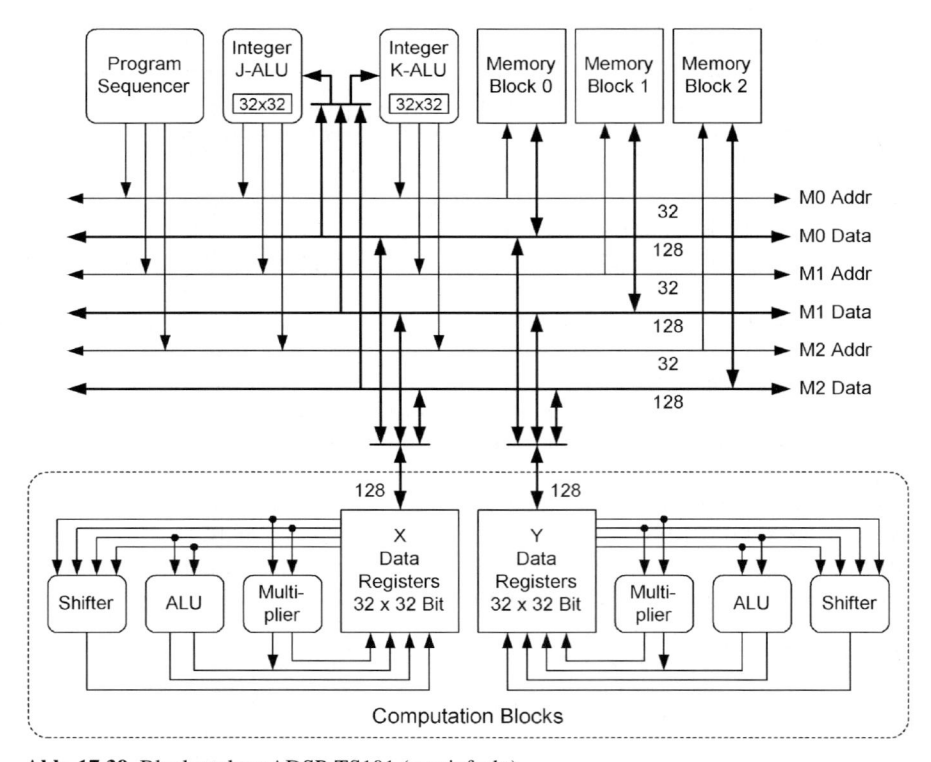

Abb. 17.39 Blockstruktur ADSP-TS101 (vereinfacht)

Der Prozessor beinhaltet folgende Komponenten:

- drei Speicherblöcke mit jeweils eigenen Bussen (i.d.R. einen für Programm, zwei für Daten)
- zwei Adress-Generierungseinheiten (Integer ALUs J und K)
- zwei Sätze à 32 Datenregister mit 32 Bit (40 Bit extended precision belegt 2 Register)
- zwei 40×40 → 40-Bit-Fließkomma-/Fraktional-/Integer-Multiplizierer
- zwei 64-Bit-Barrel-Shifter/Rotator
- zwei 64-Bit-Arithmetik- und Logikeinheiten
- vier bidirektionale Hochgeschwindigkeits-Link-Ports
- einen Link- und Parallelport DMA-Controller
- Multiprozessorfähigkeit für bis zu acht Prozessoren plus Host

Kapitel 17 Wandler, Prozessoren, Systemarchitektur

Die Befehlsausführung unterscheidet sich grundlegend von derjenigen der vorangegangenen SHARCs, da der TigerSHARC pro Takt bis zu vier 32 Bit breite Befehle ausführen kann. Ein solches Befehlspaket wird als *instruction line* oder auch als *very long instruction word* (VLIW) bezeichnet. Die Fa. Analog Devices bezeichnet diese Architektur als *Statisch-Superskalar™*. *Skalare* Prozessoren können – da sie nur über *eine* Arithmetikeinheit verfügen – einen Befehl pro Taktzyklus ausführen. *Superskalare* Prozessoren (Intel-Pentium, IBM-PowerPC) hingegen verteilen mehrere Befehle zur Ausführungszeit dynamisch auf mehrere Funktionseinheiten (ALUs, Multiplizierer) um einerseits durch Parallelität den Durchsatz an Rechenoperationen zu erhöhen, andererseits aber auch um effizient Programmcode der vorangegangenen Skalar-Prozessorgenerationen ausführen zu können (Kompatibilität). Ein deterministisches Zeitverhalten ist dabei allerdings schwer erreichbar. Im Gegensatz dazu wird bei der *statischen* Superskalarität die Ressourcenbelegung auf Befehlsebene mit der Code-Compilierung festgelegt, oder auch „manuell" bei Programmierung in Assembler. Ein weiterer Unterschied zur Befehlsausführung der bisherigen SHARCs liegt in der Latenz der Arithmetik-Operationen: Das Ergebnis einer Multiplikation oder Addition ist erst nach zwei Taktzyklen präsent (Latenz = 2 Taktzyklen), allerdings kann in *jedem* Taktzyklus eine neue Operation gestartet werden (*Pipelining*, Durchsatz = 1 pro Takt).

Wie der Hammerhead-SHARC (ADSP2116x) verfügt auch der TigerSHARC über SIMD-Befehle, etwa zur Multiplikation und Addition in beiden Rechenwerken. Die Rechenwerke können jedoch auch durch individuelle Befehle gesteuert werden. Nach der Klassifikation von Flynn handelt es sich also um eine MIMD-Architektur. Der TigerSHARC verfügt über alle der bei den anderen SHARCs genannten Zahlenformate. Neu sind Byte- und Integer-Vektor-Operationen ähnlich Intels MMX. Anwendung finden diese hauptsächlich in der Bildverarbeitung und im Telekommunikationsbereich.

In den neueren Modellen ADSP-TS201/202/203 (ADI 2000–2005) wurden die Speicherbusse M0, M1 und M2 mit fester Funktion belegt und daher umbenannt in *I-Bus* (Instruktionen) sowie *J-* und *K-Bus* (Daten) mit fester Zuordnung zu den Integer-ALUs J und K. Hinzu kam ein *S-Bus* (system on chip), der ausschließlich der Verbindung zwischen internem Speicher und der internen Peripherie dient (Linkund Parallel-Port-DMA). Die Anbindung der vier Busse an die Speicherblöcke ist als Kreuzschiene ausgeführt, daher können Instruktionen und Daten in beliebigen Blöcken liegen. Des Weiteren ist das interne Memory nicht mehr als SRAM (static RAM) sondern als SDRAM (synchronous dynamic RAM) ausgeführt. Dieser Speichertyp benötigt pro Bit weniger Chipfläche und ermöglicht daher auf gleicher Fläche größere Speicher. Aufgrund der internen Organisation in *Pages* benötigt allerdings jeder mit Page-Wechsel verbundene Zugriff zusätzliche Taktzyklen. Zur Beschleunigung sind daher zusätzlich kleine Caches integriert.

Tabelle 17.3 Taktfrequenzen und interner Speicher – TigerSHARC

Prozessor	Taktfrequenz / MHz	Speicher gesamt / MBit	Speicherblöcke
ADSP-TS101	250 / 300	6 (SRAM)	3 × 2 MBit
ADSP-TS201	500 / 600	24 (SDRAM)	6 × 4 MBit
ADSP-TS202	500	12 (SDRAM)	6 × 2 MBit
ADSP-TS203	500	4 (SDRAM)	4 × 1 MBit

2 MBit = 64 KWords (32 Bit).

17.3.1.5 Texas Instruments TMS320C67x/C67x+

Der Fließkomma-DSP Texas Instruments TMS320C67xx gehört zusammen mit seinen 16/32-Bit-Integer-Prozessor-Geschwistern C62x und C64x zu den sog. VLIW-Prozessoren (s. Abschn. 17.3.1.4, Texas 2006). Alle führen pro Taktzyklus bis zu acht Instruktionen aus, die jeweils einer von acht Funktionseinheiten zugeordnet sind. Der Hersteller nennt diese Architektur VelociTI bzw. VelociTI.2, wobei letztere für die Verdopplung der Anzahl an Registern sowie der Breite der *Load-Busse* steht (Pfad von Level-1-Cache zum Registersatz).

C62x und C67x sind in VelociTI-Architektur ausgeführt, C64x und C67x+ in VelociTI.2.

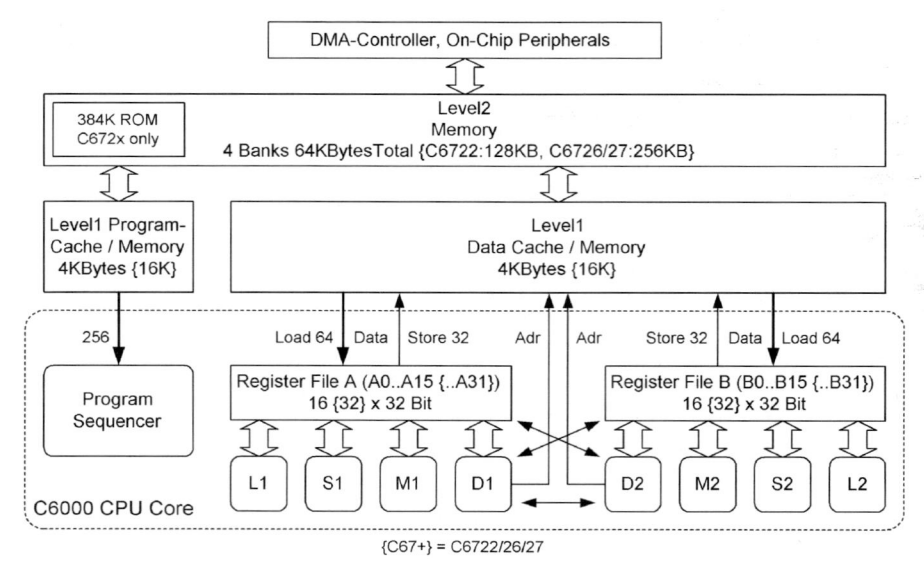

Abb. 17.40 Blockstruktur TI TMS320C67x/C67x+ (vereinfacht)

Der Prozessor beinhaltet folgende Komponenten:

- jeweils einen Level-1-Cache für Programm und Daten
- zwei Registersätze à 16 (C67x) bzw. 32 (C67x+) 32-Bit-Daten-/Adressregistern

Kapitel 17 Wandler, Prozessoren, Systemarchitektur

- zwei „D-Units" für Datenadressierung und Adress-Arithmetik
- zwei „L-Units" für Logik- und Arithmetik-Funktionen, Konvertierung und Vergleich
- zwei „M-Units" für Multiplikation
- zwei „S-Units" für Shifts, Logik-Operationen, nur C67+: Addition und Subtraktion

Der Program-Sequencer führt bis zu acht Instruktionen pro Taktzyklus aus. Unterschieden wird hier nach *Fetch Packets* und *Execution Packets*. Ein *Fetch Packet* besteht immer aus acht 32-Bit-Befehlen, eine Ein-Bit-Markierung kennzeichnet den letzten der davon parallel auszuführenden Befehle, welche ein *Execution Packet* bilden. In der C67x-Architektur muss ein Execution Packet komplett in einem Fetch Packet enthalten sein, kann also nicht eine Acht-Wort-Grenze überschreiten. Gegebenenfalls muss das vorhergehende Paket mit NOP-Befehlen (no operation) aufgefüllt werden. Diese Einschränkung wurde in der C67x-Plus-Architektur aufgehoben, was durch den Wegfall der „Füll-NOPs" einen kompakteren Code ergibt (Texas 2000, 2005).

Auch bei diesem Prozessor können in jedem Taktzyklus zwei Multiplikationen und (mindestens) zwei Additionen gestartet werden (jeweiliger Durchsatz = 1 pro Takt), die Latenz beträgt mit drei Taktzyklen allerdings einen Takt mehr als beim TigerSHARC. Bei beiden ist eine Programmierung in Assembler daher sehr komplex und fehlerträchtig, sodass effizienter Code eigentlich nur mit hochoptimierenden (C-)Compilern zu erzeugen ist.

Der C67x verfügt nicht über ein 40-Bit-Fließkommaformat, jedoch über Standard-IEEE-Double-Precision-Fließkomma (64 Bit). Allerdings belegt eine single precision × double precision-Multiplikation (SP×DP) die M-Unit für zwei Takte (mit sechs Takten Latenz), eine DP×DP-Multiplikation belegt die M-Unit bereits für 4 Takte (mit neun Takten Latenz).

Tabelle 17.4 Taktfrequenzen und interner Speicher – Texas Instruments C67x

Prozessor TMS320...	CPU	Taktfrequenz MHz	Level-1-Cache KByte (Prog/Data)	Level-2-Cache KByte (Prog/Data)	On-Chip RAM KByte (Prog/Data)
C6701	C67x	167	–	–	64 P + 64 D
C6711	C67x	250	4 P + 4 D	64 (P+D)	–
C6713	C67x	300	4 P + 4 D	64 (P+D)	192 (P+D)
C6722	C67x+	250	16 P + 16 D	–	128 (P+D)
C6726	C67x+	250	16 P + 16 D	–	256 (P+D)
C6727	C67x+	300	16 P + 16 D	–	256 (P+D)

17.3.2 Mikroprozessoren

Wie bereits beim TigerSHARC beschrieben, besitzen sowohl Intel-Pentium (ab Pentium-Pro) als auch IBM/Motorola/Freescale-PowerPC eine (dynamisch) superskalare Architektur. So können mehrere Befehle gleichzeitig und dynamisch auf parallel arbeitenden Funktionseinheiten / Rechenwerken ausgeführt werden.

17.3.2.1 Intel Pentium

Die Fa. Intel stellte 1993 den ersten Prozessor mit dem Namen *Pentium* vor. Dieser hatte wie bereits sein Vorgänger i486 eine auf dem Chip integrierte Fließkommaeinheit. Neben der Erhöhung der Taktrate wurde seither durch mehrere Erweiterungen des Prozessors eine Parallelisierung von Programmabläufen ermöglicht, die die Rechengeschwindigkeit erhöht.

So wurde durch MMX (Multi Media Extension, ab Pentium-II) die parallele Verarbeitung von 64 Bit großen Integer-Datenpaketen möglich, was vor allem bei Bildverarbeitung (Spiele) Anwendung fand. Fließkommaarithmetik wird durch die MMX-Einheit nicht unterstützt.

Mit SSE (Streaming SIMD Extensions, ab Pentium-III) wurde es möglich, vier Single-Precision Fließkommaoperationen auf vier, acht oder zwölf Operanden parallel auszuführen. Jeweils vier Operanden (single-precision) werden in einem 128-Bit-Vektorregister gespeichert, der SSE-Einheit sind acht dieser Vektorregister zugeordnet (Intel IA32 2006).

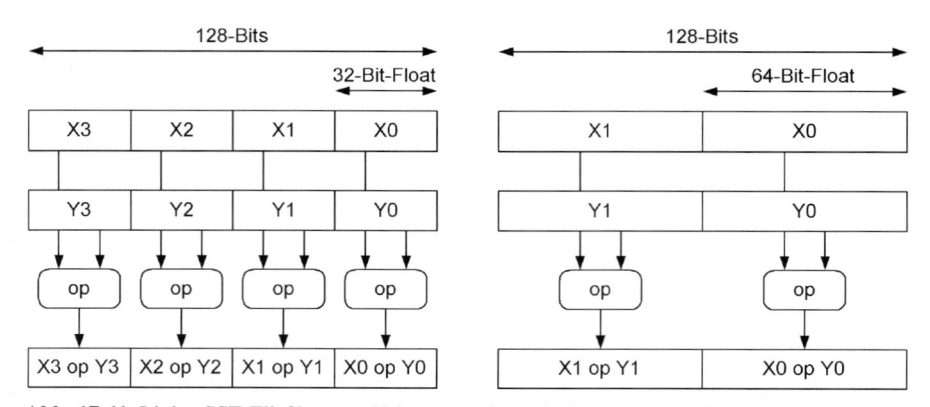

Abb. 17.41 Links: SSE-Fließkomma-Vektoroperation (vierfach). Rechts: SSE2 – Double-Precision-Fließkomma-Vektoroperation (zweifach)

Mit SSE2 (ab Pentium-M, Pentium-4 und Xeon) wurde die Verarbeitung von 64-Bit-Fließkommazahlen möglich, mit SSE3 (ab Pentium-IV / 3,4 GHz, eingeführt zusammen mit *Hyperthreading*) wurde der Befehlssatz um weitere Instruktionen wie die *asymmetrische* (z. B. Addition/Subtraktion) und die *horizontale* Verarbei-

Kapitel 17 Wandler, Prozessoren, Systemarchitektur

tung (z. B. Vektorsumme) erweitert, die insbesondere in der digitalen Signalverarbeitung von Bedeutung sind.

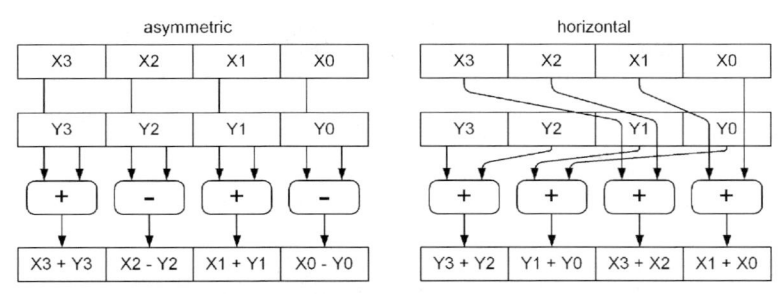

```
            asymmetric                                horizontal
    X3    X2    X1    X0              X3    X2    X1    X0
     │     │     │     │               │     │     │     │
    Y3    Y2    Y1    Y0              Y3    Y2    Y1    Y0
     │     │     │     │               │     │     │     │
    (+)   (-)   (+)   (-)             (+)   (+)   (+)   (+)
     │     │     │     │               │     │     │     │
  X3+Y3 X2-Y2 X1+Y1 X0-Y0          Y3+Y2 Y1+Y0 X3+X2 X1+X0
```

Abb. 17.42 SSE3 – Asymmetrische und Horizontale Verarbeitung

In allen Pentium-Modellen belegen Multiplikation und Addition die SSE-Einheit für 2 Taktzyklen, d. h. nach jeweils 2 Taktzyklen kann eine neue Operation gestartet werden (Intel IA32 2006). Nach 4 bis 7 Taktzyklen Latenz ist die Berechnung beendet und das Ergebnis gültig. Die zusätzlich vorhandene skalare x87-Fließkommaeinheit (FPU) kann nicht gleichzeitig dieselbe Operation ausführen wie die SSE-Einheit. Läuft also in der FPU eine Multiplikation ab, kann in der SSE-Einheit nicht ebenfalls eine Multiplikation ausgeführt werden. In der Intel-Core™-Architektur, speziell den Prozessoren Core 2 Duo, Quad und Extreme (nicht jedoch Core Solo und Duo), werden die meisten SSE-Operationen mit der vollen Taktrate ausgeführt, also einem Durchsatz von einer Operation pro Takt (Intel 2007).

Mit SSE4 hat die Fa. Intel eine weitere umfangreiche Erweiterung des Befehlssatzes angekündigt. Diese beinhaltet erweiterte Integer-Vektor-Arithmetik, bedingte partielle Vektor-Datentransfers, Stringverarbeitungsbefehle sowie die Berechnung des Fließkomma-Skalarproduktes und -Vektor-Rundung. Wie schon in der Core-Architektur werden die meisten Operationen mit der vollen Prozessortaktrate ausgeführt (Intel 2007a).

Tabelle 17.5 Intel Pentium: Durchsatz und Latenz bei SSE-Operationen

Prozessor	Durchsatz / Latenz (CPU-Takte)			
	Skalar-Multiplikation (FPU)	Skalar-Addition (FPU)	Vektor-Multiplikation (SSE)	Vektor-Addition (SSE)
Pentium M	2 / 7	1 / 5	2 / 5	2 / 4
Pentium 4 („Model 2")	2 / 7	1 / 5	2 / 6	2 / 4
Pentium 4 („Model 3")	2 / 8	1 / 6	2 / 7	2 / 5

17.3.2.2 IBM / Freescale (Motorola) PowerPC

Die Power-Architektur geht auf die Firmen Apple, IBM und Motorola (heute: Freescale) zurück – der Begriff *PowerPC* steht für „Performance Optimization With Enhanced RISC – Performance Chip". Als Standard enthält dieser eine (skalare) Fließkommaeinheit, die auch Double-Precision-Fließkomma-Operationen ausführt. In der vierten Generation (G4) dieser Architektur wurde von Motorola eine Multifunktions-Vektoreinheit mit der Bezeichnung AltiVec™ zugefügt (MPC7400, Motorola 1999, Freescale 2005). Diese besteht aus vier Untereinheiten, der Vector permute unit (VPU), der Vector integer unit 1 (VIU1), der Vector integer unit 2 (VIU2) und der Vector floating-point unit (VFPU). Letztere führt, wie Intels SSE, simultan vier Single-Precision-Fließkommaoperationen mit Operanden aus einem bis vier 128-Bit-Datenvektoren aus. Der VFPU-Einheit sind 32 128-Bit-Vektorregister zugeordnet. An Fließkommaoperationen stehen u. a. zur Verfügung: Addition, Multiplizierende Addition, Minimum und Maximum, Fließkomma/Integer-Konvertierung sowie Rundung, Kehrwert/Wurzel/Log2/Exp2-Startwerte, nicht jedoch die reine Multiplikation. Der Datenfluss bei Addition entspricht demjenigen der SSE-Einheit (s. o.).

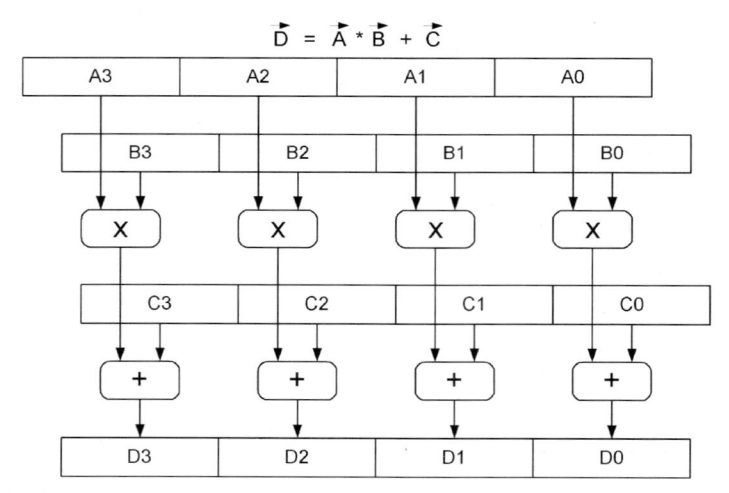

Abb. 17.43 AltiVec – Multiplizierende Addition

Den Ablauf einer multiplizierenden Addition (mit vier Operanden) zeigt Abb. 17.43. Dabei handelt es sich nicht um die multiplizierende Akkumulation (MAC), da diese die Verwendung (C) des Ergebnisses (D) der Operation aus dem vorhergehenden Takt erfordern würde, das zum notwendigen Zeitpunkt aber noch nicht fertig berechnet ist. In jedem Taktzyklus kann eine neue VFPU-Operation gestartet werden, nach vier Taktzyklen liefert sie das Ergebnis. Ein FIR-Filter müsste also in vier verzahnt ablaufende Teilfilter zerlegt werden, deren Ergebnisse am Ende summiert werden.

Kapitel 17 Wandler, Prozessoren, Systemarchitektur

Für die PowerPC Generation 5 (G5) entwickelte IBM im Jahr 2003 den ersten 64-Bit-Prozessor mit Power-Architektur, den PowerPC 970 (IBM PPC 2006). Dieser verfügt über zwei (skalare) Fließkommaeinheiten sowie über das AltiVec-Äquivalent VMX (Vector SIMD Multimedia eXtension). Mit dem Modell PowerPC 970MP existiert auch eine Dual-Core-CPU, die insgesamt also über vier FPUs und zwei Vektoreinheiten verfügt.

Tabelle 17.6 PowerPC: Durchsatz und Latenz bei FPU- und AltiVec/VMX-Operationen

Prozessor	Taktfrequenz bis	Durchsatz / Latenz (CPU-Takte) (Multiplikation, Addition und Multiplizierende Addition)		Eingesetzt in Apple...
		FPU	AltiVec / VMX	
G4 (MPC7447A)	1,42 GHz	1 / 5	1 / 4	z. B. Mac mini
G5 (PowerPC 970)	2,2 GHz	1 / 6 (pro FPU)	1 / 5	Power Mac G5
G5 (PowerPC 970MP) (Dual-Core)	2,7 GHz	1 / 6 (pro FPU)	1 / 5	Power Mac G5 (Dual / Quad-Core)

17.3.2.3 IBM Cell Processor

Der IBM Cell Processor basiert auf der Spezifikation der Cell Broadband Engine Architecture (CBEA, IBM CBEA 2005). Er wurde von IBM gemeinsam mit Sony und Toshiba entwickelt und wird neben Servern von IBM und Mercury auch in Sonys Playstation-3 eingesetzt. Insgesamt befinden sich neun Prozessoren auf einem Chip: Ein zentraler 64-Bit-PowerPC (incl. VXU Vector SIMD Multimedia Extension Unit, entspr. VMX), der aber nicht auf PPC970/G5 oder dem POWER-Prozessor basiert, umgeben von acht sog. *synergistic processor elements* (SPE, IBM SPU 2006, IBM VMX 2005).

Jedes der acht SPEs ist ein eigenständiger Prozessor und verfügt über:

- Eine 128-Bit-SIMD-Einheit, die weitgehend AltiVec/VMX entspricht (aber nicht Code-kompatibel ist) und 4-Fach-Single-Precision- sowie 2-Fach-Double-Precision-Fließkommaoperationen durchführt – letztere in der ersten Version des Cell-Prozessors nur mit reduzierter Geschwindigkeit (IBM VMX 2005).
- 128 Universalregister mit jeweils 128 Bit,
- bedingte Befehle/Zuweisungen zur Vermeidung (Pipeline-ineffizienter) Sprünge.

Die SPEs können untereinander über einen ringförmigen Bus mit ca. 250 GByte·s^{-1} kommunizieren (stream processing). Bei einer Taktfrequenz von 4 GHz erreicht dieser Prozessor eine Rechenleistung von 256 GFLOPS (Single-Precision-Fließkomma, 8 SPEs × 4 Multiplikationen und 4 Additionen × 4 GHz), das entspricht ungefähr der dreifachen Kernrechenleistung eines großen Digitalmischpultes (!).

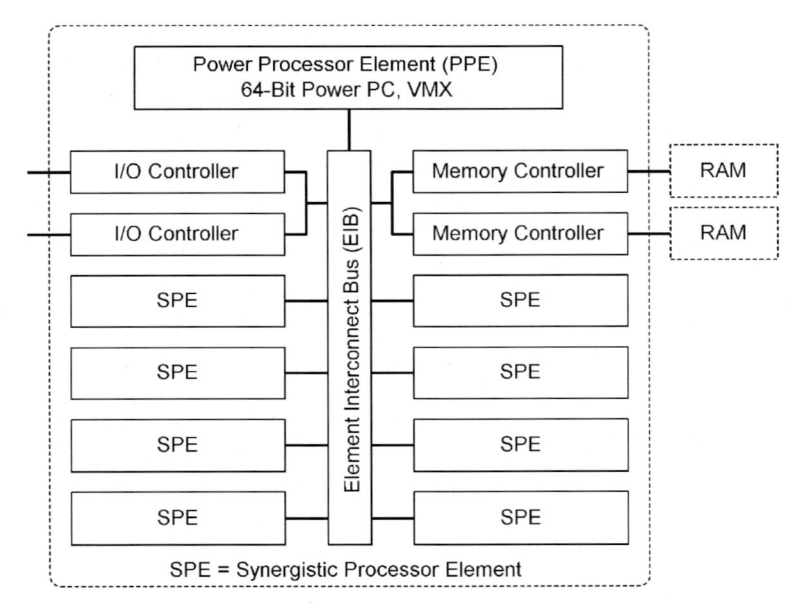

Abb. 17.44 IBM Cell Processor

17.3.3 Gegenüberstellung Prozessoren

Zusammenfassend stellt Tabelle 17.7 die beschriebenen Prozessoren im Hinblick auf Taktfrequenz, Rechenwerksdurchsatz und -latenz sowie Rechenleistung einander gegenüber.

Für den Einsatz in der digitalen Audiosignalverarbeitung spielen neben der Rechenleistung auch Kriterien wie die I/O-Transferleistung und das Rechen-/Verlustleistungsverhältnis (in MFLOPS pro Watt) eine wichtige Rolle. Speziell bei diesen Eigenschaften schneiden Signalprozessoren im Allgemeinen erheblich besser ab als Mikroprozessoren.

Tabelle 17.7 Leistungsübersicht Signal- und Mikroprozessoren

	Takt-frequenz / Hz	Multiplizierer	Addierer	Rechenwerksdurchsatz Takte/Op.	Rechenwerkslatenz Takte	Rechenleistung („continuous")	Speicher/ Cache (Level 1/2)
DSP56002	40 M	1	1	1	1	20 MMACS	24 KBit
DSP56371	180 M	1	1	1	2	180 MMACS	2,1 MBit
ADSP21061	44 M	1	1	1	1	88 MFLOPS	1 MBit
ADSP21065	66 M	1	1	1	1	132 MFLOPS	0,5 MBit
ADSP21161	100 M	2	2	1	1	400 MFLOPS	1 MBit
ADSP-TS101	300 M	2	2	1	2	1,2 GFLOPS	6 MBit
ADSP-TS201	600 M	2	2	1	2	2,4 GFLOPS	24 MBit
TMS320C6711	300 M	2	2	1	3	1,2 GFLOPS	L1: 128KBit L2: 0,5MBit
TMS320C6727	300 M	2	4	1	3	1,8 GFLOPS	L1: 256KBit RAM: 2MBit
Pentium 4 (Model 3)	3,4 G	FPU: 1		2	Mult.: 8	1,7 GFLOPS	L1: 8 KByte L2: 512 KByte
				2	Add.: 6		
		SSE: 4		2	7	13,6 GFLOPS	
			SSE: 4	2	5		
MPC7447A	1,42 G	FPU: 1		1	5	1,42 GFLOPS	L1: 32 KByte L2: 512 KByte
		AltiVec: 4	AltiVec: 4	1	4	11,36 GFLOPS	
PowerPC 970	2,2 G	FPU: 1		1	6	2,2 GFLOPS	L1: 64+32 KByte L2: 512 KByte
		VMX: 4	VMX: 4	1	5	17,6 GFLOPS	
PowerPC 970MP	2,7 G	FPU: 2		1	6	5,4 GFLOPS	PowerPC 970 x 2
		VMX: 8	VMX: 8	1	5	43,2 GFLOPS	
Cell Processor	4 G	PPE-FPU: 1		1	10/11	4 GFLOPS	PPE-L1: 2x 32 KByte L2: 512 KByte
		PPE-VXU: 4	PPE-VXU: 4	1	12	32 GFLOPS	
		SPE-VXU: 8x4	SPE-VXU: 8x4	1	6	256 GFLOPS	SPE: 8 x 256 KByte RAM

17.3.4 Zahlenformate – Rauschabstand und Dynamik

Grundlage für die Berechnung von Rauschabstand und Dynamik ist das in den Arithmetik-Operationen z. B. von Filtern verwendete Zahlenformat. Generell gilt der Grundsatz „Je mehr Bits desto besser", auch wenn das zu verarbeitende Audiosignal nur mit einer Auflösung von 24-Bit-Fixpunkt vorliegt und ggf. in Fließkomma konvertiert wird. Bei der Verarbeitung wird einerseits ein gewisser Headroom benötigt, um Clipping-Verzerrungen aufgrund von Übersteuerungen bei Filterung, Dynamikbeeinflussung und Summierung zu vermeiden, andererseits benötigen digitale Filter aufgrund innerer Quantisierungseffekte eine höhere Berechnungsauflösung als das zu filternde Signal selbst. Natürliche Obergrenzen wären also z. B.

48-Bit-Fixpunkt (DSP56xxx double precision) oder 64-Bit-Fließkomma nach IEEE 754.

17.3.4.1 Rauschabstand

Bei Festkommadarstellung lässt sich der Rauschabstand (Signal-to-Noise Ratio, SNR) einfach aus der Wortbreite ableiten (vgl. Kap. 14.2). Bei Fließkomma ist die formale Berechnung des SNR erheblich komplizierter, da der Zahlenbereich durch den Exponenten in Zweierpotenzabschnitte zerlegt wird, also in die Intervalle …[0,25…0,5[, [0,5…1[, [1…2[, [2…4[, [4…8[etc.. Innerhalb jedes dieser Intervalle erfolgt durch die Mantisse eine lineare 23-Bit-Auflösung. Eine formale SNR-Berechnung müsste nun alle „Knicke" dieser Kennlinie berücksichtigen.

Einfacher lässt sich der Rauschabstand numerisch im Frequenzbereich bestimmen, indem eine im interessierenden Zahlenformat quantisierte Sinusschwingung einer Periode fouriertransformiert wird (FFT, s. Kap. 15.1.6). Hierdurch sind alle Rauschanteile in den diskreten Harmonischen des FFT-Spektrums enthalten. Das Verhältnis der Leistung der Grundschwingung zur Leistungssumme der die Rauschkomponenten enthaltenden Oberschwingungen ergibt logarithmiert den SNR. Der Klirrfaktor (total harmonic distortion, THD) errechnet sich ähnlich, nur dass hier das Verhältnis der Leistungssumme der Oberschwingungen zur Leistungssumme aller Schwingungen gebildet wird.

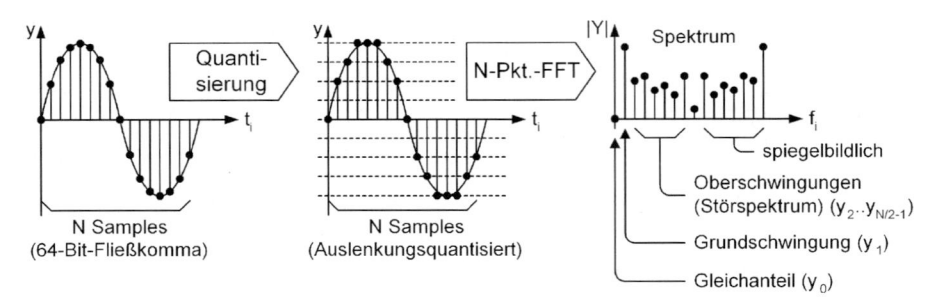

Abb. 17.45 SNR- und THD-Berechnung bei beliebigem Zahlenformat

$$\text{SNR} = 10\text{dB} \cdot \log\left(\frac{y_1^2}{y_2^2 + y_3^2 + y_4^2 + \ldots + y_{N/2-1}^2}\right) \quad (17.3)$$

$$\text{THD} = 10\text{dB} \cdot \log\left(\frac{y_2^2 + y_3^2 + y_4^2 + \ldots + y_{N/2-1}^2}{y_1^2 + y_2^2 + y_3^2 + y_4^2 + \ldots + y_{N/2-1}^2}\right) \quad (17.4)$$

Hier ist y_i^2 die Leistung der i-ten Harmonischen im FFT-Spektrum, also das Leistungsäquivalent der Amplitude y_i zur Spektralkomponente i. Beide Formeln entsprechen nicht exakt der jeweiligen Definition von SNR und THD (Notchfiltermessung), liefern aber eine sehr gute Näherung (Skritek 1988). Für die verschiedenen Zahlenformate und Transformationslängen ergeben sich Rauschabstände nach Tabelle 17.8.

Tabelle 17.8 Zahlenformate – numerische Rauschabstände

FFT-Transformationlänge N	512	1024	2048
entspricht Messsignalfrequenz (fs / N, bei fs=48 kHz)	93.8 Hz	46.9 Hz	23.4 Hz
Zahlenformat	SNR / dB		
16-Bit-Integer	98.1	97.9	97.7
20-Bit-Integer	122.5	122.1	122.0
24-Bit-Integer	147.3	146.8	146.4
32-Bit-Fließkomma	147.6	147.7	147.4
40-Bit-Fließkomma	195.2	195.7	195.4
64-Bit-Fließkomma	313.2*	312.9*	312.2*

* Die Genauigkeit ist fraglich, da Berechnungsformat und Signalformat identisch sind.

17.3.4.2 Dynamik

Die Dynamik errechnet sich aus dem Verhältnis von maximal möglicher Signalamplitude zu minimal möglicher Signalamplitude. Mit beispielsweise 16 Bits lässt sich ein Zahlenbereich von [−32768...32767] darstellen. Ein Signal maximaler Amplitude nutzt also den vollen Zahlenbereich, ein Signal minimaler Amplitude liegt im Auslenkungsbereich [−1, 1] (Amplitude 1) oder im Bereich [0, 1] (Amplitude 0,5), je nachdem, ob man nicht-gleichwertfreie Signale zulässt oder nicht. Daraus resultiert eine Dynamik von 20·log(32767/1) = 90,3 dB bzw. 20·log(32767/0,5) = 96,3 dB.

Einfluss auf die Dynamik hat auch die für die Bestimmung des Effektivwerts (Root Mean Square, RMS) nötige Quadrierung der Signalabtastwerte, wie sie bei Anzeige- oder Effektgeräten wie Gate, Kompressor oder VU-Metering erforderlich ist, die den Effektivwert nicht aus einer Multiplikation des Gleichrichtmittelwerts mit dem Formfaktor einer Sinusschwingung gewinnen (s. Kap. 1.2.3.1), sondern durch eine „echte" Effektivwertberechnung (*True RMS*). Dadurch halbiert sich der quadrierbare Dynamikbereich des jeweiligen Zahlenformates (in dB!). Wird beispielsweise von einem Signal das Quadrat mit 24-Bit-Auflösung (Dynamik 138,5 dB) berechnet, so werden alle Signalwerte unter −69.25 dBFS im Quadrat zu 0, wodurch ein Gate mit Schaltschwelle −80 dBFS nicht mehr korrekt arbeiten kann. Bei 24-Bit-Festkommaarithmetik wird man deshalb die sog. doppelte Genauigkeit (48 Bit) benutzen.

Tabelle 17.9 Zahlenformate – Dynamik

Zahlenformat	Auslenkungsbereich minimaler Amplitude	Auslenkungs-Bereich maximaler Amplitude	Dynamik / dB (symmetrische Auslenkung)	Dynamik / dB (theoretisches Maximum)
16-Bit-Integer	−1...+1	−32768...32767	90.3	96.3
20-Bit-Integer	−1...+1	−524288...524287	114.4	120.4
24-Bit-Integer	−1...+1	$-2^{23}...2^{23}-1$	138.5	144.5
32-Bit-Fließkomma	$\pm 1.175 \times 10^{-38}$	$\pm 3.403 \times 10^{38}$	1529	–
40-Bit-Fließkomma	$\pm 1.175 \times 10^{-38}$	$\pm 3.403 \times 10^{38}$	1529	–
64-Bit-Fließkomma	$\pm 2.225 \times 10^{-308}$	$\pm 1.798 \times 10^{308}$	12318	–

Zwischen 32- und 40-Bit-Fließkomma besteht kein Unterschied da der Exponentenbereich identisch ist.

17.3.4.3 Zusammenspiel – Dynamik und SNR

Auch wenn die bei 32/40-Bit-Fließkomma mögliche Dynamik von 1529 dB völlig überdimensioniert erscheinen mag, liegt der Nutzen dieses Formats darin, dass der SNR nicht von der Aussteuerung abhängt. Zusätzlich ermöglicht das Fließkommaformat einen großen Headroom *innerhalb* eines Signalverarbeitungssystems – ohne SNR-Verlust. Demgegenüber geht der Rauschabstand eines Festkommasignals mit abnehmender Aussteuerung im selben Maß zurück. Besitzt also ein 24-Bit-Fixpunkt-Signal bei Fullscale ca. 147 dB SNR so sind es bei einem Pegel von −60 dBFS nur noch 87 dB SNR. Bei sehr geringer Aussteuerung werden Rauschabstand und Klirrfaktor (THD) extrem schlecht (Tabelle 17.10).

Tabelle 17.10 Rauschabstände bei minimaler Aussteuerung (quantisiertes Sinussignal, 1024-Punkt-FFT)

Auslenkungsbereich	THD	SNR
[−1, 1] (3-stufig)	29.7 %	−10.5 dB	10.1 dB
[0, 1] (Rechtecksignal)	43.5 %	−7.2 dB	6.3 dB
[−40, 40]* (81-stufig)	1.0 %	−40.0 dB	40.0 dB

* Erst ab einer Quantisierung von mindestens ±40 Stufen liegt der Klirrfaktor unter 1 %.

Nahezu unrealisierbar ist die verlustfreie Verarbeitung von 24-Bit-Signalen mittels 24-Bit-Festkomma-Signalverarbeitung in Verbindung mit Headroom, da ein Headoom von z. B. 12 dB (2 Bit) eine Vorskalierung des Audiosignals um −12 dB erforderlich macht, wodurch sich auch der Rauschabstand von vornherein um 12 dB verschlechtert.

17.3.4.4 Filterung und Rauschabstand

Eine formale Erfassung und Beschreibung des Rauschverhaltens digitaler Filter ist mathematisch möglich aber sehr aufwändig. Bei Fließkomma-Operationen ist sie jedoch so komplex, dass die Simulation der effizientere Weg ist. Im Folgenden soll die Rauschproblematik am Beispiel eines Low-Shelving-Filters zweiter Ordnung mit einer Eckfrequenz von 50 Hz und 10 dB Anhebung erläutert werden. Als Filterstuktur wird bewusst die hierfür nichtoptimale *erste Direktform* gewählt (vgl. Kap. 15.2.2, IIR-Filter).

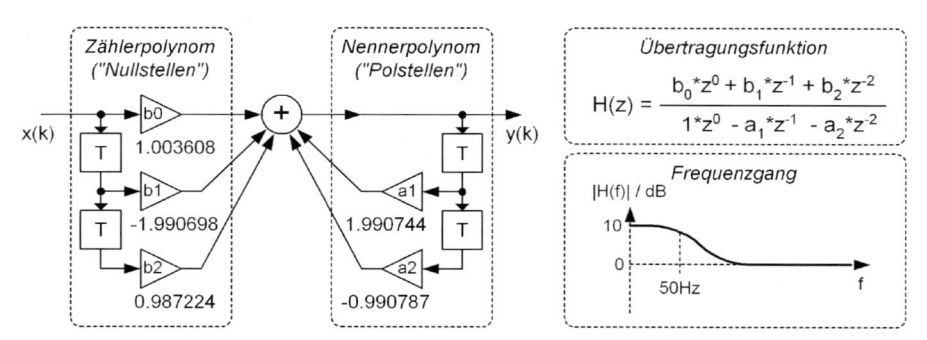

Abb. 17.46 Low-Shelving-Filter 2. Ordnung, 50 Hz, +10 dB, f_s=48 kHz

Wird dieses Filter mit 32-Bit-Fließkommaquantisierung simuliert (incl. der Quantisierung aller Zwischenprodukte und -summen) ergibt sich nach einer gewissen Einschwingzeit ein Rauschabstand von nur 85 dB (1024-Punkt-FFT, „Messsignal": 48 kHz/1024 = 46,9 Hz).

Die Ursache dieses Phänomens liegt in der ungünstigen Konstellation der Koeffizienten: Durch Differenzbildung (Subtraktion) von Signalwerten, die in derselben Größenordnung liegen (s. Zähler/Nenner-Koeffizientenpaare b_1/a_1 und b_2/a_2), wird das Signal requantisiert und dadurch verrauscht. Der gleiche Effekt ergibt sich auf dem Taschenrechner bei der Rechnung $\pi + 1E8 - 1E8$, auch hier gehen einige Dezimalstellen verloren.

Der Rauschabstand lässt sich einerseits durch die Verwendung von 40-Bit-Fließkommazahlen mit um 8 Bit längerer Mantisse um ca. 48 dB verbessern, andererseits kann durch geeignetere Filterstrukturen ein Rauschabstand nahe dem Eigenrauschen des jeweiligen Zahlenformats erreicht werden (Mitra 1993, Zölzer 2005, Kap. 15.2). Bei Filtern mit Festkommaverarbeitung entsteht das Requantisierungsproblem nicht nur bei Differenzen, sondern auch bei Multiplikationen der Art: $x \cdot \frac{1}{16} \cdot ... \cdot 16$. Hier sind bereits 4 Bit (also 24 dB SNR) verloren gegangen.

17.3.4.5 Summierung und Rauschabstand

Ein ähnliches Requantisierungs-Rausch-Problem entsteht – allerdings eher theoretisch – bei der *Summierung* von Signalen (z. B. Mischpult): Würde ein Signal phasenverkehrt mit geringfügig reduziertem Pegel (Größenordnung: -0.001 dB) zu sich selbst addiert bliebe bei Fließkomma (wie auch Fixpunkt) nur ein verrauschtes Restsignal mit sehr geringem Pegel übrig. Wird dieses Signal wieder verstärkt um es hör- oder messbar zu machen, so wird der „Rauschteppich" entsprechend mitverstärkt. Anders gesagt hilft die große Dynamik des Fließkommaformates in diesem Fall nicht den Rauschabstand zu erhalten. In der Praxis existiert dieser „pathologische" Fall jedoch eher nicht.

17.3.4.6 Denormalisierte Fließkommazahlen

Fließkommazahlen nach IEEE 754 verfügen sowohl in der 32-Bit-Variante (single precision) als auch in der 64-Bit-Variante (double precision) über einen speziellen fraktionalen Zahlenbereich um die Null herum, also zwischen $-1.175 \cdot 10^{-38}$ und $+1.175 \cdot 10^{-38}$ (single precision) bzw. zwischen $-2.225 \cdot 10^{-308}$ und $+2.225 \cdot 10^{-308}$ (double precision). Dieser wird kodiert mit einem Exponent von „0" und einer Mantisse, die ohne die (nicht gespeicherte) führende „1." interpretiert wird (s. Kap. 14.7.2). Hierdurch erhöht sich die Dynamik von 1529 dB (single precision) nochmal um diejenige von 24-Bit-Fixpunkt (23 Bit + Vorzeichen), also um 138,5 dB bzw. 144,5 dB. Allerdings können nicht alle Fließkomma-Rechenwerke diese Zahlen verarbeiten. Manche Rechenwerke behandeln denormalisierte Zahlen immer als Null (SHARC, TigerSHARC), andere verfügen über eine Umschaltung der Betriebsart (Texas-C67x, Pentium-SSE, PowerPC-FPU / AltiVec-VFPU/VMX/VXU). Da die Behandlung denormalisierter Zahlen zusätzliche Taktzyklen erfordert, wird darauf in der Regel verzichtet, damit der Zeitbedarf nicht indeterministisch wird. Besonders betroffen hiervon ist die Fließkommaeinheit des Pentium Prozessors. Diese berechnet denormalisierte Zahlen *immer* mit der in der nach IEEE 754 vorgesehenen Genauigkeit, was speziell beim Pentium-4 weit über 1000 Taktzyklen pro Operation erfordern kann.

17.4 Systemarchitektur

Große Signalverarbeitungssysteme wie Mischpulte, Workstations oder Audio-/Videostreamserver kommen kaum mit einem einzigen Prozessor aus. Daher sollen einige Aspekte der Interprozessorkommunikation und -synchronisation im Folgenden näher beleuchtet werden.

17.4.1 Multiprocessing

Ein Multiprozessorsystem verhält sich wie ein vielfach verästeltes Förderbandsystem, über das Elemente (die Audiosamples oder -blöcke) von Verarbeitungsstation zu Verarbeitungsstation weitergereicht werden. Hier darf sich weder etwas stauen noch verloren gehen. Die Kommunikation dieser vielen Prozessoren stellt einen nicht unerheblichen Teil eines Gesamtsystems dar – so können im Signalverarbeitungskern eines modernen Digital-Mischpultes weit über 100 Signalprozessoren zusammenarbeiten (Abb. 17.47).

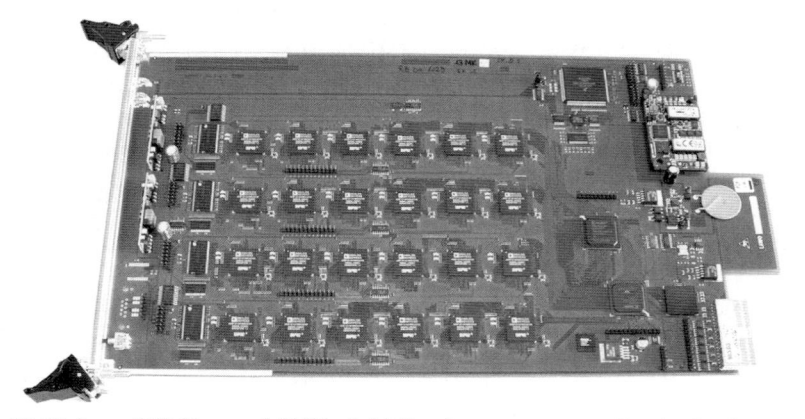

Abb. 17.47 *Lawo DSP-Karte mc² 66/90* mit 24 Signalprozessoren vom Typ *Analog Devices ADSP-21161.* Zum Vollausbau eines Mischpultes *mc² 66* gehören acht DSP-Karten mit insgesamt 192 Signalprozessoren. Jede Karte verarbeitet bei 48 kHz 48 (96kHz: 24) vollständige Kanalzüge mit Delay, Equalizer, Gate, Expander, Kompressor, Limiter, Metering etc. sowie ihren Teil der Vor- und Endsummierung für maximal 144 Summenbusse.

17.4.1.1 Synchronisation

Prinzipiell kann ein großes Signalverarbeitungssystem auf zwei Arten realisiert werden:

- als asynchrones (d.h. selbst-synchronisierendes) System im Sinne einer Datenflussmaschine.
- als global getaktetes (d.h. vollsynchrones) System.

Eine *Datenflussmaschine* arbeitet nach folgendem Prinzip: Das Eintreffen eines Datums/Signals (hier: eines Audiosamples oder auch -pakets) stößt dessen Verarbeitungsprozess (z.B. Plug-in oder Mischpultkanalzug) an. Ist dieser Prozess abgeschlossen, gibt er das Ergebnis an den nächsten Prozess weiter, der seinerseits hierdurch aktiv wird usf. – analog zur Übergabe der Stäbe bei einem Staffellauf. Der Vorteil einer Datenflussmaschine besteht darin, dass sie prinzipbedingt und automatisch ihre maximale Arbeitsgeschwindigkeit sowie minimale Latenzen erreicht. Der

Nachteil liegt in der aufwändigen Prozess- und Kommunikationsverwaltung, die insbesondere bei einem Multiprozessorsystem aus Komplexitäts- und Effizienzgründen bis zur Unbrauchbarkeit des gesamten Funktionsprinzips führen kann. Dieses Verfahren lässt sich eigentlich nur direkt in Hardware effizient realisieren, z. B. durch programmierbare Logikbausteine (Field Programmable Gate Arrays, FPGAs).

Nach einem völlig anderen Prinzip arbeiten die üblicherweise eingesetzten, *vollsynchronen Systeme*. Hier werden alle Prozesse eines Systems durch einen globalen Takt zyklisch gestartet, z. B. durch ein 48 kHz-Interrupt-Signal an alle Signalprozessoren, Wandler und Digitalschnittstellen. Zwischen jeweils zwei simultan ausgeführten Prozessen (z. B. Mischpultkanalbündel und Kommunikationskanal) liegt ein Doppelpuffer (auch Wechselpuffer, Twisting-Buffer, Toggle-Buffer oder Ping-Pong-Buffer), dessen Seiten bei jedem Abtastwert vertauscht werden, bevor Prozesse Daten lesen oder schreiben. Jeder Signalverarbeitungsprozess arbeitet also (Abtastwert für Abtastwert) abwechselnd auf den beiden Pufferseiten, wodurch die Prozesse voneinander entkoppelt und zeitliche Zugriffskollisionen ausgeschlossen sind.

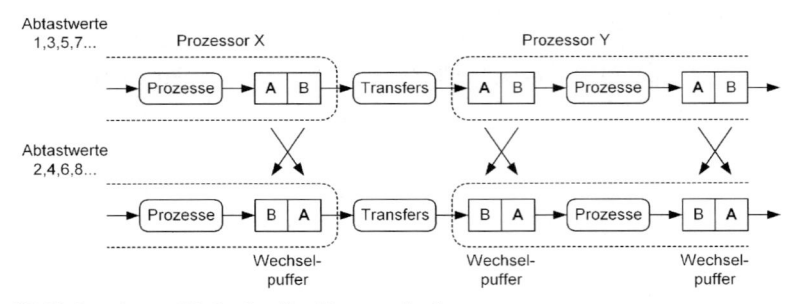

Abb. 17.48 Synchrone Wechselpuffer-Kommunikation

Die Umschaltmechanismen (Software/Hardware) benötigen wenig Aufwand, teilweise sind diese bereits in die Hardware integriert, z. B. bei den DMA-Kanälen (direct memory access) der Texas-C6x-Prozessoren.

17.4.1.2 Latenz

Durch die Vielzahl der Puffer kann – da in jedem Puffer eine Verzögerung (Latenz) von einem Sample entsteht – die Durchlaufzeit eines Gesamtsystems recht hoch werden. In einem größeren System (z. B. Mischpult mit Kreuzschiene, Effektgeräten und Aufzeichnung) gelangt man hier schnell in den Zehn-Millisekundenbereich. Diese Addition der Latenzen gilt nicht für eine von *einem* Prozessor sequenziell abgearbeitete Kette von Plug-ins, da die Sample-Block-Puffer von jedem Plug-in als Ganzes abgearbeitet und an ein Folge-Plug-in weitergereicht werden. In diesem Fall sind somit auch keine Doppelpuffer nötig.

Kapitel 17 Wandler, Prozessoren, Systemarchitektur

17.4.1.3 Kommunikation

Die technischen Möglichkeiten der Kommunikation von Prozessoren, Teilsystemen und Systemen sind zu vielfältig, um im Detail beschrieben zu werden (vgl. auch Kap. 18). Generell zeichnet sich aber die Tendenz ab, von Parallel-Kommunikation (z. B. 32- oder 64-Bit-Bussen) wegzugehen hin zu einer seriellen Punkt-zu-Punkt Hochgeschwindigkeits-Datenübertragung. Dabei werden Technologien eingesetzt wie

- **Link-Ports**: Bei TigerSHARC 8 Bit (2×4 Bit pro Richtung), 250 MHz flankengetaktet (double data rate, DDR), ergibt 250 MByte·s^{-1} pro Link und Richtung bei Leitungslängen von wenigen Zoll.
- **RapidIO**: Parallel: 8 Bit, 250 MHz flankengetaktet (DDR) ergibt 500 MByte·s^{-1}, (Leitungslänge wenige Zoll). Seriell: 1,25, 2,5 oder 3,125 Gbit·s^{-1}.
- **MADI**: 100 Mbit·s^{-1}, max. 64 Audiokanäle bei 48 kHz.
- **ATM**: Hauptsächlich 155 Mbit·s^{-1} (STM-1, Synchronous Transport Module, Step 1) und 622 Mbit·s^{-1} (STM-4).
- **Ethernet**: 10 Mbits·s^{-1}, 100 Mbit·s^{-1} (Fast Ethernet), 1 Gbit·s^{-1} (Gigabit Ethernet), in Entwicklung sind 10 Gbit·s^{-1} (10-Gigabit Ethernet).
- **USB2.0**: 480 Mbit·s^{-1} (bis 5 Meter Kabellänge).
- **FireWire**: IEEE 1394a bis 400 Mbit·s^{-1}, IEEE 1394b bis 800 Mbit·s^{-1}, geplant sind 1,6 und 3,2 Gbit·s^{-1}.

17.4.2 Summationsstrukturen, Zuverlässigkeit und Redundanz

Ein Bereich, in den viele der oben genannten Komponenten (Kommunikation, Synchronisation, Latenz) einfließen, ist exemplarisch die Summierung in einem Mischpult oder einer Workstation. Im Folgenden werden verschiedene Summierstrukturen erläutert, auch im Hinblick auf die Betriebssicherheit, die über Kriterien wie die Ausfallrate oder Funktions-/Ausfallwahrscheinlichkeit beschrieben werden kann. Dabei müssen *physikalische* und *logische* Struktur nicht zwingend identisch sein – eine logische Kettenstruktur kann auch als physikalischer Stern ausgeführt sein.

17.4.2.1 Kettenstruktur

In dieser Struktur werden Kanalsignale auf durchlaufende Summenbusse addiert. Jeder Summierknoten erzeugt ein Delay von einigen Samples, was bei langen Ketten nachteilig sein kann.

Auch die Betriebssicherheit kann kritisch sein, da sich im Gesamtsystem die Ausfallraten addieren. Zusätzlich beeinflusst die Position eines ausgefallenen Summierknotens einen mehr oder weniger großen Teil des Gesamtsystems, sodass (teure) Hardware-Redundanz ebenfalls nur beschränkten Nutzen bringt.

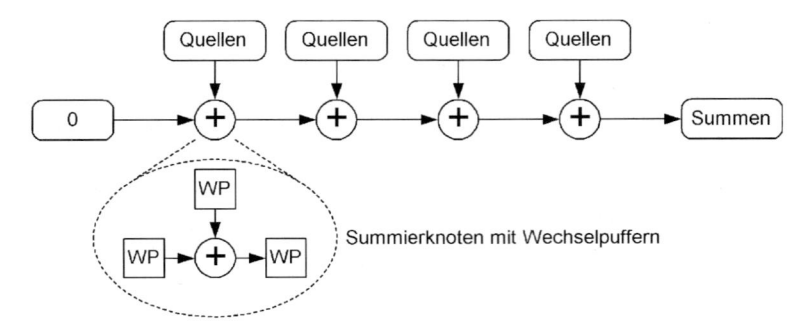

Abb. 17.49 Kettenstruktur

17.4.2.2 Baumstruktur

Die Baumstruktur bietet den Vorteil einer geringeren Latenz (Baumtiefe), da letztere nur logarithmisch mit der Anzahl der Quellen wächst. Schwierig ist allerdings die Hardware-Organisation der Summierknoten und der zugehörigen Kommunikationswege. Die Gesamt-Funktionswahrscheinlichkeit entspricht der Kettenstruktur, da gleich viele Summierinstanzen beteiligt/erforderlich sind. Bei Einzelausfällen ist, je nach Ausfallposition, der ganze zugehörige Unterbaum betroffen.

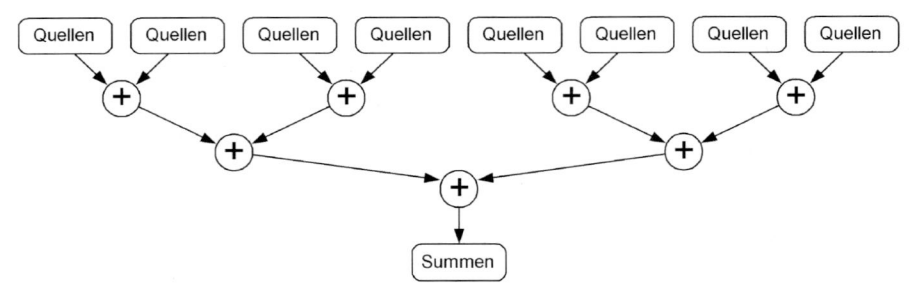

Abb. 17.50 Baumstruktur

17.4.2.3 Sternstruktur

In der Sternstruktur laufen zentral alle Quellen zusammen, in der Regel in einer speziellen Summierhardware. Dieses ergibt eine geringstmögliche Latenz, allerdings ist der zentrale Summierpunkt im Hinblick auf die Funktionswahrscheinlichkeit die sensibelste Stelle im Gesamtsystem (single point of failure). Um die Betriebssicherheit zu erhöhen wird man diese Instanz doppelt (d.h. redundant) ausführen.

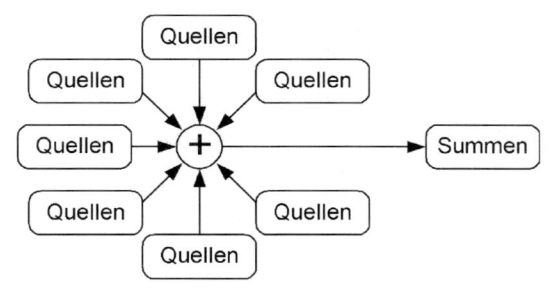

Kapitel 17 Wandler, Prozessoren, Systemarchitektur

Abb. 17.51 Sternstruktur

17.4.2.4 Maschenstruktur

Eine gute Kombination aller vorangegangen Strukturen ist die *vollständige Vermaschung*.

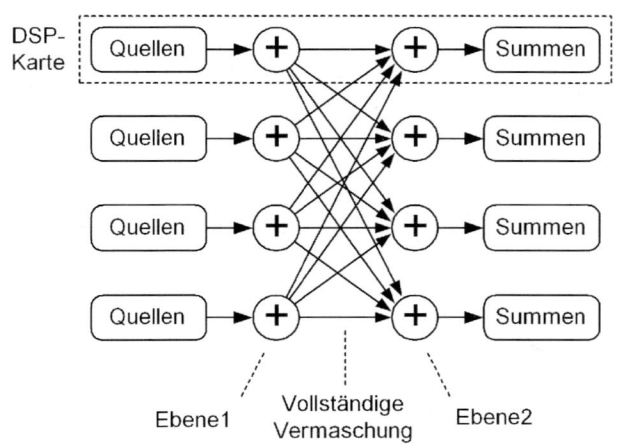

Abb. 17.52 Maschenstruktur

Hier werden geringe Latenzen erreicht, zentrale Ausfallpunkte sind nicht vorhanden, und Hardware-Redundanz kann nach einer relativ einfachen Systematik geschaffen werden.

In der ersten Ebene der Summierung werden Segmente der Summenbusse erzeugt, die in der zweiten Ebene endsummiert werden. Die Vermaschungsebene kann z. B. als Stern-Router oder (ohne Summierebene 1) als TDM-Bussystem (time division multiplex) ausgeführt sein. In beiden Fällen liegt dort allerdings wieder der kritische potenzielle single point of failure vor, der Hardware-Redundanz nötig machen kann.

17.4.2.5 Lebensdauer, Alterung und Ausfallrate

Da gerade (Multi-)Prozessorplatinen als „Herzstück" eines größeren Systems sehr komplexe Gebilde sind, ist deren Ausfallverhalten ein wichtiger Aspekt des Gesamtsystems. Typischerweise folgt die Ausfallrate von elektronischen Baugruppen einer „Badewannenfunktion".

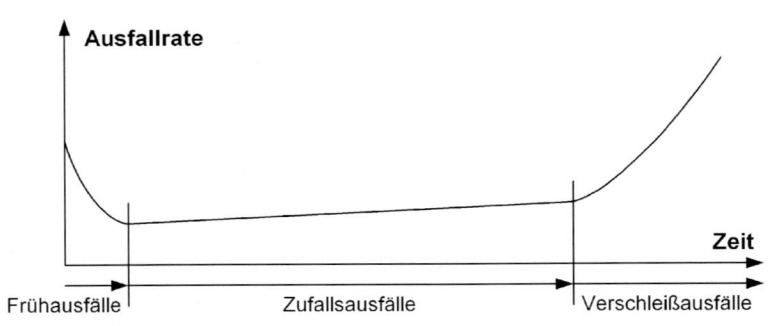

Abb. 17.53 Typischer Verlauf der Ausfallrate über der Zeit

Frühausfälle sind in der Regel durch die Bauteile und die Fertigungsqualität der Baugruppe bedingt. Daran schließt sich eine relativ stabile Betriebsphase an. Gegen Ende erhöhen sich die Ausfälle aufgrund von Alterung und Verschleiß. Die Frühausfälle lassen sich durch künstliche thermische und mechanische Voralterung abfangen, auch wenn die Gesamtlebensdauer dadurch etwas verkürzt wird. Die Verschleißausfallphase kann beispielsweise durch Temperaturschwankungen (insbesondere in einem Übertragungswagen) bedingt sein, da die damit verbundene unterschiedliche Wärmeausdehnung von Kupfer und Trägermaterial einer Leiterplatte eine wiederholte mechanische Beanspruchung bewirkt, durch die z. B. Durchkontaktierungen abreißen können, eine sog. Ermüdungsrissbildung.

Kapitel 17 Wandler, Prozessoren, Systemarchitektur

Normen und Standards

ADI Analog Devices Inc. (2000–2005)	Datasheets ADSP-21060, –21061L, –21065L, –21161M, –TS101, -TS201/2/3.
Freescale Semiconductor (2005)	MPC7450 RISC Microprocessor Family Reference Manual.
IBM PPC (2006)	PowerPC 970FX RISC Microprocessor Data Sheet.
IBM CBEA (2005)	Cell Broadband Engine Architecture Specification. (http://www.research.ibm.com/cell/)
IBM SPU (2006)	Synergistic Processor Unit Instruction Set Architecture.
IBM VMX (2005)	Vector SIMD Multimedia Extension Technology Programming Environments Manual.
IEEE 754:1985	Standard for Binary Floating-Point Arithmetic for microprocessor systems
Intel Corporation (2006)	IA-32 Intel Architecture Software Developer's Manuals: Volume 1: Basic Architecture. Volume 2A: Instruction Set Reference, A–M. Volume 2B: Instruction Set Reference, N–Z. Volume 3A: System Programming Guide, Part 1. IA-32 Intel Architecture Optimization Reference Manual.
Intel (2007)	Intel 64 and IA-32 Architectures Optimization Reference Manual
Intel (2007a)	White Paper: Extending the World's Most Popular Processor Architecture. New innovations that improve the performance and energy efficiency of Intel® architecture. http://download.intel.com/technology/architecture/new-instructions-paper.pdf. Zugriff 10.07.2007
Motorola Inc. (1986)	DSP56000 Digital Signal Processor User's Manual (DSP56000UM/AD).
Motorola Inc. (1999)	MPC7400 RISC Microprocessor Technical Summary.
Texas Instruments (2000)	TMS320C6000 CPU and Instruction Set Reference Guide.
Texas Instruments (2005)	TMS320C67x/C67x+ DSPCPU and Instruction Set Reference Guide.
Texas Instruments (2006)	Data Manuals TMS32C6711, C6713, C6722/26/27, C6410, C6414.

Literatur

Adams R, Kwan AT (1993) Theory and VLSI Architectures for Asynchronous Sample-Rate Converters. J Audio Eng Soc 41/7:539–555

Bach E (1999) Multibit Oversampling D/A Converters Using Dynamic Element Matching Methods. Siemens AG, Systematic Top-Down Design and System Modeling of Oversampling Converters: SYSCONV

Blesser B (1978) Digitization of Audio: A Comprehensive Examination of Theory, Implementation, and Current Practice. J Audio Eng Soc 26/10:739–771

Bruce JW (2000) Dynamic Element Matching Techniques for Data Converters. University of Nevada, Las Vegas

Bruce JW, Stubberud P (2000) Circuit Switching Topologies for Dynamic Element Matching Data Converters. 105th AES Convention, Preprint, San Fransisco

Fiedler LD (1985) The Audibility of Modulation Noise in Floating-Point Conversion Systems. J Audio Eng Soc 33/10:770–781

Fliege N (1993) Multiratensignalverarbeitung. Teubner, Stuttgart
Fujimori I, Nogi A, Sugimoto T (2000) A Multibit Delta–Sigma Audio DAC with 120-dB Dynamic Range. IEEE Journal of Solid-State Circuits 35/8:1066–1073
Geerts Y, Steyaert M (1999) Guidelines for Implementation of CMOS Multibit Oversampling Modulators. Instituto de Microelectrónica de Sevilla, ESD-MSD Mixed Signal Design Cluster, Systematic Top-Down Design and System Modeling of Oversampling Converters: SYSCONV
Geerts Y, Steyaert M (2000) Optimized Topologies for Multibit Oversampling A/D Converters. Instituto de Microelectrónica de Sevilla, ESD-MSD Mixed Signal Design Cluster, Systematic Top-Down Design and System Modeling of Oversampling Converters: SYSCONV
Geerts Y, Steyaert M, Sansen W (2000) Design of High Performance Multi-Bit Delta Sigma-Converters. Proceedings Workshop on Embedded Data Converters, Stockholm
Gong XM (2000) An Efficient Second-Order Dynamic Element Matching Technique for a 120dB Multi-Bit Delta-Sigma DAC. 108th AES Convention, Preprint, Paris
Harris S (1990) The Effects of Sampling Clock Jitter on Nyquist Sampling Analog-to-Digital Converters, and on Oversampling Delta-Sigma ADCs. J Audio Eng Soc 38/7:537–542
Harris S, Kamath G, Gaalaas E (1999) A Monolithic 24 Bit, 96kHz, Sample Rate Converter, with AES3 Receiver and AES3 Transmitter. 106th AES Convention, Preprint, München
Hess W (1989) Digitale Filter. Teubner, Stuttgart
Hossack D, Frith P, Hayes J, Jackson A (2001) Design and Evaluation of an Audio DAC with Non-Uniformly Weighted Dynamic Element Matching. 16th AES UK Converence
Jensen H, Galton I (1998) A Low-Complexity Dynamic Element Matching DAC for Direct Digital Synthesis. IEEE Transactions on Circuits and Systems II: Analog and Digital Signal Processing 45/1:13–27
Kammeyer KD, Kroschel K (1989) Digitale Signalverarbeitung: Filterung und Spektralanalyse. Teubner, Stuttgart
Macarthur J (1994) DSP Techniques for Improving A/D Converter Performance. AES UK Managing the Bit Budget Conference, London
Mitra SK, Kaiser JF (1993) Handbook for Digital Signal Processing. John Wiley & Sons, Chichester
Noetzel A (1987) Variable Analog Filters for Support of Variable Sampling Rate Digital Audio. 83th AES Convention, Preprint, New York
Schreier R (1997) Mismatch-Shaping Digital-to-Analog Conversion. 103rd AES Convention, Preprint, New York
Skritek P (1988) Handbuch der Audio-Schaltungstechnik. Francis, München
Tietze U, Schenk C (1999) Halbleiter-Schaltungstechnik. Springer, Heidelberg
Zölzer U (1997) Digitale Audiosignalverarbeitung. Teubner, Stuttgart
Zölzer U (2003) DAFX – Digital Audio Effects. John Wiley & Sons, Chichester
Zölzer U (2005) Digitale Audiosignalverarbeitung. 3. Aufl, Teubner, Stuttgart

Kapitel 18
Anschlusstechnik, Interfaces, Vernetzung

Karl M. Slavik

18.1	Einführung und Definitionen		947
	18.1.1	Leiter – Ader – Leitung – Kabel	947
	18.1.2	Schnittstelle (Interface)	948
	18.1.3	Protokoll	950
	18.1.4	Quelle und Senke – Ausgang und Eingang	950
	18.1.5	Kanalkapazität	950
	18.1.6	Multiplexing	951
18.2	Werkstoffe für Leitungen und Kabel		953
	18.2.1	Leiterwerkstoffe für elektrische Übertragung	953
	18.2.2	Isolierstoffe und ihre Eigenschaften	954
	18.2.3	Werkstoffe für Lichtwellenleiter	955
18.3	Eigenschaften von Leitungen und Kabeln		956
	18.3.1	Leitungen bei Gleichstrom und niedrigen Frequenzen	957
	18.3.2	Leitungen bei höheren Frequenzen	957
	18.3.3	Eigenschaften von Lichtwellenleitern	961
18.4	Anpassung und Reflexion		962
	18.4.1	Spannungsanpassung	962
	18.4.2	Leistungsanpassung	962
	18.4.3	Reflexionen	963
18.5	Verbindungstopologien		964
	18.5.1	Point to Point	965
	18.5.2	Bus- und Baum-Topologie	965
	18.5.3	Stern-Topologie	966
	18.5.4	Ring-Topologie	966
18.6	Analoge Schnittstellen		967
	18.6.1	Unsymmetrische Schnittstellen	967
	18.6.2	Symmetrische Schnittstellen	968
	18.6.3	Abschirmung	971
	18.6.4	Mikrofonverbindungen	972
	18.6.5	Verbindungen mit Leitungspegel (Line-Level)	973
	18.6.6	Mehrkanalige Verbindungen	975
	18.6.7	Lautsprecherverbindungen	976

		18.6.8	Post- und Übertragungsleitungen	978
		18.6.9	Kommunikationsverbindungen (Intercom)	978
18.7		Analoge Signalverteilung		979
		18.7.1	Symmetrierung und Entkopplung	980
		18.7.2	Steck- und Rangierfelder	981
		18.7.3	Kreuzschienen und Matrixsysteme	982
18.8		Digitale Signalübertragung		983
		18.8.1	Analog-Digital-Wandlung und Datenrate	983
		18.8.2	Quellkodierung und Kanalkodierung	984
		18.8.3	Signallaufzeit und Latenz	986
		18.8.4	Synchrone, asynchrone und isochrone Übertragung	987
18.9		Zweikanalige Digital-Schnittstellen		988
		18.9.1	AES3	989
		18.9.2	AES3-id und SMPTE 276M	995
		18.9.3	AES42 – Das digitale Mikrofoninterface	996
		18.9.4	IEC 60958 und S/PDIF	997
		18.9.5	Sony Digital Interface SDIF-2	998
		18.9.6	Sony Digital Interface SDIF-3	999
		18.9.7	Yamaha Y2 (MEL2)	1000
		18.9.8	Mehrkanalton über zweikanalige Schnittstellen	1000
18.10		Mehrkanalige Digital-Schnittstellen		1002
		18.10.1	AES10 (MADI)	1002
		18.10.2	ADAT Lightpipe (ODI)	1004
		18.10.3	Mitsubishi Digital Interface (PD, ProDigi)	1005
		18.10.4	Roland R-BUS	1005
		18.10.5	TDIF-2 – Tascam Digital Interface	1006
		18.10.6	SDI und HD-SDI – Serial Digital Interface	1007
18.11		Synchronisation und Taktung		1008
		18.11.1	DARS – Taktsignal nach AES11	1008
		18.11.2	Wordclock und Superclock	1009
		18.11.3	Video Black & Burst	1009
		18.11.4	Taktgeneratoren und Jitter	1010
		18.11.5	Synchronkonzepte	1011
18.12		Digitale Signalverteilung		1013
		18.12.1	Signal-Reclocking und Regeneration	1013
		18.12.2	Steckfelder und Matrix-Systeme	1013
18.13		Signalübertragung in Bus und Netzwerk		1014
		18.13.1	Das ISO-OSI Schichtenmodell	1014
		18.13.2	Protokolle und Routing	1017
		18.13.3	Übertragungseigenschaften	1017
18.14		Audio über Bussysteme		1017
		18.14.1	IEEE 1394 – Firewire, i.Link und mLAN	1018
		18.14.2	USB – Universal Serial Bus	1020
		18.14.3	HDMI – High Definition Multimedia Interface	1021

Kapitel 18 Anschlusstechnik, Interfaces, Vernetzung

18.15 Audio im Netzwerk 1022
    18.15.1 Ethernet 1022
    18.15.2 ATM – Asynchronous Transfer Mode 1023
    18.15.3 AudioRail 1024
    18.15.4 CobraNet – Isochrones Audionetzwerk 1024
    18.15.5 EtherSound – Synchrones Audionetzwerk 1026
18.16 Betriebs-Messtechnik für analoge und digitale Schnittstellen 1026
    18.16.1 Spannungs-, Pegel- und Frequenzgangmessung 1028
    18.16.2 Verzerrungen und Rauschen 1028
    18.16.3 Signalsymmetrie 1028
    18.16.4 Kanalstatus und Datenstrom 1029
    18.16.5 Augendiagramm und Jitter 1030
    18.16.6 Dolby Digital und Dolby E Bitstreams 1030
Normen und Standards 1032
Literatur 1033

Überall, wo moderne Audiotechnik zum Einsatz kommt, sieht sich der Anwender mit einer Vielzahl analoger und digitaler Schnittstellen konfrontiert. Trotz umfangreicher, oft weltweit gültiger Standards und dem Versprechen vieler Hersteller, Geräteverbindungen ließen sich einfach durch „Plug and Play" herstellen, sieht die Realität der Verbindungstechnik anders aus. Fehlanpassungen, inkompatible Übertragungsprotokolle oder fehlerhaft implementierte Kopierschutzmaßnahmen können selbst erfahrene Techniker an den Rand der Verzweiflung bringen. Besonders kritisch ist die Situation, wenn eine Verbindung zwar funktioniert, jedoch unsauber klingt oder nur von Zeit zu Zeit aussetzt. Dieses Kapitel widmet sich der Theorie und Praxis gelungener Verbindungen.

18.1 Einführung und Definitionen

18.1.1 Leiter – Ader – Leitung – Kabel

Unter dem Begriff Leiter versteht man eine Einrichtung zur Weiterleitung elektrischer Ladungsträger (Elektronen). Sie besteht aus einem Leiterwerkstoff wie Kupfer, Aluminium oder elektrisch leitenden Kunststoffen. Bei Lichtwellenleitern besteht der Leiter aus Kunststoff oder Glas und transportiert mittels Photonen Licht bestimmter Wellenlängen.

Der Begriff Ader beschreibt einen Leiter aus einem einzelnen, starren Draht oder mehreren flexiblen, litzenförmigen Drähten, der mit einer Isolierung umgeben und somit von anderen Leitern getrennt ist. Sobald zumindest zwei Adern vorhanden sind, die die Herstellung eines geschlossenen Stromkreises ermöglichen, ergibt sich im nachrichtentechnischen Sinn eine Leitung. Wenn diese Leitung durch einen zusätzlichen Mantel gegen chemische und/oder mechanische Umwelteinflüsse geschützt wird, spricht man von einem Kabel (Schubert 1986).

In der Praxis der Audio-Anschlusstechnik kommen vor allem koaxiale sowie 1-polige und 2-polige abgeschirmte Kabel zum Einsatz (Abb. 18.1).

Abb. 18.1 2-polige, abgeschirmte Mikrofonleitung mit Doppelwendelschirm, ausgeführt als bühnentaugliches Kabel

18.1.2 Schnittstelle (Interface)

Der Begriff Schnittstelle (Interface) definiert den Teil eines Systems, der dem Austausch von Informationen oder Energie mit anderen Systemen dient. Schnittstellen können sowohl zwischen technischen Systemen als auch zwischen Geräten und Menschen existieren. Letztere werden oft als Human-User-Interface (HUI) oder Mensch-Maschine-Schnittstelle bezeichnet.

Jede Schnittstelle wird durch bestimmte Parameter beschrieben, die sowohl physikalische Eigenschaften (Spannung, Impedanz, Datenrate) als auch logische Eigenschaften (Übertragungsprotokoll) definieren. Genormte (standardisierte) Schnittstellen bieten durch ihre Kompatibilität den Vorteil der leichteren Systemintegration. Hardware-Schnittstellen sind definierte, physikalische Übergänge zwischen Geräten und Systemen. Interfaces wie etwa ein analoger, symmetrischer Mikrofoneingang auf XLR-Buchse, eine digitale Schnittstelle nach AES/EBU aber auch die einfache 230 V Netzsteckdose sind Beispiele für „offene" Industrienormen, die das weitgehend problemlose Zusammenschalten verschiedener Systeme ermöglichen (Abb. 18.2).

Software-Schnittstellen, auch Daten-Interfaces genannt, sind logische Übergabepunkte innerhalb von Softwaresystemen. Sie definieren, wie Kommandos und Daten zwischen verschiedenen Teilen eines Programms oder mehreren Programmen ausgetauscht werden. Wenn etwa ein Effekt-Plug-in von unterschiedlichen Audio-Workstations verwendet werden soll, müssen an den Übergabepunkten zwischen Plug-in, Audio-Software und Betriebssystem bestimmte Konventionen beachtet werden. Das von der Fa. Steinberg entwickelte VST-Format ist ein Beispiel für ein derartiges Software-Interface.

Kapitel 18 Anschlusstechnik, Interfaces, Vernetzung

Abb. 18.2 Normierte analoge und digitale Schnittstellen an einem digitalen Audiomischpult (Yamaha DM1000 V2)

Tabelle 18.1

A	Analoge, symmetrische Audioeingänge auf XLR-3-F	J	MIDI-Ausgang (Musical Instruments Digital Interface) auf 5-poliger DIN-Buchse
B	Analoge, symmetrische Audioausgänge auf XLR-3-M	K	MIDI- und MTC-Eingang (MIDI Timecode) auf 5-poliger DIN-Buchse
C	Digitale Audioein- und -ausgänge nach AES-3 (AES/EBU) auf zwei 25-poligen Sub-D-Buchsen (je 8 Kanäle)	L	USB-Schnittstelle (hier für Steuer- und Editierfunktionen des Pults, kein Audio) auf USB „B-Type"
D	Digitale Audioein- und -ausgänge nach TDIF-1 auf zwei 25-poligen Sub-D-Buchsen (je 8 Kanäle)	M	Wordclock Ausgang (auf BNC-Buchse)
E	Netz-Anschluss (230 V) auf Kaltgerätebuchse	N	Wordclock Eingang (auf BNC-Buchse)
F	Anschluss für Meterbridge (Aussteuerungsmesser) auf 15-poliger Sub-D-Buchse (RS-422 plus Spannungsversorgung)	O	Digitaler Audioausgang nach AES-3 (AES/EBU) bzw. IEC-60958 Type I auf XLR-3-M
G	Universelles Steuer-Interface auf 25-poliger Sub-D-Buchse (GPIO mit CMOS-Level)	P	Digitaler Audioausgang nach IEC 60958 Type II (S/PDIF) auf Cinch-Buchse
H	Timecode-Eingang (auf XLR-3-F)	Q	Digitaler Audioeingang nach IEC 60958 Type II (S/PDIF) auf Cinch-Buchse
I	Fernsteuer-Interface (RS-422) für Audio Follows Video (ESAM II) auf 9-poliger Sub-D-Buchse	R	Digitaler Audioeingang nach AES-3 (AES/EBU) bzw. IEC-60958 Type I auf XLR-3-F

18.1.3 Protokoll

Während analoge Schnittstellen durch rein physikalische Größen wie Spannung, Impedanz, Bandbreite und die Kontaktbelegung der Steckverbindung beschrieben werden, sind beim digitalen Datenaustausch zusätzlich Übertragungsprotokolle erforderlich. Sie definieren das logische Verhalten der Schnittstellen und regeln den Datenverkehr auf der Übertragungsleitung. In vielen Fällen haben sie auch direkten Einfluss auf die Betriebssoftware und damit auf das Verhalten der angeschlossenen Geräte.

So verweigert zum Beispiel jeder korrekt implementierte Digital-Analog-Wandler die Wiedergabe, wenn an seinem Eingang statt normalem PCM-Audio sog. Non-Audio-Signale anliegen. Dazu zählen Mehrkanal-Bitstreams wie etwa DTS, Dolby Digital oder Dolby E, die zwar die Audio-Datenrahmen eines AES/EBU oder S/PDIF-Signals verwenden, jedoch mit anders kodierten Informationen füllen (s. Abschn. 18.9.9 sowie Kap.11). Über Steuerbits im Audio-Datenstrom wird dem Wandler die Art des Audiosignals mitgeteilt, worauf die integrierte Logik den Wandler stumm schaltet. Ohne diese Funktion würde an den analogen Ausgängen des D/A-Wandlers Rauschen mit Vollpegel anliegen – sehr zum Missfallen angeschlossener Abhörlautsprecher.

18.1.4 Quelle und Senke – Ausgang und Eingang

Der Begriff Quelle beschreibt in der Kommunikationstechnik eine Signalquelle mit bestimmten elektrischen Eigenschaften wie Ausgangsspannung, Ausgangswiderstand oder Ausgangsimpedanz und stellt damit einen Ausgang (Output) dar. Mit Senke ist ein Eingang (Input) mit bestimmten elektrischen Eigenschaften wie Eingangsspannung, Eingangswiderstand oder Eingangsimpedanz gemeint.

18.1.5 Kanalkapazität

Jede analoge oder digitale Verbindung zwischen Audiogeräten stellt einen Nachrichtenkanal dar, der Informationen überträgt. Die Kanalkapazität C beschreibt, welcher maximale Informationsfluss F (in bit·s^{-1}) fehlerfrei über einen gegebenen Nachrichtenkanal übertragen werden kann. In der Informationstheorie nach Shannon, welche die Kommunikation in einem gestörten Nachrichtenkanal analysiert, wird die Kanalkapazität C durch die Bandbreite B und den Signal-Rauschabstand ρ bestimmt, wobei Rauschen mit Gaußscher Amplitudenverteilung angenommen wird (Herter u. Lörcher 1987). Damit gilt

Kapitel 18 Anschlusstechnik, Interfaces, Vernetzung

$$C \approx \frac{B}{3} \cdot 10 \cdot \log\left(1 + \frac{P_S}{P_N}\right) = \frac{B}{3} \cdot \rho \qquad (18.1)$$

Obwohl die Angabe in bit·s^{-1} (Bit pro Sekunde) erfolgt, wird die Kanalkapazität als Vergleichswert sowohl für analoge als auch digitale Nachrichtenkanäle verwendet. Die Bandbreite B in Hertz (Hz) ist der Abstand zwischen oberer (f_o) und unterer (f_u) Grenzfrequenz der Übertragung:

$$B = f_o - f_u \qquad (18.2)$$

Der Signal-Rauschabstand ρ in dB ist das logarithmische Verhältnis der Signalleistung P_S zur Rauschleistung P_N. Es wird auch mit der Abkürzung SNR (Signal-to-Noise-Ratio) bezeichnet, wobei letzteres als Verhältnis der Rauschspannungen (20·log) bestimmt wird (s. Kap. 21).

Bestimmte Modulationsverfahren, wie etwa die digitale Pulscode-Modulation (PCM) oder das bei DAB und DVB angewandte Coded Orthogonal Frequency Division Multiplex (COFDM), gewinnen eine hohe Kanalkapazität durch eine erheblich größere Bandbreite als bei der analogen Übertragung von Audiosignalen, sind dafür aber deutlich unempfindlicher gegen Rauschen oder andere Störungen.

18.1.6 Multiplexing

Unter Multiplexing (MPX) versteht man das geschickte „Verschachteln" von Daten, um zum Beispiel mehrere diskrete Audiokanäle über eine Leitungsverbindung oder über einen Funkkanal übertragen zu können. Im Bereich der Audiotechnik kommen vier grundlegende Multiplex-Verfahren zu Einsatz.

Beim Raummultiplex wird für jeden Audiokanal eine eigene, meist 2-polig geschirmte Leitung verwendet. Die Leitungen mehrerer, getrennter Kanäle werden in einem gemeinsamen Mantel (als gemeinsamen Raum) untergebracht und mit einer mehrpoligen Steckverbindung versehen. Ein Beispiel dafür sind Multicore-Kabel, auch Audio-Vielfach oder Snake genannt (s. Abschn. 18.6.6), wie sie in Festinstallationen, z. B. in Tonstudios zwischen Aufnahmeraum und Regieraum, aber auch in der Veranstaltungstechnik, bei Livemitschnitten und Außenübertragungen eingesetzt werden.

Frequenzmultiplex ist dann gegeben, wenn zwei oder mehrere Audiosignale moduliert und auf einer oder mehreren Trägerfrequenzen übertragen werden. Ein bekanntes Beispiel ist der Stereoton beim analogen Hörfunk. Hier werden die beiden Audiokanäle zunächst matriziert: Aus Links plus Rechts wird ein Mono-Summensignal gebildet (L + R), aus Links minus Rechts entsteht ein Differenzsignal (L – R). Das Monosignal (L + R) bleibt im Basisband, also in seinem ursprünglichen Frequenzbereich. Dadurch wird volle Kompatibilität zu Mono-Empfängern erreicht. Das Differenzsignal (L – R) wird mittels Zweiseitenbandmodulator auf einen Hilfsträger von 38 kHz aufmoduliert. Empfängerseitig wird der Prozess umgekehrt durchgeführt, aus L + R und L – R wird durch Dematrizierung wieder ein Stereosignal. Ähnliche Verfahren kommen auch beim analogen Fernsehton sowie bei drahtlosem In-Ear-Monitoring (IEM) zum Einsatz (s. Kap. 19).

Bei Zeitmultiplex (Time Division Multiplex, TDM) werden Informationen zeitlich verschachtelt und nacheinander in einem gemeinsamen Übertragungskanal übertragen (Abb. 18.3). Zusammengehörende Daten, etwa ein Datenwort aus dem Abtastzyklus eines A/D-Wandlers und die dazu gehörenden Kontrollinformationen, werden in Frames (Rahmen) oder Paketen zusammengefasst. Praktisch alle digitalen Audio-, Video- und Netzwerkverbindungen arbeiten nach diesem Prinzip, ebenso die Datenbusse in Computersystemen und Audio-Workstations.

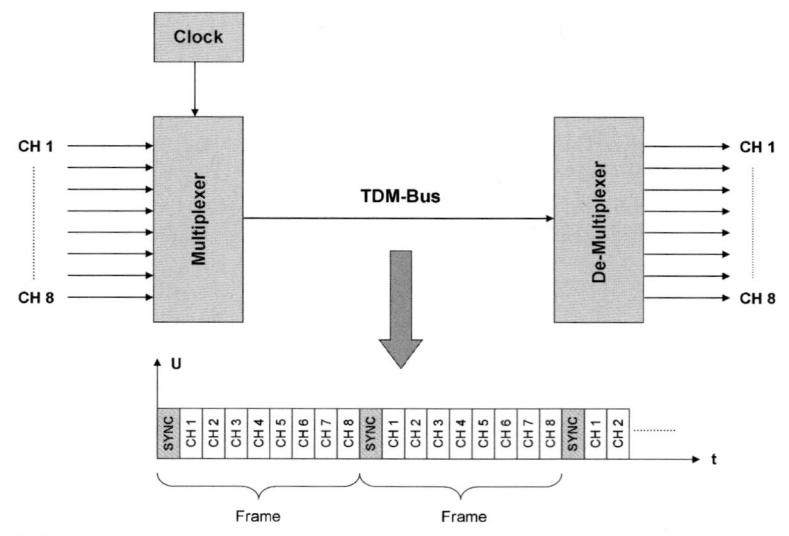

Abb. 18.3 Prinzip des Zeitmultiplex am Beispiel einer achtkanaligen Audioübertragung (TDM-Bus)

Wellenlängen-Multiplex (Wavelength Division Multiplex, WDM) ist die optische Variante des Frequenzmultiplex-Verfahrens. Es kommt bei der Übertragung von Daten und Signalen über Lichtwellenleiter zum Einsatz. Dabei werden Lichtsignale aus verschiedenen Spektralfarben zur Übertragung verwendet. Als Lichtquellen kommen Leuchtdioden (LED) oder Laser zum Einsatz. Jede Farbe (Wellenlänge) bildet somit einen eigenen Übertragungskanal, der aufmodulierte Informationen tragen kann. Die verschiedenfarbigen Informationen werden über optische Koppelelemente gebündelt und gleichzeitig – aber dennoch unabhängig voneinander – übertragen. Das derzeit leistungsfähigste optische Multiplexverfahren ist das sog. Dichte Wellenlängen-Multiplex (Dense Wavelength Division Multiplex, DWDM). Der Abstand der Wellenlängen liegt zwischen 0,8 nm und 1,6 nm. Auf diese Weise können pro Glasfaser mehr als 100 Kanäle mit jeweils 10 Gbit·s⁻¹ übertragen werden. Das entspricht einer Gesamtleistung von 1 Terabit pro Sekunde.

18.2 Werkstoffe für Leitungen und Kabel

Ob sich eine Leitung für den rauen Bühneneinsatz oder besser für die Festinstallation eignet, einfach zu verarbeiten oder selbst bei tiefen Temperaturen noch flexibel ist, hängt neben dem Leitungsaufbau (Verseilung) primär von den verwendeten Werkstoffen ab.

18.2.1 Leiterwerkstoffe für elektrische Übertragung

Auch wenn drahtlose Netzwerke und Lichtwellenleiter zunehmend an Bedeutung gewinnen, sind Kabel und Leitungen aus Kupfer nach wie vor die meist verwendeten Übertragungsmedien. In der Audiotechnik kommt als Leitermaterial fast ausschließlich hochreines Elektrolytkupfer (Cu) mit geringem oder (annähernd) keinem Sauerstoffanteil (Oxygen Free Copper, OFC) zum Einsatz.

Die spezifische elektrische Leitfähigkeit γ beschreibt, wie gut ein Werkstoff leitet und erlaubt den einfachen Vergleich unterschiedlicher Leiterwerkstoffe. Eine Angabe von

$$\gamma_{Cu} = 58 \frac{m}{\Omega \cdot mm^2} \tag{18.3}$$

bedeutet, dass ein Kupferleiter von 58 m Länge und einem Leiterquerschnitt von 1 mm² einen Leiterwiderstand von 1 Ω aufweist. Damit ist Kupfer (Cu) hinsichtlich seiner Leitfähigkeit auch Edelmetallen wie Gold überlegen, lediglich reines Silber leitet geringfügig besser (Rohlfing u. Schmidt 1993).

Gold und Silber werden in der Audiotechnik ausschließlich in Form von Legierungen für Kontaktmaterialien verwendet. Legierte Hartgold- oder Silber-Überzüge auf den Kontakten von Steckverbindern oder auf den Schaltkontakten von Relais und Steckfeldern verhindern Korrosion und verbessern damit die Übertragungsqualität und Kontaktsicherheit. Reines Kupfer leitet zwar besser als jede Gold- oder Silberlegierung, würde jedoch in feuchter, chemisch aggressiver Umgebung (Open-Air-Konzert, Außenübertragung) sehr rasch korrodieren (Grünspanbildung). Hartgoldüberzüge verhindern die Korrosion und garantieren dadurch niedrige Übergangswiderstände an den Kontaktstellen (Tabelle 18.2).

Tabelle 18.2 Übliche Leiter- und Kontaktwerkstoffe im Vergleich

Werkstoff	Chemisches Zeichen	Spezifischer Widerstand ρ $\frac{\Omega \cdot mm^2}{m}$	Spezifischer Leitwert γ $\frac{m}{\Omega \cdot mm^2}$	Einsatzbereich
Aluminium	Al	0,0278	36	Abschirmfolie
Kupfer 1)	Cu	0,01724	58	Leiter, Abschirmgeflecht
Gold	Au	0,023	43,5	In verschiedenen Legierungen als Kontaktmaterial
Nickel	Ni	0,069	14,5	
Silber	Ag	0,0164	61	

1) Kupfer der Sorte E-Cu 58 mit einer Reinheit von mind. 99,90 %
Angaben aus Rohlfing u. Schmidt (1993)

Der spezifische elektrische Widerstand ρ ist der Kehrwert der spezifischen elektrischen Leitfähigkeit. Ein Wert von

$$\rho_{Cu} = \frac{1}{\gamma_{Cu}} = 0,017 \frac{\Omega \cdot mm^2}{m} \qquad (18.4)$$

bedeutet, dass ein Leiter von 1 m Länge und einem Querschnitt von einem Quadratmillimeter einen Widerstand von 0,017 Ω hat. Widerstand und Leitwert jedes elektrischen Leiters hängen von der Temperatur, dem Leiterquerschnitt A (in mm²) und der Leiterlänge l (in m) ab. Je kleiner die Temperatur, je kleiner die Länge und je größer der Querschnitt ist, umso geringer der Widerstand. Der Widerstand R_L (in Ω) eines Leiters errechnet sich nach

$$R = \frac{l \cdot \rho}{A} \quad \text{oder} \quad R = \frac{l}{\gamma \cdot A} \qquad (18.5)$$

Aluminium (Al) wird (außer in der Energietechnik) nur selten als Leiterwerkstoff für Adern verwendet. Aufgrund seiner guten Leitfähigkeit bei gleichzeitig geringem Gewicht und guter Biegsamkeit kommt es jedoch oft als Material für Abschirmfolien in Kabeln zum Einsatz.

18.2.2 Isolierstoffe und ihre Eigenschaften

Die Isolierung der Kupferadern besteht in den meisten Fällen aus Polyethylen (PE) oder Polypropylen (PP), der Kabelmantel wird meist aus Polyvinylchlorid (PVC) gefertigt. Wenn das Kabel innerhalb großer Temperaturbereiche (Außenübertragungen, Veranstaltungstechnik) verwendet werden soll, kommt oftmals Polyurethan (PUR) zum Einsatz, das selbst bei Temperaturen unter dem Nullpunkt flexibel bleibt, brandhemmend und äußerst abriebfest ist.

Dem jeweiligen Isolierstoff kommt überaus große Bedeutung zu, da er über seine Dielektrizitätskonstante ε wesentlich zum elektrischen Verhalten der Leitung beiträgt. Auch die mechanischen Eigenschaften (steif, flexibel) und das Verhalten im Brandfall werden von der chemischen Zusammensetzung des Isolationsmaterials bestimmt (Tabelle 18.3).

Vor allem bei Festinstallationen wird von Auftraggebern zunehmend die Verwendung halogenfreier Kabel und Leitungen vorgeschrieben. Die Normen DIN VDE 0207 und DIN VDE 0819-106 (DIN EN 50290) definieren Isolationsmischungen und Mantelmaterialien für halogenfreie, flammwidrige Energie- und Kommunikationskabel (Flame Retardant Non Corrosive, FRNC). Halogene werden eingesetzt, um den Kunststoffen der Adern- und Mantelisolation die gewünschten mechanischen und chemischen Eigenschaften zu verleihen. Halogenhaltige Kunststoffe sind zwar flammhemmend und selbstverlöschend, spalten aber im Brandfall unerwünschte giftige Gase ab, die in Verbindung mit dem Löschwasser oder im feuchten Klima der menschlichen Lunge Salzsäure bilden. Diese Säure schädigt nicht nur den Menschen, sondern ist auch aggressiv gegenüber Geräten, Baumaterialien und tragenden Bauteilen.

Tabelle 18.3 Übliche Isolierstoffe im Vergleich

Werkstoff	Abkürzung	Spezifischer Widerstand ρ $\Omega \cdot$cm	Relative Dielektrizitätskonstante ε_r bei 20°C	Besonderheiten
Polyethylen	PE	10^{16} bis 10^{17}	2,3	Häufig verwendet
Polyurethan	PUR	Bis 10^{13}	3,1 bis 4	Flexibel bei tiefen Temperaturen
Polypropylen	PP	10^{18}	2,25	Hoher Isolationswiderstand
Polyvinylchlorid	PVC	10^{15} bis 10^{16}	5 bis 8	Problematisch im Brandfall
Teflon		Bis 10^{16}	2	Für Hochfrequenz, günstige Dielektrizitätskonstante

Angaben aus (Rohlfing u. Schmidt 1993)

18.2.3 Werkstoffe für Lichtwellenleiter

Lichtwellenleiter (LWL) für professionelle Anwendungen (z. B. MADI Optical) bestehen aus hochtransparenten Glasfasern. Meist kommt reines Quarzglas (Siliziumdioxyd, SiO2) zum Einsatz, das aufgrund seiner amorphen Struktur auch als Kieselglas bezeichnet wird. Der eigentliche Glasfaserkern (Kernglas oder Core) hat, je nach Fasertype, einen Durchmesser von 2–200 μm. Dieser zylindrische Glasfaserkern wird mit einem Glas niedrigerer Brechung ummantelt, das den Lichtstrahl durch Teilreflexion im Glasfaserkern hält (Mantelglas oder Cladding). Die Mantelglasdicke liegt bei etwa 50–150 μm. Darüber befindet sich eine 150 bis 500 μm dicke, lackartige Beschichtung aus Kunststoff (meist Polyimid), die als Coating oder Buffer bezeichnet wird. Sie soll die Faser vor feuchter Atmosphäre schützen; ohne diese Beschichtung würden die auf der Faseroberfläche vorhandenen Mikrorisse (Microcracks) zu einer erheblichen Verringerung der mechanischen Belastbarkeit führen (Lipinski 1998).

Der Kern von Lichtwellenleitern für den semiprofessionellen Einsatz wird meist aus hochtransparenten Kunststoffen wie etwa Polymethyl Methacrylat gefertigt. Über das ebenfalls aus Kunststoff bestehende Cladding kommt ein Schutzmantel aus Polyethylen (PE). Diese Fasern werden als POF (Plastic oder Polymer Optical Fibre) bezeichnet und sind mit einem Durchmesser von etwa 0,5 bis 1,5 mm deutlicher dicker als LWLs aus Quarzglas (Abb. 18.4).

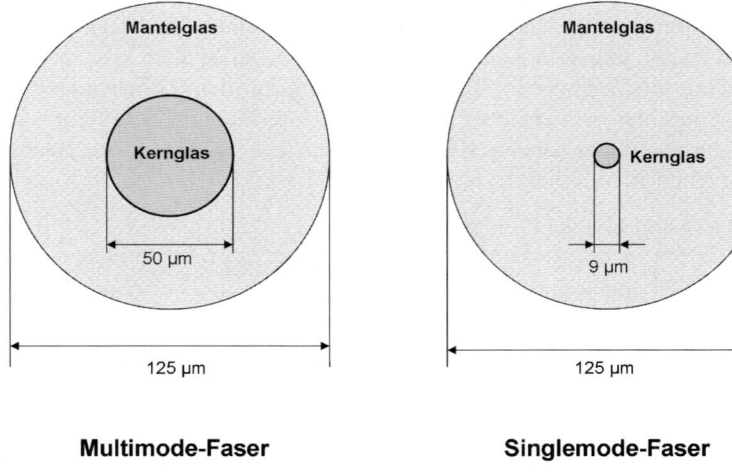

Multimode-Faser   **Singlemode-Faser**

Abb. 18.4 Aufbau von Lichtwellenleiter-Kabeln

LWL-Kabel werden in unterschiedlichsten Ausführungen angeboten: Mit einer, zwei oder hunderten von parallelen Fasern, von der Einfacharmierung aus Aramid bis hin zu nagerfesten und stahlverstärkten Installationskabeln. Denn erst so sind Lichtwellenleiter für die Installation oder den mobilen Einsatz geeignet. Nachteilig ist bei allen Lichtwellenleitern der gegenüber Kupferleitungen deutlich größere Biegeradius der Leitungen, der unbedingt eingehalten werden muss. Bei Biegeradien unter dem vorgeschriebenen Wert bricht die Glas- oder Kunststofffaser. Die Montage von Steckverbindungen oder das dauerhafte Verbinden (Spleißen) zweier Glasfasern ist naturgemäß nur mit Spezialwerkzeugen möglich. Dabei werden die Enden entweder verschmolzen (Schmelzspleiß) oder verklebt (Klebespleiß).

18.3 Eigenschaften von Leitungen und Kabeln

Elektrische Leitungen sind komplexe Widerstandsnetzwerke mit stark frequenzabhängigem Verhalten (Abb. 18.5). Während sie bei niedrigen Frequenzen und Gleichstrom praktisch rein ohmschen Gesetzmäßigkeiten folgen, ändert sich ihr Verhalten spätestens ab dem Audio-Frequenzbereich. Analoge Audioleitungen transportieren Frequenzen bis etwa 20.000 Hz, digitale Audioleitungen noch weitaus höhere Frequenzen. So überträgt ein koaxiales MADI-Kabel (Abschn. 18.10.1) Datenraten von 125 Mbit · s^{-1}, eine HD-SDI-Verbindung für hochauflösendes Video mit Embedded Audio benötigt eine Bandbreite von etwa 1,5 GHz. Ähnliches gilt für die Empfangs- und Sendeleitungen von Funksystemen.

18.3.1 Leitungen bei Gleichstrom und niedrigen Frequenzen

Bei Gleichstrom, aber auch beim Wechselstrom des Energieversorgungsnetzes (50 Hertz in Europa, 60 Hertz in den USA) genügt der spezifische, ohmsche Leiterwiderstand zur Beschreibung der Leitereigenschaften. Er bestimmt sich aus der Länge l (in m) und dem Leiterquerschnitt A (in mm^2) des Leiters, aus seinem spezifischen Leitwert γ und der Temperatur T (in °C). Die über den Leiterwiderstand abfallende Spannung U_V (Verlustspannung) ergibt sich aus:

$$U_V = \frac{2 \cdot l}{\gamma \cdot A} \cdot I = R_L \cdot I \qquad (18.6)$$

Spannungsabfälle über drei Prozent zwischen Hauptanspeisung (Zählerplatz) und Verbraucher gelten in der Praxis der Energieversorgung als Maximum. Zu hohe Spannungsabfälle gefährden den Betrieb von Verbrauchern durch Unterspannung und führen zu einer unzulässig hohen Erwärmung der Leitung durch die entstehende Verlustleistung (Brandgefahr).

18.3.2 Leitungen bei höheren Frequenzen

Die Impedanz Z einer Leitung besteht aus einem reellen und einem imaginären Anteil:

$$Z = R + jX \qquad (18.7)$$

Der Realteil entspricht dem ohmschen Wirkwiderstand R und wird durch den Gleichstromwiderstand des Kupferleiters R_L gebildet. Der Imaginärteil besteht aus dem frequenzabhängigen Blindwiderstand X, der entweder kapazitiv (X_C) oder induktiv (X_L) sein kann.

$$X_L = 2 \cdot \pi \cdot f \cdot L \qquad (18.8)$$

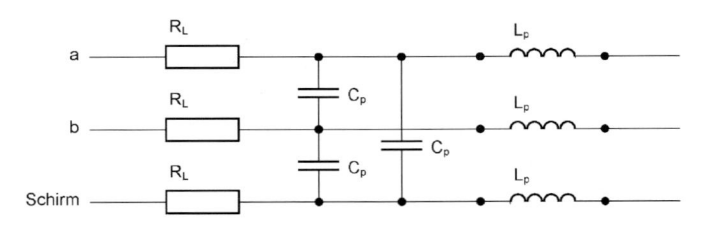

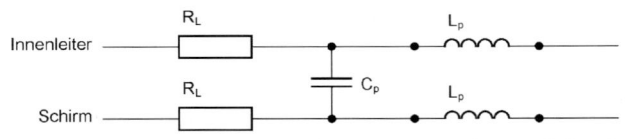

Abb. 18.5 Ersatzschaltbild einer 2-poligen, abgeschirmten (oben) und einer koaxialen Leitung (unten)

$$X_C = \frac{1}{2 \cdot \pi \cdot f \cdot C} \qquad (18.9)$$

Die Frequenz f ist in beiden Fällen maßgeblich für den durch die Induktivität (in Henry) und die Kapazität (in Farad) der Leitung entstehenden Blindwiderstand. In der Praxis liegen die Kabelkapazitäten im Bereich von etwa 30 bis 110 pF·m^{-1}. Die Induktivität kann, außer bei sehr langen, aufgerollten (getrommelten) Leitungen, meist vernachlässigt werden. Da diese Anteile meist unerwünscht sind, spricht man auch von parasitärer Induktivität (Lp) und parasitärer Kapazität (Cp) oder auch vom induktiven und kapazitiven „Belag". Alternativ zu (18.7) lässt sich die komplexe Impedanz mit

$$\underline{Z} = Z \cdot e^{j\varphi} \qquad (18.10)$$

auch über ihren Betrag Z (auch: Scheinwiderstand) und ihre Phase φ definieren. Bei Leitungen und Kabeln für höhere Frequenzen wird die bauartbedingte Impedanz (Kennimpedanz) als Wellenwiderstand Z (manchmal in der Form Z_L für Leitungsimpedanz) angegeben (Tabelle 18.4)

Bei analogen Signalen wirkt die Leitung als *RC*-Glied und somit als Tiefpass. Signale an der Grenzfrequenz, die durch den Leiterwiderstand und die parasitäre Kapazität der Leitung definiert wird, erfahren eine Dämpfung um 3 dB und eine Phasenverschiebung um 45°. Oberhalb der Grenzfrequenz werden Signale mit 6,02 dB/Oktave gedämpft, es kommt zu einer Phasenverschiebung von bis zu 90° (Abb. 18.6). Die Grenzfrequenz in Hz errechnet sich aus:

$$f_g = \frac{1}{2 \cdot \pi \cdot f \cdot C} \qquad (18.11)$$

Kapitel 18 Anschlusstechnik, Interfaces, Vernetzung

Tabelle 18.4 Wellenwiderstände üblicher Audioleitungen und Kabel

Leitungsaufbau	Verwendung	Übliche Kapazität pro Meter	Wellenwiderstand	Übliche Bezeichnung
Koaxial RG-58	Antennenkabel für Funksysteme	101 pF 1)	50 Ω (+/− 3 %)	RG58C/U
Koaxial RG-59	Video (analog & digital) Audio (digital, S/PDIF, AES-3id)	67 pF 1)	75 Ω (+/− 3 %)	RG59B/U
1-polig geschirmt	Analoge Audio-Übertragung	85 pF 1)	Nicht definiert	„Cinch-Kabel"
2-polig geschirmt	Analoge und digitale Audio-Übertragung	45 pF 2)	Für AES/EBU 110 Ω (+/− 3 %)	AES/EBU
Netzwerkkabel 4 x 2-paarig	Digitale Audio- und Netzwerktechnik	49 pF (100 m) 2)	100 Ω (+/− 15 Ω)	Netzwerkkabel Cat.5e

1) Kapazität Ader/Schirm
2) Kapazität Ader/Ader

Bei Außenübertragungen, in Festinstallationen, bei Livemitschnitten und Beschallungen durchlaufen Mikrofon- und Line-Signale oft mehrere hundert Meter Audiokabel. Abhängig vom verwendeten Kabelmaterial kommt es dabei zu einer mehr oder weniger starken Höhendämpfung, die entweder durch aktive Kabelentzerrer (Cable EQ) oder durch die Equalizer-Sektion am Kanalzug des Mischpults ausgeglichen werden kann.

Die ebenfalls auftretenden Phasenverschiebungen sind – außer in Extremfällen – vernachlässigbar. Empfehlenswert ist in jedem Fall, Mikrofonvorverstärker, Verteilverstärker (Splitter) und eventuelle A/D-Wandler möglichst nahe an der Quelle (im Aufnahmeraum, auf der Bühne) zu platzieren.

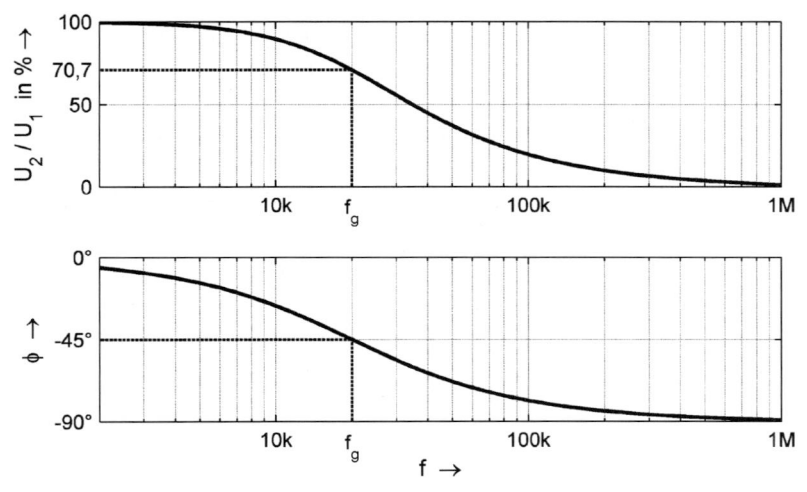

Abb. 18.6 Tiefpass-Verhalten einer analogen Audioleitung

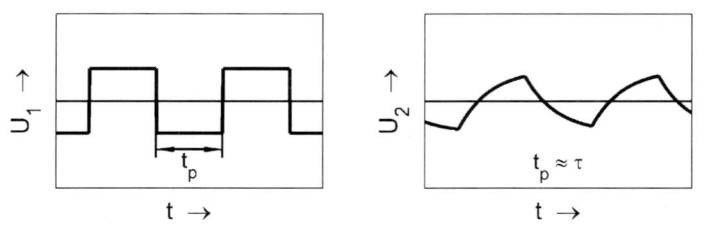

Abb. 18.7 Integrierwirkung einer digitalen Audioleitung

Bei digitalen Signalen wirkt das *RC*-Glied als Integrierer, sofern die Voraussetzung Impulsdauer << Zeitkonstante erfüllt ist (Abb. 18.7). Die Zeitkonstante τ in s errechnet sich durch

$$\tau = R \cdot C \tag{18.12}$$

Bei digitaler Signalübertragung nach AES3 (AES/EBU) ergibt sich bei einer Samplingfrequenz von 48 kHz und Biphase-Mark-Kodierung eine Datenrate von 6,144 Mbit·s^{-1}, entsprechend einer Impulsdauer τ_p von 163 ns. Bei einer Taktfrequenz von 96 kHz verdoppelt sich die Datenrate auf 12,288 Mbit·s^{-1}, was eine Impulsdauer von nur mehr 81,4 ns ergibt. Durch die Integrationswirkung des *RC*-Gliedes kommt es – abhängig vom eingesetzten Kabelmaterial – zu einer Verschleifung der rechteckigen Signalform (Abb. 18.7). Diese Signalverformung kann soweit gehen, dass der angeschlossene Empfänger (Receiver) die High-Low-Informationen im Datenstrom nicht mehr erkennen kann, teilweise aussetzt und schließlich stumm schaltet.

Durch falschen Wellenwiderstand kommt es zusätzlich zu Reflexionen auf der Leitung (s. Abschn. 18.4.3), die die Wellenform weiter verschlechtern und sowohl den Signaljitter erhöhen als auch zum völligen Aussetzen der Übertragung führen können. Die richtige elektrische Anpassung zwischen Signalquelle (Ausgang), Leitung und Signalsenke (Eingang) ist daher vor allem in der digitalen Übertragungstechnik von großer Bedeutung.

So sehen z. B. koaxiale Antennenleitungen für Funkmikrofonempfänger und Koaxialkabel für digitale Audioverbindungen nach AES3-id praktisch gleich aus. Vertauscht man jedoch die Leitungen, stellt sich eine deutliche Verschlechterung der Signalqualität ein, da das Antennenkabel aus einer Leitung der Type RG-58 mit 50 Ω Wellenwiderstand besteht, das Digitalkabel jedoch aus einer Leitung der Type RG-59 mit 75 Ω Wellenwiderstand hergestellt wird. Lediglich eine Aufschrift am Kabelmantel weist auf den unterschiedlichen Wellenwiderstand hin. Verwendet man das eine Kabel an Stelle des anderen, können durch Fehlanpassung hervorgerufene Reflexionen innerhalb der Leitung zum völligen Systemausfall führen.

18.3.3 Eigenschaften von Lichtwellenleitern

Mit Lichtwellenleitern aus Quarzglas können problemlos Datenraten im Bereich von mehreren Gigabit pro Sekunde sowie extrem große Reichweiten erzielt werden. Die Dämpfung errechnet sich aus:

$$\alpha_L = 10 \log \frac{P_0}{P_L} \qquad (18.13)$$

Dabei stellt α den Dämpfungskoeffizienten in dB·km^{-1} dar, P_0 ist die Lichtleistung am Beginn der Übertragungsstrecke und P_L die verbliebene Lichtleistung nach der Länge L in km. Für Kunststofffasern mit ihren begrenzten Reichweiten erfolgt die Längenangabe in Metern (Mahlke u. Gössing 1987). Die Dämpfung eines LWL ist neben dem Material auch von der Lichtwellenlänge abhängig, die üblicherweise in einem Bereich von 850 bis 1550 nm liegt. Bei diesen Wellenlängen entstehen Leitungsdämpfungen von lediglich 0,3 bis 3 dB·km^{-1}. Unter Einfügedämpfung versteht man diejenige Dämpfung, die durch das Einfügen einer Steckverbindung oder eines anderen optischen Bauelements in den Signalweg entsteht.

Lichtwellenleiter, die als Übertragungsmedium Kunststofffasern (Plastic oder Polymer Optical Fibres, POF) verwenden, lassen sich vergleichsweise preisgünstig herstellen und werden z. B. als sog. TOSLINK- und ADAT-Lightpipe-Verbindungen eingesetzt. Sie sind mechanisch robuster als „echte" Glasfaserleitungen, weisen jedoch materialbedingt einen höheren Jitter und eine höhere Signaldämpfung auf. Die Dämpfung α_L von etwa 0,2 dB/m bei Plastic Optical Fibres liegt je nach Type etwa 100 bis 1000 Mal höher als die von Glasfaser.

Derzeit befinden sich zwei LWL-Typen im Einsatz: Multimode und Mono- oder Singlemode-Kabel. Unter Moden versteht man die verschiedenen Wege, dem die Photonen des Lichts in der Faser folgen können. Multimodefasern bieten Dämpfungen um etwa 0,8–3,0 dB·km^{-1} und erlauben in der Praxis eine Distanz von rund 2 km, was den Anforderungen der meisten internen Audio- oder Datennetzwerke vollauf genügt. Größere Entfernungen bis zu einigen hundert Kilometern können mit Monomodefasern überbrückt werden. Ihre Dämpfung liegt im Bereich von 0,3 dB·km^{-1}. Sie kommen hauptsächlich in Weitverkehrssystemen mit großen Informationsmengen und hohen Regeneratorabständen zum Einsatz.

Der Brechungsindex einer optischen Faser beschreibt den Faktor, um den die Ausbreitungsgeschwindigkeit in optischen Medien kleiner ist als im Vakuum. Üblicher Weise beträgt die Ausbreitungsgeschwindigkeit in LWL etwa 200.000 km·s^{-1}, ist also um etwa ein Drittel kleiner als in Kupferleitern.

18.4 Anpassung und Reflexion

18.4.1 Spannungsanpassung

Wenn der Innenwiderstand R_i einer Quelle (z. B. eines Mikrofons) deutlich kleiner ist als der Abschlusswiderstand R_a der darauf folgenden Senke (z. B. Mischpulteingang), d. h. für

$$R_i \ll R_a \tag{18.14}$$

spricht man von Spannungsanpassung. Das Anpassungsverhältnis liegt in der analogen Audiotechnik üblicherweise zwischen 1:10 und 1:1000 und bewirkt, dass die Quelle durch den Verbraucher kaum belastet wird (da wenig Strom fließt), und die Ausgangsspannung vollständig am angeschlossenen Gerät abfällt. Da es sich streng genommen nicht um einfache Widerstände sondern um Impedanzen handelt, kommen auch die Bezeichnungen Z_i (Innenimpedanz der Quelle) und Z_a (Abschlussimpedanz) zur Anwendung.

In der modernen analogen Audiotechnik kommt praktisch immer Spannungsanpassung zum Einsatz. Eine Ausnahme bilden manche rundfunkspezifische Einrichtungen, etwa analoge Postübertragungsleitungen oder Vierdraht-Kommunikationsverbindungen, die traditionell in 600 Ω Leistungsanpassung betrieben werden. Auch Lautsprecher werden prinzipiell in Spannungsanpassung betrieben (s. Abschn. 18.6.7). Die Spannungsanpassung verhält sich relativ gutmütig gegenüber der Parallelschaltung mehrerer Geräte, z. B. den Betrieb mehrerer Leistungsendstufen an einem niederohmigen Mischpultausgang. Dabei gilt als Richtwert, dass die Quelle mit nicht weniger als zumindest dem zehnfachen Wert ihrer eigenen Impedanz belastet werden darf.

Im professionellen Bereich werden analoge Audiosignale ausschließlich aktiv über Verteilverstärker verteilt. Sie garantieren die Entkopplung der einzelnen Signalkreise und erlauben lange Leitungswege ohne Qualitätsverluste. Mikrofonsignale können, z. B. für Livemitschnitte von Konzerten mit gleichzeitiger Beschallung, über passive Übertrager oder mit aktiven Mikrofonsplittern verteilt werden. So genannte Y-Kabel, mit denen ein Mikrofonsignal auf zwei Ziele aufgeteilt wird, sind in jedem Fall wegen starker Qualitätsminderung zu vermeiden (Abschn. 18.6.4.).

18.4.2 Leistungsanpassung

Überall, wo Reflexionen auf Leitungen unbedingt vermieden werden müssen, kommt Leistungsanpassung zum Einsatz mit

$$R_i = R_a \tag{18.15}$$

Daher sind praktisch alle digitalen Audiogeräte, alle analogen und digitalen Videogeräte sowie alle Geräte der Netzwerktechnik mit Schnittstellen in Leistungsanpassung ausgestattet. Gleiches gilt für die Antennenverbindungen von Funkmikrofonempfängern oder Sendern für In-Ear-Monitoring. Auf diese Weise wird ein Höchstmaß an Leistung bei gleichzeitig geringsten Reflexionen übertragen (s. Abschn. 18.4.3).

In der Frühzeit der Audiotechnik in den 1920er Jahren wurden viele Methoden aus der Fernsprechtechnik übernommen. Dazu zählt vor allem die 600 Ω Leistungsanpassung, wie sie auch heute noch sowohl in analogen als auch digitalen Fernsprechnetzen um Einsatz kommt – so auch bei der UK0-Schnittstelle im ISDN-Netz. In Zeiten der Röhrentechnik waren praktisch alle professionellen Audiogeräte mit Ein- und Ausgangsübertragern bestückt. Damit wurden die sehr hohen Innenwiderstände der röhrenbestückten Geräte auf genau 600 Ω übersetzt. Durch die Halbleitertechnik und Verbesserungen der Schaltungstechnik kamen immer mehr Geräte auf den Markt, die ohne Übertrager auskamen und statt Leistungsanpassung Spannungsanpassung verwendeten.

Auch heute noch sind Audiogeräte auf dem Markt, zum Beispiel Röhrenkompressoren aus den sechziger Jahren („Vintage Audio"), die mit 600 Ω Leistungsanpassung arbeiten. Während der Anschluss dieser Geräte ausgangsseitig kaum Schwierigkeiten verursacht, stellt ihre niedrige Eingangsimpedanz von 600 Ω vor allem semiprofessionelle Geräte auf eine buchstäbliche Belastungsprobe. In einem solchen Fall muss das Gerät mit einem geeigneten Leitungstreiber oder über einen Übertrager angesteuert werden.

Im Bereich der Leistungsanpassung werden fast ausschließlich Verteilverstärker zur Signalverteilung verwendet. Sie garantieren eine korrekte Anpassung zwischen einer Quelle und mehreren Senken, sorgen für die Entkopplung der einzelnen Signalkreise und erlauben lange Leitungswege ohne störende Reflexionen. Das einfache Parallelschalten mehrerer Geräte ist bei Leistungsanpassung unzulässig.

18.4.3 Reflexionen

Die Ausbreitung elektromagnetischer Wellen in Leitungen erfolgt transversal, wobei der Strom (verantwortlich für das magnetische Feld) und die Spannung (verantwortlich für das elektrische Feld) zueinander in einem festen Verhältnis stehen. Dieses Verhältnis wird durch den Wellenwiderstand Z_W beschrieben, der seinerseits von den kapazitiven und induktiven Belägen der Leitung bestimmt wird (s. Abschn. 18.3.2). Bei verlustlosen Leitungen gilt für die zur Senke hinlaufende Welle (Index h)

$$\frac{u_h}{i_h} = +Z_W \qquad (18.16)$$

und für die rücklaufende Welle (Index r)

$$\frac{u_r}{i_r} = -Z_W \tag{18.17}$$

Im Idealfall wird die gesamte von der Quelle gelieferte Energie vom Leitungsabschluss (der Senke) aufgenommen. Das negative Vorzeichen in Gleichung 18.17 indiziert jedoch, dass im Reflexionsfall Energie von der Senke zur Quelle zurückfließen kann. Solche Reflexionen in Leitungen entstehen dann, wenn die Impedanz des Leitungsabschlusses (also der Senke) vom Wellenwiderstand der Leitung und/oder von der Impedanz der Quelle abweicht und ein Teil der Energie reflektiert wird. Auch Stoßstellen innerhalb von Leitungen, wie Steckverbinder, Kupplungen oder stark geknickte und deformierte Kabel, können dazu führen. Die von der „falschen" Abschlussimpedanz reflektierte Welle überlagert das Originalsignal und kann im Extremfall zur Verdopplung (Reflexionsfaktor $r = +1$) oder völligen Auslöschung (Reflexionsfaktor $r = -1$) des Signals führen. Der komplexe Reflexionsfaktor ergibt sich aus

$$\underline{r} = \frac{\underline{Z} - \underline{Z}_0}{\underline{Z} + \underline{Z}_0} \tag{18.18}$$

Dabei ist Z der tatsächliche Wellenwiderstand und Z_0 der Soll- oder System-Wellenwiderstand (also z. B. 75 oder 110 Ω). Die grafische Darstellung des Reflexionsfaktors erfolgt nach Betrag und Phase in einem Polardiagramm mit $r \leq 1$.

Je größer die Abweichung vom idealen Wellenwiderstand und damit der Reflexionsfaktor ist, um so stärker und häufiger wird die Welle zwischen Senke und Quelle hin- und herreflektiert (Ping-Pong-Effekt). Dadurch kommt es zu einer mehrfachen Überlagerung der übertragenen Signalform mit der reflektierten Welle. Vor allem in hochfrequenten analogen Verbindungen (z. B. Antennen- und Videoleitungen) und bei digitalen Systemen (Audioverbindungen, Netzwerke, Bussysteme) kann es so zu erheblichen Störungen kommen. Weiterführende Informationen und Berechnungsmethoden zum Verhalten analoger und digitaler Leitungen finden sich bei Herter u. Lörcher (1987).

18.5 Verbindungstopologien

Mit dem Begriff Topologie wird in der Netzwerktechnik die Struktur eines analogen oder digitalen Übertragungssystems bezeichnet. Dabei wird zwischen physischer und logischer Topologie unterschieden. Die physische Topologie beschreibt den strukturellen Aufbau der elektrischen oder optischen Verbindungen, die logische Topologie den Datenfluss zwischen den teilnehmenden Geräten. So ist es zum Beispiel in digitalen Netzwerken möglich, dass Daten nicht auf dem Weg der kürzesten physischen Verbindung ausgetauscht werden (die eventuell gerade überlastet ist), sondern auf ganz anderen Wegen, die entweder höhere Geschwindigkeit ermöglichen oder geringere Kosten verursachen.

Neben reinen Point to Point Verbindungen kommen vor allem in der Digitaltechnik Bus-, Baum-, Stern- und Ringtopologien zum Einsatz. In der Praxis bilden sich meist Mischstrukturen heraus, die die Vor- und Nachteile mehrerer Topologien in sich vereinen können (Diemer 1985, s.a. Lipinski 1998).

18.5.1 Point to Point

Auch heute noch wird ein Großteil aller analogen und digitalen Audioverbindungen als reine Punkt-zu-Punkt-Verbindung (Point to Point) ausgeführt. Eine Quelle (Sender) ist über einen passenden Übertragungskanal mit einer Senke (Empfänger) verbunden. Dabei ist, im Gegensatz zu Bussen und Netzwerken, keine Adressierung der Empfänger erforderlich. Dadurch arbeiten Point-to-Point-Verbindungen sehr effizient.

Unidirektionale Verbindungen erlauben in einer Leitung die Übertragung in eine Richtung. Beispiele sind analoge Audioverbindungen (z.B. Mikrofonsignal zum Mischpult-Eingang), aber auch digitale Verbindungen wie AES/EBU oder MADI. Für einen eventuellen Rückkanal wird eine zusätzliche Leitung benötigt.Bidirektionale Verbindungen erlauben in einem Kabel die Kommunikation nach beiden Seiten. Ein Beispiel dafür sind digitale Audioverbindungen über das TDIF-Interface der Fa. Tascam: Insgesamt acht Audiokanäle können über ein mehrpoliges Kabel oder eine Flachbandleitung gleichzeitig in beide Richtungen übertragen werden. Dadurch wird der Verkabelungsaufwand zwischen digitalem Mischpult und Recorder deutlich vereinfacht.

18.5.2 Bus- und Baum-Topologie

Bei Bussystemen sind mehrere Teilnehmer an einen physikalischen Übertragungsweg angeschlossen. Ein Beispiel dafür sind die PCI-Datenbusse in Rechnersystemen wie Mac oder PC. Die Daten werden in hoher Geschwindigkeit über parallele Datenleitungen geführt und mittels Adressierung zum richtigen Teilnehmer geleitet. Dabei werden Daten und Adressen im Zeitmultiplexverfahren über die gleichen Leitungen übertragen. Jeder Teilnehmer ist gleichberechtigt und kann entweder Master oder Slave sein sowie senden und/oder empfangen. Alle Teilnehmer werden dabei vom Bus getaktet (synchronisiert) und müssen in einem hohen Maße kompatibel sein (PCI-Standard). Prioritäten und Zugriffsrechte werden softwaremäßig vergeben. Auch Firewire (IEEE 1394) und USB (Universal Serial Bus) sind Bussysteme, allerdings werden dabei die Daten seriell gemultiplext und nicht parallel übertragen. Auch eine Spannungsversorgung kann im Bus integriert sein. Befinden sich im Bus Abzweigungen, zum Bespiel mit sog. USB-Hubs, ergibt sich eine Baumstruktur.

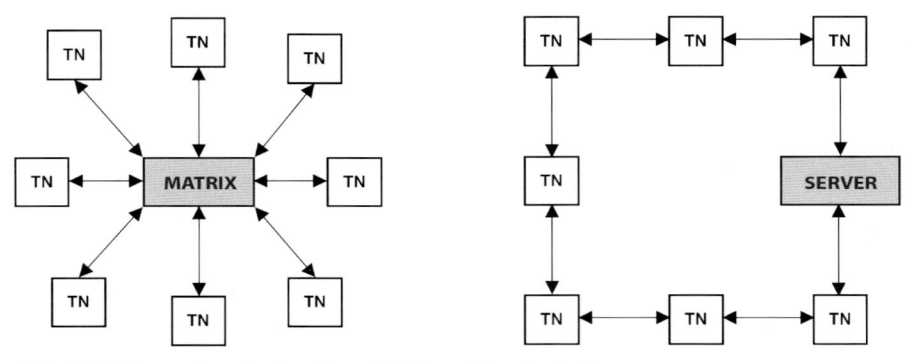

Abb. 18.8 Netzwerktopologien: Stern (links) und Ring (rechts)

18.5.3 Stern-Topologie

In einem Netzwerk mit Stern-Topologie erfolgen alle Verbindungen über eine gemeinsame Zentrale, den sog. Sternpunkt (Abb. 18.8 links). In der Audiotechnik besteht dieser Fall, wenn Quellen und Ziele über eine gemeinsame Matrix oder Kreuzschiene (siehe Abschn. 18.8.2 und 18.8.3) verbunden werden.

Im normalen Betrieb garantiert dies Vielseitigkeit und hohen Komfort, bei Ausfall des Knotenpunkts ist allerdings keine Signalübertragung zwischen den Teilnehmern mehr möglich. Analoge oder digitale Matrix-Systeme in Funkhäusern sind daher meist redundant (mehrfach sicher) ausgeführt. Gleiche Überlegungen gelten für zentrale Serversysteme und Produktionsnetzwerke, z. B. für das Geräusch- oder Musikarchiv eines Funkhauses. Auch hier müssen zur Vermeidung von Ausfällen redundante Systeme vorgesehen werden.

18.5.4 Ring-Topologie

Ringförmige Netze weisen die höchste Ausfallsicherheit auf. Die meisten modernen Übertragungs- und Fernverkehrsnetze werden daher als Ring aufgebaut (Abb. 18.8 rechts), ebenso die ATM-Netzwerke der großen Telekom-Provider, die zunehmend auch von Rundfunkanstalten für Audio- und Video-Übertragungen verwendet werden.

Selbst wenn eine Verbindung unterbrochen wird, bleiben die Teilnehmer auf einem zweiten Weg erreichbar. Nicht nur die Signalverteilung zwischen einzelnen Landesstudios, einem zentralen Funkhaus und den Senderstandorten kann so organisiert werden. Auch lokale Audionetzwerke, wie z. B. CobraNet und EtherSound

(Abschn. 18.15), bieten im Normalfall zwei getrennte Netzwerkverbindungen, wodurch die Herstellung von Ringen ermöglicht wird.

18.6 Analoge Schnittstellen

Analoge Verbindungen haben eine Reihe von Eigenschaften, die sie für bestimmte Anwendungen prädestinieren. Jede analoge Signalübertragung ist per definitionem latenzfrei. Verzögerungen, wie sie bei digitalen Verbindungen und vor allem in Netzwerken leicht auftreten können, sind bei analogen Verbindungen unbekannt. Ähnliches gilt bei Überpegeln. Während die A/D-Wandler digitaler Übertragungssysteme empfindlich auf Übersteuerung reagieren, verhalten sich analoge Übertragungswege vergleichsweise harmlos. Da analoge Übertragungswege im Gegensatz zu ihren digitalen Pendants meist nicht hart bandbegrenzt sind, können auch „audiophile" Medien wie etwa DVD-Audio und die auf Direct Stream Digital (DSD) basierende SACD mit Audiofrequenzgängen bis etwa 90 kHz aufnahmeseitig von der Bandbreite analoger Signalwege profitieren.

Andererseits sind analoge Verbindungen selbst bei Verwendung gut abgeschirmter, symmetrischer Leitungen und korrekter Anpassung zwischen Quelle und Senke anfällig für elektromagnetische Störungen (Electromagnetic Interference, EMI). Dies gilt v.a. für kleine Audio-Signalspannungen, wie sie z. B. in Mikrofonleitungen auftreten.

18.6.1 Unsymmetrische Schnittstellen

Bei Heim- und semiprofessionellen Geräten, wie z. B. DJ-Equipment, kommen fast ausschließlich unsymmetrische Verbindungen auf Cinch- oder Klinkenbuchsen zum Einsatz (Abb. 18.9). Sie sind kostengünstig, erlauben jedoch keine längeren Leitungen. Durch den Wegfall zusätzlicher Symmetrierstufen oder Übertrager vereinfacht sich der Signalweg gegenüber symmetrischen Leitungen, was der Tonqualität prinzipiell auch zuträglich sein kann.

Die Nachteile liegen in der Empfindlichkeit gegenüber elektrischen oder magnetischen Störeinflüssen, was bei den kurzen Leitungswegen eines DJ-Setups oder einer Heim-Stereoanlage allerdings kaum ins Gewicht fällt. Für längere Leitungen, zum Beispiel zu Mikrofonen, Endstufen oder aktiven Lautsprechern, kommen allerdings meist symmetrische Verbindungen zum Einsatz. Die Arbeitspegel unsymmetrischer Audio-Schnittstellen liegen üblicherweise bei −10 dBV (316 mV) oder bei 0 dBu (0,775 V) (Abb. 18.10, vgl. Tabelle 18.5).

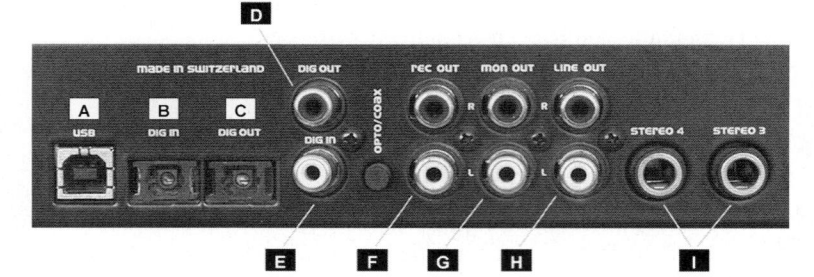

Abb. 18.9 Unsymmetrische Audioverbindungen (Anschlussfeld eines Audio-USB-Konverters)
A USB-Interface („B-Type") zur bidirektionalen Audioübertragung zwischen Computer und Konverter
B Digitaler Audioeingang (optisch) auf TOSLink (IEC 60958 Type II, Consumer)
C Digitaler Audioausgang (optisch) auf TOSLink (IEC 60958 Type II, Consumer)
D Digitaler Audioausgang (elektrisch) auf S/PDIF (IEC 60958 Type II, Consumer)
E Digitaler Audioeingang (elektrisch) auf S/PDIF (IEC 60958 Type II, Consumer)
F Unsymmetrische, analoge Audioausgänge (Stereo, Links/Rechts) für Aufnahmegerät, auf Cinchbuchsen
G Unsymmetrische, analoge Audioausgänge (Stereo, Links/Rechts) für Abhörlautsprecher, auf Cinchbuchsen
H Unsymmetrische, analoge Audioausgänge (Stereo, Links/Rechts) für weiteres Gerät auf Cinchbuchsen
I Unsymmetrische, analoge Audioeingänge (Stereo, Links/Rechts) auf 3-poligen Klinkenbuchsen (6,35 mm)

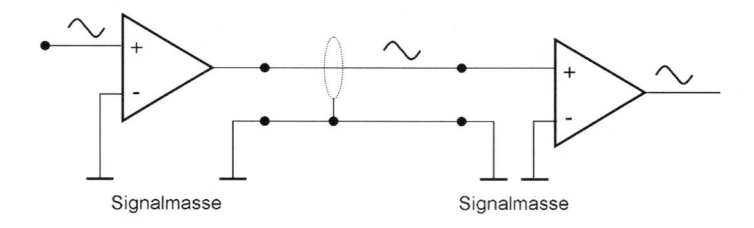

Abb. 18.10 Unsymmetrische Audioübertragung

18.6.2 Symmetrische Schnittstellen

Im professionellen Bereich werden ausschließlich symmetrische Verbindungen verwendet. Als Steckverbindung kommen fast immer 3-polige XLR-Steckverbindungen der Typen XLR-3-31 und XLR-3-32 zum Einsatz (Abbn. 18.2 und 18.13). Störungen auf dem Übertragungsweg, etwa durch elektromagnetische Felder von Energieleitungen oder Sendern, werden wirkungsvoll unterdrückt. Ausnahmen sind lediglich die

Insert- oder Einschleifpunkte mancher Mischpulte, die aus Praxisgründen (Y-Patchkabel) unsymmetrisch ausgeführt sind. Auch Leistungsausgänge für Lautsprecher oder Kopfhörer sind unsymmetrisch, was jedoch durch die niedrigen Quell- und Abschlussimpedanzen und gleichzeitig hohen Signalpegel unkritisch ist.

Zur Symmetrierung und Desymmetrierung kommen Übertrager oder elektronische Phasenumkehrstufen, zum Beispiel Operations- oder Differenzverstärker, zum Einsatz. Bezogen auf die Signalmasse (Abschirmung) steht das Audiosignal an der Ausgangsbuchse somit in normaler Phasenlage als auch um 180° phasengedreht zur Verfügung. Vor allem in der Digitaltechnik werden solche Signale auch als Differenzsignale bezeichnet.

Die Übertragung erfolgt auf zwei parallelen Adern mit gemeinsamer Abschirmung. Störungen auf dem Übertragungsweg, die von der Abschirmung nicht aufgehalten werden konnten, betreffen nun beide Adern gleichphasig. Bei der Desymmetrierung im Empfänger wird das Signal auf der zweiten Ader um 180° zurückgedreht und mit dem Signal auf der ersten Ader zusammengeführt. Dadurch löschen sich die Störungen auf den beiden Adern gegenseitig aus (Phasenauslöschung), die Nutzsignale addieren sich jedoch zu einem um 6 dB größeren Signal.

Das Maß der Störunterdrückung wird als Common Mode Rejection Ratio (CMRR) oder Gleichtaktunterdrückung bezeichnet und in dB angegeben. Die Gleichtaktunterdrückung ist meist frequenzabhängig, gute Werte liegen deutlich über 60 dB im gesamten Frequenzbereich. Die Qualität der Störunterdrückung hängt nicht zuletzt vom eingesetzten Symmetrierverfahren und von der Verstärkung (Gain) darauffolgender Verstärker ab. Wenn z. B. die Gleichtaktunterdrückung eines Mikrofoneingangs 96 dB beträgt, jedoch eine Verstärkung von 60 dB stattfindet, reduziert sich das CMRR auf 36 dB.

18.6.2.1 Symmetrierung mit Übertrager

Übertrager sind spezielle Transformatoren, die nicht zur Energieübertragung, sondern zur breitbandigen Informationsübertragung eingesetzt werden. Die Symmetrierung mittels Übertrager (Transformer Balancing) hat gegenüber der elektronischen Variante zwei Vorteile: Zum einen bieten gute Übertrager eine sehr hohe Gleichtaktunterdrückung, die nur von wenigen elektronischen Varianten erreicht wird. Darüber hinaus werden Quelle und Senke galvanisch getrennt, was die Störanfälligkeit weiter reduziert. Ausgang und Eingang sind nur über das magnetische Feld im Übertrager gekoppelt, es besteht keinerlei leitende Verbindung zwischen den Geräten. Spannungsverschleppungen, die zu Brummstörungen führen können, sind so praktisch unmöglich (Abb. 18.11), das Signal ist „erdfrei". Das Übersetzungsverhältnis $ü$ des Übertragers definiert sich nach folgender Beziehung:

$$ü = \sqrt{\frac{Z_1}{Z_2}} = \sqrt{\frac{N_1}{N_2}} \qquad (18.19)$$

Z_1 steht dabei für die eingangsseitige, Z_2 für die ausgangsseitige Impedanz des Übertragers. Die Windungszahlen der Primär- (N_1) und der Sekundärseite (N_2) stehen beim Übertrager in einem quadratischen Verhältnis zueinander (Rohlfing u. Schmidt 1993).

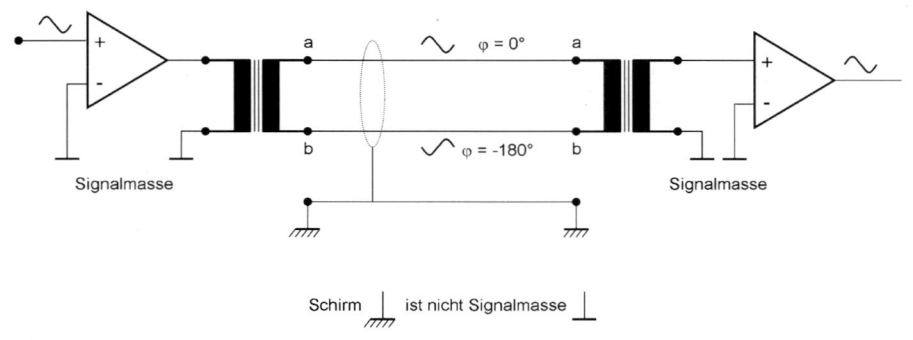

Abb. 18.11 Symmetrierung mit Übertrager

Dennoch hat diese Art der Symmetrierung nicht nur Vorteile. Aufgrund des nichtlinearen Verhaltens der ferromagnetischen Kernmaterialien geraten einfach aufgebaute und zu klein dimensionierte Übertrager bei tiefen Frequenzen und höheren Spannungspegeln leicht in die Sättigung, was einerseits zum Ansteigen der Verzerrungen (Klirrfaktor k), andererseits zu einer Art unerwünschter Signalkompression und zu Veränderungen im Frequenzgang führt. Hochwertige Übertrager verwenden spezielle Kernmaterialien und Wickelverfahren (z. B. Bifilar- und Trifilarwicklung). Sie bieten selbst bei hohen Signalpegeln Klirrfaktoren von weniger als 0,025 % und eine lineare Audiobandbreite von 220 kHz (−3 dB), die Abweichungen im Hörfrequenzbereich (20–20.000 Hz) liegen bei etwa 0,06 dB (Jensen 1990).

18.6.2.2 Elektronische Symmetrierung

Aufgrund des hohen Preises hochwertiger Übertrager verwendet eine große Zahl professioneller Geräte Operations- oder Differenzverstärker zur Symmetrierung (Abb. 18.12). Diese Schaltungsart arbeitet dann zufriedenstellend, wenn die Quelle niederohmig und die Senke relativ hochohmig ist, also echte Spannungsanpassung von etwa 1:100 bis 1:1000 vorliegt. Auch die impedanzmäßige Symmetrie der gegenphasigen Eingänge und Ausgänge, die so genannte Gleichtaktimpedanz, muss sehr genau eingehalten werden, da es ansonsten zu einer Verschlechterung der Gleichtaktunterdrückung kommt – eine Anforderung, die in der Praxis selten erfüllt werden kann. Daher liegt die Gleichtaktunterdrückung nicht selten im Bereich von 30 bis 40 dB – zu wenig für eine sichere Signalübertragung unter schlechten Umgebungsbedingungen (Whitlock 1996).

Ein Kompromiss ist das sog. Servo-Balancing, von manchen Herstellern auch als Auto-Z-Balancing bezeichnet. Dabei werden die Eingangsstufen „automatisch"

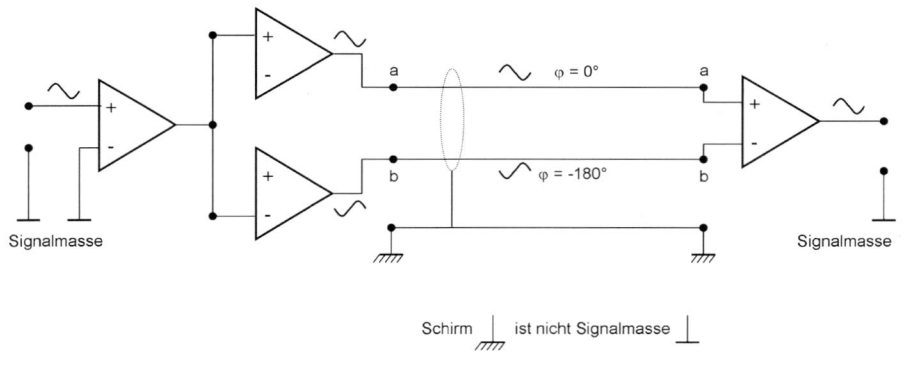

Kapitel 18 Anschlusstechnik, Interfaces, Vernetzung

Abb. 18.12 Elektronische Symmetrierung mit Differenzverstärkern

auf maximale Symmetrie und Gleichtaktimpedanz getrimmt. Durch die verbesserte Unsymmetriedämpfung kann eine Gleichtaktunterdrückung von etwa 100 dB oder mehr erreicht werden, Störsignale werden damit im Verhältnis 1 zu 100 000 unterdrückt. Besonders wirkungsvoll wird die Gleichtaktunterdrückung, wenn Übertrager mit hochwertigen elektronischen Symmetrierstufen gepaart werden. Viele Mikrofon-Verteilverstärker bieten zumindest optional diese Möglichkeit.

18.6.3 Abschirmung

Analoge und digitale Audioverbindungen werden in der Regel als abgeschirmte Leitungen ausgeführt. Die Abschirmung hat die Aufgabe, Störsignale abzufangen und gegen Erde (Signalerde) abzuleiten. Die Wirkung der Abschirmung wird jedoch häufig überschätzt.

Induktive, elektromagnetische Störfelder (zum Beispiel von Transformatoren oder Energieleitungen) werden trotz guter Abschirmung beinahe ungehindert auf die Tonadern durchgelassen, da Abschirmmaterialien wie Kupferlitzen oder Alu-Folie keinen Schutz vor magnetischen Feldern darstellen. Hier hilft lediglich das Verdrillen der Adern sowie ein sehr kleiner Abstand der Tonadern zueinander. Dadurch wirken die Störungen gleichmäßig auf beide Leiter und können so durch die Gleichtaktunterdrückung der Eingangsstufe eliminiert werden.

Bei kapazitiven Störungen durch elektrische Felder kann die Abschirmung sehr wohl helfen. Störungen werden gegen Masse abgeleitet und koppeln nicht mehr in die Tonadern ein. Voraussetzung sind Abschirmungen mit einer Bedeckung von möglichst 100 %, wie sie mit kombinierten Folien- und Geflechtschirmen oder Doppelwendelschirmen erreicht werden (s. Abb. 18.1).

Im Falle hochfrequenter Störungen ist die Abschirmung weniger effektiv, da der Schirm sich – abhängig von der einwirkenden Frequenz und der Art des Schirmaufbaues – als kapazitiv an die Tonadern gekoppelte Antenne auswirken und die Störungen sogar noch verstärken kann.

Mängel in der Abschirmung sind unkritischer, wenn die Impedanz der Quelle klein ist (<50 Ω), da eventuelle Störungen gleichmäßig auf beide Adern „durchgekoppelt" und so in der darauffolgenden Eingangsstufe eliminiert werden können. Voraussetzung ist, wie in Abschn.18.6.2.2 beschrieben, eine hohe Gleichtaktunterdrückung und Unsymmetriedämpfung des Eingangs (Jahne 2001, vgl. Lampen 2000).

18.6.4 Mikrofonverbindungen

Die Ausgangsspannung eines typischen dynamischen Mikrofons beträgt etwa 2 mV · Pa^{-1}, wobei ein Pascal einem Schalldruckpegel von 94 dBSPL entspricht. Sinkt der Schalldruckpegel auf 60 dBSPL, zum Beispiel bei einem leisen Sprecher, fällt die Spannung daher auf etwa 0,04 mV. Kondensatormikrofone können höhere Ausgangsspannungen im Bereich von etwa 30 mV·Pa^{-1} liefern.

Im Vergleich zu Line-Pegeln (1,23 V oder 1,55 V) oder Spannungen der Energieversorgung (230V/400V) sind diese Spannungen sehr klein, weshalb bei der Übertragung besondere Sorgfalt angewandt werden muss. Gute Mikrofonkabel zeichnen sich daher durch geringe Leiterwiderstände und geringe parasitäre Kapazitäten aus. Gleiches gilt für Steckverbindungen, die überdies hohe Kontaktsicherheit – zum Beispiel durch hartgoldbeschichtete Kontakte – aufweisen müssen (Abschn. 18.2.1). Zum Anschluss von Mikrofonen kommen fast ausschließlich 3-polige XLR-Steckverbindungen zum Einsatz, bei Stereomikrofonen auch 5-polige Ausführungen (Abb. 18.13).

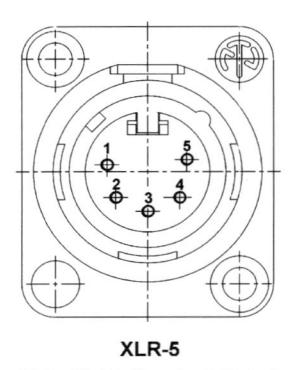

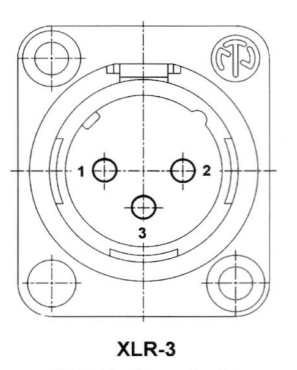

Kontaktbelegung XLR-5

Pin 1 … Schirm
Pin 2 … + Phase Kanal 1
Pin 3 … - Phase Kanal 1
Pin 4 … + Phase Kanal 2
Pin 5 … - Phase Kanal 2

Kontaktbelegung XLR-3

Pin 1 … Schirm
Pin 2 … + Phase (a, Hot)
Pin 3 … - Phase (b, Cold)

XLR-5   XLR-3

Abb. 18.13 Standard-Pinbelegung von XLR-Buchsen für Mono und Stereo

Lange Mikrofonkabel, passive Mikrofon-Splitter und (noch schlimmer) Y-Kabel können die Eigenschaften jedes Mikrofons deutlich verschlechtern (Abschn. 18.3.2). Vor allem dynamische Mikrofone mit ihrer vergleichsweise hohen, induktiven Ausgangsimpedanz von 150 bis 300 Ω erfahren durch die parasitären Kabelkapazitäten und schlechte Anpassung Veränderungen im Frequenzgang, Phasengang und im Einschwingverhalten (Transient Response).

Kapitel 18 Anschlusstechnik, Interfaces, Vernetzung

Bei Kondensatormikrofonen liefern eingebaute Vorverstärker eine höhere Ausgangsspannung und entkoppeln den Schallwandler (Kondensatorkapsel) vom Ausgang. Damit sind sie gegenüber Veränderungen des Einschwingvorgangs praktisch immun. Probleme kann jedoch die Speisung des Kondensatormikrofons verursachen, die entweder als Phantomspeisung oder (heute selten) als Tonadernspeisung gemeinsam mit dem Audiosignal übertragen wird (s. Abschn. 7.5). Die parasitären Kapazitäten der Leitung machen das Mikrofonkabel selber zu einer Art Kondensatormikrofon. Bewegungen des Kabels werden als dumpfes Poltern und Rascheln hörbar. Der Effekt wird als Kabelmikrofonie bezeichnet und kann auch bei dynamischen Mikrofonen auftreten, die an phantomgespeisten Eingängen angeschlossen sind. Mikrofonleitungen sollten auch aus diesem Grund möglichst kurz gehalten werden.

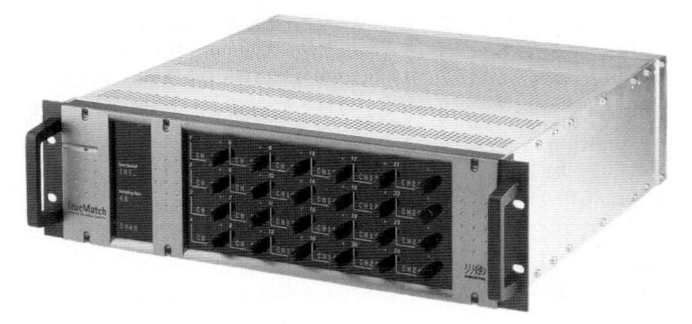

Abb. 18.14 Fernsteuerbarer 24-Kanal Mikrofon-Vorverstärker und A/D-Wandler (wahlweise mit MADI-Ausgang) (Photo: Stage Tec Entwicklungsgesellschaft für professionelle Audiotechnik mbH)

Nach Möglichkeit sind Vorverstärker sowie eventuelle Mikrofon-Splitter möglichst nahe an der Quelle, zum Beispiel direkt auf der Bühne oder im Aufnahmeraum einzusetzen und nicht erst im Ü-Wagen oder im weit entfernten Regieraum. Immer mehr Hersteller bieten fernsteuerbare Mikrofon-Vorverstärker an, die direkt vom Mischpult aus oder über externe Hard- und Software fernbedient werden können (Abb. 18.14). Sie liefern ausgangsseitig Leitungspegel oder digitale Signale, die sich weitaus unkritischer verteilen lassen. Wenn Mikrofonsignale verteilt werden müssen, sollten ausschließlich aktive Splitter (Mikrofonverteilverstärker) oder gute, passive Split-Übertrager verwendet werden.

18.6.5 Verbindungen mit Leitungspegel (Line-Level)

Für die analoge Verbindung von Audiogeräten haben sich weltweit vier unterschiedliche Nennpegel durchgesetzt. Im Heimbereich und bei DJ-Equipment liegen die Nominalpegel meist im Bereich von –10 dBV (316 mV). Geräte im Bereich kommerzieller Beschallungssysteme, zum Beispiel in Kaufhäusern oder Bahnhöfen, arbeiten oft mit Pegeln von 0 dBu (0,775 V). Als Studiopegel konnte sich weltweit +4 dBu (1,23 V) etablieren. In den technischen Pflichtenblättern aller deutschsprachigen Rundfunkanstalten sowie in vielen Theatern wird jedoch ein Arbeitspegel von +6 dBu (1,55 V) vorausgesetzt (IRT-Standard). Als Steckverbinder kommen bei semiprofessionellen Geräten meist Cinch- oder Klinkenbuchsen zum Einsatz, bei professionellen Systemen finden sich fast ausschließlich XLR-Steckverbinder (s. Abb. 18.2, vgl. Tabelle 18.5).

Tabelle 18.5 Bezugswerte elektrischer Pegelgrößen

Index	Bedeutung und Bezugsgröße	Verwendet bei
dBr	r … relativ. Logarithmisches Verhältnis zweier frei gewählter Zahlenwerte.	Zur Anzeige interner Arbeitspegel (z. B. in Mischpulten).
dBm	m … Milliwatt. Bezogen auf 1 mW an 600 Ω, ergibt 0.775 V Spannungsabfall.	Bei Leistungsanpassung. In digitalen Übertragungseinrichtungen, in analogen Rundfunk-Übertragungseinrichtungen (Postleitungen) und in der Telekommunikation. Wird in der analogen Audiotechnik nicht mehr verwendet (siehe dBu).
dBu	u … Wechselspannung. Bezogen auf 0 dBu = 0,775 V.	Bei Spannungsanpassung. Übliche Bezugsgröße in modernen, analogen Audiosystemen.
dBV	V … Volt. Bezogen auf 0 dBV = 1 V	Bei Spannungsanpassung. Verwendung vor allem bei Heimgeräten, DJ-Equipment und professionellen Geräten aus dem asiatischen Raum.
dbμ	μ … Mikrovolt. Bezogen auf 1 fW an 50 Ω, ergibt 1 μV Spannungsabfall (fW … Femtowatt).	Bei Leistungsanpassung in der Hochfrequenztechnik (Antennenleitungen, Sender, Empfänger).
dBFS	Dezibel Full Scale, bezogen auf den maximalen Aussteuerungspegel in digitalen Systemen.	In digitalen Systemen. Kann nur negative Werte (z. B. –9 dBFS) annehmen, mehr als 0 dBFS ist systembedingt nicht möglich (Maximum Coding Level = Clip-Level).

Bei professionellen analogen Regietischen entspricht eine pultinterne Aussteuerungsanzeige von 0 dBr (Nominal Program Level, 0 dB relativ) einem nominellen Ausgangspegel von +4 dBu bzw. +6 dBu an den Ausgangsbuchsen. In Abhängigkeit von der Integrationszeit (Ansprechzeit) vieler Instrumente können bei dynamischem Audiomaterial mit kurzen Pegelspitzen allerdings kurzfristig deutlich höhere Pegel an den Ausgängen des Mischpultes anliegen (vgl. Kap. 10.1).

Analoge Mischpulte bieten daher eine Übersteuerungsreserve von mindestens 15 dB an, was einem maximalen Ausgangspegel von 21 dBu oder 8,68 V entspricht. Alle nachgeschalteten Übertragungseinrichtungen müssen daher entweder die gleiche Übersteuerungsreserve (Headroom) aufweisen, oder durch Begrenzer (Limiter) wirkungsvoll gegen Übersteuerung geschützt sein.

18.6.6 Mehrkanalige Verbindungen

Analoge Mehrkanalverbindungen werden sowohl für Mikrofon- als auch für Linepegel eingesetzt, für Festinstallationen ebenso wie im Mobilbetrieb. Meist kommen sog. Multipair- oder Multicore-Kabel zum Einsatz, die 2-polige, geschirmte Einzelleitungen enthalten. Das Spektrum reicht hier von zweipaarigen Kabeln mit 6 mm Durchmesser bis zu 32-paarigen „Kabelmonstern" mit knapp 40 mm Durchmesser. In der Fachsprache der Rundfunkanstalten und Installationsunternehmen werden Multicore-Leitungen auch gerne als Audio-Vielfach oder Mikrofon-Vielfach bezeichnet.

Mobil eingesetzte Multicore-Kabel („Snakes") werden fast immer auf Kabeltrommeln aufbewahrt. Bühnenseitig wird das Kabel über eine mehrpolige Steckverbindung mit einer Stagebox (Anschlussfeld) verbunden. Sie trägt die einzelnen Steckverbinder für Mikrofon- und Line-Signale, Eingänge und Ausgänge. Auf Seiten des Mischpults wird das Multicorekabel meist aufgetrennt (Multicore-Spleiss) und jede Einzelleitung mit einer eigenen Steckverbindung versehen (Abb. 18.15).

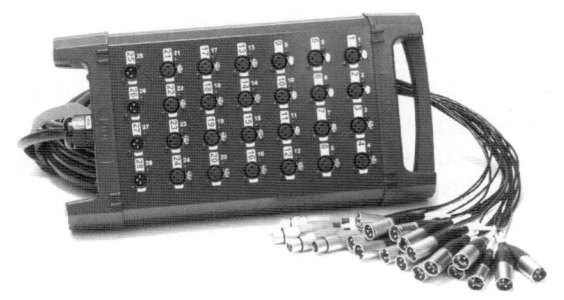

Abb. 18.15 Analoges Multicore-System mit Stagebox, Kabel (Snake) und Spleiss (Foto: KLOTZ Audio Interface Sytems A.I.S. GmbH)

Die Unterschiede zwischen Studio- und Mobil-Multicores liegen im Leiterquerschnitt, in der Flexibilität und der Art der Abschirmung. Leitungen für mobile Anwendungen zeichnen sich durch einen flexiblen Mantel aus PVC, PUR oder TPE, einen feinlitzigen Adernaufbau meist geringeren Querschnitts, hohe Biegezyklen und niedrige Biegeradien aus. Sie sind leicht trommelbar und im Außenbereich einsetzbar. Studio-Multicores bieten eine meist aufwändigere Litzen- und Adernverseilung, größere Leiterquerschnitte sowie eine bessere Schirmung. Beides resultiert in einer etwas eingeschränkten mechanischen Flexibilität.

Prinzipiell können auf Multicore-Leitungen Mikrofonsignale gleichzeitig mit Line-Signalen übertragen werden. Bei kapazitiv schlecht entkoppelten Multicores und Geräten mit geringer Gleichtaktunterdrückung der Eingänge kann es jedoch zu einem Übersprechen (Crosstalk) zwischen den Kanälen kommen. Das Übersprechen wird mit zunehmender Leitungslänge größer und betrifft vor allem benachbarte Leiterpaare sowie kleinpegelige Mikrofonsignale.

18.6.7 Lautsprecherverbindungen

Obwohl zwischen Verstärker und Lautsprecher hohe elektrische Leistungen übertragen werden, wird auch hier mit Spannungsanpassung gearbeitet. Ein Grund ist die Dämpfung der Rückwirkung des Lautsprechers auf den Verstärker. Jeder elektrodynamische Lautsprecher nimmt nicht nur Energie aus dem Verstärker auf, sondern gibt sie beim Zurückschwingen der Membran auch wieder an diesen ab. Je größer das Verhältnis zwischen der Impedanz Z_{LS} des Lautsprechers zur Ausgangsimpedanz Z_V der Endstufe ist, um so größer ist der sog. Dämpfungsfaktor D:

$$D = \frac{Z_{LS}}{Z_V} \qquad (18.20)$$

Der Dämpfungsfaktor beschreibt, wie stark Rückwirkungen vom Lautsprecher (ausgelöst durch die in der zurückschwingenden Schwingspule induzierte Spannung) vom Verstärker gedämpft werden. Ist dies nicht oder nur schlecht der Fall, beginnt der Lautsprecher bei tiefen Frequenzen unkontrolliert zu schwingen („Wabbern"). Die Ausgangsimpedanz moderner Leistungsendstufen liegt im Bereich von etwa 0,01 Ω, die Nennscheinimpedanz der meisten Lautsprecher bei 4 oder 8 Ω, wodurch sich ausreichend hohe Dämpfungsfaktoren zwischen 1:400 und 1:800 ergeben.

Große Leiterwiderstände, wie sie etwa bei kleinen Leiterquerschnitten oder zu langen Leitungen auftreten können, verschlechtern den Dämpfungsfaktor. So weist die Verbindung einer Endstufe mit einer Ausgangsimpedanz von 0,01 Ω mit einem 4 Ω-Lautsprecher ohne Leitung einen Dämpfungsfaktor von 400 auf. Verbunden über eine 25 m lange Zwillingsleitung mit 0,75 mm² Querschnitt, ergibt sich nach (18.5) ein Leitungswiderstand von 1,15 Ω, der sich zum Innenwiderstand der Endstufe addiert und den Dämpfungsfaktor auf 3,45 verschlechtert!

In der Studio- und Beschallungstechnik kommen Lautsprecherleitungen mit einem Leiterquerschnitt zwischen 1,5 und 10,0 mm² zum Einsatz, die als Zwillings-

Abb. 18.16 Anschlussfeld einer Leistungsendstufe mit Schraubklemmen und Neutrik Speakon-Buchsen für die Lautsprecherverbindungen (Foto: QSC Audio Products, Inc.)

Kapitel 18 Anschlusstechnik, Interfaces, Vernetzung

leitungen, koaxiale Mantelleitungen oder – zur Ansteuerung aktiver Mehrwegsysteme – als Multicore ausgeführt sind. Ausschlaggebend für den Querschnitt sind neben dem Dämpfungsfaktor die Leiterlänge und die zu übertragende Leistung. Die Verbindung mit den Lautsprechern und Endstufen erfolgt dabei entweder über Schraubklemmen (Festinstallation) oder Steckverbinder der Type Neutrik Speakon (Abb. 18.16). Letztere bieten auch Schutz gegen zu hohe Berührungsspannungen (zulässig sind, je nach nationalen Bestimmungen, maximal 50 oder 65 V Wechselspannung). Klinken- und XLR-Stecker sollten wegen der Gefahr zu hoher Berührungsspannungen nicht mehr für Lautsprecherleitungen verwendet werden

Spezielle Verfahren wie die von der Fa. Philips eingeführte und vom holländischen Unternehmen Stage Accompany weiterentwickelte Dynamic Damping Control (DDC) erlauben Dämpfungsfaktoren von etwa 1:10.000 und werden vor allem in aktiven Systemen für Tief- und Mitteltonlautsprecher eingesetzt. Voraussetzung ist die Einbindung des Lautsprechers in das Gegenkopplungsnetzwerk der Endstufe, was eine zweite Schwingspule zur Signalabnahme und eine Signalrückleitung zur Endstufe erfordert. Durch eine nahezu perfekte, dynamische Anpassung zwischen Endstufe und Lautsprecher werden die Einflüsse des Kabels praktisch eliminiert (Stage Accompany 2001). Ähnliche Verfahren, wie etwa SenseDrive von d&B Audiotechnik, zählen mittlerweile zum Standard in der professionellen Beschallungstechnik (d&b Audiotechnik 2005).

Lange Lautsprecherleitungen verschlechtern nicht nur den Dämpfungsfaktor, sondern führen auch zu einem beträchtlichen Spannungsabfall und Leistungsverlust. Im Bereich dezentraler Beschallungsanlagen, wie etwa auf Flughäfen oder auf Messegeländen, kommen daher sog. 100 V-Systeme zum Einsatz. Direkt nach der Endstufe befindet sich ein Leistungsübertrager, der die Ausgangsspannung der Endstufe auf einen Nennpegel von wahlweise 25, 50, 75 oder 100 V hochtransformiert. In den Vereinigten Staaten und anderen Ländern ist die Spannung aus Sicherheitsgründen auf 70 V begrenzt. Jeder Lautsprecher erhält einen eigenen, kleineren Übertrager, mit dem er an die Übertragungsleitung angeschlossen wird. Das

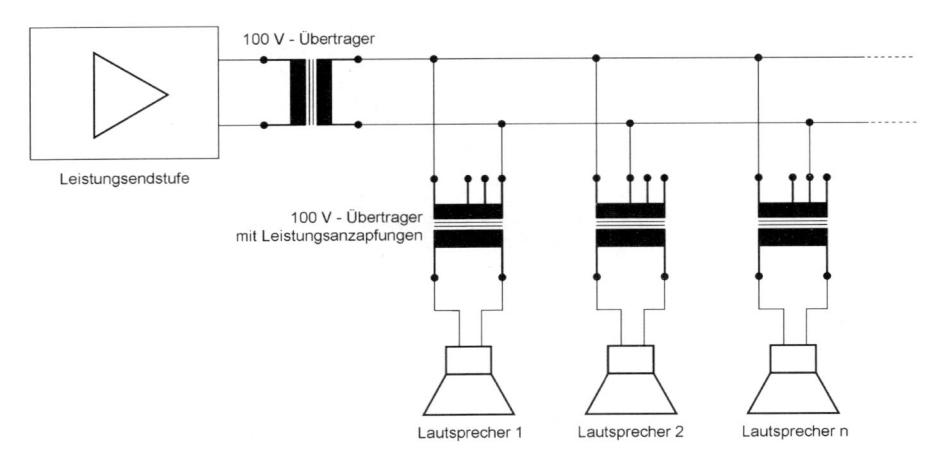

Abb. 18.17 Prinzip eines 100 V-Beschallungssystems

100 V-System erlaubt das Parallelschalten zahlreicher Lautsprecher. Die einzelnen Lautsprecher können über Anzapfungen an den Übertragern auf verschiedene Leistungen und damit Schalldruckpegel eingestellt werden (Abb. 18.17). Das ermöglicht die Anpassung an örtliche Erfordernisse.

Diese Übertragungsmethode ist zwar kaum für Leistungen über 200 W oder „audiophile" Klangqualität geeignet, garantiert aber gleichbleibend gute Qualität selbst bei Verbindungen von einigen hundert oder tausend Metern. Als Steckverbinder kommen entweder Schraubklemmen oder Euroblock-Verbinder mit Berührungsschutz zum Einsatz. Je nach Leitungslänge und Leistung eignen sich verdrillte Leitungen (Twisted Pair) mit einem Leiterquerschnitt zwischen 0,5 und 1,5 mm².

18.6.8 Post- und Übertragungsleitungen

Auch wenn Post- und Übertragungsleitungen heute bereits zum großen Teil mit Audio-Codecs über ISDN, ATM-Netzwerke oder Satelliten-Links abgewickelt werden, stellen analoge Übertragungsleitungen eine wichtige und robuste Alternative dar.

Postleitungen, wie sie von Telekom-Anbietern bereitgestellt werden, bieten Übertragungsqualität nach IRT-Pflichtenheft 3/1 und 3/5 (heute „Technische Richtlinie 3/1 und 3/5") und können an fast jedem Punkt eingerichtet werden. Neben einkanaligen Reportageleitungen können auch Leitungen für Zweikanal-Übertragung (Stereo) sowie Kommandoeinrichtungen (Vierdrahtverbindungen) bestellt werden. Der nominale Studiopegel von +4 oder +6 dBu reicht jedoch nicht aus, um Post- oder Übertragungsleitungen auszusteuern. Der nominale Postleitungspegel beträgt +9 dBu, der Übertragungspegel +15 dBu. Viele Übertragungseinrichtungen arbeiten nach wie vor in Leistungsanpassung (600 Ω), so dass leistungsfähige Trennverstärker und Leitungstreiber erforderlich sind.

18.6.9 Kommunikationsverbindungen (Intercom)

Zur Kommunikation zwischen Studios und/oder Außenstellen kommen meist Zwei- oder Vierdraht-Verbindungen zum Einsatz. Zweidrahtverbindungen, wie sie auch bei normalen Telefonverbindungen verwendet werden, bündeln Sprech- und Hörwechselspannung in einer 2-poligen Übertragungsleitung. Mit einer Gabelschaltung werden die elektrischen Signale in Sende- und Empfangsrichtung getrennt bzw. zusammengefasst (Abb. 18.18). Bei der Zweidrahtkommunikation ist daher ein Gleichlageverfahren möglich, die Signale in Sende- und Empfangsrichtung werden im selben Frequenzbereich übertragen. Zur Trennung ist nur ihre Richtung ausschlaggebend, wobei die maximal mögliche Kanaltrennung zwischen Sprech- und Hörseite begrenzt ist.

Bei Vierdrahtverbindungen kommen zwei getrennte Übertragungskanäle zum Einsatz. Eine Trennung mittels Gabelschaltung ist nicht erforderlich, die Kanaltrennung zwischen Sprech- und Hörkanal sowie die Sprachverständlichkeit ist ungleich

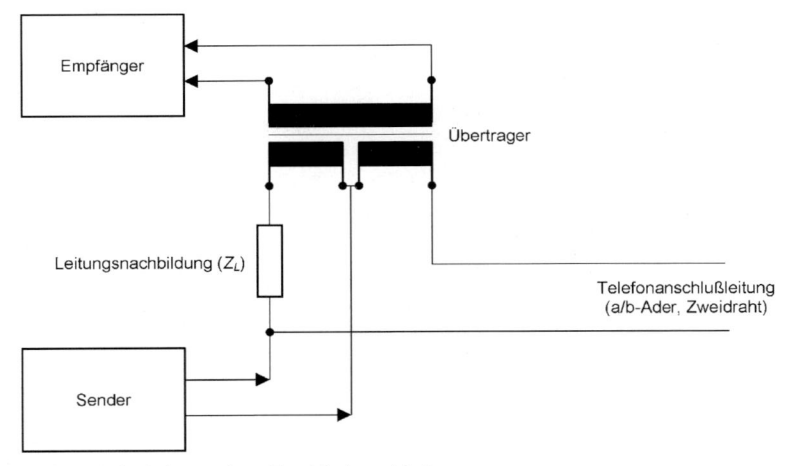

Kapitel 18 Anschlusstechnik, Interfaces, Vernetzung

Abb. 18.18 Gabelschaltung einer Zweidrahtverbindung

höher. Diese Art der Verbindung wird in den meisten Funkhäusern und bei Außenübertragungen verwendet, auch Kamera-Intercoms sind meist als Vierdraht-Systeme aufgebaut. Die Arbeitspegel liegen meist bei +6 dBu.

Bei analogen Intercom-Systemen wird meist eine 3-polige, sog. Partyline-Verbindung eingesetzt. Alle Teilnehmer sind in Kettenschaltung (Daisy-Chaining) miteinander verbunden. Der Anschluss von Hör-Sprechgarnituren (Headsets) erfolgt über eine 3-polige XLR-Steckverbindung: Pin 1 führt die gemeinsame Masse, Pin 2 die Spannungsversorgung (24 – 30 V Gleichspannung, max. 100 mA pro teilnehmender Station). Pin 3 trägt das unsymmetrische Audiosignal, das mit 200 Ω abgeschlossen wird und im Bereich zwischen −13 dBV und 0 dBV liegt. Audiotechnisch liegt somit eine Zweidrahtverbindung vor, die lediglich durch eine zusätzliche Spannungsversorgung ergänzt wird.

18.7 Analoge Signalverteilung

In professionellen Audiosystemen werden zur Signalverteilung fast ausschließlich Verteilverstärker (aktive Splitter) eingesetzt. Neben einer wirkungsvollen Entkopplung von Sender und Empfänger bieten diese Geräte meist die Möglichkeit, Ein- und Ausgangspegel individuell anzupassen. Auf den Bedarf von Mikrofonsignalen optimierte Mikrofonverteilverstärker (Mic-Splitter) stellen zusätzlich Phantomspeisung bereit und verfügen über rauscharme Vorverstärker. Das Mikrofonsignal wird bereits vor der Verteilung verstärkt und mit höherem Pegel zum Abnehmer (Beschallungsmischpult, Monitormischpult, Ü-Wagen) übertragen. Vor allem bei langen Leitungen verbessert sich so die Störfestigkeit. Über eine meist eingebaute Monitor-Kreuzschiene können einzelne Signale vorgehört und das System eingepegelt werden (Abb. 18.19).

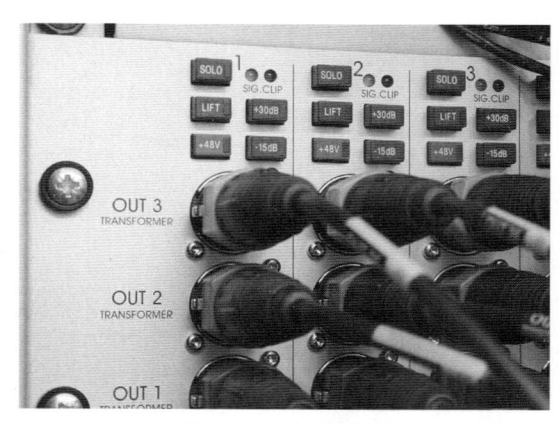

Abb18.19 Mikrofonverteilverstärker Klark Teknik DN1248 mit zwölf Eingängen und 48 Ausgängen (Teilansicht)

Für die Verteilung eines Signals auf lediglich zwei oder drei Ziele können auch passive Split-Übertrager eingesetzt werden. Das Eingangssignal auf der Primärspule des Übertragers wird dabei induktiv auf zwei oder drei Sekundärspulen übertragen. Auf diese Weise wird keinerlei Spannungsversorgung benötigt.

18.7.1 Symmetrierung und Entkopplung

Musikinstrumente wie Keyboards, E-Gitarren, Verstärker, aber auch Heimgeräte wie CD- und DVD-Player bieten unsymmetrische Ausgänge mit oft undefinierten Eigenschaften. Beim Anschluss an professionelle Audiosysteme mit symmetrischen Eingängen können Probleme wie Rauschen durch zu geringe Ausgangspegel, Höhenabfall durch Fehlanpassung oder Brummstörungen durch unterschiedliche Massepotentiale (Brummschleifen) auftreten. Um dies zu vermeiden, kommen passive oder aktive Symmetrierglieder sowie DI-Boxen zum Einsatz. „DI" steht für

Abb. 18.20 DI-Box (Direct Injection Box) für unsymmetrische, hochohmige Quellen (Foto: BSS Audio)

Kapitel 18 Anschlusstechnik, Interfaces, Vernetzung 981

Direct Injection, also den direkten Anschluss an professionelle Geräte. Die meisten aktiven DI-Boxen lassen sich wahlweise durch Phantomspeisung oder Batterien betreiben. Sie bieten einen unsymmetrischen Eingang, einen unsymmetrischen Ausgang (Durchschliff zum Gitarren- oder Bassverstärker) und einen entkoppelten, symmetrischen Ausgang (Abb. 18.20). Für Geräte der Unterhaltungselektronik kommen einfachere passive oder aktive Symmetrierglieder in Frage.

18.7.2 Steck- und Rangierfelder

Solange jede Quelle auf Dauer mit einer oder mehreren Senken verbunden ist, werden Audiogeräte meist direkt verkabelt. Wenn die Ein- und Ausgänge jedoch öfter mit unterschiedlichen Geräten verbunden werden müssen, kommen Steckfelder (Patchpanels) zum Einsatz. Die Anschlussleitungen aller Geräte werden zu einem gemeinsamen Steckfeld geführt. Die Ein- und Ausgangssignale liegen an einzelnen Steckbuchsen an und können untereinander mit Patchkabeln verbunden werden. Übliche Steckfelder verwenden symmetrische Klinkenbuchsen nach B-Gauge oder Bantam TT Standard. B-Gauge-Stecker haben einen Durchmesser von 6,25 mm (1/4"). Sie ähneln normalen Stereo-Klinkensteckern, sind zu Ihnen aber trotz gleichen Durchmessers mechanisch nicht kompatibel. Die Verwendung üblicher Klinkenstecker kann zur Beschädigung eines B-Gauge-Steckfeldes führen.

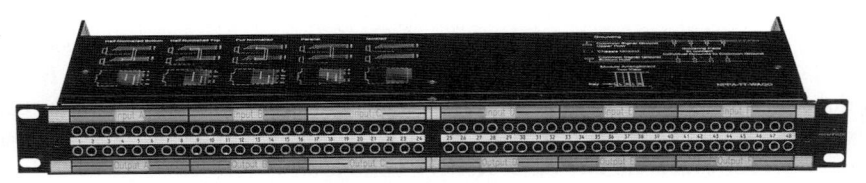

Abb.18.21 Steckfeld mit Bantam-TT-Buchsen (Neutrik NPPA-TT-PT) (Foto: Neutrik AG)

Steckverbinder des Bantam- oder TT-Standards ermöglichen mit ihrem Durchmesser von lediglich 4,4 mm deutlich höhere Packungsdichten. Auf einem Steckfeld von 19 Zoll Breite und einer Höhe von 44,5 mm (1 Höheneinheit) können so bis zu 96 Buchsen angebracht werden (Abb. 18.21).

Die einzelnen Buchsen eines Steckfeldes können normalisiert oder halbnormalisiert ausgeführt werden. Normalisiert bedeutet, dass die obere und die untere Buchse im Normalfall, das heißt ohne Verwendung eines Patchkabels, direkt miteinander verbunden sind. Dies ist dann sinnvoll, wenn zum Bespiel der Summenausgang eines Pultes ständig mit einem bestimmten Ziel, etwa einem Summen- oder Master-Limiter, verbunden sein soll und nur in Sonderfällen anders verwendet wird. Erreicht wird die Normalisierung durch Schaltkontakte in der Buchse. Erst wenn oben ein Stecker eingeführt wird, wird die Verbindung zur unteren Buchse unterbrochen.

Eine Verbindung ist dann halbnormalisiert, wenn das Einstecken eines Patchkabels in die obere Buchse keine Unterbrechung des Signalflusses bewirkt. Die obere Buchse ermöglicht so das „Mithören" einer Verbindung und wird daher oft zum

Anschluss von Messgeräten zur Signalprüfung verwendet. Erst das Einführen eines Steckers in die untere Buchse unterbricht den Signalfluss zum Ziel und erlaubt das Einschleifen eines anderen Signals (Abb. 18.22).

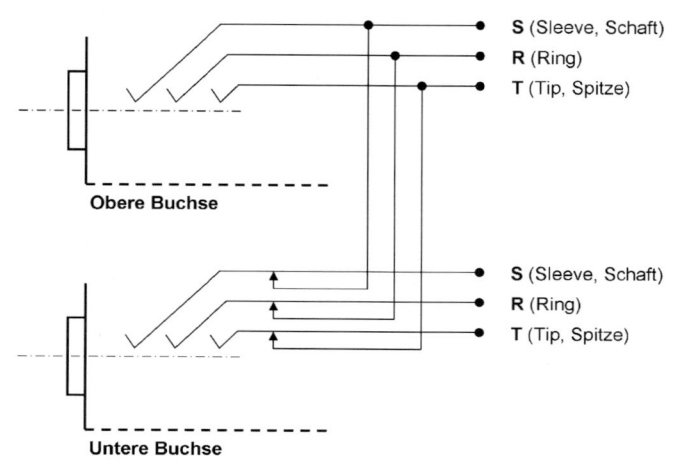

Abb. 18.22 Halbnormalisiertes Buchsenpaar eines Steckfeldes

Rangierfelder werden in großen Festinstallationen, etwa in Theatern oder Funkhäusern, und im Vorfeld von Kreuzschienen eingesetzt. Auf ihnen laufen alle physikalischen Verbindungen auf, meist in Form von Multicore-Kabeln. Durch Umstecken der Multipin-Verbinder können Systemverbindungen umrangiert werden, z. B. bestimmte Aufnahmeräume mit bestimmten Regieräumen verbunden werden. Neben den Audioverbindungen werden meist auch Intercom- und Steuersignale (Rotlicht, Timecode, Fernsteuerungen) umrangiert.

18.7.3 Kreuzschienen und Matrixsysteme

Überall dort, wo Audiosysteme nicht manuell vernetzt werden sollen, kommen elektronische Kreuzschienen- oder Matrixsysteme zum Einsatz. Man findet sie in Produktionsstudios ebenso wie in Theatern, bei Hörfunk- und Fernsehsendern oder in Übertragungswagen. Sie erlauben über abgesetzte Bedieneinheiten die ferngesteuerte Herstellung von Verbindungen, das sog. Routing. Moderne Kreuzschienensysteme bieten modulare Interfaces für beinahe alle analogen und digitalen Signalformen. Damit können nicht nur analoge Audiosignale geschalten und verteilt werden, sondern auch digitale Audiosignale, Timecode, Steuerinformationen, Intercom-Verbindungen, Taktsignale sowie analoge und digitale Videosignale – je nach Ausstattung des Systems.

Größere Kreuzschienen sind meist mit einem Rechner ausgestattet, der die einzelnen Knotenpunkte des Systems überwacht und durchschaltet. So können zum

Beispiel alle Verbindungen eines Produktions- oder Sendezentrums von einem Hauptschaltraum (HSR) aus überwacht und geschalten werden. An den einzelnen Regieplätzen befinden sich meist lokale Bedieneinheiten, die hierarchisch dem Hauptsystem untergeordnet sind, um Fehlbedienungen zu vermeiden. Die Ein- und Ausgangseinheiten sind modular aufgebaut und können sowohl dezentral, zum Beispiel an einzelnen Regieplätzen, oder zentral in einem Hauptkontrollraum oder im Maschinenraum untergebracht sein. Ihre digitale Steuerung erlaubt die Einbindung in automatisierte Programmabläufe. So ist es zum Beispiel möglich, zu bestimmten Zeiten automatisch Verbindungen zu Nachrichtenredaktionen, Außenstellen oder Landesstudios herzustellen. Elektromechanische Steckfelder werden zunehmend von elektronischen Kreuzschienensystemen ersetzt, die über MIDI, von Audio-Workstations oder Kleinmischpulten ferngesteuert werden können.

18.8 Digitale Signalübertragung

Das Verhalten digitaler Schnittstellen und Übertragungssysteme unterscheidet sich grundlegend von analogen Einrichtungen. Digitale Audioverbindungen sind – bei richtiger Anwendung – zwar wesentlich störunanfälliger, benötigen jedoch ein Vielfaches der Übertragungsbandbreite. Eine Übersicht über gebräuchliche zwei- und mehrkanalige Audioschnittstellen findet sich in Tabelle 18.8.

18.8.1 Analog-Digital-Wandlung und Datenrate

Es können nur solche Signale digital übertragen werden, die entweder bereits in digitaler Form vorliegen oder vorher mit einem Analog-Digital-Wandler gewandelt wurden. Durch Quell- und Kanalkodierung werden die Rohdaten (Raw Data) für den digitalen Übertragungskanal aufbereitet. Zu den eigentlichen Audio-Nutzdaten (Audio Payload) kommen Status- und Nutzerinformationen, die gemeinsam mit Gültigkeits- und Prüfinformationen entsprechend dem Übertragungsprotokoll auf die Reise geschickt werden. Der Empfänger kann das Signal nur dann dekodieren und nutzbar machen, wenn es den vereinbarten, im Übertragungsprotokoll definierten Vorgaben entspricht (s. Abschn. 18.1.3).

Die erforderliche Bandbreite und Datenrate einer digitalen Verbindung ergibt sich aus der zugrunde liegenden Kanalkodierung, der Abtastfrequenz (z. B. 48 kHz), der Audio-Wortbreite (z. B. 24 Bit), der Anzahl der Audiokanäle (z. B. 2 für Stereo) sowie dem Umfang zusätzlich zu übertragender Informationen. In diesen Parametern unterscheiden sich die einzelnen Schnittstellen teils erheblich.

18.8.2 Quellkodierung und Kanalkodierung

Aufgabe der Quellkodierung ist es, die vom A/D-Wandler kommenden Rohdaten in ein für die weitere Signalverarbeitung geeignetes Format überzuführen. Dabei soll einerseits die native Auflösung des Wandlers fehlerfrei dargestellt werden, andererseits soll der resultierende Datenstrom möglichst redundanzarm und effizient sein und sich damit gut für die weitere Signalverarbeitung eignen. Am weitesten verbreitet ist die Darstellung in linearer Pulscode-Modulation (Linear PCM oder LPCM), wobei die Zahlenwerte im Zweierkomplement dargestellt werden. Für PCM steht eine Vielzahl von Signalverarbeitungsbausteinen (Hardware) und Algorithmen (Software) zur Verfügung, was zu einer hohen Marktdurchdringung geführt hat. Eine noch wenig genutzte Alternative stellt das DSD-Verfahren (Direct Stream Digital) dar, das mit der Super Audio CD als Alternative zu PCM eingeführt wurde. DSD entspricht in seiner Kodierung einer Pulsdichtemodulation (PDM, Pulse Density Modulation). Die relative Dichte des Pulses entspricht dabei der Amplitude des analogen Signals. Positive Amplituden der analogen Wellenform werden durch eine Aufeinanderfolge von logisch 1 kodiert, negative Amplituden durch eine Aufeinanderfolge von logisch 0. Zur Signalverarbeitung von DSD-Signalen stehen derzeit nur wenige Komponenten zur Verfügung. Zur DSD-Signalverarbeitung in Workstations werden DSD-Signale nach PCM umgerechnet, dort mit hoher Auflösung und Samplingfrequenz (meist 32 Bit Floating Point / 352,8 kHz) bearbeitet und nach erfolgter Bearbeitung wiederum in das DSD-Format zurückgewandelt (Vest 2004).

18.8.2.1 Einfache Codes

Die Kanalkodierung hat die Aufgabe, den Bitstream der Quellkodierung (PCM oder DSD) für die Übertragung und Speicherung in realen, also fehlerbehafteten und bandbegrenzten Kanälen aufzubereiten. Dabei geht es vor allem um die möglichst effiziente Nutzung der zur Verfügung stehenden Bandbreite. Aber auch Gleichspannungsfreiheit, ein selbsttaktender Signalverlauf und Unempfindlichkeit gegen Jitter und andere Störungen sind wesentlich. Im einfachsten Fall werden die Informationen logisch 0 und logisch 1 direkt in einem zugehörigen Signalverlauf abgebildet. Logisch 0 wird durch Low (meist 0 V) und logisch 1 durch einen Spannungsanstieg auf High (z. B. 5 V) dargestellt. Ein derart einfacher Code bietet jedoch nur eingeschränkte Möglichkeiten der Taktrückgewinnung (Selbsttaktung), ist ineffizient und führt zu hohen Gleichspannungsanteilen auf Leitungen. Mit relativ einfachen Kodiermaßnahmen kann das Übertragungsverhalten verbessert werden (Abb. 18.23).

Im Fall eines Return To Zero Codes (RZ) wird nur für jede logische 1 ein Puls erzeugt, für eine 0 bleibt das Signal auf dem Low-Potential. Ein Non-Return To Zero (NRZ) Code bildet eine 1 und eine 0 direkt als hohes oder niedriges Potential ab, ohne dazwischen auf ein niedriges Potential zurückzukehren. Der Nonreturn To Zero Inverted (NRZI) Code bildet jede 1 auf einen Potentialwechsel ab (egal in welche Richtung), während eine 0 keinen Potentialwechsel auslöst. Der Bi-Phase Mark Code (BMC), der unter anderem beim AES/EBU- und S/PDIF-Interface zum

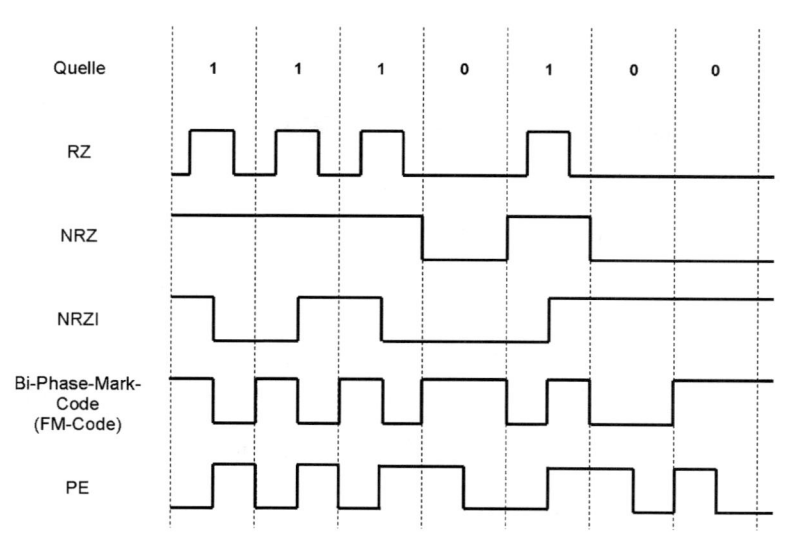

Kapitel 18 Anschlusstechnik, Interfaces, Vernetzung

Abb. 18.23 Kanalkodierung mit einfachem Code

Einsatz kommt (Absch. 18.9.1 und 18.9.4), ist einer der ältesten selbsttaktenden Codes. Er bildet jede 0 auf einen Potentialwechsel ab und erzeugt für jede 1 einen zusätzlichen Potentialwechsel in der Mitte der Bitperiode – was in Summe zur Verdopplung der Bitrate führt. Aufgrund der Ähnlichkeit zur Frequenzmodulation wird er auch als FM-Code bezeichnet. Der Manchester Code (auch Phase Encoding, PE) bildet jede 1 auf einen Potentialwechsel in positive Richtung, jede 0 auf einen Potentialwechsel in negative Richtung ab, so dass aufeinanderfolgende Einsen oder Nullen einen zusätzlichen Potentialwechsel erforderlich machen.

18.8.2.2 Gruppencodes

Die Effizienz und Robustheit der Kanalkodierung lässt sich durch Gruppencodes weiter erhöhen. Dabei werden Gruppen von m Quellbits durch eine Zuweisungstabelle auf jeweils n Kanalbits abgebildet, wobei n größer als m ist. Dadurch erhöht sich die Kanalbitrate gegenüber dem Quellcode um den Faktor n/m. Die höhere Effizienz wird dadurch erzielt, dass von den 2n Kanalcodewörtern nur diejenigen 2m Wörter ausgewählt werden, die eine Mindestzahl (d) und Höchstzahl (k) von Nullen zwischen zwei Einsen aufweisen, wodurch die für die Übertragung oder Speicherung notwendige Bandbreite reduziert bzw. vorhandene Bandbreiten durch eine höhere Anzahl verschiedener Codewörter gefüllt werden können.

Solche Codes werden auch als (d, k) Run-Length-Limited Codes (RLL) bezeichnet. Ein Beispiel ist der 4/5 Modified NRZI (MNRZI) Code (auch Group Coded Recording Code oder GCR), der Blöcke von vier Quellbits auf jeweils fünf Kanalbits abbildet. Benachbarte Einsen sind erlaubt, aber maximal zwei Nullen zwischen zwei Einsen, so dass sich eine (0, 2) RLL-Kodierung ergibt. Der GCR Code wird unter anderem bei der MADI-Schnittstelle für digitale, mehrkanalige Audiosignale eingesetzt (Abschn. 18.10.1).

Tabelle 18.6 Beispiele für Gruppencodes in der Audiotechnik

Gruppenkodierung	m	n	d	k	Anwendung
4/5 Modified NRZI (GCR)	4	5	0	2	MADI-Interface (AES-10)
8/10	8	10	0	3	Digital Audio Tape (DAT)
EFM (Eight-To-Fourteen-Modulation)	8	14 (+3)	2	10	Compact Disc (CD)
EFMPlus	8	16	2	10	Digital Versatile Disc (DVD)

18.8.3 Signallaufzeit und Latenz

Bei analogen Audioverbindungen mit einer Ausbreitungsgeschwindigkeit von 300 000 km·s^{-1} im Vakuum, 270.000 km·s^{-1} in Kupferleitungen und etwa 200 000 km·s^{-1} in Lichtwellenleitern ist die Signallaufzeit in der Praxis vernachlässigbar (Mahlke u. Gössing 1987). Bereits bei der A/D- und D/A-Wandlung können jedoch Latenzzeiten (Verzögerungen) von etwa 0,5 bis 1,0 ms auftreten (s. Kap. 17.1.4). Störend wird diese Verzögerung beispielsweise beim Einschleifen analoger Effektgeräte in ein digitales Mischsystem, wo durch die erforderliche D/A- und A/D-Wandlung eine Verzögerung in der Größenordnung von 1 ms eintritt, die sich bei der Mischung durch Kammfiltereffekte (Phasing) bemerkbar machen kann. Digitale Mischpulte bieten nicht zuletzt deswegen die Möglichkeit, Kanäle individuell gegenüber anderen zu verzögern.

Zu dieser nativen Latenz kommen Routing- und Switching-Delays in Netzwerken und Bussystemen, Verzögerungen durch Multiplexing sowie die „normale" Übertragungslatenz sowie beim Einsatz datenreduzierender Übertragungsverfahren zusätzliche Coding-Delays. Komplexe digitale Übertragungsverfahren bedeuten daher in der Regel „das Ende der Echtzeit".

Ein Beispiel mag die Problematik veranschaulichen: Wenn ein Reporter über eine analog geschaltete Postleitung aus dem Fußballstadion ins Hörfunkstudio übertragen wird, ist die Latenzzeit praktisch null. Wird die gleiche Strecke über eine ISDN-Leitung mit einem Audio-Codec nach ISO-MPEG 1 Layer II realisiert, entsteht ein Delay von etwa 200 bis 300 ms. Eine vernünftige Unterhaltung zwischen Moderator im Studio und Reporter vor Ort ist nur dann möglich, wenn zumindest als Rückkanal eine normale ISDN-Telefonleitung nach G.711 oder G.722 mit Latenzen unter 6 ms verwendet wird. Selbst Low Latency-Verfahren wie etwa AAC-LD oder apt-X benötigen für die gleiche Aufgabe bereits zwischen 6 und 30 ms.

Kapitel 18 Anschlusstechnik, Interfaces, Vernetzung

18.8.4 Synchrone, asynchrone und isochrone Übertragung

Analoge Audio-Interfaces benötigen keine Synchronisierung, der Empfänger „versteht" den Sender auch ohne weitere Hilfe. Nicht so in digitalen Systemen. Um die von der Quelle gesendeten Daten empfangen und richtig auswerten zu können, muss zwischen digitalem Sender und Empfänger ein definiertes zeitliches Verhältnis bestehen. Dieser Zeitbezug ist sowohl für das Erkennen des Bitanfangs erforderlich (Bitclock) als auch für den Beginn einer Nachricht (Wordclock). Hierfür können drei Übertragungsmethoden eingesetzt werden.

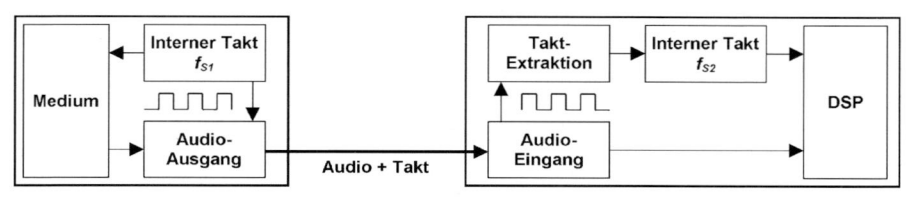

Takt 1 (f_{S1}) = Takt 2 (f_{S2})

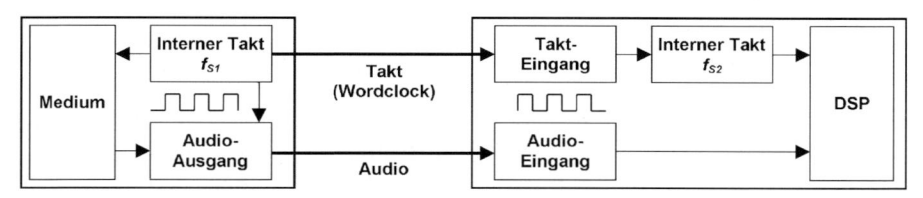

Abb. 18.24 Synchrone Signalübertragung

Bei synchroner Übertragung laufen Sender und Empfänger mit dem gleichen Zeittakt. Dabei werden der Sender und der Empfänger entweder vom gleichen externen Taktsignal versorgt (z. B. mittels Wordclock, Abb. 18.24, unten) oder der Empfänger synchronisiert sich auf den Takt der Quelle, den er aus der Datenrate der Übertragungsleitung ableitet (Abb. 18.24, oben). Praktisch alle Point-to-Point-Verbindungen, wie AES/EBU oder MADI, arbeiten nach dem Prinzip der synchronen Übertragung. Die meisten professionellen digitalen Audiogeräte bieten die Wahlmöglichkeit, sich auf den Takt eines Eingangssignals oder auf eine externe Taktquelle zu synchronisieren (Wordclock, Superclock, Video oder DARS – s. Abschn. 18.11), was natürlich nur dann sinnvoll ist, wenn Quelle und Senke mit der gleichen Taktfrequenz arbeiten sollen. Bei synchroner Übertragung sind keine oder nur sehr kleine interne Datenpuffer im Empfänger erforderlich. Die Datenrate zwischen Quelle und Senke ist konstant und erlaubt eine Übertragung mit minimaler Latenz. Bei Verwendung externer Synchronleitungen steigen allerdings die Komplexität und der Preis der Verbindung.

Bei asynchroner Übertragung folgen Sender und Empfänger einem ungleichen Takt (Abb. 18.25). Es ist kein Synchronisationsaufwand erforderlich, und variable Datenraten sind möglich. Vor allem in Netzen, die durch unregelmäßige Ver-

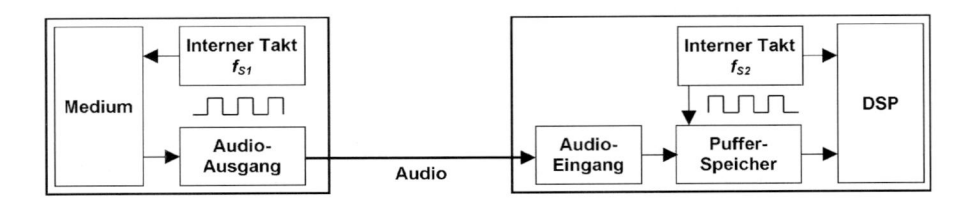

Abb. 18.25 Asynchrone Signalübertragung

kehrsauslastung (Traffic) unterschiedliche Transportkapazitäten bieten, wie zum Beispiel im Internet oder in lokalen Computernetzwerken, ist asynchrone Übertragung die einzig mögliche Übertragungsform. Beim Empfänger sind jedoch große Datenpuffer erforderlich, um die Audiosignale zwischenzuspeichern und im Eigentakt auslesen zu können. Die meist unvorhersehbaren Delayzeiten erlauben keinen zeitkritischen Einsatz. Auch Übertragungen zwischen digitalen Audiogeräten, die mit unterschiedlicher Samplingfrequenz arbeiten (z. B. CD-Player mit 44.100 Hz und Mischpult mit 48.000 Hz) und daher eingangsseitig Sample Rate Converter (SRC, Abtastratenwandler) verwenden, werden als asynchron bezeichnet.

Die isochrone Übertragung ist eine Mischform aus asynchroner und synchroner Übertragung. Sender und Empfänger können am gleichen Takt betrieben werden, sind jedoch durch interne Datenpuffer von Takt- und Zeitschwankungen des Übertragungskanals unabhängig. Da jedem Bit ein bestimmtes Zeitquantum zugeordnet wird, während dessen es bei der Übertragung anliegt, sind sich Sender und Empfänger über die grundlegende Taktung einig und müssen daher weniger puffern, Sync-Punkte im Datenstrom definieren darüber hinaus eine bestimmte Anzahl von Schritten. Isochrone Übertragung eignet sich gut zur Übertragung von Audio- und Videodaten, da die Signallaufzeiten zwar variabel, aber im Rahmen enger Grenzen vorhersehbar und stabil sind. USB- und Firewire-Schnittstellen, aber auch dedizierte Audionetzwerke wie CobraNet, verwenden zur Audioübertragung isochronen Datentransfer.

18.9 Zweikanalige Digital-Schnittstellen

Für zweikanalige, digitale Audio-Interfaces haben sich weltweit zwei „Familien" von Standards herausgebildet: Die AES3-Familie mit ihren Verwandten AES3-id, ANSI S4.40, EBU Tech.3250 und ITU-R BS.647 unterstützt ausschließlich professionelle Anwendungen (Type I). Die Familie IEC-60958 mit ihren Angehörigen BS 7239, DIN 60958, EN 60958 und IAJ CP-1201 dagegen definiert sowohl professionelle als auch Consumer-Schnittstellen (Type I und Type II) – s. Tabelle 18.7.

Tabelle 18.7 Verwandte Standards für digitale Zweikanal-Schnittstellen

Standard	Organisation	Type I Professional	Type II Consumer
AES-3-2003	Audio Engineering Society	Ja	Nein
AES-3id-2001	Audio Engineering Society	Ja	Nein
ANSI S4.40-1992	American National Standards Committee	Ja	Nein
BS 7239	British Standards Institute Heute ersetzt durch IEC 60958	Ja	Ja
DIN 60958	Deutsches Institut für Normung Gleich zu IEC 60958	Ja	Ja
EBU Tech.3250-E	European Broadcasting Union	Ja	Nein
EN 60958	Europanorm	Ja	Ja
EIAJ CP-1201, früher CP-340	Electronics Industry Association of Japan Heute ersetzt durch IEC 60958	Ja	Ja
ITU-R BS.647, früher CCIR Rec. 647	International Telecommunications Union (früher CCIR)	Ja	Nein
IEC 60958	International Electrotechnical Commission	Ja	Ja
S/PDIF	Sony und Philips (gleich IEC 60958 Type II)	Nein	Ja

Die professionellen Interfaces (Type I) beider Familien lassen sich heute meist problemlos miteinander verbinden. Lediglich bei Geräten mit Baujahr vor 1996 (AES3-1996) kann es die eine oder andere Unverträglichkeit geben. Sie betrifft jedoch nicht die Audiodaten, sondern die Zusatzdaten (Präambel und vor allem VUCP), die je nach Standard geringfügig anders gesetzt sein können. Gleiches gilt auch für Consumer-Schnittstellen (Type 2). Bei korrekter elektrischer Anpassung lassen sich die meisten Interfaces problemlos untereinander und sogar mit Type I verbinden – und umgekehrt. Probleme kann es dagegen beim Verstehen der jeweiligen Zusatzinformationen, der VUCP-Daten, geben. Nicht jedes professionelle Gerät versteht es zum Beispiel, mit dem Copy Protection Bit einer Consumer-Schnittstelle richtig umzugehen. Anderseits kann ein Heimgerät stumm schalten und die Funktion verweigern, wenn es von einem professionellen Gerät kein Copy Protection Bit geliefert bekommt. Abhilfe schaffen sog. Formatkonverter, die neben der elektrischen Anpassung auch das Datenformat umwandeln.

18.9.1 AES3

1985 definierte die Audio Engineering Society (AES) im Dokument AES3-1985 das erste normierte, digitale Audio Interface. Praktisch alle heute verfügbaren Zwei- und Mehrkanal-Schnittstellen basieren weitgehend auf diesem „Ur-Standard", der seinerseits auf den Grundüberlegungen zur SDIF-Schnittstelle der Fa. Sony beruht. Bei zweikanaligen digitalen Audiointerfaces mit differentieller Übertragung handelt es sich meist um ein Amalgam aus vielen nationalen und internationalen, zueinander jedoch weitgehend kompatiblen Standards wie AES-3, ANSI S4.40, EBU Tech. 3250-E, ITU-R BS.64, BS 7239, DIN 60958, EN 60958 und IAJ CP-120. Sie alle verwenden differentielle, also symmetrische Signalübertragung mit einem Spannungspegel zwischen 2 und 7 V, 2-polig geschirmte Leitungen mit einem Wellenwiderstand von 110 Ω und XLR-Steckverbindungen. Aufgrund der engen Verwandtschaft zwischen AES-3 und EBU Tech. 3250-E hat sich die Bezeichnung AES/EBU eingebürgert. Im Gegensatz zu AES3 fordert das EBU-Dokument allerdings eine galvanische Trennung mittels Übertrager.

18.9.1.1 Datenformat

Die AES3-Schnittstelle ist ein serielles, selbsttaktendes und synchrones Interface. Die beiden getrennten (A/B) oder zusammen gehörenden Audiokanäle (L/R) werden gemeinsam mit einer Präambel, AUX-Daten und den VUCP-Bits im Zeitmultiplex-Verfahren übertragen. Die Datenrate R (in bit·s^{-1}) des Interfaces ist dabei von der Taktrate (Samplingfrequenz f_s in Hz), der Anzahl der Audiokanäle (C) und der Anzahl von Bits pro Subframe (hier 32) abhängig. Sie errechnet sich für alle Zweikanal-Interfaces der AES3- und IEC-Familie aus:

$$R = f_s \cdot C \cdot 32 \tag{18.21}$$

Im Zuge der Bi-Phase-Mark Kodierung und der Signalaufbereitung im Interfacetreiber kommt es zu einer Verdopplung der Signalfrequenz der Schnittstelle. Interfaces nach AES3 sind innerhalb von ±12,5 % Varispeed-fähig, was bei 48 kHz

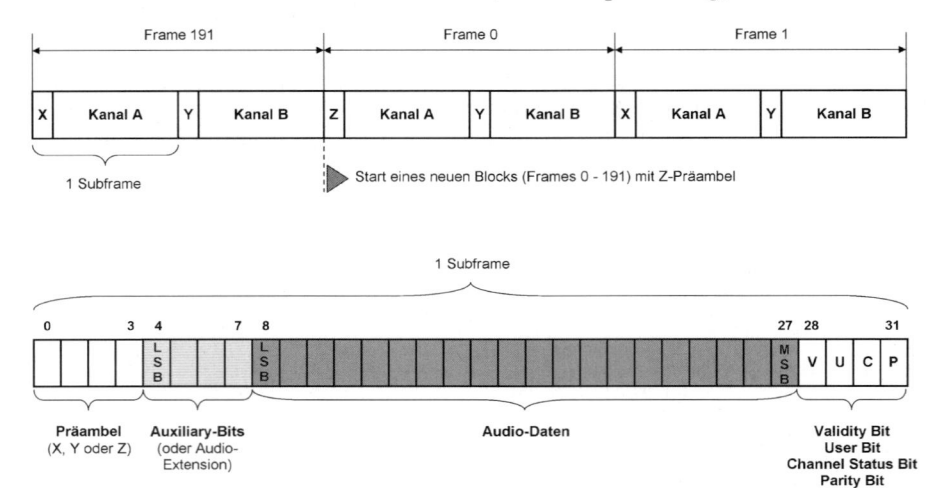

Abb. 18.26 Datenformat der AES3-Schnittstelle: Block, Frame und Subframe

(nominal) einem Bereich der Samplingfrequenz von 42,0 kHz bis 54,0 kHz entspricht.

Die 32 Bits in einem Subframe beinhalten 4 Sync-Bits für die Präambel und 4 Auxiliary-Bits, die wahlweise für Zusatzinformationen oder als Erweiterung der Audiodaten von 20 auf 24 Bit verwendet werden können (Abb. 18.26). Nach den eigentlichen Audiodaten befinden sich am Ende des Subframes die Bits V, U, C und P. Mit jedem Taktzyklus werden zwei Subframes übertragen, die gemeinsam einen Frame ergeben. 192 Frames ergeben zusammen einen Block.

18.9.1.2 Präambel (Preamble)

Der Beginn jedes Subframes wird mit einer Präambel aus vier Bit (Bit 0 bis 3) gekennzeichnet. Sie erlauben es dem Empfänger, sich zu synchronisieren und die darauffolgenden Daten korrekt zuzuordnen. Präambeln der Type X und Y identifizieren die Kanäle A (Links) und B (Rechts), die Präambel Z wird nach jeweils 192 Frames gesandt. Sie identifiziert den Beginn eines neuen Blocks sowie zugleich den Kanal A (Links) und erlaubt es dem Empfänger, mit der „Sammlung" der VUCP-Daten zu beginnen. Bei Interfaces der Familie IEC-60958 werden die Präambeln statt mit X, Y und Z als M, W und B bezeichnet.

18.9.1.3 Hilfsdaten (AUX, Auxiliary Bits)

Heute werden die vier AUX-Bits (Bit 4 bis 7) meist zur Erweiterung des Audiodatenworts von 20 auf 24 Bit verwendet. Nach einem Vorschlag der CCIR (heute ITU) aus dem Jahre 1987 sollten die vier Auxiliary Bits zwei Sprachkommunikationskanälen zugeordnet werden, die parallel zu den beiden Audiokanälen übertragen werden. Mit einer Datenrate von 384 kbit $\cdot$ s^{-1} bei 8 Bit pro Frame ist eine Sprachverbindungen mit 12 Bit Auflösung und 16 kHz Samplingfrequenz möglich. Obwohl CCIR Rec. 647, EBU Tech. 3250-E aus 1992 und ein Zusatz zum Dokument AES3 aus 1992 diese Verwendung vorsehen, konnte sie sich im europäischen Raum nicht durchsetzen. Sollten die vier Bits tatsächlich für Intercom-Zwecke verwendet werden, wird dies in Byte 2 (Bit 0 bis 2) des Channel Status angezeigt (Rumsey u. Watkinson 2004).

18.9.1.4 Audiodaten (Audio Sample Data)

Im professionellen Bereich kommen heute fast ausschließlich Geräte mit 24 Bit Wortbreite zum Einsatz. Eine Ausnahme sind lediglich Geräte, die aufgrund ihres Sampling-Formates kleinere Datenworte senden. CD-Player, DAT-Recorder und viele Videomaschinen liefern jeweils 16 Bit, das Videoformat Digital Betacam quantisiert zum Beispiel mit 20 Bit. Die Audiodaten beginnen mit dem niederwertigsten Bit (Least Significant Bit, LSB), das höchstwertige Bit (Most Significant

Bit, MSB) steht immer am Ende bei Bit 27. Nicht verwendete Bits werden mit Nullen gefüllt. An Stelle von Audiodaten können auch Non-Audio-Daten übertragen werden. Darunter versteht man solche Informationen, die von einem angeschlossenen DA-Wandler, der nur lineares PCM (LPCM) versteht, nicht dekodiert werden können. Dazu zählen alle Mehrkanal-Bitstreams wie etwa Dolby E, Dolby Digital oder DTS. Die Informationen über Non-Audio finden sich im Validity-Bit sowie in Byte 0 / Bit 1 der Channel Status Bits.

18.9.1.5 Gültigkeitsbit (V- oder Validity Bit)

Das Gültigkeitsbit signalisiert, ob die Audio-Informationen zur Wiedergabe geeignet sind, oder nicht. Ein Wert von logisch 1 signalisiert Störungen in der Signalquelle oder allgemein „ungültiges Audio". Der Wert Logisch 0 steht für „gültiges Audio", wobei es jedoch unterschiedliche Interpretationsweisen gibt. Manche Hersteller signalisieren selbst dann Störungen, wenn die Informationen auf dem Datenträger zwar fehlerhaft waren – z. B. durch Dropouts eines DAT-Bandes – jedoch von der Fehlerkorrektur einwandfrei behoben werden konnten. In diesem Fall wird der angeschlossene Empfänger oder D/A-Wandler grundlos stummgeschaltet. Andere setzen das V-Bit nur dann auf High, wenn wirklich hörbare Störungen auftreten würden. Seit AES3-1992 wird das Validity-Bit auch ergänzend zum Channel Status Bit verwendet, zum Beispiel um im Fall von Mehrkanal-Bitstreams (Dolby Digital oder DTS) Geräte ohne Mehrkanaldecoder stumm zu schalten. In jedem Fall ist die Verwendung weitgehend herstellerabhängig.

18.9.1.6 Anwender-Bit (U- oder User Bit, User Channel)

Das U-Bit kann vielfältige Informationen übertragen, die jedoch den Anwendern von professionellem Equipment meist vorenthalten bleiben. Erst das Dokument AES18-1996 sieht eine – allerdings recht komplizierte – Nutzung des User Bits im AES3-Interface vor. Die Bits 4 bis 7 im Byte 1 der Kanal-Statusinformationen beschreiben die Verwendung der User Bits (s.u.).

Die Anwendung des User-Bits im Heimbereich (Type II) ist vielfältig. Es kann als statische oder dynamische „Flag" ebenso eingesetzt werden wie zur Übertragung von Tracknummer, Titelname und Interpret zwischen CD-Player und z. B. MiniDisc-Recorder. Im zweiten Fall werden die Informationen über jeweils einen Block gesammelt – die Datenrate beträgt so immerhin $88{,}2 \text{ kbit} \cdot \text{s}^{-1}$ (im Falle von 44,1 kHz Abtastrate).

18.9.1.7 Kanalstatus-Bit (C- oder Channel Status Bit)

Das Channel Status Bit überträgt die wohl am schwierigsten zu implementierenden Informationen. Wenn es zwischen zwei Schnittstellen zu Inkompatibilitäten kommt,

Kapitel 18 Anschlusstechnik, Interfaces, Vernetzung

liegen die Schwierigkeiten meist im Bereich der Kanalstatus-Daten, insbesondere bei der Verbindung von Heimgeräten mit professionellen Gerätschaften, die Bits an der physikalisch gleichen Stelle teils unterschiedlich interpretieren.

Die Channel Status Bits jedes Kanals (Subframes) werden jeweils über die Dauer eines Blocks „gesammelt". Die so entstehenden 192 Bit pro Kanal ergeben 24 Bytes zu je acht Bit. Bei 48 kHz Samplingfrequenz wird so alle 4 ms ein vollständiger Informationsblock aus 24 Bytes erreicht. Von den vielen möglichen Informationen sind nur wenige zwingend erforderlich. Eine detaillierte Beschreibung findet sich in AES3 und IEC 60958 sowie bei Rumsey u. Watkinson (2004). Welche Informationen in einem Interface tatsächlich genutzt und übertragen werden, lässt sich mit einem Schnittstellen-Analyzer (NTI Digilyzer, PrismSound DAS-1) ermitteln. AES2-id-1996 (Guidelines for the use of the AES3 Interface) liefert die erläuternden Informationen.

18.9.1.8 Prüf-Bit (P- oder Parity-Bit)

Das Parity-Bit erlaubt die Prüfung des 32-Bit Subframes. Es wird in Abhängigkeit des übrigen Bitinhalts so gesetzt, dass sich immer eine geradzahlige Prüfsumme über alle Bits der Wertigkeit Logisch 1 ergibt. Sollte die Prüfsumme eine ungerade Zahl ausweisen, schaltet das empfangende Gerät stumm, eine Fehlerkorrektur erfolgt nicht. Allerdings kann auf diese Weise nur eine ungerade Anzahl an Fehlern pro Subframe erkannt werden.

18.9.1.9 Elektrische Eigenschaften

Das AES3-Interface arbeitet ebenso wie IEC60958 Type I mit symmetrischer, differentieller Signalübertragung und einer Signalspannung (Carrier Level) zwischen 2 und 7 V (Abb. 18.27). Es entspricht in vielen seiner Grundparameter der RS-422-Schnittstelle, in der Frühzeit der digitalen Audioübertragung wurden daher häufig Interface-Treiber verwendet, die für RS-422 entwickelt wurden. Die Impedanz der Ein- und Ausgänge ist im Frequenzbereich von 0,1 bis 6 MHz mit einer Genauigkeit

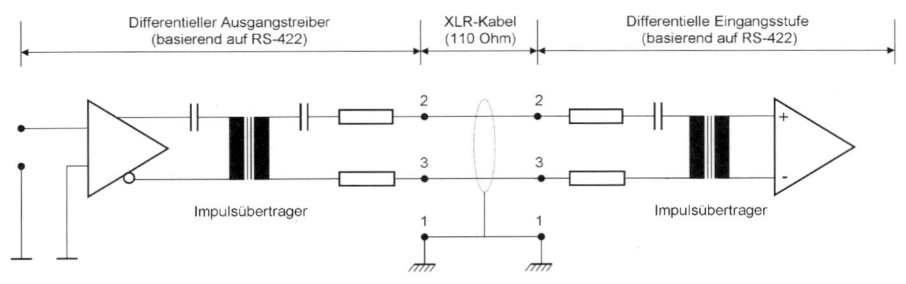

Abb. 18.27 Differentielles Interface mit galvanischer Trennung nach EBU Tech. 3250-E, kompatibel zu AES3 und IEC60958 Type I

von ±20 Prozent einzuhalten und beträgt nominell 110 Ω. In AES3-1985 war die Senke mit 250 Ω spezifiziert, um das Parallelschalten mehrerer Geräte zu ermöglichen, wie das auch nach RS-422 möglich wäre. Nachdem dies häufig zu Fehlanpassungen geführt hat, wurde mit AES3-1992 echte Leistungsanpassung vorgeschrieben. Da auch die Toleranz des Wellenwiderstandes der Übertragungsleitung enger spezifiziert wurde, sind bei der Verteilung von digitalen Audiosignalen in jedem Fall Verteilverstärker einzusetzen.

Zur Überprüfung der Signalqualität ist ein Eye-Pattern (Augendiagramm) definiert, dessen Augenhöhe nicht weniger als 200 mV betragen darf und eine definierte Festigkeit gegen Jitter haben muss (Abb.18.28, vgl. Abschn. 18.16.5). Ohne Kabelentzerrung, die im AES3-Standard optional vorgesehen ist, müssen bei 48 kHz Samplingfrequenz Entfernungen von mindestens 100 m fehlerfrei überbrückbar sein. Mit hochwertigem Leitungsmaterial und korrekt angepassten Geräten sind auch größere Leitungslängen möglich.

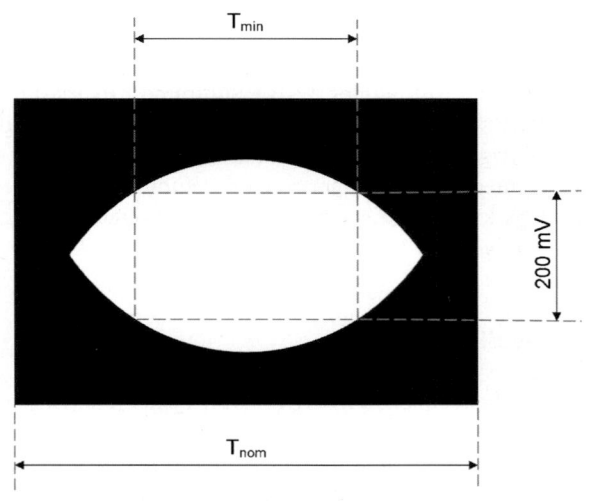

Abb. 18.28 Erforderliches Augendiagramm (Eye Pattern) zur korrekten Decodierung eines AES/EBU-Signals

Die Zuverlässigkeit und Reichweite einer AES3-Übertragung wird vor allem von der Datenrate des Interfaces und von der Qualität des eingesetzten Leitungsmaterials bestimmt. 2-polig abgeschirmte Audiokabel verhalten sich bei hohen Frequenzen deutlich schlechter als Koaxialkabel, was sowohl an ihrem Aufbau (Verseilung) als auch an ihrem komplexeren elektrischen Verhalten (insgesamt drei statt zwei Leiter) liegt. Bei Koaxialkabeln wird der Innenleiter durch das Dielektrikum (Isoliermaterial) in einem genauen Abstand zum Außenleiter (Schirm) gehalten, die Kabelkapazität und damit der Wellenwiderstand sind in hohem Maße konstant. Übliche 2-polige, geschirmte Audioleitungen sind mechanisch flexibler, überdies wirken sich die (parasitären) Kapazitäten und Induktivitäten jedoch deutlich störender aus (s. Abschn. 18.3.2). Nicht zuletzt deswegen wurde der Standard AES3-id geschaffen, der Übertragungen bis zu etwa 1000 m über Koaxialkabel erlaubt. Im Einzelfall ist es daher durchaus überlegenswert, statt AES3 die Variante AES3-id zu verwenden (s. u.).

Zur elektrischen Kodierung kommt bei AES3 ein Bi-Phase-Mark-Code zum Einsatz, wie er auch bei Timecode-Schnittstellen nach SMPTE/EBU verwendet wird. Dabei erfolgt am Ende jeder Bitzelle ein Potentialwechsel, bei einer logischen Eins erfolgt ein zusätzlicher Potentialwechsel in der Mitte der Bitzelle (s. Abb. 18.23). Gegenüber einer NRZ-Kodierung (Non Return to Zero), die logische und elektrische Werte 1:1 aufeinander abbildet, erzeugt der Bi-Phase-Mark-Code die doppelte Taktfrequenz. Allerdings lässt sich, auch wenn zahlreiche Einsen oder Nullen aufeinander folgen, der Takt aus dem Signal rekonstruieren und es treten keine Gleichspannungsanteile auf, da sich Low- und High-Werte immer die Waage halten. Somit können auch – wie in EBU Tech. 3250-E gefordert – Übertrager zur galvanischen Trennung eingesetzt werden.

18.9.1.10 Erweiterungen des AES3-Standards

Der Standard wurde seit 1985 mehrmals überarbeitet und ergänzt. So beschreibt AES18-1996 (revidiert 2002) beispielsweise die Nutzung des wenig verwendeten User Channels zur Übertragung von Zusatzdaten wie RDS (Radio Data System), Senderkennungen, Informationen zur GEMA/AKM-Abrechnung und seriellen Steuerdaten wie etwa MIDI. Die Übertragung erfolgt mittels HDLC (High Level Data Link Control) paketorientiert und kann wahlweise synchron oder asynchron zum Audiosignal sein.

18.9.2 AES3-id und SMPTE 276M

Das unsymmetrische Interface AES3-id kommt vor allem im Broadcastbereich und bei videonahen Audiogeräten wie Dolby E und Dolby Digital Encodern und professionellen Videomaschinen zum Einsatz. Die Society of Motion Picture and Television Engineers (SMPTE) hat den Standard in der Form SMPTE 276M übernommen. Das AES3-id Interface arbeitet mit einer videotypischen Signalspannung von maximal 1 V, verwendet Videokabel mit 75 Ω Wellenwiderstand (RG-59) und BNC-Steckverbinder. Das Protokoll entspricht AES-3 und EBU Tech. 3250-E. Die Anpassung zwischen AES3 und AES-3id erfolgt üblicherweise mit einem Anpassungsübertrager (Abb. 18.29).

Der Spannungsbereich von AES3-Eingängen ist im Normalfall groß genug, um die niedrigeren Signalspannungen der AES3-id Schnittstelle korrekt zu dekodieren. Entfernungen bis zu etwa 1000 m lassen sich mit AES3-id dank der Verwendung koaxialer Kabel problemlos überbrücken. Bei zusätzlicher Kabelentzerrung oder der Wandlung auf Glasfaser sind auch größere Entfernungen möglich.

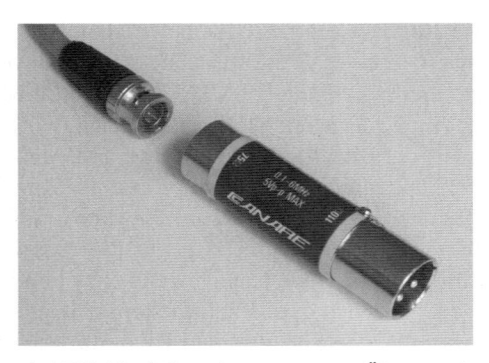

Abb.18.29 Interface nach AES3-id mit Impedanzanpassung (Übertrager) an AES3

18.9.3 AES42 – Das digitale Mikrofoninterface

AES42 definiert ein Zweikanal-Interface mit integrierter Spannungsversorgung und Synchronisation. Als Steckverbindung können normale 3-polige XLR-Armaturen oder sog. XLD-Stecker zum Einsatz kommen. Letztere unterscheiden sich durch einen entfernbaren Führungspin und Farbcodierung, was Verwechslungen vermeiden soll.

Die Spannungsversorgung erfolgt mit 10 V (statt 48 V Phantomspeisung). Als Strom ist 250 mA (300 mA maximal) spezifiziert, was ein Vielfaches normaler Phantom- oder Tonadernspeisung darstellt. Die Fernsteuerung des Mikrofons erfolgt über eine Pulsmodulation der Versorgungsspannung mit 2 V ± 0,2 V und einer Datenrate von 750 Bit·s^{-1} (bei 48 kHz Samplingfrequenz). Damit können gerätespezifische Eigenschaften wie Richtcharakteristik, Verstärkung (Gain) und Dämpfung sowie Hochpassfilter, Limiter oder Mute aktiviert werden.

Der Mikrofonstatus kann über das normale User-Bit im AES3-Datenstrom an den Empfänger übermittelt werden. Die Synchronisation des Mikrofons kann auf zwei Arten erfolgen: In Mode 1 generiert das Mikrofon seine eigene Taktfrequenz, der Empfänger synchronisiert sich auf den externen Takt. Für den Einsatz mehrerer solcher Mikrofone ist dieser Modus jedoch ungeeignet, da eine Vielzahl von Samplerate-Konvertern zum Einsatz kommen müsste, um die unterschiedlichen Taktraten an den Eigentakt des Mischpultes anzugleichen. Für solche Fälle ist Mode 2 gedacht. Der Takt des Mikrofons wird empfangsseitig in einem Phasenkomparator mit dem Soll-Takt (Master Clock) des Pultes verglichen. Daraus wird ein Korrekturwert errechnet, der binär kodiert an das Mikrofon zurück gesandt wird, das danach seine Taktfrequenz korrigiert.

18.9.4 IEC 60958 und S/PDIF

Während IEC 60958 Type I (Professional) und AES3 im Hinblick auf das Datenformat und die elektrische Spezifikation völlig übereinstimmen, weist das IEC 60958 Type II (Consumer) oder (landläufig) S/PDIF Interface Unterschiede bei den elektrischen Parametern und bei der Verwendung der VUCP-Informationen auf.

Das Format geht zurück auf die 1984 von den Firmen Sony und Philips definierte digitale Schnittstelle zur Verbindung von CD-Playern und den ersten DAT-Recordern, die aus Gründen des Urheberrechtsschutzes mit einem Kopierschutz ausgestattet wurde. Bei DAT-Geräten kam das SCMS (Serial Copy Management System) zum Einsatz, das lediglich eine bestimmte Anzahl von Kopien zuließ und diese Informationen von der Quelle zum Aufnahmegerät weitergab. Die nach seinen Erfindern Sony Philips Digital Interface (S/PDIF) benannte Schnittstelle ist vermutlich die am weitesten verbreitete digitale Audioverbindung (s. Abb. 18.9, B bis E). Es wurde die Basis der Standards EIAJ CP-340 (heute IAJ CP-1201) und IEC 958 (heute IEC 60958 Type II), für die landläufig meist immer noch der Ausdruck S/PDIF verwendet wird. Die optische Variante der Schnittstelle ist als S/PDIF Optical oder TOSLink bekannt (s.u.).

Die elektrische Variante des Interfaces verwendet eine unsymmetrische Schnittstelle mit einer Impedanz von 75 Ω in Leistungsanpassung. Die Quellimpedanz muss in einem Frequenzbereich von 0,1 bis 6 MHz auf ±20 % genau eingehalten werden, die Impedanz des Empfängers muss 75 Ω mit maximalen Abweichungen von ±5 % betragen. Für den Wellenwiderstand des Kabels dürfen die Abweichungen in einem Bereich von ±35 % liegen, vermutlich um den Gepflogenheiten der Anwender entgegenzukommen, „irgendein" Kabel zu verwenden. Die Signalspannung liegt bei 0,5 V (±20 %), als Steckverbindung kommt eine Cinch-Buchse (RCA/Phono) zum Einsatz. Viele Hersteller verwenden heute in professionellen und Heimgeräten die gleichen Schnittstellen-Treiber, die sich oft nur durch die Außenbeschaltung der Chips und die Firmware-Programmierung unterscheiden.

Im Vergleich zu professionellen Schnittstellen ist die Spezifikation der Channel Status Daten von Heimgeräten außerordentlich komplex. Sie enthalten nicht nur Informationen über den Kopierschutz (Byte 0, Bit 2), sondern auch über die Art des sendenden Gerätes (Byte 1, Bits 0 bis 6). Mit diesem Category Code kann der Gerätetyp (CD-Player, DAT-Recorder, DVD-Player, Musikinstrumente) ebenso identifiziert werden wie das Herkunftsland eines Gerätes.

Da jedoch nur wenige Hersteller alle Informationen senden bzw. auswerten, funktioniert die Verbindung der ungleichen Schnittstellen meist recht gut. So darf etwa ein digitales Heimgerät nach IEC 60958 Type II keine höheren Abtastraten als 48 kHz über das Interface ausgeben, um das Kopieren hochwertiger Audioinhalte unmöglich zu machen. In der Praxis hält sich jedoch kaum ein Hersteller an diese Empfehlung, so dass DVD-Video- und DVD-Audio-Player Signale mit bis zu 192 kHz Samplingfrequenz über die S/PDIF-Schnittstelle senden, um den Anschluss an hochwertige Heimkino-Anlagen mit digitalen Decodern und Verstärkern zu ermöglichen.

18.9.4.1 TOSLink und S/PDIF Optical

Das TOSLink Interface wurde ursprünglich von Toshiba entwickelt, um PCM-Rohdaten zwischen CD-Playern und Aufnahmegeräten des Herstellers zu übertragen. Auch heute noch stellt Toshiba den Großteil aller TOSLink Interfacebausteine her. Vom Datenformat entspricht die TOSLink-Schnittstelle einem Type II Interface der Familie IEC-60958 oder EIAJ CP-1201. Als Übertragungsmedium kommen Lichtwellenleiter aus Kunststoff zum Einsatz (POF Plastic Optical Fibre), die mit Licht von 660 nm (±30 nm) Wellenlänge arbeiten. Die optische Ausgangsleistung liegt im Bereich von −21 bis −15 dBm (bezogen auf 1 mW Leistung). Die maximale Datenrate der Interfaces beträgt etwa 15 Mbit·s^{-1}, was für Audio mit bis zu 96 kHz Abtastfrequenz ausreichend ist.

Durch die optische Verbindung sind über einen Lichtwellenleiter (LWL) verbundene Sender und Empfänger galvanisch entkoppelt. Brummstörungen durch unterschiedliche Massepotentiale, die auch digitale Geräte empfindlich treffen können, sind damit ausgeschlossen. Allerdings erlauben Lichtwellenleiter aus Kunststoff, wie sie für TOSLink und ADAT Lightpipe Interfaces meist eingesetzt werden, keine längeren Verbindungen als etwa 5 bis 10 m und neigen zu Signaljitter. Die Pulse Width Distortion (Jitter) liegt bei TOSLinks im Bereich zwischen ±15 ns und ±25 ns, und damit um einen Faktor 10 über den Werten von elektrischen Interfaces.

TOSLinks finden sich heute in vielen semiprofessionellen Audiogeräten und fast allen Heimgeräten und werden oft als S/PDIF Optical bezeichnet (s. Abb. 18.9, B und C). Für die professionelle Nutzung von TOSLink-Schnittstellen sollten hochwertige optische Leiter mit niedriger Dispersion und entsprechend jitterfeste Empfänger verwendet werden. Wenn die jitterbedingten Störungen ein gewisses Maß überschreiten, kann das Signal beim Empfänger nicht mehr rekonstruiert werden, was sich durch zunehmendes Rauschen, eine Verschlechterung der Stereo-Ortung bis hin zu Drop-Outs und Glitches (Knackgeräusche) bemerkbar machen kann.

18.9.5 Sony Digital Interface SDIF-2

Das bereits 1982 eingeführte SDIF-2 Interface (Sony Digital Interface) verwendet getrennte Leitungen für den linken und rechten Kanal und eine zusätzliche Verbindung für das Clocksignal (Abb. 18.30). Eingesetzt wird es vor allem bei älteren CD-Mastering-Systemen (Sony PCM 1610 und 1630). Zur Übertragung werden Koaxialleitungen mit 75 Ω Wellenwiderstand und BNC-Steckern verwendet, der Spannungspegel beträgt 5 V (TTL-kompatibel).

Bei den digitalen Mehrspurrecordern Type 3324 und 3348 des DASH-Formats (Abschn. 18.12) kommt eine Variante mit differentieller Übertragung nach RS-422 mit 50-poligen Sub-D-Verbindern zum Einsatz. Die Wordclock wird auch hier über eine separate Koax-Leitung übertragen. Zusätzlich zu den ursprünglich maximal

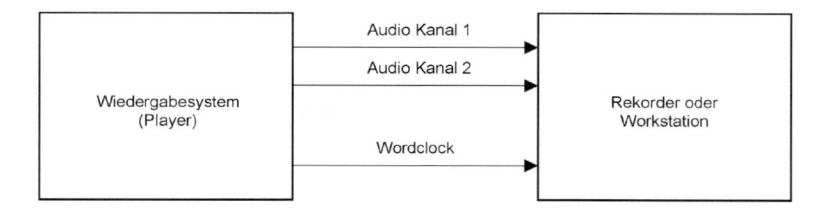

Abb. 18.30 Verbindungskonzept bei SDIF-2 und SDIF-3

20 Bit breiten Audiodaten werden Informationen über die verwendete Emphase sowie über den Kopierschutz mitgesendet. Pro Abtastwort werden 32 Bit übertragen, von denen 20 für Audio und 9 für User- und Kontrollbits reserviert sind. Die verbleibenden 3 Bits werden zur Synchronisation eingesetzt. Die Datenrate pro Kanal beträgt 1,53 Mbit·s^{-1} bei 48 kHz und 1,21 Mbit·s^{-1} bei 44,1 kHz. Für Aufnahmen mit 24 Bit Wortbreite wurde der DASH-Mehrspurrecorder Sony 3348HR eingeführt, was auch eine Erweiterung der Transportkapazität des Interfaces auf 24 Bit mit sich brachte.

18.9.6 Sony Digital Interface SDIF-3

Das SDIF-3 Interface der Fa. Sony wurde zur Verwendung mit DSD-Systemen entwickelt und ist wie SDIF-2 ein proprietäres Format. DSD (Direct Stream Digital) ist ein bitserielles Abtastverfahren, das bei der Aufnahme und beim Mastering von Material für Super Audio CDs (SACD) zum Einsatz kommt. Die A/D-Wandlung erfolgt mit 1 Bit Sigma-Delta-Wandlern, die mit der 64-fachen Abtastfrequenz einer CD arbeiten. Die resultierende Samplingfrequenz von 2,8224 MHz ergibt nach der Phasenkodierung (Phase-Encoding, PE, vgl. Abschn. 18.8.2.1) eine Datenrate von 5,6448 Mbit·s^{-1}.

Die Daten werden über zwei getrennte BNC-Kabel mit 75 Ω Wellenwiderstand übertragen, das Wordclock-Signal mit 44,1 kHz oder alternativ 2,8224 MHz wird, wie bei SDIF-2, über eine zusätzliche Verbindung gesendet (Abb. 18.30). Eine Alternative für SDIF-3 ist DSD-4. Dabei werden zwei DSD-Kanäle im Format SDIF-3 so in vier AES3-Schnittstellen gemultiplext, dass sie mit jedem achtkanaligen Recorder, der wenigstens 16 Bit und 44,1 kHz unterstützt, aufgezeichnet werden können. Derzeit werden SDIF-3 und DSD-4 Schnittstellen nur von wenigen Herstellern von Highend-Workstations, speziellen A/D-Wandlern, Recordern und Mastering-Equipment angeboten.

18.9.7 Yamaha Y2 (MEL2)

Y2 (MEL2) ist eine proprietäre Schnittstelle der Fa. Yamaha, die ursprünglich zur Kaskadierung von Mischpulten und Effektgeräten entwickelt wurde. Sie erlaubt in zwei Varianten die Übertragung von zweikanaligem (Y2) als auch mehrkanaligem (MEL2) Audio mit 24 Bit Auflösung. Mittlerweile wird das Interface zwar von mehreren Herstellern eingesetzt, von Yamaha aber kaum noch unterstützt.

Das Datenformat besteht aus Datenrahmen mit 32 Bit, die aus 24 Bit Audio und 8 Bit Steuerinformation bestehen. Auf die Audioinformation (LSB first) folgen 8 meist nicht benützte User Bits. Linker und rechter Kanal werden abwechselnd im Zeitmultiplexverfahren übertragen. Der Takt wird über eine eigene Leitungsverbindung parallel zum Audiosignal übertragen, wobei jeder Framewechsel einem Low-High-Wechsel des Taktsignals entspricht.

Elektrisch entspricht das Y2-Interface einer RS-422-Schnittstelle. Die Ein- und Ausgänge sind differentiell und galvanisch entkoppelt ausgeführt, was Leitungslängen von etwa 100 m ermöglicht. Mit einer definierten Ein- und Ausgangsimpedanz von 120 Ω können aufgrund einer gewissen Toleranz auch AES3-Kabel mit 110 Ω Wellenwiderstand eingesetzt werden.

Im Falle einer Zweikanal-Verbindung erfolgt die Übertragung über eine 8-polige DIN-Steckverbindung. Bei Mehrkanalübertragung mit 24 Kanälen werden die zwölf Audiopaare über einen 25-poligen Sub-D-Steckverbinder geführt.

18.9.8 Mehrkanalton über zweikanalige Schnittstellen

Die meisten zweikanaligen Interfaces orientieren sich an den Formatfamilien AES3 und IEC 60958, mit einem in der Regel 32-Bit großen Rahmen für 8 Bit an Steuerinformationen und 24 Bit an Audiodaten. Hersteller wie Dolby, DTS oder Sony (SDDS) nützen die Bittransparenz dieser Interfaces, um an Stelle von zwei LPCM-Audiokanälen bis zu acht datenreduzierte Audiokanäle zu übertragen. Die Nettodatenraten für Dolby Digital 5.1 von bis zu 448 kbit $\cdot$ s^{-1}, für DTS wahlweise 768 oder 1509 kbit $\cdot$ s^{-1} und für das Dolby E-Verfahren von bis zu 2,305 Mbit $\cdot$ s^{-1} können über eine AES3-Schnittstelle bei 48 kHz Samplingfrequenz ohne weiteres übertragen werden.

Allerdings können Probleme im Signalweg, wie stark jitterbehaftete Audioleitungen oder unzuverlässige Taktsynchronisation, bei datenreduzierten Formaten weitaus störendere Artefakte produzieren als normales LPCM-Stereo. Insbesondere können die bei fehlender Synchronisation eingesetzten Abtastratenwandler aufgrund mangelnder Bittransparenz bei kodiertem Mehrkanalton nicht verwendet werden. Somit kann die Einführung von Mehrkanalton Systemplaner und Techniker zu einem präziseren Umgang bei der Verteilung digitaler Audiosignale „erziehen" (Slavik 2005).

Auch im Heimbereich nützen vor allem DVD-Player und Satelliten-Receiver die Schnittstelle nach IEC 60958 Type II (S/PDIF und TOSLink) zur Übertragung von MPEG-2, Dolby Digital und DTS. Empfehlungen zur Implementierung und Anwendung finden sich in IEC 61937 (DIN EN 61937).

Tabelle 18.8 Verbreitete digitale Zwei- und Mehrkanal-Schnittstellen (Point-to-Point)

Interface	AES3	AES42	IEC 60958 Type I	IEC 60958 Type II	AES3-id	ADAT Lightpipe	MADI Electrical	MADI Optical	SDIF-2	TDIF
Anzahl der Kanäle	2	2	2	2	2	8	56 [3]	56 [3]	2 (24) [4]	8
Übliche Datenrate (in Mbit · s⁻¹) [1]	6,144 (Nach Bi-Phase-Mark-Coding)					9,936	98,304	98,304	1,536 [5]	12,288
Kodierung	Bi-Phase-Mark					NRZI	MNRZI	MNRZI	NRZI	k.A.
Synchronisation und Taktung	Jeweils im Signal enthalten								Eigene Taktleitung	
Carrier-Signal	Ähnlich RS-422, 2 – 7 V			0,5 V	1 V	optisch	1 V	optisch	5 V (TTL)	2 – 3 V (CMOS)
Impedanz (in Ω)	110	110	110	75	75	optisch	75	optisch	75	Quelle ~ 56 Ω Senke ~ 140–1500 Ω
Steckverbindung	XLR	XLR/XLD	XLR	Cinch (elektrisch) oder TOSLink (optisch)	BNC	TOSLink	BNC	Duplex Fibre Connector SC oder ST	BNC oder Sub-D 50 [4]	Sub-D 25
Leitungslänge [2]	100 m	100 m	100 m	10 m	1000 m	5 m	50 m	500 – 2000 m	10 m	5 m
Anmerkung	-	Für digitale Mikrofone	-	Entspricht S/PDIF	-	Je nach Ausführung ADAT-Sync zusätzlich erforderlich	-	-	Getrennte Leitungen für Left, Right und Clock	Bidirektional

[1] Bei Quantisierung mit 48 kHz und 24 Bit, gesamt für alle Kanäle. Ausnahme: Siehe SDIF-2 [5]
[2] Abhängig von der Datenrate des Signals und der Qualität des Kabelmaterials
[3] In der neuen Variante 64 Kanäle
[4] Zwei Kanäle bei Stereo-Mastering (BNC-Stecker), bis zu 24 Kanäle bei Mehrspurmaschinen (DASH-Format, Sub-D-Steckverbindung)
[5] SDIF-2: Datenrate pro Kanal bei 48 kHz/20 Bit

18.10 Mehrkanalige Digital-Schnittstellen

Seit der Einführung des proprietären SDIF-2 Formats für die mehrkanaligen DASH-Recorder der Firmen Sony und Studer (Abschn. 18.9.5) haben sich mehrere international standardisierte und herstellereigene Formate spezifisch für die Übertragung mehrkanaliger Audiosignale etabliert.

18.10.1 AES10 (MADI)

Das Multichannel Audio Digital Interface (MADI) basiert auf einer Initiative der Firmen AMS-Neve, Mitsubishi, Sony und SSL aus dem Jahr 1988 zur Vereinfachung der Verbindung zwischen Mehrspurrekordern und Mischpulten. Heute ist MADI durch AES10-1991 und ANSI S4.43-1991 international standardisiert. Immer mehr Geräte, von der Stagebox bis hin zu Audioworkstations, verwenden das Interface zur effizienten Verbindung mehrkanaliger Systeme. Je nach System können 56 oder 64 Audiokanäle im Zeitmultiplex über eine Leitung übertragen werden. Die maximalen Abtastraten liegen derzeit bei 96 kHz, die Auflösung beträgt wahlweise 16, 20 oder 24 Bit. MADI kann über elektrische oder optische Verbindungen übertragen werden.

18.10.1.1 MADI Coax (MADI Electrical)

Die elektrische Variante von MADI verwendet Koaxialkabel mit 75 Ω Wellenwiderstand und ein Übertragungsprotokoll, dass sich eng an FDDI (Fibre Distributed Digital Interface) orientiert. 56 (bei neuen Systemen 64) Subframes werden pro MADI-Frame übertragen, wobei die einzelnen Subframes exakt den AES3-Frames gleichen. Einzige Ausnahme ist das Fehlen der Präambel, da sich MADI anders

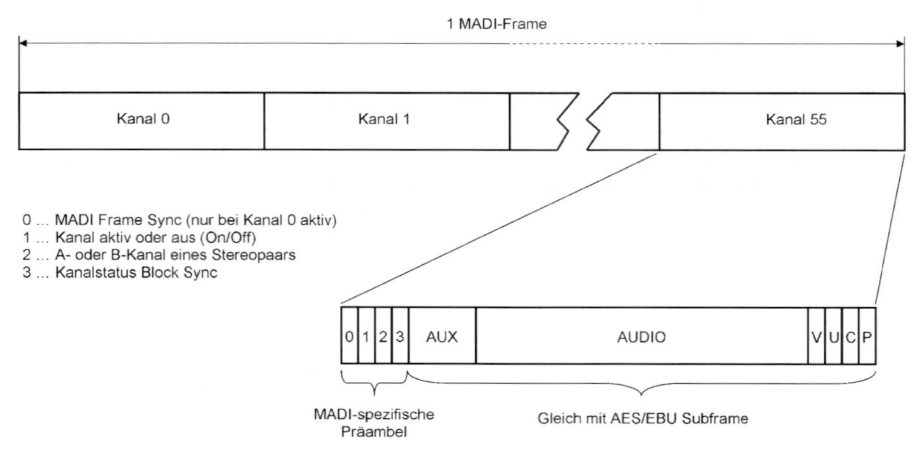

0 ... MADI Frame Sync (nur bei Kanal 0 aktiv)
1 ... Kanal aktiv oder aus (On/Off)
2 ... A- oder B-Kanal eines Stereopaars
3 ... Kanalstatus Block Sync

Abb. 18.31 Datenformat der MADI-Schnittstelle

Kapitel 18 Anschlusstechnik, Interfaces, Vernetzung   1003

synchronisiert. Eine kanaleigene Prüfsumme kann daher nur über die Bits 4 bis 31 des Subframes gebildet werden (Abb. 18.31).

Der Kanalcode der MADI-Schnittstelle unterscheidet sich von einem AES3-Interface. Die Übertragungsrate der MADI-Schnittstelle ist unabhängig von der Samplingfrequenz oder der Anzahl der Audiokanäle. Im ursprünglichen MADI-Standard ergibt sich die Basis-Datenrate aus der höchstmöglichen Abtastrate (54.000 Hz bei 48 kHz mit Varispeed) mal der Anzahl der Kanäle (56), mal der Anzahl von 32 Bits pro Subframe zu 96,768 Mbit·s^{-1}. In der neueren Variante des Standards sind 64 Audiokanäle mit bis zu 48 kHz Abtastrate oder 32 Kanäle mit bis zu 96 kHz Samplingfrequenz vorgesehen, was ähnliche Datenraten ergibt und die Weiterverwendung bestehender Verkabelungen erlaubt. Die Gesamtdatenrate beträgt 125 Mbit·s^{-1} mit einer Genauigkeit von ±100 ppm.

Das MADI-Signal kann zwar das Interface des Empfängers synchronisieren, nicht aber dessen Samplingfrequenz. Zur Vermeidung hoher Gleichspannungsanteile kommt 4/5-Encoding (auch: 4/5 Modified NRZI / MNRZI) zum Einsatz. Dazu wird jeder Subframe in acht Gruppen von vier Bit unterteilt, die ihrerseits nach einem bestimmten Muster in 5 Bit Datenworte umcodiert werden. Dadurch ist die resultierende Datenrate um 25 % höher. Die Synchronisation zwischen Sender und Empfänger erfolgt über Synchronzeichen, die zwischen die neu enkodierten Subframes eingefügt werden.

Die koaxiale, elektrische Version verwendet eine Übertragungsleitung mit 75 Ω Wellenwiderstand (±2 Ω), die Dämpfung darf im Frequenzbereich zwischen 1 und 100 MHz nicht größer als 0,1 dB pro Meter sein. Die strengen Spezifikationen erlauben Übertragungsreichweiten von etwa 50 m. Auffallend sind die außerordentlich strengen Vorgaben für Jitter (Abb. 18.32) und die Qualität des Kabelmaterials.

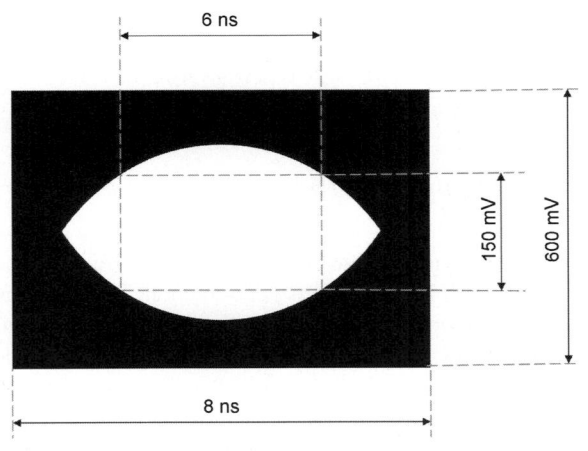

Abb. 18.32 Erforderliches Augendiagramm zur korrekten Decodierung von MADI

18.10.1.2 MADI Optical

MADI Optical überträgt das gleiche Datenformat über Lichtwellenleiter aus echter Glasfaser. Die Lichtwellenleiter werden meist als Duplex-Fasern für Hin- und Rückleitung verwendet, als optische Steckverbinder kommen daher Duplex Fibre Connectors der Typen SC oder ST zum Einsatz (Abb. 18.33). Die Multimode-Glasfaser ist mit einem Kerndurchmesser von 50 μm (meist blaues Kabel) oder 62,5 μm (meist oranges Kabel) spezifiziert, der Glasmanteldurchmesser (Cladding) beträgt in beiden Fällen 125 μm. Die maximale Leitungslänge liegt – je nach Faser – zwischen 500 und 2000 m, die Lichtwellenlänge beträgt 1300 nm. Auch Singlemode-Fasern mit 8 μm Glaskern können verwendet werden, um die zulässige Leitungslänge zu erhöhen (s. Abschn. 18.2.3). Zur Umsetzung zwischen Optical und Electrical MADI stehen bidirektionale Medienkonverter bereit.

Abb. 18.33 Bidirektionaler Medienkonverter für MADI Coax (BNC) und MADI Optical (Duplex Fibre Connector) (Foto: Soundscape Sydec Audio Engineering nv)

18.10.2 ADAT Lightpipe (ODI)

Ende der 1980er Jahre entwickelte die Fa. Alesis achtspurige digitale Aufnahmemaschinen, die als Medium VHS-Kassetten verwendeten. Zur verlustlosen digitalen Verbindung wurden die Geräte mit optischen Schnittstellen namens ADAT Lightpipe oder ODI (Optical Digital Interface) ausgestattet. Das optische ADAT-Interface ist eine serielle, selbsttaktende Schnittstelle zur Übertragung von acht Audiokanälen mit bis zu 24 Bit Auflösung. Die Abtastrate beträgt üblicherweise 48 kHz, Varispeed mit bis zu 50,4 kHz wird unterstützt. Wenn Audiosignale mit 96 kHz Samplingfrequenz übertragen werden sollen, kommt „Double Speed" zum Einsatz, wodurch die Anzahl der Kanäle pro Leitung von acht auf vier reduziert wird.

Das Datenformat kombiniert die Subframes aller acht Audiokanäle mittels Zeitmultiplex zu einem Frame, das zusätzlich 11 Sync-Bits und vier User-Bits enthält. Das Sync-Wort besteht aus zehn Nullen und einer darauffolgenden Eins, die Audiodaten sind nach NRZI kodiert. Als Steckverbindung wird das von S/PDIF (IEC 60958) bekannte TOSLink verwendet. Es gelten daher die gleichen Qualitätskriterien, wie in Abschn. 18.9.4 beschrieben. Manche Geräte erfordern zusätzlich zu TOSLink die Übertragung eines speziellen ADAT-Synchronsignals, das parallel zum Audio über eine 9-polige Sub-D-Steckverbindung übertragen wird.

18.10.3 Mitsubishi Digital Interface (PD, ProDigi)

Mitsubishi konkurriert mit einem Mehrspur-Bandformat namens PD (ProDigi) mit den DASH-Mehrspurrekordern von Studer und Sony. PD erlaubt die Aufzeichnung von 32 Spuren, sog. Dub-Interfaces ermöglichen die Verbindung zu gleichartigen Maschinen oder zu Mischpulten. Jeweils 16 Spuren werden über eine 50-polige Sub-D-Steckverbindung übertragen: Der Anschluss Dub-A überträgt die Tracks 1–16 sowie Wordclock, Bitclock und Statusinformation, Dub-B überträgt nur die Audiodaten der Spuren 17–32. Die Signalübertragung erfolgt differentiell. Als Datenformat kommen 32 Bit breite Rahmen zum Einsatz, die ohne weitere Kodierung Audiodatenworte von 16 Bit übertragen. Die restlichen Bits werden auf 0 gesetzt. Für Zweikanal-Maschinen wurde zusätzlich eine Dub-C genannte Schnittstelle entwickelt. Sie verwendet eine 25-polige Steckverbindung und unsymmetrische Signalübertragung. Pro Abtastwert stehen 24 Bit zur Verfügung, von denen je nach Auflösung 16 oder 20 Bit verwendet werden. Zusätzlich werden Daten für Wordclock (48 kHz), Bitclock (1,152 MHz) und Masterclock (2,304 MHz) übertragen. Trotz aller Ähnlichkeiten zur SDIF-2-Schnittstelle der Fa. Sony sind die beiden Interfaces weder in der zwei- noch in der mehrkanaligen Variante kompatibel.

18.10.4 Roland R-BUS

Das früher auch als RMDB-II bezeichnete R-Bus-Interface der Fa. Roland ist kaum dokumentiert. Die Schnittstelle ist jedenfalls kein „Bus" im datentechnischen Sinn wie etwa FireWire oder USB. Ähnlich wie beim TDIF-Interface werden lediglich acht digitale Audiokanäle sowie einige Zusatzdaten parallel und bidirektional übertragen. Als Abtastraten können 32, 44.1, 48 und 96 kHz verwendet werden, bis zu 24 Bit Auflösung sind möglich. Als Besonderheit kann gelten, dass zusätzlich zu den üblichen Sync-Signalen auch MIDI-Daten übertragen werden und die Spannungsversorgung angeschlossener Geräte über den R-Bus erfolgen kann. Als Steckverbindung kommt eine meist blaue, 25-polige Sub-D-Verbindung zum Einsatz. Eine DIF-AT24 genannte Interface-Box erlaubt die Konvertierung zwischen ADAT-Interfaces und R-BUS. Die Leitungslänge ist auf etwa 5 m begrenzt.

18.10.5 TDIF-2 – Tascam Digital Interface

Das Tascam Digital Interface ist eine weit verbreitete, jedoch außergewöhnlich schlecht dokumentierte Mehrkanal-Schnittstelle. Es wurde ursprünglich als „Dub-Interface" entwickelt, um acht Audiokanäle bidirektional zwischen gleichartigen Achtspur-Recordern des Tascam Digital Tape Recording Systems (DTRS) überspielen zu können, entwickelte sich jedoch bald zu einem universellen Interface für Produkte unterschiedlicher Hersteller.

Geräteseitig kommen 25-polige Sub-D-Steckverbinder zum Einsatz. Insgesamt acht Audiokanäle können gleichzeitig und bidirektional übertragen werden. Jeweils zwei Audiokanäle werden dabei im Zeitmultiplexverfahren auf einer eigenen Leitung übertragen, die Signale sind unsymmetrisch (non-differentiell) und auf CMOS-Level. In der Praxis liegen die Spannungen zwischen 2 und 3 V (Frandsen u. Lave 2004). Das Interface ist daher ausschließlich für kurze Verbindungen von weniger als 5 m geeignet und benötigt kapazitätsarme Kabel oder Flachbandleitungen. Als eines der wenigen digitalen Interfaces verwendet TDIF-1 keine Leistungsanpassung sondern Spannungsanpassung mit einer Ausgangsimpedanz von 56 Ω (±20%), der eine Eingangsimpedanz von etwa 1 bis 1,5 kΩ gegenübersteht (Otari 2006).

Heute kommt fast ausschließlich die Variante TDIF-2 zum Einsatz. Sie wurde – so zeigt die Praxis – offenbar ein wenig stabiler implementiert und erlaubt, mit richtigem Kabel, Verbindungen bis zu etwa 10 m. Zur Synchronisation gibt es je eine bidirektionale Leitungsverbindung (LRCK IN, LRCK OUT), ebenso für die Emphase (EMPH IN, EMPH OUT). Die Samplingfrequenz wird über die Kontakte FS0 IN und FS0 OUT sowie FS1 IN und FS2 OUT ebenfalls bidirektional signalisiert (Tabelle 18.9).

Tabelle 18.9 Kontaktbelegung der 25-poligen TDIF-Verbindung

Kontaktbelegung (Stecker DB25)	Signal	Kontaktbelegung (Stecker DB25)	Signal
1	DOUT1/2	19	FS1 OUT
14	DGND	8	FS1 IN
2	DOUT3/4	20	FS0 IN
15	DGND	21	EMPH IN
3	DOUT5/6	10	DIN7/8
16	DGND	22	DGND
4	DOUT7/8	11	DIN5/6
17	DGND	23	DGND
5	LRCK OUT	12	DIN3/4
9	LRCK IN	24	DGND
7	DGND	13	DIN1/2
18	EMPH OUT	25	DGND
6	FS0 OUT		

Die maximale Audio-Wortbreite beträgt 24 Bit, die Abtastfrequenz ist auf 48 kHz begrenzt. Soll als Samplingfrequenz 96 kHz verwendet werden, reduziert sich die

Kanalzahl auf die Hälfte. Das Datenformat ähnelt der AES3-Schnittstelle. Subframes für ungerade (1, 3, 5, 7) und gerade Kanalzahlen (2, 4, 6, 8) werden abwechselnd im Zeitmultiplexverfahren übertragen. Das zugehörige LRCK-Signal ist logisch High für ungerade und logisch Low für geradzahlige Frames (Rumsey u. Watkinson 2004).

18.10.6 SDI und HD-SDI – Serial Digital Interface

Das serielle digitale Interface (SDI) wird in der professionellen Videotechnik verwendet und ist nach ITU-R BT.656 und SMPTE-259M standardisiert. Es erlaubt die Übertragung von linearen, nicht datenreduzierten Videosignalen, einer Vielzahl von Kontroll- und Steuerinformationen und insgesamt 16 Audiokanälen über ein koaxiales Kabel. Die Gesamt-Datenrate beträgt bei PAL-Signalen 270 Mbit·s^{-1} (Bildformat 4:3) oder 360 Mbit·s^{-1} (Bildformat 16:9). Bei hochauflösenden Videosignalen mit 720 oder 1080 Zeilen und Halb- oder Vollbildübertragung (Interlaced oder Progressive Scan) kommt HD-SDI mit zwei parallen Koaxialkabeln (Dual Link) oder einem Koaxialkabel (Single Link) zum Einsatz. Die Datenrate beträgt – unabhängig von der Videoauflösung – konstant 1485 Mbit·s^{-1} bei Dual Link und 2970 Mbit·s^{-1} bei Single Link.

Das Audiosignal wird als „Embedded Audio" in den Ancillary Data der horizontalen Austastlücke des Bildes übertragen. SMPTE 272M definiert die Audioübertragung über SDI bei Standard Definition (normaler Bildauflösung), bei hoher Auflösung (High Definition mit 720 oder 1080 Zeilen) kommt SMPTE 299M zur Anwendung. Insgesamt neun sog. Levels (A bis J) erlauben unterschiedliche Konfi-

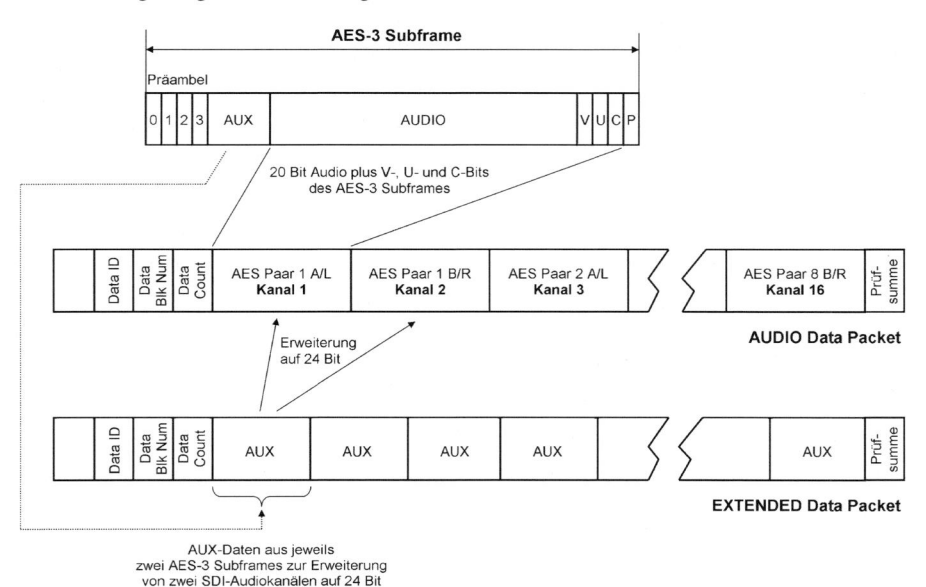

Abb. 18.34 Datenstruktur beim SDI-Interface (vereinfacht)

gurationen der Audioübertragung, wobei Level A den Default-Wert darstellt. Damit können synchrone Audiosamples mit 20 Bit Wortbreite und 48 kHz Abtastfrequenz in insgesamt vier wählbaren Gruppen mit je vier Audiokanälen übertragen werden. Bei HD ist der Default-Wert auf 24 Bit erweitert (Abb. 18.34).

Sowohl bei SD als auch bei HD werden sämtliche Informationen aus der AES3-Schnittstelle lückenlos übernommen und bittransparent übertragen. Daher können auch datenreduzierte Mehrkanal-Bitstreams, wie etwa Dolby Digital oder Dolby E, (weitgehend) problemlos über SDI und HD-SDI transportiert werden. Im Fall von SDI mit lediglich 20 Bit erfolgt die Reduktion von 24 auf 20 Bit durch Weglassen der vier AUX-Bits des AES3-Subframes. Nachdem aber Dolby E ohnedies auch die Verwendung von 20 Bit Datenwörtern erlaubt (Encoderseitig einstellbar), ist die Übertragung unproblematisch.

SDI verwendet videotypische Koaxialleitungen mit 75 Ω Wellenwiderstand (RG-59), die Signalspannung beträgt 800 mV ($\pm 10\%$) Spitze-Spitze. Die Daten werden als NRZ (Non Return To Zero) enkodiert und mittels LFSR (Linear Feedback Shift Register) zufallsartig verschachtelt, wodurch Gleichspannungsanteile vermieden werden. Kabelentzerrung ist vorgesehen, damit werden bei 270 Mbit·s^{-1} etwa 300 m Reichweite erzielt. Bei HD-SDI liegen die Reichweiten im Bereich von etwa 70 m. Repeater (Aufholverstärker und Regeneratoren) erlauben die verlustarme Verlängerung der Übertragungsstrecken.

Um Audiosignale in einen SDI-Stream einzufügen und auszulesen, werden sog. Audio-Embedder und Deembedder benötigt. Der SDI-Datenstrom wird dazu durch Demultiplexing in seine Einzelteile „zerlegt", die Bits an der entsprechenden Stelle eingefügt oder entfernt und anschließend in einem Multiplexer wieder zusammengefügt. Praktisch alle professionellen Videorecorder verfügen über eingebaute Embedder und Deembedder. Mittlerweile bieten auch Audiogeräte-Hersteller Produkte mit eingebauten SDI-Embeddern an, da externe Embedder meist äußerst kostenintensiv sind.

18.11 Synchronisation und Taktung

In der Videotechnik ist es seit jeher selbstverständlich, alle Geräte eines Produktionsverbundes von der gleichen Taktquelle aus zu takten und so miteinander zu synchronisieren. Nur damit ist es möglich, beim Überblenden oder Umschalten zwischen einzelnen Bildquellen sichtbare Störungen zu vermeiden. In der digitalen Audiotechnik stehen für die Synchronisation oder Taktung unterschiedlicher Geräte vier Typen von Taktsignalen zur Verfügung.

18.11.1 DARS – Taktsignal nach AES11

Das Digital Audio Reference Signal (DARS) nach AES11 entspricht einem normalen AES3-Signal, lediglich die Audioinformation ist stumm (logisch 0). Es wird daher oft auch als „AES-Leerframe" bezeichnet. Wenn es sich um DARS handelt, wird dies in Byte 4, Bits 0 und 1 der AES3 Channel Status Bits signalisiert. Das DARS kann über AES3-konforme Verteilverstärker verteilt werden.

AES11 unterscheidet zwei Genauigkeitsklassen: DARS Grade-1 sind hochgenaue Taktsignale mit einer Langzeit-Frequenzstabilität von ±1 ppm (parts per million). Das bedeutet, dass statt einer nominalen Taktfrequenz von 48.000 Hz Abweichungen von maximal ±0,048 Hz möglich sind. DARS Grade-2 erlaubt Abweichungen von ±10 ppm, was einer Abweichung von maximal ±0,48 Hz entspricht. Auch wenn sich viele Geräte, z. B. digitale Mischpulte, über ihre AES3-Audioeingänge synchronisieren können, verfügen die wenigsten über einen eigenen AES11-Takteingang.

18.11.2 Wordclock und Superclock

Die Wordclock ist ein an vielen digitalen Geräten verfügbares Taktsignal. Über einen eigenen Anschluss, meist beschriftet mit WCLK (Wordclock) und als BNC-Buchse ausgeführt, erhält das zu taktende Geräte einen Rechteckpuls auf TTL-Pegel (0–5 V). Die Taktrate entspricht der Abtastfrequenz des Signals, also meist 44,1 kHz, 48 kHz oder 96 kHz.

Der Takt kann unter Einhaltung korrekter Anpassung (75 Ω Wellenwiderstand) von einem Gerät zum nächsten durchgeschleift werden, wobei das letzte mit einem Abschlusswiderstand (Terminator) versehen werden muss, um die in Abschn. 18.4.3 beschriebenen Reflexionen zu vermeiden. Mehr als 3 bis 5 solcher Weiterleitungen sind jedoch nicht zu empfehlen, da sich durch Reflexionen das Jitterverhalten verschlechtert. Die Verteilung des Taktes über Verteilverstärker ist in jedem Fall vorzuziehen.

Manche Hersteller (Digidesign Protools, Soundscape Mixtreme) setzen bei Ihren Produkten Superclock ein. Dieses Sync-Signal gleicht Wordclock mit um den Faktor 256 höherer Taktfrequenz und geringerem Jitter.

18.11.3 Video Black & Burst

Vor allem bei Audiogeräten, die in Verbindung mit Videosystemen betrieben werden, kommt Video Black & Burst zum Einsatz. Dabei handelt es sich um ein analoges Videosignal (FBAS, Farbbildaustastsignal, auch Composite Video genannt) mit einem Spannungspegel von etwa 1 V (typ. 0,8 V) und schwarzem Bildinhalt. Als Schnittstelle kommt eine BNC-Steckverbindung mit 75 Ω Wellenwiderstand zum Einsatz.

Aus dem Videosignal kann sowohl die Zeilenfrequenz von 15.625 Hz (bei PAL) als auch die Bildwechselfrequenz von 50 Hz (Halbbilder) abgeleitet werden. Über Vervielfacher und Teiler wird geräteintern die Audiotaktfrequenz von 48.000 Hz generiert. Videosignale als Taktreferenz sind aus zwei Gründen beliebt. Erstens sind sie meist relativ genau und stabil, zweitens erlauben sie eine einfache, taktmäßige Verkopplung mit Videogeräten.

18.11.4 Taktgeneratoren und Jitter

Zur stabilen Synchronisierung und Taktung größerer Audiosysteme wie Tonstudios, Funkhäuser, Übertragungswagen und Theater werden zentrale Taktgeneratoren eingesetzt. Neben den audiotypischen Clock-Signalen können manche dieser Geräte auch Uhrzeit, Timecode und viele andere Zeitreferenzen hochgenau generieren. Besonders zuverlässige Generatoren erlauben über DCF77 oder GPS die Verkopplung zu internationalen Zeitnormalen.

Unabhängig von der Taktart haben Clock-Generatoren zwei Aufgaben. Einerseits liefern sie Referenzsignale, um alle digitalen Audiogeräte in einem Produktionsverbund am gleichen Takt betreiben zu können und typische Synchronisationsprobleme wie Glitches und kurze Aussetzer zu verhindern. Andererseits sollen Taktgeneratoren besonders jitterarme Taktsignale liefern, was zu einer merkbaren Verbesserung der Audioqualität führen kann. Die Verteilung der Taktsignale erfolgt über für die jeweilige Taktart geeignete Verteilverstärker.

Wörtlich bedeutet das englische Wort Jitter soviel wie Zittern. Jitter kann als eine Zeitschwankung zwischen der idealen und tatsächlichen Position eines Bits verstanden werden. Die Position der Flanken ändert sich andauernd und relativ rasch, sie „zittern" sozusagen (Abb. 18.35). Das Ausmaß des Jitters wird in Nanosekunden (ns) oder UI (Unit Intervals) angegeben, seine Frequenz in Hz.

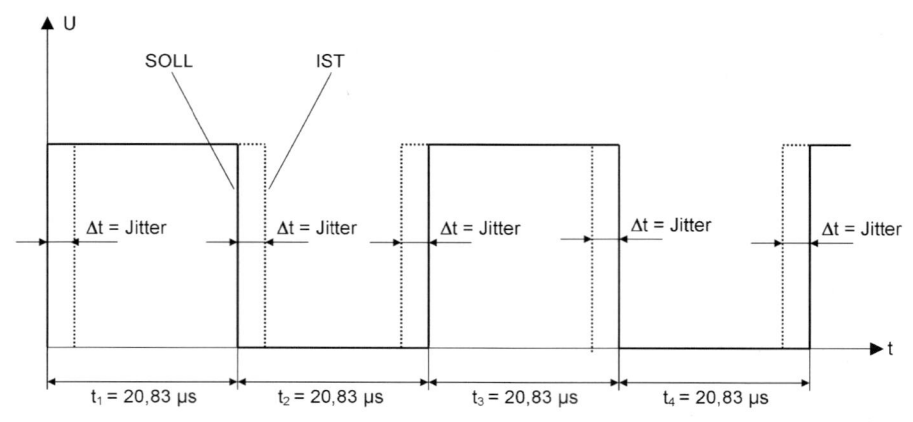

Abb. 18.35 Jitter eines digitalen Signals (Clockjitter). 20,83 μs = Zeitdauer eines Samples bei 48 kHz, Δt = Jitter, Angabe meist in ns oder UI (Unit Intervals). Jitter entspricht der Zeitabweichung zwischen idealem (SOLL) und tatsächlichem (IST) Samplezeitpunkt.

Jitter kann viele Ursachen haben. Clockjitter entsteht durch instabile Taktgeneratoren oder unzureichende Sync-Konzepte zur Taktverteilung. Signaljitter entsteht auf dem Übertragungsweg durch Fehlanpassungen und ungeeignete Übertragungsmedien. Neben einer Verschlechterung der Stereoortung bewirkt Jitter vor allem ein Ansteigen des Grundrauschens. Nach der Beziehung

$$R_j = 20\log\frac{J\omega_i}{4} \text{ in dB} \qquad (18.22)$$

ergibt sich der Pegel des entstehenden Jitter-Seitenbandes R_j (in dB), wobei J für die Spitzenamplitude des Jitters steht und ω_i für die Audio-Signalfrequenz.

Die tatsächliche Hörbarkeit von Jitter hängt stark von der Jitterfrequenz ab (Dunn 1992). Basierend auf dem Hörempfinden des Menschen (Hörkurve, Verdeckungseffekt) ist Jitter bei Frequenzen unter etwa 250 Hz deutlich weniger störend als bei Jitterfrequenzen oberhalb von 600 Hz. Grundsätzlich gilt: Je größer die Auflösung (Wortbreite) eines Systems, um so kleiner muss Jitter sein. Während bei 16 Bit-Systemen Jitter um 10 ns als noch akzeptabel gilt, benötigen Systeme mit 24 Bit Auflösung hochstabile Taktsignale mit Jitterwerten zwischen 0,1 und 1 ns, um ihre theoretische Qualität auch praktisch nützen zu können (Watkinson 2001). Obwohl die eingebauten Taktgeneratoren der meisten Geräte mittlerweile stabile und relativ jitterarme Takte generieren, profitieren selbst sehr teure Geräte von externen Taktgeneratoren. So liefert zum Beispiel der Master-Clockgenerator Rosendahl Nanosync einen hochgenauen Takt von ±1 ppm mit einem Jitter von weniger als 12 ps.

18.11.5 Synchronkonzepte

In der Praxis der digitalen Audiotechnik synchronisieren sich Geräte an jeweils einer von drei möglichen Taktquellen, die über das Betriebsmenü oder über eigene Schalter wählbar sind.

18.11.5.1 Synchronisation einzelner Geräte

Wird ein Gerät in einer rein analogen Umgebung eingesetzt, wie zum Beispiel ein digitales Live-Mischpult in einem ansonsten analogen Beschallungssystem, synchronisiert es sich an seinem intern erzeugten Eigentakt. Dieser Takt entspricht der Abtastfrequenz und ist meistens umschaltbar (z. B. 44,1 kHz, 48 kHz, 96 kHz).

18.11.5.2 Quelle synchronisiert Senke

Wird ein digitales Gerät mit lediglich einem anderen digitalen Gerät verbunden, wie z. B. ein digitales Aufnahmegerät mit dem vorhin beschriebenen digitalen Live-Mischpult, synchronisiert sich der Recorder am Takt der digitalen Signalquelle. Dazu extrahiert er aus dem Datenfluss des AES3- oder S/PDIF-Interfaces die erforderlichen Taktinformationen und synchronisiert sich so an der Quelle. Voraussetzung dafür ist, dass der digitale Audioeingang des Gerätes als Taktquelle gewählt wird. Allerdings: Nicht alle Geräte, die sich aufnahmeseitig auf ihren digitalen Eingang synchronisieren können, tun dies auch bei der Wiedergabe. In diesem Fall können bei der Wiedergabe über das oben erwähnte Mischpult sehr wohl Störungen auftreten, obwohl der Eingang nach wie vor korrekt synchronisiert wird.

18.11.5.3 Die Verbundlösung

Werden mehrere digitale Geräte in einem Produktionsverbund eingesetzt, so muss eine zentrale Taktquelle für die Synchronisation sorgen. Das kann ein externer, hochgenauer Masterclock- oder Haustakt-Generator sein, aber auch ein Gerät aus dem Produktionsverbund, dessen interner Takt über einen Taktausgang und Verteilverstärker zu allen anderen Geräten verteilt werden kann. So könnte etwa ein Mischpult diese Funktion übernehmen.

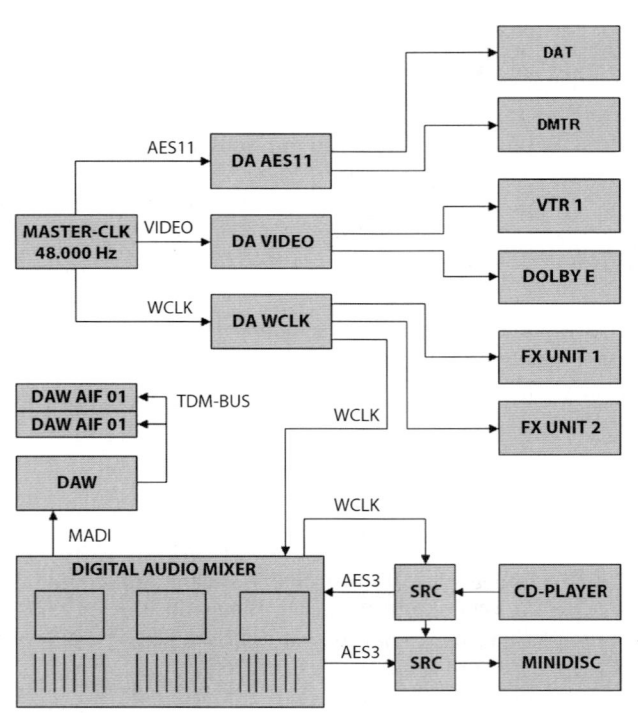

Abb.18.36 Synchronkonzept eines Tonstudios (Post-Production)

Im Beispiel aus Abb. 18.36 kommt ein zentraler Taktgenerator zum Einsatz. Nachdem im Studio verschiedene Geräte mit unterschiedlichen Sync-Anforderungen zum Einsatz kommen, müssen unterschiedliche Taktarten generiert werden. Die einzelnen Taktsignale werden über Verteilverstärker (Distribution Amplifier, DA) „vervielfältigt" und zu den Geräten übertragen, die sich so auf einen stabilen Studiotakt synchronisieren können.

Geräte, die keinen Sync-Anschluss haben (wie viele semiprofessionelle Geräte) verwenden zur Synchronisation ihre digitalen Eingänge. In Abb. 18.36 werden sowohl der CD-Player (ausgangsseitig) als auch der Minidisc-Recorder (ein- und ausgangsseitig) über Samplerate-Konverter mit dem Mischpult verbunden. Beide arbeiten mit Samplingfrequenzen von 44.100 Hz und weichen somit vom Studiotakt (48.000 Hz oder 96.000 kHz) ab. Beide Samplerate-Konverter werden extern mittels Wordclock getaktet.

Interessant ist auch die Taktversorgung der digitalen Audio-Workstation (DAW). Die Audiointerfaces der Workstation werden mit Wordclock versorgt. Damit ist auch die MADI-Verbindung zwischen Mischpult und DAW in beiden Richtungen synchron. Die Workstation selbst mit ihrem Hostprozessor und den internen digitalen Signalprozessoren synchronisiert sich am Takt des TDM-Datenbusses, der sie mit den Audiointerfaces verbindet.

18.12 Digitale Signalverteilung

Digitale Audio- und Taktsignale sollen nach AES3-2003, AES11 und IEC 60958 ausschließlich über Verteilverstärker zu mehreren Empfängern übertragen werden. Sie entkoppeln das Signal von der Quelle und erlauben große Leitungslängen. Das Parallelschalten mehrerer Senken, wie noch in AES3-1985 erlaubt, oder das Durchschleifen des Signals von einem Gerät zum anderen beeinträchtigt die Signalqualität erheblich (Jitter) und kann zum Ausfall der Übertragung führen.

18.12.1 Signal-Reclocking und Regeneration

Soll das digitale Signal nach einer längeren Übertragungsstrecke weiterverteilt werden, dürfen ausschließlich solche Geräte eingesetzt werden, die das Audiosignal vor der Verteilung regenerieren. Dabei werden die Daten am Eingang nicht einfach verstärkt und auf mehrere Ausgänge verteilt, sondern zunächst aus den Subframes extrahiert. Die Informationen werden signaltechnisch aufbereitet und mit dem regenerierten Takt zu neuen Subframes zusammengeführt (Reclocking). Vor allem bei AES3-id kommen immer wieder „normale" Video-Verteilverstärker zum Einsatz, die kein Reclocking digitaler Audiosignale durchführen. Ein eventuell bereits deformiertes Signal wird so nicht regeneriert, sondern evtl. noch schadhafter weiter übertragen.

18.12.2 Steckfelder und Matrix-Systeme

Es empfiehlt sich nicht, digitale Audio- und Clocksignale über analoge Steckfelder mit für digitale Signale ungeeigneten und vor allem undefinierten Impedanzverhältnissen zu führen. Für die manuelle Verteilung digitaler Signale (ebenso wie kleinpegeliger Mikrofonsignale) empfehlen sich entweder XLR-Steckfelder oder spezielle Steckverbinder mit einem hohen EMV-Schutz durch zusätzliche Front- und Rückplattenabschirmungen und speziellen Patchkabeln (Abb. 18.37). Im Falle digitaler Signale müssen auch die Anforderungen an den normierten Wellenwiderstand eingehalten werden.

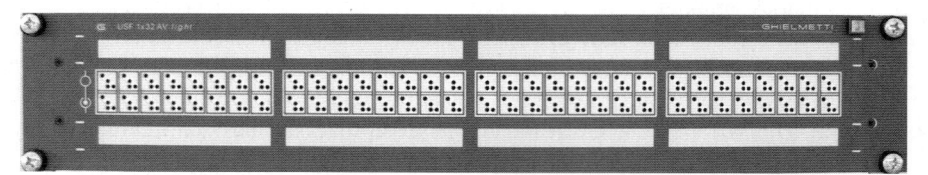

Abb.18.37 Universelles Steckfeld für analoge und digitale Audio- und Steuersignale (Ghielmetti ASF-Serie) (Foto: Ghielmetti AG)

Im Falle von Kreuzschienen und Matrixsystemen gelten für digitale Signale prinzipiell die gleichen Möglichkeiten wie für analoge Signale (s. Abschn.18.7.3). Wichtig ist jedoch, dass alle Schaltpunkte (Knoten) synchron zum Takt des Eingangssignals oder eines externen Taktsignals schalten. Ist dies nicht der Fall, werden zum Zeitpunkt des Umschaltens ein oder mehrere Subframes „angeschnitten" und damit zerstört, wodurch hörbare Störungen entstehen. Alle Eingänge sollten ein Reclocking erlauben, um Signale schlechter Qualität normgerecht aufbereiten zu können.

18.13 Signalübertragung in Bus und Netzwerk

In den letzten Jahren ist in der Audiotechnik ein eindeutiger Trend zu Bus- und Netzwerkverbindungen festzustellen (vgl. Kap. 17). Sie erlauben die Übertragung großer Datenmengen einzelner oder mehrerer Audiokanäle, bidirektionale Kommunikation und die Adressierung bestimmter Teilnehmer.

18.13.1 Das ISO-OSI Schichtenmodell

Das Open Systems Interconnection Reference Model (OSI) ist ein offenes Schichtenmodell für die Kommunikation informationsverarbeitender Systeme. Es wurde 1979 von der ISO (International Standardization Organisation), einem internationalen Normungsgremium, definiert und seither kontinuierlich weiterentwickelt. Das ISO-OSI-Modell dient als Grundlage einer Reihe herstellerunabhängiger Netzprotokolle. Es definiert und vereinheitlicht Verfahren und Regeln für den Austausch digitaler Daten. Obwohl es primär für öffentliche und private Kommunikationsnetzwerke entwickelt wurde, funktionieren die meisten digitalen Audioschnittstellen und Audionetzwerke nach gleichen oder zumindest ähnlichen Überlegungen.

Das OSI-Modell definiert sieben Schichten oder Ebenen, sog. ISO-Layer. Jede Schicht hat bestimmte Aufgaben, für die sie die darunter liegende Schicht als Transportmedium oder Hilfsmittel benützt. Dadurch wird ein komplexer Kommunikationsprozess in kleinere, leichter überschaubare Teilprozesse zerlegt. Auch Verbesserungen und Upgrades lassen sich leichter durchführen, da sie in den meisten Fällen nur einzelne Schichten betreffen.

Die einzelnen Schichten werden bei der Datenquelle in absteigender Reihenfolge durchlaufen (Layer 7 bis 1), bei der Datensenke in aufsteigender Reihenfolge (Layer 1 bis 7), da die Datenquelle ihre Eigenschaften ja kennt, der Empfänger jedoch zunächst die Erkennung beginnend beim physikalischen Datenstrom durchführen muss. Die Schichten 1 bis 4 sind transportorientiert, die Schichten 5 bis 7 anwendungsorientiert.

18.13.1.1 Schicht 1, Bitübertragung (Physical Layer)

In dieser Schicht sind die physikalischen Parameter der Verbindung und deren fortgesetzte Betriebsbereitschaft festgelegt. Alle elektrischen Parameter wie Impedanz, Signalpegel und Datenrate, aber auch die Art der Steckverbinder sowie funktionale und prozedurale Parameter sind hier definiert. Die Übertragung kann über Lichtwellenleiter, Kupferleiter oder drahtlos erfolgen.

18.13.1.2 Schicht 2, Sicherung (Data Link Layer)

Die zweite Ebene dient der Verbindungsherstellung zwischen Quelle und Senke bzw. Quelle und Netzwerk. Ihre Aufgaben liegen in der Synchronisierung einerseits, aber auch im Erkennen, Behandeln und Korrigieren etwaiger hardwarebedingter Fehler. Dazu werden sog. Übertragungsprotokolle eingesetzt.

So sendet etwa eine AES/EBU-Schnittstelle zunächst eine Präambel aus vier Bits, die den Subframe identifiziert und die Synchronisation des Empfängers ermöglicht. Am Ende des 32-Bit langen Subframes befinden sich weitere Informationsbits (V, U, C, P), die zusätzliche Statusinformationen enthalten und eine Paritätsprüfung ermöglichen. Lediglich 24 Bit dienen der eigentlichen Audioübertragung, acht Bit dienen der Kommunikation zwischen Sender und Empfänger. Eine falsche „Prüfsumme" während der Paritätsprüfung führt zum sofortigen Stummschalten des Empfängers.

18.13.1.3 Schicht 3, Vermittlung (Network Layer)

Diese Ebene ist unter anderem für Vermittlung, Adressierung (Routing) und transparenten Datentransport verantwortlich. Bei leitungsorientierten Diensten sorgt die Vermittlungsschicht für das Schalten von Verbindungen, bei paketorientierten Diensten für die Weitervermittlung von Datenpaketen über mehrere Zwischenstationen. Auch Netzadressen gehören zu dieser Schicht.

18.13.1.4 Schicht 4, Transport (Transport Layer)

Die vierte Ebene garantiert zwei miteinander kommunizierenden Anwendern eine transparente, lückenlose und gesicherte Ende-zu-Ende-Kommunikation. Sie bietet den anwendungsorientierten Schichten 5 bis 7 einen einheitlichen Zugriff, so dass sich diese um die Eigenschaften des Kommunikationsnetzes nicht zu kümmern brauchen. Die meisten Audionetzwerke verwenden hier spezielle, an Audioerfordernisse angepasste Protokolle.

18.13.1.5 Schicht 5, Sitzungsschicht (Session Layer)

Um kurzzeitige Unterbrechungen und ähnliche Probleme zu beheben, stellt die Sitzungsschicht Dienste für einen organisierten Datenaustausch zur Verfügung. Zu diesem Zweck werden Wiederaufsetzpunkte, so genannte Check Points gesetzt, an denen die Sitzung nach einem Ausfall einer Transportverbindung wieder synchronisiert werden kann, ohne dass die Übertragung wieder von vorne beginnen muss. Auch die Passwortabfrage, die Gebührenverrechnung und Dialogverwaltung fallen in diese Schicht. Dedizierte Audionetzwerke wie CobraNet oder EtherSound umgehen die „offiziellen" Schichten 5 bis 7, da sie stark latenzbehaftet sind.

18.13.1.6 Schicht 6, Darstellung (Presentation Layer)

Die Darstellungsschicht setzt die an sich systemabhängige Darstellung der Daten in eine unabhängige Form um und ermöglicht somit den sinnvollen Informationsaustausch zwischen unterschiedlichen Systemen. Auch Aufgaben wie die Datenkompression und die Verschlüsselung gehören zu diesem Layer. Schicht 6 gewährleistet, dass Daten, die von der Anwendungsschicht eines Systems gesendet werden, von der Anwendungsschicht eines anderen Systems gelesen werden können. Falls erforderlich, agiert die Darstellungsschicht als Übersetzer zwischen verschiedenen Datenformaten, indem sie ein für beide Systeme verständliches Datenformat verwendet.

18.13.1.7 Schicht 7, Anwendung (Application Layer)

Die hierarchisch oberste Schicht des ISO-OSI-Modells stellt unterschiedlichsten Anwendungen eine Vielzahl an Funktionalitäten zur Verfügung. Bei Audionetzwerken wie CobraNet oder EtherSound kommen spezielle Application Layer zum Einsatz.

18.13.2 Protokolle und Routing

Übertragungsverfahren für Bus- und Netzwerkverbindungen verwenden meist paketorientierte Übertragungsprotokolle. Ein Datenpaket besteht, ähnlich wie die Audioframes der AES3-Schnittstelle, aus Kontrollinformationen und der eigentlichen Nutzlast. Typische Datenpakete enthalten einen Paketkopf mit Informationen zur Empfangsadresse, Sendeadresse, Paketlänge, Paketnummer und Kontrollbits. Die genaue Zusammensetzung des Paketkopfes kann von Netz zu Netz ebenso variieren wie die Paketlänge.

Der Asynchronous Transfer Mode (ATM) und das Transmission Control Protocol/ Internet Protocol (TCP/IP) stellen heute die wichtigsten und am weitesten verbreiteten Netzwerkprotokolle. Darauf basierend wurden echtzeitorientierte Protokolle wie RTSP (Real Time Streaming Protocol) oder das User Datagram Protocol (UDP) entwickelt, die sowohl Unicast (quasi Point-To-Point) als auch Multicast (ein Sender zu vielen Teilnehmern) unterstützen (Lajmi 2003). Sie orientieren sich an den Regeln des ISO-OSI Schichtenmodells. Audionetzwerke wie AudioRail, CobraNet und EtherSound verwenden entweder eigene oder adaptierte Übertragungsprotokolle.

18.13.3 Übertragungseigenschaften

Bei Point-to-Point-Verbindungen machen Steuer- und Kontrollaufgaben etwa ein Drittel der Gesamtdatenrate aus, in komplexeren Netzwerken bis zu 70 %. Die reale Übertragungskapazität eines Netzwerkes ist daher entsprechend geringer als die spezifizierte Maximal-Datenrate. Wird das Netzwerk auch von anderen Teilnehmern benützt, entsteht zusätzlicher Datenverkehr (Traffic). Nachdem Busse und Netzwerke im Normalfall keine Prioritäten vergeben und alle Teilnehmer gleich behandeln, kann es bei zu großem Traffic zu Aussetzern im Audiodatenstrom kommen. Mit anderen Worten: Liefe die Audioverbindung eines Sendestudios über das gleiche Netzwerk wie die Bürocomputer der Redaktion, könnte ein großer Dateidownload von einem Server zu einem kurzen Stillstand der Tonübertragung führen. Dedizierte Audionetzwerke und Busse schließen daher andere, eventuell störende Teilnehmer aus, da normale Bus- und Netzwerkverbindungen mit gleichzeitiger Benutzung durch andere Anwender weder kurze noch feste Latenzzeiten garantieren können.

18.14 Audio über Bussysteme

Eine Vielzahl von Audiogeräten ist heute mit Bus-Interfaces nach IEEE1394 (Firewire) oder USB ausgestattet. Sie erlauben die Verbindung mit Audio-Workstations auf Basis der Betriebssysteme MacOS und Windows, wo sie in den allermeisten Fällen durch einfaches Anstecken (Plug & Play) betriebsbereit werden. Bei anderen

Betriebssystemen wie Linux kann die Konfiguration von Firewire und USB aufwändiger sein. Auch bei MacOS und Windows tritt ohne die Installation zusätzlicher, latenzarmer Treibersoftware beim Routing des Audiosignals vom externen Gerät über den Bus in den Rechner und wieder zurück eine erhebliche Verzögerung (Latenz) auf. Hier müssen Low-Latency-Treiber wie ASIO 2, WDM Kernel-Streaming (PC) oder Core Audio (Mac) installiert werden, um die betriebssystemeigenen Treiber zu umgehen. Latenzzeiten unter 0,5 ms stellen wahrnehmungspsychologisch (z. B. für ein Playback über Kopfhörer) in der Praxis noch kein Problem dar. Wird jedoch das verzögerte Signal mit einem unverzögerten elektrisch oder akustisch gemischt wird, kommt es unweigerlich zu Kammfiltereffekten (Phasing).

18.14.1 IEEE 1394 – Firewire, i.Link und mLAN

Der Überbegriff IEEE 1394 oder Firewire bezeichnet mehrere herstellerspezifische, jedoch kompatible Busschnittstellen. Firewire stammt ursprünglich aus dem Hause Apple, i.Link ist die videoorientierte Version der Fa. Sony und mLAN die audiospezifische Variante der Fa. Yamaha.

18.14.1.1 Firewire

Firewire ist ein schneller, externer Bus mit Datenraten von 400 Mbit·s^{-1} (IEEE 1394a) oder 800 Mbit·s^{-1} (IEEE 1394b). Auch Standards für 1600 und 3200 Mbit·s^{-1} sind geplant. Bis zu 63 Geräte können an den Bus angeschlossen werden, wobei Bridges die Verteilung der 63 Geräte auf 1024 Busse erlauben. IEEE 1394 unterstützt „Hot Plugging" – alle Geräte können im laufenden Betrieb mit dem Bus verbunden oder abgesteckt werden. Maximal 5 m können mit Firewire überbrückt werden, mit sehr guten Kabeln auch bis zu 20 m.

Die Datenübertragung kann bei normalen Daten asynchron erfolgen (z. B. von/zu einer Harddisk oder einem Scanner), für die Übertragung von Audioinformationen steht ein isochroner Modus bereit, der die Echtzeit-Übertragung von Audio- und Videosignalen mit sehr kurzen Latenzzeiten ermöglicht. Die logischen Verbindungen zwischen den Geräten können als Broadcast (ein Sender, viele Empfänger) oder Point-to-Point spezifiziert werden. Letztere wird geschützt ausgeführt und kann nur vom anfordernden Gerät unterbrochen werden. Die Daten werden isochron und paketorientiert innerhalb eines Zyklus von 125 μs übertragen und dafür in sog. Quadlets von 32 Bit unterteilt.

Firewire ist sehr „audiofreundlich". Das auf Yamahas mLAN-Standard basierende Audio and Music Data Transmission Protocol unterstützt sogar die Übertragung von datenreduziertem Mehrkanalton (Dolby Digital, DTS), Metadaten sowie die transparente Übertragung von Audiodaten nach IEC 60958. Selbst die Übertragung von DST (Direct Stream Transfer), wie er auf SACDs zum Einsatz kommt, ist möglich. Auch Taktinformationen können aufgrund der isochronen Struktur übertragen werden.

18.14.1.2 i.Link und Firewire

Der wesentlichste Unterschied zwischen i.LINK und IEEE 1394 Firewire sind die verwendeten Steckverbindungen. Im Standard IEEE 1394 sind Verbindungen mit 6-poligen Steckverbindungen vorgesehen. Sie beinhalten eine differentielle, bidirektionale Datenleitung, eine differentielle Taktleitung (Strobe) und zwei Pole zur Spannungsversorgung externer Geräte (Bus Powered). Senden und Empfangen läuft bei Firewire über die gleiche Leitung, es kommt Halb-Duplex-Betrieb zum Einsatz (Pinbelegung s. Abb. 18.38). Nur in Sonderfällen kommen 4-polige Verbindungen zum Einsatz. Dagegen sind i.LINK-Buchsen immer 4-polig und bieten keine Spannungsversorgung. Firewire-Geräte mit 6-poligem Anschluss können dennoch an einem Sony i.LINK-Interface benutzt werden, sofern sie mit einer eigener Stromversorgung ausgestattet sind.

Kontaktbelegung		
	6-poliger Stecker	4-poliger Stecker
Pin 1	+ 30 Volt Versorgung	TPB, Receive Strobe, Transmit Data -
Pin 2	Masse (GND)	TPB, Receive Strobe, Transmit Data +
Pin 3	TPB, Receive Strobe, Transmit Data -	TPA, Transmit Strobe, Transmit Data -
Pin 4	TPB, Receive Strobe, Transmit Data +	TPA, Transmit Strobe, Transmit Data +
Pin 5	TPA, Transmit Strobe, Transmit Data -	
Pin 6	TPA, Transmit Strobe, Transmit Data +	
Gehäuse	Abschirmung	Abschirmung

Firewire 4-polig   Firewire 6-polig

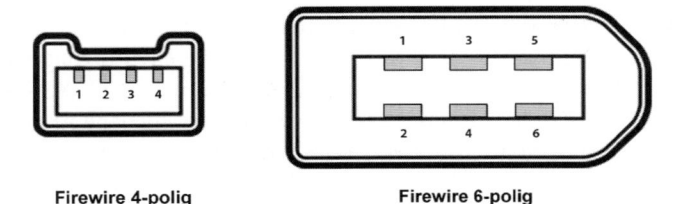

Abb. 18.38 Pinbelegung und Ansicht 4- und 6-poliger Firewire-Steckverbinder

18.14.1.3 mLAN und Firewire

Die Abkürzung mLAN (Music Local Area Network) bezeichnet einen von der Fa. Yamaha entwickelten Standard zur einfachen Verbindung von Audio- und Videogeräten auf Basis von IEEE 1394. Dieser Standard wurde als Erweiterung in den Firewire-Standard übernommen und nennt sich dort Audio and Music Data Transmission Protocol. Um mLAN-fähige Audiogeräte mit einem PC oder Mac zu verbinden, benötigt man einen OHCI-fähigen Firewire-Port am Rechner. OHCI steht für Open Host Controller Interface und beschreibt eine standardisierte Schnittstelle zur Kommunikation zwischen Firewire-Geräten. Die einzelnen mLAN-Geräte können dann ebenso einfach miteinander verbunden werden, wie dies bei normalen Firewire-

Geräten der Fall ist. Basierend auf Firewire 400 lassen sich 16 Audiokanäle inklusive MIDI bidrektional übertragen, bei Abtastfrequenzen von bis zu 96 kHz und Wortbreiten von 24 Bit. In Summe ergibt das eine Netto-Datenrate für die Audio-Nutzlast von knapp 74 Mbit·s^{-1}.

18.14.2 USB – Universal Serial Bus

Obwohl USB mit Firewire nicht direkt verwandt ist, gibt es eine Reihe von Gemeinsamkeiten. Ebenso wie Firewire unterstützt USB wahlweise asynchrone und isochrone Übertragung, Hot-Plug und verschiedene Datenraten. Der Datenaustausch zu Harddisks, Druckern oder Mischpulten ist ebenso möglich wie die Übertragung von Audio- und Videodaten (Streaming Media).

Von ursprünglich 1,5 Mbit·s^{-1} und 12 Mbit·s^{-1} unter USB 1.1 wurde die Datenrate mit USB 2.0 auf 480 Mbit·s^{-1} erhöht. Die Signalübertragung erfolgt über 4-polige Steckverbindungen, die sowohl Versorgungsspannung (5V, max. 500 mA) als auch eine differentielle Datenleitung bereitstellen. Im Gegensatz zu Firewire gibt es keine eigene Clockleitung (Strobe), der Takt ist im Datenbus integriert. Die einzelnen Datenpakete (Frames) sind 1 ms lang, seit USB 2.0 gibt es aber auch – wie bei Firewire – Microframes mit 125 μs. An der Spitze jedes USB-Verbundes steht der Hostadapter. Bis zu 127 Geräte können an einem USB-Host angeschlossen werden, die maximale Leitungslänge beträgt 5 m, sehr gutes Leitungsmaterial erlaubt bis zu 20 m (Pinbelegung s. Abb. 18.39).

USB unterstützt drei Audio-Kommunikationsarten: Type 1 überträgt PCM-Audio in Subframes ähnlich IEC 60958. Type 2 erlaubt die Übertragung von datenreduzierten Stereo- oder Mehrkanal-Streams (Dolby Digital, DTS, MPEG). Type 3 verwendet die Links-Rechts-Frames der Type 1, um verschiedene Arten von Audio aus Type 2 zu übertragen, was die Synchronisation erleichtert. Diese Übertragungsart entspricht weitgehend IEC 61937, wie sie auch bei Mehrkanalton über IEC

Kontaktbelegung

Pin 1 ... +5 Volt Versorgung

Pin 2 ... Daten -

Pin 3 ... Daten +

Pin 4 ... Masse (GND)

Gehäuse ... Schirm

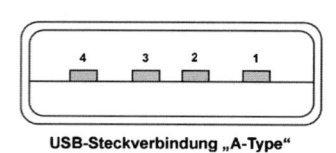

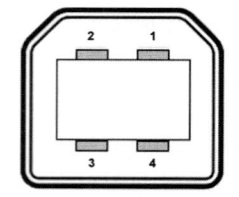

USB-Steckverbindung „A-Type"   USB-Steckverbindung „B-Type"

Abb. 18.39 Pinbelegung und Ansicht der USB-Schnittstelle

60958 Type II zum Einsatz kommt (Abschn. 18.9.8). Um die Kanalidentifikation zu erleichtern, wird ein Audio Cluster Descriptor mitübertragen, der 16 Lautsprecherpositionen (von Left über Center bis Top und LFE) beschreibt.

Neben reinen Audiodaten können auch synchrone MIDI-Daten übertragen werden. Die Übertragung der Samplingfrequenz der Quelle ist entweder asynchron möglich, oder über eine Verkopplung mit dem USB Start-Of-Frame Identifier (SOF), der jede Millisekunde übertragen wird. Damit kann die Taktrate des USB-Interfaces an die Taktrate der digitalen Audioquelle gekoppelt werden.

18.14.3 HDMI – High Definition Multimedia Interface

Das High Definition Multimedia Interface (HDMI) ist eine digitale Schnittstelle für multimediale Anwendungen im Heimbereich. Im Gegensatz zu Firewire oder USB benötigt sie keinen Hostrechner, sondern verfügt über eine eigene Intelligenz. Mit einer Bandbreite von bis zu 5 GBit · s^{-1} lassen sich alle heute bekannten Video- und Audioformate digital und bei Bedarf ohne Datenreduktion über ein einziges Kabel transportieren. Unterstützt werden Standard- und High Definition Video, Steuersignale und Mehrkanalton von bis zu acht Audiokanälen mit je 24 Bit und Abtastraten zwischen 32 und 192 kHz Abtastrate. Ab Version HDMI 1.2 kann auch achtkanaliges 1-Bit-Audio (Direct Stream Digital) von SACDs übertragen werden. Eigene HDMI-Protokolle sorgen für einheitliche Fernbedienungsfunktionen.

Als Übertragungstechnik kommt TMDS (Transition Minimized Differential Signaling) zum Einsatz. HDMI kann auch „fremde" Datenströme wie z.B. MPEG-Streams von DVB-Empfängern, transparent übertragen. Die Schnittstelle erlaubt erstmals einen automatischen Verzögerungsausgleich zwischen Bild und Ton, sofern der Empfänger diese Funktion unterstützt. Der Ton-Bild-Versatz, wie er vor allem bei Flachbildschirmen auftritt, kann über Presentation Time Stamps im Datenstrom ausgeglichen werden. HDMI ist über Adapter 100 % abwärtskompatibel zu DVI (Digital Video Interface), das keinen Ton transportiert.

Voraussetzung für die Funktionalität von HDMI ist die korrekte Implementierung des Kopierschutzes HDCP in allen angeschlossenen Komponenten. HDCP steht für High Bandwidth Digital Content Protection und soll die Herstellung von hochwertigen analogen oder digitalen Kopien unmöglich machen. Wird eine Quelle mit HDMI-Ausgang und integriertem HDCP an ein Gerät ohne HDCP angeschlossen, werden Ton und Bild entweder stummgeschaltet oder mittels Downsampling in reduzierter Qualität wiedergegeben (SD-Video statt HD, Audio mit 16 Bit/48 kHz statt 24 Bit/96 kHz). Diese Qualitätsreduktion (Bandbreite, Dynamik) betrifft sowohl die digitalen als auch die analogen Ausgänge.

18.15 Audio im Netzwerk

Bei der Übertragung von digitalen Audiosignalen über Netzwerkverbindungen gehen die meisten Hersteller einen ähnlichen Weg. Um preisgünstige, standardisierte Netzwerkkomponenten wie Router, Switches, Hubs und Interfaces verwenden zu können, entsprechen die grundlegenden Eigenschaften der allermeisten Audio-Netzwerke dem Ethernet-Standard IEEE 802.3. Dazu ist die Einhaltung der Bedingungen von ISO-Layer 1 (Physical) und ISO-Layer 2 (Data Link) erforderlich (s. Abschn. 18.13.1). Gleichzeitig verwenden die meisten Hersteller spezielle, für die Audioübertragung angepasste Protokolle für ISO-Layer 4 (Transport) und Layer 7 (Application) mit kurzen Latenzzeiten zwischen 5 μs (AudioRail) und 1,66 ms (CobraNet). Die Verwendung eigener Protokolle hat den erwünschten Nebeneffekt, dass im Netzwerk nur Audiodaten und andere zugelassene Daten wie MIDI und SMPTE-Timecode übertragen werden können.

Abb. 18.40 Digitaler Monitor-Mischer für 16 Kanäle mit A-Net-Interface von Aviom

Audio-Netzwerktechnik wird in der Praxis immer häufiger eingesetzt (Abb. 18.40).

Da die Audiosignale nicht über schwere Multicores, sondern über leichte Netzwerkleitungen bidirektional übertragen werden, reduzieren sich die Installations- und Aufbauzeiten zum Teil erheblich. Auch der Einsatz von Mikrofon-Splittern oder Verteilverstärkern kann zugunsten einer Signalverteilung über Hubs, Router oder Switches entfallen. Dedizierte Audionetzwerksysteme werden heute von etlichen Herstellern angeboten, sind jedoch zueinander nur teilweise kompatibel (Tabelle 18.10).

18.15.1 Ethernet

Ethernet ist eine frame-basierte Technologie für lokale Computernetzwerke (Local Area Networks, LAN). Sie definiert bestimmte Kabeltypen (Cat.5, Cat.6), eine bestimmte Signalisierung für die Bitübertragungsschicht sowie Paketformate und Protokolle für die Steuerung des Medienzugriffs (Media Access Control, MAC) und die Sicherungsschicht des OSI-Schichtenmodells. Ethernet ist seit Beginn der 1990er Jahre die meistverwendete Netzwerktechnologie und nach IEEE 802.3 genormt. Ethernet kann die Basis für verschiedene Netzwerkprotokolle wie etwa TCP/IP oder spezielle Audionetzwerkprotokolle sein. Um Kollisionen bei der Datenübertragung zu vermeiden, kommt ein Verfahren namens Carrier Sense Multiple Access With Collision Detection (CSMA/CD) zum Einsatz. Nach IEEE 802.3 sind sowohl Koaxialleitungen und ungeschirmte, verdrillte Leitungen, aber auch geschirmte, verdrillte Leitungen und Glasfaserleitungen definiert. Die Brutto-Übertragungsrate beträgt je nach Ausführung 10 Mbit·s^{-1} (10Base-T), 100 Mbit·s^{-1} (100Base-T) und 1000 Mbit·s^{-1} (1000Base-T, Gigabit-Ethernet).

Als elektrisches Signal kommt bei Ethernet mit 100 Mbit·s^{-1} Multilevel Transmission Encoding mit drei Pegeln (MLT3) mit −1 V, 0 V und +1 V zum Einsatz. Der Wellenwiderstand des vierpaarigen Kabels beträgt 100 Ω, es kommen sowohl UTP (Unshielded Twisted Pair) als auch STP (Shielded Twisted Pair) und Kombinationen davon zum Einsatz. Als maximale Entfernung werden meist 100 m zwischen einzelnen Stationen angegeben (abhängig vom Kabelmaterial).

18.15.2 ATM − Asynchronous Transfer Mode

Praktisch alle Telekommunikations- und Netzwerkverbindungen laufen heute über die ATM-Netze der großen Telekom-Provider. Diese Netze garantieren enorme Bandbreiten und hohe Ausfallsicherheit (Verfügbarkeit). Auch Rundfunk- und Fernsehanstalten sowie Produktionsstudios nutzen daher diese Netze zur Ton- und Bildübertragung. Passende Encoder und Decoder werden mittlerweile von vielen Firmen angeboten. AES47 beschreibt eine mögliche Vorgehensweise zur Verwendung öffentlicher oder lokaler ATM-Netzwerke zur Übertragung von Audiosignalen und definiert Anforderungen hinsichtlich Bandbreite, Latenz, Jitter und anderer Parameter. PCM-Audiodaten können ebenso übertragen werden wie Signale nach AES3.

ATM erlaubt die Herstellung virtueller Point-to-Point-Verbindungen mit sehr kleiner und konstanter Latenz und garantierter Verfügbarkeit. Mehrkanalige Audioverbindungen sind ebenso möglich wie einfache Stereoübertragungen. Die Herstellung einer Verbindung erfolgt über eine Setup-Message, die den Audiomodus und die Zusatzdaten bestimmt. Die Audiodaten werden in Subframes unterteilt, die neben der reinen Audioinformation auch Ancillary Data wie etwa VUC (Validity, User und Channel Status Bits) enthalten. Anstelle des P-Bits (Parity) wird ein B-Bit eingefügt, das die Z-Präambel der AES3-Signalisierung ersetzt. Anstelle der Prüfsumme (Parity Check) kommen Data Protection Bits zum Einsatz. In der Terminologie der ATM-Technik werden Summen aus acht Bit nicht als Bytes sondern als Octets bezeichnet. Eine ATM-Zelle besteht aus 48 solchen Oktetten, also 384 Bit, die nach einem bestimmten Muster mit Audio-Subframes gefüllt werden.

18.15.3 AudioRail

AudioRail ist eine Audio-Netzwerklösung mit Latenzzeiten in der Größenordnung von etwa 4,5 μs. Pro Teilnehmer addieren sich etwa 0,25 μs. Diese äußerst geringe Latenz wird durch eine einfache Datenstruktur und geringen Overhead ermöglicht. Als Übertragungsprotokoll kommt anstelle von MAC das proprietäre M11-Protokoll zum Einsatz. Die physikalische Übertragung erfolgt mit einem 4 Bit breiten, 25 MHz schnellen Datenstrom im Zeitmultiplex-Verfahren. Nachdem als Schnittstellentreiber Ethernet-Transceiver nach IEEE 802.3 zum Einsatz kommen, werden die Anforderungen der beiden untersten ISO-Layer erfüllt, und herkömmliche Ethernet-Komponenten wie Fibre-Converter und Patch-Panels können zur Signalverteilung verwendet werden.

Abb. 18.41 AudioRail: 32 Audiokanäle über ein Netzwerkkabel nach Cat.5-Spezifikationen (Foto: Audiorail)

Insgesamt können über AudioRail 32 Audiokanäle mit jeweils 24 Bit und 48 kHz Abtastfrequenz bidirektional übertragen werden, bei 96 kHz halbiert sich die Zahl auf 16 (jeweils bezogen auf Ethernet mit 100 Mbit $\cdot$ s^{-1}). Im Gegensatz zu den meisten anderen Lösungen kann jedes Audiosignal mit seiner nativen Taktfrequenz übertragen werden. Das erlaubt es, unterschiedlich getaktete Signale ohne gemeinsame Zeitreferenz über das gleiche Netz zu senden. Somit entspricht AudioRail einem Bündel getrennter Audioleitungen, die über ein gemeinsames Netzwerkkabel transportiert werden. Wenn jedoch alle Quellensignale auf den gleichen Takt bezogen sind, wie z. B. die digitalen Ausgänge eines Mehrfach-Mikrofonvorverstärkers oder einer Audioworkstation, erfolgt die Übertragung starr verkoppelt. AudioRail kann derzeit keine Steuer- und MIDI-Daten übertragen, wie sie etwa zur Fernbedienung abgesetzter Mikrofon-Vorverstärker benötigt werden (Abb. 18.41).

18.15.4 CobraNet – Isochrones Audionetzwerk

CobraNet wurde von Peak Audio, einer Abteilung des Chip-Herstellers Cirrus Logic entwickelt und ist derzeit der vermutlich am weitesten verbreitete Standard für netzwerkbasierende Audioübertragung. Es basiert auf Standard-Ethernet nach IEEE 802.3, verwendet das Ethernet-MAC-Protokoll (Media Access Control) sowie ein eigenes Anwendungsprotokoll auf ISO-Layer 7 (Application Layer). IP (Internet Protocol) und UDP (User Datagram Protocol) kommen bei der Audioübertragung nicht zum Einsatz, stehen jedoch für andere Zwecke zur Verfügung.

Mit CobraNet ist es möglich, einen isochronen Datenverkehr mit einer Bandbreite von 100 Mbit $\cdot$ s^{-1} zu erzielen. Obwohl theoretisch die Verwendung von Cobra-

Net innerhalb eines bestehenden Office-Netzwerks möglich ist, schließt seine deterministische Struktur die gleichzeitige Integration von normalen Netzwerkteilnehmern wie etwa Computern oder Druckern weitgehend aus.

Die besondere Struktur des CobraNet-Protokolls nützt über 90 % der möglichen Bandbreite für den Datentransfer, wohingegen in normalen Netzwerken nur 30 bis 40 % für die eigentliche Nutzlast zur Verfügung stehen. Bis zu 64 Audiokanäle mit je 20 Bit und 48 kHz (56 Kanäle bei 24 Bit) können über ein Cat.5-Kabel übertragen werden. Auch Samplingfrequenzen von 96 kHz sind möglich, 44,1 kHz wird jedoch nicht unterstützt. Die Bandbreite kann über eine Kombination von Unicast- und Multicast-Modus optimiert werden, um mehr als 64 Kanäle in einem Netzwerk-System zu übertragen. Unicast entspricht dabei einer reinen Point-to-Point-Verbindung, Multicast erlaubt die Übertragung einer Datenquelle auf mehrere Ziele. So können zum Beispiel die Audiodaten eines Mikrofon-Vorverstärkers auf der Bühne gleichzeitig zum FOH-Livepult, zum Monitormischer und zu einem Ü-Wagen übertragen werden. Statt Verteilverstärkern kommen Hubs und Router aus der Netzwerktechnik zum Einsatz. Ein entsprechend konfiguriertes CobraNet kann bis zu 3000 Audiokanäle verwalten (Abb. 18.42).

Abb. 18.42 CobraNet-Interface für digitale Audiomischpulte (Foto: Yamaha Corporation)

Die Latenzzeit von einem Audioeingang über das Netzwerk zu einem anderen Audioausgang beträgt vier Zyklen zu je 1,33 ms, in Summe 5,33 ms. Im sog. Low-Latency-Modus sind Latenzzeiten von 2,66 und 1,33 ms möglich. Die Audioübertragung erfolgt paketorientiert und isochron. Jeweils 1 bis 8 Audiokanäle können pro Paket übertragen werden, sog. Beat-Packets signalisieren den Start eines Zyklus. Der Takt wird dabei von einem Conductor gesendet und zu allen Teilnehmern (Performers) übertragen. Pro Sync-Paket werden üblicherweise 100 Bytes übertragen, pro Audiopaket 1000 Bytes. CobraNet-Empfänger können aus diesem Netzwerk-Takt ihre Samplingfrequenz ableiten.

Neben reinen Audiosignalen lassen sich auch MIDI-Daten, RS-232 und RS-485 sowie Steuersignale zur Fernbedienung von Mikrofon-Vorverstärkern, Endstufen und anderen Audiogeräten übertragen. Die meisten CobraNet-fähigen Geräte verfügen über primäre und sekundäre Netzwerkanschlüsse, die redundante und ausfallsichere Verbindungen erlauben.

18.15.5 EtherSound – Synchrones Audionetzwerk

Auch das EtherSound-Protokoll der Fa. Digigram ist auf physikalischer Ebene Ethernet-kompatibel und verwendet MAC (Media Access Control). Traditionelle Bus- und Ring-Topologien werden jedoch nicht unterstützt, sternförmige Netzwerke oder in Kette geschaltete Teilnehmer (Daisy Chaining) können mittels Layer-2-Switches verbunden werden.

Der Vorzug von EtherSound ist eine kurze Latenzzeit von 125 Mikrosekunden bei 48 kHz Abtastrate – das entspricht der Dauer von sechs Audiosamples. Das Einfügen von zusätzlichen Teilnehmern im Signalweg verlängert die Latenzzeit um jeweils 1,5 μs. EtherSound ist ein synchrones Netzwerk, das die Verteilung von phasenstarren Taktsignalen ermöglicht.

Das Datenformat ist paketorientiert, wobei zwei Pakete pro Frame zum Einsatz kommen. Paket 1 enthält Steuerinformationen, vergleichbar zu den Channel Status Informationen nach AES3. Das zweite Paket enthält anteilig die Daten von bis zu 64 Audiokanälen. Jeder Kanal kann Wortbreiten von bis zu 24 Bit und Abtastraten zwischen 44,1 oder 48 kHz transportieren. Abtastraten von 88,2 kHz, 96 kHz, 176,4 kHz und 192 kHz werden ebenfalls unterstützt, jedoch reduziert sich dadurch die Anzahl der maximalen Audiokanäle. Ein EtherSound-Netzwerk mit 100 Mbit $\cdot$ s^{-1} kann eine Vielzahl unterschiedlicher Audiostreams übertragen: 64 Kanäle mit 48 kHz oder 62 Kanäle mit 48 kHz plus einen Audiostream mit 96 kHz bis hin zu 16 Kanälen mit 192 kHz (Abb. 18.43).

18.16 Betriebs-Messtechnik für analoge und digitale Schnittstellen

Moderne Audiomesssysteme wie Audio Precision System 2, Prism dScope III und Rohde & Schwarz UPL stellen umfangreiche Methoden zur Analyse von analogen und digitalen Audiosignalen zur Verfügung. Für den mobilen Einsatz vor Ort eignen sich robuste, netzunabhängige und einfach zu bedienende Prüfgeräte wie Minilyzer und Digilyzer von NTI oder der ebenfalls tragbare DSA-1 Signal Analyzer & Gene-

Abb. 18.43 Fernsteuerbarer 8-Kanal-Vorverstärker mit EtherSound-Netzwerkanschluss (Digigram ES8mic) (Foto: Digigram S.A.)

Kapitel 18 Anschlusstechnik, Interfaces, Vernetzung

Tabelle 18.10 Übersicht: Audio über Bus- und Netzwerkverbindungen

	FireWire IEEE1394	Yamaha mLAN	USB 2.0	Audio Over IP	AudioRail	CobraNet	Roland Digital Snake	EtherSound	A-Net Aviom Pro64
Maximale Auflösung (Bit/kHz) [1]	beliebig	derzeit 24/96	beliebig	beliebig	derzeit 24/96	derzeit 24/96	derzeit 24/96	24/192	24/192
Max. Anzahl gleichzeitig verfügbarer Kanäle	48[2]	16[2]	48[2]	24-32[2]	32	64	40 (32/8)[6]	64	65
Nominale Datenrate in Mbit/s [3]	800	400	480	100	100	100	100	100	100
Steckverbindung	FireWire	FireWire	USB	RJ-45			RJ-45 oder Neutrik Ethercon		
Max. Leitungslänge in m [4]	5–10	5–10	5–10	100	100	100	100	100	120
Latenzzeit [5]	Anwendungs- und systemabhängig. Im Idealfall (ASIO, Core Audio) < 5 ms.			Undefiniert	5 µs	> 1330 µs (typ. 5.330 µs)	375 µs	125 µs	< 800 µs
Anmerkung	bidirektional				Nur Audio	Audio, MIDI, TC	Audio, MIDI, RS-232	Audio, MIDI, TC	Audio, MIDI, TC

[1] Die Verdopplung der Taktfrequenz ist meist gleichbedeutend mit einer Halbierung der Audiokanäle
[2] Abhängig vom Datenverkehr (Traffic), bezogen auf Quantisierung mit 24 Bit/48 kHz
[3] Nominale Datenrate der Bus- oder Netzwerkverbindung inkl. Overhead (Steuerdaten)
[4] Abhängig von der Qualität des Kabelmaterials und der Datenrate. Mit Medienkonvertern (elektrisch auf optisch) können weitaus größere Reichweiten erzielt werden.
[5] Meist abhängig von der Systemkonfiguration.
[6] Bei 24 Bit/96 kHz

rator von Prism Sound. Für die Erzeugung und Analyse von PCM, Dolby Digital und Dolby E Signalen eignet sich der Bitstream-Analyzer DM-100 von Dolby Laboratories. Nähere Informationen zur Spannungs-, Pegel- und Frequenzgangmessung finden sich in Kap. 21.

18.16.1 Spannungs-, Pegel- und Frequenzgangmessung

Um die Funktion analoger Schnittstellen und die Einhaltung normierter Bezugspegel zu überprüfen, benötigt man genaue Spannungs- und Pegelmesser, die sowohl den Spitzenwert als PPM (Peak Program Meter nach DIN IEC 60268-10) wie auch Volume Units (VU) anzeigen können. Mit einem eingebauten Lautsprecher oder Kopfhöreranschluss kann das Funktionieren einer Leitung auch akustisch überprüft werden.

Vor allem bei langen analogen Mikrofonleitungen, aber auch bei digitalen Übertragungen, die z. B. ISO-MPEG Layer II als Datenreduktionsalgorithmus verwenden, kann es zu einer Höhendämpfung kommen. Portable Audio-Messsysteme müssen daher (z. B. mittels Sweep und FFT) auf einen Blick zeigen, ob der Frequenzgang eines Übertragungssystems linear oder nichtlinear verläuft (Abb. 18.44A).

18.16.2 Verzerrungen und Rauschen

Harmonische Verzerrungen (Total Harmonic Distortion, *THD*) und Rauschen stellen die häufigsten Fehler in analogen wie digitalen Übertragungssystemen dar. In den letzten Jahren hat sich eine kombinierte Methode zur gleichzeitigen Messung beider Parameter etabliert. In der Form *THD+N* werden die harmonischen Verzerrungen (also der Klirrfaktor) gemeinsam mit allen etwaigen Störgeräuschen – wie etwa Rauschen – dargestellt. Dazu wird die Summe der Störleistungen der Harmonischen plus der Störleistung des Rauschens mit der Leistung des Gesamtsignals verglichen. Die Angabe erfolgt in Prozent oder als Dämpfungsmaß in dB.

Wenn kein Messsignal vorhanden ist werden Werte zwischen 98 und 100 % angezeigt, da das Systemrauschen gegenüber dem (nicht vorhandenen) Sinussignal unendlich wird. Erst wenn ein nutzbares Messsignal anliegt, sinkt die Anzeige auf den tatsächlichen Messwert (Abb. 18.44B).

18.16.3 Signalsymmetrie

Die Symmetrie differentieller oder symmetrischer Schnittstellen ist ausschlaggebend dafür, wie gut von außen eindringende Störsignale unterdrückt werden (s. Abschn. 18.6.2). Vor allem beim Aufbau großer Systeme, wie etwa bei Außen-

Kapitel 18 Anschlusstechnik, Interfaces, Vernetzung

übertragungen und großen Beschallungen, ist die Kenntnis über die mögliche Unsymmetrie eines Signals entscheidend.

Der Signalsymmetriefehler zeigt den Unterschied zu einem perfekten symmetrischen Signal in Prozent an. Wenn kein Symmetriefehler vorliegt (0 %), sind die Pegel von Pin 2 (+) und Pin 3 (–) bezogen auf Pin 1 (Masse) eines XLR-Steckverbinders gleich. Lediglich ihre Phasenlage (Polarität) ist um 180° gedreht. Steigt die Unsymmetrie, zum Beispiel durch schlechte Treiberstufen in Billiggeräten oder zu hohe Übergangswiderstände einzelner Kontakte, steigt die Prozentanzeige, wobei 100 % für völlige Unsymmetrie steht. Die Anzeige „2 < 3" kleiner in Abb. 18.44C bedeutet, dass die Spannung an Pin 2 der Steckverbindung kleiner als auf Pin 3 ist.

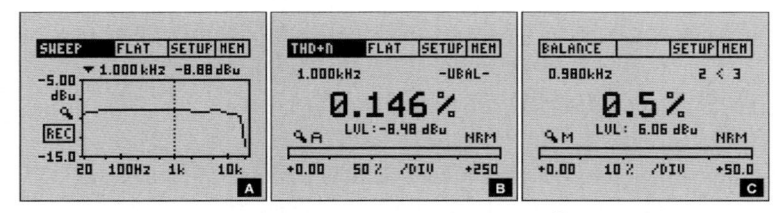

Abb. 18.44 A: Messung des Frequenzgangs (Sweep) einer analogen Übertragungseinrichtung. B: Messung von THD+N einer ENG-Funkmikrofonstrecke. C: Signalsymmetriefehler einer analogen Schnittstelle

18.16.4 Kanalstatus und Datenstrom

Wie in Abschn. 18.9.1.1. beschrieben, werden über digitale Audiointerfaces neben den reinen Nutzdaten viele Zusatzinformationen übertragen, die für die Funktion des Empfängers von grundlegender Bedeutung sind. Vor allem die in Abschn. 18.9.1.7 beschrieben Channel Status Informationen sind für die Kompatibilität ausschlaggebend. Geräte wie der Digilyzer von NTI erlauben die Überprüfung und Bitstream-Analyse von Audioschnittstellen nach AES3, AES3-id, EBU-Tech. 3250-E, IEC 60958 Type I und Type II (S/PDIF) sowie von optischen TOSLink und ADAT-Interfaces. Die Messung von Carrier-Level, Audiopegel (in dBFS), Aussteuerung (VU und PPM) und Klirrfaktor (*THD+N*) ist ebenfalls möglich, meist steht auch ein Sichtgerät (Scope) Verfügung.

Das Display in Abb. 18.45A zeigt die grundlegenden Eigenschaften des geprüften Gerätes an. Interessant ist dabei, dass sich die tatsächliche und die gemessene Taktfrequenz des Gerätes (48 kHz) von der im Channel Status signalisierten Frequenz (44,1 kHz) unterscheiden. Das Gerät gibt sich als „DAT Recorder" aus, obwohl es sich in Wirklichkeit um einen Audio-USB-Konverter handelt (Abb. 18.45B). Die Genauigkeit der Taktfrequenz entspricht mit 48 kHz–59 ppm (Parts per Million) lediglich dem AES-Genauigkeitslevel 2 (±1000 ppm). Der Bit Status in Abb. 18.45C zeigt die Verwendung der insgesamt 32 Bit eines Subframes an. Alle Bits mit einem „Doppelplus" ändern dynamisch ihre Wertigkeit (logisch 0 oder 1), das

Abb. 18.45 A: Darstellung der Taktfrequenz im Channel-Status. B: Darstellung der Channel-Status-Informationen. C: Bit-Status der beiden Subframes eines S/PDIF-Interfaces

Validity- und User Bit ist auf logisch 0 gesetzt. Die Audioübertragung erfolgt mit 20 Bit, was im Widerspruch zur Anzeige „DAT Recorder" steht (16 Bit).

18.16.5 Augendiagramm und Jitter

Das Augendiagramm beschreibt aus dem Verhältnis von Augenhöhe (Vmin) und Augenweite (Tmin) die Qualität des übertragenen Signals. Die Augenhöhe repräsentiert den Unterschied in den Signalspannungen für logisch 0 und logisch 1 und soll nach AES zumindest 200 mV betragen. Die Augenweite ergibt sich aus dem Takt der Übertragungsstrecke und dem auftretenden Jitter. Je größer der Jitter, um so kleiner wird die Augenweite sein (s. Abb. 18.28 und 18.32). Die Darstellung des Augendiagramms sowie die Messung von Clock- und Signaljitter setzt spezialisierte Meßgeräte oder aufwendige Messaufbauten voraus.

Spezialisierte Geräte wie der DSA-1 Signal Analyzer & Generator von Prism Sound erlauben neben den üblichen Messungen die Anzeige des Interface-Jitters auf drei Arten: Fs-Jitter erfasst den Jitter der Signalquelle und ihres Clocksignals. Data Jitter misst den gesamten Signaljitter des übertragenen Signals, der auch vom Audiosignal selbst beeinflusst werden kann. Mittels Eye Narrowing, also der Verkleinerung des erforderlichen Augenmusters, werden die Auswirkungen des Kabelmaterials auf den Jitter unabhängig vom Programminhalt erfasst (s. Abb. 18.46). Der übliche Augentest mit 200 mV Spitze-Spitze ist ebenso möglich wie die Prüfung des Jitters im Nulldurchgang. Um auch tieffrequenten Jitter erfassen zu können, kann die Referenz-PLL auf entweder 700 Hz oder 1,5 kHz eingestellt werden.

18.16.6 Dolby Digital und Dolby E Bitstreams

Immer mehr Fernsehsender gehen dazu über, ihre Programme in Mehrkanalton auszustrahlen. Zur hausinternen Signalverteilung und zum Programmaustausch kommt meist Dolby E zum Einsatz, zur Ausstrahlung Dolby Digital. Diese mehrkanaligen Bitstreams werden zwar meist über Schnittstellen wie etwa AES3, AES3-id oder S/PDIF übertragen, können jedoch mit herkömmlichen Messgeräten nur hinsicht-

Kapitel 18 Anschlusstechnik, Interfaces, Vernetzung 1031

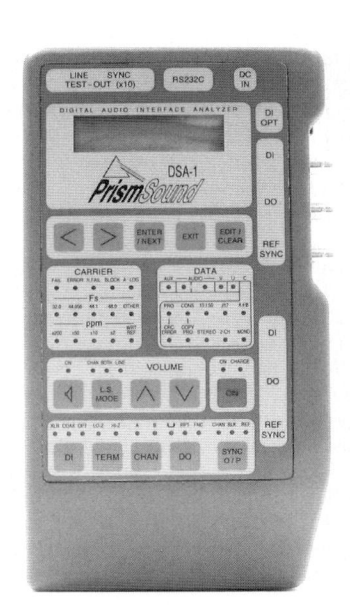

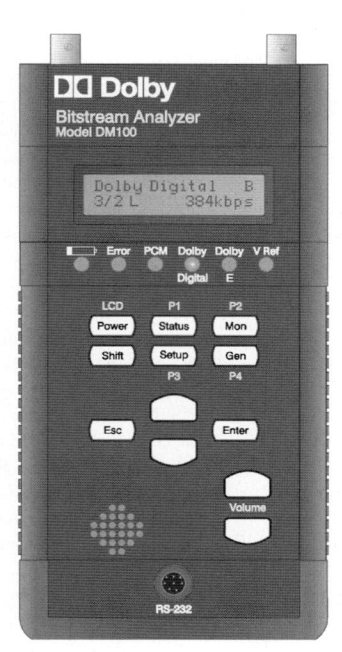

Abb. 18.46 Links: Schnittstellen- und Jitter-Analyzer / Generator (Prism Sound DSA-1) (Foto: Prism Sound / Prism Media Products Ltd.) Rechts: Dolby Bitstream Analyzer und Generator (Dolby DM100) (Grafik: Dolby Laboratories, Inc.)

lich der Einhaltung der „normalen" Schnittstellenspezifikationen untersucht werden. Tiefergehende Überprüfungen und Fehleranalysen sind nur mit spezialisierten Geräten möglich.

Der Bitstream Generator und Analyzer Dolby DM100 (Abb.18.46 rechts) kann sowohl normale PCM-Signale als auch Datenströme vom Typ Dolby Digital und Dolby E generieren und gleichzeitig analysieren. Ein eingebauter Mehrkanaldecoder erlaubt es, die Kanäle paarweise über Kopfhörer oder monaural über den eingebauten Lautsprecher abzuhören. Ein- und Ausgänge nach AES3, AES3-id, S/PDIF und TOSLink erlauben den Anschluss an praktisch jede Audioumgebung. Ein Video-Sync-Eingang ermöglicht die Synchronisation auf einen Studiotakt und die Analyse des Zeitverhaltens zwischen Takt und Audiosignal (Time Alignment). Im Durchschleif-Modus können die Channel Status Bits des AES3-Datenstroms im Betrieb verändert werden, um das Verhalten von Empfängern bei unterschiedlichen Kanalinformationen festzustellen. Im Gerät gespeicherte Dolby Bitstreams ermöglichen die Überprüfung von Übertragungswegen auf Bittransparenz. Auch Dolby Metadaten können generiert und gelesen werden.

Ein eigener Modus zur Error Detection erlaubt die Feststellung von Fehlern sowohl im AES3-Layer als auch innerhalb der kodierten Dolby-Signale. Zum Logging (mitschreiben) der Fehlermeldungen kann über eine RS-232-Schnittstelle ein Rechner als DTE (Data Terminal Equipment) angeschlossen werden. Dadurch ist auch ein automatischer Betrieb über längere Zeiträume möglich.

Normen und Standards

AES-2id-1996:r2001	AES Information Document for Digital Audio Engineering – Guidelines for the Use of the AES3 Interface
AES3-2003	AES standard for digital audio engineering – Serial transmission format for two-channel linearly represented digital audio data (Revision of AES3-1992, including subsequent amendments)
AES-3id-2001:r2006	AES information document for Digital audio engineering – Transmission of AES3 formatted data by unbalanced coaxial cable (Revision of AES-3id-1995)
AES10-2003	AES Recommended Practice for Digital Audio Engineering – Serial Multichannel Audio Digital Interface (MADI) (Revision of AES10-1991)
AES11-2003	AES recommended practice for digital audio engineering – Synchronization of digital audio equipment in studio operations (Revision of AES11-1997)
AES18-1996:r2002	AES Recommended practice for digital audio engineering – Format for the user data channel of the AES digital audio interface. (Revision of AES18-1992)
AES42-2006	AES standard for acoustics – Digital interface for microphones
AES47-2006	AES standard for digital audio – Digital input-output interfacing – Transmission of digital audio over asynchronous transfer mode (ATM) networks
ANSI S4.40-1992	Digital Audio Engineering – Serial Transmission Format for Two-Channel Linearly Represented Digital Audio Data, AES Recommended Practice
ANSI S4.43-1991	AES Recommended Practice for Digital Audio Engineering – Serial Multichannel Audio Digital Interface (MADI)
BS EN 60958-1:2004	Digital audio interface. General
CCIR Rec. 647:1986	A Digital Audio Interface for Broadcast Studios
DIN EN 60958-1:2005	Digitalton-Schnittstelle - Teil 1: Allgemeines
DIN EN 60958-3:2006	Digitalton-Schnittstelle - Teil 3: Allgemeingebrauch
DIN IEC 60958-4/A1:2007	Digitalton-Schnittstelle - Teil 4: Professioneller Gebrauch (Entwurf)
DIN IEC 60268-10:1994	Elektroakustische Geräte - Teil 10: Spitzenspannungs-Aussteuerungsmessgerät
EBU Tech.3250-E:r2004	Specification of the Digital Audio Interface (The AES/EBU Interface)
IEC 60958-1:2004	Digital audio interface – Part 1: General
IEC 60958-3:2006	Digital audio Interface – Part 3: Consumer applications
IEC 60958-4:2003	Digital audio Interface – Part 4: Professional applications
IEC 61937:2004	Digital audio – Interface for non-linear PCM encoded audio bitstreams applying IEC 60958
IEEE 802.3AN-2006	IEEE Standard for Information technology – Telecommunications and information exchange between systems – Local and metropolitan area networks
IEEE 1394-1995	Standard for a High Performance Serial Bus – Firewire
IEEE 1394A-2000	Standard for a High Performance Serial Bus- Amendment 1
IEEE 1394B-2002	Standard for a Higher Performance Serial Bus-Amendment 2
IRT Technische Richtlinie 3/1 und 8/1	Allgemeine Richtlinien für Entwicklung, Fertigung und Lieferung von Studiogeräten, -systemen und -anlagen der Tonfrequenz- und Videofrequenztechnik (ehem. IRT Pflichtenheft)
IRT Technische Richtlinie 3/5:1995	Tonregieanlagen (ehem. IRT Pflichtenheft)
IRT Technische Richtlinie 3/6:1998	Aussteuerungsmesser (ehem. IRT Pflichtenheft)
ITU-R BT.656:1998	Interfaces for digital component video signals in 525-line and 625-line television systems operating at the 4:2:2 level of Recommendation ITU-R BT.601 (Part A)

ITU-R BS.647-2:1992   A digital audio interface for broadcasting studios.
ITU-T Rec. I.150:1999   Series I: Integrated Services Digital Network. General structure – General description of asynchronous transfer mode.
SMPTE 259M-1997   Television – 10-Bit 4:2:2 Component and 4fsc Composite Digital Signals – Serial Digital Interface
SMPTE 276M-1995   Television – Transmission of AES-EBU Digital Audio Signals Over Coaxial Cable
VDE 0207-363-5:2006-10 (DIN EN 50363-5)
   Isolier-, Mantel- und Umhüllungswerkstoffe für Niederspannungskabel und -leitungen – Teil 5: Halogenfreie, vernetzte Isoliermischungen
VDE 0819-106:1997-11 (DIN EN 50290)
   Kommunikationskabel. Gemeinsame Regeln für Entwicklung und Konstruktion – Halogenfreie flammwidrige Isoliermischungen (deutsche Version von HD 609 S1:1995)

Literatur

Diemer WR (1985) Lokale Netzwerke kurz und bündig: Von der Insellösung zum Rechnerverbund. 1. Aufl, Vogel, Würzburg
Dunn NJ (1992) Jitter: Specification and Assessment in Digital Audio Equipment. 93rd AES Convention, Preprint 3361
d & b Audiotechnik (2005) Technische Information TI 340: D12 SenseDrive. d&b Audiotechnik AG
Frandsen G, Morten L (2004) Plug and Play? An investigation into problems and solutions of digital audio networks. 116th AES Convention, Preprint 5995
Rohlfing H, Schmidt H (1993) Friedrich Tabellenbuch Elektrotechnik, Elektronik. 552. Aufl, Dümmler, Bonn
Herter E, Lörcher W (1987) Nachrichtentechnik: Übertragung, Vermittlung und Verarbeitung. 4. Aufl, Hanser, München
Jahne H (2001) Besser ohne Schirm – neue Erkenntnisse zur Schirmung bei analogen Leitungen. Stages 2001:8-9.
Jensen Transformers (1990) Data Sheet of Audio Transformer JT-16-B. Jensen Transformers
Lajmi L (2003) Paketsubstitution in Audiosignalen bei paketorientierter Audioübertragung. Dissertation an der Fakultät IV – Elektrotechnik und Informatik der Technischen Universität Berlin
Lampen SH (2000) Transporting Audio Signals on Category 5 UTP (Belden). 109th AES Convention, Preprint 5248
Lipinski K (1998) Lexikon Verkabelung. International Thomson Publishing, Bonn
Mahlke G, Gössing P (1987) Fibre Optic Cables – Fundamentals, Cable Technology, Installation Practice. Siemens Aktiengesellschaft und John Wiley & Sons
Ohm JR, Lüke HD (2002) Signalübertragung – Grundlagen der digitalen und analogen Nachrichtenübertragungssysteme. Springer, Berlin
Otari Inc. (1998-2006) Specifications of FS-96 Digital Audio Format & Sample Rate Converter. Otari Inc
Rumsey F, Watkinson J (2004) Digital Interface Handbook. 3. Aufl, Focal Press, Boston
Schubert W (1986) Nachrichtenkabel und Übertragungssysteme (3. Auflage). Siemens Aktiengesellschaft
Slavik KM (2005) On Air in Surround – Implementation of 5.1 at Radio and TV-Stations. 22. Nordic Sound Symposium
Stage Accompany (2001) Technical Specifications ES 40. Stage Accompany
Vest M (2004) The advantages of DXD for SACD. Resolution Magazine
Watkinson J (2001) The Art of Digital Audio. 3. Aufl, Focal Press, Boston
Whitlock B (1996) A New Balanced Audio Input Circuit for Maximum Common-Mode Rejection in Real World Environments. 101st AES Convention, Preprint 4372

Kapitel 19
Drahtlose Audioübertragung

Wolfgang Niehoff

19.1 Frequenzzuteilung und regulative Voraussetzungen................. 1036
    19.1.1 Frequenzregulierung 1036
    19.1.2 Sekundärnutzung 1037
    19.1.3 Die Fernsehkanäle 61–63 und 67–69 1038
    19.1.4 Die ISM-Frequenzen 1039
    19.1.5 Der europäisch-harmonisierte Frequenzbereich 863–865 MHz 1040
    19.1.6 Die Frequenzlandschaft mit digitalem Fernsehen DVB-T/DVB-H 1040
    19.1.7 Neue Frequenzplanung Genf 2006 1041
19.2 Drahtlose Audioübertragung mit analog modulierter HF-Technik...... 1042
    19.2.1 Kanalbandbreite, Frequenzhub und Störspannungsabstand 1043
    19.2.2 Analoge Kompandertechnik 1043
    19.2.3 Digitale Kompandertechnik............................. 1045
    19.2.4 Diversity 1045
    19.2.5 Automatischer Sendersuchlauf/Scanner 1048
    19.2.6 Sendeleistung, ERP und Reichweite 1048
    19.2.7 Pilot-Ton.. 1049
    19.2.8 Batteriezustands-Anzeige 1050
19.3 Mehrkanalanlagentechnik..................................... 1051
    19.3.1 Signalverarbeitung im Empfänger........................ 1051
    19.3.2 Empfänger-Intermodulation............................. 1054
    19.3.3 Sender-Intermodulation 1056
    19.3.4 Schaltbandbreite, Spiegelfrequenzdämpfung, Intermodulation
            und Vielkanaltauglichkeit 1056
    19.3.5 Aufbau von Mehrkanalanlagen 1058
19.4 Kompatibilität von Analog-Drahtlos-Mikrofonen mit DVB-T/DVB-H.. 1059
19.5 Drahtlose Audioübertragung mit digital modulierter HF-Technik 1062
19.6 Frequenzmanagement, UWB, Bluetooth, WLAN 1063
19.7 In-Ear-Monitor-Strecken...................................... 1064
19.8 Drahtlose Audioübertragung mit Infrarot-Licht 1065
    19.8.1 Analog modulierte IR-Übertragung....................... 1065
    19.8.2 Digital modulierte IR-Übertragung 1069
Normen und Standards 1071
Literatur.. 1071

19.1 Frequenzzuteilung und regulative Voraussetzungen

19.1.1 Frequenzregulierung

Für die drahtlose Übertragung von Audiosignalen werden elektromagnetische Wellen als Trägersignale genutzt. Auch der Rundfunk bedient sich dieser Wellen auf unterschiedlichen Frequenzen, ebenso Kommunikationsdienste wie der Mobilfunk, WLAN, Bluetooth und andere Funkdienste (Abb. 19.1).

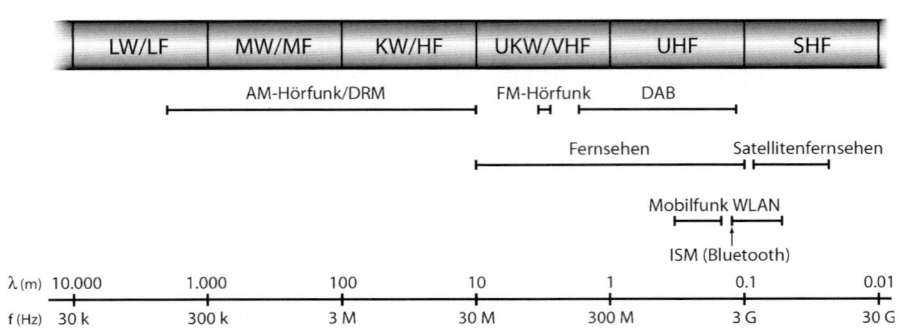

Abb. 19.1 Für die funkbasierte Kommunikation genutzter Teil des elektromagnetischen Spektrums. Alle Kommunikationsdienste belegen innerhalb der eingezeichneten Bereiche immer nur definierte Frequenzen.

Eine bestimmte Frequenz kann am gleichen Ort und zur gleichen Zeit nur von jeweils einem Sender störungsfrei belegt werden. Mögliche Konflikte zwischen unterschiedlichen Anbietern werden daher durch eine Regulierung der Sendefrequenzen vermieden. Da der jeweilige Staat die nationale „Lufthoheit" besitzt, übernehmen je nach Land staatliche oder staatlich beauftragte Institutionen die Umsetzung der Regulierungsvorgaben. Für die grenzüberschreitende, regulative Koordination wurden internationale Vereinigungen wie die International Telecommunication Union (ITU) und das Electronic Communications Committee (ECC) als Nachfolger des European Radiocommunications Committee (ERC) innerhalb der Europäischen Konferenz der Verwaltung für Post und Telekommunikation (CEPT) geschaffen.

In der Europäischen Gemeinschaft sind die Anforderungen für Funksender in den Mitgliedstaaten über gemeinschaftliche Richtlinien geregelt, zum Beispiel durch definierte Frequenzzuweisungen (Spektrumsmasken). Diese Richtlinien haben den Status von Gesetzen und sind von den Mitgliedstaaten in nationales Recht umgesetzt. Für die Telekommunikation per Funk- oder Drahtverbindung gilt hier die R&TTE-Richtlinie 1999/5 (Radio and Telecommunications Terminal Equipment) und davon abgeleitet in Deutschland das Gesetz über Funkanlagen und Telekommunikationssendeeinrichtungen (FTEG). In diesem Zusammenhang gehören Drahtlos-Mikrofone, ebenso wie In-Ear-Monitor-Systeme (IEM) und drahtlose Kopfhörer, zu den sog. Short Range Devices (SRD).

Für die Koordination und die Vergabe von Funkbetriebs-Lizenzen in Deutschland ist die Bundesnetzagentur als vom Bundesministerium für Wirtschaft und Technologie (BMWI) beauftragte Stelle zuständig. Professionelle drahtlose Mikrofone sind in Deutschland genehmigungsrechtlich dem nichtöffentlichen mobilen Landfunk zugeordnet. Eine Frequenznutzung ist in Form einer Einzel- oder Allgemeinzuteilung möglich. Die Aufrechterhaltung dauerhafter Funkverbindungen ist nicht zulässig. Die Einhaltung der funktechnischen Regeln wird für alle Sender – also auch für Drahtlos-Mikrofone – von einem unabhängigen und vom Staat akkreditierten Institut wie z. B. der CETECOM geprüft und bescheinigt. Zur Einführung in den europäischen Wirtschaftsraum (Inverkehrbringen) hat der Hersteller oder der Importeur die Pflicht, in jedem betreffenden Mitgliedsland die Einfuhr eines Senders anzuzeigen (Notifizieren). Wenn innerhalb von 4 Wochen kein Einspruch geäußert wird, kann die Funkstrecke am freien Warenverkehr teilnehmen. Zusätzliche Voraussetzung ist eine herstellerseitige *Konformitätserklärung* über die Einhaltung der Funk-, EMV- und Sicherheitsanforderungen der R&TTE-Richtlinie und der damit verbundenen Produktnormen für Drahtlos-Mikrofone. Dies sind DIN EN 300422 für Funk, EN 301489 für EMV und DIN EN 60065 für Sicherheit. Auf dem Produkt ist das europäische Konformitätszeichen CE mit der Kennummer des Prüfinstitutes und bei anmeldepflichtigen Sendern mit einem Alert-(!) Zeichen aufzubringen. Der Nutzer von Drahtlos-Mikrofonen selbst hat die Pflicht, bei seiner regionalen Regulierungsstelle eine Betriebserlaubnis zu erlangen. Lediglich in den freigegebenen (allgemein zugeteilten) Frequenzbändern 790–814 MHz und 838–862 MHz können professionell genutzte Drahtlos-Mikrofone in Deutschland seit dem 01.01.2006 anmeldefrei betrieben werden.

19.1.2 Sekundärnutzung

Die ersten Drahtlos-Mikrofone wurden in Deutschland auf den Frequenzen 36,7 MHz, 37,1 MHz und 37.9 MHz zugelassen.

Abb.19.2 Sender SK 1001 und Empfänger ELA 200 (1957)

Für den parallelen Einsatz mehrerer Mikrofonen reichte das 37 MHz-Band allerdings nicht aus. Durch Vorarbeiten der Fa. Sennheiser in Absprache mit den Rundfunkanstalten wurde ab ca. 1960 in Deutschland eine pragmatische Lösung zur Erweiterung des nutzbaren Frequenzspektrums gefunden, indem die den TV-Anstalten zur *Verbreitung* ihrer Programme zugewiesenen Sendefrequenzen (Primärnutzung) im VHF- und später im UHF-Bereich nun auch auf den örtlich nicht belegten Frequenzen zur *Produktion* der Fernsehprogramme (Sekundärnutzung) verwendet werden konnten, solange der Fernsehempfang dadurch nicht gestört wurde. In der Praxis arbeitet die staatliche Regulierungsbehörde oft gemeinsam mit den Sendeanstalten die ortsgebundenen Frequenzpläne für Drahtlos-Mikrofone aus und teilt die Frequenzen zu. Diese Verfahrensweise wurde nahezu weltweit nach deutschem Vorbild übernommen.

Bei der anfänglich geringen Zahl der TV-Anbieter und den beim analogen Fernsehen notwendigen großen räumlichen Abständen zwischen Sendern gleicher Frequenz waren ausreichende Ressourcen für den Betrieb mehrerer Drahtlos-Mikrofone ohne Störung des TV-Empfangs vorhanden. Mit zunehmender Senderdichte ermöglichte eine verbesserte Technik der Drahtlos-Mikrofone die Nutzung auch kleinster Frequenzlücken, selbst in Grenzregionen mehrerer Länder. Diese örtlich vergebenen *Einzelzuteilungen* als Voraussetzungen für einen weitgehend störungsfreien Betrieb auf den zugewiesenen Frequenzen sind gebührenpflichtig und wurden an öffentlich-rechtliche und private Rundfunkanbieter und Programmproduzenten, Dienstleister der Veranstaltungstechnik oder Theater etc. vergeben. Für andere Anwendergruppen werden *Allgemeinzuteilungen* vergeben. Die Nutzung dieser Frequenzen ist heute in Deutschland und einigen anderen Ländern gebührenfrei. Nach gegenwärtigem Rechtsstand ist in Deutschland die Benutzung eines Drahtlos-Mikrofons ohne Einzel- oder Allgemeinzuteilung nicht zulässig. Gegenwärtig fordert die Bundesnetzagentur bei der Nutzung von Drahtlos-Mikrofonen das ständige Mitführen der Einzelzuteilung im Original (!).

19.1.3 Die Fernsehkanäle 61–63 und 67–69

Die Fernsehkanäle oberhalb von Kanal 60 (783 MHz) sind primär nationalen militärischen Diensten zugeordnet. Seit den 1990er Jahren wurden jedoch den öffentlich-rechtlichen und privaten Rundfunkanstalten sowie Veranstaltern und Dienstleistern für Outdoor-Anwendungen für drahtlose Mikrofone im Kleinleistungsbereich die Kanäle 62 und 63 zur Verfügung gestellt. Für eine ausschließliche Indoor-Nutzung (Theater und Konzertspiel-Betrieb, Messen etc.) waren die Kanäle 61 und 67–69 sowie teilweise 62–63 freigegeben. Hierfür wurden Einzelzuteilungen erteilt.

Seit dem 1. Januar 2006 ist nun eine wesentliche Vereinfachung für

- professionelle Veranstalter/Anwender,
- Theater- und Konzertspiel-Betriebe,

Kapitel 19 Drahtlose Audioübertragung

- „Dienstleister der Veranstaltungstechnik" und Frequenznutzung durch Dritte im Beisein des Veranstalters und
- Musikgruppen einschließlich In-Ear-Monitoring

in Kraft getreten, indem für die Kanäle 61/62/63 (790–814MHz) und 67/68/69 (838–862 MHz) eine Allgemeinzuteilung ausgestellt wurde. Dabei sind die unterschiedlichen Zuweisungen für den Outdoor- und Indoor-Betrieb zu beachten (Bundesnetzagentur Vfg. 91/2005, s. a. www.sennheiser.com).

Auch dem öffentlich-rechtlichen Rundfunk und den privaten Programmanbietern und Programmproduzenten sind Frequenzen in diesem Bereich als Allgemeinzuteilung reserviert worden. Alle Frequenzen im Frequenzbereich von 790–814 MHz bzw. 838–862 MHz werden untereinander intermodulationsarm koordiniert (s. Abschn. 19.3.1) und für alle Nutzergruppen ineinander verschachtelt. Deshalb gelten hohe Anforderungen für die technischen Parameter der Drahtlos-Mikrofone und deren Stabilität.

Wie bei Allgemeinzuteilungen generell sind auch hier gegenseitige Beeinträchtigungen nicht auszuschließen und durch koordinierende Maßnahmen vor Ort durch die Nutzer selbst zu regulieren. Die Allgemeinzuteilung ist bis zum 31.12.2015 befristet.

19.1.4 Die ISM-Frequenzen

Funkübertragung auch für nichtkommerzielle Nutzer ist seit ca. 1995 durch die Freigabe der ursprünglich für medizinische und wissenschaftlich-technische Anwendungen (Industrial-Scientific-Medical) reservierten sog. ISM-Frequenzen für die Audioübertragung möglich geworden. ISM-Frequenzen unterliegen einer Allgemeinzuteilung, es ist also keinerlei Genehmigungsprozedur für den Nutzer notwendig. Lediglich eine Konformitätserklärung ist auch hier erforderlich und liegt bei Markengeräten bei. Im Rahmen des ISM-Betriebes gibt es jedoch keine örtliche Frequenzkoordination. Es kann einem anderen Nutzer nicht untersagt werden, eine Frequenz zu verwenden, sodass Störungen durch auf gleicher Frequenz arbeitende Nutzer jederzeit möglich sind.

Aus diesem Grunde und weil für ISM-Geräte anwendungsspezifisch teilweise auch höhere Leistungen zulässig sind, sind diese Frequenzen für Drahtlos-Mikrofone bei Anwendungen, bei denen eine störsichere Übertragung gefordert wird, ungeeignet. Nur wenn eine absolut störsichere Übertragung nicht die höchste Priorität hat, stellen Drahtlos-Mikrofone im ISM-Bereich eine Alternative dar. Die meisten ISM-Anlagen haben mehrere Frequenzen zur Auswahl, durch „Hineinhören" in das ISM- Band bei ausgeschaltetem Squelch kann man feststellen, wie viele (Frequenz-) Nachbarn es noch gibt. Für einen Frequenzscan eignen sich Geräte mit automatischem Suchlauf. In Deutschland sind folgende ISM-Bereiche ausgewiesen:

- 13,553 bis 13,567 MHz
- 26,957 bis 27,283 MHz

- 433,05 bis 434,79 MHz
- 2400 bis 2483 MHz
- 5755 bis 5850 MHz

Insbesondere die Bereiche 2,4 GHz und 5,8 GHz werden zunehmend durch Datenkommunikation (Bluetooth, WLAN) belegt, bei denen zeitlich nicht vorausgesagt werden kann, wann und wie oft die Frequenzen genutzt werden. So senden z. B. Funkthermometer teilweise in 5 min-Abständen kurze Impulsgruppen aus. Das auch für Funkautoschlüssel benutzte 433 MHz-Band ist für Drahtlos-Mikrofone nicht mehr zugelassen. In den USA liegt ein Frequenzband für ISM-Anwendungen bei 902–928 MHz.

19.1.5 Der europäisch-harmonisierte Frequenzbereich 863–865 MHz

Aufgrund der in den ISM-Bändern jederzeit möglichen Störungen wurden ab 1996 in Europa die Frequenzen 863-865 MHz mit einer Allgemeinzuteilung freigegeben. Es gelten die gleichen Nutzungsbedingungen wie auf den ISM-Bändern („jeder darf jeden stören"), nur nutzungsdefiniert ausschließlich für Audio-Anwendungen. Neben Drahtlos-Mikrofonen sind drahtlose Kopfhörer, Hör-/Sprechgarnituren, Lautsprecher, Audio-Links und andere Audio-Applikationen zugelassen. Die maximale, abgestrahlte Sendeleistung ist auf 10 mW ERP begrenzt (s. Abschn. 19.2.1.6) und es muss sichergestellt sein, dass bei Nichtbenutzung (kein Audiosignal) das Sendesignal abgeschaltet wird, um die knappe Frequenzressource nicht unnötig zu belegen. Zwar ist dieses Band 2 MHz breit, sodass beim Heimbetrieb wenige Kollisionsprobleme zu erwarten sind. Für professionelle Anwendungen sind die neuen Möglichkeiten in den Kanälen 61–63 bzw. 67–69 dennoch besser geeignet.

Inwieweit und wie lange dieser Frequenzbereich bei der anstehenden Neuverteilung der Frequenzen (Abschn. 19.1.8) erhalten bleibt, ist noch nicht bekannt, als Übergangszeit werden jedoch in der Regel längere Zeiträume angesetzt.

19.1.6 Die Frequenzlandschaft mit digitalem Fernsehen DVB-T/DVB-H

Bei digitaler, terrestrischer Fernsehübertragung sind in einem 8 MHz breiten Fernsehkanal nun vier (und zukünftig mehr) digitale Programme in Standardqualität transportierbar. Die gewählte Modulationsart (OFDM) eignet sich besonders für den Aufbau von Gleichwellen-Sendernetzen (Single Frequency Network, SFN). Bei der bisherigen analogen Senderplanung mussten zwischen Sendern gleicher Trägerfrequenz Schutzabstände von bis zu 500 km eingehalten werden, um Bildstörungen im Versorgungsbereich der TV-Sender zu minimieren. Man kann mehrere Sender gleicher Trägerfrequenz zur Flächenversorgung in Sichtweite der Empfangsantenne betreiben. Zu möglichen Störungen von DVB-T-Sendern in Drahtlos-Mikrofonstrecken s. Abschn. 19.4 und www.sennheiser.com.

19.1.7 Neue Frequenzplanung Genf 2006

Durch den 1961 auf der Basis des technischen Standes der analogen Fernseh-Übertragungstechnik verabschiedeten *Stockholmer Wellenplan* wurde den TV-Anbietern neben den Bereichen VHF I (47 bis 62 MHz, Kanal 2–4) und VHF III (174 MHz bis 223 MHz, Kanal 5–11) der neue UHF-Bereich (470 bis 890 MHz, Kanal 21–60) für ihre Programmdistribution zugesprochen. Der Bereich VHF II ist der UKW-Bereich von 87,5 bis 100 MHz, der später auf 102/108MHz erweitert wurde. Der Betrieb von Drahtlos-Mikrofonen wurde den TV-Anstalten als Sekundärnutzung auf „ihren" Frequenzen genehmigt.

Die gegenwärtig geplante Neuordnung der terrestrischen Frequenzlandschaft hat das Ziel, auf Basis der übertragungseffizienten digitalen Verfahren eine größere Programmvielfalt zu erreichen und Frequenzen für neue Inhalte freizustellen.

Deutschland hat im Juni 2006 auf der in Genf stattgefundenen Regional Radio Communications Conference (RRC-06) sieben flächendeckende DVB-T-Versorgungen in den UHF-Bändern IV und V, eine DVB-T-Bedeckung und drei DAB-Bedeckungen im VHF-Frequenzband III geplant. Für viele der derzeitigen (2006) DVB-T-Nutzungen wird danach eine Frequenzumwidmung nicht notwendig werden.

Neu ist nach RRC-06 u. a. das sog. Maskenkonzept, nach dem in einer dem DVB-T/DAB-T-Rundfunkdienst zugeteilte Frequenzmaske (Frequenzbereich) auch andere mobile (Nichtrundfunk-)Funkdienste betrieben werden können. Die Planung ist für Senderleistungen >5 kW aufgesetzt worden. Sie soll nach heutigem Stand nicht vor 2012 in Kraft treten.

Welche Konsequenzen sich für den Betrieb drahtloser Mikrofone aus der neuen Sachlage ergeben, kann gegenwärtig noch nicht verlässlich prognostiziert werden, da die Planung der RRC-06 erst kurz vor Redaktionsschluss zugänglich wurde. 2006/2007 haben sich verschiedene Nutzergruppen mit den Herstellern drahtloser Mikrofone zusammengefunden, um auf die (programm-)produktionstechnische Notwendigkeit störungsfreier Frequenzen aufmerksam zu machen.

Bleibt es bei der Sekundärnutzung für Drahtlos-Mikrofone, dann sind auch hier infolge der Neuregelungen Frequenzumstellungen nicht auszuschließen. Um dieser Unsicherheit bei den Anwendern zu begegnen, bieten einige Hersteller beim Verkauf – insbesondere von Mehrkanalanlagen – Umrüstmöglichkeiten/-verträge für neue Frequenzen an. Eine erweiterte Schaltbandbreite der Sender und Empfänger – die eine vermeintliche Lösung des Problems darzustellen scheint – muss nicht zwangsläufig eine hohe Übertragungsqualität garantieren (s. Abschn. 19.3.4).

19.2 Drahtlose Audioübertragung mit analog modulierter HF-Technik

Mitte der 1950er Jahre war der Erfolg von Fernsehshows auf großen Bühnen und die Einführung von Zoomobjektiven bei TV-Kameras ein Auslöser für den Wunsch, die Künstler von lästigen Mikrofonkabeln zu befreien. Erste Versuche zur drahtlosen Übertragung von Mikrofonsignalen wurden mit der Induktionsschleifen-Technik erprobt. Rund um das Studio/die Bühne wurde eine mehrlagige Drahtschleife als Empfangsantenne gelegt, die Mikrofone bestanden aus einem Hand-Mikrofon einschließlich Kabel, das zu einem Taschensender führte, der ebenfalls eine Drahtschleife als Sendeantenne verwendete. Das Sendesignal wurde im 100 kHz-Bereich vorwiegend mit der magnetischen Feldkomponente abgestrahlt. Begünstigend kam hinzu, dass es für diesen niedrigen Frequenzbereich bereits Transistoren gab, sodass für die unauffällig am Körper zu tragenden Taschensender auf große Anoden- und Heizbatterien verzichtet werden konnte.

Es stellte sich jedoch heraus, dass diese Technologie für hochwertige Audioübertragung zu störbehaftet war. Zum einen fielen vor allem Schaltvorgänge im Lichtnetz mit ihren Oberwellen in den Übertragungsbereich der Mikrofone, zum anderen war die Bandbreite begrenzt, sodass nur zwei oder drei Mikrofone parallel betrieben werden konnten.

Aus diesem Grund ging man zu höheren Frequenzen mit im elektrischen Feld abgestimmten Antennen über. Dies verbesserte den Wirkungsgrad und die gerade beim Rundfunk eingeführte Frequenz-Modulation (FM) garantierte eine für damalige Verhältnisse sehr hohe Übertragungsgüte. Ein so aufgebautes Drahtlos-Mikrofon mit Hochfrequenz-(HF-)Übertragung funktioniert ähnlich einer Übertragung im Hörfunk: In einem Taschen- oder Hand-Gehäuse ist ein Kleinleistungs-Sender untergebracht, der das von einem herkömmlichen Mikrofon gelieferte Audiosignal auf eine Trägerfrequenz aufmoduliert und abstrahlt. Ein stationärer Empfänger nimmt das Sendesignal auf und demoduliert es zurück in den Audiobereich. Vom Ausgang des Empfängers kann das Audiosignal wie bei einem kabelgebundenen Mikrofon wieder einem Mischpult und/oder einem Verstärker zugeführt werden.

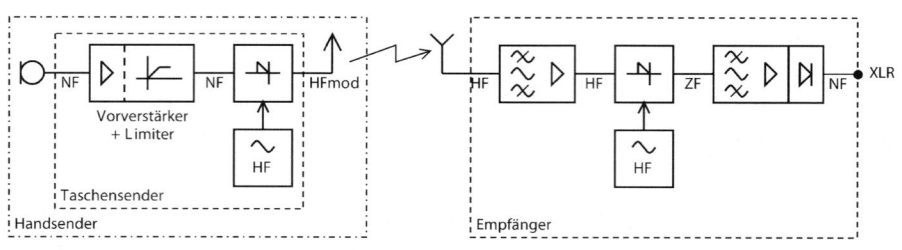

Abb. 19.3 Prinzipieller Aufbau eines Drahtlos-Mikrofon-Systems

Die aus dem UKW-Hörrundfunk übernommene Frequenzmodulation (FM) wurde im Wesentlichen durch drei Entwicklungen an die steigenden Anforderungen einer professionellen Audioübertragung angepasst:

Kapitel 19 Drahtlose Audioübertragung

- Örtlich zugewiesene Frequenzen zur störungssicheren Übertragung (s. Abschn. 19.1)
- Kompander-Technik zur Verbesserung des Signalrauschabstands
- Diversity-Technik zur Vermeidung von Störungen durch Mehrwege-Ausbreitung

19.2.1 Kanalbandbreite, Frequenzhub und Störspannungsabstand

Bei der Frequenzmodulation wird die Amplitude des Audiosignals als zeitliche Veränderung (Hub) einer Trägerfrequenz abgebildet; die Audiofrequenz als Geschwindigkeit dieser Veränderung. Hohe Pegel führen deshalb zu einem hohen Frequenzhub. Die Nenn-Aussteuerung für übliche Breitbandsysteme liegt bei ±40 kHz. Der maximale Spitzenhub von ±56 kHz darf auf keinen Fall überschritten werden, da sonst die Hubspitzen in den beiden Nachbarkanälen des Drahtlos-Mikrofons hörbare Störungen hervorrufen würden. Deshalb ist die Einhaltung dieser Grenzen ein zwingendes Kriterium für die Konformitätsprüfung. Die Spitzenhub-Begrenzung wird durch einen Limiter und/oder durch den unten beschriebenen Kompressor realisiert.

Zusammen mit dem Spitzenhub von ±56 kHz (112 kHz) und einem Sicherheitsabstand ist die hochfrequente Bandbreite für einen Mikrofonkanal auf 200 kHz festgelegt worden. Aufgrund von Intermodulationsstörungen zwischen den Drahtlos-Mikrofonen (s. Abschn. 19.3.2) kann man die Kanäle nicht unmittelbar aneinanderlegen, sodass in einem 8 MHz breiten TV-Kanal mit hochwertigen Sendern und Empfängern im günstigsten Fall 16 Drahtlos-Mikrofonkanäle unterzubringen sind. Diese Anzahl ist zudem nicht in jeder Frequenzlage erreichbar (s. Abschn. 19.3).

Durch den maximalen Hub des frequenzmodulierten Signals werden die Übertragungseigenschaften vorgegeben. Der Geräuschspannungsabstand wird im Zwischenfrequenz-Verstärker und im Demodulator auf ca. 70 dB(A) begrenzt (s. Abschn. 19.3.1). Um auf die für professionelle Übertragungen geforderten >90 dB(A) zu kommen, wird mit der Kompandertechnik ein ursprünglich aus der Magnetband-Speichertechnik stammendes Verfahren eingesetzt.

19.2.2 Analoge Kompandertechnik

Selbst bei hohen HF-Pegeln verbleibt durch die endliche HF-Bandbreite ein systembedingtes Empfängerrauschen. Bei hohen Audiopegeln ist dieses Rauschen aufgrund von Maskierungseffekten nicht zu hören, wohl aber in den leisen Passagen. Zur Erhöhung des Signalrauschabstands kann daher ein Kompandersystem eingesetzt werden, welches das Audiosignal sendeseitig komprimiert und empfängerseitig wieder expandiert. Bei Drahtlos-Mikrofonen werden im Allgemeinen breitbandige, lineare Kompandersysteme mit einem logarithmischen Kompressionsverhältnis von 1:2 verwendet. Ein Audiosignal auf der Senderseite von −50 dB unter Vollaussteuerung wird dabei für die Übertragung auf −25dB angehoben und beim Empfänger wieder auf −50dB zurückgeführt. Gleichzeitig werden (zusammen mit der Deemphasis) die auf der Funkstrecke entstandenen Störungen um den gleichen Betrag abgesenkt. Die ersten Drahtlos-Mikrofone mit Kompandertechnik kamen 1974 auf den Markt.

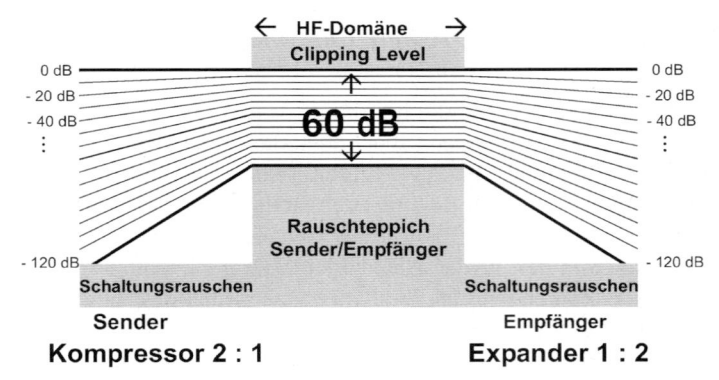

Abb. 19.4 Wirkungsweise des Kompanders in einem Drahtlos-Mikrofonsystem

Dieser „Kompandergewinn" ist deutlich hörbar und war neben der (historisch früher eingeführten) Diversity-Technik die wesentliche Voraussetzung dafür, dass sich Drahtlos-Mikrofone in der professionellen Live-Übertragung durchgesetzt haben.

In der Praxis sind die Geräte unterschiedlicher Hersteller untereinander im Allgemeinen nicht kompatibel. Selbst innerhalb des Geräteprogramms eines Herstellers kann es unterschiedlich dimensionierte Kompandersysteme geben.

Abb. 19.5 Erstes Handmikrofon mit Kompandertechnik: SKM 4031 (1982)

Kapitel 19 Drahtlose Audioübertragung

19.2.3 Digitale Kompandertechnik

Eine exakt spiegelbildliche Verarbeitung der Audiosignale bei Sender und Empfänger wird bei analogen Kompandersystemen durch unvermeidliche Bauelementetoleranzen erschwert.

Vor allem aber ist die Verarbeitung des analogen Signals mit Regelzeiten verbunden. Die Stellglieder für die Kompression und Expansion werden mit Signalen angesteuert, die aus dem aktuellen Audio-Signalpegel erzeugt werden. Um Verzerrungen zu minimieren, muss dabei ein Kompromiss für die Zeitkonstanten der Regelung gefunden werden. Auch sind Ansprech- und Abfallverhalten bei den üblicherweise eingesetzten, analogen Bauelementen nicht unabhängig voneinander dimensionierbar. Diese Faktoren können bei kritischen Audiosignalen zu Artefakten wie hörbaren Rauschfahnen und Verzerrungen führen.

Aus diesem Grunde bieten in jüngster Zeit einige Hersteller digital arbeitende Breitband-Kompandersysteme an, die die Nachteile der analogen Systeme nicht besitzen. Es gibt sowohl Ausführungen, bei denen nur Kompressor oder Expander digital arbeiten, als auch Systeme mit komplett digitaler Signalverarbeitung im Kompanderzweig. Vorteile sind eine nun mögliche unabhängige Dimensionierung der Signalbearbeitungs-Parameter und eine exaktere Abstimmung von Kompressor und Expander als dies bei analogen Systemen möglich ist.

Eine weitere Verbesserung des Übertragungsverhaltens wird mit Multiband-Kompandersystemen erreicht werden können, wie sie in der Audiobearbeitung und bei der sendeseitigen Kompression von Rundfunkprogrammen bereits Standard sind.

19.2.4 Diversity

Treffen elektromagnetische Wellen auf eine Wandfläche, so kann dort ein Teil der Energie absorbiert werden, ein Teil die Wand durchdringen oder ein Teil von der Wand reflektiert werden. Ähnlich wie bei Schallwellen ist das Transmissions- und Reflexionsverhalten von der Wellenlänge/Frequenz abhängig. Diese Eigenschaften können für die Übertragung nützlich sein (Empfang auch im Nachbarraum) oder zur Verschlechterung der Übertragungssicherheit von Drahtlos-Mikrofonen beitragen.

Zur Reduktion der Übertragungssicherheit können in der FM-Technik Reflexionen und die dadurch entstehende *Mehrwege-Ausbreitung* beitragen: Eine vom Mikrofon ausgehende Welle kann die Empfänger-Antenne auf mehreren Wegen erreichen, einmal direkt in Sichtverbindung und einmal über Reflexion an einer oder mehreren Wänden. Die Laufzeitdifferenz der beiden Wellen führt bei den kurzen Funkstrecken und der hohen Ausbreitungsgeschwindigkeit von 300.000 km/s noch zu keinen Verzerrungen im Audiosignal, wie dies etwa bei der Kurzwellen-Übertragung der Fall ist. Überlagern sich die beiden Wellen aber gegenphasig, reduzieren sich die Signalamplituden bis hin zur völligen Auslöschung der beiden Wellen. Das Ergebnis ist eine Unterbrechung des Empfangs und ein starkes Rauschen bzw. starke Verzerrungen im Empfänger.

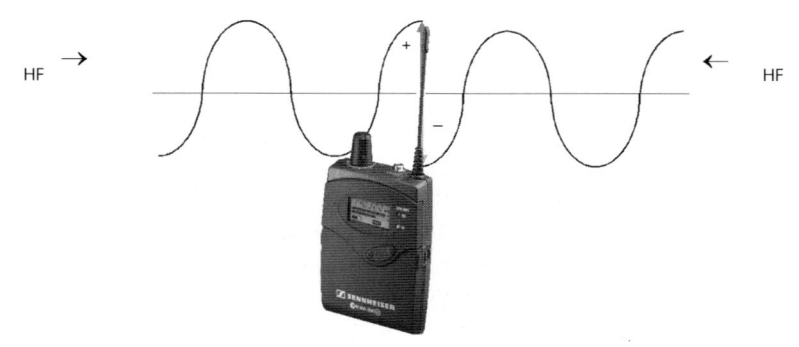

Abb. 19.6 Kompensation eines HF-Signals an der Antenne durch Mehrwegeausbreitung und Signalauslöschung bei Antiphase am Beispiel eines IEM-Empfängers

Eine Lösung dieses Problems bietet die Verwendung von zwei Empfangsantennen, die in einem Abstand von etwa $\lambda/2$ oder kleiner angeordnet sind. Die Wahrscheinlichkeit, dass sich die Signale an beiden Antennen destruktiv überlagern ist sehr gering. Man nennt dieses Verfahren *Diversity-Technik*.

Als einfachste Realisierung erscheint zunächst die Zusammenschaltung der beiden Antennen am Empfängereingang. Dabei besteht allerdings die Gefahr, dass die erste Antenne das empfangene Signal der zweiten Antenne wieder abstrahlt. Schaltet man die beiden Antennen über einen passiven Koppler zusammen, dann sind die Antennen bei üblicherweise eingesetzten Schaltungen etwa 20 dB elektrisch voneinander entkoppelt. Aber auch in diesem Fall wäre eine destruktive Interferenz nicht ausgeschlossen, denn Pegelunterschiede der HF-Signale in der Größenordnung dieser Entkopplungsdämpfung können in der Praxis ohne weiteres auftreten. Für professionelle Anwendungen ist dieses *Antennen-Diversity-Verfahren* daher ungeeignet.

Eine technisch überlegene Lösung bietet das Ablöse- oder *True-Diversity-Verfahren*. Hier werden zwei vollständige Empfänger mit je einer Antenne an einen gemeinsamen Audio-Ausgang geschaltet. Dieses auf der Audio-Ebene wirksame Verfahren ist unabhängig von den aufgrund der kürzeren Wellenlängen viel komplexeren Phasenbeziehungen im HF-Feld. Selbst wenn die HF-Signale an beiden Antennen mit gleichem Betrag und gegensätzlicher Polarität anliegen (was bei Antennen-Diversity-Technik zur Auslöschung führen würde), entscheidet der Empfänger, welches der beiden Signale an den Ausgang durchgeschaltet wird. Der Umschalter im Audiofrequenzbereich wird vom HF-Pegel gesteuert und arbeitet bei guten Empfängern völlig störungsfrei und unhörbar. Viele Empfänger haben zusätzlich eine Anzeige der Empfangsverhältnisse.

Aus den Herstellerunterlagen ist nicht immer klar ersichtlich, welches Diversity-Verfahren verwendet wird. Zwei Antennen an einem Empfänger geben hier noch

Kapitel 19 Drahtlose Audioübertragung   1047

keinen Aufschluss. Die um 1970 zunächst bei Einzelempfängern eingeführte True-Diversity-Technik war ein erster wichtiger Beitrag zum Erfolg drahtloser Mikrofonübertragung und ist heute Bestandteil aller hochwertigen Drahtlos-Systeme.

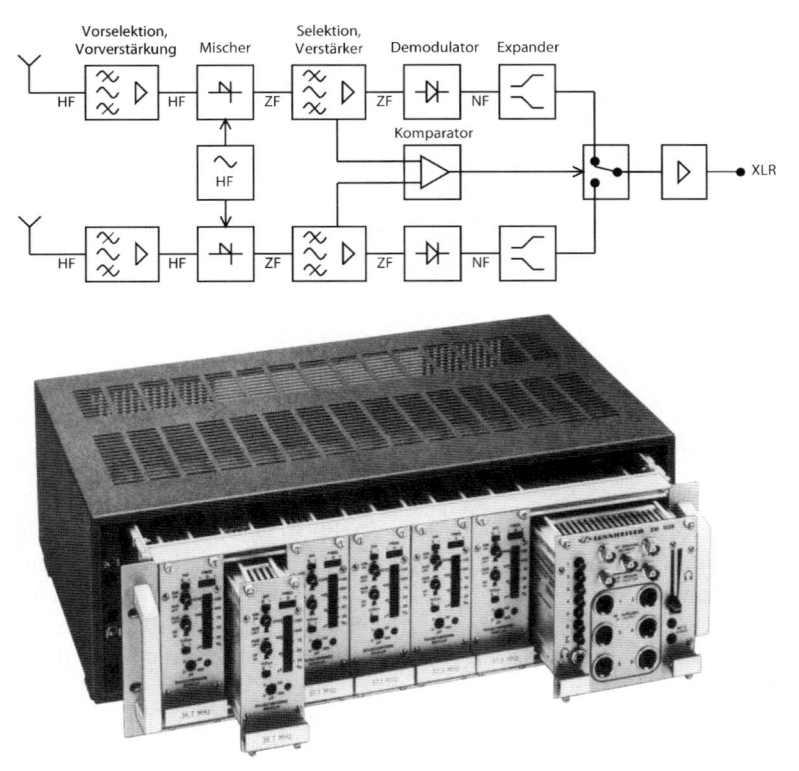

Abb. 19.7 Oben: Diversity-Prinzip. Unten: Erster Mehrkanal-Empfänger (1982) mit Diversity-Technik (EM1026)

Optimale Antennenabstände liegen im Bereich von $\lambda/8$ bis $\lambda/4$. Da die Antennen der Mikrofone/Taschensender durch die Bewegung ständig ihre Polarisationsebenen wechseln können, sollten die Empfangsantennen nicht parallel zueinander ausgerichtet werden.

Dass man auch mit kleineren Antennenabständen als $\lambda/8$ erfolgreich arbeiten kann, zeigen True-Diversity-Empfänger für ENG-Kameras (Electronic News Gathering). Trotz der geringen Antennenabstände ist die Empfangsverbesserung gegenüber einem Single-Antennen-Empfänger erheblich. Kameraempfänger müssen besonders großsignalfest ausgelegt werden, denn per Aufgabenstellung kann der Mikrofon-Sender hier sehr nah am Empfänger arbeiten (s. Abschn. 19.3.2).

Abb. 19.8 Kamera-Empfänger mit kleinem Antennenabstand (UHF-Bereich)

19.2.5 Automatischer Sendersuchlauf/Scanner

In den letzten Jahren wurden zahlreiche Drahtlos-Mikrofone mit automatischen Sendersuchlauf-Systemen ausgestattet, wie sie vom Autoradio bekannt sind. Um sich zu versichern, welche Frequenzen belegt sind, sind diese Empfänger gut geeignet. Insbesondere für die ISM-Bereiche und den 863–865 MHz-Bereich ist das eine erste Orientierungshilfe. Sie sind jedoch kein Ersatz für die örtliche Frequenzzuteilung oder die Abstimmung der Nutzer vor Ort, da ein vom Sendersuchlauf identifizierter freier Kanal auch durch nur intermittierend sendende Quellen belegt sein kann. Deshalb sollte ein als frei identifizierter Kanal aktiv genutzt und überwacht werden, um die Belegung für weitere Nutzer sichtbar zu machen und mögliche Störungen frühzeitig zu erkennen. Auch sollte man sich vergewissern, dass der Suchlauf-Indikator des Empfängers in der Lage ist, DVB-T-Sender richtig anzuzeigen.

19.2.6 Sendeleistung, ERP und Reichweite

Eine Antenne kann ihre maximale Leistung nur bei korrekter Anpassung abstrahlen, d. h. sie muss senderseitig an den Wellenwiderstand des Ausgangsverstärkers und „luftseitig" an die Impedanz der Luft angepasst sein. Damit hat sie im Idealfall die gleiche Länge wie die Wellenlänge der abzustrahlenden Frequenz. Dies lässt sich aber selten realisieren, denn die Antennen würden für Drahtlos-Mikrofone zu lang, da selbst bei 800 MHz die Wellenlänge immerhin noch 37 cm beträgt. Mit kürzeren Antennen verschlechtert sich aber der Wirkungsgrad und die Antenne strahlt nur noch einen Bruchteil der vom Sender abgegeben elektrischen Leistung als HF-Signal ab.

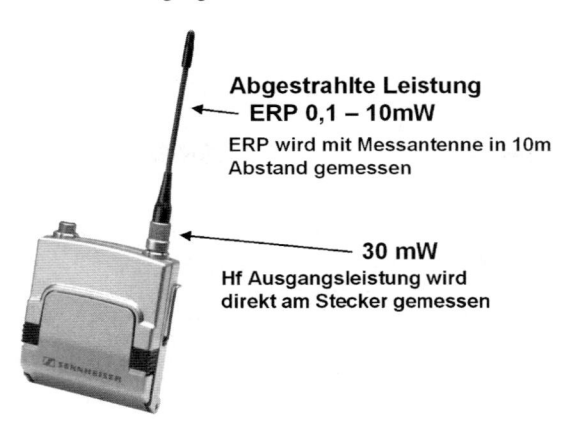

**Abgestrahlte Leistung
ERP 0,1 – 10mW**
ERP wird mit Messantenne in 10m Abstand gemessen

30 mW
Hf Ausgangsleistung wird direkt am Stecker gemessen

Abb. 19.9 Abgestrahlte Sendeleistung (ERP). Die abgestrahlte Sendeleistung unterscheidet sich erheblich von der HF-Ausgangsleistung des Senders.

Unter diesen Umständen ist eine Antennenlänge von $\lambda/2$ bis $\lambda/8$ der anzustrebende Kompromiss, der aber auch nur bei höheren Frequenzen realisiert werden kann. Die tatsächlich von der Antenne abgestrahlte Leistung hat die Bezeichnung ERP (Effective Radiated Power). Die Zuteilungsvorgaben für die max. von der Antenne abgestrahlte Leistung liegen je nach Anwender und Frequenzbereich zwischen 10 und 50 mW. Bei freier Sicht zwischen Sender und Empfänger sind damit Entfernungen von 100 m und mehr möglich. Für einen Reporter inmitten einer Menschenmenge können allerdings schon 20 m ein Problem werden. Insbesondere bei hohen Frequenzen nimmt die Absorption durch das Wasser im menschlichen Körper stark zu. Aus diesem Grunde sollte man die Antenne möglichst nicht berühren, dies bewirkt oft eine zusätzliche Dämpfung der Sendeleistung. Für praktische Hinweise siehe (Arasin u. Hoemberg 2007).

19.2.7 Pilot-Ton

Wird während des Betriebes einer Drahtlos-Mikrofon-Strecke das Mikrofon abgeschaltet, dann rauscht der Empfänger aufgrund seiner hohen Verstärkung mit großer Lautstärke auf. Eine Mute/Squelch-Schaltung kann dies zwar verhindern, benötigt jedoch eine gewisse Ansprechzeit für die Detektion. Je nach Ausführungsform wird der HF- und/oder der NF-Pegel bewertet. In jedem Falle ist aber eine gewisse Ansprechzeit erforderlich, um zwischen Audio- bzw. HF- Signal und Rauschen zu unterscheiden.

Dieses Problem kann durch den *Pilot-Ton* unterbunden werden. Hier sendet das Mikrofon zusätzlich zu der Audioinformation ein Überwachungs-Signal von etwa 32 kHz, das der Empfänger kontinuierlich detektiert. Bleibt das Signal aus, wird der NF-Ausgang des Empfängers sofort stumm geschaltet. Beim Ausschalten eines Senders wird zunächst der Pilot-Ton abgeschaltet und erst dann der

HF-Träger. Damit hat der Empfänger genügend Zeit, seinen NF-Ausgang stumm zu schalten.

Der Pilot-Ton stellt darüber hinaus eine zusätzliche Sicherheit bei Mehrkanalanlagen bereit: Sind während einer Übertragung alle Empfänger auf das Mischpult geschaltet, die zugehörigen Sender aber nicht alle aktiv, dann könnten die „freien", stumm geschalteten Empfänger durch die Intermodulationsprodukte der in Betrieb befindlichen Sender angeregt werden. Die Steuerung über den Pilot-Ton verhindert dies zuverlässig.

19.2.8 Batteriezustands-Anzeige

Für professionelle Übertragungen muss sichergestellt werden, dass während einer Übertragung nicht plötzlich ein Sender wegen leerer Batterien ausfällt. Deshalb werden bei wichtigen Sendungen prinzipiell neue Batterien bzw. Akkus eingesetzt. Dennoch kann es passieren, dass eine fabrikfrische Batterie nicht mehr genügend Leistung zur Verfügung stellen kann oder ein Akku vorzeitig entleert ist. Deshalb wurde ab 1990 die Übertragung des Batteriezustandes eingeführt.

Während des Betriebs überträgt der Sender ein Batterie-/Akku-Zustandstelegramm. Am Empfänger und/oder am Monitor wird der aktuelle Batteriezustand angezeigt, so kann in kritischen Fällen ein Batteriewechsel vorbereitet werden. Die Impulse, die den Batteriezustand abbilden, werden unterhalb der Audio-Frequenz bei etwa 10 Hz übertragen. Das ist völlig ausreichend, da Kapazitätsänderungen in der Batterie vergleichsweise langsam ablaufen. Ein wesentlicher Grund, warum bei Drahtlos-Mikrofonen keine Stromversorgungskonzepte, wie z. B. bei Mobiltelefonen eingesetzt werden, liegt darin, dass weltweit entsprechende Akkus und/oder Batterien verfügbar sein müssen. Daher werden in der Regel die Batterieformen AA, AAA und der 9V-Block (Typ 6F22) verwendet.

Abb. 19.10 Typisches Drahtlos-Mikrofon-System für Einzelanwendungen. Taschensender, Diversity-Empfänger, Handmikrofon, In-Ear-Monitor-Empfänger, Aufstecksender (v.l.n.r.)

Drahtlos-Mikrofonsysteme mit einem oder wenigen Mikrofonkanälen eignen sich für kleine Musikgruppen oder Beschallungsanlagen (Abb. 19.10). Für komplexere Mehrkanalanlagen sind jedoch noch eine Reihe weiterer Gesichtspunkte im Hinblick auf die Qualität der Audioübertragung zu beachten. Diese betreffen insbesondere die Hochfrequenz- und Empfänger-Technik.

19.3 Mehrkanalanlagentechnik

Die Verwendung von Drahtlos-Mikrofonen hat sich heute so weit durchgesetzt, dass häufig alle Mikrofone auf einer Bühne drahtlos ausgeführt werden. Für den alljährlichen Eurovision-Song-Contest werden z. B. etwa 60 Drahtlos-Mikrofone und 20 In-Ear-Monitorsysteme in einer Live-Veranstaltung benötigt. Bei TV-Übertragungen anlässlich von Wahlen sind über 300 Drahtlos-Mikrofone in einem (Funk-)Gebiet keine Seltenheit. Derartig hohe Kanalzahlen setzen neben einer gut koordinierten Frequenzplanung vor Ort auch eine besonders leistungsfähige Signalverarbeitung in den Sender- und Empfangssystemen voraus.

Kriterien für die Qualität einer Mehrkanal-Anlage sind hier vor allem die

- Nachbarkanal-Selektion
- Spiegelfrequenz-Dämpfung
- Empfänger-Intermodulation und die
- Sender-Intermodulation.

Dabei sind für Mehrkanalanlagen einige technische Besonderheiten insbesondere hinsichtlich der Signalverarbeitung im Empfänger zu beachten.

19.3.1 Signalverarbeitung im Empfänger

Die wichtigsten Qualitätsparameter eines Empfängers für Drahtlos-Mikrofone sind seine Fähigkeit zur Trennung der einzelnen Kanäle voneinander (Nachbarkanal-Selektion) und die Intermodulationsfestigkeit. Die naheliegende Lösung wäre, für jede einzelne Frequenz einen Empfänger zu bauen, bei dem alle Frequenz-Selektionsfilter nur die gewünschte Mikrofon-Funkfrequenz verstärken (Geradeaus-Empfänger). Dies wäre allerdings ein teures Konzept, da alle für eine hohe Selektion notwendigen, hochwertigen Filter einzeln auf die gewünschte Frequenz abgestimmt und bei Frequenzänderung umgestimmt werden müssten. Schmalbandige Filter sind teuer und waren auch sehr voluminös. Für jede einzelne Funkkanalfrequenz wäre ein separater Filterblock notwendig, und bei hohen Empfangsfrequenzen kann die für eine ausreichende Nachbarkanal-Selektion erforderliche hohe Filtergüte nicht oder nur schwer realisiert werden. Auch wenn bei extrem eng belegten Frequenzressourcen und hohen Qualitätsanforderungen Filter sehr hoher Güte und Einzelabstimmung für die Vorselektion, d. h. die Selektion vor dem eigentlichen Empfänger, tatsächlich eingesetzt werden (Abschn. 19.4. und Abb. 19.17), ist dieser Aufwand für Standardanwendungen zu hoch.

Heute gebräuchliche Empfängerkonzepte nehmen schon seit langem eine Frequenzumsetzung des von der Antenne kommenden Signals auf eine niedrigere Frequenz vor. Für diese niedrige Frequenz gibt es kostengünstige Filter mit sehr guten Selektions-Eigenschaften; außerdem lässt sich bei dieser (Zwischen-)Frequenz eine hohe und stabile Verstärkung einfach realisieren.

Dazu wird die Eingangsfrequenz f_e mit einer zweiten Oszillator-Frequenz f_o gemischt, d. h.. multipliziert. An einem nichtlinearen Bauelement (Ringmischer oder Transistor) entstehen dann unter anderem eine Summenfrequenz f_s und eine Differenzfrequenz f_{zf} (auch: Zwischenfrequenz ZF) mit

$$f_s = f_o + f_e \qquad (19.1)$$

$$f_{zf} = ZF = f_o - f_e \qquad (19.2)$$

Um nun mehrere Sender in einem Frequenzbereich zu empfangen, muss die Oszillatorfrequenz immer genau im Abstand der Zwischenfrequenz mit der Eingangsfrequenz mitgeführt werden. Auf diese Weise müssen nur die Eingangs- und Oszillator-Filter frequenzvariabel ausgeführt werden; der Großteil der für die Nachbarkanal-Selektion maßgeblichen Frequenzselektion und Verstärkung wird auf das schmale Zwischenfrequenz-Band konzentriert. Man nennt dieses Empfangskonzept *Superheterodyn-Empfänger*, kurz *Superhet* oder *Super*. Bei einem *Einfach-Super* wird nur eine Frequenzumsetzung durchgeführt. Normale Rundfunkempfänger sind fast ausschließlich nach diesem Prinzip aufgebaut, mit einer Zwischenfrequenz von in der Regel 10,7 MHz im UKW-Bereich.

Bei einer durch Übersteuerung erzeugten, sog. additiven Mischung entstehen prinzipbedingt nicht nur Summen- und Differenzfrequenz, sondern alle Intermodulationsprodukte (s. Kap. 21.4.2) in Form von sog. *Spiegelfrequenzen*. Die Auswirkung dieser Spiegelfrequenzen lässt sich am Beispiel von zwei Sendersignalen mit den Frequenzen $f_{e1} = 689,3$ MHz und $f_{e2} = 710,7$ MHz und einem Oszillatorsignal mit der Frequenz $f_o = 700$ MHz veranschaulichen. Im Mischer entstehen dann u. a. die Frequenzen

$$f_o + f_{e1} = 700 \text{MHz} + 689,3 \text{MHz} = 1389,3 \text{MHz} \qquad (19.3)$$

$$f_o - f_{e1} = 700 \text{MHz} - 689,3 \text{MHz} = \mathbf{10,7 \text{MHz}} \qquad (19.4)$$

$$f_o + f_{e2} = 700 \text{MHz} + 710,7 \text{MHz} = 1410,7 \text{MHz} \qquad (19.5)$$

$$f_o - f_{e2} = 700 \text{MHz} - 710,7 \text{MHz} = \mathbf{-10,7 \text{MHz}} \qquad (19.6)$$

Während die Summenfrequenzen bei 1389,3 MHz und 1410,7 MHz durch die Selektionseigenschaften der Eingangskreise und des ZF-Verstärkers unterdrückt werden können, stimmen die beiden Differenzfrequenzen exakt mit der gewünschten Zwischenfrequenz von 10,7 MHz überein, das unterschiedliche Vorzeichen steht lediglich für ein Signal mit invertierter Phasenlage. Der Empfänger kann die beiden 10,7 MHz-Signale nicht unterscheiden. Für den Aufbau einer Mehrkanalanlage müsste daher eine der beiden Eingangsfrequenzen 689,3 MHz oder 710,7 MHz unterdrückt werden, wofür die Eingangsselektion des Empfängers allerdings zu wenig Dämpfung einbringt, da die Frequenzen zu nah beieinander liegen. Eine geringe Bandbreite des Eingangsfilters würde darüber hinaus die vom Kunden nutzbare Bandbreite des Empfängers begrenzen, und großsignalfeste, abstimmbare Bandfilter sind nur sehr aufwändig zu realisieren.

Da in einer Mehrkanalanlage viele Frequenzkombinationen auf Spiegelfrequenzen fallen können, würden die zur Verfügung stehenden Frequenzen unnötig eingeschränkt. Man hat deshalb bei hochwertigen Empfängern eine andere technische Lösung gefunden: Zuerst wählt man eine höhere Zwischenfrequenz, z. B. 80 MHz. Im oben gewählten Beispiel beträgt dann bei einer Eingangsfrequenz von 620 MHz die dazugehörende Spiegelfrequenz 780 MHz, da beide bei einer Oszillatorfrequenz von 700MHz eine Zwischenfrequenz von 80 MHz erzeugen. Diese beiden Eingangsfrequenzen liegen aber mit 160 MHz Abstand weit genug auseinander, sodass die Eingangsselektion des Empfängers die Spiegelfrequenz ausreichend dämpfen kann. Eine ZF von 80 MHz hat allerdings den Nachteil einer geringeren Nachbarkanal-Selektion. Aus diesem Grund mischt man die erste Zwischenfrequenz von 80 MHz noch einmal auf 10,7 MHz herunter und bekommt damit die gewünschte Nachbarkanal-Selektion. Diese Art von Empfänger nennt man *Doppelsuper* (Abb. 19.11).

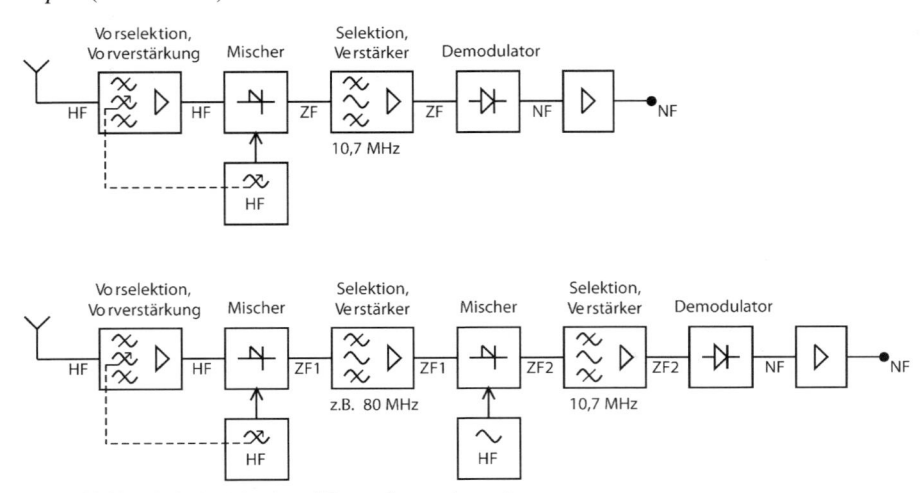

Abb. 19.11 Einfach- (oben) und Doppelsuper (unten)

Die Frequenzmodulation hat einen günstigen Nebeneffekt: Werden auf den Empfängereingang zwei Signale mit *gleicher* Frequenz (oder nach Umsetzung mit gleicher Zwischenfrequenz) gegeben, dann wird durch die hohe Verstärkung und

Begrenzung nur das Signal mit dem höheren Pegel demoduliert. Die Unterscheidungsschwelle kann bei gut dimensionierten Empfängern nur wenige dB betragen. Diese Eigenschaft nennt man *Capture Ratio* oder *Common Mode Rejection*. Auf diese Weise und durch eine gute Spiegelfrequenzdämpfung des Empfängers können so erheblich mehr Frequenzen genützt werden, als es die reine Theorie zulassen würde. Die Berechnungsprogramme der Markenhersteller berücksichtigen dies und ermitteln in einem gegebenen Frequenzbereich die intermodulationsarmen Frequenzen (z. B. Sennheiser Intermodulation Frequency Management, www.sennheiser.com).

Bei Übersteuerung am Empfänger-Eingang und/oder durch nichtlineare Verzerrungen im Mischer, entstehen neben der Summen- und Differenzfrequenz eine Vielzahl weiterer Oberwellen, die bei der Planung von Mehrkanalanlagen ebenfalls berücksichtigt werden müssen. Sie sind einer der Gründe für die geringe Anzahl von Mikrofon-Kanälen, die innerhalb eines TV-Kanals genutzt werden können (s. Abschn. 19.2.1).

19.3.2 Empfänger-Intermodulation

Die Pegel des HF-Signals am Empfängereingang eines Drahtlos-Mikrofons schwanken in einem weiten Bereich und können bei unmittelbarer Nähe von Sender- und Empfänger-Antenne ohne weiteres 120 dB höher sein als am Rande des Übertragungsbereichs. Wenngleich so niedrige HF-Pegel für den Betrieb in der Regel nicht genutzt werden und mit dem Squelch meist ein höherer Pegel für die Ausblendung gewählt wird, muss ein guter Empfänger diese hohen HF-Pegel-Differenzen dennoch weitgehend verzerrungsfrei verarbeiten können.

Die Fähigkeit eines Verstärkers, mehrere große Signale gleichzeitig mit minimalen Verzerrungen verstärken zu können, nennt man *Großsignal-* oder *Intermodulationsfestigkeit*. Intermodulationen treten immer dann auf, wenn nichtlineare Bauelementen (z. B. Transistoren) innerhalb eines Verstärkers mit mindestens zwei Signalen beaufschlagt werden. Die Pegeldifferenz, die noch verzerrungsfrei verarbeitet werden kann, ist vom gewählten Empfängerkonzept, der Eingangsselektion und der Güte der Signalverarbeitung in den einzelnen Stufen abhängig. Hier unterscheiden sich die Konzepte einzelner Hersteller erheblich. In Abschn. 19.3.4. sind zur Orientierung heute erreichbare Werte für leistungsfähige Empfänger angegeben.

Die Verringerung der Intermodulationsfestigkeit eines Empfängers durch eine hohe Anzahl an Mikrofonkanälen zeigt Tabelle 19.1. Die am Eingang liegenden Pegel der einzelnen Mikrofon-Funkkanäle haben gleiche Werte und benachbarte Frequenzen. Auf welchem Pegel der 0 dB-Punkt liegt, ist von der Intermodulationsfestigkeit des jeweiligen Empfängers abhängig; davon ausgehend reduziert sich die Intermodulationsfestigkeit um 3 dB pro Verdopplung der Kanalzahl.

Aus diesem Grund müssen die Eingangsstufen und/oder die vorgeschalteten Antennenverstärker eines Empfängers sehr exakt dimensioniert, sowie Verluste in den

Kapitel 19 Drahtlose Audioübertragung

Antennenkabeln und den Verteilerstufen berücksichtigt werden (s. Abb. 19.14). Abb. 19.12 zeigt für Eingangssignale mit den Frequenzen 800,0 MHz und 800,4 MHz die Intermodulationsprodukte 3. und 5. Ordnung. Für leistungsfähige Anlagen müssen weitere Intermodulationsprodukte höherer Ordnung berücksichtigt werden.

Tabelle 19.1 Reduzierung der Intermodulationsfestigkeit in Abhängigkeit der Mikrofonkanäle

Anzahl der Mikrofonkanäle	Reduzierung der Intermodulationsfestigkeit
2	0 dB
3	−2 dB
4	−3 dB
5	−4 dB
6	−5 dB
8	−6 dB
10	−7 dB
12	−8 dB
16	−9 dB

Problematisch an den Intermodulationsverzerrungen sind die durch die Übersteuerungen generierten Kombinationsprodukte aus den Frequenzen der Anregungssignale und deren Oberwellen. Diese in sehr großer Zahl entstehenden Frequenzen komplizieren die Dimensionierung einer Multikanal-Anlage erheblich, da die durch Intermodulationen belegten Frequenzen für Nutzung durch andere Mikrofone verloren sind. Die Berechnung der Frequenzkombinationen ist äußerst aufwändig, da neben den Intermodulationsverzerrungen sehr hoher Ordnung auch noch die Mischprodukte berücksichtigt werden müssen. Deshalb werden von einigen Herstellern Berechnungsprogramme zur Verfügung gestellt (s. Abschn. 19.3.4).

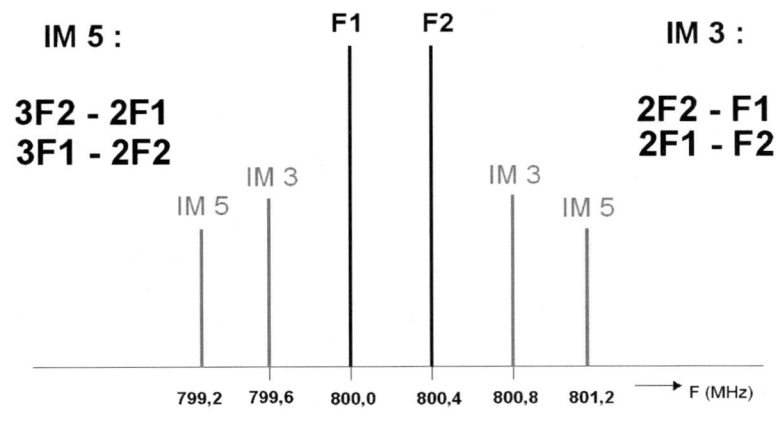

Abb. 19.12 Intermodulationsprodukte 3. und 5. Ordnung (IM3, IM5). Diese Frequenzen können nicht mit Mikrofonkanälen belegt werden.

19.3.3 Sender-Intermodulation

Die Antenne eines Senders wirkt sowohl als Sender wie auch als Empfänger elektromagnetischer Wellen. Sind nun zwei (oder mehr) Sender benachbarter Frequenzen in einem engen räumlichen Funkkontakt, so gelangt die Sendeenergie des ersten Senders quasi ungedämpft über die Antennen in die Sendeendstufe des zweiten Senders. Die Ausgangsfilter der Sendeendstufen sind durch die Frequenznähe noch nicht so selektiv, dass sie diesen Effekt wirksam verhindern könnten.

Die Endstufen sind mit Transistoren aufgebaut. Werden diese Transistoren übersteuert, dann entstehen zur gewünschten Sendefrequenz, ähnlich wie bei der Empfänger-Intermodulation, zusätzliche, unerwünschte Frequenzen. Je nach Ausführungsqualität der Drahtlos-Mikrofone kann es zu Störungen im Audiobereich kommen, die sich als (durch die Intermodulationsprodukte generiertes) Zwitschern und als hörbare Verzerrung bemerkbar machen können.

Durch eine auf intermodulationsarme Signalverarbeitung abzielende Dimensionierung des Systems kann diese Störung reduziert werden. Abhilfe können zum Beispiel sog. Isolatoren schaffen, d. h. zwischen Sendeendstufe und Antenne eingefügte keramische Bauelemente, die das Signal nur in Senderichtung passieren lassen und so die eigene Sendeendstufe vor der von der Antenne aufgenommenen Empfangsenergie des benachbarten Senders schützen. Bei den bisher bekannten Konstruktionen ist die HF-Bandbreite dieser Isolatoren jedoch noch zu schmal um damit die gewünschte hohe Schalt-Bandbreite (Abschn. 19.3.4) einfach zu realisieren.

Durch bewusstes Zusammenbringen zweier Sender kann man sich von deren Intermodulationsfestigkeit überzeugen. Da die Sender-Intermodulation frequenzabhängig ist, sollten für diesen Test die für die spätere Übertragung vorgesehenen Sender verwendet werden. Hat man mehrere Sender zur Auswahl, dann sollten für die Sender, die räumlich am engsten zusammenarbeiten müssen, diejenigen genutzt werden, welche die am weitesten auseinander liegenden Sendefrequenzen haben.

19.3.4 Schaltbandbreite, Spiegelfrequenzdämpfung, Intermodulation und Vielkanaltauglichkeit

Im Zusammenhang mit dem Superheterodyn-Empfänger (Abschn. 19.3.1) wurde deutlich, dass eine zu hohe Eingangsbandbreite des Empfängers die Spiegelfrequenzdämpfung verschlechtert. Leistungsfähige Empfänger haben deshalb Eingangsfilter mit geringen Bandbreiten. Auf diese Weise können dann auch Drahtlos-Mikrofonanlagen mit einer hohen Anzahl von Kanälen realisiert werden.

Das schränkt jedoch den nutzbaren Frequenzbereich (Frequenzagilität) der Empfänger ein. Durchstimmbare Eingangsfilter, wie sie z. B. in Fernseh-Tunern verwendet werden, sind ungeeignet, da sie eine zu geringe Selektionswirkung haben und damit die Empfängereigenschaften verschlechtern würden. Filterbaugruppen kön-

Kapitel 19 Drahtlose Audioübertragung

nen nur in einem kleinen Frequenzvariationsbereich mit hoher Selektionsgüte abgestimmt werden.

Eine technische Lösung bieten deshalb hochselektive, schmale Filterbänke, die innerhalb ihrer Bandbreite intermodulationsarm umschaltbar sind. Der gesamte Empfangsfrequenz-Bereich eines Empfängers wird dazu in mehrere schmale Frequenzbänder aufgeteilt, die durch steilflankige Filter voneinander getrennt sind. Innerhalb dieser Frequenzbänder kann der Empfänger wie üblich abgestimmt werden. Damit ist die gewünschte Frequenzagilität erreichbar. Die Weiterentwicklung elektronischer Bauelemente wird in absehbarer Zukunft die kritischen Werte Schaltbandbreite, Spiegelfrequenzdämpfung und Intermodulationsabstand näher zusammenbringen.

Neben der Spiegelfrequenzdämpfung und der Großsignalfestigkeit der Empfänger sind bei der Planung von Mehrkanalanlagen noch weitere spezielle Anforderungen zu beachten. Alle Empfänger werden in der Regel von einer gemeinsamen Antenne mit ihrem Eingangssignal versorgt und sind über sog. Antennen-Splitter miteinander verbunden (Abb. 19.14). Somit tritt trotz einer Entkopplungsdämpfung der Splitter von etwa 20 dB ein Übersprechen auf. Dies betrifft alle Frequenzkombinationen, die aus den unterschiedlichen Empfangsfrequenzen entstehen können. Alle Antennenzweige sind in Diversity-Technik doppelt ausgeführt.

Die denkbare Alternative, jeden Einzelempfänger mit getrennten Antennen zu betreiben, würde das Problem noch gravierender machen. Da die Antennen die im Empfänger erzeugten Signale wieder unterschiedlich stark abstrahlen, würden die Signale über diesen Weg übersprechen. Die Verkopplung der Antennen wäre veränderlich und würde so zu noch komplizierteren Verhältnissen führen, wohingegen die Verkopplungen durch die Splitter eindeutig berechenbar sind. In jedem Fall ist jedoch eine sorgfältige Abschirmung der Einzelempfänger untereinander Voraussetzung für hochwertige Empfangsanlagen. Tabelle 19.2 gibt einen Eindruck der mit leistungsfähigen Empfängern heute erreichbaren technischen Daten.

Tabelle 19.2 Übersicht der Qualitätsparameter einer professionellen analogen Drahtlos-Mikrofon-Strecke

Schalt-Bandbreite	24 MHz...(100 MHz)
Intermodulationsabstand	> 80 dB
Nachbarkanal-Selektion	> 80 dB
Nebenempfangs-Dämpfung	> 95 dB
Spiegelselektion	> 95 dB
Geräuschspannungs-Abstand	>115 dB(A)
–	>100 dB(CCIR)
Klirr-Dämpfung	>50 dB

Insbesondere für ortsveränderlich betriebene Mikrofonsysteme werden die in einer Anlage zu erwartenden Störungen im Wesentlichen durch die Kennwerte Intermodulationsabstand, Spiegelfrequenzdämpfung und Intermodulationsabstand bestimmt. Wird eine Anlage ortsfest betrieben, spielt die Schaltbandbreite eine untergeordnete Rolle, da Mikrofone und Empfänger vom Hersteller auf die ortsgebundenen Frequenzen vorkonfiguriert und in der Regel auch nicht mehr verändert werden. Der Einsatz eines Empfängers mit hoher Schaltbandbreite würde hier u.U. einen unnötig schlechten Intermodulationsabstand mit sich bringen.

Abb. 19.13 Beispiel für eine leistungsfähige Drahtlosübertragung mit hoher Kanalzahl

19.3.5 Aufbau von Mehrkanalanlagen

Mehrkanalanlagen verwenden für alle Diversity-Empfänger einer Frequenzgruppe nur zwei gemeinsame Antennen, die über Antennensplitter mit den einzelnen Empfängereingängen verbunden werden. Bei von den Empfängern abgesetzten Antennen kann man zusätzlich von stabileren Empfangsverhältnissen ausgehen.

In Abb. 19.14 ist die Pegelrechnung mit einem Antennenverstärker einschließlich Kabel und Antennenverteilern/Splittern dargestellt. Um die Empfängereigenschaften nicht zu verschlechtern, sollte die Gesamtpegelbilanz Antennenverstärker/Kabel/Splitter nicht mehr als 2 dB von dem Idealwert 0 dB abweichen. Antennensplitter gibt es in den Ausführungen (Einfügedämpfung in Klammern):

- 1:2 (−4 dB)
- 1:3 (−7 dB)
- 1:4 (−8 dB)

Kapitel 19 Drahtlose Audioübertragung

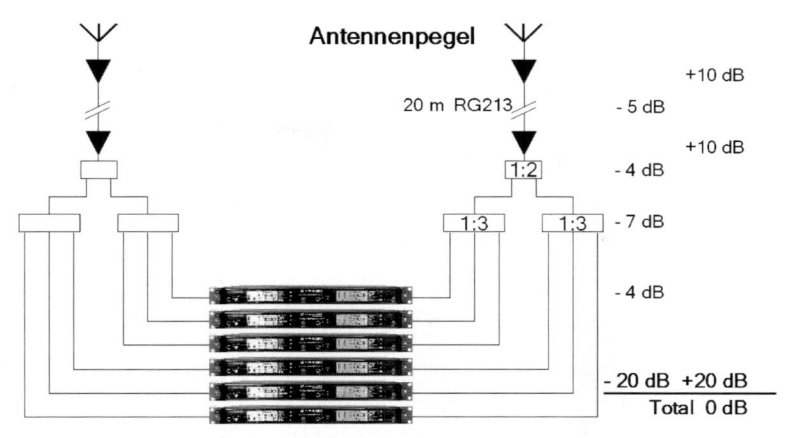

Abb. 19.14 Aufbau einer 12-Kanal-Anlage mit abgesetzter Antenne

Größere Verteilerzweige werden auch in der professionellen Technik selten eingesetzt. Werden Drahtlos-Mikrofonsysteme und IEM-Strecken (Abschn. 19.7) in einer Anlage gemeinsam genutzt, müssen die Intermodulationsverzerrungen höherer Ordnung und das Zusammenspiel beider Systeme komplex miteinander verrechnet werden. So ist es nicht sinnvoll, bei einer 48-Kanal-Anlage alle Drahtlos-Mikrofone in einem Frequenzfenster zu betreiben, da damit die Intermodulationsstörungen stark zunehmen würden. Stattdessen ist es besser, drei Blöcke à 16 Kanäle zu wählen und diese mit guten Filtern voneinander zu trennen – vorausgesetzt, man bekommt eine solche Frequenzkonstellation zugewiesen. Die Regulierungsbehörden kennen allerdings die Zusammenhänge und erteilen Frequenzen unter Berücksichtigung der angeforderten Anzahl an Mikrofon- und IEM-Systemen. Für die Planung von Mehrkanal-Mikrofonanlagen bieten einige Hersteller Frequenzplan-Berechnungsprogramme an (www.sennheiser.com), praktische Hinweise dazu geben (Arasin u. Hoemberg 2007).

19.4 Kompatibilität von Analog-Drahtlos-Mikrofonen mit DVB-T/DVB-H

Mit dem digitalen terrestrischen Fernsehen (DVB-T) kann eine höhere Anzahl an Fernsehkanälen über eine geringere Anzahl von Frequenzen übertragen werden. Einige Länder reduzieren daher bereits jetzt den für das Fernsehen freigegebenen Bereich für andere Dienste. Die USA zum Beispiel sind Frequenzen über 700 MHz mit Home-Security-Applikationen belegt.

In Deutschland soll die landesweite Umstellung auf DVB-T 2010 abgeschlossen sein, auch wenn dann immer noch die Grenzregionen mit einem Parallelbetrieb von analogen und digitalen Fernsehsendern arbeiten müssen und auch im UHF-Rundfunkbereich Frequenzen für weitere digitale Rundfunkdienste gefordert werden.

Im Zusammenhang mit dem Betrieb von Drahtlos-Mikrofon-Anlagen ist zu beachten, dass DVB-T-Sender bis an die Kanalgrenzen (8 MHz) mit hoher Leistungsdichte ausmoduliert werden. Aufgrund der zahlreichen, orthogonal zueinander stehenden Einzelträger (OFDM-Verfahren) gibt es keine Frequenzlücken zwischen den Kanälen mehr; die Signalenergie ist gleichmäßig über den gesamten Fernsehkanal verteilt (Abb. 19.15). Damit entscheidet die Qualität der in den DVB-T-Sendern eingesetzten Antennenfilter wesentlich über die Nutzbarkeit von Nachbarkanal-Frequenzen, z. B. für Drahtlos-Mikrofone.

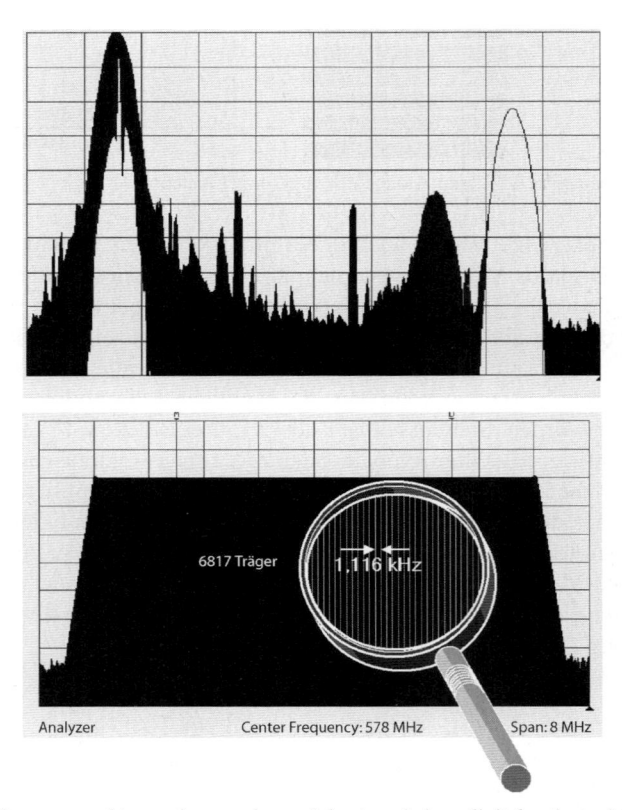

Abb. 19.15 Frequenzspektrum eines analogen (oben) und eines digitalen (unten) Fernsehsenders

Bei hohen Senderdichten, wie sie etwa bei Großveranstaltungen auftreten können (Abb. 19.16), wird die Übertragungsqualität eines Drahtlos-Mikrofons mehr denn je durch die Nachbarkanalselektion und Intermodulationsfestigkeit der Empfänger bestimmt.

Selbst in diesen Fällen ist jedoch durch leistungsfähige Technik und sorgfältige Frequenzplanung eine einwandfreie Tonübertragung mit sehr vielen Drahtlos-Mikrofon-Strecken möglich. Die Erfahrungen aus den USA, in denen es schon länger einen Parallelbetrieb von analogen und digitalen TV-Sendern gibt, bestätigen dies. So konnte etwa die im Ballungsraum New York durch die neuen digitalen TV-Sen-

Kapitel 19 Drahtlose Audioübertragung

der und durch die Frequenzbandreduzierung des Home-Security-Programms auftretende „Frequenzenge" durch extrem intermodulationsfeste Empfänger-Eingangsstufen und zusätzliche Filterbausteine erfolgreich bewältigt werden.

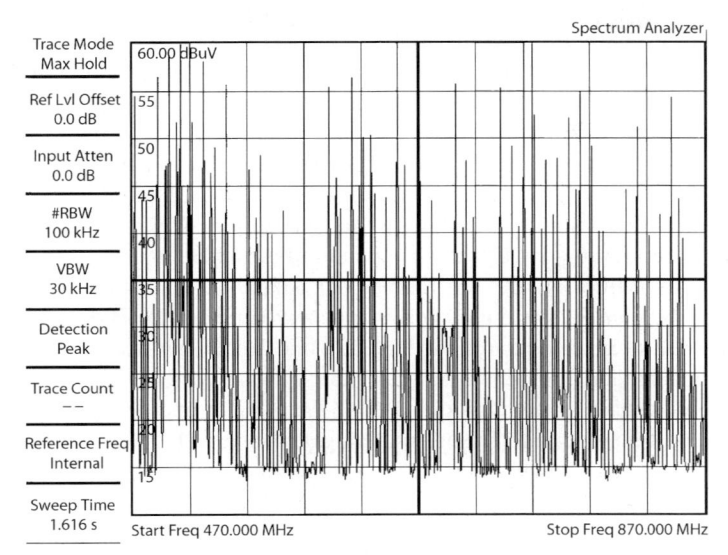

Abb. 19.16 Frequenzscan während der Olympischen Spiele in Athen 2004

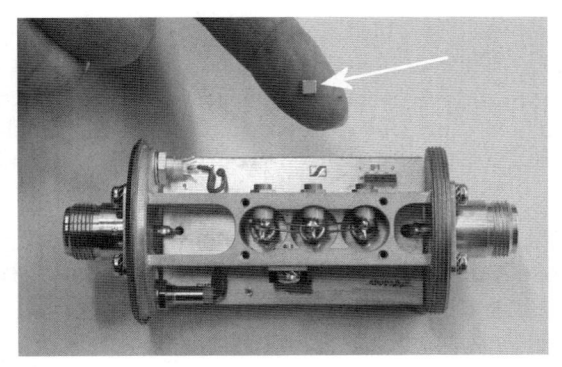

Abb. 19.17 Beispiele für hochselektive Schmalband-Filter (klassisches Helix-Filter vs. SAW-Baustein)

Die bis zum Redaktionsschluss Mitte 2007 vorliegenden Erfahrungen sind nachfolgend zusammengefasst:

- DVB-T-Sender, die nicht auf den unmittelbaren Nachbarkanal-Frequenzen arbeiten, stören analoge Drahtlos-Mikrofone sehr selten. Die bisher in Deutschland eingesetzten Antennen-Ausgangsfilter der TV-Sender sind ausreichend selektiv.
- In unmittelbarer Frequenznähe zu einem DVB-T-Fernsehkanal kann jedoch ein erhöhter Rauschpegel im Audiokanal auftreten.

- Gleiches gilt beim Betrieb von Drahtlos-Mikrofonen zwischen zwei DVB-T-Kanälen. Auch hier sind Empfänger mit guten Großsignaleigenschaften im Vorteil. Die Qualität des Empfängers ist somit maßgeblich für die Güte der Übertragungsstrecke.
- Der DVB-T-Sender ist für den Empfänger des Drahtlos-Mikrofons eine Rauschquelle. Störungen durch den digitalen Sender im analogen Mikrofonkanal sind jedoch deutlich gutmütiger als Störungen von analogen TV-Sendern (s. www.sennheiser.com mit Hörbeispielen)
- Arbeiten Drahtlos-Mikrofone zuteilungswidrig auf der gleichen Frequenz wie der DVB-T-Sender (Ausnahmesituation), wird, in Abhängigkeit von der Entfernung zum DVB-T-Sender, die Reichweite der Drahtlos-Mikrofon-Strecke durch die Verschlechterung des Geräuschspannungsabstands reduziert.
- Ein Drahtlos-Mikrofon, das im Rahmen der Sekundärnutzung im Versorgungs-/Empfangsbereich eines auf gleicher Frequenz arbeitenden DVB-T/H-Fernsehgerätes sendet, kann dieses durch totalen Bild- und Tonausfall stören, im Gegensatz zu einem analogen TV-Gerät, das „nur" durch Moiré gestört würde. Dies ist insbesondere deshalb kritisch, da die DVB-T-Empfänger und besonders die DVB-H-Geräte oft eine geringe Großsignalfestigkeit haben. Dadurch können sie ggf. auch von auf den Nachbar-TV-Kanälen arbeitenden Drahtlos-Mikrofonen gestört werden.
- Für DVB-H-Sender können noch keine verlässlichen Angaben gemacht werden, da bei Redaktionsschluss nur vereinzelt Sender in Betrieb waren. Da die Technik sehr ähnlich der der DVB-T-Sender ist, ist mit einem vergleichbaren Szenario zu rechnen.

Bei Neuplanungen sollte man sich daher vom Hersteller der Mehrkanal-Anlage die Zusage geben lassen, dass es technisch möglich ist, größere Frequenzbereichsänderungen durchzuführen. Eine Übersicht über die von DVB-T-Sendern in Deutschland belegten Frequenzen wird z. B. in (www.sennheiser.com) ständig aktualisiert.

19.5 Drahtlose Audioübertragung mit digital modulierter HF-Technik

Digitale Drahtlos-Mikrofon-Systeme, die den strengen Festlegungen der Frequenzregulierer entsprechen, sind noch nicht auf dem Markt (2007). Einer der Hindernisgründe dürfte die Einhaltung der Frequenzmaske von nur 200 kHz sein, die auch für digital übertragende Drahtlos-Mikrofone gilt.

Für ein digitales Audiosignal mit einer oberen Grenzfrequenz von 20.000 Hz und einer Auflösung von 16 bit erhält man einen Roh-Datenfluss von etwa 700 kbit/s. Bei einer digitalen Funkübertragung muss dem Signal durch Kanalkodierung noch eine gewisse Redundanz, z. B. für den Fehlerschutz hinzugefügt werden, wodurch je nach gewähltem Verfahren eine Datenrate von mehr als 1Mbit/s resultieren kann. Diese Datenrate scheint über eine Bandbreite von 200 kHz zunächst schwer übertragbar.

Eine Bitratenreduktion durch psychoakustische Kodierung (s. Kap. 16) ist bei Drahtlos-Mikrofonen aus zwei Gründen kritisch. Zum einen stehen Mikrofone am Anfang der Übertragungskette. Hier vorgenommene Beeinträchtigungen der Signalqualität können sich durch die Nachbearbeitung des Audiosignals und insbesondere durch mehrfache Enkodierung/Dekodierung akkumulieren. Zum anderen weisen alle Kodierverfahren eine mehr oder weniger große Verzögerung aufgrund der eingesetzten Signalverarbeitung auf (coding delay). Verzögerungen von mehr als 10 ms können jedoch bei zeitkritischen Anwendungen, wie beim Zusammenspiel von Musikern, Irritationen verursachen.

Eine Alternative bietet die effizientere Ausnutzung des Funk-Kanals durch leistungsfähige und hocheffiziente Modulationsverfahren. Es bleibt abzuwarten, welche Verfahren eine hohe Qualität der Audioübertragung bei gleichzeitiger Einhaltung der regulativen Vorschriften gewährleisten werden.

19.6 Frequenzmanagement, UWB, Bluetooth, WLAN

Frequenzmanagement-Systeme, die sich freie Frequenzen selbst suchen und belegen, und die sich während des Betriebes automatisch auf eine neue Frequenz einstellen, sind aus der Mobilfunktechnik bekannt. Sie setzen prinzipbedingt eine bidirektionale Verbindung zwischen Sender und Empfänger voraus. Im Falle des Auftretens eines Störers, der ja nur vom Empfänger erkannt werden kann, muss dem Sender mitgeteilt werden, auf welche Frequenz dieser wechseln soll. Dieser Vorgang muss stör- und verzögerungsarm erfolgen. Bisher stehen solche Systeme für drahtlose Mikrofone noch nicht zur Verfügung.

Auch andere Übertragungstechniken, die sich ganz oder teilweise von festen Frequenzzuteilungen lösen, müssen erst auf ihre Anwendbarkeit für die professionelle Audioübertragung hin geprüft werden. So arbeitet die Ultra-Wide-Band-Technik (UWB) mit extrem breitbandigen Funksignalen bei gleichzeitig sehr geringen HF-Übertragungsleistungen. Durch die Methode der Spreizung (Sender) und der (Rück)Korrelation im Empfänger in einem sehr breit belegten Frequenzbereich (6 GHz – 9 GHz) und Sendepegeln unter −43 dBm/MHz (Planungswerte 2006) sind damit Übertragungen möglich, die keiner Frequenzkoordinierung mehr bedürfen. Es werden nur der sehr große Frequenzbereich und der maximale Sendepegel festgelegt.

Für andere Nutzer/Empfänger wirken diese Signale wie Rauschen. Sie verschlechtern zwar die Eigenschaften der Funkstrecke, ob dieser Rauschteppich bei (digitalen) Nutzern tolerierbar ist, bedarf jedoch noch der Erprobung. Die UWB-Technik wird vermutlich eine Allgemeinzuteilung erhalten. Damit sind, wie bei den ISM-Frequenzen, professionelle Applikationen nur eingeschränkt möglich.

Die auf ISM-Frequenzen arbeitenden Kurzstrecken-Kommunikationssysteme Bluetooth, WLAN u. ä. sind konzeptionell auf eine paketvermittelte Datenverbindung mit Rückstrecke ausgelegt. Bidirektionale Protokollstrukturen sorgen dafür, dass fehlerhafte Datenpakete wiederholt werden können. Damit – und durch die

Portionierung der Datenpakete – entstehen bei der aktuellen Technik Latenzzeiten, die eine Audioübertragung in Echtzeit nicht zulassen.

19.7 In-Ear-Monitor-Strecken

In-Ear-Monitor-Strecken (IEM-Strecken) bedienen sich vergleichbarer Techniken wie Drahtlos-Mikrofone. Sie unterliegen somit auch ähnlichen physikalischen und regulativen Bedingungen. Es soll daher nur auf einige Besonderheiten aufmerksam gemacht werden, in denen sich IEM-Strecken von Drahtlos-Mikrofonen unterscheiden.

Zunächst bestehen IEM-Strecken aus einem meist stationären Sender und einem mobilen Empfänger. Die Frequenzzuteilung erfolgt vergleichbar mit dem in Abschn. 19.1 genannten Prozedere; es sind aber nicht auf allen Frequenzen Zuteilungen für IEM-Strecken möglich. Im Unterschied zu Drahtlos-Mikrofonen

- sind die Empfänger sehr klein und haben beim heutigen Stand der Technik meist keinen Diversity-Empfang und
- es ist Stereoübertragung gewünscht.

Die Übertragungstechnik ist wie beim Stereo-FM-Rundfunk ein pilottongestütztes Multiplexverfahren. Vorteil des Multiplexverfahrens ist die geringere HF-Bandbreite gegenüber zwei vollständigen L/R-Kanälen und die Kompatibilität mit der Mono-Übertragung. Kritisch kann allerdings die durch das stereofone Multiplexverfahren systemimmanente Verschlechterung des Geräuschspannungsabstandes um ca. 13 dB sein, die durch die erweiterte Bandbreite des Multiplexsignals gegenüber dem Monosignal entsteht. Dieses bei niedrigen Eingangssignalen deutlich hörbare Rauschen fällt dem Zuhörer bei modernen Rundfunkempfängern – insbesondere bei Autoradios – nicht mehr auf, da alle Stereodecoder heute einen gleitenden Übergang von Stereo- zu Monoempfang aufweisen. Das mit abnehmendem Antennenpegel zunehmende Rauschen wird durch eine Verringerung der Stereo-Basisbreite bis hin zu Mono kompensiert. Diese Möglichkeit besteht allerdings bei IEM-Strecken nicht oder nur eingeschränkt.

Die nicht vorhandene Diversity-Technik und der notwendige hohe HF-Pegel für eine hochwertige Stereoübertragung erfordern damit eigentlich eine höhere Sendeleistung gegenüber Drahtlos-Mikrofonen, um diese Nachteile auszugleichen. Die Frequenzzuteilungen erlauben zur Zeit in Deutschland jedoch nur eine Sendeleistung von 10 mW. Das muss durch gute Anlagenplanung und Antennenaufstellung kompensiert werden.

Darüber hinaus werden IEM-Empfänger meist in unmittelbarer Nähe der Taschensender am Gürtel getragen. Damit kommen die Antennen der IEM-Empfänger sehr nah an die Antennen der Hand- oder Taschensender. Taschensender und IEM-Empfänger sollten deshalb soweit wie möglich voneinander entfernt am Gürtel befestigt werden.

Kapitel 19 Drahtlose Audioübertragung

IEM-Empfänger müssen aus diesen Gründen besonders intermodulationsfest sein. Das erreicht man durch gut dimensionierte Schaltungen und beim heutigen Stand der Technik auch nur durch hohe Ströme in den Eingangsstufen. Da dies dem Batteriebetrieb nicht zuträglich ist, muss für hochwertige IEM-Strecken eine optimale Balance zwischen diesen Werten gefunden werden.

Eine Lösung für die problematische Interaktion zwischen IEM-Empfänger und Mikrofon-Sender ist die deutliche Trennung der Frequenzbereiche der beiden Funkstrecken. Als Richtwert für eine ausreichende Entkopplung gilt ein minimaler Frequenzabstand von 8 MHz, besser 16 MHz oder mehr (Abschn. 19.3.5). Weiterhin ist eine gute Planung, die die Aufstellung der Empfangsantennen der Drahtlos-Mikrofone und der Sendeantennen der IEM-Strecken mit einschließt, sehr wichtig. Die Zuteilungsbehörden wissen um diese Sachzwänge und versuchen, entsprechende Frequenzzuteilungen für den parallelen Betrieb von Drahtlos-Mikrofonen und IEM freizugeben.

19.8 Drahtlose Audioübertragung mit Infrarot-Licht

Neben der drahtlosen Übertragung von Audiosignalen mittels elektromagnetischer Wellen können noch andere Übertragungsmedien, wie

- Ultraschall
- Infraschall
- Infrarotlicht

genutzt werden. Ultraschall wird zur Nachrichtenübermittlung im Security- und Militärbereich verwendet. Auch Lautsprecher, die Audioschall extrem bündeln können, arbeiten mit Ultraschall als Träger. Die durch Infraschall übertragbare Informationsmenge ist aufgrund der geringen Bandbreite begrenzt.

19.8.1 Analog modulierte IR-Übertragung

Anfängliche Versuche, Audioinformationen drahtlos mit amplitudenmoduliertem Licht zu übertragen, scheiterten an der Trägheit von Glühlampen. Die obere Audiogrenzfrequenz und der Geräuschspannungsabstand waren für hochwertige Übertragungen völlig ungeeignet. Erst mit der Entwicklung von Leuchtdioden (LEDs) war eine ausreichend schnell modulierbare Lichtquelle gefunden.

Unsichtbares Infrarotlicht (IR) wird zur Audioübertragung seit etwa 1970 in größerem Umfang eingesetzt. Zu diesem Zeitpunkt waren die ersten ausreichend schnell modulierbaren IR-LEDs auf dem Markt. Gleichzeitig mit den ersten drahtlosen Kopfhörern wurde diese Technik auch für Konferenz- und Dolmetscheranlagen eingesetzt.

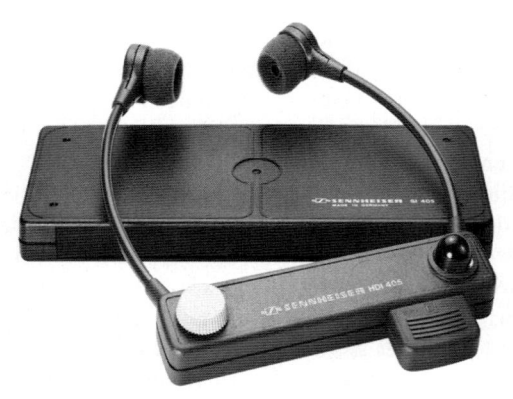

Abb. 19.18 Der erste Infrarot Kopfhörer (1975)

Vorteile der IR-Übertragung sind die heute mögliche, hohe Bandbreite und vor allem die einfache Frequenz-Wiederholbarkeit. Solange keine Sichtverbindung existiert, kann die gleiche Trägerfrequenz ein zweites Mal wieder genutzt werden; es gibt keinerlei Übersprechen. Allerdings muss für eine Übertragung immer sichergestellt werden, dass die Sende- und Empfangsdiode nicht abgedeckt werden; auch kann der Infrarotanteil des direkten Sonnenlichts zu einem starken Anstieg des Empfängerrauschens führen.

Die genutzten Wellenlängen für eine Audioübertragung im Infrarot-Bereich liegen um 800 nm, entsprechend 375 THz. Ein Nachteil der IR-Übertragung war anfangs der sehr schmale Abstrahlwinkel des Senders. Diese für viele Anwendungen (Fernbedienung) günstige Eigenschaft entsprach dem Design der ersten Leuchtdioden. Solange nur ein bestimmter Raumwinkel versorgt/beleuchtet werden muss, ist das auch für die Audioübertragung unkritisch. So steht bei einer Anwendung als kabelloser Kinnbügel-Hörer (Abb. 19.22, links) der Sender am oder auf dem Fernsehgerät, und der Zuschauer blickt genau in diese Richtung. Auch für Karaoke-Drahtlos-Mikrofone wird in Fernost oft die IR-Technologie eingesetzt. Da der Text von einem TV-Gerät/Display vorgegeben wird, richtet der Sänger auch in diesem Falle das Mikrofon zum TV-Gerät aus, auf dem der Empfänger steht. Zudem sorgen Reflexionen an Wänden und Gegenständen für eine Ausleuchtung, auch außerhalb des unmittelbaren Abstrahlwinkels der Leuchtdioden.

Problematischer ist die Versorgung größerer Räume wie bei Konferenz- und Dolmetscher-Anlagen. Hier müssen für eine sichere Übertragung zahlreiche IR-LEDs mit unterschiedlichen Abstrahlwinkeln verwendet werden. Auch bei kleineren Veranstaltungsräumen kann man sich nicht immer auf die Reflexionen an den Wänden verlassen, sodass man besser mit „Direktstrahlung" arbeitet.

Der Wirkungsgrad von Leuchtdioden war lange Zeit wesentlich geringer als der von Funkantennen. Hier gibt es in jüngster Zeit, ebenso wie bei breiteren Abstrahlwinkeln, erhebliche Verbesserungen, da die Entwicklung in diesem Bereich durch die Leuchtenindustrie stark forciert wird. Dennoch wird der Wirkungsgrad, die geringe Stromaufnahme und das Rundstrahlverhalten von Funkantennen auf absehbare Zeit wohl nicht erreicht werden.

Kapitel 19 Drahtlose Audioübertragung

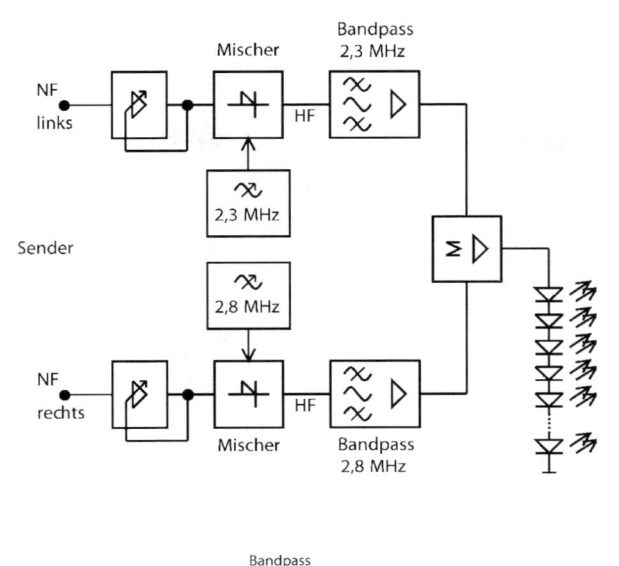

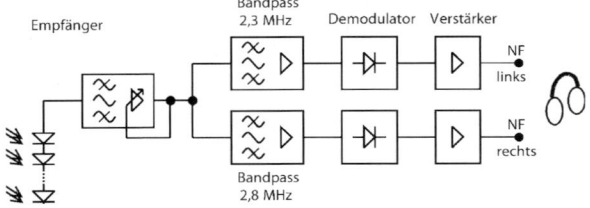

Abb. 19.19 Prinzip der analogen Infrarotübertragung mit Sender (oben) und Empfänger (unten)

Bei analogem Betrieb wird das Audiosignal dem infraroten Licht über Frequenzmodulation aufgeprägt. Für die Anwendung im Consumerbereich lagen die ersten Trägerfrequenzen bei 95 KHz. Für Stereoübertragungen wird immer die Zwei-Trägermethode verwendet (z. B. 95/250 KHz), da Frequenzbandbreite in ausreichendem Maße zur Verfügung steht. Mit dem Aufkommen elektronischer Vorschaltgeräte für Energiespar- und Leuchtstofflampen wurden deren Schaltfrequenzen und Oberwellen auch über das Licht abgestrahlt, wodurch es zu Störungen kam. Deshalb haben im analogen Bereich die Frequenzen 2,3 MHz und 2,8 MHz das ursprüngliche Frequenzpaar 95/250 kHz weitgehend abgelöst.

Für die Trägerfrequenzen ist mit DIN EN 61603 Teile 1–7 ein Normpaket geschaffen worden. Somit können Geräte untereinander kompatibel sein und Störungen beim Betrieb von mehreren unterschiedlichen IR-Geräten in einem Raum werden ausgeschlossen.

In jüngster Zeit sind Störungen durch Plasma- und LCD-Bildschirme aufgetreten. Die von diesen Geräten abgestrahlten Störungen fallen u. a. auch in den Bereich 2,3/2,8 MHz und sind stark geräteabhängig. Durch gleichzeitigen Betrieb von Flachbildschirmen und IR-Übertragungstechnik in einem Raum kann die Verträglichkeit beider Geräte getestet werden.

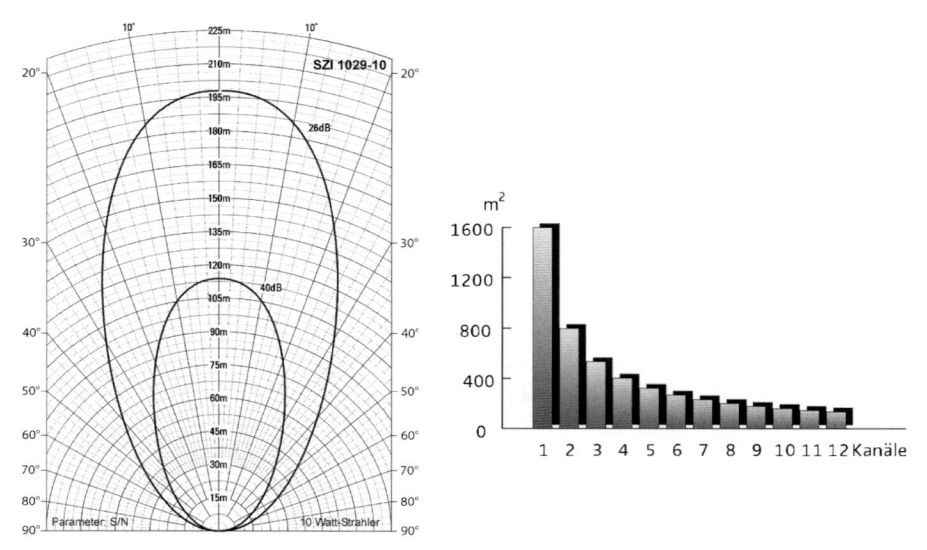

Abb. 19.20 Polardiagramm und Ausleuchtzone einer professionellen Infrarotübertragungsanlage (10W-Strahler)

Eine breite Anwendung hat die IR-Übertragungstechnik auch für Konferenz- und Dolmetscheranlagen gefunden. Vorteile gegenüber funkbasierten Lösungen sind die große Bandbreite und damit die hohe Anzahl verfügbarer Sprachkanäle, vor allem aber auch die quasi abhörsichere Übertragung innerhalb eines geschlossenen Raumes. Derartige Anlagen sind in großer Zahl in Betrieb, entweder als Festinstallation in Veranstaltungshallen oder als mobile Systeme, die dem Veranstalter von einem Verleiher zur Verfügung gestellt werden.

Da es dabei meist um Sprachübertragungen geht, wird eine Schmalband-FM-Übertragung eingesetzt. Es können bis zu 32 Kanäle gleichzeitig übertragen werden. Die verwendeten Trägerfrequenzen liegen im Bereich von 55 kHz bis 1,335 MHz. Stereo bzw. breitbandigere Audiosignale werden auf dem Frequenzpaar 2,3/2,8 MHz übertragen. Die Hersteller bieten dazu ein breites Geräteprogramm.

Das IR-Licht wird mit Lichtleistungen von 1 W bis 10 W emittiert. Mit einem 10 W-Strahler kann eine Fläche von bis zu 1500 m^2 ausgeleuchtet werden. Die Strahler können kaskadiert werden. Allerdings tritt eine deutliche Reduzierung der Ausleuchtfläche auf, wenn mehr als ein Sprachkanal (= Trägerfrequenz) auf den Strahler gegeben wird, da – ähnlich wie bei Antennenverstärkern – die Aussteuerung durch Intermodulation der Verstärker reduziert wird (Tabelle 19.1).

Angesteuert werden die Leistungsstrahler mit teilweise über 200 LEDs durch sog. Steuersender, die das Audiosignal aufbereiten und verteilen. Durch Laufzeiten bei zu langen Kabellängen kann es zu Auslöschungen kommen, die durch kurze Verbindungswege von einem Steuerausgang vermieden werden können. Ebenso sollte eine „Ringschaltung" der Strahlergruppen vermieden werden.

Wie bei der Planung von Drahtlos-Mikrofonanlagen gibt es auch für die Konfiguration von IR-Anlagen Planungshilfen sowie Software-Tools, welche die Ausbrei-

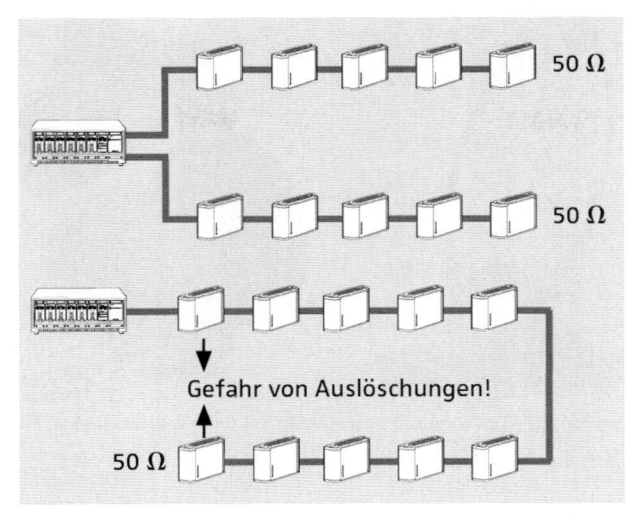

Abb. 19.21 Aufbau einer Mehrkanal-Senderanlage

tung des Lichts im Raum ähnlich wie bei akustischen Modellen simulieren (www.sennheiser.com).

19.8.2 Digital modulierte IR-Übertragung

Die Entwicklung von Sende- und Empfangsdioden erlaubte ab 1990 die Übertragung von Digitalsignalen mit wesentlich höherer Bandbreite. Für den Stereo-Betrieb muss eine Datenrate von mindestens 1,5 Mbit/s übertragen werden, was angesichts der zur Verfügung stehenden Übertragungsbandbreite ohne weiteres möglich ist. Das erste Produkt, das in größeren Stückzahlen auf dem Markt angeboten wurde, war ein Consumer-Kopfhörer

Inzwischen gibt es auch erste digitale Mehrkanalanlagen für die Konferenztechnik. Die Audioqualität kann je nach Aufgabenstellung skaliert werden. Es ist eine gute Übertragungsqualität erreichbar, da Übertragungsfehler durch digitale Fehlerkorrektur kompensiert werden können. Allerdings zeigt sich hier auch eine Grundproblematik aller digitalen Funk- und IR-Übertragungsverfahren: Die eingesetzten Fehlerkorrektursysteme arbeiten oft so gut, dass es keine Vorwarnung für eine abnehmende Qualität der Übertragungsstrecke gibt. Während in der Analogtechnik das Rauschen an der Grenze des Versorgungsgebiets allmählich zunimmt, ist die digitale Übertragung völlig rausch- und fehlerfrei bis an den Punkt, an dem die Übertragung ohne Vorwarnung vollständig zusammenbricht. Dies geschieht umso plötzlicher, je besser die Fehlerkorrektur arbeitet. Um diesem Effekt entgegenzusteuern, wird in der digitalen Mehrkanal-IR-Technik mit höheren Strahlerleistungen von bis 25 W gearbeitet.

Abb. 19.22 Beispiele für Kopfhörer mit analoger (links) und digitaler (rechts) Übertragung (1993)

Bei größeren Installationen besteht – in deutlich höherem Maße als in der Analogtechnik – das Problem des Ausgleichs der Laufzeiten durch die unterschiedlichen Kabellängen zu den einzelnen IR-Strahlern. Diese müssen sehr genau kompensiert werden. Das kann für mobile Installationen kritisch sein, insbesondere wenn die Strahler im Raum verteilt werden sollen und keine Anordnung als gemeinsamer Cluster in Raummitte möglich ist. Die höhere Leistungsaufnahme der Empfänger im Vergleich zur Analogtechnik erlaubt bei den auf dem Markt befindlichen Geräten momentan nur Bodypack-Lösungen.

Der Markt wird zeigen, ob sich diese Lösungen durchsetzen oder ob Geräte mit netzwerkbasierten HF-Technologien (WLAN etc.) besser für diese Anwendungen geeignet sind, zumal letztere bereits preiswert zur Verfügung stehen. Die abhörsichere Übertragung ist mit digitaler Funktechnik lösbar. Auch ist der Aufbau von Antennen deutlich schneller möglich als der von mehreren Strahlern. Dies ist besonders für mobile Anwendungen (Verleiher) relevant. Zudem entfällt die aufwändige Kompensation der Laufzeiten bei unterschiedlichen Kabellängen für die IR-Strahler. Die für digitale IR-Übertragungen vereinbarte Spezifikation ist in DIN EN 61603 Teil 7 zu finden.

Normen und Standards

DIN EN 300422	Elektromagnetische Verträglichkeit und Funkspektrumangelegenheiten (ERM) – Drahtlose Mikrophone im Frequenzbereich von 25 MHz bis 3 GHz
EN 301489	Elektromagnetische Verträglichkeit und Funkspektrumangelegenheiten (ERM) – Elektromagnetische Verträglichkeit für Funkeinrichtungen und -dienste (Insbesondere: Teil 1: Gemeinsame technische Anforderungen, Teil 9: Spezifische Bedingungen für schnurlose Mikofone und ähnliche HF-Funkeinrichtungen zur Übertragung von Audiosignalen sowie für die Bewirtschaftung von schnurlosen Audio-Geräten und Kopfhören)
DIN EN 60065	Audio-, Video- und ähnliche elektronische Geräte – Sicherheitsanforderungen
DIN EN 61603	Übertragung von Ton- und/oder Bildsignalen und verwandten Signalen mit Infrarot-Strahlung
Bundesnetzagentur Vfg. 91/2005	Allgemeinzuteilung von Frequenzen für drahtlose Mikrofone für professionelle Nutzungen in den Frequenzbereichen 790-814 und 838-862 MHz

Literatur

Arasin P, Hoemberg M (2007) Funkmikrofone & Wireless Monitoring. Sennheiser Vertrieb und Service GmbH, Hannover, zu beziehen über: http://www.vplt.org

Ballou GM (2002) Handbook for Sound Engineers. 3. Aufl, Focal Press, Boston

Gayford M (1994) Microphone Engineering Handbook. Focal Press, Boston

Weck C (2006) Ergebnisse der Regional Radiocommunications Conference 2006. FKT: Die Fachzeitschrift für Fernsehen, Film und elektronische Medien 2006/11:691

Kapitel 20
Schirmung und Erdung, EMV

Günter Rosen

20.1 Schirmung... 1073
20.2 Erdung.. 1074
20.3 EMV... 1075
20.4 Brummstörungen.. 1077
20.5 Unsymmetrische Signalführung.............................. 1079
20.6 Symmetrische Signalführung.................................. 1079
      20.6.1   Symmetrische Ausgänge............................. 1081
      20.6.2   Symmetrische Eingänge.............................. 1082
      20.6.3   Verhalten von realen symmetrischen Ein- und Ausgängen..... 1084
Normen und Standards... 1086
Literatur... 1086

20.1 Schirmung

Eine Schirmung oder Abschirmung dient dazu, elektrische oder magnetische Störfelder von den Signalleitungen sowie von der Elektronik im Inneren von Geräten fernzuhalten. Die Abschirmung beruht auf dem Prinzip des Faradayschen Käfigs. Ein Raum ist von einem Material hoher Leitfähigkeit (z. B. Metall) umgeben. Elektrische Felder dringen nicht in das Innere ein, selbst extrem hohe Spannungen wie bei einem Blitzschlag werden außen herum abgeleitet. Für die Wirkung ist es erforderlich, dass die Abschirmung tatsächlich allseits geschlossen ist. Dies gilt besonders für Wechselfelder hoher Frequenz. Als Richtwert gilt, dass eine Offnung nicht größer sein darf als 10 % der Wellenlänge.

Die Abschirmung bei Geräten wird üblicherweise durch ein Metallgehäuse, teilweise auch durch metallisierte Kunststoffgehäuse erreicht. Bei Kabeln werden die signalführenden Adern von einem elektrisch leitenden Schirm umschlossen. Folgende Arten der Abschirmung sind gebräuchlich:

- geflochtener Schirm
- gewendelter Schirm
- Alufolie als Schirm
- leitende Kunststoffe als Schirm.

Ein geflochtener Schirm hat den Vorteil, dass die Abschirmung sehr dicht ist. Ein gewendelter Schirm ist ebenfalls dicht, bei Biegung des Kabels kann sich der Wendel allerdings verschieben und Öffnungen ausbilden. Bei Alufolie oder leitendem Kunststoff ist es erforderlich, dass eine zusätzliche nicht-isolierte Ader mit Verbindung zum Schirm mitläuft, damit der Schirm ausreichend niederohmig ist.

Magnetische Wechselfelder können durch leitende nicht-magnetische Werkstoffe abgeschirmt werden. Diese Wechselfelder erzeugen Wirbelströme, welche in der elektrisch leitenden Abschirmung kurzgeschlossen werden. Die Abschirmwirkung wird mit zunehmender Materialdicke und Leitfähigkeit besser, besonders bei tiefen Frequenzen. Bei hohen Frequenzen ist die Eindringtiefe begrenzt, eine weitere Erhöhung der Wandstärke daher wirkungslos.

Niederfrequente magnetische Störfelder oder magnetische Gleichfelder können durch hochpermeable Werkstoffe wie Mumetall abgeschirmt werden. Mumetall (engl. permalloy) ist eine weichmagnetische Nickel-Eisen-Legierung und wird häufig bei hochwertigen Audioübertragern als Abschirmung verwendet. Ein Nachteil des Materials ist neben dem hohen Preis, dass es nach mechanischer Verformung seine magnetischen Eigenschaften verliert und einer Wärmebehandlung unterzogen werden muss.

Der Abschirmfaktor S ist definiert als Verhältnis der magnetischen Feldstärke H_a außerhalb zum magnetischen Restfeld H_i innerhalb einer Abschirmung. Für eine zylinderförmige geschlossene Abschirmung in einem Magnetfeld rechtwinklig zur Zylinderachse gilt näherungsweise der Zusammenhang:

$$S = \frac{\mu \cdot d}{D} + 1 \qquad (20.1)$$

Dabei ist μ die relative Permeabilität des Werkstoffs, d die Dicke der Abschirmung und D der Zylinderdurchmesser. Für technische Daten von handelsüblichem Abschirmmaterial s. z. B. http://www.haugco.de/

20.2 Erdung

Bei der Erdung von elektrischen Stromnetzen wird durch eine elektrische Verbindung mit dem Erdboden ein einheitliches Bezugspotenzial geschaffen. Die Erdung wird an der elektrischen Hauptzuleitung des Gebäudes durch Verbinden des Erdleiters mit einem Erder vorgenommen. Letzterer ist häufig ein ringförmiger, im Fundament mit eingegossener Fundamenterder. Andere Ausführungsformen sind Erdungsstäbe oder plattenförmige Erder, die im Erdreich eingegraben werden.

Die Schutzerdung verhindert, dass zwischen zwei Geräten elektrische Spannungsunterschiede auftreten. Falls es in einem der Geräte zu einer Verbindung zwischen der stromführenden Leitung und dem Gehäuse kommt, leitet ein Schutzleiter am Gehäuse die Netzspannung auf Erdpotenzial ab, und es fließt ein hoher Strom, der die Sicherung in der Zuleitung ansprechen lässt. Zusätzliche Fehlerstromschutzschalter (FI-Schalter) sprechen schon bei wenigen mA an und unterbrechen die Stromversorgung. Ohne die Schutzerdung läge das Gehäuse auf Netzpotenzial, und die Berührung wäre lebensgefährlich.

Bei der Erdung ist somit zu unterscheiden zwischen *Signalerde* (ground) und *Schutzerde* (safety ground). Die interne Stromversorgung eines elektronischen Gerätes ist durch den Netztransformator von der Netzspannung galvanisch getrennt. Damit ist die Verbindung zwischen Signalerde und Gehäuse zunächst nicht gegeben. Üblicherweise ist jedoch die Signalerde an einer Stelle mit dem Gehäuse verbunden. Manchmal ist diese Verbindung auch über einen Schalter (ground lift) zu öffnen. Ein schutzgeerdetes Gerät erkennt man am 3-poligen Schutzkontaktstecker (Schuko-Stecker), der zusätzlich zu den beiden runden stromführenden Kontakten außen am Steckergehäuse den Schutzkontakt bereitstellt. Es ist nur wirksam, wenn auch in der zugehörigen Schutzkontakt-Steckdose der Schutzleiter (immer gelbgrün) angeklemmt ist. Es gibt auch heute noch Altanlagen, die mit sog. *Nullung* arbeiten. Hier ist der Schutzkontakt mit dem Nulleiter verbunden. Nullung führt immer zu Problemen mit Brummspannungen und ist evtl. sogar unsicherer als gar kein Schutzleiter, denn bei unterbrochenem Nulleiter liegt die volle Netzspannung über den Verbraucher am Gehäuse an und es besteht Lebensgefahr.

20.3 EMV

Als Elektromagnetische Verträglichkeit (EMV) wird „die Fähigkeit eines Betriebsmittels, in seiner elektromagnetischen Umgebung zufrieden stellend zu arbeiten, ohne dabei selbst elektromagnetische Störungen zu verursachen, die für andere Betriebsmittel in derselben Umgebung unannehmbar wären" bezeichnet (Richtlinie 2004/108/EG). Die vorgeschriebene Kenzeichnung durch das CE-Zeichen signalisiert dem Verbraucher, dass das Gerät die EMV-Richtlinien einhält. Das CE-Zeichen sagt allerdings alleine noch nicht viel darüber aus, ob sich das Gerät durch elektromagnetische Einstreuung gar nicht, leicht oder deutlich vernehmbar stören lässt. Es muss lediglich „zufrieden stellend" arbeiten. Was für ein einfaches Consumergerät zufrieden stellend ist, kann für ein professionelles Gerät unakzeptabel sein, und bei ausreichend hoher Einstrahlung lässt sich im Prinzip jedes Gerät stören. So wird ein Mobiltelefon dicht neben einem Mikrofon, einem Mischpult oder auch nur neben einem Kabel immer vernehmbare, zumindest messbare Störungen erzeugen.

Elektromagnetische Störungen lassen sich in leitungsgebundene und nicht-leitungsgebundene Störungen unterteilen. Leitungsgebundene Störungen werden z. B. über die Netzzuleitung oder Signalleitungen eingekoppelt. Kabel können als Antenne wirken und hochfrequente Störsignale einkoppeln. Zu nicht-leitungsgebundenen elektromagnetischen Störungen und damit auch in den Komplex EMV, gehören Einstreuungen durch starke magnetische Wechselfelder, wie sie z. B. durch Trafos erzeugt werden. Besonders kleine Steckernetzteile zeichnen sich hier durch besonders starke Streufelder aus. Oft ist hier der Trafo unterdimensioniert und geht in die

Sättigung. Der zeitliche Verlauf der magnetischen Feldstärke ist dann nicht mehr sinusförmig sondern verzerrt. Das bedeutet, dass nicht nur die Grundwelle der Netzfrequenz (50 Hz), sondern auch alle Harmonischen, also 100, 150, 200 ... Hz vorhanden sind.

Hochfrequente Störungen können in der Praxis als Empfang des örtlichen Radiosenders auftreten oder als Einstreuung durch ein Mobiltelefon bei Einwahl oder bei ankommenden Anrufen. Sie können sowohl als nicht-leitungsgebundene, wie als leitungsgebundene Störungen auftreten, wenn sie über Signalleitungen eingekoppelt werden und die Signalleitung als Antenne wirkt.

Diese leitungsgebundenen Störungen werden durch LC-Filter an den Ein- und Ausgängen der Geräte weitgehend abgeblockt.

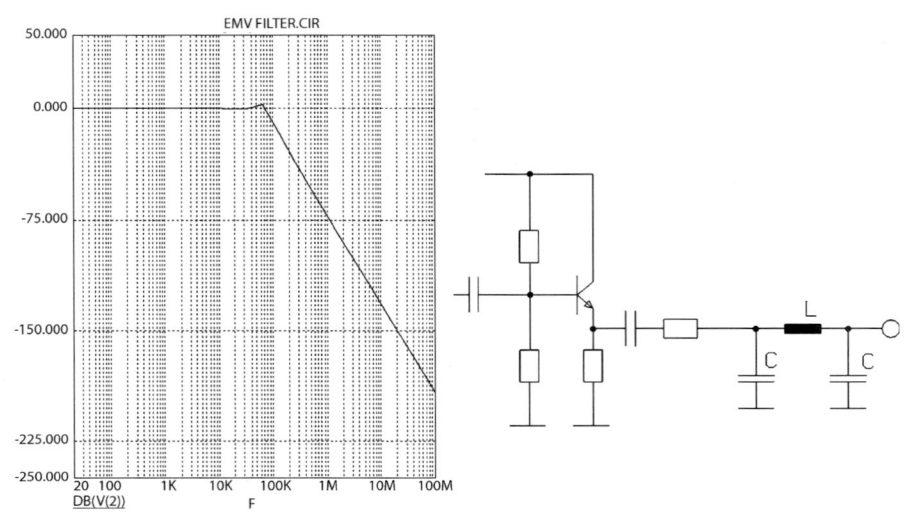

Abb. 20.1 LC-Filter 3. Ordnung (links) als EMV Schutz an einer einfachen Verstärkerstufe (rechts)

Das dargestellte Filter 3. Ordnung mit $L1$ und $C1$ am Eingang und $L2$ und $C2$ am Ausgang (Abb. 20.1) wird so ausgelegt, dass im hörbaren Bereich von 20 Hz bis 20 kHz möglichst keine Signaldämpfung entsteht, hochfrequente Signale jedoch möglichst stark bedämpft werden. Das Filter sollte also möglichst steilflankig sein. Das dargestellte Filter mit $C = 22nF$ und $L = 330mH$ hat im Sperrbereich eine Dämpfung von 60 dB/Dekade. Das Filter wird so ausgelegt, dass es in Verbindung mit den Impedanzen der Schaltung optimal arbeitet. Ein zusätzliches Abblocken der Ein- und Ausgänge ist in der Praxis kaum möglich, da die erforderlichen Maßnahmen üblicherweise schon vom Hersteller getroffen wurden. Stärkeres Abblocken kann zur Einengung des Frequenzgangs oder Verzerrungen bei hohen Frequenzen führen. Ein wirksames Mittel gegen HF-Einstreuung über Kabel sind Ferrit-Halbschalen, die über das Kabel gelegt und mittels Kabelbinder befestigt werden. Solche Ferrite sind oft bei PC Zubehör als dicker „Knubbel" an den Kabeln zu finden.

Kapitel 20 Schirmung und Erdung, EMV

20.4 Brummstörungen

Die Ursache für Brummstörungen liegt fast immer in Potenzialdifferenzen zwischen zwei Geräten. Der Potenzialunterschied kann durch

- unterschiedliches Potential an der Schutzerde und
- von Magnetfeldern induzierte Ströme in sog. Brummschleifen

bedingt sein.

Der erste Fall tritt vor allem dann auf, wenn die Geräte an räumlich getrennten Steckdosen angeschlossen werden, da die Schutzleiter verschiedener Steckdosen häufig nicht auf exakt gleichem Potential liegen. Im zweiten Fall induzieren magnetische Wechselfelder nach dem Induktionsgesetz einen Wechselstrom in eine Spule, die im Extremfall aus einer einzigen Windung bestehen kann. In Abb. 20.2 wird diese Spule durch den Kabelschirm zwischen den beiden Geräten ($R1$), den Schutzleiter von Gehäuse 1 zur Erde (Schutzkontakt, $R2$), den Widerstand zwischen den Schutzkontakten ($R3$) und durch den Schutzleiter von Gehäuse 2 zur Erde (Schutzkontakt, $R4$) gebildet. Als Quelle für das magnetische Wechselfeld kommt z. B. ein

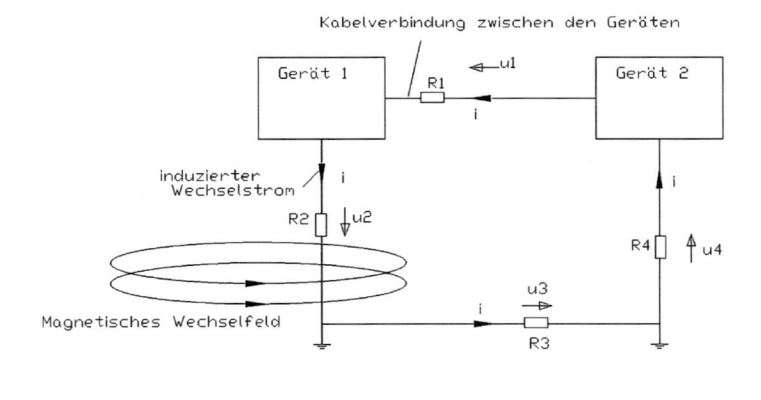

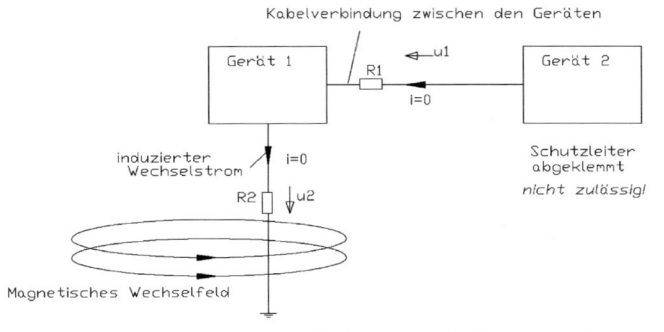

Abb. 20.2 Oben: Induktion einer Brummschleife über den Kabelschirm und den geerdeten Schutzleiter. Unten: Unterbrechung der Brummschleife durch unzulässiges Auftrennen des Schutzleiters

Steckernetzteil (s. o.) in Frage. Diese Geräte sind daher von der Audioleitung möglichst fernzuhalten.

Bei den folgenden Simulationen wird eine Brummspannung zwischen zwei Geräten durch eine eingefügte Wechselspannungsquelle dargestellt, unabhängig davon wie diese Wechselspannung tatsächlich entsteht.

Da es stets Potentialdifferenzen zwischen verschiedenen Geräten geben kann, muss die Verkabelung eines Studios oder einer Audioanlage so ausgelegt werden, dass diese Spannungen durch geeignete Maßnahmen keine Störungen verursachen. Auch wenn bei realistischen Annahmen immer ein gewisser Prozentsatz der Störspannung auf das nachfolgende Gerät gelangt, ist die Störung so niedrig zu halten, dass sie im vorhandenen Grundrauschen untergeht. Bei systematischem Vorgehen wird man

- zunächst die Potentialdifferenzen zwischen den Geräten möglichst niedrig halten, um die Ursache der Störung zu minimieren,
- durch geeignete Verkabelung die Auswirkungen der Störungen minimieren und
- sicherstellen, dass durch die Verkabelung (z. B. symmetrisch/unsymmetrisch) oder durch Erdschleifen keine neuen Störquellen entstehen.

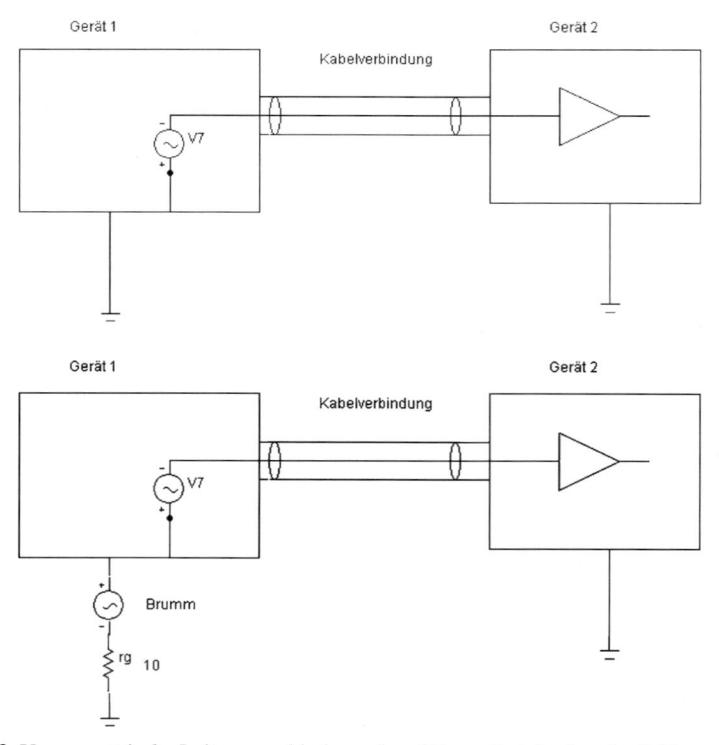

Abb. 20.3 Unsymmetrische Leitungsverbindung ohne Störquelle (oben) und mit Brummeinstreuung (unten)

Kapitel 20 Schirmung und Erdung, EMV

20.5 Unsymmetrische Signalführung

Gerät 1 (Signalquelle) und Gerät 2 (Empfänger) sind mit einem abgeschirmten Kabel verbunden. Die innere Ader führt das Signal, der Schirm bildet die Signal-Rückleitung. Dies funktioniert solange gut, wie die Gehäuse beider Geräte auf gleichem Erdpotential liegen.

In Abb. 20.3 wurde eine Spannungsquelle „Brumm" eingefügt, die sich dem Audiosignal überlagert. Sie kann durch die Bildung einer Brummschleife (Abb. 20.2) verursacht sein oder auch durch eine Erd-Potentialdifferenz zwischen den beiden Geräten, etwa durch Anschluss an verschiedene Steckdosenkreise.

Auch wenn ein Abklemmen des Schutzleiters in diesem Fall die Brummeinstreuung vermeiden würde, ist dies aus Sicherheitsgründen nicht zulässig. Stattdessen müsste Abhilfe geschaffen werden, indem durch Anschluss an den gleichen Steckdosenkreis und/oder Einbau in ein gemeinsames Rack die Gehäuse beider Geräte auf gleiches Potential gebracht werden.

20.6 Symmetrische Signalführung

Die Problematik der Brummeinstreuung ist umso größer, je niedriger die Signalspannungen sind. Bei Heimanlagen mit Line-Pegeln in der Größenordnung von 300 mV wird normalerweise mit unsymmetrischer Signalführung gearbeitet, da die Nutzspannungen ausreichend hoch und die Verbindungen kurz sind. In einem Studio sind die Verbindungskabel häufig erheblich länger, und neben Line-Pegeln in der Größenordnung von 1 V treten auch Mikrofonspannungen von wenigen mV auf. Hier ist eine brummfreie Übertragung besonders wichtig, da im Mikrofon-Vorverstärker auch die Brummspannung um bis zu 60 dB verstärkt und dann störend hörbar werden würde. In der professionellen Studiotechnik wird daher bei Mikrofonsignalen immer, bei hochpegeligen Signalen überwiegend mit symmetrischer Signalführung gearbeitet.

Hier wird das Signal über ein abgeschirmtes Aderpaar übertragen, dessen eine Ader ein „positives", phasenrichtiges Signal führt, die andere Ader ein „negatives", phasengedrehtes Signal. Der Schirm dient nur zur Abschirmung und nicht als Signalrückleitung. Ein symmetrischer Eingang arbeitet immer als Differenzverstärker. Signale, die gleichphasig anliegen (wie die Brummspannung), heben sich auf, gegenphasige Signale werden verstärkt (Abb. 20.5).

Symmetrische Ein- und Ausgänge können erdfrei und nicht-erdfrei ausgelegt sein. Allgemein werden trafosymmetrische Ein- und Ausgänge als erdfrei betrachtet, es gibt jedoch auch trafosymmetrische nicht-erdfreie Ein- und Ausgänge. Ein typisches Beispiel für nicht-erdfreie trafosymmetrische Eingänge sind Mikrofoneingänge mit Phantomspeisung.

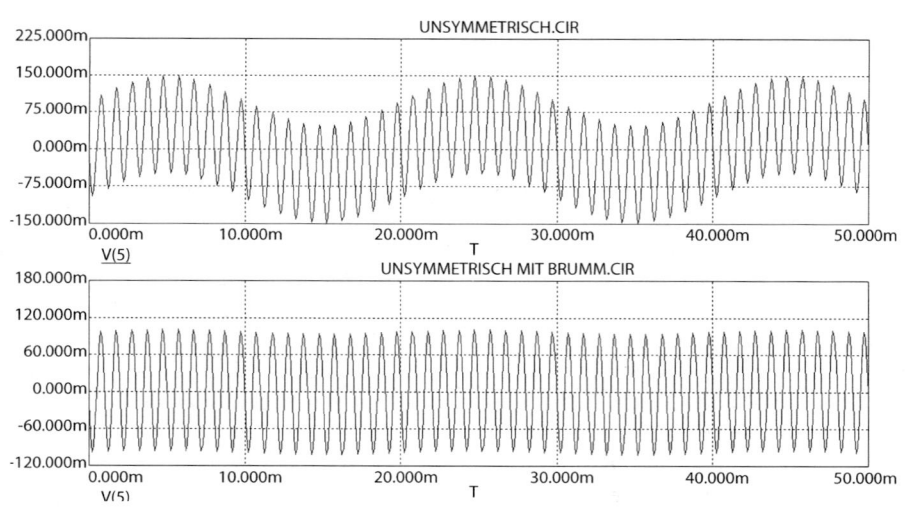

Abb. 20.4 Brummstörung durch eingestreute Netzspannung (50 Hz) in ein Nutzsignal (1 kHz) vor (oben) und nach dem Anschluss an eine gemeinsame Netzsteckdose (unten). Die Brummeinstreuung ist geringer, aber immer noch vorhanden.

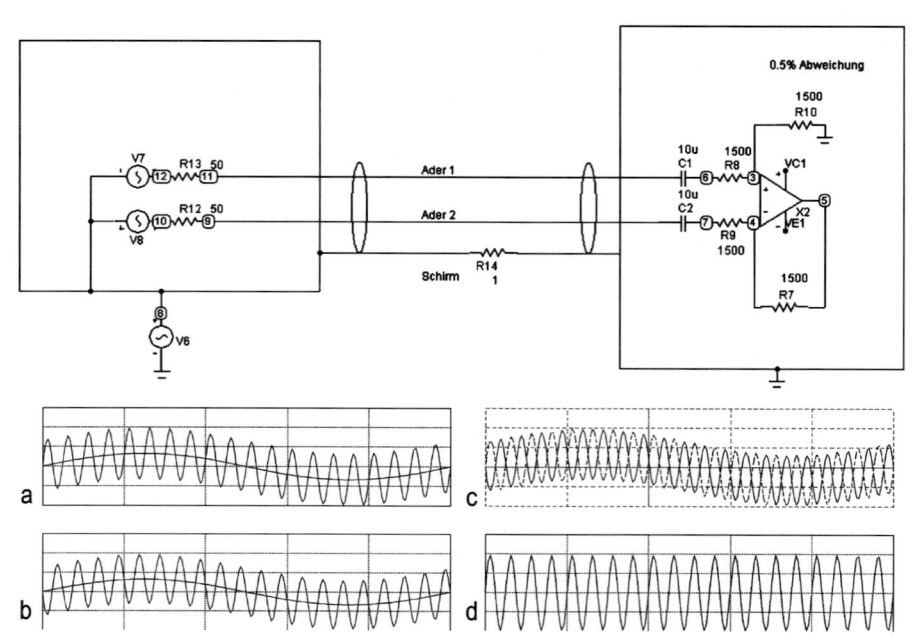

Abb. 20.5 Oben: Brummeinstreuung in eine symmetrische Leitungsverbindung. Unten: Das Audiosignal auf Ader 1 (a) und Ader 2 (b) ist mit der Brummspannung überlagert. (c) zeigt beide Signale zusammen in einem Diagramm. Am Ausgang des Operationsverstärkers wird die in beide Adern gleichphasig eingestreute Störspannung ausgelöscht, die Nutzspannungen werden addiert (d). Rasterlinien 4 ms/75 mV

20.6.1 Symmetrische Ausgänge

Symmetrische Signale können durch verschiedene Schaltungsvarianten erzeugt werden. In der Praxis unterscheidet man zwischen quasisymmetrischen, trafosymmetrierten sowie elektronisch symmetrierten Ausgängen.

Bei einem *quasisymmetrischen Ausgang* liegt auf einer Ader gar kein Signal an, die Signalführung ist aber dennoch symmetrisch. Bei vielen Kondensatormikrofonen findet man einen quasisymmetrischen Ausgang. Der Längswiderstand vor Pin 3 muss so groß sein wie der Innenwiderstand des Ausgangsverstärkers OP1 plus Längswiderstand vor Pin 2. Ein Grund für die Verwendung quasisymmetrischer Ausgänge bei Mikrofonen liegt darin, dass keine Phasenumkehrstufen innerhalb des Mikrofons erforderlich sind und damit das Rauschen gering gehalten werden kann.

Symmetrische Ausgänge sind heute bei den meisten Geräten *elektronisch symmetriert*. Das Signal wird einmal phasenrichtig und einmal phasengedreht auf den Ausgang geschaltet, indem das phasenrichtige Signal am Ausgang des ersten Operationsverstärkers OP1 über einen zweiten invertierenden Operationsverstärker OP2 mit der Verstärkung 1 geschickt wird.

Bei einem *trafosymmetrierten, erdfreien Ausgang* wird das Ausgangssignal auf einen Trenntrafo (NF-Übertrager) gegeben. Dieser Trafo hat meist das Übersetzungsverhältnis 1:1. Reale Transformatoren sind in gewissem Umfang stets mit linearen und nichtlinearen Verzerrungen behaftet. Nichtlineare Verzerrungen treten insbesondere bei tiefen Frequenzen in Verbindung mit hohen Pegeln auf, wo ein nicht ausreichend dimensionierter Eisenkern eine Sättigungsmagnetisierung erreicht, bei der der magnetische Fluss im Eisenkern trotz zunehmendem Eingangsstrom nicht mehr zunehmen kann. Diesen strom- und damit lastabhängigen Effekt kann man durch ein Hochpassfilter mit einer Grenzfrequenz von z. B. 20 Hz vermeiden oder durch größer dimensionierte Trafos. Übertrager findet man oft in Verbindung mit Röhrenschaltungen, auch einige besonders hochwertige Mikrofonvorverstärker besitzen trafosymmetrische Ein- oder Ausgänge. Im Hinblick auf Störeinstreuungen hat ein Trafo den Nachteil, dass er bei starken magnetischen Wechselfeldern selbst Störspannungen erzeugt, was nur durch aufwändige magnetische Schirmung zu verhindern ist. Aus diesen Faktoren resultiert auch der hohe Preis von Transformatoren bei ausreichender Dimensionierung.

Auch Halbleiterschaltungen geraten mit zunehmendem Pegel an eine Übersteuerungsgrenze, ab der nichtlineare Verzerrungen sehr schnell ansteigen. Darüberhinaus gibt es zeit- und pegelabhängige Verzerrungen bei zu geringer Slew Rate von Operationsverstärkern oder Übernahmeverzerrungen von Gegentaktschaltungen. Es gibt somit keinen prinzipbedingten Vorteil elektronisch symmetrierter oder trafosymmetrierter Ausgänge. Unterschiede liegen überwiegend in den Bestandteilen und in der Ausführung der Symmetrierschaltung selbst begründet.

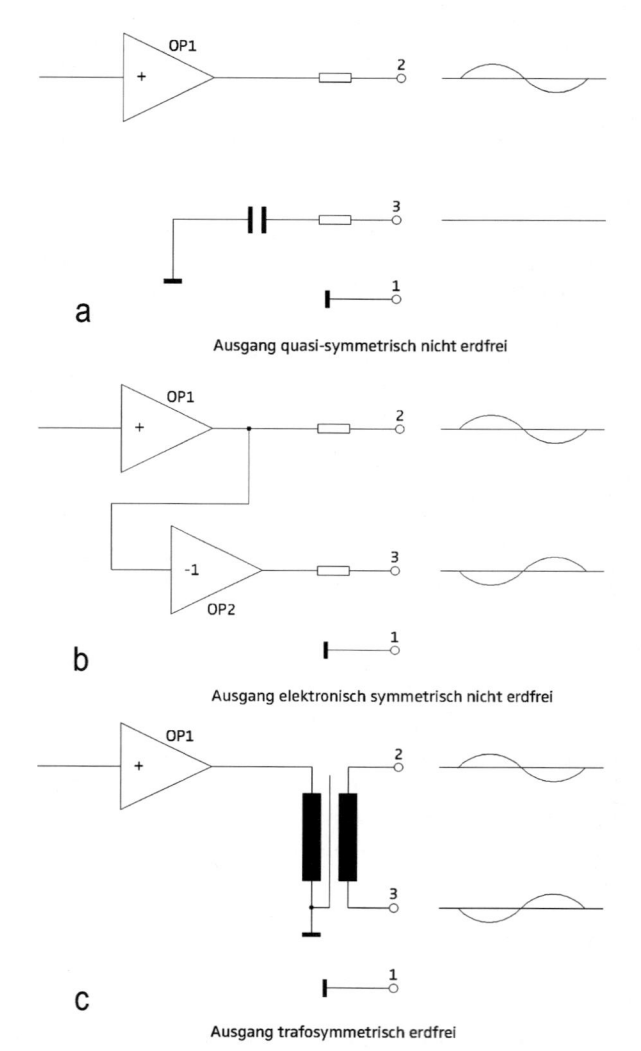

Abb. 20.6 Drei Schaltungsvarianten für symmetrische Ausgänge. a: Quasisymmetrischer, nicht erdfreier Ausgang. b: Elektronisch symmetrischer, nicht erdfreier Ausgang. c: Trafosymmetrischer, erdfreier Ausgang. Die Zahlen 1, 2 und 3 korrespondieren mit der Belegung eines XLR Steckers (1: Masse, 2: positiv/in Phase, 3: negativ/gegenphasig)

20.6.2 Symmetrische Eingänge

Der Schlüssel für eine störungsfreie, symmetrische Signalübertragung liegt hauptsächlich in den Eigenschaften des symmetrischen Eingangs. Ein idealer symmetrischer Eingang in Verbindung mit exakt gleichen Impedanzen in beiden Signalzwei-

Kapitel 20 Schirmung und Erdung, EMV

gen garantiert eine störungsfreie Signalübertragung. In der Realität weisen jedoch auch Eingangsschaltungen in gewissem Umfang ein nicht-ideales Verhalten auf.

Der *trafosymmetrische Eingang* (Abb. 20.6) weist ein weitgehend ideales Verhalten auf, wenn der Trafo auch für eine hohe Aussteuerung ausreichend dimensioniert und magnetisch geschirmt ist. Soll er als Mikrofoneingang genutzt werden, ist es üblich, dass für Kondensatormikrofone eine sog. Phantomspeisung zur Verfügung gestellt wird. Diese Spannung von in der Regel 48 V liegt auf beiden Adern 2 und 3 an, der Schirm übernimmt die Rückleitung. Der Eingang ist damit nicht mehr erdfrei. Der Eingang „sieht" die Phantomspeisung nicht, da sie auf 2 und 3 gleich anliegt und nur Differenzspannungen erfasst werden.

Die Phantomspeisung kann entweder über einen Trafomittelabgriff oder über Speisewiderstände vom Eingang zur Verfügung gestellt werden. Im ersten Fall wird die Speisespannung über einen Mittelabgriff der Wicklung des Transformators über einen Arbeitswiderstand eingespeist. Die Symmetrie wird üblicherweise dadurch sichergestellt, dass der Trafo bifilar gewickelt ist. Dabei werden zwei Drähte für die beiden Spulenhälften gleichzeitig auf den Spulenkern gewickelt. Die Spulendrähte beider Windungen sind dadurch mit Sicherheit gleich lang und weisen den gleichen ohmschen Widerstand auf. Bifilare Trafos sind jedoch üblicherweise teure Sonderanfertigungen.

Wenn preiswerte Standard-Trafos eingesetzt werden sollen, wird die Phantomspannung über zwei Speisewiderstände eingekoppelt. Hierbei ist es wichtig, dass die Speisewiderstände exakt gleich sind, s. Abschn. 20.6.3

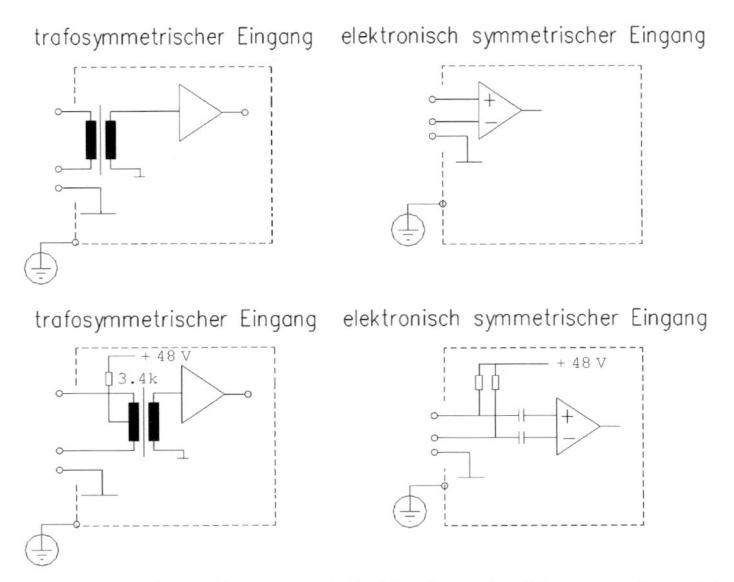

Abb. 20.7 Schaltungsvarianten für symmetrische Eingänge, ohne Phantomspeisung (oben) und mit Phantomspeisung (unten)

20.6.3 Verhalten von realen symmetrischen Ein- und Ausgängen

Die folgende Simulation eines elektronisch symmetrischen Eingangs (Abb. 20.8) geht von einer Gleichtaktunterdrückung (CMMR, Common Mode Rejection Ratio) des Operationsverstärkers von >120 dB aus. Im Idealfall sind alle Widerstände $R7$ bis $R10$ exakt gleich groß. Im unteren Bild erkennt man die gute Gleichtaktunterdrückung um 120 dB, welche allerdings zu hohen Frequenzen hin schlechter wird. Eine geringe Brummspannung von 20 mV (V6) wird durch den symmetrischen Eingang um 120 dB reduziert und tritt am Ausgang des Operationsverstärkers als Störspannung von 20 nV auf und geht damit vollkommen im Eigenrauschen des Eingangs unter.

In der Praxis ist der Eingangs-Operationsverstärker mit Widerständen beschaltet, die bestimmte Toleranzen aufweisen. Falls nur einer der Widerstände eine Abweichung von 0,5 % aufweist, so verschlechtert sich die Gleichtaktunterdrückung bereits auf Werte unter 60 dB. Die angenommene Brummspannung von 20 mV wird damit um weniger als 60 dB unterdrückt, sie liegt am Ausgang des OP mit 20 µV vor und kann damit durchaus hörbar sein.

Die meisten Mikrofoneingänge an Mischpulten oder Vorverstärkern haben eine schaltbare 48 V Stromversorgung für Kondensatormikrofone, die sog. Phantomspeisung. Während für die absolute Größe der Speisewiderstände Abweichungen

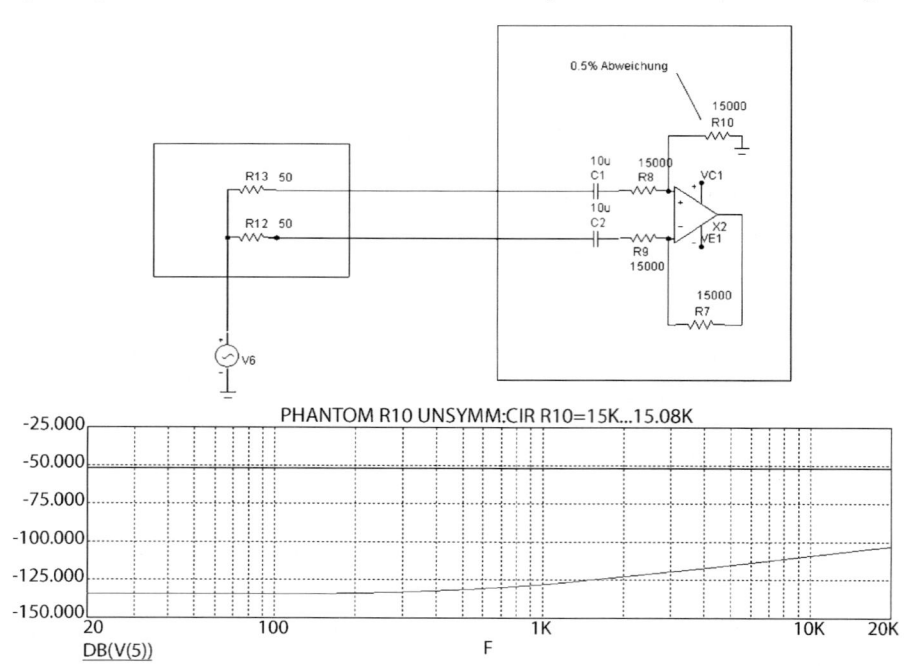

Abb. 20.8 Gleichtaktunterdrückung eines symmetrischen Eingangs für exakt gleiche Widerstände $R7$ bis $R10$ (untere Kurve) und für eine Abweichung des Widerstands $R10$ um 0,5 % (obere Kurve)

Kapitel 20 Schirmung und Erdung, EMV

von bis zu 10 % erlaubt sind, ist vor allem ihre Gleichheit von Bedeutung. Hier lässt DIN EN 61938 nur Abweichungen von 0,4 % zu. Auch diese geringe Abweichung verschlechtert allerdings das Verhalten eines Eingangs gegenüber Gleichtaktstörungen bereits erheblich.

Abb. 20.9 zeigt die Verschlechterung der CMRR eines idealen symmetrischen Eingangs durch nicht exakt gleiche Speisewiderstände der Phantomspannung. *R14* wird um 0,5 % verändert und damit die CMRR von ca. 120 dB auf 90 dB verringert (s.a. Wuttke 2000).

Die Simulation zeigt, dass angesichts des nicht-idealen Verhaltens elektronischer Bauelemente eine Eliminierung von Brummspannungen auch durch symmetrische Signalführung in der Praxis nicht vollständig zu erreichen ist. Die Gleichtaktunterdrückung elektronisch symmetrischer Mikrofoneingänge hängt maßgeblich von der Qualität der verwendeten Operationsverstärker und von der Gleichheit der Widerstände in der Schaltung ab. Gute Operationsverstärker sind ebenso teuer wie hochpräzise Widerstände mit weniger als 0,5 % Toleranz. Ein hochwertiger Vorverstärker wird sich somit nicht nur in Bezug auf klangliche Eigenschaften oder Rauschen, sondern auch in Bezug auf die Empfindlichkeit gegenüber Brummspannungen gegenüber preisgünstigen Geräten auszeichnen.

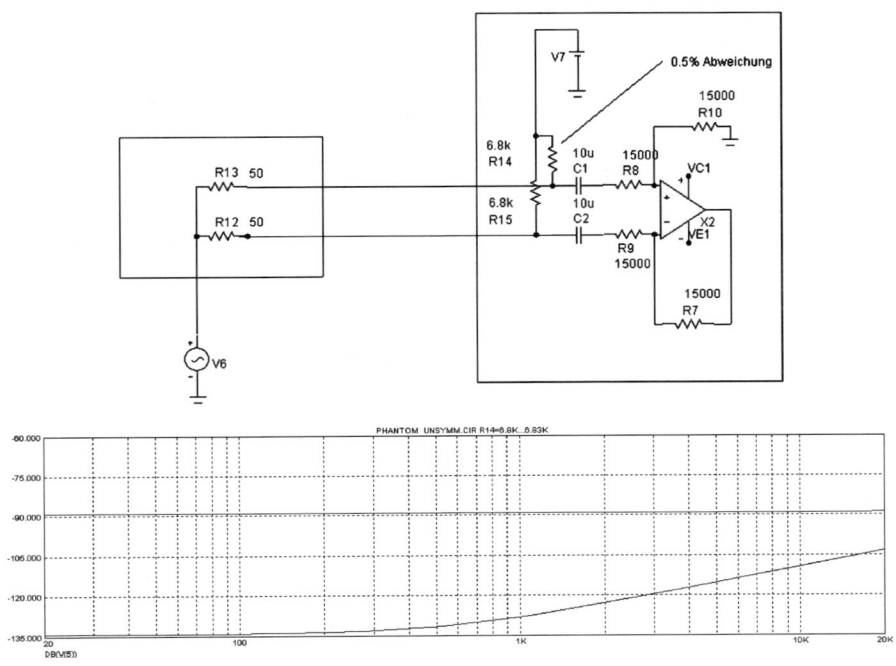

Abb. 20.9 Gleichtaktunterdrückung eines symmetrischen Eingangs mit 48 V Phantomspannung für exakt gleiche Speisewiderstände (untere Kurve) und für eine Abweichung des Speisewiderstands *R14* um 0,5 % (obere Kurve)

Normen und Standards

DIN VDE 0100	Teil 410: Errichten von Starkstromanlagen mit Nennspannungen bis 1000 V, Teil 4 Schutzmaßnahmen, Kapitel 41 Schutz gegen elektrischen Schlag.
DIN VDE 01400 –540	Errichten von Starkstromanlagen mit Nennspannungen bis 1000 V, Auswahl und Errichtung elektrischer Betriebsmittel – Erdung, Schutzleiter, Potentialausgleichsleiter
2004/108/EG	Richtlinie des europäischen Parlaments und des Rates vom 15. Dezember 2004 zur Angleichung der Rechtsvorschriften der Mitgliedstaaten über die elektromagnetische Verträglichkeit und zur Aufhebung der Richtlinie 89/336/EWG
DIN EN 61938:1997	Audio-, Video- und audiovisuelle Anlagen – Zusammenschaltungen und Anpassungswerte – Empfohlene Anpassungswerte für analoge Signale

Literatur

Boll R (1990) Weichmagnetische Werkstoffe. 4. Aufl, Vacuumschmelze GmbH
Davis D, Patronis E (2006) Sound System Engineering. 3. Aufl, Butterworth Heinemann
Schwab AJ, Kürner W (2007) Elektromagnetische Verträglichkeit. Springer, Berlin
Whitlock B (1995) Balanced Lines in Audio Systems: Fact, Fiction, and Transformers. J Audio Eng Soc 43/6:454–464
Wuttke J (2000) Mikrofonaufsätze. Schalltechnik. Dr.Ing. Schoeps GmbH, http://www.schoeps.de/

Kapitel 21
Messtechnik

Swen Müller

21.1 Traditionelle Frequenzgangsmessungen. 1089
    21.1.1 Messung mit Einzeltönen 1089
    21.1.2 Pegelschreiber 1090
    21.1.3 Real Time Analyzer 1092
21.2 Impulsantworten und Übertragungsfunktionen 1094
    21.2.1 Anregungssignale 1097
    21.2.2 TDS 1101
    21.2.3 MLS. 1103
    21.2.4 Zwei-Kanal-FFT-Analyse 1109
    21.2.5 Ein-Kanal-FFT-Analyse mit deterministischem Stimulus 1112
    21.2.6 Sweeps mit FFT-Entfaltung. 1114
    21.2.7 Vor- und Nachteile der verschiedenen Verfahren 1121
    21.2.8 Fensterung von Impulsantworten 1126
    21.2.9 Kombinierte Nahfeld/Fernfeldmessungen 1128
    21.2.10 Mittelungen 1129
    21.2.11 Übersprechen. 1130
    21.2.12 Gleichtaktunterdrückung. 1131
    21.2.13 Dämpfungsfaktor von Verstärkern 1132
    21.2.14 Impedanz 1134
21.3 Dynamikumfang und SNR 1136
    21.3.1 A-Bewertung 1139
    21.3.2 ITU-R 468-Bewertung 1140
    21.3.3 Technische Betrachtungen zum Dynamikumfang. 1141
21.4 Nichtlineare Verzerrungen 1143
    21.4.1 Klirrfaktor 1146
    21.4.2 Intermodulation 1160
Normen und Standards 1168
Literatur. 1169

Die Verarbeitung, Übertragung, Wandelung und Konservierung von Audiosignalen ist stets mit gewissen Fehlern behaftet, die ab einer bestimmten Höhe den subjektiven Klangeindruck verschlechtern können. Drei wichtige Schlüsselkriterien definieren die Qualität eines Audiosystems: Der Frequenzgang, also die Gleichmäßigkeit, mit der alle in den Audiobereich von 20 Hz bis 20 kHz fallenden Frequenzen reproduziert werden, der Dynamikumfang, welcher das Leistungsverhältnis des höchsten noch unverzerrt übertragbaren Sinus-Signals zum Grundrauschen definiert, und die nichtlinearen Verzerrungen, welche für das Entstehen von neuen, im Originalsignal nicht unbedingt vorhandenen Frequenzen verantwortlich sind.

Durch die rasante Entwicklung der Halbleiter- und Digitaltechnik in den letzten 25 Jahren kann die Verarbeitung und Konservierung von Audiosignalen heute nahezu verlustfrei, also mit Fehlern, die weit unterhalb der Wahrnehmbarkeitsschwelle liegen, erfolgen. Auch spielen bestimmte Störungen, die in der Blütezeit analoger Tonträger noch den Hörgenuss trübten (z. B. Gleichlaufschwankungen) heute keine Rolle mehr und blieben in diesem Kapitel deswegen unberücksichtigt. Andererseits tauchten durch die Digitaltechnik neue Störmechanismen auf. Ein Beispiel sind die unangenehmen, da nicht in einem harmonischen Frequenzverhältnis zum Originalsignal stehenden Aliasing-Verzerrungen. Sie treten allerdings in der Regel nur bei Systemen, die mit reduzierter Abtastrate arbeiten (z. B. bei Telefonie) unangenehm in Erscheinung.

Während die Verarbeitung und Speicherung von Audiosignalen also heutzutage ohne spürbare Qualitätseinbußen möglich ist, gibt es ein Glied in der Übertragungskette, dessen Aufbau und Physik sich trotz Fortschritten hinsichtlich Belastbarkeit und kontrolliertem Abstrahlverhalten nicht wesentlich geändert hat: der Lautsprecher. Zu seiner Charakterisierung bleibt deswegen der im ersten Teil dieses Kapitels besprochene klassische Frequenzgang, der bei hochwertiger Audio-Elektronik stets eine makellose horizontale Linie zu Tage fördern sollte, nach wie vor eines der wichtigsten Kriterien.

Parallel zur Audiotechnik hat sich auch die Messtechnik zur Erfassung ihrer Qualität stark verändert. Während im analogen Zeitalter für jede Messung ein spezielles Gerät und vielfach auch eine Zusammenschaltung von verschiedenen dedizierten Geräten wie Generator, Vorverstärker, Bandpassfilter, Analysator und Präzisions-RMS-Voltmeter erforderlich waren, wird das empfangene Signal nach Vorverstärkung heute meist sofort per A/D-Umsetzung digitalisiert und einem gewöhnlichen PC zugeführt, der für die gesamte Weiterverarbeitung, Darstellung und Archivierung der Resultate zuständig ist. Die Algorithmik und Auswertung hat sich also von der Hardware in die Software verlagert, womit sich nicht nur alle klassischen Analyseverfahren mit höherer Präzision und Flexibilität durchführen lassen, sondern sich auch gänzlich neue, der digitalen Signalverarbeitung (DSP) vorbehaltene Möglichkeiten eröffnen.

Ein Beispiel ist die Ermittlung und Auswertung von Impulsantworten aus synthetisierten Breitbandsignalen, die in diesem Kapitel ausführlich besprochen wird. Impulsantworten und die zu ihnen äquivalenten komplexen (aus Betrag und Phase bestehenden) Übertragungsfunktionen sind aus der heutigen akustischen Messtech-

Kapitel 21 Messtechnik

nik nicht mehr wegzudenken. Aus ihnen lässt sich beispielsweise der Großteil der in Kap. 5.1 beschriebenen raumakustischen Parameter ableiten.

Der zweite Teil des Kapitels widmet sich dem Dynamikumfang sowie den nichtlinearen Verzerrungen und stellt die gängigen Messverfahren zu ihrer Erfassung dar.

21.1 Traditionelle Frequenzgangsmessungen

Grundsätzlich kann man zwischen zwei Oberklassen der Messtechnik zur Bestimmung von Übertragungsfunktionen unterscheiden: Denjenigen, die ein komplexes FFT-Spektrum (Fast Fourier Transformation) nach Betrag und Phase bzw. Real- und Imaginärteil liefern, aus denen sich per IFFT (inverser FFT) auch die Impulsantwort gewinnen lässt (Kap. 21.2), und den traditionellen Methoden, die ohne FFT-Analyse auskommen und in der Regel nur den Betrag der Übertragungsfunktion liefern.

21.1.1 Messung mit Einzeltönen

Das älteste, einfachste und am leichtesten verständliche Verfahren zum punktweisen Messen einer Übertragungsfunktion ist die Speisung des Prüflings mit einem Sinusgenerator einstellbarer Frequenz und das Messen der RMS-Ausgangsspannung des Prüflings mit einem Spannungsmesser (Multimeter). Nachdem sich die Ausgangsspannung stabilisiert hat, werden die Spannungswerte am Eingang und am Ausgang des Prüflings abgelesen und gespeichert. Anschließend wird die Frequenz des Generators um die gewünschte Frequenzauflösung (z. B. in Terzen oder Oktaven) erhöht. Diese beiden Schritte werden so lange wiederholt, bis das Ende des gewünschten Frequenzbereichs erreicht wird. Die Übertragungsfunktion ergibt sich schließlich aus der paarweisen Division der Ausgangs- zur Eingangsspannung bei jeder untersuchten Frequenz.

Zur Unterdrückung von Rauschen und Oberwellen wird in der akustischen Messtechnik gerne ein abstimmbares Bandpass-Filter zwischen Prüfling und Voltmeter eingeschleift. Seine Mittenfrequenz wird synchron zur Generatorfrequenz erhöht. Der Bandpass stellt allerdings selbst einen Ungenauigkeitsfaktor dar, seine Durchgangsverstärkung muss bei den gegebenen Impedanzverhältnissen für jede Frequenz genau bekannt sein, um zur Korrektur der Messergebnisse herangezogen werden zu können.

Statt der Kombination Filter/Voltmeter lässt sich auch ein FFT-Analyzer einsetzen. Das ist besonders vorteilhaft, wenn die Signalsynthese im Sinusgenerator digital erfolgt, und sich sein D/A-Umsetzer mit dem des A/D-Umsetzers im FFT-Analyzer synchron takten lässt. In diesem Fall lässt sich das in Abschn. 21.4.1.1 beschriebene *Coherent Sampling* einsetzen, welches eine perfekte Trennung der ge-

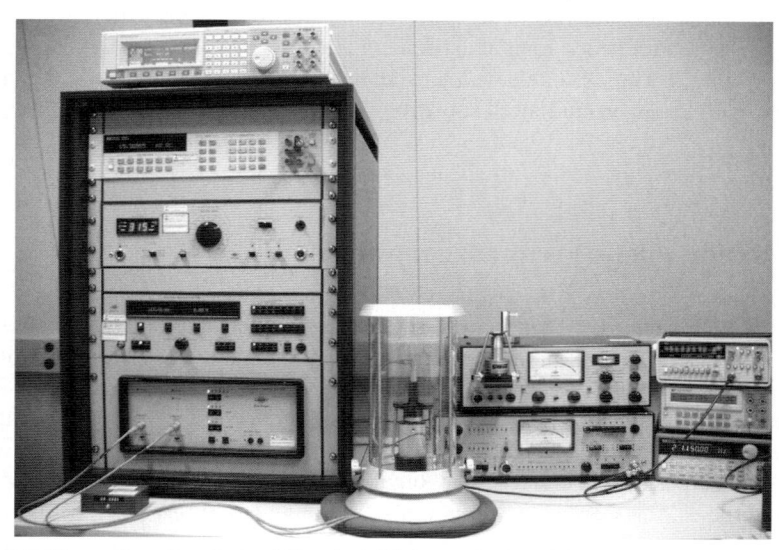

Abb. 21.1 Messaufbau für primäre Mikrofonkalibrierung im Druckfeld nach der Reziprozitätsmethode mit Stepped Sine und klassischer Instrumentierung. Im Rack von unten nach oben: Vorverstärker, Generator, Bandpassfilter und Präzisions-Multimeter

suchten Grundwelle von den restlichen spektralen Komponenten (Rauschen, Brummen, Kirrprodukte, usw.) gestattet.

Das *Stepped Sine* Verfahren ist in der Lage, sehr genaue Ergebnisse zu liefern (Schoukens 1988), wenn es mit hochgenauen und zeitstabilen Generatoren und Labor-Multimetern aufgebaut wird. Ferner ist es auch bei sehr hohen Störpegeln noch in der Lage, brauchbare Ergebnisse zu erzeugen, insbesondere bei Anwendung des schon erwähnten *Coherent Sampling*. Abb. 21.1 zeigt ein Beispiel für einen klassischen Messplatz, der nicht mit FFT-Technik und *Coherent Sampling* arbeitet, sondern ein abstimmbares Bandpassfilter zur Ausfilterung des Messignals nutzt. Allerdings liefert es ohne zusätzlichen Apparate-Aufwand keine Information über die Phase und ist nicht in der Lage, Direktschall von Reflexionen zu trennen. Bei der Messung von akustischen Wandlern ist es also auf strikt reflexionsarme Umgebung angewiesen. Ferner dauert ein Messdurchlauf, auch wenn er sich per Fernsteuerung über Computer automatisieren lässt, sehr lange, da nach jedem Frequenzwechsel das Einschwingen des Systems abgewartet werden muss.

21.1.2 Pegelschreiber

Pegelschreiber waren über Jahrzehnte aus keinem Akustik-Labor wegzudenken. Diese elektromechanischen Wunderwerke überwiegend dänischer Provenienz benutzen einen kontinuierlichen logarithmischen Sweep als Anregungssignal. Die

Frequenz steigt also um einen konstanten Faktor pro Zeiteinheit (verdoppelt sich beispielsweise jede Sekunde). Auf diese Weise fällt auf jede Oktave die gleiche Energie, womit sich bei akustischen Messungen meist eine recht gute Anpassung an das vorherrschende Störgeräusch-Spektrum ergibt. Logarithmische Sweeps werden auch in der digitalen Messtechnik aufgrund spezieller Eigenschaften eingesetzt (s. Abschn. 21.2.6).

Das empfangene Ausgangssignal des mit dem Sweep gespeisten Prüflings wird vom Pegelschreiber gleichgerichtet und geglättet. Die resultierende Spannung wird einem Differenzverstärker zugeführt, dessen zweiter Eingang mit dem Mittelabgriff eines aus diskreten Widerständen aufgebauten Präzisionspotentiometers verbunden ist. Dieses Potentiometer ist wiederum mechanisch mit dem Schreibstift verbunden, der sich quer zu einem mit konstantem Vorschub bewegten, passend vorbedruckten Papierstreifen bewegen kann. Der Ausgang des Differenzverstärkers treibt den Motor des Schreibstiftes an. Damit ist der Servo-Kreis geschlossen. Der Differenzverstärker liefert so lange Spannung in die eine oder andere Richtung, bis der Schreibstift die zur Ausgangsspannung des Prüflings zugehörige Position erreicht hat. Das Potentiometer kann linear oder logarithmisch aufgebaut sein, in der logarithmischen Version kann es wiederum verschiedene dB-Bereiche überstreichen (typisch sind 25 und 50 dB). Zum schnellen Wechsel lässt es sich leicht ausbauen und durch einen anderen Typ mit der gewünschten Charakteristik ersetzen.

Die Reaktionsgeschwindigkeit des Schreibstiftes lässt sich in mehreren Stufen herabsetzen, um Zittrigkeit durch Rauschen und andere Störungen herabzusetzen, also eine Glättung der Messkurve herbeizuführen. Wenn dadurch spektrale Details des Prüflings zu sehr „verwaschen" werden, lassen sich wiederum die Geschwindigkeit des Sweeps und der zugehörige Vorschub des Messpapiers herabsetzen. Auf diese Weise lässt sich ein günstiger Kompromiss zwischen Genauigkeit und Schnelligkeit einstellen und somit der Pegelschreiber in weiten Bereichen an die jeweilige Messsituation anpassen.

Nachteilig ist insbesondere aus heutiger Sicht, dass das Resultat auf einem Streifen Papier und nicht auf der Festplatte eines Rechners landet. Informationen über die Phasenlage kann der Pegelschreiber nicht liefern, und die Amplituden-Auflösung ist wegen des diskreten Aufbaus der Servo-Potentiometer beschränkt. Die Frequenz-Genauigkeit ist von vielen mechanischen Faktoren sowie vom Gleichlauf des Sweep-Generators abhängig und kann nicht mit heutigen Lösungen, aufgebaut aus quarzgetakteten A/D- und D/A-Umsetzern, konkurrieren. Zwar kann der Pegelschreiber keine Reflexionen unterdrücken, ist also ebenso wie die anderen in diesem Unterkapitel beschriebenen Verfahren für unterschiedliche Ankunftszeiten der Signalkomponenten „blind", allerdings kann er dadurch hervorgerufene Kammfiltereffekte durch Verringerung der maximalen Schreibgeschwindigkeit zumindest „auf dem Papier" mindern.

21.1.3 Real Time Analyzer

Real Time Analyzer (RTA) waren lange Zeit ein beliebtes Werkzeug zur Einstellung des Frequenzgangs von Beschallungsanlagen, sind aber in den letzten Jahren mehr und mehr von den PC-basierten Messsystemen abgelöst worden, die eine differenziertere Betrachtung der Beschallungssituation gestatten. Ein RTA ist technisch nichts weiter als eine Bank von Bandpassfiltern (üblicherweise mit Terzbreite), denen sich eine Pegelanzeige anschließt, die meist als LED-Ketten ausgelegt sind. Als Matrix mit der x-Achse als Frequenz und der y-Achse als Pegel angeordnet, bietet das Display eine Echtzeit-Ansicht der spektralen Verteilung der angeschlossenen Signalquelle. Dieses bewegte Spektrum ist nett anzusehen, bietet bei akustischen Messungen allerdings nur beschränkte Aussagekraft, da erstens die spektrale Auflösung zu grob ist, um beispielsweise Interferenzeinbrüche zwischen den Wegen eines Lautsprechersystems ausreichend aufzulösen, und zweitens zeitlich verzögerte Komponenten nicht ausgeblendet werden können. Dies führt dazu, dass Reflexionen und Nachhall im Vergleich zum subjektiven Höreindruck überbewertet werden, da letzterer den Direktschall erheblich stärker bewertet (Haas-Effekt).

Insbesondere in halliger Umgebung wird daher nicht der Freifeld- sondern der Diffusfeld-Frequenzgang des Lautsprechers (Leistungsfrequenzgang) angezeigt. Mit einer an dieser Anzeige orientierten Entzerrung würde man somit nicht den Lautsprecher selbst entzerren, sondern auch alle Einflüsse der Raumakustik mit kompensieren, was in der Regel nicht erwünscht ist.

Die Einmessung einer Beschallungsanlage mit Hilfe eines an repräsentativer Stelle aufgestellten Messmikrofons und eines RTAs wird normalerweise mit rosa Rauschen durchgeführt, da es eine konstante Leistung pro Oktave aufweist und somit auf allen LED-Ketten des RTAs einen (von den zeitlichen Fluktuationen abgesehenen) etwa konstanten Pegel hervorruft. Das Ziel dieser Anregung lautet also, durch Justierung des hinter dem Mischpult eingeschleiften (zumeist passenderweise grafischen) System-Equalizers alle Pegelanzeigen des RTAs auf ungefähr gleiche Höhe zu bringen. Weißes Rauschen würde hingegen mit einem um 3 dB/Oktave steigenden Pegel auf dem Display erscheinen und in den unteren Bändern zu einem unzureichenden Signal-Rauschabstand (signal-to-noise ratio, SNR) führen. Außerdem entspricht rosa Rauschen eher der spektralen Verteilung natürlicher Schallquellen (s. Kap. 1.2.3.2). Eine ungefähre tonale Balance lässt sich mit dem RTA und ein bisschen Erfahrung bei ansonsten korrekt aufgebauter Beschallungsanlage sicher erreichen. Für komplexere Aufgaben, wie z. B. einen genauen Phasenabgleich zwischen zwei Wegen eines Lautsprechers oder der Delay-Anpassung von örtlich abgesetzten Lautsprechergruppen, ist er allerdings ungeeignet.

Für Studioanwendungen, in denen es nur um eine Analyse der spektralen Verteilung von Audiosignalen geht, und somit die Trennung von Direktschall und Reflexionen keine Rolle spielt, lässt sich der RTA aber durchaus sinnvoll einsetzen, wobei er seine Stärken im Vergleich zu FFT-basierten Systemen, nämlich die praktisch latenzfreie Echtzeit-Anzeige bei guter tieffrequenter Auflösung, ausspielen kann.

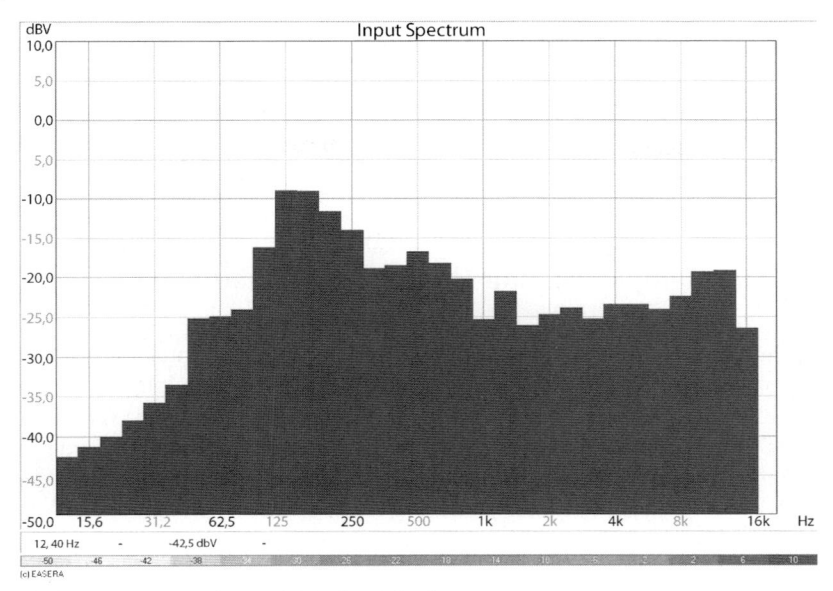

Abb. 21.2 Real Time Analyzer mit Terzband-Analyse

Rein analoge RTA-Lösungen sind mittlerweile wegen des hohen Materialaufwands und der Genauigkeitsanforderungen an die mehrstufigen Bandpassfilter selten geworden. Zur Minimierung von Abweichungen der gewünschten Durchlasskurven (für Labor-Genauigkeit müssen sich diese an DIN IEC 61260 orientieren) müssen die Kondensatoren in den Filterstufen möglichst geringe Toleranz und hohe Altersbeständigkeit aufweisen, was Aufwand und Kosten in die Höhe treibt. Es ist heutzutage viel preiswerter, das Signal nach der Vorverstärkung einer A/D-Umsetzung zu unterziehen und einen kleinen DSP (digitaler Signalprozessor) die komplette Signalverarbeitung bis hin zur Ansteuerung der LED-Ketten (welche zur Reduzierung des Verdrahtungsaufwands üblicherweise im Zeitmultiplex-Verfahren arbeiten) durchführen zu lassen. Der Rechenaufwand für die Bandpassfilterung lässt sich durch ein sukzessives Downsampling-Schema erheblich herabsetzen. Die Bänder werden dabei von oben nach unten abgearbeitet und mit passender Tiefpassfilterung immer weiter in der Abtastrate reduziert, was den Gesamt-Rechenaufwand ungefähr um den Faktor 7 bis 10 verringert.

Anstelle einer dedizierten Hardware mit DSP lässt sich ein RTA auch vorteilhaft als reine Softwarelösung auf einem normalem PC mit guter Soundkarte implementieren. Die Rechenleistung heutiger PCs reicht völlig aus, um eine Vielzahl von Kanälen auch mit höherer Frequenzauflösung (z. B. 1/12 oder gar 1/24 Oktave) in Echtzeit zu analysieren. Die Rechengenauigkeit ist dabei dank integrierter 64- bzw. 80-Bit Fließkommaeinheit höher als die gängiger DSPs, die mit geringerer Wortbreite arbeiten. Die weiteren Vorteile eines solchen „Soft-RTAs" liegen auf der Hand: Außer einem guten Mikrofonvorverstärker mit Phantomspeisung, der bei vielen A/D-D/A-Recording-Frontends schon mit an Bord ist, wird keine weitere Hardware benötigt. Auf einem großen TFT-Display lassen sich die Resultate genauer darstellen (und außerdem die Skalierung ändern) als mit den LED-Ketten eines Hardware-Analyzer. Und schließlich ist der RTA bei vielen Messprogrammen nur ein kleiner Teil des Leistungsumfangs, es lassen sich also auch viele der in Abschn. 21.2 beschriebenen Messverfahren zur Ermittlung eines hochaufgelösten komplexen Frequenzgangs anwenden.

21.2 Impulsantworten und Übertragungsfunktionen

Die Impulsantwort beschreibt die zeitliche Reaktion eines Übertragungssystems auf einen sehr kurzen (im mathematisch exakten Sinne unendlich kurzen) Impuls am Eingang. Wenn sich das untersuchte System *linear* und *zeitinvariant* verhält, lassen sich aus der am Ausgang abgegriffenen Impulsantwort sämtliche Übertragungseigenschaften gewinnen. *Linear* bedeutet in diesem Zusammenhang, dass eine Veränderung der Amplitude am Eingang sich um exakt den gleichen Faktor am Ausgang bemerkbar macht, und *zeitinvariant*, dass ein bestimmtes Eingangssignal immer wieder die gleiche Reaktion am Ausgang hervorruft, egal, zu welchem Zeitpunkt es eingespeist wird (vgl. Kap. 1.2.4).

Eine wesentliche Eigenschaft solcher kurzen Impulse ist es, dass sie alle Frequenzen bis zu einer bestimmten Grenzfrequenz (die von der tatsächlich erreichten Kürze abhängt) enthalten und diese alle zum gleichen Zeitpunkt auftreten. Die Fourieranalyse eines mathematisch idealen Dirac-Impulses zum Zeitpunkt t=0 zeigt einen horizontalen Verlauf für den Amplitudenfrequenzgang, konstant 0° für den Phasengang sowie 0 s für die aus der Phase abgeleitete Gruppenlaufzeit (vgl. Kap. 1.2.6).

Führt man die Fourieranalyse nun nicht auf den Impuls (also das Eingangssignal des untersuchten Systems), sondern auf die Impuls*antwort* (also das Ausgangssignal des untersuchten Systems) aus, so offenbaren Amplituden- und Phasenspektrum jede Abweichung vom vormals horizontalen Verlauf des Impulsspektrums. Deswegen stellt die Fouriertransformierte der Impulsantwort unmittelbar die *Übertragungsfunktion* des untersuchten Systems dar.

Beide, Impulsantwort und Übertragungsfunktion, enthalten also im Grunde die selbe Information – sie stellen diese nur auf unterschiedliche Weise dar. Außerdem lassen sich beide noch in andere Funktionen weiterverarbeiten (z. B. Hüllkurve, integrierte Impulsantwort, Ortskurve, Spektrogramme, Wasserfälle), die wiederum je nach Einsatz bestimmte Eigenschaften des Systems besonders gut herausstellen können.

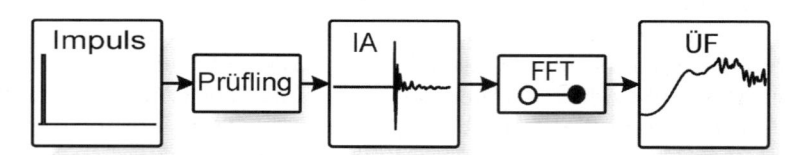

Abb. 21.3 Grundsätzlicher Aufbau zur Messung der Impulsantwort und der Übertragungsfunktion

Kapitel 21 Messtechnik

Wenn nun ein anderes Signal als der Impuls in den Eingang des untersuchten Systems gespeist wird, sieht das Ausgangssignal entsprechend komplexer aus. Steht die Impulsantwort zur Verfügung, lässt es sich allerdings mit Hilfe der sog. *Faltung* (engl.: *convolution*) voraussagen:

$$y(t) = \int_{-\infty}^{\infty} h(\tau) \cdot x(t-\tau) \mathrm{d}\tau = h(t) * x(t) \tag{21.1}$$

Dabei ist $x(t)$ das Eingangssignal, $y(t)$ das Ausgangssignal, und $h(t)$ die Impulsantwort.

Das *-Symbol ist der mathematische Operator für Faltung, der also das Faltungsintegral im vorderen Teil der Gleichung ersetzt. Anschaulich kann man sich die Faltung folgendermaßen vorstellen: An jede einzelne Komponente des Eingangssignals (im Falle eines Digitalsystems also an jeden einzelnen Abtastwert) wird die Impulsantwort, skaliert mit der Amplitude der Komponente (des Abtastwertes), angeklebt. Das Ausgangssignal ergibt sich dann als Überlagerung all der zu fortlaufenden Zeiten an die Eingangswerte angeklebten Impulsantworten.

Im Spektralbereich wird aus der Faltungsoperation eine einfache komplexe Multiplikation:

$$Y(f) = H(f) \cdot X(f) \tag{21.2}$$

Diese Gl., umgestellt als

$$H(f) = \frac{Y(f)}{X(f)}, \tag{21.3}$$

stellt das Fundament für alle modernen FFT-basierten Messverfahren dar, die im Verlaufe dieses Kapitel noch genauer betrachtet werden sollen. Die Übertragungsfunktion lässt sich also gewinnen, indem das Spektrum des Ausgangssignals des untersuchten Systems durch das Spektrum des Eingangssignals *komplex* geteilt wird.

Alternativ dazu lässt sich im Zeitbereich die Impulsantwort direkt durch Faltung des Ausgangssignals mit dem zum Anregungssignal *inversen Filter* gewinnen. Im Falle eines spektral weißen Anregungssignals ist das inverse Filter schlicht das zeitlich umgedrehte Anregungssignal. Es wird dann *Matched Filter* genannt. Die Faltung mit einem zeitlich invertierten Signal ist das selbe wie *Kreuzkorrelation*. Dies spielt eine große Rolle für Maximalfolgen (s. Abschn. 21.2.3), da für sie ein effizienter Kreuzkorrelationsalgorithmus zur Verfügung steht.

Bei allen *nicht* spektral weißen Anregungssignalen muss das inverse Filter in der Regel über einen Umweg im Frequenzbereich berechnet werden. Dazu wird das komplexe Spektrum des Anregungssignals invertiert (aus den Amplituden wird ihr Kehrwert, während die Phasen negiert werden) und zurück in den Zeitbereich transformiert. Das resultierende *Entfaltungsfilter* wird manchmal missverständlicherweise *Mismatched Filter* genannt, obwohl es ja im Gegensatz zum *Matched Filter* nicht nur phasen- sondern eben auch amplitudenmäßig auf das Anregungssignal zugeschnitten ist und somit noch besser „passt".

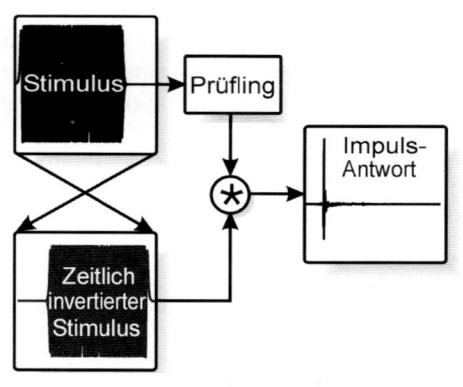

Abb. 21.4 Im Falle eines spektral weißen Anregungssignals (im Beispiel hier ein linearer Sweep) kann die Impulsantwort eines Systems durch Kreuzkorrelation des Ausgangssignals mit dem Anregungssignal gewonnen werden. Das entspricht der Faltung (gekennzeichnet durch das *-Symbol) mit dem zeitinvertierten Anregungssignal.

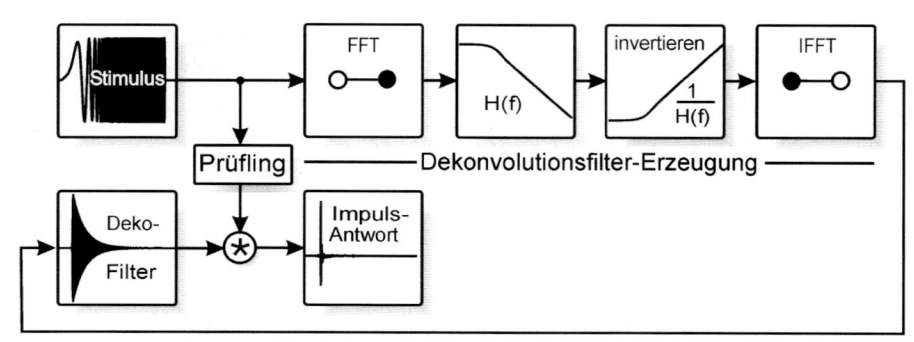

Abb. 21.5 Für nicht-weiße Anregungssignale muss das Dekonvolutionsfilter über einen Umweg im Frequenzbereich gewonnen werden.

Die Entfaltung oder auch *Dekonvolution* selber wird normalerweise ebenfalls über den Frequenzbereich abgewickelt, wo sie so trotz der erforderlichen FFTs und IFFTs erheblich weniger Rechenzeit beansprucht.

Alle modernen Messverfahren zur Bestimmung von Übertragungsfunktionen und Impulsantworten basieren auf FFTs für den Übergang vom Zeit- in den Frequenzbereich und zurück (per IFFT). Dies hat ein paar grundsätzliche Auswirkungen:

1) Das analysierte Signal muss natürlich bis zur halben Abtastrate (Nyquist-Frequenz $f_S/2$) bandbegrenzt sein. In den heutzutage ausschließlich verwendeten, überabtastenden Delta-Sigma A/D- Umsetzern wird diese Aufgabe in der Regel von kaskadierten Halbbandfiltern während der Reduzierung auf die Ausgangs-Abtastrate erledigt. Bei diesem speziellen digitalen Filtertyp ist jeder zweite Filterkoeffizient (bis auf das Hauptmaximum) null. Dies erklärt ihre Popularität bei den Halbleiterherstellern, denn der Rechenaufwand (und damit auch die Komplexität und der Stromverbrauch) des Filters reduziert sich damit auf die Hälfte.

Die Kehrseite ist, dass Halbbandfilter bei der Nyquistfrequenz nur 6 dB Sperrdämpfung erreichen, weshalb sich in dem schmalen Frequenzstreifen davor an der Nyquist-Frequenz gespiegelte Aliasing-Frequenzkomponenten tummeln, welche die Messung verfälschen.
2) Es können nur Signale mit 2^N Werten verarbeitet werden (zumindest bei den gebräuchlichen Zweier-Dezimations-FFT-Algorithmen).
3) Die FFT liefert grundsätzlich nur dann ein exaktes Resultat, wenn das analysierte Signalintervall periodisch wiederholt wird. Nur in diesem Fall ist das Spektrum des analysierten Signals tatsächlich diskret und enthält ausschließlich die Einzelfrequenzen $n·f_S/2^N$ (N = FFT-Grad, 2^N = analysierte Signallänge in Abtastwerten, n = 0, 1, 2, 3...$2^{N/2}$).

21.2.1 Anregungssignale

Voraussetzung für die fehlerfreie Messung einer Übertragungsfunktion ist, dass auch alle Frequenzen im interessierenden Frequenzbereich mit ausreichender Energie im Messintervall vorhanden sind. Sonst würden Störungen unweigerlich die Messung verfälschen. Während bei einer rein elektrischen Messung der Übertragungsfunktion z. B. eines Equalizers oder Verstärkers ein einzelner Impuls häufig tatsächlich ausreichen würde, um ein ausreichendes Signal-Rauschverhältnis im gesamten untersuchten Frequenzbereich zu erzielen, ist dies bei akustischen Messungen, etwa bei Frequenzgangsmessungen von Mikrofonen und Lautsprechern, in der Regel nicht der Fall. Deswegen ist es nötig, Messsignale zu benutzen, welche die Energie auf einen größeren Zeitraum verteilen.

Dabei kann man zwei grundsätzliche Typen von Anregungssignalen unterscheiden: Asynchrone Signale (Rauschen aus analogen Generatoren, Sprache, Musik) und vorgefertigte *deterministische* Signale, die an die Länge des zu analysierenden Zeitintervalls angepasst sind und über einen D/A-Umsetzer in den Prüfling eingespeist werden, während gleichzeitig dessen Ausgangssignal dazu *synchron* mit einem A/D-Umsetzer erfasst wird.

Da ein deterministisches, synchron getaktetes Signal bei jedem Messdurchlauf dasselbe Spektrum aufweist, braucht dieses nur einmal zu Beginn der Messung am Eingang des Prüflings abgegriffen und analysiert zu werden. Im Gegensatz dazu ändern asynchrone Signale ihre spektrale Zusammensetzung mit jedem Messdurchlauf. Deshalb muss bei asynchroner Anregung das Eingangssignal des Prüflings jedes Mal zusammen mit seinem Ausgangssignal erfasst werden. Diese Messmethode ist deshalb Zwei-Kanal-FFT-Analysatoren vorbehalten (Abschn. 21.2.4).

Synchrone Messsignale lassen sich am universellsten im Frequenzbereich konstruieren. Dazu wird ihre gewünschte *Färbung* im Amplitudenspektrum vorgegeben. Ihr gewünschter *Typ* (Zeitverhalten) wird hingegen über das Phasenspektrum oder dessen Ableitung, das Laufzeitspektrum, definiert. Das Anregungssignal entsteht schließlich durch inverse Fouriertransformation. Je nach Auslegung der Phase entstehen auf diese Weise unterschiedliche Anregungssignale (Abb. 21.6).

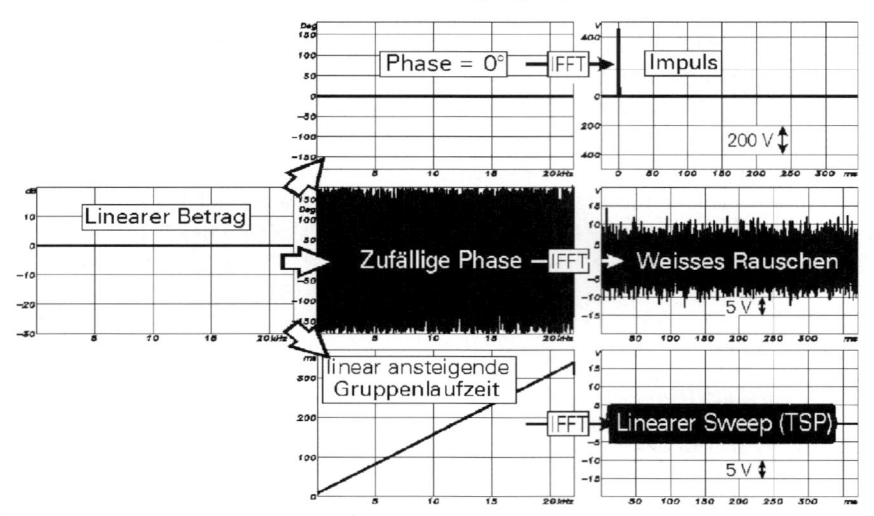

Abb. 21.6 Drei grundverschiedene Anregungssignale mit identischem diskreten, weißen Betragsspektrum: Impuls, Pseudo-Rauschen und linearer Sweep

Ein Impuls entsteht, wenn das Phasenspektrum komplett zu 0 gesetzt wird. Weißes Pseudo-Rauschen entsteht, wenn den Phasen zufällige Werte zugewiesen werden. Man spricht von Pseudo-Rauschen, da das Signal zwar einige Eigenschaften von Rauschen aufweist und sich auch so anhört, aber eben doch deterministisch, das heißt, von vornherein festgelegt ist. Es besitzt außerdem eine weitgehend rechteckförmige Amplitudendichteverteilung (ADV), während diese für natürliches Rauschen gaußförmig ist (vgl. auch Kap. 14.3). Die rechteckförmige Verteilungsdichte ist aber für Messzwecke durchaus von Vorteil, da sie höhere Signalleistung bei gleichzeitiger Beschränkung der Maximalamplitude bedeutet, d. h. einen niedrigeren Scheitelfaktor (s. Kap. 1.2.3.1) aufweist.

Einzelne Werte oder ganze Gruppen von Werten des Vorgabe-Betragsspektrums für das Rauschen lassen sich auch zu 0 setzen, so z. B. die Oberwellen zu bestimmten Grundwellen zum Zwecke der simultanen Klirranalyse. Diese diskreten Frequenzen sind dann im synthetisierten Anregungssignal nicht enthalten. Solche Anregungssignale werden gelegentlich *Multisinus-Signale* genannt. Der Name ist allerdings missverständlich, da sich ja bekanntlich *jedes* nicht monotonale Signal aus einer Reihe von gegeneinander phasenverschobenen Sinus-Signalen zusammensetzen lässt (Fouriersynthese, Kap. 1.2.2). Zumeist werden Multisinus-Signale allerdings tatsächlich nur aus wenigen Einzeltönen erzeugt. Zur Reduzierung des Scheitelfaktors (Crest Factor) kann man den Phasen des Multisinus-Signals statt zufälligen Werten auch quadratisch mit der Frequenz ansteigende zuordnen (Schroeder 1970). Diese Phasen-Charakteristik trifft auch auf den nun folgenden Fall des linearen Sweeps zu.

Ein linearer *Sweep*, also ein sich kontinuierlich in der Frequenz erhöhender Ton, lässt sich erzeugen, indem man die Gruppenlaufzeit, die proportional zur negativen

Ableitung der Phase ist, linear mit der Frequenz ansteigen lässt. Lineare Sweeps werden von japanischen Wissenschaftltern (Aoshima 1981, Suzuki et al. 1995) auch *Time stretched pulse* (TSP) genannt. Allerdings ist dies insofern missverständlich, als auch die zuvor beschriebenen Pseudo-Rauschsignale die Energie eines Impulses auf einen größeren Zeitraum verteilen.

An den Spitzenamplituden der erzeugten Anregungssignale in Abb. 21.6 erkennt man, dass ein Impuls als Anregungssignal unpraktisch ist. Damit er dieselbe Energie und damit bei der Messung das gleiche Signal-Rauschverhältnis wie ein kurzes Rausch- oder Sweepsignal aufweist, müsste seine Amplitude mehrere 100 V betragen (im Vergleich zu einem Sweep mit U_{p-p} = 10 V und 300 ms Dauer). Den geringsten Scheitelfaktor von 3 dB hat der Sweep. Wenn also eine bestimmte obere Spannung den höchstmöglichen Messsignalpegel festlegt (das ist bei rein elektrischen Messungen praktisch immer der Fall, aber nicht unbedingt bei akustischen Messungen), dann lässt sich der Sweep mit der höchsten Energie einspeisen.

21.2.1.1 Färbung des Anregungsspektrums

Ein weißes Spektrum wie in den Anregungssignalen in Abb. 21.6 ist für akustische Messungen selten geeignet. Der Grund dafür ist, dass Umgebungslärm zu den unteren Oktaven fast immer hin deutlich ansteigt. Selbst in reflexionsarmen Räumen lässt sich dieser Effekt wegen der abnehmenden Isolation der Wände gegenüber Umweltgeräuschen beobachten. Bei der Messung des Frequenzgangs eines Lautsprechers ist für eine störungsarme Erfassung der Flanke unterhalb der Resonanzfrequenz die Energie eines weißen Anregungssignals deswegen fast immer unzureichend. Dies ist noch ausgeprägter bei raumakustischen Messungen, wo der Umgebungslärm häufig eine Messung der Nachhallzeit in den unteren Oktavbändern unmöglich macht.

Abhilfe schafft eine Anhebung (*Pre-Emphasis*) der tieferfrequenten Bereiche. Dies muss nicht unbedingt auf Kosten der höherfrequenten Bereiche gehen: Tieftöner vertragen in aller Regel erheblich mehr Leistung als Hochtöner, außerdem geht die Steigerung der tieffrequenten Anteile nicht mit einem im gleichen Maße gestiegenen Lautheitseindruck einher, da die Empfindlichkeit unseres Gehörsinns dort abnimmt. Aus diesen Gründen kann ein Signal mit Pre-Emphasis normalerweise mit deutlich höherer Gesamtleistung eingespeist werden, ohne dem Lautsprecher zu schaden oder anwesende Personen zu stören. In diesem Falle spricht auch nicht der in vielen Endstufen zum Schutze der angeschlossenen Lautsprecher integrierte HF-Schutz an.

Als Vorgabe für die Pre-Emphasis wäre idealerweise eine energetisch gemittelte und anschließend geglättete Reihe von Messungen des Störpegels geeignet. Das Signal-Rauschverhältnis wäre dann weitgehend unabhängig von der Frequenz. In der Praxis arbeitet man allerdings meist mit Näherungen. Rosa Rauschen oder logarithmische Sweeps, deren Energieinhalt pro Oktave konstant ist, erfüllen die Aufgabe recht gut, allerdings ist es häufig wünschenswert (z. B. zur Kompensation der Hochton-Absorption der Luft über längere Strecken oder wenn der akustische Störpegel unter den Pegel des elektrischen Rauschens des Mikrofons fällt), die Energie im Hochtonbereich nicht zu weit abzusenken. Für diese Fälle sind z. B. Low-Shelf-Filter eine geeignete Alternative. Bei relativ niedriger Eckfrequenz und hohem Gain können sie den kritischen unteren Bändern viel Energie zuführen, während bei gleicher Gesamtenergie der Pegel im Hochtonbereich kaum abnehmen muss (Abb. 21.7).

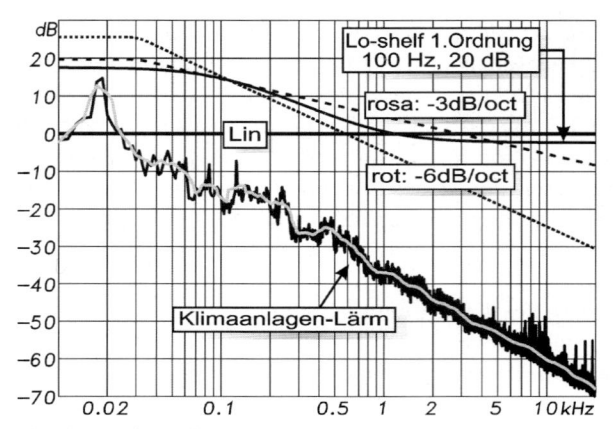

Abb. 21.7 Typisches Störspektrum in einem Raum mit Klimaanlage und verschiedene Pre-Emphasis-Kurven, normiert auf gleiche Gesamtenergie

21.2.1.2 Einbeziehung des Leistungsfrequenzgangs des Messlautsprechers

Bei Messungen gängiger raumakustischen Parameter (s. Kap. 5.1) einerseits und zur Weiterbenutzung der Impulsantworten für die Auralisationen durch Faltung andererseits spielen die Wiedergabeeigenschaften des Messlautsprechers eine wichtige Rolle. Für die Ermittlung der raumakustischen Parameter schreibt ISO 3382 einen Lautsprecher mit kugelförmiger Charakteristik vor, eine Forderung, die sich bis ca. 2 kHz gut mit einem Dodekaeder, d. h. einem Lautsprecher mit 12 gleichen Flächen, in denen jeweils ein Chassis eingebaut ist, erfüllen lassen. Um nun tatsächlich einen frequenzunabhängigen Signal-Rauschabstand zu erzielen, muss dem Messsignal eine spektrale Vorverzerrung aufgeprägt werden, die nicht nur dem Verlauf des Störgeräuschpegels entspricht, sondern auch den Frequenzgang des Messlautsprechers kompensiert.

Für den Fall eines omnidirektionalen Messlautsprechers ist dabei nicht der üblicherweise angegebene Schalldruckfrequenzgang auf der 0°-Achse maßgeblich, der sich für den Dodekaeder oberhalb von 2 kHz ohnehin nicht mehr sinnvoll messen lässt, da die Chassis miteinander interferieren, sondern der Diffusfeld- oder Leistungsfrequenzgang. Dieser lässt sich am besten im Hallraum bestimmen. Dazu werden die Raum-Übertragungsfunktionen für eine Reihe von unterschiedlichen Lautsprecher-Mikrofon-Positionen energetisch gemittelt, geglättet und einer Korrektur mit dem inversen Verhältnis der Nachhallzeiten unterzogen (Abb. 21.8). Da im un-

Kapitel 21 Messtechnik

teren Frequenzbereich nur einige einzelne Moden die Raumübertragungsfunktion im Hallraum dominieren, kann dieser Bereich durch die theoretische Flanke des Lautsprechers (12 dB/Oktave für geschlossene Box, 24 dB/Oktave für Bassreflex/ Bandpass) ersetzt werden.

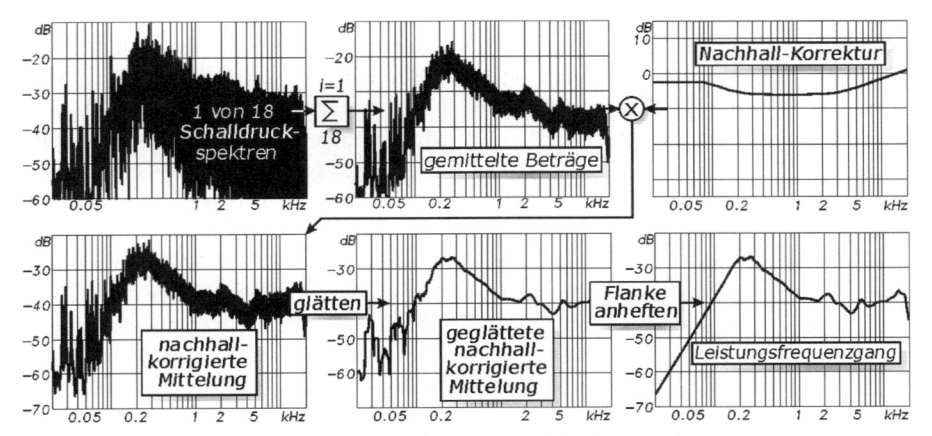

Abb. 21.8 Ermittlung des Leistungsfrequenzgangs eines Messlautsprechers

Das resultierende Spektrum ist proportional zum Leistungsfrequenzgang und kann in invertierter und bandbegrenzter Form als Vorlage zusätzlich zur Pre-Emphasis für die gewünschte spektrale Verteilung des Anregungssignals genutzt werden.

21.2.2 TDS

Time Delay Spectrometry (TDS) ist ein Verfahren, das ohne FFT-Technik zur Ermittlung der komplexen Übertragungsfunktion auskommt. Es ist durch die Arbeiten von Richard Heyser und in Form der weit verbreiteten TEF-Analyzer in der Audiotechnik berühmt geworden und eignet sich prinzipiell sowohl zur Frequenzgangsmessung von Elektronik, von akustischen Wandlern, als auch von Räumen. Für die zugrundeliegende Mathematik kann auf Arbeiten wie (Prohs 1988, Vanderkooy 1986) verwiesen werden, deshalb sei hier nur der Versuch einer anschaulichen Beschreibung gewagt.

Ein TDS-Analyzer besteht im Kern aus einem abstimmbaren Sinusgenerator und einem phasenstarr gekoppelten Cosinus-Generator, die gemeinsam linear in der Frequenz hochgefahren werden. Das Anregungssignal entspricht also den *Time Stretched Pulses* (TSP), die insbesondere von japanischen Wissenschaftern lange Zeit für Messzwecke favorisiert wurden (Aoshima 1981, Suzuki et al. 1995). Die Weiterverarbeitung des empfangenen Signals gestaltet sich aber gänzlich unterschiedlich.

Das vom Prüfling empfangene Signal wird nach der Vorverstärkung zwei Multiplizierern zugeführt. Der erste (zuständig für die Ermittlung des Realteils der Übertragungsfunktion) erhält am anderen Eingang das Sinus-, der zweite (zuständig für den Imaginärteil) das um 90° phasenverschobene Cosinus-Signal des Generators. Die Multiplizierer haben eine ähnliche Aufgabe wie die Mischer in den Zwischenfrequenzstufen von HF-Empfängern, die nach dem Superhet-Prinzip arbeiten (vgl. Kap. 19.3.1): Sie bilden einen bestimmten Frequenzbereich linear auf einen anderen, zumeist niedrigeren ab. Im Falle des TDS-Analyzers wird allerdings nicht mit einer festen Zwischenfrequenz gearbeitet, sondern mit einer variablen – dem Generatorsignal selbst, so dass über den gesamten Bereich des Sweeps alle Empfangsfrequenzen auf einen Bereich nahe 0 Hz abgebildet werden.

Das funktioniert folgendermaßen: Am Multiplizierer-Ausgang entstehen Summen- und Differenzfrequenzen der beteiligten Eingangssignale. Die Summenfrequenzen werden von den nachfolgenden Tiefpassfiltern entfernt, während die Differenzfrequenzen bis zu einer gewissen Höhe durchgelassen werden. Aus diesem Grund besitzen die TDS-Analysatoren ein abstimmbares *Delay*: Mit ihm wird im Falle akustischer Messungen die Laufzeit des Schalls zwischen Sender und Mikrofon ausgeglichen, so dass die an den Multiplizieren anliegende, verzögerte Generatorfrequenz mit der des Direktschalls möglichst übereinstimmt. Das Produkt hat dann eine Differenzfrequenz nahe 0 Hz und kann die Ausgangsfilter auf jeden Fall passieren. Verzögerte Komponenten wie z. B. Reflexionen und Nachhall erreichen (da sie früher ausgesendet wurden) die Multiplizierer mit einer niedrigeren Momentanfrequenz als der Direktschall, weshalb ihre Differenzfrequenz zum verzögerten Generatorsignal größer ist und von den Filtern unterdrückt werden kann. Aus diesem Grund sind mit TDS-Analyzern simulierte Freifeld-Messungen möglich. Mit der Wahl von Sweep-Rate und Tiefpass-Grenzfrequenz lässt sich steuern, ab wann Reflexionen von den Filtern gedämpft werden. Ebenso werden Verzerrungen und Rauschen durch diese Technik sehr wirkungsvoll unterdrückt.

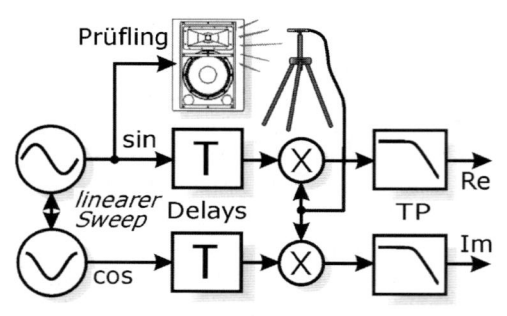

Abb. 21.9 Blockschaltbild eines einfachen TDS-Analyzers

Dem steht aber auch eine Reihe von Nachteilen gegenüber. Insbesondere ergeben sich bei der Startfrequenz häufig Welligkeiten. Das liegt einerseits daran, dass die zu unterdrückende *Summenfrequenz* beim Startpunkt so gering sein kann, dass sie noch die Tiefpässe überwindet, anderseits am Anregungssignal selber, wenn es abrupt angeschaltet wird. Des Weiteren arbeitet die TDS-Technik im Original mit linearen Sweeps, die also ein weißes Spektrum aufweisen. Dies führt bei akustischen Messungen sehr häufig auf ein ungenügendes Signal-Rauschverhältnis in den unteren Frequenzbändern. Zur Abhilfe lässt sich zwar die Sweep-Länge erhöhen, dann werden aber die oberen Frequenzen quälend langsam durchfahren und dehnen die Messdauer weit über die physikalisch notwendige Mindestzeit aus. Alternativ lassen sich mehrere Bänder mit unterschiedlichen Geschwindigkeiten durchfahren und die Teilergebnisse hinterher zusammensetzen, was die Messung aber unnötig verkompliziert.

Der lineare Sweep ist notwendig, damit die Dämpfung jeder Reflexion, die einen bestimmten konstanten Umweg zurückzulegen hat, frequenzunabhängig bleibt. Im Spektralbereich ist dies äquivalent zu einer Mittelung mit konstanter *absoluter* Breite in Hz (genau wie es auch bei der unten beschriebenen Fensterung von Impulsantworten geschieht). Andererseits wird gerade bei der Darstellung von Lautsprecher-Frequenzgängen gerne mit konstanter *relativer* Breite (Bruchteil einer Oktave) geglättet. Genau diese Glättung würde sich automatisch ergeben, wenn der TDS-Analyzer mit einem *logarithmischen* Sweep betrieben werden könnte. Das äquivalente Fenster wäre dann bei tiefen Frequenzen sehr breit und würde sich zu hohen Frequenzen immer weiter einengen, so wie das etwa für die Gewinnung der tieffrequenten Komponenten der Impulsantwort sinnvoll ist.

Eine Impulsantwort selber liefert das TDS-Verfahren nicht, allerdings lässt sie sich aus der Übertragungsfunktion, die ja komplex mit Real- und Imaginärteil vorliegt (und somit Laufzeitinformationen trägt), per IFFT berechnen. Dazu ist ein TDS-Analyzer also letztendlich doch auf FFT-Technik angewiesen.

Gerne mit TDS-Analysatoren in Verbindung gebracht wird die *Energy-Time Curve* (ETC). Dabei handelt es sich um die Einhüllende der Impulsantwort, die aus dem Betrag der analytischen Funktion gebildet wird. Der Realteil der analytischen Funktion ist die Impulsantwort selber, der Imaginärteil eine um 90° phasenverschobene Version (diese Phasenverschiebung wird nach FFT im Frequenzbereich mit anschließender Rücktransformation durchgeführt). Die ETC hat allerdings nichts mit der TDS-Technik zu tun, sie lässt sich aus jeder Impulsantwort, egal mit welchen Verfahren sie gewonnen wurde, ableiten. Sie wurde nur durch die Auswertungs-Software der TEF-Analysatoren populär.

21.2.3 MLS

Maximalfolgen (*Maximum Length Sequences*, MLS) sind ein sog. Pseudo-Rauschsignal, also ein Signal, welches bestimmte Eigenschaften von Rauschen aufweist, insbesondere ein gleichmäßig weißes Amplitudenspektrum, ein gleichverteiltes Phasenspektrum und eine Autokorrelationsfunktion, die einem idealen Impuls nahe kommt, aber dennoch deterministisch ist.

Im Gegensatz zu analogem Rauschen nimmt eine Maximalfolge allerdings nur zwei Amplitudenzustände an: 0 und 1. Sie ist somit ein binäres Signal, welches sich sehr leicht in Hardware mit Standard-Logik-Bausteinen (Taktgenerator, Schieberegister, XOR-Gatter) oder in Software mit wenigen Zeilen Code erzeugen lässt. Bei geeigneter Rückführung der Abgriffe des Schieberegisters auf seinen Eingang werden alle seine 2^N-1 (N: Anzahl Bitzellen des Registers) möglichen internen Zustände durchlaufen, bis es wieder zu seinem Startwert zurückkehrt. Der Zustand „alles 0" ist allerdings nicht erlaubt, da er dazu führen würde, dass überhaupt kein gesetztes Bit mehr im Schieberegister zirkulieren und somit sein Ausgang permanent auf 0 verbleiben würde. Deswegen ist die maximale Periodenlänge, der dieser Signaltyp seinen Namen verdankt, im Vergleich zur Zahl sämtlicher Kombinationsmöglichkeiten 2^N, um einen Wert verkürzt. Die Maximalfolge selber wird an der letzten Zelle des Schieberegisters abgegriffen und 0.5 von ihr subtrahiert, bevor sie auf den Wertebereich des D/A-Umsetzers normalisiert wird. Auf diese Weise wird die Leistung ihres Gleichanteils an die der enthaltenen diskreten Frequenzen angeglichen.

Die Besonderheit einer MLS ist nun, dass sie bei periodischer Wiederholung (die sich bei fortlaufender Taktung des Schieberegisters automatisch ergibt) ein *exakt* weißes diskretes Spektrum aufweist. Alle enthaltenen Frequenzen haben also die gleiche Amplitude, womit MLS sich gut für die Messung elektrischer Übertragungsfunktionen eignen und bedingt auch zur Bestimmung akustischer Übertragungsfunktionen einsetzbar sind.

Auf den ersten Blick mag es scheinen, dass MLS aufgrund ihres binären Amplitudencharakters und dem somit idealen Crest-Faktor von 0 dB (Peak-Leistung = RMS-Leistung) mit noch höherer Energie als ein Sweep eingespeist werden könnten. Sobald sie allerdings über übliche D/A-Wandler ausgegeben werden, welche heute grundsätzlich mit internem Oversampling arbeiten, erzeugen die steilflankigen internen Antialiasing-Tiefpassfilter heftige Überschwinger, welche den Crest-Faktor auf 7 – 8 dB (je nach konkreter Auslegung des digitalen Tiefpasses) ansteigen lassen (Abb. 21.10, unten rechts). Die Maximalfolge darf deswegen auch nicht mit digi-

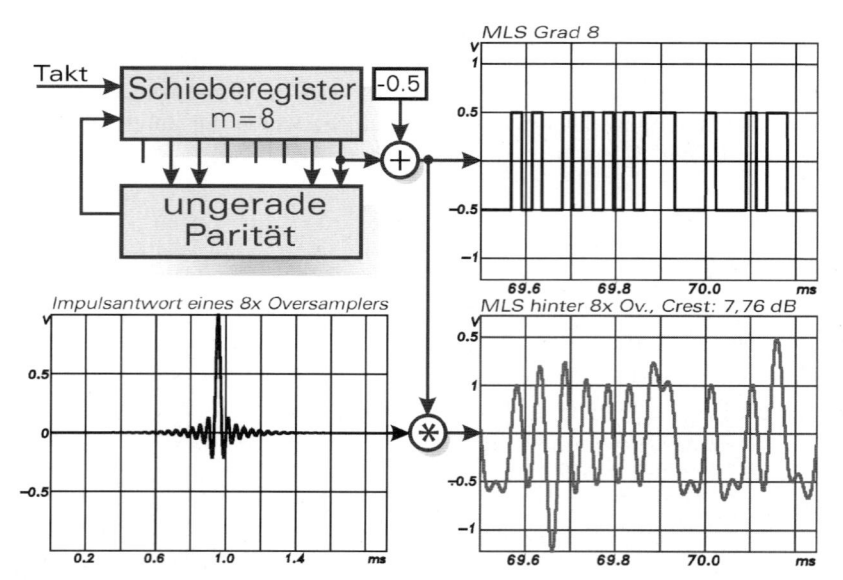

Abb. 21.10 MLS Erzeugung für Länge 255 und Umwandlung in ein analoges Signal bei Ausgabe über DAC mit typischem linearphasigen Anti-Aliasing Filter

taler Vollaussteuerung auf einen D/A-Wandler mit Oversampling ausgegeben werden, sondern muss pegelmäßig mindestens um den genannten Crest-Faktor unterhalb von 0 dBFS bleiben. Andernfalls werden die Überschwinger geclippt, die Folge wären grobe Verzerrungen des Signals und seines Spektrums.

Im Gegensatz zu dem in Abb. 21.6 synthetisierten Pseudo-Rauschen lassen sich MLS bedauerlicherweise nicht direkt mit FFT-Techniken zur Bestimmung von Übertragungsfunktionen bzw. Impulsantworten verwenden, da ihre Länge mit 2^N-1 um einen Wert kürzer ist als dazu erforderlich. Dieser fehlende Wert lässt sich für eine FFT auch nicht durch eine angefügte 0 oder einen anderen Wert ersetzen, da es dadurch unweigerlich zu erheblichen Abweichungen vom in Wahrheit spiegelglatten Betragsspektrum der periodisch wiederholten MLS kommen würde.

Stattdessen muss also die Impulsantwort $h(t)$ des untersuchten Systems durch Faltung des Ausgangssignals des Prüflings mit dem zeitinvertierten Anregungssignal gewonnen werden (Abb. 21.4) für spektral weiße Anregungssignale).

Da die anregende Maximalfolge $m'(t)$ periodisch ist (gekennzeichnet durch den hochgestellten Strich), ist auch die Antwort $g'(t)$ des Prüflings periodisch:

$$g'(t) = m'(t) * h(t) \tag{21.4}$$

Durch Faltung des Ausgangssignals $g(t)$ mit der zeitinversen periodischen MLS $m'(-t)$ ergibt sich die periodisch wiederholte Impulsantwort $h'(t)$ des Prüflings:

$$g'(t) * m'(-t) = h(t) * m'(t) * m'(-t) = h'(t) \tag{21.5}$$

Dies entspricht der zyklischen Kreuzkorrelation von $g'(t)$ mit $m'(t)$.

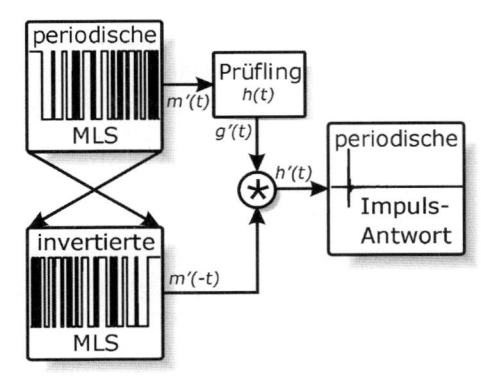

Abb. 21.11 Ermittlung der periodischen Impulsantwort $h'(t)$ durch Faltung des periodischen Ausgangssignals $g'(t)$ mit periodischer, zeitinvertierter Maximalfolge $m'(-t)$

Ist die periodische Impulsantwort innerhalb einer Periode unter die Auflösungsgrenze bzw. den Rauschteppich abgeklungen, so entspricht sie praktisch der eigentlich gesuchten nichtperiodischen Impulsantwort $h(t)$ des Systems. Die *Faltung* mit der zeitinversen MLS ist, wie schon erwähnt, äquivalent zur *Kreuzkorrelation* mit der nicht-inversen MLS. Für Maximalfolgen steht nun ein Algorithmus zur Verfügung, der diese Kreuzkorrelation viel schneller ausführen kann als die aufwändige diskrete Faltung „von Hand" im Zeitbereich: Die *schnelle Hadamard-Transformation* (FHT), die ähnlich wie die FFT auch auf einem mehrstufigen Butterflyalgorithmus (jeweils zwei Werte des Feldes werden kreuzweise addiert und subtrahiert und wieder an die gleichen Stellen zurückgeschrieben) beruht. Vor und nach der FHT müssen die Werte jeweils einer Permutation (Umsortierung) unterzogen werden, damit letztendlich die korrekte Impulsantwort herauskommt. (Borish 1983, Borish 1985, Rife 1989).

Diese enthält wie das Anregungssignal selber 2^N-1 Werte. Um per FFT die Übertragungsfunktion zu erhalten, muss also ein Wert hinzugedichtet werden. Im Gegensatz zum Anregungssignal ist dies nun problemlos möglich, wenn der zusätzliche Wert z. B. als Null in einem Bereich eingeführt wird, wo die Impulsantwort im Rauschen untergeht.

Für breitbandige akustische Messungen ist die weiße spektrale Färbung der MLS wegen der in Abschn. 21.2.1.1 geschilderten Umstände in der Regel wenig geeignet. Abhilfe schafft eine passende Vorverzerrung (*Pre-Emphasis*), die entweder durch ein analoges Filter hinter dem MLS-Generator, oder, wenn die MLS in Software erzeugt und über einen Audio-DAC (*Digital to Analog Converter*) ausgegeben wird, wesentlich flexibler durch digitale Vorfilterung erfolgen kann. Letztere lässt sich besonders effizient durch die unten beschriebene *inverse Hadamard-Transformation* durchführen.

Die Signalverarbeitungsschritte eines MLS-Analyzers sind anhand einer Messung des von Nachhall befreiten Frequenzgangs eines Lautsprechers in Abb. 21.12 dargestellt. Die vorgefärbte Maximalfolge wird vom D/A-Wandler in die analoge Welt umgesetzt und verstärkt in den zu prüfenden Lautsprecher gespeist. Dessen vom Mikrofon aufgefangene Antwort wird vorverstärkt und A/D-gewandelt. Der erste Signalverarbeitungsschritt ist die FHT inklusive der beiden Permutationen. Sie liefert als Ergebnis die Faltung der Impulsantworten von Lautsprecher und Pre-Emphasis-Filter. Dieses Zwischenergebnis könnte zwar schon mit einem Fenster zur Ausblendung von unerwünschten Reflexionen und Störgeräuschen behandelt werden (in der Abbildung gestrichelt dargestellt). Allerdings würden dadurch die tieffrequenten Komponenten des Pre-Emphasis-Filters in Mitleidenschaft gezogen, was zu Fehlern im ermittelten Frequenzgang führen würde. Besser wird die Fensterung daher erst nach der Kompensation des Pre-Emphasis-Frequenzgangs durchgeführt. Dazu wird zunächst die Verlängerung um einen Wert auf 2^N Werte durchgeführt und die unbehandelte Impulsantwort per FFT in den Frequenzbereich transformiert. Dort wird sie mit dem komplex (nach Betrag und Phase) invertierten Frequenzgang des Pre-Emphasis-Filters multipliziert, wodurch der Einfluss des Pre-Emphasis-Filters neutralisiert wird. Eine IFFT liefert die Impulsantwort des Lautsprechers, die nun mit dem gewünschten Fenster manipuliert werden kann. Eine abschließende FFT liefert den von Störungen und Reflexionen befreiten Frequenzgang des Lautsprechers.

Insgesamt sind also eine FHT und drei FFTs für den Messablauf erforderlich. Ein Vergleich mit der Signalverarbeitung für die einkanalige FFT-Messtechnik mit deterministischen Anregungssignalen aus 2^N Abtastwerten (Abschn. 21.2.5, Abb.

Kapitel 21 Messtechnik

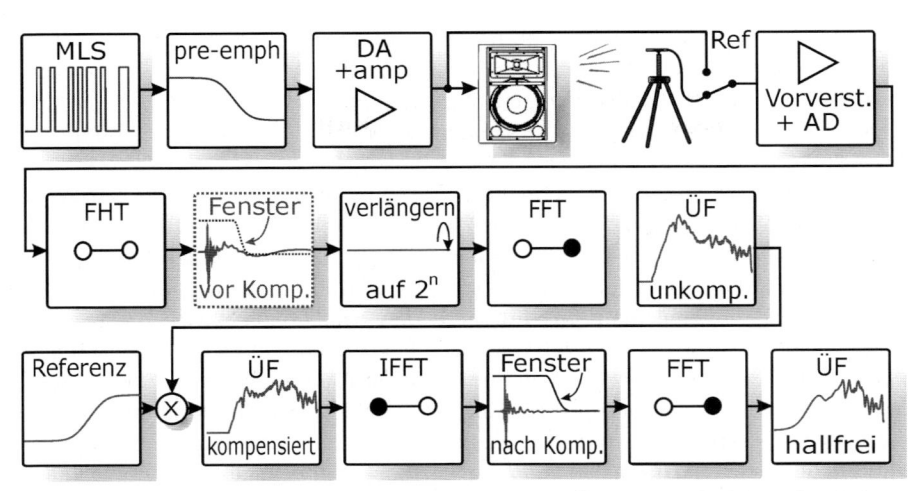

Abb. 21.12 Messung der nachhallfreien Impulsantwort und Übertragungsfunktion mit gefärbter MLS und Fensterung

21.15) zeigt, dass die MLS-Technik hinsichtlich des Rechenbedarfs geringfügig ins Hintertreffen gerät. Weniger Rechenaufwand bietet sie nur dann, wenn ausschließlich die Impulsantwort interessiert und diese nicht von Pre-Emphasis befreit werden muss. Diese ist allerdings für akustische Messungen unverzichtbar. Tatsächlich spielt aber heutzutage die Rechenleistung der Messverfahren im Gegensatz zur Anfangszeit der PC-Technik nur noch eine untergeordnete Rolle, da auf aktuellen GHz-Prozessoren selbst vielkanalige komplexe Messabläufe bequem in Echtzeit ausgeführt werden können.

Die MLS-Messtechnik ist in der Optik schon länger bekannt. In der Akustik wurde sie insbesondere durch das MLSSA-Messsystem von Douglas Rife populär. Dabei handelt es sich um eine Einsteckkarte für den ISA-Bus der ersten PCs, welche einen Maximalfolgengenerator als Sender und einen 12-Bit-ADC als Empfänger beinhaltet. Die komplette Signalauswertung, Nachverarbeitung und Darstellung der Ergebnisse wird von der zugehörigen Software bewältigt.

Viele PC-gestützte Messsysteme unterstützen die Maximalfolgenmesstechnik, wobei heutzutage die MLS-Erzeugung ausschließlich per Software geschieht und meistens beliebige Soundkarten oder A/D-D/A-Frontends für die Ausgabe und Aufnahme des Signals benutzt werden können. Voraussetzung für störungsfreie Messungen mit MLS ist allerdings einerseits die absolute Synchronität zwischen A/D- und D/A-Umsetzern (sie müssen also zwingend vom gleichen Oszillator getaktet werden) und anderseits ein fester, exakt bestimmbarer Zeitversatz zwischen D/A-Ausgabe und A/D-Aufnahme, der hauptsächlich von den linearphasigen Antialiasing-Filtern (s. Kap. 17.1.4.5) und zu einem geringeren Teil von den treiberbedingten Latenzen bestimmt wird. Letztere sind ein Quell ständigen Ärgernisses, da nicht alle Hersteller Hardware und Treiber mit der gebotenen Sorgfalt implementieren. Schwankende Latenzen, welche die Messungen unbrauchbar machen können, sind die Folge.

Solche Probleme waren mit der proprietären MLSSA-Hardware noch unbekannt, die aber andererseits nur Maximalfolgen (und damit Impulsantworten) bis zu einer bestimmten Länge (Grad 17) erzeugen kann, nur über einen Messkanal verfügt und wegen des starren Hardware-MLS-Generators insbesondere keine Färbung der MLS zulässt.

Eine solche Färbung von Maximalfolgen lässt sich auf dem direktesten Wege durch diskrete Faltung ihrer periodischen Wiederholung mit der Impulsantwort des gewünschten Pre-Emphasis-Filters erreichen. Sie verlieren dann natürlich ihre Binärwertigkeit, die aber in der Praxis ohnehin keine Rolle spielt, da sie schon durch die stets notwendigen Antialiasing-Filter des D/A-Umsetzers gebrochen wird.

Die diskrete Faltung lässt sich effizienter und bequemer durch die *inverse Hadamard-Transformation* ersetzen (Mommertz 1995). Ausgangspunkt ist die Impulsantwort $h(t)$ des gewünschten Pre-Emphasis-Filters. Ist sie nicht symmetrisch, muss sie zunächst gespiegelt, also zeitinvertiert werden. Auf diese umgedrehte Impulsantwort wird nun eine normale *Hadamard-Transformation* angewandt. Diese liefert die gesuchte vorgefilterte Maximalfolge $v(t)$ zeitinvers:

$$h(-t) * m(-t) = v(-t) \tag{21.6}$$

Das Resultat wird erneut zeitlich invertiert, womit die vorgefilterte Maximalfolge $v(t)$ zur Verfügung steht.

Als Pre-Emphasis-Filter kommen beliebige Vorgaben in Frage, die Länge seiner Impulsantwort muss allerdings (z. B. durch Fensterung) auf höchstens die Länge der MLS beschränkt werden. Eine interessante Spezialanwendung für die akustische Messtechnik ist die Anwendung des (bandbegrenzten) inversen komplexen Lautsprecherfrequenzgangs als Vorgabe für das Pre-Emphasis-Filter. Die FHT liefert dann bei der Messung des Lautsprechers mit dieser vorverzerrten MLS eine nahezu ideale, zeitlich scharf begrenzte, linearphasige Bandpass-Impulsantwort.

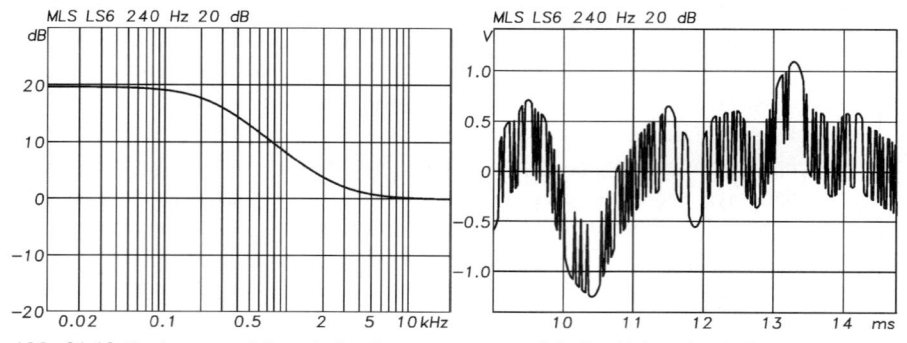

Abb. 21.13 Spektrum und Ausschnitt einer vorverzerrten Maximalfolge (Grad 12)

21.2.4 Zwei-Kanal-FFT-Analyse

Die Zwei-Kanal-FFT-Analyse ist fast so alt wie die FFT selbst. Sie stammt aus einer Zeit, in der gute D/A-Wandler und Halbleiterspeicher noch sehr teuer waren. Sie ist weder die schnellste noch die genaueste Technik zur Bestimmung von Übertragungsfunktionen, hat aber in den letzten Jahren durch rein softwarebasierte Lösungen, die mit der stets mit mindestens zwei Kanälen ausgestatteten Soundkarte des PCs zusammenarbeiten, ein gewisses Revival erlebt.

Der klassische Zwei-Kanal-Analyzer arbeitet mit asynchronen Signalquellen, typischerweise einem analogen Rauschgenerator, obwohl dies keine Voraussetzung ist, und die Technik durch den Einsatz synchroner, deterministischer Anregungssignale sogar erheblich beschleunigt werden kann. Da sich beim Einsatz asynchroner Quellen deren Spektrum bei jeder Messung ändert, muss stets das Ein- und das Ausgangssignal des Prüflings aufgenommen und analysiert werden. Da außerdem ein asynchrones Rauschsignal nur über lange Zeiträume gemittelt ein glattes (z.B. weißes oder rosa) Spektrum aufweist, ist ein Zwei-Kanal-FFT-Analysator auf viele Mittelungen angewiesen, um ein zuverlässiges und stabiles Ergebnis zu liefern.

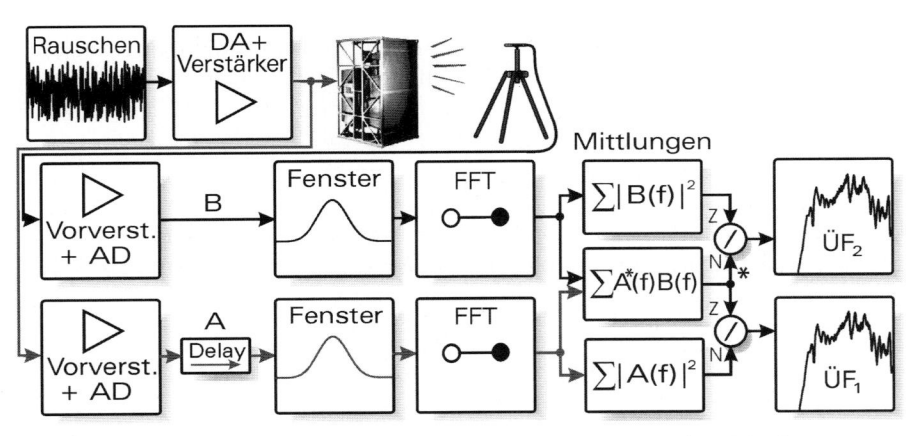

Abb. 21.14 Signalfluss und -verarbeitung bei der klassischen Zwei-Kanal FFT-Analyse

Bei einem klassischen Zwei-Kanal-FFT-Analysator (Abb. 21.14) wird der Eingangs- und Ausgangs-Signalstrom kontinuierlich in aneinanderliegende oder überlappende Segmente der gewählten FFT-Blocklänge unterteilt. Diese werden gefenstert und den beiden FFTs zugeführt. Die Fensterung ist notwendig, da die FFT ja, wie bereits erwähnt, nur für einen periodisch wiederholten Signalausschnitt ein korrektes Ergebnis liefern würde. Hier ist das Signal allerdings kontinuierlich, weshalb die in diesem Fall normalerweise vorhandene Diskontinuität zwischen rechtem und linken Rand des Signalausschnittes Fehler im Spektrum hervorrufen würde (*leakage*). Die Sprungstelle wird durch die Glockenform des Fensters (linker und rechter Rand werden auf 0 heruntergezogen) minimiert, allerdings auf Kosten der spektralen Auflösung (s. Abschn. 21.2.8).

Die *zwei* Spektren, sie sich aus den FFTs des Eingangs- und des Ausgangssignals des Prüflings ergeben, sind in *drei* Mittelungsprozesse eingebunden (Herlufsen 1984). Es sind dies die beiden Mittelungen der Autoleistungsdichtespektren (Betragsquadrate) des Eingangs- und Ausgangskanals. Allgemein ergibt sich für n Mittelungen:

$$G_{AA}(f) = \frac{1}{n}\sum |A(f)|^2 \quad \text{und} \quad G_{BB}(f) = \frac{1}{n}\sum |B(f)|^2 \quad (21.7)$$

sowie die Mittelung des Kreuzleistungsdichtespektrums (*cross-spectrum*)

$$G_{AB}(f) = \frac{1}{n}\sum A^*(f) \cdot B(f) \quad (21.8)$$

welches die Multiplikation des konjugiert-komplexen (also mit negierten Phasen versehenen) Spektrums A mit Spektrum B darstellt.

Während die beiden Autoleistungsdichtespektren rein reell sind und in ihnen gleichermaßen Nutzsignalanteile wie auch Rauschen betragsmäßig mit jedem Messdurchlauf aufaddiert werden, ist das Kreuzleistungsdichtespektrum komplex. Rauschanteile mit ihrer zufälligen Phase mitteln sich daher über längere Zeiträume allmählich aus. Die komplexe Übertragungsfunktion, definiert als

$$H(f) = \frac{B(f)}{A(f)} \quad (21.9)$$

kann nun auf zwei Arten berechnet werden. Wenn man Zähler und Nenner der obigen Gl. mit dem konjugiert-komplexen Eingangsspektrum $A^*(f)$ erweitert, erhält man:

$$H_1(f) = \frac{A^*(f)B(f)}{A^*(f)A(f)} = \frac{G_{AB}(f)}{G_{AA}(f)} \quad (21.10)$$

Die gesuchte Übertragungsfunktion $H(f)$ lässt sich also aus der Division des Kreuzleistungsdichtespektrums durch das Autoleistungsdichtespektrum des Eingangssignals gewinnen. Ebenso kann man aber Zähler und Nenner der Gl. (21.9) mit dem konjugiert-komplexen Ausgangsspektrum $B^*(f)$ erweitern und erhält dann:

$$H_2(f) = \frac{B^*(f)B(f)}{B^*(f)A(f)} = \frac{G_{BB}(f)}{G_{AB}^*(f)} \quad (21.11)$$

$H(f)$ lässt sich also auch mit der Division des Autoleistungsdichtespektrums des Ausgangssignals durch das konjugiert-komplexe Kreuzleistungsdichtespektrum darstellen. Wenn weder im Eingangs- noch im Ausgangssignal Rauschen vorhanden wäre, würden beide Gleichungen zu identischen Resultaten führen. Bei Anwe-

Kapitel 21 Messtechnik

senheit von Rauschen unterscheiden sich die beiden Varianten allerdings. $H_1(f)$ ist die bessere Wahl, wenn Rauschen im Ausgangssignal B überwiegt (der typischere Fall), während $H_2(f)$ eine bessere Abschätzung für die tatsächliche Übertragungsfunktion ist, wenn Rauschen im Eingangssignal A überwiegt.

Um nun herauszufinden, wie viel unkorreliertes Rauschen in der Messung gesammelt wurde, lassen sich die beiden geschätzten Übertragungsfunktionen $H_1(f)$ und $H_2(f)$ durcheinander teilen. Das ergibt:

$$v^2(f) = \frac{H_1(f)}{H_2(f)} = \frac{|G_{AB}|^2}{G_{AA} \cdot G_{BB}} \qquad (21.12)$$

Diese *Kohärenz* genannte Funktion $v^2(f)$ kann Werte zwischen 0 und 1 annehmen. Wenn überhaupt kein Rauschen und auch keine Verzerrungsprodukte anwesend sind, ist die Kohärenz überall 1, da $H_1(f)$ und $H_2(f)$ identisch sind. Wenn nur unkorreliertes Rauschen ohne Signal anliegt, dann fällt die Kohärenz in die Nähe von 0, da das Rauschen sich im Kreuzspektrum im Laufe der Zeit ausmittelt, während es sich im Gegensatz dazu in den Autospektren energetisch akkumuliert.

Mit der Hilfe der Kohärenzfuntion lässt sich das Autospektrum G_{BB} des Ausgangssignals in die kohärente Leistung $v^2(f) \cdot G_{BB}(f)$, welche vom Anregungssignal herrührt, und die nicht kohärente Leistung $(1 - v^2(f)) \cdot G_{BB}(f)$, welche vom unkorrelierten Rauschen stammt, aufteilen.

Daraus lässt sich das Signal-Rauschverhältnis SNR berechnen:

$$SNR = \frac{v^2(f)}{1 - v^2(f)} \qquad (21.13)$$

Eine interessante und nützliche Eigenschaft der Zwei-Kanal-FFT-Analyse ist, dass also das Rauschen und das Signal-Rauschverhältnis bestimmt werden können, ohne das Anregungssignal abschalten zu müssen. Dem steht allerdings auch eine Reihe von Nachteilen entgegen.

Bei akustischen Messungen muss die Laufzeit des Schalls durch ein Delay kompensiert werden, welches in den Eingangssignalweg geschaltet wird. Auf diese Weise muss garantiert werden, dass eingangs- und ausgangsseitig die gleichen Signalstücke analysiert werden. Das Einstellen des Delays ist eine lästige Angelegenheit, die bei den mit synchroner Anregung arbeitenden Messverfahren nicht anfällt. Da der genaue Wert des Delays meist unbekannt ist, muss es in einem vorbereitenden Schritt durch eine Kreuzkorrelation über einen langen Signalausschnitt gefunden werden. Wenn genug Hochtonanteil vorhanden ist, lässt sich aus der Lage des Peaks der Kreuzkorrelation zumeist das einzustellende Delay ableiten.

Auch bei richtig eingestelltem Delay sind Frequenzgangfehler im Zusammenhang mit der erforderlichen Fensterung der Eingangssignalsegmente möglich. Insbesondere kann dies passieren, wenn einzelne Frequenzbereiche nennenswerte Gruppenlaufzeitverzerrungen aufweisen. In der Praxis steigt die Gruppenlaufzeit

z. B. bei ventilierten Subwoofern (Bassreflex, Bandpass) um die Resonanzfrequenzen herum stark an. Da diese Signalanteile also verzögert zum Rest eintreffen, werden sie je nach Fenstertyp bereits merklich bedämpft.

Der größte Nachteil ist aber sicher, dass beim klassischen Betrieb mit asynchroner Signalquelle lange gewartet werden muss, bis sich eine einigermaßen stabile Kurve aufbaut. Deren Zuverlässigkeit und Reproduzierbarkeit ist außerdem geringer als bei synchroner Anregung, die anderseits auch der hier beschriebenen Zwei-Kanal-Technik offen stünde. Mit einem vorgefertigten Rauschsignal oder Sweep, dessen Spektrum einen glatten Verlauf aufweist, sind bereits ab moderaten Signal-Rauschverhältnissen überhaupt keine Mittelungen mehr erforderlich – in diesem Fall ist allerdings auch die Kohärenzfunktion nicht mehr verfügbar.

Aus der Not lässt sich allerdings auch eine Tugend machen: Ausschließlich der Zwei-Kanal-FFT-Analyse vorbehalten bleibt die Möglichkeit, statt mit einer künstlichen Rauschquelle auch einfach mit dem Programmmaterial (Sprache, Musik) selbst zu messen. Somit lässt sich z. B. auch während einer Veranstaltung noch der Frequenzgang einer Beschallungsanlage an einem bestimmten Punkt kontrollieren. Allerdings sind bei Sprache und Musik wegen des stark schwankenden spektralen Charakters noch erheblich mehr Mittelungen als bei asynchronem Rauschen erforderlich, bis sich ein halbwegs verlässliches Bild abzeichnet.

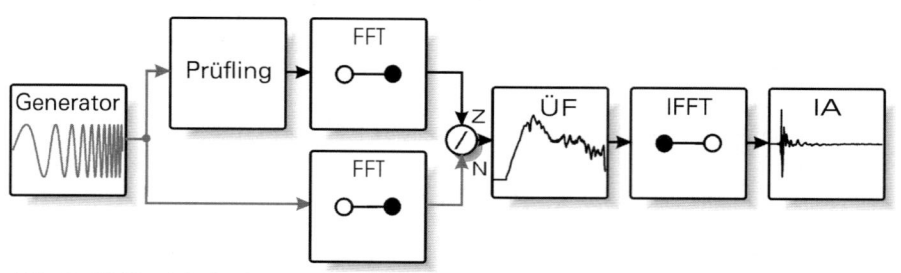

Abb. 21.15 Vereinfachte Zwei-Kanal-FFT-Signalverarbeitung durch Nutzung synchroner Anregungssignale

21.2.5 Ein-Kanal-FFT-Analyse mit deterministischem Stimulus

Wenn statt einer asynchronen Signalquelle ein deterministisches synchrones Anregungssignal verwendet wird, das bei jedem Messdurchlauf auf gleiche Weise reproduziert und typischerweise synchron zum A/D-Takt von einem D/A-Umsetzer ausgegeben wird, ändert sich das Eingangsspektrum des Prüflings nicht und muss deshalb nur einmal zu Beginn einer Messreihe ermittelt werden.

Dies geschieht durch eine Referenzmessung, in der das Messobjekt durch ein Kabel ersetzt wird (Abb. 21.16). Das Messsignal durchläuft die gleichen analogen und digitalen Signalverarbeitungsstufen des Messsystems wie bei der eigentlichen Messung, so dass jede Abweichung des Eigenfrequenzgangs vom Ideal erfasst und bei der späteren Messung kompensiert wird.

Lediglich der Frequenzgang des Mikrofons bleibt als Unbekannte erhalten und muss durch eine getrennte Kalibrierung (z. B. durch eine Vergleichsmessung mit einem Labornormal) erfasst werden. Das bei der Referenzmessung ermittelte Spektrum wird nun am besten schon invertiert, damit es bei den späteren Messungen multiplikativ auf die Ausgangsspektren des Prüflings angewandt werden kann. Da es nicht nur den Frequenzgang des Messsystems, sondern auch den komplexen Frequenzgang des Anregungssignals enthält, eignet es sich zur *Dekonvolution* jedes beliebigen Anregungssignals, das in das analysierte Zeitintervall passt und alle interessierenden Frequenzen mit ausreichender Energie enthält.

Synthetische deterministische Rauschsignale wie in Abb. 21.16 müssen periodisch wiederholt werden, damit sich das gewünschte glatte Betragsspektrum ergibt. In der Praxis reicht es allerdings wie auch bei den artverwandten Maximalfolgen aus, eine Periode des gesamten Messsignals bereits vor der eigentlichen Erfassung des Ausgangssignals auszusenden. Voraussetzung ist, dass die Impulsantwort kürzer als die Periode des Messsignals ist.

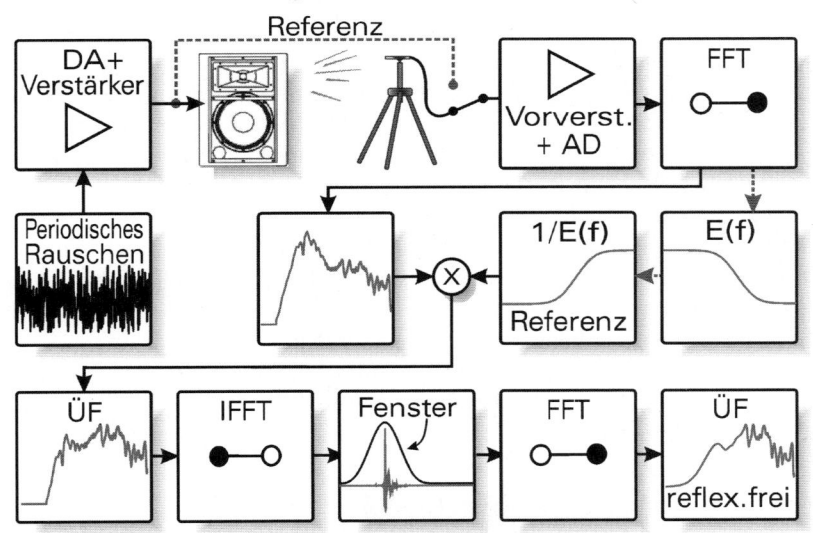

Abb. 21.16 Signalverarbeitungsschritte bei einkanaliger FFT-Technik zur Bestimmung der Übertragungsfunktion

In Abb. 21.16 ist bereits die IFFT zum Erhalt der Impulsantwort und ihre Fensterung und Rücktransformation in den Frequenzbereich eingezeichnet. Auf die Fensterung wird noch näher in Abschn. 21.2.8 eingegangen.

21.2.6 Sweeps mit FFT-Entfaltung

Statt periodischer Pseudo-Rauschsignale lassen sich auch Sweeps mit dem in Abb. 21.16 gezeigten Setup verwenden (Griesinger 1996). Im Gegensatz zu den Pseudo-Rauschsignalen, die ihr gewünschtes Spektrum erst bei periodischer Wiederholung zeigen, weisen Sweeps schon bei einem Durchlauf ein glattes Spektrum auf. Außerdem entfällt die Bindung an die Länge 2^N für die nachfolgende FFT, es lassen sich beliebige Signallängen verwenden und für die Analyse per FFT einfach bis zur nächsten Dauer von 2^N Samples mit Nullen auffüllen. Strenggenommen gilt natürlich auch hier, dass die FFT das *exakte* Ergebnis nur für den periodisch wiederholten Analyseausschnitt liefert. Allerdings sind die spektralen Unterschiede zwischen dem einzelnen und dem periodisch wiederholten Sweep äußerst gering und werden zudem durch die Referenzmessung zu Beginn der Messreihe kompensiert.

Somit muss der Sweep nur einmal ausgesendet werden und seine gesamte Energie kann für die Messung genutzt werden. Im Vergleich zu Messungen mit Pseudo-Rauschsignalen bedeutet dies eine spürbare Verkürzung der Messzeit.

Dem Sweep muss allerdings ein Segment Stille folgen, dessen Länge mindestens der Laufzeit des Direktschalls und der Dauer verzögerter Komponenten wie Reflexionen und Nachhall entspricht. In der Raumakustik kommt der Sweep-Technik dabei zugute, dass die größten Nachhallzeiten in der Regel in den unteren Bändern auftreten. Deren Nachhall wird schon eingefangen, während das Anregungssignal noch weiter aufwärts sweept. Bei ausreichener Länge ist dann zum Ende des Sweeps der tieffrequente Nachhall bereits abgeklungen bzw. im Rauschteppich verschwunden und es braucht nur noch auf den wesentlich kürzeren Nachhall bei höchsten Frequenzen gewartet zu werden.

Grundsätzlich ist aber keine Mindestlänge für den Sweep selber vorgeschrieben, er kann, ausreichendes Signal-Rauschverhältnis vorausgesetzt, unabhängig von der Nachhallzeit beliebig kurz gemacht werden, bis er schließlich im Grenzfall in einen Dirac-Impuls übergehen würde. Lediglich die Datenerfassung muss nach seinem

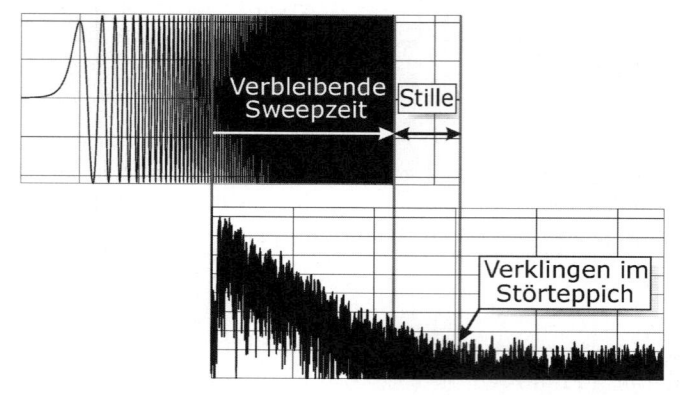

Abb. 21.17 Für jede einzelne Frequenz des Sweeps gilt, dass sie bis zum Ende des Erfassungszeitraums bis in den Störsignalteppich hinein abgeklungen sein sollte.

Verklingen so lange fortgesetzt werden, bis alle empfangenen Komponenten im Rauschteppich verschwunden sind.

Für die Dekonvolution (Entfaltung) stehen zwei Möglichkeiten zur Verfügung: Die *zirkulare*, welche ein Intervall der periodisch wiederholten Impulsantwort liefert (Abb. 21.16), oder die *lineare*, welche für die Entfaltung von einmalig vorkommenden Signalen geeignet und deshalb hier die beste Wahl ist. Bei ausreichender Sweep-Länge (im Vergleich zur Impulsantwort-Länge) ist die zirkulare Dekonvolution ebenfalls adäquat.

Die lineare Dekonvolution lässt sich wie die zirkulare am effizientesten im Spektralbereich durchführen. Zu diesem Zwecke wird sowohl das Anregungssignal (per Referenzverschaltung über die gesamte Messkette geführt) als auch das Ausgangssignal des Prüflings mit Nullen auf mindestens die doppelte Länge verlängert. Über beide wird eine FFT ausgeführt und das Ergebnis durcheinander geteilt, wobei das Eingangssignal wegen der deterministischen Natur des Sweeps wiederum nur einmal zu Beginn analysiert werden braucht.

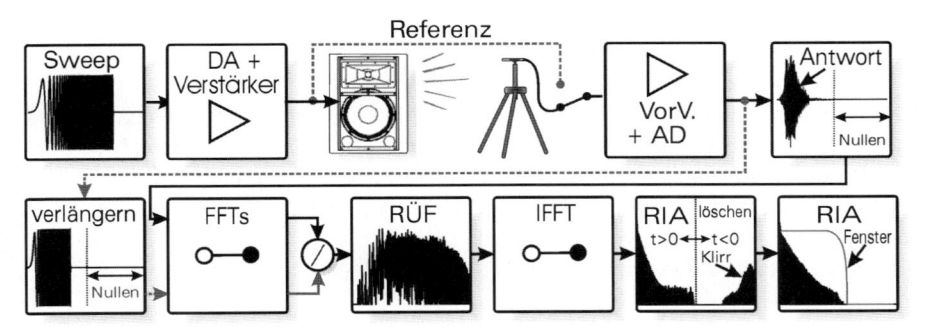

Abb. 21.18 Lineare Dekonvolution zur Messung einer Raumimpulsantwort (RIA) mit anschließender Entfernung aller harmonischen Verzerrungsprodukte

Dies ergibt die noch unbehandelte Übertragungsfunktion des untersuchten Systems (Abb. 21.18). Die IFFT dieser Raumübertragungsfunktion (RTF) zeigt eine Konzentration von nichtkausalen Anteilen am Ende der zweiten Hälfte, die den negativen Zeitbereich des Faltungsproduktes darstellt. Es handelt sich dabei um die harmonischen Verzerrungsprodukte, die aufgrund ihres Auftretens zu negativen Zeiten, wo keine Anteile der Impulsantwort existieren können, vollständig von dieser entfernt werden können.

21.2.6.1 Simultane Verzerrungsanalyse mit log-Sweeps

Wenn ein logarithmischer Sweep, also ein Sweep, dessen Frequenz mit einer konstanten Anzahl von Oktaven pro Zeiteinheit ansteigt, für die Frequenzgangsmessung von nichtlinearen Prüflingen, insbesondere von Lautsprechern, verwendet wird, zeigen sich die Verzerrungsprodukte in der Impulsantwort als eine Reihe von scharf abgegrenzten Spikes zu bezüglich des Direktsignals negativen Zeiten. Durch die konstante relative Frequenzänderung des logarithmischen Sweeps wird die Energie jeder Klirrkomponente (k_2, k_3 usw.) über den gesamten Frequenzbereich auf eine feste Zeit projiziert, genau wie das auch für die eigentliche Impulsantwort (Grundwelle) geschieht.

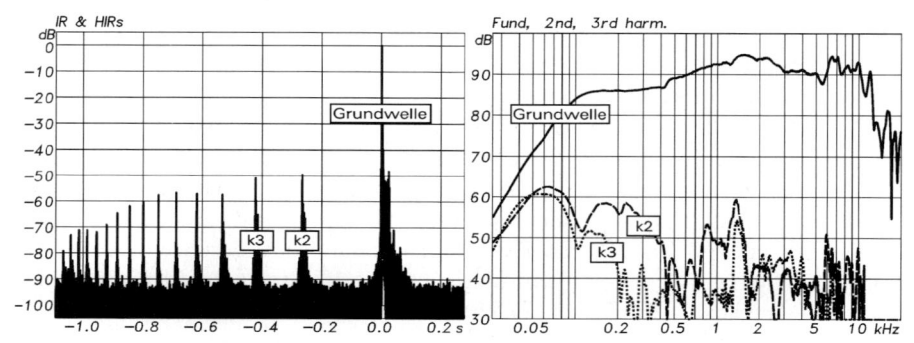

Abb. 21.19 Impulsantwort eines mäßig nichtlinearen Prüflings und daraus ermittelte Spektren der zweiten und dritten Harmonischen

Diese Tatsache ermöglicht eine sehr effiziente Ermittlung des Frequenzgangs und sämtlicher Klirrkomponenten in hochaufgelöster Form aus einer einzigen Messung. Dazu müssen die einzelnen Peaks, deren zugeordnete Klirrordnung von der Grundwelle ausgehend nach links ansteigt, mit Hilfe von Fenstern isoliert und geeignet zur Grundwelle in Bezug gesetzt werden.

Die Lage der Peaks ergibt sich zu

$$t_{\text{HIR}(k)} = t_{\text{FUND}} - \frac{\log_2(k)}{\text{Sweep-Rate}} \qquad (21.14)$$

mit $t_{\text{HIR}(k)}$ = Ankunftszeit der „harmonischen Impulsantwort" (HIR) der Ordnung k, t_{FUND} = Ankunftszeit der „Grundwellen-Impulsantwort", und Sweep-Rate = $\delta \cdot f / f \delta \cdot t$ in Oktaven·s^{-1}. Die Spektren der durch ein Fenster isolierten Klirrkomponenten werden nun um den Faktor der jeweiligen Klirrordnung nach links gestaucht. Für das Spektrum der dritten Oberwelle wird z. B. die 3 kHz-Komponente auf 1 kHz verschoben, da dies die Grundwellen-Frequenz ist, welche die 3 kHz-Komponente hervorgerufen hat. Um nun den frequenzabhängigen Klirrfaktor für jede Klirrordnung zu ermitteln, brauchen die zurechtgeschobenen Klirrspektren nur noch durch das Grundwellenspektrum geteilt zu werden.

Der unverzichtbare Einsatz von Fenstern reduziert die erzielbare lineare Frequenzauflösung des Verfahrens. Während diese bei mittleren und hohen Frequenzen um ein Vielfaches höher ist als bei den traditionellen *Stepped-Sine*-Messverfahren mit festen Tönen, welche z. B. mit 1/12 oder 1/24 Oktave ansteigen, kann die Auflösung am unteren Ende des Nutzbereiches des Lautsprechers ungenügend sein, da ein zu schmales Fenster dort einen zu hohen Glättungseffekt haben kann. In diesem Fall muss der Sweep länger (langsamer) gemacht werden, wodurch auch der Ab-

Kapitel 21 Messtechnik

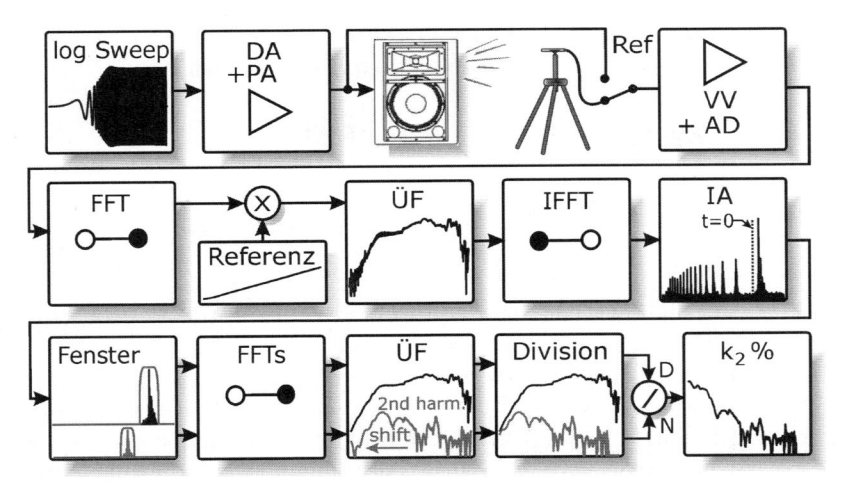

Abb. 21.20 Signalverarbeitungsschritte zur beispielhaften Ermittlung des k_2 Spektrums aus einer Frequenzgangsmessung mit logarithmischem Sweep

stand der einzelnen Klirr-Impulsantworten voneinander und somit die anwendbare Fensterbreite steigt. Die Verlängerung des Sweeps empfiehlt sich ebenfalls, wenn höhere Klirr-Ordnungen, die vielfach nur schwach vorhanden sind, zu verrauscht aus der Analyse hervorgehen, oder wenn die Messung nicht in genügend nachhallarmer Umgebung ausgeführt werden kann.

Lautsprecher produzieren an der Grenze ihrer Belastbarkeit nicht nur verstärkt Oberwellen, sondern bisweilen auch Subharmonische. Insbesondere die halbe Grundwelle lässt sich gelegentlich sowohl bei Tief- als auch bei Mittel/Hochtönern nachweisen. Auch diese Komponente lässt sich mit der hier beschriebenen schnellen Klirranalyse analysieren. Sie befindet sich in der Impulsantwort in gleicher Entfernung zur Grundwellen-Komponente wie die k_2 Komponente, allerdings auf der rechten Seite der Grundwellen-Komponente. Zu ihrer Analyse sind also in besonderem Maße reflexionsarme Verhältnisse erforderlich, damit sie nicht vom Nachhallschwanz überlagert wird.

21.2.6.2 Verallgemeinerte Sweep-Synthese

Sweeps lassen sich nicht ganz so einfach wie Pseudo-Rauschsignale lediglich durch Formulierung des gewünschten Amplitudenfrequenzgangs wie in Abb. 21.6 erzeugen. Um ihre zeitlich konstante Hüllkurve und somit den günstigen Crest-Faktor von 3 dB zu erhalten, müssen Amplituden- und Laufzeitspektrum in einem bestimmten Verhältnis zueinander stehen.

Die bekanntesten Vertreter der Sweeps sind der lineare und logarithmische Sweep, die sich beide sowohl im Zeit- als auch im Frequenzbereich konstruieren lassen. Für den linearen Sweep muss die Laufzeit, wie schon in Abb. 21.6 gezeigt, linear über die Frequenz bis zum Endzeitpunkt des Sweeps ansteigen. Für den logarithmischen Sweep muss das Amplitudenspektrum mit einer −3dB/Oktave Schräge versehen und die Laufzeit $\tau_G(f)$ folgendermaßen gesetzt werden:

$$\tau_G(f) = A + B \cdot \log_2(f) \tag{21.15}$$

mit

$$B = \frac{\tau_G(f_{END}) - \tau_G(f_{START})}{\log_2(f_{END}/f_{START})} \qquad A = \tau_G(f_{START}) - B \cdot \log_2(f_{START}) \tag{21.16}$$

f_{END} und f_{START} sind End- und Startfrequenz des Sweeps, $\tau_G(f_{END})$ und $\tau_G(f_{START})$ die End- und Startzeit, $\log_2$ ist der Logarithmus zur Basis 2.

Die Konstruktion im Frequenzbereich hat den Vorteil, dass sich die typischen *Ripple*-Erscheinungen (Welligkeiten) um die Start- und Endfrequenz herum vermeiden lassen. Diese entstehen bei der direkten Synthese im Zeitbereich durch das plötzliche An- und Ausschalten des Signals. Allerdings können bei Synthese im Frequenzbereich geringe Überschwinger einzelner Halbwellen auftreten, so dass sich der ideale Crest-Faktor eines Sinussignals von 3 dB geringfügig verschlechtert.

Andererseits ermöglicht sie es, auch Sweeps mit fast beliebiger spektraler Verteilung bei dennoch nahezu konstanter zeitlicher Hüllkurve zu entwerfen. Im Mittelpunkt steht dabei die Gruppenlaufzeit $\tau_G(f)$, welche im Falle eines Sweeps genaue Auskunft darüber erteilt, zu welcher Zeit gerade welche Frequenz durchfahren wird. Ein steiler Verlauf bedeutet, dass der aktuelle Frequenzabschnitt nur sehr langsam durchfahren wird, da sich die Momentanfrequenz nur allmählich erhöht. Auf diese Weise wird viel Energie in den betreffenden Frequenzausschnitt gepackt. Umgekehrt bedeutet ein flacher Verlauf der Gruppenlaufzeit, dass die betreffenden Frequenzen in sehr kurzer Zeit durchfahren werden, so dass nur wenig Energie auf sie fällt.

Um also einen Sweep mit gewünschter spektraler Verteilung zu erzeugen, muss die Steigung der Gruppenlaufzeit, also ihre Ableitung $\partial \tau_G(f)/\partial f$, proportional zum Betragsquadrat $|H(f)|^2$ des Wunschspektrums gemacht werden:

$$\frac{\partial \tau_G(f)}{\partial f} = C \cdot \sum_{Ch=1}^{2} |H(f)|^2 \tag{21.17}$$

Die Konstante C berechnet sich aus der gewünschten Länge des Sweeps, geteilt durch seine Energie:

$$C = \frac{\tau_G(f_{END}) - \tau_G(f_{START})}{\sum_{f=0}^{f_S/2} |H(f)|^2} \tag{21.18}$$

Die Startzeit $\tau_G(f_{START})$ sollte leicht über 0 s liegen, damit die erste Halbwelle genug „Platz" hat, sich aufzubauen. Die Stopzeit $\tau_G(f_{END})$ sollte erheblich unter der Länge des Zeitintervalls $2^N/f_S$ (N = FFT-Grad) liegen, um ein gegenseitiges verschmieren des hochfrequenten Ausschwingens am Sweep-Ende in das tieffrequente

Anschwingen zu Beginn und umgekehrt zu verhindern. Dies lässt sich zuverlässig erreichen, indem die FFT-Blocklänge mindestens doppelt so hoch gewählt wird wie die gewählte Sweep-Länge.

Die Gruppenlaufzeit wird nach erfolgter Synthese durch Integration in die Phase umgewandelt (Schreibweise für diskretes FFT Spektrum):

$$\varphi(f) = \varphi(f - df) - 2\pi \cdot df \cdot \tau_G(f) \quad \text{mit} \quad df = f_S / 2^N \qquad (21.19)$$

Zusätzlich gilt es zu beachten, dass der Phasenverlauf bei der Nyquist-Frequenz $f_S/2$ genau 0° oder 180° erreicht, so wie dies für alle Spektren aus reellwertigen Zeitsignalen gilt. Um diese Bedingung zu erfüllen, kann eine kleine konstante Laufzeit im Bereich von ±0,5 Samples so zum Phasenspektrum addiert werden, dass die vormalige Phase bei $f_S/2$ genau ausgelöscht wird:

$$\varphi_{NEW}(f) = \varphi_{OLD}(f) - \frac{f}{f_S / 2} \cdot \varphi_{END\_OLD} \qquad (21.20)$$

Das Spektrum kann nun nach Umwandlung von Betrag und Phase in Imaginär- und Realteil einer IFFT unterworfen werden, welche den gewünschten Sweep liefert.

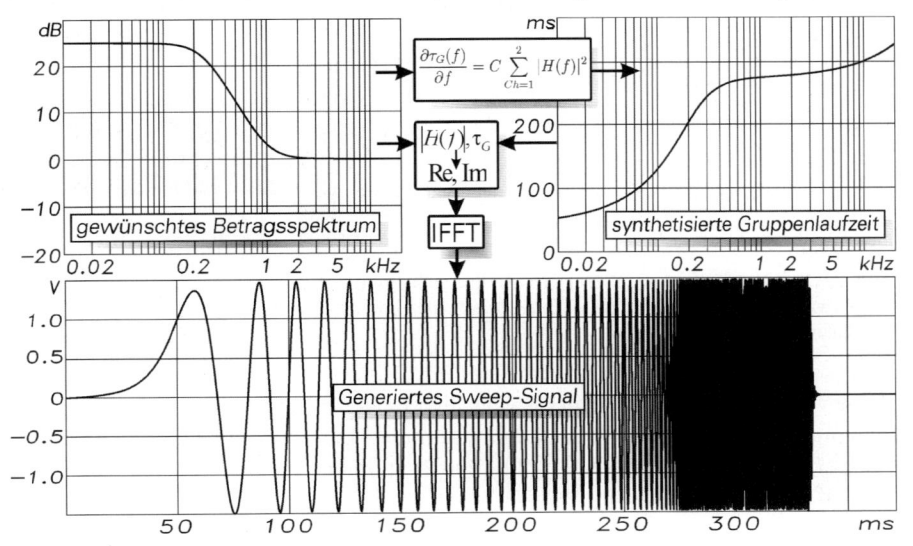

Abb. 21.21 Erzeugung eines Sweeps mit konstanter Hüllkurve aus beliebiger Betragsspektrums-Vorgabe

Da sich sowohl das Ein- als auch das Ausklingen über die in Abb. 21.17 festgelegten Grenzen hinaus erstreckt, müssen diese Bereiche noch mit halbseitigen Fenstern ein- bzw. ausgeblendet werden. Das hat Auswirkungen auf die spektralen Randbereiche des Sweeps, die allerdings wesentlich geringer sind als der *Ripple*, der bei der direkten Synthese im Zeitbereich entsteht.

Statt der konstanten Hüllkurve lässt sich mit einer kleinen Abwandlung des in Abb. 21.21 beschriebenen Verfahrens auch eine frequenzabhängige Hüllkurve festlegen. Das macht z. B. Sinn, um dem Tieftöner eines Mehrwege-Messlautsprechers mehr Leistung zuzuführen als den Hochtönern. Ein anderes Beispiel ist die Messung von Tonbandgeräten, bei denen die Amplitude des Messsignals an die frequenzabhängige Sättigungskurve des Bandmaterials angepasst werden muss.

Zu diesem Zweck wird das Wunsch-Amplitudenspektrum zunächst durch das Wunsch-Hüllkurvenspektrum, das für jede Frequenz die gewünschte Amplitude bzw. Momentanleistung des Zeitsignals vorgibt, geteilt. Die Gruppenlaufzeit wird danach wie in Abb. 21.21 erzeugt. Nach Umwandlung des Spektrums in Real- und Imaginärteil wird das Wunsch-Hüllkurvenspektrum wieder hinzumultipliziert (Abb. 21.22). Die IFFT liefert nun den Sweep mit der gewünschten variablen Hüllkurve und spektralen Verteilung.

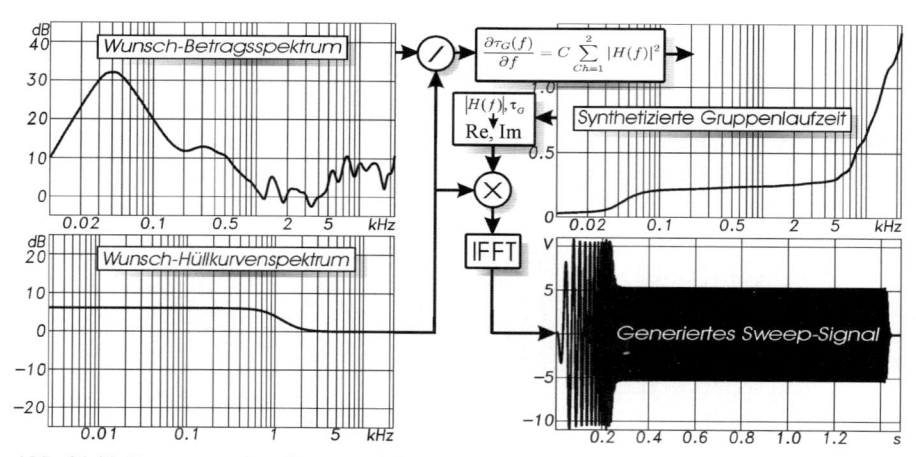

Abb. 21.22 Erzeugung eines Sweeps mit frequenzabhängiger Hüllkurve aus beliebiger Amplitudenspektrumsvorgabe (hier: Entzerrung eines Lautsprechers mit zusätzlicher Pre-Emphasis)

Diese verallgemeinerte Form der Sweep-Erzeugung bietet zwei Freiheitsgrade: Ein beliebiges Amplitudenspektrum kann zusammen mit einem beliebigen „Hüllkurvenspektrum" in einen passend in Zeit und Amplitude generierten Sweep überführt werden.

In gleicher Weise lassen sich auch mehrkanalige Sweeps entwerfen, um z. B. die Frequenzweiche eines Mehrwegesystems zu ersetzen und ihre Funktion gleich in das Anregungssignal zu integrieren. Da die Momentanfrequenz (zumindest im Übernahmebereich) gleich sein muss, ist die Gruppenlaufzeit allen Kanälen gemeinsam und berechnet sich aus der Summe der gewünschten Betragsquadrate aller Kanäle:

$$\frac{\partial \tau_G(f)}{\partial f} = C \cdot \sum_{Ch=1}^{k} |H(f)|^2 \quad \text{mit } k = \text{Kanalzahl} \tag{21.21}$$

Kapitel 21 Messtechnik

Die Konstante C enthält dementsprechend die Gesamtenergie aller Kanäle:

$$C = \frac{\tau_G(f_{END}) - \tau_G(f_{START})}{\sum_{Ch=1}^{k} \sum_{f=0}^{f_s/2} |H(f)|^2}$$ (21.22)

Abb. 21.23 zeigt einen so erzeugten zweikanaligen Sweep zur Entzerrung des Leistungsfrequenzgangs eines zweiteiligen Messlautsprechers (Subwoofer + Dodekaeder, Übernahmefrequenz: 170 Hz).

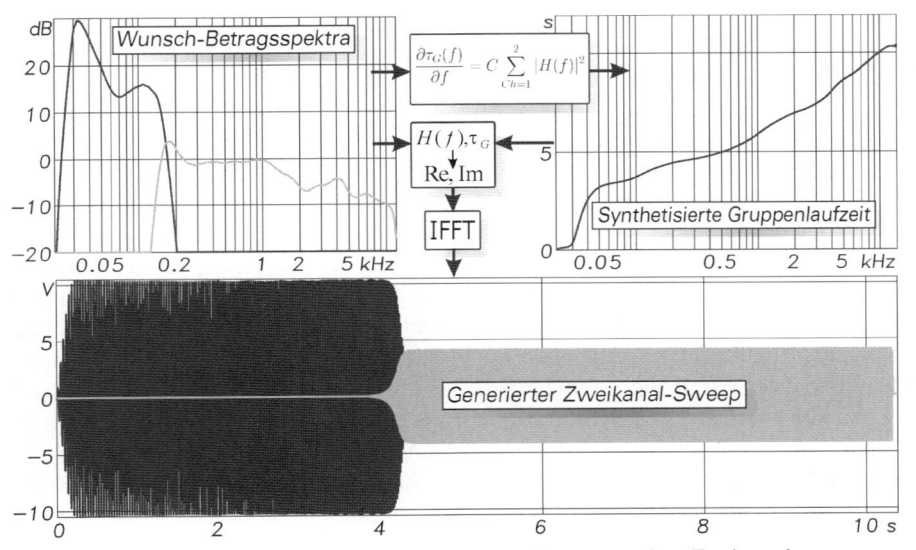

Abb. 21.23 Erzeugung eines zweikanaligen Sweeps zur Entzerrung eines Zweiwegelautsprechers inklusive Frequenzweichenfunktion

21.2.7 Vor- und Nachteile der verschiedenen Verfahren

21.2.7.1 Signal-Rauschverhältnis

Gleiche Energie und spektrale Verteilung des Anregungssignals vorausgesetzt, liefert jedes Messverfahren das gleiche Signal-Rauschverhältnis, solange noch keine Fensterung der Impulsantwort durchgeführt wird. Das SNR ist bei jeder Frequenz ausschließlich vom Verhältnis Nutz- zu Störsignalpegel abhängig. Die Art, *wie* Störsignale auf die Impulsantwort-Periode verteilt werden, ist allerdings von der Art des Anregungssignals und des zugehörigen Dekonvolutions-Filters abhängig. Eingefangene Störungen werden, genau wie die Antwort des Prüflings auf das Anregungssignal selbst, mit der Impulsantwort des Dekonvolutionsfilters gefaltet

(Abb. 21.5). Dies ist generell das zeitlich invertierte Anregungssignal, bewertet mit seinem invertierten Amplitudenfrequenzgang. Impulsartige Störungen treten demnach bei Messungen mit MLS als zeitlich umgekehrte MLS auf, werden also auf das gesamte Impulsantwort-Intervall in Form von gleichmäßigem Rauschen verteilt. Bei Messungen mit Sweeps treten sie als zeitlich und spektral invertierte Sweeps in Erscheinung. Stationäre Störsignale wie Rauschen oder Brummen bleiben hingegen unabhängig vom Messverfahren in ihrem Charakter unverändert. Der Dekonvolutionsprozess manipuliert zwar die Phasenlage der enthaltenen Frequenzen auf unterschiedliche Weise, dennoch sind sie gleichmäßig über die gesamte Intervallbreite verteilt.

21.2.7.2 Unterdrückung von Nichtlinearitäten

Neben den von außen aufgefangenen Störungen spielen auch Verzerrungen durch Nichtlinearitäten der Messkette und vor allem des Prüflings eine große Rolle. Hier ergeben sich große Unterschiede zwischen den verschiedenen Messverfahren. Wird Rauschen als Stimulus verwendet, verteilen sich die Verzerrungsprodukte auf die gesamte Länge des Impulsantwort-Intervalls und verschlechtern so das SNR der Messung. Bei der Messung mit MLS treten diese Störungen außerdem nicht als gleichverteiltes Rauschen auf, sondern teilweise als Spitzen (*distortion peaks*), die Miniatur-Repliken der eigentlichen Impulsantwort ähneln. Synchrone Mittelungen helfen in diesem Fall nicht weiter, da die Verzerrungsprodukte mit dem Anregungssignal korreliert sind und sich deshalb ebenso kohärent addieren wir die eigentliche Impulsantwort.

Anders liegen die Verhältnisse bei der klassischen Zweikanal-FFT-Analyse mit asynchronem Rauschgenerator. Da sich das Anregungssignal in seiner Mikro-Struktur in jedem Messdurchlauf ändert, ändert sich auch die Phasenlage der Verzerrungsprodukte ständig. Kontinuierliches komplexes Mitteln drängt deshalb deren Einfluss immer weiter zurück, bis im Grenzfall unendlicher Mittelungen die reine Grundwellen-Übertragungsfunktion übrig bleibt, aus der sich per IFFT die ungestörte Impulsantwort ermitteln lässt.

Bei synchroner Anregung mit deterministischen Pseudo-Rauschsignalen wie MLS lässt sich der Störpegel relativ zur Spitze der Impulsantwort durch Verlängerung des Anregungssignals verringern, aber nie gänzlich beseitigen. Bei höheren Pegeln des Anregungssignals und mäßigen bis starken Nichtlinearitäten in der Messkette dominiert meistens der durch Verzerrungen hervorgerufene Schleier über den tatsächlich vorhandenen Störpegel. In diesem Fall hilft nur eine Rücknahme des Pegels. In der Praxis bedeutet dies, dass der optimale Pegel, bei welchem sich Umgebungsgeräuschpegel und Verzerrungs-Artefakte die Waage halten, an jedem Messort durch Trial and Error herausgefunden werden muss. Bei akustischen Messungen lässt sich in der Regel ein SNR von 60 bis 70 dB nicht übertreffen.

Abb. 21.24 demonstriert dies an einem Beispiel. Es zeigt in logarithmischer Pegelauftragung die Impulsantwort eines kleinen 5-Zoll Breitbandlautsprechers, gemessen in einem relativ reflexionsarmen Raum. Für die obere Messung wurde mit

Kapitel 21 Messtechnik

einer rosa vorgefärbten (−3 dB/Oktave) MLS gearbeitet und der Pegel sorgfältig so eingestellt, dass sich das beste SNR ergab. Der Versuch, dieses dann durch synchrone Mittelungen zu verbessern, schlägt fehl: Wie die Kurve für 100 Mittelungen zeigt, rutscht der Störpegel nur an einigen Stellen, an denen ohne Mittelung der tatsächlich vorhandene Störgeräuschpegel dominiert, leicht unter den der einfachen Messung ohne Mittelung.

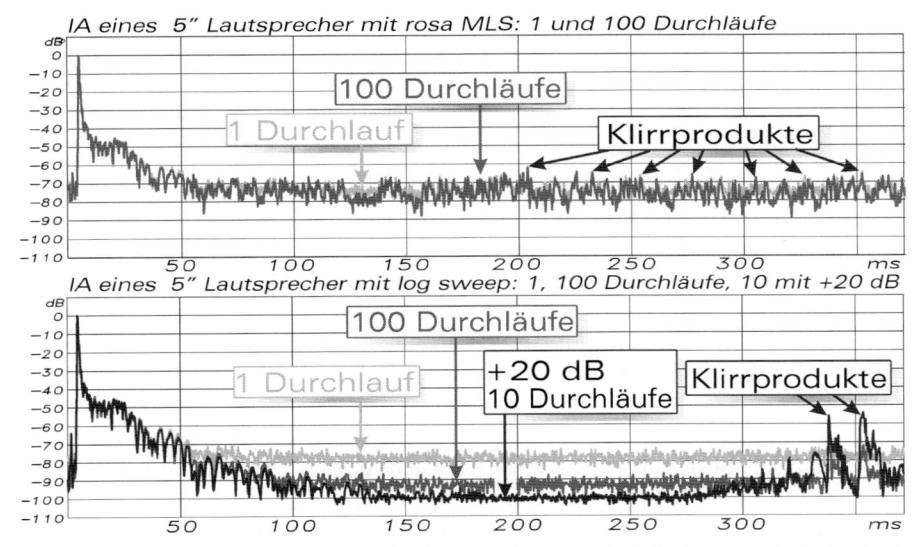

Abb. 21.24 Vergleich des erzielbaren SNR einer Impulsantwort bei Mittelungen mit MLS (oben) und mit Sweep gleicher Länge, Energie und spektraler Verteilung (unten)

Anders sieht es aus, wenn mit Sweeps als Anregungssignal gearbeitet wird. Wie in Abschn. 21.2.6 erwähnt, konzentrieren sich durch den Dekonvolutionsprozess die harmonischen Verzerrungsprodukte vor der eigentlichen Impulsantwort, im Fall von akustischen Messungen vor dem Direktschall. Im Gegensatz zu Messungen mit Pseudo-Rauschsignalen kann man sich deshalb mit Sweeps in der Regel bis an die Belastungsgrenzen von Verstärker und Lautsprecher (und von anwesenden Personen) herantasten. In Abb. 21.24 zeigt die untere Hälfte, was dies in der Praxis bedeutet. Gemessen wurde mit einem Sweep, dessen spektrale Verteilung, Gesamtenergie und Länge *exakt* denen der MLS in der oberen Hälfte entsprach. Schon die einfache Messung ohne Mittelung zeigt einen saubereren Verlauf des Störpegels ohne Spikes, der zudem 3–4 dB niedriger liegt als bei der MLS-Messung. Werden nun 100 synchrone Mittelungen durchgeführt, sinkt der Störpegel erheblich. Zusätzlich lässt sich der für die MLS-Messung optimierte Pegel des Anregungssignals nun aber noch um 20 dB erhöhen, ehe die Belastbarkeitsgrenze des Lautsprechers erreicht ist. Damit erreicht das SNR der Impulsantwort bei 10 Mittelungen bereits 100 dB. Die Klirrprodukte steigen dabei zwar stark an, da sie aber am Ende des Impulsantwort-Intervalls auftauchen (hier wurde mit zirkularer Dekonvolution gearbeitet, bei welcher der hintere Teil des Intervalls als Bereich negativer Ankunftszeiten aufgefasst werden kann), lassen sie sich bequem von der eigentlichen Impulsantwort abspalten.

Allerdings fließt die Erhöhung des Pegels bis an die Belastungsgrenze nicht vollständig in die Verbesserung des SNR ein. Der Grund ist in breitbandigen Störgeräuschen, wie z. B. Klappern des Gehäuses oder loser Teile im untersuchten Raum sowie Strömungsgeräusche in Bassreflex-Tunneln zu suchen, die das SNR reduzieren.

Vorsicht ist auch geboten, wenn der Messlautsprecher selber das Messobjekt ist: Wenn er zu sehr in den nichtlinearen Bereich gefahren wird, manifestiert sich dies natürlich in einer scheinbaren Abnahme seiner gemessenen Empfindlichkeit.

Nicht in allen Anwendungen werden so gute Signal-Rausch-Verhältnisse benötigt wie in diesem Beispiel mit Sweeps erzielt. Für die Messung eines Lautsprecher-Frequenzgangs oder der akustischen Parameter eines Raums reichen die ca. 65 dB, welche die Messung mit Pseudorauschfolgen bietet, völlig aus. Bei Anwendungen, in denen gemessene Raumimpulsantworten zur Faltung mit nachhallfreiem Sprach- oder Musikmaterial verwendet werden soll (Auralisation, s. Kap. 11.7.3 und Kap. 5.4), ist dieser Wert allerdings ungenügend. Für qualitativ hochwertiges „Hineinhören" in Räume sind 90 dB SNR erforderlich, um die Qualität der meist in CD-Qualität vorliegenden Quellsignale zu erhalten.

21.2.7.3 Empfindlichkeit gegenüber Zeitvarianzen

Zeitvarianzen, die z. B. bei analogen Aufzeichnungsverfahren oder akustischen Messungen unter Windeinfluss auftreten, machen sich ebenfalls auf unterschiedliche Weise in den verschiedenen Messverfahren bemerkbar. Während sie Messungen der Impulsantwort/Übertragungsfunktion mit Pseudo-Rauschsignalen sehr empfindlich stören, zeigen sich Messungen unter Verwendung von Sweeps in dieser Beziehung gutmütiger.

Leichte Schwankungen des Abtastzeitpunktes, welche sich als Konsequenz aus Zeitvarianzen ergeben, führen bei Messungen mit Pseudo-Rauschsignalen augenblicklich zu einer drastischen Erhöhung des scheinbaren Rauschpegels. Der Effekt ist so stark, dass er Messungen an analogen Bandmaschinen oder Open-Air-Messungen über größere Distanzen und unter windigen Wetterverhältnissen regelmäßig vereitelt.

Abb. 21.25 zeigt eine theoretische Simulation und drei praktische Messbeispiele, in denen sich die Unterschiede deutlich zeigen. Die Simulation oben links lässt über eine Periode des Messsignals den Abtastzeitpunkt sinusförmig um ±0.5 Samples schwanken. Während dies bei der Messung mit einem Pseudo-Rauschsignal ab ca. 500 Hz zu stark anwachsenden Fehlern führt, zeigt sich die Messung mit Sweep von der Störung weitgehend unbeeindruckt.

Ein praxisrelevantes Beispiel ist die Messung eines analogen Kassettendecks unten links. Wiederum lässt sich aus der Messung mit MLS ab wenigen hundert Hertz kaum noch etwas ablesen, während die alternative Messung mit Sweep nur geringfügige Beeinträchtigungen erfährt, die sich mit einer moderaten Glättung leicht be-

Kapitel 21 Messtechnik

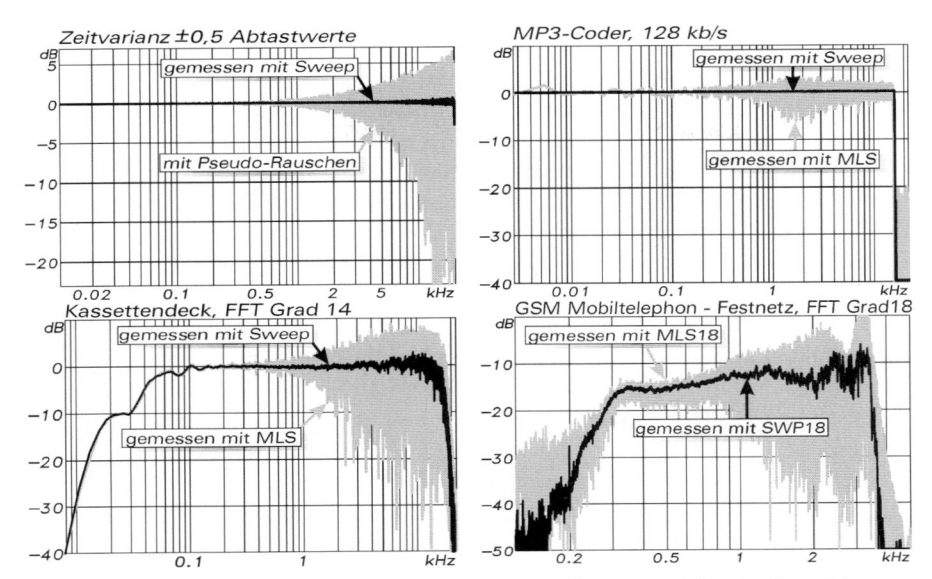

Abb. 21.25 Vergleich des Einflusses von Zeitvarianzen auf Messung mit Pseudo-Rauschsignal (grau) und Sweep (schwarz). Oben links: Simulierte sinusförmige Zeitvarianz von ±0.5 Samples. Oben rechts: MP3 Coder mit 128 kb·s^{-1}. Unten links: Kassettendeck. Unten rechts: GSM-Übertragung

seitigen lassen. Auch bei der (rein softwaretechnisch erfolgten) Frequenzgangsmessung eines mp3-Coders mit der gängigen Kodierrate von 128 kbit·s^{-1} erfasst die Messung mit Sweep den bis 16 kHz linealgraden Frequenzgang einwandfrei, während die Messung mit MLS wiederum wie in den anderen Beispielen eine buschige Struktur aufweist. Der Grund ist in diesem Falle aber nicht nur in Zeitvarianzen zu suchen. Vielmehr stellt ein Rauschsignal wie MLS für einen *Perceptual Coder* den worst case dar. Alle Subbänder enthalten Energie, so dass keines bei der Kodierung wegfallen kann. Die für jedes Band eingesetzte Quantisierung muss deswegen notgedrungen recht grob ausfallen, um die verfügbare Datenrate nicht zu überschreiten – spürbare Verzerrungen sind die Folge. Ein Sweep hingegen durchstreift je nach Geschwindigkeit pro Analyse-Intervall des Coders nur wenige Bänder, die deshalb mit maximaler Quantisierung kodiert werden können.

Diese Zusammenhänge lassen sich auch beobachten, wenn man etliche Qualitätsstufen hinab geht, bis man bei der beklagenswerten Übertragungsqualität von portablen Funktelefonen angelangt ist. In Abb. 21.25 ist unten rechts die Messung des Frequenzgangs eines solchen dargestellt. Mit kurzen Messsignalen ist den Winzlingen aufgrund der extremen Kompression der Übertragung nicht beizukommen. Erst bei Verlängerung auf Grad 18 (6 Sekunden bei 44,1 kHz Abtastrate) lässt sich mit einem Sweep der Frequenzgang sichtbar machen, während eine MLS gleicher Länge und Färbung ein völlig verrauschtes Resultat liefert.

21.2.8 Fensterung von Impulsantworten

Eine Verlängerung des Messsignals hat nur dann eine Verbesserung des SNR der Übertragungsfunktion zur Folge, wenn in der erhaltenen Impulsantwort die Bereiche mit Störkomponenten ausgeblendet werden. Fenster sind deshalb ein unverzichtbares Werkzeug bei der Messung von Impulsantworten und Übertragungsfunktion, da sie es erlauben, neben dem größten Teil des Grundrauschens auch unerwünschte Reflexionen und Klirrkomponenten zu entfernen (letzteres insbesondere bei Sweep-Messungen).

Die Fensterung einer Impulsantwort hat allerdings einen frequenzlinearen Glättungseffekt auf die zugehörige Übertragungsfunktion. Bei der üblichen frequenzlogarithmischen Auftragung bedeutet dies, dass spektrale Details im Hochtonbereich praktisch unverändert erhalten bleiben, während im unteren Mitteltonbereich eine zunehmend sichtbare Glättung einsetzt. Unterhalb einer bestimmten, von Fensterbreite und -typ abhängigen Grenzfrequenz wird die spektrale Kontur der Übertragungsfunktion dann völlig „glattgebügelt" und somit unbrauchbar.

Vielfach lässt sich dabei auch beobachten, dass der Frequenzgang zu tiefsten Frequenzen hin in einen horizontalen Verlauf übergeht, obwohl der untersuchte Prüfling (z. B. jeder Lautsprecher) offensichtlich Hochpasswirkung hat. Durch die Fensterung gleichen sich positive und negative Halbwellen der Impulsantwort nicht mehr vollständig aus, so dass ein in Realität nicht vorhandener Gleichanteil übrigbleibt. Abhilfe schafft die *Subtraktion* einer Fensterfunktion, deren Summe der Abtastwerte genau dem durch die vorherige multiplikative Fensterung verursachten DC-Fehler entspricht. Damit lässt sich zumindest der Anschein wahren, dass die Übertragungsfunktion in Richtung 0 Hz ordnungsgemäß auf $-\infty$ dB zuläuft (Abb. 21.26). Allerdings ist dem Frequenzgang dort sowieso keine Beachtung mehr zu schenken, da der korrigierte Bereich weit unterhalb der Gültigkeits-Grenzfrequenz (ungefähr 1/Fensterbreite) liegt.

Neben der Glättung lässt sich auch vielfach beobachten, dass die Fensterung den Frequenzgang im tieffrequenten Bereich spürbar absenkt. Die tieffrequenten Komponenten der Impulsantwort sind natürlich auf einen breiteren Zeitbereich verteilt

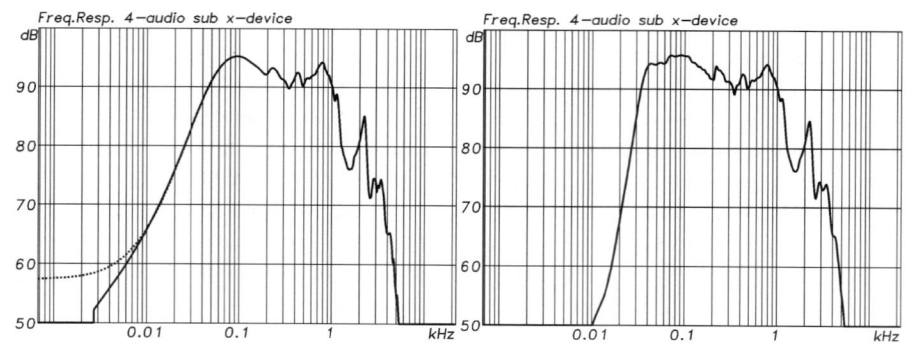

Abb. 21.26 Links: Frequenzgang eines Subwoofers aus gefensterter Impulsantwort mit und ohne DC-Korrektur. Rechts: Mit umgekehrt zur Frequenz proportionaler Fensterbreite

als die hochfrequenten und werden deshalb vom Fenster stärker in Mitleidenschaft gezogen. Zusätzlich spielen die bei Lautsprechern häufig auftretenden Gruppenlaufzeitverzerrungen eine Rolle. Insbesondere Basslautsprecher auf Resonator-Basis (Bassreflex, Bandpass) „verschleppen" tieffrequente Signalanteile häufig um mehrere 10 ms. Ein Fenster, welches symmetrisch zum Peak der Impulsantwort (der hauptsächlich durch die hochfrequenten Signalanteile definiert ist) positioniert wird, entzieht der resultierenden Übertragungsfunktion über Gebühr tieffrequente Anteile, da diese verzögert eintreffen und somit schon spürbar vom Fenster gedämpft werden. Eine übliche Lösung für diesen Fall ist die Anwendung eines Tukey-Fensters, welches den mittleren Teil des gefensterten Ausschnittes nicht beeinflusst und nur an den beiden Rändern schmale Fensterflanken ansetzt. Dieses kombinierte Fenster (es handelt sich mathematisch um die Faltung eines normalen Fensters mit einem Rechteck) weist allerdings eine besonders schlechte Unterdrückung der Nebenzipfel (nämlich die eines Rechteckfensters) von weniger als 20 dB auf, weshalb diese bei bandbegrenzten Systemen (z. B. den Einzelwegen eines Lautsprechersystems) außerhalb des Übertragungsbereiches in Erscheinung treten können.

Die gängigen Fenstertypen sind für die Analyse von stationären Tönen ausgelegt. Sie stellen einen Kompromiss zwischen möglichst schmalem spektralen Hauptmaximum (hoher Selektivität) und möglichst hoher Seitenzipfel-Dämpfung (Dämpfung von Artefakten fernab von starken Komponenten) dar. Für die Analyse von Impulsantworten sind diese Kriterien nicht in jedem Fall so maßgeblich wie für die Klirranalyse. Zumindest bei Breitband-Übertragungsfunktionen, die relativ regelmäßig verlaufen und keine tiefen Einbrüche aufweisen, ist eine höhere spektrale Selektivität (geringerer Glättungseffekt) wichtiger als eine möglichst hohe Nebenzipfelunterdrückung, da die Nebenzipfel von der Übertragungsfunktion verdeckt werden. Dies gilt insbesondere dann, wenn wegen räumlich beengter Verhältnisse ein recht schmales Fenster zur Ausblendung der ersten Reflexion eingesetzt werden muss. Umgekehrt kann es bei Messungen der einzelnen Chassis eines Mehrwegesystems oder bei Messungen von interferierenden Lautsprecheranordnungen störend sein, wenn die Frequenzen außerhalb des Übertragungsbereichs bzw. Interferenzeinbrüche wegen unzureichender Nebenzipfelunterdrückung „zugeschmiert" werden.

Neben den symmetrischen Fenstern werden für die Fensterung von Impulsantworten auch gerne rechte Fensterhälften eingesetzt. Der erste Teil der Impulsantwort bleibt also unverändert. Die rechte Fensterflanke wird mit ihrem Ende auf die erste störende Reflexion gesetzt, so dass die Ausblendung dort gerade 100 % erreicht. Auch hier gilt, dass die spektralen Eigenschaften der Fensterung der des Rechteckfensters entsprechen. Trotzdem kann die Methode vorteilhaft sein, weil sie die Haupt-Bestandteile der Impulsantwort um das Maximum herum nicht antastet.

Statt der frequenzlinearen Glättung, die ein normales, multiplikativ auf die Impulsantwort angewandtes Fenster ausübt, wird für die Darstellung der Frequenzgänge akustischer Wandler zumeist eine *frequenzlogarithmische Glättung* bevorzugt. Diese lässt sich am einfachsten und schnellsten durch eine auf das Amplitudenspektrum angewandte gleitende Mittelwertbildung, deren „Fangbereich" mit der Frequenz wächst, bewerkstelligen. Bessere Resultate liefert eine Fensterfunktion, die mit dem Spektrum gefaltet wird und deren Breite ebenfalls proportional zur Frequenz wächst. Leider hat eine solche Glättung aber keine zeitselektiven Eigenschaften, so dass Störkomponenten und Reflexionen weiterhin energetisch zum Amplitudenfrequenzgang beitragen, auch wenn ihr Effekt durch die Glättung optisch verwischt wird.

Die normale multiplikative Fensterung der Impulsantwort entspricht im Spektralbereich einer komplexen Faltung des Fensterspektrums mit der komplexen Übertragungsfunktion. Wenn man nun die Breite des Fensterspektrums proportional zur gerade bearbeiteten Frequenz der Übertragungsfunktion wachsen lässt, erhält man wiederum eine frequenzlogarithmische, d. h. mit konstantem Bruchteil einer Oktave wirkende Glättung, die nun aber gleichzeitig zeitselektiv ausfällt. Dies entspricht einem Fenster, dessen Breite umgekehrt proportional zur Frequenz wächst. Die rechte Seite von Abb. 21.26 zeigt die so behandelte Übertragungsfunktion eines Subwoofers. Die spektrale Kontur des wichtigen Übertragungsbereiches unterhalb von 100 Hz bleibt im Gegensatz zur eng angesetzten multiplikativen Fensterung im Zeitbereich vollständig erhalten.

Der Rechenaufwand für diese Operation ist allerdings nicht unerheblich und steigt quadratisch zur Länge der Impulsantwort. In der Praxis ist die Zunahme der Bearbeitungszeit bei langen Impulsantworten sogar noch stärker, da kurze Signale und Fenster in den Daten-Caches des Prozessors bearbeitet werden können, während bei längeren Sequenzen auf das wesentlich langsamere externe DRAM zurückgegriffen werden muss. Für die üblichen Impulsantwortlängen bis 32K Samples ist die zeitselektive Glättung auf aktuellen PCs aber in Sekundenbruchteilen erledigt.

21.2.9 Kombinierte Nahfeld/Fernfeldmessungen

Die im vorigen Abschn. beschriebenen Probleme machen es oft unmöglich, den kompletten Frequenzgang eines Lautsprechers aus einer einzigen Messung zu ermitteln. Das zur Unterdrückung von Reflexionen und anderen Störkomponenten erforderliche Fenster macht den unteren Bereich der gemessenen Übertragungsfunktion unbrauchbar. Auch die beschriebene zeitselektive Glättung bzw. Fensterung mit frequenzabhängiger Breite hilft nur in Grenzen weiter, da je nach Geometrie des Messraumes bei tiefen Frequenzen Direktschall und Reflexionen ineinander rutschen und sich physikalisch nicht mehr voneinander trennen lassen.

Eine häufig angewandte Methode zur Überwindung dieser Problematik ist die zusätzliche Messung im Nahfeld aller Schallaustrittsöffnungen auf gleicher Ebene in Schallausbreitungsrichtung (Keele 1974). Diese Einzelmessungen werden mit der Wurzel der Flächen der Schallaustrittsöffnungen gewichtet und dann komplex addiert. Diese aufsummierte Nahfeldmessung lässt sich nun in einem Bereich, wo sowohl Nah- als auch Fernfeldmessung gültig sind, an die Fernfeldmessung „ankleben". Dazu müssen nicht nur die Amplitude, sondern auch die Laufzeit und die Phase der Nahfeldmessung so verschoben werden, dass es an der Klebestelle keine Diskontinuitäten gibt.

Kapitel 21 Messtechnik

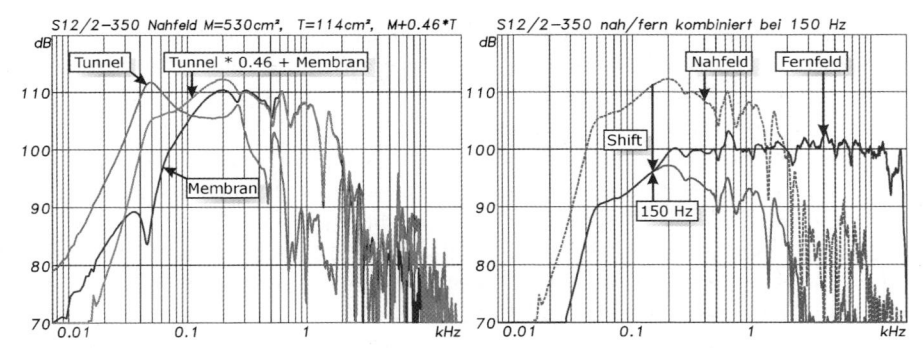

Abb.21.27 Links: Nahfeldmessungen an Port und Membran einer Bassreflexbox sowie flächenbewertete Summe der beiden. Rechts: Anpassung der summierten Nahfeldmessung an den Fernfeld-Frequenzgang bei 150 Hz.

Wegen der ohnehin erforderlichen Verschiebung des Nahfeld-Frequenzgangs braucht man sich um dessen korrekte Skalierung (in dB-SPL) keine Gedanken zu machen. Der Fernfeld-Frequenzgang ist die Referenz, die also die korrekte Empfindlichkeit aufweisen muss.

Das Ergebnis stimmt nicht immer hundertprozentig mit dem unter echten Freifeldbedingungen messbaren Frequenzgang überein, es liegt innerhalb von Räumen aber trotzdem normalerweise näher an der Wahrheit als die Standard-Achsmessung in 1 Meter Entfernung.

21.2.10 Mittelungen

Mittelungen über mehrere Messzyklen dienen der Rauschunterdrückung und/oder Glättung des gemessenen Spektrums unter schwierigen Messbedingungen. Die Mittelungen können so gestaltet sein, dass jede Messung mit dem gleichen Gewicht ins Endergebnis eingeht:

$$A_n = A_{n-1} \cdot \left(1 - \frac{1}{n}\right) + A_{neu} \cdot \frac{1}{n} \qquad (21.23)$$

A_n ist das neue Mittelungsergebnis, A_{n-1} das davor liegende, A_{neu} ist die neu hinzugekommene Messung und n ist schließlich die Nummer des Messdurchlaufs (1,2,3...).

Alternativ zu dieser *arithmetischen* Mittelung lässt sich die *exponentielle* Mittelung einsetzen, bei der jeder neuen Messung immer wieder das gleiche Gewicht zugeteilt wird, während ehemalige Messungen umso schwächer zum Gesamtergebnis beitragen, je weiter sie in der Vergangenheit liegen:

$$A_n = A_{n-1} \cdot (1 - \alpha) + A_{neu} \cdot \alpha \qquad (21.24)$$

Der Faktor α darf zwischen 0 und 1 liegen, für „langsame" Mittelungen liegt er nahe bei 0, für „schnelle" Mittelungen, die relativ zügig auf geänderte Bedingungen reagieren sollen, entsprechend höher.

Bei synchroner Anregung mit deterministischem Signal stehen für die Glättung von Spektren zwei Verfahren zur Verfügung: Die komplexe, bei der getrennt Real- und Imaginärteile addiert werden, und die energetische, bei der nur die Beträge addiert werden, während die Phasen unberücksichtigt bleiben.

Bei der komplexen Mittelung (in angelsächsischer Literatur und Firmenprospekten gelegentlich *Vector-Averaging* genannt) wird unkorreliertes Rauschen allmählich herausgemittelt, da sein Energiezuwachs bei Addition von zwei Spektren bei 3 dB liegt, während das Nutzsignal um 6 dB steigt. Alternativ zur komplexen Mittelung im Spektralbereich lässt sich mit gleicher Wirkung auch einfach das vom Prüfling empfangene Ausgangs-Zeitsignal mitteln. Die restliche Signalverarbeitung muss in diesem Fall nur einmal nach Abschluss der Mittelungen durchgeführt werden, allerdings steht auch erst dann ein Ergebnis zur Verfügung.

Die energetische Mittelung ist für Fälle interessant, in denen sich die Laufzeit zwischen Sender und Empfänger ändert, z. B. bei Positionswechseln zum Zwecke der räumlichen Mittelung über mehrere Messpunkte. In diesen Fällen kann keine komplexe Mittelung angewandt werden, da sich dann Interferenzeffekte (Kammfilter-Wirkung) bemerkbar machen würden. Bei der energetischen Mittelung wächst das Rauschen bei den Mittelungen genau so stark wie das Nutzspektrum, das SNR verbessert sich also dabei nicht.

21.2.11 Übersprechen

Das frequenzabhängige Übersprechen (*crosstalk*) von einem Kanal auf den anderen lässt sich sehr einfach bestimmen. Zunächst wird eine *Referenzmessung* für den Immissions-Kanal (derjenige, der das Übersprechen vom anderen Kanal empfängt) durchgeführt. Das Anregungssignal wird also vom Generator in den Empfangskanal eingespeist, am Ausgang empfangen und zum Analysator des Messsystems zurückgeführt. Durch die Referenzmessung werden Verstärkung und Frequenzgang des Empfangskanals zum Eigenfrequenzgang des Messsystems dazugerechnet, ganz so, als würde der untersuchte Kanal Bestandteil des Messsystems sein. Eine anschließende Kontrollmessung der Übertragungsfunktion auf Basis der Referenzmessung liefert also eine horizontale Linie bei exakt 0 dB. Nun wird das Generatorsignal in den Emissions-Kanal (derjenige, von dem das Übersprechen ausgeht) eingespeist und die Übertragungsfunktion unverändert am Ausgang des Immissions-Kanal gemessen.

Da bei einigermaßen sorgfältig entworfener Elektronik das Übersprechen sehr gering ist (< −100 dB) und zu tiefen Frequenzen (beim üblichen kapazitiven Übersprechen) noch weiter abnimmt, sind häufig mehrfache kohärente Mittelungen nötig, um einen glatten, rauscharmen Übersprech-Frequenzgang zu erhalten.

21.2.12 Gleichtaktunterdrückung

In symmetrischen Audioverbindungen, wie sie im professionellen Audiobereich üblich sind, beschreibt die Gleichtaktunterdrückung (*Common Mode Rejection Ratio*, *CMRR*), wie gut gleichphasig auf beide Adern der symmetrischen Verbindung eingestreute Störungen vom Empfänger im Vergleich zum Nutzsignal unterdrückt werden. Es ist das Verhältnis der Ausgangsamplitude der untersuchten Schaltung zur derjenigen bei gleichphasiger Einkopplung.

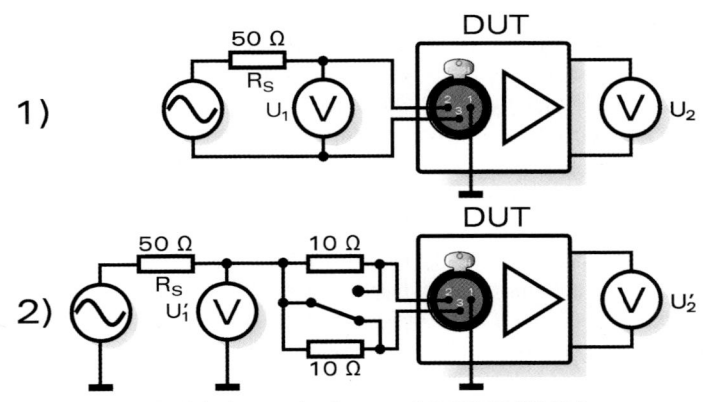

Abb. 21.28 Messung der Gleichtaktunterdrückung nach DIN EN 60268-3

Die Ermittlung des frequenzabhängigen CMRRs gestaltet sich einfach: Zunächst wird eine Messung der Übertragungsfunktion durchgeführt, bei der das Anregungssignal einer ungeerdeten Quelle symmetrisch in die beiden Pins 2 und 3 des XLR-Eingangs (bzw. *Tip* und *Ring* bei Klinkenbuchse) des Prüflings eingespeist wird. Das Ergebnis wird als Referenzspektrum gespeichert.

Danach wird dieselbe Quelle einseitig auf die Masse des Prüflings gelegt und die „heiße" Seite gleichzeitig in die XLR-Pins 2 und 3 eingespeist. Um realistischere und näher an den tatsächlich in der Praxis erzielbaren Gleichtaktunterdrückungen liegende Werte zu erhalten, soll das Gleichtaktsignal nach DIN EN 60268-3 (Verstärker) nicht direkt, sondern über zwei 10 Ω-Widerstände (Toleranz ≤ 1 %) eingespeist wird, von denen einer abwechselnd kurzgeschlossen wird (Abb. 21.28). Die Messung wird wiederholt und das Referenzspektrum durch sie geteilt. Das Ergebnis ist die frequenzabhängige Gleichtaktunterdrückung in dB:

$$CMRR = 20 \cdot \log \frac{U_2/U_1}{U_2'/U_1'} \qquad (21.25)$$

Herangezogen wird dabei das schlechtere der beiden Ergebnisse für die beiden Schalterstellungen zum wechselseitigen Kurzschließen einer der beiden 10 Ω-Serienwiderstände.

Die Gleichtaktunterdrückung hat nichts mit der Symmetrie des differentiellen Nutzsignals auf den beiden Adern zu tun. Diese ist für die Unterdrückung von Störungen unerheblich. Wichtig ist vielmehr, dass erstens die Impedanzen der beiden Ausgangstreiber des sendenden Gerätes und zweitens die Impedanzen der Eingangsschaltung des empfangenen Gerätes für beide Adern über den gesamten Audiobereich so gut wie möglich übereinstimmen. Nur so ist gewährleistet, dass gleichphasig eingekoppelte Störungen an den Impedanzen auch die gleichen Spannungsabfälle hervorrufen und sich bei der Differenzbildung im Empfänger aufheben. Über eine solche impedanzmäßg ausbalancierte (engl. *balanced*) Verbindung lässt sich eines der beiden untereinander gegenphasigen Signale sogar zu 0 setzen, ohne dass die Unterdrückung von Gleichtaktsignalen darunter leiden würde. Aufgrund dieser Tatsache lassen sich unsymmetrische Ausgangsschaltungen ohne Zufügung von aktiven Bauteilen leicht in impedanzmäßig ausbalancierte umwandeln (Withlock 1995). Nützlich ist das zweite, gegenphasige Signal allerdings zur Erhöhung des Dynamikumfangs der Verbindung um 6 dB bei vorgegebener Maximalspannung pro Ader (die sich bei trafofreien Ausgangsschaltungen aus der Versorgungsspannung der Ausgangstreiber ergibt).

Für trafosymmetrische Eingänge ist das *CMRR* insbesondere bei tiefen und mittleren Frequenzen gewöhnlich sehr hoch (> 100 dB) und lässt sich teilweise nur noch mit vielen synchronen Mittelungen messen. Bei elektronisch symmetrierten Eingängen spielt die Paargenauigkeit der Widerstände und Kondensatoren (die zur HF-Unterdrückung zwingend vorhanden sein müssen) in der ersten Stufe die entscheidende Rolle. Da Widerstände standardmäßig mit kleineren Toleranzen verfügbar sind als Kondensatoren, sinkt das *CMRR* bei höheren Frequenzen, wo die *RC*-Tiefpasswirkung einsetzt, meist auf schlechtere Werte ab. Das gleiche gilt für sehr tiefe Frequenzen, wenn Koppelkondensatoren zur *DC*-Unterdrückung auf einer oder beiden Seiten in Serie zu den beiden Adern geschaltet sind. Aus diesen Gründen ist es interessant, das CMRR nicht nur für eine Frequenz, sondern als komplettes Spektrum zu spezifizieren.

21.2.13 Dämpfungsfaktor von Verstärkern

Der Dämpfungsfaktor von Verstärkern ist das Verhältnis von nomineller Anschluss-Impedanz (meist 4 Ω oder 8 Ω) zum Innenwiderstand des Verstärkers. Da er im Allgemeinen ebenfalls frequenzabhängig ist, ist auch seine Erfassung als komplettes Spektrum sinnvoll. Die Berechnung erfolgt über den Spannungsabfall, den das Ausgangssignal beim Anschluss der Nennimpedanz erfährt.

Zunächst wird eine Referenzmessung der frequenzabhängigen Leerlaufspannung U_0 (idealerweise eine nahezu horizontale Linie im Spektrum) am Ausgang des Verstärkers durchgeführt und die Messung gespeichert. Im zweiten Schritt wird ein rein ohmscher Lastwiderstand R_N mit dem genauen Wert der Nennimpedanz angeklemmt und die Messung wiederholt. Dabei sollte der Abgriff direkt an den Ausgangsklemmen bzw. der Ausgangsbuchse über eine getrennte Messleitung erfolgen,

Kapitel 21 Messtechnik

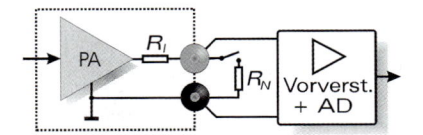

Abb. 21.29 Messung des frequenzabhängigen Innenwiderstands und des Dämpfungsfaktors von Leistungsverstärkern

um zu vermeiden, dass der Kabelwiderstand der Verbindung zum Lastwiderstand die Messung zu Ungunsten des Verstärkers beeinflusst.

Innenwiderstand R_I und Dämpfungsfaktor D berechnen sich aus den beiden Messungen wie folgt:

$$R_I(f) = R_N \cdot \left(\frac{U_0(f)}{U_{LAST}(f)} - 1 \right) \quad D(f) = \frac{R_N}{R_I(f)} \tag{21.26}$$

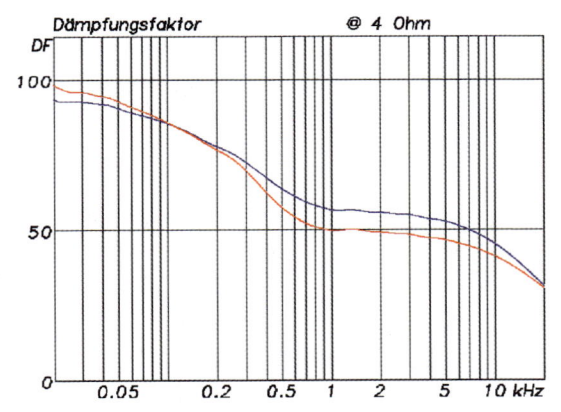

Abb. 21.30 Zweikanaliger Dämpfungsfaktor eines mäßigen Leistungsverstärkers

DIN EN 60268-3 sieht ein umständlicheres Verfahren vor, bei der ein zweiter Verstärker über einen Serienwiderstand gegen den Ausgang des ohne Signal betriebenen Prüflings geschaltet wird. Die Ausgangsimpedanz ergibt sich dann als Quotient der gebildeten schwachen Spannung an den Ausgangsklemmen des Prüflings zum eingeprägten Strom durch den Serienwiderstand.

Der Dämpfungsfaktor ist bei übertragerlosen Transistorverstärkern eigentlich kein wesentliches Qualitätsmerkmal, auch wenn er von manchen Herstellern gerne als solches dargestellt wird. Bei guter interner Verkabelung sowie niederohmigen Kontakten in Ausgangsrelais und Anschlussbuchsen liegt die Ausgangsimpedanz der gängigen, stark gegengekoppelten Verstärkerdesigns stets in der Größenordnung von maximal wenigen 10 mΩ. Sie spielt damit im Vergleich zum Widerstand des Anschlusskabels und insbesondere zur Lautsprecherimpedanz in der Regel keine Rolle.

21.2.14 Impedanz

Die frequenzabhängige Impedanz eines Lautsprechers ist besonders für Boxenbauer ein wichtiges Kriterium bei der Entwicklung. Sie spiegelt sowohl die elektrischen als auch die mechanischen Eigenschaften eines Lautsprechers und des Gehäuses, in welches er eingebaut ist, wider. Aus zwei Impedanzmessungen, bei denen der Lautsprecher zunächst frei und danach entweder in ein Gehäuse eingebaut oder mit einer an der Membran fixierten Zusatzmasse betrieben wird, lassen sich sämtliche für die Abstimmung eines Tieftongehäuses benötigten Parameter des Chassis (z. B. nach *Thiele-Small*) bestimmen.

Traditionell wird die Impedanz näherungsweise entweder nach der Konstantstrom- oder nach der Konstantspannungsmethode ermittelt. Mit Hilfe der Übertragungsfunktions-Messtechnik lässt sie sich für beide Methoden auch exakt und mit hoher Frequenzauflösung bestimmen. Zunächst wird der Lautsprecher durch einen möglichst genau bekannten reellen Referenz-Widerstand ersetzt und eine *Referenz-Messung* durchgeführt. Danach wird statt des Referenz-Widerstands wieder der Lautsprecher angeschlossen und eine zweite Messung der Übertragungsfunktion durchgeführt und mit der ersten verrechnet. Dank der Referenzmessung müssen weder die Ausgangsspannung des Leistungsverstärkers noch der Aussteuerbereich des A/D-Umsetzers bekannt sein; diese Werte dürfen sich zwischen den beiden Messungen lediglich nicht verändern.

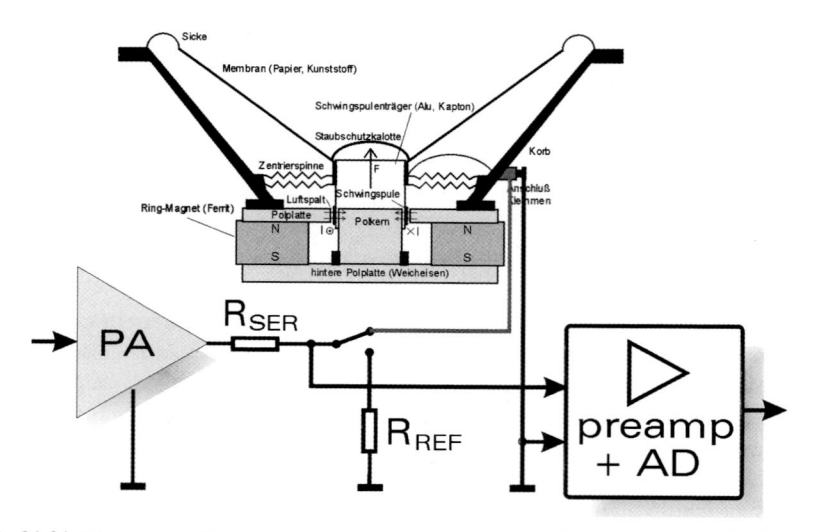

Abb. 21.31 Messung der Impedanz eines Lautsprechers mit der Konstantstrom-Methode

21.2.14.1 Konstantstrom-Methode

Bei der Konstantstrom-Methode wird der Lautsprecher über einen hochohmigen Widerstand (z.B. 1 kΩ) an den Verstärker angeschlossen. Da die Lautsprecher-Impedanz vergleichsweise gering ist, fließt bei allen Frequenzen ein annähernd konstanter Strom. Das komplexe Verhältnis der an den Lautsprecherklemmen abgegriffenen Spannung zum als konstant angenommenen Strom ergibt näherungsweise die Impedanz.

Exakt lässt sich die Impedanz mit Hilfe der Referenzmessung bestimmen. Sie liefert die Spannung $U_{REF}(f)$ am reellwertigen Referenz-Widerstand, der den Lautsprecher temporär ersetzt. Die anschließende zweite Messung liefert die komplexe Übertragungsfunktion $U_{LS}(f)$ an den Lautsprecher-Klemmen. Mit Kenntnis der Werte für den seriellen Widerstand R_{SER} und des Referenz-Widerstandes R_{REF} ergibt sich die frequenzabhängige Impedanz zu:

$$Z_{LS}(f) = \frac{R_{SER}}{\frac{U_{REF}(f)}{U_{LS}(f)} \cdot \left(\frac{R_{SER}}{R_{REF}} + 1\right) - 1} \tag{21.27}$$

Ein Vorteil der Konstantstrom-Methode ist, dass nicht unbedingt ein Leistungsverstärker benötigt wird – der Lautsprecher lässt sich auch direkt an einem Line-Ausgang betreiben. Dessen Ausgangsimpedanz (z.B. 50 Ω) muss allerdings genau bekannt sein und bei der Berechnung zu R_{SER} addiert werden.

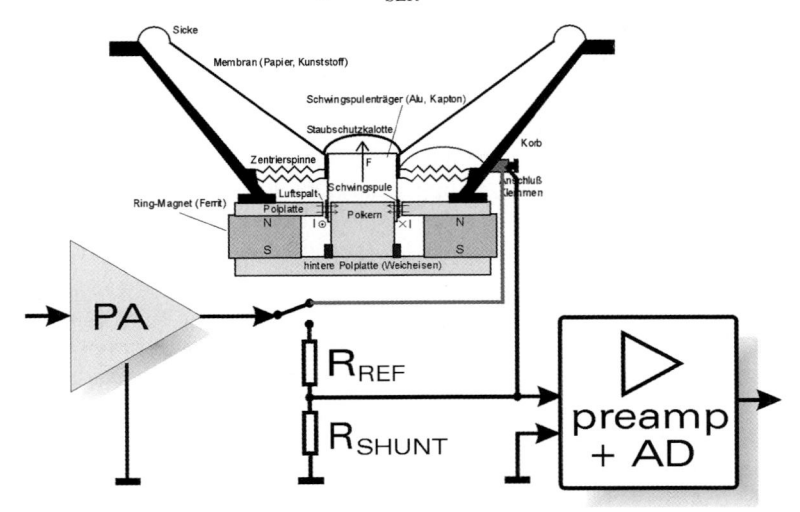

Abb. 21.32 Messung der Impedanz eines Lautsprechers mit der Konstantspannungs-Methode

21.2.14.2 Konstantspannungs-Methode

Bei der Konstantspannungs-Methode wird ein niederohmiger Shunt-Widerstand (z. B. 0,1 Ω) in die Leitung zum Verstärker gelegt. Da sein Wert üblicherweise klein gegenüber der Lautsprecherimpedanz ist, wird der Lautsprecher diesmal mit nahezu konstanter Spannung betrieben. Gemessen wird der Spannungsabfall über dem Shunt, welcher proportional zum Strom ist. Die Impedanz ergibt sich näherungsweise durch das komplexe Verhältnis der Verstärker-Ausgangsspannung zum gemessenen Strom.

Exakt lässt sich die Impedanz wiederum mit Hilfe der zunächst durchgeführten Referenzmessung ermitteln. Sie liefert die Übertragungsfunktion U_{REF_Sh}, welche den Spannungsabfall am Shunt-Widerstand repräsentiert, wenn der Lautsprecher durch den Referenzwiderstand ersetzt wird.

Bei der zweiten Messung wird statt des Referenz-Widerstandes der Lautsprecher angeschlossen. Gemessen wird nun die Übertragungsfunktion U_{LS_SH} am Shunt. Aus der komplexen Division der beiden gemessenen Spektren lässt sich unter Kenntnis der Werte für den Referenz-Widerstand R_{REF} und des Shunt-Widerstandes R_{SH} nun die genaue frequenzabhängige Impedanz berechnen:

$$Z_{LS}(f) = \frac{U_{REF\_SH}(f)}{U_{LS\_SH}(f)} \cdot (R_{REF} + R_{SH}) - R_{SH} \qquad (21.28)$$

Erwähnenswert dabei ist, dass der Wert des Shunts nicht unbedingt wesentlich geringer als die Lautsprecherimpedanz sein muss. Er geht mit in die Formel ein und die Ergebnisse bleiben korrekt, auch wenn er in der gleichen Größenordnung wie die zu messende Impedanz liegt. Dies gilt ebenso für den Serienwiderstand bei der Konstantstrom-Methode nach (21.27).

Alternativ zu den hier beschriebenen sequentiellen Ein-Kanal-Verfahren lassen sich natürlich auch simultan Spannung und Strom am Lautsprecher messen und durch komplexe Division direkt zur Impedanz verrechnen.

21.3 Dynamikumfang und SNR

Der Dynamikumfang ist ein Schlüsselkriterium zur Beurteilung von Audio-Elektronik sowie Signalwandlungs-, verarbeitungs- und speicherverfahren. Er gibt an, wie weit der Störpegel im Audiobereich N_{IDLE} (RMS-Summe aller Komponenten, üblicherweise im Bereich 20 Hz – 20 kHz) bei Abwesenheit eines Eingangssignals unter dem Maximalpegel S_{MAX} eines gerade noch unverzerrt reproduzierbaren Sinussignals liegt:

$$DR = \frac{S_{MAX}}{N_{IDLE}} \qquad (21.29)$$

Für die genaue Kenntnis des nutzbaren Pegelbereiches eines Audio-Gerätes sind mindestens zwei von folgenden drei Angaben erforderlich: Dynamikumfang, Clipgrenze und absoluter Pegel des Grundrauschens, letztere üblicherweise in dBu oder dBV angegeben (vgl. Tabelle 1.7).

Eng mit dem Dynamikumfang verwandt ist das Signal-Rauschverhältnis (Signal-to-Noise Ratio, SNR, oder *Geräuschspannungsabstand* in deutschen Normen), das allerdings nicht immer einheitlich definiert ist. Üblicherweise bezieht sich der gemessene Noisefloor für den Nenner wie beim Dynamikumfang auf die Abwesenheit eines Eingangssignals, gemessen also bei kurzgeschlossenem Eingang bzw. Speisung eines D/A-Umsetzers mit konstantem Digital-0 Datenstrom (EIA-560, DIN IEC 60268-2). Möglich ist aber auch die Messung bei anliegendem Signal (AES17, signal-to-noise ratio in the presence of signal), was in der Regel den Rauschpegel (auch durch das Messequipment selber) geringfügig erhöht. Zu allem Überfluss ist auch der Zähler nicht einheitlich definiert. Normalerweise wird die maximale unverzerrt reproduzierbare Signalamplitude herangezogen. Gebräuchlich ist in den USA aber auch der Einsatz des Standardpegels +4 dBu, wobei der Bereich oberhalb von +4 dBu bis zur Clipgrenze dann als zusätzlicher *Headroom* angegeben wird. SNR + headroom ergeben dann also wiederum den Dynamikumfang.

Dieser ist messtechnisch relativ einfach zu erfassen. Bei Prüflingen mit analogem Ausgang (Analoge Schaltungen, D/A-Umsetzer) lässt sich die Messung mit analogen Mitteln bestreiten. Man benötigt einen Messverstärker, dessen äquivalentes Eingangsrauschen deutlich unter dem Ausgangsrauschen des Prüflings liegt, einen Bandpass 20 Hz bis 20 kHz, und ein True-RMS Meter für den Audiobereich.

Die Bandbreite wird in der Regel auf den Audiobereich 20 Hz–20 kHz beschränkt, auch wenn das untersuchte System einen größeren Übertragungsbereich hat, z. B. Digitalsysteme mit 96/192 kHz. Eine weißes Spektrum des Störgeräusches vorausgesetzt, würde sonst der Dynamikumfang mit jeder Verdopplung der berücksichtigten Bandbreite um 3 dB fallen.

Am besten eignet sich die FFT-Technik zur Messung des Dynamikumfangs und liefert gleich noch wertvolle Information über die spektrale Verteilung der Störgeräusche. Wie beim Klirrfaktor auch erfolgt die Ermittlung des Maximalpegels am besten mit einem synchronen Anregungssignal, welches mit einer genau ganzzahligen Anzahl von Perioden in die FFT-Blocklänge passt. Auf diese Weise wird jegliches *Leakage* vermieden und es kann auf Fensterung verzichtet werden. Der Pegel kann so direkt von der Höhe der einzelnen FFT-Linie bei der Grundwellenfrequenz abgelesen werden.

Für den Maximalpegel existieren verschiedene Definitionen. Strenggenommen sollte es derjenige sein, bei dem gerade noch kein Clipping auftritt. Nicht bei allen Systemen lässt sich aber der Clippunkt exakt bestimmen. In diesen Fällen wird häufig der Pegel herangezogen, bei dem 0,5 % oder 1 % Klirrfaktor auftritt. Einfach sind die Verhältnisse bei A/D- und D/A-Umsetzern. Bei ihnen wird als Maximalpegel derjenige definiert, bei dem der volle Zahlenbereich des Umsetzers erreicht ist. Er wird zu 0 dBFS (dB below fullscale) festgelegt.

Der Dynamikumfang wird üblicherweise in zwei Etappen gemessen: Zunächst wird der Pegel bei Vollaussteuerung gemessen. Bei einem D/A-Umsetzer ist dies derjenige, der sich am Ausgang bei Speisung mit einem 0 dBFS Sinussignal am digitalen Eingang ergibt. Danach wird die Signalquelle entfernt und durch einen Kurzschluss oder Abschluss mit spezifiziertem Quellwiderstand ersetzt. D/A-Umsetzer werden mit einem Datenstrom gespeist, der nur aus Nullen besteht. Nun kann der bandbegrenzte Rauschpegel am Ausgang gemessen werden, dessen Verhältnis zum Pegel bei Vollaussteuerung den Dynamikumfang definiert.

Selbstverständlich muss für die Messung des Rauschpegels ein Vorverstärker verwendet werden, dessen äquivalentes Eingangsrauschen deutlich unter dem Ausgangsrauschen des Prüflings liegt, um nicht das Ergebnis zu Ungunsten des Prüflings zu verfälschen. Wenn dies nicht garantiert werden kann, z. B. bei Prüflingen, die selber schon einen extrem rauscharmen Ausgang haben, lässt sich das Eigenrauschen des Vorverstärkers N_VV zumindest näherungsweise abziehen:

$$N\,[\text{dB}] = 10 \cdot \log\left(10^{\frac{N\_\text{gemessen}[\text{dB}]}{10}} - 10^{\frac{N\_VV[\text{dB}]}{10}}\right) \quad (21.30)$$

Alternativ zum zweiteiligen Verfahren ist es bei A/D- und D/A-Umsetzern üblich, eine einfache *THD+N* Messung mit einem Sinussignal 60 dB unter Vollaussteuerung (−60 dBFS) durchzuführen (AES17, IEC/DIN 61606-1). Der Dynamikumfang berechnet sich dann aus dem Verhältnis der Amplitude der Grundwelle, zuzüglich 60 dB, zur Summe der restlichen Komponenten des Spektrums zwischen 20 Hz und 20 kHz. Bei diesem geringen Pegel liegen normalerweise alle Klirrkomponenten unter dem Rauschteppich, so dass ihr Beitrag keine Rolle spielt.

Das Verfahren hat den Vorteil, dass es eventuell vorhandene Stummschaltungen (die bei manchen D/A-Umsetzern aktiviert werden, wenn er eine Zeitlang nur digital-0 empfängt) überlistet und so den tatsächlichen Rauschpegel für den normalen Betrieb liefert.

Neben Dynamikumfang und SNR existieren noch ein paar artverwandte Definitionen. Dazu gehört SINAD (Signal to Noise And Distortion):

$$SINAD = \frac{S + THD + N}{THD + N} \quad (21.31)$$

SINAD ist also das Verhältnis von Gesamtsignal zum Gesamtsignal abzüglich der Grundwelle. Im Audiobereich sehr viel üblicher ist die Angabe des Kehrwertes, nämlich *THD+N* bezogen auf das Gesamtsignal.

Das *SNHR* (Signal-to-Non-Harmonic Ratio) ist ähnlich wie *SINAD*, hält aber die harmonischen Verzerrungen aus der Berechnung heraus und entspricht daher dem SNR bei anliegendem Signal:

$$SNHR = \frac{S + THD + N}{N} \quad (21.32)$$

Der SFDR (Spurious-Free Dynamic Range) ist das Verhältnis der Amplitude des Nutzsignals S zur höchsten Störkomponente im FFT-Spektrum N_{max} über den gesamten Bereich bis zur halben Abtastrate:

$$SFDR = \frac{S}{N_{max}} \qquad (21.33)$$

Die effektive Bitzahl (*ENOB* = effective number of bits) ist ein rein rechnerischer Wert, der eher im Bereich von Mess- und Video-A/D-Umsetzern gebräuchlich ist. Er gibt an, wie viele Bits mindestens erforderlich wären, um den vom ADC erreichten Rauschabstand einzuhalten:

$$ENOB = \frac{SINAD - 1,76\,dB}{6,02\,dB} \qquad (21.34)$$

21.3.1 A-Bewertung

Dynamikumfang und SNR werden in den letzten Jahren immer häufiger A-bewertet angegeben, obwohl dies für die Bewertung der Rauscharmut von Elektronik nicht unbedingt sinnvoll ist. Der Grund ist eher im Marketing zu suchen. Die A-Bewertung (Abb. 21.33, rechts) führt bei einem rein weißen Störsignal und einer berücksichtigten Bandbreite bis 20 kHz zu einer Erhöhung des Wertes für den Dynamikumfang um gut 2 dB. Dies liegt fast ausschließlich an der Absenkung ab 7 kHz, die bis 20 kHz 10 dB erreicht. Größere Unterschiede zum unbewerteten Störsignal ergeben sich allerdings, wenn z. B. Netzbrummen und dessen Oberwellen im Ausgangsspektrum auftreten. Die Absenkung dieser Komponenten durch die A-Bewertung ist zwar gehörphysiologisch sinnvoll, allerdings kaschiert sie technische Unzulänglichkeiten wie problematisches Platinenlayout, ungünstige Masseführung und mangelhafte Abschirmung. Für eine Qualitätsaussage insbesondere über Verstärker ist deshalb der unbewertete Dynamikumfang aufschlussreicher.

An Abb. 21.33 lässt sich ein Trugschluss erläutern, der mittlerweile von Marketing-Experten der Messinstrumente-Industrie entdeckt und ausgenutzt wird. Das Spektrum in der Abbildung ist so normiert, dass ein Sinussignal mit Vollaussteuerung auf 0 dB fallen würde. Dem Anschein nach liegt also der Pegel des Rauschteppichs mehr als 150 dB unter Vollaussteuerung. Dieser Wert hat allerdings nichts mit dem Dynamikumfang zu tun, da zur Ermittlung der Störleistung N selbstverständlich *alle* Komponenten im Auswertebereich bis 20 kHz aufaddiert werden. Bei der hier vorliegenden 16K-FFT und 44,1 kHz Abtastrate bedeutet dies, dass der breitbandige Störpegel im Audiobereich rund 10·log (16384 · 20 kHz / 44,1 kHz) = 38,7 dB höher liegt als die durchschnittliche Einzelkomponente (Frequenzlinie) des FFT-Spektrums. Aus der Summe ergibt sich der wahre Wert des Dynamikumfangs, der in diesem Beispiel bei gut 120 dB liegt.

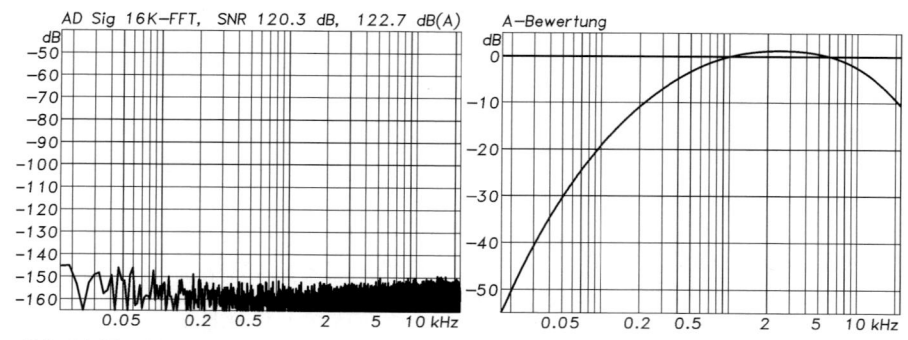

Abb. 21.33 Links: Messung des SNR eines ausgezeichneten A/D-Umsetzers. Das Rauschspektrum ist auf 0 dB für ein Sinussignal mit Vollaussteuerung normiert. Rechts: A-Bewertungskurve

Bei Erhöhung der FFT-Blocklänge verteilt sich die unveränderte Rauschleistung auf eine gestiegene Linienzahl im selben Frequenzbereich. Die einzelne Linie ist nun aber für ein schmaleres Frequenzintervall zuständig und beinhaltet dementsprechend weniger Leistung. Jede Erhöhung des FFT-Grads um 1 (Verdopplung des Analyse-Intervalls) lässt den Rauschteppich im FFT-Spektrum in Bezug auf Vollaussteuerung also um 3 dB sinken. Schon unter diesem Aspekt zeigt sich, wie irreführend die Betrachtung des durch die Höhe der Einzelkomponenten gebildeten Rauschteppichs im FFT-Plot zur Beurteilung des Dynamikumfangs ist: Durch Variation des FFT-Grads lässt er sich nach Belieben verschieben. Aus diesem Grund sollte der FFT-Grad n bzw. die Blocklänge 2^n bei der Darstellung stets angegeben werden, um einen objektiven Vergleich zu anderen Messungen zu ermöglichen.

21.3.2 ITU-R 468-Bewertung

Besser als die A-Kurve, die sich auf die Empfindlichkeit unseres Gehörssinns auf einzelne Töne bei mittleren Pegeln bezieht, ist zur gehörrichtigen Wertung von breitbandigem Rauschen die Filterkurve nach ITU-R 468 (vormals CCIR 468, (gleichlautend mit DIN 45405, s. Abb. 21.34 und Tabelle 21.1) geeignet. Zu Anfangszeiten des FM-Rundfunks und der analogen Bandmaschinen wurde sie bevorzugt zur Bewertung von Pre/Deemphasis und anderen Rauschunterdrückungsverfahren eingesetzt. Zur Ermittlung des Pegels hinter dem Filter ist ein Quasi-Peak-Detektor vorgeschrieben. Bei den Herstellern stieß die ITU-R 468 Gewichtung allerdings auf wenig Gegenliebe, da sie den Bereich der Mitten zwischen 1 kHz und 12,5 kHz stark anhebt und somit zu scheinbar „schlechteren" Werten als bei unbewerteten Messungen führt (+7,2 dB Störspannungsanstieg bei weißem Rauschen). Freundlicher in dieser Hinsicht ist ein Vorschlag aus der Industrie (Dolby 1978), die Bewertungskurve um 5,6 dB nach unten zu verschieben, so dass sie die 0-dB Linie genau bei 2 kHz statt bei 1 kHz schneidet, und außerdem einen RMS-Detektor statt eines Quasi-Peak-Detektors zu benutzen (*Average Reading Meter*, A.R.M.). Diese

Bewertungsmethode ist auch als Standard-Bewertungsfilter in den AES17-Standard eingeflossen.

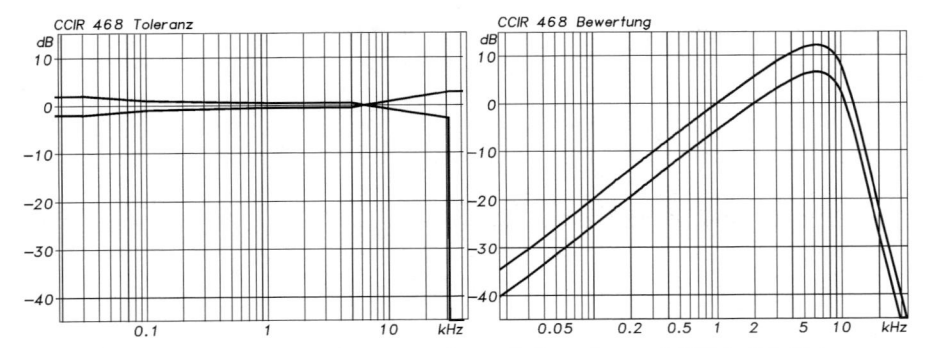

Abb.21.34 Rechts: Gehörrichtige Bewertungskurve für Rauschen nach ITU-R 468. Untere Kurve: A.R.M. nach Dolby. Links: Toleranzkurven dazu

Tabelle 21.1 Stützstellen und Toleranz der Filterkurve nach ITU-R 468

Frequenz [Hz]	Bewertung [dB]	Toleranz [dB]	Frequenz [Hz]	Bewertung [dB]	Toleranz [dB]
31	−29,9	±2,0	6,3k	+12,2	0
63	−23,9	±1,4	7,1k	+12,0	±0,2
100	−19,8	±1,0	8k	+11,4	±0,4
200	−13,8	±0,85	9k	+10,1	±0,6
400	−7,8	±0,7	10k	+8,1	±0,8
800	−1,9	±0,5	12,5k	0	±1,2
1k	0	±0,5	14k	−5,3	±1,4
2k	+5,6	±0,5	16k	−11,7	±1,65
3,15k	+9,0	±0,5	20k	−22,2	±2,0
4k	+10,5	±0,5	31,5k	−42,7	+2,8/−∞
5k	+11,7	±0,5			

21.3.3 Technische Betrachtungen zum Dynamikumfang

Da der Dynamikumfang einer Audiosignal-Reproduktionskette in der Regel deutlich unter den ca. 130 dB (Spanne von Schmerzschwelle zu Hörschwelle) unseres Gehörsinns liegt, ist seine Erhöhung stets sinnvoll und wünschenswert (Fielder 1982) und im Gegensatz zu immer geringer werdenden Klirrfaktoren auch tatsächlich wahrnehmbar.

Aus technischer Sicht ist ein Dynamikumfang von 130 dB für einen einzelnen, guten Audio-Operationsverstärker durchaus erreichbar, allerdings durchläuft das Audiosignal (z. B. in einem analogen Mischpult) stets eine Vielzahl von Signalverarbeitungsstufen. Jede dieser Stufen trägt mit ihrem eigenen Rauschen zum Gesamtstörpegel bei und verringert so den Gesamt-Dynamikumfang.

Hierin liegt einer der Hauptvorteile der Digitaltechnik: Rauschen spielt nur bei der A/D-Umsetzung in den Eingängen sowie der abschließenden D/A-Umsetzung für die analoge Reproduktion des Signals eine Rolle. Die dazwischen liegende digitale Signalverarbeitung kann hingegen praktisch verlustfrei, also unter vernachlässigbarer Hinzufügung von Eigenrauschen- und Verzerrungen erfolgen (vgl. Kap. 1.2.1). Es ist alles nur eine Frage der verwendeten Präzision der Zahlenwerte, die sich prinzipiell beliebig steigern lässt – beim üblicherweise in guten Software-Plugins verwendeten 64 Bit Fließkommaformat nach IEEE 754 beträgt der Dynamikumfang beispielsweise über zwölftausend dB. Von entscheidendem Einfluss auf die Qualität eines digitalen Audio-Systems ist also der Dynamikumfang der eingesetzten A/D- und D/A-Umsetzer, der mit Abstand ihr wichtigstes Kriterium darstellt.

Einen kritischen Wert stellt der Dynamikumfang auch für Leistungsverstärker dar. Prinzipiell könnte er proportional zur maximal verfügbaren Ausgangsleistung wachsen, allerdings schränken induzierte Störungen durch das Netzteil (sowohl konventionelle mit Ringkerntrafo als auch Schaltnetzteile) sowie schaltungstechnische Aspekte und das Platinenlayout diese theoretische Gesetzmäßigkeit ein. Trotzdem ist ein Dynamikumfang von >125 dB für einen analogen Verstärker technisch durchaus machbar, wenngleich die meisten Exemplare deutlich unter diesem Wert bleiben. Ein Wert von >110 dB gilt bereits als ausgezeichnet.

Besonders heikel ist der Dynamikumfang von digital schaltenden Class-D Verstärkern (PWM, Delta-Sigma). Wie auch bei A/D- und D/A-Umsetzern lässt *Jitter* (kurzfristige Frequenz-Schwankungen) des Taktsignals das Rauschen ansteigen; den gleichen Effekt weisen unterschiedliche Anstiegszeiten für positive und negative Halbwellen und sonstige Unsymmetrien auf. 110 dB zu erreichen bzw. zu übertreffen ist bereits eine besondere Herausforderung für den Entwickler.

Ebenfalls eine Herausforderung ist die Messung ihres Dynamikumfangs, da Class-D Verstäker prinzipbedingt erhebliche Schmutz-Komponenten oberhalb des Audiobereichs absondern, insbesondere um die Taktfrequenz herum. Zur Vermeidung von in der Eingangsschaltung des Messsystems entstehenden Intermodulationsprodukten, die teilweise auf das Audioband fallen und den Dynamikumfang fälschlicherweise verschlechtern würden, ist die Vorschaltung eines passiven Tiefpassfilters erforderlich, welches die hochfrequenten Taktreste oberhalb 20 kHz stark dämpft.

Die Vorschaltung eines Tiefpass ist auch für Messungen an Delta-Sigma-D/A-Umsetzern dringend empfehlenswert, da bei diesen der Rauschpegel je nach Auslegung des verwendeten Noise-Shapers ab einer bestimmten Frequenz oberhalb des Nutzbandes ebenfalls stark ansteigt. Dies gilt insbesondere beim Betrieb mit einem 1-Bit-Datenstrom (Direct Stream Digital, DSD), wie er von Sony/Philips als Format für die SACD vorgesehen wurde. In diesem Fall liegt die gesamte Störleistung oberhalb des Audiobandes ohne analoge Nachfilterung achtmal höher als die eines Sinussignals mit Vollaussteuerung, was Intermodulation nicht nur im Mess-Equipment, sondern auch beim normalen Betrieb im angeschlossenen Verstärker befürchten lässt.

Kapitel 21 Messtechnik

AES17 sieht zur Unterdrückung von Intermodulation ein steiles Tiefpassfilter vor, welches bei 24 kHz schon 60 dB Unterdrückung aufweisen muss. Das Durchlassband bis 20 kHz darf hingegen nur ±0,1 dB Welligkeit aufweisen. Solch strikte Vorgaben lassen sich allerdings praktisch nur mit einem Aktivfilter lösen, das in gewissem Maße selber anfällig für Intermodulation ist.

21.4 Nichtlineare Verzerrungen

Neben der linearen Übertragungsfunktion stellen die nichtlinearen Eigenschaften eines Audio-Systems ein wichtiges Messgebiet dar. Zusammen mit Frequenzgang und Dynamikumfang definieren sie maßgeblich die Übertragungsqualität.

Nichtlinearität bedeutet, dass die *Kennlinie* eines Systems, welche das Verhältnis der Ausgangs- zur Eingangsspannung grafisch als Funktion darstellt, nicht völlig linear, die Durchgangsverstärkung (oder Absenkung) also pegelabhängig ist. Natürlich wird jedes System spätestens dann stark nichtlinear, wenn die Aussteuerbarkeitsgrenze (Auslenkung bei Lautsprechern, Magnetisierung bei Tonbändern, Versorgungsspannung bei Elektronik oder Zahlenbereich beim DSP) überschritten wird. Aber auch davor ist die Kennlinie (von digitaler Signalverarbeitung einmal abgesehen) nie hundertprozentig linear, und um die dadurch hervorgerufenen Signalverfälschungen geht es hier.

Eine nichtlineare Kennlinie lässt neue Frequenzen im Ausgangssignal entstehen. Bei Speisung mit einer einzigen Frequenz (Sinus-Signal) sind dies grundsätzlich nur deren ganzzahlige Vielfache, die im deutschsprachigen Raum als harmonische Teiltöne, harmonische Oberwelle oder *Harmonische* mit dem Index k, gefolgt von der Ordnung (Frequenzverhältnis zur Grundwelle) gekennzeichnet werden (k_2, k_3, usw.). Von der Beschaffenheit der Kennlinie hängt nun die Amplitudenverteilung dieser Oberwellen ab. Bei einer symmetrischen nichtlinearen Kennlinie, bei der also die Abweichung vom Ideal für positive und negative Halbwellen genau gleich ist, entstehen nur Oberwellen ungerader Ordnung (k_3, k_5, usw.). Ist die Kennlinie unsymmetrisch verzerrt, so entstehen im Allgemeinen alle Oberwellen.

Kennlinien mit einem quadratischen Anteil, der dem linearen Anteil überlagert ist, erzeugen ausschließlich k_2, solche mit kubischem Anteil ausschließlich k_3. Kennlinien mit einem Anteil einer höheren, geraden Potenz erzeugen alle gradzahligen Harmonischen bis zur Potenz des Anteils. So würde eine Kennlinie mit einem x^4-Anteil z. B. k_2 und k_4 erzeugen (Abb. 21.35c), eine Kennlinie mit x^7-Anteil ließe k_3, k_5 und k_7 entstehen.

Typische Kennlinien von elektronischen und akustischen Übertragungssystemen verlaufen in mittleren Pegelbereichen weitgehend linear und werden zum Ende des Aussteuerungsbereiches allmählich flacher, das Verhältnis von Ausgangs- zu Eingangspegel der Grundwelle nimmt also ab. Praxisrelevant sind auch Sprünge in der Kennlinie, wie sie z. B. durch Nulldurchgangsverzerrungen bei Verstärkern mit ungenügendem Ruhestrom verursacht werden können. Solche Defekte erzeugen Oberwellen, deren Amplituden mit steigender Ordnung sogar noch zu-

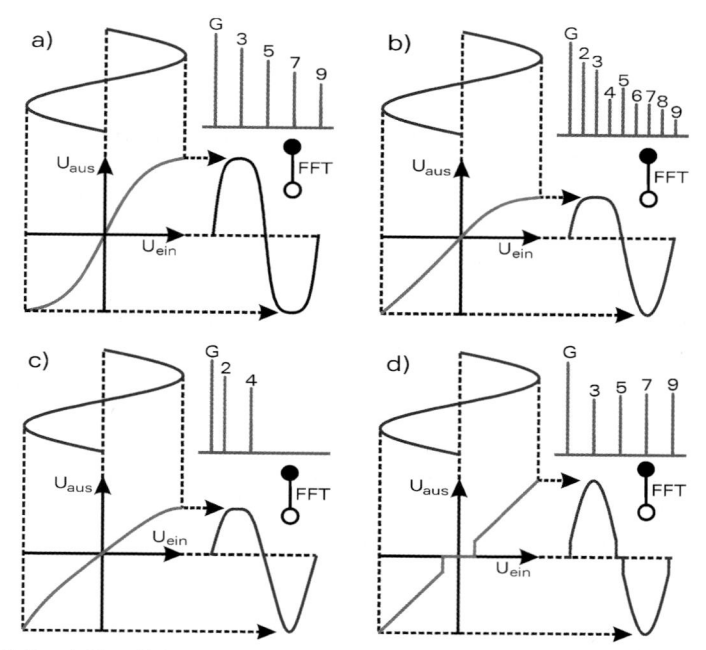

Abb. 21.35 Durch Kennlinienfehler verursachte Signaldeformationen und ihre Oberwellenspektren. a: Ungerade Oberwellen durch symmetrische Begrenzung. b: Alle Oberwellen durch asymmetrische Kennlinie. c: Ausschließlich k_2 und k_4 durch x^4-Anteil in der Kennlinie. d: Symmetrische Nulldurchgangsverzerrungen

nehmen können. Sie können insbesondere bei geringen Pegeln unangenehm auffallen, da dann das Verhältnis Oberwellen zu Grundwelle drastisch ansteigt.

Natürliche akustische Signalquellen wie Musikinstrumente und Stimmen besitzen selber einen hohen Anteil an Oberwellen, weshalb zusätzliche Verzerrungen, sofern sie zu höheren Ordnungen ausreichend steil abfallen, bei der Wiedergabe eines einzelnen Instrumentes häufig kaum auffallen oder sogar angenehm klingen können. Das Problem bei der Musikwiedergabe ist nun allerdings, dass sich mehrere oder alle Instrumente einen Kanal teilen müssen und am Ende der Übertragungskette schließlich vom selben Lautsprecher reproduziert werden. Treffen mehrere Frequenzen auf eine nichtlineare Kennlinie, so entstehen nicht nur deren Oberwellen, sondern zusätzlich auch noch die Summen- und Differenzfrequenzen der Quellfrequenzen und ihrer Oberwellen. Diesen Vorgang nennt man *Intermodulation*. Bei einer Vielzahl von simultanen Quellfrequenzen, wie sie bei Musik üblich sind, ergibt sich durch Intermodulation ein schier unüberschauberes Gemisch von neuen, im Originalsignal nicht vorhandenen und nicht unbedingt in harmonischem Verhältnis stehender künstlicher Frequenzen (Abschn. 21.4.2). Ob diese sich nun störend bemerkbar machen oder durch spektrale Verdeckung unhörbar bleiben, hängt dabei stark vom Musikstil ab.

Deswegen ist es wesentlich schwieriger, aus Verzerrungsmessungen auf die empfundene Audioqualität zu schließen. Während sich aus einer Messung des Frequenzgangs verhältnismäßig leicht ableiten lässt, ob er den Hörgenuss beeinträchtigt oder nicht, hängt es bei Verzerrungen von vielen Faktoren ab, ob sie störend in Erscheinung treten, unhörbar bleiben oder sogar angenehm klingen. So kann durch Unsymmetrien erzeugter k_2 über weite Bereiche unauffällig bleiben, während Nulldurchgangsverzerrungen (Abb. 21.35d), beispielsweise hervorgerufen durch zu schwachen Ruhestrom in Endstufen oder zu geringe Vormagnetisierung (*Bias*) bei analogen Bandmaschinen, sehr schnell hörbar werden, selbst wenn ihr Gesamtpegel geringer ist als die Hörbarkeitsschwelle für k_2.

Alle an einer Audioübertragungskette beteiligten Komponenten erzeugen in mehr oder minder starkem Maße Verzerrungen. Dabei sind die physikalischen Ursachen und die Auswirkungen der Nichtlinearitäten sehr unterschiedlich. Typische Gründe für Verzerrungen sind

- nichtlineare **analoge, elektronische Bauteile** wie nicht genügend vorgespannte gepolte Kondensatoren, Gleichrichtereffekte durch Oxydschichten auf Kontakten (Sockel, Steckverbindungen), nichtlineare Eingangskennlinie von Differenzverstärkern, begrenzte Leerlaufverstärkung und Schnelligkeit der Gegenkopplung, Unsymmetrie in komplementären Ausgangsstufen, Nulldurchgangsverzerrungen (*crossover distortion*), HF-Schwingneigung bei bestimmten Amplituden und/oder Lastfällen, Einkopplung von nichtlinearen Strömen in gemeinsame Masseführung, kapazitives Übersprechen von nichtlinearen Schaltungsbestandteilen,
- nichtlineare Effekte in der **digitalen Signalverarbeitung** wie Aliasing, Requantisierung ohne Dither, Grenzzyklen in IIR-Filtern und anderen rückgekoppelten Stufen,
- ein unsymmetrisches Magnetfeld bei **Lautsprechern**, eine nichtlineare Federkennlinie von Sicke und Spinne, Subharmonische und deren Oberwellen durch parametrische Schwingungen bei extremer Belastung,
- bei **analoger Magnetaufzeichnung** Nulldurchgangsverzerrungen, ungerade Harmonische durch Sättigung des Bandmaterials, Frequenzmodulation (wow & flutter) durch Gleichlaufschwankungen und
- bei **digitaler Aufzeichnung** Signalverfälschungen durch Wiederholung oder lineare Interpolation einzelner Abtastwerte bei nicht korrigierbaren CRC-Fehlern. Sie treten bei CD- und insbesondere bei DAT-Wiedergabe oft auf, machen sich allerdings erst bei erhöhter Fehlerrate unangenehm bemerkbar. Bei Harddisk- oder Speicherkarten-basierten Aufnahmegeräten ist dieser Fehler hingegen nicht üblich, da diese die gespeicherten Dateien in der Regel bitidentisch reproduzieren. Nutzen sie allerdings ein verlustbehaftetes Komprimierungsverfahren (mp3 o. ä.) sind Verzerrungen inhärent vorhanden.

Generell sind harmonische Verzerrungen mit nur wenigen nennenswerten Komponenten niedriger Ordnung unkritischer als solche mit nur allmählich abnehmenden Oberwellen (wie z. B. die gezeigten Nulldurchgangsverzerrungen oder Schaltverzerrungen bei Class-H Endstufen), die mit dem Nutzsignal korrelierte scharfe Knicke, Sprünge oder Spikes im Signalverlauf dokumentieren (vgl. auch Abb. 1.6).

Wesentlich unangenehmer als harmonische Verzerrungen wiederum sind breitbandige Störungen, die durch kurzfristige Aussetzer (drop outs), Übersteuerung durch tieffrequente Signalanteile, klappernde Lautsprecher-Gehäuse und ähnliches verursacht werden können. Am penetrantesten sind schließlich tonale Komponenten, die in keinem harmonischen Verhältnis zu den Bestandteilen des Nutzsignals stehen. Dazu gehören Aliasing-Störungen von Digital-Systemen und die *Oberwellen* von *Subharmonischen*, wie sie von Lautsprechern im Grenzlastbereich erzeugt werden können.

21.4.1 Klirrfaktor

Die bekannteste, aber vom hörphysiologischen Aspekt her nicht unbedingt aussagekräftigste Größe zur Beschreibung von Nichtlinearitäten ist der Klirrfaktor (Total Harmonic Distortion, *THD*). Er bezieht sich auf die harmonischen Verzerrungen, die bei Anlegen eines einzelnen Tons (in der Regel 1 kHz) entstehen, nicht aber auf die viel eher wahrnehmbaren breitbandigen Störgeräusche. Auch aus diesem Grunde ist die Angabe des Klirrfaktors + Rauschen (*THD+N*, Total Harmonic Distortion + Noise) mittlerweile gebräuchlicher.

Traditionell ist der Klirrfaktor im deutschsprachigen Raum definiert als das Verhältnis der Effektivwerte aller Oberwellen, die noch in den Auswertebereich fallen (für Audio also normalerweise bis 20 kHz oder bis zur halben Abtastrate, wenn diese unter 20 kHz liegt), bezogen auf die Effektivwerte von *Grundwelle plus Oberwellen*. Eine Prozentangabe ist bei den heute üblichen geringen Verzerrungen der Audioelektronik unhandlich geworden, eine auch in anderen Messgebieten übliche Angabe in dB ist wesentlich anschaulicher:

$$Klirrfaktor = 100\% \cdot \frac{\sqrt{\sum_{k=2}^{n} A_k^2}}{\sqrt{\sum_{k=1}^{n} A_k^2}}$$

$$THD = 20\text{dB} \cdot \log \frac{\sqrt{\sum_{k=2}^{n} A_k^2}}{\sqrt{\sum_{k=1}^{n} A_k^2}} = 10\text{dB} \cdot \log \frac{\sum_{k=2}^{n} A_k^2}{\sum_{k=1}^{n} A_k^2} \qquad (21.35)$$

A_k ist dabei die Amplitude (Spannung) der k-ten Oberwelle ($k = 1$ für Grundwelle), n ist die Ordnung der letzten Oberwelle, die noch in den Auswertebereich fällt. Diese Definition hat den Vorteil, dass der Klirrfaktor maximal 100 % erreichen kann, wenn die Oberwellen über die Grundwelle dominieren.

Kapitel 21 Messtechnik

In aktuellen Standards wie DIN IEC 60268-2 und AES17 wird für den Nenner die Leistung des *gesamten* Ausgangssignals benutzt, also nicht nur Grundwelle und Oberwellen, sondern auch das gesamte Rauschen im Auswertebereich.

Ebenfalls nicht unüblich, besonders für die Spezifikation von A/D- und D/A-Umsetzern, ist der alleinige Bezug auf die Grundwelle:

$$THD = 100\% \cdot \frac{\sqrt{\sum_{k=2}^{n} A_k^2}}{A_1} = 20\text{dB} \cdot \log \frac{\sqrt{\sum_{k=2}^{n} A_k^2}}{A_1} = 10\text{dB} \cdot \log \frac{\sum_{k=2}^{n} A_k^2}{A_1^2} \quad (21.36)$$

Dies entspricht der Definition nach IEEE 1241 (terminology and test methods for analog-to-digital converters). Wenn nicht anders angegeben, werden hier k_2 bis k_{10} bei der *THD*-Bildung berücksichtigt.

Bei dieser Definition nimmt der Klirrfaktor Werte über 0 dB bzw. über 100 % an, wenn die Leistung aller Oberwellen größer ist als die der Grundwelle. Bei geringen Klirrfaktoren und ausreichendem Signal/Rauschabstand hingegen unterschieden sich die Resultate aller drei Definitionen nur unerheblich, da im Nenner die Amplitude der Grundwelle bei weitem dominiert.

THD-Angaben in % und in dB lassen sich leicht ineinander umrechnen:

$$THD[\text{dB}] = 20 \cdot \log \frac{THD[\%]}{100} = 20 \cdot \log (THD[\%]) - 40 \quad (21.37)$$

$$THD[\%] = 100 \cdot 10^{\frac{THD[\text{dB}]}{20}} = 10^{\frac{THD[\text{dB}]+40}{20}} \quad (21.38)$$

Tabelle 21.2 Klirrangaben in % und dB.

THD [dB]	−20	−40	−60	−80	−100	−120
Klirr [%]	10	1	0,1	0,01	0,001	0,0001

21.4.1.1 Coherent Sampling

Die Kirrfaktormessung erfolgte traditionell mit analogen Generatoren und Filtern. Wesentlich leistungsfähiger ist die FFT-Technik, insbesondere wenn sich Sinus-Generator und A/D-Umsetzer auf der Empfangsseite synchronisieren lassen und mit Sinus-Signalen gearbeitet wird, die mit einer exakt ganzzahligen Anzahl von Perioden in das FFT-Analyse-Intervall passen (*Coherent Sampling*). In diesem Fall stehen allerdings nur jene diskreten Frequenzen f_{SIG} zur Verfügung, die ein ganzzahliges Vielfaches der spektralen Auflösung df (also dem Linienabstand) des FFT-Spektrums darstellen. Diese hängt wiederum von der Abtastrate f_S und der

FFT-Blocklänge 2^N (Anzahl der analysierten Abtastwerte, mit $N = 0,1,2,3 \ldots$) ab:

$$\mathrm{d}f = \frac{f_S}{2^N} \qquad f_{SIG} = k \cdot \mathrm{d}f \qquad k = 1,2,3\ldots 2^{N-1} \tag{21.39}$$

Bei *Coherent Sampling* kann auf die sonst nötige Fensterung verzichtet werden, denn die FFT liefert fehlerfreie Resultate. Im Vergleich zu analogen Verfahren hervorzuheben ist dabei besonders die perfekte Trennschärfe, mit der die allesamt exakt auf Frequenzen des FFT-Spektrums liegenden Oberwellen herausgepickt und einzeln oder in Gruppen (z. B. geradzahlige und ungeradzahlige) zum Signal in Bezug gesetzt werden können. Durch synchrone Mittelungen können außerdem Komponenten aufgedeckt werden, die sonst im Rauschteppich untergehen würden. Analoge Verfahren leiden hingegen unter der beschränkten Selektivität und Flankensteilheit der eingesetzten Filter. Synchrone Mittelung ist mit ihnen nicht möglich.

Je nach Abtastrate passen für *Coherent Sampling* die üblicherweise verwendeten 1 kHz nicht mit einer ganzen Anzahl von Perioden in das FFT-Intervall. In diesem Fall ist es üblich, auf eine benachbarte „krumme" Frequenz auszuweichen, für die diese Bedingung zutrifft. Als zusätzliche Einschränkung sollte die FFT-Blocklänge aber nicht ganzzahlig durch die Periodenzahl der Testfrequenz teilbar sein (wie das z. B. bei 32 kHz Abtastrate für einen 1 kHz Ton zutreffen würde), damit sich nicht stets dieselben Abtastwerte in jeder Periode des Anregungssignals wiederholen. Aus diesem Grunde schreiben AES17 und DIN IEC 61606-1 eine Frequenz von 997 Hz vor.

Für die Ausgabe über einen D/A-Umsetzer muss das Anregungssignal ordnungsgemäß gedithert werden, um Klirrkomponenten, die noch auf digitaler Ebene durch das Abschneiden auf die begrenzte Wortlänge des Konverters entstehen, zu vermeiden. AES17 sieht Dither mit dreieckförmiger Amplitudenverteilung über den Bereich $-1..1$ LSB vor, der sich durch die Addition von zwei im Bereich $-0,5..0,5$ LSB gleichverteilten Zufallszahlenfolgen erzeugen lässt (vgl. Kap. 14.3). Wenn eine Messung mit 0 dBFS (Vollaussteuerung) durchgeführt werden soll, muss die Amplitude des Anregungssignals um die maximale Dither-Amplitude (also 1 LSB bei

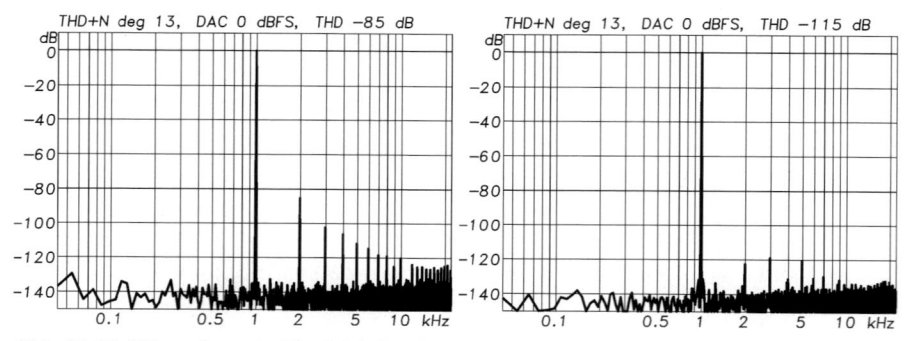

Abb. 21.36 Klirrspektren im Vergleich für eine schlechte und eine sehr gute DAC-Ausgangsschaltung

Verwendung des oben genannten Dither-Signals) verringert werden, um Übersteuerung zu vermeiden.

Während Klirrfaktoren von Lautsprechern relativ ohne all zu hohe Anforderungen an die Messtechnik ermittelt werden können, stellt die Klirrfaktoranalyse von Audioelektronik mittlerweile eine besondere Herausforderung dar. Gute Schaltungstechnik und Komponentenauswahl sowie durchdachtes Platinenlayout vorausgesetzt, können Vorverstärker, Filter, A/D- und D/A-Umsetzer usw. ausgesprochen klirrarm aufgebaut werden. *THD*-Werte von -100 dB bis -115 dB werden heute nicht erst bei hochpreisiger Studio- oder High-End-Technik erreicht, bei der ihrerseits so gute Werte keineswegs garantiert sind.

Um das Messergebnis nicht durch den Eigenklirr der Messsignalquelle zu verfälschen, muss diese für jede betrachtete Klirrkomponente nach DIN EN 60268-3 mindestens 10 dB geringere Verzerrungen aufweisen als der Prüfling. Dies stellt extreme Herausforderungen an den Generator dar, die im allgemeinen nur von sehr teuren Audio-Analyzern mit Low Distortion Modulen (Restklirr: < -130 dB) erfüllt werden.

Um solch geringe Klirrfaktoren analysieren zu können, bedarf es auch auf der Empfangsseite zusätzlicher Vorkehrungen. Die gängigste ist, das empfangene Signal zunächst über ein Notchfilter zu führen, das die Grundwelle um beispielsweise 30 dB dämpft, und das Restsignal dann vor der Weiterverarbeitung entsprechend hoch zu verstärken, damit die Klirrkomponenten sicher aus dem Eigenrauschen und Eigenklirr der Eingangsstufe des Messinstrumentes „gefischt" werden können. Die Grundwellen-Dämpfung des Notchfilters wird bei der Berechnung des *THD* dann der Grundwelle wieder zugeschlagen.

21.4.1.2 Fensterung

Wenn sich die Synchronisierung des Generators mit dem A/D-Umsetzer des Analyzers nicht bewerkstelligen lässt (weil z. B. ein analoger Sinus-Generator selber das Messobjekt ist), müssen die der FFT zugeführten Signalausschnitte zunächst gefenstert werden, um *Leakage* zu vermeiden. Die Fenster verbreitern allerdings die scharf abgegrenzten Signalanteile zu Keulen, die außerdem von Nebenzipfeln begleitet werden.

Systemtheoretisch gesehen entspricht die *Multiplikation* mit der Fensterfunktion im Zeitbereich einer *Faltung* mit seiner Fourier-Transformierten im Frequenzbereich. An jede Stützstelle (Frequenzlinie) des Spektrums wird also das komplette Fensterspektrum, gewichtet mit der bei dieser Frequenz vorhandenen Energie, mittig angeheftet. Das neue Spektrum ergibt sich dann aus der Überlagerung all der angehefteten Fensterspektren.

Es gibt verschiedene Fenstertypen, die sich einerseits hinsichtlich der Verbreiterung der spektralen Details und andererseits in der Höhe und Verteilung der Nebenzipfel unterscheiden. Eine ausführliche Abhandlung findet sich in (Harris 1978), mit einigen Korrekturen in (Nuttall 1981). Generell gilt, je höher die gewünschte Nebenzipfelunterdrückung und damit das Ausfließen von Energie in weiter entfernte Frequenzbereiche, desto ausgeprägter die spektrale Verbreiterung des Signals selbst.

Fenster mit schmaler Hauptkeule sind geeignet, um schwache spektrale Details in unmittelbarer Nähe von starken Komponenten aufzudecken. Ein Beispiel sind Intermodulations-Komponenten im 100 Hz Abstand beidseitig zur Grundwelle, die z. B. dann entstehen können, wenn die Versorgungsspannung einer Schaltung nur ungenügend gesiebt ist und die Versorgungsspannungs-Unterdrückung (engl. *Power Supply Rejection Ratio, PSRR*) nicht ausreicht, um die Modulation des Nutzsignals durch diese Welligkeiten zu unterdrücken. Für die Klirranalyse ist es allerdings in der Regel wichtiger, dass die Nebenzipfelunterdrückung mindestens so hoch ist, dass sie die Seitenbänder der Grundwelle unter den Rauschteppich drückt. Nur so kann garantiert werden, dass restliches *Leakage* nicht die Ergebnisse verfälscht.

Wegen der Aufweitung zu Keulen muss zur Ermittlung der relativen Leistungen von Grund- und Oberwellen ein Ausschnitt des Betragsspektrums um ihre exakten Frequenzen herum aufaddiert werden. Für den typischen Fall der Fensterung über den gesamten FFT-Ausschnitt gibt Tabelle 21.3 die Breite der Hauptkeule (Abstand der beiden ersten Nullstellen links und rechts von der Keule) des Fensterspektrums in *bins*, d. h. der Frequenzlinien des FFT-Spektrums mit dem Abstand df nach (21.36), für einige gebräuchliche Fenstertypen an.

Tabelle 21.3 Seitenzipfelunterdrückung und Breite der Hauptkeule einiger fester Fenstertypen (Harris 1978, Nuttall 1981, Albrecht 2001)

Fenstertyp	Höchster Nebenzipfel [dB]	Breite des Hauptzipfels in bins	Fenstertyp	Höchster Nebenzipfel [dB]	Breite des Hauptzipfels in bins
Dreieck	−26,52	4	Nuttall 4 Term CTD	−82,60	8
Cosinus	−22,98	3	Nuttall 4 Term CFD	−60,95	8
Hamming	−42,67	4	Albrecht 4 Term	−98,17	8
Hann	−31,38	4	Albrecht 5 Term	−125,43	10
Exact Blackman	−68,24	6	Albrecht 6 Term	−153,57	12
Blackman	−58,11	6	Albrecht 7 Term	−180,47	14
Blackman Harris 3 Term	−70,83	6	Albrecht 8 Term	−207,51	16
Blackman Harris 4 Term	−92,01	8	Albrecht 9 Term	−234,73	18

Sinnvollerweise wird also für jede Komponente der Inhalt aller bins innerhalb der Hauptkeule addiert.

Während die Breite in bins nur vom Fenstertyp, nicht aber von seiner Länge abhängig ist, sinkt die Breite *BW* als *absolute* Frequenzdifferenz umgekehrt proportional zur Länge des analysierten Zeitintervalls *WinLen*:

$$BW\,[\mathrm{Hz}] = BW\,[\mathrm{bins}] \cdot \frac{f_s}{2^N} = \frac{BW\,[\mathrm{bins}]}{\mathrm{WinLen}\,[\mathrm{s}]} \qquad (21.40)$$

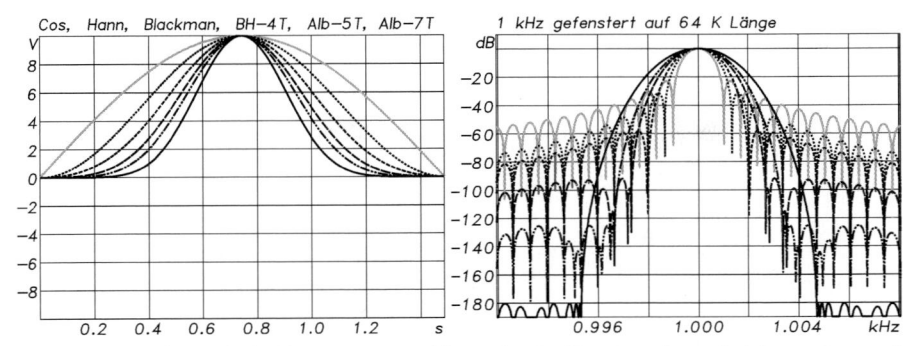

Abb. 21.37 Einige typische Fenstertypen und ihr spektrales Hauptmaximum bei Anwendung auf ein 1 kHz Sinussignal mit 64 Ksamples Länge

Die spektrale Trennschärfe lässt sich also durch Heraufsetzen der FFT-Ordnung beliebig erhöhen. Aus diesem Zusammenhang lassen sich auch leicht die Mindestlänge sowie der kleinstmögliche FFT-Grad für eine gegebene Grundfrequenz und den gewählten Fenstertyp ermitteln. Die Grundfrequenz muss nämlich größer als die Breite der Hauptkeule in Hz sein, damit Grund- und Oberwellen nicht ineinander „verschmieren":

$$f_{\text{FUN}} > BW\,[\text{Hz}] \;\Rightarrow\; N > \log_2\!\left(\frac{BW\,[\text{bins}] \cdot f_{\text{S}}}{f_{\text{FUN}}}\right) \qquad (21.41)$$

21.4.1.3 Rub and Buzz

Bei Lautsprechern können durch Defekte (schleifende Schwingspulen, auf die Membran schlagende Anschlussdrähte, vibrierende lose Teile, Gehäuseundichtigkeiten, usw.) Störgeräusche auftreten, die sich aufgrund ihrer Breitbandigkeit kaum im *THD*-Wert niederschlagen, dennoch sehr störend sind. Der *THD*-Wert ist deshalb zur objektiven Beurteilung eines Lautsprechers, zum Beispiel bei der Produktionskontrolle am Ende der Fertigungsstrecke, nur bedingt verwertbar. Er liegt im Grenzlastbereich, bei dem sich viele Defekte erst manifestieren, in der Regel schon bei einigen Prozent. Bei einem einwandfreien Lautsprecher werden die Verzerrungen von Oberwellen niedriger Ordnung, insbesondere k_2 und k_3 dominiert, darüber nimmt der Pegel der Oberwellen in der Regel zügig ab. Demgegenüber steuern viele der o.g. Defekte Oberwellen höherer Ordnung und breitbandige Artefakte bei.

Deren Nachweis widmet sich die „Rub and Buzz"-Analyse. Sie summiert ebenso wie der *THD*-Wert die Leistung der Oberwellen, berücksichtigt dabei aber die ersten 10 (oder auch mehr) Oberwellen nicht. Der Rub & Buzz-Wert fällt also sehr viel geringer aus als der *THD*-Wert und reagiert empfindlicher auf Defekte. Der Lautsprecher wird typischerweise mit einem Sinussignal tiefer Frequenz, bei der

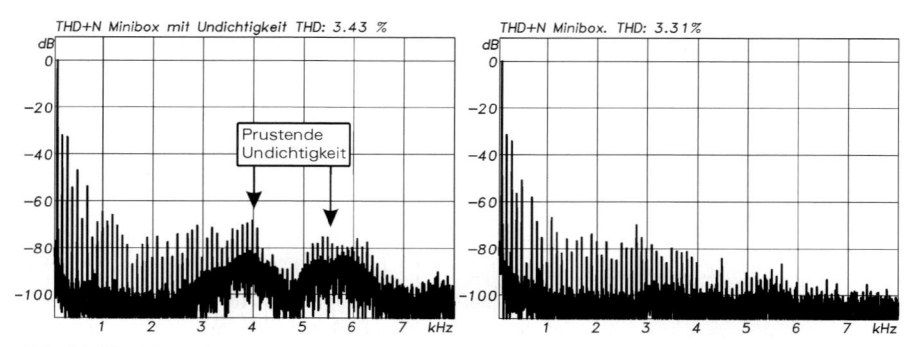

Abb. 21.38 Klirrspektrum einer kleinen geschlossenen Lautsprecherbox bei Anregung mit 100 Hz mit (links) und ohne Gehäuseundichtigkeit (rechts)

die Membran große Hübe ausführt und somit die typischen Defekte am ehesten auffallen, mit hohem Pegel angeregt.

Abb. 21.38 zeigt als Ergebnis einer Undichtigkeit einer kleinen geschlossenen Box ein deutlich wahrnehmbares, prustendes Geräusch, das sich im Spektrum durch zwei breitbandige Buckel im Mitteltonbereich mit tonalen Komponenten (Oberwellen) manifestiert. Nach Verschluss der Öffnung zeigt sich der „Normalzustand" (rechts). Aus den beiden Grafiken ist ersichtlich, dass ein Vergleich der Rub & Buzz-Werte ab Oberwellenordnung 30 (3 kHz) in diesem Beispiel das beste Vergleichskriterium ist. Je mehr der Lautsprecher beansprucht wird, desto höher sollte die Akkumulierung der Oberwellenleistung ansetzen (bis hinauf zu Start-Oberwelle 50), damit „reguläre" Verzerrungen durch die nichtlineare Kennlinie des Lautsprechers nicht die gesuchten Artefakte maskieren (Klippel 2003).

Im dargestellten Fall wäre es am besten, die Gesamtleistung des Spektrums (nicht nur die Oberwellen) oberhalb von 3 kHz zusammenzuzählen und zur Grundwelle in Bezug zu setzen. Damit würden auch die reichhaltigen *zeitvarianten* Störkomponenten, die nicht in das Oberwellenraster fallen, erfasst. Dies ist allerdings nicht üblich, da bei der typischen Anwendung in der Fertigungskontrolle dann Umgebungslärm starken Einfluss auf das Messergebnis hätte.

Die Rub & Buzz-Analyse lässt sich auch mit der in Abschn. 21.2.6.1 beschriebenen simultanen Klirranalyse mit logarithmischen Sweeps kombinieren, was den Vorteil hat, dass auch Defekte aufgedeckt werden, die sich nur bei ganz bestimmten Anregungsfrequenzen (bei denen zum Beispiel lose Teile in Resonanz geraten) manifestieren. Dafür ist aber eine besonders ruhige Umgebung oder ein langer Sweep erforderlich, da sonst die höheren Oberwellen im Umgebungsgeräusch untergehen können.

21.4.1.4 Zeitliche Analyse der Residuen

Die Zusammensetzung des Klirrspektrums liefert dem erfahrenen Betrachter zwar bereits Hinweise auf den zugrundeliegenden Entstehungsmechanismus, allerdings gibt erst der zeitliche Verlauf des Fehlersignals als Abweichung vom unverzerrten

Idealverlauf dem Entwickler darüber Aufschluss, *wo genau* im sinusförmigen Verlauf der Grundwelle Störmechanismen das Gesamtsignal beeinträchtigen.

Beim Leakage-freien *Coherent Sampling* lässt sich die Grundwelle sehr einfach vollständig ausblenden, indem sie im Spektrum des analysierten Signals zu 0 gesetzt wird. Nach IFFT erhält man dann unmittelbar das Fehlersignal. Ist man ausschließlich an den harmonischen Verzerrungen interessiert (das heißt, nur an den *zeitinvarianten* Komponenten), so lassen sich zusätzlich auch sämtliche Frequenzlinien zwischen den diskreten Oberwellen löschen. Dies kommt einer äußerst effektiven Rauschbefreiung gleich, selbst sehr geringe harmonische Verzerrungen können dann nach IFFT noch als stabiles Fehlersignal angezeigt werden.

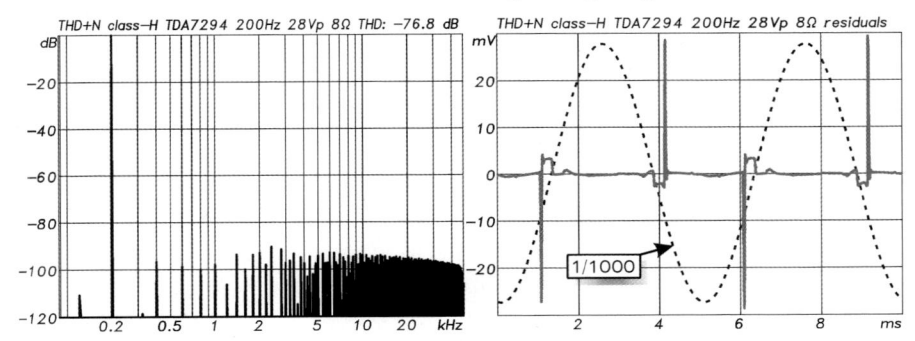

Abb. 21.39 Ausgangsspektrum eines class-H Verstärkers. Rechts: Fehlersignal und gestrichelt das um den Faktor 1000 herabgesetzte Gesamtsignal

Abbildung 21.39 zeigt als typisches Beispiel das Klirrspektrum eines Class-H Leistungsverstärkers. Beim Class-H Konzept werden die Endtransistoren bei geringem Signalpegel mit reduzierter Spannung betrieben, um die Verlustleistung gering zu halten. Überschreitet die Signalform einen bestimmten Schwellwert, so wird die (nächst)höhere Versorgungsspannung zugeschaltet. Wie das Fehlersignal auf der rechten Seite zeigt, erfolgt dies nicht ohne Nebeneffekte: Auf die plötzlich ansteigende Versorgungsspannung reagiert der Differenzverstärker für die negative Gegenkopplung (der das Eingangs- mit dem Ausgangssignal vergleicht und bei Abweichungen gegenregelt) mit einer winzigen Verzögerung, die sich im Ausgangssignal als kurzfristige Abweichung vom Original bemerkbar macht. Der nadelimpulsartige Charakter dieser Störungen lässt sich schon aus dem Klirrspektrum auf der rechten Seite anhand der praktisch gleichbleibenden Höhe der Oberwellen erahnen. Das Fehlersignal liefert zusätzlich die Information, wo und wann die Störungen auftreten.

21.4.1.5 Klirrfaktor über Frequenz

Das Klirrspektrum lässt zwar schon etliche Rückschlüsse auf Qualität und Quantität der zugrundeliegenden Nichtlinearitäten zu, ist aber dennoch nur ein Schnappschuss für eine ganz bestimmte Frequenz (üblicherweise 1 kHz) bei einem ganz bestimmten Pegel.

Wird der Klirrfaktor dagegen über die *Frequenz* aufgetragen, gibt er bereits mehr Aufschluss über Komponenten- und Schaltungseigenschaften als bei einer einzigen Frequenz. Die Messpunkte werden durch Einzelmessungen über den gesamten Audiobereich bei üblicherweise logarithmisch aufsteigenden diskreten Frequenzen zusammengetragen (Abb. 21.40). In der nahezu frequenzunabhängigen *THD(f)* Kurve des A/D-Wandlers in Abb. 21.40 fällt bei 7 kHz ein deutlicher Knick nach unten auf. Dies bedeutet nicht, dass die Verzerrungen dort tatsächlich absinken, sondern lediglich, dass der k_3, der offensichtlich dominierenden Einfluss auf den *THD*-Wert hat, aus dem Auswertebereich bis 20 kHz heraus fällt. Die *THD(f)*-Kurve des Verstärkers mit erweitertem Auswertebereich bis 50 kHz beginnt hinter einem konstanten Plateau mit ca. 0,03 % bis 4 kHz mit ca. 20 dB/Dekade stetig anzusteigen. Dies ist ein typisches Verhalten vieler Leistungsverstärker, welches dadurch bedingt ist, dass die Leerlaufverstärkung der negativen Gegenkopplung zu hohen Frequenzen hin abnimmt. Der zu tiefen Frequenzen ansteigende Klirr könnte durch ungünstigen Einsatz von Elektrolyt-Koppelkondensatoren verursacht sein.

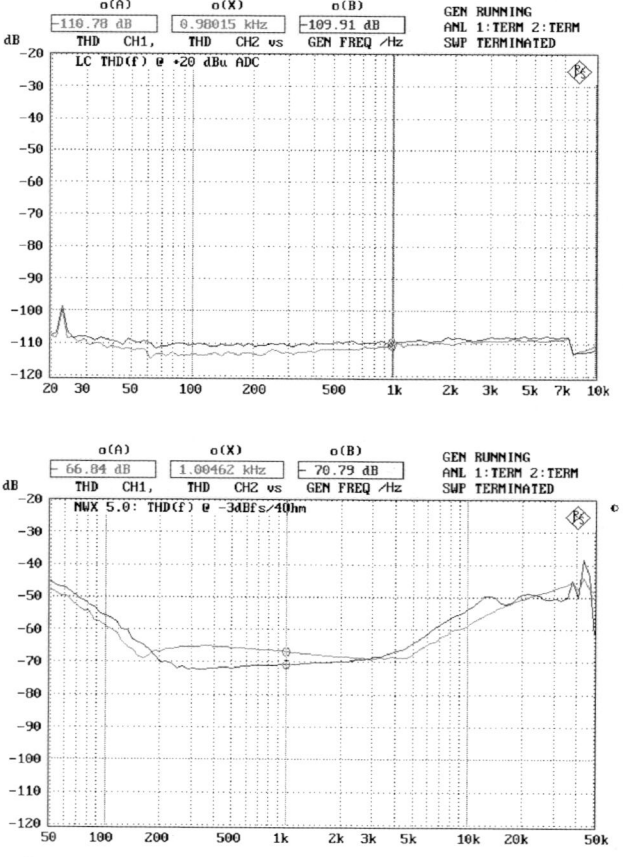

Abb. 21.40 Zweikanalige *THD*-über-Frequenz-Messung eines makellosen A/D-Umsetzers (oben) und eines mittelmäßigen Leistungsverstärkers (unten)

Nach AES17 wird die *THD+N vs. Frequenz* Messung in Oktavschritten von 20 Hz bis zur oberen Bandkante (20 kHz oder die halbe Abtastrate, falls diese unter 20 kHz liegt) durchgeführt, und zwar jeweils bei −1 dBFS und bei −20 dBFS Pegel. Angegeben wird der Kehrwert des *SINAD*, also das Verhältnis der Gesamtsignal-Pegel ohne (im Zähler) und mit (im Nenner) Grundwelle im Frequenzbereich bis zur oberen Bandkante.

21.4.1.6 Klirrfaktor über Pegel in festen Schritten

Auch die Messung des Klirrfaktors in Abhängigkeit des Eingangspegels *THD*(L) (Level) kann wichtige Aufschlüsse über die Qualität der Schaltungstechnik und der verwendeten Elektronik-Komponenten geben. Eine *THD*(L)-Kurve setzt sich aus vielen Einzelmessungen zusammen, innerhalb derer die Testfrequenz (Standard: 1 kHz) mit konstantem Pegel eingespeist wird. Nach einer Stabilisierungsperiode, die sich nach der angelegten Frequenz und eventuellen Filterfunktionen innerhalb des Prüflings richten muss (insbesondere der vielfach vorhandene Hochpass zum Ausfiltern subsonischer Signalanteile muss dabei beachtet werden), wird ein Signal-Segment am Ausgang aufgenommen, einer FFT zugeführt und die Klirrkomponenten nach einem der in Abschn. 21.4.1.1 beschriebenen Verfahren ausgewertet. Das Ergebnis bildet zusammen mit dem aktuellen Einspeisepegel ein Wertepaar für die *THD*(L)-Kurve. Danach wird der Pegel um einen von der gewünschten Stützstellendichte abhängigen Wert erhöht und die Prozedur wiederholt sich bis zum Erreichen des definierten Maximalpegels.

Abb. 21.41 zeigt auf der linken Seite einen typischen Verlauf für einen extrem klirrarmen A/D-Umsetzer. Die obere, glatte Kurve stellt das Verhältnis *THD+N* zur Signalamplitude dar, die untere nur das Verhältnis der Oberwellen (*THD*) zum Signal. Der untersuchte Prüfling ist so verzerrungsarm, dass in beiden Fällen das Rauschen die Messung über fast den gesamten Pegelbereich dominiert, wie sich aus dem monoton fallenden Verlauf schlussfolgern lässt. Erst wenige dB unterhalb der Clipgrenze beginnt die *THD*-Kurve, von extrem geringen −120 dB (0,0001 %) aus um 10 dB geringfügig anzusteigen. In der *THD+N* Kurve macht sich dieser moderate Anstieg kaum bemerkbar, was darauf hindeutet, dass bis zum Clippen das Rauschen diese Messung dominiert.

Während der Rauscheinfluss in der *THD+N*-Kurve nur von der gewählten Auswerte-Bandbreite abhängt (normalerweise 20 Hz – 20 kHz), hat auf die *THD*-Kurve auch die verwendete FFT-Blocklänge sowie das Auswerteverfahren (Coherent Sampling oder gefenstert) Einfluss. Tatsächlich nehmen die Verzerrungen bei abnehmendem Pegel in der Regel ja nicht zu, sondern verschwinden schlicht im Rauschteppich. Durch Vergrößern der FFT-Blocklänge lässt sich die Selektivität erhöhen, so dass ein geringerer Anteil des Gesamtrauschens auf die Auswertebereiche bei den Vielfachen der Grundwelle fällt. Jede Verdopplung der FFT-Blocklänge verringert das Rauschen, welches auf die einzelnen Oberwellen fällt, in Bezug auf diese um 3 dB. Der gleiche Effekt lässt sich durch synchrone Mittelung bei Coherent Sampling erzielen.

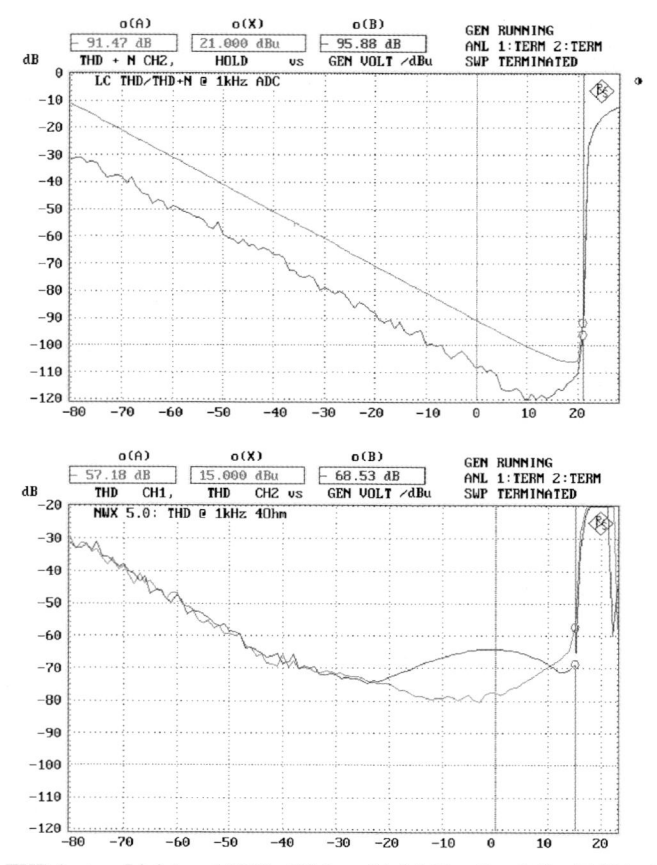

Abb. 21.41 *THD* (untere Linie) und *THD+N* (obere Linie) über Pegel (f = 1 kHz) eines makellosen A/D-Umsetzers (oben) und zweikanaliger *THD* über Pegel eines mittelmäßigen Leistungsverstärkers (unten)

Um also das tatsächliche Verhältnis der harmonischen Verzerrungen zur Grundwelle zu bestimmen, müsste die Anzahl der kohärenten Mittelungen zu geringen Pegeln hin ständig zunehmen, um den Einfluss des Rauschens auf das Ergebnis zurückzudrängen.

Bei vielen Prüflingen ist dies aber gar nicht nötig, um aussagekräftige Resultate zu erzielen. So zeigt Abb. 21.41 (unten) die zweikanalige *THD*(L) Kurve eines Leistungsverstärkers mittlerer Qualität. Schon ab Pegeln ca. 40 dB unter der Clipgrenze beginnen die erheblichen und zudem kanalabhängigen Verzerrungen die *THD*-Werte zu dominieren.

Nach AES17 wird die Messung von *THD+N vs. Level* bei 997 Hz im Pegelbereich zwischen −80 dB FS und 0 dB FS mit einer Schrittweite von höchstens 10 dB durchgeführt. Die Auswertung erfolgt wie bei der *THD+N vs. Frequenz*-Messung, also *THD+N/(S+THD+N)* im Bereich bis zur oberen Bandkante.

21.4.1.7 Klirrfaktor über Pegel mit Level-Sweep

Die *THD(L)*-Messung nimmt durch die Vielzahl von erforderlichen Einzelmessungen relativ viel Zeit (typischerweise über eine Minute bei 1 dB Schritten) in Anspruch. Besonders ins Gewicht fällt dabei die *SettleTime*, die beim Wechsel auf den nächsten Pegel abgewartet werden muss, bis sich eine stabile Antwort am Ausgangs des Prüflings ergibt. Zur Beschleunigung des Verfahrens wäre es also wünschenswert, auf diese Wartezeiten verzichten zu können. Dies lässt sich mit dem in Abb. 21.42 skizzierten Verfahren erreichen. Hier wird ein einziger langer Testton kontinuierlich im Pegel erhöht, an den Prüfling ausgegeben und an dessen Ausgang aufgenommen. Vor der Analyse in kurzen, aneinander grenzenden oder überlappenden Segmenten wird das empfangene Signal zunächst mit der inversen Einblendfunktion behandelt, womit sich im Idealfall wieder ein Ton mit konstanter Amplitude ergibt. Im Falle von *Coherent Sampling* lässt dieser sich ohne Fensterung fehlerfrei analysieren.

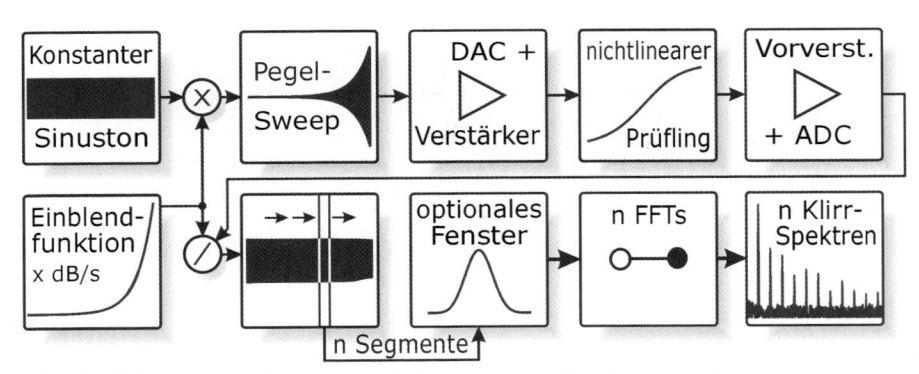

Abb. 21.42 *THD* vs. Pegel Analyse mit Prüfsignal, dessen Pegel kontinuierlich ansteigt

Bei einem nichtlinearen Prüfling nehmen die Verzerrungen bei steigendem Pegel in der Regel zu, während die Amplitude der Grundwelle geringfügig abnimmt. Dies bedeutet, dass geringfügige Diskontinuitäten zwischen linkem und rechtem Rand des Analysefensters auftreten und in Folge ein *Leakage* im analysierten Spektrum. Bei geringen und mäßigen Verzerrungen ist die spektrale Verwischung von Grund- und Oberwellen so gering, dass trotzdem ohne nennenswerten Fehler weiterhin fensterfrei analysiert werden kann. Wenn allerdings der Klirrfaktor innerhalb eines untersuchten Segmentes sehr stark ansteigt, was bei stark nichtlinearen Prüflingen *und* schnellen *Level Sweeps* auftreten kann, empfiehlt sich eine Fensterung, um die Genauigkeit nicht durch *Leakage*-Effekte zu beeinträchtigen.

Abbildung 21.43 und Abb. 21.44 geben dazu den worst case der Messung an einem stark nichtlinearen Prüfling wieder. Zwar ändert sich der detektierte Gesamtklirrfaktor nur um 0,1 dB, wenn auf Fensterung verzichtet wird, individuelle Klirrkomponenten höherer Ordnung weichen aber stärker ab. Zudem lässt sich ohne Fensterung nicht der Rauschpegel N bestimmen, da er vom *Leakage* verdeckt wird. Abb. 21.44 zeigt, dass sich die *THD*(L) Ergebnisse aus kontinuierlichem Level Sweep kaum von denen der traditionellen Analyse mit festen Pegelschritten unterscheiden, obwohl mit 50 dB·s^{-1} ein recht schneller Sweep gewählt wurde.

Abbildung 21.44 zeigt auch die Unterschiede zwischen *Coherent Sampling* und gefensterter Analyse. Durch die Fensterung nimmt der dargestellte *THD*(L) bei geringen Pegeln einen fast 10 dB höheren Verlauf an. Das liegt daran, dass der „Fangbereich" für die Bestimmung der Leistung der Oberwellen wegen der verschmierenden Wirkung des Fensters größer gemacht werden muss. Die Breite des spektralen Hauptmaximums des verwendeten Albrecht 5-Term Fensters liegt bei knapp ±5 bins. Insgesamt müssen also 9 bins (Zentralfrequenz ±4 bins) ausgewertet werden, so dass der Rauschpegel um 10 log (9) dB anwächst.

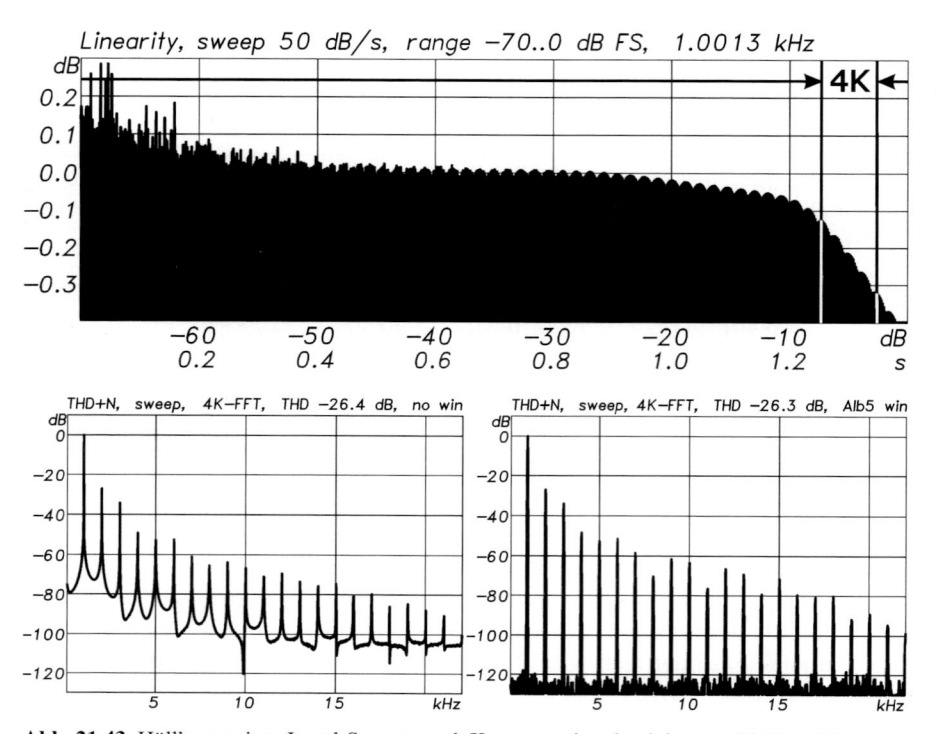

Abb. 21.43 Hüllkurve eines Level-Sweeps nach Kompensation durch inverse Einblend-Funktion. Im linken Teil der Kurve führt Rauschen, im rechten Nichtlinearität zu Abweichungen von der 0 dB Liniet. Unten: FFT des markierten Abschnitts des Level-Sweeps. Links ohne, rechts mit Albrecht 5-Term Fensterung

Der Zeitgewinn, der sich mit dem Verfahren ergibt, ist allerdings beträchtlich. Die *Settle Time* beim konventionellen Verfahren wird in der Regel mindestens so groß gewählt wie die nachfolgende Analysezeit selber. Durch den Wegfall der Wartezeiten sinkt der Zeitaufwand mindestens auf die Hälfte. Durch die Möglichkeit, mit überlappenden Segmenten zu arbeiten, lässt sich der *Level sweep* noch beschleunigen, wobei bei sehr starker Überlappung natürlich ein Glättungseffekt auf die erhal-

Kapitel 21 Messtechnik

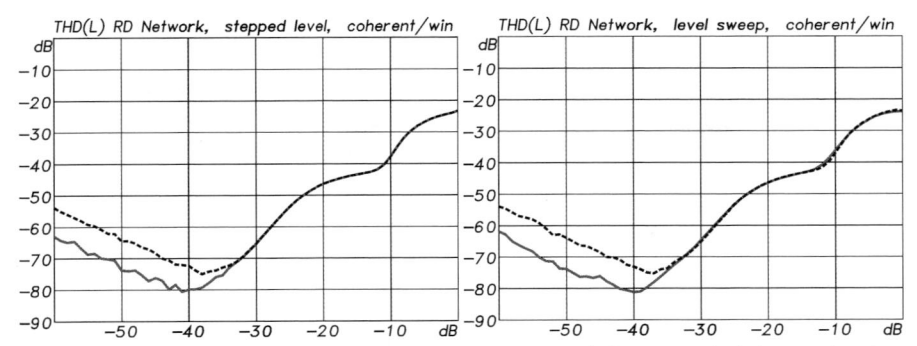

Abb. 21.44 *THD*(L)-Kurve, links aus traditioneller Analyse mit festen Pegelschritten und rechts aus Level Sweep gewonnen. Beide jeweils mit (gestrichelt) und ohne Fensterung

tene Kurve auftritt, da dann jeder Signalabschnitt in mehrere aufeinanderfolgende FFT-Analysen eingeht.

Der Sweep muss unterhalb des Analyse-Startpegels beginnen, um einerseits eine Stabilisierungszeit direkt beim Start der Messung zu garantieren und andererseits dafür Sorge zu tragen, dass der Mittelpunkt des ersten FFT-Intervalls genau auf den gewünschten Startpegel fällt.

Ist der untersuchte Prüfling ein D/A-Wandler, kann die Messung nicht bis an 0 dBFS heran durchgeführt werden, da danach der Pegel nicht weiter erhöht werden kann und es deshalb in der rechten Hälfte des letzten FFT-Intervalls zu groben Fehlern kommen würde. Dieser letzte Bereich an der Aussteuerungsgrenze muss deshalb durch eine oder mehrere konventionelle Messungen mit festem Pegel ergänzt werden.

Wenn Dynamikumfang und Klirrarmut des Analysators nicht mindestens 10–15 dB über den Werten des Prüflings liegen, empfiehlt sich genau wie bei der einfachen *THD*-Messung mit festem Pegel der Einsatz eines Notchfilters zur Dämpfung der Grundwelle. Der Eingang des Analysators kann dann in einer empfindlicheren Stu-

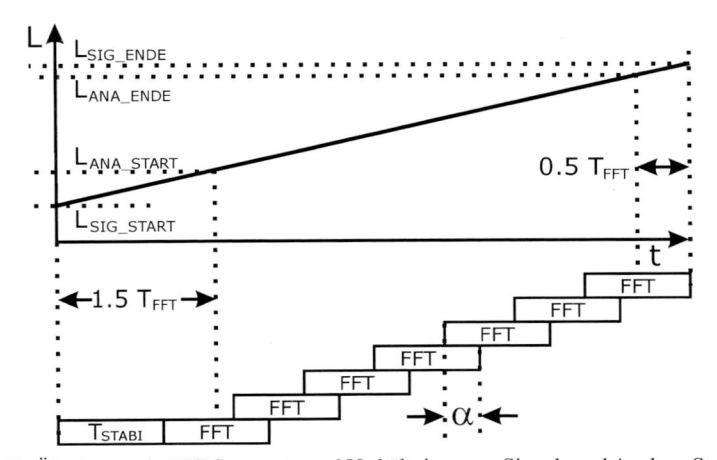

Abb. 21.45 Überlappende FFT-Segmente und Verhältnisse von Signal- und Analyse Start/Ende

fe genutzt werden, womit sein äquivalentes Eingangsrauschen herabgesetzt wird. Das Verfahren eignet sich nicht nur für *THD*(L)-Messungen, sondern ebenso für die Messung von pegelabhängiger Intermodulation.

21.4.2 Intermodulation

Neben dem Klirrfaktor, der sich nur auf die harmonischen Oberwellen eines Einzeltons bezieht, spielen auch die Intermodulationsverzerrungen zur Beurteilung der Nichtlinearitäten eine wichtige Rolle. Sie entstehen stets, wenn ein Gemisch aus zwei oder mehreren Frequenzen auf die nichtlineare Amplituden-Kennlinie einer Signalverarbeitungsstufe trifft. Am Ausgang treten dann neben den Eingangssignalen auch deren Summen- und Differenzfrequenz (Intermodulationsverzerrungen zweiter Ordnung) sowie weitere Summen- und Differenzfrequenzen f_{IMD} von Vielfachen der beteiligten Eingangsfrequenzen f_1 und f_2 auf. Allgemein gilt:

$$f_{IMD} = p \cdot f_1 \pm q \cdot f_2 \geq 0 \qquad p = 1,2,3... \quad \text{und} \quad q = 1,2,3... \quad (21.42)$$

Die Ordnung einer Intermodulationskomponente ergibt sich aus der Summe $p+q$.

Da die Frequenzen dieser Artefakte im allgemeinen nicht in einem harmonischen Verhältnis zu den Eingangsfrequenzen stehen, treten sie unangenehmer in Erscheinung als harmonische Verzerrungsprodukte, die bei Sprache und Musik ohnehin stets in Form von Obertönen vorhanden sind. Insofern erscheinen Intermodulationsmessungen in vielen Fällen zur Beurteilung der perzeptiven Qualität geeigneter als Klirrfaktormessungen, insbesondere zur Aufdeckung von bestimmten Verzerrungsmechanismen, die sich bei reiner Sinusanregung – die zwar für Messzwecke üblich, aber für Wiedergabe untypisch ist – nicht ausprägen oder nicht auffallen.

Um der Gefahr zu begegnen, dass das Quellsignal für den Prüfling selber schon von Intermodulation behaftet ist, erfolgt die Summierung der beiden beteiligten Generatorsignale am besten durch ein passives Widerstandsnetzwerk direkt am Eingang des Prüflings. IEC 60286-3 sieht dazu ein Netzwerk vor, dessen Gesamt-Innenwiderstand der Eingangsimpedanz des Prüflings entspricht.

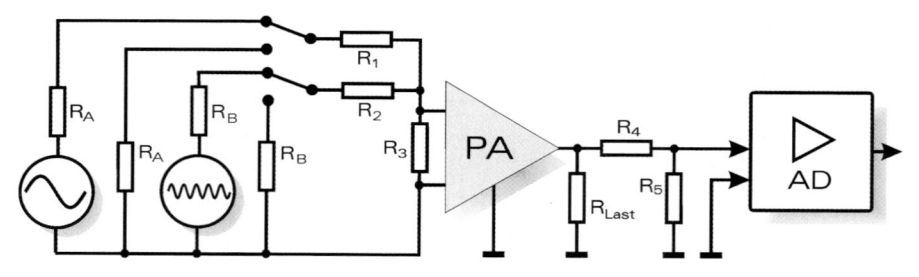

Abb. 21.46 Passives Widerstandsnetzwerk nach DIN EN 60268-3 zum Mischen zweier Generatorsignale und zur Anpassung an die Eingangsimpedanz des Prüflings

Die Widerstände R_A und R_B stellen die Ausgangswiderstände der Generatoren da. Die beiden seriellen Widerstände R_1 und R_2 sollen mindestens 10 Mal größer sein als die Eingangsimpedanz R_S des Prüflings. Zur Anpassung der Quell-Impedanz des passiven Netzwerks an die Eingangsimpedanz des Prüflings soll gelten:

$$\frac{1}{R_1+R_A}+\frac{1}{R_2+R_B}+\frac{1}{R_3}=\frac{1}{R_S} \qquad R_1>10\cdot R_S \text{ und } R_2>10\cdot R_S \quad (21.43)$$

Die Schalter im Netzwerk erleichtern die getrennte Einstellung der Generator-Amplituden. Ausgangsseitig ist R_{LAST} ein Hochleistungswiderstand mit der Nennimpedanz, für welche die Messung erfolgen soll (Abb. 21.46 zeigt die Messung eines Leistungsverstärkers). R_4 und R_5 bilden einen Spannungsteiler, der so beschaffen sein muss, dass auch bei Vollaussteuerung des Verstärkers noch keine Übersteuerung des nachgeschalteten Analysators erfolgt. Außerdem muss er hochohmig genug sein, um sich bei den Tests nicht zu überhitzen, und gleichzeitig niederohmig genug, um kein nennenswertes Eigenrauschen zur Messung beizusteuern.

Zur Analyse der Intermodulation gibt es im Audiobereich drei typische Messsignale und Auswerteverfahren:

- Zwei Sinussignale im Amplitudenverhältnis 4:1. Das stärkere hat eine niedrige Frequenz und erzeugt bei Nichtlinearität Seitenbänder dicht um das höherfrequentere herum, welche ausgewertet werden (Abschn. 21.4.6).
- Zwei gleich starke Sinussignale vorzugsweise hoher Frequenz mit geringem, festem Frequenzabstand. Ausgewertet werden die Differenzterme zweiter und dritter Ordnung, die in das Audioband fallen (Abschn. 21.4.7).
- Ein Rechteck- und ein Sinussignal im Amplitudenverhältnis 4:1 und im Frequenzverhältnis von ca. 1:5. Ausgewertet werden Intermodulationsprodukte niedriger Ordnung, die in den Bereich bis 15 kHz fallen (Abschn. 21.4.8).

21.4.2.1 Intermodulationsverzerrungen nach SMPTE

Die Messung der Intermodulationsverzerrungen nach SMPTE RP120 ist ein uraltes Verfahren aus analogen Zeiten, bei welchem dem Prüfling ein 60 Hz- sowie ein in der Amplitude vier Mal schwächeres 7 kHz-Sinussignal zugeführt wird. Die 60 Hz Grundwelle hebt das Trägersignal von 7 kHz in verschiedene Bereiche der Kennlinie, in denen das Trägersignal bei Nichtlinearitäten eine Modulation seiner Amplitude erfährt. Diese äußert sich in Seitenbändern, die im Abstand von ganzzahligen Vielfachen der 60 Hz Frequenz um die 7 kHz Trägerfrequenz herum gruppiert sind. Die Summe der Effektivwerte all dieser Komponenten wird zur Amplitude des 7 kHz Trägers in Bezug gesetzt und bildet so den SMPTE-Wert (s. 21.44).

Die SMPTE-Messung lässt sich mit geringem technischen Aufwand und rein analogen Mitteln durchführen. Tatsächlich existiert sie als amerikanische Norm schon seit 1941. Die beiden Sinusgeneratoren müssen selber nicht sonderlich klirrarm sein, da ihre eigenen Klirrkomponenten nicht in das Raster der Intermodulationsprodukte fallen. So ließe sich sogar die amerikanische Netzfrequenz ausfiltern und als 60 Hz Signalquelle verwenden. Dessen eigene Grundwelle nebst Klirrkomponenten werden nach dem Durchlaufen durch den Prüfling durch einen Hochpass (Eckfrequenz: 2 kHz) weitgehend ausgefiltert. Die Seitenbänder, die bei vorhandenen Nichtlinearitäten durch Modulation der 7 kHz Schwingung durch das 60 Hz-Signal entstehen, werden durch einen Gleichrichter herausgefischt, der wie ein Demodulator in AM-Empfängern funktioniert. Das Resultat wird tiefpassgefiltert und kann z. B. mit einem passend skalierten Voltmeter direkt angezeigt werden. Bezogen wird die Summe der Seitenbänder auf die Amplitude des schwächeren 7-kHz-Signals.

Die obsolete DIN 45403 (Messungen von nichtlinearen Verzerrungen in der Elektroakustik) beschrieb ein ähnliches Verfahren, welches ebenfalls auf zwei Frequenzen im Amplitudenverhältnis 4:1 aufbaut. Allerdings sind verschiedene Frequenzpaare erlaubt, wobei 250 Hz und 8 kHz am häufigsten angewandt wurden. DIN 45403 ist nun in DIN EN 60268-3 aufgegangen. Danach soll f_1 0,5 bis 1,5 Oktaven oberhalb der Untergrenze des Übertragungsbereichs und f_2 entsprechend 0,5 bis 1,5 Oktaven unterhalb seiner Obergrenze liegen.

AES17 sieht ein Frequenzpaar bei 41 Hz und 7993 Hz vor. Für die Messung als Einzahlwert wird der Scheitelwert des Mischsignals so eingestellt, dass er gerade Vollaussteuerung erreicht.

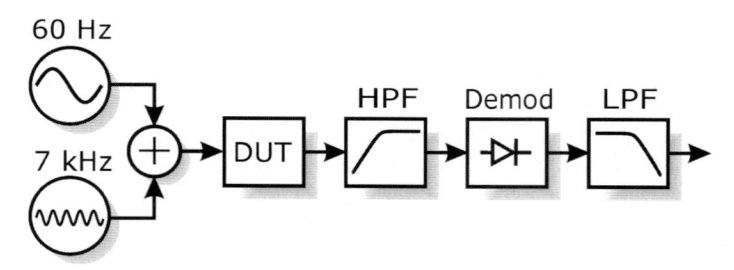

Abb. 21.47 Intermodulationsmessung nach SMPTE RP120

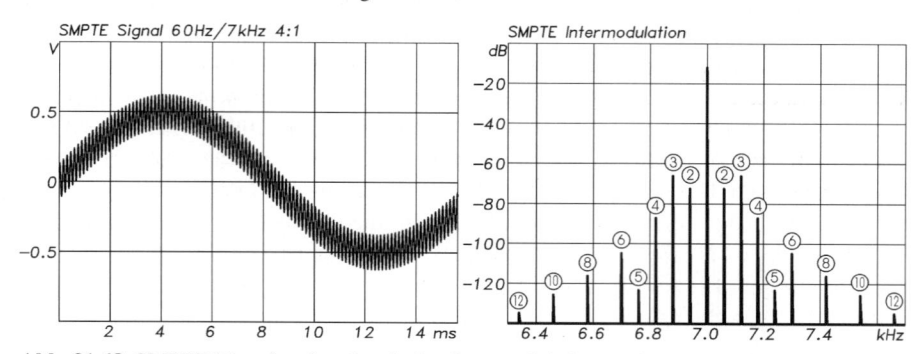

Abb. 21.48 SMPTE Messsignal und typisches Intermodulationsspektrum mit Komponenten bis 12. Ordnung um den Träger 7 kHz.

Wird für die Analyse statt des simplen Demodulators ein FFT-Analyzer eingesetzt, lassen sich die Intermodulationsverzerrungen in ihre individuellen Ordnungen zerlegen. Die Intermodulationsverzerrung zweiter Ordnung ergibt sich aus den Amplituden der Summen- und Differenzfrequenz:

$$SMPTE\_IMD_{2.\text{Ordnung}} = \frac{A_{(f_2-f_1)} + A_{(f_2+f_1)}}{A_{f_2}} = \frac{A_{6.94\text{kHz}} + A_{7.06\text{kHz}}}{A_{7\text{kHz}}} \quad (21.44)$$

Die Intermodulationsverzerrung dritter Ordnung ergibt sich aus den Amplituden der beiden Komponenten im doppelten Abstand f_1 von der Trägerfrequenz f_2:

$$SMPTE\_IMD_{3.\text{Ordnung}} = \frac{A_{(f_2-2f_1)} + A_{(f_2+2f_1)}}{A_{f_2}} = \frac{A_{6.88\text{kHz}} + A_{7.12\text{kHz}}}{A_{7\text{kHz}}} \quad (21.45)$$

Die durch FFT-Spektralanalyse ermittelte Intermodulation setzt sich in der Regel aus diesen vier Komponenten zweiter und dritter Ordnung zusammen. Da sie sich auf die Amplitude des schwächeren der beiden beteiligten Generatorsignale beziehen, liegen nach SMPTE RP120 ermittelte Werte in aller Regel mehr als 10 dB höher als der Klirrfaktor bei gleichem Pegel.

21.4.2.2 Intermodulationsverzerrungen nach ITU-R

Die Messung der Intermodulationsverzerrungen nach ITU-R ähnelt der Messung nach SMPTE RP120, allerdings werden zwei gleich starke Frequenzen (*twin-tone*) gemischt, die genau 1 kHz auseinanderliegen, und dem Prüfling zugeführt. Typische Signalpaare sind 5/6 kHz, 14/15 kHz oder 19/20 kHz, wobei letzteres in der Regel bei Equipment zum Einsatz kommt, das die volle Audio-Bandbreite verarbeiten kann. Der Standard EIA 560 (Method of Measurement for CD Players) arbeitet dagegen mit einem 11/12 kHz-Signalpaar. Die Intermodulationsprodukte fallen in ein 1-kHz-Raster und können individuell nach Ordnung der Intermodulation sortiert werden.

Die Amplitude der Intermodulationsprodukte wird in diesem Fall auf die *Summe der Amplituden* der beiden Quellsignale bezogen. Die Intermodulationsverzerrungen *zweiter* Ordnung entsprechen der Differenzfrequenz der beiden Quellsignale. Häufig wird nur diese eine Komponente ausgewertet, man spricht dann von *Differenzton-Analyse*:

$$ITU\_IMD_{2.\text{Ordnung}} = \frac{A_{(f_2-f_1)}}{A_{f_2} + A_{f_1}} = \frac{A_{1\text{kHz}}}{A_{20\text{kHz}} + A_{19\text{kHz}}} \quad (21.46)$$

Die Summenfrequenz $f_1 + f_2$ fällt hingegen aus dem Audiobereich heraus und wird nicht berücksichtigt.

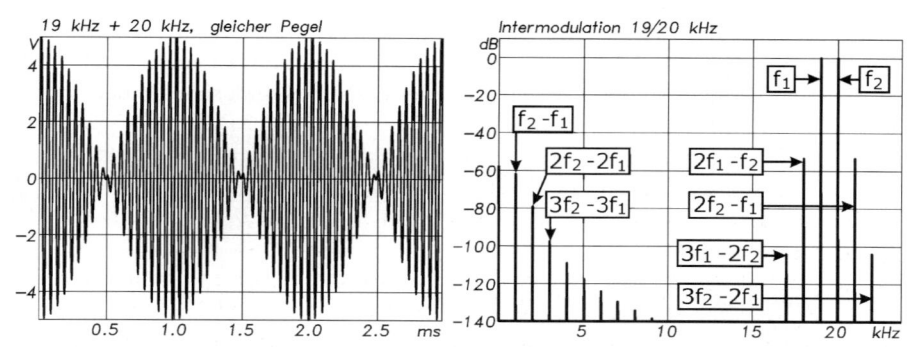

Abb. 21.49 Anregungssignalpaar bei 19 kHz/20 kHz (links) und einige Frequenzkomponenten nach dem Intermodulationstest eines mäßig nichtlinearen Prüflings (rechts)

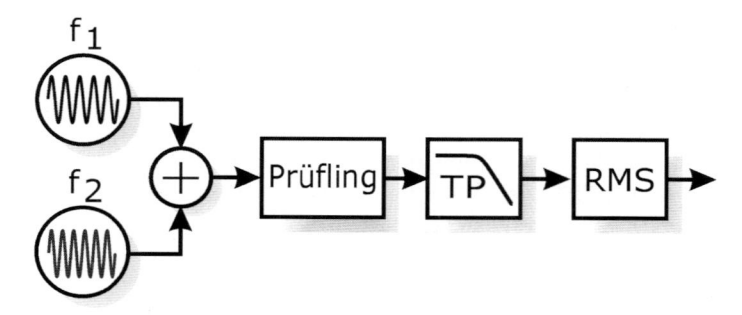

Abb. 21.50 Einfache Differenztonanalyse mit analogen Mitteln

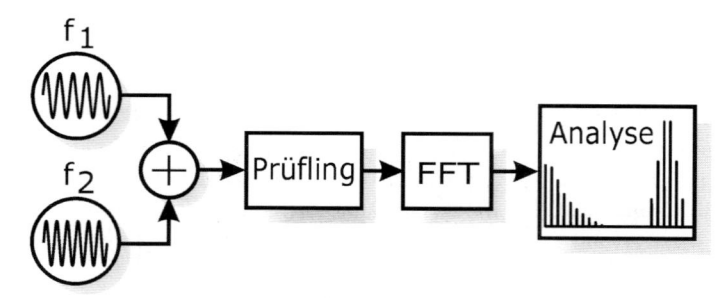

Abb. 21.51 Intermodulations-Messung durch Spektralanalyse

Intermodulationsverzerrungen *dritter* Ordnung treten jeweils beim Doppelten einer Quellsignalfrequenz abzüglich der anderen auf. Bei einem Quellsignal von 19/20 kHz ergibt dies also eine Komponente bei 18 kHz ($2f_1 - f_2$) sowie eine bei 21 kHz ($2f_2 - f_1$).

$$ITU\_IMD_{3.\text{Ordnung}} = \frac{A_{(2f1-f2)}}{A_{f_2} + A_{f_1}} = \frac{A_{18\text{kHz}}}{A_{20\text{kHz}} + A_{19\text{kHz}}} \tag{21.47}$$

Kapitel 21 Messtechnik

Generell fallen die ungeradzahligen Intermodulationsprodukte innerhalb des Auswertebereichs auf hohe Frequenzen um die beiden Anregungssignale herum, während die geradzahligen Intermodulationsprodukte bei Vielfachen der Differenzfrequenz liegen (s. Abb. 21.49).

Mit Hilfe der Differenztonmethode und den beiden hohen Testfrequenzen lassen sich Nichtlinearitäten am oberen Ende des Übertragungsbereichs nachweisen, die bei der Standard-Klirrfaktormessung womöglich aus dem Frequenzbereich des Analyzers herausfallen würden.

DIN EN 60268-3 sieht für das Differenztonverfahren einen Frequenzabstand zwischen den Quellsignalen von 80 Hz vor. Wenn die Intermodulation nicht in Abhängigkeit des Eingangspegels, sondern als Einzelwert angegeben werden soll, schreibt sie einen um 10 dB unterhalb der Clipgrenze liegenden Spitzenwert für das Ausgangssignal vor.

Bei Messungen nach AES17 liegt einer der beiden gleich starken Sinustöne an der oberen Grenze des Übertragungsbereichs, der andere 2 kHz darunter. Die Amplitude wird wiederum so eingestellt, dass der Spitzenwert des Signalgemischs knapp unter Vollaussteuerung bleibt (0 dBFS). Ausgewertet werden die Differenzterme zweiter und dritter Ordnung.

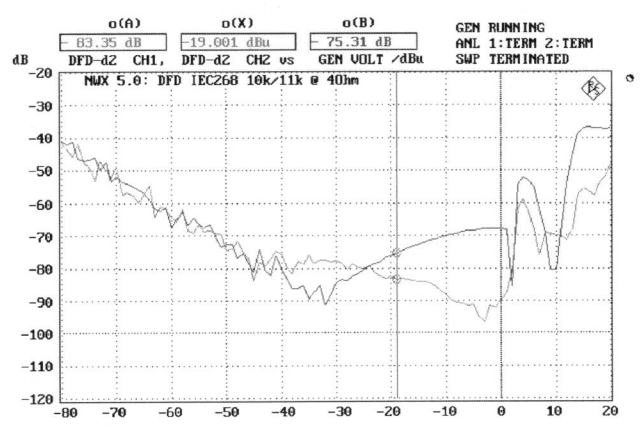

Abb. 21.52 Pegelabhängige Intermodulation aus Differenzton-Messung beider Kanäle eines mittelmäßigen Leistungsverstärkers mit 10/11 kHz Sinus-Paar-Anregung

21.4.2.3 Dynamische Intermodulation (DIM,TIM)

Messungen der *dynamischen* oder auch *transienten Intermodulation* (*TIM*) wurden vor einem Vierteljahrhundert im Zusammenhang mit der *Slew-Rate* (maximale Steilheit des Ausgangssignals in Volt/Sekunde) insbesondere für Verstärkermessungen populär. Verstärker verdanken ihre niedrigen Klirrfaktoren der Gegenkopplung, die mit Hilfe eines hochverstärkenden Differenzverstärkers in der Eingangsstufe ständig das Soll-Signal am Eingang mit dem Ist-Signal am Ausgang vergleicht und bei Abweichungen gegensteuert. Ist nun die Ausgangs- oder eine Treiberstufe nicht schnell genug (also die *Slew-Rate* zu gering), um einem sehr steil ansteigenden Signal getreu zu folgen, weichen Soll- und Ist-Signal stärker voneinander ab und ihr hochverstärkter Unterschied lässt die Ausgangsspannung des Differenzverstärkers an der positiven oder negativen Versorgungsspannung „kleben". Die Gegenkopplung gerät dann also in die Sättigung und ihre Korrekturwirkung für sämtliche andere Signalkomponenten wird außer Kraft gesetzt.

Nach der messtechnischen Erfassung dieses Effektes trachtet die *DIM*-Messung nach Schrock und Otala (Leinonen 1978). Sie führt dem Verstärker ein Gemisch eines Rechteck-Signals, das von einem Tiefpass erster Ordnung mit 30 kHz (*DIM*30) oder 100 kHz (*DIM*100) Eckfrequenz ein wenig entschärft wird, und eines höherfrequenten Sinussignals zu, dessen Scheitelwert ein Viertel des Scheitelwerts des Rechtecksignals erreicht. Üblich sind die Frequenzen 3,15 kHz für das Rechtecksignal und 15 kHz für das Sinussignal.

Nachgewiesen werden soll insbesondere die Deformierung des 15 kHz Signals durch die steilen Signalflanken (ca. $1\text{V}\cdot\mu\text{s}^{-1}$ bei *DIM*100) der überlagerten, stärkeren Rechteckschwingung. Durch die *Slew-Rate* bedingte Übersteuerungen des Differenzverstärkers treten allerdings bei korrektem Schaltungsdesign von Verstärkern, die immer auch einen passend dimensionierten Eingangstiefpass beinhalten, unter normalen Betriebsbedingungen nicht auf. Die *DIM*-Messung hat insofern ihren eigentlichen Verwendungszweck, diese technische Unzulänglichkeit zu entlarven, eingebüßt. Sie wird stattdessen gerne wie auch das Differenztonverfahren für Intermodulationsmessungen im gesamten Bereich der Audio-Elektronik eingesetzt und ist in DIN EN 60268-3 spezifiziert.

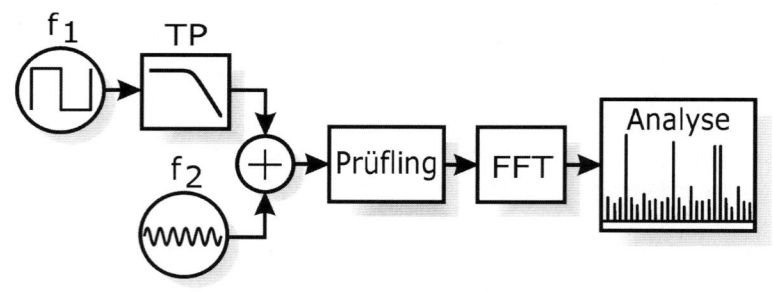

Abb. 21.53 Messung der dynamischen Intermodulation

Wegen der Verwendung eines Rechtecksignals sieht das Spektrum des Anregungssignals und das sich durch Nichtlinearitäten des Prüflings ergebende Intermodulationsspektrum etwas komplizierter aus als beim zuvor beschriebenen *Twin-tone* Verfahren. Neben den beiden Grundfrequenzen fallen auch noch die dritte und fünfte Oberwelle des Rechtecksignals in den Bereich bis 20 kHz. Diese Komponenten müssen bei der Analyse mit hoher Selektivität unterdrückt werden, um das Messergebnis nicht zu verfälschen. Dies lässt sich mit überschaubarem Aufwand nur mit einem FFT-Analyzer bewerkstelligen, dem je nach erforderlicher Genauigkeit ein steilflankiges 14 kHz-Tiefpassfilter vorgeschaltet werden sollte, um Eigenintermodulation seiner Eingangsschaltung zu minimieren.

Kapitel 21 Messtechnik

Ausgewertet werden nach EIN EN 60268-3 nur die neun in Tabelle 21.4 und Abb. 21.54 dargestellten Intermodulationskomponenten:

Tabelle 21.4 Auszuwertende Komponenten für DIM-Messungen

Bezeichnung	Komponente	Frequenz [kHz]
A_1	$5f_1 - f_2$	0,75
A_2	$f_2 - 4f_1$	2,40
A_3	$6f_1 - f_2$	3,90
A_4	$f_2 - 3f_1$	5,55
A_5	$7f_1 - f_2$	7,05
A_6	$f_2 - 2f_1$	8,70
A_7	$8f_1 - f_2$	10,20
A_8	$f_2 - f_1$	11,85
A_9	$9f_1 - f_2$	13,35

Die Amplituden der neun Komponenten werden als Summe der Effektivwerte zusammengetragen und auf die Amplitude des 15 kHz Signals bezogen:

$$DIM = \frac{\sqrt{\sum_{i=1}^{9} A_i^2}}{A_{f_2}} \quad (21.48)$$

Als Prozentangabe wird der *DIM*-Wert mit 100 multipliziert, für die Angabe in dB wird 20 log (*DIM*) gebildet. Da sie sich auf die Amplitude des schwächeren der beiden beteiligten Generatorsignale beziehen, fallen *DIM*- wie auch *SMPTE*-Werte in aller Regel deutlich schlechter aus als der Klirrfaktor bei gleichem Pegel. Ein Wert von –90 dB ist schon als sehr gut zu bezeichnen, –100 dB und weniger sind exzellent und werden nur selten erreicht (s. Abb. 21.55).

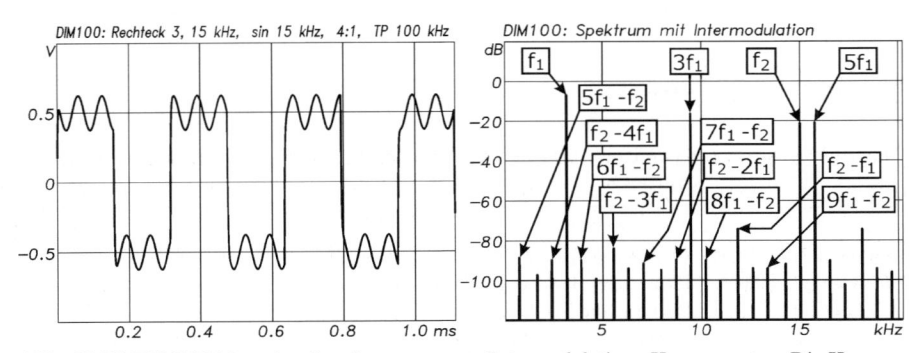

Abb. 21.54 DIM100 Messsignal und ausgewertete Intermodulations-Komponenten. Die Komponenten bei f_1, $3f_1$, $5f_1$ und f_2 gehören zum Messsignal.

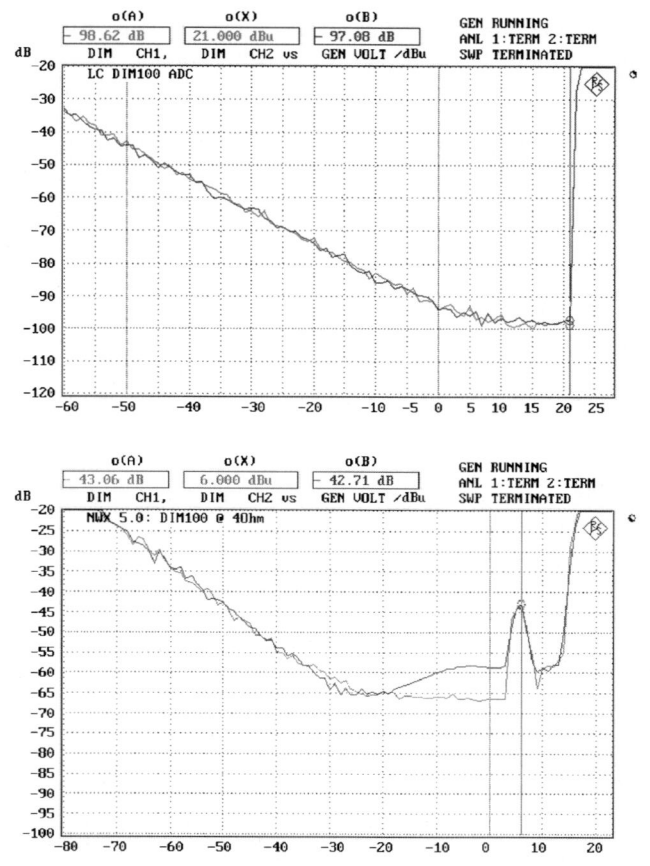

Abb. 21.55 Dynamische Intermodulation (DIM100) über Pegel für beide Kanäle eines ausgezeichneten A/D-Umsetzers (oben) und eines mäßigen Leistungsverstärkers (unten)

Normen und Standards

AES17:r2004	AES Standard method for signal audio engineering – Measurement of digital equipment
DIN IEC 60268-2:1994	Elektroakustische Geräte – Teil 2: Allgemeine Begriffe und Berechnungsverfahren
DIN EN 60268-3.2001	Elektroakustische Geräte – Teil 3: Verstärker
DIN EN 61260:2003	Elektroakustik – Bandfilter für Oktaven und Bruchteile von Oktaven
DIN EN 61606	Digitale Audio- und audiovisuelle Geräte
IEEE 1241-2000	Standard for terminology and test methods for analog-to-digital converters
ITU-R 486/DIN 45405	Störspannungsmessung in der Tontechnik
EIA-560	Standard Method of Measurement for Compact Disk Players

Literatur

Albrecht H (2001) A Family of Cosine-sum Windows for High-Resolution Measurements. Proceedings of the IEEE International Conference on Acoustics, Speech, and Signal Processing (ICASSP '01
Aoshima N (1981) Computer-generated pulse signal applied for sound measurement. J Acoust Soc Amer 69/5:1484–1488
Berkhout AJ (1980) A New Method to Acquire Impulse Responses in Concert Halls. J Acoust Soc Amer 68/1:179–183
Borish J (1983) An Efficient Algorithm for Measuring the Impulse Response Using Pseudorandom Noise. J Audio Eng Soc 33/7/8:478–488
Borish J (1985) Self-Contained Crosscorrelation Program for Maximum Length Sequences. J Audio Eng Soc 33/11:888–891
Dolby R (1973) CCIR/ARM: A Practical Noise Measurement Method. 60th AES Convention, Preprint 1353
Fielder L (1982) Dynamic-Range Requirements for Subjectively Noise-Free Reproduction of Music. J Audio Eng Soc 30/7/8:504–511
Farina A (2000) Simultaneous Measurement of Impulse Response and Distortion with a Swept-sine technique. 108th AES Convention, Paris, Preprint 5093
Griesinger D (1996) Beyond MLS – Occupied Hall Measurement with FFT Techniques. 101st AES Convention, Preprint 4403
Harris F (1978) On the Use of Windows for Harmonic Analysis with the Discrete Fourier Transform. Proc IEEE 66:51–83
Herlufsen H (1984) Dual Channel FFT Analysis (Part I, II). Brüel & Kjær Technical Review No. 1-1984. www.bksv.com/pdf/Bv0013.pdf
Keele D (1974) Low-Frequency Loudspeaker Assessment by Nearfield Sound-Pressure-Measurements. J Audio Eng Soc 22/3:154–162
Klippel W (2003) Measurement of Impulsive Distortion, Rub and Buzz and other Disturbances. 114. AES Convention, Preprint 5734
Leinonen (1978) Correlation of Audio Distortion Measurements. J Audio Eng Soc 26/1/2:12–19
Müller S (2001) Transfer-function Measurements with Sweeps. J Audio Eng Soc 49:443–471
Mommertz E (1995) Measuring Impulse Responses with Preemphasized Pseudo Random Noise derived from Maximum Length Sequences. Applied Acoustics 44:195–214
Nuttall A (1981) Some windows with very good side lobe behavior. IEEE Trans. Acoustics, Speech and Signal Processing 29:84–91
Poletti M (1988) Linearly swept frequency measurements, time-delay spectrometry, and the Wigner distribution. J Audio Eng Soc 36:457–468
Prohs JR (Hrsg) (1988) Time Delay Spectrometry – An Anthology of the Works of Richard C. Heyser on Measurement Analysis and Perception. AES, New York
Rife D (1989) Transfer-Function Measurement with Maximum-Length Sequences. J Audio Eng Soc 37:419–444
Schroeder M (1970) Synthesis of Low-Peak-Factor Signals and Binary Sequences with Low Autocorrelation. IEEE Trans Info. Theory IT 16–1:85–89
Schoukens J (1988) Survey of Excitation Signals for FFT based Signal Analyzers. IEEE Trans Instrumentation and Measurement 37:342–352
Shoukens J, Pintelon R (1990) Measurement of Frequency Response Functions in Noise Environments. IEEE Trans Instrumentation and Measurement 39/6:905–909
Stan GB, Embrechts JJ, Archambeau D (2002) Comparison of Different Impulse Response Measurement Techniques, J Audio Eng Soc 50/4:249–262
Suzuki Y, Futoshi A, Kim HY, and Sone T (1995) An optimum computer-generated pulse signal suitable for the measurement of very long impulse responses. J Acoust Soc Amer 97/2:1119–1123
Vanderkooy J (1986) Another Approach to Time-Delay Spectrometry. J Audio Eng Soc 34/7/8:523–538
Withlock B (1995) Interconnection of balanced and unbalanced equipment. Jensen Transformers Application note 003.

Autorenverzeichnis

Wolfgang Ahnert, Dr.-Ing. habil.,
geb. 1945 in Buttstädt, studierte Technische Akustik an der TU Dresden. Promotion 1975 an der TU Dresden bei Prof. Reichardt. Von 1975 bis 1990 wissenschaftlicher Mitarbeiter am Institut für Kulturbauten in Ostberlin. 1992 Habilitation an der TU Dresden, seit 1993 Honorarprofessor an der Hochschule für Film und Fernsehen in Potsdam-Babelsberg. Gründer und Geschäftsführer der Firmen Acoustic Design Ahnert (ADA) und Software Design Ahnert (SDA) GmbH. Hier u. a. Entwicklung des Simulationsprogramms EASE und der akustischen Messsoftware EASERA. Gastprofessor an der Lomonossow Universität Moskau seit 2001 und am Rensellaer Polytechnic Institute in Troy/USA seit 2004.

Jens Blauert, Prof. em. Dr.-Ing. Dr. techn. h.c.,
geb. 1938 in Hamburg. Promotion zum Dr.-Ing. in Aachen 1969, Habilitation in Berlin 1973, Ehrenpromotion in Aalborg (DK) 1994. Ordentlicher Professor in Bochum seit 1974. Gründer und Leiter des Institutes für Kommunikationsakustik der Ruhr-Universität Bochum 1974–2003. Adjunct Professor für Architekturakustik des Rensellaer Polytechnic Insitute, Troy, NY, seit 2004. Zahlreiche Fellowships, Preise und Ehrenmitgliedschaften wissenschaftlich-technischer Gesellschaften. Wissenschaftliche Hauptarbeitsgebiete: Räumliches Hören, Signalverarbeitung durch das Gehör, Binauraltechnik, Virtuelle Umgebungen, Sound Quality, Sprachtechnologie, Raumakustik.

Jonas Braasch, Prof. Dr.-Ing. Dr. phil.,
geb. 1971 in Wipperfürth, studierte Physik an der Universität Dortmund (Diplom 1998) und promovierte an der Ruhr-Universität Bochum in den Fächern Elektrotechnik und Informationstechnik (2001) und Musikwissenschaften (2004). Von 2001 bis 2003 war er als wissenschaftlicher Mitarbeiter am Institut für Kommunikationsakustik der Ruhr-Universität Bochum beschäftigt. Von 2004 bis 2005 war er Assistant Professor im Bereich Sound Recording an der McGill Universität, seit 2006 ist er Assistant Professor am Rensselaer Polytechnic Institute in Troy/USA.

Wolfgang Ellermeier, Prof. Ph. D.,
studierte Psychologie an der Universität Würzburg und promovierte 1988 an der State University of New York at Stony Brook bei David S. Emmerich im Fach Experimentalpsychologie. Als wissenschaftlicher Assistent an der Universität Regensburg habilitierte er sich 1995 über auditive Profilanalyse. Von 2001 bis 2006 leitete er die ‚Sound Quality Research Unit' an der ingenieurwissenschaftlichen Fakultät der Universität Aalborg. Seit 2007 ist er Professor für Angewandte Kognitionspsychologie an der Technischen Universität Darmstadt.

Anselm Goertz, Dr.-Ing.,
geb. 1962, studierte Allgemeine Elektrotechnik an der RWTH Aachen mit anschließender Promotion am Institut für Technische Akustik bei Prof. Kuttruff. 1997 gründete er das Ingenieurbüro Audio & Acoustics Consulting mit den Schwerpunkten Beschallung, akustische Messtechnik und digitale Signalverarbeitung und war verantwortlich für die Planung großer Beschallungsanlagen u. a. in den Olympiastadien in Berlin und Moskau, im WM-Stadion Kaiserslautern und in den Hauptbahnhöfen Essen, Bochum und Köln. Seit 1993 ist er als freier Mitarbeiter im Musik Media Verlag bei den Fachzeitschriften Production Partner, Professional System sowie Sound & Recording für den Test von Lautsprechern, Mischpulten, Endstufen und Digitaltechnik verantwortlich. Seit 2007 ist er Honorarprofessor am Fachgebiet Audiokommunikation der TU Berlin.

Jürgen Hellbrück, Prof. Dr.,
studierte Psychologie und Lehramt für Grund- und Hauptschule an der Universität Würzburg. Von 1976-1986 arbeitete er als Assistent am Lehrstuhl für Allgemeine Psychologie an der Universität Würzburg, von 1986-1988 als Gastwissenschaftler am Laboratory of Auditory Perception an der University of Osaka (Japan). Nach Lehrstuhlvertretungen an den Universitäten Oldenburg und Konstanz ist er seit 1991 Professor für Umwelt- und Gesundheitspsychologie an der Kath. Universität Eichstätt-Ingolstadt.

Peter Kaminski, Dipl.-Ing.,
geb. 1958, studierte Nachrichtentechnik an der FH Dortmund. Er leitete nach Abschluss des Studiums die Entwicklungsabteilung bei Steinberg Digital Audio in Hamburg und war anschließend als selbständiger Berater und Journalist tätig. Er schrieb Hunderte von Fachartikeln für Zeitschriften wie dB Magazin für Studiotechnik, Production Partner, Sound & Recording, Medien Bulletin und ist Autor mehrerer Fachbücher im Bereich der Nachrichtentechnik. Er ist Mitbetreiber des Tonstudios Mastering & Surround Factory in Hamburg mit den Schwerpunkten Mastering und Klangrestauration.

Alexander Lerch, Dipl.-Ing.,
geb. 1974, studierte Nachrichtentechnik an der Technischen Universität Berlin. Er ist Geschäftsführer des Technologieanbieters zplane.development, der als forschungsnahes Unternehmen Musiksoftware und -hardware entwickelt. Er unterichtet als Lehrbeauftragter an der Universität der Künste und am Fachgebiet Audiokommunikation der Technischen Universität Berlin.

Alexander Lindau, M. A.,
geb. 1976 in Berlin, studierte an der Technischen Universität Berlin Kommunikationswissenschaften, Elektrotechnik und Technische Akustik. Derzeit promoviert er als wissenschaftlicher Mitarbeiter am Fachgebiet Audiokommunikation im Bereich Binauraltechnik und Medienrezeption. Im Bereich F&E bei ADAM Professional Audio GmbH betreut er das Lautsprecherentwicklungslabor.

Autorenverzeichnis

Hans-Joachim Maempel, Dr. phil.,
studierte Tonmeister an der UdK Berlin und promovierte in Musikwissenschaft bei Helga de la Motte-Haber. Neben freiberuflichen Arbeiten in den Bereichen Filmkomposition, Audioproduktion und Redaktion ist er als Medienberater mit dem Schwerpunkt Musik- und Audioevaluation tätig. Er ist Vorstandsmitglied des Verbands Deutscher Tonmeister (VDT), Lehrbeauftragter an verschiedenen Hochschulen und wissenschaftlicher Mitarbeiter am Fachgebiet Audiokommunikation der TU Berlin mit den Schwerpunkten Audioproduktion, Hörpsychologie und Medienrezeption.

Peter Maier, Dipl.-Ing.,
geb. 1970 in Augsburg, studierte Nachrichtentechnik an der Technischen Universität München am Lehrstuhl für Mensch-Maschine-Kommunikation bei Prof. Fastl. Gründer und Geschäftsführer des Studioplanungsbüros HMP Architekten + Ingenieure/concept-A in München, verantwortlich für die Planung und den Bau von Studios und Hörräumen für ARRI Film&TV München, Teldex Studios Berlin, Bavaria Film Studios Geiselgasteig, Blackbird Music Studios Berlin, Rocket Studios München/Berlin, Elektrofilm Studios Berlin, Volkswagen Wolfsburg, BMW München, den Bayerischen Rundfunk München und die Deutsche Telekom Bonn.

Jürgen Meyer, Prof. Dr.-Ing.,
geb. 1933 in Braunschweig, Studium der Nachrichtentechnik und Akustik an der TH Braunschweig, 1960 Promotion mit einem Thema zur Orgelakustik. 1958 bis 1996 Mitarbeiter der Physikalisch-Technischen Bundesanstalt im Bereich Akustik mit dem Forschungsschwerpunkt Musikinstrumentenakustik und Raumakustik, daneben Professor an der Staatlichen Hochschule für Musik Detmold im Bereich der Tonmeisterausbildung. Die Bücher „Akustik und musikalische Aufführungspraxis" und „Kirchenakustik" sowie zahlreiche Publikationen in Fachzeitschriften gelten als Referenz auf dem Gebiet der musikalischen Akustik. Von 1989 bis 2003 war er Leiter des Kammerorchesters Braunschweig, 2004 wurde ihm die Helmholtz-Medaille der deutschen Gesellschaft für Akustik und die Ehren-Medaille des Verbands Deutscher Tonmeister verliehen.

Swen Müller, Dr.-Ing.,
geb. 1963 in Bonn, studierte an der RWTH Aachen Nachrichtentechnik und promovierte am dortigen Institut für technische Akustik auf dem Gebiet der digitalen Signalverarbeitung für Lautsprecher. Derzeit arbeitet er im Akustik-Labor der brasilianischen physikalisch-technischen Bundesanstalt (INMETRO) in der Nähe von Rio de Janeiro und beschäftigt sich dort mit Hard- und Softwareentwicklung für die akustische Messtechnik und die digitale Audiotechnik.

Wolfgang Niehoff, Prof. Dr.-Ing.,
geb. 1945 in Glauchau, absolvierte eine Ausbildung zum Fernmeldemechaniker und ein Studium der Akustik und Nachrichtentechnik an der Universität Dresden. Er arbeitete als wissenschaftlicher Assistent und promovierte am Institut für Tech-

nische Akustik der Universität Dresden. Seit 1987 ist er Entwicklungsleiter, seit 1997 Direktor für Forschung bei Sennheiser electronic GmbH & Co. KG, Wedemark.

Karl Petermichl, Dipl.-Ing.,
absolvierte eine Ausbildung im Fach Nachrichtentechnik. Seit 1985 ist er beim ORF-Hörfunk tätig, zunächst als Toningenieur in der CD-Produktion und Liveübertragung, seit 1998 als Audio-Systemtechniker. Als Experte für Filetransfers, Webstreaming, Surround-Radio und Multimediaproduktion veröffentlichte er zahlreiche Fachartikel, ebenso im Bereich Klangforschung und Live-Elektronik.

Günter Rosen, Dipl.-Ing.,
geb. 1948, studierte Elektrotechnik an der TU Berlin. Nach dem Studium Tätigkeit in der Beschallungsbranche. Ab 1984 arbeitete er als Mikrofonentwickler bei der Fa. Beyerdynamic. Seit 2002 arbeitet er als Mikrofonentwickler bei der Firma Sennheiser electronic GmbH & Co. KG, Wedemark.

Mattias Schick,
studierte Informatik an der Universität Karlsruhe und absolvierte die SAE-Ausbildung zum Audio Engineer. Seit 1990 arbeitet er für die Fa. Lawo AG in Rastatt in der Software-Entwicklung und entwickelte u. a. die Signalverarbeitungssoftware der Mischpulte mc^2 82, mc^2 66 und mc^2 90.

Martin Schneider, Dipl.-Ing.,
geb. 1964, studierte Nachrichtentechnik und Akustik an der TU Berlin. Seit 1992 arbeitet er als Mikrofonentwickler, Anwendungs- und Messtechnik-Spezialist für die Fa. Georg Neumann GmbH.

Karl M. Slavik, Dipl.-Ing.,
geb. 1960, absolvierte ein Studium der Nachrichtentechnik und Elektronik. Seit 1981 ist er im Bereich der professionellen Ton- und Videotechnik als Tonmeister, Video- und Veranstaltungstechniker tätig. Er arbeitete als Planungsingenieur bei Siemens Ton- und Studiotechnik und als Toningenieur und Projektleiter beim Österreichischen Rundfunk ORF, wo er u. a. für die Einführung von Mehrkanalton und Dolby Digital hauptverantwortlich war. 2005 gründete er die Fa. ARTECAST und arbeitet als Berater und Trainer für Auftraggeber wie den Norwegischen Rundfunk NRK, NTI Audio, den Österreichischen Rundfunk ORF und Dolby Laboratories. Als Lehrbeauftragter unterrichtet er an der Fachhochschule St. Pölten, an der Universität Wien und an der ARD.ZDF-Medienakademie in Nürnberg. Karl M. Slavik ist zertifizierter Dolby-Trainer.

Hans-Peter Tennhardt, Dipl.-Ing.,
geb. 1942 in Annaberg, studierte Elektrotechnik/Elektroakustik an der TU Dresden bei Prof. Reichardt und absolvierte ein Zusatzstudium an der Musikhochschule Dresden. Von 1968 bis 1991 arbeitete er als wissenschaftlicher Mitarbeiter für Bau-

und Raumakustik an der Bauakademie Berlin, seit 1991 als stellv. Abteilungsleiter der Abteilung Bau- und Raumakustik. Seit 1992 war er Gruppenleiter Raumakustik am Fraunhofer-Institut für Bauphysik und bis 2007 Referatsleiter für Bauphysik und wissenschaftlicher Mitarbeiter am Institut für Erhaltung und Modernisierung von Bauwerken (IEMB) e.V. an der TU Berlin.

Stefan Weinzierl, Prof. Dr.,
geb. 1967 in Bamberg, studierte Physik (Diplom 1992) und Tonmeister (Diplom 1994) in Erlangen und Berlin. Mit einer Arbeit über die raumakustische Simulation der Konzerträume L.v. Beethovens promovierte er 1999 im Fach Musikwissenschaft an der TU Berlin. Er unterrichtete er als Gast-Dozent am Tonmeisterstudiengang der Universität der Künste Berlin und arbeitet seit dem Studium als Produzent und Tonmeister für den Rundfunk und für zahlreiche große Schallplattenfirmen. Seit 2004 leitet das Fachgebiet Audiokommunikation und den Masterstudiengang Medienkommunikation und -technologie an der TU Berlin.

Martin Werwein, Dipl.-Ing.,
studierte Elektrotechnik mit Fachrichtung Nachrichtentechnik (Diplom 1995). Als Entwicklungs-Ingenieur für professionelle Audiotechnik arbeitete er insbesondere an der Entwicklung von hochwertigen Mikrofonverstärkern, analogen Ein- und Ausgangsstufen und AD/DA-Wandlern, digitalen Audio-Kreuzschienen und digitalen Mischpultsystemen, heute für die Lawo AG in Rastatt. Neben seiner Entwicklertätigkeit verfügt er über 25-jährige Erfahrung in der Beschallungstechnik und als Lichtdesigner.

Udo Zölzer, Prof. Dr.-Ing.,
studierte Elektrotechnik an der Universität Paderborn. Er arbeitete von 1985-1988 als Entwicklungsingenieur bei der Lawo Gerätebau GmbH und als wissenschaftlicher Mitarbeiter an der Technischen Universität Hamburg-Harburg, wo er 1989 die Promotion und 1997 die Habilitation ablegte. Seit 1999 ist er Professor für Nachrichtentechnik an der Helmut-Schmidt-Universität - Universität der Bundeswehr in Hamburg.

Anhang I:
Institutionen – Verbände – Publikationen – Standards

Die folgende Übersicht gibt kurze Informationen zu Institutionen und Verbänden, die im Bereich der Audiotechnik sowie in verwandten Disziplinen tätig sind. Insbesondere sind diejenigen Körperschaften genannt, die als Herausgeber für in der Audiotechnik maßgebliche Publikationen (Zeitschriften, Kongressberichte) tätig sind und die in den Kapiteln des Handbuchs genannten Normen und Standards erarbeiten.

1. Berufs- und Fachverbände

Der **Verband Deutscher Tonmeister** (VDT) versteht sich als Standesvertretung professioneller Tonmeister sowie als Interessenvertretung aller Berufssparten in den Bereichen Musikproduktion und professionelle Audiotechnik. Hervorgegangen aus der 1950 gegründeten Deutschen Filmtonmeister-Vereinigung, gehören dem VDT heute etwa 1500 Mitglieder an. Die vom Bildungswerk des VDT veranstaltete Tonmeistertagung als Messe und Fachtagung findet seit 1948 im zweijährigen Turnus statt, die Kongressbeiträge werden in einem Tagungsbericht veröffentlicht. Das fünfmal jährlich erscheinende VDT-Magazin wird als Verbandszeitschrift ausschließlich an Mitglieder ausgeliefert (http://www.tonmeister.de/).

Die 1948 gegründete **Audio Engineering Society** (AES) mit Sitz in New York ist mit etwa 15.000 Mitgliedern der größte internationale Verband im Bereich der professionellen Audio- und Tonstudiotechnik. Fachgruppen der AES sind weltweit in 47 geographischen Regionen vertreten. Zwei jährliche Conventions finden jeweils im Herbst in den Vereinigten Staaten sowie im Frühjahr in Europa statt. Sie beinhalten eine Produktmesse, Seminare, Workshops sowie ein Vortragsprogramm. Die Kongressbeiträge werden als Convention Report sowie einzeln als sog. Preprints veröffentlicht. Zusätzlich finden in unregelmäßigen Abständen Conferences zu spezifischen Themen statt. Das Journal of the Audio Engineering Society mit zehn jährlichen Ausgaben ist derzeit die einzige wissenschaftliche Zeitschrift im Bereich der Audiotechnik, die einem Peer-Review-Verfahren unterliegt. Ein sog. Standards Comittee besteht aus einzelnen Arbeitsgruppen innerhalb der AES, die an der Aktualisierung und Neufassung von derzeit 38 Standards für alle Bereiche der Audiotechnik arbeiten (http://www.aes.org/).

Die **Deutsche Gesellschaft für Akustik** (DEGA) wurde 1989 als Fachverband für alle akustischen Disziplinen gegründet. Letztere sind in 10 sog. Fachausschüssen (darunter: Elektroakustik, Musikalische Akustik) organisiert. Der DEGA gehören zur Zeit etwa 1350 Mitglieder an, vornehmlich aus dem deutschsprachigen Raum. Im Rahmen der Zugehörigkeit zur European Acoustics Association (EAA) ist die DEGA Mitherausgeber der wissenschaftlichen Zeitschrift Acta Acustica united with Acustica, die im zweimonatigen Abstand erscheint. In Zusammenarbeit mit der Deutschen Physikalischen Gesellschaft (DPG), dem Verein Deutscher Ingenieure (VDI) und der Informationstechnischen Gesellschaft im Verband Deutscher Elektrotechniker (ITG/VDE) veranstaltet die DEGA einmal jährlich die DAGA als akustische Jahrestagung mit begleitender Firmenausstellung. Der zugehörige Kongressbericht erscheint unter dem Titel Fortschritte der Akustik (http://www.dega-akustik.de/).

Das US-amerikanische Pendant der DEGA ist die **Acoustical Society of America** (ASA), die 1929 gegründet wurde und heute etwa 7000 Mitglieder besitzt. Die Gesellschaft, deren Fachgruppen in 13 Technical Committees organisiert sind, hält jährlich zwei Kongresse ab und ist Herausgeber des monatlich erscheinenden Journal of the Acoustical Society of America (JASA). Vier Standards Committees der ASA sind für die Erarbeitung akustischer Normen vom American National Standards Institute (ANSI) akkreditiert und arbeiten damit auch als technische Berater mit dem IEC und der ISO zusammen (http://asa.aip.org/).

Der **Verband Deutscher Ingenieure** (VDI) ist mit rund 132.000 persönlichen Mitgliedern der größte technisch-wissenschaftliche Verein in Deutschland. Er wurde 1865 gegründet und hat seinen Sitz in Düsseldorf. Der Verband versteht sich als Dienstleister und Sprecher der Ingenieure in Deutschland sowie als Wissenspool und Wissensvermittler. Die technisch-wissenschaftliche Arbeit des VDI findet in 17 sog. Fachgesellschaften und 5 Kompetenzfeldern statt. Die zur Zeit 1700 gültigen sog. VDI-Richtlinien bilden ein technisches Regelwerk, das von ehrenamtlich für den VDI tätigen Experten erarbeitet wird. Die VDI-Richtlinien werden über den Beuth-Verlag vertrieben, sind jedoch nicht Bestandteil des Deutschen Normenwerkes. Der VDI ist Herausgeber der überregionalen Wochenzeitung VDI-Nachrichten (http://www.vdi.de/).

Dem **Verband der Elektrotechnik, Elektronik und Informationstechnik** (VDE) gehören etwa 34.000 Mitglieder an, davon 1 250 Unternehmen. Verbandsziele sind die Förderung der Wissenschaft, die Öffentlichkeitsarbeit im Sinne einer hohen Technikakzeptanz in der Bevölkerung, die Ingenieursausbildung und die Erarbeitung von Sicherheitsstandards durch Normung und Produktprüfung. Das VDE Prüf- und Zertifizierungsinstitut mit Sitz in Offenbach prüft Elektroprodukte und vergibt das VDE-Zeichen, das als geschütztes Markensymbol die elektrotechnischen DIN-Normen und Richtlinien und die Sicherheit elektrotechnischer Geräte kennzeichnet. Die Deutsche Kommission Elektrotechnik Elektronik Informationstechnik (DKE) als gemeinsames Organ von DIN und VDE erarbeitet DIN-Normen in den Bereichen Elektrotechnik, Elektronik und Informationstechnik (s. u.). Zusätzlich gibt der VDE über seinen eigenen Verlag ein Regelwerk, die VDE-Richtlinien, heraus (http://www.vde.com/).

Das **Institute of Electrical and Electronics Engineers** (IEEE) als Berufsverband von Ingenieuren aus den Bereichen Elektrotechnik und Informatik entstand 1963 aus dem Zusammenschluss der beiden amerikanischen Ingenieursverbände American Institute of Electrical Engineers (AIEE) und Institute of Radio Engineers (IRE). Mit 370.000 individuellen Mitgliedern aus über 150 Ländern ist es der größte technische Berufsverband weltweit. Die IEEE ist untergliedert in sog. Societies, die verschiedene ingenieurwissenschaftliche Disziplinen vertreten, sie veranstaltet mehrere Hundert Konferenzen jährlich und gibt über 100 Zeitschriften und Kongressberichte heraus. Die Arbeitsgruppen der IEEE Standards Association (IEEE-SA) entwickeln internationale Standards vor allem im Bereich Telekommunikation, Informationstechnologie und Energieerzeugung. Derzeit sind etwa 1300 Standards gültig bzw. aktuell in Arbeit, darunter Dokumente wie IEEE 1394 (Firewire), IEEE 802.x (Netzwerktechnologien) oder IEEE 754 (Fließkommaarithmetik). Über die Normungsarbeit für nationale Organisationen wie ANSI (USA) und BS (GB) gelangen die IEEE-Vorlagen direkt zur ISO und dem IEC. Ein sog. dual-logo-agreement mit dem IEC erleichtert die Übernahme von IEEE-Standards als internationale Normen der IEC. Vorlagen der IEEE werden auch von der ITU als Empfehlungen übernommen (http://www.ieee.org/).

2. Institutionelle Körperschaften

Das **Institut für Rundfunktechnik** (IRT) wurde 1956 als zentrales Forschungsinstitut der öffentlich-rechtlichen Rundfunkanstalten der Bundesrepublik Deutschland, Österreichs und der Schweiz gegründet. Es arbeitet in erster Linie für seine Gesellschafter, die Rundfunkanstalten ARD, ZDF, DLR, ORF und SRG/SSR, bei der Entwicklung neuer Rundfunk-, Kommunikations- und Medientechnologien. Zudem ist das IRT Herausgeber der Technischen Pflichtenhefte und Richtlinien der öffentlich-rechtlichen Rundfunkanstalten in Deutschland (http://www.irt.de/).

Die 1950 gegründete **European Broadcasting Union** (EBU) mit Sitz in Genf ist ein Zusammenschluss von derzeit 74 Rundfunkanstalten in 54 Ländern Europas, Nordafrikas und des Nahen Ostens. 1993 hatten sich auch die Mitglieder des ehem. osteuropäischen Pendants, der Organisation Internationale de Radiodiffusion et de Télévision (OIRT), der EBU angeschlossen. Seit 1990 existiert das EBU/ETSI Joint Technical Committee (JTC) als Normungsorgan und fester Partner des ETSI. Die EBU hat damit direkten Anteil an der Erstellung europäischer Normen im Bereich Rundfunkausstrahlung und -übertragung. Seit 1995 berät das JTC auch den CENELEC in Standardisierungsfragen zu Radio- und Fernsehempfängern sowie verwandten Geräten. Die erarbeiteten Normen, etwa im Bereich des Radio-Daten-Systems (RDS), des digitalen Fernsehens (DVB) und des digitalen Hörfunks (DAB) oder des Broadcast Wave File (BWF)-Dateiformats (s. Kap. 12), sind über das ETSI und das CENELEC verfügbar (http://www.ebu.ch/).

Die **Society of Motion Picture and Television Engineers** (SMPTE) wurde 1916 von einigen auf dem Gebiet des Films spezialisierten Ingenieuren als Society of Motion Picture Engineers (SMPE) in Washington gegründet. Das „T" kam 1950 dazu, um der gewachsenen Bedeutung der Fernsehindustrie Rechnung zu tragen. Heute sind 250 Körperschaften aus 85 Ländern der Welt Mitglied in der SMPTE, darunter fast alle Hersteller aus dem Bereich der Film- und Videotechnik. In jährlichen Konferenzen, Seminaren und in der Zeitschrift SMPTE Journal werden technische Aufsätze ebenso wie Standards veröffentlicht. Heute existieren etwa 400 SMPTE Standards, Recommended Practices and Engineering Guidelines, überwiegend im Bereich Fernsehen, Film und Digitales Kino. Angesprochen werden sollen vor allem Ingenieure, technische Leiter, Kameraleute, Bearbeiter, Berater und Hersteller. Auch die SMPTE veröffentlicht Normen, die ins nationale Normungssystem der USA (ANSI-Normen) eingebunden werden (http://www.smpte.org/).

3. Normungsgremien

3.1 National

Das **Deutsche Institut für Normung** (DIN) wurde 1917 als Normenausschuss der deutschen Industrie gegründet und mit dem Normenvertrag vom 05.06.1975 als einzige nationale Normungsorganisation anerkannt. Das DIN vertritt somit auch die deutschen Interessen in den internationalen Normengremien ISO, CEN, IEC und CENELEC. Nur noch 15 % aller Normungsprojekte, die in derzeit 76 Normenausschüssen erarbeitet werden, sind auf eine rein nationale Geltung ausgelegt (http://www.din.de/).

Für die Normungsarbeit in den Bereichen Elektrotechnik, Elektronik und Informationstechnik zuständig ist die **Deutsche Kommission Elektrotechnik, Elektronik und Informationstechnik** (DKE). Sie ist ein Organ des DIN, wird aber vom VDE getragen. Die Normen werden in das Deutsche Normenwerk des DIN und, wenn sie sicherheitstechnische Festlegungen enthalten, gleichzeitig als VDE-Bestimmungen in das VDE-Schriftenwerk aufgenommen. Die Arbeitsgremien des DKE werden automatisch den entsprechenden internationalen Komitees im IEC und CENELEC zugeordnet (http://www.dke.de/).

Der Beuth-Verlag, ein Tochterunternehmen der DIN, vertreibt sowohl die vom DIN als auch die von ausländischen und internationalen Normungsstellen herausgegebenen Normen in gedruckter und elektronischer Form. Für eine schnelle Übersichtsrecherche kann die Suchmaschine auf der Webseite des Beuth-Verlags genutzt werden, mit der Inhaltsverzeichnisse aller nationalen und internationalen Normen eingesehen und der Volltext (kostenpflichtig) per Download bezogen werden kann. Größere Bibliotheken haben hierfür in der Regel ein Abonnement für Volltextdienste wie die Normendatenbank Perinorm, eine bibliographische Datenbank mit Zugriff auf die Publikationen der europäischen und internationalen Normungsinstitute (http://www.beuth.de/).

3.2 Europäisch

Das Zusammenwachsen des EU-Binnenmarktes und die ansteigende Verflechtung von Wirtschaft und Handel der EU-Länder erfordert zunehmend Normen, die im gesamten europäischen Wirtschaftsraum gültig sind. Die Organisationen und Koordination der Arbeit der nationalen Normungsgremien zur Erarbeitung europäischer Normen ist Aufgabe des **Comité Européen de Normalisation** (CEN) und des **Comité Européen de Normalisation Electrotechnique** (CENELEC), beides eingetragene Vereine nach belgischem Recht mit Sitz in Brüssel. 30 europäische Länder sind derzeit Mitglieder des CEN und des CENELEC, offizielle Sprachen sind Deutsch, Englisch und Französisch. Die europäischen Normen werden in Technischen Komitees dezentral erarbeitet und müssen von allen Mitgliedsländern unverändert als nationale Normen übernommen werden. Der Aufgabenbereich des CENELEC umfasst die elektrotechnische Normung, wobei die bisher verabschiedeten Normen zu 85% auf Vorlagen des IEC beruhen. Um Überschneidungen zu vermeiden, verzichten die CENELEC-Mitglieder auf die Verabschiedung nationaler Normen während sich Harmonisierungsbestrebungen im Gange befinden (Stillhaltevereinbarung). Die deutsche Mitarbeit im CENELEC wird durch die DKE organisiert (http://www.cen.eu/, http://www.cenelec.org/).

Die Normung im Bereich der Telekommunikation-, Informations- und Rundfunktechnik auf europäischer Ebene ist Aufgabe des **European Telecommunications Standards Institute** (ETSI). Das ETSI wurde 1988 gegründet und hat seinen Sitz in Frankreich. Auch das ETSI erarbeitet und verabschiedet europäische Normen analog dem CEN und CENELEC. Die derzeit etwa 655 Mitglieder aus 59 Staaten sind zumeist Hersteller, Verwalter, Diensteanbieter, Netzbetreiber und Anwender aus dem Telekommunikationsbereich. Die nationalen Normungsorganisationen (in Deutschland die DKE) sind für die Übernahme der vom ETSI verabschiedeten europäischen Normen in das nationale Normungswerk zuständig (http://www.etsi.org/).

3.3 International

Drei internationale Normungsorganisationen, die International Organization for Standardization (ISO), die International Electrotechnical Commission (IEC) und die International Telecommunication Union (ITU) bilden gemeinsam die World Standards Cooperation (WSC). Sie stehen in unmittelbarer Partnerschaft mit der

Welthandelsorganisation WTO mit dem Ziel, technische Handelshemmnisse durch Standardisierung und technische Regeln aufzuheben. In der Nachfolge des Allgemeinen Zoll- und Handelsabkommens (GATT) wurde 1994 das sog. Agreement on technical barriers to trade (TBT) verabschiedet. Anhang 3, der „Code of Good Practice for the Preparation, Adoption and Application of Standards" stellt dabei die Normungsrichtlinie dar. Staaten, die den „Code of Good Practice" anerkannt haben, sind aufgefordert (allerdings nicht verpflichtet), bei der Erstellung neuer nationaler Normen den internationalen Vorlagen von ISO und IEC zu folgen.

Die 1926 gegründete **International Organization for Standardization** (ISO) ist ein eingetragener Verein nach Schweizer Recht mit Sitz in Genf. Derzeit gehören ihr 158 Mitgliedsinstitutionen (Staaten bzw. deren Normungsinstitute) an. Die ISO-Normen werden in Komitees der über 3000 angeschlossenen Organisationen erarbeitet, deren Sekretariate dezentral von den Mitgliedsländern in aller Welt geführt werden. Die Mitgliedsländer sind nicht verpflichtet, ISO-Standards in ihr nationales Normenwerk zu übernehmen. Die Welthandelsorganisation WTO strebt jedoch eine stärkere Verpflichtung zur Übernahme der ISO-Normen an. Aus diesen Bestrebungen ist u. a. das heute allgemein akzeptierte System der SI-Einheiten entstanden. Viele ISO-Normen werden als europäische Normen übernommen und bekommen auf diesem Weg den Status einer DIN-Norm (DIN EN ISO). Einige ISO-Normen werden auch direkt als DIN-Normen übernommen (DIN ISO) (http://www.iso.org).

Im Bereich der Elektrotechnik ist die **International Electrotechnical Commission** (IEC) tätig. Sie arbeitet in Absprache mit der ISO und hat derzeit 68 Mitgliedstaaten. Normen, die gemeinsam mit ISO entwickelt werden, erhalten die Präfixe beider Organisationen (ISO/IEC). Eine speziell für den Audiobereich relevante Arbeitsgruppe des IEC ist die Moving Picture Experts Group (MPEG, offizielle Bezeichnung: ISO/IEC JTC1/SC29/WG11), die sich mit der Standardisierung von Video- und Audiodatenkompression und den dazugehörenden Containerformaten beschäftigt (http://www.iec.ch/)

Auch die **International Telecommunication Union** (ITU) mit Hauptsitz in Genf ist eine internationale Organisation, allerdings innerhalb des Systems der Vereinten Nationen. Sie wurde bereits 1865 in Paris gegründet und hat derzeit 191 Mitglieder (Staaten). Sie dient Vertretern von Regierungen und der Privatwirtschaft zur globalen Koordination der Telekommunikationsdienste und -netzwerke, darunter fällt etwa die internationale Aufteilung der Rundfunkfrequenzen. Ihre Regelwerke erscheinen als Empfehlungen (recommendations). Die ITU unterteilt sich in drei Sektoren: Funkverkehr (radio communication), Standardisierung im Bereich Telekommunikation sowie Entwicklung im Bereich Telekommunikation. Die drei Bereiche veröffentlichen ihre Empfehlungen unter den Kürzeln ITU-R, ITU-T bzw. ITU-D. Beispiele sind der Standard zur Gestaltung von Kopf- und Torsosimulatoren (ITU-T Rec. P.58: Head and torso simulator for telephonometry, 1996) oder die aktuelle Empfehlungen zur Lautheitsbestimmung von Audiomaterial (ITU-R Rec. BS.1770:

Algorithms to measure audio programme loudness and true-peak audio level, 2006) (http://www.itu.int/).

4. Nomenklatur

Aus der Bezeichnung einer Norm kann man Rückschlüsse auf den Ursprung und damit den Wirkungsbereich (national, europäisch oder international) ziehen.

DIN (gefolgt von laufender Nummer, z. B. DIN 601)

bezeichnet eine DIN-Norm, die ausschließlich oder überwiegend nationale Bedeutung hat oder als Vorstufe zu einem internationalen Dokument veröffentlicht wird. Entwürfe zu DIN-Normen werden zusätzlich mit einem „E" gekennzeichnet, Vornormen mit einem „V".

DIN EN (gefolgt von laufender Nummer, z. B. DIN EN 60268)

sind europäische Normen des CEN und des CENELEC, die vertragsgemäß unverändert von allen Mitgliedern der europäischen Normungsorganisationen, also auch von der DIN übernommen werden müssen. Eine der EU-Norm entgegenstehende nationale Norm ist nach Ablauf einer bestimmten Frist zurückzuziehen. Normen des ETSI sind mit DIN ETS gekennzeichnet.

DIN EN ISO (gefolgt von laufender Nummer, z. B. DIN EN ISO 206)

zeigt den nationalen, europäischen und weltweiten Wirkungsbereich der Norm auf. In der Regel bildet die Norm einer internationalen Normungsorganisationen (ISO, IEC) die Grundlage für eine europäische Norm, welche wiederum als DIN-Norm übernommen wird.

DIN ISO (gefolgt von laufender Nummer, z. B. DIN ISO 720)

bezeichnet eine internationale Norm (ISO, IEC), die unmittelbar ins Deutsche Normenwerk übernommen wurde.

Alexander Lindau und Stefan Weinzierl

Index

100 V-Technik 456, 465, 977
70 mm-Film 635

A
A-Bewertung 1139
A-Chain 649, 652
A/D-Wandler 885
AAC. Siehe MPEG-2/4 AAC
AAF (Advanced Authoring Format) 708
AB-Verfahren 112, 579
Abgehängte Decke 278
Abhörkreis (ITU-R BS. 775-1) 641
Abschirmfaktor 1074
Abschirmung 971, 1073
Abschlussimpedanz 129, 964
Absolutschwelle 53
Abstandsfaktor 331
Abtastrate 787, 886
Abtastratenwandlung
    asynchrone 910
    synchrone 909
Abtasttheorem 788, 886
Abtastung 787, 814
AC-3. Siehe Dolby Digital
Achtercharakteristik 330
Ader 947
ADIF (Audio Data Interchange Format) 703
ADPCM (Adaptive Differential Pulse-Code Modulation) 634, 857
Adressierung 1015
ADTS (Audio Data Transport Stream) 703
AES3 989
AES42 996
Afferente Hörbahn 44
AIFF (Audio Interchange File Format) 700
Air-Motion-Transformer 426
Aktive Kompensation 306
Aktivierung 780
Akzeptanzwinkel 573
Aliasing 788, 898, 909
Allgemeinzuteilung 1038
Allpass-Filter 832
AltiVec 928
Ambiofonie 252
Ambisonics 591, 659
Amplitudendichteverteilung 792
Amplitudengang 8, 463, 819
Amplitudenmodulation 151
Anblasgeräusch 8, 134, 152

Anschlaggeräusch 150
Anti-Aliasingfilter 897, 907
Anti-Imagingfilter 888, 890, 897, 907
apt-XTM 640
APTX 876
APTX100 634
Äquivalenzstereofonie 582
ARF (Active Radiating Factor) 450
Artikulationsgeräusch 148, 150
Artikulationsverlust 193
ASF (Advanced Systems Format) 709
Assisted Resonance 253
Assoziationshypothese 114
ATM (Asynchronous Transfer Mode) 966, 1023
ATRAC (Adaptive Transform Acoustic Coding) 639, 875
Attack 732, 741
Audio-Attribute 52
Audionetzwerk 1024
AudioRail 1024
Auditive Profilanalyse 69
Auditive Szenenanalyse 72
Auditory Stream 72, 778
Aufnahmeräume 291
Aufnahmewinkel 573
Augendiagramm 994, 1030
Auralisation 92, 247, 521, 679
Ausfallrate 942
Ausklingzeit 153
Außenohrübertragungsfunktion 90, 98, 521, 586, 673
Äußere Haarzellen 44
Äußeres Ohr 42
Aussteuerung 552
Auto-Z-Balancing 970
Autoleistungsdichtespektrum 1110
AVI (Audio Video Interleaved) 699
Azimuthfehler 620, 771

B
B-Chain 629, 649, 652
B-Format 660
B-Gauge 981
Back Surround 634, 654
Balloon-Daten 485
Bandbreite 285, 951
Bändchenlautsprecher 424, 425
Bandpass-Gehäuse 431, 432
Bandpassfilter 831, 1093

1185

Bantam 981
Bark 57, 861
Basilarmembran 44
Bass-Management 305, 645
Bass-Redirection 305
Bassreflex-Gehäuse 431, 432
Bassverhältnis 191
Batteriespeisung 364
Bau-Schalldämmmaß 272
Bauakustik 267, 268
Baum-Topologie 965
Beam Steering-Technologie 456
Beat-Packet 1025
Begrenzer 730
Belting 141
BEM (Boundary-Element-Methode) 438
Berührungsspannung 977
Betriebsschallpegelkurve 297
Bewertung
  gehörrichtige 402
Biegewelle 19
Big Endian 689
Binaurale Hörschwelle 61
Binaural Sky 679
Binauraltechnik 671, 680
Bitallokation 862
Bitcrusher 748
Bitstream 894, 902
Black & Burst 1009
Block-Switching 860
Blu-ray-Disc 630
Blumlein-Verfahren 107, 118, 576
BMLD (Binaural Masking Level Difference) 113
Bogengeräusch 136
Braunes Rauschen 12
BRS (Binaural Room Scanning) 681
Brummschleife 1077
Bühnenhaus 503
Bündelungsgrad 331, 399, 487
Bündelungsmaß 331, 400, 487
Bus-Topologie 965
BWF (Broadcast Wave Format) 697

C

Cardioid Subwoofer 454
CDS (Cinemal Digital Sound) 626
Cell Processor 929
Chorus 750, 840
Chunks 695
Cinema Processor 651
Cinerama 616
Circle Surround 626
Clipping 553, 794, 931
CMMR (Common Mode Rejection Ratio) 969, 1131
CMRR 1131
CobraNet 1024
Cocktail-Party-Effekt 113
Coding Delay 986
Coherent Sampling 1147
Common Mode Rejection Ratio 1131
Comodulation masking release (CMR) 70
Computermusik 752
Cone of confusion 675
Cone tracing 246
Controller 459
Cortisches Organ 44
Crest-Faktor 1104
Critical Band 57
Crosstalk. *Siehe* Übersprechen
Crosstalk Cancellation 678
Curving 450

D

D-Cinema 655
D/A-Wandler 885
Dämpfungsfaktor 976, 1132
DARS (Digital Audio Reference Signal) 1008
Dateierweiterung 691
Dateiformat 688
Datenübertragung 939
DDC (Digital Directivity Control) 447
De-Azimuth 771
De-Buzzer 770
De-Clicker 766, 772
De-Clipper 769
De-Crackler 766
De-Esser 737
De-Motorizer 774
De-Noiser 765
De-Pop 769
De-Scratcher 766
Decca-Tree 580
Dekodermatrix 622
Delayeffekte 748, 750, 751
Delta-Sigma-Modulation 805
Delta-Stereophonie 656
Delta/Sigma-Wandler 894
Delta Modulation 626
DEM (Dynamic Element Matching) 902
Dematrizierung 622
Desymmetrierung 969
Deutlichkeitsmaß 192
Dezibel 28
Dezimation 895, 909

Index

DI-Box 362, 379, 981
Dialogue Level 633
Dialogue Normalisation 633
Differenzton-Analyse 1163
Differenzton-Verzerrung 401
Diffusfeld 410
Diffusfeldentzerrung 674
Dipolstrahler 161
Direktsignal 295
Distortion 747
Dither 796
   dreieckförmiger 801
   rechteckförmiger 800
Divergenz 728
Diversity-Technik 1046
DMIF (Delivery Multimedia Integration Framework) 706
DML (Distributed Mode Loudspeaker) 430
Dodekaeder-Lautsprecher 1100
Dolby A 621
Dolby AC-3 877
Dolby B 622
Dolby Digital 627, 704, 1030
Dolby Digital 5.1 1000
Dolby Digital EX 627
Dolby Digital Plus 630
Dolby E 630, 1000, 1030
Dolby Metadaten 628
Dolby Pro Logic 623
Dolby ProLogic II 624
Dolby Stereo 620
Dolby Stereo Digital. Siehe Dolby Digital
Dolby Stereo Optical 616
Dolby Stereo SR 620
Dolby Surround 623
Dolby True HD 630
Doppelzacken-Schrift 649
Dopplereffekt 729
Double tracking 750
Downsampling 895, 909
Drahtlose Mikrofone 1037
Dreiecksignale 10
Drop-Outs 772
Druckausgleich 332, 392
Druckempfänger 330, 332
   diffusfeldentzerrter 332
   druckkentzerrter 332
   freifeldentzerrter 332
   und Feuchte 393
   und Wind 383
Druckfeld 410
Druckgradientenempfänger 330
   höherer Ordnung 339
   und Körperschall 389
   und Pop 387
   und Wind 383
Druckstau 340
DSD (Direct Stream Digital) 984, 999, 1142
DSS (Digital Speech Standard) 715
DTB (Digital Talking Book) 715
DTS (Digital Theater Systems) 704, 876, 1000
DTS-6 634
DTS-ES 6.1 Discrete 635
DTS-ES 6.1 Matrix 635
DTS-HD High Resolution Audio 636
DTS-HD Master Audio 636
DTS 24/96 635
DTS Coherent Acoustics 635
DTS NEO 6, 635
Ducking 738
Durchsatz 915
DVB (Digital Video Broadcasting) 701
Dynamic Range Control 633
Dynamik 891, 897
   spielbare 143
   von Prozessoren 933
Dynamikprozessoren 743
Dynamikstufen 142
Dynamikumfang 1136, 1141
   eines Orchesters 171
   von Streich- und Blasinstrumenten 143
Dynamischer Klangfarbenfaktor 145, 146
Dynaquad Array 613

E

Ebene Welle 33
Echo-Kriterium 198
Echoschwelle 103
Editierung 721
EDT (Early Decay Time) 188
EEL (Early Ensemble Level) 205
Effektivwert 10
Efferente Hörbahn 46
Eigenfrequenzdichte 287, 752
Eigenfrequenzverteilung 286
Eigenstörspannung. Siehe Rauschen
Einfügedämpfung 961
Einmessung 308, 645
Einschalige Bauteile 275
Einschwingzeit 147, 148
Einzelmikrofonie 569
Einzelzuteilung 1038
ELA (Elektroakustische Lautsprecheranlagen) 422, 456
Elastische Lagerung 277
Elektret 326
Elektronische Architektur 251

Empfindungsgröße 52
EMV (Elektromagnetische Verträglichkeit) 1075
Endverstärker 464
Energy-Time Curve 1103
Enhancer 748
Enkodierung
  parametrische 706
Entfaltung 1095, 1096
  lineare 1115
  zirkulare 1115
Entkopplung 277, 963, 980
Entropie 853
Entropiekodierung 853
Entzerrung 307
Equalizer 745
  graphischer 514, 835
  halbparametrischer 745
  parametrische 548
  parametrischer 514, 835
  vollparametrischer 745
Erdung 1074
ERP (Effective Radiated Power) 1049
Erregungsmuster 64
Ersatzlautstärke. Siehe Ersatzschalldruck
Ersatzschalldruck 402
EtherSound 1026
Expander 730
Exponentialtrichter 436
Eye-Pattern. Siehe Augendiagramm
Eyring-Formel 189

F

Fader 725
Faltung 818, 847, 1095
Faltungshall 754
Fantasound-System 616
Farrell-Becker-Gleichung 543
FDP (Frequency Domain Prediction) 873
Feedback Matrix 753
Feedback Suppressor 514
Fehlender Grundton 66
Feldimpedanz 21, 35
FEM (Finite-Elemente-Methode) 289
Fensterung 1126, 1149
Fernfeld 35, 37, 443
Fernsehproduktionsstudios 293
Festkomma-Format 808
Feuchte 393
FFT (Fast Fourier Transformation) 9, 822
FFT-Analyzer 1089
Filmmischatelier 303
Filmstudios 293

Filter 371, 744
FIR-Filter 461, 824
Firewire 1018
FLAC (Free Lossless Audio Codec) 710, 855
Flanger 750, 840
Flatterecho 753
Fließkommazahlen
  denormalisierte 936
Formanten 128, 139, 140
  der Vokale 128
  von Blechblasinstrumenten 130
  von Rohrblattinstrumenten 132
Formfaktor 12
Four Character Code 695
Fouriertransformation 6
Fraktional-Zahlenformat 914
Freies Schallfeld. *Siehe* Freifeld
Freifeld 54, 407
Frequenzgang 399, 819
Frequenzgruppen 57, 128, 138
Frequenzmanagement 1063
Frequenzmodulation 151, 1043
Frequenztransformation 859
Frequenzverschieber 515
Frequenzweiche 456
Frequenzzuweisungen 1036
Funkhauspegel 30

G

Gainranging 903
Gainstaging 904
Gater-Effekt 742
Geometrische Raumakustik 282
Geradeaus-Empfänger 1051
Geräuschemacheraufnahmeräume 293
Geräuschspannungsabstand 1137
Gestalterkennung 778
Glasfaser 955
Gleichlageverfahren 978
Gleichlaufschwankungen 764
Gleichrichtwert 10
Gleichtaktimpedanz 970
Gleichtaktunterdrückung 969, 1084, 1131
Gleitkomma-Format 808
Glitches 892, 905
Glockenfilter 745
Goniometer 567, 618
Gradientenempfänger. Siehe Druckgradientenempfänger
Granularsynthese 755
Grenzschalldruck 401
Grundton 65
Gruppencode 985

Index

Gruppenlaufzeit 17, 308, 433, 434, 475, 1098, 1118
 interaurale 91, 97

H
Haas-Effekt 105
Hadamard-Transformation 1106
Halbbandfilter 899, 907, 910, 1096
Halbwertsbreite 157
Hallfolie 752
Hallmaß 203
Hallplatte 751
Hallradius 183
Hallraum 751
Harmonische 8, 1143
Harmonizer 755
Harvard-Architektur 918
Hauptachsenwinkel 573
Hauptmikrofon 600
Haustechnische Anlagen 279
HD-SDI 1007
HD DVD 630
HDLC (High Level Data Link Control) 995
HDMI (High Definition Multimedia Interface) 1021
HE-AAC 874
Header 692
Headroom 931, 934, 974
Helmholtz-Resonator 237, 431
Hochpassfilter 744, 831
Hörbedingungen 295
Hörfeld 55
Hornlautsprecher 431, 435
Hörräume 295
Hörschwelle 53
Hörspielaufnahmeräume 293
Hörtests 866
 BS.1116 866
 MUSHRA (MUlti Stimulus test with Hidden Reference and Anchor) 867
HRTF. *Siehe* Außenohrübertragungsfunktion
Huffman-Kodierung 853
Huygens-Fresnel-Prinzip 665
Hyperniere 330

I
i.LINK 1019
IACC (Interaural Cross-Correlation) 199
ID3-Block 694
IEEE 1394 1018
IEM-Strecke (In-Ear-Monitor-Strecke) 1064
IFF (Interchange File Format) 695

IIR-Filter 459, 827
ILD (Interaural Level Difference) 117
Im-Kopf-Lokalisiertheit 99
Impedanz
 -anpassung 46, 320, 376
 -wandler 319, 369
 Abschlussimpedanz 129
 einer Leitung 957
 Lastimpedanz 376
Impulsantwort 16, 476, 754, 817, 1094
Impulsmessung 411
In-Band-Gain 644, 646
Innenohr 42
Innere Haarzellen 44
Intensitätskodierung 864
Intensitätsstereofonie 574
Interferenzempfänger 340
Interleaved 690
Intermodulation 1144
 dynamische 1165
Intermodulationsfestigkeit 1051, 1054
Intermodulationsverzerrungen 1055, 1160, 1161, 1163, 1164
Interpolationsfilter 909
Intervalle 126
Ionen-Lautsprecher 429
IR-Übertragung 1066
IRCAM 690
Irrelevanzkodierung. Siehe Verlustbehaftete Kodierung
IS (Intensity Stereo) 864
ISM-Frequenzen 1039
Isobarenkurven 484
Isolierung 954
Isophone 55
ITD (Interaural Time Difference) 117

J
Jitter 900, 911, 960, 1010, 1030
 Clockjitter 1010
 Signaljitter 1010
 Taktjitter 902, 907
Jitterempfindlichkeit 893
Joint Channel Coding 851, 863

K
Kabel 396, 397, 948
Kabelmikrofonie 973
Kalottenlautsprecher 424, 425
Kammfilter 163, 283
Kanalbelegung 618
Kanalkapazität 950

Kanalkodierung 983, 984
Kanalstatus-Bit 992
Kennimpedanz 21, 33
Kinolautsprecher 422
Kinoprozessor 654
Klangfarbe 68
Klanggestaltung 775
Klangideal
   illusionistisches 779
   medial-autonomes 779
   positivistisches 779
Klangspektrum 127
   der Flöte 133
   der Klarinette 132
   von Blechblasinstrumenten 130
   von Labialpfeifen 138
   von Streichinstrumenten 134
Klarheitsmaß 198
Kleinster hörbarer Schalldruck 53
Kleinstes hörbares Schallfeld 54
Klimaanlage 279
Klirrfaktor 400, 1146
   über Frequenz 1154
   über Pegel 1155
Klirrspektrum 892
Kochlea 43
Kodierung
   Qualitätsmessung 866
   Redundanzkodierung 850
   verlustbehaftet 857
   verlustlos 850
Kodierungsartefakte 864
   Bandbegrenzung 865
   Pre-Echo. Siehe Vorecho
   Quantisierungsrauschen 866
   Rauigkeit 866
   Stereobildschwankungen 866
   Verschmierungen 864
   Vorecho 864
   Zwitschern 865
Kohärenz 1111
Koinzidenzeffekt 275
Koinzidenzverfahren 574
Kompander 764, 1044
Komparationsmethode 407
Kompressionstreiber 439
Kompressionswelle 19
Kompressor 730
Konstantspannungs-Methode 1136
Konstantstrom-Methode 1135
Kontaktmaterial 953
Konuslautsprecher 424, 425
Konzertzimmer 224
Körperschall 389

Körperschallanregung 274
Körperschalldämmung 271
Korrelationsgradmesser 565
Korrosion 953
Kreisfrequenz 7
Kreisfrequenz, normierte 8
Kreuzkorrelation 1095
Kreuzleistungsdichtespektrum 1110
Kreuzschiene 966, 982
Kritische Bänder 861
Kugelflächenmikrofon 584, 597
Kugelwelle 34
Kugelwellenhorn 438
Kunstkopf 586
Kupfer 953
Kurven gleicher Lautstärkepegel 55

L

Labialpfeifen 127
Lärmschwerhörigkeit 77
Latenz 896, 915, 938
Lateralisation 96
Laufzeitstereofonie 578
Lautheit 59
Lautheitsmaximierung 738
Lautheitsmesser 618
Lautheitsmodell 64
Lautsprecher-Array 441
Lautstärkepegel 55
LC-Filter 1076
Leistungs-/Gewicht-Verhältnis 495
Leistungsanpassung 962
Leistungsfrequenzgang 674, 1092, 1100
Leiter 947
Leitermaterial 953
Leiternetzwerk 890
Leitung 948
Leitungsdämpfung 961
Leslie-Effekt 758, 840
Lexicon Logic 7 625
LFE (Low Frequency Effects) 301, 306, 309,
   616, 627, 644, 652, 655
Lichtton 649
Lichttonspur 629
Lichtwellenleiter 955, 961, 998
Limiter 464, 730
Line-Array 442, 449, 518
   Richtcharakteristik 445
Lineare Prädiktion 852
Linearität 889
Linearitätsfehler 891
Linienstrahler 442
Little Endian 689

Index

Live-End-Dead-End 299
Lokalisationsunschärfe 95
LSB (Least Significant Bit) 798
LTP (Long Term Prediction) 873
Luftdruck 392
Luftschalldämmung 271, 272

M

MADI 1002
Magic Surround 624
Magnetton 650
Mantelleitungen 977
Matched Filter 1095
Matrizierung 381, 621, 622, 623, 951
 Dematrizierung 952
Mehrkanal-Beschallung 655
Mehrkanal-Kodierverfahren
 digital und diskret 626
 matriziert 620
Mehrkanalstereofonie 615
Mel-Skala 65
Messtechnik 398, 406
Metadaten 632, 694
 beschreibende (Descriptive Metadata) 633
 Editierung 633
 steuernde (Control Metadata) 633
MIDI (Musical Instrument Digital Interface)
 711, 785, 995
Mikrofon
 -alterung 397
 -Array 354
 -geschichte 315
 -halterungen 389
 -kabel 972
 -kapsel 314
 -Modellierung 360
 -speisung 360, 394
 -Splitter 962, 973
 -stecker 367
 -verstärker 369
 -verteilverstärker 979
 -vorverstärker 376
 Anschluss 972
 Anschlusstechnik 365
 Ansteckmikrofon 345
 Bändchenmikrofon 320
 Bauform 343
 Betriebsstörungen 382
 digitales 329
 drahtloses 375
 dynamisches 320, 972
 Elektretmikrofon 326
 elektrodynamisches 320
 elektromagnetisches 328
 elektrostatisches 323
 für Ultraschall 342
 Gas-Mikrofon 328
 geräuschkompensiertes 347
 Grenzflächenmikrofon 349
 Großmembranmikrofon 343
 HF-Kondensatormikrofon 327
 Hitzdrahtmikrofon 328
 keramisches 319
 Kleinmikrofon 343
 Kohlemikrofon 318
 Koinzidenzmikrofon 356, 381
 Kondensatormikrofon 323, 972
 Kontaktmikrofon 318
 Kristallmikrofon 319
 Mehrkanal-Mikrofon 356
 Mehrwegemikrofon 353
 Messmikrofon 344
 Messtechnik 398
 modulares 373
 Nahbesprechungsmikrofon 346
 NF-Kondensatormikrofon 323
 optisches 329
 Parabolspiegel-Mikrofon 353
 piezoelektrisches 319
 Schaltungstechnik 365
 Sendemikrofon 375
 Sondenmikrofon 344
 Stereo-Mikrofon 356
 Tauchspulenmikrofon 322
 Trennkörper-Mikrofon 358
 und EM-Störungen 396, 406
 und Erdung 394
 und Feuchte 393
 und Klima 392
 und Körperschall 405
 und Luftdruck 392
 und magnetische Störung 396
 und Temperatur 392
 und Wind 405
Mikroprozessoren 914, 926
MIME (Multipart Internet Mail Extensions) 692
Mischkino 303
Missing Fundamental 66
Mithörschwelle 57
Mitkopplung 504, 509
Mittelohr 42
Mittelohrmuskeln 47
Mittelwert
 arithmetischer 10
 energieäquivalenter 560
mLAN (Music Local Area Network) 1019
MLP (Meridian Lossless Packing) 630, 856

MLS (Maximum Length Sequence) 1103
Modulationsübertragungsfunktion 194, 538, 546
Modulator 894
Monitor-Kreuzschiene 979
Monopolquelle 285
Monotonie-Fehler 892
Morphing 762
Motorbässe 430
MP3. Siehe MPEG-1/2 Layer 3
MPEG (Moving Picture Coding Experts Group) 701, 870
MPEG-1 701
MPEG-1/2 Layer 2 871
MPEG-1/2 Layer 3 701, 871
MPEG-2 703
MPEG-2/4 AAC 872
MPEG-2 AAC 703
   Mehrkanalton 638
MPEG-2 Multichannel 637
MPEG-4 706
MPEG-4 ALS (Audio Lossless) 638, 856
MPEG-7 871
MPEG Surround 638, 874
MS (Mitte/Seite-Matrizierung) 576, 851
Multibandkompression 738
Multibit-Modulatoren 901
Multiple Resonance Filter Array 763
Multiplex
   Dichte Wellenlängen-Multiplex 952
   Frequenzmultiplex 951
   Raummultiplex 951
   Wellenlängen-Multiplex 952
   Zeitmultiplex 952
Multiplexing 951
Multiprocessing 937
Multisinus-Signale 1098
Mund
   künstlicher 410
Mündungskorrektur 161
MUSICAM 715
Musikaufnahmeräume 293
Musique concrète 612
Mute 726
MXF (Material Exchange Format) 708

N

Nachbarkanal-Selektion 1051
Nachhall 295, 751
Nachhallsynthese 754
Nachhallzeit 153, 188, 296, 754
Nachrichtenstudios 293
Nahbesprechungseffekt 39, 340, 410

Nahfeld 35, 37, 410, 443
Nahfeldmessung 473, 1128
Nasenkonus 341
Nennimpedanz 470
Nennpegel 973
Neutrik Speakon 977
Niere 330, 335
   breite 330
Noise Gate 730, 740
Noiseless Coding 863
Noise Shaping 803, 896
Nominalpegel. Siehe Nennpegel
Non-Environment 299
Norm-Trittschallpegel 273
Normschallpegeldifferenz 272
NOS-Anordnung 582
Notfalldurchsagen 545
Nulldurchgangsverzerrungen 1143, 1145
Nullung 1075
Nyquistfrequenz 886, 898, 907

O

Oberton 8, 65
Octaver 755
OMF (Open Media Framework Interchange) 707
Open Source 710
Optical Digital Interface 1004
Orchestergraben 176, 226
ORTF-Anordnung 110, 118, 582
Ortstheorie 47
Otoakustische Emissionen 49
Overdubbing 721
Oversampling 802, 895

P

Padding 689
Panoramapotentiometer 726
Parallelwandler 889
Partialschwingungen 425, 426
Partyline-Verbindung 979
Patchkabel 981
Peak-Filter 835
Pegelschreiber 1090
Pentium 926
Perceptual Coding 627
Periodizitätstonhöhe 66
Phantomschallquelle 657
Phantomspeisung 361, 395
Phase-Plugs 440
Phase-Vocoders 755
Phasengang 8, 463, 474, 819

Index

Phasenlaufzeit 17
  interaurale 91, 97
Phasenmodulation 840
Phasenrauschen 893
Phasenumkehrstufe
  elektronisch 969
Phaser 756, 841
Phon 55
Pilot-Ton 1049
Pitch Shifting 755
Pizzicato 148
Platten-Resonator 235
PLL (Phase Locked Loop) 907
Plug-in 720, 948
PNS (Perceptual Noise Substitution) 873
Point-to-Point-Verbindung
  virtuell 1023
Polardiagramm 483
Polymikrofonie 569, 600
Pop-Störungen 387, 405, 769
Poröse Absorber 291
Port Compression 432
PowerPC 928
PPM (Peak Programme Level Meter) 556
Prädiktionsfehler 852
Präzedenzeffekt 100, 103
Pre-Mastering 730
Presbyakusis 78
Primärstruktur 280
ProDigi 1005
ProLogic IIx 625
Prospektpfeifen 166
Prüf-Bit 993
PS (Parametric Stereo) 873
Psychoakustik 52
Psychoakustisches Modell 860
Psychophysik 52
Punktquelle 442
PWM (Pulse Width Modulation) 495
Pyramid tracing 246

Q

Quadrofonie 612
Quantisierung 790, 862
Quelle-Filter-Modell 760
Quellkodierung 983

R

R-2R-Wandler 890
R-Bus-Interface 1005
Radialmoden 164
Radiokunst 779

Rangierfeld 982
RASTI (Rapid Speech Transmission Index) 195
Rauigkeit 129, 138
Raum-In-Raum-Konstruktion 278
Raumakustik 267, 280
Raumeindrucksmaß 202
Raumimpulsantwort
  binaurale 673
Raummode 284, 291
Raumsimulation 846
Rauschabstand 932
Rauschen
  braunes 12
  rosa 12, 95, 308, 479, 1092
  rotes 12
  Vorverstärker 377
  weißes 12, 1092
Rauschmodulation 798
Rauschunterdrückung 616, 621
Rayleigh-Integrale 668
Ray Tracing 282
RC-Glied 958
Real Audio 709
Real Time Analyzer 1092
Rechtecksignale 10
Red Book Standard 714
Referenzabhörpegel 308
Referenzpegel 308
Reflexionen 295, 963, 964
Regelverstärker 730, 743
Regieräume 295
Registerbalancemaß 202, 251
Rekruitment 79
Release 732, 741
Reliabilität 777
Repetition pitch 749
Reportageleitung 978
Residualton 66
Residuum 66
Resonanzabsorber 291
Resonanzboden 137, 154
Restauration 763
Reziprozitätsmethode 407
RF64 699
Richtcharakteristik 330, 399, 409
  umschaltbare 336
Richtungsabhängige Lautheit 62
Richtungsbestimmende Bänder 94
Richtungsfaktor 487
Richtungsmischer 656, 729
Richtwirkungsmaß 157
RIFF (Resource Interchange File Format) 695
Ring-Topologie 966
Ringmoden 164

Ringmodulator 757
Robustheit 781
Röhrenspeisung 363
Roland R-BUS 1005
Rosa Rauschen 12, 95, 308, 479, 1092, 1099
Rotes Rauschen 12
Routing 982, 1017
Routing Delay 986
RS-422 993, 998
Rub and Buzz 1151
Rückkopplung 504, 509, 547
Rückkopplungsfaktor 508
Rückkopplungsmaß 513
Rückkopplungsreserve 508
Ruhegeräusch 269
Ruhehörschwelle 53

S

S/PDIF Interface 997
Sabine-Formel 191
Sägezahnsignale 10
Sampler 712
Sängerformant 141, 146, 169
SBR (Spectral Band Replication) 873
Schallabsorber 233
Schallabsorptionsfläche
 äquivalente 185
Schallabsorptionsgrad 190
Schallausschlag 24
Schallbeugungskugel 342
Schalldämmmaß 272
Schalldämpfer 280
Schalldichte 20
Schalldissipationsgrad 184
Schalldruck 20
Schallempfindungsschwerhörigkeit 76
Schallenergie 24
Schallenergiedichte 25, 511
 im diffusen Schallfeld 182
Schallgeschwindigkeit 22, 126
Schallintensität 26, 27
Schallleistung 25
Schallleistungspegel 142
 eines Orchesters 171
 von Orchesterinstrumenten 171
 von Orgeln 144
 von Streich- und Blasinstrumenten 143
Schallleitungsschwerhörigkeit 76
Schallpegel 29
Schallpegeldifferenz 273, 274
Schallreflexionsgrad 184
Schallschnelle 21, 24
Schallschutz 267, 268

Schalltemperatur 20
Schalltransmissionsgrad 184
Scheiber-Matrix 613
Scheiber Array 613
Scheitelfaktor 11
Scherwelle 19
Schirmung 396, 1073
Schleifenübertragungsfunktion 547
Schleifenverstärkung 507, 508, 509, 512, 547
Schnelleempfänger 328, 333
Schnitt 721
Schnittstellen 948
 Hardware-Schnittstelle 948
 Mehrkanalton 1000
 SDIF-2 998
 Software-Schnittstelle 948
 symmetrisch, analog 968
 unsymmetrisch, analog 967
Schnittstellen-Analyzer 993
Schroeder-Algorithmus 752
Schroeder-Frequenz 281
Schutzerde 1075
Schutzschaltungen 463
Schwerpunktzeit 197
Schwimmender Estrich 278
Schwingungsmoden
 der Paukenmembran 136
SDDS (Sony Dynamic Digital Sound) 875
SDI (Serial Digital Interface) 1007
SDIF (Sound Description Interchange Format) 711
SDIF-2 998
SDIF-3 999
SDS (Sample Dump Standard) 712
Seitenschallgrad 204
Sekundärnutzung 1038
Sekundärstruktur 280
Senke 950
Sensitivity 472
Servo-Balancing 970
SFDR (Spurious-Free Dynamic Range) 1139
SHARC (Super-Harvard-Architecture) 918, 920, 922
Shelving-Filter 835
Shorten 855
Signal-Rauschabstand 951
Signal-Rauschverhältnis 791, 951, 1121, 1137
Signaldämpfung 379
Signale
 analoge 5
 deterministische 9
 digitale 5
 stochastische 12
Signalerde 1075
Signalprozessoren 914, 916

Signalsymmetriefehler 1029
Signalverteilung 381
  Reclocking 1013
  Regeneration 1013
Silbenverständlichkeit 192
SIMD (Single Instruction Multiple Data) 920
Simultanverdeckung 861
Sitzordnung
  amerikanische 173
  der Streicher 173
  des Orchesters 172
  deutsche 173
Sitzreihenüberhöhung 222
Slew-Rate 1165
SMF (Standard MIDI File) 712
SMIL (Synchronized Multimedia Integration Language) 709
SMR (Signal-to-Mask-Ratio) 860
SNHR (Signal-to-Non-Harmonic Ratio) 1138
SNR (Signal-to-Ratio). Siehe Signal-Rauschverhältnis
Soft Knee 732
Sonagramm 773
Sone-Skala 59
Soziakusis 78
Spannungsanpassung 962
Spatial Aliasing 669
Spatial Audio Coding 638, 702
Spatial Cue 638
Spectral Recording. Siehe Dolby SR
Spektral Delay 763
Spektrogramm 477, 773
Spezifische Lautheit 64
Spezifische Leitfähigkeit 953
Spezifischer Widerstand 954
Spiegelquellenverfahren 244, 282
Sprachverständlichkeit 536, 544
Sprecheraufnahmeräume 293
Sprecherstudios 293
Sprungantwort 475
Spuranpassungseffekt 275
Spurenbelegung 618
Stagebox 975
Stärkemaß 201
Stationäres Schallfeld 295
Statistische Raumakustik 291
Statistischer Richtfaktor 157
Steckfeld 981
Steckverbinder 367, 396
  DIN 368
  Klinke 367
  Tuchel 368
  XLR 367
Steering 622

Stehende Welle 284
Stehende Wellen 176
Stepped Sine-Verfahren 1090
Stereo-Hörfläche 612
Stereo-Matrix 729
Stereo Dipol 678
Stereofonie
  Intensitätsstereofonie 574
  Koinzidenz-Stereofonie 356
  Laufzeitstereofonie 578
  Trennkörper-Stereofonie 358
Stereosichtgerät 567
Stern-Topologie 966
Stevenssches Potenzgesetz 31, 59
STI (Speech Transmission Index) 194, 536
STI-PA (Speech Transmission Index for Public Address Systems) 195
Stimm-Timbre 129
Stimmung
  einer Orgel 127
  gleichmäßig temperierte 124
  tatsächliche 125
Strahlbreite 444
Strahlverfolgung 245
Streaming-Formate 692
Strömungsgeräusche 279
Studiomonitore 422
Stützlautsprecher 528
Stützmikrofon 601
Subbandkoeffizienten 859
Subharmonische 1117, 1146
Substitutionsmethode 407
Subwoofer 643
Summationsstrukturen 939
Summen-Differenzübertrager 729
Summenlokalisation 100, 107, 657
Superclock 1009
Superhet-Prinzip 1102
Superheterodyn-Empfänger 1052
Superniere 330
Super Video CD 637
Surround-Enkoder 621
Surround-Sichtgerät 568
Sweep 526
  linearer 1103
  logarithmischer 1099, 1103, 1115
Switching Delay 986
Symmetrierung 969, 980
Synchronisation 937, 1008
Systeme 13
  lineare 14
  linearphasige 18
  zeitinvariante 15

T

Tag 694
Take 721
Taktung 1008
TALärm 271
Talkbox 762
Tandemkodierung 864
Tape Music 612
TDIF (Tascam Digital Interface) 1006
TDS (Time Delay Spectrometry) 1101
Teillautheit 64
Teiltonreihe 127
Temperatur 392
THD (Total Harmonic Distortion) 479, 1146
THD+N 1028
THD+N (Total Harmonic Distortion + Noise) 1146
Thermofon 328
THX 653
Tiefpassfilter 744, 831
Timbre 68
Time Stretching 756
Tinnitus 82
TNS (Temporal Noise Shaping) 873
Todd-AO 616
Tonabnehmer 355
Tonaderspeisung 363
Tonansatz 147
Tonaufnahmeräume 291
Tonheit 65
Tonhöhenbezeichnungen 124
Tonregieräume 295
Topologie 964
   logische Topologie 964
   physische Topologie 964
Torsionswelle 19
TOSLink 998
Tracker 713
Trading 98
Transienten-Limiter 736
Transmission-Line-Gehäuse 431
Transmissionskurve 506, 514
Tremolo 758, 839
Trennkörperstereofonie 584
Trittschalldämmung 271, 273
Trittschallpegel 273, 274
TT-Standard 981
TTS (Temporary Threshold Shift) 77

U

Überabtastung 802, 888, 895
Übersprechen 975, 1130
Übersteuerung 379, 384

Übertrager 969
Übertragung
   asynchron 987
   isochron 988
   synchron 987
Übertragungsfunktion 17, 285, 307, 1094
Übertragungskoeffizient 398
Übertragungsprotokoll 950, 1017
Übertragungswagen 305
UHJ-Format 660
Umkopierschnitt 722
Unipolquelle 286
Unterschiedsschwelle 53
Upsampling 909
USB (Universal Serial Bus) 1020

V

Validität 777
VBAP (Vector Base Amplitude Panning) 657
Vektorskop 567
Verdeckungsschwelle 862
Verteilverstärker 962, 963, 979
Verzerrer 747
Verzerrungen 892
   nichtlineare 479, 1143
Vibrato 151, 758, 839
Vierdrahtverbindung 962, 978
Virtual Surround Panning 728
Virtuelle Tonhöhe 66
Vocoder 760
Vokal 139, 168
Vokal-Formanten 129
Volumenkennzahl 209
Vor-Rück-Verhältnis 157
Vorsatzschalen 278
VU-Meter 558, 933

W

Wah-Wah 759
Wanderwellen 47
Wanderwellentheorie 48
Wandler
   aktiver 360
   elektrodynamischer 424
   elektromagnetischer 425
   elektrostatischer 428
   Manger- 429
   piezoelektrischer 429
   symmetrischer 325
Wasserfalldiagramm 477
WAVE-Format 696
Waveformer 450

Index

Webersches 30
Weißes Rauschen 12, 1092
Wellenfeldsynthese 656, 664, 667
Wellentheoretische Raumakustik 282
Wellenwiderstand 960
Wellenzahl 24
Widerstand eines Leiters 954
Wiedergabe
 transaurale 677
 von 3.0 und 4.0 641
 von 5.1 642
Windschutzzubehör 383, 388
Wirkungsgrad 25
WMA (Windows Media Audio) 709
Wordclock 998, 1009
Worldnet Skylink 640
Wrap-Around 794
WST (Wave Front Sculpture Technology) 449

X

X-Curve 653
XLR-Steckverbindung 968, 972, 974
XMF (eXtensible Music Format) 713
XY-Verfahren 574

Z

Zerfallsspektrum 477
Zungenpfeifen 126
Zweidrahtverbindungen 978
Zweier-Komplement 689
Zweischalige Bauteile 276
Zwillingsleitungen 977
Zwischenfrequenz 1052
Zylinderwelle 442

Fasziniert seit 1905 die Wissenschaftler:

$$E=mc^2$$

Fasziniert seit 2006 die Toningenieure:

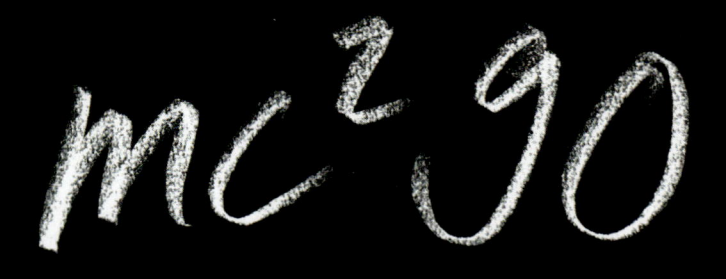

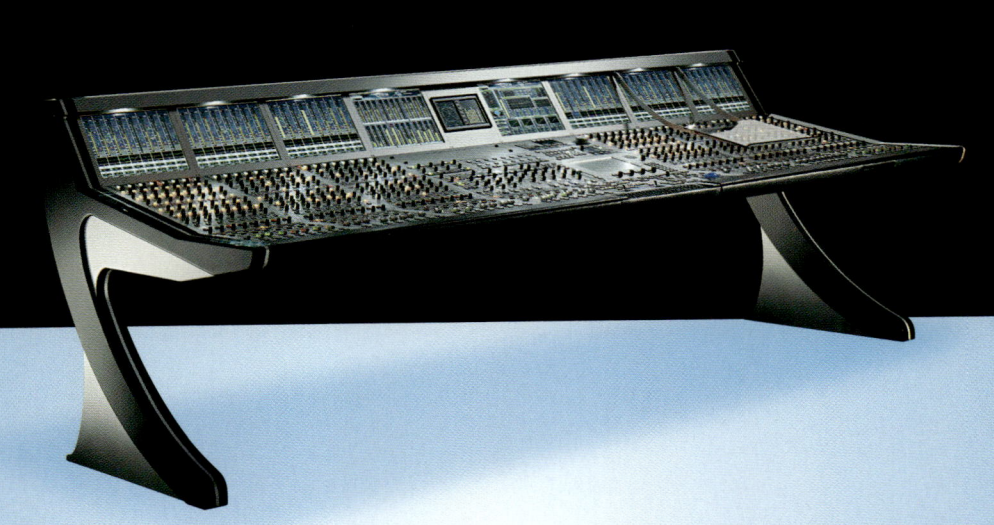

$$mc^290$$

No compromises Wenn Perfektion das Ziel ist, gibt es nur eine überzeugende Antwort: das mc²90 von Lawo. Weil das mc²90 selbst unter anspruchsvollsten Produktionsbedingungen optimale Ergebnisse garantiert. Und weil dieses neue High-Class-Pult dank maximaler Flexibilität, doppelter Redundanz, bis zu 200 physikalischen Fadern und seiner intuitiven Benutzerführung neue Maßstäbe setzt. **Welcome to the next generation of audio technology. Welcome to Lawo.**

LAWO
NETWORKING AUDIO SYSTEMS

Lawo AG · Rastatt/Germany · +49 7222 1002-0 · www.lawo.de

SOMMER CABLE
AUDIO ▪ VIDEO ▪ BROADCAST ▪ MEDIENTECHNIK ▪ HIFI

www.sommercable.com

- OEM-Fertigung
- NF- & Broadcasting-Audiokabel
- Kabelkonfektionierung
- Multipairkabel
- Video-, Coax-, und Triaxkabel
- Stageboxsysteme
- Medientechnik
- Digitale Steuerleitungen
- Lichtwellenleiter

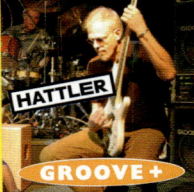

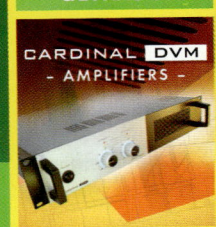

SOMMER CABLE GmbH · Humboldtstr. 32-36 · 75334 Straubenhardt/Germany · info@sommercable.com

THE SOLUTION-D FAMILY

www.neumann.com

True Diamonds

The pure Neumann capsule sound in the digital world.

D 01: 15 verschiedene Richtcharakteristiken

KK 183   KK 184   KK 185   KK 131   KK 143   KK 145

Distribution Deutschland: Sennheiser Vertrieb und Service GmbH & Co. KG • Fon 03 92 03 / 7 27 41 • Fax - 27

F.E.G. Deutschland

Ihr Partner für:

- Synchronstudios · Filmstudios Dolbydigital / DTS / THX
- DVD Premastering SD / HD / blu-ray / HD DVD
- Transfersuites 2.0 / 5.1 / 6.1 / DolbyE
- Netzwerklösungen
- Speicherlösungen
- Musikstudios
- Editsuites
- Videostudios
- Schulung
- Beratung

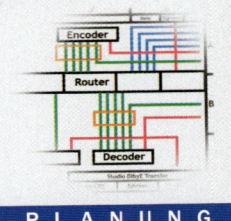

VERTRIEB
- Harrison
- soundmaster
- ROSENDAHL
- MOGAMI
- MANGER PRÄZISION IN SCHALL
- SONIC

PLANUNG

SERVICE

STUDIOBAU

SONDERLÖSUNGEN

Arri TV Produktionsservice • CinePostproduction-Bavaria Bild & Ton • FFS Film- und Fernseh Synchron • Blackbird Musik- und Filmsynchron Produktion • Boje Buck Produktion • BSG Berliner Synchron • Die Prinzen • Digital Images • Elektrofilm • eNter:Active Entertainment • FH Gelsenkirchen / Hannover /Mainz / Nürnberg • Hermes Synchron • Hochschule für Film + Fernsehen "Konrad Wolf" • Metrix Media • NDR • Radio Bremen • Spiegel TV • Studio Hamburg • Synchrofilm Wien • Thein Tonstudio • TV Synchron • VCC Perfect Pictures • VSI Synchron • XL Video

AUSZÜGE AUS UNSERER REFERENZLISTE

F.E.G. Future Equipment GmbH

F.E.G. Deutschland GmbH
www.feg-online.de • info@feg-online.de • Tel +49 (0) 4102 - 67970

TV • Radio • OB-Van

Mischpult- und Routingsysteme für professionelle Anwendungen

Digital Broadcast Technology — DHD

• Mixing • Networking • Controlling • Switching • Routing

DHD Deubner Hoffmann Digital GmbH • Haferkornstraße 5 • 04129 Leipzig
info@dhd-audio.de • www.dhd-audio.de

J+C Intersonic AG

Broadcasting

J+C = Lösungen im Broadcasting Workflow

Von der Kontribution über die Produktion bis hin zur Distribution und zum Monitoring halten wir die passenden Werkzeuge bereit. Beratung, Planung, Konfigurationen, Inbetriebnahme, Schulung und Support sind unsere Stärken.

Pro Audio

J+C = Audio für Professionals

Über unser Händlernetz vertreiben wir ein abgestimmtes Pro Audio Sortiment – vom Mikrofon bis zum Lautsprecher.

Wir beliefern professionelle Ton- und Post-Studios, PA-Verleiher und Installateure.

AV-Media

J+C = AV-Media von A bis Z

Ton, Bild, Daten und Raumakustik spielen zusammen.

Für Ton- und Fernsehstudios, Presseräume, Konferenzzimmer und Heimkinos finden wir die richtigen Produkte und sinnvolle Lösungen.

info@jcintersonic.com · www.jcintersonic.com

J+C Intersonic AG

Schweiz: Althardstrasse 146 · CH-8105 Regensdorf · Tel. 044 843 44 11 · Fax 044 843 44 12
Deutschland: Balanstrasse 28 · D-81669 München · Tel. 089444 543471 · Fax 089444 54347

Druck: Krips bv, Meppel, Niederlande
Verarbeitung: Stürtz, Würzburg, Deutschland